Stefan Lauscher

Die Diesellokomotiven der Wehrmacht

Die Geschichte der Baureihen V 20, V 36 und V 188

EISENBAHN KURIER
VORBILD UND MODELL

EK-Verlag

Titelbild:
Im Juni 1938 präsentieren sich die beiden ersten WR360C12 - besser bekannt als V36 - auf der bekannten Drehscheibe im Gelände des Herstellers BMAG, vormals Louis Schwartzkopff.
Aufnahme: BMAG, Sammlung Klaus Görs

Rücktitel:
Viel zu sehen gab es am 23. Juni 1970 in Aalen: Während der Hauptakteur der Szene – 236 108-7 – im Verschub eingesetzt ist, wartet 052 178-5 vor einem Güterzug auf Ausfahrt. Im Hintergrund ist noch eine preußische T 16^1 zu erkennen. Die Umstellung auf Lichtsignale steht kurz bevor.
Aufnahme: Wolfgang Ziemert

ISBN 978-3-8446-6081-4

EK-Verlag – EK Medien GmbH – Munzinger Straße 5a – 79111 Freiburg
www.eisenbahn-kurier.de

Unser Gesamtverzeichnis erhalten Sie kostenlos unter Tel. 0761 70 310 0 oder unter service@eisenbahn-kurier.de

Gestaltung: Stefan Lauscher
Bearbeitung: Jörg Sauter
Bildbearbeitung: Rico Schreiber

Inhaltsverzeichnis

Eine V36 von Jung: Diese 1951 nach Schweden gelieferte Nachkriegslokomotive war eine der letzten von insgesamt 400 Einheitsdiesellokss der Wehrmachtsbauarten.

Jung, Sammlung Johannes Glöckner

Ing. Karl Zwirchmayr

Vier Karrieren: Die BMAG 10932/1939 war nacheinander in Diensten der Wehrmacht, der US-Army, der privaten Montafonerbahn und einer Schleppbahn in Österreich. Lebensläufe wie dieser waren typisch für die V20/V36-Lokomotiven (Tschagguns, Juli 1965).

Ludwig Rotthowe

Die Bundesbahn-Lok: Mit DB-Keks und Staatsbahnweihen ausgestattet sind die vormaligen Wehrmacht-Einheitsloks am bekanntesten geworden. Aber die Einsätze und Einflüsse waren sehr viel facettenreicher (Minden, August 1962).

Vorwort

Sie war das Mädchen für alles: Universallok im Depot- und Anschlußbahndienst der Wehrmacht; Nebenbahn-, Rangier- und Bauzugmaschine bei der Staatsbahn; Allzwecklokomotive bei Privat- und Industriebahnen. Die Bundesbahn etablierte mit der V36 die ersten großen Vorortverkehre mit Wendezugbetrieb. Die Reichsbahn fuhr mit ihr Leig-Züge und setzte sie als einzige ex-geschützte Lok in den feuergefährdeten Ölhäfen und Ölumschlag-Bahnhöfen ein.

Auch aus technikgeschichtlicher Sicht kann die Rolle der V20/V36-Lokomotiven kaum hoch genug eingeschätzt werden. Sie waren die ersten größeren Serien-Diesellokomotiven Europas und Wegbereiter für den Erfolg der hydraulischen Getriebetechnik in der ganzen Welt. Aus den Erfahrungen mit der ehemaligen Wehrmachtlokomotive entwickelte die Deutsche Bundesbahn ihr vielbeachtetes, konsequent auf die Dieselhydraulik aufbauendes Diesellok-Typenprogramm. Spuren der V20/V36-Lokomotiven finden sich in nicht weniger als 25 Ländern der Welt. Wenn man direkt daraus abgeleitete Nachfolgetypen mitrechnet, war die Verbreitung sogar noch viel größer.

Gemessen an dieser ohne Zweifel herausragenden Stellung in der deutschen Diesellokgeschichte, ist das Wissen um diese „Urmutter“ der modernen Diesellokomotiven bisher auffallend gering. Mit Ausnahme einiger weniger, thematisch eingegrenzter Publikationen[1] ist weder in der Fach-, noch in der Hobbyliteratur viel über die V20/V36-Typen nachzulesen. Speziell die Konstruktions- und Kriegsgeschichte der Wehrmacht-Einheitslokomotiven lag bislang fast völlig im Dunkeln. Selbst die Stückzahlen wurden bis dato mit lediglich geschätzten (WR360C) bzw. den immer wieder gleichen, aber leider falschen Zahlen genannt (WR200B, WR550D).

Der Grund für diese Lücke in der an Titeln ja nicht eben armen Eisenbahnliteratur ist ohne Frage in der überaus ungünstigen Quellenlage zu sehen. Die WR-Dielselloks waren militärisches Gerät wie Flak oder Spähwagen. Sie wurden benutzt, wo sie da waren, und je nach Lage zurückgelassen, als Ersatzteilspender vorzeitig ausgeschlachtet oder befehlsgemäß zerstört, wo dies militärisch erforderlich schien.

Karteien oder umfangreiche Verzeichnisse mit amtlichen Listen über Beschaffung, Einsatzorte oder Verbleib jeder einzelnen Lok - so wie wir es von der Staatsbahn kennen - hat es nicht gegeben oder sie haben zumindest den Krieg nicht überlebt. Vieles, wie z.B. das gesamte Aktenlager der Luftwaffe, wurde 1945 vor dem heranrückenden Feind vernichtet. Manches fiel bei der großen Rohstoffnot nach dem Krieg diversen Altstoffsammlungen zum Opfer. Andere Unterlagen wurden nur deshalb vernichtet, weil sie einen Dienststempel mit Hakenkreuz trugen.

Das vorliegende Buch ist das Ergebnis einer über 20jährigen, häufig sehr mühseligen Sisyphusarbeit mit Recherchen in vielen Ländern Europas. Manche Quellen sind, besonders durch die Neuordnung in der Lokomotivindustrie, heute kaum noch zugänglich, viele vor Jahren noch ausgewertete Unterlagen inzwischen vernichtet.

Trotz des ungewöhnlich großen Rechercheaufwandes bleiben natürlich Lücken und offene Fragen. Der Autor hat sich bemüht, die unklaren Punkte auch als solche deutlich zu machen und nicht durch vorschnelle Hypothesen in möglicherweise falsche Zusammenhänge zu stellen. Irgendwo in den vielen tausend Aktenbänden, die der 2. Weltkrieg hinterlassen hat, oder auch in Privatsammlungen gibt es sicher noch weitere Puzzlesteinchen zur Geschichte der Wehrmacht-Dieselloks. Wer das Bild mit weiteren, ergänzenden Angaben vervollständigen kann, ist herzlich gebeten, dies zu tun, und Hinweise für mögliche Nachträge an Autor oder Verlag weiterzugeben.

Bewußt ausgeklammert wurde in diesem Buch die hochinteressante Geschichte der schmalspurigen (Hee-

1 Neumann, Entwicklung; Kurz, WR360C; Löttgers, V20 und V36

resfeldbahn-) Dieselloks der Wehrmacht. Auch hier gab es eine Typenreihe mit vereinheitlichten Dieselloktypen (HF50B, HF130C, HF130D, HF200D) und z.T. ganz bemerkenswerten technischen Konstruktionen. Mit diesen ebenfalls in beachtlicher Stückzahl gelieferten Loks und ihrer Kriegs- wie Nachkriegsgeschichte soll sich - bei Interesse in der Leserschaft - später einmal ein zweiter Band zur Wehrmachtlok-Geschichte beschäftigen. Auch dafür werden noch Unterlagen und vor allem (Kriegs-) Fotos gesucht.

Eine Arbeit über „Die Diesellokomotiven der Wehrmacht“ setzt sich möglicherweise dem Verdacht aus, Zweck und Hintergründe, die zur Entwicklung dieser Fahrzeuge geführt haben, allzu unkritisch auszublenden, und das Leid, das der vom Deutschen Reich angezettelte Krieg über einen ganzen Kontinent gebracht hat, zu übersehen. Die V20/V36-Lokomotiven waren natürlich ein Kriegsgerät. Unter diesem Blickwinkel haben sie sicherlich ihren Teil dazu beigetragen, Munition und Bomben für einen zerstörerischen Krieg zu transportieren, Geschütze in Schießstellungen zu bringen oder rollende Kampfmaschinen, wie es die Panzerzüge waren, zu bespannen.

Aber dieses Buch ist ein Eisenbahn- und kein Kriegsgeschichtsbuch. Da, wo die Ingenieurleistung der Konstrukteure und die Einsätze für die Wehrmacht angesprochen werden, geschieht dies ohne zeitgeschichtliche Anklage, aber auch ohne militärhistorische Verklärung, sondern mit dem Versuch des nüchternen Blicks auf das Technische und Eisenbahnhistorische. Wie so häufig in der Geschichte, hat der Krieg auch hier wichtige technische Entwicklungen hervorgebracht oder sie zumindest beschleunigt. Dies galt es mit darzustellen und einzuordnen. Die Einflüsse der V20/V36 auf die weitere Entwicklung der Dieselfahrzeugtechnik in Deutschland und Europa waren beträchtlich. Für verlegene Floskeln der Sorte „ … diente dann aber auch 40 Jahre lang dem friedlichen Wiederaufbau“ gibt es keine Notwendigkeit.

Zu den schönsten Erfahrungen während der langjährigen Arbeiten an diesem Buch gehörte es, auf Menschen zu treffen, die in vielfältiger Weise und häufig weit über das übliche Maß hinaus Hilfestellungen gegeben, Archive zugänglich gemacht, über selbst Erlebtes Auskunft gegeben oder bereitwillig Unterlagen und Fotos beigesteuert haben. Sie alle zu nennen, ist unmöglich. Ein besonders herzlicher Dank gilt aber dem früheren V36-Konstrukteur Prof. Gerhard Tiffe, den Herren Wolfgang Paetzold und Arpad Schießl von der Firma Voith, Wolfgang Illenseer vom Verkehrsarchiv Nürnberg sowie zahlreichen ehemaligen V36-Lokführern. Ebenso den Freunden Rudolf Heinisch, Thomas Gottschewsky und Ludger Kenning, die das Projekt über viele Jahre hilfreich und kritisch begleitet haben, sowie Horst Kühnhackl, der mit seinen wundervollen Zeichnungen u.a. einige alte, nicht mehr reproduzierbare Pläne zu neuem Leben erweckt hat. Auch ohne die Mithilfe zahlreicher Firmen aus der Lokomotiv- und Zulieferindustrie sowie vieler Bundesbahn- und Reichsbahn-Dienststellen hätte das Buch so nicht geschrieben werden können.

Zum Schluß noch zwei eher technische Hinweise:

E r s t e n s :
Dieses Buch verfügt über einen für Literatur dieser Art vergleichsweise umfangreichen Anmerkungsapparat bzw. Quellennachweis. Dies soll dem Leser zum einen ermöglichen, sich eine Vorstellung von der Zuverlässigkeit und Seriösität der im Einzelfall gemachten Angaben zu verschaffen. Außerdem erleichtert dies den Zugang zu weiterführender Literatur, was insbesondere deshalb wichtig schien, weil diese Arbeit sehr viele unterschiedliche Interessensfelder (Diesellokgeschichte, Bundesbahn, Privatbahn, Ausland etc.) berührt.

Und z w e i t e n s :
In der Terminologie orientiert sich das Buch an den gängigen, wenn auch nicht mehr in allen Fällen den heutigen Normen entsprechenden Bezeichnungen wie „dreiachsige Lok“ (statt „dreiradsätzige Lok“) oder „Stangenantrieb“ (statt „Parallelkurbeltriebwerk“). Auch die technischen Daten sind durchgängig noch in den alten Maßeinheiten (PS statt kW, kg statt kN etc.) angegeben. Dies nicht allein - gewissermaßen aus dokumentarischen Gründen -, um in der Begrifflichkeit der Zeit zu bleiben, über die berichtet wird, sondern auch, weil z.B. PS-Angaben in vielen Fällen in die Typenbezeichnungen von Lokomotiven eingeflossen sind, und andere Angaben (in kW) allenfalls verwirrend wären.

Das Manuskript für dieses Buch wurde im Sommer 1998 abgeschlossen, für die zweite Auflage (2006) und noch einmal für die jetzt dritte Auflage aktualisiert. Auch zahlreiche inzwischen bekannt gewordene, neue Forschungsergebnisse wurden nachgetragen; allein für die vorliegende Neuauflage mehrere Hundert Detail-Angaben, Präzisierungen und Ergänzungen. Die damals gültige Rechtschreibung wurde beibehalten. Möge dieses Buch dazu beitragen, diesen häufig viel zu wenig beachteten Baureihen den Stellenwert in der deutschen Diesellokgeschichte einzuräumen, der ihnen gebührt!

Korschenbroich, im Oktober 2025
Stefan Lauscher

Daimler-Benz-Archiv

Der Motorlokbau in Deutschland bis 1936

Die Bemühungen, Brennkraftmaschinen auch für den Antrieb von Lokomotiven nutzbar zu machen, sind fast so alt wie die Motortechnik selbst. Schon Anfang der 80er Jahre des vorigen Jahrhunderts experimentierten die Pioniere der neuen Technik - Nikolaus August Otto und Gottlieb Daimler - damit, bis dahin ortsfeste Gas-, Petroleum- oder Schwerölmotoren auf Räder und Schienen zu setzen. Im Jahre 1889 entstand daraus die erste Klein-Motorlokomotive.

Über 40 Jahre sollte es danach aber noch dauern, bis Antriebsmaschinen und Getriebe so weit entwickelt waren, daß Diesellokomotiven auch im planmäßigen Zugdienst eingesetzt werden konnten: Ende der 20er Jahre erschienen die ersten betriebsbrauchbaren Motorloks größerer Leistung, ab 1932 begann die Serien-Beschaffung von Benzol- (später Diesel-) Loks bei der Reichsbahn.

Dazwischen liegen Jahrzehnte voller Experimentierfreude der Ingenieure. Zahlreiche aus heutiger Sicht abenteuerliche, aber auch sehr bemerkenswerte Motorlokbauarten entstanden an den Zeichenbrettern der Lokomotivkonstrukteure. Viele Typen kamen schon über die Versuchsfahrten kaum hinaus, andere taten jahrelang brav aber unbeachtet ihren Dienst und verschwanden als Einzelstücke dann sang- und klanglos von der Bildfläche.

Die stürmischste und entwicklungstechnisch bedeutsamste Periode in der Geschichte des Motorlokbaus

in Deutschland waren zweifellos die 20er und 30er Jahre. Sie stehen für die Entwicklung leistungsstarker und auch vom Gewicht her für den Lokomotiveinbau geeigneter Dieselmotoren. Vor allem aber bereiteten sie den Weg für die hydraulische Kraftübertragung, die ab 1932 dem Motorlok- und Triebwagenbau in ganz Deutschland neue, kräftige und nachhaltige Impulse gab.

1936 - das Jahr, in dem die Geschichte der vereinheitlichten Wehrmacht-Dieselloks beginnt - gab es in Deutschland schon 22 Lokomotiv- und Maschinenfabriken, die sich mit dem Bau von Dieselloks beschäftigten. Allein Deutz als der traditionsreichste Motorlokhersteller hatte bis dahin bereits über 13.000 Lokomotiven für Gruben-, Klein- und Werksbahnen geliefert. In der Bau- und Landwirtschaft nahmen Feldbahn-Dieselloks längst einen gleichberechtigten Platz neben der Dampf-Traktion ein. Und auch auf den regelspurigen Anschlußbahnen der Industrie und bei der Reichsbahn begannen Dieselloks den Eisenbahnverkehr gründlich zu verändern.

In den folgenden Abschnitten werden die wichtigsten Stationen des Motorlokomotivbaus in Deutschland von 1889 bis 1936 nachgezeichnet. Sie beleuchten vor allem die Probleme bei der Entwicklung betriebstauglicher Getriebe, und sie geben ein Bild vom Stand der Technik zu Beginn des Wehrmachtlokbaus.

Maschinenfabrik Esslingen, um 1929: In Bau sind Dieselloks und Triebwagen für die Reichsbahn, die UdSSR, Argentinien und Japan!

Vom Schienen-Mobil zur Serienlokomotive

Die Anfänge des Motorlokbaus in Deutschland waren alles andere als glanzvoll und spektakulär. Eine kleine 5-PS-Schmalspurlokomotive, gebaut in der Werkstatt des Auto-Pioniers **Gottlieb Daimler** in Bad Cannstatt[1], legte den Grundstein. Im Januar 1889 wurde sie an den Steinbruchbetrieb der Zementfabrik Spohn südöstlich von Blaubeuren geliefert. Die Fachpresse notierte das Ereignis mit keiner Zeile.

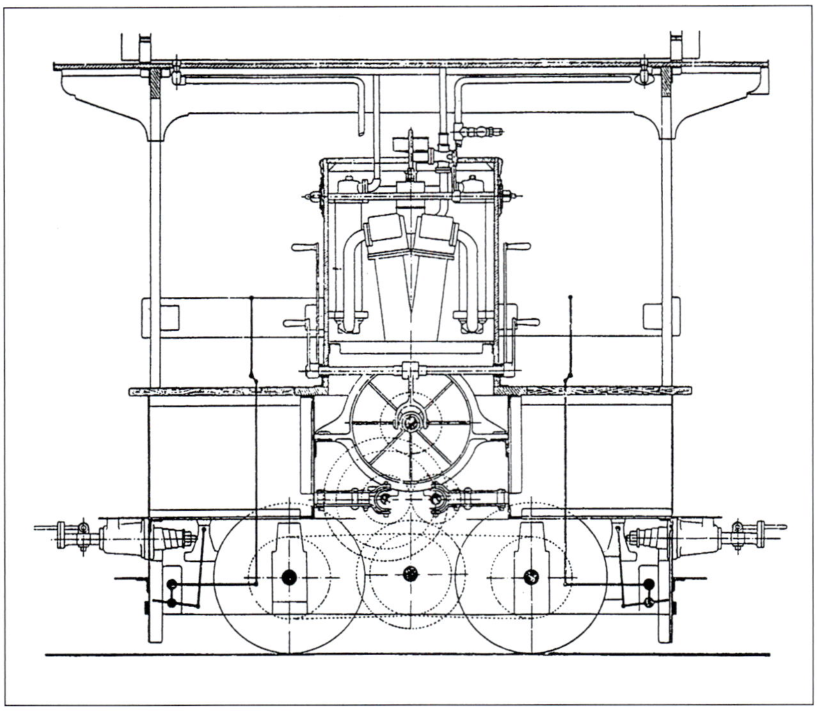

Die erste Motorlok der Welt: Daimler-5-PS-Benzinlokomotive für die Zementfabrik Spohn (1889)

Technisch war die Lok noch überaus primitiv. Auf einem gedrungenen Fahrgestell saßen ein mittig angeordneter 2-Zylinder-Benzinmotor und - als „Getriebe" - eine einfache Zahnradübersetzung. Die Lokomotive war rundum offen. Über den Versuchsbetrieb heißt es in zeitgenössischen Quellen, die Maschine habe kaum sich selbst, geschweige denn einen längeren Lorenzug schleppen können.

In ähnlicher Ausführung, nunmehr aber in Zusammenarbeit mit der **Maschinenfabrik Esslingen,** folgten bald weitere Lieferungen; der Erfolg blieb auch bei diesen Loks aus.

1890: eine 5,5-PS-Lok für die Nienburger Glasfabrik,
1892: zwei *„4pferdige"* Petrol-Straßenbahnlokomotiven für die Ausstellungsbahn im Wiener Prater[2] und
1894: eine 10-PS-Lok für die Kriegsmarine in Wilhelmshaven.

Die Anfänge: Hanomag-„Gaskraftlok" von 1880 (unten) und Deutz-Normalspurlok von 1892 (rechts)

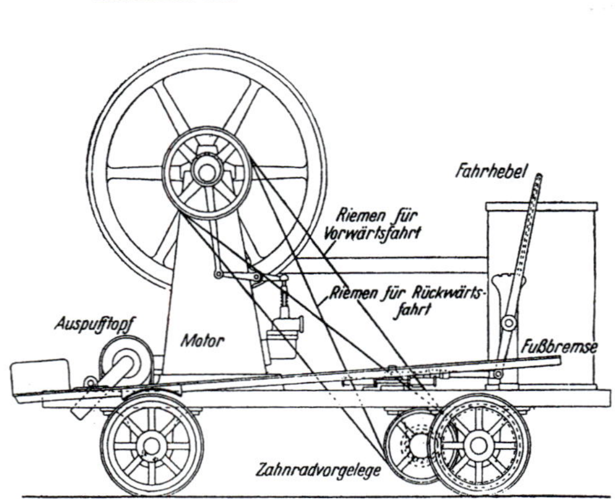

Bereits einige Jahre vor Daimler hatte sich Conrad Krauß von der **Hannoverschen Maschinenbau-Actien-Gesellschaft** in Hannover-Linden mit dem Entwurf von *„Gaskraftlokomotiven"* beschäftigt. 1880 entstand bei Hanomag ein 2-PS-Schienenfahrzeug[3], das zwar schon alle Merkmale einer Lokomotive aufwies (Antriebsmotor, Kraftübertragung, Rahmen und Laufwerk), aber ebenfalls keine nennenswerten Zugkräfte auf die Schiene zu bringen vermochte. Zu einer Weiterentwicklung dieses Gefährtes kam es nicht mehr: 1884 stellte Hanomag nach Patentstreitigkeiten den Motoren- und Motorlokbau ein.

Auch bei der **Gasmotoren-Fabrik Deutz** waren die anfänglichen Versuche[4] noch sehr schlicht. Das erste Rangierfahrzeug entstand hier 1892 aus einem stationären 8-PS-Ottomotor, der auf ein einfaches, normalspuriges Güterwagengestell montiert wurde. Der Antrieb erfolgte mit Riemen auf eine Zahnradübersetzung und weiter über Ketten auf die Achsen. Von einer „Lokomotive" war dieser Schienenwagen zwar noch ebenso weit entfernt, wie das Hanomag-Mobil von 1880. Bei einer Endleistung von 6 PS und 6,3 km/h Höchstgeschwindigkeit in beiden Richtungen bewies dieser rasende Güterwagen aber immerhin schon so etwas wie Betriebstauglichkeit.

Der Durchbruch im Motorlokomotivbau gelang 1896: Für die Gießener Braunsteinwerke C.W.B. Fernie baute Deutz eine gedrungene, dem Stollenprofil angepaßte 6-PS-Untertagelok (Lieferdatum: 31.3.1897). Sie gilt als die erste Motor-Grubenlokomotive der Welt[5]. Auf ebener Strecke beförderte sie immerhin 20 Tonnen Zuglast noch mit 5 km/h und erzielte damit die gleiche Leistung wie die seinerzeit konkurrierenden Akku-Grubenloks.

Viele Jahre hindurch blieben die Merkmale dieser Lok - liegender, langsamlaufender Benzinmotor, offenes Getriebe und Kettenantrieb - der Maßstab im gesamten deutschen Motorlokomotivbau. Die später mehrzylindrigen Motoren erhielten ab 1906 Vergaser, die Getriebe einen zweiten und dritten Gang und das Fahrwerk (bei größeren Motorleistungen) Stangenantrieb. Allein Deutz lieferte bis 1907 über 500 Lokomotiven mit Einzelleistungen bis zu 60 PS. Die Ur-

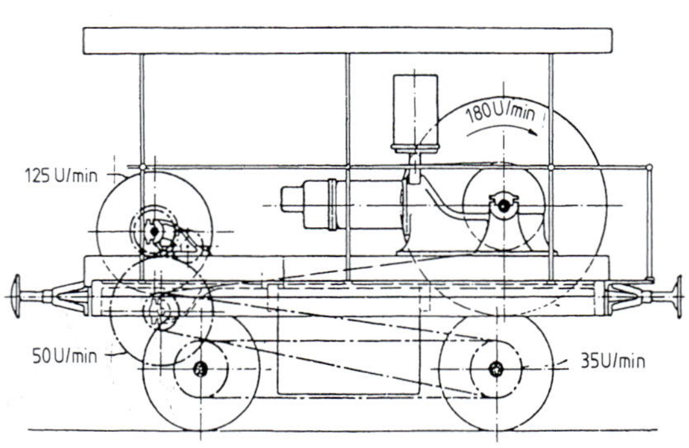

Ausführung der Grubenlok von 1896 ist im Deutz-Werksmuseum in Köln als Ausstellungsstück erhalten geblieben.

Die erste Diesellokomotive

Parallel zu der anfangs keineswegs ermutigenden Entwicklung bei den Petroleum- und Benzinlokomotiven (zum Vergleich: Dampfloks brachten es um die Jahrhundertwende bereits auf 1.000 PS und mehr) hatte Rudolf Diesel 1897 den später nach ihm benann-

1 Gottschalk/Nübel, Verbrennungsmotoren, S.330ff.
2 Hohn, Feldbahnen in Österreich, S.123ff.
3 Metzeltin, Die erste Lokomotive, S.32f.
4 Kramer, Motorlokomotiven, S.515ff.; Linden, Motorlokomotiven der KHD/Teil 1, S.5ff.
5 oV, Benzinlokomotiven, S.161f.

Explosionsartige Fehlzündungen beim Anfahren: Die Diesel-Klose-Sulzer-Lokomotive von 1912 war ein Fehlschlag.

ten selbstzündenden Schwerölmotor zur Betriebsreife gebracht. 1906 gründete er zusammen mit den Gebrüdern Sulzer und dem Berliner Oberbaurat Adolph Klose die „Gesellschaft für Thermo-Lokomotiven". Erste Pläne für eine 1500-PS-Lok wurden - noch ohne Erfolg - 1908 der Bayerischen Staatsbahn unterbreitet. Mehr Mut zum Risiko bewies ein Jahr später die Preußisch-Hessische Eisenbahnverwaltung. Sie gab eine allerdings auf 1200 PS abgeänderte Versuchslokomotive in Auftrag. Den lokbaulichen Teil übernahm Borsig in Berlin-Tegel.

Weitaus drängender als bei den bis dahin ausgeführten Motorlokomotiven kleinerer Leistung stellte sich bei einer Diesellok dieser Größenordnung das Problem der Kraftübertragung auf die Achsen. Im Unterschied zur Dampfmaschine können Vergaser- und Dieselmotoren nicht unter Last anlaufen. Zwischen Motor und Achsen wird deshalb eine Trennkupplung benötigt, die es ermöglicht, den Motor im Leerlauf anzufahren und dann erst auf die noch stillstehenden Räder zu schalten. Eine zweite Möglichkeit besteht darin, durch Hilfsantriebe (wie Luft, Gas usw.) die Achsen in Bewegung zu bringen, und erst dann den Motor aufzuschalten.

Diesel-Klose-Sulzer wählten für ihre 2'B2'-*„Thermolokomotive"*[6] die der Dampflok verwandte zweite Lösung: Anstelle komprimierten Dampfes (wie bei der traditionellen Traktion) drückten sie zum Anfahren Druckluft in die Zylinder, die von einem 250-PS-Hilfsmotor mit angebautem Kompressor erzeugt und in Stahlflaschen gespeichert wurde. Die Druckluft diente als Antriebskraft, bis die Zünddrehzahl des Hauptdiesels erreicht war. Bei einer Geschwindigkeit von etwa 8-10 km/h wurde dann Brennstoff eingeblasen und auf Dieselbetrieb umgestellt. Die Antriebsmaschine arbeitete wie bei der Dampflokomotive direkt auf die Achsen.

Die Versuchsfahrten erfolgten Anfang September 1912 auf der Strecke Winterthur - Romanshorn in der Schweiz und im März/April/Mai 1913 im Bereich des LVA Grunewald. Sie ließen schnell die Nachteile der noch unausgereiften Konstruktion sichtbar werden: So reichte z.B. im Schnellzugdienst die Motorkühlung nicht aus und beim Einsatz vor Personenzügen mit häufigen Anfahrten machte der hohe Druckluftverbrauch zu schaffen. Die Folge: Wiederholte Zwangshalte auf freier Strecke. Dazu kam eine viel zu geringe Anfahrzugkraft (knapp 3200 kg, soviel wie bei einer Köf II !).

Probleme bereitete zudem das Umschalten von Druckluft- auf Dieselbetrieb. Während die komprimierte Luft naturgemäß tiefste Kältegrade im Zylinder erzeugte, arbeitete das Dieselverfahren mit großer Wärme. Beim Anfahren führte das zu explosionsartigen Fehlzündungen und Verpuffungen, die bereits bei der dritten Testfahrt im Raum Grunewald einen Kurbelwellenbruch zur Folge hatten.

Als nach der Instandsetzung Anfang 1914 dann aus gleicher Ursache auch noch ein Zylinder platzte, war dies schon das unrühmliche Ende für die Thermolokomotive. Die Maschine wurde abgestellt und - nach noch nicht einmal 2000 Kilometern Gesamtlaufleistung - um Weihnachten 1920 herum bei Borsig in Berlin zerlegt.

Für die Fachleute war der Mißerfolg der Diesel-Klose-Sulzer-Lok der schlüssige Beweis dafür, daß ohne ein Zwischenglied zwischen Motor und Achsen nicht auszukommen war. Wie ein roter Faden zieht sich die Suche nach brauchbaren Formen der Kraftübertragung durch die folgenden drei bis vier Jahrzehnte der Diesellokentwicklung. Erst Anfang der 50er Jahre waren diese Schwierigkeiten durch leistungsfähige hydraulische Getriebe soweit gelöst, daß mit der großflächigen Verdieselung auch auf den Hauptstrecken begonnen werden konnte.

6 Sternenberg, Thermo-Lokomotive, S.1325ff.

Deutsche Versuchslokomotiven für die UdSSR

Die glücklosen Versuche mit der Diesel-Klose-Sulzer-Lok und der Erste Weltkrieg führten zu einer fast vollständigen Unterbrechung in der Entwicklung weiterer Großdiesellokomotiven. Zwar beschäftigte sich schon ab 1919 namentlich die Maschinenfabrik Esslingen wieder intensiv mit dem Entwurf neuer, direkt- oder dampfgetriebener Brennkraft-Lokomotiven. Weder die deutschen Länderbahn-Verwaltungen, noch die ab 1920 neu entstandene Reichseisenbahn (ab 1924: Deutsche Reichsbahn) zeigten allerdings irgendwelche Neigungen, sich in neue, ungewisse Diesellok-Abenteuer zu stürzen.

Ganz anders sahen die Verhältnisse in der Sowjetunion aus: Große, wasserarme Steppengebiete besonders in Süd-Rußland erschwerten den Einsatz von Dampflokomotiven. Viele rohstoffreiche Gegenden konnten wegen völliger Wasserlosigkeit mit der Eisenbahn nicht erschlossen werden. Hier versprach der Einsatz von motorgetriebenen Lokomotiven nicht nur eine Lösung der betrieblichen Probleme, sondern zugleich auch eine günstige Nutzung der in großem Überfluß vorhandenen Ölvorkommen.

Diesellok für die wasserarmen Steppen der UdSSR: Die Esslinger 1'Eo1'-Lok von 1924

Daimler-Benz-Archiv

Auf Initiative von Prof. Georg Lomonosoff, seinerzeit Chef der Russischen Eisenbahn-Kommission in Berlin[7], beschloß die sowjetische Eisenbahnverwaltung deshalb Anfang 1922 den Bau von drei Versuchs-Diesellokomotiven mit identischen Motoren, aber unterschiedlichen Formen der Kraftübertragung; und zwar je eine Lokomotive

- mit dieselelektrischem Antrieb,
- mit hydraulischem Getriebe und
- mit Übertragung durch Generatorgas.

Übrig blieben davon letztlich nur die dieselelektrische (de) und die dieselmechanische (dm) Großlokomotive. Beide waren bei Hohenzollern in Düsseldorf-Grafenberg bestellt. Anfang 1923 mußte die de-Lok aber an die MF Esslingen verlagert werden, weil die französische Besetzung des Ruhrgebietes die Fertigstellung der Lok zu gefährden drohte. Esslingen war - wie Hohenzollern - seinerzeit ein Unternehmen des Haniel-Konzerns.

Als erste der beiden für die UdSSR bestimmten Lieferungen wurde in Esslingen Ende Mai 1924 die als Ju^E 001 bezeichnete dieselelektrische Lokomotive fertig[8]. Sie war als 1'Eo1'-Maschine ausgeführt und mit einem aus

TABELLE 1:
Diesel-Klose-Sulzer-Lok und UdSSR-Lokomotiven im Vergleich

Bezeichnung		Diesel-Klose-Sulzer-Lok	UdSSR JuE 001	JuE 005	(Entwurf)
Hersteller		Borsig	Esslingen	Hohenzollern	(Hohenzollern)
Fabriknummer		7409	4126	4418	(-)
Baujahr		1912	1924	1926	(-)
Achsfolge/Antrieb		2'B2'-Stangen	1'Eo1'-Einzel	2'E1'-Stangen	(1'E-Stangen)
Dienstgewicht	to	95	118,3	131,0	(96,0)
Länge über Puffer	mm	16600	13822	16696	(13130)
Größte Breite	mm	3000			
Größte Höhe	mm	4180	5100	5050	
Achsstand gesamt	mm	12700	10400	11935	(8300)
AS i.Hauptrahmen	mm	3600	5720	5720	
AS i.Laufgestell	mm	2200	-	2200	(-)
Treibrad-Durchm.	mm	1750	1220	1320	(1320)
Laufrad-Durchm.	mm	1000	950	950	(950)
Motor		Sulzer	MAN	MAN	(MAN)
Type		D	F6V45/42	F6V45/42	(F6V45/42)
Leistung	PS	1000/1200	1000/1200	1000/1100	(1000/1200)
Anzahl d. Zylinder		4	6	6	(6)
Drehzahl	UpM	304	350/450	350/400	(350/450)
Hilfsmotor	PS	250	-	-	-
Kraftübertragung		Borsig/Sulzer	BBC	Krupp	
Bauart		direkt	elektrisch	mechanisch	(hydraulisch)
Vmax	km/h	100	50	14-25-48	(50)
Zugkraft max.	kg	3200	15000	17600	(15250)

Quellen: Glasers Annalen 1914, Eisenbahnwesen 1924, Organ 1925, ZVDI 1927

7 Die Kommission war für die Beschaffung von über 1200 Dampfloks bei deutschen und schwedischen Lokomotivfabriken zuständig. Sie übernahm später auch die Aufsicht über Entwurf und Bau der Versuchs-Diesellloks

8 Lomonossoff, Dieselelektrische Lokomotive; Lotter, Diesel-elektrische, S.77ff.

dem U-Boot-Bau abgeleiteten Sechszylinder-Motor von MAN ausgerüstet. Die elektrische Ausrüstung kam von BBC.

Die Leistungsmeßfahrten begannen im Februar 1925 vor schweren Güterzügen in Lettland und im Raum Moskau. Die dabei erzielten Ergebnisse übertrafen die Leistungsanforderungen bei weitem. Allein im ersten Betriebsjahr legte sie über 21.000 km zurück. Der Planeinsatz erfolgte zunächst im Güterzugverkehr auf der Moskau-Kursker Bahn, ab 1931 dann in den wasserarmen Gebieten von Aschchabad in Mittelasien.

Die zweite in Deutschland bestellte Versuchslok mt der Betriebsnummer Ju^{E} 005 war eine schwere 2'E1'-Maschine[9] mit 3-Gang-Stufengetriebe von Krupp. Sie ging im Dezember 1925 bei Hohenzollern in Düsseldorf auf den Rollenprüfstand. Nach Probefahrten zwischen Düsseldorf und Opladen sowie auf der Strecke Güsten - Mansfeld traf sie Anfang März 1927 in Moskau ein.

Im Betrieb zeigte sich die mächtige und schwere Lok ihrer dieselelektrischen Schwester weit unterlegen. Der sprunghafte Zugkraftverlust beim rein mechanischen Gangwechsel erforderte ein geübtes Bedienungspersonal. Wiederholt kam es zu Zahnbrüchen und Kupplungsschäden im Getriebe. Befriedigende Zugleistungen ließen sich überhaupt nur im Langstreckenbetrieb mit möglichst wenig Anfahrten erzielen.

LEEDS RUSSIAN ARCHIVE

Zu groß und zu schwerfällig: Die 2'E1'-Hohenzollern-Lok von 1926

Die weitere Diesellokentwicklung in der Sowjetunion wandte sich deshalb der elektrischen Kraftübertragung zu. Mit Ausnahme von zwei 1931 und 1933 bei Krupp gebauten Lokomotiven[10] erfolgte die Beschaffung fortan jedoch bei der eigenen Lokomotivindustrie.

Hydraulische Lokomotiven: Das Jahrzehnt der Experimente in Deutschland

In Deutschland kam die weitere Entwicklung im Motorlokbau nach dem verlorenen Weltkrieg zunächst nur schleppend voran. Die neu gegründete „Deutsche Reichsbahn" hatte mit der Instandsetzung des zerstörten Eisenbahnnetzes, Reparationsleistungen und der Vereinheitlichung des Dampflokparkes genügend andere Probleme und schied damit als Besteller weitgehend aus.

Die Initiative zu neuen Versuchsausführungen mußte deshalb von der Lokomotivindustrie ausgehen. Technisch gab es allerdings keine durchgreifend neuen Konzepte, weshalb es zumindest vorerst bei kleineren Motorlok-Bautypen weit unter der 1000-PS-Grenze blieb.

Eine gewisse Aufmerksamkeit in der Fachwelt erregte immerhin das hydraulische Getriebe von Baurat Hugo Lentz. Seiner Erfindung folgten in den Jahren danach viele verwandte Ölgetriebe-Bauarten, die in den Lokfabriken eine rege Entwurfstätigkeit auslösten, z.B.

- das Huwiler-Getriebe von Schwartzkopff,
- das Lauf-Thoma-Flüssigkeitsgetriebe von MWF,
- das Schneider-Getriebe der Lokomotivfabrik Winterthur.

Andere Formen der Kraftübertragung verschwanden vorerst ganz aus der Diskussion und erlangten erst um 1930 wieder vorübergehende Bedeutung. Bei den Antriebsmaschinen begann sich etwa zeitgleich der Dieselmotor auch bei Lokomotiven kleinerer Leistung durchzusetzen. Gründe dafür waren Preisverschiebungen zulasten der bis dahin üblichen Treibstoffe Benzin und Benzol. Die ersten Dieselloks bauten Gmeinder 1921, Ruhrthaler 1923, Deutz 1925 und O&K 1926.

Lokomotiven mit Lentz-Getriebe

Bahnbrechend bei der Verwendung hydraulischer Getriebe für Motorloks war die damals noch junge Firma **Gmeinder & Co** in Mosbach. Sie hatte 1919 den Lokomotivbau aufgenommen und firmierte ab September 1921 als „Badische Motor-Lokomotivwerke AG". Kurz zuvor hatte Gmeinder die Patente zur weltweiten Nutzung des Lentz-Getriebes erworben. Erst später folgten Lizenzen auch für Linke-Hofmann, AEG, Deutz, MAN und die Grazer Waggon- und Maschinenfabrik.

Als erste Motorlok mit hydraulischem Antrieb baute Gmeinder eine zweiachsige, stangengekuppelte Dieselkleinlok mit 30-PS-Benz-Motor. Die Erprobung begann im Mai 1921, wobei die Lok täglich bis zu sechs Stunden im Rangierdienst im Bahnhof Mosbach eingesetzt wurde. In zeitgenössischen Berichten[11] ist - wohl etwas sehr euphorisch - von *„vollendeter Manövrierfähigkeit"* und *„einfachster Bedienung auch für ungeübtes Personal"* die Rede.

Zweifellos stellte das weiche Anfahren der Lok und der fließende, allerdings noch nicht völlig stoß-

9 Dobrowolski, Diesel-Getriebelokomotive, S.873ff., S.959ff.

10 Hagenbucher, Dieselelektrische Lokomotive, S.1001ff.

11 Verschiedene Protokolle und Schriftstücke (im Daimler-Benz-Archiv)

TABELLE 2:
Hydraulische Lokomotiven mit Lentz-, Huwiler- und Lauf-Thoma-Getriebe

Hersteller	Gmeinder	LHL	Deutz/ Henschel	BMAG	BMAG	BMAG	MWF	MWF/ Hanomag
Fabriknummer		2843	20043	8453	8454			
Baujahr	1921	1922	1924	1924	1924		1924	1925
Achsfolge/Antrieb	B-Stang.	B-Stang.	C-Stang.	B-Stang.	B-Stang.	1'B-Stang.	B-Stang.	C-Stang.
Dienstgewicht to	8,0	29,0	41,1	26,0	26,0	44,0	22	30,0
Länge über Puffer mm	4000	7850		9060	9060	10200	7440	9200
Größte Breite mm	2150	2100						
Größte Höhe mm	2500	3700		4110	4110	4000	3400	
Achsstand ges. mm		2800	2700	3000	3000	4400		4000
Treibrad-Durchm. mm			1000	1100	1100	1250		
Motor	Benz	LHL	Deutz	WuMAG	WuMAG	WuMAG	Junkers	Junkers
Leistung PS	30	120	300/400	200	220	200/230	45	120
Anzahl d. Zylinder	3	3	6	6	6	6	2	2
Drehzahl UpM	500	400	300	440	500	450	500	375
Getriebe	Gmeinder	LHL	Deutz	BMAG	WuMAG	BMAG	MWF	MWF
Bauart	hy/Lentz	hy/Lentz	hy/Lentz	hy/Huwiler	pneumat.	hy/Huwiler	hy/LaufTh.	hy/LaufTh.
Vmax km/h	12	12	18		50	40	35	50
Zugkraft max. kg	1479	5000	7150		3600	5000	2230	4500

Quellen: Daimler-Benz-Archiv, Fördertechnik 1926, Eisenbahnwesen 1924, ZVDI 1928, MWF, Hanomag-N.1925

freie Gangwechsel des Lentz-Getriebes[12] einen bis dahin nicht gekannten Komfort dar. Schwierigkeiten bereiteten aber Dichtungsprobleme und eine zu starke Erwärmung des Getriebeöls bei langer Höchstbelastung.

Die zweite ausgeführte Lokomotive mit Lentz-Getriebe war eine kastenförmige 120-PS-Rangierlok von **Linke-Hofmann-Lauchhammer** (LHL) in Breslau[13]. Nach Fertigstellung Anfang Oktober 1922 wurde sie zunächst zwei Jahre im werkseigenen Rangierbetrieb bei LHL eingesetzt, wo sie sich gut bewährt haben soll. Weniger erfolgreich verlief eine Vorführfahrt am 28. März 1923 auf der Nebenstrecke Breslau - Obernigk. Teilnehmer berichteten hinterher von deutlichem *„Klopfen und Zittern“* des Getriebes im oberen Geschwindigkeitsbereich und Kriechtempo bei Stei-gungsfahrten. Das Einzelstück wurde im September/Oktober 1924 noch auf der Eisenbahntechnischen Ausstellung in Seddin[14] gezeigt.

Ebenfalls in Seddin war eine C-gekuppelte 300-PS-Diesellok der „Öllokomotiv-Gesellschaft mbH“ zu sehen. Die „Öllok“ war 1923 als Liefergemeinschaft von **Deutz**, **Henschel** und der **Maschinenbauanstalt Humboldt** gegründet worden, um - unter Verwendung des Lentz-Patentes - im großen Stil in den Bau leistungsstärkerer Diesellokomotiven einzusteigen. Sitz der Gesellschaft war Köln.

Projektiert[15] wurden u.a. Lokomotiven mit 250, 400 und 550 PS. In jeder Leistungsklasse standen zudem mehrere Ausführungen zur Auswahl; bei der 550-PS-Lok zum Beispiel eine 1'C1'-, D- und 2'B1'-Ausführung. Henschel sollte nach der Vereinbarung die Maschinen ab etwa 300 PS bauen, Deutz die leistungsschwächeren Typen.

Versuche mit dem Lentz-Getriebe: Auch die 300-PS-Deutz-Henschel-Lok blieb ein Einzelstück.

Sammlung Stefan Lauscher

Die ausgestellte Lok Nr.1 blieb jedoch die einzige. Bei der eingehenden Erprobung im Werksverschub bei Henschel in Kassel, im Köln-Mülheimer Hafen sowie - im Januar 1926 - vor dem Meßwagen der Reichsbahn zeigte das Lentz-Getriebe erneut Probleme bei der Wärmeabführung. Auch der Wirkungsgrad (Getriebe 70, Lok 17 Prozent) entsprach wohl nicht den hochgesteckten Erwartungen. Da sich zudem noch nicht einmal für die Musterlokomotive ein Abnehmer fand, wurde die Interessengemeinschaft Deutz/Henschel/Humboldt 1928 im freundlichen Einvernehmen aufgelöst. Die formschöne Versuchslok fuhr noch bis Ende der 30er Jahre bei Henschel und wurde dann zerlegt.

---

12 Wittfeld, Das Flüssigkeitsgetriebe, S.1160ff.
13 Wittfeld, Diesellokomotive, S.125f.
14 Gottwaldt, Eisenbahntechnische Ausstellung; Klebes, Diesel-Triebfahrzeuge
15 oV, Deutz-Henschel-Diesellokomotiven, S.67

Lokomotiven mit Huwiler-Getriebe

Auch die **Berliner Maschinenbau AG** vorm. Louis Schwartzkopff unternahm ab 1924 verschiedene Versuche, Diesellokomotiven mit hydraulischem Antrieb zu entwickeln. Als Kraftübertragung diente ihr dabei eine Getriebekonstruktion des Schweizer Ingenieurs Anton Huwiler[16], die u.a. auch im Papiermaschinenbau Verwendung fand.

In Seddin war die BMAG mit zwei im Fahrzeugteil weitgehend identischen 200- bzw. 220-PS-Dieselloks vertreten[17]. Beide waren zweiachsig, hatten Blindwelle und Stangen sowie Endführerstände. Unterschiede gab's beim Antrieb. Während die erstgebaute Lok mit dem erwähnten Huwiler-Getriebe ausgerüstet war, hatte die zweite einen Druckgasantrieb nach System der Waggon- und Maschinenfabrik Görlitz (Wumag).

Besonders die Druckgaslok, bei der die Verbrennungsgase des Motors als Übertragungsmittel dienten, erwies sich als völliger Flop. Der Grund: Probleme mit unreinem Gas und ein Wirkungsgrad von unter 10 Prozent. Sie wurde bereits nach kurzer Testphase ebenfalls auf Huwiler-Getriebe umgebaut. Über beide Loks ist später in der Fachliteratur nicht mehr berichtet worden; ein untrügliches Zeichen dafür, daß sie bei den Versuchen wohl kaum den Anforderungen des Bahnbetriebs entsprochen haben dürften.

Trotzdem unternahm Schwartzkopff 1924/25 einen weiteren Versuch mit dem Huwiler-Getriebe. Bei gleicher motorischer Aussstattung wie zuvor entstand diesmal eine 1'B-Maschine[18], die in den Werkskatalogen als *„Diesel-Tenderlokomotive"* bezeichnet wird. Mit ihr sind bis 1928 auf der Reichsbahn-Strecke Königswusterhausen - Grunow eingehende Probefahrten unternommen worden[19].

Der erhoffte Erfolg blieb aber auch dieser dritten Huwiler-Lok versagt. Trotz mehrfacher Umbauten konnten die Mängel des hydraulischen Antriebs nicht beseitigt werden. Ende der 20er Jahre wurden weitere Versuche mit dem Getriebe in Wildau eingestellt.

Lokomotiven mit Lauf-Thoma-Getriebe

Zu den Pionieren der hydraulischen Kraftübertragung in Deutschland zählt auch die heute fast vergessene **Magdeburger Werkzeugmaschinenfabrik AG (MWF).** Auf der Eisenbahntechnischen Ausstellung in Seddin zeigte sie eine zweiachsige Stangendiesellokomotive mit Zweitaktmotor und stufenlos schaltendem Lauf-Thoma-Getriebe eigener Bauart. Über Einsätze und Betriebsbewährung der Lok sind keine Angaben überliefert.

Einen zweiten Anlauf ein Jahr später unternahm die MWF dann zusammen mit der **Hannoverschen Maschinenbau AG** (Hanomag). Das gemeinsame Projekt[20], eine dreiachsige Rangierlok im Leistungsbereich der pr. T3, wies eine Reihe sehr eigenwilliger Konstruktionselemente auf. Dazu gehörte beispielsweise die Anordnung des Motors hinter den Vorbauten über der dritten Achse, was optisch den Eindruck eines „doppelten" Führerhauses vermittelte. Die Schutzhaube vorn verbarg lediglich Kühler, Ventilator, Brennstoffbehälter und Luftflaschen. Außerdem experimentierte Hanomag bereits mit einer Frühform des heute bekannten Rangierfunks.

Nach mehrfachen Verzögerungen beim Bau konnte die *„MWF-Hanomag-Rohöl-Motorlok"* im September 1925 fertiggestellt werden. Die Freude darüber war allerdings kurz: Schon bei der ersten Probefahrt von Hannover-Linden nach Wennigsen am Deister blieb die Lok wegen Überlastung des Getriebes schadhaft liegen. Eine Instandsetzung war zunächst zwar geplant. Schließlich landete sie aber doch auf dem Schrottplatz.

SAMMLUNG STEFAN LAUSCHER

Seddin 1924: Vorne die BMAG-Lok mit Huwiler-Getriebe, dahinter die Schwesterlok mit Druckgas-Antrieb nach Patent Wumag

Reichsbahn-Lokomotiven

Die zumindest anfangs recht vielversprechenden Versuche mit dem neuen Flüssigkeitsgetriebe von Lentz waren auch bei der Deutschen Reichsbahn aufmerksam beobachtet worden. 1923/24 - mit dem Neubeginn der Fahrzeugentwicklung - entschloß sich deshalb auch das Reichsbahn-Zentralamt (RZA) in Berlin, erste eigene Probelokomotiven zu beschaffen. Sie sollten Aufschluß über einen möglichen Verwendungsbereich dieselhydraulischer Fahrzeuge bei der Reichsbahn und die Dauerbewährung im praktischen Betrieb geben.

Die bis dahin gemachten Erfahrungen konnten dabei bereits in Form eines verbesserten „Lentz-Schumacher-Getriebes" in die Konstruktion einfließen. Das Getriebe beseitigte die Zugkraftunterbrechungen beim Gangwechsel und schaltete auch unter Last absolut stoßfrei und elastisch.

Der Beschaffungsplan war bewußt breit gefächert. Er sah fünf Bauarten mit Leistungen zwischen 160 und 1000 PS vor, und zwar

---

16 Pauer, Versuche , S.919ff.

17 Przygode, Eisenbahntechnische Tagung/Teil 4, S.580

18 Vetter, Diesellokomotiven mit Flüssigkeitsgetriebe, S.603f.

19 Glatte, Diesellokomotiven, S.48ff., berichtet sogar von einer Übernahme in den Reichsbahn-Lokpark, dürfte dabei aber einer Verwechselung mit der ebenfalls 1'B-gekuppelten Baden-Lok V3602 (siehe Seite 17) erlegen sein.

20 Ewald, MWF-Hanomag-Rohöl-Motorlokomotive, S.56ff.

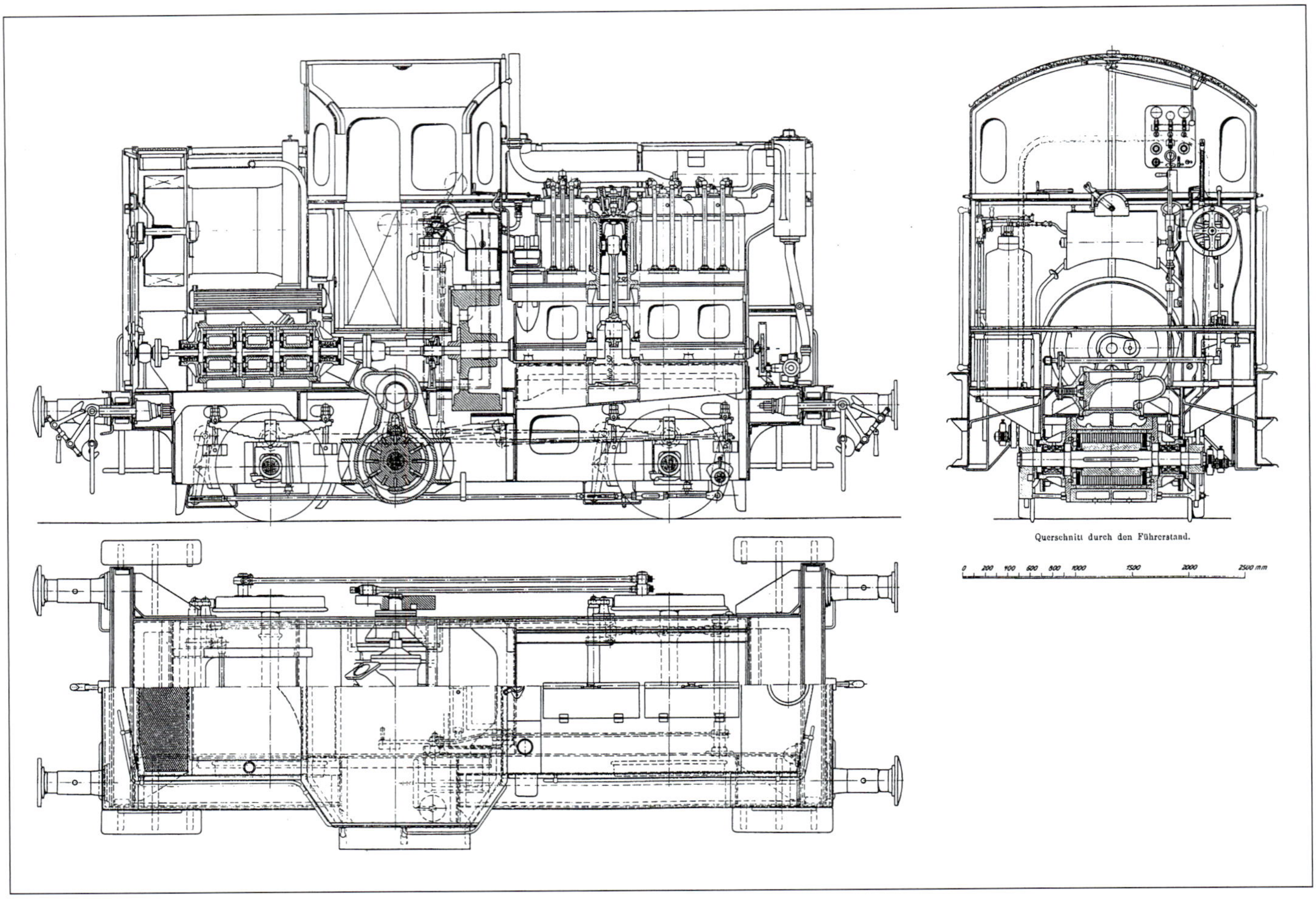

Versuchsloks mit Lentz-Getriebe: 160-PS-Baden-Lok (oben) ...

- drei B-Lokomotiven mit 160 PS (Hersteller: Baden)
- zwei 1'B-Lokomotiven mit 250 PS (Hersteller: Baden)
- eine 1'B1'-Lokomotive mit 400 PS (Hersteller: Linke-Hofmann)
- eine C1'-Lokomotive mit 400 PS (Hersteller: Linke-Hofmann) und
- eine 1'D1'-Lokomotive mit 1000 PS (Linke-Hofmann).

Ab Ende der 20er Jahre unternahm die Reichsbahn, teils auf Initiative der Industrie, auch noch einmal verschiedene Anläufe zur Entwicklung von Großdiesellokomotiven für den Hauptstreckenbetrieb. Auch diese Versuche bestätigten allerdings zunächst nur die bekannten Probleme im Bereich Kraftübertragung. Der Durchbruch gelang erst 1935 mit der späteren V 140 001 und dem darin eingebauten Voith-Getriebe.

... und LHL-Lokomotive V 3801 (unten)

Hydraulische Lentz-Lokomotiven: V 6001-6003, V 3601-3602 und V 3801

Als erste der bestellten Reichsbahn-Loks mit Lentz-Getriebe wurde im Spätsommer 1924 eine der drei 160-PS-Lokomotiven[21], DR-Nummern **V 6001-6003**, fertig. Hersteller im lokbaulichen Teil war die Maschinenbau-Gesellschaft Karlsruhe (MGK), den Motor lieferten die Motoren-Werke Mannheim (MWM), das Getriebe wurde nach Lentz-Patenten bei den Badischen Motor-Lokomotivwerken (vorm. Gmeinder & Co) in Mosbach gebaut. Seit 1923/24 bildeten diese drei Werke eine Liefergemeinschaft unter dem Namen „Motor-Lokomotiv-Verkaufs-Gesellschaft mbH Baden" mit Sitz in Karlsruhe.

Auch diese Lok war noch in Seddin gezeigt worden. Kurz danach begannen Meß- und Versuchsfahrten auf der steigungsreichen Strecke Karlsruhe - Wilferdingen - Pforzheim. Ab 1925 lief eine der drei Loks im Tag- und Nacht-Einsatz im Verschiebebahnhof (Duisburg-) Hamborn. Die beiden anderen Maschinen sollen als Werkstattlokomotiven in den RAW Schwetzingen und Brandenburg-West eingesetzt gewesen sein. Anfang der 30er Jahre waren alle drei Lokomotiven dann in der RBD Königsberg.

Sammlung Stefan Lauscher

21 Schumacher, Rohöllokomotiven, S.647ff.

Daimler-Benz-Archiv

Neue Hoffnungen: Die Diesel-Druckluft-Lok bei Probefahrten 1929 im Bf. Göppingen

Auch die zweite hydraulische Diesellok-Type der Reichsbahn, Betriebsnummern **V 3601** und **3602**[22], wurde von den Baden-Werken entwickelt und gebaut. Die Maschinen waren als 1'B-Typen[23] ausgeführt und für den leichten Personenzugdienst auf Nebenbahnen konzipiert. Eingesetzt wurden sie u.a. auf der Strecke Lahr - Dinglingen. Ein Foto vom August 1925 zeigt die erstgebaute Lok vor einem badischen Nebenbahnzug in Karlsruhe. Beide Lokomotiven wurden noch vor 1930 ausrangiert.

Bei der Linke-Hofmann-Lauchhammer AG in Breslau hatte die Deutsche Reichsbahn zunächst zwei Maschinen bestellt, nämlich

eine 1'B1'-Personenzuglok als **V 3001** und
eine C1'-Güterzuglok als **V 3801**.

Beide wurden nach dem Muster einer bereits 1924 gelieferten, D-gekuppelten Kohlenbahn-Lokomotive entwickelt[24]. Der grundsätzliche Aufbau blieb weitgehend unverändert. Auch die Hauptbauteile waren mit denen der Kohlenbahnlok identisch. Lediglich die Achsanordnung war anders. Das Getriebe baute Linke-Hofmann ohne Modifikationen, also noch in der alten Lentz'schen Bauform.

Ausgeliefert wurde aus dem LHL-Paket 1927 allerdings nur noch die C1'-Lokomotive V 3801. Schon ihre Erprobung hatte weitaus überhöhte Betriebskosten und eine hohe Schadanfälligkeit des Getriebes aufgezeigt. Die zweite 400-PS-Lok wurde deshalb storniert, ebenso die über den Entwurf noch nicht hinausgekommene Bestellung über eine 1'D1'-Hauptstreckenlok mit 1000 PS. Auch für die Firmenbauarten ging Linke-Hofmann danach wieder zu Diesellokomotiven mit mechanischer oder elektrischer Kraftübertragung über.

Als größtes Problem des Lentz-Getriebes hatte sich bei den vielfältigen Versuchen eine zu starke Erwärmung des Getriebes besonders bei längeren Fahrten mit hoher Belastung herausgestellt. In der Praxis verursachte dies Leistungsverluste im Getriebe, die mit der Zeit durch Undichtigkeiten an Ölleitungen und Flügelzellen noch weiter zunahmen. So erreichte z.B. die 160-PS-Bauart je nach Belastung nur einen Gesamtwirkungsgrad von 10-15 Prozent, die größere Baden-Maschine maximal 16,8 Prozent. Die Linke-Hofmann-Lok blieb teilweise sogar noch unter diesen Werten; berechnet waren dagegen 26-27 Prozent!

Die Diesel-Druckluft-Lok: V 3201

Nach dem Abbruch der Versuche mit den Hydraulik-Lokomotiven richteten sich alle Hoffnungen der Reichsbahn auf eine neuartige Lokomotive mit Druckluftübertragung[25]. Die Maschine war 1924 - also zeitgleich mit den Lentz-Lokomotiven - bei der Maschinenfabrik Esslingen bestellt worden und wurde schon bei Erscheinen Ende 1929 mit allerlei Vorschußlorbeeren überschüttet. Die Fachzeitschriften berichteten damals von einer *„wesentlichen, vielversprechenden Neuheit“* (Die Lokomotive), einer *„außerordentlich günstigen Übertragungsart“* (Glasers Annalen) und einer *„betrieblich idealen Lösung“* (Die Reichsbahn).

Um einen Mißerfolg diesmal von vornherein auszuschließen, bemühten sich die Konstrukteure bei der 2'C2'-Maschine um eine weitestgehende Angleichung an Bauart und Funktionsweise einer Dampflokomotive. Triebwerk und Triebwerkszylinder waren mit denen der neuen Einheits-Dampfloks nahezu identisch. Ebenso der Barrenrahmen.

---

22 Zunächst waren die Loks - falsch - als V 6201-6202 bezeichnet.
23 Wagner, Diesel-Lokomotiven, S.497ff.
24 Baer, Die Diesellokomotiven, S.60ff.
25 Witte/Wagner, 1200-PS-Diesel-Druckluftlokomotive, S.289ff.

TABELLE 3:
Reichsbahn-Lokomotiven

Reichsbahn-Nummer		V 6001-6003	V 3601-3602	V 3801	(V 3001)	(V 3401)	V 3201	ohne	V 16 101
Hersteller		Baden	Bad./Kar.	LHL	(LHL)	(LHL)	Esslingen	Deutz	KrMaffei
Fabriknummer		?/?/17	22/2335	2930	(2929)	(2770)	4140		15528
Baujahr		1924	1925	1927	(1926)	(1929)	1929	1933	1935
Achsfolge		B	1'B	C1'	(1'B1)	(1'D1')	2'C2'	2'B2'	1'C1'
Antrieb		Stangen	Stangen	Stangen	(Stangen)	(Stangen)	Stangen	Stangen	Stangen
Dienstgewicht	to	30,2	48,4			(96,0)	124,6	87,1	75
Länge über Puffer	mm	7770	9584	9600	(9500)	(16000)	16330	14550	14400
Größte Breite	mm	2950	2860			(3000)	3130	3100	3050
Größte Höhe	mm	4150	4204	4100	(4100)	(4600)	4255	4123	4117
Achsstand gesamt	mm	3600	5650	5300	(5800)	(10100)	12200	10750	10000
Treibrad-Durchm.	mm	1000	1250			(1600)	1600	1750	1400
Motor		MWM	MWM	LHL	(LHL)	(LHL)	MAN	Deutz	MAN
Leistung	PS	160/175	250/275	400/440	(400/440)	(1000/1100)	1000/1200	1000/1200	1400
Anzahl d. Zylinder		4	6	6	(6)	(6)	6	3	8
Kraftübertragung		Baden	Baden	LHL	(LHL)	(LHL)	MAN	Deutz	Voith
Bauart		hy/Lentz	hy/Lentz	hy/Lentz	(hy/Lentz)	(hy/Lentz)	pneumat.	direkt	hydraul.
Vmax	km/h	26	56	40	(60)	(72)	80	110	100
Zugkraft max.	kg	3400	4000	8000	(5500)	(12000)	12000	9000	13000

Quellen: ZVDI 1925-1935, Verkehrstechnik 1925, Eisenbahnwesen 1925, Deutz, Glasers Annalen 1937

Durchaus nicht unbekannt auch das Antriebsprinzip der Esslinger Versuchslok: Von außen angesaugte Luft wurde in einem großen, vom Motor angetriebenen Kolbenluftverdichter (ähnlich etwa dem Kessel bei der Dampflokomotive) bis auf 7 atü komprimiert, auf 300-350 Grad erwärmt und schließlich in den Triebwerks-Zylindern entspannt. Theoretisch war die Druckluft-Übertragung damit der Dampfloktechnik sehr ähnlich. Praktisch jedoch erwiesen sich Konstruktion und Bau insbesondere des Luftverdichters als sehr kompliziert und aufwendig.

Erst im November 1929 konnte die als **V 3201** (später V 120 001) bezeichnete Lokomotive ihre amtliche Probefahrt absolvieren: Auf der Strecke Obertürkheim - Augsburg und zurück zog sie einen 233-to-Zug noch mit 21 km/h und ohne Schublok über die kurvenreiche Geislinger Steige. Es folgten, von Januar bis Ende September 1930, eingehende Versuchsfahrten vor dem Meßwagen des LVA Grunewald. Die ermittelten Wirkungsgrade reichten nahe an die theoretisch errechneten 25 Prozent.

Die Diesel-Druckluft-Lok litt jedoch zeit ihres Lebens an diversen Konstruktionsmängeln, die auch durch mehrfache Umbauten nicht beseitigt werden konnten. Dazu gehörten starke Vibrationen bei schneller Fahrt, hohe Unterhaltungskosten, eine große Störanfälligkeit infolge der vielteiligen Bauart und eine außerordentlich schwere Bedienbarkeit.

Schon bald nach der Indienststellung wurde die Lok deshalb wieder aus dem regulären Personenzugdienst herausgenommen. Ihr Gnadenbrot verdiente sie mit leichten Eilgüterzügen auf der Strecke Stuttgart - Bruchsal. Nach einem Brandschaden wurde sie abgestellt und 1932 (nach anderen Quellen 1936) ausgemustert.

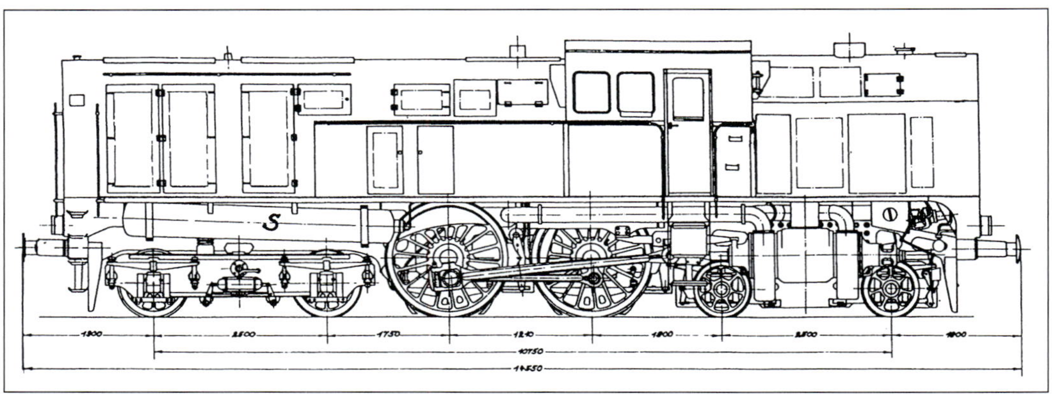

Erfolgreich aber von der Dieselhydraulik überholt: Die direktgetriebene Versuchslok von Deutz

Die direktgetriebene Deutz-Lok

Bei Deutz in Köln hatte man bis Ende der 20er Jahre, trotz großer Erfahrung im Motoren- und Kleindiesellokbau, noch auffallend wenig Ambitionen für die Entwicklung großer, streckentauglicher Motorloks gezeigt. Das änderte sich 1927/28, als in den Deutzer Konstruktionsabteilungen Pläne für eine leichte 2'B2'-Schnellzuglokomotive mit unmittelbarem Antrieb[26] heranreiften. 1930 wurde, nach längeren Vorversuchen, mit dem Bau begonnen; im Mai 1933 war die Lok fertig.

Mit ihrer auf eigene Rechnung gebauten Lok versuchten die Deutzer Ingenieure noch einmal, den alten Traum einer direktgetriebenen Lokomotive zu verwirklichen. Im Unterschied zur Diesel-Klose-Sulzer-Lok von 1912 waren die drei Zylinder hier nicht zu einem Motorblock verschraubt, sondern einzeln und waagerecht angeordnet. Das Anfahren geschah wieder mithilfe von hochkomprimierter, in die Zylinder gepreßter Luft.

Vom ersten Kolbenhub an wurde zugleich Treibstoff eingespritzt und durch elektrisch beheizte Glühspiralen gezündet. Die Zylinder konnten auf diese Weise vorgewärmt werden. Gefährliche Temperatursprünge beim Übergang von Druckluft- auf Dieselbetrieb wie bei der Diesel-Klose-Sulzer-Lokomotive wurden so vermieden.

Bis 70 km/h sowie bei Beschleunigungs- und Bergfahrten mußte im sogenannten „Zuladebetrieb", also mit Druckluft und Brennstoffeinspritzung gefahren werden. Erst bei Geschwindigkeiten darüber wurde auf reinen Dieselbetrieb umgeschaltet.

Nach der Fertigstellung 1933 fanden zunächst umfangreiche Werkstatt- und Prüfstandversuche statt, bevor die Lok auch im Betrieb erprobt werden konnte. Ab Oktober 1936 lief die 2'B2'-Maschine mehrere Monate im P8-Fahrplan auf den Strecken Köln - Neuss -

26 Bredenbreuker/Finsterwalder, Versuchsergebnisse, S.21ff. und 41ff.

Viersen, Köln - Kleve und Köln - Niederlahnstein. Dabei soll sie sich als durchaus betriebstauglich und leistungsfähig erwiesen haben.

Über ihr weiteres Schicksal ist viel spekuliert worden. In der Literatur wird wiederholt von einer *„Zerstörung durch Bombentreffer“* bzw. *„Kriegsschäden bei Fristarbeiten im Herstellerwerk“* berichtet. Die Realität war nüchterner: Tatsächlich fiel die wegen Treibstoffmangels abgestellte Maschine einer der seinerzeit üblichen „Schrottaktionen“ zum Opfer. Ein von Deutz initiierter Vorstoß, die interessante Versuchslok im Deutschen Museum München oder Verkehrsmuseum Nürnberg der Nachwelt zu erhalten, blieb erfolglos. Ende 1942 wurde sie zerlegt und in Rohstoff für die rollende Kriegsmaschinerie zurückverwandelt[27].

Ein neuer Anfang: Die V 16 101

Mit der Normalisierung der wirtschaftlichen Verhältnisse nach 1933 begann man auch bei der Deutschen Reichsbahn wieder, über neue Großdiesellok-Projekte nachzudenken. Die Frage der zweckmäßigsten Antriebstechnik war dabei allerdings offener als je zuvor. Alle bis dahin gemachten Versuche waren mehr oder weniger kläglich gescheitert. Gewisse Hoffnungen weckten nur die neuen, von Voith entwickelten hydraulischen Getriebe, die ab 1934 im Kleinlokomotiv- und Triebwagenbau Verwendung fanden, und die vielversprechenden ersten Testreihen mit der direktgetriebenen Deutzer 2’B2’-Lok. Auf diese beiden Übertragungsarten konzentrierten sich deshalb die weiteren Bemühungen der Reichsbahn.

Erstmals mit Datum vom 26.April 1934 wurden fünf neue *„in Ausssicht genommenen Diesellokbauarten“* konkretisiert und zur Beschaffung im Rahmen des Fahrzeugprogramms 1935 vorgesehen. Angedacht waren teils mächtige 1’Do1’- oder 1’D1’-Maschinen für den Güter- und für den Schnellzugverkehr mit bis zu 2500 PS Leistung, Stromlinienverkleidung und Vmax 160 km/h[28].

Alle Bauarten wurden jedoch während der Entwurfsarbeiten noch erheblich verändert. Letztlich wohl unter dem Eindruck der immensen Baukosten und *„mit Rücksicht auf die Schwierigkeiten in der Beschaffung von Treiböl“* verzichtete die Reichsbahn ganz auf das Versuchsprogramm. Mit einer Ausnahme wurden alle Aufträge im Februar 1936 storniert.

Übrig blieb allein das Projekt einer 1’C1’-Universallok für den gemischten Nebenbahn- und leichten Hauptbahndienst[29]. Hersteller war Krauss-Maffei. Den Antrieb besorgte ein aufgeladener Achtzylindermotor von MAN. Das Getriebe war hydraulisch und kam von Voith.

Entwicklung, Konstruktion und Bau der Lok wurden in der Rekordzeit von nur acht Monaten durchgezogen. Die Reichsbahn als Auftraggeber war offenkundig bestrebt, ihr jüngstes Paradepferd bei der Jubiläumsausstellung „100 Jahre Deutsche Eisenbahnen“ in Nürnberg vorführen zu können. Noch am Tag der Auslieferung (13.7.35) wurde die Lok, ohne vorherige Probe- oder Meßfahrten, zur Jahrhundertfeier überführt.

Bei den sich anschließenden Betriebsversuchen ließ die als **V 16 101** eingenummerte Großdiesellok keine nennenswerten Mängel erkennen. Motor und besonders auch das Getriebe arbeiteten absolut störungsfrei. Zu Planeinsätzen kam die Lok bei der DR allerdings nicht mehr: Schon 1939 mußte sie, nach nur rund 10.000 Kilometern Laufleistung, wegen Treibstoffmangels abgestellt werden.

Nach dem Krieg, jetzt als V 140 001 bezeichnet, kam die wieder instandgesetzte Lok von Frankfurt aus im gemischten Personenzugdienst zum Einsatz. Bekannt sind u.a. Schnell- und Eilzugleistungen nach Heidelberg und Nürnberg. Später waren auch einfache Personenzüge nach Fulda im Plan. Als Einzelstück war sie jedoch nicht wirtschaftlich einsetzbar. Nach zehnmonatiger Abstellzeit im AW Nürnberg wurde sie am 13. Oktober 1953 ausgemustert und als Studienobjekt der Technischen Hochschule Karlsruhe übergeben. Heute ist sie Teil der ständigen Ausstellung des Deutschen Museums in Freilassing.

In der Geschichte des Motorlokomotivbaus in Deutschland endet mit der V 140 001 die lange und an Enttäuschungen reiche Suche nach einer den Anforderungen des Eisenbahnbetriebes entsprechenden Kraftübertragung. Mit dem hydraulischen Getriebe von Voith rückte die Diesellokomotive sprunghaft in Leistungsbereiche vor, die bis dahin fast ausschließlich der Dampflok vorbehalten waren. Die Anfang der 30er Jahre unter dem Druck der aufkommenden Kraftwagen-Konkurrenz eingeleitete Motorisierung auf der Schiene erhielt dadurch einen neuen und sehr kräftigen Schub.

Grundstein für den Siegeszug des Voith-Turbo-Getriebes: Die V140 001, hier bereits im Bundesbahn-Einsatz (um 1951)

Sammlung Rudolf Heinisch

1936 gab es bei der Deutschen Reichsbahn schon über 1000 Kleinmotorlokomotiven und rund 400 Brennkraft-Triebwagen. Viele bis dahin mit mechanischen oder dieselelektrischen Antrieben ausgerüstete Fahrzeuge wurden in den Folgejahren durch hydraulische Bauarten ersetzt. Das Voith-Getriebe öffnete aber auch den Weg für völlig neue Entwicklungen. Die Einheitslokomotiven der Wehrmacht sind dafür ein besonders herausragendes Beispiel.

---

27 BA R5/2163

28 Lauscher, Diesellok-Programm 1935, S.5ff. und S.11ff.

29 Boettcher/Reutter, Diesellokomotiven, S.63ff.

Die Wehrmacht-Diesellok (WR-Typenreihe)

Die Entwicklung der vereinheitlichten Wehrmacht-Diesellokomotiven war Teil eines beispiellosen Aufrüstungsprogramms in Deutschland ab Mitte der 30er Jahre. Sie ist, ob es in der Rückschau gefällt oder nicht, undenkbar ohne den auf Eroberung zielenden Größenwahn der Nationalsozialisten und undenkbar wohl auch ohne die technologischen Entwicklungssprünge der 30er und Anfang 40er Jahre, die durch die Kriegspolitik teils ausgelöst, zumindest aber ganz erheblich gefördert wurden. Ein kurzer Blick zurück deshalb auf die politischen, militärischen und wirtschaftlichen Rahmenbedingungen eines Zeitabschnitts, den die Geschichtsbücher vor allem mit einem Namen verbinden: Dem Adolf Hitlers.

Aus den November-Wahlen 1932 war Hitlers NSDAP als stärkste Partei im Reichstag hervorgegangen. Anders als noch ein halbes Jahr zuvor nach den Juli-Wahlen gelang es den zerstrittenen Weimarer Parteien diesmal nicht, eine demokratische Regierungskoalition an der NSDAP vorbei zu bilden. Am 30. Januar 1933 waren die Nationalsozialisten am Ziel: Adolf Hitler wurde zum Reichskanzler ernannt. Nur wenige Tage danach begann das neue Regime mit der systematischen Gleich- und Ausschaltung Andersdenkender und der Aufhebung verfassungsmäßiger Grundrechte. Das „neue" Deutschland war ein Ein-Parteien-Staat mit der NSDAP an seiner Spitze.

Wie die politischen Ziele wurde auch die militärische Aufrüstung im NS-Staat - zunächst verdeckt, später offen - mit einer atemberaubenden Schnelligkeit und Wucht vorangetrieben: Bereits 1934 wuchsen die Militärausgaben um das Fünffache, 1935 wurde die allgemeine Wehrpflicht eingeführt und die Reichswehr zur „Wehrmacht" umgewandelt. Und wiederrum ein Jahr später - 1936 - ließ Hitler unter Verletzung internationaler Verträge seine Truppen ins entmilitarisierte Rheinland einmarschieren[1].

Schon 1938, nur ein halbes Jahrzehnt nach der Machtergreifung der Nazis, war aus dem 100.000-Mann-Friedensheer von Versailles[2] eine hochgerüstete Wehrmacht mit über 1 Million Soldaten geworden. Hitler verfügte über die modernste und schlagkräftigste Armee Europas. Das Militär wurde zum Grundstein für eine aggressive Expansionspolitik, die Deutschland und seine europäischen Nachbarstaaten wiederholt an den Rand bewaffneter Auseinandersetzungen brachte[3] und mit dem Überfall auf Polen am 1.September 1939 schließlich in den blutigsten Krieg der Menschheitsgeschichte stürzte.

Parallel zum Wiederaufbau der Militärmacht war auch die wirtschaftliche Aufrüstung vorangetrieben worden. Kriegswichtige Industriezweige, vor allem die Stahlproduktion und die chemische Industrie, wurden ausgebaut. Automobil- und Flugzeugwerke verzeichneten bis dahin nie dagewesene Produktionszahlen. Schnelle Aufmarschwege, die Reichsautobahnen, entstanden. Und auch die Eisenbahn wurde - wenn auch deutlich zurückhaltender als andere Verkehrsträger - den zukünftigen Erfordernissen entsprechend „strategisch" ausgebaut[4]: Der Oberbau besonders der Ost-West-Schienenstränge wurde verstärkt, der Wagenumlauf und die Nachrichtenübermittlung beschleunigt und ein geheimer Höchstleistungsfahrplan für den Mobilmachungsfall erstellt.

Das Ziel all dieser Maßnahmen, die kriegerische *„Eroberung von Lebensraum im Osten"* war spätestens ab Mitte 1936 unübersehbar. Zu diesem Zeitpunkt erließ der Reichskriegsminister eine erste Weisung *„für die einheitliche Vorbereitung eines möglichen Krieges"*[5]. Hitler selbst forderte in einer Denkschrift zum zweiten Vierjahresplan im August 1936: *„Die deutsche Armee muß in vier Jahren einsatzfähig sein. Die deutsche Wirtschaft muß in vier Jahren kriegsfähig sein"*[6].

Konzeption: Die typisierten Wehrmacht-Diesellokomotiven entstehen

Spätestens mit dem „Gesetz über den Aufbau der Wehrmacht" vom 16. März 1935 hatte auch der planmäßige Ausbau der militärischen Infrastruktur begonnen. Überall im Reich - wie später auch in den besetzten Gebieten - entstanden neue Versorgungslager, Munitionsanstalten, Fliegerhorste sowie Schieß- und Übungsplätze. Die meisten dieser Anlagen wurden über die Schiene an das Streckennetz der Deutschen Reichsbahn angeschlossen. Für Bauaufgaben sowie den Betrieb im Rangier- und Übergabedienst mußten deshalb in zunehmendem Umfang wehrmachtseigene Lokomotiven beschafft werden.

Von militärischer Seite aus wurde an den Eisenbahnbetrieb die Forderung nach völliger „Rauchfrei-

---

1 Bernhardt, Aufrüstung, S.69ff.; Zentner/Bedürftig, Lexikon des Dritten Reiches, S.44f.

2 Bestimmungen des Versailler Friedensvertrages vom 28.Juni 1919

3 „Anschluß" Österreichs (März 1938), Einmarsch ins Sudetengebiet (Oktober 1938), Besetzung Böhmens und Mährens (März 1939), Angliederung des Memellandes (April 1939)

4 Kreidler, Achsenmächte, S.22

5 Bernhardt, Aufrüstung, S.84f.

6 Müller, Armee, S.101

heit"[7] geknüpft. Dampflokomotiven mit ihren verräterischen Rauchpilzen kamen für den Einsatz in den mühsam getarnten Anlagen deshalb kaum infrage. Diesel-loks dagegen waren „rauchfrei",

- standen jederzeit zur Verfügung (kein Anheizen, kein Ruhefeuer),
- waren selbst bei geringem Rangierbedarf mit längeren Betriebspausen noch wirtschaftlich einsetzbar und
- konnten auch von wenig ausgebildetem Personal gefahren und mit geringen technischen Mitteln unterhalten werden.

In explosionsgefährdeten Bereichen wie Munitionsanstalten und Tanklagern verbot sich der Einsatz von Dampflokomotiven mit offener Feuerung zudem schon aus Sicherheitsgründen.

Trotz der bald sichtbar werdenden Probleme bei der Treibstoffversorgung wurden bis kurz vor Kriegsende daher fast ausschließlich Diesellloks für die Rangierarbeiten der Wehrmacht beschafft. Der Treibstoffnachschub blieb bis zuletzt aber der (zuweilen auch empfindlich getroffene) Lebensnerv des Diesellokeinsatzes bei der Armee.

Viele Jahre hindurch, besonders zwischen 1937 und 1940, bedienten sich Heer, Luftwaffe und Marine zur Deckung ihres Bedarfes noch weitgehend aus den Fertigungsprogrammen der etablierten Lokomotivfabriken[8]. Vor allem Deutz, Orenstein & Koppel sowie die Deutschen Werke Kiel lieferten in dieser Zeit zusammen mehrere hundert Kleinloks unterschiedlichster Bauart. DWK bestritt zeitweilig 70 Prozent des gesamten Auftragsvolumens mit Wehrmachtsbestellungen! Allein bei der Luftwaffe liefen im März 1943 bereits 75 Lokomotiven von DWK[9].

Im Betrieb konnten die meist zweiachsigen Werksbauarten mit Leistungen zwischen 30 und (selten über) 150 PS aber nur in der Anfangszeit befriedigen. Spätestens mit den anlaufenden Kriegsvorbereitungen machten die steigenden Leistungsanforderungen und die sich abzeichnenden Probleme bei der Ersatzteilhaltung eine Einschränkung der illustren Typenvielfalt erforderlich. Damit war der Weg frei für den Bau moderner und den speziellen Erfordernissen der Wehrmacht entsprechender Einheitslokomotiven.

Die Arbeitsgemeinschaft Schwartzkopff/ Orenstein & Koppel

Die Forderung nach einfachen, standardisierten Rangiermotorloks war zum ersten Mal Anfang 1936 beim Heer laut geworden. Zuständig für die Entwicklung, Erprobung und Massenbeschaffung militärischen Gerätes war seinerzeit das Heereswaffenamt (HWA) in Berlin[10]. In der Abteilung „WaPrüf 5" (**Wa**ffen-Entwicklungs- und -**Prüf**wesen, Abt.**5**) arbeitete hier ein Stab von Maschinenbau-Ingenieuren an der Entwicklung spezieller Minen- und Pioniergeräte. Neben den typisierten Wehrmacht-Dieselloks sind bei WaPrüf 5 u.a. auch Spezialtiefladewagen für die Panzer „Tiger" und „Panther", Achspressen für das Umspuren erbeuteter russischer Güterwagen und der bekannt-berüchtigte Schienenwolf entstanden[11].

Chef der Abteilung WaPrüf 5 war Major (später Oberst[12]) Max Mennicke, der bereits im 1.Weltkrieg Erfahrungen bei der Versuchsabteilung der Eisenbahntruppen gesammelt hatte. In den Jahren 1936-38 gab er den Anstoß zur Gründung verschiedener Arbeitsgemeinschaften von Lokomotivfabriken, die in den Folgejahren eine ganze Typenreihe schmal- und normalspuriger Heeres-Dieselloks entstehen ließen. Und zwar

im Feldbahnbereich (für den Einsatz auf schmalspurigen Frontbahnen mit 600-750 bzw. 900-1067 mm Spurweite)

- eine zweiachsige Type mit 50 PS (HF50B)
- eine dreiachsige Type mit 130 PS (HF130C)
- eine vierachsige Type mit 130 PS (HF130D) sowie
- eine vierachsige Type mit 200 PS (HF200D).

Diese Heeresfeldbahn-Lokomotiven sollen später in einem zweiten Band zur Wehrmachtlokgeschichte ausführlich beschrieben werden.

Sammlung Stefan Lauscher

Die größte unter den schmalspurigen Wehrmachtlokomotiven: Die vierachsige HF200D

Auch bei den Regelspurlokomotiven wurden verschiedene Baugrößen vorgesehen, nämlich

- eine zweiachsige Lok mit 200 PS (WR200B14)
- eine zweiachsige Lok mit 240 PS (WR240B15)
- eine dreiachsige Lok mit 360 PS (WR360C14) und
- eine vierachsige Lok mit 550 PS (WR550D14)

Keimzelle all dieser Neuentwicklungen war die am 6. Juni 1936 gegründete[13] „Arbeitsgemeinschaft für Motorlokomotiven" (AGM) mit Sitz in Wildau. Mitglieder waren die Berliner Maschinenbau AG vorm. Louis Schwartzkopff (BMAG) sowie Orenstein & Koppel (O&K). Nur soweit es Motor- und Getriebefragen betraf, wurden außerdem Deutz und Voith in die Konstruktionsarbeit mit einbezogen.

Beide AGM-Firmen hatten bereits in den Jahren 1930-1933 bei der Konstruktion und Vereinheitlichung damals neuartiger Kleinlokomotiven für die Reichsbahn wertvolle Entwicklungsarbeit geleistet und sich selbst damit für weitere Motorlok-Projekte empfohlen. 1935 arbeiteten BMAG und O&K gemeinsam an einer Co-dieselelektrischen Versuchslok mit Sauggasmotor auf Basis der DR-Zweikraftlok V 16 004[14]. Dieses Projekt wurde von der Reichsbahn allerdings aus finanziellen Gründen gestoppt.

Dem Vorbild der Wildauer AGM folgend entstanden in den Jahren danach weitere Arbeitsgemeinschaf-

7 Neumann, Entwicklung, S.35
8 Vergl. Anhang: Firmenbauarten
9 Normalspurige Motorloks der Luftwaffe, MfV-RZA 239
10 Leeb, Rüstung, S.9
11 Kreidler, Achsenmächte, S.259, 263, 302f.; Kästner, Schienenwolf, S.349; Mittteilungen der Familie Stein (Alsbach-Hähnlein)
12 1935 Wiedereintritt in die Reichswehr als Major, ab 1.11.39 Oberstleutnant, ab 1.3.42 Oberst; BA-ZNS Pers6/8797
13 Besprechungsnotiz v. 9.6.36
14 BA R5/2254

ten mit unterschiedlicher Zusammensetzung[15]. Mitglieder waren für den Lokbau

bei der 200-PS-Lok (KZD200)
Schwartzkopff, Orenstein & Koppel, Deutz, Jung, Krupp und Gmeinder,

bei der 240-PS-Lok (Abg180)
Schwartzkopff, Orenstein & Koppel und Deutz,

bei der 360-PS-Lok (AGM360)
Schwartzkopff und Orenstein & Koppel sowie

bei der 550-PS-Lok (AGM550)
Schwartzkopff, Orenstein & Koppel und Deutz.

Der Auftraggeber:

Das Heereswaffenamt

(HWA) in Berlin war von Mitte der 20er Jahre bis zu seiner Auflösung 1945 die Zentralstelle des Heeres für die gesamte Planung, Konstruktion, Beschaffung und Abnahme aller neuen Waffen, Geräte und Sprengmittel. In den sieben Amtsgruppen der Mammutbehörde arbeiteten zeitweise über 30.000 Menschen, dazu noch einmal über 2000 Mann Stammpersonal auf den Versuchsplätzen.

Das HWA unterstand unmittelbar dem Oberbefehlshaber des Heeres (bis 31.8.39) bzw. dem Chef der Heeresrüstung (ab 1.9.39). Allein 1942 z.B. wurden beim Heereswaffenamt über 4000 Entwicklungsaufträge bearbeitet. Die Zahl der monatlich angefertigten Pausen ging in die Millionen.

Die Amtsgruppe Entwicklung und Prüfwesen (WaPrüf) war mit bis zu 13 Abteilungen (1944) eines der größten Ämter im HWA. In Zusammenarbeit mit der Industrie wurden hier neue militärische Geräte entworfen und erprobt, daneben aber auch in großem Umfang Beutewaffen getestet und für den Wehrmachtseinsatz umgebaut.

Die Konstruktion von Lokomotiven lag bei der Abteilung WaPrüf 5, die im Ganzen für Pioniergeräte zuständig war. Daneben gab es Waffenprüfämter u.a. für Munition und Minen (WaPrüf 1), für Festungswaffen (WaPrüf Fest), Kraftfahrzeuge (WaPrüf 6), Nachrichtengerät (WaPrüf 7) oder Raketen (WaPrüf 10 und 11).

Alle größeren Abteilungen unterhielten eigene Erprobungsstellen. Der Versuchsplatz für Pioniergerät lag in Rehagen-Klausdorf/Sperenberg südlich von Berlin. Hier gab es ausgedehnte Gleisanlagen und Teststrecken in Normal- und Schmalspur. In Sperenberg erfolgte außerdem die Ausbildung der Eisenbahn-Pioniere und die Zuteilung der Loks an die einzelnen Dienststellen.

Bis Anfang 1942 - danach traten vereinfachte Kriegs-Bestimmungen in Kraft - wurden Entwicklungsaufträge in der Regel an jeweils zwei konkurrierende Firmen vergeben, um durch Wettbewerb zu besseren Ergebnissen zu kommen. Die Entwicklungskosten wurden nach aufgewendeter Leistung abgegolten, u.a. durch die Bestellung entsprechend großer Lieferserien bei den jeweiligen Herstellern.

Das Heereswaffenamt ist mit Kriegsende 1945 aufgelöst worden. Kurz zuvor war das HWA befehlsmäßig noch mit den Beschaffungsstellen der Luftwaffe und Marine zu einem „Wehrmachts-Waffenamt (WWA)“ zusammengefaßt worden. Die Neuordnung wurde aber nicht mehr wirksam. Die gleichen Aufgaben wie seinerzeit das HWA nimmt heute das Bundesamt für Wehrtechnik und Beschaffung in Koblenz wahr.

Schwartzkopff hatte dabei die Federführung für die 200-, 360- und 550-PS-Typen, O&K leitete die Entwicklung der 240-PS-Lok. Ab Mitte 1940, nach Abschluß der wesentlichen Konstruktionsarbeiten, wurden alle verbliebenen Aktivitäten in einer „Arbeitsgemeinschaft für regelspurige Wehrmacht-Motorlokomotiven“ zusammengefaßt. Auch hier hatte BMAG die Federführung.

Sammlung Gerhard Tiffe

Der Mann an der Spitze der Wildauer AGM: Alfred Neumann

Treibende Kraft der gesamten Wehrmachtlok-Entwicklung war der junge BMAG-Oberingenieur Alfred Neumann. Unter seiner Leitung arbeiteten in den Jahren 1936-42 rund 30 bis 40 Konstrukteure und Zeichner an der Entstehung der neuen Diesellok-Familie. Die Mitgliedsfirmen der jeweiligen AGM hatten dafür geeignete Entwicklungsingenieure in die Gemeinschaftsbüros nach Wildau bzw. Drewitz zu entsenden. Das Heereswaffenamt beschränkte sich auf die Formulierung der Zielvorgaben, die Konstruktions- bzw. Fertigungsüberwachung sowie natürlich die Auftragsvergabe.

Zu den Besonderheiten der Wehrmachtlok-Geschichte zählt die Mitarbeit des Reichsbahn-Zentralamtes (RZA) in den verschiedenen Arbeitsgemeinschaften. Das Heereswaffenamt hatte das RZA als konstruktiven Berater hinzugezogen, um, wie der AGM-Ingenieur Georg Nürnberger später schrieb[16], *„die eisenbahntechnischen Belange in jedem Fall zu sichern“*, sprich: in jedem Stadium eine fachlich-unabhängige Prüfung der Arbeiten zu gewährleisten.

Tatsächlich hat das RZA in zahlreichen Detailfragen auf die Ausführung der neuen Loks Einfluß genommen, Einwände erhoben, Anregungen gegeben, Vorschläge verworfen und auf die Einhaltung der Konstruktionsrichtlinien des RZA auch bei den Wehrmachtloks hingewirkt. Personifiziert war diese Mitarbeit durch den damaligen Bauartdezernenten (Dez.23) des RZA, Richard Paul Wagner. Er saß bei allen Konstruktionsbesprechungen mit am Tisch, prüfte Ausführungszeichnungen und veranlaßte die Erprobung der Vorserienlokomotiven durch das Lokomotiv-Versuchsamt der Reichsbahn.

Zumindest in der Anfangszeit dürfte das Zentralamt mit diesem Engagement auch eigene Ziele verfolgt haben. Noch Ende 1938 gab es Überlegungen bei der Reichsbahn, die 200-PS-Lok als sogenannte *„Wanderlokomotive“*, also als wandernde Rangierlok für jeweils zwei oder drei Unterwegsbahnhöfe der DR einzusetzen[17]. Die Pläne scheiterten jedoch an einem offenbar zu hohen Stückpreis der Lok[18]. Auch die WR550D14 wurde bei den Probefahrten 1942 noch ausdrücklich auf ihre *„Brauchbarkeit für den DR-Betrieb“* hin untersucht[19].

Die Mitwirkung des RZA an der Konstruktion der WR-Typenreihe ließ sich die Reichsbahn übrigens mit preußischer Genauigkeit entlohnen. Nach Fertigstellung der beiden 360-PS-Baumusterlokomotiven z.B. wurden dem Heereswaffenamt per 28. Juni 1937 folgende Kosten in Rechnung gestellt[20]:

Für den Herrn Dez.23	=	*80 Stunden à 7,35 RM*
für den Hilfsarbeiter bei Dez.23	=	*67 Stunden à 4,35 RM*
für den Büroarbeiter	=	*75 Stunden à 3,00 RM*

Zusammen machte das bescheidene 1104,45 RM. Im Betreff hieß es übrigens auch in dieser Unterlage noch aufschlußreich ungenau: *„Diesellok für besondere Zwecke“*.

Der Anforderungskatalog

Die Entwurfsarbeiten für die neuen, typisierten Wehrmachts-Lokomotiven hatten noch vor Gründung der Arbeitsgemeinschaft etwa Ende April/Anfang Mai 1936 begonnen. Entsprechend den Grundsätzen des Heereswaffenamtes[21] waren mit Schwartzkopff und

15 In Klammern genannt sind die seinerzeit verwendeten Kurzbezeichnungen: „AGM“ und „Abg“ sind Kürzel für „Arbeitsgemeinschaft“; die Bedeutung von „KZD“ ist nicht bekannt; die anschließende Ziffernfolge nennt die PS-Zahl der projektierten Lok
16 Nürnberger, Erkenntnisse, S.1
17 Wagner, Beschleunigung, S.997
18 Sitzungsbericht KZD200 v. 8.12.37
19 Untersuchungsbericht LVA Grunewald v. 4.7.42
20 MfV-RZA 247
21 Leeb, Rüstung, S.13; Schneider, Waffenentwicklung, S.31ff.

O&K zwei konkurrierende Entwicklungsfirmen zur Angebotsabgabe aufgefordert worden. Auch Krupp erarbeitete einen (preislich allerdings indiskutablen) Vorschlag[22]. Erst nachdem Schwartzkopff und O&K in ihren Entwürfen zu ähnlichen Ergebnissen gekommen waren, wurden die weiteren Konstruktionsarbeiten ab Juni 1936 dann einer Arbeitsgemeinschaft dieser beiden Firmen übertragen.

Wie aus den Sitzungsprotokollen hervorgeht, war anfangs offenbar nur an die Entwicklung **einer** robusten und kräftigen Universallok für die verschiedensten Einsatzbereiche des Heeres gedacht. Im Mittelpunkt stand dabei der Verschiebedienst in Versorgungslagern und Munitionsanstalten. Aber auch als Zuglok für die neu entstehenden Eisenbahngeschütze sollten die neuen Lokomotiven schon nach damaliger Planung eingesetzt werden können. Weitere Bauarten spielten erst später, etwa ab 1937/38, in den Wildauer Konstruktionsbüros eine Rolle. Dabei mußte von vorneherein auf eine weitgehende Normung und Vereinheitlichung der Loks, das heißt die Verwendung gleicher oder verwandter Bauteile, geachtet werden.

Daß letztendlich über die Jahre hinweg dann doch wieder eine Vielzahl von Sondertypen, unterschiedlichen Motor-Ausstattungen und Bauvarianten entstand, hatte seine Ursache wohl mehr in der vielzitierten deutschen Gründlichkeit, als in möglichen Fehlentwicklungen bei der Planung der WR-Lok-Familie.

An die Konstruktion der neuen Heereslok knüpfte das HWA eine Reihe klar umrissener Bedingungen:

- Im Lastenheft wurde die Beförderung eines 230-to-Zuges bei 10 Promille Steigung noch mit 20 km/h vorgeschrieben.
- In einer 25-Promille-Steigung war der gleiche Zug zumindest noch sicher anzufahren.
- Die Höchstgeschwindigkeit sollte 40 km/h, in Güterzüge eingestellt 70 km/h betragen[23].

Diesen Erfordernissen entsprechend, schien zunächst eine Leistung von etwa 300 PS ausreichend. Erst bei der Suche nach geeigneten Motoren wurde die Maschinenleistung später auf 360 PS angehoben.

Von Anfang an vorgesehen war dagegen die Möglichkeit, zwei völlig gleiche und eigenständige Lok-Einheiten zu einer sogenannten *„Doppellokomotive"* zu kuppeln und von einem Führerstand aus zu fahren. Das Heereswaffenamt wollte damit eine möglichst vielseitige Verwendbarkeit der Wehrmachtlok sicherstellen. In allen frühen Schriftstücken der AGM ist durchgängig von einer *„600-PS-Doppel-Diesellokomotive"* die Rede. Weiterhin verlangte das HWA[24]

- die Begrenzung des Achsdrucks auf max. 15 to,
- einen möglichst einfachen und übersichtlichen Aufbau der Lok,
- den Verzicht auf jegliche Sonderbauteile, um Reparaturzeiten kurz zu halten und eine sparsame Ersatzteilhaltung zu ermöglichen,
- eine einfache Bedienbarkeit auch für ungelerntes Personal sowie
- die Möglichkeit zum Einbau eines Ex-Schutzes für den Einsatz in feuergefährdeten Bereichen.

Als Nebenausrüstung wurden Druckluftbremse, elektrische Beleuchtung, Führerstandsheizung und eine selbsttätige Zughakenkupplung nach Vorbild der DR-Kleinloks vorgeschrieben.

Besonders die erwähnte Achsdruck-Begrenzung war Mitte der 30er Jahre noch von nicht zu unterschätzender Bedeutung. Die meisten Wehrmachtdepots lagen aus Tarnungsgründen in ländlichen Gebieten und schlossen an Nebenbahnen an, die nur mit schwachem Oberbau, altem Weichenmaterial und bescheidenen Brückenbelastbarkeiten ausgebaut waren. Für einen freizügigen Einsatz der Heeresloks war die Einhaltung des 15-to-Maßes deshalb unbedingte Voraussetzung.

Hinsichtlich der technischen Ausstattung konnte die Arbeitsgemeinschaft an neuere Erfahrungen aus dem Triebwagen- und Kleinlokbau anknüpfen. Namentlich die hydraulischen Voith-Getriebe waren 1936 bereits hinreichend erprobt und hatten sich als wirtschaftlich und vollkommen zuverlässig erwiesen. Die Bedienung galt als *„narrensicher"*. Bei Kleinlok-Vergleichsfahrten 1935 in Berlin hatte die hydraulische Lok zudem eine deutlich bessere Ausnutzung der Motorleistung, Zeitersparnis beim Rangieren und Vereinfachungen bei der Wartung gegenüber einer dieselmechanischen Kleinlok gezeigt[25].

Auch für die Heereslok schien die Verwendung dieser Technik deshalb zweckmäßig. Voith entwickelte dafür neue Hydraulikgetriebe in den Größen 200, 400 und 600 PS (Getriebetypen L33y, L37, L37y). Angesichts einer bereits bewältigten Übertragungsleistung von 1400 PS (DR-Lok V 16 101) wurden diese Neukonstruktionen schon damals zu keiner Zeit als besonders risikoreich erachtet.

Schwieriger gestaltete sich die Auswahl geeigneter Motoren. Zwar bot die Industrie in ihren Lieferprogrammen durchaus schon Modelle der gewünschten Leistung an. Nur wenige aber entsprachen den Vorstellungen der AGM in Bezug auf Bauart, Drehzahl und Betriebssicherheit. Spezielle Lokomotivmotoren gab es noch überhaupt nicht.

Immerhin mußte - anders als im Triebwagenbau - keine Rücksicht auf besonders platzsparende und leichte Bauweise genommen werden. Für den Einbau kamen mithin auch großvolumige Schiffs- und Stationärmotoren infrage, die als Langsamläufer (600-900 UpM) den Vorteil geringer Schadanfälligkeit und langer Lebensdauer besaßen. Dank der schweren Bauart sorgten sie zudem für das nötige Reibungsgewicht.

Getriebe für die neuen Loks. Von links: L37 (für WR360C14), L33y (für WR200B14), L33 (für Kleinlok) und L22 (für HF-Lok HF130C)

Voith

Das Interesse des HWA konzentrierte sich lange Zeit auf ein Deutzer Baumuster, Type A8M324, mit 8 Zylindern und 285 PS/ 800 UpM bzw. 320 PS/ 900 UpM. Außer der erwiesenen Betriebssicherheit spielte hierbei wohl auch die kurzfristige Lieferbarkeit eine gewisse Rolle. Die genaue Durchrechnung ergab jedoch, daß - nach Abzug von etwa 10-15 PS für den Lüfterantrieb - der Motor ständig an seiner Leistungsgrenze belastet worden wäre. Mit Blick auf die größeren PS-Reserven fiel die Entscheidung deshalb letztlich zugunsten eines Deutz-6-Zylinder-Motors, Type V6M436, aus, der auf 360 PS bei 600 UpM kam.

22 Ausführlich im Kapitel „Die K5-Lok von Krupp"; vergl. S. 35f.
23 Vermerke v. 11.5.36 und 20.5.36, MfV-RZA 247
24 Neumann, Entwicklung, S.35f.
25 Neumann/Kugel, Dieselhydraulische, S.37f.; Neumann, Entwicklung, S.34f.

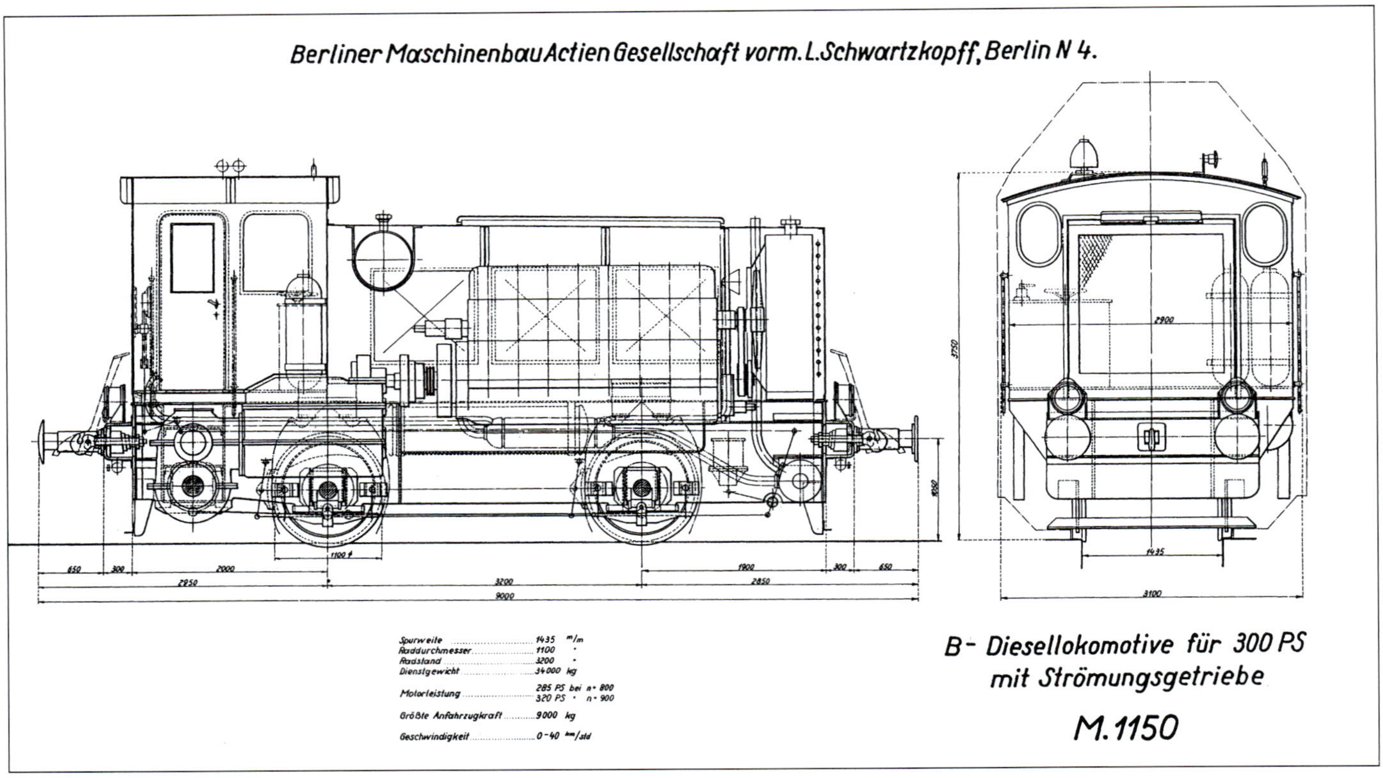

Zweiachsig, Achtzylindermotor, Blindwelle hinten - so sollte nach Schwartzkopff-Vorstellungen die spätere V36 aussehen.

Hier wie in allen anderen Baugrößen (200, 360 und 550 PS) sind, ausgehend von einer geplanten Beschaffung in großen Stückzahlen, später auch noch andere Motor-Fabrikate verwendet worden. Voraussetzung dafür waren grundsätzlich gleiche Einbauverhältnisse. D.h. Bauweise und Anschlüsse für Getriebewelle, Lüfterantrieb, Rahmeneinlagerung usw. mußten jeweils soweit vereinheitlicht sein, daß die Motoren untereinander ohne weiteres tauschbar waren. In der Praxis ist wegen der nötigen Anpassungsarbeiten und dem außerdem fälligen Ein- oder Ausbau von Ballast von dieser Möglichkeit aber nur selten Gebrauch gemacht worden.

Erste Projekte

Bei der Vergabe des Entwicklungsauftrages an die Arbeitsgemeinschaft hatte das Heereswaffenamt auf die Festlegung konstruktiver Details weitestgehend verzichtet. Die AGM-Firmen hatten beim Entwurf also freie Hand und konnten nach Maßgabe der generellen Heeresforderungen und unter Beachtung der im Lokomotivbau gültigen Normen frei konstruieren. Alle Beteiligten betraten mit dieser Aufgabe Neuland. Weder Reichsbahn noch Wehrmacht, und ebenso wenig die Lieferindustrie hatten Erfahrungen mit Motorlokomotiven dieser Leistung.

Die grundsätzliche Anordnung der Lokomotive sowie Motorisierung und Getriebeauslegung ergaben sich aus dem vom Heereswaffenamt aufgegebenen Betriebsprogramm. Offen waren aber beispielsweise die Ausführung des Achsantriebs, der Treibraddurchmesser, die Anordnung von Motor, Getriebe und Blindwelle (bei Stangenantrieb), die Gestaltung des Führerhauses usw. Auch über die Frage, ob zwei oder drei Achsen vorzusehen waren, gab es vorab keinerlei Festlegungen. BMAG bevorzugte anfangs eine zweiachsige Lok, mit der - eigenen Berechnungen zufolge - die erforderliche maximale Anfahrzugkraft von 7600 kg am Radumfang sicher zu erbringen war. Dagegen kam Orenstein & Koppel schon im Vorentwurf zu einer dreiachsigen Ausführung.

Preislich war interessanterweise die C-Lok, trotz des zusätzlichen Radsatzes, das günstigere Angebot, weil O&K für Achsen, Achslager und Stangen Serienteile der O&K-Firmenloks zugrundegelegt hatte. Dagegen erhob jedoch das RZA Berlin Einwände. Auch später sind verschiedene Versuche der AGM-Firmen, bei einzelnen Bauteilen Reichsbahnnormen durch (kostengünstigere) Industriebahnstandards zu ersetzen, an dem in dieser Frage kompromißlosen Reichsbahn-Zentralamt gescheitert.

Beide Vorentwürfe liefen einige Zeit unter der Projektbezeichnung *„Diesellokomotive 100"*. Erst ab Juli 1936, nach Klärung der Motorfrage, wurde genauer unterschieden[26]: Die Schwartzkopff-Lok erhielt danach die Typenbezeichnung „B320f", die O&K-Lokomotive hieß „C320f", wobei

B/C für die Anzahl der gekuppelten Achsen,
320 für die Getriebeeingangsleistung[27] und
f für das eingebaute Flüssigkeitsgetriebe

standen. Die Entwürfe wurden noch von den Einzelfirmen erarbeitet und sind damit die einzigen erhaltenen Dokumente aus der Vor-AGM-Zeit.

Der Schwartzkopff-Entwurf für eine B-Lok

Als erste der beiden Lokfabriken gab Schwartzkopff am 14. Mai 1936 ein Angebot für die zu bauende *„600-PS B+B-Diesellokomotive"* ab[28]. Der Entwurf enthielt zwei Varianten für die Anordnung des Blindwellenantriebs, und zwar

- den Einbau hinter der zweiten Achse unter dem Führerhaus gemäß Musterzeichnung M 1150 oder
- eine Anordnung zwischen den beiden Achsen gemäß Musterzeichnung M 1152.

Die gesamte maschinelle Ausstattung war dagegen identisch. Im Angebot enthalten waren der Deutz-Motor A8M324 mit 285 bzw. 320 PS, ein Voith-Strömungsgetriebe Bauart Wandler/Kupplung/Kupplung für Vmax 40 km/h sowie Druckluftbremse, Führerhausheizung, Fernsteuerung etc.

26 Sitzungsbericht AGM360 v. 11.7.36
27 Getriebeeingangsleistung ist die Motorleistung abzüglich der Nebenantriebe (z.B. Lüfter)
28 Angebot Ml.89/36A, MfV-RZA 247

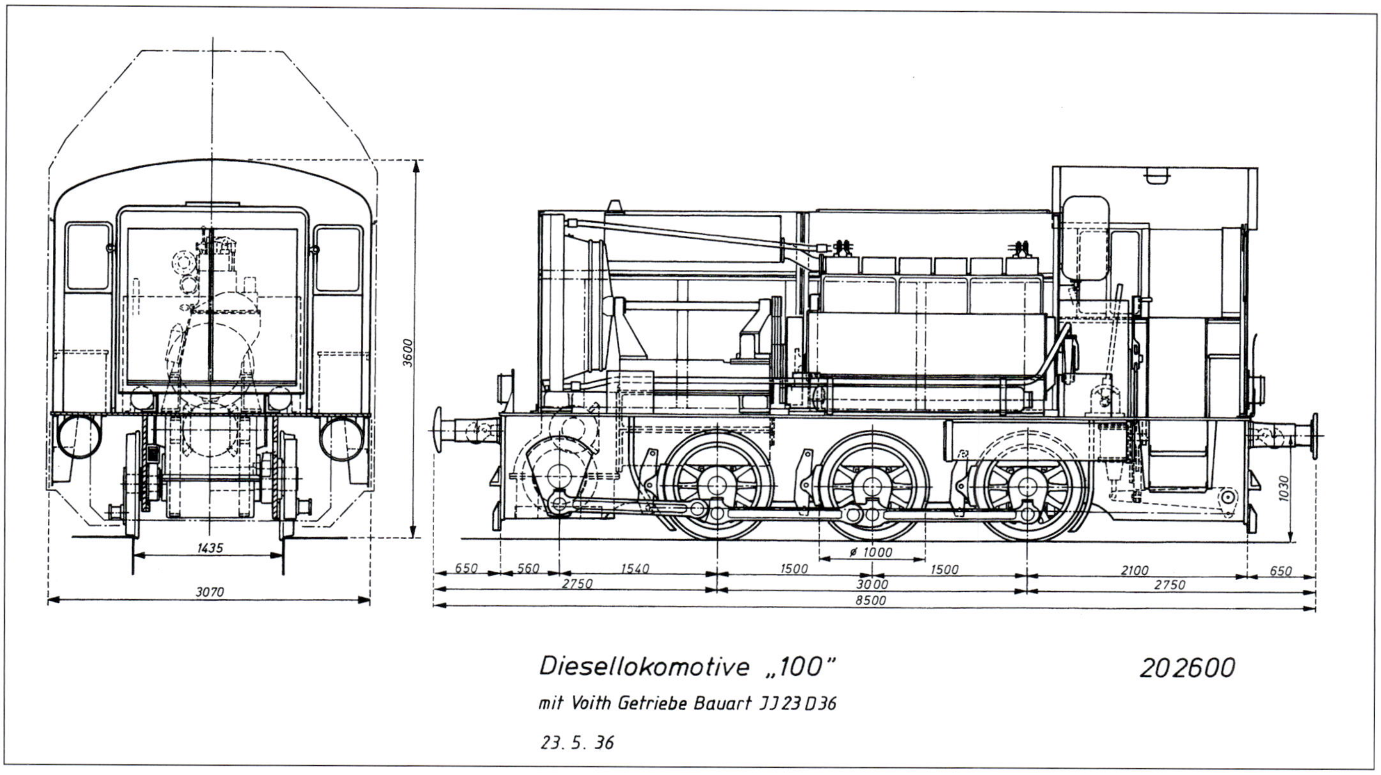

HORST KÜHNHACKL

Klares Nein vom Heereswaffenamt: Der erste Entwurf von Orenstein & Koppel wanderte gleich in den Papierkorb.

Unterschiedlich waren zwangsläufig Längen und Radstände der beiden Ausführungen: Während die erste Variante mit außerhalb des Achsbildes liegender Blindwelle auf 9000 mm LüP und 3200 mm Radstand kam, baute das Alternativangebot mit Antrieb zwischen den Achsen insgesamt etwas kürzer (8600 mm). Dafür mußte aber ein größerer Radstand (3500 mm) in Kauf genommen werden. Zu den Vor- bzw. Nachteilen der jeweiligen Projektvariante heißt es im Angebotsschreiben:

> *Die Anordnung des Getriebes außerhalb der Achsen ergibt zwar eine verhältnismäßig große Lokomotivlänge, dafür aber eine bessere Zugänglichkeit und bessere Einbauverhältnisse für das Wendegetriebe. Die Anordnung der Blindwelle innerhalb der Achsen bringt ungünstigere Montageverhältnisse, dafür aber eine Verkürzung der Lokomotivlänge sowie der Treib- und Kuppelstangen. Außerdem können in diesem Fall die Pufferbohlen in den Rahmen eingezogen werden, so daß dadurch auch die Überhänge verkleinert werden.*

Die später auch für die Serienlok verwendeten Achsen hatte Schwartzkopff übrigens von der Einheitsdampflok Baureihe 89 übernommen. Lediglich die Gegengewichte waren, den veränderten Stangenkräften entsprechend, neu berechnet worden.

Der Entwurf zeigt - besonders im Führerhausbereich - noch einige bemerkenswerte Abweichungen zu der später dann tatsächlich gebauten Heereslok. Auffallend sind u.a.

- die beiden aufrecht im Führerstand stehenden Anlaßluftflaschen,
- die Beschränkung auf einen kleinen Bedienungstisch rechts im Führerhaus; Hauptsteuerrad waagerecht, Handhebelbremse an der Führerhausrückwand,
- das Fehlen der linken Stirnwandtür zum Umlauf,
- eine Schiebe- (statt Dreh-) tür in der Führerhausrückwand sowie
- die Anordnung des Brennstoffbehälters in Querlage vor dem Führerhaus im Motorvorbau.

Die Bedienung der Lok wäre nach diesen Plänen recht komfortabel ausgefallen. Vorgesehen war z.B. eine hydraulische Getriebebremse als zusätzliche Funktion im Handsteuerrad und eine druckluftgesteuerte Ferneinstellung der Wendegetriebeschaltung für den Doppellokeinsatz. Beide Ideen wurden von der Arbeitsgemeinschaft nicht aufgegriffen.

Insgesamt war, verglichen mit dem O&K-Entwurf, die BMAG-Lok zweifellos die elegantere und ausgereiftere Lokomotive. Viele der später für die Einheitslok gültigen Baumerkmale finden sich bereits in dieser ersten Skizze.

Interessant ist auch, daß die BMAG-Lok schon im Angebot auf 34 to Dienstgewicht bzw. 17 to Achsdruck ausgerechnet war. Durch verschiedene konstruktive Änderungen am Motor und Getriebe sowie den Einbau eines gußeisernen Auspufftopfes[29] erhöhte sich der Achsdruck später sogar noch auf annähernd 18 to. Obwohl die B-Type damit erheblich von den Ausschreibungsbedingungen abwich, wurde der Entwurf in der AGM weiterverfolgt, verändert und in zumindest einem Versuchsexemplar auch noch gebaut.

Der Orenstein & Koppel-Entwurf für eine C-Lok

Das O&K-Angebot auf eine dreiachsige Heereslokomotive[30] wurde nur knapp zwei Wochen nach dem Schwartzkopff-Entwurf eingereicht. Es trägt das Datum vom 23. Mai 1936 und weist einige für Lokomotiven dieser Größe sehr eigenwillige und ungewöhnliche Konstruktionsmerkmale auf. Beim Heereswaffenamt fand dieser Vorschlag offenbar wenig Gegenliebe. Jedenfalls folgte nur einen Monat später bereits eine überarbeitete Fassung nach eher konventionellem Strickmuster.

Auffallend am Ur-Entwurf der C320f war vor allem die Anordnung des Getriebes über der ersten Achse mit der Blindwelle am vorderen Rahmenende vor der Radsatzgruppe. O&K folgte damit einem bereits bei verschiedenen Firmentypen (RL11/RL12 und 4D[31]) an-

29 Damit sollte der Achsdruckunterschied zwischen der vorderen (16,4 to) und der hinteren Achse (17,6 to) ausgeglichen werden; Sitzungsbericht AGM360 v. 28.11.36
30 Angebot o.Zeichen, MfV-RZA 247
31 Auch Jung erprobte diese Anordnung in einer Kleinlok-Serie für die Reichsbahn

Die Entwicklungsfirmen:

Die Berliner Maschinenbau AG

vorm. L.Schwartzkopff in Wildau war eine der bedeutendsten Lokomotivschmieden des alten Deutschlands. Zwischen 1867 und 1945 wurden hier über 13.000 Lokomotiven gebaut. Allein die Reichsbahn bezog zwischen 1928 und 1945 über 1700 Einheitsdampfloks aus Wildau. Die Baureihen 01^{10}, H02, 41, 71, 84, 89^{0} und 99^{2} wurden in den BMAG-Konstruktionsbüros für die DR entwickelt und in der Erstausführung hier gebaut.

Frühzeitig hatte sich die BMAG daneben aber auch neuen Traktionsarten geöffnet. Gemeinsam mit den Maffei-Werken in München baute Schwartzkopff schon ab 1910 elektrische Staatsbahn- und Industrielokomotiven. 1908 wurde die erste in Deutschland hergestellte Druckluftlok für den Grubenbetrieb geliefert, ab 1914 Benzol- und Akkuloks, und ab 1924 Dieselloks mit Huwiler-Getriebe.

Internationale Anerkennung erntete Schwartzkopff 1927 mit einem für die Niederländischen Eisenbahnen gebauten „Lokomotor". Die davon ausgelöste Entwicklung von Kleinlokomotiven in Deutschland und der Anteil, den die BMAG daran hatte, machten das Werk endgültig zu einer der führenden deutschen Diesellokfabriken.

Mit der „Arbeitsgemeinschaft für Motorlokomotiven" war Schwartzkopff ab 1936 dann die Geburtsstätte der vereinheitlichten Wehrmacht-Dieselloks. Hier wurden die entscheidenden Entwürfe erarbeitet, die Konstruktionspläne gezeichnet und die Weiterentwicklung zu einer kompletten Bauart-Familie vorangetrieben. Mit 142 von insgesamt 343 bis Kriegsende gelieferten Loks hatte die BMAG zugleich den Löwenanteil am Bau der Wehrmacht-Dieselloks.

Den Krieg hat Schwartzkopff - zumindest als Lokomotivfabrik - nicht überlebt. Zwar blieben die Anlagen in Wildau von Bombenschäden weitgehend verschont. Nach 1945 war das Werk jedoch von einem russischen Räumkommando besetzt, wurde der nahezu gesamten maschinellen Einrichtung beraubt und nur teilweise wieder aufgebaut. Bis etwa 1951 beherbergte das alte Schwartzkopff-Werk danach vorübergehend die zentralen Konstruktionsbüros der LOWA (später LKM), anschließend zog der VEB Schwermaschinenbau „Heinrich Rau" ein. Erhalten und noch heute zu bewundern sind das von vielen Werkfotos bekannte Verwaltungsgebäude, die Mehrspurdrehscheibe und die sehenswerte Schwartzkopff-Werkssiedlung aus den Jahren 1897-1900. Auch

Orenstein & Koppel,

ab 1940 Maschinenbau und Bahnbedarf AG (MBA), war bei Gründung der AGM 1936 längst ein Diesellokhersteller mit Weltruf. Jahrzehntelange Erfahrungen in Konstruktion und Bau von Motorlokomotiven gingen hier vor allem auf die Maschinenfabrik „Montania" zurück, deren Produktion O&K 1912 übernommen hatte. Daneben fertigte O&K bis 1945 rund 14.000 Dampflokomotiven sowie - in den Konzernwerken Dessauer und Gothaer Waggonfabrik - Triebwagen und Waggons. 1939 besaß O&K acht Werke und 135 Niederlassungen in aller Welt mit rund 20.000 Mitarbeitern.

In dem 1898 erbauten Werk Drewitz („Babelsberg") bei Potsdam wurde der Diesellokbau 1929 aufgenommen. Ab 1932 war O&K Mitglied der „Arbeitsgemeinschaft für Motor-Kleinlokomotiven" und führend an der Vereinheitlichung von Kleinloks der Reichsbahn beteiligt. Parallel dazu entstand ein firmeneigenes Typenprogramm, das Mitte der 30er Jahre über 20 standardisierte Bauarten für Normal- und Schmalspur im Leistungsbereich zwischen 9 und 150 PS umfaßte.

In der Reihe der Wehrmachtloklieferer war Orenstein & Koppel der einzige Hersteller, der bei der 360-PS-Lok annähernd hohe Stückzahlen erreichte wie Schwartzkopff. Bis zur Auflösung der AGM 1943 waren O&K-Ingenieure maßgeblich an der Entwicklung der WR-Bauartreihe beteiligt. Herausragende Lieferungen waren die erste „richtige" (= 3achsige) WR360 sowie Lokomotiven in Sonderausführung für Breitspur und für den Export.

Nach dem Krieg ist die Lokbau-Tradition von O&K in beiden Teilen Deutschlands fortgesetzt worden. Im Werk Babelsberg wurde der VEB Lokomotivbau „Karl Marx" angesiedelt, der bis 1976 Dampf- und Diesellokomotiven mit Leistungen bis zu 2400 PS u.a. für die Deutsche Reichsbahn fertigte. In Westdeutschland baute O&K im Werk Dortmund-Dorstfeld ab 1948 wieder Diesellokomotiven. Nach knapp 2000 Nachkriegslieferungen wurde hier die Produktion 1981 aufgegeben.

gewandten Antriebsprinzip, das sich im Diesellokomotivbau der 30er Jahre aber nicht durchzusetzen vermochte.

Vorteile dieser Anordnung waren eine hervorragende Gewichtsverteilung auf der Lok sowie ein für Kurvenfahrten günstiger enger Achsstand. Allerdings - Nachteil - rutschte der Motor dabei sehr weit nach hinten, wodurch sich die Lärmbelastung für das Lokpersonal erhöhte und Platzprobleme im hinteren Teil des Maschinenraums einstellten. Gerade diese beengten Einbauverhältnisse werden in der O&K-Skizze gut deutlich. So mußte z.B. der Brennstoffbehälter bei der C320f im Führerhaus untergebracht werden, und zwar ausgerechnet in Kopfhöhe über dem Bedienungstisch! Auch die Anordnung der Anlaßluftflaschen in Seitenlage zum Motor auf den Umlaufblechen war sicher nicht die glücklichste Lösung.

All diese Mißstände wurden, wie erwähnt, in einem zweiten Entwurf vom 22. Juni 1936 abgestellt, der sich stärker am BMAG-Konzept orientierte. Außer der geänderten Motor-, Getriebe- und Blindwellenanordnung waren darin auch bereits der Treibrad-Durchmesser von ursprünglich 1000 auf 1100 mm angehoben und die Höchstgeschwindigkeit von 40 auf 45 km/h erhöht worden.

In der ersten Offerte hatte O&K übrigens noch zwei Motoren zur Wahl gestellt, und zwar die

KHD A8M324 mit 320 PS bei 900 UpM und
MWM RS127S mit 300 PS bei 850 UpM.

Für den MWM-Motor wäre allerdings ein Mehrpreis von annähernd 10.000 RM fällig gewesen; bei angebotenen 68.000 RM für die ganze Lok mit Deutz-Motor (77.300 DM mit MWM-Motor) ein stolzer Aufschlag!

Mit der vom Heer geforderten selbsttätigen Zughakenkupplung hatten scheinbar beide Firmen Probleme. BMAG verwies auf Schwierigkeiten bei der Konstruktion einer für 600 PS ausgelegten Zughakenkupplung, gab aber zumindest noch ein Angebot für die jeweiligen Einzelloks ab. O&K machte geltend, daß eine solche Kupplung *„dem Übergang von einer Lokomotive zur anderen hindernd im Wege sein würde"* und verzichtete ganz darauf. In der AGM ist über die Zughakenkupplung später nicht mehr geredet worden. Das HWA dürfte also seine ursprüngliche Forderung fallengelassen haben.

TABELLE 4:
Erste Entwürfe

Hersteller		**BMAG**	**O & K**
Zeichnung		**M1150 (M1152)**	**202600**
Achsfolge/Antrieb		B-Stangen	C-Stangen
Dienstgewicht	to	34,0	34,0
Leergewicht	to	33,0	33,1
Länge über Puffer	mm	9000 (8600)	8500
Größte Breite	mm	3100 (3100)	3070
Größte Höhe	mm	3750 (3750)	3600
Achsstand	mm	3200 (3500)	3000
Treibrad-Durchm.	mm	1100 (1100)	1000
Motor		Deutz	Deutz
Type		A8M324	A8M324
Leistung	PS	285/320	320
Anzahl d. Zylinder		8	8
Drehzahl	UpM	800/900	900
Getriebe		Voith	Voith
Type		JJ23D36	JJ23D36
Bauart		hy/W-K-K	hy/W-K-K
Vmax	km/h	40	40
Zugkraft max.	kg	9000	

Quellen: MfV/RZA 243, 247

Das überarbeitete O&K-Angebot vom Juni 1936 war gewissermaßen der erste Schritt zur völligen Angleichung der beiden Entwürfe. Weitere Etappen auf dem Weg zur Einheitslok folgten noch im gleichen bzw. in den darauffolgenden Monaten[32]:

32 Verschiedene Sitzungsberichte der AGM360, Juni-Oktober 1936

VOITH

Februar 1937: Die erste, noch zweiachsige Heereslok beim Fototermin im BMAG-Werkshof in Wildau

Am 6.6.36
wird der Treibrad-Durchmesser auf 1100 mm (nach BMAG-Vorschlag) festgelegt; Grund: Größere Bodenfreiheit für das Getriebe als bei 1000 mm;

am 17.6.36
werden Vereinbarungen über Gesamtlänge, Radstände und Überhänge für die B- und C-Lok getroffen, ebenso über die Anordnung der Wurfhebelbremse und den Einbau einer Durchgangstür zum linken Umlauf (nach O&K-Entwurf);

am 22.8.36
einigt man sich über die mechanische Doppellok-steuerung: Die Übertragung erfolgt durch eine starre Kardanwelle, die Verbindungstür in der Führerhausrückwand wird als nach außen öffnende Drehtür statt als Schiebetür eingeplant;

am 3.10.36
erfolgen weitere Detail-Entscheidungen: Das Führerhausdach wird gegenüber der BMAG-Zeichnung stärker gewölbt, um der Lokomotive ein gefälligeres Aussehen zu geben; statt der eckigen Fenster in der Führerhausstirnwand (O&K-Vorschlag) sollen die von der Dampflok bekannten ovalen Fenster eingebaut werden; die anfangs vorgesehenen Schutzketten für die Übergangsbrücken entfallen zugunsten fester seitlicher Bügel am Übergang.

Die gesamten Konstruktionsarbeiten standen unter einem erheblichen Zeitdruck. Wiederholt wird in den Protokollen der AGM-Besprechungen auf die *„außerordentliche Dringlichkeit“*[33] einer baldigen Lieferung hingewiesen und zur Eile gemahnt. Die Arbeitsgemeinschaft erhielt zur Beschleunigung der Arbeiten weitgehende Entscheidungsbefugnisse. Selbst die Normenprüfung des Heereswaffenamtes wurde - zumindest für die Erstausführungen der neuen Lokomotive - ausgesetzt[34].

Die Baumusterlokomotiven

Gemäß den Zusagen des HWA sollten beide Firmen zunächst je eine Versuchslok bauen. Bestellt wurden

am 15.7.36 die B-Lokomotive bei BMAG und
am 16.7.36 die C-Lokomotive bei O&K.

Zu diesem Zeitpunkt dürften kaum mehr als die Hauptbauteile, die Hauptabmessungen und die generelle Anordnung bekannt gewesen sein. Die vielen Einzelheiten wurden erst später festgelegt und in die bereits laufende Fertigung eingebracht. Im November wurden die Motoren, Ende Dezember dann auch die Getriebe zugeliefert. Die gesamte Entwicklung inklusive des Baus der beiden Baumusterloks nahm gerade mal acht Monate in Anspruch!

Mit der Fertigstellung der beiden Prototypen im Frühjahr 1937 änderte das Heereswaffenamt dann auch noch einmal die Typenbezeichnung für die neuen Loks. Analog zu den schmalspurigen Heeresfeldbahn-Lokomotiven wurden die B320f und C320f in „HR360B18“ bzw. „HR360C12“ umgetauft, wobei

H	für Heerestypenreihe,
R	für Regelspur,
360	für die Motorleistung in PS,
B/C	für die Anzahl der gekuppelten Achsen
18/12	für den Achsdruck in Tonnen

stand[35]. Die ex-geschützten Loks erhielten später noch nachgestellt den Kennbuchstaben „K“, der auf eine Aus-

33 Sitzungsbericht AGM360 v. 11.7.36
34 Sitzungsberichte AGM 360 v. 23.7.36 bzw. 11.7.36
35 Sitzungsbericht AGM360 v. 3.3.37

TABELLE 5: Baumusterlokomotiven			
Type		**HR360B18**	**HR360C12**
Zeichnung		**170673**	**202636**
Hersteller		BMAG	O&K
Fabriknummer		10537	20813
Baujahr		1936	1937
Achsfolge/Antrieb		B-Stangen	C-Stangen
Dienstgewicht	to	35	36,51
Länge über Puffer	mm	8700	8700
Größte Breite	mm	3100	3100
Größte Höhe	mm	3800	3800
Achsstand gesamt	mm	3600	3600
Treibrad-Durchm.	mm	1100	1100
Motor		Deutz	Deutz
Type		V6M436	V6M436
Motornummer		405146/51	405158/63
Leistung	PS	360	360
Anzahl d. Zylinder		6	6
Drehzahl	UpM	600	600
Getriebe		Voith	Voith
Type		JJ23D36	JJ23D36
Getriebenummer		289	290
Bauart		hydraulisch	hydraulisch
Vmax	km/h	45	45
Zugkraft max.	kg	11000	11000

Quellen: BMAG, O&K, Voith

puff-Kühlanlage hinweisen sollte[36]. Ab etwa Juli 1937 beteiligte sich dann auch die Luftwaffe an der weiteren Entwicklung und Bestellung der neuen Heereslokomotiven. Die Typenbezeichnung wurde deshalb folgerichtig in „**W**R360“ (also **W**ehrmachtstypenreihe, Regelspur, 360 PS ...) umgeändert.

Die HR360B von BMAG in der Rückansicht: Gut zu erkennen sind Klappbrücke und Seitenbügel für den Doppellokbetrieb.

VOITH

Nicht ganz klar ist, welche Rolle eine dritte, unabhängig von der AGM-Lok entwickelte Prototyplokomotive des Heereswaffenamtes in der Wehrmachtlok-Geschichte spielte. Hersteller war Krupp. Getriebe und Motor waren zwar mit denen der AGM-Lok identisch. Allerdings bestanden erhebliche Unterschiede in Aufbau und Abmessungen. Irgendwelchen Einfluß auf die Serienausführung der neuen Einheitslok hat die Krupp-Type nicht genommen. Auch Nachbauten erfolgten keine. Eine ausführliche Beschreibung erfolgt im Kapitel „Die K5-Lokomotive von Krupp“ auf den S.35/36.

Die HR 360 B18

Als erste der beiden AGM-Loks wurde im Februar 1937 die zweiachsige Versuchsbaurt von Schwartzkopff (BMAG 10537/1936) fertiggestellt. Sie war gewissermaßen die Urahnin aller späteren WR-Lokomotiven. Die Werkfotos auf dieser und der vorherigen Seite zeigen sie auf noch schneebedeckten Gleisen im BMAG-Werkshof in Wildau. Die ersten Zugkraftdiagramme tragen das Datum vom 1. März 1937. Eine offizielle Vorführung mit Vertretern des Heereswaffenamtes folgte zwei Tage später, am 3. März 1937, anläßlich einer Konstruktionsbesprechung in Wildau.

Lokbaulich bot die HR360B18 alles, was seinerzeit Stand der Technik war[37]: Einen kräftigen, vollständig geschweißten Rahmen, Stangentriebwerk mit nun zwischen den Achsen liegender Blindwelle, einen mächtigen Stirnkühler vorn und ein geräumiges Führerhaus mit Tonnendach am hinteren Rahmenende; schließlich das Flüssigkeitsgetriebe von Voith und als Antriebsmaschine der langsamlaufende V6M436 von Deutz. Auch die Einrichtungen für den Doppellokbetrieb (Übergangstür, Klappbrücke, Verbindungswelle etc.) waren bei der HR360B bereits vollständig vorhanden. Noch etwas provisorisch wirken dagegen die einfachen Rangiertritte am Aufstieg vorn.

Auch die Traktionsleistung konnte sich durchaus sehen lassen: Statt der im Angebot garantierten Anfahrzugkraft von 11.000 kg wurden bei den ersten Zugkraftmessungen auf dem Schwartzkopff-Werksgleis in Wildau (wegen der beengten Platzverhältnisse nur bis 20 km/h) sogar 12.000 kg gemessen. Eine Fortsetzung der Versuche mit bis zu 45 km/h auf der Strecke Storkow - Beeskow war zu diesem Zeitpunkt geplant, aber noch nicht angelaufen.

Das Hauptinteresse von Heereswaffenamt und Arbeitsgemeinschaft bei den ersten Probefahrten Anfang März 1937 in Wildau galt naturgemäß dem in dieser Leistungsklasse neuen und erstmals serienmäßig eingebauten Hydraulikgetriebe. Das Sitzungsprotokoll der AGM vom 3. März 1937 vermerkt auch in dieser Hinsicht nüchtern *„Zufriedenheit bei allen Beteiligten“*.

Der grundsätzliche Aufbau des Getriebes entsprach dem der erprobten Kleinlok-Bauart mit einem Wandler und zwei hydraulischen Kupplungen. Die Bedienung erfolgte durch Drehen eines großen Handsteuerrades im Führerstand, das eine Art Kombination aus Gashebel und Gangschaltung darstellte. Die verschiedenen Flüssigkeitskreisläufe schalteten dann selbsttätig und ohne Zugkraftunterbrechung bis zur gewünschten Fahrtgeschwindigkeit. Der Lokführer konnte seine ganze Aufmerksamkeit somit der Strecke bzw. dem Rangiervorgang widmen.

In der Ursprungsausführung war das Getriebe hier übrigens noch als JJ23D36 bezeichnet[38]. Erst später wurde es - ohne Bauartänderung - in L37 umbenannt.

36 Heeres-Druckssache D1151/3, S.5
37 BMAG-Firmendruckschrift M 305
38 Nicht „HW1“; Löttgers, V36-Splitter, S.211, und Kurz, WR360C, S.9f.; ebenso unsinnig die angeblichen Lokbezeichnungen „HWS“ (= Heereswaffenamt Schwartzkopff) und „HWO“(= ... Orenstein) ; all diese Kürzel waren nur Lieferkennworte für die Getriebe von Voith

Von der Konzeption und Leistungsfähigkeit her entsprach die HR360B damit schon sehr weitgehend der späteren Serienausführung. Problematisch blieb nur der Achsdruck. Mit 17,5 bis 18 to war er für Nebenbahnen eindeutig zu hoch. Warum das Heereswaffenamt die Entwicklung der zweiachsigen Lok dennoch monatelang betrieben hat, ist nicht bekannt. Für die Weiterbeschaffung in großen Serien kam die B-Lokomotive jedenfalls nicht in Betracht! Das Schwartkopff-Baumuster war und blieb im Wehrmachtsbestand ein Einzelstück.

- die Verlegung des Kondenswasserabscheiders zwischen Luftpresser und Bremsluftbehälter an die (bedienungsfreundliche) Außenseite des Triebwerks.

Zumindest die gewählte Anordnung der Anlaßluftflaschen erwies sich im Nachhinein als sehr unzweckmäßig. Zwar konnten die Achsen, wie beabsichtigt, dadurch in etwa gleich belastet werden. Dafür ragten die Flaschenköpfe aber nun nicht mehr - wie bei der B-

Erhalten geblieben ist aus diesen allerersten Tagen der Wehrmachtstype ein Bericht des damaligen AGM-Konstrukteurs Gerhard Tiffe vom Vorabend der offiziellen Vorführung in Wildau[39]. Er erzählt, nicht ohne Schmunzeln, von einem kleinen Fehler im Kegelrad-Wendegetriebe der HR360:

Ein Wälzlager in der Wendeschaltung wurde nicht ausreichend mit Schmieröl versorgt, es lief heiß und blockierte, wodurch die Wendeschaltung nicht mehr betätigt werden konnte. Wir haben noch in der Nacht nach Abbau eines Gehäusedeckels den Wellenstumpf mit dem blokkierten Wälzlager abgebrannt und so eine provisorische Möglichkeit zum Verschieben der Schaltwelle geschaffen. Von diesem Provisorium wurde bei der Vorführung von keinem der zahlreichen Besucher etwas gemerkt!

Sammlung Johannes Glöckner

Die erste dreiachsige Heereslok: Die HR360C12 von Orenstein & Koppel entsprach schon weitgehend den Wünschen des HWA.

Die HR 360 C12

Mit rund drei Wochen Verspätung, bedingt durch einen Transportschaden am Voith-Flüssigkeitsgetriebe, konnte im April 1937 auch die zweite Baumusterlokomotive von Orenstein & Koppel (O&K 20813/1937) fertiggestellt werden.

Die Gesamtanordnung und die Hauptbauteile entsprachen weitestgehend denen der HR360B18. Der Unterschied bestand im Fahrwerk, das hier dreiachsig ausgelegt war. Die durchschnittliche Achslast sank dadurch auf 12 Tonnen, was die C-Lok auch auf Nebenstrecken freizügig einsetzbar machte. Die Blindwelle für den Stangenantrieb war zwischen dem zweiten und dem dritten Radsatz angeordnet.

Wie die Schwartzkopff-Lok hatte auch das Erprobungsmuster von Orenstein & Koppel nur eine Höchstgeschwindigkeit von 45 km/h. Das geringfügig höhere Reibungsgewicht der HR360C12 ergab allerdings etwas größere Zugkräfte.

Weitere Abweichungen zur B-Lokomotive betrafen nur Einzelheiten und waren teils durch die dreiachsige Bauart bedingt, teils aber auch zu Testzwecken ungleich ausgeführt. Dazu gehörten beispielsweise

- Profilbleche zur Versteifung der vorderen Motorraumtüren (bei der HR360B nachgerüstet),
- eine Sichtblende unter den seitlichen Umlaufblechen,
- eine veränderte Anordnung der beiden Hauptluftbehälter (jetzt vor der ersten Achse), um - für Wartung und Reparatur - den Zugang zum Blindwellenantrieb nicht zu behindern,
- die Anordnung der Anlaßluftflaschen weiter vorn im Vorbau,
- z.T. abweichende Armaturen im Führerstand sowie

Lokomotive - in das Führerhaus hinein. Vor und nach dem Starten mußten die Anlaßventile also jeweils sehr umständlich von den Umlaufblechen aus im Vorbau betätigt werden. Bei beiden Vorauslokomotiven galt das Gleiche übrigens auch noch für den Motoranlaß- bzw. -abstellhebel.

Insgesamt entsprach die Orenstein-Lok mit ihrer dreiachsigen Triebwerks-Ausführung dennoch sehr viel besser den Erwartungen des Heereswaffenamtes. Noch vor Abschluß der Probefahrten mit den neuen Diesellokomotiven - etwa im Mai 1937 - wurden deshalb nach gleichem Muster (mit lediglich geringfügigen Modifikationen) zehn weitere Maschinen, und zwar je fünf bei Schwartzkopff und Orenstein & Koppel, nachbestellt.

Die Baumusterlokomotive von O&K wurde, ebenso wie die HR360B18 von Schwartzkopff, noch im Frühjahr 1937 auf dem Schießplatz Hillersleben nordwestlich von Magdeburg stationiert. Das Heereswaffenamt unterhielt dort eine rund 28 Kilometer lange Schießbahn[40] mit sehr ausgedehnten, teils auch in größeren Steigungen liegenden Gleisanlagen (weitere Angaben dazu im Kastentext auf der folgenden Seite). Die beiden Prototyp-Lokomotiven waren hier bis kurz vor Kriegsende im regulären Rangier- und Anschlußbahndienst eingesetzt.

Als Betriebsbezeichnungen in Hillersleben sind die Nummern 301 (für die Schwartzkopff-Lok) und 302 (für die Orenstein-Lok) überliefert. Die O&K-Lokomotive war nach dem Zusammenstoß mit einer anderen Wehrmachtlok im Februar 1943 noch einmal im Herstellerwerk in Drewitz. Letzter Aktenvermerk: *„Soll aufgearbeitet werden“*.

---

39 Mitteilung von Prof. Gerhard Tiffe (München)
40 Leeb, Aus der Rüstung, S.13

Hillersleben

Der Heeres-Schießplatz in Hillersleben war mehr als ein halbes Jahrzehnt - von 1937 bis mindestens 1943 - Einsatzort für die beiden Baumusterlokomotiven HR360B18 und HR360C12. Neben der eigentlichen Schießplatzbahn, 28 Kilometer lang und in südwestlicher Richtung von Uchtspringe quer durch die Colbitz-Letzlinger Heide nach Hillersleben führend, gab es im südlichen Abschnitt noch eine 5,3 km lange Anschlußbahn von Neuhaldensleben zum Schießplatz. Ab 1938 wurde hier auch Personenverkehr durchgeführt.

Im Direktionsarchiv der (inzwischen aufgelösten) Rbd Magdeburg ist dazu ein dicker Aktenband (Rbd Mgd./420) erhalten. Von den vielen interessanten Details hier nur die wichtigsten zu Fahrzeugen und Fahrzeugeinsatz.

Der Betrieb auf der heereseigenen Anschlußbahn zwischen Neuhaldensleben (1938 in Haldensleben umbenannt) und Hillersleben wurde am 7.10.38 aufgenommen. Für den Personenverkehr standen anfangs nur fünf mehrsitzige Draisinen zur Verfügung, mit denen Offiziere und Wehrmachtsbeamte vom DR-Bahnhof zum Schießplatz und zurück befördert wurden. Im Rangierbetrieb und Übergabeverkehr liefen schon damals die beiden HR-Lokomotiven. In der Anfangszeit war möglicherweise auch eine 80-PS-Kleinlok vorhanden.

In den Jahren 1938-1940 kamen dann weitere, gebraucht von der Reichsbahn übernommene Lokomotiven dazu. Der gesamte Fahrzeugbestand umfaßte Anfang 1940 je zwei Diesel- und Dampfloks sowie fünf Gleiskraftwagen. Ferner waren zwei 3achsige Personenwagen, 2. bzw. 3.Klasse, sowie einige leichte Bahnmeisterwagen bei der Schießplatz-Kommandantur eingesetzt.

Hinzu kamen noch verschiedene, von der Reichsbahn gemietete Fahrzeuge:

Ebenso sehenswert wie die HR360-Lokomotiven: Die 9sitzige Draisine Nr. 3 oder Nr. 4

RBD MAGDEBURG

- 91 202 (Bw Braunschweig-Nord); ab 1940,
- BC4ivT 137 146 (Bw Oebisfelde); ab 1940 und
- BC4ivT 137 393 (Bw Trier Hbf); ab 1941.

Auch die VT 137 394-396 sollen zeitweise in Hillersleben gefahren sein.

Mit diesem bunt zusammengewürfelten Fahrzeugpark konnte ab dem 6. Mai 1940 ein ausgedehnter Werkspersonenverkehr zwischen Haldensleben und Schießplatz Hillersleben eingerichtet werden. Einziger Zwischenhalt war der kleine Ort Wedringen, wo auch die Güterwagen-Übergabe stattfand. Werktäglich verkehrten bis zu 13 Zugpaare, sonnabends 12, sonntags drei. Die maximale Streckengeschwindigkeit lag bei 40 km/h, die Beförderungsleistung bei etwa 600 Personen täglich.

TABELLE 6:
Heeres-Schießplatz Hillersleben

BetrNr	Herst	FabNr/Bauj	Type/Bemerkungen
Nr.301	BMAG	10537/1936	HR360B18
Nr.302	O&K	20813/1937	HR360C12
Nr.303	Hanomag	5832/1910	T3; ex DR 89 7535
Nr.304	Henschel	20408/1924	T13^{1}; ex DR 92 421

Nr.303: 20.12.38 an OKH, ex BLE 23 „Bornum“
Nr.304: 18.08.39 an OKH, ex BLE 31

Nr.1				16 PS, 4sitzig
Nr.2	Draisinenb.	330/	31L;	50 PS, 12sitzig
Nr.3	Draisinenb.	333/1938	32M;	50 PS, 9sitzig
Nr.4	Draisinenb.	332/1938	32M;	50 PS, 9sitzig
Nr.5	Draisinenb.	334/1938	32S;	65 PS, 30sitzig

BLE = Braunschweigische Landes-Eisenbahn
Draisinenb. = Draisinenbau Dr.Alpers GmbH, Hamburg

Die Züge fuhren anfangs in der recht ungewöhnlichen Reihung Triebwagen + Personenwagen + Diesellok HR360C12. Später wurde noch ein zusätzlicher Steuerwagen angemietet, so daß man in der Regel mit VT + VS auskommen konnte. Dampf- oder Dieselloks kamen im Personenverkehr danach nur noch bei Ausfall des Triebwagens zum Einsatz. Die Draisinen waren ab 1940 in der Regel nicht mehr eingesetzt; lediglich der 30sitzige Gleiskraftwagen Nr.5 wurde noch als Reserve vorgehalten.

Stammfahrzeuge auf der südlichen Anschlußbahn Haldensleben - Hillersleben waren - neben den Leih-Triebwagen - die Dampfloks Nr.303 und Nr.304 sowie die HR360C12 Nr.302. Die Schwartzkopff-Lok Nr.301 war offensichtlich vor allem im nördlichen Bereich des Versuchsplatzes auf der Anschlußbahn von Uchtspringe aus eingesetzt. In den Abnahme-Unterlagen der Schießplatz-Kommandantur wird die Maschine interessanterweise als „LDF360B“ bezeichnet, also gemäß dem BMAG-Typenschema und nicht als Heeresbauart HR360B18.

Aus den späteren Jahren sind - wie in den meisten Kriegsakten - kaum noch brauchbare Unterlagen überliefert. Die BMAG-Lok Nr.301 mußte ab Juli/August 1942 wegen Treibstoffmangels abgestellt werden. Das gleiche Schicksal dürfte spätestens Mitte 1943 auch die O&K-Lok Nr.302 ereilt haben.

Der Schießplatz in Hillersleben ist nach dem Krieg von der sowjetischen Armee noch erheblich ausgebaut und als zentrales Übungsgelände für Panzer und Infantrie weiter genutzt worden. Seit Sommer 1994 hat - gegen den heftigen Protest der Landesregierung Sachsen-Anhalt und von Naturschützern - die Bundeswehr hier ein Gefechtsübungszentrum.

Zum Schicksal der Lokomotiven ist soviel bekannt:
Nr.301 lief spätestens ab 1946 bei der Braunkohle-Benzin AG in Magdeburg,
Nr.303 ging 1945 an die Gardelegen-Haldensleben-Weferlinger Eisenbahn, Nr.298 (ab 1949: DR 89 6220), und
Nr.304 direkt in den Reichsbahn-Bestand (als 92 421).
Über den Verbleib der Nr.302 ist nichts bekannt.

VOITH

Erprobung vor dem Meßzug

Vor der endgültigen Abgabe an die Truppe stand jedoch zunächst einmal eine eingehende Betriebserprobung durch das Lokomotiv-Versuchs-Amt (LVA) der Deutschen Reichsbahn. Die ersten Meßfahrten wurden Anfang Juni 1937 unternommen, und zwar am

am 7./8. Juni 1937
auf der Strecke Nauen - Börnicke,

am 9. Juni 1937
auf der Strecke Stendal - Magdeburg und

am 10./11.Juni 1937
auf der Strecke Uchtspringe - Hillersleben.

An den ersten beiden Tagen wurde dabei nur mit der O&K-Lok gefahren, an allen anderen jeweils mit beiden Maschinen. Vom Versuchsbetrieb zwischen Stendal und Magdeburg hat im Voith-Archiv eine Serie sehr beachtenswerter Fotos überlebt, die zu den interessantesten Dokumenten aus der Frühzeit der WR-Lokomotiven gehören. Das Motiv „Doppellok mit Meßzug im Bahnhof Demker" zierte damals schon Werbeanzeigen[41], Firmenkataloge[42] und Fachaufsätze selbst in der ausländischen Eisenbahn-Literatur[43].

Faszinierend ist aus heutiger Sicht schon allein die Zugkomposition: Hinter dem fabrikneuen Diesellok-Gespann liefen der fünfachsige „Meßwagen 1" des LVA Grunewald, ein alter Güterwagen für Ersatzteile und Gerät, zwei D-Zug-Wagen 3.Klasse und (vor einem weiteren Reisezugwagen) als Bremslok eine G 8^3, DR-Baureihe 56^1, der Versuchsabteilung. Gesamtgewicht des Meßzuges: 328 Tonnen.

Ziel der Versuchsfahrten waren in erster Linie exakte Zugkraftmessungen, aber auch die Erprobung der hydraulischen Kraftübertragung, Funktionsprüfungen an der Doppelloksteuerung sowie Wärmelastmessungen an Motoren und Getrieben der neuen Lokomotiven[44]. Einige Ergebnisse:

Die maximalen **Anfahrzugkräfte** wurden mit etwa 11.400 kg für die Einzel- bzw. 22.800 kg für die Doppellok ermittelt. Damit blieben die Leistungen überraschenderweise hinter den anfangs in Wildau notierten Meßwerten zurück. Der Grund dafür konnte schnell gefunden werden: Bei beiden Loks war die Brennstoffüllung des Motors von Deutz irrtümlich zu hoch, auf etwa 10-15 Prozent Überlast, eingestellt worden. Auch nach Rücknahme der Brennstoffzufuhr auf „normal" lagen die Zugkräfte aber immer noch deutlich über der rechnerisch ermittelten Kurve.

Die **Motoren** selbst, ebenso die **Voith-Getriebe**, arbeiteten dabei jederzeit zuverlässig und absolut störungsfrei.

Gleiches galt auch für die erstmals ausgeführte **Doppelloksteuerung**. Die beiden HR-Lokomotiven waren dazu Führerhaus an Führerhaus gekuppelt und durch Türen und Übergangsbrücken miteinander verbunden. Besetzt war im Doppellokbetrieb jeweils nur die in Fahrtrichtung voraus fahrende Lok. Die zweite Maschine wurde durch eine einfache Mechanik *„ferngesteuert"*.

Das obenstehende Schema zeigt Aufbau und Funktionsweise dieser Fernsteuerung: Ein auf dem Handsteuerrad verdeckt unter dem Führerhaustisch sitzendes Kettenrad nimmt den Ausschlag der Steuerung auf

Eine prächtige Szenerie: Die beiden HR-Lokomotiven auf Probefahrt im Bf. Demker bei Stendal. Es führt die zweiachsige HR360B18 von BMAG.

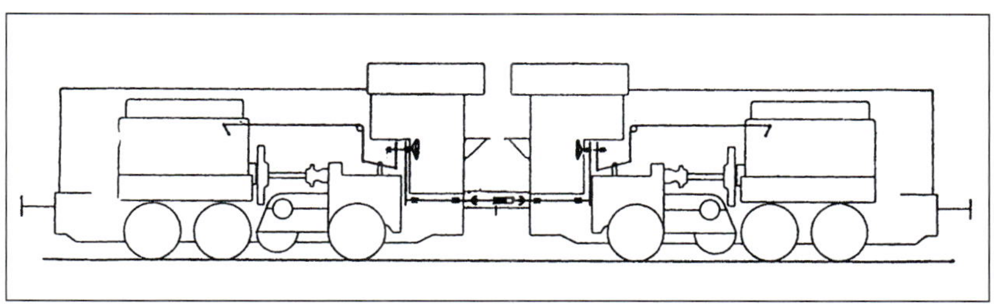

41 Löttgers, Werbung für die V36, S.256f.
42 BMAG-Katalog 1938, S.58f. und 64f.
43 oV, Diesel-Hydraulic, S.426
44 Neumann/Kugel, Dieselhydraulische, S.39f.

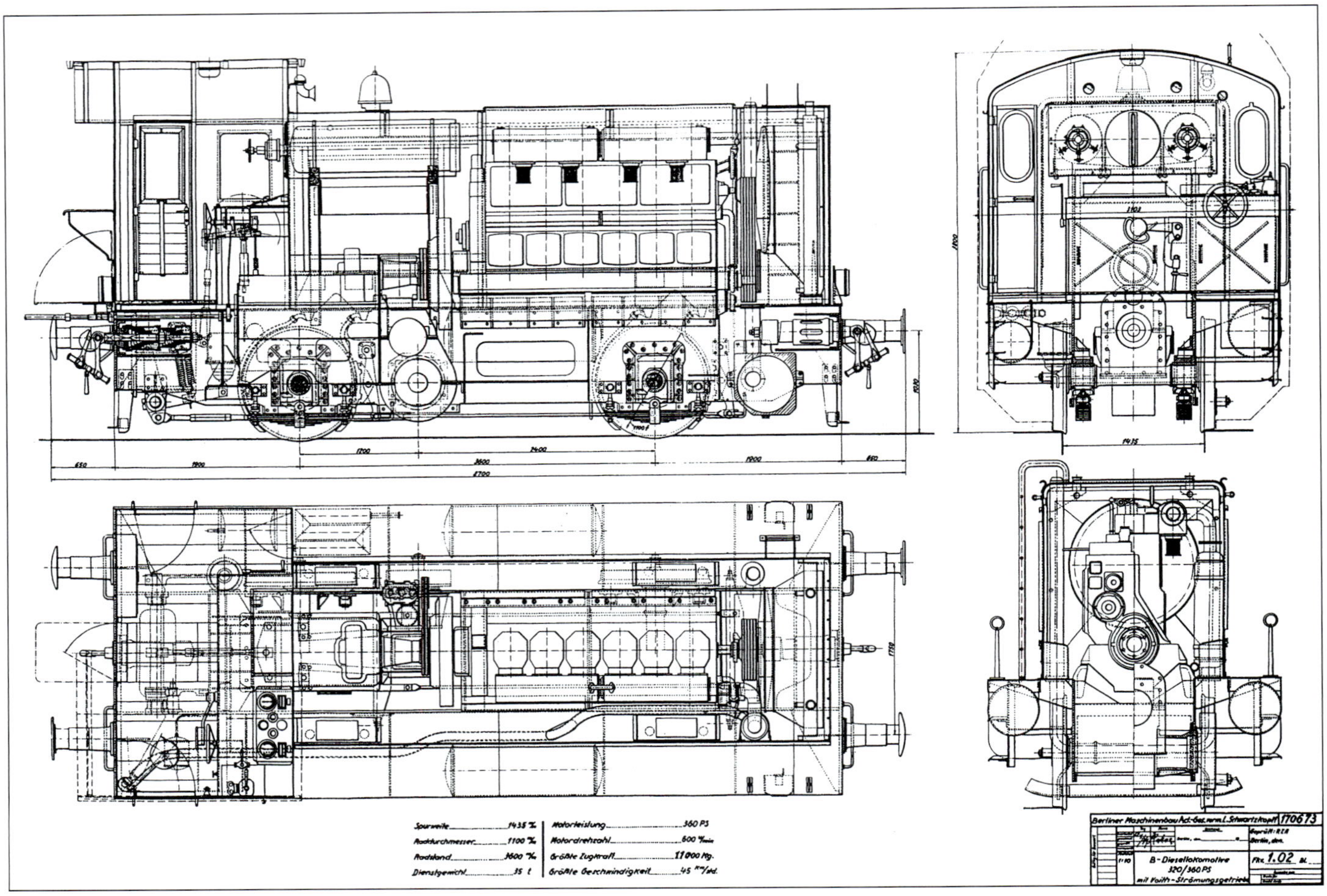

Heeres-Zwei- und Dreiachser im Schnittbild-Vergleich: Links die HR360B18 ...

und überträgt ihn mithilfe einer einfachen Fahrradkette auf eine Längswelle unter dem Führerhausboden. Diese Welle wiederrum ragt unterhalb der Übergangsbrükken aus der hinteren Lokomotivstirnwand hinaus. Im Doppellokbetrieb werden die beiden Wellenstümpfe dann einfach durch eine mitzuführende, längenelastische Steckwelle gekuppelt.

Die beiden Handsteuerräder (vordere und hintere Lok) waren insgesamt also über Ketten, Wellen und eine längenelastische Gelenkwelle zwischen den beiden Lokomotiven miteinander verbunden. Lediglich zur Bedienung des Fahrrichtungshebels und des Stufengetriebes mußten der Lokomotivführer oder der Beimann jeweils von einem zum anderen Führerhaus über die Übergangsbrücke hinüberwechseln.

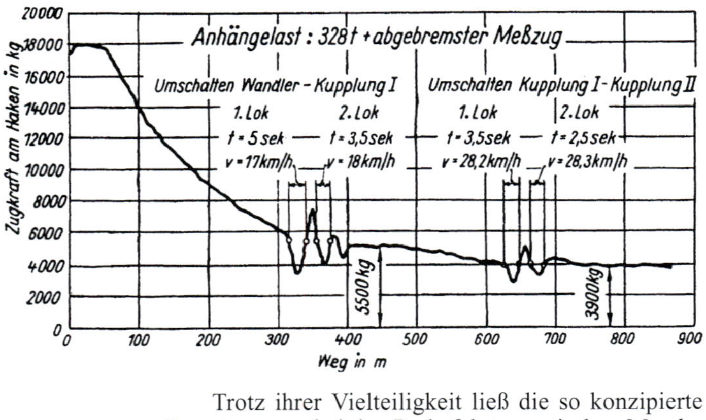

Trotz ihrer Vielteiligkeit ließ die so konzipierte Fernsteuerung bei den Probefahrten zwischen Magdeburg und Stendal keine nennenswerten Mängel erkennen. Nur das Spiel der Übertragung war offenbar zu groß und mußte durch eine erheblich stärkere Feder ausgeglichen werden.

Zum Arbeiten der Getriebe bei Doppeltraktion heißt es im Abschlußbericht des LVA Grunewald[45]:

Bei den Versuchsfahrten am 9.6.37 auf der Strecke Stendal - Magdeburg wurden die Diesellok der Fa. Orenstein und Schwartzkopff miteinander gekuppelt und von einem Führerstand aus gefahren. Beide Diesellok schalten kurz nacheinander um. Eine deutlichere Zugkraftsenkung tritt nur beim Umschalten von Wandler auf Kupplung I ein, die Umschaltung von Kupplung I auf Kupplung II tritt als Zugkraftminderung kaum noch in Erscheinung. Die Versuchsfahrt ließ erkennen, daß beide Diesellok gut zusammen arbeiten.

Auch mit den Leistungen des Doppel-Gespanns konnten AGM und Heereswaffenamt sehr zufrieden sein:

Am 10. und 11.6. wurden beide Lok auf der Strecke Uchtspringe - Hillersleben erprobt. Die 28 km

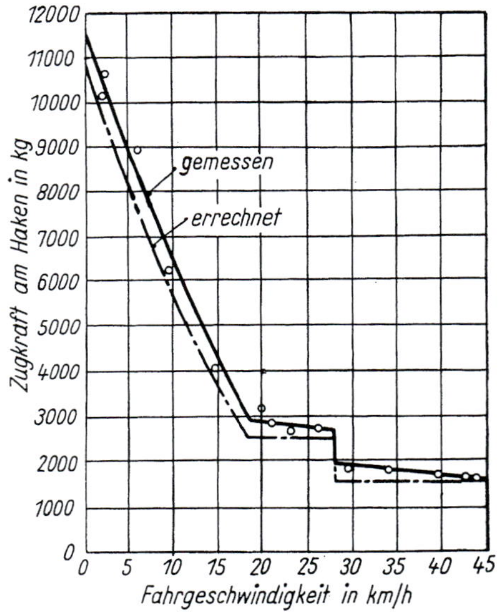

45 Untersuchungsbericht LVA Grunewald Fklvi 870/VL1 v. 1.7.37

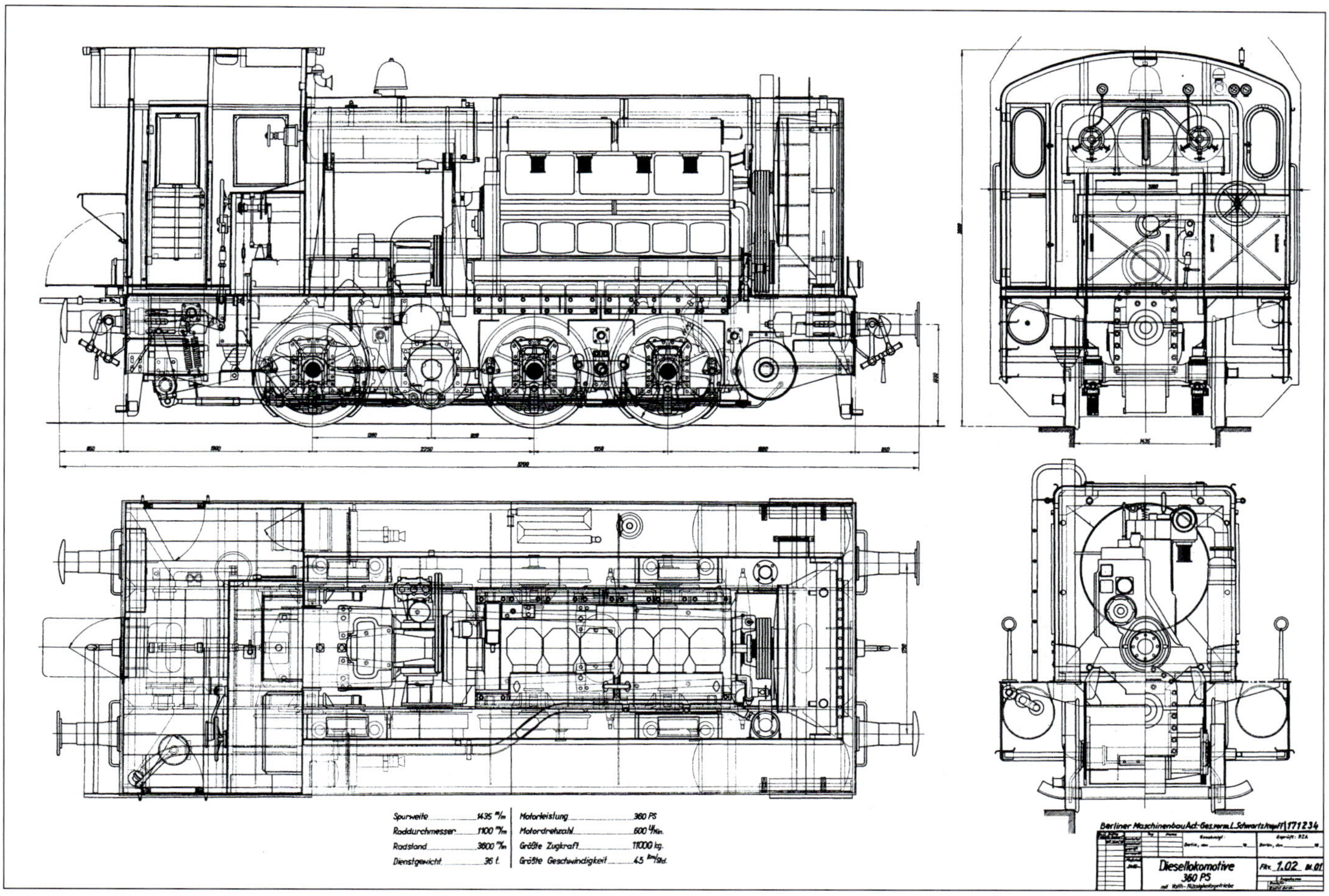

... rechts die HR360C12, allerdings schon in der nachbestellten, stark verbesserten Version.

lange Strecke wurde in etwa 45 min mit einer mittleren Fahrgeschwindigkeit von 37,5 km/h zurückgelegt. Auf einer Steigung von 1:150 erreichten die Lok mit 328 t Anhängelast eine Fahrgeschwindigkeit von etwa 27,5 km/h. Da eine Bremslok im Versuchszug mitgeführt wurde, die einen höheren Laufwiderstand als zwei- oder vierachsige Wagen hat, entspricht die oben angegebene Last auf reine Wagenlast umgerechnet auf waagerechter Strecke etwa einer Anhängelast von ca 440 t. In einer Steigung von 1:125 wurde gehalten und ohne Schwierigkeiten mit beiden Diesellok angefahren. Das gleiche wiederholten wir in einer Steigung 1:100. Dabei wurde dann die höchste von beiden Lok erreichbare Anfahrzugkraft von 22.800 kg gemessen.

Als problematisch erwies sich bei diesen Fahrten lediglich die unzureichende Motoren- und Getriebeölkühlung. Bei allerdings ungewöhnlich hohen Außentemperaturen von 35-37 Grad C, wie der Versuchsbericht ausdrücklich festhält, stieg die Kühlwassertemperatur der hinten fahrenden (also nicht durch den Fahrtwind gekühlten) Lokomotive auf über 90 Grad C an. Auch die Temperatur des Getriebeöls kletterte unter bestimmten, extremen Betriebsbedingungen (Dauerlastfahrt bei 2 km/h) von normal höchstens 65 auf maximal 91 Grad C.

Für die bereits nachbestellten bzw. neu zu beschaffenenden Heeres-Lokomotiven beschloß die Arbeitsgemeinschaft deshalb ein ganzes Bündel zusätzlicher Maßnahmen, die auf eine Verbesserung der Kühlleistung[46] abzielten: im Einzelnen

- eine wirksame Isolierung des senkrecht am Kühler vorbeiführenden Auspuffrohrs mit Asbestwolle, um eine Wärmeabstrahlung auf den Kühler zu verhindern,
- eine bessere Kühlerabschirmung, um auszuschließen, daß bereits vom Kühler aufgeheizte Luft seitlich erneut in den Kühler gelangt,
- eine Spannrolle für den Ventilatorriemen zur Verbesserung der Lüfterkühlung und
- den Einbau einer Warnlampe im Führerstand für die Anzeige von Getriebeöltemperaturen von über 100 °C.

Meßfahrten bei 37 Grad im Schatten: Diesmal führt die Orenstein & Koppel-Lok.

VOITH

---

46 Sitzungsbericht AGM360 v. 10.6.37

Auch die beiden Baumusterlokomotiven wurden nach Abschluß der Versuche erst einmal wieder den Herstellerwerken zugeführt, um entsprechend nachgerüstet zu werden.

Im Ganzen erwies sich die neue Heereslok schon bei den Meßwagenversuchen als leistungsfähige, robuste und vor allem leicht zu bedienende Bauart. Alle Komponenten arbeiteten - bis auf kleine Einstellprobleme - störungsfrei. Trotzdem verlangte das Heereswaffenamt im Juli 1937 in zumindest einem Punkt noch eine wichtige konstruktive Nachbesserung: Die Hereinnahme eines zusätzlichen Stufengetriebes mit 30 km/h im Rangier- und 60 km/h im sogenannten *„Schnellgang"*[47]. Für Streckenfahrten erhöhte sich damit die Endgeschwindigkeit, im Rangierbetrieb ergab sich eine bessere Anfahrzugkraft.

Hintergrund für diese Entscheidung waren zweifellos Bestrebungen beim Heer, die Wehrmacht-Diesel-loks in stärkerem Maß als ursprünglich vorgesehen als Zugmaschinen für die neu entstehenden Eisenbahngeschütze in frontnahen Bereichen einzusetzen[48]. Auch dürfte die Reichsbahn das HWA zu einer Anhebung der Höchstgeschwindigkeit gedrängt haben, um die Strekken nicht durch langsamfahrende (Fremd-) Fahrzeuge zu blockieren.

Begleitet wurde die Betriebserprobung der beiden HR-Lokomotiven bereits durch einen ersten groß angelegten Werbefeldzug der Herstellerfirmen. In allen großen Fachblättern der damaligen Zeit - „VDI-Zeitschrift", „Organ für die Fortschritte des Eisenbahnwesens", „Verkehrstechnik" etc. - erschienen ab Mai 1937 Anzeigen, die die neuen Entwicklungen einem breiten Fachpublikum bekanntmachen sollten (Beispiele auf den Seiten 94/95).

Bemerkenswert ist, daß in fast allen Annoncen des Jahres 1937 auch bereits Lokomotiven mit bis zu 500 PS (bzw. 1000 PS als Doppellok) angeboten wurden! Zumindest das Nachdenken über weitere, leistungsstärkere Bauarten hatte bei den AGM-Firmen also begonnen.

Vergleichsfahrten: Die anderen 360-PS-Lokomotiven

Die beiden HR-Lokomotiven blieben auch nach Abschluß der Meßfahrten in der Altmark häufiger Gast beim LVA Grunewald. Besonders die zur Weiterbeschaffung vorgesehene dreiachsige Versuchslok wurde in der 2.Jahreshälfte 1937 und Anfang 1938 wiederholt zu Vergleichsfahrten mit anderen, inzwischen neu entwickelten Firmenbauarten der Industrie herangezogen. Bis Februar 1938 legte so allein die HR360C rund 22.000 km zurück, die B-Lok von BMAG kam im gleichen Zeitraum auf etwa 12.000 km.

Aufschlußreiche Aussagen über Fahrverhalten und Zugleistungen erbrachte u.a. eine Parallelerprobung der Orenstein-Lokomotive mit einer Krupp'schen 1'C-Lok des Heereswaffenamtes. Beide Maschinen wurden sowohl auf der Strecke, als auch im Verschubdienst längeren Testreihen unterzogen. Die Kraftübertragung war in beiden Fällen hydraulisch. Auch eine dieselmechanische Lok der Deutschen Werke Kiel (DWK) wurde in der Zeit vom 11.bis 15.3.38 erprobt, durchlief aus Zeitgründen aber nur ein abgespecktes Meßprogramm.Die wichtigsten Ergebnisse all dieser Untersuchungen sind in einem Bericht des LVA Grunewald[49] vom 27.April 1938 festgehalten. Auszüge daraus im Wortlaut:

> *Im Geschwindigkeitsbereich bis 6 km/h liegt die Diesellok mit Vierganggetriebe* [DWK-Lok, S.L.] *infolge des günstigen Getriebewirkungsgrades am höchsten. Die Orensteinlok* [die HR360C12, S.L.] *liegt bei kleinen Geschwindigkeiten am tiefsten, da ihr Wandlerbereich sich bis zu 18 km/h Fahrgeschwindigkeit erstreckt, während die Krupplok schon bei 12 km/h von Wandler auf Kupplung umschaltet. Im höheren Geschwindigkeitsbereich ist keine der drei Lok deutlich überlegen.*
>
> *Der Zugkraftgewinn der DWK-Lok bei kleinen Geschwindigkeiten geht im Betrieb jedoch durch das häufigere Schalten und die damit verbundene verhältnismäßig lange Zugkraftunterbrechung wieder verloren. Beim Anfahren sichert die gleichmäßige Zugkraftlinie der mit Flüssigkeitsgetriebe ausgerüsteten Krupplok zunächst die kürzeste Anfahrzeit. Erst nach längerem Fahrweg kann die Lok mit mechanischem Getriebe den Zeitverlust dadurch einholen, dass sie nach dem Umschalten in den 4.Gang schneller die volle Zugkraft entwickelt als das Flüssigkeitsgetriebe nach dem Umschalten von Kupplung I auf Kupplung II. Die Orensteinlok verliert durch die bedeutend niedrigere Anfahrzugkraft besonders zu Beginn der Anfahrt an Zeit, die sie dann später auch durch etwas höhere Zugkraft in Kupplung I und damit höhere Fahrgeschwindigkeit nicht mehr ausgleichen kann.*
>
> *Es zeigte sich also, dass das Flüssigkeitsgetriebe trotz des schlechteren Wirkungsgrades bei kleinen Fahrgeschwindigkeiten dem mechanischen Rädergetriebe zum mindesten gleichwertig, wenn nicht sogar etwas überlegen ist, da das mechanische Getriebe durch das häufigere Umschalten den durch günstigen Wirkungsgrad erreichten Zugkraftgewinn wieder einbüsst.*
>
> *Die Bewertung der Auslegung der beiden Flüssigkeitsgetriebe richtet sich nach dem Zweck, dem die Lok vorwiegend dienen soll. Für eine ausgesprochene Verschiebelok ist die höhere Anfahrzugkraft der Krupplok entschieden vorzuziehen.*
>
> *Die Bedienung der drei untersuchten Lok war recht unterschiedlich ausgebildet. Hinsichtlich der freien Streckensicht und der Übersichtlichkeit der Bedienungsgeräte waren die Orensteinlok und die Lok der Deutschen Werke annähernd gleich gut durchgebildet. Allerdings stellt die überaus einfache Bedienung des Flüssigkeitsgetriebes an die Geschicklichkeit des Fahrers noch weit weniger Anforderungen als die Druckluftschaltung des mechanischen Getriebes, obwohl die Schaltung der Deutschen-Werke-Lok so weit möglich schon leicht bedienbar eingerichtet ist. Das Anlassen des Motors und das Auffüllen der Anlassflasche wird dem Fahrer der DWK-Lok dadurch sehr erleichtert, dass er sämtliche dazu notwendigen Ventile vom Bedienungsstand leicht erreichen kann; diese Anordnung ist der der Orensteinlokomotive deshalb vorzuziehen.*
>
> *Die Bedienung der Krupplok ist gegenüber den beiden anderen Lok bei weitem nicht so gut durchgebildet. Die Leistungsverstellung des Motors und die Bedienung des Flüssigkeitsgetriebes ist getrennt und so angeordnet, daß der Fahrer bei Betätigung der Motorregulierung nicht mehr den Überblick über die Strecke behält; zudem ist die Streckenübersicht bei der Krupplok nicht so gut wie bei den anderen Lok. Die Überwachungsgeräte sind bei den beiden anderen Lok leichter übersichtlich. Die Krupplok wird sich daher merklich schwerer fahren lassen als die anderen Lok.*
>
> *Die seitlich liegenden Kühler der DWK-Lok und der Krupplok haben gegenüber dem an der Stirnwand liegenden Kühler der Orensteinlok den Vorteil, dass sie unabhängig von der Fahrtrichtung stets gleichmäßig wirken. Die unruhigste Zugkraftlinie bei Beharrungsfahrten weist die Lok der Deutschen Werke bei kleinen Fahrgeschwindigkeiten auf. Die Zugkraftlinien der beiden übrigen Lok verlaufen erheblich ruhiger.*

47 Sitzungsbericht AGM360 v. 30.7.37
48 Neumann, Die Entwicklung, S.35
49 BA R5/2216

Krupp

Schlepplok für die „Schlanke Berta“: Die kuriose „K5“-Lokomotive von Krupp blieb ein Einzelstück.

Zusammenfassung
Die Untersuchung der drei 360 PS Diesellok gestattete einen Vergleich zwischen Flüssigkeitsgetriebe und Rädergetriebe für hohe Leistungen. Das Rädergetriebe hat sich trotz des besseren Wirkungsgrades dem Flüssigkeitsgetriebe in der Anfahrleistung nicht überlegen gezeigt. Die einfachere Bedienung des Flüssigkeitsgetriebes und die geringere Abnutzung spricht für Verwendung des Flüssigkeitsgetriebes. Allerdings ist bei Auslegung des Flüssigkeitsgetriebes für reine Verschiebelok möglichst hohe Anfahrzugkraft anzustreben.
gez. Weber gez. Brüggemann

Soweit also der Versuchsbericht des LVA Grunewald. Eine weitere 360-PS-Lok, diesmal jedoch mit elektrischer Kraftübertragung, bauten Gmeinder und BBC 1939 für die Hafenbahn Konstanza in Rumänien. Zu diesem Zeitpunkt war bei der Wehrmacht bereits die Serienbeschaffung der WR360C angelaufen. Auf Vergleichsfahrten mit der dieselelektrischen Lok wurde deshalb verzichtet. Die theoretische Auswertung der Leistungsdaten für die Gmeinder-Type[50] ergab in etwa gleiche Zugkraftcharakteristik und gleichen Brennstoffverbrauch, aber größeres Gewicht und einen höheren Beschaffungspreis.

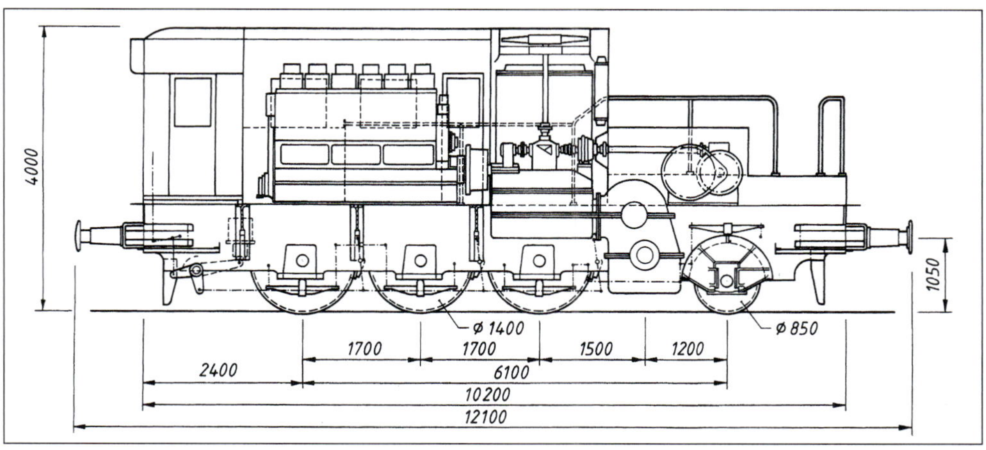

Horst Kühnhackl

Der erste Entwurf für die „K5“-Lok: Gegenüber dieser Zeichnung wurden offenbar noch etliche Änderungen z.B. am Geländer und im Bereich der Bühne vorgenommen.

Die „K5-Lokomotive“ von Krupp

Die im Versuchsbericht genannte Krupp-Lok hatte das Heereswaffenamt 1936/37 zeitgleich zu den beiden AGM-Lokomotiven bestellt und entwickeln lassen. Die Hauptbauteile, namentlich Deutz-Motor und Voith-Getriebe, waren mit denen der späteren Einheitstype identisch und wurden sogar im selben Baulos gefertigt und geliefert. Ansonsten aber gab es konstruktiv so gut wie keine Verwandtschaft.

Der Hintergrund für die Parallelentwicklung ist nicht völlig klar, zumal das Krupp-Angebot noch im Juni 1936 vom HWA *„wegen zu hohen Preises“*[51] entschieden abgelehnt worden war. Vieles deutet allerdings darauf hin, daß der Krupp-Entwurf in der Folgezeit zur Grundlage für die Konstruktion einer Sonderlokomotive gemacht wurde, die speziell für das In-Stellung-Bringen von Eisenbahngeschützen beschafft werden sollte. Für diese Annahme spricht u.a.

- das aufgestellte Betriebsprogramm mit sehr kurzen aber steilen Rampenfahrten (bis 50 Promille Steigung bei nur etwa 10 bis 15 Metern Rampenlänge!),
- eine entsprechende Getriebeauslegung mit nur 30 km/h Höchstgeschwindigkeit (Vmax im Schlepp 70 km/h),
- die ausdrückliche Forderung des HWA, daß Lichtmaschine und Batterie *„auch noch Beleuchtungsstrom für andere Zwecke als Lokomotivbeleuchtung“* liefern sollten, sowie
- der Einbau einer Seilwinde und eine extra vorgesehene Ladeplattform, die auch für die Personenbeförderung geeignet sein mußte[52].

In den Sitzungsberichten wird das Krupp-Projekt zudem wiederholt als *„K5-Lokomotive“* bezeichnet. „K5“ war ab 1934 die Tarnbezeichnung für ein ebenfalls bei Krupp entwickeltes Eisenbahngeschütz mit 28-cm-Kanone, die sogenannte „Schlanke Berta“![53].

50 Neumann, Entwicklung, S.36; Bredenbreuker, Motorlokomotiven, S.106
51 Besprechungsvermerk v. 6.6.36
52 Aktenvermerke v. 1.4.36
53 Vergl. Kapitel „Eisenbahngeschütze", Seite 147ff.

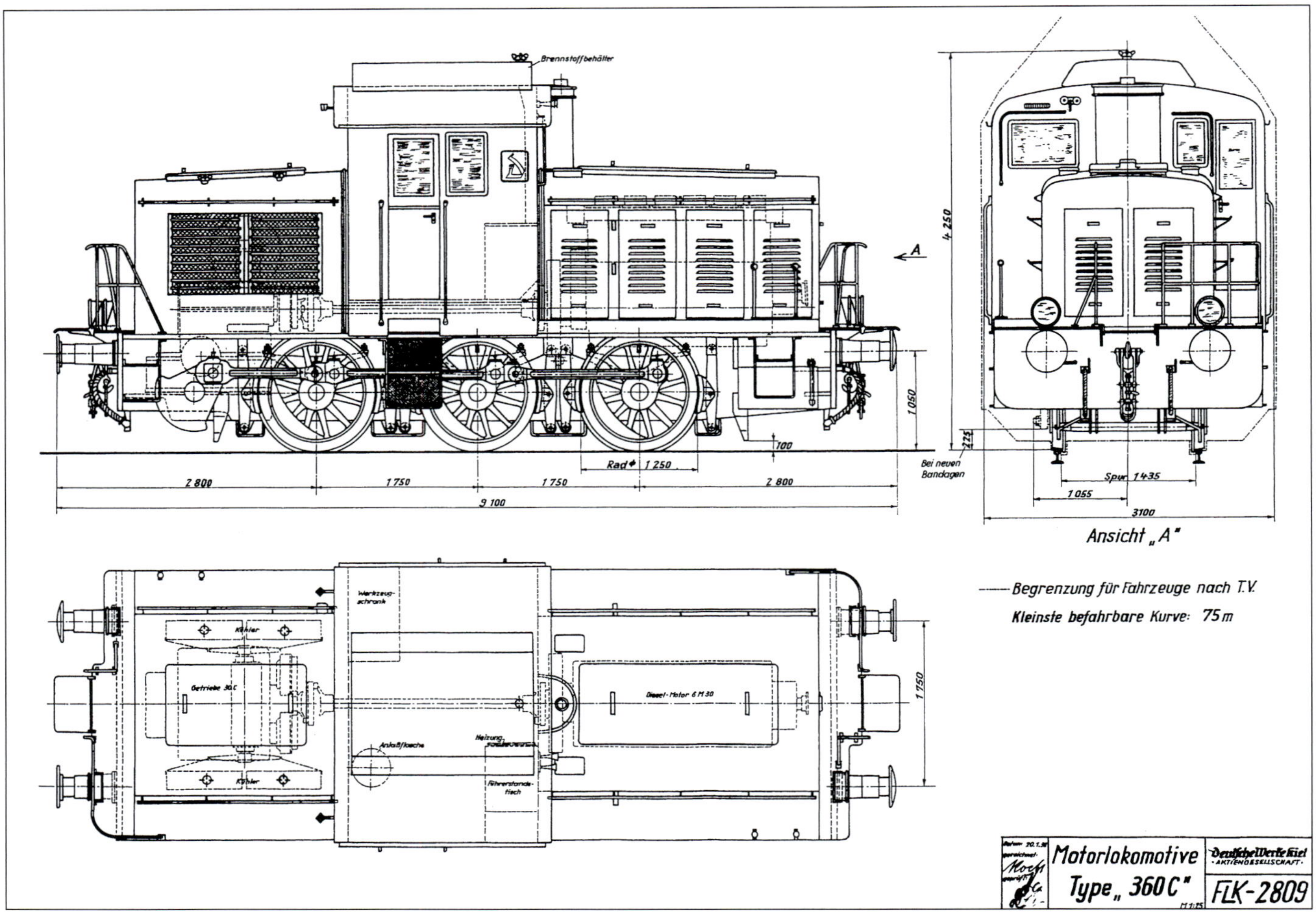

Formschön, aber lauftechnisch noch unausgereift: Die 360C-Type von DWK mit Mittelführerstand

Begonnen hatte die Entwicklung der K5-Lok bereits im Februar/März 1936, also etwa zwei Monate vor der AGM-Lokomotive. Auch hier stand in technischen Einzelfragen das RZA beratend zur Seite. Die Krupp-Maschine war aber eine völlig eigenständige Entwicklung. Berührungspunkte mit den Arbeiten in der AGM hat es, mit Ausnahme weniger gemeinsamer Besprechungen über generelle Motor- und Getriebefragen, nicht gegeben.

Entsprechend der ursprünglichen Ausschreibung war auch die Krupp-Lokomotive zunächst als 300-PS-Maschine mit dieselhydraulischem Antrieb konzipiert worden, wobei Krupp als Motor eine 6-Zylinder-Bauart der Konzerntochter Germaniawerft Kiel, Type 260/320, vorgesehen hatte. Zeitgleich mit den Beschlüssen in der Arbeitsgemeinschaft wurde stattdessen dann aber auch hier der Deutz-Motor V6M436 verbindlich vorgeschrieben.

Weitere Änderungen betrafen das Fahrwerk: Bei berechneten etwa 60 to Dienstgewicht sah der erste Entwurf noch eine D-Lok mit Anlehnung an die Treibradsatzgruppe der Baureihe 86 vor[54]. Später ist die Bauart dann in eine 1'C abgeändert worden, wobei die Laufachse als Adamsachse mit 135 mm radialer Seitenbeweglichkeit vorgesehen wurde.

Etwas ungewohnt war zweifellos der fremdartige Maschinenaufbau der K5-Lok. Getriebe und Seilwinde lagen vorn, der Kühler mittig und der Motor unmittelbar vor dem Führerhaus. Bei dieser Anordnung mußte der Lüfter notgedrungen in die Dachpartie verlegt werden und der Ventilatorantrieb, ebenso übrigens wie der Antrieb für den Bremsluftkompressor und die Seilwinde, vom Wandler-Teil des Getriebes aus erfolgen. Von den ganzen Abmessungen her wirkte die Krupp-Lok vergleichsweise gewaltig und keineswegs wie eine kleine Rangiermaschine.

Wiederholte Diskussionen löste der verlangte Richtpreis der Lokomotive aus[55]. Für die Einzellok forderte Krupp stattliche 158.000 RM, bei Serienfertigung von sieben Loks immerhin noch 144.300 RM. Zum Vergleich: Für die ebenso starke AGM-Type, Bauart HR360C, mußte die Wehrmacht weniger als die Hälfte, nämlich 71.200 RM zahlen. Später reduzierte Krupp die Preisforderung zwar noch auf 130.000 RM[56], konnte jedoch auch dadurch das offensichtliche Mißverhältnis nicht beseitigen. Nachbestellungen sind denn auch nicht mehr erfolgt.

Über den Lebensweg der K5-Lok ist leider nicht sehr viel bekannt: Nach einer längeren Lieferverzögerung, ausgelöst durch Probleme bei der Beschaffung von Bleibronzelagern, wurde die Lokomotive Mitte Juli 1937 fertiggestellt. Die Erprobung erfolgte am 19./20.7.37 durch das LVA Grunewald auf der Strecke Nauen - Börnicke und am 21.7.37 durch das Heereswaffenamt auf dem Pionier-Übungsplatz Sperenberg. Bei beiden Versuchsfahrten sind angeblich keine größeren Mängel sichtbar geworden.

Möglicherweise ist die Lok dennoch zu kleineren Nachbesserungen noch einmal zum Herstellerwerk zurückgekommen. Das Krupp-Lieferbuch nämlich nennt als Tag der Ablieferung erst den 12.10.37. Als Lieferort ist der Versuchsplatz Rügenwalde in Hinterpommern vermerkt, von wo aus das Heer seine Eisenbahngeschütze einsetzte. Ob die K5-Lok den Krieg überlebt hat, und wenn ja wo, ist nicht überliefert.

Die 360C-Type von DWK

Eine Lokomotive völlig anderen Zuschnitts war die zweite vom LVA Grunewald parallel erprobte Vergleichslok, die dieselmechanische 360C-Type, Bauart Deutsche Werke Kiel. Bei gleicher Leistung war das Fahrwerk hier laufachslos mit drei eng gekuppelten Achsen ausgeführt, wodurch die Lok noch Krümmungs-

---

54 Sitzungsbericht v. 1.4.36
55 Sitzungsbericht v. 4.12.36
56 Laut Krupp-Lieferbuch

MaK

halbmesser von 75 Metern durchfahren konnte. Die mittlere Achse hatte zur Verbesserung der Kurvenläufigkeit keine Spurkränze. Der Antrieb erfolgte über außenliegende Blindwelle und Stangen.

Für ihre Zeit ungewöhnlich war die Anordnung des Führerhauses etwa in der Mitte der Lok. Besonders im Rangierbetrieb garantierte das natürlich eine gute Rundumsicht nach allen Seiten. Unerfreuliche Begleiterscheinung war jedoch eine ungleiche Lastverteilung (Achsdruck vorn = 15,1, mitte = 15,3, hinten = 20,1 Tonnen) mit dadurch bedingt unruhigem Lauf und begrenzten Einsatzmöglichkeiten auf Neben- und Anschlußbahnen mit schwächerem Gleisprofil.

Nicht zuletzt deshalb blieb die DWK-Lok in dieser Form ein Einzelstück. Die weitere Entwicklung von Loks der 360-PS-Klasse orientierte sich auch in Kiel wieder an der klassischen Anordnung mit Endführerstand und langem Vorbau.

Die 360C war das Ergebnis einer konsequenten Typisierungsarbeit bei DWK Mitte der 30er Jahre. Bis 1936/37 waren bereits standardisierte Bauarten in den Größen 55 bis 200 PS entstanden[57]. Die 360-PS-Lok sowie eine gleichartige (geplante, jedoch nicht ausgeführte) 275-PS-Bauart sollten dieses Typenprogramm ab 1938 nach oben abrunden. DWK versuchte damit, gezielt größere Industriebetriebe und die in Deutschland zahlreichen Privatbahngesellschaften anzusprechen. Werbetext: *„Die schon lange gesuchte Maschine für Kleinbahnen“.*

In der Hobbyliteratur ist die 360C-Lokomotive von DWK wiederholt als Prototyp für die WR360C14 oder als Alternativ-Entwicklung zur Einheitslok[58] bezeichnet worden. Beides ist falsch und wird schon allein durch eine Betrachtung der zeitlichen Abläufe widerlegt (die WR-Loks waren bei Erscheinen der DWK-Firmenbauart längst konstruktiv fertiggestellt und mit den beiden Vorauslokomotiven im Betrieb erprobt). Tatsächlich war die 360C eine vollkommen eigenständige Konstruktion von DWK. Gemeinsamkeiten mit der WR360C14 bestanden allein durch die gleiche Motorstärke (was beiden Typen nach 1945 bei der DB die Baureihenbezeichnung V36 bescherte) und durch die Tatsache, daß die 360C als Firmenbauart auch an die Wehrmacht geliefert wurde.

Bei den Leistungsmeßfahrten im Frühjahr 1938 durch die Deutsche Reichsbahn hinterließ vor allem das mechanische Viergang-Getriebe der DWK-Lok einen guten Eindruck. Die Kieler Ingenieure hatten dafür eine spezielle Druckluftsteuerung entwickelt, die die Bedienung vereinfachte und Schaltfehler praktisch ausschloß[59]. Die Übertragung selbst war ein reines Lamellenkupplungsgetriebe mit je einer Kupplung für jeden Gang und Zahnrädern, die ständig im Eingriff blieben. Ein angeflanschtes Stufengetriebe erlaubte zwei Geschwindigkeitsbereiche: Im Normalgang wurden 6,1/ 11,7/20,2/30,7 und im „Schnellgang“ 12,4/23,8/41,1/ 62,4 km/h erreicht.

Bestellt und gebaut worden war die 360C-Lok auf Rechnung der Luftwaffe. Die offizielle Werksauslieferung erfolgte am 30.1.38 an den Seefliegerhorst Rechlin in Mecklenburg, wo sich eine „Erprobungsstelle der Luftwaffe“ befand. Dorthin kehrte die Lok nach Abschluß der Versuchsfahrten auch zunächst zurück. Spätestens für November/Dezember 1940 wird als zweiter Standort bereits der Flugplatz Holtenau/bei Kiel genannt.

Der weitere Lebensweg nach dem Krieg ist schnell skizziert: Aufarbeitung und Einsatz bei der Deutschen Bundesbahn als V36 310 (Bw Bremen Hbf und Bww Kassel), ab 1952 dann Gerätelok „9678 Han“ für den Schienenschleifzug 1 Hannover. Im Oktober 1961 kam die Maschine zur Westfälischen Landes-Eisenbahn, wo sie - nach Umbau - als VL0608 eingesetzt war. Ausmusterung im Januar 1974, anschließend wurde der bemerkenswerte Einzelgänger in Lippstadt verschrottet.

Leistungsvergleiche mit der HR-Lok: Besonders das Getriebe der 360C hinterließ einen guten Eindruck.

57 Lauscher, Die dieselmechanischen V36er, S.6ff.
58 Obermayer, Taschenbuch, S.93; Glatte, Diesellokomotiven, S.66f.
59 Sorg, Normalspur-Diesellokomotiven, S.466ff.

TABELLE 7:
360-PS-Vergleichslokomotiven

Type		**HR360C12**	**K5**	**360C**	**N350**		
Lieferung		**Hillersleben**	**Rügenwalde**	**Luftwaffe**	**IG Farben**	**Konstanza**	**Meppen**
Hersteller		O&K	Krupp	DWK	Gmeinder	Gmeinder	Krupp
Fabriknummer		20813	1660	610	2444 u.a.	2687-2690	1978
Baujahr		1937	1937	1937	1938-43	1939/40	1939
Achsfolge/Antrieb		C-Stangen	1'C-Stangen	C-Stangen	C-Stangen	Co-direkt	C-Stangen
Dienstgewicht	to	36	60	51	38	44	42
Länge über Puffer	mm	8700	12100	9100	8940	8950	8700
Größte Breite	mm	3100	3100	3100	2955	2943	3140
Größte Höhe	mm	3800	4000	4250	3860	3903	3800
Achsstand	mm	3600	6100	3500	3300	3700	2800
Treibrad-Durchm.	mm	1100	1400	1250	1100	1000	1100
Motor		Deutz	Deutz	DWK	MWM	MAN	MWM
Type		V6M436	V6M436	6M30	RHS235S	W6V22/30	RHS235S
Leistung	PS	360	360	360	350	360/400	360
Anz.der Zylinder		6	6	6	6	6	6
Drehzahl	UpM	600	600	750	600	850/900	600
Getriebe/Kraftübertr.		Voith	Voith	DWK	Krupp	BBC	Krupp
Type		JJ23D36	JJ23D36	30C	GA1,3	GCE745	GA1,3
Bauart		hydraulisch	hydraulisch	mechanisch	hydraulisch	elektrisch	hydraulisch
Vmax	km/h	45	30	30,7/62,4	20/40	35/45	20/40
Zugkraft max.	kg	11000	17300	18000	14000	13000	16000

Quellen: MfV/RZA 242, Voith, MaK, Gmeinder, Glasers Annalen 1940, Die Lokomotive 1940

Die Gmeinder/BBC-Lok

Auch Gmeinder & Co. in Mosbach baute Ende der 30er Jahre bereits Diesellokomotiven der 350-bis-400-PS-Klasse. Ausgeführt wurden zwei Varianten,

die Standardtype[60]
mit 350-PS-MWM-Motor, hydraulischem Krupp-Getriebe nach System Lysholm-Smith sowie klassischem Stangenantrieb mit hintenliegender Blindwelle; geliefert in insgesamt drei Exemplaren für die Buna-Werke Schkopau und das Werk Hessisch Lichtenau der Dynamit AG, letztere in Ausführung mit Treibgasantrieb; außerdem

eine Exportvariante[61]
mit 400-PS-MAN-Motor und dieselelektrischem Antrieb von BBC für die Hafenbahn Konstanza in Rumänien; gebaut wurden hiervon vier Stück; Ablieferung zwischen August 1939 und März 1940

Vor allem die Rumänien-Lok fand bei den Fachleuten großes Interesse und wurde wegen des Systemvergleichs Dieselelektrik/Dieselhydraulik auch zumindest theoretischen Vergleichsuntersuchungen mit der Wehrmachtlok unterzogen.

Der mechanische Aufbau der Maschine entsprach im Großen und Ganzen dem der 350-PS-Standardtype. Das Führerhaus war halbmittig zwischen Motor bzw. Hauptgenerator (vorn) und dem Gebläse für die Fahrmotorenkühlung (hinten) angeordnet. Auch Außenmaße und Ausstattungsdetails - z.B. Motorraumklappen, Rangiertritte, Führerhaus u.a. mehr - unterschieden sich nur unwesentlich von der hydraulischen Lok.

Völlig anders waren natürlich Fahrwerk und Antrieb konzipiert: Die Rumänien-Lok hatte Außenrahmen und Einzelachsantrieb. Der an den Dieselmotor angeflanschte Hauptgenerator arbeitete dabei nur auf die drei ständig parallelgeschalteten Tatzlager-Fahrmotoren. Die Nebenantriebe einschließlich der Fremderregung des Hauptgenerators wurden durch einen zusätzlichen Hilfsgenerator gespeist. Dieser war als Nebenschlußmaschine ausgeführt und konnte die Spannung unabhängig von der Drehzahl des Motors halten.

Als Antriebsmaschine diente ein auch im Triebwagenbau (spätere DB-Type VT36) verwendeter MAN-Diesel W6V22/30 mit 360 PS bei 850 UpM. Im Überlastbereich wurden 400 PS bei 900 UpM erreicht. Die Höchstgeschwindigkeit lag bei 45 km/h. Das Dienstgewicht von 44 to konnte durch Ballasteinbau auf 48 to erhöht werden.

Besonders herausgestellt wird in der Fachliteratur die *„äußerst einfache Bedienung“* der Lok: Der Fahrschalter hatte einen Richtungs- und einen Fahrhebel, die gegeneinander verriegelt waren. Mit dem Fahrhebel konnte die Motordrehzahl erhöht oder gesenkt werden. Eine Servo-Feldreglersteuerung gestattete es dann, jede eingestellte Leistung zwischen 50 und 400 PS zu halten und dabei den Motor automatisch immer voll auszunutzen.

Alle vier Hafenbahn-Lokomotiven waren über Jahrzehnte mit großem Erfolg in Rumänien eingesetzt. Min-

60 oV, Diesellokomotiven für Rangierarbeiten, S.46f.
61 Bredenbreuker, Motorlokomotiven, S.106ff.

Vier Hafenbahn-Loks für Konstanza: Die Gmeinder-BBC-Lok war von allen Ende der 30er Jahre entstandenen 350/360-PS-Typen die einzige mit dieselelektrischem Antrieb.

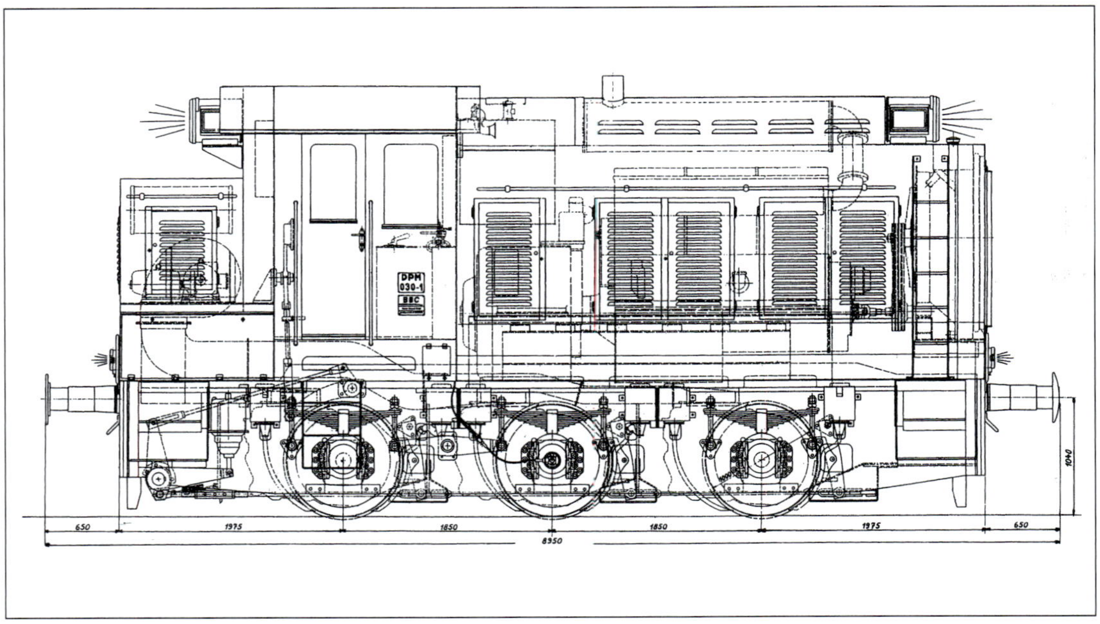

Drei Dreiachser im Vergleich: Oben die Gmeinder/BBC-Lok für Rumänien, mitte die Standard-350-PS-Type (mit Lysholm-Smith-Getriebe), unten die 1939er Krupp-Lok für Meppen

Sammlung Stefan Lauscher

Gmeinder

Krupp

destens zwei dieser formschönen Loks konnten noch 1970 in Resita in Betrieb beobachtet werden.

Die Krupp-Lok von 1939

Auch Krupp in Essen beschäftigte sich, nur zwei Jahre nach der nicht recht überzeugenden 1'C-Bauart (K5), noch einmal mit der Entwicklung einer 360-PS-Diesellok, diesmal jedoch als reine C-Type und mit einem Hydraulikgetriebe eigener Bauart nach System Lysholm-Smith[62]. Die Lok wurde im Dezember 1939 fertig, kam also zu spät, um noch irgendeinen Einfluß auf die Serienbauart der WR-Lokomotive nehmen zu können.

Von allen 360-PS-Bauarten der späten 30er Jahre zeigte die Krupp'sche C-Lokomotive die weitestgehende Verwandtschaft mit der AGM-Type: Anordnung des Führerhauses am Rahmenende, hoher kastenförmiger Vorbau, MWM-Motor in gleicher Ausführung, wie er zur selben Zeit schon in die WR-Lok (und in die Gmeinder 350-PS-Lok) eingebaut wurde. Selbst die Außenabmessungen stimmten - teilweise bis auf den Zentimeter - mit denen der AGM-Bauart überein.

Krupp versprach sich von dieser Eigenentwicklung wohl ein größeres Stück aus dem Kuchen der ab 1938/39 in großem Umfang einsetzenden Wehrmachtlok-Beschaffungen. Jegliche Hoffnungen in dieser Richtung blieben allerdings vergebens. Bestellungen durch das Heereswaffenamt blieben aus. Selbst die von Krupp auf eigene Rechnung gebaute Prototype wurde nicht übernommen und ab Anfang 1940 deshalb für Rangierarbeiten auf dem firmeneigenen Schießplatz in Meppen eingesetzt.

Wie die Turbo-Getriebe von Voith waren auch die Krupp-Übertragungen reine Strömungsgetriebe. Die Anpassung an die verschiedenen Einsatzverhältnisse geschah hier mit drehbaren Pumpenschaufeln in einem einzigen, ständig mit Öl gefüllten Wandler. Voith verwandte dagegen feste Schaufeln in mehreren, hintereinander geschalteten Wandlern und Kupplungen, die jeweils neu gefüllt bzw. geleert werden mußten. In Bezug auf Wirkungsgrad, Einfachheit und vor allem Betriebssicherheit konnte das Lysholm-Smith-Getriebe nie an die Voith-Bauart heranreichen. Auch die Leistungsfähigkeit ließ besonders im oberen Geschwindigkeitsbereich häufig zu wünschen übrig.

Noch einige Details zur Konstruktion der C-Lok: Krupp ordnete die Blindwelle außerhalb der Radsatzgruppe unter dem Führerhaus an, was gegenüber der AGM-Lok zwar einen kleineren Achsstand ergab (gute Kurvenläufigkeit), aber zulasten der Laufruhe bei schneller Fahrt ging. Die Höchstgeschwindigkeit lag hier bei 20/40

---

62 Herrmann, 360-PS-Diesel-Lok, S.165ff.

km/h im Rangier- bzw. Schnellgang. Außerdem hatte Krupp dem Kühler eine Blechjalousie zur besseren Regelung der Kühlleistung spendiert.

Bis Kriegsende blieb die am 18.12.39 ausgelieferte Firmenlok auf dem Krupp-Schießplatz in Meppen eingesetzt. Danach wechselten in rascher Folge die Besitzer[63]: Zunächst Krupp-Leihlok bei den Hüttenwerken Oberhausen (HOAG), 1953 Hafenbahn Offenbach, 1954 Buderus Wetzlar, dann Westfälische Lokomotivfabrik Reuschling in Hattingen. Ab 1961 fuhr die Lok bei Eckhardt & Co. (heute Klöckner Rohstoffhandel) in Bremen. Dort war sie, mit neuem 200-PS-Deutz-Motor ausgerüstet, noch Anfang der 80er Jahre in Betrieb und wurde schließlich vor Ort im März 1983 verschrottet.

Von der Baumusterlok zur Serien-WR360C14

Die Ergebnisse der umfangreichen Meß- und Funktionsfahrten, wenig später dann auch die Erfahrungen mit den 360-PS-Vergleichslokomotiven, lösten ab Jahresmitte 1937 bei der Arbeitsgemeinschaft in Wildau noch einmal eine rege Konstruktionstätigkeit aus. Zahlreiche Details mußten verändert, neu überdacht und Probleme neu gelöst werden. Vor allem aber der Wunsch des Heereswaffenamtes nach höherer Zugkraft im Rangierbetrieb und größerer Geschwindigkeit auf der Strekke machten noch einmal eine Überarbeitung des gesamten lokbaulichen Teils nötig.

Ausgangspunkt dafür war das geforderte Zwei-Stufen-Nachschaltgetriebe mit 0-30 km/h und 0-60 km/h, das platzmäßig nicht ohne konstruktive Änderungen auf der Lok unterzubringen war. Nach den ersten Berechnungen der AGM ergab sich dadurch eine Verlängerung des Rahmens um insgesamt 500 mm. Auch der Achsstand sollte zunächst um diese 500 mm, von ursprünglich 3600 auf 4100 mm, zulegen[64]. Durch Änderungen am Rahmenausschnitt und an den Treibstangen konnte letztendlich aber noch ein für die Kurvenläufigkeit der Lok günstigeres Maß (plus 350 mm) erreicht werden.

Am Reißbrett der Konstrukteure entstand die neue WR360C14, die „Einheitsbauart" mit 9200 mm LüP, einem Achstand von 3950 mm und zwei Fahrbereichen für 30/60 km/h.

TABELLE 8: Vergleich Vorserien- und Serienlok

Type		**HR360C12**	**WR360C14**
Ausführung		**Vorserienlok**	**Einheitsbauart**
Zeichnung		**O&K 202636**	**O&K 202674**
			BMAG M1198
Achsfolge/Antrieb		C-Stangen	C-Stangen
Dienstgewicht	to	36,5	40,0 (-42,0)
Länge über Puffer	mm	8700	9200
Größte Breite	mm	3100	3100
Größte Höhe	mm	3800	3800
Achsstand	mm	3600	3950
Treibrad-Durchm.	mm	1100	1100
Kurvenradius min.	m	70	80
Motor		Deutz	Deutz (MWM)
Type		V6M436	V6M436 (RHS235S)
Leistung	PS	360	360 (360)
Anzahl d.Zylinder		6	6 (6)
Drehzahl	UpM	600	600 (600)
Getriebe		Voith	Voith
Type		JJ23D36	L37
Bauart		hy/W-K-K	hy/W-K-K
Vmax	km/h	45	30/60
Zugkraft max.	kg	11000	13300/8100

Quellen: O&K, BMAG

Die meisten Änderungsarbeiten wurden im Herbst 1937 wiederum bei Schwartzkopff vorgenommen. Die Ausführungspläne für die neue Radsatzgruppe z.B. wurden am 20. September gezeichnet und am 15. Oktober 1937 durch das Heereswaffenamt genehmigt. Bereits im November legte Schwartzkopff eine neue Bauartbeschreibung[65] mit Typenskizze und (errechneten) Zugkraftkurven vor. Die endgültige Übersichtszeichnung trägt das Datum vom 17. März 1938; *„genehmigt Mennicke 6. April 1938"*.

Der Einbau des Stufengetriebes hatte noch weitere, unmittelbare Auswirkungen auf die Konstruktion der neuen Einheitslok.

Folge Nummer 1:
Mit einem um 350 mm vergrößerten Gesamt-Achsstand waren - im Gegensatz zur Vorserienlok - keine 70-Meter-Radien mehr befahrbar. Der Spurkranz der mittleren Achse wurde daraufhin um 15 mm geschwächt, womit immerhin noch 75-m-Kurven möglich waren[66]. In allen technischen Beschreibungen wird der kleinste befahrbare Bogenhalbmesser allerdings mit 80 Metern angegeben.

Zweite Änderung:
Durch Stufengetriebe und Rahmenverlängerung vergrößerte sich natürlich das Gewicht der Lokomotive. Zusätzlich wurden bei der Serien-WR360C aber auch erstmals künstliche Gewichte in Form von Ballast-Kästen in den vorderen Querverbindungen des Rahmens eingebracht, um das Reibungsgewicht und damit die Zugkräfte merklich zu erhöhen (Zielgewicht: 40 Tonnen). In gewissen Grenzen ermöglichte dies auch eine Verbesserung der ungleichen Massenverteilung auf der Lok. Alle WR360C-Lokomotiven waren deutlich hecklastig (siehe Tabelle 9, Seite 41). Die Normalausführung mit Deutz-Motor und ohne Explosionsschutz z.B. hatte 12,55/12,55/14,9 to Achsdruck vorne/mitte/hinten, wog also auf dem dritten Radsatz über zwei Tonnen mehr als vorne. Mit dem Serieneinbau des um 1,1 Tonnen leichteren MWM-Motors in der WR360C14 sollte sich das Problem später sogar noch verschärfen.

Drittens schließlich
mußte die Kupplung zwischen Motor und Getriebe abgeändert werden, um die Baulänge des Stufengetriebes auszugleichen. Bei den neuen Bauserien wurde das Flüssigkeitsgetriebe über eine kurze Gelenkwelle mit dem Motor verbunden. Durch eine zusätzliche Stiftenkupplung war das Getriebe dabei gegen kleinere Montage-Ungenauigkeiten abgesichert.

Darüber hinaus gab es noch eine Reihe weiterer Bauartänderungen gegenüber den Vorausloks, die im Kastentext auf Seite 56 zusammengestellt sind[67]. Die Anlaßluftflaschen lagen bei der Serienlok nun endgültig mit auf dem Brennstoffbehälter-Gerüst und ragten mit den Flaschenköpfen ins Führerhaus hinein. Damit gab die Arbeitsgemeinschaft der bedienerfreundlicheren Ausführung (wie bei der HR360B erprobt) den Vorzug vor der unpraktischen Anordnung der Luftflaschen bei der HR360C.

Die so überarbeitete Wehrmachtlok kam ab Dezember 1937 zur Bestellung. Bis dahin waren noch in geringem Umfang Vorserienlokomotiven mit nur 45 km/h, jedoch schon mit allen oben aufgeführten Detailverbesserungen, beschafft worden. Diese Maschinen wurden ab Ende Juni 1938 ausgeliefert und waren nunmehr als „WR360C12" bezeichnet. Gebaut wurden je fünf von

BMAG: FabNr. 10722 10752-10753 10795-10796 und
O&K: FabNr. 20912-20914 20916-20917.

Etwa zeitgleich mit dem Abschluß der Änderungsarbeiten stand ab Mitte 1938 auch der von O&K entwickelte Explosionsschutz für den Einsatz in feuer-

63 Ausführlich: Lauscher, Einheitslok, S.64ff.
64 Sitzungsbericht AGM360 v. 9.8.37
65 BMAG-Firmendruckschrift M 337
66 Sitzungsbericht AGM360 v. 9.8.37; AGM-Zeichnung 315382
67 Verschiedene Sitzungsberichte 1937

BMAG, Sammlung Klaus Görs

Wildau, Juni 1938: Die ersten beiden WR360C12 posieren für Werbefotos. Auf den Fabrikschildern ist als Baujahr noch 1937 eingeschlagen.

gefährdeten Bereichen wie Munitionsfabriken und Treibstofflagern zur Verfügung. Die jeweils letzte C12-Lok von BMAG und O&K waren zu Testzwecken bereits damit ausgerüstet.

Mangels anderer Erfahrungen hatte man sich bei der Konstruktion der Abgaskühlanlage noch weitgehend an den Bestimmungen der Bergbehörden für den Schlagwetterschutz bei Grubenlokomotiven orientiert. Die wichtigsten Bestandteile der Abgaskühlung waren ein wassergekühltes Auspuffsammelrohr am Motor, eine Wassereinspritzung im oberen Auspuffkrümmer, eine Auspuffwaschanlage zum Ablöschen von Funken sowie ein Plattenschutzpaket im Abgasaustritt. Ein Jahr später stand das Thema „Ex-Schutz" allerdings schon wieder auf der Tagesordnung der AGM. Die Auspuffkühlanlage hatte häufig Schäden, funktionierte nicht so wie gewollt und mußte komplett neu konzipiert werden.

Auch mit dem MWM-Motor RHS235S, im Frühjahr 1939 erstmals in einer Serien-WR360C14 (O&K 21119/1939) eingebaut, gab es zunächst zahlreiche Probleme. Die Sitzungsprotokolle der Jahre 1939 und 1940 sind voll mit Mängelberichten und Beanstandungen in Richtung MWM[68]:

- Die Kurbelwelle hatte anfangs zuviel Spiel,
- das Motorschwungrad war zu schwer und mußte gegen ein leichteres Schwungrad ausgetauscht werden,
- in der Kurbelwanne wurde Kühlwasser festgestellt (Grund: beschädigte Gummidichtungen),
- die auf der Kurbelwelle des Motors sitzende Ventilatorantriebsscheibe riß aufgrund mangelnder Befestigung häufig ab und
- stärkere Drehschwingungen als beim Deutz-Motor verursachten immer wieder Schäden an der Voith-Maurer-Kupplung.

Erst etwa 1941/42 waren die wesentlichen Mängel endlich beseitigt. Schon ab Ende 1939 aber - also ohne die endgültige Bewährung der Type abzuwarten - wurde der MWM-Motor in größeren Stückzahlen vom Heereswaffenamt bestellt und in die WR360C14 auch eingebaut.

Von kleinen Bauartänderungen abgesehen[69] ist die 360-PS-Lokomotive nach den Plänen von 1938 noch rund 280 mal geliefert worden. Die ersten Serienlokomotiven wurden im Januar/Februar 1939 bei Schwartzkopff und Orenstein & Koppel fertig. Wenig später setzte dann die Beschaffung in großen Baulosen ein, an der bis 1944 - außer den AGM-Firmen - auch Klöckner-Humboldt-Deutz, Henschel, Krupp, Jung und DWK beteiligt waren.

Eingehende Meßfahrten durch das Versuchsamt hat es mit der WR360C14 in dieser Zeit mindestens einmal noch gegeben. Am 16. und 17. Februar 1943 wurden

TABELLE 9:
Achsdrücke (Angaben in Kilogramm)

Type	**HR360C12**	**WR360C12**	**WR360C14**	
Motor			KHD-Motor	MWM-Motor
Beispiellok	O&K 20813	O&K 20912	O&K 21461	O&K 21303
1. Achse (vorne)	11710	11400	12550	11110
2. Achse (mitte)	12000	11600	12550	11300
3. Achse (hinten)	12800	13100	14900	14400
	36510	**36100**	**40000**	**36810**

Weitere Gewichtsvarianten ergaben sich durch den Einbau einer Ex-Schutz-Anlage (ja/nein, alte/neue Bauart) und nachträgliche Bauartänderungen

Quellen: MfV/RZA 243, Betriebsbücher

68 U.a. Sitzungsberichte AGM360 v. 19.12.39 und 24.4.40
69 Vergl. Seiten 55-60

Kurze Beschreibung des Aufbaues und Ergebnisse der versuchstechnischen Durchprüfung zweier 360-PS-Motorlokomotiven

Von Dipl.-Ing. Karl Koch

Die rumänische Staatsbahn hatte zur Abnahme als Bedingung gestellt, daß die Lokomotive einen Zug von 200 t Gewicht in 700 m Seehöhe auf einer Steigung von 40 ‰ befördern könne. Die Geschwindigkeit war mit ~ 5 km/h festgelegt. ...

Eine geeignete Strecke wurde im deutschen Mittelgebirge gefunden, die zwar nicht ganz 40 ‰ Steigung aufwies, aber doch über 700 m Seehöhe hinaufführte. Sie ist, wie alle Gebirgsstrecken, sehr kurvenreich und mit Leitschienen, die widerstandserhöhend wirken, ausgerüstet. Mit ihrer Länge von fast 5 km übertraf sie wohl die Forderung, die in diesem Punkt nichts vorschrieb. Es ist aber nicht anzunehmen, daß man eine Lokomotive in der täglichen Praxis dauernd an ihrer Grenzleistung betreiben wird. Diese ist hier durch den Haftwert zwischen Rad und Schiene und die Erwärmung des Getriebeöles gegeben. Über ~ 5 ... 7 km/h Geschwindigkeit im Verschiebegang war wohl nicht hinauszukommen; das bedeutete, daß die Lokomotive etwa 1 h lang im Wandler würde fahren müssen. ...

Mit schlechtem Wetter war in Anbetracht der Jahreszeit (Februar) und der Lage der Strecke (im Mittelgebirge) fast mit Sicherheit zu rechnen. Es trat am Vortage der Abnahme, der zur Übung des zunächst vollkommen streckenunkundigen Personales ausgenutzt wurde, ein: nach vorübergehend trockener Witterung setzte feines Schneetreiben bei Lufttemperatur um 0 °C ein, das die Schienenoberfläche ungemein schlüpfrig machte. Trotzdem gelang die Erklimmung der Steigung anstandslos, solange ausreichend Sand nachfloß.

Am Haupttage blieben die Schienen trocken. Im Schaubild ist die Abnahmefahrt mit einer der beiden Motorlokomotiven ausschnittweise graphisch dargestellt. Über dem Höhen- und Kurvenband der Strecke ist die am Haken der Lokomotive aufgetretene Zugkraft und die Geschwindigkeit (im Originalmaßstab des Wagens) aufgezeichnet. Für die Rampenfahrt interessiert die mittlere Zugkraft wenig, weil der Zug, schon allein wegen der mehrfach wechselnden Neigungen der Strecke nicht mit gleichförmiger Geschwindigkeit gefahren ist. Im allgemeinen bewegte sich der Zug auf den Steigungen bei eingeschaltetem Verschiebegang im Wandlerbereich mit einer Geschwindigkeit von ~ 7 km/h, die in engen Kurven oder auf den steilsten Abschnitten auf ~ 5 km/h zurückging.

Auf dem letzten und steilsten Stich vor B-Stadt wurde bedingungsgemäß zweimal angehalten und wieder angefahren, um auch diese Fähigkeit der Lokomotive nachzuprüfen. Der Zug setzte sich bei Zugkraftspitzen von ~ 12 800 bzw. ~ 17 800 kg am Haken allmählich und stoßlos und ohne daß die Lokomotive zum Schleudern gekommen wäre, in Bewegung. Hier konnte das Flüssigkeitsgetriebe so richtig seine hervorstechenden Eigenschaften erweisen, indem es ohne Zutun oder besonderes Geschick des Lokomotivführers, der einfach nur vollen Brennstoff gibt, höchste Anfahrzugkräfte ohne übermäßige Schleudergefahr liefert. ...

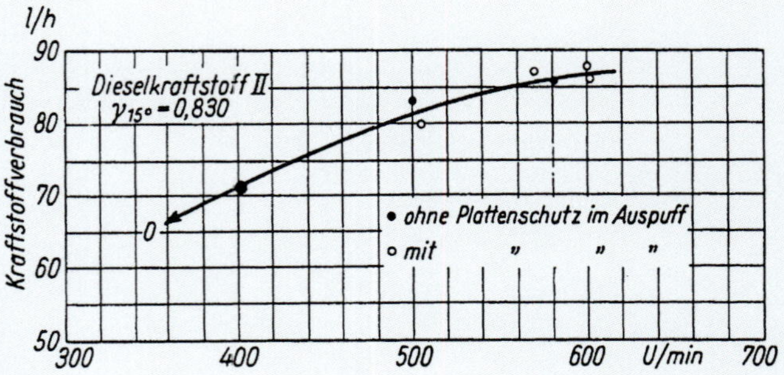

In Tabellen über den Darstellungen sind die auf dem betreffenden Streckenabschnitt im Mittel (mit elektrischen Widerstandsthermometern) gemessenen Temperaturen der Auspuffgase der 6 Motorzylinder, der Auspuffsammelleitung, des Kühlwassers und des Getriebeöls eingetragen. Man sieht, daß das im Wandlerbereich vielleicht gefährdet erscheinende Getriebeöl auch nach mehr als einstündigem Vollastbetrieb noch lange keine irgendwie besorgniserregende Temperatur erreicht. Die Wärmeabfuhr durch das Kühleraggregat ist demnach mehr als ausreichend, das Getriebe also auch zeitlich unbeschränkt für größte Drehmomentenwandlung brauchbar. Diesen behaupteten Vorteil galt es zu beweisen; es ist durch die geschilderte Abnahmefahrt bestens gelungen. ...

Die 6 Motorabgastemperaturen liegen, nach entsprechend sorgfältiger Nachregelung der Einspritzpumpe, auf recht gleichmäßiger Höhe; in der wassergekühlten Sammelleitung sind die Gase schon recht weit abgekühlt. Nach Verlassen des Plattenschutzes, der auf den Abnahmefahrten eingeschaltet war, ist wohl mit Sicherheit jede Zündgefahr vermieden.

Temperaturen in °C.										
Auspuff der Motorzylinder						Sammelltg.	Kühlwasser-Motor		Getriebeöl	
1	2	3	4	5	6		Eint.	Aust.	Eint.	Aust.
390	390	370	380	378	388	62	30	40	28	33

Temperaturen in °C.										
Auspuff der Motorzylinder						Sammelltg.	Kühlwasser-Motor		Getriebe öl	
1	2	3	4	5	6		Eint.	Aust.	Eint.	Aust.
407	398	387	388	395	393	135	34	48	33	38

Temperaturen in °C.										
Auspuff der Motorzylinder						Sammelltg.	Kühlwasser-Motor		Getriebeöl	
1	2	3	4	5	6		Eint.	Aust.	Eint.	Aust.
422	427	408	417	412	428	163	40	58	40	48

Temperaturen in °C.										
Auspuff der Motorzylinder						Sammelltg.	Kühlwasser-Motor		Getriebeöl	
1	2	3	4	5	6		Eint.	Aust.	Eint.	Aust.
420	418	400	415	07	415	162	38	57	48	52

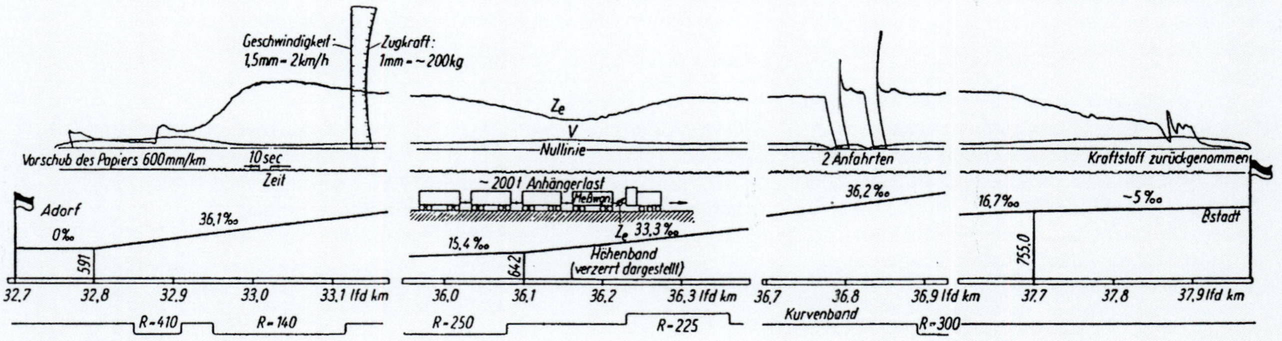

VOITH

Zuwachs für die WR-Typenfamilie: Eine WR200B14 von Schwartzkopff auf der berühmten Mehrspurdrehscheibe in Wildau.

zwei von Schwartzkopff gebaute und für die Rumänischen Eisenbahnen bestimmte Loks im Steilrampenbetrieb auf der Strecke (Heidenau -) Geising - Altenberg bei Dresden erprobt. Die Ergebnisse sind in einem offensichtlich schon damals verfaßten, aber erst nach dem Krieg erschienenen Artikel[70] festgehalten; einige Auszüge daraus auf der nebenstehenden Seite.

Der Artikel gibt im übrigen ein interessantes Bild von der zeitbedingten Geheimniskrämerei auch in der Fachliteratur: Wo die Versuche stattfanden, darüber durfte im vierten Kriegsjahr augenscheinlich nicht mehr geschrieben werden. Im Bericht ist nur vom *„deutschen Mittelgebirge"* die Rede und die beiden Endpunkte sind wie im Unterstufen-Rechenbuch als *„Adorf"* und *„B-stadt"* bezeichnet. Die Bilanz der Meßfahrten von 1943 war, dessen ungeachtet, rundum zufriedenstellend. Zusammenfassend heißt es in dem Bericht:

> *Somit waren alle Abnahmebedingungen für die rumänischen Motorlokomotiven vollinhaltlich erfüllt. Die Maschinen haben die vorausberechneten Zugkräfte reichlich abgegeben und auch die Anforderungen hinsichtlich ihrer Leistungsfähigkeit auf starken Steigungen in größeren Seehöhen erfüllt. Die Bauart dieser serienmäßigen mittelschweren Motorlokomotive hatte sich damit wieder einmal gut bewährt. Sie sind später weiter in größeren Stückzahlen auch für andere Abnehmer gebaut worden.*

Die anderen Loks der WR-Typenreihe

Mit der Umarbeitung der ursprünglichen WR360-Pläne und der Lieferung der ersten Serienloks Anfang 1939 war die Arbeit der AGM in Wildau noch keineswegs beendet. Bereits ab Herbst 1936 hatte es Gespräche mit dem Heereswaffenamt gegeben, in denen die Militärs wiederholt die Entwicklung weiterer Diesellokbauarten verlangt hatten, und zwar zunächst in der 200-PS-Klasse, später auch eine Lok mit 550 PS Motorleistung.

Wie die WR360C14 sollten auch diese Lokomotiven vornehmlich für Rangierarbeiten in Munitionsanstalten, Verpflegungsämtern sowie auf Truppenübungsplätzen eingesetzt werden. Besonders die 550-PS-Lok kam - aufgrund ihrer größeren Leistung - darüber hinaus aber auch für die Bespannung von Eisenbahngeschützen, Materialzügen und Nachschubtransporten im Frontbereich infrage. Beide Bauarten, so die

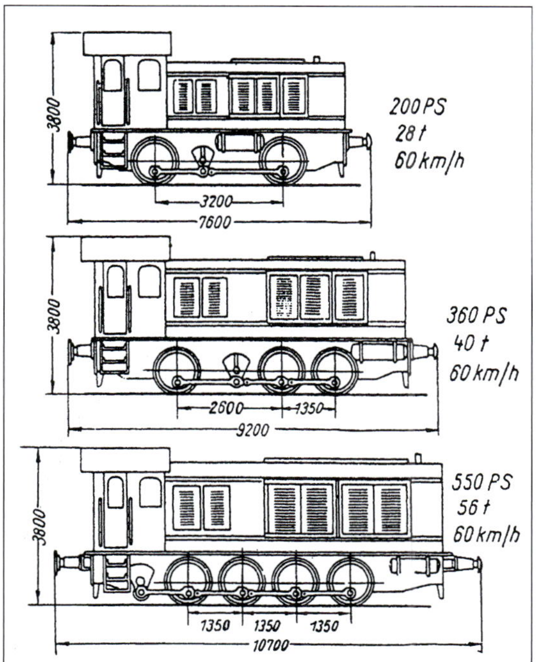

200-360-550 PS: Zumindest auf dem Papier waren die Planungen für die neue Bauartreihe 1940 schon fertig. Die Maße für die 200-PS-Lok stimmen aber noch nicht.

70 Koch, Kurze Beschreibung,, S.48ff.

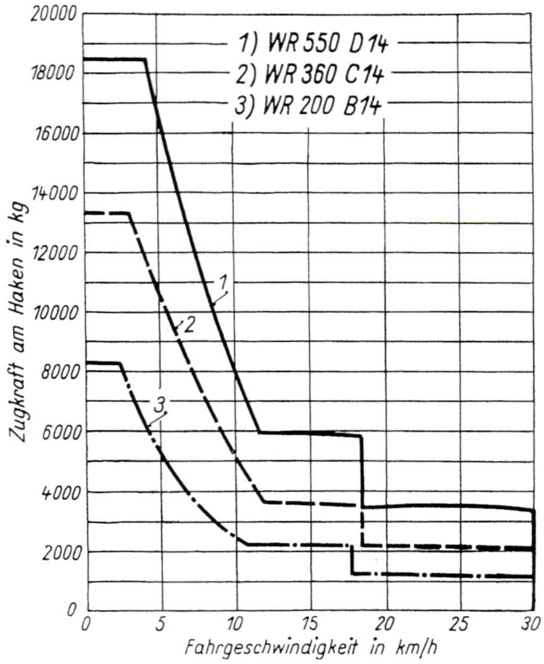

Vorgabe des Heereswaffenamtes, sollten unter sich und mit der bereits vorhandenen WR360C14 möglichst einheitlich ausgeführt werden.

Alle WR-Typen hatten hydraulische Voith-Getriebe und langsamlaufende (Schiffs-) Motoren, gleiche Raddurchmesser, gleiche Bedienelemente sowie einen grundsätzlich gleichen Aufbau. Auch die nicht leistungsabhängigen Ausrüstungsteile wie Puffer, Licht- und Signalanlage waren durchweg identisch. Entsprechend den errechneten Dienstgewichten, bei weiterhin maximal 15 to Achsdruck, ergaben sich für die WR200 ein zweiachsiges und für die WR550 ein vierachsiges Fahrwerk.

Die 200-PS-Lokomotive

Die spätere WR200B14 entstand in der Absicht, eine gegenüber der 360-PS-Lok in etwa halb so starke Maschine für den leichten Rangier- und Übergabedienst zu haben. Die ersten, bis Anfang September 1937 zurückreichenden Pläne gingen daher noch von einer 180-PS-Lokomotive aus. Das Gewicht wurde auf etwa 24 bis 26 to berechnet. Beim Fahrwerk war deshalb sicher mit zwei Achsen auszukommen. Mitglieder der Arbeitsgemeinschaft „KZD 200" waren die Firmen Schwartzkopff, O&K, Deutz, Jung, Krupp und Gmeinder. Die Federführung lag wieder bei Schwartzkopff.

Parallel dazu wurde einige Zeit noch das Projekt einer ebenfalls zweiachsigen, aber etwas stärkeren 240-PS-Lokomotive verfolgt (Federführung O&K). Alle Arbeiten an dieser Bauart wurden 1939, nach Fertigstellung von insgesamt vier Vorserienloks, jedoch abgebrochen[71]. Viele Einzelheiten und ganze Baugruppen der 240-PS-Lok sind danach in den Entwurf der kleineren Schwesterlok mit eingeflossen. Die „Einheitsbauart" WR200B14 kann deshalb durchaus als ein Zwitter aus beiden ursprünglich projektierten B-Lokomotiven angesehen werden.

Umfangreiche Vorarbeiten für die neu zu bauende Lok erforderte insbesondere die genaue Leistungsbestimmung. Noch Ende Oktober 1937 wurden Zugkraftkurven für Lokomotiven mit 150, 160, 170, 180, 190 und 200 PS mit Höchstgeschwindigkeiten zwischen 30 und 60 km/h aufgestellt. Auch von der Motorenindustrie wurden Angebote für diesen gesamten Leistungsbereich eingeholt. Erst im November 1937 waren die Voruntersuchungen dann offenbar soweit abgeschlossen, daß bei den Konstruktionsbesprechungen definitiv von einer *„200-PS regelspurigen B-Diesellokomotive"* ausgegangen wurde[72].

Grund für die Orientierung an der oberen Leistungsgrenze war das vom Militär aufgegebene, durchaus anspruchsvolle Betriebsprogramm: Die neue Lok sollte bei 60 km/h und einem Beschleunigungsweg von 2000-3000 Metern in der Ebene noch eine Anhängelast von 40 Tonnen befördern können[73], was bei 200 PS gerade noch, mit den veranschlagten 180 PS aber schon nicht mehr gewährleistet war.

Aus der anfangs recht umfangreichen Motorenpalette mit Fabrikaten von Deutz, MWM, MAN, Kaelble und Krupp-Germaniawerft kamen deshalb auch nur die leistungsstärksten Bauarten zum Tragen. Und zwar

- der Deutz A6M324 mit 200 PS bei 800 UpM
- der MWM RHS326S mit 200 PS bei 900 UpM sowie
- der MAN W6V17,5/22 mit 200 PS bei 1000 UpM

Anstelle der MAN-Maschine war - einer Notiz von Anfang November 1937 folgend - zunächst ein (drehzahlmäßig besser passender) Famo[74] -Motor 6M24 mit 200 PS bei 850 UpM vorgesehen. Vermutlich aufgrund des günstigeren Preises gab die Arbeitsgemeinschaft aber letztlich doch dem MAN-Motor den Vorzug. Das

71 Siehe Kapitel „Die 240-PS-Lokomotive", S.47ff.
72 Sitzungsbericht KZD200 v. 3.11.37
73 Sitzungsbericht KZD200 v. 21.10.37
74 Fahrzeug- und Motorenwerke GmbH, Breslau; gemeinsames Tochterunternehmen der Deutschen Werke Kiel und der Linke-Hofmann-Busch AG

7600 mm LüP, Blindwelle zurückgesetzt: So sahen die ersten Schwartzkopff-Entwürfe (nach Zeichnung M1205) für die 200-PS-Lok aus.

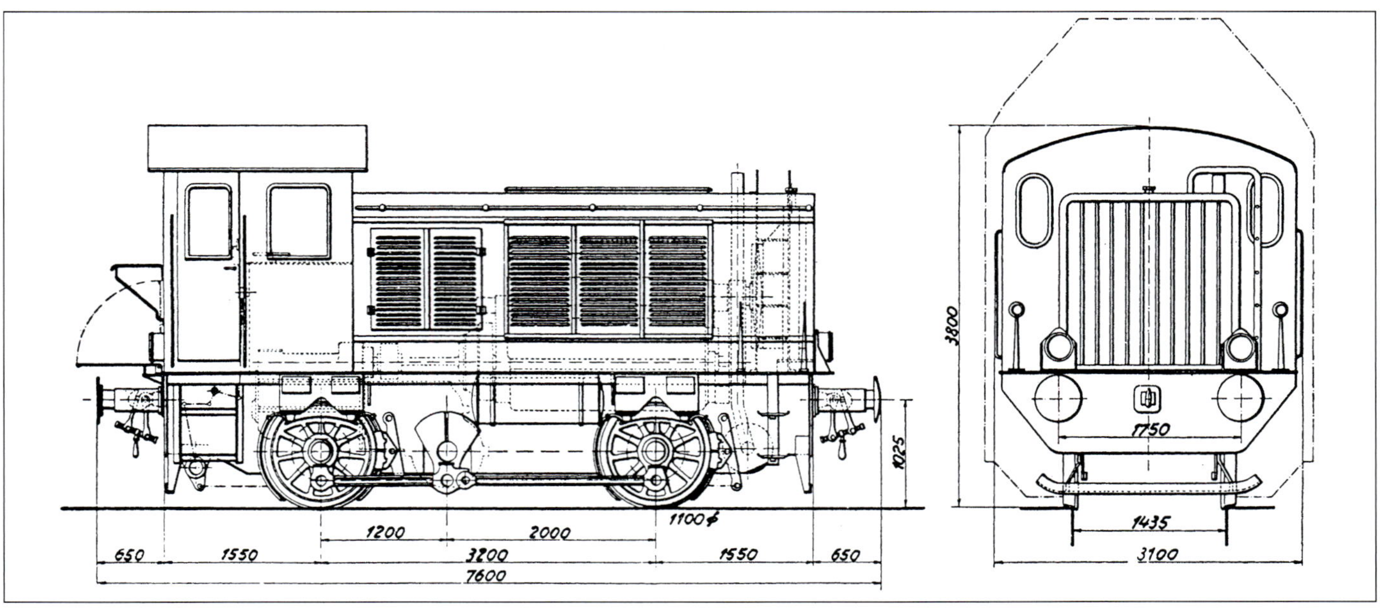

Flüssigkeitsgetriebe lieferte wieder Voith, Type L33y.

Der gesamte übrige Entwurf der Lok lehnte an die bereits durchgearbeiteten größeren WR-Typen an. So entsprachen z.B. Radsätze, Achslager, Federung und Bremsen vollständig denen der WR360C (eine gewisse Überdimensionierung wurde dabei in Kauf genommen). Rahmen, Treib- und Kuppelstangen, einige Blechteile sowie das komplette Stufengetriebe stammten von der 240-PS-Lok.

Eine Besonderheit bei der WR200 war eine konstruktiv vorgesehene Überlastleistung der Motoren von 10 Prozent, also bis 220 PS. Hierzu war im Führerstand ein zusätzlicher Regler für die Erhöhung der Brennstofffüllung vorhanden. Die AGM versuchte damit, die vom Heereswaffenamt geforderte Leistungsspitze abzudecken, ohne die Lok im ganzen größer dimensionieren zu müssen[75].

Die erste WR200B von Deutz (27306/1940): Auffallend ist der große Kühlerausschnitt, der für die Serienausführung verkleinert wurde.

Um einer unzulässig langen Überlastung und damit einer dauernden Überbeanspruchung der Motoren durch die Bedienungsmannschaften vorzubeugen, war der Füllungsregler im Rangiergang allerdings blockiert, also nur im schnellen Fahrbereich 0-60 km/h nutzbar. Außerdem wurde der aus dem Führertisch herausragende Handhebel so eingerichtet, daß er gegen eine erhebliche Federkraft festgehalten werden mußte. Die Konstrukteure glaubten, auf diese Weise die Überdrehzahl des Motors auf maximal 10 Minuten begrenzen zu können. Die Lokführer fanden allerdings schnell einen Weg zur Lösung des „Problems" aus ihrer Sicht: Sie klemmten den Hebel einfach mit einem Holzpflock in der 220-PS-Stellung fest!

Wie bei den anderen WR-Lokomotiven, lassen sich auch bei der 200-PS-Maschine verschiedene Entwicklungsstadien ausmachen. So zeigen die ersten bekannten Schwartzkopff-Skizzenblätter von Anfang 1938 noch eine gedrängte Bauart mit nur 7600 mm LüP und 3500 mm Höhe. Die Blindwelle liegt - gegenüber der tatsächlich ausgeführten Bauart - bei diesem Entwurf noch deutlich näher an der hinteren Achse, was größere Stangenkräfte erforderte (und entsprechend zu größeren Gegengewichtssicheln in den Rädern führte). Sehenswert auch die zum damaligen Zeitpunkt offenbar noch als ausreichend erachteten einfachen Aufstiegstritte vorne.

Aus der gleichen Zeit stammt eine in „Glasers Annalen" erschienene Schlepplastentafel für größere O&K-Lokomotiven[76] mit einer – allerdings frühzeitig verworfenen – 45 km/h-Variante. Erst eine Übersichtszeichnung vom 19.4.39 (Deutz-Nr. 521306) zeigt schließlich die endgültige Ausführung mit 8000 mm LüP, Einheitsführerhaus und Vmax 30/60 km/h. Bei 26 to Dienstgewicht erhielt die Lok zunächst die Typenbezeichnung WR200B1**3**.

Diskutiert wurde auch eine Art Sparversion, bei der durch einfachere Ausstattung wie

- ein halboffenes Führerhaus,
- den Verzicht auf eine Führerstandsheizung,
- eine vereinfachte Druckluftbremse,
- eine billigere Dämpfungskupplung oder
- den Einbau eines mechanischen (statt druckluftbetätigten) Sandstreuers

der Preis von rund 56.000 RM gedrückt werden sollte[77]. Hinter diesen Bestrebungen stand in erster Linie das Reichsbahn-Zentralamt, das - neben Heer und Luftwaffe - selbst die Beschaffung der WR200B in Erwägung zog, aber maximal 50.000 RM auszugeben bereit war. Alle auf eine Vereinfachung der Lokomotive zielenden Überlegungen scheiterten zuletzt an den nur geringen Einsparungsmöglichkeiten sowie am Festhalten des Heereswaffenamtes und der Arbeitsgemeinschaft an einer konsequenten Vereinheitlichung der WR-Typenreihe.

Die erste Serienlokomotive der 200-PS-Type lieferte Krupp (FabNr. 2148) im Herbst 1940. Bis Frühjahr 1941 war bereits die Beschaffung weiterer 17 Maschinen vorgesehen[78]. Alles in allem wurden bis 1943 genau 75 Loks gebaut, weitere fünf folgten 1946/47 als

75 Sitzungsbericht KZD200 v. 3.11.37
76 Mohrstedt, Hochleistungsverkehr, S.224
77 Sitzungsbericht KZD200 v. 3.11.37
78 BA-MA RH66/H14/119

TABELLE 10:
Entwicklung WR200B-Type

Type		**WR200B13 1.Entwurf**	**WR200B13 2.Entwurf**	**WR200B14 Einheitsbauart**
Zeichnung			**BMAG M1205**	**Deutz 521306**
Achsfolge/Antrieb		(B-Stangen)	(B-Stangen)	B-Stangen
Dienstgewicht	to	(24-25)	(26-28)	26,4-28,0*
Länge über Puffer	mm	(7600)	(7600)	8000
Größte Breite	mm	(3100)	(2800-3100)	3100
Größte Höhe	mm	(3500)	(3500-3800)	3800
Achsstand	mm	(3200)	(3200)	3200
Treibrad-Durchm.	mm	(1100)	(1100)	1100
Motor		(Deutz)	(Deutz)	Deutz**
Type		(A6M324)	(A6M324)	A6M324
Leistung	PS	(200)	(200)	200
Anzahl d. Zylinder		(6)	(6)	6
Drehzahl	UpM	(800)	(900 !)	800
Getriebe		(Voith)	(Voith)	Voith
Type		(L33y)	(L33y)	L33y
Bauart		(hy/W-K-K)	(hy/W-K-K)	hy/W-K-K
Vmax	km/h	(45)	(30/60)	30/60
Zugkraft max.	kg	(7000)	(8300/4250)	8300/4250

* je nach Ausrüstung und Ballast
** oder MWM RHS326S, 200 PS, 900 UpM
oder MAN W6V17,5/22, 200 PS, 1000 UpM

Quellen: MfV/RZA 246, BMAG-Skizzenblätter, Glasers Annalen 1938

Probleme beim Doppellokbetrieb

Wie alle Einheitsbauarten des Heeres wurden auch die ersten WR200B14-Lokomotiven vom „Reichsbahn-Versuchsamt für Lokomotiven und Triebwagen" (LVA) in Berlin-Grunewald ausgiebigen Funktions- und Leistungsmessungen unterzogen. Die Fahrten fanden im März oder April 1941 mit dem Meßwagen D des Versuchsamtes auf der (auch von den anderen WR-Loks genutzten) Strecke Nauen - Börnicke statt. Hier ging es kilometerlang geradeaus, die Strecke hatte nur mäßige Neigung und war zudem durch den planmäßigen Verkehr nur gering belegt. Eingesetzt waren bei den Versuchen mit der 200-PS-Type die Lokomotiven KHD 27306/1940 und BMAG 11273/ 1940. Im Versuchsbericht Fklvi 1334 VL1 vom 22. April 1940[1] heißt es unter anderem:

> *Für's erste wurde jede Lok e i n z e l n , später auch beide im K u p p e l b e t r i e b untersucht. Die Fahrten erbrachten wieder die schon des öfteren gefundene Erscheinung, daß die Motoren der Lok nicht auf die vorgeschriebene Leistung eingeregelt waren und zwar war sie bei diesen beiden Lok zu h o c h. Fa.Deutz hat durch einen Rev.Ing. die Motorleistung durch Vorverlegung des Füllungsanschlages herabgesetzt, die Fa.MAN hingegen veränderte die Motorleistung n i c h t.*

Im Versuchsprotokoll folgt dann ein längerer Bericht über die Untersuchung der beiden Einzelloks mit Angaben vor allem über Zugkraft, Motor- und Kühlerleistung. Zu den - auch für die anderen WR-Baureihen typischen - Anlaßproblemen heißt es darin u.a.:

> *Der Luftverbrauch des Deutz-Motors beim Anlassen ist recht groß. Selbst bei warmer Maschine wird bei e i n e r Luftflasche ein Druckabfall von 5...6 at bis zum Anspringen verbraucht (MAN nur 1...2 at). Infolge der Schwierigkeiten mit der Brennstoffpumpe und den Filtern wurde die Vorratsluft verschiedentlich verbraucht, b e v o r der Motor durchlief, zudem die Flaschenventile nicht einwandfrei dicht hielten. Um die leergewordene Flasche aufzufüllen, ist eine Füllrohrleitung zur anderen Lok angefertigt worden, damit die Maschinen sich gegenseitig aushelfen können. Es empfiehlt sich die Beigabe einer solchen Rohrleitung schon von Seiten der Lieferfirmen, damit sich der Betrieb vorkommendenfalls helfen kann. Bei kalter Witterung (unter - 3°) ist das Anlassen der völlig ausgekühlten Motoren o h n e Vorwärmung des Kühlwassers infolge des nicht ausreichenden Luftvorrates gemäß Beobachtung n i c h t mit Sicherheit gewährleistet. Bei den Versuchen des LVA wurden deshalb die Lok immer in einem geheizten Lokschuppen (Nauen) untergestellt.*

Abschließend berichtet das LVA Grunewald dann über die Testfahrten mit der 2x WR200B14-Doppellok. Der Berichterstatter schreibt dazu:

> *Nachdem die Einzelerprobungen abgeschlossen waren, wurden die beiden Lok noch im Kuppelbetrieb untersucht, der, fast wider Erwarten, ziemlich viel Schwierigkeiten bereitete und manche Unstimmigkeiten der beiden Lok erkennbar machte.*
>
> *Das Übertragungsgestänge ließ sich zwar nach nur geringer Nacharbeit einbauen, aber schon die ersten Fahrten der gekuppelten Lok brachten das Ergebnis, daß die beiden Lok zusammen nicht etwa die Summe der Zugkräfte der einzelnen Lok hergaben, sondern ganz e r h e b l i c h weniger. Je nachdem auf welcher Lok das Steuerrad betätigt wurde, leisteten die Lok mehr oder weniger. Wurde bei Deutz (vorne laufend) gesteuert, kam BMAG nicht auf Leistung. Wurde hingegen von BMAG aus gefahren, kam die Deutz v o l l mit.*
>
> *Es wurde längere Zeit an den Übertragungs- und Reguliergestängen der beiden Lok, zuletzt noch mit Unterstützung durch die Lieferfirmen gesucht, bis daß die Ursachen der Fehler gefunden waren. Für's erste wurden die Ketten usw richtig gespannt und bestens eingestellt, dann wurde bei BMAG die Veränderung des „Motorhebels" vorgenommen und die „Feder in Stange 3" auf zeichnungsgemäße Abmessungen und Spannung gebracht, die offenbar in der Fabrik in Verkennung der wahren Ursachen der wohl auch dort beobachteten Unstimmigkeiten in ihrer Wirkung durch Unterlagen verstärkt worden war.*
>
> *Alle diese Arbeiten genügten aber noch nicht, um die beiden Lok zum vorschriftsmäßigen Zusammenarbeiten zu bringen. Es wurde schließlich gefunden, daß die beiden Steuerräder ganz verschiedene Drehwinkel bis zur Vollaststellung ausführen. Zeichnungsgemäß sollen sie 180° Ausschlag nach beiden Seiten haben. Tatsächlich machte die Deutz-Lok 140...150°, die BMAG-Maschine 160...170°. Wurde nun also an ersterer geschaltet, kam letztere bei w e i t e m nicht in ihre Vollaststellung, umgekehrt hingegen paßte es besser. Es mußte also versucht werden, beide Handräder auf ziemlich g e n a u 180° Schaltausschlag zu bringen ... Nachdem b e i d e Handräder ihren vorschriftsmäßigen, 180°igen Ausschlag hatten, steuerten beide Lok ausgezeichnet, unabhängig vom Drehsinn und der Wahl der Steuerräder !*
>
> *Zusammenfassung*
> *Die Untersuchung der beiden 200-PS-HWA-Motorlok haben gezeigt, daß diese Lok, wenn ihre Getriebe einwandfrei schalten, was bei d i e s e n beiden eigentlich i m m e r der Fall war, außerordentlich einfach in der Bedienung sind und die Lok den erwarteten Leistungen entsprechen. U n b e d i n g t notwendig ist aber die e i n d e u t i g e Festlegung der Bedingungen, unter denen die Motoren auf Nennleistung einzuregulieren sind, damit Fehldeutungen sonst unvermeidlicher Leistungs- und Verbrauchsunterschiede sowie auch Schaltschwierigkeiten gekuppelter Lok vermieden werden.*
>
> *Damit das Zusammenarbeiten der Lok gewährleistet wird, ist der genauen Einstellung der gesamten Steuerung e r h ö h t e Aufmerksamkeit zu widmen. Dazu muß vorgeschrieben werden, daß das Steuerrad in beiden Drehrichtungen g e n a u 180° Ausschlag machen muß.*
>
> *G r u n d s ä t z l i c h ist die Steuerung in Ordnung, wie die Praxis der Versuche gelehrt hat, nur müssen die Zeichnungen eindeutiger, die werkstattstechnische Ausführung besser und die fabrikseitige Einstellung der Einrichtung genauer werden. Wären die beiden Lok ohne Berührung des LVA an den Betrieb gelangt, so hätten sie selbst als Einzelfahrzeug nicht vollwertig (Brennstoffeinrichtung bei Deutz, Gestänge bei BMAG) und vor allem gekup-pelt niemals einwandfrei zusammenarbeiten können, da die eine, v o l l leistende Lok immer die andere m i n d e r ziehende, hätte schleppen müssen.*
>
> *Der Umlauf der beiden Lok ist aus g l a t t e m Blech hergestellt, das bei der unvermeidlichen Verschmutzung durch Treibstoff oder Öl a u ß e r o r d e n t l i c h glatt und damit unfallgefährlich wird. Waffel- oder Riffelblech wäre angebrachter. Die Lok sind am 15.4. nach dem Pionier-Übungsplatz Rehagen-Klausdorf (BMAG-Lok) bezw. nach Fürstenwalde (Deutz-Lok) überführt worden.*
> *gez. Koch*

---

1 MfV Berlin RZA 246; die Schreibweise entspricht dem Original

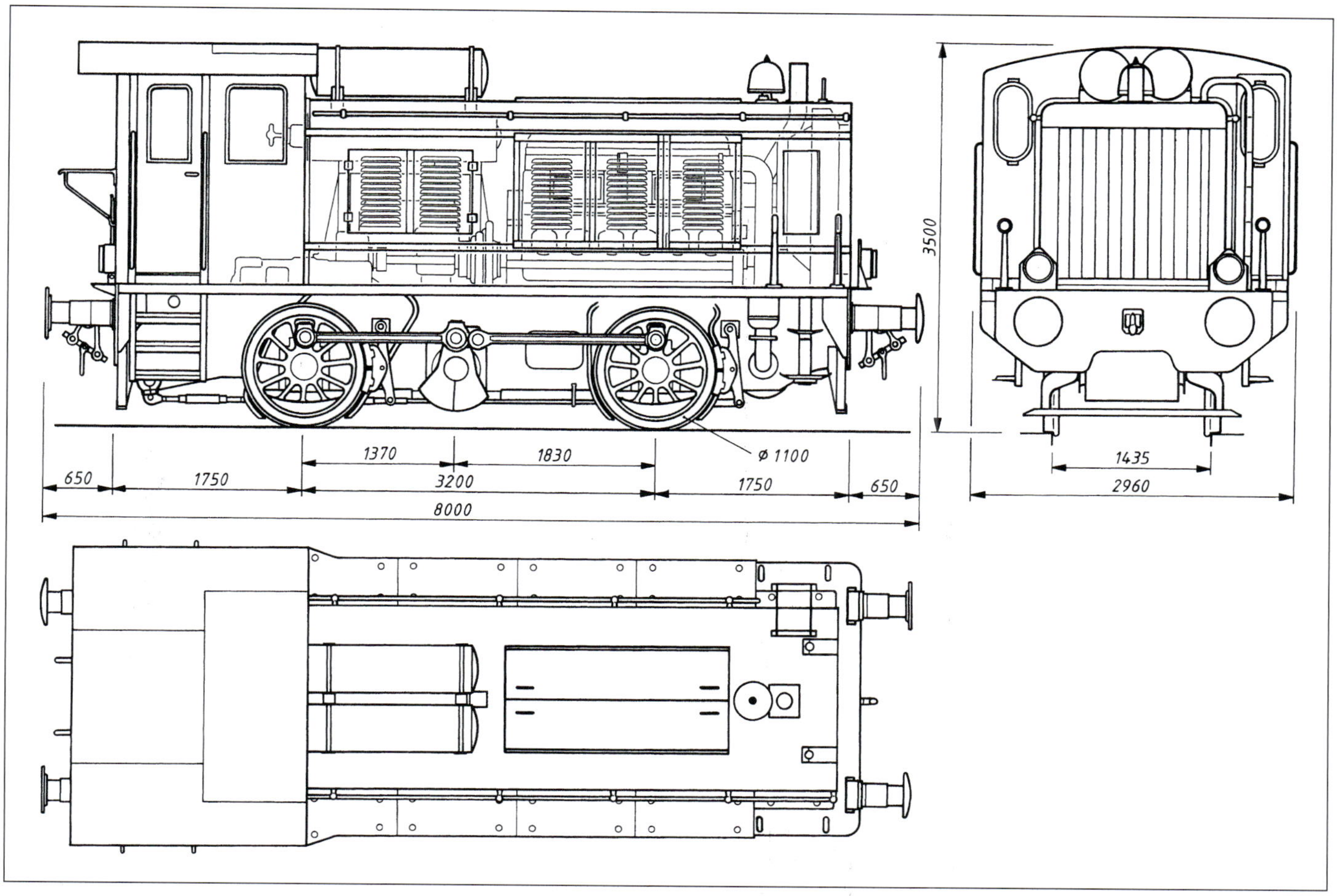

Horst Kühnhackl

Großer Kühlerausschnitt, flaches Dach, Bremsluftbehälter auf dem Vorbau: Die WR240B15 ...

Nachbauten aus vorhandenen Einzelteilen. Den Löwenanteil am Bau der WR200B hatte Deutz. Kleinere Serien oder Einzelloks lieferten außerdem alle in der AGM vertretenen Firmen, also Schwartzkopff, Jung, Krupp, Gmeinder und O&K. Zumindest die ersten Lokomotiven zeigen noch einige bemerkenswerte Bauartunterschiede zu der späteren Serienausführung. So hatten z.B.

O&K 21254/ 1940
Deutz 46516-517/ 1941
noch das ursprünglich geplante, flache Führerhausdach und bei

Krupp 2148/ 1940
Deutz 27306/ 1940
Deutz 46516-517/ 1941
war der Kühlerausschnitt in der Blechverkleidung der Stirnfläche größer als bei der Serienlok.

Ähnlich wie bei der WR360C14 mußten aufgrund der verschieden hohen Motorengewichte auch bei der 200-PS-Type nachträglich noch mit Schwerspat gefüllte Ballastkästen eingebaut werden (nur bei Maschinen mit MAN- und MWM-Motor). Die Loks kamen danach auf Dienstgewichte zwischen 26,4 und 28,0 to. Die Typenbezeichnung wurde folgerichtig im September 1939 - ohne weitere Bauartänderung - von WR200B**13** in WR200B**14** geändert[79]. In Lieferverzeichnissen, Lokbüchern und Betriebsakten ist aber auch danach vielfach noch die alte Bezeichnung beibehalten worden.

Die 240-PS-Lokomotive

Die ersten Pläne für die WR240B15 sind noch um ein gutes Jahr älter als die der 200-PS-Lokomotive. Die frühesten Besprechungen fanden bereits im Oktober 1936 statt. Das Konstruktionsbüro hatte diesmal seinen Sitz bei Orenstein & Koppel in Drewitz. Mitglieder der Arbeitsgemeinschaft „Abg180" waren - neben O&K - die Firmen Schwartzkopff und Deutz.

Wie bei der Entwicklung der WR200 gingen auch hier die ursprünglichen Leistungsvorstellungen noch von einer 180 PS starken Lok aus[80]. Als Einbaumotor wurde ein Deutz-Modell, Type LA6M220, zugrundegelegt. Bei der Ausarbeitung der Entwürfe durften alle drei AGM-Firmen aber alternativ dazu jeweils ein weiteres Motorfabrikat mitanbieten.

Warum es in der Folgezeit dann doch zu einer nicht unbeachtlichen Verstärkung der Lok auf 240 PS gekommen ist, ist aus den wenigen erhaltenen Unterlagen leider nicht ersichtlich. Spätestens ab Frühsommer 1937

79 Sitzungsbericht KZD200 v. 27.9.39
80 Sitzungsbericht Abg180 v. 20.10.36

... unterschied sich äußerlich und technisch von der 200-PS-Lok: Hier das Voith-L35-Getriebe.

Voith

Dusche unter'm Ölstrahl

Auch die WR240B15 wurde vom LVA Grunewald der üblichen Bauarterprobung vor dem Meßzug unterzogen. Testkandidaten waren BMAG 10754/1939 (die spätere DB V 20 001) und - vermutlich - O&K 20929/1939. Der Versuchsbericht[1] - Fklvi 1232 VL1 - des LVA Grunewald trägt das Datum vom 21. Dezember 1939.

Die Firmen Orenstein u Koppel (O u K) bzw Schwartzkopff (BMAG) haben je eine 240 PS Motorlok für das Heereswaffenamt, Abtlg Wa Prüf 5 IX e (HWA) geliefert, die vor ihrer Ablieferung hier erprobt worden sind. Die Lok wurden durch Personal der Erbauerfirmen in betriebsbereitem Zustand, d.h. mit Ölfüllungen im Motor und Getriebe, angeliefert und wurden in Gd [Grunewald, S.L.] *lediglich mit Treibstoff (Dieseltrieböl) versehen; die Versuchsfahrten fanden auf der Strecke Nau -Börn* [Nauen - Börnicke, S.L.] *mit Meßwagen D statt. Es haben sich - entsprechend dem Auftrag - Vertreter der Lieferfirmen (BMAG, O u K, Deutz und Voith) sowie Beamte des HWA daran beteiligt.*

Die Untersuchung der Lok sollte sich auftragsgemäß vornehmlich auf die Aufstellung einer Leistungscharakteristik beschränken; überdies stand für weitergehende Versuche keine Zeit zur Verfügung, da die Lok auf Anordnung des HWA schnellstens abgeliefert werden sollten. Die Einstellungen der Motoren und ihrer Regler sowie die der Getriebe und deren Regler wurden als endgültige vorausgesetzt, da ja die Lok in ablieferungsbereitem Zustand angeliefert worden sein sollten.

Versuche mit jeder der beiden Lok

Als erste wurde die BMAG-Lok vor dem Mwg erprobt. Sie wurde je einmal im langsamen (Vmax = 30 km/h) und einmal im Schnellgang hinsichtlich ihrer Zugkräfte durchgemessen. Dazu wurden die Temperaturen abgelesen, die Umdrehungszahlen des Motors beobachtet und der Verbrauch gemessen. Aus Anlage 1 ist das Meßergebnis für 0...30 km/h aufgetragen und zwar für den Anlieferungszustand der Lok. Deutlich ist die ganz erheblich größere Zughakenkraft der Lok im Anlieferungszustand zu erkennen, die i.M. ca. 28 % ausmacht. Der Unterschied ist also nicht - entgegen den Ansichten der Firmenvertreter - auf irrtümliche Einstellung der gewährleisteten 10%igen Überlaststufe der Motoren zurückzuführen. Auch im Schnellgang ist das Bild entsprechend: die Lok leistet am Zughaken wesentlich mehr als voraus berechnet wurde.

Der Motor der Lok rauchte bei den Meßfahrten, vor allem bei starker Drückung ziemlich heftig. Das Kühlwasser blieb, auch nach Abschluß einer längeren Versuchsserie mit voller Füllung verhältnismäßig kalt: 53° beim Austritt aus dem Motor wurden nicht überschritten. Das Getriebeöl kam auch nach längerer Fahrt im Wandler nicht über 55° und kühlte sich bei Fahrten in den Kupplungen sehr schnell weiter ab und blieb dann bei ungefähr 40...45° stehen.

Im Versuchsbericht des LVA Grunewald folgen dann zunächst Leistungs- und Wärmedaten der zweiten untersuchten Lokomotive (von O&K), bevor der Berichterstatter auf eine gesondert angesetzte Steigungsfahrt auf der Strecke Belzig - Wiesenburg (1:125) zu sprechen kommt. Untersucht wurde hier die BMAG-Lok:

Um die Verhältnisse für die Lok zu erschweren, lief sie mit dem Kühler hinten, da die Kühlverhältnisse für diese Stellung zweifellos am ungünstigsten sind. Die Lufttemperatur war allerdings mit etwa 0° recht niedrig. Die 10 km reine Steigungsstrecke von Belzig bis zum Brechpunkt vor Wiesenburg wurden mit 17 Achs = 192 t in rund 1 h Fahrzeit überwunden, wobei die Lok fortdauernd im Wandler/Rangiergang arbeitete. Die Auspufftemperaturen der einzelnen Zylinder stiegen dabei auf 420 ... 458°, im Sammelrohr auf 476°, während das Kühlwasser nur 48° erreichte. Das Getriebeöl, das unter schwierigsten Verhältnissen arbeitete, kam bis auf 70°.

TABELLE 11: Entwicklung WR240B-Type

Type		WR240B15 Entwurf	WR240B15	WR280B15 Entwurf
Achsfolge/Antrieb		(B-Stangen)	B-Stangen	(B-Stangen)
Dienstgewicht	to	(33)	30 (-33)	(30,0)
Länge über Puffer	mm	(8000)	8000	(8500)
Größte Breite	mm	(2950)	2960	(2950)
Größte Höhe	mm	(3500)	3500	(3500)
Achsstand	mm	(3200)	3200	(3200)
Treibrad-Durchm.	mm	(1100)	1100	(1100)
Motor		(Deutz)	Deutz	(Deutz*)
Type		(LA6M324)	LA6M324	(A8M324)
Leistung	PS	(240)	240	(275)
Anzahl d. Zylinder		(6)	6	(8)
Drehzahl	UpM	(900)	900	(750)
Getriebe		(Voith)	Voith	(Voith)
Type		(L35)	L35	(L35)
Bauart		(hy/W-K-K)	hy/W-K-K	(hy/W-K-K)
Vmax	km/h	(45)	30/60	(30/60)
Zugkraft max.	kg	(8250)	11000/6000	(10000/5500)

* oder MAN W8V17,5/22, 280 PS, 1050 UpM

Quellen: MfV/RZA 246, BMAG-Skizzenblätter, Glasers Annalen 1938 Betriebsbuch V 20 001

jedenfalls scheint diese Leistung festgestanden zu haben. Antriebsmaschine war jetzt ein Deutz LA6M324-Motor (das „L" stand für eine mechanische Aufladung) mit 240 PS bei 900 UpM und 10 Prozent Mehrleistung in einer auch hier vorgesehenen Überlaststufe. Das Getriebe kam wieder von Voith, und zwar in Form einer Sonderbauart L35.

Die weitere Entwicklung zeigt dann deutliche Parallelen zum Konstruktionsfortschritt bei der 360-PS-Lokomotive:

So mußte entsprechend den neu erhobenen Heeresforderungen ab Juli 1937 auch bei der WR240B15 ein zusätzliches Stufengetriebe für zwei Fahrbereiche vorgesehen werden[81]. Die Höchstgeschwindigkeit, bis dahin 45 km/h, lag nun auch hier bei 30/60 km/h.

Desweiteren wurden zahlreiche Bauteile denen der 360-PS-Lokomotive angeglichen oder übernommen, um den Fertigungsaufwand gering zu halten.

In der Folgezeit taucht interessanterweise verschiedentlich die Typenbezeichnung WR240B**17** mit der Gewichtsangabe 33 to auf. Selbst im Deutz-Lieferverzeichnis und in einem Bericht des LVA Grunewald werden 33 to genannt. Die Quellen sind in dieser Frage aber sehr widersprüchlich. Möglicherweise waren eine Anhebung des Gewichtes zwischenzeitlich geplant oder ein oder zwei Loks tatsächlich entsprechend umgebaut. Die nach dem Krieg wieder aufgetauchten Maschinen hatten jedenfalls alle nur 30 to.

Auffallend an der 240-PS-Lok sind einige Eigenwilligkeiten im äußeren Aufbau, die sich in dieser Art bei keiner anderen WR-Type finden. So war z.B. das Führerhaus schmaler und flacher als bei den anderen Wehrmachtsbauarten (TABELLE 11), die Bremsluftbehälter wurden auf dem Vorbau liegend unmittelbar vor dem Führerhaus angeordnet und die Rahmenstirnplatten waren seitlich abgeschrägt und mittig leicht ausgeschnitten.

Insgesamt haben die AGM-Firmen Schwartzkopff (1), Deutz (1) und Orenstein & Koppel (2) nur vier WR240B-Lokomotiven gebaut und zwischen Oktober 1939 und Januar 1940 geliefert. Die ersten beiden davon sind vor Abgabe an den Betrieb wieder vom LVA Grunewald erprobt worden (siehe Kastentext auf dieser Doppelseite). Eine fünfte Lok war - mit deutlichem

81 Sitzungsberichte KZD200 v. 3.11.37 und AGM360 v. 30.7.37

In der heißen Jahreszeit, mit vielleicht 30° Lufttemp. kann das Öl also auf 100° kommen, was wohl noch als eben zulässig betrachtet werden darf. Das Motorkühlwasser wäre im Sommer mit 78...80° gerade günstig warm, während es im Winter mit weniger als 50° zu kalt bleibt. Wenn dem Motor die niedrige Wassertemperatur nicht schädlich ist bezw seinen Brennstoffverbrauch zu stark erhöht, sind die jetzigen baulichen Anordnungen der Kühler nicht zu beanstanden.

Beobachtungen allgemeiner Natur an beiden Lok

Abgesehen von den zu hoch eingestellten Motoren, was offensichtlich auf ein Versehen bei der herstellenden Fa zurückzuführen ist, sind bei beiden Lok einige Unregelmäßigkeiten des Getriebes aufgetreten, die nicht restlos zu erklären waren. M e h r m a l s ist nämlich bei Fahrt in Kupplung II sowohl im Rangier- als auch im Schnellgang p l ö t z l i c h die Zugkraft auf Null zurück- und der Motor auf Leerlaufdrehzahl hinaufgegangen. Die Erscheinung konnte auch von den teilnehmenden Firmenvertretern nicht gedeutet werden.

Auf Anraten des beigegebenen Montörs der Fa BMAG wurde bei deren Lok der Ölstand im Getriebe versuchsweise erhöht: es ist tatsächlich kein Ausfall des Getriebes mehr beobachtet worden; es kann dies jedoch auf einem Zufall beruhen, zudem nach Wiederabsenkung des Ölstandes auch kein unbeabsichtigtes Abschalten mehr bemerkt wurde. Der Beobachtungszeitraum war aber unbedingt zu knapp, um daraus stichhaltige Rückschlüsse ziehen zu können.

Ein weiterer Fehler, der, wenn auch nicht schwerwiegender Natur, doch an beiden Lok vorkam und u U gelegentlich einmal zu Betriebsstörungen führen kann, war das Lockern (1 x flog er sogar ganz heraus) der Entlüftungshähne auf dem Ölkühler. Diese Hähne müssen gut gesichert werden, sonst werden sie im Laufe der Zeit durch die Motorerschütterungen lose und es kann empfindlicher Getriebeölverlust eintreten. Bei unseren Versuchen ist einmal ein hoher Ölstrahl herausgespritzt worden, der die messenden Beobachter völlig durchnäßte (Öl u U heiß !).

Die gespeicherte Abgasmenge bezw ihr Druck genügt bei u n g ü n s t i g e n Verhältnissen nicht zum Anwerfen des Motors. Als nach einer Nacht, in der die Lok (OuK) bei abgelassenem Kühlwasser im Freien stehen blieb (aus betriebstechnischen Gründen unvermeidbar) und in der die Lufttemperatur auf etwa -2...3° C absank, gelang es am Morgen trotz Auffüllung heißen Kühlwassers nicht, den Motor zum Anspringen zu bringen, da die Drehzahl infolge des steifen Schmieröls nicht ausreichte. Nach wenigen Startversuchen waren beide Flaschen leer und der Motor konnte erst nach Herbeischaffung einer Flasche Preßluft (150 at) und guter Vorwärmung (aber ohne sonstige Maßnahmen) zum Anspringen gebracht werden. Wenn also die Lok im Betriebe keinen warmen Abstellraum finden werden, wird bei scharfem Frost immer mit Anlaßschwierigkeiten zu rechnen sein.

Recht unhandlich ist die Anlaßeinrichtung eingerichtet: der Bediener muß zuvor die Flaschenventile im Führerhaus öffnen und sich dann auf den Umlauf begeben, die Seitenschiebetüren der Motorhaube öffnen und kann dann erst den Anlaßhebel betätigen. Es wäre angebrachter, diesen Anlaßhebel vom Führerhaus aus bedienbar zu haben.

Die beiden Lok wurden auch einmal kurz als Doppellok mit Fernsteuerung erprobt: nach g e r i n g f ü g i g e m Nacharbeiten des Übertragungsgestänges arbeitete die Steuerung einwandfrei.

Die Lok wurden vom HWA nach Mölln/ Lauenburg (BMAG) bezw nach Breslau beordert, wohin sie von den betr. Firmenmontören unter Beigabe von Rb-Lotsen ohne Zwischenfälle überführt wurden.

gez. Koch

---

1 MfV Berlin RZA 230; die Schreibweise entspricht dem Original

zeitlichen Abstand - bei Deutz in Köln zwar bestellt, wurde aber nicht mehr fertig. Die näheren Umstände für die Beschaffung speziell dieser fünften Lokomotive sind ziemlich unklar. Entwicklung und Serienreifmachung der WR240B15 waren zum Zeitpunkt der Auftragsvergabe (Bestelldatum: 3.9.40 !) jedenfalls längst eingestellt.

Damit endete bereits frühzeitig die Geschichte der 240-PS-Wehrmachtslok. Ein Weiterbau schien aus verschiedenen Gründen wenig zweckmäßig:

E r s t e n s war der Leistungsabstand zur WR200 zu gering, als daß dies ernstlich zwei verschiedene Bauarten gerechtfertigt hätte.

Z w e i t e n s lag die Maschine mit einer Achslast von 15 (oder sogar 16,5) to zu dicht an der vom Heereswaffenamt geforderten Begrenzung auf 15 Tonnen.

Schließlich - d r i t t e n s - war das L35-Turbo-Getriebe von Voith eine Sonderbauart, die den Preis der Lokomotive erheblich verteuerte.

des vorgesehenen 8-Zylinder-Motors geriet die Lok nach ersten Berechnungen jedoch rund einen halben Meter länger als die WR240. Außerdem waren die infrage kommenden Motoren entweder zu schwer (Deutz A8M324) oder liefen zu hochtourig (MAN W8V17,5/22)[83]. Auch diese Pläne wurden deshalb letztlich aufgegeben.

Am Ende blieb es bei den nur vier in Heeres-Zeugämtern und -Munas eingesetzten WR240B15-Loks. Der 8000-mm-Rahmen, das komplette Triebwerk, einige Blechteile und das Nachschaltgetriebe konnten unverändert für die noch in der Konstruktion befindliche 200-PS-Type übernommen werden. Am 27. Januar 1939 wurden die Entwicklungsarbeiten an der WR280B15 endgültig eingestellt und die Abg180 aufgelöst.

Typenplan anno 1938: Die „Einheitsbauart WR280B15" gab's nur auf dem Papier; auch die WR200B wurde in dieser Form nicht gebaut.

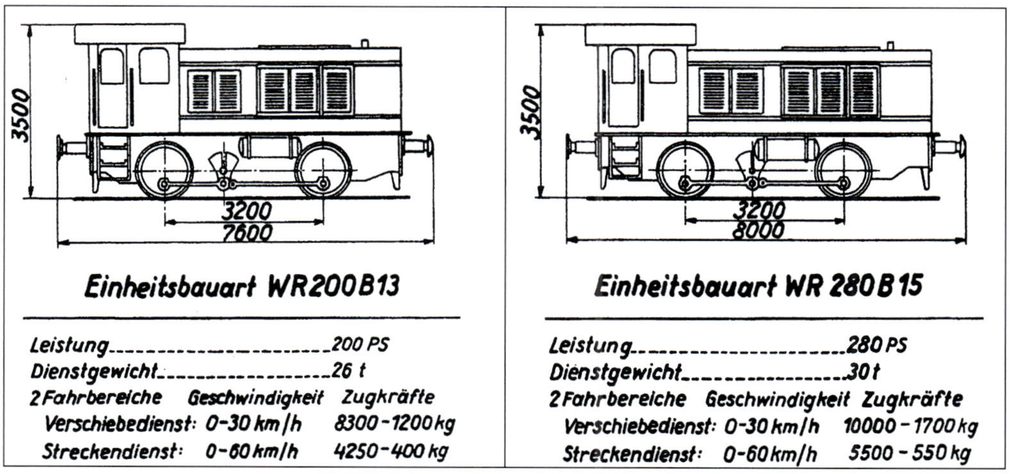

Im Betrieb bereitete das Hydraulikgetriebe zudem häufig Probleme[82], während das aus der Kleinlok-Type abgeleitete L33y-Getriebe der WR200B14 klaglos und betriebssicher arbeitete.

In der Arbeitsgemeinschaft ist Ende 1938/Anfang 1939 anstelle eines Weiterbaus der 240-PS-Lok vorübergehend noch über eine verstärkte Version mit 280 PS diskutiert worden, die die Leistungslücke zwischen 200 und 360 PS besser hätte abdecken können. Typenbezeichnung dieses Projekts: „WR280B15". Aufgrund

---

82 Versuchsbericht LVA Grunewald v. 21.12.39; Monteursberichte

83 Niederschrift vom 27.1.39

MWM

Kurz vor dem Stapellauf: Bei der Schwartzkopff-Lok 11118 fehlen im Spätsommer 1941 nur noch einige Rohre, Lampen, Stangen und Haube. Gut zu sehen: Der lange Kurbelzapfen an der dritten Achse

Die 550-PS-Lokomotive

Die vierachsige WR550D14 war die leistungsstärkste und zunächst auch letzte Entwicklung der AGM in der damit nun kompletten Bauartfamilie. Die Entwurfsarbeiten reichen bis in den Februar 1938 zurück. Allerdings beanspruchte die Klärung der konstruktiven Einzelfragen sehr viel mehr Zeit als bei allen anderen WR-Typen. Vor der Jahreswende 1938/39 dürfte die neue Lok deshalb kaum konkretere Formen angenommen haben.

Mitglieder der AGM550 waren Schwartzkopff, O&K und Deutz. Gebaut werden sollte eine Lokomotive, die selbst bei schlechter Gleisbeschaffenheit einen 250-to-Zug noch sicher über eine 4-Promille-Steigung befördern konnte. Die dafür erforderliche Zugkraft wurde am Zugkraftscheitel bei 7 km/h mit etwa 13.350 kg angegeben. Für eine 2x WR550D14-Doppellok sah das Lastenheft die Beförderung von kompletten Zügen mit 450-500 to Last vor[84].

Interessante Einzelheiten zu Überlegungen und Planungen in der Arbeitsgemeinschaft vermitteln auch hier wieder vor allem die Sitzungsprotokolle der AGM. Danach stand anfangs noch eine nur 500 PS starke Lokomotive zur Diskussion[85], die zudem auf dem Fahrgestell der WR360C14 aufbauen sollte[86]. Auch eine vierachsige Lokomotive mit Blindwellenantrieb zwischen dem zweiten und dritten Radsatz war zeitweilig im Gespräch, wurde wegen des dann doch sehr großen Achsstandes und einer ungünstigen Schwerpunktlage (Motor über dem Getriebe) aber schnell wieder aufgegeben[87]. Die weiteren Entwicklungsschritte zeigen die Schwartzkopff-Skizzenblätter der Jahre 1938-1940:

Anf. 1938: eine WR550D1**5** mit 9400 mm LüP
Ende 1938: eine WR550D14 mit 10000 mm LüP
Ende 1939: eine WR550D14 mit 10550 mm LüP
und schließlich
Mitte 1940: eine WR550D14 mit 10700 mm LüP

Bei all diesen Entwürfen war die Blindwelle nun hinter der Radsatzgruppe unter dem Führerhaus angeordnet und - zur Verkürzung der Überhänge - mit Antrieb auf die 3.Achse ausgeführt.

Weitere Baugruppen konnten aus dem Baukasten der WR-Typenfamilie gegriffen werden. Einheitsführerhaus und Stufengetriebe mit 30/60 km/h waren bei der

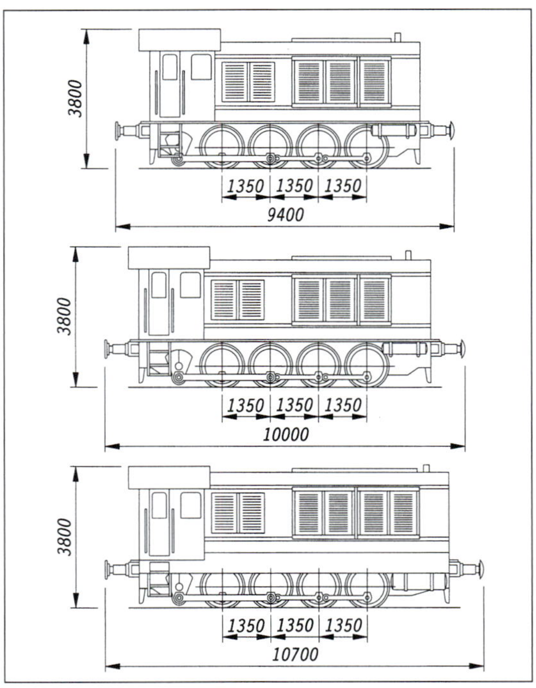

Horst Kühnhackl

Dreimal WR550D: Planungsstadium Anfang 1938 (oben), Ende 1938 (mitte) und Mitte 1940 (unten)

84 Sitzungsbericht AGM550 v. 18.2.38
85 Auch: diverse HR360-Annoncen des Jahres 1937
86 Mohrstedt, Hochleistungsverkehr, S.224
87 Sitzungsbericht AGM550 v. 18.2.38

D-Lok zu keiner Zeit mehr strittig. Das Flüssigkeitsgetriebe kam wieder von Voith; die Typenbezeichnung L37y deutet bereits auf die Verwandtschaft zur bewährten 360-PS-Bauart hin. Das L37-Getriebe der C-Lok mußte dazu lediglich überarbeitet und im Eingangsvorgelege verstärkt werden. Neu waren einige Zusatz- und Ausrüstungsteile, die in der technischen Beschreibung der WR550D14-Lokomotive näher erläutert sind[88]. Dazu zählten z.B. eine fernbedienbare Kühlerjalousie und ein verbesserter Lüfterantrieb durch Rollenketten oder Zahnräder.

Gebaut wurden, entgegen gängiger Angaben in der Literatur, nicht sechs, sondern nur drei WR550D14; bei jeder AGM-Firma eine. Alle drei wurden zudem ausdrücklich als *„Versuchslokomotiven"* bezeichnet, was die zum Teil unterschiedliche Ausführung einiger Bauteile erklärt.

Dies betrifft auch die Motoren. Anfangs war nur je ein Modell von MWM und MAN zum Einbau vorgesehen. Deutz hatte offensichtlich keine passende 6-Zylinder-Type im Programm und schlug stattdessen eine 8-Zylinder-Maschine vor, die von der Arbeitsgemeinschaft zunächst abgelehnt, später dann aber doch akzeptiert wurde. In diesem Zusammenhang - der 8-Zyl.-Motor baute naturgemäß größer als die anderen Typen - ist es auch zu der erwähnten schrittweisen Verlängerung der Lokomotive gekommen. Verwendet wurden schließlich

der MWM RS38S,
der MAN W6V30/38 sowie
der KHD V8M536,

alle mit 550 PS bei 600 UpM. Zweifellos war bei dieser breiten Fächerung der Motorenpalette an eine ähnlich umfangreiche Serienbeschaffung gedacht, wie sie etwa für die C-Lokomotive zur gleichen Zeit schon angelaufen war. Gemeinsam mit der WR200B14 fiel die 550-PS-Lok jedoch bereits kurz nach Fertigstellung der Konstruktion dem vom Rüstungsministerium erlassenen Herstellungsverbot für Motorlokomotiven vom 1. Juli 1942 zum Opfer[89]. Für die WR550D14 ergab sich daraus die für eine „Einheitslok" schon recht kuriose Situation, daß die einzigen drei Lokomotiven dieser Type auch noch mit jeweils unterschiedlichen Motoren ausgerüstet waren.

Bau und Fertigstellung der WR550 litten - wie die gesamte Entwicklung der D-Lok - unter erheblichen (kriegsbedingten) Engpässen in der Produktion. Schon im Dezember 1939 war die Konstruktion mit Ausnahme der Rohrpläne und der Anordnung der elektrischen Anlagen abgeschlossen. Doch erst für April 1941 konnte die erste Lieferung vorgesehen werden. In einer Besprechungsnotiz vom 21. Januar 1941 heißt es dazu:

> *Sämtliche drei Lokomotiven sollen Anfang April laufen. Der RS38S-Motor muß unbedingt Mitte Februar versandfertig sein. Nach der letzten Angabe Lohmann & Stolterfoht* [= Lieferer der Lüfterkupplung, S.L.] *ist die Kupplung 24.1. versandbereit und wird mit Lastwagen abgeholt.*

Aus dem April-Termin wurde genauso wenig, wie aus diversen anderen, später angesetzten Schlußfristen. Der Grund waren immer neue Probleme u.a. bei der Wälzlagerbeschaffung. Im März und Mai 1941 wurden erst einmal die Motoren, im Juni/Juli dann auch die Getriebe geliefert.

Die erste Lok stellte Schwartzkopff im Oktober 1941 fertig. Unmittelbar im Anschluß daran fand die übliche Bauarterprobung durch das LVA Grunewald statt. Anders als die 200- und 360-PS-Typen offenbarte die WR550D14 dabei allerdings eine ganze Reihe nicht unerheblicher Bauartmängel, deren Beseitigung oder Teil-Beseitigung nochmals erhebliche Zeit in Anspruch nahm. Beispiele:

Der Goliath im WR-Typenprogramm: Die WR550D14 (im Bild nochmals die Erstausführung von Schwartzkopff) war besonders durch den hohen Motorvorbau ein mächtiger Brocken.

---

88 Ab Seite 85
89 Siehe Kapitel „Der KML-Katalog", ab Seite 112

Ein schier unerträglicher Betriebslärm

Die WR550D14 war mehrfach Gast beim LVA Grunewald; zum ersten Mal Mitte November 1941, als die gerade fertiggestellte BMAG 11118 der obligatorischen Bauarterprobung unterzogen wurde. Im Versuchsbericht[1] Fklvi 1412VL1 vom 28.11.41 heißt es:

Da die sonst gebräuchliche Strecke Börnicke-Nauen wegen Umbauarbeiten nicht zur Verfügung stand, wurde zwischen Börnicke und Flatow gefahren. Die ersten Messungen zeigten, daß die Lok n i c h t die gewährleistete Leistung abgab; die Messung der Auspufftemperaturen ließ erkennen, daß die Zylinder 1 und 2 nicht voll mitarbeiteten.

Die Umschaltgeschwindigkeit, die bei 11,5 bzw 18,3 km/h liegen soll, beträgt bei der untersuchten Lok 12,2 bzw 19,5 km/h, so daß die Lok im Rangiergang auf fast 32, im Streckengang sogar auf 63,2 km/h Höchstgeschwindigkeit bei 600 minutlichen Motorumdrehungen kommt. Offensichtlich liegt irgendein Übersetzungsfehler vor, vielleicht sind auch nur die noch neuen Raddurchmesser unbeachtet geblieben. Das Getriebe dieser Lok hat von Anfang an störungsfrei gearbeitet und jederzeit pünktlich und glatt auf- und abgeschaltet.

Das Öl zeigte teilweise eigenartige, anfangs unerklärliche Temperaturverteilungen. So war n i c h t immer wie eigentlich naturgemäß das Öl am wärmsten beim Austritt aus dem G e t r i e b e, sondern merkwürdigerweise beim Austritt aus dem W ä r m e t a u s c h e r, wo es z.T. erheblich heißer herauskam, als das Kühlwasser war! Anfangs wurden Meß- oder Thermometerfehler vermutet, aber Nachprüfungen und Austausch brachten keine Veränderung. Schließlich wurde die Ursache entdeckt: Der heiße und, wie später bei der Fa. BMAG gefunden wurde, der stark undichte Auspufftopf erwärmte die Rohrleitungen vom und zum Wärmetauscher so stark, daß das Öl auf seinem Wege vom und zum Getriebe aufgeheizt wurde.

Die Lok arbeitet infolge ihres schwereren Motors noch e r h e b l i c h geräuschvoller als die bisher untersuchten 200- und 360 PS-Maschinen. Der Aufenthalt im Führerhaus ist auf die Dauer unerträglich. Akustische Signale sind weder auf der Lok noch in ihrem weiteren Umkreis zu vernehmen. Im Führerhaus der mit etwa 45 km/h fahrenden Lok wurden mehr als 100 Phon (eine s e h r laute Kesselschmiede soll noch unter 90 Phon liegen) festgestellt, n e b e n der mit L e e r l a u f-drehzahl arbeitenden Lok wurden (in Kopfhöhe des unter dem Führerhaus stehenden, mit dem Lokführer sich verständigenden Rangierers) etwa 85 Phon, bei v o l l e r Drehzahl jedoch fast 100 Phon gefunden. Eine Verständigung ist bei solcher Lautstärke praktisch auf Dauer natürlich ausgeschlossen. gez. Koch

Zwischen Dezember 1941 und März 1942 wurden danach weitere drei Testreihen an der BMAG-Lok 11118 vorgenommen, die ausschließlich der Untersuchung inzwischen durchgeführter, geräuschmindernder Maßnahmen dienten. Die Versuche fanden am 23.12.41, 5.2.42 und 28.3.42 auf den Fabrikgleisen von Schwartzkopff in Wildau statt.

Das LVA Grunewald beschäftigte sich im Juni 1942 wieder mit der WR550D14. Mit Zeichen Fklvi 1412a VL1 vom 4.7.42 berichtet es über eine „Fernfahrt“ mit einer 2x WR550D14-Doppellok (BMAG/Deutz) am 18.6.42 von Nauen nach Wittenberge. Die Fahrt verlief mit Ausnahme eines durch eine lose Schraube verursachten Schadens im Nachschaltgetriebe der Deutz-Lok störungsfrei. Jedoch liefen die mit Bleibronze ausgegossenen Treib- und Kuppelstangenlager der Deutz-Lok wiederholt gefährlich warm. Ähnliche Beobachtungen waren schon 1941 bei der BMAG-Lok gemacht worden. Interessant wird es im Versuchsprotokoll dann wieder bei den Lärmmessungen:

Im Bericht über die erstuntersuchte 550 PS-Motorlok wurden die von der BMAG eingeleiteten Schritte geschildert, den schier unerträglichen Betriebslärm der Lok, der ihre Verwendung im Rangierdauerbetrieb mit akustischen Signalen so gut wie unmöglich macht, herabsetzen. Der 6 Zylinder-MWM-Motor läuft trotz des Vorkammerverfahrens zweifelsfrei härter als der 8-zylindrige Deutz-Motor. Man hört bei ihm deutlich klopfende, hämmernde, metallische Geräusche, die offenbar von den Zünddrücken an den Kolben herrühren. Durch das Trommeln des Motors vibriert die gesamte Lok, besonders alle großen Blechflächen. Der Deutz-Motor hingegen läuft, ungeachtet seiner direkten Einspritzung bedeutend weicher.

Ähnlich wie damals wurde auch jetzt das Geräusch des leerlaufenden Motors bzw das Fahrgeräusch der Lok mit Hilfe des s u b j e k t i v arbeitenden Phon-Messers nach „Barkhausen“ gemessen. Wenn alle Türen und Klappen ordnungsgemäß geschlossen sind, besteht im Führerstand b e i d e r Lok in der Fahrt mit Höchstgeschwindigkeit jetzt ein Lärmpegel von 85..90 Phon, während früher mit dem gleichen Instrument schon bei V = 45 km/h mehr als 100 Phon festgestellt wurden. Neben der Lok, deren Motor im Leerlauf arbeitet, also in dem Zustand, bei dem Rangier- und Lokführer sich verständigen m ü s s e n, wurden jetzt 55...60 gegen seinerzeit 85 Phon gefunden.

Es ist also durch die Bemühungen der Fa zweifellos ein bemerkenswerter Erfolg eingetreten. Es ist jetzt, wenigstens bei g r o ß e m Stimmaufwand möglich, sich gegenseitig verständlich zu machen, wenn auch der Lärm im Führerstand noch immer sehr störend und auf die D a u e r ermüdend wirkt. Besonders das bei schneller Fahrt auftretenden Heulen der Zahnräder des Nachschaltgetriebes, das bei der Deutz-Lok in schnellem Rhythmus fortwährend auf- und abschwillt, ist recht unangenehm. Immerhin darf nicht verkannt werden, daß schon durch die bisher getroffenen Maßnahmen ein großer Schritt in der Richtung zur Züchtung einer für schweren, ununterbrochenen DR-Rangierdienst geeigneten Motorlok getan ist.

Zusammenfassung

1) Die Einstellung der Motoren ab Fabrik entspricht noch immer nicht den Bedingungen, obwohl diese durch die AGM gelegentlich einer Konstruktionsbesprechung mit den Motorfirmen vom 13.9.1941 eindeutig festgelegt worden sind. Der MWM-Motor der BMAG-Lok war s Zt zu niedrig eingestellt, während die Deutz-Maschine gleichmäßiger, aber v i e l zu hoch blockiert war.

2) Die Treibstangen sind für die großen Kräfte zu schwach in seitlicher Richtung ...

5) Sowohl der Ketten- (BMAG) als auch der altbewährte, hier in neuer Form in Zusammenarbeit mit einer Rutschkupplung wirkende Keilriemenantrieb des Windflügels haben sich brauchbar erwiesen. Die verstellbare Kühlerjalousie ist sehr zweckmäßig; sie entspricht einer l a n g j ä h r i g e n, auch vom Lok Vers A erhobenen Forderung des Betriebes. Die Verstellung vom Führerstand aus (BMAG) ist dabei unbedingt vorzuziehen.

6) Die Geräuschbelästigung ist zweifellos neuerdings geringer geworden, die Dämpfung reicht aber noch immer nicht für DR-Ansprüche aus. gez. Koch

---

1 MfV Berlin RZA 229; die Schreibweise entspricht dem Original

Kraftprotz mit acht Zylindern:
Die Deutz-WR550D14 mit bereits komplett montiertem Maschinensatz (Kühler - Motor - Kupplung - Getriebe)

- Die Arbeitsgeräusche der Lok, insbesondere im Führerhaus, waren über alle Maßen laut (teilweise über 100 Phon),
- der Luftvorrat der Anlaßluftflaschen reichte verschiedentlich nicht aus, um die Lok an kalten Tagen zu starten,
- die mit Bleibronze ausgegossenen Stangenlager waren der hohen Belastung nicht gewachsen und liefen wiederholt heiß,
- die Treibstangen waren für die großen Kräfte zu schwach, so daß sie sich sehr schnell verbogen, und
- die Rollenlager im Nachschaltgetriebe wurden nicht ausreichend geschmiert[90].

Zur Lärmbelastung heißt es im Versuchsbericht[91]:

Die Lok arbeitet infolge des schweren Motors noch erheblich geräuschvoller als die bisher untersuchten 200- und 360-PS-Maschinen. Der Aufenthalt im Führerhaus ist auf die Dauer unerträglich; das Geräusch, das zu einem gewissen Teil aus dem unmittelbar unter dem Schalttisch liegenden Getriebe kommt, nimmt offenbar mit wachsender Fahrgeschindigkeit zu. Aber auch neben der auf Leerlaufdrehzahl abgedrosselten Lok ist der Lärm so stark, daß eine Verständigung etwa zwischen Rangier- bzw. Lokführer unmöglich erscheint. Akustische Signale sind weder auf der Lok noch in ihrem weiteren Umkreis zu vernehmen.

Nach Abschluß der Testfahrten auf der Strecke Börnicke - Flatow stand die BMAG-Lok deshalb abermals mehrere Monate im Herstellerwerk und mußte sich dort recht umfangreichen Umbauten unterziehen[92]. Speziell die Lärmprobleme konnten aber nur bedingt ausgeräumt werden. Auch nach insgesamt vier Nachbesserungen blieb für das Lokpersonal eine dauernde Lärmbelastung von 85-90 Phon.

Erst etwa im April 1942 dürfte die Schwartzkopff-Lok dann endgültig angeliefert und durch das Heereswaffenamt abgenommen worden sein. Wenig später folgten die beiden Schwesterloks von Deutz (Liefertermin: 30.5.42) und Orenstein & Koppel. Die Deutz- und die Schwartzkopff-Lok wurden - nach erneuten Testfahrten in Grunewald - noch 1942 zum Fronteinsatz nach Nordafrika abkommandiert. Die 550-PS-Maschine von O&K lief später als Panzerlok in Polen und verblieb dort als Kriegsbeute.

Mit der WR550D14 konnte die „Arbeitsgemeinschaft für Motorlokomotiven“ in Wildau ihr Entwicklungsprogramm abschließen. Innerhalb von nur sechs Jahren - von 1936 bis 1942 - war eine Typenreihe leistungsfähiger, vielseitig verwendbarer und in vielerlei Hinsicht zukunftsweisender Diesellokomotiven entstan-

TABELLE 12:
Entwicklung WR550D-Type

Type		WR550D15 1.Entwurf	WR550D14 2.Entwurf	WR550D14 3.Entwurf	WR550D14 Einheitsbauart
Achsfolge/Antrieb		(D-Stangen)	(D-Stangen)	(D-Stangen)	D-Stangen
Dienstgewicht	to	(60)	(56)	(56)	56
Länge über Puffer	mm	(9400)	(10000)	(10550)	10700
Größte Breite	mm	(3100)	(3100)	(3100)	3100
Größte Höhe	mm	(3800)	(3800)	(3800)	3800
Achsstand	mm	---	(4050)	---	4050
Treibrad-Durchm.	mm	---	(1100)	---	1100
Motor		---	(MWM*)	---	MWM*
Type		---	(RS38S)	---	RS38S
Leistung	PS	---	(550)	---	550
Anzahl d. Zylinder		---	(6)	---	6
Drehzahl	UpM	---	(600)	---	600
Getriebe		(Voith)	(Voith)	(Voith)	Voith
Type		(L37y)	(L37y)	(L37y)	L37y
Bauart		(hy/W-K-K)	(hy/W-K-K)	(hy/W-K-K)	hy/W-K-K
Vmax	km/h	(30/60)	(30/60)	(30/60)	30/60
Zugkraft max.	kg	(20000/11000)	(18500/11000)		18500/11000

* oder Deutz V8M536, 550 PS, 600 UpM
oder MAN W6V30/38, 550 PS, 600 UpM

Quelle: MfV/RZA 241, BMAG-Skizzenblätter

90 Versuchsbericht LVA Grunewald v. 28.11.41; siehe Kasten auf Seite 52
91 Versuchsbericht LVA Grunewald v. 28.11.41
92 Ebenfalls ausführlich: Seite 52

SCHAUBILD 1: Die Entstehung der WR-Typenfamilie als Zeittafel: Dargestellt ist jeweils der Zeitraum zwischen Beginn der Entwicklung und der ersten Lieferung.

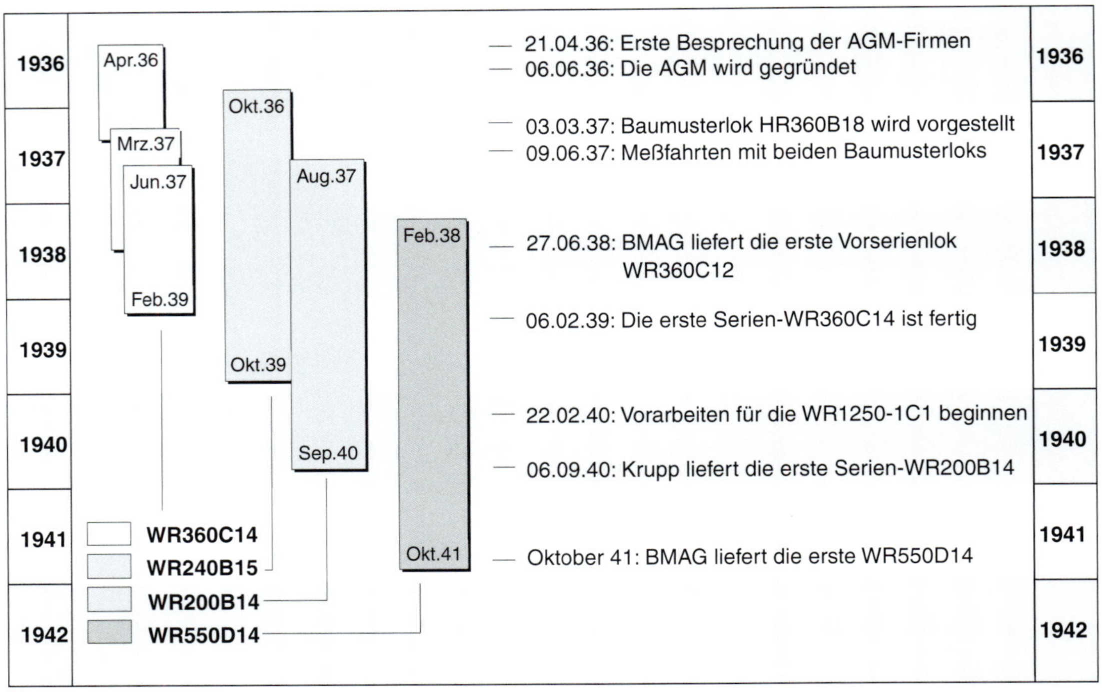

den. Alle Maschinen hatten Doppelloksteuerung, mit der sie mit typengleichen Loks, aber auch mit den stärkeren bzw. schwächeren Lokomotiven der Bauartfamilie bis zu einer Leistung von 1100 PS (zwei Loks WR550D) kuppelbar waren. Den WR-Loks boten sich damit alle Einsatzmöglichkeiten vom leichten Rangier- und Zustelldienst (WR200B14) bis zum - für damalige Verhältnisse jedenfalls - schweren Zugbetrieb auf der Strecke (WR550D14).

Zumindest die WR360C14 war durch den speziell für sie entwickelten Explosionsschutz zudem auch in Tanklagern und anderen feuergefährdeten Bereichen einsetzbar. Für die 200-PS-Lokomotive wurde eine entsprechende Einrichtung zwar noch durchkonstruiert, aber nicht mehr ausgeführt. Bei der WR550D hatte man - wohl aus Platzgründen - auf den Ex-Schutz bereits frühzeitig verzichtet.

Ähnlich entwickelten sich auch die mit Kriegsbeginn aufkommenden Pläne für WR-Lokomotiven in russischer (1524 mm) bzw. spanischer Breitspur (1676 mm): Als 1524-mm-Lok tatsächlich gelaufen ist nur eine einzige WR360C14 von Orenstein & Koppel; interessanterweise eine Privatlok der Wifo, O&K 21142/1940, die aber vermutlich zu Versuchen auch an die Wehrmacht ausgeliehen war.

Ab Mitte 1941 wurden entsprechende Änderungszeichnungen (Radsätze, Blindwellenlager, Bremsgestänge etc) auch noch für die 200- und 550-PS-Lokomotiven erstellt. In beiden Fällen blieb es jedoch bei dem Vorhaben. Für die WR550D14 kam eine Breitspur-Ausführung aufgrund der direkt nach Fertigstellung der Prototypen eingestellten Beschaffung ohnehin nicht mehr infrage.

Eine Sonderbauart: Die LDF 300 C12

Die gesamte Entwicklung der WR-Typenreihe hatte von Anfang an unter einem erheblichen Zeitdruck gestanden. Das Heereswaffenamt verlangte innerhalb kürzester Zeit nicht nur eine moderne, betriebssichere und für die Großserienfertigung geeignete Universallok, sondern auch zahlreiche, neu zu konstruierende Sondereinrichtungen wie - siehe oben - Doppelloksteuerung, Ex-Schutz, Breitspur-Fahrwerk und anderes mehr. Mit Erscheinen der WR200B14 und WR550D14 kam dazu noch die Forderung nach Norm-Bauteilen und Einheitsausführungen.

Um Zeit zu sparen, verzichtete die Arbeitsgemeinschaft auf langwierige Voruntersuchungen oder Komponentenerprobung. Stattdessen ließ sie in allen drei PS-Klassen Musterlokomotiven bauen, die ihre Eignung im praktischen Betrieb zu beweisen hatten. Die Erfahrungen damit flossen unmittelbar in die Konstruktion der Serienbauart ein.

Bis Ende 1939 war so bereits eine recht beachtliche Zahl von Versuchs- und Vorserienlokomotiven entstanden, die in der folgenden Bestandsaufnahme noch einmal zusammengefaßt sind:

1936:	**HR360B18** (eine Lok; BMAG),
1937:	**HR360C12** (eine Lok; O&K),
1938:	**WR360C12** (zehn Loks; je fünf BMAG und O&K),
1939:	**WR240B15** (vier Loks; BMAG und Deutz je 1, O&K 2)

Eine weitere Sonderbauart kam Mitte 1939 dazu: Schwartzkopff fertigte ohne Wehrmachtsauftrag eine 300-PS-Lok auf Basis der Vorserien-WR360C12. Diese Maschine war entsprechend dem Schwartzkopff-Firmentypenschema als LDF300C12 bezeichnet, wobei LDF für „**L**okomotive mit **D**ieselmotor und **F**lüssigkeitsgetriebe" stand. Insgesamt wurden nur vier Lokomotiven gebaut, die sämtlich im Juni/Juli 1939 an die Pulverfabriken Wolff & Co. in Walsrode geliefert wurden.

Die 300-PS-Ausführung ging auf ein Angebot zurück, mit dem Schwartzkopff im Mai/Juni 1938 auch bei verschiedenen Klein- und Industriebahnen für die neue 360-PS-Lokomotive warb. In der Bauartbeschreibung heißt es u.a. wörtlich:

Falls die Lokomotive an Stellen eingesetzt werden soll, für die eine größere Geschwindigkeit von 30 km/h nicht erforderlich ist, besteht die Möglichkeit, das Vorgelege für den zweiten Fahrbereich (Streckendienst) ganz herauszulassen, womit gleichzeitig auch eine entsprechende Verbilligung der Lokomotive verbunden ist.

Wolff war interessiert, wünschte aber noch weitere, auf die Bedürfnisse des reinen Werksverkehrs zugeschnittene Änderungen an der Lokomotive[93]. Neben dem PS-schwächeren Motor gehörten dazu noch

---

93 BMAG-Firmendruckschrift zur LDF300C12

TABELLE 13: Sonderbauart LDF300C12

Type		**LDF300C12**
Zeichnung		**BMAG M 1241**
Achsfolge/Antrieb		C-Stangen
Dienstgewicht	to	36
Länge über Puffer	mm	8700
Größte Breite	mm	3100
Größte Höhe	mm	3800
Achsstand	mm	3600
Treibrad-Durchmesser	mm	1100
Motor		Deutz
Type		A8M324
Leistung	PS	300
Anzahl der Zylinder		8
Drehzahl	UpM	800
Getriebe		Voith
Type		L37
Bauart		hy/W-K-K
Vmax	km/h	25
Zugkraft max.	kg	12000
Sondereinrichtungen		Explosionsschutz

Quelle: BMAG

- ein auf 25 km/h geändertes Getriebe bei gleichzeitiger Erhöhung der Zugkraft auf max. 12.000 kg (Übersetzungsverhältnis im mechanischen Teil des Getriebes abgeändert),
- beidseitig, links und rechts am Führerstandstisch, vorhandene Handsteuerräder für einmännige Bedienung der Lok sowie
- eine vereinfachte Signalanlage (kein elektrisches Boschhorn).

Auch die Doppelloksteuerung samt den Übergangstüren in der hinteren Führerhauswand konnte bei alleiniger Verwendung im Werksverschub natürlich entfallen.

Ansonsten entsprach die LDF300C12 fast völlig der Vorserien-WR360 mit kurzem Rahmen, kleinem Achsstand und einem Fahrbereich. Als Motor kam eine 8-Zyl.-Maschine von Deutz (A8M324) und als Getriebe die normale L37-Type von Voith zum Einbau. Alle Lokomotiven waren für den Einsatz in der Pulverfabrik natürlich mit Explosionsschutz ausgerüstet[94].

Die vier Wolff-Loks blieben die einzigen ihrer Bauart. Eine Maschine der LDF300-Serie, BMAG 10865, ist nach dem Krieg bei der Steinhuder-Meer-Bahn wieder aufgetaucht und hat bei den Lok-Historikern scheinbar anhaltende Verwirrung gestiftet. Die überlieferte Bezeichnung „*Wildau 4*“ führte zu teils ziemlich wüsten Spekulationen über die mögliche Heeres-Einsatzstelle der Lok[95] oder die angebliche Vergangenheit als BMAG-Werklok[96]. Tatsächlich verbirgt sich nur ein Lieferkennwort dahinter: Das Getriebe der Lok gehörte zur 4.Lieferserie, die von Voith für BMAG in Wildau geliefert wurde.

Betriebsbewährung und Bauartänderungen bis 1945

Ein Bericht über die Aktivitäten der AGM in den Jahren 1936-1943 wäre unvollständig, ohne auf die vielfältigen Bauartänderungen und Bauartverbesserungen namentlich an der WR360C14-Type einzugehen. Die Arbeiten spielten - parallel zu den Neuentwicklungen - stets eine bedeutende Rolle. Sie geben außerdem erste Antworten auf die Frage nach Betriebsbewährung und Bauartmängeln der neuen Wehrmachts-Diesellokomotiven.

Einen wenn auch sehr ausschnitthaften Eindruck von diesen Änderungsarbeiten vermittelt Wolfgang Messerschmidt in seinem Buch „Lokomotivbau. Rückschau eines Lokomotiv-Konstrukteurs“[97]. Messerschmidt war in den Monaten August und September 1941 als Praktikant bei Schwartzkopff. Er schreibt:

Man gab mir einen Werkstudenten-Vertrag für die „Arbeitsgemeinschaft Motorlokomotiven des Heereswaffenamtes“, die im Konstruktionsbüro der Berliner Maschinenbau Aktiengesellschaft, vorm. L.Schwartzkopff in Wildau ihre Aktivitäten entfaltete. An Hand der von der Lokomotiv-Industrie bereits durchgeführten Typisierungsarbeiten für Wehrmacht-Diesellokomotiven wurden in Wildau die Ausführungskonstruktionen vervollkommnet und - nach mehrjähriger Erprobung - auch zahlreiche Änderungszeichnungen erstellt ...

Start für den Serienbau: Eine der ersten Einheitsloks, BMAG 10845/1939, posiert bei bestem (Winter-) Sonnenlicht auf der Mehrspurdrehscheibe in Wildau.

VOITH

(Diese) Konstruktionsänderungen mußten schließlich in Zusammenarbeit mit den Betriebsleuten am Objekt besprochen und erarbeitet werden. Das galt auch für mich, obwohl es sich „nur“ um Modifizierungen an Führerhaus und Vorbau der V36 handelte. Diese sicherlich nicht sehr aufregenden Arbeiten wurden notwendig vor allem im Hinblick auf verbesserte Lüftungsverhältnisse im Mo-

---

94 Typenbezeichnung trotzdem nur LDF300C12 (der Zusatz „K“ war ein Kürzel der Wehrmacht)
95 Löttgers, Baureihen V20 und V36, S.100f.
96 Kurz, WR360C, S.10; Löttgers, V36-Splitter, S.219
97 Messerschmidt, Lokomotivbau, S.22 und 26

Bauartänderungen 1937

Von den Baumusterloks HR360B18/C12 zur Serien-WR360C14

Die Tagesdaten geben an, ab wann die jeweils genannte Bauartänderung für alle nachfolgenden Bauserien verbindlich vorgeschrieben war. Alle Bauartänderungen mit fettgedrucktem Datum wurden bei den beiden HR-Lokomotiven nachgerüstet.

Fahrzeugteil

03.03.37 Am Lokaufstieg vorn werden die nur fußbreiten Trittbleche durch breite, aus Winkeleisen verschraubte **Rangiertritte** (für sicheres Stehen mit beiden Beinen) ersetzt. Um die Rangiertritte besser befestigen zu können, werden die **Rahmenstirnplatten** vorn und hinten künftig rechtwinklig statt abgerundet ausgeschnitten

03.03.37 Die **Bahnräumer** erhalten kräftigere Profile

? Die vorderen großen **Motorraumtüren** werden durch Winkelbleche seitlich sowie oben und unten versteift

03.03.37 An der **hinteren Stirnwandtür** werden Fallriegel vorgesehen, so daß sich die Tür beim Öffnen selbsttätig feststellt

10.06.37 Das **Gerüst** für die Brennstoff- und Anlaßluftbehälter wird zusätzlich versteift

10.06.37 Auch das **Führerhaus** erhält, ähnlich der HR360B, weitere Versteifungen

? Die **Puffer** werden künftig entsprechend der Reichsbahn-Norm auf 1025 mm Höhe montiert

10.06.37 Um das Spiel im **Übertragungsgestänge** der Fernsteuerung auszugleichen, muß die Ausgleichsfeder deutlich verstärkt werden

30.07.37 Alle nachzubauenden Loks erhalten eine **durchgehende Heizleitung**

? Der **Schutzkasten** für den quer vor der 1.Achse liegenden Auspufftopf entfällt

Führerstand

03.03.37 Der **Handhebel für die Wurfhebelbremse** wird stärker abgewinkelt, um bei eingelegter Bremse mehr Zwischenraum zwischen Handsteuerrad und Bremshebel zu haben

10.06.37 Die **Warnlampen** für Schmieröldruck und Kühlwassertemperatur fallen aus Gründen der Übersichtlichkeit weg. Die entsprechenden Anzeigeinstrumente erhalten stattdessen rote Bereiche

10.06.37 Neu eingerichtet wird dafür eine **Warnlampe** für die Anzeige von Getriebeöltemperaturen über 100 Grad C

30.07.37 Sämtliche **Stirnwandfenster** werden künftig drehbar angeordnet, um Blendgefahren auszuweichen

30.07.37 Im Führerstand wird ein zusätzlicher **Motor-Abstellhebel** vorgesehen, der mit dem bisher alleinigen Abstellhebel am Motor durch einen Seilzug direkt verbunden ist

Kühlanlage

03.03.37 Die ursprünglich verwendeten und schon nach kurzer Betriebsdauer stark gelängten **Ventilatorriemen** aus Gummi werden gegen stärkere Riemen aus Leder getauscht

03.03.37 Zum besseren Schutz des Stirnkühlers wird das **Gitter** im Kühlerausschnitt durch zusätzliche Rundstäbe verstärkt

10.06.37 Die **Kühlerabschirmung** im Vorbau wird verbessert, um zu verhindern, daß bereits im Kühler aufgewärmte Luft wieder von vorn in den Kühler eintritt

10.06.37 Für den Ventilatorantrieb wird eine zusätzliche **Riemenspannrolle** vorgesehen

Motor

03.03.37 An der **Ölansaugleitung** gibt es verschiedene Änderungen, um einen stets gleichbleibenden Öldruck sicherzustellen, u.a.
- werden die Ansaugschlitze in die Mitte des Motors verlegt
- und eine kleine Durchkröpfung im Ansaugrohr vorgenommen

03.03.37 Um einer frühzeitigen Verschmutzung vorzubeugen, wird die **Leckölableitung** geändert

10.06.37 Der **Schmierölvorrat** für die Zylinderschmierung wird durch den Einbau eines Zusatzbehälters merklich vergrößert

10.06.37 Das senkrechte **Auspuffrohr** (vorn links) wird mit Asbestwolle isoliert. Damit soll die Wärmeabstrahlung auf den Kühler reduziert werden

10.06.37 Das **Auspuffrohr** wird um 200 mm verlängert, um ein Verschmutzen der Aufstiegsleiter durch die Motorabgase zu verhindern

30.07.37 Die **Handflügelpumpe** zum Vorpumpen von Schmieröl an der rechten Motorseite erhält ein zusätzliches Manometer

15.10.37 Für die mit Ex-Schutz ausgerüsteten WR360C12 (je eine von BMAG und O&K) werden die **Ventilatorantriebsscheiben** durch solche mit zusätzlich angegossener Rillenscheibe ersetzt. Diese wird zum Antrieb einer Umlaufpumpe für die Auspuffwaschanlage benötigt

Getriebe

03.03.37 Nach dem Schaden an der Wendegetriebewelle der HR360B als Folge einer nicht ausreichenden Ölversorgung erhält die **Getriebeschaltung** einen stärkeren Kugellagereinrückring

03.03.37 Am Wendegetriebe werden für die Serienherstellung außerdem die **Werkstoffe** geändert: Das Gehäuse wird künftig aus Gußeisen hergestellt, die Seitenverbindungen zum Rahmen mit Rücksicht auf ihre hohe Beanspruchung aus Stahlguß

03.03.37 Im unteren Bereich des Strömungsgetriebes wird ein **zusätzlicher** Gehäusedeckel vorgesehen, um einen leichteren Ein- und Ausbau des Hauptsteuerkolbens zu ermöglichen

torraum und auf eine leichtere Zugänglichkeit und Austauschbarkeit der Aggregate und Hilfseinrichtungen.

Außerdem galt es, durch Detailverbesserungen das Eindringen von Schnee in den Maschinenraum zu verhindern. Abmessungen und Anordnung der Kiemen in den Motorraumtüren unterlagen deshalb einigen Änderungen, ohne daß damit die Luftströmungsverhältnisse beeinträchtigt werden durften[98]. Für den Kühler gehörten spätestens ab Januar 1941 Schutzdecken gegen Frost und Flugschnee zum serienmäßigen Lieferumfang der Lokomotiv-Herstellerwerke.

Einen sehr viel größeren Teil der Anstrengungen beanspruchte in den Jahren 1939-1941 die Neukonstruktion des gerade erst entwickelten Explosionsschutzes. Grund dafür waren schwerwiegende Mängel an der sogenannten „Auspuffwaschanlage“, in der die Auspuffgase durch Einspritzen von Wasser abgekühlt und damit jeglicher Funkenflug verhindert werden sollte. Im Sitzungsprotokoll der Konstruktionsbesprechung vom 27. September 1939 heißt es dazu wörtlich:

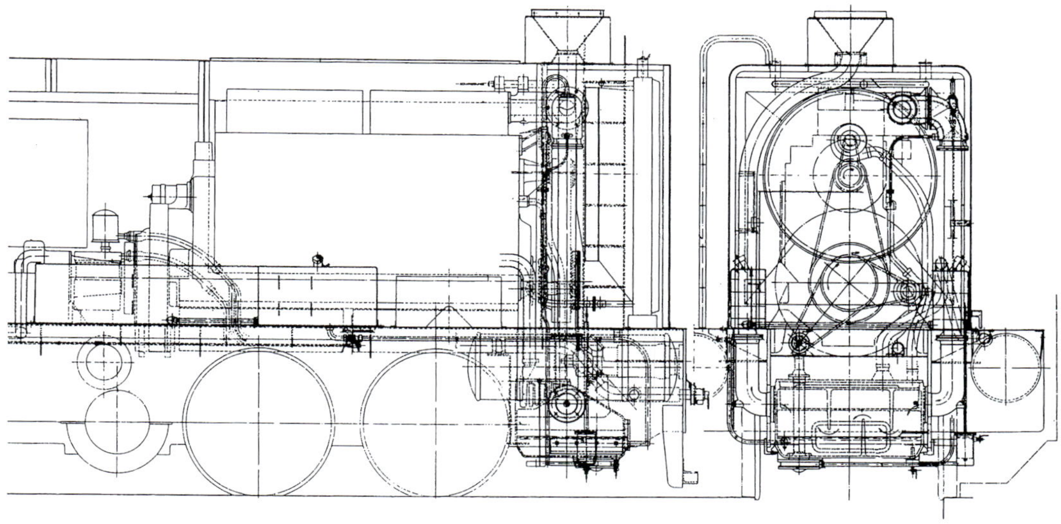

Anordnung der Auspuffkühlanlage

Die Firma Schwartzkopff berichtet über die an zwei Auspuffwaschanlagen in der letzten Zeit gemachten Erfahrungen. Während in einem Falle einwandfrei nachgewiesen werden konnte, dass der Antrieb zur Einspritzpumpe durch Wassermangel in der Waschvorlage und längeres Fahren ohne Wasser beschädigt wurde, wurde an einer anderen Stelle die Einspritzpumpe zerstört, da die Waschanlage vollkommen verschlammt war. Es gelangt ein Brief der betreffenden Dienststelle zur Verlesung, in welchem die Waschanlage in der derzeitigen Ausführung als betriebsunbrauchbar bezeichnet wird. Bei der Firma O&K liegen ähnliche Erfahrungen vor. Auf eine entsprechende Anfrage teilt Herr Dipl.-Ing. Dittmar mit, dass auf seine Anordnung hin bei sämtlichen Lokomotiven des RLM [= Reichs-Luftfahrt-Ministerium; S.L.] *die Einspritzpumpe abgeflanscht worden ist, so dass diese Lokomotiven ohne Wassereinspritzung nur mit Waschvorlage fahren.*

Für die Heeres-Lokomotiven mußte das gleiche zwei Monate später, im Dezember 1939, angeordnet werden. Ein wichtiger Bestandteil der Abgaskühlanlage war damit de facto außer Betrieb und der Ex-Schutz nur noch unvollständig gewährleistet. Allein die Lokomotiven der Wirtschaftlichen Forschungsgesellschaft (Wifo)[99] waren auch danach noch mit der alten Anlage im Einsatz.

In dieser Situation bot die Firma Hans Windhoff, Apparate- und Maschinenfabrik AG in Berlin, eine völlig neu konzipierte Abgaskühlung an. Wassereinspritzung und Waschvorlage sollten dabei vollkommen entfallen. An deren Stelle traten ein besonderer Abgaskühler sowie Auspuffleitungen, die durch einen Wassermantel, also ohne direkte Berührung von Auspuffgasen und Wasser, gekühlt wurden. Als Kühlmittel sollte das normale Motorenkühlwasser ausreichen. Allerdings erforderte die größere abzuführende Wärmemenge auch einen leistungsfähigeren Lokomotivkühler, den ebenfalls Windhoff, und zwar mit 40 Prozent größerem Wirkungsgrad bei unveränderten Außenabmessungen, anbot.

Die ersten Probeläufe mit der so neu konzipierten Ex-Schutz-Anlage wurden im Frühjahr 1940 an einer umgebauten Schwartzkopff-Lok des Heereswaffenamtes durchgeführt. Die Versuche konnten allerdings noch nicht restlos überzeugen. Der von Windhoff konstruierte (aus Kapazitätsgründen aber bei der Firma Dannhäuser montierte) Abgaskühler erwies sich als zu klein und erzielte daher nicht die verlangte Kühlwirkung[100]. Erst eine nochmals überarbeitete Bauart, diesmal bei Windhoff selbst gefertigt, erbrachte die gewünschten Ergebnisse. Der neue Abgaskühler erfüllte darüber hinaus die besonders vom RLM vorgetragene Forderung, daß die exgeschützten WR-Loks *„mit Rücksicht auf die notwendige Tarnung“*[101] keine sichtbare Dampfbildung mehr zeigen durften.

Infolge der Verzögerungen mußten Schwartzkopff und O&K alle über das Jahr 1940 fertiggestellten WR360C14 für die Luftwaffe zunächst ohne Ex-Schutz ausliefern. Die für den Einsatz in feuergefährdeten Betrieben bestimmten Loks wurden später mit der neuen Anlage nachgerüstet. Komplettiert wurden die Ex-Schutz-Einrichtungen bis Juni 1941 außerdem noch durch

- funkensichere Bremsklötze aus Preßstoff (Hersteller: Postlerit),
- einen „Kito-Rost“ in der Ansaugleitung des Motors,
- ein zweites, später im ganzen vierteiliges Plattenschutzpaket an der Auspuffmündung,
- eine druckfest gekapselte Lichtmaschine und
- eine rote Warnlampe im Führerhaus zur Kontrolle der Abgastemperatur.

Zumindest der Plattenschutz an der Auspuffmündung stand ab Anfang 1939 mehrfach zur Disposition, weil er aus Sicht der AGM erstens entbehrlich war, und zweitens sehr schnell verschmutzte und deshalb einer intensiven, täglichen Wartung bedurfte. Die wiederholten Anläufe scheiterten aber stets am konsequenten Nein der Luftwaffe, die auf den Plattenschutz aus Sicherheitsgründen unter keinen Umständen verzichten wollte.

---

98 Mitteilung von Wolfgang Messerschmidt (Giengen)
99 Vergl. Kapitel Die Wifo, ab S.99
100 Versuchsbericht v. 4.7.40
101 Sitzungsbericht AGM360 v. 14.4.39

Bauartänderungen 1937-43

Die Serien-WR360C14 in allen Varianten

Alle Bauartänderungen mit fettgedrucktem Datum wurden schon beim Übergang von den C12-Lokomotiven zur WR360C14 vorgenommen, waren also bei allen C14-Loks bereits serienmäßig.

Fahrzeugteil

25.07.38 Durch veränderte Anordnung wird die Zugänglichkeit der Schmierdochte für die **Achslagerschmierung** verbessert

25.07.38 Zur Verbesserung des Massenausgleichs auf der Lok und zur Erhöhung der Zugkraft werden zusätzliche **Ballastgewichte** eingebaut, und zwar
- über der 1.Achse = 635 kg
- über der 2.Achse = 590 kg, jeweils Schwerspat mit Zement

12.01.39 Der Ausschnitt für den **Brennstoffbehälter** in der Führerhausvorderwand wird vergrößert, um Beschädigungen am Tank und damit Undichtigkeiten zu verhindern

14.04.39 Anstelle der bisher für die durchgehende **Heizleitung** verwendeten, internationalen Pintsch-Hähne (für geteilte Heizkupplung) sollen künftig Hähne der DR-Norm (für ungeteilte Heizkupplung) eingebaut werden

14.04.39 Die **Tankverschlüsse** für Öl- und Brennstoffbehälter werden entsprechend der DIN-Norm KR3400 vereinheitlicht

27.09.39 Die **Achslagerunterkästen** werden entsprechend der Reichsbahn-Norm abgeändert, um das Eindringen von Schmutz in die Lager zu verhindern

Nachsitzen in der AGM: Die Voith-Maurer-Kupplung mußte 1940/41 nochmal kräftig überarbeitet werden.

VOITH

19.12.39 Der Rahmen wird zur Aufnahme von drei zusätzlichen **Ballastkästen** eingerichtet (Gewichtsausgleich für die Loks mit MWM-Motor)

.40 Material und Blechstärke der **Seitentüren und -klappen** im Vorbau werden geändert und das Klemmen der Motorraum-Schiebetüren beseitigt

ca.40 Anstelle der unfallträchtigen glatten **Umlaufbleche** werden rutschsichere Bleche mit Schweißpunkten für die Umläufe vorgeschrieben

29.01.43 Zur Vergrößerung des **Bremsluftvorrats** bei Doppellokbetrieb wird eine zusätzliche Schlauchverbindung der beiden Hauptluftbehälterleitungen geschaffen

30.04.43 Das **Stirnradritzel** mitsamt Welle wird geändert

? Um Frostschäden vorzubeugen, wird für Abstellzeiten im Winter eine provisorische **Kühlwasser-Heizanlage** mit offener Feuerung eingebaut

Führerstand

25.07.38 Um den Brennstoffvorrat genauer ablesen zu können, erhält das Schauglas des **Brennstoffbehälters** an der Führerhaus-Stirnwand eine Liter-Skala

12.01.39 Das **Führerbremsventil** auf dem Bedienungstisch wird etwas nach hinten (in Richtung Tür) verschoben und damit griffgünstiger plaziert

12.01.39 Das **Handsteuerrad** erhält als Sperrvorrichtung eine Kugel anstelle des bisher verwendeten Schnappers

14.04.39 Nach mehreren zu spät erkannten Motorschäden wird ein **Deuta-Drehzahlmesser** auf dem Bedienungstisch eingebaut

Explosionsschutz

25.07.38 Zur Verbesserung der Funkensicherheit wird ein zweites **Plattenschutzpaket** an der Auspuffmündung vorgesehen; dabei zugleich Umstellung des Winkelrahmens auf Leichtmetall, um Gewicht zu sparen

25.07.38 Ein zusätzlich eingebauter Schwimmer im Wasserkasten der **Einspritzanlage** verbessert die Vorratsanzeige (erste Ausführung der K-Anlage)

25.07.38 Im Führerstand wird eine **Warnlampe** für die Unter- bzw. Überschreitung der zulässigen Auspufftemperatur vorgesehen

19.12.39 Beim **Plattenschutz** werden die freien Durchgangsquerschnitte vergrößert; im Zuge der Neukonstruktion wird gleichzeitig der bisher zweiteilige Plattenschutz in künftig vier handliche Plattenschutzpakete geteilt

16.09.40 Der Rahmen für den **Plattenschutz** wird geändert, um das Auswechseln der Plattenschutzpakete zu vereinfachen

16.09.40 Alle mit K-Anlagen ausgerüsteten Loks sind zur Vermeidung von Funkenflug künftig mit **Bremsklötzen aus Preßstoff** (Fabrikat: Postlerit, Dresden) ausgerüstet

21.01.41 Die **Bosch-Lichtmaschine** wird nach MWM-Entwürfen für ex-geschützte Loks künftig in gekapselter Ausführung geliefert

Weitere Verbesserungen betrafen Motor, Getriebe und Kühler; diese sind bei den jeweiligen Bauartbeschreibungen genannt.

SAMMLUNG STEFAN LAUSCHER

360 PS für den gemischten Rangier- und Streckendienst: Eine der ersten Deutz-WR360C im Fotografieranstrich (Köln, 1940)

Insgesamt können auch die nachträglichen Verbesserungen an der Ex-Schutz-Anlage nicht darüber hinwegtäuschen, daß Anfang der 40er Jahre nur recht vage Vorstellungen von Unfallverhütung in feuergefährdeten Bereichen bestanden. So fehlten z.B. ex-geschützte Lampen, die Loks wurden nur schleppend (ab Mitte 1941) mit den neuen Preßstoff-Bremsklötzen ausgerüstet, und selbst wenn sie es waren: Die Kesselwagen, soweit sie mitgebremst wurden, hatten bestimmt keine funkensicheren Bremsklötze.

Ein zweiter Schwerpunkt der umfangreichen Änderungsarbeiten galt den von Beginn an beobachteten Schwingungsproblemen beim Zusammenspiel von Motor und Getriebe. Solche sogenannten „Drehschwingungen" treten bei jedem Dieselmotor auf und können beim Durchfahren der kritischen Drehzahlen Schäden am Getriebe zur Folge haben.

Bei der WR360C14 war deshalb zwischen Motor und Getriebe als Schwingungsdämpfer eine Voith-Maurer-Kupplung (VMK) eingesetzt, die jedoch nicht befriedigend arbeitete[102]. Besonders bei den Loks mit MWM-Motor war die Beanspruchung häufig so hoch, daß die maximalen Verdrehwinkel überschritten wurden und die Kupplungen beim An- und Abstellen des Motors metallisch anschlugen. Auch zusätzlich eingelegte Gummipuffer, sogenannte „Buna-Klötze", brachten keine wesentliche Verbesserung.

Erst Ende 1940 konnte Voith eine in zwei Schritten überarbeitete Kupplung anbieten, die weiterhin 3,6 Grad Verdrehwinkel hatte, nunmehr aber hydraulische Dämpfung besaß. Alternativ dazu wurde auch eine mechanische Hülsenfederkupplung von Renk (Zahnräderfabrik Augsburg) erprobt. Ein länger andauernder Streit in der AGM um Preise und Garantieleistungen endete mit der Entscheidung, beide Bauarten für die WR360 weiterzuverwenden.

Die Renk-Kupplung hat insgesamt aber keine großen Stückzahlen erreicht. Bei Lokomotiven mit MWM-Motor war ab Mitte 1941 generell die Voith-Maurer-Kupplung neuer Bauart vorgeschrieben. Auch die bereits ausgelieferten Loks mit MWM-Motor wurden entsprechend nachgerüstet und die dabei freiwerdenden VMK alter Bauart für Lokomotiven mit Deutz-Motor aufgebraucht.

Gänzlich ausgeräumt werden konnten die Drehschwingungsprobleme damals allerdings nicht. Für die Lokomotiven der DB mußte sehr viel später - 1963 - sogar eine Herabsetzung der Höchstgeschwindigkeit von 30/60 auf 27/55 km/h angeordnet werden, um Getriebeschäden durch zu hohe Schwingungsbeanspruchung zu verhindern.

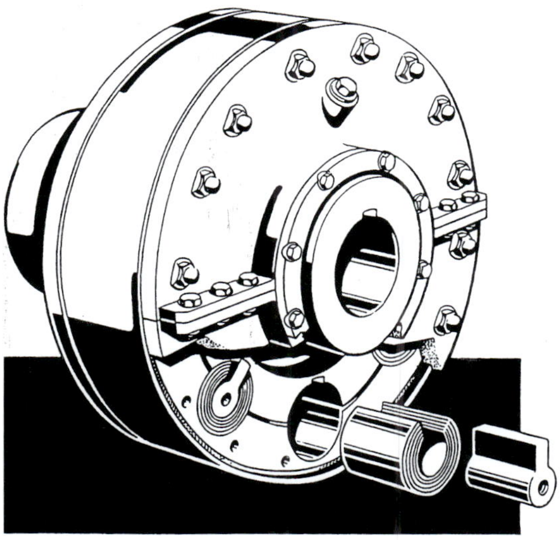

Zweiter Anlauf zur Lösung der Schwingungsprobleme: Die Renk-Hülsenfederkupplung, Bauart N

Darüber hinaus gab es während der laufenden Serienproduktion eine Vielzahl kleinerer Bauartänderungen[103], die im Kasten auf Seite 58 zusammenfassend aufgelistet sind. Viele davon resultierten aus den Er-

102 Sitzungsberichte AGM360 v. 16.9.40 und 21.1.41
103 Sitzungsberichte AGM360 1938-1941; BA R125/363

Versuchsfahrten mit den HR/WR360-Lokomotiven

Datum	Ort	Versuch
16.07.37	Drewitz	Vorführfahrten zur genauen Bestimmung der künfigen **Ex-Schutz- Einrichtungen** (mit O&K 20813)
.08.37	RAW Braun-schweig	Genaue **Achsdruckbestimmung** durch Verwiegen auf der Achsdruckwaage (mit O&K 20813)
.08.37	Hillersleben	Versuche mit einer aerodynamisch geformten **Ventilatornabe** um das Arbeitsgeräusch des Ventilators zu vermindern (mit BMAG 10537)
.07.38		Auspufftemperaturmessungen und Betriebsprüfungen (Einspritzpumpe) an der **Auspuffwaschanlage** (mit O&K 20914)
09.01.39- 12.01.39	Nauen - Börnicke	Versuche mit einer **ex-geschützten Lok** (mit BMAG 10841)
22.03.39- 24.03.39	Nauen - Kremmen	Versuche mit verbesserter **Auspuffkühlanlage**; alte Bauart - Prallplattenabscheider statt Plattenschutz - verbesserter Schwimmer - neue Einspritzpumpe - Wassereinspritzung auf Frischwasser umgestellt (mit BMAG 10841)
.39		Erprobung einer blauen **Führerhausdeckenleuchte** (zur Sicherstellung einer vollständigen Verdunkelung)
08/09.39	Grunewald	Versuche mit **funkenfreien Bremsklötzen** verschiedener Bauart; Holz, Preßstoff etc. (mit BMAG-Lok)
.40		Versuche mit **funkenfreien Bremsklötzen** aus „Germanit"; Hersteller: Postlerit, Dresden (mit BMAG 10993)
.40		Untersuchungen an einer geänderten **Führerstands-Warmluftheizung;** Heizung mithilfe erwärmter Ventilatorluft (mit BMAG 10993)
ca.03.40		**Schwingungsmessungen** an einer Lok mit MWM-Motor (mit BMAG-Lok)
21.05.40- 27.05.40	Wildau	Erste Erprobung einer neuen Bauart der **Auspuffkühlanlage** (Dannhäuser-Abgaskühler) (mit BMAG 10993)
ca.08.40		Verschiedene Versuche mit **Heimstoffen:** - Achslagerschalen aus Kunstharz - Achslagergleitbacken aus Preßstoff (mit BMAG-Lok)
28.08.40- 30.08.40	Wildau	Versuche mit neuer **Voith-Maurer-Kupplung**; erste Ausführung (mit BMAG 11380)
31.08.40	Rehagen-Klausdorf	Schwingungsmessungen an einer Lok mit **Renk-Hülsenfederkupplung**; erste Ausführung (mit O&K 21119)
ca.10.40	Grunewald	Schwingungsmessungen an einer Lok mit **Renk-Hülsenfederkupplung**; endgültige Ausführung (mit O&K 21119)
ca.10.40		Versuche mit zerlegbarem Gliederkeilriemen für den **Kompressorantrieb;** Fabrikat Defag AG (mit C12-Lok)
20.11.40- 22.11.40	Berlin	Probeeinsatz als **Verschiebelok der DR** auf Berliner Bahnanlagen (*„erwies sich als zu schwach und befrie*digte *nicht")* (mit BMAG 10993)
20.01.41	Wildau	Versuche mit der endgültigen Ausführung der neuen **Auspuffkühlanlage;** Windhoff-Abgaskühler (mit BMAG 10993)
.41	Bomlitz	Lok mit neuer **Voith-Maurer-Kupplung**; endgültige Ausführung; Betriebsbeobachtung bei Eibia (mit BMAG 11256)
.41		Erprobung eines **Sicherungstopfes mit Raschig-Ringen** anstelle des schwer zu reinigenden Plattenschutzpaketes
16.02.43- 17.02.43	Heidenau - Altenberg	**Steilrampenfahrten** des LVA Grunewald mit zwei für die Rumänischen Eisenbahnen bestimmten Loks (beide BMAG)

Nicht mit aufgeführt sind die im Text bereits ausführlich dargestellten Meß- und Versuchsfahrten des LVA Grunewald 1937 mit den beiden Baumusterlokomotiven.

fahrungen im Betriebsdienst. Soweit nicht schon bei der Neukonstruktion berücksichtigt, galten diese Änderungen sinngemäß auch für die WR200B14 und WR550D14.

Zumindest Versuche gab es Anfang 1940 mit einer modifizierten Führerstandsheizung, bei der die im Kühler vorgewärmte Ventilatorluft in einem Trichter aufgefangen und durch eine kurze Rohrleitung in den Bedienungsstand geblasen wurde. Die Arbeitsgemeinschaft versprach sich von dieser Bauart eine Lösung der bis dahin bestehenden Probleme speziell bei der Heizung von Lokomotiven mit K-Anlage. Im Testbetrieb konnte das neue Heizsystem allerdings nicht überzeugen. Erst später ist es dann zu einer Neukonstruktion, und zwar als Warmwasser- statt als Warmluftheizung gekommen. Diese wie alle anderen Bauartänderungen wurden vor der Serieneinführung (oder Ablehnung) jeweils in Neubauloks der AGM-Firmen bzw. an den Heereswaffenamts-Lokomotiven auf dem Versuchsplatz Sperenberg erprobt.

Ein zusätzliches Aufgabenpaket kam ab 1939 auf die Arbeitsgemeinschaft zu. Im Rahmen der sogenannten „Heimstoffwirtschaft" der Nationalsozialisten mußten viele hochwertige und im Lokbau eingeführte Import-Werkstoffe, vornehmlich Edel- und Leichtmetalle, durch meist minderwertige heimische Ausweichmaterialien ersetzt werden.

Bei den AGM-Lokomotiven betraf das u.a. Treib- und Kuppelstangenlager, die ab Oktober 1939 statt bisher aus Stahl der Güte St.60.11 nunmehr aus St.50.11-Stahl gefertigt wurden. Auch

- das Treibstangenmaterial,
- das Material des Blindwellen-Zahnrades und der Blindwellen-Kurbel,
- das Material für das Stufengetriebe und
- das für das Kegelritzel des Wendegetriebes

wurden umgestellt. Ein vom Reichswirtschaftsministerium erlassenes Aluminiumverbot erzwang zudem die Verwendung von Stahlblechen und Zink anstelle von Aluminiumlegierungen für Keilriemenscheiben und Fabrikschilder.

Weitere Änderungen ergaben sich aus den Erfordernissen des Kriegseinsatzes. Dazu gehörten z.B. Verdunkelungskappen für die Stirnlampen oder extra große Luftfilter für die in Nordafrika eingesetzten Lokomotiven.

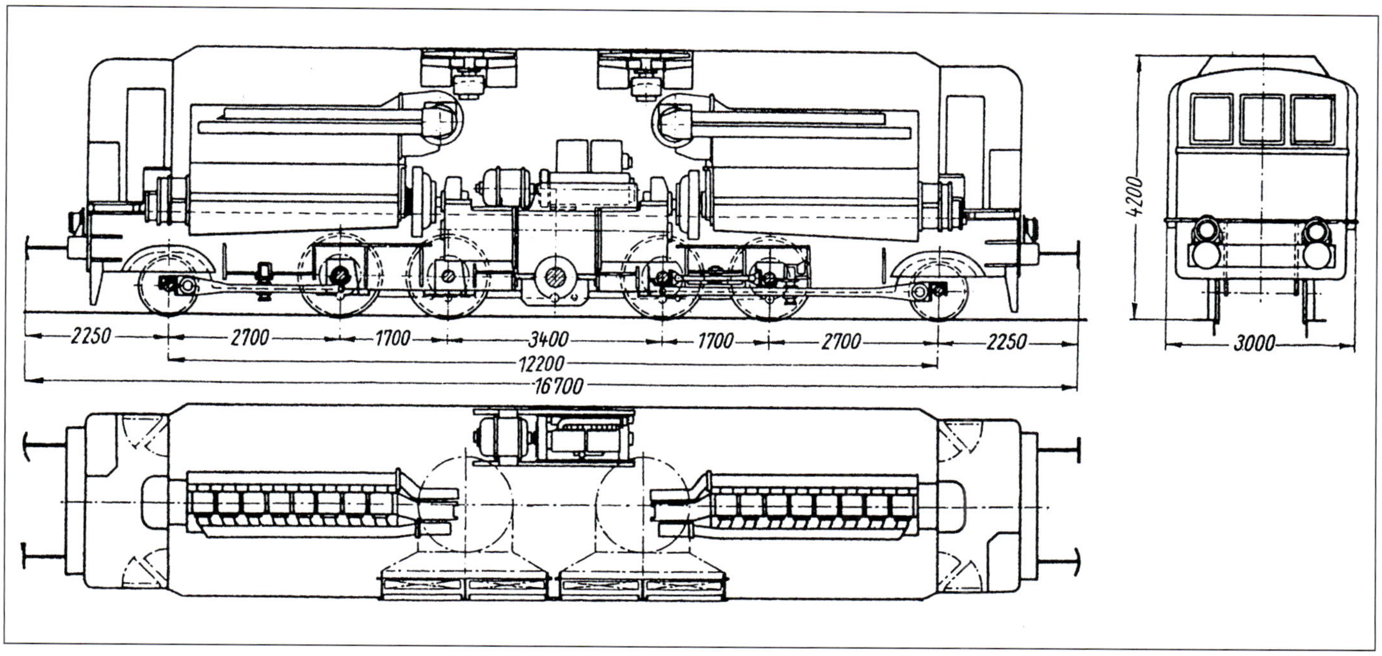

Gedankenspiele: Erster Entwurf für eine 2000-PS-1'D1'-Diesellok mit zwei kompletten Maschinensätzen

Weitere WR-Lok-Projekte

Spätestens von 1940 an hatte sich die Arbeitsgemeinschaft - vom Erfolg der Wehrmachts-Typenreihe ausgelöst - auch mit dem Entwurf wesentlich leistungsstärkerer hydraulischer Diesellokomotiven zu befassen. Die Überlegungen dazu scheinen in nicht unerheblichem Maße vom Reichsbahn-Zentralamt angeregt und beeinflußt worden zu sein. Das vom HWA aufgestellte Betriebsprogramm jedenfalls zeigt eine Großdiesellok, für die die Wehrmacht eigentlich nicht viel Verwendung haben konnte.

Danach sollte die neue Lok in der Lage sein, eine Anhängelast von 800 Tonnen, aufgeteilt in Güter- und D-Zug-Wagen, in der Ebene mit 80 km/h zu befördern, und auch auf langen Steigungen mit 12,5 Promille noch Fahrgeschwindigkeiten um die 25 km/h zu erreichen. Der Achsdruck wurde wieder auf maximal 15 to festgelegt. Das Fahrwerk war so auszulegen, daß die Maschine 140-Meter-Gleisbögen mit anschließender Weiche 1:7 und 80-Meter-Kurven anstandslos durchfahren können sollte[104].

Die ersten Berechnungen ergaben eine Motorleistung von rund 2000 PS, die später noch etwas nach oben, auf 2500 PS, korrigiert werden mußte. Um den Entwicklungssprung von 550 auf über 2000 PS dabei nicht zu groß werden zu lassen, entschied sich die AGM, zwei Bauarten, und zwar zunächst eine

- **2x 1250 PS 1'C1' + 1'C1'-Doppellok**
  und erst dann eine
- **2500 PS 1'E1'-Einrahmenlokomotive**

durchzubilden. Das Dienstgewicht: wurde auf 74 bzw. 95 Tonnen errechnet. Für beide waren wieder Voith-Getriebe vorgesehen. Bei der Doppellokomotive sollte nach dem Vorbild der kleineren Wehrmachtstypen jede 1250-PS-Einheit auch für sich allein betrieben werden können.

Zu Vergleichszwecken wurden auch die Elektrizitätsfirmen der Lokomotivindustrie aufgefordert, Entwürfe über gleich starke dieselelektrische Baumuster auszuarbeiten. Dabei ergaben sich übereinstimmend zweiteilige Lokomotiven mit zehn und mehr Radsätzen. Im einzelnen umfaßten diese Alternativ-Entwürfe[105].

- eine **1'Do1' + 1'Do1'-Lokomotive**
  mit zwei MAN-Motoren und 146 to Dienstgewicht,
- eine **1'Do + Do1'-Lokomotive**
  mit zwei Deutz-Motoren und 140 to Dienstgewicht
  sowie als dritten Entwurf
- eine **1'Co1' + 1'Co1'-Lokomotive**
  mit MAN-Doppelmotor und rund 130 to Dienstgewicht.

Besonders die gewaltigen Gewichte der de-Loks, deren durchweg größere Baulänge und die höheren Beschaffungskosten sprachen jedoch gegen diese Entwürfe und für eine dieselhydraulische Lösung. Zweifel an der Realisierbarkeit entsprechend leistungsfähiger Getriebe gab es nach den guten Erfahrungen mit den kleineren WR-Loks nicht. Probleme wurden allenfalls hinsichtlich der konstruktiven Beherrschung des Blindwellengetriebes und hier speziell des Kegeltriebs für das Wendegetriebe erwartet[106].

Zumindest die 1250-PS-Lok soll noch in allen wesentlichen Teilen durchkonstruiert und im Werkstattbau begonnen worden sein. Das Voith-Getriebe lief einige Zeit auf dem Prüfstand. 1943 mußten die Arbeiten kriegsbedingt abgebrochen werden. Die 1'E1'-Lok mit 2500 PS ist über den Entwurf nicht hinausgekommen.

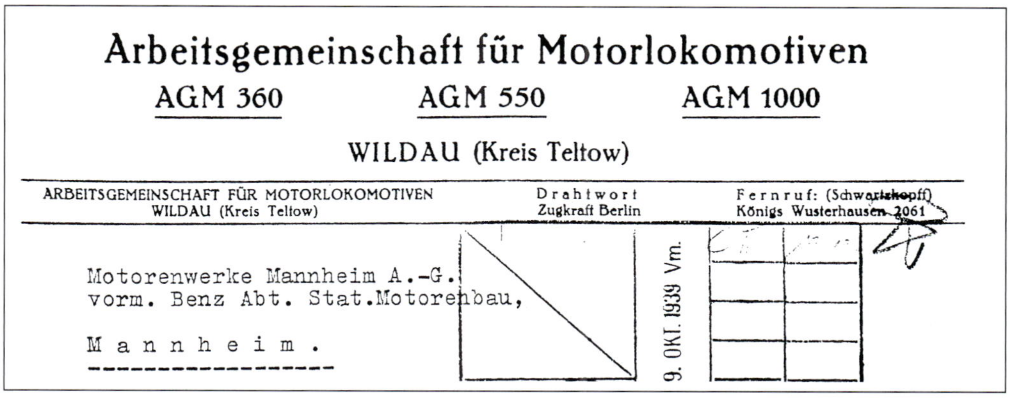
Arbeitsgemeinschaft für Motorlokomotiven
AGM 360 AGM 550 AGM 1000
WILDAU (Kreis Teltow)
ARBEITSGEMEINSCHAFT FÜR MOTORLOKOMOTIVEN WILDAU (Kreis Teltow)
Drahtwort Zugkraft Berlin
Fernruf: (Schwartzkopff) Königs Wusterhausen 2061
Motorenwerke Mannheim A.-G.
vorm. Benz Abt. Stat.Motorenbau,
M a n n h e i m .
9. OKT. 1939 Vm.

104 Sitzungsberichte AGM1000 v. 22.2.40 und v. 16.9.40
105 Neumann, Entwicklung, S.37
106 Neumann/Kugel, Dieselhydraulische, S.40

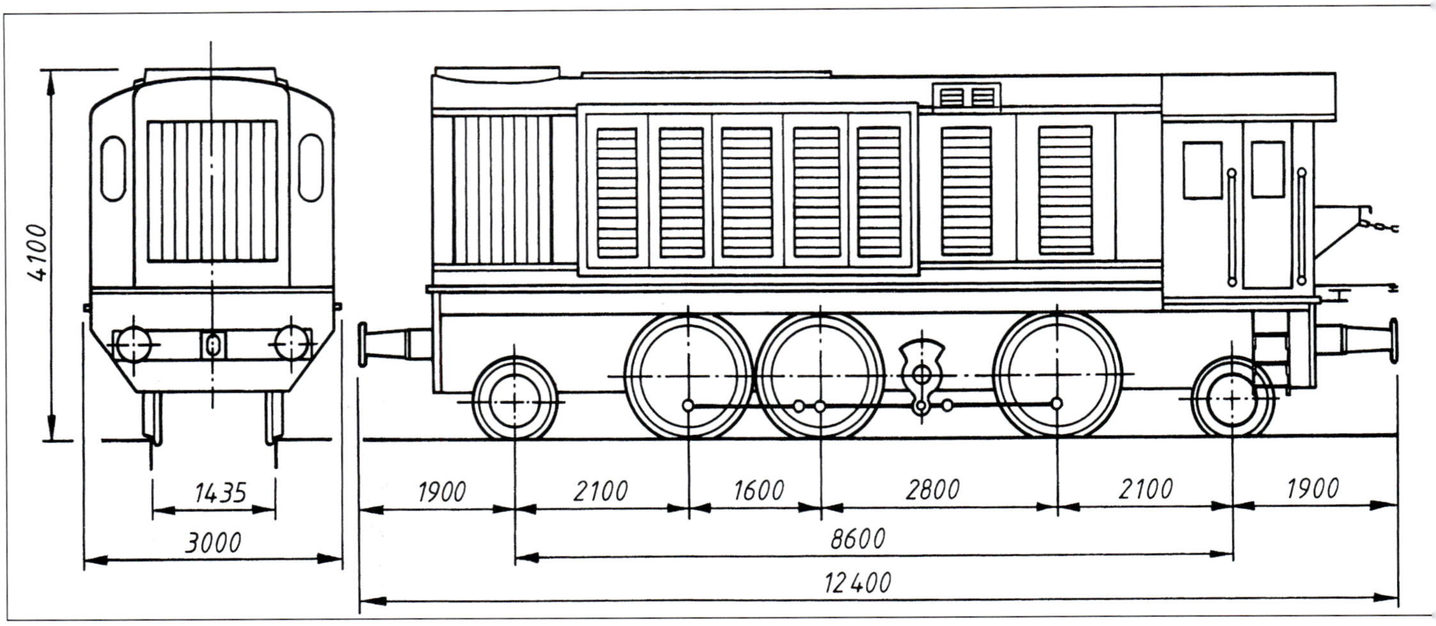

Doppellok für die Panzerzugtruppe: Dies ist die einzige bekannte Skizze der geplanten WR1250 1C1 15.

Die WR1250 1C1 15

Erste Pläne für eine in der Leistung deutlich verstärkte WR-Lokomotive hatte es schon einmal Ende 1938 gegeben. Zu diesem Zeitpunkt erschien im Briefkopf der Wildauer Arbeitsgemeinschaften zum ersten Mal eine „AGM1000". Die Vorstellungen für dieses Projekt gingen offenbar von der einfachen Überlegung aus, daß durch Aufladung der WR550-Motoren bei etwas höheren Drehzahlen 900-1000 PS erreichbar sein könnten[107]. Die Lok sollte als D- oder 1'D1'-Maschine gebaut werden[108]. Beide Entwürfe sind allerdings bald aufgegeben worden und verschwanden Anfang 1939 wieder in den Schubladen.

Die Vorarbeiten für die als Doppellok konzipierte WR1250-1C1 begannen dann ziemlich genau ein Jahr später. Mitglieder der Arbeitsgemeinschaft waren diesmal - neben Schwartzkopff und Deutz - auch die Firmen Borsig, Krupp und Krauss-Maffei; Orenstein & Koppel dagegen fehlte.

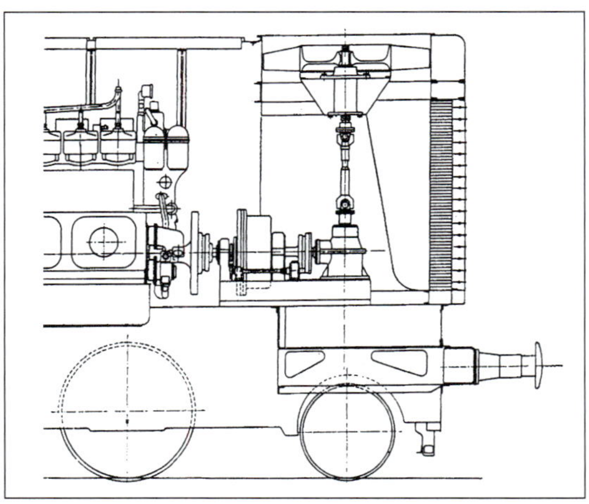

Zukunftsweisende Technik: Bei der WR1250 sollte der Lüfter bereits hydromechanisch angetrieben werden.

Um langwierige Entwicklungsarbeit zu sparen, wurde auf bewährte Elemente aus dem Dampflokbau zurückgegriffen. So erhielt die WR1250-1C1 schon im Entwurf ein im Wesentlichen von der Einheits-Dampflok Baureihe 64 übernommenes Fahrwerk. Krauss-Helmholtz-Gestell vorn und Bisselachse hinten sollten für gute Bogenläufigkeit (durch die radiale Einstellung der Laufachsen in Kurven) und gleichzeitig ruhigen Lauf im geradem Gleis sorgen.

Der gesamte Aufbau zeigte dann wieder eine enge Verwandtschaft zu den B-, C- und D-Lokomotiven. Das Führerhaus entsprach der Einheitsbauart und war erneut an das Rahmenende gerückt, um Doppeltraktionen nach Vorbild der kleineren WR-Lokomotiven fahren zu können. Auch die Bedienung war weitestgehend angeglichen[109]. Als Einbaumotoren für die WR1250 wurden vorgesehen:

- 8-Zyl. MAN W8V30/38, 1290 PS bei 700 UpM
- 6-Zyl. MWM RS43S, 1250 PS bei 600 UpM
- 12-Zyl. KHD T12M133, 1200 PS bei 720 UpM

Die beiden erstgenannten Modelle hatten Abgasturbolader nach System Büchi. Der MAN-Motor war in gleicher Ausführung 1935 bereits in die Reichsbahnlok V 16 101 eingebaut worden und damit ein alter Bekannter. Auch der MWM RS43S hatte sich - insbesondere in Küstenmotorschiffen und Räumbooten - schon vielfach bewährt.

Ein Experiment war sicherlich der vorgesehene Deutz-Motor: Mit 12 Zylindern in V-Form, Zweitaktverfahren und Kapselgebläse repräsentiert er eine Technik, die in Deutschland erst später, etwa ab Mitte der 50er Jahre, Bedeutung erlangte. Ausschlaggebend für die AGM-Entscheidung zugunsten dieses Motors waren vor allem sein geringes Gewicht und die günstigen Baumaße. Auch Erfahrungen aus dem amerikanischen Lokomotivbau haben hier erklärtermaßen Pate gestanden[110].

Ungewöhnlich für die WR-Typenfamilie war weiterhin, daß erstmals auch mehrere Getriebe-Fabrikate Verwendung finden sollten, und zwar

- ein Voith-Turbo-Getriebe, Type L29, in Bauform Wandler/Wandler,
- ein AEG-Getriebe ähnlicher Bauart und
- ein Krupp-Ein-Wandlergetriebe nach System Lysholm-Smith.

Beim Voith-Getriebe, das weiterhin als Standard-Ausrüstung galt, sollte von 0-48 km/h im Anfahrwandler und von 48-80 km/h im sogenannten „Marschwandler" gefahren werden. Flüssigkeitskupplungen gab es bei dieser Bauform nicht mehr. Auch auf einen Rangiergang im mechanischen Nachschaltgetriebe ist angesichts der geplanten Verwendung als Streckenlok verzichtet worden. Einige technische Besonderheiten der Kühlanlage in Stichworten:

Der **Lüfterantrieb** sollte bei der WR1250 erstmals hydromechanisch über eine Voith-Sinclair-

107 Neumann/Kugel, Dieselhydraulische, S.41
108 Niederschrift v. 13.12.38
109 Brief AGM1000 v. 22.2.40
110 Neumann, Die Entwicklung, S.37

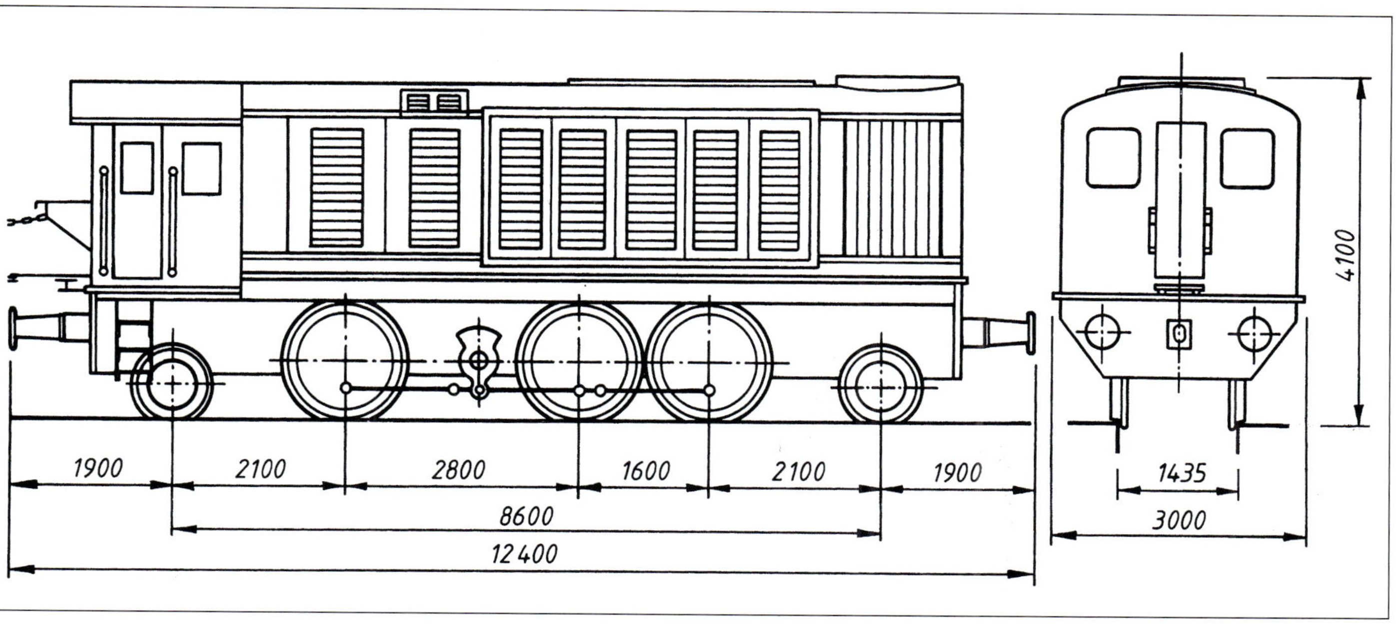

Kupplung erfolgen. Die Drehzahl des Ventilators wäre dabei über ein Thermostat in der Kühlwasserleitung automatisch der erforderlichen Kühlleistung angepaßt worden[111].

Der **Lüfter** selbst - auch das ein Novum - war diesmal im Vorbaudach angeordnet. Der Antrieb erfolgte über ein Kegelrad-Getriebe vom freien Kurbelwellenende des Motors aus.

An der Stirnseite der Lok wurden bei der 1'C1'-Maschine nur **Wasser- und Schmierölkühler** vorgesehen. Ein Wärmetauscher für das **Getriebeöl** sowie weitere Wasserkühler mußten wegen der großen anfallenden Wärmemenge in den Seitenflächen des Vorbaus untergebracht werden. Die vorderen Stirnkanten waren aus Gründen einer besseren Luftführung dazu stark angerundet.

In dieser Ausführung bestellte das Heereswaffenamt zwischen Oktober 1941 und September 1942 insgesamt fünf Doppel- bzw. zehn Einzelloks. Die Verteilung auf die einzelnen Lokomotivfabriken ist mehrfach geändert worden. Nach dem letzten bekannten Stand (20. Mai 1941) war jede der AGM-Firmen mit jeweils einer Doppellok beteiligt. Der Vergabeschlüssel sah folgendermaßen aus[112]:

- 2x WR1250 von Borsig (mit MAN-Motor und AEG-Getriebe),
- 2x WR1250 von Deutz (mit Deutz-Motor und Voith-Getriebe),
- 2x WR1250 von KrMaffei (mit Deutz-Motor und Voith-Getriebe),
- 2x WR1250 von Krupp (mit MAN-Motor und Krupp-Getriebe) und
- 2x WR1250 von BMAG (mit MWM-Motor und Voith-Getriebe).

Wirklich geliefert wurde keine dieser Loks mehr. Die letzte Notiz über den Konstruktionsfortschritt der WR1250-1C1 stammt vom 29. Januar 1943. Kurz danach müssen die Entwicklung gestoppt und die Aufträge annulliert worden sein.

Der infragekommende Einsatzraum der WR1250 war übrigens - dem Zeitgeist entsprechend - recht großzügig bemessen. So mußten bei der Konstruktion auftragsgemäß auch Ausführungen in 1067, 1524 und 1676 mm Spur mit berücksichtigt werden. Das Lichtraumprofil war auf die Eisenbahnen *„aller europäischen Auslandsverwaltungen mit Ausnahme des Englischen“*[113] auszulegen.

Genauere Hinweise zum geplanten Wehrmachtseinsatz finden sich in einer „Denkschrift zur Waffenentwicklung“[114] vom 19.4.41. Unter der Rubrik „Beabsichtigte Verwendung“ heißt es dort für die WR1250-1C1: *„Bespannung von Panzerzügen und Truppentransportzügen zum Einsatz hinter der Front“.*

Die 2500-PS-Lokomotive

Auch für eine wirkliche Großdiesellokomotive der Wehrmacht hatte es die ersten Überlegungen schon etwa 1938/39 gegeben. Eine seinerzeit sogar publizierte Bauartskizze[115] (siehe Seite 61) zeigt eine 2000-PS-1'D1'-Lokomotive mit zwei kompletten Maschinensätzen, d.h. zwei Motoren, zwei Getrieben, zwei Kühlern etc., als Einrahmenlok mit großem Lokkasten und Endführerständen.

Nach diesem Prinzip „zwei Loks auf einer“ wurden ab Anfang 1940 auch die ersten genauer ausgearbeiteten Entwürfe für das Heereswaffenamt erstellt. Da bei 2500 PS natürlich das Lokgewicht größer war als bei 2000 PS, mußte diesmal ein 1'E1'-Fahrwerk vorgesehen werden. Dessen Konstruktion erfolgte in enger Anlehnung an die Dampflok-Baureihe 84. Die Laufachsen waren mit den jeweils beiden äußeren Kuppelradsätzen in einem Schwartzkopff-Eckardt-Lenkgestell zusammengefaßt, das einwandfreien Bogenlauf in Kurven bis zu 85 Metern Radius garantieren sollte. Die Blindwelle lag zwischen B- und C-Achse.

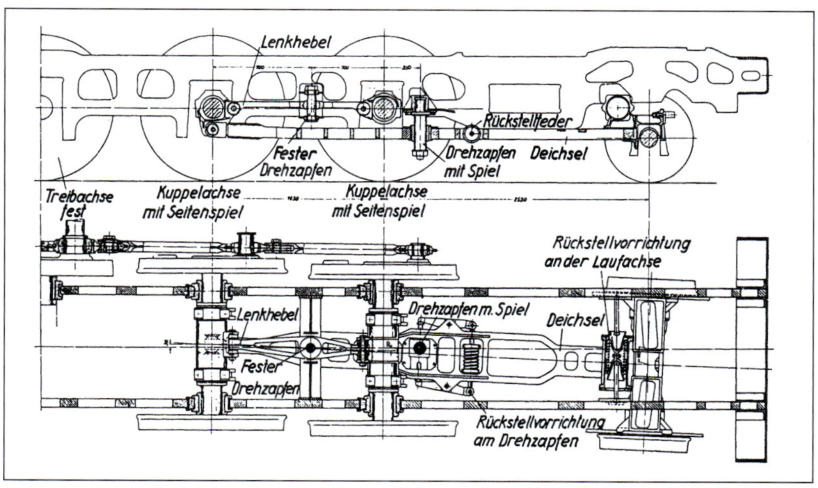

Garantie für guten Bogenlauf: Beim Schwartzkopff-Eckhardt-Gestell waren die beiden äußeren Kuppelradsätze seitenverschiebbar, die Laufachse stellte sich radial auf die Kurve ein.

---

111 Kugel, Turbokupplung, S.42ff.
112 Sitzungsbericht AGM1000 v. 20.5.41
113 Sitzungsbericht AGM1000 v. 16.9.40
114 BA-MA RH15/135
115 Neumann/Kugel, Dieselhydraulische, S.41

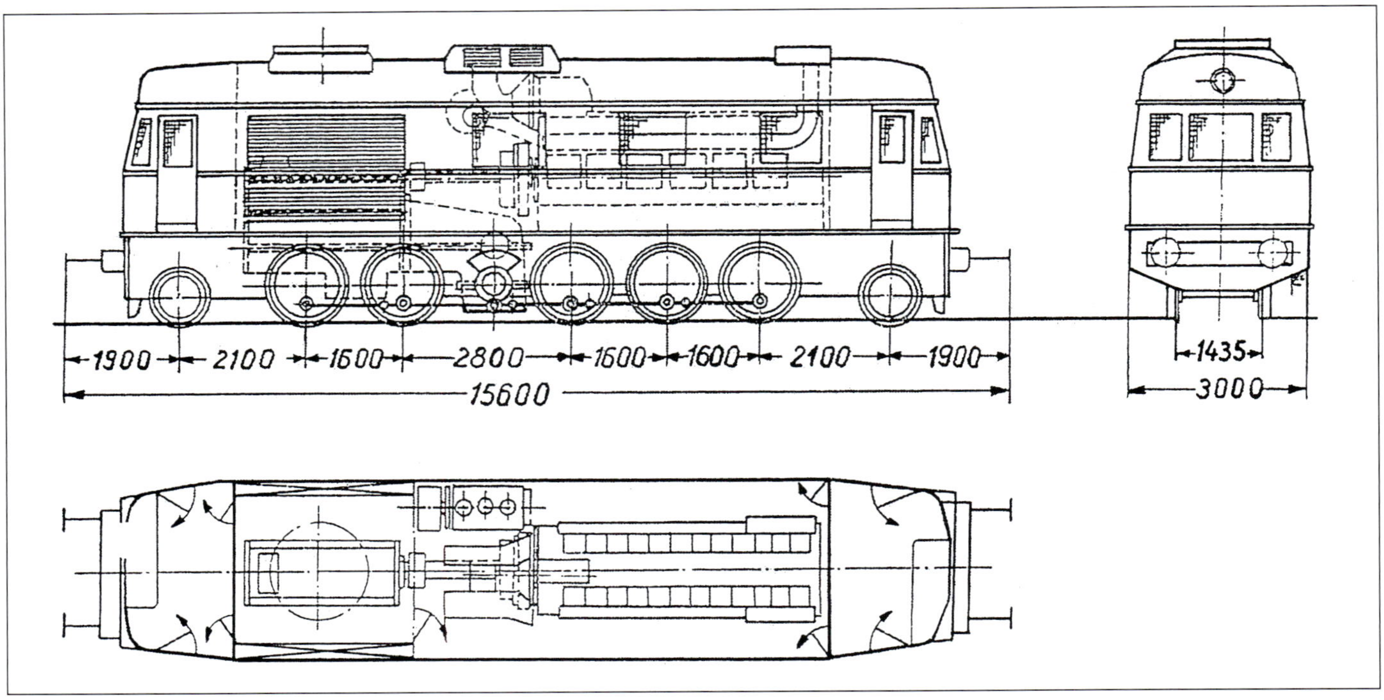

Wenig Vertrauen in den eigenen Entwurf: Die WR2500, hier in der Planungsvariante als einmotorige Lok

Abgesehen von der Einrahmenbauart entsprach der reine Maschinenaufbau fast vollständig dem der WR1250-1C1-Doppellok. D.h. auch hier erfolgte die Kraftübertragung über zwei L29-Getriebe von Voith. Motoren waren wieder zwei MAN W8V30/38 mit Aufladung, die aber auf nur 1200 (bzw. 2400) PS eingestellt werden sollten. Für den Antrieb der Nebenaggregate (Lüfter, Bremsluftkompressor, Motorluftpumpe etc) war ein eigener Hilfsmotor (W6V15/18) mit 130 PS vorgesehen.

Dieser Entwurf wurde im September 1940 in die erste Sitzung der AGM1000 eingebracht und vom HWA grundsätzlich befürwortet. Lediglich das RZA Berlin bemängelte die zweimotorige Ausführung und schlug stattdessen die Weiterentwicklung als Lokomotive in einer Einheit, also mit einem Motor, einem Flüssigkeitsgetriebe, einem Nachschaltgetriebe etc. vor[116].

TABELLE 14: Weitere WR-Lok-Projekte

Type		WR1250-1C1 1.Entwurf	WR1250-1C1 2.Entwurf	WR2500-1E1 zweimotorig	WR2500-1E1 einmotorig
Zeichnung		**Sk.93**	**Sk.129**	**Sk.72**	
Achsfolge/Antrieb		1'C1'-Stangen	1'C1'-Stangen	1'E1'-Stangen	1'E1'-Stangen
Dienstgewicht	to	64	71 (-74)	100	95
Achsdr.Treibachse	to	14	15	15	
Achsdr.Laufachse	to	11	14	12,5	
Länge über Puffer	mm	12000	12400	17900	15600
Größte Breite	mm	3100	3000	3100	3000
Größte Höhe	mm	4000	4100	4200	4200
Achsstand gesamt	mm	8300	8600	13200	11800
AS Hauptrahmen	mm		4400		7600
Treibrad-Durchm.	mm	1250	1250	1250	1250
Laufrad-Durchm.	mm	850	850	850	850
Motor		MAN	MAN	2x MAN	Deutz
Type		W8V30/38	W8V30/38	2x W8V30/38	T24M133
Leistung o.Aufl.	PS	920	920	2x 920	2400
Leistung m.Aufl.	PS	1260	1290	2x 1200	-
Anzahl d. Zylinder		8	8	2x 8	24
Drehzahl	UpM	700	700	2x 700	720
Aufladung		37 % Büchi	37 % Büchi	30 % Büchi	-
Getriebe		Voith	Voith	2x Voith	Voith
Type		L29 M	L29 M	2x L29 M	
Bauart		hy/W-W	hy/W-W	hy/W-W	hydraulisch
Vmax	km/h	80	80	80	80
Zugkraft max.	kg		15000	28000	

Quellen: MfV/RZA 240, Glasers Annalen 1948

Zumindest Projektzeichnungen dafür sind auch noch angefertigt worden. Ein erst nach dem Krieg in „Glasers Annalen" veröffentlichter Aufsatz des AGM-Leiters Alfred Neumann[117] zeigt eine solche Lokomotive mit einem 24-Zylinder-Deutz-V-Motor und großem Seitenkühler. Allerdings scheint das Vertrauen der Konstrukteure selbst in ihr Produkt nicht allzu groß gewesen zu sein. So heißt es in dem Beitrag u.a.:

> *Mit dem Entwurf der 1E1-Lokomotive sollte lediglich der Nachweis erbracht werden, daß es möglich ist, auch noch eine Leistung von 2500 PS mit einem Antriebsaggregat ... auszuführen. Die Lokomotivfachleute waren sich jedoch darüber einig, daß eine solche Lokomotive in bezug auf Betriebssicherheit nicht als besonders günstig anzusehen ist. Vorteilhafter ist es vielmehr, die Antriebsleistung zu unterteilen, weil es dadurch in den meisten Fällen möglich sein wird, bei Auftreten von Schäden mit nur einem Aggregat, also verminderter Motorleistung, den Zug noch von der Strecke zu bringen.*

Von Seiten der AGM-Firmen wurden bis 1943 noch weitere Ausführungsmöglichkeiten, u.a. als 1'BB1'- oder 1'B1'B1'-Lokomotive untersucht. Dabei wurde wieder jeweils von zwei Maschinensätzen, teilweise sogar von zwei Blindwellen oder direktem Achsantrieb ausgegangen. All diese Überlegungen sind jedoch über das Diskussionsstadium nicht mehr hinausgekommen. Nach einem Beschluß der AGM vom 15. Oktober 1940 war zunächst die WR1250 in allen Teilen konstruktiv fertigzustellen. Der Fortgang des Krieges und der Zusammenbruch 1945 machten jegliche Weiterführung dieser Pläne endgültig zunichte.

Rückblickend hinterläßt die 2500-PS-Lokomotive von allen beschriebenen WR-Lok-Entwicklungen das unschärfste Bild. Aus den spärlich erhaltenen Unterlagen geht nicht einmal zweifelsfrei hervor, für wen und für welchen Einsatzzweck diese Vollbahn-Type überhaupt entwickelt werden sollte. Einige Details deuten darauf hin, daß - trotz HWA-Auftrages - wohl mehr die Reichsbahn an der neuen Bauart interessiert war. Die *„Arbeitsgemeinschaft für regelspurige Motorlokomotiven"* wurde etwa im Mai 1943 aufgelöst. Alle weiteren Arbeiten an der WR-Typenreihe sind danach eingestellt worden.

116 Sitzungsbericht AGM1000 v. 15.10.40
117 Neumann, Die Entwicklung, S.36f.

Konstruktion:
Die Bauarten der Wehrmacht

Mit den typisierten Wehrmacht-Diesellokomotiven hatte die Arbeitsgemeinschaft in Wildau innerhalb weniger Jahre eine völlig neue Lokomotivgeneration geschaffen. Die WR360C14 war nicht nur die erste, sondern über lange Zeit auch die meistgebaute Serien-Motorlok größerer Leistung in Europa. Die konsequente Typisierung und Vereinheitlichung der WR-Lokfamilie und die hier erstmals ausschließlich angewandte Hydraulikgetriebetechnik wurden zum Ausgangspunkt für die gesamte Diesellok-Entwicklung in Deutschland nach dem Krieg. Viele in den 50er Jahren nach dem Baukastenprinzip aufgestellte Typenprogramme haben hier ihren Ursprung.

BMAG, Sammlung Stefan Lauscher

Pionier einer neuen Getriebetechnik: Die WR360C14 war die erste hydraulische Seriendiesellok größerer Leistung der Welt. Hier eine Vorauslokomotive, BMAG 10722/1937

Wie weit die Standardisierung und Typisierung schon Anfang der 40er Jahre ging, illustriert die Tatsache, daß das Heereswaffenamt auf die Erstellung unterschiedlicher Dienstvorschriften für die drei bzw. vier Wehrmachtstypen verzichtete. Eine einzige Betriebsanweisung für die WR360C14, vom Oberkommando des Heeres 1941 herausgegeben[1], war für alle drei Bauarten gültig[2]. Diesem Gedanken folgend, werden in diesem Kapitel exemplarisch Bauart und Technik der 360-PS-Lok beschrieben; bei den WR200B14, WR240B15 und WR550D14 wird dann nur noch auf Abweichungen dazu hingewiesen.

Die Darstellung macht allerdings auch deutlich: Von einer Standardisierung nach heutigem Verständnis (BDE-Normen, Baukastenprinzip, Modulbauweise etc) war die „Einheitslok" der 30er Jahre noch ziemlich weit entfernt. Dazu der ehemalige AGM-Konstrukteur Gerhard Tiffe[3]:

Natürlich war an eine möglichst weitgehende Vereinheitlichung gedacht, die sich aber in der Praxis mehr auf die Anwendung einheitlicher Konstruktionsprinzipien beschränkte. Wirklich einheitliche Teile gab es kaum. Das ergab sich schon aus der Verwendung von zwei bzw. drei Motorfabrikaten bei den einzelnen Typen, auch die Voith-Getriebe und die Blindwellengetriebe waren für die drei Leistungsstufen 200 PS, 360 PS und 550 PS zwangsläufig unterschiedlich. Das gilt auch für die Radsätze, die zwar im Durchmesser vereinheitlicht waren, wegen der unterschiedlich auszugleichenden Stangenteile aber nicht austauschbar gemacht werden konnten.

Nicht von der installierten Leistung abhängende Bauteile waren natürlich weitgehend vereinheitlicht, ich denke dabei an die Elemente der mechanischen und der Druckluftbremse, die elektrische Anlage, die Signalanlage, verschiedene Hilfseinrichtungen und so weiter.

1 Heeres-Drucksache D 1151/3
2 Sitzungsbericht AGM 360 v. 19.12.39
3 Brief vom 20.7.81 an den Verfasser

Eine WR360C entsteht: Motor, Voith-Maurer-Kupplung und Getriebe sind schon montiert. Im Bild: O&K 20813 (Drewitz, Februar 1937)

Die Einheitslok: WR360C14

Die als erste WR-Lok entwickelte WR360C14 war zweifellos die für Wehrmachtszwecke am besten geeignete Lokomotive des Typenprogramms. Mit einer Leistung von 360 PS und zwei Fahrbereichen mit 30/60 km/h konnte sie die Aufgaben als mittelschwere Rangierlok mit hohen Anfahrzugkräften, etwa in Munitionsbetrieben und Versorgungslagern, ebenso gut erfüllen, wie als Zubringer- oder Zuglokomotive im leichten Streckenbetrieb. Dazu kamen Sondereinrichtungen wie Doppelloksteuerung und Explosionsschutz, die die vielseitige Verwendbarkeit der Universallok WR360C14 noch weiter erhöhten.

Fahrzeugteil

Bei - je nach Ausrüstung - 40 bis 42 to Dienstmasse war das **Fahrwerk** der 360-PS-Lok[4] dreiachsig ausgeführt. Der Antrieb erfolgte über eine zwischen dem zweiten und dritten Radsatz angeordnete Blindwelle durch Treib- und Kuppelstangen.

Mit dieser Auslegung entsprach die Arbeitsgemeinschaft der Forderung des Heereswaffenamtes nach möglichst einfacher Konstruktion und Wartung: Der Blindwellenantrieb war Mitte der 30er Jahre in jeder Hinsicht ausgereift, fertigungstechnisch wenig aufwendig und galt auch lauftechnisch als (für Lokomotiven dieser Klasse) vollkommen ausreichend. Beim Lok- und Werkstattpersonal erfreuten sich Stangenantriebe zudem großer Beliebtheit, waren sie doch von der Dampflok her vertraut und beim Abschmieren der Lager gut zugänglich[5].

Der **Rahmen** der WR360C war als Innenrahmen ausgeführt. Er wurde aus 25 mm starken Stahlblechen vollständig geschweißt und durch kräftige, kastenförmig ausgebildete Querverbindungen sowie die beiden Rahmenstirnplatten versteift. Die an der Rahmenoberkante ansetzenden Lauf- und Deckbleche waren ebenfalls mit dem Rahmen verschweißt und durch besondere Konsolbleche abgestützt.

Die vorderen Querverbindungen des Rahmens (unterhalb des Motors) nahmen den **Ballast** zum Ausgleich der stark hecklastigen Lokomotive auf. In der Normalausführung wurden über dem ersten Radsatz 635 kg und über dem zweiten Radsatz 590 kg künstlichen Gewichts eingebracht; maximal waren 1700 kg vorgesehen. Der Ballast bestand aus Schwerspat von 4-6 mm Korngröße. Er war mit Zement gemischt und wurde in feuchtem Zustand fest eingestampft.

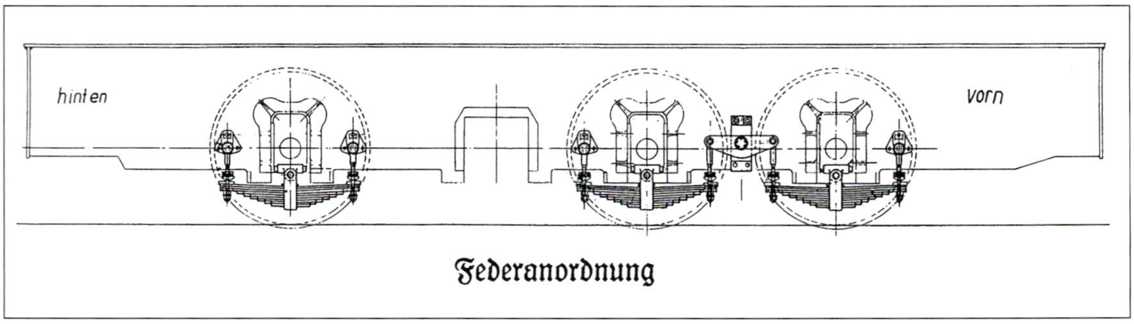

4 Beschreibung auf Grundlage der Original-Betriebsanweisung D 1151/3; auch: Neumann, Die Entwicklung, S.35f.; Neumann/Kugel, Dieselhydraulische, S.33ff.

5 Messerschmidt, Kritische Bemerkungen, S.266f.

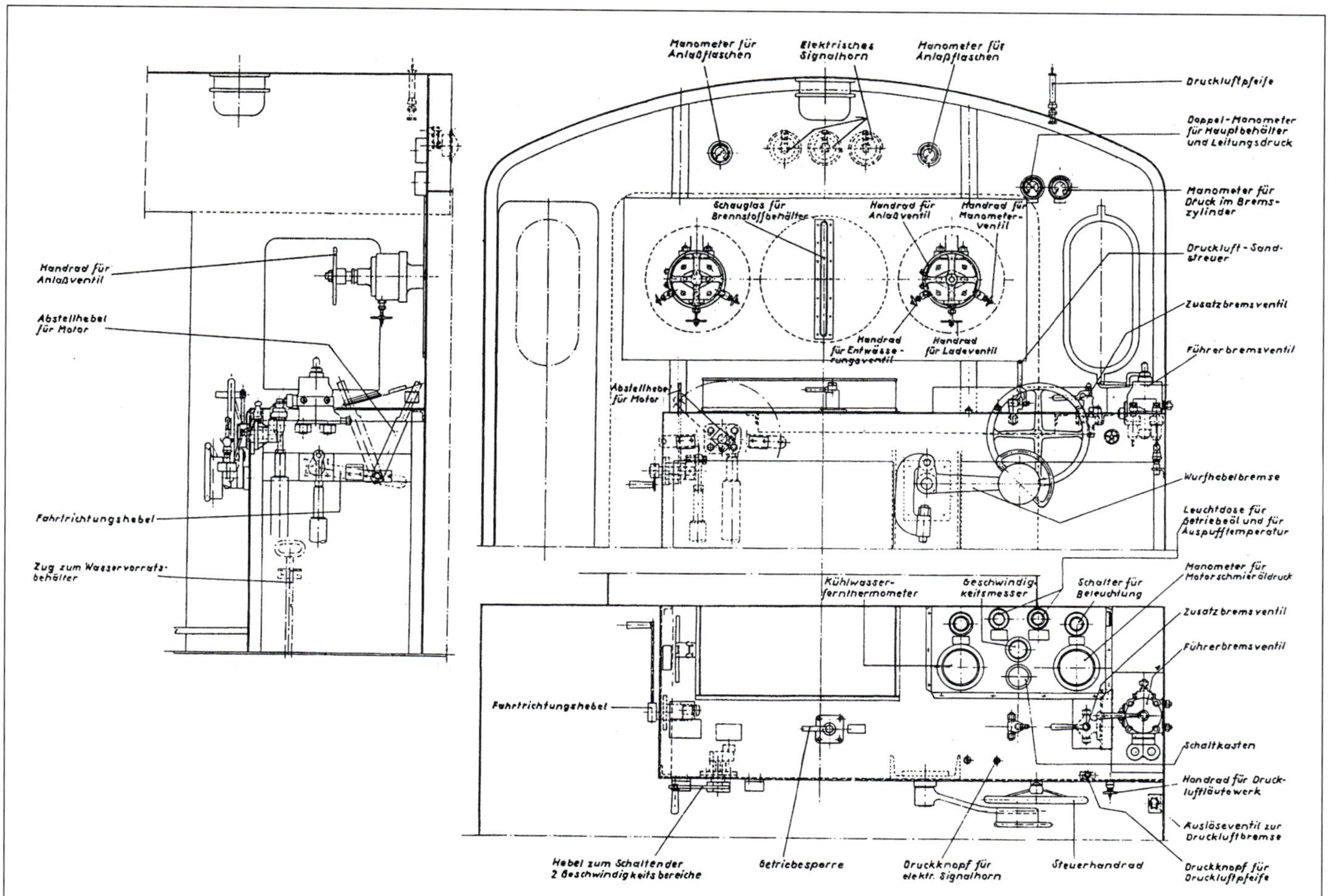

Anordnung der Bedienungselemente

Die **Radsätze** liefen in Gleitlagern und waren über starke Trag-Blattfedern gegen den Rahmen abgefedert. Die Federpakete der beiden vorderen Achsen wurden durch Längsausgleichshebel verbunden. Für die Lokomotive ergab sich damit eine Vierpunktabstützung. Die Radsatzlager aus Bleibronze waren mit Gittermetall ausgegossen, die Buchsenlager der Stangenköpfe mit Bleibronze oder entsprechenden „Austauschwerkstoffen". Die Schmierung erfolgte durch Schmierpolster im Unterkasten.

Trotz der zwischen den Radsätzen liegenden Blindwelle betrug der **Radstand** nur 3950 mm. Damit konnte die Lok noch kleinste Bogenhalbmesser von 80 Metern befahren. Der Spurkranz der mittleren Achse wurde zur Verbesserung der Kurvenläufigkeit um 15 mm geschwächt.

An den beiden Stirnseiten der Lokomotive waren übliche Hülsenpuffer, Zughaken, Schraubenkupplung (z.T. noch mit Sicherheitskupplung) sowie Kuppelstücke für die Druckluftbremse montiert. Anordnung und Bauart der **Zug- und Stoßvorrichtung** entsprachen den Vorschriften der DR.

Das **Führerhaus** war am Rahmenende angeordnet, ebenfalls weitgehend geschweißt und rundum geschlossen. Der Zugang erfolgte durch Aufstiege und verschließbare Türen in den Seitenwänden. Weitere Türen befanden sich in der Mitte der Rückwand (für den Übergang zu einer zweiten Lok) und auf der linken Seite der Führerhausstirnwand (zum linken Laufblech). An der Rückwand der Kabine außen waren außerdem eine Klappbrücke und beidseitige Schutzbügel für den gefahrlosen Führerstandswechsel bei Doppellokbetrieb vorhanden. Die Stirnwandtür vorn ermöglichte dem Lokomotivführer den schnellen Zugang zur Bedienungsseite des Motors, ohne die Lokomotive dafür verlassen zu müssen.

Bei dieser Anordnung des Führerhauses war die Sicht bei Rückwärtsfahrt natürlich ausgezeichnet, bei Vorwärtsfahrt, bedingt durch den hohen Motorvorbau, allerdings nicht sehr gut. Die Bundesbahn ließ später deshalb eine größere Anzahl von Lokomotiven mit hochgesetzten Führerständen (sogenannten „Führerhauskanzeln") ausrüsten.

In der vorderen Stirnwand des Führerhauses waren zwei ovale, in der Rückwand zwei rechteckige Fenster vorhanden, die - wie bei Dampflok-Führerhäusern - drehbar konstruiert wurden, um der Blendgefahr bei tiefstehender Sonne zu begegnen. Die Fenster in den Seitenwänden waren feststehend. Die seitlichen Türfenster konnten als einfache Riemenfallfenster dagegen teilweise oder vollständig geöffnet werden.

VOITH

Die Lokführer-Perspektive: Links die Ventile für die Anlaßluft, rechts Handsteuerrad und Wurfhebelbremse

Die Anordnung der verschiedenen Armaturen und Bedienungselemente im **Führerstand** war sehr übersichtlich. Die Details sind aus der obenstehenden Zeichnung zu ersehen. Grundsätzlich waren alle zur Bedienung der Lokomotive während der Fahrt notwendigen Hebel auf der r e c h t e n Seite des Führertisches angebracht. Damit lagen sie auch dann noch griffgünstig, wenn der Lokführer - wie beim Rangierbetrieb häufig -

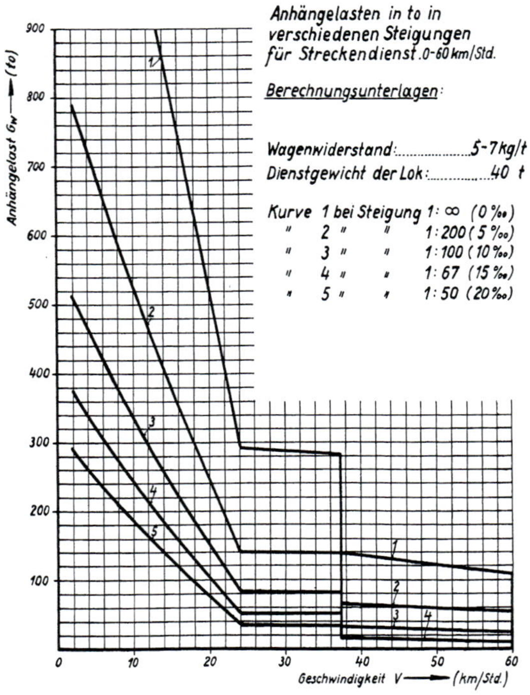

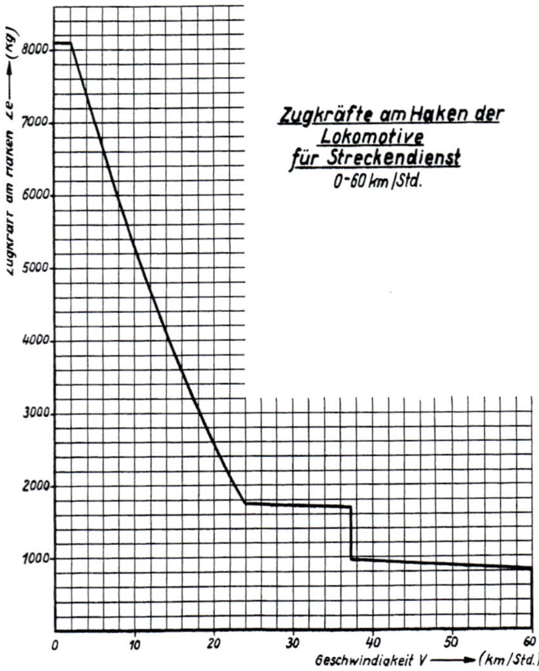

Diagrammblätter für die WR360C14: Anhängelasten und Hakenzugkräfte im Streckengang (oben) und bis 30 km/h (unten)

für eine bessere Sicht aus dem Fenster lehnte. Das betraf besonders das Handrad zur Steuerung von Motor und Getriebe, die Führerbremsventile, den Sandstreuhahn, das Druckventil für die Glocke sowie den Knopf für die Druckluftpfeife.

An der Stirnseite des Führerhauses, also ebenfalls im Blickfeld des Lokführers, befanden sich ein Schauglas für den Kraftstofftank und die Handventile für die beiden Anlaßluftbehälter mit den dazugehörigen Manometern. Alle weiteren zur Überwachung der Maschinenanlage erforderlichen Kontrollinstrumente, also

- die Fernthermometer für Motorkühlwasser und Getriebeöl,
- ein Öldruckmesser für das Motorschmieröl,
- eine Bremsdruck-Anzeige,
- der Geschwindigkeitsmesser (mit eingebautem Kilometer-Zähler) sowie
- Warnlampen für die Getriebeöl- und (nur bei ex-geschützten Loks) für die Auspufftemperatur

wurden in einem besonderen Apparatepult auf dem Führertisch zusammengefaßt. Das Pult war etwas angewinkelt und deshalb vom Lokomotivführer gut zu beobachten. Die Wurfhebelbremse lag vor, der Fahrtrichtungshebel links vom Führertisch.

Schließlich noch ein Blick „unters Blech“: Aus Gründen der Massenverteilung und zur Geräuschminderung im Führerhaus wurde der Motor im **Vorbau** unmittelbar hinter dem Kühler angeordnet. Dahinter war Platz für Kupplung, Getriebe und - auf einem befestigten Stützgerüst über dem Getriebe - Brennstoffbehälter und Anlaßluftflaschen.

Türen und Klappen in der Haube ermöglichten jederzeit den Zugang zu allen für den Betrieb wichtigen Maschinenteilen. Vorn, im Bereich des Motors, waren beidseitig je drei große Schiebetüren, im hinteren Teil zwei kleinere Flügeltüren mit Zugriffsmöglichkeit auf den Kraftstoffilter und die Handflügelpumpe zum Vorpumpen von Öl vorhanden. Alle Klappen und Türen waren zur Verbesserung der Luftströmung mit eng gestaffelten und leicht ausgestellten Luftschlitzen, sogenannten „Kiemen“, versehen.

Die Haube im ganzen war aus Profilen und Blechen geschweißt, teils auch genietet, und mit Führerhaus und Laufblechen verschraubt. Eine fest installierte Leiter auf der linken Lokseite ermöglichte den Aufstieg auf das Dach des Maschinenvorbaus. Dort befanden sich u.a. die Einfüllstutzen für die beiden Motorkühlwasserkammern. Eine große, zweiflügelige Klappe im Vorbaudach erlaubte bei Überholungsarbeiten am

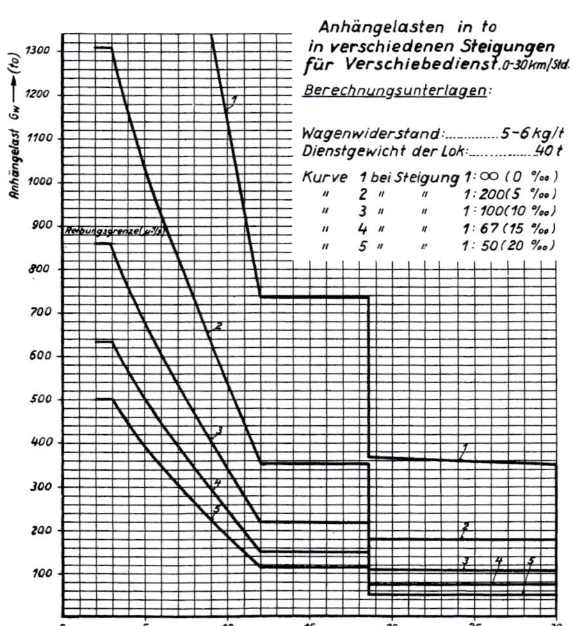

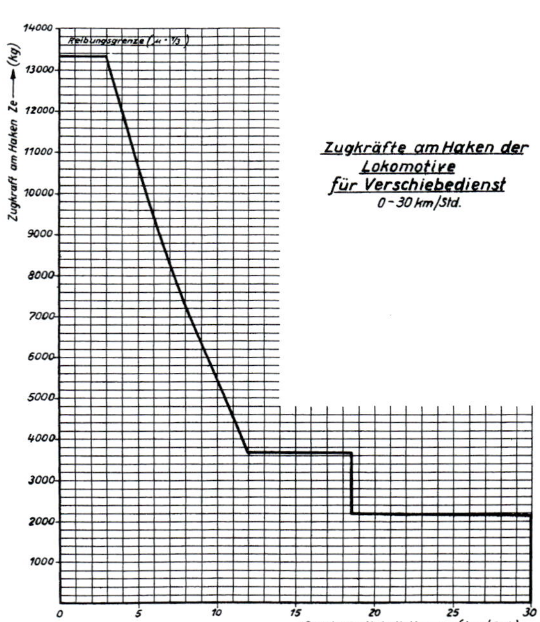

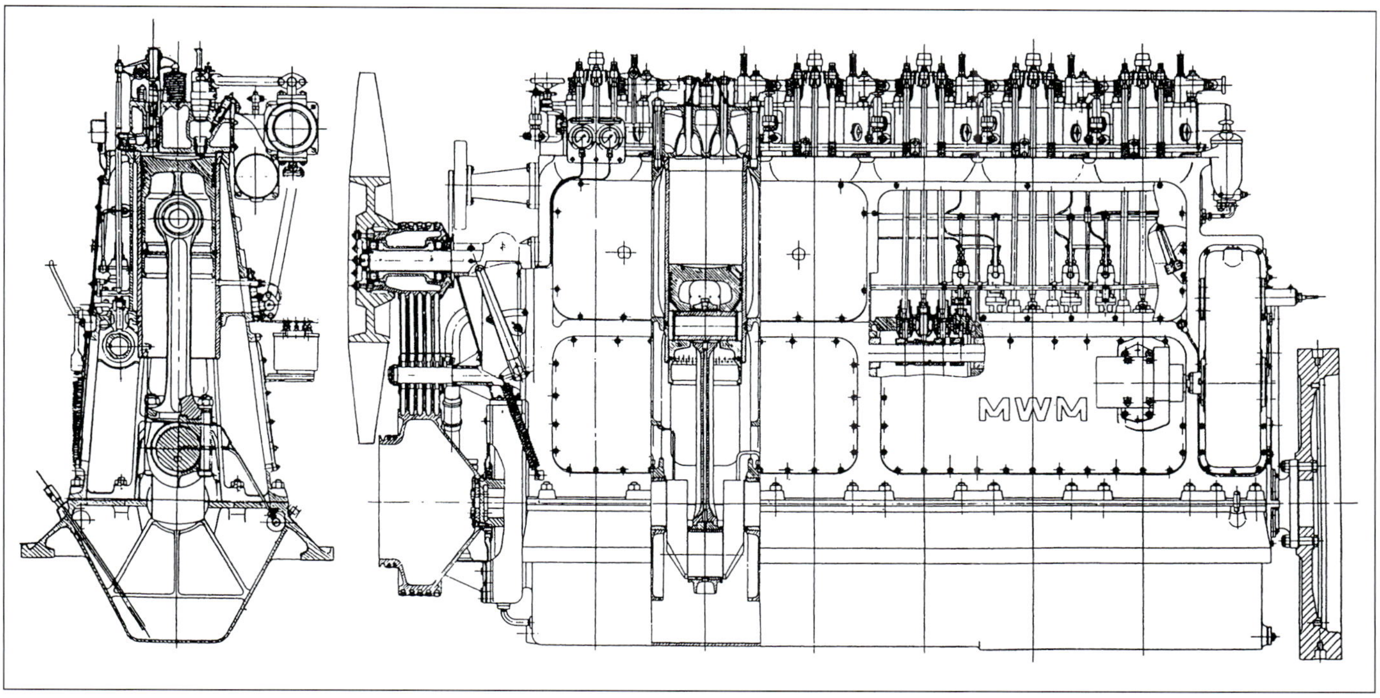

In der AGM nur zweite Wahl:
Der RHS235S-Motor von MWM zeigte im Lokomotivbetrieb einige Kinderkrankheiten.

Motor einen leichten Ausbau der Ventile bzw. der ganzen Zylinderköpfe von oben.

An beiden Längsseiten des Vorbaus, ebenso an den Führerhausaufstiegen und an den Rangiertritten vorn, waren **Handstangen** und Haltegriffe angebracht. Die Kühlerfront wurde mit einem Stangenrost geschützt. Der **Werkzeugkasten** lag rechts außen neben der Aufstiegsleiter unter dem Führerhaus. Als **Bahnräumer** dienten einfache, nach außen leicht aufsteigende Winkelprofile, die laut Musterzeichnung in L-Form zu montieren waren (siehe Foto Seite 65), verschiedentlich aber auch umgekehrt, also stumpf anlaufend, angebracht wurden.

Motor

Als Antriebsmaschinen standen zwei langsamlaufende Sechszylindermotoren von Deutz bzw. den Motoren-Werken Mannheim zur Wahl, und zwar

- der KHD V6M436 und
- der MWM RHS235S.

Beide leisteten 360 PS bei 600 Umdrehungen pro Minute (UpM), wovon 40 PS auf die Hilfsmaschinen (Kühlwasserpumpe, Ventilatorantrieb, Bremsluftkompressor, Lichtmaschine etc.) entfielen und 320 PS für den reinen Zugbetrieb zur Verfügung standen.

Sowohl die Deutz-, als auch die MWM-Maschine waren bereits zum Zeitpunkt des Ersteinbaus erprobte Serienmotoren, die aus dem Schiffs- und stationären Motorenbau stammten[6]. Die gesamte Konstruktion war auf anstrengendsten Dauerbetrieb ausgelegt. Kennzeichen dafür waren die geringe Drehzahl (was minimale Abnutzung und lange Lebensdauer sicherte), die kräftige Konstruktion u.a. von Gestell und Grundplatte sowie der einfache Aufbau der Motoren.

Beide Maschinen hatten Wasserkühlung und arbeiteten nach dem Viertaktverfahren (Ansaugen-Verdichten-Arbeiten-Ausstoßen in zwei Kurbelwellen-Umdrehungen). Die Motorsteuerung erfolgte durch Drehzahlregelung. D.h. der Lokführer regelte die Leistungsabgabe des Motors durch Verändern der Drehzahl mit dem Handsteuerrad, und nicht durch unmittelbare Beeinflussung der Brennstoffeinspritzung („Füllungsregelung"). Die Höchstdrehzahl von 600 UpM und damit auch die Höchstgeschwindigkeit wurden durch einen Fliehkraftregler automatisch begrenzt.

Die **Kurbelwelle** war aus nitriertem Sonderstahl gearbeitet und siebenfach gelagert. An der Vorderseite war ein Schwingungsdämpfer vorhanden (nur beim Deutz-Motor). Außerdem saß hier der Antrieb zur Schmierölpumpe (nur beim Deutz-Motor), zum Ventilator und zur Kühlwasserkreiselpumpe. Im hinteren, als

6 Als Schiffsmaschine wurde der MWM-Motor nur mit 300 PS bei 475 UpM angeboten; die Einstellung auf 600 UpM erfolgte speziell für den Lokbetrieb

VOITH

Babelsberg, Anfang 1937:
Die erste dreiachsige 360-PS-Lok - O&K 20813/1937 - ist noch in Bau; der großvolumige Motor ist für heutige Begriffe ein ziemliches Monstrum.

TABELLE 15:
Motoren für die WR360C14

Motortyp		**KHD V6M436**	**MWM RHS235S**
Nennleistung Ne	PSe	360	360
Drehzahl bei Ne	UpM	600	600
Leerlaufdrehzahl			
minimal	UpM	250	300
maximal	UpM	620	620 (640)
Bauform		Reihe/stehend	Reihe/stehend
Arbeitsverfahren		Direkteinspr.	Vorkammer
Arbeitsweise		4-Takt	4-Takt
Zahl der Zylinder		6	6
Zylinderbohrung	mm	240	250
Kolbenhub	mm	360	350
Hubvolumen je Zylinder	l	16,28	17,2
Gesamthubvolumen	l	97,68	103
Literleistung	PSe/l	3,7	3,5
Vorkammerinhalt	qcm	-	265,6
maximales Drehmoment	mkg	430	430
mittl.Kolbengeschwind.	m/sec	7,2	7,0
mittl.effekt.Kolbendruck	atü	5,5	5,24
Einspritzdruck	atü	350	120
Zylinderbezeichnung		Zylinder 1 am Schwungrad	Zylinder 1 am Schwungrad
Zündfolge		1-4-5-6-3-2	1-4-2-6-3-5
kritische Drehzahlen			
hauptkritische (tief)	UpM	163	135
Drehzahlen (hoch)	UpM	685	700
schwachspürbare	UpM	450	430-460
kritische Drehzahlen	UpM		530-550
Steuerzeiten			
Einlaß öffnet	Grad	20 v.o.T.	10 v.o.T.
Einlaß schließt	Grad	39 n.u.T.	40 n.u.T.
Auslaß öffnet	Grad	46 v.u.T.	40 v.u.T.
Auslaß schließt	Grad	22 n.o.T.	10 n.o.T.
Förderbeginn	Grad	30 v.o.T.	16 v.o.T. (11-12 v.o.T.)
Drehrichtung auf Schwungrad gesehen		links	links
Kraftstoffverbrauch	g/PSh	175	185
Schmierölverbrauch	g/PSh	3	2
jeweils bei Vollast			
Verdichtungsverhältnis		1:14	1:17
Verdichtungsdruck bei warmer Maschine	atü	37	42
Zünddruck	atü	57	50
Anlasser		Druckluft	Druckluft
Kühlung		Wasser	Wasser
Fördermenge der Kühlwasserpumpe	qm/h	40	27 (15)
abzuführ.Wärmemenge			
im Kühlwasser	kcal/h	270.000	252.000
im Getriebeöl	kcal/h		95.000
im Motoröl	kcal/h	12.000	16.200
Kühlwasseraustrittstemp.	°C	60-70	50-75
Auspuff-Temperatur (Ne)	°C	420	450
Gewicht des Motors	kg	8600	7200 (6800)
Leistungsgewicht	kg/PS	23,8	20,0 (18,8)
Ölinhalt im Motor	kg	95	115
Kühlwasserinhalt im M.	kg	250	170
Lagermetall			WM10 (WM80)
Kolbenbauart		Hohlkolben	Vollschaft
Einspritzpumpe		Deutz	Bosch
Einspritzventil		Deutz	MWM
Einspritzdüse		Deutz	Bosch
Einspritzpumpenregler		Deutz	Heinzmann (MWM)
Kühlwasserpumpe		Deutz	Kanzler (Ritz)
Schmierölpumpe		Bosch	Gerberich
Lichtmaschine		Bosch	Bosch
Luftfilter		Delbag	MWM
Schmierstoffilter		Deutz	MWM
Ein- und Auslaßventile je Zyl.		1	1
Auslaßventile an Zylinder			1,2,3,4,5,6
Ladeventile an Zylinder		1	5,6 (1)

als Klammerzusätze Angaben für den Nachkriegsmotor RHS335S (nur soweit von RHS235S abweichend)

Quellen: Deutz, MWM

Paßlager zum Schutz gegen axiale Verschiebungen ausgebildeten Kurbelwellenlager wurde der Zahnradantrieb für die Steuerung, die Einspritzpumpe, den Drehzahlregler und die Lichtmaschine abgenommen. Weiterhin befanden sich

auf der Steuerseite (= Bedienungsseite) die Nockenwelle, Stoßstangen und Hebel zur Betätigung der Ein- und Auslaßventile, Einspritzpumpe, Kraftstofförderpumpe, Kraftstoffreiniger (nur beim Deutz-Motor) und Drehzahlregler,

auf der Auspuffseite das Auspuffsammelrohr, außerdem Schalldämpfer, Luftfilter und Handschmierpumpe,

auf der Schwungradseite der Räderkasten mit dem Steuerungsantrieb, Bedienungshebel zum Führerstand, Anlaßsteuerschieber (nur beim Deutz-Motor), Zahnradschmierpumpe (nur beim MWM-Motor) sowie das Öldruckregulierventil und

auf der Ventilatorseite die Zylinderöler.

Die gesamte Anlage wurde durch eine selbsttätige **Druckumlaufschmierung** mit Öl versorgt. Das Motorenöl, das sich in der Grundplatte sammelte, wurde dabei von der Zentralschmierpumpe angesaugt und über Filter und Ölkühler zu den einzelnen Schmierstellen gedrückt. Beim MWM-Motor war auch der Motorregler an die Umlaufschmierung angeschlossen. Nockenwellenlager, Ventilstößel und Kolben wurden

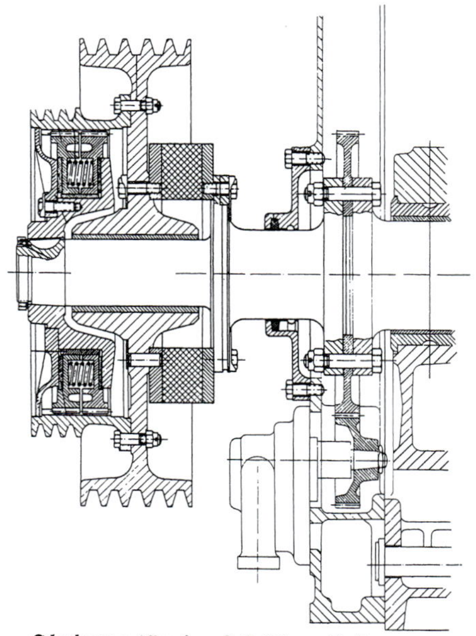

Schwingungsdämpfer mit Keilriemenscheibe
(ab Motor Nr. 598 730/35)

dagegen durch Spritzschmierung und Zylinderöler geschmiert. Zum Vorpumpen von Schmieröl bei kalter Maschine, also vor dem Anlassen, war eine Handflügelpumpe vorhanden.

Der **Brennstoffbehälter** hatte ein Fassungsvermögen von 400 Litern, was für einen ununterbrochenen Rangierbetrieb von acht Stunden reichte. Die Brennstoffzufuhr erfolgte über einen umschaltbaren Doppelfilter, von dem jeweils einer während des Betriebes abgeschaltet und gereinigt werden konnte.

Auffallendster Unterschied zwischen den beiden Motorbauarten war das **Verbrennungsverfahren**. Während beim Deutz-Motor der Diesel-Kraftstoff unter hohem Druck und fein zerstäubt direkt in den Verbrennungsraum eingespritzt wurde (sogenannter „Direkteinspritzer“), arbeitete der RHS235S nach dem von MWM patentierten „Vorkammer-Verfahren“. Dabei wird der Kraftstoff in die Brennkammer des Zylinderkopfes eingespritzt, dort entzündet und erst dann im Zylinder verbrannt. Im Betrieb ergaben sich dadurch bauartbedingt für den Deutz-Motor leichte Vorteile beim Kraftstoffverbrauch sowie beim Startverhalten (leichteres Anspringen bei kalter Witterung). Für den Vorkammer-Motor sprachen dagegen ein im ganzen leichterer Gang, eine geringere Lagerbeanspruchung und die weniger große Abnutzung der Einspritzpumpe[7].

Im Unterschied zum MWM-Motor konnte der V6M436 ohne Leistungseinbuße auch mit reinem Braunkohlenteeröl (einem „heimischen“ Treibstoff) gefahren werden. Allerdings führte die Mischung von Braunkohlenteeröl mit normalem Treibstoff im Brennstofftank wiederholt zu (wohl kaum erwünschten) Motorausfällen[8]. Schon vermerkt wurde das um über 1000 kg geringere Gewicht des MWM-Motors, was die Hecklastigkeit der 360-PS-Lok noch erheblich verstärkte.

Probleme gab es anfangs mit beiden Bauarten. Besonders der Deutz-Motor erreichte im Betrieb häufig nicht die volle Drehzahl, sondern nur 500 oder 550 UpM, wodurch das Getriebe nicht in den zweiten Kupplungsgang schaltete[9]. Hier genügte in der Regel allerdings ein Nachstellen durch den Monteur. Schwerwiegender waren die zumindest anfänglich recht häufigen Schäden, Brüche und Betriebsstörungen an den Lokomotiven mit MWM-Motor.

Beide Motoren wurden noch während der laufenden Serienfertigung konstruktiv überarbeitet und verbessert. Dabei erhielt unter anderem

der **Deutz**-Motor[10]
1939 eine neue Kurbelwelle und einen neuen Schwingungsdämpfer mit Keilriemenscheibe (beides ab Motor-Nummer 598730/35) sowie
1940 ein festes Gestänge für die Drehzahlverstellung anstelle eines Seilzuges.

Beim **MWM**-Motor[11] wurde
1939 das Schwungrad durch Abdrehen kleiner und leichter gemacht,
1940 das für die WR-Loks nicht benötigte Steuergestänge für eine Füllungsregelung weggenommen; ebenfalls
1940 die Ventilatorantriebscheibe auf der Kurbelwelle besser befestigt,
1941 die Verschlußschraube an der Kühlwasserpumpe durch einen Entwässerungshahn ersetzt und
1942 die Antriebswelle zur Lichtmaschine verstärkt.

Für beide Motoren gab es Ende 1939 zudem Änderungen hinsichtlich der Anordnung und Befestigung der Ladeleitungen zwischen Motor und Anlaßluftflaschen.

Im Rückblick auf teils über 50 Betriebsjahre hinterläßt vor allem die Deutz-Maschine das Bild eines nahezu unverwüstlichen, betriebssicheren und lauffreudigen Antriebsmotors. Die MWM-Type hatte dagegen, gerade in der Anfangszeit, mit allerhand zwar kleinen, aber den Betrieb doch zum Teil empfindlich störenden Schäden zu kämpfen. Auch in der Unterhaltung konnte der RHS235S nie die Zuverlässigkeit und Dauerbelastbarkeit des Deutz-Diesels erreichen.

Deutz, Sammlung Klaus Görs

WR360C-Montage bei Deutz in Köln (um 1950): Links und im Hintergrund verschiedene Deutz-Firmentypen und eine Köf II

Anlasser

Beide Motortypen der WR360C14 waren über einen kombinierten Anlaß-/Abstellhebel im Führerstand mit Druckluft zu starten. Statt eingespritzten Kraftstoffs wurde dabei durch das Anlaßventil zunächst Druckluft in den Zylinder eingeblasen und so der Kolben in Bewegung gesetzt.

Gespeichert war die Druckluft in zwei Anlaßluftflaschen mit je 250 Litern Inhalt, die links und rechts vom Brennstoffbehälter auf dem Gestell im Motorvorbau lagen. Die Flaschen waren so angeordnet, daß die Flaschenköpfe mit den entsprechenden Ventilen in das

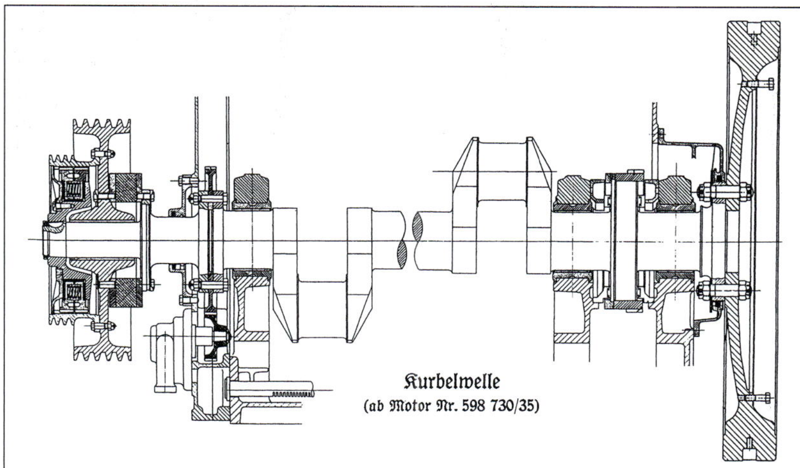

Kurbelwelle
(ab Motor Nr. 598 730/35)

---

7 Ausführlich: Engelmann/Ludwig, Handbuch, S.280ff.
8 Sitzungsbericht AGM360 v. 16.11.39
9 Verschiedene Monteursberichte (im Voith-Archiv)
10 Ersatzteilliste (Heeresdrucksache D 1151/13); Deutz-Ersatzteilverzeichnis D 7201; Sitzungsbericht AGM360 v. 27.9.39
11 Sitzungsberichte AGM360 v. 14.11.39, 19.12.39 und 24.4.40; Briefe der AGM v. 27.3.41 und 24.4.41

Jung

Nur Haube und Führerhaus fehlen noch: Bei Jung wurden bis 1945 nur insgesamt sieben WR360C14 gebaut. Im Hintergrund eine Dampflok Baureihe 41 für die DR

Führerhaus hineinragten und von dort aus bedient werden konnten. Je nach Geschicklichkeit des Lokomotivführers reichte die Anlaßluft für zirka acht bis zehn Starts.

Wieder gefüllt werden konnten die Anlaßluftflaschen während der Fahrt durch die Verbrennungsgase des Motors. Die beiden vorderen Arbeitszylinder waren dafür mit speziellen Aufladeventilen und dazugehörigen Ladeleitungen versehen. Wegen der hohen Temperaturen der Verbrennungsgase - bei Vollast etwa 425 bis 430 Grad C - mußte der Ladevorgang allerdings nach jeweils zehn Minuten zum Abkühlen der Ventile unterbrochen werden.

Raw Halle

Rustikale Technik: Zum Starten des Motors mußten die mächtigen, ins Führerhaus hineinragenden Ventile der Anlaßluftflaschen geöffnet werden.

Im Einsatzalltag gab es trotz des eigentlich reichlich bemessenen Druckluftvorrats wiederholt Probleme beim Starten. Hauptgrund dafür war die Verwendung der Motorabgase für das Wiederaufladen der Anlaßluftbehälter. Damit gelangten auch korrosive Stoffe in die Anlaßluftflaschen, wodurch die Ventile undicht und selbst die Flaschenwände angegriffen wurden. Auch durch Bedienungsfehler des Personals war der Luftvorrat häufig zu schnell verbraucht.

Da Lokomotiven mit hydraulischer Kraftübertragung grundsätzlich nicht angeschleppt werden können, mußte in der AGM ab Mitte 1940 über verschiedene Hilfseinrichtungen zur Verbesserung des Startverhaltens nachgedacht werden[12]. Geprüft wurde u.a.

- ein fest auf der Lok installierter Kompressor, um im Bedarfsfall die Luftflaschen neu auffüllen zu können, sowie
- der Einbau eines Ölkessels, System Pintsch, zum Vorwärmen von Kühlwasser und Motor, um damit generell ein leichteres Anspringen in der kalten Jahreszeit zu ermöglichen.

Beide Vorschläge kamen zunächst jedoch nicht zum Tragen. Stattdessen wurden ab 1941 an der Ladeleitung zwischen Motor und Anlaßluftflaschen besondere Anschlüsse, sogenannte „Zapfstellen", geschaffen, die das Starten mit der Fremdluft einer zweiten Lok oder einer stationären Anlage ermöglichten. Erst in den letzten Kriegsjahren kam es dann doch noch zum Einbau eines zusätzlichen Kühlwasser-Ofens.

Problematisch blieb die recht umständliche Bedienung der Ladeventile am Motor. Da die Leerlaufdrehzahl zum Füllen der Druckluftflaschen nicht ausreichte, mußten Lokführer oder Beimann - in bestimmten Betriebssituationen auch während der Fahrt - vom linken Umlaufblech aus am Motor hantieren; bei verölten Blechen oder klemmenden Motorraumtüren eine bisweilen gefährliche Angelegenheit. Erst später, bei der DB, wurde auch diese Funktion über ein Gestänge von Führerhaus fernbedienbar gemacht.

Getriebe

Zur Kraftübertragung diente ein dreistufiges Voith-„Turbo"-Flüssigkeitsgetriebe, Bauart L37, in der Anordnung Wandler/Kupplung/Kupplung. Die grundsätzliche Arbeitsweise des Getriebes ist auf der nebenstehenden Seite erläutert.

Alle Funktionen des Fahrbetriebs wie Anfahren, Beschleunigen, Schalten oder Gaswegnehmen werden beim Voith-Getriebe durch die Massenkräfte der Getriebeflüssigkeit übertragen. Der Vorteil dieser Bauart besteht

12 Sitzungsbericht AGM360 v. 16.9.40

Wandler und Kupplungen

So funktioniert ein Hydraulikgetriebe

Seinen Ursprung hat das Voith-Getriebe - wie übrigens alle anderen Bauarten hydraulischer Kraftübertragung auch - in den grundlegenden Erfindungen Hermann Föttingers von 1905. Föttinger war seinerzeit Oberingenieur bei der Hamburger Vulcan-Werft und entwickelte dort ein stufenloses Flüssigkeitsgetriebe für den Antrieb von Großschiffen. An sich bekannte Elemente wie Kreiselpumpe und Wasserturbine wurden dabei so eng zueinander angeordnet, daß Rohrleitungen, Spiralgehäuse usw. wegfielen und sich durch die Verkürzung der Strömungswege erstmals brauchbare Wirkungsgrade ergaben. Als Übertragungsflüssigkeit diente beim „Föttinger-Transformator“ zunächst noch Wasser, später Öl.

Diese im Schiffsbau mit Einzelleistungen bis zu 50.000 PS ausgeführte und bewährte Bauart machte Voith ab 1932 auch für den Antrieb von Schienen- und Straßenfahrzeugen nutzbar. Hinsichtlich Aufbau und Funktion[1] unterscheidet man dabei zwei Grundtypen hydraulischer Übertragung, nämlich (Drehmoment-) Wandler und (Strömungs-) Kupplung.

Der **Wandler** besteht aus drei Teilen: Dem Pumpenlaufrad, dem Turbinenrad und dem feststehenden Leitrad. Durch Beschleunigung der Flüssigkeitsmasse (Hydrauliköl) im Pumpenlaufrad wird das Drehmoment des Motors an der Antriebswelle des Wandlers aufgenommen und in Form von Strömungsenergie an das Turbinenrad abgegeben. Dort wird die Flüssigkeitsmasse wieder verzögert und auf diese Art ein Drehmoment erzeugt, das auf die Abtriebsseite übertragen wird. Das mit dem Gehäuse fest verbundene Leitrad nimmt die Differenz zwischen Antriebs- und Abtriebsdrehmoment auf und ermöglicht damit die Drehmoment-„Wandlung“. Der Wandler arbeitet also als eine Art Wechselgetriebe mit unendlich vielen veränderlichen Übersetzungen.

Die **Kupplung** ist ähnlich wie der Wandler aufgebaut. Allerdings fehlt das Leitrad als drittes Glied, so daß das aufgenommene Drehmoment stets gleich groß ist wie das abgegebene. Die Kupplung erreicht damit zwar einen sehr hohen Wirkungsgrad (geringe Leistungsverluste), läßt aber keine wechselnden Übersetzungen für die unterschiedlichen Betriebssituationen zu.

Für Lokomotiven, von denen sowohl hohe Anfahrzugkräfte, als auch passable Geschwindigkeiten erwartet wurden, bot sich anfangs deshalb eine Kombination von hydraulischen Wandlern und Kupplungen an. Die mit einem günstigeren Wirkungsgrad arbeitenden Kupplungen konnten dabei den schlechten Wirkungsgrad des Wandlers ausgleichen, wodurch die Wirtschaftlichkeit deutlich verbessert wurde. Ein solches kombiniertes Getriebe - hier: Wandler/Kupplung/Kupplung - war auch das L37 für die WR360C.

Heute sind (in der Wirtschaftlichkeit stark verbesserte) Zwei- und Mehrwandlergetriebe die Regel. Sie genügen den Anforderungen einer schnellfahrenden Lokomotive ebenso, wie dem dauernden Vollast-Betrieb einer modernen Rangierlok. Weitere wesentliche Verbesserungen ab Mitte der 60er Jahre waren das Turbowendegetriebe (mit je einem oder mehreren Wandlern für Vor- und Rückwärtsfahrt) und die damit zugleich vorhandene Möglichkeit des hydraulischen Bremsens[2]. Flüssigkeitsgetriebe mit Wandler und nachgeschalteten Kupplungen sind nur noch in - meist älteren - Rangierlokomotiven gebräuchlich.

Vom Motor angetrieben werden beim Voith-Getriebe grundsätzlich alle Kreisläufe, von denen aber nur jeweils einer mit Öl gefüllt ist und damit Leistung übertragen kann. Beim Anfahren (durch Drehen des Handsteuerrades um mindestens 60 Grad) wird das Füllventil geöffnet, wodurch sich zunächst der Wandler mit Öl füllt und die Lokomotive in Gang setzt. Mit Erreichen der Umschaltgeschwindigkeit fließt das Öl - Beispiel L37 - dann in Kupplung I, während sich zugleich der Wandler selbsttätig leert. Entsprechend erfolgt auch das Umschalten von Kupplung I in Kupplung II.

Wird der Fahrwiderstand größer, etwa beim Einfahren in eine Steigung, schaltet das Getriebe in gleicher Weise zurück. Die Steuerung für das Auf- und Zurückschalten erfolgt durch einen besonderen Fliehkraftregler in Abhängigkeit von der Fahrgeschwindigkeit. Der gesamte Umschaltprozeß dauert nur etwa 2-4 Sekunden und ist fließend, so daß keinerlei Zugkraftunterbrechung eintritt. Bei vollständig entleerten Kreisläufen (Handsteuerrad in Stellung „0") arbeitet das Getriebe als reine Trennungskupplung. Der Motor läuft also im Leerlauf.

Aus konstruktiven Gründen ist beim Voith-Getriebe an der Antriebsseite (noch vor dem Wandler) ein Zahnrad-Vorgelege zur Übersetzung der Motordrehzahl ins Schnelle vorgesehen. Auf gleiche Weise wird die Drehzahl an der Abtriebsseite dann auf eine für die Lokomotivachsen geeignete Umdrehungszahl untersetzt. Dadurch wurde schon in den 30er Jahren der Bau relativ kompakter und kleiner Strömungsgetriebe möglich. Auch wurden damit erst die Voraussetzungen dafür geschaffen, die in Serie gebauten Getriebe an die unterschiedlichen Drehzahlen der im Lokbau verwendeten Dieselmotoren anzugleichen[3].

Zweimal L37-Getriebe: Oben mit abgenommenem Gehäusedeckel (Wandler mitte links, Kupplungen mitte rechts; ganz rechts Vorgelege und Abtrieb)

und unten: Schematischer Längsschnitt

VOITH

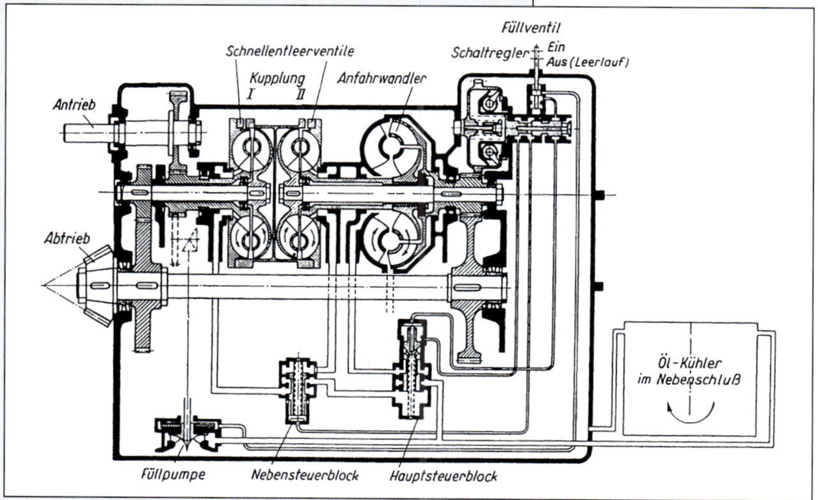

1 Neumann/Kugel, Dieselhydraulische, S.34ff.; Reutter, Flüssigkeitsgetriebe (3 Teile); Voith-Druckschrift No.1192
2 Paetzold, Der heutige Stand, S.9ff.
3 Linden, Motorlokomotiven der KHD/Teil 1, S.37

einerseits in einem völlig stoßfreien Schalten der Gänge und dem Fehlen jeglicher Zugkraftunterbrechung, zum anderen in geringem Verschleiß bei größtmöglicher Betriebssicherheit. Mit Ausnahme der Wälzlager gibt es beim Hydraulik-Getriebe keinerlei metallische Berührung von kraftübertragenden Teilen mehr. Folgenschwere Schaltfehler wie etwa noch beim mechanischen Getriebe werden dadurch gänzlich ausgeschlossen.

Bei der WR360C14 wurde die Antriebsleistung des Dieselmotors über eine feste Welle auf das Getriebe

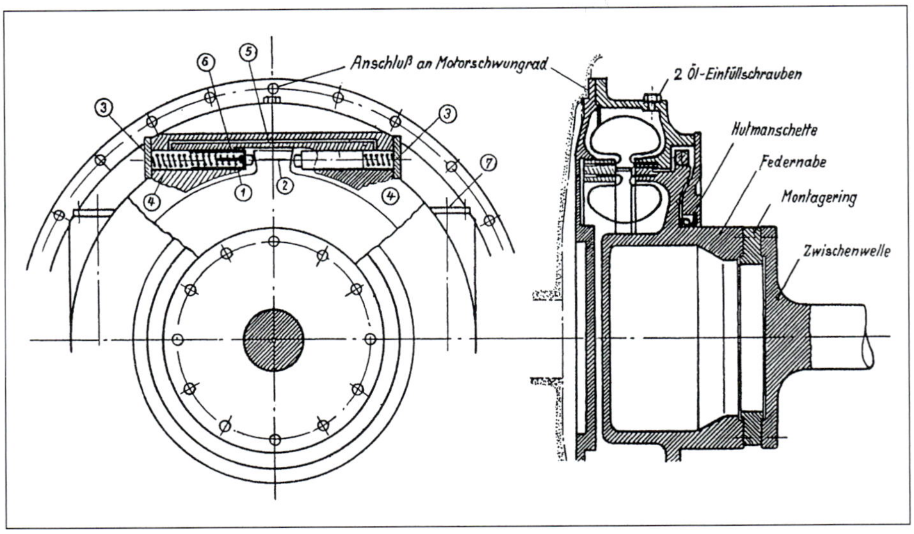

Stetes Ärgernis: Die Voith-Maurer-Kupplung blieb auch nach der Überarbeitung eine Schwachstelle in der Technik der WR360C14.

übertragen. Eine **Stiftenkupplung** am getriebeseitigen Ende der Welle glich dabei kleinere Montageungenauigkeiten aus.

Zwischen Motor und Getriebe wurde außerdem eine mit dem Motorschwungrad fest verschraubte, schwingungsdämpfende **Voith-Maurer-Kupplung** (VMK) angeordnet, die die Schwankungen des Motordrehmomentes dämpfen und die Auswirkung kritischer Motordrehzahlen auf das Getriebe verhindern sollte. In der Kupplung waren dafür zwei hintereinandergeschaltete Federsysteme vorhanden. Eine weitere Dämpfung erfolgte durch fett-, später ölgefüllte Dämpfungskammern am Umfang der VMK.

Um die Funktionstüchtigkeit dieser Voith-Maurer-Kupplung hat es in den Jahren 1939/40 in der Arbeitsgemeinschaft erhebliche Diskussionen gegeben, die bereits an anderer Stelle[13] (im Kapitel „Betriebsbewährung und Bauartänderungen bis 1945“) angesprochen worden sind. Die bis dahin bestehenden Mängel wurden daraufhin durch eine verbesserte Bauart mit stärkerem Federstahl, größeren Wand-

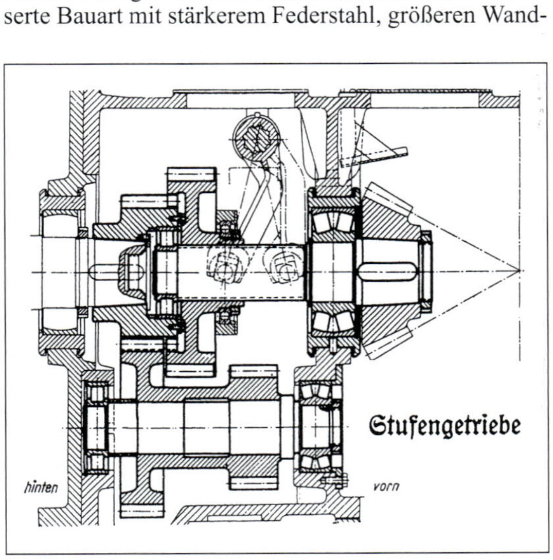

dicken und zwei hydraulischen Dämpfungskolben beseitigt. Alternativ dazu wurde in einigen Fällen aber auch eine Hülsenfederkupplung von Renk (Zahnräderfabrik Augsburg), Bauart HK, verwendet. Beide Kupplungen hatten in ihrer endgültigen Bauform einen maximalen Verdrehwinkel von 3,6 Grad. Die Voith-Maurer-Kupplung arbeitete hydraulisch, die Renk-Kupplung mechanisch.

Das **Flüssigkeitsgetriebe** selbst bestand aus drei hydrodynamischen Kreisläufen, die in einem gemeinsamen Gehäuse untergebracht waren. Und zwar

dem W a n d l e r
zum Anfahren und für den unteren Geschwindigkeitsbereich; mit verhältnismäßig geringem Wirkungsgrad (maximal 80-85 Prozent), aber hoher Beschleunigungskraft,

der K u p p l u n g I
für den mittleren Geschwindigkeitsbereich; mit hohem Wirkungsgrad (94-97 Prozent), aber mit nur geringer Zugkraftausbeute; und

der K u p p l u n g II
für den oberen Geschwindigkeitsbereich; sonst wie Kupplung I.

Das Umschalten zwischen den drei „Turbo“-Kreisläufen geschah völlig selbsttätig in Abhängigkeit von der Fahrgeschwindigkeit. Die Schaltpunkte lagen im Rangiergang bei 0-12/18,5/30 km/h und im Streckengang bei 0-24/37/60 km/h.

Dem Flüssigkeitsgetriebe nachgeschaltet waren ein mechanisches Kegelrad-**Wendegetriebe** für Vor- bzw.

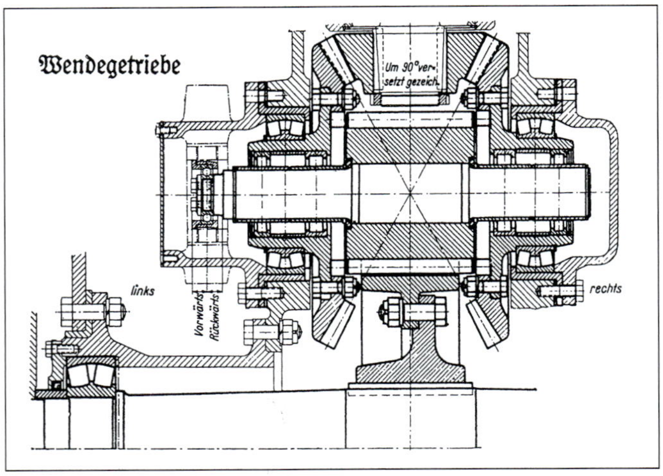

Rückwärtsfahrt sowie ein **Stufengetriebe** zum Einstellen der Fahrbereiche 0-30 oder 0-60 km/h. Beide Getriebe waren mit Handhebeln vom Führerstand aus bedienbar und durften nur bei Stillstand der Lokomotive geschaltet werden.

Die Getriebeabtriebswelle lag parallel zu den Radsätzen und übernahm als Blindwelle den Antrieb auf Stangen und Achsen. An beiden Enden der Welle, außerhalb der Rahmenwangen, waren dafür Kurbelscheiben und Treibzapfen vorhanden, an denen die Kuppelstangen ansetzten.

Die **Bedienung** des Voith-Getriebes war denkbar einfach: Durch Drehen des Handsteuerrades nach links oder rechts (mindestens 60, höchstens 180 Grad) wurden zunächst der Wandler, bei höheren Geschwindigkeiten dann die beiden Kupplungsgänge mit Öl gefüllt. Die Geschwindigkeit der Lokomotive paßte sich dabei jeweils automatisch dem Fahrwiderstand, also der Anhängelast und der befahrenen Steigung an. Das heißt:

13 Siehe Seite 59

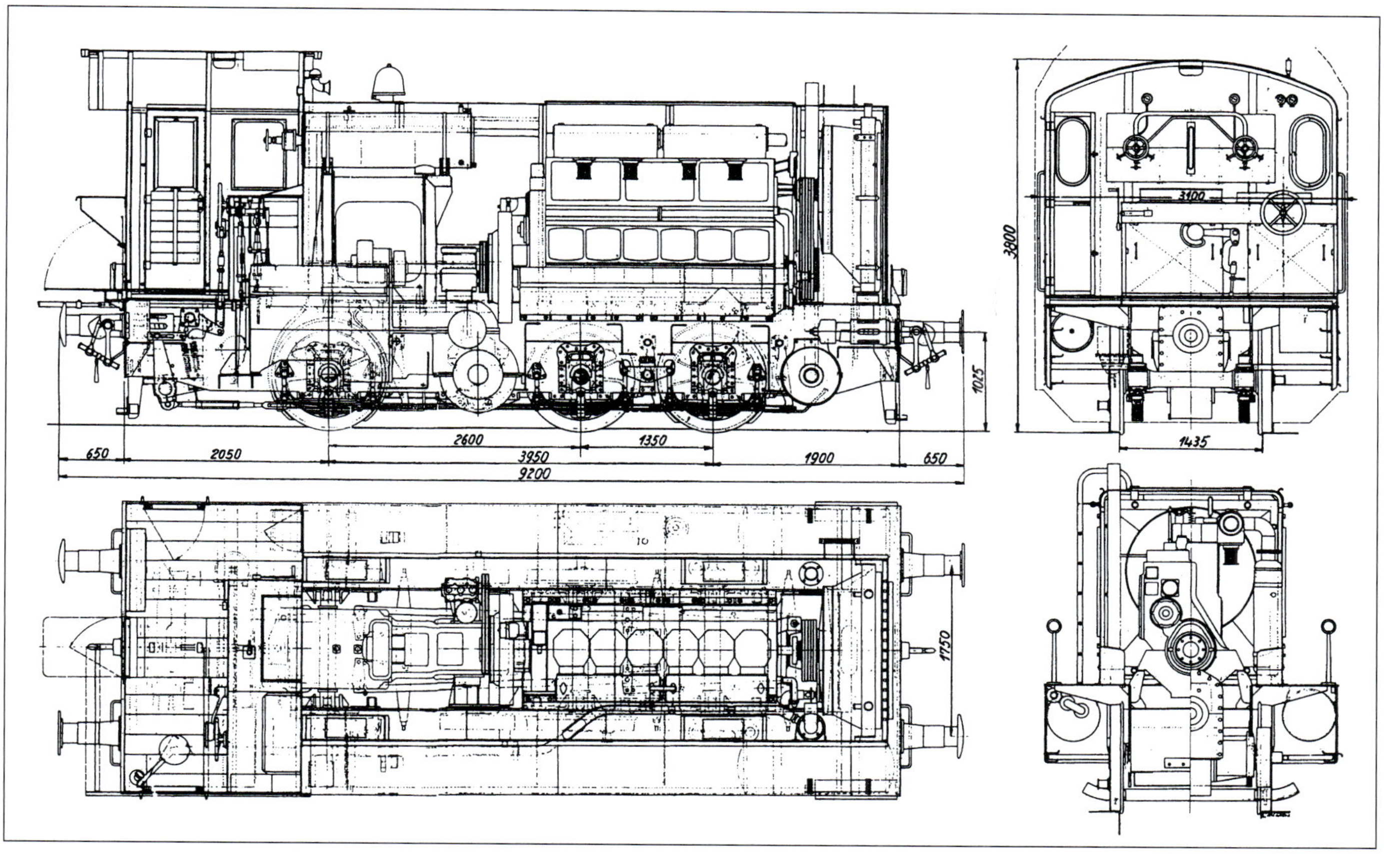

Die Serienlok: Maschinenanordnung und Ausrüstung der WR360C14 im Schnittbild

Die Lokomotive fuhr - gemessen am Ausschlag der Handradsteuerung - immer mit der größtmöglichen Geschwindigkeit unter voller Ausnutzung der Motorleistung.

Gasgeben oder Gaswegnehmen geschah durch entsprechend starkes Drehen bzw. Zurückdrehen des Handrades. Der Lokführer steuerte damit in einer einzigen Bewegung sowohl die Zugkraft, als auch die Fahrgeschwindigkeit der Lok.

Als besonders nützlich im täglichen Einsatz erwies sich weiterhin die für die hydraulische Übertragung charakteristische kurzzeitige Überlastbarkeit der Maschine. Gerade im militärischen Betrieb ergab sich dazu häufiger die Notwendigkeit, etwa beim Anziehen schwerer Nachschubzüge oder beim Rangieren von Eisenbahngeschützen über unterirdische oder anderweitig getarnte Rampen.

Im Laufe des Krieges wurde auch das Getriebe noch mehrfach verbessert. Ab 1941 (erste Getriebe-Nummer 1483) änderte Voith die Anordnung der drei Kreisläufe zueinander - sogenanntes „L37-neu“-Getriebe -, um eine mit dem L37y (für die WR550D14) weitestgehend identische Bauform zu erhalten. Weiterhin wurden

- die Füllzeit des Getriebes durch Überarbeitung der Füllpumpe beschleunigt[14],
- die Ausbaumöglichkeit des Hauptsteuerkolbens durch einen zusätzlichen Flanschdeckel im Gehäuseunterteil verbessert[15],
- die Ölpumpe anders angeordnet (früher: im Ölsumpf; jetzt: hinter der Eingangsübersetzung des Getriebes)[16], um die Zugänglichkeit bei Reparaturen zu erleichtern,
- die Fertigung der Schaufelräder im Wandler von manueller auf mechanische Bearbeitung umgestellt (dadurch höherer Wirkungsgrad)[17] sowie
- die Labyrinthdichtungen zwischen Flüssigkeits- und Nachschaltgetriebe durch Buna-Dichtringe ersetzt[18],

Beim „L37 neu“ wurden ab 1944 außerdem Änderungen an der Gehäuselagerung von Kupplung II nötig, um den beobachteten Anrissen an beiden Seiten der Lagerung zu begegnen[19].

Kühler

Für die Rückkühlung des Motorkühlwassers, des Motorenschmieröls sowie des Getriebeöls war die WR360 mit einem leistungsstarken Rundrohrkühler ausgerüstet, der die gesamte Stirnseite der Lok einnahm. Hersteller war die Hans Windhoff AG in Berlin-Schöneberg[20] (nicht zu verwechseln mit dem Lokhersteller Windhoff in Rheine).

Der Hauptkühlerblock bestand im wesentlichen aus drei Teilen: Den beiden äußeren Flügeln für das Motorkühlwasser und einem Mittelteil für die Rück-

Der Kühler: Außen die beiden Flügel für das Motorkühlwasser, innen der Getriebeölkühler

AW Opladen, Sammlung Stefan Lauscher

14 Mitteilung von Dipl.Ing. Rolf Keller (Voith) v. 4.3.82
15 Sitzungsbericht AGM360 v. 3.3.37
16 Semitschastnow, Getriebe, S.193f., 204
17 Mitteilung Dipl.Ing. Rolf Keller (Voith) v. 5.1.82
18 Sitzungsbericht AGM360 v. 8.12.37
19 Kurz, WR360C, S.6
20 Lauscher, Windhoff-Lokomotiven, S.7ff.

TABELLE 16:
Ausrüstung und Vorräte

		WR200B14	WR360C14	WR550D14
Fahrzeug				
Dienstgewicht*	to	27,0	40,0	56,0
Achslager		Gleitlager	Gleitlager	Stahlgußstützl.
Fahrzeugfederung		Blattfeder	Blattfeder	Blattfeder
kl.Radius	m	80	80	
kl.Scheitelhalbmesser	m	200	300	
Führerstandsheizung		Warmluft/ Warmwasser	Warmluft/ Warmwasser	Warmluft
Motor				
Leistung	PS	200	360	550
abzgl.Lüfter	PS	16		35
abzgl.Kompressor	PS	4	1	5
am Getriebeeingang	PS	180	320	500
Drehzahl	UpM	800-1000	600	600
Ölwechsel für Motor	km	6000-8000	6000-8000	
Getriebe		Voith	Voith	Voith
Type		L33y	L37	L37y
Wendegetriebe		Lokhersteller	Lokhersteller	Lokhersteller
Stufengetriebe		Lokhersteller	Lokhersteller	Lokhersteller
Vorräte/Füllmengen*				
Treibstoff	l	270	400	
Motoröl	l	75-85	100-150	
Getriebeöl				
Hydraulikgetriebe	l	90-100	220-260	
Nachschaltgetriebe	l	25	30	
Kühlwasser	l	160-250	250-320	
Sand (getrocknet)	kg	300	300	
Betriebstemperaturen				
Kühlwasser	Grad	60-80	60-80	
Motorschmieröl	Grad	50-70	50-70	
Bremsanlage				
Druckluftbremse		Knorr	Knorr	Knorr
Zusatzbremse		ja	ja	ja
Wurfhebelbremse		ja	ja	ja
Bremskraftübertragung		4-Klotz	6-Klotz	8-Klotz
Bremsluftbehälter		Pintsch/Knorr	Pintsch/Knorr	
Inhalt	l	2x160	2x300	
Druck	atü	6,5-8	6,5-8	6,5-8
Luftpresser		Knorr	Knorr	Knorr
Type		VV100/100	VV100/100	VV100/100
Stufenzahl		2	2	2
Antrieb		Keilriemen	Keilriemen	Keilriemen
Drehzahl	UpM	1000	1000	1000
Förderleistung	l/min	800	800	800
Anlasser		Druckluft	Druckluft	Druckluft
Druckluftflaschen		Deutz	Deutz	Deutz
Fassungsvermögen	l	2x120	2x250	2x250
Betriebsdruck	atü	30	30	30
Kühler		Windhoff	Windhoff	Windhoff
abzuf.Wärmemenge	kcal	150.000/h	270.000/h	400.000/h
Lüfter**		Motorherst.	Windhoff	
Drehzahl	UpM	1330	1350-1450	
Antrieb		Keilriemen	Keilriemen	Keilr./Kette
Zug- u. Stoßvorrichtungen				
Kupplung		Schraubenk.	Schraubenk.	Schraubenk.
zuläss.Zugkraft	to	25	25	25
Puffer		Hülsenpuffer	Hülsenpuffer	Hülsenpuffer
zuläss.Stoßkraft	to	16	35	

Fortsetzung auf Seite 78

Sammlung Stefan Lauscher

Die Baumusterlok HR360B hat auf dem Schwartzkopff-Werksgelände in Wildau die Reichsbahn-Versuchslok H02 1001 an den Haken genommen.

kühlung des Getriebeöls. In einem schmalen Stahlrahmen vor diesem Kühlerblock war außerdem der aus Kupferrohren bestehende Schmierölkühler aufgebaut. Der Wasserinhalt des gesamten Kühlsystems betrug rund 320 Liter.

Die natürliche Kühlwirkung des Fahrtwindes wurde noch durch einen Hochleistungslüfter aus Silumin[21] verstärkt, der aus Gründen der besseren Luftführung in einer besonderen Ventilatorhaube lief. Angetrieben wurde das Lüfterrad abhängig von der Motordrehzahl über fünf parallele Keilriemen von der Kurbelwelle des Motors aus.

Wie viele andere Bauteile der WR360C14 mußte auch der Kühler im Laufe der mehrjährigen Bauzeit der Wehrmacht-Diesellokomotive noch deutlich verstärkt werden. Zum ersten Mal war das 1939 der Fall: Bei dem neu einzubauenden RHS235S-Motor von MWM waren etwa um 30 bis 40 Prozent größere Wärmemengen aus dem Schmieröl abzuführen, als bei der bis dahin verwendeten Deutz-Type[22]. Als Abhilfe genügte hier eine durch die Arbeitsgemeinschaft lediglich verbesserte Kühlerschaltung.

Schwieriger wurde es im Jahr 1940: Die vollständig überarbeitete Auspuffkühlanlage stellte nun auch an den Wasserkühler höhere Anforderungen. Windhoff entwickelte dafür eine vollständig neue, verbesserte Bauart[23]: Durch Versetzen der bisher in drei Reihen genau hintereinander angeordneten Kühlwasserröhrchen und zusätzliche Kühlrippen wurde zum einen die Luftströmung verbessert und zum anderen die Oberfläche vergrößert. Das Ergebnis waren nochmals 40 Prozent mehr an Kühlleistung bei unveränderten Außenabmessungen und Gewichten.

Einigen Kummer hat (nicht nur im Wehrmachtsbetrieb) immer wieder das laute Ventilatorengeräusch des Lüfters bereitet. Eine Herabsetzung der Antriebsdrehzahl von ursprünglich 1500 auf 1350 UpM - im Juli 1938 angeordnet[24] - konnte die Lärmbelastung für das Lokpersonal zwar etwas reduzieren, die Probleme aber nicht vollends beseitigen.

---

21 Aluminiumgußlegierung mit Silicium und Natrium
22 Sitzungsbericht AGM360 v. 12.1.39
23 Sitzungsbericht AGM360 v. 27.9.39
24 Sitzungsbericht AGM360 v. 25.7.38

angeordnet und an Metallstegen angebracht. Die Bremsluftbehälter wurden mit üblichen Spannbändern befestigt.

In das Druckluftsystem integriert war auch die nicht selbsttätige Lokomotiv-**Zusatzbremse**, die ein abgestuftes Lösen des Bremsdruckes z.B. für den Rangierbetrieb ermöglichte.

Die vom Motor unabhängige, mechanische **Wurfhebelbremse** (an der Vorderseite des Führerstandstisches angeordnet) war zum Festhalten der stehenden Lok im Gefälle gedacht. Mit der Wurfhebelbremse konnten zirka 55 Prozent, mit der Druckluftbremse etwa 71 Prozent des Lokomotiv-Dienstgewichtes abgebremst werden.

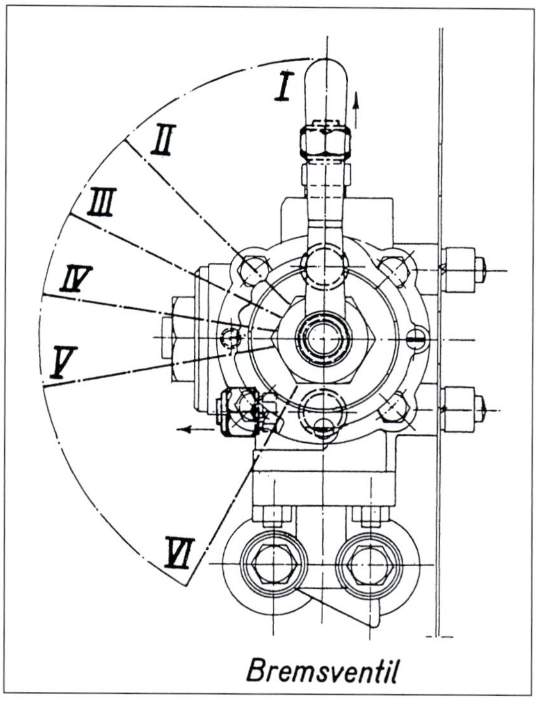

Das Führerbremsventil: I ist die Füll- und Lösestellung, II Fahrt-, III Mittel- und IV die Abschlußstellung. Bei V wird gebremst, VI ist die Schnellbremse.

Knorr brachte noch 1958 eine (leicht verfremdete) WR360C auf die Prospekte. Aus der Blindwelle ist eine vierte Achse geworden.

Bremsanlage

Für sicheres Bremsen in allen Betriebssituationen sorgten eine durchgehende Einkammer-Druckluftbremse von Knorr (für Lokomotive und Wagenzug), die Zusatzbremse (nur für die Lok) sowie eine mechanische Wurfhebelbremse (für das Festhalten der Lok im Stillstand). Sämtliche sechs Räder wurden durch jeweils einen Doppelbremsklotz üblicher Bauart von vorn gebremst. Die Sohlen der Klötze waren auswechselbar und bestanden bei den mit Ex-Schutz ausgerüsteten Lokomotiven aus funkensicherem Preßstoff. Das Gestänge konnte entsprechend der Abnutzung der Bremsklötze durch ein Spannschloß nachgestellt werden.

Das Hauptbremssystem der WR360C14 war die **Druckluftbremse**. Sie wurde aus zwei großen 300-Liter-Hauptluftbehältern gespeist, die am vorderen Rahmenende beiderseits unter den Umlaufblechen angeordnet und im Leitungsweg hintereinander geschaltet waren. Erzeugt wurde die Druckluft von einem speziellen Kompressor, der über Keilriemen vom Motorschwungrad aus angetrieben wurde.

Da der Bremsluftkompressor bei laufendem Motor ständig arbeitete, mußte eine Leerlaufeinrichtung geschaffen werden, die bei Erreichen des zulässigen Höchstdruckes von 8 atü in den Luftbehältern automatisch ein Ventil öffnete. Die überschüssige Preßluft wurde dann ohne Gegendruck ins Freie gefördert. An der unteren Druckgrenze von 6 atü schloß der Regler das Ventil wieder.

Der Bremsluftkompressor selbst - Hersteller Knorr, Type VV100/100 - arbeitete in zwei Stufen (Nieder- und Hochdruckstufe). Dazwischen geschaltet war ein einfacher Rippenrohrkühler, der die bei der Luftverdichtung entstehende Wärme abführte. Zwischenkühler und Leerlaufeinrichtung waren offenliegend unter den Laufblechen etwa in Höhe der mittleren Achse

Führerstandsheizung

Zum Schutz des Lokpersonals vor Frost und Kälte waren die Loks der ersten Bauserien mit einer TRIA-**Warmluftheizung** ausgerüstet. Die von einem Gebläse herangeführte und durch den Kühler vorgewärmte Luft wurde dabei durch mehrfaches Umstreichen des heißen Auspuffrohrs aufgeheizt und über Rohrleitungen in den Führerstand gedrückt. Durch ein Klappventil am Rohrstutzen in der rechten hinteren Führerhausecke konnte die Warmluftzufuhr auch jederzeit abgeschaltet werden.

Die Erfahrungen mit der TRIA-Heizung waren zunächst durchaus befriedigend; nur bei Loks mit Ex-Schutz blieb die Heizleistung wegen des mantelgekühlten Auspuffrohrs unzureichend. Mit der Neu-Entwicklung der K-Anlage konnte das Warmluftsystem dann schließlich überhaupt nicht mehr verwendet werden[25].

Auf Hochglanz poliert an die Front: Krupp lieferte nur gerade mal vier WR360C14. Die abgebildete Krupp 1982 wurde von Rügenwalde aus mit Geschützzügen eingesetzt.

KRUPP

25 Sitzungsberichte AGM360 v. 9.6.39 und 16.9.40

TABELLE 16:
Fortsetzung von Seite 76

	WR200B14	WR360C14	WR550D14
Sandstreuer	Knorr	Knorr	Knorr
Type	Sg3	Sg3	Sg3
Gesandete Achsen	4	4	
Bauart	Druckluft	Druckluft	Druckluft
Tonsignale			
Druckluftläutewerk	Knorr	Knorr	Knorr
Druckluftpfeife	Knorr	Knorr	Knorr
elektr.Tonsignal	Bosch(horn)	Bosch(horn)	Bosch(horn)
Elektrische Ausrüstung			
Beleuchtung	elektrisch	elektrisch	elektrisch
Lichtmaschine	Bosch	Bosch	Bosch
Type	RKC130/12	RKC130/12	RKC130/12
Leistung Watt	130	130	130
Spannung Volt	12	12	
Drehzahl UpM	3150	2800	
Stromart	Gleichstrom	Gleichstrom	Gleichstrom
Geschwindigkeitsmesser	Deuta	Deuta	
Type	B1075	4WA58A6	
Batterie* **	AFA/Pfalzgraf	AFA/Pfalzgraf	
Type	6E7Hc	6E7Hc	
Anzahl	1	1	1
Spannung Volt	12	12	12
Kapazität bei 10stündiger Entladung Ah	105	105	

* = Cirka-Angaben
** = auch Vereinigte Windturbinenwerke Meissen (WR360C14)
*** = auch Hoppecke 6W7U, 12 Volt, 105 Ah (WR200B14, WR360C14)
Gewichte, Vorräte und Wärmedaten variieren je nach Einbau-Motor

Quellen: Sitzungsprotokolle KZD200/AGM360, Betriebsbücher, DB-Merkbücher

Die späteren Lieferserien waren deshalb mit einer **Warmwasserheizung** nach Vorbild der Deutz-Firmenloks ausgerüstet. Dabei wurde das heiße Motoren-Kühlwasser durch Rohrschlangen im Fußboden des Führerhauses geführt. Auch bei der Warmwasserheizung gelang jedoch der Kompromiß zwischen guter Kühlleistung (für Öl und Auspuffgase) und guter Heizleistung (für den Führerstand) nicht völlig. Bei „nur" 75 Grad Kühlwasser-Ausstrittstemperatur blieb es an frostigen Wintertagen für das Lokpersonal ungemütlich kalt.

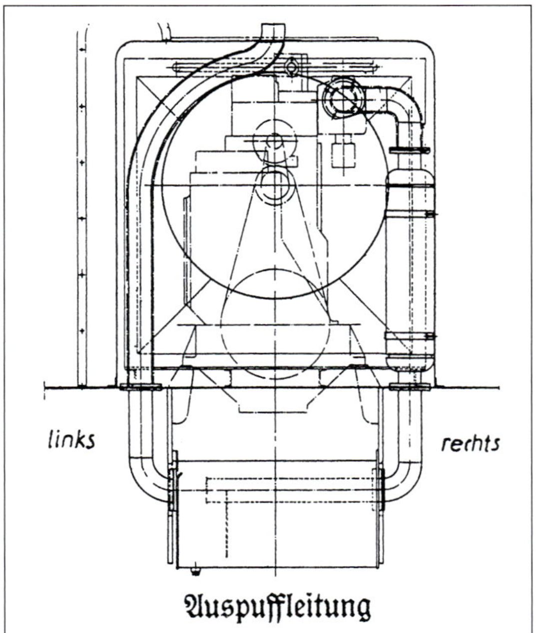

Die Auspuffanlage einer WR360C14K: Unten - zwischen den Achsen liegend - der Auspufftopf, rechts stehend der Abgaskühler

Sonstige Hilfseinrichtungen

Darüber hinaus verfügte die WR360C14 über eine Reihe weiterer Nebenaggregate und Hilfseinrichtungen, die für den täglichen Betrieb unverzichtbar waren. Zu erwähnen sind u.a. die mit Druckluft betätigten **Sandstreuer** zum Verbessern der Anfahrleistung bei vereisten oder durch Tau und Regen rutschigen Schienen. Die vier Sandkästen im Vorbau konnten durch kleine Kläppchen unterhalb der Motorraumtüren nachgefüllt werden. Gesandet wurden jeweils nur die erste und dritte Achse, allerdings in beide Fahrtrichtungen, also durch insgesamt acht Sandstreurohre. Die **elektrische Anlage** umfaßte

- je zwei Signallaternen vorn und hinten,
- zwei Deckenlampen im Motorraum,
- eine Führerstandsdeckenleuchte,
- eine Handlampe mit Kabel zum Anschluß an eine Steckdose in der (in Fahrtrichtung gesehen) rechten Seite der Motorhaube,
- ein Dreifach-Boschhorn FO 12 A an der Führerhaustirnwand über dem Vorbau,
- eine elektrische Glühkerzenschaltung für die Loks mit MWM-Motor

sowie diverse Kontrolleuchten und Warnlampen im Führerstand. Alle Fahrzeuglampen waren mit 25 Watt Leistung nicht besonders hellstrahlend. Das gesamte Bordnetz der Lokomotive wurde aus einer 12-Volt-Gleichstrom-Batterie, Type 6E7Hc, versorgt, die in einem besonderen Kasten im Führerstand ihren Platz hatte. Bei laufendem Motor wurde die Batterie durch eine ständig arbeitende Bosch-Lichtmaschine wieder aufgeladen.

Als **Signaleinrichtungen** waren - außer dem elektrischen Boschhorn - Läutewerk und Pfeife vorhanden. Beide wurden mit Druckluft betätigt.

Der **Auspufftopf** lag quer vor der ersten Achse im Lokrahmen. Das Abgasrohr war in Fahrtrichtung links im Maschinenraum angeordnet und trat seitlich vorn (bei Loks mit K-Anlage mittig) hinter der Ventilatorhaube aus dem Vorbaudach aus.

Um die Lokomotive für längere Transporte in Züge einstellen zu können, waren sowohl eine **durchgehende Bremsluftleitung**, als auch eine **durchgehende Dampfheizleitung** vorhanden. An den jeweiligen Enden der Rohrleitungen waren Kupplungshähne entsprechend der Reichsbahn-Norm angebracht. Eine eigene Zugheizeinrichtung besaß die Lok nicht.

Sonderausrüstung

Ein Teil der WR-Lokomotiven war für den Einsatz in feuer- und explosionsgefährdeten Betrieben mit einer mehrteiligen Auspuffkühlanlage („Ex-Schutz") ausgerüstet; die Typenbezeichnung bei diesen Maschinen: WR360C14**K**. Alle Loks waren zudem für Doppellokbetrieb eingerichtet. Beide Sonderausstattungen haben der Einheitslok wesentliche zusätzliche Einsatzbereiche beschert. Praktische Bedeutung im Wehrmachtsbetrieb hatte hauptsächlich die Auspuffkühlanlage. Regelmäßige Doppellok-Einsätze sind nur aus Nordafrika bekannt geworden.

Explosionsschutz

Bei der Auspuffkühlanlage muß zwischen der ursprünglichen, alten Ausführung (bis 1939) und einer völlig überarbeiteten, neuen Bauart (ab 1941) unterschieden werden. Die Gründe für die Neuentwicklung und die dabei aufgetretenen Probleme sind bereits im Kapitel „Betriebsbewährung und Bauartänderungen bis 1945" erläutert worden.

In der a l t e n Ausführung[26] wurden die Auspuffgase im sogenannten „nassen" Verfahren, d.h. durch direktes Einspritzen von Wasser in die Abgasleitung gekühlt. Die Anlage bestand aus insgesamt vier Elementen: Einer Wassermantel-Kühlung für das Auspuffsammelrohr am Motor, der Wassereinspritzung am oberen Krümmer, der Waschvorlage (vor der 1.Achse, an-

26 Betriebsanweisung D 1151/3

VOITH

stelle des Auspufftopfes) und dem Plattenschutz an der Auspuffmündung.

Schon Rohrkühlung und Wassereinspritzung erreichten dabei eine merkliche Abkühlung der etwa 430 Grad C heißen Auspuffgase. In der Waschvorlage wurde der Abgasstrom anschließend mehrfach durch einen Wasserschleier geführt, Funken dabei abgelöscht sowie Ruß und unverbrannte Rohölteilchen ausgewaschen. An der Mündung des Auspuffrohrs war zur Sicherheit schließlich noch ein sogenannter „Plattenschutz“ vorhanden. Er bestand aus insgesamt vier Blöcken aufrechtstehender Blechstreifen mit nur 0,5 mm parallelem Abstand zueinander. Diese Blechstreifen bildeten einen engmaschigen Metall-Rost, der den Durchschlag mitgerissener Funken verhindern sollte. Der gesamte Aufbau der Auspuffkühlanlage entsprach den seinerzeit gültigen Vorschriften des Oberbergamtes Dortmund für den Explosionsschutz bei Grubenlokomotiven im Untertagebereich[27].

Im Wehrmachtsbetrieb zeigte diese Bauart allerdings von Beginn an erhebliche Mängel. Eine nicht ausreichende Versorgung mit Einspritzwasser und die Verschlammung der Wasservorräte durch Ruß und Öl lösten wiederholt Schäden an der Wasser-Einspritzpumpe aus[28]. Weitere Störungen waren Folge des durch die Direkt-Einspritzung entstehenden Wasserdampfes, der zusammen mit den Verbrennungsrückständen die Durchgangsschlitze des Plattenschutzes schon nach wenigen Betriebsstunden verklebte[29]. Außerdem war der Wasserverbrauch mit cirka 100 Litern pro Stunde enorm hoch, so daß alle zwei bis vier Stunden nachgefüllt werden mußte[30].

Bis Ende 1940 wurde deshalb eine n e u e, indirekt wirkende Auspuffkühlanlage[31] entwickelt, die auf eine unmittelbare Berührung der Verbrennungsgase mit dem Kühlwasser verzichtete (sogenannte *„trockene“* Abgaskühlung).

Anstelle der alten Bauart trat ein System ausschließlich mantelgekühlter Auspuffrohre: Zum einen, wie gehabt, am Motor selbst sowie am oberen Auspuffkrümmer, zusätzlich aber nun auch in einem besonderen Abgaskühler, in dem die Verbrennungsgase an einem wasserdurchspülten Rohrbündel vorbeistreichen mußten. Trotz ersatzlosen Wegfalls der Wassereinspritzung und der Waschvorlage konnte die Temperatur der Abgase so auf etwa 150 Grad C am Abgasaustritt (zulässig waren maximal 200 Grad C) reduziert werden. Als Kühlmittel genügte - nach Verbesserung des Stirnwandkühlers durch Windhoff - das normale, umlaufende Motorenkühlwasser.

Beibehalten wurde aus Sicherheitsgründen auch bei der neuen Ausführung der Plattenschutz. Alle ex-geschützten WR360C-Lokomotiven - sowohl der alten, als auch der neuen Bauart - waren schon rein äußerlich

720 starke PS: Ein WR360-Doppelgespann von O&K (links O&K 21113) Anfang 1939 in Babelsberg

Die neue K-Anlage: Mitte links der Auspuffkühler, unten Auspufftopf rechts Plattenschutz.

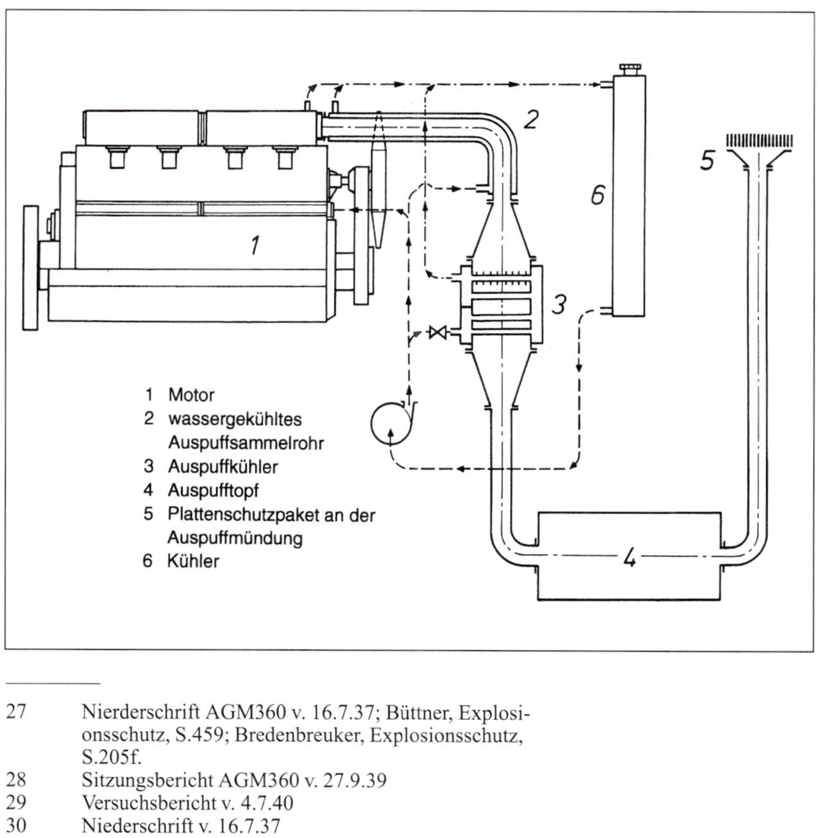

HORST KÜHNHACKL

27 Nierderschrift AGM360 v. 16.7.37; Büttner, Explosionsschutz, S.459; Bredenbreuker, Explosionsschutz, S.205f.
28 Sitzungsbericht AGM360 v. 27.9.39
29 Versuchsbericht v. 4.7.40
30 Niederschrift v. 16.7.37
31 Sitzungsbericht AGM360 v. 27.9.39; Briefe v. 2.10.39 und 9.7.40; Versuchsbericht v. 4.7.40

durch einen auf dem Motorvorbau vorn aufgesetzten, rund 20-25 Zentimeter hohen, würfelförmigen Kasten erkennbar.

Im Unterschied zu den nicht ex-geschützten Loks (mit Austritt des Auspuffrohrs vorne links) war die Auspuffmündung bei den Maschinen mit K-Anlage durch eine zusätzliche Rohrkrümmung mittig im Vorbaudach angeordnet. Der Auspuffstutzen bildete dabei einen kegeligen Aufsatz auf dem Plattenschutzkasten. Der Auspuffkühler selbst stand hochkant links vorn neben der Ventilatorhaube.

Probleme mit dem Ex-Schutz hat es nach der Neukonzipierung nicht mehr gegeben. In der Arbeitsgemeinschaft wurde noch mehrfach, allerdings ergebnislos, die Frage diskutiert, ob nicht vollends auf den Plattenschutz verzichtet werden könne. Anlaß zu Überlegungen darüber gaben zum einen die um sechs Prozent geminderte Leistung der exgeschützten Loks durch den Auspuffwiderstand am Plattenschutz, zum anderen die aufwendige Pflege und Wartung.

V km/h	Nachschaltgetriebe in Stellung	Kraftstoffverbrauch in kg für volle Leistung	
		je h	je 100 km
10	Verschieben	71,6	716
	Strecke	71,8	718
20	Verschieben	59,4	297
	Strecke	71,8	359
30	Verschieben	71,8	239
	Strecke	66,0	220
40	Strecke	58,8	147
50		67,5	135
60		71,8	120

Schluckspecht: Unter Höchstbelastung (hier gemessen bei den Steilstreckenfahrten bei Altenberg, S.42) steckte die WR360 bis zu 700 l Diesel auf 100 km weg.

In der Praxis erwies sich der Plattenschutz wohl in der Tat mehr als Ruß- denn als Funkenfänger. Die verklebten Schlitze mußten in relativ kurzen Zeitabständen mit einer Art Kamm gereinigt werden. Besonders die Luftwaffe bestand jedoch bis zuletzt auf den Plattenschutz. Erst die Deutsche Bundesbahn hat ihn nach dem Krieg ersatzlos ausbauen lassen.

Doppelloksteuerung

Wesentlich ruhiger verlief die Entwicklung der mechanischen Doppelloksteuerung für die WR360C14. Sie erwies sich (bei entsprechender Fertigungsgenauigkeit) eigentlich von Anfang an als funktionssicher und betriebstauglich und wurde ohne Änderungen auch für die anderen WR-Typen übernommen. Die wichtigsten Einrichtungen für den Doppellokbetrieb waren

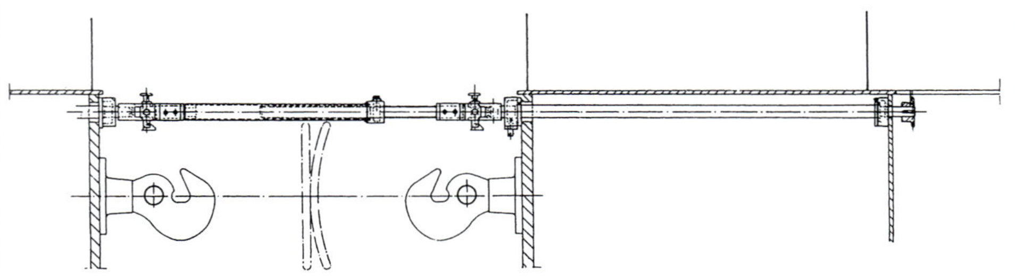

Gelenkwelle zur Fernsteuerung

- die hintere Stirnwandtür mit Klappbrücke und Geländerbügel am Führerhaus für den raschen Führerstandswechsel auch während der Fahrt,
- die Ketten-Übertragung von Handsteuerrad auf eine unter dem Führerstands-Fußboden angeordnete Kardanwelle sowie
- eine (im Führerhaus stets mitzuführende) Steckwelle, die zum Ausgleich der Zughakenfederungen teleskopartig, das heißt längenelastisch gebaut war.

Trotz dieser noch recht einfachen technischen Mittel erlaubte die Fernsteuerung damit das Fahren einer Führerhaus an Führerhaus gekuppelten 720-PS-Doppellok von einer Maschine aus. Die WR-Lokomotiven konnten so auch sehr schwere Züge befördern bzw. größere Lasten über steigungsreiche Abschnitte ziehen. Die Doppelloksteuerung umfaßte aber nur die Einstellungen des Handsteuerrades, also die Steuerung von Motor und Getriebe. Alle weiteren Funktionen wie Anlassen und Abstellen des Dieselmotors, die Überwachung der Anzeigeinstrumente sowie das Umlegen des Wende- und Stufengetriebes mußten auch bei Doppeltraktion an jeder Lokomotive getrennt vorgenommen werden.

Als Mangel erwies sich ferner, daß im Doppellokbetrieb auch die Bremse nicht fernsteuerbar war, also nur aus dem Hauptluftbehälter der jeweils besetzten Lok gespeist wurde. Ab 1943 wurde deshalb für alle Wehrmacht-Einheitslokomotiven ein zusätzlicher Kupplungsschlauch als Verbindung der beiden Hauptluftbehälterleitungen vorgeschrieben.

Die kleine Schwester: WR200B14

Die WR200B14 war mit 200 PS Motorenleistung nur etwa halb so stark wie die 360-PS-Lokomotive. Ihr Einsatz erfolgte deshalb vornehmlich als Rangiermaschine in den Versorgungslagern und Nachschubdepots von Heer und Luftwaffe. Trotzdem wurden mit Vmax 30/60 km/h in zwei Geschwindigkeitsbereichen auch hier die Voraussetzungen für den Einsatz vor Zügen auf der Strecke und für den Doppellokbetrieb zusammen mit anderen WR-Lok-Typen geschaffen. Das Dienstgewicht lag - je nach eingebautem Motor und Ballast - zwischen 26,4 und 28,0 Tonnen, weshalb eine zweiachsige Bauart ausreichte.

Fahrzeugteil

Aufbau und Ausrüstung der WR200B14 entsprachen weitestgehend der größeren C-Lokomotive. **Radsätze**, **Achslager** und **Federung** waren mit der 360-PS-Bauart nahezu identisch. Wegen der unterschiedlich großen, auszugleichenden Fliehkräfte mußten nur die Gegengewichts-Sicheln der Radsterne an drei Stellen aufgebohrt und damit leichter gemacht werden[32].

Auch das **Führerhaus** stimmte mit dem der WR360C14 überein. Anders wurden dagegen die **Pufferträger** vorn und hinten gestaltet. Beide Rahmenstirnplatten waren an den unteren Ekken (unterhalb der Bremsluftbehälter) abgewinkelt, was die Lok im Ganzen etwas „leichtfüßiger" erscheinen ließ. Mit 3200 mm Achsstand konnten noch **kleinste Kurvenradien** von 80 Metern durchfahren werden, als **kleinster Scheitelhalbmesser** am Ablaufberg wurden später 200 Meter zugelassen.

Rahmen, Aufbauten und **Triebwerksteile** waren entsprechend den geringeren Abmessungen kleiner und kürzer gehalten als bei der WR360C14. Die Grundkonzeption blieb jedoch gleich. Sämtliche Klappen, Türen und Lüftungsgitter der Motorhaube waren im Übrigen mit der 240-PS-Bauart tauschbar[33].

Unter der Umkleidung befanden sich wieder Kühler, Lüfter, Motor, Lichtmaschine, Kupplung, Brems-

32 Sitzungsbericht KZD200 v. 8.9.38
33 Sitzungsbericht KZD200 v. 8.9.38

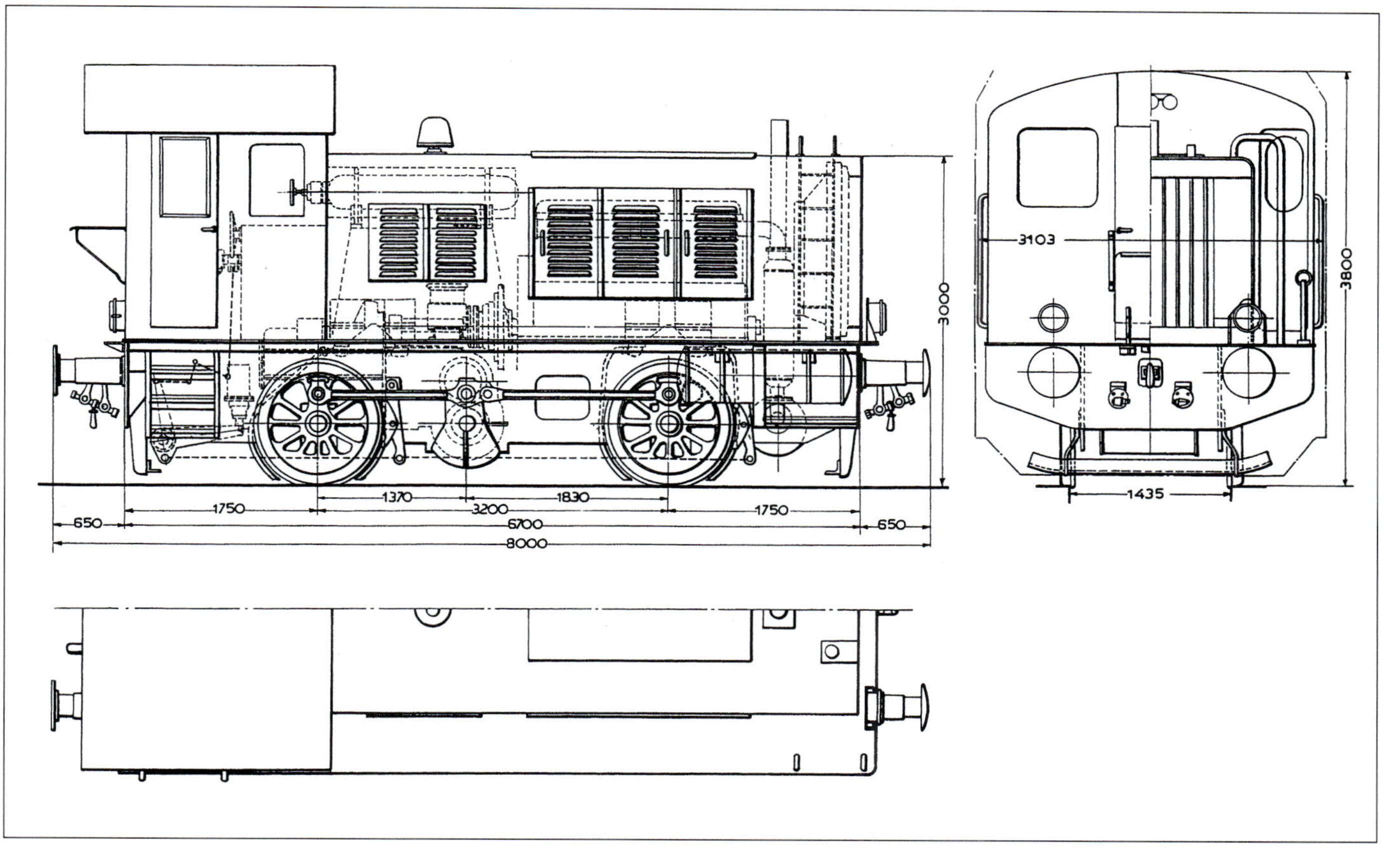

Die kleine Schwester: Bei der Serien-WR200B wurden gegenüber der Zeichnung noch einige Details geändert, so z.B. die Zahl der Kiemen in den Seitenklappen und der Kühlerausschnitt.

luftkompressor, ein Teil des Getriebes sowie Brennstofftank und Anlaßluftflaschen. Das **Gestell** für die Behälter war gegenüber der 360-PS-Lokomotive verstärkt worden und als Portalgerüst mit seitlichen Versteifungen ausgeführt. Die beiden **Anlaßluftflaschen** - Hersteller Deutz - faßten je 120 Liter Druckluft; die Flaschenköpfe waren mit denen der anderen WR-Lok-Typen vereinheitlicht.

Unterschiedliche Bauarten gab es anfangs bei der **Kühlanlage**: Während die ersten WR200B14 von Deutz und Krupp noch große, fast die gesamte Stirnseite einnehmende Kühler hatten (gut erkennbar an den stattlichen Kühlerausschnitten), war die BMAG-Lok 11273 versuchsweise mit einem wesentlich kleineren Kühler ausgerüstet[34]. Auch der Blechausschnitt in der Vorderfront wurde verkleinert. Der Getriebeölkühler war hier nur ein einfacher Wärmetauscher. Der Wasserumlauf wurde durch einen Samson-Regler gesteuert.

Trotz anfänglicher Probleme im Winterbetrieb - ohne Kühlerabdeckung sank die Temperatur des Kühlwassers zu stark ab - konnte sich diese Bauart durchsetzen. Hersteller der kombinierten Kühlanlage für Motor, Schmier- und Getriebeöl war wiederum Windhoff in Berlin.

Alle übrigen, nicht leistungsabhängigen Bauteile griffen im wesentlichen auf die Ausrüstung der WR360C14 zurück. Dazu zählten etwa die **elektrische Beleuchtung**, die **Signalvorrichtungen** (bestehend aus der Druckluftpfeife, dem Druckluftläutewerk und dem elektrischen Boschhorn), der ebenfalls druckluftbetätigte **Sandstreuer** sowie die **Kontrollinstrumente** im Führerstand.

Als **Führerstandsheizung** war ursprünglich eine Warmluftheizung, Fabrikat Helm & Co, mit einem Fangtrichter in der Lüfterhaube eingebaut. Von dort aus wurde die Warmluft ohne besonderes Gebläse in den Führerstand geleitet. Aufgrund mangelnder Leistung mußte diese Bauart aber durch eine Warmwasserheizung ersetzt werden.

Vorhanden war auch hier eine **durchgehende Dampfheizleitung** für das Einstellen der Lok in Züge. Eine Heizung der Lok selbst mit Dampf wurde nicht vorgesehen.

Alle WR200B14 waren mit einer **4-Klotz-Bremse** herkömmlicher Bauart ausgerüstet. Betriebsbremse (für Lok und Wagenzug) war wiederrum eine einfachwirkende Knorr-Druckluftbremse. Zur Ausrüstung gehörten ferner eine Lokomotiv-Zusatz- sowie eine mechanische Wurfhebelbremse. Mit der Druckluftbremse konnten maximal 70 Prozent, mit der Wurfhebelbremse ca.65 Prozent des Dienstgewichtes abgebremst werden.

34 Untersuchungsbericht LVA Grunewald v. 22.4.41

Eine WR200B14 in Bau: Schwartkopff lieferte nur insgesamt zehn 200-PS-Typen, alle mit dem MAN-W6V17,5/22-Motor.

MAN

TABELLE 17:
Motoren für die WR200B14

Motortyp	KHD A6M324	MWM RHS326S	MAN W6V17,5/22	MAK MS24
Nennleistung Ne PSe	200	200	200	216
Drehzahl bei Ne UpM	800	900	1000	900
Leerlaufdrehzahl				
minimal UpM	350	400	400	400
maximal UpM	840	920		970
Bauform	Reihe/stehend	Reihe/stehend	Reihe/stehend	Reihe/stehend
Arbeitsverfahren	Direkteinspr.	Vorkammer	Vorkammer	Vorkammer
Arbeitsweise	4-Takt	4-Takt	4-Takt	4-Takt
Zahl der Zylinder	6	6	6	6
Zylinderbohrung mm	200	175	175	180
Kolbenhub mm	240	260	220	240
Hubvolumen je Zylinder l	7,54	6,25	5,29	6,11
Gesamthubvolumen l	45,18	37,5	31,75	36,66
max.Drehmoment mkg		160	136	172
mittl.Kolbengeschwind. m/sec	6,4	7,8	8,1	7,2
mittl.effekt.Kolbendruck atü	5,30	5,33	5,60	5,86
Einspritzdruck atü	350	120	125	100
Zylinderbezeichnung	Zylinder 1 am Schwungrad	Zylinder 1 am Schwungrad	Zylinder 1 am Schwungrad	Zylinder 1 am Schwungrad
Zündfolge	1-2-3-6-5-4	1-4-2-6-3-5	1-2-4-6-5-3	1-2-3-6-5-4
Steuerzeiten				
Einlaß öffnet Grad	21 v.o.T.	10 v.o.T.	20 v.o.T.	20 v.o.T.
Einlaß schließt Grad	41 n.u.T.	40 n.u.T.	40 n.u.T.	40 n.u.T.
Auslaß öffnet Grad	46 v.u.T.	40 v.u.T.	40 v.u.T.	40 v.u.T.
Auslaß schließt Grad	16 n.o.T.	10 v.o.T.	20 n.o.T.	20 n.o.T.
Förderbeginn Grad	15-18 v.o.T.	16-18 v.o.T.	18-22 v.o.T.	23-28,5 v.o.T.
Drehrichtung auf Schwungrad gesehen	links	links	links	links
Kraftstoffverbrauch g/PSh	175	200	185	195
Schmierölverbrauch g/PSh	3	2-3	5	2,5-3
Kühlwasserverbrauch l/PSh jeweils bei Vollast	13			
Verdichtungsverhältnis	1:15	1:17,5	1:17,8	1:17,1
Verdichtungsdruck bei warmer Maschine atü	ca.36	ca.42	ca.40	38
Zünddruck atü	ca.58	ca.50	ca.50	56
Anlasser	Druckluft	Druckluft	Druckluft	elektrisch
Kühlung	Wasser	Wasser	Wasser	Wasser
Fördermenge der Kühlwasserpumpe qm/h	9,55	15	18,9	19
abzuführ.Wärmemenge				
im Kühlwasser kcal/h		150.000	116.000	160.000
im Motoröl kcal/h		14.000	14.300	15.000
Lagerspiel				
Kurbelwellenlager mm	0,04-0,12	0,10-0,20	0,10-0,12	
Treibstangenlager mm	0,09-0,15	0,11-0,20	0,10-0,12	max. 0,18
Kolbenringachsialspiel mm	0,06-0,08	0,055-0,100	0,075	
Kolbenspiel				
am Boden mm	0,85-0,89	0,65-	0,76	
am Schaft mm	0,23-0,27	0,12-0,15	0,31	
Ventilkegelschaftspiel				
Einlaß mm	0,3	0,08-0,14	0,135	
Auslaß mm	0,3	0,08-0,14	0,135	
Gewicht des Motors kg	4465	3050	2550	ca.3200
Leistungsgewicht kg/PS	22,3	15,2	12,8	14,8
Ölinhalt im Motor kg	65	ca.85		85
Kühlwasserinhalt Motor kg		ca.100		75
Kolbenbauart	Hohlkolben	Vollschaft	Tauchkolben	
Kolbenwerkstoff	Leichtmetall	Leichtmetall	Leichtmetall	Leichtmetall
Lagermetall	Gittermetall	WM10/Gitterm.		
Einspritzpumpe	Deutz	Bosch	Bosch	Bosch
Einspritzventil		MWM	Bosch	Bosch
Einspritzdüse	Bosch	Bosch	Bosch	Bosch
Kühlwasserpumpe	Deutz	MWM	MAN	
Schmierölpumpe		MWM	MAN	
Lichtmaschine		Bosch		Bosch
Luftfilter		Knecht	MAN	Knecht
Ein- und Auslaßventile je Zyl.	1	1	1	1
Auslaßventile an Zylinder	4,5,6	1,2,3,4,5,6	1,2,3,4,5,6	
Ladeventile an Zylinder	2,3	5,6		

Quellen: Deutz, MWM, MAN, MaK

Bauartänderungen hat es - mit Ausnahme der bereits angesprochenen - während der Serienproduktion kaum noch gegeben. Die ersten WR200B14 hatten glatte Umlaufbleche, was bei Verschmutzungen durch Treibstoff oder Öl erhebliche Rutschgefahren barg. Die später ausgelieferten Serien erhielten deshalb Laufbleche mit aufgeschweißten Gleitschutznoppen[35]. Außerdem wurden die Führungsschienen für die Motorraum-Seitentüren vereinfacht.

Motor

Wie bei der WR360C14 standen auch für die 200-PS-Lokomotive Einbaumotoren verschiedener Fabrikate zur Auswahl. Alle drei Maschinen waren vielfältig erprobte Bauarten und hinsichtlich Bedienung, Drehzahl und Anschlußmaße soweit angeglichen, daß ein Motorentausch ohne weiteres möglich war. Verwendet wurden

- der KHD A6M324
  mit 200 PS bei 800 UpM,
- der MWM RHS326S
  mit 200 PS bei 900 UpM oder
- der MAN W6V17,5/22
  mit 200 PS bei 1000 UpM[36].

Von den 200 PS Nennleistung des Motors entfielen 16 PS auf den Lüfterantrieb und 4 PS auf den Antrieb des Bremsluftkompressors[37]. Damit blieben am Getriebeeingang netto noch 180 PS für die reine Traktion übrig.

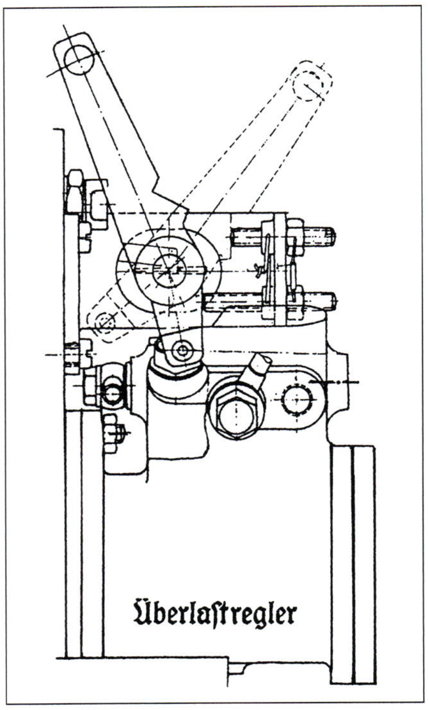

35 Untersuchungsbericht LVA Grunewald v. 22.4.41

36 Zu den Motoren-Typenbezeichnungen:
Deutz: A6M = Aggregatmotor, 6 Zylinder, wassergekühlt; 324 = 3.Entwicklungsstufe, 240 mm Kolbenhub
MWM: RHS = Rohöl-Hochdruckmotor, Schnelläufer; 326 = 3.Entwicklungsstufe, 260 mm Kolbenhub; S = Sechszylinder
MAN: W6V = Wagenmotor, 6-Zylinder, Viertaktverfahren; 17,5/22 = 175 mm Zylinderbohrung, 220 mm Kolbenhub

37 Sitzungsbericht KZD200 v. 21.10.37

Die Motorenhersteller:

Die Klöckner-Humboldt-Deutz AG (KHD)

war (und ist bis heute) die älteste und zugleich eine der größten Motorenfabriken der Welt. 1867 hatten Nikolaus August Otto und Eugen Langen hier ihre *„atmosphärische Gaskraftmaschine"* gebaut. 1876 folgte der erste betriebsfähige Viertaktmotor der Welt. Schon Anfang des 20. Jahrhunderts waren Motoren mit Einzelleistungen bis zu 2000 PS technisch bewältigt und ausgeführt.

Zwischen den Weltkriegen wurde Deutz dann auch zum größten Dieselmotoren-Hersteller der Welt. 1938 arbeiteten in den Deutzer Fabriken rund 18.000 Menschen. Die jährliche Motorenproduktion hatte die 1-Million-PS-Grenze überschritten. Auch die Lokomotivfertigung erreichte mit 1062 gebauten Loks (Geschäftsjahr 1937/38) einen später nie wieder erreichten Höhepunkt.

Die für die Wehrmachtlokomotiven verwendeten VM- und AM-Motoren waren Standardtypen aus einer reichen Motorenpalette für ortsfeste Anlagen (Fabriken, Bohrfeldanlagen, Kraftwerke usw) sowie für Lokomotiven, Bagger und Schiffe. Der VM436-Motor z.B. wurde serienmäßig in 3- bis 8-Zylinder-Ausführung angeboten. Als einziger Hersteller im AGM-Lok-Lieferkreis fertigte Deutz sowohl Motoren, als auch Lokomotiven aus eigener Produktion.

Die Motoren-Werke Mannheim AG (MWM)

waren neben Deutz das zweite Lieferwerk, dessen Motoren zur Standardausrüstung der Wehrmachtloks gehörten. MWM bestückte alle Regelspur-Typen (WR200B, WR360C, WR550D) sowie einen Großteil der Schmalspurdieselloks (HF-Typen, siehe Seite 21) mit Mannheimer Motoren. Unter dem Strich haben die gefertigten Bauserien aber nur etwas mehr als die Hälfte der Deutz-Stückzahlen erreicht.

Gegründet worden waren die MWM 1883 durch Carl Benz als „Benz & Cie. Rheinische Gasmotorenfabrik in Mannheim". 1922 erfolgte die Trennung von der Benz'schen Automobilfabrik und damit verbunden die Umbennung des stationären Motorenbaus in „Motoren-Werke Mannheim AG". Herausragende technische Leistung war die Erfindung des Vorkammer-Verfahrens durch Prosper L'Orange 1909/1919. Über viele Jahrzehnte (etwa 1920 bis 1960) ist dieses Bauprinzip kennzeichnend für fast alle MWM-Motoren geblieben.

Schon 1926 wurde die Aktienmehrheit durch die Knorr-Bremse AG, Berlin, übernommen. Seit 1985 gehören die MWM zur Deutz-Firmengruppe. In Mannheim werden seitdem die (wassergekühlten) Groß- und Mittelmotoren, bei Deutz die (luftgekühlten) Großserienmotoren gebaut.

Die Maschinenfabrik Augsburg-Nürnberg AG (MAN)

ist die Geburtsstätte des Dieselmotors. Hier hatte Rudolf Diesel 1893-1897 den nach ihm benannten *„rationellen Wärmemotor"* entwickelt. Bis Ende des 2.Weltkriegs blieb die MAN danach der führende deutsche Dieselmotorenhersteller im Großmaschinenbau. Auch die ersten Großdiesellokomotiven und Triebwagen waren durchgehend mit MAN-Anlagen ausgerüstet.

Bei den Wehrmachtloks wurden MAN-Motoren in den Größen 200 PS und 550 PS eingebaut. Auffällig ist, daß nicht auch die 360-PS-Lok mit MAN-Motoren gebaut wurde. Maschinen entsprechender Leistung waren seinerzeit durchaus im Lieferprogramm (etwa der im 360-PS-VT verwendete W6V22/30). Vermutlich entsprach die hohe Drehzahl dieses Motorentyps (850 UpM gegenüber 600 UpM bei Deutz und MWM) nicht den Wünschen des HWA.Von den Stückzahlen her betrachtet, hat die MAN bei den WR-Loks nur eine untergeordnete Rolle gespielt.

1969 hat die MAN einen Teil ihrer Aktivitäten in die neu gegründete Motoren- und Turbinen-Union (mtu) in Friedrichshafen eingebracht. Der für die WR200B14 verwendete Motoren-Typ W6V17,5/22 - erstmals 1931 vorgestellt - wurde zu diesem Zeitpunkt noch immer gebaut!

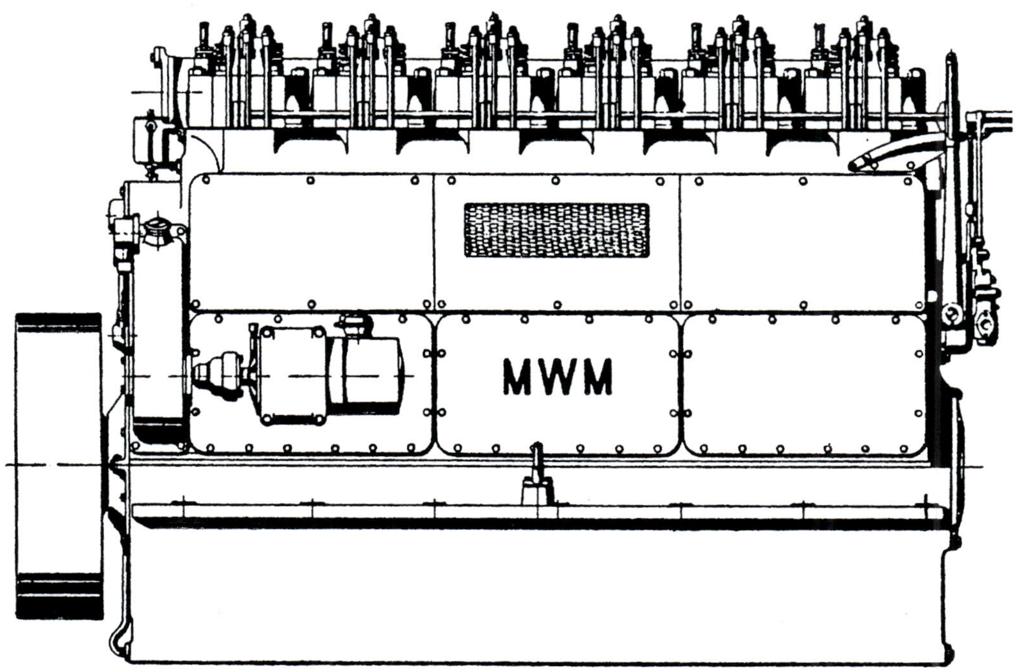

Einer von dreien: Auch bei der WR200B14 erreichte der MWM-Motor nicht annähernd die Zahl der eingebauten Deutz-Maschinen.

Alle drei Motoren hatten sechs Zylinder und arbeiteten im Viertakt. MWM und MAN waren Vorkammer-Motoren, die Deutz-Maschine ein Direkteinspritzer. Der MWM-Motor wurde später - mit kleinen Verbesserungen - als RHS426S weitergebaut. Auch eine WR200B-Serie von Gmeinder (FabNrn. 4271-4275), 1942 bestellt, war zur Auslieferung mit dieser Motortype vorgesehen. Die Loks konnten aber erst nach dem Krieg fertig montiert werden.In den Tabellenteil mit aufgenommen ist außerdem der MAK MS24, der nach dem Krieg zumindest bei der Deutschen Bundesbahn alle MAN- und MWM-Motoren ersetzte.

Auf den sogenannten „Überlastregler" der 200-PS-Lokomotive wurde bereits hingewiesen. Mit dieser Einrichtung konnten die Lokpersonale die Motoren kurzzeitig um 10 Prozent stärker belasten[38]. Erreicht wurde das durch zusätzliche Brennstoffzufuhr. Im Überlastbereich besaß die WR200B14 damit also eine Kombination aus der üblichen Drehzahlregelung (durch das Handsteuerrad) und einer Füllungsregelung (durch den Überlastregler).

38 Beschreibung 200-PS-Lok

Zumindest im Versuchsbetrieb mit der ersten von Deutz gebauten Lok (FabNr. 27306) hatte diese Zusatzeinrichtung übrigens ungeahnte Folgen. Schon nach kurzer Nutzung der Überlaststufe stellte sich nämlich die Einspritzpumpe selbsttätig auf die höhere Brennstoffförderung um. Auch bei Rücknahme des Füllungsreglers blieb der Motor mithin bei 110 (statt 100) Prozent Leistung[39]. Durch genauer befestigte Anschlagbolzen konnte dieser Mangel bei den Serienlieferungen jedoch abgestellt werden.

Gewisse Probleme bereiteten auch bei der 200-PS-Lok die erheblich voneinander abweichenden Gewichte der drei Motoren, nämlich

4465 kg beim KHD-Motor,
3050 kg beim MWM-Motor und nur
2550 kg beim MAN-Motor[40].

Das Leichtgewicht: Der MAN-Motor wog fast zwei Tonnen weniger als die Deutz-Maschine. Die AGM ließ deshalb Ballast in die Loks einbauen.

Der MAN-Motor war also rund zwei Tonnen, die MWM-Maschine noch annähernd anderthalb Tonnen leichter als der Standardmotor von Deutz.

Entgegen ursprünglicher Absicht mußte sich die Arbeitsgemeinschaft im Herbst 1939 daher doch noch zum Einbau von jeweils 1000 kg Ballast in den Lokomotiven mit MWM- und mit MAN-Motor entschließen.

Ganz ausgeglichen wurden die unterschiedlichen Gewichte allerdings auch dadurch nicht. Die Ballastkästen (gefüllt mit Schwerspat) waren zum einen unter dem Führerhaus, zum anderen vor der 1.Achse mittig unter dem Kühler aufgehangen. Auswirkungen hatte dies u.a. auch auf die Anordnung des Auspufftopfes. Er lag bei der WR200B14 - anders als bei der C-Lokomotive - nicht quer im Rahmen, sondern war aufrecht an der rechten Lokseite vorn neben der Ventilatorhaube aufgestellt.

Im Betrieb erwies sich, ähnlich den Erfahrungen bei der 360-PS-Wehrmachtlokomotive, vor allem der hubraumstarke Deutz-Motor als zuverlässig, robust und wartungsarm. Mit einem Kraftstoffverbrauch von etwa 175 g/PSh (gegenüber 185 bzw. 200 g/PSh bei MAN und MWM) war er zugleich der sparsamste unter den drei Antriebsmaschinen. Drehzahlprobleme gab es häufiger beim MAN-Motor. Schon die werkseitige Einstellung lag nicht selten näher bei 900 als bei 1000 UpM[41], so daß die Leistung unter 200 PS blieb. Teilweise wurde sogar der nötige Steuerdruck für die Getriebeschaltung in Kupplung II nicht erreicht.

Getriebe

Auch die Kraftübertragungsanlage der WR200B14 hatte den von der 360-PS-Lokomotive bekannten Aufbau: Hauptelemente waren wieder eine schwingungsdämpfende Voith-Maurer-Kupplung zum Schutz vor Getriebeschäden durch die Auswirkung kritischer Motordrehzahlen, das eigentliche „Turbo"-Flüssigkeitsgetriebe, hier in der Bauart L33y[42], sowie das kombinierte Wende- und Stufengetriebe für den Fahrtrichtungswechsel sowie die Schaltung zwischen Rangier- und Streckengang.

Das Voith-Getriebe war eine Weiterentwicklung der bewährten L33-Type, die bereits in zahlreichen Reichsbahn-Kleinloks erfolgreich eingesetzt worden war. Außer einer mechanischen Verstärkung der Schaufelräder sowie der Zahnräder und Wellen waren dabei auch die drei Kreisläufe anders zueinander angeordnet. Die Bauform - Wandler/Kupplung/Kupplung - entsprach der des L37-Getriebes; die Funktionsweise ist mit der der WR360C14 vergleichbar.

---

39 Untersuchungsbericht LVA Grunewald v. 22.4.41
40 Sitzungsbericht KZD200 v. 8.9.38
41 Verschiedene Monteursberichte (im Voith-Archiv)
42 Zur Getriebe-Typenbezeichnung: L = Lokomotivgetriebe; 33 = 3 Kreisläufe, Größe 3; y = verstärkte (d.h. für höhere Getriebe-Eingangsleistung zugelassene) Ausführung;
vergl. Seibold, Über die Entwicklung, S.305

Der Getriebehersteller:

Die J.M. Voith GmbH

war schon um die Jahrhundertwende ein weltbekanntes Großunternehmen im Bereich des Wasserturbinen- und Papiermaschinenbaus. Berührungspunkte mit der Schienenfahrzeugtechnik ergaben sich aber erst Anfang der 30er Jahre. Bis dahin baute die Heidenheimer Firma vornehmlich Speicher- und Kreiselpumpen für Wasserkraftwerke, Schiffspropeller und Spezialmaschinen für die Kartonherstellung.

Die extremen Auftragsschwankungen bei der Einzelstückfertigung im Großmaschinenbau versuchte Voith Ende der 20er Jahre durch einen neuen Produktionszweig mit einer gleichmäßigeren Werksauslastung (Serienfertigung, Vorratsbau) abzusichern. Entwicklungschancen sah man vor allem im Strömungsmaschinenbau nach dem Föttinger-Prinzip. Der entscheidende Impuls dafür kam 1932 durch die Bestellung von zunächst acht 80-PS-VT-Getrieben für die Austro-Daimler-Puch-Werke in Österreich.

Die Hydraulikgetriebe bewährten sich auf Anhieb sehr gut und hatten eine stürmische Neuentwicklung von Getrieben mit Anfragen aus dem In- und Ausland zur Folge. Die Reichsbahn erprobte Voith-Getriebe erstmals 1934 in einer 65-PS-Kleinlok der BMAG (Kbf 4736) und in einer Kleinserie zweiachsiger Triebwagen von MAN (VT 135 048-050).

Die Wehrmachtsaufträge ab 1936/37 waren dann die ersten Großserienlieferungen von Voith. Sie bildeten den Ausgangspunkt für den aufsehenerregenden Siegeszug der hydraulischer Kraftübertragung nach dem Krieg.Allein das in der WR360C14 verwendete L37-Getriebe wurde zwischen 1937 und 1968 (mit Bauartverbesserungen) rund 3400 mal gebaut. Im Ausland verbliebene Wehrmachtloks veranlaßten Bahngesellschaften in ganz Europa zu Versuchen mit der hydraulischen Kraftübertragung und teils umfangreichen Bestellungen. Sogar im Mutterland der Dieselelektrik - in den USA - wurden hydraulische Großdieselloks getestet und erfolgreich eingesetzt.

Zur Voith-Gruppe zählen heute Tochterunternehmen und Beteiligungen in 15 Ländern der Welt mit zusammen etwa 13.000 Mitarbeitern. Das Fabrikationsprogramm für Diesellokomotiven umfaßt außer hochentwickelten Mehrwandlergetrieben auch Turbowendegetriebe mit hydrodynamischer Bremsmöglichkeit sowie hydraulische Regelkupplungen für den Lüfterantrieb.

Etwas anders eingestellt waren die Schaltpunkte: Bei der 200-PS-Lokomotive lagen sie im Rangiergang bei 0-10,6/17,6/30 km/h und im Streckengang bei 0-21,2/35,2/60 km/h.

Wende- und Stufengetriebe wurden aus Gründen der Arbeitsersparnis nicht neu konstruiert, sondern ohne Änderung von der größeren WR240B15 übernommen. Nur die Blindwelle und das Blindwellenlager - bei der 240-PS-Lok identisch mit der WR360C14 und von daher schon entsprechend überdimensioniert - mußten im Hinblick auf die kleinere Leistung der WR200B14 von den Konstrukteuren neu angepaßt werden[43].

Sonderausrüstung

Alle WR200B14 waren für **Doppellokbetrieb** eingerichtet, das heißt mit Rückwandtür, Übergangsbrücke, Kettenübertragung und Verbindungswellen ausgerüstet. Die Fernsteuerung erfolgte in gleicher Weise wie bei den WR360C.

Der Einbau einer **Auspuffkühlanlage** war (besonders auf Drängen der Luftwaffe) vorgesehen und bis Ende 1941 konstruktiv auch fertiggestellt[44], kam aufgrund des frühen Bauverbots für die 200-PS-Lok durch den Kriegstypenkatalog jedoch nicht mehr zum Tragen.

Der Schwergewichtler: Von der bei O&K gebauten WR550D14 gibt es nur dieses eine, stark retuschierte Bild von einer Probefahrt. Kurze Zeit später verschwand die Lok unter einer gewaltigen Panzerglocke (siehe Seite 152f.).

Nur in Stichworten: Die WR240B15

Im Vergleich mit der 200-PS-Lokomotive zeigt die ältere WR240B15 einige bemerkenswerte Bauartunterschiede. Die Ursache dafür dürfte im wesentlichen in der frühen Entwicklung und dem ebenso frühzeitigen Baustopp für die 240-PS-Bauart zu sehen sein. Zu diesen Auffälligkeiten zählen z.B.

- das schmalere und flachere **Führerhaus**,
- die Anordnung der **Bremsluftbehälter** auf dem Vorbaudach sowie
- verschiedene Details wie die einfache Ausführung der **Rangiertritte** vorn, die eigentümliche Form der **Rahmenstirnplatten**, größere **Anlaßluftflaschen** etc.

Als **Antriebsmaschine** war ein Deutz-Motor, Typenbezeichnung LA6M324, eingebaut, der gegenüber der 200-PS-Ausführung eine leicht höhere Drehzahl sowie eine mechanische Aufladung mit Roots-Gebläse besaß. Die mechanische Aufladung - in der Typenbezeichnung erkennbar an dem vorgesetzten Index „L“ - kam im Gegensatz zu der seinerzeit bereits gebräuchlichen Aufladung nach System Büchi mit nur mäßigen Betriebstemperaturen aus und war damit durchaus noch Muna-„tauglich“. Die Nennleistung des Motors lag bei 240 PS bei 900 UpM. Am Getriebeeingang, also nach Abzug aller Hilfsantriebe, standen noch 220 PS zur Verfügung.

Wie die WR200B14 hatte auch die 240-PS-Lok einen **Überlastregler**, der eine kurzzeitige Mehrbeanspruchung des Motors um etwa 10 Prozent durch höhere Brennstoffeinspritzung zuließ.

Das **Voith-Turbo-Getriebe** L35 war im Aufbau ähnlich wie das L33y (WR200B14) und das L37 neu (WR360C14). Bauform auch hier: W/K/K. Die Voith-Maurer-Kupplung wurde ohne Änderung von der 360-PS-Lok übernommen. Abweichend von den Schwesterbauarten wurde - aus Sicherheitsgründen - außerdem eine Rutschkupplung eingebaut.

Ein Doppellokeinsatz mit **Fernsteuerung** von einer Loks aus war natürlich auch bei der WR240B15 möglich.

Der große Bruder: WR550D14

Die WR550D14 nimmt nicht nur wegen der geringen Stückzahl und der in der Literatur bis dato ungeklärten Lokverbleibe eine Sonderstellung unter den Wehrmachtstypen ein. Auch technisch war bei der D-Lok manches anders und aus damaliger Sicht neu und schwierig. Im Gesamtbild der drei WR-Bauarten war die 550-PS-Lok die wohl am wenigsten ausgereifte und problembelastetste Type. Dennoch beweist der nahtlose Anschluß der Nachkriegskonstruktionen, z.B. bei Krauss-Maffei und Henschel[45], daß viele der seinerzeit angestellten Überlegungen richtig waren und hier bereits entscheidende Grundsteine für die Entwicklung leistungsstärkerer Diesellokbauarten mit hydraulischer Kraftübertragung gelegt wurden.

Fahrzeugteil

Aufbau, Ausrüstung und äußere Erscheinung der WR550D14 zeigen wieder das von der Wehrmachts-Typenfamilie gewohnte Bild: Einheits-**Führerhaus** am Rahmenende, davor ein fast die gesamte Höhe der Lok einnehmender **Vorbau** mit Stirnkühler, beidseitig großen Motorraum-Schiebetüren und -klappen sowie die Vorbauleiter an der linken Lokseite vorn.

---

43 Sitzungsbericht KZD200 v. 8.9.38
44 Sitzungsbericht KZD200 v. 8.12.37; Brief AGM v. 5.2.42
45 Vergl. Kapitel „Nachkriegsentwicklungen“, ab S.527

TABELLE 18:
Motoren für die WR550D14

Motortyp		KHD V8M536	MWM RS38S	MAN W6V30/38
Nennleistung Ne	PSe	550	550	550
Drehzahl bei Ne	UpM	600	600	600
Leerlaufdrehzahl				
minimal	UpM	300		
maximal	UpM	600		700
Bauform		Reihe/stehend	Reihe/stehend	Reihe/stehend
Arbeitsverfahren		Direkteinspr.	Vorkammer	Direkteinspr.
Arbeitsweise		4-Takt	4-Takt	4-Takt
Zahl der Zylinder		8	6	6
Zylinderbohrung	mm	270	300	300
Kolbenhub	mm	360	380	380
Hubvolumen je Zylinder	l	20,6	27	26,8
Gesamthubvolumen	l	165	162	161
mittl.Kolbengeschwind.	m/sec	6	7,6	8,9
mittl.effekt.Kolbendruck	atü	5,46	4,25	5,33
Einspritzdruck	atü	350	110	
Zylinderbezeichnung		Zylinder 1 am Schwungrad	Zylinder 1 am Schwungrad	Zylinder 1 am Schwungrad
Zündfolge		1-2-5-6-8-7-4-3	1-5-3-6-2-4	1-2-4-6-5-3
Steuerzeiten				
Einlaß öffnet	Grad	20 v.o.T.	10 v.o.T.	36 v.o.T.
Einlaß schließt	Grad	40 n.u.T.	40 n.u.T.	38 n.u.T.
Auslaß öffnet	Grad	40 v.u.T.	40 v.u.T.	35 v.u.T.
Auslaß schließt	Grad	20 n.o.T.	10 n.o.T.	17 n.o.T.
Förderbeginn	Grad	30 v.o.T.		
Drehrichtung auf Schwungrad gesehen		links	links	links
Kraftstoffverbrauch	g/PSh	168	175	170
Schmierölverbrauch	g/PSh	2	4	2
Kühlwasserverbrauch jeweils bei Vollast	l/PSh	11		
Anlasser		Druckluft	Druckluft	Druckluft
Kühlung		Wasser	Wasser	Wasser
Gewicht des Motors	kg	12700		7650
Leistungsgewicht	kg/PS	23,1		11,1
Einspritzpumpe		Deutz	Bosch	MAN
Einspritzventil			Bosch	MAN
Einspritzdüse		Deutz		MAN
Kühlwasserpumpe			Weise	MAN
Schmierölpumpe			Gerberich	MAN

Quellen: Deutz, MWM, MAN

Unter der Umkleidung war - nun schon in sehr gedrängter Bauart - der gesamte Maschinensatz, bestehend aus Motor, Getriebe, Kühler sowie den verschiedenen Hilfsmaschinen und Vorratsbehältern angeordnet. Der **Rahmen** wurde durch eingebaute Kastenträger versteift.

Je nach Motorausstattung war die 550-PS-Lok mit bis zu 4½ Tonnen (!) **Ballast** ausgerüstet. Davon wurden ca.1300 kg an der vorderen Rahmenstirnwand fest eingebaut und weitere 3000 kg bei den Lokomotiven mit MAN- und MWM-Motor in den Rahmenkonsolen unterhalb der seitlichen Laufbleche aufgehangen[46]. Die gesamte Partie oberhalb der Achsen war deshalb mit genieteten Blechkästen verblendet. Die Unterschiede in Gewicht und Schwerpunktlage der einzelnen Einbaumotoren konnten durch entsprechendes „Verschieben" der Schwerspatblöcke nach vorn oder hinten ausgeglichen werden.

Eine besondere Konstruktion mußte für den Aufbau des vierachsigen **Triebwerks** der WR550D14 gefunden werden. Um einerseits (mit Rücksicht auf gute Bogenläufigkeit) den Achsstand möglichst klein zu halten, andererseits aber auch (um Schlingerbewegungen vorzubeugen) keine großen Überhänge vorn und hinten zu bekommen, wurde ein Antrieb der Lokomotive in zwei Ebenen konzipiert. Die von der Blindwelle kommende Treibstange griff dabei am verlängerten Kurbelzapfen der dritten Achse an. Die übrigen Radsätze waren durch kurze Stangen dann in einer zweiten, inneren Ebene gekuppelt.

Die **Blindwelle** konnte bei dieser Bauart natürlich sehr dicht hinter der Radsatzgruppe angeordnet werden. Sie mußte aus Gründen der Profilfreiheit zwischen Schienenoberkante und Getriebeunterkasten zudem etwas überhöht ausgeführt werden[47]. Die Überhänge vorn und hinten waren trotz der besonderen Konstruktion noch beträchtlich, sollen sich aber nicht auffallend negativ auf das Fahrverhalten der D-Lokomotive ausgewirkt haben[48].

Der **Achsstand** war mit insgesamt 4050 mm nicht viel größer als bei der 360-PS-Lok (3950 mm). Dennoch konnte die WR550D14 aufgrund des vierten Radsatzes als **kleinsten Bogenhalbmesser** nur 100-Meter-Kurven durchfahren. Eine Seitenbeweglichkeit der Achsen war bei der gewählten Triebwerkskonstruktion nicht möglich. Die Spurkränze der 2. und 3. Achse wurden zur Verbesserung der Kurvenläufigkeit allerdings etwas geschwächt.

Alle übrigen Konstruktionsdetails waren - entsprechend der Aufgabenstellung - soweit möglich der WR360C14 angepaßt. Das betrifft u.a.

- die **Kuppelradsätze** und **Federgehänge** (identisch mit der C-Lokomotive),
- die gesamte **Bremsanlage** (8-Klotz-Bremse), einschließlich Bremsluftkompressor, Wärmetauscher und Bremsgestänge,
- die **Führerstandsheizung** durch Warmluft,
- den Druckluft-**Sandstreuer** (gesandet wurden die erste, zweite und vierte Achse, jeweils in beide Fahrtrichtungen) sowie
- die Anordnung und Größe der **Anlaßluftflaschen.**

Für den offenbar recht beträchtlichen Druckluftverbrauch der 550-PS-Motoren beim Anlassen stellten sich die beiden Anlaßluftbehälter mit je 250 Litern Luftvorrat jedoch im Nachhinein als zu klein bemessen heraus. Zumindest im Versuchsbetrieb[49] kam es verschiedentlich zu Startproblemen. In einem Fall mußten sogar neue, gefüllte Flaschen aus Wildau herangeschafft werden.

Erhebliche Anstrengungen mußte die Arbeitsgemeinschaft um den Jahreswechsel 1941/42 auf die **Geräuschdämpfung** der WR550D14 verwenden, nachdem bei der Erprobung der ersten, von Schwartzkopff gebauten Lok ein *„schier unerträglicher Betriebslärm"* durch das *„Trommeln des Motors"*, das Arbeitsgeräusch des Getriebes und das Vibrieren sämtlicher Blechteile festgestellt worden war[50]. Im Einzelnen wurden daraufhin bei der BMAG-Lok

- die Wände des Führerhauses mit Holzleisten ausgekreuzt,
- die Decke des Führerhauses innen und der gesamte Motorvorbau innen mit geräuschschluckenden Sperrholzplatten abgedeckt,
- die Führerhausvorderwand besser gegen Rahmen und Vorbaubleche gepuffert, sowie
- sämtliche Blechwände 6 mm dick mit „Antivibrin" (ein Produkt der IG-Farben) ausgespritzt[51].

Die Holzabdeckung im Vorbau umfaßte bemerkenswerterweise auch die Luftschlitze in den Motorraumtüren, so daß die angestaute Warmluft nach dem Umbau nur noch nach unten aus der Maschine entweichen konnte.

In ähnlicher Weise sind auch die seinerzeit noch vor der Auslieferung stehenden Lokomotiven von Deutz und Orenstein & Koppel behandelt worden. Bei der Deutz-Maschine, deren 8-Zylinder-Motor bauartbedingt

46 Sitzungsbericht AGM550 v. 9.6.39
47 Neumann, Typisierung, S.452
48 Untersuchungsbericht LVA Grunewald v. 28.11.41
49 Ebenda
50 Untersuchungsbericht LVA Grunewald v. 4.7.42
51 Ebenda

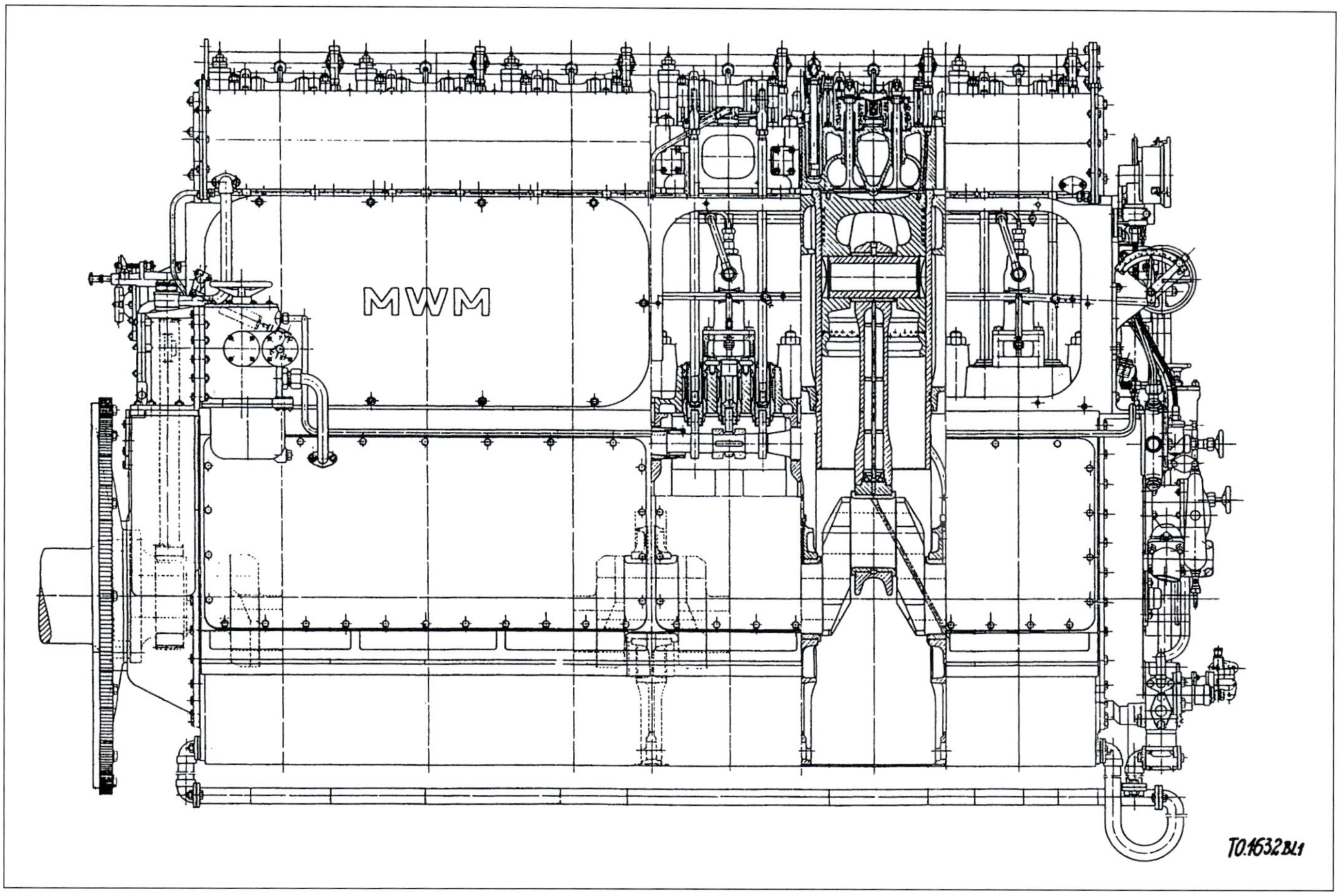

Ein Schiffsmotor für die WR550D14: Der MWM RS38S wurde auch auf den Schlachtschiffen „Bismarck" und „Tirpitz" eingebaut.

ruhiger arbeitete als die beiden 6-Zylinder-Fabrikate, verzichtete man allerdings auf die Holzauskleidung im Motorraum. Stattdessen wurde zusätzlich die Rückwand des Bedienungstisches innen mit Filz gefüttert und auch das Arbeitsgeräusch des Getriebes durch eine aufgelegte Filzdecke gemindert. Für mögliche Nachbestellungen der WR550D14 war an eine isolierenden Zwischenschicht zwischen Rahmen und Blechaufbau gedacht[52].

Sonstige nennenswerten **Bauartänderungen** hat es bei den drei Einzelstücken dieser Bautype nicht mehr gegeben. Soweit bekannt, ist bei kleineren Umbauten lediglich die Schmierung der Rollenlager im Wendegetriebe verbessert und ein Fehler im Brennstoffgestänge (Folge: Beim Anlassen wurde kein Brennstoff gefördert) durch eine zusätzliche Wickelfeder beseitigt worden.

Stärker als bei den anderen WR-Typen mußten bei der Konstruktion der D-Lok die „Erfordernisse der Heimstoffwirtschaft" berücksichtigt werden. Achs- und Stangenlager waren bei der WR550D14 deshalb einfache Stahlgußlager, die mit Bleibronze ausgegossen waren[53]. Zumindest bei der BMAG-Lok wurden die bleibronzenen Büchsen der Treibstangenlager noch gegen Rotgußbüchsen mit dünnem WM80-Ausguß ausgetauscht. Die Radsatzlager der WR550D hatten zusätzliche Laufschichten aus Gittermetall. Die Stangenlager liefen direkt auf den aus gehärtetem Stahl hergestellten Treib- und Kuppelzapfen.

Motor

Aufgrund der guten Erfahrungen bei den 200- und 360-PS-Lokomotiven wurden auch für die WR550D14 wieder Einbaumotoren von MWM, MAN und Deutz vorgesehen. Alle drei Bauarten waren mittelschnell laufende Reihen-Viertaktmotoren mit allerdings etwas unterschiedlicher Charakteristik, wie die Werksangaben zeigen. Eingebaut wurden

- der MWM RS38S
  (normal 600 PS bei 600 UpM),
- der MAN W6V30/38
  (normal 690 PS bei 700 UpM) und
- der KHD V8M536
  (normal 500 PS bei 500 UpM).

Im Lokbetrieb waren die drei Maschinen einheitlich auf 550 PS bei 600 UpM eingestellt. Außer den

52 Neumann, Typisierung, S.453
53 Neumann, Typisierung, S.452

Das Herzstück: Bei O&K in Babelsberg wird der MAN-Motor auf den Motortragrahmen der WR550 aufgesetzt

MAN

Anschlußmaßen wurden auch wieder die Drehrichtung, der Drehzahlbereich sowie Bedienungsseite, Steuerung und Rohrleitungsplan in gewohnter Weise vereinheitlicht.

Der Deutz-Motor war als Achtzylinder (gegenüber sechs Zylindern bei MWM und MAN) natürlich um einiges länger und schwerer als die beiden anderen Fabrikate. Um dennoch die Motoren freizügig tauschen zu können, wurde der Motorträger als Bestandteil der Antriebsmaschine festgelegt[54], wäre also im Bedarfsfall mit auszubauen gewesen.

Eine weitere Besonderheit war die Lage der Vorratsbehälter für das umlaufende Motorenschmieröl. Üblicherweise wird hierfür die Wanne unter dem Kurbelgehäuse genutzt, was mit Rücksicht auf eine zusätzliche, möglichst stabile Rahmenversteifung bei der WR550D14 aber nicht möglich war[55]. Anstelle dessen wurden große Schmierölbehälter hoch oben an den Auspuffseiten der drei Motoren angebracht. Die Kurbelwanne blieb also immer trocken.

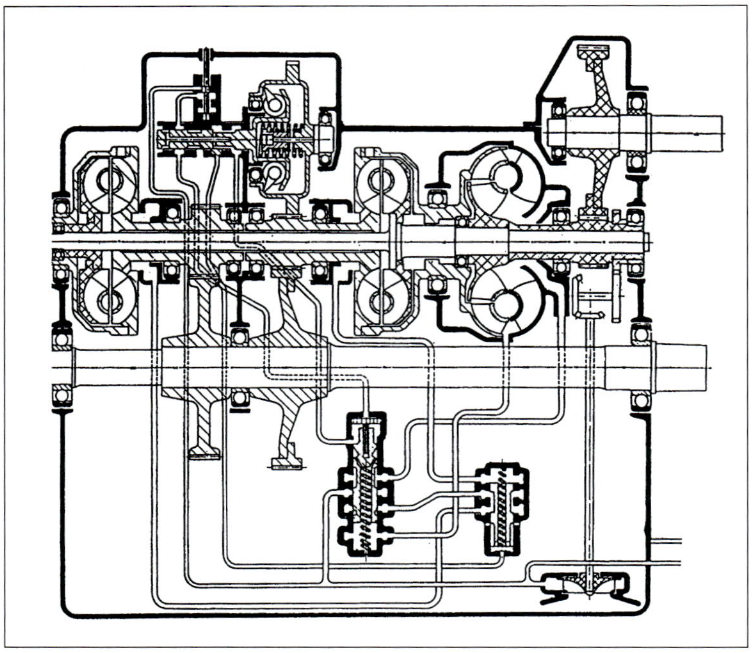

Das L37y: Schaltschema des Voith-Turbo-Getriebes für die WR550D14

Bauartunterschiede gab es wieder beim Verbrennungsverfahren: Deutz und MAN arbeiteten als Direkteinspritzer, MWM wie immer nach dem Vorkammer-Prinzip. Die Schmierölumlauf wurde bei MWM durch einen genau arbeitenden Isodrom-Regler geschaltet, beim Deutz-Motor war nur ein einfacher Fliehkraftregler vorhanden[56].

Interessant ist vielleicht auch ein Blick darauf, wo die drei Motortypen der WR550D14 sonst noch eingesetzt waren:

> Der MWM-Motor z.B. wurde in gleicher Ausführung für die beiden Schlachtschiffe „Bismarck" und „Tirpitz" sowie für den Kreuzer „Seydlitz" geliefert.
>
> Auch der W6V30/38 von MAN war bis Anfang der 40er Jahre bereits in großer Zahl vor allem in Räumbooten und Flugsicherungsschiffen eingebaut worden. Als Lokomotivmotor - in der aufgeladenen Version mit Büchi-Aufladegebläse - fand er u.a. in den „Dora"-Doppelloks[57] Verwendung.
>
> Ohne „Vergangenheit" der Deutz-Motor: Er war eine seinerzeit noch neue Weiterentwicklung aus dem z.B. auch in der WR360C14 verwendeten VM436-Motor mit größerer Zylinderbohrung. Im Hinblick auf die gleichen Triebwerksteile und der damit verbundenen Vorteile bei der Ersatzteilbevorratung war gerade dieser Motor für das Heereswaffenamt von besonderem Interesse.

Getriebe

Wie die anderen Typen war auch die WR550 mit einem Voith-Getriebe in der Bauart Wandler/Kupplung/Kupplung ausgestattet. Die Leistung des Motors wurde in bekannter Weise über Welle und Voith-Maurer-Kupplung auf das Hydraulikgetriebe übertragen; der Abtrieb erfolgte dann auf ein mechanisches Stufen-/Wendegetriebe sowie über Blindwelle und Stangen auf die Achsen.

Das **Flüssigkeitsgetriebe** L37y war eine Weiterentwicklung des L37-neu aus der 360-PS-Lok und - soweit möglich - mit diesem identisch. Aufgrund der höheren Übertragungskräfte wurden lediglich Zahnrad-, Wellen- und Lagerabmessungen verstärkt. Auch das Eingangsvorgelege war anders übersetzt. Die hydraulischen Kreisläufe wurden dagegen unverändert von der 360-PS-Bauart übernommen.

Die beengten Platzverhältnisse unter dem Führerhaus zwangen weiterhin zu einigen Änderungen am **Nachschaltgetriebe**[58]. Im Unterschied zu den leistungsschwächeren Bauarten war bei der WR550D14 das Wendegetriebe vor dem Stufengetriebe angeordnet, wodurch es kleiner gebaut werden konnte. Auch befand sich der Abtrieb vom Flüssigkeits- zum Nachschaltgetriebe, bedingt durch die Anordnung der Blindwelle, hier an der dem Führerhaus zugewandten Seite des Getriebegehäuses.

Interessanterweise war die WR550D etwas schneller als die kleineren WR-Typen. Bei den Meßfahrten durch das LVA Grunewald im November 1941 wurden **Schaltpunkte** und **Endgeschwindigkeiten** bei

> 0-12,2/19,5/32,0 km/h im Rangiergang und
> 0-24,4/39,0/63,2 km/h im Streckengang

ermittelt, wobei sich die Vmax nur durch den sehr hohen Luftwiderstand der Lok auf 63,2 statt (2x 32 =) 64 km/h einstellte.

---

54 Sitzungsbericht AGM550 v. 25./26.7.38
55 Sitzungsbericht AGM550 v. 11.11.38
56 Untersuchungsbericht LVA Grunewald v. 4.7.42
57 Ab Seite 561
58 Sitzungsbericht AGM550 v. 18.2.38 und 6.4.38

Sammlung Rudolf Heinisch

Aufbruch in neue Leistungsbereiche: Erst nach dem Krieg rutschte einmal eine WR550D auf die Voith-Anzeigen (aus „Eisenbahntechnische Rundschau" 8/1952)

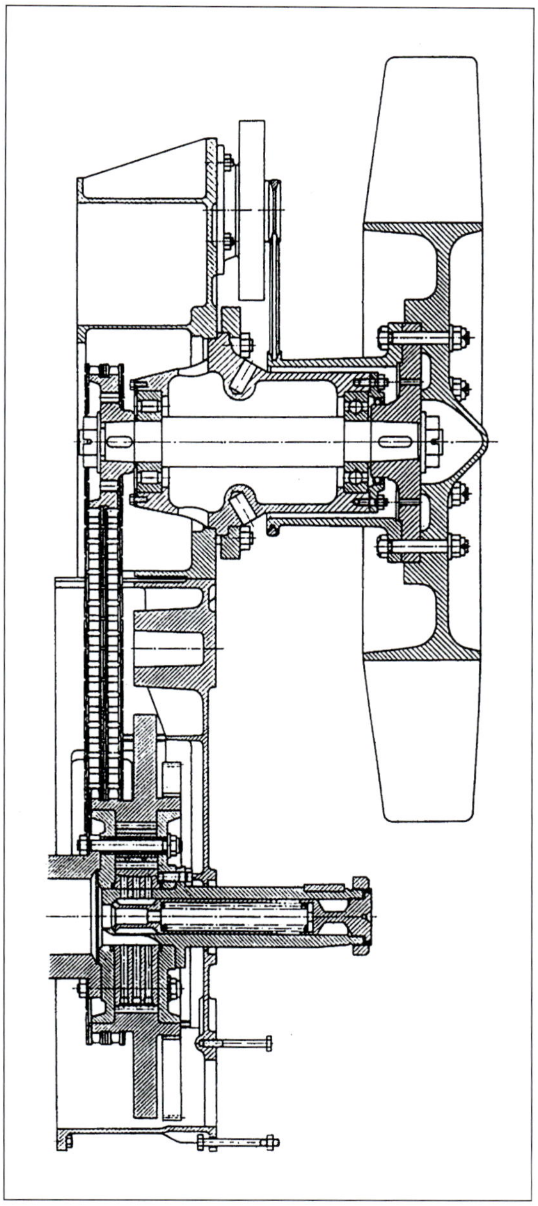

Neue Konzepte für den Ventilatorantrieb: Bei der BMAG-Lok wurde der Lüfterflügel über eine Duplex-Rollenkette angetrieben. Im unteren Bereich ist die Schlupfkupplung zu sehen.

Kühler

Aufgrund der größeren Leistung der Lokomotive war auch der Kühler größer und leistungsfähiger als der der 360-PS-Lok, ansonsten aber ähnlich aufgebaut. Der **Hauptkühlerblock** bestand wieder aus Kühlwasser- und (diesmal darunter liegend) Getriebeölkühler. Der Schmierölkühler war wie gewohnt davor in einem speziellen Stahlrahmen gelagert. Hersteller der Anlage, wie bei allen anderen Wehrmacht-Lokomotiven: Windhoff, Berlin.

Erheblicher Mehraufwand war bei der WR550D14 für eine wirksame Beherrschung der thermischen Abläufe getan worden. Bei der D-Lok wurden dafür einerseits verbesserte Lüfterantriebe eingebaut und zum anderen - erstmals in der WR-Typenreihe - besondere Kühlerjalousien verwendet.

Der **Lüfterantrieb** war für alle drei Lokomotiven zu Versuchszwecken unterschiedlich ausgeführt worden[59]. Der Antrieb erfolgte

bei der Orenstein-Lok
über eine einfache Zahnradübersetzung mit Rutschkupplung von der Kurbelwelle des Motors aus,

bei der Deutz-Lok
auf herkömmliche Weise, d.h. - wie bei allen anderen WR-Lokomotiven - über fünf parallele Keilriemen, ebenfalls mit zusätzlicher Rutschkupplung, und

bei der Schwartzkopff-Lok
über eine in Öl laufende Duplex-Rollenkette, die von einer öldruckgesteuerten Kupplung Bauart Lohmann & Stolterfoht mitgenommen wurde.

Leistungsbedarf für den Ventilatorantrieb (unabhängig von der Bauart): Jeweils 38 PS.Der Rollenketten-Antrieb wurde in dieser Form erstmalig im Lokomotivbau verwendet und ist deshalb auch in der Literatur beschrieben worden[60]. Ausgangspunkt für die Neuentwicklung waren Befürchtungen beim HWA, daß die - gemessen an der WR200B und der WR360C - deutlich höhere Antriebsleistung für den Lüfter der 550-PS-Lokomotive durch einfache Keilriemen nicht mehr sicher genug übertragen werden könnten.

Im Einsatzalltag hat sich der aufwendige Kettenantrieb mit Ölkupplung den anderen, einfacheren Lüfterantrieben allerdings nicht überlegen zeigen können. Zitat aus dem Untersuchungsbericht des LVA Grunewald vom 4.Juli 1942:

> *Sowohl der Ketten- (BMAG) als auch der an sich altbewährte, hier in neuer Form in Zusammenarbeit mit einer Rutschkupplung wirkende Keilriemenantrieb (Deutz) des Windflügels haben sich brauchbar erwiesen.*

Als *„sehr zweckmäßig"* bezeichnete der Versuchsbericht dagegen eine andere Neuerung in der WR-Lok-Technik: Alle drei WR550D-Lokomotiven waren mit einer vor der Kühlergruppe im Blechrahmen fest installierten **Kühlerjalousie** ausgerüstet, die - je nach Einstellung - Fahrtwind durchließ (bei warmen Außentemperaturen) oder den Kühler vor Frost und Kälte schützte (im Winterbetrieb). Die Einstellung war in sechs Rasten möglich. Die Bedienung erfolgte bei den Lokomotiven von BMAG und O&K praktischerweise über ein Gestänge vom Führerstand aus, bei der Deutz-Lok lag der Verstellhebel seitlich vorn an der Kühlerverkleidung.

Von den erwähnten Varianten abgesehen, war die Kühlanlage - ungeachtet der unterschiedlichen Wärmedaten der Motoren - bei allen drei Loks gleich ausgeführt. Bei BMAG schaltete ein Samson-Regler das Kühlwasser auf Kühler- oder Kurzschlußumlauf; bei der Deutz-Lok war kein besonderer Regler vorhanden[61].

Sonderausrüstung

Wie alle Bauarten der Wehrmachtstypenreihe waren auch die drei WR550D14-Lokomotiven mit sämtlichen für den **Doppellokbetrieb** nötigen Einrichtungen ausgerüstet.

Der Einbau einer **Auspuffkühlanlage** (in der alten Bauart) war ursprünglich vorgesehen. Die Pläne dafür sind spätestens 1940 aber - vermutlich aufgrund von Problemen bei der räumlichen Unterbringung der Bauteile - wieder aufgegeben worden[62]. Im Hinblick auf die schon recht beachtliche Motorisierung der Lok und deren schlechte Kurvenläufigkeit war die D-Maschine wohl ohnehin mehr für den Strecken- als für den Rangierdienst im Depot geeignet und eine Auspuffkühlanlage deshalb entbehrlich.

---

59 Sitzungsbericht AGM550 v. 25./26.7.38
60 Neumann, Typisierung, S.450f.
61 Untersuchungsbericht LVA Grunewald v. 4.7.42
62 Sitzungsbericht AGM550 v. 11.11.38; Aktenvermerk v. 16.9.40

Fertigung: Die Industrie liefert

SCHAUBIlD 2: Die WR360C14 war bei den Wehrmachtstypen die mit Abstand stückzahlstärkste Bauart (Zahlenangaben incl. aller Sonderbauarten).

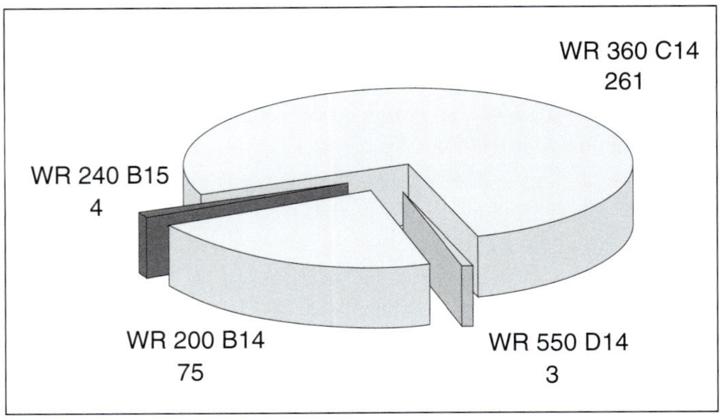

Die Zusammenstellung eines kompletten Lieferverzeichnisses für die WR-Lokomotiven gehört zu den schwierigsten Abschnitten dieses Buches. Der Grund dafür ist eine ausgesprochen ungünstige Quellenlage. Namentlich von den Hauptlieferanten Schwartzkopff und Orenstein & Koppel sind Unterlagen aus der fraglichen Zeit nur sehr bruchstückhaft überliefert. Auch Akten der Wehrmachtsverwaltung fehlen, die Dieselloks betreffend, fast völlig. Und da, wo Aufzeichnungen erhalten geblieben sind, werden sie mit Fortdauer des Krieges zunehmend ungenau, unvollständig und fehlerhaft.

Die auf den folgenden Seiten gemachten Stückzahlangaben müssen deshalb mit dem Vorbehalt einer kleinen Fehlertoleranz von maximal ± 2 Lokomotiven gemacht werden. Dies gilt zumindest für die WR360. Bei den anderen Bautypen, die in weit geringerer Stückzahl geliefert wurden und deren Produktion vorzeitig endete, sind die Quellen eindeutig und die Angaben deshalb gesichert.

Auch mit dieser Einschränkung ist die Zusammenstellung der WR-Lok-Lieferungen mehr als nur ein facettenreiches Puzzle. Der Überblick über die Bautätigkeit der Jahre 1936-1944 vermittelt vielmehr einen nachhaltigen Eindruck von den wechselhaften Produktionsbedingungen in den Vorkriegs- und Kriegsjahren, er nennt die vielen Besonderheiten bei Bau und Lieferung der Diesel-Einheitsloks und er gibt ein Bild von deren vielfältigen Einsätzen bei Wehrmacht, Industrie sowie bei Bahnen im Ausland.

Die Hersteller

Ein bißchen Statistik: Insgesamt 343 bis Kriegsende gefertigte WR-Lokomotiven nennt das Lieferverzeichnis am Ende dieses Kapitels. Dazu kommen noch 57 mehr oder weniger unveränderte Nachbauten in den Jahren nach dem Krieg. Gesamtzahl damit: Exakt 400 Lokomotiven. Mehr als drei Viertel davon waren Loks der 360-PS-Type. Dies unterstreicht die herausragende Bedeutung dieser Maschine nicht nur bei der technischen Entwicklung, sondern auch bei der Beschaffung und im Einsatzalltag der WR-Lok-Familie.

Die genaue Stückzahlverteilung auf die verschiedenen Bauvarianten der WR360 sieht folgendermaßen aus:

Originallieferungen

HR360B18	Baumusterlok	=	1	BMAG
HR360C12	Baumusterlok	=	1	O&K
WR360C12	Vorserienlok	=	10	BMAG, O&K
WR360C14	Serienlok	=	245	BMAG, O&K, Deutz, Jung, Henschel, DWK, Krupp
LDF300C	Sonderbauart	=	4	BMAG
	gesamt	**=**	**261**	

Nachbauten

WR360C14	Serienbauart	=	34	Deutz, Jung, Holmag/MAK
V36[4]	Nachbautype	=	18	MAK
	gesamt	**=**	**313**	

Bei den Lieferanten - SCHAUBILD 3 - hatte eindeutig Schwartzkopff die Nase vorn. Die Beschaffungsämter von Heer und Luftwaffe honorierten damit zweifellos die umfangreichen Aufwendungen dieser Firma bei der Entwicklung der WR360C14. Mit 130 von 261 bis Kriegsende gelieferten Lokomotiven sicherte sich die BMAG immerhin die Hälfte des gesamten Auftragkuchens. Ein weiteres knappes Drittel ging an die zweite AGM-Firma, Orenstein & Koppel. Deutz kam erst ab 1943 stärker ins Geschäft. Zu diesem Zeitpunkt durf-

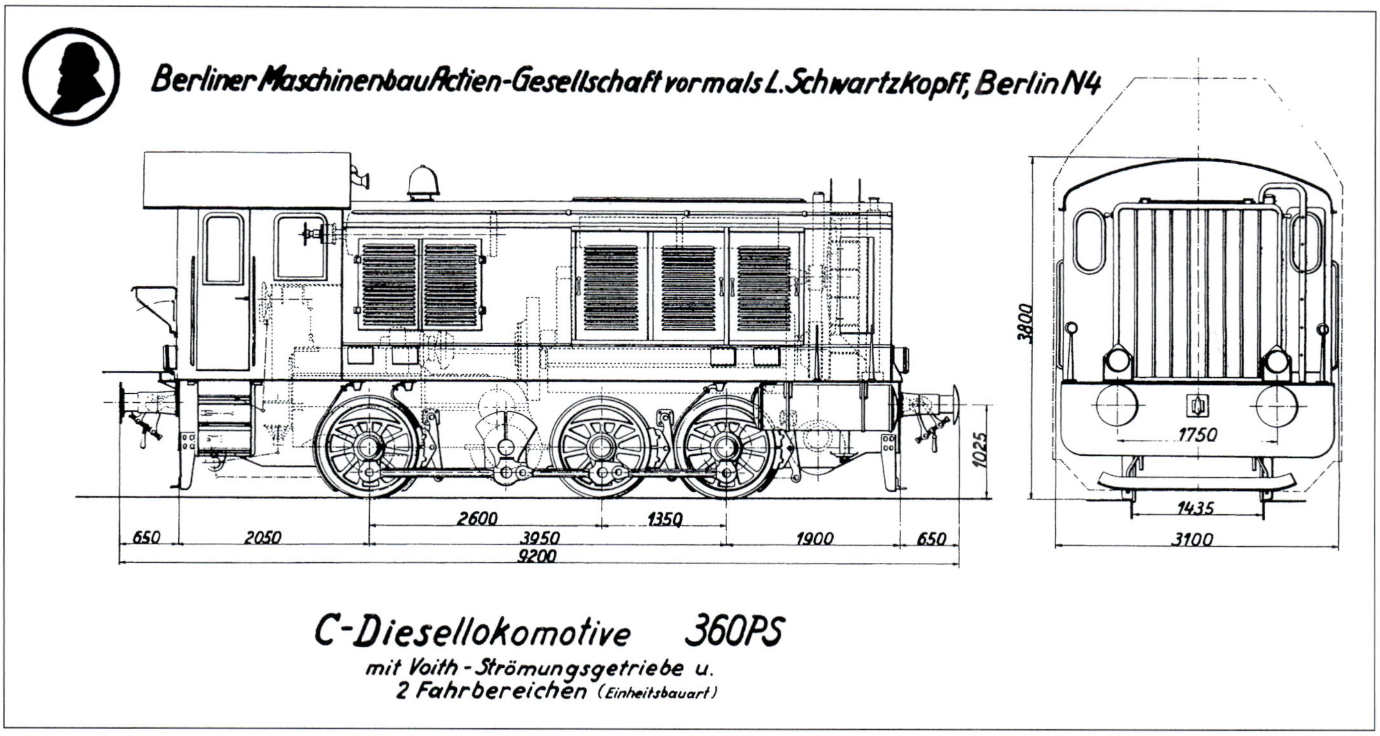

ten Schwartzkopff und O&K - ebenso wie alle anderen Lokfabriken mit eigener Kesselschmiede - bereits keine Diesellokomotiven mehr bauen, um so Kapazitäten für die Fertigung der Kriegsdampflok Baureihe 52 freizubekommen.

Etwas anders sah es bei der WR200B14 aus:

Originallieferungen		
Serienbauart	= 75	BMAG, O&K, Deutz, Krupp, Jung, Gmeinder
Nachbauten		
Serienbauart	= 5	Gmeinder
gesamt	**= 80**	

Hier bekam Deutz mit 52 der insgesamt 75 bis Kriegsende gebauten Loks den Löwenanteil an der Serienfertigung, während für BMAG (10) und O&K (1) diesmal nur Kleinserien bzw. Einzelstücke übrigblieben. Der Rest der Lokomotiven verteilte sich auf Jung (7), Gmeinder (4) und Krupp (1).

Auch bei der WR360C14 wurden kleinere Baulose an Jung, Krupp und Henschel vergeben. Als Verlagerungsfirma kam später noch DWK dazu. Der Grund für diese breite Streuung dürfte wohl zu allererst in dem Bemühen des Heereswaffenamtes zu sehen sein, die einzelnen Lokomotivfabriken entsprechend ihrer Mitwirkung in den verschiedenen Arbeitsgemeinschaften an den Lieferungen zu beteiligen.

Außerdem hatte das Heereswaffenamt *„aus militärischen Gründen“*[1] ein bestimmtes Interesse daran, den Lieferkreis nicht zu klein zu halten:

> Zum e i n e n sollte dadurch im Bedarfsfall eine schnelle Ausweitung der Fabrikation möglich werden, ohne sich in die Abhängigkeit von den Lieferkapazitäten eines einzigen oder einiger weniger Hersteller zu begeben.
>
> Und zum a n d e r e n ließ sich so - was nach Einsetzen der Luftangriffe auf Deutschland ab 1942 bald sehr aktuell wurde - eine geregelte Produktion auch bei Ausfall einzelner Fertigungsstätten sicherstellen.

Mit sechs (WR200B14) bzw. sieben (WR360C14) namhaften Lokomotivfabriken war der Lieferkreis daher durchaus großzügig bemessen.

Die gleichen Überlegungen führten spätestens ab Ende 1939 auch zu Bestrebungen, den Kreis der Motor- und Getriebelieferanten noch zu vergrößern[2]. Im Gespräch war insbesondere AEG als zweiter Getriebehersteller neben Voith. Ferner wurde die Darmstädter Motorenfabrik MODAAG mit der Entwicklung eines Zweitakt-Sechszylinder-Motors für die WR360C14 beauftragt[3].

Zumindest das hydraulische AEG-Föttinger-Getriebe scheint noch bis zur Betriebsreife durchkonstruiert worden zu sein. Eine Reihe von Werkstattzeichnungen jedenfalls sind 1942 entsprechend abgeändert bzw. ergänzt worden. Tatsächlich eingebaut wurde das als „ML360“ bezeichnete AEG-Getriebe aber nicht mehr. Auch der MODAAG-Motor, vorgesehen mit 360 PS bei 600 UpM und Roots-Gebläse, blieb ein Projekt auf dem Papier.

Die Einheitslok: In der Serienausführung als WR360C14 wurde der Wehrmachts-C-Kuppler genau 245 mal geliefert. Dazu kamen noch 34 unveränderte Nachbauten.

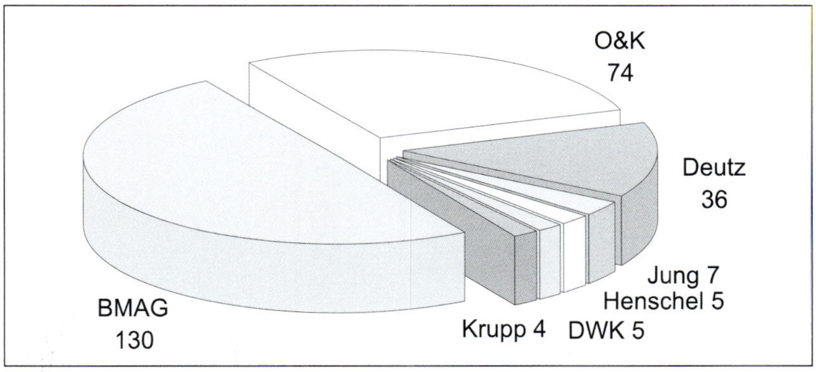

SCHAUBILD 3: Mit 130 Maschinen lieferte BMAG genau die Hälfte aller bis Kriegsende gebauten 360-PS-Lokomotiven.

Schon im Oktober 1937 hatten die Deutschen Werke Kiel ein Angebot auf einen Einbaumotor für die WR360C14 abgegeben[4], das in der Wildauer Arbeitsgemeinschaft jedoch kein positives Echo fand. Über die Gründe dafür ist aus den Unterlagen nichts zu ersehen. Vermutlich galt zum damaligen Zeitpunkt die gerade erst beschlossene Einführung des MWM-Modells RHS235S als ausreichende Alternative zu dem standardmäßig eingebauten Deutz-Motor.

1 Leeb, Aus der Rüstung, S.15
2 Sitzungsbericht AGM360 v. 19.12.39
3 Vorgesehene Typenbezeichnung vermutlich RK36
4 Sitzungsbericht AGM360 v. 15.10.37

Nachlass Arnold Haas

Kriegsdampflok und Kriegsdiesellok: Bei Schwartzkopff sind im Oktober 1943 nur noch drei WR360C14 in Arbeit.

Zurück zur Lokstatistik: TABELLE 19 nennt die Verteilung der WR-Loks auf die Lieferjahre 1937-1944. In SCHAUBILD 4 ist die Bestandsentwicklung zumindest der WR360C zudem auch grafisch dargestellt. Außerdem sind hier die jeweils bestellten Lokomotiven zahlenmäßig mit eingebunden. Auftragsspitzen lassen sich

1937-39 in der Zeit unmittelbarer Kriegsvorbereitungen,

1941 bei Ausweitung des Territoriums nach Osten und

1943 als Folge verstärkter Rüstungsanstrengungen unter dem neuen Reichsminister für Bewaffnung und Munition, Albert Speer, erkennen.

TABELLE 19: Lieferjahre der WR-Lokomotiven

	WR200	WR240	WR360	WR550	Summe
1937	-	-	2	-	**2**
1938	-	-	10	-	**10**
1939	-	3	55	-	**58**
1940	3	1	64	-	**68**
1941	14	-	37	1	**52**
1942	24	-	23	2	**49**
1943	33	-	45	-	**78**
1944	1	-	25	-	**26**
gesamt	**75**	**4**	**261**	**3**	**343**

jeweils incl. aller Sonderausführungen

Quelle: Lieferlisten

SCHAUBILD 4: Der WR360-Bestand entwickelte sich ohne große Sprünge; vorne die Bestellungen, in der Mitte die Lieferungen.

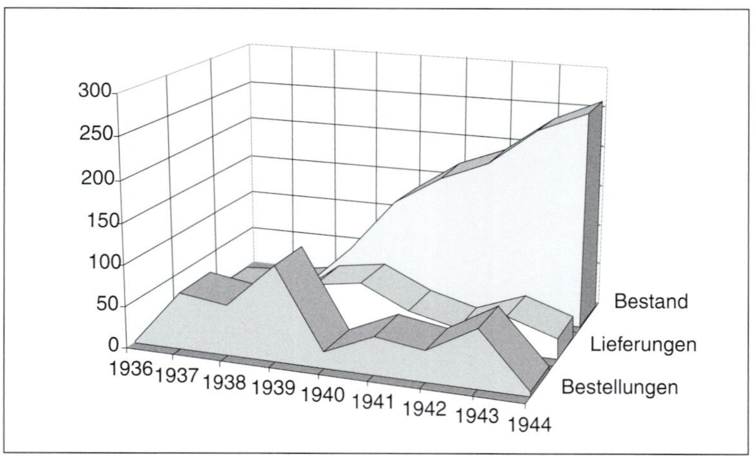

Mit einer Verzögerung von jeweils etwa zwei Jahren schlagen zumindest die ersten beiden Auftragsspitzen dann auch bei den Lieferungen durch. Die 1943er Bestellungen kamen dagegen durchweg nicht mehr zur Auslieferung, wurden in der Mehrzahl storniert oder blieben halbfertig stehen.

Interessant ist, daß die im Zusammenhang mit der Kriegsdampflokomotive Baureihe 52 später häufig erhobene Kritik,

e r s t e n s
sie sei zu spät geplant und gebaut worden, um die vielfältigen Verkehrs- und Nachschubprobleme im Osten zu lösen, und

z w e i t e n s
die vorschnelle Einführung zahlreicher konstruktiver Neuerungen habe zu unnötig häufigen Schäden im Betrieb geführt[5],

auf die WR-Lokomotiven in keiner Weise zutrifft. Zumindest die WR360C14 als wichtigste Vertreterin der Typenfamilie war schon bei Kriegsbeginn fertig entwikkelt, eingehend erprobt und in größerer Stückzahl geliefert. Bei der Kriegsdiesellok lagen die Probleme auf anderen Gebieten, etwa bei den unverhältnismäßig langen Lieferzeiten (verursacht durch die 1937 eingeführte Kontingentierung von Stahl und Eisen) oder bei den mit Dauer des Krieges zunehmenden Versorgungsengpässen beim Treibstoff.

Die langen Lieferzeiten hatten stets auch einen beträchtlichen Auftragsüberhang zur Folge. So waren von der WR360C14 bei Kriegsende mehr als 160 bestellte Lokomotiven noch nicht geliefert oder zwischenzeitlich schon wieder annulliert!

5 Witte, Reichsbahn-Zentralamt, S.15ff.

Die Abnehmer

Die WR-Lokomotiven waren keineswegs reine Wehrmachtloks. Vor allem aufgrund des kriegsbedingt hohen Bedarfs an leistungsstarken „feuerlosen" Rangierlokomotiven in der Rüstungsindustrie, fand speziell die WR360C14 (bzw. deren ex-geschützte Version WR360C14K) auch bei zahlreichen Betrieben vornehmlich der chemischen und petrochemischen Industrie Verwendung. Verhandlungen und Bestellungen gab es darüber hinaus mit verschiedenen Privat- und Staatsbahngesellschaften.

Die Stückzahlverteilung auf die verschiedenen Truppenteile, auf Industrie und Ausland läßt sich heute leider nicht mehr mit letzter Genauigkeit ermitteln. Erschwert werden exakte Angaben vor allem dadurch, daß die Bestellungen namentlich für die „Wirtschaftliche Forschungsgesellschaft" (Wifo, S.99ff.) je nach geplantem Einsatzort z.T. über die Luftwaffe, z.T. aber auch über das Heer abgewickelt wurden. Umgekehrt kamen - ab 1943/44 - mehrere bei den Industriebahnen wegen Treibstoffmangels abgestellte Dieselloks beim Feldheer noch einmal in Betrieb.

Für die Haupttype WR360C14 (incl. Sonderbauarten) kommt man zu folgenden Cirka-Zahlen:

Heer	= 136 Loks
Luftwaffe	= 53 Loks
Industrie	= 69 Loks
Ausland	= 3 Loks

Bei der WR200B14 sieht die Verteilung so aus:

Heer	= 43 Loks
Luftwaffe	= 30 Loks
Industrie	= 2 Loks

Je nach Abnehmer galten übrigens unterschiedliche Preise. So mußte z.B. das Heereswaffenamt für eine 1941 bestellte Serie WR360C14 ohne Auspuffkühlanlage einen Preis von nur 74.070,- RM je Lok bezahlen, während eine im gleichen Jahr bei Schwartzkopff angefragte Lok für Rumänien rund 110.000 RM kosten sollte! In den Angebotsunterlagen[6] wird in diesem Zusammenhang von „*Vorzugspreis*" und „*Ausfuhrpreis*" gesprochen.

Zum Vergleich auch die Preise für die WR200B14: Eine Serienlok kostete um 1940 zwischen 56.836,- RM (Jung, mit Deutz-Motor) und 62.000,- RM (Krupp, mit MAN-Motor). Weitere Einzelheiten im nebenstehenden Kastentext.

Die Preisentwicklung über mehrere Jahre wird am Beispiel der Lokomotiven der Wifo am besten deutlich. Für eine WR360C14, jeweils in der Ausführung mit Deutz-Motor und Auspuffkühlanlage, waren hier

1939:	76.852,- RM	(O&K 21138/1939) ebenfalls
1939:	77.810,- RM	(BMAG 10930/1939)
1942:	80.855,- RM	(BMAG 11458/1942) und
1944:	82.375,- RM	(Deutz 47179/1944)

zu zahlen. Sogar von Hersteller zu Hersteller bestanden also (wenn auch geringe) Unterschiede im Beschaffungspreis, ebenso bei den Motorlieferern. Die Garantiefrist betrug für alle Lokfabriken einheitlich 12 Monate ab Inbetriebnahme der Lok.

Die Lieferung von WR-Lokomotiven an die Luftwaffe, an private Kunden und für den Export war übrigens vertragsgemäß den jeweiligen AGM-Firmen vorbehalten[7], so daß - z.B. bei der WR360C14 - nicht zufällig nur Schwartzkopff und Orenstein & Koppel entsprechende Geschäfte tätigten. Für Deutz bestand erst ab 1943 als Verlagerungsfirma von BMAG die Möglichkeit dazu. Alle anderen, nicht an der Entwicklung der jeweiligen Loktype beteiligten Hersteller durften nach den Vereinbarungen mit dem HWA nur das Heer und die Reichsbahn beliefern.

Die Wehrmacht

Heer, Luftwaffe und Marine waren mit dem Aus- bzw. Neuaufbau der Jahre 1933-1938 zu mächtigen Militärapparaten herangewachsen. Allein das Heer unterhielt während des Krieges

191	Munitionsanstalten,
5	weitere große Munitionslager im besetzten Polen,
19	Heeres-Zeugämter,
10	Panzer-Zeugämter

sowie eine kaum überschaubare Zahl an Verpflegungslagern, Bekleidungsämtern und sonstigen Nachschubdepots. Ähnlich waren die Verhältnisse bei den anderen Truppenteilen.

Zur Deckung des damit verbundenen Bedarfs an Rangierlokomotiven für den Depotdienst griffen besonders Heer und Luftwaffe ab 1938 in großem Umfang auf die neu entwickelten WR-Lokomotiven zurück. Die WR360 des RLM waren dabei generell mit Ex-Schutz ausgerüstet[8], während das Heer über den Einbau der Auspuffkühlanlage von Bestellung zu Bestellung neu entschied.

Zuständig für die Beibringung der Loks waren die jeweiligen Beschaffungsämter; das waren

- für das Heer: das Heereswaffenamt;
- für die Luftwaffe: die Beschaffungsstelle für Flughafenbau[9]; sowie
- für die Marine: die Marinewerften Kiel und Wilhelmshaven.

Soviel kostete die WR360C14

Anfang 1939 hat auch die Deutsche Reichsbahn ein Angebot über drei WR360C14K-Lokomotiven für den Hamburger Petroleumhafen eingeholt[1]. Die darin enthaltenen Angaben - ergänzt durch weitere Unterlagen[2] - sind Grundlage für die folgende Preisaufstellung.

Fahrzeugteil	
Schwartzkopff	= 45.870,- RM
Orenstein & Koppel	= 45.340,- RM ohne Puffer
Deutz	= 45.824,- RM
Motor	
MWM RHS235S	= 16.800,- RM
Deutz V6M436	= 16.457,- RM
darin:	
für Windflügel	= 325,- RM
für Kühlwasserpumpe	= 200,- RM
für Regler	= 190,- RM
für Ansaugfilter	= 120,- RM
für Schwungrad	= 320,- RM
Getriebe	= 13.452,- RM
davon:	
für Getriebe L37	= 12.252,- RM
für VM-Kupplung	= 1200,- RM
Auspuffkühlanlage	= 3500,- RM
Zusätzl.Tachograf	= 300,- RM

Für die meistgebaute Ausführung - Schwartzkopff mit Deutz-Motor - ergab sich damit ein Einzelpreis von 75.779,- RM, mit Plattenschutz waren es 79.279,- RM. Bei Serien- und Privatbestellungen wurden gesonderte Preise festgesetzt.

1 Ausführlich im Kapitel „Deutsche Reichsbahn", ab Seite 109
2 U.a. RZA247/Vermerk v. 9.6.36

Die zahlenmäßige Erfassung und technische Überwachung der Lokomotiven erfolgte in ähnlicher Weise wie bei der Reichsbahn, d.h. durch eine Zentralkartei (mit Angaben über Leistung, Bauart, Abmessungen etc.), durch Betriebsbücher sowie durch die ständige Betriebsüberwachung durch den Reichsbevollmächtigten für Bahnaufsicht der jeweils zuständigen Reichsbahndirektion.

Bei der Luftwaffe sollte die Kartei gleich fünffach angelegt werden. Je eine Ausfertigung der Karteikarten

6 ZStA 43.01/2018 neu
7 Niederschrift Abg180 v. 20.10.36
8 Sitzungsbericht AGM360 v. 12.5.38 und 25.6.41
9 Ab 1943: Amt für zentrale Bauaufgaben der Luftwaffe

Sammlung Stefan Lauscher

Die WR-Lokomotiven in der Werbung

Zwei 360-PS-Loks als „Doppellokomotive" mit Zug im Streckeneinsatz, eine Lokparade vor einem mehrständigen Lokschuppen, Rangierszenen mit und ohne angehängte Wagen ... alles, was den potentiellen Kunden auf die neue WR-Lok-Familie neugierig machen konnte, haben die Hersteller zwischen 1937 und 1952 auch in ihren Anzeigen dargestellt.

Besonders Schwartzkopff warb weit gestreut und (für eine Diesellok) vergleichsweise intensiv mit der im eigenen Haus entworfenen Lokomotive. Kaum ein Jahrgang der „Verkehrstechnik", der „VDI-Zeitschrift", der „Lokomotive" oder des „Organs für die Fortschritte des Eisenbahnwesens", in dem die WR360C nicht auftauchte. Heute wirken die liebevoll gestalteten Annoncen von damals wie ein Relikt aus einer besseren (Eisenbahn-) Zeit. Rolf Löttgers hat diesen Anzeigen deshalb bereits im LOK-MAGAZIN 139 einen lesens- und sehenswerten Beitrag gewidmet.

Auffallend an der Werbung für die WR-Lokomotiven sind zwei Dinge:

Erstens: Abgebildet wurde (mit einer Ausnahme) ausschließlich die 360-PS-Type. Die Schwesterlokomotiven WR200B14 oder WR550D14 waren in den Anzeigen durchweg nicht zu sehen. Die C-Lok stellte die vielseitigste Bauart des Typenprogramms dar. Und diese Vielseitigkeit machten die Hersteller auch in ihrer Werbung deutlich.

Und zweitens: Geworben wurde viel und vielfältig. Von „militärischer Geheimhaltung" konnte überhaupt keine Rede sein. Die WR360C14 war zwar in ihrem Ursprung eine Wehrmachts-Entwicklung. Doch der Markt für eine solche Lok war sehr viel größer (sonst hätte die Werbung ja auch wenig Sinn gemacht).

Die allererste Anzeige schaltete **Schwartzkopff** schon im Frühjahr 1937. Am 1. Mai - also nur zwei Monate nach Fertigstellung der Lok - erschien die Nummer 18 der „VDI-Zeitschrift" mit einer ganzseitigen Annonce für die zweiachsige HR360B18. Ebenso prompt folgten ab Mitte Juli 1937 die ersten Anzeigen mit Bildern der 720-PS-Doppellokomotive bei den gerade abgeschlossenen Versuchsfahrten in der Altmark.

Auch an der weiteren Schwartzkopff-Werbung läßt sich der jeweilige Baufortschritt bei der WR360C präzise ablesen. 1938 Fotos von den ersten bei BMAG gebauten (Vorserien-) Lokomotiven in dreiachsiger Ausführung; das klassische Schwartzkopff-Motiv mit Mehrspurdrehscheibe und Verwaltungsgebäude im Hintergrund. 1940 dann schließlich die Serienlok mit und ohne Ex-Schutz (erkennbar an dem Kastenaufsatz auf dem Motorvorbau; Bild mitte links).

Sammlung Stefan Lauscher

Schwartkopff-Werbung 1937-1939: Oben die Lokparade in Wildau (aus „Verkehrstechnik" 2/1939); die erste ex-geschützte Lok (mitte, aus „Die Lokomotive" 6/1939); unten die HR360B18 (aus „Verkehrstechnik" 17/1937)

Sammlung Dr. Rolf Löttgers

Auch in den Jahren danach hat die BMAG immer wieder mal mit teils standardisierten, teils auch sehr auffälligen Annoncen auf die WR-Lok aufmerksam gemacht. Erwähnenswert sind vor allem das besagte Gruppenbild mit vier (offenbar noch zur Vorserie gehörenden) WR360C-Lokomotiven vor dem Anheizschuppen von Schwartzkopff in Wildau (Bild links oben) sowie eine Doppelanzeige mit stromlinienverkleideter 01^{10} und einer WR360C-Doppellok aus dem Jahre 1940 (Bild rechts oben).

Sammlung Stefan Lauscher

Etwas ruhiger ging es bei **Orenstein & Koppel** zu. Lange Zeit gab es hier nur in einziges Motiv: Lok mit Kesselwagenzug vor Industriekulisse, eine Federstrichzeichnung, die u.a. in der „Verkehrstechnik“ und in der „VDI-Zeitschrift“ erschien (Bild rechts unten). 1940, als aus O&K bereits MBA (Maschinenbau und Bahnbedarf AG) geworden war, rutschte für kurze Zeit eine Exportlok für die Weihnachtsinsel auf die Werbeseiten (z.B. in „Glasers Annalen“), bevor letztlich dann wieder Dampfloks die Annoncen bestimmten. Von O&K immerhin stammt auch das einzige bekannt gewordene Vier-Seiten-Prospekt über die 360-PS-Lokomotive.

Sammlung Thomas Gottschewsky

Von **Deutz**, wie auch von den Kleinserienlieferanten **Henschel**, **DWK** und **Krupp**, hat es - zumindest bis 1945 - keine WR-Lok-Werbungen gegeben. Begreiflicherweise, denn als Nicht-AGM-Firmen waren sie ohnehin von der Lieferung an Private ausgeschlossen. Hier warb man lieber für die hauseigenen Lokentwicklungen.

Auch bei Schwartzkopff ging die Werbung für die WR-Dieselloks Anfang der 40er Jahre deutlich zurück. Die Auftragsbücher waren voll, die Fertigungskapazitäten erschöpft und die Werbung wurde mehr zum Instrument der Imagepflege (wofür sich andere Loktypen besser eigneten), als zum Mittel der Auftragsaquisition.

Nur einmal noch, Ende der 40er/Anfang der 50er Jahre beim Neuanfang der Lokomotiventwicklung im zerstörten Nachkriegsdeutschland, war die jetzt als „V36“ bezeichnete Lok wieder gefragt. Den Sprung auf die Großanzeigen-Seiten der Fachpresse schaffte die immerhin schon über zehn Jahre alte Konstruktion allerdings nur noch selten; so etwa in einer **Jung**-Annonce von 1949 im Beiheft 1 der „Motortechnischen Zeitschrift“ (Bild mitte rechts). Auch **MAK** und **Deutz** holten sie nochmal auf die Titelseiten ihrer ersten Nachkriegsprospekte.

Ebenso warb die Firma **Voith** in dieser Zeit noch verschiedentlich mit der WR-Lokomotive für ihre Turbogetriebe. Die Geschäfte liefen offenbar gut in Heidenheim, so daß man sich um Werbung nicht viele Gedanken machen mußte. Wie schon zwischen 1938 und 1943 wurde in den Voith-Anzeigen meist nur ein einziges Foto abgebildet: Das der HR360C12-Baumusterlok von O&K.

Die letzte Annonce mit einer AGM-Lokomotive erschien im Augustheft 1952 der „Eisenbahn-technischen Rundschau“. Diese Voith-Anzeige (siehe Seite 88) ist eine kleine Rarität, zeigt sie doch - zum ersten und zum letzten Mal - eine WR550D14. Danach mußten die WR-Loks dann endgültig Platz auf den Anzeigenseiten machen für die Neuentwicklungen der Nachkriegs-Ära.

Annoncen von BMAG, Jung und O&K: Oben der Doppelpack mit einer 01^{10} (aus „Die Lokomotive“ 5/1940); daneben die Doppellok von Jung (aus Beiheft 1 der „MTZ“ 1949); unten die HR360C mit Kesselwagen (aus „VDI-Zeitschrift“ 23/1938)

Sammlung Hans Wervers

war dabei auf der Lok, beim Betriebsbuch, beim Luftgaukommando, bei einer Zentralstelle des HWA sowie beim Reichsluftfahrtministerium vorzuhalten[10]. Ob dieses aufwendige Verfahren wirklich praktiziert worden ist, scheint zweifelhaft, zumal die Zahl der von der Luftwaffe beschafften WR-Loks wohl ohnehin nicht die ursprünglich erwartete Größenordnung erreicht hat.

Das Heer

Das Oberkommando des Heeres (OKH) in Berlin war mit 189 WR-Lokomotiven der mit Abstand größte Abnehmer für die Diesel-Einheitsloks. Bis Kriegsende fuhren allein 139 Lokomotiven der WR360C-Type beim Heer, dazu 43 Lokomotiven WR200B und alle Loks der Splittergattungen WR240B (4 Stück) und WR550D (3 Stück). Die Einsatzorte und Betriebsverhältnisse sind nur fallweise bekannt. Die Mehrzahl der WR-Loks rangierte aber in den erwähnten Munitionsanstalten, Verpflegungslagern und Zeugämtern, wo sie auch die Zusammenstellung der abgehenden Züge im Übergabebahnhof besorgten. Alle Heeresloks wurden deshalb auf DR zugelassen[11].

Die betriebliche Auslastung der Loks war zum Teil ganz enorm. So heißt es z.B. für die bei der Heeres-Muna Wolkramshausen eingesetzte BMAG-Lok 10752/1938:

> *Maschine ist seit Juli 1938 täglich 16-24 Stunden in Betrieb[12];*

und für die O&K 20916/1938, eingesetzt bei der Heeres-Muna Aschersleben:

> *Lok hat in 4 Jahren ohne besondere Störung 80.000 km geleistet[13].*

Allerdings gab es auch ruhigere Einsatzorte, etwa das Heeres-Verpflegungsamt Darmstadt, wo die heutige Museumslok V20 022 (Jung 9585/1942) Dienst tat:

> *Die Lok ist seit 1 ½ Jahren in Betrieb. Seit dieser Zeit steht sie im Freien und wird täglich zwei- bis dreimal etwa 2-3 Stunden im Rangierdienst benutzt. Die Maschine ist in verwahrlostem Zustand[14].*

Dem Charakter dieser Fabriken und Depots entsprechend, war in der Regel nicht mehr als eine WR-Lok am jeweiligen Standort stationiert; dazu kam meistens eine zweite, leistungsschwächere Maschine, die aus den Industrietypenprogrammen von Deutz, DWK oder O&K stammte.

Weiterhin sind WR-Loks bei der Artillerie (zum Verschieben von Eisenbahngeschützen), bei der Panzertruppe (für die Bespannung von Panzerzügen), auf der Wüstenbahn in Nordafrika sowie als Zuglok vor dem berüchtigten „Schienenwolf" bekannt. All diese Dienste werden im Kapitel „Einsatz im Krieg" ab Seit 137 noch ausführlich beschrieben. Auch das Betriebsnummernschema für die WR-Loks und die Anstrichvarianten sind dort näher erläutert.

Große Probleme löste bei allen Wehrmachtsstellen ab Anfang 1943 der sich verschärfende Treibstoffmangel aus. Schon in einem Schreiben des OKH Berlin an die Reichsbahn vom 25. Juni 1942 heißt es dazu wörtlich[15]:

> *Die Knappheit an Dieseltreibstoff gestattet es nicht, die auf den wehrmachtseigenen Werken der Pulver-, Sprengstoff- und Munitionserzeugung eingesetzten Dieselloks weiter in Betrieb zu halten. Es ist zwar vorgesehen, die Dieselloks durch feuerlose Dampfloks zu ersetzen; die Fertigung der feuerlosen Loks stösst aber auf große Schwierigkeiten und bedingt lange Lieferfristen. Ein durch die Stillegung des Schienenverkehrs verursachter Produktionsausfall würde weittragende Folgen für die Operationen an den Fronten mit sich bringen.*

Als erste Maßnahme wurden daraufhin die kleineren Firmenloktypen (wie im übrigen auch LKW, Busse, Traktoren etc.) auf sogenannte „heimische Treibstoffe" - insbesondere Anthrazitkohlengas und Holzgas - umgestellt. Für die leistungsstärkeren WR200 und WR360 schied diese Möglichkeit wegen der mangelnden Leistungsfähigkeit und der dann nötigen Größe der Gaserzeuger allerdings aus.

Da auch Dampfspeicherloks kurzfristig nicht beschaffbar waren, mußten ab Ende 1943 sehr viele WR-Lokomotiven ganz oder zeitweise abgestellt werden. Belegt[16] ist dies u.a. für die WR360C14

- der Heeres-Muna Schwerin (Ende 1943),
- der Heeres-Muna Aschersleben (undatiert) und
- der Heeres-Muna Feucht (22.12.44).

Ein Teil dieser Loks ist daraufhin ganz aus den Munas und Nachschubdepots abgezogen und im Frontbetrieb weiter verwendet worden, wo es keine Einschränkungen für den Diesellok-Einsatz gab. Ersatz in der Heimat kam in Form von Reichsbahn-Dampfloks der Baureihen 74^4, 89^{9-10}, 90, 91^2, 91^3 und 92^4, im bayerischen Raum auch durch 70^0, 89^7, 98^{71}, 98^{72} (ex LAG) und 98^{76}. Von Sicherheitsbestimmungen für explosionsgefährdete Bereiche war zu diesem Zeitpunkt längst keine Rede mehr.

Trotz dieser Engpässe wurden vom Heer bis kurz vor Kriegsende weitere WR360C14 bestellt und in Dienst genommen. So enthält z.B. das „Infanterie-Rüstungs-Programm" des OKH für das Quartal IV/1944[17] noch vier zu beschaffende 360-PS-Loks, für die - außer Treibstoff - aber auch die nötigen Stahl-Kontingente fehlten.

Luftzeugamt Kölleda 1941: Eine unbekannte Serien-WR360C14K von O&K rangiert. Fotos vom Kriegseinsatz der WR-Loks sind leider sehr rar.

SAMMLUNG HEINZ KÖHLER

10 Sitzungsbericht AGM360 v. 24.7.39
11 Ebenda
12 Monteursberichte 1938-1944 (im Voith-Archiv)
13 Ebenda
14 Ebenda
15 BA R5/2134
16 Rbd Schwerin 6324, Voith-Monteursberichte
17 BA-MA RH8/v.1141

VOITH

Die Luftwaffe

Die Luftwaffe erhielt ihre ersten WR-Lokomotiven im Juli 1938. Von einem Heeresauftrag über 2x5 WR360C12-Vorserienloks bei BMAG und O&K gab das OKH die jeweils letztgebauten Maschinen zu Versuchszwecken an das RLM ab[18]. Beide Loks hatten bereits Ex-Schutz. Stationiert wurden sie beim Lufttanklager Ebenhausen/bei Schweinfurt (BMAG 10796/1938) bzw. beim Luftzeugamt Kölleda nordöstlich von Erfurt (O&K 20914/1938).

In den darauffolgenden Jahren gehörte das RLM dann zu den wichtigsten Bestellern der 360-PS-Maschine. Schwartzkopff und Orenstein lieferten zwischen 1939 und 1941 in mehreren Bauserien fast 50 Loks. Die Verteilung mit Stand vom 26. März 1943 zeigt die nachfolgende Tabelle[19].

TABELLE 20:
WR360C14 der Luftwaffe

	BMAG	O&K	Summe
Norddeutschland	13	9	**22**
Ostdeutschland	6	3	**9**
Westdeutschland	3	3	**6**
Süddeutschland	2	1	**3**
Ostmark	1	2	**3**
Besetzte Ostgebiete	2	2	**4**
gesamt	**27**	**20**	**47**

Quelle: MfV RZA 239

Mit Baujahr 1944 kamen dazu noch sechs WR360C von Deutz. Gesamtstückzahl bei der Luftwaffe damit: 53 Stück.

Die einzelnen Lieferserien lassen sich noch ziemlich genau rekonstruieren: Folgende Einzelloks bzw. Baulose gingen ans RLM:

Von **Schwartzkopff**:

10796/1938	(= 1)	
10838-10847/1939	(= 9)	ohne 10840
10933-10936/1939	(= 4)	
11210-11221/1940	(= 9)	ohne 11211-11213
11374-11377/1940	(= 4)	(gesamt: 27)

Von **Orenstein & Koppel:**

20914/1938	(= 1)	
21128-21132/1939	(= 4)	ohne 21130,
21296-21298/1940	(= 3)	
21452-21463/1940	(= 11)	ohne 21456
unbekannt/	(= 1)	(gesamt: 20).

Von **Deutz** schließlich noch die sechs Nachzügler:

47153-47157/1944	(= 5)	
47183/1944	(= 1)	(gesamt 6).

In der Tabelle und in den Bauserien-Angaben noch nicht berücksichtigt sind 30 Lokomotiven WR200B14 von Deutz, die erst über das Jahr 1943 verteilt ausgeliefert wurden. Auch von der 360-PS-Lok war für 1943 ebenfalls noch einmal eine größere Serie - zusammen 51 Loks; Lieferer: BMAG und O&K - bestellt. Als Folge des empfindlichen Treibstoffmangels wurde der Auftrag jedoch storniert.

Stattdessen war, ebenso wie bei der Marine, die Beschaffung von Akkulokomotiven vorgesehen. Im Frühjahr 1943 wurden RLM und OKM (Oberkommando der Kriegsmarine) deshalb gemeinsam beim Reichsbahn-Zentralamt in Berlin vorstellig, um über Hilfestellung bei der Auswahl und Beschaffung geeigneter Bauarten zu sprechen. In einer Notiz des RZA[20] vom 1. März 1943 heißt es dazu:

18 Sitzungsbericht AGM360 v. 10.9.37
19 Normalspurige Motorlok der Luftwaffe, MfV RZA/239
20 BA R5/2216

Fertig zum Wehrmachtseinsatz: Die ex-geschützte BMAG 10845/1939 war eine der ersten WR360C14 für die Luftwaffe. Aufnahme in Wildau.

TABELLE 21:
Akkulokomotiven/Projekte Luftwaffe

		Ks (DR)	Industrielok
Dienstgewicht	to	17	ca.34
Motor			
Leistung	kW	2x 17	2x 50
Stundenzugkraft	kg	1250	4200
Anfahrzugkraft	kg	2500	8000
Batterie			
Type		6Ky380	12Ky380
Zahl der Zellen		108	160
Kapazität	kWh	75	210
Vmax	km/h	30	22-25
Anhängelast max.	to	320	650
Arbeitsvermögen	tkm	2000	5800

Quelle: BA R5/2216

Nachschub für die treibstoff-hungrige Armee: Die schon werksneu in russischer Breitspur gelieferte Wifo-Lok 15 (O&K 21142) rangiert – propagandistisch aufgemotzt – mit einem langen Tankwagenzug im polnisch-ukrainischen Grenzbahnhof Przemysl (1941/42).

Man war bei beiden Stellen der Ansicht, daß bei der Reichsbahn die gleichen Verhältnisse [Treibstoffmangel; S.L.] *vorliegen und hier schon laufend Speicherlokomotiven beschafft würden. Seitens der Industrie war auf die im Bereich der Reichsbahn eingesetzten Ks mit 2x17 kW-Motoren hingewiesen und daneben noch eine stärkere, auf Industriebahnen angeblich gut bewährte Bauart mit 2x50 kW empfohlen worden ...*

Die für die Beschaffung maßgebenden Herren des RLM und OKM äusserten den Wunsch, daß seitens der Reichsbahn alle Bauartfragen insbesondere hinsichtlich Entfeinerung und dergl. geklärt, die Verhandlungen mit dem HA Schienenfahrzeuge geführt und Beschaffung, Bauüberwachung und Abnahme der Lok übernommen werden möchten.

Über die wichtigsten Vergleichsdaten der beiden angesprochenen Speicherlok-Bauarten gibt die obenstehende Tabelle Auskunft. Der Bedarf wurde vom Luftfahrtministerium für 1944 mit 80 Lokomotiven à 40 kW und 20 Lokomotiven à 100 kW angegeben. Letztlich waren die Akkulok-Pläne aber ebenso zum Scheitern verurteilt, wie das Vorhaben des OKH, den Treibstoffengpaß durch kurzfristig zu beschaffende Dampfspeicherloks zu umgehen.

SAMMLUNG STEFAN LAUSCHER

Kaum drei Monate nach den Gesprächen bei der Reichsbahn in Berlin mußte sich die Luftwaffe deshalb doch noch zur Bestellung einer Anschlußserie WR360C14 bei der Verlagerungsfirma Deutz entscheiden. Der Auftrag lief über insgesamt 20 Lokomotiven, von denen nur noch die bereits genannten sechs fertiggestellt werden konnten.

Der Einsatz der RLM-Lokomotiven erfolgte, ähnlich wie beim Heer, u.a. in sogenannten „Luftmunas" (also Munitionsanstalten der Luftwaffe[21]), mehr noch aber in Lufttanklagern sowie bei Fliegerhorsten, Zeugämtern und Flakzeugämtern der Luftwaffe. Die notwendige Wartung und Pflege der Lokomotiven scheint dabei zuweilen erheblich vernachlässigt worden zu sein. So heißt es zum Beispiel in dem Bericht eines Voith-Monteurs[22] vom Dezember 1941 über eine unbekannte Schwartzkopff-WR360C14, die beim Fliegerhorst Schwerin lief:

Halle mit Kran oder Grube steht nicht zur Verfügung. An Werkzeugen ist nur 1 Satz Schlüssel vorhanden. Maschine hatte schon drei Zusammenstöße. Wartung und Pflege ist schlecht. Kühler und Bremszylinder sind undicht. Der Motor klopft wie eine Steinschlagmaschine.

Die Marine

Der dritte Wehrmachtsteil - die Marine - spielt im Zusammenhang mit den WR-Lokomotiven so gut wie keine Rolle. Obwohl die Marinewerften in Kiel (zuständig für die Ostsee-) und Wilhelmshaven (zuständig für die Nordseeküste) große Diesellokbestände mit zum Teil recht leistungsstarken, normalspurigen Maschinen der Firmenbauarten (besonders von Deutz) unterhielten[23], war die Marine weder an der Entwicklung, noch an der Beschaffung der Diesel-Einheitsloks bei der Wehrmacht beteiligt.

Die einzige Ausnahme bildet eine WR360C14, die am 20.11.42 bei Deutz in Köln bestellt wurde und mit Fabriknummer 55110 im Dezember 1944 geliefert werden sollte. Wie viele andere Lokomotiven mußte aber auch diese Bestellung im letzten Kriegsjahr storniert werden. Vorgesehen war die Maschine für das Marinebauamt Pillau/Artillerie-Arsenal Caspershöfen[24]. Auch eine Betriebnummer der Marine - 3606 - war bereits vergeben, blieb aber aus den erwähnten Gründen unbesetzt.

Industrie

Neben den einzelnen Truppenteilen hat auch die zum Teil staatlich kontrollierte Rüstungsindustrie im 2.Weltkrieg über viele Jahre Lokomotiven der Wehrmachtsbauart beschafft und eingesetzt. Dieser Aspekt ist in der einschlägigen Eisenbahn-Literatur bislang leider fast völlig übersehen worden.

Von Leistung und Ausstattung her war auch hier vor allem die 360-PS-Lok, je nach Einsatzort insbesondere die K-Ausführung mit eingebautem Ex-Schutz, interessant. Viele Großunternehmen vor allem der chemischen und petrochemischen Industrie beschafften deshalb schon recht frühzeitig WR-Loks für ihre Betriebe. Einsatz-Schwerpunkte waren Treibstofflager, die halbstaatliche Sprengstoff- und Pulverindustrie, Hydrierwerke sowie erdölverarbeitende Unternehmen.

Ab ca. 1942/43 kamen auch Firmen aus anderen Industriezweigen hinzu. Zumindest die späten Privatlieferungen könnten dabei möglicherweise im Zusammenhang mit stornierten Bestellungen des Heeres bzw. der Luftwaffe gestanden haben.

---

21 Die Luftwaffe verfügte über insgesamt 18 Lufthauptund 46 einfache Luftmunas; BA-MA RL2III/419
22 Im Voith-Archiv
23 Allein die Werftbahn in Wilhelmshaven hatte eine Gleislänge von nahezu 200 Kilometern; eingesetzt waren hier über 100 Diesellloks; Rohweder/Wolff, Wilhelmshaven, S.118ff.
24 Motorlokomotiven der Kriegsmarinewerft Kiel/ Loklisten 1941-44, unveröffentlicht

Die Wirtschaftliche Forschungsgesellschaft mbH

Sammlung Jaroslav Brezina

Rangierpause für Wifo-Lok 38: Die BMAG-Maschine war im Wifo-Lager Mährisch Schönberg eingesetzt.

Die Wirtschaftliche Forschungsgesellschaft GmbH (kurz: Wifo) mit Sitz in Berlin war in der Logistik des Zweiten Weltkriegs ein wichtiges Bindeglied zwischen Mineralölwirtschaft und Wehrmacht. Die Geschäftsaktivitäten der Wifo umfaßten in der Hauptsache

- den Neubau und Betrieb von Großtanklagern, Fernleitungen und ähnlichen Anlagen, entweder im Auftrag des Reiches, oder für die damaligen Großkonzerne;
- den Einkauf und die Bevorratung von Treibstoff, insbesondere Leuna-Flugbenzin für die Luftwaffe, sowie anderer kriegswichtiger Grundstoffe und
- (ab 1939) die Herstellung von Kesselwagen für den Mineralöltransport

Zum Anlagenbau gehörte auch die Errichtung ganzer Chemiefabriken, die zwar schon in Friedenszeiten gebaut und eingerichtet wurden, aber bis zum Bedarfs- (Kriegs-) fall eingemottet blieben („Bereitschaftsanlagen").

Gegründet worden war die Wifo am 24.8.34. Hauptgesellschafter waren zunächst die Deutsche Bau- und Bodenbank sowie (zeitweise) die I.G. Farbenindustrie. 1943 übernahm das Deutsche Reich alle Anteile. Spätestens von diesem Zeitpunkt an erhielt die Wifo ihre Anordnungen unmittelbar aus dem Reichswirtschaftsministerium.

Für den Bau- und Rangierbetrieb in den neu angelegten Tanklagern erhielt die Wifo ab Anfang 1939 eine größere Zahl von Diesellokomotiven. Bei Kriegsende umfaßte der Bestand 43 Loks; der Großteil davon - 38 Maschinen - waren WR360C14, alle in ex-geschützter Ausführung. Dazu kamen fünf Dieselkleinloks LgII (Wifo 16-20) sowie einige C- und D-gekuppelte Dampflokomotiven[25].

In den Akten findet sich der Hinweis, daß noch im August 1937 anstelle der WR360C14 die großflächige Beschaffung von Dampfspeicherlokomotiven vorgesehen war[26]. Die Bestellung konnte jedoch noch gestoppt und - Auftragsvergabe im Dezember 1937 - durch exgeschützte WR360C14-Lokomotiven ersetzt werden.

Über Betriebsnummern, Herstellerdaten, Motorbauarten und Liefertage der Wifo-Dieselloks gibt die

25 Eine Reihe weiterer Kleinlokomotiven LgII erhielt die Wifo für die von ihr gebauten, aber nicht betriebenen Chemiewerke, u.a. in Staßfurt (BMAG 10771/1937), Langelsheim (BMAG 11207/1940) und Embsen/b.Lüneburg (Deutz 42981/1943); diese Lokomotiven wurden mit den gesamten Anlagen an den jeweiligen Betreiber - meist war dies die I.G. Farbenindustrie - verpachtet und tauchen deshalb im Lokbestand der Wifo nicht auf

26 BA-MA Potsdam WF-01/662

Nr.	Herst	FabNr/Bj	Motor	gel. am	eingesetzt bei	Verbleib nach 1945
Nr. 1	BMAG	10929/1938	Deutz	06.02.39	Wifo Nienburg	DB V36 203
Nr. 2	BMAG	10930/1939	Deutz	27.02.39	Wifo Staßfurt	VEB Kombinat Kali, Staßfurt, Nr.2
Nr. 3	BMAG	10931/1939	Deutz	23.02.39	Wifo Derben	Kriegsschadlok (DR-Ost)
Nr. 4	BMAG	10932/1939	Deutz	10.03.39	Wifo München	US-Army/Transportation Corps, 9005-P
Nr. 5	O&K	21130/1939	Deutz	05.08.39	Wifo Drugehnen	
Nr. 6	O&K	21133/1939	Deutz	17.11.39	Wifo Hitzacker	PAW Holmag (1947); Verbleib unbekannt
Nr. 7	O&K	21134/1939	Deutz	29.11.39	Wifo Neuburg	VTG Neuburg, Nr.7
Nr. 8	O&K	21135/1939	Deutz	11.12.39	Wifo Derben	DR-Ost V36 028
Nr. 9	O&K	21136/1939	Deutz	28.12.39	Wifo Eickeloh	DR-Ost V36 029
Nr. 10	O&K	21137/1939	Deutz	16.01.40	Wifo Farge (?)	DB V36 216
Nr. 11	O&K	21138/1939	Deutz	03.02.40	Wifo Neuenheerse	Kriegsschadlok (DR-Ost)
Nr. 12	O&K	21139/1940	Deutz	21.02.40		
Nr. 13	O&K	21140/1940	Deutz	05.03.40	Wifo Vorderheide	VEB Kombinat Kali, Staßfurt, Nr.3
Nr. 14	O&K	21141/1940	Deutz	05.04.40		Belgisch Landmacht, Nr.42550 (Belgien)
Nr. 15	O&K	21142/1940	Deutz	18.03.40		(1942 gesprengt ?)
Nr. 16		Kleinlok LgII (BMAG 11483/1940)				
Nr. 17-20		Kleinlok LgII (Deutz 33263-22366/1941)				
Nr. 21	O&K	21480/1941	Deutz	20.06.41	Wifo Wien-Lobau	
Nr. 22	O&K	21481/1941	Deutz	05.07.41		DB V36 218

weiter auf S.100

Nr. 23	O&K	21482/1941	Deutz	28.07.41		DR-Ost V36 031
Nr. 24	O&K	21483/1941	Deutz	20.08.41	Wifo Zarrentin	Britische Rheinarmee, RCT 21483
Nr. 25	O&K	21484/1941	Deutz	06.10.41	Wifo Münchenb'dorf	DR-Ost V36 032
Nr. 26	BMAG	11453/1942	Deutz	28.02.42	Wifo München	US-Army/Transportation Corps, 9006-P
Nr. 27	BMAG	11454/1942	Deutz	19.03.42	Wifo München	US-Army/Transportation Corps, 9003-P
Nr. 28	BMAG	11455/1942	Deutz	19.03.42		
Nr. 29	BMAG	11456/1942	Deutz	19.03.42		PAW Holmag (1947); Schadlok
Nr. 30	BMAG	11457/1942	Deutz	25.03.42	Wifo Neuburg	VTG Neuburg, Nr.30
Nr. 31	BMAG	11458/1942	Deutz	28.03.42	Wifo Nienburg	Britische Rheinarmee, RCT 11458
Nr. 32	BMAG	11459/1942	Deutz	14.04.42	Wifo Vorderheide	VEB Kombinat Kali, Staßfurt, Nr.1
Nr. 33	BMAG	11460/1942	Deutz	08.04.42	Wifo Farge	DB V36 211
Nr. 34	BMAG	11697/1943	MWM	16.02.43	Wifo Neuburg	VTG Neuburg, Nr.34
Nr. 35	BMAG	11698/1943	MWM	20.02.43	Wifo Wien-Lobau	
Nr. 36	BMAG	11699/1943	MWM	25.02.43		DR-Ost V36 065
Nr. 37	BMAG	11700/1943	MWM	28.02.43	Wifo Hitzacker	DB V36 121
Nr. 38	BMAG	11701/1943	MWM	12.03.43	Wifo Mähr.Schönberg	Benzina Roudnice (CSSR)
Nr. 39	BMAG	12031/1943	MWM	24.03.43	Wifo Staßfurt	Benzina Roudnice, Nr.2 (CSSR)
Nr. 40	BMAG	12032/1943	MWM	05.04.43	Wifo Eberau	US-Army/Transportation Corps, 9004-P
Nr. 41	BMAG	12033/1943	MWM	09.04.43	Wifo Niedersachswfn.	DR-Ost V36 064
Nr. 42	Deutz	47179/1944	Deutz	16.09.44		DB V36 237
Nr. 43	Deutz	47180/1944	Deutz	25.09.44	Wifo Amstetten	DB V36 227

Die Standorte der Wifo

Wifo Amstetten	= bei Ulm
Wifo Derben	= bei Genthin (Tarnname „Löwenberg“)
Wifo Drugehnen	= bei Königsberg/Ostpr. (Tarnname „Hegeberg“)
Wifo Eberau	= in Ebrach/b.Bamberg
Wifo Eickeloh	= bei Walsrode
Wifo Farge	= bei Bremen
Wifo Hitzacker	= bei Dannenberg (Tarnname „Hellberg“)
Wifo Mährisch Schönberg	= in Mähren
Wifo München	= in Unterpfaffenhofen (Tarnname „Münchberg“)
Wifo Münchenbernsdorf	= bei Gera
Wifo Neuburg	= in Unterhausen/Donau
Wifo Neuenheerse	= bei Altenbeken
Wifo Niedersachswerfen	= bei Nordhausen (Tarnname „Sachsenberg“)
Wifo Nienburg	= in Schäferhof (Tarnname „Kuhberg“)
Wifo Raudnitz	= in Böhmen
Wifo Staßfurt	= bei Magdeburg (Tarnname „Bela“)
Wifo Vorderheide	= bei Liegnitz/Schlesien
Wifo Wien	= in Wien-Lobau
Wifo Zarrentin	= in Bantin/b.Zarrentin-Mecklenburg

obenstehende, lückenlose Lokomotivliste[27] Auskunft. Auch die Einsatzorte sind mit aufgeführt, ebenso der Verbleib nach 1945.

Bestellt und bis Oktober 1944 größtenteils schon in Arbeit waren darüber hinaus folgende 13 Loks[28]:

Deutz 47181-47182 2x WR360C14K
Deutz 55119-55121 3x WR360C14K
1x für Albesti/Rumänien
1x für Riga-Mezapark
1x unbekannt
Deutz 55122-55124, 55268 4x WR360C14K
Deutz 55269-55272 4x WR360C14K
1x für Le Mans/Frankreich
1x für Bezancourt/Frankreich
1x für Huy/Belgien
1x für Castel Sarrasin/Frankreich

Diese Aufträge wurden allesamt Anfang 1945 storniert. Weitere Einzelheiten zu den ausgeführten Loks:

Wifo 8 war ursprünglich in einem Tanklager im besetzten Polen eingesetzt und kam erst etwa im Oktober 1941 nach Derben.
Wifo 11 soll zuletzt in München stationiert gewesen sein.
Wifo 15 wurde als einzige Lok schon fabrikneu in Breitspur 1524 mm geliefert.
Wifo 32 und **Wifo 13** (Vorderheide) kamen wegen Aufgabe der frontnahen Tanklager im Frühjahr 1945 zur Wifo Staßfurt.
Wifo 39 wurde dadurch in Staßfurt frei und nach Raudnitz/Böhmen, heute Roudnice/CS, versetzt.
Wifo 42, die ursprünglich für Raudnitz vorgesehen war, konnte daraufhin an ein anderes Tanklager ausgeliefert werden.

Ein Blick auf die in der Lokliste genannten Einsatzstellen zeigt, daß in den großen (überwiegend unterirdisch angelegten) Tanklagern der Wifo meist zwei, teilweise sogar drei WR360C14K gleichzeitig eingesetzt waren. Solche Großraumtanklager, jeweils mit über 100.000 m^3 Fassungsvermögen, gab es in

Derben, Drugehnen, Farge, Hitzacker, Krummnußbaum, München, Neuburg, Niedersachswerfen, Nienburg, Raudnitz und Staßfurt[29].

Staßfurt war dabei das mit Abstand größte Tanklager mit einer Kapazität von über 220.000 m^3. Alle anderen in der Lokliste genannten Einsatzstellen waren kleinere Anlagen, meist Heeresdepots, mit Lagerungskapazitäten in der Größenordnung von etwa 6600 m^3 (Stand: 1941).

Wirtschaftliche
Forschungsgesellschaft m. b. H.
Berlin W 8 Mohrenstraße 36/37

Die Einsatzbedingungen für die Lokomotiven waren recht unterschiedlich. So hatte bspw. die O&K-Lok 21134 beim Großtanklager Neuburg bis Januar 1942 bereits rund 7000 Betriebsstunden hinter sich[30], was - unter Anrechnung der Abstelltage - etwa 11-12 Stunden/Tag entspricht. Die Schwesterlok 21138 beim Wifo-Lager Neuenheerse kam im gleichen Zeitraum auf nur ungefähr 3-3½ Stunden/Tag.

Ein dauerndes Provisorium scheint auch bei der Wifo die Wartung und Pflege der Lokomotiven gewesen zu sein. Die Überholung eines Dieselmotors bei der

27 BA R5/2340, ergänzt
28 BA R125/362-365, 370; Deutz-Lieferunterlagen
29 BA R125/468
30 Monteursbericht (im Voith-Archiv)

Wifo Derben z.B. dauerte geschlagene 10 Monate[31]! Und über die Verhältnisse bei der Wifo Niedersachswerfen heißt es in einem Monteursbericht[32] vom 28.2.44:

> *Die Tore des Lokschuppens wurden vor 8 Wochen eingefahren und noch nicht erneuert. Zur Heizung sind im Lokschuppen offene Koksöfen aufgestellt. Im Lokschuppen war kein Werkzeug aufzutreiben. Die Maschine ist voll Schmutz. Kleinere Überholungsarbeiten wurden nicht durchgeführt. Bei gemeinsamer Besprechung hat Bauführer Naumann die Sache abgetan mit der Bemerkung, daß fremde Personen in betriebliche Angelegenheiten zu wenig eingeweiht seien, und daß er keine Einmischung von anderer Seite dulde.*

Wohl nicht zuletzt vor diesem Hintergrund wurden alle größeren Reparaturen wie auch Zwischen- und Hauptuntersuchungen an den Wifo-Loks bei der Reichsbahn vorgenommen. Das zuständige Ausbesserungswerk war zunächst das RAW Wittenberge, ab 1944 das RAW Kassel[33].

Die Wifo ist recht bald nach dem Krieg aufgelöst worden. Alle Aktivitäten im Bereich Tanklager und Kesselwagen wurden mit Wirkung vom 1.11.51 der bundeseigenen, später privatisierten Vereinigten Tanklager und Transportmittel GmbH (VTG) übertragen[34]. Die VTG hat auch einen Teil der seinerzeit noch verfügbaren Dieselloks übernommen und bis vor wenigen Jahren eingesetzt.

Die Wifo selbst existierte noch bis Ende der 60er Jahre als Gesellschaft in Liquidation, um umfangreiche Grundstücksangelegenheiten abzuwickeln. 1970 wurde sie aus dem Handelsregister gelöscht.

Die Dynamit AG
Die Gesellschaft zur Verwertung chemischer Erzeugnisse mbH

Neben der Tanklagergesellschaft Wifo war vor allem die Pulver- und Sprengstoffindustrie im Dritten Reich für den Einsatz ex-geschützter Diesellokomotiven prädestiniert. Das größte Unternehmen dieser Branche in Deutschland war seinerzeit die Dynamit Aktien-Gesellschaft (DAG) mit Hauptsitz in Troisdorf/b.Köln. Daneben gab es zahlreiche weitere sprengstoffproduzierende Unternehmen, u.a. die Firmen

- Deutsche Spreng-Chemie GmbH (DSC)
- Westfälisch-Anhaltische Sprengstoff AG (WASAG),
- Wolff & Co Pulverfabriken,
- die I.G. Farbenindustrie (IG)

sowie mehrere Dutzend kleinere Werke[35]. Die Bedeutung dieses Industriezweiges im 2.Weltkrieg wird an einigen Zahl deutlich: So lag die gesamte Sprengstoffproduktion im Deutschen Reich 1936 noch bei 25.000 Tonnen, 1943 schon bei 240.000 Tonnen, und 1945 waren die Kapazitäten sogar auf 380.000 Tonnen ausgebaut[36]. Davon sollen allein 20 Prozent des Pulvers und 88 Prozent des Sprengstoffs bei der Dynamit AG produziert worden sein[37].

Die DAG war 1865 in Hamburg als „Alfred Nobel & Co“ gegründet worden. Ein Jahr später gelang Nobel die Erfindung des Dynamits, 1887 die des rauchlosen Pulvers und 1901 die erstmalige Produktion von TNT[38]. Mitte der 20er Jahre begann durch Fusionen, Beteiligungsgeschäfte und Unternehmensgründungen der Ausbau zum Weltkonzern mit 15 Tochtergesellschaften und rund 36.000 Mitarbeitern. Hauptaktionär war mit 61 Prozent die I.G. Farben.

Eine dieser Neugründungen war 1934 die „Gesellschaft zur Verwertung chemischer Erzeugnisse mbH“ (abgekürzt: Verwertchemie), ebenfalls mit Sitz in Troisdorf. Die Verwertchemie betrieb allein 27 der zeitweise annähernd 50 Konzernwerke der Dynamit AG und setzte hier auch einen Großteil der WR360C14-Lokomotiven ein.

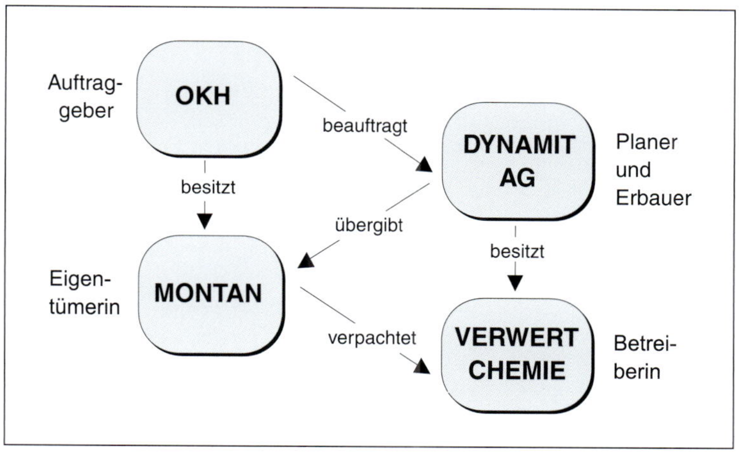

SCHAUBILD 5: Undurchsichtige Rechtskonstruktion: So waren Staat und Sprengstoffindustrie im Krieg miteinander verwoben.

Die Besitzverhältnisse an den Fabriken waren etwas kompliziert: So wurden die neu entstehenden Werke zwar durch die DAG gebaut. Geld- und Auftraggeber aber war das Oberkommando des Heeres, das seine Interessen durch eine reichseigene Gesellschaft mit dem unauffälligen Namen „Montan-Industriewerke GmbH“ (Berlin) wahrnahm. Die Montan als der formale Eigentümer der Anlagen verpachtete die Werke dann wiederum an die eigens dafür gegründete Verwertchemie. Die Verwaltung der Fabriken erfolgte - teilweise in Personalunion - unmittelbar durch die Dynamit AG[39].

Herst	FabNr/Bj	Bauart	Einsatzort	Verbleib nach 1945
O&K	21341/1940	WR360C14	Kaufering	Gelsenberg-Benzin, Gls-Horst, 7
O&K	21342/1940	WR360C14	Allendorf	Bergedorf-Geesthachter-Eb., V3
BMAG	11447/1941	WR360C14		
BMAG	11448/1941	WR360C14		
BMAG	11449/1941	WR360C14	Aschau	Hafenbahn Frankfurt, D8
BMAG	11916/1941	WR360C14	Christianstadt	
BMAG	11917/1941	WR360C14		
BMAG	11918/1941	WR360C14		
O&K	214..../1942	WR360C14	Krümmel	
O&K	21456/1942	WR360C14	Malchow	
O&K	21486/1942	WR360C14	Wolfratshausen	Reparation CSSR

BMAG 11916: 09.12.41 Zulassung beantragt
O&K 21456: 04.07.42 Zulassung beantragt

Die Zahl der bei der DAG bzw. Verwertchemie eingesetzten WR-Loks läßt sich nicht mehr ganz genau ermitteln. Belegt sind mindestens elf WR360C14, alle oder größtenteils o h n e Auspuffkühlanlage. Hersteller waren wieder Schwartzkopff und Orenstein.

---

31 Lok BMAG 10931/1939; BA R5/2340
32 Im Voith-Archiv
33 BA R5/2340 und 2342
34 Glasers Annalen 1/52, S.20; die VTG wurde mit demselben Datum gegründet
35 Preuß/Haas, Standorte, S.580ff.; Hahn, Waffen/Bd.1, S.215 und 222
36 BA R25/132 und 193
37 Hahn, Waffen/Bd.1, S.214 und 221
38 Buxell, Hundert Jahre, S.11ff.
39 Diese von außen kaum durchschaubare Rechtskonstruktion schützt die Muttergesellschaft Dynamit (Nobel) AG im Übrigen bis heute vor Regreßansprüchen in Millionenhöhe für die Sanierung der chemieverseuchten Anlagen; König/Schneider, Hirschhagen, S.35, 188, 191

An Dieselloks sind darüber hinaus verschiedene Deutz-, Henschel-, O&K- und Ruhrthaler-Typen sowie eine kleine Serie von Zweiachs-Lokomotiven von Esslingen bekannt. Außerdem gab es eine 350-PS-Hydraulik-Lok von Gmeinder mit Krupp-Getriebe. Weiterhin wurden in großer Zahl C-, D- und C-feuerlose Dampfloks bei der Dynamit AG eingesetzt, gegen Kriegsende auch verschiedene Leihloks der Reichsbahn.

Weitere Details zu den WR360C14:
O&K 21341 war spätestens ab Mai 1942 bei der Außenstelle Wolfratshausen in Betrieb. In Kaufering hatte sie zwischen der Anlieferung und dem 21.10.40 zuvor schon *„5250 km Laufstrecke“*[40] gefahren.
Die unbekannte Lok in Krümmel stammt aus den O&K-Nummernreihen 21452-469 oder 21485-488. Anlieferung war Ende April 1942.

Von den elf aufgeführten Loks sind auffallend wenige nach dem Krieg wieder aufgetaucht. Der Grund dafür dürfte in den umfangreichen Bombardierungen der Alliierten zu sehen sein, denen gerade die Sprengstoffwerke als kriegswichtige Betriebe ab 1943 ausgesetzt waren.
Noch einige Hinweise zu den Einsatzorten[41]:

Das Werk **Allendorf** (heute: Stadtallendorf) war 1939/40 zur Herstellung von TNT (= Trinitrotoluol, Nitro-Sprengstoff aus Benzol) errichtet worden und galt seinerzeit als die größte Sprengstofffabrik Deutschlands. Heute ist das alte Werksgelände eine riesige, bundesweit bekannte Altlast.

Letzteres gilt auch für das Werk **Krümmel** bei Hamburg. Krümmel war das Stammwerk der DAG und die älteste Sprengstoffabrik der Welt.

Stadtarchiv Waldkraiburg

Ein seltenes Bilddokument: Die BMAG 11449 lief ab 1941 bei der Verwertchemie/Montan-Industriewerke in Aschau am Inn. Die Aufnahme zeigt sie kurz nach Kriegsende, um 1946. Später kam sie zur Hafenbahn Frankfurt.

Auch **Christianstadt**/Bober (heute Krzystkowice/Polen) war eines der großen DAG-Werke. Die Fertigungskapazität lag 1944 bei rund 7600 Tonnen monatlich, verteilt auf hochkonzentrierte Salpetersäure, Pulver, verschiedene Sprengstoffe und Streckmittel. Neben der WR360C14 war in Christianstadt u.a. eine Cn2t, O&K 13255/1940, eingesetzt.

Kaufering (bei Landsberg/Lech) und **Aschau** zählten zu den weniger bedeutenden Fabriken. Hier wurde ausschließlich Nitropulver produziert. Monatskapazität: 1000 bzw. 1700 Tonnen.

Das Werk in **Malchow** (Mecklenburg) wurde 1939/40 erbaut und beschäftigte zeitweise 6000-7000 Arbeiter. Wie in fast allen DAG-Werken wurden dazu in großem Umfang (bis zu 70 Prozent) Zwangsarbeiter, meist dienstverpflichtete Ausländer, Juden sowie Kriegs- und KZ-Gefangene eingesetzt[42]. Die Gleislänge im Werk betrug 34 km.

Von der Sprengstoffabrik in Malchow ist auch eine Lokliste von Mitte 1942 erhalten geblieben[43]. Die Werksanlagen sind nach dem Krieg vollständig abgebaut worden[44]. Die V36 und eine ebenfalls vorhandene Gmeinder-200-PS-Lok (2581) tauchen später in Litauen wieder auf.

O&K	21456/1942	WR360C14K
Henschel	26146/1940	Dampflok (Ch2t)
Humboldt	417/1910	Dampflok (Cn2t, pr.T3) ex Kleinbahn Kirchbarkau-Preetz-Lütjenburg, Lok 2[c]

Die Dynamit AG ist 1945 aufgrund ihrer Verflechtung mit dem I.G.-Farben-Konzern unter alliierte Kontrolle gestellt worden. Das Vermögen wurde von den Besatzungsmächten beschlagnahmt und zahlreiche Werke demontiert, aus der Firmengruppe ausgegliedert oder auf neue Fabrikationen umgestellt[45]. 1952 erfolgte nach alliierter Anordnung die Neuerrichtung des Unternehmens als eine der I.G.-Farben-Nachfolgegesellschaften. 1959 wurde die Firma in „Dynamit Nobel AG“ umbenannt. Nach einer Neuordnung der Konzernaktivitäten ist das Unternehmen heute in den Sparten Sprengstoff und Kunststoff-Formteile tätig.

Auch die GmbH zur Verwertung chemischer Erzeugnisse ist nach der von den Alliierten verfügten Liquidation 1957 wiederbelebt worden. Auf dem Gelände des stillgelegten DAG-Werkes in Empelde wurden erneut Sprengstoffe, Pulver und Munition hergestellt. Die endgültige Stillegung erfolgte Ende der 60er Jahre. Seit dem 1.1.90 ist die Gesellschaft auch rechtlich erloschen.

Die Wolff & Co KG auf Aktien Die EIBIA GmbH für chemische Produkte

Ebenfalls ein Unternehmen der Pulver- und Sprengstoffindustrie war die Firma Wolff & Co in Walsrode/Bomlitz. Über 20 Jahre lang, von 1939 bis 1962, wurden bei Wolff Lokomotiven der Wehrmachts-Baureihen eingesetzt. Die genaue Stückzahl ist bis heute ungeklärt. In Rede stehen bis zu 14 WR-Lokomotiven. Sicher belegbar sind davon bislang nur elf Maschinen, und zwar

- fünf Stück WR360C14,
- vier Stück LDF300C12 und
- zwei Stück WR200B14.

Die Geschichte des Unternehmens[46] geht zurück bis ins Jahr 1815, als August Wolff in einer aufgelassenen Papiermühle seine erste Schwarzpulverfabrik gründete. 1918, auf dem Höhepunkt des Ersten Weltkriegs, produzierten rund 2800 Arbeiter schon etwa 15 Tonnen Nitrocellulose-Pulver täglich. Daneben wurden weiter Sprengmittel für den zivilen Gebrauch (Bergbau, Jagdmunition usw.) sowie Zellglasfolien und Kunstdärme hergestellt.

40 Monteursbericht (im Voith-Archiv)
41 Allendorf, Aschau, Christianstadt, Kaufering und Malchow waren Werke der Verwertchemie, Krümmel gehörte der DAG. Einzelheiten bei: Preuß/Haas, Standorte, S.578ff.; Preuß/Haas/Koss, Altstandorte, S.35ff.; BA R25/77, 86, 132, 190, 193
42 Klewitz, Arbeitssklaven, S.74ff.
43 Rbd Schwerin 6323
44 Ewald, Bahnhof Malchow, S.19
45 Buxell, Hundert Jahre, S.41ff.
46 Wolff & Co, 1815-1965, S.3ff.

Sammlung Matthias Lentz

25 Jahre Wolff-Werkbahn im Juni 1940: Lokparade mit den LDF-Loks 14 (links) und 16 (mitte), rechts Ellok 3. Inmitten der Belgschaft: Firmenchef Oskar Wolff

Mitte der 30er Jahre begann dann der Ausbau von Wolff & Co zur größten Pulverfabrik Deutschlands. Eine zentrale Rolle spielte dabei eine 1936 gegründete Tochtergesellschaft, die „EIBIA GmbH für chemische Produkte“ mit Sitz in Bomlitz. 1944 beschäftigten Wolff und EIBIA zusammen fast 16.000 Arbeiter, in der Mehrzahl Dienstverpflichtete und Kriegsgefangene. Gearbeitet wurde rund um die Uhr. Über 30 Prozent des Pulvers im Deutschen Reich kam aus den Fabriken rund um Walsrode!

Produziert wurde an insgesamt drei Orten[47]:

Bomlitz
war das Stammwerk von Wolff & Co. Zwischen 1935 und 1941 entstanden hier große neue Fertigungsanlagen, die sämtlich von der EIBIA betrieben wurden. In der zeitlichen Reihenfolge waren das die Werke
Fuchsberg (= „Anlage Waldhof“),
Fuhrenkamp (= „Anlage Walo I“),
Lohheide (= „Anlage Walo II“) sowie
Löverschen (= Schießplatz).
Produziert wurden vornehmlich einfache Pulver-Sorten wie Blättchen- und NC- (= Nitrocellulose-) Pulver. In allen Betrieben waren umfangreiche Gleisanlagen vorhanden, allein im Hauptwerk Lohheide/Walo II rund 9 km; hier gab es auch einen leistungsfähigen Einrichtungs-Eisenbahnverkehr[48] mit nördlicher Zufahrt (über Gleisdreieck Benefeld) und südlicher Ausfahrt (zum Hp. Honerdingen an der Nebenstrecke Walsrode - Fallingbostel). Täglich 30 Züge. Die Anschlußbahn zum Schießplatz Löverschen war 8,5 km lang.

Dörverden
südlich von Verden/Aller („Anlage Weser“). Das EIBIA-Werk enstand zwischen Frühjahr 1939 und Oktober 1941. Große Anlage (365 Hektar) mit eigenem Kraft- und Wasserwerk. Anschlußgleis zur Hauptbahn Hannover - Bremen; im Werk nochmals 11,5 km Gleis. Neben herkömmlichen Pulvern wurden in Dörverden auch giftgasähnliche Kampfstoffe („A-Pulver“) hergestellt; mangels Bedarf wurde das A-Pulver aber nicht abgerufen, eingelagert und nach dem Krieg in der Nordsee versenkt.

Liebenau
in der Eikhofer Heide bei Nienburg (Tarnname „Anlage Karl“). Das größte Einzelwerk der EIBIA-Gruppe (über 1200 Hektar, 7,5 x 2,2 km Fläche). 1939-41 in Rekordzeit errichtet. Jahresproduktion rund 15.000 Tonnen Sprengmittel. Ab 1944 Versuchsbetrieb für Raketen und Treibsätze. In Liebenau arbeiteten zeitweise 4500 Männer und Frauen; 87 Prozent davon waren Ausländer (Zwangsarbeiter und Kriegsgefangene). Anschlußbahn zur Nebenstrecke Nienburg - Uchte und zu einem eigenen Umschlagbahnhof an der Weser. In der Anlage umfangreiches Werkbahnnetz mit 32 km Länge. Lokbestand: 2 Dampf- und 4 Dieselloks.

Die rechtlichen Beziehungen zwischen Wolff und EIBIA waren die gleichen, wie zwischen Dynamit AG und Verwertchemie. Die EIBIA war also eine reine Betriebsgesellschaft, die die von Wolff gebauten, aber dem Reich (bzw. der „Montan“) gehörenden Pulverfabriken gepachtet hatte. Wolff selbst besaß nur das Altwerk in Bomlitz. Mehrheitsaktionär (78,78 Prozent) war auch hier die I.G. Farben.

Die Lokliste von Wolff & Co/EIBIA nennt insgesamt elf WR- bzw. LDF-Lokomotiven, die alle zwischen Mitte 1939 und Ende 1942 geliefert wurden. Zumindest einige davon (alle ?) hatten Ex-Schutz.

---

47 Ausführlich: Wasser, Unternehmer, S.2196ff.; auch: BA R25/132, 190, 193

48 Wasser, Werkseisenbahn, S.2225f.

Sammlung Matthias Lentz

Nr	Herst	FabNr/Bj	Bauart	gel. am	Einsatzort	Verbleib
13	BMAG	10865/1939	LDF300C12	ca.06.39		StMB, 271
14	BMAG	10866/1939	LDF300C12	ca.06.39	Bomlitz	DR-Ost V36 106
15	BMAG	10867/1939	LDF300C12	ca.06.39	Dörverden	DR-Ost V27 011
16	BMAG	10868/1939	LDF300C12	ca.06.39	Bomlitz	
	BMAG	11255/1941	WR360C14K			Wolff Walsrode,V
	BMAG	11256/1941	WR360C14		Bomlitz	
	BMAG	11257/1941	WR360C14			DB V36 126
	BMAG	11645/1942	WR360C14			Rheinarmee 11645
	BMAG	11646/1942	WR360C14			DB V36 113
	Deutz	46516/1941	WR200B14	30.09.41	Liebenau	Rheinarmee 46516
	Deutz	46517/1941	WR200B14	24.10.41	Dörverden	DB V20 008

11645-11646 und 46516-46517 unterstanden auf jeden Fall der EIBIA.
11256-11257 und 11645-11646 vermutlich ebenfalls mit Ex-Schutz.
Für 46517 wird als Betriebsnummer teilweise 32/IV genannt; vermutlich Rudiment der Motorenbezeichnung A6M324

Abfahrt in Bomlitz: BMAG 11255 hat einen 9-Wagen-Zug mit Collodiumwolle für Österreich zusammengestellt. Die Lok war über 20 Jahre bei Wolff im Einsatz. Aufnahmetag: 30.6.54

Außerdem sind mehrere Deutz-Firmenloks mit 40 bis 235 PS sowie mindestens eine O&K RL12 (Klein-lok-Bauart mit Stangenantrieb) bei Wolff bekannt. Band 2 der Buchreihe „Deutsche Klein- und Privatbahnen“[49] nennt einen Bestand von insgesamt elf WR360C (was - WR200B und LDF300 eingerechnet - mit den hier genannten Daten korrespondiert). Davon sollen zwei Wolff & Co. zur Verfügung gestanden haben und neun der EIBIA.

Die LDF300-Typen müssen, dem frühen Lieferdatum zufolge, teilweise schon als Bauloks für die neu entstehenden Pulverfabriken beschafft worden sein. Das würde auch die unterschiedlich hohen Laufleistungen erklären. Bis 10.10.40 hatten zurücklegt

die BMAG 10866 in Bomlitz: 29.500 km und
die BMAG 10867 in Dörverden: 15.000 km[50].

Insgesamt soll es 1944 bei Wolff & Co und EIBIA nicht weniger als 28 Diesel-, vier Dampf- und zwei Dampfspeicherlokomotiven gegeben haben[51]. Nur ein Teil davon ist bekannt. Dazu kommen noch vier kleine Elloks für die elektrifizierte Wolff-Anschlußbahn Cordingen - Bomlitz (3,6 km, 1915 eröffnet) und ein DWK-Triebwagen für den nichtöffentlichen Werkspersonenverkehr.

Ab Anfang 1943 mußten auf Anordnung der Wehrmacht auch bei den Pulverfabriken der Wolff-Gruppe immer mehr Dieselloks abgestellt werden, um Treibstoff einzusparen. Betroffen waren u.a. die LDF-Lokomotiven, die etwa 1943 verkauft oder leihweise abgegeben wurden. Im einzelnen:

- BMAG 10865
  an den Dortmund-Hörder-Hüttenverein sowie
- BMAG 10866 und
- BMAG 10867
  an Industriebetriebe oder Heeresstellen im Gebiet der späteren DDR.

Als Ersatz stellte die Reichsbahn im März 1943 je eine Dampflok Baureihe 91^3 (für Bomlitz) und 74^4 (für Liebenau)[52] zur Verfügung. Auch 92^5er sind als Mietloks in Bomlitz gelaufen. In diesem Zusammenhang dürfte ebenfalls eine leihweise Abgabe der BMAG 11256/1941 an die Heeres-Munitionsanstalt Mölln zu sehen sein. Diese Lok kehrte Ende Februar/Anfang März 1944 aber nach Bomlitz zurück[53].

Heute ist es um die ehemaligen Pulverfabriken rund um Walsrode ruhig geworden. Die Firma Wolff hat die Munitionsherstellung nach Wiederfreigabe der Produktion durch die Alliierten aufgegeben und die Fertigung auf Verpackungsmaterial und Kunststoffolien umgestellt. Die EIBIA-Anlagen in Bomlitz wurden nach dem Krieg von britischen Truppen demontiert und die Reste gesprengt. Auf dem (sanierten) Gelände des ehemaligen Werkes Lohheide/Walo II ist mittlerweile ein Naherholungsgebiet entstanden.

Noch immer militärisch genutzt werden dagegen der ehemalige Schießplatz Löverschen bei Bomlitz (heu-

49 Wolff, Klein- und Privatbahnen/Bd.2, S.179f.
50 Monteursbericht (im Voith-Archiv)
51 Wasser, Werkseisenbahn, S.2225
52 BA R5/2134
53 Rbd Schwerin 6324

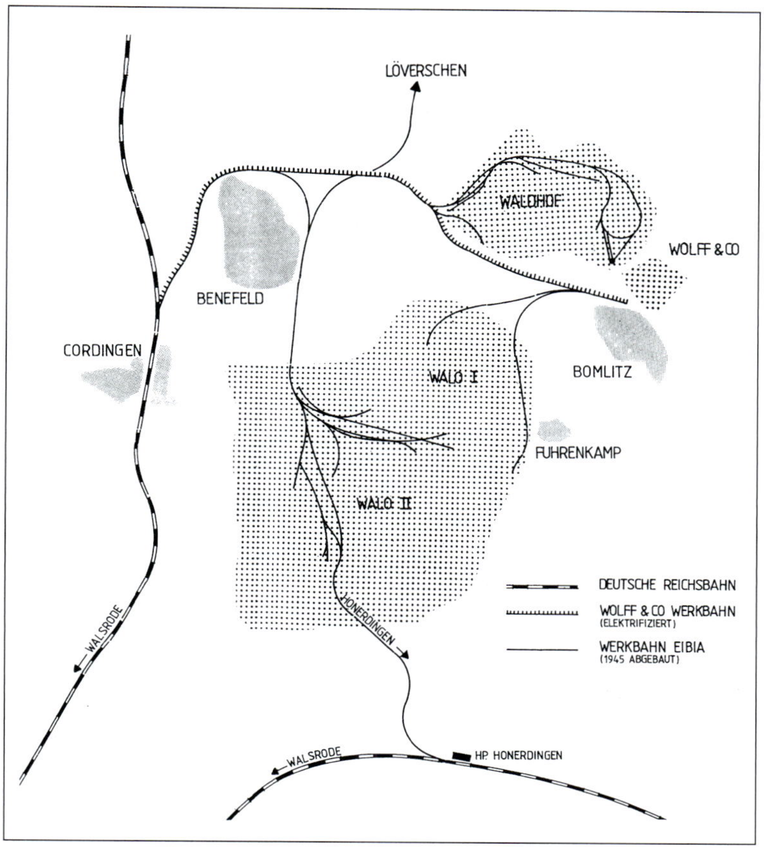

Hochrüstung für den Krieg:
Lageplan der Wolff- und EIBIA-Anlagen in Bomlitz; die gepunkteten Flächen sind Werksgelände.

te Bundeswehr-Munitionsdepot), ein Teil der Anlage Dörverden (Kaserne) und das frühere EIBIA-Werk in Liebenau bei Nienburg (heute ein moderner NATO-Stützpunkt). In Liebenau haben sich auch wieder Privatunternehmen der Pulver- und Sprengstoffindustrie angesiedelt, außerdem werden hier radioaktive Abfälle zwischengelagert[54].

Die I.G. Farbenindustrie AG

Ein Konzern von weitaus größeren Dimensionen als die bisher beschriebenen war die I.G. Farbenindustrie AG mit Sitz in Frankfurt/Main. In etwa 50 Werken beschäftigte die I.G. zeitweise über 330.000 Menschen (1943). Damit war sie nicht nur der größte deutsche Chemiekonzern, sondern Deutschlands größtes Industrieunternehmen überhaupt.

Schwerpunkte der Produktion lagen in den Bereichen Luftstickstoff (= Dünger), Farben und Lacke, synthetische Treibstoffe, Kalisalpeter sowie Kunststoffe aller Art. Durch eigene Betriebe oder Firmenbeteiligungen (Dynamit AG, Wolff & Co u.a.) kontrollierte die I.G. Farben rund 84 Prozent der Sprengstoff- und etwa 70 Prozent der Pulverproduktion im Deutschen Reich[55].

Der Konzern war im Dezember 1925 durch Fusion

- der Badischen Anilin- und Sodafabrik AG, Ludwigshafen,
- der Farbenfabriken Bayer AG, Leverkusen,
- der Farbwerke Hoechst AG, Frankfurt,
- der AG für Anilinfabrikation (Agfa), Berlin,
- der Chem.Fabriken vorm. Weiler ter Meer, Uerdingen und
- der Chem.Fabrik Griesheim-Elektron, Frankfurt

entstanden. Die größten Betriebe der I.G. Farbenindustrie waren Ludwigshafen, Leverkusen, Hoechst, Wolfen, Bitterfeld sowie das aus gemeinsamen Mitteln errichtete bzw. ausgebaute Ammoniakwerk „Leuna" bei Merseburg. Im Zusammenhang mit den WR-Loks sind zwei Betriebe von Interesse:

Das Werk **Ludwigshafen**[56] (BASF) war bis zuletzt die bedeutendste I.G.Farben-Fabrik. Die Produktion umfaßte neben zivilen Gütern auch Nebelsäuren sowie Spreng- und Kampfstoffe. Werksinternen Lokomotivbetrieb gab es hier schon seit 1905. Bei Kriegsbeginn 1939 erreichten die Eisenbahnanlagen eine Gleislänge von rund 200 Kilometern (!)[57]. Darauf waren 39 Dampf- bzw. Dampfspeicherlokomotiven sowie sechs Diesellokomotiven eingesetzt[58].

In **Heydebreck**[59] in Oberschlesien (heute Kedzierzyn/Polen) wurden u.a. Stickstoff, Ätznatron und Methanol produziert. Zwischen Anfang 1940 und Spätsommer 1943 entstand in Heydebreck außerdem eine Großanlage zur Herstellung von Isooktan, das für die Erzeugung von Hochleistungs-Flugbenzin benötigt wurde. Auch hier gab es umfangreiche Gleisanlagen. Das Werk wurde 1945/46 demontiert, aber schon 1950/51 neu aufgebaut und erneut in Betrieb genommen.

Für diese beiden Werke beschaffte die I.G. Farben 1941 insgesamt drei WR360C14; zwei für Heydebreck und eine für Ludwigshafen. Die Loks wurden vermutlich aus einer laufenden Bestellung für das Heereswaffenamt entnommen, was die recht kurze Lieferzeit erklären könnte (I.G.-Bestellung: 30.12.40).Für Heydebreck ist darüber hinaus eine Serie von vier 150/165-PS-Firmenloks von Deutz (FabrNr. 36896-36899/1942, Type A6M420R) bekannt.

Die neu ans Werk Heydebreck gelieferte BMAG-Lok 11640/1941 wurde nach Abschluß der dortigen Bauarbeiten per 1.8.43 an das Schwesterwerk in Ludwigshafen abgegeben und lief hier zusammen mit der schon vorhandenen BMAG 11254/1941 im schweren Werksrangierdienst. Beide Lokomotiven verblieben nach dem Krieg als D18 und D19 bei der BASF in Ludwigshafen. Die D18 ist als betriebsfähige Museumslok erhalten geblieben.

Der I.G.-Farben-Besitz ist 1945 von den Alliierten beschlagnahmt und der Konzern im Zuge der Entflechtung der Großindustrie zerschlagen worden. Die in den westlichen Besatzungszonen gelegenen Werke konnten allerdings schon nach wenigen Jahren als nunmehr eigenständige Unternehmen wieder in eigener Regie ar-

Herst	FabNr/Bj	Bauart	gel. am	Einsatzort
BMAG	11254/1941	WR360C14	03.07.41	Ludwigshafen
BMAG	11639/1941	WR360C14		Heydebreck
BMAG	11640/1941	WR360C14		Heydebreck

11254: später BASF Ludwigshafen, D18
11640: später BASF Ludwigshafen, D19

54 Oberholz, Auf dem Pulverfaß, S.52
55 Preuß/Haas, Standorte, S.578
56 BASF, 125 Jahre BASF
57 Höltge, BASF-Werkseisenbahn, S.150ff.
58 Mosig, Loks, S.10
59 BA R25/191; Birkenfeld, Treibstoff, S.174ff.

beiten. Die Nachfolgegesellschaften BASF, Bayer und Hoechst sind heute erneut chemieindustrielle Multiunternehmen mit weltweiten Verflechtungen und Milliarden-Umsätzen. Auch die I.G. Farben existiert als Aktiengesellschaft, allerdings ohne Produktionsaktivitäten, noch immer.

Die Braunkohle-Benzin AG

Die Braunkohle-Benzin AG, kurz: Brabag, ist das bekannteste in einer Reihe von Unternehmen, die sich ab 1933 mit der Benzingewinnung aus heimischer Stein- bzw. Braunkohle beschäftigten. Vorausgegangen war in den Jahren zuvor die Entwicklung entsprechender Verfahren u.a. beim „Leunawerk" Merseburg der I.G. Farbenindustrie. Die Kohleverflüssigung versprach eine von jeglichen Erdölimporten unabhängige Treibstoffversorgung und erfreute sich deshalb nachhaltiger Förderung durch die Nationalsozialisten. Allerdings nährte sie auch den Irrglauben der Kriegsstrategen, über nahezu unerschöpfliche Benzin- und Dieselvorräte zu verfügen[60].

Die Braunkohle-Benzin AG entstand am 26. Oktober 1934 als Gründung der „Pflichtgemeinschaft der Braunkohlenindustrie", an der sich auf Weisung des Reichswirtschaftsministeriums die zehn größten Braunkohlegesellschaften des Reiches zu beteiligen hatten[61]. Der Staat selbst sowie die Partei sicherten sich dabei einen maßgeblichen Einfluß. Die vier Werke des Unternehmens waren (in der Reihenfolge des Entstehens):

- Böhlen/b.Leipzig (in Betrieb ab 1936)
- Magdeburg (in Betrieb ab 1936)
- Schwarzheide/b.Senftenbg. (in Betrieb ab 1936)
- Zeitz in Tröglitz/b.Zeitz (in Betrieb ab 1939)

In Böhlen, Magdeburg und Zeitz wurde die Kohle hydriert, Schwarzheide arbeitete nach dem sogenannten Synthese- oder „Fischer-Tropsch"-Verfahren[62] Die Hauptprodukte waren Mineralöl, Autobenzin, Dieselöl und Schmierstoffe.

Der Einsatz von WR-Loks bei der Brabag ist nur für das Werk Magdeburg sicher nachgewiesen. Dort sollen sich noch nach 1945 zwei WR360 und eine WR200 befunden haben, die nach Abschluß der Demontage auf Waggons verladen und mit unbekanntem Ziel abtransportiert wurden[63]. Wie an anderen Stellen, wird auch hier von zumindest einer dunkelgelben Lok berichtet (vermutlich die WR200B14). Mit Fabriknummern belegbar sind nur die beiden 360-PS-Lokomotiven:

Geheime Reichssache: Die Hitliste der produktionsstärksten deutschen Hydrierwerke wird im März 1944 mit Abstand von Pölitz, Leuna und der Brabag angeführt.

Derzeitige Mineralölproduktion (März 1944)
der deutschen Hydrierwerke u.Syntheseanlagen
- in 1000 to -

Firma	Standort d.Werkes	Derzeitige Produktion Mineralöl gesamt	davon Flugbenzin
1. Hydrierung			
Ammoniakwerk Merseburg GmbH	Leuna/Krs.Merseburg	55.15	18.51
Braunkohle Benzin A.G.	Böhlen	22.42	8,03
" " "	Magdeburg	18.31	-
" " "	Zeitz	28.60	
Hydrierwerk Scholven A.G.	Gelsenkirchen-Buer	19.50	17.53
Gelsenberg-Benzin A.G.	" -Horst	39.38	31.47
Ruhröl GmbH	Welheim	15.23	4.10
Union Rhein.Braunk-Kraftst.AG	Wesseling Bez.Köln	22.01	15.20
Wintershall A.G.	Lützkendorf b.Merseb.	1.58	-
I.G.Farbenindustrie A.G.	Ludwigshafen/Oppau	4.67	4.63
Hydrierwerke Pölitz A.G.	Pölitz b.Stettin	61.19	49.90
Chem.Werke Hüls GmbH	Hüls b.Recklinghausen	0.37	0.37
Sudetenl.Treibstoff-Werke A.G.	Maltheuren b.Brüx	41.05	23.90
Ammoniakwerk Merseburg GmbH	Moosbierbaum	3.92	3.61
Norddeutsche Mineralölwerke GmbH	Pölitz b.Stettin	1.72	-
Oberschls.Hydrierwerke A.G.	Blechhammer O/S	-	-
I.G. Farbenindustrie A.G.	Heydebreck O/S	3.04	2.90
" " "	Auschwitz O/S	-	-
" " "	Schkopau	0,20	-
Hydrierwerke zusammen		338.34	180.15

BMAG	10537/1936	HR360B18
Deutz	55115/1944	WR360C14

10537/1936: ex Schießplatz Hillersleben
55115/1944: neu an Brabag (31.08.44)

Die Baumusterlok von Schwartzkopff (HR360B18) kam sicher erst kurz vor oder sogar erst nach Kriegsende zur Brabag. In Magdeburg lief sie bis mindestens November 1946. Die Deutz-Lokomotive war eine der zuletzt gebauten WR360C14 aus Kriegslieferung überhaupt.

Ob auch in anderen Brabag-Betrieben WR-Loks gefahren sind, ist fraglich. Dort sind verschiedene gefeuerte wie feuerlose Henschel- und WLF-Dampfloks, etliche leichte DWK-, Jung- und Ardelt-Diesellokomotiven bekannt. In Magdeburg, übrigens eine genaue Kopie des Böhlener Werkes, liefen zudem eine Schwartzkopff-Köf II und eine dieselelektrische 185-PS-Lok von AEG.

Die Geschichte der Braunkohle-Benzin AG nach dem Krieg gleicht der vieler anderer großindustrieller Betriebe in Mitteldeutschland: Die Werke Böhlen, Zeitz und Schwarzheide gingen in den Besitz einer Sowjetischen Aktiengesellschaften (SAG) über und wurden - wie das meiste sowjetische Industrie-Eigentum im besetzten Deutschland - 1952/53 an die DDR zurückgegeben bzw. zurückverkauft. In Böhlen und Zeitz waren die alten Hydrierwerke noch Ende der 80er Jahre als VEB in Funktion. Sie sind inzwischen privatisiert. Das Synthesewerk Schwarzheide ging nach der Wiedervereinigung 1990 an die BASF.

Die Anlagen in Magdeburg wurden, wie schon erwähnt, ab Ende 1946 demontiert und als Reparation in die UdSSR verfrachtet. Die Produktion endete hier am 31.12.46. Bis Anfang 1948 war die Demontage abgeschlossen[64].

Die Hydrierwerke Pölitz AG

Wie die Brabag gehörten auch die Hydrierwerke in Pölitz/b.Stettin zu den ganz großen Treibstoffwerken im Dritten Reich. Die monatliche Produktion lag in der Spitze bei 64.800 to (April 1944); rund 80 Prozent davon waren Flugbenzin. Pölitz deckte damit allein fast ein Zehntel der gesamten deutschen Mineralölerzeugung ab und war auf dem Höhepunkt der Produktion 1943/44 noch leistungsfähiger als Leuna oder alle vier Brabag-Betriebe zusammen!

Gegründet worden war die Gesellschaft am 27. Januar 1938 durch ein Konsortium unter Führung der I.G. Farben[65]. Innerhalb kürzester Zeit (1938-1941) und mit einem Massenaufgebot an Arbeitskräften entstanden offenbar riesenhafte Anlagen[66] mit teils mehreren Stockwerken unter der Erde. Im Endausbau war Pölitz das größte Hydrierwerk in Deutschland mit über 10.000 Beschäftigten!

Die Bedeutung des Betriebes für die Treibstoffversorgung des Reiches wird auch in den Luftschutzmaßnahmen deutlich. Durch Flak, Jagdschutz und Nebel war Pölitz befehlsgemäß zur „*Hydrierfestung*"[67] ausgebaut. Viel genutzt hat es dem Werk allerdings nicht: Ab Mai 1944 wurde es wiederholt sehr nachhaltig durch die Alliierten bombadiert. Nach neuerlichen schweren Angriffen im August 1944 lag die Produktion zu 93 Prozent still[68].

---

60 Birkenfeld, Treibstoff, S.151ff.; oV, 25 Jahre Leuna-Werke, S.115ff.
61 Ausführlich: Birkenfeld, Treibstoff, S.37ff.
62 Zu den verschiedenen technischen Verfahren: Brockhaus, Bd.4/S.112, Bd.5/S.594, Bd.6/S.468f.
63 Rhein, Magdeburger Hafenbahn, S.554
64 Rbd Magdeburg 757
65 Wissel u.a., Hydrierwerke Pölitz, S.3ff.
66 Ausdehnung: 2 Mio. Quadratmeter; Wissel u.a., S.8
67 BA R25/129
68 Birkenfeld, Treibstoff, S.195

Zu den Lokomotiven: In Pölitz liefen ab Ende 1942 mindestens zwei WR360C14, beide mit MWM-Motor und vermutlich in ex-geschützter Ausführung. Überliefert sind leider nur die Voith-Getriebenummern[69]. Danach müßte es sich um BMAG-Loks aus den Serien 11645ff. oder 12044ff. gehandelt haben. Daneben sind zwei 250-PS-Gmeinder-Loks mit Ex-Schutz und Krupp-Getriebe in Pölitz bekannt. Die Wiener Lokomotivfabrik lieferte als Nr.5 im Dezember 1942 ferner eine C-Dampfspeicherlok.

Das Hydrierwerk in Pölitz ist am 25.4.45 von der Roten Armee besetzt und nach dem Krieg vollständig demontiert worden. Teile davon wurden beim Bau einer Großhydrieranlage in Sibirien wiederverwendet[70]. Daß dazu auch die Lokomotiven gehörten, läßt sich bei der Demontagefreudigkeit der Sowjets annehmen. Der Ort selbst (jetzt: Police) fiel bei der Neuordnung Europas an Polen. Die Ruinen des gesprengten Werkes sind noch heute teilweise zu sehen.

SAMMLUNG STEFAN LAUSCHER

Wimmelbild mit Werksgleisen:
Als im Juli 1938 diese Aufnahme entstand, war das Krupp Treibstoffwerk in Wanne-Eickel noch Baustelle. Die WR360C14 kam erst drei Jahre später.

Die Krupp Treibstoffwerk GmbH

Auch der Stahlriese Krupp engagierte sich ab 1937 vorübergehend in der Herstellung synthetischer Treibstoffe. Die Produktionszahlen waren - verglichen mit Brabag oder Pölitz - allerdings unbedeutend. Im Spitzenjahr 1942 wurden bei der „Krupp Treibstoffwerk GmbH" gerade mal 5000 to Mineralöl und Gase pro Monat erzeugt. Sitz der Firma war Essen, das einzige Werk stand in Wanne-Eickel[71].

Über die hier eingesetzte - vermutlich einzige - WR360C14 ist leider nur sehr wenig bekannt: Hersteller war Schwartzkopff, das Baujahr ca. 1941/42. Die Lok hatte MWM-Motor. Alle anderen Daten fehlen. Durch Reparaturberichte ist der Einsatz in Wanne-Eickel bis mindestens Januar 1946 belegt[72]; bis spätestens 1952 war sie dort verschwunden. Die Lok muß etwa 1962/63 ausgemustert worden sein; bei welchem Besitzer ist unbekannt.

Neben der WR360C14 liefen beim Krupp-Treibstoffwerk in Wanne-Eickel noch eine Krupp-Firmentype mit 100 PS (Krupp 1776/1938) sowie vier Kleinst-Diesellokomotiven von Ruhrthaler mit 15/16 PS (Ruhrthaler 2400-2402, 2452/1942). Dampflokomotiven wurden erst Anfang der 50er Jahre nach Wanne-Eickel geliefert.

Nach 1945 wechselte das Werk mehrfach Namen und Eigentümer[73]. Heute gehört der Betrieb als Werk Herne zum Konzern der Degussa AG. Produziert werden vornehmlich Vorprodukte zur Lack- und Kunststoffherstellung sowie pulverisierte Wachse und Paraffin.

Die Deutsche Erdöl AG

Zwischen 1941 und 1945 war auch bei der Deutschen Erdöl Aktiengesellschaft, Berlin, eine WR360C14 im Einsatz. Genauere Daten sind leider auch hier nicht bekannt. Hersteller war wieder Schwartzkopff. Die Lieferung erfolgte etwa in der Jahresmitte, spätestens aber im Herbst 1941. Lieferort war die Erdölraffinerie in Wilhelmsburg/b.Hamburg. Von hier ist auch der einzige kurze Einsatzbericht[74] (vom 27.5.42) überliefert, in dem es u.a. heißt:

Die Lok läuft ständig bei ganz kurzen Strecken im Rangierdienst auf große Fahrt (60 km/h). Dabei kommt die Maschine nur selten in Gang 2 und nie in Gang 3. Ferner wurde noch nie eine Schaltprobe durchgeführt. Auch die Schnellentleerventile (des Flüssigkeitsgetriebes, S.L.) *wurden noch nie nachgesehen.*

Bestimmte Einzelheiten deuten darauf hin, daß die Lokomotive nach dem Krieg bei der DDR-Reichsbahn verblieben sein könnte. An Fabriknummern kommen nur die Serien BMAG 11461ff. oder BMAG 12044ff. in Betracht.

Die Erölraffinerie Wilhelmsburg ist nach der fast vollständigen Zerstörung im Krieg nicht wieder aufgebaut worden. Heute befinden sich hier nur noch die Laboratorien und die Prüfstände der DEA.

Die Gewerkschaft Neue Erdöl-Raffinerie

Eine weitere Firma in der facettenreichen deutschen Mineralölwirtschaft vor 1945 war die „Gewerkschaft Neue Erdöl-Raffinerie" (Nerag) in Misburg bei Hannover. Wie die DEA arbeitete auch die Nerag ausschließlich auf Erdölbasis, war also nicht etwa eines der vielen in den 30er und 40er Jahren neu entstandenen Werke zur Herstellung von synthetischen Treibstoffen aus Kohle.

Schon ab 1931 war am späteren Standort der Nerag in Misburg eine Raffinerie unter dem Namen „Gewerkschaft Deutsche Erdöl-Raffinerie" (Deurag) aufgebaut worden[75]. 1937 kam die Nerag mit einer Spezialraffinerie zur Herstellung von Schmierölen hinzu. Beide Unternehmen bildeten stets eine technische Einheit, wurden aber erst 1955 zur „Erdöl-Raffinerie Deurag-Nerag GmbH" fusioniert. Die Misburger Anlage deckte Anfang der 40er Jahre über ein Drittel des gesamten deutschen Schmierölbedarfs.

---

69 Monteursberichte (im Voith-Archiv)
70 Birkenfeld, Treibstoff, S.214
71 Firmengründung: 5.1.37; Betriebsaufnahme: 29.10.38; Produktionsstillstand durch Fliegerschäden ab 12.10.44; ausführlich zur Firmengeschichte: HA Krupp WA VIIf 1600/S.4
72 Monteursberichte (im Voith-Archiv)
73 Der Lichtbogen, S.32ff.
74 Monteursbericht v. 27.5.42 (im Voith-Archiv)
75 Wagner, Deurag-Nerag, S.10ff.

Sammlung Stefan Lauscher

In der Lokwerkstatt: Beim Dortmund-Hörder-Hüttenverein waren die WR-Loks die ersten größeren Dieselloks im von Dampfloks beherrschten Fahrzeugpark.

Auch bei der Nerag hat es immer nur eine einzelne WR360C14 gegeben. Hersteller war Deutz, die Fabriknummer 55116. Die Lok wurde am 13.7.44 neu nach Misburg geliefert. Angeblich soll sie schon ca. 1946 wieder verkauft worden sein[76]. Wahrscheinlicher ist, daß sie bei einem der zahlreichen Luftangriffe 1944/45 auf die Raffinerie[77] beschädigt wurde und die Trümmer nach Kriegsende in den Schrott wanderten. Die Nachfolge der WR360 traten zwei LgII-Kleinloks ebenfalls von Deutz an, die 1947 nach Misburg kamen. Weiter waren bei der Nerag mehrere B- und C-Dampfspeicherloks von Henschel bzw. WLF eingesetzt.

Die Raffinerie am Misburger Hafen ist aufgrund der stark zurückgehenden inländischen Erdölförderung per 23.3.86 stillgelegt und anschließend abgebrochen worden. Nur die Lagertanks südlich des Mittellandkanals werden heute noch durch die VTG genutzt.

Die Gewerkschaft Mathias Stinnes

Im Gegensatz zu den Treibstoff- und Erdölwerken, bei denen der Einsatz von Motorlokomotiven schon allein wegen der Explosionsgefährdung notwendig erschien, waren Dieselloks im (übertägigen) Bergbau bis weit in die Nachkriegszeit hinein eher eine Ausnahme. Vor allem, weil der Brennstoff Kohle hier sozusagen nebenbei mit anfiel, beherrschte bei vielen Zechenbetrieben an Rhein und Ruhr noch in den 60er und 70er Jahren die Dampflok das Bild.

Zu den wenigen Bergwerken, die schon in den 40er Jahren Dieselloks im Rangier- und Zubringerdienst einsetzten, gehörte die Gewerkschaft Mathias Stinnes mit Sitz in Essen. Auch hier hat es immer nur eine WR360C - O&K 21488/1943 - gegeben. Betriebsnummer: „M3". Kurz[78] nennt darüber hinaus eine zweite Lok, BMAG 11646/1942, als „M1"; diese gehörte tatsächlich aber der EIBIA.

Die O&K-Lok wurde 1943 geliefert und am 20. Juni 1944 nach einer *„Probefahrt auf dem Anschlußgleis des Eigentümers"*[79] vom Maschinenamt Essen nachträglich zugelassen. Die Lok war vornehmlich im Werkshafen Essen-Karnap am Rhein-Herne-Kanal eingesetzt, von wo aus eine Zechenbahn zu den drei Betriebsteilen des Bergwerks (Schachtanlage I/II/V in Essen-Karnap, Schachtanlage III/IV in Gladbeck und Zeche Welheim in Bottrop) führte[80]. Auf dem Welheim-Gelände betrieb die von Stinnes gegründete Ruhröl GmbH ab 1937 eine Großanlage zur Hydrierung von Flugbenzin und Heizölen aus Steinkohlenteerpech[81].

Nach dem Krieg wurden die Stinnes-Zeche wie viele andere ein Opfer des Strukturwandels. Als letztes Bergwerk der Zechengruppe mußte im Dezember 1972 die Schachtanlage I/II/V in Essen-Karnap schließen. Das alte Hydrierwerk auf der Zeche Welheim gehört heute als Werk Bottrop zur Degussa[82]. Die Stinnes-Lok M3 wurde bereits per 28.12.49 über einen Händler für 84.000 DM an die Deutsche Bundesbahn (V36 125) verkauft.

Die Sudetenländische Bergbau AG

Die SUBAG (mit Sitz in Brüx) entstand 1939 - ein Jahr nach dem Anschluß des Sudetengaus - durch Zusammenschluß von mehreren bis dahin selbständigen Braunkohlegesellschaften. Das Aktienkapital lag bei der

---

76 Lentz, Hannover, S.52
77 Ausführlich: Wagner, Deurag-Nerag, S.16ff.
78 Kurz, WR360C, S.25
79 Abnahmeurkunde (im Betriebsbuch)
80 Jahrbuch Ruhrkohle 1938; an weiteren Loks sind bei Stinnes u.a. diverse Ct- und Cf-Dampfloks von Krupp bekannt
81 Gebhardt, Ruhrbergbau, S.423
82 Der Lichtbogen, S.20ff.

Dresdner Bank, mit deren Geld die SUBAG in den Folgejahren massiv ausgebaut wurde. 1943 waren drei erheblich ausgeweitete Großtagebaue - Quido IV, Robert und Hedwig - im Aufschluß. Die Gesellschaft kontrollierte zu diesem Zeitpunkt 80 Prozent des sudetenländischen Bergbaus und beschäftigte 42.000 Menschen, darunter waren mehr als die Hälfte Kriegsgefangene und Zwangsarbeiter.

Die einzige WR360C14 - BMAG 12059/1941 - wurde fabrikneu 1941 für die Grube Hedwig bestellt. Laut Inventarverzeichnis vom 1.4.42 war die Lieferung noch für Juni dieses Jahres vorgesehen. Im Verzeichnis vom 1.8.43 wird sie dann schon *„in Betrieb"* gemeldet, allerdings beim Tagebau „Quido IV". Die Betriebsnummer: war 120.

Wie alle SUBAG-Diesellokomotiven - die Hauptlast des Verkehrs lag auf den damals 70 Tagebau-Elloks - dürfte auch die WR360C14 im Hilfsfahrbetrieb bzw. im Anschlußbahndienst gefahren sein. Sie verblieb nach 1945 in der CSSR.

Der Dortmund-Hörder-Hüttenverein AG

Auch die Stahlindustrie war ein eher untypisches Arbeitsfeld für die WR-Loks. Hier wurden in der Regel schwerere und leistungsstärkere Maschinen verlangt. Trotzdem haben sich die Diesel-Einheitsloks auch in diesem Bereich über viele Jahre bewährt. Eingesetzt beim Dortmund-Hörder-Hüttenverein[83] (DHHV) waren je eine fabrikneu beschaffte Serien-WR360C14 sowie eine gebraucht übernommene LDF300C12, beide von Schwartzkopff:

BMAG 11213/1940	WR360C14
BMAG 10865/1939	LDF300C12

Die LDF-Type kam 1943 von Wolff & Co. nach Dortmund und war beim DHHV nur kurze Zeit in Betrieb. In den Verkaufsunterlagen von 1952 heißt es[84]:

> *Die Maschine ist nach einjähriger Betriebszeit wegen Kraftstoffmangels stillgesetzt und seit Jahren aus betrieblichen Gründen nicht wieder eingesetzt worden. Sie ist daher instandsetzungsbedürftig.*

Zu den Einsätzen bis 1945 ist nur wenig bekannt. Zumindest die WR360 fuhr möglicherweise im Werkspersonenverkehr der Hütte. Ein altes, aufgrund mangelnder Qualität nicht druckbares Foto zeigt jedenfalls eine 360-PS-Einheitslok mit langem Abteilwagenzug *„im Verkehr eines Hüttenwerkes"* (laut Bildbeschriftung). Es könnte am Werksbahnsteig in Hörde-Remberg aufgenommen worden sein. Sicher war das Foto bisher aber nicht zuzuordnen.

Die LDF300C12 wurde - wie erwähnt - 1952 verkauft und kam nach mehrmonatiger Aufarbeitung bei Schöma ab 1954 als Lok 271 zur Steinhuder Meer-Bahn. Die WR360C14 fuhr dagegen noch viele Jahre bei dem nun als „DHHU" (Dortmund-Hörder-Hüttenunion) firmierenden Stahlwerk (Nr.81) und nach Fusion der Dortmunder Hütten 1966 sogar noch bei Hoesch (Nr.38). Sie wurde erst 1970 abgestellt und dann verschrottet.

Die Alpen-Elektrowerke AG Kaprun

Auch in der damaligen *„Ostmark"* (Österreich) lief eine Industrie-WR360C14: Die Alpen-Elektrowerke AG mit Hauptsitz in Wien beschaffte die Lokomotive 1942 bei Orenstein & Koppel für ein Neubauprojekt in den Kitzbühler Alpen oberhalb von Zell a.See.

Fabriknummer:	21541
Bestellung:	29.7.39
Lieferung:	Mai 1942
	(andere Quelle: April 1943)

Die Lok hatte MWM-Motor und entsprach in allen Details der Serienausführung. Auffällig ist die hohe Fabriknummer. Eingesetzt war die Maschine bei Bau und Betrieb des Tauernkraftwerkes Glockner Kaprun (mitsamt den beiden Wasserspeichern Mooserboden und Wasserfallboden). Von Bruck-Fusch aus führte dazu eine 6,8 km lange Anschlußbahn nach Kaprun (eröffnet 28.11.39). Auch nach 1945 blieb die Lok auf der Kraftwerksbahn in Betrieb (jetzt: Tauernkraftwerke AG, Kaprun). Später war sie dann noch im Besitz mehrerer Schleppbahnen in Österreich.

Deutsche Reichsbahn

Die zahlreichen Beschaffungen von WR-Lokomotiven durch die Privatindustrie stehen in einem auffallenden Mißverhältnis zu den Aktivitäten der Reichsbahn auf diesem Gebiet. Zwar wurden nicht nur die WR360C14, sondern auch die 200- und die 550-PS-Lok ausdrücklich auf ihre Eignung für den DR-Rangierdienst hin untersucht[85]. Auch belegt die jahrelange Mitwirkung des Reichsbahn-Zentralamtes an der Entwicklung der WR-Loks ein reges eigenes Interesse an den neuen Dieselloks.

Wirklich konkret wurden Beschaffungspläne aber nur einmal, nämlich in den Jahren 1938-42: Aufgrund verschärfter Sicherheitsbestimmungen für den Lokomotivbetrieb im Hamburger Petroleumhafen benötigte die Reichsbahndirektion Altona (ab 1.4.37: RBD Hamburg) dringend Ersatz für die bislang in diesem Bereich eingesetzten und nur unzureichend gegen Funkenflug gesicherten Dampflokomotiven der Baureihe 92^5 (pr. T13). In einem Brief an die Hauptverwaltung der Deutschen Reichsbahn vom 30.9.36 beschreibt die RBD Altona das Problem folgendermaßen[86]:

Die Braunkohle-WR360C:
Die BMAG 12059 mit der Betriebsnummer 120 wurde fabrikneu an die Sudetenländische Bergbau AG in Brüx geliefert. Die Dampflok hat die Nr. 82 und ist von Skoda gebaut (30.12.43).

Sammlung B. Zeman

83 Die wichtigsten Daten zur Firmengeschichte: 1852 gegründet als Stahl- und Walzwerk Hörde; ab 1926 als DHHV Teil der Vereinigten Stahlwerke. Nach 1945 zunüächst wieder selbständig (Hüttenwerke Hörde AG); 1951 Fusion mit dem Stahlwerk Union zur Dortmund-Hörder-Hüttenunion AG; ab 1966 Hoesch-Hüttenwerke AG.

84 Schreiben v. 22.8.52

85 Die WR550D14 z.B. war danach *„ein großer Schritt in der Richtung zur Züchtung einer für den schweren, ununterbrochenen DR-Rangierdienst geeigneten Motorlok"*; Bericht LVA Grunewald v. 4.7.42

86 BA R5/2214

Der außerordentlich starke Verkehr mit leicht brennbaren Flüssigkeiten und deren gewaltige Anhäufung, die im und am Hamburger Petroleumhafen entstanden ist, erfordert dringend, dass dort alle Feuerverhütungsmassnahmen getroffen werden, die wirtschaftlich irgend tragbar sind. Die Hamburger Sicherheitsbehörden halten es deshalb für notwendig, dass in dem Gelände im Petroleumhafen der Verkehr mit Feuerlok ganz aufhört und an ihrer Stelle entweder feuerlose Lok (Dampfspeicher) oder Diesellok besonders feuersicherer Bauart Verwendung finden.

Es folgten zunächst verschiedene Versuche, bei denen die Dampfloks mit einem zusätzlichen, zweiten Funkenfänger „Bauart Karlsruhe" über der Schornsteinmündung sowie einem besonderen Aschfangkasten unter dem Kessel ausgerüstet wurden. In dieser Bauart waren auch die 92^2 im Mannheimer Petroleumhafen ausgeführt. Folgen des Umbaus waren jedoch eine mangelhafte Luftzufuhr, häufiger Dampfmangel und - dadurch bedingt - die wiederholte Anforderung von Verstärkungslokomotiven, was auf Dauer einen reibungslosen Ablauf des Verkehrs behinderte.

Auch ein Versuch mit Reichsbahn-Kleinloks LgII führte zu keinen befriedigenden Ergebnissen. Dazu heißt es in einem Erfahrungsbericht der RBD Hamburg[87]:

Die Anschlüsse im Hamburger Petroleumhafen wurden zunächst mit der Kleinlok Kö 4557 bedient. Es stellte sich aber bald heraus, daß die Leistung einer 65-PS-Kleinlok mit Rücksicht auf die Menge der anfallenden Frachten und die Betriebsverhältnisse in den Anschlußwerken unzureichend sind. Die Kleinlok konnte nur eine Geschwindigkeit von 5 km/h entwickeln, da sie Lasten bis 300 t bewegen mußte. Durch diese Arbeitsweise verzögerte sich das Verschiebegeschäft derart, daß der Versuch abgebrochen und eine Dampflok eingesetzt werden mußte. Nach Eingang der von der RBD Münster zur Verfügung gestellten Kleinlok Kö 4228 wurde am 27.8.37 ein zweiter Versuch mit den zusammengekuppelten Kleinlok Kö 4557 und 4228 durchgeführt. Auch bei diesem Versuch zeigte sich bald, daß das Verschiebegeschäft viel zu langsam vonstatten geht und auch die Leistung der beiden gekuppelten Kleinlok bei weitem nicht ausreicht.

Mit Datum vom 30.6.38 brachte das RZA Berlin dann erstmals die WR360C14 ins Gespräch, wobei besonders auf die mögliche Ausführung mit Plattenschutz und Auspuffwaschanlage hingewiesen wurde. Mit nur 40 to Reibungsgewicht gegenüber 60 to bei der 92^5 war die WR360 zwar um einiges leichter als die Dampflok. In der Mehrzahl der Fälle glaubte man jedoch, mit der zur Verfügung stehenden Zugleistung auskommen zu können. Für schwerere Transporte sollte eine WR360-Doppellok mit Steuerung von einem Führerstand aus eingesetzt werden.

Alles weitere ging dann sehr schnell: Am 28.10.38 beauftragte die Reichsbahn-Hauptverwaltung das RZA Berlin durch Verfügung 31 Fkl 755 mit der Beschaffung von insgesamt drei Diesellokomotiven (davon eine als Reservelok). Im April 1939 waren die Preisverhandlungen mit der Industrie abgeschlossen und per 8.5.39 erfolgte die endgültige Bestellung im Rahmen des Fahrzeugprogramms 1939.

Den Zuschlag erhielten Schwartzkopff (lokbaulicher Teil) und MWM (Motor), wobei weniger der Preis, als vielmehr die günstigsten Lieferfristen den Ausschlag gaben. Schwartzkopff nutzte hier den Vorteil, aus laufender Wehrmachts-Bestellung einige Maschinen vorziehen zu können.

Daß es letztlich doch nicht zur Lieferung der drei Reichsbahn-WR360C14 kam, war eine Folge des beginnenden Krieges. Die Beschaffungspläne der Reichsbahn wurden radikal gekürzt[88] und zugunsten schwerer Güterzugdampfloks umgeschichtet. Sicherheitsbestimmungen spielten plötzlich kaum mehr eine Rolle, und die bereits genehmigten Stahlkontingente mußten nun für die Rüstung freigemacht werden.

Ende 1939 wurde der Weiterbau der drei Reichsbahn-WR360C14 erst einmal ausgesetzt und im November 1942 schließlich ganz aufgegeben. BMAG und Voith erhielten die Stornierung des Auftrags per 31.12.42, MWM Anfang März 1943. Die letzte Notiz in den Akten ist ein Brief des RZA Berlin an die Eisenbahnabteilung im Reichsverkehrsministerium vom 21.10.42. Darin heißt es u.a.:

Mit dem Bau der Lokomotiven ist noch nicht begonnen worden. Von der Berliner Maschinenbau AG vorm. L.Schwartzkopff dürfen die vorbezeichneten Motorlokomotiven für die Dauer des Krieges nicht mehr gebaut werden. Wir bitten um Entscheidung, ob die betreffenden Lokomotiven von einer anderen Firma weitergebaut werden sollen.

Antwort der Hauptverwaltung[89]:

Von dem Weiterbau der 3 Diesellok ist während des Krieges abzusehen.

Es mag zu den vielen kuriosen Wendungen der Geschichte gehören, daß - kaum fünf Jahre später - die WR360C14 doch im Hamburger Petroleumhafen rangierte. Der Krieg war verloren, die Wehrmacht aufgelöst und deren Loks gehörten nun zum größten Teil den beiden Rest-Staatsbahnen in Ost und West. Bei der Suche nach geeigneten Einsatzorten war auch der Ölhafen ganz schnell wieder ein Thema. Fast 30 Jahre lang, bis zur Ausmusterung der alten Wehrmachtloks bei der Deutschen Bundesbahn, haben die 360-, später auch die 200-PS-Lokomotiven hier zur vollsten Zufriedenheit ihren Dienst verrichtet.

Kleinbahnen

Klein- und Privatbahnen hatten in Deutschland stets eine bedeutende Stellung. 1937, also noch vor der Annexion Österreichs und den Besetzungen im Osten, gab es im Deutschen Reich nicht weniger als 436 Privatbahnen des öffentlichen Verkehrs mit einer Gesamtstreckenlänge von annähernd 14.000 Kilometern[90]. Bei vielen Kleinbahngesellschaften liefen zu diesem Zeitpunkt bereits Benzol- oder Dieseltriebwagen anstelle von Dampflokomotiven im Personenverkehr. Und auch die Umstellung des Güterverkehrs auf Dieselloks als weiterer Schritt zur Verbesserung der Wirtschaftlichkeit hatte bei einigen Bahnen, wie zum Beispiel denen des Landesverkehrsamtes Brandenburg[91], schon begonnen.

Nicht verwunderlich deshalb, daß auch bei verschiedenen Kleinbahngesellschaften über eine Beschaffung der WR360 nachgedacht wurde. Dokumentiert ist etwa ein Briefwechsel zwischen Schwartzkopff und den Mindener Kreisbahnen, die Mitte 1938 bei mehreren Herstellern wegen der Lieferung einer mittelschweren Rangier- und Streckendiesellok nachfragten[92]. Bei BMAG waren seinerzeit gerade die ersten Vorserienloks der Bauart WR360C12 fertiggestellt worden. Mit Datum vom 10. Juni 1938 wurden die Kleinbahn-Oberen der MKB zur Besichtigung nach Wildau eingeladen:

---

87 BA R5/2214 (Brief v. 23.9.37)
88 ZStA 43.01/2270; Griebl/Wenzel, Kriegslokomotiven, S.8
89 BA R5/2214
90 Statistik, Stand: 1.1.37; zum Vergleich: Die Deutsche Reichsbahn hatte am gleichem Stichtag ein Streckennetz von 54.482 km
91 Gotschlich, Diesellokomotivbetrieb, S.205ff.
92 Görs, Diesellokbeschaffungen, oS

VOITH

Startklar für die Reise um die halbe Welt: Mittelpufferkupplung, Tropendach und Lokhebegerät verpaßten der Exportlok für die Christmas Island Phosphate Company ein recht ungewohntes Outfit.

> *Wir gestatten uns, Ihnen mitzuteilen, dass die Vorführung unserer regelspurigen, dreiachsigen 360 PS Dieselmotor-Lokomotiven mit hydraulischer Kraftübertragung am Freitag, 17. Juni 1938, vormittags 11 Uhr, in unserem Werk Wildau bei Königs Wusterhausen stattfindet. Die Teilnehmer an der Vorführung treffen sich zur gemeinsamen Fahrt im Sonderautobus nach Wildau am 17.d.M. pünktlich 9.45 Uhr vormittags auf dem Parkplatz an der Nordseite des Bahnhofs Berlin-Friedrichstrasse. In diesem Zusammenhang bestätigen wir dankend den Eingang Ihres Schreibens vom 7.d.M., dem wir gern entnahmen, dass Sie grosses Interesse an der genannten Dielselloktype haben.*

Trotz dieses *„grossen Interesses"* kam es zu keinen Bestellungen. Weder die Mindener Kreisbahnen, noch andere Privatbahnen haben vor 1945 eigene WR-Loks in ihren Betrieben gefahren. Haupthinderungsgründe dürften die beträchtlichen Lieferfristen, die - im Vergleich zur Dampflok - höheren Beschaffungskosten und die bei Kriegsbeginn einsetzende Treibstoffkontingentierung gewesen sein.

Kurz erwähnt werden soll aber zumindest noch der zweitweilige Einsatz einer WR360C14 auf den Burgdorfer Kreisbahnen bei Hannover. Die Lok, O&K 21113/1939, gehörte der am Endpunkt der Bahn gelegenen Heeres-Muna Hänigsen und durfte von Februar 1940 an im Spitzenverkehr auch die Kleinbahn mitbedienen. Der Normalbetrieb war aber ausdrücklich den beiden kleinbahneigenen Dampfloks vorbehalten.

Ausland

Auch im Ausland fanden die neuen Einheits-Dieselloks der WR-Typenreihe lebhaftes Interesse. Beleg dafür ist z.B. der Bericht einer spanischen Eisenbahnkommission[93], die vom 29.4. bis 23.5.40 die Deutsche Reichsbahn und die deutsche Lokomotiv- und Waggonindustrie bereiste. Zum Thema Dieselloks schreibt der Berichterstatter:

> *Nachdem wir die ausgedehnte und lohnende Verwendung gesehen haben, die man in Deutschland für Diesel-Rangierlokomotiven bis zu Leistungen von 200 und 360 PS gefunden hat, halten wir den schnellen Erwerb von Einheiten dieser Klasse für absolut notwendig. Die Loks, welche gekauft würden, müßten hydraulische Kraftübertragungen haben, und die Instandhaltung und Unterhaltung müßte - gemäß dem, was wir in Deutschland gesehen haben - in zentralen Werkstätten erfolgen.*

Ob und in welchem Maß die deutschen Wehrmachtloks dann tatsächlich Einfluß auf die Lokomotivbeschaffungen in Spanien genommen haben, ist im Nachhinein schwer zu beurteilen. Direkte Lieferungen hydraulischer Loks nach Spanien hat es jedenfalls nicht bzw. erst nach 1945 gegeben.

In mindestens zwei anderen Fällen sind WR-Loks allerdings direkt für das Ausland gebaut worden:

Den Anfang machte bereits 1938 die Bestellung einer WR360C14 für die **„Christmas Island Phosphate Company"** auf der Weihnachtsinsel im Indischen Ozean. Die von O&K mit der Fabriknummer 21183 gebaute und 1940 gelieferte Lok war zweifellos die exotischste Ausführung einer WR-Lok, u.a. mit Tropendach und Mittelpufferkupplung. Nähere Einzelheiten dazu im Kapitel „Einsatz nach 1945".

Mindestens zwei Schwartzkopff-WR360C14 mit Deutz-Motor und Explosionsschutz wurden ferner für die **Rumänischen Eisenbahnen**[94] gebaut. Die näheren Umstände sind allerdings immer noch etwas un-

---

93 ZStA 43.01/2483
94 Koch, Kurze Beschreibung, S.48ff.

Bis zu vierzig Monate Lieferzeit: Auch die Motoren-Werke Mannheim warben mit der WR360C. Der merkwürdige Kasten hinter dem Führerhaus ist eine (vom Zeichner wohl fehlgedeutete) offenstehende Rückwandtür.

klar. Auch dazu näheres an anderer Stelle dieses Buches[95].

Darüber hinaus hat es ab 1942 verschiedene weitere Bestellungen aus dem verbündeten Ausland gegeben. Bei Deutz waren fünf WR360C in Auftrag:
3 Lok für Bulgarisches Bautenministerium, Sofia,
1 Lok für Astra Romana S.A., Bukarest/Rumänien,
1 Lok für Donauhafen Pressburg/Slowakei.
Aufgrund der Kriegsereignisse wurde jedoch keine davon auch noch ausgeführt.

Sammlung Stefan Lauscher

Produktionsbeschränkungen

Der Krieg, der die Wehrmachtloks erst hatte entstehen lassen, war zugleich deren größtes Produktionshemmnis. Die Überlastung der gesamten Lokindustrie, Vorrangaufträge für Kriegsdampfloks und Rüstungsgüter, die Kontingentierung von Stahl und Eisen sowie der dauernde Mangel an bestimmten Werkstoffen und Bauteilen behinderten die Produktion der WR-Lokomotiven über alle Maßen. Waren z.B. die beiden 360-PS-Baumusterloks 1936/37 noch innerhalb von 8-9 Monaten entworfen, konstruiert und gebaut worden, so vergingen nach Kriegsbeginn zwischen Bestellung und Lieferung der (fertig durchgezeichneten) Loks durchschnittlich 2 ½ bis 3 Jahre!

Dazu kamen ab Anfang 1943 zahlreiche Bombenschäden in den Lokomotivwerken als Folge des verstärkten Luftkrieges über Deutschland. Bereits angelieferte Getriebe oder Motoren mußten immer häufiger zur Reparatur zurückgeschickt werden oder blieben, durch Splitter beschädigt, liegen. Spätestens ab Sommer 1944 konnte von einer geregelten Produktion kaum noch die Rede sein.

Als problematisch hatten sich schon zu Beginn der WR-Lok-Entwicklung die langen Lieferzeiten besonders bei den Motoren herausgestellt[96]. Verantwortlich dafür waren Verzögerungen bei der Zulieferung der Kurbelwellen, später zunehmend auch das Fehlen der nötigen Stahlkontingente. Die Motorenwerke Mannheim beispielsweise lieferten ihre RHS235S-Motoren

1939	noch	8	Monate nach Bestellung,
1940	schon	12-15	Monate nach Bestellung,
1941	etwa	18-20	Monate nach Bestellung,
1942	zirka	22	Monate nach Bestellung und
1943	sogar	40	Monate nach Bestellung[97].

In den Lokomotivfabriken vergingen nach Eingang der Motoren und Getriebe dann noch einmal durchschnittlich zwei, später bis zu sechs Monate für die Montage der Lokomotiven. Nur die bis etwa Ende 1940 erfolgten Aufträge - Privatbestellungen ausgenommen - konnten deshalb wirklich noch komplett abgewickelt werden!

Ähnliche Probleme gab es auch bei der Beschaffung von Wälzlagern[98], die für die Wendegetriebe sowie für die mechanischen Übersetzungen vor und hinter dem Flüssigkeitsgetriebe benötigt wurden. Wiederholt mußte auf Betreiben der AGM das Heereswaffenamt bei den zuständigen Behörden und Herstellern intervenieren, um überhaupt noch eine Lieferung der benötigten Bauteile in einem erträglichen Zeitraum zu erwirken.

Bis ins vierte Kriegsjahr hinein konnte die Zahl der jährlich gelieferten WR-Lokomotiven dennoch fast durchgängig gesteigert werden. Die höchste Stückzahl wurde 1943 mit insgesamt 78 gebauten Lokomotiven der Wehrmachtsbauarten erreicht. Danach begann die angeordnete Typenbeschränkung nach dem KML-Katalog zu greifen. 1944 wurden nur noch 26 WR-Loks geliefert (25 WR360C14 und ein WR200-Nachzügler), 1945 kam die Fertigung schließlich ganz zum Stillstand.

Bundesarchiv

15.000 Loks in 2 Jahren: Im Rangierbahnhof Seddin organisierte der Hauptausschuß Schienenfahrzeuge im Juli 1943 werbewirksam die Massenanfahrt von 51 Kriegsloks, die höchste erreichte Tagesleistung der Lokomotivindustrie.

Das Kriegs-Motor-Lok-Programm

Die Engpässe in der Lokomotivindustrie betrafen bei weitem nicht nur den Diesellokbau für die Wehrmacht. Mehr noch die durch Truppenaufmärsche, Verpflegungstransporte, Rüstungsbau und Gebietszuwächse mehrfach überforderte Reichsbahn bekam bald nach Kriegsbeginn den Mangel an leistungsfähigen Lokomotiven zu spüren. Die Situation eskalierte im Winter 1941/42 in der sogenannten „Transportkrise" an der russischen Front[99], als ein riesiger Teil der DR-Lokomotiven mit Frost- und Minenschäden festsaß. Als Reaktion darauf ordnete die politische und militärische Führung radikale Schritte zur Steigerung der nun als dringlich und kriegswichtig eingestuften Lokproduktion an. Dadurch entspannte sich zwar die Lage bei der Reichsbahn. Andere Bereiche wie der WR-Lok-Bau mußten als Folge aber weitere Einschränkungen hinnehmen.

Alle in diesem Zusammenhang wichtigen Entscheidungen fielen in einem neuen, vom Reichsminister für Bewaffnung und Munition eingesetzten „Haupt-

95 Vergl. S.42f. und 519f.
96 Sitzungsberichte AGM360 v. 3.3.37 und 9.8.37
97 MWM-Lieferbücher
98 Sitzungsberichte AGM360 v. 16.12.38
99 Kreidler, Achsenmächte, S.135ff. und 261

Sammlung Stefan Lauscher

SONDERAUSSCHUSS LOKOMOTIVEN

Leiter: Dir. G. Degenkolb
Vertreter: Dr. Val. Litz

Berlin-Charlottenburg 2, Bismarckstraße 112, Telefon: 31 81 21, Fernschreiber 01 14 35

Berlin, den 8. August 1942

Anordnung 59

Die Anordnung des Bevollmächtigten für die Maschinenproduktion über das Verbot des Baues von Lokomotiven mit Verbrennungsmotoren gestattet in Zukunft nur noch die Fabrikation von Motorlokomotiven für Zwecke der Reichsverteidigung sowie für bestimmte Bedarfsfälle (Export usw.). Diese unterliegen jedoch einem besonderen Prüfverfahren beim Hauptausschuß Schienenfahrzeuge, Arbeitsausschuß: Typenbereinigung — Auftragsregelung. Hierfür gilt folgendes:

I. Typenbereinigung.

Es dürfen nur gebaut werden:

A. Normalspur-Lokomotiven.

1. 360 PS Einheits-Wehrmachtstype WR 360 C 14 mit Deutz-Motor V6M (MWM-Motor RH 235 S) und Voith-Getriebe L 37
2. 110 PS Einheits-Reichsbahntype Leistungsgruppe II mit Deutz-Motor F6M 517 (MWM-Motor GS 117 S) und Voith-Getriebe L 33

B. Schmalspur-Lokomotiven.

1. 130 PS Einheits-Wehrmachtstype HF 130 C mit Deutz-Motor F6M 517 (MWM-Motor GS 117 S) und Voith-Getriebe L 22
2. 50 PS Einheits-Wehrmachtstype HF 50 B mit Deutz-Motor F4M 517 (MWM-Motor GS 117 V) und mechanischem Getriebe.
3. 22 PS Firmentype MD 2 mit Deutz-Motor F2M 417 (MWM-Motor KD 215 Z) und mechanischem Getriebe.

Die eingeklammerten Motortypen kommen nur in Frage, wenn infolge Produktionsstörungen die eigentlich vorgesehenen Motoren nicht lieferbar sind.

II. Auftragsregelung.

Für die Fertigung dieser Lokomotiven kommen folgende Herstellerfirmen in Frage:

1. **Klöckner-Humboldt-Deutz (Gmeinder, Windhoff)**
für die normalspurigen Lokomotiven.
2. **Gmeinder und Windhoff**
für die 130 PS Schmalspur-Lokomotiven.
3. **Gmeinder (M. B. A.-Montania)**
für die 50 PS Schmalspur-Lokomotiven.
4. **M. B. A.-Montania (Gmeinder)**
für die 22 PS Schmalspur-Lokomotiven.

Auch hier gelten die eingeklammerten Firmen als Ausweichfirmen bei Produktionsstörungen in den übrigen Fabriken.

Für die Auftragsregelung gelten ferner folgende Richtlinien:

1. Behörden-Aufträge (Wehrmacht und Reichsbahn) werden direkt der Herstellerfirma überschrieben.
2. Privat-Aufträge, soweit sie gemäß der Anordnung des Verbotes des Baues von Lokomotiven mit Verbrennungsmotoren noch zugelassen sind, können von allen Firmen entgegengenommen werden, die bisher Motorlokomotiven fabriziert haben. Die Lokomotiven sind jedoch zu den unter II.) aufgeführten Firmen zu verlagern. (Unter Einschaltung des Arbeitsausschusses Auftragsregelung.)

Die Aufsichtspflicht und die Abwicklung dieser Aufträge bleibt Sache derjenigen Firma, die den Auftrag entgegengenommen hat. Sie bleibt auch nach wie vor Geschäftspartner des betreffenden Kunden. Die bei der Verlagerungsfirma hergestellten Lokomotiven erhalten das Fabrikzeichen und die Lokomotiv-Nr. der Ursprungsfirma.

Das „Aus“ für die WR200B14 und WR550D14

Mit zahlreichen Anordnungen, Vorschriften und Erläuterungen machte der Hauptausschuß Schienenfahrzeuge im Sommer 1942 seine weitreichenden Beschlüsse zur Typenbereinigung und Auftragsverlagerung bekannt. Für die Motorlokindustrie waren die wichtigsten Regelungen in der „Anordnung 59“ zusammengefaßt. Sie wurde am 8. August 1942 veröffentlicht und und ist nebenstehend als Faksimile wiedergegeben.

Neben den nicht immer korrekten Typenangaben bei den Motorbauarten fallen in dem Dokument besonders die interessanten Regelungen zur Auftragsabwicklung auf. Bei allen Privatbestellungen mußten die Loks danach zwar bei den jeweiligen Verlagerungsfirmen gebaut werden, erhielten - um gewachsene Geschäftsbeziehungen nicht zu stören - aber trotzdem Lokschild und Fabriknummer der Firma, bei der die Lokomotive bestellt worden war!

Noch nicht in der „Anordnung 59“ mit aufgeführt sind die zunächst als Kriegs-Gruben-Motor-Lokomotiven (KGML1-3) geplanten KML6-8, sowie die später erst entstanden Generatorgas-Lokomotiven KML51 und 52 (siehe: „Die Kriegs-Motor-Lok-Typen im Überblick“ auf Seite 115).

Viele der schon 1942 aufgrund ihrer bewährten Konstruktion ausgewählten KML-Bauarten sind übrigens auch nach dem Krieg noch in großer Stückzahl weitergebaut worden. Dies gilt besonders für die beiden Normalspur-Typen sowie die drei Grubenlok-Bauarten. Die Deutzer A6M517 (KML6) bspw. wurde - mit gewissen Verbesserungen - noch bis in die 60er Jahre hinein angeboten und war damit eine der meistgebauten deutschen Untertage-Dieselloks überhaupt.

ausschuß Schienenfahrzeuge“. Darin waren alle namhaften Lokomotivfabriken Deutschlands sowie das RZA Berlin vertreten. Den Vorsitz führte der ehemalige DEMAG-Direktor Gerhard Degenkolb.

Ausgestattet mit umfangreichen Kompetenzen konnte der Ausschuß in - wie es damals hieß - *„industrieller Selbstverantwortung“* weitreichende Entscheidungen hinsichtlich der Konstruktion und Fertigung von Lokomotiven treffen. Auch die Reichsbahn als größter Kunde der deutschen Lokomotivwerke verlor ihre Beschaffungshoheit und mußte sich den Beschlüssen und Anordnungen des Hauptausschusses bzw. des Rüstungsministeriums unterordnen.

Über die Arbeit und Organisation des Hauptausschusses Schienenfahrzeuge und seiner Unterausschüsse ist in der Fachliteratur schon verschiedentlich berichtet worden[100]. An dieser Stelle deshalb nur die wichtigsten, die WR-Loks betreffenden Eckpunkte. Weitere Einzelheiten enthalten auch die beiden Kastentexte auf dieser und der übernächsten Seite.

Die vorrangige Aufgabe des Hauptausschusses bestand darin, die Voraussetzungen für das größte Lokomotiv-Bauprogramm in der Geschichte der deutschen Eisenbahnen zu schaffen. Nach dem sogenannten „Führerprogramm“ vom März 1942 sollten innerhalb von nur zwei Jahren insgesamt 15.000 Dampflokomotiven neu gebaut und indienstgestellt werden[101]. Da die Kapazitäten dafür - selbst unter Heranziehung der Lieferwerke in den besetzten Gebieten Polens, Belgiens, Frankreichs und der Tschechoslowakei[102] - bei weitem nicht ausreichten, und auch die konstruktive „Entfeinerung“ nur eine geringe Einsparung an Material und Arbeitszeit versprach[103], ordnete der Hauptausschuß per 1. Juli 1942 massive Eingriffe in die Produktion der gesamten Lokomotivindustrie an. Im Wesentlichen

- wurde die Typenvielfalt durch Festlegung auf einige wenige, besonders bewährte Bauarten drastisch reduziert;
- anstelle des freien Handels trat eine weitgehende Steuerung der Lokomotiv-Bestellungen, mit dem Ziel, bestimmte Bauarten bei einzelnen Herstellern zu konzentrieren;
- alle Lokomotivfabriken mit eigener Kesselschmiede - darunter auch Schwartzkopff, Orenstein & Koppel, Jung, Henschel und Krupp - mußten bis spätestens Frühjahr 1943 den Bau von Dieselloks einstellen, und hatten sich fortan uneingeschränkt dem Kriegslok-Programm zuzuwenden[104];
- außerdem wurden alle als weniger dringlich eingestuften Aufträge und Bauprogramme vom Hauptausschuß gestoppt bzw. annulliert[105].

Erklärte Absicht dieser *„durchgreifenden Bereinigung“*[106] war es, alle verfügbaren Kräfte und Kapazitäten auf die geplante Massenfertigung der Kriegsdampflok zu konzentrieren. Diesel- und Elloks, die auch in

100 Gottwaldt, Kriegslokomotiven, S.37ff.; Röhr, Hauptausschuß, S.1ff.; Witte, Reichsbahn-Zentralamt, S.10ff.
101 Gottwaldt, Kriegslokomotiven, S.38
102 Gottwaldt, Kriegslokomotiven, S.51, 55
103 Witte, Reichsbahn-Zentralamt, S.9
104 Anordnung 57 des HA Schienenfahrzeuge v. 27.7.42
105 Rundschreiben Nr.33 des HA Schienenfahrzeuge v. 5.5.42
106 Anordnung 57 des HA Schienenfahrzeuge v. 27.7.42

anderen Werken gebaut werden konnten, mußten deshalb aus den großen Dampflokfabriken abgezogen werden. Einzellok- oder Kleinserienbau wurde nicht mehr geduldet; durch das vereinfachte Typenprogramm sollte die gesamte Produktion auf rationelle und den Erfordernissen des Krieges entsprechende Großserien umgestellt werden[107].

Welche Dampf-, Elektro- oder Motorloks im einzelnen für die Dauer des Krieges weitergebaut werden durften, war in einem dicken *„Kriegstypenbuch"* festgelegt. Die Bauarten wurden als „KDL" (Kriegsdampflok), „KML" (Kriegsmotorlok), „KEL" (Kriegselektrolok) etc. bezeichnet. Im Diesellokbereich waren danach nur noch folgende, als *„Ausweichtypen"* bezeichnete Bauarten zugelassen[108]:

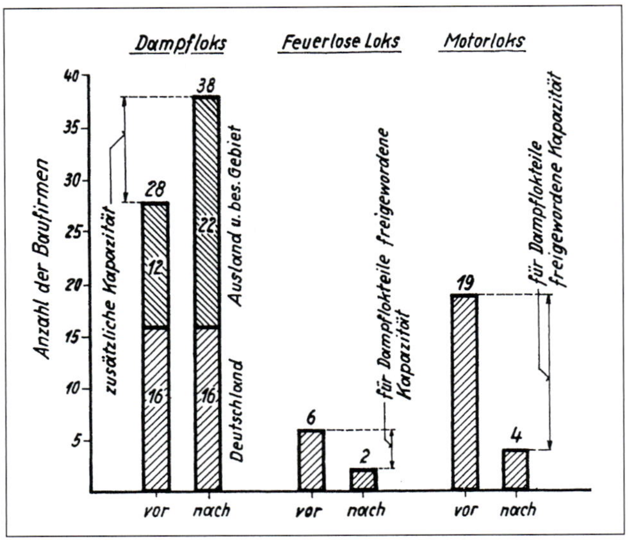

SCHAUBILD 6: Von ehedem 19 Motorlokherstellern durften nach den Anordnungen des Hauptausschusses nur noch vier Fabriken Dieselloks bauen.

KML 1 = Einheits-Wehrmachtstype WR360C14
KML 2 = Einheits-Reichsbahntype Kleinlok LgII
KML 3 = Einheits-Heeresfeldbahntype HF130C
KML 4 = Einheits-Heeresfeldbahntype HF50B
KML 5 = O&K-Feldbahntype MD2
KML 6 = Deutz-Grubenloktype A6M517
KML 7 = Ruhrthaler-Grubenloktype GDL/S2
KML 8 = Deutz-Grubenlokytpe MLH914

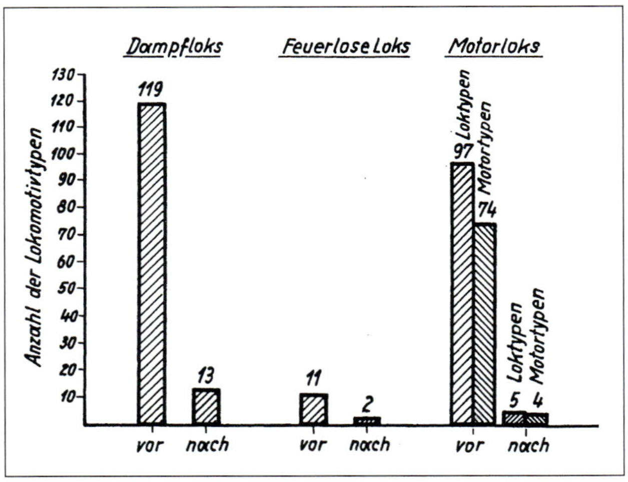

SCHAUBILD 7: Noch drastischer war die Typenreduzierung. Statt bisher 97 Loktypen durften jetzt nur noch fünf gebaut werden (ohne Grubenloks).

Für alle anderen Lokomotiven mit Verbrennungsmotor erließ der Bevollmächtigte für die Maschinenproduktion per 1. Juli 1942 ein generelles Bauverbot[109]. Lediglich für die bereits in der Fertigung befindlichen Fahrzeuge wurden - abhängig von Dringlichkeitsstufe, Zweckbestimmung und Bauzustand - gewisse Übergangsfristen zugestanden. Ausnahmen waren außerdem dann möglich, wenn *„die Bedarfsdeckung nachweislich im Interesse der Reichsverteidigung erfolgen muß und die beantragte Motorlokomotive nicht durch eine andere Lokomotive, z.B. Dampflokomotive, feuerlose Lokomotive usw, ersetzt werden kann"*.

Die Tatsache, daß aufgrund dieser Ausnahmebestimmungen einige Lokfabriken auch nach dem 1.7.42 ihre Firmentypen noch in gewissem Umfang weiterbauen konnten[110], kann nicht darüber hinwegtäuschen, daß mit dem KML-Programm eine gewaltige Umschichtung in der Typenlandschaft einsetzte: Zumindest vom Grundsatz her wurde die Zahl unterschiedlicher Bauarten von ehedem 97 auf acht verringert, die Zahl der Motortypen schrumpfte von 74 auf sechs[111]. Verschiedene kleinere Hersteller wie Ardelt oder Breuer waren auf einmal sogar ganz vom Lokomotivbau ausgeschlossen und mußten sich nach den Vorgaben des HA Schienenfahrzeuge nun anderen Produktgruppen bzw. der Zulieferung von Einzelteilen zuwenden[112]. Für die Wehrmachtdiesellloks bedeuteten die Neuregelungen konkret folgendes:

Die **WR200B14**
durfte nach dem KML-Katalog nicht mehr gebaut werden. Neubestellungen des Jahres 1942 wurden storniert. Die älteren, bereits angearbeiteten Aufträge konnten aber noch bis Ende 1943/Anfang 1944 vollständig abgewickelt werden.

Die **WR360C14**
war als einzige regelspurige Wehrmachtstype noch in das Kriegstypenprogramm mit aufgenommen worden. Sie konnte damit ohne jede Einschränkung weitergebaut werden. Allerdings wurde die Fertigung von den Dampflokfabriken abgezogen und zunächst bei Deutz konzentriert.

Die **WR550D14**
war im KML-Katalog ebenfalls nicht mehr enthalten. Auch hier mußte also - nach nur drei Vorauslokomotiven - die Beschaffung eingestellt werden. 22 bereits bestellte Lokomotiven wurden annulliert.

Die komplette Verlagerung nicht nur aller WR360C (KML1), sondern auch der Einheits-Kleinlok (KML2) sowie der Standard-Grubenlok (KML6) nach Deutz muß beim Hauptausschuß Schienenfahrzeuge im Nachhinein wohl ein gewisses Unbehagen hinsichtlich einer möglichen Überlastung des Kölner Werkes ausgelöst haben, zumal Deutz auch die Motoren für sämtliche KML-Typen zu liefern hatte.

Jedenfalls wurden mit Datum vom 6. Oktober 1942 auch die Deutschen Werke Kiel als zweite Verlagerungsfirma für die WR360C14 zugelassen[113]. BMAG und Jung verlagerten daraufhin ihre Aufträge nach Deutz; die im WR-Lok-Bau bis dahin noch nicht in Erscheinung getretenen DWK erhielten die noch offenen Bestellungen von O&K sowie eine einzelne Serie von Schwartzkopff.

Der Ausfall der Lieferindustrie

1943 war das letzte große Jahr in der WR-Lok-Fertigung: Schwartzkopff und Orenstein & Koppel lieferten noch die letzten Rest-Aufträge WR360C14 aus. Deutz konnte endlich die schon 1940 bestellten WR200- und WR360-Serien für OKH und Luftwaffe fertigbauen.

107 Ähnliche Programme sind aus nahezu allen Zweigen des Maschinenbaus bekannt, so z.B. für Molkereimaschinen, Drehkräne usw; im Schienenfahrzeugbau gab es - entsprechend den Kriegsloks - auch Kriegsgüterwagen und selbst Kriegsgleiskraftfahrzeuge (Draisinen)
108 Siehe auch: Röhr, Hauptausschuß
109 Kriegstypenbuch; auch: ZVDI v. 5.9.42, S.557
110 Röhr, Hauptausschuß, S.4f.; siehe auch: Kapitel „Firmenbauarten" in diesem Buch
111 Kriegstypenbuch (ergänzt)
112 Rundschreiben des HA Schienenfahrzeuge v. 5.5.42
113 Sitzungsbericht Leiter der Betriebsausschüsse v. 6.10.42

TABELLE 22:
Kriegs-Motor-Lok-Typenprogramm

		KML1	KML2	KML3	KML4	KML5	KML6	KML7	KML8
Verwendung		**Rangier**	**Rangier**	**Feldbahn**	**Feldbahn**	**Feldbahn**	**Bergbau**	**Bergbau**	**Bergbau**
Spurweite	mm	1435	1435	600-750	600-750	500-762	450-900	470-680	400-750
Achsfolge/Antrieb		C-Stangen	B-Ketten	C-Stangen	B-Ketten	B-Ketten	B-Stangen	B-Ketten	B-Ketten
Dienstgewicht	to	40,0	16,0	16,5	8,0	4,5	10,0	6,8	2,7
Länge über Puffer	mm	9200	6450	5325	4810	2700	4910	3705	2060
Größte Breite	mm	3100	3050	1650	1200	1100-1250	900-1180	800-850	765-905
Höhe über SO	mm	3800	2700	2650	1700	1610	1660	1500	1365
Achsstand	mm	3950	2500	1800	1500	850	1300	1000	580
Treibrad-Durchm.	mm	1100	850	700	600	450	510	420	370
Motor		Deutz	Deutz	Deutz	Deutz	Deutz	Deutz	Deutz	Deutz
Type		V6M436	A6M517	A6M517	A4M517	F2M417	A6M517	F3M417	MLH914
Leistung	PS	360	110	130	60	25	75	32	9
Anzahl der Zyl.		6	6	6	4	2	6	3	1
Drehzahl	UpM	600	1250	1500	1000	1300	1000	900	1200
Getriebe		Voith	Voith	Voith	Lokherst.	Lokherst.	Lokherst.	Lokherst.	Lokherst.
Bauart		hydraul.	hydraul.	hydraul.	mechan.	mechan.	mechan.	mechan.	mechan.
Geschwindigk.	km/h	0-30/60	0-30	0-20	5-12-20	5-10-15	3-6-10-14	4-7-11	3-7
Zugkraft max.	kg	13000	5000	5100	2650	1020	2400	1435	525
Ursprungsfirma		**AGM**	**AGM**	**AGM**	**AGM**	**O&K**	**Deutz**	**Ruhrth.**	**Deutz**
Verlagerungsfirma		**Deutz**	**Deutz**	**Gmeinder Windhoff**	**Gmeinder**	**O&K Prag**	**Deutz**	**Ruhrth.**	**Ruhrth.**

Quelle: Kriegstypenbuch

Alle acht Kriegsmotorloks auf einen Blick: Die Tabelle nennt die technischen Daten, die - nicht maßstäblichen - Skizzen zeigen zumindest die groben Umrisse; links KML 1-4, rechts KML 5-8

Die Kriegs-Motor-Lok-Typen im Überblick

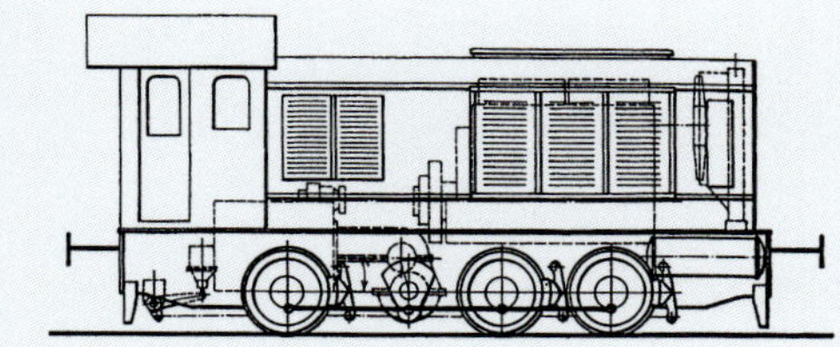
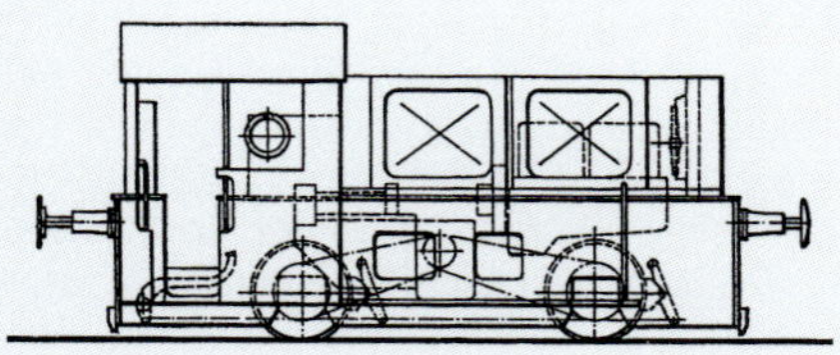

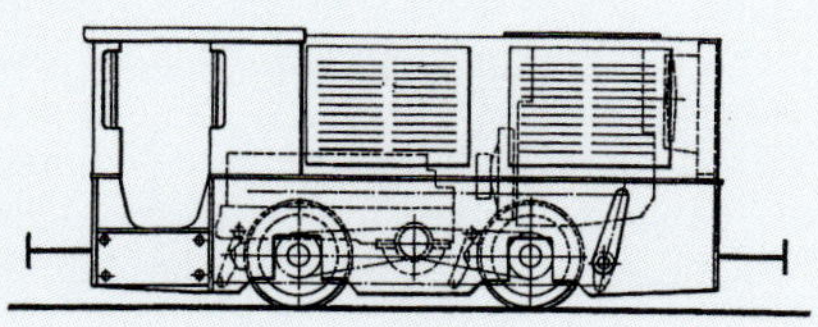

Der Kriegs-Motor-Lok-Katalog war das Ergebnis eines sehr strengen Auswahlverfahrens. Aus der Fülle der von der deutschen Lokomotivindustrie angebotenen Dieselloktypen hatte der Hauptausschuß Schienenfahrzeuge bzw. dessen Arbeitsausschuß „Auftragsregelung-Verlagerung-Typenbereinigung“ unter Leitung des BMAG-Direktors Oskar Stamm kaum mehr als eine Handvoll Modelle auszusuchen, die in Bezug auf Bauart und Leistung geeignet sein sollten, alle wichtigen Bedarfsfälle in der Rüstung, Industrie, Land- und Bauwirtschaft sowie im Bergbau abzudecken.

Unter den schließlich festgelegten acht Typen waren zwei Normalspurloks (KML1-2) sowie je drei Bauarten für den Feldbahn- (KML3-5) und Grubenbahnbereich (KML6-8). Bei den Wehrmachtlokomotiven glaubte man, die nicht zugelassene WR200B durch ein Doppel-Gespann KML2 ersetzen zu können. Anstelle der WR550D14 sollte ggf. eine Doppellok WR360C14 zum Einsatz kommen.

Spätestens ab Mitte 1943 war übrigens auch der frühere Leiter der „Arbeitsgemeinschaft für Motorlokomotiven“, Alfred Neumann, Mitarbeiter im Arbeitsausschuß Auftragsregelung-Verlagerung-Typenbereinigung. Bis 1945 zum Kriegsende mußte er hier miterleben, wie die in langjähriger Arbeit von ihm entwickelten 200- und 550-PS-Wehrmachtloks durch das Kriegstypenprogramm aufs Abstellgleis gerieten.

Im Laufe des Jahres 1943 wurden außerdem noch zwei Generatorgas-Varianten der KML5 neu zugelassen, und zwar eine Lok mit Antrieb durch Holz, Torf oder Braunkohlenbrikett (KML5a, später KML51) und ein Muster mit Anthrazit- oder Schwelkoks-Generator (KML5b, später KML52). Beide Generatorloks waren mit Zweizylinder-Gasmotoren von Deutz, Type GF2M115, ausgerüstet, die je nach Qualität des Brennstoffs etwa 25 PS bei 1300-1500 UpM leisteten.Beide Bauarten hatten wegen ihres völlig neuen Aufbaus mit der KML5 nicht mehr sehr viel gemeinsam. Die wichtigsten Vergleichsdaten:

	KML51	KML52	
Dienstgewicht:	4,0	4,5	to
Länge über Puffer:	3640	3650	mm
Größte Breite:	1300	1300	mm
Höhe über SO:	2200	2260	mm
Zugkraft max:	1000	1020	kg
Vmax:	18	15,5	km/h

Der Gasgenerator war jeweils hinter dem Führerhaus in Form eines angebauten Tenders mit auf dem Lokrahmen montiert. Hersteller waren Schöma (Diepholz) für die KML51 und Orenstein & Koppel (Fabrik Prag) für die KML52.

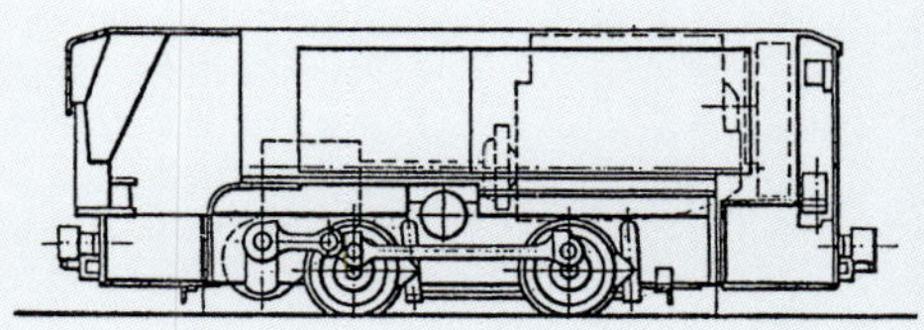
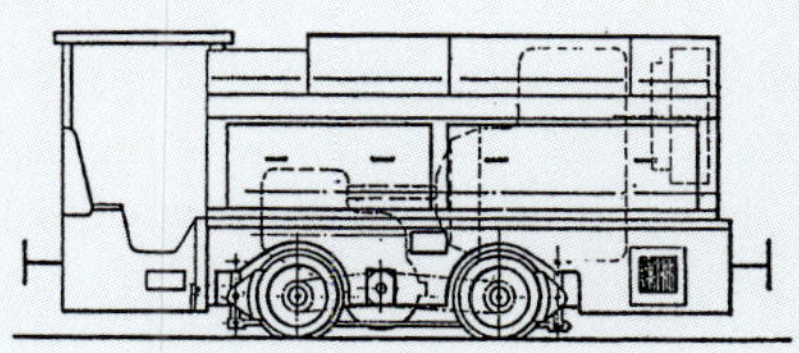
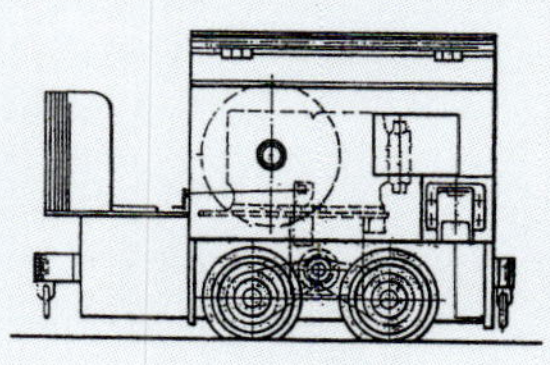

Wildau 1939: Bei Schwartzkopff sind die ersten Serien-WR360 in Bau. Führerhaus, Deutz-Motor, Getriebe und Kühler sind schon fertig montiert.

Und die Deutschen Werke nahmen bereits die ersten Verlagerungsloks in die Montage, wenn auch aus dem ursprünglich für Spätherbst 1943 vorgesehenen Liefertermin nichts wurde.

Schon bald nach Anlaufen der Verlagerungsaktionen begannen aber auch in den verbliebenen Lieferwerken Deutz und DWK die Produktionsbedingungen schwieriger zu werden. Besonders der an Schärfe zunehmende Luftkrieg - allein über Köln wurden von Mai 1940 bis März 1945 über 260 alliierte Luftangriffe gezählt[114] - entwickelte sich immer mehr zu einem Wettlauf zwischen Zerstörung und Wiederherstellung der Produktionsanlagen.

Ab 1943 wurden bei Deutz deshalb zahlreiche Abteilungen und Fertigungsbetriebe in weniger gefährdete Gebiete ausgelagert. U.a. sind 23 Deutz-Motoren V6M436 (Baujahr 1944; Einbau tw. aber erst nach dem Krieg) in der niederländischen Kromhout Motoren Fabriek in Amsterdam montiert worden. Ab Oktober 1944, nach erneuten schweren Angriffen, lag der Motorenbau schließlich ganz still, ab etwa Dezember 1944 auch die restliche Produktion[115].

Laut offizieller Deutz-Statistik[116] konnten im ganzen Geschäftsjahr 1944/45 gerade noch 38 Lokomotiven gebaut werden; vor dem Krieg, ebenfalls im Zeitraum eines Geschäftsjahres (1938/39), waren es noch rund 1000 ! Ähnlich, wenn auch mit ganz anderen Zahlengrößen, lagen die Verhältnisse bei den Deutschen Werken in Kiel.

Von den durch das KML-Programm umdirigierten WR360C14 konnte somit auch bei den Verlagerungsfirmen nur noch ein geringer Teil der in Auftrag gegebenen Loks fertiggestellt werden. Die letzten Kriegslieferungen waren DWK 2005 (geliefert am 22. August 1944) in Kiel und Deutz 47183 (geliefert am 12. Oktober 1944) in Köln. Bei beiden Fabriken blieb allerdings eine größere Zahl halbfertiger Lokomotiven zurück, die nach dem Krieg - fertigmontiert - den Wiedereinstieg in das Lokomotivgeschäft erleichterten.

Lieferstatistik

In der jüngeren Eisenbahnliteratur sind schon einige Versuche zu einer vollständigen Erfassung der WR-Diesellokomotiven unternommen worden[117], leider - wie es scheint - ohne wirkliches Bemühen und Bereitschaft zu mühseliger Detail-Recherche. In der Regel mußten irreführende Bestellerlisten oder unsystematisch gesammelte Lokverbleibe als „Lieferverzeichnisse" herhalten. Auch die ungenaue Kenntnis bestimmter Zusammenhänge hat zu Fehldeutungen und falschen Rückschlüssen geführt.

So wurden etwa (bestellte) 50 Stück Heeresfeldbahn-Schmalspurloks HF200D fälschlicherweise der WR200B14 zugeschlagen, weil beide aufgrund gleicher PS-Stärke das gleiche Voith-Getriebe besaßen. Auch die aus einer (zudem unvollständigen) Bestellerliste abgeleitete Angabe, wonach sechs statt der tatsächlich nur drei WR550D14 gebaut worden sein sollen, ist scheinbar nicht auszurotten.

Der Geschichtsschreibung über die Wehrmacht-Einheitslok hat all das zweifellos mehr geschadet als genutzt. Fehler, die einmal in die Literatur eingeführt sind, werden vielfach abgeschrieben und sind irgendwann auch durch Einzelarbeiten kaum noch korrigierbar. Die erstmals 1973 von Gottwaldt[118] veröffentlichte und wohl mehr als Anhalt gedachte Stückzahlübersicht der WR-Lokomotiven nach Lieferjahren z.B. hat inzwischen als feststehende Tatsache in zahllose Publikationen Eingang gefunden. Nur richtiger ist sie dabei nicht geworden.

---

114 Voß, Wiederaufbau, S.2
115 Goldbeck, Kraft, S.239
116 Voß, Wiederaufbau, S.2
117 Löttgers, V36-Splitter, S.209ff.; Kurz, WR360C, S.4, 10, 24ff.
118 Gottwaldt, Kriegslokomotiven, S.183

Die nachfolgende Lieferstatistik ist das Ergebnis von langwierigen Recherchen bei den Lokomotivherstellern. Verwendet und kritisch überprüft wurden ausschließlich Originalangaben aus Lieferbüchern, Karteien und Werkstattlisten. Nur, wo solche nicht mehr verfügbar waren, namentlich bei Schwartzkopff, ist versucht worden, eine Lieferübersicht mithilfe von Verbleibangaben, Betriebsbüchern, Loklisten früherer Eigentümer und vielfältiger anderer Unterlagen zu rekonstruieren. Als wichtige Quelle sind hier besonders Aufzeichnungen der Zulieferindustrie (Motoren, Getriebe) zu nennen.

Wenn - trotz all dieser Bemühungen - speziell bei der Klärung der Nachkriegsverbleibe gewisse Lücken geblieben sind, so hat das mehrere Gründe:

1. Die AGM-Loks waren Wehrmachtsfahrzeuge. Sie fuhren häufig dort, wo der Verlust an rollendem Material besonders groß war, nämlich an der Front. Was nicht vom Gegner zerstört wurde, mußte beim ungeordneten Rückzug befehlsgemäß von den eigenen Truppen gesprengt werden. Viele Loks haben den Krieg deshalb gar nicht erst überlebt.

2. Auch die im Reichsgebiet gelegenen Flugplätze, Nachschubdepots und Munas, in denen WR-Dieselloks fuhren, waren bevorzugte Ziele der alliierten Bomber. Verlustlisten über Material sind nie oder allenfalls summarisch geführt worden. Der Einzelnachweis über die Zerstörung bestimmter Loks ist, anders als bei der exakten Buchführung der Reichsbahn-Bürokratie, so gut wie unmöglich.

3. Die WR-Lokomotiven folgten der Wehrmacht durch fast ganz Europa. Der anhaltende Treibstoff- und Ersatzteilmangel auch in den ersten Jahren nach dem Krieg führte besonders außerhalb von Deutschland dazu, daß beschädigt aufgefundene Einzelstükke nicht wieder aufgearbeitet, sondern ausgeschlachtet wurden. Diese Maschinen tauchen in keiner offiziellen Statistik auf.

4. Eine WR360C14 oder WR200B14 hatte für den Zivilverkehr natürlich nie den Stellenwert z.B. einer Kriegsdampflok Baureihe 52. Nicht alle zurückgelassenen WR-Dieselloks kamen deshalb nach 1945 zu den Staatsbahnen der betreffenden Länder, sondern zu Werks- und Anschlußbahnen. Auch das Interesse der Eisenbahnfreunde an Dieselloks war, im Vergleich zur Dampflokomotive, lange Zeit eher gering ausgeprägt. Viele ehemalige Wehrmachtdieselloks, besonders in Osteuropa, sind bis heute möglicherweise gar nicht bekannt geworden, oder zumindest nicht mit Nummer belegbar.

Aus Gründen der Übersichtlichkeit ist die nachfolgende Lieferstatistik zunächst nach Typen, und dann erst nach Herstellern geordnet worden, wobei die Vorserien- und Sonderbauarten der 360-PS-Lok sinnvollerweise mit der WR360C14 zusammenzufassen waren, aber natürlich entsprechend kenntlich gemacht sind. Bei der 200-PS-Lok wurde außerdem auch hier auf die marginale (ausschließlich gewichtsbedingte) Unterscheidung zwischen WR200B13 und WR200B14 verzichtet. Genannt werden zu jeder Lok jeweils

Hersteller,
Fabriknummer,
Baujahr,
Bauart,
Lieferdatum,
Besteller,
Einsatzort (soweit bekannt),
Wehrmachts- bzw. Betriebsnummer[119] und der Nachkriegsverbleib.

Unsichere Angaben sind generell durch Klammern gekennzeichnet bzw. im Begleittext näher erläutert.

TABELLE 23:
WR360C14 - Verteilung auf Hersteller und Lieferjahre

	1937	1938	1939	1940	1941	1942	1943	1944	Summe
BMAG	1	5	34	25	21	18	26	-	**130**
O&K	1	5	21	26	16	2	3	-	**74**
Deutz	-	-	-	2	-	-	14	20	**36**
Jung	-	-	-	7	-	-	-	-	**7**
Henschel	-	-	-	-	-	3	2	-	**5**
Krupp	-	-	-	4	-	-	-	-	**4**
DWK	-	-	-	-	-	-	-	5	**5**
gesamt	**2**	**10**	**55**	**64**	**37**	**23**	**45**	**25**	**261**

Quelle: Lieferlisten

In der Spalte „Einsatz nach 1945“ kann selbstverständlich immer nur ein Besitzer oder Einsatzort (in der Regel der erste) genannt werden. Spätere Verkäufe und Eigentümerwechsel werden im Nachkriegskapitel dieses Buches noch ausführlich beschrieben.

Die WR360C14

Die WR360C14 war von Bedeutung und Lieferumfang her unbestritten die Haupttype der WR-Lok-Familie. 313 Lokomotiven (incl. Vorserienloks, Sonderbauarten und Nachbauten) nennen die Herstellerlisten auf den folgenden Seiten. Davon waren bei Kriegsbeginn im September 1939 bereits 25 Loks geliefert[120]. Für Ende 1940 werden rund 75 Maschinen beim Heer und rund 100 bei der Luftwaffe angegeben[121]; hier sind aber offenbar die bestellten und noch nicht ausgelieferten Lokomotiven mitgezählt, denn 100 WR360C14 hat die Luftwaffe nie besessen (51 Loks storniert).

BUNDESARCHIV

Zusammenrücken für die Kriegsdampflok: Noch einmal ein Blick in die Schwartzkopff-Werkhalle in Wildau. Im Vergleich zum Bild auf Seite 92 ist es deutlich voller geworden.

Zumindest von den Vorserienloks der C12-Bauart ist bekannt, daß sie vor der Auslieferung im Sommer 1938 noch ausführlichen Tests und Probefahrten im Lieferwerk unterzogen wurden. Im Einzelfall wurden dafür bis zu drei Monate beansprucht. Deutz und Voith hatten in dieser Zeit feste Monteure in Wildau bzw. Babelsberg. Die Abnahme durch das Heereswaffenamt erfolgte für diese Vorserienmaschinen ebenfalls noch im Herstellerwerk.

119 Hinweise zum Betriebsnummernschema siehe S. 137
120 Sitzungsbericht AGM360 v. 27.9.39
121 BA-MA RH66/H14/119

Herst	FabNr	Bj	Bauart	geliefert	für	Einsatzort	BetrNr	Einsatz nach 1945
BMAG	10537	1936	HR360B18	.03.37	OKH	Schießplatz Hillersleben	301	Braunkohle-Benzin AG, Magdeburg
BMAG	10722	1938	WR360C12	28.07.38	OKH	Heeres-Muna Berka/Werra	10722	DR-Ost V36 020
BMAG	10752	1938	WR360C12	28.07.38	OKH	Heeres-Muna Wolkramshausen	36107	DB V36 003
BMAG	10753	1938	WR360C12	27.06.38	OKH	Heeres-Muna Dingelstedt/a.Harz		
BMAG	10795	1938	WR360C12	01.07.38	OKH	Heeres-Muna Obergebra/a.Harz	36108	DR-Ost V 36108 (V36 037)
BMAG	10796	1938	WR360C12K	23.07.38	RLM	Lufttanklager Ebenhausen/b.Schweinf.	10796	DB/Kriegsschadlok
BMAG	10838	1939	WR360C14K		RLM	Lufttanklager Dünen	M9071/2	DB V36 201
BMAG	10839	1939	WR360C14K					
BMAG	10840	1939	WR360C14K		OKH	Heeres-Muna Neuruppin	36221	DR-Ost V36 034
BMAG	10841	1938	WR360C14K					DB/Kriegsschadlok ?
BMAG	10842	1939	WR360C14K				36219	DB V36 202
BMAG	10843	1939	WR360C14K	30.08.39	RLM	Lufttanklager Annaburg/b.Jüterbog	36226	DR-Ost V36 016
BMAG	10844	1939	WR360C14K		RLM	Lufttanklager Weißenhorn/b.Neu Ulm	36225	DB V36 205
BMAG	10845	1939	WR360C14K					DR-Ost/Kriegsschadlok
BMAG	10846	1939	WR360C14K		RLM		36227	DB V36 206
BMAG	10847	1939	WR360C14K		RLM	Lufttanklager Ebenhausen/b.Schweinf.	36228	DB V36 207
						aus den Serien 10838ff./10933ff. je eine weitere Lok bei: Luftwaffe im Bereich Luftfahrtamt Hannover; Lufttanklager Ehmen/b.Fallersleben (später: Fliegerhorst Wesendorf/b.Gifhorn); Fliegerhorst Küpper/b.Sagan i.Niederschlesien; Fliegerhorst Jüterbog-Waldlager; Fliegerhorst Delitzsch (Nr. M 9070/1)		
BMAG	10865	1939	LDF300C12	ca.06.39	---	Wolff & Co, Walsrode	13	Steinhuder Meer-Bahn, 271
BMAG	10866	1939	LDF300C12	ca.06.39	---	Wolff & Co, Walsrode (Bomlitz)	14	DR-Ost V36 106 (V36 036)
BMAG	10867	1939	LDF300C12	ca.06.39	---	Wolff & Co, Walsrode (Dörverden)	15	DR-Ost V27 011
BMAG	10868	1939	LDF300C12	ca.06.39	---	Wolff & Co, Walsrode (Bomlitz)	16	

BMAG 10537: Abnahme 11.4.40 RMA Magdeburg

BMAG 10722: lt.Fabrikschild Baujahr 1937
BMAG 10753: Abnahme 1.7.38; Heeres-Muna Dingelstedt = Anschluß zum Bf. Anderbeck
BMAG 10796: später Lufttanklager Preuß.Oldendorf (27.07.44)

BMAG 10840: Heeres-Muna Neuruppin = in Wulkow/b.Neuruppin
BMAG 10841: Versuchslok für Ex-Schutz-Anlage im LVA Grunewald
BMAG 10843: nach Lieferung wurde die bis dahin in Annaburg eingesetzte DWK 648 abgegeben
BMAG 10844: DB V36 205 im Betriebsbuch als 10845 eingetragen; vermutlich falsch
BMAG 10846: zweite Betriebsnummer = WL322

Stefan Lauscher

Unter den gestrengen Augen des alten Louis Schwartzkopff: Fabrikschild der späteren DB-V36 204

Berliner Maschinenbau AG

Bei den 360-PS-Wehrmachtloks war Schwartzkopff der größte und bedeutendste Hersteller. Mit gesichert 130 gebauten Lokomotiven lieferte das Werk in Wildau immerhin fast doppelt soviel Loks wie O&K und sogar dreieinhalb mal soviel wie Deutz.

Bei folgenden Lieferserien gab es Änderungen zu den ursprünglichen Aufträgen:

BMAG 11254ff.
Hier waren - wie bei anderen Fabriknummerngruppen auch - ursprünglich Dampflokomotiven vorgesehen, deren Bestellungen aber annulliert bzw. deren Bau verlagert wurden. Die frei gewordenen Nummern wurden mit WR360C14 neu belegt.

BMAG 11453ff.
Diese Serie war ursprünglich bis 11482 bestellt (= 30 Stück). Die in diesem Baulos enthaltenen zwölf Luftwaffenloks sowie eine weitere (Privat-?) Maschine wurden jedoch storniert. Auslieferung deshalb nur bis 11469.
Für BMAG 11470-11482 wird als Besteller verschiedentlich auch die Continentale Öl AG, Hamburg, genannt[122]. Belege für die Richtigkeit dieser Angabe haben sich bislang nicht gefunden.

BMAG 11645ff.
Auch in dieser Serie wurden zwölf RLM-Lokomotiven storniert. Die Original-Bestellung (1938) lief über 26 Maschinen (11451, 11644-11668); Anfang 1942 waren davon noch 24 Loks übriggeblieben (11451, 11645-11667). Gebaut wurden aber letztlich nur 11645-11653, also neun Lokomotiven.

122 Haeuber/Lawrenz, Schwartzkopff, S.252

Herst	FabNr	Bj	Bauart	geliefert	für	Einsatzort	BetrNr	Einsatz nach 1945
BMAG	10929	1938	WR360C14K	06.02.39	---	Wifo Nienburg	1	DB V36 203
BMAG	10930	1939	WR360C14K	27.02.39	---	Wifo Staßfurt	2	VEB Kaliwerk, Staßfurt, Nr.2
BMAG	10931	1939	WR360C14K	23.02.39	---	Wifo Derben/Elbe	3	DR-Ost/Kriegsschadlok
BMAG	10932	1939	WR360C14K	10.03.39	---	Wifo München	4	US-Army/Transp.-Corps, 9005-P
BMAG	10933	1939	WR360C14K		RLM	Lufttanklager Bad Berka/b.Weimar	10933	DR-Ost V36 021
BMAG	10934	1939	WR360C14K		(RLM)			Sowjetische Beute/SMAT
BMAG	10935	1939	WR360C14K		RLM	Fliegerhorst Schwerin-Görries	WL307	
BMAG	10936	1939	WR360C14K		RLM	Erprobungsstelle Luftw. Peenemünde	M6/36356	DR-Ost V36 022
BMAG	10985	1939	WR360C14		(OKH)		10985	DR-Ost V36 018
BMAG	10986	1939	WR360C14		(OKH)			DB V36 238
BMAG	10987	1939	WR360C14		OKH	Heereszeugamt Kassel	10987	DB V36 208
BMAG	10988	1939	WR360C14		OKH	Heeres-Muna Darmstadt		DB V36 230
BMAG	10989	1939	WR360C14		OKH	Heeres-Muna Strass/b.Ulm	10989	DB V36 209
BMAG	10990	1939	WR360C14		OKH	Eisenb.Art.Abt.640 Rügenwalde	10990	SNCF 030 DB-10 (Frankreich)
BMAG	10991	1939	WR360C14		OKH	Heereszeugamt Magdebg-Königsborn	10991	DB V36 204
BMAG	10992	1939	WR360C14		(OKH)		10992	SNCF/Kriegsschadlok (Frankreich)
BMAG	10993	1939	WR360C14K	ca.05.39	OKH	Eisenb.Pi.Park Rehagen-Klausdorf		
BMAG	10994	1939	WR360C14		(OKH)			
BMAG	10995	1939	WR360C14		(OKH)			
BMAG	10996	1939	WR360C14		OKH	Heeres-Versuchsanstalt Peenemünde	M5	DB V36 210
						aus dieser Serie eine weitere Lok in: Gardelegen		
BMAG	11210	1940	WR360C14K		RLM	Luftzeugamt Travemünde-Pötenitz	10058/3	DSB Traktor 1 (Dänemark)
BMAG	11211	1940	WR360C14		OKH	Heeres-Muna Diekholzen/b.Hildesh.	11211	Britische Rheinarmee, Nr.11211
BMAG	11212	1940	WR360C14	.03.40	OKH	Heeres-Muna Ahrbergen/b.Hildesh.		
BMAG	11213	1940	WR360C14		---	Dortmund-Hörder-Hüttenverein		Dortm.-Hörder-Hütten-Union 81
BMAG	11214	1940	WR360C14K		(RLM)			
BMAG	11215	1940	WR360C14K		RLM	Fliegerhorst Gutenfeld/üb.Königsbg.		Sowjetische Beute/SMAT
BMAG	11216	1940	WR360C14K	ca.05.40	RLM	Luftpark Anklam/Vorpommern	36280	DB V36 107
BMAG	11217	1940	WR360C14K	30.08.40	RLM	Luftmuna Krappitz/b.Oppeln		Sowjetische Beute/SMAT

BMAG 10930: Abnahme 31.3.39
BMAG 10935: ab 11.44 SS-Kraftfahrdepot Oranienburg/b.Berlin

BMAG 10987: 1940 Unfall (Gestänge verzogen, Motor und Führerhaus beschädigt); H.Za.Kassel = in Ihringshausen; später Heeres-Muna Lützel/b.Erndtebrück
BMAG 10993: HWA-Versuchslok für Auspuffkühlanlage neuer Bauart

BMAG 11210: ab 15.9.42 Flakartillerie-Schießplatz Nymindegab/Dänemark
BMAG 11212: später Heeres-Muna Grasleben/b.Helmstedt (1944)
BMAG 11216: Abnahme 27.5.40 (Anklam; interne Nr.2); später Luftpark Jüterbog (17.9.44)
BMAG 11217: erster Standort = bei Gleiwitz

Folgende Fabriknummern sind Zweitbelegungen von annullierten Dampflok-Aufträgen:

10537	urspr. C-Dampftenderlok für Saargruben
10985-996	urspr. 2'D1'-Dampfloks für South African Railways
11254-257	urspr. 1'E-Dampfloks für Türkische Staatsbahnen

Alle Lokomotiven bis einschließlich BMAG 10996 hatten Deutz-Motor. Die weiteren BMAG-Serien verteilen sich dann wie folgt:

Deutz-Motor	MWM-Motor
	11210-11221
	11254-11257
	11374-11386
11447-11449	
11453-11460	11461-11469
	11639-11640
	11645-11654
	11697-11701
	12031-12033
12044-12059	

Nicht gesichert ist die Motorausrüstung von BMAG 11258f., 11916ff. und 12115.

Die Zahl der von der BMAG gelieferten Loks lässt sich nicht mehr ganz zweifelsfrei klären. Die Listen in diesem Buch nennen 131 Loks, sicher belegbar sind aber nur 130; in diesem Fall würde eine Lok aus dem Nummernblock BMAG 12044-12059 bereits an Deutz verlagert worden sein. Ganz sicher nicht mehr gebaut wurden die bestellten Schwartzkopff-Serien mit den Fabriknummern 12116 (= 1), 12148 (= 1) und 12273-295 (= 23). Ob dies OKH-, Luftwaffen- oder Privataufträge waren, ist nicht bekannt. An Deutz wurden mindestens 30, an DWK 23 Loks verlagert. Etwa die Hälfte davon war mit MWM-Motor vorgesehen.

SAMMLUNG HANS WERVERS

Herst	FabNr	Bj	Bauart	geliefert	für	Einsatzort	BetrNr	Einsatz nach 1945
BMAG	11218	1940	WR360C14K		RLM	Flakzeugamt Velten/Mark	36282	DB V36 108
BMAG	11219	1940	WR360C14K		RLM	Fliegerhorst Gablingen/b.Augsburg	36283	DB V36 109
BMAG	11220	1940	WR360C14K		RLM	Feld-Luftpark Minsk	36284	ÖBB 2065.03 (Österreich)
BMAG	11221	1940	WR360C14K				36285	DB V36 110
						aus den Serien 11210ff./11374ff. je eine weitere Lok bei:		
						Luftnebenzeugamt Teltow		
						Luftpark Wiener Neustadt		
						Fliegerhorst Paderborn		
						Magdeburg		
						Königsberg/Ostpreußen		
BMAG	11254	1941	WR360C14	03.07.41	---	I.G. Farben, Ludwigshafen		BASF Ludwigshafen, D18
BMAG	11255	1941	WR360C14K		---	Wolff & Co, Walsrode		Wolff Walsrode, Nr.V
BMAG	11256	1941	WR360C14K?		---	Wolff & Co, Walsrode (Bomlitz)		
BMAG	11257	1941	WR360C14K?		---	Wolff & Co, Walsrode		DB V36 126
BMAG	11258		WR360C14					
BMAG	11259		WR360C14					

VOITH

Die Urahnin: BMAG-Versuchslok 10537/1936 bei den ersten Testfahrten auf dem Werksgleis in Wildau (Februar 1937)

Herst	FabNr	Bj	Bauart	geliefert	für	Einsatzort	BetrNr	Einsatz nach 1945
BMAG	11374	1940	WR360C14K		RLM	Fliegerhorst Liegnitz	WL304	ČSD T334.004 (CSSR)
BMAG	11375	1940	WR360C14K		RLM	Lufthauptmuna Strelitz	WL220 ?	DR-Ost/Kriegsschadlok
BMAG	11376	1940	WR360C14K		(RLM)		36290	DB/Kriegsschadlok
BMAG	11377	1940	WR360C14K		RLM	Lufttanklager Halenkau/Mähren		ÖBB 2065.02 (Österreich)
BMAG	11378	1940	WR360C14		OKH	Heeres-Muna Krugau/b.Luebben	36292	DR-Ost V36 017
BMAG	11379	1940	WR360C14		OKH	Heeres-Muna Munsterlager „Ost“	36293	DB V36 111
BMAG	11380	1940	WR360C14		OKH	Heeres-Muna Löcknitz	36294	DR-Ost V36 062
BMAG	11381	1940	WR360C14		OKH	Heeres-Muna Dessau (?)	36295	DR-Ost V36 063
BMAG	11382	1940	WR360C14		OKH	Heeres-Muna Mölln/b.Lauenburg	36296	DB V36 123
BMAG	11383	1940	WR360C14		OKH	Heeres-Muna Munsterlager	36297	SNCF 030 DB-8 (Frankreich)
BMAG	11384	1940	WR360C14		OKH	Heeres-Muna Hohenbrunn/b.München	36298	DB V36 119
BMAG	11385	1940	WR360C14		(OKH)			
BMAG	11386	1940	WR360C14		(OKH)			
BMAG	11447	1941	WR360C14		---	Dynamit AG		
BMAG	11448	1941	WR360C14		---	Dynamit AG		
BMAG	11449	1941	WR360C14		---	Dynamit AG, Werk Aschau		Buxtehude-Harsefelder Eb., 276
BMAG	11453	1942	WR360C14K	28.02.42	---	Wifo München	26	US-Army/Transp.-Corps, 9006-P
BMAG	11454	1942	WR360C14K	19.03.42	---	Wifo München	27	US-Army/Transp.-Corps, 9003-P
BMAG	11455	1942	WR360C14K	19.03.42	---	Wifo	28	
BMAG	11456	1942	WR360C14K	19.03.42	---	Wifo	29	PAW Holmag (1947); Schadlok
BMAG	11457	1942	WR360C14K	25.03.42	---	Wifo Neuburg	30	VTG Neuburg, Nr.30
BMAG	11458	1942	WR360C14K	28.03.42	---	Wifo Nienburg	31	Britische Rheinarmee, Nr.11458
BMAG	11459	1942	WR360C14K	14.04.42	---	Wifo Vorderheide	32	VEB Kaliwerk, Staßfurt, Nr.1
BMAG	11460	1942	WR360C14K	08.04.42	---	Wifo Farge	33	DB V36 211

BMAG 11218: später Feld-Luftpark Minsk (21.8.43); Lufttanklager Ehmen/b.Fallersleben (14.4.44)
BMAG 11220: Minsk = nicht erster Einsatzort; später Luftpark Eschwege
BMAG 11377: in Halenkau noch (10.11.41) vorhanden; später Lufthauptmuna Lambach
BMAG 11378: vor Krugau kurzzeitig als Ersatzlok für BMAG 10840 bei Heeres-Muna Neuruppin
BMAG 11380: Versuchslok für neue Voith-Maurer-Kupplung
BMAG 11381: Heeres-Muna Dessau = in Kapen/b.Dessau (Anschluß an Dessau-Wörlitzer Eisenbahn)
BMAG 11382: bis Anfang 1941 kurzzeitig Heeres-Muna Volpriehausen

Herst	FabNr	Bj	Bauart	geliefert	für	Einsatzort	BetrNr	Einsatz nach 1945
BMAG	11461	1941	WR360C14	ca. 02.42	OKH	Heeres-Muna St.Georgen/b.Traunstein		Albanische Staatsbahn, oNr
BMAG	11462	1941	WR360C14		(OKH)			DB V36 112
BMAG	11463	1941	WR360C14		(OKH)			VEB Chemische Werke Buna, Nr.11
BMAG	11464	1941	WR360C14		OKH	Nordafrika	11464	British War Department, WD70249
BMAG	11465	1941	WR360C14		OKH	Nordafrika	11465	British War Department, WD70248
BMAG	11466	1941	WR360C14		OKH	Eisb.Pi.Park Rehagen-Klausdorf	11466	DR-Ost V36 080
BMAG	11467	1941	WR360C14		(OKH)			Sowjetische Beute/SMAT
BMAG	11468				(OKH)			
BMAG	11469	1941	WR360C14		(OKH)		11469	DR-Ost V36 066
BMAG	11639	1941	WR360C14		---	I.G. Farben, Heydebreck		
BMAG	11640	1941	WR360C14		---	I.G. Farben, Heydebreck		BASF Ludwigshafen, D19
BMAG	11645	1942	WR360C14		---	Wolff & Co, Walsrode (EIBIA)		Britische Rheinarmee, Nr.11645
BMAG	11646	1942	WR360C14		---	Wolff & Co, Walsrode (EIBIA)		DB V36 113
BMAG	11647	1942	WR360C14		(OKH)		11647	DB V36 114
BMAG	11648	1942	WR360C14		OKH	Heeres-Muna Sondershausen	11648	DR-Ost V36 067
BMAG	11649				(OKH)			
BMAG	11650	1942	WR360C14		OKH	Heeres-Muna Altenhain/b.Leipzig		VEB Chemische Werke Buna, Nr.12
BMAG	11651	1942	WR360C14					Sowjetische Beute/SMAT
BMAG	11652	1942	WR360C14					Sowjetische Beute/SMAT
BMAG	11653	1942	WR360C14		OKH	Heeres-Muna Pinnow/b.Angermünde	11653	DR-Ost V36 060
BMAG	11654	1942	WR360C14		OKH	Heeres-Muna Torgau		VEB Chemische Werke Buna, Nr.13
						aus den Serien 11461ff./11645ff. weitere Loks bei: 1x Heeres-Muna Kotzenau/Schlesien (gel. ca. 03.42) 2x Hydrierwerke Pölitz, Pölitz/b.Stettin (Bj.1942, BMAG 11651-652?)		
BMAG	11697	1943	WR360C14K	16.02.43	---	Wifo Neuburg	34	VTG Neuburg, Nr.34
BMAG	11698	1943	WR360C14K	20.02.43	---	Wifo Wien-Lobau	35	
BMAG	11699	1943	WR360C14K	25.02.43	---	Wifo	36	DR-Ost V36 065
BMAG	11700	1943	WR360C14K	28.02.43	---	Wifo Hitzacker	37	DB V36 121
BMAG	11701	1943	WR360C14K	12.03.43	---	Wifo Mährisch Schönberg	38	Benzina Roudnice (CSSR)
BMAG	11916	1941	WR360C14		---	Dynamit AG, Bauleitung Christianstadt		
BMAG	11917	1941	WR360C14		---	Dynamit AG		
BMAG	11918	1941	WR360C14		---	Dynamit AG		
BMAG	12031	1943	WR360C14K	24.03.43	---	Wifo Staßfurt	39	Benzina Roudnice, Nr. 2 (CSSR)
BMAG	12032	1943	WR360C14K	05.04.43	---	Wifo Eberau	40	US-Army/Transp.-Corps, 9004-P
BMAG	12033	1943	WR360C14K	09.04.43	---	Wifo Niedersachswerfen	41	DR-Ost V36 064
BMAG	12044	1943	WR360C14					DR-Ost V 36104 (V36 035)
BMAG	12045	1943	WR360C14					SNCF 030 DB-6 (Frankreich)
BMAG	12046							
BMAG	12047	1943	WR360C14				12047	DR-Ost/Kriegsschadlok
BMAG	12048	1943	WR360C14K?					DR-Ost V36 015
BMAG	12049	1943	WR360C14K?					DB V36 212
BMAG	12050							
BMAG	12051	1943	WR360C14				12051	DB V36 213
BMAG	12052							
BMAG	12053	1943	WR360C14					Sowjetische Beute/SMAT
BMAG	12054							
BMAG	12055	1943	WR360C14				12055	SNCF 030 DB-7 (Frankreich)
BMAG	12056							
BMAG	12057							
BMAG	12058							
BMAG	12059	1941	WR360C14	. .42	---	Sudetenländische Bergbau AG, Brüx	120	SH Doly, Most, 120 (CSSR)
						aus dieser Serie vermutlich weitere Loks bei: 2x Rumänische Eisenbahnen (oder BMAG 11258-11259?) 1x Krupp-Treibstoffwerk, Wanne.Eickel (oder Serie 11461ff./11645ff.) 1x Deutsche Erdöl AG, Wilhelmsburg (oder Serie 11461ff.)		
BMAG	12115	1942	WR360C14K		OKH	Nordafrika	12115	British WD/Nordafrika, +

BMAG 11466: später Rügenwalde

BMAG 11648: Heeres-Muna Sondershausen = in Berka a.d.Wipper

BMAG 11654: Heeres-Muna Torgau = in Süptitz/bei Torgau

BMAG 11697: Abnahme Wildau 13.2.43, Abnahme Neuburg 23.2.43
BMAG 11700: Probefahrt 21.5.43 Harlingen-Hitzacker u.z., Abnahme 7.6.43 RMA Wittenberge

BMAG 12044: aus Serie 12044ff. zwei weitere Loks nach 1945 bei SNCF (030 DB-4 und DB-5)

Herst	FabNr	Bj	Bauart	geliefert	für	Einsatzort	BetrNr	Einsatz nach 1945
O&K	20813	1937	HR360C12		OKH	Schießplatz Hillersleben	302	
O&K	20912	1938	WR360C12		OKH	Heereszeugamt Ingolstadt		DB V36 001
O&K	20913	1938	WR360C12		OKH	Heeres-Muna Lockstedter Lager	20913	Britische Rheinarmee, Nr.20913
O&K	20914	1938	WR360C12K		RLM	Luftzeugamt Kölleda	36103	DR-Ost V36 026
O&K	20916	1938	WR360C12		OKH	Heeres-Muna Aschersleben	36104	VEB Kali Bartensleben, Nr.2
O&K	20917	1938	WR360C12		OKH	Heeres-Muna Senne/b.Paderborn		DB V36 002
O&K	21110	1939	WR360C14		OKH	Heeres-Muna Grasleben/b.Helmstedt	21110	Britische Rheinarmee, Nr.21110
O&K	21111	1939	WR360C14		OKH			
O&K	21112	1939	WR360C14		OKH	Heeres-Muna Güstrow		
O&K	21113	1939	WR360C14		OKH	Heeres-Muna Hänigsen		DR-Ost V36 025
O&K	21114	1939	WR360C14		OKH	Heeres-Muna Herfa		Kali & Salz, Heringen, Nr.1
O&K	21115	1939	WR360C14		OKH			
O&K	21116	1939	WR360C14		OKH			
O&K	21117	1939	WR360C14		OKH	Heeres-Muna Sehnde/b.Hannover		Britische Rheinarmee, Nr.21117
O&K	21118	1939	WR360C14		OKH	Einheit 16020 Aachen und Jülich	21118	SNCB 231.001 (Belgien)
O&K	21119	1939	WR360C14		OKH	Eisenb.Pi.Park Rehagen-Klausdorf		
						aus dieser Serie je eine weitere Lok bei: Heeres-Muna Töpchin/b.Königswusterhausen Heeres-Muna Torgau		
O&K	21128	1939	WR360C14K		RLM	Bauleitung der Luftwaffe Göttingen	21128	Grifte-Gudensberger Eb., oNr
O&K	21129	1939	WR360C14K		RLM	Flakzeugamt Erding/b.München		DB V36 231
O&K	21130	1939	WR360C14K	05.08.39	---	Wifo Drugehnen/Ostpreußen	5	
O&K	21131	1939	WR360C14K		RLM	Lufttanklager Ehmen/b.Fallersleben	II	DB V36 215
O&K	21132	1939	WR360C14K		RLM	Flakzeugamt 1/XI Rotenburg/Hann	M9072/4	Britische Rheinarmee, Nr.21132
O&K	21133	1939	WR360C14K	17.11.39	---	Wifo Hitzacker	6	PAW Holmag (1947); Schadlok
O&K	21134	1939	WR360C14K	29.11.39	---	Wifo Neuburg	7	VTG Neuburg, Nr.7
O&K	21135	1939	WR360C14K	11.12.39	---	Wifo Derben/Elbe	8	DR-Ost V36 028
O&K	21136	1939	WR360C14K	28.12.39	---	Wifo Eickeloh	9	DR-Ost V36 029
O&K	21137	1939	WR360C14K	16.01.40	---	Wifo (Farge ?)	10	DB V36 216
O&K	21138	1939	WR360C14K	03.02.40	---	Wifo Neuenheerse	11	DR-Ost/Kriegsschadlok
O&K	21139	1940	WR360C14K	21.02.40	---	Wifo	12	
O&K	21140	1940	WR360C14K	05.03.40	---	Wifo Vorderheide/b.Liegnitz	13	VEB Kaliwerk, Staßfurt, Nr.3
O&K	21141	1940	WR360C14K	05.04.40	---	Wifo	14	Belgisch Landmacht (Belgien)
O&K	21142	1940	WR360C14K	18.03.40	---	Wifo	15	(1942 gesprengt ?)
O&K	21180	1940	WR360C14		(OKH)			
O&K	21181	1940	WR360C14		OKH	Heeres-Hauptmuna Groß-Mittel		1942 zerstört
O&K	21182	1940	WR360C14		OKH	Heeres-Muna Bamberg	36271	DB V36 101
O&K	21183	1939	WR360C14		---	Christmas Island Phosphate Co Ltd	8	Christmas Island Phosphate Co, 8
O&K	21296	1940	WR360C14K		(RLM)		21296	DB V36 217
O&K	21297	1941	WR360C14K		(RLM)		36240	DB V36 219
O&K	21298	1940	WR360C14K		(RLM)		21298	SNCF 030 DB-9 (Frankreich)
O&K	21303	1940	WR360C14		OKH	Heeres-Muna Feucht/b.Nürnberg	36272	DB V36 102
O&K	21339	1939	WR360C14K				21339	Versuchslok USA
O&K	21340	1940	WR360C14		OKH	Heeres-Muna Wulfen	36274	Britische Rheinarmee, Nr.36274
O&K	21341	1940	WR360C14	ca. 07.40	---	Dynamit AG, Kaufering/b.Landsberg		Gelsenberg-Benzin, Gls-Horst, 7
O&K	21342	1940	WR360C14	ca. 12.40	---	Dynamit AG, Allendorf/b.Marburg		Bergedorf-Geesthachter Eb., V3
O&K	21343	1940	WR360C14		OKH	Heeres-Muna Desching/b.Ingolstadt	36275	DB V36 120
O&K	21450	1940	WR360C14		OKH	Heeres-Muna Königsberg		
O&K	21451	1940	WR360C14					
O&K	21452	1941	WR360C14K		RLM	Fliegerhorst Kiel-Holtenau Nr.2	21452	DB V36 236
O&K	21453		WR360C14K		(RLM)			

O&K 21112: Heeres-Muna Güstrow = in Priemerwald/b.Güstrow
O&K 21113: Abn. 8.6.39, i.D.-Gen. 29.6.39, per 6.1.43 abgegeben an ? (ersetzt durch Kö 4607)
O&K 21117: Heeres-Muna Sehnde = in Wehmingen/b.Sehnde
O&K 21119: HWA-Versuchslok für MWM-Motor und Renk-Hülsenfederkupplung

O&K 21128: später Luftmuna Frankenberg in Birkenbringhausen/Eder
O&K 21135: urspr. Einsatzort: Wifo-Lager in Polen, spätestens ab 14.2.42 Wifo Derben

O&K 21138: 2.4.43 nach Unfall (Überfahren eines Prellbocks) vorübergehend abgestellt
O&K 21142: Breitspurlok für 1524 mm; *„Lok vollkommen umgerüstet"*

O&K 21181: auch Muna Steinfeld/NÖ genannt; ca. 1942 bei Bombenangriff zerstört

O&K 21450: auch Heeres-Muna Ludwigsort/Ostpreußen genannt
O&K 21452: Abnahme 23.9.43 RMA Kiel

O&K

VOITH

Eine von 74:
Die O&K-Lok 21113/1939 gehörte zu einer der ersten Serien-WR360C14 aus Babelsberg.

Orenstein & Koppel

Orenstein & Koppel war der zweite große Hersteller für die WR360C14. Insgesamt enthält das nachfolgende Verzeichnis 74 Lokomotiven, darunter auch die dreiachsige Baumusterlok HR360C12 und die fünf O&K-Vorserienmaschinen WR360C12. Der Rest sind Normalausführungen der 360-PS-Lok, die Mehrzahl in ex-geschützter Bauart mit Auspuffwasch- bzw. Auspuffkühlanlage.

Montiert wurden die Lokomotiven ausnahmslos im Werk Drewitz in Potsdam-Babelsberg. Lediglich einige Blecharbeiten waren an das O&K-Werk Spandau ausgelagert, weil in Babelsberg zunächst keine Möglichkeit zum Punktschweißen von Rahmen und Aufbauten existierten[123].

Per 1. Januar 1940 mußte das Unternehmen im Zuge der Arisierung der deutschen Wirtschaft in *„Maschinenbau und Bahnbedarf AG, vormals Orenstein & Koppel“* umbenannt werden[124]. Der Grund dafür war der jüdische Name Orenstein, dessen Tilgung die Nationalsozialisten forderten. Im Laufe des Jahres 1941 erfolgte durch die mittlerweile regimetreue Firmenleitung auch noch die Streichung des Zusatzes „vormals Orenstein & Koppel“[125]. Das Unternehmen hieß damit nur noch *„Maschinenbau und Bahnbedarf AG“.* Firmenzeichen blieb jedoch die alte O&K-Raute, jetzt aber mit dem Kürzel MBA.

In diesem Buch wird - auch zur Vermeidung eines babylonischen Namens-Wirrwarrs - auf diese ausschließlich dem Rassenwahn der Nazis entsprungene Umbenennung verzichtet. Als Herstellername ist also auch für die nach 1940 gebauten Lokomotiven „Orenstein & Koppel“ genannt.

In Handaufzeichnungen von O&K aus der Zeit nach dem Krieg ist - statt der hier aufgelisteten 74 Lokomotiven - sogar von bis zu 78 Loks der 360-PS-Bauart die Rede. Dabei könnten u.a. die

21489 (Deutz-Motor) und
21546-548 (MWM-Motor)

mitgezählt worden sein. Nach den vorliegenden Unterlagen sind diese Aufträge aber nicht mehr abgewickelt worden. Schon vergeben waren auch die Fabriknummern

21530-540 (Deutz-Motor) und
21542-545 (MWM-Motor),

beides vermutlich Bestellungen der Luftwaffe. Diese 15 Maschinen wurden annulliert. Die Verteilung der Lieferserien auf Deutz- bzw. MWM-Motoren sieht folgendermaßen aus. Es hatten

123 Sitzungsbericht AGM360 v. 3.10.36
124 Glasers Annalen v. 1.2.40
125 oV, Werdegang, S.19

Als Orenstein MBA hieß:
Lokschild der O&K 21460/1941

STEFAN LAUSCHER

Herst	FabNr	Bj	Bauart	geliefert	für	Einsatzort	BetrNr	Einsatz nach 1945
O&K	21454		WR360C14K		(RLM)			
O&K	21455	1941	WR360C14K		(RLM)			ČSD T334.001 (CSSR)
O&K	21456	1941	WR360C14K?		---	Dynamit AG, Malchow/Meckl.		Litauen
O&K	21457	1941	WR360C14K		RLM		WL335	DB V36 214
O&K	21458		WR360C14K		(RLM)			
O&K	21459		WR360C14K		(RLM)			
O&K	21460	1941	WR360C14K		(RLM)			US-Army/Transp.-Corps, 9009-P
O&K	21461	1941	WR360C14K		RLM	Lufthauptmuna Wolfhagen/b.Kassel		Kleinbahn Kassel-Naumburg, V31
O&K	21462	1941	WR360C14K		(RLM)		21462	DR-Ost V36 030
O&K	21463		WR360C14K		(RLM)			
O&K	21464	1942	WR360C14K		(OKH)		36331	DB V36 104
O&K	21465	1942	WR360C14K		(OKH)		21465	SNCF 030 DB-3 (Frankreich)
O&K	21466	1942	WR360C14K		(OKH)		21466	SNCF 030 DB-2 (Frankreich)
O&K	21467	1942	WR360C14K		OKH	Lehr-u.Ersatz-Abt.100 Rügenwalde	21467	DB V36 105
O&K	21468	1942	WR360C14K		OKH	Rügenwalde	36273?	DB V36 106
O&K	21469		WR360C14K		(OKH)			

VOITH

Noch einmal ein Werkhallenbild der O&K 20813/1937: Der Maschinensatz ist mit Motor, Getriebe, Kühler und Auspuff schon weitgehend komplett. Stangen und Bremsapparat liegen montagefertig bereit.

aus den Serien 21450f., 21452ff. und 21464ff. je eine weitere Lok bei:
Fliegerhorst Gutenfeld/b.Königsberg
Fliegerhorst Seerappen/b.Königsberg
Fliegerhorst Grottkau/Schlesien
Luftmuna Höfer/b.Celle (später DB)
Fliegerhorst Prossnitz-Kosteletz/Protektorat (später Teschechosl. Armee)
Heeres-Muna Krugau/b.Luebben
Heeres-Muna Stablack/Ostpreußen
Dynamit AG, Krümmel/b.Geesthacht

O&K	21480	1941	WR360C14K	20.06.41	---	Wifo Wien-Lobau	21	
O&K	21481	1941	WR360C14K	05.07.41	---	Wifo	22	DB V36 218
O&K	21482	1941	WR360C14K	28.07.41	---	Wifo	23	DR-Ost V36 031
O&K	21483	1941	WR360C14K	20.08.41	---	Wifo Zarrentin/Mecklenburg	24	Britische Rheinarmee, Nr.21483
O&K	21484	1941	WR360C14K	06.10.41	---	Wifo Münchenbernsdorf/b.Gera	25	DR-Ost V36 032
O&K	21485	1942	WR360C14					VEB Leuna, Merseburg, Nr.90
O&K	21486	1942	WR360C14		---	Dynamit AG, Wolfratshausen		Dusíkárny Ostrava (CSSR)
O&K	21487	1943	WR360C14					OSE, A7 (Griechenland)
O&K	21488	1943	WR360C14	26.04.44	---	Gewerksch. Mathias Stinnes, Essen	3	DB V36 125
O&K	21541	1942	WR360C14	.05.42	---	Alpen-Elektrowerke AG, Kaprun		TKW Kaprun 2065.11 (Österreich)

O&K 21467: Abnahme 16.3.44, 19.3.44-27.5.44 Rügenwalde, ab 28.5.44 Heeres-Muna Neu... (unleserlich; Neuenwalde, Neuwedell?)

O&K 21483: Abnahme 16.3.42 (RMA Kiel)
O&K 21484: Abnahme 1.4.42 (RMA Jena), 24.12.42 Zulassung für Reichsbahnstrecke Münchenbernsdorf - Lederhose
O&K 21485 von O&K ohne Bestellung auf Vorrat gebaut; neu nach Leuna?

Deutz-Motor	MWM-Motor
20813	
20912-20914	
20916-20917	
21110-21118	21119
21128-21142	
21180-21181	21182-21183
21296-21298	21303
	21339-21343
	21450-21451
21452-21463	21464-21469
21480-21484	21485-21488
	21541

Alle noch nicht in die Fertigung genommenen WR360C14-Aufträge wurden im Herbst 1942 an die Deutschen Werke Kiel verlagert, konnten aber auch dort nur noch zum Teil ausgeliefert werden.

Klöckner-Humboldt-Deutz

Bei Deutz spielte die WR360C14 bis in die ersten Kriegsjahre hinein so gut wie keine Rolle. Noch Anfang 1943 verzeichnete die Bilanz der bis dahin gebauten 360-PS-Wehrmachtloks gerade mal zwei Lokomotiven. Mitte des Jahres folgten dann nochmal zwei kleinere Serien mit zusammen aber auch nur 14 Maschinen.

Bewegung in den Bau der WR360C kam erst mit den Auftragsverlagerungen von BMAG und Jung. Weit über 100 Bestellungen liefen durch die Verlagerungen des Kriegstypenprogramms bis 1944 bei Deutz auf. Nur noch ein kleiner Teil davon wurde auch fertiggestellt. Komplette Serien kamen kaum noch zustande. Die unsystematische Nummernvergabe läßt eher darauf schließen, daß mit den jeweils fertigmontierten Loks nur der gerade dringlichste Bedarf abgedeckt werden konnte.

Auch diese Deutz-Lok ist schon deutlich als WR360C14 zu erkennen: Das Kölner Werk kam erst durch die Verlagerungen von Schwartzkopff und Jung bei der 360-PS-Lok stärker ins Geschäft.

DEUTZ

Herst	FabNr	Bj	Bauart	geliefert	für	Einsatzort	BetrNr	Einsatz nach 1945
Deutz	27335	1940	WR360C14	16.09.40	OKH	Eisenb.Pi.Park Rehagen-Klausdorf		
Deutz	27336	1940	WR360C14	16.10.40	OKH	Eisenb.Pi.Park Rehagen-Klausdorf		
Deutz	36625	1943	WR360C14	.05.43	OKH	Heeres-Muna Lundenburg/Protektorat		ČSD T334.005 (CSSR)
Deutz	36626	1943	WR360C14	.05.43	OKH			
Deutz	36627	1943	WR360C14	.05.43	OKH		36627	DR-Ost V36 027
Deutz	36628	1943	WR360C14	.05.43	OKH		36628	DR-Ost V36 023
Deutz	36629	1943	WR360C14	.05.43	OKH		36629	Britische Rheinarmee, Nr.36629
Deutz	36630	1943	WR360C14	.05.43	OKH		36630	FS 236.002 (Italien)
Deutz	36631	1943	WR360C14	.05.43	OKH		36631	FS 236.003 (Italien)
Deutz	36632	1943	WR360C14	.05.43	OKH	Heeres-Muna Wulfen		DB V36 220
Deutz	36633	1943	WR360C14	.05.43	OKH			
Deutz	36634	1943	WR360C14	.05.43	OKH			
Deutz	36635	1943	WR360C14	.05.43	OKH			
Deutz	36636	1943	WR360C14	.05.43	OKH		36636	DB V36 221
Deutz	39627	1943	WR360C14	.43	OKH			DR-Ost V36 019
Deutz	39628	1943	WR360C14	.43	OKH		39628	DB V36 222
Deutz	46393	1944	WR360C14		OKH		46393	SNCF 030 DB-1 (Frankreich)
Deutz	46394	1944	WR360C14		OKH			Ciments Belges, Nr.216 (Belgien)
Deutz	46395	1944	WR360C14		OKH			
Deutz	46396	1944	WR360C14		OKH			
Deutz	46397	1944	WR360C14		OKH		46397	DB V36 223

Serie war bis 46402 bestellt; Rest als 47153-47157 an RLM geliefert
(Fabriknummern 46398ff. wurden 1947/48 mit Grubenloks neu belegt)

Herst	FabNr	Bj	Bauart	geliefert	für	Einsatzort	BetrNr	Einsatz nach 1945
Deutz	47153	1944	WR360C14	26.05.44	RLM		47153	DR-Ost V36 024
Deutz	47154	1944	WR360C14	12.06.44	RLM		47154	DB V36 225
Deutz	47155	1944	WR360C14	20.06.44	RLM			
Deutz	47156	1944	WR360C14	30.06.44	RLM			
Deutz	47157	1944	WR360C14	28.09.44	RLM		47157	DB V36 226
				Serie umfaßte insgesamt 20 Loks; Rest = 47184-47198 annulliert				
Deutz	47179	1944	WR360C14K	16.09.44	---	Wifo	42	DB V36 237
Deutz	47180	1944	WR360C14K	25.09.44	---	Wifo Amstetten	43	DB V36 227
				Serie war bis 47182 bestellt; Soll-Lieferdatum für Rest-Loks: 31.3.45				
Deutz	47183	1944	WR360C14K	12.10.44	RLM			
Deutz	47199	1943	WR360C14	04.02.44	OKH			
Deutz	55100	1944	WR360C14	16.02.44	OKH		55100	DB V36 122
Deutz	55101	1944	WR360C14	23.02.44	OKH		55101	ÖBB 2065.01 (Österreich)
Deutz	55102	1944	WR360C14	26.02.44	OKH		55102	DB V36 124
Deutz	55103	1944	WR360C14	29.02.44	OKH			
Deutz	55115	1944	WR360C14	31.08.44		Braunkohle-Benzin AG, Magdeburg		
Deutz	55116	1944	WR360C14	13.07.44		Gewerkschaft Neue Erdöl, Misburg		zerstört?

Deutz 27336: HWA-Erprobungslok auf dem Pi.Übungsplatz Rehagen-Klausdorf (28.11.40)

Deutz 47153ff: explosionsgeschützt?

Deutz 47179: laut Betriebsbuch 4.5.44 bestellt, 24.9.44 geliefert
Deutz 55100: möglicherweise i.E. bei OKH/Raketen-Testanlage Raderach/b.Friedrichshafen

Stefan Lauscher

Erst annulliert, dann als erste Nachkriegslok doch noch gebaut: Das Fabrikschild der Deutz-WR360C Nummer 47184

Annullierte Aufträge (mit Bestelldatum und Besteller):

47158-47168	(=11)	19.08.41	OKH Berlin
47170-47172	(= 3)	07.04.43	Bulgarisches Bauten-Ministerium, Sofia (Bulg.)
47173	(= 1)	06.11.42	Astra Romana S.A., Bukarest (Rumänien)
47175	(= 1)	28.01.42	OKH/Ersatz-Verpflegungs-Magazin Metz
47177-47178	(= 2)	12.02.43	OKH Berlin
47181-47182	(= 2)	10.08.43	Wifo Berlin
47184'	(= 1)	16.06.43	RLM
47185-47198	(=14)	16.06.43	RLM
55104-55107	(= 4)	19.08.41	OKH Berlin
55108	(= 1)	28.07.42	OKH Berlin
55109'	(= 1)	28.07.42	OKH Berlin
55110'	(= 1)	20.11.42	Kriegsmarine/Hafenbauamt Pillau
55112-55113	(= 2)	10.01.44	BMAG (offenbar für Privatindustrie)
55117	(= 1)	06.11.43	Verkehrsministerium Pressburg (für Donauhafen)
55118	(= 1)	08.06.44	Gewerkschaft Victor, Castrop-Rauxel; 1946 als 47184" ausgeliefert
55119-55121	(= 3)	09.11.43	Wifo Berlin
55122-55124	(= 3)	16.12.43	Wifo Berlin
55268	(= 1)	16.12.43	Wifo Berlin
55269-55272	(= 4)	27.06.44	Wifo Berlin
oNr	(=20)	13.01.43	OKH Berlin
oNr	(=20)	13.01.43	OKH Berlin

Auffallend ist immerhin die relativ zügige Ausführung der Industriebestellungen (Wifo, Brabag etc.), während ältere Aufträge, besonders für das OKH, liegenblieben. Ausschlaggebend dafür waren die jeweils mit der Bestellung aufgegebene Dringlichkeitsstufe („SS" = Vorrangauftrag), offenbar aber auch die bessere Bezahlung der Industriebestellungen. Privataufträge waren in der Regel lukrative Geschäfte, während die sogenannten „Behördenaufträge" zu Sonderkonditionen abgewickelt werden mußten.

Insgesamt lieferte Deutz bis Oktober 1944 noch 36 Loks der WR360C14-Type. Original an Deutz vergebene Aufträge waren davon nur die Serien

27335-27336
36625-36626
39627-39628
46393-46397 (-46402).

Alle anderen Baulose kamen als Verlagerungen nach Köln oder wurden aufgrund der Bestimmungen des Kriegstypenprogramms nach dem 1.7.42 nunmehr bei Deutz in Auftrag genommen. Die letzten noch ausgeführten Bestellungen waren die Deutz-Loks 47153ff. (für RLM) vom 16.6.43 und Deutz 47179f. (für Wifo) vom 10.8.43.

Die Serie 47199/55100-103 war ursprünglich bei Jung bestellt worden. Von daher erklärt sich der für Deutz relativ ungewöhnliche Einbau eines MWM-Motors. Alle anderen Bauserien waren mit dem eigenen V6M436 ausgerüstet.

Die Liste der bestellten, später aber annullierten Lokomotiven ist mit insgesamt 96 WR360C ziemlich lang (siehe Kasten links). Zu nennen sind hier außerdem die

47169 (bestellt 18.12.41) und
47176 (bestellt 21.10.41)

für das OKH Berlin. Beide Loks wurden nie storniert, sind vom Werk infolge der Kriegsereignisse aber nicht mehr gebaut worden.

Probefahren im Werkshof: Im Frühjahr 1940 traut sich ein Doppelgespann WR360C14 bei Jung erstmals ans Tageslicht.

Henschel & Sohn

Im Unterschied zu den bisher beschriebenen Lokomotivfabriken war Henschel ausschließlich in der Arbeitsgemeinschaft KZD200, also bei der Entwicklung der WR200B14, tätig. Trotzdem lief die einzige vom Heereswaffenamt eingegangene Bestellung für die Wehrmachts-Einheitstypen nicht über die 200-PS-, sondern über fünf 360-PS-Lokomotiven, alle mit MWM-Motor und in einfacher Ausführung ohne Auspuffkühlanlage.

Auf den Henschel-Fabrikschildern ist für alle fünf Lokomotiven bemerkenswerterweise 1941 als Baujahr angegeben, obwohl die tatsächliche Fertigstellung - wie die Lieferdaten in der Auflistung zeigen - erst in der zweiten Jahreshälfte 1942, teilweise sogar erst im Januar 1943 erfolgte.

Henschel-intern war die WR360C14 als „DG360“ (für Diesel-Getriebelok[126] 360 PS) bezeichnet.

Fried. Krupp

Als Überschrift über diesem Abschnitt müßte eigentlich Windhoff stehen, denn viel hat der „NS-Musterbetrieb“ Krupp an seinen vier WR360C14 nicht getan. Motor und Flüssigkeitsgetriebe wurden, wie bei den anderen Lokomotivherstellern auch, ohnehin zugeliefert. Zusätzlich vergab Krupp allerdings auch noch die Fertigung der Rahmen an die Rheiner Maschinenfabrik Windhoff AG in Rheine. Windhoff lieferte die vier Rahmen unter der Fabriknummer 516 zwischen dem 1.4.39 und dem 15.5.39 in jeweils zweiwöchigem Abstand.

Alle vier Loks hatten Deutz-Motor und wurden ab Fabrik an den Versuchsplatz Rügenwalde abgesandt, von wo aus der Einsatz vor den Eisenbahngeschützen der Artillerie erfolgte. Der Einzelpreis pro Lokomotive lag, laut Krupp-Lieferbuch, bei 80.605 RM *„ab Werk, einschließlich Montörgestellung“*. Der Auftrag datiert vom 7.7.38.

Als erste der großen deutschen Lokomotivschmieden erlitt Krupp Mitte März 1943 so umfangreiche Bombenschäden, daß die Firma für weitere Lieferungen weitgehend ausfiel[127]. Die Krupp-WR360C14, ebenso wie die einzige in Essen gebaute WR200B14, waren zu diesem Zeitpunkt aber schon lange abgeliefert und im Wehrmachtseinsatz.

Arnold Jung

Unter den kleineren Herstellern der Wehrmachtdiesellok war Jung in Jungenthal die Firma mit dem größten Lieferanteil. Zwölf WR360C14 wurden in den Jahren 1938/39 in zwei Baulosen vom OKH in Auftrag genommen.

Tatsächlich gebaut wurden davon allerdings nur sieben Loks mit den Fabriknummern 8505-8511. Die zweite Serie - vorgesehene Nummern 9586-9590 - war bis Mitte 1942 noch nicht begonnen und mußte deshalb an Deutz verlagert werden. Alle Jung-Maschinen hatten MWM-Motor und wurden ohne Ex-Schutz geliefert.

Auf dem interessanten Werkfoto der 2x WR360C14-Doppellok (oben) ist für die bereits lackierte und beschilderte Maschine die Wehrmachts-Betriebsnummer 36245 zu erkennen. Zu welcher Lokomotive die Nummer gehörte (Jung 8507?), war nicht mehr zweifelsfrei zu klären.

Deutsche Werke Kiel

Die Deutschen Werke Kiel kamen erstmals 1943 mit der WR360C14 in Berührung. Mit dem Kriegstypenprogramm des Vorjahres war DWK - neben Deutz - als zweite Verlagerungsfabrik bestimmt worden. Bis dahin hatte das Unternehmen ausschließlich firmeneigene Industrietypen gebaut, und deshalb, trotz ansehnlicher Stückzahlen, immer eine Sonderstellung unter den großen deutschen Diesellokherstellern eingenommen.

---

126 Im Unterschied zu diesel-elektrischen (= DEL) Loks
127 Gottwaldt, Kriegslokomotiven, S.101; Haeuber, Krupp, S.40

Herst	FabNr	Bj	Bauart	geliefert	für	Einsatzort	BetrNr	Einsatz nach 1945
Henschel	26136	1942	WR360C14	03.08.42	OKH		26136	DR-Ost/Kriegsschadlok
Henschel	26137	1942	WR360C14	04.09.42	OKH	Heeres-Muna Altengrabow		
Henschel	26138	1942	WR360C14	20.10.42	OKH		36326	DR-Ost/Kriegsschadlok
Henschel	26139	1942	WR360C14	28.01.43	OKH	Lehr-u.Ersatz-Abt.Art.Rügenwalde	36327	Ciments Belges, Nr.215 (Belgien)
Henschel	26140	1942	WR360C14	28.01.43	OKH		26140	DB V36 116
				Henschel 26136 oder 26138 eingesetzt bei Heeres-Panzerzeugamt Königsborn/b.Magdeburg Henschel 26137: Altengrabow = östlich von Magdeburg				
Krupp	1980	1940	WR360C14	02.07.40	OKH	Versuchsplatz Rügenwalde	36253	
Krupp	1981	1940	WR360C14	25.07.40	OKH	Versuchsplatz Rügenwalde	36254	Sowjetische Beute/SMAT
Krupp	1982	1940	WR360C14	03.10.40	OKH	Versuchsplatz Rügenwalde	36255	
Krupp	1983	1940	WR360C14	03.10.40	OKH	Versuchsplatz Rügenwalde	36256	DB V36 229
Jung	8505	1939	WR360C14	10.01.40	OKH	Heeres-Muna Torgau	36234?	VEB Hydrierwerk Zeitz, Nr.7
Jung	8506	1939	WR360C14	08.02.40	OKH	Heeres-Muna Lehre/b.Braunschwg.	36235	Britische Rheinarmee, Nr.36235
Jung	8507	1940	WR360C14	23.05.40	OKH			
Jung	8508	1940	WR360C14	23.05.40	OKH	Calais	36246	Degerfors Järnverk (Schweden)
Jung	8509	1940	WR360C14	13.06.40	OKH			
Jung	8510	1940	WR360C14	09.07.40	OKH			DR-Ost V36 061
Jung	8511	1940	WR360C14	16.08.40	OKH	Rügenwalde		Valditerra, Novi Ligure (Italien)
				Jung 8505: Werksprobefahrt am 19.12.39 Jung 8506: Werksprobefahrt am 24.01.40; ab 6.4.40 in Lehre in Betrieb; bis 3.7.40 = 2900 km				
DWK	2001	1944	WR360C14K	18.02.44	OKH		2001	DB V36 115
DWK	2002	1944	WR360C14K	25.04.44	OKH		362002	DB V36 117
DWK	2003	1944	WR360C14K	23.05.44	OKH			
DWK	2004	1944	WR360C14K	06.06.44	OKH	Lehr-u.Ersatz-Abt.100 Rügenwalde	362004	DB V36 118
DWK	2005	1944	WR360C14K	22.08.44	OKH		362005	DR-Ost V36 033
				DWK 2002: Abnahme 29.4.44 DWK 2004: 6.6.44-9.8.44 Rehagen-Klausdorf, 10.8.44-19.9.44 Rügenwalde, 20.9.44-8.12.44 Art.-Abt.zbV.725 Batt.(E) 688				

Eine WR360C14 aus Kassel: Obwohl erst Anfang 1943 geliefert, wurde auch bei Henschel 26139 auf den Fabrikschildern als Baujahr 1941 angegeben.

Der Bau der WR360C14 hatte für die Kieler Fabrik noch zwei weitere Besonderheiten:

So waren - zum einen - die WR-Typen nicht nur die ersten Einheitsloks bei DWK, sondern auch die ersten dieselhydraulischen Lokomotiven. Damit verbunden war eine Abkehr von dem bisher gepflegten Prinzip „Alles aus einem Haus". Erstmals wurden bei DWK-Lokomotiven Motoren und Getriebe eingebaut, die nicht aus eigener Herstellung stammten.

Und zweitens:
Wohl um Einheits- von Firmentypen bzw. die dieselmechanischen von den dieselhydraulischen Lokomotiven deutlich abzusetzen, wurde mit den WR360C14 in Kiel eine neue Fabriknummernzählung begonnen. Die Einheitslokomotiven erhielten danach die Fabriknummern 2001ff.[128]. Die Nummernreihe 1-500 blieb für die Triebwagen, die Reihe 501-2000 für die dieselmechanischen DWK-Lokomotiven reserviert (Einzelheiten im Anhang „Firmenbauarten" ab Seite 574).

Von den nicht geringen Verlagerungen konnten allerdings auch in Kiel 1944 nur noch insgesamt fünf WR360C14 fertiggestellt werden. Vier davon (DWK 2001-2004) hatten MWM-Motor, die fünfte Maschine (DWK 2005) war mit der Deutz-V6M436-Maschine ausgerüstet. Alle fünf Lokomotiven waren ursprünglich Bestellungen von Orenstein & Koppel und wurden an das OKH geliefert.

Wieviel Loks darüber hinaus bei Kriegsende noch im Auftragsbestand waren, läßt sich nur schätzen. Die Zahl dürfte zwischen 40 und 50 gelegen haben, wobei nur für einen Teil davon auch Motoren und Getriebe schon vorhanden waren. Folgende Verlagerungen sind bekannt:

128 In den ersten Planungen waren sogar die Nummern 5001ff. vorgesehen.

Von **Orenstein & Koppel**
12 Stück für Luftwaffe (bestellt 1939),
1 Stück für Luftwaffe (bestellt 1939),
10 Stück für ? (bestellt 1940),
nach 1945 geändert auf 1 Stück,
alle per 7.11.42 an DWK verlagert; fertiggestellt 1947/48 als Holmag/MAK 2006-2019

Von **Schwartzkopff**
23 Stück[129] für ? (bestellt 1942),
nach 1945 geändert auf 18 Stück,
1950 fertiggestellt als MAK 360010-027.

Wie bei Deutz bildete die WR360C14 auch in Kiel die Basis für den Neuanfang nach dem Krieg. Die liegengebliebenen Bauteile wurden nach Freigabe der Lokomotivherstellung durch die Alliierten fertig montiert und als „Neubauloks" an Reichsbahn und Privatkunden geliefert. Unter dem neuen Firmennamen „Maschinenbau Kiel AG" (MAK) entstand aus der alten Wehrmachtlok dann schrittweise das erfolgreichste Industrielokprogramm der deutschen Nachkriegsgeschichte.

Die WR200B14

Die WR200B14 stand immer im Schatten der größeren Schwester-Bauart. Weder stückzahlmäßig noch in punkto Vielseitigkeit konnte die 200-PS-Lokomotive an die WR360C14 heranreichen. Daß aber auch sie eine gelungene Konstruktion war, beweisen die annähernd 40 Betriebsjahre, die zahlreiche Maschinen besonders bei der Deutschen Bundesbahn, aber auch z.B. in Frankreich erreichten. Mit ihren 200 PS setzte die kleine WR-Type zudem eine für lange Zeit gültige Leistungsmarke für Lokomotiven im leichten Rangier- und Zubringerdienst.

Bei der Gesamtstückzahl von 75 nachfolgend verzeichneten WR200B14 darf außerdem nicht übersehen werden, daß das Kriegstypenprogramm der 200-PS-Lok Mitte 1942 ein doch recht abruptes Ende bereitete. Ohne diese Entscheidung zulasten der WR200B14 hätte sicherlich auch die zweiachsige WR-Type höhere Beschaffungszahlen, vielleicht sogar einen verstärkten Nachbau nach 1945 erlebt.

Berliner Maschinenbau AG

Im Unterschied zur WR360C14 war die Berliner Maschinenbau AG an der Lieferung der 200-PS-Wehrmachtlokomotive nur untergeordnet beteiligt. Hier dominierte ganz klar Deutz. Immerhin erhielt Schwartzkopff 1939 den Auftrag für eine 10-Stück-Serie für das Heer sowie 1942 eine Bestellung (später annulliert) über weitere fünf Lokomotiven für die Luftwaffe. Die Einzelheiten der Lieferungen sind auf den Seiten 130/131 aufgelistet.

Über die Angaben im Lieferverzeichnis hinaus sind BMAG-WR200B14 auch

bei der Heeres-Muna Bernterode (11394 ?) und
bei der Heeres-Muna Wildflecken/Rhön

belegt. Für beide Lokomotiven sind allerdings die Fabriknummern nicht einwandfrei zuzuordnen. Eine dritte unbekannte WR200B14 (11397/11398 ?) könnte nach 1945 als Kriegsschadlok in der DDR/RAW Wittenberge stehen geblieben sein; auch hier fehlen leider genauere Daten.

Der Hinweis auf die „Zementfabrik Schludnitz" für die BMAG 11393 stammt aus handschriftlichen Notizen von Dipl.Ing. Johannes Töpelmann, der nach dem Krieg als Chef des Zentralen Konstruktionsbüros der LOWA im ehemaligen BMAG-Werk in Wildau arbeitete und dort offenbar noch Zugriff auf Original-Unterlagen hatte. Ein Ort namens „Schludnitz" ist aber unbekannt. Vermutlich ist Steudnitz im oberen Saaletal gemeint. Dort gab es auch ein Zementwerk. Über die Lok war nichts mehr zu erfahren.

Das Weitere in Kurzform: Alle BMAG-WR200B14 hatten MAN-Motor. Die geplanten Luftwaffen-Lokomotiven waren im Mai/Juni 1942, also kurz vor dem Inkrafttreten des Kriegstypenprogramms, bestellt worden und mußten per 15.9.42 wieder storniert werden. Bei diesen Maschinen war MWM-Motor vorgesehen.

Orenstein & Koppel

Bei Orenstein & Koppel blieb die Fertigung von WR200B14-Lokomotiven interessanterweise völlig unbedeutend, obwohl die Arbeitsgemeinschaft KZD200 - die AGM also, die die WR200B entwarf und konstruierte - im Hause von Orenstein & Koppel ihren Sitz hatte. Nur eine einzige Lok verzeichnet die O&K-Lieferliste. Die Maschine hatte einen MWM RHS326S-Motor. Kunde war das Heer. Über die Einsätze im Krieg ist nichts bekannt.

TABELLE 24:
WR200B14 - Verteilung auf Hersteller und Lieferjahre

	1937	1938	1939	1940	1941	1942	1943	1944	Summe
BMAG	-	-	-	-	10	-	-	-	**10**
O&K	-	-	-	1	-	-	-	-	**1**
Deutz	-	-	-	1	2	15	33	1	**52**
Jung	-	-	-	-	-	7	-	-	**7**
Krupp	-	-	-	1	-	-	-	-	**1**
Gmeinder	-	-	-	-	2	2	-	-	**4**
gesamt	**-**	**-**	**-**	**3**	**14**	**24**	**33**	**1**	**75**

Quelle: Lieferlisten

Klöckner-Humboldt-Deutz

Deutz hatte bei der WR200B14 eine ähnlich beherrschende Rolle wie Schwartzkopff und Orenstein & Koppel bei der 360-PS-Lok. Insgesamt 52 Lokomotiven verließen zwischen Dezember 1940 und Januar 1944 das Montagewerk in Köln-Kalk; das waren zweimal soviel Loks wie bei allen anderen fünf Herstellern zusammen!

Der Liefer-Schwerpunkt ist eindeutig im Jahr 1943 zu erkennen. Einsatzstellen waren zumindest beim Heer durchweg Verpflegungsämter und anderen Nachschubdepots, bei der Luftwaffe auch Munitionsanstalten und Tanklager.

Als einziger Lokomotivhersteller baute Deutz auch zwei WR200B für die Privatindustrie (Wolff & Co). Diese beiden Maschinen (Deutz 46516-46517) sollten ursprünglich als 27331-27332 gebaut werden. Nach der Vorauslok 27306 waren dies also, trotz der hohen Fabriknummer, die ersten 200-PS-WR-Loks aus Köln. Alle drei Maschinen wiesen gegenüber der Serienausführung noch gewisse Bauartunterschiede auf (Flachdach, größerer Kühlerausschnitt etc.), auf die bereits hingewiesen wurde. Alle Loks hatten natürlich Deutz-Motor.

Fried. Krupp AG

Wie bei Orenstein & Koppel war der Bau von WR200B14-Lokomotiven auch bei Krupp stückzahlmäßig ohne Belang. Nur eine einzige Lok - am 30.6.38 bestellt und am 6.9.40 geliefert - wurde vom OKH bei Krupp in Essen beschafft. Daß damit Krupp und nicht etwa eine der beiden AGM-Gründerfirmen die erste WR200B14 überhaupt erhielt, ist allerdings ungewöhnlich.

129 Vermutlich geplante BMAG-FabNrn. 12273-295

Herst	FabNr	Bj	Bauart	geliefert	für	Einsatzort	BetrNr	Einsatz nach 1945
BMAG	11273	1940	WR200B14	.02.41	OKH	Eisenb.Pi.Park Rehagen-Klausdorf	11273	British WD/Nordafrika, +
BMAG	11391	1940	WR200B14		OKH	Heeres-Muna Volpriehausen		DB V20 050
BMAG	11392	1941	WR200B14	20.03.41	OKH	Heeres-Muna Siegelsbach	11392	Teutoburger Wald-Eisenbahn, V23
BMAG	11393	1941	WR200B14		OKH			Zementfabrik Schludnitz
BMAG	11394	1941	WR200B14		OKH		11394	DR-Ost/Kriegsschadlok
BMAG	11395	1941	WR200B14		OKH	Heeres-Muna Zeven		Bremervörde-Osterholzer Eb., 261
BMAG	11396	1941	WR200B14		OKH			Kleinbahn Niebüll-Dagebüll, oNr
BMAG	11397	1941	WR200B14		OKH			
BMAG	11398	1941	WR200B14		OKH			
BMAG	11399	1941	WR200B14		OKH	Heeres-Muna Munsterlager „Süd“		Neukölln-Mittenwalder Eb., 00601

aus der Serie BMAG 11391-11399 je eine weitere Lok bei:
Heeres-Muna Bernterode/Harz
Heeres-Muna Wildflecken (nach 1945: Slovnaft/CSSR)

Herst	FabNr	Bj	Bauart	geliefert	für	Einsatzort	BetrNr	Einsatz nach 1945
O&K	21254	1940	WR200B14		OKH			Britische Rheinarmee, Nr.21254
Deutz	27306	1940	WR200B14	21.12.40	OKH	Fürstenwalde		ÖBB 2061.01
Deutz	36615	1943	WR200B14	29.05.43	RLM		WL203	DB V20 030
Deutz	36616	1943	WR200B14	29.05.43	RLM		WL225	DB V20 031
Deutz	36617	1943	WR200B14	31.05.43	RLM			
Deutz	36618	1943	WR200B14	07.06.43	RLM			
Deutz	36619	1943	WR200B14	07.06.43	RLM			
Deutz	36620	1943	WR200B14	16.06.43	RLM	Luftpark Wiener Neustadt		
Deutz	36621	1943	WR200B14	16.06.43	RLM	Lufttanklager Preußisch Oldendorf	WL205	Britische Rheinarmee, Nr.36621
Deutz	36622	1943	WR200B14	16.06.43	RLM	Luftzeugamt Travemünde-Pötenitz	WL232	DR-Ost V20 006
Deutz	36623	1943	WR200B14	19.06.43	RLM	Lufthauptmuna Wolfhagen/b.Kassel		Kleinbahn Kassel-Naumburg, V21
Deutz	36624	1943	WR200B14	24.06.43	RLM	Lufthauptmuna Hesedorf/b.Bremerv.	2	DB V20 032
Deutz	36655	1941	WR200B14		OKH			
Deutz	36656	1941	WR200B14		OKH	Ers.Verpfl.Magazin Würzburg-Zell	36656	MAN Augsburg, Lok 2
Deutz	36657	1941	WR200B14	01.05.42	OKH	Heeresfutterkonservenfabrik Peyse		
Deutz	36658	1941	WR200B14		OKH		36658	DB V20 006
Deutz	36659	1941	WR200B14		OKH			Osthannoversche Eisenbahn, 00602
Deutz	36660	1941	WR200B14		OKH	Ersatz-Verpfl.Magazin Bamberg	36660	DB V20 005
Deutz	36661	1941	WR200B14		OKH			Kabelm. Neumeyer, Nürnberg, D1
Deutz	36662	1942	WR200B14	.42	OKH			DR-Ost/Kriegsschadlok
Deutz	36663	1942	WR200B14	.42	OKH		36663	DB V20 037
Deutz	36664	1942	WR200B14	.42	OKH		36664	DB V20 038
Deutz	36665	1941	WR200B14	27.01.42	OKH	Heeresbauamt Prossen/b.Dresden		

Deutz 27306: Anfang 1941 Betriebserprobung beim LVA Grunewald

Deutz 36624: Abnahme 5.4.44 RMA Hmb-Harburg
Deutz 36657: später = Heeres-Verpflegungsamt Peyse/b.Königsberg
Deutz 36658: Abnahme 5.2.41
Deutz 36665: später = Heeres-Verpflegungsamt Prossen

DEUTZ

Endspurt für eine WR200B14: Als der Werksfotograf von Schwartkopff 1941 dieses Bild machte, war die 200-PS-Lok schon fast fertig montiert. Gut zu sehen ist u.a. das verstärkte Gerüst für die Luft- und Treibstofftanks.

MAN

Herst	FabNr Bj	Bauart	geliefert	für	Einsatzort	BetrNr	Einsatz nach 1945
Deutz	36666 1941	WR200B14	02.02.42	OKH	Neustrelitz		
Deutz	36667 1941	WR200B14	10.01.42	OKH	Heeres-Bekleidungsamt München	36667	DB V20 007
Deutz	36668 1941	WR200B14	20.02.42	OKH	Heeres-Verpflegungsamt Teltow	36668	DR-Ost V20 007
Deutz	36669 1942	WR200B14	22.04.42	OKH	Heeres-Verpflegungsamt Krampnitz	36669	DR-Ost V20 008
					aus dieser Serie je eine weitere Lok bei:		
					Heeres-Verpflegungsamt Belgard/Pommern		
					Heeres-Verpflegungsamt Partenkirchen		
					Ersatz-Verpfl.Magazin Pasewalk		
					Heeres-Verpfl.Hauptamt Kempten		
					Ersatz-Verpfl.Magazin Mü I München		
					Heeres-Verpfl.Hauptamt Schweidnitz/b.Breslau		
					Ersatz-Verpfl.Magazin Magdeburg-Frehse		
Deutz	39622 1943	WR200B14	27.05.43	OKH	Eisenb.Pi.Park Rehagen-Klausdorf	39622	DB V20 040
Deutz	39623 1943	WR200B14	27.05.43	OKH	Eisenb.Pi.Park Rehagen-Klausdorf		
Deutz	39624 1943	WR200B14	31.05.43	OKH	Eisenb.Pi.Park Rehagen-Klausdorf	39624	Britische Rheinarmee, Nr.39624
Deutz	39625 1943	WR200B14	02.06.43	OKH	Heeres-Verpflegungsamt Göttingen	39625	DB V20 041
Deutz	39643 1943	WR200B14	28.06.43	RLM	Luftpark Wiener Neustadt		Steinhuder Meer-Bahn, DL262
Deutz	39644 1943	WR200B14	29.06.43	RLM			
Deutz	39645 1943	WR200B14	30.06.43	RLM		39645	DB V20 033
Deutz	39646 1943	WR200B14	30.06.43	RLM			
Deutz	39647 1943	WR200B14	30.07.43	RLM	Luftmuna Sobinau/Protektorat	WL253	Tschechosl. Armee T233.001 (CSSR)
Deutz	39648 1943	WR200B14	04.08.43	RLM	Domaschin/Protektorat		Tschechosl. Armee T234.901 (CSSR)
Deutz	39649 1943	WR200B14	25.08.43	RLM			
Deutz	39650 1943	WR200B14	31.08.43	RLM			
Deutz	39651 1943	WR200B14	18.09.43	RLM		39651	DB V20 002
Deutz	39652 1943	WR200B14	25.09.43	RLM		39652	DB V20 034
Deutz	39653 1943	WR200B14	30.09.43	RLM			
Deutz	39654 1943	WR200B14	13.10.43	RLM		39654	DB V20 035
Deutz	39655 1943	WR200B14	20.10.43	RLM	Luftmuna Dannenberg	WL200	DB V20 036
Deutz	39656 1943	WR200B14	25.10.43	RLM			
Deutz	39657 1943	WR200B14	30.10.43	RLM	Luftmuna Pulverhof		DR-Ost/Kriegsschadlok
Deutz	39658 1943	WR200B14	30.10.43	RLM			SNCF YDE.20002 (Frankreich)
Deutz	39659 1943	WR200B14	25.11.43	RLM		39659	DB V20 039
Deutz	39660 1943	WR200B14	29.11.43	RLM			SNCF YDE.20001 (Frankreich)
Deutz	39661 1943	WR200B14	30.11.43	RLM		WL250	DR-Ost 20101 alt
Deutz	39662 1943	WR200B14	06.01.44	RLM	Wöllersdorf/b.Wiener Neustadt		Britische Rheinarmee, Nr.39662
Deutz	46516 1941	WR200B14	30.09.41	---	Wolff & Co, Walsrode (Liebenau)		Britische Rheinarmee, Nr.46516
Deutz	46517 1941	WR200B14	24.10.41	---	Wolff & Co, Walsrode (Dörverden)	M32/IV	DB V20 008

Deutz 36667: Heeres-Bekleidungsamt in München-Milbertshofen
Deutz 36669: H.V.A.Krampnitz = bei Satzkorn/westlich Berlins

Deutz 39625: lt.BB 28.1.41 bestellt, 9.6.43 geliefert; Erstablieferung ebenfalls Rehagen-Klausdorf
Deutz 39655: Luftmuna Dannenberg = in Tramm/b.Dannenberg (offiziell: „Anschluß Karwitz")
Deutz 39657: Luftmuna Pulverhof = in Rastow/Mecklenburg

Als Erprobungsmuster blieb die Lok noch bis Mitte 1942 in Rehagen-Klausdorf und wurde dann mit verschiedenen anderen Rehagen-Loks nach Nordafrika[130] verschifft. Die Maschine hatte MAN-Motor.

Arnold Jung

Auch die Lokomotivfabrik Jung in Kirchen a.d.Sieg wurde bei der Auftragsvergabe für die WR200B14 nur mit einem geringen Lieferanteil bedacht. In zwei Serien bestellte das Heereswaffenamt insgesamt sieben Lokomotiven, die Jung zwischen Februar und August 1942 verteilt auf drei Nummerngruppen auslieferte. Die Lokomotiven 8991/8992 hatten Deutz-, die 9582..9597 MWM-Motor. Von der FabNr. 9597 ist als Bestelldatum der 4. Januar 1940 bekannt.

Gmeinder & Co

Gmeinder war die einzige Fabrik im Kreis der Wehrmachtlok-Hersteller, die ausschließlich die 200-PS-Maschine baute. Insgesamt vier Lokomotiven wurden um die Jahreswende 1941/42 fertig, alle hatten MWM-Motor und wurden - alten Zeichnungsunterlagen zufolge - mit einer zusätzlichen, fahrbaren Kompressor-Anlage zum Not-Auffüllen der Anlaßluftflaschen geliefert. Weitere Einzelheiten wie Besteller, Lieferdatum und Nachkriegsverbleib enthält auch hier die Lokliste auf Seite 132.

Intern war die WR200B14 bei Gmeinder als „N200" (Normalspurlok, 200 PS) bezeichnet. Je zwei Maschinen gingen an Verpflegungslager im Reichsgebiet und an die Heeres-Versuchsstelle Heegesee (= Rehagen-Klausdorf). Die Heegeseer Loks liefen später in Nordafrika, die beiden anderen verblieben bei der Deutschen Bundesbahn.

Bestellt worden war darüber hinaus eine weitere Serie mit fünf WR200B14, ebenfalls für das Heereswaffenamt. Mit den Fabriknummern 4271-4275 konnten diese Lokomotiven allerdings erst nach dem Krieg fertig montiert werden und wurden 1946/47 an Industriebetriebe verkauft.

130 Zu den Einsätzen auf der Wüstenbahn Tobruk - El Alamein ausführlich: Seite 156ff.

Herst	FabNr	Bj	Bauart	geliefert	für	Einsatzort	BetrNr	Einsatz nach 1945
Krupp	2148	1940	WR200B14	06.09.40	OKH	Eisenb.Pi.Park Rehagen-Klausdorf	2148	British WD/Nordafrika, +
Jung	8991	1941	WR200B14	10.02.42	OKH	Heeres-Versuchsstelle Heegesee	8991	British WD/Nordafrika, +
Jung	8992	1941	WR200B14	10.02.42	OKH	Heeres-Versuchsstelle Heegesee	8992	British WD/Nordafrika, +
Jung	9582	1942	WR200B14	18.05.42	OKH	Heeres-Verpfl.Hauptamt Augsburg		Teutoburger Wald-Eisenbahn, V22
Jung	9583	1942	WR200B14	18.05.42	OKH	Heeres-Verpfl.Amt Baumholder		SNCF DE.20003 (Frankreich)
Jung	9584	1942	WR200B14	21.07.42	OKH	Heeres-Verpfl.Hauptamt Mainz	9584	DB V20 023
Jung	9585	1942	WR200B14	28.07.42	OKH	Heeres-Verpfl.Amt Darmstadt	9585	DB V20 022
Jung	9597	1942	WR200B14	04.08.42	OKH	Ersatz-Verpfl.Magazin Ulm/Donau		Französische Armee (Frankreich)

Jung 8991/8992: beide später Nordafrika;
bei British WD 1946 +
eine der beiden Loks war am 10.3.42 (also vor der Umsetzung nach Nordafrika) zur Erprobung beim Versuchskommando Wigingen/b.Metz
Jung 9584: später Ersatz-Verpfl.Magazin 6 in Fort Steinmetz/b.Metz (21.8.42)

Herst	FabNr	Bj	Bauart	geliefert	für	Einsatzort	BetrNr	Einsatz nach 1945
Gmeinder	3610	1941	WR200B14	24.11.41	OKH	Heeres-Versuchsstelle Heegesee	3610	British WD/Nordafrika, WD70247
Gmeinder	3611	1941	WR200B14	27.11.41	OKH	Ersatz-Verpfl.Magazin Nürnberg	3611	DB V20 020
Gmeinder	3612	1942	WR200B14	04.02.42	OKH	Heeresbauamt Braunschweig	3612	DB V20 021
Gmeinder	3613	1942	WR200B14	28.03.42	OKH	Heeres-Versuchsstelle Heegesee	3613	British WD/Nordafrika, WD70235

Gmeinder 3611: EVM Nürnberg = in Stein/b.Nürnberg
Gmeinder 3612: genauer Standort = Neubauabteilung „Im Holzmoor", Gliesmarode-Nord, später: Heeres-Verpfl.Hauptamt Braunschweig-Gliesmarode
Gmeinder 3613: später Nordafrika

Kleinserie fürs Heereskommando: Gmeinder kam bei den Normalspurloks für die Wehrmacht mit lediglich vier WR200B14 zum Zuge. Die Loks hatten schöne große Fabrikschilder (hier im Bild das der Gmeinder 4272 aus der Nachbauserie von 1946; siehe S.136).

Stefan Lauscher

Herst	FabNr	Bj	Bauart	geliefert	für	Einsatzort	BetrNr	Einsatz nach 1945
BMAG	10754	1939	WR240B15	26.10.39	OKH	Heeres-Muna Mölln/b.Lauenburg	453	DB V20 001
O&K	20929	1939	WR240B15	.10.39	OKH	Heeres-Muna Priebus/Schlesien		DR-Ost V20 005
O&K	21010	1939	WR240B15	.10.39	OKH	Heeres-Zeugamt Breslau		
Deutz	27305	1939	WR240B15	06.01.40	OKH	Heeres-Muna Neuruppin		

BMAG 10754: 1939 Erprobung durch LVA Grunewald; später Heeres-Muna Lützel/b.Erndtebrück
O&K 20929: später Heeres-Panzerzeugamt Kommandantenwerder, Magdeburg (5.8.42)
O&K 21010: 1939 Erprobung durch LVA Grunewald; per 4.9.42 noch in Breslau („*Maschine ist über ein Jahr außer Betrieb gewesen*")

Herst	FabNr	Bj	Bauart	geliefert	für	Einsatzort	BetrNr	Einsatz nach 1945
BMAG	11118	1941	WR550D14	ca. 10.41	OKH	Eisenb.Pi.Park Rehagen-Klausdorf	11118	British WD/Nordafrika, WD70246
O&K	21304	1942	WR550D14	.42	OKH	Truppenübungsplatz Rembertow		Polnische Armee
Deutz	27307	1942	WR550D14	30.05.42	OKH	Eisenb.Pi.Park Rehagen-Klausdorf	27307	British WD/Nordafrika, +

BMAG und Deutz-Lok: Bauarterprobung durch LVA Grunewald, ab Juli 1942 in Nordafrika

Abruptes Ende durch das Kriegstypenprogramm: Von der WR550D14 (hier die Deutz-Lok) wurden nur drei Stück gebaut, weitere 22 waren bestellt.

Die WR240B15

Die WR240B15 war 1938/39, bei Baubeginn für die 200-PS-Serientype, bereits überholt. Nur die vier Vorausloks umfaßt deshalb die Lieferstatistik: Je eine von Schwartzkopff und Deutz sowie zwei von Orenstein & Koppel. Alle vier hatten Deutz-Motor. Die Bestellungen dürften durchweg sehr frühzeitig - etwa Anfang 1937 - erfolgt sein; für die Deutz-Lokomotive ist das Datum 11.2.37 überliefert. Bis zum 7.9.40 war sie bei der Heeres-Muna Neuruppin bereits 6600 Kilometer gelaufen.

Bei Deutz war mit Fabriknummer 39626 auch eine fünfte WR240B15 in Arbeit. Gerade diese Lok gibt allerdings einige Rätsel auf. Unklar ist die Bestellung vor allem deshalb, weil bei Auftragsvergabe am 3.9.40 (Bestellung Heer) über den Nicht-Weiterbau dieser Loktype längst entschieden war. Trotzdem ist z.B. das Getriebe noch zugeliefert und - nach Fliegerschaden im November 1943 - auch noch bei Voith in Heidenheim repariert worden. Wie weit die Lokomotive bei Deutz tatsächlich angearbeitet wurde, ist unbekannt. Zur Auslieferung jedenfalls kam sie nicht mehr.

Die WR550D14

Auch die leistungsstärkste WR-Lokomotive, die WR550D14, blieb - hier allerdings als Folge des Kriegstypenprogramms - eine Splittergattung. Nur die Null-Serie mit den drei Versuchsloks von Schwartzkopff, Deutz und O&K war bis Juli 1942 ausgeführt. Alle weiteren mußten storniert werden. Bereits bestellt waren zu diesem Zeitpunkt

12 Stück WR550D14 / BMAG für Luftwaffe und
10 Stück WR550D14 / Deutz für Heer.

Die BMAG-Loks sollten MWM-Motor, die Deutz-Loks Deutz-Motor erhalten. Für die Wildauer Bestellung sind auch die vorgesehenen Fabriknummern bekannt: 12034-12043 (= 10 Stück) und 12060-12061 (= 2 Stück). Die Lieferdaten zu den drei tatsächlich gebauten WR550D14 enthält die Aufstellung links unten. Die Motorenverteilung wurde schon im Technikteil angesprochen. Zur Erinnerung: BMAG mit MWM, O&K mit MAN und Deutz mit Deutz.

Nachbauten nach 1945

Das Kriegsende im Mai 1945 erlebte auch die deutsche Lokomotivindustrie im totalen Zusammenbruch: Die meisten Lieferwerke lagen - von heftigen Flächenbombardements der alliierten Streitkräfte zerstört - in Schutt und Asche. Die Firmen waren personell ausgeblutet. Viele Anlagen wurden demontiert oder waren von Demontagen zumindest bedroht[131]. An eine geregelte Produktion war aufgrund fehlender Maschinen, stark beschädigter Gebäude, der allgemeinen Mangelwirtschaft und der Einschränkungen des Handels durch die Teilung Deutschlands in vier Besatzungszonen kaum zu denken.

In dieser Situation waren die zum Teil noch nicht verbauten Teile aus der Kriegsfertigung der WR360C14 und WR200B14 für die im Wiederaufbau befindlichen Lokomotivfabriken ein ausgesprochener Glücksfall.

Zum einen konnten mit den vorhandenen Bauteilen und Zeichnungen bei vergleichsweise geringem Aufwand neue Lokomotiven gefertigt und somit dringend benötigtes Geld erwirtschaftet werden.

Und zum anderen war der Bedarf an betriebsfähigen Loks jeder Art bei Staatsbahn und Industrie in dieser Zeit besonders hoch und die Nachfrage nach bewährten Baumustern entsprechend rege.

131 Nach dem „Ersten Industrieplan“ des Alliierten Kontrollrates vom 8.4.46 sollte die industrielle Produktion in Deutschland auf höchstens 55 Prozent des Vorkriegsstandes beschränkt bleiben

Wiedergeburt als Zivillok: Deutz hatte bis 1953 sogar noch die alte WR550D14 und eine 670-PS-Version der WR360C14 im Angebot.

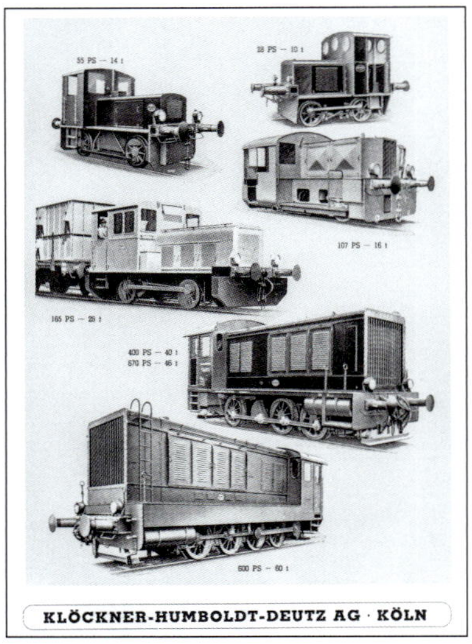

Sammlung Stefan Lauscher

Herst	FabNr	Bj	Bauart	geliefert	an
Deutz	46837	1948	V6M436R	01.09.48	Eb. Altona - Kaltenkirchen - Neumünster, VM1
Deutz	46838	1948	V6M436R	11.08.48	Bergedorf - Geesthachter Eisenbahn, VM2
Deutz	46839	1948	V6M436R	10.11.48	Rhein. AG für Braunkohlenbergbau, Köln, 450
Deutz	46980	1949	V6M436R	11.04.49	Deutsche Bundesbahn, V36 232
Deutz	46981	1949	V6M436R	11.05.49	Deutsche Bundesbahn, V36 233
Deutz	47012	1949	V6M436R	28.06.49	Deutsche Bundesbahn, V36 234
Deutz	47013	1949	V6M436R	15.08.49	Deutsche Bundesbahn, V36 235
Deutz	47163	1951	V6M436R	03.09.51	Deutsche Bundespost/OPD Hannover, 3
Deutz	47184	1946	V6M436R	31.01.46	Gewerkschaft Victor, Castrop-Rauxel
Deutz	55109	1952	V6M436R-Ex	09.05.52	Ruhrchemie AG, Oberhausen-Holten, RCH 7
Deutz	55110	1951	V6M436R	21.12.51	Rhein. AG für Braunkohlenbergbau, Köln, 451
Deutz	55300	1952	V6M436R	31.10.52	Volkswagenwerk, Wolfsburg, 881050
Deutz	55373	1952	V6M436R	17.12.52	Stahlwerk Terni SpA, Terni, LD1 (Italien)
Deutz	55443	1953	V6M436R	26.06.53	Ferrovia Valle Seriana, Bergamo, LD61 (Italien)
Deutz	55621	1954	V6M436R	13.07.54	Dalmine SpA, Dalmine, 1 (Italien)
Deutz	55725	1953	V6M436R	19.11.53	Deutsche Bundespost/OPD Hannover, 4
Deutz	55816	1954	V6M436R	05.08.54	Dalmine SpA, Dalmine, 2 (Italien)
Deutz	55817	1954	V6M436R	15.02.55	Ferrovia Valle Seriana, Bergamo, LD62 (Italien)

Deutz 46837: bei Deutz wird auch das Lieferdatum 1.8.48 genannt
Deutz 46838: Abnahmefahrt 6.8.48 Kiel-Friedrichsort - Neuwittenbek
Deutz 55110: diverse Bauartabweichungen, u.a.: LüP 10000 mm, Oberurseler Kühler, geänderte Führerhauseinrichtung, große Führerhausseitenfenster
Deutz 55373 sowie 55443, 55621, 55816 und 55817 geliefert durch Industrie Meccaniche Lombarde (IML), Milano

Sammlung Stefan Lauscher

Mit der V36 ins Diesellok-Zeitalter: Auch MAK brachte beim Neubeginn 1949/50 noch einmal die alte Wehrmachttype (hier schon als $V36^4$) auf die Prospekte; das DWK-Zeichen erinnert an die Deutschen Werke Kiel.

Herst	FabNr	Bj	Bauart	geliefert	an
Holmag	2006	1947	WR360C14K	11.11.47	Deutsche Reichsbahn, V36 150
Holmag	2007	1947	WR360C14K	16.12.47	Deutsche Reichsbahn, V36 151 = V36 251
Holmag	2008	1947	WR360C14K	16.12.47	Deutsche Reichsbahn, V36 152 = V36 252
Holmag	2009	1947	WR360C14K	16.12.47	Deutsche Reichsbahn, V36 153 = V36 253
Holmag	2010	1947	WR360C14K	16.12.47	Deutsche Reichsbahn, V36 154 = V36 254
MAK	2011	1948	WR360C14	29.07.48	Deutsche Reichsbahn, V36 156 = V36 256
MAK	2012	1948	WR360C14	29.07.48	Deutsche Reichsbahn, V36 155 = V36 255
MAK	2013	1948	WR360C14	26.08.48	Deutsche Post/OPD Hannover, 1
MAK	2014	1948	WR360C14	13.10.48	Deutsche Reichsbahn, V36 257
MAK	2015	1948	WR360C14	13.10.48	Deutsche Reichsbahn, V36 258
MAK	2016	1948	WR360C14	13.10.48	Deutsche Reichsbahn, V36 259
MAK	2017	1948	WR360C14	19.11.48	Deutsche Reichsbahn, V36 260
MAK	2018	1948	WR360C14	19.11.48	Deutsche Reichsbahn, V36 261
MAK	2019	1948	WR360C14	20.12.48	Deutsche Reichsbahn, V36 262
MAK	360010	1950	$V36^4$	14.03.50	Deutsche Bundesbahn, V36 401
MAK	360011	1950	$V36^4$	20.04.50	Deutsche Bundesbahn, V36 402
MAK	360012	1950	$V36^4$	20.04.50	Deutsche Bundesbahn, V36 403
MAK	360013	1950	$V36^4$	20.04.50	Deutsche Bundesbahn, V36 404
MAK	360014	1950	$V36^4$	25.05.50	Deutsche Bundesbahn, V36 405
MAK	360015	1950	$V36^4$	25.05.50	Deutsche Bundesbahn, V36 406
MAK	360016	1950	$V36^4$	19.06.50	Deutsche Bundesbahn, V36 407
MAK	360017	1950	$V36^4$	19.06.50	Deutsche Bundesbahn, V36 408
MAK	360018	1950	$V36^4$	10.07.50	Deutsche Bundesbahn, V36 409
MAK	360019	1950	$V36^4$	10.07.50	Deutsche Bundesbahn, V36 410
MAK	360020	1950	$V36^4$	08.08.50	Deutsche Bundesbahn, V36 411
MAK	360021	1950	$V36^4$	08.08.50	Deutsche Bundesbahn, V36 412
MAK	360022	1950	$V36^4$	05.09.50	Deutsche Bundesbahn, V36 413
MAK	360023	1950	$V36^4$	05.09.50	Deutsche Bundesbahn, V36 414
MAK	360024	1950	$V36^4$	09.10.50	Deutsche Bundesbahn, V36 415
MAK	360025	1950	$V36^4$	11.10.50	Deutsche Bundesbahn, V36 416
MAK	360026	1950	$V36^4$	17.11.50	Deutsche Bundesbahn, V36 417
MAK	360027	1950	$V36^4$	17.11.50	Deutsche Bundesbahn, V36 418

Herst	FabNr	Bj	Bauart	geliefert	an
Jung	11419	1950	R360C	07.03.51	Stahlwerk Ózd, Ózd, Nr.35 (Ungarn)
Jung	11490	1951	R360C	29.12.51	Degerfors Järnverk, Degerfors, 2 (Schweden)

Jung 11419: über Nik & Co, Budapest

Die Nachkriegs-V36: Mit etlichen konstruktiven Verbesserungen fand die Wehrmachtstype bei MAK ab 1949 eine bemerkenswerte Neuauflage.

Nach Wiederfreigabe der Lokomotivproduktion durch die Alliierten stiegen deshalb vor allem die beiden ehemaligen Verlagerungsfirmen Deutz und Holmag/MAK (ex DWK), aber auch Jung und Gmeinder erneut in den WR-Lok-Bau ein. Insgesamt wurden zwischen 1946 und 1955 noch einmal

52 Stück WR360C14 und
5 Stück WR200B14

aufgelegt. Rest-Montagen aus alten Vorratsteilen waren dabei die ersten beiden Serien von Holmag/MAK, alle Deutz-WR360C14 bis mindestens 1949 und die fünf WR200B14 von Gmeinder.

Klöckner-Humboldt-Deutz

Die erste Nachkriegs-WR360 lieferte Deutz bereits im Januar 1946. Mit der FabNr. 47184 ging die Maschine an die Gewerkschaft Victor in Castrop-Rauxel[132]. Die Lok muß bei Kriegsende bereits mehr oder weniger fertig gewesen sein, denn die gesamte Lokproduktion in Westdeutschland wurde zu dieser Zeit von den Besatzungsmächten noch streng reglementiert und insbesondere der Neubau größerer Lokomotiven schärfstens unterbunden. Weitere WR360C14 folgten deshalb auch erst in der zweiten Jahreshälfte 1948. Insgesamt lieferte Deutz zwischen 1946 und 1955 noch genau 18 Loks der WR-Bauart.

Der geringe jährliche Ausstoß läßt erahnen, unter welch schwierigen Bedingungen besonders in der frühen Nachkriegszeit bei Deutz produziert wurde[133]: Bis ins Jahr 1946 hinein war die Motoren- und Fahrzeugherstellung mit einem generellen Neubau- und Exportverbot belegt bzw. unterlag der Einzelgenehmigung durch die alliierten Behörden. Anstelle dessen wurden Dachziegel aus Blech, Kartoffelkäferspritzen oder andere Ausweichprodukte gefertigt. Der Lokomotivbau war erst ab Oktober 1946 in bescheidenem Rahmen[134], ab Juli 1949 dann allerdings wieder nahezu uneingeschränkt möglich.

Alle 18 Loks hatten Deutz-Motor und waren, dem Firmentypenschema entsprechend, jetzt als „V6M436R" bezeichnet. Folgende Fabriknummern waren Zweitbelegungen:

46837 (urspr. Köf/LgII für Kriegsmarine Pillau)
47163 (urspr. WR360C14 für OKH)
47184 (urspr. WR360C14 für RLM)
55109 (urspr. WR360C14 für OKH) und
55110 (urspr. WR360C14 für Kriegsmarine Pillau)
alle 1944/45 annulliert

Die Nachkriegs-WR360C14 wurde von Deutz übrigens durchgängig mit 400 PS angeboten. Außerdem offerierten die Kölner eine (allerdings nicht gebaute) verstärkte Version der C-Lok mit 670 PS und 46 to Dienstgewicht. Sogar die altehrwürdige WR550D14 tauchte in den ersten Nachkriegsprospekten[135] von Deutz noch einmal auf. Ein Kunde hat sich für diese doch recht schwere und ungelenke Lok aber nicht mehr gefunden.

Holsteinische Maschinenbau Aktiengesellschaft (Holmag) Maschinenbau Kiel (MAK)

Bei DWK in Kiel war die Situation Ende der 40er Jahre ähnlich wie bei Deutz: Ein Großteil der Fabrikanlagen - nicht allerdings das alte Lokomotivenwerk im Ortsteil Friedrichsort - war zerstört. Reparaturaufträge und die Fertigung ziviler Kleinprodukte hielten die Firma mehr schlecht als recht über Wasser. Wiederholte Demontage-Ankündigungen (zuletzt für den April 1948) bremsten den Wiederaufbau und zerschlugen lange Zeit jegliche Hoffnung auf eine Rettung des Unternehmens.

Schon im November 1945 wurde die *„Holsteinische Maschinenbau Aktiengesellschaft" (Holmag)* gegründet, mit der das intakte Friedrichsorter Werk aus

132 Bestellt 8.6.44 als Deutz 55118
133 Voß, Wiederaufbau, S.9ff.; Goldbeck, Kraft, S.240ff.
134 Produktion im Geschäftsjahr 1946/47: 24 Bergbau- und 8 Rangierlokomotiven
135 Firmendruckschrift D111 von 1951-1953

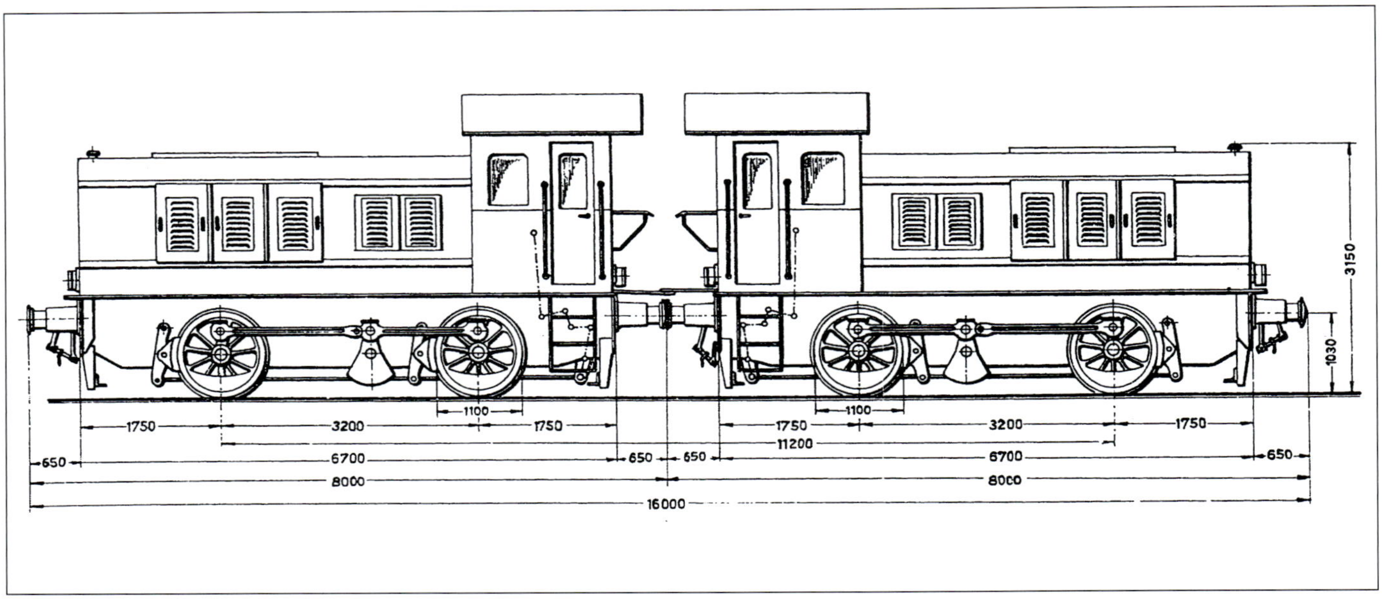

Mit doppelter Kraft voraus: Auch Orenstein & Koppel hatte die WR200B14 noch bis 1953 als „ML220" (Doppellok: „ML440") im Programm. Gebaut wurde in Dortmund aber keine mehr.

den DWK rechtlich herausgelöst wurde, um es vor dem drohenden Abbruch als ehemalige Kriegsgüterfabrik zu retten. Trotzdem wurde bis 1948 der größte Teil des Maschinenparks abtransportiert. Erst durch das energische Engagement der Reichsbahn gelang es, die vollständige Demontage doch noch abzuwenden. Die Militärbehörden stimmten dem Plan zu, das Werk Friedrichsort - unter nochmaliger Umfirmierung in *„Maschinenbau Kiel AG"* (25.5.48) - zu einem großen Reparaturwerk umzufunktionieren.

Daneben lief ab Anfang 1947 auch die Lokomotivproduktion wieder langsam an. Holmag/MAK[136] konnte dabei auf größere Bestände noch vorhandener Einzelteile zurückgreifen. Bereits vor der Währungsreform lieferte Holmag die erste von drei Nachkriegs-Serien WR360C14. Insgesamt wurden noch 32 Loks gefertigt; eine ging an die Oberpostdirektion Hannover, alle anderen an die Reichs- bzw. Bundesbahn[137].

Einzelheiten:
Die Serie **Holmag 2006-2010** war eine alte Luftwaffen-Bestellung und deshalb mit Ex-Schutz ausgeführt.
Auch die Anschluß-Serie **MAK 2011-2019** wird in den Firmenunterlagen als WR360C14**K** angegeben, scheint aber ohne Ex-Schutz gebaut worden zu sein. Beide Baulose entsprachen noch ganz der Wehrmachtstype.
Bei der 1950er Lieferung (**V36**[4]) gab es dagegen verschiedene Modifizierungen, auf die später noch eingegangen wird.
MWM-Motor hatten **Holmag 2006** (RHS235S) und die Serie **MAK 360010-027** (RHS335S). Alle anderen waren mit dem bekannten Deutz-Motor V6M436 ausgestattet.

Noch 1952 übrigens wurde die V36-Type in MAK-Firmendruckschriften heftig beworben. Angeboten war die als „360C" bezeichnete Lok darin mit MAK-eigenen MS30-Motor (360 PS bei 750 UpM), in den Spurweiten 891-1676 mm und *„auf Wunsch auch in vierachsiger Ausführung"*!

Herst	FabNr	Bj	Bauart	geliefert	an
Gmeinder	4271	1946	WR200B14	26.03.46	Kohlenwertstoff AG, Gruppe BV, Frankfurt
Gmeinder	4272	1946	WR200B14	31.08.46	Bayerisches Hafenamt Regensburg, V20-6
Gmeinder	4273	1946	WR200B14	24.09.46	Karl Stöhr KG, München, 26
Gmeinder	4274	1947	WR200B14	24.09.47	Daimler-Benz AG, Gaggenau
Gmeinder	4275	1947	WR200B14	12.11.47	Ebano Asphalt-Werke AG, Hamburg-Harburg, 1

Gmeinder 4271: BV = Benzin-Benzol-Verband; Lok mit Ex-Schutz
Gmeinder 4275: Beschaffung durch Deutsch-Amerikanische Petroleum-Gesellschaft (= ab 1950: Esso)

Arnold Jung

Das Anfang der 50er Jahre überall in Europa aufkeimende Interesse an der hydrodynamischen Kraftübertragung nutzte auch Jung für Nachbauten der WR360C14. Nach alten Bauplänen, aber aus völlig neuer Produktion fertigte die Lokomotivfabrik 1950/51 je eine Lok für Stahlwerke in Ungarn und Schweden.

Beide Maschinen hatten den neuen MWM RHS335S-Motor. Während die Jung 11419 ansonsten noch ganz der Wehrmachtsausführung entsprachen, gab es bei der Schweden-Lok bereits einige kleine Modifizierungen (zusätzliche Bremsluftbehälter, fehlende hintere Stirnwandtür, kleinere Fensterschirme usw.). Bezeichnet waren beide Nachbau-Lokomotiven als „R360C" (für Regelspur, 360 PS, C-gekuppelt).

Gmeinder & Co

Auch Gmeinder in Mosbach baute nach dem Krieg noch WR-Loks. Hier war es allerdings die WR200B14, die mit fünf Loks eine (wenn auch bescheidene) Neuauflage erlebte. Alle Maschinen wurden 1946/47 an Privatkunden verkauft.

Interessant an der Gmeinder-Nachbauserie ist vor allem, daß - trotz des seit Juli 1942 bestehenden Bauverbots für die kleine WR-Type - Motoren und Getriebe noch bis Januar 1945 angeliefert wurden. Einbaumotor war diesmal ein RHS426S von MWM, also das Nachfolgemodell des in den Wehrmachtsserien verwendeten RHS326S-Typs.

Die Montage der Loks scheint bereits Ende 1945/Anfang 1946 auf Vorrat erfolgt zu sein. Nur so läßt sich erklären, daß bspw. die Gmeinder 4273 (für Stöhr, München) schon weniger als zwei Monate nach Bestellung (am 26.7.46) geliefert werden konnte (am 24.09.46).

---

136 Erst 1954 - nach Rechtsstreit mit der MAN - wurde das Firmenkürzel in „MaK" (mit kleinem „a") geändert.

137 Die Lieferdaten in den Betriebsbüchern weichen teils erheblich von den hier genannten Firmenangaben ab, besonders bei der V36[4]

Einsatz im Krieg: „Räder müssen rollen für den Sieg“

Über die Einsatzorte der einzelnen Heeres- und Luftwaffen-Dieselloks ist bereits in den Lieferlisten ausführlich berichtet worden. Nur gestreift wurden dagegen weitergehende Fragen, zum Beispiel:
Unter welchen Bedingungen erfolgte der Einsatz bei den Munas und Verpflegungsdepots?
Wie und wo wurden die Wehrmachtloks unterhalten?
Wie sah der Betrieb mit Panzerzügen und Eisenbahngeschützen aus?
Wo und weshalb wurden in Nordafrika die WR-Lokomotiven eingesetzt?

Diese und andere Themen des Kriegseinsatzes stehen im Mittelpunkt des folgenden Kapitels. Einleitend wird außerdem über die Wehrmacht-Betriebsnummern sowie über die verschiedenen Lackierungen der WR-Lokomotiven berichtet.

BUNDESARCHIV

Irgendwo im Osten: Ein deutscher Soldat bewacht einen abgestellten Zug. Beiderseits des Bahndamms sind zur Verhinderung von Partisanenüberfällen breite Schneisen durch den Wald geschlagen worden.

Die Ausbildung des Lokomotivpersonals[1] fand direkt bei den Loklieferfirmen bzw. auf dem Pionier-Übungsplatz Sperenberg statt. In zunächst drei-, später sechs- und dann elftägigen Kursen wurden jeweils 20 bis 30 Teilnehmer auf den Loks geschult und dabei hauptsächlich in die Bedienung, Wartung und Reparatur des Motors eingeführt. Die Einrichtung einer eigenen Lokomotivführerschule des OKH war zwar geplant, ist aber nicht mehr zustande gekommen.

Die Wehrmacht-Betriebsnummern

Die Betriebsnummern der WR-Lokomotiven zwischen 1938 und 1945 sind ein typisches Beispiel für den Wildwuchs scheinbar gründlicher deutscher Behördenplanung: Mindestens vier verschiedene Bezeichnungs-Schemata (!), dazu noch einmal alle erdenklichen Varianten einer unsystematischen Nummernvergabe, sind von den Diesel-Einheitsloks bekannt. Im Endeffekt waren (was in diesem Fall wohl nicht zur Verwirrung des Feindes beabsichtigt war) die Wehrmacht-Betriebsnummern kaum noch durchschaubar. Selbst in die offiziellen Unterlagen der DB oder der DR haben sich nach dem Krieg dadurch allerhand Ungereimtheiten, Unklarheiten und Mißverständnisse eingeschlichen.

Grundsätzlich müssen vor allem die verschiedenen Bezeichnungsweisen der drei Teilstreitkräfte - Heer, Luftwaffe und Marine - unterschieden werden, bei denen jeweils eigene Vorschriften für die Benummerung der Lokomotiven existierten. Zwar gab es zumindest zwischen Heer und Luftwaffe Absprachen über eine einheitliche Nummerierung der neuen Einheitslokomotiven. In der Praxis aber, besonders ab etwa dem dritten Kriegsjahr, ist häufig davon abgewichen bzw. das gemeinsame Nummernschema sogar ganz verlassen worden.

Das **Heer**[2]
verwendete fünfstellige Loknummern, wobei die ersten beiden Ziffern eine sogenannte *„Gruppennummer“* bildeten, die Auskunft über die Leistung der Lok gab (PS geteilt durch 10). Die drei folgenden Ziffern waren dann eine fortlaufende Nummer.

---

1 Verschiedene Sitzungsberichte der AGM360 aus den Jahren 1938/1939
2 Sitzungsbericht AGM360 v. 10.9.37

Das vielleicht schönste Foto der HR360B18: Laut Nummernplan hätte die BMAG-Lok eigentlich „36001“ heißen müssen. Tatsächlich lief sie in Hillersleben aber als „301“; Aufnahme in Wildau (im Hintergrund die markante Silhouette der BMAG-Werkssiedlung)

Beispiel (Jung 8506/1939):

36 235
- 235 └ lfd.Nummer (nach Reihenfolge der Lieferung)
- 36 └ Gruppennummer (36 = 360 PS)

Abweichend von der Regel wurde bei der WR360C zusätzlich auch noch in der laufenden Nummer nach Loktypen unterschieden, und zwar in folgenden Nummerngruppen:

HR360B18 =	Nr.	36001	(tatsächlich: 301)
HR360C12 =	Nr.	36002	(tatsächlich: 302)
WR360C12 =	Nr.	36101-110	
WR360C14 =	Nr.	36201-	

Bei allen anderen WR-Bauarten begann die laufende Nummer jeweils mit 001 (z.B. 24001 bei der WR240B15).

Die **Luftwaffe**
benutzte im Grundsatz das gleiche Bezeichnungssystem, fügte der fünfstelligen Wehrmachtsnummer aber noch eine eigene Luftwaffennummer hinzu. Diese bestand aus den Kennbuchstaben „WL“ (für Wehrmacht-Luftwaffe) und einer dreistelligen Ziffernfolge, die mit „2“ (für 200-PS-Loks) oder „3“ (für 360-PS-Lokomotiven) begann.
Beispiel (BMAG 11219/1940):

36 283 / WL 315
- 315 └ lfd.Nummer (Gruppe 300 = 360-PS-Lok)
- WL └ Kennbuchstaben (WL = Luftwaffe)
- 283 └ lfd.Nummer (Gruppe 200 = Serienlok)
- 36 └ Gruppennummer (36 = 360 PS)

In späteren Jahren wurden an den Luftwaffenloks offensichtlich nur noch die WL-Nummern angeschrieben, wobei die Reihenfolge bei der laufenden Nummer recht willkürlich war und, anders als beim Heer, keineswegs immer die Liefer-Reihenfolge entsprach.

Auch die **Marine**[3]
bezeichnete ihre Normalspurloks mit einer Kombination aus Typenkennung und laufender Nummer, kam aufgrund des geringeren Lokbestandes aber mit einer vierstelligen Ziffernfolge aus.
Beispiel (Deutz 55110/annulliert):

36 06
- 06 └ lfd.Nummer (06 = 6. Lok dieser Leistung)
- 36 └ Typenkennung (36 = 360 PS)

Bei Lokomotiven unter 100 PS war demzufolge die Betriebsnummer natürlich nur dreistellig. Ein interessantes Detail: Die 220-PS-DWK-Loks der Marine[4] hatten 2400er (statt 2200er) Nummern.

Das wichtigste dieser drei Bezeichnungs-Systeme, die fünfstelligen Loknummern von Heer und Luftwaffe, wurde ab etwa Anfang 1941 nicht mehr oder höchstens noch buchmäßig verwendet. Der Grund dafür ist nicht bekannt. Stattdessen wurde danach in großem Umfang einfach die Fabriknummern auch als Betriebsnummern eingesetzt.

Weiterhin gab es noch eine große Zahl sonstiger Bezeichnungsvarianten, die aber wohl nur für die jeweiligen Dienststellen, bei denen die Loks liefen, von Bedeutung waren (z.B. II, 10058, M5, M10768-4 etc). Ein gewisses System lassen immerhin noch die verschie-

3 Loklisten Kriegsmarinewerft Kiel
4 Vergl. Anhang „Firmenbauarten“

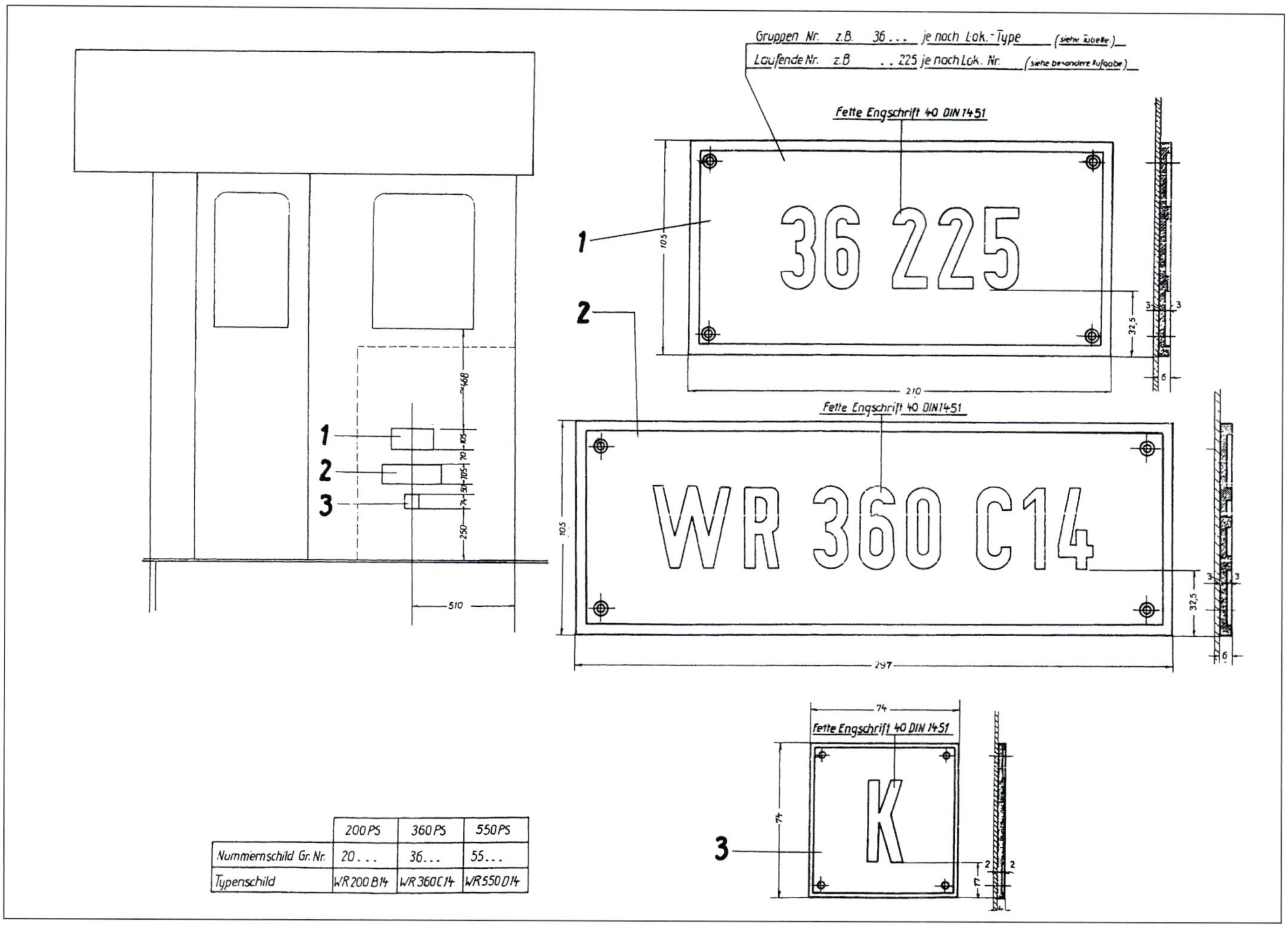

	200 PS	360 PS	550 PS
Nummernschild Gr. Nr.	20...	36...	55...
Typenschild	WR 200 B14	WR 360 C14	WR 550 D14

Loknummer, Typenschild und Zusatzschild „K“ für ex-geschützte Loks: Als 1939 die Schilderanordnung (nach AGM-Zeichnung Fkv 24.21) erstellt wurde, war die Nummernvergabe noch recht geordnet; später ging hier alles ziemlich durcheinander.

dentlich auftauchenden M9000er Nummern erkennen. Bei M9071/2 z.B. war die Nummer vor dem Querstrich die Auftragsnummer, und die „2“ in diesem Fall die zweite Lok des Bauloses.

Die Abbildung oben zeigt die generelle Schilderanordnung an den Führerhaus-Seitenwänden[5] der WR-Loks. Außer den Nummernschildern waren hier auch

- ein Typenschild (für die Bauart) und
- ein Zusatzschild „K“ (für ex-geschützte Loks)

vorgeschrieben. Alle Schilder bestanden aus dünnem Zinkblech mit erhabenen Buchstaben, Ziffern und Rändern. Ab etwa 1942 wurden anstelle von Nummernschildern immer häufiger die Betriebsnummern nur noch aufgemalt. In weißer Ölfarbe mußte ab 1943 außerdem die Bezeichnung „KML1“ in das Anschriftenfeld mit aufgenommen werden.

Die Lackierung der WR-Lokomotiven

Auch bei der Lackierung der WR-Lokomotiven gab es, den jeweiligen Forderungen des Heereswaffenamtes entsprechend, unterschiedliche Ausführungen. Lange Jahre gültig, und für den Großteil der Wehrmachtloks auch belegt, ist ein matter graugrüner Farbanstrich nach RAL 28[6], wie er auch bei dem meisten anderen Heeresgerät üblich war.

Der Anstrich im einzelnen[7]:

Umkleidung und Vorbau:

Wände, Türen und Dach (außen):	graugrün
Wände innen (oberhalb der Brüstungsleiste):	dunkelgrau
Wände innen (unterhalb der Brüstungsleiste):	schwarz
Decke:	weiß
Holzfußboden:	ohne Anstrich
Umlauf, Trittstufen, Lager, Tragfedern, Bremsausrüstung und dergleichen:	graugrün
Rahmen innen und alle Teile im Rahmen:	rot
Rahmen außen:	graugrün
Getriebe:	rot
Motor:	dunkelgrau
Räder:	rot
Stangenfräsung:	rot
Umschalthebel für Wende- und Stufengetriebe:	rot

Auch sämtliche Schmierstellen sowie Einfüll- und Entleerungsöffnungen am Motor waren, um sie auf den ersten Blick erkennbar zu machen, rot lackiert. Alle Anschriften wurden in weißer Schablonenschrift vorgenommen.

Abweichend davon waren zunächst nur die beiden Baumusterlokomotiven lackiert. Auch hier war die Grundfarbe graugrün. Der genaue Farbton war von WaPrüf5 aber anhand von Farbproben bestimmt worden und entsprach deshalb nicht der Farbenkarte für Fahrzeuganstriche.

Zu einer ersten Neuorientierung bei der Lackierung kam es im Juni 1942: Aufgrund einer Anordnung

5 Fabrikschilder beidseitig unter den Motorraumtüren
6 Die RAL-Bezeichnungen wurden zwischen 1936 und 1939 umgestellt. Der alte RAL-Farbton 28 entspricht dem heutigen RAL 6007 flaschengrün
7 AGM-Zeichnung Fkv 24.47

des Hauptausschusses Schienenfahrzeuge[8] bekamen die Dieselloks - wie einige Monate zuvor schon die Kriegsdampflokomotiven und auch alles übrige Großgerät der Wehrmacht (Panzer, LKW, Geschütze usw) - fortan den *„grauen Kriegsanstrich"*. Vorgeschrieben wurde zunächst der RAL-Farbton 7011, der für eine wirksame Tarnung aber zu hell war und deshalb auf Anraten der Luftwaffe durch schwarzgrau nach RAL 7021 ersetzt wurde.

Mit Verfügung vom 18.2.43 - nach Verlust der Luftüberlegenheit - wechselte das Farbschema dann nochmals, und zwar radikal: Als neuer einheitlicher Grundanstrich für die WR-Loks wurde nun *„dunkelgelb"* (RAL 7028) vorgesehen, das nach gängigem Verständnis aber mehr ein dunkles senf-gelbgrün darstellte. Darauf waren von der Truppe noch unregelmäßige, *„wolkenartige"* Flecken in olivgrün (RAL 6003) oder rotbraun (RAL 8017) aufzumalen, um die Umrisse zu verwischen. Gerät für die Front war möglichst sofort umzuspritzen, Gerät in der Etappe nach und nach.

In Berichten über den Kriegseinsatz der WR-Loks ist dieser Farbton nicht selten mit dem sandgelben Tropenanstrich des Afrika-Korps verwechselt worden. Entsprechend lackierte Loks wurden daher wiederholt als „ursprünglich für Afrika bestimmt" bezeichnet. Auch in der Truppe selbst gab es dieses Mißverständnis wohl zuweilen[9]. Bekannt sind u.a. etliche dunkelgelbe WR200, z.B. Deutz 36623.

Ob wirklich alle nach den jeweiligen Stichdaten neugelieferten Wehrmacht-Dieselloks zunächst panzergrau und später dunkelgelb lackiert wurden, ist nach Aktenlage durchaus zweifelhaft (noch im Oktober 1943 wurden Werkstattzeichnungen ausgegeben, wonach die Lackierung graugrün zu sein hatte). Im Unterschied zum dunkelgelben Anstrich, den nur noch einige Einzelstükke erhielten, wurde grau aber vorübergehend zum Regelanstrich für die WR-Loks. Bei den WR550D14 beispielsweise war die BMAG-Lok (Bj.1941) noch grün gestrichen mit rotem Fahrwerk, die Deutz-Lok (Bj.1942) dagegen über alles einfarbig grau[10].

Die Lokunterhaltung

Über die planmäßige Unterhaltung der WR-Lokomotiven, besonders über die Durchführung von bahnamtlichen Untersuchungen, Instandsetzungen und größeren Reparaturen, ist in den AGM-Sitzungsprotokollen bis weit ins Jahr 1940 hinein nichts zu finden. Auch bei den anderen infrage kommenden Stellen, etwa in den Akten der Wehrmachtsbürokratie oder des Reichsverkehrsministeriums, gibt es nicht einen Hinweis zu dieser Frage. Der Eindruck drängt sich auf, als seien Heer und Luftwaffe selbst nach Kriegsbeginn noch wie selbstverständlich davon ausgegangen, alle erforderlichen Arbeiten in den Herstellerwerken oder unter Inanspruchnahme der Deutschen Reichsbahn erledigen zu können.

Wie trügerisch diese Einschätzung war, zeigte sich ab etwa 1940, als die ersten in Serie gebauten WR360C14-Lokomotiven zur Überholung[11] anstanden. Die ganze Misere wird in einem Brief[12] deutlich, den die Berliner Maschinenbau AG unter dem Datum von 14.Dezember 1940 an das Reichsbahn-Zentralamt richtete. Darin klagte die BMAG wortreich über eine wachsende Zahl von Wehrmacht-Betriebsstellen, die eine Untersuchung der Loks beim Herstellerwerk verlangten. Weiter heißt es in dem Brief dann:

> *Mit Rücksicht auf die Belastung unserer Werkstätten durch Neubau für Reichsbahn und Wehrmacht würde die Durchführung umfangreicher Überholungs- bezw. Instandsetzungsarbeiten ... dazu führen, dass die Kapazität unseres Werkes nachließe, was sicherlich nicht im Interesse von Reichsbahn und Wehrmacht liegt. Wir haben uns in einzelnen Fällen so geholfen, dass wir mit Reichsbahn-Ausbesserungswerken, die in der Nähe der infrage kommenden Betriebsstelle der Wehrmacht liegen, verhandelten und erreichten, dass die Lokomotiven dort überholt werden konnten, wozu wir gegebenenfalls Montagepersonal zur Verfügung stellten. Da diese Verhandlungen jedoch recht langwierig sind ..., bitten wir Sie, eine grundsätzliche Regelung derart herbeizuführen, dass sich bestimmte RAWs, die für die Reichsbahn Motorlokomotiven überholen, bereit erklären, auch diese verhältnismäßig ja nur in geringen Stückzahlen vorhandenen Wehrmachts-Motorloks instandzusetzen.*

Auch in der Arbeitsgemeinschaft wurde das Problem daraufhin diskutiert[13], ohne jedoch eine Lösung finden zu können. Vielmehr wurde längere Zeit weiter improvisiert, indem im Einzelfall das jeweils nächstgelegene Ausbesserungswerk der Reichsbahn, u.a. die RAW Stargard, Rostock, Kassel, Ingolstadt und Lauban, zur Ausbesserung der Wehrmacht-Dieselloks herangezogen wurden.

Eine grundsätzliche Regelung zeichnete sich erst gut zwei Jahre später - Anfang 1943 - ab. Ein Schreiben des Reichsverkehrsministers vom 15. April 1943 läßt erkennen, daß sich die Deutsche Reichsbahn offenbar nicht länger dem Drängen des Militärs auf Ausbesserungshilfe entziehen konnte.

Wörtlich heißt es in dem Schreiben des Verkehrsministers an die Adresse der Luftwaffe[14]:

> *Grundsätzlich bin ich damit einverstanden, daß die Betreuung, Ersatzteilbelieferung und Ausbesserung der bei der Luftwaffe eingesetzten normalspurigen Motorlokomotiven von der Deutschen Reichsbahn übernommen werden. Voraussetzung hierfür ist jedoch, daß die für die Durchführung dieser Arbeiten erforderlichen Arbeitskräfte durch die Luftwaffe der Reichsbahn zur Verfügung gestellt werden. ... Als Unterhaltungswerkstätten kommen die Reichsbahn-Ausbesserungswerke Wittenberge, Dessau, Nürnberg und Opladen in Frage. Kleinere Ausbesserungsarbeiten müssen in den Bahnbetriebwerken ausgeführt werden, die dem Standort der Motorlokomotiven benachbart sind.*

Mit Verfügung 38 Ful 61 vom 18.1.44 wurde diese Vereinbarung dann offiziell. Auch mit dem Heer konnte zuvor schon ein entsprechendes Abkommen getroffen werden.

Zumindest für die Einheitstypen (incl. Wifo-Loks) war die Unterhaltung - offenbar im Vorgriff auf eine endgültige Regelung - schon seit Frühjahr 1942 beim RAW Wittenberge konzentriert worden; für die Heeres- und Luftwaffenloks blieb sie auch dort. Wittenberge war seinerzeit eines der großen RAW für die VT-Ausbesserung und insofern mit der Motoren-Instandhaltung bestens vertraut.

Anders als noch in dem zitierten Brief vom April 1943 vorgesehen, blieb allerdings zumindest ein Teil der Ersatzteilwirtschaft in den Händen der Truppe. Bei den Heeres-Zeugämtern Spandau und Unna, sowie beim Luftzeugamt Eschwege lagerten jeweils mehrere komplette Tausch-Motoren und -Getriebe, die im Bedarfsfall auch bei den Lokomotiveinsatzstellen eingebaut werden konnten[15].

---

8 Anordnung 42 des HA Schienenfahrzeuge v. 12.6.42
9 Siehe Kasten Peenemünde auf S.144f.
10 Untersuchungsbericht LVA Grunewald v. 4.7.42
11 Zwischenuntersuchung alle zwei Jahre
12 MfV RZA239
13 Sitzungsbericht AGM360 v. 21.1.41
14 MfV RZA239
15 Ein Teil dieser Reserve-Getriebe wurde nach dem Krieg von der Deutschen Bundesbahn aufgekauft und als sogenannte „EAW-Getriebe" in den Tauschbestand für die V36-Lokomotiven übernommen

Wohl ebenfalls in die Zuständigkeit des RAW Wittenberge fiel der Umbau einzelner Lokomotiven für den Winterdienst im besetzten Teil Rußlands. Um auch bei Außentemperaturen von 20 bis 30 Grad unter Null noch ein klagloses Anspringen zu gewährleisten, wurden diese Loks mit einer zusätzlichen Heizanlage ausgerüstet[16]. Etwa in Art der später bei der DB eingebauten Dofa-Öfen sorgte dabei eine Ofen-Feuerung unter der Maschinenanlage dafür, daß das Wasser im Kühler und in der Auspuffwaschanlage nicht einfror und auch das Motorschmieröl ausreichend dünnflüssig blieb.

Kriegseinsätze

Die neuen Wehrmacht-Dieselloks, insbesondere die WR360C14, waren als Universallokomotiven konzipiert und konstruiert worden. Entsprechend vielseitig war ihr Einsatzgebiet. Neben der Erledigung von Rangierarbeiten im reinen Depotdienst wurden mit den WR-Lokomotiven auch

- Eisenbahngeschütze der Artillerie transportiert und in Stellung gebracht,
- Panzerzüge unterschiedlichster Bauart gefahren,
- die als „Schienenwolf" bekannt gewordenen Schwellenreißer bespannt und
- lange Versorgungszüge in Nordafrika befördert.

Dies sind auch die Stichworte für die folgenden vier Abschnitte. Vorgesehen war außerdem die Verwendung speziell der 360-PS-Maschine im Spitzenstreckenverkehr hinter der Front. Für diese Planungen erwies sich als Vorteil, daß die WR360C14 mit ihren rund 40 to Dienstgewicht auch leicht gebaute oder nur provisorisch wiederhergestellte sogenannten „Schnellbrükken" problemlos befahren konnte, trotzdem aber mit 360 PS und Vmax 60 km/h eine voll streckentaugliche Lok war.

Die per 5.12.41 vom Befehlshaber der Eisenbahntruppen für diesen Einsatz angeforderten 50 Loks[17] konnten allerdings aufgrund der völligen Auslastung der Lokomotivwerke mit Vorrang-Aufträgen für DR, Wehrmacht und Industrie nicht im geforderten Zeitrahmen geliefert werden. Stattdessen wurde ab 1942 für diesen Zweck eine größere Zahl von Reichsbahn-Kleinloks an die Truppe verliehen[18].

Nicht oder nur in Ausnahmefällen waren die WR-Loks bei Umspurungsarbeiten, bei der Brückeninstandsetzung oder beim planmäßigen Truppen- und Materialtransport eingesetzt (Ausnahme: Nordafrika). Hierfür waren in der Regel Dampflokomotiven von der Leistung her besser geeignet und Dieselloks (mit dem Vorteil der Rauchfreiheit) auch nicht erforderlich.

Munitionsanstalten und Versorgungslager

Munitionsanstalten, Fliegerhorste, Tanklager und Zeugämter sowie Nachschubdepots jeglicher Art waren, wie die Angaben in den Lieferlisten zeigen, sowohl beim Heer wie auch bei der Luftwaffe eindeutig das Haupteinsatzgebiet der Wehrmacht-Dieselloks. Schätzungsweise drei Viertel der WR360C14-Lokomotiven, fast alle WR200B14 und ebenfalls die vier WR240B15 wurden hier im Rangier- und Übergabedienst eingesetzt.

Selten gab es mehr als eine Lok der WR-Bauart pro Betriebsstelle. Feste Stationierungen ergaben sich häufiger bei kleineren Depots. Bei den großen Nachschublagern dagegen, wo ein längerer Ausfall der Rangierlok den ganzen Ablauf behindert hätte, wechselten die Lokomotiven je nach Schadenshäufigkeit mehr oder weniger oft.

Zum Verständnis der seinerzeit gebräuchlichen Bezeichnungen[19]:

Heeres-Munitionsanstalten waren große, staatliche Rüstungsbetriebe, in denen Geschosse aller Art wie Patronen, Granaten und Bomben, teilweise aber auch chemische Kampfstoffe produziert und bis zum Abruf durch die kämpfenden Einheiten gelagert wurden. Je nach Größe und Leistungsfähigkeit dieser Betriebe wurde zwischen Heeres-Munas (H.Ma.) und kleineren Heeres-Nebenmunas (H.N.Ma.) unterschieden.

Die gesamte Versorgung mit Lebensmitteln oblag den **Heeres-Verpflegungs-** (H.Verpfl.A.) und **Heeres-Verpflegungs-Hauptämtern** (H.Verpfl. Hpt.A.). Sie beschafften und lagerten alle für den täglichen Bedarf erforderlichen Lebensmittel, z.B. Fleisch- und Gemüsekonserven, und stellten das Brot für die Truppe her; das gleiche gilt - in kleinerem Rahmen - auch für die **Ersatz-Verpflegungs-Magazine** (Ers.Verpfl.Mag.). In **Heeres-Futterkonservenfabriken** wurden Pferdefutterrationen gemischt und in eine besondere Blockform gepreßt.

Die **Heeresbekleidungsämter** (H.Bekl.A.) versorgten die Militäreinheiten mit zumeist in eigenen Werkstätten hergestellter Bekleidung und Ausrüstung.

Mit jeder Art von technischem Gerät waren die **Heeres-Zeugämter** (HZa) befaßt. Auch hier be-

Fronteinsatz: Die Lokmannschaft hat sich selbst mit Sandsäcken an den Führerhausfenstern und ihre Lok mit schweren Holzbohlen vor den Motorraumtüren gegen Beschuss gesichert. Über die Loklampen sind Verdunkelungskappen gezogen. Die unbekannte WR360C ist nur mit „KML 1" beschriftet. Italien, Oktober 1944.

Sammlung Dirk Winkler

16 BA R125/363
17 BA-MA RH66/H14/281
18 Siehe 8.Kapitel: Die Kleinlokomotiven der Wehrmacht
19 Waldeck, Handbuch, S.29 und 93ff; Eberhardt, Wörterbuch, S.172ff.; Brockhaus Bd.4/S.140, Bd.5/S.331; Schreiber, Taschenbuch, S.672ff.; BA R3/1617; in Klammern sind jeweils die bei der Wehrmacht gebräuchlichen Abkürzungen erwähnt

Die Standorte des Heeres

Zur Herstellung, Lagerung und Verteilung der verschiedenen Munitions- und Geschoßarten unterhielt das Oberkommando des Heeres insgesamt **191 Munitionsanstalten** im Reichsgebiet. 68 davon waren Munas, 123 sogenannte Heeres-Neben-Munas. Im Einzelnen:

Aachen, Aalen, **Ahrbergen,** Allenstein, **Altenhain**, **Altengrabow,** Amberg, Ansbach, Arys, **Aschersleben,** Augsburg,
Bamberg, Bartenstein, Baumholder, Bayreuth, Belgard, **Berka, Bernterode,** Bielefeld, Bitburg, Bodenleich, Bonn, Brandenburg, Breslau, Bromberg, Bürgen, Celle, Chemnitz, Cottbus,
Danzig, **Darmstadt,** Daun, Delmenhorst, Demmin, **Dessau, Diekholzen, Dingelstedt,** Döllersheim, Donaueschingen, Döberitz, Dortmund, Dresden, Dtsch.Krone, Düsseldorf,
Eger, Eisenberg, Elbing, Erfurt,
Feucht, Frankfurt/O., Freiburg, Fulda,
Galkowek, Gießen, Glogau, Godenau, Grafenwöhr, **Grasleben,** Graudenz, Graz, Großborn, **Groß-Mittel,** Gülzow, **Güstrow,** Gumbinnen,
Hall, Halberstadt, Hamburg, Hammerstein, **Hänigsen,** Hanau, Hannover, Harburg, Heidelberg, Heilbronn, **Herfa,** Herzogenburg, Heuberg, Hillerse, Hochwalde, **Hohenbrunn,** Hrabin,
Ingolstadt, Insterburg,
Jena, Jüterbog,
Kaiserslautern, Karlsruhe, Kassel, Kempten, Klein-Bodungen, Koblenz, **Kotzenau,** Köln, **Königsberg,** Königsbrück, Königswartha, Köslin, **Krugau,** Kupfer, Küstrin,
Lamsdorf, Landau, Landeshut, Landshut, Lautenbach, **Lehre,** Lehrte, Leipzig, Liegnitz, Linz, Litzmannstadt, **Lockstedt, Löcknitz,** Lötzen, Lübbecke, **Lützel,** Ludwigsburg, **Ludwigsort, Lundenburg,**
Magdeburg, Mainz, Marienburg, **Mölln, Munsterlager,** Mülheim, München, Münsingen, Münster,
Naumburg, Neckarzimmern, Neuhammer, Neuhof, **Neuruppin,** Niklasdorf, Northeim,
Obergebra, Offenburg, Ohrdruf, Oppeln, Osnabrück,
Pforzheim, **Pinnow,** Plauen, Posen, Potsdam, Powayen, **Priebus**,
Ravensburg, Rehden, Regensburg, Rendsburg, Rosenheim,
Salzburg, Schneverdingen, Schweidnitz, Schwerin, **Sehnde, Senne, Siegelsbach, Sondershausen,** Sonneberg, Sonnenburg, Spreitau, **Stablack**, Stargard, Stendal, Stettin, **Straß**, Stromberg, **St.Georgen**, St.Wendel,
Tegel, Thorn, **Töpchin, Torgau,** Tübingen,
Ulm, Urlau,
Volpriehausen,
Walsrode, Wien, Wiesbaden, **Wildflecken,** Wilhelmsdorf, Wittlich, **Wolkramshausen, Wulfen,** Würzburg,
Zeven, Zeithain.

Folgende **Heeres-Zeugämter** sind bekannt:
Breslau, Freilassing, Graudenz, Güstrow, Hamburg, Hannover, **Ingolstadt, Kassel,** Königsberg, **Magdeburg,** Mainz, München, Naumburg, Posen, Schöneberg, Spandau, Ulm, Unna, Wien

Die zehn **Panzerzeugämter** des Heeres waren:
Berlin, Bielefeld, Breslau, Elbing, Grafenwöhr, **Königsborn,** Linz, Naumburg, Olmütz, Oppeln

Die Standorte der Luftwaffe

Für ihren speziellen Bedarf (Flakmunition, Luftbomben etc) unterhielt auch die Luftwaffe in den Jahren zwischen 1935 und 1945 eigene Munitionsanstalten. Die Standorte der 46 einfachen **Luftmunas** waren

Altentreptow,
Beendorf, Boostedt, Breitengüßbach, Bromberg, Buckau,
Crawinkel,
Damme, Dannenwalde, Diekhof, Dober, Domnau,
Felixdorf, **Frankenberg**,
Haid, Harth, Hartmannshain, Harpstedt, Hauersaeter, Hexengrund, **Höfer,** Hohenleipisch,
Karwitz, Kleinkötz, Königstädt, **Krappitz,** Kropp,
Lamitsch, Lenglern, Lossa,
Neuendettelsau,
Oberndorf,
Pulverhof,
Regny, Rochau, Rottershausen.
Schierling, Schugsten, Schwabstadt, **Sobinau,** Stapelburg, Striegau,
Thartun, Torgelow,
Weichering,
Xanten

Fortsetzung auf Seite 146

stand die Hauptaufgabe in der sachgemäßen Lagerung, Verwaltung und Verteilung, in diesem Falle von Waffen, Baugeräten, Kfz-Ersatzteilen u.v.a.m.. Darüber hinaus unterhielten die Zeugämter auch große Instandsetzungs-Werkstätten für die Reparatur der beschädigten Waffen und Geräte. Für den Bedarf der Panzertruppe gab es spezielle **Heeres-Panzerzeugämter**.

Die **Heeresbauämter** (H.Bau-A.) waren für alle Aus-, Um- und Neubauten sowie für die technische Unterhaltung der dem Heer unterstehenden Militärgebäude zuständig.

Ebenfalls eine Einsatzstelle für WR360C14-Lokomotiven war die **Heeresversuchsanstalt Peenemünde** (H.V.P.)[20] auf der Ostsee-Insel Usedom. Bis zur ihrer Entdeckung und Bombardierung durch die Alliierten 1943 waren hier alle Forschungsaktivitäten der Wehrmacht auf dem Gebiet der Raketen- und Fernlenkwaffen zusammengefaßt. U.a. wurden in Peenemünde die als Wunderwaffen gepriesenen Fernraketen V1 und V2 entwickelt.

Eine ähnlich breite Palette der Depotdienste ergab sich natürlich auch bei der Luftwaffe, also z.B. bei

Luftmunas,
Luftparks (LP),
Luftzeugämtern (LZA),
Lufttanklagern (LTL) usw.

Als **Fliegerhorste** wurden im Zweiten Weltkrieg die ausgebauten Militärflugplätze mit festen Startbahnen, Unterkünften und Werkstätten bezeichnet. Den Fliegerhorstkommandanturen waren am gleichen Standort oft auch Luft- oder Flakzeugämter unterstellt. Der Rangierdienst der WR-Lokomotiven dürfte sich in diesen Fällen jeweils über das ganze Areal erstreckt haben, und nicht etwa - wie es die Lieferangaben erscheinen lassen - auf Fliegerhorst *oder* Zeugamt beschränkt gewesen sein.

Wo im einzelnen Heer und Luftwaffe ihre Munas, Zeugämter und Fliegerhorste unterhielten, ist in den nebenstehenden Kastentexten aufgelistet[21]. Schwerpunkte lassen sich

- in Osthessen/Nordbayern,
- im nördlichen und südlichen Harzvorland,
- in Ostniedersachsen (mit Raum Magdeburg),
- in Mecklenburg/Pommern,
- in Schlesien sowie
- in einzelnen Regionen Ostpreußens

erkennen, also zum einen - aus Gründen der Luftsicherheit - abseits der West-Grenzen, und zum anderen in überwiegend dünnbesiedelten Gegenden mit unübersichtlichem Gelände.

Vor allem im hannoverschen Raum sowie in Sachsen-Anhalt wurden vielfach aufgelassene Kali- und Salzbergwerke für die Anlage neuer Munas genutzt (z.B. Diekholzen, Sehnde, Hänigsen, Aschersleben etc.). Die unterirdische Lagerung erlaubte dabei bestmöglichen Schutz vor Unfällen oder Bombardements durch den Kriegsgegner.

Standorte, bei denen sich Lokomotiven der WR-Typenreihe sicher nachweisen lassen, sind in den Auflistungen fett gedruckt. Auffällig ist, daß das Heer - anders als die Luftwaffe - in den Munas fast ausschließlich die WR360C14(K) einsetzte; die 200-PS-Lok lief beim Heer bevorzugt in Verpflegungsämtern.

---

20 Einzelheiten im Extratext auf der folgenden Doppelseite; hieß später H.A.P. = Heeresanstalt Peenemünde bzw. Heimat-Artillerie-Park; siehe auch: Hahn, Waffen, Bd.2/S.162ff.

21 Für Heer: Hahn, Waffen, Bd.1/S.222ff., Bd.2/S.317ff.; für Luftwaffe: BA-MA RL2III/424; Ries, Story, S.22ff.

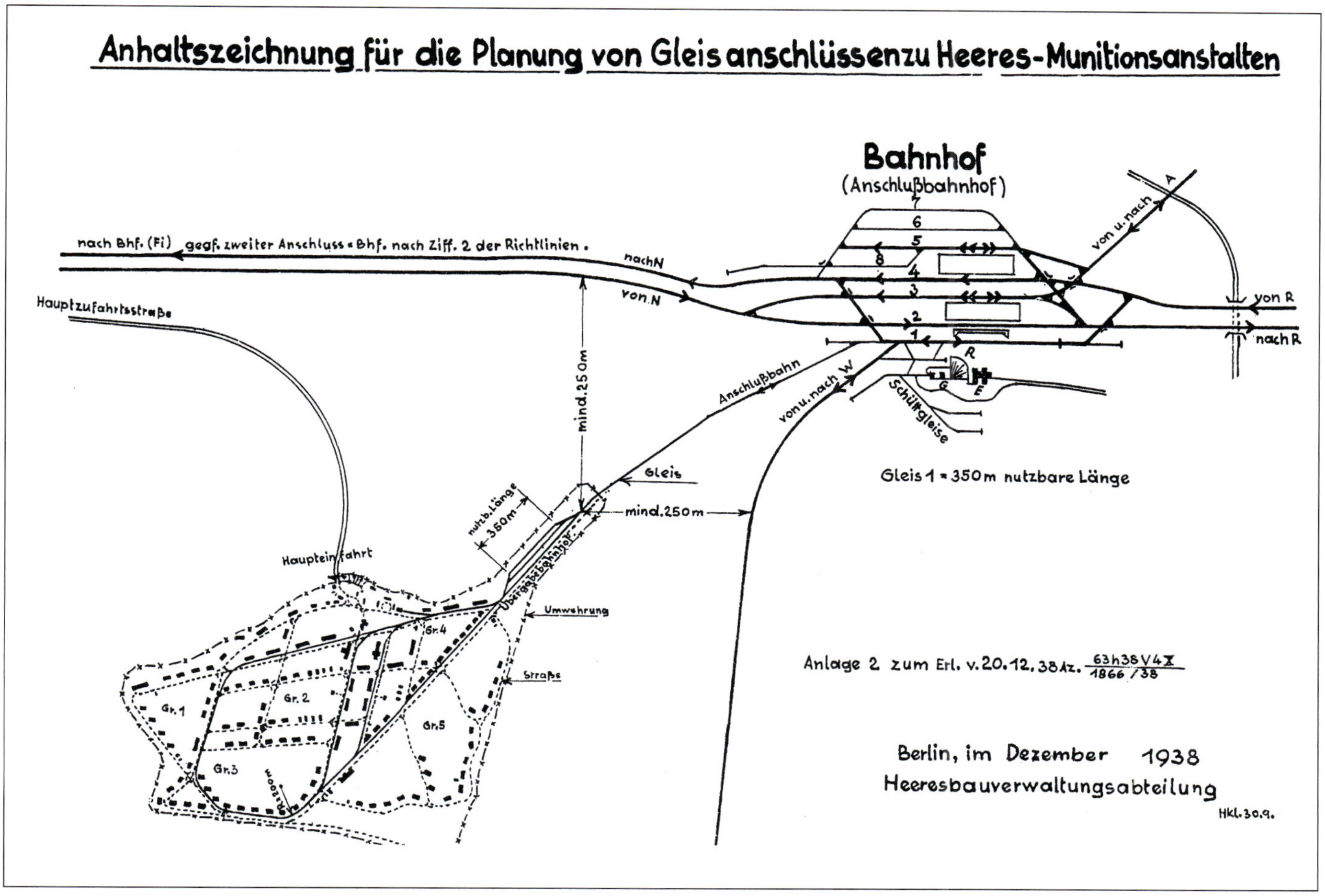

Für Bau und Betrieb der Muna-Anschlußgleise gab es bei allen Wehrmachtsteilen genaue Vorschriften. Diese betrafen in der Hauptsache Tarnung und Betriebssicherheit auf dem Anschlußgleis. Ein Schema für die Anlage des Gleisanschlusses in- und außerhalb der Muna[22] zeigt die obenstehende Abbildung.

Zur Tarnung heißt es in den *„Richtlinien für die eisenbahnmilitärische Planung von Gleisanschlüssen für Heeres-Munitionsanstalten"* vom 20.12.38[23]:

Bei der Ausführung der Gleisanlagen, besonders innerhalb der Heeres-Munitionsanstalt, ist darauf zu achten, dass sich die Anlagen möglichst unauffällig dem Gelände anpassen. Vorhandene Waldschneisen und Waldwege sind auszunutzen, damit Waldaushiebe möglichst vermieden werden. Bäume dürfen nur beseitigt werden, wenn sie im Profil der Bahnanlage stehen. Liegen mehrere Gleise im Waldgebiet nebeneinander, so sind sie mit ausreichenden Zwischenräumen so anzuordnen, dass Bäume zur Tarnung der Anlagen zwischen den Gleisen stehen bleiben. Lassen sich tiefere Geländeeinschnitte stellenweise nicht vermeiden, so sind in Waldgebieten zur Vermeidung enttarnender Böschungen Stützmauern auszuführen.

Und weiter heißt es in den Vorschriften:

Die Gleisanlagen in der H.Ma., die mit der Diesellokomotive befahren werden, sind so auszuführen, dass nur die Schienenköpfe sichtbar bleiben: Gleise auf Betonunterbau, wo nötig mit Eiseneinlagen, Einschüttung mit gutem Boden, Gras ansäen oder Heidekraut ansetzen und möglichst keine Entwässerungsgräben[24]...

Bemerkt wird noch, dass aus Gründen der Tarnung zwischen den Mun.Häusern, dem Gleis und der Strassenanlage mit Ausweichstellen Waldstreifen stehen bleiben müssen.

Das Ergebnis dieser Maßnahmen war offenbar so gut, daß - trotz weitreichender Luftaufklärung der Alliierten - nicht wenige Munas bis Kriegsende unentdeckt blieben[25].

---

22 BA-MA RH4/v.H12/108.4
23 BA-MA RH4/v.H12/121
24 Ebenso fehlten die Brandschutzstreifen, BA-MA RH4/v.H12/121
25 Völker, Wiesenfeld, S.143; Meyer-Hartmann, Zielpunkt, S.65 u.a.

Der Nachschub rollt: O&K 21128 rangierte im Krieg bei der Luftmuna Frankenberg. Der spärliche Blätterschmuck gehörte wohl nicht zur Tarnung.

Sammlung Gerd Wolff

Peenemünde

Die Heeresversuchsanstalt Peenemünde (H.V.P.) ist bis zum heutigen Tag eines der auffälligsten und auch aufregendsten Militärobjekte des Dritten Reiches geblieben. Die Wissenschaftler in der Gruppe um Wernher von Braun entwickelten und bauten hier die gefürchtete „Vergeltungswaffe“ Hitlers, die sogenannte V2. Ab Mitte 1943, nach der Entdeckung durch die Alliierten, war Peenemünde deshalb wiederholt sehr heftigen Luftangriffen ausgesetzt. In der Endphase des Zweiten Weltkriegs wurden Teile des Raketenzentrums noch in eine gewaltige unterirdische Fertigungsstätte bei Nordhausen/a.Harz verlagert. Heute ist die ehemalige Militäranlage weitgehend eingeebnet und das wenige Übriggebliebene begehrtes Ziel eines zuweilen fragwürdigen Geschichts-Tourismus.

Die Historie des späteren Raketenzentrums[1] begann Mitte 1936 mit dem Bau einer zunächst noch relativ bescheidenen, von Luftwaffe (Werk West) und Heer (Werk Ost) gemeinsam genutzen Erprobungsstelle am nördlichsten Zipfel der Ostseeinsel Usedom. Mit Beginn des Krieges durch den deutschen Überfall auf Polen im September 1939 bekamen die Raketenpläne dann jedoch höchste Priorität.

Geschützt vor den Blicken Neugieriger, entstanden im Peenemünder Forst in schneller Folge neue und umfangreiche Anlagen: Laboratorien, Kraftwerk, Werkhallen, Sauerstoffabrik, Prüfstände, Abschußrampen, ein Lager für die Zwangsarbeiter, ein Flugplatz und mehrere Häfen. Auf dem Höhepunkt des Ausbaus arbeiteten in der Heeresversuchsanstalt und der benachbarten „Erprobungsstelle der Luftwaffe Peenemünde“ rund 16.000 Menschen, darunter etwa 1500 Wissenschaftler und Ingenieure.

Peenemünde sollte das kriegführende Reich mit monatlich 2000 „Aggregat-4“- (= V2-) Raketen versorgen. Daß dies nur teilweise gelang, ist bekannt und hat der Welt ohne Zweifel vieles an Zerstörung und Leid erspart.

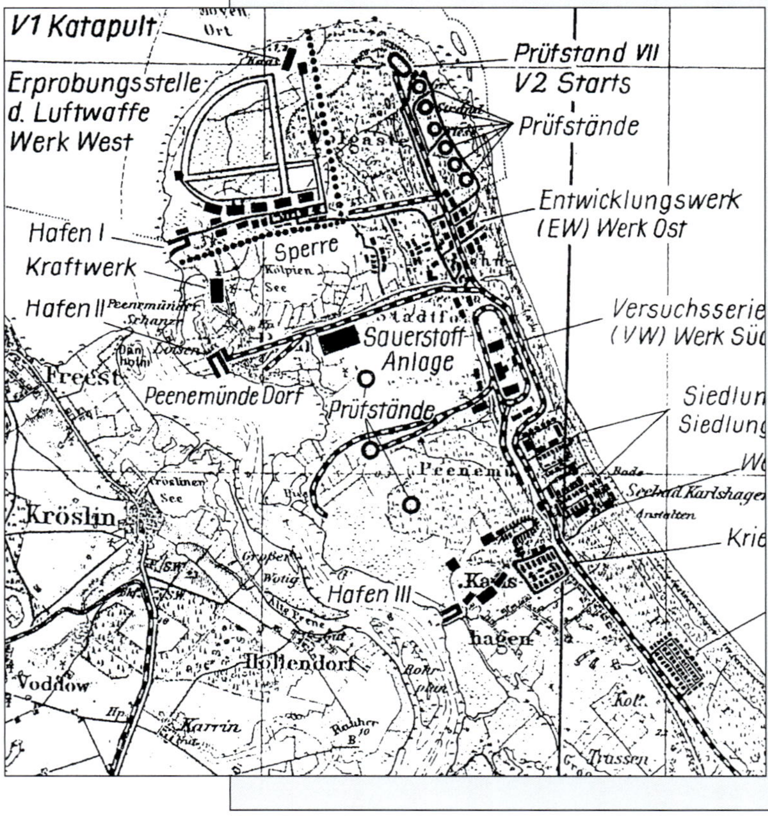

Die Werkbahn

Parallel zum Ausbau der Militäranlagen war ab Frühjahr 1937 auch ein eigener Werkbahnbetrieb zunächst mit Diesellloks, später zusätzlich auch mit Elloks sowie Akku- und E-Triebwagen etabliert worden. Die gesamte Gleislänge im weitverzweigten Netz von Zustell- und Ladegleisen erreichte mehr als 100 Kilometer! Anschluß zur Reichsbahn bestand im 12,2 km entfernten Bf. Zinnowitz an der Bäderbahn zwischen Wolgaster Fähre und Seebad Heringsdorf. Offizielle Eröffnung der Werkbahn war am 28. Juli 1937.

Für den umfangreichen Rangierbetrieb gab es eine ganze Flotte an Diesellokomotiven, die in der nachstehenden Übersicht aufgelistet sind. Auf den ab 15. April 1943 elektrisch betriebenen Hauptstrecken der Werkbahn wurden außerdem zwei vierachsige Gleichstrom-Elektroloks von SSW und im Werkspersonenverkehr etliche Akku- und E-Triebwagen (letztere ähnlich den Berliner S-Bahn-Zügen, jedoch mit Dachstromabnehmern) eingesetzt[2].

Die Diesellokomotiven im Überblick:

1	Deutz	15389/1937	F6M317R	- 80/ 88 PS
2	Deutz	19753/1937	A6M220R	- 150/165 PS
3	Deutz	19787/1937	A6M220R	- 150/165 PS
4	Deutz	22935/1938	F6M517R	- 94/107 PS
5	BMAG	10996/1939	WR360C14	- 360 PS
6	BMAG	10936/1939	WR360C14	- 360 PS
7-11	BMAG	11493-11497/1940	LDFE110	- 110 PS
12-15	Gmdr	3242-3244, 3246/1941	N80/90	- 100 PS
16-18	Gmdr	3484-3486/1941	N50	- 50 PS

Weiterhin sollen drei 45-PS-Lokomotiven unbekannter Bauart sowie eine vermutlich von Deutz stammende *„Diesellok mit runden Fenstern“* vorhanden gewesen sein. Die Nummern 1, 4 und 7-11 entsprachen der Kleinlok-Einheitstype. Lok 1-4 (auch 6 ?) wurden von der Luftwaffe beschafft, die übrigen durch das Heer.

Wie die Aufstellung zeigt, waren die beiden WR360C14 die mit Abstand leistungsstärksten Diesellloks in Peenemünde. Sie übernahmen deshalb in der Regel auch die Beförderung der Übergabezüge von bzw. nach Zinnowitz, die Bedienung der feuergefährdeten Bereiche, insbesondere des Sauerstoffwerks, und - von Herbst 1939 bis zur Indienststellung der Speicher-Triebwagen im Oktober 1940 - den gesamten Werkspersonenverkehr. Bei Triebwagen-Ausfall mußten die WR360 auch danach immer wieder im Personenverkehr aushelfen.

Offensichtlich hat es über die genannten Loks 5 und 6 hinaus zumindest vorübergehend weitere WR360C14 in Peenemünde gegeben. Die Angaben dazu sind insgesamt allerdings recht diffus:

> So lieferte BMAG im Herbst 1939 vermutlich nicht nur zwei, sondern insgesamt vier WR360C nach Peenemünde. Zwei davon sollen aber bald (im Zusammenhang mit der Neulieferung der Köf Nr. 7-11 ?) wieder abgezogen worden sein.
>
> Zeitzeugen berichten ferner von einem Brand im Sauerstoffwerk, bei dem auch eine der beiden verbliebenen WR360C14 zerstört wurde; die Lok soll verschrottet und kurzfristig durch eine neue Maschine gleicher Bauart ersetzt worden sein.
>
> Angeblich schließlich erhielt die Werkbahn Peenemünde nach dem schweren Luftangriff vom 17./18. August 1943 (der den elektrischen Zugbetrieb

Willy Wilm

Kleinbahnidyll im Raketenzentrum: Eine WR360C14 steht abfahrbereit vor dem Werkspersonenzug nach Zinnowitz. Die Aufnahme von 1939 ist eine ausgesprochene Rarität (links).

Lok mit Rakete: Die BMAG-WR360C Nr. 6 zieht mit ihrem Zug an einer in Feuerstellung aufgebauten A4-Rakete vorbei (1944); die Werkbahn ist an dieser Stelle elektrifiziert und doppelgleisig (unten).

für längere Zeit völlig zum Erliegen brachte) zwei zusätzliche WR360C14 zugewiesen; Hersteller, dieser Quelle zufolge: Krupp mit Deutz-Motor. Die Maschinen wurden wegen ihrer damals ungewöhnlichen gelben Lackierung von den Werkseisenbahnern als *„Afrikaloks"* bezeichnet.

Leider sind zu all diesen recht vagen Hinweisen keine Unterlagen erhalten geblieben. Tatsächlich zeigt aber z.B. das oben abgebildete Foto einer WR360C mit Personenzug wohl weder die genannte Lok 5, noch Lok 6, sondern offenkundig eine BMAG-Maschine aus der Serie 11374ff.[3].

Das Ende

In der Nacht vom 17. auf den 18.8.43 war Peenemünde Ziel eines gewaltigen alliierten Luftangriffs: 524 britische Langstreckenbomber[4] legten rund 1,5 Millionen Spreng- und Brandbomben, Luftminen und Phosphorkanister ab; man zählte 735 Tote, darunter viele Zwangsarbeiter. Damit begann das Ende des Geheimwaffenzentrums im Peenemünder Wald. Fortan war die H.V.P. fast täglich neuen Luftangriffen ausgesetzt. Parallel zum Wiederaufbau begann deshalb die Verlagerung erst einzelner Werksteile, dann schließlich der ganzen Anlage in den Raum Nordhausen.

Das Hauptkontingent wurde im Februar 1945 vor der heranrückenden Sowjetarmee evakuiert und zu einer riesigen unterirdischen Fertigungsstätte (*„Mittelbau Dora"*[5]) im Kohnstein-Felsen, etwa vier Kilometer nordwestlich von Nordhausen, abgefahren. Wernher von Braun und sein 40köpfiger Forschungsstab sollen sich - laut Zeitzeugen-Berichten - in einem Werkbahnzug, gebildet aus einer WR360C14 und einem Akku-Triebzug - abgesetzt haben. Tatsächlich taucht zumindest eine der Peenemünder WR360C14 nach Kriegsende 1945 erstmals beim Bw Nordhausen wieder auf (BMAG 10936, später DR V36 022); ebenso übrigens wie die ehemalige Lok 8 (später DR Köf 5712) und drei Peenemünder E-Triebwagen (als Reparation in die UdSSR). All diese Fahrzeuge dürften im Rahmen der Verlagerungsaktionen nach Thüringen gelangt sein. Andere Maschinen - darunter die zweite 360-PS-Lok (später DB V36 210) - verschlug es auf unbekannten Wegen in den Westen.

Die Anlagen in Peenemünde sind nach dem Krieg noch einige Zeit von den sowjetischen Truppen, Häfen und Flugplatz auch noch von der DDR-Volksmarine genutzt worden. Ein großer Teil der Peenemünder Fahrzeuge, darunter nachweislich die beiden Elloks, zehn Triebwagen und fünf Diesellokomotiven, wurden in die UdSSR abtransportiert und dort ab 1949 auf der elektrischen Werkbahn der in Bau befindlichen sowjetischen Raketenbasis Kapustin Jar eingesetzt. Dass sich unter den fünf Diesellokomotiven auch solche der WR360C-Bauart befanden (z.B. die beiden „Afrika-Loks"), ist wahrscheinlich, aber im Detail nicht belegbar. Die Triebwagen wurden 1952 an die DDR-Reichsbahn zurückgegeben.

Die ehemalige Werkbahn Zinnowitz - Peenemünde Dorf ging per 1.1.51 (mit dem Abzug der Sowjetarmee aus Peenemünde) auf die DR über und ist bis heute in Betrieb.

Deutsches Museum München

1 Ausführlich: Kuhlmann, Peenemünde, S.18ff.
2 Kuhlmann, Peenemünde, S.50ff.; außerdem: Kuhlmann, Akku-Triebzüge, S.11ff.; Lokomotiven 4 und 7-18 trugen keine Fahrzeug-Nummern und wurden nur inoffiziell so bezeichnet
3 Vom Betriebsnummernschild sind die ersten vier Ziffern 3629x erkennbar
4 Nach britischen Quellen
5 Pachaly/Pelny, KZ Mittelbau Dora

Die Standorte der Luftwaffe (Fortsetzung)

Größere Anlagen, sogenannte **Lufthauptmunas** (insgesamt 18 Stück), gab es außerdem in
Bork, Dieburg, Hambühren, **Hesedorf, Groß-Blumenau, Lambach,** Langlau, Lübberstedt, Madüsee, Mokrehna, Nassadel, Nienburg, Oberdachstetten, Oerrel, Speck, **Strelitz,** Weisswasser, **Wolfhagen**

Die **Luft- bzw. Flakzeugämter** (incl. Nebenzeugämter) hatten, wie die nachfolgende Auflistung zeigt, fast alle Lokomotiven der WR-Bauarten in Betrieb:
Erding, Finow, Göttingen, **Jüterbog, Kölleda, Pötenitz, Rotenburg/i.H., Teltow, Velten, Schwerin**

Größere Fliegerhorste wurden als **Luftparks** bezeichnet. Solche Luftparks gab es im Reichsgebiet u.a. (nicht vollständig) in
Anklam, Beerendorf, Diepholz, **Eschwege,** Fulda, Gardelegen, **Gleiwitz, Gutenfeld,** Holtenau, Illesheim, **Jüterbog, Küpper-Sagan,** Nordenham, **Paderborn, Seerappen,** Swinemünde, Tönning, **Wiener Neustadt,** Zwischenahn

Auch detallierte Angaben zu den **Lufttanklagern** (Tanklager der Luftwaffe) sind nicht überliefert. Bekannt sind zumindest folgende, alle mit WR360C14K:
Annaburg, Bad Berka, Dünen, Ebenhausen, Ehmen, Halenkau, Preußisch Oldendorf, Weißenhorn

RBD MAGDEBURG

Warten auf den nächsten Einsatz: Die Baumusterlok 20813 von O&K besaß bei der „Kommandantur Schießplatz Hillersleben" sogar große gegossene Schilder.

Ebenfalls aus Gründen der Tarnung erfolgte 1939 eine großangelegte Umbenennung der Wehrmachtsanschlüsse[26]. Dem (damals noch potentiellen) Kriegsgegner sollte es dadurch unmöglich gemacht werden, z.B. aus Fahrplanunterlagen Funktion und genaue Lage der jeweiligen Militäreinrichtung ablesen zu können. Anstelle der bis dahin üblichen Ortsnamen traten meist Flurbezeichnungen. Einige Beispiele dafür:

alte Bezeichnung	neue Bezeichnung
Muna Damme	Anschlußstelle Bergmark (H)
Muna Bork	Anschlußstelle Sundern (M)
Flugplatz Diepholz	Anschlußstelle Dümmer (L)

Die in Klammern gesetzten Abkürzungen (H), (M) und (L) sollten *„den Kundigen"* dann aber doch erkennen lassen, ob es sich um einen Anschluß des Heeres, der Marine oder der Luftwaffe handelte. In dieser Form waren die Wehrmachtsanschlüsse auch in den Unterlagen der Reichsbahn verzeichnet.

Zum Betriebsablauf auf dem Muna-Anschlußgleis heißt es in der schon erwähnten Heeres-Richtlinie:

Die Bildung der abgehenden und die Auflösung der ankommenden Züge erfolgt grundsätzlich im Übergabebahnhof der Munitionsanstalt. Dieser erhält daher je ein Gleis für ankommende und abgehende Züge und ein Umfahrtgleis von je 350 m nutzbarer Länge. Als Ausziehgleis kann das Zuführungsgleis zur H.Ma. verwendet werden...

Der Übergabebahnhof muss an den Anschlussbahnhof so angeschlossen werden, dass das Zuführungsgleis zum Anschlussbahnhof unmittelbar in ein Bahnhofsgleis einmündet, welches Einfahrt und Ausfahrt von bezw. nach beiden Streckenrichtungen gestattet und eine nutzbare Länge von mindestens 350 m hat.

Anschlüsse an die freie Strecke sind aus betrieblichen Gründen unzulässig.

Der Anschlussbahnhof ist durch eine Entgleisungsweiche im Zuführungsgleis gegen entlaufende Wagen zu sichern...

In Heeres-Munitionsanstalten erhalten Vollspur-Gleisanschluss

a) grundsätzlich das Fertigungsgebiet

b) im Bedarfsfall ausserdem etwa 20 bis 25 Mun.-Häuser und

c) einzelne Gebäude des Verwaltungsgebietes (Heizzentrale)...

Zur Verringerung der Baukosten soll für den Bau der Gleisanlagen, so weit möglich, Altmaterial verwendet werden.

Diese und andere Bauvorschriften sind später noch verschiedentlich geändert und den jeweils neuen Erfordernissen angepaßt worden. So mußten z.B. ab Januar 1941 die Gleise im Übergabebahnhof von 350 auf 425 Meter verlängert werden, um die bei Munitionstransporten vorgeschriebenen acht Schutzwagen (4 vorne, 4 hinten) ohne Verlust an Transportkapazität in die Züge einstellen zu können[27]. Ein gutes Jahr später - im Juni 1942 - wurden die Bestimmungen erneut geändert: Wegen der anhaltenden Wagenknappheit bei der Deutschen Reichsbahn mußte die Zahl der Schutzwagen von 4+4 auf 2+2 reduziert werden[28]. Sogar ein vollständiger Verzicht auf die Schutzwagen war seinerzeit im Gespräch.

Die räumliche Ausdehnung der Munas war je nach Standort und Fabrikationsbreite natürlich unterschiedlich. Schon kleinere Anlagen kamen jedoch auf rund 30 bis 40 Hektar.

Wieviele Wehrmachtsanlagen und -betriebe es mit Gleisanschluß insgesamt zwischen 1935 und 1945 gegeben hat, läßt sich nicht einmal überschlägig beziffern. Nach einer Erhebung aus dem Jahre 1939 waren es allein im Bereich der nichtreichseigenen Eisenbahnen des öffentlichen Verkehrs, also der Kleinbahnen, rund 710 Wehrmachtsanschlüsse, darunter mehr als 100 Flugplätze und Fliegerhorste[29]! In den Archiven zeugen noch heute dicke Aktenbände mit Antragsunterlagen und Meßtischblättern von der regen Bautätigkeit jener Jahre[30].

Leider handelt es sich bei all diesen Aufzeichnungen um reine Bauakten. Unterlagen über den Wehrmachtlokbetrieb sind kaum noch greifbar. Wie unterschiedlich die Einsatzbedingungen gewesen sind, belegt immerhin ein Schreiben vom 17. September 1944[31]. Für fünf Dienststellen der Luftwaffe, alle mit je einer WR360C14K ausgestattet, werden dabei folgende, sehr unterschiedlich hohe Wagenumlaufzahlen pro Monat angegeben:

---

26 BA-MA RH4/v.H12/108.4a; HStA Düsseldorf BR1003/3789

27 Verfügung des Chefs der Heeresrüstung v. 22.1.41; HStA Düsseldorf BR1156/452

28 Schreiben des Reichsverkehrsministers v. 8.6.42; BA-MA RH4/v.H12/121

29 BA R5/3471; nicht alle natürlich hatten eigene Lokomotiven

30 U.a. BA-MA RH4/v.H12/108.3a

31 BA R5/2136

Zeugamt der Luftwaffe Teltow	=	400 Wagen
Zeugamt der Luftwaffe Kölleda	=	2000 Wagen
Luftpark Gleiwitz	=	1100 Wagen
Luftpark Jüterbog	=	2000 Wagen
Luftzeugamt Erding	=	3000 Wagen

Ein weiterer Vergleich: Während BMAG 10722/1937, eine Vorserien-WR360C, bei der Heeres-Muna Berka/Werra *„täglich 20-22 Stunden in Betrieb"* war, kam die Serien-Schwesterlok BMAG 11374/1940 beim Fliegerhorst Liegnitz nur *„drei- bis viermal pro Woche für jeweils 2 Stunden"* zum Einsatz[32]. Schließlich noch eine ganz anders geartete Notiz aus der Heeres-Muna Siegelsbach vom 20.3.41, wo die Freude über die soeben eingetroffene neue Rangierlok offenbar groß war:

Die H.Ma. hat heute ihre Diesellok bekommen. Die Lok kam auf eigenen Rädern und ist betriebsfertig. Es ist eine gut aussehende kräftige Schwartzkopff. Wie wir hören, soll sie morgen schon in Betrieb genommen werden.

Die *„gut aussehende kräftige Schwartzkopff"* war BMAG 11392/1941. Sie blieb noch bis 1946 in Siegelsbach und kam danach lange bei verschiedenen Privatbahnen in Westdeutschland zum Einsatz.

Eisenbahngeschütze

Der Transport und das In-Stellung-Bringen von Eisenbahngeschützen gehörte schon 1936, bei den ersten Überlegungen für die spätere WR360C14, zu den geplanten Aufgabengebieten der Wehrmachtdiesellloks. Auch alle anderen WR-Typen einschließlich der nicht mehr fertiggestellten WR1250-1C1 wurden in der Folge für diesen Einsatz vorgesehen. Wegen der nötigen Zugkraft und weil noch stärkere Loks nicht in ausreichender Stückzahl zur Verfügung standen, ist aber nur die WR360C14 auch tatsächlich bei der Eisenbahn-Artillerie verwendet worden.

Die erneute Beschaffung von Eisenbahngeschützen nach dem 1.Weltkrieg[33] war schon 1933/34, also noch zu Zeiten der verdeckten Wiederaufrüstung bei der Reichswehr, eingeleitet worden. 1936 wurde ein „Sofort-Programm" aufgelegt, das - um Entwicklungszeit zu sparen - im wesentlichen auf vorhandene Kanonenrohre zurückgriff, die von in den 20er Jahren abgewrackten Schlachtkreuzern stammten. Erst 1940/41, mit dem 28-cm-K-Geschütz „Neue Bruno", kamen die ersten, weitaus moderneren Neukonstruktionen zur Truppe. Insgesamt wurden bis 1945 mindestens 88 Geschütze[34] mit Schußweiten zwischen 20 und 115 km indienstgestellt.

Eine gewisse Prominenz hat die Eisenbahn-Artillerie besonders durch das Super-Geschütz „Dora" erlangt, das im Juni 1942 die sowjetische See-Festung Sewastopol sturmreif schoß[35]. Trotz (oder gerade wegen) dieser monströsen Entwicklung waren die Eisenbahngeschütze durchaus umstritten und ihr taktischer Wert angesichts moderner Bomber, neuartiger V-Waffen und der eigenen Verwundbarkeit durch feindliche Flieger mit Dauer des Krieges immer zweifelhafter[36]. Bei Kriegsende war diese Waffengattung taktisch wie technisch überholt.

Immerhin boten die Eisenbahngeschütze aber die Möglichkeit, überall dort, wo Schienen lagen, in relativ kurzer Zeit schwere und weitzielende Artillerie zu postieren. Haupteinsatzgebiet waren die belgische und französische Kanalküste, wo in großem Umfang getarnte Unterstände, Schutz-Bunker und feste Stellungen mit Beton- oder Panzerkuppeln entstanden. Aber auch im Ostfeldzug galt die Artillerie auf Schienen wegen ihrer beträchtlichen Kaliber und großen Reichweite lange noch als wichtige Waffe. Einige Daten zumindest zu den Bauarten, wo auch die WR360C14 eingesetzt war, nennt TABELLE 25.

Die kleinsten Geschütztypen hatten 15- und 17-cm-Kaliber und waren zur Ausrichtung des Rohrs mit einer 360°-Rundumlafette, also einer vollständig drehbaren Plattform, ausgerüstet, die beim Feuern durch seitliche Ausleger abgestützt wurde. Alle größeren Bauarten mußten wegen des stärkeren Rückstoßdruckes durch eine transportable Vögele-Drehscheibe in Schußrichtung gedreht werden. Auch die „K12" und „Siegfried" hatten Drehscheiben, feuerten wie „Dora" aber in der Regel aus einer Schießkurve.

Der Einsatz von WR360C14-Loks ist nur für die beiden modernen K-Geschütze und die „Siegfried"-Kanone sicher belegt, sowie für die verschiedenen „Bruno"-Bauarten sehr wahrscheinlich. Im Kurzüberblick:

Die 28-cm-Kanonen (E)[37] der „Bruno"-Klasse
entstanden 1936-38 im Rahmen des Sofort-Programms. Auf genieteten (später geschweißten) Einheits-Brückenrahmen mit je zwei 5achsigen Drehgestellen montierte Krupp verschieden lange und

32 Monteursberichte (im Voith-Archiv)
33 Lusar, Riesengeschütze, S.82ff.
34 Ohne Beute-Fahrzeuge
35 Siehe 9.Kapitel: Die „Dora"-Geschützlok („D311")
36 Senger, Geschütze, S.158, 162; Taube, Geschütze, S.7; Engelmann, Eisenbahngeschütze, S.3
37 Das „(E)" stand bei den Heeres-Bezeichnungen für Eisenbahngeschütz

TABELLE 25:
Eisenbahn-Artillerie / Heeresgeschütze mit WR360C14

Modell		28 cmK Kz.Bruno	28 cmK Lg.Bruno	28 cmK S.Bruno	28 cmK N.Bruno	28 cmK K 5	21 cmK K 12	38 cmK Siegfried
Hersteller		Krupp	Krupp	Krupp	Krupp	Krupp	Krupp	Krupp
Baujahr		1936-38	1936-38	1936-38	1940-42	1939-44	1937-40	1943-44
Anzahl bei der Truppe		8	3	2	3	25	2	3
Fahrzeug								
Gewicht	to	129,0	123,0	118,0	150,0	218,0	309,0	294,0
Achszahl		2 x 5	2 x 5	2 x 5	2 x 5	2 x 6	2x5+2x4	2 x 8
Länge über alles	mm	22800	22800	22800	22800	31100	41360	31320
Geschütz								
Kaliber	cm	28,3	28,3	28,3	28,3	28,3	21,1	38,0
Länge des Rohrs	mm	11200	12735	11930	16400	21538	33300	19630
Erhöhung	Grad	0-45	0-40	0-45	0-50	0-55	0-55	0-45
Schwenkbereich	Grad	360	360	360	360	360	360	360
Schußweite max.	km	29,5	28,5	29,4	46,6	62,4	115,0	55,7
Geschoßgewicht	kg	240	302	302	255	255	107,5	495

Weitere Bauarten waren: 15 cmK (18 Stück), 17 cmK (6), 20 cmK (8), 24 cmK Theodor (3), 24cmK Theodor Bruno (6) und 80cmK Dora (1)

Quellen: Datenblätter des Heereswaffenamtes, Senger/Geschütze, Engelmann/Eisenbahngeschütze

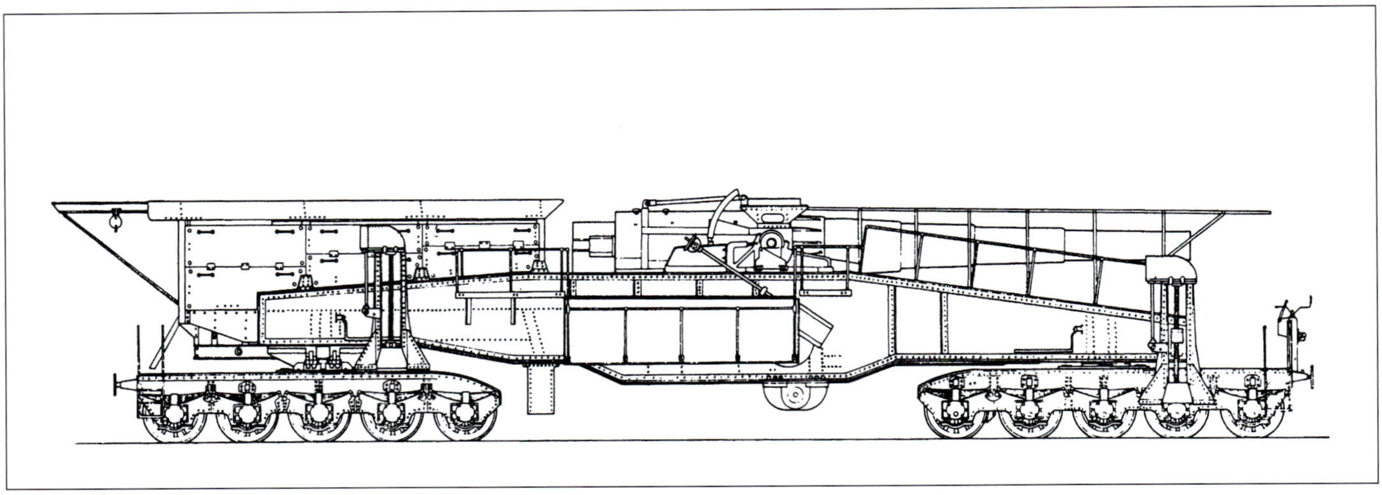

JOACHIM ENGELMANN

Artillerie auf Schienen: Oben ein 28-cm-K-Geschütz „Kurze Bruno" (Rohr in Transportstellung), rechts das weit modernere 28-cm-Standard-Geschütz „K5".

BUNDESARCHIV

Bereit zum Feuern: Ein nur noch mäßig getarntes „Bruno"-Geschütz wird von der transportablen Drehscheibe in Schußposition gebracht. Aufnahme an der Kanalküste. Im Vordergrund das Gleis für die Munitionsloren.

schwere Marinerohre aus dem 1. Weltkrieg. Je nach benutztem Rohr wird zwischen den Typen „Kurze Bruno" (8 Stück), „Lange Bruno" (3 Stück) und „Schwere Bruno" (2 Stück) unterschieden. Ab 1940 wurde in noch drei Exemplaren außerdem ein „Neue Bruno"-Geschütz gebaut. Auch diese Kanone besaß noch das alte Einheits-Fahrgestell mit 22800 mm Länge hatte aber bereits ein modernes Rohr für erheblich größere Schußweiten.

Die 28-cm-K5-Kanone (E)
trat gewissermaßen die Nachfolge der „Bruno"-Geschütze an. Mit gleichem Kaliber, aber ab 1934 völlig neu konstruiert, war die K5 das Standard-Geschütz der deutschen Eisenbahn-Artillerie. Als einzige Type wurde es in größerer Stückzahl gebaut und geliefert; zwischen 1939 und 1944 in immerhin 25 Exemplaren. Die K5, auch „Schlanke Berta" genannt, galt als *„das beste Eisenbahngeschütz des Zweiten Weltkriegs"*[38] und *„Höhepunkt der technischen Entwicklung der Eisenbahn-Artillerie"*[39]. Zu einem Geschützzug der K5 gehörte immer auch eine WR360C14, die für das Verschieben der Munitionswagen in der Feuerstellung sowie für das Bewegen der Kräne und des Geschützes eingesetzt wurde. In der Normalausführung feuerte die „Schlanke Berta" 62 km weit.

Die 21-cm-K12-Kanone (E)
war ebenfalls eine vollständige Neukonstruktion, hatte als Fernkampfgeschütz für große Schußweiten aber eine völlig andere Auslegung. Wie das Mammut-Geschütz „Dora" wurde die K12 als waffentechnische Spitzenleistung[40] gefeiert und galt als die *„leistungsfähigste und konstruktiv ausgefeilteste"*[41] Geschütz-Bauart der Wehrmacht. Mit einer Schußweite von 115 Kilometern[42] traf sie zwei- bis dreimal soweit, wie die anderen, bis dahin gebräuchlichen Muster. Gebaut wurden insgesamt nur zwei K12-Geschütze. Eins davon - mit der Eisenbahn-Batterie 701 - war ab September 1940 an der Atlantikküste im Raum Calais im Einsatz und beschoß von dort aus Dover, Folkstone und Teile von Kent[43]. Es wurde im September 1944 beim Rückzug in Flandern von den eigenen Truppen gesprengt[44].

Die 38-cm- „Siegfried"-Kanone (E)
war - neben „Dora" - der schwerste „Brummer" der deutschen Eisenbahn-Artillerie. Allein die verfeuerten Geschosse hatten ein Einzelgewicht von annähernd einer halben Tonne (!). Das Rohr wog über 100 to, das Fahrzeug im ganzen sogar fast 300 to. Damit war die „Siegfried"-Kanone das größte noch profilgängige und in einem Stück transportierbare deutsche Eisenbahngeschütz des 2.Weltkriegs. Von den ursprünglich sieben bestellten Kanonen, wurden bis Kriegsende nur vier Stück gebaut; drei davon kamen noch zur Truppe. Einsätze sind von der französischen Kanalküste (Bekämpfung des alliierten Seeverkehrs) und von der Ostfront bekannt. Mindestens ein Geschütz ging 1944/45 mit zwei WR360C14-Lokomotiven in Frankreich verloren.

Aufgestellt und eingesetzt wurden die Eisenbahn-Artillerie-Einheiten beim Versuchsplatz Rügenwalde an der pommerschen Ostseeküste (heute polnisch: Darlowiec). Inmitten einer dünnbesiedelten Torf- und Buschwaldregion erstreckte sich hier ein mehrere Quadratkilometer großes Militärgelände. Dort fanden auch die Erprobung der Geräte und die Ausbildung der Mannschaften statt.

Eine Eisenbahn-Batterie bestand in der Regel aus zwei Geschützen sowie aus einer umfang-

38 Hahn, Waffen, S.189
39 Senger, Geschütze, S.157
40 Lusar, Waffen, S.45
41 Engelmann, Eisenbahngeschütze, S.10
42 Mit unterkalibrigen Geschossen wurden sogar 140 Kilometer erreicht
43 Engelmann, Eisenbahngeschütze, S.9; auch im Osten, gegen Malta und in Süditalien sollte das Geschütz eingesetzt werden
44 Einzelheiten im Kapitel über die Niederlande

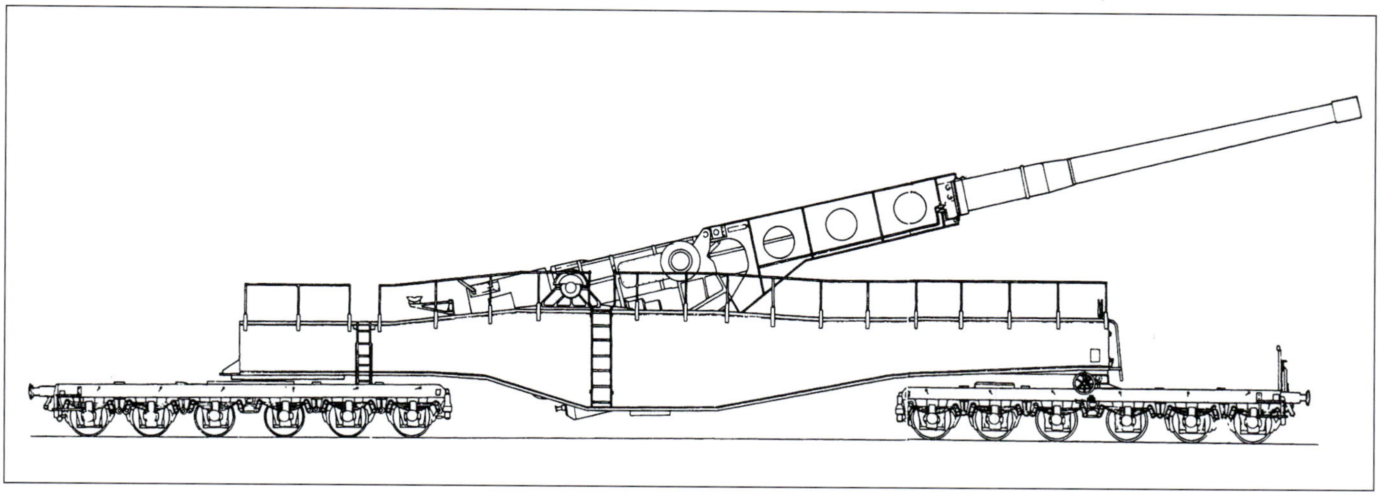

JOACHIM ENGELMANN

reichen Ausrüstung. Eine K5-Batterie z.B.[45] wurde in zwei kompletten Zügen verladen, wobei der „Geschütz-Zug" aus

- der Transport-Lok (Baureihe 50),
- dem Geschütz,
- einem belüfteten Munitionswagen,
- der WR360C14,
- zwei Geschoß-Wagen (mit je 113 Schuß à 255 kg),
- zwei Kartusch-Wagen,
- einem Ausrüstungswagen mit Kleinvorrat und Werkzeug,
- einem gepanzerten Wagen zur Selbstverteidigung,
- einem Küchen- und Verpflegungswagen,
- einem Feuerleitwagen (knallgeschützt),
- einem offenen Wagen mit 20-mm-Vierlings-Flak zur Luftabwehr

BUNDESARCHIV (3)

sowie drei Bussen für Voraus- und Quartiermacher-Kommando bestand. Der „Drehscheiben-Zug" folgte dann mit

- der Transport-Lok,
- einem Wagen mit der Drehscheibe (zerlegt in den mittleren Antriebsteil und 16 Kreisgleis-Segmente),
- einem Wagen für den Aufbaukran,
- einem Wagen mit Gleisteilen,
- drei weiteren Munitionswagen,
- einem Vorrats- und Werkzeugwagen,
- einem Flak-Waggon und
- neun Flachwagen für Busse und weitere Kraftfahrzeuge der Batterie.

Gewicht 300 to, Schußweite 115 km: Eine WR360C14 bringt die Fernkanone „K12" in Stellung; vermutlich 1944 bei Boulogne.

45 Engelmann, Eisenbahngeschütze, S.23

Bundesarchiv

An Einzelnummern von den bei der Eisenbahn-Artillerie eingesetzten WR360C14 sind folgende bekannt:

BMAG	10990/1939 (mit 38-cm-K Siegfried) 10992/1939, 11466/1940
O&K	21467-21468/1943 (vermutl. ganze Serie O&K 21464-21469)
Deutz	46393-46394/1944 (?)
Hensch.	26139/1942
Jung	8508, 8511/1940
Krupp	1980-1983/1940
DWK	2004/1944 (mit 28-cm-K5, E-Batterie 688) (vermutl. ganze Serie DWK 2001-2005);

außerdem natürlich die von Krupp gebaute K5-Lokomotive (siehe S.35f.). BMAG 10990/1939 und eine weitere unbekannte Schwartzkopff-Lok wurden im April 1943 mit der E-Batterie 698 nach Frankreich abkommandiert[48]. In diesem Transport liefen auch die Reichsbahn-Triebwagen VT 137 243 und VT 137 262 mit. Ausladebahnhof der Einheit war Pas des Lanciers bei Marseille. Beide Loks verblieben - teilweise beschädigt - nach dem Krieg bei der SNCF.

Zur Geschichte der Panzerzüge

Zeit	Bauart		Nummern	Stück
Ab 1938:	**Frühe Behelfs-Panzerzüge** Umbau aus alten Bahnschutzzügen der Reichsbahn		Nr. 1-7	(= 7)
Ab 1939:	**Beutezüge russischer, polnischer und tschechischer Herkunft** verschiedene Bauarten und Stärke tw. breitspurig (Nr. 10-11)	russ.= poln.= tsch.=	Nr. 10-11 Nr. 21-22 Nr. 23-25	(= 7)
Ab 1941:	**Improvisierte Breitspur-Panzerzüge** 1942 auf 1435 mm umgespurt und mit Beutematerial verstärkt		Nr. 26-31	(= 6)
Ab 1942:	**Einheits-Panzerzüge BP42 und BP44** u.a. mit stärkeren Geschützen und schienengängigen Panhard-Panzerspähwagen		Nr. 61-66 Nr. 67-72 Nr. 73-82	(= 22)
Ab 1944:	**Spähwagen-Panzerzüge** motorisierte Kleinfahrzeuge (sog. „Panzer-Draisinen"), die einzeln oder zu einem Zug gekuppelt) operieren konnten			
	schwere Spähwagen-Pz.Zg. (12 Wagen)		Nr.201-208	(= 8)
	leichte Spähwagen-Pz.Zg. (10 Wagen)		Nr.301-304	(= 4)
Ab 1944:	**Panzer-Triebwagen** einzelnfahrende Panzer-Fahrzeuge, die meist zur Verstärkung anderer Panzerzüge eingesetzt wurden (Pz.Tr.Wg.15 schon 1938 übernommen)		Nr. 15-23 Nr. 30-38 Nr. 51-53	(= 21)

Außerdem gab es eine größerer Anzahl sogenannter „Streckenschutzzüge" (meist Beutematerial), die von einzelnen Einheiten in eigener Regie zusammengestellt und betrieben wurden. Ein Teil dieser meist nur leicht gepanzerten Züge wurde später in den offiziellen Panzerzugbestand übernommen (Nrn. 51, 52, 83, 350 sowie einige mit Namen bezeichnete Kampfzüge).

Panzerzüge

In den Plänen der Heeresleitung für die Verwendung der WR-Dieselloks wurde bald nach Kriegsbeginn auch an die Bespannung von Panzerzügen gedacht. Die spezifischen Einsatzbedingungen - die Beförderung schwerer, gepanzerter Wagen, die Möglichkeit zu einem schnellen Vorstoß oder Rückzug sowie die gelegentliche Verlegung der Einheiten über weitere Strecken - erforderten allerdings eine deutlich stärkere Lok, als es die 360-PS-Type war.

Gedacht war hier in erster Linie an eine „Panzerlok"-Version der WR1250-1C1. Gegenüber der Normalausführung sollte sie eine um 50 Prozent höhere Zugkraft (ausreichend für 600- statt 400-to-Züge in der Ebene) bei gleichzeitig verminderter Streckengeschwindigkeit (50 statt 80 km/h) erhalten[49]. Diese Pläne konnten aber nicht mehr verwirklicht werden. Wie die WR1250-1C1 wurde auch die „Panzerlok" ein Opfer der durch die Kriegswirtschaft aufgezwungenen Typen- und Fertigungsbeschränkungen.

Trotzdem sind bei der Eisenbahn-Panzertruppe auch einzelne WR-Loks eingesetzt worden, und zwar

eine WR360C14 mit Panzerzug 29,
eine WR360C14 als Reservelok der Ersatz-Abteilung und
eine WR550D14 als Panzer-„Triebwagen" 16.

Die taktischen Aufgaben der Panzerzüge waren durchaus vielfältig. Im wesentlichen gehörten dazu

- die Sicherung von bedrohten Bahnlinien und Kunstbauten durch Bewachung und Streifenfahrten,
- der Schutz wichtiger Zugbewegungen (Truppentransporte, Nachschub- und Kurierzüge) auf gefährdeten Strecken,

Perfekte Tarnung: Ein K5-Geschütz wird aus dem sogenannten „Dom-Bunker" hinausgeschoben (Bild oben); auch dies Aufgabe der WR360C14-Lokomotiven.

Als Mannschaftswagen dienten häufig vierachsige Reichsbahn-Triebwagen[46] der Bauart VT137, die zu Kriegsbeginn wegen Treibstoffmangels stillgesetzt werden mußten und nun an die Wehrmacht ausgeliehen waren. Die Mannschaftsstärke einer E-Batterie lag bei etwa 200 Mann.

Die Geschütze waren übrigens als Privatwagen des OKH (Nummerngruppen 918 000 P und 919 000 P) in den Wagenpark der Reichsbahn eingestellt. Als Heimatbahnhof wurde Wustermark Vbf angeschrieben. Der Gesamt-Einsatzbestand der deutschen Eisenbahn-Artillerie umfaßte bei Kriegsbeginn 1939 schon 34 Geschütze in 16 Batterien und nach sechs Kriegsjahren - 1945 - insgesamt 80 Geschütze in 45 Batterien[47].

46 Einige Nummern nennt: Kurz, Triebwagen, u.a. S.202, 213f. und 365f.; nach Gottwaldt, Kriegslokomotiven, S.186, waren von den 1125 Reichsbahn-Triebwagen mit eigener Kraftquelle im Jahre 1942 immerhin 207 Stück bei der Wehrmacht im Einsatz, allerdings nicht ausschließlich bei der Artillerie, sondern auch als fahrbare Notstromaggregate, im Muna-Verkehr sowie als Befehlshaber- oder Lazarettwagen; bei den Eisenbahn-Batterien wurden 86 Triebwagen eingesetzt (ZStA 43.01/1802 und 2116 sowie Jahresbericht motorisierte Zugförderung 1948, S.2)

47 Engelmann, Eisenbahngeschütze, S.29

48 MfV RZA 243

49 Denkschrift zur Waffenentwicklung v. 19.4.41; BA-MA RH15/135

- der Feuerschutz für Gleisarbeiten oder begrenzte militärische Operationen in der Nähe der Bahn,
- die Versorgung von im Kampf befindlichen Stützpunkten,
- das Freikämpfen von Rückzugswegen,
- die aktive Partisanenbekämpfung durch „überfallartige" Gegenstöße sowie
- die Inbesitznahme von Brücken, Bahnhöfen oder anderen militärisch wichtigen Bahnobjekten.

Insbesondere der ab Sommer 1942 mit großer Härte und Intensität auf beiden Seiten geführte Partisanenkrieg im weiten Teilen Weißrußlands[50] und auf dem Balkan beschäftigte die deutschen Panzerzüge außerordentlich. Die massive Störung des Bahnbetriebs durch die Partisanen konnten allerdings auch sie nicht verhindern.

Die bewegte Geschichte der rund 80 deutschen Panzerzüge im 2. Weltkrieg und die zuweilen verwirrende Vielfalt der Bauarten (vom bunt zusammengewürfelten Beutezug bis zu den kampfstarken Einheits-Panzerzügen BP42 und BP44) hat Wolfgang Sawodny mit beispielloser Gründlichkeit erfaßt und mehrfach beschrieben[51]. Eine grobe Übersicht ermöglicht die Zeittafel auf der gegenüberliegenden Seite.

Die Bezeichnung Panzer-„Triebwagen" war seinerzeit ein Sammelbegriff für alle selbstfahrenden, gepanzerten Einzelfahrzeuge der Eisenbahn-Truppe. Darunter befand sich tatsächlich ein ehemaliger Reichsbahn-VT (Pz.Tr.Wg. 15), andere waren jedoch Neukonstruktionen (Pz.Tr.Wg.16), russische Beutefahrzeuge (Pz.Tr.Wg.17-23), Nachbauten italienischer Panzer-Triebwagen (Pz.Tr.Wg.30-38) und Panzerjäger-Triebwagen (Pz.Tr.Wg.51-53).

Hersteller der deutschen Panzerzüge waren vor allem Linke-Hofmann und Krupp, Sonderbauarten kamen auch von Schwartzkopff und Steyr. Als Zuglokomotiven dienten fast ausschließlich preußische G10/Reichsbahn-Baureihe 57^{10}, in geringerem Umfang außerdem 93^{5} sowie polnische und russische Beutelokomotiven (poln. Ti 3, russ.O).

Die Heimat aller Panzerzüge war die am 1. April 1942 auf dem Truppenübungsplatz Rembertow bei Warschau eingerichtete Eisenbahn-Panzerzug-Ersatz-Abteilung. Hier wurden die Besatzungen ausgebildet, aufgestellt und aufgefrischt. Die Instandsetzung der Fahrzeuge erfolgte in besonderen Panzerzug-Werkstätten oder in Reichsbahn-Ausbesserungswerken. Im Juli 1944, nach Beginn der sowjetischen Sommeroffensive, mußte die Ersatz-Abteilung nach Milowitz in Nordböhmen zurückverlegt werden. Zu diesem Zeitpunkt hatten bereits größere Verluste im Bestand der Wehrmacht-Panzerzüge eingesetzt.

Zu den Panzerzügen mit WR-Loks im Einzelnen:

Der Panzerzug 29 (mit WR360C14)
gehörte zu einer Serie nur sehr behelfsmäßig ausgestatteter Breitspur-Panzerzüge, die im Frühsommer 1941 für den beginnenden Rußland-Feldzug kurzfristig zusammengestellt wurden[52] (sogenannte „*Barbarossa*"-Panzerzüge). Die Aufstellungs-Verfügung des OKH stammt vom 28.5.41, die Aufstellung selbst vom 1.6.41.

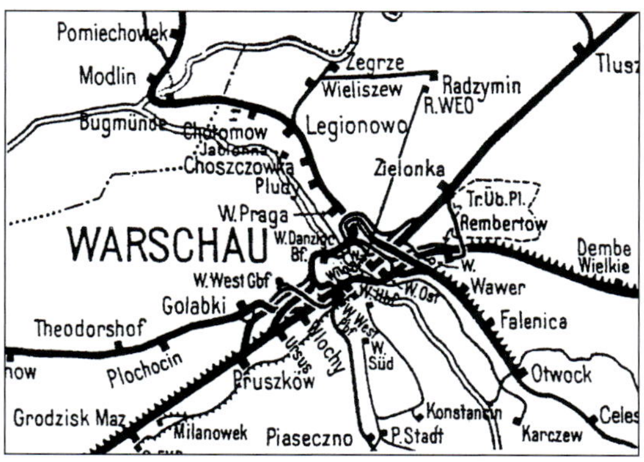

Der Zug stellte in jeder Beziehung die Minimal-Ausstattung eines Wehrmacht-Panzerzuges dar: An die grundsätzlich in der Zugmitte laufende Lok schlossen sich nach beiden Seiten jeweils

- ein niederbordiger Infanterie-(Ommr)-Wagen für die MG- und Gewehr-Schützen,
- ein Flachwagen mit Absetzrampe für den Transport eines Gefechtspanzers (frz. Modell: Somua S 35) sowie
- ein weiterer Flachwagen als Schutzwagen gegen Sprengminen bzw. als Abstoßwagen gegen sogenannte „Brander"[53]

an. Dazu gehörte außerdem noch ein Wohnzug für die - laut Aufstellungsverfügung - fünf Offiziere und 13 Mann Besatzung des Panzerzuges.

Einige als Propagandabilder aufgenommene Fotos vom August 1941 zeigen die ganze Primitivität dieses im Schnellverfahren hergerichteten Zuges: Die Schützenwagen hatten zwar Stahlwände mit eingebauten Schießscharten, waren aber in keiner Weise gegen Beschuß

Bescheidene Kampfkraft: Der von einer WR360C14K gezogene Panzerzug 29 war selbst höchst verwundbar. Die Hakenkreuzfahne ist ein sog. „Fliegertuch", das die Besatzung vor Beschuß durch die eigene Luftwaffe bewahren sollte.

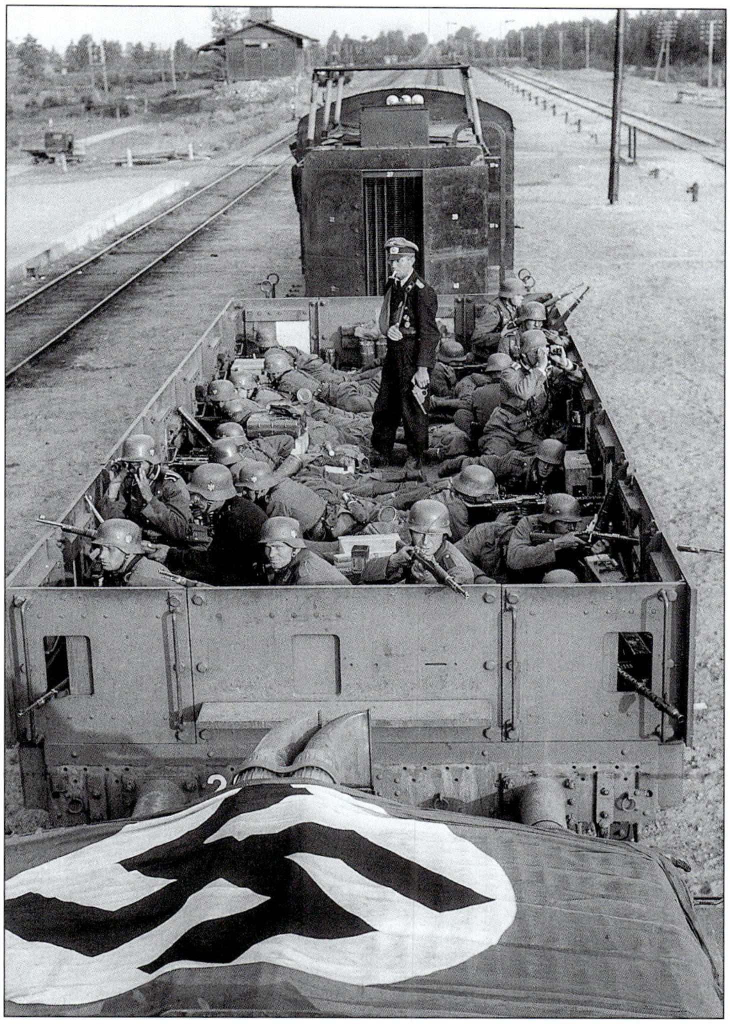

BUNDESARCHIV

50 Teske, Partisanen, S.468ff.; Pottgießer, Ostfeldzug, S.84ff.; Kreidler, Achsenmächte, S.213ff.; die NS-Propaganda verwendete für die Partisanen durchgängig den Begriff „Banden"
51 Deutsche Panzerzüge im Zweiten Weltkrieg (1986), Panzerzüge im Einsatz (1989) und vor allem: Die Panzerzüge des Deutschen Reiches (1996)
52 Alle anderen Panzerzüge dieser Serie (Nr. 26-31) wurden mit auf 1524 mm umgespurten 57^{10} gefahren
53 Als „Brander" wurden mit Sprengstoff beladene Güterwagen bezeichnet, die bei einem Auffahren der Züge auf freier Strecke eine Explosion auslösen sollten; die Abstoßwagen wurden häufig auch für den Transport von Streckenbaumaterial und -gerät verwendet

HORST KÜHNHACKL

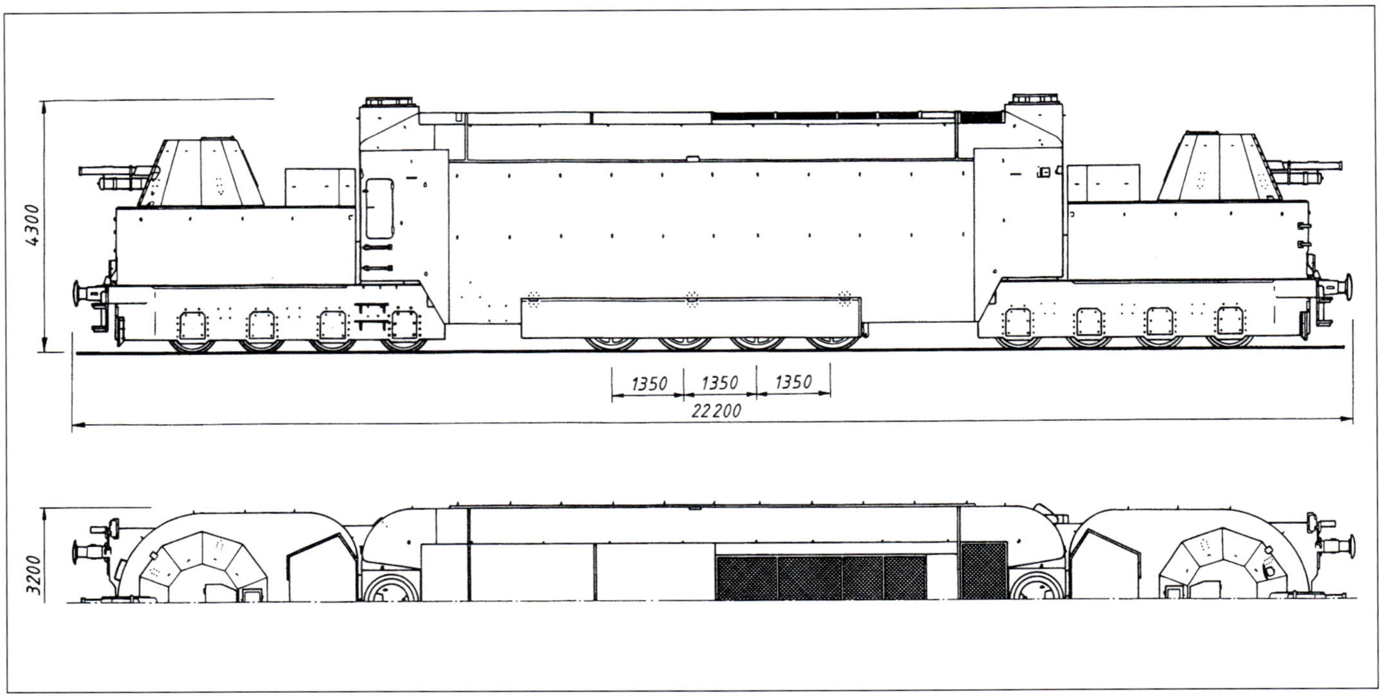

Panzer-Triebwagen 16: Die WR550D14 verschwand förmlich unter einer Glocke aus bis zu 10 cm dickem Stahl.

Die DEIPA-Panzerlok: Diese V36 rutschte eher zufällig in den Panzerzugpark der Wehrmacht (Rembertow, ca. 1943).

von oben (z.B. in Einschnitten oder aus der Luft) geschützt. Beim Panzerträgerwagen fehlt - zumindest noch auf diesen Bildern - die übliche seitliche Schürze für das Kettenlaufwerk des Panzers (nachgerüstet). Und auch der improvisierte Splitterschutz für die Lok am Kühler (Schwenktüren aus Stahlplatten), im Führerhausbereich (alle Fenster zu) und unter dem Umlauf (zum Schutz der Bremsluftbehälter) verdient kaum die Bezeichnung „Panzerung".

Bei der Lok handelte es sich zweifellos um die bereits erwähnte, auf Breitspur umgebaute WR360C14K von Orenstein & Koppel (21142/1940). Der gut erkennbare Ex-Schutz-Kasten ist ein eindeutiger Hinweis darauf, daß hier eine eigentlich für andere Zwecke bestimmte Lok kurzfristig herangezogen wurde. Das auf dem Motorvorbau montierte Stahlrohr-Gerüst ist die Rahmenantenne für die Funk-Übertragung vom Zugkommandanten zum Lokführer.

Nach den vorliegenden Unterlagen wurde die WR-Lok schon einige Wochen vor dem Überfall auf die Sowjetunion im Grenzbahnhof Platerow (nördlich von Brest) als Verschiebelok stationiert. Der Panzerzug traf erst am Vorabend des Angriffs, also am 21.6.41, auf einem Normalspur-Transport verladen und mit Planen abgedeckt, in Platerow ein. Auch die Panzerung für die Lok wurde mitgebracht und noch in der Nacht montiert. Am nächsten Morgen, so berichtet ein ehemaliger Panzerzug-Offizier, habe der Panzerzug 29 die Bug-Brücke zwischen Platerow und Siemiatycze dann unbeschädigt genommen.

Der Einsatz in den darauffolgenden Monaten erfolgte zunächst bei Terespol und Minsk, später - mit Vorrücken der Heeresgruppe Mitte - weiter östlich im Raum Brjansk/Orel/Kursk. Am 2.1.42 wurde der Panzerzug bei Kaluga (südlich von Moskau) in schwere Kämpfe verwickelt und stark beschädigt.

Über den Verbleib der WR360C14 gibt es unterschiedliche Versionen. Laut Bundesarchiv[54] wurden die nicht mehr fahrbereiten Reste des Pz.Zg.29, darunter auch zwei nicht näher bezeichnete Lokomotiven, am 10.1.42 von einem deutschen Sprengkommando auf den Bahnhöfen Gorenskaja und Muratowka westlich von Kaluga gesprengt. Ehemalige Mitglieder der Panzerzugbesatzung berichten jedoch, die Diesellok sei - weil zu schwach - schon Mitte Dezember 1941 bei einer Verstärkung des Zuges mit erbeutetem Breitspurmaterial in Orel gegen eine russische Dampflok Baureihe „O" ausgetauscht worden. Ob die WR360 danach in Orel zurückblieb oder im Wohnzug weiter mitgeführt (und damit auch am 10.1.42 gesprengt) wurde, ist unklar.

SAMMLUNG PAUL MALMASSARI

Die „DEIPA"-Panzerlok (WR360C14) war die zweite WR-Lokomotive bei der Eisenbahn-Panzertruppe und hatte eine gänzlich andere Geschichte. Sie begann im Frühjahr 1943 in Rembertow. Der damalige Lokführer Kurt Eduard Schäfer erinnert sich:

Eine nur das Dach aus Blech, sonst aber voll gepanzerte, dreiachsige Diesellok stand zum Abschleppen auf das Schießgleis bereit, als bewegliches Ziel für die Artillerie unseres Eisenbahn-Panzerzuges. Angeblich hatte sie in einer Heeresversuchsanstalt bei Belastungsproben ihren Geist aufgegeben und war dabei unbrauchbar geworden. Der Kommandeur der Ersatzeinheit, dessen Fahrer ich zu dieser Zeit war, erlaubte mir, den Motor dieser Lok vorher nochmal anzusehen. Beim Öffnen des Motorraums erkannte ich diesen sofort, weil ich aus dem Konstruktionsbüro der Entwicklungsabtei-

54 BA-MA XXXXIII.A.K./31644/8

lung der Herstellerfirma eingezogen worden war (Deutz V6M436). Gegen die Auffassung mehrerer Offiziere befreite mich der Kommandeur von jedem anderen Dienst, mit dem Auftrag, diese Maschine wieder ans Laufen zu bringen.

Das gelang, und wenig später war der damals gerade 19jährige Schäfer ein frisch gebackener Lokführer mit „eigener" Lok. Zusammen mit einem ausgebauten Wohn- und Werkstattwagen wurde die Maschine fortan bis kurz vor Kriegsende als „Feuerwehrlok" der Ersatz-Abteilung immer dahin geschickt, wo ein Panzerzug im Kampf seine Lokomotive eingebüßt hatte. Einsätze gab es u.a. im März 1944 im Raum Tarnopol und Anfang 1945 an der Oderfront. Ende Januar 1945 wurde die *„DEIPA"*-Lok[55] schließlich dem Panzerzug 83 fest zugewiesen.

Schon 1943 soll die WR360C14 mit einer zusätzlichen Panzerung über dem Motorraum- und Führerhausdach (im RAW Wittenberge) sowie einer Funkanlage (im Heereszeugamt Königsberg) ausgerüstet worden sein. Lok und Lokführer kapitulierten am 2. Mai 1945 in Holthusen/b.Schwerin vor den Amerikanern. Das weitere Schicksal der Lok ist unbekannt, ebenso leider Hersteller und Fabriknummer.

Der Panzer-Triebwagen 16 (WR550D14) war das vielleicht interessanteste Fahrzeug unter den rund 80 deutschen Panzerzügen des 2.Weltkriegs. Laut Sawodny[56] war er ursprünglich als Mittelstück für einen neuen Einheits-Panzerzug, Typenbezeichnung SP42, geplant. Aufgrund der veränderten Lage an den Fronten und der permanenten Überlastung der Rüstungswirtschaft ging der SP42 aber nicht mehr in Serie.

Bemerkenswert an diesem Fahrzeug war vor allem die Panzerung der Lokomotive (WR550D14): Sie fuhr gewissermaßen unter einer übergestülpten Glocke aus 50 mm dickem Stahl, der an den Seitenflächen mit einer aufgeschweißten, nochmals 50 mm dicken Panzerplatte verstärkt war[57]. Um die ohnehin an der Achslastgrenze liegende Lok mit dem zusätzlichen Gewicht nicht zu belasten, wurde die Glocke auf den beiden voraus- bzw. nachlaufenden vierachsigen Beiwagen abgestützt. Diese Beiwagen trugen zugleich die Gefechts-Bewaffnung des Zuges. Das Gesamtgewicht lag bei über 200 Tonnen[58] ! Der Pz.Tr.Wg.16 war damit das mit Abstand schwerste und am stärksten gepanzerte Fahrzeug der Wehrmacht.

Ein besonderes Problem stellte bei der gewählten Form der Rundum-Panzerung die Frage der Streckensicht dar. Wie bei allen anderen vollgepanzerten Lokomotiven auch, wurden beim Pz.Tr.Wg.16 Funkleitungen verwendet. Die Fahrbefehle des Kommandanten kamen aus den Beobachtungstürmen an den beiden Enden der Panzerglocke, wobei die Verständigung bei der als Krachmacher bekannten WR550D14 für den Lokomotivführer sicher keine ganz einfache Sache gewesen sein dürfte.

Zu den Einsätzen: Lok (O&K 21304/1942) und Wagen (BMAG 12128/1942) des Panzer-Triebwagens 16

Ein Ungetüm aus Stahl: Der Pz.Tr.Wg. 16 - hier nach Fertigstellung bei Schwartzkopff in Wildau - wog über 200 Tonnen!

---

55 „DEIPA" war eine Wortprägung der Truppe und stand für Deutsche Eisenbahn-Panzerzüge
56 Sawodny, Panzerzüge des Deutschen Reiches, S.162ff.
57 Zum Vergleich: Der Einheits-Panzerzug BP42 hatte nur eine 30 mm-Stahl-Panzerung
58 Magnuski, Wozy boyowe, S.278; weitere Einzelheiten zur Bewaffnung bei Sawodny, Panzerzüge des Deutschen Reiches, S.165

Versuche in Rembertow: Bis Juni 1944 blieb der Panzer-Triebwagen 16 zur Erprobung bei der Ersatz-Abteilung.

Bereit zum Einsatz: Der schwere Reißhaken wird mit einem einfachen Wagenheber in die vorbereitete Kuhle abgesenkt und greift dort unter die Schwellen.

BUNDESARCHIV

wurden im Frühjahr oder Herbst 1943 in Rembertow an das OKH übergeben. Dort erfolgten zunächst verschiedene Versuche, bevor das Einzelstück am 10.6.44 an die Truppe überwiesen wurde. Wie alle anderen Panzer-Triebwagen, operierte auch der Pz.Tr.Wg.16 als Artillerie-Verstärkung zusammen mit anderen Panzerzügen, u.a.

- im Sommer 1944 im Raum Lemberg (mit Pz.Zg.11),
- im Januar 1945 im Raum Kielce (mit Pz. Tr.Wg.18, Pz.Zg.11 und 25) und
- ab Februar 1945 an der Oderfront/Raum Frankfurt-Küstrin (mit Pz.Zg.65, 83 - der mit der WR360C ! - sowie Pz.Tr.Wg.21 und Pz.Tr.Wg.22).

Mehrfach geriet er dabei in schwere Kämpfe. Am 13.1.45 z.B. wurde die ganze Panzerzug-Gruppe bei Sobkow (Strecke Kielce - Tunel - Krakau) von sowjetischen Panzern gestellt. Augenzeugenberichten zufolge, gelang nur dem Pz.Tr. Wg.16 die Flucht über die Nida-Brücke, die hinter ihm gesprengt wurde. Das Ende kam dann am 1. oder 2. Mai 1945 bei Neustadt/Dosse in Brandenburg. Die südlich davon lagernde 1. polnische Armee brachte den Zug nach Kriegsende nach Polen. Lok und Panzerzug sind dort heute noch als Museumsstücke vorhanden!

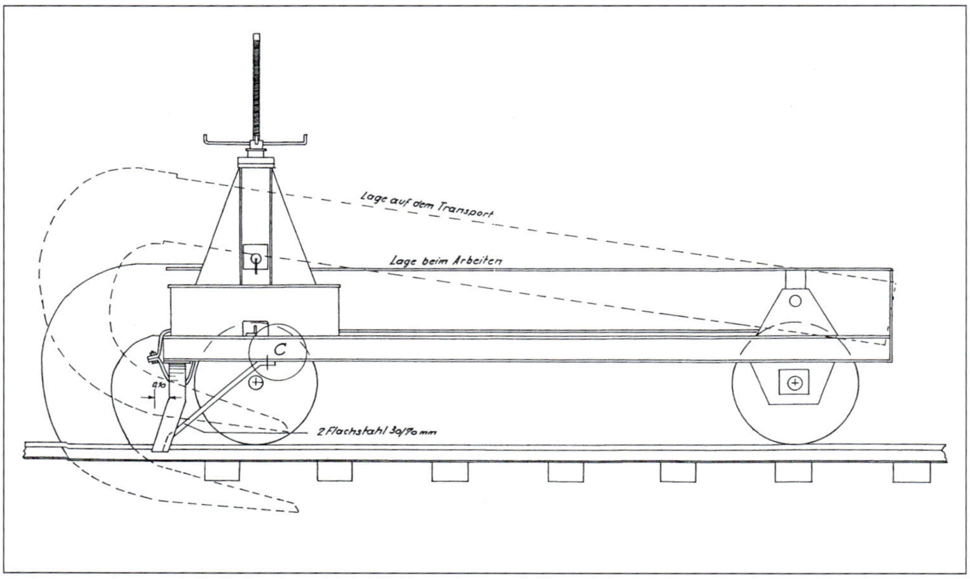

Einfach aber effektiv: Der Schwellenpflug (hier eine leichte Version mit Hubspindel) in Transport- und Arbeitsstellung; der Reißhaken hat einen dreieckigen Querschnitt.

Wie die Eisenbahngeschütze waren auch die Eisenbahn-Panzerzüge im Zweiten Weltkrieg wegen ihrer Schwerfälligkeit und Unbeweglichkeit durch die feste Bindung an das Schienennetz im Grunde eine überholte Waffe. Die Heftigkeit und Unerbittlichkeit des Partisanenkriegs in der Sowjetunion verschaffte den Panzerzügen in der zweiten Kriegshälfte aber dann noch einmal eine ungeahnte Bedeutung. In den Rüstungsprogrammen erhielt der Bau von Panzerzügen ab August 1944 sogar die zweithöchste Dringlichkeitsstufe!

Schienenwolf

Spätestens seit der verlustreichen Kesselschlacht von Stalingrad im Dezember 1942/Januar 1943 hatte sich das Kriegsglück der deutschen Armee im Rußlandfeldzug gründlich gewendet. An die Stelle des bis dahin scheinbar unaufhaltsamen Vormarsches der Wehrmacht auf Moskau und Ziele im Süden der Sowjetunion trat jetzt ein über mehr als zwei Jahre dauernder, zermürbender und zunehmend ungeordneter Rückzug an allen Fronten.

Damit änderten sich auch die Aufgaben der Eisenbahnpioniere. Hatten sie bis dahin fast ausschließlich zerstörte Eisenbahnbrücken wieder aufgebaut und russisches Breitspurgleis durch Umnageln auf 1435 mm für deutsche Fahrzeuge nutzbar gemacht, rückten nun sogenannte „Streckensperrungen“ in den Vordergrund. Dabei waren befehlsgemäß nicht nur größere Eisenbahnanlagen wie Bahnhöfe, Lokbetriebswerke, Wassertürme und Brücken so nachhaltig wie möglich zu zerstören, sondern auch alle verkehrlich bedeutsamen Streckengleise für die nachrückende sowjetische Armee unbrauchbar zu machen.

In der Regel geschah dies durch kleine Sprengladungen (Bohrpatronen), die zwischen Schienenkopf und Schienenfuß eingeklemmt und dann - an den Stößen und an den Herzstücken der

Ganze Arbeit: Zerborstene Schwellen, aufgepflügter Oberbau, weggeschaffte Schienen - so sahen viele Strecken nach der „Sperrung“ mit dem Schienenwolf aus.

BUNDESARCHIV

Weichen - gezündet wurden[59]. Dieses Verfahren war allerdings sehr zeitraubend und auch nicht immer ungefährlich.

Beim Heereswaffenamt wurde deshalb bis Ende 1942 ein sogenannter „Schwellenpflug" entwickelt, der vom Kriegsgegner bald außerordentlich gefürchtet war und aus der Luft und durch Partisanen gezielt bekämpft wurde. Bei der Truppe und in der Nachkriegsliteratur ist dieser Schwellenpflug (offiziell auch als *„Gleisaufreißmaschine"* oder *„Oberbauzerstörgerät"* bezeichnet) besonders unter dem Namen „Schienenwolf" bekannt geworden.

Die Arbeitsweise dieses Gerätes war überaus wirkungsvoll. Der tonnenschwere Reißhaken des Schienenwolfes wurde am Einsatzort über eine einfache Hubvorrichtung (Wagenheber oder Hubspindel) in eine vorbereitete Kuhle im Gleisbett abgesenkt und dann durch eine oder zwei Lokomotiven bei langsamer Fahrt durch das Gleis gezogen. Ergebnis: Die Schwellen wurden in der Mitte aufgerissen und die Gleisbettung regelrecht umgepflügt, wodurch nicht nur die Strecke unbefahrbar wurde, sondern auch eine schnelle Instandsetzung praktisch unmöglich war[60].

Bei ausreichend vorhandener Zeit wurden auch Schienen und Kleineisenteile noch abtransportiert[61] oder durch einen zusätzlichen, mechanischen Gleiszerstörer verbogen, gebrochen oder der Länge nach zersägt[62]. Je nach Witterung und Gleisbeschaffenheit konnten so zwischen drei und 25 km Gleis am Tag zerstört werden.

Mit welcher Perfektion die zurückgelassenen Eisenbahnstrecken von der Wehrmacht verwüstet wurden, zeigen eindrucksvoll die Fotos auf dieser Doppelseite. Bei dem von der WR360C14 gezogenen, recht leichten Gespann wurde die Zerstörungskraft des Schwellenreißers sogar noch durch Sprengmittel verstärkt. Die Haftladungen fielen, wie auf dem Bild gut zu erkennen ist, über zwei äußere Führungsschienen auf das Gleis, wo die Sprengkörper dann mit einer vorausberechneten Zeitverzögerung detonierten. Das Foto soll angeblich 1944 in Italien entstanden sein[63]; das ganze Umfeld deutet allerdings eher auf ein gestelltes Propagandabild hin, aufgenommen möglicherweise in Rehagen-Klausdorf.

Als „Erfinder" des Schienenwolfes gilt der Chef der Pionierabteilung im Berliner Heereswaffenamt, Oberst Max Mennicke. Aufbauend auf ein ähnliches, im September 1938 von den Tschechen im Sudetenland verwendetes Gerät[64], wurde der Schwellenpflug in den Folgejahren im HWA ständig verbessert und perfektioniert[65]. Hersteller der industriell gefertigten Schwellenreißer waren u.a. Krupp, Krauss-Maffei, Wumag (Görlitz), Schuler (Göppingen), Orenstein & Koppel und die MAN. Die Planungen gingen seinerzeit von mindestens 300 Stück aus[66], von denen 150 bis März 1944 geliefert und an den Fronten im Einsatz waren[67]. Daneben gab es noch eine größere Zahl improvisierter Eigenbauten der Truppe.

Zumindest die ersten Typen waren offenbar zu leicht konstruiert und entgleisten durch die Reaktionskräfte der berstenden Schwellen laufend mit der Hinterachse. Spätere Ausführungen sind deshalb entschieden schwerer gebaut oder sogar mit breiten, absenkbaren Stützrollen ausgerüstet worden. Die vor dem Schwellenpflug eingesetzten WR360C14 sollen außerdem zusätzliche Rahmenversteifungen (?) sowie verstärkte Sandstreuer erhalten haben.

Der Dienst auf dem Schienenwolf war für die Besatzungen - ein Offizier, sechs Soldaten - nicht ohne Gefahr: Zum einen mußte jederzeit mit feindlichem Beschuß gerechnet werden, wofür einige Bauarten auch besondere Schutzschilde am Reißhaken und an den Seiten erhielten. Brenzlig wurde es zudem immer dann, wenn der Lokführer Stahlschwellen, Weichen oder kleine Brücken übersah, der Schwellenreißer sich dort festhakte und Lok- oder Wagenkupplungen abrissen. Durch die meist rasch nachfolgenden feindlichen Truppen geriet in solchen Fällen häufig der ganze Sperrzug, zumindest aber der nicht mehr transportfähige Schienenwolf in gegnerische Hand.

Detaillierte Aufzeichnungen über die Sperreinsätze sind bei den oft überstürzten Absetzbewegungen verständlicherweise nicht oder nur insoweit gemacht worden, daß die zerstörten Streckenabschnitte weitergemeldet und auf Karten verzeichnet wurden. Über die mit dem Schienenwolf verwendeten Lokomotivbauarten gibt es deshalb wenig verläßliche Unterlagen. Nach Fotos zu urteilen, scheint es feste Bespannungen aber

Bundesarchiv

nicht gegeben zu haben. Eingesetzt wurden die Loks, die jeweils gerade verfügbar waren; im wesentlichen also die zahlreich an die Front abkommandierten preußischen $G8^1$ und G10, die Kriegsdampflok Baureihe 52 und - wohl nur seltener - auch die WR360C14. Herkömmliche Sperrzüge (mit Munitionswagen anstatt des Schwellenpfluges) wurden außerdem mit Reichsbahn- und Wehrmacht-Köfs gefahren[68].

Der Schienenwolf in Aktion: Eine Deutz-WR360C14, FabNr. 36636, zieht den Schwellenpflug durchs Gleis. Die Lok kam später als V36 221 zur DB.

---

59 Ritzau/Hermann, Eisenbahnpioniere, S.76
60 Nach sowjetischen Quellen wurden zwischen 1941 und 1945 von den Deutschen insgesamt rund 70.000 km Gleis, 45.000 Weichen sowie 10.000 kleinere und 2000 größere Brücken zerstört; Baumgart, Kriegsführung, S.218
61 BA-MA RH47/90
62 Baumgart, Kriegsführung, S.217; BA-MA Potsdam WF-10/21013
63 Ziel, Räder, S.128
64 Teske, Spiegel, S.129
65 Um eine erste Typisierung bemüht sich Kästner, Schienenwolf, S.349ff.
66 Baumgart, Eisenbahnen, S.217
67 BA-MA Potsdam WF-10/21013
68 Ritzau/Hermann, Eisenbahnpionier, S.76

Horst Kühnhackl

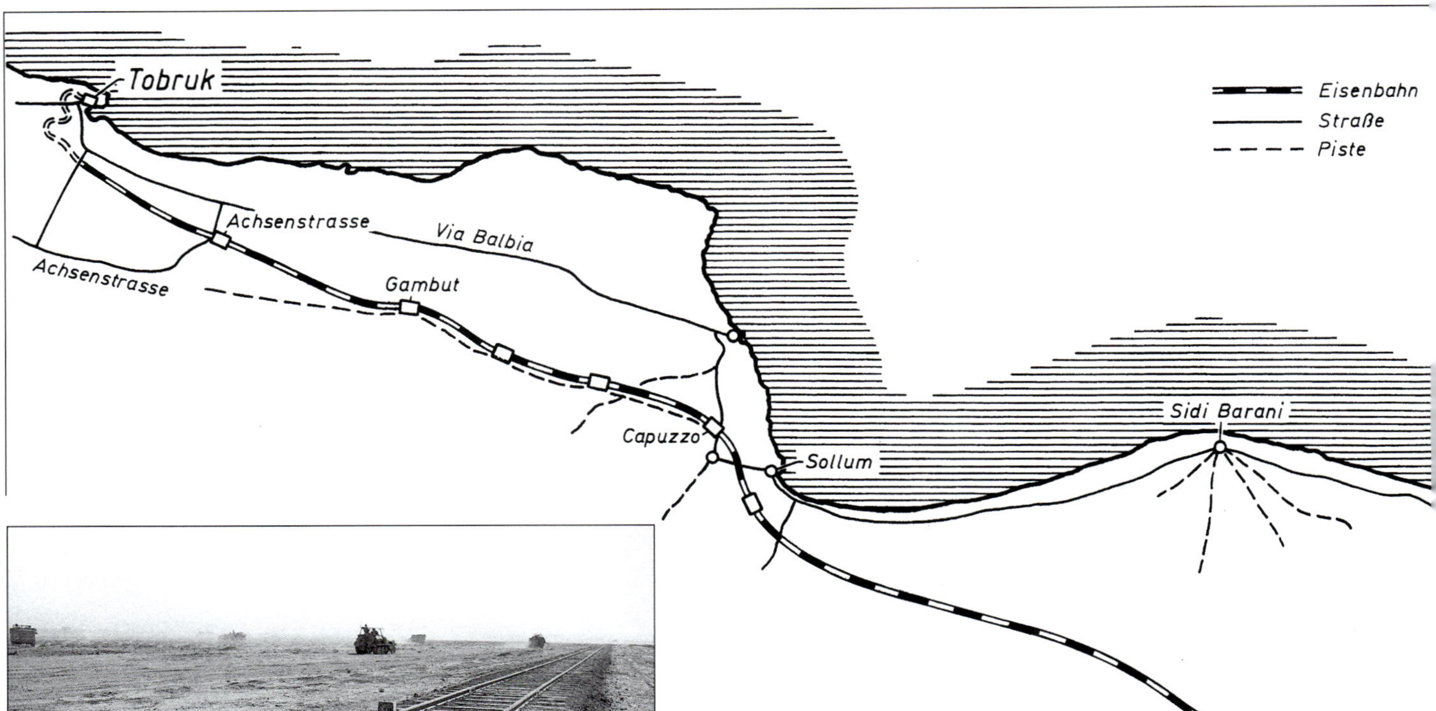

Bundesarchiv

500 km durch die Wüste: So wie hier - Eisenbahn, Piste und weites Land - sah es fast überall entlang der Strecke Tobruk-El Alamein aus.

Deutsche Wehrmachtdieselloks in Nordafrika

Ganz anders als im Osten waren die Verhältnisse am Kriegsschauplatz in Nordafrika. Auch hier wurde - in den Jahren 1942/43 - mit etlichen WR-Dieselloks gefahren; jedoch nicht im Rangier- oder Sperreinsatz, sondern mit Nachschubzügen auf der Wüstenbahn Tobruk - El Alamein sowie auf den Strecken rund um Tunis. Zumindest in dem begrenzten Zeitraum von Juli bis November 1942 und noch einmal von Dezember 1942 bis Mai 1943 übernahmen die WR-Loks hier wichtige Transportaufgaben.

Insgesamt hat die Eisenbahn im Wüstenkrieg in Nordafrika dennoch keine allzu bedeutende Rolle gespielt. Für die Geschichte der Kriegsdieselloks ist der Afrikafeldzug trotzdem ein besonders bemerkenswertes Kapitel, waren hier - an einem zudem recht exotischen Einsatzort - doch alle drei WR-Bauarten gleichzeitig vertreten. Auf der Strecke von Tobruk in Richtung El Alamein wurde über mehrere Monate ein artreiner Zugbetrieb ausschließlich mit WR-Lokomotiven abgewickelt. Sogar die Wochenschau[69] berichtete seinerzeit über Antransport und Einsatz der deutschen Loks auf der afrikanischen Wüstenbahn.

Zur Geschichte:

Das Deutsche Reich war aufgrund seiner Bündnisverpflichtungen gegenüber Italien im Februar 1941 in den Krieg in Nordafrika eingetreten. Dort standen sich seit September 1940 Italien (mit der italienischen Kolonie Libyen) und die von Ägypten aus operierenden britischen Truppen gegenüber. Trotz einer gewaltigen italienischen Übermacht waren die Engländer militärisch erfolgreicher. Sie konnten nicht nur die Angriffe abwehren, sondern in einer Gegenoffensive auch tief auf libysches Gebiet vordringen.

Sehr zunutze kam ihnen dabei eine schon 1936/38 aus strategischen Gründen errichtete normalspurige Küstenbahn[70] von Alexandria aus westwärts bis Marsa Matruk (294 km). Nach dem englischen Vormarsch wurde sie 1940/41 zunächst bis zum britischen Militärstützpunkt Mohalafa und zwischen November 1941 und Juni 1942 um weitere rund 300 km bis nahe Tobruk verlängert.

Dieser Bahnbau und insbesondere das Tempo des Baufortschritts galten bei Eisenbahnfachleuten seinerzeit weltweit als Meisterleistung. Unter Einsatz eines gewaltigen Menschenpotentials - rund 30.000 Arbeiter, vor allem Inder und Neuseeländer - und mit modernsten Baumaschinen wurde die Strecke täglich bis zu drei Kilometer vorangetrieben. Der gesamte Bahnbau von Mohalafa bis kurz vor Tobruk[71] nahm nur sieben Monate in Anspruch. Zum Vergleich: Italienische und deutsche Baukompanien schafften später bei kleineren Streckenverlängerungen an den westlichen und östlichen Streckenköpfen der Bahn nur rund 1/3 Kilometer pro Tag.

Zur Strecke[72]:

Möglich wurde das gewaltige Vorbautempo nur durch den Verzicht auf jegliche bauliche Besonderheiten. Die gesamte Strecke von Tobruk nach El Alamein war eingleisig. Hügeliges Gelände, enge Kurven, Brükken oder Einschnitte wurden durch großräumige Umfahrungen gemieden. An Kunstbauten gab es nur eine

---

69 Deutsche Wochenschau Nr.630 v. 30.9.42

70 Hughes, Middle East, S.45; zur Kilometrierung und Schreibweise der Ortsnamen gibt es in den Quellen teils stark voneinander abweichende Angaben

71 Westlicher Endpunkt war zu Zeiten der deutschen Besatzung der Bf. El-Adem-Straße, rund 19 km vor Tobruk; Ausgangspunkt der Züge blieb allerdings der 16 km weiter entfernte Bf.Tobruk/Achsenstraße

72 Erfahrungsbericht über die englische Wüstenbahn Tobruk - El Alamein; BA-MA RH66/H14/193

Bundesarchiv (2)

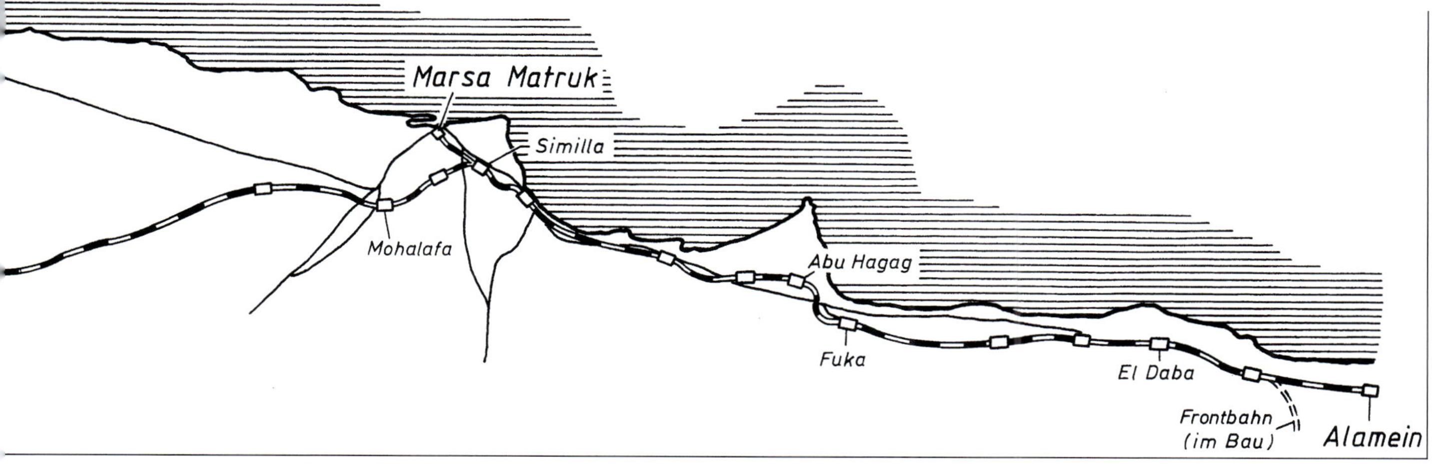

Eindrücke von der Wüstenbahn: Links Bf. Fuka (70 km westlich von El Alamein), rechts die italienischen Breuer-Traktoren.

einzige Brücke mit rund 10 Metern Spannbreite bei Gambut im westlichen Teil der Strecke.

Auch die Bahnhöfe waren auf das Notwendigste reduziert: Alle Stationen (im Abstand von 15 bis 22 km) hatten nur kurze Gleisstutzen mit Kopframpe zum Laden oder Abstellen von Schadwagen, und waren ansonsten als einfache Ausweichstellen angelegt. Größere Gleisanlagen gab es nur in Tobruk/Achsenstraße, Capuzzo, Garari und Similla. Hier waren - neben vier durchgehenden Parallelgleisen - auch sehr weiträumige, mitunter kilometerlange Gleisschleifen sowie Gleisdreiecke und provisorische Lok-Unterstände vorhanden.

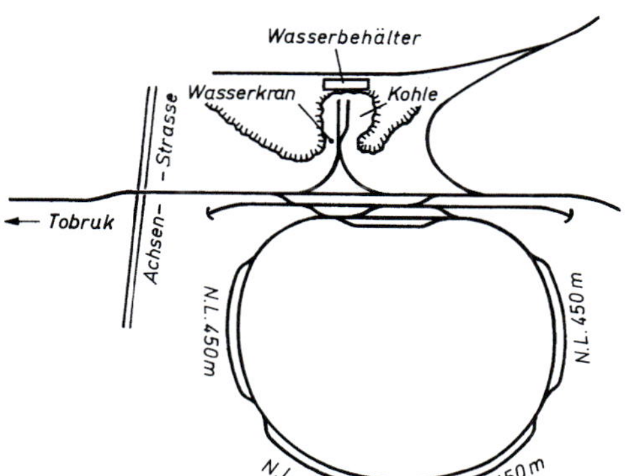

Im Bf. Tobruk/Achsenstraße z.B. (siehe Skizze) hatten auf dem im Durchmesser rund 1000 m großen Gleisrund bis zu elf Züge gleichzeitig Platz. Vier davon konnten auf je 450 m langen Ausweichen in der Gleisschleife abgestellt werden. Bei Luftangriffen standen die Züge somit weit auseinandergezogen und konnten nach jeder Richtung ausfahren, ohne sich gegenseitig zu blockieren.

Wie zuvor schon die Engländer, benutzte auch das deutsche Militär zur Irreführung feindlicher Tiefflieger Scheinbahnhöfe mit Gleis- und Waggonattrappen. Augenzeugenberichten zufolge[73], sind diese Attrappen auch heftig bombadiert worden.

Die Fahrzeuge:

Nach dem Eingreifen des „Deutschen Afrika-Korps" (DAK) unter Generalleutnant Erwin Rommel schien sich das Blatt im Afrikakrieg zunächst zugunsten der Achsenmächte Italien und Deutschland zu wenden. Von Westen her wurden im zweiten Anlauf Bengasi (29.1.42), Tobruk (1.6.42) und Marsa Matruk (28.6.42) erobert, bevor der Vormarsch wegen Nachschubmangels bei El Alamein zum Stillstand kam. Die Festung Tobruk hielt sich noch bis zum 21.6.42 und mußte von den Briten dann ebenfalls aufgegeben werden.

Damit waren auch die gerade erst fertiggestellte Nachschubbahn Tobruk - Marsa Matruk sowie eine etwa 120 km lange Strecke über Marsa Matruk hinaus bis El Daba an der El-Alamein-Front vollständig in deutsche Hände gefallen. Nahezu sämtliche Loks[74] und einen Großteil der Wagen hatten die britischen Kriegseisenbahner aber noch rechtzeitig abfahren können. Für die Wiederinbetriebnahme der Wüstenbahn mußten also in kürzester Zeit geeignete Lokomotiven aus Italien und Deutschland herbeigeschafft werden. Dampfbetrieb, wie ihn die Engländer mithilfe einer aufwendigen Wasser- und Kohlenversorgung von Ägypten aus aufrecht erhalten hatten, schied aufgrund der Frontlage aus. Infrage kamen allein Diesellokomotiven.

Die nachfolgende Übersicht faßt Daten aus Schiffsladelisten, Kriegstagebüchern, Zugabgangsmeldungen, Fahrplänen und anderen Unterlagen[75] zu den insgesamt

---

73 Erfahrungsbericht von Ltn. Walter Hofmann; BA R5 Anh.II/18

74 Die einzige vorgefundene Lok war eine nicht betriebsfähige britische 1'C-Dampflok im Bf. El Daba

75 BA-MA RH19 VIII/252, 254, 305; alle Loks wurden mit dem Transportschiff „Ankara" nach Nordafrika gebracht. Im Kriegstagebuch heißt es dazu: *„Fuer 'Ankara' wird Luftgeleit beantragt, da einziges Schiff, was Lokomotiven befoerdern kann. 'Ankara' z.Zt. wichtigstes Schiff"*

05.08.42 - Schiff „Ankara“

Auslaufhafen:	Tarent	03.08.42
Einlaufhafen:	Tobruk	05.08.42
Ladung:	3 Diesellokomotiven	

1.	WR360C14	**BMAG**	**12115/1942**	an Land: 05.08.42
2.	WR200B14	**Gmdr**	**3610/1941**	an Land: 07.08.42
3.	WR200B14	**Jung**	**8991/1941**	an Land: 08.08.42

08.09.42 - Schiff „Ankara“

Auslaufhafen:	Brindisi	06.09.42 (beladen 01.09.42)
Einlaufhafen:	Tobruk	08.09.42
Ladung:	5 Diesellokomotiven, 2 Schienen-Lkw, 1 italienischer Werkstattwagen	

1.	WR550D14	**Deutz**	**27307/1942**	an Land: 08.09.42
2.	WR200B14	**BMAG**	**11273/1940**	an Land: 09.09.42
3.	WR550D14	**BMAG**	**11118/1941**	an Land: 10.09.42
4.	WR200B14	**Krupp**	**2148/1940**	an Land: 10./11.09.42
5.	WR200B14	**Jung**	**8992/1941**	an Land: 10./11.09.42

19.10.42 - Schiff „Ankara“

Auslaufhafen:	Tarent	17.10.42 (beladen 16.10.42)
Einlaufhafen:	Tobruk	19.10.42
Ladung:	2 Diesellokomotiven, 2 Schienen-Lkw	

1.	WR360C14	**BMAG**	**11464/1941**	an Land: 20./21.10.42
2.	WR360C14	**BMAG**	**11465/1941**	an Land: 20./21.10.42

satzteilen mühsam am Leben gehalten werden[77]. Nach dem Eintreffen der deutschen Wehrmacht-Diesselloks wurden die Lokotraktoren deshalb nur noch auf dem von den italienischen Eisenbahntruppen betriebenen Abschnitt von Marsa Matruk nach El Daba eingesetzt. Die deutschen WR-Lokomotiven bedienten währenddessen den weitaus längeren Streckenteil, von Tobruk bis Similla bzw. Marsa Matruk.

Alle Loks wurden nach dem Eintreffen im Hafen Tobruk auf 4- bzw. 6-achsige Culemeyer-Fahrzeuge verladen und auf der Straße zu dem 35 km außerhalb von Tobruk gelegenen Bahnhof Achsenstraße geschleppt. Das Abladen dort erfolgte mithilfe einer zweiten Lok über einfache Gleisrampen.

Auf dem Höhepunkt der Kämpfe in der libysch-ägyptischen Wüste, Mitte Oktober 1942, waren damit insgesamt

5 Loks WR200B14
3 Loks WR360C14 und
2 Loks WR550D14

auf der Nachschubbahn eingesetzt. Alle Lokomotiven hatten noch in Deutschland zusätzliche Luftfilter gegen den feinen Wüstenstaub, aber nicht mehr den wohl später erst vorgesehenen, sandfarbenen Außenanstrich erhalten. Die Motorleistungen unter tropischen Einsatzbedingungen lagen für die WR200B14 bei etwa 170 PS und für die WR360C14 bei 275 PS.

Problematisch war zweifellos die jeder technischen und betrieblichen Vernunft widersprechende Typenvielfalt: Bei nur zehn Lokomotiven waren alle drei WR-Bauarten vertreten, diese zudem noch mit sechs verschiedenen Motortypen. Der Grund: Weil der plötzliche Bedarf aus laufender Neulieferung nicht zu decken war, hatte das Heereswaffenamt in aller Eile den gesamten Test-

76 Bauart Büssing; die Schienen-LKW wurden überwiegend im Bauzugdienst, in Doppeltraktion aber auch vor kurzen Zügen eingesetzt; insgesamt dürften etwa 15-20 Schienen-LKW auf der Wüstenbahn eingesetzt gewesen sein.

77 BA-MA RH66/H14/181

Angekommen: Jung 8991/1941 nach der Entladung in Tobruk auf einem 4achsigen Culemeyer; die Lok hat beim Schiffstransport offenbar einige Blessuren davongetragen (eingedrückte Haubenleiter, kaputtes Fensterglas).

Bundesarchiv-Militärarchiv

zehn zwischen August und Oktober 1942 nach Tobruk verschifften deutschen Wehrmacht-Diesselloks zusammen. Daneben wurden mehrfach Schienen-Lkw[76] und - von italienischer Seite - 30 kleine Breuer-Schleppfahrzeuge aus Staatsbahn-Beständen nach Nordafrika herangebracht.

Die Breuer-Traktoren (Lizenzbauten von Badoni) waren für den Streckeneinsatz völlig ungeeignet. Bei 10 km/h Höchstgeschwindigkeit konnten sie gerade einmal fünf Waggons ziehen. Mehr als die Hälfte des Bestandes, meist 15 bis 20 Maschinen, waren wegen ständiger Überbeanspruchung schadhaft und mußten mit deutschen Er-

Einsatz in der Wüste: Ihren Treibstoffvorrat – in Form von rund 50 Spritkanistern – nimmt die BMAG 12115 vorsichtshalber gleich mit auf die Fahrt. Der bei der Lok verbaute Explosionsschutz ist für den Einsatz im Wüstensand natürlich völlig unsinnig.

Historical Railway Images

Deutsche Wochenschau (3)

lok-Bestand des Eisenbahn-Pionier-Parks Rehagen-Klausdorf für Nordafrika freigegeben. Nur die beiden Nachzügler, BMAG 11464 und 11465, dürften aus fabrikneuer Fertigung gestammt haben. Klüger (und von der AGM auch so vorgeschlagen[78]) wäre es sicher gewesen, baugleiche Lokomotiven von Wehrmachtsdienststellen im Reich abzuziehen und dort durch die Rehagen-Loks zu ersetzen.

Die absehbaren negativen Auswirkungen dieses Typenwirrwarrs stellten sich sehr bald ein. So schreibt Major Flügel, der Leiter der Eisenbahn in Nordafrika, in einem Erfahrungsbericht:

Der Ausfall an Dieselloks betrug etwa 40 bis 50 Prozent. Der Hauptgrund war die leidige Ersatzteilfrage. Es war der größte Fehler, daß bei den [zunächst; S.L.] *8 angelieferten Lokomotiven 4* [richtig: 6, S.L.] *verschiedene Motortypen vorhanden waren. Der Ersatzteilaustausch bei fehlenden Ersatzteilen war dadurch nicht möglich.*

Verschärft wurde der Ersatzteilmangel noch durch den von englischen Jagdfliegern immer häufiger unterbrochenen Nachschub über das Mittelmeer. Ende Oktober/Anfang November 1942 kam auf jede Tonne Nachschub bereits fast eine Tonne Verlust. Auch die Eisenbahn war betroffen. In einem Fernschreiben an den Chef des Generalstabs vom 13.10.42 (also noch vor Eintreffen der beiden BMAG-WR360C)[79] heißt es:

Durch Sand und Hitze aussergewöhnlich hoher Verschleiss und Ausfälle der Lokomotiven. Ein groesseres Ersatzteilpaket aus Deutschland (15 Kisten) ging durch Schiffsuntergang verloren, Nachlieferung eingeleitet, braucht jedoch Zeit. Durch behelfsmaessige Ausbesserungen koennen von den vorhandenen 8 Lokomotiven etwa noch 4 staendig einsatzbereit gehalten werden.

Tobruk, 8.9.42: Die Deutz-WR550D wird mit einem Kran von der „Ankara" gehievt (oben), per Culemeyer auf das Hochplateau geschleppt (mitte) und im Bf.Achsenstraße entladen (unten)

Bei den Planern im fernen Berlin wurde mit ganz anderen Zahlen hantiert. Für das Afrika-Korps, so läßt sich noch in einer Notiz[80] vom 27.6.43 nachlesen, waren damals etwa 40 (!) Normalspur-Dieselloks der 200- und 360-PS-Typen in Bau. Der Krieg in Nordafrika gehörte zu diesem Zeitpunkt bereits der Geschichte an. Die schon angearbeiteten Loks wurden fertiggebaut und an andere Wehrmachtstellen oder die Industrie geliefert, der Rest storniert.

78 Mitteilung von Prof.Gerhard Tiffe v. 17.2.82
79 BA-MA RH19 VIII/257
80 BA-MA RH66/H14/281

BUNDESARCHIV-MILITÄRARCHIV

Der erste Zug nach El Alamein: Gmeinder 3610 steht abfahrbereit im Bf. Tobruk/Achsenstraße. Die Ladung: Fässer mit Treibstoff und ein Marder-III-Panzer (8. August 1942).

Hauptrichtung des Materialtransports war naturgemäß der Frontnachschub nach El Alamein bzw. El Daba. Nach hier wurden täglich rund 120-200 to Kriegsmaterial, im wesentlichen Kraftstoff, Munition, militärisches Gerät und Eisenbahn-Baumaterial, gefahren. Angestrebt aber nie erreicht wurden 500 to pro Tag. In umgekehrter Richtung, also von Ost nach West, verkehrten nahezu ausschließlich Leerzüge bzw. solche mit Leergut (leere Kanister, Fässer, Munitionsleergut, Schrott etc.). Nur fallweise wurden die Versorgungszüge auch für Truppen- oder Verwundetentransporte genutzt.

Zum Betrieb:

Der erste mit einer WR-Diesellok (Gmeinder 3610/1941) bespannte Zug auf der Wüstenbahn Tobruk - El Alamein verließ den Bf. Achsenstraße am 8. August 1942. Vier Tage später wurde, mit vorerst täglich je einem Zug in beide Richtungen, der planmäßige Betrieb aufgenommen. Das Wagenmaterial bestand aus rund 250 erbeuteten ägyptischen Waggons sowohl offener, als auch geschlossener Bauart. Gebremst war dabei - außer der Lok - nur der Packwagen, was zu einem erheblichen Verschleiß der Lokomotivbremsklötze führte. Als Nutzlasten wurden festgelegt

für die WR200B14: 28 Achsen oder 150 to,
für die WR360C14: 42 Achsen oder 225 to,
für die WR550D14: 56 Achsen oder 300 to.

Die WR200B14-Lokomotiven verkehrten bei höherer Zuglast in Doppeltraktion, zeitweise sogar in festen Pärchen (8991+8992 und 2148+11273); die beiden leistungsstärkeren Typen WR360C14 und WR550D14 waren in der Regel als Einzelloks unterwegs.

Einen guten Eindruck vom Betriebsalltag auf der libyschen Wüstenbahn vermittelt der Bildfahrplan[81] für die letzte Septemberwoche 1942. Im Durchschnitt vier, an Spitzentagen aber auch bis zu sieben der acht seinerzeit verfügbaren Lokomotiven waren täglich im Einsatz. Gefahren wurde von morgens 6 Uhr bis 18 Uhr abends. Für die ungefähr 350 km von Tobruk bis Marsa Matruk benötigte ein Zug, einschließlich Übernachtung, 24 Stunden!

TABELLE 26 nennt die wichtigsten Beförderungsleistungen für die Monate August bis Oktober 1942. Gut zu erkennen sind die - trotz zusätzlicher Lokomotiven - zurückgehenden Tonnagezahlen im Oktober. Ursache dafür waren zum einen längere Streckenunterbrechungen durch starke Regengüsse und davon unterspülte Bahndämme[82]. Zum anderen setzten ab 10. Oktober fast täglich Tieffliegerangriffe der Engländer ein, die den Bahnbetrieb Richtung Front massiv behinderten.

Auch fahrende Züge wurden wiederholt angegriffen und beschossen: Schon am 27.8.42, beim ersten großen Luftangriff auf die Nachschubbahn, wurde die Gmeinder-Lok 3610 vor ihrem Zug beschädigt (2 Tote). Zwei Monate später, am 19.10.42, brannte die WR550D Deutz 27307/1942, nach einem feindlichen Fliegerangriff, 30 km westlich von Marsa Matruk vollständig aus

TABELLE 26: Transportleistungen Tobruk - El Alamein

Monat		**Aug.**	**Sept.**	**Okt.**	**Nov.**
für Heer	to	1020		1646	973
für Luftwaffe	to	267		598	
für Wehrmacht ges.	to	1287	3385	2244	
für ital. Armee ges.	to	1126	2954	1907	
Tagesmittel (to/Zug)	to	**151**	**211**	**134**	**122**

(5 Tote). Allein der durch diesen Lokverlust verursachte Kapazitätsrückgang für die Eisenbahn wurde mit 25 Prozent angegeben!

Die erste Abwehrmaßnahme bestand in einer Verstärkung der Fliegerabwehr: Die bisher nicht sehr wirkungsvolle 2-cm-Einrohr-Flak wurde durch eine Vierlingsflak ersetzt. Größere Transporte bekamen außerdem einen zweiten Flak-Wagen beigestellt, um den meist in kleinen Gruppen von sechs bis acht Maschinen angreifenden Jagdbombern, wie es im damaligen Jargon hieß, *„mehr Eisen entgegenschleudern"* zu können.

Hochbetrieb im Wüstensand: An Spitzentagen waren bis zu sieben Loks auf der Nachschubbahn des Afrika-Korps im Einsatz.

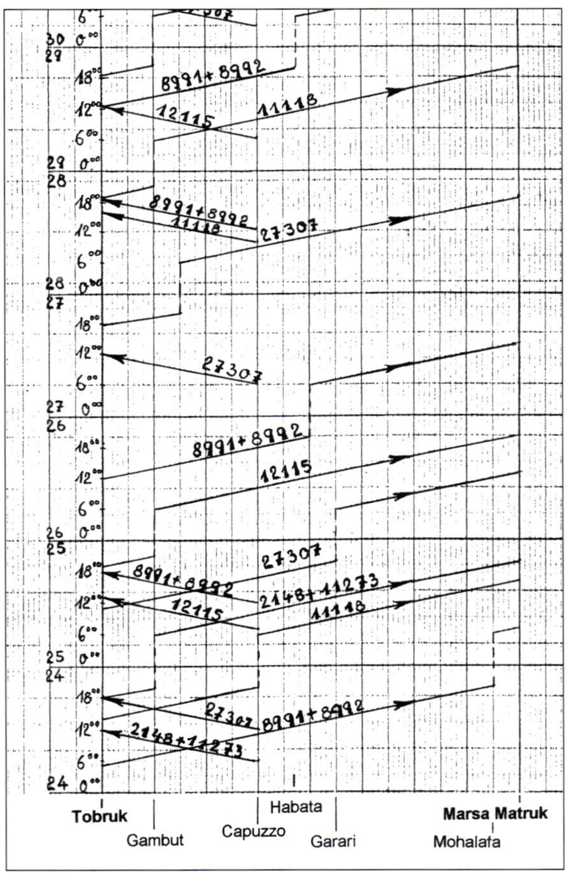

BUNDESARCHIV-MILITÄRARCHIV

81 BA-MA RH19 VIII/255; eingetragen sind nur die für den Material- oder Truppentransport genutzen Kurse, keine Leerzüge

82 BA-MA RH19 VIII/181, 257; so war z.B. der Abschnitt Tobruk - Marsa Matruk vom 5.10.42 an für fünf Tage, die Strecke Marsa Matruk - El Daba sogar für zwei Wochen blockiert; geschätzte Einbuße für die Leistung der Bahn: rund 80 Prozent

Etwa Ende Oktober 1942 wurde der Bahnverkehr Richtung El Alamein zusätzlich auf Nachtbetrieb umgestellt. Zumindest beim rollenden Material gab es danach keine nennenswerten Verluste mehr. Die Züge fuhren nachts von Tobruk/Achsenstraße bis Garari bzw. von Garari weiter bis Similla. Tagsüber pausierten sie in den flakgeschützten großen Bahnhöfen.

Mit den WR-Diesel-loks war man, abgesehen von der schwierigen Ersatzteillage und den besonderen Problemen des Wüsteneinsatzes, sehr zufrieden. Zu letzterem noch einmal ein Auszug aus dem Erfahrungsbericht von Major Flügel[83]:

Nachlass Arnold Haas

Entgleisung oder Tieffliegerangriff? Das WR200B14-Pärchen BMAG 11273 und Krupp 2148 hat es mächtig von den Schienen gerissen; die Krupp-Lok hat einen großen Kühlerausschnitt.

Die deutschen Diesellokomotiven, die von deutschen Eisenbahnpionieren gefahren wurden, wurden hauptsächlich auf der Strecke Tobruk - Similla eingesetzt. Der feine Wüstenstaub verursachte oft Verstopfen der Luftfilter und Brennstoffleitungen, Versanden und Heißlaufen der Lager. Besonders empfindlich waren die Brennstoffpumpen gegen verunreinigten Kraftstoff. Sorgsames Absitzenlassen des Kraftstoffes in ruhig liegenbleibenden Fässern und Filtern waren die Abhilfsmittel.

Der Betrieb auf der deutschen Nachschubbahn endete abrupt Anfang November 1942 mit dem Zusammenbruch der El-Alamein-Front. Innerhalb weniger Tage wurde das Afrika-Korps von den materiell überlegenen englischen Streitkräften um 500 km bis weit hinter Bengasi zurückgeworfen und, Monate später, letztlich ganz aus Nordafrika verdrängt. Auch die Wüstenbahn mußte angesichts der neuen militärischen Lage aufgegeben werden.

Der überstürzte Rückzug auf der Eisenbahn begann am 2. November mit der Rückführung der Versorgungstruppen, Verwundeten sowie von Munition und Gerät. Bereits am 6. November wurden alle Eisenbahnanlagen östlich von Marsa Matruk gesprengt. Ein durch Bombentreffer ausgefallener Munitionszug blieb dabei zurück. Am 13.11. fiel Tobruk.

Über den Verbleib der in Nordafrika eingesetzten Wehrmacht-Dieselloks gibt eine aus englischen Quellen stammende Liste des British War Departments (Kriegsministerium) vom November 1942 Auskunft. Außer den Bahnhöfen, auf denen die Lokomotiven aufgefunden wurden, sind darin leider nur die Lokbauarten genannt, teilweise auch Motorfabrikate und Hinweise auf Beschädigungen etc.; Fabriknummern sind Zusätze des Verfassers. Bei einer der in dieser Liste als WR200B14 aufgeführten Maschinen muß es sich um eine WR360C14 handeln.

Abu Hagag (bei Fuka):

1.	WR200B14		

Similla (bei Marsa Matruk):

2.	WR200B14	nicht reparabel	
3.	WR200B14	nicht reparabel	(BMAG 11273)

Belhamed (bei Tobruk):

4.	WR200B14	MWM-Motor	(Gmdr 3610)
5.	WR360C14	MWM-Motor	(BMAG 11464/465)
6.	WR550D14	ausgebrannt	(Deutz 27307)
7.	WR550D14		(BMAG 11118)
8.	WR200B14	KHD-Motor	(Jung 8991/8992)

Tobruk:

9.	WR360C14		
10.	WR200B14	stark beschädigt	

Ivo Angelini

Endstation Marsa Matruk: Die deutsche Diesellok (BMAG 12115) löst bei den italienischen Militärs offenbar großes Interesse aus; auffallend: Die Verdunkelungskappen.

Soweit noch fahrfähig wurden die Loks zunächst vom britischen Militär weiter genutzt. Vier Maschinen kamen 1944 sogar noch in den offiziellen Bestand des War Departments und wurden - mit WD-Nummer - ei-

83 BA-MA RH66/H14/190

nige Zeit in Palästina[84] eingesetzt; der Rest war bis Februar 1946 ausgemustert. Die vier WD-Loks waren:

BMAG 11118/1941 = WD 70246,
Gmdr 3610/1941 = WD 70247,
BMAG 11465/1941 = WD 70248 und
BMAG 11464/1941 = WD 70249.

Die Wüstenbahn wurde nach Abzug der deutschen Truppen schon Ende November von britischen Eisenbahnpionieren wieder in Betrieb genommen, nach Tobruk hinein fertiggebaut und bis Kriegsende als Nachschubbahn weiter betrieben[85]. Zum Einsatz kamen nach einer kurzen Übergangszeit allerdings amerikanische 650-PS-Whitcomb-Drehgestell-Dieselloks, die anschließend noch nach Italien umgesetzt wurden. Von Capuzzo aus östlich wurde wieder mit Dampflokomotiven gefahren.

Die Strecke nach Tobruk blieb bis Dezember 1946 in Betrieb. In den 60er Jahren ist der libysche Streckenteil bis Similla abgebrochen worden. Von Alexandria bis Marsa Matruk verkehrt noch heute täglich ein Personenzugpaar der Ägyptischen Staatsbahnen.

WR-Loks im Raum Tunis:

Auch in der Endphase des Afrikafeldzuges, von November 1942 bis Mai 1943 in Tunesien, wurden vom Afrika-Korps noch einmal WR-Lokomotiven eingesetzt. Der Bahnbetrieb hier war allerdings weniger spektakulär als auf der libysch-ägyptischen Wüstenbahn. Lediglich im Norden des Landes, westlich und nordwestlich von Tunis, gab es ein bescheidenes Normalspurnetz, das

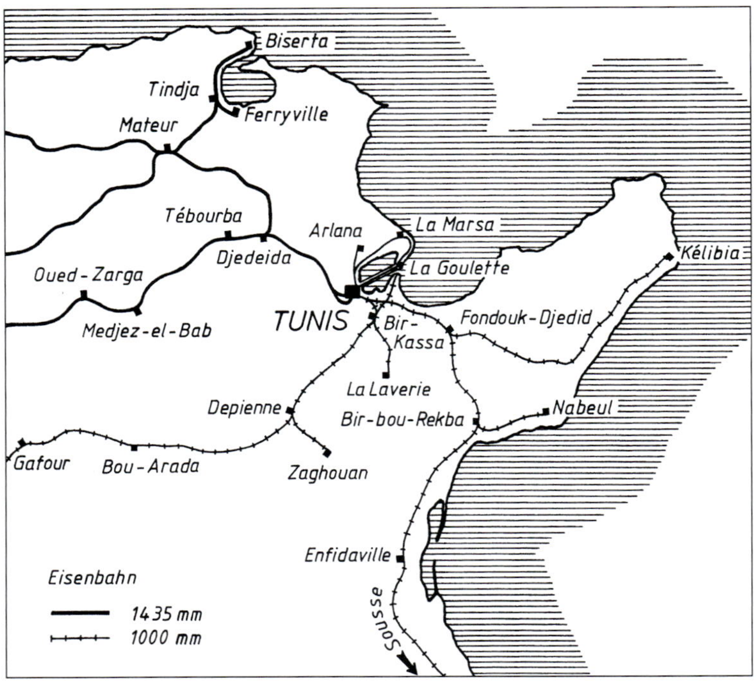

HORST KÜHNHACKL

zudem auch nur teilweise von deutschen Truppen kontrolliert wurde.

Die wichtigsten Nachschublinien (siehe Karte) waren Tunis - Biserta (97 km; mit Abzweig von Tindja nach Ferryville) und Tunis - La Goulette. Die meisten übrigen Eisenbahnen des Landes waren meterspurig. In Biserta, Ferryville, La Goulette und Tunis existierten große Mittelmeerhäfen, über die im wesentlichen die Versorgung der deutschen Panzerverbände im Süden Tunesiens lief.

Fast alle Transporte führten über die Linie Biserta-Tunis (Normalspur) - Sousse - Sfax - Gabes (Schmalspur). Gesamtlänge: Ca. 520 km. In der Regel verkehrten zwei Züge am Tag, womit etwa 40 Prozent des gesamten Frontnachschubs sicherzustellen waren[86].

Auf den Normalspurstrecken im Norden waren die Voraussetzungen für einen geregelten Eisenbahnbetrieb besonders schwierig: Rund 90 Prozent der Lokomotiven[87] und fast ebenso viele Waggons hatten die alliierten Engländer, Amerikaner und Franzosen in den ersten Tagen nach der deutschen Landung in Tunesien Mitte November 1942 noch abziehen können. Als Ersatz wurde erneut Lokomotiven aus der Heimat angefordert. Im Tätigkeitsbericht des Transport-Offiziers (T.O.) Tunesien für den Monat Januar 1943 heißt es dazu[88]:

Um den vermehrten Ausfall an Loks und Wagenmaterial auszugleichen, wurden aus Italien zwei Dieselloks (Vollspur) angefordert. Zufuehrung war bis heute nicht moeglich, da der hierzu geeignete Schiffsraum ausgefallen ist. Es konnten lediglich zwei Schienen-Lkw (Vollspur) nach Tunis gebracht und in Dienst gestellt werden. Weitere zehn Schienen-Lkw (Vollspur) sind angefordert.

Und einen Monat später, im Februar 1943, schreibt der Transportoffizier[89]:

Zur beachsichtigten Inbetriebnahme der nach Westen führenden Vollspurstrecke steht nur eine Dampflok zur Verfügung. Bv.T.O. [= Bevollmächtigter Transport-Offizier, S.L.] *Rom wurde deshalb gebeten, für angeforderte 2 Dieselloks und 10 Schienen-Lkws Verschiffung nach Ferryville zu beschleunigen und weitere 6 Dieselloks zur Verschiffung nach Italien zuzuführen.*

Hilfe kam tatsächlich, allerdings bei weitem nicht im erhofften Umfang: Am 15.3.43 trafen lediglich eine Diesellok und zwei Schienen-Lkw mit dem Transportschiff „Roselli" im Hafen Ferryville ein, wo sie noch am gleichen Tag ausgeladen wurden. Angaben über Type oder Hersteller der Lok sind in den Wehrmachtsakten nicht enthalten. Auf Basis anderer Unterlagen läßt sie sich aber zweifelsfrei als **Gmeinder 3613/1941** (Typ WR200B14) rekonstruieren. *„Die deutsche Diesellok"*, so heißt es in der Tagesmeldung vom 26. April 1943[90],

wurde in Tindja stationiert und versieht dort, sowie in Sidi Ahmed und La Pecherie und Ferryville alle Rangierarbeiten. Die Dampfloks versehen nur Streckendienst.

Eine zweite Diesellok vermutlich französischen Ursprungs war darüber hinaus seit November/Dezember 1942 im Marinearsenal Ferryville eingesetzt. Hier sind keine Daten bekannt.

Das Ende des Normalspurbetriebes am deutschen „Brückenkopf Tunesien" kam sehr schnell. Mitte April - am 16.4.43 - mußte der Betrieb auf den Spitzenstrekken im Westen wegen der näherrückenden Front eingestellt werden. Am 2.5.43 vermeldete das „Restkommando Tunis" der Eisenb.Betr.Kp.205 noch einmal eine Überführung der WR200B14 mit einem Flakschutzwagen von Tunis Pbf, ab 11.55 Uhr, nach Sidi Ahmed 10 km südlich von Biserta. Auf der Fahrt wurde die *„Diesellok durch Ölleitungsbruch fahrunfähig. Reparatur zur Zeit im Gange"*.

Ob und wie die Lok das Ende der Kampfhandlungen in Nordafrika elf Tage später überlebt hat, ist unklar. Am 4.5.43 wurde der Restbetrieb auf den Normalspurstrecken nach Biserta, Tebourba und Grombalia eingestellt. Am 7.5. gingen Biserta und Tunis verloren. *„Die Diesellokomotive und die Schienen-Lkw"*, so heißt es

84 Vergl. Seite 518
85 Hughes, Middle East, S.47
86 Entsprechend etwa 300 to/Tag; BA-MA H14/843.1
87 BA-MA H14/843.4
88 BA-MA H14/843.1
89 BA-MA H14/843.2
90 BA-MA H14/843.4

SAMMLUNG STEFAN LAUSCHER

Nachschub für Afrika: Links die beiden BMAG-Maschinen 11464 und 11465 bei der Verladung in Tarent (16.10.42). Die Loks waren nur zwei Wochen auf der Wüstenbahn im Einsatz und wurden dann bereits von den Briten erbeutet.

im Abschlußbericht des T.O.Tunesien[91], *„waren befehlsgemäß zu zerstören“.*

Nach Unterlagen des British War Departments wurde die WR200B14 jedoch unbeschädigt von britischen Truppen erbeutet und als WD 70235 in den Armee-Lokpark übernommen. 1944 lief sie noch immer in Ferryville, nun aber für die französische Luftwaffe. Spätestens ab April 1945 war sie in Italien.

Umrüstversuche auf heimische Treibstoffe

Das letzte Kapitel in der Kriegsgeschichte der Wehrmacht-Dieselloks begann im September/Oktober 1941. Unter dem Eindruck eines sich dramatisch zuspitzenden Treibstoffmangels an allen Fronten[92] verlangte der „Beauftragte für den Vierjahresplan“ - wie zuvor schon von allen zivilen Stellen - nun auch von der Wehrmacht drastische Einsparungen beim Verbrauch von Flüssigkraftstoff. Wo immer es möglich war, sollten dafür geeignete Fahrzeuge und Anlagen von Dieselantrieb auf sogenannte „heimische Treibstoffe“ wie Holz, Torf, Anthrazit oder Braunkohlenschwelkoks umgestellt werden.

In einem Brief vom 6. Oktober 1941 an den „Chef des Transportwesens“ heißt es dazu wörtlich[93]:

> *Die Diesel-Kraftstofflage zwingt dazu, alle Möglichkeiten zu erfassen, die zu einer Ersparnis von Dieselkraftstoff führen können. Während bei anderen Sektoren, z.B. Kraftfahrzeugen, Schleppern, landwirtschaftlichen Maschinen, Schiffbau usw., die Umstellung entweder schon im vollen Gange oder bereits eingeleitet ist, werden noch fast sämtliche Dieselloks, Verschiebe- und Rangierlokomotiven nach wie vor mit Dieselkraftstoff betrieben.*
>
> *Meine Dienststelle hat ... die Umstellmöglichkeiten für die verschiedensten Arten von Diesel-Motoren ... untersucht. ... Geeignete Generatoren für fossile Kraftstoffe (Anthrazit, Braunkohlenschwelkoks) sind entwickelt worden und können, ebenso wie die Umbauteile, mit tragbaren Lieferzeiten zur Verfügung gestellt werden. Unter Bezug auf die mit der Eisenbahnpionier-Abteilung (Wa-Prüf 5, Oberstleutnant Mennicke) bereits eingeleiteten Verhandlungen bitte ich, die Umstellmöglichkeit der im dortigen Bereich laufenden Lokomotiven zu überprüfen und mit den Vorarbeiten für die Umstellung baldigst beginnen zu wollen.*

Gewisse Erfahrungen mit der Umstellung von Lokomotiven und Triebwagen auf den Antrieb durch feste Brennstoffe hatten sowohl die Deutsche Reichsbahn als auch einige Privatbahngesellschaften schon seit Anfang der 30er Jahre im Rahmen der nationalsozialistischen Heimstoffpolitik[94] gemacht. Hinlänglich bekannt, weil in der zeitgenössischen Fachliteratur ausführlich beschrieben[95], sind z.B.

Unten noch einmal der Unfall mit den WR200B: Die Krupp 2148 steht schon wieder gerade. Die Bergungsmannschaft hat sich zum Erinnerungsfoto aufgestellt.

NACHLASS ARNOLD HAAS

- Versuche mit vier auf Holzgas (Kb 4446) bzw. Braunkohlenschwelkoks (Kb 4757-4758, Kbf 4857) umgestellten Reichsbahn-Kleinloks in den Jahren 1934-36,

- die Erprobung von je einem 95-PS-Talbot-Triebwagen mit Anthrazit- bzw. Holzgasantrieb auf der Oderbruchbahn 1936 sowie

---

91 Ebenda
92 Birkenfeld, Treibstoff, S.143ff.
93 BA R5/2255
94 Hitler forderte in seiner Denkschrift zum zweiten Vierjahresplan im Sommer 1936 die *„100 %ige Selbstversorgung“* der Wirtschaft, um Deutschland von ausländischen Rohstoffen (besonders von Öl, Eisenerz und Gummi) unabhängig zu machen
95 Jessen, Treibstoffe, S.83ff.; Gotschlich, Holzgastriebwagen, S.154ff.; Neubauer, Treibstoffe, S.458ff.; Baentsch, Erfahrungen, S.203ff.

• die Umstellung mehrerer 150-PS-DR-Triebwagen der Reihe 135 061 ff. auf Holzgas-, Anthrazit- oder Zweistoffbetrieb ab etwa 1941/42.

Die Ergebnisse waren in allen Fällen nicht sehr ermutigend. Nach einer anfänglichen Euphorie zeigten sich im Betrieb sehr bald die zahlreichen Unzulänglichkeiten der noch unausgereiften und anfälligen Anlagen. Viele der umgerüsteten Fahrzeuge mußten deshalb später zurückgebaut und die Versuche abgebrochen werden.

Nicht viel überzeugender verlief eine Langzeituntersuchung mit 16 auf Heimstoffbetrieb umgestellten DR-Kleinloks in den Jahren 1937-1941[96]. Dabei wurden sowohl verschiedene Gaserzeugerbauarten wie auch verschiedene Brennstoffe im Alltagsbetrieb erprobt. Zwar konnte der Leistungsabfall dieser sogenannten *„Sauggasloks"* gegenüber Dieselbetrieb von ursprünglich 30 auf - je nach Qualität des Brennstoffs - 10-25 Prozent gesenkt werden. Auch die Gaserzeuger-Bauarten selbst wurden im Laufe der Zeit technisch verbessert. Was blieb, waren jedoch enorme betriebliche und wirtschaftliche Nachteile. Dazu gehörten

• die zusätzliche tägliche Vorbereitungszeit (Entschlacken, Füllen und Anblasen des Gaserzeugers, Säubern des Reinigers) von ca. 1½ Stunden bis zu einem möglichen Start; ebenso der Mehraufwand beim Abrüsten der Lok,
• die geringe Verfügbarkeit im Betrieb (Heimstoff-Loks und -VT hatten bis zu 70 Prozent Ausfall- oder Ausbesserungszeiten),
• der nahezu vollständige Ausfall der Sauggaslokomotiven bei großer Kälte (das Zusatzwasser im

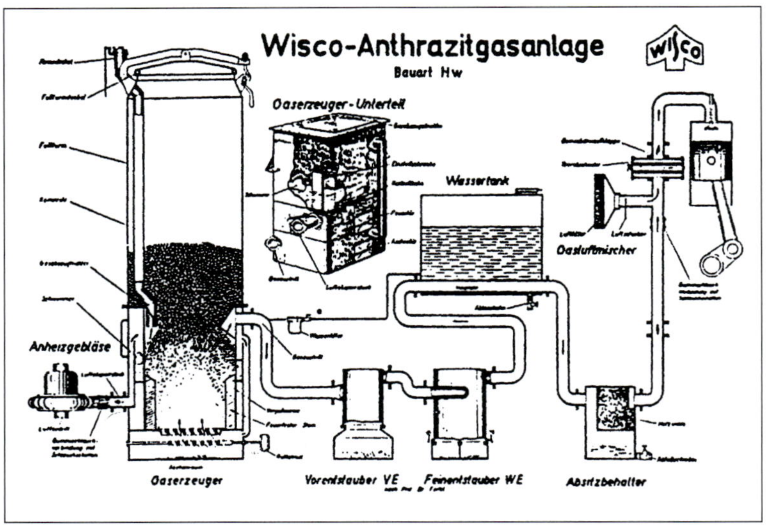

Funktionsschema einer Wisco-Anthrazitgasanlage; ganz rechts, nur angedeutet, der Motor.

Gaserzeuger und der Naßreiniger froren schnell ein; für den Generator bestand dann Gefahr auszuglühen),
• häufige Motorschäden infolge unzureichender Gasreinigung,
• die Gefahr von CO-Vergiftungen für die Kleinlokbediener sowie
• die Notwendigkeit einer überaus aufwendigen Pflege und Wartung der Gasanlagen, was der gewünschten einfachen Bedienbarkeit der Kleinloks entgegenstand.

Ende 1941, nach fast acht Jahren ständigen Erprobens, Verbesserns und Neukonstruierens, kam die Deutsche Reichsbahn deshalb zu der ernüchternden Bilanz, daß alle bis dahin getesteten Gasanlagen noch *„nicht betriebstüchtig"*[97] seien. Statt auf feste Brennstoffe - wie verlangt - stellte die Reichsbahn ab Ende 1942 ihre Kleinloks deshalb auf das dem Dieselkraftstoff ähnliche Flüssiggas um[98]. Ebenso übrigens die noch im Einsatz befindlichen Triebwagen[99].

Aus Sicht der Reichsbahn war damit technisch wie betrieblich zweifellos ein praktikabler Kompromiß gefunden worden. Für alle anderen Bereiche forderte die Politik in der Folgezeit dafür umso nachdrücklicher die Umstellung auf feste „Ausweichkraftstoffe". Bekannt ist z.B. eine Anordnung des Generalbevollmächtigten für Rüstungsaufgaben vom 22.9.42 für alle Lastkraftwagen, Busse, Ackerschlepper, Schiffsmotoren und ortsfeste Anlagen[100]. Zwei Wochen später, am 2.10.42, folgte eine ähnlichlautende Verfügung des OKW für alle Motorfahrzeuge und Stationäranlagen der Wehrmacht[101]. Bei der Reichsbahn wurden erst ab 1944, nach der Entwicklung neuer, verbesserter Gasgeneratoren durch ein Firmenkonsortium unter Führung von O&K, Kleinloks und Triebwagen in nennenwerter Zahl auf Heimstoffbetrieb umgestellt.

Die „Arbeitsgemeinschaft für regelspurige Wehrmacht-Motorlokomotiven" befaßte sich erstmals Mitte September 1941 konkreter mit dieser Frage. Zu einer Konstruktionsbesprechung in Wildau[102] wurden - neben den AGM-Firmen - auch Vertreter

der Klöckner-Humboldt-Deutz AG, Gasgeneratoren, Köln,
der Wisco Fahrzeug-Gasgeneratoren KG, Berlin-Halensee und
der Daimler-Benz AG, Stuttgart

eingeladen, um die generellen Einbaumöglichkeiten und die damit im Zusammenhang stehenden konstruktiven Fragen zu erörtern. Zumindest Deutz und Wisco glaubten sich danach in der Lage, entsprechend große Gaserzeuger-Anlagen für Leistungen bis zu 360 PS entwikkeln und liefern zu können.

Holzgasanlagen wurden allerdings, mit Blick auf die negativen Erfahrungen bei den Kleinlok-Versuchen der Reichsbahn, von vornherein abgelehnt. Die Arbeitsgemeinschaft befürchtete wohl einen zu hohen Leistungsabfall wegen des geringen Heizwertes dieses Brennstoffs sowie die bei Holzgasantrieben gegebene Gefahr von Motorschäden durch unverbrannte Teerrückstände. Stattdessen sollten die WR-Loks mit einer modernen Generatorgasanlage mit Anthrazit-Feuerung ausgerüstet werden. Die nebenstehende Skizze zeigt das Schema einer solchen Anlage.

Wie bei allen Sauggassystemen wird der Brennstoff - in diesem Fall Anthrazit-Magerkohle mit 11-12 % flüchtigen Bestandteilen - in einem zylinderförmigen Gaserzeuger verbrannt und das entstehende, brennbare Gasgemisch über Reiniger und Gaskühler dem Motor zugeführt. Für die erste Zündung ist die Unterstützung eines Hand- oder Elektroventilators nötig. Danach saugt der Motor die jeweils benötigte Gasmenge selbstständig an (davon abgeleitet der Begriff „Sauggasverfahren").

96 BA R5/2255; umgebaut waren folgende Kleinloks: Kb 4446, 4757-58, 4826-29, 4849-52 und Kbf 4854-58
97 BA R5/2255
98 Eine Umstellung auf Flüssiggas war schon Mitte der 30er Jahre von der Reichsbahn bevorzugt, vom Reichswirtschaftsministerium aus gesamtwirtschaftlicher Sicht aber abgelehnt worden; erst nach der erwiesenen Erfolglosigkeit aller bis dahin unternommenen Versuche mit Holzgas und dem massiven Ausbau von Kohleverflüssigungsanlagen stimmte das RWiM am 2.11.42 einer grundsätzlichen Umstellung der Kleinloks auf Flüssiggas zu; Verfg. 31 Fklö 482 v. 17.10.42; BA R5/2255
99 Der Fernreiseverkehr mit den „fliegenden" Schnelltriebwagen der DR war aus Gründen der Kraftstoffeinsparung schon am ersten Kriegstag (= 1.9.39) eingestellt worden
100 Anordnung Nr. 9034/2641; BA R5/2255; bis dahin waren in Deutschland schon mehr als 80.000 Straßenfahrzeuge auf Flüssiggas und etwa 14.000 auf Generatorgas umgestellt (Foedisch, Kraftversorgung, S.175)
101 ZStA 43.01/1700
102 Sitzungsbericht AGM360 v. 13.9.41

Probleme bereitete die absehbare Größe derart leistungsstarker Anlagen. Da eine Unterbringung auf der Lok weder bei der WR200, noch bei der WR360 realisierbar schien, sollte die ganze Gerätschaft auf einem Generatortender mitgeführt werden, wobei an eine einfache Konstruktion auf Basis eines O-Wagens gedacht war[103]. Für beide Loks wurde die grundsätzlich gleiche Anlage vorgesehen. Von zwei parallelgeschalteten Reinigern sollte bei der WR200 jedoch einer abgeschaltet werden können. Die Leistungsverluste gegenüber Dieselbetrieb wurden mit 10 % angegeben.

Nach Klärung der technischen Grundsatzfragen im Herbst 1941 wurde es aber zunächst einmal auffallend ruhig um den geplanten Umbau. Trotz vollmundiger Erklärungen hatten die mit Kriegslieferungen voll belasteten Lieferfirmen größte Probleme, die für die zahlreichen unterschiedlichen Motoren notwendigen Umbauteile zu entwickeln und in der benötigten Stückzahl zur Verfügung zu stellen[104]. Erst im Frühjahr 1944 - also fast 2 ½ Jahre später - tauchen in den Akten des Reichsverkehrsministeriums[105] genauere Angaben über die zur Umstellung vorgesehenen Dieselloks auf. Mit Datum vom 25.2.44 schreibt der Chefs des Wehrmachtkraftfahrwesens:

Nach Mitteilung der Zentralstelle für Generatoren ist in den nächsten Monaten mit der Lieferung von Einheits-Generatoren für Schienenfahrzeuge, Bauart AGM, zu rechnen, sodass nunmehr die Vorarbeiten für die Umstellung eingeleitet werden können. Aufgrund der Verfügung OKW/Chef WKW/Chef Inst. VIII/oo 19.2.43 vom 8.2.43 waren Motor-Lokomotiven zur Umstellung zu melden, soweit sie technisch geeignet und nicht bei der kämpfenden Truppe eingesetzt sind. Die gemeldeten Lokomotiven wurden hinsichtlich ihrer Umstellung auf Gengas-Betrieb überprüft und die für geeignet befundenen Lokomotiven in den beiliegenden Zusammenstellungen[106] aufgeführt.

Insgesamt waren nach damaligem Stand etwa 170 Dieselloks unterschiedlichster Bauart und Leistung, also keineswegs nur die WR-Typen, zur Umstellung vorgesehen. Offenkundig waren von der Umstell-Aktion aber nur Heeres-Lokomotiven betroffen. Luftwaffen- oder Marineloks jedenfalls werden in diesem Zusammenhang nicht genannt.

Um Erfahrungen im Truppenbetrieb zu sammeln, wurden in den darauffolgenden Wochen beim Wehrkreis-Kommando IX Kassel zunächst Musterumbauten an zwei Deutz-Normalspurloks der Bauarten A3M420 und OMZ122 vorgenommen. Der Serien-Umbau sollte sich dann auf insgesamt vier Ausbesserungswerke der Reichsbahn verteilen:

RAW Wittenberge:
Alle 360-PS-Dieselloks der WKr.Kdos. I, II, III, VI, IX, X, XI, XII und XX.

RAW Opladen:
Alle Motorloks unter 360 PS der WKr.Kdos. I, II, III, VI, IX, X, XI, XII und XX.

RAW Nürnberg:
Alle 360-PS-Dieselloks der WKr.Kdos. IV, V, VII, VIII, XIII, XVII, XVIII, XXI sowie im Generalgouvernement.

RAW Dessau:
Alle Motorloks unter 360 PS der WKr.Kdos. IV, V, VII, VIII, XIII, XVII, XVIII, XXI sowie im Generalgouvernement.

Grundsätzlich waren auch hier nur die im Reichsgebiet verwendeten Motorlokomotiven zur Umstellung vorgesehen, während bei den an den Fronten eingesetzten Lokomotiven die uneingeschränkte Betriebsfähigkeit durch den Dieselbetrieb aufrecht erhalten werden sollte.

Kurz darauf kam allerdings das „Aus“ zumindest für den Umbau der WR-Lokomotiven. Per Schreiben vom 19.5.44 wurden die 360-PS-Loks *„grundsätzlich“* und die WR200B14 wegen des Fehlens eines geeigneten Generators von der Umstellung abgesetzt. Nähere Erläuterungen wurden nicht gegeben. Man wird aber sicherlich annehmen dürfen, daß die bei Wisco und Deutz eingeleitete Entwicklung von Gasgeneratoren für die WR-Bauarten zu keinen betriebsbrauchbaren Lösungen geführt hat.

Die Zahl der umzubauenden Heeresloks reduzierte sich damit auf 120 Maschinen, in der Mehrzahl Firmenbauarten mit selten mehr als 100 PS sowie einige Wehrmacht-Kö/fs. Für einen Teil davon ist der Umbau auf Anthrazitgas bzw. Schwelkoks auch aus anderen Quellen belegt. Ob tatsächlich noch alle Loks umgestellt worden sind, läßt sich aber nicht mit Sicherheit sagen.

Mit den nicht mehr verwirklichten Umbauplänen der Jahre 1941-44 enden die Aufzeichnungen über die Entwicklungsgeschichte der WR-Lokomotiven. In den letzten Monaten bis Kriegsende spielten allenfalls noch Beschaffungsfragen sowie die Versorgung mit Dieseltreibstoff und Lokersatzteilen eine gewisse Rolle. Mit der Kapitulation am 8. Mai 1945 standen bei der Wehrmacht dann alle Räder still.

Sammlung Stefan Lauscher

Musterumbau an einer Deutz A3M420: Das Foto verdeutlicht die Vielteiligkeit der Sauggasanlage. Für die WR200B und WR360C wäre ein zusätzlicher Generatortender nötig gewesen.

---

103 Brief v. 15.10.41; MfV RZA243; die Reichsbahn besaß zumindest einen solchermaßen konzipierten Gasgeneratorwagen für den Versuchsbetrieb mit auf Gas umgestellten Triebwagen; Eisenbahn-Kurier 8/85-S.15

104 BA R5/2255

105 BA R5/2341

106 Nicht überliefert

Einsatz nach 1945: Das Diesellok-Zeitalter beginnt

Im Frühjahr 1945, nach fünfeinhalb Jahren Krieg und Zerstörung, waren Deutschland und mit ihm halb Europa ein einziges großes Trümmerfeld. Die Menschen hungerten. Viele hatten Heimat und Zuhause verloren und fanden in den Ruinen nur notdürftige Unterkünfte. Es fehlte am Notwendigsten: Lebensmittel, Kleidung und Brennstoff. Menschen, die der Krieg auseinandergerissen hatte, suchten ihre Familien und nächsten Angehörigen. Viele Millionen - Soldaten, Juden, Zwangsarbeiter und Zivilopfer des Krieges - kehrten nie wieder zurück.

Auch die Eisenbahn hatte die Zerstörungskraft der modernen Massenvernichtungswaffen bitter zu spüren bekommen. Allein im Bereich der amerikanischen und britischen Zone waren bei Kriegsende

- 2472 Eisenbahnbrücken (darunter alle Rhein-, Main- und Weserbrücken),
- rund 3500 Kilometer Gleis,
- etwa 13.000 Weichen,
- weit über 100.000 Personen- und Güterwagen sowie
- 40 Prozent der baulichen Anlagen (Bahnhöfe, Stellwerke, Fernmeldeeinrichtungen etc.)

zerstört oder beschädigt[1]. Noch gewaltiger waren die Beschädigungen bei den Triebfahrzeugen. Von den Ende 1945 vorhandenen 15.700 Lokomotiven waren gerade mal 38,6 Prozent betriebsfähig. Nahezu alle Schienenwege waren unterbrochen. Und selbst da, wo noch gefahren werden konnte, war wegen des zeitweise extremen Kohlenmangels, des abgewirtschafteten Fuhrparks und aufgrund alliierter Auflagen (anfängliche Reisesperre etc.) an einen geregelten Betrieb überhaupt nicht zu denken.

Mitten in diesem Chaos begannen Ende 1945 die großen „Völkerwanderungen“: Hamsterer fuhren aufs Land, um Wertsachen gegen Lebensmittel zu tauschen. Evakuierte kehrten zurück in ihre Heimat, Umsiedler aus den Ostgebieten suchten eine neue Bleibe. Kriegsgefangene kamen heim in ein verwüstetes Land. Die, die schon wieder Arbeit hatten, nutzten die Bahn auf dem Weg zur Arbeitsstelle. Die Anforderungen an das Verkehrsmittel Eisenbahn waren nie größer als in dieser Zeit, und die Möglichkeiten selten geringer.

Deutsche Reichsbahn-West/ Deutsche Bundesbahn

Unter diesen Voraussetzungen mußte es eine der wichtigsten Aufgaben für die sich neu organisierende Eisenbahnverwaltung sein, möglichst schnell wieder zu einem funktionsfähigen Lokpark zu kommen. Gefragt waren zu allererst einfache Mehrzweck-Lokomotiven wie Tenderloks und leichte Güterzuglok-Typen. Aber auch die ehemaligen Wehrmachtdieselloks wurden da, wo sie vorgefunden wurden und wo ausreichend Treibstoff zur Verfügung stand, bald schon wieder in Betrieb genommen.

Schwierigkeiten bereiteten dabei vor allem fehlende Ersatzteile für die bislang bei der DR nicht unterhaltenen Fahrzeuge. Noch bis 1949 lag der Schadlokbestand teilweise über 50 Prozent. Auch die große Typenvielfalt und starke räumliche Streuung standen einem wirtschaftlichen Betrieb noch lange Zeit entgegen. Einsätze erfolgten nur nach momentanen Möglichkeiten. Von einer planmäßigen Verwendung und Verteilung der Loks konnte frühestens ab Mitte 1949 die Rede sein.

Bestandsaufnahme: Die Wehrmachtlok nach dem Krieg

Wie schwierig die Lage in den ersten Nachkriegsjahren war, zeigt beispielhaft die Situation in der RBD Nürnberg. Hier wurden die ehemaligen Wehrmachtloks erstmals per 1.11.45 nummernmäßig erfaßt[2]. Die bis dahin aufgefundenen neun Loks verteilten sich auf nicht weniger als vier Baureihen, waren aber schon an einem Standort - dem Bw Nürnberg Hbf - zusammengezogen:

3611	WR200B14	(sp. V20 020)
20912	WR360C12	(sp. V36 001)
21457	WR360C14	(sp. V36 214)
26140	WR360C14	(sp. V36 116)

---

1 Recker, Wiederaufbau, S.151ff.
2 St10a RBD/BD Nürnberg

PETER RAMSENTHALER

Start in eine neue Zeit: Die Nürnberger V36 102 (ex 36272) zieht, von Unternbibert-Rügland kommend, ihren kurzen Zug über die Regnitz-Brücke bei Fürth-Süd (Herbst 1951).

36225	WR360C14	(sp. V36 205)
36271	WR360C14	(sp. V36 101)
36272	WR360C14	(sp. V36 102)
36282	WR360C14	(sp. V36 108)
L 317	DWK 360C	(sp. V36 311)

Es fehlen in der Liste noch die erst später aufgenommene 36283 (= V36 109) beim Bw Nürnberg Hbf sowie die ebenfalls erst später in Bamberg gemeldeten 36660 (= V20 005) und 36228 (= V36 207). Lok 36271, auch das typisch für das Durcheinander jener Zeit, wurde noch bis zum Oktober 1947 fälschlich im Dampflokbestand geführt.

Mehrfach tauchen bombenbeschädigte Loks in den Akten auf. So z.B. im August 1946, als die RBD Nürnberg je eine 165- und 200-PS-Lok (*„Lok-Nr. noch nicht bekannt“*) vom Flugplatz Giebelstadt bzw. vom Proviantamt Würzburg-Zell als Z-Lok übernehmen mußte. Genau ein Jahr später wurden beide Loks wegen schwerer Beschädigungen wieder vom Bestand abgesetzt. Eine ebenfalls kriegsbeschädigte 360-PS-Lok - Nr.2412 - ging im Oktober 1946 an die RBD München, wo die Maschine im Dezember wieder aus dem Bestand gestrichen wurde (*„Übernahme durch DR nicht möglich“*). Die untenstehende Tabelle zeigt die Entwicklung des Nürnberger Bestandes für das Jahr 1946:

Von den durchschnittlich elf bis zwölf Lokomotiven standen also selten mehr als vier tatsächlich für den Betrieb zur Verfügung. Trotzdem liefen einzelne Loks schon bis zu 3000 km/Monat, was einer täglichen Rangierleistung von etwa vierzehn Stunden entsprach. In das Jahr 1947 fallen in Nürnberg (wie in anderen Direktionen) auch die ersten planmäßigen Umbeheimatungen. Ganz allmählich bildeten sich Schwerpunkt-Betriebswerke für die neuen *„Motorlokomotiven“* (so der amtliche Jargon bis 1951), wurden - aus Gründen der Ersatzteilbevorratung - baugleiche Loks an diesen Standorten zusammengezogen und andere Einsatzstellen aufgegeben.

Von der WR360C14 zur V36

Wie das ganze beschlagnahmte Reichs- und Wehrmachtsvermögen[3] unterlagen auch die Wehrmachtlokomotiven nach dem Krieg zunächst der Kontrolle und der Verfügungsgewalt der Besatzungsmächte. Zumindest anfangs - bis zur Auflösung der Wehrmachtdepots - verblieben die Loks im wesentlichen an den alten Einsatzorten und dürften dort auch von den Besatzungstruppen weiter benutzt worden sein. Freigaben für den DR-Betrieb erfolgten in dieser Zeit nur zögerlich.

TABELLE 27:
Motorlokbestand RBD Nürnberg 1946

	Jan	Feb	Mrz	Apr	Mai	Jun	Jul	Aug	Sep	Okt	Nov	Dez
Loks mit 165 PS								1	1	1	1	1
Loks mit 200 PS	1	1	1	1	1	1	1	2	3	3	3	3
Loks mit 360 PS	9	9	9	9	9	8	8	10	10	9	9	9
Loks gesamt	**10**	**10**	**10**	**10**	**10**	**9**	**9**	**13**	**14**	**13**	**13**	**13**
davon in Betrieb	**3**	**4**	**6**	**6**	**3**	**2**	**4**	**3**	**5**	**6**	**5**	**4**
davon schadhaft	**7**	**6**	**4**	**4**	**7**	**7**	**5**	**10**	**9**	**7**	**8**	**9**
im RAW	3	3	2	3	3	3	3	4	4	2	4	5
in Arbeit Bw	3	2	1	1	2	2			1	3	1	
wartet auf RAW				1		1						
wartet auf Ersatzteile	1	1	1		1	1	2	3	1		1	2
z-gestellt								3	3	2	2	2

Quelle: St10a Nürnberg

Erst am 11.7.46 konnte mit den Besatzungsbehörden OMGUS (= Office Military Government U.S.) eine Vereinbarung[4] erzielt

3 Proklamation Nr. 2 des Alliierten Kontrollrats (20.9.45)

4 Verfg. Obl United States Zone Frankfurt/M 33 Falö 3 v. 11.7.46; die Verwaltung der Motorloks wurde - *„vorbehaltlich einer endgültigen Regelung“* - dem RZA München übertragen

CARL BELLINGRODT

Vorortzüge statt Wehrmachtsnachschub: Die Reichsbahn fand für die ehemaligen Militärloks rasch Verwendung. Auf dieser wundervollen Aufnahme von Carl Bellingrodt zieht V36 208 einen Abteilwagenzug durch Wuppertal-Unterbarmen.

werden, *„wonach Motorlokomotiven der früheren Wehrmacht als reichsbahneigene Fahrzeuge zu behandeln sind“*. In der US-Zone unmittelbar danach, in der britischen Zone ab etwa Anfang 1947 stellten die Besatzungsmächte daraufhin ihre erbeuteten Loks auch in größerer Stückzahl für den öffentlichen Verkehr zur Verfügung.

Die wahrscheinlich umfangreichste Einzelabgabe an die Reichsbahn datiert vom 3. Januar 1947. Mit Anordnung HVE 23.232 Fklm 1 übernahmen die RBD Hamburg, Hannover, Essen und Münster seinerzeit allein 30 Motorlokomotiven, *„die entweder aus Wehrmachtsbeständen stammen oder deren Eigentümer unbekannt sind, mit sofortiger Wirkung in das Eigentum der Deutschen Reichsbahn“*. Der amtliche Motorlokbestand der DR-West (nur Fahrzeuge über 150 PS) erhöhte sich damit auf 86 Stück[5].

Trotz der eindeutig erscheinenden Formulierungen in der Verfügung waren die Besitzverhältnisse damit allerdings noch keineswegs geklärt. Bis 1949 blieb die Eigentumsfrage (ungeachtet des de facto durch die Deutsche Reichsbahn erfolgenden Einsatzes) ziemlich diffus[6]. In Einzelfällen waren sogar mehrjährige Ermittlungen nötig, um zu klären, wem - Wehrmacht oder Privatbesitzer - diese oder jene Lokomotive bis 1945 tatsächlich gehört hatte.

Erst im August 1949, wenige Tage also vor der Gründung der neuen Bundesbahn, schaffte die Hauptverwaltung klare Verhältnisse: Per 26.8.49 (HVB-Verfg. 23.232 Falö 66) übernahm die Reichsbahn 96 Dieselloks von der „Staatlichen Erfassungsstelle für öffentliches Gut“ (abgekürzt: StEG[7]); einen Teil davon nun ja bereits zum zweiten Mal. Im Paket enthalten waren im einzelnen neun 150/160-PS-Loks, 19 Loks mit 200 PS, eine Lok mit 220 PS sowie 57 Loks mit 360 PS. Pauschalpreis für diesen ansehnlichen Fahrzeug-Zuwachs: Gerade mal 225.042 DM[8].

In den Betriebsbüchern ist all das so gut wie gar nicht dokumentiert. Hier wurden die Zuläufe in den ein-

5 Fahrzeugstatistik der DR/DB („Blaubücher“)
6 Dieses Durcheinander schlägt sich auch in den amtlichen DR-(DB-)Statistiken nieder; so nennt das Blaubuch für das Jahr 1946 (Stand: 31.12.46) einen Bestand von 86 reichsbahneigenen Motorloks (s.o.), das für 1947 (31.12.47) aber nur noch neun Motorloks sowie 93 weitere, die *„noch nicht in das Eigentum der DR überführt sind“*
7 Die StEG war eine Abwicklungsstelle für ehemaliges Wehrmachts- bzw. Reichsvermögen
8 Berechnet als ein Zehntel des angenommenen Zeitwertes von 2,25 Millionen RM

SCHAUBILD 8: Auch unter DR-Flagge fuhren die WR-Loks noch lange Zeit für die Besatzung. Erst ab 1950 standen sie weitgehend für den Zivilverkehr zur Verfügung.

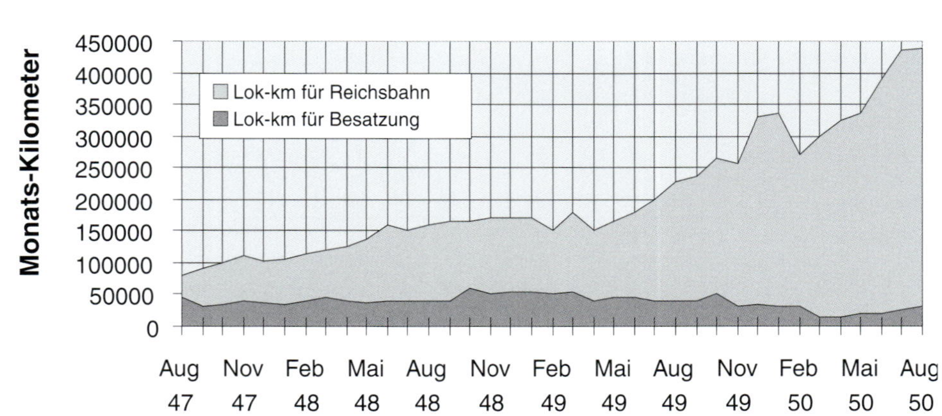

zelnen Bahnbetriebswerken in aller Regel einfach auf das Kriegsende zurückdatiert. Auch über die zwischenzeitliche Verwendung durch die alliierten Militärs läßt sich nur mit viel Glück aufgrund des ein oder anderen dürftigen Hinweises in den Betriebsbögen etwas in Erfahrung bringen.

Viele der neuen Motorloks waren zudem auch nach der offiziellen Übernahme noch weiter im Besatzungsverkehr eingesetzt. Auch hierüber gibt es leider nur wenig konkrete Unterlagen. Einige summarische Zahlen lassen aber zumindest den Umfang dieser Einsätze in etwa erahnen[9] (SCHAUBILD 8). So wurde noch Anfang 1949 jeder zweite (!) im Motorlokbetrieb gefahrene Kilometer für die Besatzungsmächte erbracht. Ende 1949 war es immerhin noch jeder sechste Kilometer. Im gleichen Jahr waren durchschnittlich 27 längst mit Reichsbahn-Beschriftung versehene und in Reichsbahn-Bw beheimatete Motorloks ausschließlich für die Besatzung im Einsatz! 1950 waren dies dann nur noch zehn[10].

Aus heutiger Sicht ist das ganze Chaos, das der Krieg hinterlassen hatte, kaum mehr vorstellbar. Sogar zwei Jahre nach Kriegsende bedurfte es in der Bizone noch einer großangelegten Lokzählung (Stichtag: 23.3.47, 12 Uhr), um genaue Angaben über Bauart und Herkunft der vorhandenen Loks, den Standort der jeweiligen Fahrzeuge und deren Betriebszustand zu ermitteln. Improvisation bestimmte den Alltag. Anstelle einer planmäßigen Unterhaltung stand das kurzfristige Bestreben, möglichst viele Loks möglichst lange irgendwie am Laufen zu halten.

Der Lokzählung vom März 1947 folgte wenige Monate später der „Umnummerungsplan der Motorlokomotiven" des RZA München vom 24. Oktober 1947 (Verfügung RZA Mü 3720 Bblmö), der erstmals eine gewisse Ordnung in die nur schwer durchschaubare Typenlandschaft brachte. Verzeichnet waren darin bereits 107 Loks, verteilt auf 13 Baureihen und Unterbauarten. Mehr als die Hälfte davon waren 360-PS-Maschinen, die jetzt als „V36"[11] bezeichnet wurden.

Innerhalb der Baureihe gab es, je nach Bauart, Motortype und Achsdruck, nochmal Unterscheidungen. Vergeben wurden die Nummerngruppen

VON DER WEHRMACHT ÜBERNOMMENE 360-PS-LOKOMOTIVEN
ohne Neubauten und V36.3

Lok-Nr.	Herst	FabNr	Bauj	erstmals gemeldet Tag	Ort	Übernahme/Bemerkungen Tag	Direktion
V36 001	O&K	20912	1938	.10.45	RBD Augsburg		Umbau in V36 239
V36 002	O&K	20917	1938	23.03.47	Hamm	03.01.47	RBD Essen
V36 003	BMAG	10752	1938	23.03.47	Kassel Hbf		
V36 101	O&K	21182	1940	01.11.45	Nürnberg Hbf		
V36 102	O&K	21303	1940	09.11.45	Nürnberg Hbf		
V36 104	O&K	21464	1942	.04.45	Remscheid-Lennep		
V36 105	O&K	21467	1942	01.06.45	Kassel Bww		
V36 106	O&K	21468	1942	01.05.46	Gießen		
V36 107	BMAG	11216	1940	23.10.45	Hmb-Harburg	03.01.47	RBD Hamburg
V36 108	BMAG	11218	1940	01.11.45	Nürnberg Hbf		
V36 109	BMAG	11219	1940	01.11.45	Nürnberg Hbf		
V36 110	BMAG	11221	1940	09.12.45	Kassel Bww		
V36 111	BMAG	11379	1940	23.03.47	Soltau	03.01.47	RBD Hannover
V36 112	BMAG	11462	1941	23.03.47	Kirchweyhe		
V36 113	BMAG	11646	1942	17.07.45	Kiel	03.01.47	RBD Hamburg
V36 114	BMAG	11647	1942	23.03.47	Augsburg		
V36 115	DWK	2001	1944	14.09.45	Hmb-Harburg	03.01.47	RBD Hamburg
V36 116	Hen.	26140	1941	01.11.45	Nürnberg Hbf		
V36 117	DWK	2002	1944	01.04.45	Remscheid-Lennep		
V36 118	DWK	2004	1944	04.03.46	Hagen-Eckesey		
V36 119	BMAG	11384	1940	31.08.46	München Bww	28.09.47	RBD München
V36 120	O&K	21343	1940	23.03.47	Frankfurt 1	18.05.48	RBD Frankfurt
V36 121	BMAG	11700	1943	.05.45	Lüneburg	. .48	
V36 122	Deutz	55100	1944	01.11.45	RAW Friedrichshafen	. .49	
V36 123	BMAG	11382	1940			16.05.49	RBD Hamburg
V36 124	Deutz	55102	1944	01.06.45	Hagen-Eckesey	.49	ex V36 228
V36 125	O&K	21488	1943			28.12.49	ED Stuttgart
V36 126	BMAG	11257	1941	23.03.47	Lager Diekholzen	11.11.52	ED Hannover

V36 103: von der Besatzung nicht freigegeben (siehe Text Seite 170)
V36 113: ex Privatlok (Wolff & Co/EIBIA)
V36 119: erst vom Bestand abgesetzt (17.12.46); per 28.09.47 erneut übernommen
V36 125: ex Privatlok; Ankauf von Gewerkschaft Mathias Stinnes, Essen
V36 126: ex Privatlok (Wolff & Co/EIBIA)

Lok-Nr.	Herst	FabNr	Bauj	erstmals gemeldet Tag	Ort	Übernahme/Bemerkungen Tag	Direktion
V36 201	BMAG	10838	1939	.45	RAW Nürnberg Rbf		
V36 202	BMAG	10842	1939	.05.45	Nürnberg Hbf		
V36 203	BMAG	10929	1938	23.03.47	Burgdorfer Kreisbahnen		
V36 204	BMAG	10991	1939	02.02.47	Bremen Hbf		
V36 205	BMAG	10844	1939	.10.45	RBD Augsburg		
V36 206	BMAG	10846	1939	23.03.47	Bremen Hbf	03.01.47	RBD Hannover
V36 207	BMAG	10847	1939	19.09.46	Bamberg	11.07.46	RBD Nürnberg
V36 208	BMAG	10987	1939	23.03.47	Erndtebrück		
V36 209	BMAG	10989	1939	.08.45	Augsburg		
V36 210	BMAG	10996	1939	.08.45	Augsburg		
V36 211	BMAG	11460	1942	23.03.47	Bremen Hbf		
V36 212	BMAG	12049	1943	03.01.47	RBD Essen	03.01.47	RBD Essen
V36 213	BMAG	12051	1943	14.09.45	Hmb-Harburg	03.01.47	RBD Hamburg
V36 214	O&K	21457	1941	.10.45	RBD Augsburg		
V36 215	O&K	21131	1939	.03.46	Bremen Hbf		
V36 216	O&K	21137	1939	30.10.46	Bremen Hbf		
V36 217	O&K	21296	1940	01.10.45	Kassel Bww		
V36 218	O&K	21481	1941	15.09.45	Kassel Bww		
V36 219	O&K	21297	1941	10.08.46	PAW Holmag Kiel		
V36 220	Deutz	36632	1943	02.02.47	Bocholt		
V36 221	Deutz	36636	1943	23.10.45	Hmb-Harburg	03.01.47	RBD Hamburg
V36 222	Deutz	39628	1943	23.03.47	Detmold	03.01.47	RBD Hannover
V36 223	Deutz	46397	1944	16.09.45	Hmb-Harburg	03.01.47	RBD Hamburg
V36 225	Deutz	47154	1944	27.06.46	Gießen		
V36 226	Deutz	47157	1944	01.08.45	Braunschweig Vbf		
V36 227	Deutz	47180	1944	.08.46	Stgt-Untertürkheim		
V36 229	Krupp	1983	1941	01.06.45	Hagen-Eckesey		
V36 230	BMAG	10988	1939	23.03.47	Frankfurt 1	.12.47	RBD Frankfurt
V36 231	O&K	21129	1939	31.08.46	RBD München	30.01.48	RBD München
V36 236	O&K	21452	1941	01.07.46	Kiel	.49	RBD Hamburg
V36 237	Deutz	47179	1944	23.03.47	Kiel	.49	
V36 238	BMAG	10986	1939	28.01.52	AW Opladen	12.12.51	Ankauf von BASF
V36 239						.52	Umbau aus V36 001

V36 224: nicht belegt
V36 228: falsch eingeordnet; 1949 umgezeichnet in V36 124 (siehe dort)
V36 232-235: Neubauloks; siehe Lieferliste Seite 177

Quellen: Betriebsbücher, Unterlagen des BZA München, Lokzählung 23.03.47

9 Jahresbericht motorisierte Zugförderung 1949, S.8
10 Ebenda, S.7; Niederschrift V-Lok-Ausschluß v. 2./3.3.50
11 V = Lokomotive mit Verbrennungskraftmaschine, 36 = Motorleistung in PS geteilt durch zehn; entsprechend wurden auch die anderen Dieselloktypen umgezeichnet

V36 001 ff.	für WR360C12	
V36 101 ff.	für WR360C14	mit MWM-Motor,
V36 201 ff.	für WR360C14	mit Deutz-Motor
	und	
V36 301 ff.	für 360C	mit DWK-Motor,

wobei - abgesehen von den erst ab 1948 erfolgten Einnummerungen - durchaus eine gewisse Ordnung nach Herstellern und Fabriknummern (in aufsteigender Folge) zu erkennen ist.

Als V36 401 ff. sind später (ab 1950) noch die baulich leicht veränderten Neulieferungen von MAK in dieses Schema eingeordnet worden. Die V36[3] waren Firmentypen von DWK, die außer der Motorleistung und der Achsfolge mit der AGM-Bauart nicht viel gemeinsam hatten. Auch die im Nummernplan 1947 genannten angeblichen Wehrmachtsbezeichnungen „WR360C15" und „WR360C17" hat es für diese Loks niemals gegeben. Als Splitterbauart wurden die V36[3] bis 1955 restlos ausgemustert. Technik und Geschichte dieser Loktype werden im Kapitel „Firmenbauarten" noch näher beschrieben[12].

Der Umzeichnungsplan vom Oktober 1947 enthält einige interessante Besonderheiten und Unstimmigkeiten, die das ganze Durcheinander noch vergrößerten:

So waren die **V36 103** und **V36 226** mit dem Vorbehalt *„von DR noch nicht endgültig übernommen"* versehen. Tatsächlich wurde zumindest V36 103 (O&K 21340/1939; per 3.1.47 in der RBD Münster übernommen) von der britischen Besatzung nicht freigegeben und die Lok per 1.11.47 deshalb vom Bestand wieder abgesetzt. Die Maschine lief später noch lange Zeit für das Royal Corps of Transport (RCT) in vielen britischen Militärdepots und von Bracht aus auf der Kleinbahn Kaldenkirchen-Brüggen. Die DR/DB-Nummer blieb unbesetzt.

Bemerkenswert ist auch, daß eine **V36 224** im Umzeichnungsplan nicht auftaucht. Möglicherweise war hier eine bislang nicht sicher identifizierte WR360C14 mit der Wehrmachts-Nr. 36220 vorgesehen. Diese Lok wurde am 3.1.47 zwar von der Reichsbahn übernommen (Bw Hannover Hgbf/abg. RAW Hannover), mußte am 29.7.47 - also kurz vor Fertigstellung des Umnummerungsplans - wegen Sprengschäden jedoch ausgemustert werden.

Außer dieser sind bei der DR-West noch einige weitere 360-PS-Schadloks bekannt, die letztlich nicht in den Bestand gelangten und meistenteils wohl als Ersatzteilspender endeten (siehe untenstehende Liste). Leider konnten die Fabriknummern nicht in allen Fällen zweifelsfrei ermittelt werden. Statt BMAG wird für die 36220 in der Übernahmeverfügung vom 3.1.47 als Hersteller Orenstein & Koppel genannt. Laut Kurz[13] soll zunächst eine Einnummerung als V36 217 geplant gewesen sein.

Einige Hinweise noch zu den Lokomotiven, die erst zwischen 1948 und 1952 eingereiht wurden:

V36 121 war eine ehemalige Wifo-Lok, die 1948 über die StEG angekauft wurde. Die Lok hatte nach dem Krieg mehrere Jahre mit Motor-Totalschaden im Bw Lüneburg und ab 6.8.48 längere Zeit im PAW Holmag gestanden. Da zunächst keine Ersatzmotoren (weder MWM noch Deutz) zur Verfügung standen, erfolgte die Aufarbeitung erst Ende 1949.

V36 122 war in der französischen Besatzungszone stehengeblieben und wurde ebenfalls erst 1949 in den Westzonen-Nummernplan aufgenommen. Die erste Meldung stammt aus dem Loksammellager RAW Friedrichshafen, wo die Maschine seit 1945 ausgeplündert und schwer kriegsbeschädigt hinterstellt war (*„Heimat-Bw/Bf. Freiburg"*[14] !). Die Instandsetzung 1948/49 kam in Teilen einem Neuaufbau gleich; u.a. wurden das Führerhaus vollständig neu angefertigt und sämtliche elektrischen Apparate neu eingebaut.

V36 123 stammte aus der Muna Mölln. Auch sie kam erst 1949 zur DR; ebenso wie

V36 125 Ende 1949 von der Gewerkschaft Mathias Stinnes in Essen-Karnap. Sie war die einzige wirklich private V36 (von halbstaatlichen Unternehmen wie Wifo und EIBIA abgesehen), die nach dem Krieg in den Bestand der DR/DB überging. Ankaufpreis laut Bestellschreiben vom 28.12.49: 84.000 DM.

Auch **V36 126** hatte bei Übernahme durch die DB schon eine längere Geschichte hinter sich. Nach dem Krieg war die ehemalige EIBIA-Lok in der (jetzt britischen) Heeres-Muna Diekholzen bei Hildesheim gelaufen. Ab 7.10.49 ersetzte sie eine Jung-V36 (später RCT) in einem britischen Militärlager in Lehre/b.Braunschweig. Der Ankauf wurde über die für Vermögensfragen der Stationierungsstreitkräfte zuständige Oberfinanzdirektion Hannover abgewickelt. Bei der Bundesbahn war die Lok anfangs nur als Gerät eingesetzt[15].

---

12 Vergl. auch Lauscher, Die dieselmechanischen V36er, S.6ff.
13 Kurz, WR360C, S.26
14 Verwendungsnachweis ED Karlsruhe 1945-1947
15 Jahresbericht motorisierte Zugförderung 1953, S.7

NICHT ÜBERNOMMENE V36-SCHADLOKS:

alte Nummer	erste Sichtung	Fabriknummer	Verbleib
6 (Wifo)	Holmag/Bw Kiel	O&K 21133/1939	als Ersatzteilspender ausgeschlachtet
29 (Wifo)	Holmag/Bw Kiel	BMAG 11456/1942	als Ersatzteilspender ausgeschlachtet
?	RBD München	?	17.12.46 vom Bestand abgesetzt
2412	RBD Nürnberg	?	17.12.46 vom Bestand abgesetzt
9070/1	RAW Nürnberg Rbf	BMAG /1939	später DB ???
10796	RAW Nürnberg Rbf	BMAG 10796/1938	unbekannt
36220	Bw Hannover Hgbf	BMAG 10841/1939?	29.07.47 +
36290	Kbw Braunschweig	BMAG 11376/1940	unbekannt

?: nicht übernommen lt. Verfg. OBL 33.331 Falo
2412: nicht übernommen lt. Verfg. OBL 33.331 Falo
9070: Fliegerschaden (10.9.45)
10796: Fliegerschaden (10.9.45); Vorserienlok WR360C12
36220: lt. Übernahmeverfügung v. 3.1.47 = Hersteller O&K
36290: lt. Lokzählung 1947 = *„soll Untersuchung erhalten"*

Quellen: VM Nürnberg, Lokzählung 1947, St10a Mü, St10a Nür

SAMMLUNG HANSJÜRGEN WENZEL

Die letzte von insgesamt über 90 DB-V36ern: V36 126 wurde erst Ende 1952 endgültig von der britischen Besatzung übernommen. Schon seit März 1951 lief sie als Gerätelok mit alter Nummer beim Bw Braunschweig Hbf (Mai 1952).

V36 231 tauchte als Z-Lok schon vor 1948 mehrfach in der RBD München auf. Die kriegsbeschädigte Maschine wurde im August 1946 und im Juli 1947 zweimal von der Besatzungsmacht übernommen, wenige Wochen darauf aber jeweils wieder vom DR-Bestand abgesetzt. Die endgültige Übernahme erfolgte erst am 30. Januar 1948, die Inbetriebnahme nach M4 (fabrikneuer Deutz-Motor!) am 20.12.48.

Mit V36 236, 237 und 238 waren dann auch die Übernahmen bei den V36^2 komplett (V36 232-235 = Nachkriegsloks). **V36 236** lief bis 1949 für die britische Besatzung auf dem Flugplatz Holtenau bei Kiel und wurde vermutlich über die StEG erworben; ebenso die ex-Wifo-Lok **V36 237**. Ein Nachzügler schließlich war die **V36 238**. Sie konnte erst Ende 1951 über die Fa. Speichinger (Händler) angekauft werden. Die Lok soll bis dahin bei der BASF (?!) gelaufen sein. Als Tag der Übernahme wird der 28.1.52 genannt.

Diesen recht zahlreichen V36-Zugängen standen auf der anderen Seite auch zwei Abgänge gegenüber, beides Rückgaben an die Wifo bzw. VTG:

V36 211: .07.54 vom Bestand abgesetzt und
V36 227: . .50 vom Bestand abgesetzt

Aus **Altbeständen** (Wehrmacht, Wifo etc.):
V36 002-003
V36 101-102 104-126
V36 201-210 212-223 225-226 229-231 236-239

sowie aus **Nachkriegsfertigung**:
V36 150
V36 232-235 251-262
V36 401-418 (insgesamt 93 Stück)

Alle Loks waren gemäß der neuen „Anschriftenordnung für Motorlokomotiven", ebenfalls vom 24.10.47, in weißer Farbe mit Loknummer, Gattungszeichen sowie Heimat-Direktion und -Bw zu beschriften. Für die Loknummer wurde die gleiche fette Breitschrift vorgeschrieben, wie sie auch von großen Teilen der Kriegsdampflok Baureihe 52 bekannt ist[16]. Bis Jahresende 1947 war die Umnummerung im wesentlichen abgeschlossen.

Zur sichtbaren Unterscheidung gegenüber den früheren, teils sehr ähnlich lautenden Wehrmachts-Bezeichnungen, waren die neuen Loknummern außerdem mit einem weißen Balken zu unterstreichen[17]. Dieser

16 Teilweise wurden aber wohl auch Spitz- bzw. Rundziffern angeschrieben
17 U.a. Anweisung der RBD Nürnberg v. 1.11.47

Hingewiesen werden soll noch auf die **V36 228**, die - in einer seltenen Konstellation: Deutz-Lok mit MWM-Motor - anfangs offenbar falsch als V36^2 eingereiht worden war, und 1949 in **V36 124** umgezeichnet werden mußte. Aus **V36 001** schließlich wurde 1952 durch Umbau **V36 239**. Hierüber wird später noch genauer berichtet; ebenso über die dieselmechanischen V36^3 der Bauart Deutsche Werke Kiel; hierzu der Kastentext auf den Seiten 186/187.

Etwa Mitte 1955, nach dem vorläufigen Abschluß aller Zu- und Abgänge, standen damit folgende V36 zur Verfügung:

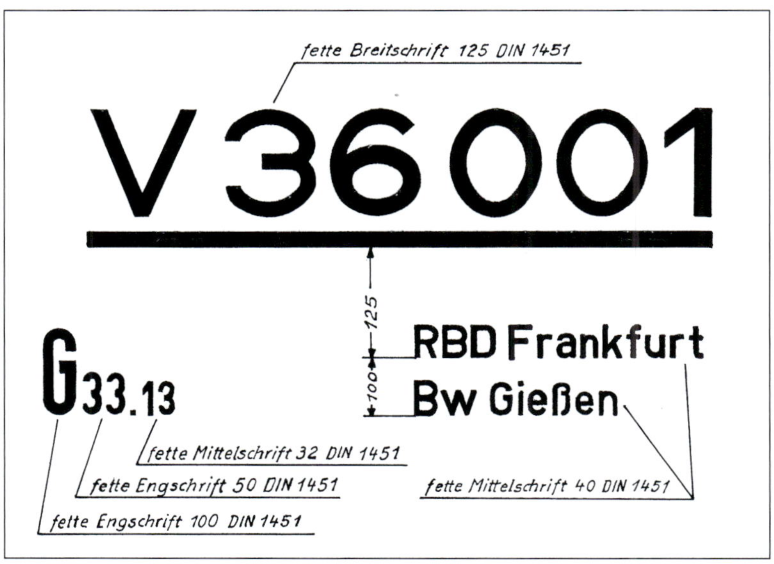

Sammlung Dr. Günther Scheingraber

Die Bahn fuhr mit allem, was rollte: V20 022 steht mit einem kurzen, aus zwei tschechischen Wagen gebildeten Personenzug abfahrbereit in Regensburg.

„Nummernstrich" hat sich, ebenso wie das Gattungszeichen[18], bei der Bundesbahn allerdings nicht sehr lange gehalten.

Auch die graugrüne, panzergraue oder dunkelgelbe Wehrmachts-Lackierung war in den Nachkriegsjahren schon recht bald verschwunden. Spätestens ab Anfang der 50er Jahre dürften alle DB-V36 den seinerzeit von den Kleinloks übernommenen, schwarzen Anstrich getragen haben (siehe Kasten S.173). Rote V36, von denen in der Literatur immer mal wieder zu lesen ist[19], gab es nur in Hannover, wo die Deutsche Bundespost mit solchen Lokomotiven rangierte. Bei der DB hat es rote V36 nicht gegeben.

Der Neuanfang bei der V20

Bei den ehemaligen WR200B14 war die Situation bei Kriegsende ähnlich wie bei der V36. Die Maschinen standen weit verstreut im ganzen Land in vormaligen Wehrmacht-Depots oder auf den dazugehörigen Anschlußbahnhöfen der Reichsbahn. Viele waren durch Bombensplitter beschädigt, von deutschen Sprengkommandos beim Rückzug zerstört oder von Plünderern aller brauchbaren Teile beraubt worden. Die wenigsten Loks waren wirklich fahrbereit, und wenn doch, fehlte es meist am Treibstoff.

Von den 75 ehemals gebauten WR200B14 konnten bei der ersten Bestandsaufnahme 1947 in der britisch-amerikanischen Bizone nur knapp 20 Loks festgestellt werden, die in folgenden Nummerngruppen von der DR-West übernommen wurden:

V20 001	WR240B15	
V20 002 ff.	WR200B13	mit KHD-Motor
V20 020 ff.	WR200B14	mit MWM-Motor
V20 030 ff.	WR200B14	mit KHD-Motor und
V20 050 ff.	WR200B14	mit MAN-Motor.

Dazwischen befand sich noch - als V20 015 eingeordnet - eine Firmenlok der Bauart Deutsche Werke Kiel (Type D200), die zwar hinsichtlich ihrer Motorleistung, nicht aber in Bezug auf Abmessungen, Kraftübertragung oder Motorbauart (DWK) mit den anderen V20ern übereinstimmte.

So begannen viele V20 ihre Staatsbahnkarriere: Die kriegsbeschädigte V20 023 wartet im RAW Nürnberg auf Instandsetzung (Januar 1948).

Heinz Werner

18 Per HVB-Verfg. 21.213 Fkl 20 v. 18.12.51 wieder abgeschafft

19 Leider gibt es auch von den Modellbahnherstellern noch immer so unsinnige Lackierungen wie rote oder grüne V36 mit Dachkanzel, Nachkriegs-V36 mit grauem Wehrmachtsanstrich, rote „Reichsbahn"-V20 oder sogar eine gelbe Post-V20 (die es weder so, noch anders gegeben hat)

Die damalige Nummernvergabe läßt, selbst wenn man die besonderen Umstände jener Zeit berücksichtigt, eine Reihe von Unschlüssigkeiten und Ungereimtheiten erkennen: So wurde zwar zwischen den an sich gleichen WR200B13 und WR200B14 differenziert (der einzige Unterschied bestand in den Ballastgewichten), nicht aber zwischen den erheblich voneinander abweichenden V20 001 und V20 002 ff. Auch ein Grund dafür, warum die Betriebsnummern zwischen V20 002 und V20 005 nicht besetzt wurden, ist keineswegs ersichtlich.

Wie bei den V36 kamen auch bei den V20-Lokomotiven ab 1948 noch einige Nachzügler in den Reichs- respektive Bundesbahn-Bestand. Darunter waren

V20 023, die bei Kriegsende mit schweren Schäden an Fahrzeug und Motor vorgefunden wurde, und deren Übernahme deshalb lange Zeit fraglich war,

V20 040, die noch bis Ende 1948 für die US-Besatzung lief, zuletzt, vom 16.2.48 bis 31.12.48, im US-Tanklager Bremen-Farge, sowie

V20 050, die erst 1949 aus Beständen der Britischen Streitkräfte übernommen wurde.

Zusammengefaßt ergab sich damit ein Bestand von 23 Loks, ohne V20 015 (Ende 1950):

V20 001
V20 002 005-008
V20 020-023
V20 030-041 und
V20 050

Bei V20 008 gab es jahrelange Auseinandersetzungen um die Eigentumsrechte. Die Lok war 1949 im Gesamtpaket der 96 StEG-Lokomotiven von der Reichsbahn übernommen worden, wurde als ehemalige Privatlok (EIBIA; siehe S.104) aber auch von der Industrieverwaltungsgesellschaft (IVG; siehe S.387f.) beansprucht und hätte eigentlich - wie V36 211 und 227 - zurückgegeben werden müssen. Bis 1957 (!) wurde um die Lok gestritten, dann erst konnte der Fall mit Zahlung von 8100 DM an die IVG aus der Welt geschafft werden[20].

Einige Irritationen löste Ende der 40er Jahre die V20 001 aus, die - wie die Aufnahmebeamten sehr bald merkten - nicht so recht zu den anderen V20ern paßte. Der Grund: Die V20 001 war keine Einheits-WR200, sondern die einzige nach dem Krieg in Westdeutschland wieder aufgetauchte WR240B15!

VON DER WEHRMACHT ÜBERNOMMENE 200-PS-LOKOMOTIVEN
ohne Splitterbauart DWK

Lok-Nr	Herst	FabNr	Bauj	erstmals gemeldet Tag	Ort	Übernahme/Bemerkungen Tag	Direktion
V20 001	BMAG	10754	1939	23.03.47	Erndtebrück	03.07.47	RBD Wuppertal
V20 002	Deutz	39651	1942	05.06.46	RAW Nürnberg Rbf		
V20 005	Deutz	36660	1941	19.09.46	Bamberg	19.09.46	RBD Nürnberg
V20 006	Deutz	36658	1941	23.03.47	Stgt-Untertürkheim		
V20 007	Deutz	36667	1941	31.08.46	München Bww	05.09.47	RBD München
V20 008	Deutz	46517	1941	.05.45	Bremen Hbf		

V20 003-004: nicht belegt
V20 007: mit Verfg. OBL 33.331 Falo3 v. 17.12.46 zunächst vom Bestand abgesetzt; dann doch noch übernommen

Lok-Nr	Herst	FabNr	Bauj	erstmals gemeldet Tag	Ort	Übernahme/Bemerkungen Tag	Direktion
V20 020	Gmeinder	3611	1941	01.11.45	Nürnberg Hbf		schwer beschädigt
V20 021	Gmeinder	3612	1942	04.01.46	Braunschweig Vbf		
V20 022	Jung	9585	1941	23.03.47	Darmstadt	06.11.46	RBD Frankfurt
V20 023	Jung	9584	1942	23.03.47	RZA München	.48	schwer beschädigt

V20 020: Fliegerschaden; sämtliche Motorlager ausgeschmolzen
V20 021: lt. Nummernplan 1947 *„noch nicht endgültig übernommen"*
V20 023: Instandsetzung abgeschlossen: August 1948

Lok-Nr	Herst	FabNr	Bauj	erstmals gemeldet Tag	Ort	Übernahme/Bemerkungen Tag	Direktion
V20 030	Deutz	36615	1942	01.05.46	Augsburg		
V20 031	Deutz	36616	1943	23.03.47	Celle	03.01.47	RBD Hannover
V20 032	Deutz	36624	1942	23.03.47	Hmb-Harburg	03.01.47	RBD Hamburg
V20 033	Deutz	39645	1943	23.03.47	Kiel		
V20 034	Deutz	39652	1943	23.03.47	Hmb-Harburg		
V20 035	Deutz	39654	1943	31.08.45	RBD Stuttgart		
V20 036	Deutz	39655	1943	23.03.47	Hmb-Harburg		
V20 037	Deutz	36663	1942	23.03.47	München Bww	.05.47	RBD München
V20 038	Deutz	36664	1942	23.03.47	München Bww	.05.47	RBD München
V20 039	Deutz	39659	1941	.05.45	Flensburg	.48	
V20 040	Deutz	39622	1943	23.03.47	Herford	01.01.49	RBD Hannover
V20 041	Deutz	39625	1943	01.07.50	Bremerhaven-Lehe	.50	

V20 031: am (23.03.47) bei den Gaswerken Celle festgestellt
V20 040: von US-Besatzungsmacht; zuletzt Tanklager Farge
V20 041: *„Lok war fast ein Jahr außer Betrieb"* (11.7.46)

Lok-Nr	Herst	FabNr	Bauj	erstmals gemeldet Tag	Ort	Übernahme/Bemerkungen Tag	Direktion
V20 050	BMAG	11391	1940		Augsburg	30.08.49	RBD Augsburg

V20 050: Beschaffungspreis: 10.000 DM

Quellen: Betriebsbücher, Lokzählung 23.03.47, St10a Nür, St10a Stgt, VM Nürnberg

Die DB-Farben

Gemäß der seinerzeit gültigen Anstrichordnung für Kleinlokomotiven wurden ab 1949 auch die V20 und V36 mit einem neuen, schwarzen Anstrich versehen. Die genauen Anstrichvorschriften sind in der Zeichnung M 11.14 vom 28.6.49 festgelegt:

Blechverkleidung außen	= schwarz	(RAL 9005)
Haubenleiter	= schwarz	(RAL 9005)
Aufstiegsleiter zum Führerhaus	= schwarz	(RAL 9005)
Klappbrücke	= schwarz	(RAL 9005)
Fensterrahmen	= schwarz	(RAL 9005)
Dach außen	= alufarben	(RAL 9006) Bitumenfarben
Führerhaus innen unterhalb der Fensterbrüstung	= grau	(RAL 7023)
darüber, einschließlich Decke	= grau	(RAL 7032)
Rahmen außen	= schwarz	(RAL 9005)
Puffer	= rot	(RAL 3002)
Pufferteller und Zughaken	= schwarz	(RAL 9005)
Rahmen innen	= rot	(RAL 3002)
Räder	= rot	(RAL 3002)
Stangenfräsung	= rot	(RAL 3002)
Blindwellenkurbel	= rot	(RAL 3002)
Blitzpfeile	= gelb	(RAL 1007)
sämtliche Anschriften	= weiß	(RAL 9002) weiße Ölfarbe

Für den Rahmen innen war zunächst der Farbton „kaminrot" (RAL 3000) vorgeschrieben. Wegen der starken Ölverschmutzung des Fahrwerks wurde der Anstrich aber bald auf RAL 3002 geändert.

Zu den Anschriften zählte ab 1955 auch das neue DB-Zeichen[1]. Am Winkel des Umlaufblechs waren anzuschreiben: Bremsbauart, Brems-Untersuchungsdatum, letztes und nächstes Untersuchungsdatum der Lok und das zuständige Ausbesserungswerk.

1 BZA München 3516 Ftf(a) 6 v. 25.8.55

20 BZA München 2 Ra v. 3.4.57, BA B121/531

Wie wenig die Bundesbahner Anfang der 50er Jahre mit dieser für sie unbekannten Sondertype anfangen konnten, beleuchtet ein Vermerk des EAW Opladen[21] vom 16.5.52. Darin heißt es u.a.:

> *Obige Lok ist mit einem Motor Deutz A 6 M 324 und Getriebe Voith L 35 ausgerüstet, das nach Angaben des Herstellers eine Eingangsdrehzahl n = 900/min. hat. Da der eingebaute Motor bei Nennleistung 200 PS nur 800 Umdrehungen macht, ergeben sich Funktionsstörungen, die bisher nicht abgestellt werden konnten. Da der Einbau eines Getriebes L 33 y noch nicht geprüft ist, wurde, um die Lok wenigstens vorübergehend dem Betriebe wieder zur Verfügung zu stellen, die Motordrehzahl* ***versuchsweise*** *auf 900/min. bei Nennlast eingestellt, um die Schaltgeschwindigkeit des Getriebes in den Umschaltpunkten zu erreichen und damit den Umschaltvorgang überhaupt zu ermöglichen. Hierzu muß der Motor kurzzeitig bis auf 950 Umdr./min. beschleunigt werden. Die Überdrehzahl soll zur Schonung des Motors jedoch nur für den Schaltvorgang in Anspruch genommen werden und darf nicht dauernd gefahren werden, etwa zur Erreichung der vollen Endgeschwindigkeit von 60 km/Std.*

Letzteres ist später durch eine Begrenzung der Höchstgeschwindigkeit auf 52 km/h auch noch einmal förmlich angeordnet worden. Die beschriebenen Funktionsstörungen konnten scheinbar aber auch damit nicht restlos abgestellt werden.

Bis Mitte der 50er Jahre wurde die Lok viel herumgereicht (Hagen-Eckesey, Regensburg, Rheine, Oldenburg, Hmb-Harburg, Lübeck), bevor mit Verfügung HVB 23.233a Fau 97 vom 29.11.54 die Ausmusterung erfolgte. Der Einzelgänger blieb auch danach bei der Bundesbahn in Betrieb. Für mehr als zwölf Jahre verschwand die Maschine aber als Schlepplok in verschiedenen Ausbesserungswerken, wo die Beanspruchung von Motor und Getriebe geringer war und die Probleme damit in den Hintergrund traten. In den offiziellen Bestands-Statistiken der Bahn taucht die Lok für diese Zeit auch nicht auf.

In verschiedenen amtlichen Unterlagen[22] der DB hat sich übrigens bis zum Schluß ein bemerkenswerter Rechenfehler gehalten. Und zwar wurden die 30 to Dienstgewicht[23] der V20 001 irrtümlich wohl durch drei statt zwei Achsen (Blindwelle mitgezählt?) dividiert und die Gattung deshalb mit *„G 22.10“* (statt mit -15) angegeben. Aus der WR240B15 wurde so eine nie existente „WR200B10“. Selbst in die Hobby-Literatur hat dieses Rechen-Kunststück noch seinen Niederschlag gefunden[24].

Insgesamt war der V20-Bestand, trotz der geringeren Stückzahl, noch um einiges bunter und vielfältiger als der V36-Lokpark. Allein die Existenz von drei verschiedenen Motorbauarten bei nur 23 Loks, dazu die Besonderheiten der V20 001 mit abweichender Motoreinstellung, anderem Getriebe und größerer Voith-Maurer-Kupplung, sorgte im Werkstättendienst für viel Arbeit und konnte auch aus wirtschaftlicher Sicht natürlich nicht befriedigen.

TABELLE 28: V20 - Abweichende Führerhausmaße

Lok		Serie	V20 001	V20 008	V20 023
max. Breite	mm	3100	2960	3100	3000
max. Höhe	mm	3800	3500	3500	3530
Führerhausdach		rund	halbrund	flach	halbrund
Kühlerausschnitt		klein	groß	groß	klein

Quelle: Betriebsbücher

Auch äußerlich gab es noch manche Unterschiede. Bei den Führerhäusern z.B. existierten neben der Serienbauart nicht weniger als drei verschiedene Varianten (TABELLE 28). V20 001 (= WR240B15) und V20 008 (= Vorserienlok von Deutz) waren bereits in dieser Ausführung geliefert worden. Die schwer kriegsbeschädigte V20 023 wurde dagegen beim Wiederaufbau 1948 entsprechend verändert.

Bei besagtem Wiederaufbau sind möglicherweise auch Teile einer weiteren Kriegsschadlok, Wehrmachts-Nummer 2580, verwendet worden. Die 200-PS-Maschine (vermutlich Einheitsbauart WR200B14) tauchte 1946 in der RBD München auf, wurde einige Zeit bei der Reichsbahn geführt und dann per 17.12.46 aber aus dem Bestand wieder gestrichen. Eine Identifizierung dieser Lokomotive war bislang nicht möglich.

Instandsetzung im EAW und PAW

Der hohe Schadlokbestand bildete zweifellos das größte Hemmnis für den Motorlokbetrieb in den ersten Jahren nach 1945. Wie die Reichsbahn-Fahrzeuge waren auch die Wehrmacht-Dieselloks im Krieg stark beansprucht, auf Verschleiß gefahren und Pflege und Unterhaltung jahrelang vernachlässigt worden. Dazu kamen Bomben- und Unfallschäden, Plünderungen (in erster Linie Armaturen und Motorteile), Folgeschäden aus mehrjähriger Abstellzeit im Freien sowie starke Abnutzungserscheinungen durch die Verwendung minderwertigen Ersatzstoffe im Krieg.

Fast der gesamte Motorlokpark präsentierte sich bei Übernahme durch die Reichsbahn daher in einem recht desolaten und abgewirtschafteten Zustand. Anfang 1947 waren von den rund 100 bis dahin vorhandenen Loks

21 Im Betriebsbuch der Lok
22 Umnummerungsplan 1947, AW-Werkkarte
23 Später durch Einbau von Standard-Motor und -Getriebe sowie Ballast-Ausbau auf 26,5 to gemindert
24 Kurz, WR360C, S.3

Drei Gesichter der V20: V20 001, 008 und 023 unterschieden sich u.a. durch flachere Führerhäuser und unterschiedliche Kühlerausschnitte von den Serien-V20.

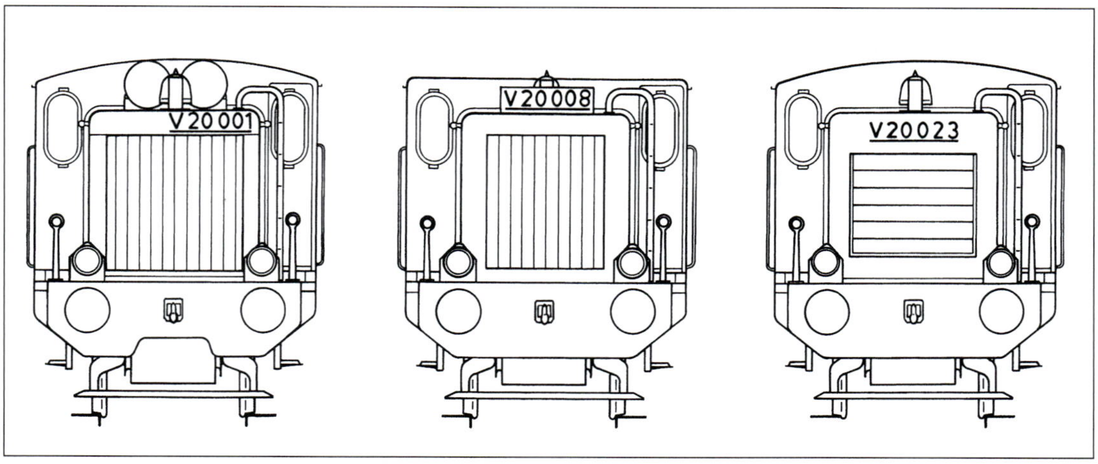

HORST KÜHNHACKL

BZA München, Sammlung Stefan Lauscher

Von der Wehrmachtlok zur Bundesbahn-V36: Die Münchener V36 110 hat 1953 schon Kühlerjalousien, Winterabdeckbleche auf den Kiementüren und einen Ausgleichsbehälter auf der Vorbau-Spitze.

nur 30 betriebsfähig[25]! Und selbst Ende 1948, als schon die ersten fabrikneuen Nachbau-V36 von Holmag/MAK geliefert waren, lag der Schadlokbestand noch immer bei 47 Prozent.

Wie sehr die schwerwiegenden Schäden, das ständige Warten auf Ersatzteile und die allgemeine Überlastung der RAW mit Bedarfsausbesserungen einen auch nur einigermaßen geregelten Betrieb behinderten, zeigen zwei Beispiele:

Erstens: Lok 36271, die spätere **V36 101** (O&K 21182/1940).
Die Maschine kam schon im November 1945 beim Bw Nürnberg Hbf wieder in Fahrt. Bis zum März 1947 genügte offenbar die Improvisationskunst der Bw-Werkstatt, um die Lokomotive betriebsbereit zu halten. Dann aber kamen ziemlich lange Stillstandszeiten:
März 47 - Aug. 47: Warten auf Aufnahme ins RAW.
Aug. 47 - Dez. 47: Ausbesserung im RAW.
Dez. 47 - Jan. 48: In Betrieb (nur 40 Tage!), danach von
Feb. 48 - Juli 48: erneut schadhaft mit mehrmonatigen Stillstandszeiten im RAW Nürnberg Rbf.

Schlimmer noch erwischte es - zweitens - die spätere **V36 002** (O&K 20917/1938).
Bis zum 29.9.48 stand sie schadhaft und ausgeplündert im Bw Hamm abgestellt, bevor sie zur ersten, provisorischen Aufarbeitung ins Bw Wt-Steinbeck geschleppt wurde. Der weitere Weg:
Nov. 48 - Juli 49: Instandsetzung im PAW MAK.
Juli 49 - Aug. 49: Rgd. für die US-Besatzung in Mannheim.
Aug. 49 - Juli 50: Fast ein Jahr (!) erneut im EAW (*„Ersatzteilmangel“*!).
Dann war die Lok kurzeitig in Betrieb, bevor sie am 28.10.50 z-gestellt werden mußte (bis 30.4.51). Anschließend - Mai bis Juli - in Ausbesserung im Bw und AW. Bis August 1951 hatte die Lok also schon viel Arbeit gekostet, war aber noch kaum einen Kilometer für die Staatsbahn gefahren.

Um zumindest mittelfristig zu einer planmäßigen Unterhaltungswirtschaft zurückkehren zu können, hatte die DR-West bereits 1946 eine grundlegende Instandsetzung aller Motorloks angeordnet. Neben den RAW

25 Homberger/Cottier, Bericht, S.92

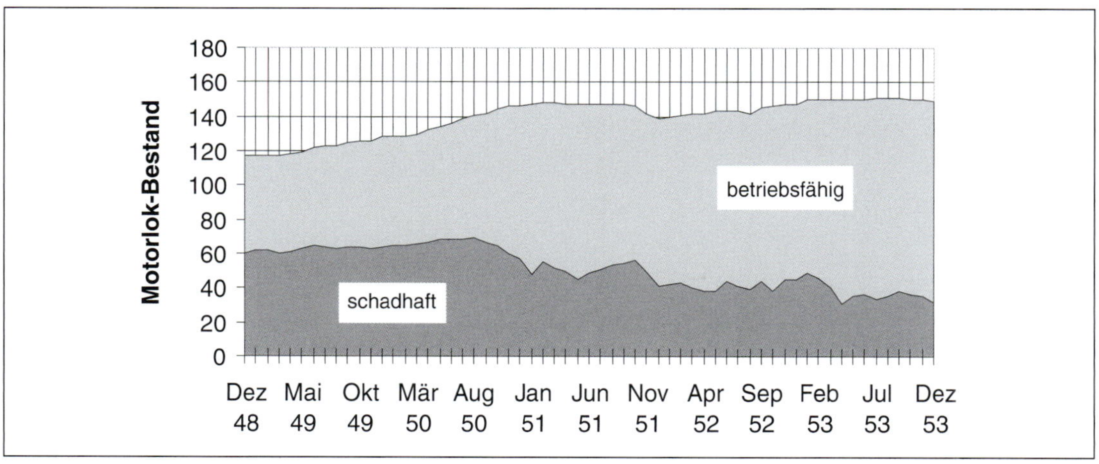

SCHAUBILD 9: Schadlok- und Betriebsbestand 1948-1953. Erst in der zweiten Hälfte 1950 - mit Lieferung der Neubauloks V36[4] - beginnt der Schadanteil merklich zu sinken.

(EAW) Opladen und Nürnberg, die schon im Krieg Kleinloks und VT unterhalten hatten, wurde aus Kapazitätsgründen dafür auch das PAW (Privat-Ausbesserungswerk) Holmag Kiel[26] herangezogen. Die meisten M4-Untersuchungen (Hauptuntersuchungen) waren bis Anfang 1951 abgeschlossen.

Erheblich erschwert wurden die Instandsetzungsarbeiten vor allem durch den allgegenwärtigen Material- und Ersatzteilmangel nach dem Krieg, desweiteren aber auch durch die noch sehr ungünstigen Arbeitsbedingungen sowie eine unzureichende Ernährung der Arbeiter.

Anfang 1949 geriet die Reichsbahn - ausgelöst durch politische Entscheidungen im Umfeld der Währungsreform - zudem in eine schwerwiegende Finanzkrise. Auf einmal sollte die Bahn ihre gesamten Ausgaben aus eigenen Erträgen finanzieren; eine Rechnung, die angesichts der noch immer unübersehbaren Kriegsschäden und der (durch Rückgang des Verkehrs nach der Währungsreform) dramatisch gesunkenen Einnahmen natürlich nicht aufgehen konnte.

Um ihren Haushalt in Ordnung zu halten, mußte die Reichsbahn sparen, wo immer es möglich schien. Die Folge waren u.a. einschneidende Personaleinschränkungen im Werkstättendienst - sprich: Entlassungen und Kurzarbeit - sowie die Rückstellung von Motorlok-Ausbesserungen zugunsten von Dampf- und Kleinlokomotiven[27]. Die Auswirkungen dieser Entwicklungen auf die Wiederherstellung der V20/V36 sind u.a. im „Jahresbericht über die motorisierte Zugförderung" von 1949 beschrieben[28]:

TABELLE 29:
Motorlok-Schadbestände (in % vom Bestand)

	1951	1952	1953	1954	1955
V20	21,1	7,9	10,7	9,9	10,1
V36 Deutz		12,6	12,9	11,0	10,4
V36 MWM		13,1	9,3	10,1	11,2
V36 DWK		41,0	19,2	17,0	-
V80	4,1	25,7	23,0	26,0	11,0

Quelle: Werkstatistik W67 (Ausgabe 1955)

Die im Jahre 1949 einsetzende Finanzkrise hat das Beschaffungswesen bis zum teilweisen, mindestens vorübergehenden Stillstand eingeschränkt. Der für die große Bauartzahl der Motorschienenfahrzeuge besonders vielseitige Ersatzstückbedarf wurde dabei naturgemäß in erster Linie getroffen. Empfindliche Fahrzeugstillstände waren die Folge. Die Ausbesserungswerke konnten folglich den Arbeitsablauf bei der Wiederherstellung der Fahrzeuge oft nicht mehr zur Genüge beherrschen, so daß der Zulauf allmählich in keinem tragbaren Verhältnis mehr zum Ausgang stand und eine arbeitserschwerende Überfüllung der Werke eintrat. Da jeweils nur wenige Fahrzeuge wiederhergestellt werden konnten, mußte die Betriebsnotwendigkeit entscheiden.

Auch ein Traktionsvergleich macht die besonderen Probleme bei der Motorlok-Instandsetzung deutlich. Die jeweiligen Schadlok-Anteile am Unterhaltungsbestand betrugen Ende 1949[29]

- bei Dampflok = 26,3 %
- bei Ellok = 19,6 %
- bei Elektrotriebwagen = 18,5 %
- bei Dieseltriebwagen = 32,9 %
- bei Diesellok = 49,2 % (!) und
- bei Kleinlok = 26,6 %.

Den Höhepunkt erreichte die Krise schließlich im Februar/März 1950, als von den seinerzeit vorhandenen 128 Diesellokomotiven 64 - also genau die Hälfte - schadhaft abgestellt waren. Zehn weitere wurden durch den Besatzungsverkehr blockiert, zwei waren anderweitig verliehen. Für den Bundesbahn-Betrieb standen tatsächlich also nur 50 Lokomotiven (= 39 Prozent) zur Verfügung[30].

Auch in den darauffolgenden Monaten begannen die Berichte über die Motorlokausbesserung bei der DB meist mit dem Hinweis auf die Schwierigkeiten bei der Ersatzteilbeschaffung und einem sich daraus ergebenden, unbefriedigend hohen Ausbesserungsstand. Erst 1951 - mit erfolgter Ablieferung der fabrikneuen $V36^4$ von MAK und nach Ausmusterung diverser Splitterbauarten - reduzierte sich der Schadanteil merklich auf 36 Prozent, 1952 dann auf 29 und schließlich 1953 auf 22 Prozent.

Interessanterweise enthalten schon diese frühen Bestandsaufnahmen sehr deutliche Hinweise auf ein Problem, das Techniker und Betriebsleute in der Folgezeit noch lange beschäftigen sollte: Nämlich die hohe Schadanfälligkeit der DWK- (alsbald ausgemustert) und der MWM-Motoren. Bei den Mannheimer Modellen fielen sowohl der Kriegsmotor RHS235S, als auch die Nachkriegsversion RHS335S durch häufige Kurbelwellenbrüche, defekte Regler und Ventilprobleme auf[31]. Zeitweise galten die MWM-Motoren sogar als *„unausgereifte Konstruktion"*[32]. Die großen Vorortverkehre in Bremen, Wuppertal oder Frankfurt wurden deshalb mit $V36^2$, zumindest aber Neubauloks $V36^4$, aufgezogen. An den nicht ganz so bedeutenden V36-Standorten wie Nürnberg, München oder Stuttgart mußte man - wohl notgedrungen - mit der $V36^1$ zurechtkommen.

Nachbauten von Holmag, MAK und Deutz

Schon bald nach dem Krieg begannen (parallel zur Instandsetzung der Alt-Fahrzeuge) auch die ersten Neubeschaffungen von Dieselloks in der britisch-amerikanischen Bizone. Namentlich die Deutschen Werke Kiel, jetzt unter der Bezeichnung „Holsteinische Maschinenbau Aktiengesellschaft" (Holmag) firmierend, waren über den Zusammenbruch hinaus lieferfähig geblieben. In Kiel standen seinerzeit noch etliche aus alten Kriegsbestellungen stammende WR360C14. Alle Loks waren offenbar bereits angearbeitet und fielen damit nicht unter das Verbot des alliierten Kontrollrats für den Lokomotiv-**Neu**bau. Angeboten wurden von Holmag insgesamt 14 Loks, die Reichsbahn bestellte davon 13. Die Lieferung erfolgte in zwei Serien:

- fünf Loks: **V36 150 251-254** (Nov-Dez.47) und
- acht Loks: **V36 255-262** (Juli -Dez.48),

letztere bereits unter dem wiederum neuen Firmennamen Maschinenbau Kiel-AG (MAK[33]). Der Reichsbahn boten die dreizehn Nachbauloks die günstige Gelegenheit, die Zahl typengleicher Fahrzeuge aus Wehrmachts-Übernahmen ohne lange Lieferzeiten kräftig aufzustokken. Außerdem kam so eine Anzahl fabrikneuer Maschi-

26 Später PAW MAK Kiel; bis 1956 wurden in Kiel insgesamt 400 Diesel- und Dieselkleinloks sowie 1856 Güter- und 1205 Reisezugwagen instandgesetzt
27 Die Bundesbahn 1950, S.13
28 S.1f.
29 Flemming, Wiederaufbau, S.102
30 1.Beratung Ausschuß für Schienenfahrzeuge mit Verbrennungsmotoren am 2/3.3.50 in Stuttgart
31 Die Bundesbahn 1951, S.16; Jahresbericht mot. Zugförderung 1952, S.6; EZA München 3611 Fklvm 08 v. 4.12.50; siehe auch S.218ff.
32 EZA München 3211 Fklmö 33 v. 16.2.53
33 Das große „A" im Firmenkürzel MAK wurde erst 1954 nach einem verlorenen Rechtsstreit mit der MAN (die wohl Verwechselungen befürchtete) auf Kleinschreibung umgestellt

nen in den Bestand, die im Gegensatz zu den häufig schadhaften Alt-Fahrzeugen sofort einsetzbar war, und damit den sprunghaft steigenden Bedarf an Dieselloks zu decken half.

Die gleichen Überlegungen führten 1949 zur Bestellung einer dritten Nachbauserie, diesmal allerdings bei Deutz in Köln (V36 232-235). Die genauen Lieferdaten aller 17 Loks sind bereits weiter vorne aufgelistet worden (S.134). Die untenstehenden Tabelle nennt darüber hinaus Abnahmedaten und Erst-Stationierungen. Wie die beiden Serien von Holmag/MAK waren auch die Deutz-Loks weitestgehend aus vorhandenen Teilen montiert worden und entsprachen bis auf wenige Details der Wehrmachts-Ausführung. Neu waren lediglich

- ein 700- (statt 400-) Liter-Brennstofftank (nur V36 260-262 und Deutz-Serie),
- ein Stirnkühler der Oberurseler Kühlerfabrik (nur Deutz-Serie),
- ein mit 24 (statt 12) Volt betriebenes elektrisches Bordnetz,
- Einrichtungen für den Wendezugbetrieb (Klingelleitung; nur Deutz-Serie) sowie
- verstärkte Rahmenstirnplatten, um Aufprallschäden im Rangierbetrieb zu mindern.

Die Nachbauserie von Holmag (V36 150, 251-254) hatte, entsprechend der Ursprungsbestellung, sogar noch eine vollständige Ex-Schutz-Ausrüstung!

Der Neubeginn nach dem Krieg:
Bei MAK in Kiel ist im Sommer 1948 die zweite Nachbau-Serie (V36 255-262) in Bau; auf dem Gleis rechts einige zur Instandsetzung angelieferte Köf II.

V36-NACHBAU FÜR DEUTSCHE REICHSBAHN (WEST)

Lok-Nr	Herst	FbNr	Bauj	Anlief.	Abn.	Ort	RBD	Bw
V36 150	Holmag	2006	1947		16.12.47	RAW Bremen	Hmb	Hmb-Harburg
V36 251	Holmag	2007	1947	16.12.47	20.04.48	RAW Nürnberg	Ffm	Frankfurt-1
V36 252	Holmag	2008	1947	16.12.47	13.01.48	RAW Nürnberg	Mün	München Hbf Bww
V36 253	Holmag	2009	1947	16.12.47	08.01.48	RAW Nürnberg	Mün	München Hbf Bww
V36 254	Holmag	2010	1947		.01.48	RAW Nürnberg	Stg	?
V36 255	MAK	2012	1948		25.08.48	RAW Nürnberg	Mün	München Hbf Bww
V36 256	MAK	2011	1948		25.08.48	RAW Nürnberg	Wt	Wt-Steinbeck
V36 257	MAK	2014	1948		20.10.48	RAW Nürnberg	Nür	Bamberg
V36 258	MAK	2015	1948		19.10.48	RAW Nürnberg	Nür	Bamberg
V36 259	MAK	2016	1948		18.10.48	RAW Nürnberg	Nür	Bamberg
V36 260	MAK	2017	1948		23.11.48	RAW Nürnberg	Ffm	Frankfurt-1
V36 261	MAK	2018	1948	31.10.48	24.11.48	RAW Nürnberg	Ffm	Frankfurt-1
V36 262	MAK	2019	1948	14.12.48	28.12.48	RAW Nürnberg	Ffm	Frankfurt-1
V36 232	Deutz	46980	1949	05.04.49	08.04.49	RAW Bremen	Han	Bremen Hbf
V36 233	Deutz	46981	1949	24.05.49	16.06.49	RAW Bremen	Han	Hannover Hgbf
V36 234	Deutz	47012	1949	23.06.49	25.06.49	RAW Bremen	Wt	Wt-Steinbeck
V36 235	Deutz	47013	1949	09.08.49	10.08.49	RAW Bremen	Wt	Wt-Steinbeck

Unter Anlieferung und Abnahme sind hier die Angaben aus den Betriebsbüchern genannt. Im Vergleich zu den Ablieferungsdaten der Hersteller ergeben sich Differenzen bis zu vier Wochen! Nur teilweise sind Überführungsprotokolle überliefert. Danach stimmen in der Regel wohl eher die Angaben der Lokfabriken.
V36 251-256 wurden als V36 151-156 abgeliefert.
V36 234-235 und 260-262 galten zunächst als *„HVE-Reserve“* und wurden den Bw erst 1950 fest zugewiesen.

Quellen: MaK, Deutz, Lokverzeichnis BD Stgt

Reichsbahn-Pläne

V36 mit vier Achsen

Schwere Kriegsschäden überall, ein durch die Wehrmachtsübernahmen vollkommen diffuser und typenmäßig zersplitterter Motorlokpark, dazu mittelfristig die dringend notwendige Erneuerung des Lokomotivbestandes - zu tun gab es Ende der 40er Jahre für das Münchener Reichsbahn-Zentralamt weißgott genug.

Trotzdem widmete sich das RZA 1948 mit schon bewundernswertem Perfektionismus und wohl ohne irgendeine realistische Chance auf Finanzierbarkeit einem vergleichsweise nebensächlichen Problem: Nämlich der (bedingt durch große Überhänge, schlechte Gewichtsverteilung und zu großes Achslagerseitenspiel[1]) nicht eben optimalen Laufruhe der V36 insbesondere im Zugdienst.

Bei MAK in Kiel ließ das RZA deshalb Pläne für eine Art Super-V36 mit vierter Lauf- oder Treibachse unter dem Führerhaus ausarbeiten! Gedacht war dabei keineswegs nur an die bereits in Planung befindlichen spätere V36[4]. Vorgesehen, so kann man verwundert in den alten Akten nachlesen, war vielmehr auch eine nachträgliche Umrüstung *„aller bisher gelieferten Motorloks"* der V36-Reihe!

Erste Vorstellungen von einer in den Laufeigenschaften deutlich verbesserten V36 faßte die MAK in einem (hier gekürzt wiedergegebenen) Schreiben vom 25.9.48 zusammen. Dem RZA München werden darin drei mögliche Alternativen zur bisherigen Ausführung der V36 unterbreitet.

1.Änderungsvorschlag
Hierbei wird die Hinterachse um 450 mm nach hinten versetzt. Dadurch wird erreicht, dass der jetzt störende Überhang des Führerhauses von 2050 mm auf 1600 mm verringert wird. Die Kuppelstangen müssen entsprechend verlängert werden.
Der Mehrpreis beträgt DM 3100,—

2.Änderungsvorschlag
Der 2.Änderungsvorschlag sieht den Einbau eines 4.Radsatzes (Laufachse einschl. Achslager und Achsfederung sowie Bremsklötze, Bremsgestänge mit Bremswelle, Sandstreuer usw.) vor. Durch den Einbau der 4.Achse unter dem Führerhaus wird die Lok um mindestens 500 mm länger. Soll die Zugkraft der Lok erhalten bleiben, so müssen zusätzlich Ballastgewichte vorgesehen werden, weil die Laufachse einen Teil des Lok-Gewichts aufnimmt. Zur Erhaltung der Kurvenläufigkeit müssen besondere Maßnahmen ergriffen werden.
Mehrpreis bei diesen Änderungen DM 13.150,—

3.Änderungsvorschlag
Ausführung wie im 2.Änderungsvorschlag, aber nicht mit einer 4.Laufachse, sondern mit einer 4.Treibachse. Die Kuppelstangen sind gleich.
Mehrpreis bei vorstehenden Änderungen DM 14.600,—

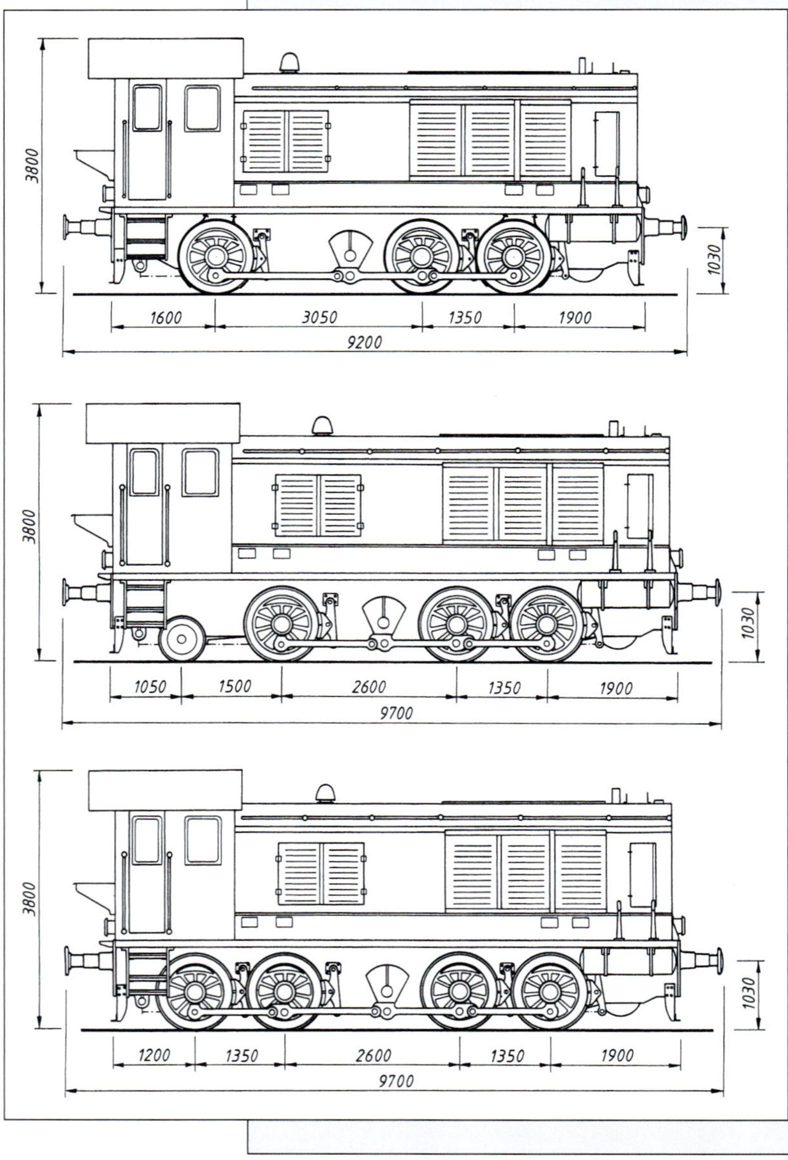

HORST KÜHNHACKL

Die MAK selbst hielt von den teuren und aufwendigen Plänen mit einer vierten Achse offenkundig nicht allzu viel. *„Wir empfehlen"*, heißt es so und mit ähnlichen Worten an nicht weniger als drei (!) Stellen des gerade mal 1 1/2seitigen Briefes, *„den 1.Änderungsvorschlag durchzuführen, weil dieser sich mit den geringsten Kosten durchführen lässt und mit ihm nach unseren Erfahrungen das gewünschte Resultat erreicht wird"*.

Damit hätte das Thema eigentlich erledigt sein können. Doch das RZA, das wohl die C1'-Lösung bevorzugte, forderte weitere Untersuchungen. Mit Datum vom 8.11.48 legte die MAK - eher widerwillig, wie man als Eindruck gewinnt - nun schon sehr präzise Planungen für eine V36 mit vierter Achse vor. Die MAK-Konstrukteure gingen dabei von einer kurvenbeweglichen Adams-Laufachse mit 600 mm Durchmesser aus (auch eine Ausführung mit Bisselgestell war im Gespräch, wurde aber verworfen):

Von dem Einbau einer unter dem Führerstand angeordneten, parallel verschiebbaren Laufachse haben wir Abstand genommen, da der Anlaufwinkel bei dieser Ausführung zu gross wird. Es besteht das Bestreben des Spurkranzes, die Schiene zu übersteigen und somit das Fahrzeug zur Entgleisung zu bringen.

Günstigere Laufeigenschaften werden mit Einstellachsen erzielt. Unsere Untersuchung wurde für eine Adams-Achse durchgeführt. Um den Einbau dieser Achse bei den vorhandenen Maschinen durchführen zu können, mussten wir die Laufachse in einem Abstand von 1,5 m von der letzten Treibachse anordnen. Da der Überhang der Lok durch diese Massnahme sehr klein geworden ist, werden die Nickbewegungen auf ein Minimum herabgesetzt.

Der Untersuchung wurden ein Kurvenradius von 150 m und der vorhandene feste Achsstand der Treibräder von 3950 mm zugrunde gelegt. Da der Motorlok-Rahmen bedeutend breiter (1250 mm) gehalten wurde, als es sonst bei

Maschinen mit Schwenkachsen üblich ist (1080 mm), ist es nicht zu vermeiden, dass das Rad in der Kurve in die Rahmenbleche hineinschwenkt. Es ist daher erforderlich, dass der Rahmen zwischen dem neuen Achslagerausschnitt und der Puffer-Stirnwand einen Ausschnitt erhält.

Bei Neubau-Maschinen empfehlen wir außer dem Einbau der Laufachse auch noch den festen Radstand von 3950 auf 4200 mm nach vorn (zum Kühler) zu vergrößern. Das Durchfahren von 150 m Kurven wird hierdurch nicht beeinträchtigt, wohl aber das unangenehme Schlingern von Maschinen mit kurzen Radständen vorteilhaft beeinflußt. Bei Neubau von Lokomotiven mit einer Schwenkachse empfehlen wir die Breite der Rahmen zu verringern, damit das Einschneiden der Räder in die Rahmenbleche vermieden wird.

Aufgrund verschiedener Gespräche mit der Reichsbahn konnte sich die MAK zu diesem Zeitpunkt übrigens auch durchaus noch Hoffnungen darauf machen, zumindest die geplanten 18 Neubaulokomotiven (V36[4]) mit eigenen Motoren Bauart 6M30 ausrüsten zu können[2]; auch als Ersatz- (Tausch-) motor für die Deutz- und MWM-Typen sollten mehrere MAK-360-PS-Motoren geliefert werden. Die höhere Drehzahl - 750 UpM gegenüber 600 UpM bei Deutz und MWM - hätte dabei allerdings durch eine entsprechend geänderte Übersetzung im Vorgelege des Voith-Flüssigkeitsgetriebes geändert werden müssen. Erst im November 1948, nach Beseitigung der Lieferschwierigkeiten bei MWM, fiel bei der Reichsbahn die endgültige Entscheidung zugunsten MWM und gegen MAK.

In die Diskussion um eine mögliche vierte Achse für die V36 war derweil ein gewisser Pragmatismus eingezogen. Auf Vorschlag von MAK und entsprechend deren ursprünglichen Empfehlungen, wurde bei der letzten Lok der noch in der Fertigung befindlichen Nachbauserie (V36 262) der dritte Radsatz *„versuchsweise"* um 450 mm nach hinten versetzt. Außerdem erhielt die Lok eine weichere Federung.

Tatsächlich zeigten die Testfahrten Ende November 1948 in Kiel und die Betriebserprobung ab Januar 1949 beim Bw Frankfurt 1 eine deutlich bessere Laufruhe und geringere Nick- und Schlingerneigung.

Trotzdem hielt das RZA die Entscheidung noch einige Zeit weiter offen. Erst Mitte Februar 1949 - die unter Zeitdruck stehende MAK hatte ihr Angebot für die V36[4] noch alternativ mit und ohne vierte Achse anbieten müssen - gab das Zentralamt seine Pläne für eine vierachsige V36 endgültig auf.

Alle noch folgenden V36-Neubaulokomotiven (18 Stück V36[4]) sind nach dem Muster der V36 262 mit rückgesetzter Hinterachse und 4400 mm Achsstand ausgelegt worden. Zu einem Umbau *„bereits gelieferter Lokomotiven besonders für den Frankfurter Nahverkehr"*, wie es noch im Februar 1949 vorgesehen war[3], kam es aber nicht mehr.

1 Gößl, Dieselhydraulik, S.487; Gößl Neuzeitliche, S.15; Gößl, Einfluß, S.248
2 Alte DWK-Bauart, eingebaut u.a. in die 360C-Type (DB V36[3])
3 Aktenvermerk der MAK v. 10.2.49

MaK

Prototyp für die V36[4]: Leider gibt es von der V36 262 nur diese Hochformat-Werksaufnahme.

Eine Sonderstellung unter den Nachbauloks nimmt die V36 262 ein. Als Ergebnis der Diskussionen um eine Laufwerksverbesserung für die alte Wehrmachtlok (siehe nebenstehenden Kastentext) wurde sie ab Werk mit einer um 450 mm nach hinten versetzten dritten Achse ausgeliefert, und war damit der Prototyp für die Neubauloks der Reihe V36[4]. Außerdem wurden weichere Versuchsfedern eingebaut.

Die Entscheidung für die Umrüstung fiel offenbar sehr spät. Die in den wesentlichen Teilen (Motor, Getriebe, Kühler, Bremsen, Führerhaus) bereits montierte Lok mußte jedenfalls noch einmal komplett abgerüstet und der Rahmen in aller Eile umgebaut werden[34]. Die alten Rahmenausschnitte für die 3.Achse wurden dabei durch Blechplatten verschlossen. Die hinteren, langen Kuppelstangen ließ die MAK beim RAW Braunschweig durch Stumpfschweißung aus je zwei Stangen alter Bauart auf Maß bringen.

Tatsächlich zeigten erste Testfahrten am 24./25.11.48 zwischen Kiel und Eckernförde *„gefühlsmäßig"*, wie es der Prüfer des RZA München notierte, eine merklich bessere Laufruhe. In dem Bericht[35] heißt es weiter:

Die Lok lief gegenüber der 360-PS-dieselhydr. Motorlok mit Normalachsstand und Normalfedern ruhiger und weicher. Das Schlingern der Lok war merklich geringer und die senkrechten Schwingungen des Führerstandes gedämpfter. Ausgesprochen harte Stöße traten auch auf dem schlechten Industrieanschlußgleis nicht auf ... Die Versuchsfahrten ergaben das Gefühl, dass die Verlängerung des hinteren Achsabstandes und die weicheren Tragfedern die Laufeigenschaft der Motorlok V36 262 soweit verbessert haben, dass sie zwar nicht als besonders gut, aber doch als genügend bezeichnet werden kann.

34 MAK-Notiz v. 6.10.48; in der Endphase wurde wegen der Enge der Zeit sogar im Dreischichtbetrieb an der Umbaulok gearbeitet
35 RZA München Bmktr3 Bblmörb v. 8.12.48

DB

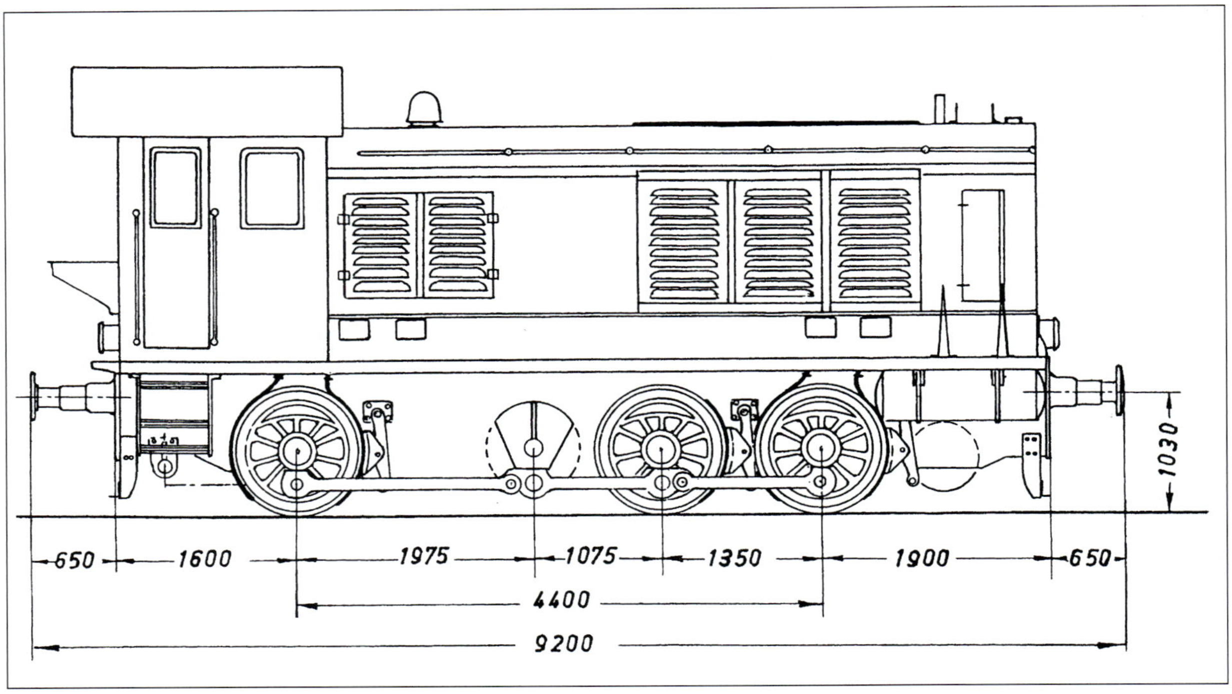

Die runderneuerten V36: Oben die V36 262 mit langem Achsstand aber traditionellem Aufbau, unten die „gesuperte" V36 in der 4er Version.

Außer neu angeordneter Hinterachse und weicheren Federn wurde die V36 262 mit einer ganzen Reihe weiterer, erstmalig verwendeter Bauteile und Einrichtungen versehen, die im wesentlichen - nach erfolgreicher Erprobung im Betrieb - später bei allen DB-V36 nachgerüstet wurden. Dazu gehörten[36]

- kleine Windschutzscheiben an den Außenseiten der Führerhaus-Seitenfenster,
- ein wassergekühltes MAK-Ladeventil mit Bedienung über ein Gestänge vom Führerhaus aus,
- ein großer Warmwasser-Heizkörper innen an der Führerhausrückwand,
- Umlaufbleche mit aufgeschweißten Gleitschutz-Noppen,
- Einrichtungen für eine Betankung vom Vorbau-Dach aus sowie
- geräuschdämpfende Gummipuffer zwischen Führerhaus und Rahmen (wie später auch bei $V36^4$).

MaK

Fahrplanbuchhalter, Apparatepultbeleuchtung, pneumatische Wendeschaltung: Auch auf dem Führerstand ging es bei der $V36^4$ etwas gediegener zu, als auf der alten V36.

Aus den Unterlagen ist nicht zu erkennen, warum für die Holmag/MAK-Loks eigene Nummerngruppen vergeben wurden, die Nachbauserie von Deutz dagegen in die laufende Nummerierung eingeordnet wurde. Ohnehin scheint es in jenen Jahren noch manche Irrungen und Wirrungen über die richtige Nummerierung gegeben zu haben. So wurden z.B. die sieben Holmag-Loks (irrtümlich?) als V36 150-156 abgeliefert, obwohl nur die V36 150 einen MWM-Motor hatte. Alle anderen, mit Deutz-Motor ausgerüsteten Maschinen mußten kurz nach der Inbetriebnahme - noch 1948 - erst einmal in V36 251-256 umgezeichnet werden.

Die folgende Übersicht nennt zusammenfassend noch die Vertragsdaten und Lieferpreise:

V36 150, 251-254 (Holmag)
Vertrag: RZA München 01.039/35.5000 v. 9.47
Preis: 139.302,76 RM (V36 150, mit MWM)
128.350,50 RM (V36 251-254, mit Deutz)

V36 255-262 (MAK)
Vertrag: RZA München 01.039/35.5001 v. 25.2.48
Preis: 139.302,76 DM (alle mit Deutz-Motor)

V36 232-235 (Deutz)
Vertrag: RZA München 01.039/35.5004 v. 26.11.48
Preis: 128.700,00 DM (alle mit Deutz-Motor)

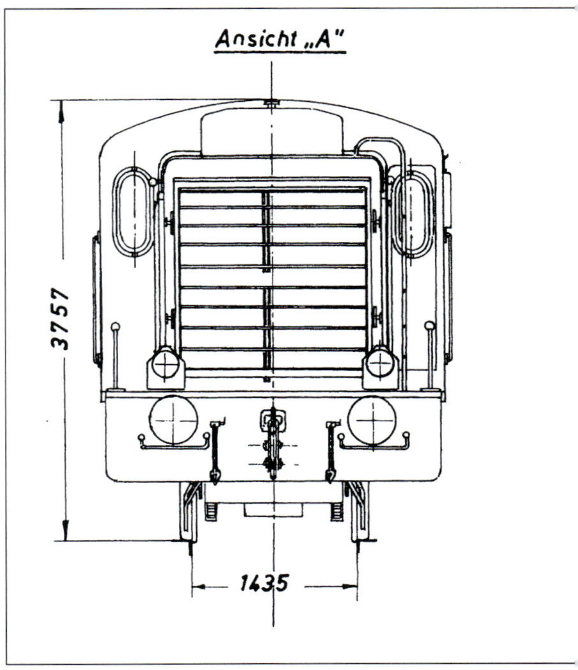

36 Ebenda

DEUTZ

Die „neue V36": V36[4]

Noch während der laufenden Lieferung der MAK- und Deutz-Lokomotiven ging die DR-West an die Beschaffung weiterer V36. Diesmal allerdings beließ es das inzwischen zum EZA umbenannte Zentralamt in München nicht beim reinen Nachbau der Wehrmachttype. Mit Vertrag 01.039/35.5005 v. 11./16.7.49 wurden bei MAK in Kiel vielmehr 18 Neubauloks in Auftrag gegeben, die - aufbauend auf die Erfahrungen mit der Versuchslok V36 262 - einen auf 4400 mm vergrößerten Achsstand besaßen.

Wie bei der Probelok wurde dabei lediglich die dritte Achse versetzt, d.h. der Abstand der beiden vorderen Achsen und der des mittleren Radsatzes zur Blindwelle blieben unverändert. Die Länge über Puffer wuchs unwesentlich von 9200 auf 9240 mm, die Höhe schrumpfte etwas (von 3800 auf 3757 mm) durch die flacher gehaltenen Führerhausdächer. Ansonsten blieb der Grund-Aufbau gleich.

Im Detail gab es natürlich auch bei dieser runderneuerten V36 noch einmal etliche Verbesserungen. So erhielten die Loks u.a.[37]

- ein verstärktes Wende- und Stufengetriebe,
- eine pneumatische (statt mechanische) Umsteuerung des Wendegetriebes,
- einen Behr-Kühler,
- die schon bekannte weichere Federung (elf Lagen 90x13 statt neun Lagen 90x16),
- höherwertige Lager- und Lagerausgußmaterialien,
- einen von 400 auf 700 Liter vergrößerten Treibstofftank,
- eine zweite Hauptluftbehälterleitung,
- eine verbesserte Geräuschisolierung durch Gummilagen zwischen Führerhaus und Rahmen sowie durch Verzicht auf eine feste Verschraubung von Führerhaus und Vorbau und
- einen Dofa-Unterflur-Koksofen zum Anwärmen des Kühlwassers (mit Kühlwasser-Ausgleichsbehälter auf dem Vorbaudach),

außerdem

- Kühlerjalousien,
- einen Zeitwegschreiber,

37 Anhang zu D1151/3 (MAK 1951)

Neue Loks für die neue Bahn:
Blitzblank, mit Gattungszeichen aber schon ohne Nummernstrich, präsentiert sich V36 235 vor einer Reihe Neubau-Köf der Serie Köf 6100ff.

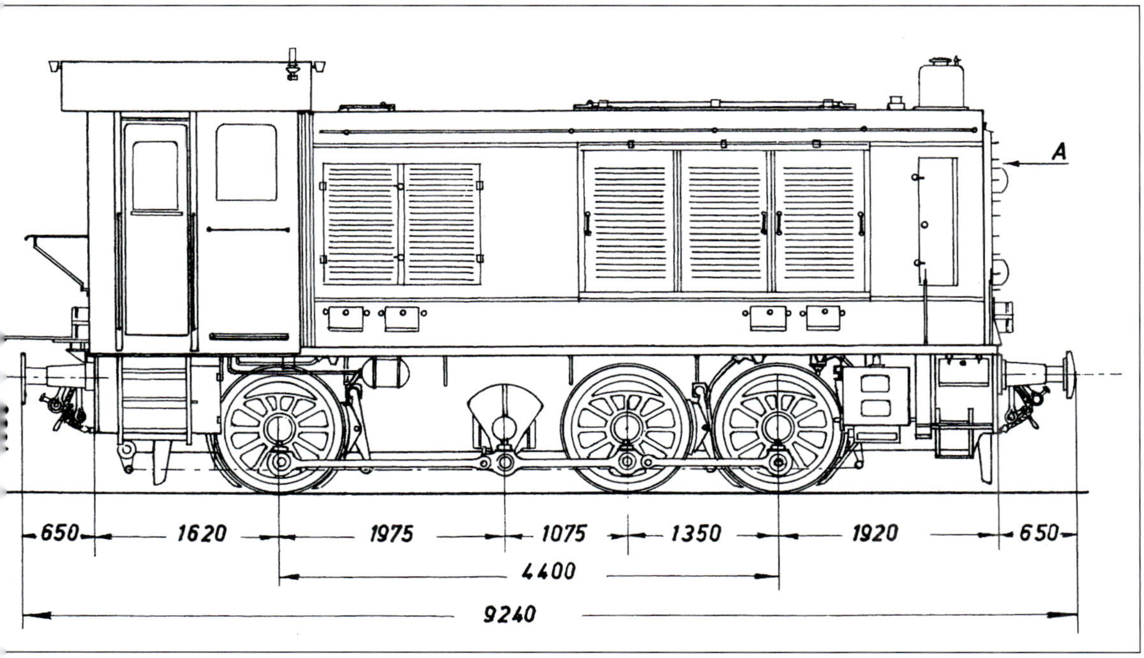

DB

V36-NEUBAU FÜR DEUTSCHE BUNDESBAHN

Lok-Nr	Herst	FabNr	Bauj	Anlief.	Abn.	Ort	BD	Bw
V36 401	MAK	360010	1950	21.02.50	17.03.50	AW Nürnberg	Ffm	Frankfurt-1
V36 402	MAK	360011	1950	07.03.50	31.05.50	AW Nürnberg	Ffm	Frankfurt-1
V36 403	MAK	360012	1950	14.03.50	24.04.50	AW Nürnberg	Ffm	Frankfurt-1
V36 404	MAK	360013	1950	03.04.50	25.04.50	AW Nürnberg	Ffm	Frankfurt-1
V36 405	MAK	360014	1950	13.04.50	26.05.50	AW Nürnberg	Ffm	Frankfurt-1
V36 406	MAK	360015	1950	25.04.50	26.05.50	AW Nürnberg	Ffm	Frankfurt-1
V36 407	MAK	360016	1950	09.05.50	29.06.50	AW Nürnberg	Ffm	Frankfurt-1
V36 408	MAK	360017	1950	23.05.50	14.07.50	AW Nürnberg	Ffm	Frankfurt-1
V36 409	MAK	360018	1950	13.07.50	18.07.50	AW Nürnberg	Ffm	Frankfurt-1
V36 410	MAK	360019	1950		14.07.50	AW Nürnberg	Ffm	Frankfurt-1
V36 411	MAK	360020	1950		14.08.50	AW Nürnberg	Ffm	Frankfurt-1
V36 412	MAK	360021	1950	18.07.50	14.08.50	AW Nürnberg	Ffm	Frankfurt-1
V36 413	MAK	360022	1950	28.07.50	11.09.50	AW Nürnberg	Ffm	Frankfurt-1
V36 414	MAK	360023	1950	15.08.50	30.10.50	AW Nürnberg	Ffm	Frankfurt-1
V36 415	MAK	360024	1950	03.10.50	30.10.50	AW Nürnberg	Ffm	Frankfurt-1
V36 416	MAK	360025	1950	03.10.50	11.10.50	AW Nürnberg	Ffm	Frankfurt-1
V36 417	MAK	360026	1950		14.11.50	AW Nürnberg	Nür	Bamberg
V36 418	MAK	360027	1950	13.11.50	21.11.50	AW Nürnberg	Nür	Bamberg

Die Anlieferungsdaten in den Betriebsbüchern differieren teils erheblich von den Lieferdaten, die von den Herstellern genannt werden; näheres dazu in der Lokliste auf Seite 177.

Probefahrten: V36 401-410, 415 = Nürnberg Rbf - Neustadt/Aisch,
V36 411-414, 416-417 = Nürnberg Rbf - Emskirchen

Quellen: MaK, Betriebsbücher

- eine 24- (statt 12-) Volt-Lichtanlage,
- einen Sitz für den Beimann auf der linken Führerstandsseite,
- eine verstärkte Führerhaus-Rückwand (um das Personal bei Unfällen besser zu schützen),
- von 25 auf 40 mm verstärkte Rahmenstirnwände,
- einfache Stachel-Bahnräumer ohne Querprofileisen,
- schmalere Luftschlitze in den Motorraumtüren (erst ab V36 411),
- eine weiter nach vorn versetzte Haubenleiter,
- Laufstege mit aufgeschweißten Gleitschutznoppen und Bordkanten für ein sicheres Begehen des Umlaufes,
- einfache Luftschieber in den Führerhausstirn- und -rückwänden zur Verbesserung der Führerhausbelüftung und schließlich
- eine mit dem Kühlwassersystem kombinierte Warmwasser-Führerstandsheizung mit großen Wandheizkörpern und Heizschlangen im Führerhausboden.

Alle Neubauloks hatten darüber hinaus den neuen MWM RHS335S-Motor, der - neben vielen Verbesserungen im Detail - auch um rund 400 kg leichter war als das im Krieg verwendete Vorläufer-Modell. Die Loks wurden dadurch allerdings noch hecklastiger[38] als es die Wehrmachts-Ausführung ohnehin schon war. Nach anfänglich sehr großen Problemen (zu schwacher Lüfterbock, unzureichender Lichtmaschinenantrieb, Fehler im Ölkreislauf u.ä.[39]) lief der RHS335S später im wesentlichen zufriedenstellend.

Beim EZA München hatte es zeitweise Überlegungen gegeben, durch Änderungen an Motor und Getriebe die Maschinenleistung auf 400 PS und die Höchstge-

38 Z.B. V36 416: Achsdrücke 12,83/13,16/15,80 to (vorne/mitte/hinten)

39 Bericht über die Bewährung der V36[4], S.4; die festgestellten Mängel an den gelieferten V36[4]-Motoren wurden 1951 im Rahmen der Gewährleistung bei MWM beseitigt

Die Vierer-V36: In der Weitwinkel-Optik werden der verlängerte Achsstand und das niedrigere Führerhaus besonders deutlich.

MaK

MaK

Die letzte Neubaulok: V36 418 gewährt einen Einblick in ihr Innenleben. Die schmalen Kiemen in den Vorbautüren, die weit nach vorn verlegte Haubenleiter und die Luftschlitze in der Führerhausstirnwand waren typische Merkmale der V36^4.

schwindigkeit auf 75 km/h anzuheben. Die Lokomotiven wären dadurch zweifellos im Streckenbetrieb noch besser einsetzbar gewesen. Im vorläufigen „Plan für die Nummerierung und Verteilung der Motorlokomotiven" vom November 1949 waren die neuen Loks entsprechend auch schon als V40 001-018 verzeichnet! Letztlich blieb es allerdings dann doch bei der 360-PS-Ausführung.

Zur Unterscheidung von der alten Wehrmachtsbauart wurden die neuen Typen in einer eigenen Unterbaureihe - V36^4 - zusammengefaßt. Stückpreis pro Lok: 118.350,50 DM, wobei der gesondert bestellte Motor (Vertrag 01.039/35.5006) mit weiteren 36.690 DM zu Buche schlug.

Wie die Lokliste zeigt, wurden, mit Ausnahme der V36 417 und 418, die kurze Zeit in Bamberg liefen, alle V36^4 in Frankfurt stationiert und vornehmlich im Personennahverkehr auf den von Frankfurt ausgehenden Vorortstrecken eingesetzt. Besonders was die Wirtschaftlichkeit anging, erzielte die neue Lok hier sehr gute Ergebnisse. Nach nur einjähriger Betriebserfahrung kamen die Zugförderungsdezernenten der DB bei einer Besprechung 1951 deshalb zu dem Ergebnis, *„daß das Verwendungsband der Lok breit genug ist, um sie in großer Stückzahl beschaffen und einsetzen zu können"*[40].

Daß es dazu nicht mehr kam, hatte - neben finanziellen Erwägungen (die Mittel für den Lokomotivneubau waren angesichts der gewaltigen Ausgaben für den Wiederaufbau noch sehr begrenzt) - auch betriebliche Gründe.

Zum e i n e n wurden die Maschinen mit nur 360 PS im Vorortverkehr ständig an der oberen Leistungsgrenze gefahren, was einen starken Verschleiß der Motoren zur Folge hatte.

Z w e i t e n s konnte die installierte Höchstgeschwindigkeit von 60 km/h den rasch wachsenden Ansprüchen bald nicht mehr genügen. Bei maximaler Belastung traten zudem schnell wieder Drehschwingungen zwischen Motor und Getriebe auf; das alte Leiden der V36.

Und d r i t t e n s konnte natürlich auch eine V36 der Vierer-Version in punkto Laufruhe nicht mit modernen Drehgestell-Loks konkurrieren. Die Zukunft auf den Nebenbahnen gehörte einer Lok wie der V100 und nicht der V36.

Allerdings wäre die 18-Stück-Serie der Bundesbahn beinahe noch um zwei weitere V36^4 für den Privatverkauf aufgestockt worden. Diese Maschinen sollten mit MAK-6M30- statt MWM-Motor bestückt werden und waren zum einen für die Hafenbahn Kiel und zum anderen als Vorführ- und Werksrangierlok für MAK selbst bestimmt[41]. Aufgrund der zu kleinen Fertigungsstückzahl für den Motor wurden diese Überlegungen dann aber dann doch zurückgestellt.

Aus V22 werden V20

Während bei den V36 durch Altbaufahrzeuge sowie Nach- und Neubauten aus den Jahren 1947-1950 bereits ein ansehnlicher Bestand von im wesentlichen baugleichen Loks entstanden war, herrschte bei den anderen Bauarten noch immer ein gewaltiges Typenchaos. Die im Februar 1950 vorhandenen 128 Dieselloks verteilten sich auf mehr als zehn Baureihen[42]; verschiedene Ausführungen von Lok, Motor oder Getriebe mitgerechnet, waren es sogar 46 Typen[43]! 43 Prozent der Loks waren Splittergattungen!

Sobald die allgemeine Mangellage auf dem Triebfahrzeugsektor es zuließ, mußte die Bundesbahn deshalb zu einer grundlegenden Bereinigung des Typenwirrwarrs kommen. Die Vorarbeiten dazu begannen Anfang 1950. Sie mündeten in einem sogenannten *„Vereinheitlichungsprogramm"*[44], das alle Motorfahr-

WEITER AUF SEITE 188

40 Niederschrift v. 19./22.Juni 1951
41 MAK-Vermerk v. 22.6.49; in der Ausführung mit 6M30-Motor wird in diesem Zusammenhang von der *„geplanten Standard-Loktype"* gesprochen, *„die in Zukunft von der MAK geliefert werden könnte"*
42 Einschließlich V36 und Großdieselloks der Baureihen V140 und V188
43 Niederschrift Zugförderungsdezernenten v. 11/13.5.55
44 Jahresbericht motorisierte Zugförderung 1950, S.7; die Einteilung in Stamm- und Auslaufgattungen erfolgte gemäß HVB-Verfügung 23.231 Falm 14 v. 18.4.51

Splittergattungen (1): Die Baureihen V15, V16, $V16^1$, V20, V22 und $V22^1$

Unter den nach Kriegsende vorgefundenen ehemaligen Wehrmacht-Dieselloks waren auch zahlreiche nicht vereinheitlichte Firmenbauarten. Zumindest die leistungsstärkeren Typen waren dabei für den Rangierdienst der DR durchaus interessant und wurden 1947/48 deshalb in der Mehrzahl von der Reichsbahn-West zunächst einmal übernommen. Jenseits der Kö/f-II-Klasse waren das Dieselloks mit Leistungen von 150, 160, 165, 200, 220 und 235 PS.

Die geringe Stückzahl jeweils typengleicher Maschinen veranlaßte die Hauptverwaltung jedoch schon recht bald nach Wiederherstellung einigermaßen geordneter Verhältnisse, über eine *„durchgreifende Typenbereinigung“* nachzudenken. Noch im Oktober 1950 gingen die Planungen[1] dabei interessanterweise davon aus, alle vorhandenen V15, V16, V20 und V22 zu erhalten, aber durch Einbau

- des MAK MS24-Motors[2] und
- des Voith-Getriebes L33y

„Zug um Zug“ kräftig zu modernisieren und zu vereinheitlichen. Für die 150- und 160-PS-Lokomotiven hätte dies zugleich *„eine vom Betrieb dringend gewünschte Leistungserhöhung“* bedeutet. Grundsätzlich galt allerdings, daß die Vereinheitlichung nur in dem Umfang vorangetrieben werden sollte, wie bei schweren Schäden komplette Motoren oder Getriebe als Ersatz benötigt wurden. Von Verkaufsmöglichkeiten sollte *„zur schnelleren Bereinigung der Splittergattungen auf jeden Fall Gebrauch gemacht werden“*[3].

Von den insgesamt 44 für die Vereinheitlichung infrage kommenden Loks bis 235 PS[4] galten nach ausführlicher Untersuchung lediglich die dreiachsigen V22 015-016 und

Leistungserhöhung dringend gewünscht: V15 004 rangiert 1950 in Niebüll. Ein Jahr später wurde die Lok verkauft.

Dr. Hans-Reinhard Ehlers

Die Baureihen V15 und V16

Lok-Nr	Herst	FabNr	Bauj	Type	23.03.47	an DB	+ bei DB	Verbleib
V15 001	DWK	541	1934	D150	Neckarelz		. .51	vk. 23.08.51 an Fa. Speichinger, Heidelberg
V15 002	DWK	561	1935	D150			. .51	vk. 23.08.51 an Fa. Speichinger, Heidelberg
V15 003	DWK	602	1936	D150	Kiel	03.01.47	. .51	vk. 23.08.51 an Fa. Speichinger, Heidelberg
V15 004	DWK	616	1936	D150	Nortorf	. .48	. .51	vk. 23.08.51 an Fa. Speichinger, Heidelberg
V15 005	DWK	617	1937	D150	Westerland	. .48	. .51	vk. 23.08.51 an Fa. Speichinger, Heidelberg
V16 001	DWK	581	1936	D150	Nienburg		. .51	vk. .08.51 an Fa. Nordkontor, Hamburg
V16 002	DWK	649	1938	160B	Kiel	03.01.47	. .51	vk. .11.51 an Fa. Speichinger, Heidelberg
V16 005	DWK	719	1943	160B	Hann.Hgbf	03.01.47	. .51	vk. .11.51 an Fa. Nordkontor, Hamburg
V16 010	DWK	670	1940	160B	Neumünster	03.01.47	.07.48	
V16 011	DWK	669	1940	160B	Kiel/Opp.W.	nicht übernommen; 1948 vom Bestand abgesetzt		
V16 100	Deutz	15318	1936	A6M220R	Oldenburg Hbf		13.12.51	vk. 09.09.53 an Mindener Kreisbahnen, V5

Die V16 waren zur Unterscheidung verschieden hoher Achsdrücke in drei Nummerngruppen aufgeteilt:
V16 001 ff. mit 14 to Achsdruck
V16 005 ff. mit 15 to Achsdruck
V16 010 ff. mit 16 to Achsdruck
V16 001 war eine D150-Type und hatte (entgegen anderslautenden Darstellungen) noch bis 1960 den Original-150-PS-DWK-Motor. Warum die Lok bei der DB fälschlich als V16 eingereiht wurde, ist nicht erkennbar.
V16 010 war schon 1947 abgestellt; offenbar bei DR/DB nie in Betrieb gewesen.

Die V15 wurden an folgende Kunden weiterverkauft:
V15 001 an E.Merck AG, Darmstadt (ca. 1961 ++); V15 002 an Fa.NOHAB, Trollhättan/Schweden;
V15 003 an Süddeutsche Zuckerfabrik, Werk Friedenau (vor 1974 ++); V15 004 an Svenska Skifferolje AB, Näskes Kvarntarp/Schweden; V15 005 an Bremer Vulkan (1976 +).
V15 003 wurde mit Verkaufsverfügung GDW Mü 61W12 Fulm v. 29.10.51 veräußert. Es ist anzunehmen, daß Verfügung und Datum auch für alle anderen Verkäufe an Fa. Speichinger gelten.

Folgende V16 wurden weiterverkauft:
V16 001 an Eriksberg Verkstads AB, Göteborg/Schweden (1965 +); V16 002 an Midgard Nordenham (später Zuckerfabrik Gronau, um 1970 +); V16 005 an Svenska Cellulosa AB, Svartviks Sulfitfabrik, Sundsvall/Schweden (später Stena Metall AB, Göteborg/Schweden; seit 199x Eisenbahnfreunde BJS).
V16 011 blieb im Besitz der britischen Besatzungsmacht und wurde als Nr.16116 u.a. in Belgien eingesetzt.
V16 100 ab 1969 bei Eisenerzgrube Wohlverwahrt, Nammen (jetzt zur Verfügung der Museums-Eisenbahn Minden)

Quellen: DWK, Deutz, Lokzählung 1947, Übernahme-Verfügung 3.1.47

Die Baureihen V20 und V22

Lok-Nr	Herst	FabNr	Bauj	Type	23.03.47	an DB	+ bei DB	Verbleib
V20 015	DWK	582	1936	D200	Oldenburg Hbf		10.10.50	Umbau V20 060
V22 001	DWK	643	1938	220B	Augsburg			Umbau V20 054
V22 002	DWK	673	1939	220B	Oldenburg Hbf			Umbau V20 057
V22 003	DWK	678	1940	220B	Lübeck	03.01.47		Umbau V20 055
V22 004	DWK	700	1940	220B	Soltau	03.01.47		Umbau V20 059
V22 005	DWK	725	1942	220B	Hmb-Berl.Bf.	03.01.47		Umbau V20 056
V22 006	DWK	729	1943	220B	Hmb-Harburg	03.01.47		Umbau V20 053
V22 007	DWK	731	1943	220B	Celle			Umbau V20 051
V22 008	DWK	644	1939	220B	Wt-Vohw./Augsbg.			Umbau V20 052
V22 009	DWK	733	1943	220B	Augsburg			Umbau V20 058
V22 015	DWK	682	1941	220C	Neumünster	03.01.47	.12.51	vk. .11.51 an Fa. Speichinger, Heidelberg
V22 016	DWK	684	1941	220C	Hmb-Wilh'burg	03.01.47	. .51	vk. . .11.51 an Fa. Nordkontor, Hamburg
V22 017	DWK	681	1940	220C		nicht übernommen; 1949 vom Bestand abgesetzt		
V22 018	DWK	685	1941	220C		nicht übernommen; 1949 vom Bestand abgesetzt		
V22 019	DWK	641	1938	220C		nicht übernommen; 1949 vom Bestand abgesetzt		
V22 100	Deutz	33031	1940	A6M324R	Bremen Hbf		24.04.51	vk 12.12.52 an Mindener Kreisbahnen, V4

V22 007 und V22 017-019 laut Umzeichnungsplan vom Oktober 1947 *„noch nicht endgültig übernommen“*. V22 017-019 wurden 1949 vom Bestand abgesetzt. Für V22 015 und 016 gab es 1950/51 Pläne zur Weiterverwendung in der ED Hannover; stattdessen 1951 als Splittergattung aufgegeben und verkauft.

Die dreiachsigen V22 liefen später bei folgenden Bahnen:
V22 015 bei Bremer Vulkan (1973 +); V22 016 bei Nydquist & Holm AB, Trollhättan/Schweden; V22 017 und V22 018 bei der Schwedischen Staatsbahn (SJ Z69 325/1967 ++ und Z69 326/1966 ++); V22 019 bei DWK (= später Howaldtswerke), Kiel-Gaarden (1974/77 ++)

V22 100 war nach Ausmusterung zunächst als Werklok im EAW Opladen eingesetzt (bis Dezember 1951); Verkauf an MKB für 15.000 DM; 1975 an Stoomtram Hoorn-Medemblik/Niederlande, 1979 ++

Quellen: DWK, Deutz, Lokzählung 1947, Übernahme-Verfügung 1947

Dr. Rolf Löttgers

Fast vergessen: Auch bei der DB gab es dreiachsige V22. Hier die ehemalige V22 015 als Werklok 1965 bei der Bremer Vulkan.

V22 100 als nicht umbaubar; ebenso - bei den 360-PS-Loks - die neun DWK V36[3]. Diese Typen wurden deshalb zu Auslaufgattungen erklärt. Die ebenfalls nicht auf Hydraulikgetriebe umrüstbaren V15 und V16 sollten nur neue Motoren erhalten, außerdem - getriebeseitig - einheitliche DWK-200-PS-Mechangetriebe, die aus den anderen, auf Voith-Getriebe umzubauenden Lokomotiven zu gewinnen waren.

Aus der weiteren Geschichte ist bekannt, daß das Umbauprogramm in dem Umfang, wie damals angedacht, nicht realisiert worden ist. Vor allem angesichts der prekären Finanzlage der Bundesbahn waren derart gewaltige Investitionen zum Erhalt von Splittergattungen wirtschaftlich kaum vertretbar. Allein der MAK-Motor, so ergaben genauere Berechnungen[5], sollte je nach Ausführung und mit Einbau zwischen 32.000 und 38.000 Mark kosten. Für wenig mehr war seinerzeit eine nagelneue Köf zu haben, die zudem in der Unterhaltung wesentlich günstiger abschnitt.

Das Umbauprogramm wurde in den darauffolgenden Monaten deshalb kräftig zusammengestrichen und umfaßte schließlich nur noch die zweiachsigen 200- und 220-PS-DWK-Typen, also die V20 015 sowie V22 001-009. Diese zehn Loks wurden ab Oktober 1951 tatsächlich wie beschrieben umgebaut und damit technisch den Einheits-WR200B14 angeglichen. Bei allen anderen Typen nutzte man alsbald die sich überraschend doch bietende Gelegenheit, die Loks an Händler[6] zu verkaufen, bzw. gab sie als Geräteloks an den Werkstättendienst ab.

Die Loklisten nennen in Kurzform die wichtigsten Daten zur Reichsbahn/Bundesbahn-Zeit dieser Splittergattungen. Nähere Angaben zur Bauart, zur Erstlieferung und zu den Einsätzen nach dem Verkauf durch die DB enthält das Kapitel „Firmenbauarten“ am Ende dieses Buches. Einzelheiten zu den dieselmechanischen V36[3] auf der folgenden Doppelseite.

1 Bericht des EZA München 32 h2 Fklm v. 12.10.50 über *„Typenbereinigung bei Motorlokomotiven“*; allein bei den 150- bis 235-PS-Lokomotiven exisitierten danach elf verschiedene Motoren und sieben unterschiedliche Getriebebauarten
2 Für die V15 und V16 war alternativ auch die Vierzylinder-Ausführung MAK MV24 im Gespräch; EZA München 3211 Fklmö 16a v. 4.1.51
3 EZA München 32 h2 Fklm v. 12.10.50
4 Inklusive der Einheits-V20 (WR-Type)
5 EZA München 3611 Fklvm v. 4.12.50
6 Die Weiterverkäufe nach Schweden erfolgten durch die Firma AB Dieselpower, Stockholm

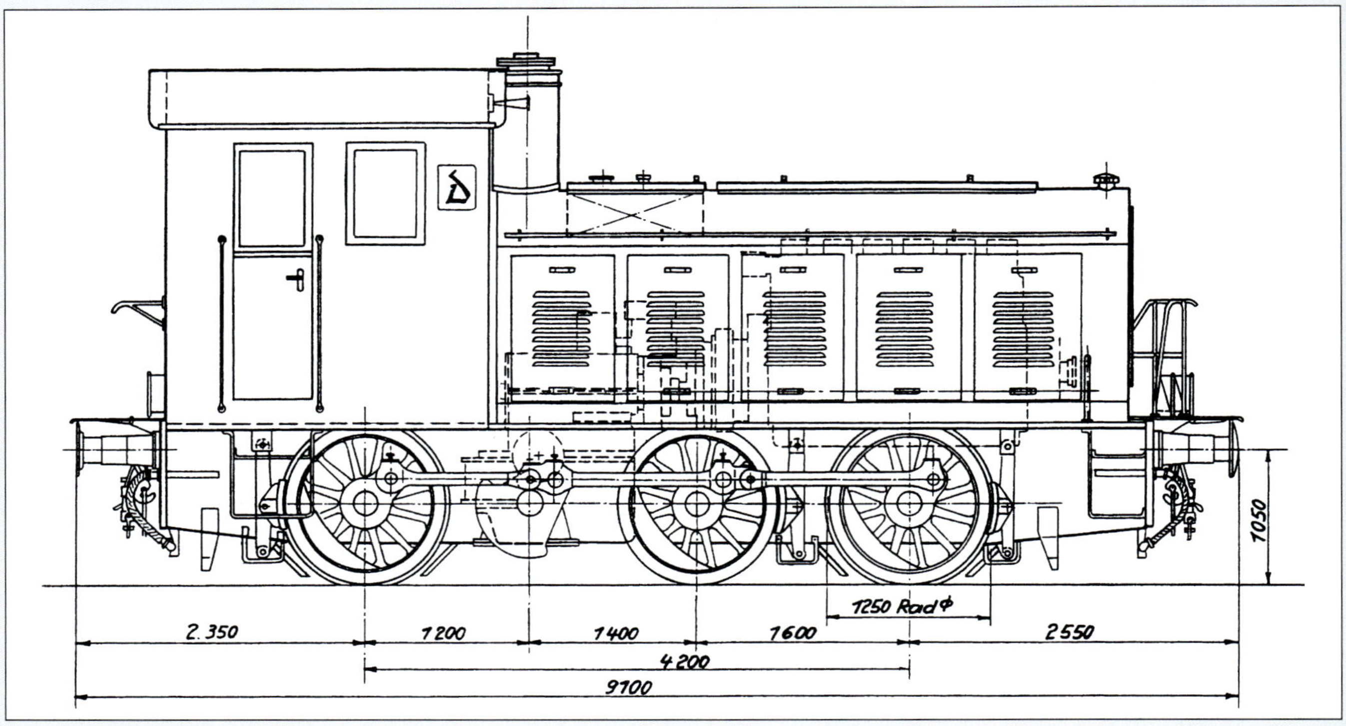

Splittergattungen (2): Die dieselmechanischen $V36^3$, Bauart DWK

Zwei Jahre nach dem Verkauf der V15/V16/V22 usw. begann die Bundesbahn mit der Ausmusterung der mechanischen $V36^3$. Die Loks[1] waren nach dem Krieg über das ganze Land verstreut aufgefunden und z.T. erst nach jahrelanger Abstellzeit im Schadpark Anfang der 50er Jahre aufgearbeitet worden.

Von den bis dahin bereits laufenden Maschinen wurden zeitweise aber durchaus beachtenswerte Leistungen erbracht. So bespannte z.B. 1948 die Kieler V36 314 (Personen-?) Züge auf der Hauptbahn Kiel - Hamburg. Und die V36 315 lief - mit 1000-l-Brennstofftank ausgerüstet - im Mehrtages-Umlauf der Bremer Einheits-V36 mit.

Allerdings stellten sich im Bundesbahn-Betrieb rasch allerhand Motorenprobleme ein, verursacht u.a. durch zu schwere und unwuchtige Motorschwungräder (Taumelschwingungen) und den fest mit dem Rahmen verschraubten Motor. Die Folge waren andauernde Kurbelwellenbrüche sowie Lagerschäden (an den Haupt- bzw. Pleuellagern des Motors) und - dadurch bedingt - lange Stillstandszeiten im AW. Auch das Abdrehen der Schwungräder und die Anhebung der Leerlaufdrehzahl von 400 auf 450 UpM brachte nur vorübergehend Besserung.

Schon Anfang 1951 attestierte das EZA München den DWK-V36 zudem nur eingeschränkte Verwendbarkeit für den DB-Dienst[2], und zwar sowohl für den Rangierdienst (aufgrund der spezifischen Schaltung[3]) wie auch für die Anschlußbedienung oder den Nebenbahndienst (aufgrund des hohen Achsdrucks von 17 to).

All diese Gründe führten dazu, daß die DWK-V36 bei der DB einen ausgesprochen schlech-

Lok-Nr	Herst	FabNr	Bauj	Type	23.03.47	an DB	+ bei DB	Verbleib
V36 301	DWK	756	1942	360C	Kiel	03.01.47	.11.54	Umbau zu Gerätelok 9679 Han
V36 310	DWK	610	1937	360C	Bremen Hbf		07.09.52	Umbau zu Gerätelok 9678 Han
V36 311	DWK	688	1940	360C	Nürnberg Hbf		26.02.55	vk. 10.10.55 an Mindener Kreisbahnen, V9
V36 312	DWK	689	1940	360C	Bww Kassel	. .47	13.08.54	vk. 17.07.54 an Mindener Kreisbahnen, V7
V36 313	DWK	690	1941	360C	Frankfurt-1	. .46	07.12.53	++
V36 314	DWK	691	1941	360C	Kiel	03.01.47	06.09.54	vk. 30.10.54 an Mindener Kreisbahnen, V8
V36 315	DWK	693	1941	360C	Celle	03.01.47	20.12.54	vk. 30.11.54 an Maxhütte AG, Sulzbach-Rosenberg
V36 316	DWK	776	1944	360C	Kiel/Opp.W.	nicht übernommen; 1948 vom Bestand abgesetzt		
V36 317	DWK	694	1941	360C	Augsburg	22.06.51	20.12.54	vk. 30.11.54 an Maxhütte AG, Sulzbach-Rosenberg
V36 318	DWK	692	1941	360C		. .51	23.04.54	vk. 20.04.54 an Mindener Kreisbahnen, V6

Die Nummerngruppe V36 301-309 war für Loks mit 15 to Achsdruck reserviert, die Nummern V36 310-319 für solche mit 17 to Achsdruck; V36 314 wurde falsch eingenummert, hätte V36 302 heißen müssen.
V36 310 war die Erstausführung mit Mittelführerhaus (siehe S.36ff.); alle anderen gemäß oben abgebildeter Zeichnung.

V36 315 im Mai 1954 +, ab Juli 1954 wieder im Bestand; V36 315 und 317 nach anderen Angaben auch + 14.12.54.
V36 316 wurde von der britischen Besatzungsmacht nicht freigegeben; 1949/50 bei Klb. Kiel-Schönberg und Farge-Vegesacker Eisenbahn; später als Nr. 36116 bei den Britischen Streitkräften in Belgien. 1961 an Mindener Kreisbahnen (V12)
V36 317 im Dezember 1949 aus Schadrückstau übernommen; ab Juni 1951 im Einsatzbestand.
V36 318 war ebenfalls Schadlok; Instandsetzung (u.a. neues Führerhaus) 1950/51 bei PAW MAK Kiel; erst ab Mai 51 in Betrieb.

Folgende Loks wurden später weiterverkauft:
V36 301: 1961 an Mindener Kreisbahnen (V11);
V36 310: 1961 an Westfälische Landes-Eisenbahn (VL0608);
V36 315 und 317: 1959 an Westfälische Landes-Eisenbahn (VL0606 und VL0607).
Drei ehemalige MKB-Loks sind museal erhalten: V8 (MEM), V9 (VBV) und V12 (Eisenbahnmuseum Dieringhausen).

Quellen: DWK, Lokzählung 1947, Übernahme-Verfügung 1947

Drei Stationen aus dem Leben der V36^3: Oben eine Rarität: V36 316 - die Lok die niemals wirklich der DR gehörte - mit Reichsbahn-Nummer im Einsatz auf der Kiel-Schönberger Eisenbahn (Schönberg, 15.3.48); darunter dieselbe Lok 20 Jahre später als MKB V12 in Minden-Stadt (2.3.68); unten die ehemalige V36 310 als Gerätelok vor dem Schienenschleifzug (Breitengüßbach, 5.6.59).

Kurt Herbener

Dieter Höltge

Joachim Claus

ten Ruf genossen, und z.B. die ED Stuttgart, die 1949/50 sämtliche V36^3 erhalten sollte, die Loks mit Erfolg ablehnte. Sie wurden stattdessen in der ED Kassel zusammengezogen, wo die Loks beim Bww Kassel und beim Bw Fulda im gemischten Nebenbahndienst fuhren.

Letztlich entledigte sich die DB aber auch dieser Baureihe durch Ausmusterung und Verkauf. Den Anfang machten V36 301 und V36 310, die 1952/54 für den Einsatz vor dem neuen Schienenschleifzug Bauart Krupp (zur Riffelbeseitigung) hergerichtet wurden. Die Loks erhielten dafür einen besonderen Drehzahlregler, der es erlaubte, die geforderte geringe Geschwindigkeit über eine längere Zeit zuverlässig zu halten. Der Krupp-Schienenschleifzug wurde 1961 außer Dienst gestellt, die Lokomotiven daraufhin auch aus dem Gerätepark ausgemustert.

Alle anderen V36^3 mit Ausnahme der V36 313 (Totalschaden am Motor und schwere Schäden am Getriebe) konnten noch verkauft werden. Bei MKB und WLE, die einen Großteil übernahmen, sind die Motorenprobleme später genauer untersucht und durch eine besonders aufwendige Wartung (MKB) bzw. durch Einbau elastisch gelagerter Neubaumotoren (WLE) gelöst worden. Die letzte V36^3 schied bei der MKB erst 1982 aus dem regulären Dienst.

---

1 Lauscher, Die dieselmechanischen V36er, S.55ff.

2 EZA München, *„Überlegungen, die für die Einreihung der dieselmechanischen 360-PS-DWK-Motorlok V36 301-318 in die Auslaufgattungen sprechen“*, Dezernats-Besprechung Dez. 32 v. 26.1.51

3 Die an sich einfache Druckluftschaltung erforderte - je nach Geschicklichkeit des Lokführers - einige Momente der Aufmerksamkeit für den Schaltvorgang; während dieser Zeit war der Lokführer, anders als bei der Handradschaltung der WR360C, vom Rangiergeschehen abgelenkt

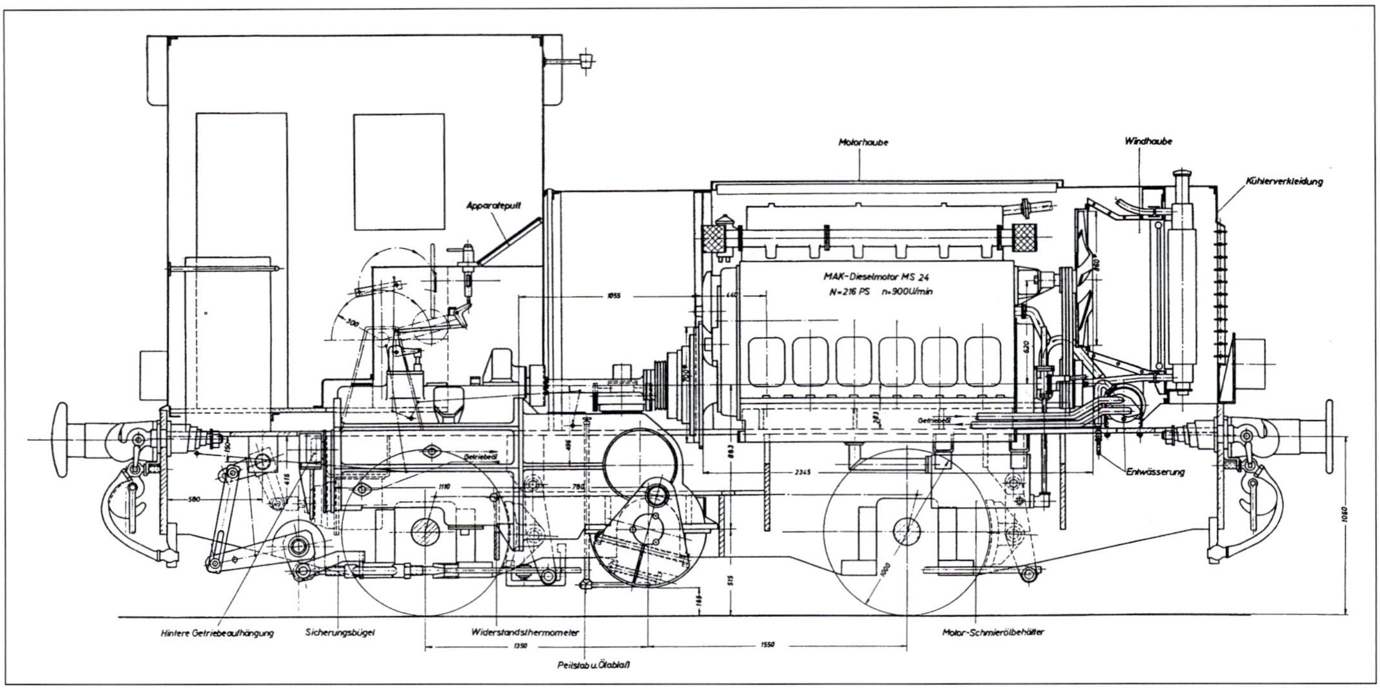

Voith-Getriebe, MAK-Motor, größere Räder: So sah die alte V22 nach dem Umbau aus. Der hohe Kasten an der Führerhausrückwand (innen) diente zur Aufnahme von Ballastgewichten.

zeuge in weiter zu erhaltende *„Stammgattungen"* oder mittelfristig auszusondernde *„Auslaufgattungen"* unterschied.

Als **Stammgattungen** wurden eingestuft:

V20 002-050 (ohne V20 015)
V22 001-009 (nach Umbau)
sowie
V36 101-150, 201-262 und 401-418

Alle anderen Bauarten galten als **Auslaufgattungen**. Hier standen weder Ersatz-Getriebe und -Motoren in ausreichender Zahl zur Verfügung, noch waren Neubeschaffungen derselben wirtschaftlich vertretbar. Auch Klein-Ersatzteile, Spezial-Werkzeug und komplette Zeichnungssätze hätten bei einer weiteren Unterhaltung der Splitterbauarten nachbeschafft bzw. ganz neu erstellt werden müssen.

1951 lief das Vereinheitlichungsprogramm an. In einem ersten Schritt wurden zunächst die nur in kleiner Stückzahl vorhandenen und wegen geringer Leistung teilweise betrieblich nur beschränkt verwendbaren Splitterbaureihen ausgemustert; und zwar waren das im einzelnen die

V15 (= 5 Stück),
V16 (= 3 Stück),
V16[1] (= 1 Stück),
V22 3achsig (= 2 Stück) und
V22[1] (= 1 Stück).

1952 bis 1955 folgten die neun V36[3]. Das Gros dieser Loks konnte noch günstig an private Interessenten bzw. Händler verkauft werden. Andere, darunter die schon 1950 als Einzelstück ausgemusterte V20 015 (DWK), fanden als Geräteloks in den Ausbesserungswerken oder vor dem Schienenschleifzug der BD Hannover Verwendung.

In einem zweiten Schritt begann die Deutsche Bundesbahn ab Ende 1951 dann mit der Vereinheitlichung der übrig gebliebenen Baureihen. Das Hauptaugenmerk richtete sich dabei zwangsläufig auf die V20, wo allein bei den 23 Loks der WR-Ausführung noch immer drei verschiedene Motorbauarten nebeneinander liefen, und wo mit der DWK-Type V22 zudem eine leistungsmäßig verwandte Lokomotive vorhanden war. Beide Baureihen, so die Pläne der Bundesbahn, sollten durch eine weitestgehende technische Angleichung der V22 an die V20-Einheitstype zu einer Bauartgruppe ver-

UMBAU VON V22 IN V20

Loknummer nach Umbau		vor Umbau	Heimat-Bw vor Umbau	nach Umbau	Umbau Beginn	Ende	Ort
V20 051	ex	V22 007	Kiel	Oldenburg Hbf	31.10.51	15.06.52	PAW MAK Kiel
V20 052	ex	V22 008	Ansbach	Ansbach	17.07.52	01.12.52	PAW MAK Kiel
V20 053	ex	V22 006	Stuttgart	Stuttgart	11.09.52	05.12.52	PAW MAK Kiel
V20 054	ex	V22 001	Stuttgart	Stuttgart		30.11.52	PAW MAK Kiel
V20 055	ex	V22 003	Hmb-Harburg	Hmb-Harburg	18.11.52	06.02.53	PAW MAK Kiel
V20 056	ex	V22 005	Hmb-Harburg	Oldenburg Hbf	29.12.52	17.03.53	PAW MAK Kiel
V20 057	ex	V22 002	Stuttgart	Stuttgart	21.11.52	06.02.53	PAW MAK Kiel
V20 058	ex	V22 009	Ansbach	Ansbach	05.02.53	28.05.53	PAW MAK Kiel
V20 059	ex	V22 004	Hmb-Harburg	Oldenburg Hbf	03.12.52	17.03.53	PAW MAK Kiel
V20 060	ex	V20 015	(Gerätepark)	Ansbach	22.07.53	30.12.53	PAW MAK Kiel

V20 051 war der Versuchsträger für den V22-Umbau. Erst nach Abschluß der Arbeiten und den ersten erfolgreichen Probefahrten wurde der Umbau für die übrigen Loks in Angriff genommen.

V20 057 und V20 059 wurden wegen Schäden an den DWK-Motoren bereits vorab mit MAK-Motoren ausgerüstet. Der Umbau erfolgte dadurch in zwei Schritten:
V20 057: 15.12.51 neuer MAK-Motor EAW Nürnberg, 06.02.53 neues Voith-Getriebe
V20 059: 30.11.51 neuer MAK-Motor EAW Nürnberg, 17.03.53 neues Voith-Getriebe

Quelle: Betriebsbücher

schmolzen und der Aufwand für die Ersatzteilbevorratung dadurch merklich verringert werden. Das Umbauprogramm umfaßte im einzelnen folgende Lokomotiven und Arbeiten:

1. **V22 001-009** sowie die noch als Schleppzeug in der WAbt. Rosenheim fahrende **V20 015** (alles DWK-Typen)
Umbau auf MAK-MS24-Motor und Voith-L33y-Getriebe[45],

2. **V20 020-023** (WR-Einheitstype)
Austausch der MWM- durch MAK-Motoren (allerdings nur bei Auftreten größerer Schäden an den Altmotoren) sowie

3. **V20 050** (WR-Einheitstype)
Ersatz des mit Totalschaden ausgefallenen MAN-Motors (die Lok stand deshalb bereits einige Zeit abgestellt) durch die MAK-Type.

Als erste Lok des *„Vereinheitlichungsprogramms"* wurde Ende Oktober 1951 die Kieler V22 007 in Arbeit genommen. Neben dem reinen Austausch von Motor und Getriebe war dabei noch eine Vielzahl weiterer Änderungen vorzunehmen. Dazu gehörten[46]

- der Einbau eines neuen Stufen- und Wendegetriebes (Hersteller: Gmeinder),
- eine Voith-Maurer-Kupplung,
- neue Motor-Zusatzteile (Motorträger, elektrischer Anlasser),
- ein zusätzlicher Wärmetauscher für das Voith-Getriebe (Hersteller: Behr),
- ein neuer Luftpresser Knorr VV 100/100 mit einer Förderleistung von 800 l/min,
- eine pneumatische Fahrtwendeschaltung (hatte sich in den V36[4] gut bewährt),
- neue Radbandagen mit einem Laufkreisdurchmesser von 1000 statt bisher 950 mm,
- Hülsen-Puffer und Schraubenkupplungen der Einheitsbauart sowie
- umfangreiche kleinere Anpassungsarbeiten (E-Anlage, Handbremse, Führerstandstisch, Rückverlegung des Motors etc.).

Einige Loks wurden außerdem mit Ballastgewichten verstärkt (durchschnittliches Dienstgewicht danach: 31 to). Durch das Aufziehen größerer Radbandagen wurden die Umbau-Loks zudem schneller; die Höchstgeschwindigkeit wuchs von bisher 35 bzw. 42 km/h (je nach Baujahr) auf nunmehr 55 km/h. Damit waren die ehemaligen V22 erstmals auch im Streckenbetrieb sinnvoll einsetzbar.

Nach gleichem Muster wurden bis Ende Mai 1953 im PAW MAK Kiel alle neun zweiachsigen V22 umgerüstet und in der Reihenfolge des Umbaus in V20 051-059 umgezeichnet. Warum sie damit in eine Nummernfolge mit der Einheitstype V20 050 gestellt wurden, gehört zu den schon erwähnten gelegentlichen Unergründlichkeiten der DB-Nummerierung. Auch die ehemalige V20 015 kam am 10.2.54 - nunmehr als V20 060 eingenummert - in den offiziellen Lokbestand zurück. In den amtlichen Unterlagen wird diese Maschine als *„Wiederaufbaulok"* bezeichnet.

Die Daten für den Umbau der V20-Einheitslokomotiven:

V20 020 (ex MWM):	MAK-Motor ab 22.12.53
V20 021 (ex MWM):	MAK-Motor ab 18.04.53
V20 022 (ex MWM):	MAK-Motor ab 21.12.51
V20 023 (ex MWM):	MAK-Motor ab 27.01.55
	und
V20 050 (ex MAN):	MAK-Motor ab 08.12.51

Nach den ursprünglichen Plänen[47] sollten auch die 17 Einheits-WR200B14 mit Deutz-Motor (V20 002 ff.) sukzessive auf den MAK MS24 umgerüstet werden[48]. Hier blieb es jedoch bei den Original-Maschinen; zum einen wegen der mit einem Umbau verbundenen hohen Kosten, vor allem aber wegen der (vielleicht unerwarteten) Solidität und Langlebigkeit der Deutz-Maschinen[49].

Im Gespräch war - *„aus Wettbewerbsgründen"*[50] - darüber hinaus die Erprobung eines zweigängigen Krupp-Getriebes, Bauart 2AL1,0, in einer V20. Auch dies blieb aber ein Schmankerl für die Geschichtsbücher. Umgebaut wurde nichts. Für alle V20/V36 blieb es bei den Voith-Getrieben.

Anfang 1955, mit Umbau der V20 023, konnte das Vereinheitlichungsprogramm vollständig abgeschlossen

PETER MELCHER

Aus V22 werden V20: Die Ludwigshafener V20 053 (ex V22 006) auf dem Weg zum nächsten Einsatz (23.7.65).

45 Auftragsschreiben v. 21.11.51 und 17.12.51; der MS24 war eine überarbeitete Version des alten DWK-Motors 6M241; zu den technischen Daten siehe Seite 82

46 Merkbuch DV939c 1952 (mit Nachtrag v. 1.10.54), Schreiben EZA München 3211 Fklmö 16 v. 19.7.51, Betriebsbücher

47 Verfügung HVB Fulm 24 v. 2.7.53; siehe auch Kastentext „Splittergattungen (1)" auf den Seiten 184/185

48 Als „Einheitsmotor" war zuerst der MAN W6V17,5/22 vorgesehen, weil man sich hierbei Einsparungseffekte im Zusammenhang mit der in der LgII-Kleinlok eingebauten 3-Zylinder-Ausführung des gleichen Motors versprach; nur mit Rücksicht auf den wichtigen Zulieferer MAK, auf den man bei der Erhaltung der DWK-Bauarten V15, V16 und V22 angewiesen war, entschied sich das EZA zugunsten des MAK-Modells; der Deutz A6M324 wurde nach 1945 nicht mehr gebaut und schied deshalb als Einheitsmotor von vorneherein aus; EZA München 32h2 Fklm v. 12.10.50

49 Als einzige V20 der WR-Ausführung fuhr die V20 039 ab 1955 mit MAK-Motor (M4: 23.7.-21.9.55)

50 BZA München 3202 Fklö 20 v. 20.10.53; das BZA wollte damit, wohl schon mit Blick auf die in Entwicklung befindliche V60, den Kreis der Lieferfirmen erweitern; der Umbau von V36 auf Krupp-Getriebe hatte sich schon bei den Voruntersuchungen als *„nicht möglich"* herausgestellt

werden. Von den ehemals zehn Baureihen und Unterbaureihen[51] allein bei den Zweiachser-Lokomotiven waren innerhalb weniger Jahre nur zwei Ausführungen (WR- und DWK-Type) mit ebenfalls zwei Motorfabrikaten (Deutz oder MAK) übriggeblieben. Kleinere Modellvarianten wie z.B.unterschiedliche Achsfederstärken, abweichende Ausführung der Kuppelstangen oder verschiedene Führerhaustüren und Motorhauben (alle bei V20 052 und 054) hielten sich selbstverständlich auch in der Fünfziger-Reihe der V20 über den Umbau hinaus.

Erwähnenswert, weil in den offiziellen Merkbüchern nicht registriert, sind zudem die abweichenden Abmessungen der V20 060. Die Lok (entstanden aus der DWK-Type D200) war um 30 Zentimeter kürzer und drei Zentimeter breiter als die ehemaligen V22 (entstanden aus der DWK-Type 220B)[52]. Für den Betrieb waren solche Details natürlich vollkommen belanglos. Aber dem Lokomotivhistoriker vermitteln sie einiges von der Vielfalt und dem Facettenreichtum einer keineswegs gradlinigen Diesellok-Entwicklung.

Umbau und Ausmusterung der $V36^0$

Wie erwähnt, waren die V36 - ausgenommen die dieselmechanischen $V36^3$ - vom Vereinheitlichungsprogramm zunächst nicht berührt worden. Gründe dafür waren zum einen die geringere Zersplitterung des Bestandes (nur zwei Motorvarianten), zum anderen aber natürlich die sehr viel größere Stückzahl, was z.B. den Austausch aller MWM-Motoren zu einem teuren Unternehmen gemacht hätte.

Handlungsbedarf in punkto Typenbereinigung bestand hier allenfalls in einem anderen Bereich, nämlich bei den $V36^0$. Von den insgesamt zehn gebauten Vorserienlokomotiven waren drei bei der Bundesbahn verblieben. Ein deutliches Manko dieser Maschinen bestand in der geringen Höchstgeschwindigkeit von nur 45 km/h, was die Einsatzmöglichkeiten auf den Rangier- und Zubringerdienst beschränkte.

Der Gedanke lag also nahe, auch hier entweder

- durch Angleichung an die Serienbauart oder
- durch Ausmusterung und Abgabe an den Werkstättendienst

die Zahl der Sonderlinge und Einzelgänger im DB-Bestand weiter zu reduzieren. Die Voraussetzungen für einen Umbau waren dabei durchaus günstig: So entsprachen Motor, Kühler, Führerhaus und viele Blechteile der $V36^0$ vollständig der Serienausführung, und auch die Kraftübertragung war - mit Ausnahme des fehlenden Stufengetriebes - mit der Normal-V36 ohne weiteres tauschbar. Ein gewichtiges Hindernis stellte allerdings der kurze Rahmen der Vorserien-Type dar, der den Einbau eines zusätzlichen Stufengetriebes platzmäßig nicht zuließ.

Eine gute Gelegenheit, den Umfang eines Komplett-Umbaus zur Serienlokomotive praktisch zu erkunden, ergab sich 1951, als von der Besatzungsmacht der Lokrahmen einer leider nicht näher bekannten, abgewrackten Serien-V36 günstig erworben werden konnte. Als Umbau-Lok wurde die Harburger V36 001 ausgewählt, die Mitte Januar 1952 zum EAW Opladen überführt wurde.

Der Umbau dauerte vom 21.1. bis 1.3.52 und umfaßte in den wesentlichen Punkten folgende Arbeiten:

- Austausch des Vorserien-Rahmens durch den der Serienbauart,
- Verlängerung der Motorhaube,
- Austausch der Radsätze,
- Einbau neuer (längerer) Treib- und Kuppelstangen,
- Einbau eines neuen MAK-Wende- und -Stufengetriebes sowie
- Einbau einer neuen Voith-Maurer-Kupplung mit Verbindungswelle zwischen Motor und Getriebe.

Gesamtkosten des Umbaus: 65.939,99 DM. Auch Motor, Voith-Getriebe und Kühler wurden bei der Gelegenheit gegen solche aus dem Tauschbestand des EAWs ausgewechselt. Ausschlaggebend dafür waren aber keine technischen, sondern nur die bei größeren Untersuchungen üblichen praktischen Gründen (Verkürzung der Stillstandszeiten durch den Einbau bereits überholter Großbauteile).

Außerdem wurde eine Umnummerung fällig. Anfang März 1952 ging die nunmehr als V36 239 bezeichnete Umbaulokomotive beim Bw Heiligenhafen wieder in Betrieb. 1962 wurde sie an die Bremervörde-Osterholzer Eisenbahn verkauft.

Weitere Umbauten dieser Art erfolgten nicht mehr. Zwar berichtete das BZA München noch im Juli 1955 (die V36 002 war zu diesem Zeitpunkt bereits längere Zeit schadhaft abgestellt), es bemühe sich *„um die Beschaffung eines billigen, gebrauchten Lokrahmens in Normalausführung für die Lok V36 002"*. Offensichtlich blieben die Bemühungen aber ohne Erfolg.

Start ins zweite Leben: Die ehemalige V36 001 macht - noch lackfrisch - ihre ersten Gehversuche als V36 239. Gut zu sehen (oberhalb der Blindwelle) ist das eingeschweißte Blech, mit der die Motorhaube verlängert wurde (AW Opladen, 1.3.52).

WOLFGANG BIESENBACH

Beide noch nicht umgebauten $V36^0$ der DB wurden am 8.5.56 ausgemustert und anschließend dem AW Opladen (V36 002) bzw. dem AW Jülich (V36 003) als Werkloks zugewiesen. Die V36 003 soll angeblich zeitweise auch beim AW Witten in Betrieb gewesen sein (August 1957).

Noch bis in die 60er Jahre hinein verdienten sich die beiden „kurzen" V36 im AW-Dienst ihr Gnadenbrot.

---

51 V15, V16, $V16^1$, V20 (Deutz, MWM, MAN, DWK), V22 2achs., V22 3achs. und $V22^1$

52 V20 051-059: LüP 7700 mm/Breite 3070 mm; V20 060: LüP 7400 mm/Breite 3100 mm

Carl Bellingrodt

Die Herren mit Hut, die Jungs in Lederhose: Sonntagsausflug mit der Bahn anno 1950, festgehalten im Bf. Wuppertal-Küllenhahn. V36 235 hat einen einzelnen VS145 am Haken (29.5.50).

Die V36 002 konnte 1966, nach Aussonderung bei der DB, sogar noch an die Verkehrsbetriebe Grafschaft Hoya verkauft werden. Die andere diente einige Zeit als Ersatzteilspender und wurde mit fortschreitender Ausplünderung Ende der 60er Jahre schließlich verschrottet.

Goldene Zeiten: Die 50er Jahre

Die Ausmusterung der V36^0 setzte gewissermaßen den Schlußpunkt hinter eine fast zehnjährige Wiederaufbauperiode bei den Altbau-Dieselloks. Die Bilanz: Die vielfältige Hinterlassenschaft der Wehrmacht war durch Ausmusterung und Verkauf der Splittergattungen auf zwei Baureihen[53] beschränkt worden. Der Ausbesserungsstand hatte wieder friedensmäßige Größenordnungen erreicht. Und die Stückzahlen pro Baureihe waren durch Nach-, Neu- und Umbauten bis Mitte der 50er Jahre soweit angewachsen, daß ein betrieblich sinnvoller Einsatz, wie auch eine wirtschaftliche Unterhaltung auf längere Sicht möglich wurden.

Der Bedarf an streckentauglichen Dieselloks war in jenen Jahren riesengroß. Überall, von Flensburg bis Freilassing, liefen vor allem die V36 als Ablösung der alten preußischen oder bayerischen Länderbahn-Dampfloks im Nebenbahndienst. In einigen größeren Städten wie Bremen, Frankfurt oder Wuppertal wurden moderne Wendezugverkehre aufgebaut. Und selbst in den weniger auffälligen Diensten - wie etwa im Bahnhofsverschub, vor Arbeitszügen oder im Ausflugsverkehr - erzielten die ehemaligen Wehrmachtsmaschinen im wirtschaftlichen Vergleich Diesel-/Dampflok glänzende Ergebnisse[54].

Noch waren die WR-Dieselloks zudem ein Aushängeschild der jungen Nachkriegseisenbahn. Im Jahresfahrplan 1950/51 z.B. waren 65 Prozent der V20/V36 im Reisezugverkehr eingesetzt[55]; 1952/53 waren es noch *„fast die Hälfte"*, und im Jahresfahrplan 1955/56 immer noch 45 Prozent[56]. Die Leistungen im Rangierdienst standen dem in nichts nach: Anfang der 50er Jahre wurden die V36 hier in der Regel dreischichtig mit durchschnittlich 21,4 Betriebsstunden am Tag gefahren[57]!

Schließlich: Auch beim Personal war der saubere Arbeitsplatz einer V20 oder V36 noch keineswegs eine Selbstverständlichkeit und deshalb hochgeschätzt. Mitte der 50er Jahre beherrschte noch beinahe konkurrenzlos die Dampflokomotive den Fahrdienst bei der Bundesbahn. Die natürlichen Vorzüge der V20/V36 wie Wegfall des Ruhefeuers, bessere Sicht im Rangierdienst und besonders die geringere Belastung des Lokpersonals durch Ruß, Hitze und körperlich anstrengende Arbeit galten daher als besondere Errungenschaften, die freilich alsbald im Glanz der modernen Neubau-Dieselloks und -Triebwagen wieder verblaßten. Selbst die *„Verwendungsmöglichkeit von Brillenträgern"* beim Rangieren mit Diesellokomotiven war der Bundesbahn in einem internen Erfahrungsbericht[58] 1951 noch eine besondere Erwähnung wert. Die V20/V36 standen am Anfang all dieser positiven Entwicklungen und waren lange Zeit ein Synonym für das beginnende Diesellok-Zeitalter.

Der V20/V36-Bestand zum 1.1.55:

V20	002 005-008	
	020-023	
	030-041	
	050	
	051-060	(Umbau-Loks)
V36	002-003	
	101-102 104-126 150	
	201-210 212-223 225-226 229-239 251-262	
	311	
	401-418	

Insgesamt waren damit 32 Loks V20 und 94 Loks V36 vorhanden. Der Ausbesserungsstand lag am Stichtag bei genau 20 Prozent. Obwohl gerade erst bei der

53 Die Großdiesellok V188 bleibt hier und im folgenden unberücksichtigt
54 Ausführlicher ab Seite 203
55 Jahresbericht motorisierte Zugförderung 1950, S.7
56 Klingensteiner/Ebner 1952, S.361, 1955, S.674
57 Harres, Strukturwandlung, S.230
58 Bericht über die Bewährung der V36^4, S.3f.

BD Hamburg, Sammlung Thomas Gottschewsky

Kleinstadt-Idylle in Heiligenhafen: Hier waren seit 1950 etliche V36 u.a. im Inselverkehr auf Fehmarn eingesetzt. Am 12.1.56 rangiert V36 214 neben 86 766.

DB in Betrieb genommen, hatten nicht wenige Loks 1955 aber bereits 15 bis 20 Jahre auf dem Buckel. Das Durchschnittsalter bei den V20 betrug 13,6 Jahre, das der V36 - begünstigt durch die ansehnliche Zahl von Nachkriegsloks - 11,1 Jahre.

Die Verteilung der V36 auf die Einsatzdirektionen, ebenfalls zum 1.1.55, zeigt eine weitere Übersicht:

V36^0	Hamburg	1
	Hannover	1
V36^1	Karlsruhe	4
	Kassel	5
	München	10
	Nürnberg	7
V36^2	Hamburg	11
	Hannover	16
	Wuppertal	14
	Frankfurt	2
	Karlsruhe	1
	Mainz	2
	Trier	1
V36^3	Kassel	1
V36^4	Frankfurt	18

Gut zu erkennen ist die im wesentlichen bis Anfang der 70er Jahre beibehaltene Konzentrierung der V36^1 auf die süddeutschen Direktionen, der V36^2 auf Nord- und Westdeutschland sowie der V36^4 auf die BD Frankfurt.

Gleiches gilt für die V20: Die Lokomotiven mit Deutz-Motor liefen in Norddeutschland, die Maschinen mit MAK-Motor in Süddeutschland. Hier fällt zusätzlich die starke Streuung der V22-Umbauloks auf:

V20^{Deutz}	Hamburg	9	
	Hannover	7	
	Essen	1	
V20^{MAK}	Augsburg	1	
	Karlsruhe	1	(Umbau-Lok)
	Mainz	2	(Umbau-Lok)
	Münster	4	(Umbau-Lok)
	Nürnberg	2	(Umbau-Lok)
	Regensburg	4	
	Stuttgart	1	(Umbau-Lok)

Haupt-Einsatz-Direktionen waren damit Hamburg, Hannover, Wuppertal und Frankfurt (für die V36) bzw. Hamburg und Hannover (für die V20). Bei diesen vier bzw. zwei Direktionen waren mehr als zwei Drittel aller V36 und rund die Hälfte aller V20 der Bundesbahn stationiert.

Die Einsätze erfolgten anfangs noch im Rangierdienst, verlagerten sich mit Beginn der für die V20/V36 „goldenen 50er Jahre" aber immer mehr zum großstädtischen Personennahverkehr. Schon ab 5. Oktober 1947 war in Nürnberg ein erster, zunächst noch versuchsweiser **V o r o r t v e r k e h r** mit zwei V36 auf den Strekken nach (Feucht -) Altdorf, Wendelstein, Siegelsdorf, (Fürth -) Cadolzburg und Roßtal aufgenommen worden. Weitere (größere) Vorortverkehre folgten in

- Frankfurt (ab 1948)
- Wuppertal (ab 1948) und
- Bremen (ab 1949).

Welche z.T. gewaltigen Leistungen den ursprünglich ja nur für den Rangier- und Zubringerdienst konzipierten Lokomotiven dabei abverlangt wurden, zeigen einige Monats-Spitzenwerte aus den vier genannten Vorort-Netzen[59]:

V36 102 (Nürnberg):	9.681 km	(Jan. 53; an 31 BT),
V36 403 (Frankfurt):	12.830 km	(Juli 56; an 31 BT),
V36 256 (Wuppertal):	13.535 km	(Sept.50; an 30 BT),
V36 237 (Bremen):	13.030 km	(Jan. 52; an 29 BT).

Hinsichtlich der Kilometer-Leistungen konnten sich die V36 also durchaus mit viel PS-stärkeren Lokomotiven, wie z.B. den Baureihen 65 oder 78 im Ruhrschnell-

59 BT = Betriebstage im genannten Monat

Fritz Roth

Winter in Frankfurt: Eine Griesheimer V36^4 fährt mit einem langen Donnerbüchsen-Zug aus Bad Soden in Frankfurt-Höchst ein (Dezember 1956).

verkehr[60], messen lassen. Die Durchschnittswerte lagen natürlich um einiges darunter; in Nürnberg bei ca. 6000 km/Monat, in Wuppertal bei 6000-8000, in Bremen bei 7000-8000 und in Frankfurt ebenfalls bei rund 8000 Kilometern im Monat.

Hier wie an anderen Einsatzorten mit starkem Pendlerverkehr wurde der Betrieb zudem schon recht bald auf Wendezugeinheiten umgestellt, um die Umspannzeiten in den Endbahnhöfen einzusparen. Weitergehendes dazu im Kapitel „Wendezüge mit der V36" ab Seite 196.

Kleinere Vorortverkehre gab es zeitweise auch in

- München (1948-1953)
- Stuttgart (1949-1954)
- Darmstadt (1950-1960)
- Bremerhaven (1950-1966) und
- Köln (1954-1960/ Wuppertaler Lok).

In Bremerhaven waren in der ersten Zeit sogar V20 im dichten Pendelverkehr eingesetzt. An allen anderen Orten bestimmten V36 das Bild.

Etwas geruhsamer als im Vorortverkehr ging es für die V20/V36 im gemischten **Nebenbahndienst** zu. Vor allem in den bayerischen Direktionen München, Nürnberg und Regensburg, wo aufgrund der Streckenbegrenzung auf vielfach unter 15 to Achslast der Einsatz von Einheits-Dampfloks nicht oder nur eingeschränkt möglich war, erlaubten die V20/V36 die längst fällige Ablösung von etlichen bayerischen PtL 2/3 (70^0), PtL 2/2 (98^3) oder D XI (98^4). Langjährige Stammbahnen für die V36 waren z.B. die Strecken

- Endorf - Obing,
- Hörpolding - Traunreut,
- Vilshofen - Aidenbach/Ortenburg oder
- Fürth - Cadolzburg.

Auch in der BD Kassel (Raum Volkmarsen/ Hümme), in der BD Münster (im Oldenburger Land) und in Schleswig-Holstein (Raum Husum/Flensburg) hielten sich bis Ende der 50er Jahre solche Inseln mit sehr ausgeprägtem V20/V36-Betrieb.

Lebhaft diskutiert wurde Anfang und Mitte der 50er Jahre noch um Schlagworte wie *„Vollmotorisierung"* und *„Flächenverdieselung"*. Allein in der BD Nürnberg waren zeitweise sechs Strecken zur Umstellung auf reinen Diesellok- plus Triebwagen-Betrieb vorgesehen[61], bei nicht einer einzigen allerdings konnte sie damals auch vollständig realisiert werden. Ein bereits

60 Ebel, Neubau-Dampflokomotiven/Bd.2, S.55f.
61 Knipping, Baureihe 86, S.64

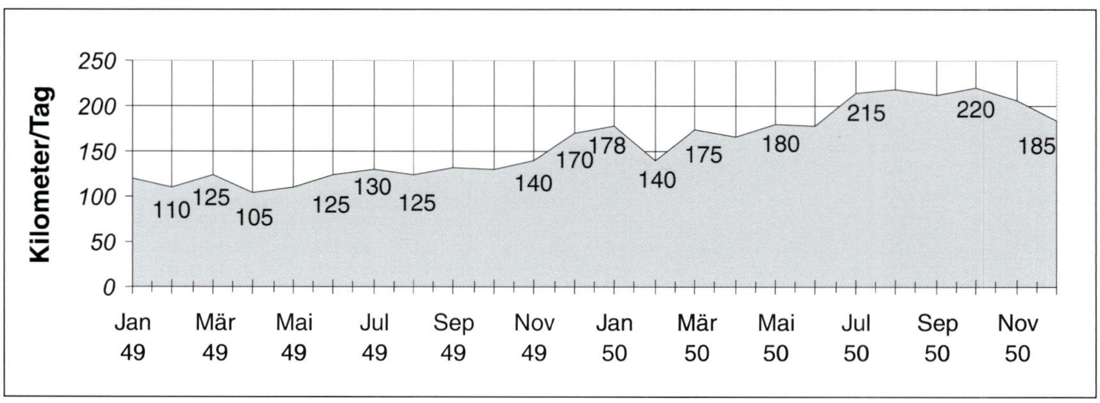

SCHAUBILD 10: Um 1950 kommt der V20/ V36-Betrieb richtig in Gang. Die durchschnittlichen Motorlok-Laufleistungen pro Betriebstag verdoppeln sich innerhalb weniger Monate.

laufender Versuch auf der Nebenbahn Forchheim - Behringersmühle/Heiligenstadt mußte sogar abgebrochen werden[62].

Hinter solchen Überlegungen standen in erster Linie natürlich betriebliche und wirtschaftliche Gründe. Von den Dieselloks versprach man sich günstigere Unterhaltskosten als bei der Dampflok und Einsparungen durch Schließung oder Abwertung von Bahnbetriebswerken. Daß dabei auch Imagefragen - eine Art „Neue Bahn" anno 1950 - eine Rolle spielten, sei nur am Rande erwähnt. Die meisten Projekte scheiterten; in der Regel

- aus Mangel an einsatzfähigen Fahrzeugen[63],
- wegen der zu geringen Leistung der V36 bei längeren Strecken und
- aufgrund der mit der Zeit nicht mehr als ausreichend empfundenen Laufruhe der V36 im Streckendienst[64].

Nur die BD München konnte einige kurze Stichbahnen für etliche Jahre auf V36-Betrieb umstellen. Die rasche und flächendeckende Verbreitung der neuen Schienenbusse VT95[9]/VT98[9] sowie der V100 schuf einige Jahre später dann ohnehin unübersehbare Fakten. Ein Zwischenergebnis auf dem Weg zur Vollverdieselung: Per 31.12.54 wurden DB-weit bereits neun Strecken ganz und 53 weitere zumindest im Personenverkehr nur mit Dieselfahrzeugen bedient[65].

Weitere Einsatzfelder der V20/V36 waren - in Kurzform -

der **Zugbildungs-** und **Bereitstellungsdienst** in den großen Personenbahnhöfen, z.B. in Hannover und Trier,

der **Stückgutschnellverkehr**, z.B. in Hannover und Nürnberg,

der einfache **Rangierdienst**, z.B. in Hamburg, Wiesbaden, Mainz und München und

zu Zeiten, als gerade mal jeder fünfundachtzigste Deutsche ein eigenes Auto besaß, auch sogenannte **Gesellschaftsfahrten**. Diese Sonderzüge verkehrten meist im näheren Umkreis der großstädtischen Ballungszentren, z.B. von Frankfurt aus in den Spessart oder in den Odenwald, und erfreuten sich bei den ausflugsfreudigen Städtern Anfang der 50er Jahre sehr großer Beliebtheit.

Trotz der Probleme bei der Ersatzteilbeschaffung in den späten 40er und Anfang 50er Jahre zogen die monatlichen Kilometerleistungen im Motorlokbetrieb gerade in dieser Zeit sehr steil an. Allein zwischen Januar (175.000 km/Monat) und Dezember 1949 (330.000 km/Monat) kam es fast zu einer Verdoppelung der Laufleistungen (siehe auch TABELLE 30). Die durchschnittliche Kilometerleistung pro Lok lag 1949/50 im Rangierdienst bei rund 3000 und im Zugdienst bei rund 6000 Kilometern!

TABELLE 30:
Gesamtkilometerleistung aller DB-Triebfahrzeuge

Triebfahrzeugbauart	November 1949 Monats-km	%	Oktober 1950 Monats-km	%
Dampflokomotiven	39.924.900	88,5	43.294.400	87,2
Elektr.Lokomotiven	2.673.300	5,9	3.140.400	6,3
Diesellokomotiven	260.800	0,6	423.700	0,9
Elektr.Fremdstromtriebwagen	1.172.400	2,6	1.249.500	2,5
Elektr.Speichertriebwagen	260.200	0,6	342.700	0,7
Dieseltriebwagen	799.000	1,8	1.180.800	2,4
Insgesamt	**45.090.600**	**100,0**	**49.631.500**	**100,0**

Quellen: Jahrbuch Eisenbahnwesen 1950, Die Bundesbahn 1951

Ein Blick auf die zusammen mit den V20/V36 im Personenverkehr eingesetzten Wagengarnituren zeigt die ganze Vielfalt der Waggontypen, mit denen die Bahn Anfang der 50er Jahre noch zurechtkommen mußte: Wegen der bei der Lok fehlenden Zugheizung kamen hier nur eigenheizbare Wagen in Betracht, also in erster Linie Steuer- und Beiwagen der Triebwagen-Bauart (besonders VS145 und VB147) sowie entsprechend umgebaute Länderbahn- bzw. Reichsbahn-Zweiachser (B/Ci, Pwi, Pwgs[66] etc).

1952 wurde - nach Prüfung verschiedener Alternativen[67] - ein spezielles *„Motorzug-Umbauprogramm"* aufgelegt, das eine größere Zahl einfacher Zweiachser der Bauarten Cid 27, Ci 28 und Ci 29 („Donnerbüchsen") auch in der kalten Jahreszeit für den V20/V36-Betrieb verfügbar machte. Bei diesen Wagen kam anstelle der zweiten Toilette ein einfacher, mit Brikett oder Koks gefeuerter Ofen für die Warmwasserheizung zum Einbau. Außerdem erhielten die Umbau-Wagen einen (triebwagen-) roten Anstrich mit elfenbeinfarbigen Zierlinien, um den damals hochmodernen Motorlokbetrieb auch nach außen hin werbewirksam sichtbar zu machen. Solche Garnituren liefen u.a. in Nürnberg (Strecken nach Cadolzburg und Greding), auf der Wieslauf- und Remsbahn bei Stuttgart sowie in der BD Hamburg (Flensburg, Heiligenhafen).

Auch in Wendezügen gehörten rote oder grüne B/Ci aufgrund des Steuerwagenmangels lange zum gewohnten Bild. Lediglich der Spitzenwagen war aus Gründen der Betriebssicherheit[68] in aller Regel ein VS145 (so in Köln, Stuttgart, Bremerhaven). Die Zugreihung bestand dann meist aus V36 + zwei B/Ci + VB/VS. Zweiachsige Spitzenwagen gab es in Nürnberg, Darmstadt und Bremen. Zur Kennzeichnung des eingebauten Steuerabteils bekamen solche Wagen ein zusätzliches „f" in der Gattungsbezeichnung und hießen dann Bif, Pwif oder CPwif.

Reine Vierachser-Züge mit VB/VS wurden - wegen des deutlich größeren Platzangebotes - hauptsächlich in den großen Vorortverkehren eingesetzt. Hier er-

---

62 Jahresbericht motorisierte Zugförderung 1949, S.7
63 Niederschrift V-Lok-Ausschuß v. 2-3.3.50
64 Die Bundesbahn 1957, S.1387
65 Jahresbericht motorisierte Zugförderung 1954
66 Zur Erinnerung für alle Nicht-Wagenexperten: Die Großbuchstaben sind sogenannte **Hauptgattungszeichen** und bezeichnen die Wagenklasse, wobei A für die 1.Klasse, B für 2.Klasse und C für 3. Klasse steht (die 3.Klasse wurde 1956 abgeschafft). Ein Personenzuggepäckwagen wurde mit Pw (heute D), ein Güterzuggepäckwagen mit Pwg bezeichnet. Ein BPw war also z.B. ein 2.Klasse-Personenwagen mit Gepäckabteil.
Bei den **Nebengattungszeichen** (= kleine Buchstaben) waren im Zusammenhang mit den V20/V36 folgende von Interesse:
i = Wagen mit Durchgang und offenen Übergangsbrücken (sog. Donnerbüchsen)
s = Wagen (nur Pwg), die in schnellfahrende Güterzüge eingestellt werden können
d = Wagen oder Abteile mit Bretterbänken
f = Wagen mit Führerstand für Wendezugbetrieb
b = Wagen mit zusätzlicher Brems- und elektrischer Steuerleitung für Wendezugbetrieb
Ein CPwif war also z.B. ein 3.Klasse-Wagen mit offenen Übergängen, Gepäckabteil und Steuerstand für Wendezugbetrieb.
Drei- und vierachsige Wagen wurden durch eine „3" bzw. „4" im Gattungszeichen gekennzeichnet (bei Vierachsern heute nicht mehr üblich). Wagen ohne besondere Achszahlangabe waren zweiachsig.
67 Untersucht wurden (1.) der Einbau einer Hochdruckdampfkesselanlage in einen speziellen Loktender; (2.) der Einbau der gleichen Anlage in einen leichten Pack- oder Güterwagen (beides zu teuer und zu personalintensiv; Heizer !); (3.) der Einbau einer Warmwasserheizanlage in Reisezugwagen (realisiert, s.o.) sowie (4.) der Einbau einer Warm**luft**heizung in Reisezugwagen (zu teuer); EZA München 3620 Fktvh v. 1.8.50
68 Klingensteiner/Ebner 1958, S.1106

Carl Bellingrodt

Noch drei Minuten bis Vohwinkel: In Wuppertal wurde Anfang der 50er Jahre ein ausgedehnter Vorortverkehr mit V36 gefahren. Als Anhänger dienten VS145 und VB147 (V36 229, bei Wt-Sonnborn, 20.4.51).

Sammlung Günther Meier

Die Eisenbahn auf dem Wasser: Bis 1963 mußten die Züge vom Festland zur Ostsee-Insel Fehmarn auf einer offenen Fähre übergesetzt werden. Die Heiligenhafener V36 hat mit nur einem Packwagen sowie einem 3.-Klasse-Einheits-Zweiachser leichtes Spiel (1957).

Peter Ramsenthaler

Sommerausflug in den Bibertgrund: V36 102 vom Bw Nürnberg Hbf hat eine bunte Garnitur aus zweiachsigen Behelfspersonenwagen und altbayerischen 2.- bzw. 3.-Klasse-Wagen am Haken (bei Leichendorf, Strecke nach Unternbibert-Rügland, 1950).

Das andere Ende des V36-Wendezuges: Stirnansicht eines zum Pwif umgebauten Packwagens, wie sie z.B. in Bremen, Bremerhaven oder Nürnberg eingesetzt waren.

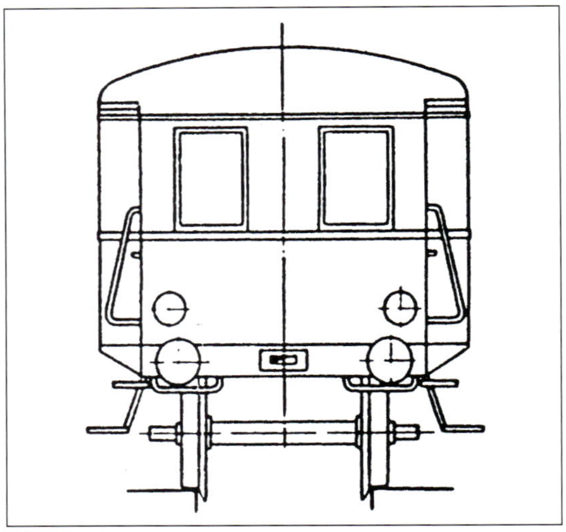

wies sich zudem die bereits vorhandene Steuerleitung von Vorteil, so daß mit nur geringfügigen Umbauten auch im Wendezugbetrieb gefahren werden konnte. Zu den zahlreichen im Lauf der Jahre mit den V20/V36 eingesetzten Steuer- und Beiwagen zählten auch einige Raritäten, so z.B.

- die VS 145 407 und 408 (ex VT51) in Bremen,
- die VS 145 409 und 410 (ex VT50) in Flensburg oder
- ein alter litauischer C4iVB Nr.204, ebenfalls in Flensburg.

JOHANNES KROITZSCH

Der Aufenthalt auf der Plattform ist verboten: Kanonenöfen und Holzbänke waren Anfang der 50er Jahre noch auf vielen Nebenbahnen Alltag.

Zweiachsige VB (VB140) waren im Zusammenlauf mit V20 oder V36 seltener zu finden. Belegt sind nur z.B.VB 140 300 und 302 in Bremen, später Bremerhaven, VB140 301, 303 und 304 in Husum sowie einige nummernmäßig nicht bekannte VB140 in Bamberg.

Daneben gab es natürlich noch allerhand Besonderheiten: Auf den Strecken Hörpolding - Traunreut und Prien - Aschau in der BD München etwa liefen alte LAG-Wagen hinter der V36, in Wuppertal preußische Abteilwagen und in Passau, in den Zügen aus Freyung und Haidmühle, meistenteils ein moderner Schienenbusanhänger (VB98). In Nürnberg, aber wohl auch andernorts, mußte anfangs noch längere Zeit auf Behelfspersonenwagen zurückgegriffen werden.

Beim Bw Lübeck wurden (als Umbau-Zweiachser noch nicht zur Verfügung standen) in den Wintermonaten im Schülerverkehr spezielle Heizwagen in die Züge eingestellt, um erträgliche Innentemperaturen zu schaffen. Der Personalaufwand bei solchen Zügen war natürlich gigantisch: Lokomotivführer und Beimann auf der Lok, ein Heizer im 3achsigen Heizwagen sowie Zugführer und Schaffner im Zug (zwei pr.C3i, ein pr.C4d), insgesamt also fünf Eisenbahner für einen Vier-Wagen-Zug!

Eine längst vergessene Kuriosität schließlich auch noch vom Bw Hannover Hgbf. Hier waren ab 1949 versuchsweise Leig-Wendezüge aus V36 und umgebauten Vierachser-Güterwagen im Einsatz (siehe auch S.284). Das RZA München hatte dafür zwei gedeckte 18-Meter-Wagen, Bauart GGhs, Gattungsbezirk Bromberg, mit Steuerabteilen ausrüsten lassen und als GDS 145 901 und 902 eingenummert[69]. Auch ein Zweiachser-Pärchen - GDS 144 901 und GDB 140 901 - , umgebaut aus kurzgekuppelten Gihms-Wagen, wurde für den Versuch *„Steuerwagen für Güterverkehr mit Motorlokbetrieb"* hergerichtet; ebenfalls wohl im Zusammenlauf mit V36. Die Einsätze in Hannover Hgbf endeten 1951.

Wendezüge mit der V36

Der Wendezugbetrieb in den Vorortverkehren von Frankfurt, Bremen oder Wuppertal gehörte zu den herausragenden Einsätzen der V36 bei der Bundesbahn. Zwar war die Betriebsform des abwechselnd gezogenen und geschobenen Zuges - im Englischen: „push-and-pull-train" - Anfang der 50er Jahre auch in Deutschland nicht mehr grundsätzlich neu[70]. Erst die bis dahin nicht verfügbaren Motorloks erlaubten es jedoch, alle betrieblichen und wirtschaftlichen Vorzüge dieser Einsatzform voll auszuschöpfen, und konnten der Wendezugförderung damit in Deutschland zum Durchbruch verhelfen.

Im einzelnen läßt sich heute nur noch lückenhaft feststellen, wann wo auf welchen Strecken genau der Wendezugbetrieb mit V36 eröffnet und wieder beendet wurde. Die Ausführungen in diesem Kapitel vermitteln eine erste Übersicht. Weitere Einzelheiten enthalten die Abschnitte über die Bestandsentwicklung und Einsätze in den jeweiligen Direktionen.

Folgende Loks waren nachweislich für Wendezugbetrieb eingerichtet[71]:

V20	006 007 021 040
V36	101-102 104-111 113-118 120 122-123 125 150
	202-212 215-218 220 222 225-226 229-235 237-238 252 256-259 261
	301 310 315
V36	401-418

Die Verständigung zwischen Lok und Steuerwagen erfolgte anfangs nur über eine einfache Klingelleitung, später über Befehlsgerät oder direkte Steuerung (siehe Kasten Seiten 198/199).

Die täglichen Kilometerleistungen waren recht ansehnlich und lagen z.B.

- in Bremen: bei 342 km/Tag (1950),
- in Bremerhaven: bei 371 km/Tag (1956),
- in Wuppertal: bei 228 km/Tag (1956) und
- in Frankfurt: bei 360 km/Tag (1953).

---

69 Löttgers, Güterzug, S.40f.

70 Vorreiter in Deutschland war die private Lübeck-Büchener Eisenbahn, die ab 1936 kurze Doppelstockzüge mit einer speziell dafür entwickelten 1'B1'-Schnellfahrlok (später DR-Baureihe 60) im Wendezugbetrieb einsetzte; bei der Reichsbahn begann der Wendezugverkehr ab 1938 mit T12-Lokomotiven (ebenfalls im Hamburger Vorortverkehr) sowie ab 1939 mit E04 auf der Strecke Probstzella - Nürnberg - München -Traunstein; ausführlich: Hoyer, Geschichte, S.22ff.

71 Betriebsbücher, BZA München, technische Unterlagen, Fotobelege

SAMMLUNG STEFAN LAUSCHER

Frühling im Remstal: Dieses schöne Frühjahrsmotiv von der Strecke Stuttgart - Aalen zierte im Mai 1953 sogar den Bundesbahn-Kalender. Die Wagengarnitur ist typisch für die V36-Wendezüge. Auf dem nachkolorierten Kalenderblatt sind die Plattformwagen grün, der VS145 rot.

Mit anderen später im Wendezugverkehr eingesetzten Dampf-, Diesel- und Ellokbaureihen konnte die V36 damit zwar nicht konkurrieren (TABELLE 31). Bei durchschnittlich 310 km/Tag im Jahre 1955 erbrachte sie aber immerhin noch die gleiche Kilometerleistung wie „normale" Dampf- (300 km/Tag) oder Elloks (310 km/Tag) im Reisezugverkehr.

Der V36 gebührt zudem das Verdienst, Vorreiter und Schrittmacher für eine heute allgegenwärtige Betriebsform gewesen zu sein. *„Die V36"*, so die Zeitschrift „Die Bundesbahn" 1958, *„hat viel dazu beigetragen, mit dem Wendezugbetrieb Erfahrungen zu sammeln und diese im Vorortverkehr betrieblich besonders vorteilhafte Art der Zugförderung wesentlich voranzutreiben"*[72].

Die ersten Wendezüge im Nachkriegsdeutschland wurden schon 1948 in **F r a n k f u r t** mit V36[1+2], später mit V36[4] gefahren. Stammstrecke war jahrelang die Linie Höchst - Frankfurt - Offenbach (teilweise weiter bis Hanau und Gelnhausen). Später liefen V36-Wendezüge auch nach Bad Soden und auf den Nebenstrecken im Offenbacher Raum (Offenbach - Dietzenbach und Offenbach - Reinheim). Frankfurt galt Ende der 40er Jahre als Versuchsbetrieb für einen verdichteten Vorortverkehr durch motorgetriebene Lokomotiven[73]. Gefahren wurde überwiegend mit Vierachser-Zügen (VS145). Der Planbedarf an wendezugfähigen V36ern lag z.B. Ende 1955 bei fünf, zeitweise aber auch bei sechs Lokomotiven!

TABELLE 31: Kilometerleistungen von Wendezugeinheiten 1955

Bespannung	Baureihe	Leistung je Betriebstag Höchstwert	Leistung je Betriebstag Durchschnitt
Dampflok	div.	486 km	384 km
Elektrolok	E 44	534 km	450 km
Diesellok	V 80	484 km	463 km
Diesellok	V 36	360 km	310 km

Quelle: Die Bundesbahn 1956

Ähnlich umfangreich war der Wendezugbetrieb ab 1949 in **B r e m e n**. Die Züge fuhren hier zunächst ausschließlich auf der Vorortstrecke Bremen Hbf - Vegesack - Farge, die im Gemeinschaftsverkehr der DB mit der privaten Farge-Vegesacker Eisenbahn betrieben wurde. Die Garnituren bestanden aus regulär bis zu fünf Beiwagen (VS145) und hatten damit ein stattliches Platzangebot von rund 250 Plätzen. Auf später hinzugekommenen Strecken (besonders Richtung Hude - Blexen) waren auch Zweiachserzüge zu sehen. Als Befehlswagen diente dann ein umgebauter Packwagen (Pwif). Im gesamten Großraum Bremen gab es darüber hinaus normalen V36-Betrieb mit gezogenen Garnituren.

In **W u p p e r t a l**[74] begann der Wendezugverkehr 1950 auf der Strecke Wt-Elberfeld - Cronenberg. Die Züge fuhren schon damals - wie bis zur Einstellung des Pv Anfang 1988 - im angenäherten Stundentakt. Im Normalbetrieb reichte dabei ein einzelner VS145, der von der V36 über die steigungs- und krümmungsreiche Strecke gezogen bzw. geschoben wurde. Die Einsparungen gegenüber Dampfbetrieb fielen hier offenbar sehr deutlich aus, so daß die BD Wuppertal den Wendezugverkehr in den folgenden Jahren ständig weiter ausbaute. Bis 1960 wurden in unterschiedlichen Fahrplanperioden die Strecken

- Berg.Gladbach - Köln-Bonntor (1954-60),
- Berg.Gladbach - Rösrath - Lindlar (1954-60),
- Wt-Vohwinkel - Wülfrath - Kettwig (1955-59),
- Wt-Vohwinkel - Witten - Schwelm (1959-60), möglicherweise auch die Strecke
- Brügge - Lüdenscheid (um 1959)

mit Wendezügen bedient. Als Wagenpark standen umgebaute Donnerbüchsen, VS145 sowie als Wendezugbefehlswagen eingerichtete VB147 zur Verfügung. Auf der Strecke nach Kettwig verkehrte

72 Flemming, Die Entwicklung, S.1222
73 Jahresbericht motorisierte Zugförderung 1948, S.4f.
74 Backes, Wendezugbetrieb, S.40ff.

Klingelzeichen und Schiffstelegrafen

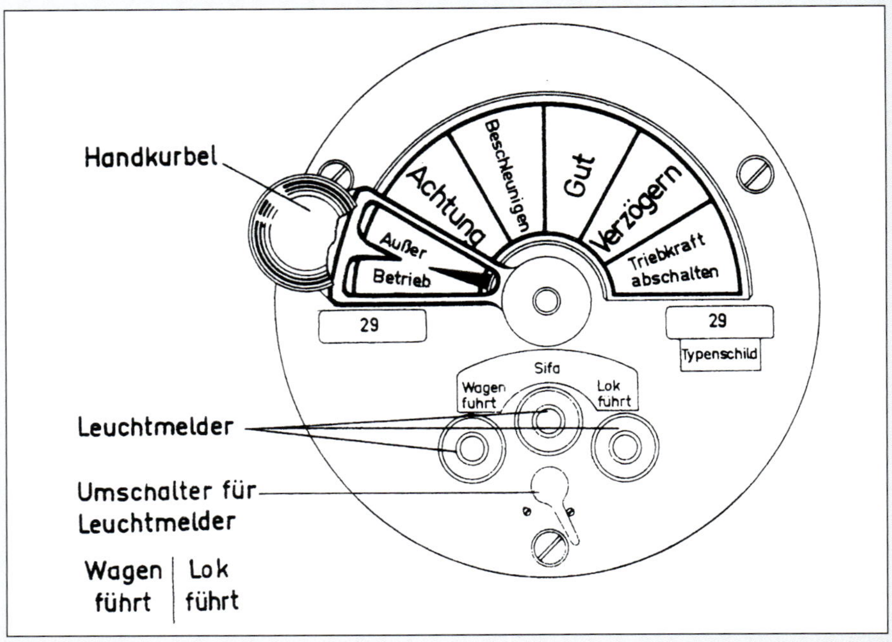

Ende der 40er Jahre steckte die Wendezugtechnik noch in den Kinderschuhen. Durch eingehende Versuche von Prof. Nordmann in der Zeit vor dem Krieg war zwar die Betriebstauglichkeit des geschobenen Zuges hinsichtlich Laufruhe und Entgleisungssicherheit ausreichend bewiesen. Was fehlte, waren jedoch noch brauchbare Techniken, um die Lok vom Wendezugbefehlswagen aus (fern-) zu steuern. Selbst über die Begriffsbestimmungen - *„geschobene“*, *„nachgeschobene“*, *„Schiebezüge“* oder *„Wendezüge“* - gab es Anfang der 50er Jahre noch lebhafte Diskussionen[1].

In Bezug auf die Wendezugsteuerung konnten innerhalb weniger Jahre nach Einführung des Wendezugbetriebs bei der Deutschen Bundesbahn bereits nennenswerte Fortschritte erzielt werden. Im zeitlichen Ablauf muß dabei zwischen

a) indirekter Steuerung/Verständigung durch Klingelleitung
b) indirekter Steuerung/Verständigung durch Hagenuk-Befehlsgerät und
c) direkter (elektro-pneumatischer) Wendezugsteuerung

unterschieden werden. Alle drei Betriebsarten waren nacheinander auch bei der V36 üblich.

Die indirekte Steuerung über Klingelleitung

war die erste und primitivste Form der Wendezugsteuerung. Zwischen dem - reglerberechtigten - Beimann (im Spitzenwagen) und dem Lokführer (auf der V36) gab es lediglich eine einfache elektrische Klingelleitung, über die fest vereinbarte Befehle übermittelt werden konnten. Die Klingelzeichen waren von Ort zu Ort unterschiedlich[2]. Bei den Frankfurter Wendezügen z.B. wurde dem Lokführer nur die Stellung der Streckensignale über Klingelleitung angezeigt. Es bedeuteten

1mal läuten = Signal Halt
2mal läuten = Signal Frei und
mehrmals
3mal läuten = Notsignal (Halt).

Der Lokführer hatte die jeweiligen Befehle auf der Lok natürlich noch durch entsprechendes Drehen am Handrad umzusetzen. Nur die Druckluftbremse konnte vom Steuerabteil aus direkt angelegt und auch wieder gelöst werden.

Folgende Signale galten in Bremen Hbf:

1mal lang läuten = Achtung vor Abfahrt
1mal kurz läuten = Füllung wegnehmen
2mal kurz läuten = Füllung geben
3mal kurz läuten = anhalten, bremsen
2mal 3 kurze = Fahrtrichtungswechsel
ununterbrochenes läuten
= anhalten, Notbremse

Und in Wuppertal wurde so geklingelt:

1mal lang läuten = Leistung abschalten
2mal lang läuten = Leistung zuschalten
3mal lang läuten = Halt !
mehrmals 3mal kurz läuten
= Notsignal (Halt)

Die Nachteile dieses Systems lagen auf der Hand: Langes und kurzes Läuten war mitunter kaum zu unterscheiden, die Zahl verschiedenartiger Klingelzeichen war sehr begrenzt und die Gefahr von Fehlbedienungen durch ungenaues Zuhören oder falsches Erinnern des gegebenen Läutesignals allgegenwärtig.

Am 19. Juni 1951 setzte die HVB deshalb beim BZA Minden eine Arbeitsgemeinschaft „Geschobene Züge“ ein, die Vorschläge zur Verbesserung der Befehlsübermittlung bei Wendezügen erarbeiten sollte[3]. Ergebnis dieser Arbeitsgemeinschaft war

die indirekte Steuerung über Hagenuk-Befehlsgerät,

mit der zwischen 1955 und 1959 auch die meisten im Wendezugbetrieb eingesetzten V36 ausgerüstet wurden (zuerst die Bremer und Bremerhavener Loks). Nur Wuppertal fuhr noch bis 1958/59 mit Klingelleitung. Das Hagenuk-Befehlsgerät arbeitete nach dem Prinzip des Schiffsmaschinentelegrafen, bestand also aus zwei identischen, kreisrunden Anzeige-Instrumenten auf der Lok und im Spitzenwagen, die über eine 15adrige, elektrische Steuerleitung miteinander verbunden waren (12 Adern für das Befehlsgerät, drei zur Reserve). Im Befehlsfeld mögliche Einstellungen waren

Außer Betrieb
Achtung
Beschleunigen
Gut
Verzögern und
Triebkraft abschalten.

Außerdem gab es Dauer-Leuchtmelder für die Sifa und für die Fahrtrichtungsanzeige („Lok führt“ bzw. „Wagen führt“). Gab der Beimann im Steuerwagen nun z.B. das Signal zum „Beschleunigen“, stellte sich auch das Empfangsgerät auf dem Lokführerstand mit dem inneren Zeiger automatisch auf das entsprechende Feld ein. Gleichzeitig ertönte ein Hupsignal, das erst dann wieder verstummte, wenn der Mann auf der Lok den Befehl mit der äußeren Handkurbel quittierte.

AW Opladen, Sammlung Stefan Lauscher

Klare Signale: Das Hagenuk-Befehlsgerät für die Verständigung zwischen Steuerwagen und Lok

Vorteil dieses Systems: Die Befehle waren eindeutig, die jeweils aktuelle Einstellung konnte auch später noch abgelesen werden, und der Beimann vorne bekam eine Rückmeldung, ob der zuletzt gegebene Befehl auch tatsächlich verstanden (und ausgeführt) worden war. Darüber hinaus ermöglichte die 15polige Steuerleitung die Bedienung einiger Hilfsgeräte wie Typhon, Läutewerk, Sifa, Zugspitzensignal oder Scheibenwischer direkt vom Steuerstand aus. Das gleiche galt auch wieder für die Bremse.

Nachteil: Auch mit dem Hagenuk-Befehlsgerät wurden weiterhin zwei Mann für die Bedienung der Lok benötigt.

Loks und Wagen mußten, wie beim einfachen Klingelbetrieb, auch bei der neuen *„einheitlichen“* Steuerung mit einer durchgehenden zweiten Hauptluftbehälterleitung für die Druckluftbremse ausgerüstet sein, außerdem mit einer 24-Volt-Gleichstromanlage (als Betriebsspannung für die Befehlsgeräte) sowie der 15poligen Steuerleitung. Die Steckdosen für die Steuerkabel waren an den Loks jeweils unter dem (in Fahrtrichtung) linken Puffer angebracht. Äußerlich erkennbar waren alle Wendezug-V36 an den jeweils vier statt zwei Druckluftschläuchen am Pufferträger.

Die direkte (elektro-pneumatische) Wendezugsteuerung

in der im Prinzip noch heute bekannten Form entstand ebenfalls Mitte der 50er Jahre und machte den zweiten Mann auf der Lok auch im Wendezugbetrieb endgültig überflüssig. Alle Funktionen wie Bremsen, Beschleunigen, Anhalten und sogar der Fahrtrichtungswechsel waren damit vom Führerstand im Wendezugspitzenwagen steuerbar.

Der Umbau war allerdings recht aufwendig. Die Steuerung erfolgte elektro-pneumatisch und sprach den Drehzahlregler, das Getriebefüllventil und den Sandstreuer an. Über die 42polige Steuerleitung (davon 6 als Reserve) war außerdem die Kontrolle aller Überwachungsinstrumente - Motordrehzahl, Schmieröldruck, Getriebeöltemperatur etc. - möglich. Auch für die einmännig besetzten Wendezüge war vorgeschrieben, daß die Lok mit Führerhaus voraus (bzw. mit Motorvorbau am Zug) gekuppelt werden mußte.

Mit der direkten Wendezugsteuerung sind in den Jahren 1955 (Umbaulok V36 238 mit Hochführerhaus) und 1958/59 (Kleinserie) insgesamt noch sieben Wuppertaler Loks ausgerüstet worden, und zwar

V36 238 im August 1955

V36 208 im November 1958
V36 209 im Dezember 1958
V36 210 im Januar 1959
V36 225 im Januar 1959
V36 226 im November 1958
V36 229 im Dezember 1958

außerdem eine entsprechende Zahl Wendezugbefehlswagen VS145/VB147 sowie Zwischenwagen Abib und Bib. Der Umbau wurde *„auf besonderen Wunsch der BD Wuppertal“*[4] im Heimat-Bw Steinbeck und nicht im eigentlich zuständigen AW Opladen durchgeführt.

Nach Aufgabe des Wendezugbetriebs in Wuppertal im Sommerfahrplan 1960 und Umstationierung der Loks und Steuerwagen liefen die einmännig besetzten Wendezüge auch noch in Bremerhaven und Frankfurt.

1 Ebner, Wendezugbetrieb, S.296; Schieb, Wendezugbetrieb, S.135
2 Langner, Befehlsübermittlung, S.188; Backes, Wendezugbetrieb, S.43
3 Festgeschrieben in den „Richtlinien für Betrieb und Ausrüstung von Wendezügen, Ausgabe 1955“ (DV 499 20)
4 BZA München 3212 Flm V36/F st v. 24.10.58

ab Herbst 1956 der erste direkt gesteuerte (sprich: einmännig besetzte) V36-Wendezug der DB.

Ganz anders entwickelte sich der Wendezugbetrieb in **Stuttgart**. Von 1949 an liefen hier einzelne Pendelzüge mit V36 im Städteviereck Schwäbisch Gmünd/Backnang/Ludwigsburg/Stuttgart[75]. Der Schwerpunkt lag dabei stets in den verkehrsschwachen Stunden außerhalb des Berufsverkehrs. Immerhin wurden dabei bis zu 12.000 km pro Lok im Monat erbracht. 1954 wurde der an sich gut eingeführte und bewährte Wendezugbetrieb wieder aufgegeben und durch Dampfzüge ersetzt.

Auch in **Darmstadt** war der Wendezugverkehr eher unauffällig. Bekannt sind V36-Wendezüge von den Strecken
• Groß-Gerau - Dornberg und
• Darmstadt - Groß-Zimmern,
jeweils ab etwa 1955. Eingesetzt wurden hier reine Zweiachser-Züge (Einheits-B/Ci mit Steuerwagen B/Cif). Der Umfang des Wendezugbetriebs blieb in Darmstadt immer bescheiden (meist nur zwei Zuggarnituren) und reichte in keiner Weise an die Einsätze etwa in Bremen und Frankfurt heran.

Das gleiche gilt für **Bremerhaven**. Hier war der Wendezugverkehr vor allem wegen der anfangs dort eingesetzten V20-Lokomotiven interessant. Erst 1955 wurden die 200-PS-Loks durch V36 abgelöst. Beide Baureihen liefen im Wendezugbetrieb ausschließlich auf der Strecke Bremerhaven - Bederkesa. Bis in die 60er Jahre hinein wurden dafür zunächst drei, später zwei Maschinen planmäßig benötigt; dann war das Verkehrsaufkommen soweit zurückgegangen, daß eine Schienenbusgarnitur ausreichte.

Auf den Nebenbahnen rund um **Nürnberg** hatte sich schon seit 1947 ein reger Zubringerverkehr mit V36 entwickelt. Im Unterschied zu den anderen genannten Einsatzorten wurden die Lokomotiven hier an den Endbahnhöfen der Nebenbahnen aber noch umgesetzt. Wendezüge sind nur für

75 Schieb, Wendezugbetrieb, S.138; Seidel, Remsbahn, S.138

Brücke an Maschinenraum: Das Hagenuk-Befehlsgerät - hier im Schema - war unübersehbar aus der Schiffstechnik übernommen.

Der Mini-Wendezug: Auf der „Burgholzbahn“ nach Cronenberg begann 1950 in Wuppertal die Wendezug-Ära. V36 235 zieht VS145 064 talwärts Richtung Elberfeld.

CARL BELLINGRODT

die Strecke Fürth - Cadolzburg (mit umgebauten Bi) sicher belegt, möglicherweise hat es sie auch auf der Linie von Nürnberg-Stein nach Unternbibert-Rügland (mit VS145) gegeben. Nach Cadolzburg fuhren bis 1962 auch „unechte" Wendezüge mit je einer V36 an der Zugspitze und am Zugschluß.

Schließlich **München**: Auch hier gab es zwischen etwa 1950 und 1953 Wendezugbetrieb, allerdings im wesentlichen nur zur Ergänzung der VT-Kurse in den Verkehrsspitzenzeiten. Die V36-Züge (mit Steuerwagen VS145) fuhren auf der Vorortstrecke München - Sauerlach - Holzkirchen. Ihr Erbe traten (auf dieser und auf anderen Strecken) Dampf- und Elektroloks der Baureihen 38^{10} und E44 an, mit denen ab 1953/54 ein sehr viel ausgedehnterer Wendezug-Vorortverkehr in München aufgebaut wurde.

Insgesamt dürften Mitte der 50er Jahre ständig zwischen fünfzehn und zwanzig V36-Lokomotiven planmäßig im Wendezugbetrieb eingesetzt gewesen sein! 1960 waren es noch acht, also die Hälfte. Die letzten V36-Wendezüge gab es im Winterfahrplan 1965/66 in Frankfurt und Bremerhaven. Die Maschinen liefen grundsätzlich mit der Motorseite am Zug, bei führender Lok also rückwärts. Der Lokführer hatte damit in beiden Fahrtrichtungen gute Sicht.

Wichtigstes Argument für den Wendezugbetrieb war (und ist bis heute) die betriebliche Entlastung der großen Knotenbahnhöfe. Namentlich im dicht belegten Kopfbahnhof von Frankfurt, aber ebenso z.B. in Bremen, wo ein ansonsten kaum nutzbares Stumpfgleis am Nordende des Bahnsteigs 2 die Wendezüge aufnahm, ließen sich durch das wegfallende Umsetzen der Lok viele unnötige Rangierfahrten vermeiden, zeitraubende Bremsproben einsparen und die Wendezeiten insgesamt wesentlich verkürzen.

Der Wendezug verband also die Vorteile des Triebwagens (rascher Fahrtrichtungswechsel) mit denen des lokbespannten Zuges (flexible Wagenzahl). Weitere Vorzüge[76] waren

- die bessere Ausnutzung von Lokomotiven und Personal durch schnellere Umläufe,
- die dichtere Zugfolge besonders im Spitzenverkehr und
- der geringere Bedarf an vorzuhaltenden Lokomotiven in Kopfbahnhöfen.

Nachteilig blieben dagegen

- die anfangs noch unzureichende Technik der Befehlsübermittlung zwischen Steuerwagen und Lokomotive sowie
- die bei indirekter Wendezugsteuerung noch unverzichtbare zweimännige Besetzung mit Motorlokführer (auf der Lok) und „Reglerberechtigtem" (im Wendezugbefehlswagen)[77].

Auch der extensive Einsatz von Bei- und Steuerwagen im Wendezugbetrieb, anfangs wegen des noch kriegsbedingten Überhangs an VB/VS durchaus als *„tragbar"*[78] empfunden, erwies sich recht bald als problematisch. Mit jedem aus dem Schadwagenpark aufgearbeiteten oder von der Besatzung freigegebenen VT verschärften sich nämlich die Engpässe im Triebwagenverkehr[79].

Mitte 1950 wurden deshalb Pläne entwickelt, rund 40 bis 60 leichte, vierachsige Schürzen-Eilzugwagen (Lenkachswagen, Bauart C4üp) mit Eigenheizung auszurüsten und anstelle der VS als Beiwagen im Diesellokbetrieb einzusetzen[80]. Das Umbau-Programm mußte aufgrund der geringen finanziellen Mittel der DB aber vorzeitig abgebrochen werden. Zumindest der notwendigste Bedarf wurde danach durch Herrichten ausgemusteter VT als Bei- bzw. Steuerwagen befriedigt[81].

Wie sich Vor- und Nachteile des Wendezugbetriebs praktisch darstellten, zeigt das Beispiel des Vorortverkehrs in Bremen. Dort war - wie schon erwähnt - im Sommerfahrplan 1949 ein Wendezugverkehr mit V36 auf der Strecke Bremen Hbf - Burg - Vegesack - Farge aufgenommen worden. Die V36 lösten hier Dampfloks der Baureihe 78^{0} ab, die mit den Eigenheiten der Strecke schlecht zurechtkamen und sich mit ihren Zügen gegen den parallelfahrenden Bus der Bremer Stadtwerke nicht durchzusetzen vermochten.

Über den Betrieb vor und nach Umstellung auf Wendezugbetrieb hat Hans Schmundt in der Zeitschrift „Die Bundesbahn" 1950 ausführlich berichtet[82]. Zur Ausgangslage und zu den Besonderheiten des Zuglaufs heißt es dort:

> *Die Vorortstrecke Bremen Hbf - Burg - Vegesack - Farge hat bei einer Länge von 28 km 11 Zwischenhaltestellen. Da Vegesack Kopfbahnhof ist, mußten hier alle Züge gebrochen werden und die Reisenden umsteigen. Die Reisegeschwindigkeit der aus 9 dreiachsigen Abteilwagen und einem Packwagen bestehenden Dampfzüge kam auf der zweigleisigen Hauptbahn zwischen Bremen Hbf und Vegesack trotz Bespannung mit einer 2-C-2-Tenderlokomotive der Baureihe 78^{0-5} nicht über 30 km/h hinaus, da bei den kurzen Halteabständen längere Steigungen von 1:100 überwunden werden müssen, die sich besonders auf das Anfahren sehr ungünstig auswirkten. Auf der anschließenden eingleisigen Nebenbahn Vegesack - Farge mit stark wechselnden Steigungen und Gefällen bis 1:50 erreichte die Reisegeschwindigkeit der Dampfzüge nur 22 km/h.*
>
> *Unter Berücksichtigung der Umsteigezeit in Vegesack wurden für die Gesamtstrecke Bremen Hbf - Farge 75 Minuten gebraucht, was einer Reisegeschwindigkeit von 22,4 km/h entspricht. Unter diesen Umständen konnte sich der eisenbahnfremde Schienenparallelverkehr auf der Straße günstig entwickeln; er verringerte zusehends die Einnahmen der Bahn, deren Züge außer im Berufsverkehr gemieden wurden.*

Mit der V36 blies die Bahn zum Gegenangriff: Eingesetzt waren anfangs zwei, später drei sogenannte *„Motorzugeinheiten"*, die aus jeweils einer V36 und drei bis fünf VS145 bestanden. Dazu kam noch ein Dampfzugpaar früh und am Nachmittag als Verstärkung im Berufsverkehr.

Vor allem das Haupthindernis, das Brechen der Züge im Kopfbahnhof Vegesack, und damit die Notwendigkeit für den Fahrgast umzusteigen, konnte durch die V36-Züge vollends beseitigt werden. Die Wendezeit in Vegesack reduzierte sich auf die Dauer eines normalen Zwischenhaltes. Auch das gegenüber der 78 deutlich bessere Beschleunigungsvermögen der V36 wirkte sich günstig auf die Fahrzeiten aus.

Die Ergebnisse nach einjährigem Betrieb in Zahlen und Fakten:

---

76 Schieb, Wendezugbetrieb, S.143
77 Im Frankfurter Vorortverkehr (Bericht über die Bewährung der V36[4], S.2); dto. in Wuppertal (Backes, Wendezugbetrieb, S.43); in allen anderen Direktionen wurde offenbar umgekehrt verfahren, also Motorlokführer im Steuerwagen und Beimann auf der Lok (Ebner, Wendezugbetrieb, S.296; Schmundt, Motorlokomotiven, S.369)
78 Jahresbericht motorisierte Zugförderung 1948, S.4
79 Jahresberichte motorisierte Zugförderung 1949/S.6 und 1950/S.2; Niederschrift V-Lok-Ausschuß v. 2+3.3.50
80 Jahresbericht motorisierte Zugförderung 1951, S.3, und EZA München 3620 Fktvh v.1.8.50; einzelne davon fuhren später zusammen mit V80 im Raum Bamberg
81 Jahresbericht motorisierte Zugförderung 1952, S.2
82 Schmundt, Motorlokomotiven, S.364ff.

Sammlung Wolfgang Löckel

Drei Wendezüge, drei typische Bespannungen:

V36 226 zieht einen Wendezug von Bergisch Gladbach über die Hohenzollernbrücke nach Köln Hbf. Die Mittelwagen sind grüne Bi, der Wendezugbefehlswagen ein umgebauter VB147 (1959).

Carl Bellingrodt, Sammlung Hansjürgen Wenzel

Mit Donnerbüchsen übers Land: Zwischen Delmenhorst und Nordenham verkehrten solche reinen Zweiachser-Garnituren sogar als Eilzüge. Der Wendezugbefehlswagen ist hier ein Pwif (V36 206 mit E935 in Nordenham, 1954).

Carl Bellingrodt

V36 und VS145: Jahrelang war diese Bespannung Alltag auf der Strecke von Wuppertal nach Cronenberg. Als das Foto mit V36 234 und VS145 064 entstand, war der Wendezugbetrieb in Wuppertal gerade erst eröffnet worden (Wuppertal-Boltenberg, 18.5.50).

Sammlung Dr. Brian Rampp

Rangieren mit der V20: Auch die Wehrmachts-Zweiachser wurden in den 50er Jahren intensiv eingesetzt. Hier rangiert die Husumer V20 034 an der Autoverladung in Niebüll (6.8.54). Beachtenswert: Der Funkenfänger im Auspuff.

E r s t e n s : Statt 75 Minuten im Dampfbetrieb benötigten die durchgehenden V36-Wendezüge nur noch 58 Minuten von Bremen Hbf nach Farge. Der Fortfall des für den Fahrgast lästigen Umsteigens bot zudem deutlich mehr Reisekomfort.

Z w e i t e n s : Bei gleicher Anzahl eingesetzter Loks und Wagenzüge konnte der Fahrplan erheblich verdichtet werden, und zwar von 19 auf 30 Zugpaare zwischen Bremen Hbf und Vegesack (plus 58 Prozent) bzw. von 13 auf 19 Zugpaare zwischen Vegesack und Farge (plus 46 Prozent).

Und d r i t t e n s : Durch den Vorteil der Diesellokomotive, den ganzen Tag über am Zug bleiben zu können (Reichweite bei normalem 700-l-Tank: rund 450 Kilometer), erhöhte sich die Leistung pro Lok und Betriebstag merklich. Bei der Dampflok Baureihe 78 lag sie 1948/49 bei 216 Kilometer am Tag, bei der V36 ein Jahr später dagegen schon bei 342 Kilometer am Tag.

Ausdrücklich bemerkt wurden ferner die einfachere Bedienung und die hohe Betriebssicherheit der V36-Lokomotive.

Auch mit der in Bremen als Rangierlok eingesetzten Dampflok Baureihe 91^3 (pr. $T9^3$) wurden 1949/50 vergleichende Untersuchungen angestellt. Dabei zeigte sich die V36 der in etwa gleich starken Dampflok zwar in punkto Zugkraft unterlegen, konnte - bei gleicher Anhängelast - im unteren Geschwindigkeitsbereich (bis etwa 20 km/h) aber eine größere Anfahrbeschleunigung entwickeln.

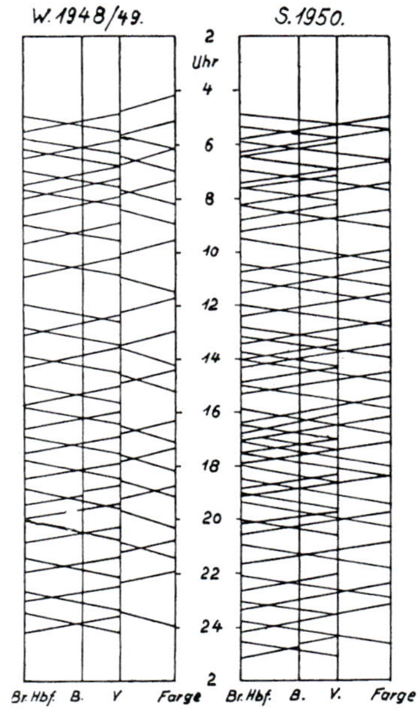

Schlußbilanz zum Bremer Vorortverkehr von Berichterstatter Hans Schmundt[83]:

Wegen ihrer einfachen Bedienung und Wartung ist die Motorlok mehr als jedes andere Triebfahrzeug dazu berufen, mit Steuerwagen verwendet zu werden. Dadurch, daß das Umsetzen der Zuglokomotive auf den Wendebahnhöfen fortfällt, gelangt man zu einer einfachen, flüssigen Betriebsweise, welche sich dem Straßenkraftfahrzeugbetrieb annähert und die Nachteile der schwerfälligen Rangierbewegungen vermeidet. Auf Wendebahnhöfen, welche schon jetzt Mangel an Bahnsteigkanten und Abstellgleisen haben, ist es überhaupt erst durch Einführung des Steuerwagenbetriebes möglich, den Personenverkehr heutigen Ansprüchen gemäß zu verdichten. Man sollte daher, wo nur irgend durchführbar, zu dieser Betriebsweise übergehen. Die-

TABELLE 32:
Vorortverkehr Bremen - Betriebsergebnisse 1948-50

	Winterfahrplan 1948/49	Sommerfahrplan 1950	Veränderung in %
Zahl der Zugpaare			
Bremen Hbf - Vegesack	19 (Dampf)	28 (M) + 2 (D)	+ 47 %
Vegesack - Farge	13 (Dampf)	17 (M) + 2 (D)	+ 31 %
Bremen Hbf - Farge	--	16 (Motorlok)	
Reisezeit			
Bremen Hbf - Vegesack	36 Minuten	29 Minuten	- 19 %
Vegesack - Farge	30 Minuten	27 Minuten	- 10 %
Bremen Hbf - Farge	75 Minuten	58 Minuten	- 23 %
Laufleistungen			
Zugkilometer/Tag	935 km	1445 km	+ 55 %
Lokkilometer/Tag	216 km	335 km	+ 55 %

Quelle: Die Bundesbahn 1950

83 S.370f.

sellokomotiven und leichte, für schnellen Massenverkehr geeignete Steuerwagen müßten möglichst bald in ausreichender Anzahl bereitgestellt werden, um die Ansprüche der Fahrgäste zu befriedigen und den Wettbewerb mit der Straße auch im Nahverkehr erfolgreich aufnehmen zu können.

Im Falle Bremen erfüllten sich Hoffnungen und Prognosen übrigens nicht. Schon 1957 endete der Wendezugbetrieb mit Umstellung auf ETA150. Das Verkehrsaufkommen war bis dahin soweit auf die Straße (Bus und Pkw) abgewandert, daß auch Wendezüge nicht mehr lohnten. 1958 wurde der Gemeinschaftsverkehr DB/FVE aufgegeben und vier Jahre später - 1962 - der verbliebene Personenverkehr nach Farge ganz eingestellt.

TABELLE 33:
Betriebsvergleich 91^3-$V36^2$ (Frankfurt 1950)

	Dampflok	1.Motorlok	2.Motorlok
Gefahrene Kilometer	3250	3450	3220
Betriebstage	27	29	28
Kohlenverbrauch gesamt	48,5 to	-	-
auf 1000 Lok-Kilometer	15,0 to	-	-
auf 1 Lok-Kilometer	15,0 kg	-	-
Kraftstoffverbrauch gesamt	-	5830 l	5730 l
auf 1000 Lok-Kilometer	-	1700 l	1800 l
auf 1 Lok-Kilometer	-	1,7 l	1,8 l

Quelle: ED Frankfurt 1951

Baureihen-Vergleich

Die Untersuchung über den V36-Einsatz im Bremer Vorortverkehr war nur eine von mehreren, Anfang der 50er Jahre erstellten Studien über die Wirtschaftlichkeit von Dieselfahrzeugen im Vergleich zum Dampfbetrieb. Besonders vor dem Hintergrund der rasch zunehmenden Motorisierung auf der Straße stellte sich für die Bundesbahn immer drängender die Frage nach Rationalisierungsmöglichkeiten im Betrieb. Die V36 als erste in größerer Stückzahl vorhandene Diesellokomotive der DB mußte sich deshalb wiederholt vergleichenden Kostenrechnungen stellen. Für den Rangierdienst wurde, wie in Bremen, dazu meist die mit 440 PS etwa gleich starke, aber auch sehr viel ältere pr. $T9^3$ (Baureihe 91^3) herangezogen, seltener auch andere Baureihen wie 92^5, 94^5 oder 74^4.

Zu den frühesten Untersuchungen dieser Art gehört ein Betriebsvergleich 1950 zwischen einer Dampflok Baureihe 91^3 und zwei $V36^2$ im *„Rangierdienst auf Personenbahnhöfen und Flughäfen"* in der ED Frank-

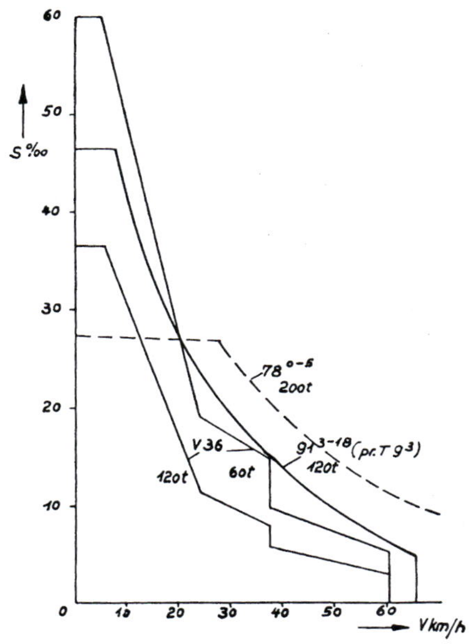

furt[84]. Die wichtigsten Ergebnisse sind in TABELLE 33 zusammengestellt. Interessanterweise wurde in Frankfurt ein gegenüber der Dampflok geringeres Beschleunigungsvermögen der V36 festgestellt, was in gewissem Widerspruch zu den Bremer Resultaten steht. Relativierend wird in dem Bericht allerdings hinzugefügt, daß die geringeren Beschleunigungswerte der Motorlokomotive

für den vorliegenden Fall ohne größere Bedeutung [sind], *da die Rangierpläne ohne Schwierigkeiten eingehalten werden können. Die anfänglich beim Einsatz der Diesellok im Rangierdienst gehegten Bedenken, daß das Lokpersonal durch die Geräusche des Motors in der Aufnahme der „hörbaren" Rangiersignale behindert sei, erwiesen sich in der Praxis als gegenstandslos. Nachdem die für den Rangierbetrieb erforderlichen Bauartänderungen (Anbringen von Fußtritten und Handgriffen an den Kopfenden der Motorlok) eingeleitet, z.T. schon durchgeführt sind und die Rangierer sich an die Eigenart der Diesellok gewöhnt haben sowie auch mancherlei Vorteile in Erscheinung getreten sind, hat sich das Rangieren mit Diesellok der vorliegenden Bauart für mittelschweren Dienst als durchaus zweckmäßig und vorteilhaft erwiesen.*

Leider enthält der Frankfurter Untersuchungsbericht keinen abschließenden Kostenvergleich zwischen Dampf- und Diesellok. An anderer Stelle[85] wird jedoch mitgeteilt,

84 Bericht über die Bewährung der $V36^4$, S.3f.
85 Schreiben des EZA München v. 15.9.53

Klare Kostenvorteile gegenüber der Dampflok: V36 230 zieht den kurzen T1065 am Stausee von Wuppertal-Beyenburg vorbei in Richtung Radevormwald.

Carl Bellingrodt

DB, Sammlung Gerd Neumann

Die Ablösung: Vielerorts machten die V36 vor allem die preußische 91^3 arbeitslos. V36 214 rangiert 91 1404 über die Drehscheibe des Bw Heiligenhafen (12.1.56).

daß eine Rangierstunde bei der V36 um bis zu etwa 40 % billiger ist als bei der Dampflok 91^3, während die Ersparnis im Streckendienst noch erheblich größer ist.

Eine wichtige Größe für die Berechnung der Betriebskosten waren naturgemäß die Brennstoffpreise. Bis ca.1950 lagen hier die Vorteile eindeutig bei der Dampflok, weil der technologische Vorsprung der Diesellok durch die hohen Einfuhrzölle für Dieselkraftstoff in Deutschland wieder ganz oder teilweise aufgezehrt wurde[86]. Erst mit den Kohlenpreiserhöhungen der Jahre 1951 bis 1954 sowie durch den Rückgang der Inlandpreise für Dieselkraftstoff wurde die fiskalische Benachteiligung der Dieselzugförderung nach und nach abgebaut. Noch Ende 1951 z.B. lag das Preisverhältnis von 1 Tonne Dieselkraftstoff zu 1 Tonne Lokomotivkohle bei 9:1. Ende 1954 waren es dann nur noch 5:1[87]. Zum 1. Juli 1956 wurden die Zölle auf Öleinfuhren schließlich ganz aufgehoben.

In diesem Licht besehen, geben die Vergleichszahlen aus der Betriebsstatistik des Jahres 1951 (siehe unten) die wirtschaftliche Überlegenheit des Diesellokbetriebs nur unvollständig wieder. Einige Einzelergebnisse daraus:

Von allen genannten Dampf-, Diesel- und Elloks war die V36 die am intensivsten eingesetzte Lokomotive! Im Rangierdienst fuhr sie 21,4 Stunden und im Streckendienst 16,0 Stunden täglich. Sie lag damit in weitem Abstand vor allen anderen Rangierloks. Als Streckenlok erreichte nur die E18 eine (in Stunden gerechnet) gleich hohe Ausnutzung.

Auch die Laufleistung der V36 war 1951 noch beachtlich. Die im Zugdienst eingesetzten Maschinen erbrachten durchschnittlich immerhin 328 km je Betriebstag; rund zwei Drittel mehr als die als Vergleichslok gewählte 74^4.
Im Rangierdienst war die Differenz nicht ganz so gravierend: Die durchschnittliche Kilometerleistung der V36 lag hier bei 149 km/Betriebstag; rund 15 Prozent über denen der 91^3, 92^5, 94^5 oder E63.

In punkto Anhängelasten rangierte die V36 dagegen ganz unten. Sowohl im Strecken-, als auch im Rangierdienst wurde die alte Wehrmachtlok also überwiegend im leichten Dienst eingesetzt.

Schließlich noch zu den Instandhaltungs- (AW- und Bw-) Kosten: Nur auf den ersten Blick stand die

86 Flemming, Strukturwandlung, S.504f.
87 1951 kostete 1 to Dieselöl rund 360 DM, 1 to Kohle rund 45 DM; Schmundt, Wirtschaftlichkeit, S.207; Pflug, Dieselfahrzeuge, S.1019

Die V36 im Baureihenvergleich. Mit über 21 Stunden Einsatzzeit am Tag war sie seinerzeit u.a. die am intensivsten genutzte Rangierlok.

Vergleichende Übersicht aus der Betriebsstatistik des Jahres 1951, Kostenbasis März 1952.

	Bauartreihe	01	03	E18	38^{10}	39^0	E44	44	50	E94	91^3	92^5	94^5	E63	V36 Rangierd	74^4	V36 Streckend
1	Leistung in PS	2240	1980	4500	1180	1620	3000	1910	1625	4500	440	500	1070	1000	360	870	360
2	Neubeschaffungspreis (Stand 1952) %	100	91	200	76	102	145	101	79	235	47	46	71	85	46	54	46
3	Lokkm pro Betriebstag	550	480	620	304	342	289	262	223	396	125	129	129	126	149	202	328
4	Durchschn. Anhängelast in t	326	297	310	179	258	294	703	587	736	205	252	445	340	99	160	97
5	Einsatzzeit pro Betriebstag Std	12,5	12,4	16,0	12,6	12,1	14,6	13,0	13,5	15,4	14,9	16,5	17.5	17,0	21,4	15,0	16,0
6	Brennstoffverbr. pro Betriebstag t Kohle, KWh, l Dieselöl	8,1	6,91	5200	4,01	5,6	3120	5,9	4,28	7450	1,52	1,84	2,27	1235	209	2,37	460
7	Brennstoffverbr. pro 1000 Lokkm	14,6	14,4	8400	13,2	16,4	10800	22,5	19,2	18800	12,2	14,3	17.6	9820	1400	11,7	1400
8	EAW-Kost. pro Betriebstag %	100	105	58	44	74	33	60	44	43	27	33	38	34	57	44	57
9	Unterh. Kost. i. Bw pro Betr. Tg. %	100	100	59	47	93	44	100	87	55	33	33	40	44	59	40	59
10	Lokpfl. u. Behandl. pro Betr. Tg. %	100	100	37	75	100	32	94	75	37	38	43	63	27	24	44	24
11	Gesamtk. pro 1 Mio brtkm %	100	101	74	198	158	104	80	90	54	–	–	–	–	–	260	270
12	Gesamtkosten pro Lokkm %	100	108	73	108	132	110	172	161	121	170	175	206	147	135	128	80
13	Gesamtk. pro Rangierstunde %										100	103	121	96	80		

V36 hier schlechter da als z.B. die alten Preußen 91^3, 92^5 oder 94^5. Unter Berücksichtigung der hohen Laufleistung nämlich bot sich ein ganz anderes Bild: Umgerechnet auf den Lokkilometer war die V36 in der Unterhaltung die billigste Type.

Abschließend noch eine interessante Aufstellung, wie sich die Betriebskosten 1951 anteilig auf Unterhaltung, Kraftstoff, Personal usw. verteilten (TABELLE 34). Deutlich ist in der Spalte „Lokpersonal" der Kostensprung zwischen ein- und zweimänniger Besetzung der Lok erkennbar. Schon frühzeitig begann die Bundesbahn deshalb mit der Umrüstung ihrer V36 auf Einmannbedienung.

Der Dampflok gegenüber vergrößerte die V36 damit noch ihren wirtschaftlichen Vorsprung. Eine andere Konkurrenz aber - den Schienenbus - konnte sie damit nicht einholen. VT95, ETA150 und erst recht die „Gummibahn", fuhren zu jeder Zeit kostengünstiger[88] und waren für den Fahrgast wohl auch attraktiver. Ab Mitte der 50er Jahre wurde *„die gute alte V36"*[89] deshalb immer mehr in den Rangierdienst abgedrängt. Nur im Wendezugbetrieb blieb sie noch viele Jahre eine feste Größe.

TABELLE 34:
Kostenanteile V36 (in Prozent); 1951

Kostenanteile	V 36 Rangier	V 36 Strecke einmännig	V 36 Strecke zweimännig
Verzinsung und Abschreibung	14,4 %	12,0 %	10,3 %
EAW-Kosten	27,7 %	21,1 %	18,1 %
Lokunterhaltung im Bw	11,6 %	9,0 %	7,8 %
Lokpflege und Behandlung	2,6 %	2,1 %	1,8 %
Energiekosten	22,1 %	37,6 %	32,4 %
Schmierstoffe	1,0 %	1,9 %	1,6 %
Lokpersonal	21,1 %	16,3 %	28,0 %
Summe	**100 %**	**100 %**	**100 %**

Quelle: Glasers Annalen 1953

CARL BELLINGRODT

Noch jungfräulich: Als am 14. August 1949 dieses Bild entstand, war die Wuppertaler V36 234 gerade mal sechs Wochen alt und noch durch keinerlei Bauartänderungen verunstaltet.

Bauartänderungen

Die V36, ebenso wie die kleine Schwester V20, waren Wehrmachtloks, die für das Rangieren in Depots und das Zustellen kurzer Züge auf den Anschlußgleisen der Munas oder Fliegerhorste konstruiert worden waren, nicht aber für den Dauerbetrieb im großstädtischen Personennahverkehr oder für ganztägiges Rangieren auf den Verschiebebahnhöfen. Dafür fehlte eine ausreichend hohe Streckengeschwindigkeit, dafür fehlten aber auch höhere Leistungsreserven, größere Vorräte und weitere Ausrüstungsdetails. Schon Ende der 40er Jahre begann die Bundesbahn deshalb, die übernommenen WR-Lokomotiven durch Nachrüstungen und Umbauten - im Rahmen des Möglichen - „staatsbahntauglich" zu machen.

Einige dieser Bauartänderungen waren sehr auffällig und nach außen hin sichtbar (Führerhauskanzel, Zusatztanks, Dofa-Ofen etc.). Andere dagegen sind bis heute kaum bekannt, schlecht oder überhaupt nicht dokumentiert und im Detail nur noch unvollständig rekonstruierbar. Leider geben auch die Betriebsbücher nur wenig Hilfestellung. Wie einige andere Kapitel dieses Buches ist daher auch der Teil „Bauartänderungen" ein großes Puzzlespiel.

Das Kapitel gliedert sich in drei Abschnitte: Zunächst werden die wichtigsten Bauartänderungen der V36 in Text und Bild vorgestellt. Es folgen in komprimierter Form (Tabelle mit kurzen Erläuterungen) die zahlreichen kleineren Umbauten der V36 und schließlich - ebenfalls in tabellarischer Darstellung - die Bauartänderungen bei der V20. In allen Abschnitten sind auch die nicht mehr sehr zahlreichen Umbauten der 60er und 70er Jahre mit berücksichtigt.

Die weitaus meisten bauartverbessernden Maßnahmen wurden Anfang bis Mitte der 50er Jahre, also in direktem Anschluß an die Phase der Typenbegrenzung und Typenvereinheitlichung angeordnet und durchgeführt. Allein in den Jahren 1954 bis 1956 waren die V36-Lokomotiven u.a. zwecks

88 Gaebler, Triebwagen, S.234ff.
89 Klingensteiner/Ebner 1954, S.796

- Umbau auf Einmannbedienung (mit Sifa),
- Einbau einer Spurkranzschmierung,
- Verbesserung der Besandungsanlage,
- Verbesserung der Anlaßluftanlage,
- Verbesserung der Federung,
- Normung der Blindwelle,
- Einbau neuer GEA-Kühler (Ersatzbedarf) und
- Umstellung der elektrischen Anlage auf 24 Volt

V36 105:
Versuche mit weicherer Federung (Versuchs-Tragfedern 6 Lagen 90x16); 1949/50, Frankfurt wegen Fehlschlags abgebrochen

V36 113, 401:
Versuche mit Pan-Bronze Achslagergleitplatten 1953; Gemünden/Frankfurt; Ausgang unbekannt

LUDWIG ROTTHOWE

V36 406:
MWM RHS335S-Motor mit Gegengewichten und Viskose-Drehschwingungsdämpfer ausgerüstet;
1953, Frankfurt
keine meßbaren Verbesserungen; weitere Versuche nicht unternommen

V36 123, 257 u.a. („*einige*"):
Versuche mit unter Coxygen laufflächengeschweißten (statt -gewalzten) Radreifen;
1962, München Hbf und Finnentrop
Ausgang unbekannt

V36 109, 110, 111, 115, 118, 120, 122:
Betriebsversuch mit Korrosionsschutzöl „C7633" von Shell;
München Hbf
alle begonnen: März-Mai 1968,
alle beendet: 3.2.70

Schwer bepackt: Mit den Zusatztanks auf dem Vorbaudach und auf den Umläufen konnten die V36 Zwei-Tages-Umläufe ohne Tanken fahren (Leese-Stolzenau, 1958).

im Ausbesserungswerk. Die AW-Sonderkosten waren in diesen Jahren dementsprechend hoch (TABELLE 35). Außerdem wurden dem Fahrdienst damit - zu einer Zeit höchster Beanspruchung der V36 im Betrieb - zahlreiche Lokomotiven entzogen, was verschiedene Verdieselungsprojekte hauptsächlich im Nebenbahnbetrieb scheitern ließ oder zumindest verzögerte[90].

TABELLE 35:
Kosten für Sonderarbeiten (in DM pro Lok)

	1953	1954	1955	1956	1957
V20	444	55	1578	312	64
V36 MWM	1367	917	3460	1638	631
V36 Deutz	335	76	361	1629	315
V80	779	25415	3715	317	12625

Quelle: Werkstatistik W67 (Ausgabe 1957 Anhang)

Abgeschlossen waren zu dieser Zeit bereits zahlreiche Sonderarbeiten, die sämtlich 1949/50 im Rahmen der Instandsetzungs-Untersuchungen vorgenommen worden waren; Details dazu in der tabellarischen Übersicht ab Seite 216.

Mit Verfügung vom 3616 Fklmö v. 12.3.49 hatte das EZA München ferner die *„Änderung aller Sonderausführungen in Normalausführung"* angeordnet. Damit wurden die schon während des Krieges vorgenommene Konstruktionsverbesserungen (Warmwasserheizung; Drehzahlmesser, Gleitschutznoppen usw.) auch bei den älteren Loks nachgerüstet, die „Einheitslok" also gewissermaßen nochmals vereinheitlicht. Auch kleinere, z.T. willkürlich bei den Wehrmachtsdienststellen vorgenommene Umbauten wurden bei dieser Gelegenheit rückgängig gemacht. Wegen Material- und Zeitmangels konnten einige der angeordneten Sonderarbeiten jedoch erst Anfang der 50er Jahre vollständig abgeschlossen werden.

Folgende Versuche wurden bei der DB - soweit bekannt - zwar unternommen, aber nicht weiterverfolgt:

Die Vergrößerung der Brennstoffvorräte

... gehörte wie der Anbau von Kühlerjalousien oder die Anbringung von Winterabdeckblechen zu den ganz frühen Umbauten bei der V36. Die meisten Loks wurden schon bei der Instandsetzung Ende der 40er Jahre entsprechend umgerüstet. 1954 war der Umbau abgeschlossen.

Statt 400 Liter (Wehrmachtsbauart) war danach ein 700-Liter-Dieseltank die Regelausführung bei der V36. Bei einem Verbrauch von etwa 1,00-1,18 kg (= 1,14-1,35 Liter) pro Kilometer[91] und mittlerer Anstrengung reichte das
im Streckendienst für etwa 500 km und
im Rangierdienst für etwa 400 km.
In jedem Fall war also eine einmalige Betankung pro Tag im Bw ausreichend.

Lediglich im Bremer Vorortverkehr, wo teils zweitägige Umläufe mit einem Laufweg von bis zu 800 km bestanden, wurden größere Vorräte verlangt. Ab 1949 erhielten die Bremer Loks deshalb Zusatztanks, die - jeweils paarweise - längs vor dem Führerhaus auf der Motorhaube, teilweise zusätzlich auch auf den Umlaufblechen Platz fanden. Durch eine Kraftstoffleitung mit Absperrhahn waren die Behälter ständig verbunden. Die Münchener V36 252 erhielt einen Zusatztank in Querlage vor dem Führerhaus.

Die Zusatztanks vergrößerten den Kraftstoffvorrat auf 1000, z.T. sogar auf 1500 Liter und die Reichweite der Lok mit einer Tankfüllung auf 700 bzw. 1000 Kilometer. Darin war eine Mindestreserve von 50 Litern bereits eingerechnet. Zum Vergleich: Eine Dampflok Baureihe 64 kam ohne Ergänzung der Vorräte nur auf etwa 300 Kilometer.

---

90 Die Bundesbahn 1956, S.27

91 Schmundt, Wirtschaftlichkeit, S.207; im Frankfurter Bezirk wurden durchschnittlich 0,94-1,00 kg/km (= 1,08-1,14 Liter/km) verbraucht

Den auf 700 Liter vergrößerten Brennstoffbehälter erhielten alle V36. Zusatztanks für 1000 bzw. 1500 Liter gab es, wie gesagt, nur bei den Bremer sowie zwei Bremerhavener Loks:

V36 203-204 208-209 215-218 222 232 252 258-259
V36 315

Die Dofa-Kühlwasserofenheizung

... entstand aus einem Versäumnis der Konstrukteure heraus. Schon Ende der 30er Jahre und noch einmal 1942/43 nach den ersten kalten Kriegswintern waren die als unzureichend empfundene Führerstandsheizung und die ungenügende Winterfestigkeit der 360-PS-Lok Gegenstand von Diskussionen in der „Arbeitsgemeinschaft für Motorlokomotiven“ gewesen. Mehrfach wurde umkonstruiert[92], ohne jedoch eine wirklich befriedigende Lösung zu finden.

Umso drängender stellte sich das Problem nach dem Krieg mit der Dauerbeanspruchung der Loks im Strekken- und Rangierdienst der DB neu. Viele Dienststellen behalfen sich zunächst selbst, indem sie *„fast alle Motorlok mit einem höchst unerwünschten, kleinen Kohleofen“* ausstatteten, wie das RZA München im Januar 1949 beklagte[93].

Erst Anfang der 50er Jahre kam es zu einer generellen Lösung, die auch die Kühlwasservorwärmung mit einbezog: Die Bundesbahn ließ alle V36 mit sogenannten „Dofa“-Koksöfen ausrüsten, die sich zuvor schon in den V36^{4} gut bewährt hatten. Hersteller war die Münchener Firma Dörhöfer & Co, Kessel- und Apparatebau. Die Dofa-Unterflurkessel hatten mehrere Funktionen:

> Zu allererst waren es **Kühlwasserofenheizungen**, die die im Freien abgestellten Lokomotiven vor allem im Winter warmhalten und damit vor den gefürchteten Motorschäden durch gefrierendes Kühlwasser schützen sollten. Zur Schonung der Maschinen wurden abgekühlte Motoren aber auch bei Temperaturen über null grundsätzlich vor dem Starten auf mindestens 40, vorgeschrieben waren 60 Grad[94], vorgewärmt. Die Motorlaufzeiten konnten durch diese einfache Maßnahme tatsächlich deutlich gesteigert werden.
>
> Darüber hinaus waren die Dofa-Öfen auch wirksame **Führerstandsheizungen**, die die ungenügenden Warmluft- bzw. Warmwasserheizungen der Kriegsbauart vollständig ersetzten. Das im Koks-Kessel aufgeheizte Kühlwasser wurde dabei durch Heizschlangen im Führerstandsboden sowie durch zwei gesonderte Wandheizkörper an der Führerhaus-Rückwand geleitet und sorgte auf diese Weise endlich auch an kalten Tagen für ausreichende Temperaturen.
>
> Schließlich - drittens - hatten die Dofa-Öfen noch ein **Aufwärmfach**. Die in den 50er und 60er Jahren als Tagesverpflegung noch sehr gebräuchlichen „Henkelmänner“ konnten hier schnell und einfach aufgewärmt werden.

Die Dofa-Öfen saßen in Unterfluranordnung rechts vorne, vor der ersten Achse, unter dem Umlaufblech. Der normalerweise dort befindliche rechtsseitige Hauptluftbehälter wurde beim Umbau derart ersetzt, daß der linksseitige Bremsluftbehälter entsprechend vergrößert wurde. Zur Anlage gehörte ferner

- ein zylindrischer Kühlwasserausgleichsbehälter direkt oberhalb des Kühlerblocks (versorgte den Kühlwasserkreislauf - Verdunstung - mit nachlaufendem Wasser),
- eine breite, quaderförmige Abdeckhaube dafür,
- zwei Wandheizkörper (3,5 m^2 Heizfläche, vier Rippen) im Führerhaus,
- ein Fußbodenheizkörper (0,64 m^2 Heizfläche; Wärmeaustausch durch Lochblech) im Führerhausboden sowie
- ein Kokskasten in der rechten vorderen Aufstiegsleiter (mit den Koksvorrat für unterwegs).

Die Beschickung des Koksofens geschah von Hand durch das Lokpersonal. Für ein gut wärmendes Feuer wurden etwa 20 kg Koks benötigt. Als Vorrat auf der Lok vorhanden waren 50 kg.

Wie dringend eine brauchbare Kühlwasser- und Führerstandsheizung für die V36 benötigt wurde, unterstreicht die Tatsache, daß die Dofa-Öfen nicht im Rahmen der normalen Erhaltung im AW, sondern in einer Sonderaktion 1951/52 im PAW MAK Kiel nachgerüstet wurden. Das Programm (*„Winterfestmachung“*; hierzu gehörten auch Kühlerjalousien und Winterabdeckbleche für die Motorraumtüren) umfaßte insgesamt 71 Loks (ohne Auslaufgattung V36^{0} und ohne die bereits serienmäßig bestückte V36^{4}). Drei Lokomotiven konnten schon 1951 fertiggestellt werden, der Rest folgte 1952[95].

In 30 Jahren Betrieb haben die Dofa-Öfen - trotz der bald nicht mehr sehr zeitgemäßen offenen Koksfeuerung - immer zuverlässig ihren Dienst getan. Nur die aus 1,5 mm dünnem Blech gearbeiteten Wandheizkörper im Führerhaus waren durch Anrisse und Rost häufig undicht und mußten entsprechend oft ausgebessert bzw. ersetzt werden. Aufgrund der guten Erfahrungen bei der V36 ließ die Bundesbahn einige Jahre später auch alle V60-Lokomotiven mit koks- bzw. ölgefeuerten Dofa-Öfen ausrüsten.

Simpel aber effektiv: Mit den Dofa-Koksöfen gehörten Frostschäden im Kühler und Frieren im Führerhaus der Vergangenheit an.

STEFAN LAUSCHER

Einen zweiten Hauptluftbehälter

... erhielten zwischen 1956 und 1966 verschiedene im Zugdienst bzw. Zugbereitstellungsdienst eingesetzte V36. Grund für den Umbau war ein zu schwach dimensionierter Bremsluftkompressor. Besonders im Motorleerlauf (der Antrieb des Kompressors erfolgte über Keilriemen vom Motor aus) förderte er zu wenig Luft, um in akzeptabler Zeit die Bremsanlage ganzer Züge füllen zu können[96]. Die Folge: Unnötig lange Standzeiten am Zug und Verzögerungen im Rangiergeschäft.

---

92 Siehe Seite 60
93 RZA München Bmktr, Reisebericht 1/49 v. 23.1.49
94 D 987301 Ausgabe 1953, S.8
95 Jahresbericht EZA München 1951, S.26
96 Niederschrift V-Lok-Ausschuß v. 8.-9.2.51

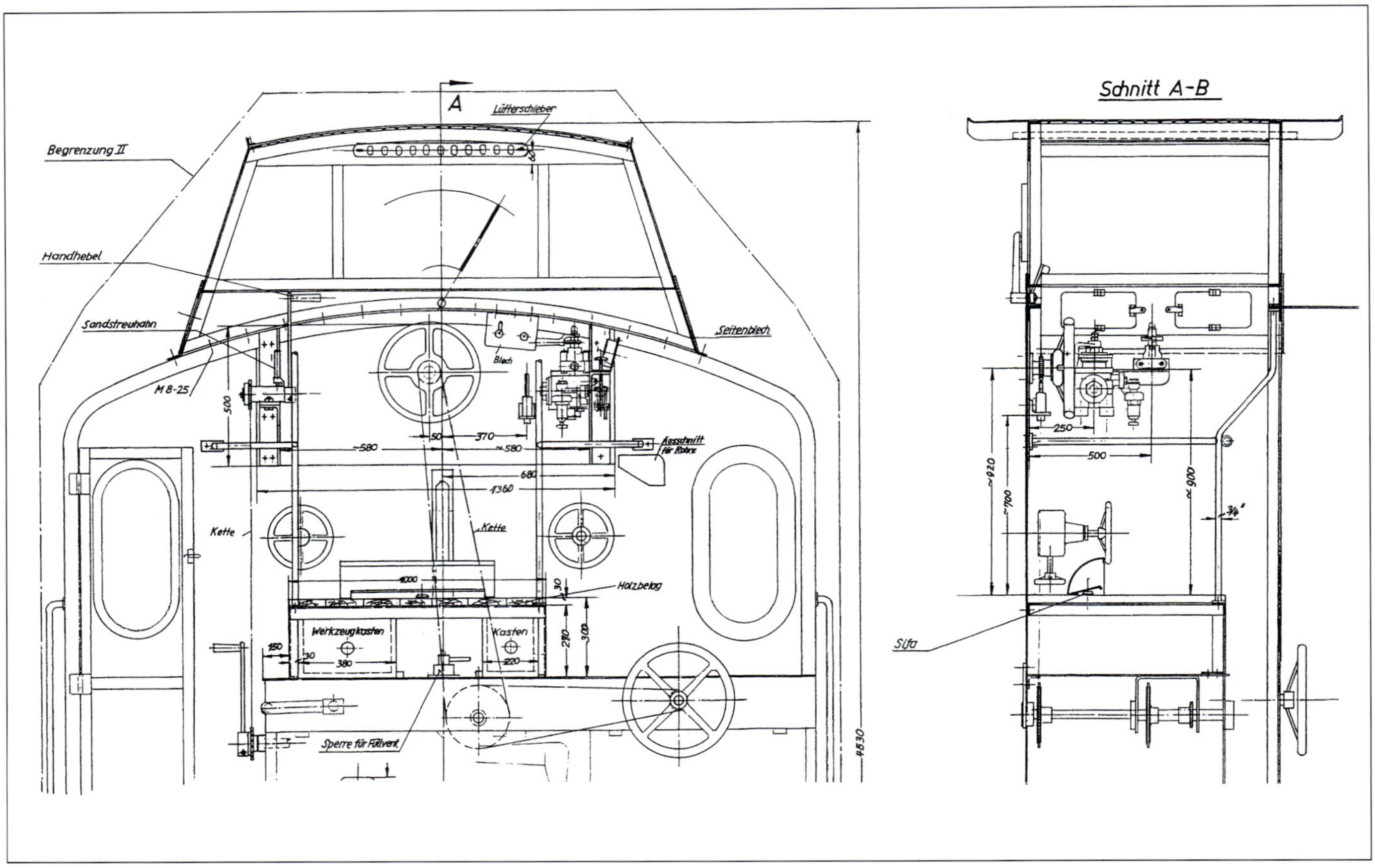

Kosten sparen durch einmännige Bedienung: Die Führerhauskanzeln waren eine Eigenkonstruktion des Bw Freilassing und wegen der nur beschränkt vorhandenen Werkzeuge noch sehr primitiv und eckig.

Der Umbau erfolgte in Eigeninitiative der Bw bzw. AW, so daß es zu unterschiedlichen Lösungen kam. Montiert wurden die zweiten Behälter entweder

in Querlage an der Führerhausrückwand
(Bauart Bw Hannover):
V36 222 232 233 und 253 oder

längs unter dem rechten Umlauf
(Bauart AW Opladen)
V36 101 108 113 116 124
201-202 209 212 213 216 218-220 237 255
258-259 261-262
408 411

Die Umbaulokomotiven kamen vor allem von den Bw Hannover-Linden, Aalen, Trier, Heilbronn und Gießen (Bereitstellungsdienst im Personenbahnhof) sowie aus Flensburg, Heiligenhafen und Oldenburg (Streckendienst).

Die zweiten Hauptluftbehälter vergrößerten den Bremsluftvorrat von 400 auf 800 Liter, so daß - zumindest bei diesen Loks - Probleme mit zu wenig Bremsluft nicht mehr auftraten. Hersteller der 10-atü-Behälter waren das Erndtebrücker Eisenwerk sowie die Firma Martin Perr in Rosenheim.

Der Umbau auf Einmannbedienung

... begann 1953 und war von Umfang und Bedeutung her die sicher wichtigste Bauartänderung bei der V36. Sie trug erheblich zur Kostenreduzierung im Dieselbetrieb bei (eingespart wurde dabei der Beimann, der bei der V36 fast ausschließlich zur Streckenbeobachtung mit eingesetzt war), erforderte wegen der schlechten Sicht bei Vorwärtsfahrt und der ungünstigen Positionierung der Steuerhebel ausschließlich an der rechten Führerstandsseite allerdings einige Umänderungen auf dem Führerstand.

Bei der Einmannbedienung muß - neben den Versuchsmustern „Rosenheim“ und „Steinbeck“ - besonders zwischen zwei Bauarten unterschieden werden:

Die ältere war die sogenannte **„Bauart Nürnberg“** (Lok mit Führerhauskanzel); offizieller Sprachgebrauch: *„Hochliegender Führerstand“*[97].

Hierbei wurde - wie bei der Versuchsausführung „Rosenheim“ und ähnlich dem Muster „Steinbeck“ - ein kompletter zweiter Bedienungssatz (Steuerrad, Führerbremsventil, Notbremsventil, Pfeife, Sandstreuer etc.) in die Dachspitze des Führerhauses verlegt. Das Dach selbst wurde dafür aufgeschnitten und eine einfach konstruierte, rundum verglaste Führerhauskanzel aufgesetzt[98], aus der heraus der Lokomotivführer eine erheblich verbesserte Streckensicht nach vorne hatte.

Die jeweilige Einstellung des Handsteuerrades wurde durch Ketten nach unten übertragen. Geschwindigkeitsmesser und Bremsdruckmesser waren so in ihrer Lage verändert, daß sie auch vom erhöhten Führerstand aus kontrolliert werden konnten. Insgesamt ergaben Ketten, Rohrleitungen und Haltestangen allerdings ein etwas monströses Gebilde.

Nachteil der „Bauart Nürnberg“ war, daß vom Hochführerstand aus die vorderen Puffer nicht mehr zu sehen waren. Vorrangig wurden deshalb im Streckendienst eingesetzte Lokomotiven umgebaut. Der Lokführer mußte beim Fahren mit Motor voraus jeweils auf den Führerstandstisch bzw. auf ein darauf noch aufgesetztes Podest klettern und, dort stehend, die Lok bedienen. Rückwärts (mit von jeher guter Streckensicht) wurde nach wie vor vom unteren Bedienungsstand aus gefahren.

Trotz der etwas rustikalen Konstruktion erwies sich der hochgelegte Führerstand (Lokführer-Spott: *„Starenkobel“*) zumindest im Streckenbetrieb als praktikabel und funktionssicher. Der sichtbehindernde Kühlwasser-

97 Merkbuch DV939c, Ausgabe 1952, mit Nachtrag v. 1.Dezember 1963
98 Größte Höhe mit Führerhauskanzel: 4530 mm

BZA München

ausgleichbehälter auf der Spitze des Vorbaus wurde bei diesen Loks verkleinert und mit einer niedrigen Abdekkung versehen. Das normalerweise auf dem Führerhausdach sitzende Typhon fand bei den Kanzelloks einen neuen Platz vor dem Führerhaus auf der Motorhaube.

Mit Abwanderung der V36 in den Rangierdienst wurde ab 1958 diese Ausführung wieder verlassen und stattdessen nur noch die Einmannbedienung **„Bauart Opladen"** (Lok ohne Führerhauskanzel) eingebaut:

> In dem ansonsten unveränderten Führerhaus wurde dabei der zweite Bedienungsstand nicht in der Dachspitze, sondern auf der linken Führerhausseite eingerichtet. Die Bauart Opladen beseitigte damit zwar die unwirtschaftliche zweimännige Besetzung der Lok, behielt aber den Nachteil der schlechten Streckensicht; was für die nur im Rangierdienst eingesetzten Lokomotiven auch hinnehmbar schien.
>
> Die Umrüstung nach Muster Opladen umfaßte folgende Einzelarbeiten:
>
> 1. Verlängerung des Bedienungstisches bis zur linken Führerhauswand (der Durchgang nach vorn zum linken Umlaufblech - Motorsteuerseite - war damit versperrt; die Türen wurden zugeschweißt).
>
> 2. Einbau eines kompletten zweiten Bedienungsstandes mit allen für das Führen und Überwachen der Lok nötigen Einrichtungen wie Handsteuerrad, Bremsventile, Anzeigeinstrumente etc. auf der linken Führerstandsseite (die jeweiligen Bedienungselemente waren unterhalb des Führertisches durch Gestänge oder Ketten miteinander gekuppelt).
>
> 3. Einbau einer BBC-Sicherheitsfahrschaltung (Sifa) mit wegabhängiger Wachsamkeitskontrolle und Betätigung durch Druckknopf- oder Fußschalter (gilt auch für „Bauart Nürnberg"). Nur die ausschließlich im internen AW-Verschub eingesetzten V36 erhielten zunächst keine Sifa, wurden mit Rückkehr in den Betriebsmaschinendienst aber entsprechend nachgerüstet.

Das erste Versuchsmuster - **„Bauart Rosenheim"** - für Einmannbedienung mit Dachaufbau war im Frühsommer 1953 die V36 119 vom Bw Freilassing. Kurz darauf wurde auch die Schwesterlok V36 120 vom Bw Rosenheim entsprechend eingerichtet. Interessante Informationen zu den Anfängen des Umbaus enthält eine Notiz der BD München vom 15.7.53[99]. Darin heißt es:

> *Deutsche Bundesbahn München, den 15.7.53*
> *Bundesbahndirektion München*
> *23 M 30 Fklm*
>
> *An BZA München*
>
> *Betreff: hier: Sichtverbesserung und Einbau einer Sicherheitsfahrschaltung*
>
> *Bezug: BD Mü - 23 M 30 Fklm - v.17.3.53*
> *BZA Mü - 3211 Fklmö 14a - v.11.4.53*
>
> *Mit dem im Bezug genannten Schreiben vom 11.4.53 haben Sie zugestimmt, die Motorlok V36 119 durch Sichtverbesserung und Einbau einer Sifa auf Einmannbedienung umzubauen.*
>
> *Der Umbau ist durchgeführt. Die Lok wurde nach erfolgter Probefahrt am 23.6.53 durch MA Rosenheim dem Betrieb übergeben. Die umgebaute Motorlok hat sich auf der Strecke Hörpolding - Traunreut gut bewährt. Es ist geplant, die im Bw Rosenheim eingesetzte Motorlok V 36 120 ebenfalls auf Einmann-Besetzung umzubauen. Sie soll auf der Strecke Übersee - Marquartstein eingesetzt werden.*
>
> *Wir beziehen uns auf unser Schreiben v.17.3.53 und bitten, dem Umbau schriftlich zuzustimmen. Als Sifa soll ebenfalls die wegabhängige Sifa der Ellok verwendet werden...Um die Umbauarbeiten möglichst schnell durchführen zu können, bitten wir, dem Umbau vorab fernmündlich unter Ruf 323 zuzustimmen.*
>
> *gez Dr. Schollwoeck*

Versuchsmuster „Bauart Rosenheim": Die Freilassinger V36 119 war die erste DB-V36 mit Hochführerstand und Führerhauskanzel. Eingesetzt wurde sie auf der Nebenbahn Hörpolding - Traunreut (1953).

99 Im Betriebsbuch der V36 120

Bundesbahn-Pläne

„Das Optimum an guter Sicht“

Als Ende Juni 1953 beim Maschinenamt Rosenheim die V36 119 als erste Lok mit Führerhauskanzel in Betrieb ging, war das Nachdenken über einmann-bedienbare V20/V36 schon anderthalb Jahre alt. Das EZA München selbst, das sich bei der Rosenheimer Initiative auffallend reserviert verhielt, hatte mit Datum vom 27.12.51 im Auftrag der Hauptverwaltung einen umfangreichen Bericht mit Anlagen[1] über einen *„Umbau der 200 und 360 PS Diesellok“* auf einmännige Besetzung erstellt. Kurze Auszüge daraus weiter unten im Wortlaut.

BZA München

Mechanik pur: In den Hochführerständen der Kanzelloks - hier die V36 120 - herrschte ein Wirrwarr von Ketten, Hebeln, Handrädern und Haltestangen (25.9.53).

Verglichen mit der Rosenheimer Einfach-Lösung (Stichworte: Umbau in der Lehrwerkstatt, Verwendung von Altmaterial, geringe Kosten[2]) kamen die Vorschläge des EZA München ziemlich pompös daher. Zumindest nach dem besonders ausführlich vorgetragenen *„Abänderungsvorschlag 1“* sollte nahezu die gesamte Lok neu aufgebaut werden, u.a. mit erhöhtem Mittelführerstand, hinteren Vorbau, aufwendiger Verlegung von Anlaßluftflaschen usw.. Auch die V20 sollte nach den Plänen des EZA München derart umgekrempelt werden.

Nicht ganz klar wird aus dem Papier, wie ernsthaft diese Pläne wirklich verfolgt wurden. Bei der Lektüre drängt sich zuweilen durchaus der Eindruck auf, daß das EZA Umfang und Kosten des Umbaus bewußt horrend darstellte, um dem Auftraggeber des Berichtes, der HVB, entsprechende Ideen möglichst auszureden.

Sollte dies tatsächlich die Absicht des Berichtes gewesen sein, dann wurde das Ziel in vollem Umfang erreicht. Weiteren Schriftwechsel zum Thema gab es jedenfalls zunächst nicht mehr. Erst die Initiative des MA Rosenheim brachte das Thema 1953 dann wieder auf die Tagesordnung.

I. Abänderungsvorschlag Nr.1 stellt jene Lösung dar, mit der das Optimum an guter Sicht nach beiden Fahrtrichtungen bei einmänniger Besetzung der Lok erreicht werden kann und eine gute Zugänglichkeit zur Maschinenanlage gewahrt bleibt. Allerdings ist der Kostenaufwand für den Umbau gegenüber den übrigen Lösungen am größten.

1. Führerhaus
Für eine Verbesserung der Sicht nach beiden Fahrtrichtungen muß der Führerstand erhöht und nach der Mitte der Motorlok verlegt werden. Die Führerhausvorderwand muß möglichst nahe hinter den Motor gelegt werden. ... Damit ist ein vollkommener Neubau des Führerhauses einschließlich Fenster und Türen erforderlich.

2. Führerstandspulte
Für eine Einmann-Besetzung der Motorlok sind 2 diagonal angeordnete Führerstandspulte erforderlich. ... Auf Führerstand I sind die Steuerorgane parallel durch Ketten und Übertragungswellen unter dem Fußboden von Führerstand II geführt.

3. Verlegung der Anlaßluftflaschen
Durch die Verlegung des Führerstandes ist auch eine Verlegung der beiden Anlaßluftflaschen erforderlich. Da zum Starten der Motoren eine gute Zugänglichkeit ... notwendig ist, müssen die beiden Anlaßluftflaschen möglichst hoch im hinteren Lokvorbau gelagert werden und die Ventilköpfe in den Führerstand hereinragen.

4. Verlegung und Abänderung der Brennstoffbehälter
Eine Querlegung der jetzt vorhandenen 700 l Brennstoffbehälter ist wegen der zu geringen Breite des hinteren Lokvorbaus nicht möglich. Da von den Dienststellen immer wieder eine Vergrößerung des Brennstoffvorrats gefordert wird, ist es zweckmäßig, die vorhandenen Brennstoffbehälter auf 150 cm Länge abzuschneiden und 2 Behälter mit insgesamt 1000 l Fassungsvermögen einzubauen.

II. Abänderungsvorschlag Nr.2 bietet gleich gute Sicht wie Vorschlag Nr.1, jedoch mit nur einem Führerstandspult für Links- und Rechtsbedienung. Die Fertigungskosten dieses Führerstandes liegen niedriger, da das Übertragungsgestänge zum 2. Führerpult in Wegfall kommt. ...

III. Im Abänderungsvoschlag Nr.3 ist durch Höherlegung des Führerstandes eine Verbesserung der Sicht in Fahrtrichtung erreicht. Die Formgebung der Diesellok ist jedoch dadurch wesentlich verschlechtert. Auch die Stöße durch die Nickbewegungen der Lok sind durch die Höherlegung des Führerstandsbodens vergrößert. Zur Verbesserung der Bedienung in beiden Fahrtrichtungen bei Rangierbewegungen wird ebenfalls eine durchgehende verschiebbare Steuerwelle mit 2 Handrädern für Links- und Rechtsbedienung gewählt. ...

IV. Im Abänderungsvorschlag Nr.4 wurde mit dem geringsten Kostenaufwand versucht, eine Verbesserung der Sichtverhältnisse bei einfachen Betriebsverhältnissen zu erreichen. An Abänderungsarbeiten sind notwendig:
1. Abänderung der Motor- und Getriebesteuerung wie in Vorschlag Nr.3
2. Zusätzliche Anbringung eines 2. Führerbremsventils und einer 2. Zusatzbremse.

gez. Pflug

---

1 EZA München 3211 Fklmö 16 v. 27.12.51; dazugehörige Skizzen und Kostenrechnungen sind leider nicht erhalten

2 BZA München 3211 Fklmö 14a v. 11.4.53

Carl Bellingrodt

Zweiter Versuch: In Wt-Steinbeck erhielt die V36 238 ein Hochführerhaus mit Einmannbedienung und direkter Wendezugsteuerung. Ein Schönheitspreis war damit allerdings nicht zu gewinnen (24.6.55).

Die Initiative für den Umbau war, wie das Schreiben erkennen läßt, von der Bundesbahndirektion München ausgegangen, und nicht etwa von dem für konstruktive Fragen zuständigen BZA. Selbst die Kosten für den Umbau (5973,64 DM) mußte die BD übernehmen. Alle Arbeiten wurden in der Werkstatt des Bw Freilassing ausgeführt.

Im Herbst 1953 folgte eine eingehende Erprobung u.a. beim Versuchsamt für Brennkrafttechnik, damals noch in Rosenheim. Die Ergebnisse waren in jeder Hinsicht zufriedenstellend. Weitere Umbauten schlossen sich deshalb an. Ende Februar 1954 standen bereits vier für Einmannbetrieb (alle mit Primitiv-Kanzel) eingerichtete Lokomotiven zur Verfügung, und zwar

V36 119: Einmannbedienung ab 19.06.53
V36 120: Einmannbedienung ab 31.08.53
V36 123: Einmannbedienung ab 26.02.54 und
V36 124: Einmannbedienung ab 12.12.53.

Innerhalb dieser Gruppe gab es noch einmal geringfügige Unterschiede in der Ausführung der Kanzel. Die der Ursprungslok - V36 119 - war im Ganzen etwas höher und hatte Luftschlitze statt -klappen zur Dachentlüftung. Auch die Sichtflächen waren etwas größer. V36 120, 123 und 124 kamen nach dem Umbau zum Bw Rosenheim, das die Maschinen auf einigen kurzen Stichstrecken entlang der Salzburger Hauptbahn verteilte.

Angeregt von den Rosenheimer Versuchen reiften Mitte der 50er Jahre auch in der BD Wuppertal Pläne für eine Umrüstung der V36 auf Einmannbetrieb. Nach Vorbild der in Wuppertal beheimateten VT36[5] erhielt die dafür ausgewählte Versuchslok - die V36 238 - gleichzeitig eine direkte Wendezugsteuerung mit elektropneumatischer Betätigung. Auch der für den Zusammenlauf mit der V36 vorgesehene VS 145 213 wurde entsprechend eingerichtet.

Der Umbau - **„Bauart Steinbeck“** - beanspruchte stolze acht Monate (20.1.-12.8.55 !) und umfaßte die Höherlegung des Führerhauses, die Umrüstung auf Einmannbedienung und den Einbau der elektro-pneumatischen (Wendezug-) Steuerung. Vom 19.7.-14.8.56 wurde im AW Opladen die pneumatische Fernsteuerung noch einmal überarbeitet und verbessert. Ansonsten geschah der gesamte Umbau in Eigenregie im Bw Wt-Steinbeck. Kosten: 26.155,- DM.

Dafür entstand eine im Führerhausbereich völlig neugestaltete Lok. Die gesamte Einrichtung wurde um rund einen Meter angehoben[100] und in einem geräumigen, nach allen Seiten großzügig verglasten Hochführerhaus untergebracht. Die Seitenwände waren mit Rücksicht auf das Lichtraumprofil oberhalb der Vorbau-

100 Vermerk im Betriebsbuch: *„6.4.64: Lok im Aufbau vermessen; kann gefahrlos unter dem Fahrdraht eingesetzt werden“*

Carl Bellingrodt

Lok mit Gewichtsproblemen: Das Hochführerhaus verstärkte noch die Hecklastigkeit der V36. Die Sicht war bei der V36 238 dagegen ausgezeichnet.

Carl Bellingrodt

Der „Starenkobel“ in seiner endgültigen Form: Die Münchener V36 110 gehörte zu den ersten V36 mit Einheitskanzel und Einmannbedienung Bauart Nürnberg (Bw München Hbf, 14.10.56).

höhe abgeschrägt und die Aufstiegsleitern samt Führerhaustüren um etwa 30 Zentimeter eingezogen. Das Dach hatte einen verlängerten Überstand als Fensterschirm gegen das Blenden der Sonne. Die hohe Führerhausrückwand zierte zeitweilig ein großes, rotes Warn-Viereck.

Insgesamt war das Muster „Steinbeck“ technisch ohne Zweifel ausgereifter und moderner als die Bauart „Rosenheim“, veränderte allerdings auch erheblich (und nicht unbedingt zum Besseren) das äußere Erscheinungsbild der Lok. Zudem lagen Arbeitslohn und Materialkosten des Wuppertaler Umbaus beim Mehrfachen des bayerischen Einfach-Modells.

Das BZA München hatte sich zu dieser Zeit ohnehin schon längst für eine Kanzel-Bauart ähnlich dem Rosenheimer Modell entschieden. Diese neue „Einheits-Kanzel“ (Höhe über SO = 4600 mm; Zeichnungs-Nr. Flv 55.15.118 v. 15.7.55) wurde ab Mitte 1955 auf zahlreichen für den Einmannbetrieb vorgesehenen Strecken-V36 montiert und ersetzte im Lauf der Jahre auch die Versuchskanzeln der V36 119 ff.. Im Fahrplanjahr 1955/56 standen insgesamt bereits acht[101] (verteilt auf die BD München, Nürnberg und Wuppertal), ein Jahr später 16 Lokomotiven[102] mit hochliegendem Führerstand zur Verfügung.

Gegenüber der Rosenheimer Versuchsausführung war die Einheits-Kanzel etwas runder geformt und bot damit weniger Luftangriffsfläche. Alle Kanzeln hatten Scheibenwischer, jedoch keinen Fensterschirm mehr. Die Entlüftungsklappen - bei den eckigen Versuchskanzeln noch unterhalb der Fensterleiste - saßen nun im Haubendach.

In den Unterlagen der DB, auch in den amtlichen Merkbüchern, gibt es sehr unterschiedliche und leider eher verwirrende als erhellende Angaben darüber, wieviele und welche Loks mit Einmannbedienung ausgerüstet waren. Zum ganzen Durcheinander trägt außerdem bei, daß bei einigen Maschinen, sobald sie aus dem regelmäßigen Streckendienst ausschieden waren, die Einheits-Kanzel „Bauart Nürnberg“ wieder zurückgebaut und durch eine Einmannbedienung „Bauart Opladen“ ersetzt wurde.

Alles in allem sind in einem Zeitraum von mehr als zehn Jahren 84 der 95 Bundesbahn-V36er umgebaut worden. Mit Einzelnummern genannt wurden bereits

das Versuchsmuster **Bauart Rosenheim:**
V36 119 120 123 124 (insgesamt 4 Loks)

101 Klingensteiner/Ebner 1955, S.674 (darin die V36 238 enthalten)
102 Klingensteiner/Ebner 1956, S.847

Die Einheits-Kanzel: Gegenüber der Versuchsausführung Rosenheim waren die endgültigen Führerhauskanzeln runder und windschnittiger. Insgesamt wurden bis 1957 noch 21 Einmann-V36 so umgebaut.

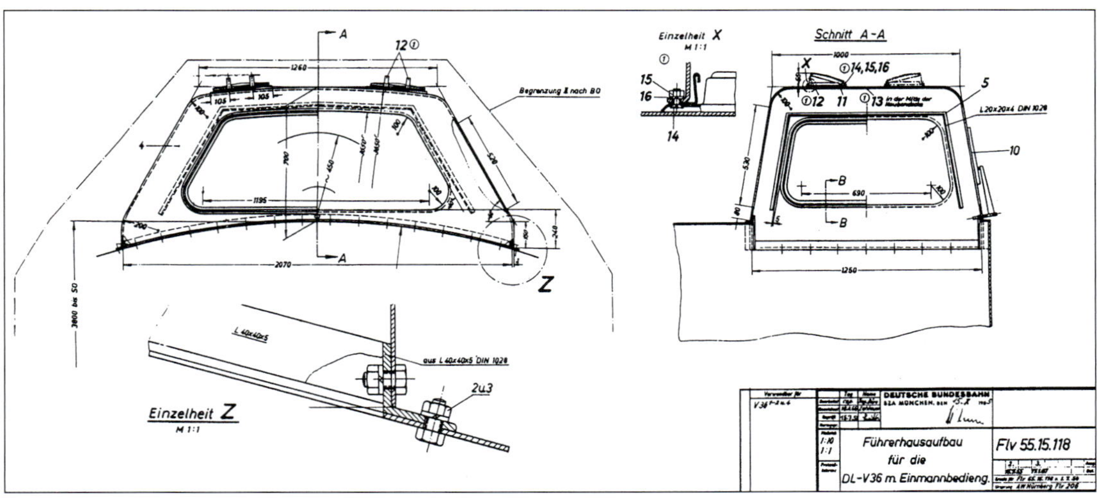

und die Sonderausführung **Bauart Steinbeck:**
V36 238 (eine Lok).

Einmannbedienung **Bauart Nürnberg**, also m i t Kanzel hatten
V36 102 104 106 109-113 115-116 118-120 122-124
213 219 262
416 418 (insgesamt 21 Loks)

Folgende Lokomotiven hatten Einmannbedienung **Bauart Opladen**, also o h n e Kanzel:
V36 002
101-102 105-109 111-114 116-117 124 126 150
201 203-210 212 214-218 220-222 225-226 229-237
251-253 256-259 261-262
401-415 417 (insgesamt 71 Loks)

Sogar die betagte Vorserienlok V36 002 kam - zwei Jahre nach ihrer Ausmusterung! - also noch zu Umbau-Ehren, weil man sich davon eine Personalkosten-Ersparnis im Werksrangierdienst des AW Opladen versprach.

V36 102 106 109 111 112 113 116 124 und 262 tauchen in zwei (bzw. sogar drei) Listen auf, weil sie zunächst Hochführerstand hatten und später auf doppelseitige Bedienung nach Muster Opladen umgebaut wurden.

wird an der Lok V36 laufend angebracht"[104]. Die Einsparungen durch Verzicht auf den Beimann wurden 1960 mit rund 1900 DM monatlich beziffert[105]. Bei Gesamtumbaukosten von rund 16.000 DM (für Einmannbedienung Bauart Opladen plus Geräuschisolierung) hatten sich die Investitionen also in weniger als einem Jahr bezahlt gemacht.

Der Umbau vollzog sich im wesentlichen in fünf Schüben, nämlich

- 1953-55: **5 Loks** Versuchsausführungen Rosenheim und Steinbeck,
- 1955-57: **21 Loks** Bauart Nürnberg; besonders V36^1,
- 1958-60: **29 Loks** Bauart Opladen; nur V36^2, und zwar:
  16 Loks BD Hannover,
  13 Loks BD Wuppertal und
  1 Lok V36 002; in Eigenregie des AW Opladen
- 1961-63: **30 Loks** Bauart Opladen; besonders V36^4, und
- 1962-64: **8 Loks** Rückbau von Bauart Nürnberg auf Bauart Opladen

Danach wurden nur noch wenige Einzelstücke umgerüstet (bis 1967). Alle Umbauten - mit Ausnahme der Versuchsausführungen - erfolgten im AW. Die Umbauleistung des AW Opladen lag in den arbeitsreichen Jahren 1962/63 im Schnitt bei zwei Loks pro Monat.

AW Opladen, Sammlung Stefan Lauscher (2)

Aus eins mach zwei: Bei der Einmannbedienung Bauart Opladen wurde der Führerstandstisch verlängert und auf der linken Seite ein zweiter Fahrstand installiert. Die Übertragung erfolgte durch Ketten und Gestänge.

Überhaupt **keine Einmannbedienung** hatten demnach lediglich

V36 003
121 125
202 211 223 227 239 254 255 260

zumindest einige davon (= Loknummern unterstrichen) wegen frühzeitigen Ausscheidens aus dem Bundesbahn-Bestand.

In der Fachpresse ist der fortschreitende Umbau stets mit Aufmerksamkeit verfolgt worden. Besonders „Die Bundesbahn" berichtete in ihren jährlichen Übersichten zur Lage im Zugförderungsdienst wiederholt über den Stand der Umrüstung[103]. Über den betrieblichen Nutzen hieß es schon im Jahresbericht über die motorisierte Zugförderung 1955: *„Der hochliegende Führerstand für Einmannbedienung hat sich bewährt und*

Ein Blick auf die genauen Umbaudaten (Seite 214f.) zeigt, daß ab 1955 zunächst die vornehmlich im Nebenbahndienst eingesetzten V36 der süddeutschen Bahnbetriebswerke Einmannbedienung erhielten (alle mit Hochführerstand). Ende der 50er Jahre folgten dann die Rangier-V36 (Bauart Opladen) und erst Anfang der 60er Jahre die bis dahin im Vorortverkehr eingesetzten V36^2 und V36^4 (ebenfalls Bauart Opladen). Die Vorort-V36 mußten im Wendezugbetrieb ohnehin zweimännig gefahren werden (auf der Lok und im Steuerwagen) und waren daher nicht zufällig die zuletzt auf Einmannbe-

---

103 Klingensteiner/Ebner 1955/S.674, 1959/S.1129, 1961/S.1106
104 Seite 6
105 Ausgehend von Zweischichtbetrieb und Kosten von 950,- DM im Monat für den Beimann; BZA München 37.3712 Flm (V20/V36) v. 12.60

EINMANNBEDIENUNG
Einbau- und Bauartdaten

Lok-Nr	Heimat-Dienststelle bei/nach Umbau	Einmannbedienung ab	Bauart	mit/ohne Kanzel	Bemerkungen
V36 002	(AW Opladen)	27.06.58	Opladen		ausgemustert/Gerätelok AW Opladen
V36 101	(AW Esslingen)	06.11.62	Opladen		
V36 102	(Bw Nürnberg Hbf)	07.02.57	Nürnberg	Kanzel	06.06.63 Umbau auf Bauart Opladen
V36 104	(Bww München Hbf)	10.11.55	Nürnberg	Kanzel	
V36 105	(Bw Fulda)	04.09.62	Opladen		
V36 106	(Bw Nürnberg Hbf)	20.12.56	Nürnberg	Kanzel	09.12.64 Umbau auf Bauart Opladen
V36 107	(Bw Fulda)	21.02.63	Opladen		
V36 108	(Bw Aalen)	11.09.62	Opladen		
V36 109	(Bw Nürnberg Hbf)	27.06.56	Nürnberg	Kanzel	24.04.63 Umbau auf Bauart Opladen
V36 110	(Bww München Hbf)	20.05.55	Nürnberg	Kanzel	
V36 111	(Bw Nürnberg Hbf)	13.07.55	Nürnberg	Kanzel	22.12.62 Umbau auf Bauart Opladen
V36 112	(Bw Bamberg)	27.08.55	Nürnberg	Kanzel	.01.64 Umbau auf Bauart Opladen
V36 113	(Bw Nürnberg Hbf)	18.05.55	Nürnberg	Kanzel	07.12.63 Umbau auf Bauart Opladen
V36 114	(Bww Kassel)	19.04.62	Opladen		
V36 115	(Bww München Hbf)	22.01.57	Nürnberg	Kanzel	
V36 116	(Bw Bamberg)	28.09.55	Nürnberg	Kanzel	22.12.62 Umbau auf Bauart Opladen
V36 117	(Bww Kassel)	08.08.62	Opladen		
V36 118	(Bww München Hbf)	19.09.55	Nürnberg	Kanzel	
V36 119	(Bw Freilassing)	19.06.53	Rosenheim	Kanzel	ca.56 Umbau auf Bauart Nürnberg
V36 120	(Bw Rosenheim)	31.08.53	Rosenheim	Kanzel	06.11.57 Umbau auf Bauart Nürnberg
V36 122	(Bw Mühldorf)	03.06.55	Nürnberg	Kanzel	18.03.55 Dachaufbau; Rest 03.06.55
V36 123	(Bw Rosenheim)	26.02.54	Rosenheim	Kanzel	21.07.55 Umbau auf Bauart Nürnberg
V36 124	(Bw Rosenheim)	12.12.53	Rosenheim	Kanzel	26.03.63 Umbau auf Bauart Opladen
	V36 119, 120, 123 und 124 waren Versuchsloks mit eckigen Kanzeln (Bauart Rosenheim); V36 119, 120 und 123 bekamen 1955/57 Einheitskanzeln; V36 124 wurde 1963 auf Einmannbedienung Bauart Opladen umgebaut				
V36 126	(AW Esslingen)	13.02.63	Opladen		

Fortsetzung auf Seite 215

Lok mit Kanzel: Anfang 1957, als dieses Bild entstand, lief das Umbauprogramm auf Hochführerstand bereits wieder aus. Die Münchener V36 115 war eine der zuletzt umgerüsteten Loks und zugleich eine der letzten im AW Nürnberg ausgebesserten V36. Im Hintergrund ein ehemaliger SVT (AW Nürnberg, Januar 1957).

SAMMLUNG OTTO WILCZEK

dienung umgerüsteten Loks. Das Umbauprogramm endete 1967 mit einigen Nachzüglern. Letzte auf Einmannbetrieb umgebaute Lok war V36 236 vom Bw Wuppertal-Steinbeck (AW-Ausgang 22.12.67).

Die Erhöhung des Dienstgewichtes

... stand mit den bis hierhin geschilderten Bauartänderungen in Zusammenhang. Durch Dofa-Ofen, vergrößerte Brennstoffbehälter und Zusatztanks, später auch Indusi, vor allem aber durch den Umbau auf Einmannbedienung hatte sich das Dienstgewicht zahlreicher Lokomotiven nicht unerheblich erhöht.

Besonders kraß wurde das bei der Wuppertaler V36 238 sichtbar, deren Dienstgewicht durch das aufwendige Hochführerhaus auf 43.230 kg angestiegen war. Neben dem bauartbedingten Mehrgewicht sind darin auch 850 kg Ballast enthalten, die - mit dem Ziel einer einigermaßem gleichmäßigen Gewichtsverteilung - in die vordere Pufferbohle und vorn auf dem Umlauf ein- bzw. angebracht worden waren. Die Radsatzlasten nach dem Umbau betrugen bei dieser Lok 14.355/ 13.720/15.155 kg (vorne-mitte-hinten).

Diesen veränderten Verhältnissen folgend, ordnete das BZA München 1963 für Lokanschriften und Betriebsunterlagen (wie z.B. Betriebsbücher) eine generelle Neufestsetzung an. Mit Verfügung BZA Mü 37.3710 Bad 36 v. 24.1.63 wurde das Dienstgewicht aller V36^2 per Verwaltungsakt auf 44 Tonnen festgeschrieben. Ob entsprechende Anordnungen auch für die V36^1 erlassen wurden (was einer gewissen Logik ja nicht entbehren würde), ist nicht bekannt.

Tatsächlich blieb es natürlich beim bunten Gewichts-Durcheinander. Selbst für die V36^2 mit dem schwereren Deutz-Motor waren 44 to zudem sehr üppig bemessen. Im Merkbuch 1970 sind folgende Angaben erhalten, die dem wirklichen Dienstgewicht etwas näher kommen dürften:

Das neue Gesicht der V36: Dreilicht-Spitzensignal, Kühlerjalousie und Kühlwasserausgleichsbehälter auf der Vorbauspitze machten aus der alten Wehrmachtlok unverkennbar eine Bundesbahn-Lokomotive.

AW Opladen, Sammlung Stefan Lauscher

V36[1] = 39 to
38,5 to (V36 121, 125)

V36[2] = 41 to
41,5 to (V36 251)
43 to (V36 238)

V36[4] = 41 to
41,5 to (V36 404)

Der Einbau einer Spurkranzschmierung

... Bauart De Limon, Klasse RZ, gehörte mit zu den wichtigen, weil den Verschleiß an Lok und Fahrweg reduzierenden Umbauten der V36. Zwischen 1952 und 1959 wurden mindestens 47 Loks entsprechend ausgerüstet.

Der Angaben über Einzelnummern gehen leider auch hier - je nach Quelle - wieder sehr weit auseinander. Laut Merkbuch DV939c, Ausgabe 1970, sollen lediglich **V36** 201 203 215 218 220 und 415 k e i n e Spurkranzschmierung gehabt haben (also 82 Loks mit Schmieranlage). Die Auswertung anderer Unterlagen, insbesondere der Betriebsbücher und von Fotos, ergibt jedoch deutlich geringere Zahlen. Sicher belegbar sind Spurkranzschmierungen nur für folgende Lokomotiven:

V36 102 104 106 109-114 116 118-120 122-124 126
204-205 208-210 214 225-226 229-231 234 235 238 256-257
401-404 406 411 413-418,

insgesamt also 45 Loks. Die korrespondiert auch in etwa mit einer dritten Zahl, die in einer amtlichen Notiz[106]

---

106 BA B121/698

E I N M A N N B E D I E N U N G (Fortsetzung)

Lok-Nr	Heimat-Dienststelle bei/nach Umbau	Einmannbedienung ab	Bauart	mit/ohne Kanzel
V36 150	(Bw Fulda)	25.10.62	Opladen	
V36 201	(AW Göttingen)	19.03.62	Opladen	
V36 203	(Bw Delmenhorst)	15.07.59	Opladen	
V36 204	(Bw Bremerhaven-Lehe)	29.04.59	Opladen	
V36 205	(Bw Wt-Steinbeck)	15.12.58	Opladen	
V36 206	(Bw Bremerhaven-Lehe)	27.05.59	Opladen	
V36 207	(Bw Delmenhorst)	10.02.59	Opladen	
V36 208	(Bw Wt-Steinbeck)	.10.59	Opladen	
V36 209	(Bw Wt-Steinbeck)	05.08.59	Opladen	
V36 210	(Bw Wt-Steinbeck)	05.06.59	Opladen	
V36 212	(Bw Oldenburg Hbf)	27.11.59	Opladen	
V36 213	(Bw Heiligenhafen)	22.10.55	Nürnberg	Kanzel
V36 214	(Bw Finnentrop)	17.07.67	Opladen	
V36 215	(Bw Holzminden)	19.02.59	Opladen	
V36 216	(Bw Delmenhorst)	17.08.59	Opladen	
V36 217	(Bw Bielefeld)	21.04.59	Opladen	
V36 218	(Bw Delmenhorst)	26.09.58	Opladen	
V36 219	(Bw Heiligenhafen)	.03.56	Nürnberg	Kanzel
V36 220	(AW Neumünster)	30.05.63	Opladen	
V36 221	(Bw Finnentrop)	13.09.67	Opladen	
V36 222	(Bw Hannover-Linden)	25.06.59	Opladen	
V36 225	(Bw Wt-Steinbeck)	02.09.59	Opladen	
V36 226	(Bw Wt-Steinbeck)	25.02.59	Opladen	
V36 229	(Bw Wt-Steinbeck)	10.07.59	Opladen	
V36 230	(Bw Wt-Steinbeck)	01.07.58	Opladen	
	V36 230 war die erste Lok Bauart Opladen; Umbau lt.Betriebsbuch: 01.07.58; nach einem Besprechungsprotokoll v. 18.6.58 aber *„bereits vor längerer Zeit umgebaut“*; offenbar z.T. schon im Bw Wt-Steinbeck umgerüstet			
V36 231	(Bw Wt-Steinbeck)	01.12.59	Opladen	
V36 232	(Bw Delmenhorst)	12.03.59	Opladen	
V36 233	(Bw Hannover-Linden)	20.10.58	Opladen	
V36 234	(Bw Wt-Steinbeck)	13.01.60	Opladen	
V36 235	(Bw Wt-Steinbeck)	23.03.60	Opladen	
V36 236	(Bw Wt-Steinbeck)	22.12.67	Opladen	
V36 237	(Bw Oldenburg Hbf)	26.01.61	Opladen	
V36 238	(Bw Wt-Steinbeck)	12.08.55	Steinbeck	Hochführerhaus
V36 251	(AW Offenburg)	04.10.62	Opladen	
V36 252	(Bw Delmenhorst)	15.05.59	Opladen	
V36 253	(Bw Holzminden)	25.03.59	Opladen	
V36 256	(Bw Bestwig)	26.05.59	Opladen	
V36 257	(Bw Bestwig)	02.04.59	Opladen	
V36 258	(Bw Delmenhorst)	01.10.59	Opladen	
V36 259	(Bw Delmenhorst)	23.01.59	Opladen	
V36 261	(Bw Gerolstein)	03.03.61	Opladen	
V36 262	(Bw Mainz)	11.04.57	Nürnberg	Kanzel
		ca.67	Umbau auf Bauart Opladen	
V36 401	(Bw Hanau)	22.10.63	Opladen	
V36 402	(Bw Ffm-Griesheim)	15.03.63	Opladen	
V36 403	(AW Frankfurt-Nied)	15.06.62	Opladen	
V36 404	(AW Schwetzingen)	18.07.62	Opladen	
V36 405	(AW Kassel)	26.08.63	Opladen	
V36 406	(Bw Darmstadt)	09.05.63	Opladen	
V36 407	(Bw Hanau)	18.04.63	Opladen	
V36 408	(Bw Ffm-Griesheim)	13.09.62	Opladen	
V36 409	(Bw Ffm-Griesheim)	07.11.63	Opladen	
V36 410	(Bw Hanau)	21.05.62	Opladen	
V36 411	(Bw Gießen)	27.09.62	Opladen	
V36 412	(Bw Hanau)	03.07.62	Opladen	
V36 413	(Bw Gießen)	17.01.63	Opladen	
V36 414	(Bw Gießen)	29.03.62	Opladen	
V36 415	(AW Cannstatt)	06.02.62	Opladen	
V36 416	(Bw Darmstadt)	17.01.56	Nürnberg	Kanzel
V36 417	(Bw Darmstadt)	27.11.62	Opladen	
V36 418	(Bw Darmstadt)	13.08.55	Nürnberg	Kanzel

Quellen: DV 987901 (1964), DV 939 c (1970), AW-Werkkarten, diverse DB-Unterlagen, Betriebsbücher, Fotos

von Mitte 1959 angegeben wird. Danach waren mit Stichtag am 31.12.58 genau fünfzig V36 mit Spurkranzschmierung eingerichtet, außerdem 2105 Dampflokomotiven und 277 Elloks. Bei den Dieselfahrzeugen hatten zum genannten Zeitpunkt, außer den V36, auch

- alle bis dahin gelieferten V60 (231 Stück),
- die meisten V65 (zehn Stück) sowie
- eine V100 und
- eine V200

Schmier-Einrichtungen. In ihren wesentlichen Teilen bestand die Spurkranzschmierung aus dem Zentralschmiergerät, einer darüber sitzenden Fettkammer und den sechs zu jedem Spurkranz führenden Kupferleitungen mit Schmierdüsen an den Enden. Der Antrieb der Pumpe erfolgte über ein dünnes Gestänge von der Blindwellenkurbel der Lokomotive aus. Das Gerät saß auf dem (in Fahrtrichtung gesehen) linken Umlaufblech der V36 im Bereich der hinteren Motorraumtüren.

Die bauartbedingt ungenügende Laufqualität des Starrrahmenlaufwerks in der Kurve konnte natürlich auch die Spurkranzschmierung nicht ausgleichen. Allerdings verhinderte die permanente Fettschmierung ein allzu schnelles Scharflaufen der Spurkränze.

Bei Vergleichsfahrten Ende 1953/Anfang 1954 auf der Strecke Forchheim - Behringersmühle (mit Lokomotiven vom Bw Bamberg) mußten z.B. bei einer V36 *ohne* Spurkranzschmierung schon nach etwa 20.000-25.000 Kilometern die Radbandagen nachgedreht werden; bei Schwesterlokomotiven *mit* Spurkranzschmierung war das nur etwa alle 80.000-100.000 Kilometer, in Ausnahmefällen sogar erst nach 120.000 Kilometern nötig[107]!

Der geringere Verschleiß an den Schienenflanken hatte zudem eine spürbare Verringerung der Unterhaltungskosten für den Oberbau zur Folge.

BAUARTÄNDERUNGEN V36

Genannt sind nur Bauartänderungen, die mindestens zwei Loks (in der Regel aber mehrere oder alle Loks der Baureihe) betrafen. Einige Bauartänderungen bestanden nur zeitweise, z.B. 1500-l-Brennstofftanks, Winterabdeckbleche etc., sind dann aber mitgenannt.

lfd.	Art der Bauartänderung	Einbau-Zeitraum	umgebaute Loks
	Aufbauten:		
1.	**Brennstoffvorräte** vergrößert a) 400 auf 700 Liter b) auf 1000 bzw. 1500 Liter (Zusatzbehälter)	1949-1955	a) alle V36 (bei einigen Nachbau-V36 und V36^4 ab Werk) b) siehe Text Seiten 206/207
2.	**Brennstoffbehälter** (700 l) abgeändert (Abstellvorrichtung für Brennstoffzufuhr eingebaut)	1952-1955	alle V36
3.	**Brennstoffauffüllung** durch Kannen vom Dach aus geändert		alle V36 (bei V36^4 ab Werk)
4.	Wintersicherung a) **Winterabdeckbleche** angebracht b) **Kühlerjalousie** Bauart MAK angebracht A) Seilführung in der linken oberen Griffstange B) Erstausführung: Seilzug auf dem Vorbaudach	1949-1954	alle V36 (bei V36^4 ab Werk) A) alle V36 (außer B) B) V36 110 119 122 124
5.	**Laufblech** durch Schweißpunkte rutschsicher gemacht	1949-1952	alle V36 (bei V36^4 ab Werk)
6.	**Sicherheitskupplung** an Zugvorrichtung abgebaut	1949-	alle V36 (bei V36^4 ab Werk)
7.	Übertritt vom Führerstand zum Umlaufblech an der rechten Führerhausseite durch **Handstange** gesichert (nach Umbau auf Einmannbedienung auch links)	1949-	alle V36 (bei V36^4 ab Werk)
8.	**zusätzliche Rangiertritte und Haltestangen** montiert a) an beiden Kopfenden der Lok jeweils rechts und links (insgesamt vier) b) breiter Rangiertritt seitlich unter dem Führerhaus mit Haltegriffen an den Führerhausseiten c) Rundum-Geländer am rechten und linken Umlauf sowie breiter Rangiertritt vorn	1951-1953	a) V36 102 108 111-113 124 126 201 205 210 229 231 255 261-262 401-418 b) V36 109 122 c) V36 126 212 126 = Geländer nur im Bereich der Motorraumtüren/linke Lokseite
9.	Sicherung an den **Schiebetüren** angebracht - abgenützte Rollen erneuert - oberer Anschlagwinkel versetzt - Schiebetüren und -Laufschienen abgeändert	1951-1954	alle V36
10.	**Führerhaus-Belüftung** durch vier Lüftungsklappen (zwei je Fahrtrichtung) in der Wölbung des Führerhausdaches verbessert	1952-1957	alle V36
11.	**Kühlwasserbehälter** zur Sichtbesserung bei Lokomotiven mit Dachkanzel niedriger gesetzt	1954-1957	alle V36 mit Kanzel sowie V36 238
12.	kleine **Windschutzscheiben** für Rückwärtsfahrt (später tw. auch zusätzlich für Vorwärtsfahrt) an den Führerhausaußenwänden angebaut	1954-1956	alle V36
13.	**Sperre für Haubenleiter** angebracht (Unfallschutz wg. elektrischer Fahrleitung)	1957-1962	alle V36
14.	**zusätzliche Aufstiegsleiter** (zum Haubendach) vor der linken Führerstandstür angebracht		V36 407 412
15.	**Zughaken und Kupplung** auf 40 to Zugkraft verstärkt		alle V36
16.	**Einfüllstutzen am Kraftstofftank** beiseitig verlängert dafür: zusätzlich kleine Stahlschemel links und/oder rechts vor dem Führerhaus aufgebaut (Betankung vom Umlaufblech aus)	1962-1970	V36 101-102 106-109 114 118 119 121 124-126 202 204 210 213 222 225 229-231 233 236-237 253 255 262 401 404 406 411 416
17.	Hähne der durchgehenden **Dampfheizleitung** auf RIC-System umgestellt	1968	alle V36
18.	Grenzwertgeber-Anlage für die **automatische (drucklose) Betankung** eingebaut	1973-1976	V36 102 107-110 114 119 124 202 204-205 212 225 231-234 237 253 255 259 261 402 406 408 410 412 416
	Fahrwerk:		
19.	**Tragfedern** verbessert und vereinheitlicht Grund: Federung zu hart a) alle sechs Tragfedernbünde von 9 Lagen 90x16 auf 11 Lagen 90x13 verstärkt b) Sicherung an den Tragfedern verstärkt c) Fettschmierung der Laschen und Ausgleichshebelträger durch Einbau von Schmierbüchsen verbessert	1951-1957	alle V36 (bei V36 262 und allen V36^4 a und b schon ab Werk)

Fortsetzung auf Seite 218

107 Versuchsbericht vom 10.4.54; einige Ergebnisse daraus nennt: Gößl, Diesellokomotiven, S.363; die Erhöhung der Laufleistung der V36 ohne Nacharbeiten der Spurkränze gibt Gößl hier allerdings nur mit dem Zwei- bis Dreifachen an

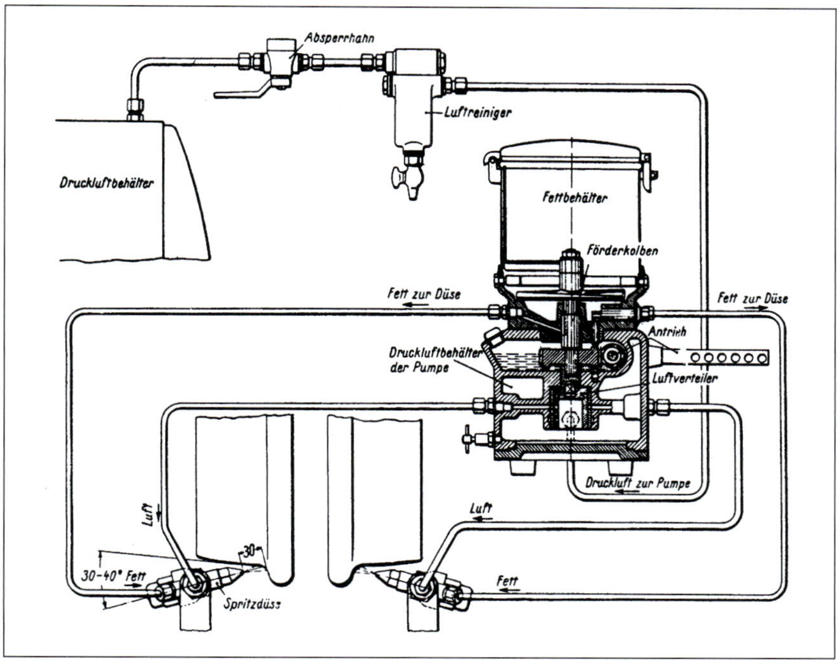

einer Schalldämmung nach dem Muster der V36 235 ausrüsten zu lassen.

Dieser Empfehlung folgend, wurden bis Ende 1967 insgesamt 58 Lokomotiven V36 sowie drei V20 mit Schallisolierung ausgerüstet. Bei den V36 waren dies folgende Loks:

V36 002 (AW-Lok)
101 105-109 111
113-118 124 126
150
201 203 205 207
209 213-214 216
218 220-222 231
232-233 235-236
251-253 255 257
258-259 262
401-415 417

Gut geschmiert fährt gut: Mit der Spurkranzschmierung Bauart De Limon Fluhme erhöhte sich die Laufleistung ohne Nacharbeiten der Spurkränze auf das Dreifache.

Der Einbau einer Geräuschisolierung

... war eine weitere Notwendigkeit, die sich aus den intensiven V36-Einsätzen Mitte der 50er Jahre ergab. Für die Lokpersonale bedeutete der Dauer-Power-Betrieb im Vorortverkehr und Rangierdienst eine nicht unerhebliche Lärmbelastung, an die 20 Jahre zuvor - in einem anderen Umfeld und unter völlig anderen Einsatzbedingungen - so noch nicht zu denken gewesen war.

Vor allem vibrierende Bleche, klappernde Motorraumtüren, ein dröhnender Führerstandstisch und die nur mangelhaft abgedichteten Durchbrüche zwischen Führerstand und Maschinenkammer summierten sich zu einem Lärmpegel von nicht selten über 100 phon und setzten den Lokpersonalen auf Dauer mächtig zu. Zunächst versuchsweise wurde deshalb Anfang 1960 die Wuppertaler V36 235 mit einer Lärmdämmung im Führerstandsbereich versehen. Es folgten ausgiebige Vergleichsmessungen mit der nicht lärmisolierten V36 234 beim DB-Versuchsamt für Wagen in Minden. Die wichtigsten Ergebnisse[108]:

V36 235 (mit Geräuschisolierung)	**V36 234** (ohne Geräuschisolierung)	
79 DIN phon	88 DIN phon	im Leerlauf
88 DIN phon	98 DIN phon	bei Vollast

Gemessen wurde jeweils im Führerstand. Besonders an der Trennwand zwischen Maschinenkammer und Führerhaus, so heißt es in dem Bericht des BZA München[109] dazu, reiche die Schalldämmung nicht aus:

Der Geräuschpegel im Führerstand der geräuschisolierten V36 235 liegt um 9-10 DIN phon niedriger als im Führerstand der V36 234. Bei den hohen Gräuschpegeln ... ist die Absenkung um 10 DIN phon ... von wesentlicher Bedeutung. Der im Führerstand der V36 235 bei Vollast gemessene Geräuschpegel von 88 DIN phon ist nur mehr um 4-5 DIN phon höher als bei der V60 und dürfte somit keinen Grund zu Klagen von Seiten des Personals geben. Es erscheint daher vertretbar, alle V36 mit

Die Geräuschisolierung bestand aus vielen kleinen Einzelmaßnahmen. U.a. wurden

MATHIAS LAUTER

- alle Führerhauswände einschließlich des Bodens mit einer etwa 30-40 mm dicken Glasfasermatte gedämmt,
- die Durchbrüche zum Motorraum abgedichtet,
- die hinteren Flügeltüren im Motorvorbau durch Doppeltüren mit Gummiabdichtungen ersetzt,
- Kiementüren durch glatte Bleche verschlossen,
- die Stahlrollen der Motorraumtüren durch Sustamid-Rollen ersetzt und die Verriegelung der Schiebetüren verbessert sowie
- alle Innenflächen der Motorhaube mit Antidröhnmasse (ca. 5 mm dick) ausgespritzt.

Arbeitsplatz im Lochblech-Design: Die V36 412 gehörte zu den knapp 60 DB-V36, die eine Geräuschdämmung u.a. im Führerhaus erhielten. Rechts das Mikrofon für den Rangierfunk (Hanau, 23.8.78).

---

108 Versuchsamt für Wagen VW 04/41/46 Fagb 415/60 v. 1.4.60; Messungen rund anderthalb Jahre zuvor an der V36 233 vom Bw Hannover-Linden erbrachten bei 60 km/h im Führerhaus sogar 108 DIN/phon (entspricht 112 dB); BZA München 3503 Fagb 31 v. 8.11.58

109 BZA München 3503 Fagb 31 v. 29.4.60

BAUARTÄNDERUNGEN V36 (2)

lfd.	Art der Bauartänderung	Einbau-Zeitraum	umgebaute Loks
20.	**Ölfangschalen** (zwei Stück) für die Schmierung der Blindwellenlager angebaut	1952-1956	V36 105 109 116-118 120 125 409 416
21.	**Spurkranzschmierung** vollständig neu eingebaut verschiedene Sonderarbeiten Kosten 1954: 1474,69 DM	1952-1959	siehe Text Seiten 215-217
22.	alle **Sandkästen** auf Innenfüllung umgearbeitet (Verschlüsse zum Schutz vor Regenwasser ins Innere der Motorhaube verlegt)	1952-1966	V36 123 209 218 223 226 253 257 261 402 404 408 410
23.	Drosselbleche für **Sandstreuer** (acht Stück) eingebaut und Sandstreugehäuse abgeändert Kosten 1955: 1070,45 DM	1953-1954	V36 102 106 113 114 150 255 401-402 408-410 414-415 417
24.	**Blindwelle** genormt: Bohrungen für die Blindwelle am Fahrgestellrahmen und Gehäusebohrungen am Nachschaltgetriebe vereinheitlicht	1953-1963	alle V36
25.	**Schmiergefäßdeckel** an den Treib- und Kuppelstangen mit Verschlußstopfen oder Schraubverschlüssen versehen	1954-1956	V36 101 104 116 124 150 201-203 205-206 210 212 216-218 221 226 238 251 252 256 258-261 417
26.	**Besandungsanlage** durch Einbau von Sandtreppen (Bauart Krauss-Maffei) verbessert; Grund: Sand wurde in den Sandstreudüsen feucht und backte zusammen	1954-1959	alle V36 (Erstausführung: V36 408)
27.	**Achslagerführung** auf Urmaß gebracht	1958-1961	alle V36
28.	verstärkte **Hinterachsen** aus Werkstoff 25 CrMo4 eingebaut; Grund: vermehrte Achsbrüche durch starke Gewichtsbelastung	1966-1975	V36 108 110 115 118-119 122 202 225-226 231 234 253 256 261 404 410
	Führerstand:		
29.	provisorische **Führerstandsheizung** (mit Kühlwasser-Vorheizanlage) ein- bzw. umgebaut	1948-1949	V36 102 105 221 252
30.	Leerlaufeinstellung des **Steuerungshandrades** durch Knopf am Handrad gekennzeichnet	1949-1950	alle V36 (bei V36[4] ab Werk)
31.	Klappe zur Betätigung des **Schnelldruckreglers** auf dem Führertisch angebracht	1949-1953	alle V36 (bei V36[4] ab Werk)
32.	**Durchgang der Handbremse** durch den Führerhausboden mit Lederbalg abgedichtet	1949-1950	alle V36 (bei V36[4] ab Werk)
33.	Leerlaufeinrichtung für den **Luftpresser** in den Führerstand verlegt	1949-1950	alle V36 (bei V36[4] ab Werk)
34.	**Zusatzbremsventil** a) nachgerüstet und b) versetzt	1952 1949-1953	a) V36 122 b) alle V36 (bei V36[4] ab Werk)
35.	Sicherung des **Hebels für die Wendeschaltung** in Mittelstellung geändert (Klappschanier statt Stift)	1949-1950	alle V36 (bei V36[4] ab Werk)
36.	**Zeiger für Motorstellung** angebracht	1949-1950	alle V36 (bei V36[4] ab Werk)
37.	**Klappsitz für Beimann** innen an der linken Führerhauswand angebracht	1949-1950	alle V36 (bei V36[4] ab Werk)
38.	**Einfachsteuerventil** 10" gegen 12" ausgetauscht	1950	V36 260 261
39.	**Notbremsventil** eingebaut	1951-1954	alle V36
40.	**Kühlwasserofenheizung** (Dofa-Kessel) mit Führerstandsheizung und Essenvorwärmeinrichtung unter dem rechten Umlauf eingebaut Kosten 1952: 9329,00 DM	1951-1952	alle V36, ohne V36 002 003 (bei V36[4] ab Werk)
41.	**Zeitwegschreiber** (Bauart Kienzle) eingebaut	1951-1955	alle V36
42.	**Fenster** mit splitterfreiem Mehrschichten-Sicherheitsglas versehen	1951-1955	V36 101 106 111 114 122 125 201 209 213 221 233 235 253 255 415 417
43.	Lok auf **Einmannbedienung** umgebaut Kosten 1956: 7445 DM (Bauart Nürnberg) Kosten 1960: 10.000 DM (Bauart Opladen)	1953-1967	siehe Text Seiten 208-215
44.	**Wendeschaltung** und **Besandung** auf pneumatische Betätigung umgestellt	1955-1959	V36 108 116 208-210 218 225-226 229-230 238

Fortsetzung auf Seite 220

Der Wechsel des Motorfabrikats

... gehörte bei den V36 noch zu den völlig unüblichen AW-Arbeiten. Zwar wurden die Motoren bei allen größeren Untersuchungen generell gegen solche aus dem Tauschbestand der Ausbesserungswerke gewechselt, um damit Stillstandszeiten zu verkürzen und die Loks schnellstmöglich an den Betrieb zurückgeben zu können. Grundsätzlich bekamen die V36[1] und V36[4] dabei aber wieder MWM-, und die V36[2] wieder Deutz-Motoren. Die Ausnahmen von der Regel:

V36 107:
original MWM,
ab 23.03.59 Deutz-Motor
V36 150:
original MWM,
ab 06.11.58 Deutz-Motor.

Der Grund für die damit verbundenen, nicht geringen Zusatzarbeiten (Abänderungen an den Anschlüssen, Befestigungen, Bedienungseinrichtungen im Führerhaus, Ballastgewichte etc.) dürfte in den anfangs noch erheblichen Problemen mit den MWM-Motoren bei einer gleichzeitig großen Zahl von Deutz-Motoren im AW-Tauschbestand zu sehen sein. In beiden Fällen blieb es auch bei den nun einmal gewechselten Fabrikaten. Beide Loks liefen - ohne die ja eigentlich fällige Umnummerung in V36[2] - noch in den 70er Jahren mit Deutz-Motoren und wurden so auch ausgemustert.

Die Versuche mit Periflex- und Vulkankupplungen

... resultierten aus den Anfang der 50er Jahre bei den V36 gehäuft auftretenden Kurbelwellenbrüchen speziell an den MWM-Motoren[110]. Als Ursache für die kostspieligen Schäden wurde längere Zeit eine unzureichende Wirkung der zwischen Motor und Getriebe eingesetzten, schwingungsdämpfenden Voith-Maurer-Kupplung vermutet. Erst langwierige Untersuchungen der Bundesbahn ergaben Jahre später, daß die wirkliche Ursache doch wohl mehr in der minderen Material- und Fertigungsqualität der Kriegs- und ersten Nachkriegs-Kurbelwellen zu suchen war.

Die Aufgabe der zwischen Motor und Getriebe angeordneten Kupplung war es, die gefähr-

110 Siehe Seite 176

Helmut Säuberlich, Sammlung Peter Jauch

Eisenbahn und Schwebebahn:
In Wuppertal gab es Anfang der 50er Jahre interessante Begegnungen. Die V36 zogen damals Vorortzüge zwischen Wt-Elberfeld und Gevelsberg (Oberbarmen, 16.2.51).

lichen sog. „Drehschwingungen" soweit wie möglich zu dämpfen. Drehschwingungen machen sich besonders beim Durchfahren der kritischen Motordrehzahlen, z.B. beim An- und Abstellen des Motors (zu geringe Drehzahl) sowie im Übertourungsbereich (zu hohe Drehzahl) bemerkbar. Schon im Krieg hatte es über dieses Problem einige Diskussionen gegeben[111]. Weder eine verbesserte Voith-Maurer-Kupplung, noch eine alternativ verwendete Renk-Kupplung hatten die Schäden seinerzeit aber ganz abstellen können.

Nach dem Krieg, mit den Höchstbelastungen im Vorortverkehr, traten die Probleme natürlich erneut und verstärkt in Erscheinung. 1953 begann die Bundesbahn deshalb mit der Erprobung neuer drehelastischer Kupplungen, die auf längere Sicht die alte, schwere Voith-Maurer-Kupplung vollständig ersetzen sollte[112]. Erprobt wurden, neben einer abermals verbesserten Voith-Maurer-Kupplung, zwei Alternativ-Bauarten, und zwar

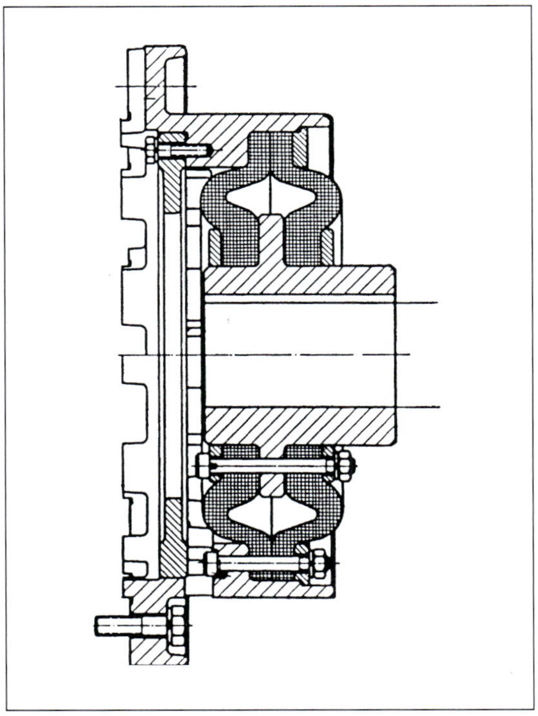

Mit neuer Technik gegen alte Probleme:
Auch die Vulkan-Flanschkupplung EZ140 konnte die Drehschwingungsprobleme der V36 nicht beseitigen.

die Periflexkupplung[113]
Hersteller: Stromag, Unna
Einbaujahre: 1953-1966
Einbauloks: V36 102 106 113 119 122 150
204 206 209-210 212-213 215-218
222-223 229-235 238 253 258-261
und 401 404 410 416 sowie

die **Vulkankupplung**
Hersteller: Vulkan Kupplungs- und Getriebebau, Wanne-Eickel
Einbaujahre: 1955-1968
Einbauloks: V36 108 114-115
201 206 209 217 226 229 235
252-253 255 257 und
402-403 409-410 414-416

Einige Loks hatten, wie die Aufstellung zeigt, erst Periflex- und dann Vulkankupplung bzw. umgekehrt. Ein durchschlagender Erfolg waren beide Bauarten allerdings nicht gerade. Zwar ergaben die Versuche zumindest für die Periflexkupplung durch ihr kleineres Gewicht gewisse Vorteile im Schwingungsverhalten. Dafür aber fiel diese Bauart durch raschen Verschleiß und geringe Lebensdauer auf[114], wie beispielhaft die Werkkarte des AW Nürnberg für die erste umgebaute Lok, V36 401, beweist:

---

111 Vergl. Kapitel „Betriebsbewährung und Bauartänderungen bis 1945", Seite 59
112 Jahresbericht BZA München 1954, S.31
113 Die Periflexkupplung mit Kardanwelle sollte außerdem Winkelfehler zwischen Motor (= Getriebe-Eingangswelle) und Blindwelle korrigieren; Zielke, Einflüsse, S.1259
114 BZA München, Versuchsbericht 109 - 1/54 v. 10.8.54; Schreiben BZA München 3612 Flmkup/1 v. 17.9.55

BAUARTÄNDERUNGEN V36 (3)

lfd.	Art der Bauartänderung	Einbau-Zeitraum	umgebaute Loks
45.	in der rechten Führerhauswand Ausschnitt mit Deckblech zum Auswechseln des **Führerbremsventils** angebracht	1958-1963	V36 002 (AW-Lok) 101 106-108 110-111 113-115 117 124 126 150 201 205 210 212 215 222 223 231-232 234-235 251 252 257 401-415 417 (alle ?)
46.	**Geräuschisolierung** durchgeführt mehrere Sonderarbeiten Kosten 1961: ca. 6000 DM	1960-1967	siehe Text Seite 217 (Erstausführung = V36 235)
	Motor:		
47.	Überlaufrohr am **Leckölbehälter** verlegt	1949-	alle V36
48.	verschiedene Verbesserungen an **MWM-Motoren RHS235S und RHS335S** vorgenommen, u.a. - Ventilatorbock verstärkt - obere kritische Drehzahl heraufgesetzt - Lichtmaschinenantrieb verbessert - Ölkreislauf geändert - Änderungen an der Schwungscheibe vorgenommen - Kurbelwellenlagerung verbessert - Reglergestänge abgeändert	1950-1955	V36 114 120 sowie alle V36^4
49.	**selbsttätige Motorabstellung** bei Schnellbremsung installiert	1950-1960	alle Wendezug- und Einmann-V36 (bei V36^4 ab Werk)
50.	Flanschbohrungen für **Motorbefestigung** vereinheitlicht		alle V36
51.	**Bosch-Einspritzdüsen** mit konischem Sitz eingebaut (Deutz V6M436)		alle V36^2
	Getriebe:		
52.	**Ölablaßhahn** am Getriebe entfernt und mit Rohrstopfen verschlossen	1949-	alle V36
53.	Ölschraube an der **Voith-Maurer-Kupplung** gesichert	1949-	alle V36
54.	hintere **Getriebe-Auflagerung** verbessert	1949-	alle V36
55.	Voith-Maurer-Kupplung durch **Periflex-Flanschkupplung** (Größe 30 bzw. 31) oder **Vulkankupplung** (EZ140) ersetzt Kosten 1961: 4234,22 DM (Periflexkupplung)	1953-1968	siehe Text Seiten 218-220
56.	Kupplungsschalen des **Voith-Getriebes** verstärkt	1957-1963	alle V36
57.	**Übertourungsschutz** mit Übertourungsventil Bauart Westinghouse Type 636 V3-03 angebaut	1959-1968	siehe Text Seiten 220-221
	Kühlanlage:		
58.	behelfsmäßige **Kühlerabdeckung** mit Stoff oder Holzlatten angebaut	1948-1949	V36 102 108 229 231 234 255 vermutlich weitere Loks
59.	**Dampfeinblasdüse** zum Vorwärmen des Motorkühlwassers eingebaut		alle V36
60.	**Kühlwasser-Ausgleichsbehälter** auf der Vorbauspitze aufgesetzt	1951-1952	alle V36^1 und V36^2 (bei V36^4 ab Werk)
61.	**fabrikneue GEA-Kühler** anstelle nicht mehr instandsetzungswürdiger Altbau-Kühler (Windhoff, Oberursel) eingebaut (Ersatzbedarf)	1948-1966	V36 002 101-102 104-108 111 113-114 117-118 120 124-126 150 201 204-207 210 214-216 220 222-223 226 231-235 237 251-253 255-258 260-261 401 403-404 409-417
	Bremsanlage:		
62.	neue **400-l/10-atü-Bremsluftbehälter** linksseitig (anstelle von ursprünglich 2x300 l, beidseitig) eingebaut Hersteller: Knorr-Bremse AG, München Martin Perr Metallbau, Rosenheim Allgaier Werkzeugbau, Uhingen	1951-1952 bis 1969 weiter als Ersatzbedarf	alle V36 (bei V36^4 ab Werk) Umbau im Rahmen der Sonderaktion Winterfestmachung bei MAK

- 13.07.53 M4
  Periflexkupplung eingebaut und Versuche
- 17.02.54 M0
  Periflexkupplung defekt; instandgesetzt
- 06.05.54 M2
  Periflexkupplung defekt; vollständig aufgearbeitet
- 27.09.54 M0
  Periflexkupplung defekt; instandgesetzt
- 16.05.55 M2
  Periflexkupplung defekt; instandgesetzt
- 18.08.55 M0
  Periflexkupplung defekt; instandgesetzt
- 06.06.56 M0
  Periflexkupplung defekt; Voith-Maurer-Kupplung eingebaut

Auch die zweite Versuchslokomotive, V36 113, vom 20.7.53 bis 12.1.55 mit Periflexkupplung ausgerüstet, und andere V36 wurden schon nach kurzer Zeit wieder auf Voith-Maurer-Kupplung zurückgebaut. Wenn letztlich dennoch eine stattliche Zahl von V36-Lokomotiven zumindest zeitweise Periflex- oder Vulkankupplungen hatten, dann erklärt sich das durch das häufige Tauschen der Teile im AW und durch reinen Ersatzbedarf für die allmählich schadhaft werdenden Altbau-Teile. Regelbauart blieb bis zuletzt aber die Voith-Maurer-Kupplung.

Der Einbau eines Übertourungsschutzes

... war der zweite Versuch, die Drehschwingungsprobleme bei der V36 in den Griff zu bekommen. Die oberen kritischen Drehzahlen lagen beim Deutz-Motor bei 685, beim MWM-Motor bei etwa 700 UpM, also jeweils nur wenig über der Höchstdrehzahl von 600 UpM. Bei voller Fahrt im Gefälle sowie beim Abschleppen der Lok konnte es deshalb vorkommen, daß die zulässige Geschwindigkeit von 60 km/h überschritten und die Lok quasi von den Achsen her bis in den kritischen Bereich übertourt wurde.

Um daraus zwangsläufig folgernde Schäden für Getriebe und Motor zu vermeiden, wurden ab 1960 zunächst 29, später noch einmal weitere fünf V36-Lokomotiven mit einem sogenannten „Übertourungsschutz" ausgerüstet:

V36 201 203-210 212-213 215-218 222 225-226 229-235 237 252-253 255-259 261

Zu Aufbau und Funktionsweise heißt es in der „Beschreibung und Bedienungsanweisung für den Übertourungsschutz“[115]:

Um bei Talfahrt beim Überschreiten der größtzulässigen Geschwindigkeit im Rangiergang und im Streckengang Schäden an den Sekundärteilen des Turbogetriebes und bei gefüllter Kupplung auch am Dieselmotor zu vermeiden, desgleichen bei falscher Einstellung der Stufen- und Wendeschaltung beim Abschleppen, haben 29 Lok V36 eine Übertourungsschutzeinrichtung. Sie besteht aus dem Übertourungswächter, der am Gehäuse des Turbogetriebes befestigt und über einen Schlauch mit der Hauptluftleitung verbunden ist. Der Übertourungswächter hat die Aufgabe, bei etwa 15 %iger Überschreitung der für den Rangier- und Streckengang zulässigen Höchstgeschwindigkeit die Hauptluftleitung selbsttätig zu entlüften und eine Vollbremsung auszulösen.

Umgerüstet wurden, wie die Loknummern zeigen, ausschließlich V36², deren Deutz-Motoren anfälliger für Übertourungsschäden waren, als die MWM-Motoren. Die V36 der BD Hannover, Münster, Frankfurt und (mit wenigen Ausnahmen) Wuppertal waren alle im Umbauprogramm enthalten. Dagegen gingen die BD Hamburg, Saarbrücken und die süddeutschen Direktionen bei dieser Aktion leer aus.

Interessant ist noch, daß bereits 1936 (!), bei der Konstruktion der späteren WR-Einheitslok, die Gefahr des Übertourens bei Talfahrten erkannt und auch diskutiert worden war[116]. Damals behalf man sich mit der einfachsten aller Lösungen: Einem kleinen Schild *„Größte Geschw. 60 km Std“* im Führerhaus als Warnung an den Lokomotivführer, die vorgeschriebene Höchstgeschwindigkeit nicht zu überschreiten.

Die Herabsetzung der Vmax auf 27/55 km/h

... war eine Entscheidung von ähnlicher Qualität. Nachdem alle Bemühungen um eine technische Lösung des Problems ohne den gewünschten Erfolg geblieben waren (auch der Übertourungsschutz hatte die Schwie-

---

115 Anlage 5 zur Drucksache 987301

116 Sitzungsbericht AGM v. 22.8.36

BAUARTÄNDERUNGEN V36 (4)

lfd.	**Art der Bauartänderung**	**Einbau-Zeitraum**	**umgebaute Loks**
63.	**Luftpresser** von der Schwungradseite auf die Lüfterseite des Motors verlegt; Grund: veränderte Platzbedingungen bei Loks mit Periflex- und Vulkankupplung	1954-1964	alle V36 mit Periflex- oder Vulkankupplung
64.	**Zweiter (400-l-) Hauptluftbehälter** eingebaut	1956-1966	siehe Text Seiten 207-208
65.	auf **Bremsklötze mit Kunststoffsohlen** umgebaut	1971-1973	V36 109-110 113 115 118-120 122-123 209-210 217 233 252 259 405-406 408-409 415-417
	Sicherheitseinrichtungen:		
66.	zwei **Handfeuerlöscher** Type KS (=Kohlensäureschnee) auf dem Führerstand bzw. auf dem Umlauf angebracht	1949-	alle V36
67.	wegabhängige **Sicherheitsfahrschaltung** (Sifa) Bauart BBC eingebaut Kosten 1961: 2800 DM	1955-1972	V36 101-102 104-120 122-124 150 201 203-210 212-223 225 226 229-238 251-253 256- 259 261 262 401-418
68.	**Induktive Zugbeeinflussung** (Indusi) Bauart Siemens J60SEL eingebaut; - Indusi-Magnet hinter der 3.Achse unter dem Führerhaus - Schaltgehäuse an der Führerhausrückwand zwischen den Heizkörpern	1970-1975	V36 108 110 115 118-119 122 202 225-226 231 234 256 261
	Anlaßluftanlage:		
69.	Entwässerung für die **Anlaßluftflaschen** geändert	1949-1953	alle V36 (bei V36 255-262 und V36⁴ ab Werk)
70.	Bruchplatten an den **Anlaßluftflaschen** durch Sicherheitsventile ersetzt		alle V36
71.	neue 250-l-**Anlaßluftflaschen** eingebaut (Ersatzbedarf) Hersteller: Ruhrstahl/Preßwerke Brackwede und Siebel GmbH/Freudenberg	1949-1972	V36 109-110 114 118 205 229 236 237 412 (weitere ?)
72.	**Anlaßluftanlage** verbessert a) wassergekühltes Ladeventil Bauart MWM bzw. MAK (für Deutz-Motoren) an Zylinder 1 eingebaut und durch Gestänge vom Führerstand aus fernbedienbar gemacht b) wassergekühlte Ladeluftleitung montiert c) Aufladeluftreiniger eingebaut mehrere Sonderarbeiten Kosten 1954: 725,43 DM	1951-1957	alle V36 (bei V36 262 und V36⁴ ab Werk)
	Licht- und Signalanlage:		
73.	**Rohre fürs Läutewerk** unter das Dach der Motorhaube verlegt Kosten 1953: 39,16 DM	1949-1956	alle V36
74.	gesamte **elektrische Anlage** auf 24 Volt umgestellt (zwei 12-Volt-Starterbatterien in Reihe) neue Batterie-Typen: - AFA 6EF9, 122 Ah - Fuhrmann und Varta, Kr.2301, 105 Ah - Hoppecke, 180 Ah Kosten 1953: 636,95 DM	1950-1964	alle V36 (bei V36 232-235 und V36⁴ ab Werk)
75.	zusätzlicher **Batterierahmen** für zweite 12-V-Batterie eingebaut	1950-1964	alle V36
76.	**neue Lichtmaschinen** für 24-Volt-Anlage eingebaut (verschiedene Fabrikate von Bosch)	1950-1964	alle V36
77.	Steckdosen und Leitungen für **Pwg- und Zugbeleuchtung** eingebaut Kosten 1954: 271,50 DM	1951-1955	V36 101-102 104-110 113-117 120 121 125 150 255 401-418
78.	Boschhorn und Pfeife durch **akustisches Dreiton-Typhon** (Makrofon; Bauart Zöllner TM 75/330 Hz) auf dem Führerhausdach ersetzt bei Loks mit Kanzel auf dem Vorbaudach montiert	1954-1960	alle V36
79.	**drittes Zugspitzensignal** eingebaut Kosten 1957: 289,55 DM	1956-1960	alle V36

Fortsetzung auf Seite 222

BAUARTÄNDERUNGEN V36 (4)

lfd. Art der Bauartänderung	Einbau-Zeitraum	umgebaute Loks
80. **Rangierfunk** eingebaut V36 417 = Erprobungslok	1957-	V36 002 (AW-Lok) 102 109 115 117 201 206 209 212 216-218 222 225-226 229 232-233 237 252-253 255 259 261 401-402 405-417
81. **Signalstützen** geändert und **Signallaternen** mit Rotlichtblenden ausgerüstet	1963-1966	alle V36
Wendezugeinrichtung:		
82. **Klingelanlage** für Wendezugbetrieb eingebaut a) ein Automat, zwei Steckdosen, Druckknopf und Leitungen für Klingelbetrieb b) zweite (durchgehende) Hauptluftbehälterleitung	1949-1953	siehe Text Seite 196 (bei V36 232-235 ab Werk)
83. **indirekte Wendezugsteuerung** eingebaut a) 15polige Steuerleitung verlegt b) Kommandogerät eingebaut A) Kommandogerät Hagenuk B) Kommandogerät Fabeg	1955-1959	 A) siehe Text Seite 196 B) V36 109
84. **direkte (elektro-pneumatische) Wendezugsteuerung** eingebaut a) 42polige Steuerleitung verlegt b) Motor- und Geriebesteuerung auf pneumatische Betätigung umgestellt	1955-1959	V36 208-210 225-226 229 238

Quellen: DV939c, AW-Werkkarten, Werkstattzeichnungen, Betriebsbücher, Unterlagen des BZA München, MaK,

Holzeinschlag bei Brilon-Wald: Die Wuppertaler V36 418 ist mit dem Kranzug des Gleislagers Opladen unterwegs. Keine (Ruß-) Gefahr also für die frisch gewaschene Wäsche auf der Leine (30.7.62).

CARL BELLINGRODT

rigkeiten offenbar nicht ganz beheben können), ordnete das BZA München mit Verfügung 37.3714 Zavt (B1) vom 27.5.63 zum Schutz des Getriebes eine generelle Neufestsetzung der Höchstgeschwindigkeit an. Zugelassen waren für die V20/V36 fortan nur noch 27 km/h im Rangiergang und 55 km/h im Streckengang. Irgendwelche technischen Eingriffe waren damit nicht verbunden. Von der Neuregelung ausgenommen waren lediglich Fahrten im Schlepp anderer Lokomotiven bei ausgehängten Kuppelstangen und Mittenstellung der Wendeschaltung.

Mit dieser Maßnahme wurde zumindest für den oberen Drehzahlbereich sichergestellt, daß die kritischen Umdrehungszahlen im Regelfall nicht mehr erreicht wurden. Betrieblich stellte die herabgesetzte Höchstgeschwindigkeit Anfang der 60er Jahre kein Problem dar.

Bis 1963 waren die meisten V36-Lokomotiven schon längst in untergeordnete Dienste abgewandert, wo die volle Geschwindigkeit ohnehin nur selten verlangt wurde.

Weitere Bauartänderungen

... gab es speziell in den 50er Jahren, aber auch danach noch, in großer Zahl. Die wichtigsten davon sind in der hier mehrseitig wiedergegebenen Übersicht tabellarisch zusammengefaßt und erläutert (S.216ff.). Auch die schon beschriebenen größeren Umbauten (wie Einmannbedienung etc.) wurden, um einen vollständigen Überblick zu geben, dabei zumindest noch einmal kurz erwähnt.

Bei den weitaus meisten Maßnahmen der „Bauartpflege" handelte es sich um die Anpassung der Kriegslok an die Erfordernisse der Bundesbahn bzw. an den jeweiligen Stand der Technik. Dazu gehörten etwa

- der Einbau von **Kühlerjalousien**,
- die Umstellung auf **24-Volt-Bordnetz**,
- der Einbau von **Notbremsventilen** und **Zeitwegschreibern** oder
- die beschriebene Umrüstung auf **Einmannbedienung**.

Weniger aufsehenerregend, aber für den täglichen Dienst auf der Lok nicht minder wichtig, waren andere Umbauten: Eine **verbesserte Führerhausbelüftung** z.B. (im Sommer kamen die Lokpersonale auf der V36 tüch-

CARL BELLINGRODT

Nebenbahnidyll im Weserbergland: V20 007 vom Bw Holzminden hat die Stichbahn nach Schönhagen bedient und macht jetzt im Bf. Uslar Pause. Der Gepäckwagen 130 625 ist ein alter Preuße und zum Güterzugbegleitwagen umgebaut (12.10.63).

tig ins Schwitzen!), **zusätzliche Tritte und Haltestangen** für den Rangierer, namentlich bei den Frankfurter Loks, die verbesserte Maschinenüberwachung durch **zusätzliche Kontrollinstrumente** sowie der in den 60er Jahren beginnende Einbau einer **Geräuschdämmung**.

Weitere Bauartänderungen betrafen fortentwickelte Sicherheitstechniken wie **Sifa** und **Indusi**. Die ab 15. Dezember 1959 gültige neue Signalordnung machte die Ausrüstung aller V36 mit einem **3.Zugspitzensignal** (Zg1) erforderlich.

In der Übersicht nicht enthalten sind die verschiedenen **Rückbaumaßnahmen**, die im Laufe der Jahre und Jahrzehnte das äußere Erscheinungsbild der V36 veränderten und aus der Wehrmachtmaschine eine unverwechselbare DB-Lok machten. U.a. wurden

- alle Ex-Schutz-Anlagen (Plattenschutz, Abgaskühler etc.) ausgebaut[117],
- die Winkelprofile an den Bahnräumern entfernt,
- die Läutewerke ausgebaut oder zumindest nicht mehr unterhalten,
- die Übergangsbrücken und Haltebügel für den Doppellokbetrieb entfernt sowie
- die Führerstandstüren vorn (zum linken Umlauf) und hinten (zur zweiten Lok) zugeschweißt.

Im Zusammenhang mit der sog. „Wintersicherung" (ab 1951) und dem Einbau der Geräuschisolierung (ab 1961) verschwanden mehr und mehr auch die für die V36 so typischen Kiemenbleche im Motorvorbau der Lok: Bei den Schiebetüren durch Aufschrauben glatter Bleche zum Verschließen der Luftschlitze (Wintersicherung) und bei den hinteren Flügeltüren durch komplett neue, mit Gummidichtungen versehene Blechtüren zur Verminderung des Vibrationslärms (Geräuschisolierung).

Einer liebenswerten Nachlässigkeit der Ausbesserungswerke ist es zu verdanken, daß in Einzelfällen einige kleine Wehrmachts-Relikte überlebten. So fuhr z.B. noch in den 70er Jahren die Kasseler 236 213-5 mit dem alten „WR360C14"-Schildchen auf beiden Führerhaus-Seitenwänden. Bei den V36 ohne Einmannbedienung blieb bis zuletzt die linke vordere Führerhaus-Stirnwandtür begehbar. Und auch Anfang der 80er Jahre hatten 236 102-0 und 236 405-7 zumindest noch Bügel und Klappbrücke, die an die alten Zeiten des Doppellokbetriebes erinnerten.

Einen leider sehr ernsten Hintergrund hatte der Ausbau der Bahnräumer-Querprofile. Am 30.9.1952 war es auf dem Bahnhof Neustadt (Holst) zu einem schweren Unfall gekommen. Ein Lokführer wurde dabei getötet. Der Mann hatte - so die damaligen Ermittlungen - versucht, bei laufenden Motoren ein Doppelgespann aus zwei Heiligenhafener V36ern zu entkuppeln. Dabei muß er versehentlich auch die Kardan-Steckwelle zwischen beiden Loks gedreht haben, so daß sich das Gespann in Bewegung setzte und auf eine Lübecker 24er auffuhr. Der Lokführer geriet unter die querliegenden Bahnräumerprofile und wurde zu Tode gequetscht.

Bauartänderungen bei der V20

Die „Bauartpflege" bei der V20 zeigte naturgemäß viele Parallelen zu der Entwicklung bei der größeren Schwesterlok V36. Mit Ausnahme der bereits ausführlich geschilderten Typen-Vereinheitlichung Anfang der 50er Jahre hat es bei der V20 keine wirklich auffälligen Bauartänderungen gegeben, die über das bereits bei der V36 Gesagte hinausgehen. Grundsätzlich fällt allerdings auf, daß die Umbauten in der Regel etwas später als bei der V36 erfolgten und häufig nur einen weitaus geringeren Teil des Bestandes erfaßten.

Erwähnenswert ist auch bei der V20 natürlich der Umbau auf **Einmannbedienung**. Insgesamt wurden 16 Loks entsprechend umgerüstet, darunter alle V20 der BD Hannover. Die Einzelnummern:

---

117 Schon 1954 lief keine einzige V36 mehr mit K-Anlage; dies führte übrigens auch dazu, daß die für den Betrieb mit Abgaskühler dimensionierte Kühlanlage das Motorkühlwasser zu stark herunterkühlte; besonders an kalten Tagen und bei geringer Einsatzleistung konnte mitunter nur mühsam die vorgeschriebene Betriebstemperatur von 70-75 Grad C gehalten werden; aus dem gleichen Grund fuhren die V36 meist auch im Sommer mit geschlossener Kühlerjalousie

BAUARTÄNDERUNGEN V20

Bauartänderungen im Rahmen der Instandsetzungsuntersuchungen (nach Verfg. EZA München 3616 Fklmö v. 12.3.49) sind nicht mehr gesondert aufgeführt.
Ebenfalls bereits ausführlich beschrieben und deshalb nicht noch einmal aufgelistet sind Änderungen, die im Zusammenhang mit den Umbauten von V22-Lokomotiven (Bauart DWK) in V20 standen.
Zahlreiche Bauartänderungen entsprachen denen bei der V36. In diesen Fällen konnten die Erläuterungen, um Dopplungen zu vermeiden, hier gekürzt werden.

lfd.	Bauartänderung	Einbau-Zeitraum	umgebaute Loks
	Aufbauten:		
1.	**Brennstoffvorräte** vergrößert a) von 270 (= AGM-) bzw. 300 (= DWK-Bauart) auf 400 Liter b) Zusatztanks auf dem Vorbau	1949-1953	 a) alle V20 b) V20 031
2.	**Führerhaus-Belüftung** durch vier Klappen im Dach verbessert	1955-1956	V20 002 038 039 051 052 058 059
3.	**Schiebetüren** abgesichert	1952-1953	V20 020 021 022
4.	**Sandkastenverschlüsse** nach innen verlegt	1952-1960	V20 001 002 037 040
5	**Auspuff** mit Funkenschutz versehen	vor 1952	V20 034 035
6.	**Klingelleitung** eingebaut	1950-1953	V20 006 007 021 040 041
7.	**Scheibenwischer** angebaut a) Führerhausfenster vorn b) Führerhausfenster hinten	1954-1962	a) V20 051-052 057 059 060 b) V20 006 041 051 057-058 060
8.	Motorvorbau durch **Leiteraufstiege** nachträglich begehbar gemacht a) Haubenleiter mit hohem Geländer b) Aufstiege links und rechts an den Führerhaus-Stirnseiten	 vor 1961	 a) V20 052 058 060 b) V20 053
9.	verschließbare **Leitersperre** an der Haubenleiter angebracht	1960-1962	alle Einheits-V20 V20 052-053 058 060
10.	**Schraubenkupplung** auf 20 to und **Hülsenpuffer** auf 35 to Zug- bzw. Stoßkraft verstärkt		alle V20
11.	verlängerte **Kraftstoff-Einfüllstutzen** angebaut		V20 005 020 034 036 051 053
12.	Grenzwertgeberanlage für **automatische Betankung** eingebaut	1975-1976	V20 001 034 039 051
	Fahrwerk:		
13.	**Tragfedernbünde** verstärkt	1950-1955	alle Einheits-V20
14.	**Ölfangschalen** angebracht	1952	V20 020
15.	**Schmiergefäßdeckel** an den Kuppelstangenlagern mit Verschlußstopfen bzw. -schraube versehen	1954-1956	alle V20
16.	**Antriebsstangen** von Massiv- auf Doppel-T-Stangen umgestellt		V20 039
17.	**Sandkästen** versetzt	1955	V20 059
18.	**Besandungsanlage** durch Einbau von Sandtreppen verbessert	1955-1966	V20 030 032 034 039 053
19.	**Blindwelle** genormt	1955-1962	V20 002 008 020-023 030-034 039 040 050 058 (alle ?)
20.	**Spurkranzschmierung** eingebaut	1956	V20 060
21.	**Achslagerführung** auf Urmaß gebracht	1960-1963	V20 005 008 021 030 039
	Führerstand:		
22.	Kienzle-**Zeitwegschreiber** eingebaut	1951-	alle V20
23.	**Kühlwasserthermometer** eingebaut	1953	V20 022
24.	**Führerbremsventil** versetzt	1953	V20 059
25.	Sekurit-**Sicherheitsfenster** im Führerhaus eingebaut	1953-1954	V20 021 032 033
26.	Dofa-**Führerstands- und Kühlwasserofenheizung** eingebaut	1955-1956	V20 030 036 051-060
27.	Lok auf **Einmannbedienung** umgebaut	1960-1967	V20 002 006-008 020-023 030-031 033 038 040 041 058 060
28.	Blechausschnitt für **Führerbremsventil** angebracht	1961-1962	V20 002 030 058
29.	**Geräuschisolierung** eingebaut	1962-1967	V20 002 058 060

AW Opladen, Sammlung Joachim Bügel

Mit Fett durch die engen bayerischen Kurven: Die Bayreuther V20 060 war die einzige V20 mit Spurkranzschmierung. Der dünne Hebel zwischen Blindwelle und Schmiergerät war der Pumpenantrieb

V20 002 006-008
020-023
030-031 033 038 040-041 und
058 060

Der Umbau vollzog sich auch hier in mehreren Stufen: 13 Loks im Umbauprogramm 1959 (Umbaujahre 1960/61), zwei Loks im Umbauprogramm 1962 (1962) und eine Lok als Nachzügler 1967. Alle Einmann-Lokomotiven entsprachen der Bauart Opladen, hatten also keineswegs Hochführerstände, wie es im DB-Merkbuch, Ausgabe 1963, fälschlicherweise heißt! Die auf Einmannbetrieb umgebauten Loks waren natürlich mit **BBC- Sifa** ausgestattet.

U.a. folgende Bauartänderungen wurden bei allen V20 durchgeführt:

- Vergrößerung der **Brennstoffbehälter** auf 400 Liter,
- Einbau von **Kühlerjalousien** und **Winterabdeckblechen,**
- Verstärkung der **Tragfedernbünde,**
- Einbau eines **Zeitwegschreibers,**
- Verstärkung der **Zug- und Stoßvorrichtungen,**

außerdem alle Dinge, die aus den strenger werdenden Sicherheitsvorschriften resultierten (**3.Zugspitzensignal**, **Feuerlöscher** etc.).

Geräuschisolierung erhielten noch drei Lokomotiven (V20 002 058 060), **Spurkranzschmierung** hatte nur eine Lok (V20 060). Indusi ist bei der V20 nicht bekannt.

Wie bei den V36 stellten sich auch bei den V20 recht bald Probleme mit einer (unter bestimmten Betriebsbedingungen) motorseitig zu hohen Belastung der Flüssigkeitsgetriebe ein. Als Ursache dafür wurden - neben den starken Drehschwingungen - zu schwache Kupplungsschalen am L33y-Getriebe festgestellt, was schon bei geringer Überschreitung der Höchstgeschwindigkeit zu erheblichen Schäden führen konnte. In einem Fall war im Sommer 1957 das Getriebe der Holzmindener V20 006 regelrecht auseinandergeflogen.

Als Sofortmaßnahmen - BZA Mü 3712 Bamsch v. 28.8.57 - wurden 1957, schon Jahre vor den ähnlichlautenden Anordnungen für die V36 also, die Maximalgeschwindigkeiten vorübergehend auf

- 25 km/h im Rangiergang bzw.
- 50 km/h im Streckengang

herabgesetzt, außerdem ein Verzicht auf die Getriebe-Schaltprobe verfügt (gleiches Zeichen v. 5.12.57). Nach Austausch aller Kupplungsschalen gegen solche höherer Festigkeit erfolgte 1963 dann, zusammen mit der V36, die Neufestsetzung der Höchstgeschwindigkeiten auf 27/55 km/h - was im Fall der V20 also eine Verbesserung darstellte.

Der **Rückbau** von Führerstandsstirntüren, Gleisräumern und Doppellokeinrichtung scheint bei den V20-Lokomotiven insgesamt etwas weniger konsequent betrieben worden zu sein. Zwar fuhr z.B. schon 1953 keine einzige V20 in der BD Hamburg mehr mit den Bahnräumer-Querprofilen. Die rückwärtige Führerhaustür samt Klappbrücke und Geländerbügel dagegen waren bei vielen Lokomotiven noch lange vorhanden und auch voll funktionsfähig, bei V20 006, 037, 041, 050, 057 und anderen sogar bis zur Ausmusterung.

Die V36 und die Neubauloks

In der zweiten Hälfte der 50er Jahre begann der Stern über den V20/V36 erstmals nicht mehr ganz so hell und strahlend zu leuchten. Grund dafür war der nun massiv einsetzende Strukturwandel in der Zugförderung, der zu allererst zwar die Dampflok, mehr und mehr aber auch die Altbaudieselloks der WR-Baureihen erfaßte. Immer modernere Lokomotiv- und Triebwagenbauarten eroberten die Schiene. Und mit ihnen wurden immer mehr auch die V20 und die V36 aus ihren anspruchsvolleren Einsatzfeldern verdrängt und in den Rangier- oder Arbeitszugdienst abgeschoben.

Die Neuentwicklung von Dieselloks und -triebwagen nach dem Krieg hatte bei der Bundesbahn bereits im März 1949 mit der Gründung des „Fachausschusses für Schienenfahrzeuge mit Verbrennungsmaschinen" begonnen. Ausgangspunkt dabei waren verschiedene Wirtschaftlichkeitsberechnungen, die für die Dieseltrakt-

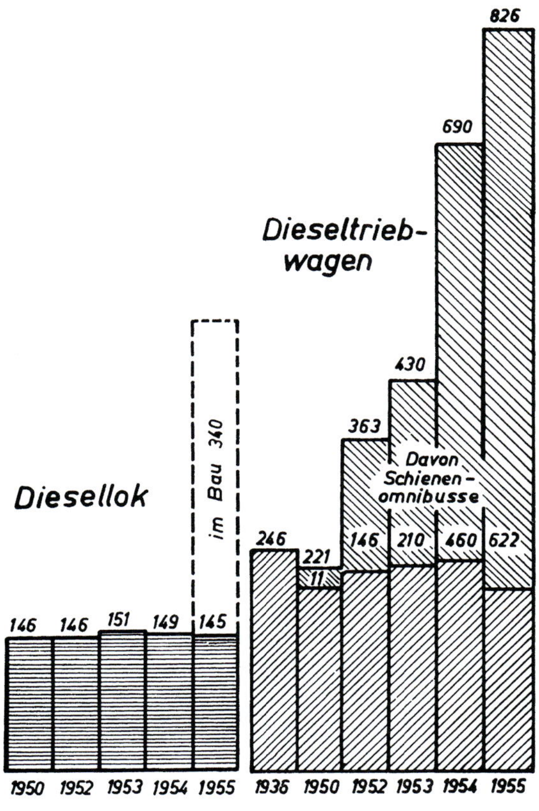

BAUARTÄNDERUNGEN V20 (2)

lfd.	Bauartänderung	Einbau-Zeitraum	umgebaute Loks
30.	**Rangierfunk** eingebaut		V20 002
	Motor:		
31.	neuer **MAK-Motor** MS24 eingebaut	1951-1955	V20 020-023 039 050
32.	**Ladeluftfilter** eingebaut	1957	V20 007
33.	**selbsttätige Motorabstellung** bei Schnellbremsung installiert	1960	V20 020 030 033 038 040
	Getriebe:		
34.	**neue Voith-Maurer-Kupplung** der Größe FDiAWZ eingebaut		V20 001
35.	Wendegetriebe auf **pneumatische Steuerung** umgestellt	1958	V20 006 020-023 030 033 041 051-056 059
36.	verstärkte **Kupplungsschalen** am Voith-Getriebe eingebaut	1957-	alle V20
	Kühlanlage:		
37.	**behelfsmäßige Kühlerabdeckung** aus Holzlatten angebaut	1948-1949	V20 022 023 038
38.	**Kühlwasserofenheizung** Bauart DWK eingebaut	1948	V20 056
39.	**Ackermann-Heizgerät** (2000 Watt) zum Vorwärmen des Kühlwassers eingebaut	1949-1954	V20 030 034 037 060
40.	neue **Behr- bzw. GEA-Kühler** eingebaut (Ersatzbedarf)	1950-1966	V20 002 030-032 038-039 058 059
41.	**Wintersicherung** mit Abdeckblechen für die Kiementüren und verstellbarer Kühlerjalousie Bauart MAK angebracht	1951-	alle V20
42.	verbesserte **Umlaufheizung** eingebaut	1961-1967	V20 005 032 034 050
43.	**Ausgleichsbehälter für Kühlwasser** auf der Vorbauspitze angebracht	1964	V20 030 031 033 040 050
	Bremsanlage:		
44.	neue **300-l-/10-atü-Hauptluftbehälter** eingebaut (Ersatzbedarf)	1955-1969	V20 002 022 030 037
45.	**zweiter 300-l-Hauptluftbehälter** ebenfalls unter dem linken Umlauf montiert	1956	V20 002
46.	Bremsklötze mit **Kunststoff-Bremssohlen** ausgerüstet	1972-1973	V20 007-008 033 040
	Sicherheitseinrichtungen:		
47.	wegabhängige **Sicherheitsfahrschaltung** (Sifa) Bauart BBC eingebaut	1958-1967	V20 002 006-008 020-023 030-031 033 038 040 041 058 060
48.	zwei **Handfeuerlöscher** (Type P12) angebracht a) auf dem Führerstand b) abweichend auf den Umläufen		 a) alle V20 b) V20 006 007 033 040 041
	Anlaßluftanlage:		
49.	auf **elektrischen Anlasser** umgebaut	1951-1955	alle V20 mit MAK-Motor
50.	**Luftflaschen** höher gelegt	1955	V20 059
51.	**Druckluft-Anlaßluftanlage** verbessert	1956-1958	alle V20 mit Deutz-Motor
52.	neue **120-l-Anlaßluftbehälter** eingebaut (Ersatzbedarf)	1969-1972	V20 034 037
	Licht- und Signalanlage:		
53.	gesamte **elektrische Anlage** auf 24 Volt umgestellt, inklusive zweiter Batterie und 24-Volt-Lichtmaschine	1950-1965	alle V20
54.	Boschhorn durch **akustisches Dreiton-Typhon** ersetzt	1952-1960	alle V20
55.	**drittes Zugspitzensignal** eingebaut	1956-1960	alle V20
56.	**Rangierfunk** eingebaut		V20 002
57.	**Signalstützen** geändert und Rotlichtblenden für **Signallaternen** eingebaut	1964-1966	alle V20

Quellen: DV939c, AW-Werkkarten, Betriebsbücher, amtliche Listen, Fotos

ion Kostenvorteile von 50 Prozent und mehr gegenüber der Dampflok versprachen[118]. Erwartet wurden

1. **geringere Betriebskosten**
bessere Ausnutzung der Loks, besserer Wirkungsgrad, Personaleinsparung durch Einmannbedienung,

2. **geringere Kosten für die Lokbehandlung**
kein Anheizen, Ausschlacken, Bekohlen etc., weniger Behandlungsanlagen, weniger Betriebswerke,

3. **geringerer Triebfahrzeugbedarf**
keine Betriebsunterbrechungen mehr für das Ergänzen der Vorräte, schnellere Abwicklung des Rangiergeschäfts, höhere spezifische Laufleistung

sowie geringere (zumindest aber nicht höhere) Ausbesserungskosten, bezogen auf den Laufkilometer. Einen breiten Raum in der Diskussion nahm außerdem naturgemäß die Frage ein, wo die Neubauloks und -triebwagen am günstigsten einzusetzen sein würden. Auch darüber wurden eingehende Untersuchungen angestellt[119].

Die größten Kosteneinsparungen waren danach im Rangierdienst zu erzielen, wo es zudem galt, viele ältere und leistungsmäßig besonders schlecht ausgenutzte Länderbahndampfloks zu ersetzen. Ferner wurden im Nebenbahnbetrieb (vor allem bei bezirksweiser Umstellung auf Dieseltraktion) sowie im Nah- und Regionalverkehr gute Ergebisse erwartet. Als durchaus konkurrenzfähig galten Dampflokomotiven dagegen noch im schweren Güterzug- und Schnellzugdienst. Insofern ist durchaus bemerkenswert, daß die Bundesbahn aus Image-Überlegungen trotzdem einen deutlichen Akzent ihrer Fahrzeugentwicklung in den frühen 50er Jahren auf den Fernreiseverkehr setzte.

Folgender Gesamtbedarf an Dieselfahrzeugen wurde ermittelt[120]:

2000 Diesellokomotiven
1000 Kleinlokomotiven
900 Schienenomnibusse
200 leichte Triebwagen und
30 Schnelltriebwagen

Auftragswert: Insgesamt rund 1 Milliarde Mark.

Der Fachausschuß, der sich mit der Umsetzung dieser allgemeinen Rahmendaten in technische Konstruktionen zu beschäftigen hatte, entwickelte daraus zunächst verschiedene Triebwagen-Bauarten und bis Anfang 1955 auch ein detailliertes Diesellok-Typenprogramm. Darin enthalten waren fünf Baureihen[121]:

1. Die **V60** mit 650 PS Nennleistung für den leichten und mittelschweren Rangier- und Übergabedienst (in Bau),
2. die **V100[10]** mit 1100 PS für den gemischten Nebenbahndienst (in Planung),
3. die **V160** mit 1900 PS für den leichten Reise- und Güterzugdienst auf Hauptbahnen (in Planung),
4. die **V200[0]** mit 2000 PS für den mittelschweren Hauptstreckendienst, vorzugsweise für leichte F-Züge (Vorserienloks schon geliefert) und
5. die **V320** mit 3800 PS für den schweren Reise- und Güterzugdienst auf Hauptbahnen (Entwicklung zurückgestellt).

Bereits in Betrieb waren zu diesem Zeitpunkt zehn Loks V80, die in erster Linie als Studienobjekt entwickelt worden waren und zur Weiterbeschaffung nicht vorgesehen wurden.

Allen Neubauloks gemeinsam war die Verwendung schnellaufender (und damit kleiner und leichter) Motoren, eine hydraulische Kraftübertragung sowie, mit Ausnahme der V60, der Antrieb über Gelenkwellen. Außerdem wurde aus Gründen der Ersatzteilhaltung eine weitgehende Baugleichheit wichtiger Großteile wie Getriebe, Motoren usw. mit den parallel dazu entwickelten Triebwagen angestrebt.

Diese auch später (bis in die 70er Jahre hinein) gültigen Baugrundsätze[122] waren in der Fachwelt keineswegs unumstritten. Besonders die Festlegung zugunsten des Hydraulikgetriebes stellte im europäischen und erst recht im weltweiten Vergleich einen vielbeachteten Sonderweg dar. Die Entscheidung war ein eindeutiger Vertrauensbeweis in die hydraulische Getriebetechnik und wäre ohne die guten Erfahrungen mit den alten Wehrmacht-Dieselloks wohl kaum vorstellbar gewesen. Die V20/V36 wurden so zum Wegbereiter und Schrittmacher für das größte Entwicklungsprogramm dieselhydraulischer Lokomotiven und Triebwagen in der Welt!

Nikolaus Gößl, seinerzeit Hilfsdezernent für Dieselloks im Bundesbahn-Zentralamt in München, hat in verschiedenen Aufsätzen Mitte der 50er Jahre sehr anschaulich beschrieben, wie Erfahrungen für die Konstruktion der Neubaudieselloks gesammelt und ausgewertet wurden; und auch, welchen Einfluß die V36 dabei genommen hat. So heißt es z.B. in einem Abschnitt zur Entwicklung der V60[123]:

> *Die lauftechnischen Erwartungen wurden durch die Praxis übertroffen, was der Verwertung der Erfahrungen mit den V36 zuzuschreiben ist. Es hatte sich gezeigt, daß es bei der Starrahmenlok auf die Einhaltung kleiner Achslagerseitenspiele und auf eine günstige Gewichtslage und -verteilung ankommt. Die geringen Achsspiele wurden durch Rollenlager und mit verschleißarmen Führungen erreicht, die richtige Gewichtsverteilung durch vergleichende Betrachtungen mit der V36 ermittelt.*

Daß die Konstruktion der neuen Universalrangierlok V60 nicht nur in diesem Punkt eng an die V36 anlehnte, läßt ein Vergleich der wichtigsten Hauptdaten erkennen (TABELLE 36). Neben dem Laufwerk (gleiche Achsfolge und gleicher Achsstand wie bei der V36[4]) war nahezu die gesamte Getriebegruppe der Neubaulok mit der der V36

118 U.a. Flemming, Strukturwandlung, S.502ff.; Pflug, Dieselfahrzeuge, S.1020ff.
119 Flemming, Strukturwandlung, S.505; Pflug, Dieselfahrzeuge, S.1019ff.
120 Pflug, Dieselfahrzeuge, S.1029
121 Friedrich, Typenprogramm, S.34
122 Ausführlich beschrieben bei: Gaebler, Nachkriegsentwicklung, S.1212ff.
123 Gößl, Dieselhydraulik, S.487

TABELLE 36: Bauartvergleich V60-V36

		V60	V36
Achsfolge/Antrieb		C-Stangen	C-Stangen
Dienstgewicht	to	48-50	40,0
Länge über Puffer	mm	10450	9200
Größte Breite	mm	3100	3100
Größte Höhe	mm	4250	3800
Radstand	mm	4400	3950/4400*
Treibrad-Durchm.	mm	1250	1100
Motor		Maybach	Deutz
Type		GTO6	V6M436
Anzahl der Zylinder		12	6
Leistung	PS	650	360
Drehzahl	UpM	1400	600
Getriebe		Voith	Voith
Type		L37z	L37
Bauart		W/K/K	W/K/K
Vmax	km/h	30/60	30/60

* = bei V36[4]

Quelle: DV939c

identisch. Das Kürzel „z" hinter der Voith-Typenbezeichnung L37 (später L37zUb[124]) weist lediglich auf eine verstärkte Bauform mit besserem Wirkungsgrad hin. Der Motor der V60 hatte mit zwölf Zylindern und 1400 UpM allerdings eine völlig andere Charakteristik als die alten Schiffsmaschinen aus der Wehrmachtlok.

Im DB-Neubauprogramm war die V60 die einzige Starrahmenlok mit Blindwellen- und Stangenantrieb. Aus Kostengründen zum einen, zum anderen aber auch aus ganz praktischen Erwägungen, wie es in der Niederschrift über die 7. Beratung des (inzwischen umbenannten) „Fachausschusses für Schienenfahrzeuge mit Brennkraftmaschinen" vom 25.6.54 und 7.7.54 in München bzw. Essen nachzulesen ist:

> *Der FachA hat sich über die im Betriebsprogramm genannten Punkte hinaus insbesondere noch mit der Wahl des Motors und des Getriebes sowie mit den Gründen befaßt, die zu der Entscheidung führten, eine 3-achsige Lok mit Stangenantrieb zu bauen. Der FachA hält es für richtig, daß, wenn gleichzeitig eine größere Stückzahl von Lokomotiven gebaut wird, die Konstruktion risikolos sein muß, d.h. daß mindestens die Hauptteile der Lokomotive erprobt und ihre Anordnung bewährt sein müssen. Daß bei dieser Forderung nicht in jedem Punkt der neueste Stand der Technik erreicht und aus Gründen der Billigkeit, Einfachheit und Robustheit nicht immer die optimale Lösung hinsichtlich Wirkungsgrad usw. gewählt werden kann, ist einleuchtend, aber auch unbedenklich.*

Drei Jahre später hieß es im gleichen Ausschuß noch einmal zusammenfassend[125]:

> *Hinsichtlich der Kraftübertragung entschied man sich für das Diesellok-Typenprogramm der DB auf Grund der guten Erfahrungen, die hinsichtlich der hydraulischen Getriebe im Rangierdienst bei der DB mit den ehem. 360 PS Wehrmachtlok V36 gemacht worden waren ..., für das hydrodynamische Getriebe. ... Um für die sofort anschließend an die Vorauslok zu bauende erste Großserie von über 250 Stück kein Risiko einzugehen,* [wurde] *das bei den V36 bewährte Voith-Getriebe L37 ... ausgewählt.*

Insgesamt wurde die V60 zwischen 1955 und 1963 in 942 Exemplaren für die Bundesbahn gefertigt[126], ab der dritten Bauserie allerdings schon mit neuen Zweiwandlergetrieben und teilweise auch mit anderen Motoren.

Das Diesellok-Typenprogramm von 1955 hat, wie wir heute wissen, in den nachfolgenden Jahren noch zahlreiche Veränderungen und Erweiterungen erfahren, die im Zusammenhang mit den V20/V36 aber nicht weiter von Interesse sind. Außerdem wurden in geringer Stückzahl - meist für spezielle Einsatzzwecke, wo eine eigene Entwicklung nicht lohnte - Sonderbauarten beschafft, bei denen sich die Bundesbahn im wesentlichen aus den Firmentypenprogrammen der Lokomotivhersteller bediente. Dazu gehören etwa

- die V65 (MaK) zur Erprobung der Beugniot-Gestelle,
- die V29 (Jung) für die 1000-mm-Schmalspurbahn Meckenheim - Mundenheim und
- die V11 (Gmeinder) für die schmalspurige Inselbahn Wangerooge.

BZA München, Sammlung Rudolf Heinisch

Der Nachfolger: Die V60 baute auf die Erfahrungen mit der V36 auf ... und machte dann zahlreichen Altbauloks das Feld streitig.

1959 erschien die erste Prototyplokomotive der neuen Köf III (Köf 10000 ff. bzw. 11000 ff.). Hier sind zum letzten Mal ausdrückliche Bezüge[127] zu den WR-Typen - in diesem Fall zur V20 - auszumachen. Nämlich durch die Verwendung des L33y-Getriebes von Voith. Schon ab der erweiterten Vorserie (Köf 11006 ff.; 1962) wurde allerdings auch die LgIII-Lok dann durchgängig mit moderneren Getrieben der Bauart L213U ausgerüstet.

Im Umbruch: Die 60er Jahre

Anfang der 60er Jahre wurde es ruhiger um die V20/V36. Die turbulenten Auf- und Umbaujahre waren vorbei. Besatzungsverkehr, Typenbereinigung und Rund-um-die-Uhr-Einsätze gehörten der Vergangenheit an. Und: Dieselloks im DB-Verkehr waren längst keine exotische Erscheinung mehr. Im Dezember 1960, pünktlich zum Jubiläum „125 Jahre deutsche Eisenbahnen", konnte die Bundesbahn bereits die 1000. Neubau-Diesellok in Betrieb nehmen.

---

124 Der Parameter „U" bezeichnet bildlich die Lage der An- und Abtriebsflansche (hier: auf der gleichen Gehäuseseite), das kleine „b" steht für Bundesbahnausführung; diese Kennzeichnung wurde erst 1956 eingeführt, bedeutet also keine Bauartänderung gegenüber der alten Getriebeausführung

125 Niederschrift 9./10. Beratung v. 3.-4.12.57 und 19.3.58

126 Erschöpfend bei: Bretschneider/Traube, Die Baureihe V60

127 Niederschrift 11. Beratung v. 30.1.58

Die V20/V36 bekamen diese Veränderungen gleich mehrfach zu spüren. In einstige Domänen wie dem **Vorortverkehr** waren Elloks, Akku-Triebwagen oder V100 eingebrochen. Den **Nebenbahnverkehr** beherrschten jetzt die in großen Stückzahlen beschafften ein- und zweimotorigen Schienenbusse. Und selbst im **Rangierdienst** wurde es mit jeder neu ausgelieferten V60 enger für die alte Wehrmachtlok.

Lediglich im **Wendezugbetrieb**, schon in den 50er Jahren das Aushängeschild der V36, hatte sich die WR-Type einige höherwertige Leistungen ins zweite Nachkriegs-Jahrzehnt hinüberretten können. In

- Bremerhaven (zwei Loks, Strecke Bremerhaven - Bederkesa),
- Frankfurt (drei bis vier Loks, auf den Nebenbahnen im Bereich Offenbach),
- Nürnberg (zwei Loks, Strecke Fürth - Cadolzburg) und in
- Wuppertal (vier Loks, Restbetrieb auf den Strekken Köln - Berg. Gladbach und Witten - Schwelm)

wurde noch immer mit den Wehrmacht-Dreiachsern gefahren. Die dabei erbrachten monatlichen Laufleistungen lagen zwar erheblich unter denen der 50er Jahre, waren mit durchschnittlich 4000-5000 km/Monat (Bremerhaven sogar bis 8000 km) aber noch immer beachtlich.

Sehr lange konnten sich die V36 hier aber nicht mehr halten. Schon mit Sommerfahrplan 1960 wurden die letzten vier Wendezugdienste in Wuppertal aufgegeben. 1962 endete der Wendezugbetrieb in Nürnberg. Danach dürften nur noch die sechs direkt gesteuerten V36^2 im Wendezugverkehr gelaufen sein, und zwar

V36 208 209
beim Bw Bremerhaven-Lehe und
V36 210 225 226 229
beim Bw Frankfurt-Griesheim.

Selbst die V36^4, einst ungekrönte Königin des Frankfurter Vorortverkehrs, war damit aus dem Personenzugdienst vollkommen verschwunden. Die letzten Planleistungen der Wendezug-V36 sowohl in Frankfurt, als auch in Bremerhaven lagen um die 200 km/Tag[128]. An beiden Orten endete der Wendezugverkehr mit Sommerfahrplan 1966.

Wie lautlos der Rückzug aus dem Personenverkehr vonstatten ging, belegen die jährlichen Berichte über den Zugförderungsdienst von Klingensteiner/Ebner in der Zeitschrift „Die Bundesbahn". 1961[129] benötigten die beiden Autoren gerade mal noch 1½ Zeilen, um den Einsatzalltag der V20/V36 zutreffend zu beschreiben: *„Meist Rangierdienst, kleinere Streckenleistungen, etwas Wendezugbetrieb"*. Das war's. Schon fünf Jahre zuvor - 1956 - hatte an gleicher Stelle[130] gestanden: *„Es ist beabsichtigt, diese* [mit höchstens 60 km/h; S.L.] *etwas ungünstig ausgelegten Diesellokomotiven immer mehr aus dem Zugdienst zu ziehen und im Verschiebedienst abzufahren"*.

Trotz der Einbußen im Reisezugverkehr gehörten die WR-Baureihen auch in den 60er Jahren noch nicht zum alten Eisen. Besonders im Rangierdienst auf den kleineren Bahnhöfen, wo häufig noch alte Preußen, Bayern oder Württemberger unter Dampf standen, sowie im Übergabe- und Nahgüterverkehr gab es hinreichend Rationalisierungbedarf. Neue, kleinere Standorte tauchen in den Stationierungsverzeichnissen auf, darunter Namen wie Aalen, Finnentrop, Fulda, Holzminden oder Jünkerath.

Streckenleistungen gab es nach wie vor besonders in Süddeutschland, so etwa

- beim Bw Bamberg (Forchheim - Ebermannstadt - Behringersmühle, mit V36),
- beim Bw Nürnberg Hbf (Roth - Greding, mit V36)
- beim Bw Bayreuth (Falls - Gefrees, mit V20) oder
- beim Bw Passau (Vilshofen - Aidenbach, mit V20).

Weiter im Norden waren Husum, Holzminden, Kassel oder Heiligenhafen noch mit Streckenleistungen vertreten. Unter dem Strich aber nahmen die Rangieranteile ständig zu und die durchschnittlichen Kilometerleistungen pro Lok mit jedem Fahrplanwechsel weiter ab.

Mit Stichtag 1.1.65 führten insgesamt 30 Betriebswerke WR-Loks im Bestand (1955 waren es acht Standorte mehr gewesen). Die durchschnittliche Bestandsgröße lag jetzt bei vier Loks (1955: gut drei). Nicht berücksichtigt sind bei dieser Rechnung allerdings dreizehn Loks V36, die 1962 an den Werkstättendienst abgegeben werden mußten.

Die Verteilung der V36 auf die einzelnen Direktionen - ebenfalls zum 1.1.65 - sah folgendermaßen aus:

V36^1	Karlsruhe	2	
	Kassel	5	
	München	8	
	Nürnberg	3	
	Stuttgart	3	
	Regensburg	1	
		3	= AW-Werkloks
V36^2	Hamburg	7	
	Hannover	14	
	Frankfurt	4	
	Mainz	2	
	Münster	2	
	Saarbrücken	1	
	Stuttgart	1	
	Wuppertal	9	
		5	= AW-Werkloks
V36^4	Frankfurt	12	
	Wuppertal	2	
		4	= AW-Werkloks

Nach wie vor ist die starke Konzentrierung der V36^1 im Süden, der V36^2 im Norden und der V36^4 in der BD Frankfurt zu erkennen. Neu gegenüber 1955[131] war die Stationierung von V36ern in den Direktionen Münster, Stuttgart und Regensburg sowie die Beheimatung von zwei V36^4 in der BD Wuppertal.

Auch innerhalb der Direktionen gab es auffällige Umschichtungen: So hatte z.B. die BD München 1955 noch fünf V36-Betriebswerke (Freilassing, Rosenheim, Mühldorf, Garmisch und München Bww). Zehn Jahre später war es nur noch eines (München Hbf). Ähnliches gilt für die BD Hamburg.

So gut wie keine Veränderungen zeigt die Direktions-Verteilung der V20 am 1.1.65:

V20^{Deutz}	Hamburg	6	
	Hannover	9	
	Essen	1	
		2	= AW-Werkloks
V20^{MAK}	Augsburg	1	
	Karlsruhe	1	
	Mainz	2	
	Münster	4	
	Nürnberg	1	
	Regensburg	3	
	Stuttgart	1	

Beide Baureihen - V20 wie V36 - waren zum Stichtag schon nicht mehr komplett, nachdem es 1962/63 die ersten Verkäufe von Lokomotiven an Klein- und In-

---

128 Klingensteiner/Ebner 1963/S.850, 1964/S.1038
129 Klingensteiner/Ebner 1961, S.1106
130 Klingensteiner/Ebner 1956, S.847
131 Vergl. Seiten 191ff.

Joachim Claus

Dieselbrummen im Odenwald:
V36 403 wartet mit P4673 in Reinheim auf die Abfahrt nach Dieburg. Angehängt ist eine lupenreine Steuerwagen-Garnitur mit VS145 182, 354 und 171. Im Odenwald fuhren die Frankfurter V36 damals auch noch Wendezüge (25.6.60).

Johannes Kroitzsch

Hochbetrieb an der Laderampe:
In Gießen übernahmen die V36 ab 1959 den gesamten leichten Rangierdienst im Personen- und Güterbahnhof. Gut zu sehen sind bei dieser Aufnahme die Entlüftungsklappen im Dach, die Rangierfunk-Antenne (auf dem Dach) und der zweite Bremsluftbehälter hinter dem Dofa-Ofen (November 1962).

Karl-Ernst Maedel/Eisenbahnstiftung

Neue Standorte:
Ab 1959/60 wurden einige der Frankfurter V36[4] auch beim Bw Hanau stationiert. Hier ist die Hanauer V36 401 mit einem kurzen Übergabezug im Bf. Frankfurt-Oberrad unterwegs. August 1960.

Ludwig Rotthowe

Nahgüterverkehr im Sauerland: Die Finnentroper V36 204 befährt mit einer Übergabe nach Rönkhausen die Lennebrücke bei Plettenberg (August 1961).

dustriebahnen gegeben hatte. Dazu mehr im folgenden Kapitel.

Die frühen 60er waren schließlich auch die letzten Jahre der großen Modernisierungen. Bei den V36, aber auch bei den V20 (Zahlen dafür in Klammern) wurden zwischen 1960 und 1968 in umfangreichen Programmen

- 34 (16) Loks mit Einmannbedienung,
- 24 (5) Loks mit Sifa,
- 57 (3) Loks mit Geräuschisolierung und
- 34 (-) Loks mit Übertourungsschutz

ausgerüstet. Dazu kamen - erst nach 1960 begonnene - kleinere Bauartänderungen wie der Einbau zusätzlicher Hauptluftbehälter, die Vergrößerung der Tankeinfüllstutzen oder die Änderung der Signallaternen.

Erste Verkäufe und Abgaben an den Werkstättendienst

Die bis dahin schwärzesten Jahre für die V20/V36 zeichneten sich ab 1960 ab, als - zusätzlich zu den laufenden Neulieferungen von Köf III, V60 und V100 - auch gleich mehrere, teils langjährige Stammstrecken der V20/V36 stillgelegt wurden und damit Einsatzräume verloren gingen. Allein in den Jahren 1960-63 endete der Personenverkehr u.a. auf folgenden Strecken:

- Vilshofen - Aidenbach / Ortenburg (zuletzt Passauer V20),
- Ebermannstadt - Heiligenstadt (zuletzt Bamberger V36),

30.000 Mark für eine V20: Anfang der 60er Jahre verkaufte die Bundesbahn etliche V20/V36 an private Anschließer mit hohem „Kundenwert". V20 022 ging an die Zuckerfabrik Dinklar.

Horst Troche

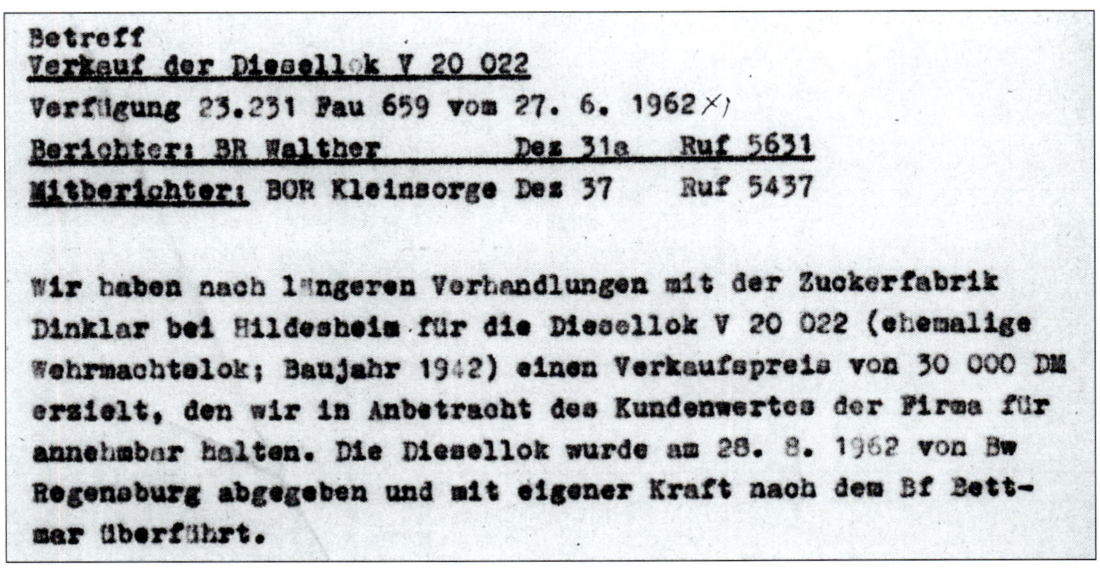

Betreff
Verkauf der Diesellok V 20 022
Verfügung 23.231 Fau 659 vom 27. 6. 1962 x)
Berichter: BR Walther Dez 31a Ruf 5631
Mitberichter: BOR Kleinsorge Dez 37 Ruf 5437

Wir haben nach längeren Verhandlungen mit der Zuckerfabrik Dinklar bei Hildesheim für die Diesellok V 20 022 (ehemalige Wehrmachtslok; Baujahr 1942) einen Verkaufspreis von 30 000 DM erzielt, den wir in Anbetracht des Kundenwertes der Firma für annehmbar halten. Die Diesellok wurde am 28. 8. 1962 von Bw Regensburg abgegeben und mit eigener Kraft nach dem Bf Bettmar überführt.

- Essen (Oldbg) - Löningen (zuletzt Oldenburger V36),
- Wuppertal - Velbert - Kettwig (zuletzt Wuppertaler V36),
- Rösrath - Lindlar (zuletzt Wuppertaler V36),
- Hörpolding - Traunreut (zuletzt Freilassinger V36) und auf der
- Inselstrecke Fehmarn mit Zubringern (zuletzt Heiligenhafener V36).

Weitere Loks wurden im Rangierdienst frei, außerdem nach und nach alle V36⁴ im Frankfurter Vorortverkehr.

Für die Bundesbahn ergab sich daraus ein plötzlicher Überhang an V20/V36, so daß ab 1962 mehrere Maschinen an private Interessenten, durchweg frachtstarke DB-Anschließer, verkauft wurden. Weitere Loks konnten - nach Ablieferung einer weiteren Großserie V60 - an den Werkstättendienst (als AW-Werkloks) abgegeben werden.

Verkauft wurden Anfang der 60er Jahre folgende fünf Maschinen:

V20 022:	31.07.62	an Zuckerfabrik Dinklar
V20 058:	25.11.63	an Hafenbahn Hildesheim
V36 116:	18.06.63	an Verkehrsbetriebe Grafschaft Hoya
V36 239:	14.06.62	an Bremervörde-Osterholzer Eisenbahn
V36 254:	19.12.63	an Midgard Nordenham[132]

außerdem, etwas später, aus dem Bestand des AW Opladen, die zuletzt dort als Werklok eingesetzte Vorserien-

V36 002:	20.09.66	an Verkehrsbetriebe Grafschaft Hoya

TABELLE 37:
Dieselloks im AW-Rangierdienst (Stand: 1.6.67)

AW	V20	V36	V45	Summe	Loknummer(n)
Darmstadt		1		1	V36 207
Duisburg-Wedau			1	1	V45 008
Frankfurt-Nied		1		1	V36 403
Hamburg-Harburg	1	1		2	V20 035 + V36 126
Hannover	1			1	V20 001
Kassel		1		1	V36 405
Köln-Nippes			1	1	V45 003
Krefeld-Oppum			1	1	V45 009
München-Neuaubing		1		1	V36 109
Neumünster		1		1	V36 220
Offenburg		1		1	V36 251
Oldenburg		1		1	V36 205
Opladen			1	1	V45 005
Paderborn			2	2	V45 004 + V45 010
Schwerte			1	1	V45 006
Schwetzingen		2		2	V36 101 + V36 404
Stgt- Bad Cannstatt		1		1	V36 415
Witten			1	1	V45 007
Summe	**2**	**11**	**8**	**21**	

Quelle: Beiblatt zu W 16.36 - Diesellok

V36 201	AW Göttingen	ab 20.03.62
205	AW Oldenburg	ab 01.04.62
207	AW Darmstadt	ab 01.10.62
220	AW Neumünster	ab 29.05.63
251	AW Offenburg	ab 28.06.62
V36 403	AW Ffm-Nied	ab 16.06.62
404	AW Schwetzingen	ab 18.07.62
405	AW Kassel	ab 27.08.63
415	AW Cannstatt	ab 07.02.62.

Peter Konzelmann, Sammlung Hansjürgen Wenzel

Vom Vorortverkehr in den Werksrangierdienst: V36 403 verschiebt zwei stolze Dampfrösser (23 096 und 44 532) im AW Nied (25.6.65).

Aus heutiger Sicht verwundert die Auswahl der Loks, handelte es sich doch zum größten Teil um bereits modernisierte Fahrzeuge, die zudem aus laufenden Nummernserien herausgenommen wurden. V20 022, V20 058, V36 002 und V36 116 z.B. hatten Einmannbedienung und Sifa. Die beiden V20 waren mit dem gerade erst zehn Jahre alten MAK-Motor ausgerüstet. Die V20 058 war eine der wenigen dieser Baureihe mit Geräuschisolierung.

Genaueres ist zu dieser Frage aus den erhalten gebliebenen Unterlagen nicht herauszulesen. Auch die Fristen der Loks waren - zumindest in den näher bekannten Fällen - nicht so, daß z.B. eine Hauptuntersuchung unmittelbar bevorgestanden hätte und der Verkauf von daher nahelag.

Die Abgabe von V36-Lokomotiven an den **Werkstättendienst** wurde mit HVB-Verfügung 21.212 Zlav 52 v. 29.6.60 angeordnet und war, wie bereits erwähnt, zeitlich an die Auslieferung der dritten Nachbauserie V60 (64 Stück) gekoppelt. In den näheren Ausführungsbestimmungen sind - je nach Planungsstadium - unterschiedliche Stückzahlen, Einzelnummern und Ziel-AW genannt. Von den ursprünglich geplanten 14 Loks wurden dann jedenfalls nur dreizehn in den AW-Dienst abgegeben, und zwar

V36 101	AW Esslingen	ab 28.08.62
109	AW Neuaubing	ab 07.04.62
111	AW Weiden[133]	ab 12.07.62
113	AW Esslingen	ab 27.04.62
	28.08.62 im Tausch gegen V36 101 zurück an Bw Aalen	
126	AW Schwetzingen	ab 29.06.62

Die Maschinen rekrutierten sich in etwa gleichmäßig aus den Direktionen Nürnberg und Wuppertal (jeweils drei), Frankfurt, Hamburg und Karlsruhe (jeweils zwei) und Hannover (eine). Ferner wurde die Baureihe V45 (ex SAAR) geschlossen vom Werkstättendienst übernommen[134], so daß mit einem Schlag zahlreiche der

132 In der Literatur werden verschiedentlich die Tonwerke Ponholz in Bayern als Käufer genannt; Lok war nie dort, ging direkt an Midgard

133 V36 111 war während ihrer gesamten AW-Dienst-Zeit offiziell beim Bw Weiden stationiert, wurde aber ausschließlich im Ausbesserungswerk-Dienst eingesetzt

134 Klingensteiner/Ebner 1961, S.1106

Kilometer-Millionäre und „lahme Kröten“

V36 229 umrundete 30mal den Erdball, V36 413 pendelte 1000mal zwischen Köln und Königsberg. V36 102 legte genauso viele Kilometer in ihrem Leben zurück, wie die (freilich nur wenige Jahre) ausschließlich im kilometerfressenden Fernreiseverkehr eingesetzte, moderne Schnellzugdampflok 10 001. Lok-Laufleistungen sind nicht nur etwas für die Statistik. Sie geben vielmehr auch einen Eindruck vom Leistungsvermögen selbst kleiner Rangierloks und sind Gradmesser für die Eignung und Bewährung einer Lok im Betrieb.

Angeführt wird die „Hitliste“ der Lebens-Laufleistungen bei den Bundesbahn-V20/V36 eindeutig von den in den 50er Jahren in den großen Vorortverkehren eingesetzten V36^2. Kaum eine der ex-Bremer oder ex-Wuppertaler Lokomotiven blieb in ihrer DB-Zeit unter 1 Million Kilometer. Spitzenreiter waren die heutige Museumslokomotive V36 204 und die schon 1976 mit Motorschaden ausgemusterte V36 209. Die übrigen V36^2 bewegten sich in der Mehrzahl bei 850.000 bis 950.000 km. Bemerkenswerte Ausnahme: Die auf Hochführerhaus umgebaute V36 238. Die Lok lief schlecht und kam bis zu ihrer Ausmusterung nur auf 774.000 km.

Die V36^4 (Frankfurter Vorortverkehr) war ähnlich erfolgreich wie die V36^2. Fast alle Lokomotiven erreichten die Ein-Million-Kilometer-Grenze oder blieben nur ganz knapp darunter. Laufkilometerstärkste Neubau-Lok war hier die V36 402, gefolgt von V36 401 und V36 406.

Die V36^1 fiel dagegen z.T. sehr deutlich ab. Nur die lange im Streckenbetrieb eingesetzten ex-Nürnberger und ex-Kasseler Loks konnten sich einen Platz im Klub der Kilometer-Millionäre erobern. Ansonsten lag der Schnitt zwischen 700.000 und 800.000 Kilometern. Die geringsten Leistungen brachten die V36 der BD München und die AW-Dienst eingesetzten Loks (alle Unterbaureihen) zusammen. Das Schlußlicht bildete V36 122 mit nur 487.000 km.

Bei den V20 waren die Kilometerwerte - der kleineren Maschinenleistung und dem deshalb auch kleineren Einsatzfeld entsprechend - geringer als bei der V36. Der Durchschnitt lag hier bei etwa 550.000 km. Erheblich mehr erreichten nur die zeitweilig im Streckendienst eingesetzten V20 040 und 041 (Bremerhaven-Lehe), V20 039 (Heiligenhafen) und die intensiv im Rangierdienst beschäftigte V20 002 (Oberhausen). Den Negativ-Rekord mit nur 320.300 km hielt V20 001. Der Einzelgänger der Wehrmachttype WR240B15 bereitete, wie schon an anderer Stelle beschrieben, im Betrieb viel Kummer und wurde deshalb lange Zeit in den AW-Dienst abgeschoben.

Auch bei den V20 mit MAK-Motor führen die AGM-Typen das Feld an, insbesondere die Regensburger Loks der Nummerngruppe V20 021ff..
V20 050 belegte einen guten Mittelplatz. Die DWK-Loks, ex V22, kamen nur in Einzelfällen über 500.000 km und bildeten nicht zuletzt deshalb die unwirtschaftlichste Bauartgruppe bei den V20.

LAUFLEISTUNGEN IM VERGLEICH
Baureihe V36

V36^1:

V36 113:	1.137.000 km	Nürnberg
V36 117:	1.029.000 km	Kassel
V36 102:	1.027.000 km	Nürnberg
V36 150:	937.000 km	Kassel
V36 125:	775.000 km	
V36 120:	569.000 km	München
V36 119:	542.000 km	München
V36 122:	487.000 km	München

V36^2:

V36 204:	1.400.000 km	Bremen
V36 209:	1.369.000 km	Wuppertal
V36 206:	1.360.000 km	Bremen
V36 226:	1.236.000 km	Wuppertal
V36 229:	1.205.000 km	Wuppertal
V36 202:	911.000 km	
V36 262:	856.000 km	
V36 255:	778.000 km	
V36 238:	774.000 km	Umbaulok

V36^4:

V36 402:	1.274.000 km
V36 401:	1.221.000 km
V36 406:	1.143.000 km
V36 413:	1.004.000 km
V36 408:	995.000 km
V36 410:	988.000 km

V36 als AW-Werklok:

V36 201:	1.102.000 km
V36 415:	1.044.000 km
V36 404:	859.000 km
V36 251:	626.000 km
V36 101:	620.000 km

Quelle: Betriebsbücher

LAUFLEISTUNGEN IM VERGLEICH
Baureihe V20

V20 mit Deutz-Motor:

V20 040:	778.000 km	Bremerhaven
V20 039:	776.000 km	Heiligenhafen
V20 002:	727.000 km	Oberhausen
V20 041:	701.000 km	Bremerhaven
V20 008:	595.000 km	
V20 033:	531.000 km	
V20 030:	416.000 km	
V20 001:	320.300 km	

V20 mit MAK-Motor:

V20 021:	745.000 km	AGM-Type
V20 020:	699.000 km	AGM-Type
V20 023:	441.000 km	AGM-Type
V20 050:	628.000 km	AGM-Type
V20 059:	629.000 km	DWK-Type
V20 057:	576.000 km	DWK-Type
V20 052:	473.000 km	DWK-Type
V20 056:	472.000 km	DWK-Type

Quelle: Betriebsbücher

Zum Schluß noch ein kleines Zahlenspiel:
Legt man eine mittlere Geschwindigkeit von 30 km/h zugrunde, dann war die laufstärkste V36 rund 5 ½ Jahre ununterbrochen (Tag und Nacht, ohne Tanken, ohne sonstige Betriebspause) im Einsatz. Die kilometerstärkste V20 wäre nach dieser Rechnung knapp drei Jahre ohne jede Unterbrechung gefahren.

AW Opladen, Sammlung Stefan Lauscher

Volles Haus im Ausbesserungswerk:
Anfang der 60er Jahre prägten noch die V36 den Arbeitsalltag im AW Opladen. In der Bildmitte V36 206, im Hintergrund V36 413. An der (unbekannten) Kanzel-V36 im Vordergrund ist sehr schön die Seilführung für die Kühlerjalousie zu erkennen.

bis dahin noch tätigen AW-Dampfloks abgestellt werden konnten. Die V45 liefen nur in den Ausbesserungswerken der GDW Essen, während sich die V36 auf die übrigen AW verteilten.

Alle V36 wurden, soweit noch nicht geschehen, vor Beginn ihres AW-Einsatzes auf Einmannbedienung Bauart Opladen umgebaut und mit Geräuschisolierung ausgerüstet. Drei V36[1] (V36 109, 111, 113) traten noch mit Kanzel an der neuen Wirkungsstätte an, wurden aber rasch auf Bauart Opladen umgerüstet oder gegen umgerüstete Loks getauscht.

Der Werksverschub in den Ausbesserungswerken blieb bis zum Ende der 70er Jahre ein zwar unscheinbares, aber auch unumkämpftes Einsatzgebiet der V36. Die Zahl der in diesem Bereich tätigen Lokomotiven schwankte meist zwischen fünf und zehn Maschinen. Auch V20 fanden im AW-Dienst Verwendung. Die genauen Einsatzdaten sind im statistischen Teil im Anschluß an die Bw-Stationierungen zusammengestellt.

Zwischen M4 und U2.8: Die Instandhaltung im AW

Grundlage für einen über viele Jahre möglichst störungsfreien Betriebseinsatz der V20/V36-Loks war natürlich eine regelmäßige und bauartgerechte Erhaltung im Ausbesserungswerk.

Diese Instandhaltung begann Ende der 40er Jahre unter außerordentlichen Schwierigkeiten, da nicht nur Ersatzteile und Werkzeug für die ehemaligen Wehrmachtlokomotiven fehlten[135], sondern auch jegliche Zeichnungsunterlagen. Zudem ließ die Kapazität der zu 80 Prozent kriegszerstörten VT- bzw. Kleinlok-RAW eine grundlegenden Instandsetzung nur in bescheidenen Grenzen zu. Bis über 1950 hinaus mußten deshalb viele M4-Untersuchungen im Rahmen sogenannter „Ausbesserungshilfen" im PAW MAK Kiel durchgeführt werden. Bei dieser Gelegenheit wurden auch bereits die ersten Umbauten vorgenommen (siehe Kapitel „Bauartänderungen").

Um zumindest mittelfristig zu einer geordneten Instandhaltung zu finden, wurden Ende der 40er Jahre, zusammen mit den nachgebauten V36, auch Tauschmotoren und -getriebe sowie Werkzeug und Zeichnungen für die Ausbesserungswerke beschafft.

Fabrikneue **Deutz**-Motoren V6M436 z.B. konnten aus Restbeständen (alte Wehrmachts-Aufträge) bei MAK in Kiel gekauft und u.a. in V36 231 (Instandsetzung 1948) und V36 239 (Umbau 1952 aus V36 001) eingebaut werden[136].

MWM lieferte 1950 nicht nur die 18 Motoren RHS335S für die Neubauloks V36[4], sondern auch neun weitere Maschinen gleichen Typs für den Tauschbestand der RAW.

Auch **Voith**-Getriebe wurden aus Reservebeständen der Wehrmacht billig erworben. Zusätzlich gab es 1947/48 aber auch diverse Neulieferungen (insgesamt 14 Stück) für die RAW.

Trotz dieser Fortschritte konnte von einer planmäßigen Erhaltungswirtschaft bei den Übernahmeloks lange Zeit noch keine Rede sein. Der Anteil schadhafter V20/V36-Fahrzeuge am Gesamtbestand lag z.B. 1950 noch bei 49 Prozent. In vielen Ausbesserungswerken wurde,

135 Vergl. Kapitel „Instandsetzung im EAW und PAW"
136 Kurios war vor allem die Geschichte des Deutz-Motors 778245/50: 1941 für Orenstein & Koppel gebaut; 1942 an DWK verlagert; nicht mehr eingebaut; die Holmag verkaufte ihn 1947 für 33.200 RM an die Reichsbahn; beim Ersteinbau in die V36 239 (1952) war der Motor zwar bereits elf Jahre alt, aber noch immer fabrikneu!

AW Opladen, Sammlung Stefan Lauscher

Präzisionsarbeit: In der Motorenabteilung des AW Opladen wird ein frisch untersuchter Deutz-Motor V6M436 wieder zusammengesetzt.

wie es seinerzeit im Jahresbericht über die motorisierte Zugförderung[137] formuliert war, regelrecht *„von der Hand in den Mund gelebt"*.

Die Zuständigkeit für die Erhaltung der ehemaligen Wehrmacht-Dieselloks wechselte mehrfach. Ursprünglich waren hier die RAW Bremen (für die Loks der Britischen Zone) und Nürnberg Rbf (für die der Amerikanischen Zone) in der Pflicht[138]. Bremen schied allerdings schon bald wieder aus. Dafür kam ab 1950 das EAW Opladen dazu, das bis dahin nur sporadisch Bedarfsausbesserungen und Instandsetzungsaufgaben mit übernommen hatte. In Nürnberg wurden in dieser Zeit etwa drei Diesel- bzw. Kleinloks wöchentlich ausgebessert.

Nach dem neuen Verteilungsplan lagen die Zuständigkeiten nunmehr

beim AW Nürnberg Rbf[139]
für alle V36 mit MWM-Motor ($V36^1$, $V36^4$),
für alle V20 mit MWM-, MAN- oder MAK-Motor sowie
(bis zu deren Ausmusterung bzw. Umbau)
für alle V15, V16, V20, V22 und V36 ($V36^3$) mit DWK-Motor und

beim AW Opladen
für alle V36 mit Deutz-Motor ($V36^0$, $V36^2$),
für alle V20 mit Deutz-Motor sowie
(bis zu deren Ausmusterung)
für die Splittertypen V16 100 und V22 100 (mit Deutz-Motor).

Unter geografischen Gesichtspunkten war diese Aufteilung durchaus sinnvoll, liefen die $V36^1$ und $V36^4$ doch überwiegend im süddeutschen Raum sowie im Gebiet um Frankfurt, während bei der $V36^2$ der Schwerpunkt im Norden lag.

Erneute Änderungen ergaben sich im Juli 1953: Im Tausch gegen die Neubau-Dieselloks V80 erhielt Opladen nun auch die Nürnberger V20 zugewiesen, und hatte damit also den gesamten V20-Bestand in der Erhaltung[140]. In Nürnberg verblieben zunächst nur noch die mit MWM-Motoren bestückten $V36^1$ und $V36^4$. Ab 1. Januar 1957 (Restabwicklung bis 31.3.57) lag schließlich die Zuständigkeit dann auch für diese Loks beim AW Opladen[141].

Die Schadgruppeneinteilung und Fristen für die V20/V36 waren nach den bis 1957 gültigen Unterhaltungsvorschriften (DV993 und DV948C/3) noch relativ übersichtlich. In Anlehnung an die Untersuchungsintervalle für Dampfloks und Wagen wurde zwischen

M0 = Bedarfsausbesserung
außerplanmäßig; in der Regel zur Beseitigung von Unfall- oder sonstigen Fahrzeugschäden,
M1 = Betriebsausbesserung (Fristarbeiten im Bw),
M2 = Zwischenausbesserung (spätestens nach 40.000 km),
M3 = Zwischenuntersuchung (alle 3 Jahre oder spätestens nach 80.000 km) und
M4 = Hauptuntersuchung (alle 5 Jahre)

unterschieden[142]. Folgende durchschnittlichen Ausfallzeiten für Untersuchungen und Ausbesserungen sind für das Jahr 1953 festgehalten[143]:

M0 = 24 Tage,
M2 = 41 Tage,
M3 = 46 Tage und
M4 = 51 Tage.

Den durchschnittlichen Kostenaufwand für die verschiedenen Untersuchungen und Ausbesserungen zeigt TABELLE 38.

TABELLE 38:
Durchschnittliche Kosten von AW-Ausbesserungen (in DM)

		1951	1952	1953	1954	1955
Bedarfsausbesserung	**M0**	9.352	11.304	8.094	10.817	13.423
Zwischenausbesserung	**M2**	24.793	19.662	20.615	14.888	19.920
Zwischenuntersuchung	**M3**	28.852	33.886	33.245	32.404	22.447
Hauptuntersuchung	**M4**	30.800	35.481	38.268	32.183	37.014

Quelle: Werkstatistik W67 Ausgabe 1955 Hauptteil

Erhebliche Schwierigkeiten und Zeitverluste entstanden anfangs durch die große Zahl verschiedener Ausführungsvarianten auch innerhalb der „Einheitslok"-Baureihen. Im Kapitel „Bestandsaufnahme: Die Wehrmachtlok nach dem Krieg" ist schon ausführlicher darüber berichtet worden.

Soweit möglich und wirtschaftlich vertretbar, wurden deshalb im Lauf der Jahre Motoren, Nachschaltgetriebe, Bremsen, Lager und andere Ausrüstungsteile vereinheitlicht; der erwähnte Austausch der nur in geringer

137 Jahresbericht motorisierte Zugförderung 1950, S.3
138 W16 (ML), Stand v. 25.12.48
139 Ab 1.3.53 nur noch als AW Nürnberg (ohne Zusatz Rbf); Benoist/Wilczek, AW Nürnberg, S.11
140 HVB 27.274 Fulm 24 v. 2.7.53
141 HVB 27 A 274 Flm/V2 v. 28.12.56
142 Schiefer, Erhaltung, S.61; RZA Mü 3720 Bblmö v. 15.1.48
143 Werkstättenstatistik W67, Ausgabe 1957/Hauptteil, S.71; in diesen Zahlen sind allerdings auch die wenigen übrigen seinerzeit schon vorhandenen Dieselloks (V80, V188) enthalten

Stückzahl vorhandenen MWM-, MAN- und DWK-Motoren bei der V20/V22 gegen neue, marktgängige MAK-Maschinen war hier nur die auffälligste Maßnahme.

Mit großem Geldaufwand mußten z.B. auch die in den Herstellerwerken nur jeweils eingepaßten, nicht aber mit genau festgelegten Toleranzen gefertigten Blindwellenlagergehäuse normiert und unter Verwendung von Bohrschablonen auf ein genaues Maß gebracht werden. Allein dadurch konnte der Arbeitsaufwand für den Einbau einer Blindwelle von bis dahin 201 auf 35 Arbeitsstunden gesenkt und die Ausbesserungsdauer einer V36 um volle vier Lokomotivtage reduziert werden[144]. Ähnliches galt für die zunächst noch nicht vereinheitlichten Flanschbohrungen für die Motorbefestigungen. Auch das Tauschverfahren für alle Großbauteile (besonders Motor und Getriebe) wurde weiter ausgebaut und verfeinert, um die V20/V36 noch schneller an den Betrieb zurückgeben zu können.

Mitte 1957 traten neue *„Richtlinien für die Erhaltung und Unterhaltung von Brennkrafttriebfahrzeugen"* in Kraft[145], die die bis dahin im wesentlichen an festen Zeitfristen orientierten Untersuchungsintervalle aufhoben und durch ein kompliziertes Mischsystem von Laufkilometergrenzwerten und flexiblen Rahmenfristen ersetzten. Auch die Instandhaltungsstufen wurden in Teilen neu definiert:

Die **M0** (Bedarfsausbesserung im AW) und
die **M1** (Unterhaltung/Fristarbeiten im Bw) blieben unverändert,
die **M2** wurde zur *„Untersuchung"* (bisher M4, Hauptuntersuchung) aufgewertet und
die **M3** als eine Art „große M2" durch den Punkt „Auffrischung des Fahrzeugkastens" ergänzt.

TABELLE 39:
Laufleistungen zwischen zwei M4-Untersuchungen

	1953	1954	1955	1956	1957
V20	-	153.000	186.000	213.000	-
$V36^1$	-	-	275.000	234.000	295.000
$V36^2$	259.000	307.000	362.000	388.000	269.000
$V36^4$	271.000	260.000	-	368.000	-

Quelle: Werkstatistik W67 Ausgabe 1957 Anhang

Gut zu sehen sind die hohen Laufleistungen der $V36^2$, bedingt vor allem durch die Wendezugverkehre in Bremen und Wuppertal. Die $V36^4$ (Vorortverkehr Frankfurt) liegen ähnlich gut, während die $V36^1$ und natürlich die V20 merklich abfallen. Das gleiche Mißverhältnis zeigt sich bei den Erhaltungskosten (TABELLE 40).

TABELLE 40:
M4-Kosten - ohne Sonderarbeiten - (in DM)

	1953	1954	1955	1956	1957
V20	-	25.198	28.387	22.307	-
$V36^1$	-	-	42.791	50.988	80.272
$V36^2$	30.840	30.959	27.568	27.853	31.960
$V36^4$	46.092	41.087	-	52.696	-

Quelle: Werkstatistik W67 Ausgabe 1957 Anhang

Die Lok mit der geringsten Laufleistung, die $V36^1$, war also zugleich die in der Instandhaltung teuerste. Noch deutlicher wird das, wenn man die Kosten einer M4 (alt) auf die Laufkilometer umrechnet: Für die HU einer $V36^1$ war danach dreimal soviel zu zahlen wie für eine $V36^2$ und noch 1½mal soviel wie für eine $V36^4$!

Zumindest auf dem Papier gab es auch weiterhin eine M4 (jetzt: Untersuchung mit Zusatzarbeiten bis hin zur Grundüberholung) sowie zeitweilig auch eine M5 (Untersuchung mit Grundüberholung und Umbau). M4- und M5-Untersuchungen sind bei den Wehrmachtlokomotiven nach 1957 aber nicht mehr durchgeführt worden.

Als Untersuchungs-Intervall wurden jetzt vier Jahre vorgeschrieben. Die Frist konnte, je nach Zustand des Fahrzeugs, jedoch zweimal um je ein Jahr verlängert werden (maximal also sechs Jahre). Außerdem bestand die Möglichkeit, verschieden hohe Laufleistungsgrenzen bzw. Laufleistungsrichtwerte für Fahrzeug und Hauptbauteile festzulegen. Bei den V20- und V36-Lokomotiven lagen sie für Fahrzeug, Motor und Getriebe allerdings zunächst einheitlich bei 150.000 Kilometern.

AW Opladen, Sammlung Joachim Bügel

Fehlende Knautschzone: V36 237 vom Bw Delmenhorst hatte es bei einem Unfall 1956 arg zerrupft.

Hintergrund für die Neufassung von Schadgruppen und Laufleistungsgrenzen waren Erfahrungen, die auch bei den V36 gemacht wurden. Während nämlich einige Loks im Betrieb außerordentlich belastet waren, und (bei reiner Zeitfrist) auch über den wirtschaftlich günstigsten Untersuchungszeitpunkt hinaus im Einsatz blieben, wurden andere, geringer belastete Loks im Grunde zu früh (also früher, als vom Verschleiß her notwendig) dem AW zugeführt. TABELLE 39 zeigt diese Diskrepanz.

In den 60er Jahren änderte sich in der Unterhaltung zunächst nicht viel. Das AW Opladen besserte nach wie vor alle V20 und V36 aus (insgesamt über 100 Loks), dazu die drei Schmalspur-V29, Kleinloks, Stra-

144 Zielke, Einflüsse, S.1258f.
145 Vom 15. Juli 1957; ausführlich: Staufer, Erhaltung, S.1244ff.

CARL BELLINGRODT (3)

Foto-Klassiker: Carl Bellingrodt pflegte bei seinen Lok-Porträts die klassischen Aufnahmepositionen von vorne, hinten, seitlich, links schräg von vorn etc.; bei einem Fotostreifzug ins Bw Wuppertal-Steinbeck traf er am 20.9.54 auf V36 208 und V36 257.

ßenfahrzeuge und - ab 1957 - auch ET30 und Elektrolokomotiven.

Größere Verschiebungen gab es erst wieder Mitte 1969. Im Zuge einer Neuordnung im Werkstättenwesen wurde Opladen reines Ellok-AW. Die Erhaltungszuständigkeit für die V20/V36 ging per 1. Juni 1969 an das AW Bremen über. Dabei blieb es auch bis zum Auslaufen der Lokgattung. Die Laufkilometergrenz- bzw. richtwerte für Fahrzeugteile und Motoren lagen zuletzt bei nur noch 125.000 km.

Unverändert war bis zur Ausmusterung die Zeitfrist von 4 + 1 + 1 = 6 Jahre. Die Schadgruppen hießen mittlerweile U0 bis U3. Spätestens ab Dezember 1972 durften statt Hauptuntersuchungen nur noch sogenannte „Auslaufuntersuchungen" (U2.8; vereinfachte Revisionen vor dem letzten Instandhaltungsabschnitt) durchgeführt werden. Bei größeren Schäden waren die Loks auszumustern.

Lokführer erzählen

Bei der DB wurden nach Kriegsende etwa 100 Diesellokomotiven der Wehrmachtsbauart übernommen, die 360 PS und 60 km/h Höchstgeschwindigkeit aufweisen. Während sie im Rangierdienst der Wehrmacht kaum Abnützungen zeigten, stellten sich die Grenzen der Verwendbarkeit bei der DB sehr schnell heraus, da sie dort auch für den Streckendienst eingesetzt wurden, dem das Laufwerk nicht gewachsen war. Dagegen konnte man erkennen, daß die dort verwendete Kraftübertragung für den Rangierdienst sehr geeignet war, so daß sie nach einigen erfahrungsbedingten Änderungen hohe Laufleistungen ohne Ausbesserungen zu erreichen versprachen. Die Lok rangiert weich und zügig und ist sehr anpassungsfähig.

So beschrieb Nikolaus Gößl vom Bundesbahn-Zentralamt München 1955 in einem Aufsatz für die „Eisenbahntechnische Rundschau"[146] die Erfahrungen der DB nach knapp einem Jahrzehnt V20/V36-Einsatz. Die ehemaligen Wehrmachtloks waren damals schon nicht mehr der allerneueste Schrei, die ersten V60 gerade in der Auslieferung, V80 und V200 bereits einige Zeit in Betrieb.

Und die „Meister" auf den Loks? Für sie waren die alten Kriegsmaschinen meist die erste Begegnung mit der neuen Traktion, fühlbarer Fortschritt zwar gegenüber der körperlich häufig anstrengenden Arbeit auf der Dampflok, aber eben auch nur Zwischenstation auf dem Weg zu den weitaus komfortableren Neubau-Dieselloks der Nachkriegsgeneration. Die Lokführer, die teils jahre-

146 Gößl, Dieselhydraulik, S.486f.

und jahrzehntelang auf den V20/V36 ihren Dienst versahen, kannten Macken und Vorzüge dieser Loks besser als alle anderen. Aus vielen Gesprächen und Briefkontakten zu ehemaligen V20/V36-Fahrensleuten hier deshalb einige Stimmen.

So schreibt Lokführer Wilhelm Kronenwitter, von 1953 bis 1962 in Konstanz auf der V36 251 eingesetzt:

Die V36 wurde seinerzeit von den Lokführern gerne gefahren, da sie in Konstanz die erste im Rangierdienst eingesetzte Diesellok war. Dies war natürlich gegenüber der Dampflok eine wesentliche Erleichterung für das Lokpersonal. Es war ein sauberer Dienst, da das Kohlenfassen, Feuerreinigen, Wasserfassen wegfiel und körperlich nicht so anstrengend war.

Da seinerzeit noch keine Funkverständigung zwischen Rangierleiter und Lokführer eingeführt war, mußte man auf hör- und besonders sichtbare Zeichen des Rangierleiters achten. Dies erforderte, daß der Lokführer bei Beginn der Rangierbewegungen den Kopf draußen haben mußte und dann das Umschalten des Wendegetriebes dem Beimann durch Klingelzeichen zu verstehen gab. Das waren eben noch die Anfänge der Motorisierung.

Der Geräuschpegel war sehr hoch, besonders beim Anfahren oder beim Luftpumpen. Wenn z.B. Güter- oder auch ausnahmsweise Personenzüge mit Bremsluft gefüllt werden mußten, reichte meistens die im Hauptluftbehälter vorhandene Luft nicht aus, die Züge in kürzerer Zeit aufzufüllen. Hier mußte dann das Füllventil für das hydraulische Getriebe in Nullstellung gebracht und die Motordrehzahl bis zur Nenndrehzahl erhöht werden, damit der vom Motor angetriebene Bremsluftkompressor die notwendige Bremsluft beibrachte.

Für die seinerzeitigen Verhältnisse war die V36 sehr zuverlässig.

Ähnliche Erfahrungen hat Friedrich Hiller gemacht. Er war Lokführer auf der V36 413 beim Bw Friedberg:

Der zuverlässige Motor der Lok war leistungsfähig (Vergleich Dampflok Baureihe 74). Überlastbarkeit wegen erhöhter Kühlwasser-, Motor- und Getriebeöltemperatur kaum möglich, konnte von Hand geregelt werden.

Die Bedienung der Lok war einfach, Sicht bei Rückwärtsfahrt ideal, bei Vorwärtsfahrt durch Motorvorbau gehindert. Bei Streckenfahrt Beimann erforderlich wegen Sicht (ungesicherte und unbewachte Bahnübergänge). Geräuschpegel sehr laut, leichtes Vibrieren bei Motorlauf, Rangierfunk kaum hörbar.

Vorteil: Wartung der Lok wesentlich geringer gegenüber der Dampflok. Nachteile: Dofa-Ofen zum Motorvorwärmen und -warmhalten mit Koksfeuerung. Luftanlasser. Führerstandsheizung im Sommer sehr heiß, im Winter sehr kalt. Der Dienst war auf der V36 körperlich leichter und sauberer als bei der Dampflok, jedoch wegen des lauten Geräusches und Dieselgeruchs nicht sehr beliebt.

Franz Stöckner war Hauptlokführer beim Bw Hanau und fuhr dort lange Jahre auf der V36:

Nach meiner Erfahrung war die V36 im Vergleich zur Dampflok sehr positiv: Keine lange Vorbereitung, viel sauberer, beim Rangieren bessere Sicht (kein Dampfnebel beim Anfahren), weniger Arbeit beim Abölen, keine so starke Verschmutzung der Kleider usw., Abschlußzeiten viel kürzer. Nachdem die ersten V36 bei uns zum Einsatz kamen, wollte keiner mehr auf der Dampflok fahren.

CARL BELLINGRODT

Laut aber zuverlässig: Die Lokführer lobten die Leistungsfähigkeit der V36. Schwachpunkte waren der hohe Geräuschpegel und der zu klein geratene Bremsluftkompressor (Wt-Steinbeck, 20.9.54).

Von der Zuverlässigkeit her kann ich nur Gutes berichten. Solange die Belastung sich in Grenzen hielt, war die V36 auch leistungsfähig. Wurde die Last, die man anhing, höher, ging die Fahrgeschwindigkeit stark zurück. Aber stehen gelassen hat die V36 nichts. Beim Abfahren von Truppenzügen aus der US-Kaserne nach Wolfgang z.B. wurden vorher zwei Dampfloks gebraucht, 74 und 55 oder 50er. Das Anfahren war sehr schwierig (Schleudern). Belastung etwa 1000-1500 Tonnen. Die Ausfahrt lag in einem Gleisbogen und in einer Steigung. Mit der V36 wurden die Züge mit derselben Belastung allein gefahren mit etwa 10-15 km/h. Aus dem Hanauer Hafen wurden Kohlezüge bis zu 1550 Tonnen gefahren.

Reparaturbedürftig war die Lok nicht. Ich selbst habe einen Aufstoß von Wagen auf die Lok mit etwa 20-25 km/h erlebt. Als Schaden konnten wir nur um 30-40 cm verschobene Ladeluftflaschen feststellen. Auch bei einer genauen Untersuchung wurden keine weiteren Schäden festgestellt. Der Geräuschpegel war zu Anfang sehr laut, erst nach einer weiteren Dämmung etwas verbessert, aber immer noch sehr laut.

FRANZ STÖCKNER

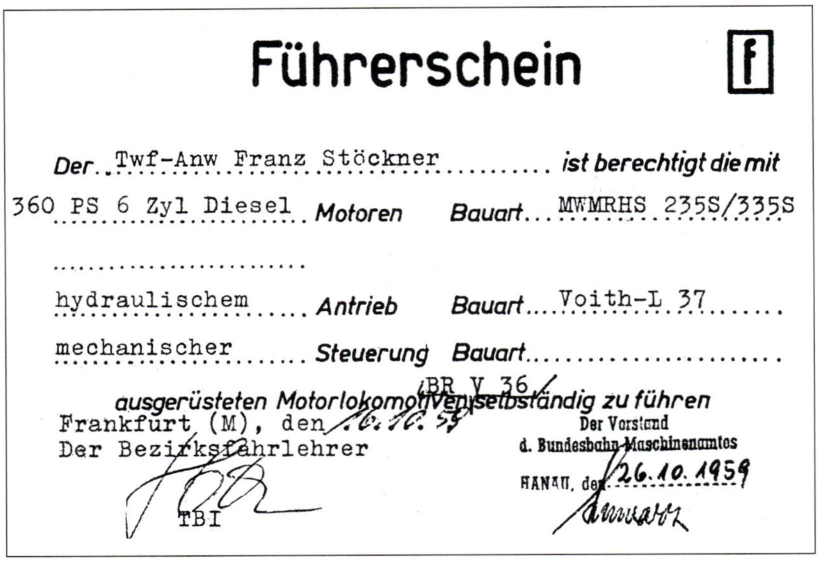

Führerschein [f]

Der..Twf-Anw Franz Stöckner.......... ist berechtigt die mit

360 PS 6 Zyl Diesel .... Motoren Bauart...MWMRHS 235S/335S

....

hydraulischem..................... Antrieb Bauart....Voith-L 37........

mechanischer........ Steuerung Bauart.......................

BR V 36

ausgerüsteten Motorlokomotiven selbständig zu führen

Frankfurt (M), den 16.10.59

Der Bezirksfahrlehrer

TBI

Der Vorstand
d. Bundesbahn-Maschinenamtes

HANAU, den 26.10.1959

Führerscheinklasse XXL: Die V20/V36-Lokführer bekamen ihre Fahrberechtigung noch ordentlich bescheinigt.

Bei der Übergangszeit von Dampflokomotive zur Diesellok wollten alle gerne die V36 fahren. Nachdem die ersten V60 und V100 ausgeliefert waren, ließ die Begeisterung an der V36 dann aber merklich nach.

Neue Nummern

Um die Möglichkeiten der elektronischen Datenverarbeitung auch bei der Verwaltung ihrer Fahrzeuge nutzen zu können, mußte die Bundesbahn - wie zahlreiche andere europäische Bahnverwaltungen auch - Ende der 60er Jahre das bisher gebräuchliche Nummernsystem aufgeben und eine neue, computergerechte Kennzeichnung der Triebfahrzeuge einführen. Entsprechend den Empfehlungen der UIC (Union Internationale des Chemins de Fer) wurden dabei zwei dreistellige Zahlengruppen mit nachgestellter Kontrollziffer vorgesehen.

JOHANNES GLÖCKNER

Das Computerzeitalter beginnt: 1968 erhielten die DB-Fahrzeuge nochmal neue Nummern. Für die V36 gab es auch diesmal keine Lokschilder, sondern nur Klebe - oder Schablonenziffern.

Das Nummernschema selbst, gültig ab 1.1.68, dürfte hinreichend bekannt sein[147], so daß sich die Erläuterungen hier auf die zwei wesentlichen Punkte beschränken können.

Erstens:
An die Stelle von Buchstaben zur Kennzeichnung der Antriebsart traten Ziffern. 0 stand dabei für Dampfloks, 1 für Elloks, 2 für Dieselloks usw. Wo möglich, wurden für die beiden folgenden Ziffern die alten Baureihen-Bezeichnungen beibehalten. Beispiel:

	alt =	V36 107
	neu =	236 107
Aber:	alt =	V20 041
	neu =	270 041,

weil die sich anbietende Baureihen-Bezeichnung 220 bereits durch die V200 (die letzte „0“ fiel dabei weg) belegt war. Die ebenfalls dreistelligen Ordnungsnummern blieben unverändert[148].

Zweitens:
Um Eingabe- oder Übertragungsfehler automatisch erkennen zu können, wurde zusätzlich (durch einen Bindestrich an die Loknummer angehängt) eine sogenannte EDV-„Selbstkontrollziffer“ eingeführt, die sich nach folgendem Schema errechnete:

neue Nummer:	236 214
Multiplikator:	121 212
Ergebnis:	266 418
Summe	2 + 6 + 6 + 4 + 1 + 8 = 27
es fehlen bis zum nächsten vollen Zehner = 3	
neue Nr. also	236 214-3

In den Fällen, wo die Multiplikation ein Ergebnis über 10 ergab (z.B. 7x2 = 14) war für die anschließende Addition der Einzelergebnisse die Quersumme aus dieser Zahl zu ziehen (also z.B. 1 + 4 = 5; nicht 14).

Angesichts der geringen Stückzahlen sowohl bei der V20, als auch bei der V36, war die Umzeichnung recht bald vollzogen. Ein Kuriosum war die im Umzeichnungsplan vorgesehene Baureihe 236[8]. Damit sollten die in Westdeutschland laufenden „Privat“-loks der US-Army (Deutz-Nachkriegstype mit 360/400 PS) bezeichnet werden. Bei Inkrafttreten des neuen Nummernplans waren diese Loks aber schon mehr als zwei Jahre verkauft, so daß eine (wohl ohnehin nur theoretische) Umzeichnung auch auf dem Papier entfallen konnte.

Das Ende: Die 70er und 80er Jahre

Vom Glanz der alten Tage war Anfang der 70er Jahre nicht mehr viel zu sehen. Überall in den Bahnbetriebswerken wurden die V20/V36 zu Arbeitszugloks degradiert, rangierten an Wagenwaschanlagen, halfen bei der Strecken-Elektrifizierung oder bekamen ihr Gnadenbrot als ständige Reservelok. Streckenleistungen waren die Ausnahme, gab es aber noch vereinzelt, z.B. auf den Nebenbahnen

- Lambrecht - Elmstein (V20, Bw Ludwigshafen),
- Weinheim - Fürth/Odw. (V36, Bw Mannheim) und
- Wilhelmshaven - Wittmund (V20, Bw Oldenburg).

147 Ausführlich: Felgner, Kennzeichnung, S.809ff.; Wieser, Triebfahrzeugbezeichnungsweisen, S.50ff.

148 Ausnahme: einige stückzahlstarke Dampflok-Baureihen sowie Triebwagenbei- und steuerwagen

WOLFGANG BÜGEL

Schlußakkord im Bauzugdienst:
Die Stuttgarter 236 123-6 machte sich Anfang der 70er Jahre als Az-Lok bei der Streckenelektrifizierung Böblingen - Eutingen - Horb nützlich (Eutingen, 4.9.73). Heute fährt sie als Museumslok durch die Fränkische Schweiz.

NORBERT TEMPEL

Der Einzelgänger:
270 001-1 war aufgrund ihrer hoch angeordneten Bremsluftbehälter, des flachen Führerhausdaches und der einfachen Rangiertritte vorn zeitlebens als Sonderbauart WR240B15 zu erkennen. Hier rangiert die Lok in Buchholz bei Hamburg (11.7.71).

CUXHAVENER EISENBAHNFREUNDE

Auftanken in Cuxhaven:
Die Harburger V20 waren häufig auf Bahnhöfen entlang der Unterelbe zu sehen.
Die 270 034-2 hat noch immer ihren Auspuff mit Funkenfänger (siehe S.202). Auffallend auch die (gegenüber 270 001) in Breitschrift aufgepinselte Computer-Nummer (Mai 1970).

Frank Lüdecke, Sammlung Dr. Günther Barths

V36 mit Zuckerguß: Im Bw München Hbf ließ sich im Dezember 1972 der gesamte Münchener V36-Bestand zuschneien. In der Bayern-Metropole waren seinerzeit sämtliche noch vorhandenen $V36^1$ mit Dachkanzel beheimatet. Vorne 236 119-4, ganz hinten die kanzellose 236 109-5.

Im planmäßigen Rangierdienst liefen die Lokomotiven u.a. noch in Gießen, Hanau, Kassel, Holzminden oder Wuppertal, teils sogar mit nicht geringen Kilometer-Leistungen.

Insgesamt war eine Abwertung gegenüber den Einsätzen in den 60er Jahren aber unübersehbar. Mehr denn je wurden die V20/V36-Lokomotiven zu „Mädchen für alles" vornehmlich in den untergeordneten Diensten: Tauglich und (dank ihrer Robustheit und Anspruchslosigkeit) hochgeschätzt sicher auch hier, sichtbar aber am Ende ihrer Tage. Der Weg aufs Abstellgleis war vorgezeichnet.

Dabei wurden zumindest in den frühen 70er Jahren die V20/V36 noch voll unterhalten. Bis März 1973 (letzte Lok: 270 031) bekamen die WR-Maschinen vereinzelt sogar noch U2-Ausbesserungen; danach wurden in großer Zahl Auslaufuntersuchungen U2.8 durchgeführt. Nach den Richtlinien der Zentralstelle für den Werkstättendienst (ZW) in Mainz mußten lediglich Loks *„mit hohem Ausbesserungsaufwand"* ausgemustert werden. Bedarfsausbesserungen U0 waren mit Zustimmung der ZW noch möglich.

Selbst Bauartveränderungen wurden Anfang der 70er Jahre noch durchgeführt. Dazu gehörten

- der Einbau von Indusi-Anlagen (1970-75),
- der Rest-Umbau auf Sifa (bis 1972),
- die Ausrüstung mit Kunststoffbremsklötzen (1971-73) und
- der Einbau von Grenzwertgebern für die automatische Betankung (1974-76).

Indusi erhielten vor allem die Münchener und die Wuppertaler Maschinen, die noch häufiger auf Hauptstrecken fuhren. Wegen der mit der Indusi verbundenen weiteren Belastung des dritten Radsatzes (Halter und Indusi-Magnet = ca. 100 kg) mußten die Umbauloks mit verstärkten Hinterachsen aus dem Werkstoff 25 CrMo4 ausgerüstet sein.

Der Bestand war bis weit in die 70er Jahre hinein noch ohne große Lücken. Die nachfolgende Aufstellung zeigt zunächst die Verteilung der Baureihe V36 wiederum zur Mitte des Jahrzehnts (Stand 1.1.75). In Klammern sind auch die jeweiligen Heimat-Betriebswerke genannt:

$V36^1$	Frankfurt	2	(Frankfurt-1)
	Karlsruhe	3	(Mannheim)
	Kassel	5	(Fulda, Kassel)
	München	5	(München Hbf)
	Nürnberg	4	(Nürnberg Rbf)
	Stuttgart	4	(Stuttgart)
		1 =	(AW-Werklok)
$V36^2$	Essen	6	(Finnentrop)
	Hamburg	1	(Hmb-Harburg)
	Hannover	17	(Hannover, Holzminden, Göttingen, Bremen Rbf, Bremerhaven, Emden, Oldenburg)
	Karlsruhe	2	(Mannheim)
	Kassel	1	(Kassel)
	Köln	8	(Wuppertal)
	Stuttgart	2	(Stuttgart)
		3 =	(AW-Werkloks)
$V36^4$	Frankfurt	16	(Frankfurt-1, Gießen, Hanau)
		1 =	(AW-Werklok)

Neu in der Übersicht sind gegenüber 1955 und 1965 die Direktionen Köln und Essen. Beide hatten durch Auflösung der BD Wuppertal erstmals V36 erhalten. Dafür fehlen die Direktionen Wuppertal, Mainz und Münster (aufgelöst) sowie Regensburg (Loks abgegeben).

Frankfurt bekam wenig später, mit Auflösung der BD Kassel (31.7.75) ein nun wirklich sehr buntes Sammelsurium aus $V36^1$, $V36^2$ und natürlich weiterhin $V36^4$ (letztere wieder komplett hier stationiert). Hannover und Frankfurt waren die mit Abstand stückzahlstärksten Direktionen; in praktisch allen anderen BD gab es, wie die Übersicht zeigt, nur noch jeweils einen Standort für die WR-Type.

MANFRED SANDTNER

Die letzte V36-Hochburg: Auch die Frankfurter V36 waren Ende der 70er Jahre fast nur noch im Bauzugdienst, u.a. beim S-Bahn-Bau, eingesetzt. Hier macht sich die (schon reichlich lädierte) 236 405-7 als Az-Lok bei der Bahnsteigerneuerung im Hauptbahnhof nützlich (7.4.78).

Abstellungen und Ausmusterungen hatten sich, wie schon angedeutet, bis Mitte der 70er Jahre noch in engen Grenzen gehalten. Lediglich mit Verfügung 11.113 Flm/52 v. 1.12.72 hatte die ZW die Ausmusterung von

- zwölf Loks Baureihe 236 (je sechs in 1973 und 1974) sowie
- vier Loks Baureihe 270 (alle in 1973)

angeordnet. Alle Maschinen wurden als Ersatzteilspender benötigt, um den immer drängender werdenden Mangel an Tauschteilen (Motoren, Getriebe, Wendegetriebe, Radsätze) zu begegnen. Verkäufe hat es aus gleichem Grund zu dieser Zeit noch keine gegeben. Die weitere Entwicklung zeigen SCHAUBILD 11 (unten) und TABELLE 41 auf Seite 242.

1975 war das letzte Jahr ohne wirklich gravierende Einbrüche im Bestand. Mit **236** 104 126 210 223 und 251 wurden lediglich die letzten fünf Lokomotiven aus dem Ausmusterungsprogramm für 1974 abgestellt, außerdem - mit Unfallschaden - die Gießener 236 413.

Bei den Einsatzorten ist vor allem das Auslaufen der 236 beim Bw Nürnberg Rbf bemerkenswert. Damit gab die erste der großen und traditionsreichen V36-Heimatdirektionen die Unterhaltung dieser Baureihe auf. Auch beim Bw Finnentrop (BD Essen) endete der V36-Betrieb.

1976 und **1977** setzten dann die großen Ausmusterungswellen ein. Allein in diesen beiden Jahren wurde der V36-Bestand um mehr als die Hälfte dezimiert! U.a. endeten die Einsätze bei den Bw Gießen, Fulda, München Hbf, Bremerhaven, Göttingen und Bremen Rbf.

Die durchschnittliche Laufleistung pro Lok blieb dabei allerdings praktisch unverändert.

Stichtag	Lok-Bestand	Laufleistung pro Lok und Jahr
31.12.76	54	12.987 km
31.12.77	27	12.906 km
Abnahme	50 %	0,6 %

Häufigster Ausmusterungsgrund war 1976/77 das Erreichen von Zeitfristen für Lok oder Radsätze. Aber auch Bemerkungen wie die zur 236 238 finden sich in den DB-Akten: *„DL läuft sehr unruhig“*, heißt es dort, *„Triebfahrzeugführer verweigern die Lok“*.

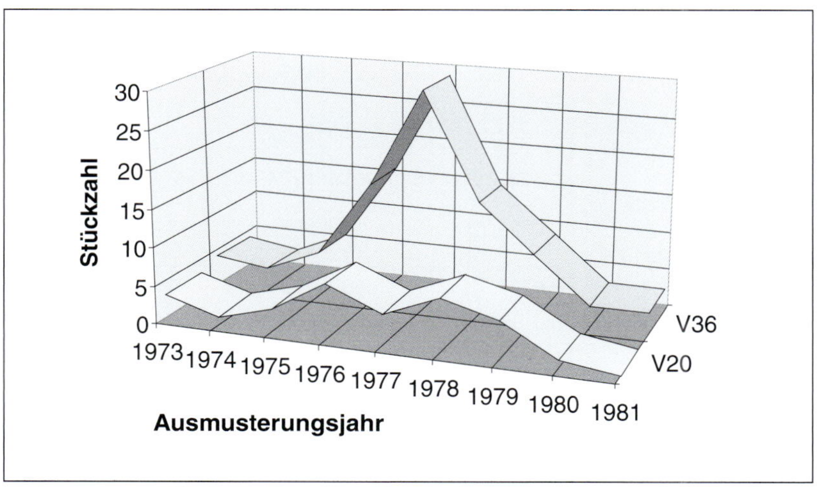

SCHAUBILD 11: Die Ausmusterungsspitze des Jahres 1977 reduzierte den V36-Bestand auf nur noch die Hälfte. Bereits vier Jahre später waren die V20/V36-Typen bei der DB ganz verschwunden.

NORBERT TEMPEL

Warten auf den nächsten Einsatz: Die Bielefelder 270 033-4 legt im (kurz darauf abgerissenen) Lokschuppen des Bw Minden eine Rangierpause ein (Mai 1972).

1978 war ein weiteres schwarzes Jahr für die 236: Mit 15 Maschinen wurde wiederum die Hälfte des noch vorhandenen Bestandes ausgemustert. U.a. verschwanden die letzten 236 in der BD Hamburg (Hmb-Harburg), in der BD Karlsruhe (Mannheim) sowie bei den Bw Hannover und Wuppertal. Die Laufleistungen waren nun doch schon sehr merklich zurückgegangen. Zwischen der letzten U2 bzw. U2.8-Untersuchung und ihrer Ausmusterung kam z.B.
236 114 nur auf 40.000 km (= 8000 km/Jahr) und
236 119 nur auf 17.000 km (= 3100 km/Jahr).
In den 50er Jahren schafften die V36 solche Kilometerleistungen mühelos in einem Monat!

Ein Blick auf die V20: Auch hier zunächst die Verteilung auf Einsatzdirektionen per 1.1.75:

V20 Deutz	Essen	2	(Oberhausen, Dortmund)
	Hamburg	7	(Hmb-Harburg)
	Hannover	5	(Braunschweig, Bremen, Hannover, Göttingen)
	Stuttgart	1	(Stuttgart)

V20MAK	Essen	1	(Oberhausen)
	Hamburg	1	(Hmb-Harburg)
	Hannover	2	(Oldenburg)
	Karlsruhe	3	(Ludwigshafen)
	Regensburg	3	(Regensburg)
	Stuttgart	2	(Stuttgart)

Als AW-Lok war keine V20 mehr eingesetzt.

Gegenüber der Direktions-Verteilung vom 1.1.1965 zeigt die V20-Liste kaum Veränderungen. Es fehlen natürlich auch hier die aufgelösten Direktionen Mainz und Münster sowie - wegen Abgabe der Lokomotiven - die BD Augsburg und Nürnberg. Eine V20 mit Deutz-Motor (270 041) hatte es mittlerweile nach Süddeutschland verschlagen, eine ex-V22 (270 059) dafür nach Hamburg. Bereits ausgemustert (Programm 1973) waren 270 006 007 030 und 060.

Die weitere Entwicklung ist der bei der V36 ähnlich, verlief insgesamt aber lautloser:

1975 liefen die letzten 270 in Oldenburg, Dortmund Rbf und Oberhausen aus,
1976 in Regensburg,

TABELLE 41:
V20/V36-Ausmusterungen 1973-1981 (Überblick)

	1973	1974	1975	1976	1977	1978	1979	1980	1981
Baureihe V36/236									
Z-Stellungen	2	3	3	14	24	12	8	1	3
Ausmusterungen	4	3	6	16	29	15	9	3	3
Bestand Jahresende	**84**	**81**	**75**	**59**	**30**	**15**	**6**	**3**	**0**
Baureihe V20/270									
Z-Stellungen	2	1	1	5	4	9	3	-	-
Ausmusterungen	3	1	3	7	4	7	5	1	-
Bestand Jahresende	**28**	**27**	**24**	**17**	**13**	**6**	**1**	**0**	**-**

Quellen: AW Bremen, Betriebsbücher

AUSMUSTERUNGEN (1) - Baureihe V20 (ab 1968: 270)

Betriebsnummer alt	neu	letztes Bw	z	+	Ausmusterungsgrund	Verbleib
V20 001 =	270 001 -1	Hamm	z 14.09.76	+ 19.02.77	Zeitfrist der Lok abgelaufen	++ .07.77
V20 002 =	270 002 -9	Dortmund Rbf	z 20.09.74	+ 22.02.75		++
V20 005 =	270 005 -2	Hmb-Harburg	z 06.05.76	+ 01.07.76	sehr schlechter Allgemeinzustand	++ .12.76
V20 006 =	270 006 -0	Göttingen	z 01.02.74	+ 19.04.74	Unfallschaden: Schürze und Umlauf verbogen, Aufstieg abgerissen, Nachschaltgetriebe eingedrückt	++
V20 007 =	270 007 -8	Braunschweig 1	z 01.09.73	+ 13.10.73	Zeitfrist der Lok abgelaufen	++
V20 008 =	270 008 -6	Bremen Rbf	z 25.02.76	+ 01.07.76	Zeitfrist der Lok erreicht	++ .10.76
V20 015		Augsburg		+ 10.10.50	Einzelgänger, Abgabe an AW	Ub. V20 060
V20 020 =	270 020 -1	Hannover	z 30.08.78	+ 11.11.78		++ . .80
V20 021 =	270 021 -9	Hannover	z 01.04.77	+ 26.07.77	schlechter Allgemeinzustand	++ .02.78
V20 022		Regensburg		+ .08.62		vk. 31.07.62
V20 023 =	270 023 -5	Hannover	z 03.06.76	+ 21.07.76	Bruch im Wendegetriebe	++ .10.76
V20 030 =	270 030 -0	Hannover	z 01.05.73	+ 05.06.73	U0 oder vorgezogene U2 nötig	++
V20 031 =	270 031 -8	Bremen Rbf	z 06.01.76	+ 24.02.76		++ .05.76
V20 032 =	270 032 -6	Hmb-Harburg	z 04.02.78	+ 27.04.78	Zeitfrist der Radsätze abgelaufen	++ .03.79
V20 033 =	270 033 -4	Hannover	z 07.01.76	+ 23.03.76	Fristverlängerung fällig	++ .05.76
V20 034 =	270 034 -2	Hmb-Harburg	z 01.12.78	+ 18.03.79	Zeitfrist der Radsätze abgelaufen	++ .09.79
V20 035 =	270 035 -9	Hmb-Harburg	z 04.09.79	+ 24.11.79		vk. .01.80
V20 036 =	270 036 -7	Hmb-Harburg	z 02.11.77	+ 26.01.78		Museumslok
V20 037 =	270 037 -5	Hmb-Harburg	z 08.06.78	+ 24.08.78	Motorschaden, Kuppelstangenlager ausgeschlagen	++ . .80
V20 038 =	270 038 -3	Hannover	z 24.11.75	+ 24.02.76	wird als Ersatzteilspender benötigt	++ .05.76
V20 039 =	270 039 -1	Hmb-Harburg	z 15.01.79	+ 18.03.79		vk. 22.05.79
V20 040 =	270 040 -9	Göttingen	z 20.09.77	+ 16.12.77	Zeitfrist der Lok abgelaufen	++ .03.78
V20 041 =	270 041 -7	Stuttgart	z 28.08.78	+ 30.11.78	Zeitfrist der Radsätze abgelaufen	++ . .80
V20 050 =	270 050 -8	Hmb-Harburg	z 01.12.78	+ 18.03.79	Zeitfrist der Radsätze abgelaufen	++ .09.79
V20 051 =	270 051 -6	Hamm	z 01.02.78	+ 06.06.78	Wendeschaltung schadhaft	vk. 02.10.90
V20 052 =	270 052 -4	Ludwigshafen	z 01.02.77	+ 21.04.77	Zeitfrist der Lok abgelaufen	++ .01.78
V20 053 =	270 053 -2	Ludwigshafen	z 07.09.76	+ 31.10.76	Zeitfrist der Lok abgelaufen	++ 05.10.77
V20 054 =	270 054 -0	Ludwigshafen	z 18.07.79	+ 25.06.80	Zeitfrist der Lok abgelaufen	vk. . .79
V20 055 =	270 055 -7	Hannover	z 14.06.78	+ 24.08.78		vk. . .79
V20 056 =	270 056 -5	Oldenburg	z 23.09.74	+ 21.02.75		++
V20 057 =	270 057 -3	Hmb-Harburg	z 01.12.78	+ 18.03.79		++ .09.83
V20 058		Nürnberg Hbf		+ 08.11.63		vk. 25.11.63
V20 059 =	270 059 -9	Hmb-Harburg	z 08.08.75	+ 01.11.75	Zeitfrist der Lok abgelaufen	++ .02.76
V20 060 =	270 060 -7	Stuttgart	z 24.05.73	+ 13.10.73		++

Quellen: AW Bremen, Betriebsbücher

DIETER HÖLTGE

Heute fährt hier die Museumsbahn: Die Ludwigshafener 270 053-2 holt Holz aus dem Elmsteiner Tal bei Neustadt a.d. Weinstraße (20.6.73).

A U S M U S T E R U N G E N (2) - Baureihe V36 (ab 1968: 236)

Betriebsnummer alt	neu	letztes Bw	z	+	Ausmusterungsgrund	Verbleib
V36 001		Hmb-Harburg		+	Umbau in V36 239	Ub.V36 239
V36 002		Heiligenhafen	z 26.06.55	+ 08.05.56	Vorserienlok; Abgabe an den Werkstättendienst	vk.20.09.66
V36 003		Holzminden		+ 08.05.56	Vorserienlok; Abgabe an den Werkstättendienst	++
V36 101	= 236 101 -2	AW Schwetzingen	z 01.10.77	+ 23.10.77	Achslagerschaden, Radsatz-Zeitfrist abgelaufen	++ . .78
V36 102	= 236 102 -0	Stuttgart	z 22.02.79	+ 02.07.80		vk.21.07.80
V36 104	= 236 104 -6	München Hbf	z 01.09.75	+ 16.12.75	wird als Ersatzteilspender benötigt	++ .01.76
V36 105	= 236 105 -3	Fulda	z 14.06.76	+ 23.10.76		++ . .77
V36 106	= 236 106 -1	Stuttgart	z 04.02.77	+ 21.05.77	schlechter Allgemeinzustand, Getriebeschaden	++ . .78
V36 107	= 236 107 -9	Fulda	z 10.05.77	+ 06.08.77	Fristablauf	Museumslok
V36 108	= 236 108 -7	Mannheim	z 13.01.78	+ 30.03.78	Kühler undicht, Vulkankupplung schadhaft	Museumslok
V36 109	= 236 109 -5	Altenbeken	z 01.05.79	+ 22.08.79		++ . .80
V36 110	= 236 110 -3	Stuttgart	z 01.11.76	+ 30.12.76	Getriebe und Motor schadhaft	++ 10.05.77
V36 111	= 236 111 -1	Mannheim	z 30.04.73	+ 07.08.73	Laufkilometergrenzwert erreicht	++
V36 112	= 236 112 -9	Hannover	z 01.06.76	+ 01.09.76	Getriebe schadhaft, Radsatz-Zeitfrist erreicht	++ .12.76
V36 113	= 236 113 -7	Frankfurt-1	z 09.03.76	+ 01.07.76	schlechter Allgemeinzustand	++ .10.76
V36 114	= 236 114 -5	Kassel	z 09.11.77	+ 26.01.78	Zeitfrist erreicht	vk.29.12.77
V36 115	= 236 115 -2	Hannover	z 24.09.77	+ 16.12.77	schlechter Allgemeinzustand, Motor schadhaft	++ .03.78
V36 116		Aalen		+ 21.05.63	Verkauf	vk.18.06.63
V36 117	= 236 117 -8	Fulda	z 10.01.77	+ 21.05.77	Zeitfrist der Radsätze abgelaufen	++ .10.77
V36 118	= 236 118 -6	Hannover	z 16.09.77	+ 16.12.77	schlechter Allgemeinzustand	++ .03.78
V36 119	= 236 119 -4	Krefeld	z 10.10.80	+ 31.12.80	vorzeitiger Verkauf an Fa.Schwenk	vk.20.10.80
V36 120	= 236 120 -2	Stuttgart	z 05.01.76	+ 01.03.76	Zeitfrist der Lok abgelaufen	++ .05.76
V36 121	= 236 121 -0	Altenbeken	z 29.06.78	+ 24.09.78	Zeitfrist der Radsätze abgelaufen	vk.22.10.78
V36 122	= 236 122 -8	Stuttgart	z 10.09.76	+ 31.10.76	schlechter Allgemeinzustand	++ . .77
V36 123	= 236 123 -6	Stuttgart	z 14.12.77	+ 30.03.78	schlechter Zustand, Voith-Getriebe undicht	Museumslok
V36 124	= 236 124 -4	Frankfurt-1	z 15.12.78	+ 18.03.79		vk. . .79
V36 125	= 236 125 -1	Mannheim	z 13.09.76	+ 07.12.76	Zeitfrist der Lok abgelaufen	++ .07.77
V36 126	= 236 126 -9	Hannover	z 08.07.75	+ 25.08.75	wird als Ersatzteilspender benötigt	++
V36 150	= 236 150 -9	Fulda	z 28.01.77	+ 21.04.77	VM-Kupplung abgerissen, Wendegetriebe schadhaft, Bremsleitungen undicht, Sandstreuer defekt	++ .08.77

V36 102: z 22.02.79; wieder im Einsatzbestand 21.06.79; keine neue Z-Stellung
V36 122: z 10.09.76; wieder im Einsatzbestand 01.10.76; keine neue Z-Stellung

Betriebsnummer alt	neu	letztes Bw	z	+	Ausmusterungsgrund	Verbleib
V36 201	= 236 201 -0	Hannover	z 01.02.77	+ 21.04.77	Radreifen lose, Ölkühler undicht	++ .06.78
V36 202	= 236 202 -8	Wuppertal	z 01.06.76	+ 01.09.76	Radreifen abgefahren, Abgase im Führerhaus	++ .12.76
V36 203	= 236 203 -6	Hannover	z 04.12.75	+ 24.02.76		++ .05.76
V36 204	= 236 204 -4	Hannover	z 09.06.78	+ 24.08.78	schlechter Zustand, Nachschaltgetriebe defekt	vk.22.02.79
V36 205	= 236 205 -1	Oldenburg	z 01.05.79	+ 22.08.79	Zeitfrist der Radsätze abgelaufen	++ .08.80
V36 206	= 236 206 -9	Wuppertal	z 12.02.77	+ 26.07.77	schlechter Allgemeinzustand	++ . .78
V36 207	= 236 207 -7	AW Darmstadt		+ 07.08.73	Zeitfrist der Lok abgelaufen	++
V36 208	= 236 208 -5	Holzminden	z 01.02.74	+ 19.04.74	schwerer Unfallschaden (Aufbau verschoben, Pufferträger eingedrückt, Handrad gebrochen)	++
V36 209	= 236 209 -3	Hannover	z 01.06.76	+ 01.09.76	Motorschaden	++ .12.76
V36 210	= 236 210 -1	AW Cannstatt	z 09.09.76	+ 01.05.75	Zeitfrist der Lok abgelaufen; schlechter Zustand	++
V36 211		Bremen Hbf		+ .07.54	Rückgabe	Rückgabe
V36 212	= 236 212 -7	Hannover	z 01.04.77	+ 26.07.77	schlechter Allgemeinzustand	++ .10.77
V36 213	= 236 213 -5	Kassel	z 23.02.79	+ 27.05.79		vk.04.05.79
V36 214	= 236 214 -3	Hannover	z 20.01.77	+ 21.05.77	Zeitfrist der Lok und der Radsätze abgelaufen	++ .09.77
V36 215	= 236 215 -0	Holzminden	z 01.04.77	+ 16.07.77	Laufkilometergrenzwert erreicht	++ . .78
V36 216	= 236 216 -8	Hannover	z 14.02.77	+ 21.05.77	Getriebeschaden	++ .09.77
V36 217	= 236 217 -6	Bremen Rbf	z 17.12.75	+ 24.02.76	Zeitfrist der Lok abgelaufen	++ .05.76
V36 218	= 236 218 -4	Altenbeken	z 09.02.78	+ 27.04.78	Laufkilometergrenzwert erreicht	++ . .79
V36 219	= 236 219 -2	Bremen Rbf	z 17.02.78	+ 27.04.78	Zeitfrist der Radsätze abgelaufen	vk.22.10.78
V36 220	= 236 220 -0	Hmb-Harburg	z 02.11.77	+ 26.01.78		++ . .78
V36 221	= 236 221 -8	Bremen Rbf	z 06.01.77	+ 21.04.77	Getriebeschaden, Motor stark undicht	++ .09.77
V36 222	= 236 222 -6	Hannover	z 01.06.76	+ 01.09.76	Laufkilometergrenzwert erreicht	vk.08.06.76
V36 223	= 236 223 -4	Finnentrop	z 22.03.75	+ 23.03.75	Zeitfrist der Lok abgelaufen	++
V36 225	= 236 225 -9	Hannover	z 21.06.78	+ 24.08.78	Getriebeschaden, Führerhausdach durchgerostet	vk.23.10.78
V36 226	= 236 226 -7	Finnentrop	z 06.08.73	+ 07.08.73	Laufkilometergrenzwert erreicht	++
V36 227		Frankfurt-1		+ . .50	Rückgabe	Rückgabe
V36 229	= 236 229 -1	AW Hmb-Harburg	z 07.05.76	+ 01.09.76	Zeitfrist der Lok und der Radsätze erreicht	++ .12.76
V36 230	= 236 230 -9	Wuppertal	z 22.01.77	+ 21.04.77	Zeitfrist und Laufkilometergrenzwert erreicht	++ .09.77
V36 231	= 236 231 -7	Wuppertal	z 01.05.77	+ 21.05.77	Zeitfrist der Lok erreicht	vk.16.05.77
V36 232	= 236 232 -5	Hannover	z 06.06.77	+ 06.08.77	Unfallschaden (Auffahrunfall mit Ellok)	++ .10.77
V36 233	= 236 233 -3	Göttingen	z 01.12.76	+ 21.04.77	Fristen für Radsätze und Motor abgelaufen	++ .09.77
V36 234	= 236 234 -1	Wuppertal	z 24.09.77	+ 31.12.77	schlechter Allgemeinzustand, Motorschaden	++ .03.78
V36 235	= 236 235 -8	Wuppertal	z 31.01.74	+ 19.04.74	Unfallschaden (Flankenfahrt mit Rangierabt.)	++ . .74
V36 236	= 236 236 -6	Wuppertal		+ 06.08.77	Laufkilometergrenzwert erreicht	++ .10.77
V36 237	= 236 237 -4	Altenbeken	z 09.02.78	+ 27.04.78	Zeitfrist der Radsätze erreicht	vk.16.03.78
V36 238	= 236 238 -2	Hannover	z 30.08.77	+ 16.12.77	Zeitfrist für Lok und Radsätze laufen ab	++ .03.78
V36 239		Husum		+		vk.14.06.62

V36 205: erste Z-Stellung 04.11.73; i.D. 01.12.73

Fortsetzung auf Seite 246

Uwe Breitmeier

Die Lange:
236 262-2 war einstmals die erste V36 mit vergrößertem Achsstand. Auch hier wurden nicht die üblichen Rundziffern angeschrieben (9.4.70, Bw Crailsheim).

1977 in Bremen Rbf und Göttingen und
1978 in Hannover, Hamm und Stuttgart.

Regelmäßige Einsätze waren - dort und andernorts - allerdings schon länger eine Seltenheit, und die jährlichen Laufleistungen entsprechend mäßig. 1977 kamen die V20 durchschnittlich gerade noch auf 5501 km pro Lok und Jahr. Zum Vergleich: Der Jahresdurchschnitt aller Rangier-V-Loks lag zur gleichen Zeit bei 33.999 Kilometern!

Gut beschäftigt waren in den 70er Jahren eigentlich nur noch die V20 in Ludwigshafen (15.000 km/Jahr), Hmb-Harburg (12.000 km/Jahr) und in Hannover (10.000 km/Jahr). Die gemütlichsten Dienste hatten die 270 in Stuttgart und Hamm mit jeweils etwa 5000 km/Jahr.

Abgesang: Die letzten Einsätze

Mit den umfangreichen Ausmusterungen der Jahre 1973 bis 1978 war der Bestand an V20/V36-Lokomotiven bei der Bundesbahn auf ein ziemlich klägliches Häuflein zusammengeschmolzen. Per 1.1.79 wurden gerade mal noch

drei Loks Baureihe 270 und
dreizehn Loks Baureihe 236

unterhalten. Die Verteilung auf die Betriebswerke sah folgendermaßen aus:

270	035	Bw Hmb-Harburg
	039	Bw Hmb-Harburg
	054	Bw Ludwigshafen
236	102	Bw Stuttgart
	109	Bw Altenbeken
	119	Bw Krefeld
	205	Bw Oldenburg
	213	Bw Kassel
	253	Bw Altenbeken
	255	Bw Altenbeken
	262	AW Stgt-Bad Cannstatt
	405	Bw Frankfurt-1
	406	Bw Frankfurt-1
	407	Bw Hanau
	411	Bw Frankfurt-1
	412	Bw Hanau

Die Einsätze waren im Grunde kaum noch erwähnenswert: Rangierdienste gab es fallweise in Frankfurt und Altenbeken. Ansonsten wurden die Loks meist als Bauzugreserve vorgehalten. Werksrangierdienste versahen 236 205 (AWSt. Oldenburg), 236 411 (AW Darmstadt; Vertretung für die defekte 245 006) sowie 270 035 (AW Hmb-Harburg; bis 31.12.78).

Hans Christian Ettengruber

Frankfurter Impressionen:
236 417-2, 236 409-9 und 236 405-7 legen im alten Rundschuppen des Bw Frankfurt-2 eine Pause ein (9.5.74).

AUSMUSTERUNGEN (3) - Baureihe V36 - Fortsetzung

Betriebsnummer alt		neu	letztes Bw	z	+	Ausmusterungsgrund	Verbleib
V36 251	=	236 251-5	AW Witten	z 01.07.74	+ 22.02.75		++ .10.75
V36 252	=	236 252-3	Rheine		+ 07.12.76	Zeitfrist für Lok abgelaufen	++ .02.77
V36 253	=	236 253-1	Oldenburg	z 29.06.81	+ 22.08.81	Getriebeschaden	++ .11.81
V36 254			Gerolstein		+ .12.63	Verkauf	vk. .12.63
V36 255	=	236 255-6	Altenbeken	z 01.04.81	+ 11.06.81	Zeitfrist der Radsätze abgelaufen	vk. . .81
V36 256	=	236 256-4	Wuppertal	z 01.07.77	+ 01.12.77	Zeitfrist und Laufkilometergrenzwert erreicht	++ .01.78
V36 257	=	236 257-2	Braunschweig	z 20.12.76	+ 21.04.77	Achslager heißgelaufen	++ .09.77
V36 258	=	236 258-0	Hannover	z 01.05.73	+ 05.06.73	wird als Ersatzteilspender benötigt	++
V36 259	=	236 259-8	Bremen Rbf	z 21.10.76	+ 19.02.77	Zeitfrist abgelaufen	++ .07.77
V36 260	=	236 260-6	Stuttgart	z 14.12.77	+ 30.03.78	schlechter Allgemeinzustand	++ .06.78
V36 261	=	236 261-4	Stuttgart	z 23.03.78	+ 06.06.78		++ .11.78
V36 262	=	236 262-2	Stuttgart	z 14.11.79	+ 22.11.80	Getriebeschaden	vk. 22.11.80

V36 251: erste Z-Stellung 01.07.74; w ab 31.01.75; keine neue Z-Stellung
V36 262: erste Z-Stellung 22.02.79; w ab 21.06.79; erneut z 14.11.79

Betriebsnummer alt		neu	letztes Bw	z	+	Ausmusterungsgrund	Verbleib
V36 401	=	236 401-6	Frankfurt-1	z 22.11.78	+ 24.01.79		vk. 22.11.78
V36 402	=	236 402-4	Frankfurt-1	z 01.12.76	+ 19.02.77	Zeitfrist der Lok abgelaufen	++ .07.77
V36 403	=	236 403-2	Frankfurt-1	z 02.09.74	+ 20.09.74		++
V36 404	=	236 404-0	AW Schwetzingen	z 07.07.76	+ 23.10.76	Zeitfrist der Lok abgelaufen	++ . .77
V36 405	=	236 405-7	Frankfurt-2	z 07.07.81	+ 22.08.81	Zeitfrist der Radsätze abgelaufen	vk. 28.08.81
V36 406	=	236 406-5	Frankfurt-1	z 26.07.79	+ 24.11.79		vk. 27.07.79
V36 407	=	236 407-3	Hanau	z 01.07.79	+ 25.07.79	Motorschaden, Motorkühler undicht	++ . .80
V36 408	=	236 408-1	Frankfurt-1	z 10.12.75	+ 23.03.76	Unfallschaden (Auffahrunfall mit Entgleisung)	++ .05.76
V36 409	=	236 409-9	Frankfurt-1	z 01.12.76	+ 19.02.77	Motorschaden (Kolbenfresser)	++ .07.77
V36 410	=	236 410-7	Hanau	z 02.01.78	+ 30.03.78	Zeitfrist läuft ab	++ .06.78
V36 411	=	236 411-5	Frankfurt-1	z 13.06.79	+ 22.08.79	Motorschaden, Zeitfrist der Radsätze abgelaufen	vk. 24.08.82
V36 412	=	236 412-3	Hanau		+ 27.05.79		vk. 23.02.79
V36 413	=	236 413-1	Gießen	z 21.10.74	+ 20.04.75	Lok in Drehscheibe gefahren: Rahmen und Pufferschürze verbogen, Motorhaube verzogen	++ . .75
V36 414	=	236 414-9	Frankfurt-1	z 14.02.77	+ 21.05.77	schlechter Allgemeinzustand	++ .12.77
V36 415	=	236 415-6	Frankfurt-1	z 15.11.77	+ 26.01.78	Zeitfrist läuft ab, Kühler undicht	++ .03.78
V36 416	=	236 416-4	AW Hmb-Harburg	z 07.02.77	+ 21.05.77	schlechter Allgemeinzustand, Führerhaus undicht	++ .10.77
V36 417	=	236 417-2	Frankfurt-1	z 01.12.76	+ 19.02.77	Zeitfrist der Lok abgelaufen	++ .07.77
V36 418	=	236 418-0	Frankfurt-1	z 01.06.78	+ 24.08.78	Zeitfrist für Lok abgelaufen	vk. 22.10.78

Quellen: AW Bremen, Betriebsbücher, St10a Stgt

RÜDIGER GÄNSFUSS

Die Phalanx des alten Eisens: 236 122-8 führt eine Reihe von insgesamt acht abgestellten V20/ V36-Lokomotiven an (AW Bremen, 12.8.76).

Noch eine kurze Galgenfrist gab es dagegen für die V36: Insgesamt fünf Lokomotiven (ohne Z-Loks) erreichten das Jahr 1980:

236	102	Bw Stuttgart
	119	Bw Krefeld
	253	Bw Oldenburg
	255	Bw Altenbeken
	405	Bw Frankfurt-1

Die Beschäftigungslage für diese fünf noch aktiven Maschinen war recht unterschiedlich:

So kam die Stuttgarter **236 102** noch sehr häufig zu Bauzug-Einsätzen, u.a. auf der S-Bahn-Baustelle in Fellbach, aber auch in Stuttgart-West, -Untertürkheim und auf der Strecke nach Renningen. Im gesamten süddeutschen Raum wurden außerdem zunehmend Nostalgie-Sonderzüge bespannt.

Das Jahr 1979 brachte weitere Ausmusterungen und das „Aus" für die V20: Als erste erwischte es die Harburger 270 039, die noch im Januar (15.1.79) wegen einer anstehenden Fristverlängerung z-gestellt wurde. Ihr folgte im Juli (18.7.79) die 270 054 vom Bw Ludwigshafen wegen Fristablaufs. Letzte Lok ihrer Baureihe war damit die Harburger 270 035. Bis mindestens Juli 1979 rangierte sie als Mietlok bei der Betriebsgemeinschaft Waltershof im Hamburger Ölhafen. Anfang September war dann auch das vorbei. Als letzte DB-270 wurde die 270 035 am 4.9.79 z-gestellt und am 24.11.79 ausgemustert.

Ähnlich gut war nur **236 405** im Geschäft. Vom Einsatz-Bw Frankfurt-2 aus (ab 15.7.80 auch Heimat-Bw) wurden Arbeitszüge im ganzen Großraum Frankfurt bespannt. Vor Bremsklotztransporten und Schotterzügen kam die Lok teilweise noch bis Darmstadt, Wiesbaden, Heppenheim oder Reinheim.

236 253 versah den gesamten Rangierdienst in der AWSt. Oldenburg. **236 255** war Bauzugreserve im Bw Altenbeken, wurde als solche aber kaum noch benötigt. Und welche „gewaltigen" Leistungen die Krefelder **236 119** zuletzt noch zusammenbrachte, zeigt die Aufstellung für das Jahr 1979:

MANFRED SANDTNER

Die letzte Fahrt: 236 405-7 rückt nach getaner Arbeit zum letzten Mal in ihr Heimat-Bw ein (Ffm-Rödelheim, 6.7.81).

	kalt	i.E.	in Tagen
Januar	31	—	
Februar	28	—	
März	30	1	Überführung zur Ausstellung nach Wuppertal
April	30	—	
Mai	31	—	
Juni	29	1	Rücküberführung
Juli	31	—	
August	21	10	Az Krefeld, Düsseldorf
September	30	—	
Oktober	31	—	
November	22	8	Az Neuss
Dezember	31	—	

1980 wurde diese eindrucksvolle Negativ-Bilanz mit sage und schreibe zwei Einsatztagen (in zehn Monaten!) sogar noch übertroffen. Immerhin war besagte 236 119 die letzte DB-V36 mit Hochführerstand und Dachkanzel; übrigens - zufälligerweise - auch die erste (vergl. Seite 208 ff.)!

In kurzem Abstand schieden danach weitere Loks aus dem Bestand aus. 1980 wurden zunächst

236 102	z 22.02.79	+ 02.07.80
236 119	z 10.10.80	+ 31.12.80
236 262	z 14.11.79	+ 22.11.80

ausgemustert; die 236 102 und 236 119 zwecks vorzeitigen Verkaufs, die 236 262 wegen Getriebsschadens. Damit waren zugleich die letzten „echten" (Kriegs-) WR360C14 verschwunden. Die Statistik für das Jahr 1981:

236 255	z 01.04.81	+ 11.06.81 (Radsatzfrist)
236 253	z 29.06.81	+ 22.08.81 (Getriebeschaden).

Letzte DB-V36 war damit die 236 405 vom Bw Frankfurt-2. Mit ihr endete die rund 36jährige Staatsbahnkarriere der alten Wehrmachtsbauart (jedenfalls im Westen). Am 6. Juli 1981 brachte die Lok noch einmal einen Zug von Frankfurt nach Bad Homburg. Am Tag darauf mußte dann auch sie wegen abgelaufener Radsatz-Fristen abgestellt werden. Die Ausmusterung erfolgte mit HVB-Verfügung 23.236 Fau 744 zum 22.8.81.

Lokomotiven zu verkaufen

Parallel zum Rückgang des Bestandes vollzog sich bei den V20/V36 etwas, was bei der Staatsbahn schon immer die Ausmusterung kleinerer Universallok-Typen begleitet hatte: Der Verkauf an „Dritte". Vor allem

- Kleinbahngesellschaften,
- Industriebahnbetriebe,
- Lokomotivhändler und
  (seit den 70er Jahren zunehmend auch)
- Museumsbahnvereine

nutzten die Gelegenheit, kostengünstig an zwar alte, aber im Eisenbahnbetrieb bewährte Lokomotiven zu kommen. Der Preis für eine mit abgelaufenen Fristen abgestellte V36 lag bei 12.000-18.000 DM, für eine V20 bei etwa 8000 DM. Dazu kamen natürlich noch die Überführungskosten. Zuständig für den Verkauf war das BZA Minden.

Insgesamt konnte die Deutsche Bundesbahn zwischen 1976 und 1982 noch zwanzig V36-Lokomotiven veräußern (siehe obenstehende Liste). Alle Maschinen

LOKVERKÄUFE - Baureihe 236

Loknummer	Verkauf	Übergabe	neuer Besitzer
236 102-0	21.07.80	04.07.80	Zement- und Steinwerke Schwenk, Werk Karlstadt
236 114-5	29.12.77		Bremervörde-Osterholzer Eisenbahn
236 119-4	20.10.80		Zement- und Steinwerke Schwenk, Werk Mergelstetten
236 121-0	22.10.78		Elisabeth Layritz, München (für Italien)
236 124-4	. .79	11.07.79	Elisabeth Layritz, München (für Italien)
236 204-4	22.02.79	14.02.79	DGEG Bochum-Dahlhausen
236 213-5	04.05.79	27.05.79	Verkehrsbetriebe Grafschaft Hoya
236 219-2	22.10.78		Elisabeth Layritz, München (für Italien)
236 222-6	08.06.76		Verkehrsbetriebe Grafschaft Hoya
236 225-9	23.10.78		Verein Braunschweiger Verkehrsfreunde
236 231-7	16.05.77	21.05.77	DGEG Bochum-Dahlhausen
236 237-4	16.03.78		Verkehrsbetriebe Grafschaft Hoya
236 255-6	. .81	21.02.81	Zement- und Steinwerke Schwenk, Werk Allmendingen
236 262-2	22.11.80	20.02.81	Papierfabrik Scheufelen, Oberlenningen/Teck
236 401-6	22.11.78	21.11.78	Eisenbahnmuseum Darmstadt-Kranichstein
236 405-7	28.08.81		Historische Eisenbahn Frankfurt
236 406-5	27.07.79		Historische Eisenbahn Frankfurt
236 411-5	24.08.82	10.12.82	Eisenbahnmuseum Darmstadt-Kranichstein
236 412-3	23.02.79	27.05.79	Verkehrsbetriebe Grafschaft Hoya
236 418-0	22.10.78		Elisabeth Layritz, München (für Italien)

Quellen: AW Bremen, Betriebsbücher, Hoya, Schwenk, Museumsbahnvereine

tauchen in den Kapiteln über Klein-, Industrie-, Museums- oder Auslandsbahnen noch einmal auf, so daß sich die Angaben hier im wesentlichen auf das Verkaufsdatum und den Käufer beschränken können. In der Spalte „Übergabe" ist das Überführungsdatum genannt, sofern es mit dem Verkaufsdatum nicht übereinstimmt. Bei mehrtägigen Überführungen ist jeweils der erste Tag angegeben.

Zu den besten V36-Kunden zählten - wie die Tabelle zeigt - die Verkehrsbetriebe Grafschaft Hoya. Die VGH hatten schon seit Mitte der 60er Jahre ehemalige DB-V36 in Betrieb und kauften bis 1979 noch weitere vier Maschinen hinzu.

Mehrere Loks übernahmen auch der Lokhändler Layritz in München (zum Weiterverkauf nach Italien) sowie die Zement- und Steinwerke E. Schwenk in Ulm für ihre Betriebe in Karlstadt, Heidenheim-Mergelstetten und Allmendingen. Je zwei Loks gingen an die Deutsche Gesellschaft für Eisenbahngeschichte, an das Eisenbahnmuseum Darmstadt-Kranichstein und an die Historische Eisenbahn Frankfurt. Nicht ganz so groß war das Interesse an der V20:

LOKVERKÄUFE - Baureihe 270

Loknummer	Verkauf	Übergabe	neuer Besitzer
270 035-9	.01.80	19.02.80	Verein Braunschweiger Verkehrsfreunde
270 039-1	22.05.79		VVM Hamburg für Museumsbahn Schönberg
270 051-6	02.10.90	14.11.91	Eisenbahnfreunde Kraichgau
270 054-0		11.11.79	Elisabeth Layritz, München (für Italien)
270 055-7		11.11.79	Elisabeth Layritz, München (für Italien)

Quellen: AW Bremen, BLME

RÜDIGER GÄNSFUSS

Das Ende: Wie die 236 251-5 wurden die meisten V36 im AW Bremen zerlegt (23.10.75).

Bei beiden Baureihen waren darüber hinaus Verkäufe geplant, die aber - in der Mehrzahl wohl wegen unterschiedlicher preislicher Vorstellungen - nicht zustande kamen. Verhandelt wurde über den Verkauf von

236 126 an ? („*Vertrag geplatzt*"; 1975),
236 205 an Fa. Elektromark Hagen, für Cunokraftwerk Herdecke (1979),
236 218 an ? („*hat sich zerschlagen*"),
236 229 an Bavaria Stahlkontor, Lohhof/b.München und
236 229 an Süddeutsche Zucker AG, Plattling (1976),
236 261 an ? („*hat sich zerschlagen*"),
236 416 an Einbecker Eisenbahnverein e.V. (für Museumsbahnbetrieb auf der Ilmebahn) und
236 417 an Verein Braunschweiger Verkehrsfreunde,

letztere sicher anstelle der tatsächlich dann übernommenen 236 225. Bei der V20 sollten verkauft werden:

270 032 an ? („*hat sich zerschlagen*", 1978),
270 051 an Hammer Eisenbahnfreunde (1982)
270 053 an Eisenbahn-Club München (war bereits verkauft; Vertrag annulliert)

236 101 wurde per 26.10.77 an die Fa. Paul Hensel, Darmstadt, verkauft ... allerdings nur zur Verschrottung. Die Lok war im August 1977 bei der Überführung ins AW Bremen bei Darmstadt liegengeblieben und wurde zweckmäßigerweise gleich vor Ort zerlegt.

DB-Museumsloks

Das letzte Kapitel in der DB-Geschichte der V20/V36 begann im Frühjahr 1978. Mit Schreiben 32.3202 Faulm v. 25.4.78 teilte die ZW Mainz mit, daß

> *die abgestellten, ausgemusterten Lokomotiven 236 108-7 und 236 123-6 voraussichtlich für die Nachwelt erhalten* [werden]. *Wir bitten das AW Bremen, diese Loks bis zu einer endgültigen Entscheidung geschützt abzustellen und keine Teile abzubauen.*

Wenig später gehörten beide Maschinen dann zum offiziellen DB-Museumsprogramm. Für die V20 wurden ebenfalls zwei Loks ausgewählt, nämlich 270 036-7 und 270 051-6[149]. Außerdem waren 236 107-9 zur Aufstellung als Denkmal und 236 411-5 als Anschauungsmodell im AW Bremen vorgesehen. Mit diesen vier bzw. sechs Lokomotiven war die WR-Type sicherlich sehr ordentlich im DB-Erhaltungsprogramm vertreten, zumal auch verschiedene Spielarten - V36 mit und ohne Kanzel sowie in Kriegs- und Nachkriegsausführung, V20 der AGM- und der DWK-Bauart - berücksichtigt worden waren.

Leider hat der DB-Museumslokpark seither deutlich abspecken müssen. Derzeit werden nur noch folgende ex Bundesbahn-Loks erhalten:

V20 036 im DB-Museum Koblenz-Lützel
V36 107 im DB-Museum Koblenz-Lützel und
V36 108 im DB-Museum Nürnberg.

V20 036 war zeitweise als Denkmal in Glückstadt,V36 107 als Denkmal im AW Bremen.

Die 270 051 wurde 1990 zum weiteren Einsatz an die Eisenbahnfreunde Kraichgau e.V. in Sinsheim verkauft. V36 123 ist 2002 in den Besitz der Dampfbahn Fränkische Schweiz übergegangen. Und die 236 411 wird seit 1982 im Eisenbahnmuseum Darmstadt-Kranichstein erhalten.

149 Anstelle der 270 051 war zunächst die 270 057 vorgesehen

ACHIM SWITING

Noch sechs Kilometer bis Vohwinkel: V36 230 hat sich mit ihrem Vorortzug gerade im Bf. Wuppertal-Elberfeld in Bewegung gesetzt. Die Züge von und nach Gevelsberg hatten schon damals - 20.7.53 - wieder reine Donnerbüchsen-Garnituren anstelle von Steuerwagen. Der Zug fährt auf dem „Ortsgleis“.

Stationierungen und Einsätze

Der bislang nur skizzenhaften Darstellung von Stationierungen und Einsätzen der V20/V36 in den vorangegangenen Kapiteln folgt in diesem Abschnitt nun die detaillierte Aufzeichnung von Beheimatungsdaten, Einsatzstrecken und Laufleistungen bei den einzelnen Bahnbetriebswerken.

Einer bewährten Tradition in der Eisenbahnliteratur folgend, wird dabei direktionsweise vorgegangen, und zwar in alphabetischer Reihenfolge von A(ugsburg) bis W(uppertal). Vorangestellt ist jeweils ein kurzer Überblick sowie eine grobe tabellarische Darstellung der Bestandsentwicklung in den jeweiligen Direktionen. Fallweise - besonders bei größeren V20/V36-Stützpunkten - ist ein Ausschnitt aus der Kursbuchkarte beigefügt, um das Netz der befahrenen Einsatzstrecken bildhaft zu machen.

Die wichtigste Grundlage für die einzelnen Bw-Listen bildeten die Standortangaben in den Betriebsbüchern. Die bekannten Ungenauigkeiten, besonders bei Aufenthalten der Lok im Ausbesserungswerk in der Zeit des offiziellen Bw-Wechsels (angegeben sind dann meist nur das tatsächliche Abgangsdatum im alten und das tatsächliche Zugangsdatum im neuen Bahnbetriebswerk) müssen dabei notwendigerweise in Kauf genommen werden.

Nur, wo genauere a m t l i c h e Unterlagen (St10a, amtliche Verfügungen, Lokverzeichnisse der Direktionen etc.) vorlagen, sind diese auch mit eingearbeitet worden. Alle nicht belegten Stationierungsdaten, vor allem solche, die offenkundig aus irgendwelchen Sichtdaten oder anderen zweifelhaften Quellen nachträglich zusammengedichtet wurden, blieben dagegen unberücksichtigt. Problemfälle werden im Begleittext gesondert angesprochen. Die Stationierungsangaben haben folgende Form:

Spalte 1 = Loknummer
Spalte 2 = Zugangsdatum
Spalte 3 = letztes Bw
Spalte 4 = Abgabedatum
Spalte 5 = nächstes Bw

Ein Beispiel

V36 213: 28.10.51 Lübeck - 01.10.63 Hmb-Harburg

zeigt die Stationierung der V36 213 beim Bw Heiligenhafen. Die Lok kam am 28.10.51 vom Bw Lübeck und wurde am 01.10.63 an das Bw Hmb-Harburg wieder abgegeben. Die beiden Tagesdaten nennen jeweils den ersten und letzten Tag der Beheimatung in Heiligenhafen.

Wie bereits erwähnt, kann zwischen der Abgabe beim alten und dem Zugang beim neuen Heimat-Bw eine Lücke von bis zu mehreren Monaten klaffen, wenn die Lok während dieser Zeit zur Ausbesserung oder Untersuchung im AW war.

Stichdaten - d.h. Lok erstmals oder letztmals am jeweiligen Standort gemeldet - sind eingeklammert. Diese Form der Darstellung wurde besonders dann gewählt, wenn offizielle Aufzeichnungen nicht mehr greifbar waren. Hierzu ein Beispiel vom Bw Hmb-Harburg:

V20 032: (.03.47) neu - 16.05.49 Cuxhaven

V20 032 wurde danach erstmals sicher mit Stichdatum März 1947 in Harburg gemeldet, kann durchaus aber schon etliche Zeit früher dort stationiert gewesen sein. *„Neu“* heißt hier, daß die Lok damals neu in den DR- (später DB-) Bestand kam und nicht zuvor schon bei einem anderen Bw stationiert war.

In den Stationierungslisten werden aus Gründen der Übersichtlichkeit ausschließlich die alten, bis 1968 gültigen Nummern (also z.B. V36 statt 236) verwendet. Auch auf Rattenschwänze wie „RBD/ED/BD Hamburg“ usw. ist, soweit möglich, verzichtet worden. Die geschichtlichen Zusammenhänge wie die

- Umbenennung der Reichsbahn-Direktionen (RBD) in Eisenbahn-Direktionen (ED) bzw. RAW in EAW per 7. September 1949 (in der französischen Zone schon ab 31. Juli 1946) sowie die

- Umbenennung von ED/EAW in BD/AW mit Bundesbahngesetz vom 11. Januar 1952

werden im Folgenden als bekannt vorausgesetzt, ebenso natürlich die üblichen bahnamtlichen Abkürzungen wie Bw, AW, z, + und ähnliches.

Statististisch erfaßt wurden grundsätzlich nur die Einheitstypen WR200B14 und WR360C14 sowie die 1952/53 durch Umbau der WR-Type technisch angenäherten DWK-Bauarten (V20 051-060, ex V22 001-009).

Alle schon vor 1955 ausgemusterten Splitterbaureihen (V15, V16, V16[1], V22 3achs., V22[1] und V36[3]) sind nur dann mit aufgenommen worden, wenn es inhaltlich von besonderem Interesse war.

Noch einige Anmerkungen zu den Angaben über Einsatzstrecken und Laufleistungen: Wo immer möglich, wurden dafür alte Lokumlauf- bzw. Personaldienstpläne herangezogen, in einigen Fällen außerdem Zugbildungspläne. Einige der Umlaufpläne sind auch im Original wiedergegeben bzw. im Text eingehender behandelt.

Weitere wichtige Quellen waren die zwischen 1948 und 1958 vom Zentralamt in München herausgegebenen „Jahresberichte über die motorisierte Zugförderung“, die Auskünfte zahlreicher DB-Dienststellen sowie viele Gespräche und Korrespondenzen mit (meist schon pensionierten) V20/V36-Lokführern. Die Angaben über die durchschnittlichen monatlichen Laufleistungen einer Lok sind in der Regel den Betriebsbögen entnommen, die von den Bw ständig zu führen waren und - soweit vorhanden - den Betriebsbüchern beigeheftet sind.

Standort und Leistungen (V 36 213) 236 213-5

1	2	3	4	5	6
Bahnbetriebswerk		Ausbesserungswerk		Leistung in km*)	
				seit der letzten bahnamtlichen Untersuchung des Fahrgestelles	seit der ~~Anlieferung~~ Übernahme durch die DR/DB
Wehrmacht	1943 - Mai 1945				
Bw Hamburg-Harbg	von 14.9.45 bis 29.7.47	RAW Holmag Kiel M4	von 30.7.47 bis 5.3.48	22 000	22 000
Bw Hamburg-Harbg.	von 6.3.48 bis 13.4.48	RAW MAK Kiel M0	von 14.4.48 bis 4.8.48	2000	24000
Bw Hamburg-Harburg	von 5.8.48 bis 30.11.48		von bis	13000	35000
Bw Bremen Hbf	von 1.12.48 bis 30.4.49		von bis	26000	48000
Bw Hamburg-Harbg	von 1.5.49 bis 21.6.49	RAW Bremen M2	von 22.6.49 bis 9.9.49	27000	49000
Bw Lübeck	von 10.9.49 bis 26.9.49	AW Bremen M0	von 27.9.49 bis 10.11.49	29000	51000
Bw Lübeck	von 11.11.49 bis 19.12.49	AW Opladen M0	von 20.12.49 bis 5.5.50	31 000	53 000
Bw Lübeck	von 6.5.50 bis 24.9.51	AW Opladen M3	von 25.9.51 bis 27.10.51	100 000	122 000
Bw Heiligenhafen	von 28.10.51 bis 14.3.52	FaMAK, Kiel M0	von 15.3.52 bis 31.3.52	11 000	133 000
Bahnbetriebswerk Heiligenhafen	von 1.4.52 bis 29.8.52	AW Opladen M2	von 30.8.52 bis 26.9.52	39000	161 000
Bahnbetriebswerk Heiligenhafen	von 27.9.52 bis 5.2.53	AW Opladen M2	von 6.2.53 bis 19.2.53	56000	178000
Bahnbetriebswerk Heiligenhafen	von 20.2.53 bis 23.3.54	AW Opladen M4	von 24.3.54 bis 29.4.54	103000	225 000
Bw Heiligenhafen	von 30.4.54 bis 25.8.55	AW Opladen M2	von 26.8.55 bis 28.9.55	86000	311000
Bw Heiligenhafen	von 29.9.55 bis 30.9.55	AW Nürnberg M0	von 1.10.55 bis 22.10.55	86000	311000
Bw Heiligenhafen	von 23.10.55 bis 1.6.56	AW Opladen M0	von 2.6.56 bis 25.6.56	118 000	343 000
Bw Heiligenhafen	von 26.6.56 bis 14.11.56	AW Opladen M3	von 15.11.56 bis 10.12.56	142000	367 000
Bw [illegible]fen	von 11.12.56 bis 12.3.59	AW Opladen M2	von 13.3.59 bis 18.3.59	118000	485 000
Bw Heiligenhafen	von 19.3.59 bis 21.9.60	AW Opladen M2/S	von 22.9.60 bis 28.10.60	81000	566000

Stationen eines Lebens: Der Standortnachweis im Betriebsbuch (hier das der V36 213) verrät nicht nur, wo eine Lok beheimatet war, sondern auch, wie intensiv die Einsätze waren (Kilometerleistungen gerundet) und wie häufig die Lok zur Ausbesserung ins AW mußte.

DR. HANS-REINHARD EHLERS

Gut geladen: V20 050 war über viele Jahre die einzige Altbaudiesellok der BD Augsburg. Am 15.2.58 rangierte die Schwartzkopff-Lok an der Laderampe in Landsberg/Lech.

Bundesbahndirektion Augsburg

Trotz eines im Grunde recht ansehnlichen Erbes an Wehrmachtlokomotiven aus vormaligen Heeresdepots und Luftwaffenlagern im Direktionsbezirk um 1945, war die BD Augsburg zu Bundesbahnzeiten ein wenig bedeutender Standort für die V20/V36. Nur eine einzige Lok - V20 050 - konnte sich über die Umstationierungswellen der ersten Nachkriegsjahre hinaus halten und für mehr als anderthalb Jahrzehnte in Augsburg heimisch werden.

Die Gründe dafür sind naheliegend:

Zum e i n e n gehörte die BD Augsburg, neben Hamburg, zu den Direktionen, die schon ab Mai 1950 die neuen Schienenbusse zur Erprobung erhielten. Die gesamten 50er und 60er Jahre hindurch blieb die Direktion danach eine Hochburg des VT95^{9}-, später auch VT98^{9}- und ETA150-Einsatzes (Bw Kempten, Nördlingen, Augsburg, Schongau).

Zum a n d e r e n waren die meist recht langen, im Süden der Direktion auch hügeligen Nebenstrekken ideale Einsatzgebiete für die Einheitsdampfloks Baureihe 64 und 86. Auf den kleinen Stichbahnen standen zudem, teilweise bis in die 60er Jahre hinein, ältere, bayerische Länderbahnbauarten (70^{0}, 98^{8}, 98^{10}) in ausreichender Stückzahl zur Verfügung. Insgesamt erschienen Motorloks damit wohl entbehrlich bzw. andernorts zweckmäßiger einsetzbar.

Die Konsequenz daraus war ein frühzeitiges Zurückfahren des Diesellokbestandes auf - ab Mitte 1951 - nur noch eine Lok. Bemerkenswert ist immerhin die zeitweise Massierung der Baureihe V15 in der BD Augsburg. Eine „Original"-Augsburger Lok war dabei nur V15 002, die hier schon 1947 stationiert war. 1950 kamen weitere Maschinen (003 aus Kiel, 004 aus Husum, 005 aus Rendsburg) hinzu. Und mit V15 001 (18.4.51 aus Stuttgart) war schließlich der gesamte Baureihenbestand beim Bw Augsburg konzentriert. Die V15-Ära dauerte allerdings nicht sehr lange: Schon wenige Monate nach den Umsetzungen nach Augsburg wurden alle fünf Lokomotiven als Splittergattung ausgemustert und - im August 1951 - verkauft.

BD AUGSBURG
Stationierungen 1946-1951 (Stand: jeweils 31.12.)

Bw	Type	1947	1948	1949	1950	1951
Augsburg	V15	1	1	1	4	
	V20	2	2	2	2	1
	V22	3	2	1		
	V36	2				
Schongau	V36	1	-	-	-	-
BD gesamt		**9**	**5**	**4**	**6**	**1**

Bestand von 1951 bis 1966 unverändert

Bw Schongau

Das Bw Schongau setzte schon bald nach dem Krieg eine einzelne V36 im Rangierdienst in Peißenberg ein. Loknummer und Stationierungsdaten sind unbekannt. In den Akten findet sich lediglich ein Umlaufplan, gültig ab 27.10.47, der die Existenz einer solchen Lok belegt. Rangiert wurde in Peißenberg von 7.00 bis 17.30 Uhr; die Zuführung geschah morgens jeweils mit einem Übergabezug von Schongau, Rückfahrt spätnachmittags als Lz.

Mit einiger Wahrscheinlichkeit dürfte es sich bei der Maschine um eine der drei im März 1947 in Augsburg gemeldeten V36 (114, 209, 210) gehandelt haben. Schon im Sommerfahrplan 1948 endeten diese Einsät-

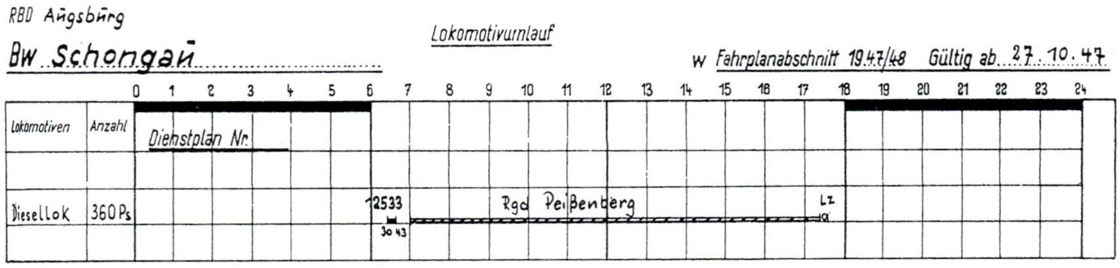

ze. Die V36 wurde nach Frankfurt abgegeben. Den Rangierdienst in Peißenberg übernahmen Dampfloks der Reihe 94^{5}, später 54^{15}, vom Bw Garmisch.

Bw Augsburg

Von der kurzen Vorstellung der V36 in Schongau abgesehen, war das Bw Augsburg die alleinige Schaltstelle für den Einsatz ehemaliger Wehrmachtdieselloks in der Direktion. Stückzahlen und Bauartverteilung jeweils zu den Jahresenden 1947-1951 wurden bereits genannt. Hier die genauen Stationierungen:

V20 006 :	(.46)	neu	- 28.02.51	Soltau
V20 015 :	12.08.50	Stuttgart	- 10.10.50	+
V20 023 :	26.07.49	ED Ffm	- 10.02.51	München Bww
V20 030 :	01.05.46	neu	- . .49	Bocholt
V20 050 :	.11.50	neu	- 17.07.66	Stuttgart
V22 001 :	(03.47)	neu	- 05.10.50	Stuttgart
V22 008 :	siehe Fußnote 150			
V22 009 :	(03.47)	neu	- 17.07.49	Weiden
V36 114 :	(03.47)	neu	- .48	Frankfurt-1
V36 209 :	ab (08.45)	neu	- 19.09.48	Frankfurt-1
V36 210 :	ab (08.45)	neu	- .48	Frankfurt-1

V20 006: 12.46-08.47 leihweise Untertürkheim
V20 023: Abgabe-Bw in der ED Frankfurt nicht bekannt
V20 050: die Lok wurde offiziell durch die ED Hannover zugewiesen, war dort allerdings nicht in Betrieb

Auch die ab 1945 zeitweise in der RBD Augsburg geführten

V36 001 (als 20912)
ex Heereszeugamt Ingolstadt
V36 205 (als 36225)
ex Lufttanklager Weißenhorn
V36 214 (als WL335)
ex ?

dürften zum Bw Augsburg gehört haben. Alle drei wurden schon im Oktober 1945 zum Bw Nürnberg Hbf umbeheimatet.

Einen Eindruck von der Einsatzlage der restlichen Augsburger Loks in den frühen Nachkriegsjahren vermittelt die Momentaufnahme vom 23.3.47:

V20 006 (als 36658)	verliehen an U'türkheim
V20 030 (als WL203)	im Rangierdienst
V22 001 (als 643)	im RAW Nürnberg Rbf
V22 008 (als 644)	abg/stark beschädigt[150]
V22 009 (als 733)	im RAW Nürnberg Rbf
V36 114 (als 11647)	
V36 209 (als 10989)	in Bereitschaft
V36 210 (als M5)	abg/stark beschädigt
V36 317 (als WL314)	abg/stark beschädigt

V36 317 gehörte am Stichtag als einzige ex-Kriegslok noch zum Schadbestand und ist in den Bestandsstatistiken deshalb nicht berücksichtigt. Sie ging erst 1951 beim Bw Fulda wieder in Betrieb.

Von den übrigen V36-Loks scheint zumindest die V36 209 (ex Heeres-Muna Strass/b.Ulm) über einen längeren Zeitraum beim Bw Augsburg tatsächlich in Betrieb gewesen zu sein. Lange Zeit währten diese Einsätze jedoch nicht. Alle drei Loks wurden 1948 nach Frankfurt umbeheimatet.

Die V20 liefen in den Jahren 1949-51 durchschnittlich 1000-3000 km/Monat; die V20 050 erreichte später auch bis zu 4400 km monatlich. Älteren Fotos zufolge war die Maschine in den 50er und 60er Jahren vor allem als Rangierlokomotive in Landsberg/Lech eingesetzt.

Im Mammut-Bestand des Bw Augsburg spielte das Einzelstück eine kaum wahrnehmbare Rolle. Ab Ende der 50er Jahre war der Rangierbetrieb rund um Augsburg ansonsten fest im Griff der V60 bzw. von Kleinloks LgII und LgIII. Auch in Landsberg rangierte später nur noch eine V60, die zweimal täglich von Buchloe kam. Die V20 wurde im Juli 1966 nach Stuttgart abgegeben.

150 Die spätere V22 008 wird am gleichen Tag auch beim Bw Wt-Vohwinkel gemeldet; aufgrund der vorherigen Wehrmachtdienststelle dürfte Wt-Vohwinkel richtig sein

Neustart: Die spätere V36 210 stammte von der Heeres-Versuchsanstalt Peenemünde und war bei Kriegsende in Augsburg stehen geblieben. Angeschrieben ist ein Sammelsurium aus alter Peenemünder Nummer (M5), US-Army-Kennzeichnung (Allied Forces) und neuem Staatsbahn-Logo (DR) August 1945.

EISENBAHNSTIFTUNG

SAMMLUNG DR. GÜNTHER BARTHS

Ruhrgebiet: 270 002-9 dreht auf der Drehscheibe des Heimat-Bw Oberhausen Hbf (ca.1973).

Bundesbahndirektion Essen

Auch die BD Essen war - wie übrigens die meisten Direktionen im westdeutschen Ballungsraum - ein eher untypischer Einsatzbezirk für die V20/V36-Typen. Zwar führten gleich mehrere Bahnbetriebswerke, teilweise sogar über einen längeren Zeitraum, Lokomotiven dieser Baureihen im Bestand. Von wenigen Ausnahmen abgesehen, waren dies jedoch Einzelstücke, die auch nur in untergeordneten Diensten, z.B. vor Bau- und Hilfszügen, Verwendung fanden.

BD ESSEN
V20/V36-Stationierungen 1949-1976 (Stand: jeweils 31.12.)

Bw	Type	1949	1950	1954	1958	1962	1966	1970	1974	1976
Bocholt	V16		1	(aufgelöst)						
	V20	1	1							
Dortmund Bbf	V20	-	-	1	-	-	-	-	-	-
Dortmund Bbf Bww	V20	-	-	-	1	-	-	(aufgelöst)		
	V36				1					
Dortmund Rbf	V20	-	-	-	-	-	-	-	1	-
Hamm	V20	-	-	-	-	-	-	-	-	2
Oberhausen Hbf	V20	-	-	-	-	1	1	1	2	-
Finnentrop	V36				(von BD Wuppertal)				(6)	-
Bielefeld	V20				(von BD Hannover)				1	-
	V36								1	
BD gesamt		**1**	**2**	**1**	**2**	**1**	**1**	**1**	**11**	**2**

Den Grundstock an ehemaligen Wehrmachtloks in der Essener Direktion legten drei offenbar schon im Krieg in den RBD-Grenzen eingesetzte WR360C, und zwar (Standort am 23.3.47 in Klammern) die späteren

V36 002 ex Heeres-Muna Senne (Bw Hamm),
V36 212 ex ? (Bw ?),
V36 220 ex Heeres-Muna Wulfen (Bw Bocholt).

Die drei Maschinen wurden bereits 1948/49 abgegeben bzw. gegen WR200B14 getauscht. Die V20-Typen, inklusive der umgebauten V22, beherrschten in den darauffolgenden Jahrzehnten dann nahezu alleine das Bild.

Das Bw Bielefeld kam erst per 1.6.72 im Zuge der Neuziehung von Direktionsgrenzen im westfälisch-münsterländischen Raum zur BD Essen, das Bw Finnentrop[151] per 1.1.75 durch Auflösung der BD Wuppertal. Beide Bw beheimateten damals noch V20/V36, gaben die Unterhaltung bald jedoch auf. Aus Gründen der Übersichtlichkeit werden die Stationierungen auch für diesen kurzen Rest-Zeitraum zusammenfassend in den Kapiteln über die BD Hannover und Wuppertal behandelt.

Bw Bocholt

Das Städtchen Bocholt, heute Endpunkt einer nur durch kommunale Gelder überlebensfähigen Stichbahn von Wesel aus, war Ende der 40er/Anfang der 50er Jahre noch ein kleiner, aber nicht unbedeutender Knoten-

---

151 Die sechs per 1.1.75 zugegangenen V36 des Bw Finnentrop sind in der BD Statistik - eingeklammert - bereits unter dem 31.12.74 mit aufgeführt

JÜRGEN WENSORRA, SAMMLUNG DR. GÜNTHER BARTHS

Die Stammlok: V20 002 war (mit nur kurzen Unterbrechungen) von 1954 bis zur Ausmusterung in der BD Essen stationiert. Am 30.6.73 stand sie beim Bw Dortmund Rbf im Einsatz; die Umbeheimatung hierhin folgte aber erst zwei Wochen später.

punkt im westmünsterländischen Eisenbahnnetz. Für die von hier ausgehenden Nebenbahnen unterhielt das Bw Bocholt u.a. Loks der Baureihen 24, 38^{10}, 56^{2} und 56^{20}, 57^{10}, 78 sowie 86.

Dieselloks blieben auch hier Einzelstücke. Nacheinander wurden folgende Maschinen beheimatet:

V36 220 :	02.02.47	neu	- 29.07.48	Frankfurt-1
V20 022 :	29.07.48	Frankfurt-1	- 22.11.49	München H
V20 030 :	01.12.49	Augsburg	- 28.01.51	Heide
V22 003 :	16.12.51	Hmb-Harbg	- 18.02.52	Hmb-Harbg

In der Lücke zwischen Januar und Dezember 1951 liefen in Bocholt zwei V16 (001 und 002). Beide wurden nach Ausmusterung und Verkauf Ende 1951 durch die V22 ersetzt.

Die sechs V16-/V20-/V22-/V36-Lokomotiven wurden ausschließlich im Rangierverkehr für die britische Besatzung eingesetzt[152]; anfangs in der weiter genutzten Muna Wulfen, später vermutlich auch in einem großen, von britischen und kanadischen Besatzungstruppen gebauten Treibstofflager im Bocholter Stadtwald (hier endete zeitweilig eine Treibstoff-Pipeline aus Rotterdam). Die Kilometer-Leistungen waren mit durchschnittlich 800-1150 km/Monat (V20 022 und 030) ziemlich bescheiden.

Bereits im Februar 1952, mit Abgabe der V22 003 nach Hmb-Harburg, endete die Motorlok-Stationierung in Bocholt wieder. Kaum zwei Jahre später, am 4.10.53, wurde im Zuge einer frühen Rationalisierungswelle in der BD Essen das Bw Bocholt aufgelöst.

Bw Dortmund Bbf

Von den insgesamt vier Dortmunder Betriebs- und Betriebswagenwerken führten drei zumindest vorübergehend V20/V36-Loks im Bestand. Den Anfang machte das Bw Dortmund Bbf, das - nach zwei Jahren ohne jegliche Diesellok in der gesamten BD Essen - am 15.2.54 die V20 002 aus Hamburg-Harburg zugewiesen bekam. Die Lok blieb exakt zwölf Monate und wurde dann (per 21.2.55) zum Bww Dortmund Bbf umgesetzt. Eingesetzt war die Lok ausschließlich im Rangierdienst.

Bww Dortmund Bbf

Ein bißchen länger als im Bw Bbf konnte sich die V20 002 beim Dortmunder Betriebswagenwerk halten. Viereinhalb Jahre lang, ab Anfang 1957 noch verstärkt durch eine V36, war die kleine Wehrmachtlok beim Bww Dortmund Bbf in Diensten. Außerdem waren hier in der 50er Jahren noch die VT04, VT06, VT07 und VT08 stationiert.

Beide Loks erreichten in Dortmund erstaunlich hohe Kilometerleistungen: die V20 zwischen 3500 und 4000 km/Monat, die V36 durchschnittlich 4000-4500 km. Ob - und wenn ja: wo (Zugbereitstellung?) - soviele Kilometer im reinen Rangierdienst zusammenkommen konnten, ist nicht überliefert. Ab Mai 1959 standen in Dortmund Bbf auch die ersten V60 (445, 446) zur Verfügung, so daß beide V20/V36-Maschinen wieder abgegeben wurden.

V20 002 :	18.03.55	Dortmd.Bbf	- 31.07.59	AW Krefeld
V36 212 :	08.02.57	Hmb-Harbg	- 31.08.59	Oldenbg Hbf

Bw Dortmund Rbf

Mit einem Abstand von annähernd 15 Jahren wurde die V20 002 ab 1973 erneut in Dortmund stationiert. Heimat-Bw war diesmal Dortmund Rbf, das nach Aufgabe der Dampflokunterhaltung 1972 den gesamten Diesellok-Bestand - Köf II, Köf III und V60 - von Dortmund Bbf übernommen hatte (Bbf wurde zum reinen Ellok-Betriebswerk ausgebaut). Die V20 scheint fast ausschließlich als Arbeitszug-Lok beim S-Bahn-Bau beschäftigt worden zu sein. Sichtungen liegen u.a. aus Witten (Juni 1973) und aus dem Raum Bochum (März/April 1974) vor.

V20 002 :	15.07.73	Oberhsn.Hbf	- 18.09.73	AW Offenbg
	01.01.74	AW Offenbg	- 22.02.75	+

152 Schreiben ED Essen 23M10 Fulm v. 2.5.51; Betriebsbuch

Bw Paderborn

Einem schlecht geschmierten Lager verdankt das Bw Paderborn seine Eintragung in die V36-Geschichte. Die Lok, V36 403, war auf einer Überführungsfahrt mit einem Heißläufer liegengeblieben und ins Bw Paderborn geschleppt worden. Das Betriebsbuch verzeichnet

als Zugangsdatum den 21.8.59 und
als Abgangsdatum den 17.9.59,

jeweils von bzw. nach Frankfurt-Griesheim. Der Schaden wurde bei einer M2 vom 18.9.-16.10.59 im AW Paderborn behoben. Anschließend konnte die Lok nach Frankfurt zurückgegeben werden.

Bw Oberhausen Hbf

Das Bw Oberhausen Hbf war das Diesellok- und Triebwagen-Bw der Ruhrgebietsstadt. Auch hier war über lange Jahre die einzige Stammlok der Bundesbahndirektion Essen, V20 002, beheimatet. Nach deren Abgabe nach Dortmund 1973 folgten noch für einige Zeit die V20 001 (aus Hamburg-Harburg) und die DWK-Type V20 051 (aus Oldenburg) nach.

V20 001 :	17.12.73	Hmb-Harbg.	-	09.05.75	Hamm
V20 002 :	21.12.61	AW Krefeld	-	14.07.73	Dortmd.Rbf
V20 051 :	01.02.74	Oldenburg	-	09.05.75	Hamm

Die V20 002 lief in den ersten Jahren (1962-1967) meistenteils als Rangierlok im Bf. Mülheim-Speldorf. Aus der Zeit danach sind u.a. Bauzugeinsätze bei der Elektrifizierung der S-Bahn-Strecke Essen - Kettwig - Düsseldorf (1967/68) sowie die Verwendung als Rangier- und Az-Lok im Essener Hauptbahnhof (1970-73) bekannt.

Das gleiche Betriebsprogramm (Bauzugdienste, Hilfslok, leichte Rangierarbeiten) galt auch für die beiden erst nach 1973 in Oberhausen stationierten V20. Die Einsätze waren zu dieser Zeit aber bereits so selten, daß kaum noch 1000 km/Monat erreicht wurden. Die V20 002 war zeitweise mit Rangierfunk ausgerüstet.

Bw Hamm

Das Bw Hamm beheimatete bereits kurz nach dem Krieg (also schon vor der Teilung in Hamm P und G) eine V36 der 0-Serie (002). Die Lok war beim Einmarsch von der amerikanischen Besatzung als nicht einsatzfähig dort abgestellt und im Lauf der Zeit stark ausgeplündert worden. Einsätze hat es in Hamm nicht gegeben. Am 29.9.48 wurde die Lok zur Aufarbeitung nach Wuppertal überführt.

Erst 26 Jahre später kamen wieder ex-Militärloks nach Hamm[153], diesmal die 270 001-1 und 270 051-6.

V36 002 :	. .45	neu	-	29.09.48	Wt-Steinbeck
V20 001 :	10.05.75	Oberhsn.Hbf	-	19.02.77	+
V20 051 :	10.05.75	Oberhsn.Hbf	-	06.06.78	+

Die Lokomotiven standen meist arbeitslos am Bw abgestellt und warteten vergeblich auf evt. Einsätze. Die 270 001-1 etwa brachte es während ihrer gesamten 1½jährigen Einsatzzeit auf nur 6300 km! 270 051-6 war zumindest gelegentlich im Az-Dienst bzw. Bw-Verschub auszumachen. Beide Loks wurden in Hamm z-gestellt und ausgemustert.

153 Die zeitweilig selbstständigen Bw Hamm P und Hamm G wurden per 29.9.66 wieder aufgelöst und zum neuen „Bw Hamm/Westfalen" verschmolzen

Jürgen Wensorra, Sammlung Dr. Günther Barths

Die Erste: Auch die 270 001-1 - Sonderbauart WR240B - verschlug es an ihrem Lebensabend noch in die BD Essen. Anfang 1974 gehörte sie dem Bw Oberhausen Hbf, trug aber noch die Anschriften aus Hamburg-Harburg (Dortmund Rbf, 7.2.74).

Max Göllner, Nachlass Arnold Haas

Ein neuer Anfang: V36 206 ist mit einem Wendezug in Frankfurt Hbf eingelaufen. Von der Bahnhofshalle hat der Krieg nur ein blankes Gerippe übriggelassen, an der Bahnsteigsperre prangen Schilder für Reisende aus Frankreich (Sommer 1950).

Bundesbahndirektion Frankfurt

Die BD Frankfurt war stets eine Domäne der V36, vor allem der V36[4]. Allein das Bw Frankfurt-1 beheimatete zeitweise bis zu 24 Loks der 360-PS-Bauart! Weitere langjährige Stützpunkte waren Darmstadt, Ffm-Griesheim, Gießen und (mit allerdings geringerer Stückzahl) auch Hanau. Bis weit in die 70er Jahre hinein hielt sich ein Direktions-Bestand von durchschnittlich 18-19 Lokomotiven.

Die V20 hat in der BD Frankfurt dagegen kaum Fuß fassen können. Nur in der unmittelbaren Nachkriegszeit waren je eine V20- (1947-48) bzw. V22-Type (1948-50) bei den Bw Darmstadt und F-1 stationiert. Auch zwei V36[3] (V36 301 und 313) sind in dieser Zeit nachgewiesen, wurden frühzeitig aber in andere Direktionen umgesetzt.

Schwerpunkt des V36-Einsatzes in der BD Frankfurt war fast zwei Jahrzehnte lang der Vorortverkehr in den großen Einpendlerstädten der Rhein/Main-Region, besonders

Frankfurt	(70.000 Einpendler täglich),
Darmstadt	(21.000 Einpendler täglich),
Offenbach	(9.000 Einpendler täglich) und
Hanau	(13.000 Einpendler täglich)[154].

Vor allem die schwierige betriebliche Situation im Frankfurter Kopfbahnhof und die erst 1957 einsetzende Streckenelektrifizierung bescherten der V36 lange Zeit sehr hochwertige Leistungen namentlich im Wendezugverkehr. 10.000 Kilometer und mehr pro Lok und Monat waren eher die Regel als die Ausnahme. 1956

154 Zahlen für 1950; Unverzagt, BD Frankfurt, S.980

BD FRANKFURT
V20/V36-Stationierungen 1947-1980 (Stand: jeweils 31.12.)

Bw	Type	1947	1948	1950	1952	1954	1956	1960	1965	1970	1975	1980
Darmstadt	V36	-	-	7	6	8	6	5	3	1	-	-
Frankfurt-1	V20	1										
	V22		1									
	V36	4	20	13	-	-	-	-	-	9	10	-
Frankfurt-2	V36	-	-	-	-	-	-	-	-	-	-	1
Ffm-Griesheim	V36	-	-	3	14	11	10	6	6	(aufgelöst)		
Friedberg	V36	-	-	-	-	-	1	-	-	-	-	-
Gießen	V36	2	-	-	-	-	-	3	5	5	4	-
Hanau	V36	-	-	-	-	-	-	3	3	3	3	-
Wiesbaden	V36	1	1	-	2	1	1	1	-	-	-	-
Fulda	V36							(von BD Kassel)			4	-
Kassel	V36							(von BD Kassel)			2	-
BD gesamt		**8**	**22**	**23**	**22**	**20**	**18**	**18**	**17**	**18**	**23**	**1**

per 31.12.48 war außerdem V20 023 in der ED Frankfurt vorhanden; Heimat-Bw nicht belegt (vermutlich F-1)

betrug der Anteil der Dielselloks an den Gesamtlaufleistungen aller Triebfahrzeuge in der BD Frankfurt schon bemerkenswerte 4,95 Prozent[155]. Zum Vergleich: Im gesamten DB-Gebiet waren es im gleichen Jahr nur gerade 1,19 Prozent[156]!

Ab Anfang der 60er Jahre verlagerten sich dann jedoch auch im Frankfurter Bezirk die Einsätze der V36 immer mehr zum Rangier- und Arbeitszugdienst. Eine Spezialität war die große Zahl von Stückgut- und Expreßgutzügen, an denen die V36 ebenfalls bis zuletzt beteiligt war.

Seit 1.8.75 (Auflösung der BD Kassel) gehörten auch die Bw Fulda und Kassel zur Frankfurter Direktion. Beide brachten noch einige V36^1 bzw. V36^2 mit in den BD-Bestand. Die Einsätze dort werden, wie in ähnlichen Fällen bei anderen Direktionen auch, zusammenfassend im Abschnitt über die jeweilige Ursprungs-Direktion (hier also Kassel) beschrieben.

Bw Darmstadt

Das Bw Darmstadt (bis 1960: Darmstadt Hbf) war zur Dampflokzeit ein recht bedeutendes Reisezuglok-Bw. Im Sommer 1957 z.B. beheimatete die Dienststelle mehrere Schnellzugloks der Reihen 03 und 18^6, fast zwanzig P8 sowie etliche 65er, 74^{4}er, 78er und 93^{5}er für den Regionalverkehr im Bereich Odenwald/Bergstraße. Außerdem waren mehrere Nahverkehrs-Triebwagen alter und neuer Bauart (VT60, VT95) in Darmstadt zuhause.

Die ersten ex-Militärloks in Darmstadt - V20 022 und V36 225 - stammten aus Wehrmachtsbetrieben im

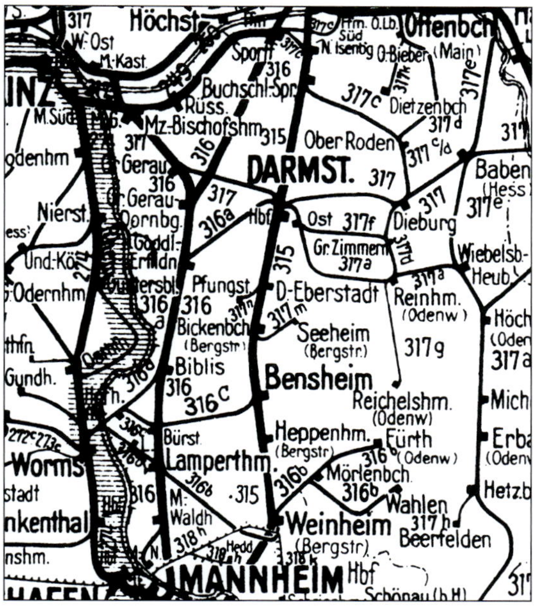

näheren Umkreis. Bei der Lokzählung im März 1947 befanden sich beide zur Instandsetzung im Ausbesserungswerk. Sie wurden noch im gleichen Jahr abgegeben. In Darmstadt dürften sie kaum in Betrieb gewesen sein.

Der Beginn der Dieselzugförderung ist daher wohl richtigerweise auf März 1950 anzusetzen. Per 8.3.50 wurde die Frankfurter V22 006 nach Darmstadt umstationiert und sofort im Streckendienst - vermutlich zwischen Eberstadt und Pfungstadt - eingesetzt. Ihr folgten in kurzen Abständen ein gutes Dutzend V36^1 und V36^2, die sämtlich durch Neuanlieferung von V36^4 in Frankfurt frei geworden waren.

Die meisten davon wurden schon nach wenigen Monaten in alle Himmelsrichtungen weitergegeben. In Darmstadt blieben nur einige V36^2 aus der Nachkriegslieferung - V36 254 255 260 261 und 262 - bevor auch diese, ab Ende 1951, durch die wiederum modernere V36^4 ersetzt werden konnten.

Der V36-Bestand des Bw Darmstadt hielt sich in den folgenden Jahren bei konstant sechs bis acht Maschinen. Die Einsätze erfolgten fast ausschließlich im Personenzugdienst. Die durchschnittlichen monatlichen Laufleistungen lagen in den 50er Jahren immer bei 6000 bis 8000 Kilometer. Auch Monatswerte über 10.000 km (Spitze = V36 402: 13733 km im März 1959) waren keine Seltenheit.

Darmstadt (1) - 1947-1955:

V20 022 :	04.09.47	neu	- 30.09.47	Frankfurt-1
V22 006 :	08.03.50	Frankfurt-1	- 17.05.50	Oldenbg.Hbf
V36 114 :	20.05.50	Frankfurt-1	- 05.06.51	Gemünden
V36 118 :	09.07.50	Frankfurt-1	- 25.08.50	Plattling
V36 120 :	12.05.50	Frankfurt-1	- 28.08.50	Passau
V36 212 :	22.08.50	Frankfurt-1	- 16.10.50	Hmb-Harburg
V36 217 :	05.05.50	Frankfurt-1	- 19.10.50	Bremen Hbf
V36 225 :	(.03.47)	neu	-	Gießen
V36 230 :	27.05.50	Frankfurt-1	- 09.11.50	Wt-Steinbeck
V36 251 :	14.09.50	Frankfurt-1	- 30.09.51	Offenburg
V36 253 :	07.12.50	München Bww	- 30.09.51	Offenburg
V36 254 :	. .50	Frankfurt-1	- . .51	Wiesbaden
	. (.53)	Wiesbaden	- 12.06.54	Trier
	05.07.54	Trier	- 08.05.55	Heilbronn
V36 255 :	07.04.51	Stuttgart	- 08.12.52	Wiesbaden
V36 260 :	05.11.50	Frankfurt-1	- 17.07.52	Wiesbaden
	01.09.52	Wiesbaden	- 07.01.54	Kirn
	08.03.54	Kirn	- 19.12.54	K'lautern
V36 261 :	01.10.50	Frankfurt-1	- 08.01.55	Kirn
V36 262 :	12.11.50	Frankfurt-1	- 30.12.52	Trier

Befahren wurden im Grunde alle von Darmstadt ausgehenden Nebenstrecken. Den Anfang hatten schon 1950 zwei kurze Stichbahnen südlich der Domstadt gemacht, die sich im besonderen Maße für einen Pendelverkehr mit V36 anboten, nämlich

- Eberstadt - Pfungstadt und
- Bickenbach - Seeheim.

Beide Bahnen waren sehr kurz und hatten dabei eine hohe Zugdichte (1951: 18 bzw. 20 Zugpaare). Weitere Strecken kamen in den folgenden Jahren hinzu, und zwar

- Darmstadt - Groß Zimmern (ab 1951),
- Darmstadt - Godd.Erfelden - Biblis (ab 1951),
- Darmstadt - Dieburg - Babenhausen (ab 1952)
  ab 1953 weiter bis Aschaffenburg,
- Groß Gerau - Dornberg (ab 1952)
- Darmstadt - Ndr.Ramstadt - Reinheim (ab 1954)
  sowie
- Darmstadt - Mz-Bischofsheim.

Auch Frankfurt wurde regelmäßig erreicht. Außerdem bestand in Darmstadt, Reinheim und Dieburg Anschluß an die Frankfurter V36-Züge, so daß ein regelrechtes Netz motorlokbetriebener Strecken im Mainbogen südlich von Frankfurt entstand.

Für die Strecken Eberstadt - Pfungstadt, Bickenbach-Seeheim und Darmstadt - Gr.Gerau - Dornberg war 1954 die Umstellung auf Wendezugbetrieb vorgesehen[157]. Ob dieser Plan tatsächlich noch in vollem Umfang realisiert worden ist, erscheint zweifelhaft (die Pfungstädter und Seeheimer Linie wurden 1955 für den Personenverkehr stillgelegt). Belegt sind Wendezüge aber für die Strecken

- Darmstadt - Groß Gerau - Dornburg und
- Darmstadt - Groß Zimmern[158].

Hier verkehrten über mehrere Fahrplanperioden hinweg reinrassige Ci-, später Bi-Wendezüge mit Zweiachser-Steuerwagen Cif bzw. Bif. Nach dem Wagenverzeichnis der Bundesbahndirektion Frankfurt vom 1.6.58 standen dafür drei komplette Garnituren (mit je sechs Zwischen- plus einem Befehlswagen) zur Verfügung. 1955 wurden planmäßig zwei Garnituren im V36-

155 Kukielka, Verhältnisse, S.1003
156 Jahresbericht motor. Zugförderung 1958, S.2
157 Klingensteiner/Ebner 1954, S.796
158 Aßmann/Bleiweis, Groß Zimmern, S.20

Carl Bellingrodt

Einfahrt für P 4372: V36 416 zieht ihren Zug von Groß Zimmern durch das Gleisvorfeld des Darmstädter Hauptbahnhofs. Im Wendezugverkehr setzte das Bw Darmstadt vorzugsweise seine beiden Kanzelloks ein (9.5.58).

Betrieb benötigt[159]. Lackierung: Rot und grün. VB/VS sind in Darmstadt nicht mit den V36 zusammen gelaufen.

Ende der 50er Jahre begann dann der allmähliche Rückzug der Wehrmachtlokomotive aus dem Streckenbetrieb. Ab 1957 wurden die Hauptbahnen nach Mainz-Bischofsheim und Frankfurt, ab 1960 auch die Strecke nach Aschaffenburg elektrisch befahren. Der V36-Bestand sank in dieser Zeit auf vier (1962) und schließlich nur noch drei Loks (1965), die Leistungen auf 2500-3500 km/Monat.

Der Alltag spielte sich nun größtenteils im Rangierdienst ab, wo schon seit 1957 mit Rangierfunk ausgerüstete V36 zum Einsatz kamen. 1960 gab es nur noch auf der Strecke nach Goddelau-

159 Wagennummern (Stand: 31.12.55):
Cif 85 127 544
Ci 83 073 083 261 280 489 533 640 641 704 719 742 927
84 151 169 572 613 725 807
85 117
BCi 36 209

Darmstadt (2) - 1953-1970:

V36 108 :	12.12.70	Frankfurt-1	- 31.12.70	Mannheim
V26 261 :	23.09.66	Aalen	- 02.12.66	Ffm-Grieshm
V36 262 :	23.09.65	Aalen	- 04.12.66	Ffm-Grieshm
	14.01.67	Ffm-Grieshm	- 14.01.67	Aalen
V36 402 :	19.12.54	Ffm-Grieshm	- 02.01.63	Ffm-Grieshm
V36 403 :	11.08.60	Ffm-Grieshm	- 19.03.62	Hanau
V36 405 :	10.08.60	Ffm-Grieshm	- 08.05.62	Hanau
	20.06.62	Hanau	- 01.07.63	AW Kassel
V36 406 :	15.06.53	Ffm-Grieshm	- 20.09.66	Aalen
	27.11.66	Aalen	- 09.11.70	Frankfurt-1
V36 408 :	10.04.64	Ffm-Grieshm	- 26.10.64	Ffm-Grieshm
	11.09.66	Ffm-Grieshm	- 23.09.66	Aalen
	26.01.67	Aalen	- 04.06.70	Frankfurt-1
V36 409 :	22.07.66	Ffm-Grieshm	- 20.09.66	Gießen
	03.11.66	Gießen	- 26.11.66	Aalen
	14.01.67	Aalen	- 09.10.69	Frankfurt-1
V36 410 :	24.04.59	Ffm-Grieshm	- 28.05.60	Hanau
V36 413 :	11.01.55	Ffm-Grieshm	- 16.06.56	Friedberg
V36 415 :	23.12.52	Frankfurt-1	- 18.05.60	Hanau
V36 416 :	17.12.51	Ffm-Grieshm	- 10.08.60	Wt-Steinbeck
V36 417 :	01.11.51	Ffm-Grieshm	- 11.12.70	Frankfurt-1
V36 418 :	12.11.51	Ffm-Grieshm	- 10.08.60	Wt-Steinbeck

Schnappschuß bei Bahnkilometer 74,9: Ein aus Einheits-Zweiachsern gebildeter V36-Zug aus Darmstadt hat sein Ziel Aschaffenburg bald erreicht. Zuglok ist auch hier die V36 416 (bei Mainaschaff, 13.2.59).

Wolfgang Gödel

Erfelden (teilweise bis Worms) Personenzüge mit V36-Bespannung. Zwei Loks rangierten in Darmstadt, eine in Wiebelsbach; eine weitere Lok (später zwei) war bereits in der Bw-Außenstelle Weinheim stationiert. Von dort aus wurden Rangierdienste in Ladenburg, Viernheim und Weinheim erbracht sowie Güterzüge auf der Weschnitztalbahn Weinheim - Mörlenbach - Fürth/Odw. gefahren[160] (1966: 182 km/Tag). Im Pv liefen hier 65er und VT95[9].

Zur Jahreswende 1970/71 war auch diese Zeit vorbei: Mit der Angleichung der Direktionsgrenzen an die Landesgrenze Hessen/Baden-Württemberg fiel die Ast. Weinheim mitsamt der Odenwaldstrecke an die BD Karlsruhe. Auch das Bw Mannheim fuhr hier noch einige Jahre mit der V36. Für die Darmstädter Loks aber war damit das Ende besiegelt. Als letzte Maschine verließ die erst kurz zuvor übernommene 236 108 per 31.12.70 das Bw Darmstadt in Richtung Mannheim.

Bw 1 Frankfurt

Das Thema „V36 in Frankfurt" verdiente eigentlich ein eigenes Kapitel in diesem Buch; so vielfältig, interessant und gleichzeitig so aufschlußreich für die gesamte DB-Geschichte der V36 sind die insgesamt 33 Einsatzjahre in der Main-Metropole. In Frankfurt begann mit den Wendezugeinsätzen 1948 die große Zeit der WR-Lok, und in Frankfurt endete im Sommer 1981 auch die Geschichte der DB-V36 mit der Z-Stellung der 236 405.

Die Motorlok-Stationierung in Frankfurt reicht bis zum Januar 1948 zurück. Zu dieser Zeit beheimatete das Bw F-1 bereits drei Loks der WR-Typenreihe: V20 022, V36 120 und V36 230. Alle drei Maschinen waren allerdings abgestellt und konnten erst nach einer längeren Instandsetzung Ende 1948 bzw. 1949 in Betrieb gehen.

Immerhin erschienen die neuen Lokomotiven aber wohl so interessant, daß im Januar 1948 Versuchsfahrten mit einem V36-Zug auf der Strecke Frankfurt - Kronberg begannen[161]. Der Versuchszug bestand aus

V36 106 (11.01.48 von Gießen) und
V36 152[162] (13.01.48 neu; lw. von Bww München Hbf)

sowie vier Triebwagen-Anhängern vom Typ VS145 (214, 228, 021 und 247). Die beiden V36 liefen an der Zugspitze und am Zugschluß. Die Verständigung erfolgte noch mit einfachen Tonsignalen, weil eine Klingelleitung, wie später im Wendezugbetrieb, zwar in den Steuerwagen, nicht aber auf den Lokomotiven vorhanden war.

Ziel der Fahrten war laut Versuchsbericht die *„Vorbereitung eines erweiterten Dienstzugverkehrs"* zwischen den im Frankfurter Raum weit verstreuten Dienststellen des Zweizonen-Wirtschaftsrates. Aber auch der öffentliche Personennahverkehr mit seinen oft abenteuerlich überfüllten Pendlerzügen bedurfte dringend einer Verbesserung.

Die Probefahrten mit den V36 verliefen sehr erfolgreich (die Fahrzeiten der Dampfzüge konnten durchweg unterschritten werden). Ab Februar 1948 wurden deshalb aus dem gesamten Westzonen-Gebiet V36-Lokomotiven in Frankfurt zusammengezogen. Mitte 1948 beheimatete das Bw F-1 bereits dreizehn, Anfang 1949 zwanzig und Mitte 1949 schließlich vierundzwanzig V36! Dazu kam - bis ins Jahr 1950 hinein - eine einzelne, jedoch ausschließlich für die amerikanische Besatzung eingesetzte V22, die im Muna-Lager Eppertshausen rangierte.

Mit diesem recht stattlichen Motorlok-Park begann 1948 beim Bw Frankfurt-1 der Planbetrieb. Im Vorortverkehr wurden die Strecken

- Höchst - Frankfurt(Hbf) - Offenbach (KBS 195e/192f) und
- Höchst - Bad Soden (KBS 195d),

ab 1949 zusätzlich die Relation

- Frankfurt - Bad Homburg (KBS 196f)

befahren. Eingesetzt waren zunächst vier Zuggarnituren. Die V36 erbrachten tägliche Laufleistungen von 300-350 Kilometern[163].

Zwischen Höchst, Frankfurt Hbf (Kopfmachen) und Offenbach wurden dabei von Anfang an Wendezüge gefahren. Standardreihung: V36 + VB/VS + VS145. Auf der Strecke nach Bad Soden dagegen setzte die Lok an den Endpunkten jeweils um. Hier waren die Züge länger (in der Regel Lok plus vier Steuerwagen) und die Strecke steiler. Im Berufsverkehr mit bis zu zehn Wagen[164] (!) wurden zwei V36 - je eine an der Zugspitze und am Zugende - eingesetzt. Hinzu kamen schon recht frühzeitig auch Rangierdienste.

Eine interessante Momentaufnahme erlaubt die V36-Einsatzübersicht vom 12.1.49[165]:

CARL BELLINGRODT

Start ins Wendezug-Zeitalter: Die $V36^{1}$ liefen in Frankfurt nur bis Mitte 1950 und wurden dann durch die neuen $V36^{4}$ ersetzt. V36 109 trägt zeitgemäß noch die Beschriftung „Deutsche Reichsbahn" und eine Loknummer mit Nummernstrich (Bw Frankfurt-1, 19.6.49).

3	Lok	Vorortverkehr Frankfurt - Höchst - Offenbach
1	Lok	Vorortverkehr Höchst - Soden
1	Lok	Az bei Bm5 in Frankfurt Hbf (8 Std. Rangierdienst)
1	Lok	lw. bei der Städtischen Hafenbahn
1	Lok	Muna-Lager Eppertshausen (Ersatz für schadhafte V22)
1	Lok	Muna-Lager Wiesbaden
1,5	Lok	Flughafen Rhein/Main (24 Std. Rangierdienst und Kesselwagenzustellung)
0,5	Lok	Ablösedienst
1	Lok	Reserve

---

160 Stäckler, Odenwaldstrecke, S.48ff.
161 Kurz, WR360C, S.21
162 Später V36 252
163 Bericht über die Bewährung der $V36^{4}$, S.4
164 Bericht über die Bewährung der $V36^{4}$, S.2f.
165 RZA Mü Bmktr, Reisebericht 1/49 v. 23.1.49

Die Bestandsentwicklung der Jahre 1949-1954 zeigt folgende Aufstellung:

31.12.49:	23x V36	1x V22
31.12.50:	16x V36	
31.12.51:	15x V36	
31.12.52:	14x V36	
31.12.53:	12x V36	
31.12.54:	11x V36	

1 Frankfurt (1) - 1947-1952:

V20 022 :	01.10.47	Darmstadt	- 28.07.48	Bocholt
V22 006 :	18.04.48	Cuxhaven	- 07.03.50	Darmstadt
V36 101 :	22.08.48	Nürnbg.Hbf	- 15.09.49	Passau
V36 104 :	14.02.48	Wt-Steinb.	- 20.08.48	Wt-Steinbeck
V36 105 :	11.05.48	Kassel Bww	- 30.09.50	München Bww
V36 106 :	11.01.48	Gießen	- .10.50	Nürnbg.Hbf
V36 109 :	21.08.48	Nürnbg.Hbf	- 20.01.50	Nürnbg.Hbf
V36 112 :	. .48	Kirchweyhe	- 05.05.50	Fulda
V36 113 :	19.08.48	Hmb-Harbg.	- 05.05.50	Fulda
V36 114 :	01.08.48	Augsburg	- 19.05.50	Darmstadt
V36 118 :	06.03.48	Hagen-Eck.	- 08.07.50	Darmstadt
V36 120 :	(.03.47)	neu	- 11.05.50	Darmstadt
V36 206 :	26.02.49	Bremen Hbf	- 30.10.50	Bremen Hbf
V36 209 :	20.09.48	Augsburg	- 13.06.50	Wt-Steinbeck
V36 210 :	16.06.48	Augsburg	- 13.06.50	Wt-Steinbeck
V36 212 :	25.02.48	RBD Essen	- 21.08.50	Darmstadt
V36 217 :	11.05.48	Kassel Bww	- 04.05.50	Darmstadt
V36 220 :	30.07.48	Bocholt	- 25.11.50	Lübeck
V36 225 :	22.02.49	Wiesbaden	- 07.06.50	Wt-Steinbeck
V36 226 :	10.05.48	Bwg Vbf	- 07.06.50	Wt-Steinbeck
V36 227 :	08.07.48	Stgt-U'türk.	- . .50	+/Wifo
V36 230 :	01.12.47	neu	- 26.05.50	Darmstadt
V36 251 :	25.04.48	neu	- 13.09.50	Darmstadt
V36 254 :	(.05.48)	neu	- (.01.50)	Darmstadt
V36 260 :	02.12.48	neu	- 16.07.50	Darmstadt
V36 261 :	11.12.48	neu	- 30.09.50	Darmstadt
V36 262 :	04.01.49	neu	- 16.07.50	Darmstadt
V36 401 :	17.03.50	neu	- 02.10.51	Ffm-Grieshm
V36 402 :	01.06.50	neu	- 15.10.51	Ffm-Grieshm
V36 403 :	29.04.50	neu	- 01.07.52	Ffm-Grieshm
V36 404 :	29.04.50	neu	- 06.07.51	Ffm-Grieshm
V36 405 :	27.05.50	neu	- 17.02.52	Ffm-Grieshm
V36 406 :	27.05.50	neu	- 10.06.51	Ffm-Grieshm
V36 407 :	30.06.50	neu	- 31.08.52	Ffm-Grieshm
V36 409 :	19.07.50	neu	- 07.01.52	Ffm-Grieshm
V36 410 :	15.07.50	neu	- 06.02.52	Ffm-Grieshm
V36 411 :	15.08.50	neu	- 06.07.51	Ffm-Grieshm
V36 412 :	15.08.50	neu	- 27.11.51	Ffm-Grieshm
V36 413 :	13.09.50	neu	- 27.08.51	Ffm-Grieshm
V36 415 :	31.10.50	neu	- 22.12.52	Darmstadt

V20 022: Januar 1948 = 17 Tage auf z
April 1948 = 6 Tage lw. an US-Besatzung
V36 120: in Betrieb ab 10.03.49
V36 152: 14.01.48 - 25.02.48 lw. vom Bww Mü Hbf
V36 220: 05.08.48 - 30.10.48 lw. beim Bww Mü Hbf
V36 230: in Betrieb ab 09.48

Per (05.10.46) und (6.48) ist außerdem V36 313 nachgewiesen, weiterhin V36 301 (ca.1949).
Auch diese Loks waren im Vorortverkehr eingesetzt!

Bei den teilweise sehr beachtlichen Bestandsgrößen der frühen Nachkriegsjahre darf nicht übersehen werden, daß besonders die Altbau-Loks noch häufig ausfielen bzw. durch Instandsetzung und Umbau im AW nicht zur Verfügung standen. Mit Erscheinen der neuen $V36^4$ ging der Bestand merklich zurück. Gleichzeitig erhöhte sich die spezifische Monats-Kilometerleistung.

Die $V36^1$ waren scheinbar auch in Frankfurt nicht sonderlich beliebt. Jedenfalls wurden die meisten Loks, nachdem genügend $V36^2$ zur Verfügung standen, nur noch in Rangierdiensten eingesetzt.

Ansonsten zeigen die Stationierungsdaten das bereits aus Darmstadt bekannte Lokomotiven-Karussell: Zuerst, ab 1949, verdrängten die $V36^2$ ihre Schwesterloks mit MWM-Motor ($V36^1$), bevor sie dann, ein Jahr später, selbst den $V36^4$ Platz machen mußten. Schon im September 1950 war der Typenwechsel vollständig abgeschlossen.

Mit den neuen MAK-Lokomotiven erfolgte ab 1951 auch eine bemerkenswerte Ausdehnung des Einsatzgebietes. In den „Jahresberichten über die motorisierte Zugförderung" sind über die drei bereits genannten „Stammbahnen" hinaus an die zehn weitere, mit V36 befahrene Strecken genannt. In einigen Fällen mag es sich wohl nur um einzelne Zugpaare zum Auffüllen des Umlaufplans gehandelt haben. Die Zusammenstellung ist trotzdem recht beeindruckend:

- Ffm - Niedernhausen (195b),
- Ffm - Mz-Kastel (250),
- Ffm - Kronberg (196a; ab 1953),
- Ffm - Darmstadt (315),
- Ffm - Buchschlag Sprendlingen - Ober Roden - Dieburg (317f),
- Offenbach - Dieburg - Reinheim (317g),
- Ffm - Ffm-Ost - Hanau (416, ab 1952),
- Ffm - Offenbach - Hanau - Gelnhausen (192)
  ab 1952 weiter bis Salmünster und
- Ffm - Hanau - Aschaffenburg - Heigenbrücken (416)
  ab 1952 nur noch bis Aschaffenburg.

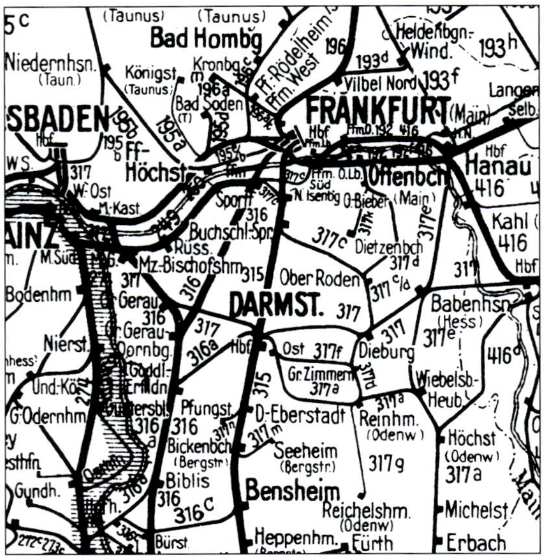

Sogar Eilzüge (?) Frankfurt - Wiesbaden sollen in den ersten Jahren mit $V36^4$ gefahren sein[166]. Die Leistungen nach Heigenbrücken und Salmünster gehörten zu den seinerzeit noch recht beliebten Sonntags-Ausflugsfahrten.

Ab 1952 kamen im Frankfurter Raum die ersten sechs von insgesamt zehn neugelieferten V80 zum Einsatz, einige davon auch im Wendezugbetrieb. Aus Mangel an Steuerwagen wurden die V36-Züge auf der Sodener Bahn deshalb von VS145 auf Donnerbüchsen (Bi/Ci) umgestellt. Später liefen die gleichen Garnituren auch als Wendezüge mit Behelfssteuerwagen. Ansonsten blieb die V80 aber noch ohne Einfluß auf die V36-Einsätze.

In die Jahre 1951/52 fällt dann die Umstationierung der Frankfurter V36 zum nun selbständigen Bw Ffm-Griesheim. Nach den Eintragungen in den Betriebsbüchern wurde als erste Lok V36 406 im Juni 1951 umbeheimatet, mit V36 415 im Dezember 1952 war die Aktion abgeschlossen. Schon 1950 waren allerdings drei Neubauloks (V36 408 414 416) fabrikneu dorthin geliefert worden.

Mit der Umstationierung endete für fast 15 Jahre jegliche V36-Beheimatung im traditionsreichen Bw F-1. In diesen anderthalb Jahrzehnten entwickelte sich das wichtigste Frankfurter Betriebswerk zunächst zum reinen Dampf-, ab Mai 1960 dann zum reinen Ellok-Bw[167]. Die Diesellok- und Triebwagen-Unterhaltung lag in dieser Zeit ausschließlich beim Bw Griesheim. Die weiteren Einsätze im Vorort- und Bezirksverkehr sind dort beschrieben.

Mit Winterfahrplan 1967 (= Aufgabe des Bw Ffm-Griesheim als selbständige Dienststelle) begann die zweite Stationierungsperiode von V36 beim Bw F-1: Bis August 1968 wurden zunächst die wendezugfähigen $V36^2$ (210, 225, 226, 229) von Griesheim übernommen, aus Gründen der Typenbereinigung innerhalb der Direktion aber schon ein Jahr später zugunsten der mittlerweile weitverstreuten $V36^4$ aus den BD Wuppertal, Nürnberg und Stuttgart eingetauscht. Anfang 1970 wa-

166 Eckert, Klein- und Nebenbahnen, S.18
167 Walter, 90 Jahre, S.12

ren mit Ausnahme der V36 404 (AW-Lok in Schwetzingen) alle V36^4 wieder in der BD Frankfurt konzentriert.

Der Bestand beim Bw F-1 pendelte sich in den folgenden Jahren bei etwa acht bis zehn V36 der Vierer-Reihe ein; dazu kamen noch zwei V36^1 (113 124), die

1 Frankfurt (2) - 1967-1980:

V36 108 :	01.08.70	Aalen	- 11.12.70	Darmstadt
V36 111 :	23.05.70	Aalen	- 29.12.70	Mannheim
V36 113 :	12.05.70	Aalen	- 01.07.76	+
V36 124 :	28.05.70	Aalen	- 18.03.79	+
V36 210 :	30.09.67	Ffm-Grieshm	- 17.11.69	AW Cannstatt
V36 225 :	06.08.68	Ffm-Grieshm	- 18.10.69	Wt-Steinbeck
V36 226 :	01.03.68	Ffm-Grieshm	- 18.10.69	Wt-Steinbeck
V36 229 :	13.03.68	Ffm-Grieshm	- 17.10.69	Nürnbg. Rbf
V36 401 :	31.05.76	Gießen	- 24.01.79	+
V36 402 :	31.05.76	Gießen	- 19.02.77	+
V36 403 :	26.10.69	Gießen	- 20.09.74	+
V36 405 :	19.10.69	Nürnbg.Rbf	- 13.07.80	Frankfurt-2
V36 406 :	01.02.71	Darmstadt	- 24.11.79	+
V36 408 :	05.01.71	Darmstadt	- 23.03.76	+
V36 409 :	10.10.69	Darmstadt	- 19.02.77	+
V36 410 :	31.03.70	Hanau	- 28.04.70	Hanau
V36 411 :	31.05.76	Gießen	- 22.08.79	+
V36 414 :	31.05.76	Gießen	- 21.05.77	+
V36 415 :	12.10.69	AW Cannstatt	- 26.01.78	+
V36 416 :	19.10.69	Wt-Steinbeck	- 24.08.76	AW Harburg
V36 417 :	12.12.70	Darmstadt	- 19.02.77	+
V36 418 :	19.10.69	Wt-Steinbeck	- 24.08.78	+

1970 aus Aalen gekommen waren. Die Einsätze erfolgten meistenteils im Bauzugdienst (vor allem beim S-Bahn-Bau) sowie im Rangier- und Übergabeverkehr (260-Reserve). Eine gewisse Rolle spielten Anfang der 80er Jahre auch noch die Expreßgutzüge von Frankfurt-West bzw. Bad Homburg nach Frankfurt Hbf.

Bereits ab Mitte der 70er Jahre war der V36-Bestand merklich abgeschmolzen. Zum Jahresende 1977 z.B. waren noch sechs V36 betriebsbereit, Ende 1978 waren es drei und Ende 1979 noch eine. Diese letzte Lokomotive, 236 405-7, wurde per 14.7.80 nach Frankfurt-2 umbeheimatet, wo die V36-Unterhaltung ein Jahr später endgültig zu Ende ging.

- Dampfloks der Baureihen 01, 38^{10}, 74^4, 89^{70} und 93^5,
- Triebwagen der Reihen VT04, VT06, VT20, VT30, VT32, VT36, VT39, VT46, VT51, VT60 und VT70,
- eine Groß-Diesellok V140

sowie die erwähnten rund zwanzig V36-Maschinen. Vor allem in der Werkstatt wurde es mit jeder neu zugewiesenen Lok enger. Bereits 1949 begann deshalb die Suche nach Ausweichmöglichkeiten.

Man fand sie in der zuletzt noch von der US-Besatzungsmacht beschlagnahmten Triebwagenhalle Frankfurt-Griesheim, wohin im September 1949 die gesamte Motorgruppe - VT und Diesellok - des Bw F-1 umzog. Als *„VT-Halle Griesheim des Bw 1 Ffm“* blieb der neue Betriebsteil zunächst an das alte Bw angebunden. Am 1.1.51 wurde daraus dann das selbstständige Bw Ffm-Griesheim.

Ob die V36 wirklich so peu à peu nach Griesheim umgesetzt wurden, wie das die Stationierungsübersicht auf S.262 (Quelle: Betriebsbücher) vermittelt, darf man sicherlich bezweifeln. Naheliegender erscheint, daß die zuständigen Beamten seinerzeit, um unnötige Schreibarbeit zu sparen, die Änderungen in den Betriebsbüchern erst dann vornahmen, wenn nach erfolgter Untersuchung ohnehin ein Neueintrag fällig wurde. Umgekehrt müssen - nach oben Gesagtem - die drei als Neulieferung gekennzeichneten V36 408, 414 und 416 zumindest buchmäßig anfangs zum Bw Frankfurt-1 gehört haben.

Frankfurter Nahverkehr: Die noch fast fabrikneue V36 413 passiert mit ihrem aus VT-Beiwagen gebildeten Wendezug einen Bahnübergang in Kahl a. Main, Fahrtrichtung Frankfurt. Die Ruinen im Hintergrund mahnen, dass der Krieg erst ein paar Jahre vorbei ist.

PETER RAMSENTHALER

Bw Frankfurt-Griesheim

Das Kriegsende und der Wiederaufbau eines geordneten Eisenbahnbetriebs hatte nicht nur den Frankfurter Vorortverkehr in neuer Form entstehen lassen. Auch die internationalen Reisezüge konnten nach und nach wieder verkehren. Frankfurt war nun Sitz wichtiger alliierter Dienstellen und wurde mehr denn je zum (auch geografischen) Mittelpunkt des Zugverkehrs im Westteil Deutschlands. Diese Entwicklung machte sich auch im Lokpark bemerkbar. Das traditionell für den Reisezugdienst zuständige Bw F-1 beherbergte Ende der 40er Jahre nicht weniger als 150 Triebfahrzeuge[168], darunter

Dazu gehörte noch eine entsprechende Zahl von Steuerwagen und Umbau-Zweiachsern[169].

---

168 Keller, 100 Jahre Bw Frankfurt 1, oS

169 Im V36-Betrieb eingesetzt waren (Stand: 31.12.55; Wendezugbefehlswagen unterstrichen):

VS145	021 059 141 142 144 161 171 174 182 183 249 261 348 349 354 367		
Ci	83 252 524 702 752	**Ci**	84 115 206 617
Ci	85 281 339 789	**Cif**	84 178
Bi	27 229	**BCi**	36 293

Eingesetzt waren die V36 nach wie vor hauptsächlich auf den Linien

- Höchst - Frankfurt(Hbf) - Offenbach (planmäßig drei V36) und
- Höchst - Bad Soden (planmäßig eine V36),

die nun beide Wendezugverkehr hatten; Spitzenwert hier: 360 Laufplan-Kilometer am Tag. Auf der Kronberger Strecke wurden die V36 dagegen 1954 durch V80 und 78 abgelöst[170].

Ffm-Griesheim (1) - 1950-1960:

V36 401 :	29.11.51	Frankfurt-1	- 18.07.60	Hanau
V36 402 :	07.11.51	Frankfurt-1	- 18.12.54	Darmstadt
V36 403 :	22.08.52	Frankfurt-1	- 20.08.59	Paderborn
	17.10.59	Paderborn	- 10.08.60	Darmstadt
V36 404 :	29.09.51	Frankfurt-1	- 12.08.60	Wt-Steinbeck
V36 405 :	20.04.52	Frankfurt-1	- 09.08.60	Darmstadt
V36 406 :	07.10.51	Frankfurt-1	- 26.05.53	Darmstadt
V36 407 :	24.10.52	Frankfurt-1	- 06.08.60	Hanau
V36 408 :	15.07.50	neu	-	...
V36 409 :	02.04.52	Frankfurt-1	-	...
V36 410 :	26.03.52	Frankfurt-1	- 23.04.59	Darmstadt
V36 411 :	28.10.51	Frankfurt-1	- 03.10.59	Hanau
V36 412 :	30.12.51	Frankfurt-1	- 04.10.59	Hanau
V36 413 :	28.10.51	Frankfurt-1	- 10.01.55	Darmstadt
V36 414 :	31.10.50	neu	- 21.12.53	Wiesbaden
V36 416 :	12.10.50	neu	- 16.12.51	Darmstadt
V36 417 :	04.06.51	Bamberg	- 30.10.51	Darmstadt
V36 418 :	28.06.51	Bamberg	- 03.07.51	Wiesbaden
	03.09.51	Wiesbaden	- 11.11.51	Darmstadt

V36 402: per 1.8.53 auch Wiesbaden

Neu waren dafür ein Zuglauf von Rüsselsheim (Opelwerk) über Frankfurt, Ober-Roden nach Reinheim (möglicherweise mit Darmstädter Lok) sowie ein werktäglicher Stückgutsammler von Frankfurt nach Friedrichsdorf über Höchst nach Frankfurt, der sogenannte *„Zwiebackexpress“*[171].

Auch in den darauffolgenden Jahren gab es immer wieder kleinere Änderungen bei den Zugläufen und Einsatzstrecken. Festzuhalten bleibt von alledem lediglich eine allmähliche Verlagerung des Einsatzraums weg von den topografisch schwierigen Taunusstrecken im Norden von Frankfurt, hin zu den flachen Nebenbahnen im Mainbogen südlich der Hessen-Metropole.

Ab Ende der 50er Jahre fand man die V36 vorwiegend auf den Strecken

- Frankfurt - Buchschl.Sprendlingen - Ober Roden (317a),
- Offenbach - Ober Roden - Dieburg - Reinheim (317c),
- Offenbach - Dietzenbach (317c) und als VT-Ersatz auch auf der Strecke
- Aschaffenburg - Höchst/Odw. (416f).

Bis 1957 kamen die Griesheimer V36 auch regelmäßig mit Wendezügen bis Darmstadt, teilweise sogar bis Heidelberg und darüber hinaus bis ins Neckartal[172].

Ffm-Griesheim (2) - 1960-1967:

V36 210 :	06.08.60	Wt-Steinbeck	- 23.06.66	Hanau
	19.07.66	Hanau	- 25.06.67	Gießen
	18.07.67	Gießen	- 30.09.67	Frankfurt-1
V36 225 :	13.08.60	Wt-Steinbeck	- 07.07.68	Frankfurt-1
V36 226 :	11.08.60	Wt-Steinbeck	- 01.02.68	Frankfurt-1
V36 229 :	13.08.60	Wt-Steinbeck	- 04.03.68	Frankfurt-1
V36 261 :	03.12.66	Darmstadt	- 25.12.66	Aalen
V36 262 :	05.12.66	Darmstadt	- 13.01.67	Darmstadt
V36 401 :	12.11.63	Hanau	- 13.11.63	Gießen
	29.11.63	Gießen	- 24.09.65	Gießen
V36 402 :	03.01.63	Darmstadt	- 10.05.63	Gießen
V36 408 :	...		- 09.04.64	Darmstadt
	27.10.64	Darmstadt	- 10.09.66	Darmstadt
V36 409 :	...		- 15.06.62	Wiesbaden
	29.12.62	Wiesbaden	- 21.07.66	Darmstadt

Die Wendezugeinsätze auf der Strecke nach Bad Soden währten bis etwa 1960.

Die Laufleistungen waren während dieser gesamten Zeit ganz beträchtlich. Zum Beleg hier einige Spitzenwerte aus den besonders umlaufstarken Jahren 1953-1956:

Juni 1953:	11.751 km/Monat	(V36 413)
Februar 1954:	12.164 km/Monat	(V36 407)
März 1954:	12.105 km/Monat	(V36 411)
April 1954:	11.660 km/Monat	(V36 409)
Juli 1956:	12.380 km/Monat	(V36 403)

Das langsame Ende für die Frankfurter V36 als Vorortbahnlok begann ein Jahr später, 1957, mit der Elektrifizierung der Hauptbahnen nach Darmstadt (15.11.57), Hanau (1.3.58) und Mainz (15.12.58). Um 1960/61 herum waren bereits alle großen von Frankfurt ausgehenden Linien elektrifiziert bzw. kurz vor der Umstellung. Für die nicht elektrifizierten Einpendlerlinien erhielt Griesheim zeitgleich zahlreiche, z.T. fabrikneue V100.

Anfang der 60er Jahre gab es nur noch auf den Nebenbahnen im Raum Offenbach/Dietzenbach/Reinheim regelmäßigen V36-Betrieb. Planmäßig eingesetzt waren zwei Lokomotiven, die - z.B. im Sommerfahrplan 1965 - 148 bzw. 186 km/Tag erbrachten. Zumindest zwischen Offenbach und Dietzenbach, möglicherweise auch bis Reinheim, wurden noch Wendezüge gefahren. Auch die Sonntagsausflügler kamen weiterhin mit der V36 ins Grüne, 1963 z.B. mit einer Steuerwagengarnitur von Frankfurt aus nach Jossa und Wildflecken in die Rhön.

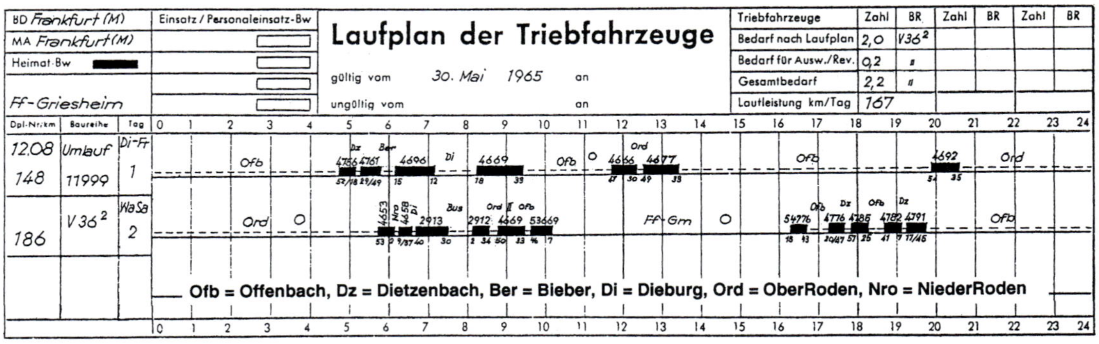

Dabei blieb es bis einschließlich Winterfahrplan 1965/66. Dann übernahmen endgültig die V100 das Regiment. Die Wehrmachts-Dreiachser wurden gänzlich aus dem Personenzugverkehr zurückgenommen und verdienten ihr Gnadenbrot fortan im wenig aufregenden Rangier- und Arbeitszugdienst.

Parallel dazu wurde der Griesheimer V36-Bestand nach und nach verringert: Waren es in den 50er Jahren noch durchweg neun bis zehn V36, schrumpfte die Zahl Anfang der 60er Jahre auf etwa sechs bis sieben und 1967 schließlich nur noch drei Lokomotiven zusammen (jeweils Jahresende).

Der Sommerfahrplan 1960 brachte zudem eine weitgehende Umstellung von $V36^4$ auf $V36^2$. Ausschlaggebend hierfür war das Auslaufen des Wendezugbetriebs beim Bw Wt-Steinbeck. Die dort schon auf direkte Wendezugsteuerung umgebauten $V36^2$ waren natürlich in anderen Direktionen sinnvoller einsetzbar als im Rangierdienst am alten Standort. Griesheim bekam aus dem Wuppertaler Bestand die V36 210 225 226 und 229 zugewiesen und gab dafür eine gleiche Zahl $V36^4$ an andere Bw ab. Auch die zunächst in Frankfurt verbliebenen V36 408 und 409 wurden später noch, aus Gründen der Typenbereinigung, gegen $V36^2$ aus Darmstadt getauscht.

Die Einsätze der Griesheimer V36 nach 1965 sind nicht weiter nennenswert: Rangierdienste, Arbeitszüge und Übergaben - das Übliche. Zum Winterfahrplan 1967 (24.9.67) wurde das Bw Ffm-Griesheim als selbständige Dienststelle aufgelöst bzw. mit dem Bw F-1 „wiedervereinigt“. Wie 15 Jahre zuvor bei der Gründung des

170 Klingensteiner/Ebner 1954, S.796
171 Eckert, Klein- und Nebenbahnen, S.31
172 Röth, Heidelberger Hauptbahnhof, S.5

Joachim Claus

Bilder aus den Glanzjahren des Frankfurter Vorortverkehrs: V36 418 vom Bw Darmstadt zieht - schon unter Fahrdraht - eine Wendezuggarnitur als P2923 nach Frankfurt. Die ehemaligen 3.-Klasse-Wagen sind inzwischen auf 2. Klasse umgezeichnet (Abzweig Forsthaus, 2.12.58).

Kurt Eckert

Der Bäder-Pendel: Auf der nur knapp sieben Kilometer langen Strecke von Höchst nach Bad Soden konnte der gesamte Personenverkehr mit nur einem Wendezug abgewikkelt werden. Die Griesheimer V36 405 durcheilt Frankfurt-Sossenheim (April 1956).

Joachim Claus

Frankfurter Vorstadtszenen: In Frankfurt-Höchst starteten und endeten sowohl die Wendezüge in Richtung Offenbach - Hanau, als auch die auf der Strecke nach Bad Soden. 1959 waren auf der Sodener Bahn noch immer reinrassige Bi- bzw. Bif-Züge im Einsatz (V36 405, 25.4.59).

Bw Griesheim blieb auch diese Umstrukturierung ohne praktische Auswirkungen auf den Einsatz der V36. Alle vier zu diesem Zeitpunkt noch verbliebenen Maschinen wurden auch weiterhin in Griesheim unterhalten. Neu war nur die Bw-Anschrift am Führerhaus. Die „Bw-Außenstelle Griesheim“ hat seither alle Rationalisierungsschübe im Frankfurter Raum schadlos überstanden und ist heute, nunmehr als Betriebshof, u.a. für für die Unterhaltung der Frankfurter S-Bahn-Züge zuständig.

Bw 2 Frankfurt

Das Bw Frankfurt-2 spielte nur eine kurze, wenn auch nicht ganz unbedeutende Rolle in der V20/V36-Geschichte. Immerhin ging hier Mitte 1981, nach fast 32 Jahren, die Stationierung von V36-Lokomotiven bei der Deutschen Bundesbahn zu Ende. Schon seit den 60er Jahren fungierte es zudem als Einsatz-Bw für die Frankfurter V36.

Das Bw F-2 (die offizielle Schreibweise auch hier: *„Bw 2 Frankfurt/M“*) war ursprünglich eines der beiden Güterzuglok-Betriebswerke der Main-Metropole. Ende der 60er Jahre wurde hier die eigene Triebfahrzeugunterhaltung aufgegeben. Alle Anlagen wie Lokschuppen, Bekohlung, Dieseltankstelle usw. blieben allerdings erhalten. Elf Jahre lang führte das Bw F-2 danach ein kaum beachtetes Schattendasein als Einsatz-Bw, bevor es 1980 dann erneut zur Heimatdienststelle wurde.

Nach dem Abriß des alten Lokschuppens und Bau einer modernen, viergleisigen Triebfahrzeughalle be-

Die letzte DB-V36: Als einzige Frankfurter V36 wurde die 236 405-7 im Sommer 1980 noch zum Bw F-2 umgesetzt. Ein Jahr später wurde sie hier ausgemustert (Werkstatt Griesheim, Herbst 1980).

Stefan Linnemann

kam das Bw per 14.7.80 den gesamten Diesellokpark des Bw F-1/Außenstelle Griesheim zugewiesen. Neben 29 Loks Baureihe 260/261, elf Loks Baureihe 290 sowie diversen Köf und Turmtriebwagen war darunter auch die letzte DB-V36, 236 405.

Die Einsätze blieben auch nach der Umbeheimatung unverändert. Die 236 lief weiterhin im Sonderverkehr, z.B. mit Bremsklotztransporten, vor Expreßgüterzügen vornehmlich von/nach Bad Homburg sowie als Az-Lok zusammen mit den Frankfurter Kleinloks. Sichtungen sind u.a. aus Darmstadt, Wiesbaden, Heppenheim, Reinheim sowie von zahlreichen Frankfurter Bahnhöfen bekannt.

Nur gut ein Jahr nach der Umstationierung zum Bw F-2 endete dann die V36-Geschichte. Mit Ablauf der Radsatz-Fristen wurde die 236 405 am 7.7.81 z-gestellt und am 22.8.81 ausgemustert. Heute ist sie - noch immer in Frankfurt - als Museumslok erhalten.

Bw Friedberg (Hess.)

Das Bw Friedberg gehörte zu den kleinen, aber sehr liebenswerten V36-Stützpunkten der DB. Drei Jahre lang, von 1956 bis 1959, war hier die V36 413 als Einzelgänger stationiert und fast ausschließlich im Nebenbahndienst in der Wetterau eingesetzt. Friedberg war damals ein fast noch reines Dampf-Bw mit einem im Übrigen recht ansehnlichen Bestand sowohl an Hauptbahn- (38^{10}, 44, 50, 78) wie auch an Nebenbahnlokomotiven (56^{2}, 74^{4} und 86).

Die V36 413 kam im Juni 1956 vom Bw Darmstadt und wurde sofort der Bw-Außenstelle Hungen an der alten oberhessischen Eisenbahn Gießen - Nidda - Gelnhausen zugewiesen. Die V36-Einsätze dort sind schnell skizziert: Morgens früh und in den Abendstunden wurde in Hungen rangiert, tagsüber ging es „auf Strecke“. Befahren wurden vornehmlich die Linien am Westrand des Vogelsbergs, und zwar

- Hungen - Laubach - Mücke (193e) mit Abzweig
- Villingen - Ruppertsburg (193e).
  außerdem Übergabezüge auf den Strecken
- Hungen - Lich (193h) und
- Hungen - Ober Widdersheim (193h; Richtung Nidda).

Sonntags war Betriebsruhe. Die V36 wurde ausschließlich vor Güterzügen eingesetzt und löste hier die pr. T12 (Baureihe 74^{4}) ab. Laufleistung monatlich: rund 1700 km. Der Personenverkehr wurde schon Mitte der 50er Jahre ausschließlich mit VT95 abgewickelt.

Die V36-Einsätze in Friedberg endeten - wie erwähnt - schon frühzeitig wieder. Zum Sommerfahrplan 1959 wurde der gesamte bis dahin noch verbliebene Personen- und Güterverkehr auf den Streckenabschnitten Laubach - Mücke und Villingen - Ruppertsburg aufgegeben (1960 abgebrochen).

Für die Restbedienung des Abschnitts Hungen - Laubach lohnte keine eigene Lok mehr. Die V36 wurde 1959 nach Gießen abgegeben und deren Leistungen fortan mit der Kleinlok des Bf. Nidda (zunächst LgII, dann LgIII, später auch Beureihe 216 und 364) gefahren. Per 31.12.98 wurde die Bedienung der Strecke ganz eingestellt.

Hier noch die genauen Stationierungsdaten der V36 413:

17.06.56 aus Darmstadt
29.05.59 nach Gießen

Bw Gießen

Das Bw Gießen machte schon recht bald nach dem Krieg Bekanntschaft mit der V36. Bereits im Herbst 1946 waren hier drei WR360C-Lokomotiven stationiert, und zwar die späteren V36 001, 106 und 225. Zumindest von der V36 106 ist bekannt, daß sie in Gießen auch tatsächlich lief, infolge von Ersatzteilmangel und RAW-Ausbesserungen aber z.T. lange Stillstandszeiten hatte.

Anfang 1948 wurden die V36 106 nach Frankfurt und die V36 001 nach Mannheim abgegeben. Die dritte Maschine, V36 225, soll lt. Betriebsbuch im November 1947 zum Bw Wiesbaden gewechselt sein. Bei der Lokzählung vom 23.3.47 wird sie dagegen beim Bw Darmstadt geführt.

Nach diesem frühen aber kurzen Gastspiel dauerte es mehr als zehn Jahre, bis - 1959 - die V36 zum zwei-

Johannes Kroitzsch

ten Mal, diesmal in der 4er Version, in Gießen Fuß faßte. Bis 1963/64 konnte sie nun die bis dahin im Rangierdienst eingesetzten Dampfloks Baureihe 55^{25} zumindest im leichten Verschub weitgehend ersetzen. Den Rest besorgten dann die V60 und die V90.

Die ersten V36-Zugänge waren V36 413 und 411 (1959 aus Friedberg bzw. Hanau). Es folgten

V36 414 (1960 aus Wiesbaden),
V36 402 (1963 aus Griesheim),
V36 401 (1965 aus Griesheim) sowie
V36 403 (1967 vom AW Ffm-Nied).

Ende der 60er Jahre war mit sechs V36ern der Höchststand erreicht. Eingesetzt wurden die $V36^4$ auf allen Gießener Personen- und Güterbahnhöfen, insbesondere aber im Hauptbahnhof, wo die Wagengarnituren der Personenzüge bereitzustellen bzw. abzuziehen waren. Die Loks wurden dreischichtig gefahren, wodurch beachtliche 4000, später - in den 70er Jahren - noch 2000-2500 km/Monat erreicht wurden. Eine V36 rangierte regelmäßig in Butzbach.

V36 001 :	19.10.46	Nürnberg Hbf	- .05.48	Mannheim R
V36 106 :	01.05.46	neu	- 10.01.48	Frankfurt-1
V36 210 :	26.06.67	Ffm-Grieshm	- 05.07.67	Ffm-Grieshm
V36 225 :	27.06.46	neu	- 12.11.47	Wiesbaden
V36 401 :	14.11.63	Ffm-Grieshm	- 28.11.63	Ffm-Grieshm
	25.09.65	Ffm-Grieshm	- 30.05.76	Frankfurt-1
V36 402 :	11.05.63	Ffm-Grieshm	- 30.05.76	Frankfurt-1
V36 403 :	15.09.67	AW Nied	- 25.10.69	Frankfurt-1
V36 409 :	21.09.66	Darmstadt	- 02.11.66	Darmstadt
V36 411 :	20.12.59	Hanau	- 30.05.76	Frankfurt-1
V36 413 :	30.05.59	Friedberg	- 20.04.75	+
V36 414 :	29.05.60	Wiesbaden	- 30.05.76	Frankfurt-1

Nebenbahndienst in der Wetterau:
Beim Bw Friedberg war die V36 nur knapp drei Jahre stationiert. Hier bedient die V36 413 einen Anschluß in Laubacher Wald, Strecke Hungen - Mücke (Mai 1959).

Peter Lösel

Die Abziehlok:
Hauptaufgabe der Gießener V36 war die Bereitstellung bzw. das Wegrangieren von Zuggarnituren im Gießener Hauptbahnhof. Hier hat die 236 414-9 sowohl Altbau- wie auch DB-Umbauwagen am Haken (14.9.73).

Bis 1975/76 war die V36 fester Bestandteil des Gießener Bahnhofsgeschehens. Die Stationierung endete zum Sommerfahrplan 1976 mit Abgabe der vier zuletzt noch verbliebenen 236 401, 402, 411 und 414 an das Bw F-1. Einzige in Gießen ausgemusterte Lok war 236 413, die bei einer Fahrt in die Drehscheibengrube größere Rahmenschäden erlitten hatte und deshalb schon 1975 abgestellt werden mußte.

Bw Wiesbaden

In Wiesbaden waren die V36 mit nur kurzen Unterbrechungen etwa anderthalb Jahrzehnte, von 1947 bis 1963, zuhause; selten allerdings mit mehr als einer Lok. Eine zweite Maschine scheint immer nur dann gekommen zu sein, wenn die reguläre Lok zur Ausbesserung in das AW mußte. Am Anfang standen auch in Wiesbaden die $V36^2$, 1953 erfolgte der Austausch gegen $V36^4$. Stammloks waren lange Zeit V36 414 (1953 - 1960) und die V36 401 (1960-1963).

Auch eine V36 der DWK-Bauart ($V36^3$) war einige Zeit in Wiesbaden zuhause. Nachweisen läßt sich die V36 301 von mindestens Oktober 1949 bis September 1950, die meiste Zeit davon allerdings im Ausbesserungswerk. Außerdem wird die V36 402 per 1.8.53 hier gemeldet. Möglicherweise haben mehrfach Lokomotiven des Bw Frankfurt-Griesheim ausgeholfen.

Bw Wiesbaden:

V36 225 :	13.11.47	Gießen	- 21.02.49	Frankfurt-1
V36 254 :	ca.51	Darmstadt	-	Darmstadt
V36 255 :	09.12.52	Darmstadt	- 26.04.53	Trier
	01.08.53	Trier	- 13.09.53	Kirn
	27.10.53	Kirn	- 03.11.53	Trier
V36 260 :	18.07.52	Darmstadt	- 31.08.52	Darmstadt
V36 401 :	27.08.60	Hanau	- 11.02.63	Hanau
	24.07.63	Hanau	- 08.09.63	Hanau
V36 409 :	16.06.62	Ffm-Grieshm	- 28.12.62	Ffm-Grieshm
V36 414 :	22.12.53	Ffm-Grieshm	- 28.05.60	Gießen
V36 418 :	04.07.51	Ffm-Grieshm	- 02.09.51	Ffm-Grieshm

Der St11a enthält darüber hinaus folgende Kurzzeit-Umbeheimatungen:
V36 401: 26.05.61 an Hanau; Rückdatum unbekannt
V36 409: 25.06.62 von Mz-Bischofsheim; dort wenige Tage i.E.; erst dann Wiesbaden

Noch weit im Dunkeln liegen die Einsätze. Mit monatlichen Laufleistungen um die 2500 km scheint der Arbeitsalltag aber nicht allzu aufreibend gewesen zu sein. Nach den Betriebsbögen der V36 414 verteilten sich die Leistungen in den Jahren 1954-1960 etwa je zur Hälfte auf Strekken- und Rangierdienste. Man wird deshalb vermuten dürfen, daß die V36 vor allem zur Bedienung der zahlreichen Anschlußbahnen in Richtung Biebrich - Niederwalluf - Rüdesheim, eventuell auch in Gegenrichtung auf Ffm-Höchst zu, eingesetzt war.

Die V36-Stationierung ging 1963 zu Ende, nachdem die Dampflokomotiven schon weitgehend abgezogen worden waren[173]. Dem Bw Wiesbaden blieben danach nur noch einige Kleinloks der Leistungsgruppen I bis III. Heute ist Wiesbaden eine Außenstelle des Bh Mainz-Bischofsheim.

Bw Hanau

Das Bw Hanau war in den 50er Jahren ein typisches Dampf-Bw mit Einheitsloks und (preußischen) Länderbahntypen sowie einem Mischbestand aus Personen- und Güterzuglokomotiven. Wie in den meisten anderen Bw war auch hier die V36 die erste Diesellok jenseits der Köf-Klasse überhaupt. Der V36-Bestand war dabei nie auffällig groß. Dennoch gehörte Hanau zu den an Stationierungsdauer beständigsten Bw in der BD Frankfurt.

Erste Hanauer Loks waren V36 411 und 412, die im Oktober 1959 von Ffm-Griesheim kamen. Bereits im Sommer 1960 und dann noch einmal Mitte 1962 wurde mit jeweils fünf Loks der Höchststand erreicht, bevor der Bestand ab 1963 wieder auf drei Lokomotiven zurückfiel.

Wirklich erwähnenswert sind davon im Grunde nur die V36 407, 410 und 412, die allesamt fast 20 Jahre ununterbrochen in Hanau Dienst taten. Alle anderen waren meist nach wenigen Monaten schon wieder verschwunden.

Ihr tägliches Brot verdienten die Hanauer V36 im Verschub sowie im Übergabeverkehr; und zwar als Rangierlok im Hanauer Hbf (Rangiergruppen Hafen, Süd- und Nordseite) und vor Übergabezügen von Hanau Hbf

- nach Kahl/Main (Strecke Ri. Aschaffenburg),
- nach Seligenstadt (Strecke Ri. Babenhausen),
- nach Wolfgang (Strecke Ri. Fulda) und
- nach Hanau-Nord (Strecke Ri. Friedberg).

In den frühen Stationierungsjahren kamen die V36 nicht selten auf 5000 km/Monat und mehr. Anfangs wurden parallel auch noch Dampfloks Baureihe 74^4 oder 55^{25} in diesen Diensten eingesetzt. Erst als ausreichend V36 zur Verfügung standen, wurden die alten Preußen entbehrlich.

Im März 1960 kamen dann die ersten V60 nach Hanau. Im Hauptbahnhof wurde danach nur noch an der Nordseite mit V36 rangiert. 1962 rückten die V100 ein. Trotzdem gab es für die Altbauloks noch viel zu tun.

Ab Ende der 60er Jahre lag der Schwerpunkt der Einsätze sicherlich im Az-Dienst. Die Loks waren in dieser Zeit häufig im Bereich der Bahnmeistereien Kahl, Offenbach und Gelnhausen zu sehen. Fallweise wurden darüber hinaus auch Schüler-Sonderzüge (auf der Kahlgrundbahn; von/bis Alzenau) befördert und im Bedarfsfall weiterhin Rangierdienste in Hanau erbracht.

Bw Hanau:

V36 210 :	24.06.66	Ffm-Grieshm	- 18.07.66	Ffm-Grieshm
V36 401 :	19.07.60	Ffm-Grieshm	- 17.08.60	Wiesbaden
	12.02.63	Wiesbaden	- 23.07.63	Wiesbaden
	23.10.63	Wiesbaden	- 11.11.63	Ffm-Grieshm
V36 403 :	20.03.62	Darmstadt	- 15.06.62	AW Nied
V36 405 :	09.05.62	Darmstadt	- 19.06.62	Darmstadt
V36 407 :	06.08.60	Ffm-Grieshm	- 25.07.79	+
V36 410 :	29.05.60	Darmstadt	- 30.03.70	Frankfurt-1
	29.04.70	Frankfurt-1	- 30.03.78	+
V36 411 :	04.10.59	Ffm-Grieshm	- 19.12.59	Gießen
V36 412 :	05.10.59	Ffm-Grieshm	- 27.05.79	+
V36 415 :	11.06.60	Darmstadt	- 06.08.60	Wt-Steinbeck

Vermutlich kurzfristige Lokhilfe (lt. St11a):
V36 401: 27.5.61 von Wiesbaden; Rückdatum unbek.

Noch im Sommer 1977 setzte das Bw Hanau seine V36 in einem zweitägigen Umlauf ein, der - neben Rangier- und Az-Diensten sowie Hilfszugbereitschaft - auch Übergaben nach Großkrotzenburg und Seligenstadt vorsah (105 Laufplan-km/Tag).

Nur ein halbes Jahr später begann der Abgesang: Als erste Hanauer Lok wurde die 236 410 am 2.1.78 wegen ablaufender Zeitfrist zum AW Bremen überführt. Im Februar und März 1979 war dann auch für 236 412 und 236 407 Schluß.

---

173 Scheffler, Bw Wiesbaden, S.59

BD Hamburg, Sammlung Thomas Gottschewsky

Eisenbahn zwischen Nord- und Ostsee: Zu den interessantesten V20/V36-Einsätzen in der BD Hamburg gehörten die beim Bw Heiligenhafen. Hier rangiert die V36 214 mit einem Schlafwagenzug an der Skandinavien-Fähre in Großenbrode-Kai (6.7.58).

Bundesbahndirektion Hamburg

Der Bezirk der RBD Hamburg war bereits im Krieg wegen seiner zahlreichen Marine- und Luftwaffenstützpunkte an den Küsten ein Haupteinsatzgebiet der Militärloks. Nach 1945 fanden sich hier deshalb besonders viele ehemalige Wehrmachtdieselloks, die bis Mitte 1947 größtenteils auch von der DR-West übernommen wurden.

Per 31.12.47 verfügte die RBD Hamburg über 28 Motorloks und hatte damit den weitaus größten Diesellok-Bestand aller späteren Bundesbahn-Direktionen. Darin enthalten waren allerdings noch zahlreiche ehemalige Marine-Loks der Bauart DWK. So sind z.B. im Bestand vom 31.12.47 neben

3 Stück **V20:**	032 033 034 und
8 Stück **V36:**	107 113 115 150 213 219 221 223

auch folgende Maschinen verzeichnet (mit Typenangabe und Standort am 23.3.47):

V15 003	Typ D150	Kiel
V15 004	Typ D150	Nortorf (RAW Bremen)
V15 005	Typ D150	Westerland (RAW Bremen)
V16 002	Typ 160B	Kiel
V16 010	Typ 160B	Neumünster
V16 011	Typ 160B	Kiel Oppend. Weiche
V22 003	Typ 220B	Lübeck
V22 005	Typ 220B	Hmb Berliner Bf.
V22 006	Typ 220B	Hmb-Harburg
V22 015	Typ 220C	Neumünster
V22 016	Typ 220C	Hmb-Wilhelmsburg
V22 017	Typ 220C	
V22 018	Typ 220C	
V22 019	Typ 220C	
V36 301	Typ 360C	Kiel
V36 314	Typ 360C	Kiel
V36 316	Typ 360C	Kiel Oppend. Weiche

Einige davon - V16 011, V22 017-019 und V36 316 - liefen zu diesem Zeitpunkt noch immer auf der ehemaligen Marinebahn (Kiel-) Oppendorf - Dietrichsdorf oder als Leihloks auf der Kiel-Schönberger Eisenbahn. Im Bestand noch nicht enthalten sind die späteren Hamburger V36 121, 236 und 237, die erst 1948/49 in den DR-Park übergingen.

Mit Ausmusterung und Verkauf der Splittergattungen V15ff. ging der Bestand in den Jahren 1948-54 geringfügig zurück, konnte durch Einheitslokomotiven der WR-Bauarten jedoch größtenteils wieder aufgefüllt werden. Gleichzeitig wurde bei den verbliebenen Baureihen eine Typenbereinigung vorgenommen: Die bis dahin eingesetzten $V36^1$ (mit MWM-Motor) wurden gegen $V36^0$ und $V36^2$ (mit Deutz-Motor) getauscht und die umgebauten ex-V22er durch V20 der Einheitsbauart ersetzt.

Neben der Beseitigung der Splitterbauarten ist in der Direktions-Übersicht (Seite 268) auch die zunehmende Konzentrierung auf zunächst vier (Flensburg, Hamburg-Harburg, Heiligenhafen, Husum), später auf nur noch zwei (Hamburg-Harburg und Husum) Heimat-Betriebswerke zu erkennen. Heiligenhafen verlor seine Funktion 1963 durch die Fertigstellung der Vogelfluglinie mit einer festen Eisenbahnverbindung nach Fehmarn. Flensburg ersetzte seine V36 zwischen 1960 und 1963 durch neu zugegangene V60, V100 sowie Husumer $VT98^9$.

BD HAMBURG
V20/V36-Stationierungen 1949-1974 (Stand: jeweils 31.12.)

Bw	Type	1949	1950	1952	1954	1956	1958	1962	1966	1970	1974
Cuxhaven	V22	1	1	-	-	-	-	(aufgelöst)			
Flensburg	V20	-	-	1	3	3	3	1	-	-	-
	V36				3	3	2				
Hmb-Harburg	V20	2		1	2	2	3	1	3	8	8
	V22	2	3	1							
	V36	4	2			1			2		1
Heiligenhafen	V20	-	2	1	1	1	1	3	(aufgelöst)		
	V36		3	9	5	5	5	5			
Husum	V15	1									
	V20	2	4	5	3	2	2	2	3	1	-
	V36		2	3	1	1	3	1	3	4	
Kiel	V15	1									
	V16	1									
	V20	-		-	-	(1)	-	-	-	-	-
	V22		1								
Lübeck	V20			1			-	-	-	-	-
	V36	5	5		2	1					
Neumünster	V22	1	-	-	-	-	-	-			
	V36								1	(aufgelöst)	
Puttgarden	V36							1	(aufgelöst)		
Rendsburg	V15	1	-	-	(aufgelöst)						
BD gesamt		**21**	**23**	**22**	**20**	**19**	**19**	**14**	**12**	**13**	**9**

Bei den Bw Cuxhaven, Harburg und Neumünster sind für die Jahre 1949-1950 auch die dreiachsigen V22 (V22 015, 016) mitgezählt

Bw Flensburg

Das Bw Flensburg war das nördlichste Betriebswerk der DB. Anfang der 50er Jahre waren hier etliche 38^{10}, 50 und 57^{10} für den Personen- und Güterzugdienst auf den Strecken nach Kiel, Neumünster, Husum und Niebüll stationiert, außerdem einige 57^{10} (später 56^{2}) und 94^{5} für den Rangierverkehr.

Die erste Diesellok in Flensburg war ab Januar 1951 die V22 004. Noch im gleichen Jahr wurde sie im Zuge der Typenbereinigung gegen eine V20 der Regelbauart (V20 030) ausgetauscht. Beide Maschinen liefen überwiegend im Rangierdienst und brachten es dabei auf durchschnittlich 2000 km/Monat.

Interessant wurde es dann ab Sommerfahrplan 1952: Zunächst noch mit einer Husumer V36 bespannte das Bw Flensburg Personenzüge auf den Strecken Flensburg - Niebüll und Niebüll - Süderlügum - Tondern. Diese Leistungen wurden später abgetrennt und in Flensburg eine eigene V20/V36-Gruppe eröffnet. Vom Bw Husum wurden dazu nach Flensburg abgegeben:

1953: die **V20** 032 033 und
1954: die **V36** 202 210 und 223.

Fast sechs Jahre lang blieb danach der Bestand mit je drei Lokomotiven beider Typen nahezu unverändert. Einen Eindruck von den Einsätzen in dieser Zeit vermittelt am besten der Laufplan vom 2. Juni 1957.

V36
Tag 1: Pz Flensburg - Niebüll, Rgd. Flensburg (168 km)
Tag 2: Pz Flensburg - Niebüll (303 km)
Tag 3: Rgd. Schleswig (4.50-23.10 Uhr) (126 km)

V20
Tag 1: Rgd. Flensburg (Güterabfertigung) (56 km)
Tag 2: Rgd. Flensburg (F-Weiche, Hafen) (102 km)

Am Tag 2 wurde mit der V36 außerdem noch ein abendliches Personenzugpaar von Flensburg nach Jübek gefahren (P2622/2623). Niebüll - Tondern war dafür bereits nicht mehr im Plan (1954 auf $VT95^{9}$ umgestellt). Das Wagenmaterial für die Personenzüge Flensburg - Niebüll bildeten je eine Garnitur Donnerbüchsen (Reihung Pwi + ABi + 2xBi + Bitr) und ein aus Vierachser-Steuerwagen (VS145 074, 409, 410; z.T. umgebaute VT50) gebildeter Wagenzug. Alles in allem brachten es

Bw Flensburg:

V20 030 :	11.09.51	Heide	-	06.10.52	Hmb-Harburg
	22.03.53	Hmb-Harbg	-	11.02.59	Lübeck
V20 032 :	01.07.53	Husum	-	14.04.59	Lübeck
V20 033 :	18.09.53	Husum	-	20.03.57	Husum
	09.04.57	Husum	-	15.10.58	Husum
	08.11.58	Husum	-	11.02.59	Lübeck
V20 039 :	.05.45	neu	-	23.01.48	Husum
V22 004 :	15.01.51	Soltau	-	31.08.51	Hmb-Harburg
V36 202 :	24.05.54	Husum	-	14.08.60	Heiligenhafen
V36 220 :	21.05.54	Husum	-	19.10.57	Husum
	18.03.61	Husum	-	21.04.63	AW Neumünst.
V36 223 :	01.01.54	Husum	-	31.12.61	Husum

V20 039: kriegsbeschädigt; nicht in Betrieb

Dieter Kupper

Nordfriesen-Diesel: Nur wenige Betriebswerke setzten - wie das Bw Husum auf der Strecke nach St.Peter-Ording - auch zweiachsige Beiwagen im V36-Verkehr ein. Hier rangiert die Umbau-Lok V36 239 mit einem VB 140 in Husum (Mai 1961).

die Flensburger V36 im Monatsdurchschnitt auf 4000-5000 km.

Spätestens ab etwa März 1960 war außerdem die V36 201 leihweise oder fest in Flensburg beheimatet (laut Betriebsbuch: Husum). Die Lok verließ das Bw Flensburg am 15.1.62 zum Umbau auf Einmannbedienung und anschließender Stationierung als Werklok im AW Göttingen.

Die Nebenbahn-Idylle mit der V36 auf der Niebüller Strecke endete zum Winterfahrplan 1961/62. Zuvor waren bereits die drei V20er geschlossen nach Lübeck abgezogen worden, die V36 folgten 1960-63 nach Heiligenhafen, Husum und (als Werklok) ins AW Neumünster. Die Nachfolge im Personenverkehr traten VT98 des Bw Husum und - ab 1962 - V100 an. Den Rangierdienst übernahmen noch einmal kurzzeitig Dampfloks, ab 1963 gab es dann auch in Flensburg die ersten V60.

Rangieren in Niebüll: Erst 1957 wurde hier die V20 durch neue V60 ersetzt. Von Husum aus liefen die V20 auch im Reisezugverkehr (1952).

DB, Sammlung Gerd Neumann

Bw Husum

Beim Bw Husum begann die Diesellokbeheimatung mit einer 150-PS-Lok von DWK, der späteren V15 004. Anfang 1948 kam bereits die erste V20 dazu. Ein Jahr später - 1949 - fuhr das Bw schon mit nunmehr drei Loks[174] (1x V15, 2x V20) Personenzüge auf der Strecke Husum - Jübek sowie Rangierdienste entlang der Holsteinischen Marschbahn bis hinauf nach Niebüll.

1950/51 erfolgte eine kräftige Aufstockung des Diesellokparks. Den größten Bestand verzeichnete das Bw zwischen Mitte 1951 und Mitte 1953 mit durchschnittlich fünf bis sechs V20 und zwei bis drei V36. Daneben wurden noch Dampfloks der Reihen 38^{10}, 50, 64 und 91^3 sowie - ab 1950 - die ersten drei Vorserien-VT95 eingesetzt. Die Schienenbusse übernahmen auch die V20-Leistungen nach Jübek.

Bw Husum (1) - ab 1949 ... :

V20 032 :	01.10.49	Cuxhaven	-		...
V20 033 :	15.07.50	Hmb-Harbg	-		...
V20 034 :	01.04.51	Heiligenhfn	-		...
V20 035 :	01.03.51	Stuttgart	-		...
V20 036 :	29.08.49	Rendsburg	-	13.11.52	Lübeck
	10.03.53	Lübeck	-		...
V20 037 :	30.08.50	München Bww	-		...
V36 201 :	30.12.50	Mannheim	-		...
V36 202 :	18.11.50	Mannheim	-		...
V36 220 :	11.05.52	Lübeck	-		...

Mit den neu zugewiesenen Dieselloks konnte das Einsatzgebiet erheblich ausgeweitet werden: Ab Mai 1951 liefen die Husumer V20/V36 im Reisezugverkehr auf der Strecke Niebüll - Tondern an der dänischen Grenze und ein Jahr später auf nahezu allen Haupt- und Nebenbahnen im nordwestlichen Schleswig-Holstein, u.a. auf den Strecken

- Husum - Rendsburg,
- Husum - Heide,
- Husum - Tönning - St.Peter Ording,
- Husum - Niebüll (nur bis Bredstedt),
- Husum - Löwenstedt - Flensburg - Kiel,
- Flensburg - Niebüll und
- Niebüll - Tondern.

Zwischen Flensburg und Kiel fuhren 1952/53 sogar Städteschnellverkehrszüge[175] mit V36 oder V20 in Doppeltraktion! Die Laufleistungen waren in dieser Zeit enorm hoch: Die Husumer V36 erreichten 1951-53 Spitzenleistungen von bis zu 11.000 km/Monat! Selbst die V20, die im Personenverkehr nach Rendsburg, Heide, Bredstedt, Flensburg und St.Peter Ording lief, brachten es nicht selten auf 8000-9000 km. Eine V20 wurde zeitweise von Heide aus eingesetzt.

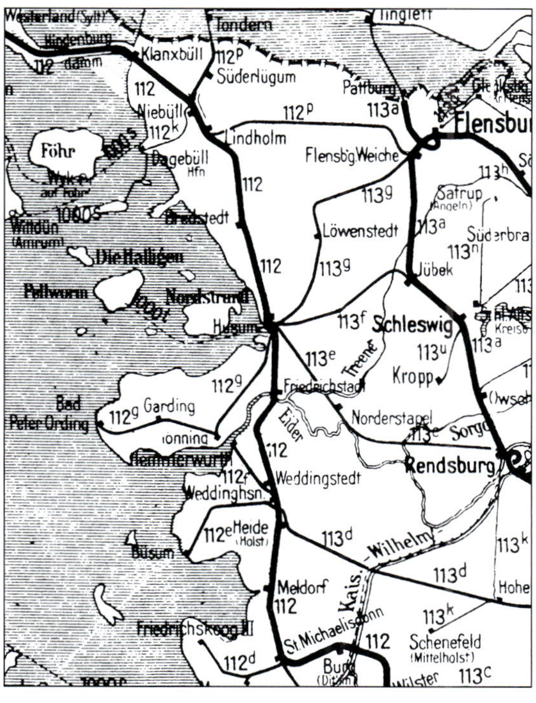

174 Nach anderen Quellen per 31.12.49 auch 2xV15 (004 und 005 ex Rendsburg)

175 Sogenannte S-Züge (= zuschlagfreie Eilzüge); Zugnummern S948/949 bzw. S838/839

In den darauffolgenden Jahren wurde es etwas ruhiger. Noch 1953 wurden die Pz-Kurse nach Rendsburg und Bredstedt aufgegeben. 1954 entfiel die Paradeleistung nach Kiel. Und im gleichen Jahr wurden auch die Züge Niebüll - Tondern und Flensburg - Niebüll an das Bw Flensburg abgetreten. Was blieb, waren - wie der Umlauf vom Sommerfahrplan 1957 zeigt - Personenzüge nach St.Peter Ording (jetzt mit V36) und Rangierdienste:

V36
Dpl.13: Pz Husum - St.Peter Ording (264 km/Tag 1)
Dpl.13: Pz Husum - St.Peter Ording (264 km/Tag 2)
Dpl.44: Rgd. Hemmingstedt (119 km)

V20
Dpl.32: Rgd. Husum (81 km)
Dpl.43: Rgd. Niebüll (105 km)

Die 44 km lange Nebenbahn nach St.Peter Ording war noch bis 1960 die Hausstrecke der Husumer V36. Dann übernahmen $VT98^9$ das Geschäft. Anfang der 50er Jahre waren hier zunächst V20 als Doppelloks mit roten Donnerbüchsen gefahren. Ehemalige Lokführer berichten, daß aufgrund des starken Westwindes bei Fahrten in Richtung St. Peter Ording häufiger Schaltprobleme auftauchten, weil das Voith-Getriebe der führenden Maschine früher in den Wandler zurückschaltete, als das der nachlaufenden Lok. Mitunter soll es dann nur im Windschatten eines Gehöftes gelungen sein, die vordere Lok so zu beschleunigen, daß sie wieder in den Kupplungsgang hochschaltete.

Bw Husum (2) - ... bis 1973:

V20 005 :	16.12.64	Hmb-Harbg	- 19.09.67	Hmb-Harburg
V20 030 :	24.07.59	Lübeck	- 31.08.59	Delmenhorst
V20 032 :	...	...	- 30.06.53	Flensburg
	28.06.59	Lübeck	- 12.11.64	Hmb-Harburg
V20 033 :	...	...	- 17.09.53	Flensburg
	21.03.57	Flensburg	- 08.04.57	Flensburg
	16.10.58	Flensburg	- 07.11.58	Flensburg
	24.07.59	Lübeck	- 31.08.59	Hann-Linden
V20 034 :	...	...	- 21.11.60	Heiligenhafen
V20 035 :	...	...	- 19.11.57	Cuxhaven
V20 036 :	...	...	- 02.06.54	Lübeck
	08.05.65	Hmb-Harbg	- 07.07.67	Hmb-Harburg
V20 037 :	...	...	- 10.02.56	Hmb-Harburg
	06.06.56	Hmb-Harbg	- 26.09.74	Hmb-Harburg
V20 039 :	24.01.48	Flensburg	- 31.01.49	Hmb-Harburg
V36 201 :	...	...	- 16.01.62	AW Göttingen
V36 202 :	...	...	- 23.05.54	Flensburg
	29.09.68	Hmb-Harbg	- 09.10.73	Wuppertal
V36 213 :	14.08.65	Hmb-Harbg	- 05.12.65	Hmb-Harburg
	16.06.66	Hmb-Harbg	- 29.09.73	Kassel
V36 219 :	26.09.65	Hmb-Harbg	- 30.10.73	Oldenburg
V36 220 :	...	...	- 22.04.54	Flensburg
	20.10.57	Flensburg	- 17.03.61	Flensburg
V36 223 :	03.07.53	Heiligenhfn	- 31.12.53	Flensburg
	01.01.62	Flensburg	- 13.08.65	Hmb-Harburg
	20.09.67	Hmb-Harbg	- 08.10.73	Finnentrop
V36 239 :	03.02.57	Heiligenhfn	- 25.12.61	Hmb-Harburg
	. .	Hmb-Harbg	- 13.06.62	+/vk. BOE

Um 1960 herum beheimatete Husum noch drei bis vier V20/V36. So blieb es mit geringfügigen Veränderungen auch bis zum Schluß. Im Winter 1963/64 z.B. waren entlang der Marschbahn je eine Lok in Husum (V36; 55 km/Tag), Glückstadt (V20; 63 km/Tag) und St.Michaelisdonn (V20; 110 km/Tag) im Rangierdienst eingesetzt, letztere auch vor Nahgüterzügen auf der abzweigenden Strekke nach Marne - Friedrichskoog. Einsätze im Personenverkehr gab es nicht mehr. Die Glückstädter V20 bediente u.a. den Hafen. Als V60-Vertretung fuhren die V36 auch noch immer im Anschluß der DEA in Hemmingstedt.

Die V20/V36-Stationierung in Husum endete am 26.9.74 mit der Abgabe der 270 037 an das Bw Hmb-Harburg. Zuletzt waren den WR-Loks nur noch Bauzugdienste geblieben. Das Bw Husum war seit dem 1.1.86 eine Außenstelle des Bw Flensburg.

Bw Heide (Holstein)

Das Bw Heide gehört zu einer Reihe kleinerer Betriebswerke, die zwischen 1945 und 1951 ehemalige Wehrmacht-Dieselloks beheimateten. Die Gründe für diese meist nur kurzdauernden Stationierungen sind aus dem Abstand von mehreren Jahrzehnten nicht in allen Fällen mehr zu klären. Auch über die Einsatzorte ist häufig nur wenig bekannt.

Das Bw Heide war traditionell für die Zugförderung auf der Querverbindung Neumünster - Heide sowie für die Stichbahnen Heide - Büsum und Heide - Hemmerwurth zuständig. Um 1950 beheimatete die Dienststelle dafür einige 24, 56^2 sowie ein halbes Dutzend 91^3. Per 29.1.51 gesellte sich, vom Bw Bocholt kommend, die V20 030 dazu.

In den Betriebsbögen der Lok sind durchschnittlich 1500-2500 km/Monat im gemischten Strecken- und Rangierdienst vermerkt. Dahinter dürften sich Übergabedienste zur Erdölraffinerie in Hemmingstedt verbergen. Der Einsatz währte nur knapp acht Monate. Am 10.9.51 wurde die Lok bereits an das Bw Flensburg weitergegeben.

Bw Rendsburg

Auch für das kleine Bw Rendsburg war die Stationierung von ehemaligen Wehrmachtloks nur eine Episode. Als erste Lokomotive tauchte Ende Juni 1949 die gerade erst von der DB übernommene V36 236 in Rendsburg auf. Nur zwei Wochen später wurde sie gegen V20 036 getauscht, die aber ebenfalls nur wenige Wochen blieb. Schon von 1948 an (bis 1950) war außerdem die V15 005 vorhanden. Zu den Einsätzen all dieser Loks sind keine Angaben überliefert.

V20 036 :	08.07.49	Cuxhaven	- 28.08.49	Husum
V36 236 :	26.06.49	Kiel	- 11.07.49	Lübeck

Bw Neumünster

Im Gegensatz zu Heide und Rendsburg zählte das Bw Neumünster bis in die 60er Jahre hinein zu den großen und bedeutenden Bahnbetriebswerken in Schleswig-Holstein. 1952 beheimatete das Bw Neumünster fast 50 Loks, darunter die Reihen 38^{10}, 50, 74 und 92^5. Die V20/V36 konnten hier zu keiner Zeit wirklich heimisch werden. Die Statistik nennt nur zwei Einzelgänger:

V20 036 :		Hmb-Harbg	- 15.04.48	Cuxhaven
V36 223 :	13.10.66	Hmb-Harbg	- 06.06.67	Hmb-Harbg

Zwischen etwa 1946 und 1950 waren darüber hinaus eine der dreiachsigen V22 (V22 015) und, von 1946 bis 1948, auch eine V16 (V16 010) in Neumünster stationiert. Über die Einsätze der ehemaligen Wehrmachtloks ist auch hier nichts belegt. Die V36 könnte als Ersatz- oder Reservemaschine für die seinerzeit im AW Neumünster als Werklok tätige V36 220 vorgehalten worden sein.

Bw Kiel

Das Bw Kiel hatte in den ersten Jahren nach dem Krieg die Hinterlassenschaft zahlreicher ehemaliger Marinedepots entlang der Ostseeküste, insbesondere aber die der alten Marinebahn von Oppendorf (an der Kiel-Schönberger Eisenbahn) nach Dietrichsdorf (Kriegsmarinewerft) zu verwalten. Bis etwa 1948 liefen allein hier noch etliche schon im Krieg eingesetzte DWK-Loks, u.a. D150-, 160B-, 220C- und 360C-Typen. Ein Teil davon wurde 1948 durch die Besatzungsbehörde für eigene Zwecke abgezogen, der Rest von Bundesbahn und privaten Firmen übernommen.

Von diesem Erbe waren per 31.12.49 beim Bw Kiel nur noch zwei Maschinen, V15 003 und V16 002, übriggeblieben. Sie wurden in der Folgezeit von zwei V22-Loks abgelöst, die 1950/52 kurz hintereinander in Kiel stationiert wurden. Auch zwei Einheits-V20 tauchen in

Sammlung Hermann Hoyer

Der Insel-Expreß: Die Lokalzüge von und zur Insel Fehmarn wurden ab Großenbrode auf einer offenen Fähre über den 1,3 Kilometer breiten Fehmarnsund übergesetzt. Neben der V36 239 drängelt sich aber schon die Auto-Konkurrenz.

der Bestandsstatistik des Bw Kiel auf. Deren Beheimatung bemißt sich allerdings nur in Tagen.

V20 033 :	(.03.47)	neu	- . .47	Bucholz
V20 034 :	21.03.49	Hmb-Harbg	- 31.05.49	Heiligenhfn
V22 007 :	17.11.50	Soltau	- (.52)	Oldenburg
V22 005 :	05.07.52	Hmb-Harbg	- 30.09.52	Hmb-Harbg
V36 113 :	17.07.45	neu	- 14.04.47	Hmb-Harbg
V36 236 :	11.09.46	neu	- 25.06.49	Rendsburg
V36 237 :	(.03.47)	neu	- 27.02.49	Bremen Hbf
V36 314 :		neu	- 26.06.49	Lübeck

Für die V22 007 wird als Einsatzort der Bf. Eckernförde angegeben, was möglicherweise auch für die anderen Zweiachser zutrifft. Die drei WR360C14 waren dagegen allesamt nur buchmäßig beim Bw Kiel: V36 113 stand mit Bombenschäden abgestellt im RAW Bremen. V36 236 wurde von der britischen Besatzungsmacht auf dem Flugplatz Kiel-Holtenau eingesetzt.

Nach einer Jahresstatistik der Bundesbahn soll Ende 1956 noch einmal eine V20 in Kiel beheimatet gewesen sein. In den Betriebsbüchern ist eine solche Stationierung nicht verzeichnet. Möglicherweise war eine V20 des Bw Husum kurzzeitig nach Kiel ausgeliehen.

Bw Heiligenhafen

Neben Husum und Hamburg-Harburg war das kleine Bw Heiligenhafen einer der Haupt-Stützpunkte für die V20/V36 in der BD Hamburg. Zwar währte der V36-Einsatz am Nordufer der Lübecker Bucht nur gut zehn Jahre. In dieser Zeit aber bot der Betrieb alles, was das Herz eines Eisenbahnfans begeistern konnte: Stilreinen Nebenbahnverkehr mit roten und grünen „Donnerbüchsen" auf der Insel Fehmarn, Rangierbetrieb am Fährhafen in Großenbrode Kai und - bis 1963 - die Eisenbahn auf dem Wasser: Das Übersetzen von Loks und Wagen auf offenen Fähren über den 1,3 km breiten Fehmarnsund, der Ostholstein von der Insel Fehmarn trennt.

Ulrich Montfort

Herbststimmung in Großenbrode Fähre: Am Anleger rangiert die Heiligenhafener V20 005 mit einigen Güterwagen, die Milch der Insel-Kühe bringt aber schon der LKW zur Molkerei (24.10.62).

Bw Heiligenhafen:

V20 005 :	29.05.60	Lübeck	- 21.06.61	Hmb-Harburg
	16.09.61	Hmb-Harburg	- 26.07.63	Hmb-Harburg
V20 034 :	01.10.50	Kiel	- 31.03.51	Husum
	22.11.60	Husum	- 19.07.63	Hmb-Harburg
V20 035 :	21.10.59	Hmb-Harburg	- 31.10.59	AW Harburg
V20 039 :	22.07.50	Hmb-Harburg	- 28.09.63	Hmb-Harburg
V36 001 :	16.07.50	Mannheim	- 26.01.51	Hmb-Harburg
V36 002 :	08.05.52	Hmb-Harburg	- 20.10.53	Lübeck
	23.05.54	Lübeck	- 08.05.56	+
V36 150 :	04.04.50	Hmb-Harburg	- 11.07.50	Mannheim
V36 202 :	15.08.60	Flensburg	- 14.02.62	Puttgarden
V36 212 :	30.01.51	Hmb-Harburg	- 16.02.53	Lübeck
	05.07.55	Lübeck	- 08.08.56	Hmb-Harburg
V36 213 :	28.10.51	Lübeck	- 01.10.63	Hmb-Harburg
V36 214 :	18.05.52	Lübeck	- 06.12.53	Lübeck
	22.01.54	Lübeck	- 20.05.63	Puttgarden
V36 219 :	04.04.50	Hmb-Harburg	- 04.04.63	Puttgarden
V36 221 :	12.06.52	Lübeck	- 05.04.54	Lübeck
	27.05.54	Lübeck	- 28.09.63	Hmb-Harburg
V36 223 :	04.04.50	Hmb-Harburg	- 02.07.53	Husum
V36 236 :	05.06.52	Lübeck	- 24.10.53	Lübeck
	08.06.57	Lübeck	- 28.02.63	Puttgarden
V36 239 :	02.03.52	Hmb-Harburg	- 02.02.57	Husum

Polternd versank der Zug in der See

Unter dieser Überschrift berichteten die „Kieler Nachrichten" ausführlich über den Unfall und die anlaufende Bergung. Auszüge daraus im Wortlaut:

Vorausgesetzt, daß die Witterungsverhältnisse es erlauben, soll heute mit der Bergung des Unglückszuges begonnen werden. Zu beiden Seiten des Fehmarnsund werden Dieseltriebwagen verkehren, während die Passagiere mit Motorbooten übergesetzt werden.

Zur Ursache des schweren Unglücks ist bis zur Stunde offiziell nichts erklärt worden. Man nimmt an, daß der Spezialzug - der mehrere Tage lang an der Vogelfluglinie bei Puttgarden eingesetzt war und nun wieder aufs Festland zurückgebracht werden sollte - durch den Anprall gegen die Duckdalben aus seiner Lage in der Mitte der Fähre ins Rollen gekommen ist. Durch die plötzliche Gewichtsverlagerung neigte sich die Fähre blitzartig mit dem Bug tief in die See, die schweren Bremspuffer am Bug des Schiffes ließ das Eisen wie Spielzeug auseinanderfahren, so daß der Zug ins Wasser stürzte.

Eine mutige Tat vollbrachte ein junger Mann aus Augsburg. Der junge Mann stürzte sich in das eiskalte Wasser, um den um ihr Leben ringenden Eisenbahnern zu helfen. Die Eisenbahner hatten sich aus der rasch wegsackenden Lok befreien und an einem Dalben festhalten können. Einer von ihnen, der Nichtschwimmer ist, konnte sich nur noch mit Mühe festhalten. Der mutige Schwimmer erreichte ihn und brachte ihn sicher ans Ufer, während der andere Eisenbahner aus eigener Kraft an Land kam.

DB, Sammlung Gerd Neumann

Schnee auf Fehmarn: Eine V36 fährt mit ihrem Kurzzug - ein 3.Klasse- und ein Packwagen - im Inselbahnhof Burg ein. Im Hintergrund wartet V36 219 auf neue Einsätze (13.2.53).

Die ersten Diesellokomotiven der WR-Bauart in Heiligenhafen waren V36 150, 219 und 223, die gemeinsam am 4.4.50 aus Hamburg-Harburg eintrafen. Die mit MWM-Motor ausgerüstete V36 150 wurde allerdings noch im gleichen Jahr gegen die V36 001 vom Bw Mannheim (mit Deutz-Motor) getauscht und der Bestand durch weitere Neuzugänge gefestigt. Ende 1952 verfügte Heiligenhafen bereits über insgesamt zehn V20/V36-Lokomotiven, und zwar

V20 039 und
V36 002 212 213 214 219 221 223 236 239 (= ex 001).

Der V20/V36-Betrieb beim Bw Heiligenhafen gliederte sich im wesentlichen in zwei Bereiche:

Zum **e i n e n** war der gesamte Personen- und Güterverkehr auf der Inselstrecke Fehmarnsund - Burg - Orth zu erledigen; einschließlich des Rangierverkehrs am Festland-Anleger in Großenbroder Fähre und des Trajektes zur Insel. Hier wurden ab 1950 die bis dahin eingesetzten Dampflokomotiven der Baureihe 91^3 vollständig aus dem Plandienst verdrängt.

Zum **a n d e r e n** liefen die V20/V36 als Rangierlokomotiven im internationalen Fährbahnhof Großenbrode Kai. Der Bahnhof war am 14.7.51 im Zuge der notwendigen Neuordnung des Fährverkehrs zwischen Deutschland und Skandinavien eröffnet worden (die traditionsreichen alten Routen über Sassnitz und Warnemünde standen durch die Teilung Deutschlands nicht mehr zur Verfügung). Erst 1963, mit der Eröffnung der schon lange vor dem Krieg geplanten „Vogelfluglinie", konnte dieses Provisorium zugunsten einer gut ausgebauten, kürzeren Verbindung wieder aufgegeben werden.

Die V36 liefen zu dieser Zeit - 1952/53 - mit Personenzügen auch auf dem Festland bis Neustadt (Holstein) und Eutin! Zumindest bis Ende 1952 gab es dabei auch echten Doppellokbetrieb mit V36-Pärchen und nur einem Lokführer! Monatsleistung im Streckendienst: Rund 4000-6000 km, im gemischten Einsatz etwas darunter. Die $V36^0$ wurden aufgrund ihrer geringeren Höchstgeschwindigkeit vorzugsweise im Güterzugdienst eingesetzt.

Der Bedarf an Motorloks in Heiligenhafen war immer recht ordentlich. 1957 z.B. liefen lt. Plan

- zwei V36 im Rangierdienst in Großenbrode Kai,
- eine V36 mit Personen- und Personalzügen (Pnö) zwischen Heiligenhafen, Lütjenbrode und Großenbrode Kai sowie
- eine V36 im Personen- und Güterzugdienst auf der Insel Fehmarn.

Eine weitere Lok stand mit Wagengarnitur als Schienenbusreserve bereit.

Mitte der 50er Jahre pendelte sich der Diesellokpark bei etwa 5 + 1, also fünf V36 und eine V20, ein. Der Bestand des Bw Heiligenhafen vom 29.9.57:

AW Opladen, Sammlung Joachim Bügel

24 Stunden auf dem Meeresgrund: Nach ihrem Bad in der Ostsee war V20 039 zwar deutlich ramponiert, war in den Hauptbauteilen - mit Ausnahme des Motors - aber unversehrt (AW Opladen, Nov.1962).

64 410
86 518 519 764 766
V20 039
V36 213 214 219 221 236
Köf 4322 5221 6004

Außerdem waren einige VT95 in Heiligenhafen stationiert, zunächst Vorserienfahrzeuge, später Standardausführungen. Die Arbeitsteilung zwischen Diesellok und Schienenbus sah z.B. im Sommer 1962 so aus[176]:

> Die **V20** - inzwischen mit drei Loks vertreten - versahen den gesamten Verschub in Heiligenhafen, an der Großenbroder Fähre und auf der Insel Fehmarn.
>
> In Großenbrode Kai, an der Hochseefähre, rangierte die **V36**. Außerdem wurde der gesamte Güterverkehr auf Fehmarn mit V36 abgewickelt.
>
> Der Personenverkehr von Heiligenhafen nach Burg auf Fehmarn war (seit der Stillegung der Strecke nach Orth am 31.12.55) dagegen fest in der Hand der **VT95**[9]. Werktags gab es noch neun, sonntags sieben Züge zur Insel.

Auch über einen recht bemerkenswerten Unfall ist im Zusammenhang mit den V20/V36-Einsätzen beim Bw Heiligenhafen zu berichten: Auf der kleinen Großenbroder Fähre ging eines Tages - am 1.11.62 - die kleine V20 039 über Bord und landete auf dem Grund des Fehmarnsunds; siehe auch Kastentext *„Polternd versank der Zug in der See"*. Bei Hader/Meier[177] heißt es dazu:

> Das Fährschiff *„Schleswig-Holstein sollte einen Kranzug, bestehend aus einer schweren Diesellokomotive, einem 25-t-Dampfkran und einem Schutzwagen von Fehmarn nach dem Festland bringen. Kurz vor dem Einlaufen in den Hafen von Großenbroder Fähre rammte die Fähre im dichten Nebel einen Schutzdalben. Durch die Wucht des Aufpralls setzte sich der an Bord nicht gesicherte Zug in Bewegung. Dabei wurde das Schiff kopflastig und der Zug rollte samt Personal ins Wasser."*

176 Reichardt, Heiligenhafen, S.16
177 Hader/Meier, Eisenbahnfähren, S.102

Kleiner Fährverkehr: Das Motorschiff „Schleswig Holstein hat – außer einem LKW – auch die Heiligenhafener V36 236 mit ein paar Güterwagen von der Insel Fehmarn nach Großenbrode gebracht; Mai 1961.

Robin Fell/Eisenbahnstiftung

Sammlung Dr. Brian Rampp

Eis im Fehmarnsund: Im harten Winter 1955/56 muß sich die Fähre nach Fehmarn mühsam den Weg durch die zugefrorene Ostsee bahnen. Für das Lokpersonal der Heiligenhafener V36 212 bringt die Überfahrt eine kurze Pause (16.2.56).

Menschen kamen bei dem Unfall nicht zu Schaden. Auch die *„schwere Diesellokomotive“* V20 039 wurde nach einem rund 24stündigen Bad in der Ostsee mit nur geringen Blessuren durch einen Schwimmkran der Bundesmarine geborgen.

Mit dem ganzen Zauber des Bahnbetriebs auf Fehmarn war es im Frühjahr 1963 schlagartig vorbei. Die am 14. Mai eröffnete Vogelfluglinie und ihr bauliches Herzstück, die 963 m lange Fehmarnsund-Hochbrücke, machten nicht nur den Trajektverkehr zur Insel, sondern auch die internationale Fähre in Großenbrode Kai entbehrlich. Die alte Inselbahn wurde durch eine schnurgerade Neubaustrecke ersetzt und bis auf ein Reststück bei Burg zurückgebaut.

Auch für das Bw Heiligenhafen kam mit der Vogelfluglinie das „Aus“. Der V20/V36-Bestand wurde aufgelöst und das Betriebswerk am 30.4.63 geschlossen.

Bw Puttgarden

Ausgangshafen für die Fähren von und nach Dänemark war nach Eröffnung der Vogelfluglinie 1963 der Fährbahnhof Puttgarden im Norden der Insel Fehmarn. Hier war seit Sommer 1961 ein nach allen Regeln des modernen Bahnbetriebs konzipierter neuer Hafenbahnhof mit Schiffsliegeplätzen, Abfertigungsstellen für die Pkw-Verschiffung, großzügigen Gleisanlagen und einem modernen Bahnbetriebswerk entstanden. Am 1.5.63 wurde das Betriebwerk Puttgarden offiziell eröffnet. Folgende V36-Lokomotiven wurden noch als Erstausstattung aus Heiligenhafen übernommen:

V36 202 :	16.03.62	Heiligenhfn - 31.01.64	Hmb-Harburg
V36 214 :	28.06.63	Heiligenhfn - 09.10.63	Hmb-Harburg
V36 219 :	15.05.63	Heiligenhfn - 03.10.63	Hmb-Harburg
V36 236 :	26.03.63	Heiligenhfn - 12.09.63	Hmb-Harburg

Die hier wiedergegebenen Stationierungsdaten aus den Betriebsbüchern weichen in bemerkenswerter Weise von der amtlichen Lesart ab, wonach die Heiligenhafener Loks geschlossen zum Fahrplanwechsel Sommer 1963 nach Puttgarden umgesetzt wurden. Tatsächlich vollzog sich der Wechsel wohl fließend über die Monate März bis Juni.

In Puttgarden war den V36ern kein langes Leben mehr beschieden. Bereits im Herbst 1963 kam Ersatz in Form der V65 001-004 vom Bw Hmb-Altona. Das Bw Puttgarden blieb noch gut drei Jahre eine selbständige

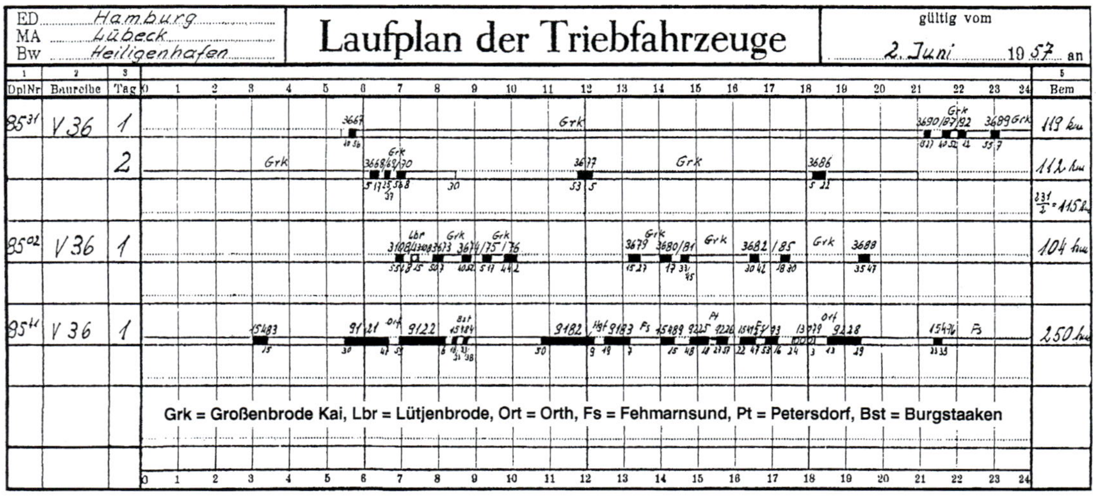

Dienststelle, gab dann die eigene Triebfahrzeugunterhaltung wieder auf, und wurde am 25.10.66 als Außenstelle dem Bw Lübeck unterstellt.

Bw Lübeck

Wie bei vielen großen Diesellok-Bw von heute begann auch in Lübeck der Traktionswechsel von Dampf auf Diesel mit den ehemaligen Kriegsdieselloks. Die amtliche Statistik erwähnt erstmals zum 31.12.49 einen kleinen V36-Bestand in der Hansestadt. Neben der letzten noch in Norddeutschland vorhandenen $V36^3$ (die V36 314) waren das die WR-Typen V36 107, 213, 221 und 236. Betriebsfähig davon dürften maximal zwei bis drei Loks gewesen sein. Eingesetzt wurden sie vornehmlich im Nahverkehr auf der Strecke Lübeck - Travemünde Strand.

Im Oktober/November 1950 trafen dann neue, teils frisch instandgesetzte $V36^2$ in Lübeck ein. Das Einsatzgebiet konnte daraufhin ab Jahresfahrplan 1951/52 erheblich ausgeweitet werden. Im Personenzugverkehr wurden nun die Strecken

- Lübeck - Bad Oldesloe - Neumünster,
- Lübeck - Blankensee (Richtung Ratzeburg),
- Lübeck - Herrnburg und
- Lübeck - Niendorf (Ostsee)

sowie weiterhin
- Lübeck - Travemünde-Strand

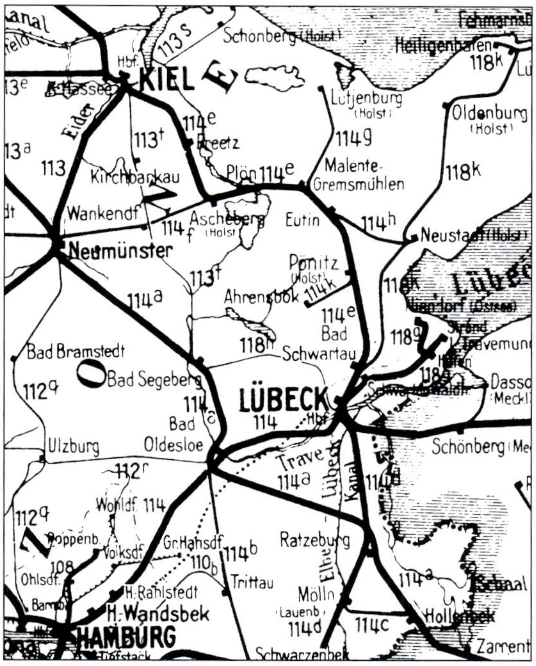

befahren. Auch auf der privaten Lübeck-Segeberger-Eisenbahn (LSE) wurden zumindest zeitweise u.a. Schülerzüge mit V36 und Behelfspersonenwagen gefahren (vergl. auch S.196).

Wie intensiv die Einsätze auf den jeweiligen Strecken waren, bleibt in der Rückschau etwas unklar. Die Kurse nach Herrnburg und Blankensee waren möglicherweise nur Dienstpersonenzüge. Auch der Nahverkehr in Richtung Travemünde kann von Motorlok- und Wagenpark her kein Vorortbetrieb im Stile von Bremen oder Frankfurt gewesen sein (vielleicht nur Tagesrandleistungen?). Immerhin brachten es die Lübecker V36 aber auf ansehnliche 5000 km im Monat. In den Betriebsbögen sind ausschließlich Streckenleistungen vermerkt. Das Rangieren überließ man, damals noch, den Dampfloks.

Insgesamt scheint der V36-Betrieb in Lübeck nicht unter dem besten Stern gestanden zu haben. Schon zum Fahrplanwechsel im Mai 1952 wurden jedenfalls der Motorlokbetrieb wieder aufgegeben, der Bestand (vorerst) aufgelöst und die V36 nach Heiligenhafen und Husum abgezogen, wo man mehr mit den Lokomotiven anzufangen wußte. Auf den Strecken südlich von Lübeck fuhren danach Schienenbusse $VT95^9$, auf den übrigen übernahmen erst mal Dampflokomotiven wieder das Geschäft.

1.Stationierungsperiode - 1947-1952:				
V22 003 :	(.03.47)	neu	-	Hmb-Harburg
V36 107 :	25.11.49	Hmb-Harburg	- 17.08.50	Stuttgart
V36 123 :	16.05.49	neu	- 01.06.49	Wt-Steinbeck
V36 213 :	10.09.49	Hmb-Harburg	- 24.09.51	Heiligenhafen
V36 214 :	17.10.50	Bamberg	- 17.05.52	Heiligenhafen
V36 220 :	26.11.50	Frankfurt-1	- 26.03.52	Husum
V36 221 :	23.07.49	Hmb-Harburg	- 11.06.52	Heiligenhafen
V36 236 :	13.07.49	Rendsburg	- 04.06.52	Heiligenhafen
V36 314 :	27.06.49	Kiel	- 17.08.50	Kassel Bww
2.Stationierungsperiode - 1953-1957:				
V36 002 :	21.10.53	Heiligenhafen	- 13.02.54	Hmb-Harburg
	19.03.54	Hmb-Harburg	- 22.05.54	Heiligenhafen
V36 212 :	17.02.53	Heiligenhafen	- 01.06.55	Heiligenhafen
V36 214 :	07.12.53	Heiligenhafen	- 21.01.54	Heiligenhafen
V36 221 :	06.04.54	Heiligenhafen	- 26.05.54	Heiligenhafen
V36 236 :	25.10.53	Heiligenhafen	- 07.06.57	Heiligenhafen
V20 001 :	14.02.54	Hmb-Harburg	- 05.01.55	AW Paderborn
V20 036 :	14.11.52	Husum	- 09.03.53	Husum
	03.06.54	Husum	- 02.07.54	Hmb-Harburg
3.Stationierungsperiode - 1959-1960:				
V20 005 :	10.02.59	Hmb-Harburg	- 28.05.60	Heiligenhafen
V20 030 :	12.02.59	Flensburg	- 23.07.59	Husum
V20 032 :	15.04.59	Flensburg	- 27.06.59	Husum
V20 033 :	12.02.59	Flensburg	- 23.07.59	Husum
V20 036 :	10.02.59	Hmb-Harburg	- 24.04.60	Hmb-Harburg

Nur ein knappes Jahr später, ab Anfang des Jahres 1953, tauchten die teils gleichen V36 wieder in Lübeck auf. Auch diesmal blieben sie nur gut vier Jahre. Den Alltag bestimmten jetzt Rangier- und Übergabedienste u.a. in Lübeck Rbf, Lübeck-Konstin und am Lübecker Hafen. Die V36 236 war als Bahnhofslokomotive dauernd in Bad Oldesloe stationiert. Außerdem mußten sich die V36 immer häufiger mit Einsätzen im Bauzugdienst begnügen.

Personenzugleistungen gab es nur noch auf der kurzen Nebenstrecke Mölln - Hollenbek - Klein Zecher (anfangs an Sonntagen bis Ratzeburg). Die V36 wickelte hier mit zwei Ci- und einem Pwi-Wagen den gesamten Reisezugverkehr ab. Der Plan wurde erstmals im Sommer 1953 gefahren und blieb einige Jahre nahezu unverändert. Später verkehrten - dann schon ohne Packwagen - sogar noch Köf III und V60 in diesem Umlauf. Die V36 verabschiedete sich, nunmehr endgültig, im Frühsommer 1957 aus Lübeck. Letzte Lok war die V36 236.

Eine dritte Stationierungsperiode - diesmal ausschließlich mit V20 - muß nur statistisch erwähnt werden. Die insgesamt fünf Lokomotiven waren meist nur wenige Monate zur Aushilfe in Lübeck. Sie dürften als Az-Loks beim Ausbau der zur Hauptbahn erhobenen Nebenstrecke Neustadt/Holst. - Oldenburg - Heiligenhafen eingesetzt worden sein, die ab 1963 dann Teil der neuen Vogelfluglinie wurde.

Bw Hamburg Berliner Bf.

Das traditionsreiche Bw „Hamburg Berl“ führte zwischen 1946 und 1948 - neben zahlreichen alten Preußen der Baureihen 74^4, 78 und 91^3 - nur eine einzige Diesellok, die spätere V22 005 (bzw. V20 056), im Bestand. Die genauen Zu- und Abgangsdaten:

15.08.46	Übernahme WM/Besatzung
19.04.48	Abgabe zur Instandsetzung ins RAW, danach Hmb-Harburg.

Noch im März 1947 rangierte die Lok im ehemaligen Wehrmachts-Depot Glinde/b.Reinbek. Ab September 1947 bis zur Abgabe war sie dann schadhaft im Bw bzw. RAW abgestellt.

Das Bw Hamburg Berl wurde 1951 in Bw Hamburg Hbf umbenannt, heute heißt es Hamburg 3.

Bw Hamburg-Harburg

Das Bw Hamburg-Harburg war über fast vier Jahrzehnte die Drehscheibe des gesamten V20/V36-Lokparks in Norddeutschland. Über Harburg wurden die Bestandslücken in anderen norddeutschen Betriebswerken aufgefüllt, Loks getauscht und sicher auch manche kurzfristig nicht benötigte Lok als Betriebsreserve „geparkt". Kaum eine V20/V36 der BD Hamburg war nicht irgendwann einmal auch in Harburg beheimatet.

Die große Zahl der nebenstehend aufgelisteten Lokomotiven täuscht etwas über die tatsächlichen Bestandsgrößen hinweg: In den 50er Jahren z.B. waren selten mehr als drei Loks gleichzeitig in Harburg stationiert. Anfang 1959 sank der Bestand sogar auf nur eine Maschine (V20 035) und ein halbes Jahr später vorübergehend auf Null.

Einen neuen Auftrieb gab es 1963, als die nicht mehr benötigten V20/V36 aus Heiligenhafen, Puttgarden und teilweise auch Husum zuliefen. Bis Mitte der 70er Jahre blieb es danach bei konstant acht bis zehn Loks, wobei auffallenderweise die V36 meist schnell wieder abgegeben und gegen die offenbar ausreichende V20 getauscht wurden.

Das ganze Auf und Ab einer 30jährigen Bestandsentwicklung zwischen 1948 und 1978 zeigen gerafft die folgenden Stationierungsübersichten (jeweils 31.12.):

1948:	**V20**	032 033 034
	V22	003 005 016
	V36	107 115 150 219 221 223 259 (=13)
1954:	**V20**	005 036 (= 2)
1959:	keine	
1963:	**V20**	005 034 036 039
	V36	213 214 219 221 236 (= 9)
1970:	**270**	001 005 032 034 035 036 039 059 (= 8)
1978:	**270**	034z 039 050z 057z (= 4)

Die Einsätze der Harburger V20/V36 waren unspektakulär: Einen gewissen Schwerpunkt bildeten wohl Rangierdienste im Hamburger Petroleumhafen (Waltershof), wo sich die V20/V36 aufgrund ihrer relativ funkensicheren Bauart über 30 Jahre lang gegenüber der moderneren Konkurrenz behaupten konnten. Schon kurz nach Kriegsende hatten hier die ersten V36, wie schon in den 30er Jahren geplant[178], die Dampflok-Baureihe 92^5 abgelöst.

Zu den ersten Planleistungen gehörten - 1947/48 - außerdem Rangierdienste in Stade. Im gleichen Jahr soll es auch Nahverkehrszüge (oder Leig?) mit V36 von Hamburg über Elmshorn und Neumünster bis Kiel gegeben haben[179].

Später betätigten sich die Harburger Loks vor allem im Verschub auf den Bahnhöfen entlang der Unterelbe (Buchholz, Stade, Cuxhaven; bis Anfang der 70er Jahre), außerdem in Rotenburg/Wümme. Die ex Husumer 270 037 rangierte noch bis 1977 in Glückstadt (abgelöst durch Köf III). Eine weitere V20 kam häufiger nach Elmshorn. Die V36 versahen zeitweise (1964) Rangierdienste in Lüneburg.

Ihren Lebensabend bestritten die Harburger Loks dann vornehmlich im Bauzugdienst. Mitte 1978 z.B. wurden nur noch zwei Maschinen einigermaßen regelmäßig eingesetzt: Eine V20 im Petroleumhafen (verliehen an Betriebsgemeinschaft Waltershof) und eine weitere als Werklok im AW Hmb-Harburg. Mit der Z-Stellung der 270 035 am 4.9.79 verschwand zugleich die letzte aktive V20 der DB.

Bw Hamburg-Harburg (V20 und V22):

V20 001 :	11.04.53	Oldenburg	- 13.02.54	Lübeck
	19.12.67	AW Hannover	- 16.12.73	Oberhausen
V20 002 :	19.03.53	Oldenburg	- 14.02.54	Dortmund Bbf
V20 005 :	19.03.53	Oldenburg	- 09.02.59	Lübeck
	22.06.61	Heiligenhafen	- 02.08.61	Heiligenhafen
	27.07.63	Heiligenhafen	- 15.12.64	Husum
	19.09.67	Husum	- 01.07.76	+
V20 030 :	07.10.52	Flensburg	- 21.03.53	Flensburg
V20 032 :	(.03.47)	neu	- 16.05.49	Cuxhaven
	20.11.64	Husum	- 27.04.78	+
V20 033 :	05.06.47	Buchholz	- 09.08.49	Husum
V20 034 :	(.03.47)	neu	- 20.03.49	Kiel
	20.07.63	Heiligenhafen	- 18.03.79	+
V20 035 :	15.12.57	Cuxhaven	- 20.10.59	Heiligenhafen
	19.09.67	AW Harburg	- 20.06.77	AW Harburg
	01.01.79	AW Harburg	- 24.11.79	+
V20 036 :	(.03.47)	neu	- ca.48	Neumünster
	03.07.54	Lübeck	- 09.02.59	Lübeck
	25.04.60	Lübeck	- 07.05.65	Husum
	08.07.67	Husum	- 26.01.78	+
V20 037 :	11.02.56	Husum	- 05.06.56	Husum
	27.09.74	Husum	- 24.08.78	+
V20 039 :	01.02.49	Husum	- 03.06.49	Cuxhaven
	01.10.49	Cuxhaven	- 10.02.50	Heiligenhafen
	29.09.63	Heiligenhafen	- 18.03.79	+
V20 050 :	01.10.78	Stuttgart	- 18.03.79	+
V20 055 :	07.02.53	Umb.V22 003	- 09.04.53	Oldenburg
V20 057 :	01.10.78	Stuttgart	- 18.03.79	+
V20 059 :	12.08.69	Oldenburg	- 01.11.75	+
V22 003 :	(.06.49)	Lübeck	- 17.10.51	Bocholt
	19.02.52	Bocholt	- 09.04.53	Umb.V20 055
V22 005 :	06.08.48	Hmb-Berl	- 29.05.49	Cuxhaven
	06.04.50	Cuxhaven	- 09.08.50	Cuxhaven
	21.12.50	Cuxhaven	- 12.05.52	Kiel
	01.10.52	Kiel	- 16.12.52	Oldenburg
V22 004 :	01.12.51	Flensburg	- 06.11.52	Oldenburg
V22 006 :	(.03.47)	neu	- .06.47	Buchholz

Ferner war in den Jahren 1950/51 eine dreiachsige V22 (V22 015, ehemals Neumünster) in Harburg stationiert

Bw Hamburg-Harburg (V36):

V36 001 :	27.01.51	Heiligenhafen	- 01.03.52	Heiligenhafen
V36 002 :	15.07.50	Mannheim Rbf	- 07.05.52	Heiligenhafen
	14.02.54	Lübeck	- 18.03.54	Lübeck
V36 107 :	23.10.45	neu	- . .49	Lübeck
V36 113 :	18.04.48	Kiel	- 14.06.48	Frankfurt 1
V36 115 :	14.09.45	neu	- 15.10.50	Passau
V36 150 :	16.12.47	neu	- 03.04.50	Heiligenhafen
V36 202 :	01.02.64	Puttgarden	- 28.09.68	Husum
V36 212 :	17.10.50	Darmstadt	- 29.01.51	Heiligenhafen
	09.08.56	Heiligenhafen	- 07.02.57	Dortmund Bww
V36 213 :	14.09.45	neu	- 30.11.48	Bremen Hbf
	01.05.49	Bremen Hbf	- 21.06.49	Lübeck
	02.10.63	Heiligenhafen	- 13.08.65	Husum
	06.12.65	Husum	- 15.06.66	Husum
V36 214 :	10.10.63	Puttgarden	- 10.11.66	Wt-Steinbeck
V36 219	(.03.47)	neu	- 03.04.50	Heiligenhafen
	31.10.63	Puttgarden	- 25.09.65	Husum
V36 220 :	08.05.74	AW Neumünst.	- 26.01.78	+
V36 221 :	23.10.45	neu	- 09.03.49	Lübeck
	29.09.63	Heiligenhafen	- 10.11.66	Wt-Steinbeck
V36 223 :	16.09.45	neu	- 03.04.50	Heiligenhafen
	14.08.65	Husum	- 12.10.66	Neumünster
	07.06.67	Neumünster	- 19.09.67	Husum
V36 236 :	13.09.63	Puttgarden	- 24.05.67	Wt-Steinbeck
V36 239 :	26.12.61	Husum	- 07.03.62	Husum
V36 259 :	28.12.48	Bamberg	- 30.04.49	Bremen Hbf

V36 002: 28.10.50-30.04.51 auf z

178 Siehe Seite 109f.

179 Jahresbericht motorisierte Zugförderung 1948

Zum Schluß noch einige kurze Auszüge aus dem Betriebsbuch der (heutigen Museumslok) V20 039. Sie belegen, daß auch in den sogenannten „untergeordneten Diensten“ teilweise Beachtliches geleistet wurde. Die genannte Lok war von September 1963 bis zur Ausmusterung im März 1979, also über 15 Jahre, ununterbrochen in Hamburg-Harburg stationiert, und erbrachte in dieser Zeit folgende durchschnittliche Kilometer-Leistungen:

1963/64:	5600 km/Monat
1966:	9150 km/Monat !
1966/67:	7500 km/Monat
1967-69:	1200 km/Monat
1970:	4350 km/Monat
1974:	1750 km/Monat

Bw Lüneburg

Einzige Lokomotive der WR-Baureihen beim Bw Lüneburg war die spätere V36 121. Die Maschine war seit 1943 beim Wifo-Lager Hitzacker (siehe S.99ff.), etwa 45 Kilometer südöstlich von Lüneburg, eingesetzt gewesen und wurde dort auch bei Kriegsende vorgefunden. Noch bei der Lokzählung vom 23.3.47 wird sie mit dem Hinweis „Wifo“ und der alten Betriebs-Nr. 37 erfaßt.

Die Lok hatte einen irreparablen Motorschaden, so daß es irgendwelche Einsätze beim Bw Lüneburg nicht gegeben hat. Am 5.8.48 kam sie zur M4 (Instandsetzung) ins PAW Holmag Kiel und wurde von dort aus im Dezember 1949 gleich nach Mannheim abgegeben.

Bw Buchholz (Kr. Harburg)

50er für die „Rollbahn“ Richtung Bremen - Ruhrgebiet und einige 93^0 (später 74^4, 86 und 93^5) für die Nebenbahnen nach Soltau, Lüneburg und Bremervörde sowie für den Rangierdienst - so sah im Jahre 1950 der Bestand des Bw Buchholz aus. Drei Jahre zuvor hatte das Bahnbetriebswerk in der Nordheide schon kurz hintereinander Bekanntschaft mit je einer V20- und V22-Lokomotive gemacht:

V20 033 :	. .47	Kiel	- 04.06.47	Hmb-Harbg
V22 006 :	08.06.47	Hmb-Harbg	- 09.08.47	Cuxhaven

Die V20 033 wurde vermutlich im April 1947 vom Bw Kiel nach Buchholz überwiesen. Sie blieb nur wenige Wochen und wurde dann gegen die Harburger V22 getauscht. Auch diese Lok kam aber nur zur Stippvisite. Schon ab August 1947 lief sie beim Bw Cuxhaven.

EWALD HAUCK

Die Lok für alle Fälle: Die Harburger V20 kamen im Rangier- und Bauzugdienst weit herum. Hier rangiert 270 036-7 vor der Kulisse des alten Lokschuppens in Bremervörde (13.7.70).

Bw Cuxhaven:

V20 032 :	17.05.49	Hmb-Harburg	- 30.09.49	Husum
V20 035 :	20.11.57	Husum	- 14.12.57	Hmb-Harburg
V20 036 :	16.04.48	Neumünster	- 11.07.48	Rendsburg
V20 039 :	04.06.49	Hmb-Harburg	- 30.09.49	Hmb-Harburg
V22 005 :	30.05.49	Hmb-Harburg	- 05.04.50	Hmb-Harburg
	10.08.50	Hmb-Harburg	- 20.12.50	Hmb-Harburg
V22 006 :	10.08.47	Buchhholz	- 17.04.48	Frankfurt 1

Von 1948 bis 1951 war ferner die dreiachsige V22 016 in Cuxhaven beheimatet

Bw Cuxhaven

In Cuxhaven waren von 1947 bis 1951 nur jeweils ein oder zwei V20/V22-Lokomotiven eingesetzt. Daß es auf den ersten Blick nach mehr aussieht, liegt auch hier am häufigen Wechsel der Loks besonders im Tausch mit Hmb-Harburg.

Die Maschinen wurden in dieser Zeit durchweg im Rangierdienst auf der 1892 eröffneten Cuxhavener Hafenbahn verwendet. Laufleistungen bis zu etwa 5000 km/Monat lassen auf eine recht extensive Nutzung schließen.

Ende 1957 kam für gerade mal drei Wochen noch einmal eine einzelne V20 (035) nach Cuxhaven. Weitere folgten nicht mehr. Am 28.5.60 wurde die Dienststelle als Heimat-Bw aufgelöst.

Ludwig Rotthowe

Eisenbahnidyll in Leese-Stolzenau: Einsam wartet die Delmenhorster V36 203 am Bahnsteig auf die nächste Fuhre nach Stadthagen. Am Haken: Je ein VB140 und ein VS145 (ex VT51). Ludwig Rotthowe hat dieses Motiv meisterhaft in Szene gesetzt (März 1958).

Bundesbahndirektion Hannover

Mit einem über mehr als zwei Jahrzehnte nahezu gleichbleibend hohem Bestand von 23-25 Lokomotiven gehörte auch die BD Hannover zu den großen und bedeutenden Einsatz-Direktionen der V20/V36 bei der DB. Hochburgen waren vor allem die Bw

- Bremen (1949-1955)
- Delmenhorst (1955-1972) und
- Hannover (1962-1977).

Daneben gab es aber noch eine große Zahl weiterer Dienststellen (Bielefeld, Bremerhaven, Holzminden u.a.), die teilweise recht lange, wenn auch in meist geringer Stückzahl, ehemalige Wehrmachtslokomotiven beheimateten.

Die Einsätze in Niedersachsen, Ostwestfalen und im Bremer Land waren bis in die 70er Jahre hinein sehr intensiv und an Vielfalt kaum zu übertreffen. Um 1950 herum z.B. konnte man die V20/V36 sowohl im modernen Vorortverkehr (Bremen Hbf), wie auch im Einsatz vor Leig-Zügen (Hannover Hgbf), im Nebenbahndienst (Soltau) oder im reinen Rangierbetrieb (Hannover-Linden) antreffen.

Wie im Hamburger Raum spielten in den ersten Nachkriegsjahren auch in Hannover Splitterbauarten noch eine gewisse Rolle. Bei der Lokzählung vom

B D H A N N O V E R
V20/V36-Stationierungen 1949-1978 (Stand: jeweils 31.12.)

Bw	Type	1949	1950	1952	1954	1956	1958	1962	1966	1970	1974	1978
Bielefeld	V20	-	-	-	1		1	1	1	1		
	V36					1	1	1	1	1		
Braunschweig Hbf	V36	-	-	1	-	-	-	(aufgelöst)				
Braunschweig Vbf	V20	-	-	-	-	-	-	4	2	3	1	-
Bremen Hbf	V16		1			-	-	-	-	-	-	-
	V20			1	1							
	V36	12	13	15	14							
Bremen Rbf	V20	-	-	-	-	-	-	-	-	-	1	-
	V36										1	
Bremerhaven-Lehe	V20	1	3	4	2							-
	V36					3	3	2	4	3	1	
Celle	V20	1	-	-	-	-	-	(aufgelöst)				
Delmenhorst	V20			(von BD Münster)		2	2	2	2	2	(aufgelöst)	
	V36					11	9	6	4	2		

Fortsetzung auf Seite 279

23.3.47 waren dies folgende DWK- bzw. Deutz-Loks (Typenangabe ergänzt):

V16 001	Typ 160B	Nienburg
V16 005	Typ 160B	Hannover Hgbf
V22 004	Typ 220B	Soltau
V22 007	Typ 220B	Celle
V22 100	Typ A6M324	Bremen Hbf
V36 310	Typ 360C	Bremen Hbf
V36 315	Typ 360C	Celle

Bis Jahresmitte 1951 waren alle sieben genannten Maschinen durch Umstationierung in andere Direktionen verschwunden. Das gleiche gilt für die V20/V36 mit MWM-Motor sowie für die später umgebauten V22. Übrig blieben ausschließlich Fahrzeuge mit Deutz-Motoren.

Zuwachs erhielt die BD Hannover am 1. April 1974 mit der Auflösung der alten Direktion Münster. An Bahnbetriebswerken mit V20/V36- (bzw. 270/236-) Lokomotiven wurden noch Rheine, Emden und Oldenburg übernommen. Die einzelnen Stationierungen dort, auch für die Zeit nach dem 1.4.74, sind zusammenfassend im Abschnitt „BD Münster" beschrieben.

BD HANNOVER
V20/V36-Stationierungen 1949-1978 (Stand: jeweils 31.12.) - Fortsetzung

Bw	Type	1949	1950	1952	1954	1956	1958	1962	1966	1970	1974	1978
Göttingen	V20	-	-	-	-	-	-	-	1	2	1	-
	V36								1	1	1	
Gütersloh	V20	-	-	1	(aufgelöst)							
Hannover Hgbf	V36	2	2	-	-	-	-	-	-	(aufgelöst)		
Hannover-Linden	V20	-	-			1	1	1	(aufgelöst)			
	V36			2	3	1	1	4				
Hannover	V20	-	-	-	-	-	-	-	1	1	2	-
	V36								4	4	6	
Hildesheim	V20	-	-	-	-	1	-	-	-	-	-	-
Holzminden	V20	-	-	-	2	2	2	1	1	4	4	3
	V36						2	1	1			
Soltau	V16	1	1	-	-	-	-	(aufgelöst)				
	V20	2	3									
	V22	2	1									
Uelzen	V20	-	-	1	1	1	1	-	-	-	-	-
Emden	V36							(von BD Münster)			1	-
Oldenburg	V20							(von BD Münster)			2	
	V36										3	1
BD gesamt		**21**	**25**	**25**	**24**	**23**	**23**	**23**	**23**	**24**	**24**	**4**

Ferner waren bis 1950 in Nienburg eine V16 (001) und in Nordenham eine V22 (100) beheimatet

Das heraufziehende Ende der Bundesbahn-V20/V36 war zu diesem Zeitpunkt, Mitte der 70er Jahre, schon überall spürbar. Auslauf-Betriebswerke in der BD Hannover wurden Bremen Rbf und Hannover für die V20 sowie Bremen Rbf, Hannover und Holzminden/Altenbeken für die V36. Als letzte Lok der Direktion wurde am 1.4.81 die Altenbekener 236 255-6 z-gestellt und am 11.6.81 ausgemustert.

Bw Bremen Hbf

Der „Motorlokbetrieb" beim Bw Bremen Hbf gehört zu den auffälligsten und, dank des schon verschiedentlich erwähnten Aufsatzes 1950 in der Zeitschrift „Die Bundesbahn"[180], auch am besten dokumentierten Einsätzen der V36 in der frühen Bundesbahnzeit. Mit geringen Mitteln (vorhandene Steuerwagen, zusätzliche Treibstofftanks und eine einfache Klingelleitung als Verständigung zwischen Lokomotivführer und Motorlokbediener) war es hier bereits recht früh nach dem Krieg gelungen, einen leistungsfähigen und in mehrfacher Hinsicht zukunftsweisenden Wendezugbetrieb aufzubauen.

Den V36, z.T. sogar den V20, wurden dabei monatlich zwischen 5000 und 13.000 (!) Kilometer abverlangt; Einsätze, für die die ehemaligen Wehrmachtloks beileibe nicht konzipiert waren, bei denen sie sich bis zum Eintreffen modernerer Fahrzeuge aber nichtsdestotrotz ordentlich bewährten.

Der Vorortverkehr in Bremen begann mit dem Jahresfahrplan am 15.5.49 auf der Strecke Bremen Hbf - Burg - Vegesack - Farge (27,9 km). Dabei wurde im letzten Abschnitt die private Farge-Vegesacker Eisenbahn mitbenutzt. Über die Erfolge, die bei der Umstellung von Dampf- auf Dieselbetrieb erzielt wurden, ist bereits weiter vorne[181] ausführlich berichtet worden. Zur Erstausstattung gehörten u.a. die Neubauloks V36 232, 258 und 259 sowie (als Wendezugbefehlswagen) die VS 145 046, 350, 394 und 403.

Eingesetzt waren zunächst zwei, später bis zu vier sogenannte „Motorzugeinheiten", die aus jeweils einer V36 und in der Regel drei eigenheizbaren Steuerwagen der Vorkriegsbauart bestanden. Die Züge fuhren in Richtung Bremen mit Lok und in Richtung Vegesack mit Steuerwagen voraus.

Die guten Ergebnisse, die mit den V36-Pendelzügen erreicht wurden, führten rasch zu einer weiteren Ausdehnung des Diesellokbetriebs. Bereits im Sommer 1950[182] wurden auch die Strecken (mit Kursbuch-Nrn.)

- Bremen - Verden - Nienburg - Leese-Stolzenau (215/215h)
- Leese-Stolzenau - Stadthagen (215k) sowie ab Mai 1951
- Bremen - Stubben (215),
- Bremen - Bassum (218),
- Bremen - Delmenhorst - Hude - Blexen (221r)
- Bremen - Verden - Rotenburg (215e)

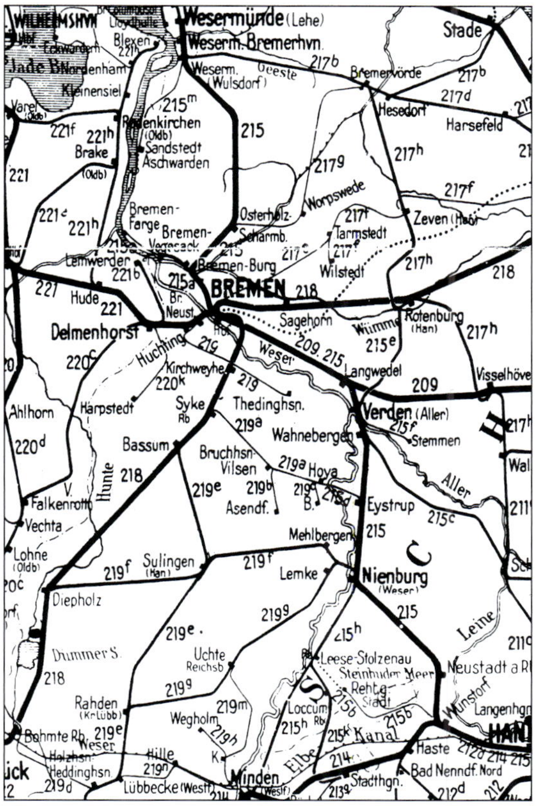

180 Schmundt, Motorlokomotiven, S.364ff.
181 Siehe Seiten 200-203
182 Laut Schmundt; nach den Jahresberichten über die motorisierte Zugförderung erst ab 1951

Carl Bellingrodt

Ausfahrt frei: V36 204 vom Bw Bremen Hbf schiebt einen langen Wendezug aus dem Bf.Delmenhorst. Es führt Pwif 124 628. Auch Eilzüge zwischen Bremen und Blexen wurden in dieser Zusammenstellung gefahren (1954).

Bw Bremen Hbf (1):

V20 006 :	05.12.51	Hameln	- 17.01.52	Bremerh.-Lehe
V20 007 :	27.10.50	Bremerh.-Lehe	- 02.11.50	Bremerh.-Lehe
V20 008 :	.05.45	neu	- 29.03.49	Soltau
V20 031 :	19.04.52	Soltau	- 30.09.55	Delmenhorst
V20 040 :	01.01.49	neu	- 30.06.49	Soltau
V36 003 :	(.01.51)	Kassel Bww	- (.52)	Hann.-Linden
V36 111 :	02.06.49	Soltau	- 13.10.49	Hann. Hgbf
V36 203 :		Celle	- 30.09.55	Delmenhorst
V36 204 :	02.02.47	neu	- 02.09.55	Delmenhorst
V36 206 :	(.03.47)	neu	-	
	01.11.50	Frankfurt-1	- 21.05.55	Bremerh.-Lehe
V36 207 :	15.07.52	Hann.-Linden	- 21.06.55	Delmenhorst
V36 211 :	(.03.47)	neu	- 12.07.54	+/VTG
V36 213 :	01.12.48	Hmb-Harburg	- 30.04.49	Hmb-Harburg
V36 215 :	.03.46	neu	- 18.03.54?	Delmenhorst
V36 216 :	30.10.46	neu	- 01.10.55	Delmenhorst
V36 217 :	27.01.51	Darmstadt	- 08.03.56	Delmenhorst
V36 218 :	18.10.50	Kassel Bww	- 21.05.55	Bremerh.-Lehe
V36 222 :	19.12.47	Detmold	- 16.05.55	Bremerh.-Lehe
V36 232 :	09.04.49	neu	- 01.10.55	Delmenhorst
V36 237 :	06.08.49	Kiel	- 01.10.55	Delmenhorst
V36 252 :	01.12.50	München Bww	- 22.12.50	Hann. Hgbf
	12.04.51	Hann. Hgbf	- 12.10.55	Delmenhorst

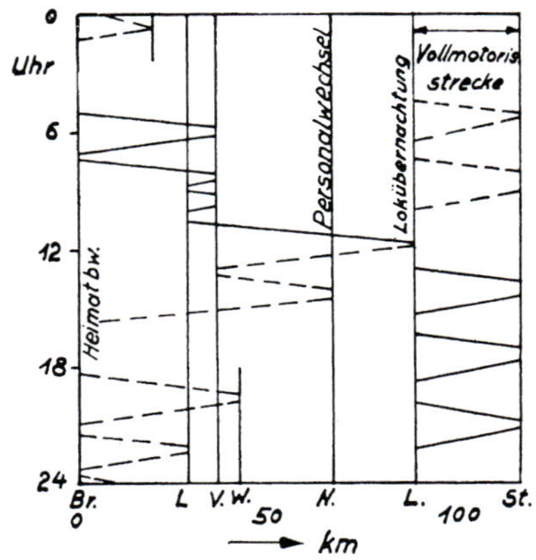

„Vollmotorisierung" zwischen Leese-Stolzenau und Stadthagen (mitte): Der Umlauf der ersten Lok ist mit durchgezogenen Linien, die zweite Lok gestrichelt dargestellt. Getankt wurde im Heimat-Bw. Br = Bremen Hbf, L = Langwedel, V = Verden, W = Wahnebergen, N = Nienburg, L = Leese-Stolzenau, St = Stadthagen.

Milch-Schnellverkehr: Auch das gehörte zu den Aufgaben der Bremer V36. Hier rangiert die V36 204 mit einem Milch-Kesselwagen in Hude. Heute ist ein solches Kurzgespann Blickfang auf jeder Modellbahnanlage (6.12.54).

Carl Bellingrodt

im Personenverkehr mit V36 befahren. 1952 kamen noch vorübergehend Züge nach Oldenburg und Bremerhaven hinzu.

Interessant waren dabei besonders die Langläufe zwischen Bremen und Stadthagen: Unter Ausnutzung der 1500-l-Tanks der Bremer V36 wurde hier ein Zwei-Tage-Umlauf aufgestellt, der eine Vollmotorisierung der Nebenstrecke von Leese-Stolzenau nach Stadthagen vorsah. Die aus Bremen kommende Lok übernahm dabei mittags die Züge von und nach Stadthagen, übernachtete im Schuppen des früheren Lokbahnhofs Leese-Stolzenau, um am folgenden Mittag nach Bremen zurückzukehren. Die Länge dieses Umlaufs lag bei rund 800 km (= 1200 l), so daß eine Betankung im Heimat-Bw ausreichte. Gefahren wurde bis Nienburg mit Bremer, südlich davon mit Nienburger Personal.

Bw Bremen Hbf (Fortsetzung):

V36 258 :	13.05.49	Bamberg	- 01.08.55	Delmenhorst
V36 259 :	01.05.49	Hmb-Harburg	- 01.10.55	Delmenhorst

Außerdem von Interesse:

V16 001 :	30.05.50	Nienburg	- 11.01.51	Bocholt
V36 310 :	(.03.47)	neu	- 21.11.50	Kassel Bww
V36 315 :	05.10.49	Soltau	- 16.10.50	Kassel Bww
	01.06.54	Kassel Bww	- 21.07.54	Kassel Bww

V36 203: lt.Lokzählung vom 23.3.47 = Bw Celle
V36 204: lt.Lokzählung vom 23.3.47 = Hannover Hgbf
V36 215: Angaben lt.Betriebsbuch; Abgangsdatum zweifelhaft; erst 1955 nach Delmenhorst
V36 315: 1954 nur zur Motoraufarbeitung in Bremen; keine Einsätze

Die Bedienung der übrigen Strecken war weniger aufregend: Nach Bassum wurde nur ein Zugpaar in den verkehrsschwachen Abendstunden, nach Stubben ein Schülerzugpaar am Morgen gefahren[183]. Zwischen Hude und Blexen immerhin liefen die V36 im S- bzw. Eilzugverkehr mit Wendezuggarnituren! Eine weitere Lok pendelte den ganzen Tag auf der Strecke Verden - Rotenburg (1952; Zuführung von/nach Bremen mit P3560/3579).

Im Jahresfahrplan 1954/55 gab es V36-Betrieb noch auf folgenden Strecken:

- Bremen - Vegesack - Farge
- Bremen - Leese-Stolzenau - Stadthagen und
- Bremen - Hude/Hude - Blexen.

Planmäßig eingesetzt waren zu der Zeit noch acht V36, davon zwei nach Stadthagen und mindestens drei im Wendezugbetrieb auf der Vegesacker Strecke. In Bremen Hbf, Hude, Brake und Verden wurden V20/V36 auch im Rangierdienst, im gesamten Raum Bremen bis nach Rotenburg außerdem vor Arbeitszügen verwendet.

SAMMLUNG ULRICH EBERT

Moderner Nahverkehr anno 1953: Eine Bremer „Motorzugeinheit" mit V36 252 an der Zugspitze beim Zwischenhalt in Bremen-Vegesack (23.11.53).

Den Anforderungen entsprechend hatte der Bestand an Motorloks in Bremen immer eine stattliche Größe. Bereits Ende 1948 waren neun, Ende 1949 zwölf, Ende 1950 dreizehn und Ende 1953 sogar fünfzehn V36 in der Hansestadt beheimatet, dazu meist eine V20 für den Werkspersonenverkehr zwischen Bremen Gbf und dem Bw Bremen Vbf.

Mit Beginn des V36-Vorortverkehrs 1949 wurde in der Bw-Außenstelle Vegesack (fünf Rundschuppengleise, Drehscheibe, Werkstatt) die sogenannte „Motor-Lok-Betriebsgruppe Vegesack" eingerichtet. Diese Bezeichnung taucht mit dem Kürzel „Mbg.Vegesack" auch in den Betriebsbüchern auf. Als Abteilung des Bw Hbf koordinierte die Betriebsgruppe fortan den gesamten Diesellok-Einsatz.

Die genauen Beheimatungsdaten der V20/V36 sind aus den beiden nebenstehenden Listen zu ersehen. Interessehalber sind auch die drei in Bremen stationierten DWK-Loks der Splittergattungen V16 und $V36^3$ mit aufgeführt. Die V36 310 war auch später (22.12.53-14.9.55) nochmal als Zuglok des Schienenschleifzuges der BD Hannover offiziell in Vegesack stationiert, stand zu dieser Zeit für den öffentlichen Verkehr aber natürlich nicht zur Verfügung.

Die V20/V36-Unterhaltung in Bremen endete mit dem Fahrplanwechsel im Mai 1955. Drei Lokomotiven - V36 206, 218 und 222 - gingen nach Bremerhaven-Lehe. Alle anderen wurden im Lauf der zweiten Jahreshälfte an das Bw Delmenhorst abgegeben. Die Einsätze im Personenverkehr blieben dadurch zunächst unberührt. Erst ab Sommer 1957 begannen neue Akku-Triebwagen der Baureihe ETA 150 die V36 auf der Vorortstrecke Bremen - Vegesack - Farge zu verdrängen. Die Personenzugleistungen im Raum Verden und Leese-Stolzenau wurden ab 1955 nach und nach von VT übernommen.

Unter dem Strich blieben die V36-Einsätze im Bremer Vorortverkehr die interessantesten und kilometerintensivsten in der gesamten BD Hannover. Die V36 206 zum Beispiel lief bis zur Ausmusterung 1977 rund 1,36 Millionen Kilometer, davon 459.000 (= 33,3 %) in den fünf Jahren in Bremen!

Bw Delmenhorst

Das Bw Delmenhorst kam im September 1955 im Zuge von Umstrukturierungsmaßnahmen im Oldenburger Raum von Münster zur BD Hannover. Bis dahin hatte das Bw vor allem 24 und 56^{20} für den Personen- und Güterzugdienst auf der Strecke nach Osnabrück sowie 55^{25} und 94^5 für den Rangierdienst beheimatet. Dieser Bestand wurde bis August/September 1955 restlos aufgelöst.

183 Nach Löttgers, V20/V36, S.71ff.

Bw Delmenhorst:

V20 007 :	20.12.55	Hildesheim	- 07.06.60	Holzminden
V20 030 :	01.09.59	Husum	- 03.03.64	Holzminden
	31.05.64	Holzminden	- 27.02.72	Hannover
V20 031 :	01.10.55	Bremen Hbf	- 27.10.65	Bremerh.-Lehe
	01.12.69	Bielefeld	- 31.10.73	Bremen Rbf
V20 033 :	17.06.67	Bielefeld	- 31.07.69	Bielefeld
V20 040 :	11.03.66	Bielefeld	- 06.10.68	Braunschweig
V36 201 :	24.10.65	AW Göttingen	- 25.10.65	Bremerh.-Lehe
V36 203 :	01.10.55	Bremen Hbf	- 07.11.65	Wolff lw.
	01.04.66	Wolff lw.	- 24.07.68	Bremerhaven
	29.09.68	Bremerhaven	- 30.11.69	Holzminden
V36 204 :	06.10.55	Bremen Hbf	- 04.09.58	Brhv-Lehe
V36 207 :	20.07.55	Bremen Hbf	- 30.09.62	AW Darmstadt
V36 215 :	16.04.54	Bremen Hbf	- 02.06.57	Holzminden
V36 216 :	02.10.55	Bremen Hbf	- 09.02.63	Hann.-Linden
V36 217 :	05.04.56	Bremen Hbf	- 02.06.57	Holzminden
	29.12.69	Hannover	- 30.10.73	Bremen Rbf
V36 218 :	05.05.56	Bremerh.-Lehe	- 30.05.56	Bremerh.-Lehe
	27.09.58	Bremerh.-Lehe	- 24.04.59	Bremerh.-Lehe
	27.06.59	Bremerh.-Lehe	- 28.07.68	Bremerhaven
V36 232 :	02.10.55	Bremen Hbf	- 31.03.59	Hann.-Linden
V36 237 :	02.10.55	Bremen Hbf	- 28.09.59	Oldenburg H
V36 252 :	09.11.55	Bremen Hbf	- 12.08.57	Bremerh.-Lehe
	31.08.57	Bremerh.-Lehe	- 16.06.67	Bielefeld
V36 258 :	15.09.55	Bremen Hbf	- 31.08.72	Hannover
V36 259 :	02.10.55	Bremen Hbf	- 17.08.57	Hann.-Linden
	01.10.57	Hann.-Linden	- 04.03.65	Bremerh.-Lehe

V36 203: Wolff = Wolff Walsrode AG, Bomlitz
V36 215: vermutlich erst 1955 nach Delmenhorst; vergl. Bw Bremen Hbf

Stattdessen bekam Delmenhorst die - nach Abgabe von drei V36 an das Bw Bremerhaven-Lehe - übriggebliebenen Maschinen der Mbg.Vegesack zugewiesen. Im (nunmehr dampffreien) Bw Delmenhorst wurde seinerzeit die Diesellokstationierung für den gesamten Bre-

DIETER HÖLTGE

Rangieren an der Ladestraße: Für die Delmenhorster V36 waren 1959 die fetten Jahre im Vorortverkehr schon vorbei. Auch im Rangierdienst blieb nur das, was die V60 übrigließen (Delmenhorst 5.9.59)

men/Unterweser-Raum konzentriert. Offizieller Umbeheimatungstermin war der 1.10.55; die Eintragungen in den Betriebsbüchern hinken allerdings teilweise etwas hinterher (oder weichen nach vorne davon ab). Insgesamt wurden noch eine V20 und elf V36 nach Delmenhorst überwiesen.

Schwerpunkt des Diesellokbetriebs blieb bis zur Ablösung der V36 im Bremer Vorortverkehr die Strekke Bremen - Vegesack - Farge. Noch im Fahrplanabschnitt Winter 1956/57 waren hier drei der elf Delmenhorster V36 fast rund um die Uhr im Wendezugbetrieb eingesetzt[184]. Die durchschnittliche Laufleistung lag bei 314 km/Tag.

Erhalten blieben vorerst auch noch die V36-Personenzüge zwischen Hude und Blexen. Die V20 fuhren 1956 in einem 2-Tage-Mischplan V20/V36 auf den Strecken nach Lemwerder und Hude sowie mit Milchzügen im Raum Oldenburg. Insgesamt machte sich ab Mitte der 50er Jahre aber die rasche Verbreitung der Delmenhorster und Oldenburger Schienenbusse bemerkbar. Spätestens ab 1960 waren fast alle V20/V36 in den Rangierdienst abgedrängt.

In der Statistik wird diese Entwicklung durch ein permanentes Abschmelzen des Bestandes erkennbar. Die V20/V36-Stückzahlen im Zeitraffer:

1956:	2x V20,	11x V36	(gesamt 13)
1960:	2x V20,	7x V36	(gesamt 9)
1963:	2x V20,	5x V36	(gesamt 7)
1968:	2x V20,	2x V36	(gesamt 4)
1972:	1x V20,	1x V36	(gesamt 2)

Ende 1973, bei Auflösung des Bw Delmenhorst, hatten die V20/V36 endgültig ausgedient. Die beiden letzten Loks - 236 217-6 und 270 031-8 - fanden nur noch im Bau- und Hilfszugdienst Verwendung. Am 1.11.73 wurde Delmenhorst als Außenstelle dem Bw Bremen Rbf angegliedert. Mit gleichem Datum wechselten auch die beiden letzten Loks in die neue (alte) Heimat Bremen.

Bw Bremerhaven-Lehe

Einen kleinen aber feinen Vorortverkehr mit Wendezügen und WR-Dieselloks gab es Anfang der 50er Jahre auch einige Kilometer nördlich von Bremen, auf der Strecke Bremerhaven - Bederkesa. Zuständig für die Triebfahrzeuggestellung war hier das Bw Bremerhaven-Lehe, das ab 1950 dafür durchschnittlich zwei bis drei V20, später die gleiche Zahl V36 beheimatete. Einen Probebetrieb gab es bereits seit 1949, allerdings noch mit Bremer Loks.

Die Einsätze auf der nur 24 km langen Strecke waren sehr interessant: Gefahren wurde mit auf Wendezugbetrieb umgebauten Einheits-Zweiachsern (Standard-Reihung: Lok + 3 Bib + ABib + Dif) und Befehlsübermittlung durch Klingelleitung. Täglich waren bis zu 12 Personenzugpaare mit Wendezeiten in Bederkesa unter 5 Minuten zu bespannen, dazu zwei Güterzüge morgens und abends. Nur im Spitzenverkehr wurden die Dieselzug-Garnituren noch durch Dampfzüge verstärkt.

Bis 1955 waren zwischen Bremerhaven und Bederkesa ausschließlich V20 eingesetzt, die im reinen Streckenbetrieb bis zu 8000 km/Monat (!) erreichten. Dazu kamen Rangierdienste, u.a.

---

184 Im V36-Betrieb waren 1957 noch folgende VB/VS eingesetzt:

VS145	124 350 353 363 403
VS145 Ub	407 408 (ex VT51)
VB140	300 302

• in Bremerhaven Hbf,
• im Munitionslager Lübberstedt (nicht täglich),
• an der Bananen-Umschlaganlage in Bremerhaven-Seehafen (je nach Schiffseinlauf) sowie
• für die US-Army am ehem. Bachmannschuppen.

Zum Sommerfahrplan 1955 wurden die V20 dann durch drei in Bremen freigewordene V36 ersetzt. Damit endete auch die Zeit der Klingelleitung. Alle drei V36 bekamen Wendezugsteuerung und Befehlsgerät.

Im Betrieb änderte sich ansonsten wenig: Im Winterfahrplan 1956/57 z.B. pendelten planmäßig nach wie vor zwei Maschinen mit Wendezügen zwischen Bremerhaven und Bederkesa (371 km pro Betriebstag). Eine dritte Lok war ab 1957 im Eilgüterverkehr von (Bremerhaven-) Geestemünde-West nach Bremen eingesetzt. Darüber hinaus gab es noch beachtenswerte Leistungen im Wochenend-Ausflugsverkehr, wo bei Bedarf auch zwei V36 in Doppeltraktion vor 10-15 Wagen langen Zügen fuhren.

Stammlokomotiven in Bremerhaven-Lehe waren Ende der 50er Jahre die V36 204, 206 und 222. Die beiden erstgenannten gingen 1960 im Tausch gegen die bereits auf direkte Wendezugsteuerung umgebauten V36 208 und 209 an das Bw Wuppertal-Steinbeck. Auch im Wagenpark gab es noch Veränderungen: Ab etwa 1957 wurden die Züge aus VS145 + 2x VB140 gebildet[185], später dann aus VS145 + VB147. Die alten, grünen Donnerbüchsen liefen aber teilweise weiter als Verstärkungswagen im Zug mit.

Dabei blieb es bis Mitte 1966. Wie stark die Beanspruchung der Lokomotiven in dieser Zeit war, zeigt die Tatsache, daß bis zum Ende des V36-Wendezugbetriebs in Bremerhaven Fristarbeiten und Reparaturen an den Loks nachts ausgeführt werden mußten. Die Nachfolge der V36 im Personenverkehr traten Schienenbusse VT95[9] an, die ab Sommerfahrplan 1966 das inzwischen arg ausgedünnte Zugprogramm auf der Strecke Bremerhaven - Bederkesa - übrig geblieben war nur ein einziges Schülerzugpaar - gestalteten. Heute fährt auch hier der Bus.

Per 1.10.66 wurden die Bw Bremerhaven-Lehe und -Geestemünde zu einem neuen „Bw Bremerhaven" verschmolzen. Zu diesem Zeitpunkt waren noch vier V36 (V36 201 208 209 und 259) sowie die V20 031 als Az-Lok für die Elektrifizierung Bremen - Bremerhaven vorhanden. Der V36-Planbedarf lag nach wie vor bei drei Loks (Sommer 1967).

Im Februar 1969 kamen drei 260 und zwei 290 nach Bremerhaven. Den V36 verblieben danach nur noch leichte Rangierdienste in Bremerhaven-Seehafen und -Geestemünde sowie jede Form von Arbeitszugeinsätzen. Die Laufleistung sank auf 1000-1200 km im Monat. Letzte WR-Lok in Bremerhaven war 236 259, die offiziell am 20.6.76 nach Bw Bremen Rbf abgegeben wurde. Bereits seit 1.6.76 war die Lok dahin verliehen.

Eberhard Schweitzer

Wendezugverkehr zwischen Bremerhaven und Bederkesa: Spitzenwagen ist der VS145 213, Zuglok die V36 209. Dazwischen laufen ein weiterer VS145, eine Donnerbüchse und ein Pack-/Steuerwagen Dif (Bremerhaven, 2.2.65).

Bw Bremerhaven-Lehe:

V20 006 :	18.01.52	Bremen Hbf	- 27.10.54	Holzminden
V20 007 :	24.09.50	Passau	- 26.10.50	Bremen Hbf
	01.12.50	Bremen Hbf	- 12.05.55	Hildesheim
V20 031 :	25.01.50	Celle	- 11.11.50	Soltau
	28.10.65	Delmenhorst	- 08.11.66	Bielefeld
V20 033 :	12.01.61	Hann.-Linden	- 10.09.61	Braunschweig
V20 040 :	01.12.49	Soltau	- 05.10.53	Braunschweig
	04.11.53	Braunschweig	- 21.05.55	Hildesheim
V20 041 :	01.07.50	neu	- 03.05.54	Holzminden
V36 201 :	26.10.65	Delmenhorst	- 22.02.72	Holzminden
V36 203 :	25.07.68	Delmenhorst	- 28.09.68	Delmenhorst
V36 204 :	05.09.58	Delmenhorst	- 27.08.60	Wt-Steinbeck
V36 206 :	22.05.55	Bremen Hbf	- 22.09.60	Wt-Steinbeck
V36 208 :	24.09.60	Wt-Steinbeck	- 22.05.68	Braunschweig
V36 209 :	25.08.60	Wt-Steinbeck	- 31.10.74	Holzminden
V36 218 :	22.05.55	Bremen Hbf	- 04.05.56	Delmenhorst
	31.05.56	Delmenhorst	- 25.08.56	Hann.-Linden
	26.09.56	Hann.-Linden	- 28.08.58	Delmenhorst
	25.04.59	Delmenhorst	- 26.06.59	Delmenhorst
	09.08.68	Delmenhorst	- 29.05.70	Holzminden
V36 222 :	17.05.55	Bremen Hbf	- 10.01.61	Hann.-Linden
V36 252 :	13.08.57	Delmenhorst	- 30.08.57	Delmenhorst
V36 259 :	05.03.65	Delmenhorst	- 20.06.76	Bremen Rbf

Bw Bremen Rbf

Das Bw Bremen Rbf (vormals -Vbf, später Bremen 4) war Auslauf-Bw für die V20/V36 im Bremer Raum. Die Stationierungsliste (S.284) nennt insgesamt neun Loks - drei V20 und sechs V36 -, von denen aber nur die beiden ex-Delmenhorster V20 031 und V36 217 länger als ein paar Monate blieben.

Planmäßige Einsätze gab es in Bremen wohl nicht mehr. Eine gewisse Regelmäßigkeit scheinen immerhin Rangierleistungen an der Güterwagenwaschanlage im Bremer Rangierbahnhof gehabt zu haben. Ansonsten wurden die jeweils ein bis zwei V20- bzw. V36-Lokomotiven nur sporadisch eingesetzt. Letzte Lok beim Bw Rbf war die 236 219-2, die am 27.4.78 ausgemustert wurde.

Erwähnenswert ist noch, daß schon in den 60er Jahren der Einsatz von V20/V36 in den

185 Um 1960 waren im V36-Betrieb eingesetzt:
VS145 043 074 213
VB140 300 302 (ex Bremen)

Horst Kühnhackl

Der Wende-Leig: Mit solchen kuriosen Güterzug-Steuerwagen waren die V36 vom Bw Hannover Hgbf in den Jahren 1949-51 unterwegs; oben der vierachsige GDS145, darunter der zweiachsige GDS144.

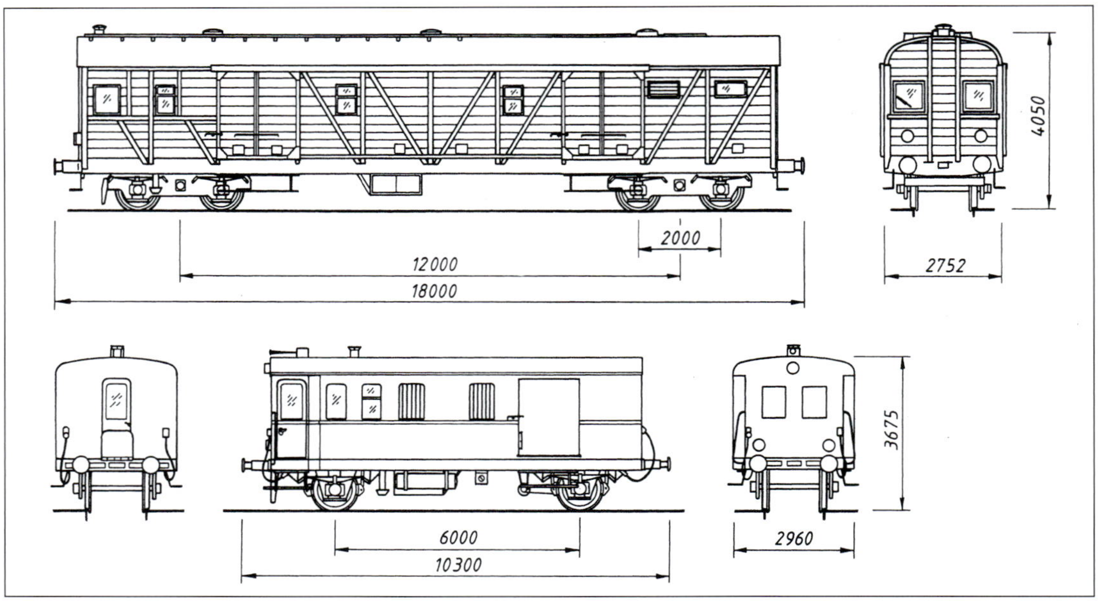

Bw Bremen Rbf:

V20 008 :	26.01.76	Braunschweig	- 01.07.76	+
V20 031 :	01.11.73	Delmenhorst	- 24.02.76	+
V20 055 :	30.05.76	Oldenburg	- 27.05.77	Hannover
V36 121 :	26.01.76	Hannover	- 29.06.76	Holzminden
V36 212 :	20.02.77	Hannover	- 06.03.77	Hannover
V36 217 :	01.11.73	Delmenhorst	- 24.02.76	+
V36 219 :	07.03.77	Oldenburg	- 27.04.78	+
V36 221 :	14.11.76	Braunschweig	- 21.04.77	+
V36 259 :	21.06.76	Bremerhaven	- 19.02.77	+

Bremer Güterbahnhöfen vom Bw Bremen Rbf aus disponiert wurde. Die Lokomotiven gehörten seinerzeit buchmäßig noch zum Bw Delmenhorst, dessen gesamten Diesellokbestand Bremen Rbf Ende 1973 übernahm.

Bw Hannover Hgbf

Neben den Hochburgen Bremen und Delmenhorst war die Landeshauptstadt an der Leine der wichtigste Standort für die V20/V36 in der BD Hannover. Annähernd 30 Jahre lang, von 1949 bis 1978, waren die ehemaligen Wehrmachtlokomotiven hier zuhause. Heimat-Betriebswerke waren nacheinander Hannover Hgbf (1949-51), Hannover-Linden (1951-1965) und Hannover-Ost (1965-1978), wobei jedes Bw und jede Stationierungsperiode für einen anderen Einsatzschwerpunkt stand.

Das Bw Hannover Hgbf war ein ganz überwiegend von Güterzugloks geprägtes Bw. Ende der 40er Jahre unterhielt die Dienststelle zahlreiche 56^{20}, 91^{3}, 93^{0} und 94^{5}, außerdem einige 38^{10} für den Personenzugdienst nach Weetzen-Haste, Wolfsburg und Soltau. Die ersten V36 tauchen hier bereits 1947 auf. Planmäßig eingesetzt wurden die Loks aber offenbar erst ab Mitte 1949. Zum Ende dieses Jahres waren zwei, Ende 1950 drei V36 vorhanden.

Eine davon wurde im Stückgutschnellverkehr (Leig) auf den Strecken nach Soltau (88,0 km) und Bad Nenndorf (39,3 km) eingesetzt. Offenbar liefen hier die bereits weiter vorn[186] beschriebenen Leig-Wendezüge mit Güterzug-Steuerwagen GDS 145 901 oder 902 plus V36.

Bw Hannover Hgbf:

V36 111 :	14.10.49	Bremen Hbf	- 17.10.50	Bamberg
V36 207 :	13.10.50	Bamberg	- 27.08.51	Hann.-Linden
V36 233 :	23.06.49	neu	- 30.09.51	Hann.-Linden
V36 252 :	23.12.50	Bremen Hbf	- 11.04.51	Bremen Hbf

Außerdem wurden per 23.3.47 folgenden Loks in Hannover Hgbf gemeldet, vermutlich hier aber nicht eingesetzt:

V16 005:	Besitzer unbekannt/Standort Hannover Hgbf
V36 204:	Bw Hannover Hgbf/Standort Hannover Hgbf
V36 206:	Bw Bremen Hbf/Standort Hannover Hgbf
V36 222:	Bw Detmold/Standort RAW Hannover

186 Siehe Seite 196

Die kleine Hannoveranerin: Von den V20 waren in Hannover meist nur eine oder zwei Loks beheimatet. Haupteinsatzgebiet war der Rangierdienst in Wunstorf (10.4.63).

Harald O. Kindermann

DR. GUENTHER BARTHS

Zwei Oldies:
236 253-1 rangiert vor der Kulisse des alten Hauptbahnhofs in Hannover.

Monatsleistung: 5000-6000 km. Die zweite und (soweit vorhanden) dritte V36 dürften als Reservelok vorgehalten worden sein bzw. sich im Rangierdienst nützlich gemacht haben.

Der Leig-Verkehr mit V36 endete im Herbst 1951. V36 207 und 233 blieben in Hannover stationiert, wechselten aber zum Bw Linden. V36 252 verstärkte schon ab April 1951 die Motor-Lok-Betriebsgruppe Vegesack in Bremen.

Bw Hannover-Linden

Gänzlich andere Aufgaben als beim Hauptgüterbahnhof erwarteten die V36 beim Bw Hannover-Linden. Bis Ende der 50er Jahre wurden die alten Wehrmachtsmaschinen hier zunächst im leichten Rangier- und Übergabedienst auf allen Bahnhöfen entlang der Güterumgehungsbahn eingesetzt, vornehmlich in Hannover-Linden, -Wülfel, -Süd und Wunstorf. Zusammen mit den ersten V60, später auch Köf III, lösten sie ab Mitte 1957 dann aber auch die 91^3 beim Reisezugwagenverschub in Hannover Hbf sowie im Abstellbahnhof Pferdeturm ab.

Bis 1959 genügte dabei ein Minimalbestand von jeweils nur einer V20 (033) und V36 (253). Erst mit Verlagerung des Haupteinsatzgebietes auf die Rangierleistungen im Hauptbahnhof wuchs die Zahl der WR-Loks allmählich auf vier (1960), fünf (1961) und schließlich sechs Maschinen (1963); darunter war immer noch eine V20, alles andere waren V36. Wie in der gesamten BD Hannover wurden ausschließlich Loks mit Deutz-Motor eingesetzt.

V20 041 war viele Jahre die Stamm-Rangierlok in Wunstorf. Betankung und Wartung erfolgten beim Bw Seelze, so daß die Lok im Heimat-Bw ein seltener Gast war. V36 216, 222 und 232 hatten bis in die 70er Jahre hinein noch die großen Zusatztanks aus alten Bremer Zeiten. V36 235 war - laut Eintragung im Betriebsbuch - 1953 zur Hannover-Messe eingesetzt.

1965 endete die Triebfahrzeugunterhaltung beim Bw Hannover-Linden. Aus Gründen der Betriebsrationalisierung wurde das Bw am 12.4.65 zunächst als Außenstelle dem ehemaligen Bw Hannover-Ost (seit 1960 nur noch Hannover) zugeschlagen und schließlich zum 1. Juli 1965 ganz aufgelöst. Die vorhandenen V20/V36 wurden, wie alle anderen Lindener Lokomotiven, geschlossen zum Ostschuppen umbeheimatet. Die alten Bw-Anlagen in Linden sind Ende 1968 abgerissen worden.

Bw Hannover-Linden:

V20 033 :	01.09.59	Husum	- 11.01.61	Bremerh.-Lehe
V20 038 :	01.09.52	Bielefeld	- 13.10.52	Gütersloh
	16.06.56	Bielefeld	- 31.07.59	Holzminden
V20 041 :	01.08.59	Holzminden	-	...
V36 003 :	(.52)	Bremen Hbf	- .55	Holzminden
V36 207 :	01.10.51	Hann.Hgbf	- 14.07.52	Bremen Hbf
V36 216 :	10.02.63	Delmenhorst	-	...
V36 218 :	26.08.56	Bremerh.-Lehe	- 25.09.56	Bremerh.-Lehe
V36 222 :	11.01.61	Bremerh.-Lehe	-	...
V36 232 :	01.04.59	Delmenhorst	-	...
V36 233 :	01.10.51	Hann.Hgbf	-	...
V36 253 :	03.03.53	Karlsruhe	- 15.06.56	Bielefeld
	08.06.60	Holzminden	-	...
V36 259 :	18.08.57	Delmenhorst	- 30.09.57	Delmenhorst

Bw Hannover (-Ost)

Das Bw Hannover (-Ost) begann da, wo das Bw Hannover-Linden aufgehört hatte: Nach Abgabe der Ellok-Unterhaltung (E10, E40, E41) an Hmb-Eidelstedt und Seelze und mit Abschmelzen des Dampflok-Bestandes auf nurmehr eine Baureihe (01) bekam das einstige Schnellzug-Bw in Hannover im Sommer 1965 den gesamten Diesellok-Park aus Hannover-Linden zugeteilt. Dies waren zunächst ausschließlich Rangierloks, u.a.

eine V20: **V20** 041 und
fünf V36: **V36** 216 222 232 233 und 253

sowie zahlreiche V60, einige V90 und etliche Kö/Köf der Leistungsgruppen I bis III.

Die Einsätze blieben gegenüber früher im wesentlichen unverändert: Noch im Sommer 1976 liefen im Laufplan 61.04 - neben einer 333 und drei 260 - auch zwei 236er als Rund-um-die-Uhr-Verschubloks im Personenbahnhof Hannover Hbf. Rangierlok 6 (0-24 Uhr) kam dabei auf täglich 168 Kilometer, Rangierlok 7 (mit vier Schichten à drei bis 5 Stunden) auf 123 Kilometer. Eine dritte Planlok rangierte montags bis freitags im Bundesbahn-Zentralamt in Minden (56 km/Tag, an Sa/So frei). Die Liste Bw Hannover (1) nennt zunächst die Stationierungsdaten für die alt-Hannoveraner Lokomotiven.

Bw Hannover (1):

V20 008 :	24.06.68	Braunschweig	- 03.08.68	Braunschweig
V20 038 :	14.01.69	Oldenburg	- 24.02.76	+
V20 041 :		...	- 30.09.70	Göttingen
V36 216 :		...	- 07.02.66	Bielefeld
	28.02.67	Bielefeld	- 04.05.69	Bielefeld
	08.03.70	Bielefeld	- 21.05.77	+
V36 217 :	26.05.67	Göttingen	- 12.06.69	Göttingen
	22.06.69	Göttingen	- 17.09.69	Delmenhorst
V36 222 :		...	- 01.09.76	+/vk VGH
V36 232 :		...	- 06.08.77	+
V36 233 :		...	- 22.06.69	Göttingen
V36 253 :		...	- 04.02.78	Holzminden

Bw Hannover (2):

V20 020 :	03.06.76	Regensburg	- 11.11.78	+
V20 021 :	03.06.76	Regensburg	- 26.07.77	+
V20 023 :	03.06.76	Regensburg	- 21.07.76	+
V20 030 :	28.02.72	Delmenhorst	- 05.06.73	+
V20 033 :	01.10.73	Bielefeld	- 23.03.76	+
V20 055 :	28.05.77	Bremen Rbf	- 24.08.78	+
V36 109 :	01.09.75	München Hbf	- 18.01.78	Altenbeken
V36 112 :	02.01.75	Nürnberg Rbf	- 01.09.76	+
V36 115 :	20.09.77	München Hbf	- 16.12.77	+
V36 118 :	25.01.77	München Hbf	- 16.12.77	+
V36 121 :	21.10.75	Mannheim	- 25.01.76	Bremen Rbf
V36 126 :	02.01.75	Nürnberg Rbf	- 25.08.75	+
V36 201 :	17.01.77	Holzminden	- 21.04.77	+
V36 203 :	08.09.73	Holzminden	- 24.02.76	+
V36 204 :	28.05.78	Wuppertal	- 24.08.78	+
V36 209 :	27.01.75	Holzminden	- 01.09.76	+
V36 212 :	12.11.74	Emden	- 19.02.77	Bremen Rbf
	07.03.77	Bremen Rbf	- 26.07.77	+
V36 214 :	24.12.76	Braunschweig	- 21.05.77	+
V36 225 :	28.05.78	Wuppertal	- 24.08.78	+
V36 238 :	04.10.76	Braunschweig	- 16.12.77	+
V36 258 :	01.09.72	Delmenhorst	- 05.06.73	+

Hans Christian Ettengruber

Zahlenspiele am Bahndamm: 236 212-7 (Bw Hannover) passiert auf dem Weg zu neuen Bauzugeinsätzen östlich von Lehrte den Kilometerstein 236,9 (21.7.75).

Etwa Mitte der 70er Jahre setzte dann eine beinahe explosionsartige Neubeheimatung von V20/V36-Auslaufloks in Hannover ein. Innerhalb weniger Monate wuchs der Bestand von ehemals fünf auf zunächst acht (31.12.74) und schließlich zwölf (31.12.75) Loks an, darunter erstmals auch etliche V36[1] und V20 mit MAK-Motor.

Die weitaus meisten dieser Lokomotiven waren nur wenige Monate im Einsatz und wurden nach Ablauf der Untersuchungsfristen recht bald abgestellt und ausgemustert. Einige Maschinen, z.B.

V20 023:	Hannover ab 03.06.76,	abg. 03.06.76,
V36 115:	Hannover ab 20.09.77,	abg. 23.09.77,
V36 204:	Hannover ab 28.05.78,	abg. 06.06.78,
V36 212:	Hannover ab 07.03.77,	abg. 25.03.77

ereilte die Z-Stellung noch am Tag der Umstationierung oder kurz darauf, dürften also in Hannover kaum in Betrieb genommen worden sein. All diese Spät-Stationierungen sind in der Liste „Bw Hannover (2)“ zusammengefaßt.

Eingesetzt waren die Neuzugänge fast ausschließlich im Bauzugdienst, u.a. bei der Elektrifizierung der Strecke Lehrte - Braunschweig (1975) und beim Bau der Schnellfahrstrecke Hannover - Würzburg im Bereich Rethen/Wülfel (1977/78).

Ab Mitte 1977 neigte sich die V20/V36-Beheimatung dann auch in Hannover deutlich dem Ende entgegen. Zum Jahreswechsel waren nur noch je zwei 270 (020, 055) und 236 (109, 253) im Bestand. 1978 folgten weitere Abstellungen. Als letzte WR-Lok in Hannover wurde die ex Regensburger 270 020-1 am 30.8.78 z-gestellt und am 11.11.78 ausgemustert.

Bw Celle

Celle gehörte - ebenso wie die noch folgenden Betriebswerke Soltau und Uelzen - zu den heute kaum noch bekannten V20/V36-Standorten. Der Grund: Die Stationierungszeiträume waren hier jeweils nur kurz, die Bestände gering und die Einsätze spärlich. Im Fall des Bw Celle waren die aus Wehrmachtdepots übernommenen Loks zudem schon vor 1950 wieder verschwunden. Belegt sind lediglich drei Lokomotiven:

V20 031 :	(.03.47)	neu	- 24.01.50	Bremerh.-Lehe
V22 007 :	(.03.47)	neu	- 14.01.49	Soltau
V36 203 :	(.03.47)	neu	-	Bremen Hbf

Erwähnenswert ist außerdem noch die spätere V36 315, die bis zum 4.10.48 zum Bw Celle gehörte und anschließend nach Soltau wechselte.

V20 031 wurde laut Betriebsbuch erst beim Bw Bremerhaven-Lehe in Betrieb genommen; in Celle sind keine Leistungen belegt. Gleiches gilt für V22 007, die zwar buchmäßig in Celle geführt wurde, die Zeit bis Anfang 1949 aber komplett im RAW Bremen (abg.) bzw. PAW Holmag Kiel (Instandsetzung) verbrachte.

Tatsächlich eingesetzt wurde damit offenbar nur V36 203. Am 23.3.47 stand sie auf den Burgdorfer Kreisbahnen in Betrieb, wo vermutlich Anschlußzüge für die britische Besatzung zur Muna Hänigsen gefahren wurden. Im Betriebsbuch ist für die fragliche Zeit *„Bw Bremen Hbf“* angegeben (!?).

V20 031 und V36 315 sind in der Zählliste vom 23.3.47 mit dem Vermerk „Gaswerke Celle“ verzeichnet. Es dürfte sich um den damaligen Abstellort handeln.

Bw Soltau

Etwas anders waren die Verhältnisse beim benachbarten Bw Soltau. Zwar wurden die ersten Dieselloks auch hier unmittelbar von ehemaligen Wehrmachtslagern im engeren Umkreis übernommen. Bis etwa Ende 1950 wuchs der Bestand in Soltau aber auf eine respektable Größe und wurde erst dann - ab Anfang 1952 - durch neu zugewiesene Klein- und Dampflokomotiven ersetzt.

Die Anfänge beim Bw Soltau machten V36 111 und V22 004, die im Frühjahr 1947 beide noch für die britische Besatzung eingesetzt waren (die V36 in Walsrode, die V22 in Munster). Ab 1948 kamen eine DWK-V36[3], eine V22 und - nacheinander - zwei V16 dazu (zuerst V16 005, dann V16 002).

Die ersten Bundesbahn-Jahre lassen dann das Bemühen um allmähliche Typenbereinigung erkennen: Bis Mitte 1949 wurden zunächst die V36, zur Jahreswende 1950/51 schließlich auch die V22 gegen V20-Lokomotiven ausgewechselt. Durch den Tausch von V20 021 (MWM-Motor) gegen V20 038 (Deutz-Motor) konnte zugleich die Zahl der Motorfabrikate auf nur eine Bauart reduziert werden.

Den größten Diesellok-Bestand verzeichnete das Bw im Herbst 1949 mit insgesamt sechs Lokomotiven, nämlich

V16 005
V20 008 021 040 und
V22 004 007.

Ende 1950 waren es fünf (1xV16, 3xV20, 1xV22), Ende 1951 noch drei Lokomotiven (alles V20).

Kilometerleistungen und Verwendungsnachweise ergeben kein eindeutiges Bild über die Einsätze. Die Loks liefen offenbar sowohl im Rangierdienst (1000-3000 km/Monat), als auch im Streckenbetrieb (bis zu 7900 km/Monat!), wobei die Laufleistungen von Monat zu Monat stark schwankten. Einsätze vor Personenzügen hat es nach allen vorliegenden Unterlagen nicht gegeben. Anzunehmen ist allerdings, daß der Besatzungsverkehr zumindest in den Jahren bis 1948 noch eine bedeutende Rolle gespielt hat.

Bw Soltau:

V20 006 :	01.03.51	Augsburg	- 15.05.51	Hameln
V20 008 :	30.03.49	Bremen Hbf	- 02.04.51	Hameln
	27.07.51	Hameln	- 31.08.52	Uelzen
	17.10.54	Uelzen	- 01.12.54	Uelzen
V20 021 :	15.12.46	Bwg Vbf	- 25.08.50	München Bww
V20 031 :	12.11.50	Bremerh.-Lehe	- 18.04.52	Bremen Hbf
V20 038 :	18.12.50	München Bww	- 29.02.52	Bielefeld
V20 040 :	01.07.49	Bremen Hbf	- 30.11.49	Bremerh.-Lehe
V22 004 :	(.03.47)	neu	- 14.01.51	Flensburg
V22 007 :	15.01.49	Celle	- 16.11.50	Kiel
V36 111 :	(.03.47)	neu	- 07.07.48	Bremen Hbf
V36 315 :	20.11.48	Celle	- 22.06.49	Bremen Hbf

Dieter Höltge

Landbahnhof mit V20: Die V20 008 war die einzige Altbau-Diesellok beim Bw Uelzen. Eingesetzt war sie meist im Bf. Wittingen (12.9.59).

Bw Uelzen

Das Bw Uelzen erhielt seine erste (und einzige) V20, die V20 008, im Herbst 1952 von Soltau und behielt sie, mit einer ganz kurzen Unterbrechung, bis Mitte 1960. Die Lok war ausschließlich im Rangierdienst eingesetzt; u.a. Ende der 50er Jahre längere Zeit in Wittingen.

Die genauen Zu- und Abgangsdaten:

01.09.52 von Soltau
03.10.54 nach Soltau
16.12.54 von Soltau
02.05.60 nach Braunschweig

Bw Braunschweig Vbf (= 1)

In Braunschweig waren die V20/V36 - wenn auch zu verschiedenen Zeiten und in unterschiedlichem Umfang - in beiden Betriebswerken beheimatet. Und zwar in

Braunschweig Vbf
direkt nach dem Krieg 1945/46, in den Jahren 1953 und 1956, sowie in größerem Umfang ab 1960; in

Braunschweig Hbf
mit nur einer Lok zwischen 1951 und 1953.

Das Bahnbetriebswerk Braunschweig Vbf war bis zur Schließung des Bw Hauptbahnhof am 1.10.60 ein fast reines Güterzuglok-Bw. Die V20/V36 tauchten hier zunächst nur sehr vereinzelt und meist auch nur für wenige Monate auf. Eine dauerhafte Beheimatung begann erst Mitte 1960 mit der aus Uelzen überwiesenen V20 008. In den darauffolgenden Jahren - das Bw Vbf hieß mittlerweile „Braunschweig 1“ - waren hier jeweils drei bis vier V20 beheimatet. Zusammen mit den V60 (ab Januar 1957 in Braunschweig) lösten sie die 91^3 als Verschublok im Haupt- und Ortsgüterbahnhof ab, halfen beim Abbruch des alten Braunschweiger Kopfbahn-

Carl Bellingrodt

Heide-Lok: V20 038 gehörte knapp anderthalb Jahre - von 1950 bis 1952 - zum Bw Soltau, hier allerdings aufgenommen im AW Opladen (23.11.51).

hofs, rangierten aber auch auf größeren Bahnhöfen im Umland, besonders im Raum Salzgitter. 1968 kam für einige Monate auch eine V36 nach Braunschweig, wurde aber rasch nach Holzminden weitergereicht.

Bw Braunschweig Vbf (= 1):

1. Stationierungsperiode - 1945-1956:

V20 021 :	01.01.46	neu	- 30.08.46	Soltau
V20 040 :	06.10.53	Bremerh.-Lehe	- 03.11.53	Bremerh.-Lehe
V20 041 :	13.04.56	Holzminden	- 24.06.56	Holzminden
V36 226 :	01.08.45	neu	- 09.05.48	Frankfurt-1

V20 021: lt.Lokzählung am 23.3.47 noch in Braunschweig Vbf; lt. Betriebsbuch eindeutig Soltau

2. Stationierungsperiode - 1960-1977:

V20 006 :	09.04.61	Holzminden	- 03.07.65	Göttingen
V20 007 :	21.05.66	Holzminden	- 13.10.73	+
V20 008 :	03.06.60	Uelzen	- 23.06.68	Hannover
	04.08.68	Hannover	- 25.01.76	Bremen Rbf
V20 033 :	11.09.61	Bremerh.-Lehe	- 13.06.64	Holzminden
V20 038 :	08.01.61	Holzminden	- 20.06.65	Oldenburg
V20 040 :	07.10.68	Delmenhorst	- 05.06.72	Göttingen
V36 208 :	23.05.68	Bremerh.-Lehe	- 17.02.69	Holzminden
V36 214 :	08.06.75	Finnentrop	- 23.12.76	Hannover
V36 221 :	08.06.75	Finnentrop	- 13.11.76	Bremen Rbf
V36 238 :	08.06.75	Finnentrop	- 03.10.76	Hannover
V36 257 :	08.06.75	Finnentrop	- 21.04.77	+

Erst 1975 gab es noch einmal einen kräftigen Schub, als sozusagen „en bloc" die vier letzten 236 von Finnentrop nach Braunschweig kamen. Zusammen mit der nunmehr einzigen 270, die ansonsten zur Hilfszuglok degradiert wurde, waren die neuen V36 hauptsächlich mit Arbeitszügen bei der Elektrifizierung der Strecken Lehrte - Braunschweig, Hildesheim-Braunschweig sowie Braunschweig - Helmstedt eingesetzt. Nach Abschluß der Arbeiten Ende 1976 wurden die Altbau-Maschinen wieder abgegeben. Die jeweils letzten Vertreter beider Baureihen beim Bw Braunschweig 1 waren die 270 008-6 (25.1.76 nach Bremen Rbf) und die 236 257-2 (+ 21.4.77).

Bw Braunschweig Hbf

Für das Bw Braunschweig Hbf war die Beheimatung von V36 nur eine Episode. Einzige Wehrmachtlok in dem vor allem für die Bespannung von Fernreisezügen zuständigen Bw war die V36 126. Im Betriebsbuch ist als Zugangsdatum der 3.3.51 genannt (Eigentümer bis dahin: Britische Besatzung, Lager Lehre/b. Braunschweig). Offiziell ging die Lok aber erst Ende 1952 in den Besitz der DB über. In der Zwischenzeit war sie lediglich als Gerät, vermutlich im Bw-Verschub oder an der Wagenwaschanlage, eingesetzt. Anfang 1953 war dieses erste Bundesbahn-Engagement schon zu Ende. Per 2.1.53 wurde die V36 zum Bw Karlsruhe umgesetzt, wo eine sinnvollere Verwendung auf sie wartete.

Bw Hildesheim

Das Bw Hildesheim bekam zum Sommerfahrplan 1955 die beiden letzten V20 aus Bremerhaven, V20 007 und V20 040. Gemessen an den extensiven Streckeneinsätzen dort, ging es in Hildesheim eher gemütlich zu: Beide Loks liefen rund 2500 km/Monat im gemischten Rangier- und Übergabedienst. V20 007 verließ Hildesheim mangels Beschäftigung bereits im gleichen Jahr wieder in Richtung Delmenhorst. V20 040 blieb noch bis November 1957 und wurde dann zum Bw Bielefeld umgesetzt.

V20 007 :	04.06.55	Brh.-Lehe	- 19.12.55	Delmenhorst
V20 040 :	22.05.55	Brh.-Lehe	- 16.11.57	Bielefeld

Bw Hameln

Auch Hameln gehörte zu den vergleichsweise unbedeutenden Standorten der V20/V36. Zweimal, 1951 und 1955, waren hier einzelne V20-Lokomotiven stationiert. Die längste Beheimatungszeit dauerte gerade mal sechs Monate. Über die Verwendung der Loks im Betrieb ist nichts bekannt.

V20 006 :	16.05.51	Soltau	- 04.12.51	Bremen Hbf
	06.02.55	Holzminden	- 08.03.55	Holzminden
V20 008 :	03.06.51	Soltau	- 26.07.51	Soltau

Bw Göttingen

Das Bw Göttingen war ein zwar kleines, aber durchaus typisches Heimat-Bw für die V20/V36. Über zehn Jahre lang, von 1965 bis 1977, wurden die alten Wehrmachtloks hier als „Mädchen für alles" vorgehalten. Die V36 zum Beispiel bespannte Schülerzüge auf der Strecke Göttingen - Bodenfelde (P3104, Sommer 1969), rangierte in Nörten-Hardenberg, Adelebsen[187] oder

187 Strecke Göttingen - Bodenfelde

Kalter Norden: An einem klaren, kalten Wintertag enstand dieses schöne Porträt der Braunschweiger V20 033. Im Hintergrund der schmucklose neue Hauptbahnhof, in dem u.a. die MAN-Triebwagen der Hornburger Verkehrsbetriebe auf Abfahrt warten (19.1.63).

DIETER HÖLTGE

Gerd Hofmeister, Sammlung Stefan Lauscher

Familienfoto: Die beiden Göttinger WR-Loks - 236 233-3 und 270 040-9 - haben ausgerechnet auf dem Überweg ein gemeinsames Ruhepäuschen eingelegt (Göttingen, 14.4.73).

Northeim und war mit Arbeitszügen u.a. auf der Strekke Göttingen - Dransfeld unterwegs. Die monatlichen Laufleistungen erreichten dabei selten mehr als 2000 km; in den letzten Jahren lagen sie sogar deutlich darunter. Die V20 lief derweil fast ausschließlich im Göttinger Personenbahnhof: Zum einen beim Bereitstellen bzw. Wegrangieren der Zuggarnituren am Bahnsteig sowie - zweitens - als Rangierlok an der (alten) Wagenwaschanlage.

V20 006 :	04.07.65	Braunschweig	- 19.04.74	+
V20 040 :	06.06.72	Braunschweig	- 16.12.77	+
V20 041 :	01.10.70	Hannover	- 30.09.73	Stuttgart
V36 217 :	09.07.66	Bielefeld	- 25.05.67	Hannover
	13.06.69	Hannover	- 21.06.69	Hannover
V36 233 :	23.06.69	Hannover	- 21.04.77	+

Wie die Aufstellung zeigt, waren zeitgleich jeweils eine V36 und ein bis drei V20 in Göttingen beheimatet. In den Lokverwendungsnachweisen ist darüber hinaus die 236 209-3 als Leihlok aus Bremerhaven verzeichnet. Die Maschine lief vom 14.1.74 bis 10.7.74 in Göttingen. Anschließend wurde sie noch an das Bw Hameln verliehen, bevor sie nach Bremerhaven zurückkehrte.

Bw Holzminden

Der kleine Bahnknoten Holzminden im Weserbergland hat ab Mitte der 70er Jahre als eines der Auslauf-Bw für die V36 bei den Eisenbahnfreunden viel Beachtung gefunden. Noch Anfang 1978, als der Bundesbahn-Bestand bereits deutlich unter die 20-Stück-Grenze gefallen war, wurden in Holzminden täglich bis zu vier V36 eingesetzt. Drei Jahre später, 1981, wurde beim Bw Altenbeken, dessen Außenstelle Holzminden inzwischen war, mit 236 255-6 eine der letzten DB-V36 überhaupt ausgemustert.

Die Geschichte der V20/V36 in Holzminden geht bis in den Mai 1954 zurück, als zunächst V20 041, später auch V20 006, beide aus Bremerhaven-Lehe zugewiesen wurden. Das Bw Holzminden befand sich seinerzeit im Umbruch: Die schweren Güterzugloks der Dampf-Ära (Baureihe 44) wurden ins benachbarte Ottbergen, die Personenzug-Dampfloks (Baureihe 38[10]) nach Ottbergen, Hameln und Hildesheim abgegeben. Für die alten 91er kamen V20/V36. Holzminden wurde reines Diesel-Bw für Rangierloks, Schienenbusse und DB-Lkw bzw. -Busse. Die Bestandsliste[188] vom 1.1.55 zeigt den Ausgangspunkt dieser Entwicklung:

38	1764 1944 2068 2091 2348 3354 3578 3680 3986
44	172 571 1185 1621
91	1431 1448 1488
94	1317
V20	006 041
Köf	4142 4682 6161 6164 6166
VT95	9118-9122 9500-9503 9508-9509

Bis über das Jahr 1959 hinaus blieb der V20-Bestand mit zwei Loks unverändert. 1960 waren es kurzfristig drei, 1961-1963 eine, und ab 1964 dann wieder zwei Lokomotiven. Der Einsatz erfolgte vom Lokbahnhof Bodenfelde[189] aus vor Übergaben auf der Stichbahn Uslar - Uslar-Stadt (anfangs noch bis Schönhagen) sowie im Rangierdienst im Bf. Uslar. Im Laufplan 56.32 - Winter 1964/65 - wurden dabei 106 km/Tag erbracht. Die zweite V20 stand in Reserve. Ab Mitte 1967 bekam das Bw Holzminden neue Köf III aus Göttingen, Delmenhorst und Braunschweig zugewiesen, die die V20 vollständig ablösen konnten.

Bw Holzminden (V20):

V20 006 :	12.11.54	Bremerh.-Lehe	- 05.02.55	Hameln
	09.03.55	Hameln	- 08.04.61	Braunschweig
V20 007 :	08.06.60	Delmenhorst	- 20.05.66	Braunschweig
V20 030 :	04.03.64	Delmenhorst	- 30.05.64	Delmenhorst
V20 033 :	14.06.64	Braunschweig	- 28.05.67	Bielefeld
V20 038 :	01.08.59	Hann.-Linden	- 07.01.61	Braunschweig
V20 041 :	04.05.54	Bremerh.-Lehe	- 12.04.56	Braunschweig
	25.06.56	Braunschweig	- 31.07.59	Hann.-Linden

Die ersten V36 kamen - von einem kurzen Gastspiel der Vorserien-V36 003 abgesehen - zum Sommerfahrplan 1957 als Ersatz für die T9[3]/Baureihe 91[3] ins Weserbergland. Im Januar 1959 wurde das Bw dampffrei. Zu diesem Zeitpunkt beheimatete die Dienststelle nur noch diverse Köf und VT95[9] sowie folgende Rangier-Dieselloks:

V20 006 041 und
V36 215 253.

188 Lauter, Bw Holzminden, S.67
189 Strecke Ottbergen - Northeim

Johannes Glöckner

Bw-Pause für eine alte Dame: Die 236 215-0 wartet im Heimat-Bw Holzminden auf ihren nächsten Einsatz. Der mächtige Sandstein-Bau, Rundbogen- und Holztore machten den Lokschuppen sehr fotogen (1.11.72).

Wie bei der V20 wurde auch von den beiden V36 zunächst nur eine planmäßig beschäftigt. Der Umlauf sah ganztägiges Rangieren in Holzminden und eine nachmittägliche Übergabe nach Fürstenberg[190] vor (Winter 1964/65). Auch in Uslar waren die V36 zeitweilig zu sehen.

Ab Mitte 1969 wurden weitere V36 zugewiesen: Ende des Jahres waren es bereits drei, Ende 1970 vier und ab Februar 1972 schließlich fünf Lokomotiven. Das Ergebnis war eine beträchtliche Ausweitung der Einsätze. Im Winterfahrplan 1972/73 z.B. verteilten sich die V36er auf nicht weniger als vier Betriebsstellen:

Die **Holzmindener** Lok hatte dabei den gleichen Dienst wie schon 1964: Rangieren am Ablaufberg in Holzminden mit Bedienung der Industrieanschließer (Weserhafen, chemische Industrie, Glashütte) und - nunmehr morgendlicher - Übergabe nach Fürstenberg. Die Frühschicht begann um 4.00 Uhr, die Spätschicht endete um 20.45 Uhr. Dazwischen lagen plantäglich 110 km.

Eine zweite Lok war von **Ottbergen** aus im Einsatz. Den Schwerpunkt bildeten Übergabefahrten nach Brakel, Beverungen und Holzminden. Außerdem wurde in Ottbergen rangiert. Einsatzzeit: 4.15-20.35 Uhr; 149 km/Tag.

Einen gemischten Dienst hatte auch die V36 in **Altenbeken**: Nachts (21.30-3.30 Uhr) mußte in Altenbeken rangiert werden, während morgens und nachmittags jeweils einmal die Nebenstrecke Schieder - Blomberg in Ostwestfalen zu bedienen war (126 km/Tag). Fahrzeit für die Übergaben Altenbeken - Schieder (mit Anschlußbedienung): Über drei Stunden für 28 km (!).

Die vierte Lok schließlich war die meistbeschäftigte: Von **Hameln** aus wurde die V36 nach Bad Münder, Eimbeckhausen und Springe (Strek-

---

190 Strecke Holzminden - Wehrden

Holzmindener Straßenbahn: V20 007 bedient Industrieanschließer in ihrer Heimatstadt. Sifa und Wendezugeinrichtung stammen noch aus Bremerhavener Zeiten (16.5.64).

Sammlung Dieter Spillner

ke nach Hannover) sowie vor Übergaben nach Barntrup und Aerzen (Strecke nach Bielefeld) eingesetzt. Tagesleistung hier: 181 km; Einsatzzeit: 4.31-19.37 Uhr.

Angesichts der teils beträchtlichen Entfernungen zum Heimat-Bw konnten die Lokomotiven zu dieser Zeit z.T. nur im Fristen-Turnus getauscht werden.

Schon Ende 1973 wurden die Planleistungen in Hameln, Ottbergen und Altenbeken allerdings durch Köf III, später Göttinger V60 übernommen. Was blieb, waren die Rangierdienste in Holzminden selbst sowie Gelegenheitseinsätze im gesamten Großraum Hannover/Minden/Altenbeken/Göttingen.

Vor allem in den letzten Einsatzjahren wurden die V36 vom Personal in Holzminden mit liebevollen Spitznamen bedacht. Die V36 hießen hier u.a. *„Schwarzer Panther"*, *„Weserberglandflitzer"* oder *„Rucksack-Donnerlok"*, letzteres eine Anspielung auf den zweiten, an der Führerhausrückwand montierten Bremsluftbehälter der 236 253-1.

Zum 1.5.77 wurde das Bw Holzminden als selbstständige Dienststelle aufgelöst und dem Bw Altenbeken unterstellt. Mit gleichem Datum wurden auch die noch betriebsfähigen V36 buchmäßig nach Altenbeken umstationiert. Unterhalten wurden sie aber weiterhin in Holzminden.

Bw Holzminden (V36):

V36 003 :	. .55	Hann.Linden	- 08.05.56	+
V36 121 :	30.06.76	Bremen Rbf	- ...	Altenbeken
V36 201 :	23.02.72	Bremerhaven	- 16.01.77	Hannover
V36 203 :	01.12.69	Delmenhorst	- 07.09.73	Hannover
V36 208 :	18.02.69	Braunschweig	- 19.04.74	+
V36 209 :	01.11.74	Bremerhaven	- 26.01.75	Hannover
V36 215 :	03.06.57	Delmenhorst	- 16.07.77	+
V36 217 :	03.06.57	Delmenhorst	- 30.11.57	Bielefeld
V36 218 :	30.05.70	Bremerhaven	- ...	Altenbeken
V36 237 :	08.06.76	Oldenburg	- ...	Altenbeken
V36 253 :	01.12.57	Bielefeld	- 07.06.60	Hann-Linden
V36 255 :	30.12.77	AW Nippes	- ...	Altenbeken

Darüber hinaus waren mehrfach Leihloks in Holzminden, u.a. V36 107 aus Fulda (1974), V36 217 aus Delmenhorst (1972) und V36 233 aus Göttingen (1976)

Bw Altenbeken:

V36 109 :	08.02.78	Hannover	- 22.08.79	+
V36 121 :	...	Holzminden	- 24.09.78	+
V36 218 :	...	Holzminden	- 27.04.78	+
V36 237 :	...	Holzminden	- 27.04.78	+
V36 253:	05.02.78	Hannover	- 08.04.79	AW Oldenburg
V36 255 :	...	Holzminden	- 11.06.81	+

Vertretung in Uslar: Normalerweise war hier eine V20 im Rangier- und Nebenbahndienst eingesetzt (siehe Foto Seite 223) . Hier übernimmt V36 253 diese Aufgaben. Sehenswert erneut: Der Packwagen (um 1960).

SAMMLUNG JENS RACKWITZ

Bw Altenbeken

Das Bw Altenbeken bekam Anfang Mai 1977 die letzten vier V36 des aufgelösten Bw Holzminden (236 121, 218, 237 und 255) zugewiesen. Zwei davon - 236 218 und 237 - mußten allerdings bereits kurz darauf abgestellt werden. Ersatz kam noch einmal in Gestalt der ex-Hannoveraner 236 109 und 236 253.

Mit den nun wieder vier Lokomotiven wurde unverändert das bekannte Betriebsprogramm gefahren. Einzige feste Planleistung war nach wie vor der Rangierdienst in Holzminden. Daneben fielen aber noch immer zahlreiche Sonderverkehre an, so u.a.

- Bauzüge im gesamten Nahbereich,
- Bedarfsübergaben sowie
- zusätzliche Verschiebedienste in Holzminden im Militärverkehr.

Dann, Mitte 1978, kam auch hier das Ende: Als erste mußte die 236 121-0 mit abgelaufenen Fristen abgestellt werden. 236 109-5 erlitt am 5.4.79 in Deensen einen schweren Motorschaden. Und drei Tage später wurde 236 253-1 als Werklok für die AWst Oldenburg abgezogen.

Letzte V36 in Altenbeken war damit die 236 255-6. Bis Februar 1981 wurde sie noch vereinzelt vor Übergaben im Raum Holzminden und als Gelegenheits-Az-Lokomotive in Altenbeken eingesetzt. Dann, einige Monate vor der offiziellen Z-Stellung und Ausmusterung, wurde sie an die Zementwerke Schwenk in Allmendingen verkauft.

Bw Detmold

Einzige ex-Wehrmacht-Lok beim Bw Detmold war kurz nach Kriegsende die spätere V36 222. Als Zugangsdatum ist im Betriebsbuch der Mai 1945 genannt, als Abgangsdatum der 15.4.47. Zu diesem Zeitpunkt stand die Maschine schon einige Zeit abgestellt im RAW Hannover. Am Tag nach der Abgabe begann eine mehrmonatige Instandsetzung beim PAW Holmag Kiel (16.4.47-18.12.47), bevor die Lok dann in Bremen zu neuen Einsätzen kam.

Wie zahlreiche andere Kriegslokomotiven dürfte auch die Detmolder Lok seinerzeit noch ganz oder überwiegend im Besatzungsverkehr gefahren sein. Fraglich ist das genannte Zugangsdatum Mai 1945. Per 8.10.45 jedenfalls wurde die Lok - rund 400 km weiter westlich - bei der Railway Operating Group/Royal Engineers in Oostende am Ärmelkanal gemeldet.

Bw Gütersloh/Kbw Gütersloh

Wie Detmold gehörte auch das an der Rollbahn Ruhrgebiet-Hannover gelegene Bw Gütersloh zu den von der Bundesbahn schon recht frühzeitig aufgegebenen Bahnbetriebswerken. Am Tag der Schließung, dem 31.3.54, war hier eine einzelne V20 (038) stationiert, die anschließend vorübergehend zum Kbw Gütersloh (Kraftwagenbetriebswerk) umgesetzt wurde. Wenige Monate später folgte dann die Umbeheimatung nach Bielefeld.

Zu- und Abgänge in Kurzform:

14.10.52: von Hannover-Linden,
01.04.54: von Bw an Kbw Gütersloh
30.09.54: nach Bielefeld

Die Lok wurde in Gütersloh ausschließlich im Rangierdienst eingesetzt, wobei allerdings erstaunlich hohe Kilometer-Leistungen erreicht wurden (teils 4000-4500 km/Monat). Weiteres ist nicht mehr bekannt.

Bw Bielefeld:

V20 031 :	09.11.66	Bremerh.-Lehe	- 30.11.69	Delmenhorst
V20 033 :	29.05.67	Holzminden	- 16.06.67	Delmenhorst
	01.08.69	Delmenhorst	- 30.09.73	Hannover
V20 038 :	01.03.52	Soltau	- 31.08.52	Hann.-Linden
	01.10.54	Gütersloh Kbw	- 25.05.56	Hann.-Linden
V20 040 :	17.11.57	Hildesheim	- 16.01.66	Delmenhorst
V36 216 :	08.02.66	Hannover	- 27.02.67	Hannover
	17.11.69	Hannover	- 07.03.70	Hannover
V36 217 :	01.12.57	Holzminden	- 05.05.66	Göttingen
V36 252 :	17.06.67	Delmenhost	- 30.09.73	Emden
V36 253 :	16.06.56	Hann.-Linden	- 30.11.57	Holzminden

Im Vergleich dazu war der Bestand an V20/V36-Lokomotiven immer höchst bescheiden. Von ganz kurzen Unterbrechungen abgesehen, beheimatete das Bw Bielefeld zwanzig Jahre lang von beiden Typen nur jeweils eine Lok. Langjährige „Pärchen“ waren V20 040 mit V36 217 (1957-1966) sowie V20 033 mit V36 252 (1969-1973).

Das Tor zu Westfalen: Die Bielefelder V20 031 (die mit den Zusatztanks auf dem Vorbaudach) rangiert in Minden. Im Hintergrund die Porta Westfalica (5.8.67).

LUDWIG ROTTHOWE

Der Alltag der Bielefelder WR-Lokomotiven spielte sich immer nur im Rangier- und Übergabeverkehr ab. Die V36 rangierte längere Zeit in Gütersloh, die V20 in Bielefeld (u.a. mit Bedienung der Anschlußgleise entlang der ehemaligen Kreisbahn). Auch in Brackwede waren die Kriegstypen häufiger zu sehen. Durchschnittliche Laufleistung: 4500 km/Monat.

Spätestens ab etwa 1967/68 wurden beide Maschinen, V20 und V36, dann fest als Rangierloks im Mindener Personenbahnhof stationiert. Daran änderte sich bis zum Ende nichts mehr. Noch 1972 - das Bw Bielefeld gehörte mit dem gesamten Maschinenamt Minden mittlerweile zur BD Essen (ab 1.6.72) - wurden zwei eintägige Umläufe für die Bielefelder WR-Loks aufgestellt.

Die **V36** begann ihren Tag danach mit einem frühmorgendlichen Übergabezug nach Windheim und Frille (Strecke Minden - Nienburg). Anschließend rangierte sie im Mindener Güterbahnhof (7.45-9.15 Uhr) und war den Rest des Tages - von 11.00 Uhr bis 1.00 Uhr nachts - in Minden Pbf beschäftigt (146 km/Tag).

Derweil stand die **V20** ganztägig (7.00-12.30 und 13.00-16.00 Uhr) dem BZA Minden als Rangierlok zur Verfügung (60 km/Tag).

Zum Winterfahrplan 1973/74 gingen die Leistungen ohne große Änderungen an Hannoveraner V20/V36 über. Später fuhren hier V60 vom Bw Hannover. Beide Bielefelder Loks wurden per 30.9.73 abgegeben.

Bw Bielefeld

Im Unterschied zu Detmold und Gütersloh war Bielefeld immer ein großes und vor allem für den Betrieb auf den ostwestfälischen Nebenbahnen wichtiges Bw. Anfang 1952 - das Jahr, in dem auch die V20/V36-Stationierung begann - beheimatete das Bw Bielefeld zahlreiche 38^{10}, 41, 55^{25} und 93^{0} sowie als Einzelstücke jeweils eine 78 und 89^{70}. Dazu kamen noch etliche Triebwagen der Vorkriegsbauart ($VT33^{2}$, $VT36^{5}$, $VT45^{5}$) und einige Kleinloks, später auch 23er (ab Januar 1958), 50er (ab März 1958), 86er (ab März 1962) und V100 (ab Juli 1961).

CARL BELLINGRODT

Dieselloks fürs exklusive Bäderpublikum: V36 126 rangiert in Baden-Baden (23.5.54).

Bundesbahndirektion Karlsruhe

Die BD Karlsruhe war eine ruhige V20/V36-Direktion. Zwar gab es auch hier nicht weniger als sieben (mit dem später dazugekommenen Bw Ludwigshafen sogar acht) Bahnbetriebwerke, die irgendwann einmal auch Lokomotiven der Wehrmachtsbauarten beheimateten. Keines dieser Bw - mit Ausnahme vielleicht von Mannheim - brachte es jedoch jemals auf eine nennenswerte Bestandsgröße.

Die meisten Loks waren - wie die nebenstehende Tabelle zeigt - Einzelstücke, die an den jeweiligen Standorten meist genauso schnell wieder verschwanden, wie sie gekommen waren. Personenzugleistungen wurden nur in Offenburg und Karlsruhe erbracht. Das Bw Mannheim bespannte einige Zeit Nahgüterzüge im östlichen Odenwaldgebiet mit seinen V36. Ansonsten gab es ganz und gar nichts Auffälliges.

BD KARLSRUHE
V20/V36-Stationierungen 1949-1978 (Stand: jeweils 31.12.)

Bw	Type	1949	1950	1952	1954	1956	1958	1962	1966	1970	1974	1978
Friedrichshafen	V36	1	-	-	(an BD Stuttgart)							
Heidelberg	V36	(von BD Stuttgart)			-	-	1	-	-	-	-	-
Karlsruhe	V36	(von BD Stuttgart)			1	1	1	-		-	-	-
	V20								1			
Mannheim	V36	(von BD Stuttgart)			3	3	1	2	2	2	5	-
	V20				1				1			
Konstanz	V36	-	-	-	1	1	1	-	-	(aufgelöst)		
Offenburg	V36	-	1	2	-	-	-		-	-	-	-
	V20							1				
Villingen	V20	-	-	-	-	1	1	-	-	-	(aufgelöst)	
Ludwigshafen	V20							(von BD Mainz)			3	1
BD gesamt		**1**	**1**	**2**	**6**	**6**	**5**	**3**	**3**	**3**	**8**	**1**

Hingewiesen werden soll noch auf die mehrfache Korrektur der Direktionsgrenzen. Der nördliche Teil mit den Bw Mannheim, Heidelberg und Karlsruhe selbst war nach dem Krieg amerikanisch besetzt und gehörte deshalb zunächst zur BD Stuttgart[191]. Dafür unterstand der größte Teil Südbadens und Südwürttembergs (frz. Zone), u.a. mit dem Bw Friedrichshafen, vorübergehend der RBD/ED Karlsruhe. Erst per 1.1.53 wurde im Wesentlichen der alte Zustand von vor 1945 wiederhergestellt.

Gebietszuwächse gab es für die BD Karlsruhe per 1.1.71 im Raum Weinheim/Bergstraße (von BD Frankfurt) und mit Auflösung der BD Mainz per 1.5.72 im Gebiet um Ludwigshafen. Auf die näheren Zusammenhänge wird in den nachfolgenden Abschnitten noch ausführlicher eingegangen. Die Stationierungen von V20/V36 im Bw Ludwigshafen sind im Kapitel über die BD Mainz beschrieben.

Bw Mannheim

Beim Bw Mannheim (bis Oktober 1953: Mannheim Rbf) tauchen die ersten V20/V36 schon kurz nach dem Krieg auf. Die damals noch zuständige RBD Stuttgart zog hier über mehrere Jahre einen Großteil der entweder im Direktionsbezirk vorgefundenen oder frühzeitig nach hier umbeheimateten WR-Loks zusammen. Bis Ende 1949 war auf diese Weise in Mannheim eine ansehnliche, wenn auch noch ziemlich bunt zusammengewürfelte Diesellokgruppe entstanden (Stand: 31.12.49):

V22 009
V36⁰ 001 002 **V36¹** 121
V36² 201 202

191 Ausführlich bei Wenzel, SWDE, S.7ff.

Insgesamt verteilte sich ein Bestand von sechs Lokomotiven also auf nicht weniger als vier Bauarten bzw. Bauartgruppen. Weitere Exoten im Bestand waren die V15 001 (03.49-04.49 von/nach Stuttgart) sowie die 21341 (ab 1.5.46). Hinter der 21341 verbarg sich eine O&K-V36, die von der DR-West nicht übernommen werden konnte, und im Frühjahr 1948 an den alten Eigentümer (die Dynamit AG) bzw. dessen Rechtsnachfolger (die Montan-Industrie Wolfratshausen) zurückgegeben wurde.

Alle genannten Lokomotiven scheinen - soweit Treibstoffmangel und Ersatzteilprobleme dies zuließen - zur damaligen Zeit schon regelmäßig, überwiegend allerdings im Besatzungsverkehr eingesetzt gewesen zu sein. V36 002 zum Beispiel war 1949 dem US-Armee-Lager in Mannheim-Waldhof als Rangierlok fest zugeteilt.

1950 erfolgte die dringend fällige Typenbereinigung: Die Vorserien-V36 und die beiden V36^{2} wurden an die BD Hamburg abgegeben. Dafür kamen weitere Maschinen mit MWM-Motor: V36 111 (aus Bamberg), V36 125 (Neuabnahme) und V36 150 (aus Heiligenhafen). Die V22 verschwand zunächst einmal ganz aus Mannheim.

Fünfundzwanzig Jahre lang passierte danach im Grunde nicht mehr viel. Bis Mitte der 50er Jahre hielt sich der Bestand bei meistens vier Maschinen, sank dann vorübergehend auf zwei in den 60er Jahren, um ab 1970 wieder auf vier anzuwachsen. In den letzten Jahren kamen mit 236 255 und 260 auch wieder Loks mit Deutz-Motor nach Mannheim.

Besonders treu waren die V36 121 und 125. Beide wurden, mit ganz kurzen Unterbrechungen 1957/58, durchgehend von Anfang der 50er bis Mitte der 70er Jahre in der alten Residenzstadt unterhalten. Die Lokführer hier scheinen übrigens besonders genügsame Zeitgenossen gewesen zu sein. Denn beide Loks, ebenso wie auch die später nachgerückten V36 255 und V36 260, gehörten zu den ganz wenigen, die weder eine Einmannbedienung, noch eine Geräuschisolierung oder Spurkranzschmierung besaßen.

Bw Mannheim (Rbf):

V20 052 :	18.01.54	Mainz	- 29.09.55	Villingen
	01.02.70	Karlsruhe	- 24.12.73	Ludwigshafen
V22 009 :	06.10.49	Weiden	- 22.03.50	Bamberg
V36 001 :	.05.48	Gießen	- .05.49	Stuttgart Hbf
	.08.49	Stuttgart Hbf	- 13.07.50	Heiligenhafen
V36 002 :	15.07.49	Wt-Steinbeck	- 14.07.50	Hmb-Harburg
V36 101 :	09.03.51	Stuttgart	- 23.09.57	Heilbronn
V36 107 :	31.05.51	Stuttgart	- 01.02.54	Fulda
V36 108 :	01.01.71	Darmstadt	- 30.03.78	+
V36 111 :	26.11.50	Bamberg	- 31.05.51	Bamberg
	01.01.71	Frankfurt-1	- 07.08.73	+
V36 116 :	12.04.51	Stuttgart	- 31.05.51	Bamberg
V36 117 :	09.11.51	Stuttgart	- 26.01.52	Stuttgart
V36 121 :	29.12.49	Lüneburg	- 02.06.57	Heidelberg
	18.07.59	Heidelberg	- 03.08.75	Hannover
V36 125 :	16.06.50	neu	- 17.02.57	Heidelberg
	24.09.57	Heidelberg	- 04.11.57	Heidelberg
	19.03.58	Heidelberg	- 27.03.58	Heidelberg
	05.05.58	Heidelberg	- 07.12.76	+
V36 150 :	12.07.50	Heiligenhafen	- 19.03.51	Stuttgart
	21.07.72	Fulda	- 14.11.72	Fulda
V36 201 :	06.04.46	neu	- 29.12.50	Husum
V36 202 :	26.09.45	Nürnberg Hbf	- 17.11.50	Husum
V36 255 :	01.02.74	Ludwigshafen	- 24.11.76	AW Wedau
V36 260 :	24.12.73	Ludwigshafen	- 17.01.76	Stuttgart

Außerdem zeitweise geliehen oder verliehen:

V22 009:	06.10.49- .12.49 lw. in München Hbf Abgabe nach Bamberg auch 7.50 (amtlich zweimal abgegeben)
V36 108:	.02.47- .01.48 lw. von Nürnberg Hbf
V36 109:	26.05.46-31.10.46 lw. von Nürnberg Hbf
V36 217:	02.04.47-14.08.47 lw. von Kassel Bww

Der Betrieb mit den Mannheimer V36 verteilte sich auf zwei ganz unterschiedliche Einsatzgebiete:

Zum **e i n e n** wurden Rangier- und Übergabedienste im Stadtgebiet von Mannheim (incl. Industriehafen) erbracht. Im Winterfahrplan 1965/66 z.B. rangierten beide Maschinen in alten 92er Plänen[192], und zwar je eine Lokomotive ganztägig im Mannheimer Hauptgüterbahnhof (117 km/Tag) sowie im Bf.Mannheim-Waldhof mit Übergaben nach Neckarstadt und Kurpfalzbrücke (128 km/Tag).

Daneben wurden - **z w e i t e n s** - die V36 vor Nahgüterzügen auf der Nebenbahn (Seckach-) Walldürn - Hardheim (KBS 327k) am Ostrand des Odenwaldes verwendet. Personal stellte hier das Bw Heidelberg.

Die Einsätze in Walldürn (Direktionsgrenze) endeten vermutlich schon um 1959. Immerhin bescherten die Streckendienste den Mannheimer V36 zeitweise Monatsleistungen von 5000 km und mehr (1953). Auch die V20 052 lief zu dieser Zeit überwiegend im Streckenbetrieb.

Am Ende der über 30jährigen V20/V36-Stationierung stand interessanterweise dann noch einmal der Zugförderungsdienst. Zum Jahreswechsel 1970/71 war durch eine geringfügige Verschiebung der Direktionsgrenzen die Bw-Außenstelle Weinheim von der BD Frankfurt zur BD Karlsruhe gekommen. Die dort zuletzt eingesetzten V36 vom Bw Darmstadt wurden daraufhin abgezogen und durch gleiche Loks aus Mannheim ersetzt. Die BD Karlsruhe erhielt dafür pünktlich per 1.1.71 die

236 108 aus Darmstadt und
236 111 aus Frankfurt-1.

Die Einsätze bei der Ast. Weinheim umfaßten den Rangierdienst in Weinheim selbst und in Ladenburg sowie die Bespannung von Nahgüterzügen auf der Stichbahn nach Fürth/Odenwald. Zwei Loks wurden dafür bis mindestens 1975 planmäßig vorgehalten. Die übrigen Mannheimer V20/V36 liefen in der Schlußphase meist nur noch im Bauzugdienst, u.a. bei der Elektrifizierung der Strecke Neckarelz - Osterburken.

Bw Heidelberg

Die Geschichte der V36er beim Bw Heidelberg ist ganz schnell erzählt: 1957 wurden die beiden Mannheimer V36 121 und 125 nach hier umgesetzt, blieben aber weiter in den schon beschriebenen Diensten auf der Strecke Walldürn - Hardheim im Einsatz. Das Bw Heidelberg hatte hier ja schon von jeher das Personal gestellt.

Noch Ende der 50er Jahre wurde die ganze Aktion allerdings wieder rückgängig gemacht, und erst eine, schließlich auch die zweite V36 nach Mannheim zurückgegeben. Daß zu diesem Zeitpunkt auch die Einsätze in Walldürn zu Ende gingen, läßt sich aufgrund der rapide abnehmenden Kilometerleistungen vermuten. Ab Mitte 1959 jedenfalls war Heidelberg wieder V36-frei. In den 60er Jahren wurde die Strecke von einer Dampflok Baureihe 50 mitbedient, die auch die täglichen Nahgüterzüge Seckach - Miltenberg fuhr.

V36 121 :	03.06.57	Mannheim	- 17.07.59	Mannheim
V36 125 :	18.02.57	Mannheim	- 23.09.57	Mannheim
	05.11.57	Mannheim	- 18.03.58	Mannheim
	28.03.58	Mannheim	- 04.05.58	Mannheim

Bw Offenburg

Beim Bw Offenburg wurde die erste V36 im November 1950 beheimatet. Seinerzeit war es eine der ersten V36-Stationierungen in der ED Karlsruhe überhaupt (zur Erinnerung: das Bw Mannheim gehörte damals noch zur ED Stuttgart). Ein Jahr später, im Oktober 1951, kam noch eine zweite Lokomotive hinzu. Bei dieser Gelegenheit wurde auch die Unterhaltung von V36^{1} auf V36^{2} umgestellt.

192 Badische Bauart (Xb), DR/DB 92^{2}

Wolfgang Bügel

Unterbeschäftigt: Die 270 052-4 fuhr in Mannheim vor allem im Az-Dienst. Hier wartet sie im Bw Heidelberg auf neue Einsätze (28.8.72).

Die Motorlok-Einsätze erfolgten schon kurzzeitig 1951 und dann regelmäßig ab Mai 1952 auf die Strecke Baden-Oos - Baden-Baden (KBS 301c). Hier war - wohl als Zugeständnis an das exklusive Kur- und Bäderpublikum - *„Dampflok-Betrieb unerwünscht"*; so ist es sogar in den Betriebsbüchern der V36 251 und 253 vermerkt!

Die V36 erledigten auf der 4,3 km langen Stichbahn den gesamten Güter- und Rangierdienst und kamen auch zu einzelnen Reisezugleistungen. Im Winterfahrplan 1952/53 z.B. wurden vier der insgesamt 52 Pz-Paare mit Diesellok befördert; für alle übrigen waren VT60 eingesetzt.

Die V36-Stationierung in Offenburg endete bereits nach wenig mehr als zwei Jahren. Mit der Neufestlegung der Direktionsgrenzen zum 1.1.53 wurde die Außenstelle Baden-Oos dem Bw Karlsruhe zugeschlagen. Mit gleichem Datum wechselten auch die beiden V36 dorthin.

In den 60er Jahren erhielt Offenburg mit V20 052 dann noch einmal eine ehemalige Kriegsdiesellok zugewiesen. Die Maschine wurde mehrfach zwischen Villingen und Offenburg getauscht und meist für Sonderdienste vorgehalten. Eingesetzt war sie u.a. als Rangierlok auf dem NATO-Flugplatz Lahr (1962/63) und beim Umbau des alten Bahnhofs in Kehl (1965/66).

V20 052 :	29.03.62	Villingen	- 19.09.63	Villingen
	30.11.63	Villingen	- 15.01.64	Villingen
	03.03.65	Villingen	- 23.11.66	Karlsruhe
V36 122 :	19.11.50	Fr'hafen	- 03.10.51	Garmisch
V36 251 :	01.10.51	Darmstadt	- 31.12.52	Karlsruhe
V36 253 :	01.10.51	Darmstadt	- 31.12.52	Karlsruhe

Bw Karlsruhe

Loks und Einsätze beim Bw Karlsruhe (bis 1.12.60: Karlsruhe Hbf) waren denen in Offenburg sehr ähnlich, nur um jeweils einige Jahre zeitversetzt. Die V36 liefen auch hier ausschließlich in Baden-Oos, die V20 vor allem im Bauzugdienst.

Bei den von Offenburg ererbten V36-Einsätzen war ab Frühjahr 1953 anscheinend eine Lok ausreichend. Außerdem wurde zur Abwechslung mal wieder die V36^2 gegen die V36^1 eingetauscht. Ansonsten blieb der Betrieb über Jahre unverändert. Erst im Sommer 1958, nachdem der elektrische Zugbetrieb zwischen Baden-Baden und Baden-Oos aufgenommen worden war, wurde die V36 abgezogen. Noch bis 1962 fand sie im Rangierdienst Verwendung und wurde dann als AW-Lok in den Werkstättendienst versetzt.

Bw Karlsruhe (Hbf):

V20 052 :	24.11.66	Offenburg	- 31.01.70	Mannheim
V36 126 :	20.02.53	Braunschweig	- 28.06.62	AW Schwetzingen
V36 251 :	01.01.53	Offenburg	- 25.03.53	Konstanz
	20.04.62	Konstanz	- 27.06.62	AW Offenburg
V36 253 :	01.01.53	Offenburg	- 02.03.53	Hann.-Linden

Bw Villingen

Im Mittelpunkt der Lokunterhaltung beim Bw Villingen standen immer die schweren Personen- und Güterzugloks für die Zugförderung auf der Schwarzwaldbahn Villingen - Offenburg. Entsprechend wenig war hier mit einer V20 oder V36 anzufangen. Die Lokliste nennt daher nur eine Maschine, der aber immerhin die Ehre gebührt, die erste größere Diesellok im Schwarzwald-Bw gewesen zu sein.

Die Lokomotive war, wie die Stationierungsdaten zeigen, in mehreren Etappen, zusammen fast zehn Jahre lang in Villingen. In dieser Zeit wurde sie überwiegend im Bauzugdienst, vorzugsweise bei Instandsetzungsarbeiten an den sehr zahlreichen Schwarzwaldbahn-Tunnels eingesetzt[193]. Gegen Ende ihrer Beheimatung - im Winterfahrplan 1964/65 - konnte sie darüber hinaus im Rangierdienst in Immendingen sowie vor Übergabezügen Immendingen - Zollhaus-Blumberg (KBS 304f) beobachtet werden[194]. Noch in der gleichen Fahrplanperiode wurde die Lok dann endgültig nach Offenburg abgegeben und durch eine Köf III ersetzt.

V20 052 :	01.10.55	Mannheim	- 28.03.62	Offenburg
	20.09.63	Offenburg	- 29.11.63	Offenburg
	16.01.64	Offenburg	- 14.01.65	Offenburg

193 Scharf, Schwarzwaldbahn, S.245
194 Scharf, Villingen, S.127f.

Hans-Wolfgang Scharf nennt in seinem Buch über die Schwarzwaldbahn[195] dagegen folgende, von den Angaben im Betriebsbuch abweichende Beheimatungsdaten:

V20 052:	30.09.55	Mannheim	- 06.01.56	Mannheim
	01.04.56	Mannheim	- 29.03.62	Offenburg
	19.09.63	Offenburg	- 30.11.63	Offenburg
	15.01.64	Offenburg	- 06.03.65	Offenburg.

Außerdem war nach Scharf die V36 251 kurzzeitig in Villingen, und zwar vom 10.3.62 (von Konstanz) bis 19.4.62 (nach Karlsruhe), quasi also als vorübergehende Ablösung der V20. Im Betriebsbuch der V36 ist dazu nichts zu finden.

Mit der Elektrifizierung der Schwarzwaldbahn hat das Bw Villingen seine frühere Bedeutung eingebüßt. Per 1.10.77 wurde es als selbstständige Dienststelle aufgelöst und als Außenstelle dem Bw Radolfzell angegliedert. Seit dem 1.6.85 gehört Villingen zum Bw Singen.

Bw Friedrichshafen

Das Bw Friedrichshafen gehörte nur während der kurzen Interimsperiode zwischen Juli 1945 (französische Zone) und Januar 1953 (Wiederherstellung der alten Direktionsgrenzen) zur ED/BD Karlsruhe. In diese Zeit fällt auch die Beheimatung einer einzelnen V36:

V36 122 :	03.08.49	neu	- 18.11.50	Offenburg

Die Lokomotive stammte möglicherweise aus einer seinerzeit vom Heer betriebenen V2-Raketen-Testanlage in Raderach/b.Friedrichshafen[196]. Nach den Eintragungen im Betriebsbuch war sie spätestens seit November 1945 im RAW Friedrichshafen abgestellt gewesen (schwerer Kriegsschaden), konnte aber erst nach einer M4 - in Friedrichshafen! - am 3.8.49 wieder in Betrieb genommen werden. Die Probefahrt absolvierte die V36 122 am 28.7.49 zwischen Friedrichshafen und Hergatz.

Für die Monate August 1949 bis Juli 1950 sind in den Betriebsbögen ausschließlich Streckendienste notiert. Die Laufleistungen lagen zwischen 1700 und 4200 km. Möglicherweise war die V36 zusammen mit den seinerzeit in Friedrichhafen beheimateten VT 38 002 und VT 65 903 im Personenzugdienst eingesetzt.

Kleiner Grenzverkehr: Die Strecke von Konstanz in schweizerische Kreuzlingen war nur 1,1 Kilometer lang, die Fahrzeit betrug 3 Minuten. Im Sommerfahrplan 1953 war die gerade frisch in Konstanz stationierte V36 251 vor dem Grenz-Pendelzug eingesetzt (26.8.53).

Bw Konstanz

Das Bw Konstanz ist ein - selbst bei den Fans - heute nur noch wenig bekanntes Betriebswerk. Gründe dafür sind sicherlich einerseits die nie besonders herausragende Rolle für die Zugförderung im Bodensee-Raum, andererseits aber auch der schon recht frühzeitige Abschied der Dampftraktion. 1960 z.B. beheimatete das Bw Konstanz - neben einer V36 - nur V60, Kö(f)II sowie $VT95^9$ und $VT98^9$ mit den entsprechenden Bei- bzw. Steuerwagen.

Für die V36 war 1953 das erste Jahr am südlichen Bodensee. Seinerzeit beherrschten noch ganz klar Dampflokomotiven das Bahngeschehen in Konstanz: Vor allem die Baureihe 75^1 (bad.VIb), aber auch 38^{10} und einzelne 50er sowie als Wendeloks von anderen Bw 39er, 44 und 58^2 aus Villingen, 50er aus Radolfzell, sicher auch Rottweiler P8 und Ulmer 18^5. Daneben gab es noch einige betagte $VT38^0$. Mit den seit 1951 in Konstanz beheimateten Schienenbussen waren aber auch schon die ersten Fahrzeuge der Nachkriegsgeneration allgegenwärtig.

Einzige Konstanzer V36 war die V36 251. Hier die genauen Zu- und Abgangsdaten:

26.03.53 aus Karlsruhe
02.04.62 nach Karlsruhe

Die Lok war überwiegend in Konstanz-Petershausen im Rangier- und Zustelldienst auf den zahlreichen Industrieanschlußbahnen eingesetzt. Rangiert wurde auch in Konstanz Pbf. Darüber hinaus gab es Übergabefahrten, zeitweise auch Personenzugeinsätze, nach Kreuzlingen in der Schweiz.

Ab 1959 kamen V60 nach Konstanz und übernahmen Stück für Stück auch die Aufgaben der V36. Die monatlichen Laufleistungen sanken bis 1960/61 auf durchschnittlich 1300 km. 1962 gab es für die V36 dann keine Verwendung mehr.

195 S.245 und 331
196 Willhaus, Teuringertal-Bahn, S.50ff.

Karl Wyrisch (Sammlung D.Ammann)/Eisenbahnstiftung

Reinhard Todt

Anschluß am Bahnsteig gegenüber: V36 150 vom Bww Kassel Hbf wartet in Hümme auf Abfahrt nach Karlshafen I.U. (August 1960). Die Lok war seit 1954 in Kassel stationiert.

Bundesbahndirektion Kassel

Die Einsätze der V36 in der BD Kassel sind in zweierlei Hinsicht besonders interessant.

Erstens wurden hier ab 1949 die in den anderen Direktionen verschmähten V36^3 zusammengezogen und (aufgrund ihrer mangelnden Eignung für den Rangierverkehr) in durchaus achtsamen Streckendiensten verwendet. Wer sich der besonderen Probleme mit den DWK-Motoren (ständige Kurbelwellenbrüche, Lagerschäden usw.) erinnert, mag eine Ahnung davon bekommen, mit welcher Geduld und Improvisationsgabe die Werkstättenleute in Kassel und Fulda seinerzeit ausgestattet gewesen sein müssen, um diese Lokomotiven über teilweise fünf, sechs Jahre in Betrieb zu halten. Bis 1955 waren alle V36^3 durch Ausmusterung allerdings wieder verschwunden.

Zweitens wurden auf den Haupt- und Nebenbahnen der BD Kassel jahrelang geradezu malerische Züge gefahren: V36 mit stilreinen Donnerbüchsen-Garnituren oder klassischen Kurz-Güterzügen. Dies zudem in landschaftlich überaus reizvoller Mittelgebirgs-Kulisse, etwa in der Rhön, im Habichts- oder Reinhardswald. Zwischen Karlshafen und Hümme z.B. oder zwischen Kassel und Volkmarsen war das bis in die 60er Jahre hinein Alltag. Eisenbahnromantik pur also, auch ohne Dampflokomotiven.

Die V20 spielte in der BD Kassel keine Rolle. Auch für die V36 gab es nur zwei (allerdings langjährige) Standorte: Kassel (Bww und Bw) sowie Fulda. In allen anderen Dienststellen waren - Vorkriegs-VT ausgeklammert - Schienenbusse (ab 1952), V65 (ab 1956) und V60 (ab 1958) die ersten Motorfahrzeuge.

Bww Kassel Hbf

Wie in vielen Bahnbetriebswerken begann die V36-Stationierung auch in Kassel mit einem ziemlich wilden Sammelsurium an ehemals im Direktionsbezirk eingesetzten oder beim Rückmarsch hier stehengebliebe-

BD KASSEL
V20/V36-Stationierungen 1948-1975 (Stand: jeweils 31.12.)

Bw	Type	1948	1950	1952	1954	1956	1960	1965	1970	1975
Kassel Bww	V36^0	1						-	-	-
	V36^1	1			5	5	4			
	V36^2	1								
	V36^3	1	6	4	1					
Kassel	V36^1	-	-	-	-	-	-	3	2	1
	V36^2									1
Fulda	V36^1	-			-	-	1	2	3	4
	V36^3		2	4						
BD gesamt		**4**	**8**	**8**	**6**	**5**	**5**	**5**	**5**	**6**

Alle Bw ab 1.8.75 BD Frankfurt. Bestandsangabe für 1975 per 31.7.75 (Schlußbestand BD Kassel)

nen Wehrmachtslokomotiven. Die erste einigermaßen gesicherte Bestandserfassung ist wieder die Lokzählung vom 23.3.47 und verzeichnet für das Bww Kassel Hbf folgende acht Loks:

36107	WR360C12	(spätere DB V36 003)
L22	WR360C14	(spätere DB V36 218)
21296	WR360C14	(spätere DB V36 217)
21461	WR360C14	(nicht übernommen, später Kassel-Naumburg)
21467	WR360C14	(spätere DB V36 105)
36285	WR360C14	(spätere DB V36 110)
36623	WR200B14	(nicht übernommen, später Kassel-Naumburg)
WL320	360C	(spätere DB V36 312)

Außerdem wurde die Gießener 21468 (sp. V36 106) in Kassel mit erfaßt. Die beiden Kleinbahn-Lokomotiven gingen noch 1947 ab. 1948 wechselten V36 105 und V36 217 nach Frankfurt.

Trotz dieser merklichen Verkleinerung blieb der Kasseler Lokpark bunt und kurios. Bestand Ende 1948: Vier Loks, je eine V36^0, V36^1, V36^2 und V36^3 (im einzelnen: V36 003 110 218 und 312)! Immerhin hatten einige Maschinen den Krieg wohl relativ unbeschadet überstanden. V36 218 z.B. lief schon im Oktober 1945 wieder und erbrachte bis Juli 1947 monatlich 2000 km. Ab Oktober 1946 war auch die V36 110 wieder voll in Betrieb. Bis dahin spielte sich das Geschehen offensichtlich noch ausschließlich im Rangierverkehr ab.

und Bebra. Ein Jahr später, 1952, war dann schon wieder alles ganz anders: Südlich und östlich von Kassel wurde nur noch Bebra angelaufen; neue Wendebahnhöfe für die V36 waren dafür im Norden jetzt Karlshafen (KBS 198d) und im Westen Korbach (KBS 198). Weitere Einsatzstrecken zeigt die untenstehende Laufplanübersicht.

Die gleiche Entwicklung - ein vorübergehend sehr großflächiger Einsatz und das häufige Wechseln der befahrenen Strecken - läßt sich Anfang der 50er Jahre übrigens mühelos auch an vielen anderen Standorten der V36 beobachten. Hier wurde ganz einfach noch viel experimentiert, die Eignung der ehemaligen Wehrmachtlok für verschiedene Strecken und Fahrpläne ausgetestet, und dabei wohl manche wichtige Erfahrung gesammelt.

Die von den Lokomotiven erbrachten Leistungen waren gerade in diesen Jahren übrigens außerordentlich hoch. V36 110 zum Beispiel kam im Juni 1950 auf nicht weniger als 12.858 Kilometer. Und selbst für die V36^3 waren 5000-7000 km/Monat durchaus nicht ungewöhnlich.

Auf dem Fahrzeugsektor vollzog sich unterdessen gleich eine doppelte Wende:

Ab 1949 wurden nach und nach zunächst alle Einheits-V36 abgegeben und durch Loks der Dreier-Serie ersetzt. U.a. ging die Kasseler V36 218 im Tausch gegen V36 315 zum Bw Bremen Hbf. Ab Oktober 1950 gab es im Bww Kassel (wie in der gesamten Direktion) dann nur noch V36 der DWK-Type.

LAUFPLANÜBERSICHT 1953-1961
Bww Kassel Hbf

Bedarf	Tag Einsatz	km/Tag
Sommer 1953:		
4x V36	1= Rgd. Bettenhausen	
	2= Pz Korbach/Bad Wildungen/Bebra*	
	3= Rgd. Wilhelmshöhe, Pz Hümme	
	4= Rgd. Wilhelmshöhe	
	* samstags bis Eichenberg und Göttingen	
Winter 53/54 (ab 1.1.54):		
6x V36	1= Rgd. Bettenhausen	
	2= Pz/Gz Walburg/Eichenberg/Kassel*	
	3= Pz/Gz Walburg/Eichenberg/Kassel*	
	4= Pz/Gz Walburg/Großalmerode-West	
	5= Rgd. Hann.Münden	
	6= Hümme - Karlshafen	
	* Walburg - Eichenberg mit Kopfmachen in Großalmerode-Ost	
Winter 58/59:		
4x V36	1= Pz Hümme/Karlshafen/Korbach	221 km/Tag
	2= Pz Hümme/Karlshafen/Korbach	212 km/Tag
	3= Rgd. Bettenhausen	142 km/Tag
	4= Rgd. Hann.Münden	125 km/Tag
Sommer 1961:		
2x V36	1= Rgd. Bettenhausen	
	2= Pz Kassel/Marburg/Treysa/Malsfeld/Wabern	132 km/Tag

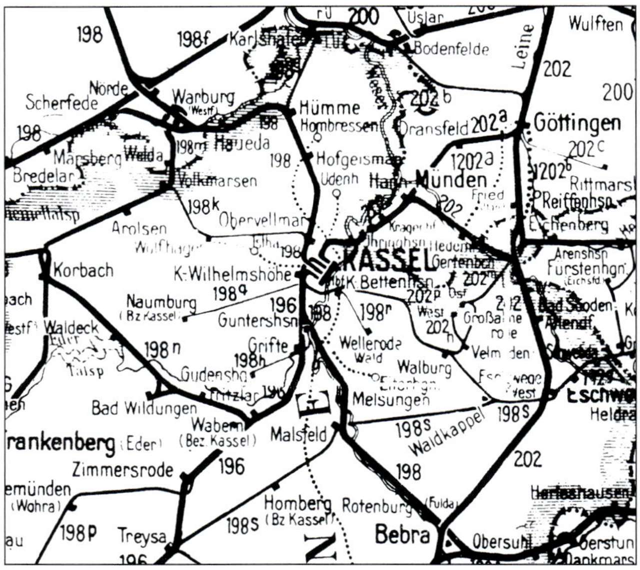

Mit deren schrittweiser Ausmusterung kamen ab Januar 1954 allerdings auch wieder V36 der WR-Bauart ins Bww; diesmal typrenrein, ausschließlich V36^1 (V36 105 107 114 117 150). Bis Jahresende 1954 war der Austausch - mit Ausnahme der V36 311 - abgeschlossen und der alte Zustand damit in etwa wieder hergestellt.

Eine beachtliche Steigerung der Kilometerleistungen ergab sich dann Ende 1948, als die Kasseler V36 erstmals Streckenleistungen im Personenzugverkehr bekamen. Gefahren wurde zunächst auf den Strecken

- Kassel - Hann.Münden (KBS 202),
- Kassel - Volkmarsen (KBS 198a) und
- Kassel - Treysa (KBS 196).

Ab 1949 ging es von Treysa aus weiter bis Oberaula, ab 1951 auch von Kassel nach Hümme, Eschwege

Die Jahre 1954/55 sorgten auch in punkto Streckeneinsätze für eine gewisse Beruhigung. Eingesetzt wurden die V36 danach nur noch auf den Linien

- Kassel - Volkmarsen - Korbach (KBS 198a/198)
- Kassel - Hümme (KBS 198e) und
- Hümme - Karlshafen l.U. (KBS 198d).

Für etliche Jahre blieben die Leistungen jetzt praktisch unverändert. Außerdem gab es Rangierdienste in Kassel-Bettenhausen (Anschlüsse zu Hafen, Kraftwerk, Industrie) sowie in Hannoversch Münden (Bedarfsübergaben zum Hafen und zur Papierfabrik Bonaforth).

Reinhard Todt

Schönes Weserbergland: Auf der Fahrt von Karlshafen nach Hümme legt V36 105 in Trendelburg einen Halt ein. Der letzte Wagen ist vermutlich ein ESA177 (Juli 1959).

Der abgebildete Umlaufplan vom Winter 1956/57 zeigt sehr schön, wie der Alltag seinerzeit beim Bww Kassel Hbf aussah:

Tag 1 beginnt in Hümme und enthält vor allem Güter- (Ng 9726) und Personenzüge auf der alten Friedrich-Wilhelms-Nordbahn zwischen Hümme und Karlshafen. Am späten Nachmittag geht es mit P 1207 nach Kassel und am Abend noch mit dem Nahschnellverkehrszug N 828 zum 73 Kilometer weit entfernten Korbach.

Am **Tag 2** das gleiche, nur umgekehrt: Nach Übernachtung in Korbach wird zuerst der N 827 nach Kassel übernommen, dann P 2674 nach Hümme. Mittags noch einmal kurz nach Kassel und zurück, anschließend dann Pendelverkehr zwischen Hümme und Karlshafen.

Den Rest bilden zwei **eintägige** Pläne mit den genannten Rangierdiensten in Kassel-Bettenhausen (Zuführung mit Nahgüterzügen von/nach Hümme) bzw. in Hann.Münden. Die Mündener Lok war fest dort stationiert und wurde selbst bei kleineren Schäden vor Ort durch Kasseler Werkstättenpersonal repariert.

Von den fünf in Kassel stationierten V36ern waren also vier planmäßig eingesetzt, davon zwei mit Tagesweiten von deutlich über 200 Kilometern (etwa 3500-5000 km/Monat).

Der Abschied aus dem Streckendienst begann Anfang der 60er Jahre: Vermutlich schon im Sommerfahrplan 1961 waren die Leistungen der V36 zwischen

Bww Kassel Hbf (1):

1. Stationierungsabschnitt:

V36 003 :	(.47)	neu	-	ca.49	Bremen Hbf
V36 105 :	01.06.45	neu	-	10.05.48	Frankfurt-1
V36 110 :	09.12.45	neu	-	31.07.50	München Bww
V36 217 :	01.10.45	neu	-	10.05.48	Frankfurt-1
V36 218 :	15.09.45	neu	-	17.10.50	Bremen Hbf
V36 312	(.03.47)	neu	-		...

V36 110: 12.2.46- 2.4.46 lw. an Muna Allendorf
V36 217: 2.4.47-14.8.47 lw. an Mannheim Rbf
Dezember 1945 bis April 1946 auf z

Karlshafen und Hümme vollständig an Diesel- und Akku-Triebwagen übergegangen. Für die V36 wurde stattdessen ein etwas kurioser Nacht- und Vormittags-

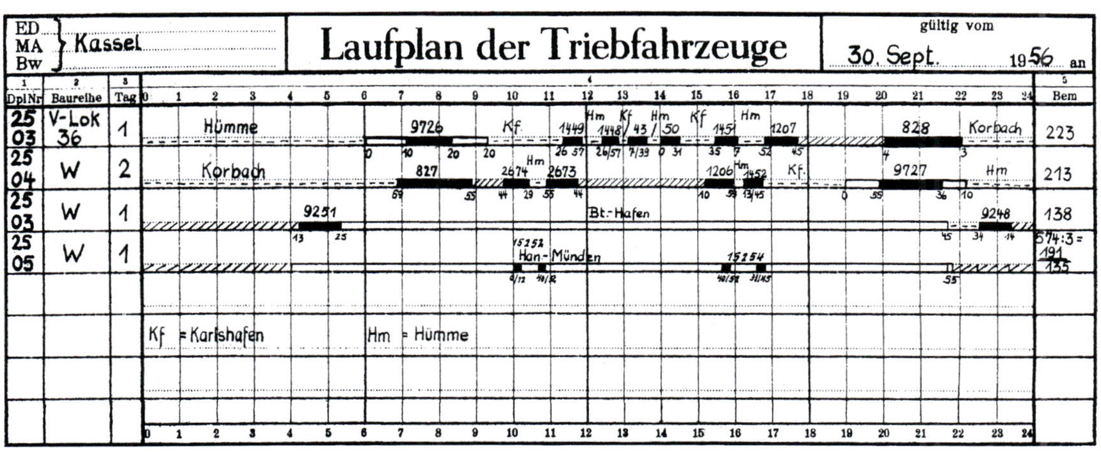

Rangierdienst in Hümme: Die Strecke mit dem eingebauten Fußmarsch zwischen Karlshafen l.U. (= linkes Ufer der Weser) und Karlshafen r.U. war von 1953 bis 1961 die Stammstrecke der Kasseler V36 (Juli 1958).

Reinhard Todt

Bww Kassel Hbf (2):

2. Stationierungsabschnitt:

V36 301 :	(08.12.50)	Wiesbaden	- 03.04.51	Fulda
	(.07.54)	Fulda	- .11.54	+
V36 310 :	22.11.50	Bremen Hbf	- 07.09.52	+
V36 311 :	03.10.53	Fulda	- 26.02.55	+
V36 312 :	...		-(30.11.50)	Fulda
	01.01.53	Fulda	- 13.08.54	+
V36 313 :	.07.50	Wt-Steinbeck	- 07.12.53	+
V36 314 :	18.08.50	Lübeck	- 06.09.54	+
V36 315 :	17.10.50	Bremen Hbf	- 31.05.54	Bremen Hbf
	22.07.54	Bremen Hbf	- 20.12.54	+
V36 317 :	25.07.54	Fulda	- 20.12.54	+
V36 318 :	(.01.51)	neu	- 23.04.54	+

V36 313 oder 318 = 1951/52 in Fulda

3. Stationierungsabschnitt:

V36 105 :	05.10.54	München Bww	- 13.10.60	Fulda
V36 107 :	16.07.54	Fulda	- 20.01.63	Fulda
	02.12.63	Fulda	- 14.01.64	Kassel Bw
V36 114 :	27.10.54	Nürnberg Hbf	- 13.01.63	Fulda
V36 117 :	05.01.54	Stuttgart	- 14.01.64	Kassel Bw
V36 150 :	27.05.54	Nürnberg Hbf	- 17.09.62	Fulda
	02.12.63	Fulda	- 14.01.64	Kassel Bw

P 1448 (30,1) 1. 2. Klasse
Vom 29. IX.—30. IV. nur an W
Hümme—Karlshafen l U
V 36,3 **Last 85 t** 37 Mindestbr

1 Lage der Betriebsstelle km	2 Höchstgeschw und Beschränkungen km/h	3 Betriebsstellen, ständige Langsamfahrstellen, verkürzter Vorsignalabstand	4 An der Trapeztafel hält Zug	5 Ankunft	6 Abfahrt	7 Kreuzung mit Zug	8 überholt / wird überholt durch Zug	9 Zuglaufmeldung durch
0,0	50	**Hümme**			12^{30}			
2,7		Stammen Hp		12^{34}	35			
		E ⌒						
4,4	40	Trendelburg		39	39			
		A ⌒						
	50	6,7						
	40	7,0 ⌒						
9,4	50	Wülmersen Hst ..		47	47			
13,5		Helmarshausen Hst Ag		54	55			
		E ⊢						
16,4	30	**Karlshafen l U** ...		13^{00}				Ag

Der Fahrplan für den Lokführer (mitte rechts): Im Sommer 1957 stimmte die Angabe *„V36,3“* natürlich nicht mehr. Außer V36 fuhren auch 78er, ETA176 und ETA179 zwischen Hümme und Karlshafen

plan mit den Zugläufen Kassel - Marburg, Marburg - Treysa, Treysa - Malsfeld - Treysa und Treysa - Wabern - Kassel aufgestellt. Bald darauf endeten die Personenzugleistungen ganz. 1962 wurden noch zwei V36 planmäßig eingesetzt: Eine in Hann. Münden und eine auf der Hafenbahn (Bettenhausen).

Der V36-Bestand beim Bww Kassel Hbf wurde - aus Platzmangel - zum 15.1.64 zum Bw Kassel verlagert. Auch dort wurde die V36 noch viele Jahre unterhalten; den hohen Stellenwert wie einst beim Bww hat sie aber nie wieder erlangt.

Bw Kassel

Die V36-Stationierung beim Bw Kassel war weit weniger ereignisreich als die beim Betriebswagenwerk. Personenzugeinsätze und Nahgüterzugdienste hat es - soweit bekannt - nach 1964 nicht mehr gegeben. Den Einsatzalltag bestimmten nun Rangierleistungen; schwerpunktmäßig, wie gehabt, in Kassel-Bettenhausen, aber auch auf den Nachbarbahnhöfen, z.B. in Kaufungen (mit Anschluß Papierfabrik), Waldau (mit Anschluß Neumühle) sowie in Kassel-Wilhelmshöhe (Übergabe zur Kleinbahn Kassel - Naumburg). Ab Ende der 70er Jahre spielten natürlich auch Az-Dienste eine große Rolle. Prominentere Leistungen wie z.B. das Umstellen von Reisezugwagen oder das Abziehen von Postwaggons im Hauptbahnhof wa-

Bw Kassel:

V36 105 :	25.08.64	Fulda	- 14.06,67	Fulda
V36 107 :	15.01.64	Kassel Bww	- 03.03.64	Fulda
	01.09.64	Fulda	- 29.05.65	Fulda
	24.08.66	Fulda	- 21.11.66	Fulda
V36 114 :	25.08.64	Fulda	- 18.10.68	Fulda
	06.01.69	Fulda	- 26.01.78	+
V36 117 :	15.01.64	Kassel Bww	- 07.03.64	Fulda
	25.08.64	Fulda	- 18.06.72	Fulda
V36 150 :	15.01.64	Kassel Bww	- 07.03.64	Fulda
	25.08.64	Fulda	- 29.05.65	Fulda
V36 213 :	30.09.73	Husum	- 27.05.79	+
V36 405 :	01.04.68	AW Kassel	- 23.05.68	Nürnberg Rbf

E. Spohr, Sammlung Rainer P. Spohr

Verwandtenbesuch aus Dortmund: Tante Elly und Onkel Willy kommen mit dem T2577, gezogen von einer Fuldaer V36³ (Tann, 25.7.52). Auch dieser Zug, gebildet aus roten Cid 21 b und Steuerwagen Pwgs 41, fährt als Wendezug! Das Bild ist eine absolute Rarität!

ren dagegen in Kassel stets Sache der 92⁵ (pr.T13), später der V60.

Zahlenmäßig kam die V36 schon ab 1967 nur noch auf zwei Lokomotiven; auch dies ein deutliches Zeichen für den mit den Jahren doch arg geschrumpften Stellenwert der alten WR-Lokomotive. Regelmäßige Einsätze wurden in Kassel immer seltener: 236 114-5 zum Beispiel brachte es zwischen ihrer letzten U2 (17.1.73) und der Z-Stellung am 9.11.77 gerade mal noch auf 40.000 Kilometer. Nur etwas mehr waren es bei der wegen ihres Hochführerstandes vom Personal bevorzugten 236 213-5.

Für beide Lokomotiven war Kassel die letzte Station bei der Bundesbahn. Nach ihrer Ausmusterung konnten beide allerdings noch verkauft werden, und blieben bei der Bremervörde-Osterholzer Eisenbahn bzw. bei den Verkehrsbetrieben Grafschaft Hoya noch viele Jahre im Einsatz.

Bw Fulda

Beim Bw Fulda war vieles ähnlich wie in Kassel: Es waren die gleichen Loks, die in etwa gleichen Stationierungsabschnitte und - zumindest zeitweise - auch sehr ähnliche Einsätze. Überhaupt fällt die enge Verbindung zwischen beiden Bw auf. Umbeheimatungen gab es meist nur von Kassel nach Fulda oder von Fulda nach Kassel zurück. Der Austausch von Loks über die Direktionsgrenzen hinweg war die Ausnahme. Die gleichen fünf V36, die 1954 mit dem Typenwechsel von V36³ auf V36¹ in die BD Kassel gekommen waren - V36 105, 107, 114, 117 und 150 - wurden, 25 Jahre später, hier auch noch ausgemustert!

Den Anfang in Fulda machten im Mai 1950 die beiden ex-Frankfurter V36 112 und 113. Beide waren durch die Neubauloks von MAK in Frankfurt entbehrlich geworden, wurden in Fulda allerdings noch im gleichen Jahr gegen V36 der DWK-Type ausgetauscht. 1951 umfaßte der Bestand bereits fünf Lokomotiven, alles V36³, die hauptsächlich in vormaligen 86er-Plänen auf der durch die Zonenteilung verstümmelten Rhönbahn

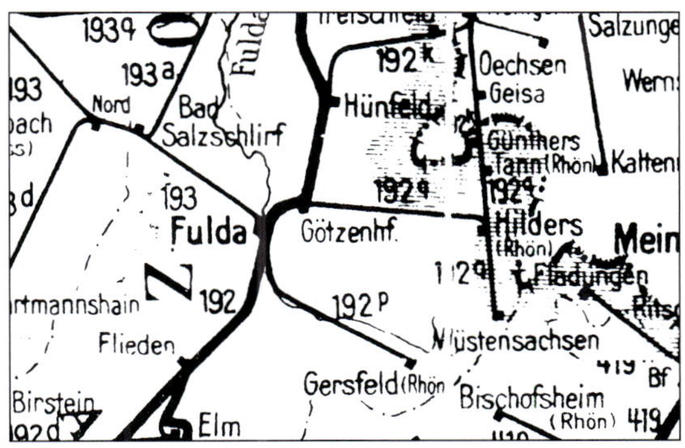

- Fulda - Hilders - Günthers / Wüstensachsen (1951-54)
  sowie auf der Strecke
- Fulda - Gersfeld (1953-54),

eingesetzt wurden. Die DWK-V36 fuhren dabei sogar Wendezüge (!) mit roten Zweiachser-Garnituren, vornehmlich im Pendelverkehr auf dem mit knapp 14 Kilometer längeren Streckenast Hilders - Tann/Günthers. Einige Kurse liefen aber auch über die Rhön bis Fulda durch. Die abgebildete Kursbuchtabelle vom Sommer 1951 zeigt die V36-Züge seinerzeit noch als Triebwagenkurse gekennzeichnet.

Fulda-Tann 1192 k

192k Fulda – Hilders (Rhön) – Günthers / Wüstensachsen

Alle Züge nur 3. Klasse

	T 2321	2325	2329		⚒T2577	2333	T 2585	†2337	⚒T2587	km	ZugNr ED Kassel ZugNr	⚒2578	2324	⚒2326		T2322	2328	T2582		T 2584	†2336
...	6.29	8.16	13.35	...	⚒14.47	17.30	19.22	†22.32	⚒22.32	0,0	ab Fulda 192. 192k. 193 ... an	⚒ 5.23	6.15	⚒ 7.32	...	9.48	13.00	16.39	...	21.15	†22.40
...	6.38	8.23	13.42	...	14.56	17.39	19.31	22.41	22.41	4,5	Götzenhof	5.17	6.08	7.26	...	9.42	12.54	16.32	...	21.09	22.35
...	6.44	8.28	13.47	...	15.02	17.44	19.37	22.46	22.46	7,5	Melzdorf-Almendorf	5.10	6.01	7.19	...	9.35	12.48	16.25	...	21.02	22.29
...	6.50	8.33	13.52	...	15.08	17.50	19.43	22.52	22.52	9,9	Wiesen (Kr Fulda)	5.06	5.56	7.13	...	9.30	12.43	16.20	...	20.57	22.25
...	6.54	8.37	13.56	...	15.11	17.54	19.47	22.55	22.55	11,1	Niederbieber	5.02	5.52	7.09	...	9.27	12.40	16.17	...	20.54	22.21
...	7.02	8.41	14.01	...	15.18	18.00	19.55	23.02	23.02	13,3	Langenbieber	4.58	5.47	7.04	...	9.23	12.35	16.12	...	20.49	22.17
...	7.14	8.49	14.09	...	15.31	18.10	20.08	23.14	23.14	17,1	Bieberstein	4.52	5.40	6.53	...	9.17	12.28	16.06	...	20.43	22.10
...	7.21	8.55	14.14	...	15.39	18.17	20.15	23.21	23.21	19,3	Elters	4.47	5.34	6.47	...	9.11	12.22	16.01	...	20.38	22.04
...	7.34	9.08	14.22	...	15.57	18.26	20.29	23.34	23.34	23,0	Milseburg	4.42	5.28	6.40	...	9.06	12.15	15.55	...	20.32	21.58
...	7.38	9.12	14.27	...	16.01	18.31	20.33	23.38	23.38	25,3	Rupsroth	4.33	5.21	6.34	...	8.57	12.09	15.46	...	20.18	21.53
...	7 43	9.17	14.31	...	16.06	18.36	20.37	23.43	23.43	27,9	Eckweisbach	4.25	5.13	6.27	...	8.48	12.03	15.38	...	20.09	21.48
...	7.48	9.23	14.37	...	⚒16.12	18.42	20.43	†23.49	⚒23.49	31,5	an Hilders (Rhön) ... ab	⚒ 4.18	5.05	⚒ 6.20	...	8.41	11.56	15.31	...	20.02	†21.42
⚒T2571	T 2573	⚒8711	†2575	T2579	⚒T2577	T2583	T 2585		T 2587	km	ZugNr ED Kassel ZugNr	⚒T2578	T2570	⚒T2572	T 2574	⚒8712	†T2576	T2582	⚒T2588	T 2584	†2586
⚒ 5.12	6.56	⚒ 9.27	†9.28	14.40	⚒16.20	18.46	20.50	...	23.55	0,0	ab Hilders (Rhön) ... an	⚒ 4.12	4.59	⚒ 6.16	8.07	⚒11.50	†11.49	15.25	⚒17.20	19.55	†21.36
5.17	7.03	9.37	9.35	14.45	16.25	18.52	20.55	..	0.00	2,9	Neu Schwambach	4.06	4.53	6.10	8.01	11.40	11.43	15.19	17.14	19.49	21.30
5.23	7.10	9.53	9.41	14.51	16.31	18.58	21.01	...	0.06	6,6	Habel-Lahrbach	3.59	4.46	6.03	7.53	11.31	11.36	15.12	17.07	19.42	21.23
5.29	7.16	10.32	†9.47	14.56	⚒16.36	19.04	21.06	...	0.12	10,0	Tann (Rhön)	⚒ 3.52	4.39	5.56	7.45	11.17	†11.29	15.05	⚒17.00	19.35	†21.16
⚒ 5.34	7.20	⚒10.38	an	an	an	19.09	an	...	an	13,9	an Günthers ... ab	...	4.33	⚒ 5.50	7.35	⚒10.50	...	...	...	19.29	...
†2319	T2321	2325	2329		⚒2331	2333	2335	2337		km	ZugNr ED Kassel ZugNr		2324	⚒2326		T2322	2328	2330		2334	†2336
...	7.49	9.27	14.39	...	⚒16.15	18.44	20.47	d 23.52	...	31,5	ab Hilders (Rhön) ... an	...	5.02	⚒ 6.18	...	8.38	11.51	15.27	...	19.59	†21.40
† 5.20	7.56	9.32	14.44	...	16.20	18.50	20.51	23.56	...	33,8	Batten	...	4.58	6.15	...	8.34	11.47	15.23	...	19.55	21.36
5.25	8.04	9.37	14.49	...	16.25	18.57	20.57	0.02	...	36,5	Selferts	...	4.53	6.10	...	8.28	11.42	15.18	...	19.49	21.32
† 5.30	8.13	9.43	14.55		⚒16.31	19.04	21.03	d 0.08	.	39,9	an Wüstensachsen ... ab	...	4.48	⚒ 6.05	...	8.23	11.36	15.12	...	19.44	†21.27

Joachim Claus

Als die Fuldaer V36 105 am 31. August 1967 in Bebra aufgenommen wurde, trug sie noch die Anschriften des Bw Kassel.

Bei der relativ üppigen Ausstattung mit vier bzw. fünf Loks muß die hohe Ausfallquote der V36[3] in Rechnung gestellt werden. Die monatlichen Laufleistungen lagen bei rund 5000 Kilometern.

Bw Fulda (1. Stationierungsabschnitt):

V36 112 :	06.05.50	Frankfurt-1	- 15.12.50	Gemünden
V36 113 :	06.05.50	Frankfurt-1	- 28.09.50	Gemünden
V36 301 :	ca.51	Kassel Bww	- . .54	Kassel Bww
V36 311 :	29.09.50	Gemünden	- 02.10.53	Kassel Bww
V36 312 :	(.01.51)	Kassel Bww	- 31.12.52	Kassel Bww
V36 317 :	(.06.51)	BD Stuttgart	- 22.06.54	Kassel Bww

etwa 1951/52 war außerdem (leihweise ?) die V36 313 oder 318 in Fulda

1954 war das kurze Gastspiel der dieselmechanischen Loks beim Bw Fulda dann auch schon wieder vorbei. Zum Sommerfahrplan wurden die letzten beiden DWK-Maschinen zum Bww Kassel Hbf umbeheimatet und wenig später dort ausgemustert.

Den Personenverkehr rund um Fulda übernahmen VT95[9]. Vor Güterzügen liefen bis zum Erscheinen der V100 die Fuldaer 86er.

Die V36 - diesmal Einheitstypen - kamen erst sechs Jahre später, im Oktober 1960, wieder nach Fulda. Zuerst war es nur eine Maschine (V36 105), ab 1962 dann eine zweite, in den 70er Jahren wurden durchweg drei bis vier Loks unterhalten. Viel zu tun gab es für die V36 zu dieser Zeit wohl schon nicht mehr. Die Altbau-Loks rangierten in Fulda (Anschlüsse Fuldaer Gummiwerke und Güterwagen-AW) oder Bebra, beförderten ab und an leichte Züge auf der Rhönbahn und betätigten sich im übrigen vor jeder Form von Arbeitszügen; z.B. bei

Bw Fulda (2. Stationierungsabschnitt):

V36 105 :	14.10.60	Kassel Bww	- 24.08.64	Kassel
	15.06.67	Kassel	- 23.10.76	+
V36 107 :	02.02.54	Mannheim	- 15.07.54	Kassel Bww
	22.02.63	Kassel Bww	- 01.12.63	Kassel Bww
	04.03.64	Kassel	- 18.08.64	Kassel
	30.05.65	Kassel	- 23.08.66	Kassel
	22.11.66	Kassel	- 06.08.77	+
V36 114 :	14.01.63	Kassel Bww	- 24.08.64	Kassel
	19.10.68	Kassel	- 05.01.69	Kassel
V36 117 :	08.03.64	Kassel Bww	- 24.08.64	Kassel
	19.06.72	Kassel	- 21.05.77	+
V36 150 :	26.10.62	Kassel Bww	- 01.12.63	Kassel Bww
	08.03.64	Kassel	- 24.08.64	Kassel
	30.05.65	Kassel	- 20.07.72	Mannheim
	15.11.72	Mannheim	- 21.04.77	+

der Elektrifizierung der Nord-Süd-Strecke (1962/63) oder beim Rückbau der Nebenbahn Niederaula - Schlitz (vor 1970).

So unauffällig, wie die Einsätze zuletzt waren, vollzog sich auch der Abschied der Fuldaer V36: 1976 wurde als erste Lok die 236 105 ausgemustert. Die übrigen drei - 236 107, 117 und 150 - folgten ein Jahr später. Die Fuldaer 236 107 ist heute als Zeugin vergangener Zeiten im DB-Museum Koblenz-Lützel ausgestellt.

Bundesbahndirektion Köln

In der BD Köln waren die V20/V36 nur eine Randerscheinung. Gerade mal zwei Heimat-Betriebswerke - Rheydt und Krefeld - tauchen bei Durchsicht der Standortnachweise in den Betriebsbüchern auf. Beide hatten die ehemaligen Wehrmachtloks zudem nur für kurze Zeit direkt nach dem Krieg (Rheydt) bzw. kurz vor der Ausmusterung (Krefeld).

Köln war damit die einzige Direktion, die fast gänzlich auf den Einsatz der V20/V36 verzichtete. Die Gründe dafür sind nicht eindeutig. Sie müssen aber wohl weniger beim Streckennetz oder in betrieblichen Eigenheiten der BD Köln gesucht werden, als in der Geschichte (bei Kriegsende waren keine WR-Loks im Direktionsbezirk zurückgeblieben).

Per 1.1.75 gab es zumindest aus statistischer Sicht noch eine kleine Aufwertung der WR-Lok-Bilanz. Im Zuge der „Neuordnung der Mittelinstanzen" wurde die BD Wuppertal aufgelöst und der Westteil der Direktion (mit dem Bw Wuppertal) der BD Köln zugeschlagen. Die guten Tage der damals noch neun Wuppertaler V36 lagen zu dieser Zeit aber schon lange zurück. Bis Mitte 1978 war die letzte V36 aus Wuppertal verschwunden.

Bw Rheydt

Das Bw Rheydt hat zeit seines Lebens nur für den lokalen, allenfalls auch für den regionalen Verkehr eine gewisse Rolle gespielt. Ende der 40er Jahre beheimatete es ausschließlich Güterzuglokomotiven, darunter eine größere Gruppe 50er für den Nahgüterverkehr im Raum Aachen/Mönchengladbach/Neuss/Duisburg sowie etliche preußische Länderbahnloks 55^{25} und 92^{5} für den Rangierdienst.

In dieser Zeit wurden wiederholt, selten aber länger als jeweils einige Monate, auch V22 und V36 in Rheydt stationiert, zum letzten Mal 1956 die von Wt-Steinbeck kommende V36 208.

Bw Rheydt:

V22 008 :	08.08.49	Wt-Steinb.	- 31.07.50	Ansbach
V22 100 :	. .50	Brem.Hbf	- 24.04.51	+
V36 124 :	19.08.48	Wt-Steinb.	- 11.07.49	Wt-Steinb.
V36 208 :	26.03.56	Wt-Steinb.	- 26.10.56	Wt-Steinb.

V22 008: ab 9.3.50 zur M0 im EAW Nürnberg; am (1.7.50) auf z

V22 100: anschließend Schlepplok AW Opladen (ab 23.7.51)

Die Loks erbrachten ausschließlich Leistungen für die im Großraum Mönchengladbach massierten britischen Armeeeinheiten. U.a. fuhren die V36 Flugbenzin-Züge zum Militär-Flugplatz in Rheindahlen. Die V22 100 lief von Rheydt aus auf der Kleinbahn Kaldenkirchen - Brüggen (zum britischen Muni-Depot Bracht). Verbürgt ist ein Unfall am 21.5.51 bei Heidhausen mit einem Brauerei-LKW. Außer 200 zertrümmerten Bier- und Sprudelflaschen war dabei aber kein nennenswerter Schaden zu beklagen.

Ab Anfang der 50er Jahre verfügte die Rheinarmee in Mönchengladbach über genügend eigene V36[197]. Die V36 208 half offensichtlich nur für die Dauer einer Lokrevision nochmals bei der Rheinarmee aus.

Bw Krefeld

Die Stationierung der V36 beim Bw Krefeld war eigentlich ein Versehen: Die einzige Lok, 236 119-4, wurde schon seit 1977 im Werksrangierdienst beim AW Schwetzingen eingesetzt und sollte ab 1.10.78 die gleichen Aufgaben beim AW Krefeld-Oppum übernehmen; und zwar als Ersatz für die ausgemusterte 245 009.

V36 119 : 29.12.78 AW Krefeld - 31.12.80 +

Erst in Krefeld fiel allerdings auf, daß die V36 wegen ihrer tiefliegenden Federbundschrauben das Schiebebühnenfeld nicht (bzw. nicht ohne Gefahr des ständigen Anstoßens und Auflaufens) befahren konnte. Bereits nach wenigen Tagen zog die ZTL die Lokomotive deshalb aus dem Werksverschub zurück und stationierte sie - mangels anderweitiger Verwendungsmöglichkeiten - erst mal beim Bw Krefeld. Dabei blieb es dann auch.

Schon im November/Dezember 1978 (die 236 119 gehörte zu dieser Zeit offiziell noch zum AW-Bestand) absolvierte die Maschine beim Bw Krefeld mehrere Arbeitszug-Einsätze am gesamten Niederrhein, und zwar im Einzelnen in

- Rheydt (8./9.11.78),
- Hohenbudberg (14.-16., 20./21. sowie 24. und 29.11.78),
- Alpen (17.11.78),
- Kempen (23.11./14.12.78) und
- Aldekerk (12./13.12.78).

BD KÖLN
V20/V36-Stationierungen 1948-1979 (Stand: jeweils 31.12.)

Bw	Type	1948	1949	1950	1951	1975	1976	1977	1978	1979
Krefeld	V36	-	-	-	-	-	-	-	1	1
Rheydt	V22		1	1	-	(aufgelöst)				
	V36	1								
Wuppertal	V36		(von BD Wuppertal)			9	8	2	-	-
BD gesamt		**1**	**1**	**1**	**-**	**9**	**8**	**2**	**1**	**1**

Im ganzen Jahr 1979 reichte es dann allerdings nur noch zu zwölf, 1980 sogar nur noch zu zwei (!) Einsatztagen. Die übrige Zeit stand die Lok mit Einsatzbereitschaft im Bw Krefeld abgestellt. Im Oktober 1980 erfolgte der Verkauf an die Fa. Schwenk, am 31.12.80 dann auch die amtliche Ausmusterung.

197 Ausführlich ab Seite 397

HELMUT ROGGENKAMP

Der Hemmschuh kann bleiben: Die Krefelder 236 119-4 brachte es im ganzen Jahr 1980 nur noch auf zwei Einsätze. Die übrige Zeit stand sie - wie auf diesem Bild - als Betriebsreserve im Heimat-Bw (Bw Krefeld, 15.9.80).

Joachim Claus/Eisenbahnstiftung

Die BD Mainz hatte immer nur ganz wenige V20/V36 im Bestand. Auch die Einsätze waren unspektakulär. Die Mainzer V20 053 ragiert auf dem Industriestammgleis an der Rheinallee (16.3.61).

Bundesbahndirektion Mainz

Die BD Mainz gehörte zu den Direktionen, die erst relativ spät nach 1945 zu V20/V36-Ehren kamen. Der erste Vorbote war im Frühjahr 1953 die ex-Ansbacher V20 052. Ihr folgten in den Jahren darauf kaum mehr als eine Handvoll weiterer Wehrmachtdiesels, die bei den Bw Mainz, Ludwigshafen und Kaiserslautern stationiert wurden.

Keines dieser Bahnbetriebswerke zählte jemals zu den großen und überregional beachtenswerten V20/V36-Standorten. Die Bestände waren immer nur gering, die Fluktuation mäßig und die Einsätze unauffällig. Immerhin hielten sich die Einsätze der Ludwigshafener V20 bis ins Jahr 1979. Die 270 054-0 war neben der Hamburg-Harburger 270 035-9 die letzte V20 der DB überhaupt.

Zwei Anmerkungen verdienen es, vorab festgehalten zu werden:

Erstens: In der BD Mainz wurden immer nur Umbau-V20er der DWK-Type (ex V22) sowie $V36^2$ der Holmag/MAK-Serie von 1948 eingesetzt. Andere Unterbaureihen sind nie, auch nicht einmal leihweise, in die rheinland-pfälzischen Bw gekommen. Und **zweitens**: Von wenigen Ausnahmen abgesehen, erfolgte der Einsatz der V20/V36-Lokomotiven in der BD Mainz ausschließlich im Rangierdienst. Die ganz ansehnliche Motorisierung der Nebenbahnen bis Mitte der 50er Jahre[198] ging allein auf das Konto von Diesel- und Akkutriebwagen (besonders VT33, VT95, ETA180).

Bw Mainz (Hbf)

Das Bw Mainz hatte seine Aufgaben traditionell in der Personenzugförderung auf den Hauptbahnen im Rhein- (Richtung Köln) und im Alsenztal (Richtung Kaiserslautern). Darüber hinaus waren - wie die nachfolgende Triebfahrzeugliste vom 31.12.50 deutlich macht - aber auch verschiedene Nebenbahnlokomotiven sowie etliche schwere (55^{16}, 56^{2}) und leichte (88, 89^{70}) Rangierloks im Bestand.

198 Huber, BD Mainz, S.1239

BD M A I N Z
V20/V36-Stationierungen 1949-1978 (Stand: jeweils 31.12.)

Bw	Type	1949	1952	1954	1956	1958	1962	1966	1970	1974	1978
Kaiserslautern	V36	-	-	1	1	-	-	-	-	(an BD Saarbrücken)	
Ludwigshafen	V36	-	-	-	-	-	2	2	2	(an BD Karlsruhe)	
	V20							2	2		
Mainz	V36	-	-	1	2	2		-	-	(an BD Frankfurt)	
	V20			2	2	2	2				
BD gesamt		**-**	**-**	**4**	**5**	**4**	**4**	**4**	**4**	**-**	**-**

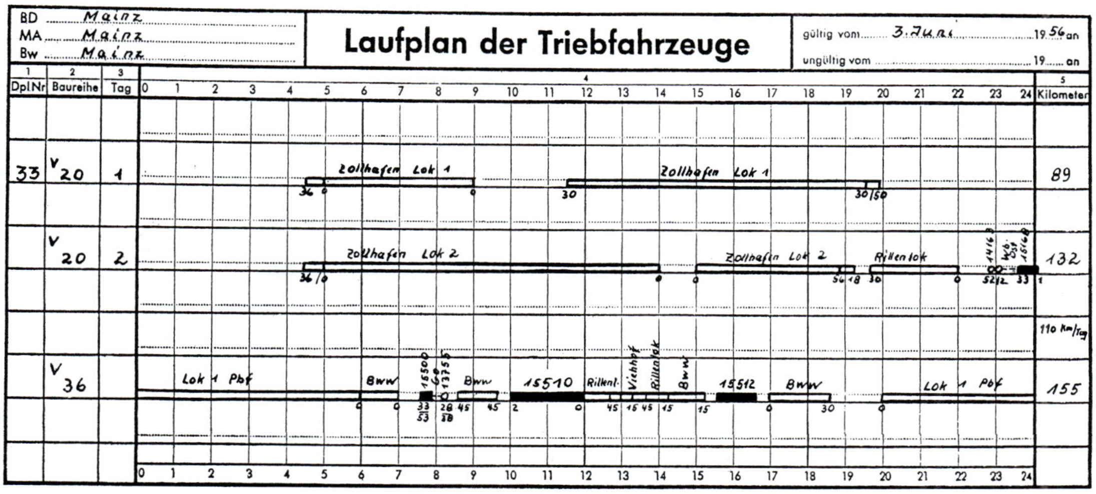

03 008 010 045 066 107 167 182 184 226 275 280 289
38 2019 2541 2621 2977 2995 3092 3367 3486 3560 3694 3952
52 168 608 3330 3401 3499 5041 5364 6328 6884
55 1736 1742 2234 3286 3717
56 235 245 545 575
78 102 186 192 195 196 321 459
88 03 04 05
89 7308 7315 7414

Eingesetzt waren die Dieselloks auch Ende der 50er Jahre noch in den alten T3-Einsatzfeldern, d.h.

die **V 2 0** fast aussschließlich im Hafen und (zeitweise) vor einer mitternächtlichen Übergabe von Wiesbaden-Ost nach Mainz und

die **V 3 6** als Rangierlok im Personenbahnhof sowie im Übergabedienst u.a. nach Mainz-Gonsenheim, -Weisenau und -Süd, außerdem im Verschub im Bww, am Viehhof und im Güterbahnhof.

Von Interesse sind hier besonders die 1945 von der Hafenbahn Mainz übernommenen 8803-8805 sowie die drei T3-Lokomotiven. All diese Loks hatten bereits an die 50 Betriebsjahre auf dem Buckel und bedurften dringend der Ablösung.

Die ersten Versuche dazu begannen im April 1953 mit der anfangs nur leihweise in Mainz beheimateten V20 052. Der Testbetrieb verlief wohl erfolgreich. Anfang Juli 1953 jedenfalls wurde die V20 fest in Mainz stationiert. Weitere V20 und V36 folgten ab Januar 1954.

Etwa zehn Jahre lang blieben die Loks danach in Mainz. Zunächst waren es drei bis vier Maschinen (verteilt auf beide Baureihen), ab Anfang 1959 dann nur noch zwei Loks V20. Die untenstehende Übersicht faßt die wichtigsten Daten aus den Laufplänen der Jahre 1956-1961 zusammen.

Die Hafenlok: Im Frühjahr 1961 waren noch beide Mainzer V20 als Rangierloks im Hafen eingesetzt. Den Part der Lok 7 übernahm im gleichen Sommer eine Köf III (16.3.61).

JOACHIM CLAUS

LAUFPLANÜBERSICHT 1956-1961
Bw Mainz Hbf

Bedarf	Einsatz	km/Tag/Lok
Sommer 1956:		
2x V20	Rgd. Zollhafen Lok 1+2	111 km/Tag
1x V36	Rgd. Pbf, Bww, Viehhof	155 km/Tag
Sommer 1958:		
2x V20	Rgd. Hafen Lok 1+2, Gbf	101 km/Tag
2x V36	Rgd. Pbf	120 km/Tag
	Rgd. Pbf, Bww, Viehhof	
	Üg. Weisenau, Gbf	
Sommer 1961:		
1x V20	Rgd. Hafen Lok 6	87 km/Tag

Bw Mainz:

V20 052 :	21.04.53	Ansbach	- 17.01.54	Mannheim
V20 053 :	08.07.54	Stuttgart	- 17.04.63	Ludwigshafen
V20 054 :	20.01.54	Stuttgart	- 15.03.54	Stuttgart
	13.05.54	Stuttgart	- 17.04.63	Ludwigshafen
V36 255 :	26.01.56	Gerolstein	- 28.05.57	Gerolstein
V36 260 :	22.03.58	K'lautern	- 12.01.59	Ludwigshafen
V36 262 :	07.01.54	Trier	- 16.01.59	Ludwigshafen

Die Beanspruchung speziell der V36 war dabei gar nicht gering. Im Sommerfahrplan 1956 z.B. - siehe Abbildung oben - fuhr die Lok in drei Schichten fast rund um die Uhr und kam dabei auf 155 km/Tag. Die V20 sollen in Mainz zeitweilig - 1953/54 - sogar Personenzüge zwischen Mainz und Mainz-Gonsenheim bespannt

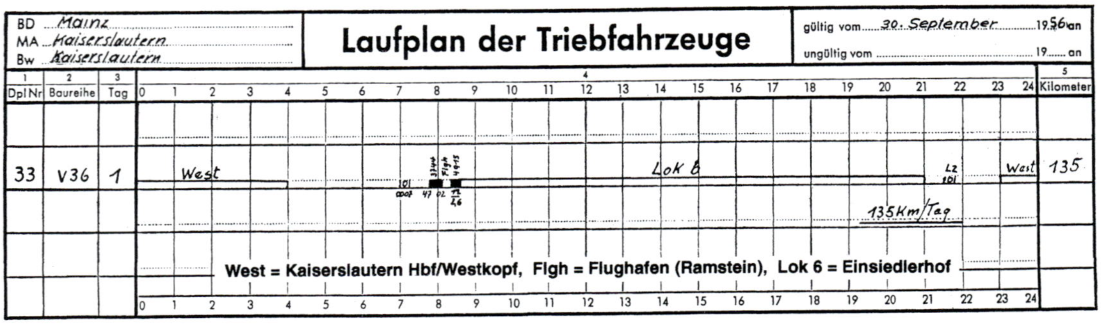

haben[199] (dort befand sich seinerzeit eine große Einrichtung der US-Armee; vermutlich reiner Militär-Personenverkehr).

Die V36 255 war nur leihweise in Mainz und gehörte die ganze Zeit über offiziell zum Bestand des Bw Gerolstein.

Als erste der beiden Wehrmachtlok-Baureihen wurde Anfang 1959 die V36 durch modernere V60-Lokomotiven ersetzt und nach Ludwigshafen abgezogen. Die V20 blieb noch bis April 1963, lief zuletzt aber nur noch in einem gemeinsamen Plan mit einer Köf III. Wie die V36 fand auch die V20 ihr neues Zuhause in Ludwigshafen.

Bw Kaiserslautern

Das Bw Kaiserslautern wurde Ende 1954 zum V36-Standort. Hintergrund war eine dringliche Anforderung der US-Armee, der zur Bedienung ihres Treibstofflagers auf dem Militär-Flugplatz Ramstein - täglich rund 20 vierachsige Kesselwagen - lediglich eine völlig überforderte Köf II zur Verfügung stand. Gefordert wurden zwei ex-geschützte $V36^2$. Letztlich blieb es allerdings bei einer Maschine, und auch die ohne Ex-Schutz, weil die K-Anlage bei sämtlichen V36 bis 1954 bereits ausgebaut waren. Ein anfangs noch geplanter Wiedereinbau der alten Wehrmachts-Abgaskühler (vorgesehen waren dafür die V36 251, 254 und 261) unterblieb ebenfalls mangels Masse.

Deutsche Bundesbahn
Generalbetriebsleitung Süd
M 62 Flm

Stuttgart N, den 10.12.1954
Jägerstr. 15

An die
Hauptverwaltung der
Deutschen Bundesbahn
Frankfurt (Main)

Betreff: Einsatz von Diesellok V 36 mit Explosionsschutz
Bezug: Ohne
Berichter: BR Schmid für Dez M (5722)

Die BD Mainz hat Antrag gestellt auf sofortige Zuweisung von 2 Diesellok V 36 mit Explosionsschutz. Die beiden Lok sollen ein Treibstofflager der US-Armee im Raum Kaiserslautern bedienen, in dem große Mengen hochexplosiven Treibstoffes gelagert sein sollen.

Nach einer Umfrage bei den BD ist an sämtlichen Diesellok V 36 des ehemaligen Wehrmachtsbestandes die in Frage kommende Schutzeinrichtung nach dem Kriege wieder ausgebaut worden. Das BZA München teilt dazu außerdem fernmündlich mit, daß die ausgebauten Einrichtungen nicht mehr auf Lager liegen.

Wir bitten daher um Genehmigung und Anweisung, daß an 2 Diesellok V 36 der geforderte Explosionsschutz angebaut wird. Wir beabsichtigen dafür je eine Diesellok $V 36^2$ der BD Frankfurt und Karlsruhe aus dem Zivilverkehr freizumachen.

I. V. gez Unverzagt

Horst Troche

Die in Windeseile nach Kaiserslautern abkommandierte Aushilfe war V36 260, die im Dezember 1954 von Darmstadt in die Pfalz kam. Im Winterfahrplan 1956/57 z.B. (siehe Abbildung oben) sah ihr Einsatzalltag folgendermaßen aus:

Nach Dienstbeginn (7.00 Uhr) war zunächst ein Dienstzug (Pnö 3714; nichtöffentlicher Personenzug) von Kaiserslautern Hbf zum Militär-Flugplatz Ramstein (Anschlußgleis zum Bf. Einsiedlerhof, KBS 279) zu befördern.

Anschließend Übergabe zurück zum DB-Bf. Einsiedlerhof und ganztägiges Rangieren dort und im Treibstofflager als Lok 6 (8.30 bis 21.00 Uhr).

In der Nacht wurden zur besseren Ausnutzung der Lok dann noch Rangierdienste am Westkopf des Kaiserslauterner Hauptbahnhofs erbracht (23.00 bis 4.00 Uhr).

Auch im Bahnhof Eselsfürth (US-Panzerkaserne und Nachschublager) soll die V36 später eingesetzt gewesen sein. Die monatlichen Laufleistungen lagen bei 4000-4500 km.

Von kurzen Vertretungen abgesehen, blieb V36 260 die einzige WR-Lok in Kaiserslautern. Im Februar 1958 übernahmen neugelieferte V60 ihre Dienste.

V36 255 :	03.07.57	Trier	- 16.07.57	Trier
	08.08.57	Trier	- 19.08.57	Trier
V36 260 :	20.12.54	Darmstadt	- 26.02.58	Mainz
V36 261 :	09.06.55	Gerolstein	- 29.07.55	Gerolstein

Bw Ludwigshafen

Wie in Mainz und Kaiserslautern waren die V20/V36 auch in Ludwigshafen ganz bzw. überwiegend im Rangierdienst tätig. Das Bw unterhielt dafür rund zwei Jahrzehnte lang einen nahezu gleichbleibend großen (bzw. kleinen) Bestand von je zwei Loks beider Baureihen. Lokwechsel mit anderen Betriebswerken hat es in den ganzen Jahren so gut wie nicht gegeben. Erst Ende 1973 mit dem Austausch der beiden V36 gegen eine V20 aus Mannheim kam überhaupt etwas Bewegung in den Lokpark.

Die ersten V36 - V36 260 und 262 - gingen in Ludwigshafen im Januar 1959 zu. Beide kamen aus Mainz. Bereits im Februar wurde ein erster, zweitägiger Laufplan aufgestellt. Er zeigt zwei lupenreine Rangiertage

- in Speyer (144 km/Tag) bzw.
- in Frankenthal (147 km/Tag).

Die Zuführung von Ludwigshafen nach Speyer geschah mit einem frühmorgendlichen Dienstzug, die nach Frankenthal als Lz. Auf beiden Bahnhöfen wurden vermutlich T12-Lokomotiven ersetzt.

Der V36-Plan ist in dieser Form über etliche Jahre beibehalten worden. Erst ab Mai 1965 gingen die monatlichen Laufleistungen merklich zurück. Anfang der 70er Jahre rangierte eine V36-Lokomotive in Germersheim; die zweite stand als Reserve- und Az-Lok zur Verfügung.

199 Jahresbericht motorisierte Zugförderung 1954

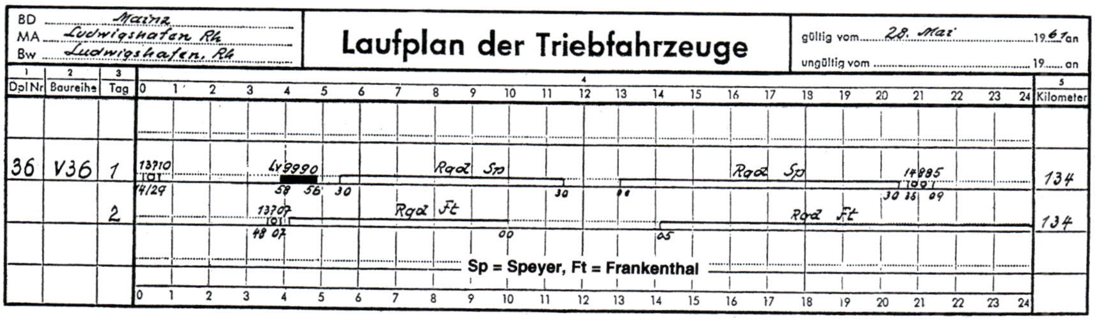
BD Mainz
MA Ludwigshafen Rh.
Bw Ludwigshafen, Rh.

Laufplan der Triebfahrzeuge

gültig vom 28. Mai 1961 an
ungültig vom .... 19.... an

DplNr	Baureihe	Tag	Kilometer
36	V36	1	134
		2	134

Sp = Speyer, Ft = Frankenthal

Bw Ludwigshafen:

V20 052 :	25.12.73	Mannheim	- 21.04.77	+
V20 053 :	18.04.63	Mainz	- 31.10.76	+
V20 054 :	18.04.63	Mainz	- 25.06.80	+
V36 255 :	03.11.59	Trier	- 22.07.71	München Hbf
	25.09.71	München Hbf	- 31.01.74	Mannheim
V36 260 :	13.01.59	Mainz	- 23.12.73	Mannheim
V36 262 :	17.01.59	Mainz	- 26.10.59	Trier

Peter Melcher

Etwas anders sah der Betrieb mit den 200-PS-Lokomotiven aus. Die ersten beiden V20 waren im Frühjahr 1963 von Mainz gekommen, eine dritte stieß an Weihnachten 1973 dazu. Jeweils eine der zwei bis drei V20 war fest dem Bahnhof Neustadt/Weinstraße zugeteilt und wurde von dort aus

- als Rangierlok in Neustadt/Weinstraße,
- bei der Bedienung der Gleisanschlüsse im Bereich Neustadt - Lambrecht - Frankeneck sowie
- vor dem täglichen (Bedarfs-) Güterzug auf der idyllisch gelegenen Nebenbahn Lambrecht - Elmstein (13 km)

eingesetzt. Als „Kuckucksbähnel“ mit Museums-Dampfbetrieb ist diese schon 1960 für den Personenverkehr stillgelegte Strecke heute wieder überregional bekannt[200]. Im Güterverkehr war hier in den 60er und Anfang 70er Jahren besonders die Holzabfuhr von Bedeutung.

Der Planbetrieb mit der in Neustadt/Weinstraße als *„schwarze Kattel“* bezeichneten V20 endete 1974 (ersetzt durch Köf III). Danach waren die 270 nur noch Rangierreserve sowie im Bauzugdienst im gesamten Großraum Ludwigshafen (u.a. Speyer, Frankenthal, Ludwigshafen) zu sehen. Viele Kilometer sind in dieser Zeit sicherlich nicht mehr zusammengekommen; meistenteils standen die Loks abgestellt im Bw. Als letzte ihrer Type wurde die 270 054-0 im Juli 1979 z-gestellt und knapp ein Jahr später ausgemustert.

Zwei aus dem Ludwigshafener Mini-Bestand: Links V36 260, die einzige V36 mit richtigem Loknummernschild, im Heimat-Bw (23.7.65), rechts 270 053-2 im Elmsteinertal (20.6.73).

Dieter Höltge

200 Frank, Elmsteinertalbahn

Günter Schablin

Die Kanzel-V36: Die BD München hatte auch nach Aufgabe der V36-Einsätze im Nebenbahndienst hauptsächlich Lokomotiven mit Führerhauskanzel im Bestand (München, 28.5.65).

Bundesbahndirektion München

Die BD München[201] war für die V20/V36-Lokomotiven immer von besonderer Bedeutung. Nicht in erster Linie wegen Umfang oder Dauer der V20/V36-Stationierung (die sich nicht grundlegend von denen in anderen Direktionen unterschieden), sondern wegen des besonderen Einflusses, den die BD Anfang der 50er Jahre auf die weitere Entwicklung der WR-Lokomotiven genommen hat.

In der BD München wurde die **Einmannbedienung** mit Hochführerstand („Bauart Rosenheim") quasi erfunden.

Und in der BD München gelang mithilfe der V36 etwas, wovon andere Direktionen in dieser Zeit nur träumten: Nämlich die **„Vollmotorisierung"** verschiedener Nebenbahnen sowohl im Personen-, wie auch im Güterzugdienst.

Nach einer amtlichen Aufstellung[202] vom 31.12.54 waren zu diesem Zeitpunkt schon folgende Strecken gänzlich *„auf Triebfahrzeuge mit Brennkraftmaschinen umgestellt"*:

- Thann-Matzbach - Haag,
- Endorf - Obing,
- Prien - Aschau,
- Übersee - Marquartstein und
- Hörpolding - Traunreut.

Nur in Prien und Übersee fuhren bereits Schienenbusse VT95[9]. Ansonsten bestimmten allein die V36 das Geschehen.

Auch in punkto Stationierungen gab es einige Besonderheiten in der BD München: Auffallend ist hauptsächlich die große Zahl der V20/V36-Betriebswerke.

201 Die wesentlichen Laufplan-Unterlagen aus der BD München hat dankenswerterweise Heinz Skrzypnik zur Verfügung gestellt

202 Jahresbericht motor. Zugförderung 1954, Anlage 2

BD MÜNCHEN
V20/V36-Stationierungen 1949-1978 (Stand: jeweils 31.12.)

Bw	Type	1949	1950	1952	1954	1956	1958	1962	1966	1970	1974	1978
Freilassing	V36	-	-	1	1	3	3	2	-	-	-	-
Garmisch	V36	-	-	1	1	-	-	-	-	-	-	-
Ingolstadt	V36	-	-	-	-	-	-	-	-	-	-	-
Mühldorf	V36	-	-	-	1	2	-	-	-	-	-	-
München Bww	V36	4	4	9	5	3	4	(aufgelöst)				
	V20	3	3									
München Bw	V36	-	-	-	-	1	-	6	8	9	5	-
Rosenheim	V36	-	-	-	2	-	2	-	-	-	-	-
BD gesamt		**7**	**7**	**11**	**10**	**9**	**9**	**8**	**8**	**9**	**5**	**-**

Dafür waren die Bestandsgrößen meist sehr gering. Freilassing, Garmisch, Ingolstadt, Mühldorf oder Rosenheim hatten selten mehr als ein oder zwei Loks gleichzeitig. Nur in München selbst waren die Stückzahlen immer sehr ordentlich.

Schließlich und endlich: Seit 1951 - nach Wiederherstellung einigermaßen geordneter Verhältnisse - wurde in der BD München typenrein mit V36[1] gefahren. V36 mit Deutz-Motor und auch V20-Lokomotiven, die damals in einer großen Tauschaktion nach Regensburg abgegeben worden waren, hat es nach 1951 in München nicht mehr gegeben.

Bww München Hbf

Das Bww München Hbf hatte in der Direktion eine ähnlich beherrschende Stellung wie etwa Hmb-Harburg im Norden oder Frankfurt im Rhein/Main-Gebiet: Hier war - auch stückzahlmäßig - stets der Mittelpunkt der V20/V36-Unterhaltung in der BD München. Von hier wurden die Loks auf die einzelnen Bw verteilt. Und nach hier kamen sie auch zurück, bevor sie möglicherweise in andere Direktionen getauscht oder abgegeben wurden.

Diese zentrale Rolle war dem Bww schon kurz nach dem Krieg zugefallen. Bereits der erste amtliche Motorlokbestand vom 31.8.46 nennt für das damals noch als Bww Pasing West bezeichnete Depot folgende Loks:

200 PS: 36667, 2580
360 PS: 21129, 36298, L10, L19/225, L5/272
und 1x unbekannt

36667 = später DB V20 007
2580 = unbekannt
21129 = später DB V36 231
36298 = später DB V36 119

LAUFPLANÜBERSICHT 1948-1954
Bww München Hbf

Bedarf	Einsatz	km/Tag/Lok
Winter 1948/49:		
3xV36	1x Rgd. Flugh.Weichselbaum	
	1x Rgd. Flugh.Maisach	
	1x Rgd. Freiham	143 km/Tag
Sommer 1949:		
1xV20	1x Az-Lok Bm	
5xV36	1x Rgd. Flugh.Weichselbaum	
	1x Rgd. Flugh.Maisach	
	1x Rgd. Schleißheim	
	2x Rgd. Pasing-West	119 km/Tag
Sommer 1953:		
5xV36	1x Rgd. Alabama (*„z.Zt.Endorf"*)	
	1x Rgd. Freiham (*„entfällt ab 4.10."*)	
	1x Rgd. Allach	
	1x Rgd. Flugh.Maisach	
	1x Eindrücklok Mü-Laim	120 km/Tag
Sommer 1954:		
4xV36	1x Rgd. Dachau	
	1x Rgd. Maisach	
	1x Rgd. Alabama	
	1x Eindrücklok Mü-Laim	95 km/Tag
Sommer 1957:		
3x V36	1x Rgd. Dachau	
	1x Rgd. Maisach	
	1x Eindrücklok Mü-Laim	101 km/Tag

Die Maschinen mit L-Nummern waren französische Beutelokomotiven, alle anderen Einheitstypen WR200B14 bzw. WR360C14. Die beiden 200-PS-Maschinen und vier der sechs 360-PS-Loks standen auf z.

Die weitere Bestandsentwicklung[203] ist ingesamt etwas unübersichtlich. Mehrfach wurden Loks übernommen, dann aber von der Besatzungsmacht doch noch nicht freigegeben oder wegen zu großer Schäden wieder vom Bestand abgesetzt. Erst im Laufe des Jahres 1948 klärten sich die Verhältnisse einigermaßen. Der Diesellokbestand vom 31.12.48 (keine davon mehr z):

V20 002 007 038
V36 119
231 252 253 255,

die letzten drei aus Neulieferung. Zumindest auf dem Papier war damit - neben diversen VT, SVT und GVT - in Pasing-West schon eine ganz passable Diesellokabteilung entstanden. In der Praxis waren aber noch immer viele Lokomotiven entweder an die US-Besatzung oder an andere DR-Dienststellen ausgeliehen, z.B.:

V20 038	: .05.47 -	.01.49	an US-Lager „Alabama"
V20 002	:	.03.49	an US-Lager „Alabama"
V36 119	: .01.48 -	.04.48	an Flugh. Maisach
V36 153/253	: .01.48 -	.04.48	an Flugh. Weichselbaum
V36 152/252	: .01.48 -	.02.48	an Bw F-1

V36 231 konnte nach einer fast ein Jahr dauernden Instandsetzung erst am 1.12.48 in Betrieb genommen werden.

Die Einsätze in diesen Jahren um 1950 waren noch recht bunt gemischt. Der Schwerpunkt lag aber eindeutig beim Rangierdienst, und hier insbesonders bei Leistungen für die Besatzungsmacht. Im Winterfahrplan 1951/52 z.B. wurden noch fünf von sechs planmäßig eingesetzten V36 für den Verschub in US-Militäreinrichtungen[204] benötigt. Pro Monat erreichten die Lokomotiven dabei zwischen 1500 und 4000 km:

Bww München Hbf (1947-1951):

V20 002 :	14.08.48	Schwandorf	- 01.12.50	Oldenburg
V20 007 :	05.09.47	neu	- 03.10.49	Passau
V20 020 :	03.08.50	Nürnberg Hbf	- 17.07.51	Passau
V20 021 :	26.08.50	Soltau	- 17.07.51	Passau
V20 022 :	01.12.50	Bocholt	- 17.07.51	Regensburg
V20 023 :	10.02.51	Augsburg	- 17.07.51	Plattling
V20 037 :	.05.47	neu	- 28.05.47	Ingolstadt
	16.12.49	Ingolstadt	- 29.08.50	Husum
V20 038 :	.05.47	neu	- 17.12.50	Soltau
V36 119 :	28.09.47	neu	-	...
V36 231 :	30.01.48	neu	- 04.07.50	Wt-Steinbeck
V36 252 :	14.01.48	neu	- 27.07.50	Bremen Hbf
V36 253 :	15.01.48	neu	- 06.12.50	Darmstadt
V36 255 :	02.09.48	neu	- 03.10.49	Stuttgart

V20 022: in München nur 27 Tage in Betrieb (Dez.50/Jan.51); Januar 1951 zwei Tage auf z
V22 009: 06.10.49- .12.49 lw. vom Bw Mannheim Rbf

V36 220: 05.08.48-30.10.48 lw. vom Bw F-1
V36 252: 14.01.48-25.02.48 lw. an Bw F-1 (für Versuchsfahrten; noch als V36 152)
V36 255: .03.49- .10.49 lw. an Bw Stuttgart

203 St10a BD München
204 Texas = ehem. Wifo-Tanklager Unterpfaffenhofen (heute Krailing Oils); Alabama = ehem. Wehrmachtsdepot, Mü-Milbertshofen (heute Bundeswehr); Maisach = heutiger NATO-Stützpunkt Fürstenfeldbruck; um 1948/49 wurden außerdem folgende US-Stützpunkte bedient: Weichselbaum = Dornier-Werke (heute Forschungsanstalt für Luft- und Raumfahrt); Schleißheim = Militärflughafen (heute Sportflugplatz)

Mit frischer M3 zurück in den Dienst: Die heutige Museumslok V36 108 war eine der ersten Münchener V36 mit Wendezug-Steuerung. Beachtenswert: Die alte Kühlerfront mit Stabgitter und Bretterverschlag sowie die Loknummer mit Nummernstrich (AW Nürnberg, 18.11.51)

HEINZ WERNER

3x V36: Rgd. Lager „Texas" in Freiham
1x V36: Rgd. Lager „Alabama"
1x V36: Rgd. Flughafen Maisach
1x V36: Rgd. Pasing-West (ab 29.10.51 zusätzlich Allach)

Bww München Hbf (1950-1959):

V36 104 :	05.07.50	Wt-Steinbeck	- 31.05.59	München Hbf
V36 105 :	01.10.50	Frankfurt-1	- 04.10.54	Kassel Bww
V36 108 :	15.07.51	Nürnberg Hbf	- 15.11.55	Stuttgart
V36 110 :	01.08.50	Kassel Bww	- 05.12.55	München Hbf
	02.06.57	München Hbf	- 31.05.59	München Hbf
V36 115 :	17.07.51	Passau	- 31.05.59	München Hbf
V36 118 :	17.07.51	Plattling	- 31.05.59	München Hbf
V36 119 :		...	- 12.12.52	Freilassing
V36 120 :	17.07.51	Passau	- 21.01.52	Garmisch
	30.06.52	Garmisch	- 23.03.53	Rosenheim
V36 122 :	20.01.55	Garmisch	- 26.01.55	Mühldorf
V36 123 :	17.07.51	Regensburg	- 09.01.54	Rosenheim
V36 124 :	17.07.51	Regensburg	- 06.10.53	Rosenheim

Schon seit 1948 gab es daneben auch Einsätze im Personenzugdienst, namentlich auf den Strecken

- München - Geltendorf (KBS 403, nur 1948),
- München - Holzkirchen (KBS 429) und
- München - Ingolstadt (KBS 413).

Den (wenigen) erhaltenen Fotos zufolge, waren hier vor allem die 1948 fabrikneu nach München gelieferten V36 252, 253 und 255 eingesetzt. Die Ingolstädter Lok lief zeitweise weiter bis Eichstätt, wo die V36 im Rangierdienst eingesetzt gewesen sein soll[205]; gefahren wurde mit Garnituren aus zweiachsigen Reichsbahn-Einheitswagen Bi/Ci. Interessanterweise sind keine dieser Personenzugleistungen in den zahlreich überlieferten Umlaufplänen dokumentiert. Vermutlich handelte es sich um VT-Ersatzverkehr oder um Einsätze, die nur bei geringem Lokbedarf für die Besatzung gefahren werden konnten.

Zwei wichtige Änderungen im Triebfahrzeugpark kennzeichnen die nun folgenden Jahre:

> Als erstes **- 1950 -** gab es einen Typenwechsel bei den V20: Die Lokomotiven mit einem Deutz-Motor (V20 002 007 037 038) wurden abgegeben. Dafür kamen Loks mit MWM-Motor (V20 020-023).
> Das gleiche Spiel auch bei der V36: Bis Dezember 1950 war die letzte V36[2] verschwunden bzw. durch Loks mit MWM-Motor ersetzt worden.
>
> In einem zweiten Schritt **- 1951 -** wurden dann auch noch alle V20 gegen V36[1] getauscht. Partner für diese Aktion war die ED Regensburg. Am 17.7.51 gingen nach Regensburg: V20 020-023.
> Es kamen dafür am selben Tag aus Regensburg: V36 115 118 120 123 und 124.

Die Beheimatungsübersicht für das Bww München Hbf zeigt im ersten Teil (S.309) alle innerhalb der er-

205 Zeitler, Niederbayern, S.181

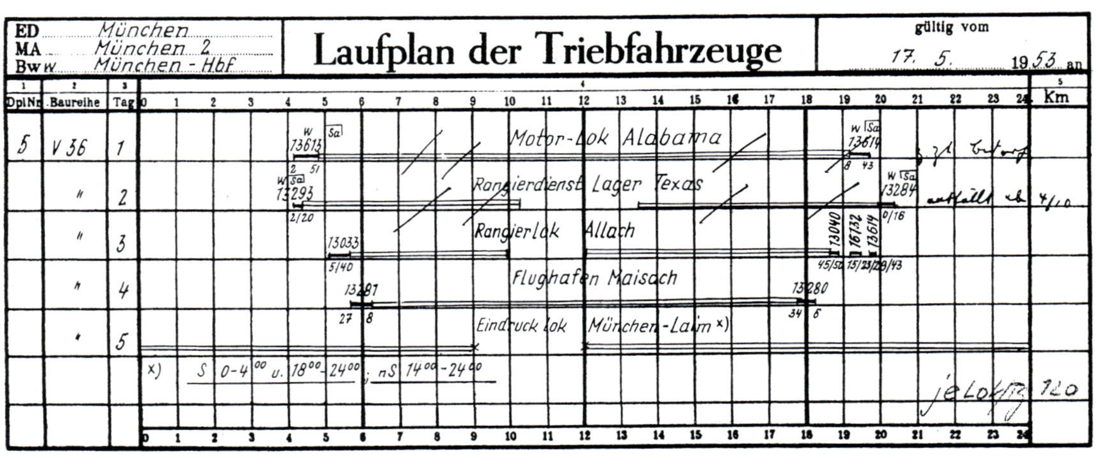

sten vier Jahre wieder ausgetauschten Lokomotiven und im zweiten Teil (S.310) die ab 1951 längerfristig in München beheimateten Loks. Ab Ende August 1951 waren nur noch V36^{1} in München stationiert. Mit insgesamt zehn Maschinen erreichte zudem der Bestand seine absolute Höchstmarke.

Der kräftige Zuwachs an V36 wie auch der allmählich sinkende Schadbestand erlaubten in diesen frühen DB-Jahren noch manche „Seitensprünge". Bis mindestens Sommer 1953 wurden z.B. in den Verkehrsspitzenzeiten sowie bei Ausfall des VT50 weiterhin Vorortzüge München - Großhesselohe - Holzkirchen gefahren, und zwar jetzt als Wendezüge mit V36 plus Steuerwagengarnitur. Mit einer Wendezugsteuerung eingerichtet waren dafür V36 104 105 110 115 und 118. Die Laufleistungen der V36 erreichten in solchen Ausnahme-Monaten Werte von 12.000 km und mehr (z.B. V36 118: 12.671 km im Juni 1953)!

Den Alltag bestimmten allerdings Rangierdienste (mit etwa 2500-3000 km/Monat). Anfang der 50er Jahre endeten nach und nach die Einsätze für die US-Besatzung. Dafür gab es neue Betätigungsmöglichkeiten

- in Dachau,
- in München-Laim (Eindrücklok) sowie
- in München-Allach (Rangierdienst).

Ab Ende 1952 mußte das Bww München Hbf nach und nach verschiedene 360-PS-Loks an andere Bahnbetriebswerke der Direktion abgeben, u.a. nach Freilassing, Mühldorf und Rosenheim. Die V36-Gruppe verkleinerte sich dadurch kontinuierlich auf erst fünf (1954), später sogar nur noch drei Lokomotiven. Schrumpfbestand zum Jahresende 1955: V36 104 115 118. In gleichem Umfang wie der Lokpark wurden natürlich auch die Laufplan-Tage reduziert

Per 31.5.59 wurde die Triebfahrzeugunterhaltung im Bww München Hbf dann ganz aufgegeben. Die zu dieser Zeit noch vorhandenen V36 wechselten am Stichtag komplett zum Bw München Hbf.

Bw Garmisch

Wie das Bw Ingolstadt war auch Garmisch in der V20/V36-Geschichte nur eine relativ kurze Durchgangsstation. Das Bahnbetriebswerk beheimatete von Oktober 1951 bis Januar 1955 die aus Offenburg zugegangene V36 122. Nur für die Dauer einer M3 im Frühjahr 1952 ließ sie sich von einer zweiten V36 (V36 120) aus München vertreten:

V36 120 :	28.02.52	Mün.Bww -	29.06.52 München Bww
V36 122 :	04.10.51	Offenburg -	19.01.55 München Bww

Beide Loks waren in Garmisch ausschließlich im Az-Dienst der Bahnmeisterei bzw. als Zugmaschine für den antriebslosen Turmwagen der Fahrleitungskolonne (Flk) Garmisch-Partenkirchen eingesetzt. Als solche dürften sie bei allen damals erforderlichen Fahrleitungsarbeiten zwischen Weilheim und Mittenwald verwendet worden sein.

In einigen Fahrplanperioden war außerdem noch eine abendliche Übergabe Garmisch - Esch - Garmisch zu erbringen. Die Laufleistungen der V36 hier waren immer ganz gering, meist im Bereich zwischen etwa 1000 und 1500 km/Monat.

Turmwagen-Methusalem: Der Garmischer Fahrleitungsuntersuchungswagen München 6257 hatte keinen eigenen Antrieb und mußte deshalb immer von einer V36 geschleppt werden (1952).

Sammlung Dr. Brian Rampp

Bw Ingolstadt

Das Bw Ingolstadt machte zweimal, in beiden Fällen jedoch nur flüchtig, Bekanntschaft mit den WR-Lokomotiven. Zum ersten Mal im Oktober 1949, als dem Bw Ingolstadt die V20 037 zugewiesen wurde. Die Lok lief zwei Monate lang im Streckendienst (Oktober = 4416, November = 7738 km), bevor sie im Dezember wieder nach München zurückgegeben wurde.

V20 037 :	01.10.49	Mün.Bww	- 15.12.49 Mün.Bww
V36 123 :	27.05.63	Mün.Hbf	- 27.07.63 Mün.Hbf

Knapp anderthalb Jahrzehnte später, 1963, war die V36 123 die zweite WR-Lok in Ingolstadt. Die Maschine wurde als Bauzuglok beim Aus- und Umbau des Ingolstädter Hauptbahnhof (für den Ölverkehr) benötigt, weil Dampfloks nicht mehr und V60 noch nicht in ausreichender Zahl zur Verfügung standen. Auch hier endete das kurze Gastspiel nach gerade mal zwei Monaten.

Bw Freilassing

Das Bw Freilassing war das erste in einer Reihe von insgesamt drei oberbayerischen Betriebswerken (Freilassing, Rosenheim, Mühldorf), die 1953/54 mit V36 für den Nebenbahnbetrieb ausgestattet wurden. Mit wenigen Mitteln und in geringer Zeit gelang es hier, den unrentablen Dampfbetrieb auf einigen kurzen Stichbahnen durch V36 zu ersetzen.

Aus damaliger[206] wie aus heutiger Sicht sind dies sicherlich die interessantesten Einsätze in der BD München gewesen. In allen Fällen ging damit auch die Umrüstung der V36 auf Einmannbetrieb einher. Über die technische Seite des Umbaus ist bereits weiter vorne berichtet worden.

Die erste V36 in Freilassing war die Ur-Münchener V36 119. Sie kam Mitte Dezember 1952 in die Grenz-

206 Eisenbahn 5/54, S.71

stadt und löste hier ab Sommerfahrplan 1953 die „Glaskastl“ Baureihe 98^3 auf der Strecke Hörpolding - Traunreut (KBS 427m) ab. Die Gemeinde Traunreut war nach dem Krieg auf den Resten der ehemaligen Muna St.Georgen neu entstanden. Auch die erst 1952 für den öffentlichen Verkehr freigegebene Stichstrecke war nichts anderes als die alte (schon zwischen 1942 und 1948 mit WR360C14 bediente) Muna-Anschlußbahn!

Der Betrieb auf der nur 2,9 km langen Strecke gestaltete sich immer höchst einfach: Im Winterfahrplan 1953/54 z.B. fuhren werktäglich elf Personenzugpaare, die mühelos mit einer einzigen Lokomotive zu bewältigen waren. Auch für den Güterverkehr (drei Züge, vornehmlich für das Siemens-Hausgerätewerk in Traunreut) und den Rangierdienst auf beiden Bahnhöfen blieb dabei noch ausreichend Luft. 1960 war der Fahrplan bereits auf die Hälfte reduziert (5 Pz-Paare, 3 Güterzüge). Ab dem 29. September 1963 ruhte der Personenverkehr ganz.

Bw Freilassing:

V36 119 :	13.12.52	München Bww	- 19.05.64	München Hbf
V36 120 :	01.04.53	Rosenheim	- 30.06.53	Rosenheim
	01.08.56	Rosenheim	- 19.05.64	München Hbf
V36 122 :	01.09.57	Rosenheim	- 12.11.57	Rosenheim
V36 123 :	12.10.56	Rosenheim	- 26.01.62	München Hbf

Das 3-Monate-Intermezzo der V36 120 in 1953 war nur Ersatzgestellung für die seinerzeit in Umbau auf Einmannbedienung befindliche V36 119.
Auch V36 120, 123 und 124 wurden in Freilassing umgebaut Die Loks blieben während dieser Zeit aber in Rosenheim stationiert (Einzelheiten unter Bw Rosenheim).

Bw Rosenheim

Beim Bw Rosenheim war die Situation Anfang der 50er Jahre mit der in Freilassing vergleichbar. Entlang der Magistrale München - Salzburg gab es im Voralpenland noch immer zahlreiche kurze Zweigstrecken mit Dampfbetrieb. Die dort laufenden Länderbahnloks waren überaltert, neuere Typen aber entweder zu schwer oder aufgrund des geringen Verkehrsaufkommens nicht rentabel einsetzbar. Schienenbusse standen noch nicht in genügender Zahl zur Verfügung. Ein lohnendes Einsatzfeld also für die V36.

Die ersten Loks gingen im März und Oktober 1953 zu (V36 120 124), eine weitere folgte im Januar 1954 (V36 123). Alle drei mußten sich in Freilassing zunächst noch einem Umbau auf Einmannbedienung unterziehen. Der Planbetrieb begann im September 1953. Eingesetzt waren die V36 mit je einer Lok auf den Strecken

- Übersee - Marquartstein (KBS 428g),
- Prien - Aschau (KBS 428f) und
- Endorf - Obing (KBS 428e).

Auf allen drei Bahnen waren bis dahin bayr. Pt2/3, Baureihe 70^0, gefahren. Die übrigen Nebenstrecken im Rosenheimer Raum wurden seinerzeit vor allem mit 64ern (Wasserburg - Grafing - Glonn), ETA179 (Rosenheim - Holzkirchen), ET183/194 (Bad Aibling - Feilnbach) und auch schon $VT95^9$ (Rosenheim - Frasdorf) bedient.

DIETER KUPPER

Lokalbahn-Szenen in Bayern: Im März 1955 liegt in Traunreut noch Schnee. Am Bahnsteig wartet V36 119 mit Kurzzug auf Abfahrt nach Hörpolding. Im Packwagen dampft ein Kanonenofen vor sich hin. Der 3.-Klasse-Wagen stammt noch von der Localbahn AG.

Bis dahin blieb die V36 **d i e** Lokalbahnlok für die Traunreuter Strecke. Das Lok-Pensum war dabei immer mäßig. 1953 waren es 93 km/Tag, 1960 sogar nur noch 74 km/Tag! Der Dienst begann morgens meist kurz vor bzw. nach 6 Uhr und endete abends gegen 20 Uhr, jeweils in Traunreut. Im dortigen Lokschuppen wurde auch übernachtet. Das Heimat-Bw sah die Lok nur bei anfallenden Fristarbeiten.

Ab 1956/57 waren in Freilassing zusätzlich auch die ex-Rosenheimer V36 120, 122 (kurzzeitig) und 123 stationiert. Im Wechsel mit der V36 119 liefen auch diese Maschinen auf der Traunreuter Strecke. Eine zweite Lokomotive war 1962 im Bw-Verschub in Freilassing eingesetzt. Ansonsten liefen die V36 als Verfügungsloks vor Hilfs- und Arbeitszügen vornehmlich im Bereich Mühldorf/Waging/Traunstein. Die Traunreuter Güterzüge gingen im Herbst 1963 auf V60 über. Zum Sommerfahrplan 1964 wurde der V36-Bestand aufgelöst.

Bw Rosenheim:

V36 120 :	24.03.53	München Bww	- 31.03.53	Freilassing
	01.07.53	Freilassing	- 31.07.56	Freilassing
V36 122 :	15.01.57	Mühldorf	- 31.08.57	Freilassing
	13.11.57	Freilassing	- 09.03.60	München Hbf
V36 123 :	10.01.54	München Bww	- 11.10.56	Freilassing
V36 124 :	07.10.53	München Bww	- 15.10.54	Mühldorf
	15.01.57	Mühldorf	- 03.10.59	Aalen

Die vorstehende Liste nennt zunächst die fest in Rosenheim stationierten V36-Lokomotiven. Der Arbeit von Peter Schricker[207] verdanken wir außerdem detaillierte Angaben über leihweise abgegebene bzw. übernommene Loks (Seite 313). Der Dienstplanbedarf pendelte meist zwischen ein und zwei Lokomotiven; nur im Sommer 1954 waren alle drei seinerzeit vorhandenen V36 verplant.

207 Schricker, Bw Rosenheim

Dr. Günther Scheingraber

Mit einem 3-Wagen-Zug durch den Chiemgau: V36 123 wartet in Prien auf die Rückfahrt nach Aschau. Alle Rosenheimer V36 hatten anfangs die Einfach-Dachkanzeln der Freilassinger Werkstatt (23.7.54).

Bw Rosenheim (leihweise Beheimatungen):

Verliehen an andere Bw:

V36 120 :	nach Freilassing	20.07.53 -	01.09.53*
	nach Mühldorf	24.02.55 -	06.04.55
V36 122 :	nach Freilassing	01.09.57 -	13.11.57
V36 123 :	nach Freilassing	11.01.54 -	04.03.54*
V36 124 :	nach Freilassing	25.11.53 -	14.12.53*

* für Umbau

Geliehen von anderen Bw:

V36 120 :	von Freilassing	01.09.59 -	06.12.59
	von Freilassing	20.12.59 -	12.01.60

Die Einsätze auf den drei angesprochenen Bahnen im Chiemgau entwickelten sich nicht ganz einheitlich:

In der zeitlichen Abfolge am Anfang stand die Strecke **Übersee - Marquartstein**. Hier lief schon ab September 1953 die V36 120. Allerdings ging hier der Diesellok-Betrieb auch als erstes wieder zu Ende. Mit Zuweisung weiterer Schienenbusse aus Neulieferung stellte das Bw Rosenheim bereits im Laufe des Sommerfahrplans 1954 den Personenzugdienst in Übersee auf $VT95^9$ um. Den Nahgüterverkehr übernahmen Köf II.

Etwas länger konnte sich die V36 auf der Strecke **Prien - Aschau** im reizvollen Oberen Priental halten. Auch hier etablierte sich zwar ab Herbst 1954 der Schienenbus. Offenbar aus Mangel an VT mußten aber auch danach immer wieder V36 (mit Lokalbahnwagen) aushelfen; vor allem in den verkehrsreichen Sommermonaten. Noch 1956 gab es, ausgekoppelt aus einem 5-Tage-Umlauf für den $VT98^9$, einen eintägigen V36-Laufplan. Darin enthalten: Alle elf Zugpaare zwischen Prien und Aschau mit 227 km/Tag.

Schließlich die „Stammbahn": **Endorf - Obing**. Von Anfang 1954 bis Sommer 1956 war hier der gesamte Personen- und Güterzugdienst fest in der Hand der V36. Am Haken: Stilreine bayerische Wagen-

BZA München

Sechszehn Minuten für knapp zehn Kilometer: Die Strecke Übersee - Marquartstein erhielt im September 1953 als erste Nebenbahn im Raum Rosenheim V36-Betrieb. Eingesetzt war die frisch umgebaute V36 120 (Marquartstein, 25.9.53).

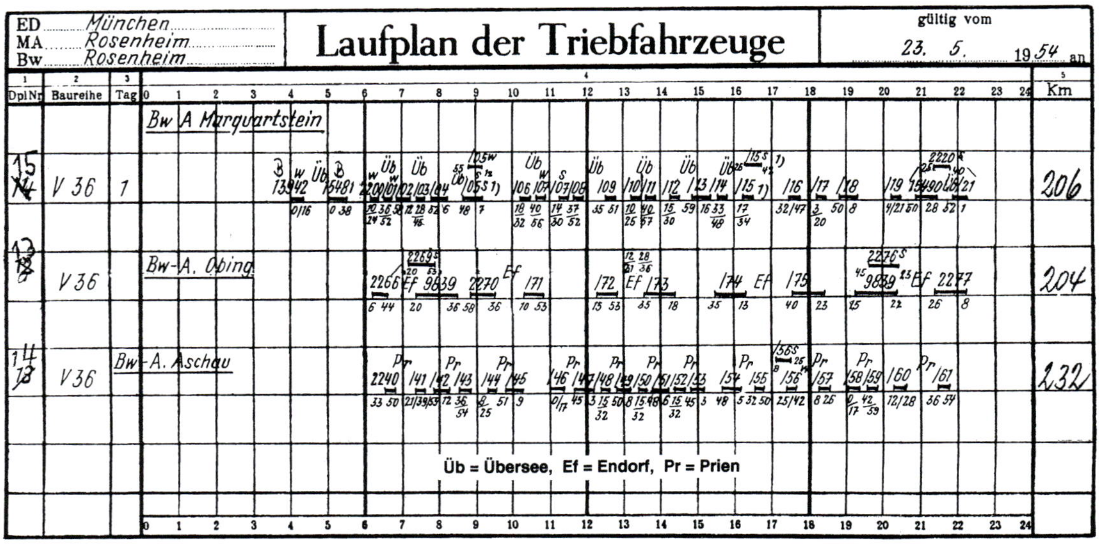

garnituren, gebildet aus PwPost L bay 06 + 2x CL bay 06b + ein langer bay CL ! Ab Sommerfahrplan 1956 war es damit vorbei: Ein vom Bw Simbach übernommener VT70 übernahm fast alle Personenzugleistungen. Die V36 zog danach nur noch die GmP 9839/9838 sowie - als Hin- und Rückleistung dazu - zwei Personenzüge frühmorgens und am Abend. Später fuhren hier auch nochmal vorübergehend die alten 70er, VT95[9] (ab 1957), dann V60 mit Triebwagen-Anhängern (ab 1960) und schließlich die V100 (nach 1962).

LAUFPLANÜBERSICHT 1953-1957 Bw Rosenheim		
Bedarf	**Einsatz**	**km/Tag**
Sommer 1954:		
3xV36	Übersee - Marquartstein	206 km/Tag
	Prien - Aschau	232 km/Tag
	Endorf - Obing	204 km/Tag
Sommer 1955:		
2xV36	Prien - Aschau	228 km/Tag
	Endorf - Obing	222 km/Tag
Sommer 1956:		
2xV36	Prien - Aschau (VT-Ers.)	227 km/Tag
	Endorf - Obing	90 km/Tag
Sommer 1957:		
1xV36	Rgd. Bw Rosenheim	53 km/Tag

Einen recht interessanten Umlauf gab es im Fahrplan 1954/55: Da der zwischen Prien und Aschau pendelnde Schienenbus wegen der fehlenden Zugeinrichtung keine Güterwagen mitnehmen konnte, mußte bei Bedarf die Endorfer V36 einspringen. Die Diesellok (aus Endorf) und der VT95[9] (aus Prien) wechselten dann am Vormittag für drei Stunden auf die jeweils andere Strecke! Zuführung als Lz/Lr. Weitere detaillierte Angaben über Einsatzstrecken, Lokbedarf und Kilometerleistung zeigt die nebenstehende Laufplan-Übersicht.

Leider waren die Einsätze der V36 beim Bw Rosenheim nicht nur von reiner Freude begleitet. Vor allem das starre Fahrwerk hinterließ auf den krümmungsreich und leicht verlegten Lokalbahnstrecken recht bald merkliche Schäden am Oberbau. Auch das Fehlen einer Zugheizung war häufig Anlaß zur Klage. Eine in Rosenheim installierte Wagenheizung Marke Eigenbau (mit je vier Briketteinschüben auf jeder Waggonseite) brachte nicht die erhofften Verbesserungen. Bis Oktober 1956 wurden aus diesen Gründen alle V36-Lokomotiven aus dem Streckendienst zurückgezogen und nach Freilassing abgegeben.

Nur ein gutes Vierteljahr später kam die Baureihe mit den in Mühldorf freigewordenen V36 122 und 124 zwar schon wieder nach Rosenheim. Diesmal reichte es aber nur noch zu leichten Bauzug- und Bw-Rangierdiensten. Mit Übernahme des bis dahin noch bestehen-

Begegnungen: Die frisch mit Dachkanzel ausgerüstete V36 122 trifft auf den langen Rangiergleisen des AW Nürnberg auf einen Altbau-VT in creme-roter Lackierung (19.3.55).

HEINZ WERNER

den eintägigen Laufplans durch Kleinlokomotiven Bauart LgII ab 4.10.59 ging die zwar kurze aber interessante V36-Ära in Rosenheim dann endgültig zu Ende.

Bw Mühldorf

Beim Bw Mühldorf hatte die Dieseltraktion schon vor dem Krieg Einzug gehalten. Damals waren dem Bw vier VT70 für den Verkehr auf den Strecken Mühldorf - Traunstein und Mühldorf - Simbach - Pocking zugeteilt. Ab 1951 fuhren in den gleichen Relationen mehrere VT50. Außerdem wurden auf der Achse Landshut - Mühldorf - Traunstein und östlich davon etliche VT95 der Bw Simbach und Freilassing eingesetzt (ab 1952)[208]. Bei all diesen Einsätzen waren die beiden Stichbahnen w e s t l i c h von Mühldorf, nämlich

- Thann-Matzbach - Haag (KBS 427c) und
- Dorfen - Velden (KBS 427d),

unberücksichtigt geblieben. Hier standen noch immer die bayerischen 98er - 98^8, 98^{10} - im täglichen Lokalbahndienst. Einheitstypen wie 64 oder 86 waren für die Erfordernisse zu stark und standen wohl auch nicht in ausreichender Zahl zur Verfügung. Eine Modernisierung des Verkehrs schien allenfalls durch die neuen Schienenbusse oder durch Dieselloks möglich.

Im Rahmen der Nebenstreckenmotorisierung in der Münchener Direktion kamen 1954/55 also nicht von ungefähr V36-Lokomotiven auch nach Mühldorf. Entsprechend dem Rosenheimer Vorbild wurde jeder Strecke eine Lok mehr oder weniger fest zugeteilt, und zwar

V36 122
der Strecke Dorfen - Velden (ab März 1955) und

V36 124
der Strecke Thann-Matzbach - Haag (ab Oktober 1954).

Die V36 122 war noch bis Anfang Juni 1955 zum Umbau auf Einmannbedienung im AW (eine der ersten Loks mit Einheitskanzel) und kam erst danach in Betrieb. Beide V36 fanden bis Anfang 1957 auf ihren jeweiligen Strecken ein festes Einsatzgebiet. Im Sommerfahrplan 1955 z.B. sah der V36-Verkehr folgendermaßen aus:

Die **V e l d e n e r** Lok begann morgens mit einem Berufspendlerzug nach Markt Schwaben (an der Hauptstrecke Richtung München), kehrte anschließend als Lr zurück bis Dorfen, um noch am frühen Vormittag den Güterzug Dorfen - Velden zu bespannen (Gegenzug spätnachmittags). Gegen 20 Uhr war dann nur noch ein Personenzug nach Velden im Plan. Bilanz dieses nicht allzu hektischen Tages: 144 km.

Etwas mehr hatte die V36 in **H a a g** zu tun. Zwischen 4.30 und 21.45 Uhr bespannte die Lok hier alle fünf Zugpaare incl. der GmP 9777, 9778 und 9779. Eingesetzt waren seinerzeit noch reine Lokalbahnwagen-Garnituren! Laufleistung der V36 nach gut 17 Stunden: 198 km.

Die Einsätze endeten Mitte Januar 1957. Ab 14.1. gingen alle Leistungen vorübergehend auf Mühldorfer 64er über. Schon ab Sommerfahrplan des gleichen Jahres verkehrten im Personenverkehr dann fast nur noch $VT70^9$ + VB140. Später folgten noch Schienenbusse und V60 (mit VB140) im Personen- bzw. V60 und Köf III im Güterverkehr.

Die beiden Mühldorfer Lokalbahnen hat leider kein besseres Schicksal ereilt, als das vieler anderer Nebenbahnen: Auf der Strecke Dorfen - Velden ist 1968 und auf der Strecke nach Haag 1969 der Personenverkehr eingestellt worden. Der Haager Zweig wurde später bis Isen verkürzt und ist seit 1991 vollständig stillgelegt.

ANTON BÖLD

Unterwegs zwischen Thann-Matzbach und Haag:
Die Mühldorfer V36 124 läßt mit ihrem bayerischen Lokalbahnzug das Dorf Isen hinter sich (1955).

V36 122:	19.03.55	Mün. Bww	- 14.01.57	Rosenheim
V36 124:	16.10.54	Rosenheim	- 14.01.57	Rosenheim

Bw München Hbf

Das Bw München Hbf hatte schon einmal zwischen Dezember 1955 und Juni 1957 eine einzelne V36 (110) im Bestand. Zum richtigen V36-Bw wurde es aber erst am 1.6.59, als - nach Auflösung der Triebfahrzeugunterhaltung beim Bww Pasing West - alle dort stationierten WR-Loks ins Hbf-Bw wechselten. Im ganzen zogen noch vier Maschinen um, nämlich

V36 104 110 115 118.

Die Loks blieben zunächst weiter in den vom Bww bekannten, eintägigen Rangierplänen eingesetzt, und

208 Scheingraber, Bw Mühldorf, S.66f.

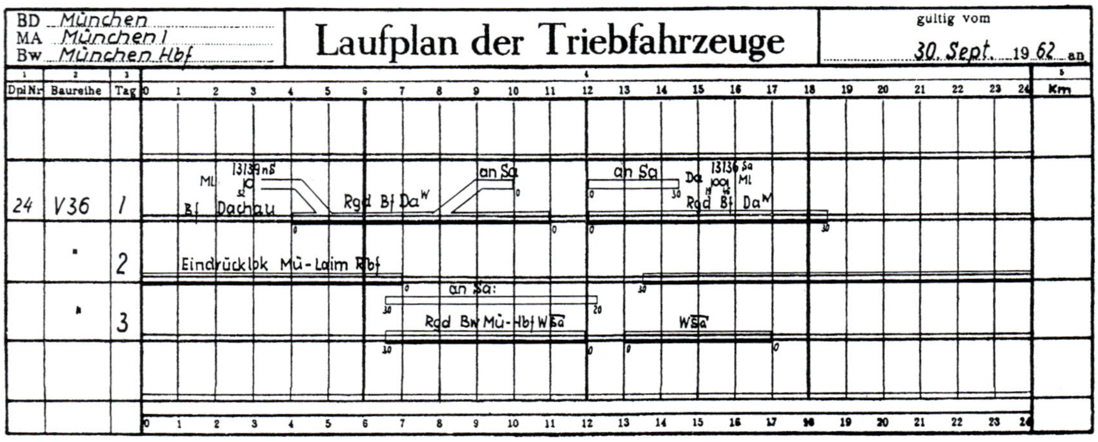

zwar je eine Lok in Maisach, Dachau, München-Laim (Eindrücklok) und im Bw selbst. Schon im folgenden Jahr setzte dann allerdings der langsame Rückzug aus dem Planverkehr ein. Ab

- 1960 wurden nur noch drei (Dachau, Mü-Laim, Bw Mü Hbf), ab
- 1964 zwei (Mü-Laim, Bw Mü Hbf) und ab
- 1966 eine (Mü-Laim)

Bw München Hbf:

V36 104 :	01.06.59	München Bww	- 16.12.75	+
V36 109 :	01.08.67	AW Neuaubing	- 31.08.75	Hannover
V36 110 :	06.12.55	München Bww	- 01.06.57	München Bww
	01.06.59	München Bww	- 30.11.74	Stuttgart
V36 111 :	18.11.67	Weiden	- 27.05.68	Aalen
V36 115 :	01.06.59	München Bww	- 19.09.77	Hannover
V36 118 :	01.06.59	München Bww	- 24.01.77	Hannover
V36 119 :	20.05.64	Freilassing	- 27.08.77	AW Schwetzingen
V36 120 :	20.05.64	Freilassing	- 30.11.74	Stuttgart
V36 122 :	10.03.60	Rosenheim	- 12.12.72	Stuttgart
V36 123 :	27.01.62	Freilassing	- 26.05.63	Ingolstadt
	28.07.63	Ingolstadt	- 12.12.72	Stuttgart
V36 255 :	23.07.71	Ludwigshafen	- 24.09.71	Ludwigshafen
V36 256 :	01.07.71	Wuppertal	- 20.07.72	Wuppertal

V36 115: im Juni 1973 bei Sturz in die Drehscheibengrube stark beschädigt

V36 planmäßig eingesetzt. Ab 1967 bediente die letzte Planlokomotive die Strecke Dachau - Altomünster. Die übrigen V36 betätigten sich, je nach Bedarf, als All-round-Loks für den leichten Rangierdienst, Arbeitszüge, Übergaben, Bw-Verschub und sonstige Sonderaufgaben. Die durchschnittlichen monatlichen Laufleistungen der Altbauloks sanken in dieser Zeit von ehedem etwa 2500 km/Monat auf meistenteils nur noch rund 1500 Kilometer.

Trotzdem erhielt der V36-Bestand beim Bw München Hbf noch einmal kräftig Zuwachs. Alle ab 1952 an die umliegenden Bahnbetriebswerke verteilten V36 kehrten bis 1964 Stück für Stück nach München zurück. 1965 waren bereits wieder acht, 1967 dann sogar zehn Maschinen vorhanden. München wurde wieder einziger V36-Standort der Direktion. Auch zwei V36[2] -Lokomotiven (mit Deutz-Motor) - ansonsten in Süddeutschland kaum anzutreffen - waren vorübergehend hier stationiert.

Anfang der 70er Jahre waren nur noch die Dachauer Leistungen (114 km/Tag) erwähnenswert; darin weiterhin Übergaben bis Altomünster und Petershausen. Ansonsten machten sich die alten Wehrmachtsmaschinen im gesamten Großraum München im Rangier- und Bauzugdienst nützlich, u.a. in Fischhausen-Neuhaus (Strecke Ri. Bayrischzell, 1974), in Olching (Strecke Ri. Augsburg, 1977) und auf diversen Münchener Bahnhöfen (u.a. Schwabing, Freimann, Milbertshofen, 1971).

Bereits Ende 1972 waren zwei V36 als Bauzugloks nach Stuttgart abgegeben (236 122 und 123) und zwei weitere über längere Zeit nach dort verliehen worden (236 110, 120). Weitere Umstationierungen bzw. Ausmusterungen folgten 1975. Zwei Jahre später verließ mit 236 115 dann auch die letzte V36 das Bw München Hbf.

Die dienstälteste V36 der BD München: V36 119 war 30 Jahre lang in der Bayern-Direktion zuhause. Hier steht sie als Hilfszugreserve im Heimat-Bw München Hbf (7.9.65).

PETER LÖSEL

PETER GROSSE

Herbes Ostfriesland: Im Az-Dienst kamen die Oldenburger V20 auch nach Leer (März 1966).

Bundesbahndirektion Münster

Etliche DWK-V20er in Oldenburg, einige V36 dort wie auch in Emden und Rheine, Zugdienste im Raum Quakenbrück und Oldenburg, ansonsten Rangierverkehr - das ist in Kurzform die Geschichte der ehemaligen Kriegsdieselloks in der BD Münster. Die Direktion zwischen Ruhrgebiet und Nordsee glänzte immer durch Unauffälligkeit. Nur die Stationierungen in Oldenburg sind von Umfang und Dauer her überhaupt einer näheren Betrachtung wert. Und selbst dort tat sich über lange Zeiträume kaum etwas, blieben Loks und Einsätze über Jahrzehnte nahezu unverändert.

BD MÜNSTER
V20/V36-Stationierungen 1949-1970 (Stand: jeweils 31.12.)

Bw	Type	1949	1950	1952	1954	1956	1958	1962	1966	1970	
Emden	V36	-	-	-	-	-	-	-	-	-	(an BD Hannover)
Oldenburg Hbf	V16	1	2								
	V20		1	4	4	4	4	4	5	3	(an BD Hannover)
	V22	1	1								
	V36							2	2	2	
Rheine Rbf	V20	-	1	-	-	-	-	-	-	-	(an BD Hannover)
BD gesamt		**2**	**5**	**4**	**4**	**4**	**4**	**6**	**7**	**5**	

Interessant ist auch in der BD Münster ein Blick auf die Situation in den ersten Jahren nach dem Krieg. Zu diesem Zeitpunkt beheimatete das Bw Oldenburg Hbf bereits die späteren V16 100, V20 015 und V22 002. Außerdem wurden bei der Lokzählung am 23.3.47 in folgenden Betriebswerken ehemalige Wehrmacht-Motorloks festgestellt:

Bw Rahden:
11645 WR360C14 Muna Liebenau
12522 DWK 360C Muna Liebenau
36621 WR200B14 Petrol Depot Oldendorf
39662 WR200B14 Petrol Depot Oldendorf
46516 WR200B13 Muna Liebenau
alle im Besitz der Britischen Besatzung; später Royal Engineers bzw. Royal Air Force

Bw Kirchweyhe:
11462 WR360C14 später DB V36 112

Bw Osnabrück Gbf:
21340 WR360C14 Britische Besatzung

Bemerkenswerterweise ist - mit Ausnahme der Kirchweyher V36 112 - keine dieser sieben Lokomotiven zur Reichs- bzw. Bundesbahn gekommen! Und auch die V36 112 ab war spätestens Ende 1948 in Frankfurt stationiert und damit aus der RBD Münster wieder verschwunden.

Bw Oldenburg Hbf

Die beiden Oldenburger Betriebswerke - Hbf (für die Personenzug-) und Vbf (für die Güterzuglokomotiven) - hatten schon allein wegen ihres enormen Hinterlandes immer einen besonderen Stellenwert für die Zugförderung in der BD Münster. Das Einzugsgebiet reichte bis Harle im Norden, Bremen im Osten, Osnabrück im Süden und Emden im Westen. Von den Hauptbahnen abzweigend gab es mehrere hundert Kilometer Nebenstrecken ... Einsatzraum also reichlich, auch für leichtere Loks wie die V20/V36.

Wie schon erwähnt, waren die ersten Wehrmachtloks im Bw Oldenburg Hbf ausschließlich Einzelstükke, und zwar

V16 100	ex Flugplatz Bad Zwischenahn,
V20 015	ex Flugplatz Bad Zwischenahn und
V22 002	ex Luftmuna Damme/b.Diepholz.

Um 1950 herum wurde dieses Sammelsurium noch durch weitere Sondertypen vervollständigt, nämlich

V15 001	19.4.50 - 26.6.50 von/nach Stuttgart und
V16 005	1950 von Soltau/1951 nach Rheine

Feste Leistungen dürfte es für diese Splittergattungen in Oldenburg noch nicht gegeben haben. Von V16 100 ist bekannt, daß sie in ziemlich desolatem Zustand übernommen wurde, und erst vollständig aufgearbeitet sowie von Holzgas- auf Dieselbetrieb zurückgebaut werden mußte. Bis zu ihrer Ausmusterung 1953 lief die Lok vor allem vor Personalzügen des Bw Oldenburg Hbf. V22 002 wurde 1950 als Z-Lok nach Stuttgart umbeheimatet.

Bw Oldenburg (Hbf):

V20 001 :	08.05.51	Rheine Rbf	- 10.04.53	Hmb-Harburg
V20 002 :	27.01.51	München Bww	- 18.03.53	Hmb-Harburg
V20 005 :	21.09.50	Nürnberg Hbf	- 18.03.53	Hmb-Harburg
V20 015 :	.05.45	neu	- 04.07.48	Stuttgart
V20 038 :	21.06.65	Braunschweig	- 11.12.68	Hannover
V20 051 :	16.06.52	Kiel	- 31.01.74	Oberhausen
V20 055 :	10.04.53	Hmb-Harburg	- 29.05.76	Bremen Rbf
V20 056 :	19.03.53	Hmb-Harburg	- 21.02.75	+
V20 059 :	19.03.53	Hmb-Harburg	- 16.03.69	Hmb-Harburg
V22 002 :	13.10.46	neu	- 16.02.51	Stuttgart
V22 006 :	19.05.50	Darmstadt	- 04.12.50	Stuttgart
V36 205 :	01.01.71	AW Oldenburg	- 22.08.79	+
V36 212 :	01.09.59	Bww Do Bbf	- 31.01.71	Emden
V36 219 :	31.10.73	Husum	- 06.03.77	Bremen Rbf
V36 237 :	29.09.59	Delmenhorst	- 07.06.76	Holzminden
V36 253:	09.04.79	Holzminden	- 22.08.81	+

V20 015:	ab 16.01.47 im Betrieb
V20 052:	01.12.52 - 17.01.53 lw. vom Bw Ansbach
V20 059:	15.12.68 - 16.03.69 auf z
V36 205:	erste Eintragung im Betriebsbuch unter Bw = 16.01.74

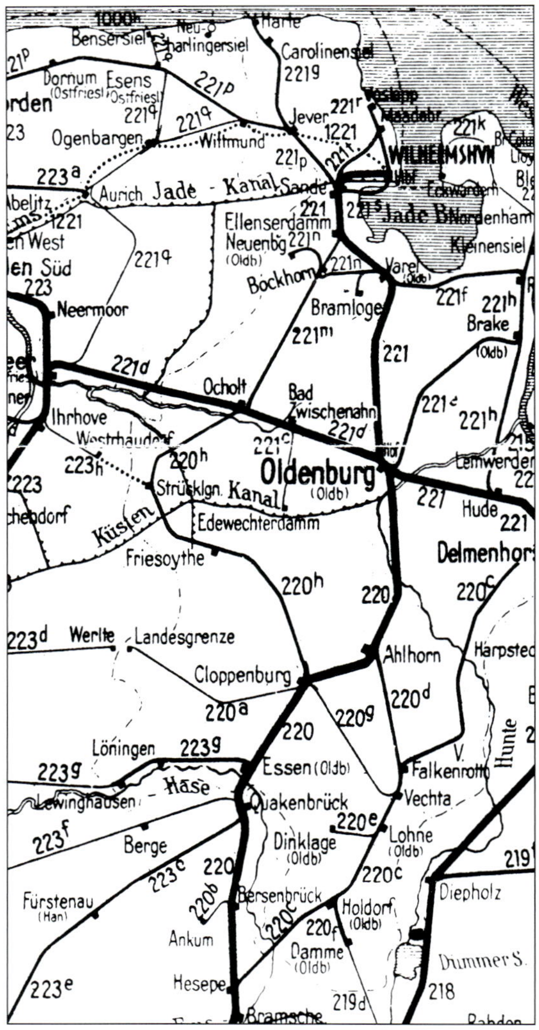

Etwas Ordnung kam ab 1951 in den Bestand. Mit V20 001, 002 und 005 wurde eine kleine V20-Gruppe in Oldenburg aufgebaut. Die AGM-Typen gingen wenig später allerdings geschlossen nach Hamburg ab. Im Gegenzug wurden frisch umgebaute ex-V22er von Kiel (V20 051) und Hmb-Harburg (V20 055 056 059) nach Oldenburg umstationiert.

In diese Aufbruchphase fallen auch die ersten regelmäßigen Leistungen im Personenzugverkehr. 1952 wurden - versuchsweise - die Strecken(abschnitte)

- Ocholt - Friesoythe (KBS 220f)
- Oldenburg - Sandkrug (KBS 220) und
- Lohne - Vechta - Holzhausen / Schneiderkrug (KBS 220a/220b)

befahren (allesamt wieder aufgegeben). Ab 1953 gab es Planverkehr in südoldenburgischen Land, nämlich auf den Linien

- Essen - Quakenbrück (KBS 220) und
- Essen - Haselünne (KBS 223d)
  letztere ab Lewinghausen im Durchlauf bis Haselünne über die Gleise der Meppen-Haselünner Eisenbahn (P1632/9965).

Und 1954 hatte auch die Strecke Varel - Rodenkirchen - Brake (KBS 221d/221r) kurzzeitig V20-Betrieb. Mit etwa 2000-4000 Kilometern waren die durchschnittlichen monatlichen Laufleistungen allerdings nicht allzu hoch.

Die Einsätze in den späteren 50er und Anfang 60er Jahren - inzwischen waren auch einige V36 in Oldenburg zuhause - sind nicht mehr ganz so detailliert überliefert. Zunehmend kristallisierten sich aber drei räumlich vollkommen getrennte Einsatzgebiete heraus:

Der Raum Jever (meist V20)
mit Rangierleistungen in Jever selbst und Zugdiensten u.a. vor den bekannten „Tidezügen" Jever-Harle (Fähranschluß nach Wangerooge)[209]. Der Einsatz erfolgte stets durch das Bw Wilhelmshaven, wo die Oldenburger Lok bis zur Auflösung des Bw als selbstständige Dienststelle 1961 auch voll unterhalten wurde (damals einzige Diesellok in Wilhelmshaven).

Der Raum Varel (Olb). Auch dort gab es, neben dem Rangierdienst im Bahnhof und im Hafen Varel, Übergabefahrten und Nahgüterzüge, u.a. auf den Nebenbahnen
Oldenburg - Brake (KBS 221e) und
Varel - Neuenburg (KBS 221c).
Nach Brake wurden u.a. Milchzüge mit V20 gefahren. Schließlich:

Der Raum Quakenbrück (meist V36)
ebenfalls mit Verschiebediensten, Übergaben und Streckeneinsätzen. Quakenbrück war seinerzeit Lokbahnhof, später Außenstelle des Bw Oldenburg Hbf und verfügte ständig über mindestens eine V20/V36. Noch 1959 pendelten Oldenburger V36 mit zwei Donnerbüchsen auf der Strecke Essen (Olb) - Lewinghausen (1960 für Pv stillgelegt). Monatli-

209 Per 24.9.89 stillgelegt (zuletzt mit VT98)

che Laufleistung: Rund 5000 km. Bis mindestens 1965 kamen die V20 sogar regelmäßig zum Rangieren bis Osnabrück.

Der Altbaudiesellokbestand beim Bw Oldenburg[210] zeigte in all den Jahren so gut wie keine Veränderungen. Von 1953 bis 1969 waren die immer gleichen vier V20 (051 055 056 059) vorhanden (!), ab 1959 zusätzlich zwei V36 (212 237) und ab 1965 - kurzzeitig - nochmal eine Einheits-V20 (038). Selbst in den 70er Jahren, nachdem die Einsätze in den Bereichen Quakenbrück und Varel auf Köf III übergegangen waren, verkleinerte sich der Bestand nur ganz allmählich auf fünf (ab 1969), vier (ab 1971) und schließlich auf zwei Maschinen (ab 1976).

Planmäßig wurde Mitte der 70er Jahre nur noch eine V36 in Jever eingesetzt (meist war dies 236 219-2). Laut Laufplan 45.13 - Sommer 1976 - kam die Lok dabei werktäglich auf 103 km. Außer Rangierdiensten waren darin auch noch immer Übergabezüge nach Carolinensiel, Wittmund und Sande enthalten. Die V20 schied im gleichen Jahr in Oldenburg aus (letzte Lok: 270 055-7). Sie diente zuletzt nur noch als Reserve und fand darüber hinaus höchstens mal im Bauzugdienst Verwendung.

Etwas „außer Konkurrenz" muß die Stationierung der V36 205 beim Bw Oldenburg betrachtet werden. Die Maschine war schon seit 1962 als Werksrangierlok im Ausbesserungswerk Oldenburg eingesetzt und wurde nach Herabstufung des AW zur AWSt Oldenburg[211] per 1.1.71 förmlich dem Bw Oldenburg zugewiesen. Auch das Lokpersonal stellte danach das Bw. Bis zur Ausmusterung 1979 blieb die Lokomotive unverändert im AW-Dienst tätig und wurde danach sogar noch für einige Zeit durch eine Schwesterlok, 236 253-1, abgelöst. Erst am 2. April 1981 setzte ein Getriebeschaden diese letzte Oldenburger WR-Lok außer Gefecht. Die Nachfolge im AW-Dienst trat eine V60 an.

Bw Emden

Das Bw Emden hatte nur zwei V36-Lokomotiven im Bestand, beide zudem erst in den 70er Jahren und nur über einen relativ kurzen Zeitraum beide gleichzeitig. Besonders herausragende Dienste waren in diesen späten Jahren natürlich nicht mehr zu erwarten: Die Emdener V36 wurden in erster Linie zum Rangieren an der Wagenwaschanlage genutzt. Gelegentlich waren darüber hinaus Personenzüge zwischen Emden Hbf und Emden-Außenhafen zu befördern. Außerdem kamen die V36 vor Übergabezügen (Emden-) Abelitz - Aurich (ex KBS 223c) und - wie überall - im Bauzugdienst zum Einsatz.

Im Sommer 1973 z.B. (Laufplan 56.02) lief die 236 als Lok 2 im zweieinhalbschichtigen Betrieb ausschließlich in Emden. Die Tagesleistung lag bei 125 (später 135) Kilometern, die Laufleistung im Monat bei 2000-2500 km. Beide Emdener Lokomotiven waren V36². Die 236 212-7 hatte als einzige DB-V36 Rundum-Geländer am Umlauf als zusätzliche Sicherung für die Rangierer, außerdem ein besonders tief herunterreichendes Trittblech (mit ausgeschnittenen Rahmenstirnplatten) vorne und eine zusätzliche Trittstufe in Höhe des Bremsluftbehälters.

Ab Januar 1975 gab es für die 236 in Emden offenbar kaum noch etwas zu tun. Die monatlichen Leistungen der letzten Lok - 236 252-3 - gingen auf unter 1000 km zurück. Gut ein Jahr später, im April 1976, erfolgte die Umstationierung nach Rheine.

V36 212 :	01.02.71	Oldenburg	- 11.11.74	Hannover
V36 252 :	01.10.73	Bielefeld	- 27.04.76	Rheine

Bw Rheine

Noch mehr als beim Bw Emden in seinen späten V36-Jahren war die Stationierung der 236 252-3 in Rheine eine pure Verlegenheitslösung. Hier wie da fehlte es an sinnvollen Verwendungsmöglichkeiten. Die 236 sprang nur noch gelegentlich als Rangierreserve oder Arbeitszuglok (Streckenelektrifizierung) ein, stand ansonsten „kalt" im Bw und wurde schon fünf Monate nach ihrem Eintreffen in Rheine wegen abgelaufener Zeitfrist abgestellt.

V20 001 :	12.11.50	Regensburg	- 07.05.51	Oldenbg.Hbf
V36 252 :	28.04.76	Emden	- 07.12.76 +	

Ebenfalls nur eine Zwischenstation für eine WR-Lok war Rheine schon einmal in den Jahren 1950/51 gewesen. Seinerzeit hieß das Bw noch Rheine Rbf und besaß - neben seinem stattlichen Dampflokomotiv-Bestand - auch eine kleine Kbw-Abteilung für Kleinlokomotiven und Busse.

Ab November 1950 setzte das Kbw für etwa ein halbes Jahr die ex-Regensburger V20 001 ein. Nach den Eintragungen in den Betriebsbögen lief die Lok in Rheine ausschließlich im Streckendienst und kam dabei monatlich auf zwischen 1000 und 7000 (!) Kilometer. Ebenfalls 1951 war für eine kurze Zeit die V16 005 in Rheine stationiert. Bis Ende des Jahres waren beide Loks wieder verschwunden.

Verlegenheitslösung: Für die 236 252-3 gab es auch in Rheine nicht mehr viel zu tun. Im Bw Pbf (ex Kbw) trifft sie auf eine Rangierlok der Nachfolgegeneration, eine Köf III (9.6.76).

Dr. Brian Rampp

210 Nach Auflösung des Bw Oldenburg Vbf (28.5.67) ohne den Zusatz „Hbf"

211 Ab 1.1.81 WAbt. (= Werkabteilung) des AW Bremen

Kurt Eckert, EK-Verlag

Moderner Nebenbahnverkehr anno 1956: Die Nürnberger V36 113 hat Dienst auf der Strecke Roth - Greding. Als letzter Wagen in der bunten Zuggarnitur ist ein VB140 eingestellt (Bf. Roth, 1956).

Bundesbahndirektion Nürnberg

Die BD Nürnberg war im süddeutschen Raum die wichtigste V20/V36-Direktion. Allein die Zahl der Heimat-Betriebswerke - Nürnberg Hbf, Bamberg, Ansbach, Bayreuth, Gemünden, Neuenmarkt-Wirsberg, Nürnberg Rbf und Würzburg - unterstreicht diesen besonderen Stellenwert.

In fast allen Bw wurden die V20/V36 zudem als Personenzugloks eingesetzt. Das Bw Bamberg etwa bestritt mit den Wehrmachtsmaschinen lange Jahre den Reisezugdienst auf der Wiesenttalbahn Forchheim - Behringersmühle in der Fränkischen Schweiz. Nürnberg Hbf fuhr mit den V36 u.a. auf den Vorortstrecken nach Unternbibert-Rügland, Simmelsdorf-Hüttenbach und Cadolzburg.

Das Eintreffen fabrikneuer V100 beendete all diese Einsätze Anfang der 60er Jahre ziemlich abrupt. 1963 waren von den ursprünglich neun bis zehn V20/V36 nur noch vier Lokomotiven in zwei Bahnbetriebswerken übrig geblieben. Als erste der „klassischen" V36-Direktionen gab die BD Nürnberg schon zum Jahreswechsel 1974/75 die WR-Lok-Unterhaltung schließlich ganz auf.

Begonnen hatte die V20/V36-Stationierung nach dem Krieg mit dem üblichen Typen-Wirrwarr. Mitte 1946 z.B. beheimatete die RBD Nürnberg folgende Loks:

- 1x 165 PS-Lok (Firmenbauart Deutz)
- 2x 200-PS-Loks (AGM-Type WR200B14; je eine mit MWM- und KHD-Motor)
- 9x 360-PS-Loks, und zwar
  - 1x $V36^0$
  - 4x $V36^1$
  - 3x $V36^2$
  - 1x $V36^3$

BD NÜRNBERG
V20/V36-Stationierungen 1949-1974 (Stand: jeweils 31.12.)

Bw	Type	1949	1950	1952	1954	1956	1958	1962	1966	1970	1974	1978
Ansbach	V20	-		1	1	1	1					
	V22		1	1								
	V36							1	2	(aufgelöst)		
Bamberg	V20	1										
	V22		1									
	V36	2	2	3	2	2	2	1	-	-	-	-
Bayreuth	V20	-	-	-	-	1	1	1	-	-	-	-
Gemünden	V36	-	2	2	-	-	-	-	-	-	(aufgelöst)	
Neuenm.Wirsberg	V20	-	-	-	1	(aufgelöst)						
Nürnberg Hbf	V20	1				1			-	-	-	-
	V36	5	4	3	5	5	5	1				
Nürnberg Rbf	V36	-	-	-	-	-	-	-	1	4	4	-
Würzburg	V36	1	-	-	-	-	-	-	-	-	-	-
BD gesamt		**10**	**10**	**10**	**9**	**9**	**9**	**5**	**3**	**4**	**4**	**-**

außerdem eine bislang noch nicht identifizierte 360-PS-Lok „2412“[212]. Der nur 13 Lokomotiven große Diesellokbestand setzte sich also aus nicht weniger als fünf Loktypen mit sechs verschiedenen Motorbauarten zusammen!

Erst 1950, dann allerdings mit einer einzigen Verfügung (vom 23.5.50), wurde die Typenlandschaft völlig neu geordnet: Die AGM-V20 gingen nach München und Oldenburg. Dafür kamen (damals noch nicht umgebaute) V22 von Rheydt und Mannheim. Auch alle $V36^{2}$ und $V36^{3}$ wurden abgegeben und gegen $V36^{1}$ getauscht. Die $V36^{0}$, die „2412“ und die Deutz-Firmenlok waren schon vorher verschwunden. Übrig blieben also nur $V36^{1}$ und DWK-V22-Typen.

Bw Nürnberg Hbf

Die Personenzugleistungen auf den Nürnberger Vorortstrecken gehören zu den ältesten regelmäßigen V36-Einsätzen bei der Nachkriegs-Eisenbahn. Schon ab dem 5. Oktober 1947 liefen die Nürnberger V36 - zunächst versuchsweise - in folgenden Dienstplänen[213]:

Strecken nach Feucht, Altdorf und Wendelstein
Laufleistung 243 km/Tag und

Strecken nach Roßtal, Siegelsdorf und Cadolzburg
Laufleistung 297 km/Tag

Kurz darauf wurden auch Leistungen nach Neuhaus und Neumarkt gefahren. Alle V36-Züge erhielten neue Fahrpläne mit 60 km/h Höchstgeschwindigkeit. Das Wagenmaterial bestand meist aus vierachsigen VT-Anhängern, ansonsten aus allem, was an lauffähigen Nebenbahnwagen aufzutreiben war (Donnerbüchsen,

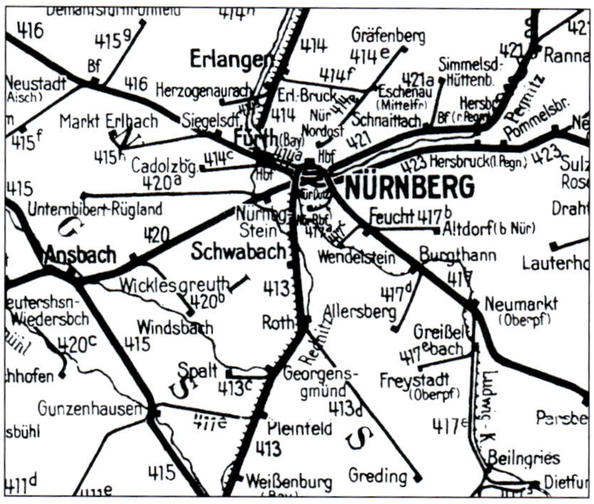

Abteilwagen, bayr. Lokalbahnwagen, Behelfspersonenwagen usw.).

Der Erfolg stellte sich rasch ein und führte zu einer schnellen Ausdehnung des Motorlok-Betriebes. Ende der 40er/Anfang der 50er Jahre wurden so ziemlich alle von Nürnberg ausgehenden Haupt- und Nebenbahnen zumindest für einige Fahrplanperioden lang mit V36-Personenzügen befahren (Einzelheiten dazu in der nebenstehenden Auflistung). In den Jahren 1949/50 gab es darüber hinaus - offenbar aber nur für kurze Zeit - Leig-Verkehre mit V36 in der Relation Nürnberg - Regensburg.

Gemessen am Planbedarf von meist nur drei Lokomotiven war das Einsatzgebiet der Nürnberger V36 riesig. Besonders die Leistungen nach Regensburg (100 km) und Pegnitz (66 km) waren für V36-Verhältnisse fast schon Langläufe.

Ein ständiges Thema blieb bis etwa 1950/51 allerdings die Verfügbarkeit der Lokomotiven. Die V20 020 zum Beispiel stand nach einem Kurbelwellenbruch zwischen September 1947 und Oktober 1949 - also mehr als zwei Jahre! - still. Auch der V36-Bestand von durchschnittlich vier bis sechs Lokomotiven war aufgrund von Ersatzteilmangel, fehlenden Instandsetzungskapazitäten und Umbauten im Ausbesserungswerk nie wirklich komplett.

Die Bestandsübersicht des Bw Nürnberg Hbf markiert exemplarisch die Situation am 29.Oktober 1949:

Dampfloks:	122 Stück[214]	
	Baureihen 01, 18^{4}, 18^{5}, 38^{10}, 50, 55^{25}, 64, 71, 78, 86, 89^{8}, 92^{20} und 98^{4}	
Elloks:	15 Stück	Baureihen E04, E18, E19
Diesel-Tw:	17 Stück	Baureihen VT50, $VT66^{9}$, $VT70^{9}$ und VT72
Elektro-Tw:	7 Stück	Baureihen ET31, ET85
Dieselloks:	6 Stück	
	V20 020	in Betrieb
	V36 102	im RAW
	108	in Betrieb
	116	wartet auf RAW
	205	in Betrieb
	214	in Betrieb

Die V20 war, soweit verfügbar, im Rangierdienst (Bf. Märzfeld[215]) und auf der Strecke Feucht - Wendelstein zu sehen[216] (2.8.50 an Bww München Hbf). Auf der benachbarten Stichbahn nach Altdorf wurden ab 1948 die $VT66^{9}$ eingesetzt. Auch hier fuhren bis zur Elektrifizierung 1952 aber noch gelegentlich V36 im Personen- und Güterverkehr.

Etwa 1950/52 begann in Nürnberg die nötige Konzentrierung auf einige dann teilweise bis in die 60er Jahre hinein noch im Personenzugdienst mit V36 befahrene Strecken:

V20/V36-EINSATZSTRECKEN
Bw Nürnberg Hbf

KBS	befahrene Strecken	Zeitraum
413	Nürnberg - Roth	1951-55
413p	Roth - Greding	1948-56, 1958-61
414c	Fürth - Cadolzburg	1947, 1953-62
416	Nürnberg - Neustadt/Aisch	1947-1948
416a	Nürnberg - Siegelsdorf - Langenzenn	1947, 1949-56
416a	dito bis Markt Erlbach	1953-56
417	Nürnberg - Burgthann	1948-50
417	dito weiter bis Neumarkt	1947-48
417b	Feucht - Altdorf	1947-48,1951
417c	Feucht - Wendelstein	1947-50
420	Nürnberg - Roßtal	1947-48, 1950-54, 1957-58
420a	Nürnberg - Unternbibert-Rügland	1948-1953
421	Nürnberg - Schnaittach - Neuhaus	1947-55, 1957-59
421	dito weiter bis Pegnitz	1954
421a	Nürnberg - Schnaittach - Simmelsdorf-Hüttenbach	1949-55, 1957-61
423	Nürnberg - Röthenbach	1951-53

Quellen: Umlaufpläne, Jahresberichte mot.Zugförderung, Aufzeichnungen von Lokomotivführern, Fotos

212 Vergl. Seiten 166f. und 170
213 Kurz, WR360C, S.21
214 Ohne Z- und Fremdloks
215 Ehem. Reichsparteitagsgelände, heute Nbg-Langwasser; 1946 waren hier ständig zwei V36 im Verschub eingesetzt, u.a. für die Zustellung von Treibstoffzügen (800-1000 to!) ins damalige US-Armee-Lager
216 Bleiweis/Martin, Nebenbahnen, S.115

Nürnberg-Stein - Unternbibert-Rügland (KBS 420a)
V36-Einsatz: 1948-53
Die Eisenbahn durch den Bibertgrund war Ende der 40er/Anfang der 50er Jahre eine der Haupteinsatzstrecken für die V36. Stammleistungen waren besonders die Güterzüge 8973 (morgens) und 8974 (abends); Fahrtzeit: 3 bzw. 2½ Stunden für 33 km Strecke! Aber auch Personenzüge - z.B. der Mittagszug an Sonntagen - wurden mit der V36 bespannt. Zugbildung: 1950 Zweiachser, 1951 VB/VS. Daneben liefen im Pv weiterhin Dampfzüge. Der V36-Betrieb endete hier schon 1953. Danach fuhren wieder Dampfloks (Baureihe 64) bzw. VT (VT60, $VT66^9$, $VT70^9$).

Schnaittach - Simmelsdorf-Hüttenbach (KBS 421a)
V36-Einsatz: 1949-55, 1957-61
Die idyllisch gelegene Simmelsdorfer Bahn gehörte schon in den frühen Jahren des Vorortverkehrs zu den Strecken mit regelmäßigem Motorlok-Betrieb. Die V36 fuhr hier allerdings meist nur in den verkehrsschwachen Zeiten (vor 7, nach 20 Uhr; mit Übernachtung in Simmelsdorf), tagsüber verkehrten Nürnberger 64er. Die V36 bespannte währenddessen Züge im Bereich Neuhaus/Nürnberg/Roßtal. 1955 wurden die Wehrmachts-Dreiachser hier vorübergehend zurückgezogen. Schon ab Winterfahrplan 1957/58 tauchte Simmelsdorf dann aber wieder in den Nürnberger V36-Plänen auf. 1961 wurde sogar noch ein kompletter Umlauftag für die nur 9,8 km lange Bahn reserviert. Die Tagesleistung laut Laufplan war mit 97 km bescheiden.

JOACHIM STICHNOTH

V36 und Donnerbüchsen: In den 50er Jahren war das Alltag in Nürnberg Hbf. Der abgebildete Zug mit V36 111 fährt vermutlich nach Markt Erlbach (7.9.56).

Roth - Greding (KBS 413d)
V36-Einsatz: 1948-56, 1958-61
Auch hier fuhr die V36 mit Unterbrechungen bis in die 60er Jahre hinein. Die Leistungen zwischen Roth und Greding waren stets die kilometerstärksten im Nürnberger Plan. Pro Laufplantag kamen rund 330 km zusammen. Eingesetzt waren zunächst Garnituren aus roten Einheitswagen Ci32/Ci34 (1955), später auch hier VB/VS. Die Zuführung der Lok geschah anfangs mit Personenzügen bzw. Lz von Nürnberg aus. Ab 1958 war die Maschine fest beim Lokbahnhof Greding stationiert. Im Güterverkehr liefen auf der „Gredlbahn" anfangs 98^{4-5}, später 86er, im Personenzugdienst - neben der V36 - ebenfalls 86er sowie $VT70^9$ und VT95/VT98.

Fürth - Cadolzburg (KBS 414c)
V36-Einsatz: 1947, 1953-62
Nach einem kurzen V80-Intermezzo kamen die Nürnberger V36 ab 1953 auch auf die Cadolzburger Strecke[217]. *„'s Moggerla"*, wie die ehemalige LAG-Bahn liebevoll im Volksmund genannt wurde[218], blieb danach bis 1961/62 die Haupteinsatzstrecke der Nürnberger V36. Jeweils zwei Loks erledigten im ständigen Pendeldienst den gesamten Verkehr. Die Ablösung erfolgte erst Anfang 1962 durch die ersten drei Nürnberger V100.

Betrieblich war von allen Strecken zweifellos die Cadolzburger Bahn am interessantesten: Wegen hoher Zuglasten - häufig zehn Wagen und mehr - mußten hier die Züge in den Verkehrsspitzenzeiten mit zwei V36 gefahren werden. Dabei lief je eine Lok an der Zugspitze und am Zugschluß. Zwischen 1955 und 1962 war dies gewissermaßen die Regelbespannung auf der 13 km langen Rangaubahn! Nur tagsüber und in den verkehrsschwachen Stunden fuhren auch „normale" Wendezüge mit einer V36 und roten Donnerbüchsen (umgebaute ABi/Bi bzw. Pwgs).

Bw Nürnberg Hbf:

V20 005 :	02.08.50	Bamberg	- 20.09.50	Oldenburg Hbf
V20 020 :	01.11.45	neu	- 02.08.50	München Bww
V20 058 :	20.10.62	Ansbach	- 08.11.63	+/vk.
V36 001 :	01.11.45	RBD Augsburg	- 18.10.46	Gießen
V36 101 :	01.11.45	neu	- .05.48	Frankfurt-1
V36 102 :	09.11.45	neu	- 09.04.63	Ansbach
V36 106 :	01.11.50	Frankfurt-1	- 01.08.55	Bamberg
	02.09.55	Bamberg	- 20.09.55	Neuenm.Wirsb.
	12.06.56	Bamberg	- 10.09.56	Bamberg
	13.10.56	Bamberg	- 23.06.61	Bamberg
V36 108 :	01.11.45	neu	- 14.07.51	München Bww
V36 109 :	01.11.45	neu	- 19.05.48	Frankfurt-1
	21.01.50	Frankfurt-1	- 04.06.51	Gemünden
	23.08.51	Gemünden	- 20.02.62	AW Neuaubing
V36 111 :	01.06.51	Mannheim Rbf	- 29.09.51	Bamberg
	10.04.54	Gemünden	- 04.07.54	Bamberg
	01.08.54	Bamberg	- 14.08.54	Bamberg
	26.09.54	Bamberg	- 07.04.57	Bamberg
	02.06.57	Bamberg	- (.06.62)	Weiden
V36 113 :	31.08.54	Gemünden	- 12.03.62	AW Esslingen
V36 114 :	09.08.54	Gemünden	- 26.10.54	Kassel Bww
V36 116 :	01.11.45	neu	- 24.10.50	Bamberg
	07.11.50	Bamberg	- 21.11.50	Stuttgart
	17.12.53	Bamberg	- 03.02.54	Bamberg
V36 150 :	22.05.54	Stuttgart Hbf	- 26.05.54	Kassel Bww
V36 202 :	.05.45	neu	- 25.09.45	Mannheim Rbf
V36 205 :	01.11.45	RBD Augsburg	- 30.09.50	Wt-Steinbeck
V36 214 :	01.11.45	RBD Augsburg	- 28.01.47	Bamberg
	08.04.47	Bamberg	- 30.04.47	Bamberg
	19.08.48	Würzburg	- 22.02.50	Bamberg
V36 311 :	01.11.45	neu	- (.08.48)	Würzburg

V36 108: .02.47 - .01.48 lw. in Mannheim Rbf
.01.48 - 19.11.48 lw. in Würzburg
V36 109: 26.05.46 - 31.10.46 lw. in Mannheim Rbf
lt.Lokverzeichnis BD Nür erst 16.9.50 aus F-1
V36 114: lt.Lokverzeichnis BD Nür schon 4.10.54 an Ks
V36 116: 15.06.48 - 24.06.48 lw. in Bamberg
28.11.48 - 12.01.50 auf w
V36 202: lt.Betriebsbuch stationiert in Fürth (= Lokbahnhof von Nürnberg Hbf)

Zu weiteren Leiheinsätzen: siehe Bw Bamberg

217 Anfangs - Winterfahrplan 1953/54 - nur ein Zugpaar (P2240/41); ab 1954 Verkehr weiter ausgedehnt
218 Beck, Moggerla

PETER RAMSENTHALER

LAUFPLANÜBERSICHT 1950-1961
Bw Nürnberg Hbf

Bedarf	Tag/Strecke(n)	km/Tag
Winter 1950/51:		
3x V36	1= Simmelsdorf, Roßtal, Langenzenn	
	2= Greding	
	3= Unternbibert-Rügland	
Sommer 1953:		
3x V36	1= Simmelsdorf, Roßtal	
	2= Greding, Langenzenn	ges.
	3= Unternbibert-Rügland	254 km/Tag
Sommer 1955:		
2x V36	1= Markt-Erlbach, Cadolzburg	285 km/Tag
	2= Cadolzburg	229 km/Tag
Sommer 1958:		
4x V36	1= Simmelsdf., Roßtal, Neuhaus	271 km/Tag
	2= Cadolzburg	180 km/Tag
	3= Cadolzburg	247 km/Tag
	4= Greding	330 km/Tag

Auffallend bleibt auch in den 50er Jahren der nie überragend große Einsatzpark bei den Nürnberger V36. Nach der Typenbereinigung von 1950 pendelte der Bestand ständig zwischen nur drei und fünf Loks, der Planbedarf entsprechend zwischen zwei und vier Maschinen. Umso größer waren die jeweiligen Kilometerleistungen. Allein V36 102 legte zwischen November 1945 und April 1963 in Nürnberg rund 852.000 km zurück (!) - mehr als manche ihrer Baureihen-Schwestern in ihrem ganzen Leben.

Alle Nürnberger V36 erhielten ab 1955, schon sehr frühzeitig also, Einmannbedienung mit Hochführerstand. Stammlokomotiven waren V36 102, 106, 109, 111 und 113.

In der Endphase der Wehrmachtlok-Stationierung bekam das Bw Nürnberg Hbf im Oktober 1962 mit der ex Ansbacher V20 058 auch noch einmal eine 200-PS-Maschine zugewiesen. Ab Januar 1963[219] löste die V20 den letzten „Glaskastl", die

219 Ulsamer, Spalter Eisenbahn, S.38; in einer kurzen Übergangsphase fuhren 94er

Cadolzburger Wendezug: In den Verkehrsspitzenzeiten hatten die Züge auf der alten LAG-Bahn bis zu zehn Wagen und wurden dann mit je einer V36 an der Zugspitze und am Zugende gefahren (bei Cadolzburg, 25.5.58).

Sommer 1959 im Fürther Hauptbahnhof: Die Nürnberger V36 102 ist gerade mit dem Wendezug aus Cadolzburg eingefahren. Die Einheitswagen sind durchgängig rot mit gelben Absetzlinien.

GERHARD GRESS

bayr. PtL 2/2 (Baureihe 98^3), auf der Strecke 413k Georgensgmünd - Spalt ab. Lange währten diese Einsätze allerdings nicht mehr. Schon ein Jahr später, ab Herbst 1963, zog eine V60 und ab 1965 eine Köf III das *„Spalter Bockl"*. Das Wagenmaterial bestand, wie schon bei der V20, auch zu dieser Zeit noch aus gezogenen VB/VS.

Bw Bamberg

Neben dem Bw Nürnberg Hbf war Bamberg das einzige Bahnbetriebswerk der Direktion, das schon aus dem Kriegserbe heraus einen ersten, bescheidenen V20/V36-Bestand aufbauen konnte. Die Anfänge waren so ungeordnet wie überall. Im Juli bzw. September 1946 wurden von den amerikanischen Besatzungsbehörden lediglich die späteren

V36 207 (ex Luftwaffe Ebenhausen) und
V20 005 (ex Verpfl.Magazin Bamberg)

freigegeben. Zumindest die V20 005 war 1947 auch bereits voll in Betrieb, lief aber offenkundig weiter für die Besatzung. In der Bestandserfassung vom 23.3.47 wird sie jedenfalls mit dem Standortvermerk *„Muna Bamberg"* geführt.

Der erste planmäßige Betrieb mit V20/V36 begann gut anderthalb Jahre später, im November 1948: Vom RZA München hatte das Bw Bamberg fabrikneu die MAK-Lokomotiven V36 257-259 zugewiesen bekommen, die auch sofort im Personen- und Güterzugdienst auf der Wiesenttalbahn

- Forchheim - Ebermannstadt - Behringersmühle mit Abzweig
- Ebermannstadt - Heiligenstadt (KBS 414g)

eingesetzt wurden. Die landschaftlich sehr reizvoll gelegene Strecke in der Fränkischen Schweiz hatte schon damals einen bedeutenden Ausflugsverkehr und bot sich überdies auch aus betrieblichen Gründen - relativ kurze Strecke, hohe Zugdichte - für einen Einsatz von Motorloks an.

Bereits in den ersten Monaten kamen die drei Nachbau-V36 auf Laufleistungen bis zu 8100 km/Monat. Die bis dahin auf den Ebermannstädter Linien eingesetzten 86er und $VT86^9$ konnten daraufhin weitgehend abgezogen werden. Allerdings scheiterte der Plan, die Strecke vollständig auf Motorfahrzeuge umzustellen. Wegen akuten Lokmangels in anderen Direktionen mußte noch 1948 die V36 259, Mitte 1949 die V36 258 und 1950 dann auch die V36 257 wieder abgegeben werden. Der *„sich gut anlassende Versuch einer Vollmotorisierung"*, so ein DB-Bericht 1949[220], mußte abgebrochen werden und ist erst sehr viel später mit dem flächendeckenden Traktionswechsel in den 60er Jahren zum Erfolg geführt worden.

Die Lokzu- und -abgänge der Jahre um 1950 zeigen zwei interessante Entwicklungen: Zunächst gab es - noch 1950 - eine Neuauflage des Vollverdieselungs-Versuches. Wieder kamen fabrikneue V36 nach Bamberg, diesmal in Gestalt der V36 417 und 418. Und wieder mußten sie schon nach wenigen Monaten zurückgezogen werden, weil sie andernorts (jetzt im Frankfurter Vorortverkehr) dringender benötigt wurden.

Als Ersatz baute das Bw Bamberg dann ab Mitte 1951 konsequent eine kleine $V36^1$-Gruppe auf. Bereits 1950 waren die letzten 2er-V36 (V36 207 und 214) gegen solche mit MWM-Motor (V36 111 und 116) getauscht worden. Im Juni 1951 kam zusätzlich V36 112 aus Gemünden und 1955 - allerdings nur zeitweise - die V36 106 aus Nürnberg. Die ohnehin kaum eingesetzten V22 (seit 1950 anstelle der V20 in Bamberg) wurden dafür 1951 ans Bw Ansbach abgetreten.

Peter Ramsenthaler

Mit 360 PS durch den Wiesentgrund: Eine Bamberger V36 zieht ihren stattlichen Zug an der Ruine Neideck vorbei in Richtung Ebermannstadt. Am Zugende laufen ein bayerischer Länderbahn- und ein Behelfspackwagen (1953).

Die Einzelheiten der genannten Verschiebungen werden aus dem nebenstehenden Stationierungsverzeichnis deutlich. Eine zweite Auflistung, basierend auf den *„Täglichen Lokmeldungen der BD Nürnberg"* nennt darüber hinaus verschiedene Lokomotiven, die nur auf Leihbasis vorübergehend beim Bw Bamberg eingesetzt waren.

Der häufige Wechsel der V36 mit dem Bw Nürnberg Hbf illustriert den permanenten Lok-Engpaß, der den Einsatz der WR-Loks beim Bw Bamberg begleitete. Bei einem Planbedarf von zwei Maschinen waren häufig auch nur zwei, niemals aber mehr als drei V36er gleichzeitig vorhanden. Jeder größere Schaden, jeder längere Aufenthalt im AW oder jeder sonstige Ausfall (Umbauten etc.) erforderte also eine Ersatzlok aus dem ebenfalls durchaus knapp besetzten Bw Nürnberg Hbf. Einzelne Loks wechselten bis zu fünfmal zwischen Bamberg und Nürnberg!

Nur ein Zwischenspiel blieb dagegen 1955 die Beheimatung der V20 060. Die Lok war 1955/56 fest beim Bf. Lichtenfels stationiert, und machte sich dort beim Abziehen und Bereitstellen von Reisezuggarnituren nützlich. 1956 wurde sie an das Bw Neuenmarkt-Wirsberg zurückgegeben.

Die V36 pendelten unterdessen weiter eifrig zwischen Forchheim und Behringersmühle/Heiligenstadt. Die Laufpläne jener Jahre zeigen nur wenig Veränderungen. Sie variierten allenfalls in der Verteilung der Leistungen oder bei den sich geringfügig ändernden Fahrzeiten.

220 Jahresbericht motorisierte Zugförderung 1949, S.7

Bw Bamberg:

V20 005 :	19.09.46	neu	- 01.08.50	Nürnberg Hbf
V20 060 :	28.09.55	Neuenm.Wirsb.	- 09.04.56	Neuenm.Wirsb.
V22 008 :	29.09.50	Ansbach	- 16.05.51	Ansbach
V22 009 :	08.07.50	Mannheim Rbf	- 28.09.50	Ansbach
V36 106 :	02.08.55	Nürnberg Hbf	- 01.09.55	Nürnberg Hbf
	10.04.56	Neuen.Wirsb.	- 11.06.56	Nürnberg Hbf
	11.09.56	Nürnberg Hbf	- 12.10.56	Nürnberg Hbf
	24.06.61	Nürnberg Hbf	- 19.03.63	Ansbach
V36 111 :	18.10.50	Hann.Hgbf	- 25.11.50	Mannheim Rbf
	01.06.51	Mannheim Rbf	- 13.08.51	Nürnberg Hbf
	17.11.51	Nürnberg Hbf	- 05.01.54	Gemünden
	05.07.54	Nürnberg Hbf	- 31.07.54	Nürnberg Hbf
	15.08.54	Nürnberg Hbf	- 25.09.54	Nürnberg Hbf
	08.04.57	Nürnberg Hbf	- 01.06.57	Nürnberg Hbf
V36 112 :	01.06.51	Gemünden	- 31.10.62	Ansbach
V36 116 :	25.10.50	Nürnberg Hbf	- 06.11.50	Nürnberg Hbf
	01.06.51	Mannheim Rbf	- 16.12.53	Nürnberg Hbf
	04.02.54	Nürnberg Hbf	- 25.05.62	Aalen
V36 207 :	19.09.46	neu	- 12.10.50	Hann.Hgbf
V36 214 :	29.01.47	Nürnberg Hbf	- 07.04.47	Nürnberg Hbf
	01.05.47	Nürnberg Hbf	- 01.12.47	Würzburg
	15.07.50	Nürnberg Hbf	- 16.10.50	Lübeck
V36 257 :	30.10.48	neu	- 06.12.50	Wt-Steinbeck
V36 258 :	30.10.48	neu	- 12.05.49	Bremen Hbf
V36 259 :	30.10.48	neu	- 27.12.48	Hmb-Harburg
V36 417 :	16.11.50	neu	- 03.06.51	Ffm-Griesheim
V36 418 :	22.11.50	neu	- 27.06.51	Ffm-Griesheim

V36 207: nach anderen Quellen erst am 24.10.50 nach Hannover; Tausch gegen V36 111
V36 214: per (23.03.47) auch in Nürnberg Hbf gemeldet

Bw Bamberg (leihweise Beheimatungen):

Verliehen an andere Bw:

V20 005 :	nach Würzburg	24.02.49 - 22.05.49	

Geliehen von anderen Bw:

V36 102 :	von Nürnberg Hbf	26.05.62 - 26.06.62	
V36 106 :	von Nürnberg Hbf	01.11.50 - 19.11.50	*
	von Nürnberg Hbf	22.12.57 - 25.01.58	
	von Nürnberg Hbf	02.09.59 - 16.09.59	
V36 111 :	von Nürnberg Hbf	23.07.59 - 18.08.59	
V36 116 :	von Nürnberg Hbf	14.06.48 - 23.06.48	
V36 225 :	von Gießen	02.04.47 - 02.05.47	**

* Lok kam vom Bw Frankfurt-1
** Lok kam vom RAW Nürnberg Rbf

T a g 1 enthielt meist die beiden Güterzugpaare morgens und abends nach Behringersmühle sowie einige Mittagskurse auf dem Heiligenstädter Streckenzweig (Sommer 1955: 186 km/Tag).

T a g 2 war dagegen ein reiner Pz-Plan mit Pendelfahrten zwischen Forchheim und Behringersmühle (Sommer 1955: 238 km/Tag).

Die Züge hatten teils eine beträchtliche Länge. Drei bis vier Vierachser (VB/VS) plus Packwagen waren durchaus die Regel. Besonders im Ausflugsverkehr gab es aber auch Sieben- oder Acht-Wagen-Züge mit zusätzlich eingestellten Lokalbahnwagen oder VB140. Daneben verkehrten vor allem in Richtung Heiligenstadt noch immer VT70^{9} und Schienenbusse auf der Wiesenttalbahn, bei extrem hohen Zuglasten auch weiterhin 86er. Eingesetzt wurden alle Loks und Triebwagen durch den Lokbahnhof (später Bw-Außenstelle) Ebermannstadt.

Eine Besonderheit stellten die beiden Umlaufpläne vom Sommer 1953 und Winter 1953/54 dar. Das Bw Bamberg hatte seinerzeit nicht nur die neuen Bundesbahn-V80, sondern auch zwei von der MAK angemietete Firmenlokomotiven mit 575 bzw. 650 PS[221] zur Erprobung auf der kurvenreichen Wiesenttalbahn in Betrieb. Für die V36, die dadurch vorübergehend weniger zu tun hatten, konnte deshalb ein dritter Umlauftag mit Leistungen auf den Strecken

- Bamberg - Maroldsweisach (KBS 414m) und
- Bamberg - Scheßlitz (KBS 414p)

aufgestellt werden. So ganz getraut hat man den MAK-Versuchslokomotiven im Bamberg offenbar nicht. Auf beiden Strecken jedenfalls wurde für die V36 nur je ein morgendliches Pz-Paar in der Fahrplanlage des Ebermannstädter Güterzuges eingelegt. Im Fall des Falles konnte die V36 also pünktlich zu den Mittagszügen wieder auf der Wiesenttalbahn einspringen.

Das Ende für die Bamberger V36 begann 1960: Kurz nach Beginn des Sommerfahrplans, im Juni 1960, wurde der Personenverkehr auf dem Streckenzweig nach Heiligenstadt stillgelegt. Trotzdem blieben vorerst zwei V36 im Planbetrieb (mit 195 bzw. 133 km/Tag). Mit dem Einrücken der V100^{10} ab April 1962 war dann aber endgültig Schluß. V36 116 wurde im Mai 1962 nach Aalen und die V36 112 im Oktober des gleichen Jahres nach Ansbach umbeheimatet. Die letzte Bamberger WR-Lokomotive, V36 106, blieb noch bis März 1963 als Arbeits- und Hilfszuglokomotive und folgte dann ihrer Schwestermaschine nach Ansbach.

Peter Ramsenthaler

Bei Gasseldorf: Von 1948 bis 1962 waren die Bamberger V36 die beherrschenden Loks im Wiesenttal. Der Versuch einer frühzeitigen Vollmotorisierung scheiterte allerdings (1951).

221 Klingensteiner/Ebner 1953/S.719, 1954/S.797; auch eine Esslinger 450-PS-Diesellok wurde 1952 erprobt

Kurt Müller (2)

Wintereinsatz zwischen Falls und Gefrees: Die kurze Stichbahn am Fuß des Fichtelgebirges war berühmt für seine kuriose Fahrzeuggestellung. Zwischen 1954 und 1965 fuhr hier die V20 060. Für die wenigen Fahrgäste reichte ein einzelner 2.-Klasse-Wagen (Falls, 27.2.65).

Bw Neuenmarkt-Wirsberg

Neuenmarkt-Wirsberg ist vor allem durch seine Lage am Fuß der „Schiefen Ebene“ bekannt geworden. In den 30er und 40er Jahren beheimatete das Bw verschiedene schwere Schiebelokomotiven bis hin zur bayr. Gt2x4/4 (Baureihe 96) und pr.T20 (Baureihe 95). Daneben waren aber auch immer etliche Lokalbahnlokomotiven für den Einsatz auf den zahlreichen oberfränkischen Nebenbahnen vorhanden. Einen Eindruck vom damals noch reinen Dampfbetrieb vermittelt z.B. der Lokbestand vom 1.8.51:

42 567 606 608 758 760 962 967
50 1628 2463 2991 2997
57 1684 1741 1588 3270
89 844 864 890
95 008 034
98 1103 1104 1106 1109 1110 1114

In den Jahren danach setzte überall in Oberfranken die Motorisierung ein. Während sich auf den Linien rund um Bayreuth und Hof schnell der Schienenbus etablierte, erschien auf der nur 5,3 km langen Stichbahn Falls - Gefrees (KBS 419k) 1954 die erst kurz zuvor umgebaute V20 060. Als Ablösung für die 98^{11} besorgte sie von Oktober an den gesamten Personen-, Güter- und Rangierdienst im Alleingang.

Ende 1955 ersetzte vorübergehend eine V36 (106) die DWK-Lok. Aber schon im Frühjahr 1956 kehrte die V20 auf ihre nunmehr langjährige Stammbahn zurück.

V20 060 :	21.10.54	Ansbach	- 27.09.55	Bamberg
	10.04.56	Bamberg	- 31.05.56	Bayreuth
V36 106 :	21.09.55	Nürnberg Hbf	- 09.04.56	Bamberg

Besonders anstrengend war der Einsatzalltag zwischen Falls und Gefrees sicher nicht. Die Personenzüge

Kilometer 2,5: Streitau war der einzige Zwischenhalt an der nur 5,3 km langen Strecke Falls - Gefrees. Auch hier versinkt die V20 060 mit ihrem Mittagszug fast im Schnee (P2677, 27.2.65).

bestanden meist aus nur einem Wagen (Donnerbüchse) und auch die GmP aus selten mehr als drei oder vier Waggons. Bei fünf Zugpaaren täglich wurden gerade mal 75 km erreicht (1955).

Per 1. Juni 1956 verlor das Bw Neuenmarkt-Wirsberg seine Selbstständigkeit und wurde als Außenstelle dem Bw Bayreuth unterstellt. Auch die V20 060 wechselte damit zur neuen Heimat-Dienststelle.

Bw Bayreuth

Fast zehn Jahre lang blieb auch unter Bayreuther Ägide alles beim Alten: Die Lok, die Einsatzstrecke, die Leistungen, selbst die Fahrtzeiten und der Laufplan (der nun allerdings 90 statt 75 km/Tag auswies) waren 1965 noch immer die gleichen wie 1956. Bei Fristarbeiten an der V20 kamen Anfang der 60er Jahre noch einmal die betagten 98[11] auf die Strecke. Schöne heile (Eisenbahn-) Welt ... zwischen Falls und Gefrees gab es sie wohl wirklich!

1965 war allerdings auch für die V20 die Zeit abgelaufen. Per 30.6. wurde die Lok nach Stuttgart umgesetzt. Die Nachfolge war ebenso bunt und kurios wie der gesamte Bahnbetrieb zwischen Falls und Gefrees: Den Anfang machten Köf II und Köf III, dann kamen V60, V45 und wieder V60 (noch immer mit GmP und Donnerbüchse!). Auch VT24 und VT95 taten hier zeitweise Dienst. Später - nach Stillegung des Personenverkehrs und Auflösung des Bw Bayreuth - wurde alle anfallende Güterfracht mit V100 vom Bw Hof gefahren.

Bw Würzburg

Auch das Bw Würzburg beheimatete in den frühen Nachkriegsjahren einige wenige V20/V36-Lokomotiven. Die Angaben hierüber sind leider überaus spärlich. Selbst in den Betriebsbüchern der Lokomotiven gibt es dazu keinerlei Eintragungen (!), was - zumindest im Fall der V36 108 - damit zu tun haben könnte, daß die Lok vermutlich nur leihweise nach Würzburg beordert worden war.

Die nachstehenden Stationierungsangaben fassen deshalb - möglicherweise lückenhaft - nur das zusammen, was sich aus dem Lokverzeichnis der RBD/ED Nürnberg sowie aus den *„Täglichen Lokmeldungen der BD Nürnberg“* erschließt[222].

Viel bewegt haben die V20/V36 in Würzburg offenkundig nicht. Von der V36 214 z.B. sind lediglich monatliche Laufleistungen zwischen 713 und 1634 km bekannt. V36 108 lief in Würzburg so gut wie gar nicht.

V20 005 :	24.02.49	Bamberg	- 22.05.49	Bamberg
V36 108 :	.01.48	Mannhm.Rbf	- 19.11.48	Nürnbg.Hbf
V36 214 :	02.12.47	Bamberg	- 18.08.48	Nürnbg.Hbf
V36 311 :	20.08.48	Nürnbg.Hbf	- 14.03.50	Gemünden

V20 005: vermutlich nur leihweise
V36 108: vermutlich nur leihweise; Lok wurde auch in Nürnberg Hbf geführt

Und die DWK-Maschine V36 311 stellte sich kurz nach der Umstationierung zum neuen Bw Würzburg erst mal mit einem Kühlerschaden vor. Im März 1950 war das kurze Gastspiel der V20/V36 in Würzburg dann bereits wieder beendet.

Bw Gemünden

Das Bw Gemünden ist völlig zu Unrecht einer der heute fast vergessenen V36-Standorte. Zwar währte die Beheimatung in der unterfränkischen Eisenbahnerstadt nur ganze vier Jahre, nämlich von Ende 1950 bis Mitte 1954. Auch war der Bestand mit durchgehend zwei V36-Lokomotiven alles andere als aufsehenerregend. Die Einsätze hier aber gehörten zu den kilometerintensivsten bei der Bundesbahn überhaupt. Mit Spitzenwerten von bis zu 11.000 Kilometern und mehr im Monat wurden Laufleistungen erreicht wie sie sonst nur in den großen Vorortverkehren von Frankfurt, Wuppertal oder Bremen zusammenkamen.

Wegbereiter für den Motorlokbetrieb in Gemünden war die ehemals Würzburger V36 311. Die DWK-V36 wurde allerdings rasch weitergegeben und gegen die Fuldaer V36 113 getauscht. Erst mit dieser Lok begann im Oktober 1950 der Planbetrieb mit V36. Der erste, damals noch eintägige Laufplan enthielt Leistungen auf der Sinntalbahn Jossa - Wildflecken sowie nach Lohr und Schweinfurt.

Ab Juni 1951 (Sommerfahrplan) stand mit V36 109 dann eine zweite 360-PS-Lokomotive zur Verfügung. Gleichzeitig verschob sich der Einsatzschwerpunkt deutlich in Richtung Maintalbahn. Befahren wurden nun vornehmlich Strecken im Viereck Aschaffenburg/Miltenberg/Wertheim/Gemünden; und zwar ausschließlich im Personenzugdienst. Im einzelnen waren das schon 1951 die Strecken:

Bw Gemünden:

V36 109 :	05.06.51	Nürnberg Hbf	- 22.08.51	Nürnberg Hbf
V36 111 :	06.01.54	Bamberg	- 09.04.54	Nürnberg Hbf
V36 112 :	16.12.50	Fulda	- 22.02.51	Bamberg
V36 113 :	29.09.50	Fulda	- 28.07.54	Nürnberg Hbf
V36 114 :	12.09.51	Darmstadt	- 08.08.54	Nürnberg Hbf
V36 311 :	16.04.50	Würzburg	- 28.09.50	Fulda

V36 114: lt. Lokverzeichnis BD Nür schon am 30.9.50 von ED Frankfurt zugegangen

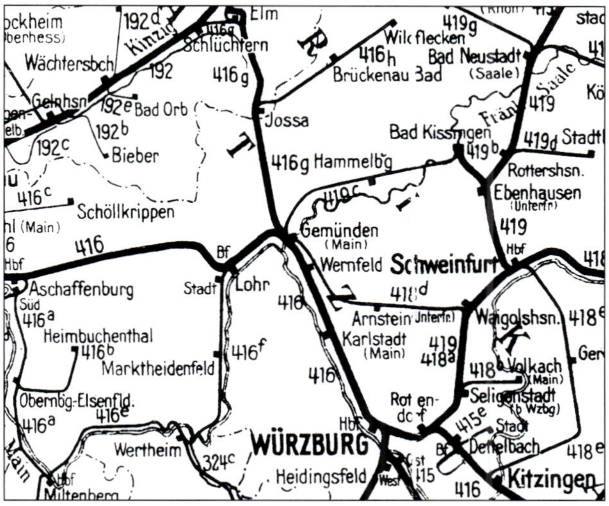

- Aschaffenburg - Lohr- Gemünden (KBS 416),
- Aschaffenburg - Miltenberg (KBS 416e),
- Miltenberg - Wertheim (KBS 416h),
- Gemünden - Waigolshausen - Schweinfurt (KBS 418b),

und ab 1952 zusätzlich auch die Linien

- Gemünden - Lohr - Wertheim (KBS 416g),
- Waigolshausen - Würzburg (KBS 419) sowie
- Gemünden - Bad Kissingen - Schweinfurt (KBS 418/418d).

Darüber hinaus gab es 1953 - als Fülleistung - lediglich noch eine kurze Übergabe Gemünden - Wernfeld und zurück.

Mit diesem Mammut-Programm kamen die Gemündener V36 z.B. im Winterfahrplan 1953/54 auf stolze 327 km täglich. Beide Loks waren durchschnitt-

222 Dazu passen die Stückzahlangaben (Jan.1948 = 2x V36, März 1950 = 1x V36) bei Mühl, Bw Würzburg, S.64ff.

Dreischichtbetrieb in Gemünden: Die V36 kamen im Winter 1953/54 auf beachtliche 327 km/Tag. Laut Dienstplan wurden sechs Lokführer und sechs Beimänner benötigt. Kleine Lesehilfe: Personal 1/3/5 fahren auf Lok 1, Personal 2/4/6 auf Lok 2.

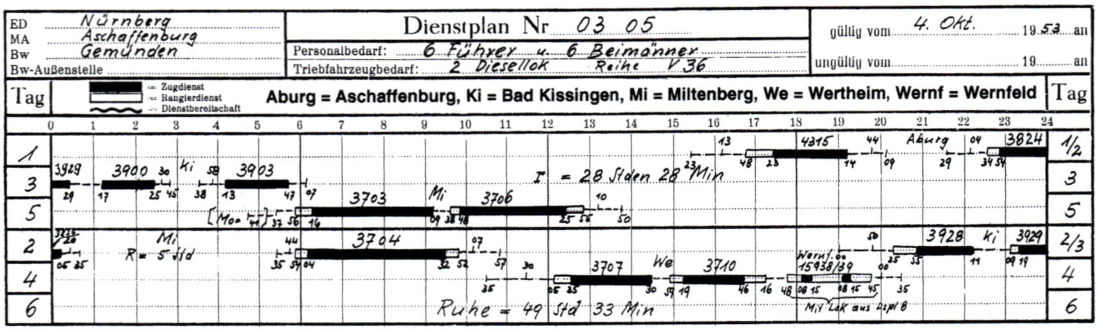

lich 16 Stunden und 10 Minuten pro Tag im Einsatz. Monate mit 28-31 Betriebstagen waren in Gemünden das Übliche. Gefahren wurde auch hier mit Vierachser-VB/VS und Donnerbüchsen.

Einige ausgesuchte Spitzenkilometerwerte von vier der fünf im Lauf der Zeit in Gemünden beheimateten V36 verdeutlichen die enormen Betriebsleistungen:

V36 109:	11053 km	(Juli 1951)
V36 111:	9167 km	(März 1954)
V36 113:	10621 km	(März 1952)
V36 114:	11160 km	(Juni 1954)

Das alles brach im Sommer 1954 ziemlich plötzlich ab. Das Bw Aschaffenburg hatte ab dem Frühjahr eine Serie von sechs Schienenbussen (VT 95 9312-9317) erhalten, die zusammen mit den Gemündener VT70^{9} die Motorisierung des Schienenverkehrs auf ihre Weise betrieben. Die V36 wurden überflüssig und bis August 1954 zum Bw Nürnberg Hbf umstationiert.

Bw Ansbach

Beim Bw Ansbach lassen sich deutlich zwei verschiedene Stationierungsperioden unterscheiden. Die erste war die längere und dauerte von 1950 bis 1962. In diesen Jahren waren ausschließlich V22- beziehungsweise (nach deren Umbau) V20-Loks der DWK-Type in Ansbach zuhause. Ansbach war damals noch ein sehr stattliches Bw u.a. mit Lokomotiven der Baureihen 44, 54^{15}, 55^{25}, 70^{0}, 80, 86, 89^{6} sowie Köf und VT95^{9}. Für die V22/V20 gab es daher nicht allzu viel zu tun. Bis etwa 1952 wurden die (damals noch) zwei Loks lediglich für Sonderleistungen vorgehalten[223]. Später lief die (nunmehr alleinige) V20 058 als Rangierlok im Bf. Wicklesgreuth (mit Anschlußbedienung zum etwa 5 km entfernten US-Depot Katterbach). Auch die von Wicklesgreuth ausgehende, 11,8 km lange Nebenbahn nach Windsbach (KBS 420b) wurde durch die V20 mitbedient.

Bw Ansbach:

V20 052 :	...		- 20.04.53	Mainz
V20 058 :	...		- 20.10.62	Nürnberg Hbf
V20 060 :	09.02.54	neu	- 20.10.54	Neuenm.Wirsb.
V22 008 :	01.08.50	Rheydt	- 08.09.50	Bamberg
	17.05.51	Bamberg	- ...	
V22 009 :	29.09.50	Bamberg	- ...	
V36 102 :	10.04.63	Nürnberg Hbf	- 31.03.69	Nürnberg Rbf
V36 106 :	20.03.63	Bamberg	- 31.03.69	Nürnberg Rbf
V36 112 :	01.11.62	Bamberg	- 11.09.66	Nürnberg Rbf

V20 052: bis 01.12.52 = V22 008
V20 058: bis 28.05.53 = V22 009
V20 060: Wiederaufbaulok

V20 052: 01.12.52 - 17.01.53 lw. Oldenburg Hbf
21.04.53 - .07.53 zuerst nur lw. Mainz

Dieses Aufgabenfeld blieb bis 1962 ohne nennenswerte Änderungen. Die Hin- und Rückleistung von Ansbach nach Wicklesgreuth wurde jeweils als Übergabezug gefahren. Zeitweise - z.B. 1959 - ging es morgens erst noch kurz nach Heilsbronn, also eine Station weiter, bevor anschließend der Rangierdienst aufgenommen wurde. Tagesleistung laut Laufplan: 105 km mit, 126 ohne Mittagspause.

Nur ein Zufall, wenn auch ein interessanter, ist es übrigens, daß ausgerechnet die V20 058 langjährig in Wicklesgreuth Dienst tat. Die Lok war schon einmal im Krieg hier stationiert, seinerzeit allerdings noch als Luftwaffen-Lok WL255 beim damaligen Fliegerhorst Katterbach!

Der zweite Stationierungsabschnitt begann 1962. Die V20 wurde abgezogen und durch die in Bamberg freigewordenen V36 ersetzt. Erste Ansbacher Lok war V36 112. Ein knappes halbes Jahr später stießen noch die V36 106 (ebenfalls aus Bamberg) und V36 102 (aus Nürnberg) hinzu. Wie schon die V20, waren auch die V36 als Bahnhofs- und Streckenlok in Wicklesgreuth eingesetzt. Die Laufleistungen lagen bei knapp über 1000 km/Monat.

Lange währten diese Einsätze allerdings nicht mehr. 1966 - Ansbach war längst reines Diesel-Bw und auf einige V36, V60, V100, Köf und VT95^{9} geschrumpft - verließ als erste V36 112 die mittelfränkische Stadt in Richtung Nürnberg Rbf. Ein Dreivierteljahr vor der Auflösung des Bw Ansbach, am 31.3.69, folgten ihr die beiden anderen auf dem gleichen Weg.

Bw Nürnberg Rbf

Im Bw Nürnberg Rbf landete ab Ende der 60er Jahre alles an V36, wofür anderweitig in der Direktion keine Verwendung mehr bestand. Neben den drei Ansbacher Loks war das eigenartigerweise auch eine V36^{4}, die aus Gründen der Typenbereinigung erst gegen eine V36^{2}, und die wiederrum - passend - gegen eine V36^{1} getauscht wurde. Für derlei Feinheiten (die V36 stand immerhin schon kurz vor der Ausmusterung) investierte man in Nürnberg Rbf noch fast 1½ Jahre Arbeit und Anstrengung!

Betrieblich war von einem Auslauf-Bw natürlich nicht mehr allzu viel zu erwarten. Einen gewissen Schwerpunkt bildeten wohl Az-Leistungen für das Gleislager Nürnberg, u.a. beim Streckenrückbau auf den Nebenbahnen Leutershausen - Bechhofen (Winter 1970/71) und Burgthann - Allersberg (Winter 1973/74). Weiterhin gab es Einsätze im Bw-Verschub, als Hilfszuglok und als Rangierreserve.

Vom Nürnberger Personal bekam die 236 den Spitznamen *„Starfighter"*, was wohl mehr auf die gemächliche Tieffluggeschwindigkeit und den röhrenden Auspuff der V36 anspielte, als auf allzu häufige Abstürze.

V36 102 :	01.04.69	Ansbach	- 01.01.75	Stuttgart
V36 106 :	01.04.69	Ansbach	- 01.01.75	Stuttgart
V36 112 :	12.09.66	Ansbach	- 01.01.75	Hannover
V36 126 :	16.01.70	AW Harburg	- 01.01.75	Hannover
V36 229 :	18.10.69	Frankfurt-1	- 12.01.70	AW Harburg
V36 405 :	24.05.68	Kassel	- 18.10.69	Frankfurt-1

Mit vier Loks (ab Mai 1968) war die 236 in Nürnberg Rbf eigentlich immer recht ansehnlich vertreten. Zum Jahresende 1974/75 wurde der Bestand aufgelöst und mit je zwei Maschinen auf die Bw Stuttgart und Hannover verteilt.

223 Verwendungsübersicht ED Nürnberg v. 16.11.51

Richard Schatz, Sammlung Wolfgang Löckel

V20/V36-Bilder aus der BD Nürnberg:

Solche Begegnungen gab es täglich im Nürnberger Hauptbahnhof. V36 111 startet mit ihren Nahverkehrszug nach Markt Erlbach, während der Eilzug nach München mit einer E18 an der Spitze noch auf Abfahrt wartet (um 1955).

Sammlung Norbert Kempf

Ankunft in Behringersmühle: „Motorzüge“ mit V36 und Steuerwagen galten Anfang der 50er Jahre als das Non-plus-ultra an Modernität im Nebenbahnverkehr. V36 417 kam fabrikneu zum Bw Bamberg, mußte aber schon nach einem halben Jahr nach Frankfurt abgegeben werden (1951).

Carl Bellingrodt

Rangieren auf dem Landbahnhof: Zu den Aufgaben der Ansbacher V20 058 gehörte auch die Bedienung der Nebenbahn Wicklesgreuth - Windsbach. Der O-Wagen mit Bremserhäuschen ist noch mit *„DR Brit-US-Zone“* beschriftet (Neuendettelsau, 13.7.55).

Mag.pharm. Alfred Luft

Was für ein Panorama! V20 020 hat mit ihrem Zug von Freyung soeben die große Donaubrücke bei Passau-Auerbach passiert. Eine Passauer Spezialität: Anstelle von Waggons sind Schienenbus-Anhänger eingesetzt (27.8.56).

Bundesbahndirektion Regensburg

BD REGENSBURG
V20/V36-Stationierungen 1949-1974 (Stand: jeweils 31.12.)

Bw	Type	1949	1950	1952	1954	1956	1958	1962	1966	1970	1974
Passau	V20	1		1	1	1	1	-	-	-	-
	V36		2								
Plattling	V20	-		1	1	1	1	-	-	-	-
	V36		1								
Regensburg	V20	-		2	2	2	2	2	3	3	3
	V36		1								
Schwandorf	V20	-	-	-	-	-	-	1	-	-	-
Weiden	V36	-	-	-	-	-	-	1	1	-	-
gesamt		**1**	**4**	**4**	**4**	**4**	**4**	**4**	**4**	**3**	**3**

Wie München oder Nürnberg war auch Regensburg eine typisch bayerische V20/V36-Direktion. Merkmale: Relativ viele Heimat-Betriebswerke, kleine und kleinste Lokbestände sowie ein deutlicher Schwerpunkt beim Nebenbahn-Zugdienst. Eisenbahnfotografen haben sich selten hierhin verirrt, und wenn doch, dann galt ihre Aufmerksamkeit wohl mehr dem Verkehr auf den großen Hauptstrecken, den letzten 98ern im Lokalbahnbetrieb oder der 97^1 auf der Steilstrecke Passau - Erlau - Wegscheid. Fotos von den V20/V36-Lokomotiven in der BD Regensburg jedenfalls sind selten. Die Einsätze waren unscheinbar, der Betriebsalltag wenig aufsehenerregend.

Zwei Dinge unterscheidet die Stationierungen in der BD Regensburg dennoch von denen in den meisten anderen Direktionen:

Erstens:
Von den frühen Nachkriegsjahren (mit V36, kurzzeitig auch einzelnen V15 und V22) abgesehen[224], beheimatete die BD Regensburg ausschließlich V20-Lokomotiven (!), und zwar die komplette 20er Reihe - V20 020-023 - mit MWM- bzw. MAK-Motor.
Das Verteilungsschema war dabei immer höchst übersichtlich. Bis 1962: Je eine Lok in Passau und Plattling, zwei in Regensburg. Danach alle drei Loks in Regensburg (V20 022 war zu dieser Zeit bereits verkauft).

Zweitens:
Mehr als in anderen Direktionen, standen die V20/V36 in Regensburg schon in der Vor-Schienenbus-Ära in Konkurrenz zum VT. Die Nebenbahnen in Niederbayern und in der Oberpfalz waren bereits zur Reichsbahn-Zeit Zentren des VT-Einsatz (DB-Baureihen $VT70^0$, $VT75^9$, $VT78^9$, $VT79^9$). Sicherlich ist auch dies ein Grund dafür, daß die V20/V36 hier keine größeren Stückzahlen erreichten.

Die BD Regensburg wurde zum 1. Juni 1976 aufgelöst und zum allergrößten Teil der BD Nürnberg zu-

224 Folgende Loks konnten bisher keinem Standort zugeordnet werden:
V15 002: 08.49-10.49 in der ED Regensburg; von/nach ED Augsburg (Bw Weiden?)
V20 035: 05.50 leihweise von Bw Stuttgart; 09.50 weiter an ED Hamburg; war nur buchmäßig in der ED Regensburg, tatsächlich die ganze Zeit über im EAW

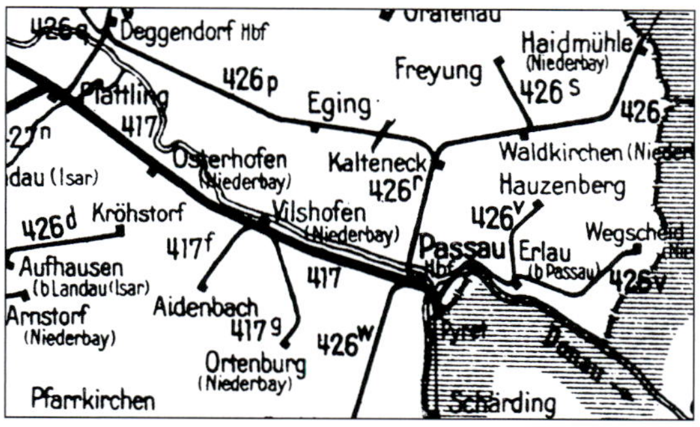

geschlagen[225]. Einen Tag später endete auch der V20-Einsatz. Alle drei bis dahin noch vorhandenen Loks wurden per 2.6.76 en bloc zum Bw Hannover umstationiert.

Bw Passau

Das Bw Passau war nie ein besonders großes V20/V36-Bw, unter denen der BD Regensburg aber sicher das interessanteste. Bis 1962 gab es fast ausschließlich Streckendienste, bis zuletzt auch im Personenverkehr. Und mit Monatsleistungen von teilweise 6000, 7000 Kilometern und mehr gehörten die Passauer V20 ganz gewiß zu den am besten ausgelasteten Loks dieser Baureihe bei der DB.

Die erste WR-Maschine in Passau war allerdings eine V36. Im September 1949 wurde aus Frankfurt die V36 101 zugeteilt. Sie blieb nur knapp drei Wochen und wurde dann - vorübergehend - durch die ex Münchener V20 007 ersetzt.

Etwa ein Jahr später das gleiche Spiel noch einmal: Diesmal kamen gleich drei V36 - 115, 118, 120 - nach Passau. Und wieder wurden sie schon nach relativ kurzer Dauer gegen V20 ausgetauscht. In diese Zeit, Anfang bis Mitte 1951, fallen auch die ersten planmäßigen Streckendienste, zunächst noch mit der 360-PS-Lok. Gefahren wurden Personenzüge auf den Strecken

- Passau - Erlau - Hauzenberg (KBS 426h)
- Passau - Waldkirchen - Freyung (KBS 426m)
- Passau - Waldkirchen - Haidmühle(KBS 426m).

Mit diesen relativ langen und z.T. bergigen Strekken kamen später die V20 offenbar nicht so gut zurecht. Nach dem Typenwechsel auf die kleinere Lok jedenfalls wurde 1952 stattdessen ein Laufplan mit Personen- und Güterzügen auf den kurzen Nebenstrecken

- Vilshofen - Aidenbach (KBS 417h) und
- Vilshofen - Ortenburg (KBS 417k)

aufgestellt. Gleichzeitig schrumpfte der Bestand von zwei auf nur noch eine Lok (V20 020). Die Kilometerleistungen sanken auf allerdings immer noch ansehnliche 3500-4000 km/Monat.

Danach änderte sich nicht mehr allzu viel. Bis Mitte der 50er Jahre wurde noch bis Plattling gefahren, um 1956 vereinzelt auch nochmal nach Freyung sowie ein nächtliches Zugpaar Passau-Vilshofen. Haupteinsatzstrecken aber blieben die beiden vom Donautal ausgehenden Stichbahnen nach Aidenbach (durchs Vilstal) und Ortenburg (im Wolfachtal). Die bis dahin hier noch dominierenden 98^8 konnten durch die V20 vollständig abgelöst werden.

Bw Passau:

V20 007 :	04.10.49	München Bww	-	.09.50	Bremerh-Lehe
V20 020 :	18.07.51	München Bww	-	28.08.62	Regensburg
V20 021 :	18.07.51	München Bww	-	18.03.52	Plattling
V20 023 :	29.01.53	Regensburg	-	26.02.53	Plattling
V36 101 :	16.09.49	Frankfurt-1	-	06.10.49	Stuttgart
V36 115 :	16.10.50	Hmb-Harburg	-	16.07.51	München Bww
V36 118 :	22.02.51	Plattling	-	28.03.51	Plattling
V36 120 :	09.11.50	Darmstadt	-	16.07.51	München Bww

Der Umlaufplan vom Sommer 1960 (Seite 332) zeigt die Situation kurz vor dem Ende des V20-Einsatzes: Auf beiden Nebenstrecken fuhr im Personenverkehr nur noch täglich ein Zugpaar (nach Aidenbach mittags, nach Ortenburg morgens/nachmittags). Ansonsten wurde der mäßige Güterverkehr abgewickelt und in Vilshofen rangiert. Immerhin war die Lok 21 ½ Stunden am Tag im Einsatz! Und auch die 221 Laufplan-Kilometer konnten sich durchaus sehen lassen.

Ganz interessant war übrigens immer auch die Zugbildung in Passau, und zwar sowohl auf der Vilshofener wie auch auf der Freyunger Strecke. Im Personenverkehr wurden häufig Schienenbusanhänger (VB98) als Waggons eingesetzt. Seltener liefen auch Behelfspersonenwagen (MCi) oder kurze altbayerische Garnituren hinter der V20.

1962 war die Zeit für die V20 in Passau abgelaufen. Zum Winterfahrplan 1962/63 (30.9.62) wurde der Personenverkehr auf beiden Vilshofener Stichbahnen stillgelegt. Damit war auch die alte Kriegslok entbehrlich geworden. Per 28.8.62 wurde sie zum Bw Regensburg um-

Dr. Günther Scheingraber

Vertretung aus der Nachbarschaft:
Weil die etatmäßige Passauer V20 020 zur Untersuchung im AW weilte, versah am 13.6.60 eine Regensburger Schwesterlok - V20 021 - den Pendeldienst auf den beiden Vilshofener Strecken (Bf. Vilshofen).

225 Die Bereiche Schwandorf und Weiden wurden schon per 1.1.75 von der BD Nürnberg übernommen

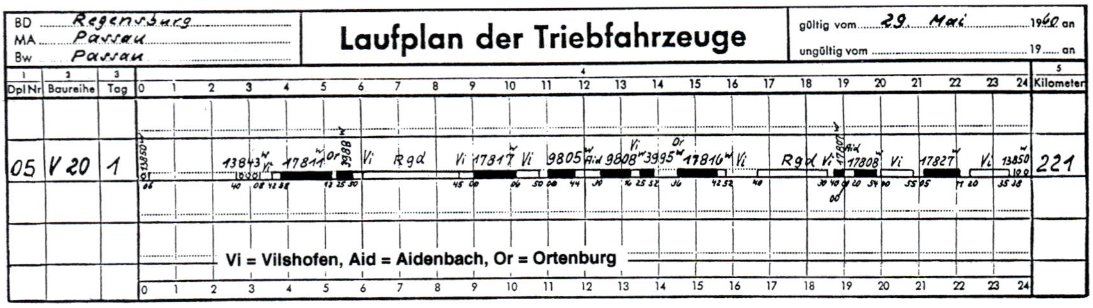

gesetzt. Den Güterverkehr übernahmen zunächst Passauer 86er, dann Plattlinger V60. Beide Strecken sind inzwischen – bis auf ein Reststück – stillgelegt und abgebaut.

Bw Plattling

Die Stationierungen und Einsätze beim Bw Plattling hatten große Ähnlichkeiten mit denen in Passau. Auch hier begann die Diesellokbeheimatung mit einer V36. Und auch hier wurde die seinerzeit einzige Lok, die V36 118, in der großen Umtauschaktion vom Juli 1951 gegen Münchener V20 ausgewechselt. Schließlich: Auch die Plattlinger V20 fuhr überwiegend im Nebenbahndienst mit bayerischen Lokalbahnwagen.

Bw Plattling:

V20 021 :	19.03.52	Passau	- 05.02.60	Regensburg
V20 023 :	18.07.51	München Bww	- 26.09.51	Regensburg
	27.02.53	Passau	- 22.04.53	Regensburg
V36 118 :	27.10.50	Darmstadt	- 21.02.51	Passau
	27.04.51	Passau	- 16.07.51	München Bww

Stammlokomotive in Plattling war über die ganzen 50er Jahre die V20 021. Von ihrem Erscheinen 1952 an lief sie im Personenzugdienst auf der 15 km langen Strecke Aufhausen - Kröhstorf (KBS 426b) südöstlich von Plattling. Wahrscheinlich ist es dabei sogar zu Wendezugeinsätzen gekommen (die Lok wurde 1953 mit Klingelleitung ausgerüstet). Viel los war auf der Kröhstorfer Strecke aber schon damals nicht mehr: Im Sommerfahrplan 1953 z.B. konnten mühelos alle Tagesleistungen - fünf Zugpaare - mit nur einer Lok bedient werden. Lediglich in Ausnahmefällen mußte als zweite Maschine eine Plattlinger 64 (Bw-Außenstelle Arnstorf) aushelfen.

Ab Juni 1955 gingen die Laufleistungen der V20 rapide zurück; und zwar von bis dahin 5000-6500 km im Monat auf etwa 2500. Einsatzort blieb aber der Lokbahnhof Kröhstorf. Der abgebildete Laufplan zeigt die Situation beispielhaft im Sommer 1957. Anfang 1960, auf der Aufhauser Strecke verkehrte mittlerweile nur noch ein Zugpaar, wurde die V20 021 abgezogen. Neues Heimat-Bw für die V20 021 wurde Regensburg.

Bw Schwandorf

Beim Bw Schwandorf begann die V20-Stationierung schon im Herbst 1946. Aus Regensburg kam die dort erst kurz zuvor aus Wehrmachtsbeständen übernommene, spätere V20 002 (damals noch „39651“) in die Oberpfalz. Ihren ersten Betriebstag in der neuen Heimat hatte sie am 20. September 1946. Die weitere Entwicklung zeigt in Kurzform die folgende Auflistung:

09.46	= in Betrieb
10.46	= im RAW
11.46 - 11.47	= in Betrieb
	(24.10.47 umgezeichnet in V20 002)
12.47	= betriebsfähig abgestellt
01.48 - 02.48	= im RAW
03.48 - 08.48	= in Betrieb

Ab 14.8.48 gehörte die Lok dann zum Bww München Hbf. Eingesetzt war die Maschine während der gesamten Schwandorfer Zeit als Rangierlok im Bf. Nabburg. Bei durchschnittlich 25 Betriebstagen leistete sie dort rund 3000 km/Monat.

Danach wurde es in Schwandorf sehr ruhig um das Thema WR-Lokomotiven. Erst im März 1961 verzeichnete das Bw mit der ex Regensburger V20 021 noch einmal einen V20-Zugang. Auch diesmal blieb es allerdings bei einem relativ kurzen Gastspiel. Bis August 1963, also etwa 2½ Jahre lang, rangierte die Maschine im Bf. Amberg. Der Einsatz erfolgte dreischichtig von 4.00 Uhr morgens bis 23.30 Uhr in der Nacht. Laut Dienstplan 61.34 vom Sommer 1963 wurden dabei pro Lauftag 120 Kilometer erbracht. Die Nachfolge trat eine V60 an.

V20 002 :	20.09.46	Regensburg	- 13.08.48	Mün.Bww
V20 021 :	22.03.61	Regensburg	- 25.08.63	Regensburg

Bw Weiden

Auch beim Bw Weiden waren - zu unterschiedlichen Zeiten und über unterschiedlich lange Zeiträume - zwei ehemalige Wehrmacht-Dieselloks stationiert.

V22 009 :	14.07.49	Augsburg	- 05.10.49	Mannhm.Rbf
V36 111 :	12.07.62	Nürnbg.Hbf	- 17.11.67	Mün.Hbf

Beide waren allerdings in jeder Weise untypisch für die BD Regensburg.

Lok Nummer eins: V22 009

Die DWK-Maschine - es war die einzige in der Direktion! - gab ab Juli 1949 eine nicht einmal dreimonatige Gastvorstellung in Weiden. Über den Sinn der Beheimatung und über evt. Einsätze ist nichts mehr bekannt.

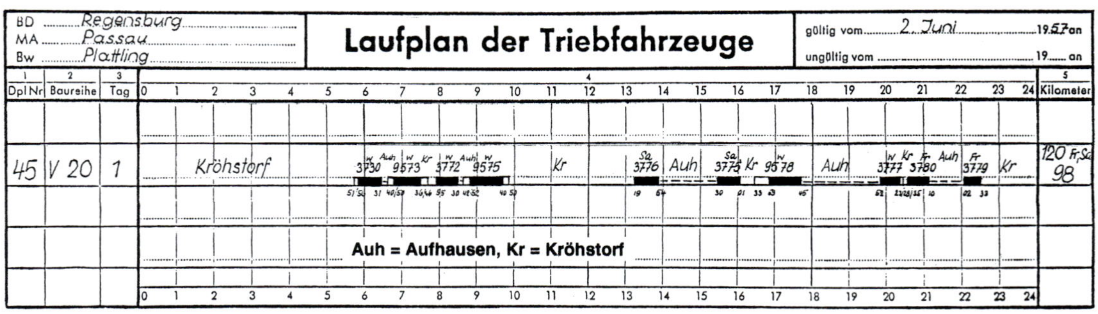

LAUFPLANÜBERSICHT 1957-1970
Bw Regensburg

Bedarf	Tag/Einsatz		km/Tag
Sommer 1957:			
2xV20	1=	Rgd. Regensburg und Bww	54 km/Tag
	2=	Rgd. Obertraubling	48 km/Tag
Sommer 1960:			
2xV20	1=	Rgd. Gleislager	65 km/Tag
	2=	Rgd. Reg-Ost, Obertraubling, Az Stellwerk 8	83 km/Tag
Sommer 1964:			
1xV20		Rgd. Reg-Ost, Obertraubling	86 km/Tag
Sommer 1966:			
1xV20		Rgd. Reg-Ost, Moosham, Mangolding, Obertraubling, Az Stellwerk 8	83 km/Tag

Im Sommer 1967 wurden zwei Loks, im Winter 1969/70 eine Lok benötigt.
Im Winterfahrplan 1968/69 war keine V20 planmäßig eingesetzt.

Lok Nummer zwei: V36 111
Sie war von Juli 1962 bis November 1967 zwar beim Bw Weiden stationiert, wurde aber ausschließlich als Werklok des AW Weiden eingesetzt. Die V36 pflegte in Weiden stets einen überaus geruhsamen Arbeitsalltag: An 104 Tagen im Jahr war Ruhe. Und an den übrigen 261 kam sie im Neun-Stunden-Betrieb gerade mal auf 65 km pro Tag.

dem wurde 1963 auch noch die dritte V20 der Direktion nach Regensburg zurückgeholt. Nach dem vorzeitigen Verkauf der V20 022 umfaßte der Bestand nun also die V20 020, 021 und 023.

Immerhin sorgte der Diensteinteiler beim Bw Regensburg immer für etwas Abwechslung. Neben den Az-Diensten gab es meistensteils auch kleine Rangieranteile, z.B.

Bw Regensburg:

V20 001 :	11.02.50	Hagen-Eck.	- 24.10.50	Rheine
V20 002 :	18.08.46	neu	- 19.09.46	Schwandorf
V20 020 :	29.08.62	Passau	- 02.06.76	Hannover
V20 021 :	06.02.60	Plattling	- 21.03.61	Schwandorf
	16.10.63	Schwandorf	- 02.06.76	Hannover
V20 022 :	18.07.51	München Bww	- .08.62	+/vk
V20 023 :	27.09.51	Plattling	- 28.01.53	Passau
	23.04.53	Plattling	- 02.06.76	Hannover
V36 123 :	01.02.51	Wt-Steinbeck	- 16.07.51	München Bww
V36 124 :	21.10.50	Wt-Steinbeck	- 16.07.51	München Bww

V20 001: Zugang aus Hagen lt. St10a Reg erst Mai 1950
V20 022: *„am 31.7.62 außer Betrieb gesetzt für Zuckerfabrik Dinklar“*
V20 023: 01.10.55 - 15.11.55 leihweise beim Bw Stuttgart

- 1960 in Regensburg-Ost und Obertraubling,
- 1966 in Regensburg-Ost, Moosham und Mangolding sowie
- 1969 in Saal und Neustadt/Donau.

Die 70er Jahre brachten keine nennenswerten Änderungen mehr. Die V20 wurden weiter als Bauzugloks vorgehalten und standen höchstens noch häufiger ungenutzt herum als bisher. 270 023 z.B. brachte es von 1972 (letzte U2) bis 1976 (Ausmusterung) gerade noch auf 29.000 Kilometer; das sind wenig mehr als 7000 Kilometer im Jahr. Genauso viel schaffte die gleiche Lokomotive 25 Jahre zuvor auch schon mal in einem Monat!

Die Auflösung der BD Regensburg bedeutete das „Aus“ für die V20. Per 2.6.76 wurden alle drei Loks geschlossen nach Hannover umstationiert. Zumindest die 270 023 hat ihr neues Heimat-Bw nie gesehen. Sie stand bereits seit 12.5.76 abgestellt im AW Bremen und wurde noch am Tag der (buchmäßigen) Übernahme in Hannover z-gestellt.

Bw Regensburg

Verglichen mit den bisher dargestellten V20-Standorten war Regensburg ein Bw von gänzlich anderem Charakter. Am Schnittpunkt der großen Hauptbahnen Wien - Frankfurt und München - Hof (- Berlin) lag das Schwergewicht natürlich im Schnell-, Personen- und Güterzugdienst auf eben diesen Hauptstrecken. Das Bw Regensburg unterhielt dafür Mitte der 50er Jahre noch zahlreiche Streckendampf- (18^{5+6}, 38^{10}, 50), und -elloks (E18, E94), daneben aber natürlich auch Nebenbahnfahrzeuge (70^{0}, $VT95^{9}$) und Rangierlokomotiven (54^{15}, 89^{8}, 92^{20}, 94^{5}). Ab 1950 waren zusätzlich auch V20/V36 in Regensburg vertreten, von einigen Kleinloks abgesehen auch hier die ersten Dieselloks überhaupt.

Die ältesten Unterlagen über die V20/V36-Einsätze in Regensburg reichen bis in die Jahre 1952/53 zurück. Damals fuhren die (seinerzeit zwei) V20 im Personenzugverkehr auf der 4,6 km langen Strecke (Regensburg-) Saal - Kelheim (KBS 411e).

Ab etwa 1954/55 - Regensburg war mittlerweile eines der größten VT95-Bw der Bundesbahn und auch in Kelheim fuhren jetzt Schienenbusse - entwickelten sich die Diesellok-Einsätze dann in eine völlig andere Richtung. Die V20 wurde Rangier- und Bauzuglokomotive. Die Auslastung der Loks war, wie die Laufplanübersicht zeigt, zu keiner Zeit überragend. Trotz-

BD Regensburg (Zeitler)/Eisenbahnstiftung

Fahren mit allem, was rollt: In den frühen 50er Jahren liefen die Regensburger V20 auch im Personenzugdienst, hier auf der zweigleisigen Strecke Richtung Landshut bei Regensburg Ost. Am Haken: ein umgebauter tschechischer VB141 (6.12.1952)

Sammlung Dieter Spillner

Der Hofhund: V20 057 war mit 27 Dienstjahren in der BD Stuttgart die Stammlok der Direktion. Eingesetzt war sie bis zuletzt im Bw-Verschub in Stuttgart. Obwohl schon 1951 von Oldenburg ins Schwabenland gewechselt, hatte sie noch in den 70er Jahren den Spitznamen „Ostfriesenlok" (Bw Stuttgart, 25.7.77).

Bundesbahndirektion Stuttgart

In der BD Stuttgart gab es nur einen wirklich bedeutsamen V20/V36-Standort: Das Bw Stuttgart Hbf. Hier waren die V20 durchgängig von 1946 bis 1978, die V36 bis Mitte der 50er Jahre und danach noch einmal in den 70ern zuhause. Eine gewisse Rolle spielten darüber hinaus nur die Bw

- Mannheim Rbf (bis zur Abgabe an die BD Karlsruhe 1953) und
- Aalen (in den Jahren 1959-1973).

Herausragende Einsätze sucht man in der BD Stuttgart vergebens. Nur im Raum Schwäbisch Gmünd/Waiblingen/Backnang/Ludwigsburg gab es bis 1954 einen kleinen, aber recht originellen Bezirksverkehr mit V36. Ansonsten beschränkten sich die Leistungen schon sehr frühzeitig auf Rangierdienste sowie auf Sonderaufgaben wie Bw-Verschub und Arbeitszüge. Ab 1972 kamen die Stuttgarter 236/270 besonders beim S-Bahn-Bau und bei der Streckenelektrifizierung zum Einsatz.

Außer den nachfolgend im Bw-Teil erwähnten Loks war von Januar bis Mai 1948 auch die V36 154 (später V36 254, aus Neubau) in der ED Stuttgart stationiert. Einiges spricht dafür, daß sie in Mannheim beheimatet war. Sichere Belege dafür konnten bisher aber nicht gefunden werden.

Die Stationierungen beim Bw Mannheim Rbf sind im Kapitel über die BD Karlsruhe beschrieben.

Bw Lauda

Die V20-Stationierung im Bw Lauda gehört mit zu den ganz frühen in der RBD/BD Stuttgart. Schon im ersten amtlichen Direktionsbestand nach dem Krieg vom 31.8.45 ist die V20 035 - damals noch als „39654" - mit aufgeführt. In späteren Listen findet sich der handschriftliche Vermerk *„an Privatfirma verliehen"*, welche das war, ist unbekannt. Erst ab Mai 1946 wurde sie dann auch offiziell im Bestand des Bw Lauda geführt.

BD STUTTGART
V20/V36-Stationierungen 1949-1978 (Stand: jeweils 31.12.)

Bw	Type	1949	1950	1952	1954	1956	1958	1962	1966	1970	1974	1978
Aalen	V36	-	-	-	-	-	-	4	6	2	(aufgelöst)	
Heilbronn	V36	-	-	-	-	-	2	-	-	-	-	-
Kornwestheim	V36	-	-	-	-	1	-	-	-	-	-	-
Mannheim	V36	5	4	4	(an BD Karlsruhe)							
	V22	1										
Stuttgart Hbf	V15	1	1									
	V20	2		2	1	1	1	1	3	3	3	
	V22		2	1								
	V36	4	4	2							6	1
Stgt-U'türkheim	V20	-	-	-	(aufgelöst)							
BD gesamt		**13**	**11**	**9**	**1**	**2**	**3**	**5**	**9**	**5**	**9**	**1**

Neben der V20 beheimatete Lauda zu dieser Zeit etliche Lokomotiven für den Regionalverkehr, im wesentlichen 38^{10}, 50, 58^{5} (württembergische Auflage der pr. G12) und 75^{0} sowie zwei Dampftriebwagen und eine Kö II[226].

Dem Lokverzeichnis der BD Stuttgart zufolge, ist die V20 - jedenfalls unter Reichsbahn-Ägide - in Lauda nicht im Einsatz gewesen. Angegeben wird:

05.46 - 06.46: „k" (**k**urzzeitig unbenutzt)
07.46 - 08.46: „w" (**w**artet auf RAW),
09.46 - 12.46: „h" (in Ausbesserung im RAW).

Noch im Dezember erfolgte die Umstationierung. Ab spätestens (01.01.47) gehörte die Lok zum Bw Stuttgart-Untertürkheim.

Bw Stuttgart-Untertürkheim

Das Bahnbetrietriebswerk Untertürkheim war bis zu seiner Auflösung im Mai 1953 ein ziemlich kleines und unbedeutendes Rangierlok-Bw. 1946 z.B. beheimatete es nur mal gerade ein halbes Dutzend 94^{5} für den Verschub im Güterbahnhof; keinerlei alte Württemberger, Nebenbahnmaschinen, Köf oder sonstige leichte Baureihen. Warum ausgerechnet hier die V20/V36 stationiert wurden, läßt sich höchstens vermuten (Platzmangel im Bw Stuttgart Hbf ?).

Allerdings brachte es die WR-Type auch in Untertürkheim zu keinen atemberaubenden Stückzahlen. Von der V20 035 ist lediglich bekannt, daß sie monatlich rund 3000 km lief. Die V20 006 war geliehen. Ansonsten fehlen jegliche Hinweise. Die letzte Wehrmachtsmaschine verließ Untertürkheim Mitte 1948.

Bw Heilbronn

Das Bw Heilbronn erhielt seine erste V36 (V36 254) im Mai 1955. Eine zweite Lok (V36 108) kam im November des gleichen Jahres dazu. Bis auf eine kurze Unterbrechung Ende 1956/Anfang 1957 (mit nur einer Solo-Lok) blieb es dabei bis zum Januar/Februar 1959. Eingesetzt waren die Maschinen ausschließlich als Rangierloks im Stadtgebiet von Heilbronn, und zwar

- im Industriegebiet Kleinäulein sowie
- auf dem sogenannten *„Stammgleis 1+2"*.

Die Kleinäuleiner Lok kam z.B. im Winterfahrplan 1957/58 bei 10 ½stündigem Rangieren (5.30-10.45/13.15-18.30 Uhr) auf 74 km/Tag, die Stammgleis-Lok bei 8 Stunden (5.30-9.30/14.00-18.00 Uhr) auf 56 km/Tag. Die monatlichen Laufleistungen lagen damit in Größenordnungen von etwa 1400-1600 Kilometer je Lokomotive.

Im Winterfahrplan 1956/57 (30.9.56) - nach Abgabe der V36 108 nach Kornwestheim - war der V36-Umlauf vorübergehend eintägig. Aber schon per 19.11.56 konnte der Dienstplan wieder auf zwei Lokomotiven (= vier Diesellokführer und vier Beimänner) erweitert werden. Fest beim Bw Heilbronn stationiert war zu dieser Zeit nur die V36 254. Die zweite (Leih-)Lokomotive dürfte bereits wieder die V36 108 gewesen sein.

Das Ende kam im Januar 1959: Das Bw Heilbronn bekam fabrikneu die V60 427 und 428 zugewiesen, die nicht nur in die Dampflok- (74^{4}), sondern auch in die V36-Pläne eindrangen. Beide V36 wurden nach Aalen umgesetzt.

Bw Heilbronn:

V36 101 :	24.09.57	Mannheim	- 11.02.59	Aalen
V36 108 :	16.11.55	München Bww -	.12.55	Stuttgart
	(.02.56)	Stuttgart	- 22.05.56	Kornwestheim
	12.03.57	Kornwestheim	- 23.01.59	Aalen
V36 254 :	.05.55	Darmstadt	- 21.09.57	Gerolstein

V36 108: 1955/56 lt. Betriebsbuch Bw Stuttgart (nur leihweise in Heilbronn ?)
V36 254: Tausch gegen V36 101 vom Bw Mannheim

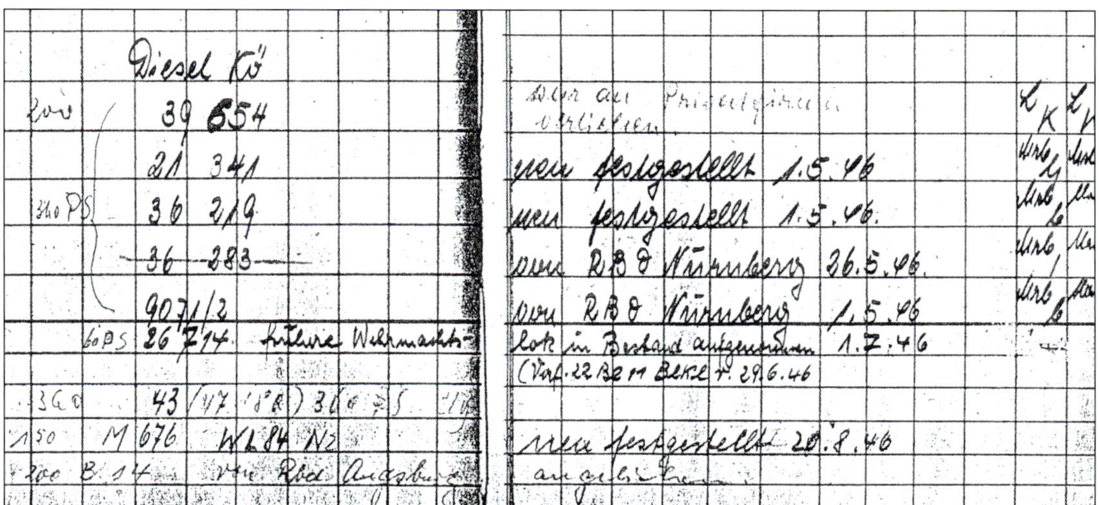

Das Lokbestandsbuch der BD Stuttgart: Mit solch einem gepflegten Durcheinander begann überall in Deutschland nach 1945 der Einsatz der ehemaligen Wehrmachtdiesellloks; „L" heißt Lauda, „Mrb" ist die Abkürzung für Mannheim Rbf.

Bw Stuttgart-Untertürkheim:

V20 006 :	.12.46	Augsburg	- .08.47	Augsburg
V20 035 :	.01.47	Lauda	- 10.08.47	Stuttgart Hbf
V36 227 :	.08.46	neu	- 07.07.48	Frankfurt-1

V20 006: nur leihweise
V36 227: per (23.3.47) auch Stuttgart Hbf

Offenbar ist das Bw Untertürkheim auch in der Folgezeit noch - bis mindestens Mitte 1951 - als Einsatzstelle für alle oder einige V20/V36 des Bw Stuttgart Hbf weiter genutzt worden[227]. Spätestens ab 1952 waren dann aber alle Stuttgarter ex-Wehrmachtdieselloks auch tatsächlich beim Hauptbahnhof-Bw zusammengezogen.

---

226 Ausführlich: Edelmann u.a./Main-Tauber-Kreis, S.325ff.
227 Ebenso für die V15 001; Jahresberichte motorisierte Zugförderung 1949 und 1950; ED-Bestand 1950; diverse weitere Bestandslisten

Sammlung Klaus-Dieter Lohrmann

Bw Aalen

Neben Stuttgart war Aalen das einzige größere V36-Bw in Württemberg. Zwischen 1959 und 1973 waren hier zeitweise bis zu sechs Lokomotiven stationiert. Die V36 lösten in Aalen die württembergischen T5 (Baureihe 75^0) und Tn (Baureihe 94^1) im Rangier- und Übergabedienst ab. Streckenleistungen auf den von Aalen ausgehenden Nebenbahnen nach Nördlingen, Heubach, Göppingen oder Welzheim waren dagegen den immer sehr zahlreich in Aalen beheimateten 64ern, 78ern und $VT95^9$/$VT98^9$ vorbehalten.

Der Bestand vom 1. September 1966 zeigt schlaglichtartig die Situation etwa zur Halbzeit der V36-Stationierung:

64	006 017 022 031 041 079 143 236 250 253 271 386 415 438
78	045 195 354 355 356 358 367 461 464 474
V36	108 113 124 261
VT95	9146 9188-9189 9191-9193 9492 9613- 9616 9656
VT98	9545-9547

Rustikale Schönheit: Das Motiv „V36 mit Fachwerkhaus" gehört zu den klassischen Eisenbahnszenen in Aalen. Charakteristisch für alle Aalener V36: Der zweite Bremsluftbehälter hinter dem Dofa-Ofen (Mai 1965).

Bw Kornwestheim

Das Bw Kornwestheim war für die V36 nur eine kurze Durchgangsstation. Von Mai 1956 bis März 1957 lief hier die aus Heilbronn zugegangene V36 108, laut Aussagen ehemaliger V36-Lokführer ausschließlich im Bauzugdienst.

Hintergrund für die Stationierung dürften die damaligen Elektrifizierungsarbeiten an den Strecken Pforzheim - Karlsruhe und Bietigheim - Heilbronn gewesen sein. Die Monatsleistungen der Lok lagen bei etwa 2500 km.

Abschließend noch die genauen Beheimatungsdaten der V36 108:

Zugang:	23.05.56 von	Heilbronn
Abgang:	11.03.57 nach	Heilbronn

Erste Loks in Aalen waren ab 1959 die V36 101 und 108 (aus Heilbronn) sowie die V36 124 (aus Rosenheim). Bis 1965 blieb dieser Bestand unverändert. Erst danach wurde die V36-Gruppe für Einsätze im Bauzugdienst kontinuierlich aufgestockt. Im Rangierdienst waren die V36 - außer in Aalen - auch regelmäßig in Crailsheim zu sehen.

Ein interessantes Zwischenspiel gaben die $V36^4$ in Aalen. Aus Gründen der Motorgleichheit zur $V36^1$ sollten sie Ende 1966 die beiden ex-Trierer V36 261 und 262 ersetzen. Beide wurden nach Darmstadt umstationiert. Dort wußte man mit den eingetauschten $V36^2$ offenbar aber auch nicht allzu viel anzufangen. Jedenfalls wurde der Loktausch im Januar 1967 wieder rückgängig gemacht.

Ab Ende der 60er Jahre versahen die V36 - wie schon erwähnt - zunehmend Bauzugdienste, besonders

V60-freie Zone: In Aalen war - nach Ablösung der Dampflokomotiven - das Rangiergeschäft bis in die 70er Jahre hinein fest in der Hand der V36 (24.7.67).

Günter Thoenes

Bw Aalen:

V36 101 :	12.02.59	Heilbronn	- 27.08.62	AW Esslingen
V36 108 :	24.01.59	Heilbronn	- 31.07.70	Frankfurt-1
V36 111 :	28.05.68	München Hbf	- 22.05.70	Frankfurt-1
V36 113 :	28.08.62	AW Esslingen	- 11.05.70	Frankfurt-1
V36 116 :	26.05.62	Bamberg	- 21.05.63	+/vk VGH
V36 124 :	04.10.59	Rosenheim	- 27.05.70	Frankfurt-1
V36 261 :	24.06.65	Trier	- 22.09.66	Darmstadt
	26.01.67	Ffm-Grieshm	- 06.01.73	Stuttgart
V36 262 :	24.06.65	Trier	- 22.09.65	Darmstadt
	15.01.67	Darmstadt	- 06.01.73	Stuttgart
V36 406 :	21.09.66	Darmstadt	- 26.11.66	Darmstadt
V36 408 :	24.09.66	Darmstadt	- 25.01.67	Darmstadt
V36 409 :	27.11.66	Darmstadt	- 13.01.67	Darmstadt

V36 124: Zugang offiziell 01.10.59
V36 262: Zugang aus Trier laut Betriebsbuch erst per 24.06.64

bei der Elektrifizierung der Remsbahn (Stuttgart -) Schorndorf - Aalen. Danach war ein Großteil der Altbaudiesel entbehrlich. 1970 wurden in einer ersten Etappe die 236 108, 111, 113 und 124 nach Frankfurt umstationiert. In Aalen blieben vorerst nur die 236 261 und 262, die dann im Januar 1973 nach Stuttgart wechselten.

Inzwischen ist auch das Bw Aalen selbst Geschichte. 1976 verlor es seine Eigenständigkeit und wurde dem Bw Ulm unterstellt. Nach mehrfachen Umstrukturierungen ist Aalen heute Einsatzstelle des Bh Stuttgart.

V22, zwei V36) hinaus. Und auch die Einsätze waren eher bescheiden und mit denen etwa in Bremen, Frankfurt oder Wuppertal überhaupt nicht vergleichbar.

Zu diesen bescheidenen, aber nicht minder sehenswerten Leistungen gehörte ab 1949 vor allem der sogenannte „Remstal-Expreß". In der Zusammensetzung V36 + zwei rote Donnerbüchsen + VS145 schickten die Stuttgarter ihre V36 seinerzeit auf einen Rundkurs

Stuttgart - Schwäb.Gmünd - Waiblingen - Backnang - Ludwigsburg - Stuttgart.

Ab 1950 wurden, von Backnang aus, auch Schwäb. Hall-Hessenthal und Murrhardt angelaufen, ab 1951 Rudersberg an der Wieslaufbahn[228] und ebenfalls ab 1951 - vermutlich mit einer zweiten Lok - auch Heilbronn.

Die Stuttgarter V36 kamen in diesem Umlauf auf rekordverdächtige 368 km/Tag. Der Zuglauf war absolut kurios. Einzelheiten dazu wie zur Fahrzeuggestellung im Kastentext *„Der Remstal-Expreß"* auf der folgenden Seite[229].

Bei den restlichen Stuttgarter Loks ging es etwas gemächlicher zu. Die V20/V22, soweit verfügbar auch die weiteren V36, waren im Stuttgarter Hauptbahnhof eingesetzt, wo sie sich mit den E63 und 94^1 (württ. Tn) den Rangierdienst teilten. Monatsleistungen hier: rund 2000-2500 km.

Besuch aus Fulda: Die Leihlok aus dem Hessischen - 236 150-9 - wird vor der alten Wagenhalle des Bw Aalen für die nächsten Einsätze durchgesehen (22.8.69).

Thomas Mäuser

Bw Stuttgart Hbf

Das Bw Stuttgart (Hbf) hat eigentlich immer V20/V36 eingesetzt. Ob

- vor Wendezügen im erweiterten Vorortverkehr (1949-54),
- als Rangierlok im Hauptbahnhof und im Bw (1950-78) oder
- im Az-Dienst beim S-Bahn-Bau und bei der Streckenelektrifizierung (1972-80),

für die alten Wehrmachtdiesel gab es in der Schwaben-Metropole stets etwas zu tun. Trotzdem gehörte Stuttgart nie zu den großen V20/V36-Bw. Selbst in den besten Zeiten, Anfang der 50er Jahre, kam der Bestand selten über fünf Lokomotiven (in der Regel drei V20/

Bis Anfang 1954 blieben Strecken- und Rangiereinsätze weitgehend unverändert. Dann allerdings kam der große Schnitt: Mit Ausnahme der V20 057, die weiter als „Hofhund" (Schuppenlok) im Bw Stuttgart blieb, wurden alle V20/V36 abgegeben. Die Motorlokdienste übernahmen Dampflokomotiven, die durch den Einsatz elektrischer Vororttriebwagen frei geworden waren. Auf der Strecke nach Rudersberg - Welzheim zum Beispiel bestimmten ab Sommerfahrplan 1954 wieder 93^5 (pr. $T14^1$) das Bild; ab 1955 kamen die ersten Schienenbusse dazu.

228 Strecke Schorndorf - Welzheim (KBS 324e); bis Rudersberg-Nord seit 1995 Privatbahn im Betrieb der WEG

229 Siehe auch Foto Seite 197

Albrecht Ebinger

Der Remstal-Expreß

Wie zuvor schon in Frankfurt und Bremen richtete die DB ab 1.10.49 auch in Stuttgart einen Wendezugverkehr mit V36 ein. Der Betrieb hier war noch einiges bunter und ungewöhnlicher als in den anderen Städten. Besonders der Umlauf mit ständig wechselnden Strecken und Zugläufen hatte es in sich! Kurt Seidel hat in seinem Buch über „Die Remsbahn“[1] den Umlauf für den Sommerfahrplan 1951 rekonstruiert:

Der Remstal-Expreß kommt: Eine Stuttgarter V36 passiert mit ihrem Wendezug P 1472 Rudersberg - Schorndorf einen Bahnübergang bei Rudersberg (1952). Heute fährt hier die private „Wieslauftalbahn“.

Fahrtziel	an	ab	ZugNr
montags bis freitags			
Stuttgart Hbf		5.11	P2721*
Winnenden	5.56	6.18	P2730
Fellbach	6.39	6.52	P1425
Schorndorf	7.36	8.10	P1431
Schwäb.Gemünd	8.43	10.35	P3136
Waiblingen	11.51	12.07	P1443
Plüderhausen	12.55	13.07	P1460
Waiblingen	13.57	14.07	P2767
Backnang	14.44	15.18	P2770
Waiblingen	15.50	16.00	P1465
Rudersberg	17.02	17.08	P1472
Waiblingen	18.23	18.58	P1483
Schorndorf	19.37	19.45	P1480
Waiblingen	20.19	20.38	P2795
Backnang	21.12	21.26	P1758
Ludwigsburg	22.10	22.20	P1759
Marbach	22.38	22.58	P1760
Stuttgart Hbf	23.36		
			368,8 km

samstags			
Stuttgart Hbf		5.11	P2721*
Winnenden	5.56	6.18	P2730
Fellbach	6.39	6.52	P1425
Schorndorf	7.36	8.10	P1431
Schwäb.Gemünd	8.43	10.35	P3136
Waiblingen	11.51	12.12	P2751
Backnang	12.47	13.00	P2754
Stuttgart Hbf	13.56		
			163,8 km

* am Zugschluß des P2721 nach Schwäbisch Hall

Man muß schon mit dem Finger auf der Streckenkarte dem Zuglauf folgen, um die ganze Eigentümlichkeit und Kuriosität dieses Dienstplans zu erfassen: Fünfzehn mal am Tag mußte Kopf gemacht werden! Siebzehn verschiedene Züge, fast jeder auf einem jeweils anderen Streckenabschnitt, waren zu fahren.

Unter dem Strich standen Monatsleistungen von bis zu 12.000 km (Durchschnitt 8000-9000). Stammloks[2] waren V36 117 und 150. Aber selbst die V20 scheint, zwischen Herbst 1950 und Anfang 1951, vertretungsweise mit dem Remstal-Expreß im Rems- und Murrtal unterwegs gewesen zu sein.

Gefahren wurde von Anfang an mit einer Zuggarnitur aus roten (3.Klasse-) Donnerbüchsen plus VS145 als Wendezugbefehlswagen. Noch kurioser war ein von Seidel ebenfalls erwähnter Ein-Wagen-Kurzzug mit V36 + wü.Länderbahn-Cid (siehe Abb. unten). Nach neueren Forschungen wurde diese Garnitur aber nur für Personalfahrten im Bereich der AW Esslingen, Cannstatt und Bw Kornwestheim eingesetzt.

1 S.137/138
2 Auch wendezugfähig: V36 101 und 107

Horst Kühnhackl

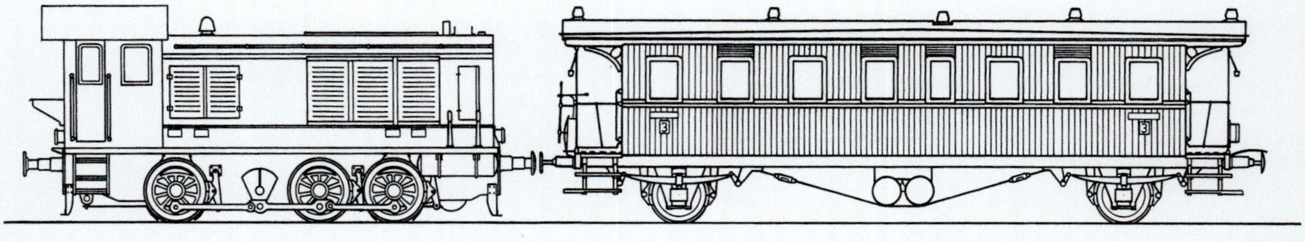

Bw Stuttgart Hbf (1):

V20 015 :	05.07.48	Oldenbg.Hbf	- (.06.50)	Augsburg
V20 035 :	28.08.47	Stgt-U'türkh.	- 28.02.51	Husum
V20 053 :	.12.50	Oldenbg.Hbf	- 07.07.54	Mainz
V20 054 :	.10.50	Augsburg	- 19.01.54	Mainz
	16.03.54	Mainz	- 12.05.54	Mainz
V20 057 :	17.02.51	Oldenbg.Hbf	- ...	
V36 001 :	.06.49	Mannheim Rbf	- .07.49	Mannheim Rbf
V36 101 :	07.10.49	Passau	- 08.03.51	Mannheim Rbf
V36 107 :	18.08.50	Lübeck	- 30.05.51	Mannheim Rbf
V36 108 :	16.11.55	München Bww	- 22.05.56	Kornwestheim
V36 116 :	22.11.50	Nürnberg Hbf	- 11.04.51	Mannheim Rbf
V36 117 :	11.11.48	Wt-Steinbeck	- 08.11.51	Mannheim Rbf
	27.01.52	Mannheim Rbf	- 04.01.54	Kassel Bww
V36 150 :	30.06.51	Mannheim Rbf	- 21.05.54	Kassel Bww
V36 255 :	04.10.49	München Bww	- 18.12.50	Darmstadt
V36 317 :	.12.49	neu	- (.05.50)	ED Kassel

V15 001:	in den Jahren (1948)-1951 mehrfach kurzzeitig in Stuttgart
V20 023:	01.10.55 - 15.11.55 leihweise vom Bw Regensburg
V20 035:	Mai 1950 leihweise an ED Regensburg, September 1950 von dort weiter an ED Hamburg (alles nur buchmäßig; Lok war ganze Zeit im EAW)
V20 053:	bis 05.12.52 = V22 006
V20 054:	bis 30.11.52 = V22 001; 1951 in U'türkheim gemeldet
V20 057:	bis 06.02.53 = V22 002
V36 108:	Angaben = lt. Betriebsbuch 16.11.55 - .12.55 und (.02.56) - 22.5.56 tatsächlich Heilbronn (nur leihweise?)
V36 255:	schon zwischen 03.49 und 09.49 zeitweise als Leihlok von Bww München Hbf in Stuttgart
V36 317:	aus Schadrückstau; für Abgabe auch 07.50 angegeben (doppelt verzeichnet); gesamte Zeit in Stuttgart auf z

wurden die V36 nach Lauda und Stuttgart abgezogen, weil sie dort dringender benötigt wurden. Ihre Bauzugdienste im Freudenstädter Raum übernahmen Crailsheimer 023 und 064.

In **Lauda** waren die Aufgaben ähnlich. Bis zur Aufnahme des elektrischen Betriebs zwischen Heilbronn und Würzburg am 1.6.75 waren hier ebenfalls bis zu drei Stuttgarter V36 als Az-Loks stationiert. Die am häufigsten eingesetzten Maschinen waren 236 110, 122 und 123. Die Einsätze erfolgten vor allem im Bereich Osterburken - Lauda.

Bw Stuttgart (2):

V20 041 :	01.10.73	Göttingen	- 30.11.78	+
V20 050 :	18.07.66	Augsburg	- 30.09.78	Hmb-Harburg
V20 057 :	...		- 30.09.78	Hmb-Harburg
V20 060 :	01.07.65	Bayreuth	- 13.10.73	+
V36 102 :	02.01.75	Nürnberg Rbf	- 02.07.80	+
V36 106 :	02.01.75	Nürnberg Rbf	- 21.05.77	+
V36 110 :	01.12.74	München Hbf	- 30.12.76	+
V36 120 :	01.12.74	München Hbf	- 01.03.76	+
V36 122 :	13.12.72	München Hbf	- 31.10.76	+
V36 123 :	13.12.72	München Hbf	- 30.03.78	+
V36 260 :	18.01.76	Mannheim	- 30.03.78	+
V36 261 :	07.01.73	Aalen	- 06.06.78	+
V36 262 :	07.01.73	Aalen	- 20.02.75	AW Cannstatt
	23.02.79	AW Cannstatt	- 22.11.80	+

236 110 und 120 waren (wie 236 122 und 123) de facto schon seit Ende 1972 in Stuttgart, blieben bis 1974 buchmäßig aber in München beheimatet (Leihloks)

Elf Jahre lang führte die Altbau-Diesellok danach in Stuttgart ein Schattendasein. Einzige ex-Wehrmachtdiesellok unter den annähernd 150 Triebfahrzeugen des schwäbischen Groß-Betriebswerkes war und blieb die Umbau-V20 057.

Erst 1965 kam aus Bayreuth die V20 060 hinzu, weiter 1966 aus Augsburg die V20 050 (beide ebenfalls mit MAK-Motor ausgerüstet). Die drei Maschinen rangierten am Posthof des Hauptbahnhofs, verschoben am Dampf- und Ellokschuppen im Bw und standen ansonsten weiträumig im Stuttgarter Bereich im Arbeitszugdienst.

Sammlung Stefan Lauscher

Wendezugverkehr mit V36: V36 101 pausiert in Waiblingen.

Ab Dezember 1972 wurden dann auch wieder V36 in Stuttgart stationiert, diesmal allerdings als reine Bauzugloks. Eingesetzt wurden die zeitweise bis zu acht Maschinen (!) anfangs vor allem durch die Bw Freudenstadt[230], Lauda[231] und Rottweil:

In **Freudenstadt** kamen schon ab Anfang 1973 die beiden ex Münchener 236 122 und 123 in Betrieb. Sie liefen fast ausschließlich vor Bauzügen für die Streckenelektrifizierung Böblingen - Eutingen - Horb. Später waren in gleichen Diensten auch die 236 120, 261 und 262 zu sehen. Anfang 1974

Az-Leistungen bei der Elektrifierung (Horb - Hattingen[232]) schließlich auch in **Rottweil**. Der V36-Bedarf schwankte hier zwischen zwei und fünf Loks. Eingesetzt waren z.B.

230 Seit 1.4.67 Außenstelle des Bw Tübingen

231 Inzwischen Selbständigkeit aufgegeben; seit 1.2.76 Außenstelle des Bw Heilbronn

232 Ab 27.9.77 elektrisch

Gerhard Oberwemmer

Andreas Christopher

Jürgen-Ulrich Ebel

Bilder vom Bauzugeinsatz der Stuttgarter V20/V36:
Oben rangiert 236 120-2 (Leihlok vom Bw München Hbf) in Horb (14.1.74).
Darunter eine Szene, die 1973/74 typisch für die Ast. Lauda war: 236 122-8 in Gesellschaft der 052 838-0 und einer Crailsheimer 023 (8.1.74).
Ganz unten 270 041-7 bei der Gleisbetterneuerung im Bahnhof Korntal (22.3.77).

im März 1976: **236** 106 110 123 261
im Mai 1976 **236** 102 106 110 123 261
im Nov. 1976: **236** 106 123 261 und
im Jan. 1977: **236** 106 261.

Mit Ausnahme der 236 260 waren damit zeitweise alle betriebsfähigen Stuttgarter V36 in Rottweil konzentriert. Die Einsätze endeten im Februar 1977.

Auch in Stuttgart selbst bestanden durch den 1971 begonnenen S-Bahn-Bau noch hinreichend Einsatzmöglichkeiten für die Altbauloks. Je nach Bedarf und Loklage waren hier auch die V20 mit einbezogen. Schwerpunkte der Bauzugtätigkeit waren lange Zeit die Bereiche

- **Korntal/Leonberg** (S-Bahn-Strecke nach Weil der Stadt),
- **Stg-Untertürkheim** (S-Bahn-Strecke nach Plochingen) und
- **Fellbach/Waiblingen/Endersbach** (S-Bahn-Strecke nach Schorndorf; 2.Ausbaustufe)

Eine V20 - meist die „Ostfrieslenlok" 270 057 - rangierte derweil wie eh und je als Schuppenlok im Bw. Noch im Winter 1977/78 brachte sie es laut Laufplan auf 61 km am Tag. 1978 wurde sie durch eine Köf III ersetzt.

Auch bei der V36 vollzog sich mit der großen Ausmusterungswelle des Jahres 1978 der allmähliche Abschied aus Stuttgart. Anfang 1979 waren nur noch die 236 102 und die 236 262 (Werklok AW Cannstatt, später Bw Stuttgart) betriebsbereit.

Das Ende kam wenige Monate später: Als erste erwischte es die 236 262 (z 14.11.79 wegen eines Getriebeschadens). Die Schwesterlok 236 102 - Kreideaufschrift: *„MS Rosenstein"* - lief noch bis Juni 1980 beim S-Bahn-Bau und wurde dann, wie übrigens später auch die 236 262, als Werklok an ein Industrieunternehmen verkauft.

Peter Konzelmann, Sammlung Hansjürgen Wenzel

Bundesbahndirektion Trier/Saarbrücken

Entlastung für die dampfgeplagten Anwohner: V36 255 - übrigens ohne irgendwelche Bw-Anschriften - rangiert im Trierer Hauptbahnhof. Insgesamt waren die V36 von 1952 bis 1965 in Trier beheimatet (16.8.59).

Der Eisenbahnbetrieb in der BD Trier/Saarbrücken nach dem Krieg war in besonderer Weise durch die Geschichte des Saarlandes geprägt. Bis 1957 gehörte das Saargebiet politisch und bis 1959 wirtschaftlich zu Frankreich. Erst danach wurde es (wieder) Teil der Bundesrepublik. Analog dazu vollzog sich die Organisation des Eisenbahnwesens.

Die Einzelheiten dieses Wiedereingliederungsprozesses sind an anderer Stelle[233] bereits ausführlich beschrieben worden. Hier deshalb nur die wichtigsten Daten in Stichworten:

BD TRIER / SAARBRÜCKEN
V36-Stationierungen 1952-1964 (Stand: jeweils 31.12.)

Bw	Type	1952	1954	1956	1958	1960	1962	1964
Gerolstein	V36	-	1	3	2	-	-	-
Jünkerath	V36	-	-	-	-	2	2	-
Kirn	V36	-	-	-	-	-	-	-
Trier Hbf	V36	1	-	-	1	1	1	2
BD gesamt		1	1	3	3	3	3	2

22. Juni 1945:
Wieder-Einrichtung der (im April 1945) von den Militärbefehlshabern aufgelösten RBD Saarbrükken. Die neue/alte RBD bündelt das in fünf Verwaltungsbezirke zerfallene Direktionsgebiet.

1. April 1947:
Die „Saarländischen Eisenbahnen" (SEB) werden gegründet. Die Eisenbahnen des Saargebietes werden damit eine eigenständige, von den deutschen Bahnen losgelöste Eisenbahnverwaltung.
In den verbleibenden, nicht-saarländischen Gebieten der ehemaligen RBD Saarbrücken entsteht die ED Trier neu (für Mosel und südliche Eifel); die westpfälzischen Strecken werden der ED Mainz zugeschlagen.

5. Januar 1951:
Die „Konvention zwischen dem Saarland und Frankreich über den Betrieb der Eisenbahnen des Saarlandes" vom 3.3.50 tritt in Kraft. Danach heißen die bisherigen SEB jetzt „Eisenbahnen des Saarlandes" (EdS). Sitz der Eisenbahnverwaltung bleibt Saarbrücken.

1. Januar 1957:
Die politische Angliederung des Saarlandes an die Bundesrepublik ist perfekt. Die EdS heißen jetzt ganz einfach „BD Saarbrücken". Die BD Trier besteht aber zunächst weiter.

1. Januar 1960:
Erst nach der auch wirtschaftlichen Wiedervereinigung (6.7.59) folgt die fällige Neuordnung der Direktionsgrenzen. Die BD Trier wird aufgelöst und die Direktionsbezirke Trier und Saarbrücken werden mit Sitz in Saarbrücken zusammengeführt.

Gewisse Nachwirkungen zeigte diese besondere Entwicklung auch bei den V36: Weder bis 1957 noch danach gab es irgendwelche WR-Lok-Beheimatungen im saarländischen Teil der Südwest-Direktion. Standorte in der (alten) BD Trier waren nur Trier selbst sowie Gerolstein und Jünkerath an der Eifelbahn, außerdem Kirn an der Nahe.

233 Zimmer, Eisenbahnverwaltung, S.86ff., S.96ff.; Wenzel, SWDE, S.9ff., 17ff., 34ff.

Auch hier aber waren die Altbaudiesellok-Einsätze nie allzu üppig. Nur das Bw Trier Hbf hatte die V36 überhaupt über einen längeren Zeitraum. Die Regel waren unscheinbare Rangierdienste und Übergaben. Schon 1965 hatte die WR-Lokomotive in der BD Saarbrücken dann ausgedient.

Stationiert waren in den genannten Bw übrigens ausschließlich V36-Nachbauloks der Holmag/MAK-Serie. V20-Lokomotiven hat es, wie auch in anderen Direktionen, in der BD Trier/Saarbrücken nicht gegeben.

Neben diesen eigentlichen Aufgaben soll die V36 auch häufiger zu Sonderdiensten herangezogen worden sein. Zu den sehenswerteren Leistungen gehörte dabei ein Eilzug Trier - Gerolstein, der in den Jahren 1957-59 auf Wunsch der Amerikaner verkehrte, die auf den Eifel-Flugplätzen Bitburg und Spangdahlem/b.Bitburg große Stützpunkte unterhielten. Der Zug bestand aus V36 plus zwei roten Bi mit Koksheizung. Eilzugkomfort anno 1957!

Darüber hinaus gab es, wie überall, Arbeitszugdienste, außerdem - weil dampffrei - Einsätze mit dem

Tunnel-Untersuchungswagen im gesamten Direktionsbezirk. Zumindest die V36 255 mußte zudem immer mal wieder bei benachbarten Bahnbetriebswerken (Gerolstein, Kaiserslautern) aushelfen. Die letzten Trierer V36 waren die V36 261 und 262 (letztere mit Dachkanzel). Beide wurden Ende Juni 1965 zum Bw Aalen umgesetzt.

Bw Trier Hbf

In Trier war, von kurzzeitigen Überschneidungen abgesehen, immer nur eine V36 stationiert. Und - wie vielerorts - diente sie auch hier als Mädchen für alles: Personenzuglok, Rangiermaschine, Einspringer und Bauzuglokomotive. Nennenswerte Bedeutung hat die V36 in Trier nie erhalten. Schon 1965 gingen die Einsätze so unscheinbar, wie sie 1952 begonnen hatten, wieder zu Ende.

Als erste traf am Silvestertag 1952 die V36 262 in Trier ein. Ihr folgte wenig später die V36 255. Beide Maschinen waren anfangs offenbar von Bitburg aus[234] eingesetzt und fuhren dort einen durchaus interessanten, eintägigen Personenzugumlauf auf Haupt- und Nebenbahnen in der Westeifel, und zwar einen Rundkurs auf den Strecken

- Bitburg - Igel - Trier West (KBS 263k)[235]
- Igel - Karthaus - Trier (KBS 263g)
- Trier - Erdorf (KBS 248) und
- Erdorf - Bitburg (KBS 263k).

Die Laufleistungen in dieser Zeit lagen bei rund 4000 km/Monat.

Leider ist der Umlaufplan in den Details nicht mehr rekonstruierbar; ebenso wenig wie die Gründe, die zur Aufgabe dieser Leistungen führten. Im Sommer 1954 jedenfalls wurde die V36 erst einmal aus dem Streckendienst zurückgezogen und zum Bw Gerolstein umstationiert.

Bw Trier Hbf:

V36 254 :	13.06.54	Darmstadt	- 04.07.54	Darmstadt
V36 255 :	13.06.53	Wiesbaden	- 31.07.53	Wiesbaden
	27.11.53	Wiesbaden	- 30.06.54	Gerolstein
	29.05.57	Gerolstein	- 02.07.57	Kaiserslautern
	17.07.57	Kaiserslautern	- 19.07.57	Gerolstein
	05.08.57	Gerolstein	- 07.08.57	Kaiserslautern
	20.08.57	Kaiserslautern	- 02.11.59	Ludwigshafen
V36 261 :	20.04.58	Gerolstein	- 05.05.58	Gerolstein
	27.09.64	Jünkerath	- 23.06.65	Aalen
V36 262 :	31.12.52	Darmstadt	- 26.11.53	Mainz
	13.11.59	Ludwigshafen	- 23.06.65	Aalen

Danach dauerte es drei Jahre, bis ab Mai 1957 die V36 wieder in Trier Hbf stationiert wurde, wieder in Gestalt der V36 255 und als reine Rangiermaschine. Den Bahnhofsverschub in Trier Hbf besorgten damals noch allein Dampfloks der Baureihe 74^{4}, was der Direktion immer wieder Beschwerden lärm- und rußgeplagter Anwohner einbrachte[236]. Rangiert wurde rund um die Uhr, direkt vor den Häusern entlang und in Richtung Saarbrücken bis unter der seinerzeit nur mit Holzbohlen belegten Straßenbrücke hindurch. Nicht selten bliesen die Dampfloks ihren Ruß geradewegs durch die Ritzen zwischen den Bohlen, keinesfalls zur Freude der gerade darauf laufenden Passanten.

Rund zweieinhalb Jahre lang war die V36 hier eingesetzt. Dann - ab Januar 1959 - rückten auch in Trier die ersten V60 ein. Die V36 (einzige Lokomotive damals: V36 255) wurde einsatzmäßig dem Bw Ehrang zugewiesen, wo sie als Rangierlok der Wagenwerkstatt (Winter 1962/63 - Dpl.33: 7.00-16.00 Uhr) auch keinen allzu aufregenden Alltag hatte. Später, als zwei V36 zur Verfügung standen, fuhr eine (V36 261) als Werkstattlok in Ehrang und die andere (V36 262) in Trier.

Bw Kirn (Nahe)

Das Bw Kirn kam erst 1947 von der ED Mainz zur ED Trier und war Anfang der 50er Jahre ein zwar kleiner, aber nicht unbedeutender Stützpunkt an der Nahe-Bahn Mainz - Kreuznach - Türkismühle - Trier/Saarbrükken. Per 31.12.52 zum Beispiel beheimatete Kirn nicht weniger als 35 Loks, darunter zahlreiche 38^{10}, 50 und 93^{0} sowie einzelne 52, 57^{10} und 70^{1}.

Zwischen September 1953 und Mai 1955 kamen mehrfach auch V36 an die Nahe. Keine blieb jedoch länger als fünf Monate. Alle drei Loks wurden von Kirn aus an das nahegelegene US-Militärlager Nahbollenbach verliehen. Die monatlichen Kilometer-Leistungen waren mit 400-500 km entsprechend gering.

V36 255 :	14.09.53	Wiesbaden	- 26.10.53	Wiesbaden
V36 260 :	08.01.54	Darmstadt	- 07.03.54	Darmstadt
V36 261 :	09.01.55	Darmstadt	- 24.05.55	Gerolstein

Nach diesem kurzen Zwischenspiel in Kirn kehrten die V36 255 und 260 jeweils zu ihren Abgabe-Bw zurück. Die zuletzt eingesetzte ex Darmstädter V36 261 blieb dagegen in der BD Trier und wechselte im Mai 1955 zum Bw Gerolstein.

234 Jahresberichte motorisierte Zugförderung 1952 und 1953

235 Erdorf - Bitburg - Igel erst seit 1952 wieder durchgehend befahrbar

236 Löttgers, V36-Splitter, S.219f.

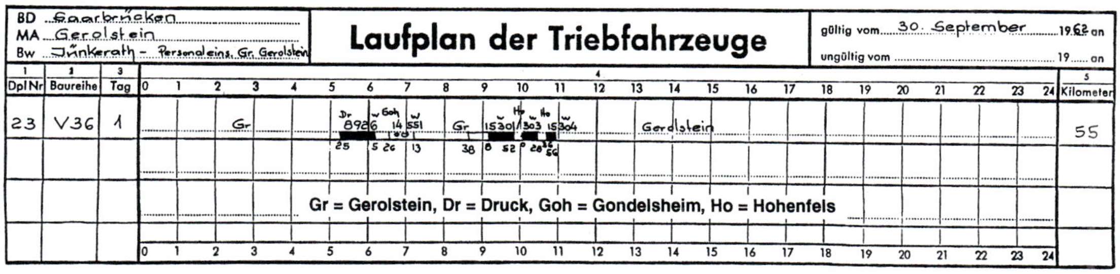

Bw Gerolstein

Anders als die Nachbar-Bw Trier und Jünkerath hatte Gerolstein zur Dampflokzeit nur eine ganz untergeordnete Bedeutung. Einige 57^{10} und 93^{5} mußten für den örtlichen Rangierdienst und den Nahverkehr auf den Westeifel-Strecken in Richtung Pronsfeld und Daun-Wengerohr reichen. Die Bespannung der Durchgangszüge auf der Eifelbahn war traditionell den Bw Trier, Jünkerath und Deutzerfeld vorbehalten. Und auch auf der Ahrstrecke Richtung Remagen und auf der Eifelquerbahn nach Mayen (- Andernach) sah man vorwiegend Jünkerather und Mayener Lokomotiven sowie auch Schienenbusse.

Gerolstein bekam schon zu einem sehr frühen Zeitpunkt die V36 und war so einer der ersten Diesellok-Standorte der Direktion. Fast durchgängig waren zwei Maschinen parallel vorhanden. Trotzdem wurde immer nur ein eintägiger Plan aufgestellt, der - siehe oben - mit deutlich unter 100 km am Tag zudem äußerst geruhsam ausfiel. Um 10.56 Uhr war für die V36 der Tag schon zuende!

Die Lok rangierte in Gondelsheim (Betonwerk und Türenfabrik) und bediente ansonsten mehrfach täglich den Anschluß des Basaltsteinbruchs Karlsburg (später: Fa. Zettelmeyer) bei Hohenfels, Strecke Richtung Mayen[237]. Diese Leistungen übernahm die V36 immerhin von der wesentlich stärkeren 93^{5}. Die Laufleistungen lagen anfangs bei durchschnittlich 3000, später bei nur noch bei 1500-2000 Kilometern/Monat.

Mehrfach waren Gerolsteiner V36 auch an andere Bw verliehen[238]:

V36 261:	1955	lw. Bw Trier Hbf
V36 255:	26.01.56 - 29.03.56	lw. Bw Mainz
	16.05.56 - 26.07.56	lw. Bw Kaiserslautern
	22.09.56 - 12.10.56	lw. BD Mainz
	10.01.57 - 18.04.57	lw. BD Mainz

Per 1.4.59 verlor das Bw Gerolstein vorübergehend seine Selbstständigkeit und wurde Lokabteilung des Bw Jünkerath. An den V36-Einsätzen änderte sich dadurch nichts. Nicht einmal der Bw-Wechsel ist in den Betriebsbüchern verzeichnet.

Im Herbst 1966 - nach Beendigung des Dampfbetriebs auf der Eifelbahn - wurde Gerolstein wieder Voll-Bw und nunmehr Jünkerath dessen Außenstelle. V36 waren zu dieser Zeit bereits keine mehr vorhanden.

Bw Gerolstein:

V36 254 :	24.09.57	Heilbronn	- 31.03.59	Jünkerath
V36 255 :	01.07.54	Trier	- 28.05.57	Trier
	20.07.57	Trier	- 04.08.57	Trier
V36 261 :	25.05.55	Kirn	- 08.06.55	Kaiserslautern
	30.07.55	Kaiserslautern	- 14.04.58	Trier
	06.05.58	Trier	- 31.03.59	Jünkerath

Bw Jünkerath

Mit der Abwertung des Bw Gerolstein zur Lokabteilung („*Gruppe Gerolstein*") übernahm das Bw Jünkerath im April 1959 zumindest auf dem Papier auch die V36 254 und 261. Jünkerath verfügte Anfang der 60er Jahre noch über einen stattlichen Lokbestand mit den Baureihen 39, 50, 57^{10}, 86, 93^{5}, Kö I und II sowie $VT95^{9}$.

Mächtig demoliert: Die Gerolsteiner V36 261 war bei einem Unfall Ende der 50er Jahre offenbar auf die Seite gekippt und mußte in Teilen völlig neu aufgebaut werden.

AW Opladen, Sammlung Joachim Bügel

Einsatz und Unterhaltung der beiden V36 erfolgten auch unter der Flagge des Bw Jünkerath weiter in Gerolstein. Beide Loks blieben bis 1963/64 in Dienst. Schon im März 1960 war die Ablösung der V36 durch eine neu zugewiesene V60 (390) geplant gewesen. Offenbar reichte die V36 aber aus, so daß die V60 bereits zwei Monate später nach Mayen weitergegeben wurde.

Bw Jünkerath:

V36 254 :	01.04.59	Gerolstein	- .12.63	+/vk.
V36 261 :	01.04.59	Gerolstein	- 26.09.64	Trier

237 Kuhl/Petry/Werning, Eifelquerbahn, S.112
238 Laut St10a; laut Betriebsbuch war V36 255 sogar vom 26.1.56 bis 28.5.57 leihweise beim Bw Mainz

Carl Bellingrodt

Von Rügenwalde an die Wupper: V36 229 war die einzige Krupp-V36 im Bundesbahn-Bestand. Hier zieht sie einen aus VS145 gebildeten Personenzug durch Jesinghausen bei Wt-Langerfeld (26.7.50).

Bundesbahndirektion Wuppertal

Über die V36-Einsätze in der BD Wuppertal ist schon viel berichtet[239] und - dank des unermüdlichen Wirkens von Altmeister Carl Bellingrodt - auch vieles bereits in bebildeter Form gezeigt worden. Die meisten dieser Berichte beschränken sich allerdings auf den frühen Vorortverkehr auf der Talstrecke nach Schwelm/Gevelsberg und die Wendezüge nach Wt-Cronenberg. Tatsächlich gab es in den 50er und 60er Jahren in der BD Wuppertal aber sehr viel mehr zu sehen: Wendezugeinsätze mit V36 z.B. gab es auch lange Jahre

- zwischen Köln und Bergisch Gladbach,
- auf der Strecke Wuppertal - Wülfrath - Kettwig
- und zuletzt auch von Schwelm aus in Richtung Witten.

In Warburg waren Bestwiger V36 im Rangierdienst eingesetzt. Finnentroper V36 liefen im Nahgüterverkehr und halfen bei den Elektrifizierungsarbeiten entlang der Ruhr-Sieg-Strecke.

Der Bestand an V36 - die V20/V22 spielten auch in der BD Wuppertal keine Rolle - war mit meist zehn bis 15 Loks immer recht beachtlich. Welchen Stellenwert man in der Direktion den „Motorlokomotiven" beimaß, zeigen auch folgende Zahl aus dem Jahr 1955[240]:

	ges.	in % an DB
Fahrzeugbestände		
Dampflokomotiven	733	6,9 %
Diesellokomotiven	14	9,8 % (!)
Dieseltriebwagen	4	1,9 %
Schienenbusse	46	8,4 %
Tfz-Leistungen (in Mio. km)		
Dampflokomotiven	40,2	7,1 %
Diesellokomotiven	0,9	10,5 % (!)
Dieseltriebwagen	0,5	2,0 %
Schienenbusse	4,4	7,0 %

Noch bis ins Jahr 1959 hinein waren die V36 die einzigen Diesselloks der Direktion!

---

239 Am bisher fundiertesten: Backes, Wendezugbetrieb, S.40ff.

240 Brand, Struktur, S.1343

BD WUPPERTAL
V20/V36-Stationierungen 1948-1974 (Stand: jeweils 31.12.)

Bw	Type	1948	1949	1950	1952	1954	1958	1962	1966	1970	1974	
Bestwig	V36	-	-	-	-	-	2	-	-	-	-	(an BD Essen)
Finnentrop	V36	-	-	-	-	-	-	4	4	6	6	(an BD Essen)
Hagen-Eckesey	V20	1	1	-	-	-	-	-	-	-	-	(an BD Essen)
Wt-Langerfeld	V36	-	-	-	-	-	-	-	(aufgelöst)			
Wt-Steinbeck	V36	6	9	11	14	14	12	7	9	8	8	(an BD Köln)
	V22	1										
BD gesamt		**8**	**10**	**11**	**14**	**14**	**14**	**11**	**13**	**14**	**14**	

Carl Bellingrodt

Die Anfänge:
Bis 1951 mußte in Wuppertal immer noch auf alte Abteilwagen zurückgegriffen werden. V36 208 verläßt den Bf. Wuppertal-Barmen mit seiner längst nicht mehr vorhandenen Bahnhofshalle (7.8.50).

Entwickelt hatte sich der Wuppertaler V36-Betrieb aus eher unscheinbaren Anfängen heraus. Das Kriegserbe, festgehalten mit dem Datum der Lokzählung vom 23. März 1947, war bunt gemischt und weit verstreut:

644	(= V22 008)	Wt-Vohwinkel[241]	
10754	(= V20 001)	Erndtebrück	
10987	(= V36 208)	Erndtebrück	
36256	(= V36 229)	Wt-Steinbeck	
36331	(= V36 104)	Wt-Langerfeld	z
55102	(= V36 124)	Hagen-Eckesey	
362002	(= V36 117)	Wt-Langerfeld	z
362004	(= V36 118)	Hagen-Eckesey	z

Soweit ermittelbar, stand zu diesem Zeitpunkt nur die Steinbecker V36 229 bereits im Betrieb; alle anderen waren abgestellt bzw. zur Instandsetzung im RAW (V36 104 117 118). Die V22 008 war spätestens 1948 buchmäßig in Steinbeck.

Die beiden Erndtebrücker Lokomotiven stammten aus der ehemaligen Heeres-Muna Lützel bei Hilchenbach und waren, einem Vermerk zufolge, seinerzeit *„noch durch die Militärregierung beschlagnahmt"*. Einzelheiten zum Einsatz sind auch hier nicht bekannt. Auf eine nochmalige Behandlung unter einem Stichwort „Bw Erndtebrück" wird deshalb verzichtet.

Bw Remscheid-Lennep

Die beiden V36 des Bw Remscheid-Lennep, die späteren V36 104 und 117, sollen im Krieg als Zugloks für ein Eisenbahngeschütz zum Schutz der Müngstenerbrücke (Strecke Remscheid Hbf - Solingen-Ohligs) eingesetzt gewesen sein. Während die V36 dabei jeweils vom nahegelegenen Bw Remscheid-Lennep anfuhren, so die mündliche Überlieferung durch ältere Eisenbahner, war das Geschütz sicher im Tunnel bei Güldenwerth unmittelbar an der Brücke untergestellt. Bei Kriegsende wurden beide Loks offenbar mit größeren Schäden vorgefunden und zunächst einmal im Bw Lennep abgestellt. Irgendwelche Einsätze hat es hier nicht gegeben.

V36 104 :	.04.45	neu	- 05.12.45 Wt-Langerfeld
V36 117 :	01.04.45	neu	- 05.12.45 Wt-Langerfeld

Bw Wuppertal-Langerfeld

Im Dezember 1945 kamen die beiden Remscheider V36 nach Wt-Langerfeld. Aufgrund ihrer starken Schäden wurden sie hier erst einmal z-gestellt (ab März 1946 auf „w") und am 13.5.46 schließlich dem RAW Opladen zugeführt. Die Arbeiten dort nahmen anderthalb bzw. annähernd zwei Jahre (!) in Anspruch:

V36 104: RAW Opladen 13.05.46 - 03.10.47
V36 117: RAW Opladen 13.05.46 - 20.02.48

Während er gesamten Zeit sind die beiden Maschinen scheinbar offiziell noch in Langerfeld geführt worden. Die Inbetriebnahme nach der Wiederherstellung erfolgte dann aber im benachbarten Bw Wt-Steinbeck.

V36 104 :	06.12.45	Remsch.-L. - 03.10.47	Wt-Steinbeck
V36 117 :	06.12.45	Remsch.-L. - 20.02.48	Wt-Steinbeck

Bw Wuppertal-Steinbeck

Das Bw Wuppertal-Steinbeck war über mehr als 30 Jahre d i e Hochburg des V36-Einsatzes in Westdeutschland. Von 1947 bis 1978 (!) standen hier meist zwischen acht und zwölf WR-Loks im Betrieb. Und selbst als der Stern der V36 ab Anfang der 60er Jahre zu sinken begann, gab es in Wuppertal noch immer etwas für die alten Kriegsloks zu tun. Steinbeck war übrigens das erste *„kohlenfreie"*[242] Betriebswerk der BD

241 V22 008 wurde zeitgleich auch in Augsburg notiert (!?)
242 Koesters/Krugmann, Zugförderungsdienst, S.1355f.

Wuppertal. Schon Mitte der 50er Jahre beheimatete es ausschließlich Dieseltriebfahrzeuge; neben der V36 waren das etliche VT36^5, VT70^9, VT95^9 und Kleinlokomotiven.

Die Anfänge der V36-Einsätze[243] beim Bw Wuppertal-Steinbeck liegen im Sommerfahrplan 1947. Die einzige seinerzeit schon vorhandene Lok, die spätere V36 229, lief damals dreischichtig im Bauzugdienst in Wt-Vohwinkel (7.00-16.30 Uhr) bzw. als Dienstpendel zwischen Wt-Vohwinkel und Langerfeld (17.30-7.30 Uhr).

Schon ab Juni 1948 - nach Zugang weiterer WR-Loks aus Hamm, Hagen, Langerfeld sowie aus Neulieferung - begann dann aber die Bespannung der neu eingerichteten[244] „Kp"- = Kurzpersonen-Züge mit V36. In den folgenden Jahren entwickelte sich daraus in Wuppertal ein überaus intensiver Motorlokbetrieb, der den großen Vorortverkehren in Bremen oder Frankfurt in nichts nachstand. Die Lokbestände der Jahre 1947-1951 (jeweils 31.12.) vermitteln einen Eindruck von diesen stürmischen Anfängen:

1947 = 3 Loks:	**V36**	104 117 229
1948 = 7 Loks:	**V36**	002 104 208 229 256 313
	V22	008
1949 = 9 Loks:	**V36**	104 208 229 234 235 256 313 123+124 im RAW
1950 = 11 Loks:	**V36**	205 208 209 210 225 226 229 231 234 235 256
1951 = 13 Loks:	**V36**	205 208 209 210 225 226 229 230 231 234 235 256 257

Winterfahrplan 1948/49 z.B. liefen planmäßig nur zwei V36: Eine mit VS145 nach Schwelm und eine als Az-Lok in Mettmann. Später, etwa 1951/52, sind - nach dem Vorbild anderer Direktionen - dann auch in Wuppertal zweiachsige Einheitspersonenwagen (Ci) mit Koksofenheizung ausgestattet und in die V36-Züge eingestellt worden.

Die folgenden Jahre stehen für eine ständige Ausweitung des Einsatzgebietes. Hinzu kamen

1950: die Strecke Wt-Elberfeld - Wt-Cronenberg (KBS 228g),
1952: die Strecke Brügge - Lüdenscheid (KBS 240e; Pendelverkehr; 1953 wieder aufgegeben) und
1953: die Strecke Köln - Bergisch-Gladbach (KBS 240a).

Auch auf der Wupper-Talbahn[247] Wt-Oberbarmen - Radevormwald (KBS 228r), wo ansonsten 93^5 das Bild prägten, war ab 1949 immer mal wieder die V36 zu sehen. Die Motorlokzüge liefen hier meist als Verstärkung im Berufsverkehr sowie in den Tagesrandlagen. Im Winterfahrplan 1949/50 z.B. waren das zwei Zugpaare morgens und nachmittags bis Krebsöge und zwei weitere, abends bzw. nachts/frühmorgens, nach Radevormwald. Auch die Lok-Übernachtung war in Radevormwald.

Mit den V36-Einsätzen auf der Strecke nach Cronenberg („Burgholzbahn") hatte zum Sommerfahrplan 1950 in Wuppertal auch das Wendezugzeitalter begonnen. Während auf der Hauptstrecke nach Schwelm

Zwischenhalt im Bahnhof Wuppertal-Zoo: Der Vorortverkehr zwischen Vohwinkel und Schwelm war mit seinem 30-Minuten-Takt eine Art Frühform des heutigen S-Bahn-Betriebs (13.2.51).

Helmut Säuberlich, Sammlung Peter Jauch

Die ersten Kp- (oder auch „Kuki"[245]-) Züge verkehrten 1948 auf der alten Bergisch-Märkischen Bahn im Abschnitt Wt-Vohwinkel - Schwelm; 1949 wurde bis Gevelsberg-Nord verlängert[246]. Laut Dienstplan waren hier, einschließlich einer Bereitschaftslok, fünf V36 eingesetzt. Die Züge nach Schwelm fuhren im 30-Minuten- und die auf der Verlängerung nach Gevelsberg-Nord im 60-Minuten-Takt.

Schwierig war anfangs noch die Wagengestellung: Bis mindestens 1951 wurde in Wuppertal u.a. mit alten preußischen Abteilwagen (3-Achsern) gefahren, die aber keine Eigenheizung besaßen. Da auch Triebwagen-Anhänger (VB/VS) seinerzeit zumindest nicht in ausreichender Zahl zur Verfügung standen, mußten während der kalten Jahreszeit Steinbecker VT70^9 sowie Dampflokomotiven der Baureihen 74^4 und 86 einspringen. Im und auf der Wupper-Talbahn nach Radevormwald alle Züge nach wie vor gezogen wurden, und die Lok in den Wendebahnhöfen jeweils umgesetzt werden mußte, konnte die Cronenberger V36 ständig am Zug bleiben. Die ED Wuppertal hatte dafür zunächst nur den VS 145

---

243 Laufpläne und Unterlagen für den Abschnitt über das Bw Wt-Steinbeck haben freundlicherweise die Herren Hans Backes und Peter Jauch zur Verfügung gestellt

244 Der Taktverkehr wurde mitten in der laufenden Fahrplanperiode neu aufgenommen; lt. V36-Dienstplan am 19. Juni 1948

245 In Anspielung auf den Namen des damaligen Betriebsdezernenten der BD Wuppertal, Kukielka

246 Ab 2.10.49

247 Inkeller, Wupper-Talbahn, S.60ff.

CARL BELLINGRODT

Über den Dächern von Wuppertal: V36 235 ist mit dem Cronenberger Wendezug gerade in den Haltepunkt Hindenburgstraße eingelaufen und wird gleich nach Elberfeld weiterfahren (18.5.50).

213 mit Klingelleitung ausrüsten lassen. Weitere folgten sehr bald; darunter - weil die VS145 mehr und mehr wieder im Triebwagen-Verkehr benötigt wurden - auch etliche VB147!

Die Cronenberger Kurse verkehrten durchweg als Kurzzüge mit V36 + Steuerwagen. Im Spitzenverkehr waren aber auch zwei VB/VS eingestellt, die auf der kurven- und steigungsreichen Strecke dann in V36-Doppeltraktionen befördert werden mußten.

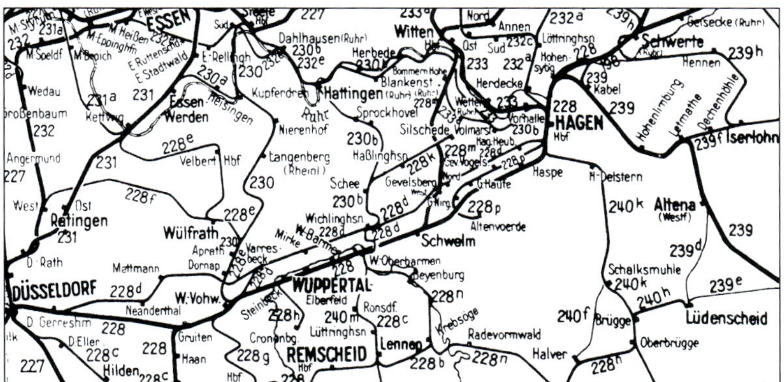

Der Wendezugbetrieb bewährte sich sehr gut, so daß bis Ende 1952 alle Steinbecker V36 mit Ausnahme der V36 205[248] (später auch die) für Wendezugbetrieb hergerichtet waren.

Die Laufleistungen der *„Bummser"*, wie die V36-Züge in Wuppertal genannt wurden[249], lagen in dieser Zeit - Anfang der 50er Jahre - durchweg bei 6000 bis 8000 Kilometer im Monat. Besonders im Nahverkehr nach Schwelm - Gevelsberg waren aber auch bis zu 10.000 Kilometer keine Seltenheit. Die V36 256 kam im September 1950 an 30 Betriebstagen sogar auf einen Spitzenwert von 13.535 km!

Das Jahr 1954 brachte dann erhebliche Veränderungen für die Steinbecker V36. Aufgrund des ständig wachsenden Verkehrsaufkommens und trotz zusätzlich eingestellter Wagen genügte die Beförderungskapazität der Kp-Züge auf der Strecke Wt-Vohwinkel - Schwelm - Gevelsberg-Nord nicht mehr. Ab Anfang 1954 fuhren hier deshalb wieder Dampflokomotiven (Baureihe 64 bzw. 78 vom Bw Wt-Vohwinkel). Gleichzeitig machten neugelieferte Schienenbusse (VT95[9]) den V36 zunehmend die Strecke nach Radevormwald streitig. Nur die Cronenberger Lok blieb - vorerst - noch fest im Plan. Für die restlichen V36 mußte nach neuen Verwendungsmöglichkeiten gesucht werden.

Man fand sie direkt vor den Toren Kölns, auf der Vorortstrecke nach Bergisch Gladbach, wo Ende 1953 ein neuer Kopfbahnhof „Stadtmitte" eröffnet worden war. Mit gleichem Datum begann hier der Versuchsbetrieb mit Diesellok. Ab Sommer 1954 bedienten dann drei Wuppertaler V36 mit Wendezügen den gesamten Nahverkehr nach Köln. Die folgende Aufstellung gibt exemplarisch einen Überblick über die Wendezugeinsätze im Sommerfahrplan 1954:

Strecke Wt-Elberfeld - Wt-Cronenberg:
V36 205 + C4i VS 145 394
V36 208 + BC4i VB 147 056

Strecke Berg.Gladbach - Köln-Bonntor[250]:
V36 209 + Ci 83525 + C4i VB 147 002
V36 210 + Ci 83423 + C4i VB 147 012
V36 225 + BCi 84256 + C4i VB 147 053

248 Merkbuch DV939c, Ausgabe 1952

249 In Anspielung auf die harten Schläge des Kolbens und des Kurbeltriebes beim V36-Motor

250 Der Durchlauf bis Köln-Bonntor (= -Süd) wurde gewählt, weil im Hauptbahnhof keine Abstellmöglichkeiten für die Zuggarnituren bestanden; ab 1955 wurde auf dieser Strecke ein zusätzlicher B/Ci eingestellt

Reserveeinheit:
V36 226 + BCi 36398 + C4i VS 145 213

Die VB/VS waren Wendezugbefehlswagen, die zweiachsigen BCi/Ci umgebaute Donnerbüchsen (Zwischenwagen) mit roter oder grüner Lackierung. Weitere V36 mit „normalen“ Garnituren liefen ab 1954 außerdem auf den Strecken

- Berg.Gladbach - Rösrath - Overath - Lindlar (KBS 240a/240),
- Wt-Vohwinkel - Wülfrath - Velbert - Kettwig (KBS 228c) und
- Wuppertal - Gruiten - Köln (KBS 228), letztere allerdings nur als Zuführung zum Kölner Einsatzgebiet

Ein Jahr später - 1955 - war die Verlagerung des Einsatzgebietes dann endgültig vollzogen: Als letzte der alten Wuppertaler V36-Strecken ging die Cronenberger Bahn ab Sommerfahrplan 1955 auf VT95^{9} mit Kleinsteuerung[251] über. Stattdessen wurden nun Kettwig und Lindlar mit Wendezügen angelaufen. Laut Einsatzplan der Steinbecker V36, gültig ab 22.5.55, waren acht Loks fest in Diensten:

3 Loks	Pz Köln - Berg.Gladbach - Rösrath, Köln - Lindlar[252]
1 Lok	Pz Wt-Vohwinkel - Velbert - Kettwig
1 Lok	Rgd. Leverkusen-Schlebusch
1 Lok	Rgd. Wuppertal (*„Nord“*)
1 Lok	Rgd. Wuppertal (*„West“*); incl. zwei Pz-Paaren Wuppertal - Radevormwald und
1 Lok	Rgd. Wuppertal (*„Süd“*)

Bw Wuppertal-Steinbeck (1947-1960):

Lok	von			bis	
V22 008 :	.48	Wt-Vohwinkel	-	.49	Rheydt
V36 002 :	30.09.48	Hamm	-	14.07.49	Mannheim Rbf
V36 104 :	04.10.47	Wt-Langerfeld	-	13.02.48	Frankfurt-1
	21.08.48	Frankfurt-1	-	04.07.50	München Bww
V36 117 :	21.02.48	Wt-Langerfeld	-	10.11.48	Stuttgart
V36 123 :	02.02.50	Lübeck	-	30.09.50	Regensburg
V36 124 :	11.02.48	Hagen-Eckesey	-	26.07.48	Rheydt
	12.07.49	Rheydt	-	20.10.50	Regensburg
V36 205 :	01.10.50	Nürnberg Hbf	-		...
V36 208 :	05.05.48	Hagen-Eckesey	-	25.03.56	Rheydt
	27.10.56	Rheydt	-	23.09.60	Bremerh.-Lehe
V36 209 :	09.09.50	Frankfurt-1	-	24.08.60	Bremerh.-Lehe
V36 210 :	16.09.50	Frankfurt-1	-	05.08.60	Ffm-Griesheim
V36 225 :	08.06.50	Frankfurt-1	-	21.05.54	Hagen-Eckesey
	12.10.54	Hagen-Eckesey	-	12.08.60	Ffm-Griesheim
V36 226 :	08.06.50	Frankfurt-1	-	10.08.60	Ffm-Griesheim
V36 229 :	10.01.47	Hagen-Eckesey	-	12.08.60	Ffm-Griesheim
V36 230 :	03.03.51	Darmstadt	-		...
V36 231 :	05.07.50	München Bww	-	21.05.54	Hagen-Eckesey
	06.10.54	Hagen-Eckesey	-		...
V36 234 :	02.07.49	neu	-		...
V36 235 :	18.08.49	neu	-		...
V36 238 :	01.02.52	neu	-		...
V36 256 :	01.09.48	neu	-	28.09.55	Bestwig
V36 257 :	17.03.51	Bamberg	-	08.11.55	Bestwig
V36 313 :	.48	Frankfurt-1	-	.07.50	Kassel Bww

V36 002: bis 1.11.48 wegen starker Ausplünderung abgestellt; danach Instandsetzung im RAW (02.11.48-12.07.49); in Steinbeck nicht im Einsatz
V36 117: lt. Betriebsbuch bis Juni 1949 in Steinbeck; tatsächlich jedoch schon 1948 nach Stuttgart
V36 256: 06.-13.06.49 an Bw Oberbarmen verliehen

Folgende Loks waren buchmäßig vermutlich schon früher in Wt-Steinbeck stationiert, z.Zt. des Bw-Wechsels aber im RAW: V36 117 (seit Ende 1947) und V36 123 (seit Ende 1949)

Von den genannten acht Loks waren vier nach wie vor in Wendezugläufen eingesetzt. Vorhanden waren zwölf V36. Hier der Steinbecker Gesamtbestand vom 1. Juni 1958 (Wendezugbefehlswagen unterstrichen):

VT36	500 508 509 514
VT95	9163-9166 9269 9474-9479 9664-9669
VB142	047-050 166 374-379 564-569
VS145	<u>013</u> <u>149</u> 167 172 173 <u>213</u> <u>351</u> <u>394</u>
VB147	<u>002</u> <u>012</u> <u>053</u>
V36	205 208 209 210 225 226 229 230 231 234 235 238
Kö I	0267 0269
Kö II	4402 4917
Köf II	5057 5123 5247 5267 6104 6122 6123 6195 6301

Bis zum Ende der Personenzugeinsätze mit Sommerfahrplan 1960 änderte sich an den Dienstplänen nicht mehr so furchtbar viel. Schwerpunkt des V36-Betriebes blieb die Vorortstrecke von Berg.Gladbach nach Köln (bzw. Rösrath - Lindlar), im Volksmund *„Das Gretchen“* genannt.

Neu im Plan waren ab Sommerfahrplan 1959 V36-Züge zwischen Schwelm und Witten. Die Strecke (KBS 228c) war zum damaligen Zeitpunkt versuchsweise auf Taktverkehr umgestellt worden. Hier lief vor allem die ehemals Kettwiger Wendezuggarnitur mit der umgebauten V36 238, für die es auf ihrer Stammstrecke nicht mehr genug zu tun gab (1959: ein Zugpaar, *„verkehrt bis auf weiteres“*).

Derweil erfuhr der Wendezugbetrieb beim Bw Steinbeck noch einmal eine merkliche Modernisierung. Per 27.12.57 ordnete die BD Wuppertal die Umrüstung von insgesamt sechs Wendezug-V36 (vier Plan- und zwei Reserveloks) sowie der dazugehörigen Mittel- und Steuerwagen auf elektro-pneumatische Direktsteuerung für einmännige Bedienung an[253]. Umgebaut wurden

die	**V36**	208 209 210 225 226 229,
die	**VS145**	013 394 und
	VB147	002 012 053

sowie vier ABi- und fünf Bi-Wagen (jetzt Abib bzw. Bib). Umbaukosten für die sechs Loks: 12.650 Mark. Die V36 238 mit hochgelegtem Führerstand und VS145 213 waren schon 1955 entsprechend eingerichtet worden. Der Probebetrieb begann im März 1959, bis 9. März 1960 waren alle Umbauten durch das AW Opladen abgenommen.

Ob die Kosten der Umrüstung in Wuppertal wieder hereingefahren wurden, mag man bezweifeln . Mit Sommerfahrplan 1960 (29.5.60) jedenfalls übernahmen neu angelieferte VT98^{9} die vier Wendezugumläufe in Bergisch Gladbach und Witten[254]. Die gerade modernisierten Loks wurden nicht mehr gebraucht und nach Bremerhaven-Lehe (V36 208 209) bzw. Frankfurt-Griesheim (V36 210 225 226 229) abgegeben; ebenso die dazugehörigen Bei- und Steuerwagen. Nur die V36 238 mit dem VS 145 351 blieb für Personalzüge noch einige Zeit in Wuppertal.

Die nebenstehende Stationierungsliste nennt zunächst die V36-Beheimatungen in den „guten“ Steinbecker Jahren bis 1960. Eine zweite Auflistung faßt die Beheimatungen aus der Zeit danach zusammen.

251 Bei diesen Fahrzeugen konnte ein mitgeführter zweiter Motorwagen vom vorderen Führerstand aus gesteuert werden; die Züge fuhren in der Reihung VT-VB-VT
252 Teils durch das Sülztal (über Berg.Gladbach - Bensberg), teils aber auch über die Aggertalbahn (von Köln-Kalk aus)
253 Den Hintergrund dafür bildete die gerade eingeführte 45-Stunden-Woche; der Umbau war bis Januar 1959 abgeschlossen
254 Die Strecken nach Kettwig und Lindlar (ab Bensberg) wurden kurz darauf, am 2.10.60, für den Pv stillgelegt

Carl Bellingrodt

Drei Aufnahmen, drei Einsatzstrecken:

Wt-Elberfeld - Cronenberg:
V36 235 hat den größten Teil der Gefällstrecke schon hinter sich gelassen. Auf der „Burgholzbahn" waren die V36 von 1950 bis 1955 eingesetzt (29.5.1950).

Carl Bellingrodt

Wt-Vohwinkel - Schwelm:
Im Unterschied zur Cronenberger Bahn wurden die Steuerwagen-Züge auf der Talstrecke immer nur gezogen. Bis 1950 waren hier sogar noch V36[1] eingesetzt (im Bild: V36 104). Die Lok wurde wenige Tage nach dieser Aufnahme zum Bww München Hbf umstationiert (Wt-Unterbarmen, 5.6.1950).

Hans-Ulrich Hake

Schwelm - Witten:
V36 238 rollt mit ihrem Nahverkehrszug über das Wittener Ruhr-Viadukt. Nach Witten war - 1959 bis 1960 - vor allem die V36 238 mit Hochführerhaus eingesetzt, die Wagenreihung bestand in der Regel aus zwei Donnerbüchsen als Mittel- und einem VS145 als Wendezugbefehlswagen.

Mit dem Wegfall der Wendezugleistungen war die glanzvolle Zeit der Wuppertaler V36 vorbei. Dennoch konnten sich die alten WR-Maschinen in vielen Diensten weiter gegen die modernere Konkurrenz von V60 und Köf III behaupten.

Als Ersatz für die abgegebenen Loks mit elektropneumatischer Fernsteuerung hatte Steinbeck aus der BD Frankfurt diverse V36[4] (V36 404 415 416 418) und aus Bremerhaven zwei V36[2] (V36 204 206) erhalten.

Bw Wuppertal-Steinbeck (1960-1978):

V36 202 :	10.10.73	Husum	- 01.09.76	+
V36 204 :	28.08.60	Bremerh.-Lehe	- 29.09.60	Finnentrop
	19.11.66	Finnentrop	- 27.05.78	Hannover
V36 205 :		...	- 20.06.61	Finnentrop
V36 206 :	23.09.60	Bremerh.-Lehe	- 29.09.60	Finnentrop
	01.12.62	Finnentrop	- 26.07.77	+
V36 214 :	11.11.66	Hmb-Harburg	- 18.11.66	Finnentrop
V36 221 :	11.11.66	Hmb-Harburg	- 18.11.66	Finnentrop
V36 225 :	19.10.69	Frankfurt-1	- 12.07.70	Finnentrop
	27.09.70	Finnentrop	- 27.05.78	Hannover
V36 226 :	19.10.69	Frankfurt-1	- 12.07.70	Finnentrop
V36 230 :		...	- 21.04.77	+
V36 231 :		...	- 21.05.77	+
V36 234 :		...	- 31.03.62	Finnentrop
	26.05.66	Finnentrop	- 12.07.70	Finnentrop
	01.06.75	Finnentrop	- 31.12.77	+
V36 235 :		...	- 19.04.74	+
V36 236 :	25.05.67	Hmb-Harburg	- 06.08.77	+
V36 238 :		...	- 23.08.65	Finnentrop
V36 256 :	26.05.63	Finnentrop	- 29.04.71	München Hbf
	21.07.72	München Hbf	- 01.12.77	+
V36 404 :	13.08.60	Ffm-Griesheim	- 17.06.62	AW Schwetzingen
V36 415 :	07.08.60	Hanau	- 10.12.61	AW Cannstatt
V36 416 :	11.08.60	Darmstadt	- 18.10.69	Frankfurt-1
V36 418 :	11.08.60	Darmstadt	- 18.10.69	Frankfurt-1

Der Lebensabend: Die heutige Museumslok V36 231 wartet im Bw Wuppertal-Vohwinkel auf die nächsten Einsätze (24.5.72).

RUDOLF INKELLER

Am 31.12.60 waren damit noch immer zehn V36 in Wuppertal beheimatet, Mitte der 60er Jahre waren es zumeist sieben bis acht, und ab 1967 dann wieder zehn. Die Maschinen rangierten im gesamten Wuppertaler Stadtgebiet, übernahmen Verschubdienste auch z.B. in Schwerte, Remscheid oder Solingen-Ohligs und waren ansonsten mit Bauzügen im ganzen Direktionsbezirk unterwegs.

Zu den festen Aufgaben zählte spätestens ab 1960 auch die Bespannung der Kranzüge (Gleisabbauzüge) des Gleislagers Opladen. Bis zur Rückgabe an die BD Frankfurt 1969 waren hier vornehmlich die V36 416 und V36 418 - die beiden einzigen Wuppertaler Loks mit Dachkanzel - eingesetzt[255]; später auch alle anderen.

LAUFPLANÜBERSICHT 1960-1976
Bw Wuppertal (-Steinbeck)

Bedarf	Einsatz	km/Tag
Sommer 1960:		
6x V36	2x Rgd. Wuppertal	108 km/Tag
	und	150 km/Tag
	2x Az Bm Wt-Steinbeck	115 km/Tag
	1x Kranzüge	108 km/Tag
	1x Rgd. Opladen, Gz Hoffnungsthal - Lindlar	165 km/Tag
Winter 1971/72:		
6x 236	1x Rgd. Wuppertal	161 km/Tag
	1x Rgd. Wuppertal und Solingen-Gräfrath	104 km/Tag
	1x Rgd. Solingen-Ohligs	140 km/Tag
	1x Rgd. Remscheid	78 km/Tag
	2x Kranzüge 6804/05	
Winter 1974/75:		
5x 236	3x Rgd. und Übergaben Wuppertal	70 km/Tag bis 158 km/Tag
	1x Rgd. Remscheid und Rs-Bliedinghausen	91 km/Tag
	1x Kranzug 6807	140 km/Tag
Sommer 1976:		
7x 236	2x Kranzüge 6804/6805 je	140 km/Tag
	1x Rgd. Schwerte und -Ost	103 km/Tag
	2x Rgd. und Übergaben Wuppertal	144 km/Tag und 158 km/Tag
	2x Az Wt-Vohwinkel je	84 km/Tag

Stellvertretend für viele ähnliche Umläufe der 60er und 70er Jahre hier einige Angaben zum Umlaufplan vom 26.9.71. Er umfaßte - neben den Kranzügen - auch die schon erwähnten Rangierdienste in Wuppertal (Unterbarmen, Varresbeck, Vohwinkel, Nord), außerdem die Einsätze in Remscheid und Solingen-Ohligs sowie kleinere Dienste in Haan und Solingen-Gräfrath. Die Tagesleistungen der insgesamt sechs planmäßig benötigten Loks lagen zwischen 78 und 161 Kilometer. Weitere Einzelheiten enthält die Laufplan-Übersicht.

Das Ende der Steinbecker V36 (nach Zusammenlegung mit dem Bw Wt-Vohwinkel per 1.3.71 hieß das Bahnbetriebswerk nur noch „Wuppertal") kam in der zweiten Hälfte der 70er Jahre. 1976 wurden eine und 1977 sechs Loks ausgemustert. Die beiden letzten Altbaudiesel waren 236 204 und 225. Beide fuhren noch 1978 mit Kranzügen in der BD Köln und Essen. Der Einsatz endete am 27.5.78 mit der Umstationierung nach Hannover.

---

255 Im Mai 1967 z.B. auf der Strecke Erndtebrück - Birkelbach - Röspe; anschaulich beschrieben von Gerhard Moll in: Dietrich, Erndtebrück, S.46

Bw Hagen-Eckesey

Die Umstellungen im Wuppertaler Nahverkehr, verbunden mit den ab 1950 rapide zurückgehenden Schadbeständen in der Motorlok-Unterhaltung, erlaubten es der BD Wuppertal um 1954/55 erstmals, freiwerdende V36-Lokomotiven aus Steinbeck abzuziehen und anderen Bw der Direktion zuzuweisen.

Zu den ersten Nutznießern dieser Entwicklung gehörte das Bw Hagen-Eckesey, das zum Sommerfahrplan 1954 die beiden Steinbecker V36 225 und V36 231 erhielt. Das Hagener Zwischenspiel währte allerdings nicht sehr lange. Schon Anfang Oktober 1954, also nur gerade mal 4 ½ Monaten später, gingen die zwei Maschinen nach Steinbeck zurück.

Beide Loks wurden, nach Wuppertaler Vorbild, im Personenzug-Pendeldienst auf der dichtbefahrenen Ennepetalbahn Hagen - Altenvoerde (KBS 228n) eingesetzt, wo sich bis dahin noch Steinbecker VT70 abstrampelten. Die Monatsleistungen erreichten auch hier achtbare 7000 bis 9000 Kilometer! Leider ist nicht bekannt, warum der V36-Einsatz in Hagen so rasch wieder abgeblasen wurde.

Die Lokstatistik nennt darüber hinaus fünf weitere V20/V36-Lokomotiven, die in der frühen Nachkriegszeit - genauer: von Juni 1945 bis Februar 1950 - in Hagen-Eckesey beheimatet waren. Die V36 229 wurde in Hagen nicht in Betrieb genommen. Von den anderen sind ab Mitte 1947 zumindest kleinere Leistungen bekannt (die V36 118 ab 18.6.47, V20 001 ab 18.5.49). Die V20 001 war - einer Notiz vom Januar 1950 zufolge - schon damals zum Einsatz mit zwei Steuerwagen auf der Strekke Hagen - Altenvoerde vorgesehen und wurde dafür im EAW u.a. mit 24-Volt-Bordnetz ausgerüstet. Die Pläne wurden jedoch fallengelassen und die Lok nach Regensburg umstationiert.

ROLF HAHMANN

Gruppenbild mit (alter) Dame:
In Altena besorgten die Finnentroper V36 Anfang der 60er Jahre den gesamten Rangierdienst. Jenseits der Lenne fährt eine noch um 20 Jahre ältere Ellok der Iserlohner Kreisbahn (27.8.64).

Bw Hagen-Eckesey:

V20 001 :	03.07.47	Erndtebrück	- 10.02.50	Regensburg
V36 118 :	04.03.46	neu	- 05.03.48	Frankfurt-1
V36 124 :	01.06.45	neu	- 10.02.48	Wt-Steinbeck
V36 208 :	18.01.48	Erndtebrück	- 04.05.48	Wt-Steinbeck
V36 225 :	22.05.54	Wt-Steinbeck	- 11.10.54	Wt-Steinbeck
V36 229 :	01.06.45	neu	- 09.01.47	Wt-Steinbeck
V36 231 :	22.05.54	Wt-Steinbeck	- 05.10.54	Wt-Steinbeck

Bw Bestwig

Das zweite Bahnbetriebswerk, das die Wuppertaler Direktion Mitte der 50er Jahre mit den Vorboten des Diesellok-Zeitalters beglückte, war das Bw Bestwig. Die kleine ost-sauerländische Gemeinde war seinerzeit ein wichtiger Eisenbahnknoten an der Oberen Ruhrtalbahn Hagen - Warburg (- Kassel) und dafür vorwiegend mit 38^{10}ern und 50ern, außerdem mit einigen 93^5, $VT98^9$ und Kö/f II ausgestattet.

V36 256 :	29.09.55	Wt-Steinbeck	- 24.09.60	Finnentrop
V36 257 :	09.11.55	Wt-Steinbeck	- 28.09.60	Finnentrop

Mit nur zwei V36-Lokomotiven waren natürlich auch in Bestwig keine großen Dinge zu bewegen. Beide Maschinen liefen planmäßig im Bahnhofsverschub in Warburg, wo sie die bis dahin eingesetzten 74^4 ablösten. Bei Laufleistungen von durchschnittlich 4000 Kilometer im Monat (anfangs bis zu 5000) dürften dazu auch etliche Übergabefahrten im Nahbereich gehört haben. Die Einsätze endeten im September 1960 mit der Zuweisung einer Köf II vom Bw Düsseldorf-Derendorf und der ersten Bestwiger V60, der V60 586, vom Bw Hagen-Eckesey.

Bw Finnentrop

Bei den Überlegungen, wo durch den Einsatz von V36-Lokomotiven am ehesten Kosten gespart und Betriebsabläufe verbessert werden könnten, hatte die Wuppertaler Direktion schon sehr frühzeitig auch eine besondere Form des Rangierdienstes im Auge, die sogenannte „Wanderlokomotive“. Ende 1956 schrieb dazu der damalige Vizepräsident der BD Wuppertal, Friedrich Koesters, in einem Aufsatz für „Die Bundesbahn“[256]:

Die Struktur der Industrie im Bezirk erfordert es, daß an manchen Strecken mehrere Bahnhöfe hintereinander liegen, in denen täglich eine große Anzahl beladener Wagen zugestellt und abgeholt werden muß. Die Nahgüterzüge, die diese Strecke bedienen, haben daher geringe Reisegeschwindigkeiten. Das Wagenaufkommen ist so groß, daß Kleinlokomotiven zum Vor- und Nachrangieren bei den Nahgüterzügen nicht ausreichen. Hier bietet sich ein weiteres lohnendes Betätigungsfeld für Motorlokomotiven, sei es, daß man die Nahgüterzüge mit Motorlokomotiven fährt oder daß außer den Lokomotiven der Nahgüterzüge Wander-

256 Koesters/Krugmann, Zugförderungsdienst, S.1357

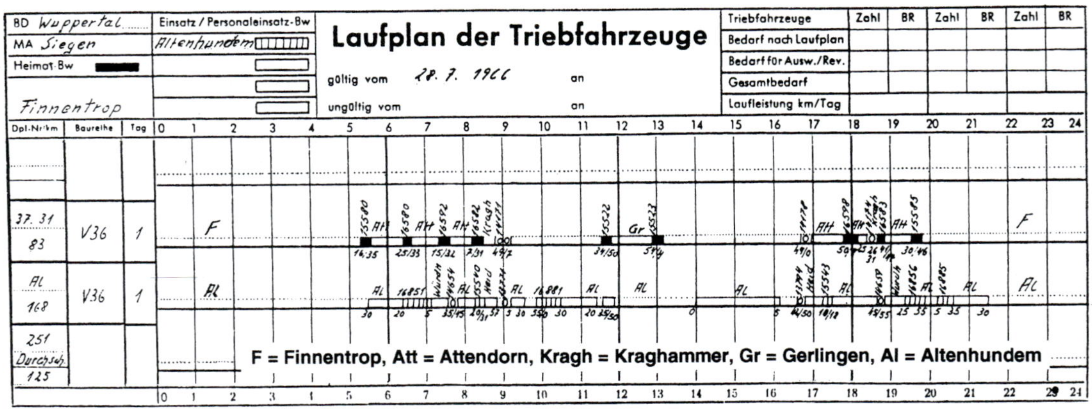

rangierlokomotiven zur Erhöhung der Reisegeschwindigkeit der Nahgüterzüge eingesetzt werden. Dies trifft besonders für den nördlichen Teil der Ruhr-Sieg-Strecke zu.

Vier Jahre dauerte es noch, bis - mit Winterfahrplan 1960/61 - die V36 in die Dienste als Wanderlokomotive einrückte. Als Heimat-Bw bot sich Finnentrop an, das etwa auf halber Strecke zwischen Hagen und Siegen lag und mit ein paar 50er, 86er und VT95[9] nicht eben überlastet war. Es kamen nach Finnentrop: Am 25.9.60 V36 256 aus Bestwig, am 29.9.60 V36 257 aus Bestwig und am 30.9.60 V36 204 und 206 aus Steinbeck.

Bw Finnentrop:

V36 204 :	30.09.60	Wt-Steinbeck	- 18.11.66	Wt-Steinbeck
V36 205 :	21.06.61	Wt-Steinbeck	- 31.03.62	AW Oldenburg
V36 206 :	30.09.60	Wt-Steinbeck	- 30.11.62	Wt-Steinbeck
V36 214 :	19.11.66	Wt-Steinbeck	- 07.06.75	Braunschweig
V36 221 :	19.11.66	Wt-Steinbeck	- 07.06.75	Braunschweig
V36 223 :	09.10.73	Husum	- 23.03.75	+
V36 225 :	13.07.70	Wt-Steinbeck	- 26.09.70	Wt-Steinbeck
V36 226 :	13.07.70	Wt-Steinbeck	- 07.08.73	+
V36 234 :	01.04.62	Wt-Steinbeck	- 25.05.66	Wt-Steinbeck
	13.07.70	Wt-Steinbeck	- 31.05.75	Wt-Steinbeck
V36 238 :	23.10.65	Wt-Steinbeck	- 07.06.75	Braunschweig
V36 256 :	25.09.60	Bestwig	- 25.05.63	Wt-Steinbeck
V36 257 :	29.09.60	Bestwig	- 07.06.75	Braunschweig

V36 238: Zugang aus Wt-Steinbeck nach anderen Quellen auch 10.9.65

In den folgenden fast 15 Jahren pendelte der Finnentroper V36-Bestand immer bei drei bis fünf Lokomotiven, darunter - ab 1965 - auch die mit Steinbekker Hochführerhaus ausgerüstete V36 238. Sogar loknummernmäßig gab es wenig Bewegung im Bestand. Die einmal hier stationierten Loks blieben über Jahre die gleichen.

Schwerpunkt des V36-Einsatzes in Finnentrop war der Raum Altena/Werdohl. Die Maschinen kamen morgens von Finnentrop, besorgten den Rangierdienst, bedienten die Anschlüsse (mit Übergaben zur Iserlohner Kreisbahn in Altena) und „wanderten" am Nachmittag die Ruhr-Sieg-Strecke hinunter zurück in Richtung Finnentrop. Eine weitere V36 war fest als Rangierlok in Altenhundem stationiert. Der abgebildete Laufplan zeigt außerdem Nahgüterleistungen auf den Strecken

- Finnentrop - Olpe - Betzdorf (KBS 239h) und
- Altenhundem - Erndtebrück (KBS 239b)

Zudem gab es immer ausreichend Beschäftigung im Bauzugdienst; z.B. bei der Elektrifizierung der Ruhr/Sieg-Strecke 1963/64 und bei der Neutrassierung der Biggetalbahn Olpe - Attendorn.

Bis in die 70er Jahre hinein waren die Finnentroper Loks (neben den Wuppertalern) dann übrigens die einzigen DB-V36, die noch wegen Erreichens des Laufkilometergrenzwertes und nicht wegen Schäden oder abgelaufener Zeitfristen ins AW mußten; ein Indiz nicht nur für die gute Auslastung der WR-Loks in Finnentrop, sondern auch für die gute Pflege, die man ihnen angedeihen ließ.

Mit Ablauf des Winterfahrplans 74/75 war dann aber auch in Finnentrop die V36-Zeit vorbei. Der Bestand wurde aufgelöst. 236 234 ging per 1.6.75 nach Wuppertal, gefolgt von 236 214, 221, 238, 257 am 8.6.75 nach Braunschweig. Das Bw Finnentrop selbst überlebte die V36 nur um ein knappes Dreivierteljahr. Im Februar 1976 verlor das Bw seine Selbstständigkeit. Seit dem 1.1.82 ist es ganz aufgelöst.

Die „Hohe": Die Umbaulok V36 238 war lange in Wuppertal-Steinbeck, ab 1965 dann aber auch für fast zehn Jahre in Finnentrop beheimatet (AW Opladen, Oktober 1956).

AW Opladen, Sammlung Stefan Lauscher

Ungewohnte Einblicke: V36 101 war 13 Jahre lang Werklok im AW Schwetzingen. Bei größeren Reparaturen wie hier am Kühler wurde sie ins nahegelegene Bw Mannheim gefahren (1.2.76).

Die Werkloks in den Ausbesserungswerken

Bereits in den Kapiteln über die DB-Einsätze ist verschiedentlich über die Abgabe ausgemusterter oder im Zugförderungsdienst freigewordener V20/V36 als Werkloks an die Ausbesserungswerke berichtet worden. Natürlich ergaben sich auch hier im Lauf der Jahre vielfache Veränderungen - Umsetzungen, Abstellungen, Rückgaben an den Betriebsmaschinendienst etc.-, so daß nachfolgend zumindest die nackten Stationierungsdaten genannt werden sollen.

Einige wenige Anmerkungen vorab: Im Unterschied zu den Loks des Betriebsmaschinendienstes, unterstanden die AW-Werkloks nicht den Bundesbahndirektionen, sondern den „Geschäftsführenden Direktionen für das Werkstättenwesen" (GDW, bis 1965) bzw. der „Zentralstelle für den Werkstättendienst" (ZW, ab 1965); diese Loks tauchen deshalb in der amtlichen Fahrzeugstatistik nicht auf. Insgesamt gab es fünf GDWs. Soweit es die AW mit V20/V36 betrifft, waren zuständig:

Die GDW Essen
für die Ausbesserungswerke Duisburg-Wedau, Köln-Nippes, Krefeld-Oppum, Opladen, Paderborn, Schwerte und Witten,

die GDW Frankfurt
für die AW Darmstadt und Frankfurt-Nied,

die GDW Hamburg
für die AW Göttingen, Hamburg-Harburg und Oldenburg,

die GDW München
für die AW München-Neuaubing. Weiden und Werk-Abteilung (WAbt.) Rosenheim sowie

die GDW Stuttgart
für die AW Esslingen, Karlsruhe, Schwetzingen, Offenburg und Stgt-Bad Cannstatt.

Die GDW Essen setzte von 1962 an zunächst in großem Umfang V45-Lokomotiven ein, so daß V20/V36 hier erst nach dem Ausscheiden der V45 ab etwa 1972 auftauchen. In allen anderen GDW waren die V20/V36 z.T. sehr zahlreich vertreten. Die Entwicklung der Jahre 1967 bis 1977 zeigt folgende Aufstellung:

	V20	V36	ges.
01.06.67:	2	11	13
.10.67:	1	9	10
01.09.71:	-	8	8
31.12.73:	-	7	7
30.05.74:	-	6	6
26.06.76:	-	5	5
31.12.77:	1	3	4

Als erste Kriegsloks wurden schon Anfang der 50er Jahre die Einzelgänger V20 015 und V22 100, die Vorserienloks V36 002 und 003 sowie die im Betrieb nicht sonderlich beliebte V20 001 beim Werkstättendienst „abgefahren". Bemerkenswerterweise war damals in allen Fällen noch eine förmliche Ausmusterung der Loks vorausgegangen. Später, ab 1959, wurden die Übergänge fließend; Abgaben an den AW-Dienst oder Rückgaben in den normalen Betrieb bekamen den Charakter eines Bw-Wechsels. V20 001 ist auf diese Weise 1954 zwar ausgemustert, bei der Rückkehr in den Betriebsmaschinendienst Ende 1967 aber nicht förmlich wieder indienstgestellt worden. Die AW-Einsätze im einzelnen:

AW Braunschweig:
V20 001: 10.01.62 - 15.12.63 abgelöst durch Köf II

AW Darmstadt:
V36 207: 01.10.62 - 07.08.73 ausgemustert
Abgelöst wurde die V36 durch 245 006. Da diese Maschine jedoch sehr störanfällig war, mußten auch

danach noch mehrfach Frankfurter und Hanauer V36 einspringen:

236 409 (F-1): .05.73 - .10.73,
236 408 (F-1): .12.73 - .01.74,
236 410 (Hanau): .05.74 - .11.74 und
236 411 (F-1): .10.78 - .01.79.

AW Duisburg-Wedau:
V36 255: 25.11.76 - 28.06.77
Die V36 ersetzte die 245 008 (+ 30.12.76). Die Werkloktätigkeit ist im Betriebsbuch nicht vermerkt; dort: Bw Mannheim.

AW Esslingen (ab 1.7.64 WAbt. des AW Cannstatt):
V36 113: 27.04.62 - 27.08.62 Kanzellok; deshalb durch V36 101 ersetzt
V36 101: 28.08.62 - 29.12.64 Tausch gegen V36 113
V36 126: 14.02.63 - . .63

AW Frankfurt-Nied:
V36 403: 16.06.62 - 14.09.67 abgelöst durch Köf III

AW Göttingen:
V36 201: 20.03.62 - 23.10.65 abgelöst durch Köf II

AW Hamburg-Harburg:
V20 035: 01.11.59 - 18.09.67
V36 126: 29.10.65 - 15.01.70
V36 229: 13.01.70 - 01.09.76 ausgemustert
V36 416: 25.08.76 - 21.05.77 ausgemustert
V20 035: 01.07.77 - 31.12.78
1965-67 waren hier also zwei V20/V36 vorhanden, 1976-78 zusätzlich zur WR-Lok auch eine Köf II. Abgelöst wurde die 270 035 ab 1.1.79 durch die letzte DB-V65, 265 004.

AW Hannover:
V20 001: 16.12.63 - 18.12.67
Abgelöst durch zwei, später vier (!) Köf II.

AW Jülich (später WAbt. von Köln-Nippes):
V36 003: .56 - .57
V36 003: - .62 dazwischen AW Witten

AW Kassel:
V36 405: 27.08.63 - 31.03.68 abgelöst durch Köf II

AW Köln-Nippes (ab 1977 WAbt. des AW Opladen):
V36 255: 29.06.77 - 29.12.77
Die V36 kam anstelle der 245 003 (+ 6.8.77); spätestens ab 1973 waren außerdem zwei Köf II vorhanden.
Der V36-Einsatz im AW Köln-Nippes ist im Betriebsbuch der Lok nicht verzeichnet (siehe AW Duisburg-Wedau).

AW Krefeld-Oppum:
V20 002: 01.08.59 - 28.11.61 abgelöst durch V45 009
V36 119: 01.10.78 - 28.12.78
Die V36 119 trat die Nachfolge der 245 009 an (+ 24.8.78), konnte aufgrund technischer Schwierigkeiten aber im AW nicht eingesetzt werden (vergl. S.303); an Bw Krefeld. Die AW-Zeit ist im Betriebsbuch nicht eingetragen.

AW München-Neuaubing:
V36 109: 07.04.62 - 31.07.67
Abgelöst durch Köf II. V36 109 war die einzige über einen längeren Zeitraum als AW-Werklok eingesetzte V36 mit Dachkanzel.

AW Neumünster:
V36 220: 29.05.63 - 07.05.74 abgelöst durch Köf II
In Neumünster verrichtete die V36 220 nach getaner Tagesarbeit nachts (17.00-6.00 Uhr) auch noch Rangierdienste im Güterbahnhof und an der Güterabfertigung.

AW Offenburg (später nur noch AWSt.):
V36 251: 28.06.62 - 20.09.73
V20 002: 29.09.73 - 31.12.73 abgelöst durch Köf II
Wie z.B. auch Oldenburg wurde das AW Offenburg in den 70er Jahren zur Ausbesserungswerkstätte (AWSt.) abgewertet.

AW Oldenburg (später AWSt., seit 1.1.81 WAbt. des AW Bremen):
V36 205: 01.04.62 - 22.08.79 ausgemustert
V36 253: 09.04.79 - 22.08.81 ausgemustert
Ab 01.10.73 war die V36 205 - wie später auch die V36 253 - buchmäßig im Bw Oldenburg stationiert, aber ausschließlich im AW-Dienst eingesetzt. Ersetzt wurde die V36 durch V60.

Abgehoben: Eine Flankenfahrt hat nicht nur die ehemalige V36 002 (jetzt Werklok im AW Opladen), sondern auch einen damals noch hochmodernen ET30 in bedenkliche Schräglage gebracht (Januar 1960).

AW Opladen, Sammlung Joachim Bügel

Jürgen-Ulrich Ebel

**Arbeitsreicher Lebensabend:
236 253-1 rangiert in der AWSt. Oldenburg. Gut zu sehen: Der zweite Bremsluftbehälter an der Führerhausrückseite und die Antenne für den Rangierfunk auf dem Dach (Juni 1979).**

AW Opladen:
V22 100: .04.51 - .12.51 oder bis 12.52 ?
V36 002: .05.56 - .66

In den 50er Jahren war außerdem eine alte preußische T12, die 74 816 (+ 2.11.54), als Werklok im AW Opladen tätig.

V36 002 hatte im Januar 1960 einen Unfall in der AW-Zufahrt (Flankenfahrt mit ET30 012; siehe Foto). Beide Fahrzeuge wurden wieder aufgearbeitet. Nachfolgerin der V36 wurde eine Ks II.

AW Paderborn:
V20 001: 04.02.55 - 09.01.62

Die Maschine war im AW Paderborn als „Werklok Nr.2", später „Nr.3" bezeichnet.

Abgelöst wurde die V20 in Paderborn durch die V45 004 und 010.

WAbt. Rosenheim (WAbt. des AW Mü-Freimann):
V20 015: 11.10.50 - 21.07.53

Nach Umbau in V20 060 ab 1954 zurück in den Betriebsmaschinendienst.

AW Saarbrücken-Burbach:
V36 126: 19.08.63 - 30.08.65 abgelöst durch Köf III

AW Schwerte:
———:

Im AW Schwerte war nie eine V20/V36 fest stationiert. Schon in den 60er Jahren konnte jedoch häufig eine Wuppertaler V36 als Ersatz für V45 006 beobachtet werden. Nach Abzug der V45 (1973, nach Darmstadt) wurde der AW-Rangierdienst dann sogar zeitweise Planleistung der Wuppertaler V36.

AW Schwetzingen:
V36 126: 29.06.62 - 25.09.62
V36 404: 19.07.62 - 23.10.76 ausgemustert
V36 101: 30.12.64 - 23.10.77 ausgemustert
V36 119: 28.08.77 - 30.09.78

Von 1964 bis 1977 waren hier also immer zwei V36 gleichzeitig eingesetzt. Bis 1962 rangierte im AW Schwetzingen eine der letzten bad. Xb, die 92 287. Die V36 waren beim AW Schwetzungen auch zur Beförderung der Personalzüge zwischen Bahnhof und AW eingesetzt.

AW Stuttgart-Bad Cannstatt:
V36 415: 07.02.62 - 11.10.69
V36 210: 18.11.69 - 01.05.75 ausgemustert
V36 262: 21.02.75 - 22.02.79

Ersetzt durch Köf III. Zumindest 1973/77 war zusätzlich eine Köf II vorhanden. Auch beim AW Stuttgart-Bad Cannstatt wurden mit den V36 Personalzüge zwischen Bahnhof und AW gefahren.

AW Weiden:
V36 111: 12.07.62 - 17.11.67

Die Lok war während der gesamten Zeit beim Bw Weiden stationiert, aber ausschließlich im AW eingesetzt; Ablösung durch Köf II + Köf III.

AW Witten:
V36 003: (.08.57) vh.
V36 251: 21.09.73 - 22.02.75 ausgemustert

V36 251 kam als Ersatz für 245 007 (+ 27.11.73). Zusätzlich war eine Köf II vorhanden. Nach Z-Stellung der 236 (1.7.74) waren ab August 1974 wieder eine V45 (005) sowie weiter die Köf eingesetzt.

Wieviel Kummer man in Witten bis 1973 mit der dort eingesetzten 245 007 hatte, und wie sehr man deshalb wohl den Einsatz der 236 251 herbeigesehnt hat, macht abschließend ein Brief des AW Witten an das AW Bremen vom 25.5.73 deutlich:

Betreff:
Tfz 245 007-0 (Rangierlok im AW Witten)
Das Tfz war von Anfang April bis Mitte Mai 1973 wegen einer Bedarfsausbesserung im AW Bremen. Nach 4 Stunden Einsatz im AW Witten wurde das Triebfahrzeug erneut schadhaft. ... Auf Grund der von uns festgestellten Mängel mußten wir das Triebfahrzeug außer Betrieb nehmen.
Schon seit Jahren fällt das Tfz wegen Reparaturarbeiten häufig aus. Kleinere Arbeiten wurden von uns erledigt.
Im vergangenen Jahren standen 159 Einsatztagen 207 Ausfalltage gegenüber; in diesem Jahr war das Tfz von 144 Tagen nur 32 Tage - einschließlich Sonn- und Feiertage - einsatzbereit.
Dieser Zustand ist aus betrieblichen und wirtschaftlichen Gründen unhaltbar.

Kurt Herbener

Neumünster, im Herbst 1948: Die noch nagelneue AKN 1 - gerade mal zwei Wochen alt - hat sich vor den Personenzug nach Hamburg gesetzt. Nur ein Jahr später wurde durch Umbau der Achsstand vergrößert (16.9.48).

Klein- und Privatbahnen

Die V36 war die ideale Kleinbahnlok: Robust, einfach in der Bedienung und technisch auch mit den eingeschränkten Möglichkeiten einer kleinen Bahnwerkstatt gut instandzuhalten. Auch leistungsmäßig genügte die Wehrmachtlok noch lange Zeit den Bedürfnissen vieler Bahnen. Obwohl mit der durchgreifenden Motorisierung ab Mitte der 50er Jahre schon durchaus modernere Loktypen zur Verfügung standen, gehörten die V20/V36 deshalb über Jahrzehnte zum festen Bild auf deutschen Privatbahngleisen.

Die nachfolgenden Darstellungen zeigen die ganze Vielfalt des Kleinbahnbetriebs in den 50er und 60er Jahren. Zu den V20/V36-Betrieben gehörten bedeutende Erschließungsbahnen (wie OHE und TWE), Kleinstbetriebe mit nur einer Lok (Grifte-Gudensberg), große Betriebsführungsgesellschaften (wie die DEG) und Quasi-Anschlußbahnen (wie die Klb.Kaldenkirchen-Brüggen).

Unübersehbar ist ein Nord-Süd-Gefälle: Vor allem auf den norddeutschen Kleinbahnen mit ihren langen, ebenen Strecken und gemischtem Verkehr fanden die V20/V36 als Allround-Loks ein reiches Betätigungsfeld. Im Süden, z.B. in Bayern und Baden-Württemberg, dominierte dagegen traditionell der Personenverkehr. Die knappen Gelder wurden hier - statt in Dieselloks - lieber in moderne Triebwagen investiert, die die wenigen Güterwagen im Schlepp auch mal mitnehmen konnten.

Insgesamt nennen Tabelle und Text auf den nächsten Seiten 29 Kleinbahn-Dieselloks der Wehrmachtsbauarten[257] und 27 Einsatzbahnen. Am stärksten vertre-

257 Ohne Firmentypen, z.B. die ex DB V36^3 von DWK; näheres dazu im Anhang „Firmenbauarten“

Hans-Jürgen Sievers

Die zweite Nachkriegs-V36 von Deutz: Wie die AKN-Lok hatte auch die BGE 2 schon ab Werk keine Rückwandtür. In den Akten wird sie als „VM2“ geführt, auf dem Lokschild steht „No. 2“ (Hmb-Berliner Tor, 16.6.51).

ten waren die WR-Typen in Niedersachsen. Allein die Verkehrsbetriebe Grafschaft Hoya kommen auf nicht weniger als acht V36!

Aus Niedersachsen ist auch eine bemerkenswerte Nachkriegs-Bestellung bei der Lokomotivfabrik Deutz überliefert. Schon Mitte 1946 bestellte der damalige „Oberpräsident von Hannover, Abt. Wirtschaft und Verkehr“ auf einen Schlag gleich fünf V36-Lokomotiven, und zwar je eine für die

- Verden-Walsroder Eisenbahn (VWE),
- Steinhuder Meer-Bahn (StMB),
- Kleinbahn Leer-Aurich-Wittmund (LAW),
- Wittlager Kreisbahn (WKB) und
- Wilstedt-Zeven-Tostedter Eisenbahn (WZTE).

Bemerkenswert ist die Bestellung besonders insofern, als sowohl die Steinhuder Meer-Bahn, als auch die Kleinbahn Leer-Aurich-Wittmund zum größten Teil schmalspurig waren, und nur über jeweils kurze regelspurige Abschnitte verfügten. Möglicherweise hätten die V36 hier auch die bei beiden Bahnen über Jahrzehnte verfolgten Diskussionen um eine vollständige Umspurung[258] neu belebt.

Tatsächlich sind die fünf Lokomotiven jedoch nie geliefert worden. Da die britische Militärregierung die Baulizenz erst im August 1947 erteilte, verzögerte sich die Herstellung so lange, daß die Maschinen vor der Währungsreform nicht mehr fertiggestellt werden konnten[259]. Danach war die Beschaffung nicht mehr finanzierbar. Der Auftrag wurde Anfang 1949 storniert.

nach hinten versetzt wurde. Außerdem erhielt die Maschine Kühlerjalousien und diverse kleinere Bauartänderungen. Die BGE rüstete beide Lokomotiven mit selbstkonstruierten Dachaufsätzen zur Verbesserung der Führerhausbelüftung aus.

Ein weiterer, recht aufwendiger Umbau folgte in den Jahren 1955/56. Alle drei Maschinen - die AKN hatte mittlerweile die Betriebsführung auch für die BGE - erhielten bei MaK in Kiel

- ein hochgelegtes (max. Höhe 4100 mm) und über das hintere Rahmenende um 200 mm verlängertes Führerhaus mit Einmannbedienung,
- Totmann-Einrichtung (ohne Sifa) und
- pneumatische Wendeschaltung.

Für 29.000 DM Umbaukosten je Lok gab es außerdem eine Führerstandsheizung, neue Scheinwerfer und (soweit nicht schon vorhanden) eine vom Führerhaus bedienbare Kühlerjalousie.

Die erste so umgebaute Lok[261] war die BGE VM3. Sie verließ die MaK mit Unt.-Datum 17.11.55. Wenig später ging die Bergedorfer Bahn dann endgültig in den Besitz der AKN über. Die V36 hießen danach (ab 6.6.56)

V1 (ex AKN VM1), ab 1964: V2.001,
V6 (ex BGE VM2), ab 1964: V2.006 und
V7 (ex BGE VM3), ab 1964: V2.007.

Aus dem Hauptstreckendienst bei der AKN waren die V36 schon 1953 mit Erscheinen der ersten MaK-D-Kuppler verschwunden. Ihr Einsatzgebiet fanden die V36 nun im Güter- und Rangierdienst, vornehmlich auf den kleinen, meist nur in Betriebsgemeinschaft von der AKN mitbedienten Kleinbahnen rund um Hamburg, z.B.

- Barmstedt - Ulzburg (EBOE),
- Billstedt - Glinde (Reststück der Südstormarnschen Kreisbahn) und auf der
- Billwerder Industriebahn (in Hmb-Billbrook).

MaK

Hohes Führerhaus, langer Achsstand: Die erste AKN-Umbaulok (VM3) präsentiert sich, sozusagen runderneuert, dem MaK-Werksfotografen (November 1955).

Eisenbahn-Gesellschaft Altona-Kaltenkirchen-Neumünster (AKN)

Bergedorf-Geesthachter Eisenbahn (BGE)

Die beiden Bahngesellschaften im unmittelbaren Einzugsgebiet von Hamburg hatten schon seit 1948 mehrere V36-Loks im Bestand. Die Maschinen stammten zum Teil aus Neulieferung von Deutz, teils aber auch aus Übernahmen aus Kriegsrückständen. Die O&K-Lokomotive gehörte ursprünglich der Dynamit AG (DAG) in Allendorf. Sie dürfte über das Dynamit-Werk Krümmel bei Geesthacht zur Bergedorf-Geesthachter Eisenbahn gekommen sein:

AKN VM1	**Deutz**	**46837/1948**	01.09.48 neu
BGE VM2	**Deutz**	**46838/1948**	11.08.48 neu
BGE VM3	**O&K**	**21342/1940**	1948 ex DAG

Bei beiden Bahngesellschaften waren die V36 anfangs in durchaus hochwertigen Diensten eingesetzt. Die AKN-Lok zum Beispiel lief im Personenverkehr[260] vornehmlich im Umlauf Bad Bramstedt - Kaltenkirchen - Neumünster. Ähnlich die BGE-V36. Sie bespannte durchlaufende Pendelzüge von/bis Hamburg bzw. Berliner Tor sowie Personen- und Güterzüge auf allen BGE-Strecken.

Leider offenbarten sich im Dauerbetrieb auch hier wieder sehr schnell die (besonders lauftechnischen) Schwächen der Kriegstype. Schon Ende 1949 spendierte die AKN ihrer VM1 deshalb einen Umbau, bei dem die dritte Achse - analog zur DB V36 262 - um 450 mm

---

258 Zur LAW: Rudolfsen, Jan Klein, S.59f., S.62f.; zur StMB: Rogl, Steinhuder Meer-Bahn, S.38ff.
259 Rudolfsen/Siedler, Leer-Aurich-Wittmund, S.113
260 Im Winter mit eingestellten Heizwagen
261 Verkehr und Technik 2/56, S.52; MaK-Unterlagen

Darüber hinaus liefen die Maschinen im gesamten AKN-Netz als Bedarfs- und Bauzugloks. Als erste der drei V36 wurde 1967 die V2.001 ausgemustert. Ihr folgte zwei Jahre später die V2.007 (am 26.3.69 zur Zerlegung verkauft an Lauenburger Schrotthandel) und 1973 die V2.006 (am 17.7.73 an Gleisbaufirma F. Rapp). Letztere gelangte über einen Händler noch zur Andritzer Schleppbahn in Österreich.

Gute Sicht, Geräuschisolierung, Druckluft-Wendeschaltung: Auf den mit Hochführerhaus ausgerüsteten AKN-V36 ging es recht modern zu.

STEFAN LAUSCHER

Kleinbahn Niebüll-Dagebüll

Hier war 1963 über mehrere Monate hinweg eine V20 - **BMAG 11396/1941** - als Leihlok im Einsatz. Sie stammte von der Royal Air Force, Flugplatz Westerland, gehörte zum fraglichen Zeitpunkt aber offenbar einem Händler (Fa.Kloss, Hannover).

Hintergrund für den Mieteinsatz war ein Unfall auf der Kleinbahn am 19.6.63, bei dem der Triebwagen T2 sehr stark beschädigt wurde und für acht Monate ausfiel[262]. Bis zum Ende der Saison wurde daraufhin die V20 als Ersatzfahrzeug angemietet. Die Lok hatte weder eine Kleinbahn-Nummer noch sonstige Führerhaus-Anschriften.

Auch nach Ablauf der Mietzeit blieb die V20 noch einige Zeit in Niebüll stehen und wurde erst im Frühsommer 1964 mit unbekanntem Ziel abgezogen. Später tauchte sie bei der Firma Binder in Hannover (identisch mit Kloss?) wieder auf.

Mit der Diesellok M1 - Deutz 19755/1938, Firmentype A8M324R - hatte die Bahn übrigens noch eine zweite ehemalige Wehrmachtlok. Die in verschiedenen Veröffentlichungen der Kleinbahn angedichtete zweite V20, angeblich KL1 (tatsächlich war dies eine Vorserien-Köl von Windhoff), gehört dagegen ins Reich der Phantasie.

Lübeck-Segeberger Eisenbahn (LSE)

Die LSE gehörte immer zu den „armen“ Kleinbahnen Norddeutschlands. Die Bahnanlagen waren spärlich, das Zugangebot bescheiden, die Fahrzeuge lange Zeit nur geliehen (von der Lübeck-Büchener Eisenbahn bzw. der Staatsbahn).

Auch die V36 kam hier nur im Rahmen der Betriebsführung durch die DB zum Einsatz. Neben Lübecker 24, 56^2, 64 und 93^5 fuhren die Wehrmachts-Dreiachser in den frühen Jahren nach dem Krieg Personen- und Güterzüge auf der Segeberger Kleinbahn. Im Bw Lübeck stationiert waren seinerzeit V36 107, 123, 213, 221 und 236. Die Einsätze endeten 1950 mit dem Kauf eines LSE-eigenen Uerdinger Schienenbusses.

Neukölln-Mittenwalder Eisenbahn (NME)

Einmal Berlin und zurück: So läßt sich kurz und treffend der Lebensweg der NME DL 00601 beschreiben. Es war die einzige V20/V36-Type bei den nach 1949 allerdings auch nicht mehr allzu zahlreichen Berliner Privatbahnen.

Die Maschine - **BMAG 11399/1941** (Einheitstype WR200B14) - war nach dem Krieg zunächst bei den Osthannoverschen Eisenbahnen in Betrieb genommen worden (ebenfalls als DL 00601) und kam 1953 im Tausch gegen den NME-Triebwagen T1 nach Berlin. Von den OHE erbte die NME auf diesem Weg übrigens auch das langjährig gültige Diesellok-Nummernschema. Probefahrt und Abnahme in Berlin-Tempelhof fanden am 15.5.53 statt.

Als erste (und bis 1954 auch einzige) Diesellok leitete die V20 auf der durch die Zonenteilung zur Industriebahn verstümmelten ehemaligen Vorortstrecke den Traktionswechsel ein. In den 60er Jahren erfolgten diverse Modernisierungen; u.a. durch Nachrüstung einer Sifa (1965), den Einbau eines neuen MAN-Motors (1967) und eine pneumatische Getriebesteuerung. Da der neue Motor elektrisch angelassen wurde, konnten die Anlassluftflaschen wegfallen, die Motorhaube niedriger gesetzt und durch größere Fenster in der Führerhaus-Stirnwand die Sicht verbessert werden.

Mit Erscheinen modernerer und leistungsfähigerer Dieselloks bei der NME wurde die V20 ab Anfang der 70er Jahre verstärkt in den Bauzugdienst abgedrängt. Als Reserve stand sie jedoch weiterhin zur Verfügung. Ab 1983 wurde außerdem ein bescheidener Ausflugsverkehr aufgebaut, bei dem die hübsch herausgeputzte V20 als Oldie mit zwei Umbau-Dreiachsern aus dem ehemaligen „Weinstraßen“-Zug noch einmal zu Zugdiensten kam.

Nach dem Eintreffen zweier fabrikneuer MaK-G321B in den Jahren 1991/92 hatte die ML 00601 dann endgültig ausgedient. Mit fast 40 Betriebsjahren bei der NME kehrte sie 1992 in ihre alte Heimat zurück. Heute gehört sie dem Verein „Verkehrsfreunde Lüneburg e.V.“, der die inzwischen wieder betriebsfähige Lok vor Museumszügen in der Lüneburger Heide einsetzt.

Bremervörde-Osterholzer Eisenbahn (BOE)

Die BOE ist die erste von insgesamt sieben V20/V36-Bahnen, die nach dem Krieg in der Betriebsführung des „Niedersächsischen Landes-Eisenbahn-Amtes“ (NLEA) in Hannover standen. Auf das NLEA[263] geht auch ein Anfang der 50er Jahre eingeführtes, gemeinsames Benummerungsschema für Lokomotiven, Triebwagen und Waggons zurück: Bei den (als Zuglokomotiven geeigneten) Dieselloks gab es drei Nummerngruppen, wobei die Nummern

---

262 Schöning, Wattenmeer, S.119ff.

263 Vorläufer des NLEA war das Landeskleinbahnamt der Provinz Hannover, das schon vor dem Krieg die Entwicklung der Kleinbahnen in Niedersachsen vorbildlich förderte; ausführlich: Wolff, Kleinbahnen Bd.2, S.12

HARALD O. KINDERMANN

Die V20/V36 auf Kleinbahngleisen:

Hier noch einmal eine der modernisierten AKN-V36 mit hohem Führerhaus. Um Platz für einen breiten, sicheren Rangierstand am Kopfende zu schaffen, ist der Bremsluftbehälter auf dem Umlauf befestigt (Bf. Glinde, V6, Oktober 1960).

PETER PEKNY

Triebwagen-Reserve: Die ominöse V20 der Kleinbahn Niebüll-Dagebüll war nur wenige Monate im Einsatz. Mit Ausnahme der Untersuchungsdaten trägt die ehemalige Air-Force-Lok keinerlei Anschriften (Niebüll, 3.8.63).

MARTIN STERTZ

„Schau mir in die Augen, Kleines“: Die Schwartzkopff-V20 der Neukölln-Mittenwalder Eisenbahn wurde in den 60er Jahre mehrfach umgebaut. Am auffälligsten sind der niedriger gesetzte Motorvorbau und und die vergrößerten Stirnfenster (Bauzugeinsatz in Berlin-Neukölln, 18.5.73).

KLEIN - UND PRIVATBAHN-LOKOMOTIVEN

Bahngesellschaft	LokNr	Herstellerdaten	Type	im Bestand	Herkunft	Verbleib
Bergedorf-Geesthachter Eb.	2	Deutz 46838/1948	V36	1948-1956	neu	AKN V6
Bergedorf-Geesthachter Eb.	3	O&K 21342/1940	V36	1948-1956	Dynamit AG	AKN V7
Altona-Kaltenk.-Neumünster	1 = V2.001	Deutz 46837/1948	V36	1948-1967	neu	++
Altona-Kaltenk.-Neumünster	6 = V2.006	Deutz 46838/1948	V36	1956-1973	BGE 2	Österreich
Altona-Kaltenk.-Neumünster	7 = V2.007	O&K 21342/1940	V36	1956-1969	BGE 3	++
Kleinbahn Niebüll-Dagebüll	oNr	BMAG 11396/1941	V20	1963	Mietlok	
Neukölln-Mittenwalder Eb.	00601	BMAG 11399/1941	V20	1953-1992	OHE 00601	Verkehrsfreunde Lüneburg
Bremervörde-Osterholzer-Eb.	261	BMAG 11395/1941	V20	1945-1961	Wehrmacht	Lüchow-Schmarsauer Eb.
Bremervörde-Osterholzer-Eb.	278	O&K 20912/1938	V36	1962-1980	DB V36 239	++
Bremervörde-Osterholzer-Eb.	282	BMAG 11647/1942	V36	1977-1982	DB V36 114	VGH V36 008
Wilstedt-Zeven-Tostedter Eb.	279	BMAG 12032/1943	V36	1963-1971	US-Army/TC	Italien
Buxtehude-Harsefelder Eb.	276	BMAG 11449/1941	V36	1961-2003	DÜPAG Hamburg	Museumsbahn Bederkesa
Verden-Walsroder Eisenbahn	262 = 2	Gmeind. 4275/1947	V20	1956-1999	Esso Hamburg	Verdener Eisenbahnfreunde
Steinhuder Meer-Bahn	262	Deutz 39643/1943	V20	1964-1985	US-Army/TC	Museumsbahn Paderborn
Steinhuder Meer-Bahn	271	BMAG 10865/1939	LDF300	1954-1962	DHHU Dortmund	Frankfurter Localbahn
Lüchow-Schmarsauer Eb.	261	BMAG 11395/1941	V20	1961-1980	BOE 261	Braunschw. Verkehrsfreunde
Verkehrsb. Grafschaft Hoya	V36 001	Hen. 26140/1942	V36	1963-1986	DB V36 116	DGEG Neustadt/Wstr.
Verkehrsb. Grafschaft Hoya	V36 002	BMAG 11211/1940	V36	1965-1986	Rheinarmee	++
Verkehrsb. Grafschaft Hoya	V36 003	O&K 20917/1938	V36	1966-1977	DB V36 002	++
Verkehrsb. Grafschaft Hoya	V36 004	Deutz 39628/1943	V36	1976-1998	DB V36 222	DEV Bruchhausen-Vilsen
Verkehrsb. Grafschaft Hoya	V36 005	Deutz 47179/1944	V36	1978-1998	DB V36 237	DEV Bruchhausen-Vilsen
Verkehrsb. Grafschaft Hoya	V36 006	MAK 360021/1950	V36	1979-1998	DB V36 412	DEV Bruchhausen-Vilsen
Verkehrsb. Grafschaft Hoya	V36 007	BMAG 12051/1943	V36	1979-1988	DB V36 213	DGEG Bochum-Dahlhausen
Verkehrsb. Grafschaft Hoya	V36 008	BMAG 11647/1942	V36	1982-1998	BOE 282	DEV Bruchhausen-Vilsen

Fortsetzung auf S. 370

261 ff. zweiachsige Dieselloks,
271 ff. dreiachsige Dieselloks und
281 ff. vierachsige Dieselloks

bezeichneten. Auch nach Auflösung des NLEA im Herbst 1959 hielten die meisten Bahnen am alten Nummernschema fest. Bei Neuerwerbungen ging dabei allerdings der Überblick etwas verloren. Aus diesem Grund ist z.B. die Nummer 262 bei VWE und StMB doppelt besetzt worden.

Die BOE hatte insgesamt drei V20/V36-Lokomotiven im Bestand:

261	**BMAG**	**11395/1941**	WR200B14
278	**O&K**	**20912/1938**	WR360C12
282	**BMAG**	**11647/1942**	WR360C14

Die früheste Lokomotive davon war die V20-Type, die 1945 von der Heeres-Muna Zeven übernommen wurde. Nach einer Notiz aus dem Jahre 1947 war sie, damals noch ohne Betriebsnummer, mit leichten GmPs im Streckendienst eingesetzt. Ab 1949 lief sie längere Zeit mit Kurzpersonenzügen (zwei Ci plus Packwagen) über Bundesbahngleise durch bis Bremen-Burg bzw. Bremen Hbf.

Insgesamt hatte die BOE aber wohl nicht viel Freude an dieser Lok. Besonders der Motor und die Voith-Maurer-Kupplung waren ständig kaputt[264]. Und ein Leiheinsatz bei der benachbarten Buxtehude-Harsefelder Eisenbahn ab 7.3.58 endete auch schon nach weni-

264 Mitteilung des ehem. Werkstattmeisters Erich Lieb

Das wohl bekannteste Motiv der BOE: Bf.Bremervörde mit dem großen Wasserturm im Hintergrund. Lok 278 steht abfahrbereit am Bahnsteig, die Zugmannschaft schreitet zur Tat (September 1964).

REINHARD TODT

gen Tagen mit einem Getriebeschaden. 1961 wurde die Maschine an die Lüchow-Schmarsauer Eisenbahn verkauft.

Die beiden V36 kamen erst danach. Beide waren ehemalige DB-Loks, und zwar

278 ex DB V36 239[265] BOE ab 14.06.62 und
282 ex DB V36 114 BOE ab 29.12.77[266].

In den schriftlichen Unterlagen hatte sich bis dahin übrigens die Bezeichnung „DL" (= Diesellok) statt „V" (= V-Lok) durchgesetzt. An den Fahrzeugen war, ohne irgendwelche Zusätze, in der Regel nur die Nummer selbst angeschrieben.

Die DL278 war die ständige Reservelok der BOE. Bei Fristuntersuchungen an der planmäßigen DL275 (Jung-Nachkriegslok) übernahm sie den gesamten Güterzugdienst. Und bei Ausfall eines Triebwagens wurde sie mit den VT-Anhänger 821-824 auf die Strecke geschickt. Auch für den Fernsehfilm „Eine Jugendliebe" von Thomas Valentin durfte sie 1976 mit einer solchen Garnitur mehrfach durch den Bahnhof Worpswede rattern. Jahresleistung bei der BOE: Rund 3000 Kilometer.

In noch geringerem Umfang wurde die DL282 eingesetzt. Sie war eigentlich als Ersatzteilspender gekauft worden (Preis: 12.000 Mark), wurde - weil lauffähig - aber dann doch noch hergerichtet und vor allem als Az-Lok vorgehalten.

Eine neue 700-PS-MaK-Gelenkwellenlokomotive (DL283, ab 1979) und die Aufarbeitung einer lange Zeit abgestellten Henschel-Maschine als Reservelok (DL274, ab 1982) beendeten schließlich die V36-Zeit bei der Kleinbahn in Bremervörde.

Die **DL 278** wurde per 4.8.78 mit abgelaufener HU-Frist abgestellt und am 10.5.80 bei einem Schrotthändler in Zeven zerlegt.

Anders die noch in leidlich gutem Zustand befindliche **DL 282**: Sie konnte für 15.000 Mark verkauft werden und kam ab 20.9.82 als V36 008 in den Besitz der Verkehrsbetriebe Grafschaft Hoya.

Wilstedt-Zeven-Tostedter Eisenbahn (WZTE)

Auch bei der WZTE stand über mehrere Jahre eine V36 in Betrieb. Die Maschine - **BMAG 12032/1943** - stammte vom US-Army/TC und wurde 1963 über den Münchener Lokhändler Hans Glaser beschafft. Zugangsdatum bei der WZTE war der 3.9.63. Lokanschrift: „WZTE 279/V36".

So recht gab es in Zeven wohl doch keine Verwendung für die Lok. Jedenfalls ist von Einsätzen kaum etwas bekannt. Mehrfach war die Lok auch verliehen, so von Dezember 1964 bis mindestens März 1965 an die Steinhuder Meer-Bahn.

Spätestens mit der Stillegung des Personenverkehrs auf der WZTE zum Winterfahrplan 1971/72 wurde die „Reserve-Reservelok" dann endgültig überflüssig. Am 13.9.71 wurde sie an Glaser zurückverkauft, am 29.9.71 rollte sie über Tostedt in Richtung Italien ab.

Buxtehude-Harsefelder Eisenbahn (BHE)

Die dritte Kleinbahn mit V36-Lokomotiven im sogenannten „Nassen Dreieck" zwischen Elbe, Weser und Nordsee war die BHE. Auch sie gehörte zu den früheren NLEA-Bahnen und nummerte ihren Neuerwerb - **BMAG 11449/1941** - deshalb als „276" ein. Im Besitz der BHE war sie ab 28.6.61.

Die Lok stammte ursprünglich von der Dynamit AG und war zuletzt bei der Deutsch-Überseeischen Petroleum AG in Hamburg eingesetzt gewesen. Die BHE erwarb die Lok für 85.000 Mark vom Bremer Lokhändler Johannes G. Eickens. In Harsefeld konnte danach im August 1961 die letzte Dampflok, eine Cn2t No.352, abgestellt werden.

Anders als bei BOE- und WZTE-Loks trug die V36 auf der Buxtehude-Harsefelder Eisenbahn jahrelang die

Mit Abstand die bunteste V36: Bei der BHE 276 durfte sich die Malerwerkstatt mal so richtig austoben. Das Ergebnis kann sich sehen lassen! Zum Aufnahmezeitpunkt war die Lok erst drei Monate bei der BHE und der Lack - Unt. Datum 21.9.61 - noch ganz frisch (Harsefeld-Süd, Oktober 1961).

265 Ursprünglich V36 001
266 Laut Kaufvertrag BOE erst ab 21.3.78

Hauptlast des Güterverkehrs. Abgesehen von gelegentlichen Federbrüchen an der hinteren Achse (eine Folge des sehr schlechten Oberbaus) versah die Maschine anderthalb Jahrzehnte lang zuverlässig und ohne nennenswerte Ausfälle ihren Dienst auf der Kleinbahn[267]. Im Auftrag der Bundesbahn rangierte sie zeitweise auch im Bf. Neu Wulmstorf an der Strecke Buxtehude - Hamburg.

Erst ein spektakulärer Unfall Mitte der 70er Jahre bereitete dieser Karriere ein Ende. Auf der Gefällstrekke zwischen Ottensen und Buxtehude hatte die inzwischen schon etwas altersschwach gewordene Lokomotive am 13.10.76 ihren aus 18 vollbeladenen Wagen bestehenden Rübenzug nicht mehr halten können. In Buxtehude donnerte die V36 mit 30 km/h gegen einen Prellbock und zertrümmerte zwei dahinter abgestellte Pkw.

Neue Planlok wurde daraufhin ab Oktober 1977 die DL281, eine vierachsige MaK-Stangenlok (650D), ex Verden-Walsrode V5. Die V36 wurde nochmal repariert, mußte fortan ihr Dasein aber als Reservelok fristen.

Technisch und optisch war die BHE-Lok immer ein Unikum. Von der Serienbauart unterschied sie u.a. die eigenwillige Form des Explosionsschutzes (nachträglicher Einbau bei der DÜPAG), ein pneumatisch betätigtes Wendegetriebe (dito) und ein Blech- und Bretter-Kühlerschutz der Marke Einfach. Dazu kam eine sehr auffallende, erst dunkel- später hellrote Lackierung, die zeitweise noch mit rasanten Pfeilmustern garniert war. Seit einer Revision im EAW Bleckede (OHE) im Spätsommer 1988 war die BHE 276 allerdings klassisch schwarz-rot lackiert. Bis zur Fusion mit den EVB 1992 wurde sie noch als gelegentliche Betriebsreserve vorgehalten, danach wurde sie an die Museumsbahn Bremerhaven - Bederkesa abgegeben.

Kommt eine Lok herangerollt...: Lok 271 der Steinhuder Meer-Bahn wurde vor der Inbetriebnahme 1954 erst einmal bei Schöma in Diepholz gründlich aufgearbeitet. Und dann per Straßenroller nach Wunstorf gebracht. Die Lok gehört zu der Serie von nur vier LDF300C12 von Schwartzkopff.

Schöma, Slg. Stefan Lauscher

Verden-Walsroder Eisenbahn (VWE)

Mit mehr als 30 Jahren zählte auch die VWE 262 zu den ganz alten Kleinbahnloks der WR-Typenreihe. Die Lok war ein V20-Nachbau - **Gmeinder 4275/1947** - und kam per 31.3.56 mit defektem Motor von den Ebano-Asphalt-Werken (= Esso) in Hamburg-Harburg nach Verden. Preis für den Gelegenheitskauf: 42.000 Mark.

In Verden blieb die Lok zunächst abgestellt und wurde vom 4.3.57 bis 24.3.58 dann einem umfangreichen Umbau unterzogen. Die Arbeiten erledigte die Werkstatt der Niederweserbahn in Bremerhaven-Wulsdorf. U.a. wurden

- ein Deutz-Motor A8M517 mit 180 PS/1500 UpM eingebaut (aus StMB T53),
- die Ein- und Ausgangsübersetzung des Getriebes entsprechend geändert,
- die Vorbauten nach den geringeren Abmessungen des neuen Motors verkleinert und
- die Frontfenster im Führerhaus vergrößert.

Unglücklicherweise wurde - laut Betriebsbuch - bereits bei der Probefahrt am 12.4.58 zwischen Stemmen und Verden der Motor übertourt und damit unbrauchbar. Erst nach Einbau eines diesmal fabrikneuen Motors gleicher Bauart konnte die Lok im Februar 1959 dann endlich als „262" in Betrieb gehen. Per 16.9.1964 erfolgte die Umbenennung in DL 2.

Arbeit scheint es für die Lok Anfang der 60er Jahre noch genug gegeben zu haben[268]. Die Lok war meist in Walsrode stationiert. Von hier aus wurde der Streckenast nach Böhme (12,8 km) bedient; bei Ausfall des Triebwagens mußte die 262 auch im Personenverkehr ran. Ab 1963 rangierte sie im Auftrag der DB außerdem im Bundesbahnhof Walsrode.

Leider währten diese guten Jahre nicht lange. Schon 1964 endete der Personenverkehr der VWE in Walsrode, 1965 (nach dem Bau einer Ölverladeanlage im Bf. Hollige) übernahmen stärkere Loks den Güterverkehr, und 1966 kündigte die Bundesbahn auch den Rangierauftrag im DB-Bahnhof. Die V20 wurde Reservelok, seit Juni 1998 war sie abgestellt. Heute gehört sie dem Verein Kleinbahn Verden-Walsrode.

Steinhuder Meer-Bahn (StMB)

Die StMB ist in diesem Kapitel schon mehrfach erwähnt worden. Neben der schmalspurigen Kleinbahnstrecke Wunstorf - Rehburg - Leese - Uchte (52 km) betrieb die Bahn schon seit 1905 ein erst dreigleisiges, später ausschließlich regelspuriges Gleis zum Kaliwerk Sigmundshall in Bokeloh/ Mesmerode (5,9 km). Der Anschlußverkehr sicherte der StMB rund 100.000 to Fracht im Jahr und bildete bis in die 90er Jahre hinein die Existenzgrundlage der Bahn. Seit Eröffnung der Bahn 1905 hielt die StMB speziell für den Kali-Anschluß auch normalspurige Lokomotiven vor; ab 1954 waren dies WR-Loks:

271	**BMAG**	**10865/1939**	StMB ab 11.08.54,
262	**Deutz**	**39643/1943**	StMB ab 10.02.64.

Darüber hinaus waren mehrfach Leihlokomotiven der Wehrmachtsbauarten in Wunstorf, z.B. die WZTE 279 (Typ V36; 12.64 bis 03.65) oder die OHE DL 00602

267 Bohlmann/Kästner, BHE, S.34ff. und 49ff.
268 Löttgers, 75 Jahre VWE, S.54f.

(Typ V20; 03.77). Als feste Reservelok war außerdem eine Deutz-Firmentype vorhanden, die aber kaum eingesetzt wurde.

Interessant ist vor allem die DL 271: Sie gehörte zu der Serie von vier für Wolff & Co/EIBIA gelieferten LDF300C12-Loks. Vor der Inbetriebnahme bei der StMB wurde sie aufwendig umgebaut. U.a. erhielt sie

- einen neuen Motor MWM TRHS 526 S (300 PS, 800 UpM),
- zwei Cinti-Kupplungen,
- eine neue Druckluftbremsanlage,
- eine neue Beleuchtungsanlage sowie
- veränderte Blechaufbauten (neue Motorraumtüren, neue Kühlerfront, neuer Auspuff, Aufstiegsleiter).

Die Schwartzkopff-Lok hatte das Kriegsende beim Dortmund-Hörder-Hüttenverein[269] erlebt und war von dort 1952 (schon im Auftrag der StMB?) zum Umbau zur Schöma in Diepholz gekommen. Umbaupreis: 45.183 DM. Die Überführung per Straßenroller am 11.8.54 nach Wunstorf ist mit Fotos dokumentiert.

Der Einsatz der DL 271 in Wunstorf war nie ganz problemfrei. U.a. ging die neu eingebaute Gelenkwelle zwischen Motor und Getriebe innerhalb kurzer Zeit zweimal zu Bruch. Mitte 1962, nach einer HU in Bleckede, wurde sie an die Stadtwerke Frankfurt/Taunusbahnen verkauft.

Im Februar 1964 erwarb die StMB erneut eine WR-Lok für den Güterverkehr zum Kaliwerk. Diesmal war es eine waschechte V20, die die Nummer 262 erhielt. Die Lok stammte von der US-Army und wurde in Wunstorf mit großem Erfolg eingesetzt. Erst mit fortschreitendem Alter begann Ende der 70er Jahre die Suche nach Ersatz. Im November 1979 traf die neue DL 263 ein, eine MaK-240B-Type, ex Sand- und Tonwerke Grasleben. Bis 1985 wurde die V20 danach noch als Reserve vorgehalten und schließlich per 14.5.85 an die Museums-Eisenbahn Paderborn abgegeben. Heute gehört sie den Freunden der Marschbahn in Glückstadt.

Delmenhorst-Harpstedter Eisenbahn (DHE)

Ein Foto belegt den Einsatz der DL271 im Juli 1958 bei der DHE in Harpstedt. Die DHE hatte seinerzeit umfangreiche Sandtransporte aus der Sandgrube Kirchseelte (eigenes Anschlußgleis) zum Bau der Umgehungsstraße B75 nach Delmenhorst zu fahren. Sämtliche NLEA-Bahnen schickten dafür Leihloks. Später, 1971, war auch die VGH-V36 002 als Vertretung bei der DHE.

Lüchow-Schmarsauer Eisenbahn (LSE)

Die in unmittelbarer Nähe zur ehemaligen innerdeutschen Grenze gelegene Lüchow-Schmarsauer Eisenbahn erhielt 1961 als Ersatz für zwei damals noch vorhandene Hanomag-Dampfloks die in Bremervörde überzählig gewordene DL 261 - **BMAG 11395/1941 -**. Die LSE investierte zunächst einen neuen 200-PS-Motor (Deutz A12L714) und eine entsprechende Getriebeanpassung. Inbetriebnahme: Juli 1962. Bis zur Stillegung der Bahn war und blieb die V20 die einzige Diesellok der LSE!

Viel los war in den 60er Jahren auf der Kleinbahn nicht mehr. 75.300 Fahrgäste und 48.700 to Fracht nennt die Statistik z.B. für das Jahr 1966. Den Personenverkehr besorgten zwei betagte Vorkriegs-VT, von denen der größere meist auch die wenigen Güterwagen mitnahm. Als tägliche Beschäftigung für die DL261 blieben damit nur Rangierdienste in Lüchow-Süd und gelegentliche Gz-Leistungen, falls doch mal mehr Fracht anfiel.

Am 31.3.69 wurde die LSE stillgelegt. Auch danach blieb die Diesellok noch für die Bedienung der fünf Gleisanschlüsse in Lüchow-Süd in Betrieb. Erst 1974 erfolgte die Ablösung durch ein Unimog-Zweiwege-Fahrzeug. 1980 ging die Lok an den VBV Braunschweig, danach an die Almetalbahn.

DIETER HÖLTGE

Eine kleine Lok für eine kleine Bahn: Die Lüchow-Schmarsauer Eisenbahn setzte ab 1962 die ehemalige BOE 261 ein. Sehenswert: Die zusätzlichen Luftfilter für den luftgekühlten Deutz-Motor und das und das lustige Spitzensignal auf dem Dach (Lüchow, 31.3.65).

Verkehrsbetriebe Graftschaft Hoya (VGH)

Die VGH waren ein kleines V36-Paradies. Seit der Gründung des Unternehmens durch Fusion der ehemaligen Hoyaer Eisenbahn mit der bis dahin schmalspurigen Hoya-Syke-Asendorfer Eisenbahn[270] im Frühsommer 1963 bildeten die WR-Loks das Rückgrat des Güterverkehrs. Lange Züge, enge Ortsdurchfahrten, die reizvolle Landschaft und - besonders während der herbstlichen Rübenkampagne - ein Parallelbetrieb mit oft zwei oder drei Maschinen gleichzeitig ... all das waren Dinge, die den Privatbahn- und erst recht den V36-Freund begeistern konnten. In einem Zeitraum von 35 Jahren beschäftigte die VGH eine Flotte von nicht weniger als acht V36-Lokomotiven! Erst die wirtschaftlichen Schwierigkeiten, in die die Bahn ab Mitte der 80er Jahre geriet, zwangen die V36 zum Rückzug.

---

269 Vergl. Seiten 54f., 102ff. und 109

270 Zur Geschichte der VGH und ihrer Vorläuferbahnen: Högemann, Hoya; ausführlich zu den V36 der VGH: Kempf/Konukiewitz, V36, S.18ff.

Ludger Kenning

Schneetreiben auf der VGH: Im März 1979 ist in der Grafschaft der Winter zurückgekehrt. V36 004 kämpft sich mit einem einzelnen Rungenwagen durch das Schneegestöber auf Hoya zu (bei Bruchhausen-Vilsen, 15.3.79).

Hier zunächst alle V36 im Überblick:

V36 001	**Hens. 26140/1942**	ex DB V36 116
V36 002	**BMAG 11211/1940**	ex Rheinarmee
V36 003	**O&K 20917/1938**	ex DB V36 002
V36 004	**Deutz 39628/1943**	ex DB V36 222
V36 005	**Deutz 47179/1944**	ex DB V36 237
V36 006	**MAK 360021/1950**	ex DB V36 412
V36 007	**BMAG 12051/1943**	ex DB V36 213
	und	
V36 008	**BMAG 11647/1942**	ex DB V36 114, ex BOE 282

Die erste dieser acht Lokomotiven, die V36 001, stand schon bei Gründung der VGH am 20.6.63 zur Verfügung. Sie war wenige Tage zuvor, am 18.6.63, von der Bundesbahn im Bw Aalen übernommen worden, und ging offiziell am 25.6.63 in Hoya in Betrieb (Kaufpreis: 100.000 Mark). Der regelspurige Abschnitt reichte seinerzeit von Hoya her nur bis Bruchhausen-Vilsen, wofür die eine Diesellok, zusammen mit zwei damals noch vorhandenen pr. T3 der alten Hoyaer Eisenbahn, wohl ausreichte.

Ab 17.1.66 war dann auch die Reststrecke bis Syke umgespurt. Die VGH suchte und fand weitere Gebraucht-V36, die die Wünsche der Kleinbahn nach einer preiswerten, robusten und zudem für die engen Gleisradien der ehemaligen Schmalspurbahn geeigneten Diesellok geradezu ideal erfüllte. Es kamen

V36 002: VGH ab 30.10.65 (über Fa.Glaser) und
V36 003: VGH ab 22.09.66,

letztere eine Vorserienlokomotive der Bauart WR360C12 (zuletzt Werklok im AW Opladen), für die die VGH der Bundesbahn noch 25.000 Mark bezahlte. Die Maschine hatte leider nicht viel Glück in Hoya: Als abnormales Muster litt sie immer an Ersatzteilmangel und wurde schon im Frühsommer 1972 auf freier Strecke bei Steimke von einem Kurbelwellenbruch mit Gehäuseriß im Motorblock „dahingerafft". Eine Wiederherrichtung mit Teilen einer unfallbeschädigten DB-Lok (236 235) war zwar geplant[271], scheiterte jedoch an der fehlenden Bereitschaft der Bundesbahn, die Unfallok abzugeben.

Immerhin gelang mit der V36 003 der vollständige Traktionswechsel bei der VGH. Die letzte Dampflok, Nr. 2, dummerweise gerade frisch hauptuntersucht, wurde nach Eintreffen der dritten Diesellok noch 1966 verschrottet.

Mit diesen drei (nicht ganz gleichen) V36 wickelte die VGH Ende der 60er/Anfang der 70er Jahre einen noch recht lebhaften Verkehr in der Grafschaft ab. Das Frachtaufkommen lag bei ca. 100.000 to im Jahr. Dafür wurden ständig zwei Einsatzloks benötigt. Die dritte stand in Reserve oder wurde - wie V36 002 - auch schon mal kürzere Zeit an andere Bahnen (Delmenhorst-Harpstedter Eisenbahn und Ilmebahn Einbeck-Dassel) verliehen.

Daß der Alltag zwischen Eystrup und Syke kein Sonntagsausflug war, illustriert die Tatsache, daß die Züge am Syker Berg häufig geteilt und in Portionen gefahren werden mußten. Mit 320 to am Haken schaffte die Lok bei äußerster Belastung dann gerade noch 2 km/h. Zu dieser Zeit waren die Maschinen auch noch bestimmten Lokführern fest zugeteilt. Die Lackierung entsprach den Firmenfarben, die sich auch an Bussen und Triebwagen wiederfanden, also weinrot mit beigen Zierlinien[272].

Ab 1976 begann die DB mit dem Abverkauf ausgemusteter V36. Auch diesmal nutzte die VGH die sich bietende Gelegenheit, und zwar reichlich: Innerhalb von drei Jahren vergrößerte die Grafschafter Bahn ihren V36-Bestand um insgesamt vier Loks; eine fünfte - ebenfalls ex DB - folgte 1982 als Nachzügler über die Bremervörde-Osterholzer Eisenbahn. Hier die Übernahme- und Indienststellungs-Daten:

271 Briefwechsel v. 20.12.73/16.1.74 und 30.1.74/8.2.74 mit dem AW Bremen

272 Die später dazugekommene V36 004 wurde feuerrot, alle weiteren behielten ihr DB-schwarz, zuletzt jedoch mit einer auffälligen, beigefarbenen Bauchbinde

Ludger Kenning (2)

**Ein Bild aus besseren Tagen:
V36 001 legt sich mit einem langen Zug bei Wachendorf in die Kurve. Damals waren im Saisonverkehr teils bis zu drei V36 gleichzeitig im Einsatz (22.10.79).**

V36 004: VGH ab 08.06.76, iD. ab 20.09.76
V36 005: VGH ab 16.03.78, iD. ab 16.03.78
V36 006: VGH ab 23.02.79, iD. ab 06.08.79
V36 007: VGH ab 15.03.79, iD. ab 02.09.80
V36 008: VGH ab 20.09.82, iD. ab 29.09.82

Der Kaufpreis lag, je nach Zustand der Lok, zwischen 15.000 und 30.000 Mark. Besonders erwähnenswert sind V36 005 (die aus Zeitgründen jahrelang nicht umgezeichnet wurde, sondern mit DB-Nummer fuhr) und V36 007. Letztere besaß bei Übernahme durch die VGH noch ihre Dachkanzel, die in Hoya abgebaut werden mußte, weil die Lok sonst in keinen Lokschuppen gepaßt hätte!

Die VGH erwarb all diese Lokomotiven zweifellos in der Vorstellung, nun über Jahre aller Fahrzeug- und Ersatzteilprobleme ledig zu sein. So ganz ging diese Rechnung aber nicht auf. Immerhin befanden sich im VGH-Bestand ganz unterschiedliche Loks, u.a. einige mit MWM-, andere mit Deutz-Motor, Einmann- und Zweimannloks, dazu Sonderbauarten wie die $V36^4$; ursprünglich ja außerdem die $V36^0$. Auch Achsstichmaße, Anschlüsse, Ausrüstung etc. - diese leidvolle Erfahrung hatte schon die DB machen müssen - waren durch Fertigungsungenauigkeiten und nachträgliche Umbauten keineswegs so einheitlich, wie das von einer „Einheitslok" zu erwarten war.

Nichtsdestotrotz bildeten die nunmehr acht bzw. (abzüglich der schon abgestellten V36 003) sieben Lokomotiven ausreichend Verfügungsmasse, um auch bei fälligen Hauptuntersuchungen immer noch bis zu vier V36, z.B. für den Spitzenverkehr und für Militärsonderzüge, betriebsbereit vorhalten zu können. In der Rübensaison gab es häufiger Doppel-, teilweise sogar

**Rüben!
Der Rübenverkehr im Herbst war jahrzehntelang eines der Hauptstandbeine der VGH. Als die Rübentransporte ausblieben, ging es auch mit der VGH bergab (V36 005 noch mit DB-Beschriftung, Bruchhausen-Vilsen, 22.10.79).**

Roland Hertwig

Die V36-„Straßenbahn“: In Uenzen fuhren die VGH-Züge einige hundert Meter mitten über die Dorfstraße. Fachwerk-Bauernhaus, Trafo-Häuschen, Dorf-Linde ... perfekter kann Kleinbahn-Szenerie nicht sein (16.10.81).

Dreifachtraktionen! Außerhalb der Saison wurden mehrfach Leihloks für die Papierfabrik Schoeller in Osnabrück gestellt[273].

Mitte der 80er Jahre gerieten die Verkehrsbetriebe Grafschaft Hoya in eine kräftige Schieflage. Ausgelöst durch die Verlagerung vieler Transporte (u.a. des gesamten Rübenverkehrs) auf die Straße, sank das Frachtaufkommen im Sturzflug auf nur noch 10.000 to im Jahr. Die Folge: Für den Planverkehr reichten gebraucht von der DB gekaufte Köf II; die V36 kamen immer seltener zu Einsätzen. Zudem benötigten die Gleisanlagen eine Totalsanierung.

Inzwischen - nach Abschluß einer 8 Millionen Mark teuren Grundrenovierung aus Mitteln des Landes und der Landkreise sowie Übernahme der Betriebsführung durch die OHE - ist die Existenz der VGH gesichert und auch der zeitweise gesperrte Abschnitt Heiligenfelde-Syke saniert und wieder befahrbar.

V36 001:	20.05.80	abg.	(Fristablauf Anlaßluftflaschen)
	29.12.86	vk.	an DGEG Neustadt/Weinstraße
V36 002:	27.05.79	abg.	(HU-Frist, Ersatzteilspender)
	16.01.86	++	
V36 003:	01.06.72	abg.	(Kurbelwellenbruch)
	.04.77	++	
V36 004:	20.09.81	abg.	(Achslagerschaden)
	01.06.98	vk.	an DEV Bruchhausen-Vilsen
V36 005:	01.06.98	vk.	an DEV Bruchhausen-Vilsen (betriebsfähig)
V36 006:	09.07.87	abg.	(HU-Frist)
	01.06.98	vk.	an DEV Bruchhausen-Vilsen
V36 007:	08.02.85	abg.	(Motorblock durch Frost gerissen)
	07.09.88	vk.	an DGEG, Bochum-Dahlhausen
V36 008:	13.08.93	abg.	(HU-Frist)
	01.06.98	vk.	an DEV Bruchhausen-Vilsen

V36 007: Verkauf für 11.400 DM

Für die Grafschafter V36 gab es nun allerdings noch weniger zu tun. Die meisten Loks waren durch Alter, hohe Beanspruchung und jahrelanges Fahren auf Verschleiß zudem auch etwas klapprig geworden. Bei V36 006 z.B. konnte das Stufengetriebe für 30/60 km/h zuletzt nur noch in der Werkstatt umgestellt werden; die Lok kam deshalb kaum zum Einsatz. V36 002 erlitt starke Schäden im Führerhaus durch den Vandalismus von Jugendlichen. Auch die übrigen Loks wurden - mit einer Ausnahme - abgestellt, einige davon verschrottet, andere verkauft. Einzelheiten nennt die nebenstehende Auflistung.

Der letzte betriebsfähige *„Dinosaurier“* der VGH - und zugleich die letzte, im Regelverkehr eingesetzte V36 in Deutschland - ist V36 005. Die Lok erlebte im Sommer 1997 noch einmal Hochbetrieb, zeitweise mit 16-Stunden-Einsatztagen. Vorausgegangen war eine gründliche Hauptuntersuchung (16.8.-10.12.93) im AW Bleckede der OHE.

Per 1.6.98 wurden alle vier zu diesem Zeitpunkt noch vorhandenen V36 für einen symbolischen Preis an den DEV Bruchhausen-Vilsen abgegeben. Die zuletzt arg demolierte und nur noch als Ersatzteilspender dienende V36 004 wanderte in den Schrott, die V36 006 und 008 wurden vom DEV an andere Eisenbahnvereine verkauft (siehe S.407f.). Letzte Lok der einstmals stattlichen V36-Flotte im Hoyaer Land ist damit die DEV V36 005. Sie steht weiterhin als Reservelok für die VGH zur Verfügung. Den Regelbetrieb auf der Strecke Eystrup-Hoya-Syke hat inzwischen eine moderne MaK G765C übernommen.

Osthannoversche Eisenbahnen (OHE)

Mit einem Streckennetz von über 320 Kilometern und einem Frachtaufkommen im Millionenbereich gehörten die OHE zu den größten Privatbahnen Deutschlands. Ehemalige Wehrmacht-Diesellocks gab es hier schon seit Kriegsende 1945, darunter auch zwei V20-Typen, die bei den OHE als

DL 00601	**BMAG 11399/1941**
DL 00602	**Deutz 36659/1941**

bezeichnet wurden. Die DL 00601 stammte von der Heeres-Muna Munster-Lager-„ Süd“. Nach den bei der Lokzählung am 23.3.47 gemachten Aufzeichnungen waren beide Maschinen seinerzeit als Rangierloks in Celle-Nord eingesetzt. Von der DL 00602 ist für die Zeit von Mai 1948 bis Februar 1949 eine Laufleistung von 35.000 km überliefert, was ansehnlichen 3500 km im Monat entspricht!

In den 50er Jahren gingen die beiden V20 unterschiedliche Wege: Die **DL 00601** wurde 1953 im Tausch gegen einen vierachsigen Unmack-Triebwagen

273 Näheres im Abschnitt „Werksbahnen“

(OHE DT 0514) an die Neukölln-Mittenwalder Eisenbahn in Berlin abgegeben. Die **DL 00602** blieb dagegen bei den OHE und wurde nach den jeweiligen Bedürfnissen in Celle bzw. auf den größeren Unterwegsbahnhöfen als Rangierlokomotive eingesetzt. Bekannt sind Stationierungen u.a. auf den Bahnhöfen Lachendorf (1962), Hankensbüttel (1963) sowie in Beedenbostel (1964); alle an der Strecke Celle - Wittingen. Noch 1966 fuhr die DL 00602 in der alten, wehrmachtsgrünen Lackierung.

In den 70er Jahren wurden die Einsätze seltener. Die Lok stand meist im Bw Celle-Nord. Nach einem Leiheinsatz auf der Steinhuder Meer-Bahn mußte sie schließlich am 15.3.77 untersuchungspflichtig abgestellt werden. Seit Dezember 1979 gehört sie als nicht betriebsfähige Museumslok dem Bayerischen Localbahn-Verein in Bayerisch Eisenstein.

Neben den V20 erbte die OHE aus Wehrmachtsbeständen übrigens auch noch zwei Industrietypen: 0603 (O&K, Typ RL8) und 0604 (Deutz, Typ OMD130R). Weiteres dazu im Anhang „Firmenbauarten"

Burgdorfer Kreisbahnen

Die Burgdorfer Kreisbahnen[274], im Volksmund *„der Hänigser Kaspar"* genannt, waren so ziemlich das genaue Gegenteil der OHE: Eine Kleinbahn im wirklichen Wortsinn (nur 9,7 km lang), verkehrlich zumindest für die Allgemeinheit unbedeutend, im Grunde mehr eine Werksanschlußbahn des Burbach-Kaliwerks Gewerkschaft Riedel in Hänigsen als eine Bahn des öffentlichen Verkehrs.

Bei der Lokzählung im März 1947 notierte der aufnehmende Beamte hier - neben den beiden Dampfloks der Bahn - auch zwei Diesellokomotiven: Und zwar eine V36, Nr.1 - **BMAG 10929/1938** - ex Wifo Nienburg 1, sowie, als Nr.2, eine 70-PS-Deutz-Lok der ehem. Muna Hänigsen. Die V36 kam später zur Deutschen Bundesbahn (V36 203).

Man wird davon ausgehen dürfen, daß die V36 seinerzeit nicht fest zum Bestand gehörte, sondern von der britischen Besatzungsmacht nur kurzfristig nach hier abkommandiert war (die Briten ließen seinerzeit sämtliche Munitionsvorräte aus der ehemaligen Muna Hänigsen über die Kreisbahn abtransportieren[275]). In den damaligen Aufzeichnungen ist noch die Verwendung der beiden Lokomotiven notiert: Die V36 fuhr Güterzüge, die Deutz-Lok rangierte.

Bentheimer Eisenbahn (BE)

Die BE hatte erst recht spät und auch nur für relativ kurze Zeit eine einzelne V20 im Bestand. Sie stammte von der Industrieverwaltungsgesellschaft (IVG), Tanklager Unterpfaffenhofen, und wurde am 21.12.71 übernommen. Bei der BE bekam sie in Zweitbesetzung die Nummer D10.

Die Maschine - **Deutz 46516/1941** - war eine WR200B der ersten Serie und wies deshalb einige Besonderheiten auf, etwa das flache Dach und den großen Kühlerausschnitt. Die BE verpaßte ihr zudem noch eine modernisierte Führerstandseinrichtung samt vergrößerter und in Gummi gefaßter Front- und Seitenfenster, was das äußere Bild weiter verfremdete. Abnahme (nach Hauptuntersuchung): 16.3.72. Eingesetzt wurde sie, wie zuvor schon die alte D10, als Rangierlok im Bf. Nordhorn.

Allzu lange blieb die V20 bei der BE nicht in Diensten. Schon 1974 ließ sie sich in Nordhorn meistens von der etwa gleich starken D12 (MaK 240B) vertreten. Ende 1975 erlitt sie beim Rangieren einen schweren Getriebeschaden und mußte abgestellt werden. Drei Jahre später, im Herbst 1978, folgte die Verschrottung.

Ilmebahn-Gesellschaft

Die Ilmebahn Einbeck-Dassel hatte nie eine eigene V20/V36-Maschine im Bestand, mußte bei Lokengpässen allerdings mehrfach auf Leihlokomotiven der Bundesbahn zurückgreifen. Mit Fotos belegt sind die Einsätze von 270 006-0 im Oktober 1973 (Rübenverkehr) und 236 233-3 im April 1975 (Personenzugdienst) auf der Ilmebahn. Beide Loks stellte das Bw Göttingen. Die Bahn selbst besaß zu dieser Zeit zwei MaK-Stangenlokomotiven.

Zumindest die V20 dürfte nicht unbedingt die Idealbesetzung für den Rübenverkehr gewesen sein. Schon auf schwachen Steigungen wie etwa zwischen Dassel und Markoldendorf quälte sich die Lok mit ihren kurzen Rübenzügen nur noch im Schritttempo vorwärts. In den Jahren zuvor hatte die Ilmebahn für diese Dienste jeweils eine mehr als fünfmal so starke Dampflok Baureihe 94^5 im Einsatz.

---

274 Vergl. auch Seite 111
275 Illenberger, Kasparbahn, S.23

JOACHIM PETERSEN

Der Flachkopf: Die ersten WR200B von Deutz hatten tatsächlich vollkommen flache Führerhausdächer, wie dieses Bild der mit beiden Achsen entgleisten Bentheimer D10 beweist. Das ungewöhnliche Stirnfenster ist dagegen ein nachträglicher Umbau (Nordhorn, 13.7.72).

Eisenbahn Bremen-Thedinghausen (BTh)

Mit der kleinen Eisenbahn Bremen-Thedinghausen beginnt die Beschreibung der V20/V36-Bahnen, die unter Betriebsführung der „Deutsche Eisenbahn-Gesellschaft" (DEG) standen. Insgesamt gehörten in den 60er Jahren 24 Privatbahnen zum DEG-Verbund[276]. Sitz der Gesellschaft war Frankfurt.

Dem Charakter solcher Bahnverbünde entsprechend, wurden die Fahrzeuge sehr großzügig und häufig auch nur für kurze Zeiträume (zum Beispiel zur Überbrückung von Reparaturen etc.) getauscht. Dies trifft auch und besonders für die insgesamt drei V20 und eine V36 zu, die über längere Zeit regelrecht als „Springer" fungierten.

V21 (ex 12)	**Deutz**	**36623/1943**	WR200B14
V22 (ex 2)	**Jung**	**9582/1942**	WR200B14
V23	**BMAG**	**11392/1941**	WR200B14
V31 (ex 11)	**O&K**	**21461/1941**	WR360C14K

Die in Klammern genannten Nummern trugen die Loks bis 1957. Danach trat ein neues, für alle DEG-Bahnen einheitliches Nummernsystem in Kraft, das sich an den PS-Leistungen orientierte. Danach waren

als V21ff. die Loks mit 200-299 PS und
als V31ff. die Loks mit 300-399 PS bezeichnet.

Eine Besonderheit stellte die V22 dar. Sie war nie im Besitz einer einzelnen Bahn, sondern gehörte der DEG, die sie - in eben dieser Springer-Funktion - bei den von ihr betriebenen Bahnen herumreichte. Die Lok kam im Juli 1949 von der Augsburger Localbahn und war anfangs nur gemietet. Schon nach wenigen Monaten ging sie dann aber (für 55.000 Mark) fest in den Bestand der DEG über.

Erste Einsatzbahn für diese zunächst noch als Nr. „2 Dega" bezeichnete Maschine war die Eisenbahn Bremen-Thedinghausen. Die BTh fuhr die Lok rund anderthalb Jahre, von Juli 1949 bis Dezember 1950. Einem alten, in staubigen Akten gefundenen Bildfahrplan zufolge, wurde sie in erster Linie als Triebwagenersatz für den alten Wismarer T1 vorgehalten und auch eingesetzt. Die Laufleistung lag bei rund 3000 km im Monat. Warum die BTh ab Ende 1950 auf die Dienste der Diesellok verzichten konnte, ist unbekannt. Vermutlich standen schon wieder genug Dampfloks zur Verfügung.

Farge-Vegesacker Eisenbahn (FVE)

Die nächste Station für die DEG V22 wurde die Farge-Vegesacker Eisenbahn bei Bremen. Die FVE war, zumindest im südlichen Abschnitt, immer großstädtisch und vom industriellen Umfeld geprägt. Die Beförderungsleistungen sowohl im Güter-, wie auch im Personenverkehr waren enorm.

Ab 1949 setzte die FVE neben den großen Streckenlokomotiven auch je eine V20 und V36 ein. Beide waren nur angemietet[277]:

V22:	02.12.50 - 18.11.61	(Eigentümer: DEG),
V31:	12.05.49 - 26.04.53	(Eigentümer: KN)
	. .59 - . .61	(Eigentümer: RStE).

Eingesetzt waren die Loks vornehmlich bei der Bedienung der Anschlußbahnen im Raum Farge/Rönnebeck (Tanklager), in Blumenthal (Wollkämmerei) sowie in Aumund (Vulkan-Werft). Beide Loks liefen - bis zur Beschaffung eigener Triebwagen 1951 - aber auch im Personenzugdienst mit.

Besonders die Einsätze der V31 zählen zu den absoluten Privatbahn-Spezialitäten jener Zeit! Zusammen mit dem motorlosen T10, ehemals Weimar-Berka-Blankenhainer Eisenbahn, bildete die O&K-V36 ab 1949 einen waschechten Kleinbahn-Wendezug, der parallel zu den DB-Garnituren mit V36+VS145[278] zwischen Farge und Bremen pendelte! In diese Dienste war zeitweise auch eine von der Kiel-Schönberger Eisenbahn geliehene V36 der DWK-Bauart (V36 316; siehe S.186) eingebunden.

Der VT, ein sechsachsiger Doppeltriebwagen der Düwag - Achsfolge (1A)2(A1) -, war nach dem Krieg ohne Maschinenanlagen in Bentheim aufgefunden und 1949 als Steuerwagen für die FVE hergerichtet worden. Später fuhr er - neu motorisiert als VT - auf der Moselbahn. Bei der Zuglok V31 erinnerten noch bis zum Umbau 1962 die Anschlüsse für die zweite Hauptluftbehälterleitung an diese spektakulären Einsätze.

---

276 Einen Einblick verschafft: Löttgers, DEG, S.8ff.
277 Beide Loks trugen bis 1957 noch die alten Betriebsnummern (siehe BTh); aus Gründen der Übersichtlichkeit wird hier und im Folgenden aber durchgängig die DEG-Nummer verwendet
278 Siehe Seiten 200ff.

Der Kleinbahn-Wendezug: Hier ist allerdings die V36 der DWK-Bauart vor dem Zug, die ihre Abnahmefahrt auf der Farge-Vegesacker Eisenbahn absolviert. Diese tolle Garnitur lief bis 1951 auf der FVE (Farge-Ost, 10.7.49).

Hinrich Garn, Sammlung Rolf Meyerdierks

Harald O. Kindermann

Blick in die Kleinbahnwerkstatt: Während an der ausgeachsten und aufgebockten V21 offenbar größere Arbeiten zu erledigen sind, sammelt das putzige Zwei-Mann-Coupé Kräfte für den nächsten Draisinen-Einsatz (Naumburg, 27.5.63).

Der Kleinbahn-Wendezug, Anschlußbedienung mit der V22, der Vorortverkehr mit DB-V36 im Durchlauf bis Farge, dazu noch eine WR360C14 als Werklok im Tanklager der VTG in Farge-Ost[279] ... auf der FVE wimmelte es in den ersten Nachkriegsjahren nur so an V20/V36-Lokomotiven. Diese Blüte war allerdings nur von kurzer Dauer. 1951 kamen neue Esslinger Triebwagen auf die Kleinbahn und bereiteten dem ungewöhnlichen V31+T10-Gespann ein Ende. Die Bundesbahn stellte ihre Züge 1957 auf ETA150 um. Und wenig später war auch für die Rangierdienste der V22/V31 Schluß. 1961 wurde die V22 nach Lengerich weitergereicht und die V31 nach Rinteln zurückgegeben.

Hildesheim-Peiner-Kreis-Eisenbahn (HPKE)

Bei der HPKE sah die Kleinbahn-Welt ganz anders aus: Keine vollbesetzten Vorortzüge, kein blühender Güterverkehr, sondern nur viel ländliche Idylle (gut zu tun gab es nur während der Rübensaison), und immer wieder dieselbe bange Frage: Reicht das für einen Weiterbetrieb der Bahn?

1964, nach Schließung der Zuckerfabrik in Clauen und Wegfall wichtiger Kalktransporte, war diese Existenzfrage entschieden. Im Mai wurde der restliche Personenverkehr, Ende Juli 1965 dann auch der Güterverkehr stillgelegt. Am 27.9.65 begannen die Abbrucharbeiten.

Ein paar Tage zuvor war als Arbeitszuglok für den Gleisrückbau die V22 aus Lengerich überwiesen worden. Sie blieb sieben Monate, vom 23.9.65 bis 14.4.66, in Hildesheim und ging dann nach getaner Arbeit - als letzte HPKE-Lok - zurück zur TWE.

Kleinbahn Kassel-Naumburg (KN)

Bei der Kleinbahn Kassel-Naumburg begann die Nachkriegsgeschichte der beiden ersten DEG-Diesellloks, der späteren V21 und V31. Beide stammten aus der ehemaligen Lufthauptmuna Wolfhagen/b.Kassel und wurden 1947 über die Verwertungsgesellschaft StEG erworben. Die KN nummerte sie nach der Beseitigung von Kriegsschäden zunächst als

V11 (später V31); KN ab 01.07.47 und
V12 (später V21); KN ab 30.09.47

ein. Die V12 = V21 soll anfangs die Nummer 1 getragen haben und dunkelgelb lackiert gewesen sein. Laut Quill[280] wurde sie vor allem für Zustellfahrten auf den Bahnhöfen mit Gleisanschließern und für den Bedarf der Rotte beschafft. Die V11 = V31 ging am 15.10.47 in Naumburg in Betrieb und dürfte zunächst im Zugdienst gefahren sein.

Bei der KN scheint schon relativ bald nach Wiederherstellung einigermaßen geordneter Zustände kein wirklicher Bedarf mehr an beiden Loks bestanden zu haben. Ab Ende der 40er Jahre wurden sie deshalb - zu Tagessätzen von 28,- Mark - an andere Konzernbahnen verliehen. Stationen der **V31** waren:

1949-53 die Farge-Vegesacker Eisenbahn und
1953-56 die Rinteln-Stadthagener Eisenbahn.

Für 22.500 Mark wurde sie per 1.10.56 schließlich fest nach Rinteln verkauft. Weiter herum kam die **V21**:

1948-53 bei der Klb. Kaldenkirchen-Brüggen[281],
1953-57 bei der Rinteln-Stadthagener Eisenbahn,
1955 bei der Fa. Demag in Duisburg (unklar),
1957 bei der Zuckerfabrik Rain/Lech,
1961 bei der Reinheim-Reichelsheimer Eb.
1964-67 erneut in Reinheim.

Auch bei der Klb. Beuel-Großenbusch ist die Lok nachweislich gelaufen; das Jahr ist jedoch unbekannt. Zwischen den Mieteinsätzen waren die KN-Loks natürlich auch auf ihrer Stammbahn in allen anfallenden Diensten eingesetzt. Selbst die kleine V21 mußte zuweilen im Personenzugdienst auf der Kleinbahn aushelfen.

Ab 1964 erwarb die Reinheim-Reichelsheimer Eisenbahn bzw. deren Rechtsnachfolgerin, die Eisenbahn Reinheim - Groß Bieberau, die Lok durch Mietkauf. Am 15.12.67 ging sie endgültig in deren Besitz über.

---

279 Siehe S.378f.
280 Quill, Kassel-Naumburg, S.40
281 Nach anderen Quellen auch nur bis 1951

KLEIN - UND PRIVATBAHN-LOKOMOTIVEN (2)

Bahngesellschaft	LokNr	Herstellerdaten	Type	im Bestand	Herkunft	Verbleib
Osthannoversche Eisenbahnen	DL 00601	BMAG 11399/1941	V20	1945-1953	Wehrmacht	Neukölln-Mittenwalde
Osthannoversche Eisenbahnen	DL 00602	Deutz 36659/1941	V20	1945-1979	Wehrmacht	Bay. Localbahn-Verein
Burgdorfer Kreisbahnen	1	BMAG 10929/1938	V36	1947	Wifo	DB V36 203
Bentheimer Eisenbahn	D10	Deutz 46516/1941	V20	1971-1978	IVG	++
Eb. Bremen-Thedinghausen	V22 ex 2	Jung 9582/1942	V20	1949-1950	Augsb.Localbahn	FVE (gehörte DEG)
Farge-Vegesacker Eisenbahn	V22 ex 2	Jung 9582/1942	V20	1950-1961	BTh	TWE (gehörte DEG)
Farge-Vegesacker Eisenbahn	V31 ex 11	O&K 21461/1941	V20	1949-1953	KN (Mietlok)	RStE
				1959-1961	RSTE (Mietlok)	RStE
Hildesheim-Peiner Kreis-Eb.	V22	Jung 9582/1942	V20	1965-1966	TWE	TWE (gehörte DEG)
Kleinbahn Kassel-Naumburg	V31 ex 11	O&K 21461/1941	V36	1947-1953	Wehrmacht	RStE
Kleinbahn Kassel-Naumburg	V21 ex 12	Deutz 36623/1943	V20	1947-1967	Wehrmacht	Reinheim - Groß Biberau
Rinteln-Stadthagener Eb.	V21 ex 12	Deutz 36623/1943	V20	1953-1954	KN (Mietlok)	KN
Rinteln-Stadthagener Eb.	V23	BMAG 11392/1941	V20	1967-1968	TWE (Mietlok)	TWE
Rinteln-Stadthagener Eb.	V31	O&K 21461/1941	V36	1953-1982	KN	Dampfeisenb.Weserbergland
Teutoburger Wald-Eisenbahn	V22	Jung 9582/1942	V20	1961-1974	FVE	++ (gehörte DEG)
Teutoburger Wald-Eisenbahn	V23	BMAG 11392/1941	V20	1963-1973	Filderbahn	++
Klb. Kaldenkirchen-Brüggen	V21 ex 12	Deutz 36623/1943	V20	1948-1953	KN (Mietlok)	KN
Klb. Kaldenkirchen-Brüggen		Die Klb. Kaldenkirchen-Brüggen setzte darüber hinaus zwischen 1960 und 1986 zahlreiche V36-Lokomotiven der Britischen Rheinarmee ein; Einzelnummern siehe dort				
Eb. Reinheim-Groß Bieberau	V21	Deutz 36623/1943	V20	1964-1971	KN (Mietkauf)	MHI Steinhelle
Grifte-Gudensberger Eb.	oNr	O&K 21128/1939	V36	1947-1966	Wehrmacht	++
Gelnhäuser Kreisbahnen	VL10	Deutz 47184/1946	V36	1953-1969	Gewerk.Victor	Hafenbahn Hannover
Frankfurter Localbahn	2018	BMAG 10865/1939	LDF300	1962-1985	StMB 271	HEF Frankfurt
Filderbahn	3	BMAG 11392/1941	V20	1949-1963	Wehrmacht	TWE V23
Augsburger Localbahn	9	Jung 9582/1942	V20	1946-1949	Wehrmacht	Bremen-Thedinghausen

Rinteln-Stadthagener Eisenbahn (RStE)

Trotz ihrer nur wenig mehr als 20 km Strecke war auch die RStE eine der „guten" DEG-Bahnen. 1960 z.B. beförderte die RStE nicht weniger als 768.000 Fahrgäste und 322.000 to Güter! Die Ausstattung mit Personal, aber auch die mit Fahrzeugen, war immer entsprechend üppig.

Ab 1953 gehörten zum Fahrzeugbestand auch verschiedene V20/V36-Lokomotiven. Einzige feste Lok war dabei die V31. Sie wurde - wie schon beschrieben - zunächst von der Kleinbahn Kassel-Naumburg nur geliehen (ab 27.4.53) und dann, nach einem rund dreijährigen Mieteinsatz, 1956 endgültig übernommen. Leihweise waren darüber hinaus folgende V20-Typen auf der RStE in Betrieb:

V21: . .53 - 05.05.54 von KN und
V23: 23.09.67 - 14.09.68 von TWE

Die Einsätze beschränkten sich anfangs auf den reinen Rangier- und Anschlußverkehr. In Rinteln selbst waren der Weserhafen, die Übergabe zur DB und das Verbindungsgleis zur Extertalbahn zu bedienen. Auch auf dem Industrieanschluß in Steinbergen machten sich die WR-Loks nützlich.

Ab Anfang der 60er Jahre war die V31 mit einer schmucken Garnitur dann außerdem im Personenzugdienst zu sehen. Die RStE hatte immer nur zwei Triebwagen (den Esslinger VT61 und den „Türken" VT91), die beide planmäßig benötigt wurden. Fiel ein VT aus, mußten lokbespannte Züge mit V31+VB+Packwagen gefahren werden. Diese Einsätze endeten leider schon wieder 1965 mit der Stillegung des Personenverkehrs.

Dr. Rolf Löttgers

Der Springer: Die V22 verbrachte die meisten Dienstjahre bei der Teutoburger-Wald-Eisenbahn, wurde - wie ihre Schwesterlok V23 - aber auch häufig an andere Bahnen verliehen (Lengerich-Hohne, 16.5.64).

Harald O. Kindermann

Bitte einsteigen und die Türen schließen: Bei der Rinteln-Stadthagener Eisenbahn wurde die V31 längere Zeit im Personenverkehr eingesetzt. Dafür erhielt sie später ein Hochführerhaus für bessere Sicht und Einmannbedienung (Rinteln-Nord, Mai 1961).

Zweimal war die V31 verliehen:

1959-61 an die Farge-Vegesacker Eisenbahn und
1967 an die Teutoburger Wald-Eisenbahn.

Interessant ist ein Umbau, der 1961/62 (31.10.61 - 26.1.62) in der RStE-Werkstatt in Rinteln-Nord durchgeführt wurde. Ähnlich der DB V36 238 oder den AKN-V36 erhielt die Lok einen höhergelegten Führerstand mit Einmannbedingung und Sifa. Nach gleichem Muster wurde zwei Jahre später auch eine Esslinger-Nachkriegslok (V41) umgerüstet.

Erst Ende der 70er Jahre verzichtete die Rinteln-Stadthagener Eisenbahn ganz auf die Dienste ihrer V31. Mit Fristablauf am 27.9.78 wurde sie in Rinteln-Nord abgestellt. Heute gehört sie zur Sammlung der Dampfeisenbahn Weserbergland.

Teutoburger Wald-Eisenbahn (TWE)

Bei der TWE begann die Verdieselung des Güter- und Rangierverkehrs erst Anfang der 60er Jahre. Bis dahin war, neben den Triebwagen, allein die von der Kleinbahn Kaldenkirchen-Brüggen angemietete V41 vorhanden, die angesichts der mächtigen Beförderungsleistungen - 1960: 1.687.000 Personen und 700.000 to Fracht - aber nur ein bescheidener Anfang sein konnte. Ab 1961 folgten dann in rascher Folge Klein-, Rangier- und (ab 1962) Streckendieselloks.

Unter diesen Neuzugängen befanden sich auch zwei V20-Typen, beide bereits mit Privatbahnvergangenheit:

V22: 22.11.61 ex Farge-Vegesacker Eisenbahn
V23: 09.08.63 ex Filderbahn

Die Filderbahnlok hatte bei Übernahme einen Motorschaden. Sie wurde am 7.9.63 per Tieflader überführt. Kaufpreis: 27.000 Mark. Bei der TWE erhielt sie zunächst eine Hauptuntersuchung und ging am 27.5.64 in Betrieb. Beide Maschinen wurden - wie bei den DEG-Bahnen üblich - verliehen; und zwar

die **V22**
.05.67 - 11.06.67 an Fa. Claas, Harsewinkel[282]

und die **V23** (Spitzname *„Wanderlok“*)
10.03.67 - 11.06.67 an Reinheim-Groß Bieberau,
12.06.67 - 20.07.67 an Fa. Claas, Harsewinkel,
23.09.67 - 14.09.68 an Rinteln-Stadthagener Eb.

Die V22 war 1965/66 außerdem für etwa ein Dreivierteljahr fest zugewiesen bei der Hildesheim-Peiner-Kreis-Eisenbahn. Die Lok gehörte, wie schon erwähnt der DEG.

Bei der TWE selbst liefen die beiden V20-Typen ausschließlich im Rangier- und Übergabedienst, vor allem auf den umschlagstarken Bahnhöfen Lengerich-Hohne und Gütersloh-Nord sowie, von Gütersloh aus, in Harsewinkel.

Anfang der 70er Jahre wurden beide V20-Lokomotiven abgestellt. Der deutliche Rückgang des Güterverkehrs und die Beschaffung weiterer moderner MaK-Lokomotiven hatte die ohnehin nur wenig beschäftigten kleinen Maschinen entbehrlich gemacht.

Als erste rollte am 26.5.70 die **V23** mit abgelaufener Untersuchungsfrist aufs Abstellgleis. Dort stand sie noch gut 2 ½ Jahre und wurde schließlich am 7.12.73 (nach anderen Angaben: 19.12.73) zerlegt.

Etwas besser sah es für die **V22** aus. Sie war noch bis 1972 im Einsatz, wurde mit Ablauf des Mietvertrags mit der DEG am 31.5.72 betriebsfähig abgestellt, und war bereits an den Lokhändler Glaser verkauft (per 29.11.73). Am Tag der Überführung erlitt sie jedoch einen Motorschaden und stand seitdem endgültig „auf dem Rand“. Nach jahrelangem Schrottlokdasein wurde sie am 24.4.78 zerlegt.

282 Der Erntemaschinenhersteller Claas war einer der wichtigsten Kunden der TWE; bis zur Beschaffung einer werkseigenen Rangierlok half Lengerich mehrfach mit TWE-Maschinen aus; vergl. Högemann, TWE, S.44f.

Kleinbahn Kaldenkirchen-Brüggen: Lok 21483 hat neben einigen offenen Güterwaggons auch noch einen alten Ci als Zugführerwagen am Haken. Die O&K-V36 gehört der Britischen Rheinarmee und ist mit „Transportation R.E.“ (für Royal Engineers) beschriftet (Kaldenkirchen-Nord, Juli 1962).

Dr. Hans-Reinhard Ehlers

Eisenbahn Reinheim-Groß Bieberau: Die Deutz-Lok V21 wurde bei den DEG-Bahnen viel herumgereicht. Von 1964 bis 1971 war ihre (fast) letzte Station die ehemalige Reinheim-Reichelsheimer Eisenbahn in Hessen (24.1.65)

Kurt Eckert/Eisenbahnstiftung

Grifte-Gudensberger Eisenbahn: Die V36 mit dem auffälligen Zebra-Muster - die einzige Lok der Bahn - nähert sich mit ihrer kurzen Übergabe dem DB-Bf. Grifte (15.3.65). Noch im gleichen Jahr ging der Betrieb auf Bundesbahn-Köf über.

Dr. Rolf Löttgers

Kleinbahn Kaldenkirchen-Brüggen (KB)

Die Kleinbahn Kaldenkirchen-Brüggen war aus V20/V36-Sicht eigentlich immer interessant: Schon ab 1948 war hier als Leihlok die Kassel-Naumburger V21 (damals noch V12) eingesetzt. Neben den bahneigenen Cn2t-Dampfloks lief sie sicher auch im Güterzugdienst auf der nur 12,4 km langen Strecke, war aber vor allem als Arbeitszuglok für das im Ausbau befindliche britische Militärdepot „Holter Heide" in Bracht eingesetzt. 1953, nach anderen Quellen 1951, wurde sie an die KN zurückgegeben.

Es folgten nun einige Jahre, in denen die Kleinbahn wieder ausschließlich mit Dampf fuhr. Stärkere ELNA-Loks kamen nach Kaldenkirchen. Gleichzeitig vollzog sich der Wandel von der einstigen Erschließungsbahn für die örtliche Ziegelei-Industrie hin zur Quasi-Anschlußbahn für das britische Munitionslager: Die Strecke wurde verkürzt und endete ab 1963 im Depot. Der öffentliche Verkehr ging immer mehr zurück, während das Frachtaufkommen für die Rheinarmee beständig wuchs.

Ab dem 1.1.60 stellte die britische Armee dann auch die Lokomotiven, in der Mehrzahl frühere Wehrmachts-V36. Vorgehalten wurden in der Regel zwei Loks, wovon eine die Kleinbahnstrecke bediente und die andere in Bracht oder in Kaldenkirchen in Reserve stand[283]. Das Personal stellte die Kleinbahn. Erst ab Herbst 1979 fuhr die KB wieder mit einer eigenen, neu zugewiesenen MaK-Lok.

Inzwischen ist die Kleinbahn Kaldenkirchen-Brüggen Geschichte. Mit der Schließung des Munitionsdepots in Bracht im Frühjahr 1996 war auch der Bahn die Existenzgrundlage entzogen. Der letzte Kleinbahnzug fuhr am 31.3.96. Die Strecke ist aber noch vorhanden.

Reinheim-Reichelsheimer Eisenbahn (RRE)
Eisenbahn Reinheim-Groß Bieberau (RGB)

Wie Dutzende anderer Bahnen stand Anfang der 60er Jahre auch die Reinheim-Reichelsheimer Eisenbahn vor dem wirtschaftlichen „Aus". Die Verkehrsleistungen gingen dramatisch zurück. Es fehlten die Erträge für eine grundlegende Sanierung. Im Mai 1963 wurde erst der Personenverkehr aufgegeben, ein Jahr später fuhr der letzte Güterzug.

Übrig blieb allein ein kurzer Streckenstumpf von Reinheim nach Groß Bieberau (3,7 km). Hier errichtete die Odenwälder Hartstein-Industrie (OHI) 1965 eine große Steinbrecheranlage mit Kippbunker, Förderbändern, Spillanlage etc.. Die alte Kleinbahn wurde daraufhin als „Eisenbahn Reinheim - Groß Bieberau" (RGB) neu konzessioniert und ging am 1.10.64, deutlich verkürzt, aber weiterhin mit öffentlichem Verkehr, neu in Betrieb.

Als erste V20-Type war schon 1961, also noch zu RRE-Zeiten, die Kassel-Naumburger V21 ins obere Gersprenztal verliehen. Sie blieb einige Monate und wurde dann nach Naumburg zurückgegeben. Offenbar bewährte sich die Lokomotive gut. 1964, beim Neubeginn der ehemaligen RRE als Eisenbahn Reinheim - Groß Bieberau, bemühte sich die Bahn jedenfalls erfolgreich um eine Übernahme der KN-Lok. Sie traf Anfang August 1964, kurz vor Betriebseröffnung der RGB in Groß Bieberau ein und ging bis zum 15.12.67 per Mietkauf in deren Besitz über.

Eingesetzt war die Lok zunächst beim Streckenabbau in Richtung Reichelsheim, ab 1965 dann im Steinverkehr zwischen Reinheim und Groß Bieberau. 1967 war kurzzeitig auch die TWE-„*Wanderlok*" V23 auf der Kleinbahn zu sehen, während die V21 in Naumburg eine Hauptuntersuchung erhielt.

KN	V21:	bei RRE	. .61	-	. .61
RGB	V21:	bei RGB	.08.64	-	. .71
TWE	V23:	bei RGB	10.03.67	-	11.06.67

Das Ende für die V20-Einsätze in Groß Bieberau kam 1971. Die OHI - mittlerweile Alleingesellschafter der Bahn - setzte ab 1.9.71 eine neue, moderne O&K-Lokomotive ein und zog die V21 dafür zum Schwesterunternehmen Mitteldeutsche Hartstein-Industrie (MHI), Mischwerk Steinhelle, ab (vergl. S.384).

Grifte-Gudensberger Eisenbahn

Die nordhessische Grifte-Gudensberger Eisenbahn gehörte zu den Privatbahnen, die selbst eingefleischte Fans kaum kannten: Nur 7,8 km lang, abseits der großen Verkehrswege gelegen und jahrzehntelang nur mit Staatsbahnfahrzeugen bedient. Die Kleinbahn war immer bettelarm. 1953 scheiterte sogar der Versuch, den Betrieb von der DB übernehmen zu lassen, an der katastrophalen Ertragslage[284].

Für den Rangierbetrieb hatte die Grifte-Gudensberger Bahn schon 1947 über die StEG günstig eine V36 - **O&K 21128/1939** - erworben. Die Lok stammte von der Luftmuna Frankenberg und blieb in Gudensberg offenbar ohne Nummer[285]. Es war die erste Lok der Kleinbahn überhaupt! Nur für den Personenverkehr gab es bis dahin schon eigene Fahrzeuge (zwei Henschel-Triebwagen). Der Güterverkehr wurde dagegen stets von der DR bzw. DB mitbetrieben.

Das änderte sich 1955, als sich die Deutsche Bundesbahn komplett aus dem Betrieb zurückzog. Der Personenzugdienst wurde eingestellt. Und im Güterverkehr mußte die V36 ab 1.2.55 nun auch die Übergaben von bzw. nach Grifte/DB fahren. Viel zu tun gab's da freilich nicht. 1960 z.B. wurden gerade mal 20.100 to befördert. Ein paar Waggons am Tag waren das, mehr nicht. Leichte Spitzen brachte der herbstliche Rübenverkehr.

Die Lok trug einen auffälligen, mit breiten Streifen gestalteten Warnanstrich an den Stirnseiten, präsentierte sich ansonsten aber praktisch noch in Wehrmachtsausführung. Jegliche Modernisierungen kamen schon aus Geldmangel nicht infrage. Im Sommer 1965 erlitt die Lok einen größeren Schaden und mußte abgestellt werden. Ab 9.8.65 übernahm die DB-Kleinlok des Bf. Grifte den verbliebenen Güterverkehr. Die V36 wurde 1966 verschrottet. Die Firma Lima hat ihr mit einem H0-Sondermodell ein kleines Denkmal gesetzt.

Gelnhäuser Kreisbahnen

Die V36 der Gelnhäuser Kreisbahnen hatte bei Erscheinen 1953 schon eine bewegte Vergangenheit hinter sich. Bestellt 1944 und ursprünglich gebaut mit der Deutz-Fabriknummer 55118, war sie bei Kriegsende 1945 in den Trümmern des zerstörten Herstellerwerkes in Köln halbfertig stehengeblieben. Als erste Nachkriegslok wurde sie dann noch 1945 fertig montiert und lief - als **Deutz 47184/1946** - ab Januar 1946 bei der Gewerkschaft Victor in Castrop-Rauxel. 1953 kaufte sie Deutz zurück, um sie - generalüberholt - am 15.9.53 nach Wächtersbach zu liefern. Die Betriebsnummer hier war VL10.

Die aus mehreren vormals selbstständigen Bahnen entstandene Kreisbahn-Gesellschaft setzte die neue Diesellok ausschließlich auf der ehemaligen Vogelsberger Südbahn, Strecke Wächtersbach - Birstein - Hart-

---

283 Einzelheiten über die eingesetzten Armee-V36 im Abschnitt über die alliierten Streitkräfte ab S.395

284 BA B121/542

285 Löttgers, Gudensberg, S.13ff.; lt. Wolff, Kleinbahnen/Bd.4, S.233, dagegen V1

mannshain, ein. Hier waren 1953 - neben einem nur unregelmäßig verkehrenden Triebwagen - noch immer die hochbetagten Hanomag-T3 aus der Erstausstattung der Bahn (Bj. 1897) in Diensten. Die VL10 fuhr überwiegend im Personenzugdienst (der Güterverkehr war unbedeutend), soll allerdings recht schadanfällig gewesen sein[286].

Etwa 1955 unterzog man die Lok einer umfassenden Modernisierung. U.a. erhielt sie dabei

- Einmannbedienung (mit Dachkanzel),
- Sifa,
- Spurkranzschmierung sowie
- diverse Detailverbesserungen (Führerhausbelüftung, zusätzliche Haltestangen usw.).

Die Führerhauskanzel zeigt auffallende Ähnlichkeiten mit dem Rosenheimer Muster der DB (V36 119ff.). Da diese Ursprungskanzeln seinerzeit bereits gegen die Einheitsbauart ausgetauscht wurden, liegt die Vermutung nahe, daß die VL10 tatsächlich eine überflüssig gewordene DB-Kanzel bekam (wahrscheinlich die aus V36 123)[287].

1960 erhielt die Vogelsberger Südbahn mit der fabrikneuen VL13 (MaK 240C-Type) eine weitere Diesellok. Die Dampfloks konnten daraufhin abgestellt werden, außerdem wurde die Strecke bis Birstein (12,2 km) verkürzt. 1967 fuhr schließlich der letzte Kleinbahnzug in Richtung Vogelsberg. Danach gab es für die VL10 bei den Gelnhäuser Kreisbahnen nichts mehr zu tun. Die Maschine stand noch einige Zeit in Wächtersbach ungenutzt im Lokschuppen. 1969 wurde sie an die Hafenbahn Hannover verkauft.

Diesellok mit „Stromabnehmer": Taunusbahn-Lok 2018 rangiert in Oberursel. Gut zu sehen bei dieser Aufnahme: Der enge (Vorserien-) Achsstand und die Umbauten an Motorraumtüren und Kühlerfront (Juli 1978).

STEFAN LINNEMANN

Frankfurter Localbahn AG (FLAG)/ Taunusbahnen

Die FLAG gehörte zu den in Ballungsräumen häufig anzutreffenden Zwitterbetrieben, die halb Straßen- und halb Kleinbahnen waren. Die Entstehungsgeschichte ist äußerst verwickelt[288] und selbst in groben Skizzen kaum darstellbar. 1955 ging die FLAG in den Besitz der Stadtwerke Frankfurt über und wurde aufgelöst. Die damals noch vorhandenen Localbahn-Strecken werden seitdem als „Taunusbahnen" bezeichnet. Der Personenverkehr ist heute vollends im Stadtbahnbetrieb aufgegangen. Der Güterverkehr war dagegen bis zuletzt als nebenbahnähnliche Kleinbahn konzessioniert.

Für diesen Güterverkehr standen bei Übernahme durch die Stadtwerke 1955 nur zwei hoffnungslos überalterte Hagans-B-Kuppler sowie ein nur wenig jüngerer Gütertriebwagen mit Holzaufbauten zur Verfügung. Ersatz kam zunächst nur in Form einer auf Zweikraftbetrieb umgebauten Akkulok der Frankfurter Hafenbahn (Nr. 2020). Im Sommer 1962 wurde außerdem die ehem. StMB 271 - **BMAG 10865/1939**, Typ LDF300C12 - übernommen. Bei den Frankfurter Stadtwerken lief sie unter der Nummer 2018.

Wie alle auf der Güterbahn eingesetzten Triebfahrzeuge bekam auch die Diesellok einen auf dem Motorvorbau aufgesetzten Scheren-Stromabnehmer zum Auslösen der Signal- und Weichenkontakte. Die LDF-Type, ohnhin ein Sonderling unter den ehemaligen Wehrmachtsbauarten, wurde damit endgültig zur rollenden Kuriosität.

Fast 20 Jahre gehörte die „Diesellok mit Stromabnehmer" anschließend zum festen Inventar. Güterverkehr gab es in dieser Zeit noch auf den Strecken

- Oberursel - Hohemark und
- Oberursel - Heddenheim - Ober Eschbach.

Außerdem fielen zahlreiche Az-Leistungen beim U-Bahn-Bau an. Hauptanschließer der Taunusbahnen waren die Vereinigten Deutschen Metallwerke (VDM) in Heddenheim und die Motorenfabrik Oberursel. Die Schließung des VDM-Werkes zum 31.3.82 traf den Lebensnerv der Bahn. Der Güterverkehr wurde stillgelegt. Der interessante Einzelgänger Nr. 2018, seit September 1980 mit Motorschaden abgestellt, ging an die „Historische Eisenbahn Frankfurt".

Filderbahn

Wie die Frankfurter Localbahn war auch die Filderbahn in Stuttgart ein typisch großstädtischer Mischbetrieb von Straßen- und Kleinbahn. Der Personenverkehr (in Meterspur) wurde schon seit 1902 mit straßenbahnähnlichen Elektrotriebwagen durchgeführt. Zwischen Stuttgart-Mitte und Degerloch fährt eine Zahnradbahn.

Güterverkehr (Normalspur) gab es darüber hinaus auf den Strecken der Filderhochebene im Süden der Stadt; und zwar von Stuttgart-Möhringen aus in Richtung Vaihingen, Hohenheim und Neuhausen (nach Neuhausen Bedienung mit Bundesbahn-Lok).

Für diesen Güterverkehr, wohl aber auch als Rangier- und Bauzuglok für das gesamte Normalspurnetz, beschaffte die Filderbahn 1946 aus Beständen der StEG eine durch Fliegerbeschuß stark beschädigte Einheits-V20 - **BMAG 11392/1941 -**. In Fortführung der Ellok-Nummerung wurde sie in Stuttgart als „3" bezeichnet. Die Maschine war fabrikneu an die Heeres-Muna Siegelsbach geliefert worden und dort 1946 auch noch vor-

286 Döpner, Gelnhausen, S.8
287 Vergl. Umbaudaten S.214
288 Köhler/Christopher, Rhein-Main, S.133ff.; Eckert, Klein- und Nebenbahnen, S.111ff.

DAIMLER-BENZ-ARCHIV

Gut belüftet: Die Filderbahnlok 3 nach ihrem Unfall 1957.

handen. In den Akten der Nebenbahn Neckarbischofsheim-Hüffenhardt ist ein Telegrammbrief erhalten, der genaueres zu der Übernahme der Lok mitteilt (siehe Kasten).

Am Tag der Übergabe, dem 4.2.46, folgte dann noch ein weiteres Telegramm, wonach die Lok nicht nach Stuttgart, sondern an die Maschinenfabrik Esslingen zu adressieren war. Dort wurde die Lokomotive in über dreijähriger Arbeit (bis März 1949) zunächst instandgesetzt[289]. Stationiert war sie danach beim Betriebshof in Stuttgart-Möhringen. Bekannt ist außerdem ein mehrwöchiger Leiheinsatz beim AEG-Trafowerk in Stuttgart-Bad Cannstatt.

Anfang 1957 erlitt die Maschine bei der Filderbahn einen schweren Zusammenstoß und mußte erneut in Esslingen aufgearbeitet werden. U.a. waren das gesamte Führerhaus demoliert, die Rückfront abgerissen und der Rahmen verknickt. Die Arbeiten zogen sich längere Zeit hin (HU 7.3.58). Dafür bekam die Filderbahn eine beinahe fabrikneue Lok!

Nur fünf Jahre später, 1963, wurde die Lok an die Teutoburger Wald-Eisenbahn verkauft. Die Abgabe dürfte im Zusammenhang mit der Stillegung des Güterverkehrs auf der Strecke Möhringen - Hohenheim am 1.12.63 zu sehen sein (für den Restbetrieb nach Vaihingen reichten die Elloks 1 und 2). Verkaufsdatum an die TWE war der 9. August 1963.

Augsburger Localbahn

Zu der V20 der Augsburger Localbahn ist wenig bekannt. Die Lok - **Jung 9582/1942** - war im Krieg beim Heeres-Verpfl.Hauptamt Augsburg eingesetzt und soll 1946, vermutlich über die StEG, zur Localbahn gekommen sein. In der Fahrzeugzählung vom März 1947 wird sie aber nicht erwähnt. Das Betriebsbuch nennt als Tag der Probefahrt den 12.8.47 (*„Lok stand bisher im Dienste der Wehrmacht“*) und als Abnahmedatum den 14.8.47. Zuvor hatte sie bei der Localbahn eine Hauptuntersuchung erhalten.

Bezeichnet war die Maschine in Augsburg als Nummer 9, wurde also im Unterschied zu den in den 50er Jahren beschafften Krauss-Maffei-Typen, nicht in einer eigenen Nummerngruppe, sondern in die laufende Dampflok-Reihe eingenummert.

STUTTGARTER STRASSENBAHNEN *Stg-Möhringen, den 1.Feb.1946*
Abteilung Filderbahn
Örtlicher Betriebsleiter

T e l e g r a m m b r i e f !
==============================

Bahnverwaltung
Neckarbischofsheim-Hüffenhardt
in N e c k a r b i s c h o f s h e i m S t a d t

Betr: Ihr Telegrammbrief vom 26.1.1946 betr. Diesellok

Ich danke Ihnen für Ihre Nachricht. Unser Lokführer Bruder wird am Montag, den 4.2.1946 um 15.14 Uhr in Neckarbischofsheim Reichsb. eintreffen, um die Diesellok zu übernehmen und bis Stuttgart-Möhringen zu begleiten. Ich bitte Sie, die Lok an die „Stuttgarter Strassenbahnen in Stuttgart-Möhringen“ zu versenden. Ferner bitte ich dem Lokführer ein Nachtquartier zu besorgen.
Mit bestem Dank !

gez. Hahn

Viel Verwendung scheint man für die kleine Lokomotive bei der Augsburger Localbahn nicht gehabt zu haben. Schon 1949 wurde sie für 32 Mark am Tag an die Deutsche Eisenbahn-Gesellschaft, Frankfurt, verliehen und bei der Eisenbahn Bremen-Thedinghausen eingesetzt (siehe Seite 368). Am 5.5.50 wurde sie fest an die DEG verkauft.

289 Die Instandsetzung erfolgte im Auftrag und auf Rechnung der StEG; Beschaffungspreis für die Filderbahn (1949): 60.050,- DM

Max Göllner, Nachlass Arnold Haas

Traktionswechsel: Noch stehen Dampflokomotiven im und vor dem Lokschuppen. Aber das zahlenmäßige Übergewicht hat bereits die Dieseltraktion. Mittendrin: Die D8, eine V36 (Frankfurter Hafenbahn, 1957).

Werk- und Industriebahnen

Der Rangier- und Anschlußbahnverkehr war die natürliche Domäne der V20/V36. Text und Tabellen in diesem Kapitel nennen nicht weniger als 55 Industrie- und Bahnbetriebe, die im Lauf der Jahrzehnte Lokomotiven der Wehrmachtsbauarten einsetzten! Zwar war gerade in diesem Bereich die Konkurrenz moderner Industrietypen aus der Zeit nach dem Krieg besonders groß. Trotzdem hielten sich manche V20/V36-Loks bis in die 90er Jahre hinein.

Zu den großen Unternehmen mit teils über Jahrzehnte währenden V20/V36-Einsatz zählten u.a. die Tanklagerbetriebe VTG und IVG, die Oberpostdirektion Hannover, aber auch die Firmen Rheinbraun, Kali & Salz oder die MAN.

Die 70er Jahre mit der Ausdünnung des Bestandes bei der DB sorgten dann noch einmal für einen letzten kräftigen V36-Schub in der Werklok-Landschaft. Etliche Betriebe kauften die zur Ausmusterung anstehenden Maschinen auf und versorgten sich so noch für Jahre mit einer zwar betagten, aber preisgünstigen und leistungsfähigen Lok.

Wie im Kapitel über die Klein- und Privatbahnen werden auch hier für die schnelle Orientierung die wesentlichen Angaben (Herstellerdaten, Einsatzzeitraum, Herkunft und Verbleib) in Listenform angeboten. Die Industriebahnen der DDR mit V20/V36-Lokomotiven werden gesondert auf den Seiten 489ff. behandelt.

Deutsch-Überseeische Petroleum AG, Hamburg-Waltershof

Die DÜPAG beschäftigte von 1957 bis 1961 die spätere BHE-Lok - **BMAG 11449/1941** -. Ankaufsdatum war der 23.12.57. Die Lok, ursprünglich bei der Dynamit AG, kam von der Frankfurter Hafenbahn und behielt in Hamburg ihre angestammte Frankfurter Betriebsnummer D8.

Zwischen Oktober 1958 und Januar 1959 ließ die DÜPAG ihre Maschine bei MaK in Kiel in nicht geringem Umfang modernisieren. U.a. erhielt die Lok Einrichtungen für Einmannbetrieb (doppelseitiger Bedienungsstand), eine pneumatische Wendeschaltung, Kühlerjalousie, Spurkranzschmierung, später noch eine moderne Ex-Schutz-Anlage.

Bereits im Herbst 1959 boten mehrere Händler die Lok zum Verkauf an. Interesse zeigte u.a. die Westfälische Landes-Eisenbahn, der der geforderte Preis von 150.000 Mark allerdings zu hoch erschien. Für 85.000 Mark ging die Lok zwei Jahre später an die BHE.

Ebano Asphalt-Werke AG, Hamburg-Harburg

Die Ebano-Asphalt-Werke erhielten 1947 aus der kleinen Nachkriegs-Serie von Gmeinder eine der fünf Nachbau-V20 - **Gmeinder 4275/1946** -. Als Liefertag wird der 12.11.47 genannt. Abnahme und Indienststellung erfolgten laut Betriebsbuch aber erst am 12.10. bzw. 11.11.49, also zwei Jahre später. Besteller war die Deutsch-Amerikanische Petroleum-Gesellschaft (seit 1950: Esso). Mit der Überführung nach Verden ging die Lok am 31.3.56 in den Besitz der Verden-Walsroder Eisenbahn über.

Klöckner-Hütte, Bremen

Bei der Klöckner-Hütte stand, vermutlich etwa 1961, für einige Zeit die spätere BHE-Lok 276 - **BMAG 11449/1941** -, ex DÜPAG Hamburg, als Leihlok in Betrieb. Ein einziges überliefertes Foto zeigt sie, noch mit DÜPAG-Bezeichnung „D8", beim Wiederaufgleisen nach einem Unfall, bei dem die Lok offensichtlich um-

WERK- UND INDUSTRIEBAHNEN
V20/V36-Einsätze nach 1945

Betrieb	Nr	Herstellerdaten	Type	im Besitz	Herkunft	Verbleib
DÜPAG, Hamburg	D8	BMAG 11449/1941	V36	1957-1961	Hafenb. Frankfurt	Buxtehude-Harsefelder Eb.
Ebano Asphalt-Werke, Hamburg	1	Gmdr 4275/1947	V20	1947-1956	neu	Verden-Walsroder Eb.
VTG Vereinigte Tanklager und Transportmittel GmbH, Hamburg						
(bis 1951: Wifo)	7=2	O&K 21134/1939	V36	1951-1999	Wifo Neuburg	Bayer. Eisenbahnmuseum
mit folgenden Werken:	30=1	BMAG 11457/1942	V36	1951-1969	Wifo Neuburg	Quarzwerke Dorsten
Tanklager Bremen-Farge	34	BMAG 11697/1943	V36	1951-1961	Wifo Neuburg	IVG Neuburg/Donau
Tanklager Duisburg	36211=6	BMAG 11460/1942	V36	1954-1988	DB V36 211	Bayer. Eisenbahnmuseum
Tanklager Regensburg	47180=5	Deutz 47180/1944	V36	1953-1961	DB V36 227	IVG Neuburg/Donau
Tanklager Neuburg/Donau						
Tanklager Unterpfaffenhofen						
Tanklager München						
Midgard Nordenham	5=III	BMAG 11454/1942	V36	1963-1971	US-Army/TC	VEBA Chemie, Wanne-Eick.
Midgard Nordenham		Holmag 2010/1947	V36	1963-1972	DB V36 254	Italien
Erdölwerke Frisia, Emden	1	O&K 21117/1939	V36	1959-1973	Brit.Rheinarmee	Inzahlungnahme O&K/++
Wolff & Co, Bomlitz	V	BMAG 11255/1941	V36	1941-1963	neu	++
Volkswagenwerk, Wolfsburg	881050	Deutz 55300/1952	V36	1952-1960	neu	Volkswagenwerk, Kassel
Zuckerfabrik Dinklar	V20 022	Jung 9585/1942	V20	1962-1981	DB V20 022	Almetalbahn
Hafenbahn Hildesheim	5	DWK 733/1943	V22	1963-1981	DB V20 058	Braunschw. Verkehrsfreunde
Bundespost, OPD Hannover	1	MAK 2013/1948	V36	1948-1972	neu	Italien
Bundespost, OPD Hannover	3	Deutz 47163/1951	V36	1951-1972	neu	Italien
Bundespost, OPD Hannover	4	Deutz 55725/1953	V36	1953-1972	neu	Bundespost Freiburg
Georg Binder, Hannover		BMAG 11396/1941	V20	1965-?	Niebüll-Dagebüll	++ (Ende 60er Jahre)
Städtische Häfen Hannover	IX	Deutz 47184/1946	V36	1969-1973	Gelnhäuser Krb.	Italien
Diema, Diepholz	36621	Deutz 36621/1942	V20	1981-1984	Brit.Rheinarmee	++
Diema, Diepholz	39624	Deutz 39624/1942	V20	1981-1986	Brit.Rheinarmee	Museums-Eb.Paderborn

Fortsetzung auf S. 380

gefallen und einen mächtigen Krater hinterlassen hat. Blessuren an der V36 sind lediglich an der vorderen Rahmenstirnplatte und am Gestänge erkennbar. Die kleinen Blechschildchen mit der Aufschrit „HR“ weisen auf die Einsatzstelle der Maschine auf der Klöckner-Hütte hin (Hochofen-Roheisen).

Vereinigte Tanklager und Transportmittel GmbH, Hamburg

Die VTG war der unmittelbare Rechtsnachfolger der alten Wifo (Wirtschaftliche Forschungsgesellschaft; siehe Seite 99ff.). Von ihr übernahm sie 1951 nicht nur mehrere tausend Kesselwagen, sondern auch etliche komplette Tanklager einschließlich der darin rangierenden Lokomotiven. Die letzte V36 war bei der VTG noch bis 1988 im Einsatz.

Einige knappe (und zum Verständnis wichtige) Angaben zur Firmengeschichte[290] vorab:

1. November 1951:
Gründung der VTG. Das Unternehmen war eine Tochtergesellschaft der „Industrieverwaltungsgesellschaft mbH“ (IVG) und wie diese zunächst vollständig in Bundeseigentum. Firmenaktivitäten: Tanklagerbetrieb (z.T. nur pachtweise), Tankschiff- und Kesselwagenvermietung.

290 Glasers Annalen 1/52, S.30; VTG, Das ist ..., S.5ff.

Sammlung Thomas Drescher

Umgekippt: Nach der Entgleisung der D8 bei der Klöckner-Hütte in Bremen mußte sogar der DB-Hilfszug anrücken, um die Lok per Kran wieder auf die Schienen zu setzen. Die V36 war nur leihweise bei dem Stahlwerk im Einsatz.

Die Standorte der VTG

Das Tanklager Farge-Ost

..., entstand in den Jahren ab 1936 und gehörte mit einer Lagerkapazität von rund 80.000 cbm schon zu Wifo-Zeiten in die Kategorie Großtanklager. Nach dem Krieg wurden die Anlagen noch wesentlich ausgebaut und um ein Kesselwagendepot und ein Reparaturwerk erweitert. Heute versorgt das Tanklager Farge sämtliche Bundeswehr-Liegenschaften im norddeutschen Raum mit Treibstoffen.
Folgende V36 liefen zur VTG-Zeit in Farge:

. .51 - . .52	Lok 30	abg.
10.09.51 - 31.01.52	Lok 7	abg.
01.02.52 - (.06.54)	Lok 7	i.B.
.04.54 - 03.12.55	Lok 30	
03.12.55 - 12.05.57	Lok 7	
06.05.57 - 22.04.61	Lok 30	

Als letzte VTG-V36 wechselte Lok 30 im April 1961 zum Tanklager in Duisburg. Alle anderen Zu- und Abgänge waren jeweils Loktausche von bzw. nach VTG Neuburg. Nach dem Krieg war das Tanklager zunächst vom amerikanischen Militär besetzt. Auch in dieser Zeit waren hier fast ausschließlich Diesellokomotiven der Wehrmachts-Baureihen in Betrieb (Stand 1947):

11460	(Type WR360C)	sp. DB V36 211
21131	(Type WR360C)	sp. DB V36 215
21137	(Type WR360C)	sp. DB V36 216
46517	(Type WR200B)	sp. DB V20 008
L 352	(Type 360C)	sp. DB V36 310
33031	(Type A6M324)	sp. DB V22 100

Wegen seiner strategischen Bedeutung ist das Pachtverhältnis mit der VTG im Frühjahr 1963 aufgelöst worden. Das Tanklager Farge wurde unmittelbar auf den Bund übertragen und ist seitdem im Betrieb der IVG.

Das Tanklager Neuburg/Donau

... war, einer Aktennotiz aus der Anfangszeit zufolge, *„seit dem 22.5.40, 16.00 Uhr, an den Bahnhof Unterhausen angeschlossen“*. Zu diesem Zeitpunkt hatte die Wifo hier bereits ihre Lok 7 (WR360C14) stationiert. Der Lokbetrieb begann am 3.6.40. Nach Kriegsende und amerikanischer Zwischennutzung (bis 1946) wurde auch in Neuburg ein Kesselwagen-Reparaturwerk errichtet. Inbetriebnahme: Frühjahr 1947. Alle Wagen wurden im Bf. Unterhausen übernommen bzw. übergeben. Die Wifo-Lok hatte seit etwa 1949 außerdem eine Zulassung für die Strecke Unterhausen - Weichering (Strecke Richtung Ingolstadt) *„zum Holen bzw. Abstellen der im Gelände der ehem. Muna Weichering abgestellten Kesselwagen“*.

Das Tanklager Neuburg war immer so etwas wie die Keimzelle des V36-Einsatzes bei der VTG. In den 50er Jahren waren hier zeitweise bis zu vier V36 gleichzeitig vorhanden.

November 1954:	Lok 7, 34, Oberursel-Lok
Dezember 1955:	Lok 30, 34, 36211, 47180
April 1960:	Lok 34, 47180

Die V36-Lokomotiven:

<u>Lok 7 (O&K 21134/1939)</u>

29.11.39	Anlieferung
.12.39	Zulassung RBD Augsburg
03.06.40	Abnahme (bis dahin abgestellt)
15.11.50 - 10.09.51	Instandsetzung KrMa

29.11.39 - 10.09.51	dann VTG Farge
(.11.54) - 02.12.55	dann VTG Farge
12.05.57 - 12.02.59	dann VTG U'pfaffenh.

<u>Lok 30 (BMAG 11457/1942)</u>

25.03.42	Anlieferung
17.04.42	Abnahme
12.04.49 - 14.11.49	Instandsetzung KrMa

25.03.42 - . .51	dann VTG Farge
06.12.55 - 06.05.57	dann VTG Farge

<u>Lok 34 (BMAG 11697/1943)</u>

16.02.43	Anlieferung
23.02.43	Abnahme
.01.50 - 29.09.50	Instandsetzung KrMa

16.02.43 - .61	dann IVG (weiter in Neuburg)

Neben diesen drei Ur-Neuburger Loks (alle schon für die Wifo hierhin geliefert) waren noch folgende VTG-V36 in Unterhausen stationiert:

<u>Lok 36211 (BMAG 11460/1942)</u>

.07.54	ex DB V36 211
07.02.56	Abnahme Neuburg (nachträglich)

(.07.54) - 08.05.56	dann VTG Duisburg

<u>Lok 47180 (Deutz 47180/1944)</u>

.53	ex DB V36 227
24.06.53	Abnahme Neuburg (nach HU)

24.06.53 - .61	dann IVG Neuburg

Umnummerung: Lok 7: ab 24.2.62 = Lok 2; Lok 30: ab 15.5.62 = Lok 1

Nach der Privatisierung der VTG 1961 wurde das Tanklager Neuburg per 1.1.62 an die Industrieverwaltungsgesellschaft (IVG) übergeben.

Das Tanklager Duisburg

... gehörte ursprünglich der HAFAG (Duisburg-Ruhrorter Häfen AG). Die VTG erwarb es per 1.10.54 und baute es von ursprünglich 33.000 auf 150.000 cbm Fassungsvermögen aus. Eine 32 km lange Pipeline verbindet das Lager mit mehreren Mineralöl-Raffinerien. Umgeschlagen wurden und werden vor allem Vergaser- und Dieselkraftstoff sowie leichtes Heizöl.
An Lokomotiven war zunächst, seit 1952, eine kleine, noch von der HAFAG beschaffte 50-PS-Werksbauart von Deutz (Typ A4L514) eingesetzt. 1956 kam Ersatz durch die V36:

08.05.56 - 21.05.62	Lok 36211
16.05.62 - 28.01.69	Lok 1

Lok 1: von VTG Farge, 1969 verk.an Glaser
Lok 36211: von VTG Neuburg, 1962 an KHD Köln (zur Hauptuntersuchung), danach VTG Unterpfaffenhofen
Ab 1965 stand in Duisburg eine neugelieferte Deutz-KG230B in ex-geschützter Ausführung zur Verfügung.

Das Tanklager Regensburg

... zählte zu den kleineren, erst nach 1945 errichteten VTG-Tanklagern. Für den normalen Rangierdienst reichte über Jahre eine V36 aus, und zwar die Nr.2 (O&K 21134/1939):

ULRICH VÖLZ

**Hochbehälter, Rohrleitungen, Chemie-Szenerie:
Das VTG-Tanklager Regensburg ist erkennbar eine Nachkriegs-Gründung; die alten Wifo-Anlagen nämlich waren durchweg unterirdisch angelegt. VTG-Lok 2 fiel immer durch die abnorme Zahl und Form der Kiemenbleche auf (Regensburg, 18.8.82).**

26.11.64 von VTG Unterpfaffenhofen (Zulauf aus HU bei KHD), 18.12.85 an VTG München (-Milbertshofen).
Außerdem war seit 1957 die schon aus Duisburg bekannte Deutz-Kleinlok vorhanden. Seit Abgabe der V36 wurde die Bedienung des Tanklagers durch die Regensburger Hafenbahn wahrgenommen.

Das Tanklager Unterpfaffenhofen

... war wie Neuburg und Farge eine alte Wifo-Anlage, kam jedoch erst im Februar 1959 durch einen Teilrückzug der US-Army in VTG-Besitz. Ein anderer Teil des Tanklagers wurde zunächst von den US-Streitkräften weiter betrieben (US-Depot „Texas") und firmiert heute als Standortverwaltung Feldafing der Bundeswehr. US-Depot und VTG-Tanklager waren über ein gemeinsames, rund 2,8 km langes Anschlußgleis an den Bf. München-Freiham angeschlossen. Die US-Lok 9005-P, ebenfalls eine V36, konnte von der VTG mitbenutzt werden. Folgende Loks waren in Unterpfaffenhofen:

12.02.59 - 30.05.63 Lok 7
.04.63 - .02.64 Lok 6

Lok 7: von VTG Neuburg; an KHD Köln (zur HU), dann VTG Regensburg
Lok 6: von VTG Duisburg; an VTG München

Die VTG hatte das Tanklager Unterpfaffenhofen ab 1959 nur gepachtet. Wie Neuburg und Farge blieb es wegen seiner Bedeutung für die militärische Logistik in Bundeseigentum und wurde deshalb am 15.2.64 an die IVG übergeben.
Die seit 1963 im Tanklager Unterpfaffenhofen eingesetzte Lok 6 wurde zum gleichen Zeitpunkt (Februar 1964) zunächst abgestellt und erst im März/April zum neuen Einsatzort Milbertshofen (VTG München) überstellt

Das Tanklager München

... in München-Milbertshofen war das jüngste der sechs VTG-Tanklager mit V36. Eröffnet wurde es Anfang April 1964. Lokbetrieb gab es ab 23.4.64. Vom ersten Tag an war hier die aus Unterpfaffenhofen abgezogene Lok 6 eingesetzt, 1985 kam - als Traditionslok und zugleich Ersatzteilspender - die Regensburger Lok 2 dazu. Eingesetzt war die Regensburger Lok in München nicht mehr.

23.04.64 - 03.10.88 Lok 6
20.12.85 - 22.11.99 Lok 2

Beide Loks sind heute im Bayerischen Eisenbahnmuseum erhalten, Lok 2 stand von 1985 bis 1999 als Denkmal im Tanklager-Gelände. Neue Rangierlok in München war ab Juni 1988 eine 430-PS-Maschine von Deutz, ex Deurag-Nerag Misburg.

1. Juli 1961:
Privatisierung der VTG (neuer Besitzer: Preussag, Hannover). In den darauffolgenden Monaten wurden einige der bis dahin nur gepachteten ehemaligen Wifo-Tanklager aus dem Anlagevermögen herausgetrennt und an die Muttergesellschaft IVG (die weiterhin bundeseigen blieb) übergeben. Andere Anlagen entstanden neu.

ROLAND HERTWIG

Fotografen unerwünscht: Direkt am Absperrzaun entstand diese schöne Aufnahme der IVG-Lok 5 vom Tanklager Farge-Ost. Tanklager und Lok - übrigens die ehemalige DB V36 227 - gehörten bis 1961 der VTG (7.7.81).

Folgende VTG-Tanklager hatten V20/V36-Loks:

Tanklager und Kesselwagen-Depot Bremen-Farge
Tanklager Duisburg
Tanklager und Kesselwagen-Reparaturwerk Neuburg/Donau
Tanklager Regensburg
Tanklager Unterpfaffenhofen
Tanklager München (-Milbertshofen)

Farge, Neuburg und Unterpfaffenhofen waren ehemalige Wifo-Anlagen und in der für die Wifo typischen Bauweise weitgehend unterirdisch angelegt. Das Großtanklager in Neuburg gehörte ab 1.1.62 der IVG, ebenso - ab 15.2.64 - das Tanklager Unterpfaffenhofen. Farge war immer in unmittelbarem Bundesbesitz. Auch hier ging aber die Betriebsführung 1963 von der VTG auf die IVG über.

Die bei der VTG eingesetzten fünf V36 stammten allesamt noch aus der Hinterlassenschaft der Wifo. Etwa 1962/63 - wohl in Zusammenhang mit der Neustrukturierung des Unternehmens - wurde alle Lokomotiven auch neu nummeriert:

neu alt

1 ex 30 **BMAG 11457/1942**
2 ex 7 **O&K 21134/1939**
6 ex 36211 **BMAG 11460/1942** ex DB V36 211

Nicht mehr umgenummert wurden

34 **BMAG 11697/1943**
47180 **Deutz 47180/1944** ex DB V36 227

die beide 1962, zusammen mit dem Tanklager Neuburg, an die IVG übergingen. Die Lokomotiven 6 und 47180 waren Rückgaben der Bundesbahn an die Wifo (bzw.

WERK- UND INDUSTRIEBAHNEN (2)

Betrieb	Nr	Herstellerdaten	Type	im Besitz	Herkunft	Verbleib
Mitteld.Hartstein-Ind., Steinhelle		Deutz 36623/1943	V20	1971-1977	Reinh.-Gr.Bieberau	++
Gewerkschaft Victor, Castrop-R.		Deutz 47184/1946	V36	1946-1953	neu	Gelnhäuser Kreisbahnen
DHHU, Dortmund		BMAG 10865/1939	LDF300	1943-1952	Wolff & Co	Steinhuder Meer-Bahn 271
DHHU, Dortmund	81	BMAG 11213/1940	V36	1940-1966	neu	Hoesch-Siegerland, Eichen
Hoesch-Siegerlandwerke, Eichen	38	BMAG 11213/1940	V36	1966-1970	DHHU/Hoesch	++
VEBA-Chemie, Wanne-Eickel	1	BMAG 11454/1942	V36	1972-1977	Midgard Nordenh.	++
Gelsenberg-Benzin, Gls-Horst	7=4=3	O&K 21341/1941	V36	1951-2008	Montan-Industrie	Die-Lei Gleisbau
Quarzwerke Dr.Müller, Dorsten	1	BMAG 11457/1942	V36	1969-1989	VTG Duisburg	++
Gewerkschaft Stinnes, Essen	3	O&K 21488/1943	V36	1943-1949	neu	DB V36 125
Ruhrchemie, Oberhausen-Holten	7	Deutz 55109/1952	V36	1952-1970	neu	Italien
Rhein.Braunkohlenwerke, Köln	450	Deutz 46839/1948	V36	1948-1988	neu	++
Rhein.Braunkohlenwerke, Köln	451	Deutz 55110/1951	V36	1951-1988	neu	++
IVG Industrieverwaltungsgesell-schaft, Bonn-Bad Godesberg	1=II	Deutz 46516/1941	V20	1959-1971	Brit.Rheinarmee	Bentheimer Eisenbahn
mit folgenden Werken:	34=3	BMAG 11697/1943	V36	1961-1992	VTG Neuburg	Museumsbahn Bederkesa
Tanklager Farge/b.Bremen	47180=5	Deutz 47180/1944	V36	1961-1985	VTG Neuburg	++
Waffen- und Munilager Liebenau						
Tanklager Neuburg/Donau						
Tanklager Unterpfaffenhofen						
Hafenbahn Frankfurt	D8	BMAG 11449/1941	V36	1952-1957	Montan-Industrie	DÜPAG, Hamburg
Kohlenwertstoff, Frankfurt		Gmdr 4271/1946	V20	1946-1958	neu	BASF, Ludwigshafen
Zuckerfabrik Wetterau, Friedberg	1	BMAG 11458/1942	V36	1969-1984	Brit.Rheinarmee	Eisenbahnfreunde Wetterau
Kali und Salz, Heringen	1	O&K 21114/1939	V36	1945-1992	Wehrmacht	Eisenbahnfreunde Bebra
Volkswagenwerk, Kassel	881050	Deutz 55300/1952	V36	1960-1978	VW Wolfsburg	++
Die-Lei Gleisbau, Kassel	Nr.3	O&K 21341/1941	V36	2008-201x	Gelsenb.Benzin	++
BASF, Ludwigshafen	D8	Gmdr 4271/1946	V20	1958-1976	Kohlenwertstoff	++
BASF, Ludwigshafen	D18	BMAG 11254/1941	V36	1941-1974	neu (IG Farben)	DGEG Neustadt/Weinstraße
BASF, Ludwigshafen	D19	BMAG 11640/1941	V36	1943-1974	IG Farben Heydebr.	++
Daimler-Benz, Gaggenau	3	Gmdr 4274/1947	V20	1947-1966	neu	Daimler Benz, Wörth/Pfalz
Daimler-Benz, Wörth/Pfalz		Gmdr 4274/1947	V20	1966-1967	Daimler Gaggenau	Schweiz

Fortsetzung auf S.392

VTG). Auch bei der britischen Besatzungsmacht in Schäferhof bei Nienburg kämpfte die bereits in Liquidation befindliche Wifo noch Ende der 50er Jahre um die Rückgabe ihrer ehemaligen Lokomotiven. Dort blieb sie jedoch erfolglos.

Bisher nicht erwähnt sind einige Nachkriegslokomotiven der VTG (Baujahre 1952-1965, allesamt von Deutz), die aber aus einer Gesamt-Lokliste (mit Standorten) von 1968 ersichtlich sind:

Nr.1	Duisburg	V36, s.o.	
Nr.2	Regensburg	V36, s.o.	
Nr.3	Regensburg	Deutz 55326/1952,	50 PS
Nr.4	Berlin	Deutz 57709/1963,	55 PS
Nr.5	Duisburg	Deutz 57871/1965,	230 PS
Nr.6	München	V36, s.o.	

Inzwischen sind natürlich auch bei der VTG alle V36 verschwunden und durch modernere Lokomotiven ersetzt worden. Die WR-Loks gingen alle zwischen 1969 und 1999 ab, und zwar

Nr.1	am 28.01.69	an Hans Glaser (später Quarzwerke Dorsten),
Nr.2	am 22.11.99	an Bay. Eisenbahn-Museum,
Nr.6	am 04.10.88	an Bay. Eisenbahn-Museum Nördlingen.

Die VTG/IVG-Lokomotiven vermittelten immer einen, wenn auch sicherlich nur unvollständigen, Eindruck vom einstigen V36-Imperium Wifo. Die unter der Erde und in großen Waldgebieten gelegenen Tanklager, das Rangieren mit langen Kesselwagenzügen und die Urtümlichkeit der Loks mit ihren bubbernden Motoren und schweren Plattenschutzaufsätzen ... all das übte einen eigenartigen Reiz aus. Die Geschichte der einzelnen Tanklager-Betriebe und ihrer Loks hat viele interessante Facetten. Einige davon sind bereits im Kastentext auf den Seiten 378/379 erwähnt.

„Midgard" Deutsche Seeverkehrs AG, Nordenham

Die „Midgard" in Nordenham (ein Seeumschlagsbetrieb besonders für Erze, Holz und Getreide) hatte nach Beendigung des Dampfbetriebs Ende der 50er Jahre ein sehenswertes Sammelsurium an Altbaudieselloks im Bestand. Dazu zählten auch zwei V36-Lokomotiven, die 1963 gebraucht erworben wurden:

BMAG	**11454/1942**	ex USA/TC 9003 P
Holmag	**2010/1947**	ex DB V36 254[291]

Die BMAG-Lok hatte zuerst die Nr.5, später D III (in Zweitbesetzung); die Midgard-Nummer für die Holmag-Maschine ist nicht bekannt. Die bahnamtlichen Abnahmen erfolgten am 6.9.63 (BMAG) bzw. 5.2.64 (Holmag). Beide Loks wurden schon nach wenigen Einsatzjahren über den Bremer Lokhändler Baddaky wieder abgestoßen: Die BMAG-Lok am 31.12.71 (Weiterverkauf an VEBA-Chemie Wanne-Eickel); die Holmag-Lok fuhr später in Italien.

Unbedingt einen kurzen Blick wert ist auch der restliche Lokpark der Midgard in den 60er Jahren:

I	Deutz	16362/1936	A6M224	ex EIBIA
II	DWK	723/1942	220B	ex Stickstoffw.
III	DWK	649/1938	160B	ex DB V16 002
4	Ruhrth.	2338/1942	NDL/S6	ex Dynamit AG
6	Deutz	56105/1955	V6M436	ex US-Army

Nummer 6 war ein nur leicht modernisierter 50er-Jahre-Nachbau der WR360C14 und damit im Grunde die dritte V36 bei Midgard.

291 Der zuweilen in der Literatur auftauchende Hinweis auf einen Verkauf der DB-Lok an die Schamottewerke Ponholz ist falsch

Erdölwerke Frisia GmbH, Emden

Hier war von 1959 an, dem Eröffnungsjahr der Raffinerie, die ehemalige Rheinarmee-Lok O&K 21117/1939 eingesetzt. Die Maschine war über einen Händler beschafft worden. In Emden lief sie bis ca. 1972, wurde dann zunächst durch eine Leihlok und ein Jahr später durch eine fabrikneue O&K-MC500N (Bj. 1973) ersetzt. Beim Neukauf wurde die V36 bei O&K in Zahlung gegeben. Dort stand sie noch 1975 abgestellt am Reparaturwerk in Dortmund-Eving. Die Raffinerie ist seit 1983 stillgelegt; verschiedene Wiederbelebungsversuche sind seitdem - mittlerweile wohl endgültig - gescheitert.

Wolff & Co KGaA, Bomlitz

Die Wolff'schen Pulverfabriken und deren Tochterfirma, die „EIBIA GmbH für chemische Produkte" hatten schon vor 1945 mindestens elf, vielleicht aber auch bis zu vierzehn Dieselloks der Wehrmachtsbauart in Betrieb. Aus diesem reichlichen Fundus blieb dem Unternehmen nach Zerschlagung, Demontage und Neuordnung der alten Fabriken nur noch eine V36 übrig, und zwar die Lok V - **BMAG 11255/1941** - ex EIBIA. Über die übrigen Maschinen und deren Verbleib geben die Lokliste auf S.104 bzw. das Lieferverzeichnis ab S.118 Auskunft.

Die Lok V war bei Wolff & Co bis 1963 im Einsatz. Neben dem Werksrangierdienst in Bomlitz gehörte zu ihren Aufgaben ab 1.8.54 auch die Beförderung der von Bomlitz über Cordingen bis Walsrode (über DB-Gleis) durchlaufenden Werkspersonenzüge. Das Wagenmaterial dafür stellte die Bundesbahn (Bf. Walsrode). Erst die Beschaffung fabrikneuer Rangierloks ab Ende der 50er Jahre machte die Maschine entbehrlich:

Im Herbst 1959, nach Eintreffen der neuen Lok 6 (MaK-Type G500C), wurde die V36 zunächst in die Reserve verbannt und im Oktober 1962, mit Inbetriebnahme von Lok 7 (MaK-Hüttenbauart 650C), dann schließlich ganz abgestellt. Im Januar 1963 wurde die Lokomotive zerlegt.

Als Leihlok der Bundesbahn war zwei Jahre später dann noch einmal eine V36 bei Wolff. Diesmal blieb es eine kurze Episode:

Zugang: 08.11.65
Abgang: 31.03.66

Leihlokomotive war die V36 203 vom Bw Delmenhorst.

Die letzte EIBIA-Lok: Wolff & Co setzte noch bis 1962 diese V36 als Nr.V ein; zeitweise sogar im Werkspersonenverkehr (Bomlitz, 30.6.54).

SAMMLUNG MATTHIAS LENTZ

Volkswagenwerk AG, Wolfsburg

Das Volkswagenwerk betreibt seit 1938 an seinem Stammsitz in Wolfsburg eine im Lauf der Zeit beständig gewachsene und heute hochtechnisierte Werkseisenbahn. Einige Zahlen, die die Größe der Anlagen und den Umfang der Transportaufgaben illustrieren: 75 km Gleislänge, 163 Be- und Entladestellen, je 650 ein- und ausgehende Waggons täglich, fast 200 Beschäftigte im Eisenbahnbetrieb (Zahlen für 1992).

Zum umfangreichen Lokpark der Volkswagen-Werksbahn gehörte zwischen 1952 und 1960 auch ein Deutz-V36-Nachbau in original WR-Bauform. Die Maschine - **Deutz 55300/1952** - wurde am 31.10.52 geliefert und trug bei VW die (Inventar-) Nummer 881 050. Per 30.10.60 wurde sie an das Volkswagen-Werk Kassel/Baunatal abgegeben.

Lange Zeit waren darüber hinaus in Wolfsburg auch sechs für Volkswagen gebaute Loks der Deutz-Type V6M436/536R im Einsatz. Diese Bauart war, wie schon verschiedentlich erwähnt, unmittelbar von der V36 abgeleitet, und hatte im wesentlichen nur einen modernisierten Aufbau. Die letzte dieser Maschinen wurde erst Mitte der 90er Jahre aus dem Betrieb genommen.

Zuckerfabrik Dinklar AG, Dinklar

Bis 1981 besaß die Zuckerfabrik Dinklar die ehemalige DB V20 022 - **Jung 9585/1942** -. Der Ankauf erfolgte per 31.7.62, die Überführung mit eigener Kraft am 28.8.62 vom Bw Regensburg aus. Kaufpreis: 30.000 Mark. Die Lok besorgte den gesamten Anschlußverkehr von und zum DB-Bf. Bettmar sowie im Fabrikgelände. Abgestellt 1975. Die Maschine lief auch in Dinklar noch lange Zeit mit der ehemaligen DB-Nummer, war später - zumindest in den Papieren - aber auch als „Nr.1" bezeichnet. 1981 ging die V20 an die Almetal-Museumsbahn in Bodenburg-Segeste.

Hafenbahn Hildesheim

Ebenfalls eine ehemalige DB-Lok (V20 058) war die Werklok 5 der Hafenbahn Hildesheim. Die DWK-Maschine wurde mit Datum vom 25.11.63 übernommen und war seinerzeit - neben drei Uralt-Dampfern von Hanomag, Henschel und Jung - die erste Diesellok in Hildesheim. Ob die Lok tatsächlich, wie es verschiedentlich gemeldet wird, schon im Mai 1968 mit abgelaufenen Fristen aufs Abstellgleis wanderte, erscheint sehr zweifelhaft. In den Akten des LfB wird sie um 1970 herum - nun schon zusammen mit einer modernen O&K-Diesellok - jedenfalls in Betrieb gemeldet. Die Lok trug in Hildesheim noch lange Jahre ihre alte DB-Nummer. Seit dem 1.2.81 ist sie als Dauerleihgabe beim Verein Braunschweiger Verkehrsfreunde.

Deutsche Bundespost/ Oberpostdirektion Hannover

Wie zuvor schon in Berlin und Köln-Deutz, später weiterhin in Freiburg und Pirmasens, nahm die Post 1948 auch beim Postamt 2 in Hannover den Rangierdienst mit eigenen Lokomotiven auf. Ziel war *„eine glattere Abwicklung des Postdienstes innerhalb der Postgleise beim Hbf Han“*[292]; ein knappes Vierteljahrhundert Arbeit genug für insgesamt vier Loks: Eine Köf und drei V36.

Die Geschichte des Lokomotivdienstes bei der Oberpostdirektion (OPD) Hannover ist bereits 1989 von Thomas Gottschewsky kenntnisreich und detailliert beschrieben worden[293]. Hier deshalb nur eine Kurzform in Stichworten.

Betriebsbeginn: September 1948, zunächst - bis zur Ausbildung des Postpersonals - noch mit DR-Lokführern. Die Loks pendelten mit ihren Bahnpostwagen ständig zwischen

- Hannover Hbf,
- Wagenabstellbahnhof Pferdeturm (hier auch Lokwerkstatt und Postumschlaghalle),
- Postanlage Clausewitzstraße und
- Postanlage Westseite.

Außerdem wurden Überführungen auf DB-Gleis zwischen Hauptbahnhof und Hauptgüterbahnhof, teilweise wohl auch bis Hannover-Hainholz und -Linden gefahren. Die Loks waren zunächst in zwei, später in drei Schichten eingesetzt. Zumindest die V36 kamen dabei auf täglich 160-200 Fahrten!

Der Betrieb entwickelte sich, trotz anfänglicher Bedenken der Staatsbahn (man befürchtete Einnahmeverluste) für beide Seiten erfreulich. Die vier Post-Lokomotiven waren in drei Schichten rund um die Uhr im Einsatz. Vor schweren Zügen wurden teilweise sogar Doppeltraktionen gefahren. Das Lokpersonal stellte die Post (zehn Lokführer), der Rangierleiter kam von der Bundesbahn.

Hauptuntersuchungen erhielten alle vier Loks anfangs bei MaK in Kiel, später dann bei Deutz bzw. im AW Opladen der DB. Hier sind die V36 im Lauf der Jahre auch gemäß den DB-Standards modernisiert worden: Kühlerjalousie und größere Brennstofftanks (1951), Sifa und Einmannbedienung (ab 1963), Spurkranzschmierung (nur Lok 1 und 4; ab 1957) sowie Sprechfunk. Die Bundesbahn stellte bei Bedarf auch eine Ersatzlokomotive (erst Dampflok Baureihe 91^{3}, dann Diesellok V60).

Ein kleines Mißgeschick passierte ausgerechnet einem Voith-Monteur nach einer Getriebereparatur an der MAK-Lok 1 im Mai 1949. *„Bei den Probefahrten“*, so heißt es sachlich trocken im Monteursbericht, *„wurde die Wand des Lokschuppens durchfahren“*. Großen Schaden scheint die robuste Maschine (im Gegensatz zum Gebäude) dabei allerdings nicht davongetragen zu haben.

Zum 1.8.72 wurde aus Rationalisierungsgründen der Rangierdienst mit posteigenen Lokomotiven in Hannover aufgegeben und fortan wieder mit DB-Loks (260) abgewickelt. Lok Nr.4 war mit gleicher Aufgabenstellung noch einige Jahre beim Bahnpostamt Freiburg tätig. Anschließend wurde sie - wie schon die beiden anderen Post-V36 - nach Italien verkauft.

Lokwerkstatt Pferdeturm: Post-Lok Nr. 3 zeigt sich für den Fotografen besonders offenherzig. Gut zu sehen bei dieser Aufnahme: die für einige Deutz-Nachkriegs-V36 typischen schmalen Kiemen in den Motorraumtüren (1959).

OPD Hannover, Sammlung Thomas Gottschewsky

Folgende Lokomotiven waren vorhanden:

Nr.1	**MAK 2013/1948**	gel. 26.08.48
Nr.2	**Deutz 47001/1949**	gel. 28.03.49
Nr.3	**Deutz 47163/1951**	gel. 03.09.51
Nr.4	**Deutz 55725/1953**	gel. 19.11.53

Die Lokomotiven Nr. 1, 3 und 4 waren die V36-Typen, Nr. 2 die Köf II. Beschaffungspreis für die C-Kuppler: Zwischen 135.000 (Nr. 3) und 190.000 Mark (Nr. 4). Alle V36 durften auch Bundesbahn-Gleis befahren. Die Lackierung der Maschinen war zunächst schwarz, spätestens ab Mitte der 60er Jahre dann leuchtend rot mit silberfarbenem Dach; Posthorn und Beschriftung gelb.

Georg Binder KG, Hannover

Die Binder KG, später: DEUMU Industrieabbrüche, gehörte in den 60er Jahren zu den zahlreichen Baumaschinenhändlern im Nachkriegsdeutschland (Briefkopf: *„Feld-, Straßen- und Normalbahnen - Baumaschinen“*). Etwa 1965/66 kam die Firma in den Besitz der zuvor bei der Klb. Niebüll-Dagebüll eingesetzten V20 - **BMAG 11396/1941** -. Nach mehreren erfolglosen Versuchen, die Lok noch zu veräußern, soll sie Ende der 60er Jahre in Hannover verschrottet worden sein.

292 Schreiben der OPD Hannover v. 8.5.47
293 Gottschewsky, Postbedienstete, S.3ff.

OPD Hannover, Sammlung Thomas Gottschewsky

Die V36 mit dem Posthorn: Lok „OPD Han Nr.3“ rangiert mit einem bunt gemischten Wagenpark am Postbahnhof Gleisdreieck. Lokführer und Rangierer kamen damals selbstverständlich noch mit dem Fahrrad zur Arbeit (Herbst 1956).

Städtische Häfen Hannover

Die Geschichte der Städtischen Hafenbahn in Hannover geht bis zum Bau des Mittellandkanals im Jahre 1917 zurück[294]. Seitdem entwickelte sich der Bahnbetrieb stetig zu einem leistungsfähigen und modern ausgebauten Zweig des städtischen Hafens. Hauptbetriebspunkte waren der Nordhafen (mit der Lokwerkstatt und Werksbedienung bei VW) und der Hafen Linden (im Süden der Stadt). Rechtlich eigenständig und im Zusammenhang der V36 ohne Bedeutung war die Brinker Hafen GmbH.

Wohl mehr als Gelegenheitskauf denn als planmäßige Verstärkung für den in den 50er und 60er Jahren aufgebauten Diesellokpark stieß 1969 die ehemalige Gelnhäuser Kreisbahnen VL10 - **Deutz 47184/1946** - zur Hafenbahn. Hier erhielt sie die Betriebsnummer IX. Die Zulassung der Lokomotive wurde am 29.9.69 beantragt, die Indienststellungs-Genehmigung datiert vom 11.11.69.

Über die Einsätze der V36 ist wenig bekannt. Die Maschine war, zusammen mit den dort fahrenden Deutz-V6M436-Typen der modernisierten Nachkriegs-Bauform, im Nordhafen stationiert (Anschlußbedienung Kraftwerk, VARTA, Volkswagen, Continental etc.). Im Januar 1973 wurde sie aus dem Verkehr gezogen und bereits kurz danach über den Lokhändler Glaser nach Italien verkauft.

Diepholzer Maschinenfabrik Fritz Schöttler GmbH, Diepholz

Die bei den Eisenbahnfreunden gut bekannte Diepholzer Maschinenfabrik (DIEMA) übernahm 1981 die beiden Rheinarmee-Lokomotiven RCT 36621 und RCT 39624. Beide Loks waren V20-Typen und mußten im Zusammenhang mit einem Neulok-Geschäft in Zahlung genommen werden.

Bei DIEMA selbst gab es für die Maschinen natürlich keine Verwendung. Auch Interessenten waren wegen der abgelaufenen Fristen nicht mehr zu finden. Die RCT 36621 wurde daher 1984/85 bei DIEMA verschrottet. Die Schwesterlok RCT 39624 diente noch einige Zeit als Ausstellungsobjekt, ging per 17.2.86 als Ersatzteilspender an die Museums-Eisenbahn Paderborn und steht heute im DDM Neuenmarkt-Wirsberg.

Wintershall AG, Erdölraffinerie Emsland, Lingen-Holthausen

Zur Überbrückung eines kurzzeitigen Lokengpasses mietete die Raffinerie ab Juli 1975 die D10 der benachbarten Bentheimer Eisenbahn an. In Bezug auf die Leistungskraft konnte die alte V20 mit den etatmäßig dort eingesetzten Deutz-Baukastenloks der 60er-Jahre-Generation zwar nicht mithalten, absolvierte ihre Werksvertretung aber dennoch mit Anstand. Nach einem runden Vierteljahr, im Oktober 1975, wurde sie an die BE zurückgegeben.

Papierfabrik Felix Schoeller jr. GmbH & Co KG, Osnabrück

Die Foto- und Feinpapierfabrik Schoeller in Osnabrück-Lüstringen hatte bis 1991 als einzige Werklokomotive eine zweiachsige feuerlose Dampflok von Henschel im Einsatz; FabNr. 28394, Baujahr 1947. Die gut gepflegte Maschine reichte im Regelbetrieb vollständig aus. Schwierigkeiten ergaben sich nur jeweils im Sommer, wenn aufgrund der Betriebsferien in der Produktion nicht genügend Dampf als „Treibstoff“ für die Lok anfiel.

Als Urlaubsvertretung (die Versandabteilung arbeitete auch während der Betriebsferien) sowie als Ersatzlok bei anfallenden Untersuchungen mietete Schoeller deshalb mehrfach V20- bzw. V36-Lokomotiven von der Bentheimer Eisenbahn sowie von den Verkehrsbetrieben Grafschaft Hoya an. Folgende Einsatzdaten sind bekannt (unvollständig):

294 Lentz, Hannover, S.17ff., 37ff.

.02.73 -	.04.73	BE D10
11.04.80 -	28.08.80	VGH V36 006
.06.83 -	19.07.83	VGH V36 006
04.08.84 -		VGH V36 006
(.08.85) -		VGH V36 007
(.04.86) -	.06.86	VGH V36 005

Der Mietpreis für eine V36 lag z.B. 1980 bei 195 Mark je Kalendertag.

Mitteldeutsche Hartstein-Industrie GmbH, Werk Steinhelle

In Steinhelle endete nach 34 bewegten Betriebsjahren die Geschichte der ehemals Kassel-Naumburger V21. Die Lok war zuletzt bei der Eisenbahn Reinheim - Groß Bieberau eingesetzt gewesen. Nach Lieferung einer modernen O&K-Lok wurde die V20-Type - **Deutz 36623/1943** - Ende 1971 zunächst leihweise, ab 17.2.72 dann fest nach Steinhelle versetzt. Viel hat sie hier nicht mehr bewegt. Bereits im Januar 1973 mußte die Maschine untersuchungspflichtig abgestellt werden. Am 21.7.77 wurde sie zur Verschrottung an die Firma Lenze im benachbarten Olsberg verkauft.

Gewerkschaft Victor, Bergbaugesellschaft, Castrop-Rauxel

Das zum Klöckner-Konzern gehörige Steinkohlenbergwerk setzte ab 31.1.46 die erste Nachkriegs-V36 von Deutz - **Deutz 47184/1946** - ein. Die Zeche und die ab 1934 hier betriebene Kohleverflüssigungssanlage waren im Krieg stark zerstört worden. Ein nicht unbeträchtlicher Teil der Lokeinsätze dürfte also dem Wiederaufbau von Berg- und Chemiewerk (jetzt als Stickstoffwerk) gegolten haben. Die Lok blieb in Castrop-Rauxel nur sieben Jahre. danach, im März 1953, wurde sie von Deutz zurückgekauft und gelangte, nach Generalüberholung, an die Gelnhäuser Kreisbahnen.

Dortmund-Hörder-Hüttenunion AG, Dortmund Hoesch Siegerlandwerke AG, Werk Eichen, Kreuztal

Die Dortmund-Hörder-Hüttenunion (bis 1945: Hüttenverein) hatte schon im Krieg zwei V36-Typen im Einsatz[295], und zwar die

BMAG 10865/1939 LDF300C12 und die
BMAG 11213/1940 WR360C14.

Beide wurden 1945 noch in den Nachkriegsbestand übernommen, nahmen dann aber unterschiedliche Wege:

Der weitere Werdegang der LDF-Lok war (zumindest bei der DHHU) recht kurz: Die Maschine hatte schon 1943/44 abgestellt werden müssen und war instandsetzungsbedürftig. Da sie für den Hüttenbetrieb wohl ohnehin zu schwach war, nutzte man Ende 1952 eine Gelegenheit, die Lok an die Fa. Schöma (später StMB 271) zu veräußern.

Mehr Verwendung sah man wohl für die zweite V36 (BMAG 11213). Nach Aufarbeitung ging die Lok als DHHU 81 wieder in Betrieb. Eingesetzt wurde sie zuerst im Werk Union, lief ab 1960 aber im Werk Phoenix Hörde. Dort war sie ausschließlich im Kokspendelverkehr zwischen Koksbatterien und Hoch- bzw. Tiefbunker eingesetzt.

Bei der Fusion von DHHU und Hoesch am 1.1.66 erhielt die Lokomotive zwar noch die neue Nummer 38, wurde durch die Zusammenlegung des Lokparks aber entbehrlich und deshalb zeitgleich an die Hoesch-Siegerlandwerke AG, Werk Eichen/Sieg, in Kreuztal, abgegeben. Überstellung nach Kreuztal: Februar 1966. Probefahrt im Werk Eichen 12.12.66, Indienststellung-Genehmigung 3.1.67. Betriebsnummer der Lok auch hier: 38.

Ein schwerer Getriebeschaden (Bruch des Abtrieb-Kegelrades mit Totalschaden am Stufen- und Wendegetriebe) setzte die Maschine am 15.6.70 abrupt außer Gefecht. Die Lok wurde noch im Sommer 1970 zerlegt. Der Motor war als Ersatzteilspender für eine Henschel-Nachkriegslok noch bis 1979 vorhanden und ist dann ebenfalls verschrottet worden.

Eine Lok verändert ihr Gesicht

Keine andere V36 ist so grundlegend umgebaut und verändert worden wie die Gelsenberg-Lok 7. „*Kaum ein Teil, das nicht modernisiert wurde*“, schreibt dazu der damalige Gelsenberg-Werkstattleiter Helmut Gräfling, der den Umbau leitete. In Stichworten:

- Motorhaube geteilt;
- Führerhaus neu, halbmittig aufgesetzt und in Handarbeit der Motorhaube angepaßt;
- vier Aufstiege an den Rahmenenden eingepaßt;
- neuer Treibstofftank 900 Liter und
- neuer Wassertank für Ex-Schutz-Anlage eingebaut (beide im hinteren, kurzen Vorbau).

Der Umbau veränderte natürlich auch die Außenabmessungen: Die Lok wurde mit 4200 mm höher (normal = 3800 mm), mit 2965 mm aber auch schmaler (normal = 3100 mm) als die Wehrmachtsausführung. Im wesentlichen unverändert blieben nur die Hauptbauteile Rahmen/Fahrgestell, Getriebe und zunächst auch der Motor (erst später ausgetauscht). Weitere Einzelheiten des Umbaus:

- Voith-Maurer-Kupplung aus- und stattdessen Stromag-Kupplung mit fester Kardanwelle eingebaut;
- Vierzylinder-Bremsluftverdichter eingebaut;
- Hochdruckkompressor für die Anlaßluft eingebaut;
- Ex-Schutz-Anlage eingebaut;
- neuer Ventilatorblock am Kühler installiert.

Veränderungen in der Bedienung:

- Einmannbedienung;
- Totmanneinrichtung;
- Wendegetriebe auf pneumatische Umschaltung umgebaut;
- neue Druckluftbremse für Zug und Lok.

VEBA Chemie AG, Stickstoffwerk Hibernia, Wanne-Eickel

Nur auf recht wenige Einsatzjahre kam eine V36-Lokomotive im Stickstoffwerk Hibernia der VEBA Chemie in Wanne-Eickel. Ab Anfang 1972 verdiente hier die ehemalige US-Army/TC- und Midgard-Lok - **BMAG 11454/1942** - ihr tägliches Brot. Die Inbetriebnahme war am 28.3.72. Fast auf den Tag genau fünf Jahre später, am 24.3.77, erfolgte die Verschrottung. Die Maschine lief in Wanne-Eickel als Lok Nr. 1 (in Zweitbesetzung).

Bis 1981 hatte die VEBA Chemie[296] übrigens noch eine zweite ehemalige Wehrmachtlok in Betrieb. Und

295 Vergl. S.109
296 Bubolz, Werkgruppe Herne, S.14ff.

STEFAN LAUSCHER

Alle Arbeiten wurden nach eigenen Zeichnungen in der Werkstatt in Gelsenkirchen durchgeführt. Lediglich Einzelteile vor allem der Bremse und der elektrischen Anlage (Knorr, Bosch) wurden zugekauft. Als unverkennbares Vorbild diente eine zur gleichen Zeit vorhandene MaK 400C (Gelsenberg Lok 10).

Oben MaK, unten V36:
Bei der mehrfach umgebauten Gelsenberg- (spätere: Ruhröl-) Lok 3 in Gelsenkirchen-Horst muß man schon ziemlich genau hinsehen, um noch die alte WR-Lok zu entdecken. Die Maschine ließ es zuletzt als Reservelok etwas ruhiger angehen (Gelsenkirchen-Horst, 1986). 2008 wurde sie an einen Lokhändler abgegeben.

zwar die Nr.3 (DWK 696/1940), eine 220B-Type - entspricht DB-Baureihe V22 -, ex Lufthauptmuna Bork/ Westfalen. Der Betrieb gehörte später zur Werkgruppe Herne der Hüls AG.

Gelsenberg Benzin AG, Gelsenkirchen-Horst

Die Gelsenberg-V36 - **O&K 21341/1940** - ist ein echtes Unikum. Sie lief hier nur neun Jahre in ihrem klassischen Wehrmachtlok-Kleid und wurde dann einem umfangreichen Umbau unterzogen, der außer Rahmen, Fahrgestell und Antriebsgruppe nicht mehr viel von der V36 übrigließ. U.a. erhielt die Maschine in mehreren Etappen

- einen neuen Lokkasten,
- ein neues, halbmittig angeordnetes Hochführerhaus (natürlich mit beidseitiger Bedienung),
- einen neuen Motor (MWM RHS435S mit 360 PS),
- vergrößerte Brennstoffbehälter und
- einen Explosionsschutz.

Am Ende hatte die Lok mehr Ähnlichkeit mit einer MaK-Baukastentype als mit der alten WR-Bauart. Der aufwendigen Modernisierung verdankt sie auch ihr langes Leben: Als eine der letzten V36 (wenn man denn noch davon sprechen kann), war die O&K-Lok noch 1998 regelmäßig im Einsatz.

Beschafft worden war die ehemalige Dynamit-AG-Lokomotive etwa Mitte 1951 von der Montan-Industrie Wolfratshausen. Gelsenberg durfte damals als eines der ersten ehemaligen Hydrierwerke in Westdeutschland wieder produzieren, jetzt aber auf Rohöl-Basis. Die wichtigsten geschichtlichen Daten zur Lok:

21.07.52	2.Abnahme
20.09.52	Zulassung für das Anschlußgleis zur DB
1960	Umbau (neuer Aufbau)
1963	Einbau der Ex-Schutz-Anlage
1964	neuer Motor

Die Maschine hieß nacheinander Lok 7 (1952-1967), Lok 4 (1967-1985) und Lok 3 (ab 1985). Auch der Firmenname wechselte mehrmals: Gelsenberg Benzin AG, Gelsenberg Mineralöl AG, Gelsenberg AG, VEBA Chemie AG, VEBA Öl AG, Ruhr Öl GmbH und BP Gelsenkirchen GmbH. Seit Ende der 80er Jahre, mit Anlieferung einer neuen MaK G1203BB, war der betagte Sonderling in Gelsenkirchen-Horst nur noch Reservelok. Mit Fristablauf im März 2006 wurde sie abgestellt und im August 2008 an einen Lokhänder in Bad Orb verkauft.

Westdeutsche Quarzwerke Dr. Müller GmbH, Dorsten

Die Quarzwerke in Dorsten (Werk I) betrieben zwischen Sandgrube (im Gemeindegebiet Bottrop-Kirchhellen) und Quarzwerk (in Dorsten-Östrich) eine rund 4 ½ Kilometer lange, von Birken gesäumte Materialbahn. Über diese Strecke wurden täglich rund 1800 to Quarzsand ins Werk geschafft. Bis 1985 bestand außerdem ein in etwa gleich langes Anschlußgleis in entgegengesetzter Richtung vom Werk nach Dorsten/DB. Die Materialbahn wurde ursprünglich als Feldbahnstrecke

Stefan Lauscher

Dieselbrummen im Östricher Wald: Die Sandzüge bei den Westdeutschen Quarzwerken in Dorsten waren „nicht von Pappe"; die ehemalige VTG-V36 hat ordentlich was zu ziehen (11.5.82).

betrieben, auf der Anschlußbahn zur Bundesbahn fuhren normalspurige Dampflokomotiven (von Krupp und Henschel).

Ende der 60er Jahre machten die gestiegenen Transportmengen eine Umstellung der 600-mm-Feldbahn auf Normalspur notwendig. Erste und für längere Zeit auch einzige Diesellok auf der nunmehr regelspurigen Sandbahn war ab März 1969 die ehemalige Duisburger VTG-Lok 1 - **BMAG 11457/1942** -. In Dorsten lief die Maschine ohne Loknummer. Der Anschlußbahnbetrieb blieb zunächst den Dampfloks vorbehalten. Später wurde auch hier, meist nur einmal täglich gegen Mittag, die V36 eingesetzt.

Zehn Jahre lang war die BMAG-Diesellok in Dorsten im werktäglichen Einsatz. Erst 1979 wurde sie durch eine moderne O&K-MC14N zunächst zur Ersatzlok degradiert und Anfang 1987 schließlich schadhaft abgestellt (Kurbelwelle ausgeglüht, Fahrwerk ausgefahren, schlechter Allgemeinzustand). Da eine Wiederherstellung angesichts des hohen Alters der Lok nicht mehr lohnte, folgte im Januar 1989 - nach Anschaffung einer zweiten O&K-Lok - die Verschrottung.

Ruhrchemie AG, Oberhausen-Holten

Zu den Industriebetrieben, die sich schon sehr früh nach dem Krieg mit V36-Loks ausstatteten, gehörten auch diverse Chemieunternehmen. Eines davon war die Ruhrchemie in Oberhausen-Holten. Das Werk bekam am 9.5.52 fabrikneu die **Deutz 55109/1952**. Betriebsnummer bei der Ruhrchemie: 7. Die Lokomotive war explosionsgeschützt und die erste Diesellok des Werkes überhaupt (bis dahin nur feuerlose Dampflokomotiven).

Blitzblank: Die Ruhrchemie-Lok 7, eine Nachkriegs-V36 von 1952, präsentiert sich bei der Inbetriebnahme in Oberhausen mit „Rallye-Streifen". Die Metallgitter über den Lampen deuten auf den eingebauten Explosionsschutz hin.

Deutz

In Oberhausen blieb sie 18 Jahre in Betrieb, zuletzt - ab 1967 - nur noch in der Funktion der Reservelok. Mit Datum vom 22.1.70 wurde die Maschine an den Lokhändler Hermann Sprenger in Essen verkauft und gelangte von dort nach Italien. In den 70er Jahren fuhren bei der Ruhrchemie dann nur noch Henschel-Industrietypen DH/DHG 500.

Gemeinschaftsbetrieb Eisenbahn und Häfen, Duisburg

Nur ein kleines Foto und ein dürrer Bildtext dazu in einem Werks-Fotoalbum erinnern an den V36-Einsatz bei E+H. Original-Bildtext:

> *Als Fa. KHD als letzten Ausweg für die als Lok-Motoren ungeeigneten 12-Zyl.-2-Takt-Dieselmotoren vom Typ T12M420 nur noch eine längere Zeit dauernde General-Überholung sah, stellte sie uns dieses Monstrum leihweise zur Verfügung. Wegen des nur einseitig angeordneten Führerstandes und der äußerst schlechten Sichtverhältnisse mußte von der Fa. außerdem ein Beimann gestellt werden.*

Erläuterungen: Das *„Monstrum"* ist die V36. Die Loks mit dem problematischen 12-Zylinder-Motoren waren die EH 170-186 (Henschel DH600). Der fragliche Zeitraum: März bis November 1964. Inzwischen konnte auch die Identität der V36 geklärt werden. Es handelte sich um die VTG-Lok Nr. 2 - **O&K 21134/1939**. Die Maschine war 1963/64 bei Deutz zur HU und wurde vor der Rückgabe einige Zeit zur Überbrückung des Lokengpasses an E+H ausgeliehen.

Mannesmann AG, Duisburg-Huckingen

Nur ein paar Kilometer weiter und knapp zehn Jahre später: Weil sich zwei MaK-Lokmotiven gleichzeitig zur Überholung bei O&K Dortmund befanden, mußte abermals eine V36 als Leihlok einspringen. Einsatzmaschine war vermutlich die alte Erdölwerke-Frisia-Lok **O&K 21117/1939** (siehe S. 381). Die Leihzeit ging früher zu Ende als geplant: Angesichts der nun doch schon recht antiquierten Technik der V36, verweigerten die Lokpersonale die Benutzung der Maschine[297]. Ersatz für die Ersatzlok bei Mannesmann kam am 4.9.73 in Form einer modernen Jung-Mietlok vom Typ RC43C.

Rheinische Braunkohlenwerke AG, Köln

Auch der Werkbahn-Riese Rheinbraun (Gründungsbestand 1.1.60: 463 Lokomotiven, rund 700 Kohle- und 1650 Abraumwagen, 850 km Gleis!) hatte über mehrere Jahrzehnte V36 im Einsatz; und zwar die Nummern

450 **Deutz 46839/1948** und
451 **Deutz 55110/1951**.

Beide wurden fabrikneu an die RBW-Vorgängergesellschaft „Rheinische AG für Braunkohlenbergbau und Brikettfabrikation (RAG)" geliefert. Als 452 war ferner eine modifizierte Bauart Deutz V6M536 vorhanden. Die Maschinen liefen an folgenden Einsatzorten:

Lok 450:
1948-54 Tagebau Sybilla/b.Frechen
1954-67 Brikettfabrik Wachtberg/b.Frechen
1967-84 Brikettfabrik Fortuna-N. Niederaußem

Lok 451
(1951) Tagebau Sybilla/b.Frechen
(1955) Brikettfabrik Wachtberg/b.Frechen
1958- Tagebau Fortuna/Brikettfabrik Fortuna-N.

Die 450 wurde im Oktober 1984 abgestellt, die 451 ab 8.2.88 als *„überzählig"* geführt. Die 451 fiel durch diverse bauartunübliche Besonderheiten auf. Dazu zählten eine auf 10.000 mm vergrößerte Gesamtlänge (normal 9200 mm), eine auf 50 km/h reduzierte Höchstgeschwindigkeit (dadurch höhere Anfahrzugkraft) und ein auf 51 to verstärktes Dienstgewicht. Weitere Bauartabweichungen waren

- eine Einmannbedienung mit beidseitig horizontal angeordneten Handrädern,
- eine pneumatische Wendeschaltung,
- eine verstärkte Bremsanlage mit Kompressor Bauart Knorr VV140/140 sowie
- große Seiten-Schiebefenster.

BERND VON MITZLAFF

Der Meister auf seiner Lok: Momentaufnahme beim Rangieren der Rheinbraun-Lok 450 (Niederaußem, 16.9.82).

Per 31.10.88 wurden die RBW 450 und 451 zur Zerlegung an die Fa. Max Becker in Köln und Anfang 1998 weiter an den Eisenbahnfreund Walter Ley in Belgien verkauft. Dessen Museumsbahn-Projekt hat sich - nach Zahlungsschwierigkeiten - zerschlagen. Die RBW 450 stand noch viele Jahre, zunehmend abgewrackt, in der Rheinbraun-Hauptwerkstatt in Grefrath (letzte Sichtung: 2006) und wurde dann verschrottet. Auch die RBW 451 fand keinen Käufer mehr, sie wurde am 14.1.2019 bei der NEWAG in Oberhausen zerlegt.

Industrieverwaltungsgesellschaft mbH, Bonn-Bad Godesberg

Die IVG übernahm bei ihrer Gründung 1951 ein schwieriges Erbe. Als Rechtsnachfolgerin der alten „Montan-Industriewerke GmbH"[298] oblagen ihr die Verwaltung, Instandsetzung, Verkauf oder Umnutzung der ehemals im Reichsbesitz befindlichen Rüstungsanlagen, insbesondere der großen industriellen Pulver- und Sprengstofffabriken. In diesem Zusammenhang kam die IVG

---

297 Jung-Unterlagen
298 Vergl. Seite 101ff. über Dynamit AG und Wolff & Co

auch wiederholt in den Besitz von ehemals dort eingesetzten Dieselloks; in der Regel waren dies jedoch keine Wehrmachtlokomotiven, sondern Maschinen aus den Firmenkomplexen z.B. der Dynamit AG, der EIBIA oder anderer Rüstungsbetriebe.

Für die Geschichte der V20/V36-Lokomotiven von Interesse sind im Grunde nur noch vier der einstmals sehr zahlreichen IVG-Anlagen, nämlich

- das Tanklager Farge,
- das Tanklager Neuburg,
- das Tanklager Unterpfaffenhofen (alle ex VTG) sowie
- das Atomwaffen- und Munitionsdepot Liebenau[299].

Farge war zur IVG-Zeit mit 300.000 Kubikmetern das größte künstlich angelegte unterirdische Tanklager der Welt. Es wurde erst 2015 geschlossen. Neuburg wurde zu einem modernen Güterwagenreparaturwerk erweitert. In Liebenau wurde auch Atommüll zwischengelagert. Folgende Lokomotiven der WR-Bautypen waren bei der IVG eingesetzt:

II ex 1	**Deutz 46516/1941**	WR200B14
3 ex 34	**BMAG 11697/1943**	WR360C14
5 ex 47180	**Deutz 47180/1944**	WR360C14

Die V20 stammte ehemals von der EIBIA und kam per 10.8.59 mit Übergabe des Lagers Liebenau von den Britischen Streitkräften an die IVG. Die beiden V36 sind Übernahmen 1962 von der VTG. Lok 34 wurde 1968 mit einem MWM-Motor RHS435S mit 410 PS ausgerüstet. Die Umzeichnung in Lok 3 erfolgte 1985. Die Deutz-V36 lief schon seit den 60er Jahren als Lok 5.

Weitere IVG-Loks sind in Liebenau nicht bekannt. Allerdings unterhielten sowohl die britische Armee wie danach auch die Bundeswehr in Liebenau eigene Maschinen.

Die IVG hat ihren Lokbestand in den 70er und 80er Jahren kontinuierlich erneuert und dabei auch die WR-Lokomotiven ersetzt. Es gingen ab:

Lok II:	21.12.71	an Bentheimer Eisenbahn
Lok 5:	.10.85	++
Lok 3	19.03.92	Schenkung an Museumsbahn Bremerhaven-Bederkesa

IVG-Standorte

Auch unter Betriebsführung der IVG ergaben sich für die V20/V36-Lokomotiven mehrfache Verschiebungen, Umstationierungen oder Loktausche. Hier - soweit noch rekonstruierbar - die Stationierungen im einzelnen:

IVG Liebenau

Lok 1:	10.08.59 - 21.04.64	an Neuburg

IVG Neuburg

Lok 1:	21.04.64 - . .69	an Unterpfaffenhofen
Lok 5:	01.01.62 - . .76	an Farge
Lok 34:	01.01.62 - .03.64	an Unterpfaffenhofen
	11.11.65 -19.03.92	von Unterpfaffenhofen
	.92	abgestellt

Von 1962-1976 hatte Neuburg also fast durchgehend zwei V36 im Bestand. Seit 1980 waren eine gebraucht gekaufte Köf II und seit 1985 eine moderne O&K-Lok, ex Unterpfaffenhofen, vorhanden. Lok 34=3 wurde 1985 Reservelok.

IVG Farge

Lok 5:	. .76 - . 05.83	von Neuburg

Die Lok wurde im Mai 1983 abgestellt, anschließend als Ersatzteilspender zurück an IVG Neuburg. Vor 1976 waren eine LHB-ES400 und eine Deutz-Altbaulok A8M324R eingesetzt. Nach 1983 lief in Farge eine (inzwischen ebenfalls verschrottete) Jung R42C, ex Hafenbahn Hamm.

IVG Unterpfaffenhofen

Lok 34:	.03.64 - 10.11.65	von Neuburg (lw.)
Lok II:	. .69 - 20.12.71	von Neuburg

Die V36 wurde durch eine Krauss-Maffei-Industrielok, ex DB V50 002, ersetzt. Für die V20 kam 1972 fabrikneu die schon erwähnte O&K-Lok (Typ MC500N ex).

299 Als - bedrückende - Lektüre empfohlen: Oberholz, Pulverfaß, S.45ff.

Noch einmal Rheinbraun-Lok 450: Dieses seltene Bild aus alten Tagen der „Rheinischen AG für Braunkohlenbergbau" zeigt die Lok beim Verschieben einer Gleisrückmaschine im Tagebau Frechen (1954).

SAMMLUNG KARL POKSCHEWINSKI

Hafenbetriebe der Stadt Frankfurt

Die Frankfurter Hafenbahn hatte schon Ende der 40er Jahre über längere Zeit Erfahrungen mit von der Reichsbahn angemieteten V36ern gemacht. Die Lokomotiven waren im sogenannten „Osthafen-Bezirk" (Petroleumhafen) eingesetzt, wo eine 1926 beschaffte Akkulok zum einen wegen des gestiegenen Verkehrsaufkommens, zum anderen wegen des immer häufiger werdenden Drei-Schicht-Betriebs nicht mehr ausreichte. Die Erfahrungen mit den Mietloks werden als äußerst gut beschrieben[300].

Anfang 1952 ergab sich für die Hafenbahn dann die Gelegenheit, aus Montan-Beständen eine eigene V36 zu erwerben. Die Maschine - **BMAG 11449/1941** - war zur der Zeit noch in Aschau/b.Waldkraiburg in Betrieb und wurde zu einem Preis von 96.500 Mark über einen Lokhändler angeboten. In Frankfurt bekam die Maschine die Nummer D8.

Wie zuvor schon die Mietlokomotiven der Reichsbahn wurde auch die D8 fast ausschließlich im Ölhafen verwendet. Die Einsätze gingen 1957 zu Ende, nachdem Krauss-Maffei eine Serie von fünf ML550D ausgeliefert hatte. Die V36 wurde per 23.12.57 an die DÜPAG Hamburg verkauft.

Kali und Salz AG, Kaliwerk Wintershall, Heringen

Die **O&K 21114/1939** der Kali und Salz AG (bis 1970: Wintershall AG) gehörte zu den langgedienten Werkbahn-V36. Sie kam 1945 von der nahegelegenen Heeres-Muna Herfa nach Heringen und war über 40 Jahre lang ohne wesentliche Unterbrechungen im täglichen Einsatz.

Zusammen mit verschiedenen Henschel-Loks - erst Dampf, ab 1959 Diesel - bewältigte die V36 in dieser Zeit den gesamten Werksrangierdienst auf den rund 25 km Gleisanlagen im Kaliwerk sowie auf dem Gemeinschaftsbahnhof Heringen/DB. Die Maschine trug die Nummer 1 und einen grünen Anstrich. Wie alle Heringer Loks machte sie bis zuletzt einen ausgesprochen gepflegten Eindruck.

Ab etwa 1985 wurde der K+S-Oldtimer schrittweise aus dem harten Rangierbetrieb herausgenommen: Zunächst war die Lok noch bedarfsweise im Einsatz, später - 1988 - wurde sie dann ganz abgestellt, aber weiterhin geschützt untergebracht. Auch diese V36 ist erhalten geblieben: Nach mehreren Besitzerwechseln ist sie jetzt beim Verein Niederlausitzer Eisenbahn, der sie zu neuem Leben erwecken will.

SAMMLUNG STEFAN LAUSCHER

Über 40 Jahre im Werksrangierdienst: Der Kali & Salz-Oldtimer Nr.1 stammte von der Heeres-Muna Herfa (um 1985).

Kohlenwertstoff AG/Gruppe BV, Frankfurt

Ebenfalls im Frankfurter Ölhafen, allerdings im Tanklager des Benzin-Benzol-Verbandes, rangierte seit 1946 eine Nachbau-V20 - **Gmeinder 4271/1946** -. Lieferung: 26.3.46 ab Werk; Verkauf: 24.12.58 an BASF Ludwigshafen.

Aktien-Zuckerfabrik Wetterau, Friedberg

Als Ersatz für eine altersschwache Hohenzollern-Dampflokomotive beschaffte die AZW im Juli 1969 eine V36 - **BMAG 11458/1942** - ex Britische Rheinarmee. Die Maschine mit der Loknummer 1 war nur jeweils während der Rübenkampgne, d.h. rund 1000 Betriebsstunden im Jahr, im Einsatz. Für den übrigen Rangierbetrieb reichte eine kleine 55-PS-Werksbauart von Deutz. Bauliche Veränderungen oder nur ein Neuanstrich unterblieben aus diesem Grund wohl. In Friedberg wurde, möglicherweise im Zusammenhang mit einem schon beim Vorbesitzer aufgetretenen Getriebeschaden, lediglich die zweite Getriebsstufe (60 km/h) der Lok verschlossen.

Nach Verkauf des Werkes an die Südzucker AG ist die AZW 1982 geschlossen worden. Die Zuckerrüben werden seitdem in Friedberg zwar noch verladen (mit DB V60), aber in Groß Gerau verarbeitet. Die V36 blieb als Reservelok für den Verladedienst zunächst noch in Friedberg hinterstellt. 1984 wurde sie dann aber den „Eisenbahnfreunden Wetterau" gestiftet.

Volkswagenwerk AG, Werk Kassel/ Baunatal

Hier lief vom 31.10.60 an die ehemals Wolfsburger V36, Inv.-Nr. 881 050 - **Deutz 55300/1952** -. Bis 1964 war sie die einzige größere Lok im Kasseler Werk. Die Betriebsbedingungen hier waren besonders schwierig: Aufgrund der topografischen Lage mußten auf den Werksgleisen Steigungen von max. 1:50 überwunden werden. Die engsten Gleisradien hatten nur 100 Meter. Trotz dieser extremen Verhältnisse bewegte die V36 in Kassel Rangiereinheiten von bis zu 500 Metern Länge.

Die V36-Einsätze bei VW endeten mit Abstellung der Lok am 2.8.76. Zwei Jahre später, am 26.7.78, erfolgte der Verkauf an den Schrotthandel Ernst Biskupek, Hannover, wo die Lok auch alsbald zerlegt wurde.

---

300 Raspe, Rangierlokomotive, S.343

Werkbahnszenen mit V20/V36:

Westdeutsche Quarzwerke Dorsten: Im Sommer wurde hier häufig mit abgenommenen Motorraumtüren gefahren. Gut zu sehen dadurch: Die vier dicken Luftfilter, die ein Ansaugen von Sand in den Motor verhindern sollten (ca.1969).

Häseler, Sammlung Josef Högemann

Daimler-Benz, Werk Gaggenau: Die Gmeinder-V20 aus der Nachbauserie von 1947 zieht einen langen, komplett mit fabrikneuen Unimog-Fahrzeugen beladenen Zug in den DB-Bahnhof (1.7.1964).

Mercedes-Benz Trucks Classic

Kabelmetall Neumeyer, Nürnberg: Die Deutz-V20 war hier 15 Jahre lang im Werksverschub eingesetzt. Unklar ist, wo die als „D1“ bezeichnete Lok vor 1957 in Diensten war (Nürnberg, 1963).

Peter Ramsenthaler

Die-Lei Gleisbau, Kassel-Bettenhausen

Bei Die-Lei endete die Geschichte der ungewöhnlichen Umbau-V36 – **O&K 21341/1940** – ex Gelsenberg-Benzin (Seite 385). Als Kaufdatum ist der 11.12.2008 belegt. Viel bewegt hat sie bei dem Gleisbauer sprichwörtlich nicht mehr. Es gibt mehrere Sichtungen an verschiedenen Abstellorten in Kassel aus den Jahren 2009-2011, und in allen Fällen noch immer mit Ruhr-Öl-Beschriftung und lange abgelaufener HU-Frist aus 2006. Ob sie also überhaupt jemals im Alltags-Einsatz war: sehr unwahrscheinlich.

BASF, Ludwigshafen

Die BASF-Werksbahn war zu allen Zeiten ein Eisenbahnbetrieb von immensen Ausmaßen. 1955 z.B. waren nicht weniger als 36 Lokomotiven (15 Feuerlose, 13 Dampf, 8 Diesel) sowie rund 1100 Waggons der verschiedensten Gattungen vorhanden[301]. Das Gleisnetz hatte einen Umfang von rund 180 Kilometern. Werksintern wurden von der Bahn mehr als 1000 Ladestellen bedient[302].

Zu den noch recht wenigen Dieselloks gehörten schon seit I.G.-Farben-Zeiten auch zwei BMAG-V36[303]. Eine V20 von Gmeinder kam Ende der 50er Jahre gebraucht vom Benzin-Benzol-Verband Frankfurt hinzu[304]:

D 8	**Gmein.**	**4271/1946**	V20	BASF ab 1958
D18	**BMAG**	**11254/1941**	V36	BASF ab 1941
D19	**BMAG**	**11640/1941**	V36	BASF ab 1943

Die V36 liefen vor allem mit schweren Zügen im werksinternen Zugverkehr, die V20 rangierte. Alle Loks wurden bei der BASF modernisiert (pneumatische Wendeschaltung, Einmannbedienung, vergrößerte Fenster). Die V20 erhielt nachträglich Ex-Schutz. Mitte der 70er Jahre wurden alle drei Loks ausgemustert:

D18:	30.09.74	an DGEG Neustadt/Weinstraße,
D19:	15.03.74	++,
D 8:	17.08.76	++.

Construkta, Ingenieurbau P. Wassmer, Ludwigshafen-Oggersheim

Die Firma Construkta kaufte Anfang der 60er Jahre mehrfach Dieselloks unterschiedlichster Bauart und Leistung aus US- und britischen Militärbeständen auf. Allein der Lokhändler Hans Glaser vermittelte innerhalb von nur drei Jahren nicht weniger als sechs Loks hierhin. Die meisten davon tauchen schon wenige Wochen oder Monate später bei anderen Besitzern wieder auf. Offenbar wurden die Loks hier nur aufgearbeitet.

Eine der fraglichen Lokomotiven, eine V36, war die **BMAG 11211/1940**, ex Britische Rheinarmee; am 4.3.64 von Glaser an Construkta und am 5.10.65 von Construkta an Glaser zurück. Die Maschine wurde gewissermaßen als Bausatz in völlig demontiertem Zustand übernommen und mußte mit vom BZA München erbetteltenZeichnungen erst mal wieder zusammengesetzt werden. Sie lief ab 1965 bei den Verkehrsbetrieben Grafschaft Hoya. Zum gleichen Verkaufs-Paket vom 4.3.64 an Construkta gehörten übrigens auch zwei DWK-Loks mit Wehrmachts-Vergangenheit: Eine 360C (DWK 759) und eine 220B (DWK 674). Auch diese beiden Maschinen fanden sehr schnell neue Eigentümer.

Daimler Benz AG, Werk Gaggenau
Daimler Benz AG, Werk Wörth/Pfalz

Die Daimler-Benz-V20 gehörte zu der schon mehrfach angesprochenen Mosbacher Nachkriegsserie. Die Lok - **Gmeinder 4274/1947** - wurde an das Traktoren-Werk in Gaggenau geliefert und versah dort als Nr.3 fast 19 Jahre lang den Zustelldienst auf der Anschlußbahn zwischen DB-Bahnhof und Fabrik. Am 22.1.66 wurde sie zum LKW-Werk in Wörth umgesetzt. Dort lief sie noch 1½ Jahre und wurde dann zur Zerlegung an die Fa. August Schuler, Schrottgroßhandel, in Deißlingen verkauft.

Damit wäre die Geschichte dieser Lok normalerweise zu Ende gewesen. Scheinbar witterte Schuler, obwohl die Lok nur als Schrott dorthin verkauft war, aber noch ein lohnendes Geschäft. Statt nach Deißlingen wurde die Maschine am 19.7.67 von Wörth aus jedenfalls gleich nach Basel Bad. Bf. überführt. In der Schweiz war sie danach noch über 30 Jahre im Einsatz.

Bundespost, Bahnpostamt Freiburg

In Freiburg fuhr ab 1972 noch eine der drei in Hannover überflüssig gewordenen Post-V36. Die Daten: **Deutz 55725/1953**. Die Lok erhielt (zumindest auf dem Papier) in Freiburg die Nr. 373. Für den nicht allzu umfangreichen Bahnpost-Rangierverkehr im Breisgau war die V36 offenkundig eine Nummer zu groß. Schließlich hatte man schon seit 1960 mit einer 130-PS-Gmeinder-Lok (5247/1960) durchaus ein Auskommen. Spätestens 1975 wurde die V36 abgestellt, im September 1976 folgte sie ihren beiden Hannoveraner Schwesterloks zu neuen Einsätzen nach Italien.

E. Schwenk, Zement- und Steinwerke KG, Ulm

Die Firma Schwenk-Zement erwarb 1980/81 aus Restbeständen der Bundesbahn gleich drei kurz vor der Ausmusterung stehende V36 für ihre Werke in Karlstadt/Main, Heidenheim-Mergelstetten und Allmendingen. Hintergrund dafür war die Umstellung der Zementöfen von Öl- auf Kohlefeuerung, was einen erheblichen Anstieg der Brennstoffanlieferung über die Schiene und damit auch die Notwendigkeit stärkerer Loks mit sich brachte. Für den übrigen Rangierbetrieb reichten dagegen weiterhin die in allen drei Werken vorhandenen Gmeinder-Köf II aus. Folgende V36 waren im Besitz von Schwenk[305]:

O&K	**21303/1940**	21.07.80	ex DB 236 102-0
BMAG	**11384/1940**	20.10.80	ex DB 236 119-4
MAK	**2012/1948**	21.02.81	ex DB 236 255-6

Alle V36 wurden noch vor der offiziellen Ausmusterung, teils sogar ohne vorhergehende z-Stellung übernommen. Die 236 119 büßte bei Schwenk die bis zuletzt vorhandene Führerhauskanzel ein. Ansonsten wurden die Loks aber genau in dem (z.T. vergammelten) Zustand belassen, in dem sie von der Bundesbahn kamen. Die Einsätze und Einsatzorte im einzelnen:

Das **Werk Karlstadt/Main** erhielt dreimal pro Woche - jeweils montags, mittwochs und freitags - einen Ganzzug Braunkohlestaub in Kesselwaggons; durchschnittlich 20-24 Wagen pro Zug. Länge rund 500 Meter. Speziell für die Kohlenstaubentladung wurde 1980 die Lok II, ex DB 236 102-0, beschafft. Frachtaufkommen auf der Schiene: 137.000 to jährlich! Außerdem war eine LgII-Kleinlok, Gmeinder 5095/1958, vorhanden.

---

301 Mosig, Loks, S.10
302 Beiersdörfer, BASF, S.42f.
303 Vergl. S.105
304 Außerdem soll die spätere DB-Lok V36 238 bis Ende 1951 bei der BASF gewesen sein; die Maschine ging neu an die Wehrmacht, könnte - wenn die Angaben stimmen - also allenfalls in den ersten Nachkriegsjahren vorübergehend bei der BASF gelaufen sein
305 236 102-0 laut AW Bremen per 3.7.80 verkauft

Im **Werk Heidenheim-Mergelstetten** kamen die Kohlenstaub-Ganzzüge jeweils dienstags, donnerstags und samstags an, also genau immer um einen Tag versetzt. Auch hier war es Aufgabe der V36, die Ganzzüge zur und an der Umfüllanlage zu rangieren. Eingesetzt wurde Lok 2, ex DB 236 119-4. Außerdem waren eine Gmeinder-Köf (5096/1958) und zwei Vollert-Robots vorhanden. Gleisanlagen im Werk: Rund 2 Kilometer. Etwa Mitte der 80er Jahre übernahm im Werk Mergelstetten die Zustellok der DB auch den Rangierdienst an der Entladestation. Die V36 war seitdem eigentlich arbeitslos, wurde für sporadisch anfallende Einsätze bis zur HU-Frist 2009 aber betriebsfähig vorgehalten. Ab 1991 besorgte eine Babelsberger V10B aus dem Schwenk-Werk in Bernburg den Rangierdienst.

Nur ganze zwei Monate dauerte der V36-Betrieb im **Werk Allmendingen**. Die im Februar 1981 übernommene 236 255-6 (bei Schwenk mit DB-Nummer geführt) war angeblich zu schwach. Außerdem sorgte die Tatsache für Verdruß, daß die Maschine, wohl ohne von der DB darauf aufmerksam gemacht worden zu sein, eine der wenigen ohne Einmannbedienung war und deshalb nur mit Beimann gefahren werden konnte. Die betriebsbereite Lok wurde frühzeitig abgestellt und setzte im Lauf der folgenden Jahre eine dicke Zementschicht an. Außerdem vorhanden: Gmeinder 5080/1958 - Typ Köf II - und ein Vollert-Robot.

Seit 2016 waren dann auch bei Schwenk die V36-Zeiten endgültig vorbei. Alle drei Loks blieben museal erhalten: Die Karlstädter Lok wurde 1992 durch eine Wiedervereinigungs-V60D von LEW (ex Zementwerk Bernburg) ersetzt und anschließend an den „Verein zu Erhaltung und Förderung des Schienenverkehrs Bocholt" verkauft. Die Allmendinger V36 ging schon 1984 an den „Historischen Schienenverkehr Wesel". Die ex 236 119 vom Zementwerk Mergelstetten ist heute bei den Bahnbetrieben Blumberg im Bestand.

Papierfabrik Scheufelen, Oberlenningen/Teck

Auch bei der Papierfabrik Scheufelen rangierte zeitweise eine ehemalige DB-V36 - **MAK 2019/1948**-, ex 236 262-2. Ankauf: 22.11.80. Übernahme: 20.02.81 Die mit Getriebeschaden abgestellte Maschine mußte zuvor im Bw Stuttgart noch recht aufwendig instandgesetzt werden, weil die DB einerseits bei der Papierfabrik im Wort stand - Aktenvermerk: *„Guter Kunde. Frachtaufkommen 1979 = 3,2 Mio DM"* -, andererseits aber keine andere betriebsbereite V36 mehr zur Verfügung war. Die Lok bekam z.B. extra dafür noch ein anderes Getriebe (aus 236 205).

Die Scheufelen-Lok erledigte neben dem Werksrangierdienst auch den gesamten Verschub im DB-Bf. Oberlenningen. In den Papieren wurde sie als Lok 3 (später Lok 1") geführt, tatsächlich war sie aber die ganze

WERK- UND INDUSTRIEBAHNEN (3)

Betrieb	Nr	Herstellerdaten	Type	im Besitz	Herkunft	Verbleib
Bundespost Freiburg	373	Deutz 55725/1953	V36	1972-1976	Post Hannover	Italien
Zement Schwenk, Karlstadt	II	O&K 21303/1940	V36	1980-1992	DB V36 102	VEFS Bocholt
Zement Schwenk, Mergelstetten	2	BMAG 11384/1940	V36	1980-2016	DB V36 119	Bahnbetriebe Blumberg
Zement Schwenk, Allmendingen	236 255	MAK 2012/1948	V36	1981-1984	DB V36 255	Histor.Schienenverk.Wesel
Papierfabrik Scheufelen	236 262	MAK 2019/1948	V36	1980-1986	DB V36 262	Museums-Eb. Paderborn
Kabelmetall Neumeyer, Nürnberg	D1	Deutz 36661/1941	V20	1957-1972	Grabowski, Hamburg	Italien
Bayer.Hafenamt, Regensburg	V20-8	Gmdr 4272/1946	V20	1946-1973	neu	Josef Wallner, Deggendorf
Josef Wallner, Deggendorf	V20-8	Gmdr 4272/1946	V20	1973-1983	Hafenb. Regensburg	Italien
Josef Wallner, Deggendorf	26	Gmdr 4273/1946	V20	1978	Stöhr, München	++
MAN, Werk Augsburg	2	Deutz 36656/1941	V20	1949-1985	DR/Schadlokpark	BSM Augsburg
Montan-Industrie, Aschau		BMAG 11449/1941	V36	1941-1952	neu (Dynamit AG)	Hafenbahn Frankfurt
Montan-Industrie, Wolfratshausen		O&K 21341/1940	V36	1940-1951	neu (Dynamit AG)	Gelsenberg, Gls-Horst
Amt für Reparationsangelegenheiten		BMAG 11461/1941	V36	1945-1948	Wehrmacht	Albanien
Karl Stöhr, München	26	Gmdr 4273/1946	V20	1946-1978	neu	Josef Wallner, Deggendorf
Leonhard Moll, München		BMAG 11453/1942	V36	1963-1975	US-Army/TC	Italien

Frühling in Oberlenningen: Die Werklok der Papierfabrik Scheufelen rangiert - noch mit DB-Nummer - unter blühenden Bäumen einige Wagen zurecht (Bf. Oberlenningen, 26.4.83).

BRIAN RUMARY

Ulrich Völz

Die letzten Tage sind bereits gezählt:
Für dieses Foto mußte die Wallner-V20 schon von ihrer Nachfolgerin, einer 60er-Jahre-O&K-Lok, aus dem Lokschuppen gezogen werden (Deggendorf, 11.7.83).

Zeit über noch mit ihrer alten DB-Nummer im Einsatz. Am 24.4.86 übernahm die Papierfabrik mit der 261 687 eine weitere, bedeutend stärkere DB-Lok. Die V36 wurde per 6.5.86 an die „Museums-Eisenbahn Paderborn" abgegeben, aktuell ist sie im Bestand der „Dampfzug-Betriebs-Gemeinschaft".

Kabel- und Metallwerke Neumeyer AG, Nürnberg

Die Geschichte der hier eingesetzten V20-Lokomotive - **Deutz 36661/1941** - hat leider noch einige Lükken. Die Lok (siehe Foto Seite 390) taucht nach dem Krieg erstmals im Oktober 1957 bei einem „Herbert Grabowski, Hamburg" (Lokhändler?) auf. Mit diesem Datum wurde sie zugleich an die Kabelmetallwerke in Nürnberg verkauft.

Zusammen mit einer Henschel DEL110 versah die V20 als D1" fünfzehn Jahre lang den Rangierdienst bei Neumeyer. Die Lok selbst trug, außer dem vorgeschriebenen Untersuchungsdatum, keinerlei Anschriften. Einziges erwähnenswertes Datum aus dieser Zeit war eine Instandsetzung 1962 bei Deutz.

Anfang der 70er Jahre das bekannte Spiel: Die beiden Oldtimer-Maschinen - V20 und DEL110 - mußten einer modernen O&K-Lok (Typ MB280N) Platz machen. Wie zuvor schon die Henschel-Lok (1970), wanderte 1972 auch die D1 auf's Abstellgleis. Am 23.11.72 wurde sie an die Fa. Glaser, München, und von dort aus - 1974 - weiter nach Italien verkauft.

Bayerisches Hafenamt, Regensburg

Die Hafenbahn in Regensburg hatte erst kurz nach dem Krieg den Betrieb mit eigenen Lokomotiven aufgenommen. Erste Lok war seinerzeit eine Nachbau-V20 - **Gmeinder 4272/1946** -, die am 31.8.46 neu geliefert wurde. In einem Bericht von 1952 über die Entwicklung einer später im Hafen eingesetzten 400-PS-Krauss-Maffei-Lok, heißt es dazu[306]:

Zunächst wurde im Zuge des Wiederaufbaus eine 200-PS-Diesellok mit Voith-Flüssigkeitsgetriebe aus einer Wehrmachtsserie beschafft, welche nicht nur wertvolle Dienste leistete, sondern der Hafenverwaltung in mehrjähriger Erfahrung kalkulatorische Unterlagen für ihren wirtschaftlichen Einsatz lieferte. Durch ... die vorgenannte Lok standen der Hafenverwaltung nicht nur geschulte Fachkräfte, sondern auch der entsprechende Reparaturbetrieb zur Verfügung. Nach den mit dieser Lok gemachten Erfahrungen wurde die Beschaffung einer weiteren und zwar größeren Diesellok geplant.

Die neuen Krauss-Maffei-Maschinen erhielten bei der Hafenverwaltung die Nummern V40-1 bis V40-5. Auch die WR200B14 blieb im Einsatz, vornehmlich im Ölhafen. Betriebsnummer: V20-6, später - ab 1963 (nach Zugang weiterer 400-PS-Lokomotiven aus Aschaffenburg) - dann V20-8. 26 Jahre lang teilte sich die Gmeinder-Lok mit den 400-PS-Typen alle Arbeit im Regensburger Hafen. Anfang 1973 wurde sie an die Fa. Wallner, Deggendorf, verkauft.

Bayerische Schiffahrts- und Hafenbetriebs-GmbH, Josef Wallner, Deggendorf

Die Firma Wallner betrieb den Hafenumschlag im kleinen Deggendorfer Hafen. Zu den Aufgaben der hier laufenden Loks gehörte u.a. die Zustellung von Ölzügen für das Donau-Tanklager sowie das Rangieren mit den Containerwagen für die Donau-Hafengesellschaft. Das Wagenaufkommen summierte sich z.B. 1981 auf rund 3500 Waggons.

Die Regensburger V20 - **Gmeinder 4272/1946** - gehörte Wallner seit dem 3.1.73. Fünf Tage später, am 8.1.73, erfolgte die Überführung nach Deggendorf. Die V20 löste hier eine 100-PS-Gmeinder-Lok aus dem Jahr 1943 ab, die als Reserve aber weiter hinterstellt blieb. Die Betriebsnummer, V20-8, blieb in Deggendorf unverändert. Bei Wallner lief sie bis in die zweite Jahreshälfte 1983. Durch die Übernahme einer modernen O&K-Lok wurde sie schließlich entbehrlich und nach Italien verkauft.

---

306 Feuchter, Regensburg, S.145

Als Ersatzteilspender für die Regensburger Lok erwarb Wallner übrigens 1978 noch eine in gleicher Serie gebaute Schwestermaschine der V20 - **Gmeinder 4273/1946** -, ex Karl Stöhr KG, München. Nach Ausbau der noch gebrauchsfähigen Teile (insbesondere des Motors) wurde die Lok noch 1978 verschrottet.

MAN Maschinenfabrik Augsburg-Nürnberg AG, Werk Augsburg

Die Werklok 2 der MAN, ebenfalls eine V20-Type, hat lange Zeit Rätsel aufgegeben. Unterlagen waren nicht mehr oder nur noch höchst unvollständig vorhanden. Auch an der Lok selbst waren, nach Kriegsschäden und diversen Umbauten, keinerlei Hinweise auf die Identität mehr auszumachen. Erst über viele Umwege konnte der Lebensweg deshalb inzwischen rekonstruiert werden.

Bei der Maschine handelt es sich um die ehemalige Rangierlok des Ersatz-Verpflegungs-Magazins Würzburg-Zell - **Deutz 36656/1941 -**. Die Lok wurde 1946/47 vorübergehend im Bestand des Bw Würzburg geführt, wegen schwerer Schäden (Motor vollkommen zerstört, Fahrzeugteil mit Brandschaden) von der DR-West aber nicht übernommen. Über das bayerische Landeswirtschaftsamt gelangte sie, als Schrott, schließlich im Juli 1949 zur MAN.

Bei der Instandsetzung 1949/50 und diversen seither stattgefundenen Umbauten erhielt die Lok danach ihr ganz eigenes Gepräge. U.a. wurden

Wiederaufgebaut und vielfach modernisiert: Die im Krieg erheblich beschädigte Deutz-V20 stand bei MAN noch 35 Jahre lang in fast täglichem Einsatz (Augsburg, 19.8.82).

ULRICH VÖLZ

- ein neuer 8-Zylinder-MAN-Motor W8V17,5/22A (200 PS bei 800 UpM) eingebaut,
- der Vorbau dafür über die vordere Rahmenplatte hinaus verlängert,
- die Kiemenbleche für die Motorraumtüren (später: glatte Bleche) neu angefertigt,
- die hintere Führerhauswand verstärkt und die Übergangstür verschlossen sowie
- das Führerhaus innen mit lärmschluckenden Dämmplatten ausgekleidet,

außerdem erhielt die Lok

- eine verstärkte Bremsanlage,
- eine Kühlerjalouse und
- einen elektrischen Anlasser (1962).

Nach 35 Einsatzjahren bei der MAN (der Schienenverkehr wurde hier 1985 aufgegeben), hat auch diese Lokomotive einen würdigen Lebensabend gefunden. Seit 1985 gehört sie dem „Bayerisch-Schwäbischen Museumsbahn-Verein“, eine betriebsfähige Aufarbeitung ist derzeit aber nicht in Sicht.

Amt für Reparationsangelegenheiten, St.Georgen/Traunreut

Hier lief bis mindestens Februar 1948 die Rangierlok der ehemaligen Heeres-Muna St.Georgen, eine WR360C14 - **BMAG 11461/1941**-. Aus den Jahren 1946-1948 sind mehrere Getriebereparaturen belegt. Um 1948 wurde die Lok dann als Reparation nach Albanien abgegeben[307], wo sie nachweislich noch bis in die 60er Jahre hinein vorhanden war. Einzelheiten zu dieser ungewöhnlichen Reparationslieferung sind nicht bekannt.

Karl Stöhr KG, Hochbau-Ingenieurbau-Tiefbau, München

Die Firma Stöhr, ein großes Bauunternehmen aus München, setzte schon seit 1946 eine damals fabrikneue Nachbau-V20 - **Gmeinder 4273/1946** - ein. Die Lok wurde offenbar in erster Linie für den Rangierdienst im Stöhr-Bauhof in Unterpfaffenhofen-Germering beschafft, lief in der 50er und 60er Jahren aber auch als Baulok auf diversen Großbaustellen, so u.a.

1951-52
in Landstuhl in der Pfalz,

1963-65
in Wiesentheid bei Würzburg und

1966-68
beim Autobahnbau Jossa-Wildflecken (km 22,6).

Nach fast 32 Dienstjahren bei Stöhr war Ende der 70er Jahre dann auch für diese V20-Lokomotive die Zeit abgelaufen. Für den Schrottpreis von 3808 Mark wurde die bei Stöhr als Nr.26 bezeichnete Maschine am 14.3.78 noch an die Firma Wallner in Deggendorf, verkauft, dort jedoch alsbald verschrottet.

Leonhard Moll KG, München

Die bekannte Bauunternehmung Leonhard Moll hatte zwischen 1963 und 1975 eine Schwartzkopff-V36 - **BMAG 11453/1942** - in Betrieb. Die Lok stammte aus Beständen des US-Army Transportation Corps und wurde am 7.3.63 über den Lokhändler Hans Glaser erworben. Belegt sind Einsätze 1963-65 bei der Arbeitsgemeinschaft Autobahnbau Dettelbach/b.Würzburg. Die Lok war noch im Mai 1975 in München. Danach rollte sie in Richtung Italien ab.

---

307 Weitere Einzelheiten dazu im Auslandsteil ab Seite 497

Dr. Guenther Barths

Anschlußbahnen der alliierten Streitkräfte

Neben DB, Kleinbahnen und Industriebahnen gab es in Westdeutschland bis in die 90er Jahre hinein noch einen wichtigen vierten Bereich mit V20/V36-Einsätzen: Die Anschlußbahnen der sogenannten „Stationierungsstreitkräfte“, also des britischen, amerikanischen und belgischen Militärs in Deutschland (die Franzosen hatten - soweit bekannt - keine V20/V36-Lokomotiven in Betrieb).

Die alliierten Armeen waren 1945 als Besatzungstruppen in den Besitz der Wehrmachtloks gekommen. Nach Auflösung der alten Depots und Munas wurden die Loks bis etwa 1950 in der Mehrzahl an DR bzw. DB „zurück“-gegeben. Alle genannten Streitkräfte behielten aber auch etliche Loks für den eigenen Bedarf. Bei der US-Army liefen sie bis 1966, bei der Britischen Rheinarmee bis 1997 und bei den Belgiern bis 2003.

Über all diese Loks ist - in erster Linie wohl wegen der metierbedingten Geheimhaltung - in der Fachliteratur bislang kaum und wenn doch, dann allenfalls ausschnitthaft berichtet worden. Insbesondere der sehr erkleckliche Umfang der Lokbestände beim US-Army Transportation Corps (USA/TC) und, mehr noch, beim Royal Corps of Transports (RCT) der britischen Armee wird in der nachfolgenden Gesamtschau erstmals vollständig deutlich.

Verzichtet wurde darauf, die in Ihrer Fülle völlig unüberschaubaren Lokbewegungen in den Besatzungslagern unmittelbar nach Kriegsende nachzuzeichnen. In Text und Listen sind deshalb nur die Lokomotiven erfaßt, die nach Abschluß der wesentlichen Rückgabe-Aktionen, also ab etwa 1950, noch bei den Stationierungsstreitkräften im Einsatz standen.

Einmal Armeelok, immer Armeelok: RCT 36274 war mal als DB V36 103 vorgesehen, blieb aber im Dienst der britischen Streitkräfte. Im Hintergrund: Die aus DB-Umbaudreiachsern entstandenen Munitionszug-Begleitwagen des RCT mit den charakteristischen „Ausgucken“ (Rheindahlen, 23.2.90).

Sammlung Rudolf Heinisch

Das Storage Depot Nahbollenbach in Idar-Oberstein war einst das größte Versorgungslager der US Army außerhalb der USA. Anfang der 50er Jahre rangierte hier diese ex-geschützte Army-V36 mit der Betriebsnummer 7-360-42. Eine BMAG-Lok, aber ob und um welche spätere 9000-P-Lok es sich handelt, ist unklar.

UNITED STATES ARMY TRANSPORTATION CORPS					
Nr	**Herstellerdaten**	**Type**	**Einsatz**	**Herkunft**	**Verbleib**
9000 P	BMAG 11680/1942	LDFE110	1945-1961	Heeres-Muna Bamberg	TWE Köf 10
9001 P	Deutz 23120/1938	F6M317R	1945-?	Heeres-Muna Bamberg	
9002	Hen. 25410/1942	DG39	1945-1961	Heeresbauamt Frankfurt	Construkta Ludwigshafen
9003 P	BMAG 11454/1942	WR360C14K	1945-1962	Wifo München	Midgard Nordenham 5
9004 P	BMAG 12032/1943	WR360C14K	1945-1962	Wifo	Wilstedt-Zeven-Tostedt 279
9005 P	BMAG 10932/1939	WR360C14K	1945-1965	Wifo München	Montafonerbahn V10.011
9006 P	BMAG 11453/1942	WR360C14K	1945-1962	Wifo München	Leonhard Moll München
9007-P	Deutz 39643/1943	WR200B14	1954-1962	Luftw.Wien.Neustadt	Steinhuder Meer-Bahn 262
9008 P	BMAG /1937	LDE80	1945-1961		Construkta Ludwigshafen
9009	O&K 21460/1941	WR360C14K	1954-1966	Luftwaffe	Montafonerbahn V10.012

9000: KöfII-Type/110 PS
9001: Kö II-Type/ 80 PS; 1958 noch vorhanden
9002: Henschel-Firmentype
9007: 1945-1954 USA/TC Österreich (DL2002)
9008: Kö II-Type/ 80-PS (evt. BMAG 10518 ???)
9009: 1945-1954 USA/TC Österreich (DL3001); am 1.5.54 aus Österreich übernommen

Quellen: Glaser, Verkehrsarchiv Nürnberg, Fotos

United States Army Transportation Corps (USA/TC)

US Army, Nachlass Arnold Haas

Armeewappen, große Ziffern und Schriftzug „United States Army": Die US-Armee-Loks waren sehr auffällig beschriftet. Technisch blieben sie weitgehend im Wehrmachts-Zustand.

Das USA/TC rekrutierte seine Loks naturgemäß aus der amerikanischen Besatzungszone, also vor allem aus Hessen, Bayern und Nord-Württemberg/Nord-Baden. In zumindest einem, vermutlich sogar zwei Fällen[308] liefen Loks aber auch aus der amerikanischen Zone in Österreich zu. Die Rückgaben an deutsche Behörden waren bei den Amerikanern schon relativ früh, bis etwa Anfang 1949, abgewickelt. Für eigene Zwecke behielt die US-Army nur zehn Loks, die in den Bestand des USA/TC übergingen. Alle zehn Maschinen wurden - ungeachtet bestehender Bauartunterschiede - Anfang der 50er Jahre in eine einheitliche 9000er-Nummernreihe eingeordnet.

Leihweise war außerdem eine britische Armee-V36 (BMAG 11211) vorübergehend in US-Diensten. Die näheren Umstände sind etwas undurchsichtig. Nur ein knapper Vermerk im Betriebsbuch - *„ab 3.6.60 US-Streitkräfte Pfalz"* - weist auf diesen Einsatz hin. Spätestens im September 1961 wurde die Lok aber bereits wieder im Bestand der britischen Streitkräfte geführt.

Über die Einsatzorte der US-Loks ist, dem wenig ausgeprägten Mitteilungsbedürfnis der US-Army entsprechend, kaum etwas bekannt. Nicht einmal die Landesbevollmächtigten für Bahnaufsicht als aufsichtsführende Behörden auf deutscher Seite bekamen darüber Informationen. Belegt sind bislang Einsätze der

9003 P im US-Depot Hinterweidenthal b.Pirmasens (1962),
9004 P im US-Lager Miesau b. Landstuhl und der
9005 P im US-Tanklager München-Freiham (um 1959).

Die 9004 P war Anfang der 50er Jahre ebenfalls im Freiham eingesetzt. Der US-Stützpunkt (Bruchmühlbach-) Miesau taucht in der Literatur verschiedentlich als Heesen[309] oder Meesen[310] auf. Auch beim Groß-Tanklager Bellheim bei Germersheim sollen US-V36 gefahren sein. Und schließlich: Auch die 9007-P lief bei einem US-Depot irgendwo in der Pfalz.

Alle US-Lokomotiven wurden in den 40er und 50er Jahren bei namhaften Lok- und Maschinenfabriken aufgearbeitet, u.a. die 9003 P (1946 bei MAN Augsburg), die 9004 P (1951 bei Henschel) und die 9006 P (1958 bei Westwaggon). Der Anstrich der US-Loks war - wie bei der Bundesbahn - schwarz.

In der ersten Hälfte der 60er Jahre lief der V20/V36-Betrieb beim USA/TC allerdings schon nach und nach aus. Ab 1961 wurden jährlich mehrere Lokomotiven abgestoßen, zuletzt, am 12.5.66, die O&K-V36 mit der US-Nummer 9009. Käufer war in allen Fällen der Münchener Lokhändler Hans Glaser, der die Maschinen - meist nach einer kurzen Aufarbeitung - an neue Einsatzplätze weitervermitteln konnte. Die genauen Verkaufsdaten:

308 Sicher: Deutz 39643/1943, spätere USA/TC 9007-P; unklar: O&K 21460/1941, spätere USA/TC 9009
309 Löttgers, V36, S.102
310 Wolff, Klein- und Privatbahnen/Bd.2, S.171

9000 P: 30.11.61 an Glaser (später TWE Köf10)
9001 P: ?
9002: 24.10.61 an Glaser (später Construkta)

9003 P: 24.10.62 an Glaser (später Midgard)
9004 P: 17.04.62 an Glaser (später WZTE)
9005 P: 21.01.65 an Glaser (später Montafon)
9006 P: 24.10.62 an Glaser (später Leonh.Moll)
9007 P: 17.04.62 an Glaser (später StMB)

9008 P: 24.10.61 an Glaser (später Construkta)
9009: 12.05.66 an Glaser (später Montafon)

Zusammen mit den V20/V36 wurden übrigens auch vier erst nach dem Krieg für die US-Army beschaffte Deutz-Lokomotiven veräußert, die laut DB-Umzeichnungsplan von 1968 sogar noch Privatnummern nach DB-Schema bekommen sollten (tatsächlich aber nicht bekamen):

56105P/56106P: (= V36 801-802 P)
Deutz 56105-106/1955
56125P/56126P (= V53 801-802 P):
Deutz 56125-126/1956

Die als „236⁸" vorgesehenen Lokomotiven gehörten zu den mittlerweile schon gut bekannten Deutz-Nachbauten mit modernerem Lokkasten. Die „253⁸" waren ebenfalls Stangenloks, aber Neuentwicklungen mit 2-Takt-Motoren und Mittelführerstand. Außerdem hatte die Army mehrere VT deutscher Herkunft, Reisezugwaggons, Salon- und Lazarettwagen sowie verschiedene Diesellloks amerikanischer Bauart (Baldwin, General Electric) in Betrieb.

Forces Belges Allemands (FBA)

Die Standorte des belgischen Militärs in Deutschland konzentrierten sich auf das Siegerland, Westfalen und das deutsch-belgische Grenzgebiet im Großraum Köln/Aachen. Zu den wenigen hier eingesetzten Lokomotiven zählte auch die ehemalige Wifo-Lok 14 - **O&K 21141/1940** -, Typ WR360C14K.

Die Maschine lief bis 1960 beim belgischen Truppenlager in Soest (ehemaliges Heeres-Verpflegungsamt der Wehrmacht), war in den 50er Jahren aber möglicherweise auch vorübergehend in Aachen stationiert. Im Mai 1960 wurde der *„Locotracteur"* hier überflüssig und zum Transport-Bataillon 386 in Kapellen nördlich von Antwerpen umgesetzt: Soest ab 10.5.60, Kapellen an 11.5.60 (über Grenzübergang Montzen). In Kapellen war die damals schon über 60 Jahre alte Armee-V36 noch bis 2003 regelmäßig im Einsatz und ist heute in Belgien museal erhalten[311].

Im westfälischen Soest gab es, bis zur Auflösung des belgischen Armeelagers im Jahre 1993, übrigens noch zwei weitere deutsche Diesellokomotiven, beides allerdings sehr viel kleinere, leistungsschwächere Maschinen und beide aus Nachkriegsfertigung:

Deutz 56551/1956 - Typ A2L514
eine 28-PS-Stangenbauart, und
Jung 12089/1954 - Typ EN112
eine Einzylinderlok; mit 11/12 PS
die kleinste Bauart im Jung-Typenprogramm.

Royal Engineers Transportation (RE(Tn)) Royal Corps of Transport (RCT)

Bei den britischen Streitkräften in Deutschland war der V20/V36-Betrieb weit umfangreicher und länger andauernder als bei Amerikanern und Belgiern. Grund dafür waren wohl unterschiedliche militärische Konzeptionen. In der Logistik der Britischen Armee spielte die Eisenbahn auch nach dem Krieg noch eine bedeutende Rolle.

Um 1950 z.B. gab es im ehemals britischen Besatzungsgebiet noch weit über 100 Nachschublager, Verpflegungsdepots oder sonstige militärische Einrichtungen mit eigenem Gleisanschluß. Auch die Diesellok-Flotte hatte mit meist 30-40 Lokomotiven immer eine beachtliche Größe. Etwa die Hälfte aller Maschinen beim britischen Militär - insgesamt 20 Loks - waren V20/V36-Bauarten!

Das Royal Corps of Transport (RCT)[312] entstand am 15. Juli 1965 als neue zentrale Transportabteilung der British Army. Es bündelte damit Aufgaben, die bis dahin durch

Lok mit Krone: Die britischen Armee-V36 waren - neben der Loknummer - mit einem schönen Truppenwappen geschmückt. Das Kürzel „79 RLY SQN" bezeichnet die zuständige Einheit, die 79. Railway Squadron (Arsbeck, 1991).

die **Royal Engineers (Transportation) (RE(Tn))**, Transportverbände[313] und

das **Royal Army Service Corps (RASC)** Nachschubverbände, 1965 aufgelöst

---

311 Näheres dazu im Belgien-Teil
312 Für zahlreiche Hinweise und Auskünfte zu diesem Kapitel danke ich besonders Colonel David W. Ronald, Nottingham/GB, und Major John Poyntz, London/GB
313 Dem RE verblieb auch nach 1965 der Bau und die Instandhaltung des Schienenweges

John Poyntz

Bilder aus den Blütejahren des V36-Betriebs bei der Rheinarmee: Links die BMAG-Lok 11645 noch in hellgrüner RE-Lackierung ... (Willich, 1961).

wahrgenommen worden waren. Die technische Instandhaltung der Loks ging an die **Royal Electrical & Mechanical Engineers (REME)** über. Gleichzeitig wurden auch die Eisenbahnaktivitäten von Heer (British Army of the Rhine/BAOR) und Luftwaffe (Royal Air Force Germany/RAF) zusammengefaßt. Beide hatten bis dahin Loks und Wagen unter eigener Regie verwaltet und eingesetzt.

Der Bestand an ehemaligen Wehrmachtlokomotiven bei RE(Tn), später RCT[314], war, wie schon erwähnt, recht umfangreich. Leider reichen die heute noch verfügbaren schriftlichen Aufzeichnungen nur bis Ende der 50er Jahre zurück. Alle Angaben über die bis dahin bereits aus dem Bestand ausgeschiedenen Loks mußten aus vielen, im einzelnen vielleicht noch unvollständigen Quellen[315] rekonstruiert werden.

Die Maschinen stammten, wie ein Blick auf die untenstehenden Lokliste zeigt, überwiegend aus Wehrmachts-, Wifo- oder EIBIA-Anlagen im ost-niedersächsichen Raum und wurden von der britischen Besatzung zuerst dort, später dann auch im Rheinland und in Westfalen weiter eingesetzt.

Die Lackierung der Loks war etwas uneinheitlich: Sowohl RE, als auch Air Force bemalten ihre Lokomotiven ursprünglich hellgrün (Fahrwerk rot, Pufferträger ebenfalls rot oder schwarz-gelb gestreift). Von einigen

314 Noch 1963 wurden die Maschinen übrigens als *„WD-locos"* bezeichnet; WD = War Department

315 Betriebsbücher, Loklisten des RCT, MaK-Reparaturberichte, Voith, Glaser, Poyntz

ROYAL CORPS OF TRANSPORT (RCT)
incl. Vorgängerorganisationen (Royal Engineers, Royal Army Service etc.)

Nr.	Herstellerdaten	Type	Einsatz	Herkunft	Verbleib
11211	BMAG 11211/1940	WR360C14	1945-1964	Heeres-Muna Diekholzen	Construkta/VGH V36 002
11257	BMAG 11257/1941	WR360C14	1945-1952	Wolff & Co/EIBIA	DB V36 126
11458	BMAG 11458/1942	WR360C14K	1945-1967	Wifo Nienburg	Zuckerfabrik Wetterau
11645	BMAG 11645/1942	WR360C14	1945-1967	Wolff & Co/EIBIA	Montafonerbahn V10.013
20913	O&K 20913/1938	WR360C12	1945-1967	Heeres-Muna Lockstedt	++
21110	O&K 21110/1939	WR360C14	1945-1977	Heeres-Muna Grasleben	++
21117	O&K 21117/1939	WR360C14	1945-1959	Heeres-Muna Sehnde	Erdölwerke Frisia, Emden
21132	O&K 21132/1939	WR360C14K	1945-1981	Flakzeugamt Rotenburg	++
21483	O&K 21483/1941	WR360C14K	1945-1975	Wifo Zarrentin	Italien
36235	Jung 8506/1939	WR360C14	1945-1985	Heeres-Muna Lehre	Dampfbahn Fränk.Schweiz
36274	O&K 21340/1940	WR360C14	1945-1997	Heeres-Muna Wulfen	Eisenbahnmuseum Arnstadt
36629	Deutz 36629/1943	WR360C14	1945-1985		Deutsches Technik-Museum
403	BMAG 11396/1941	WR200B14	1945-1962		Kleinbahn Niebüll-Dagebüll
21254	O&K 21254/1940	WR200B14	1945-1971		Italien
36621	Deutz 36621/1943	WR200B14	1945-1981	Luftwaffe Pr.Oldendorf	Diema, Diepholz
39624	Deutz 39624/1943	WR200B14	1945-1981		Diema, Diepholz
39662	Deutz 39662/1943	WR200B14	1945-1967	Luftwaffe Wöllersdorf	Montafonerbahn V10.015
46516	Deutz 46516/1941	WR200B14	1945-1959	Wolff & Co/EIBIA	IVG Liebenau

Nr. 403 war ex Royal Air Force, alle anderen ex Royal Engineers oder RASC

JOHN POYNTZ

Maschinen, besonders solchen aus RASC-Depots (z.B. 11458, 11645, 39662), ist aber auch ein dunkelblauer Anstrich mit gelben „Go-faster"- Streifen bekannt. Erst ab Ende der 60er Jahre, unter RCT-Ägide, setzte sich dann einheitlich das bekannte dunkel- (NATO-oliv-) grün durch.

Ausnahmslos alle V20/V36 ließ die britische Besatzungsmacht in den Jahren 1949/50 bei MAK in Kiel modernisieren. Wie ihre DB-Schwestern erhielten die Loks dabei u.a.

- Kühlerjalousien Bauart MAK,
- größere 700-l-Brennstofftanks (V20 = 400 l),
- rutschsichere Umlaufbleche,
- Windschutzscheiben an den Führerhausfenstern,
- zusätzliche Haltegriffe

ROYAL CORPS OF TRANSPORT (RCT)
weitere Anmerkungen zur Lokliste auf Seite 398

11211: ab 1960 vorübergehend verliehen an US-Streitkräfte Pfalz; spätestens September 1961 wieder im RE-Bestand
21110: 23.06.77 + (als 35 Tonnen Schrott an Vebeg verkauft; verläßt Willich 30.8.77)
21132: 16.01.81 + (Fristablauf: 25.02.81); erst 1993 ++
21483: 22.08.75 + (noch am 19.3.76 in Wulfen vh.)
36621: 19.08.81 + (Fristablauf: 30.09.81)
39624: 12.02.81 + (Fristablauf: 12.02.81)

Die meisten Lokomotiven wurden über Händler verkauft:
Carl Brombach, Hamm: 21117 (1959),
Kloss, Hannover: 403 (1962),
Elisab.Layritz, München: 11645 (1968), 39662 (1968),
Hans Glaser, München: 11211 (1964), 11458 (1968), 21254 (1971), 21483 (1976)

Lok 11211 war beim Verkauf demontiert (*„zerlegt abzuholen in Liblar"*).

Über die Verwertungsgesellschaft Vebeg wurden 21110, 36235 und 36629 veräußert.

sowie Warnlampen für die Getriebeöltemperatur, Geschwindigkeitsmesser etc.. Einzelne Loks wurden später sogar mit beidseitigen Bedienungsständen (21483) oder verbesserter Führerstandsheizung (21117, 21132) ausgerüstet. Die Rückwand-Türen in den Führerhäusern blieben - im Gegensatz zu den DB-Loks - beim RCT offen.

Zumindest in kurzen Stichworten hier der restliche Lokpark der britischen Streitkräfte in Deutschland. Zunächst die englischen Bauarten:

626-631	Barclay	1984	C-dh	(600 PS)
820-821	Drewry	1941	B-dp	(153 PS)
826-828	Barclay	1942	B-dp	(153 PS)
870-873	Barclay	1966	C-dh	(275 PS)
876'	English Electric		C-de	(350 PS)
874-878	Hunslet	1983/84	B-dh	(300 PS)
882	Armstrong	1935	C-de	(350 PS)

626-631: zunächst als 663-668 bezeichnet; Ersatzbedarf für abgelehnte deutsche Loks
820-828: ex WD, pneumatische Wilson-Getriebe; ursprünglich in Belgien eingesetzt; dann in Deutschland; 1969 zurück nach England
870-873: Cummins-Motoren, Twin-Disc-Getriebe
876': ex WD
874-878: Twin-Disc-Getriebe
882: dieselelektrisch, ex LMS; in Deutschland verkauft

Und die deutschen Bauarten:

V65	MaK	1958	Typ 600D	(600 PS)
25409-415	O&K	1953/54	Typ MV6a	(125 PS)
55261-262	Deutz	1952	Typ A6M517R	(107 PS)
55264	Deutz	1952	Typ A6M517R	(107 PS)
55268-269	Deutz	1952	Typ A6M517R	(107 PS)
56313-314	Deutz	1956	Typ V6M436R	(400 PS)
225691-696	Deutz	1954	Typ T4M525R	(225 PS)

V65: 1985 ex Teutoburger Wald-Eisenbahn
25409 ff. und 55261 ff. von RAF(G) beschafft

... rechts die von ihrem Leiheinsatz bei der US-Armee zurückgekehrte 11211, später Hoya. Für Außenstehende waren solche Fotos damals tabu (Willich, 1961).

Depotdienst:
Die Einsatzorte von RE(Tn) und RCT

Die Betriebsbedingungen bei der British Army waren wohl genau die, welche die Konstrukteure der V36 viele Jahrzehnte zuvor vor Augen gehabt haben müssen: Rangieren im Depot, das Zusammenstellen schwerer Züge im Über-gabebahnhof, gelegentliche Höchstleistungen bei großen Truppen- und Nachschubbewegungen. Die WR-Typen ge-nügten diesen Ansprüchen auch im britischen Militärdienst über viele Jahrzehnte. Vor allem die V36 war beim RCT als unkomplizierte, leistungsstarke Lokomotive hochgeschätzt. Und obwohl der rauhe Militäralltag wohl zuweilen die nötige Pflege und Wartung der Loks vermissen ließ, absolvierten nicht wenige V20/V36 beim RCT dreißig, fünfunddreißig, in einzelnen Fällen sogar 45 Betriebsjahre! Die Einsatzstellen:

Arsbeck /b.Wegberg:
6 Pet Dep RASC (Petrol Depot/Royal Army Service Corps).
Tanklager. Abzweig im km 16,137 von der DB-Strecke Rheydt - Dalheim. Der Anschluß führte weiter direkt zum RAF-Flugplatz Brüggen/Elmpt. Zusammen rund 14 km Gleis. Ursprünglich starker Verkehr durch Flugbenzin-Transporte; nach Bau einer Pipeline (um 1960) nur noch 8-10 Waggons pro Tag. Außerdem war hier eine Feldbahn mit Decauville-Dieselloks vorhanden.

Loks: 1951 = 11211
1952/53 = 21483
1957 = 36629
1957 wurde die Army-Lok aus Arsbeck abgezogen; Bedienung beider Anschließer ab 3.6.57 vorübergehend durch die Flugplatzloks der RAF Brüggen.
1963 = 21483 + 39624; 1965-1968 = 36235;
1966-69 = 21132
danach nur noch Barclay- und Kleinloks.

Im Mai 1973 wurden in Arsbeck Aufgleisübungen mit 36235 durchgeführt, später auch mit 21132. Der Anschluß wurde ab 1979 nicht mehr regelmäßig bedient.

Bad Oeynhausen:
4 REME Workshop.
Instandhaltungswerkstatt. Bad Oeynhausen war bis Ende 1954 auch Sitz des Hauptquartiers der Rheinarmee.

Loks: 1952 = 36235 (nur wenige Wochen)
1953 = 21110

Bielefeld:
11 ASD RAOC (Army Supply Depot/Royal Army Ordnance Corps).
Verpflegungslager; ehem. H.Verpfl.Amt der Wehrmacht.

Loks: 36621 (WR200B14; von 1955/60 bis 1962);
danach nur noch Köf-Typen:
1963 = 55262; 1970 = 55262 + 55268

Bracht („*Holter Heide*"):
3 BAD RAOC (Base Ammunition Depot/RAOC).
Brüggen-Bracht war lange Zeit das größte Munitionsdepot Westeuropas! Lagerkapazität für rund 45.000 Tonnen Munition. 12 Quadratkilometer Fläche. Große logistische Bedeutung. Im Golfkrieg liefen drei Viertel des alliierten Munitionsnachschubs über Bracht! Anschluß in km 9,000 an die Kleinbahn Kaldenkirchen-Brüggen.
Das von England kommende militärische Material erreichte von Zeebrügge aus über die Schiene das Depot, und wurde - ebenfalls über die Eisenbahn - dann an die einzelnen Standorte der Rheinarmee verteilt. Zustellung der Waggons: Zweimal täglich (1961).
Das Depotgelände im Grenzwald wurde schon ab 1942 von der Wehrmacht als Flugbenzinlager genutzt; ab 1948 durch die britische Besatzung neu erschlossen und erheblich ausgebaut. 1951 eröffnet. Im Depotgelände fünf große Bahnhöfe bzw. Entladestationen. Gleislänge: rund 13 km. Die ersten V20/V36 in Bracht waren:

11458:	. .51	-	15.12.57	(= V36)
36621:	17.04.53	-	14.11.54	(= V20)
36274:	(.01.60)	vh.		(= V36); seit 10.57 ?

Dazu kam noch die Kleinbahn-Lok V12, ebenfalls eine V20-Type, die von 1948-1953 für die Depotbedienung eingesetzt war.
Ab 1.1.60 oblag dem britischen Transportkommando (damals noch RE) dann auch die Lokomotivgestellung für die Kleinbahn. Seitdem waren immer mindestens zwei Loks gleichzeitig vorhanden:

36274:	(01.01.60)	-	.02.67	dann Rheindahlen
21483:	06.09.61	-		
	(.64)	-	ca.06.64	
11458:	21.08.62	-	(14.04.64)	1964 nach Schäferhof
21110:	.10.63	-	(21.07.70)	meist Reservelok
20913:	.02.67	-	ca.11.67	
21132:	(.69)	-	. (.71)	1972 Gütersloh
	(14.06.73)	-	(15.12.73)	1975 Wulfen
21110:	(17.04.72)	-	(04.05.76)	meist Reservelok
21132:	(13.07.77)	-	(19.03.79)	
36629:	(13.07.77)			
	.01.79	-	(10.01.80)	
36274:	(02.10.77)	-	.05.88	meist Reservelok

Nach 1970 wurden auf der Kleinbahn Kaldenkirchen-Brüggen verstärkt 400-PS-Loks (56313/56314) eingesetzt, wobei aber meist noch eine V36 als Reserve diente. Ab 1979 fuhr die Kleinbahn mit der eigenen MaK-Lokomotive (V65, ex TWE).
Das Depot in Bracht wurde zum 1. April 1996 aufgelöst und anschließend abgebrochen.

DIETER RIEHEMANN

Armeeloks im Zivilverkehr: Auf die Kleinbahn Kaldenkirchen-Brüggen stellte das RCT jahrzehntelang die Lokomotiven; hier 21132 (rechts) und ein modernisierter Nachbau der V36, die 56313 (Kaldenkirchen-Nord, 17.5.78).

Brüggen /b.Mönchengladbach:
431 MU RAF Brüggen (Maintenance Unit/Royal Air Force); 5357 AC Wing Detachement.
Bedeutender RAF-Flugplatz, moderne NATO-Basis, später nur noch Hubschrauberlandeplatz.
Gemeinsamer Anschluß mit dem 6 PD Arsbeck. Verlängerung bis zum Flugplatz 1953 gebaut; später aufgelassen.
Loks: Erstausstattung mit O&K-Nachkriegslok MV6a, Nr.25409); ab 1956 zusätzlich 56313
1959 = 56314 + 12522 (DWK)
1961 = 56314 + 12522 (DWK) + 55269 (Köf)
1963 = 21483 + 39624
1964 = 12711 + 12522 (beide DWK)

Duisburg:
Tanklager, ex Wehrmacht. Früh aufgegeben.
Loks: 1953 = 39662

Gütersloh (*„Blankenhagen“*):
RAF Gütersloh.
Wichtiger Luftwaffen-Stützpunkt, ex Wehrmacht; Hubschrauberflugplatz (1993 geschlossen).
Loks: 1956 = 26145 (Deutz)
1964 = 26145 (Deutz)
1967 = 26145 (Deutz) + 36274
1969/70 = 56314
1972 = 21132
zeitweise auch O&K- (1967) sowie 225er-Typen im Einsatz (1970)

Hamburg-Waltershof:
Petrol Depot.
Tanklager. Ende der 50er Jahre aufgegeben.
Loks: 1951- ? = 39624 (= V20)
? -1956 = 21254 (= V20)
1955/56 = 21483 (= V36)
1957 = 36629 (= V36); schon seit 1953 ?

Hesedorf/b.Bremervörde:
RAF Hesedorf. Flugplatz, ex Wehrmacht, später Bundeswehr.
Loks: 1953 = 11396 (= V20)

Lehre/b.Braunschweig:
13 EADCU Motorisierte Sektion (ab 1.1.50 = 3 ARW Armoured Repair Workshop). Munitionslager und Panzerwerkstatt, ex Heeres-Muna Lehre.
Loks: 1940-1950 = 36235 (seit Anlieferung)
1949-1952 = 11257 (Lok ging 1952 an DB; V36 126)

Liebenau/b.Nienburg:
Großes Munitionsdepot, ex EIBIA. Um 1959 an Bundeswehr übergeben, danach Betrieb durch IVG.
Loks: Zeitweise sehr üppiger Lokbestand; z.B. im Januar 1953:
11645 (V36), 46516 (V20), 20370 (O&K), 12522 (DWK) und 27281 (Deutz).
Weitere Loks:
1956 = 21254 (V20) nur kurzzeitig
1959 = 46516 (V20)

Preußisch Oldendorf:
321 Petrol Storage.
Ehemaliges Luftwaffen-Tanklager der Wehrmacht. In den 50er Jahren aufgegeben.
Loks: 1943-48 = 36621 (seit Anlieferung)
1947 = 39662

Fortsetzung auf Seiten 402/403

225691ff: Fabriknummern 55880-885; von RE(Tn) beschafft; ursprünglich in Belgien („Advanced Base Depots“) eingesetzt, in den 60er Jahre dann verstärkt in Deutschland

Darüber hinaus gab es noch verschiedene aus Wehrmachtsbeständen übernommene Firmentypen der Vorkriegsbauart, die in einer gesonderten Aufstellung auf Seite 405 aufgelistet sind. Außerdem gehörten zum Fahrzeugpark der britischen Streitkräfte, Stand 1975[316]: Rund 140 vierachsige Panzer-Transportwagen, etliche zweiachsige Rampenwagen (einseitig absenkbar für die Panzer-Verladung von ebener Erde), 36 Lazarettwagen unterschiedlicher Bauart (ex US-Army) sowie der Salontriebwagen VT 36 3628 (DB-Nummer 636 801) für den Commander-in-Chief.

Die Nummerierung der Loks bei der Rheinarmee war simpel und effektiv zugleich: In der Regel diente, wie schon zu Wehrmachtszeiten, die Fabrik-, ansonsten die seinerzeit vergebene Wehrmachtsnummer auch als Betriebsbezeichnung. Lediglich die englischen Bauarten waren aus naheliegenden Gründen in das Nummernschema des britischen War Departments eingeordnet. Ab 1970 bekamen mehrere Lokomotiven zusätzlich Namen. Bei den V20/V36 wurden noch zwei Maschinen zusätzlich getauft, und zwar

36235 am 16.01.70 auf den Namen *„Claxton“*
36274 am 23.02.90 auf den Namen *„Poyntz“*[317].

Die O&K-Lok 36274 war ein Jahr zuvor, im Januar 1989, im Zuge eines neu erwachenden Farbenfrohsinns beim RCT, außerdem mit einem neuen, tiefblauen Anstrich versehen worden (die britischen Armee-Eisenbahner folgten damit der Einsicht, daß eine Bundesbahnrote, DEG-gelbe oder Werkbahn-blaue Lackierung eine bessere „Tarnung“ darstellt, als das überall sofort auffallende nato-oliv!). Die „Poyntz“ ist in dieser letzten Lackierungs- und Beschriftungsvariante mittlerweile sogar als Märklin-Modell erhältlich.

Rangieren im niederrheinischen Grenzwald: Das Lager in Bracht war das größte Munitionsdepot Westeuropas. RCT 21110 befährt das alte Kleinbahngleis, das (quer durch das Depot) mal bis Brüggen reichte (Bracht, Sommer 1975).

Sammlung Stefan Lauscher

316 Craigmile, Army, S.160f.
317 General Claxton war der seinerzeit oberste Offizier des Transportkommandos der Britischen Streitkräfte in Deutschland;
Major John Poyntz befehligte bis 1990 die 79 Railway Squadron in MG-Rheindahlen

Die Frage nach den Einsatzorten läßt sich, anders als beim USA/TC oder bei der belgischen Armee, nicht mit wenigen Sätzen beantworten. Vor allem durch die große Zahl der Depots, wie sie bis etwa Mitte der 50er Jahre bestanden, und durch den betriebsbedingt häufigen Wechsel der dort eingesetzten Lokomotiven sind die Lokbewegungen jener Jahre absolut unüberschaubar. Die Kastentexte auf den Seiten 400-404 vermitteln zumindest einen skizzenhaften Überlick über die V20/V36-Betriebsstellen und nennen auch einige Lokstationierungen.

Die bedeutendsten V20/V36-Einsatzorte waren (in Klammern die Zahl der ein- und ausgehenden Waggons im Jahr 1966)

- das Tanklager in Schäferhof/b.Nienburg (3144 Waggons),
- das Geräte- und Fahrzeugdepot in Mönchengladbach-Rheindahlen (2772 Waggons),
- das Ersatzteillager in Viersen (2172 Waggons),
- das Muni-Lager „Holter Heide“ in Bracht (1356 Waggons),
- das Muni- und Waffenlager „Deuten“ bei Wulfen und
- das Pionierlager Willich.

Gesamt-Güteraufkommen 1966: Rund 504.000 to (oder 33.540 Waggons).

ROGER G. ASTON (3)

Kriegsspiele auf dem Truppenübungsplatz: Direkt vor der 21132 wird das Gleis gesprengt, die Lok landet krachend im Gleisbett ... und wartet schließlich darauf, wieder auf die Schienen gesetzt zu werden (Arsbeck, 1990).

Besonders in Bracht und Schäferhof waren immer mindestens zwei Loks stationiert. Die Einsätze der V20/V36 dort sind im Begleittext deshalb etwas ausführlicher erläutert.

Mönchengladbach-Rheindahlen (*„Holt II“*) war zugleich Sitz der 79 Railway Squadron, die für die Lokomotivgestellung beim RCT und alle damit zusammen-

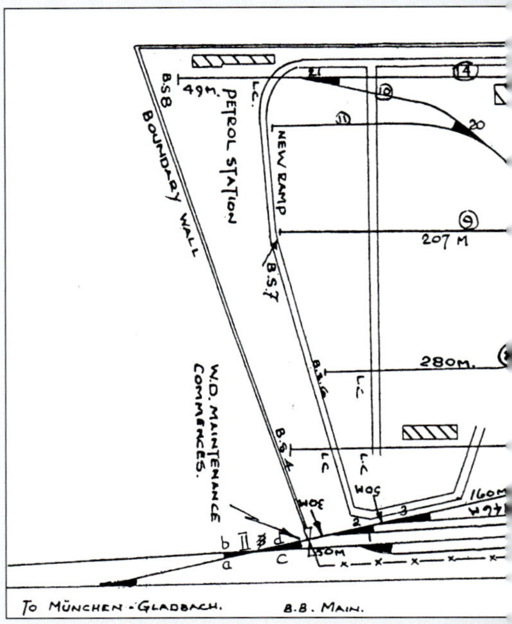

R h e i n d a h l e n (*„Holt I und II“*):
17 Veh Dep RAOC (Rear Vehicle Depot/ RAOC).
Großes Geräte- und Fahrzeugdepot in Mönchengladbach (Holt II) mit zentraler Bedeutung für den Nachschub. 1962: rund 10 km Gleis; täglich 16 Übergabefahrten, mindestens 150 Waggons pro Tag!
Sitz der 79 Railway Squadron.
Kleine Lokwerkstatt. Bis Ende der 50er Jahre auch Flugplatz (Holt I, ex Wehrmacht).
Rheindahlen war gewissermaßen die Heimat der britischen Armee-Loks. Deshalb immer großer Bestand auch an Reparatur- und Reserveloks.

Loks: 1952 = 36274
1956 = 36629 + 21254
1959-61 = 21483
1965-67 = 11645
1967 = 36274 + 39662
1968 = 36235
Um 1970/71 waren vorhanden: 21110, 36235, 36274 sowie Barclay- und Köf-Typen.
1976 = 36274; 1980 = 21132; 1985 = 36235
1993-97 = 36274 (letzte aktive RCT-V36!)

S c h ä f e r h o f /b.Nienburg:
4 Pet Dep RASC (Petrol Depot/RASC).
Großes Tanklager, ehem. Wifo Nienburg. Umfangreiche Gleisanlagen unmittelbar am DB-Bf. Die Army-Loks waren sämtlich auch für die Strecke Nienburg - Leese-Stolzenau zugelassen und erledigten die Rangierarbeiten im DB-Bf. mit.
1945, bei Übernahme durch die britische Besatzung waren vorhanden:
Wifo 1 BMAG 10929, an DB V36 203
Wifo 31 BMAG 11458, an Britische Streitkräfte

In den 50er Jahren entwickelte sich ein sehr reger Betrieb. Fast jede V20/V36 des RCT (damals noch RE) war irgendwann auch einmal in Schäferhof stationiert. Meistens waren zwei oder drei Loks gleichzeitig vorhanden.
Bestand Januar 1953: 20913, 21132, 21254, 36235.

36621:	. .48	-	05.12.52	V20
36274:	31.12.49	-	07.05.52	
11211:	(30.10.50),		(06.07.54)	dazwischen andere
36235:	.04.51	-	14.06.52	
	20.08.52	-	(23.02.54)	von Oeynhausen
21132:	14.03.52	-	(12.08.58)	
11645:	28.03.54	-	22.02.55	

Ab Ende der 50er Jahre wurde es ruhiger.
Bestand 16.03.59: 11211, 21132, 26145
Bestand 22.06.64: 11458, 56313 (dto am 16.1.67)
V36-Stationierungen in den folgenden Jahren:

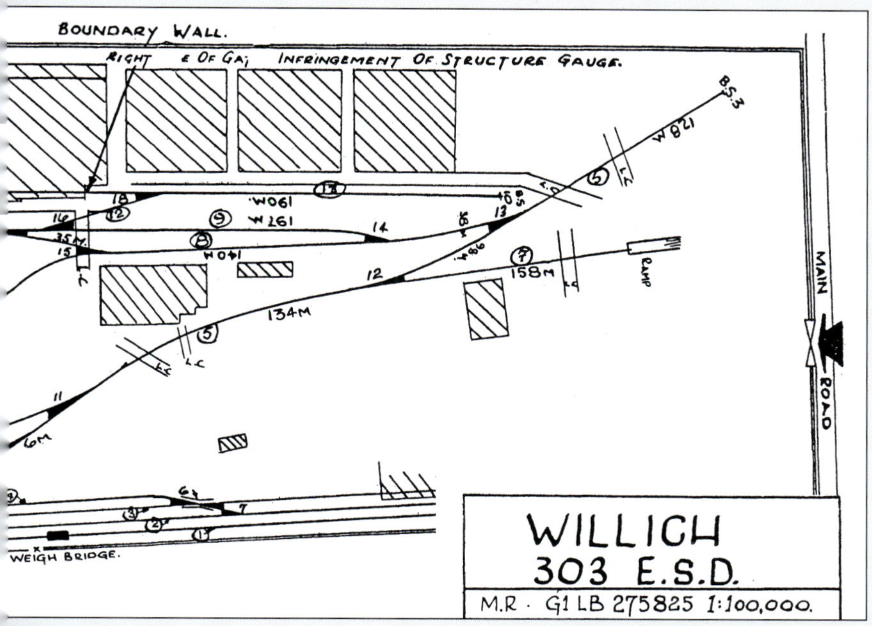

Pionierlager Willich: Der Gleisplan zeigt das weit verzweigte Schienennetz des Armee-Anschlusses. (3) ist das Gleis für die eingehenden, (4) das für die ausgehenden Züge. Als Lokschuppen mußten zwei offene Hallendurchfahrten genügen.

Depotdienst: Die Einsatzorte von RE(Tn) und RCT (2)

21132: (16.03.59) - .06.59 nach Viersen
11211: (16.03.59) - 03.06.60 an US-Army Pfalz
11458: .06.59 - 18.05.62
12.06.64 - (.02.67) 1967 abg./1968 vk.
36235: 20.07.60 - vor 1963 abgezogen
11645: (01.06.63) - .64
36274: (.75) - 13.01.76

Ab 1967 waren meist nur noch eine 400-PS- (56313) und eine 225-PS-Type (225692) vor-handen. Anfang 1976 wurde das Tanklager geschlossen und als letzte V36 die 36274 abgezogen.

Schleswig:
RAF-Flugplatz (ex Wehrmacht); früh aufgegeben
Loks: 1940-49 = 26145
1949-? = 21132
(spätestens 1952 abgezogen)

Viersen:
6 Sup Dep (Supply Depot), später: 15 ABOD (Army Base Ordnance Depot).
Britisches Ersatzteillager. Ehemaliger Privatanschluß (Firma Kaiser's Kaffeegeschäft); im Juni 1959 als britisches Depot neu eröffnet. Täglicher Wageneingang: Ca. 30 Waggons, Bedienung 3x täglich. Die Lok wurde von angemietetem DB-Personal gefahren.

Loks: Bei Eröffnung des Depots im Juni 1959 war als einzige Lok die 21132 vorhanden (spätestens 1961 nach Wulfen)
. 1961 = 20634 (O&K-Kö)
1962 = 20913
1963 = 21132 + 36235.
1966/67 war eine Deutz-225-PS-Type (225691), 1970/71 eine Köf II vorhanden (55261).

Erster Betriebstag mit eigener (RE-) Lok in Viersen war der 25.6.59. Der Lokbetrieb wurde Ende der 70er Jahre aufgegeben. Danach Bedienung durch DB.

Wahn /b.Köln:
RAF-Flugplatz; seit 1962 unter Bundeswehr-Verwaltung
36629: . (.51) - (01.08.53)
11458: 05.02.59 - .06.59 nach Schäferhof
Ende 1954 zusätzlich oder als Ersatz: O&K MV6a
Am 11.3.60 wird als letzte RAF-Lok in Wahn die DWK-Type Nr. 503 gemeldet.

Hansen, Sammlung Stefan Lauscher

No.403 auf Seite 403: Die Schwartzkopff-Lok 11396 war eine von sechs V20 der britischen Streitkräfte. Eingesetzt war sie auf dem Flugplatz Westerland (Niebüll, um 1962).

Wehmingen /b.Hildesheim:
Supply Depot.
Nachschublager auf dem Gelände des ehem. Kaliberg-werks „Hohenfels" (1926 stillgelegt). Ab 1937 Heeres-Munitionsanstalt Sehnde. Nach 1945 durch Rheinarmee, später durch Bundeswehr genutzt. Heute Sitz des Hannoverschen Straßenbahn-Museums (HSM).
Loks: 1939-47, 1953 = 21117
1950-51 = 36235
1954-? = 36274
Die letzten Armee-Loks wurden Ende der 50er Jahre abgezogen; danach Bedienung durch DB.

Fortsetzung auf Seite 404

Depotdienst:
Die Einsatzorte von RE(Tn) und RCT (3)

W e s t e r l a n d (*„Friesenhain“*):
AMWD 2.TAF (Air Ministry Works Dept./2nd Tactical Air Force).
RAF-Flugplatz; 1962 an Bundeswehr übergeben.
Loks: ? -1962 = 403 (11396/V20)
Weiterhin waren vorhanden:
412 (= Deutz 55264; Köf, o.D.)
27280 (= Deutz-Altbaulok; bis 1953) und
25411 (= O&K-Nachkriegslok; ab 1953)

W e t t e r /Ruhr:
23 Base W/S REME (Base Workshop REME).
Große Instandsetzungswerkstatt für Kettenfahrzeuge, besonders Panzer. Ehemals Werksteil von DEMAG Wetter (nach 1990 zurückgegeben).
Loks: 1954 = DWK 503; 1957 = 12711 (=DWK)
Danach war die REME-Werkstatt in Wetter d a s Einsatzfeld der V20:
21254 = 1962-1963 (+ 225695)
36621 = 1965-1981
39624 = 1960,1965-1981
Die schweren (weil mit Panzer beladenen) Wagenzüge mußten auf dem Anschlußgleis zur DB über eine steile Rampe rangiert werden, was den V20 (teilweise in Doppeltraktion) Höchstleistungen abverlangte.

W i e t z e n b r u c h /b.Celle:
RAF Celle. Großer Flugplatz, heute Bundeswehr („Fliegerhorst Celle“).
Loks: 1952-53 = 11211
1953-? = 25410 (O&K MV6a)

W i l d e n r a t h /b.Wegberg:
RAF-Flugplatz.
Flugplatz und Gleisanschluß 1951 gebaut. Abzweig in km 15,33 von der DB-Strecke Rheydt - Dalheim.
Loks: In Wildenrath waren Kleinloks bzw. Deutz-225-PS-Maschinen vorherrschend. Bis (1960) lief hier außerdem eine 360C von DWK.
Einzige bekannte V36 war 36235 (Sichtung: Juni 1982).
Der Flugplatz wurde 1992 von der RAF aufgegeben. Heute ist hier das Siemens-Testzentrum für Schienenfahrzeuge angesiedelt.

W i l l i c h:
303 ESD (Engineer Stores Depot).
Pionierlager.
Ehemaliges Privatanschlußgleis (1908-1930 Stahlwerk Becker AG, danach Deutsche Edelstahlwerke). 260.000 Quadratmeter. Per 7.7.48 durch britische Besatzung requiriert. Anschluß zum DB-Bahnhof (km 8,3). Im Depot: 15 Gleise, Wagenzustellung durch DB, werktäglich (mo bis fr) in der Regel zweimal täglich.
Das Depot in Willich hatte eigentlich immer V20/V36-Lokomotiven im Betrieb; zeitweise mehrere gleichzeitig.
Loks: 1952-53 = 36274
1959 = 11645, 21117, 36235
(11645 = bis 1962)
(36235 = 1959-60, 1961-62)
1961 = 11211, 11645
1962 = 11211, 11645, 36235
1963 = 11211, 21110
1967 = 21254 (V20-Type)
1966-68 = 36629 (vermutlich länger)
1977 = 21110

Ab 1970 waren überwiegend Barclay-Loks sowie je eine 225-PS- und eine Kleinlok eingesetzt.
Der Gleisanschluß wurde per 31.3.92 aufgegeben (letzte Loks = 225692 und 873/Barclay).

W u l f e n (*„Lager Deuten“*):
154 FAD RAOC (Forward Ammunition Depot RAOC).
Neben Bracht war Wulfen das bedeutendste Depot der britischen Streitkräfte in Deutschland. Großes Munitions- und Waffenlager (ehem. Heeres-Muna); angeblich lagerten in Wulfen auch Atomwaffen. Im Gelände große, ringförmige Eisenbahnstrecke mit Stichbahn in den Berg hinein.
Auch in Wulfen herrschte immer ein reger Betrieb mit V20/V36-Lokomotiven. In den Jahren 1947-1952 liefen auch diverse DB-V20/V36 des Bw Bocholt in der Muna Wulfen.

V20: 46516 (1956)
21254 (1959; vermutl. früher und länger)
36621 (1962-64/65)
V36: 21110 (1956-59; vermutlich schon Anfang der 50er Jahre)
21483 (1964-76)
21132 (1961), (1974-76)
36235 (1977-82)
36629 (? -1985)

Daneben waren in Wulfen verschiedentlich auch Barclay- und Deutz-225-PS-Typen stationiert.
Nach Aufgabe des Depots in Bracht war Wulfen das letzte große britische Munitionslager in der Bundesrepublik. Im August 1998 geschlossen und an die Bundeswehr übergeben.

hängenden technischen Fragen zuständig war. Deren „Commanding Officer“ übte zugleich die Funktion des vom deutschen Gesetz geforderten Eisenbahnbetriebsleiters aus.

Ebenfalls in MG-Rheindahlen gab es eine - von der REME betriebene - Lokomotivwerkstatt, in der kleinere Reparaturen durchgeführt werden konnten (normale Fristuntersuchungen in der Regel am Standort). Hauptuntersuchungen an den britischen V20/V36 wurden dagegen an die Industrie vergeben. Bis 1954/55 war dieser Partner das PAW MaK in Kiel, anschließend - bis 1967 - die Westdeutsche Maschinenfabrik in Liblar, nach deren Schließung ab 1968 die Westfälische Lokomotiv-Fabrik Reuschling in Hattingen und ab Mitte der 70er Jahre schließlich die TWE-Werkstatt in Lengerich.

Im Lauf der Jahre und Jahrzehnte sind auch bei den britischen Streitkräften in Deutschland zahlreiche Depots geschlossen oder auf Bedienung durch DB-Lok umgestellt worden. Eine kleine Tabelle[318] macht diese Entwicklung deutlich:

TABELLE 42:
Gleisanschlüsse mit Lokbedienung

Jahr	Armee-Depots mit Gleisanschluß	davon Bedienung durch eigene Lok
1945/46	mind.134	?
1962	?	17
1965	51	13
1975	36	13

Ende der 80er Jahre gab es nur noch sieben Standorte mit armee-eigener Lok: Bracht, Brüggen, Gütersloh, Rheindahlen, Wetter, Willich und Wulfen. Etwa in

318 Quellen: Ronald, Poyntz, Craigmile/Army, S.160f., HStA Düsseldorf

Stefan Lauscher

Auf dem Abstellgleis: RCT 21132 diente zuletzt nur noch als Übungslok für Aufgleisversuche der Pioniere im Depotgelände in Arsbeck (siehe Bildfolge auf Seite 402). 1991, nach 52 Jahren im Armeedienst, war ihre Zeit fast abgelaufen.

gleichem Umfang reduzierte sich der Lokbestand. Auch dazu einige Zahlen:

Jan. 1957: 30 Loks (davon 15x V20/V36)
1966: 33 Loks (davon 13x V20/V36)
Apr. 1969: 28 Loks (davon 9x V20/V36)
Jan. 1973: 26 Loks (davon 8x V20/V36)
1978: 20 Loks (davon 6x V20/V36) und
Okt. 1981: 12 Loks (davon 3x V36).

Mit Eintreffen der neuen Hunslet- und Barclay-Lokomotiven wurden die V36 schließlich überflüssig. Es wurden verkauft:

36629: Überführung 22.07.85 an MVT Berlin (zuletzt Wulfen).
36235: Überführung 06.08.85 an DFS Ebermannstadt (zuletzt Rheindahlen).

Letzte Betriebslok beim RCT[319] war, bis 1997, die 36274. Sie wurde am 16.7.97 an die DB (für das Eisenbahnmuseum Arnstadt) „zurück"-gegeben. Noch lange Zeit vorhanden war außerdem die RCT 21132. Sie stand bis zur Verschrottung 1994 abgestellt auf dem britischen Truppenübungsplatz in Arsbeck und diente dort - zuletzt arg ramponiert - als Übungslok für Aufgleisversuche der Pioniere.

Die veränderte politische Lage hat inzwischen auch die Präsenz einer britischen Eisenbahneinheit auf deutschem Boden überflüssig gemacht. Als letztes mit eigener Lok bedientes Depot der Briten wurde im August 1998 das Lager in Wulfen aufgegeben. Die 79 Railway Squadron wurde per 31.10.97 nach Marchwood/bei Southhampton in Großbritannien zurückverlegt.

319 Seit 5.4.93: Royal Logistic Corps (RLC)

ROYAL CORPS OF TRANSPORT (RCT)
incl. Vorgängerorganisationen (RE(Tn), RAF etc.) - Firmenbauarten

Nr	Herstellerdaten		Type	Einsatzorte	Verbleib
503	DWK	503/1932	D80	Wunstorf, Wetter, Wahn	1960 an Raab Karcher
12711	DWK	674/1939	220B	Wunstorf, Wetter, Brüggen	1964 an Construkta
12522/2	DWK	759/1942	360C	Liebenau, Wildenrath, Brüggen	1964 an Construkta
16116	DWK	669/1940	160B	Belgien	50er an Metelma, Brüssel
36116	DWK	776/1944	360C	Lüttich/Belgien	1961 an Mindener Kreisbahnen
20370	O&K	20370/1934	LgII	Liebenau	1959/63 an Remy, Neuwied
20634	O&K	20634/1935	RL11	Walsrode, Düsseldorf, Viersen	
26145	Deutz	26145/1940	A4M220R	Schleswig, Münster, Gütersloh	1976 ++
26165	Deutz	26165/1939	OMZ122R	Gütersloh	1957 vh.
27280	Deutz	27280/1940	A6M324R	Westerland	... an IVG Hessisch Lichtenau
27281	Deutz	27281/1940	A6M324R	Liebenau	vor 1957 +/vk.

20370: ex DR Kö 4656
27280-27281: ex Wolff & Co/EIBIA (27280 später Cargotrans Duisburg)

Quellen: RCT, DWK, HStA Düsseldorf, Glaser, Poyntz

Florian Fraass

Indian Summer im Wiesenttal: Jung-Lok V36 235 der Dampfbahn Fränkische Schweiz hat vor der Kulisse der Burgruine Neideck einen kurzen Fotohalt eingelegt (9.10.2022).

Museumsbahnen und Museen

In teils 80 und mehr Betriebsjahren haben sich die V20/V36 in Deutschland nicht nur vielfache Verdienste, sondern auch eine unübersehbare Popularität erworben. Schon 1974 holte deshalb als damals erster Verein die Deutsche Gesellschaft für Eisenbahngeschichte eine V36 als betriebsfähige Museumslok in ihre Sammlung in Neustadt/Weinstraße. Seitdem sind über 40 (!) Lokomotiven der WR-Bauarten in Museumsbahnbestände aufgenommen, als Ausstellungsstücke aufgearbeitet oder sogar auf Denkmalsockel gesetzt worden. Die oftmals so unscheinbare V20/V36 zählt damit zu den zahlenstärksten Loktypen in der deutschen Eisenbahn-Museumslandschaft! Für diese bemerkenswerte Entwicklung gibt es mehrere Gründe:

Erstens
ist die V20/V36 nicht irgendeine Diesellok. Sie steht für den Anfang einer ganzen Entwicklungslinie (dieselhydraulische Seriendiesellok), ist also aus technik- und eisenbahnhistorischer Sicht besonders interessant.

Zweitens
waren (und sind) die V20/V36 aufgrund ihres rustikalen Erscheinungsbildes auch bei eingefleischten Dampflokfans akzeptiert, aber mit sehr viel weniger (genehmigungsrechtlichem und technischem) Aufwand zu betreiben. Und

Drittens
zeigen die alten Wehrmachtlokomotiven auch im Museumsbahnbetrieb all die Tugenden, die sie bereits im Betriebsalltag bei der DB, sowie bei Klein- und Werkbahnen ausgezeichnet hatten: Die V36 sind unkompliziert in der Bedienung, vielseitig einsetzbar und stecken aufgrund ihrer robusten Bauart wohl auch das ein oder andere Mißgeschick in der Fahrkunst klaglos weg.

Das nachfolgende Kapitel über „Museumsbahnen und Museen" enthält Angaben zu insgesamt 47 museal erhaltenen Lokomotiven der Wehrmachtsbauarten, und zwar 33 Loks V36, zwölf Loks V20 sowie zwei in V20 umgebaute ex V22 der DWK-Bauart. Damit ist allein in Deutschland etwa jede zehnte jemals gebaute Einheits-V36 (10,5 %) und sogar jede sechste gebaute Einheits-V20 (15 %) museal erhalten. Keine schlechte Quote! Erhaltene Lokomotiven der WR-Bauarten im Ausland sind dabei nicht einmal mitgerechnet.

In Text und Tabellen beschrieben werden nur solche Bahnen und Einrichtungen, die heute noch (Stand: Herbst 2025) V20/V36-Lokomotiven im Bestand führen[320]. Nicht mehr existente Loks und Vereine, die früher einmal solche Lokomotiven besaßen, sind z.T. ergänzend in den Einzeltexten genannt. In den Tabellen sind zudem nur Lokomotiven der Einheitsbauarten V20/V36 aufgeführt; inklusive der Nachbauserie V36[4] und der auf V20 umgebauten V22, aber ohne die nicht vereinheitlichte Sonderbauart DWK 360C = V36[3]. Leider nur sehr wenige V20/V36 sind noch betriebsfähig. Diese Loks werden in den zusammenfassenden Tabellen durch **Fettdruck** hervorgehoben.

Freunde der Marschbahn Glückstadt/ BSW e.V.

Mehr als anderthalb Jahrzehnte lang, zwischen 1958 und 1974, war die V20 des Bw Husum **d i e** Bahnhofslok in Glückstadt. Zuständig für alle Rangier-

320 Zu den sonstigen Aktivitäten der einzelnen Museumsbahnen sowie zu deren oft sehr umfangreichen Lokomotiv- und Wagenbestände gibt es mittlerweile eine große Zahl von Nachschlagewerken. Zum Beispiel: EK-Schriftenreihe „Kursbuch der deutschen Museums-Eisenbahnen" oder im Internet: www.eisenbahn-museumsfahrzeuge.de

MUSEUMS- UND DENKMALLOKOMOTIVEN

Verein/Museum	Nr.	Herstellerdaten			Type	im Besitz	bekanntester Einsatz	Bemerkungen
Freunde der Marschbahn	V20 042	Deutz	39643	1943	V20	seit 2022	Steinhuder Meer-Bahn 262	Ausstellungslok
Hist.Eb.Holsteinische Schweiz	V20 039	**Deutz**	**39659**	**1943**	V20	seit 2024	DB V20 039	
Bremerhaven-Bederkesa	V36 134	BMAG	11697	1943	V36	seit 1992	IVG-Tanklager Neuburg 34	abgestellt
Kleinbahn Verden-Walsrode	V20	Gmdr	4275	1947	V20	seit 1999	Verden-Walsrode 262	abgestellt
Deutscher Eisenbahn-Verein	V36 005	**Deutz**	**47179**	**1944**	V36	seit 1998	DB V36 237	zur Verfügung VGH
Verein Braunschw.Verkehrsfreunde	V20 035	Deutz	39654	1943	V20	seit 1980	DB V20 035	
Verein Braunschw.Verkehrsfreunde	V22 009	DWK	733	1943	V22	seit 1980	Hafenbahn Hildesheim	Ausstellungslok
Verein Braunschw.Verkehrsfreunde	V36 225	Deutz	47154	1944	V36	seit 1978	DB V36 225	in HU
Arge Verkehrsfreunde Lüneburg	DL0601	**BMAG**	**11399**	**1941**	V20	seit 1992	Neukölln-Mittenwalder Eb.	im Einsatz
Dampfeisenbahn Weserbergland	V31	O&K	21461	1941	V36	seit 2006	Rinteln-Stadthagen V31	abgestellt
Dampfzug-Betriebs-Gemeinschaft	V36 262	MAK	2019	1948	V36	seit 1989	DB V36 262	abgestellt
Almetalbahn	V20 022	Jung	9585	1942	V20	seit 1981	Zuckerfabrik Dinklar	
Almetalbahn	V20 261	BMAG	11395	1941	V20	seit 2003	Lüchow-Schmarsauer Eb.	
Deutsche Privatbahn	236 114-5	BMAG	11647	1942	V36	seit 2024	DB V36 114	
Deutsche Privatbahn	236 255-6	MAK	2012	1948	V36	seit 1999	DB V36 255	Ausstellungslok
Bielefelder Eisenbahnfreunde	V20 101	Gmdr	4274	1947	V20	seit 2025	Debrunner & Cie, Schweiz	
Eisenbahn-Tradition Lengerich	V36 412	**MAK**	**360021**	**1950**	V36	seit 2002	DB V36 412	im Einsatz
DGEG Bochum-Dahlhausen	V36 231	**O&K**	**21129**	**1939**	V36	seit 1977	DB V36 231	
DGEG Neustadt/Weinstraße	V36 116	Hens.	26140	1942	V36	seit 1986	Verkehrsb.Grafschaft Hoya	Ausstellungslok
DGEG Neustadt/Weinstraße	V36 127	BMAG	11254	1941	V36	seit 1974	BASF Ludwigshafen	nicht in Betrieb
DB-Museum Koblenz	V20 036	Deutz	39655	1943	V20	seit 2022	DB V20 036	abgestellt
DB-Museum Koblenz	V36 107	BMAG	11216	1940	V36	seit 2013	DB V36 107	Ausstellungslok
DB-Museum Nürnberg	V36 108	BMAG	11218	1940	V36	seit 2010	DB V36 108	Ausstellungslok
Eisenbahnfreunde Wetterau	EFW 2	BMAG	11458	1942	V36	seit 1984	Zuckerfabrik Wetterau	
Historische Eisenbahn Frankfurt	V36 405	MAK	360014	1950	V36	seit 1981	DB V36 405	Ausstellungslok
Historische Eisenbahn Frankfurt	V36 406	MAK	360015	1950	V36	seit 1979	DB V36 406	Ausstellungslok
Bahnwelt Darmstadt-Kranichstein	V36 102	O&K	21303	1940	V36	seit 1998	DB V36 102	abgestellt
Bahnwelt Darmstadt-Kranichstein	V36 401	MAK	360010	1950	V36	seit 1978	DB V36 401	abgestellt
Bahnwelt Darmstadt-Kranichstein	V36 411	MAK	360020	1950	V36	seit 1982	DB V36 411	

Fortsetzung auf Seite 411

arbeiten sowie die Bedienung der Industrieanschließer und der Hafenbahn. Der als BSW-Freizeitgruppe gestartete heutige Verein „Freunde der Marschbahn Glückstadt“ erinnert an diese Geschichte, zunächst (schon seit 1989) durch die Betreuung der DB-Museumslok V20 036, inzwischen im DB-Museum Koblenz-Lützel, und seit 2022 durch eine eigene Lok, die V20 042[321] – Deutz 39643/1943.

Die von der Steinhuder-Meer-Bahn stammende Lokomotive war in den Jahren zuvor bereits im Besitz mehrerer anderer Museumbahnvereine gewesen:

1985-1988 Museumseisenbahn Paderborn
1988-2002 Verein zur Erhaltung und Förderung des Schienenverkehrs, Bocholt
2002-2022 Süddeutsches Eisenbahnmus. Heilbronn

Seit dem 4.1.2022 gehört sie dem Glückstädter Verein. Die V20 dient ausschließlich als Ausstellungslok (im Winter geschützt in einem Lokschuppen). Eine Wiederinbetriebnahme ist vorerst nicht geplant.

Historische Eisenbahn Holsteinische Schweiz e.V. (HEHV)

Die **V20 039 – Deutz 39659/1943** – gehörte zu den Lokomotiven, die schon sehr früh nach dem Ausscheiden bei der DB (+ 18.3.1979) ein neues Leben als Museumslok starten konnten. Per 22.5.1979 erwarb eine Eigentümergemeinschaft die Lok, ließ sie hauptuntersuchen und stellte sie mit gleichem Datum dem Verein Verkehrsamateure und Museumsbahn (VVM), Hamburg für seine Museumszüge zwischen Schönberg

MALTE JESSEN

Nordlicht: Die ex DB-Lok V20 039 lief viele Jahre beim VVM am Schönberger Strand und hat jetzt bei der Historischen Eisenbahn Holsteinische Schweiz eine neue Bleibe gefunden (17.8.24).

---

321 Die Loknummer wurde an Anlehnung an das DB-Loknummernschema vergeben (höchste Betriebsnummer für eine V20 mit Deutz-Motor bei der DB war V20 041), die Lok war aber nie in DB-Diensten.

und Schönberger Strand zur Verfügung. 45 Jahre lang (!) – mit einigen fristbedingten Lücken – versah sie dort zuverlässig und zur Freunde vieler Eisenbahnfreunde und Touristen brav ihren Dienst.

Per 17.3.2024 wurde sie vom VVM abgezogen und (noch immer im Besitz der Eigentümergemeinschaft) nunmehr als Leihgabe der Historischen Eisenbahn Holsteinische Schweiz (HEHV) übergeben. Untergebracht ist sie im bekannten „KulturLokschuppen" Neumünster. Noch für das Jahr 2025 ist eine neue Hauptuntersuchung inklusive Einbau von Zugbeeinflussung PZB90 und digitalem Mobilfunk GSM-R vorgesehen. Mittelfristig soll sie – parallel zu den MAN-Triebwagen der 50er/60er-Jahre-Bauart des Vereins – mit einem aus Donnerbüchsen gebildeten Museumszug auf der Strecke Malente-Lütjenburg wieder zum Einsatz kommen.

Museumsbahn Bremerhaven-Bederkesa e.V. (MBB)

Auf der 24 Kilometer langen Stichstrecke von Bremerhaven nach Bederkesa verkehrten schon zu Bundesbahn-Zeiten über viele Jahre V36-bespannte Wendezüge. Nach Vereinsgründung 1990 bemühte sich der damals noch junge Verein deshalb intensiv um eine Lok dieses Typs. Per 19.3.1992 konnte als Schenkung vom IVG-Tanklager in Neuburg/Donau zunächst die in Bederkesa nunmehr so bezeichnete **V36 134 – BMAG 11697/1943** – übernommen werden. Elf Jahre später folgte noch eine zweite WR360C, die V36 276 – BMAG 11449/1941 –, 23.3.2003 ex Buxtehude-Harsefelder Eisenbahn. Die ex BHE-Lok wurde aber schon 2014 an die Museumseisenbahn Hanau weitergereicht. Die etwas ungewöhnlichen Betriebsnummern sind/waren jeweils ein Mix aus der Loknummer des letzten Betreibers (bei der IVG: Nr.34) und einer hypothetischen Bundesbahn-Nummer.

Leider stand der Museumsbahnbetrieb mit der alten WR360 unter keinem guten Stern. Die V36 134 war nur wenige Jahre im Einsatz. Am 5.12.2004 erlitt die Lok beim Transport von Gleismaterial von Cuxhaven nach Bad Bederkesa einen kapitalen Motorschaden und ist seitdem (immerhin unter Dach) abgestellt. Eine erneute Inbetriebnahme mit einem in Dänemark beschafften Tauschmotor scheiterte und ist mangels Finanzen inzwischen auch nicht mehr in Sicht. Über kurz oder lang (Stand: 2025) wird sie wohl verschrottet werden. Der zuletzt mit einer MaK-Stangenlok V65-02, Typ 650D, ex Ilmebahn, abgewickelte Fahrbetrieb ruht seit einem Unfall mit einem Traktor im September 2023 ebenfalls komplett. Eine Wiederbelebung scheitert u.a. an erheblichen Gleisschäden auf der Strecke.

VEF Kleinbahn Verden-Walsrode e.V.

Der Verein (ehemals Verdener Eisenbahnfreunde e.V.) konnte per 06.12.99 für die symbolische 1 Mark die damalige Lok DL 2 der Verden-Walsroder Eisenbahn – **Gmeinder 4275/1947** – erwerben. Die Maschine war bei Übernahme mit abgelaufenen Fristen abgestellt und wurde mit einer Hauptuntersuchung im November 2000 zu neuem Leben erweckt. Sechs Jahre lang zog die jetzt als „V20" bezeichnete Lok danach den historischen Kleinbahnexpress über die 11,8 km lange VWE-Stammstrecke von Verden nach Stemmen. Auch bei der VWE selbst half sie noch gelegentlich aus. Eine abgelaufene HU-Frist und ein kurz zuvor erlittener Getriebeschaden beendeten im November 2006 die V20-Einsätze. Die Lok steht seitdem, leider ungeschützt im Außengelände, in Stemmen. Die Museumszüge werden jetzt von einer Babelsberger V22 gefahren.

Deutscher Eisenbahn-Verein e.V. (DEV)

Der DEV – 1964 als damals bundesweit erste Museumsbahn gegründet – kooperiert seit jeher eng mit den Verkehrsbetrieben Grafschaft Hoya, an deren Eisenbahn er anschließt und deren frühere Zweigstrecke nach Asendorf er seit vielen Jahren mit großem Erfolg betreibt. Von daher erklärt sich auch das für eine Schmalspur-Museumsbahn ungewöhnliche Engagement des DEV für die (Normalspur-) V36.

Per 1.6.98 übernahm der DEV zu einem symbolischen Preis alle zu diesem Zeitpunkt noch vorhandenen, teilweise schon länger abgestellten V36 der VGH:

V36 004	**Deutz**	**39628/1943**	ex DB V36 222
V36 005	**Deutz**	**47179/1944**	ex DB V36 237
V36 006	**MAK**	**360021/1950**	ex DB V36 412
V36 008	**BMAG**	**11647/1942**	ex DB V36 114

Landbahnhofs-Atmosphäre pur: Im Juni 2012 war die V36 005 des DEV Gastlok beim Jubiläum „100 Jahre Delmenhorst-Harpstedter Eisenbahn". Und, wie einst, gab es viel Betrieb an der Ladestraße (Harpstedt 10.6.2012).

LUDGER KENNING

Drei der vier Maschinen wurden recht bald jedoch weiterverkauft bzw. verschrottet:

V36 004 1998 ++ (zuvor Ersatzteilspender)
V36 006 1998 an Historische Eb. Oberhausen
V36 008 1998 an Historische Eb. Oberhausen

Einzige damit noch vorhandene Lok ist V36 005, die allerdings wenig im Einsatz ist. Sie gehört zwar dem DEV, steht der VGH als Reservelok aber uneingeschränkt zur Verfügung. In den letzten Jahren hatte sie zudem diverse Gasteinsätze vor Museumszügen u.a. auf der Delmenhorst-Harpstedter Eisenbahn (2014), der Hafenbahn Hamburg (2016) und der Museumsbahn Bremerhaven-Bederkesa (2018). Nach Fristablauf im Juli 2023 ist die Lok inzwischen wieder HU-fertig und soll noch in 2025 wieder in Betrieb gehen.

Malte Werning

Warten auf die HU: Die V36 225 des VBV Braunschweig ist seit dem Jahr 2000 nicht mehr gelaufen. Die Arbeiten an der Lok gehen nur langsam voran.

Verein Braunschweiger Verkehrsfreunde e.V. (VBV)

Der VBV hat in den Jahren 1978-1982 eine ganze Flotte ehemaliger Wehrmachtdiesselloks beschafft (in Klammern die internen VBV-Nummern):

V20 035	(203)	19.02.80	ex DB,
V22 009	(206)	01.12.80	ex Hafen Hildesheim
V36 225	(202)	23.10.78	ex DB
V36 311	(207)	07.12.82	ex Mindener Kreisb.

Als Ersatzteilspender stand außerdem zeitweise eine weitere V20, die frühere Lüchow-Schmarsauer 261 (16.05.1980 gekauft) zur Verfügung. Sie wurde 2003 an die Almetalbahn weitergegeben. V22 009 ist eine Dauerleihgabe der Hafenbetriebsgesellschaft Hildesheim.

Die beiden V36 waren in den 80er Jahren mit zahlreichen Museumszügen, vor allem vor dem „Celler-Land-Express" auf der OHE-Strecke Celle-Müden, im Einsatz. Die V20 diente derweil als Schuppenlok im VBV-Domizil im aufgelassenen AW Braunschweig, kam aber ebenfalls zu gelegentlichen Museumszugehren. Im Sommer 1992 erlitt die V36 311 einen schweren Motorschaden und ist seitdem abgestellt. Bei der V36 225 musste im Jahr 2000 mit abgelaufenen HU-Fristen den Dienst quittieren. Der planmäßige Museumsbahnbetrieb unter dem Namen „Asse-Bummler" auf der Strecke Braunschweig-Wolfenbüttel-Wittmar wird derzeit mit der V45 211 gefahren, einer V36-Nachfolgebauart, Deutz V6M536R, ex VW (siehe Seite 530). Der aktuelle Stand bei den V20/V36-Loks:

V20 035 Mit Getriebeschaden abgestellt. Eine betriebsfähige Aufarbeitung wäre möglich, ist mangels Einsatzgebiet aber nicht vorgesehen.
V22 009 Ausstellungslok in schlechtem Zustand.
V36 225 Derzeit in HU. Sie soll als Rangier- und Anschlussbahnlok wieder fahren können.
V36 311 Abgestellt, eine Reparatur ist nicht geplant.

Arbeitsgemeinschaft Verkehrsfreunde Lüneburg e.V. (AVL)

Die Arbeitsgemeinschaft Verkehrsfreunde Lüneburg betreibt Museumsbahnverkehr auf den Strecken der ehemaligen Osthannoverschen Eisenbahnen. Die Strecke Lüneburg-Bleckede wird als Bleckeder Kleinbahn von der gleichnamigen Tochtergesellschaft des

Frühschicht: Die von Schwartzkopff gebaute DL 0601 ist frühmorgens mit einem Bauzug zur Ausbringung neuer Schwellen zwischen Lüneburg und Bleckede unterwegs. Es schiebt die MaK-Lok V46-01 (7.3.2025).

Jan-Philip Schütze

LUDGER KENNING

Ein Bild aus besseren Zeiten: Anfang der 2000er Jahre war die V20 022 der AHE Almetalbahn noch betriebsfähig und zumindest auf einem kurzen Gleisabschnitt konnte echter Zugverkehr gefahren werden (Almstedt-Segeste 28.7.2002).

Vereins eigenständig betrieben. Weitere befahrene Streckenabschnitte gehören heute der landeseigenen Schieneninfrastruktur Ost-Niedersachsen SinON.

Der Verein widmet sich seit vielen Jahren hingebungsvoll dem Erhalt ehemaliger OHE-Fahrzeuge. Dazu gehört die Original-WR200B-Type **DL 0601 – BMAG 11399/1941** – die per 6.4.1992 von der Neukölln-Mittenwalder Eisenbahn übernommen werden konnte und damit zur ihren Ursprüngen (bei der OHE schon bis 1953 im Einsatz) zurückkehrte.

Die Lok ist betriebsfähig, auch in bestem äußeren Zustand und wird im Plan- und Charterverkehr im Wechsel mit den anderen Triebfahrzeugen der AVL von Lüneburg aus nach Bleckede und nach Soltau eingesetzt. Dabei werden oftmals Tageslaufleistungen von 150 bis deutlich über 200 km erreicht. Dazu kommen immer mal wieder Einsätze im Bauzugverkehr für die Bleckeder Kleinbahn und für Fotogüterzüge.

Dampfeisenbahn Weserbergland e.V. (DEW)

Eine Lok kehrt zurück! 25 Jahre lang, von 1953 bis 1978, gehörte die WR360C14-Type mit der Betriebsnummer **V31 – O&K 21461/1941** – zu den Stammlokomotiven auf der altehrwürdigen Rinteln-Stadthagener Eisenbahn. Nach Abstellung 1978 kam sie per 2.9.1982 zunächst zur Dampflok-Gemeinschaft 41 096 in Salzgitter und, nach längerer Abstellzeit dort, schließlich zur Dampfeisenbahn Weserbergland in Rinteln und damit zurück an den Ort ihrer langjährigen Einsätze. Dem DEW gehört sie seit Dezember 2006. Die interne Inventarnummer lautet V18.

Seither hat es beim DEW vereinsintern diverse Umbrüche gegeben. Der Fokus liegt heute auf Dampflokfahrten mit der vereinseigenen ex-Reichsbahn-Lok 52 8038. Die gesamte Fahrzeugsammlung musste in ein neues Domizil nach Stadthagen umziehen. Die in blassem Weinrot lackierte V31 mit ihrem charakteristischen Hochführerhaus (Umbau beschrieben auf den Seiten 370/371) steht seit längerer Zeit abgestellt im Bahnhof Stadthagen-West. Der leider recht desolate Zustand der Lok lässt eine Wiederinbetriebnahme in absehbarer Zeit nicht erwarten. Eine Verschrottung oder Abgabe der Lok ist aber nicht geplant.

Dampfzug-Betriebs-Gemeinschaft Hildesheim/Loburg (DBG)

Die DBG ist seit 1989 im Besitz der vormaligen DB-Lok **V36 262 - MAK 2019/1948** -, ex Museums-Eisenbahn-Paderborn. Sie war als mögliche Ersatzlok bei Ausfall der 24 083 und 89 7513 beschafft worden, konnte wegen eines bei Übernahme schon vorhandenen Kurbelwellenschadens (später auch wegen eines Brandschadens im Führerstand) aber nicht in Betrieb genommen werden. Eine schon begonnene Wiederaufarbeitung wurde anfangs der 2000-er-Jahre abgebrochen.

Nach der Verlegung des Vereinssitzes von Hildesheim nach Loburg bei Magdeburg spielt die V36 262 in den Planungen der Museumsbahn keine Rolle mehr. Gefahren werden aktuell Traditionszüge mit historischen (Nachkriegs-) Dieselloks auf der Nettetalbahn Bornum/Harz - Derneburg und auf den Strecken Loburg - Altengrabow bzw. - Büden im Jerichower Land. Die V36 262 steht dagegen seit rund zwei Jahrzehnten mit dem noch immer selben Kurbelwellenschaden abgestellt im Hafen Hameln. Die Zukunft dieser interessanten Lok, die erste „lange" V36, ist mehr als ungewiss.

Arbeitsgemeinschaft Historische Eisenbahn e.V. (AHE)

Die von der AHE betriebene „Almetalbahn" Bodenburg-Segeste ist die älteste Museumsbahn mit eigener normalspuriger Strecke in Deutschland. Schon 1977 wurde hier der Betrieb aufgenommen. 1981 und 2003 kamen nacheinander zwei V20-Lokomotiven in den Bestand:

V20 022	**Jung**	**9585/1942**	seit 01.12.1981
V20 261	**BMAG**	**11395/1941**	seit 28.11.2003

Die V20 022 stammt von der Zuckerfabrik Dinklar und ging 1984 wieder in Betrieb, die V20 261 (ex Lüchow-Schmarsauer Eisenbahn 261) kam ohne Motor vom Verein Braunschweigischer Verkehrsfreunde. Intern heißen die Loks VL6 und VL12.

Leider ist der Museumsbahnbetrieb durch eine schon seit Jahren dauernde Streckensperrung nur sehr

MUSEUMS- UND DENKMALLOKOMOTIVEN

Museumseisenbahn Hanau	276	BMAG	11449	1941	V36	seit 2014	Buxtehude-Harsefelder Eb.	in Aufarbeitung
Historische Eisenbahn Mannheim	V20 051	**DWK**	**731**	**1943**	V22	seit 2009	DB V20 051	im Einsatz
Technik-Museum Speyer	2018	BMAG	10865	1939	LDF300	seit 1998	FLAG Taunusbahn 2018	Ausstellungslok
Mecklenburg.Eisenbahnmuseum	V36 027	Deutz	36627	1943	V36	seit 1997	DR V36 027	Leihgabe DB-Museum
Deutsches Technikmuseum Berlin	36629	Deutz	36629	1943	V36	seit 1985	Britische Rheinarmee	nicht öffentl. zugängl.
Bahnbetriebswerk Arnstadt/hist.	36274	O&K	21340	1940	V36	seit 1997	Britische Rheinarmee	Ausstellungslok
Thüringer Eisenbahnverein Weimar	V36 032	O&K	21140	1940	V36	seit 1999	Blechpackungsw.Staßfurt	Leihgabe DB-Museum
Niederlausitzer Eisenbahn Luckau	V36 240	O&K	21114	1939	V36	seit 2022	Kali & Salz Heringen	in Aufarbeitung
Dampfbahn Fränkische Schweiz	V36 123	**BMAG**	**11382**	**1940**	V36	seit 1990	DB V36 123	im Einsatz, mit Kanzel
Dampfbahn Fränkische Schweiz	V36 235	**Jung**	**8506**	**1939**	V36	seit 1985	Britische Rheinarmee	im Einsatz
Dampfbahn Fränkische Schweiz	DL1	BMAG	11645	1942	V36	seit 2000	Grazer Schleppbahn	hinterstellt
DDM Neuenmarkt-Wirsberg	20 043	Deutz	39624	1942	V20	seit 1989	Britische Rheinarmee	Ausstellungslok
Bayerischer Localbahn-Verein	oNr	Deutz	36659	1941	V20	seit 1979	OHE DL00602	Ausstellungslok
Bayerisches Eisenbahnmuseum	V36 211	BMAG	11460	1942	V36	seit 1988	VTG München Lok 6	Ausstellungslok
Bayerisches Eisenbahnmuseum	V36 224	O&K	21134	1939	V36	seit 1999	VTG München Lok 2	Ausstellungslok
Bayer.Schwäbische Museumsbahn	V20 050	Deutz	36656	1942	V20	seit 1985	MAN Augsburg Lok 2	abgestellt
Bahnbetriebe Blumberg	V36 119	BMAG	11384	1940	V36	seit 2017	DB V36 119	Ersatztzeilspender
Bahnbetriebe Blumberg	V36 204	**BMAG**	**10991**	**1939**	V36	seit 2014	DB V36 204	im Einsatz

eingeschränkt möglich (800 Meter Gleis). Die V20 022 war rund um den Museumsbahnhof Almstedt-Segeste zunächst an Tagen der offenen Tür bei Führerstandsmitfahrten eingesetzt. Seit 2006 ist sie mit abgelaufenen Fristen abgestellt. Eine neuerliche Aufarbeitung wurde seitdem zugunsten der Arbeiten an der vereinseigenen Hanomag-T3-Dampflok „Shunter" zurückgestellt und ist zumindest kurzfristig auch nicht in Sicht.

Die zweite Lok, V20 261 ex LSE, gehört seit dem 30.6.2024 nicht mehr dem Verein, sondern zwei Vereinsmitgliedern im Privatbesitz, steht aber weiter in Almstedt; leider nach den vielen Jahren Abstellzeit in keinem vorteilhaften äußeren Zustand mehr. Auch hier ist eine Wiederinbetriebnahme weiterhin geplant, kommt aufgrund vielfacher Hindernisse (Beschaffung eines Ersatzmotors, Finanzierung, Zeitmangel etc.) aber kaum voran. Das Fernziel bleibt aber, eines Tages mit einer aus zwei Original-WR200B14 gebildeten Doppellok auf der Almetalbahn fahren zu können.

Deutsche Privatbahn GmbH (DP)

Die Deutsche Privatbahn GmbH (Sitz Altenbeken) gehört als eines der vielen EVU (Eisenbahn-Verkehrs-Unternehmen) eigentlich gar nicht hierhin, sondern ins Kapitel über Klein- und Privatbahnen. Zum Fahrzeugpark der DP zählen um die 40 Lokomotiven (u.a. Köf II, Babelsberger V18 und V22, ex-DR V60, -V180 und -E42), mit denen bundesweit Güter- und Bauzugdienste erbracht werden. Eigentümer Ludger Guttwein hat über mittlerweile Jahrzehnte aber auch viele historische Fahrzeuge gerettet, darunter mehrere V36, die in besonderer Weise mit dem Firmenstandort Altenbeken verbunden sind. Aktuell vorhanden sind zwei Loks der Einheitstype und eine V36 der DWK-Bauart, alle bezeichnet mit ihrer ehemaligen DB-Nummer:

236 255-6	**MAK**	**2012/1948**	seit 02.12.1999
236 114-5	**BMAG**	**11647/1942**	seit 04.03.2024
	außerdem die		
V36 314	**DWK**	**691/1941**	seit 25.07.2024

Nicht mehr im Bestand ist vormalige DB-V36 204 – BMAG 10991/1939 –, die am 10.4.2002 von der DGEG Bochum-Dahlhausen gekommen war und per 31.3.2014 an die Bahnbetriebe Blumberg weitergegeben wurde.

Alle drei aktuell vorhandenen V36 haben eine zum Teil schon längere Nach-Bundesbahn-Geschichte hinter sich:

236 255-6:

1981-1984	Zementwerke Schwenk, Allmendingen
1984 1999	Historischer Schienenverkehr Wesel

LUDGER GUTTWEIN

So fein herausgeputzt sahen die 360-PS-Loks der DWK-Bauart (V36[3]) wahrscheinlich nicht einmal zu besten DB-Zeiten aus. Als Heimatdienststelle der V36 314 ist das Bww Kassel angeschrieben.

MALTE WERNING

Zwei Generationen DB-Rangierlokomotiven: Die ur-Altenbekener 236 255-6 hat neben zwei Köf III aus den 1960er Jahren Aufstellung genommen (14.10.2013).

236 114-5:

1977-1982	Bremervörde-Osterholzer Eisenbahn
1982-1998	Verkehrsbetriebe Grafschaft Hoya
1998	Deutscher Eisenbahn-Verein
1998-2001	Historische Eisenbahn Oberhausen
2001-2014	Emscher Park Eisenbahn
2014-2024	Eisenbahn-Tradition Lengerich

V36 314:

1954-1981	Mindener Kreisbahnen
1981-2007	Privatbesitz (hinterstellt in Minden)
2007-2010	Draisinenbahn Berlin/Brandenburg

Vor allem die 236 255-6 erinnert in besonderer Weise an alte Altenbekener V36-Zeiten. Die Lok war ab 1977 beim Bw Altenbeken stationiert und wurde 1981 dort auch als letzte Altenbekener V36 ausgemustert. Nach Ihrer Rückkehr 1999 lief sie zunächst unter der Eigentümerbezeichnung Westfälische Almetalbahn GmbH (WAB), ebenfalls ein Guttwein-Unternehmen. Die Lok ist betriebsfähig, aktuell (2025) aber ohne gültige HU-Fristen. Die erst vor kürzerer Zeit zugegangene 236 114-5 bedarf dagegen noch der Aufarbeitung.

Angekommen! Die V20 der Bielefelder Eisenbahnfreunde hat eine lange und bewegte Geschichte als Werk- und auch als Museumslok. In Bielefeld soll sie später einmal wieder im schwarzen DB-Look erstrahlen.

BIELEFELDER EISENBAHNFREUNDE

Die DWK-Lok gehört schon seit 2010 der Deutschen Privatbahn, stand von 2010-2016 in Altenbeken und danach in Prora/Insel Rügen im dortigen Depot der DP. Das oben genannte Datum aus 2024 bezieht sich auf die Rücküberführung nach Altenbeken nach Aufarbeitung in Mukran samt Umzeichnung und Umlackierung in schönstem Bundesbahn-Look. Auch diese Lok ist betriebsfähig, aber ohne Hauptuntersuchung. Untergebracht sind alle drei Loks witterungsgeschützt im historischen Bw Altenbeken.

Bielefelder Eisenbahnfreunde e.V.

Die Bielefelder Eisenbahnfreunde gehören zu den noch ganz jungen Vereinen mit Lokomotiven der V20/V36-Baureihen im Bestand. Nach dem unglücklichen Ende (mit Schließung und Räumung) des Süddeutschen Eisenbahnmuseums in Heilbronn konnte von dort deren **V20 101 – Gmeinder 4274/1947** – übernommen werden, eine Nachkriegs-V20 in originaler WR200B-Ausführung, ex Debrunner & Cie, Schweiz. Seit dem 8.2.2025 ist sie im Eigentum der Bielefelder, am 12.10.2025 konnte sie auch in ihr neues Domizil überführt werden. Zur Fahrzeugsammlung des Vereins zählen außerdem etliche Kleinloks Kö I und Köf II, eine O&K-Industrielok MV9, eine Borsig-Dampflok und ein Klv53. Die in Heilbronn leuchtend rot lackierte Lok wird in Bielefeld die Fantasie-Betriebsnummer V20 101 behalten. Mittelfristig ist eine Wiederinbetriebnahme geplant, dann aber wohl in klassisch schwarzem DB-Look.

Eisenbahn-Tradition e.V. Lengerich (ET)

Die **V36 412 – MAK 360021/1950** – ist die einzige V36 der 4er Bauart (verbesserter DB-Nachbau) bei einer Museumsbahn nördlich der Main-Linie und auch die einzige V36^4, die heute noch betriebsfähig ist. Die Lok wurde per 16.12.2002 von der Emscher Park Eisenbahn (dort nur Ersatzteilspender) übernommen und musste in Lengerich zunächst in zweijähriger aufwändiger Arbeit instandgesetzt werden. Dies betraf vor allem einen noch zu früheren VGH-Zeiten erlittenen, schweren Getriebeschaden. Seit dem 3.12.2004 ist die Lok in Lengerich wieder in Betrieb.

Nicht mehr bei der ET ist die vormalige DB V36 114, ebenfalls ex Emscher Park Eisenbahn, die

Eisenbahn-Tradition Lengerich/Michael Kastel

Die V36 412 der Eisenbahn-Tradition Lengerich ist die einzige derzeit noch einsatzbereite V36 der 4er-Nachkriegsbauart. Sie wird vor allem im westfälischen Umland eingesetzt, hier auf der Tecklenburger Nordbahn bei Rheine-Stadtberg (15.4.2007).

von Januar 2014 (Überführung 24.1.2014) bis Frühjahr 2024 im Lengericher Bestand war. Auf Grund von Platzproblemen und ungewisser Einsatzmöglichkeiten – schon die V36 412 hat nur wenige Fahrtage – wurde sie per 4.3.2024 an die Deutsche Privatbahn Altenbeken weitergegeben; siehe oben.

Zusammen mit der Betriebslok 78 468 (ex pr.T18), einem Vorkriegs-VT709 (ex TWE) und gelegentlichen Gastloks wird die V36 412 seit vielen Jahren auf zahlreichen Strecken vor allem im näheren westfälischen Umland vor Museums- und Charterzügen im eingesetzt. In der Fahrsaison 2005 war sie an die Museumsbahn Bremerhaven-Bederkesa vermietet. Zuletzt hatte erneut ein Getriebeschaden die Lok für längere Zeit gestoppt. Seit Sommer 2025 ist sie aber wieder in aller Frische unterwegs.

Deutsche Gesellschaft für Eisenbahngeschichte e.V. (DGEG)

Eisenbahnmuseum Bochum-Dahlhausen
Eisenbahnmuseum Neustadt/Weinstr.

Die DGEG hat seit ihrer Gründung im Jahr 1967 nicht nur eine an Größe und Vielfalt einzigartige Fahrzeugsammlung zusammengetragen. Im Unterschied zu vielen anderen Vereinen, ist sie dabei auch konsequent einem schon früh formulierten *„Programm für die museale Erhaltung von historisch wertvollen Eisenbahn-*

Mit der V36 231 ins Sauerland: Die DGEG-Lok zieht bei Kierspe-Grünenbaum einen kurzen Sonderzug der BSW-Gruppe Witten durchs frühlingshafte Volmetal (15.3.2003).

Werner Wölke

MALTE WERNING

Ab Anfang 2026 soll sie wieder fahren! Die V36 231 des DGEG-Museums in Bochum-Dahlhausen ist eine der ältesten erhaltenen Loks der Wehrmachtsbauarten und auch eine der frühesten Museums-V36.

fahrzeugen" gefolgt. In diesem Beschaffungsprogramm, das nicht auf Gelegenheitskäufe setzte, sondern gezielt technik- und eisenbahngeschichtlich besonders interessante Baumuster aller Traktionsarten zur Erhaltung vorsah, war natürlich von Anfang an auch die V36 vorgesehen. Vorhanden sind derzeit

im Eisenbahnmuseum Bochum-Dahlhausen

V36 231	16.05.1977	ex DB

und im Eisenbahnmuseum Neustadt/Weinstr.

V36 116	29.12.1986	ex VGH V36 001,
V36 127	30.09.1974	ex BASF D18.

Zwei weitere V36 waren vorhanden, sind mittlerweile aber wieder aus dem Bestand ausgeschieden:

V36 204	22.02.1979	ex DB
	10.04.2002	an Westf. Almetalbahn und
V36 213	07.09.1988	ex VGH V36 007
	.1989	++/Ersatzteilspender

Bochum-Dahlhausen

Vor allem zu Zeiten des DB-Dampfverbotes waren die DGEG-V36 immer sehr intensiv vor ihren Museumszügen eingesetzt. Die (damals noch beiden) Dahlhausener Loks V36 204 und V36 231 hatten ihre Stammstrecke auf der „Ruhrtalbahn" Hattingen-Oberwengern. Hier half zeitweise als Leihlok der Emscher-Park-Eisenbahn auch deren ex DB V36 114 (BMAG 11647/ 1942) aus. Darüber hinaus waren die V36 auf unzähligen Bahnhofsfesten, Ausstellungen und bei Sonderfahrten zu sehen. Nach Abgang der V36 204

MALTE WERNING

Tiefe Einblicke: Die ex DB-V36 116 des DGEG-Pfalzbahnmuseums in Neustadt/Weinstraße war immer nur ein Ausstellungsstück. Die offene Motorraumseite zeigt, wie Dieselloktechnik anno 1942 funktionierte.

DB/Mauro Esposito

In's beste Licht gerückt: Die vormalige DB-Lok V36 108 (BMAG 11218/ 1940) ist seit 2010 Teil der ständigen Ausstellung im Nürnberger Verkehrsmuseum.

(2002) und Ende der Leiheinsätze der V36 114 (2004) musste mit Fristablauf 2006 schließlich auch die V36 231 abgestellt werden. Seit Frühjahr 2022 laufen, dank finanzieller Förderung durch das NRW-Heimatministeriums, nun aber die Arbeiten zur betriebsfähigen Wiederaufarbeitung der Lok. Ab Anfang 2026 soll die V36 231 dann an Dieseltagen – parallel zur vorhandenen V100 – wieder die Museumszüge durch das Ruhrtal ziehen.

Neustadt/Weinstraße

Die V36 127 ist die älteste Museumsbahn-V36 überhaupt und bringt es als einzige auf schon über 50 (!) Museumsbahn-Jahre. Von Neustadt/Weinstraße aus bewältigte sie lange Zeit den Verkehr auf dem historischen „Kuckucksbähnel" Lambrecht-Elmstein, ist seit Mai 2020 aber mit abgelaufenen Fristen abgestellt. Die V36 116 ist noch als Ausstellungsstück in der Fahrzeugsammlung in Neustadt zu bewundern. Da für beide V36 eine Wiederinbetriebnahme mangels Einsatzmöglichkeiten und Finanzen nicht in Sicht ist, entschied die Museumsleitung im Frühjahr 2025, die V36 116 abzugeben. Wohin ist noch unbekannt. Die V36 127 soll als eines der ältesten Exponate der Fahrzeugsammlung und wegen ihrer regionalen Herkunft (BASF Ludwigshafen) aber auf jeden Fall erhalten bleiben.

DB-Museum Koblenz DB-Museum Nürnberg (Verkehrsmuseum)

Die DB hat aus der bald 200 Jahre alten Geschichte der Eisenbahn in Deutschland eine Vielzahl historisch

Wikimedia Commons

Einsatz auf dem „Kuckucksbähnel": Die Neustädter V36 127 war lange Jahre Stammlok vor den Museumszügen auf der Strecke Lambrecht-Elmstein in der Pfalz, hier am Hp.Erfenstein. Anders als die meisten anderen museal erhaltenen V36 stammt sie nicht von der DB, sondern von der BASF Ludwigshafen.

STEFAN JOHN

Zusammen sind sie rund 200 Jahre alt: Die blaue V36 der Eisenbahnfreunde Wetterau (Baujahr 1942) und die Henschel-Dampflok ex Marburger Kreisbahn (Baujahr 1904) rangieren in Bad Nauheim-Nord (16.9.2018).

bedeutsamer Dampf-, Elektro- und Diesellokomotiven sowie Triebwagen und Wagen erhalten und in den zurückliegenden Jahren an den Museums-Standorten Koblenz-Lützel, Nürnberg und Halle zusammengeführt. Im Erhaltungsprogramm für die V20/V36 hat es dabei seit den ersten Festlegungen Ende der 70er Jahre (siehe Seite 248) wiederholt Veränderungen gegeben. Und zwar sowohl, was den Umfang des Museumsprogramms angeht, als auch die Aufbewahrungsorte der einzelnen Lokomotiven betreffend. Erst in den 2000er-Jahren hat sich alles letztlich sortiert. Museal erhalten sind nun:

aus dem Fahrzeugbestand West (ex DB)

V20 036	DB-Museum Koblenz	seit 11.03.2022
V36 107	DB Museum Koblenz	seit 13.11.2013
V36 108	DB-Museum Nürnberg	seit 23.10.2010

außerdem aus dem Fahrzeugbestand Ost (ex DR)

V36 027	Mecklenburgischen Eisenbahn- und Technikmuseum Schwerin sowie
V36 032	beim Thüringer Eisenbahnverein, Weimar

jeweils als Dauerleihgabe des DB-Museums. Über diese beiden Loks wird noch gesondert berichtet.

Die drei ex-DB-Loks hatten bis zur jetzigen Verwendung schon zum Teil etliche Stationen hinter sich. Die **V20 036** wurde nach Ausmusterung aus dem Betriebsdienst zunächst von 1989 bis 2003 durch die BSW-Freizeitgruppe in Glückstadt betreut, dann durch die Rendsburger Eisenbahnfreunde in Neumünster, bevor sie 2008 am Bahnhof Glückstadt auf ein Denkmalgleis geschoben wurde. Auch die **V36 107** verbrachte einige Zeit (1999-2013) als Denkmallok, und zwar im AW Bremen. Die **V36 108** war 1985 Teil der großen Fahrzeugparaden „150 Jahre Deutsche Eisenbahnen" und danach nacheinander in Obhut

1986-1996 der Fränkischen Museums-Eisenbahn,
1996-2000 der Dampfbahn Fränkische Schweiz und
2000-2010 der BSW-Freizeitgruppe Lichtenfels,
stets aber lediglich als Leihgabe des DB-Museums.

Die beiden V36 sind optisch tiptop mit Vor-1968-Benummerung aufgearbeitet und an ihren jeweiligen Standorten für das Publikum zugänglich, die V36 108 in der Fahrzeughalle des Verkehrsmuseums. Dagegen lässt der Zustand der auf einem Außengleis in Koblenz abgestellten V20 arg zu wünschen übrig; sie bedarf noch der Restaurierung. Eine Wiederinbetriebnahme ist, auch aufgrund technischer Schäden und fehlender Teile, bei keiner der drei Loks geplant.

Eisenbahnfreunde Wetterau e.V. (EFW)

Die V36-Lokomotive der Eisenbahnfreunde Wetterau gehört zu den Urgesteinen der deutschen Museumsbahnlandschaft. Schon 1984 konnte sie als Stiftung von der damaligen Zuckerfabrik Wetterau in Friedberg übernommen werden – seinerzeit die erste vereinseigene Lok – und war nach der Wiederinbetriebnahme 1999 viele Jahre unentwegt im Einsatz. Die Lok – **BMAG 11458/1942** – fährt mit der vereinsinternen Betriebsnummer EFW 2. Sie hat eine bewegte Nicht-DB-Vergangenheit:

1942-1945	Wifo-Tanklager Schäferhof
1945-1967	Britische Rheinarmee
1968-1969	Hans Glaser (Lokhändler)
1969-1984	Zuckerfabrik Wetterau

Aus der Wifo-Zeit stammt noch der für explosionsgeschützte Lokomotiven charakteristische Plattenschutzkasten über dem Auspuff an der Vorbauspitze, die ungewöhnliche, blaue Lackierung erinnert an die Farben der Britischen Rheinarmee.

Die V36 war lange Zeit die „Lok für alles" in der Wetterau: Historische Zuglok für den EFW-Museumszug, Rangier-, Bau- und Güterzuglok (Zuckerrüben, Holz) auf der vereinseigenen ex BLE-Strecke Bad Nauheim-Nord – Griedel – Münzenberg (diese wird als EVU betrieben), in früheren Zeiten auch schon mal Vertretung für ausgefallene Rangierloks der BLE. Ab etwa 2010 zwang der mittlerweile etwas altersschwach gewordener Motor die Lok, kürzer zu treten, 2018 endeten die Einsätze vorerst ganz. Alle Schäden sind aber inzwischen behoben. Aktuell (Stand: 2025) liegt der Museumszugbetrieb wegen der dringenden Sanierung der Strecke still. Von voraussichtlich Frühjahr 2026 an soll die V36 dann, im Wechsel mit der vereinseigenen Henschel-Dampflok Baujahr 1904 (ex Marburger Kreisbahn), aber wieder wie in alten Zeiten die historischen Züge durch die Wetterau ziehen.

Historische Eisenbahn Frankfurt e.V. (HEF)

Frankfurt war nach dem Krieg eines der Zentren des V36-Einsatzes. Vor allem die MAK-Version V36[4] prägte über viele Jahre das Bild des Vorortverkehrs in der Main-Metropole. An diese Ära erinnern heute noch die V36-Lokomotiven der HEF:

V36 405	28.08.81	ex DB
V36 406	27.07.79	ex DB
2018	01.08.85	ex FLAG/Taunusbahnen

Die beiden ex DB-Loks waren vor allem in den in den 80er Jahren häufig vor dem Museumszug auf der städtischen Hafenbahn am Mainkai zu sehen; mitunter auch als „doppeltes Lottchen“, wobei die schon frühzeitig nicht mehr betriebs- aber rollfähige V36 405 nur mitgeschleppt wurde. Nach der Beschaffung einer vereinseigenen Dampflok (52 4867) blieben leider meist nur noch Rangieraufgaben, Überführungsfahrten und gelegentliche Einsätze bei Streckenjubiläen oder Bahnhofsfesten im Nahbereich. Seit 2024 ist auch die V36 406 mit abgelaufenen Fristen abgestellt. Eine neuerliche HU ist angesichts hoher Kosten und fehlender Sponsoren derzeit nicht geplant. Beide $V36^4$ bleiben der HEF aber als (rollfähige) Ausstellungsstücke mit original Frankfurter Vergangenheit sicher erhalten.

Der interessante Einzelgänger 2018, die Lok LDF300C12 mit dem eigenartigen Stromabnehmer auf dem Vorbau, wurde mit einigen anderen Fahrzeugen mangels Abstellkapazitäten im Herbst 1998 als Leihgabe an das Technik Museum in Speyer abgegeben, befindet sich aber nach wie vor im HEF-Eigentum.

MALTE WERNING

Arbeitsvorrat: Eine betriebsfähige Aufarbeitung ist für die Darmstädter V36 401 noch immer geplant. Aber die Arbeiten daran ruhen seit langem.

Bahnwelt Darmstadt-Kranichstein Museumsbahn e.V. Darmstadt

Das Eisenbahnmuseum in Darmstadt-Kranichstein (heute: Stiftung Bahnwelt Darmstadt) gehört zu den großen und herausragenden Eisenbahnausstellungen in Deutschland. Die Fahrzeugsammlung umfasst über 30 Lokomotiven und mehr als 100 Waggons aus allen Epochen der Eisenbahngeschichte. Zu den schon in den ganz frühen Jahren des Museums erworbenen Exponaten zählen zwei für Darmstadt recht typische V36 der 4er Bauart (MAK), später noch ergänzt um eine dritte Lok der originalen WR-Type:

V36 102	**O&K 21303/1940**	seit 17.04.1998
V36 401	**MAK 360010/1950**	seit 22.11.1978
V36 411	**MAK 360020/1950**	seit 24.08.1982

Die V36 102 war zuvor beim Verein zur Erhaltung und Förderung des Schienenverkehrs (VEFS) in Bocholt gewesen, die beiden $V36^4$ kamen direkt von der DB. Alle drei Loks gehören dem Trägerverein Museumsbahn e.V.

In den 80er und 90er Jahren waren die V36 häufig vor Zügen auf der Museumsbahnstrecke Darmstadt-Ost – Bessunger Forst zu sehen. Seitdem spielen sie im Bahnwelt-Geschehen leider keine Rolle mehr. Die alten Kriegsdiesel stehen (zum Teil im Außengelände) in ziemlich kläglichem Zustand abgestellt und rosten ihrem Ende entgegen. Immerhin gibt es noch Pläne mit den Lokomotiven. Die Stand 2025:

V36 102: Abgestellt seit Ankunft in Darmstadt. Aufarbeitung zurückgestellt.
V36 401: Motorschaden 2006. Motor instandgesetzt und montiert. Eine Wiederinbetriebnahme ist weiterhin geplant. Derzeit ruhen die Arbeiten aber.
V36 411: Ersatzteilspender; die Lok soll äußerlich aufgearbeitet und als Denkmal am Haltepunkt Darmstadt-Kranichstein aufgestellt werden, Zeitpunkt noch offen.

Zur Fahrzeugsammlung der Bahnwelt Darmstadt gehört übrigens auch eine kleine, nicht vereinheitlichte ex Wehrmachtlok, die Deutz 36831/1040, Bauart Deutz OMZ122R (siehe Seite 587f.), vormals DB Kö 1002 und Hafenbahn Gernsheim.

Museumseisenbahn Hanau e.V. (MH)

Die Museumseisenbahn Hanau gehört zu den Vereinen, die erst in jüngerer Zeit eine V36-Lokomotive in ihre Fahrzeugsammlung aufnehmen konnten. Und auch hier war die langjährige Stationierung dieser Baureihe im ehemaligen, jetzt denkmalgeschützten und als Vereinssitz genutzten Bahnbetriebswerk Hanau der Auslöser dafür. Die Lok mit der alten und wieder neuen Betriebsnummer **276 – BMAG 11449/1941** – stammt von der Buxtehude-Harsefelder Eisenbahn und war zuletzt, von 2003 bis 2014, als Ersatzteilspender für deren V36 134 bei der Museumsbahn Bremerhaven-Bederkesa. Der MH gehört sie seit Juni 2014, Entladung in Hanau war am 12.12.2014.

Zur Fahrzeugsammlung der Museumseisenbahn Hanau zählen u.a. eine große ex DR-Dampflok Baureihe 50^{35}, eine Dampfspeicherlok, diverse Kleindiesellokmotiven sowie eine besonders interessante 250-PS-Vorkriegsdiesellok von Gmeinder. Auch hier ist das Ziel, die V36 längerfristig wieder in einen betriebsfähigen Zustand zu versetzen, u.a. für Rangierarbeiten im Bw-Gelände. Wegen anderer Großprojekte (u.a. Instandsetzung des historischen Rechteckschuppens) kommt die Aufarbeitung aber nur in kleinen Schritten voran. Am Ende soll die Nr.276 wieder in dem Zustand erstrahlen, in dem sie bei der Buxtehude-Harsefelder Eisenbahn eingesetzt war.

Historische Eisenbahn Mannheim e.V. (HEM)

Die **V20 051 – DWK 731/1943** – der Historischen Eisenbahn Mannheim hat in ihrer Museumsbahnkarriere nach Ausmusterung bei der DB einige Aufs und Abs erlebt. Und dass sie heute, perfekt aufgearbeitet und betriebsfähig, wieder im Einsatz steht, kommt fast einer Wiederauferstehung gleich. Sie ist zudem die einzige im betriebsfähigen Zustand erhaltene Umbau-V20 (ex V22), DWK-Type 220B, und repräsentiert damit einen wichtigen Teil in der V20-Geschichte der DB.

Die Lok 276 der Museumseisenbahn Hanau hat aufregende Jahre als Industrie- und Kleinbahnlokomotive hinter sich. Bis sie wieder fährt, wird es wohl noch dauern.

PATRICK PAULSEN

Die V20-Lokomotiven der 50er-Nummernreihe waren Umbauloks aus einer alten DWK-Bauart. Die V20 051 war nach ihrer DB-Zeit lange Jahre abgestellt und zuletzt nur noch ein übler Schrotthaufen. Bei der Historischen Eisenbahn Mannheim wurde sie geradezu zu neuem Leben erweckt.

Erinnerungen an selige Eisenbahnzeiten: In Mannheim hat die V20 051 sogar schöne Loknummernschilder mit erhabenen Ziffern bekommen – was sie zu ihrer Bundesbahnzeit (mit lediglich aufgemalten Nummern) nie hatte.

Eigentlich war die V20 051 schon zum Ende ihrer DB-Zeit für eine museale Erhaltung vorgesehen, und zwar im DB-eigenen Museumslokprogramm (S.248). Bis 1990 stand sie dafür hinterstellt im AW Bremen, wurde nach dem Zusammenstreichen des Erhaltungsprogramms aber per 2.12.1990 an die Eisenbahnfreunde Kraichgau in Sinsheim übergeben (dort eingetroffen am 14.11.1991). Hier wäre die Geschichte der Lok beinahe schon zu Ende gegangen. Denn hier stand sie, wohl auch wegen offenbar nicht ganz geklärter Eigentumsverhältnisse, 19 Jahre abgestellt, lange Zeit unter freiem Himmel, ohne dass daran gearbeitet worden wäre, zuletzt in einem sehr erbärmlichen Zustand.

Die Historische Eisenbahn Mannheim übernahm die Lok am 16.11.2009 und hat sie in langjähriger Kleinarbeit hervorragend restauriert. Seit dem 10.5.2018 ist sie wieder in Betrieb. 2024 war sie über mehrere Monate als Gastlok auf dem „Kuckucksbähnel“ bei Neustadt/Weinstraße zu sehen. Bei Tagen der offenen Tür ist sie außerdem für Führerstandsmitfahrten in Betrieb. Etwas ungewöhnlich ist, dass sie gleich zwei Bw-Schilder trägt („Bw Hamm“ und „Bw Oldenburg“), beides – immerhin historisch richtig – teils langjährige Stationen der Lok.

Von 2013 bis 2022 gehörte auch eine V36 **– O&K 21114/1939 –** zum Fahrzeugpark der HEM. Über deren mehr als wechselhafte Geschichte wird im Abschnitt über die Niederlausitzer Eisenbahn e.V. noch genauer berichtet.

Technik Museum Speyer

Das Technik Museum Speyer (eine Filiale des Technik Museums Sinsheim) gehört zu der neuen Generation von XXL-Erlebnismuseen mit maximalem Angebot und maximalem Spaßfaktor. Zu den Original-Exponaten – vom Adler bis zur chinesischen QJ – gehört seit dem 26.9.98 auch die frühere FLAG-Lok 2018, Bautype LDF300C12 – **BMAG 10865/1939**. Die Lok ist vor einigen Jahren optisch aufgepeppt worden (Aufbauten moosgrün, Fahrwerk rot, weiße Radreifen) und wird im Außengelände ausgestellt. Sie ist eine Leihgabe der Historischen Eisenbahn Frankfurt.

Mecklenburgisches Eisenbahn- und Technikmuseum Schwerin (MET)

Die frühere Außenstelle Schwerin des DB-Museums in Nürnberg ist seit Februar 2006 als Mecklenburgisches Eisenbahn- und Technikmuseum eigenständig. Betreiber ist der Verein Mecklenburgische Eisenbahnfreunde Schwerin e.V. Zu der illustren Fahrzeugsammlung von Dampfloks (03^{10}, 50, 64, 89, 91), Dieselloks (V180, V100, V10B, V23B usw.) und Triebwagen (VT137) mit DDR-Reichsbahn-Vergangenheit gehört auch die ehemalige Traditionslok der DR, **V36 027 – Deutz 36627/ 1943** –. Die Lok verbrachte ihr gesamtes Reichsbahn-Leben in der RBD Schwerin (stationiert in Rostock, Neuruppin, Wismar) und passt deshalb allerbestens hierhin. Die V36 ist eine Dauerleihgabe des DB-Museums und wurde 2006 äußerlich in klassischer DR-Lackierung hervorragend aufgearbeitet. Ein verheerender Großbrand im Juli 2023 hat leider Teile des Museums (Teile des Hallerndachs, Archiv, Modellbahnanlage, Stellwerkstechnik u.a.) vernichtet. Die V36 als rollfähige Ausstellungslok war davon, wie fast alle hier erhaltenen historischen Fahrzeuge, nicht betroffen. Seit Juni 2025 ist die Fahrzeughalle mit zumindest einem Teil der Exponate wieder öffentlich zugänglich.

Deutsches Technikmuseum Berlin (DTMB)

Das frühere „Museum für Verkehr und Technik“ (MVT) hat sich seit seiner Eröffnung 1983 zu einem der größten und bedeutendsten Eisenbahnmuseen in Deutschland entwickelt. Zur Fahrzeug-Sammlung gehören mittlerweile über 50 Exponate, darunter auch die 1985 aus Landesmitteln von der Britischen Rheinar-

Mecklenburgische Eisenbahnfreunde

Einst Traditionslok der Deutschen Reichsbahn, jetzt Ausstellungsstück im Eisenbahn- und Technikmuseum in Schwerin: Die V36 027 repräsentiert die V36-Geschichte in der vormaligen DDR.

mee erworbene RCT 36629 - **Deutz 36629/1943** -, Typ V36. Die Lok wurde über die Verwertungsgesellschaft für Besatzungsgüter (Vebeg) in Frankfurt angekauft und traf am 22.6.85 per Straßentieflader in Berlin ein. Im DTMB repräsentiert die V36 sowohl die Zeit der militärischen Aufrüstung in Deutschland, wie auch die beginnende Motorisierung des Schienenverkehrs vor bzw. unmittelbar nach dem Zweiten Weltkrieg. Die Lok ist sicher und bewacht in einem Depotgebäude hinterstellt, und wird leider auch auf mittlere Sicht nicht in der ständigen Ausstellung zu sehen sein.

Förderverein Bw Arnstadt/hist. e.V., Lokschuppen Arnstadt

Arnstadt war zu DDR-Zeiten ein bedeutender Eisenbahnknotenpunkt. Das Eisenbahnmuseum Bw Arnstadt/hist. – neuerdings auch vermarktet unter dem Namen „Lokschuppen Arnstadt" – erzählt von dieser Geschichte. Zur Lokomotivausstellung zählen berühmte Dampfloks wie die 01^{5}, 38^{10}, 44, 65^{10}, 94^{5}, 95 und andere. Auch die V36 waren zu Reichsbahnzeiten einige Jahre in Arnstadt stationiert. 1997 bewarb sich das Museum deshalb, mit Erfolg, um eine der letzten noch im Betrieb befindlichen V36 deutschlandweit, die **„RCT 36274 Poyntz" – O&K 21340/1940** – der Britischen Rheinarmee. Seit dem 17.7.1997 gehört sie zur Arnstädter Fahrzeugsammlung.

Schon von 1992-1999 hatte das Bw Arnstadt/hist. zudem einer anderen V36 Obdach gewährt, und zwar der O&K 21140/1940 des ehemaligen VEB Blechpackungswerks Staßfurt. Die Lok gehörte aber nie dem Museum, war hier nur hinterstellt, und wurde 1999, nachdem die eigene V36 zur Verfügung stand, an den Thüringer Eisenbahnverein weitergegeben; siehe nachfolgenden Abschnitt.

Nur mal kurz ans Tageslicht: Die aus Beständen der Britischen Rheinarmee übernommene RCT 36629 des Deutschen Technikmuseums Berlin steht sicher (und normalerweise öffentlich nicht zugänglich) im Depot des Museums.

SDTB/Lars Quadejacob

Patrick Böttger

Die blaue RCT 36274 im Bw Arnstadt/hist. war immer nur Militärlok: Erst bei der Wehrmacht im 2.Weltkrieg in der Heeres-Muna Wulfen und nach 1945 bei der Britischen Rheinarmee (Arnstadt 20.9.2014).

Die ehemalige Rheinarmee-Lok ist im royalen RCT-Blau lackiert und auch weiterhin als „36274" beschriftet. Nur für das Nationale Fahrzeug-Register (NVR) hat sie zusätzlich die Nummer 236 103 erhalten (als V36 103 war sie nach 1945 tatsächlich auch einige Zeit zur Übernahme bei der späteren DB vorgesehen). Die Lok ist äußerlich hervorragend aufgearbeitet, technisch fahrbereit aber ohne HU-Fristen, und ist in der ständigen Ausstellung und bei Bw-Festen als „Standexponat" zu bewundern. Ein Einsatz auf der Strecke ist nicht vorgesehen.

Thüringer Eisenbahnverein e.V. Weimar (TEV)

Der TEV, hervorgegangen aus einer Arbeitgemeinschaft des Deutschen Modellbahnverbandes (DMV), hat sich der Reichsbahn- und – wie der Vereinsname schon aussagt – hier insbesondere der thüringischen Eisenbahngeschichte verschrieben. Zur Sammlung gehört eine große Zahl historischer Originalfahrzeuge, hier mit einem Schwerpunkt im Bereich Altbau-Elloks (E04, E11, E18, E42, E44, E44[5], E94 usw.). Die V36-Diesellok des Vereins, die – **O&K 21140/1940** –, stieß im April 1999 eher zufällig dazu, weil man für die Lok in Arnstadt (siehe oben) keine Verwendung mehr hatte. Die Lokomotive hat eine bewegte Vergangenheit:

1940-1945	Wifo
1945-1969	VEB Kaliwerk Staßfurt
1970-1986	VEB Blechpackungswerk Staßfurt
1986-1992	DMV, ArGe Traditionsbahn Erfurt-West
1992-1999	Bw Arnstadt/hist.

Obwohl die Lok also nie bei der Reichsbahn gefahren ist, wurde sie schon in Arnstadt als „V36 032" benummert; als Erinnerung an eine jahrzehntelang in Thüringen eingesetzte DR-Lok, aber historisch natürlich leider irreführend. Diese Nummer behielt sie auch in Weimar. Die Lok ist eine Dauerleihgabe des DB-Museums in Nürnberg. Im jetzt vom TEV bewohnten alten Bw Weimar wurde die Lok 2008 in feinstem DR-Outfit (Aufbauten tannengrün, Fahrwerk rot) äußerlich restauriert. Eine betriebsfähige Herrichtung kommt aufgrund eines alten, noch in Erfurt erlittenen Motorschadens (Seite 496) absehbar wohl nicht infrage.

DBV Förderverein Niederlausitzer Eisenbahn e.V. (NLEF) Kulturdampf gGmbH, Luckau

Die ursprünglich von Kali & Salz in Heringen (siehe Seite 389) stammende V36 der Niederlausitzer Eisenbahn – **O&K 21114/1939** – hat schon eine beeindruckende Museumsbahn-Odyssee hinter sich:

ab	.08.1992	Eisenbahnfreunde Bebra
	1992-95	vermietet an IGE Werrabahn Eisenach
ab	16.12.1997	Eisenbahnfreunde Walburg
ab	20.04.2006	Die Bahnmeisterei Heilbronn
ab	06.10.2006	eingestellt beim Süddeutschen Eisenbahnmuseum Heilbronn
ab	07.02.2013	Historische Eisenbahn Mannheim
ab	14.07.2018	Privatbesitz, weiter als Leihgabe bei HEM
ab	30.09.2022	Privatbesitz, Leihgabe an Niederlausitzer Eisenbahn

Mehrfach wurden Restaurierungs-Bemühungen begonnen und auch wieder abgebrochen. Zeitweise war die Lok in recht beklagenswertem Zustand. Luckau soll nun eine dauerhafte Station werden. Neben zwei Babelsberger V18 und V23 ist sie die größte eigene Lokomotive dort. Rein rechtlich gehören Loks und Wagenpark der Kulturdampf gGmbH, der NLEF ist Mitgesellschafter. Die (etwas westdeutsch angehaucht) als „V36 240" bezeichnete Maschine soll in den kommenden Jahren betriebsfähig aufarbeitet werden und dann vor dem Donnerbüchsen-Traditionszug „Niederlausitz" auf Strecken rund um Luckau zum Einsatz kommen. Bis es soweit ist, dürften aber noch einige Jahre vergehen.

Malte Werning

Die Lok trägt Reichsbahn-Nummer und eine DR-grüne Lackierung, obwohl sie nie bei der Reichsbahn war: Die „V36 032" des Thüringer Eisenbahnvereins in Weimar wurde inzwischen sogar auf moderne EDV-Loknummer umgezeichnet (9.8.2019).

JAN SCHLICKRATH

Dampfbahn Fränkische Schweiz e.V., Ebermannstadt (DFS)

Durch das reizvolle Wiesenttal im Herzen der Fränkischen Schweiz brummten schon in den 50er und Anfang 60er Jahren die V36 der Bundesbahn. Seit 1985 erinnert die Dampfbahn Fränkische Schweiz mit Sitz in Ebermannstadt an diese alte Tradition und hat hier ein kleines Eldorado für V36-Freunde mit insgesamt drei WR360C-Lokomotiven geschaffen:

V36 123	(intern L7)	18.02.2002	ex DB-Museum
V36 235	(intern L6)	07.05.1985	ex RCT[322]
DL1	(intern L10)	24.07.2000	ex Graz/Österr.

Die V36 123 ist schon seit Dezember 1990 in Ebermannstadt, war aber zunächst nur eine Leihgabe des DB-Museums. Seit 2002 gehört sie der DFS. Sie ist die einzige erhaltene V36 mit DB-typischer Dachkanzel. Um 1985 herum stand sie einige Jahre im Nürnberger Verkehrsmuseum und wurde bei Ausstellungen zum 150-Jahr-Jubiläum der deutschen Eisenbahnen gezeigt.

Eine Sonderstellung nimmt die DL1 ex Grazer Schleppbahn ein. Nach Verladung in Graz (4.9.2000) und Straßentransport nach Deutschland war sie zunächst mehrere Jahre geschützt beim benachbarten DDM in Neuenmarkt-Wirsberg hinterstellt. Erst seit dem 13.1.2014 ist auch sie in Ebermannstadt, hier ebenfalls für das Publikum unzugänglich in einem Depot in Behringersmühle. Gelegentlich gibt sie Teile (Glocke, Bahnräumer) für die in Betrieb stehenden V36 her, soll aber komplett (jedoch nicht für den aktiven Einsatz) erhalten bleiben.

Schroffe Felsen, sanft ansteigende Wiesen, enge Talabschnitte: Die V36-Einsatze bei der Dampfbahn Fränkische Schweiz gehören zu den landschaftlich schönsten in Deutschland. V36 123 hat einen langen Charterzug am Haken.

LARS DREISEITL

Sie fährt wieder! Vier Jahre lang wurde die DFS V36 123, die einzige Kanzel-Lok unter den Museumsbahn-V36ern, generalsaniert. Jetzt steht sie wieder für Einsätze auf der Strecke Ebermannstadt-Behringersmühle zur Verfügung (20.9.2025).

322 Nicht zu verwechseln mit der DB-Lok V36 235

Florian Fraass

Schönes Wiesenttal: Bei Burggaillenreuth verläuft die Strecke auf einem schmalen Geländestreifen zwischen Bergfels und Flußlauf. Die ehemalige Rheinarmee-Lok V36 235 hat einen Fotogüterzug am Haken (21.11.2020).

Reizvoll ist ein Vergleich der drei DFS-Lokomotiven. Denn obwohl generell baugleich (alles WR360C14 der Regelbauart mit MWM-Motor), präsentieren sie sich in unterschiedlichen Ausführungen, nämlich V36 235 und DL1 noch weitgehend im Lieferzustand, u.a. mit offenen rückwärtigen Übergangstüren, großen Lampen, Glocke usw; dagegen die V36 123 als typische DB-Umbau-Lokomotive, u.a. mit Einmannbedienung, Führerhauskanzel und MWM-Nachkriegsmotor RHS335S.

Aktuell (Stand 2025) sieht es bei den drei V36-Lokomotiven wie folgt aus: Die V36 123 ist seit 2021 generalsaniert worden inklusive Neulackierung (DB-schwarz) und technischer Aktualisierung. Seit Spätsommer 2025 ist sie wieder im Einsatz. Die V36 235 (militärgrün) ist nach zehnjähriger Abstellung seit 2018 wieder in Betrieb und läuft nach einer Motor-Generalüberholung 2023 nach DFS-Angaben „ausgezeichnet". Etwas abseits des eigentlichen Bahnbetriebs ist die DL1 (in altem Grazer bzw. RCT-blau) konserviert hinterstellt. Teile werden nur behutsam entnommen.

Beide Betriebsloks sind für Ausritte im Charterverkehr mit Indusi, PZB90 (Zugbeeinflussung) und GSM-R (digitalem Zugfunk) ausgestattet und teilen sich an den „Dieseltagen" des DFS den Museumbahnverkehr auf der Stammstrecke mit der V60 114. Dazu kommen Rangieraufgaben und Arbeitszüge. Die V36 235 ist die am intensivsten eingesetzte V36 der DFS und kam zuletzt auf 45-60 Betriebstage pro Jahr.

Deutsches Dampflok-Museum Neuenmarkt-Wirsberg (DDM)

Das DDM in Neuenmarkt-Wirsberg am Fuß der berühmten „Schiefen Ebene" hat in den letzten Jahrzehnten eine einzigartige Sammlung bedeutender Dampflokbaureihen zusammengetragen, darunter Loks der Bau-

Bayerisches Eisenbahnmuseum

Bayerisches Eisenbahnmuseum Nördlingen: Die Loknummer V36 211 trug die ehemalige VTG-Lok BMAG 11460/1942 während ihrer kurzen DR-/DB-Zeit von 1947-1954 tatsächlich. Der Plattenschutzkasten auf dem Vorbaudach ist noch original Wifo-Look.

Ob sie jemals wieder fahren wird? Die ehemalige V20-Werklok der MAN in Augsburg war nur wenige Jahre bei der Bayerisch-Schwäbischen Museumsbahn im Einsatz, ist seitdem abgestellt und wartet seit nun fast 40 Jahren auf ein besseres Schicksal.

reihen 01, 01^{10}, 03, 10, 18^{6}, 38^{10}, 52, 64, 78, 95 u.a. Zu der (etwas kleineren) Diesellokabteilung des Museums gehört seit dem 15.2.89 eine V20-Type – **Deutz 39624/1942** –, die vom seinerzeit aufgelösten Verein Museums-Eisenbahn Paderborn übernommen wurde. Von dort hatte die ex Rheinarmee-Lok in den ersten Jahren beim DDM auch die Betriebsnummer V20 042 (in Anlehnung an das DB-Schema) und den klassischen DB-schwarzen Anstrich mit rotem Fahrwerk.

Im Sommer 2006 wurde die Lok äußerlich neu aufgearbeitet und präsentiert sich seitdem in einem sehr auffälligen (nicht originalgetreuen) grün-beige-grauen Tarnflecken-Militär-Look. Die auf einem Lokschild angebrachte Betriebsnummer lautet jetzt „20 043", eine nicht ganz gelungene Mischung aus hypothetischer Wehrmachts- und DB-naher Staatsbahnnummer (die alte Nummer V20 042 wurde aufgegeben, weil sie auch bei einer anderen Museumsbahn vergeben wurde). Das Militär-Outfit ist aber recht originell. Die Lok ist im Außenbereich des Museums, im Kohlenhof, vor einem Kranwagen ausgestellt. Eine betriebsfähige Wiederherstellung ist nicht geplant.

Bayerischer Localbahn-Verein, Bayerisch Eisenstein (BLV)

Der BLV zeigt seit 1994 im großartigen, denkmalgeschützten Lokschuppen in Bayerisch Eisenstein eine kleine aber sehr feine Sammlung bayerischer Localbahn-Dampflokomotiven, außerdem Triebwagen, Dieselloks und sonstige Fahrzeuge mit Bayern-Bezug. Größte Diesellok und (fast) einzige Nicht-Bayerin „im Stall" ist eine Einheits-V20 – **Deutz 36659/1941 –, ex OHE DL 00602**. Sie gehört dem BLV seit dem 12.12.79 (Übernahme 17.10.80) und ist damit eine der frühesten Erwerbungen des Vereins. Anfangs war sie bei der Regentalbahn in Viechtach hinterstellt. Im „Localbahnmuseum" erinnert die Lok an die Einsätze der DB-V20 in den frühen Nachkriegsjahren auf mehreren niederbayerischen Nebenbahnen. Eigenartigerweise trägt die Ausstellungslok keine angeschriebene Nummer, sondern ist seit inzwischen über 30 Jahren einfach nur die „V20".

Bayerisches Eisenbahnmuseum e.V. Nördlingen (BEM)

Das Bayerische Eisenbahnmuseum hat seit Gründung 1985 in Nördlingen eine imposante Sammlung von nicht weniger als 45 Dampf-, 25 Elektro- sowie 30 Dieselloks und Triebwagen zusammengetragen. Daneben gibt es regelmäßigen Museumszugbetrieb mit dem „Donau-Ries-Express" auf der Strecke Nördlingen-Gunzenhausen.

Die Dieseltraktion ist im BEM u.a. mit zwei vom VTG-Tanklager München-Milbertshofen stammenden Original-V36-Lokomotiven vertreten:

V36 211	**BMAG 11460/1942**	seit 04.10.1988
V36 224	**O&K 21134/1939**	seit 22.11.1999

Während die V36 211 als frühere DB-Lok diese Nummer um 1950 tatsächlich für einige Jahre getragen hat, ist die Bezeichnung V36 224 fiktiv; die Nummer war bei der DB unbesetzt. Beide Loks sind DB-schwarz lackiert. Und beide haben noch den charakteristischen, großen Plattenschutzkasten an der Auspuffmündung auf dem Vorbaudach und erinnern damit an das Erscheinungsbild der WR360 zu alten Wehrmachts- und Wifo-Zeiten.

Die in betriebsfähigem Zustand übernommene BMAG-Lok lief bis Anfang der 2000er Jahre einige Zeit im Museumszug-Plandienst, damals noch auf der Strecke Nördlingen-Feuchtwangen, erlitt dann aber einen kapitalen Motorschaden. Auch die O&K-Lok, die bei der VTG zuletzt als Ersatzteilspender gedient hatte und dann als Denkmal aufgestellt wurde, ist nicht betriebsfähig. Bei beiden äußerlich gepflegten (aber im Freien abgestellten) Loks ist eine betriebsfähige Aufarbeitung wegen technischer Schäden, fehlender Teile und nicht vorhandener Einsatzmöglichkeiten absehbar nicht vorgesehen.

Bayerisch Schwäbische Museumsbahn e.V. Augsburg (BSM)

Die BSM konnte 1985 die mehrfach umgebaute Augsburger MAN-Werklok 2 – **Deutz 36656/1941** – übernehmen. In den Jahren 1985-88 war sie mehrfach vor Foto-Güterzügen auf der „Weldenbahn" Neusäß-Welden im Augsburger Umfeld im Einsatz, zunächst im alten MAN-Rot und der Anschrift „WB", ab 1987 in DB-Schwarz als V20 001, ab 1988 dann in schwarz als V20 050[323]. Mit dem Rückbau der Weldenbahn (heute Bahnradweg) verlor sie ihr Einsatzgebiet. Ein neues Projekt auf der Staudenbahn ließ sich nicht realisieren. 40 Jahre später gehört die Lok noch immer der BSM, steht leidlich konserviert mit völlig abfahrenen Radreifen abgestellt auf einem Nebengelände des bekannten Bahnparks Augsburg. An eine Wiederaufarbeitung ist angesichts fehlenden Geldes und mangelnder Manpower derzeit nicht zu denken.

323 Mit dieser Nummer sollte die Lok an die lange Zeit in Augsburg stationierte DB V20 050 erinnern.

Jörg Sauter

Und sie fährt und fährt und fährt ...! Die V36 204 war schon zu DB-Zeiten die Lok mit den meisten Laufkilometern. Jetzt auf der „Sauschwänzlebahn" ist sie immer noch im Einsatz. Einfahrt Bahnhof Fützen mit dem gewaltigen Biesenbach-Viadukt als Kulisse (14.10.2018).

Bahnbetriebe Blumberg (BB), Sauschwänzlebahn

Die Sauschwänzlebahn im Süden Baden-Württembergs mit der Strecke Blumberg-Zollhaus – Weizen, ihren vier Tunnel und dem gewaltigen, 253 Meter langen Biesenbach-Viadukt zählt zu den landschaftlich schönsten Museumsbahnen in Deutschland. Und auch hier kann seit 2014 mit der ex DB-V36 204 eine Diesellok der Wehrmachtsbauart im Betrieb bewundert werden. 2017 kam noch die V36 119 hinzu, sie dient aber nur als Ersatzteilspender:

V36 204	**BMAG 10991/1939**	seit 01.04.2014
V36 119	**BMAG 11384/1940**	seit 09.01.2017

Die V36 204 war zuvor schon als Museumsbahnlok bei der DGEG in Bochum-Dahlhausen (1979-2002) und der Westfälischen Almetalbahn (2002-2014) tätig gewesen. Die V36 119 gehörte nach langer Abstellzeit bei Schwenk-Zement in Mergelstetten kurze Zeit (2016-2017) dem Verein Schwabendampf e.V. in Neuoffingen. Auch bei dieser Lok war in Blumberg zunächst wohl eine Wiederinbetriebnahme in Aussicht genommen worden, was aufgrund der langen Abstellzeit und zu hoher Kosten aber letztlich nicht realisiert werden konnte. Sie steht seit Jahren abgestellt im Bahnhof Epfenhofen.

Die V36 204 war besonders in den Jahren ab 2018 viel im Einsatz, ist nach wie vor betriebsfähig. Sie wird nach Erwerb der 212 261-2 aber nur selten eingesetzt.

Sauschwänzlebahn/Matthias King

Lok und Landschaft aus der Luft: Die V36 204 der Bahnbetriebe Blumberg überquert mit ihrem DB-Umbauwagen-Zug das majestätische Biesenbach-Viadukt. Solche Aufnahmen lassen sich nur mit modernen Drohnen machen (11.6.2022).

GEORG OTTE/EK-VERLAG

Reichsbahn ostdeutsch: Auch bei der Staatsbahn in der DDR waren nach dem Krieg gut drei Dutzend V20/V36-Lokomotiven eingesetzt. Ihre Geschichte zeigt viele Besonderheiten, aber auch Parallelen zum Einsatz bei der DB. V36 031 fuhr fast ausschließlich im Bereich Rostock/Wismar/Neuruppin (um 1961).

Deutsche Reichsbahn

Im sowjetisch besetzten Teil Deutschlands war die Situation der Eisenbahn 1945 noch um vieles trostloser als im Westen. Auch hier Chaos und Verwüstung allüberall. Nach den ersten Bestandsaufnahmen[324] waren

- rund 65 Prozent der Bahnhöfe, Bahnbetriebswerke und RAW beschädigt oder sogar vollkommen in Trümmer gelegt,
- 970 Brücken unbenutzbar,
- rund 2000 km Strecken, über 1800 Stellwerke und annähernd 3000 Weichen zerstört.
- Von den ermittelten 7754 Dampfloks konnten 4938 (= 63,5 Prozent) wegen größerer Schäden nicht eingesetzt werden,
- 32.927 Wagen waren reparaturbedürftig.

Dazu kamen umfangreiche und oftmals wahllose Demontagen. Gestützt auf das Potsdamer Abkommen vom 2.8.45 ließ die sowjetische Besatzungsmacht u.a.

- rund 7600 km Gleis (darunter komplette Strekken und auf nahezu allen Hauptbahnen das zweite Gleis)[325],
- etwa 11.000 Weichen sowie
- die gesamten elektrischen Eisenbahnanlagen in Mitteldeutschland (incl. Elektroloks, Fahrleitungsmaste, E-Werke etc.)

abbauen und als Reparation in die UdSSR schaffen. Die Eisenbahn im Osten erlitt einen Aderlaß, von dessen Folgen sie sich auch Jahrzehnte später noch nicht ganz erholt hatte. Die „Stunde Null", im Westen Symbol für den Neubeginn, war im Osten die Stunde des völligen Zusammenbruchs.

Die Lage auf dem Triebfahrzeugsektor war dabei besonders schwierig. Noch in den letzten Kriegswochen hatte die Reichsbahn damit begonnen, systematisch möglichst viele und vor allem hochwertige Lokomotiven nach Westen abzufahren, um sie so dem Zugriff der Roten Armee zu entziehen. Das gleiche wiederholte sich im Juli 1945 bei der Räumung der bis dahin von Briten und Amerikanern besetzten Landesteile von Westmecklenburg, der Altmark, Thüringens und des westlichen Sachsens[326].

Das Ergebnis stellte die Reichsbahn vor im Grunde unlösbare Aufgaben: Gemessen an den Vorkriegszahlen verblieben in der Sowjetischen Besatzungszone (SBZ) zwar 35 Prozent des Streckennetzes, aber nur 20 Prozent des rollenden Materials! Der gesamte Triebfahrzeugpark war überaltert, viele Loks waren für die anfallenden Züge zu schwach.

Die Situation verschärfte sich noch, nachdem auf Befehl der Sowjetischen Militär-Administration in Deutschland (SMAD)

- ab 1946 zunächst etliche Hundert brauchbare Lokomotiven, darunter 150 Stück Baureihe 52, nach Polen (ehem. deutsche Ostgebiete),

- 1946/47 noch einmal mindestens 250 ehemalige Kolonnenloks[327] sowie 229 elektrische Triebfahrzeuge an die UdSSR und

---

324 Befehl Nr.36 der SMAD v. 31.8.45; Schepull/Zweig, 45 Jahre, S.56f.; Borchert/Kirsche, Lokomotiven, S.5

325 Kuhlmann, Schienen, S.45

326 Garn, 40 Jahre, S.5

327 Kolonnenloks unterstanden direkt der Verfügungsgewalt sowjetischer Transportoffiziere und wurden ausschließlich für Reparationszüge und im Besatzungsverkehr eingesetzt; Heinrich, Kolonnenloks, S.7ff.

- ab 1948 alle fahrbaren Fremdlokomotiven osteuropäischen Ursprungs an die früheren Eigentumsländer

abgeliefert werden mußten[328]. Weitere ungünstige Umstände taten ihr Übriges: Die starke Zersplitterung des Lokomotivbestandes (1946: 200 Gattungen), die schlechte Qualität der mitteldeutschen Lokomotivkohle, die allgemein-industrielle Lage (60-80 Prozent Demontagen!), das Abgeschnittensein von den westdeutschen Rohstofflieferungen - all das waren Gründe, die den Neuanfang in der „SBZ“ noch ungleich schwieriger gestalteten als im Westen, und die Normalität für viele Jahre aus dem Eisenbahnalltag im Osten völlig verschwinden ließen.

Trümmer und Demontagen: Der schwere Neuanfang in Deutschland-Ost

Angesichts dieser Ausgangslage konnte die Reichsbahn-Ost bei ihrem Bemühen, neben den (immer bestens ausgestatteten) Besatzungszügen auch den öffentlichen Verkehr allmählich wieder in Gang zu bringen, kaum wählerisch sein. Alte preußische 55^{25}, 57^{10} oder 58^{10} mußten wegen des katastrophalen Lok-Engpasses die fehlenden Tenderloks[329] im Rangierdienst ersetzen. Abgenutzte und schon im Krieg schlecht unterhaltene Loks liefen bis an die Grenzen der Betriebssicherheit weiter. Man fuhr mit allem, was rollte. Abgestellte Maschinen wurden - selbst bei nur geringen Schäden - hemmungslos ausgeschlachtet, um mit den Ersatzteilen wenigstens andere, bauartgleiche Lokomotiven einsatzfähig zu halten.

In dieser Situation zählten die vormaligen Wehrmachtloks auch in Ostdeutschland zu den (Diesel-) Lokomotiven der ersten Stunde. Überall, wo Betriebszustand und Brennstofflage es zuließen, gingen die aus Wehrmachtsbeständen zugelaufenen Dieselloks rasch wieder in Betrieb. Dresden-Pieschen und Schwerin z.B. bespannten schon ab 1946 ihre Leig-Züge mit aufgefundenen WR360C14-Lokomotiven. Das Bw Flöha verwendete die Loks ab 1945 im Nebenbahn-, Halle-P ab 1949 sogar im Eilzugdienst. Auch in Berlin-Anhalter Bf. (ab 1950), Neuruppin, Rostock oder Sangerhausen (alle ab 1951) kamen die Wehrmachtloks bald schon wieder in Fahrt.

Das größte Problem stellte, wie beim übrigen Lokpark auch, dabei der Mangel an Ersatzteilen und Werkstoffen dar. Die Instandsetzungskapazitäten waren ganz gering. Die Standzeiten wuchsen ins Unübersehbare. Die Zahl der tatsächlich eingesetzten Loks sank rapide. Einige Zahlen aus der RBD Berlin machen diese schwierige Situation deutlich:

Motorlokbestand	**Aug.1950**	**März 1953**
gesamt:	13	15
davon		
betriebsfähig:	4	3
in Ausbesserung:	4	9
z-gestellt:	5	3

In den RAW Wittenberge und Dessau bildeten sich in den ersten Nachkriegsjahren lange Schlangen von Schadloks, die teils erst Jahre später aufgearbeitet werden konnten, z.T. aber auch gar nicht mehr in Betrieb gingen.

Exakte Aufzeichnungen dazu sind - 50 Jahre danach - leider kaum noch greifbar. Einige Unterlagen,

RAW Wittenberge, 1948-1950

Das RAW Wittenberge war schon zu Kriegszeiten für die Unterhaltung der Wehrmacht- und Wifo-Loks zuständig. Von daher erklärt sich die große Zahl der hier nach 1945 vorgefundener Schadmaschinen. Die meisten Loks waren in einem erbärmlichen Zustand, manche bis auf den Rahmen ausgeplündert und aller wesentlichen Teile (Motor, Getriebe, Bremse) beraubt. Gearbeitet wurde 1948 offenkundig nur an den am wenigsten beschädigten Lokomotiven 36108 (= WR360C12) und 39661 (= WR200B14). Folgende Loks wurden im RAW Wittenberge notiert:

Nr	**Befund**	**Gesamturteil**
	WR360C12/C14:	
10931	Motor und Getriebe fehlen; Blindwelle, Kuppelstange und Führerhaus beschädigt	Instandsetzung wirtschaftlich nicht vertretbar; Ausmusterung wird vorgeschlagen
11375	Motor mit vollständiger Ausrüstung fehlt; Manometer und Bremsschläuche fehlen; Getriebe-Gehäuse-Oberteil fehlt	Instandsetzung wirtschaftlich nicht vertretbar; Ausmusterung wird vorgeschlagen
12047	Blindwelle, Kuppelstangen, Signallampen etc. erneuerungsbedürftig; Motor ausgebaut und zerlegt	Kl 4 erforderlich; wegen z.Zt. nicht zu beschaffender Ersatzteile von der Ausbesserung zurückgestellt
21138	Motor ausgebaut und zerlegt; Drucklufteinrichtung der Bremse fehlt	Kl 4 erforderlich; wegen z.Zt. nicht zu beschaffender Ersatzteile von der Ausbesserung zurückgestellt
26136	alle Achsen fehlen; alle Bremsteile fehlen; Motor ausgebaut und zerlegt; Bahnräumer, Fenster, Kuppelstangen erneuerungsbedürftig	Instandsetzung wirtschaftlich nicht vertretbar; Ausmusterung wird vorgeschlagen
36108	Kurbelwelle und Lagerbock des Motors gebrochen; Wendegetriebe schadhaft; keine fehlenden Teile	z.Zt. in Kl 3-Ausbesserung; Fertigstellung voraussichtlich zum 1.10.48
36326	Motor und Getriebe fehlen; Blindwelle, Kuppelstangen und Bremse fehlen; gesamte Lok instandsetzungsbedürftig	Instandsetzung wirtschaftlich nicht vertretbar; Ausmusterung wird vorgeschlagen
	WR200B14:	
11394	Motor ausgebaut und zerlegt; Getriebe ausgebaut und zerlegt; Kleinteile fehlen	Kl 4 erforderlich; wegen z.Zt. nicht zu beschaffender Ersatzteile von der Ausbesserung zurückgestellt
WL248	Vorbau fehlt vollständig; Motor und Getriebe fehlen; Druckluftbremse fehlt; Fahrgestell instandsetzungsbedürftig	Kl 4 erforderlich; wegen z.Zt. nicht zu beschaffender Ersatzteile von der Ausbesserung zurückgestellt
36662	gesamte linke Rahmenseite durch Bombensplitter durchlöchert; Speichen aller Achsen schwer beschädigt; Motor durch Beschuß und Feuer stark beschädigt; Druckluftbremse fehlt	schwere Schäden; Ausmusterung wird vorgeschlagen
36669	Motor bis auf Einspritzpumpe in Ordnung; Getriebe in Ordnung; Pumpenstempel fehlen	Kl 0 erforderlich; wegen z.Zt.nicht zu beschaffender Ersatzteile von der Ausbesserung zurückgestellt
39661	keine fehlenden Teile; Motor ausgebaut und zur Instandsetzung zerlegt	Kl 4 erforderlich; Ausbesserung mußte unterbrochen werden, weil Ersatzteile fehlen

VERBLEIBE:

10931	(Bw Wittenberge);	Standort	Bw Wittenberge	+ 17.6.50
11375	(Bw Wittenberge);	Standort:	Bw Wismar	+ 17.6.50
12047	(Bw Wittenberge);	Standort:	Bw Wittenberge	+ 17.6.50
21138	(Bw Wittenberge);	Standort:	Bw Perleberg	+ 17.6.50
26136	(Bw Wittenberge);	Standort:	RAW Wittenberge	+ 17.6.50
36108	(Bw Dr-Pieschen);	Standort:	Bw Perleberg	aufgearbeitet
36326	(Bw Erkner);	Standort:	RAW Wittenberge.	+ 12.7.50
11394	(Bw Wittenberge);	Standort:	Bw Wittenberge	+ 17.6.50
WL248	(Bw Schwerin);	Standort:	Bw Perleberg	+ 17.6.50
36662		Standort:	RAW Wittenberge	+
36669	(Bw Erkner);	Standort:	RAW Wittenberge	aufgearbeitet
39661	(Bw Erkner);	Standort:	RAW Wittenberge	aufgearbeitet

328 Griebl/Wenzel, Kriegslokomotiven, S.69ff.; Schepull/Zweig, 45 Jahre, S.59; Olbrich, Fahrzeugwirtschaft, S.6

329 Olbrich, Fahrzeugwirtschaft, S.17

Sammlung Stefan Lauscher

Rbd Schwerin

Rbd Schwerin

Kriegsschadloks in und um Wittenberge:
Oben: O&K 21138/1939, ex Wifo 11, abgestellt in Perleberg; vorn der polnische VT 90084, ganz hinten eine weitere V36 (1950).
Mitte: Die Reste einer Henschel-V36 (26136); der Rahmen steht nur noch auf Hilfsradsätzen, Motor und Vorbau fehlen ganz (Wittenberge, um 1949).
Unten: Die noch nicht identifizierte „WL 248"; auch hier ist die Lok nur noch ein Torso (Perleberg, um 1949).

teils auch mit Lok-Einzelnummern, liegen aber zumindest aus dem **R A W W i t t e n b e r g e** vor[330]. Hier wurden zwischen Oktober 1946 und August 1948 folgende sieben WR360C12/14 und fünf WR200B14 als Schadloks festgestellt:

WR360C12/14:

10931	(= BMAG 10931/1939)	
11375	(= BMAG 11375/1940)	
12047	(= BMAG 12047/1943)	
21138	(= O&K 21138/1939)	
26136	(= Hen. 26136/1942)	
36108	(= BMAG 10795/1938)	Vorserienlok
36326	(= Hen. 26138/1942)	

WR200B14:

11394	(= BMAG 11394/1941)
WL248	(= Deutz) Fabriknummer und Baujahr nicht bekannt; evt. Deutz 39657/1943 ?
36662	(= Deutz 36662/1942)
36669	(= Deutz 36669/1942)
39661	(= Deutz 39661/1943)

Von wenigen Ausnahmen abgesehen, sind die Wittenberger Loks bei der Reichsbahn nicht mehr in Betrieb gegangen. Mit Verfügungen vom 17.6.50 und 12.7.50 wurden die meisten Maschinen ausgemustert und im Rahmen der großen „Schrottaktion 1950“[331] zu wertvollem Rohstoff für die darbende DDR-Industrie zurückverwandelt. Nur die 36326 blieb noch bis Ende der 50er Jahre als Ersatzteilspender im Bw Neuruppin erhalten.

Wieder in Betrieb gingen - wenn auch teilweise nur für kurze Zeit - die

36108 (V36; + vor 1956),
36669 (V20; später V20 008),
39661 (V20; später 20101 alt)[332]

sowie eine erstmals per 31.10.46 in Wittenberge erwähnte V 11466. Diese Lok konnte damals *„wegen des Fehlens von vollständigen Dieselmotoren vorläufig nicht wieder hergestellt werden"*, taucht später dann aber als V36 080 im Reichsbahn-Bestand wieder auf. Die Vorserien-Lokomotive 36108, auch sie mittlerweile in Perleberg abgestellt, ging im Juni 1950 (mit dem Flüssigkeitsgetriebe aus 12047) zur Kl 4-Ausbesserung ins RAW Dessau.

Es fehlt in den Akten das Ausmusterungsdatum der 36662 (V20-Type). Da sie zu den am stärksten zerschossenen und zerstörten WR-Lokomotiven in Wittenberge gehörte, scheidet eine Aufarbeitung wohl aus. Per 6.7.50 wurde sie durch den Schrottbeauftragten requiriert und dürfte also ebenfalls um 1949/50 aus dem Bestand abgegangen sein.

Ähnlich wie in Wittenberge sah es Ende der 40er Jahre im **R A W D e s s a u** aus: Auch hier lange Reihen abgestellter Loks und Triebwagen. Und auch hier der allgegenwärtige Ersatzteilmangel, der zum Ausschlachten von selbst nur gering beschädigten Lokomotiven zwang. Leider sind aus Dessau keine vollständigen Unterlagen überliefert. In der Sammlung Fiebig und in einer abgelegten Lokkartei des Ministeriums für Ver-

330 Rbd Schwerin 10433

331 Die z.T. recht umfangreichen Verschrottungen von Lokomotiven und Wagen bei der DR lösten später heftige Kritik auf höchster Ebene der Reichsbahn-Verwaltung aus und führten sogar zu langjährigen Gefängnisstrafen für die Verantwortlichen; im Mai 1952 wurde jegliche Verschrottung von Eisenbahnfahrzeugen für viele Jahre eingestellt; ausführlich: Olbrich, Fahrzeugwirtschaft, S.18

332 Vergl. S.429 und 430

DR, Sammlung Stefan Lauscher

Vorbaubleche verschwunden, Getriebe und Blindwelle ausgebaut, Führerstand geplündert: Auch diese BMAG-V36 mit der Betriebsnummer 36242/WL329 wurde nicht wieder aufgearbeitet und blieb als Ersatzteilspender abgestellt (RAW Dessau, um 1949).

kehrswesen[333] finden sich aber zumindest einige Bruchstücke. Danach standen u.a. folgende von der DR später nicht mehr übernommenen Kriegsschadloks der WR-Baureihe in Dessau abgestellt:

oNr	RBD Magdeburg (1957) noch vorhanden
36242/WL329	RBD Berlin (1948) Bw Bln-Lehrter Bf. *„ausmustern! ausgebrannt"*
oNr	RBD Berlin (1946) *„Motor fehlt"*

Die beiden erstgenannten waren WR360-, letztere eine WR200-Lokomotive. Herstellerdaten sind für alle drei Loks nicht bekannt[334].

Schließlich noch zum **Bw Königswusterhausen**. Von hier wurde per 1.8.48 eine WR360C14 mit der Nummer 36845 (= BMAG 10845/1939) gemeldet. Auch für diese Lok kam eine Instandsetzung offenbar nicht mehr infrage (*„Motor fehlt"*). Die Maschine wird vermutlich beim Herstellerwerk in Wildau gestanden haben und dürfte dort Ende der 40er Jahre auch verschrottet worden sein.

Summa summarum zählte der Schadlokpark bei der Reichsbahn-Ost damit mindestens dreizehn V20/V36-Lokomotiven, die als Folge teils erheblicher Kriegsschäden oder aufgrund kontinuierlicher Ausplünderung nach dem Krieg nicht mehr in Betrieb kamen. Auch an dieser Zahl lassen sich im Kleinen noch einmal die ungleichen Startbedingungen zwischen Ost und West nach 1945 ablesen:

Im Westen ein akzeptabler Bestand baugleicher Wehrmachtdieselloks, im Osten dagegen kleine Stückzahlen mit einem zudem hohen Anteil an Schad- und Reparaturloks.

Im Westen saßen alle wichtigen Zulieferer (Deutz, MWM, Voith, Bosch etc.), im Osten stattdessen Ersatzteilmangel allerorten.

Im Westen schließlich gab es schon bald nach 1945 wieder eine funktionierende Lokomotivindustrie, die nach alten Zeichnungen und mit vorhandenen und z.T. schon montierten Teilen weitere V36 nachbauen konnte (Deutz, Holmag/MAK), im Osten dagegen - z.B. bei Schwartzkopff - sowjetische Besatzung und Demontage.

Reichsbahn ostdeutsch: Die Wehrmachtloks bei der DR

Unmittelbar nach Kriegsende hatte vor allem in den RBD Dresden, Berlin und Schwerin die Wiederinbetriebnahme der ehemaligen Wehrmachtdieselloks begonnen. Die RAW Wittenberge und Dessau, beide schon in den 30er Jahren mit der Unterhaltung von Kleinloks und Triebwagen befaßt, arbeiteten nach Kräften die aufgefundenen Loks auf und brachten eine Maschine nach der anderen wieder in Fahrt. Daß dies nicht allzu planmäßig verlief, kann angesichts der eingangs erwähnten schwierigen Rahmenbedingungen kaum verwundern. Überall, auch in den Bahnbetriebswerken, wurde improvisiert. Und wenn unter dem Strich die Hälfte der als betriebsbereit gemeldeten Lokomotiven auch tatsächlich im Einsatz war, mag dies schon großzügig geschätzt sein.

Immerhin war bis Mitte der 50er Jahre ein Diesellokpark von annähernd vierzig V20/V36-Lokomotiven entstanden. Die Übernahmeliste auf Seite 429 verzeichnet die Loks zur Vereinfachung bereits mit den erst ab 1957 gültigen Nummern. In der Auflistung enthalten sind auch schon etliche Zuläufe, die

---

333 MfV 1028, jetzt Bundesarchiv Berlin-Lichterfelde DM100/3803

334 Die 36242/WL329 war eine BMAG-Lok und müßte aufgrund der Loknummer im Fabriknummernbereich 10933ff. oder 10993ff. liegen; Baujahr 1939 oder 1940

- aus der Verstaatlichung der Privatbahnen[335] in der DDR in den Jahren 1949/50,
- aus Abgaben der Industrie[336] sowie
- aus Rückgaben der sowjetischen Streitkräfte[337] (SMAD) an die Reichsbahn

resultierten. Die SMAD-Loks wurden teilweise erst tief in den 50er Jahren an die Reichsbahn abgegeben (z.B.1954: V36 024; 1956: V36 031). Die beiden LDF300C12 - V27 011 und V36 (036) - sind ehemalige EIBIA-Loks, V36 028, 029, 031, 032, 064 und 065 stammen von der Wifo.

Zusätzlich zu den aufgelisteten Einheits-V20/V27/V36 gab es - analog zu den DB-V36[3] - auch bei der Reichsbahn einige dieselmechanische 360-PS-Loks von DWK, die als V36 050-053 bezeichnet waren. Diese, wie verschiedene andere nicht vereinheitlichte Bauarten aus Wehrmachtsbeständen (V15, V16, V22) sind umseitig (S.430/431) gesondert aufgelistet. In der Regel handelte es sich auch hier um Firmenbauarten der Deutschen Werke Kiel.

Über mangelnde Typenvielfalt im Betriebspark[338] konnte sich die Reichsbahn also weiß Gott nicht beklagen. Allein unter den „vereinheitlichten" V36-Bauarten waren, neben der Serienausführung WR360C14 mit Deutz- und MWM-Motor, auch

- zwei **LDF300C12** von Schwartzkopff mit 25-km/h-Getriebe (V27 011 und 36106 alt) sowie
- drei Vorserienloks **WR360C12** mit Vmax 45 km/h (V36 020, V36 026 und 36108 alt).

Und auch unter den nur fünf V20-Loks befand sich mit der V20 005 (Wehrmachtstype **WR240B15**) ein Exot. Heute ist es kaum noch vorstellbar, mit welch immensen Mühen die Instandhaltung so vieler Bauarten und Sonderlinge in den Bw und RAW seinerzeit verbunden gewesen sein muß!

Zu der erwähnten V20 005 liegt vieles leider noch im Dunkeln. Vom äußeren Bild her präsentiert sich hier in allen

VON DER WEHRMACHT ÜBERNOMMENE WR-LOKOMOTIVEN
ohne Firmentypen V15, V16, V22 etc.

Loknummer ab 1957	bis 1957	Herst	FabNr	Bauj	erstmals gemeldet Tag	Bw	Bem.
V20 005	ex 2001	O&K	20929	1939	01.08.48	Bln-Lehrter Bf.	WR240B15
V20 006	ex 36622	Deutz	36622	1943	14.12.47	Rostock	
V20 007	ex 36668	Deutz	36668	1942	11.03.49	Neuruppin	
V20 008	ex 36669	Deutz	36669	1942	01.08.48	Bln-Lehrter Bf.	
-	ex 20101	Deutz	39661	1943	. .46	Dresden-Pieschen	+ 1952/53
		V20 005: 1950 ex Niederbarnimer Eb. V1 (??)					
V27 011	ex 10867	BMAG	10867	1939	. .45	Nordhausen	LDF300C12
V36 015	ex 36101	BMAG	12048	1943	14.12.47	Flöha	
V36 016	ex 36226	BMAG	10843	1939	01.07.46	Wismar	
V36 017	ex 36292	BMAG	11378	1940	01.08.48	Schöneweide Vbf	
V36 018	ex 10985	BMAG	10985	1939	28.12.45	Neuruppin	
V36 019	ex 36105	Deutz	39627	1943	01.11.45	Dresden-Pieschen	
V36 020	ex 10722	BMAG	10722	1938	01.08.51	Halle-P	WR360C12
V36 021	ex 10933	BMAG	10933	1939	01.01.51	Naumburg	
V36 022	ex 36356	BMAG	10936	1939	. .45	Nordhausen	
V36 023	ex 36628	Deutz	36628	1943	. .45	Nordhausen	
V36 024	ex 36110	Deutz	47153	1944	12.11.54	RBD Cottbus	
V36 025	ex 36103	O&K	21113	1939	01.05.46	RBD Dresden	
V36 026	ex 36107	O&K	20914	1938	05.09.51	Dresden-Pieschen	WR360C12
V36 027	ex 36627	Deutz	36627	1943	09.08.49	Rostock	
V36 028	ex 21135	O&K	21135	1939	01.01.48	Bln-Grünau	
V36 029	ex 21136	O&K	21136	1939	31.10.46	Schwerin	
V36 030	ex 21462	O&K	21462	1941	31.10.46	Wismar	
V36 031	ex 21482	O&K	21482	1941	01.08.58	Neuruppin	
V36 032	ex 21484	O&K	21484	1941	. .45	Gera	
V36 033	ex 362005	DWK	2005	1944	31.10.46	RBD Schwerin	
V36 034	ex 36221	BMAG	10840	1939	28.12.45	Neuruppin	
V36 (035)	ex 36104	BMAG	12044	1943	01.08.48	RBD Dresden	
V36 (036)	ex 36106	BMAG	10866	1939	.02.46	Flöha	LDF300C12
-	ex 36108	BMAG	10795	1938	14.12.47	Wittenberge	WR360C12
		V36 018: 1949 ex Ruppiner Eisenbahn Nr.85					
		V36 021: 1949 ex Weimar-Berka-Blankenhainer Eb. Tkl 10933					
		V36 026: 1951 ex Stahl- und Walzwerk Riesa					
		V36 034: 1949 ex Ruppiner Eisenbahn Nr.40					
V36 060	ex 11653	BMAG	11653	1942	28.12.45	Neuruppin	
V36 061	ex 36102	Jung	8510	1940	.09.45	Flöha	
V36 062	ex 36294	BMAG	11380	1940	12.06.48	Wismar	
V36 063	ex 36295	BMAG	11381	1940	14.04.50	Halle-P	
V36 064	ex 36700	BMAG	12033	1943	01.08.48	Halle-P	
V36 065	ex 36701	BMAG	11699	1943	01.08.48	Halle-P	
V36 066	ex 11469	BMAG	11469	1941	31.10.46	Wittenberge	
V36 067	ex 11648	BMAG	11648	1942	.05.49	Gotha	
		V36 060: 1949 ex Ruppiner Eisenbahn Nr.53					
		V36 063: 1949 ex Dessau-Wörlitzer Eisenbahn oNr					
		V36 067: 1949 ex Greußen-Ebeleben-Keulaer Eb. Nr.11648					
V36 080	ex 11466	BMAG	11466	1941	31.10.46	RBD Schwerin	

Quellen: MfV 1028, MfV M-1/2793, Rbd Schwerin 10427, Betriebsbücher, Fotos

Die DR-Farben

Die Lackierung der DR-V20/V27/V36 entsprach der bei den Elloks, war also bis ca. 1960 grün (wie Reisezugwagen) mit schwarzem Fahrwerk, dann grün mit rotem Fahrwerk. Die Anstrichfarben im einzelnen:

Blechverkleidung, Führerhaus und Dach außen	= tannengrün
Laufbleche und Seitenverkleidung unterhalb der Motorraumtüren	= schwarz
Ex-Schutz-Kasten	= tannengrün
Aufstiegsleiter zum Vorbaudach	= schwarz
Motorgehäuse	= grau
Führerhaus innen	= grau
Führerstandspult	= schwarz
Typhon	= silberfarben
Läutewerk	= grün
Rahmen incl. Außenkante, Stirnplatten und Schienenräumer	= schwarz bzw. rot
Fahrwerk incl. Blindwellenkurbel	= schwarz bzw. rot
Stangenprofile und Stangenlager	= stahlblank
Aufstiegsleitern zum Führerhaus und Rangiertritte	= schwarz bzw. rot
Pufferteller und Zughaken	= schwarz
Pufferhülsen	= schwarz bzw. rot
Anschriften	= weiß

335 Ausführlich ab Seite 486
336 Ausführlich ab Seite 489
337 Ausführlich ab Seite 496
338 Die Unterscheidung zwischen Betriebs- und Schadpark wird in der Dienstvorschrift für den loktechnischen Zugleitdienst (ZLV-Lok) Nr. 425 v. 1.1.51 Anhang 1 wiefolgt definiert:
Betriebspark *„ist der Teil des gesamten Lokparks, der zur Durchführung des Betriebs zur Verfügung steht, einschl. notwendiger Unterhaltung im Bw und Raw und der Betriebsreserve".* **Schadpark** *„ist der Teil des gesamten Lokparks, der wegen des Schadumfangs mit Genehmigung der GDR* [= Generaldirektion der Reichsbahn, S.L.] *von der Ausbesserung zurückgestellt ist"*; zitiert nach Olbrich, Fahrzeugwirtschaft, S.5

VON DER REICHSBAHN ÜBERNOMMENE DIESELLOKS
Firmentypen

Loknummer ab 1957	bis 1957	Herst	FNr	Bauj	Type	Bemerkungen
V15 001	ex 1502	Ardelt	10	1936	NB150	1953 ex VVB Schrott Halle-Ost (Tausch gegen Kö 4116)
V15(002)	ex 5732	Ardelt	9	1937	NB150	1949 ex Niederbarnimer Eisenbahn Kö1"
V15 040	ex 1501	DWK	612	1937	D150	
-	ex WL43	DWK ?				noch (31.5.56) im Bestand

V15 001 und (002) hatten ursprünglich Deutz-Motoren; V15 (002) Umbau auf Motor SM4-12,5 des VEB IFA Motorenwerke Johannisthal; 115 PS. Beide Loks waren wenig im Einsatz und standen lange Jahre im RAW Dessau.
1962 Totalumbau bzw. Neuaufbau als Kö II-Einheitsloks: V15 001 wurde Kö 4020", V15 (002) wurde Kö 4019". Als V15 beide offiziell per 1.10.62 +

V15 040 war ab 1953 (bis 1966) Werklok im RAW Berlin.
1960 Umbau auf Johannisthaler SM6-12,5-Motor. Über eine damit eigentlich fällige Umzeichnung (in V16 076 ?) ist nichts bekannt.

Loknummer ab 1957	bis 1957	Herst	FNr	Bauj	Type	Bemerkungen
V16 043	ex 5713	DWK	720	1943	160B	1958 Umbau zu V16 075
V16 070	ex 7342	DWK	666	1940	160B	1946 ex Deutsche Sprengchemie Torgelow/b.Pasewalk
V16 071	ex 1605	DWK	716	1942	160B	
V16 072	ex 589	DWK	589	1937	D200	1949 ex Ruppiner Eisenbahn Nr.71
V16 073	ex 559	DWK	559	1935	D150	
V16 074	ex WL60	DWK		1935		
V16 075	—	DWK	720	1943	160B	1958 ex V16 043

Eine weitere DWK-D200-Type, Fabriknummer 560 (ex WL212), war bis 1950 als Schadlok im RAW Wittenberge abgestellt; aufgrund starker Kriegsschäden nicht aufgearbeitet; 1949 +/1950 ++.

V16 070-075: Allesamt Umbau auf Johannisthaler Motoren, Typ SM6-12,5 (160 PS bei 1500 UpM), Bauart 6KVD18.
Unterschiedliche Ursprungstypen von DWK wurden dadurch einheitlich als V16 eingereiht.

Fortsetzung auf S.431

Die DWK-V36: Auch bei der Reichsbahn bereitete diese Splittergattung viel Kummer. Die Karlshorster V36 053 hielt sich aber immerhin bis Mitte der 60er Jahre (Karlshorst, 1962).

A. THIEL/EK-ARCHIV

Details eine WR240B15 (flacheres Dach, Bremsluftbehälter auf dem Vorbaudach, einfache Lokaufstiege vorne, Räder ohne Ausbohrungen in den Gegengewichtssicheln. Auch das Getriebe (L35, Nr.452) stammt eindeutig von einer WR240B, und zwar der Magdeburger O&K 20929/1939, andere Teile dagegen - wie z.B. der Motor - kommen aus einer Serien-WR200B14 von Deutz, Fabriknummer 39661 (20101 alt).

Die Vermutung liegt nahe, daß bei der Generalreparatur der Lok vom 5.6.51 bis 28.4.53 (!) im RAW Dessau nach dem bewährten „Aus-zwei-mach-eins-Muster" verfahren wurde und brauchbare Teile beider Loks Verwendung fanden. Im Betriebsbuch der Maschine und in anderen amtlichen Aufzeichnungen wurde denn auch vorsichtshalber auf jegliche Nennung von Herstellerdaten verzichtet.

Interessante Details auch noch zu anderen von der DR-Ost übernommenen WR-Lokomotiven:

Zum Beispiel zu **V36 017**: Diese Maschine stammte ursprünglich aus einer WR360C14-Serie mit MWM-Motor. 1955 wurde sie auf Deutz umgerüstet. Der Hintergrund dafür war etwas kurios: Die Buna-Werke in Schkopau hatten den *„aus ehemaligen Heeresgut"* erworbenen Deutz-V6M436-Motor 1954 angeboten und der Reichsbahn gleichzeitig den Tausch gegen einen MWM-Motor RHS235S vorgeschlagen[339], da alle Buna-V36[340] ausschließlich mit diesem Modell ausgerüstet waren. Die DR nahm dankend an, zumal der abzugebende Tauschmotor von MWM einen Kurbelwellenschaden hatte und die damals noch als V36292 bezeichnete Lokomotive deshalb schon einige Zeit stillstand. Per 28.9.54

339 MfV M-1/2793
340 Ab Seite 490

ging der MWM-Motor also an Buna; der Deutz-Motor tat ab April 1955 in der Reichsbahn-V36292 Dienst.

Tauschgeschäfte auch mit der sowjetischen Armee in der DDR: Von ihr erwarb die DR per 12.11.54 die **V36 024** (alt 47153) und nummerte sie zunächst als 36110 ein. Die Lok war bis dahin bei einer sowjetischen Einheit in Kapen/b.Dessau gelaufen. Im Gegenzug mußte dafür die Köf 5007 an die SMAD abgegeben werden[341].

Etwa Mitte der 50er Jahre wurde mit vier V20-, einer V27- und einunddreißig V36-Lokomotiven der Höchststand an WR-Loks im Betriebspark der Reichsbahn erreicht. Weitere Zugänge gab es danach - mit Ausnahme der erst ab 1957 aus dem Schadpark aufgearbeiteten V36 080 - nicht mehr. Auch Nach- und Neubauten wie bei der DB, hat es bei der Staatsbahn in der DDR nicht gegeben.

Erwähnenswert ist in diesem Zusammenhang allerdings ein Briefwechsel vom März/April 1946, in dem es um das Angebot der Deutschen Werke Kiel über die

Auch die **V36 026** schließlich war ein Spätzugang bei der Reichsbahn. Die Vorserienlok Bauart WR360C12 kam am 5.9.51 vom Stahl- und Walzwerk Riesa in den DR-Bestand[342] (ex Luftzeugamt Kölleda). Offenkundig wurde diese Maschine später mit Teilen aus dem Schadpark umgebaut und in eine Serien-V36 verwandelt; dies möglicherweise erst bei ihrer Generalreparatur 1963 im Raw Karl-Marx-Stadt. Genauere Unterlagen darüber waren bislang nicht zu finden. Auch das Betriebsbuch der Lok ist nach der Ausmusterung leider noch nicht wieder aufgetaucht.

341 MfV M-1/2793
342 Ebenda

Nachlass Fiebig, Verkehrsmuseum Dresden

Eine Ardelt-V15: Auch solche „U-Boote“ waren zeitweilig im DR-Bestand. Die beiden Einzelgänger wurden aber früh abgestellt. V1502 erlebte zumindest auf dem Papier noch die Umzeichnung in V15 001 (RAW Dessau, um 1958).

VON DER REICHSBAHN ÜBERNOMMENE DIESELLOKS (2)
Firmentypen

Umbaudaten:
V16 070 (= 1956); V16 072 (= 1955); V16 074 (= 1956); V16 075 (= 1958); Rest unbekannt.
V16 071 hatte 1956 angeblich einen 150-PS-Motor.
V16 072 nach Ausmusterung Werklok im Raw Wittenberge (WL6).
V16 073 nach Ausmusterung Werklok im Raw Wittenberge (WL4).
V16 074 evt. DWK 580/1935, Type D150 (???); Lok war bis 1955/56 stark beschädigt abgestellt. Am 16.5.55 zur Beseitigung von Kriegsschäden ins RAW Dessau; kam erst mit neuem Motor wieder in Betrieb.

Loknummer ab 1957	bis 1957	Herst	FNr	Bauj	Type	Bemerkungen
V22 045	ex 2201	DWK	734	1944	220B	
V22 046	ex 22101	DWK	721	1941	220B	
V22 047	ex 2202	DWK	727	1942	220B	

Eine weitere DWK-220B-Type, Fabriknummer 724 (RBD Greifswald/Bf.Straßburg) war von 1945 bis 1966 als Schadlok vorhanden; nie aufgearbeitet; zuletzt stark verrostet; per 1.7.66 - nach 21jähriger Abstellzeit (!) - ausgemustert

Loknummer ab 1957	bis 1957	Herst	FNr	Bauj	Type	Bemerkungen
V36 050	ex 36109	DWK	686	1940	360C	1949 ex Oderbruchbahn Nr.3-420
V36(051)	ex 695	DWK	695	1941	360C	1949 ex Beeskow-Fürstenwalde Nr.4-420
V36(052)	ex 757	DWK	757	1942	360C	
V36 053	ex 779	DWK	779	1944	360C	

Eine weitere DWK-360C-Type, Fabriknummer 687, stand bis ca.1959 als Ersatzteilspender im RAW Dessau; (falsche) Lokanschrift: „667“.
V36 (051) lief seit 1948 auf der Niederbarnimer Eisenbahn; vermutlich aber weiterhin im Eigentum von Beeskow-Fürstenwalde.

5732 (= V15 002) und 5713 (= V16 043) sind ehemalige Kö-Nummern.
V15 001, V15 (002), V16 070, V16 072 und V36 050 waren entgegen gängiger Aufschreibung keine Wehrmachtloks.

Quellen: MfV/1027-1028, MfV/TZA 1005-1007, Rbd Schwerin/10427, Betriebsbücher, Bestandslisten

Das einzige bekannte Foto der (V) 20101 alt, aufgenommen im Bw Dresden-Pieschen: Die Maschine ist offenkundig unbeschädigt. Später wurden Teile der Lok zum Aufbau der V20 005 genutzt. Im Hintergrund links ist die im Krieg zerstörte und als hölzernes Provisorium neu aufgebaute Triebwagenhalle des Bw Pieschen zu sehen (1946).

Lieferung von fünfzehn WR360C14 an die Reichsbahn in der SBZ geht. In einer internen Begutachtung schreibt dazu der zuständige Sachbearbeiter im Reichsbahn-Zentralamt, Abteilungs-Präsident Prof. Nordmann, u.a.[343]:

> *Insgesamt wird man daher sagen können, daß die 360-PS-Einheits-Diesellokomotive eine im allgemeinen, bis auf häufigen Abstoss- oder Schiebebetrieb, gute Rangierlokomotive für leichteren Verschiebedienst bezw. eine für leichteren Nebenbahndienst abzugeben vermag. Der käufliche Erwerb dürfte also keineswegs als Fehlgriff, sondern sogar als empfehlenswert dann anzusehen sein, wenn die nötigen Mengen an Dieselöl mit Sicherheit gedeckt werden können.*

Warum die Nachbeschaffung von V36 bei der DR trotz dieser positiven Bewertung unterblieb, bedarf nicht allzu viel Phantasie. Die katastrophale wirtschaftliche Situation der Reichsbahn-Ost, die vordringlichen Aufgaben beim Wiederaufbau und die angesprochene unklare Lage bei der Treibstoffversorgung - all das waren zu große Risikoposten, jedenfalls zu diesem frühen Zeitpunkt. Ab 1947/48 gingen die gleichen gut ein Dutzend DWK- (= Holmag-) Nachbauloks stattdessen im Westteil des besetzten Deutschland in Betrieb.

Nummernsalat: Die Betriebsnummer bis 1957

Kaum etwas beim Thema V20/V36 illustriert das Chaos der ersten Nachkriegsjahre besser als das Bezeichnungswirrwarr bis zur Neunummerierung 1957. Da gab es drei-, vier-, fünf- und sogar sechsstellige Nummern nebeneinander. Typengleiche Maschinen waren mal mit der Baureihenbezeichnung V10 oder V11, mal aber auch als V21 oder V36 bezeichnet. V20-Lokomotiven hatten V36-Betriebsnummern (was einige erklärungsfreudige Autoren sofort zu ungehemmten Nachrichten über angeblich stattgefundene Umbauten verführte). Kurz: Es war alles ziemlich durcheinander. Selbst die DR-Bürokraten hatten mit dem (z.T.) von ihnen selbst angerichteten Betriebsnummern-Wirrwarr zuweilen ihre liebe Not.

Ursache für den ganzen Nummernsalat war nicht etwa das Fehlen eines Bezeichnungssystems, sondern vielmehr die Existenz von zuvielen unterschiedlichen Nummernsystemen nebeneinander. Im Überblick:

Erstens: Marke einfach - Die Fabriknummer als Loknummer
Nach diesem „System" war ein Großteil der V20/V36 schon zu Kriegszeiten bezeichnet. Bei der DR wurde bis 1957 etwa die Hälfte aller WR-Maschinen weiter so benummert. Je nach Hersteller kam es dabei zu drei- oder fünfstelligen Nummern, z.B.

779	=	DWK	779	(spätere V36 053)
10867	=	BMAG	10867	(spätere V27 011)
21484	=	O&K	21484	(spätere V36 032).

In vielen Fällen war den Nummern noch ein „V" oder „V/" zur Bestimmung der Traktionsart vorangestellt. Eine kleine Besonderheit gab es bei der späteren V36 021: Sie hieß bis 1957 „Tkl 10933", wobei „Tkl" ein Wehrmachtserbe war und möglicherweise für **Tankl**ager gestanden haben könnte.

Zweitens: Das Wehrmachtsschema - Fünfstellig mit zwei Baureihenziffern
Auch diese Nummern sind aus der Zeit vor 1945 schon bekannt[344]. Die ersten beiden Ziffern bezeichneten die Bauart (PS-Zahl dividiert durch 10), die drei folgenden Ziffern waren laufende Nummern. Noch sieben Loks, allesamt V36, waren bei der DR so bezeichnet, z.B. die 36226 (spätere V36 016) oder die 36294 (spätere V36 062). Auch hier gab es die Varianten mit und ohne vorangestelltes „V".

343 MfV M1/2793; Nordmann war noch bis 1949 bei der Ostzonen-Eisenbahn tätig
344 Siehe Kapitel „Einsatz im Krieg", ab S.137

D r i t t e n s : Dresden extra - Kollisionskurs mit den Wehrmachtsnummern

Ganz ähnlich sah ein Nummernsystem aus, das seinen Ursprung um 1945/1946 in der RBD Dresden hatte, ab etwa 1950 jedoch auch auf einige Nicht-Dresdener V36 ausgeweitet wurde. Die Nummern waren wiederum fünfstellig, und zwar beginnend mit zwei Baureihenziffern (z.B. 36 für 360-PS-Lok) und - nachfolgend - einer dreistelligen laufenden Nummer, jeweils mit 101 beginnend. Nach diesem Schema waren nicht nur die V36, sondern auch V20 und V22 bezeichnet, z.B.

V20101 (1952/53 +),
V22101 (spätere V22 046) oder
V36101 (spätere V36 015).

Leider barg dieses System durch seine große Ähnlichkeit zu den Wehrmachtsnummern auch erhebliche Tücken: So waren etwa 1951, bei Übernahme der „echten" (Wehrmachts-) 36103, die spätere V36 026, durch die RBD Dresden, die Nummern 36101-36106 (Nachkriegsbezeichnungen) bereits belegt, so daß die Kriegs-36103 kurzerhand in eine DR-36107 umbenannt werden mußte. Auch die Tatsache, daß mit den Dresdener RBD-Nummern nun ganz normale Serien-WR360C14 und sogar eine Privatbahn-360C von DWK, die niemals beim Militär war (36109; spätere V36 050), in einen Nummernbereich kamen, der ursprünglich für die Vorserien-WR360C12 reserviert war, hat nicht eben zu mehr Klarheit im Nummern-Wirrwarr beigetragen.

Abschließend noch, keine Regel ohne Ausnahme, zwei Besonderheiten: Die V36 033 hatte bis 1957 eine sechsstellige Nummer (V362005), die - eine DWK-Spezialität - sich aus Typen- und Fabriknummer zusammensetzte. Unter dieser Bezeichnung war die Lok auch schon bei der Wehrmacht gelaufen. Die Hallenser Nummern 36700 und 36701 (V36 064, 065) scheinen dagegen eine Abart des Dresdener Musters gewesen zu sein, allerdings mit 700er Nummernkreis und mit 70<u>0</u> (statt mit 70<u>1</u>) beginnend.

Einige Irritationen hat, wie schon angedeutet, die alte Nummerierung der V20 006-008 ausgelöst. Verantwortlich dafür war die Tatsache, daß Deutz für einen Teil seiner WR200B14 ausgerechnet 36000er Fabriknummern vergeben hatte, und einige Loks bis 1957 auch nur mit der Fabriknummer bezeichnet waren. Durch das vorangestellte „V" wurde nun bei der DR z.B. aus der simplen Fabriknummer 36668 die vielleicht in der Tat mißverständliche Loknummer V36668. Die so in den Köpfen einiger Autoren[345] entstandene *„V36 mit 200-PS-Motor"* gehört allerdings ins Reich der Legende. Derartige Umbauten hat es nicht gegeben! Für die Spezialisten hier noch einige Umzeichnungsdaten:

36103	ab 05.01.50	(ex 21113)
36107	ab 21.09.51	(ex 36103)
36109	ab 15.06.53	(ex 3-420)
36110	ab 30.11.54	(ex 47153)
1502	ab 29.07.53	(ex Kö 10)
2001	ab 07.09.53	(ex V1)
2201	ab 22.12.51	(ex WL247)
2202	ab 31.10.52	(ex oNr)

SAMMLUNG HELMUT GRIEBL

Weimar, Berkaer Bf.: Der Lokführer nutzt eine Rangierpause zur Durchsicht der Maschine. Die Lok ist noch mit „V21484" bezeichnet (die spätere V36 032). Sehenswert: Die gewaltige Auspuffmündung mit einem in Eigenarbeit umgebauten Funkenschutz (1956).

V i e r t e n s : Die GDR-Nummern - Vierstellig mit Typenangabe

Diese Nummern wurden ab 1951 durch die Generaldirektion der Reichsbahn (GDR) in Berlin vergeben. Aufgebaut waren sie ähnlich wie die Dresdner Nummern, verzichteten aber auf eine Ziffer in der laufenden Nummer. V2001 bezeichnete also die erste 200-PS-Lok, V2201 die erste 220-PS-Lok usw.. Auch hier war eine gewisse Kollisionsanfälligkeit nicht zu übersehen. So ist etwa

1605 (spätere V16 071) eine ehemalige Marinelokomotive,
1501 (spätere V15 040) dagegen eine Nachkriegs-DR-Nummer.

Der neue Nummernplan

Das ganze Nummern-Chaos gehörte ab Ende 1957 schlagartig der Vergangenheit an. Mit Stichtag 30.12.57 ordnete die Reichsbahn-Verwaltung die längst überfällige Umnummerung aller V-Lokomotiven an und vergab dabei, vergleichbar dem DB-Schema, auch neue, eindeutige Baureihenbezeichnungen. Die Wehrmachtlokomotiven hießen danach V20, V27, V36 etc.. Unterschiedliche Motorbauarten wurden durch Nummerngruppen innerhalb der dreistelligen Ordnungsnummern

345 Schadow, Lokomotivverzeichnis, S.94, und andere

kenntlich gemacht. Bei den V36 z.B. gab es fortan folgende Bezeichnungen:

V36 015-036	für Loks	mit Deutz-Motor
V36 050-053	für Loks	mit DWK-Motor
V36 060-067	für Loks	mit MWM-Motor
	und	
V36 080	für Lok	mit MWJ-Motor
	MWJ =	
	Motorenwerke Johannisthal	

Bis Nordhausen und dann weiter westwärts: In Halle wurde die *„starke Diesellok“* V36 ab 1949 auch zur Politpropaganda mit dem Jugendzug der FDJ eingesetzt.

Jugendzug in Halle

Angeregt. durch das Beispiel der Dresdener Jugend bauten auch wir im RBD-Bezirk Halle einen Jugendzug. Nachdem Ende April die Verhandlungen und Vorbereitungsarbeiten begonnen hatten, konnte Mitte Mai mit der eigentlichen Arbeit der Ausbesserung und Instandsetzung des Zuges begonnen werden. Der Zug befindet sich jetzt in einem friedensmäßigen Zustand.

Dann war es soweit. Vom Bahnhof Halle konnte der Zug seine erste Reise antreten. Eine starke Diesellok zog vier schmucke Triebwagenanhänger, welche dunkelgrün lackiert waren und einen breiten blauen Streifen unter den Fenstern, die Farbe der demokratischen Jugend, trugen. An den Seiten waren die Symbole des Weltjugendbundes und der FDJ zu sehen.

Zur Zeit ist der Zug auf der Strecke Halle—Nordhausen und Halle—Leipzig eingesetzt. Wir hoffen alle, daß bald die Zeit kommen möge, wo dieser Zug nicht mehr in Nordhausen zu wenden braucht, sondern weiter westwärts fahren kann, um unsere Jugendfreunde im Westen zu grüßen.

„FREIE FAHRT“

Nummer 12 / 1949 Seite 2

Sammlung Rainer Nette

Anders als bei der Bundesbahn, sind Vorserien- und Serien-V36 bei der Reichsbahn also nicht getrennt eingenummert worden. Dafür war die Umzeichnung im Osten insofern stringenter, als auch die Lokomotiven der Splitterbaureihen V15, V16, V22 etc. entsprechend den eingebauten Motoren den gleichen klar umrissenen Nummerngruppen zugeordnet wurden. Alle Lokomotiven mit Deutz-Motoren hatten (baureihenübergreifend) Ordnungsnummern zwischen 001 und 039, alle mit DWK-Motoren Nummern zwischen 040 und 059, Loks mit MWM-Motoren fanden sich zwischen 060 und 069 wieder, die mit Johannisthaler (= DDR-) Motoren im Bereich 070-099.

Insgesamt wurden laut Nummernplan des Raw Dessau bei den Hauptbaureihen noch vier V20 (005-008), eine V27 (011) sowie fünfunddreißig V36 (015..080) umgezeichnet.

Bereits ausgemustert waren zu diesem Zeitpunkt:
20101 (+ 1952/53) und
36108 (+ vor 1956; aber noch im Schadpark).

Zwei weitere Loks,
36104 (V36 035) und **36106** (V36 036),
waren im Nummernplan zwar noch enthalten, standen nach Betriebseinsätzen in der frühen Nachkriegszeit aber schon längere Zeit (seit 1953 ?) abgestellt im Raw Dessau. Diese Maschinen dürften die Umzeichnung also allenfalls auf dem Papier erlebt haben. Gleiches gilt wahrscheinlich auch für die DWK-V36 051 (+ 1960) und V36 052 (+ 1964) sowie für die Ardelt-Lok V15 002 (+ 1962).

Im Umzeichnungsplan noch nicht vorgesehen war die **V36 080** (alt 11466). 1957 befand sie sich noch zum Neuaufbau bei LKM in Babelsberg und wurde erst später entsprechend eingenummert.

Bemerkenswert ist noch die geplante Umzeichnung der vormaligen 36106 in V36 036. Als 275/300-PS-Lok (LDF300C12) wäre hier eine V27-Nummer richtig gewesen. Praktisch war die Frage natürlich unerheblich, weil die Lok - wie erwähnt - schon abgestellt war und weder die eine, noch die andere Nummer auch wirklich erhielt.

Folgende sieben V36-Lokomotiven waren laut Umzeichnungsverfügung Ende 1957 noch oder schon wieder im Schadpark abgestellt:

36104	(Rbd Dresden)	im Raw Dessau
36106	(Rbd Dresden)	im Raw Dessau
36108	(Rbd Schwerin)	im Raw Dessau
11466	(Rbd Schwerin)	Neuaufbau bei LKM
oNr	(Rbd Magdebg.)	im Raw Dessau
36326	(Rbd Schwerin)	im Bw Neuruppin
667	(Rbd Berlin)	im Raw Dessau

36326 (= Henschel 26138/1942; vergl. S.426f.) war Ersatzteilspender in Neuruppin, 667 eine nie aufgearbeitete 360C von DWK.

Auf richtige Lokschilder mußten die Reichsbahn-V20/V27/V36 bei dieser ersten Umzeichnung übrigens noch genauso verzichten wie ihre Schwesterlokomotiven im Westen. Die Loknummern waren in weißer Schablonenschrift lediglich aufgemalt, ebenso Rbd- und Bw-Anschriften sowie - falls vorhanden - das DR-Enblem. Erst nach der Umzeichnung 1970 trugen einige wenige Loks, dies allerdings dann als Schild, am Führerhaus den langen Schriftzug „Deutsche Reichsbahn“. Viele behielten darüber hinaus bis in die 70er Jahre hinein ihre alten Wehrmachts-Typen- und Nummernschilder.

Zeitreise: Die DR-V20/V36 zwischen 1950 und 1960

Ein Blick zurück, mitten hinein in die 50er Jahre, zeigt ein erstaunlich farben- und facettenreiches Bild von den V20/V36-Einsätzen. Die Ersatzteilprobleme waren durch hemmungsloses Ausschlachten der Schadloks zumindest vorerst behoben. Die Maschinen wirkten gepflegt. Überall von der Ostsee bis zum Thüringer Wald hatte sich die alte Wehrmachtlok feste Einsatzplätze erkämpft. Im V20/V36-Alltag begann sich so etwas wie Normalität auszubreiten. Zeitreise. Bitte einsteigen, Türen schließen, es geht los ...

... in Artern. Eine kleine Stadt. Abzweigbahnhof an der Hauptbahn Magdeburg - Erfurt. Gerade hat der D187 nach Rostock einen Zwischenstopp eingelegt. Am Bahnsteig gegenüber tuckert schon die V36356 (V36 022) vom **Bw Sangerhausen** vor ihrem Anschlußzug. Drei Abteil-, ein Pack- und ein Güterwagen - keine schwere Last. Zwei Stunden und 15 Minuten wird die Fahrt mit dem GmP 9725 über die ehemalige Kyffhäuser Kleinbahn nach Berga-Kelbra dauern. Anschließend 30 Minuten Pause. Dann geht's zurück nach Artern.

Beim **Bw Aschersleben** - rund 60 km weiter nördlich - geht es heute nicht so geruhsam zu. Die V2201 (V22 045) ist mal wieder kaputt. Und jetzt ist auch noch ein VT137 ausgefallen. Werkstattschlosser Werner Klare hat alle Hände voll zu tun. Anstelle des

Triebwagens läuft die V2001 (V20 005) im Personenzug-Umlauf im Raum Aschersleben/Güsten/Klostermansfeld/Staßfurt. 250 Kilometer. Hinterdran: Vier VB/VS in elfenbein/rot. Mit solchen Leistungen kommt die Lok auch schon mal auf 6000 km im Monat. Im normalen Dienst, leichte Eilgüterzüge („Leig") im Raum Magdeburg/Aschersleben, sind es ein Drittel weniger.

Auch die V36 vom **Bw Halle-P** sind echte Kilometerfresser: Eilzüge nach Nordhausen, Halberstadt und Leipzig, Leigs in Richtung Falkenberg oder Jüterbog, Personenzüge nach Stumsdorf und Könnern - da kommt ordentlich was zusammen. Dabei ist der Bestand mit nur drei V36 in Halle-„Paula" denkbar knapp: V36295, V36700 und V36701 (V36 063, 064, 065). *„Eine prima Lok"*, sagen die Hallenser Personale, *„einfach nicht kleinzukriegen"*. Nur die Laufgüte bleibt ein Problem. Bei dem schlecht gepflegten Gleis droht der Lokrahmen auf den Achslagern aufzusetzen. Die Folge sind Brüche an den Federspannschrauben und Schäden am Gleis. Um das zu verhindern, haben die V36-Lokführer einen Trick ersonnen: Zusätzlich zu Buchfahrplan und La-Heft notieren sie besonders schlechte Gleisabschnitte auf einem Zettel. Der bleibt auf der Lok und ist - System Co-Pilot bei der Auto-Rallye - für die nächste Lok-Mannschaft fast wichtiger als der Fahrplan.

Hans Pannier, Sammlung Stefan Lauscher

Günter Wagner, Sammlung Stefan Lauscher

Zeitreise in Erinnerungsbildern: Oben: Der Ascherslebener Einzelgänger, die V20 005, schon mit neuer Nummer; die Lok ist eine WR240B15. Mitte: Der Jugendzug des Bw Halle-P. Vor der Lok haben die im V36-Dienstplan eingesetzten Lokführer Aufstellung genommen (Halle Hbf, 1950). Unten: V36 221 (V36 034) im Einsatz beim Bw Neuruppin; die Blumen auf dem Umlauf gehörten wohl nicht zur Normalausrüstung (ca.1955).

Sammlung Jupp Herde

Ortswechsel. **Stralsund**, 17.30 Uhr am Nachmittag. Lokführer Fritz Witt macht sich auf den Weg zur Arbeit. Zusammen mit seinem „Beimann" (der, wie häufig in diesen Jahren bei der DR, eine Frau ist) hat er den Leig 5814 von Stralsund nach Neustrelitz zu bringen. Der Zug: Vorneweg die V36226 (V36 016), dahinter vier Stückgut-Wagen, davon einer als offener Plattformwagen für Feuergut. Abfahrt Stralsund 19.00 Uhr, Ankunft in Neustrelitz anderntags gegen 5. Zehn Stunden für 124 Kilometer; nicht besonders schnell, aber dafür gibt's unterwegs auch noch einiges zu laden. Für Fritz Witt und Elli Mundt (die Bei-„frau") ist in Neustrelitz Schichtende. Den Gegenzug mit der V36 übernehmen Kollegen.

Auch in **Neuruppin** herrscht an diesem Tag Hochbetrieb. Die Stadt im Herzen einer wunderschönen Seenlandschaft ist seit den Zeiten der alten Ruppiner Eisenbahn ein Zentrum des Diesellokeinsatzes. Fünf WR-Maschinen - zwei V20 und drei V36 - hat der Lokleiter in seinem Bestandsbuch stehen. Aber die V36668 (V20 007) ist schon seit einem halben Jahr im RAW. Und auch die V10985 (V36 018) wartet bereits mehrere Tage im Bw auf Ersatzteile. Für die übrigen Maschinen gibts deshalb viel zu tun: V36221 (V36 034) bespannt an diesem Tag den Nahgüterzug auf der *„Stillen Pauline"*, Strecke Neuruppin - Fehrbellin - Paulinenaue. V21135 (V36 028) ist unterwegs zur russischen Muna nach Wulkow. Und V36662 (V20 006) rangiert im Bf. Neuruppin. Wenn ein VT schlapp macht, müssen auch Triebwagen-Ersatzzüge Richtung Rheinsberg, Löwenberg, Paulinenaue und Wittstock noch mit V20/V36 gefahren werden. Dann wirds eng. Hoffentlich kommen die Ersatzteile für die V10985 bald!

GEORG OTTE

Einsatz im Stückgut-Schnellverkehr: Die V36107 (sp.V36 026) vom Bw Dresden-Pieschen verläßt mit Leig 5911 nach Bischofswerda den Bf. Radeberg (1953).

Lokomotiven für den „Leig“

Universell einsetzbar, unabhängig von Kohlenbansen oder Wasserkränen und mit 60 km/h ausreichend schnell: Auch für den Leig-Betrieb in den 50er Jahren waren die V20/V36 eine gute Besetzung. An vielen Standorten konnten so zudem höherwertige Loks wie z.B. die 64 für den Personenzugdienst freigemacht werden. Die Aufstellung gibt einen Überblick über Heimat-Bw, Einsatzstrecken und Loks im Leig-Verkehr.

Bw Aschersleben (1954-ca.1960)
mit V20 005 und V22 045
- Magdeburg - Halle (V22)
- Magdeburg - Oschersleben - Halberstadt - Aschersleben - Schönebeck - Magdeburg (Ringfahrt; V20)

Bw Dresden-Pieschen
mit u.a. V36 015, 019, 026
- Dresden-Friedrichstadt - Arnsdorf - Bischofswerda
- Dresden - Großenhain

Fünf Stationen, fünf Momentaufnahmen; Rückblenden, die deutlich machen: Auch bei der Reichsbahn hatten die V20/V36 schnell einen festen Platz im Zugförderungsdienst gefunden. Die Einsatzfelder mögen dabei noch um einiges vielfältiger gewesen sein als bei der Bundesbahn. Personen-, Eil- oder Nahgüterzüge, Waggons im Zustelldienst zu den Industrieanschließern vor der Stadt, D-Zug-Wagen im Ersatzverkehr - die V36 hatte in diesen Jahren nahezu alles am Haken, was transportiert werden mußte und leistungsmäßig in etwa entsprach. Belegt sind Einsätze u.a.

- vor Reisebüro-Sonderzügen (Bw Karlshorst),
- im Postzugdienst und vor Güterexpresszügen (Bw Erfurt-G, Halle-P, Karlshorst),
- bei Tunnelrevisionen (Bw Arnstadt),
- bei Fahrten mit dem Gleismeßzug (Bw Neuruppin),
- als Hafenbahnlok (Bw Wismar, Rostock),
- vor Material- (Bw Halle-P) und Personalzügen (Bw Karlshorst),
- vor Propaganda- (*„Aufklärungs"*-) Zügen (Bw Halle-P)
- als „Zugleitungslok“ (Bedarfslok; Bw Rostock),
- bei Raw-Überführungsfahrten (Bw Dresden-Pieschen, Karlshorst),
- bei Truppentransporten (Bw Schwerin)

sowie natürlich in jeder erdenklichen Form als Bauzug- und Rangierlokomotive. Gewisse Schwerpunkte in der Zugförderung bildeten in den 50er Jahren der Nebenbahndienst und - im bemerkenswerten Unterschied zur Bundesbahn - vor allem der Einsatz vor den sogenannten „Leichten Eilgüterzügen“.

Solche **L e i g** [346], wie sie schon beispielhaft für das Bw Stralsund skizziert worden sind, gab es bis Anfang der 60er Jahre bei der Reichsbahn noch an zahlreichen größeren V20/V36-Standorten, so u.a. in Dresden-Pieschen, Halle-P, Karlshorst, Rostock oder Schwerin. Die Züge bestanden in der Regel aus nur zwei oder vier z.T. kurzgekuppelten und mit Faltenbalgen verbundenen Waggons und waren, entsprechend den eingeschränkten Möglichkeiten der V36, bei Diesellokbetrieb auf 60 km/h ausgelegt.

Die Länge der Zugläufe war teils ganz beachtlich (siehe Kasten). Bei einigen Bw mußten zur Vergrößerung des Aktionsradius deshalb Zusatztanks installiert werden. Anfangs kam es dabei zu recht simplen Lösungen (festgebundenes Brennstoff-Faß mit Handpumpe auf dem Umlauf). Später wurden die Behälter dann auf dem Vorbaudach fest montiert und über einen Dreiwegehahn mit der Brennstoffleitung verbunden.

In **Rostock** z.B. wurden dafür ehemalige 200-l-Luftbehälter von ausgemusterten Dampfloks Baureihe 91^3 verwendet.
Auch die **Dresdener** V36 hatten solche Zusatztanks, hier allerdings flaschenartige Behälter liegend auf dem Umlauf.
Ebenso in **Schwerin**; jedoch waren die Zusatztanks dort dicke, voluminöse Tonnen.
Bei der **Karlshorster** V20 008 und der **Hallenser** V36 065 wiederum wurde der Behälter nach Rostocker Muster quer zur Fahrtrichtung vor dem Führerhaus angeordnet.

346 Fiebig, Leig, S.345f.

Bw Erfurt-G
mit V36 021, 032
- keine Einzelheiten bekannt

Bw Flöha/Chemnitz Hbf (1947-1952/53)
mit V36 015, 061
- Chemnitz - Zwönitz
- Chemnitz - Neuhausen (Ablösung durch Schienen-LKW !)

Bw Halle-P (1949-1959)
mit V36 063, 064, 065
- Halle - Falkenberg/Elster
- Halle - Jüterbog
- Halle - Nordhausen
- Halle - Leipzig Mth
- Halle - Großkorbetha - Pörsten - Deuben - Zeitz
- Halle - Leuna - Mücheln - Querfurt - Röblingen

TBw Karlshorst
mit V36 017, fallweise auch V20 008
- Berlin - Kietz (- Küstrin)
- Kietz - Frankfurt/Oder
- Frankfurt/Oder - Fürstenwalde - Berlin (Ringfahrt?)

Bw Rostock (1949-1959)
mit V36 027, 030, 062, 066
- Rostock - Güstrow - Pritzwalk - Neustadt/Dosse
- Rostock - Wismar - Schwerin
- Rostock - Ribnitz
- Rostock - Tessin

Bw Schwerin (1949-1958)
mit V36 016, 029, 033, 066 (auch V20 006 ?)
- Schwerin - Wismar - Karow - Parchim - Schwerin (Ringfahrt)
- Schwerin - Hagenow - Zarrentin
- Schwerin - Rehna (?)

Bw Stralsund (1954-1957)
mit V36 016, 025, 060
- Stralsund - Pasewalk (täglich)
- Stralsund - Neubrandenburg - Neustrelitz (täglich)

Im **Nebenbahndienst** waren es besonders die alten Privatbahnstrecken, die statt Dampf- jetzt Diesellokbetrieb mit V20/V36 hatten. Im Schlepp nicht selten zwei- und vierachsige VB (teils ausgediente VT sowie Dampf- und Akkutriebwagen). Auch preußische Abteilwagen und Donnerbüchsen, später natürlich auch DR-Rekowagen, wurden hier eingesetzt. Diese Kleinbahnzüge waren immer bunt und typenmäßig wild zusammengewürfelt! Langjährige Einsatzstellen waren

Bitterfeld:	ehem. Delitzscher Kleinbahn,
Nordhausen:	ehem. Hohenebra-Ebelebener-, Mühlhausen-Ebelebener- und Greußen-Ebeleben-Keulaer Eb.,
Sangerhausen:	ehem. Kyffhäuser Kleinbahn,
Neuruppin:	ehem. Ruppiner Eisenbahn,
Aschersleben:	ehem. Aschersleben-Schneidlingen-Nienhagener Kleinbahn sowie
Arnstadt:	ehem. Kleinbahn Rennsteig-Frauenwald.

Auch im **VT-Ersatzverkehr** waren die V36 häufig zu sehen. Besonders die wenig robusten Maybach-Motoren bereiteten den VT große Probleme und lange Standzeiten. In Flöha, Dresden und Halle-P wurden daher sogar Et und Dt nicht selten mit V36 gefahren.

Zumindest Versuche hat es auch bei der DR mit der Umrüstung auf **Wendezugbetrieb** gegeben. 1951 wurde im Raw Dessau zuerst eine V36 (mit zwei Bei- und einem Steuerwagen) und 1956 noch einmal die V20 008 entsprechend hergerichtet[347]. In den regulären Betrieb sind beide Einheiten allem Anschein nach aber nicht gekommen.

Hier die Verteilung der V20/V27/V36 auf die einzelnen Rbd mit Stand 30.12.57 (ohne Schadloks):

V20	Berlin	1	
	Magdeburg	1	
	Schwerin	2	
V27	Erfurt	1	
V36	Berlin	1	sowie V36 050-053
	Cottbus	1	
	Dresden	5	
	Erfurt	5	
	Greifswald	2	
	Halle	4	
	Schwerin	10	

Als Haupteinsatzdirektionen sind unschwer Dresden, Erfurt und Schwerin - mit Abstrichen auch Halle - zu erkennen. Magdeburg, Cottbus und Greifswald hatten dagegen nur Einzelloks.

347 MfV M-1/2793

Sammlung Stefan Lauscher

Winter in Ebeleben: Auf den ehemaligen Kleinbahnstrecken in Nordthüringen gehörten die V36 viele Jahre zum festen Inventar. Hier hat die Nordhäuser V36 067 ein besonderes „Schätzchen“ am Haken: Den Doppel-VB140 604/605, ex VT 715/716 (1962).

Eine Sonderrolle nahm die Rbd Berlin ein: Hier waren, beim VT-Bw Karlshorst, neben den beiden Einheits-Typen V36 017 und V20 008 für den Leig-Verkehr auch alle vier dieselmechanischen V36 der Bauart DWK (V36 050-053) zusammengezogen. Ob die Reichsbahn mit dieser Type glücklicher wurde als die DB, muß wohl bezweifelt werden. Die Loks waren jedenfalls mehr im Raw als am Zug. Auch das nachfolgend wiedergegebene Schreiben der Rbd Berlin an die Hauptverwaltung Maschinenwirtschaft und das Technische Zentralamt[348] zeugt nicht eben von einem sorgenfreien Einsatzalltag.

Deutsche Reichsbahn — *Berlin, den 12.1.56*
Reichsbahndirektion B e r l i n — *Bu/Schö 25 171*
Verwaltung Maschinenwirtschaft
M I 5 Fklk
An
MfV Hv M. HV Raw. TZA *- je besonders -*

Betr: Schwierigkeiten bei der Ausbesserung von Motorlok
Berichter: Dez. M I - Nelke - Ruf 25 341

4 Motorlokomotiven stehen seit so langer Zeit im Raw Dessau, daß wir uns gezwungen sehen, das MfV bzw. das TZA zu bitten, hier helfend einzugreifen. Nachstehend die Standzeiten der einzelnen Motorlokomotiven:

1.	*V 757*	*seit dem*	*7.9.54*	*also 16 Monate*	
2.	*V 779*	*seit dem*	*24.3.55*	*also 9 Monate*	
3.	*V 36109*	*seit dem*	*14.4.55*	*also 8 Monate*	
4.	*V 695*	*seit dem*	*10.10.55*	*also 3 Monate*	

(Die V 695 war nur wenige Tage im Betriebseinsatz und hatte vorher 11 Monate im Raw Dessau zur Ausbesserung gestanden).

Wie vom Raw Dessau angegeben wird, macht die Lagerung der Blindwelle dem Raw die größten Schwierigkeiten. Sämtliche Lok sollen ausschließlich wegen Schäden an der Blindwelle nicht fertiggestellt werden können.
Da z.Zt. nur an einer Motorlok wirklich gearbeitet wird, haben wir das Gefühl, daß das Raw Dessau nicht mit voller Intensität an der Lösung des Blindwellenproblems arbeitet.

Wir bitten das Technische Zentralamt und die HV Raw, hier helfend und beratend einzugreifen und die Schwierigkeiten in der einwandfreien Herstellung der Blindwellenlagerung festzustellen. Wenn diese Feststellungen abgeschlossen sind, bittet die Rbd Berlin um einen kurzen Bericht über das Veranlaßte bzw. über den Termin, zu dem mit der Fertigstellung der 4 Motorlokomotiven zu rechnen ist.

gez. Nelke

Auch danach wurde es keinen Deut besser. V36 053 z.B. war von Januar 1957 bis Juni 1958 und erneut von August 1958 bis April 1960 (!) durchgehend im Raw; ab August 1960 stand sie dann schon wieder auf „w". Alle vier Maschinen fand man Ende der 50er Jahre vorzugsweise auf dem Abstellgleis im Raw Dessau. Bis 1962 war auch die letzte Lok dieser Bauart abgestellt und aus dem Betriebsdienst verschwunden.

Der Sonderling: Die Umbau-Lok V36 080

In der großen Heerschar von Wehrmachtlokomotiven, die in den ersten Nachkriegsjahren die Schadlokgleise der RAW Wittenberge und Dessau bevölkerten, befand sich auch die ehem. Heeres-V36 BMAG 11466. Die Schäden an der Lok selbst - also an Rahmen, Fahrgestell und Aufbauten - waren offenkundig nicht allzu gravierend, so daß eine Wiederaufarbeitung durchaus möglich schien. Daß sie über Jahre nicht erfolgte, hatte seinen einfachen Grund im Fehlen eines passenden Motors[349]. Selbst die zahlreichen nach dem Krieg nicht mehr instandgesetzten WR360 waren bis Ende der 40er Jahre schon soweit ausgeschlachtet, daß ein vollständiger Motor für die Schwartzkopff-Lok nicht mehr zur Verfügung stand.

Dieses damit nutzlos gewordenen Gerippes erinnerte sich die Reichsbahn, als Mitte der 50er Jahre Pläne für eine neue, mittelschwere Rangierdiesellok, die spätere V60, heranreiften. Hauptsächlich die neuen, von der volkseigenen Industrie entwickelten Getriebe und Motoren, letztere auch für den Ersatz der überalterten Maybach-VT-Motoren vorgesehen[350], bedurften noch eingehender Versuche. Die BMAG-V36, gerade noch eine unbrauchbare Schadlok, wurde unversehens zum Erprobungsträger für die Neubau-Diesellokomotiven der DR.

Das neue Leben der V11466 (später V36 080) begann Ende 1956 beim VEB Lokomotivbau „Karl Marx" Babelsberg, Außenstelle Berlin-Adlershof[351]. Unter der Fabriknummer 656 009 rüstete LKM[352] die Lok mit

- einem neuen dreistufigen Strömungsgetriebe Typ GSR 12/5,1 (Bauart Wandler/Kupplung/Kupplung) des VEB Georgi-Dimitroff-Werke Magdeburg[353] und
- einem auf 420 PS bei 1400 UpM eingestellten[354], schnellaufenden 8-Zylinder-V-Motor Type 8KVD21L des VEB Motorenwerke Johannisthal (MWJ)

aus. Die Umbauzeichnung datiert vom 27.12.56. Als Bauart der Lok wird im Zeichnungskopf - neben der Angabe WR360C14 - auch die LKM-Firmentype *„N7"* angegeben. Am 20.2.57 wurde das einbaubereite Getriebe in Babelsberg angeliefert. Spätestens zwei bis drei Monate danach dürfte dann die Lok fertiggestellt worden sein.

Das Ergebnis der sich anschließenden, mehrmonatigen Versuche zunächst auf dem Werksgelände von LKM, später im Rangierdienst der Reichsbahn beim Bw Seddin, fiel einigermaßen niederschmetternd aus. Zumindest der Motor erwies sich als für den Eisenbahnbetrieb im Grunde gänzlich ungeeignet[355]:

- U.a. bedingt durch die 8-Zylinder-Bauart und einen schwingungstechnisch ungünstigen 90-Grad-V-Winkel entwickelte der Motor erhebliche freie Massenkräfte an der Kurbelwelle, was zusammen mit der starren Aufhängung im Lokrahmen zu starken Schwingungen in der gesamten Lok führte. Die Folge: Häufige Schäden an der Motor- und Getriebeaufhängung.

---

348 MfV M-1/2793
349 Vergl. S.427
350 Reinhardt, Erprobung, S.249ff.
351 Das „Institut für Schienenfahrzeuge" in Berlin-Adlershof war das Wissenschaftlich Technische Zentrum (WTZ) des VEB Lokomotivbau „Karl Marx"
352 Offizielle Abkürzung des Lokomotivbau „Karl Marx" war LOB; die ersten drei Ziffern der Babelsberger Fabriknummern bildeten die sogenannte „Typ-Nummer", die folgenden drei Ziffern waren eine laufende Nummer; 656 war die Typ-Nr. für Baumusterloks; die Dampflok 50 4001 z.B. hatte die Fabriknummer 656 001/1, die erste V60 (V60 1001) hatte Fabriknummer 656 013/I
353 Die Konstruktion stammte vom VEB Turbinenfabrik Dresden (später: Strömungsmaschinen GmbH); nur das Versuchsgetriebe und - später - die Erstausführungen für die beiden Prototyp-Lokomotiven V60 wurden in Magdeburg gebaut
354 Normal = 450 PS bei 1500 UpM; die Drosselung erfolgte mit Rücksicht auf das Getriebe, das in der Versuchsausführung nicht mehr als 420 PS aufnehmen konnte. Der Motor ist in der aufgeladenen Version (mit 530 PS) lediglich für rund 50 Minensuchboote der DDR-Volksmarine verwendet worden.
355 Mitteilungen von den an den Versuchen beteiligten Ingenieuren Günter Vorbau, Berlin, und Lothar Nüssler, Dresden

Saby, Sammlung Rainer Heinrich

- Das Kurbelgehäuse-Unterteil war zu schwach konstruiert und bekam Risse.
- Der Motor war unerträglich laut und
- die eigens für die V36 eingebaute Druckluftanlassung (Normalausstattung: elektrischer Anlasser) fiel mit Ventilschäden ständig aus.

Dazu kamen noch Gußqualitätsprobleme beim Kühlerlüfter und Schwierigkeiten bei der Kühlwasservorwärmung. Als Folge dieses Debakels wurde die 8-Zylinder-Bauart von MWJ vollständig verlassen. Für die V60 (mit Aufladung auch für die V180) wurde stattdessen eine 12-Zylinder-Type mit 60-Grad-V-Winkel entwickelt. Die Triebwagen erhielten tschechische Austauschmotoren von ČKD.

Einziger Lichtblick der Versuche: Im Unterschied zum Motor arbeitete das Strömungsgetriebe von Anfang an weitgehend problemfrei. Nach Verstärkung der Innenteile (für eine Maschinenleistung bis zu 650 PS) ist es ohne nennenswerte konstruktive Änderung bis 1968 (und nach Überarbeitung als GS12/5,2AR bis in die 90er Jahre) in etwa 2200 Lokomotiven V60D eingebaut worden.

Ob die V36 080 gleich nach Abschluß der Erprobung - also etwa Anfang 1958 - in den Betriebsmaschinendienst kam, ist unklar. Im November 1959 jedenfalls gab es nochmal Untersuchungen im Institut für Schienenfahrzeuge in Berlin-Adlershof, diesmal mit Blick auf die hohe Lärmentwicklung. Das Ergebnis der Schallmessungen:

Auf dem Abstellgleis: V36 080 eröffnet interessante Einblicke ins Innenleben. Im Vergleich zu den alten Deutz- und MWM-Motoren wirkt der Neubaumotor geradezu zierlich (Karl-Marx-Stadt, Januar 1968).

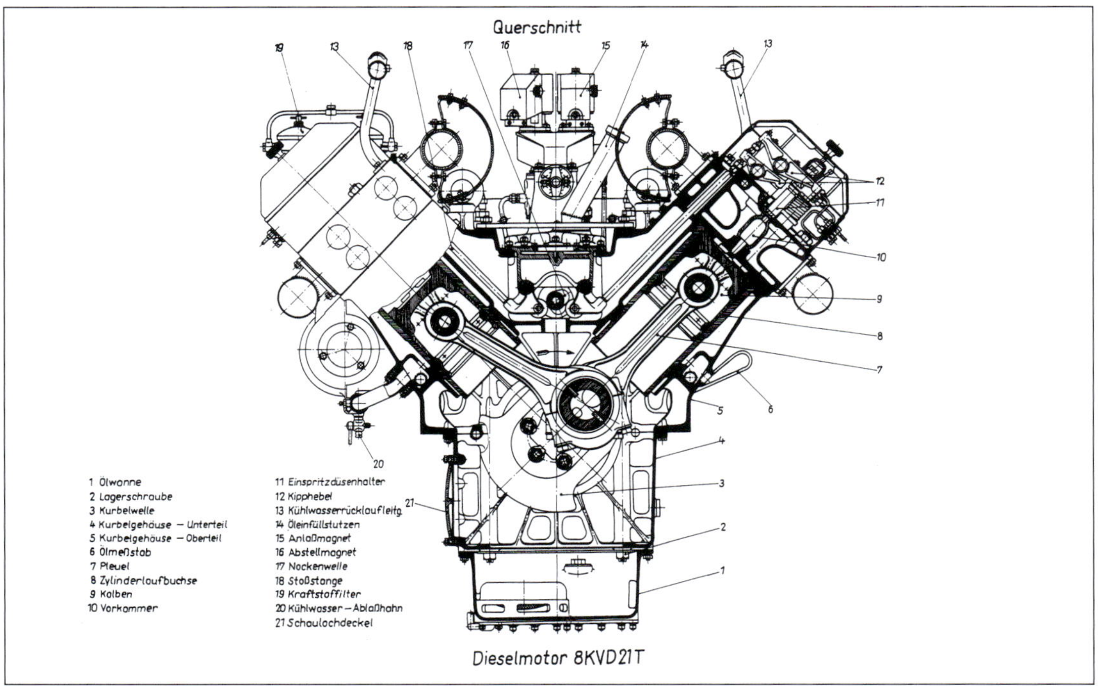

Ein Fehlschlag: Der Johannisthaler 8KVD21L erwies sich im Versuchsbetrieb als völlig ungeeignet. Die hier abgebildete Triebwagen-Version 8KVD21T unterschied sich nur in Anschlüssen und Einstellungen vom V36-Motor.

Die Versuche und Komponentenerprobung mit der späteren V36 080 in Seddin waren nicht der erste und nicht der einzige Beitrag der Wehrmacht-Diesellok zur Neuentwicklung von Dieselfahrzeugen in der DDR. Schon etliche Jahre zuvor, 1952, als im wissenschaftlich-technischen Beirat das Nachdenken über neue Diesellokbauarten begann, bildete die Wehrmachtlok das wichtigste Erfahrungsgut, aus dem heraus die anstehenden Neukonstruktionen entwickelt werden konnten.

Konstrukteure Ost und Konstrukteure West kamen also nicht zufällig zu ähnlichen Ergebnissen, etwa was die Festlegung zugunsten der hydraulischen Kraftübertragung oder schnellaufender Motoren angeht. Parallelen sind - wenn auch mit gewisser zeitlicher Verzögerung - unübersehbar. Geprägt von den Erfahrungen mit den Wehrmachtlokomotiven entstanden in der DDR so nicht nur die mehr als 2000fach gebaute V60, sondern auch zahlreiche Industriebauarten wie etwa die Babelsberger Typenreihe V10B/V18B/V22B.

Wie eng zumindest anfangs noch die Entwürfe an die frühere Wehrmachtsbauart anlehnten, belegt ein hochinteressantes Dokument - Archivnummer MfV M-1/243 - aus dem Technischen Zentralamt der DDR-Reichsbahn. Es stammt aus dem Jahre 1954 und beschreibt - als *„Studienentwurf“* - gewissermaßen eine Ur-Konzeption der späteren V60.

Hier einige Auszüge daraus im Wortlaut:

Neuauflage: Von der Wehrmachts- zur Neubaudiesellok

S t u d i e n e n t w u r f
=======================
zum Plan Forschung und Technik 1954

Institut für Schienenfahrzeuge Wildau

Gesamtstudienentwurf
Lokomotivbauprogramm
<u>Diesellokomotive 550 PS</u>

In Anlehnung an die vierachsigen 550-PS-Diesellokomotiven der Deutschen Reichsbahn (ehemalige Wehrmachtslokomotiven) soll für Verschiebedienst und Streckendienst auf Nebenbahnen (Personen- und Güterzüge) eine gleichstarke, aber verbesserte Lokomotive entwickelt werden. An Stelle der bisher verwendeten langsamlaufenden Schiffsmotoren soll ein Schnelläufer eingebaut werden. Vorgesehen ist der z.Zt. in Entwicklung befindliche IFA-12- [handschriftlich eingebessert: 8-; S.L.] *Zyl.Dieselmotor KVD 21, der ohne Aufladung bei 1400 U/min eine Dauerleistung von 540 PS hat und kurzzeitig 600 PS leistet. Dieser Motor, der als Ersatz für die bisherigen Triebwagenmotoren entwickelt wird, kann mit Aufladung auf 720 bzw. 800 PS gebracht werden. Da die erwähnten ehem. Wehrmachtslokomotiven bei größerer Geschwindigkeit (Vmax = 60 km/h) infolge der großen Überhänge von 3100 mm unruhig laufen, ist beim Entwurf eingehend zu untersuchen, ob die Achsanordnung D, allerdings unter Verwendung eines einseitigen Beugniothebels, beibehalten werden kann, was im Hinblick auf den Verwendungszweck wegen eines möglichst großen Reibungsgewichtes wünschenswert wäre, oder ob die Achsanordnung 1'C1' mit Bisselachse oder Krauß-Helmholtz-Gestell vorzuziehen ist. Für die Übertragung ist ebenfalls ein hydraulisches Getriebe vorgesehen, welches aus Wandler/Kupplung/Kupplung besteht.*

Zur Erzielung zweckentsprechender Zugkraftverhältnisse soll die neue Diesellok, wie bei der ehemaligen Wehrmachtlok, durch Einbau eines Stufengetriebes für zwei Geschwindigkeitsbereiche ausgerichtet werden. Bei letzterer sind für den Verschiebedienst ein Geschwindigkeitsbereich von 0-30 km/h und für den Streckendienst ein solcher von 0-60 km/h vorgesehen. Sollte die 550 PS Diesellok nicht nur gelegentlich für den Streckendienst eingesetzt werden, so wäre zu überlegen, den Geschwindigkeitsbereich, allerdings bei entsprechend geringeren Zugkräften, von 60 auf 70 - 75 km/h zu erweitern.

Für die D-Diesellok ist der Achsdruck von 14 t beibehalten worden, so daß ein Reibungsgewicht von 56 t vorhanden ist. Die 1-C-1-Diesellokomotive, für die ein Treibachsdruck von 16 t vorgesehen ist, ist nur für den Fall wirtschaftlich vertretbar, wenn diese überwiegend für den Streckendienst eingesetzt werden soll. Das Dienstgewicht der 1-C-1-Diesellok beträgt bei einem Laufachsdruck von 10 t etwa 68 t, gegenüber 56 t bei der D-Diesellok.

MICHAEL MALKE

Unrühmliches Ende: Erst ein Motor- und dann noch ein Getriebeschaden zwangen die V36 080 schon nach wenigen Monaten im regulären Betrieb aufs Abstellgleis. In dieser Perspektive besonders gut zu erkennen: Die glatten Motorraumtüren und das gewaltige Ofenrohr der Führerstandsheizung (Karl-Marx-Stadt, Februar 1968).

Die Lautstärke im Führerhaus bei Nenndrehzahl von 90 DIN-phon[356] *liegt weit über der zulässigen Grenze. Die durchschnittlichen Lautstärken im Umrißpegel ... sind zu hoch. Eine Verbesserung der Isolierung bei dieser Lokomotive ist unbedingt erforderlich.*

Es folgten erneute Umbauten und schließlich die offizielle Indienststellung am 22.10.60 durch die Rbd Schwerin. Stationiert und eingesetzt wurde die Lokomotive beim Bw Neuruppin.

Das Glück war allerdings weiterhin nicht auf der Seite der Versuchslok. Bereits wenige Monate nach der Indienststellung, im April 1961, erlitt die V36 080 einen Riß im (schon verstärkten) Motorgehäuse und - nach mehr als einjähriger Ausbesserung (M2 27.4.61- 6.62) - bei den Raw-Probefahrten dann auch noch einen Getriebeschaden. Danach war man es wohl leid. Die Lok

356 Auf dem Umlauf (Rangierstand) wurden bis zu 105 phon gemessen!

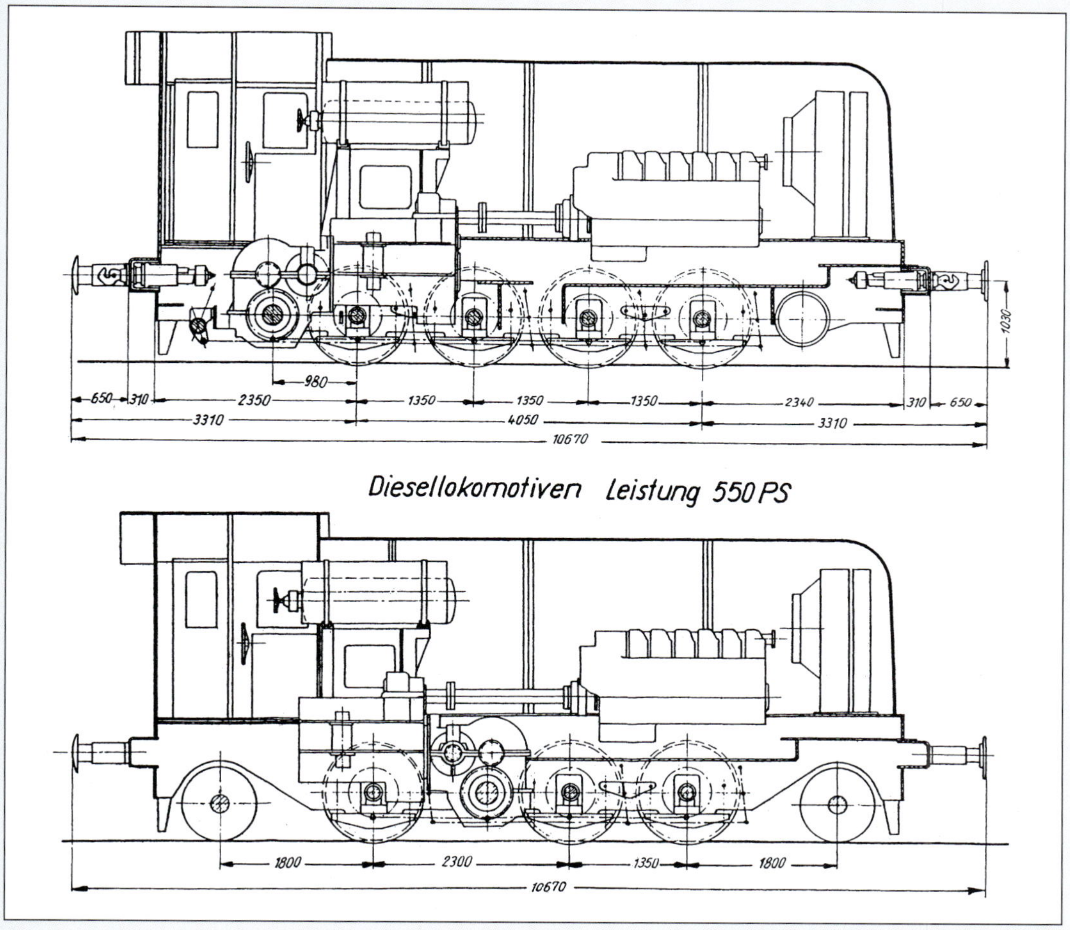

wurde aus dem Betrieb genommen und nach mehrjähriger Abstellzeit im Raw Karl-Marx-Stadt 1971 verschrottet.

Leider sind von dieser interessanten Maschine weder das Betriebsbuch noch Erfahrungsberichte aus der Betriebserprobung in den Jahren 1957-59 erhalten geblieben. Die wenigen existierenden Fotos zeigen die Lokomotive - vielleicht nicht zufällig! - immer nur auf dem Abstellgleis.

Immerhin lassen die Bilder aber doch eine Reihe weiterer Besonderheiten erkennen. So besaß die Lok zuletzt glatte, d.h. vermutlich schallgedämmte Motorraum-Schiebetüren sowie einen - in seiner Funktion unbekannten - tonnenartig gewölbten Aufbau auf dem Motorraumgehäuse (Schalldämpfer in der Abgasanlage oberhalb des Motors?); beides Ergebnis der letzten Umbauten von 1960. Allemal sehenswert ist auch der schon 1956/57 eingebaute Kühlwasserofen rechts seitlich unter dem Führerhaus. Insbesondere das großkalibrige Ofenrohr hätte wohl jedem 50er-Jahre-Wohnzimmer zur Ehre gereicht.

TABELLE 43:
Die Wehrmachtloks in den 60er Jahren - nur Betriebspark

Stückzahlen jeweils am 31.12.dJ.

Baureihe	1960	1961	1962	1963	1964	1965	1966	1967	1968	1969
V15	-	-	-	-	-	-	-	-	-	-
V16	4	4	3	2	1	1	1	1	1	-
V20	4	4	3	2	-	-	-	-	-	-
V22	3	2	2	-	-	-	-	-	-	-
V27	1	1	1	-	-	-	-	-	-	-
V36	30	26	23	22	21	22	17	16	11	10
gesamt	**42**	**37**	**32**	**26**	**22**	**23**	**18**	**17**	**12**	**10**

V15: bis 1966 noch eine als Werklok im Raw Berlin (V15 040)
V16: noch (1969) zwei V16 als Werkloks im Raw Wittenberge (V16 072 und 073)
V36: incl. V36 050-053; ohne z-Lok

Quellen: Ausmusterungsverfügungen, Raw Karl-Marx-Stadt

Die V36 in der Krise: Die 60er Jahre

Anfang der 60er Jahre begann sich auch bei der Reichsbahn das Einsatzbild der V20/V36 zu ändern. Neubaufahrzeuge wie die V15[10] (ab 1959), V60 (ab 1961) oder der LVT 2.09 (ab 1962) übernahmen nach und nach die höherwertigen Leistungen im Rangier- und Nebenbahndienst. Fahrplanausdünnungen, teilweise sogar erste Streckenstillegungen drängten die V20/V36 aus angestammten Einsatzräumen. Und auch die Aufgabe des Leig-Verkehrs ca. 1959/60 hatte eine deutliche Verlagerung des Betriebsalltags in den Rangier- und Zubringerverkehr zur Folge.

Dies alles bedeutete qualitative Einbußen, aber noch keine Gefährdung im Bestand. Die setzte etwa 1961/62 ein, ausgelöst durch die bis dahin schwerste Krise des V20/V36-Einsatzes bei der DR. Grund: Nach 15-20 Betriebsjahren machte sich ein empfindlicher Ersatzteilmangel bemerkbar. Besonders Motoren und Getriebe waren aufgrund mangelnder Wartung, ungeeigneter Schmieröle und vielfach unzureichender Ersatzmaterialien vorzeitig verschlissen. Ersatz von der ausschließlich im Westen verbliebenen Zulieferindustrie (MWM, Deutz, Voith) war nicht oder nur gegen kaum vorhandene Devisen erhältlich.

Die Folge waren reihenweise Abstellungen. Von den über 40 Lokomotiven der Wehrmachtsbauarten, die zu Anfang des Jahrzehnts noch im Reichsbahn-Bestand geführt wurden, überlebte bis 1970 nur ein Bruchteil (TABELLE 43).

DR-OST - AUSMUSTERUNGSDATEN
Baureihe V20 und Splittergattungen

Lok	Bw	abg.	+	Ausmusterungsgrund	Zerlegung
V 15 001	Halle-P	ca.1959	01.10.62	Neuaufbau als Kö 4020 (2.Bes.)	++
V 15 002	Rbd Berlin	ca.1959	01.10.62	Neuaufbau als Kö 4019 (2.Bes.)	++
V 15 040	Rbd Berlin		. .66		++
V 16 070	Heringsdorf	02.09.60	25.09.63	Motor stark beschädigt, Splittergattung	++ . .64
V 16 071	Neuruppin	07.10.62	16.05.66	Getriebeeingangswelle gebrochen, Splittergattung	++
V 16 072	Karlshorst	. .63	. .67		++ . .71
V 16 073	Karlshorst	vor .62	. .64		++
V 16 074	Sangerhausen	10.06.63	23.02.67	Getriebeschaden, Ersatzteilspender für WL Raw Wittenberge	++ 08.09.67
V 16 075	Sangerhausen	26.02.69	04.11.71	Fristablauf, Ersatzteilspender für WL Raw Wittenberge	++ 31.05.72
V 20 005	Aschersleben	02.10.64	18.09.68	Motor und Getriebe schadhaft, schlechter Allgemeinzustand	++ . .69
V 20 006	Leipzig-West	.09.62	20.07.66	Motor und Getriebe verschlissen, Ersatzteilprobleme	++
V 20 007	Heringsdorf	10.08.63	10.08.67	Motor- und Getriebeschaden, Lok in schlechtem Zustand	++
V 20 008	Halle-G	31.12.63	23.02.67	Fristablauf, genereller Ersatzteilmangel, Typenbereinigung	++
V 22 045	Aschersleben	05.06.63	18.09.68	schlechter Allgemeinzustand, Typenbereinigung	++
V 22 046	Heringsdorf	06.08.63	05.06.67	Motor zertrümmert, Kompressor schadhaft	++
V 22 047	Luckau	01.09.61	25.09.63	gesamte Lok stark verschlissen, Kurbelwelle schadhaft	++
V 27 011	Sangerhausen	26.08.63	23.01.68	umfangreiche Schäden am Motorgehäuse und Getriebeblock	++ 25.07.68
V 36 050	Sangerhausen	01.10.62	01.07.66	Motor/Getriebe/Kompressor schadhaft, Kurbelwelle gerissen	++ 07.04.67
V 36 051	Karlshorst	ca.58	. .60		++
V 36 052	Karlshorst	ca.59	10.02.64		++
V 36 053	Karlshorst		14.08.69	Getriebe schadhaft, Kurbelwelle hat Anrisse/kein Ersatz vh.	++ . .69

V16 072 wurde WL6 Raw Wittenberge, V16 073 WL4 Raw Wittenberge.
Z-Stellungs-Daten: V16 071 (z 06.63), V27 011 (z 01.64), V36 050 (z 07.63), V36 053 (z 08.06.60)

Quellen: Ausmusterungsprotokolle (MfV), Raw Karl-Marx-Stadt, Betriebsbücher, Lokverzeichnisse der Direktionen

Als erstes erwischte es naturgemäß die Splitterbaureihen: Die V15 (alt) verschwanden schon vor 1960, die V22 und V27[357] bis 1963 und die letzte V20 bis 1964 von den Schienen. Lediglich die remotorisierten V16 konnten sich dank ihrer noch relativ modernen DDR-Austauschmotoren etwas länger, bis 1969, im Betriebsdienst halten. Eine V15 und zwei V16 waren zudem noch einige Zeit als Werkloks in den Raw im Einsatz. Fast alle Maschinen wurden - wie die Liste zeigt - erst viele Jahre nach der tatsächlichen Abstellung auch offiziell ausgemustert.

Bei den V36 war die Lage nicht weniger prekär. Hier hatte es schon seit Ende der 50er Jahre wiederholt zeitweilige Ab- und sogar Z-Stellungen gegeben, weil Tauschmotoren, Einspritzpumpen, Kühler oder andere Bauteile fehlten. Vorübergehend auf „z“ standen z.B.

V36 026:	.09.61 -	.11.63	z
030:	.06.63 -	.07.65	z
032:	01.12.58 -	28.05.59	z
033:	.04.61 -	.06.61	z

357 Die V27 011 endete geradezu tragisch: Die Lok war nach einem Motor- und Getriebeschaden 1963 zunächst abgestellt worden, wurde aber nochmal ins Raw Karl-Marx-Stadt überwiesen (w = ab 2.9.63, h = ab 16.10.63). Dort erhielt sie unter unsagbaren Mühen noch einmal eine V2. Schon auf der Überführungsfahrt ins Heimat-Bw Sangerhausen im Januar 1964 entgleiste sie jedoch aufgrund mangelhaften Oberbaus auf einer Nebenbahn in Thüringen. Die Maschine stürzte eine Böschung hinab und wurde so stark beschädigt, daß noch im gleichen Monat die Z-Stellung erfolgte.

Gnadenfrist: Die remotorisierten V16 fuhren bei der DR bis in die 60er Jahre. Die Neuruppiner V16 071 war im Gegensatz zu einigen anderen Loks der V16-Reihe eine echte DWK 160B. Das Foto zeigt sie zwei Jahre vor ihrer Abstellung (1960).

GEORG OTTE

GEORG OTTE/SAMMLUNG HANSJÜRGEN WENZEL

Diesel-Konkurrenz: Die Babelsberger V15[20] traten vielerorts, wo die geringere Leistung ausreichte, die Nachfolge der V36 an. 1960 waren gerade die ersten Vorausloks geliefert, und V15 2022 und V36 019 präsentierten sich noch voller Eintracht (Bw Dresden-Pieschen, 1960).

Die Raw - erst Dessau, ab 1960 Karl-Marx-Stadt - gerieten mit der Ausbesserung immer mehr in Verzug. Eine simple Bedarfsausbesserung V0 konnte sich zuweilen zu einem mehrmonatigen Abenteuer ausweiten (V36 019: 1962/63 = 7 Monate). Eine Hauptuntersuchung V4 brachte es auch schon mal auf zwei bis drei Jahre (V36 060: 1956-58 = 25 Monate!). Einige Loks, so z.B. die V36 017, waren - wie die nachfolgende Aufstellung zeigt - mehr im Raw als an ihrem Heimat-Standort:

05.01.60 - 16.09.60	V3
13.01.61 - 31.01.61	V0
27.05.61 - 21.11.61	V0
21.02.62 - 09.05.62	V0
30.07.62 - 31.10.62	V4
24.01.63 - 25.05.63	V0
14.10.63 - 26.03.64	L2
21.09.64 - 16.06.65	L2

Das Verhältnis von Ausbesserung- zu Betriebszeiten lag - und dies war kein Einzelfall - hier bei sagenhaften 60 : 40 !

Welches Ausmaß die Krise zu diesem Zeitpunkt bereits erreicht hatte, macht auch eine Momentaufnahme vom September 1962 deutlich[358]. Von den seinerzeit noch im Bestand geführten 32 Loks V36 waren

- sechs bereits abgestellt oder auf „z"
- zwölf zur Ausbesserung im Raw,
- eine auf „w" (wartet auf Raw) und nur
- dreizehn (= 41 Prozent) standen dem Betrieb tatsächlich zur Verfügung.

Die DR reagierte auf diese Situation so wie 15 Jahre zuvor bei der Schadlokaufarbeitung; nämlich mit der Ersatzteilgewinnung aus im Grunde noch betriebsbrauchbaren Ausbesserungsloks. Etliche V36 vor allem aus der 60er Reihe (mit MWM-Motor) sowie die Vorserienmaschine V36 020 wanderten auf diese Weise, früher als vom Gesamterhaltungszustand erforderlich, aufs Abstellgleis, so

1960:	die V36 065,
1961:	die V36 060 und 064
1962:	die V36 020,
1963:	die V36 066,
1965:	die V36 067 und
1966:	die V36 018, 028, 034, 062 und 063.

Der Rest wurde offen auf Verschleiß gefahren. Ein interner Bericht vom 29.7.66 kam deshalb zu dem kaum überraschenden Ergebnis, *„daß die bisher ausgebauten Motore Schrott sind und daß damit zu rechnen ist, daß weitere Deutz-Motore ausgemustert werden müssen".*

Beim Technischen Zentralamt (TZA) in Berlin hatte sich derweil wohl schon längst die Erkenntnis durchgesetzt, daß auch mit noch so vielen Altbauteilen allein die Baureihe nicht zu retten sein würde. Bereits Anfang der 60er Jahre stellte das TZA deshalb die entscheidenden Weichen für eine dringend notwendige Modernisierung der Loks durch fabrikneue Motoren aus DDR-Produktion.

Ein von der Leistungscharakteristik und Konstruktion dem Deutz-Motor sehr ähnliches Fabrikat suchte und fand man mit dem 6NVD36 des VEB Schwermaschinenbau „Karl Liebknecht" in Magdeburg (SKL)[359]. 1963 gab es erste erfolgreiche Versuche mit der V36 026. Insgesamt wurden bis 1970 noch zwölf Einheits-V36 mit dem SKL-Motor, teilweise auch neuen Voith-Getrieben, bestückt. Die technischen wie geschichtlichen Einzelheiten dazu werden im folgenden Kapitel ausführlich erläutert.

Im Betriebsdienst vollzog sich unterdessen die bereits eingangs angesprochene Verlagerung von den hochwertigen Leig- und Personenzugleistungen immer mehr hin zu Rangier- und Zustelldiensten. Dazu kam eine schon allein durch die begrenzte Zahl von verfügbaren Betriebsloks notwendige Konzentrierung auf eine ge-

---

358 Nach Unterlagen des Raw Karl-Marx-Stadt
359 Vormals Buckau-Wolf

TABELLE 44:
SKL- und Deutz-Motor im Vergleich

Typ		6NVD36 (.1)	V6M436
Hersteller		VEB Schwermaschinenbau Karl Liebknecht, Magdeburg	Klöckner-Humboldt-Deutz Köln
Nennleistung Ne=	PS	305	360
Stundenleistung	PS	335	400
Drehzahl bei Ne=	UpM	500	600
Leerlaufdrehzahl			
minimal	UpM	170	250
maximal	UpM		620
Bauform		Reihe, stehend	Reihe, stehend
Arbeitsverfahren		Direkteinspritzung	Direkteinspritzung
Arbeitsweise		4-Takt	4-Takt
Zahl der Zylinder		6	6
Zylinderbohrung	mm	240	240
Kolbenhub	mm	360	360
Hubvolumen je Zyl.	l	16,3	16,28
Gesamthubraum	l	97,7	97,68
Literleistung	PS/l	3,07	3,7
mittl.Kolbengeschw.	m/sec	6,0	7,2
mittl.effektiver Kolbendruck	atü	5,53	5,5
Einspritzdruck	atü	280-300	350
Zylinderbezeichnung		Zyl.1 am Schwungrad	Zyl.1 am Schwungrad
Zündfolge		1-3-5-6-4-2	1-4-5-6-3-2
Steuerzeiten			
Einlaß öffnet	Grad	20 v.o.T.	20 v.o.T.
Einlaß schließt	Grad	40 n.u.T.	39 n.u.T.
Auslaß öffnet	Grad	40 v.u.T.	46 v.u.T.
Auslaß schließt	Grad	20 n.o.T.	22 n.o.T.
Förderbeginn	Grad		30 v.o.T.
Drehrichtung		links auf Schwungrad gesehen	links auf Schwungrad gesehen
Kraftstoffverbrauch			
bei Vollast	g/PSh	160	175
bei Leerlauf	kg/h		14,4
Schmierstoffverbrauch	g/PSh	1,7	3
Verdichtungsverhältnis		1:14,5	1:14
Verdichtungsdruck bei warmer Maschine	atü	35-41	37
Zünddruck	atü	49-55	57
Schmierung		Druckumlauf	Druckumlauf
Anlasser		Druckluft	Druckluft
Aufladung der Anlaßluftflaschen		Kompressor	Zylinder 1
Kompressor-Drehzahl	UpM	350-1000	-
Betriebsdruck	atü	35	-
Kühlung		Wasser	Wasser
Fördermenge der Kühlwasserpumpe	qm/h	25,0	40
Abzuführende Wärme			
im Kühlwasser	kcal/h	165.000	270.000
im Motoröl	kcal/h	8000	12.000
Kühlwasser-Austrittstemperatur	°C	75-85	60-70
Auspuff-Temperatur	°C	375-400	420
Gewicht des Motors	kg	8400	8600
Leistungsgewicht	kg/PS	28	23,8
Ölinhalt im Motor	kg	120	max.95
Kühlwasserinhalt	kg	170	250
Kolbenbauart			Hohlkolben
Kolbenwerkstoff			Legierung 280
Einspritzpumpen		Weinert (Magdeburg)	Deutz
Einspritzdüse		Weinert (Magdeburg)	Deutz
Einspritzpumpenregler			Deutz
Kühlwasserpumpe			Deutz
Schmierölpumpe			Bosch
Lichtmaschine		ungarische Bauart	Bosch
Luftfilter			Delbag
Schmierstoffilter			Deutz
Einlaßventile je Zylinder			1
Auslaßventile je Zylinder			1

Quellen: SKL, Deutz

ringere Zahl von Standorte. Neue Heimat-Betriebswerke tauchten auf wie

Heringsdorf	(ab 1959),
Rostock-Hafenbahn	(ab 1961),
Güstrow	(ab 1966) und
Frankfurt/Oder	(ab 1969).

Andere, traditionsreiche Heimat-Dienststellen verschwanden dafür von der V20/V36-Karte:

Dresden-Pieschen z.B. gab seine letzten V36er Anfang 1966 geschlossen nach Karl-Marx-Stadt ab. **Halle-P** und **Bitterfeld** ersetzten die WR-Lok ab 1961 durch neu gelieferte V15[20].
In **Karlshorst** endete der V36-Betrieb 1963, in **Nordhausen** 1965.
Und beim Bw **Sangerhausen** lief 1969 der letzte Nebenbahnzug mit einem Wehrmachtsdiesel an der Spitze.

In der zweiten Hälfte der 60er Jahre verschob sich die V36-Stationierung immer stärker in den Nordbezirk, und hier vor allem an die Standorte, wo die Loks aufgrund ihrer ex-geschützten Bauart benötigt wurden. Dazu zählten Wismar (Ölhafen), Neuruppin (russische Muna), Heringsdorf (Tankzüge für Peenemünde) und - dies jedoch im Bereich der Rbd Berlin gelegen - Frankfurt/Oder (Grenzverkehr mit feuergefährlichen Gütern im Raum Kietz).
Ein Stationierungsvergleich für die Jahre 1964 und 1968 (jeweils 31.12.; ohne bereits abgestellte Loks) spiegelt diese Entwicklung wider:

		31.12.64	31.12.68
V36	Dresden	4	-
	Erfurt	5	1
	Greifswald	1	3
	Schwerin	12	7
	gesamt	22	11

Ein Problem blieb bis zum Ende des Jahrzehnts der extrem hohe Ausbesserungsstand bei den V36. Ihren vorläufigen Höhepunkt erreichte die Krise 1966, also ausgerechnet in dem Jahr, in dem der Ministerrat der DDR seine Entscheidung zur großflächigen Verdieselung des Eisenbahnverkehrs im Arbeiter- und Bauernstaat faßte. Während die Propaganda mal wieder große Reden schwang, regierte in den Werkstätten der alltägliche Mangel. Von den 22 im Jahre 1966 noch vorhandenen V36, so die vertrauliche Loklagemeldung der Hauptverwaltung Maschinenwirtschaft[360], waren gerade mal zwölf betriebsfähig und sogar nur sieben (!) tatsächlich im Einsatz.

Neue Motoren für die V36

Bei der Suche nach einem Ersatzmotor für die V36 waren für die Reichsbahn zwei Dinge vordringlich:

Zum **einen** mußte es ein sofort verfügbarer Motor sein. Gewisse Anpassungsarbeiten wurden selbstverständlich zugestanden, aber eine langwierige Neuentwicklung kam auf keinen Fall infrage.

Und zum **anderen** mußten natürlich Leistung und Leistungsparameter (Drehzahl, Drehmoment etc.) in etwa der Deutz-Maschine entsprechen, ebenso die äußeren Abmessungen sowie Anlaß- und Kühlsystem.

360 EK, DR 1966, S.15

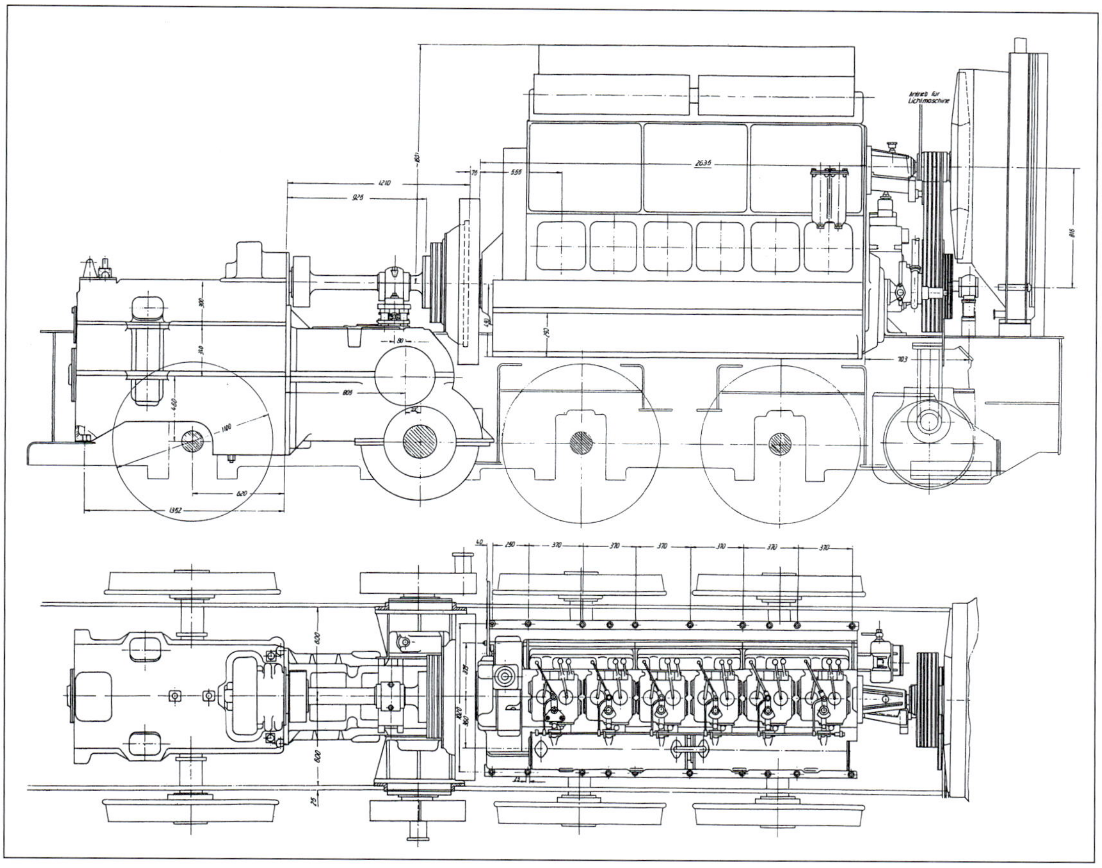

Ein neuer Motor für die V36:
Die Zeichnung zeigt - außer der Anordnung des SKL-Motors - gut das neue Stützlager unter der Stiftenkupplung und den festen Flansch am Antrieb des Lüfterrades.

Beide Anforderungen erfüllte der 6NVD36[361] vom Schwermaschinenbau „Karl Liebknecht" zumindest in den wesentlichen Punkten. Wie das Deutz- war auch das SKL-Fabrikat ein langsamlaufender 6-Zylinder-Reihenmotor. Beide waren im Schiffsbau bewährte Typen (der SKL-Motor vorwiegend in Küstenmotorschiffen). Beide hatten auch Direkteinspritzung, Wasserkühlung und Druckluftanlassung. Selbst Zylinder-Hub und -Bohrung waren identisch (weitere Vergleichsdaten in der TABELLE 44).

Gegenüber der Deutz-Maschine kam der 6NVD36 allerdings nur auf eine Normalleistung von 305 (Stundenleistung: 335) PS bei maximal 500 Umdrehungen pro Minute. Eine Erhöhung der Drehzahl schied aus Festigkeitsgründen aus. Bei allen Umbau-Loks mußte deshalb der Hochtrieb am Eingang des Flüssigkeitsgetriebes entsprechend höher übersetzt werden, um ein einwandfreies Zusammenspiel von Motor und Getriebe zu gewährleisten.

Trotzdem waren gewisse Schwierigkeiten nicht zu umgehen. U.a. mußte bei allen neu motorisierten Lokomotiven eine geringere Höchstgeschwindigkeit von 27,5/55 km/h in Kauf genommen werden[362]. Weitere Änderungen betrafen die Nebenbauteile[363]:

So wurde z.B., um die Belastung der Kurbelwelle durch die Voith-Maurer-Kupplung zu verringern, ein **federndes Stützlager** unter der Stiftenkupplung zwischen Motor und Getriebe eingebaut;

das Wiederauffüllen der Anlaßluftflaschen (beim Deutz-Motor noch etwas umständlich über eine Füllleitung von den ersten beiden Zylindern aus) übernahm beim SKL-Motor ein fest angeflanschter **Hochdruckkompressor**;

und auch der **Antrieb des Lüfterrades** - in der alten Bauart über Keilriemen - erfolgte beim SKL-Motor nun über eine feste Flanschverbindung.

Bei anderen Bauteilen wie Motorschwungrad, Lüfter etc. genügte eine gründliche Aufarbeitung der Altteile. Die Einbaumaße blieben so gut wie unverändert.

Die erste solchermaßen modernisierte Lok war die schon seit 1961 mit Motorschaden abgestellte V36 026 vom Bw Dresden-Pieschen. Im Rahmen einer Generalrevision wurde sie vom 2.4.63 bis 13.11.63 mit dem SKL-Motor neu aufgebaut und anschließend einer eingehenden Erprobung unterzogen.

Deren Ergebnisse waren allem Anschein nach recht positiv. Jedenfalls wurde im Anschluß daran, intern wie auch in der Fachpresse, überaus euphorisch nicht nur

TABELLE 45:
Neue Motoren für die V36

LokNr.	neuer Motor ab	Typ	Nr.	Bemerkungen
V36 015	01.07.68	6NVD36	38597	
V36 016	26.06.73	6NVD36.1	67-3731	
V36 017	12.11.68	6NVD36.1	67-3119	
V36 019	11.01.68	6NVD36.1	67-3233	Datum lt.Betriebsbuch; Raw Halle nennt noch 1969 Deutz-Motor
V36 021	29.09.67	6NVD36	38597	
V36 022	07.04.69	6NVD36.1	67-3266	
V36 025	28.06.67	6NVD36	67281	
V36 026	13.11.63	6NVD36	38556	mit Generalrevision
V36 027	10.11.65	6NVD36	38598	
V36 030	30.07.65	6NVD36	39477	
V36 031	28.12.67	6NVD36.1	67-3111	
V36 033	07.04.69	6NVD36.1	67-3212	
VEB-Lokomotiven:				
10930	13.10.70	6NVD36.1	67-3242	Kali Staßfurt 2
11459	18.04.69	6NVD36.1	67-1712	Kali Staßfurt 1
21140	29.07.74	6NVD36.1	67-3213	Kali Staßfurt 3

Quellen: Betriebsbücher, Werkkarten, Rbd Schwerin, Raw Halle

361 Ab 1965 wurde die verbesserte Version 6NVD36.1 ausgeliefert; zur Typenbezeichnung: 6 = Zahl der Zylinder, N = Normalhub, V = Viertakt, D = Diesel, 36 = Hub in cm, 1 = 1.verbesserte Bauform

362 Autorenkollektiv, V36, S.220

363 Motorbeschreibung TK/TK 1.2 v. 1.12.63; Arbeitsplan V36 Neueinbau des Dieselmotors 6NVD36 v. 9.1.64

über die Eignung des Motors, sondern auch über den vorgesehenen Umfang des Umbauprogramms berichtet. Mehrfach taucht dabei in den Akten eine Zahl von *„25 bis 30“*[364] umzubauenden Lokomotiven auf. Dazu hätte es allerdings schon einer Reaktivierung des gesamten V36-Schadparkes bedurft! Später wurde die Planzahl auf ein realistischeres Maß von 18-20 Stück[365] zurückgenommen und schließlich auf die tatsächlich umgerüsteten zwölf Loks[366] reduziert. Außerdem wurden drei Werks-V36 der volkseigenen Industrie mit SKL-Motoren bestückt.

Bemerkenswert ist, daß einige der umgebauten Maschinen nur noch sehr kurze Zeit mit dem 6NVD36 liefen. Zu nennen ist hier allen voran der V36 021, die bereits vier Monate nach dem Umbau einen schweren Getriebeschaden erlitt und damit aus dem Raw nicht mehr zurückkehrte. Auch

V36 025, abg. sechs Monate nach Umbau,
V36 017, abg. anderthalb Jahre nach Umbau und
V36 031, abg. zwei Jahre nach Umbau

werden ihre Modernisierungskosten wohl kaum wieder hereingefahren haben.

Die gesamte Umbauphase war - wie schon angedeutet - begleitet von einem aufreibenden Gezerre um Tempo und Umfang der Remotorisierung. Besonders die Hauptverwaltung Maschinenwirtschaft forderte wiederholt eine Stückzahl von 18-20 betriebsbereit zu haltenden V36, um den gesamten Bedarf an ex-geschützten Loks (Wismar, Neuruppin, Peenemünde, Kietz) dekken zu können. Dem entgegen standen die Engpässe in den Raw und, mehr noch als das, die eingeschränkten technischen und wirtschaftlichen Möglichkeiten der DDR-Staatsbahn.

Verschärfend kam noch ein weiteres Problem hinzu: Die (anfangs offenbar übersehene) Tatsache nämlich, daß nur Getriebe der Bauart „L37 neu“ entsprechend den Erfordernissen des SKL-Motors umgebaut, also mit verändertem Hochtrieb ausgerüstet werden konnten. Wie alle Alt-Motoren und -Getriebe der V36 waren aber auch die bis Ende der 60er Jahre weitgehend verbraucht. Ersatz aus DDR-Produktion stand nicht zur Verfügung. Für eine längerfristige Erhaltung der Wehrmachtlok mußten deshalb - neben den SKL-Motoren - zusätzlich auch noch fabrikneue Voith-Getriebe beschafft werden.

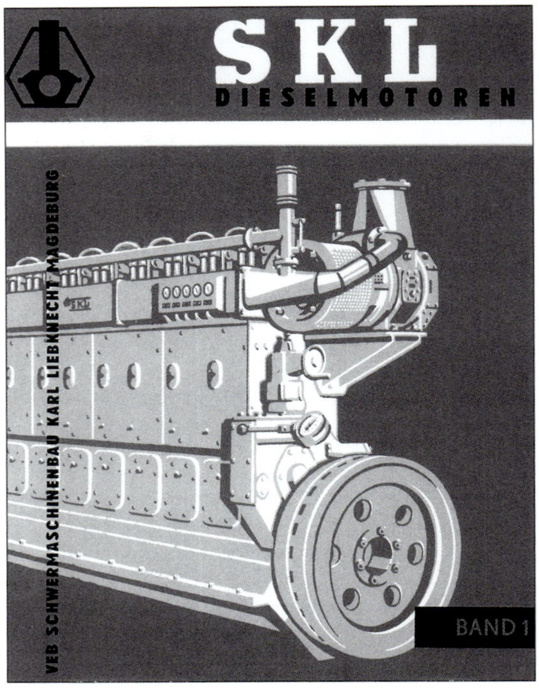

Der 6NVD36.1: Im Unterschied zum Johannisthaler Versuchsmotor bewährte sich die SKL-Bauart ausgezeichnet und war bis zuletzt eine Art Garantieschein für ein langes Überleben der Reichsbahn-V36.

In einem Schreiben des Raw Halle vom 18.7.69 an die Hauptverwaltung Ausbesserungswerke heißt es:

> *Wenn davon ausgegangen wird, daß mindestens 18 Lok dieser Baureihe in den nächsten Jahren erhalten werden sollen, ist die Beschaffung der Großtauschteile, insbesondere der Getriebe und Motoren zu forcieren. Zur Zeit befinden sich noch 3 neue SKL-Motoren 6 NVD 36 im Raw „Ernst Thälmann“ Halle. ... Die Beschaffung von neuen Import-Getrieben ist schwieriger. In der Annahme, daß 20*

364 Autorenkollektiv, V36, S.220; Notiz HvM v. 15.12.66; diese Zahl ist später leider ungeprüft als Fakt auch in der Hobby-Literatur eingeflossen; unter anderen: Glatte, Diesellokomotiven, S.69; Borchert/Kirsche, Lokomotiven, S.152
365 Dienstreisebericht Raw Halle v. 29.7.66
366 Schreiben der Hauptverwaltung Maschinenwirtschaft v. 21.8.69

Auf dem Rand: Die Wismarer V36 062 gehörte zu den Maschinen, die eigentlich noch modernisiert werden sollten, wegen der Beschaffungsengpässe bei den Getrieben aber stattdessen auf dem Abstellgleis landeten (Raw Halle, 1968).

Helmut Constabel, Sammlung Joachim Wacker

Lok der Baureihe V36 erhalten werden, wurde ein Importvorschlag für Getriebe eingereicht. Danach sollten

1968 2 Strömungsgetriebe
1969 4 „ „
1970 5 „ „

beschafft werden. Nach einer Mitteilung der VVB Kraftwerksanlagenbau wurden jedoch die Mittel für 1969 und 1970 dafür gestrichen.

Geliefert wurden letztlich nur fünf der geforderten elf neuen Voith-Getriebe; zwei in 1968 und drei in 1972. Der Rest fiel der drückenden Devisenknappheit der DDR zum Opfer. Damit wurden auch sechs V36 weniger auf Neubaumotoren umgebaut als geplant. Die vorgesehenen (letztlich nicht umgerüsteten) Maschinen waren V36 023, 028, 032, 061, 062 und 063.

Es blieb bei den zwölf Umbauloks bei der DR. Schon im Juli 1969 war nur noch eine einzige Maschine mit Altbaumotor betriebsbereit (V36 016). Mit deren Umrüstung war das Programm im Juni 1973 (drei Jahre später als geplant) abgeschlossen.

Sonstige Umbauten

Der Einbau von fabrikneuen SKL-Motoren war mit Abstand die bedeutendste Bauartänderung bei den V20/V36 der Reichsbahn. Daneben gab es auch hier eine Reihe weiterer Umbauten, mit denen die früheren Wehrmachtloks an veränderte Anforderungen und Einsatzbedingungen angepaßt wurden.

Im Vergleich zur DB[367] fielen diese Neuerungen aber insgesamt recht bescheiden aus.

So umfaßten z.B. - **e r s t e n s** - diese Bauartänderungen in keinem bekannten Fall den gesamten Bestand einer Baureihe, sondern immer nur Einzelloks und hatten damit mehr den Charakter von Individuallösungen anstatt den einer planmäßigen Bauartpflege.

Z w e i t e n s verhinderte die bekannt schwierige Lage der Reichsbahn nach dem Krieg frühzeitige Verbesserungen. Alle wirklich wichtigen Bauartänderungen (Einmannbedienung, Führerhausheizung, neue Motoren) kamen erst in den 60er Jahren und damit deutlich später als bei der Bundesbahn, zum Tragen.

Viele für die DB recht bedeutsamen Umbauten wie z.B. größere Brennstoffbehälter, Spurkranzschmierung oder verbesserte Federung scheinen zudem bei der DR überhaupt kein Thema gewesen zu sein.

Allerdings sind die V36-Betriebsbücher (übrigens nicht nur in diesem Punkt) bei der Reichsbahn überaus lückenhaft geführt worden, so daß die ein oder andere Detailverbesserung möglicherweise nicht bekannt geworden ist. Die in der nebenstehenden Übersicht genannten Umbaujahre und Loknummern sollten deshalb mehr als Orientierung verstanden werden, denn als vollständiger Katalog.

Darüber hinaus gab es eine Anzahl reiner Ersatzbeschaffungen, die immer dann nötig wurden, wenn die Originalbauteile aufgrund altersbedingter Mängel ausgemustert werden mußten,

367 Vergl. S.205ff.

BAUARTÄNDERUNGEN V20/V27/V36

lfd.	Bauartänderung	Einbau-Zeitraum	umgebaute Loks
	A u f b a u t e n u n d F a h r w e r k:		
1.	**festes Brett** oberhalb der vorderen Pufferplatte (zwecks Rund-um-Begehbarkeit) montiert	vor 1953	V36 019 026
2.	**Brennstoff-Zusatzfilter** angefertigt und eingebaut	1953	V36 066
3.	**Kipphebelbuchsen** zwecks Einsparung von Buntmetall versuchsweise aus Grauguß gefertigt	1955	V36 024
4.	Einfüllöffnungen für die **Sandkästen** nach innen verlegt	1956	V36 061
5.	**seitliche Laufstege** durch Riffelbleche rutschsicher gemacht	1956-1957	V36 025 061
6.	zusätzliche **Griffstangen** montiert a) rechte Führerhausseite, vor dem seitlichen Fenster b) rechte Führerhausseite, unter dem seitlichen Fenster c) über sowie links und rechts vom Kühlerausschnitt	vor 1957	a) V36 019 021 025 026 061 b) V36 015 019 025 026 033 c) V36 019
7.	**hintere Führerhaustür** zugeschweißt	1965-1967	V36 015 016 019 021 022 027 033 061 063
8.	**Querprofile der Schienenräume**r abgebaut (tw. nur vorne)	nach 1966	V20 007 V36 015 019 021 022 030 033 063 080
9.	Klettersperre an der **Haubenleiter** (Unfallschutz) angebracht	vor 1985	V36 027
	F ü h r e r s t a n d:		
10.	provisorische **Führerstandsheizung** mit offener Ofenheizung (Unterflur- oder Kanonenofen) eingebaut	1947-1960	V20 005 V36 015 025 061 064 066 080
11.	**Führerhausheizung** auf Warmwasser-Umlaufheizung (Einheitsbauart) umgebaut	1966-1968	V36 019 022 025 030 031 033 061
12.	Führerstand auf **Einmannbedienung** umgebaut	1966-1973	V36 015 016 017 022 027 030 031 033
13.	**geräuschisolierende Maßnahmen** durchgeführt (Geräuschminderung)	1968-1975 1960	V36 015 016 019 022 033 V36 080
	M o t o r:		
14.	**neuer Motor** 8KVD21 eingebaut (Vorversuche für Neubaulok V60) Hersteller: VEB Motorenwerke Johannisthal	1956	V36 080
15.	**neuer Motor** Bauart 6NVD36 bzw. 6NVD36.1 eingebaut Hersteller: VEB Schwermaschinenbau Karl Liebknecht, Magdeburg	1963-1973	V36 015 016 017 019 021 022 025 026 027 030 031 033
	G e t r i e b e:		
16.	Haltestift der **Voith-Maurer-Kupplung** entfernt und 40 mm lange, fettbeständige Gummipuffer eingebaut	1954	V36 028 066
17.	**neues Getriebe** GSR 12/5,1 eingebaut (Vorversuche für Neubaulok V60) Hersteller: VEB Georgi-Dimitroff-Werke Magdeburg	1956	V36 080
18.	federndes **Stützlager** unter der Stiftenwelle zwischen Motor und Getriebe eingebaut	1963-1973	alle V36 mit SKL-Motor
19.	neuer **Drehschwingungsdämpfer** Typ 5.0 eingebaut Hersteller: VEB Elbewerk Roßlau	1967	V36 033
20.	**Neubau-Getriebe** Voith L37Ub eingebaut	1969-1973	V36 016 022 026 027 033

Fortsetzung auf Seite 450

Georg Otte

Eigen-Umbau: Die Dresden-Pieschener V36103 (V36 025) fuhr in den 50er Jahren dieses besonders schicke Exemplar von Führerstandsheizung spazieren. Wie die Anschlüsse zeigen, war diese Ausführung zugleich auch Kühlwasserofenheizung (Dresden-Pieschen, 1956).

und Ersatz aus dem normalen Tauschbestand nicht mehr gedeckt werden konnte. Ohne Einzelnummern zu nennen, waren das in erster Linie

- neue Anlaßluftbehälter 250, 185 oder 160 l (original = 2x 250 l)
- neue Hauptbremsluftbehälter (Zugbremse) 400, 300 oder 290 l (original = 2x 300 l)
- neue Hilfsluftbehälter (Lokbremse) 57 l
- neue Ausgleichsbehälter für Druckluftbremse 14 l

Zum Ersatzbedarf zählen weiterhin der Nachbau von Bremsluftkompressoren (VV100/100) durch den VEB Berliner Bremsenwerk, die Neuanfertigung von mechanischen Wendegetrieben (mindestens 11 Stück) als Ersatz für verschlissene Altbauteile durch das Raw Halle sowie die schon erwähnten Import-Flüssigkeitsgetriebe Bauart Voith L37 Ub neu. Mit den Neubau-Getrieben wurden 1969 die V36 022 und 033 und 1973 die V36 016, 026 und 027 ausgerüstet.

Der Einbau einer betriebsbrauchbaren Führerstandsheizung

... war eine Notwendigkeit seit den alten AGM-Tagen. Die seinerzeit gewählten Konstruktionen hatten sich allesamt als unbefriedigend herausgestellt, was den Lokpersonalen auf den V20/V36 im Winter ziemlich ungemütliche Arbeitsbedingungen bescherte. Während die Bundesbahn deshalb frühzeitig (1951/52) alle Loks mit neuen Dofa-Öfen ausstatten ließ, blieb es bei der Reichsbahn noch lange Zeit bei Provisorien der Marke Kanonenofen.

Fotos aus der Zeit bis etwa 1965 zeigen z.T. ziemlich abenteuerliche Konstruktionen, entweder mit Unterfluröfen, meist rechtsseitig unterhalb der Aufstiegsleiter zum Führerhaus, oder tatsächlich mit einfachen kleinen Kohleöfen auf dem Führerstand. Die Ofenrohre wurden dann meist an der Rückseite des Führerhauses nach außen geführt.

Etwa 1958/59 fiel die Entscheidung zugunsten einer generellen Neukonstruktion. Wie das DB-Modell

Gegen kalte Füße: Auch das Schema dieser 50er-Jahre-Bauart zeigt eine gewisse konstruktive Verwandtschaft zu den Dofa-Öfen bei der DB. Bei der 60er-Jahre-DR-Bauart wurde später auf den Kohleofen verzichtet.

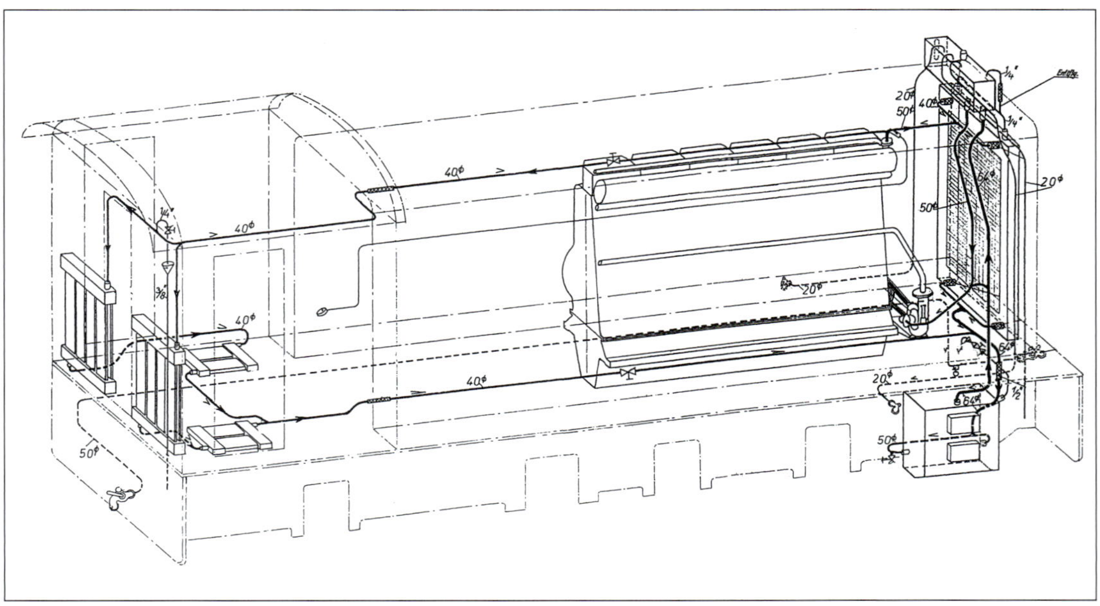

war auch die DR-Bauart eine Warmwasser-Umlaufheizung, die sich allerdings darauf beschränkte, einen zehnrippigen Heizkörper in den Kühlwasserkreislauf einzubinden (kein zusätzlicher Ofen wie bei der DB und bei den meisten bis dahin entstandenen Self-Made-Konstruktionen der DR). Die Heizleistung war angesichts der äußerst wirksamen Kühlgruppe der V36 nicht eben berauschend.

Entgegen der Zeichnung auf Seite 448 war der Heizkörper in der Regel mittig vor der Führerhaus-Rückwand angeordnet. Die Rückwand-Tür war danach natürlich nicht mehr begehbar und wurde - soweit nicht schon beim Umbau auf Einmannbedienung geschehen - durch durchgehende Rückwandbleche ersetzt. Die Abmessungen des Radiators: Etwa 60 cm hoch, 80 cm breit und 20 cm tief.

Aus den Unterlagen ist leider nicht zu ersehen, wieviele V36 (auch noch V20 ?) mit der Führerstandsheizung neuer Bauart ausgestattet wurden. Die Umbauten scheinen allerdings nur mit z.T. erheblicher zeitlicher Verzögerung erfolgt zu sein. Die meisten Umbauten datieren aus den Jahren 1966-1968.

Der Umbau auf Einmannbedienung

... war nach Lösung der Motorenfrage wohl der bedeutendste und, vom Umfang her, auch aufwendigste Punkt bei der Modernisierung der V36. Mit den einmannbedienten Loks konnten auch bei der Reichsbahn der Beimann eingespart, Kosten gesenkt und die Personalplanung vereinfacht werden. Insgesamt wurden nach einem „Neuerervorschlag“ (Nr. 303.15/08-123766) des Bw Neuruppin zwischen 1966 und 1973 noch neun DR-V36 auf Einmannbetrieb umgerüstet, naheliegenderweise allesamt solche mit 6NVD36-Motoren:

V36	015	ab 30.05.72	
	016	ab . .68	
	017	ab 28.11.69	Umbau in Neuruppin
	019	ab ?	
	022	ab 31.01.73	
V36	027	ab 26.08.66	Umbau in Neuruppin
	030	ab 25.10.66	Umbau in Neuruppin
	031	ab 20.03.68	Umbau in Neuruppin
	033	ab 23.12.66	

Der Führerstandstisch ist bei diesen Lokomotiven verkleinert, mittig im Führerhaus angeordnet und beidseitig mit den nötigen Hebeln zum Anfahren, Abbremsen, Fahrtrichtungswechsel etc. bestückt worden (ähnlich DB/Bauart Opladen). Führerbremsventil und Zusatzbremsventil entsprechen in ihrer Ausführung der Baureihe V60. Die Wendeschaltung wurde verbessert (jetzt nur noch ein kleiner Handhebel) und analog zur Baureihe V15 ausgeführt. Und auch die Füllung des Voith-Getriebes wurde bei den doppelseitig bedienbaren V36 nur noch mit einem Hebel geregelt. Das klassische Handsteuerrad sucht man bei den umgebauten V36 also vergeblich!

Zusammen mit der Einmannsteuerung unterzog die Reichsbahn beim V36-Umbau auch gleich das gesamte Führerhaus einer gewissen Renovierung. U.a. wurden dabei

- die Führerhaustüren in der Rückwand und links vorne zum Umlauf zugeschweißt,
- die etwas klein geratenen Fenster in den Führerhausseitenwänden durch große Schiebefenster ersetzt (daran vor allem waren die umgebauten V36 äußerlich zu erkennen)[368] und
- bei einigen Loks die Batteriekästen (original: über dem Getriebe im Führerhaus) nach außen auf den Umlauf verlegt.

In den meisten Fällen folgte dem Umbau auf Einmannbedienung schon kurze Zeit später außerdem eine geräuschdämmende Isolierung, die sich allerdings auf eine Auskleidung der Führerhäuser mit Dämmwatte (hinter Lochblechen) beschränkte.

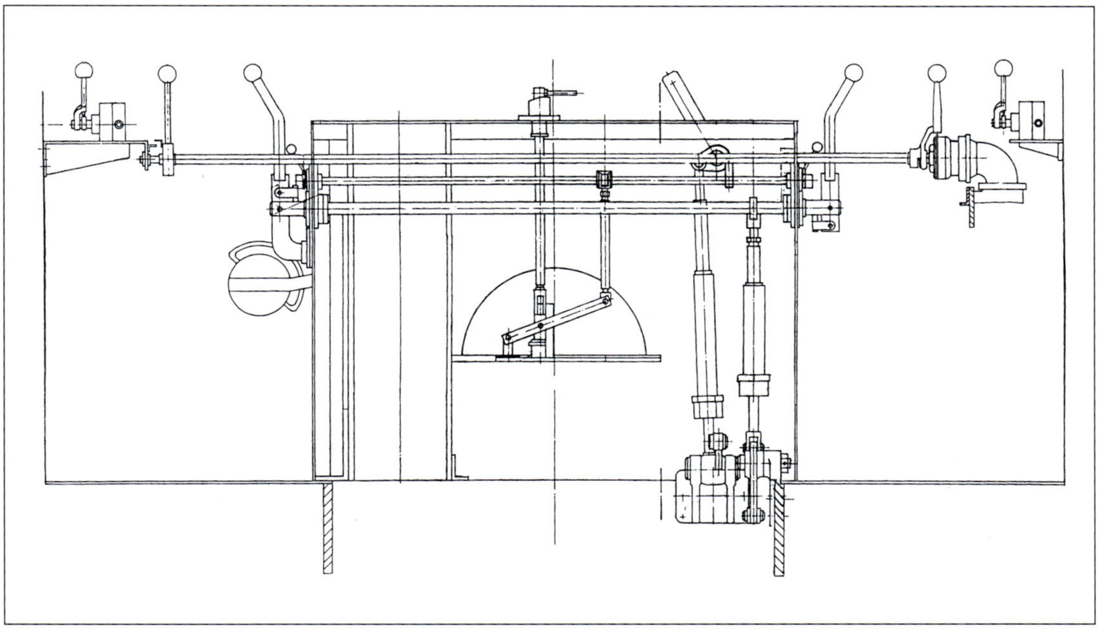

V36-Führerstand ohne Handsteuerrad: Bei den einmannbedienten DR-V36 wurde die gesamte Steuerung von Flüssigkeits- und Wendegetriebe auf Hebel umgestellt.

Versuche mit Mittelpufferkupplung

... gab es nur bei einer Lokomotive, der V36 019 vom Bw Heringsdorf. Die Maschine wurde laut Betriebsbuch im Rahmen einer Bedarfsausbesserung L0 per 1.10.69 mit der Mittelpufferkupplung ausgestattet. Ehemalige Lokführer berichten allerdings, die Lok sei lediglich für die Aufnahme von Mittelpufferkupplungen vorbereitet gewesen. Angeblich war sie für Wismar vorgesehen.

Den Hintergrund bildeten Bestrebungen in ganz Europa, automatische Mittelpufferkupplungen (AMK) flächendeckend einzuführen. Bei der DR waren u.a. Loks der Baureihen V23, V60, V100, V180 sowie diverse Elloks versuchsweise mit AMK-Pufferträger ausgerüstet (z.T. ab Hersteller). Auch die AMK-Umrüstung der V36 019 hatte zweifellos nur Testcharakter.

368 Die Ausnahmen von der Regel: Bei V36 015 und 019 blieben die Führerhausfenster unverändert

BAUARTÄNDERUNGEN V20/V27/V36 (2)

lfd.	Bauartänderung	Einbau-Zeitraum	umgebaute Loks
	Kühlanlage:		
21.	provisorische **Kühlerabdeckung** (Holz- oder Metallrahmen mit sechs einzeln abnehmbaren Segmentplatten) eingebaut	1947-1953	V36 019 026 061
22.	**Kühlerjalousie** eingebaut Betätigung über Seilzug vom Führerhaus aus	1956-1974	V36 015 019 021 022 023 025 026 027 031 032 033 061 062 063
23.	Befestigung für die Spannrolle des **Lüfterantriebs** geändert		V36 026
24.	**Keilriemenantrieb des Lüfterrades** durch festen Flansch ersetzt	1963-1973	alle V36 mit SKL-Motor
	Bremsanlage:		
25.	neuer **Kolbenluftverdichter** (Bremsluftkompressor) Bauart VV140/100A eingebaut Hersteller: VEB Berliner Bremsenwerk	ca.1970	V36 022 027
26.	neuer **Kolbenluftverdichter** Bauart VV71/100 eingebaut Hersteller: VEB Berliner Bremsenwerk	1972-1981	V36 015 027 033
	Anlaßluftanlage:		
27.	neue **Ladeventile** mit Rückschlagkugel (Versuchsausführung) eingebaut	1961	V36 019
28.	Wiederauffüllung der Anlaßluftflaschen auf gesonderten **Luftkompressor** (Betriebsdruck 35 atü) umgestellt	1963-1973	alle V36 mit SKL-Motor
	Elektrische Anlage:		
29.	**Elektrische Anlage** auf 24 Volt umgestellt Batterien: zwei Stück 12 V 185 A	1959-1967	V36 025 061
30.	**Batteriekasten** auf den rechten Umlauf verlegt		V36 015 016 017 031 033
31.	**Dreilicht-Spitzensignal** eingebaut V36 016 fuhr 1972 vorübergehend mit einem dritten Spitzenlicht (Vorwärtsfahrt), das auf dem Führerhausdach aufgesetzt war	1970-	V20 005 V36 015 016 022 026 027 030 033
	Sondereinrichtungen:		
32.	**Zusatztanks für Leig-Verkehr** montiert a) auf dem Umlauf (Tonne) b) auf dem Umlauf (Flasche) c) auf dem Motorvorbau direkt vor dem Führerhaus (quer)	 Ende 40er 1953 vh. 1951-1957	 a) V36 033 061 062 b) V36 015 019 026 c) V20 008 V36 065
33.	**Auspuffkühlanlage** eingebaut	1957-1968	V36 015 016 017 019 022 023 026 027 028 031 033 061 062 063
34.	**Wechselsprechanlage für Wendezugbetrieb** (mit Steuerwagen) installiert	1959	V36 061
35.	**Mittelpufferkupplung** eingebaut (bzw. zum Einbau vorbereitet)	1969	V36 019

Neue Druckluftbehälter (Ersatzbedarf, siehe Text) wurden zwischen 1955 und 1975 eingebaut. Die Hersteller wechselten dabei mehrfach. Beteiligt an der Lieferung waren:
VEB Apparate- und Behälterbau Brandis (1955-1957; Anlaßluftbehälter)
VEB (K) Metallwarenwerk Halberstadt (1958-1969; Anlaßluftbehälter)
VEB Gaselan Fürstenwalde (1962-1975; Hauptbremsluftbehälter und Hilfsluftbehälter); hieß später VEB Chemie- und Tankanlagenbaukombinat Fürstenwalde, BT Chemieanlagenbau Magdeburg)
VEB Flaschengasgerätewerk Elterlein/Erzgebirge (1972; Ausgleichsbehälter für Druckluftbremse)

Quellen: Betriebsbücher, MfV M-1/2793, Raw Halle, Fotos

Der Einbau von Auspuffkühlanlagen

... erlangte ebenfalls erst in den 60er Jahren eine größere, dann aber eine für den Erhalt der Wehrmachtsbauart umso entscheidendere Bedeutung. Bis dahin waren die vorhandenen V20/V36 überwiegend im Leig-Verkehr oder im Nebenbahndienst eingesetzt gewesen, wo eine Ex-Schutz-Einrichtung entbehrlich war. Wie bei der Bundesbahn wurden die aus Kriegszeiten noch vorhandenen K-Anlagen aus Wartungsgründen Stück für Stück ausgebaut. Erst mit den neueröffneten Ölhäfen Wismar und Rostock mußten - ab 1957 - einige der V36 wieder mit Auspuffkühler und Plattenschutz nachgerüstet werden.

Mitte der 60er Jahre, parallel zu der anlaufenden Remotorisierung der V36, erhielt die K-Version dann plötzlich einen völlig neuen Stellenwert. Die Ölimporte waren sprunghaft gestiegen. Neue Einfuhrwege (z.B. über den Grenzbahnhof Kietz bei Frankfurt/Oder) entstanden. Der Bedarf an ex-geschützten Loks war auf einmal groß wie nie und die V36 die einzige Baureihe, die diesen Anforderungen entsprach.

Aus diesem Umfeld heraus resultierte etwa 1965/66 der Beschluß der Hauptverwaltung Maschinenwirtschaft, grundsätzlich alle V36 - damals noch mit der Perspektive auf mindestens 20 Stück - außer mit Neubaumotoren auch mit Auspuffkühlanlagen auszurüsten[369]. Tatsächlich umgebaut wurden noch mindestens 17 Maschinen, und zwar

V36 015 016 017 019 022 023 024 026 027
028 030 031 033 sowie
061 062 und 063.

Die V36 029 und 064 (auch V36 028 ?) hatten ebenfalls Ex-Schutz, jedoch schon seit Anlieferung und behielten ihn bis zur Ausmusterung. Bei mehreren Maschinen war mit dem Umbau eine Umstationierung zu den Bahnbetriebswerken Wismar, Neuruppin oder Heringsdorf verbunden. Die K-Anlage selbst entsprach vollständig der Wehrmachtsbauart, wurde also ohne irgendwelche Änderungen übernommen.

Mehrfach sind - sowohl 1965/66, als auch in der Folgezeit - Überlegungen darüber angestellt worden, anstelle der betagten V36 doch Neubauloks Baureihe V15 (in Doppeltraktion)[370] oder V60 für den Rangierdienst in feuergefährlichen Bereichen herzurichten[371]. Letztlich setzte sich aber wohl die Erkenntnis durch, daß der Aufwand für eine nötige Neukonstruktion angesichts einer vorhandenen ex-geschützten Lokomotivtype ungerechtfertigt wäre. Den V36 verschaffte diese Entscheidung ein sicheres Einsatzfeld und eine Betriebsgarantie teilweise bis in die 80 Jahre hinein.

Die V20/V36-Erhaltung zwischen Neuanfang und Abstellgleis

Die Erhaltung der Wehrmachtlokomotiven in den Reichsbahn-Raw war immer mit größten Problemen behaftet. Die geringe Stückzahl, die starke Zersplitterung des Bestandes auf (mit den DWK- und Ardelt-Typen gerechnet) 16 Baureihen und Unterbaureihen (!), dazu der allgegenwärtige Mangel

369 Mehrere Protokollnotizen aus den Jahren 1965-1969
370 Dienstreisebericht Raw Halle v. 29.7.66
371 Entsprechende Versuche verliefen allerdings nicht erfolgreich

Michael Malke

an Ersatzstücken und einwandfreien Werkstoffen, all das waren denkbar ungünstige Voraussetzungen für eine planmäßige Erhaltung.

Mehr als einmal in der Geschichte der Altbaudieselloks bei der DR mußten deshalb erst Schad-, später auch Betriebsloks als billige Ersatzteilspender herhalten. Die Probleme konnten damit zwar jeweils für ein paar Jahre überbrückt, nie aber wirklich gelöst werden. Erst mit den Neubaumotoren und Importgetrieben gelang es Ende der 60er Jahre - dann jedoch schon auf sehr schmaler stückzahlmäßiger Basis (um die zehn Lokomotiven) - die Grundlage für einen längeren störungsfreien Betrieb zu legen.

In den annähernd 40 Betriebsjahren, die einige der V36-Loks bei der Reichsbahn erreichten, waren verschiedene Raw für die Unterhaltung zuständig. In der zeitlichen Abfolge waren das

- 1948-1960: das Raw Dessau,
- 1960-1965: das Raw Karl-Marx-Stadt[372]
- 1966-1980: das Raw Halle und abermals
- 1981-Ende: das Raw Karl-Marx-Stadt.

Der Vollständigkeit halber muß auch das RAW Wittenberge erwähnt werden. Bis 1948 war es, neben Dessau, an der Schadlokinstandsetzung der V20/V36-Ty-

---

372 Nach alter sozialistischer Gepflogenheit bekamen die großen Industriebetriebe, aber auch fast alle Raw der DR den *„verpflichtenden Ehrennamen“* verdienter kommunistischer Kämpfer verliehen: Raw Karl-Marx-Stadt ab 9.6.51 „Wilhelm Pieck“; Raw Halle ab 7.6.61 „Ernst Thälmann“; das Raw Dessau wurde mit dem Namen „Otto Grotewohl“ geschmückt, allerdings erst in der Nach-V36-Zeit, ab 11.6.66.

Abgesang:
Die Ersatzteilkrise Mitte der 60er Jahre schob viele V36 aufs Abstellgleis. Im Raw Halle bildete sich eine lange Schlange mit Schrottloks (von links): V36 062, 063, 025, 021 und V36 061. Nicht mehr zu sehen sind V36 029 und eine Kali-Staßfurt-V36 (Raw Halle, 1.6.68).

Günter Wessner, Sammlung Andreas Knipping

Hochbetrieb in Bad Schandau:
In die Dampf-Szenerie mit einer durchfahrenden 38[10] und zwei rangierenden 86ern hat sich auch eine Dresdener V36 gemischt. Sie fuhr seinerzeit VT-Ersatzzüge auf der Strecke nach Sebnitz (um 1958).

pen beteiligt, nicht aber an der regulären Ausbesserung nach Schadgruppen.

Außerdem gab es, zumindest zeitweise, Ausbesserungshilfen: So war Ende der 60er Jahre zwar offiziell Halle für die Erhaltung der V36 zuständig. Die Flüssigkeitsgetriebe wurden aber weiter in Karl-Marx-Stadt, die Motoren in Dessau instandgesetzt, und jeweils zugeliefert. Auch der Umbau der Voith-Getriebe für das Zusammenspiel mit den neuen SKL-Motoren wurde vom Raw Karl-Marx-Stadt und nicht in Halle vorgenommen.

Die mit Abstand schwierigste Aufgabe bei der Unterhaltung hatte das **Raw Dessau** zu lösen: Mehr als alle anderen Zeitabschnitte nämlich war die Dessauer Ära noch vom Chaos der ersten Nachkriegsjahre geprägt. Ohne ausreichende maschinelle Ausstattung, ohne komplette Zeichnungssätze, anfangs zudem noch unter extrem widrigen äußeren Bedingungen (schlechte Ernährung der Arbeiter, teilzerstörte Werkshallen[373]) mußten reihenweise kriegsbeschädigte V20/V36-Lokomotiven in einen betriebsbrauchbaren Zustand zurückversetzt werden. Es fehlte an allem: An maßgerechten Teilen, an brauchbaren Lagermetallen, an Werkzeug, selbst an den notwendigen Kleineisenteilen wie Splinte oder Unterlegringe.

Um überhaupt arbeitsfähig zu bleiben, wurden nicht nur Fahrzeuge aus dem Schadpark[374], sondern - ab Mitte der 50er Jahre - auch Betriebsloks bis auf die letzte Schraube gerupft. Opfer dieser radikalen Ausplünderung wurden u.a. 36104 alt (= V36 035[375]), 36106 alt (= V36 036) und 36108 alt, die seit etwa 1953, anfangs noch mit dem Ziel einer späteren Aufarbeitung, im Raw hinterstellt waren.

Die Dessauer V20/V36-Zeit endete Anfang 1960. Das Raw konzentrierte sich fortan auf die Ellok-Erhaltung[376] sowie auf die Ausbesserung dieselelektrischer Loks (V75 und V200). Letzte in Dessau ausgebesserte WR-Lok war die Rostocker V36 031, die das Raw am 30.9.60 verließ.

Neues zentrales Aufarbeitungswerk für dieselhydraulische Loks wurde **Karl-Marx-Stadt**. Erste fertiggestellte V36 - zugleich die erste in KMS ausgebesserte Diesellok überhaupt - war V36 025 (Ablieferung: 1.4.60). Zwar war der V20/V36-Bestand bis dahin leidlich geordnet. Schwierig blieb jedoch der allgegenwärtige Mangel an Altbauteilen. Dazu kamen neue Probleme wie

- die unzureichende Belieferung mit Ersatzteilen durch die DDR-Industrie,
- teils eklatante Werkstoffmängel und
- häufig unsachgemäß ausgeführte Ausbesserungen.

Dies alles hatte oft unverhältnismäßig lange Standzeiten zur Folge. Wiederholt mußten schon halbfertige Lokomotiven mitten in der Ausbesserung abgestellt werden, weil einzelne Teile nicht verfügbar waren. Nicht selten ergaben sich Situationen wie z.B. am 6.3.65, als mit V36 019, 021, 026, 028, 029, 030, 032, 034, 061 und 063 annähernd die Hälfte des Bestandes im Raw versammelt war!

Kaum besser erging es den V36-Lokomotiven beim **Raw Halle**. Vor allem Ende der 60er Jahre, als zunehmender Verschleiß einerseits und die unklare Situation bei der Beschaffung von Neubaumotoren und Importgetrieben andererseits zahlreiche Loks aufs Abstellgleis zwangen, wurden die Aufarbeitung immer mühsamer und die Stillstandszeiten immer länger. Rekordverdächtig: Die V36 015, die sich mit einer L2 stramme drei Jahre (19.6.69-30.5.72) im Raw aufhielt!

Erst mal sehen, was in der Betriebsanweisung steht: Arbeitsaufnahme im Raw Halle (V36 017, 8.4.70).

Sammlung Dr. Brian Rampp

Erste in Halle ausgebesserte WR-Lok war die V36 033. *„Im Rahmen einer kleinen Feier“*, wie die Werkzeitung „Das Signal“ - Preis: 5 Pfennig (!) - aufmerksam notierte, wurde sie am 5. August 1966 als erste im Werk ausgebesserte Diesellok dem Betrieb übergeben. Diesem *„denkwürdigen Tag“*[377] folgten 14 nicht ganz so denkwürdige Jahre: Die Altbauloks wurden noch immer im unrationellen Stück-für-Stück-Verfahren ausgebessert; d.h. dieselben Motoren und Getriebe, die ausgebaut wurden, wurden nach Aufarbeitung auch wieder in die Loks eingebaut. Viele Teile mußten unter allergrößten Mühen mit Hand nachgearbeitet oder neu angefertigt werden. Wo immer möglich, wurden auch noch brauchbare Loks ausgeschlachtet, um wenigstens einige Maschinen am Laufen zu halten. Erst nach Abschluß der Modernisierung und Ausmusterung des Rest-Bestandes setzte ab etwa 1970 eine gewisse Entspannung ein.

Ab 1. Januar 1981 übernahm, zumindest auf dem Papier, noch einmal das **Raw Karl-Marx-Stadt** die Unterhaltung der V36. Tatsächlich aber kam keine der seinerzeit sechs DR- und zwei VEB-Loks noch einmal zur Ausbesserung ins Raw. Die vorhandenen Loks wurden abgefahren, je nach Bedarf und Möglichkeiten in den Heimat-Bw instandgehalten und bei größeren Schäden dann sofort abgestellt.

Noch einige Worte zur Schadgruppeneinteilung: Abgeleitet von der Kleinlok-Instandsetzung (und damit ähnlich wie bei der Bundesbahn) wurde bei der Reichsbahn anfangs unterschieden zwischen

---

373 Raw Dessau, Kalenderblatt, S.5ff.
374 Siehe S.426-429
375 Betriebsnummern in Klammern = Umzeichnung 1957 geplant, aber nicht mehr vollzogen
376 Dafür ursprünglich ja auch gebaut; Fiebig, 50 Jahre Raw Dessau, S.258ff.
377 Das Signal v. 7.9.66, S.1

Kl 0 = Bedarfsausbesserung (Unfälle, besondere Schäden),
Kl 2 = Zwischenausbesserung,
Kl 3 = Zwischenuntersuchung mit erweitertem Umfang,
Kl 4 = Hauptuntersuchung und
GR = Generalreparatur.

Die Kl-Bezeichnungen (= Kleinlok) wurden später in V (= V-Lok) bzw. - ab 1963 - in L (= Lok) 1-4 geändert. Anfang der 70er Jahre gab es dann eine generelle Neubestimmung der Schadgruppen (wieder mit V): Eine Zwischenuntersuchung - alt L3 - hieß jetzt V6, eine Hauptuntersuchung - alt L4 - nun V7. Für die Mehrzahl der V36-Lokomotiven hatte diese Umstellung aber keine Bedeutung mehr. Ein Erhaltungszyklus für die Wehrmachtlok ging über acht Jahre und sah im Abstand von jeweils zwei Jahren Ausbesserungen in den Schadgruppen L4-L2-L3-L2-L4 vor.

Schattendasein: Die letzten Jahre der V36 bei der Reichsbahn

Nach den aufregenden 60er Jahren wurde es ab etwa 1972/73 um die verbliebenen V36 ruhig. Der Betriebspark war auf ein knappes Dutzend Lokomotiven geschrumpft. Die Modernisierung kam zum Abschluß. Und die Einsätze rund um Neuruppin oder im Ölhafen von Wismar, in Kietz und auf Usedom waren ohne große Veränderungen.

Aber immerhin: Die Loks liefen. Und die Tatsache, daß sie die einzigen ex-geschützten Maschinen der DR waren, machten sie noch eine Weile unentbehrlich, bereiteten der V36 einen zumindest einigermaßen sorgenfreien Lebensabend.

Kritisch blieb bis zuletzt (und trotz Modernisierung) die Ersatzteilversorgung. Die V36 litten mittlerweile unübersehbar an Altersschwäche. Welche Probleme damit alltäglich auf Betrieb und Werkstätten zukamen, beleuchtet beispielhaft die folgende Notiz aus dem Raw Halle vom 16.5.72:

Der Zustand der Kühler der BR 103 ist bei allen Triebfahrzeugen äußerst mangelhaft. Aufgrund des Alters der Bauteile ist die Korrosion schon soweit fortgeschritten, daß die Kühlerlamellen derart schlecht sind und damit die Funktionsfähigkeit stark gefährdet ist. Die Materialzehrungen sind soweit vorangegangen, daß für eine qualitätsmäßig einwandfreie Aufarbeitung und Gewährleistung der Dichtheit über einen längeren Betriebszeitraum nicht garantiert werden kann.

Noch einmal: Neue Nummern

Wie fast alle europäischen Bahnen unterzog auch die Reichsbahn ihre Triebfahrzeuge und Steuerwagen einer generellen Neunummerierung gemäß UIC-Kodex 913. Das Schema - zwei dreistellige[378] Nummerngruppen plus Kontrollziffer - war dem der Bundesbahn recht ähnlich und muß deshalb hier nicht neu dargelegt werden. Auffallende Unterschiede gab es in zwei Punkten:

Zum **e i n e n** reihte die Reichsbahn ihre Dieselfahrzeuge nummernmäßig vor den Elektroloks ein. Sie unterstrich damit den hohen Stellenwert der Dieseltraktion gegenüber der elektrischen Zugförderung in der DDR (wie allerdings überhaupt historische oder zufällige Gemeinsamkeiten mit Westdeutschland nach Möglichkeit vermieden wurden). Diesselloks erhielten also die Traktionsziffer 1 (bei DB: 2), Elloks die 2 (bei DB:1).

Zum **a n d e r e n** umging die Reichsbahn jeglichen Kuddelmuddel bei der Baureihenbezeichnung durch konsequentes Teilen der alten Baureihenbezeichnung durch zehn. Aus der V36 wurde also nicht etwa eine 136, sondern - entstellender aber zugleich stringenter als bei der Bundesbahn - die Baureihe 103.

DETLEF WINKLER

Die zweite Umzeichnung: Ab 1970 hießen die V36 der DR 103. Die Güstrower 103 016-2 hat sogar noch ihre Wehrmachtsbeschilderung (Ganzlin, 13.8.72).

Die Ordnungsnummern blieben unverändert. Gültig wurde das neue Nummernsystem mit Wirkung vom 1. Juni 1970.

Bemerkenswert ist: In der maßgeblichen Verfügung der Hauptverwaltung Maschinenwirtschaft, Zeichen M-Tb 3/31718/1969 vom 24. April 1969, sind nicht weniger als dreiundzwanzig (!) V36 zur Umzeichnung vorgesehen, und zwar (auf der Bestandsbasis 31.12.68) die V36 015-019, 021-034 sowie 061-063 und V36 066, also - anders ausgedrückt - alle ohne die bereits ausgemusterten V36 020, 060, 064, 065, 067 und natürlich auch ohne die 50er Reihe (DWK).

Tatsächlich war die Zahl der noch umgezeichneten Loks durch zwischenzeitlich erfolgte Abgänge wesentlich geringer. Neue Nummern, diesmal teilweise auch mit richtigen Schildern (!), dürften nur noch die 103 015, 016, 017(?), 019, 022, 026, 027 und 033 erhalten haben. Einige weitere, wie die Anfang 1970 abgestellten, aber erst 1974/75 ausgemusterten V36 030 und 031, wurden zumindest in den Akten noch einige Zeit mit EDV-Nummern geführt, ohne daß die 103er Nummern aber jemals wirklich an den Loks angeschrieben waren.

---

378 Ausnahme: Bei den Dampflokomotiven blieb die Baureihenbezeichnung zweistellig; dafür wurde die Ordnungsnummer um eine Stelle auf vier Ziffern erweitert

Sammlung Gerhard Oberwemmer

Neubaumotor, modernisiertes Führerhaus mit breiten Schiebefenstern und Ex-Schutz: So präsentierten sich die Reichsbahn-V36 in den 70er Jahren; hier die Wismarer 103 027-9 (29.5.77).

Die Umzeichnung selbst vollzog sich offensichtlich recht zögerlich. Den Ausführungsbestimmungen[379] zufolge sollten die neuen Loknummernschilder im wesentlichen bis zum Umzeichnungstag, also bis zum 31.5.70 durch die jeweiligen Heimat-Betriebswerke angebracht sein. Die spätere Museumslok V36 027 z.B. war aber noch ein Jahr danach, am 8.5.71, in Neuruppin mit alter Nummer zu beobachten.

TABELLE 46:
Die DR-V36 in den 70er Jahren - nur Betriebspark

Stückzahlen jeweils am 31.12.

Bw	1970	1971	1972	1973	1974	1975	1976	1977	1978	1979
Frankfurt/O.	1	-	-	-	-	-	-	-	-	-
Heringsdorf	3	2	-	-	-	-	-	-	-	-
Neuruppin	1	2	4	4	2	3	3	3	3	3
Wismar	2	3	2	2	4	3	3	3	3	3
in Betrieb gesamt	7	7	6	6	6	6	6	6	6	6
bereits abgetellt	3	3	3	3	2	-	-	-	-	-
gesamt	**10**	**10**	**9**	**9**	**8**	**6**	**6**	**6**	**6**	**6**

Quelle: Betriebsbücher

Das Ende

Die kräftige Dezimierung des Wehrmachtlokbestandes in den 60er Jahren hatten nur insgesamt zehn V36-Lokomotiven überlebt. Alle hatten mittlerweile SKL-Neubaumotoren und Explosionsschutz und waren damit in den besonders zugedachten Einsatzbereichen in Wismar, Heringsdorf, Neuruppin sowie im deutsch-polnischen Grenzverkehr im Raum Kietz in Fahrt. Die Verteilung dieser letzten Reichsbahn-V36 per 1. Januar 1970 sah folgendermaßen aus:

V36 015:	Heringsdorf
016:	Wismar
017:	Neuruppin
019:	Heringsdorf
022:	Frankfurt/Oder
V36 026:	Heringsdorf
027:	Wismar
030:	Neuruppin
031:	Neuruppin
033:	Wismar

Im offiziellen Bestand wurden darüber hinaus noch zwölf weitere V36 geführt, die jedoch allesamt (teils schon seit etlichen Jahren) abgestellt waren und im Bw oder Raw auf ihre Ausmusterung warteten. Auch bei den verbliebenen zehn Lokomotiven gab es bald weitere Abgänge:

Noch **1970** machten Getriebeschäden und allgemeiner Verschleiß den V36 017, 030 und 031 den Garaus.
1971 endete der V36-Betrieb beim Bw Frankfurt/Oder, **1972** in Heringsdorf.
1973 wurde 103 026 an den VEB Kali Staßfurt verkauft.

Der damit auf nur noch sechs Loks geschrumpfte Rest-Bestand blieb dann über einige Jahre konstant. Die V36 verteilten sich je etwa zur Hälfte auf die Bw Wismar und Neuruppin. Umstationierungen zum jeweils anderen Bw (jedoch in der Regel leihweise) waren in diesen Jahren an der Tagesordnung, um Engpässe hier oder kurzfristige Ausfälle dort zu überbrücken. 1980 läutete es dann endgültig zur letzten Runde für die Reichsbahn-V36er. Die letzten Etappen: Als erstes mußten

379 HV Ausbesserungswerke Tr 1-6:0-1.010/26/69 v. 20.10.69

DR-OST - AUSMUSTERUNGSDATEN
Baureihe V36 (103)

Lok	Bw	abg.	+	Ausmusterungsgrund	Zerlegung
V 36 015 = 103 015-4	Wismar	11.05.82	08.08.84	Motorsteuerung defekt, Ersatzteilspender für Museumslok	++ . .84
V 36 016 = 103 016-2	Neuruppin	29.07.80	30.12.82	Wendegetriebe schadhaft, Motorersatzteile fehlen	++ 25.07.83
V 36 017 = 103 017-0	Neuruppin	15.07.70	21.02.75	Getriebeschaden, Aufbauten verbraucht, Rahmen abgezehrt	++ .05.75
V 36 018	Wismar	.02.66	. .71		++ .12.71
V 36 019 = 103 019-6	Neuruppin	15.08.80	30.12.82	Öl- und Wasserkühler defekt, Ersatzteilmangel	++ 28.12.83
V 36 020	Neuruppin	27.12.62	16.05.66	Getriebe-Totalschaden, Sonderbauart	++
V 36 021	Heringsdorf	.01.68	21.02.72		++
V 36 022 = 103 022-0	Neuruppin	29.09.81	08.08.84	Nachschaltgetriebe schadhaft, Ersatzteilspender für V36 027	++ .10.85
V 36 023	Neuruppin	03.01.69	17.10.72	Motorschaden, HU-Frist, Ersatzteilspender (Getriebe)	++ .07.73
V 36 024	Wismar	ca.11.68	. .71		++ .12.71
V 36 025	Heringsdorf	22.12.67	24.06.74	Strömungsgetriebe defekt	++
V 36 026 = 103 026-1	Heringsdorf	21.01.72			vk. . .73
V 36 027 = 103 027-9					vh.
V 36 028	Neuruppin	12.10.66	17.10.72	Motor irreperabel, Getriebe nicht für SKL-Motor verwendbar	++ .07.73
V 36 029	Neuruppin	.08.68	. .71		++ .12.71
V 36 030	Neuruppin	.05.70	21.02.75	Nachschaltgetriebe schadhaft, Aufbauten verbraucht	++ .05.75
V 36 031	Neuruppin	.02.70	24.06.74	Nachschaltgetriebe schadhaft, Aufbauten verbraucht	++ .10.74
V 36 032	Erfurt-P	09.01.68	19.11.70		++ 21.04.71
V 36 033 = 103 033-7	Wismar	14.11.80	30.12.82	Wendegetriebe schadhaft, Ersatzteilmangel	++ 01.06.83
V 36 034	Wismar	. .66	. .70	Motor und Getriebe schadhaft	ub.siehe Text
V 36 060	Templin	12.07.61	15.06.66	Motorblockgehäuse und Gehäusestege mehrfach gerissen	++
V 36 061	Wismar	23.05.68	17.10.72	Motorblock gerissen, Getriebe als Ersatzteilspender benötigt	++ .07.73
V 36 062	Wismar	27.09.66	17.10.72	Motor irreparabel, Getriebe nicht für SKL-Motor verwendbar	++ .07.73
V 36 063	Güstrow	22.12.66	17.10.72	Motorblock gerissen, Getriebe nicht für SKL-Motor verwendbar	++ .07.73
V 36 064	Halle-G	.08.61	10.03.67	Haupt- und Pleuellager ausgelaufen, Kurbelwelle gebrochen	++
V 36 065	Halle-G	.01.60	10.03.67	Kurbelwelle gebrochen, als Ersatzteilspender verwendet	++
V 36 066	Rostock	22.04.63	11.11.68	Unfall: Rahmen und Haube verzogen, Kurbelwelle gerissen	++ 31.10.69
V 36 067	Nordhausen	10.02.65	09.10.68	Getriebeschaden, Kühler, Rohre und Radreifen verschlissen	++ 01.11.69
V 36 080	Neuruppin	.04.61	28.10.63	Motorträger und Getriebe gerissen; abweichende Bauart	++ 31.01.71

Quellen: Ausmusterungsprotokolle (MfV und Rbd Schwerin), Betriebsbücher, Raw Karl-Marx-Stadt, Raw Halle

DR-OST - AUSMUSTERUNGSDATEN
Weitere Anmerkungen:

Schon frühzeitig abgestellt und ausgemustert wurden:

20101 alt	+ 1952/53
36104 alt (V36 035):	+ 1960
36106 alt (V36 036):	+ 1960
36108 alt	+ 1959

V36 026 wurde ohne vorherige Ausmusterung verkauft (nach V7 30.09.73 an Kali Staßfurt).
V36 027 wurde Traditionslok (noch vorhanden).

Folgende Z-Stellungs-Daten sind bekannt:

V36 015	.03.84	V36 028:	.01.70
V36 016	25.08.81	V36 029:	25.03.69
V36 018	25.03.69	V36 032:	26.01.70
V36 019	25.08.81	V36 033:	25.08.81
V36 020	.06.63	V36 034:	25.03.69
V36 022	29.09.81		
V36 024	25.03.69	V36 067:	01.07.66

Verschrottungen:
V36 016 und 019 im Bw Wittenberge. V36 022 im Raw Wittenberge, V36 033 im Bw Wismar. Alle anderen mit Datum genannten Loks im Raw Halle.

- im August 1980 die 103 016 und 019 vom Bw Neuruppin abgstellt werden;
- im November endeten die Einsätze der Wismarer 103 033.
- Im Herbst 1981 folgte die 103 022 (die letzte Neuruppiner Lok) und
- Anfang 1982 die 103 027.

Letzte betriebsfähige V36 bei der Reichsbahn war damit die Wismarer 103 015-4. Sie fuhr noch bis Mai 1982, bevor auch sie - am 11. Mai 1982 - von einer defekten Motorsteuerung außer Gefecht gesetzt wurde. Die Ausmusterung erfolgte am 8. August 1984.

Die Tabellen und Listen auf dieser Doppelseite fassen im Überblick noch einmal die Bestandsentwicklung in den 70er Jahren zusammen und nennen die Abstell- und Ausmusterungsdaten aller DR-V36. Außerdem werden, soweit bekannt geworden, die Verschrottungsdaten genannt.

Der Zerlegung zumindest vorübergehend entziehen konnten sich nur drei Reichsbahn-V36: Die 103 026 (wie erwähnt verkauft an VEB Kali Staßfurt), 103 027 (Traditionslok im Bw Schwerin) und 103 034, die nach ihrer Ausmusterung beim OBW Bützow zu einem ziemlich abenteuerlichen Schneeauftaugerät umfunktioniert wurde. Auf Rahmen und Fahrgestell dieser V36 034 montierten die Techniker dazu ein ausgedientes Strahltriebwerk eines sowjetischen Düsenjets, das durch seine starke Hitzeentwicklung den Schnee schmelzen sollte. Motor, Getriebe und sonstige Innereien der Lok mußten einem großen Kerosintank Platz machen. Ein über eine Hebemechanik absenkbarer Rüssel half, den Düsenstrahl möglichst genau zu plazieren. Die Beschaffung des Düsentriebwerks von den Russen soll, nach den Berichten Beteiligter, mit einiger Aufregung verbunden gewesen sein.

Der Praxistest dieses „V36-Düsenjägers auf Schienen“ fiel allerdings nicht allzu überzeugend aus. Zwar wurden Gleise und Weichen erwartungsgemäß schnell und gründlich vom Schnee befreit. Da das Schmelzwasser aber nicht abgesaugt wurde, gefror es ein paar Meter weiter sofort wieder zu einer jetzt noch kompakteren Eismasse. Außerdem war der Einsatz des Düsengerätes mit erheblichen Vibrationen verbunden, die den Schotter „wandern“ und erhebliche Oberbauschäden befürchten ließen.

Etwa 1976/78 wurde das kuriose Schneeauftaugerät deshalb ausgemustert und - nachdem seine „Erfinder“ für diesen Neuerungsvorschlag noch ausgezeichnet worden waren - an das Braunkohlenkombinat Senftenberg abgegeben. Dort überlebte es in gleicher Funktion noch bis 1995 und wurde dann vor Ort zerlegt.

HELMUT POCHADT

Die V36 im 70er-Jahre Outfit: Große Schiebefenster, Plattenschutz, Anstrich grün mit schwarzem Balken unterhalb der Motorraumtüren. 103 016-2 im Bf. Karow (September 1973).

Stationierungen und Einsätze

Wie interessant und wie vielfältig der Betrieb mit den ehemaligen Wehrmachtdieselloks bei der Reichsbahn war, zeigen am deutlichsten Einsatzberichte aus den einzelnen Stationierungsorten der V16, V20, V22, V27 und V36. Wie im Abschnitt über die Lokomotiven der Bundesbahn werden nachfolgend deshalb auch für die Reichsbahn-Loks Stationierungen, Einsatzstrecken und Betrieb bei den einzelnen Heimat-Betriebswerken näher betrachtet.

Die äußere Gliederung dieses Kapitels nach Direktionen (in alphabetischer Reihenfolge) entspricht dem DB-Teil. Auch die Form der Beheimatungstabellen ist beibehalten worden[380].

Ungleich schwieriger als im Abschnitt über die DB-Loks war, aus bekannten Gründen, die Quellenlage. Die jahrzehntelange Geheimniskrämerei um alles Eisenbahnamtliche in der DDR hat z.B. so gut wie keinen Umlaufplan und ebenso wenig andere Akten-Unterlagen über Einsatzstrecken, Zugbespannungen oder Kilometerleistungen überleben lassen. Eine der wichtigsten Quellen neben den Betriebsbüchern waren deshalb ehemalige V20/V36-Lokführer, deren Auskünfte jedoch jeweils neu auf Zuverlässigkeit und Stimmigkeit zu überprüfen waren.

Schwierig gestaltete sich die Bearbeitung des Stationierungsteils aber auch

- weil die Betriebsbücher der DR-V20/V36 ausnehmend lückenhaft geführt wurden (teils sind über Jahre keine Stationierungen eingetragen!) und

- weil trotz intensiver Recherche die Betriebsbücher einiger Loks (V36 021, 026, 080) nicht mehr auffindbar waren.

Häufig mußte deshalb hilfsweise auf nachgewiesene Stichdaten zurückgegriffen werden, um den Stationierungszeitraum zumindest ungefähr zu umreißen. Diese Stichdaten sind in Klammern gesetzt, z.B. (28.03.58). Alle anderen Tagesdaten wurden i.d.R. den Betriebsbüchern entnommen.

Stationierungsorte mit wechselnden Ortsnamen (z.B. Chemnitz/Karl-Marx-Stadt) orientieren sich an der zum jeweiligen Zeitpunkt gültigen Form. Gleiches gilt für unterschiedliche Schreibweisen der bahnamtlichen Kürzel. Direktionen und Ausbesserungswerke sind deshalb bis 1952 mit Großbuchstaben „RBD" bzw. „RAW" abgekürzt, danach - kleingeschrieben - mit „Rbd" und „Raw"[381].

Aus Gründen der Übersichtlichkeit und Verständlichkeit werden durchgehend die Betriebsnummern aus dem Bezeichnungszeitraum 1957-70 (also nach der ersten und vor der zweiten Umnummerung) verwendet. Die Stationierungen der Splitterbaureihen V15, V16 und V22 sind - soweit bekannt - mit aufgeführt.

Reichsbahndirektion Berlin

In der RBD Berlin konnten die V20/V36-Baureihen nie richtig Fuß fassen. Zwar erreichte der Motorlokbestand in den frühen Nachkriegsjahren mit zeitweise bis zu 15 Loks eine recht beachtliche Größe. In aller Regel waren dies jedoch instandsetzungsbedürftige Maschinen aus örtlichen Wehrmachtszuläufen, die nicht

380 Erklärungsmuster siehe S.249
381 Verfg. v. 13.3.52, veröffentlicht im Mitteilungsblatt der Deutschen Reichsbahn 1952; in der Praxis - z.B. bei den Lokanschriften - haben sich die Kleinbuchstaben teilweise aber erst sehr viel später durchgesetzt

oder nur wenig eingesetzt werden konnten und bald schon nach ihrer Aufarbeitung in andere Direktionen abwanderten.

Nur beim TBw Karlshorst etablierte sich über einen längeren Zeitraum (bis Mitte der 60er Jahre) eine kleine V36-Gruppe, vor allem Loks der Bauart DWK. Ein paar Jahre später erhielt auch das Bw Frankfurt/Oder mit V36 022 einen V36-Einzelgänger. Insgesamt allerdings konnten die Wehrmachts-Typen in der Rbd Berlin nicht allzu viel sozialistische Ehre einfahren. 1972 wurden die V20/V36 endgültig aus den Berliner Bestandsbüchern gestrichen.

In den Stationierungslisten (dies gilt im Übrigen auch für die anderen Direktionen) sind nur die tatsächlich auch in den Betriebspark eingegangenen V20/V36-Lokomotiven erfaßt. Schadloks, die beim jeweiligen Bw zwar gemeldet, bei der DR aber nicht mehr aufgearbeitet wurden, werden fallweise noch im Text, nicht mehr aber in den Beheimatungstabellen berücksichtigt. Nicht gesondert aufgeführt wird aus diesem Grund auch das Bw Königswusterhausen. Hier wurde per 1.8.48 eine V36, Nr. 36845, als Schadlok geführt. Ihr weiteres Schicksal ist unbekannt.

Schließlich noch eine Anmerkung zum Bw Neuruppin: Die ehemalige Betriebswerkstätte der Ruppiner Eisenbahn gehörte noch bis Anfang der 50er Jahre zur RBD Berlin und wurde erst im Zuge einer Neufestlegung der Direktionsgrenzen der Rbd Schwerin zugeschlagen. Über das genaue Datum dieseer Organisationsänderung gibt es unterschiedliche Angaben. Vermutlich richtig, und z.B. bei Rammelt/Fiebig/Preuß[382] auch so genannt, ist der 1.1.54. Melcher[383] gibt dagegen den 1.1.55 an. Auch das Datum 1.4.54 findet sich in der Literatur. Beschrieben werden die V20/V36-Einsätze beim Bw Neuruppin zusammenfassend im Abschnitt über die Rbd Schwerin.

Bw Berlin-Lehrter Bf.

Das Bw Berlin-Lehrter Bf. ist das erste in einer ganzen Reihe von Berliner Bahnbetriebswerken, die in den späten 40er Jahren vorübergehend V20/V36-Typen im Bestand führten. Per 1.8.48 waren hier folgende Loks vorhanden:

36242/WL329	(WR360):	im RAW Dessau
36669	(WR200):	im RAW Wittenberge
39661/WL250	(WR200):	im RAW Wittenberge,

weiterhin, um 1946/48 herum, eine 150-PS-Lok Bauart DWK (1501). Die 36669 wurde später zur V20 008, die 39661 lief einige Zeit unter der Bezeichnung 20101 (alt). Beide wurden mit gleichem Datum allerdings auch beim Bw Erkner gemeldet. Die WR360 blieb im Schadlokbestand und wurde um 1950 herum ausgemustert.

Bw Berlin-Lehrter Bf.:

V15 040:	(. .46)	neu	-	. (.48)	?
V16 072:	ab (.50)	neu			Rummelsburg
20101 alt:	(01.08.48)	Dre-Pieschen	-	(. .52) +	
V20 008 :	(01.08.48)	neu	-	(14.12.50)	Bln-Anhalter
V36 028 :	(15.03.50)	Bln-Anhalter	-	.04.50	Bln-Anhalter
V36 052 :	ca.49	Gesundbrun.	-	27.10.50	Karlshorst

20101 alt: nicht lange in Betrieb, 1952/53 +
V20 008: vermutlich bis 04.51

Zum Betrieb mit den V20/V36-Maschinen beim Bw Lehrter Bahnhof ist nur wenig bekannt. V20 008 kam am 15.12.49 aus dem RAW und war danach etwa zehn Tage im Monat im Einsatz. Ähnlich bescheiden dürfte der Betrieb mit den V36 gewesen sein. Ab 1950 wurde der Bestand wieder abgebaut. Wenig später folgten die Stillegung des Lehrter Bf. (28.8.51) und die Eingliederung des Bw in das neugebildete Bw Grunewald. Zu diesem Zeitpunkt waren bereits keine V20/V36-Lokomotiven mehr vorhanden.

Bw Berlin-Grünau

Hier waren die Verhältnisse ähnlich. Mit Stichdaten vom (01.01.48), (05.04.48) und (01.08.48) ist jeweils nur eine einzige ehemalige Wehrmachtlok beim heutigen S-Bahn-Betriebswerk bekannt: Und zwar die spätere V36 028. Schon im Oktober des gleichen Jahres war die Maschine dann beim Bw Gesundbrunnen stationiert. Unterlagen darüber, ob die Lokomotive beim Bw Grünau tatsächlich auch eingesetzt war, sind bislang nicht aufgetaucht.

Bw Gesundbrunnen

Das Bw Gesundbrunnen beheimatete kurzzeitig zwei Maschinen: Die schon erwähnte V36 028 und den DWK-Typ V36 052. Beide hielt es nicht allzu lange. Fraglich ist, ob die V36 052 ihre zeitweilige Heimat überhaupt jemals gesehen hat. Zumindest per (01.08.48)

V36 028 :	ca.09.48	Grünau	-12.10.48	Schöneweide
V36 052 :	(01.08.48)	neu	-	Lehrter Bf.

382 Rammelt/Fiebig/Preuß, Privatbahnarchiv/Bd.1, S.44
383 Melcher, Die Baureihe 64, S.69

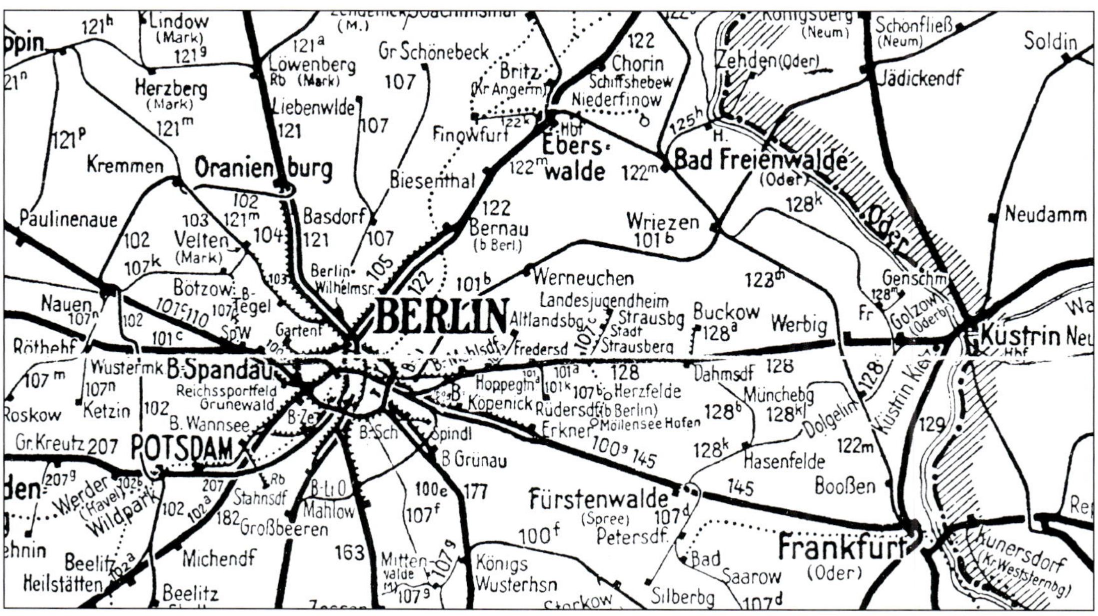

Zentrale Bildstelle der DR

Momentaufnahmen aus der Rbd Berlin: Beim TBw Karlshorst waren in den 50er Jahren alle V36 der Bauart DWK versammelt. Hier - noch mit alter Nummer - die V757 (V36 052) vor einem ex Niederbarnimer VB der Serie VB 147 503-505 (Rummelsburg, 18.8.54).

stand sie offenbar schon längere Zeit im RAW Dessau abgestellt. Für die V36 028 ist der Einsatz als Verschiebelok bekannt.

Bw Erkner

Auch hier das gleiche Bild: Drei WR-Loks - zwei V20 und eine V36 - sind per (31.10.46) und (13.08.48) im S-Bahn-Bw Erkner nachgewiesen. Und alle drei befanden sich zu den angegebenen Stichdaten im RAW:

36326 (WR360),
36669 (WR200) und
39661 (WR200).

Die beiden WR200B14 sind die späteren V20 008 und 20101 alt und wurden, wie schon berichtet, zeitgleich auch beim Bw Berlin-Lehrter Bf. geführt. Hinter der 36326 verbirgt sich die Henschel-Lok 26138/1941; sie wurde 1950, ohne nochmals aufgearbeitet worden zu sein, ausgemustert. Die V20-Lokomotiven waren zu dieser Zeit bereits zu anderen Betriebswerken umgesetzt worden.

Das Bw Erkner beheimatete 1946/48 darüber hinaus auch noch eine stark beschädigte Diesellokomotive tschechischen Ursprungs (Hersteller: Škoda); Betriebsnummer D20 021. Trotz gewisser Parallelen zur V20 - 200-PS-Dieselmotor, zweiachsige Bauart, 28 to Dienstgewicht - bestehen keinerlei Zusammenhänge zu der WR-Baureihe.

... und hier die von der Ruppiner Eisenbahn stammende V16 072, nur ein Jahr vor der Abstellung. Die Lok hatte - wie aus dieser Perspektive gut zu erkennen - Übergangstür und -bügel für den Einsatz als Doppellok (Karlshorst, 1962).

Georg Otte

Bw Basdorf

Basdorf war der Betriebsmittelpunkt der alten Niederbarnimer Eisenbahn mit den Strecken Berlin-Wilhelmsruh - Basdorf - Liebenwalde und Basdorf - Groß Schönebeck. Bei der Verstaatlichung (hier erst 1950) übernahm die Reichsbahn die Betriebswerkstätte der Kleinbahn zunächst als eigenständiges Bw (bis 1957) mit einem bald recht bunten Sammelsurium an Dieselloks. Neben ehemaligen NbEb-Kleinloks waren das eine V15 und mehrere V36 sowohl der Einheitstype wie auch der Bauart DWK.

Weiterhin soll in der ersten Zeit nach dem Krieg die spätere V20 005 auf der Niederbarnimer Eisenbahn gefahren sein; fraglich ist, ob vom Bw Basdorf aus oder von einem der anderen Berliner Bw (die Eintragungen im Betriebsbuch beginnen erst 1951).

Bw Basdorf:

V15 002 :	(14.11.46)	neu	-	(09.03.51)	Karlshorst
V36 034 :	.08.51	Neuruppin	-	09.09.51	Neuruppin
V36 050 :		neu	-	ca.53	Karlshorst
V36 051:	08.51	neu	-	(10.51)	Bln-Anhalter
V36 052 :	28.10.50	Karlshorst	-	.01.53	Karlshorst

V15 002: 1950 Übernahme von Niederbarnimer Eisenbahn Köl

V36 051: 1950 Übernahme von Niederbarnimer Eisenbahn; buchmäßig ab 17.3.52 bei Bln-Anhalter, tatsächlich aber weiter Basdorf; ab 1955 beim TBw Karlshorst

Etwa 1952/53 wurden mit neu einrückenden 64ern die Altbaudieselloks nach und nach aus Basdorf abgezogen. Nur die schon von der Niederbarnimer Eisenbahn beschaffte Ardelt-Lok (= V15 002) ist möglicherweise noch bis in die zweite Hälfte der 50er Jahre auf ihrer Stammstrecke geblieben. Per 1.1.57 wurde das Bw Basdorf aufgelöst und als Einsatzstelle dem Bw Berlin-Pankow unterstellt.

Bw Berlin-Schöneweide Vbf

Das Bw Schöneweide Vbf war vor allem für die Zugförderung auf den Linien südöstlich von Berlin zuständig, u.a. in Richtung Lübben/Cottbus sowie auf den Nebenbahnen im Bereich Königswusterhausen/Zossen/ Beeskow. Auch hier gab es in den Jahren 1948/49 ein recht kurzes V36-Gastspiel. Beheimatet (und auch eingesetzt?) waren zwei Lokomotiven der Einheitsbauart, und zwar die späteren V36 017 und V36 028. Beide wurden um 1949/50 zum Bw Berlin-Anhalter Bf. umgesetzt.

V36 017 :	(01.08.48)	neu	-		Bln-Anhalter
V36 028 :	04.12.48	Gesundbr.	-	23.07.49	Bln-Anhalter

Bw Berlin-Anhalter Bf.

Das altehrwürdige Bw Berlin „Ahb" war ab etwa 1950 der erste Sammelpunkt für die bis dahin noch weit über das ganze Stadtgebiet verteilten ehemaligen Wehrmacht-Dieselloks. Zusammen mit einigen SVT bildeten die V20/V36 die Diesel-Gruppe des Bw, in dem ansonsten ein ziemlich illustrer Kreis von Dampflokomotiven[384] beheimatet war oder zumindest wendete. Dazu gehörten u.a. 01, 01^{10}, 03, 17^{10}, 23, 24, 38^{10}, 39, 52, 64, 74, 80 und 86.

Wie die SVT unterstanden auch die V20/V36 betrieblich der US-Army! Alle Loks scheinen, soweit die Betriebsbögen darüber Auskunft geben, tatsächlich auch im Einsatz gewesen zu sein. Die Leistungen waren allerdings noch recht unbeständig und reichen, den Aufschreibungen zufolge, von unter 1000 bis zu über 6000-7000 km/Monat.

Vom Oktober 1950 bis Mai 1952 war zudem das Bw Karlshorst dem Bw Anhalter Bf. unterstellt. Zumindest buchmäßig wären demnach auch die seinerzeit in Karlshorst gemeldeten

V36 050 (ab . .51) und
V36 052 (ab 28.10.50)

hinzuzurechnen. Umgekehrt war Karlshorst auch Einsatzstelle für die Anhalter-V36; so z.B. von Oktober 1950 bis September 1952 für die späteren V36 017 und V36 060.

Über die genauen Einsätze läßt sich leider auch bei den V20/V36 des Bw Anhalter Bf. nur spekulieren. Möglicherweise pendelten die Maschinen schon damals, wie ab 1952 dann beim TBw Karlshorst, vor sogenannten „Gex"- (= Güterexpress-) Zügen[385] durch das Ostberliner Stadtgebiet.

Mit Datum vom 5. Juli 1952 wurde das Bw Berlin Anhalter Bf. aufgelöst. Die seinerzeit noch vorhandenen Loks wechselten nach Rummelsburg und Karlshorst. Aus den Ruinen des Bw „Ahb" ist inzwischen das Deutsche Technikmuseum entstanden. Die hier vorhandene V36 (allerdings eine ehemalige Lok der Rheinarmee) mag auch eine Erinnerung an die kurze V36-Ära beim „Anhalter" sein.

Bw Berlin-Anhalter Bf.:.

V20 008 :	21.04.51	Bln-Lehrter Bf.	-	07.07.52	Rummelsburg
V36 017 :	09.02.52	Bln-Schöneweide	-	07.07.52	Rummelsburg
V36 028 :	(.01.50)	Bln-Schöneweide	-	ca.03.50	Bln-Lehrter Bf.
	04.04.50	Bln-Lehrter Bf.	-	18.11.50	Neuruppin
V36 034 :	02.08.50	Neuruppin	-	14.08.50	Neuruppin
V36 051 :	17.03.52	Basdorf	-	07.07.52	Karlshorst
V36 053 :	. (.52)	?	-		Karlshorst
V36 060 :	30.08.50	Neuruppin	-	22.06.52	Karlshorst

V36 017: 09.02.52 = erste Betriebsbucheintragung; vermutlich schon früher aus Bln-Schöneweide

V36 051: nur buchmäßig beim Anh.Bf., Einsatz in Basdorf; nach anderen Quellen: bis 09.03.52 und 17.03.52-13.05.54 Ahb., (dazwischen Karlshorst)

TBw Karlshorst

Nach Auflösung des Bw Berlin-Anhalter Bf. übernahm das Bahnbetriebswerk Karlshorst dessen Aufgaben in der Dieselfahrzeugunterhaltung. Karlshorst war im Dezember 1950 (mit Abgabe der letzten Kolonnenloks) dampffrei geworden und wurde danach konsequent zum Triebwagen- und Diesellok-Stützpunkt mit Tankanlage, Motorenwerkstatt, VT-Abstellplätzen usw. ausgebaut. Bis 1.7.53 unterstand es dabei als Gruppe Karlshorst dem benachbarten Bw Rummelsburg. Erst danach bekam es als *„TBw Karlshorst"* (später *„VT-Bw"* = Triebwagen-Bw; ab September 1964 wieder TBw) seine Selbständigkeit zurück.

384 Verhoolen, Bw Anhalter Bf., S.21

385 Gex = erweiterte Postzüge; für Post, Kleintiere (!), leicht verderbliche Ware, Gepäck und Haus-zu-Haus-Transporte. Diese Zuggattung wurde meist mit Schnellzugmaschinen bespannt. Insofern ist der Einsatz von V36 eine Besonderheit.

Bw Karlshorst VT:

V15 002:	11.55	Basdorf	-	09.62	+
V16 072:	18.11.55	Neuruppin	-		+
V16 073:	(23.10.58)	vh.	-		+
V20 008:	23.04.53	Rummelsburg	-	27.02.54	?
	16.07.55	?	-	(.10.58)	Neuruppin
V36 017:	01.04.55	Rummelsburg	-	21.11.61	Neuruppin
V36 050:	ca.53	Basdorf	-	30.06.59	Kbw Erfurt
V36 051:	11.08.55	Bln-Anhalter	-	. .60	+
V36 052:	28.10.50	Bln-Lehrter Bf.	-	10.02.64	+
V36 053:	01.01.53	Bln-Anhalter	-	14.08.69	+
V36 060:	23.06.52	Bln-Anhalter	-	30.09.52	Pasewalk
V36 063:	(29.12.62)	Neuruppin	-	ca.06.63	Wismar

V16 072: ab 15.11.64 Werklok im Raw Wittenberge
V16 073: evt. schon seit 1953 in Karlshorst
V20 008: evt. durchgehend 1953-1958 in Karlshorst
V36 017: evt. schon seit 08.53 in Karlshorst; vergl. Rummelsburg VT
V36 051: nach anderen Quellen 10.03.52-16.03.52 und 14.05.54-Ende in Karlshorst (davor und dazwischen Anhalter Bf.); tatsächlich lief die Lok bis 1952 in Basdorf; 1952-55 Raw; erst ab 11.08.55 Karlshorst; abg. ca. 1958
V36 052: abg. ca.59; bis 31.01.53 nur buchmäßig in Karlshorst; tatsächlich Basdorf
V36 053: abg. 09.62

Gemessen an den anderen Berliner Betriebswerken war die V20/V36 in Karlshorst immer in recht ordentlicher Stückzahl vertreten. Den Kern des Bestandes bildeten allerdings die vier DWK-V36 (V36 050-053), die in der Unterhaltung ähnlich viel Kummer bereiteten wie die V36[3] bei der DB. Darüber hinaus gab es jeweils eine einzelne V20 und V36 der Einheitsbauart, außerdem einige V16, wahrscheinlich – kurzzeitig – auch noch eine zweite V15.

Etliche Lokomotiven waren Anfang der 50er Jahre - jeweils nur für kurze Zeit - an das Bw Neuruppin ausgeliehen. Den Höchststand an Altbaudieselloks erreichte das TBw Karlshorst um 1955/56 mit seinerzeit acht Maschinen der WR- und DWK-Bauarten. Vielleicht die Hälfte davon mag auch tatsächlich betriebsbereit gewesen sein.

Eingesetzt wurden die Karlshorster V20/V36 in ganz unterschiedlichen Diensten. Paradeleistungen waren die Leig-Verkehre auf den Strecken Bln-Ostgüterbahnhof - Müncheberg - Kietz, Kietz - Frankfurt/Oder und Frankfurt/Oder - Fürstenwalde - Berlin (hierfür waren die Serien-V36 eingesetzt). Daneben wurden aber auch

- Gex-Züge zwischen den drei Ostberliner Fernbahnhöfen Schöneweide, Lichtenberg und Ostbahnhof bespannt (mindestens sechs Jahre lang, 1952-1958; Ablösung für die frühere LBE-Lok 60 002),
- Personalzüge von Wuhlheide Vbf nach Kaulsdorf mit dreiachsigen Abteilwagen gefahren (nur VT-Ersatz; ca. 1955-1957; danach Dampfloks Baureihe 74[4]),
- schadhafte VT in die RAW Dessau oder Wittenberge überführt und
- je nach Bedarf natürlich auch Az-Einsätze etwa beim Neubau des Berliner Außenrings im Bereich Springpfuhl - Wartenberg - Karow Ost erbracht.

Eine gewisse Bekanntheit erlangten die Karlshorster V36 außerdem mit Reisebürosonderzügen in das Wald- und Seengebiet der Märkischen Schweiz, namentlich nach Buckow (verbürgt mindestens für die Jahre 1954-1958).

Die Laufleistungen waren recht uneinheitlich. Sie schwankten zwischen 30 und 700 (!) Stunden im Monat (letzteres bedeutet: fast rund um die Uhr) bei vier bis 30 Betriebstagen. Eine interessante Notiz fand sich zur V20 008. Unter dem Datum vom 31.1.56 heißt es:

> *Die von der Rbd Berlin für den Einsatz auf Nebenstrecken vorgesehene V-Lok 36669 fährt nur in Verbindung mit einem Steuerwagen. Beim Fahren vom Steuerwagen aus kann die Bremse nicht gelöst werden.*

Abhilfe durch Einbau einer zweiten Hauptluftbehälterleitung war zumindest vorgesehen. Viel scheint aus dem Projekt allerdings nicht geworden zu sein. Die für die Zeit vom Juni 1956 bis Oktober 1957 bekannten Laufleistungen von insgesamt nur 2042 km (in 16 Monaten!) lassen eher auf äußerst geruhsame Gelegenheitseinsätze oder eine wiederrum längere Standzeit im Raw schließen.

Anfang der 60er Jahren waren die guten Zeiten der V20/V36 beim TBw Karlshorst schon Geschichte. Die V36 051 und 052 standen - lange vor der offiziellen Ausmusterung - auf dem Abstellgleis. V36 050 lief jetzt in Erfurt, V20 008 in Neuruppin. Übrig geblieben waren nur je eine DWK- (V36 053) und eine Serien-V36 (V36 017, später V36 063) sowie die beiden V16; auch die allesamt mehr in Ausbesserung als in Betrieb. Die V36 053 z.B. brachte es in ihrem letzten halben Jahr (September 1961 bis März 1962) auf sage und schreibe 269 Kilometer!

Im Sommer 1963 verließ mit V36 063 dann endgültig die letzte V36 das Triebwagen-Bw Karlshorst.

Bw Berlin-Rummelsburg VT

Wie in Karlshorst liefen Mitte 1952 auch beim Bw Rummelsburg einige der nach Auflösung des Bw Anhalter Bf. freigewordenen V20/V36 auf. Außerdem eine DWK-V16, ex Bw Berlin-Lehrter Bf.. Karlshorst bildete seinerzeit die Triebwagen-Abteilung des Bw Rummelsburg. Alle Motorfahrzeuge - Loks und VT - wurden dort betreut und eingesetzt. Daß in den Betriebsbüchern als Heimat-Bw dennoch „Rummelsburg" genannt wird, dürfte wohl auf Ungenauigkeiten bei den Betriebsbuch-Eintragungen zurückzuführen sein. Die beiden V20/V36 waren regelmäßig eingesetzt und kamen dabei auf Monatsleistungen von rund 3000-3350 km.

V16 072:	ab (.51)	Bln-Lehr. Bf.	-		Neuruppin
V20 008:	16.07.52	Bln-Anhalter	-	27.11.52	Karlshorst
V36 017:	14.09.52	Bln-Anhalter	-	04.02.54	Karlshorst

Bw Frankfurt/Oder (Pbf)

Ein starkes halbes Jahrzehnt nachdem die letzte V36 aus Karlshorst verschwunden war, tauchte die alte Wehrmachtstype in der Rbd Berlin erneut auf. Ab August 1969 beheimatete das Bw Frankfurt/Oder, Betriebsteil Pbf[386], die aus Heringsdorf zugewiesene V36 022. Die Maschine blieb bis zuletzt in Frankfurt ein Einzelgänger.

Sie wurde zunächst beim Grenzbahnhof Kietz stationiert, über den seit 1945 ausschließlich Güterverkehr von und nach Polen abgewickelt wurde, und der auch als Übergangsbahnhof für gefährliche Güter zugelassen war. Die V36 als ex-geschützte Bauart sollte hier im Falle von Havarien mit Tankwagenzügen eingesetzt werden können.

Schon recht bald stellte sich allerdings heraus, daß im Normalbetrieb in Kietz *„kein durchgehender Einsatz für diese Lok und keine frostsichere Abstellmög-*

386 Die bis dahin selbstständigen Bahnbetriebswerke Frankfurt (O) Pbf, Frankfurt (O) Vbf und Wriezen waren per 1.1.68 zum neuen Groß-Bw Frankfurt (O) zusammengefaßt worden

lichkeit"[387] zu gewährleisten waren. Sie wurde deshalb nach Frankfurt/Oder abgezogen und dort, auch nicht mit sehr viel mehr Erfolg, im Rangierdienst erprobt. Später soll sie wieder in Kietz gewesen sein. Mitte 1971, nach noch nicht einmal zwei Jahren beim Bw Frankfurt/Oder, gab man die Lok mangels adäquater Einsatzmöglichkeiten wohl leichten Herzens an die Rbd Schwerin ab.

21.08.69 von Heringsdorf
11.06.71 an Neuruppin

Über die Eignung der Lok heißt es in der schon erwähnten Aktennotiz vom Dezember 1969: *„Die Leistung der Lok ist ausreichend, jedoch die Druckluftversorgung mit dem eingebauten Luftverdichter VV100/100 nicht"*. Als eine der wenigen DR-V36 erhielt die Lok daraufhin einen stärkeren Kompressor Bauart VV140/100A.

Reichsbahndirektion Cottbus

Die Rolle der Rbd Cottbus[388] in der Geschichte der V20/V36 ist höchst unscheinbar: Drei (bzw. vier) Heimat-Bw, nur zwei Loks, ein Stationierungszeitraum von an keiner Stelle mehr als fünf Jahren. Nichts, was wirklich bemerkenswert wäre. Für den Lokstatistiker ein weiteres Stück Stationierungsgeschichte, in der Wehrmachtlok-Historie aber kaum mehr als eine Fußnote.

Bw Kamenz

Hier begann das (ziemlich kurze) Nachkriegsdasein der V22 047. Die Maschine stammte von der Lufthauptmuna Weißwasser und war 1948-51 im Bw bzw. Bww Cottbus abgestellt. Am 4.8.52 - so ist einer Notiz im Betriebsbuch zu entnehmen - *„begann die Instandsetzung im Bw Kamenz"*.

Ob die Lok hier auch eingesetzt war (und wenn ja: wo und in welchem Umfang), ließ sich nicht mehr zuverlässig klären. Ihre neue - vorläufige - DR-Nummer „V2202" erhielt sie per 31.10.52 ebenfalls in Kamenz. Zu dieser Zeit dürfte die Instandsetzung noch angedauert haben. Zwei Jahre später, 1954, erfolgte die Rückgabe nach Cottbus.

Hier die genauen Stationierungsdaten:

Zugang: 04.08.52 von Cottbus
Abgang: 29.07.54 nach Cottbus

Bw Cottbus/Kbw Cottbus

Neben der schon erwähnten V22 047 (erster Nachweis: 1.1.48) hatte das Bw Cottbus noch eine zweite frühere Wehrmachtlok im Bestand: Die V36 024. Die Maschine ging Ende 1954 im Tausch gegen eine Kleinlok (Köf 5007) unmittelbar von der SMAD zu[389], mußte zunächst aber offenbar instandgesetzt werden (erste Nennung für Bw Cottbus: 28.4.55). Letzter Einsatzort vor Übergabe an die DR war eine sowjetische Einheit in Kapen/b.Dessau.

Warum die Lok ausgerechnet in Cottbus stationiert wurde, ist aus den spärlichen Unterlagen, die überlebt haben, nicht ersichtlich. Viel zu tun jedenfalls hatte sie nicht. Die Betriebsbögen weisen z.B. für die Zeit von Mai bis September 1959 nur jeweils rund 15 Betriebstage aus bei etwa 11-12 Stunden/Tag. Planverkehr war mit einem Einzelstück wohl ohnehin kaum sinnvoll realisierbar.

Beide Maschinen - sowohl die V22, als auch die V36 - wurden mehrfach zwischen Bw und Kbw hin- und herstationiert. Betreut wurden sie wohl durchgehend beim Kraftwagenbetriebswerk. Die V22 wird mit Stichtag 20.12.57 auch beim Bw Zittau erwähnt. Näheres dazu (leihweise? Fehlmeldung?) ist nicht bekannt.

Bw Luckau

Wiedersehen mit zwei alten Bekannten: Beim Bw Luckau tauchen die beiden ex-Cottbuser V22/V36 ab 1960 bzw. 1961 auf, brachten es hier aber jeweils nur noch auf wenige Betriebsmonate. Eingesetzt wurden beide als Triebwagen-Reserve in Plänen der Luckauer VT133 507, VT135 501 und VT137 005 bzw. 007. Besonders die VT137 waren häufiger defekt (kurze Zeit später ausgemustert) und mußten dann durch Diesellokomotive mit Beiwagen VB141 ersetzt werden. Gefahren wurde fast ausschließlich auf der alten Niederlausitzer Eisenbahn im Streckenabschnitt Luckau - Lübben - Beeskow.

Alten Einsatzberichten zufolge war auch der Betrieb mit den Diesellokomotiven alles andere als störungsfrei. Die V22 kämpfte häufig mit Motorschäden, die V36 fiel wiederholt durch zu hohe Öltemperaturen im Strömungsgetriebe auf (letzteres sicherlich eine Folge von ungeeigneten Ölsorten, denn das Getriebe galt ansonsten als überaus zuverlässig). Beide Maschinen wurden 1961 abgestellt (V22 047) bzw. für den Bau des neuen Überseehafens zum Bw Rostock abgegeben (V36 024).

Dem langjährigen Lokeinsatzstellenleiter beim Bw Luckau, Kranisch, verdanken wir eine Reihe detaillierter Aufzeichnungen, vor allem über die tatsächliche Verfügbarkeit der beiden Loks. Zuerst aber noch die genauen Stationierungen:

Bw Cottbus:

V22 047 :	(01.01.48)	neu	-	. .52	Kamenz
	(.11.54)	Kamenz	-		Cottbus Kbw
	(12.03.57)	Cottbus Kbw	-	16.09.57	Cottbus Kbw
V36 024 :	(28.04.55)	neu	-		
	02.07.58	Cottbus Kbw	-	.05.59	Cottbus Kbw

V36 024: ex SMAD; Übergabe an Rbd Cottbus am 12.11.54

Kbw Cottbus:

V22 047 :	(29.04.56)	Cottbus Bw	-		Cottbus Bw
	17.09.57	Cottbus Bw	-	26.04.61	Luckau
V36 024 :	02.10.57	Cottbus Bw	-	01.07.58	Cottbus Bw
	.05.59	Cottbus Bw	-	22.06.60	Luckau

V36 024: Die Angaben im Betriebsbuch widersprechen sich teilweise; evt. war die Lok auch durchgehend vom 2.10.57 bis 22.6.60 beim Kbw Cottbus stationiert

Bw Luckau:

V22 047 :	27.04.61	Cottbus Kbw	-	25.09.63	+
V36 024 :	23.06.60	Cottbus Kbw	-	28.10.61	Rostock

V22 047:
Bis zum 01.09.61 war die Lok
- 48 Tage in Reserve,
- 29 Tage im Einsatz und
- 50 Tage in Reparatur.

Vom 01.09.61 bis 02.07.62: warten auf Raw.
Vom 03.07.62 bis 24.09.63: im Raw (dann +).

V36 024:
Bis 27.10.61 war die Maschine
- 140 Tage in Reserve
- 82 Tage im Einsatz
- 265 Tage in Bw-oder Raw-Ausbesserung.

Am 28.10.61 umbeheimatet zum Bw Rostock.

---

387 Aktennotiz v. 17.12.69
388 Die RBD Cottbus entstand im Oktober 1945 aus Resten der RBD Osten und Breslau sowie aus Teilen der RBD Dresden und Halle
389 MfV M-1/2793

Georg Otte

Diesellok und VT: Auch beim Bw Dresden-Pieschen waren solche farbenfrohen Garnituren in den 50er Jahren an der Tagesordnung; vorne V36105 (V36 019), hinten VT137 067 (Dresden-Pieschen, 1953).

Reichsbahndirektion Dresden

Mit über 20 Stationierungsjahren (1945-1966) zählt die Rbd Dresden zu den bedeutenderen V36-Direktionen der Reichsbahn. Zwar gab es auch hier, abgesehen von kurzzeitigen Beheimatungen in Karl-Marx-Stadt und beim zunächst noch selbständigen Bw Flöha, nur eine Heimat-Dienststelle, das Bw Dresden-Pieschen. Dort allerdings fuhr die V36 alles, was der Motor leistungsmäßig hergab: Leig und Personenzüge, Triebwagen-Ersatzverkehr, Überführungen und natürlich auch Rangierdienste.

Bereits hingewiesen[390] wurde auf die eigenständige Nummerierung der Dresdener V-Loks in der Zeit vor 1957. Die nachfolgende Aufstellung nennt die betreffenden Loks zusammen mit den ersten Sichtdaten nach 1945 und dem Heimat-Bw (am genannten Stichtag):

20101	. .46	Dresden-Pieschen
22101 = V22 046:	01.05.46	Flöha
36101 = V36 015:	14.12.47	Flöha
36102 = V36 061:	.09.45	Flöha
36103 = V36 025:	.06.46	Dresden-Pieschen
36104	01.08.48	RBD Dresden
36105 = V36 019:	01.11.45	Dresden-Pieschen
36106	.02.46	Flöha
36107 = V36 026:	05.09.51	Dresden-Pieschen

Die Stationierung der V20/V36 in der Rbd Dresden endete 1966 mit Abgabe der letzten Maschinen in den Nordbezirk.

390 Seite 433

DR, Sammlung Stefan Lauscher

Die Anfänge: Auch die 36108 - eine Vorserienlok WR360C12 - gehörte zeitweilig zur RBD Dresden. Das aufgemalte weiße Dreieck und die 8 im Kreis sind Registrierungszeichen von den mehrfach angeordneten Lokzählungen (RAW Dessau, Juni 1950).

Bw Dresden-Pieschen

Dresden-Pieschen war das Triebwagen-Bw der sächsischen Metropole und stand als solches natürlich immer im Schatten der großen, traditionsreichen Dampf-Bw Dresden-Friedrichstadt und Dresden-Altstadt. Vor und nach dem Krieg beheimatete Pieschen eine große Zahl VT137 für den Vorortverkehr. Aufgrund der vorhandenen Infrastruktur (Dieseltankstelle, Motorenwerkstatt etc.) wurden hier ab 1945 auch die ersten Diesselloks stationiert.

Den Anfang machte 1945 die V36 019. Ihr folgten ein Jahr später die V36 025, 36106 (alt) und - vermutlich 1947 - die 36104 (alt). Bis Mitte der 50er Jahre entwickelte sich aus diesem Grundstock ein für DR-Verhältnisse schon durchaus üppiger Bestand von nicht weniger als acht ehemaligen Wehrmachtloks, darunter je eine V22 und LDF300C12. Auch die schon mehrfach erwähnte 20101 (alt) war zeitweise in Pieschen zuhause.

Betrieblich verteilten sich die V20/V36 auf den Standort Pieschen sowie die *„Triebwagen-Einsatzstelle Flöha“*, die 1955 als Außenstelle vom Bw Karl-Marx-Stadt übernommen worden war. An beiden Orten gab es interessante und z.T. hochwertige Einsätze:

Von **Dresden-Pieschen** aus wurden in erster Linie Leig-Züge Dresden - Bischofswerda und Dresden - Großenhain bespannt.
Bei Ausfall von VT137 waren darüber hinaus Dt-Züge Dresden - Leipzig sowie Vorortzüge in Richtung Meißen zu fahren. Später, also etwa in der zweiten Hälfte der 50er Jahre, kamen die Dresdner V36 außerdem mit Kurzzügen aus VB140 oder VS145 auf die landschaftlich reizvolle Nebenstrekke Bad Schandau - Sebnitz in der schönen Sächsischen Schweiz.

Ehemalige V36-Lokführer aus Flöha berichten nicht ohne Stolz, daß sie die wegen ihrer kurzen Fahrzeiten berüchtigten Dt Chemnitz - Leipzig mit nur acht Minuten Plus in den Zielbahnhof gebracht haben. Die Nadel des Geschwindigkeitsmessers soll in diesen Diensten bis auf 70 km/h (!) geklettert sein; angesichts des bekannt unruhigen Laufs der V36 und trotz angehängter vier vierachsiger Bei- und Steuerwagen wohl eine ziemlich wackelige Angelegenheit!

Bw Dresden-Pieschen:

V22 046:	08.12.55	Karl-Marx-Stadt	- 25.07.63	Heringsdorf
V36 015:	(18.08.56)	Karl-Marx-Stadt	- 05.01.66	Karl-Marx-Stadt
V36 019:	01.11.45	neu	- 07.05.63	Heringsdorf
V36 025:	.06.46	neu	- 16.09.55	Stralsund
	(.11.55)	Stralsund	- (27.11.62)	Heringsdorf
V36 026:	05.09.51	neu	- 05.01.66	Karl-Marx-Stadt
V36 061:	09.05.56	Karl-Marx-Stadt	- 05.01.66	Karl-Marx-Stadt
20101 alt:	(.46)	neu	-	Bln-Lehrter Bf.
36104 alt:	(01.08.48)	neu	- . .60	+
36106 alt:	12.02.46	Flöha	- . .60	+
36108 alt:	(.08.48)	Wittenberge	-	Rbd Schwerin

V36 026: 1951 ex Stahl- und Walzwerk Riesa; Bauart WR360C12

20101 alt: Bauart WR200B14
36104 alt: Schadlok der Rbd Dresden; evt. zunächst Flöha
36106 alt: Bauart LDF300C12; letzter Standortnachweis für Dresden-Pieschen = 13.6.50; schon Anfang 50er abgestellt
36108 alt: Bauart WR360C12

GÜNTHER DIETZ

Einsatzstelle Flöha: Im April 1966 gehörte Flöha bereits zum Bw Karl-Marx-Stadt, und neben der V36 015 machte sich die Neubau-Konkurrenz breit. Kurz darauf war die V36-Zeit in Flöha vorbei.

Ähnlich vielfältig war der Betrieb in **Flöha**: Auch hier sah man die V36 aufgrund des zeitweise drükkenden VT-Mangels (das RAW Dessau hatte die VT-Ausbesserung vorübergehend zugunsten der Panzerausbesserung für die Sowjetarmee einstellen müssen) häufig als Dt Chemnitz - Leipzig; dies besonders in den Jahren 1951/52, also noch zu Chemnitzer Zeiten.
Darüber hinaus gab es allenthalben auch anderweitigen VT-Ersatz zu fahren. Regelmäßig waren Einsätze ferner bei VT-Überführungen ins RAW sowie im Rangierdienst.

Leider geben die Betriebsbücher nicht lückenlos Auskunft darüber, wann genau welche der Dresdner Lokomotiven in Pieschen und wann welche in Flöha eingesetzt wurden. Offenkundig waren aber zumindest die drei folgenden Maschinen mehr oder weniger fest in Flöha stationiert:

V22 046: 08.12.55 - 25.07.63 (durchgehend!),
V36 015: mehrere Stichdaten 1956-66 (vermutlich auch durchgehend) und
V36 061: 09.05.56 - 03.01.64,

außerdem die jedoch aus dem Schadlokbestand nie aufgearbeitete 36104 alt (= V36 035) sowie - zur Betriebserprobung - eine unmittelbar zuvor im Raw Karl-Marx-Stadt auf SKL-Motor umgerüstetete V36 (V36 030; war allerdings hier nicht offiziell stationiert). Alle übrigen dürften der Einsatzstelle Dresden-Pieschen zuzuordnen sein.

Beschäftigung gab es für die Diesellokomotiven beider Einsatzstellen zumindest in den 50er Jahren noch mehr als genug:

So erreichte z.B. die **Pieschener** V36 025 schon kurz nach dem Krieg einen Spitzenwert von 6957 km/Monat (März 1947). Ihre Schwesterlokomotive V36 019 kam im Jahr darauf auf maximal 6210 km (April 1948) und 1957 sogar auf 7672 km (August 1957). Die Durchschnittswerte lagen mit etwa 2500-3000 km, später (ab 1955) mit 1500 km/Monat natürlich um einiges darunter.

Noch etwas strammer die Leistungen in **Flöha**: Hier waren noch bis Ende der 50er Jahre 5000 km/Monat (bei 30 bzw. 31 Betriebstagen) gang und gäbe. Die DWK-Maschine V22 046 fungierte offenkundig als Reservelok mit meist sehr bescheidenem Arbeitspensum aber einzelnen Spitzenwerten bis über 4000 Monatskilometern.

Auch die *„30-km/h-Lok“* 36106 (= V36 (036), Bauart LDF300C12) war ab 1946 mehrere Jahre von Dresden aus regelmäßig im Einsatz, teils sogar im Zugdienst. Die Aufzeichnungen in den Betriebsbögen enden im Juni 1950. Dies dürfte auch das Abstelldatum für die Lok gewesen sein.

Bw Flöha:

V22 046 :	(.03.46)	neu	-	(.10.47)	Chemnitz Hbf
V36 015 :	(14.12.47)	neu	-	(28.04.49)	Chemnitz Hbf
V36 061 :	(.09.45)	neu	-	26.02.50	Chemnitz Hbf
36106 alt:		neu	-	12.02.46	Dre-Pieschen

V22 046: evt. buchmäßig schon 1946/47 Chemnitz Hbf

Bw Chemnitz Hbf:
Bw Karl-Marx-Stadt Hbf:

V22 046 :	29.11.52	Flöha	-	07.12.55	Dre-Pieschen
V36 015 :	(01.12.50)	Flöha	-	(23.02.55)	Dre-Pieschen
V36 061 :	11.07.50	Flöha	-	07.05.56	Dre-Pieschen
V36 015 :	06.01.66	Dre-Pieschen	-	30.06.68	Heringsdorf
V36 026 :	06.01.66	Dre-Pieschen	-	24.03.66	Heringsdorf
V36 061 :	06.01.66	Dre-Pieschen	-	21.09.66	Neuruppin

Anfang der 60er Jahre kündigte sich bereits das Ende der V36 vom Bw Pieschen an. In Dresden selbst gab es bis auf wenig bedeutende Az-Dienste und gelegentliche Einsätze bei VT-Ausfall (mit Garnituren aus vierachsigen, creme/roten VB) nicht mehr viel zu tun. Abgesehen von der V36 026 wurden alle Loks deshalb zum Bw Heringsdorf abgegeben.

Auch in Flöha waren die guten Zeiten Mitte der 60er Jahre vorbei. Jeweils eine der beiden V36 rangierte - wegen Funkenfluggefahr bei Dampflokbetrieb - jetzt im Bereich der hölzernen Stückgut-Umladehalle in Karl-Marx-Stadt-Hilbersdorf; die andere stand derweil in Reserve und kam im Sonderdiensten wie z.B. bei der Überführung von Triebwagen und Kleinloks ins Raw zu Gelegenheitseinsätzen.

Der bekannte Eisenbahnhistoriker Günther Dietz aus Flöha ist lange Jahre selbst auf der V36 gefahren, und erinnert sich besonders noch an eine solche Raw-Überführung. Er schreibt:

Mit der Dresdener V36 019 brachte ich mal einen tollen Schadzug ins Raw Dessau. Er enthielt einen vierachsigen VT mit VS, den VT 135 062, einen vierachsigen Wagen mit Teilen beladen und fünf Kleinloks, wobei ich 180 t Zugmasse ermittelte. Die V36 hatte eine sagenhaft hohe Leistung und bewältigte die etwa 8 km lange Steigung mit 10 Promille von Karl-Marx-Stadt nach Wittgensdorf mit 40-42 km/h, also fast doppelt so schnell wie laut Schlepplastentafel.

Die Neuordnung des Triebfahrzeugeinsatzes in den Bereichen Dresden und Karl-Marx-Stadt brachte für den bescheidenen V36-Restbetrieb schließlich das „Aus“. Mit Datum vom 1.1.66 wurde das Bw Dresden-Pieschen aufgelöst (bzw. zum Kbw umgewandelt). V15 und Kö gingen ans Bw Dresden-Friedrichstadt, die VT137 (außer Flöha) meist an andere Bw und die V180 an Dresden-Altstadt[391].

An V36 waren zu diesem Zeitpunkt nur noch die V36 015, 026 und 061 vorhanden; davon eine im Planverkehr. Alle drei wurden mit der Außenstelle Flöha zwar noch dem Bw Karl-Marx-Stadt Hbf zugeschlagen. Auch dort blieb ihnen aber nur noch eine Galgenfrist.

Bw Flöha

Das Bw Flöha hatte schon lange vor der Angliederung an das Bw Dresden-Pieschen 1955 Bekanntschaft mit den ehemaligen Wehrmachtsmaschinen gemacht. Erste WR-Lok im seinerzeit vorübergehend selbstständigen Triebwagen-Bw war die V36 061, die bereits im September 1945 in Flöha nicht nur stationiert, sondern nachweislich auch im Einsatz war. Kurz darauf folgten die später dann ebenfalls langjährigen Flöhaer V36 015 und V22 046.

Die drei Maschinen fuhren zunächst Kartoffel- und Getreidezüge aus den Anbaugebieten bei Döbeln nach Chemnitz und Flöha, liefen um 1950 dann aber auch

- im Leig-Verkehr auf den Strecken Chemnitz - Neuhausen und Chemnitz - Zwönitz sowie
- als VT-Ersatz vor den schon erwähnten Dt Chemnitz - Leipzig.

Die Leig-Einsätze währten nur bis etwa 1952/53 und wurden dann von Schienen-LKWs übernommen. Interessanterweise hat es, obwohl leistungsmäßig naheliegend, Personenzugeinsätze mit V36 auf den von Flöha ausgehenden Nebenbahnen offenbar nie gegeben[392].

Mit dem Jahr 1950 endete für das Bw Flöha die kurze Zeit der Eigenständigkeit. Wie schon vor dem Krieg wurde Flöha Außenstelle des Bw Chemnitz Hbf (ab 1955 Außenstelle von Dresden-Pieschen). Alle auf dem Papier nach Chemnitz umgesetzten V22/V36 blieben aber weiter in Flöha stationiert und wurden von hier aus auch weiter eingesetzt.

Bw Chemnitz Hbf
Bw Karl-Marx-Stadt Hbf

Das Bw Chemnitz bzw. (ab 10.5.53[393]) Karl-Marx-Stadt Hbf taucht zweimal in der Chronik der V36 auf. Zum ersten Mal war das 1950 der Fall, nachdem - wie erwähnt - das bis dahin selbständige Bw Flöha aufgelöst und dem Bw Chemnitz Hbf unterstellt worden war. Die Einsätze dürften mit Ausnahme der neu hinzugekommenen Dieselschnellzüge nach Leipzig die gleichen geblieben sein.

1955 wurde die Triebwagen-Stationierung in der gesamten Direktion beim Bw Dresden-Pieschen zusammengefaßt und die Einsatzstelle Flöha trotz der ungleichen Entfernungen (13 km nach Karl-Marx-Stadt, 67 km nach Dresden) dem Bw Pieschen zugeordnet. Davon betroffen waren auch die damals noch wenigen Dieselloks.

Die zweite Stationierungsperiode begann zehn Jahre später mit der ebenfalls bereits angesprochenen Aufgabe des Bw Dresden-Pieschen. Auch diesmal blieb im Grunde alles beim Alten. Die Loks wurden bis zur

391 Diverse Verfügungen der Rbd Dresden, u.a. v. 20.11.65 und 21.12.65

392 Bretfeld, Flöhatalbahn

393 Der 135. Geburtstag von Karl Marx; dieses Datum wurde vom sozialistischen Regime der DDR zum Anlaß für die Umbenennung genommen

Georg Otte

Drei Fotos aus der Rbd Dresden:

Blitzblank und fein herausgeputzt: V36105 (V36 019) präsentiert sich nach einem Aufenthalt im RAW Dessau in frischem Glanz. Der Zusatztank auf dem Umlauf belegt, daß die Lok im Leig-Verkehr eingesetzt war. Vor der Lok: Georg Otte, dem wir viele wundervolle V36-Fotos aus der frühen DR-Zeit verdanken (Dresden-Pieschen, 1953).

A. Thiel / EK-Archiv (2)

Die Dresdner V22: DWK-Lok V22 046 verbrachte bei der Einsatzstelle Flöha ein ziemlich geruhsames Leben. Meist diente sie nur als Diesel-Reserve, mußte aber auch schon mal mit VT-Beiwagen auf die Strecke (Dresden-Pieschen, 1961).

Schwergewicht: V36 025 (die mit dem dicken Ofenrohr mitten auf dem rechten Umlauf) rangiert mit einem modernen Schienenkran in einem Brückenbaulager; die Lok war von 1946 bis 1962 fast durchgehend in Dresden-Pieschen (Heidenau, 1960).

Schließung der Einsatzstelle im Mai 1966 weiter in Flöha unterhalten. Selbst die Lokanschriften und die Eintragungen in den Betriebsbüchern lauteten bis zuletzt auf Dresden-Pieschen!

Allerdings rückte mit der ab 1965 fabrikneu nach Karl-Marx-Stadt ausgelieferten V60 nun unübersehbar die Ablöse-Generation vor. Im Herbst 1965 übernahm eine Neubaulok die alten V36-Dienste in Karl-Marx-Stadt-Hilbersdorf. Noch im gleichen Jahr wurden die V36 026 und 061 zu den Bw Heringsdorf bzw. Neuruppin umbeheimatet. V36 015 war auf dem Papier noch bis Juni 1968 in Karl-Marx-Stadt stationiert (und erlebte demnach auch noch die Zusammenlegung der Bw Hbf und Hilbersdorf zum neuen Groß-Bw Karl-Marx-Stadt[394]); tatsächlich war die Lok aber seit April 1966 im Raw Halle und wurde von dort auch 1968 gleich ins neue Heimat-Bw Heringsdorf überführt.

Reichsbahndirektion Erfurt

Mit ihren zahlreichen, z.T. recht verkehrsschwachen Nebenbahnen gab es in der Rbd Erfurt ein reiches Betätigungsfeld für die V36. Besonders auf den 1949 verstaatlichten früheren Privatbahnen im Südharz und im Thüringer Wald konnten die alten Wehrmachtloks ihre ganze Vielseitigkeit unter Beweis stellen. Zwanzig Jahre lang gehörten die V27/V36-Typen deshalb im Südwesten der DDR zum gewohnten Bild auf Reichsbahn-Gleisen.

Auffällig ist die große Zahl der Bahnbetriebswerke, die - wenn auch z.T. nur mit Einzelstücken - V36 beheimateten. Umstationierungen über Rbd-Grenzen hinweg waren (wie bei anderen Direktionen auch) die Ausnahme. Jede Direktion hielt offenbar fest, was sie hatte. Erst mit der deutlichen Dezimierung des Bestandes Ende der 60er Jahre kam es zu der notwendigen Konzentrierung des Bestandes, dies allerdings dann außerhalb der Rbd Erfurt, vor allem in Wismar, Neuruppin und Heringsdorf.

Einen interessanten Blick zurück auf die Anfänge der V36-Stationierung in der Rbd Erfurt erlaubt eine erste Bestandserfassung aus dem Jahr 1945:

Kö 10867	(sp. V27 011)	Nordhausen
Kö 21484	(sp. V36 032)	Gera
Kö 36356	(sp. V36 022)	Nordhausen
Kö 36628	(sp. V36 023)	Nordhausen

Alle vier verbrachten fast ihr ganzes Leben in der Rbd Erfurt, zwei davon (V27 011, V36 032) wurden hier sogar noch ausgemustert.

Bw Gera

Das Bw Gera führte nur in der ersten Nachkriegszeit V36 im Bestand. Einzige Lokomotive war die spätere V36 032, die 1945 - zusammen mit einer Köf II (Deutz 33264, an DR Köf 5741) - vom Wifo-Tanklager Münchenbernsdorf etwa 20 km südwestlich von Gera übernommen wurde. Noch Ende 1948 war die V36 an gleicher Stelle eingesetzt, nun aber unter Aufsicht des sowjetischen Militärs.

Die folgenden zwei Jahre verbrachte die Lok im RAW Dessau, ohne daß jedoch - aufgrund der ungeklärten Eigentumsverhältnisse - daran gearbeitet worden wäre. Am 27.3.51 meldete die RBD Erfurt schließlich:

Das RAW Dessau teilt fernmündl. mit, dass die Motorlok 21484, Heimat-Bw Gera, abholbereit steht. Gera hat für diese schwere Mot keine Verwendung, es ist deshalb ratsam, diese Mot im Nordhäuser Bezirk einzusetzen. Auch stehen dem Bw Gera keine ausgebildeten Bediener zur Verfügung.

V16 043 :	(08.06.53)	Gotha	-	Naumburg
V36 032 :		neu	- 28.03.51	Sangerhausen

Zwei Tage später, am 29.3.51, begann die neue Dienstzeit der Lok beim Bw Sangerhausen.

Bw Naumburg

Hier war die Situation nach dem Krieg ähnlich. Vom ehemaligen Lufttanklager Bad Berka südlich von Weimar konnte die Tkl 10933 (= V36 021), übernommen werden. Die Maschine war anfangs offenbar bei der Weimar-Berka-Blankenhainer Eisenbahn eingesetzt und gelangte erst nach deren Verstaatlichung 1949 zum Bw Naumburg. Dort wurde die V36 per 28.10.50 als „abgestellt" gemeldet. 1953 wechselte sie in den Bestand des Bw Erfurt-G.

Erwähnenswert ist noch eine zweite ehemalige Wehrmachtok: Die V16 043 bzw. (nach Umbau) V16 075. Die DWK-Maschine besorgte von 1954 bis 1962 vom Lokbahnhof Buttstädt aus den Gesamtverkehr auf der ehemaligen Kleinbahn Buttstädt - Rastenberg. Sehenswert waren vor allem die Personenzüge in der Reihung V16 + 2achsiger kurzer Packwagen + 4achsiger VB.

V16 043 :	24.05.54	Gera	- . .62	Sangerhausen
V36 021 :	(.05.49)	neu	- . .53	Erfurt-G

V16 043: bis 1957 = Kö 5713, ab 1958 = V16 075

Bw Erfurt-G

Am Direktionssitz Erfurt existierten bis zu deren Zusammenlegung am 1.1.68 zwei Bahnbetriebeswerke: Das Bw Erfurt-G, vornehmlich für Güterzuglokomotiven, und das Bw Erfurt-P für den Personenzugdienst; außerdem gab es noch das Kbw Erfurt. Alle drei Dienststellen hatten - zu unterschiedlichen Zeiten - auch V36-Loks im Bestand.

Die älteren Beheimatungen waren die beim Bw Erfurt-G. Hier standen von 1952 bis 1959 fast durchgehend zwei, anfangs sogar drei V36 in Betrieb. Eingesetzt waren sie beim Lokbf. Ebeleben, der seinerzeit noch den Mittelpunkt eines Nebenbahn-Streckennetzes südlich der Hainleite bildete[395]. Je eine Lok bediente dabei

- die Strecke Ebeleben - Keula (im Personen- und Güterverkehr) sowie
- die Strecken Greußen - Keula und Hohenebra - Schlotheim[396] (nur im Personenzugdienst).

Die V36 lösten hier die Baureihe 74^0 ab. Personenzüge wurden in der Regel mit Triebwagen-Anhängern gefahren. Die Leistungen der Loks erreichten bis zu 5800 km/Monat.

Zum Sommerfahrplan 1955[397] ging der Lokbahnhof Ebeleben in die Zuständigkeit des Bw Nordhausen über. Auch die zwei Erfurter V36 (032 067) wurden daraufhin umstationiert; eine (V36 032) kehrte jedoch bald schon zum Bw Erfurt-G zurück. Den Einsatzalltag dort bestimmte fortan vor allem Kleinkram: Gex-Züge im Nahbereich Erfurt, Tunnelrevisionsfahrten im gesamten Rbd-Bezirk, Rangierdienste u.a. in Weimar, Bauzugdienst usw... Auch Leig-Züge sollen bis Ende der 50er Jahre von Erfurt aus mit V36 bespannt worden sein.

394 Heinrich, Groß-Bw Karl-Marx-Stadt, S.46ff.
395 In Ebeleben trafen die früheren Greußen-Ebeleben-Keulaer Eisenbahn (GEKE), die Hohenebra-Ebelebener Eisenbahn (HEE) und die Mühlhausen-Ebelebener Eisenbahn (MEE) zusammen; alle 1949 verstaatlicht.
396 Schlotheim = Strecke Richtung Mühlhausen
397 Nach anderen Angaben per 1.1.55

Rbd Erfurt, Sammlung Hans-Jürgen Trunk

Eisenbahner-Nachwuchs: Lehrlinge und Ausbilder des Bw Erfurt-G posieren für ein Erinnerungsfoto. Die Kulisse dafür bildet die Erfurter V11648 = V36 067 (18.2.52).

V36 021:	. .53	Naumburg	- (28.02.59)	Arnstadt
V36 032:	28.07.53	Sangerhsn.	- . .55	Nordhausen
	03.12.55	Nordhausen	- 17.09.59	Arnstadt
V36 067:	12.01.52	Sangerhsn.	- (06.02.54)	Nordhausen

V36 032: 01.12.58 - 28.05.59 auf z

Im Herbst 1959 wurde die V36-Stationierung beim Bw Erfurt-G aufgegeben. Die zuletzt noch vorhandenen V36 021 und V36 032 gingen, vermutlich mit übereinstimmendem Datum, an das Bw Arnstadt.

Bw Erfurt-P / Kbw Erfurt

Die Stationierungen in Erfurt-P und beim Kbw Erfurt lassen sich kaum voneinander trennen. Beide Stellen werden z.T. zeitgleich als Heimat-Bw für ein und dieselbe Lok genannt. Selbst in den Betriebsbüchern sind die Angaben nicht eindeutig. Allem Anschein nach waren die V36 zwar offiziell in Erfurt-P stationiert, wurden - wie V15 und Kö - aber beim Kbw unterhalten.

Kbw Erfurt:

V36 032:	01.09.61	Arnstadt	- (.01.62)	Erfurt-P
V36 050:	01.07.59	Karlshorst	- 17.03.61	Arnstadt

V36 032: mit Stichdaten (01.01.61) (01.01.62) und (03.05.65) auch Erfurt-P genannt

Bw Erfurt P:

V36 021:	. .62	Arnstadt	- . .63	Sangerh.
V36 032:	(13.05.62)	Kbw Erfurt	- 19.11.70	+

V36 032: per (09.01.68) auch Kbw Erfurt

V36 032 rangierte 1961-63 an der Erfurter Wagenwaschanlage, einschließlich Überstellungen von und zum Hbf (sogenannter *„Wäschependel“*). Später wurden sie auch einige Zeit auf der ehemaligen Erfurt-Nottlebener Eisenbahn verwendet (1967). Eine vorgesehene Umsetzung der Lok zur Rbd Schwerin (1969) kam wegen des schon geschilderten Engpasses bei der Beschaffung neuer Getriebe nicht mehr zustande.

Nur von kurzer Dauer waren die Einsätze der DWK-Lokomotive V36 050: Die von Karlshorst nach Erfurt umgesetzte Lok lief ab August 1959 leihweise beim Lokbahnhof Frauenwald und wurde schon bald darauf zu dem eigentlich dafür zuständigen Bw Arnstadt weitergegeben.

Bw Arnstadt

Viel interessanter als in Erfurt-P waren die Einsätze 1959-62 in Arnstadt. Das heutige Traditions-Bw[398] hatte neben dem Verkehr auf der Hauptstrecke in Richtung Meiningen (mit schweren Dampfloks Baureihen 25, 44, 58) auch die Züge auf etlichen Nebenbahnen im Thüringer Wald zu bespannen. Hier liefen vornehmlich die 94^5. Daneben gab es aber auch noch einige besonders alte Lokalbahn-„Schätzchen“, die dringend der Ablösung bedurften.

Bedarf bestand vor allem auf der ehemaligen Kleinbahnstrecke Rennsteig - Frauenwald[399], wo - nach einem erfüllten 50jährigen Lokomotivleben - die betagten Loks 89 6020 und 98 6216 kurz vor der Ausmusterung standen. Eine vorübergehend eingesetzte Kö erwies sich als zu schwach, der (noch von der Kleinbahn beschaffte) VT 135 550 wurde fast nur noch als Bereisungswagen der Rbd genutzt.

Zur Lösung des Problems versetzte die Rbd Erfurt im Sommer 1959 zunächst die V36 050 (lw. vom Kbw Erfurt) und kurz darauf auch die V36 021 und V36 032 zum Lokbf. Frauenwald. Die V36 besorgten fortan im Wechsel den gesamten Verkehr auf der nur 4,8 km langen Kleinbahnstrecke. Die beiden Dampfloks wurden 1960 abgestellt.

Sehenswert war auch der Wagenpark auf der „Laura“: Wurden anfangs, wie schon zur Dampflokzeit, überwiegend ehemalige Kleinbahn- bzw. Länderbahnwagen eingesetzt, liefen die V36 wegen der fehlenden Dampfheizung später mit einem aus creme-roten VT-Beiwa-

398 Jacobi, Arnstädter Traditionen, S.39f; als Dienststelle der DB wurde das Bw Arnstadt per 1.1.94 aufgelöst

399 Kurth, Laura, S.80ff.; Fromm, Laura, S.140ff.; Fromm, Postkutsche, S.213f.

gen gebildeten Zugstamm (VB 140 011 012 049 plus Reko-Kurzpackwagen Pwgs56)[400]. Auch einen cremeroten Civ34 hatten die V36 häufig am Haken[401]. Günter Fromm, der die Bahn im Jahr 1962 besuchte, berichtete hinterher im „Modelleisenbahner“[402] begeistert von der *„schmucken Zuggarnitur“*.

Bw Arnstadt:

V27 011 :	(01.01.61)	Sangerhausen	- (20.01.62)	Sangerhausen
V36 021 :	ca.08.59	Erfurt-G	- (17.09.62)	Sangerhausen
V36 032 :	18.09.59	Erfurt-G	- 31.08.61	Kbw Erfurt
V36 050 :	18.03.61	Kbw Erfurt	- 26.02.62	Sangerhausen

V36 032: laut Lokverzeichnis Rbd Erfurt schon (01.01.61) wieder in Erfurt (Kbw)

V36 050: schon seit (08.59) lw. vom Kbw Erfurt im Lokbf. Frauenwald

Die jeweils in Betrieb befindliche Lok kam zwischen Rennsteig und Frauenwald auf immerhin rund 350 Betriebsstunden im Monat. Einsatzzeit laut Dienstplan 1961: 13 Stunden 18 Minuten am Tag. Die zweite Maschine stand in Reserve oder half im Güterverkehr auf der benachbarten Nebenbahn Ilmenau - Großbreitenbach. Auch Post- und Dienstzüge zur Tunnel- und Brückenrevision wurden weiter mit V36 gefahren. Etwa 1960 kam mit der V27 011 nochmals Verstärkung nach Frauenwald, so daß eine V36 komplett für den Tunnelprüfzug der Rbd Erfurt freigestellt werden konnte.

1962, nach nur dreieinhalb Jahren, endete der Nebenbahn-Betrieb im Thüringer Wald für die V36 wieder. Die WR-Maschinen machten Neubauloks $V15^{20}$ und $V15^{22}$ Platz, die leistungsmäßig genügten und auch vom Gewicht her - die V36 waren für die Strecke schon etwas zu schwer - besser paßten. 1965 wurde der Eisenbahnbetrieb auf der „Laura“ dann ganz eingestellt.

Bw Gotha

Gotha erhielt 1949 die ehemals auf der Greußen-Ebeleben-Keulaer Eisenbahn eingesetzte V 11648, später V36 067. Die Lok stammte ursprünglich aus der Heeres-Muna Sondershausen in Berka/a.d.Wipper. Über die Verwendung beim Bw Gotha ist nichts bekannt.

V16 043:	(01.04.47) neu	- (28.12.50)	Gera
V36 067: ab	(.05.49) neu	- (09.11.51)	Sangerhausen

V36 067: ex Greußen-Ebeleben-Keulaer Eisenbahn; möglicherweise 1949/50 kurzzeitig im Bw Nordhausen

Bw Eisenach

Auch das Bw Eisenach war nur eine Durchgangsstation für die V36. Die einzige Lok, V36 067, kam per 1.4.62 von Sangerhausen nach Eisenach und wurde noch im gleichen Jahr (am 30.9.62) nach Nordhausen weitergegeben. Wo sie in diesen wenigen Monaten eingesetzt war, ist nicht überliefert.

Bw Nordhausen

Nordhausen war neben Sangerhausen das wichtigste V36-Bw der Rbd Erfurt. Dabei wurden auch hier meist nur zwei V36 gleichzeitig unterhalten, dies aber dann - mit Unterbrechungen - über einen ansehnlichen Zeitraum von fast 20 Jahren! Auch die V27 011 war hier einige Zeit zuhause. Der V36-Betrieb beim Bw Nordhausen endete erst 1965, mit Abstellung der V36 067 am 10.2.65.

Zu den Einsätzen: Vorhanden waren anfangs drei Loks, davon allerdings nur eine regelmäßig in Betrieb.

36628 / V36 023:
Einsatz Bf. Heiligenstadt. Ab August 1948 Lokbf. Leinefelde. An beiden Orten 12-13 Stunden/Tag in Betrieb. In Leinefelde *„nur Zugdienst“*, vermutlich Richtung Teistungen, Geismar oder Hüpstedt.

36356 / V36 022:
Offenbar kriegsbeschädigt (*„Führerhaus instandgesetzt“*); 1946-48 fast durchgehend im RAW bzw. „wartet auf RAW“. Lief spätestens ab September 1949 beim Bw Artern (Strecke Artern - Kelbra), war aber weiter in Nordhausen stationiert.

10867 / V27 011:
Die Maschine wird erstmals im August 1947 in Betrieb gemeldet. War wenig im Einsatz; meist in Bw- oder RAW-Ausbesserung. Einsatzstelle war Nordhausen (1949), zeitweise auch Heiligenstadt. Tägliche Betriebsdauer: 7 Stunden.

Bw Nordhausen:

V27 011 :	01.06.47	neu	- . .51	Sangerhausen
V36 016 :	01.04.65	Sangerhausen	- 17.12.68	Wismar
V36 021 :	01.04.65	Sangerhausen	- 03.10.67	Heringsdorf
V36 022 :	(01.05.46)	neu	- (.06.50)	Artern
	01.04.65	Sangerhausen	- 31.05.69	Heringsdorf
V36 023 :	(01.05.46)	neu	- (.06.49)	Sangerhausen
V36 032 :	26.05.55	Erfurt-G	- 02.12.55	Erfurt-G
V36 067 :	ca.55	Erfurt-G	- 19.12.56	Sangerhausen
	01.10.62	Eisenach	- 09.10.68	+

V27 011: 01.06.47 Übernahme aus WM-Bestand

V36 067: abg. 10.2.65; evt. 1949/50 schon einmal kurzzeitig in Nordhausen; vergl. Bw Gotha

Stationierungen nach 1965 (V36 016, 021, 022) nur buchmäßig in Nordhausen; Einsatz weiter durch Bw Sangerhausen/Lokbf.Kelbra

Ab 1950 wurden alle V27/V36 der Direktion bei den Bw Erfurt-G und Sangerhausen zusammengezogen. Auch die Nordhäuser Loks (noch immer V27 011 sowie V36 022 und 023) mußten daraufhin abgegeben werden. 1951 wurde das Bw Nordhausen dadurch zum erstenmal wieder V36-frei.

Ganze vier Jahre beherrschte danach noch einmal die Dampflok den Zugverkehr am Südharz. Dann, 1955, kehrte, mit der Übernahme des Lokbf. Ebeleben, auch die V36 nach Nordhausen zurück. Diesmal konzentrierte sich der Betrieb auf die alten Kleinbahnstrecken rund um Ebeleben, wo sich zuvor schon die V36 des Bw Erfurt-G betätigt hatten. Monatsleistung: Durchschnittlich 6000-7000 km (1955)!

Bis 1965, jedoch mit einer nochmaligen Unterbrechung von 1957 bis 1962, blieb der Lokbf. Ebeleben mit den Strecken Greußen - Keula und Hohenebra - Schlotheim - Mühlhausen ein Fixpunkt für den Einsatz der alten Wehrmachtsmaschinen beim Bw Nordhausen. Einzige Lok war zuletzt die V36 067; tägliche Einsatzzeit: 4.30-23.00 Uhr.

Nur eine Handvoll verknickter und vergilbter Fotos erinnert heute noch an den reizvollen Nebenbahnbetrieb im thüringischen Norden. Das Eisenbahngeschehen rund um Ebeleben war bunt und vielfältig. Als Anhänger für die V36 waren VB (u.a. die kurzgekup-

400 Kurth, Laura, S.81ff.
401 Fromm, Laura, S.142
402 Fromm, Postkutsche, S.214

pelten Doppel-Beiwagen VB 140 604/605, ex VT 715/716; siehe Foto Seite 437) eingesetzt. Und an Dampfloks bereicherten noch die Baureihen 58^{10}, 64, 92 oder 93 die Szenerie.

Für die V36 067 kam Anfang 1965 das „Aus". Die Nachfolge traten Babelsberger V15 im Rangier- und (ab 1969) V100 im Zugdienst an. Heute sind bis auf die noch für den Güterverkehr genutzte Strecke Hohenebra-Ebeleben alle ehemaligen V36-Strecken stillgelegt. Das Bw Nordhausen überlebte zwar noch die Wende, ist aber seit 31.12.97 als selbständige Dienststelle ebenfalls geschlossen.

Bw Artern

Das Bw Artern war bis 1950 eigenständig und hatte zu dieser Zeit (als Leihlok von Nordhausen) auch schon eine V36, die spätere V36 022, in Betrieb. Zugang: (14.09.50) von Nordhausen. Abgabe: 29.11.50 an Sangerhausen. Das genannte Abgabedatum 29.11.50 dürfte mit der Auflösung des Bw Artern identisch sein. Sowohl die V36 022, wie auch mehrere andere DR-V27/V36 waren auf der von Artern ausgehenden alten Kyffhäuser Kleinbahn Artern - Berga-Kelbra im Dienst. Beheimatung in Sangerhausen auch ihren Höchststand. Vorhanden waren: V16 075, V27 011 sowie V36 016, 021, 022 und 050. Die letzten drei V36 waren V36 016, 021, 022. Sie wurden per 1.4.65 unterhaltungstechnisch dem Bw Nordhausen unterstellt. Betrieblich änderte sich aber nichts. Heimat-Dienstelle blieb de facto das Bw Sangerhausen.

Eingesetzt wurden die V27/V36, zeitweilig sogar die V16, ausschließlich beim Lokbf. Kelbra. Von hier aus war die knapp 29 km lange Kyffhäuser Kleinbahn Artern - Berga-Kelbra zu bedienen; siehe Bw Artern. Die V27 lief darüber hinaus häufig bei der Tunnelrevision zwischen Sangerhausen und Blankenheim, die V16 von Sangerhausen aus ebenfalls im Az-Dienst sowie als Rangierlok.

Auf der Kyffhäuser Bahn besorgten die V36 über viele Jahre den kompletten Güter- und Personenverkehr. Die Personenzüge bestanden zunächst aus preußischen Abteilwagen, danach aus einem bunten Sammelsurium ehemaliger Privatbahn- und Länderbahnwaggons (darunter auch ein vierachsiger BCPwPost4i aus der Erstausstattung der Kyffhäuser Kleinbahn). Dampflokomotiven - dann meist in Gestalt der 55^0 (pr. $G7^1$ und $G7^2$) - waren zwischen Artern und Kelbra nur bei Diesellok-Ausfall oder bei erhöhtem Güteraufkommen zu sehen.

Sammlung Stefan Lauscher

Lokbahnhof Ebeleben: V36 067 legt vor dem Lokschuppen eine Verschnaufpause ein (um 1964).

Bw Sangerhausen:

V16 074 :	01.11.66 Halle-G	- 23.02.67 +	
V16 075 :	08.05.62 Naumburg	- 04.11.71 +	
V27 011 :	01.12.51 Nordhausen	- (08.08.60)	Arnstadt
	. .62 Arnstadt	23.01.68 +	
V36 016 :	13.01.62 Rostock	- 31.03.65	Nordhausen
V36 021 :	. .63 Erfurt-P	- 31.03.65	Nordhausen
V36 022 :	30.11.50 Artern	- 31.03.65	Nordhausen
V36 023 :	(01.01.51) Nordhausen	- . .62	Wismar
V36 032 :	29.03.51 Gera	- 09.11.52	Erfurt-G
V36 050 :	27.02.62 Arnstadt	- 01.07.66 +	
V36 067 :	. .51 Gotha	- (.51)	Erfurt-G
	20.12.56 Nordhausen	- 31.03.62	Eisenach

V36 016, 021 und 022 wurden nach der Umstationierung 1965 nach Nordhausen weiter durch Bw Sangerhausen eingesetzt; schon 1966 waren die Loks aber meistenteils im Raw oder standen auf w (wartet auf Raw); die tatsächlich letzten Einsätze fuhr im November 1966 die V36 022

V16 074: schon bei Umstationierung im Schadpark; in Sangerhausen nicht in Betrieb
V16 075: abg. 01.01.69
V27 011: abg. 26.08.63
V36 050: abg. 01.10.62

Auch die V16 und V27 kamen lediglich als Reserve zu Streckenehren. Zuletzt waren aufgrund des schlechten Oberbaus abschnittweise nur noch 20 km/h zugelassen[405].

Bw Sangerhausen

In Sangerhausen begann mit der V36 022 (ex Artern) eine mehr als 15jährige V36-Stationierung. Die Lokliste nennt nicht weniger als acht verschiedene Maschinen, darunter auch eine (allerdings nur kurz vorhandene) V36 der Bauart DWK[403] sowie die bei den Lokpersonalen nur als *„der Langsamläufer"*[404] bekannte V27 011.

Sangerhausen zählte damit nicht nur innerhalb der Rbd Erfurt, sondern DR-weit schon zu den größeren und auch beständigsten V36-Bw. In der Regel waren mindestens drei Loks vorhanden: Meist zwei V36 und die V27. Anfang der 60er Jahre kam außerdem noch eine V16 hinzu. Zu dieser Zeit erreichte die Wehrmachtlok-

Die Leistungen der Sangerhäuser V36 waren immer sehr ordentlich: Die Maschinen kamen im Zweischichtbetrieb auf durchschnittlich 5000 Kilometer im Monat. Selbst Spitzenmonate mit über 6000 Kilometer waren durchaus keine Seltenheit. Planmäßig eingesetzt waren jeweils zwei der drei Lokomotiven; Einsatzzeit laut Dienstplan (Winterfahrplan 1961/62): je Lok 15 Stunden 35 Minuten.

---

403 V36 050; die Lok wird in Unterlagen des Raw Halle mit letztem Bw Arnstadt geführt; möglicherweise ging sie in Sangerhausen gar nicht mehr in Betrieb

404 In Anspielung auf die geringere Höchstgeschwindigkeit der V27

405 Schmölling/Schmölling, Kyffhäuser Kleinbahn, S.31

Werner Umlauft, Sammlung Ulli Badelt

Von Artern nach Berga-Kelbra: Die alte Kyffhäuser Kleinbahn war die Stammstrecke für die V36 der Bw Artern und Sangerhausen war. Hier legt V36 023 einen kurzen Zwischenhalt in Artern Ost ein (1960).

Mehr als 15 Jahre lang änderte sich an den skizzierten Einsätzen kaum etwas. Dann kam am 5. Juni 1966 die Stillegung des Personen- und im darauffolgenden August die des Güterverkehrs auf der Kyffhäuserbahn. Damit verlor die V36 ihr Einsatzfeld. Als letzte WR-Type blieb V36 021 noch bis 1967 als Az-Lok in Sangerhausen (Bau des Stausees Kelbra). Danach trat auch sie die „Nordwanderung" zum Bw Heringsdorf an.

Reichsbahndirektion Greifswald

Die Rbd Greifswald ist besonders durch das Bw Heringsdorf als V36-Direktion bekannt geworden. Ein gutes Dutzend Jahre lang - von 1959 bis 1972 - besorgte die WR-Maschine hier den Personen- und Güterverkehr auf der alten Raketenbahn von Zinnowitz nach Peenemünde.

Daneben gab es noch eine stattliche Zahl weiterer V36-Bw, die aber allesamt in Bezug auf Bestand und Stationierungsdauer keine große Rolle spielten.

Pasewalk	1952-1954
Neustrelitz	1952
Sassnitz Hf.	1952
Prenzlau	1954-1955
Stralsund	1954-1958
Waren (Müritz)	1957-1959 und
Templin	1958-1966

Die kleineren Wehrmachtsbauarten waren in der Rbd Greifswald kaum eingesetzt. Erwähnenswert ist allein die V16 070 (ex Deutsche Sprengchemie, Torgelow). Sie war nach 1945 die einzige im neugebildeten Direktionsbezirk vorgefundene größere Motorlok und wurde bis 1960/63 überall in der Rbd Greifswald - und auch nur dort - herumgereicht.

Bw Pasewalk

Mit Ausnahme der erwähnten V16 070 tauchen die ehemaligen Wehrmachtdiesellokomotiven erst 1952 in der RBD Greifswald auf. Zu den frühesten Standorten zählt das Bw Pasewalk, das ab Herbst 1952 für etwa zwei Jahre die späteren V36 016 und V36 060 beheimatete.

Eingesetzt waren beide Maschinen zunächst beim Um- bzw. Neuaufbau der bei Kriegsende stark zerstörten Luftmuna Torgelow in Gumnitz; Strecke Pasewalk - Jatznick - Ueckermünde.

Etwa Anfang 1954 wurde eine der beiden Az-V36 für den regulären Zugdienst frei und lief nun in einem eintägigen Personenzuglaufplan Pasewalk - Löcknitz - Grambow / Grambow - Löcknitz / Löcknitz - Brüssow (Richtung Damme) und Brüssow - Löcknitz - Pasewalk. Der Umlauf begann spätnachmittags in Pasewalk. Übernachtet wurde im Lokschuppen in Brüssow neben einer Dampflok Baureihe 89^{61-65} der ehemaligen Prenzlauer Kreisbahn. Monatliche Laufleistung: Rund 5000-6000 Kilometer!

Interessant war auch hier das Wagenmaterial: Wegen des Fehlens eigenheizbarer Personenwagen wurden häufig zweiteilige (batterielose) Akku-Triebwagen (Serie AT 581 ff.) in die V36-Züge eingestellt! Weiterhin je ein Pack- sowie ein normaler zweiachsiger Personenwagen.

Die V36 wurden 1954, nach Abschluß der Arbeiten in Gumnitz, wieder aus Pasewalk abgezogen. Den Personenzugumlauf übernahmen Dampfloks Baureihe 86.

V16 070 :	(01.05.46)	neu	-		Stralsund
V16 074 :	25.08.56	Eilenburg	-	10.12.56	Halle-P
V36 016 :	08.09.52	Sassnitz	-	05.09.54	Stralsund
V36 060 :	01.10.52	Karlshorst	-	(16.11.53)	Prenzlau

Bw Prenzlau

Das Bw Prenzlau erhielt um 1954 eine der beiden ex Pasewalker V36; die V36 060. Die Lok fuhr hier ein Jahr und wurde dann nach Stralsund weitergegeben.

V16 070 :	24.11.56	Stralsund	-	.07.57	Neustrelitz
V36 060 :	ca.54	Pasewalk	-	.05.55	Stralsund

Bw Neustrelitz

In Neustrelitz dauerte die V36-Beheimatung nur gute zwei Wochen. Vermutlich erfolgte in dieser Zeit die Einweisung für die Personale des Bw Pasewalk.

V16 070 :	. .57	Prenzlau	-	(20.06.58)	Heringsdorf
V36 016 :	08.08.52	Schwerin	-	24.08.52	Saßnitz

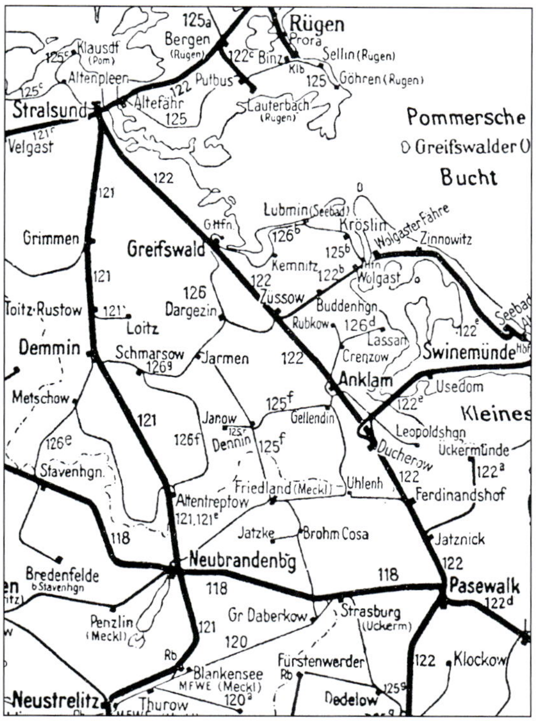

Die Hin-Leistung wurde jeweils nachts erbracht, zurück nach Stralsund ging es tagsüber mit neuem Personal. Fahrtzeit: Neun bzw. zehn Stunden (!), die Rückfahrt von Neustrelitz etwas kürzer (sieben Stunden). Weitere Einzelheiten zur Fahrplanlage der Leig-Züge und zum Dienstplan sind bereits weiter vorn[407] beschrieben worden.

Nur selten wurden die V36 auch anderweitig eingesetzt. Zu diesen nicht allzu häufigen „Ausflügen" gehörten z.B. Verschubdienste im Seehafen von Stralsund. Vor allem, wenn Tankschiffe mit (feuergefährlichem) Methylalkohol zu beladen waren, mußten wegen der damit verbundenen Explosionsgefahr Diesel- anstelle der planmäßigen Dampflokomotiven rangieren. Die Leigs wurden an solchen Tagen dann wieder mit Dampflok[408] gefahren.

Während der gesamten Stationierungszeit scheint immer nur eine V36 planmäßig eingesetzt gewesen zu sein. Die zweite Lok gestattete sich zuweilen überlange

Bw Stralsund:

V16 070 :	(02.07.56)	Pasewalk	- 23.11.56	Prenzlau
V36 016 :	08.09.54	Pasewalk	- 13.09.57	Waren
V36 025 :	17.09.55	Dre-Pieschen	- 06.10.55	Dre-Pieschen
V36 060 :	17.05.55	Prenzlau	- 20.07.58	Templin

Bw Saßnitz Hf.

Gehts noch ein bißchen kürzer? Bitteschön! Im Fährhafen Saßnitz auf Rügen. Hier brachte es die spätere V36 016 auf gerade mal 13 Tage. Zugang: 25.08.52 aus Neustrelitz, Abgang: 07.09.52 nach Pasewalk.

Ausbesserungszeiten im Raw (V36 060: 11.6.56-21.7.58 zur Kl 4 im Raw Dessau) oder stand beschäftigungslos im Lokschuppen.

Mit dem Neujahrstag 1957 ging der Leig-Betrieb mit V36-Lokomotiven in Stralsund abrupt zu Ende. Die seinerzeit allein vorhandene Lok, V36 016 (damals noch mit alter Nummer V36226), stand noch einige Zeit mehr oder weniger nutzlos herum, half allenfalls gelegentlich beim Rangieren aus, und wurde schließlich nach Waren (Müritz) umstationiert. Die andere Maschine, V36 060, kehrte aus dem Ausbesserungswerk erst gar nicht mehr in die Ostseestadt zurück und fand eine neue Heimat in Templin.

Bw Stralsund

Nach den häufig wechselnden Heimat-Standorten in den frühen 50er Jahren konzentrierte die Reichsbahndirektion Greifswald ihre wenigen V36-Lokomotiven ab 1954/55 in Stralsund. Dort erwarteten die früheren Wehrmachtlokomotiven nun völlig andere Aufgaben: In alten 74er Plänen waren Leig-Züge auf den großen Hauptbahnen Vorpommerns in Richtung Pasewalk und Neustrelitz zu befördern. Auch die unvermeidliche V16 070 wurde vorübergehend in Stralsund beheimatet.

Die V36 brachten es im Leig-Verkehr im Monatsdurchschnitt auf stramme 5000-6000 Kilometer. Die einzelnen Fahrtwege waren mit jeweils über 100 Kilometern für V36-Verhältnisse zudem schon achtbare Langläufe! Befahren wurde zunächst die Strecke

- Stralsund - Pasewalk (108 km)
  ab Winterfahrplan 1954/55 bis inkl. Sommerfahrplan 1956; später dann

- Stralsund - Neubrandenburg - Neustrelitz[406] (124 km);
  ab Winterfahrplan 1956/57;
  Zug-Nrn. 5814/5815.

FRITZ WITT

Neun Stunden für 108 Kilometer: V36226 (= V36 016) war eine der beiden Leig-V36 beim Bw Stralsund (Bf. Miltzow, um 1955).

---

406 Abschnitt Neubrandenburg - Neustrelitz zeitweise mit Neubrandenburger Personal
407 Vergl. S.435
408 Baureihe 74

Bw Waren (Müritz)

Das Bw Waren am schönen Müritzsee gehörte - ebenso wie das Bw Neubrandenburg - ursprünglich zur RBD Schwerin und wurde erst per 1.1.55 der Rbd Greifswald zugeordnet. Gut zwei Jahre später tauchte hier, für knapp 16 Monate, die ehemals Stralsunder V36 016 auf. Die Lok blieb ein Einzelstück. Weitere V36 folgten nicht mehr.

Die genauen Stationierungsdaten der V36 016:

Zugang: 14.09.57 aus Stralsund,
Abgang: 08.01.59 nach Heringsdorf.

Waren hatte in den 50er Jahren eisenbahnerisch eine Art Insellage. Die Hauptstrecke Richtung Lalendorf - Rostock[409] bzw. (in Gegenrichtung) nach Neustrelitz - Berlin war durch die russischen Demontagen nach 1945 noch immer unterbrochen. Betrieben wurden lediglich die kurzen Stichbahnen nach Möllenhagen und Malchow (KBS 119 k) mit vier bzw. sechs Zugpaaren täglich. Die V36 soll hier im Personenzugdienst eingesetzt gewesen sein.

Die Laufleistungen der Lok jedenfalls waren ganz ordentlich. Sie lagen anfangs bei durchschnittlich 6000 Kilometer im Monat, später - mit 4000-5000 km - nur etwas darunter.

Ostsee-Luft: Auf der Halbinsel Usedom waren die V36 lange Zeit auch im Personenzugdienst eingesetzt. V36 019 vom Bw Heringsdorf wartet auf Ausfahrt nach Peenemünde (Bf. Zinnowitz, 1968).

Sammlung Ulf Steckel

Bw Templin

In Templin (in der Uckermark) war ab Ende Juli 1958 die zweite ex Stralsunder V36, V36 060, beheimatet. Die Lok kam frisch aus dem Raw und mußte gleich in den ersten Monaten zeigen, was in ihr steckte. Spitzenwert: 10449 Kilometer an 30 Betriebstagen (November 1958)! Später pendelten sich die Laufleistungen bei etwa 3000 km/Monat ein, hatten aber starke Ausschläge nach oben (bis 8900 km) und unten (betriebsfähig abgestellt).

Diese stark wechselnden Leistungen lassen vermuten, daß die V36 in erster Linie als Triebwagen-Reserve für die zahlreichen Templiner VT135 und VT137 vorgehalten und eingesetzt wurde. Einsatzstrecken waren Prenzlau - Templin - Löwenberg - Oranienburg und Eberswalde - Templin - Fürstenberg. Als Waggons dienten wieder VT-Anhänger der Bauarten VS145 und VB147. Auch hier die genauen Beheimatungsdaten der V36:

Zugang: 21.07.58 aus Stralsund
Abgang: 15.06.66 +
(abg. 12.07.61 nach Riß des Motorgehäuses).

Bw Heringsdorf

Das Bw Seebad Heringsdorf galt immer als das kleinste Bahnbetriebswerk der DR. Der (Dampf-) Lokbestand umfaßte meist nur um die zehn Lokomotiven - zunächst Baureihe 78 und 56^2, dann auch Einheitsloks Baureihe 86 -, letztere auch mit den für Heringsdorfer Loks charakteristischen, aber bauartunüblichen Witte-Windleitblechen. Dazu kamen noch einige zweiachsige Altbautriebwagen und, ab 1959, durchschnittlich ein bis drei V36.

Mit diesen Fahrzeugen bediente Heringsdorf den gesamten Verkehr auf der Ostseeinsel Usedom mit der Hauptstrecke von Ahlbeck nach Wolgast Fähre und Abzweig von Zinnowitz ins 12,2 km entfernte Peenemünde. Allein auf dem Peenemünder Zweig verkehrten z.B. 1965 täglich noch elf Personenzugpare. Der Güterverkehr war ebenfalls beträchtlich, diente allerdings fast ausschließlich der Versorgung des Marine-Stützpunktes der NVA.

Die erste V36 tauchte in Heringsdorf Anfang Januar 1959 auf. Sie wurde, wie später auch alle anderen Loks der Wehrmachtsbaureihen, fest dem Lokbahnhof Zinnowitz zugeordnet, von wo aus sämtliche Züge von und nach Peenemünde zu bespannen waren. Der V36-Einsatz auf dieser Strecke war aus mehrfacher Hinsicht vorteilhaft:

Zum **einen** ermöglichte dies endlich die Ablösung der durch steigende Zuglasten zunehmend überforderten VT135 im Personenzugdienst. Für eine (mehr als doppelt so starke) V36 waren bis zu fünf vollbesetzte VT-Anhänger - später auch Zweiachs-Personenwagen der Regelbauart - natürlich kein Problem.

Zweitens konnte mit der gleichen Lokomotive nun auch direkt der Güterverkehr (in der Regel verkehrten zwei Güterzug-Paare täglich) miterledigt und die bis dahin eingesetzte Dampflok 56^2 zumindest von der Peenemünder Strecke zurückgezogen werden; was

drittens noch den Vorteil besaß, daß für die verstärkt zu befördernden Treibstoffzüge zum Militärstützpunkt Peenemünde zumindest funkenfreie, später auch speziell ex-geschützte Lokomotiven zur Verfügung standen.

Kummer bereitete die V36 nur wegen ihres für die Strecke zu starren Fahrwerks. Besonders in den engen Kurven bei Peenemünde-Dorf kam es mehr als einmal zu Entgleisungen. Auch die Anlaßluftflaschen gaben, altersbedingt, Anlaß zur Klage (Ladeventile weggeflogen, Flaschen leer); hier mußte dann in der Regel die Armee aushelfen.

Insgesamt allerdings bewährte sich die V36 - wie schon zu unseligen Kriegszeiten Anfang der 40er Jahre (siehe Seiten 144/145) - im Inseleinsatz bei Peenemünde

---

409 Diese Linie war vor allem als Abfuhrstrecke für den Seehafen Rostock von Bedeutung und konnte erst bis 1961 zunächst eingleisig, ab 1965 dann auch wieder zweigleisig in Betrieb genommen werden Kuhlmann, Schienen, S.46

Sammlung Ulf Steckel

Bw Heringsdorf:

V16 070 :	.06.58	Neustrelitz	- 25.09.63	+
V20 007 :	11.07.61	Neuruppin	- 10.08.67	+
V22 046 :	26.07.63	Dre-Pieschen	- 05.06.67	+
V36 015 :	01.07.68	Karl-Marx-Stadt	- 31.03.72	Wismar
V36 016 :	09.01.59	Waren	- 11.07.61	Rostock
V36 019 :	08.05.63	Dre-Pieschen	- 31.07.71	Neuruppin
V36 021 :	04.10.67	Nordhausen	- 21.02.72	+
V36 022 :	01.06.69	Nordhausen	- 20.08.69	Frankfurt/Oder
V36 025 :	10.09.65	Dre-Pieschen	- 24.06.74	+
V36 026 :	25.03.66	Karl-Marx-Stadt	- . .72	+/vk. VEB

V16 070: abg. 02.09.60
V20 007: abg. 10.08.63
V22 046: abg. 06.08.63
V36 015: ab 19.06.69 für Rest der Stationierungszeit im Raw
V36 021: abg. .01.68
V36 025: abg. . .68
V36 026: verkauft .73
V36 060: August 1959 lw. vom Bw Templin in Heringsdorf

glänzend. Bis 1972 war deshalb ständig mindestens eine V36 in Heringsdorf stationiert, teils waren es sogar mehrere WR360C14 parallel. Nur in den Jahren 1961-63 ließ sich die V36 vorübergehend durch eine V20 vertreten.

Stamm-V36 beim Bw Heringsdorf war die ab 1968 auch wieder mit Ex-Schutz ausgerüstete V36 019. Alle anderen - mit Ausnahme vielleicht von V36 025 und V36 026 - waren bei näherer Betrachtung der Abstelldaten und Berücksichtigung von regelmäßigen Standzeiten im Raw - mehr oder weniger nur Aushilfen. Auch die V22 046 brachte es in Heringsdorf nur noch auf gerade mal 12 Tage!

Von den als Personenwagen zusammen mit den V36 eingesetzten VT-Anhänger sind folgende bekannt[410]:

410 Dietz, VT 1968, S.108; Kuhlmann, Usedom, S.146

Der Insel-Expreß: Solche tollen Zugkompositionen gab es nur beim Bw Heringsdorf. V36 019 mit VB 140 603, VB140 336 und zwei VB147 beim Umsetzen in Zinnowitz (1968).

Michael Malke

Treibstoff für die Volksmarine: V36 019 hat sich in Zinnowitz vor einen stattlichen Kesselwagenzug gesetzt - eine Szene, wie 30 Jahre früher auf der alten Raketenbahn. Bei genauem Hinsehen erkennt man an der vorderen Rahmenplatte die Vorbereitung für die Mittelpufferkupplung (Dezember 1969).

VB 140 239 336 394 525 603 (2achsig)
VB 147 027 049 052 055 (4achsig)

darunter Raritäten wie
ein Beiwagen österreichischer Bauart (VB 140 336),
ein ehemaliger Dampftriebwagen (VB 140 394),
ein ehemaliger Triebwagen der Lübeck-Büchener Eisenbahn (VB 140 525) und der
frühere EB 188 502 ex Buckower Kleinbahn (VB 140 603).

1968 soll für diese (optisch wie typenmäßig) bunten Garnituren V36 + VB ein Tagesumlauf von 216 Kilometern bestanden haben. Schon drei Jahre zuvor, im September 1965, lieferte die Heringsdorfer V36 019 mit 11390 km die wahrscheinlich höchste Monatslaufleistung ab, die je eine V36 bei der DR erreichte! Das entspricht einem rechnerischen Tageswert von 438 Kilometern!

Ablösung für die V36 kam 1972 in Gestalt der V23/102. Ab 1974 waren V100/110 eingesetzt. Heute ist die ehemalige Raketenbahn Teil der privatisierten „Usedomer Bäderbahn“ (UBB) und wird im Taktverkehr mit modernen GTW-2/6-Triebwagen bedient.

Reichsbahndirektion Halle

Die Rbd Halle gehörte zu den Direktionen, die schon sehr bald nach dem Krieg V20/V36-Lokomotiven im Bestand führten und sie im Rahmen des Möglichen auch wieder einsetzten. Wie an vielen anderen Orten auch, behinderten aber die anfangs noch geringe Verfügbarkeit und die insgesamt zu kleine Stückzahl eine Etablierung fester Einsatzfelder (wie z.B. bei der Bundesbahn der Vorortverkehr oder die Nebenbahnverdieselung in Bayern). So blieb es auch in Halle bei zwar interessanten, letztlich aber wenig dauerhaften Einsatzplätzen, z.B.

- im Reisezugdienst auf der ehemaligen Delitzscher Kleinbahn (Bw Bitterfeld),
- im Eilzug- und Leigverkehr im Großraum Halle (Bw Halle-P) oder
- im Postrangierdienst mit V20 (Bw Leipzig Hbf West).

Sammlung Dr. Brian Rampp

Die V36 und die DDR-Propaganda: Mit Fähnchenschmuck und FDJ-Wappen an der Kühlerfront wurde Mitte 1949 aus der alten Wehrmachtlok plus VS145 der FDJ-„Jugendzug“ (vergl. S.434/435). Im Vorfeld der Herbstwahlen 1950 waren die V36 auch mit einem „Aufklärungszug“ der Rbd Halle unterwegs (Halle Hbf, 1950).

Beide Baureihen verabschiedeten sich in der Rbd Halle schon sehr frühzeitig aus dem aktiven Dienst. Die letzte V36 wurde schon 1961 abgegeben; die V20 hielt sich noch zwei Jahre länger und verschwand 1963.

Bw Bitterfeld

Das Bw Bitterfeld war mit seinen vielen 52ern vor allem für den Güterzugverkehr in der mitteldeutschen Industrieregion von einiger Bedeutung. Zum täglichen Geschäft gehörte aber auch die Bespannung der Züge auf der früheren Delitzscher Kleinbahn Krensitz - Rackwitz - Delitzsch. Anfang der 50er Jahre, also bereits nach der Verstaatlichung 1949, verkehrten hier noch immer etliche der alten Kleinbahnfahrzeuge, darunter eine Bn2t von 1906, zwei Cn2t von 1927 sowie einige von anderen Privatbahnen stammende ELNAs. Mit Baujahr 1924/25 hatten allerdings auch diese Loks schon ein gepflegtes Vierteljahrhundert auf dem Buckel[411].

Bw Bitterfeld:

V36 020:	26.08.52	Halle-P	- 10.12.52	Halle-P
	03.02.53	Halle-P	- 25.11.56	?
	(24.04.58)	?	- (18.01.61)	Wismar
V36 063 :	(18.04.55)	Halle-P	- ca.09.55	Halle-P
	02.12.56	Halle-P	- 24.05.57	Halle-P
V36 065 :	05.06.59	Halle-P	-	Halle-G

V36 020: 1953-1961 evt. auch durchgehend
V36 064: 1958/1959 evt. leihweise von Halle-P

Um zumindest den Personenverkehr in Maßen modernisieren (sprich: verdieseln) zu können - einige VT135 waren bereits vorhanden -, wurde im November 1951 zunächst leihweise die Hallenser V36 063 nach Bitterfeld umgesetzt. Ein knappes Jahr später folgte, diesmal fest, die Vorserienlokomotive V36 020, ebenfalls vom Bw Halle-P. Die V36 063 mußte dafür allerdings zurückgegeben werden.

Auch die Vorserien-Maschine genügte trotz ihrer nur 45 km/h Höchstgeschwindigkeit den Erfordernissen des Kleinbahnbetriebs offenbar vollauf und blieb mit kurzen Unterbrechungen deshalb bis 1961 in Delitzsch eingesetzt. Weitere V36 halfen von Zeit zu Zeit aus, in der Regel aber wohl nur zur Überbrückung von Aufenthalten im Raw oder sonstigen Standzeiten.

U.a. war die V36 063 über die im Kasten genannten festen Stationierungen hinaus mehrfach leihweise in Bitterfeld, und zwar:

20.11.51 - .07.52
29.03.53 - 14.11.53 und
04.11.55 - 18.11.55.

Die V36 lief in Delitzsch, wie erwähnt, planmäßig ausschließlich im Reisezugdienst. Zusammen mit einem

411 Ausführlich bei Schöttge, Delitzscher Kleinbahn, S.44ff.

VT135 hatte sie noch im Winterfahrplan 1953/54 ein Pensum von acht Zugpaaren werktäglich zu erledigen. Fahrtzeit für die etwa 35 Kilometer lange Strecke (bei guter Umsteigeverbindung in Rackwitz): Zwei Stunden.

Das Problem der fehlenden Zugheizung bei der V36 löste man in Delitzsch wie andernorts auch: Durch den Einsatz eigenheizbarer Triebwagen-Anhänger. Nummernmäßig bekannt sind die zweiachsigen VB 140 507 und 512 sowie die vierachsigen VS 145 125 und VB 147 022, 023, 051, 101, 510. Die durchschnittlichen Laufleistungen lagen - sofern keine Schäden auftraten - bei 6000-6500 Kilometer im Monat, Spitzenwerte auch erheblich darüber (z.B. 8475 km mit V36 063 im April 1953).

Nach knapp zehn Dienstjahren ging die V36-Beheimatung beim Bw Bitterfeld Anfang 1961 zuende. Als letzte ihrer Bauart wurde die Stammlok V36 020 nach Wismar umstationiert. Die Nachfolge auf der Delitzscher Strecke traten neue $V15^{20}$ und $V15^{22}$ an (Zugang an V15 in der Rbd Halle allein 1960: 40 Stück). Seit 1972 ist die ehemalige Kleinbahn stillgelegt.

Bw Halle-P

Die Einsätze beim Bw Halle-P gehörten mit zu den interessantesten V36-Leistungen bei der Reichsbahn. Zwar waren auch hier nur drei Lokomotiven der 60er Reihe - mit MWM-Motoren - vorhanden (V36 063, 064, 065; anfangs - bis zur Abgabe nach Bitterfeld - außerdem V36 020). Mit diesen wenigen Loks jedoch fuhr das Bw Halle-P zeitweise einen ziemlich prallen Plan mit Eil- und Eilgüterzugleistungen im gesamten mitteldeutschen Raum. Wendepunkte waren u.a. Nordhausen im Westen, Falkenberg im Osten sowie Halberstadt und Jüterbog im Norden.

Den Aufzeichnungen in den Betriebsbögen zufolge begannen die teils recht kilometerintensiven Zugleistungen 1949. Aus mündlicher Überlieferung ist noch folgender dreitägiger Dienstplan aus den Jahren 1951-1955 bekannt:

Et 108/107	Halle - Ellrich - Halle	(2x112 km)
Leig 5965/66	Halle - Falkenberg - Halle	(2x 95 km)
	Tag 1: gesamt 414 km	
Leig 5967/68	Halle - Jüterbog - Halle	(2x 99 km)
Et 136	Halle - Halberstadt	(90 km)
Et 137	Halberstadt - Leipzig	(128 km)
Et 138	Leipzig - Halle	(38 km)
	Tag 2: gesamt 446 km	
P/P	Halle - Stumsdorf - Halle	(2x 20 km)
Leig/Leig	Halle - Nordhausen - Halle	(2x 97 km)
Leig/Leig	Halle - Leipzig Mth - Halle	(2x 38 km)
	Tag 3: gesamt 310 km	

Die Reisezugleistungen (Et und P) wurden jeweils in der Reihung V36 + drei oder vier VT-Beiwagen gefahren, die Leig-Züge mit den bekannten Kurz-Garnituren. Monatsleistung pro Lok, soweit nicht im Raw: 5500-6500 km bei durchschnittlich 20-25 Betriebstagen. Auch die FDJ-Propaganda bediente sich mit ihrem Jugendzug der *„starken Diesellok“* V36[412].

Gerhard Illner/ EK-Archiv

Bw Halle-„Paula“: Die V36700 (= V36 064) wartet auf den nächsten Einsatz (25.4.57).

Bis Ende der 50er Jahre blieben zumindest die Leigs fester Bestandteil des V36-Dienstplans beim Bw Halle-„Paula“. Um 1956/57 - an Personenzügen gab es nur noch Nahbereichsleistungen z.B. nach Könnern - wurden die Leigs auf den „Schaukel“-Strecken Halle - Großkorbetha - Pörsten - Deuben - Zeitz und Halle - Leuna - Mücheln - Querfurt - Röblingen bespannt. Ebenfalls soll ein Postzug nach Halberstadt (um 1960) mit V36 gefahren worden sein.

Bw Halle-P:

V15 001 :	18.12.54	Kbw Leipzig	- 01.10.62	+
V16 074 :	(07.05.56)	neu	- . .56	Eilenburg
	25.04.57	Pasewalk	- (26.06.61)	Halle-G
V36 020 :	(01.08.51)	neu	- 01.05.52	Bitterfeld
	11.12.52	Bitterfeld	- 02.02.53	Bitterfeld
V36 063 :	(14.04.50)	neu	- (15.11.53)	Bitterfeld
	04.11.55	Bitterfeld	- (07.10.56)	Bitterfeld
	. .57	Bitterfeld	- 29.10.59	Wismar
V36 064 :	01.08.48	neu	- (19.07.61)	Halle-G
V36 065 :	01.08.48	neu	- (08.04.57)	Kbw Leipzig
	(30.05.58)	Kbw Leipzig	- . .59	Bitterfeld

V15 001: abg. ca. 1959
V16 074: bis 1955/56 abgestellt; 16.5.55 zur Beseitigung von Kriegsschäden ins Raw Dessau
V36 020: Bauart WR360C12
V36 063: 1949 ex Dessau-Wörlitzer Eisenbahn; 1951-55 mehrfach über teils längere Zeiträume verliehen an Bw Bitterfeld
V36 064: in Betrieb ab 5.3.49; 1958/59 lw. Bw Bitterfeld
V36 065: in Betrieb ab Juli 1949

Im Betrieb gaben die Loks offenbar keinen Anlaß zur Klage. Der ehemalige V36-Lokführer Günter Wagner schreibt z.B.:

Ich habe als junger Lokführer (1951-55) diese Lok selbst gefahren und kann ihr nur die besten Zeugnisse ausstellen. Die Lok war aufgrund ihrer Einfach- und Robustheit absolut betriebssicher. Die erwähnten Eilzüge wurden ohne Störungen pünktlich gefahren. In der ganzen Zeit kam es nur ein-

412 Freie Fahrt 12/49, S.2; siehe auch S.434f.

mal zu einem Kolbenabriß. Voraussetzung dafür war allerdings eine gute Wartung und Pflege. Wichtig war das Intaktsein der Preßluftanlage, einschließlich einer ordnungsgemäßen Bedienung der Ladeventile (sie mußten manuell geschlossen werden, wenn die Luftflaschen auf 30 bar aufgeladen waren; wurde dies nicht gemacht, verbrannten die Ventile). Die Schwächen lagen vor allem in der Laufgüte. Durch ihre Achsanordnung und den kurzen Achsstand lag die V36 sehr unruhig auf dem (nicht nur damals) schlecht gepflegten Gleis.

Ab Ende der 50er Jahre lief der V36-Betrieb in Halle-P aus. V36 063 wurde 1959 nach Wismar, V36 065 nach Bitterfeld abgegeben. In Halle blieb nur noch die V36 064; bis 1961, dann wurde diese letzte V36 abgestellt und (allerdings nur noch buchmäßig) nach Halle-G umstationiert.

Bw Halle-G

Der beginnende Strukturwandel und die dafür erforderlichen Investitionen machten Anfang der 60er Jahre eine Neuverteilung der Zugförderungsaufgaben in der Rbd Halle nötig: Halle-G, ursprünglich das Güterzug- und Rangierlok-Bw der Stadt, wurde fortan als Diesellok-Bw ausgebaut. Halle-P, bis dahin für Personenzugloks zuständig, übernahm die Ellok-Stationierung[413]. Die Verteilung der Dampfloks blieb zunächst wie gehabt.

Bw Halle-G:

V16 074 :	(23.07.62)	Halle-P	- . .66	Sangerhausen
V20 006 :	(22.05.61)	Neuruppin	-	Leipzig West
V20 008 :	16.11.62	Leipzig-West	- 23.02.67 +	
V36 064 :		Halle-P	- 10.03.67 +	
V36 065 :		Bitterfeld	- 10.03.67 +	

V16 074: abg. 10.06.63; als Schadlok zum Bw Sangerhausen umgesetzt
V20 008: abg. 31.12.63
V36 064: abg. .08.61; in Halle-G nicht mehr eingesetzt
V36 065: abg. .01.60; in Halle-G nicht mehr eingesetzt

Für die bisher in Halle beheimateten V16/ V36 ergab sich daraus eine Umstationierung von Halle-P nach -G. Praktisch war diese Veränderung, zumindest für die V36, aber ohne Belang. Alle WR360 der Direktion waren bis Ende 1961 abgegeben oder bereits abgestellt. Von ihrem neuen Heimat-Bw dürften sie allenfalls das Schrottgleis gesehen haben. Noch eingesetzt wurden eine V16 (ex Halle-P) und zwei von Neuruppin und Leipzig übernommene V20.

Die V16 hatte in Halle-P ursprünglich als Gelegenheitslok und „Mädchen für Alles" gedient, u.a. vor Arbeitszügen der Brückenmeisterei, als Rangierlok im Bw-Verschub und zur Beförderung von sogenannten „Stoffzügen" zwischen dem Bw Halle und den Raw Karl-Marx-Stadt, Delitzsch und Leipzig-Engelsdorf. Ende der 50er Jahre wurde die V16 zum Lokbf. Wettin umgesetzt. Anstelle einer 74^4 besorgte sie dort bis 1963 (also auch noch unter der Flagge des Bw Halle-G) allen anfallenden Verkehr auf der Nebenbahn Wallwitz - Wettin/Saale.

Die beiden V20 soll dagegen im Rangierdienst eingesetzt gewesen sein. An ihre Stelle traten Ende 1963 Neubaulokomotiven der Baureihe V15.

Bw Eilenburg

Eilenburg ist bis heute ein kleiner, nicht allzu bedeutender Abzweigbahnhof an der Strecke Leipzig - Cottbus. Das dortige Bw beheimatete in den 50er und 60er Jahren jeweils einige Lokomotiven der Baureihen 38^{10}, 52, 91^3, 93^0 und 94^5. 1956 war für etwas mehr als eine Woche außerdem die V16 074 in Eilenburg zuhause. Die genauen Daten: Zugang: 15.08.56 aus Halle-P, Abgang: 24.08.56 nach Pasewalk.

Kbw Leipzig

Auch hier war die V36-Beheimatung nicht von langer Dauer. Anfang 1958 half vorübergehend die vom Bw Halle-P herbeigeholte V36 065 aus. Eingesetzt wurde sie als Rangierlok im Munitionslager Mockrehna der Sowjetarmee. Längerfristig scheint der Bedarf für eine 360-PS-Lok aber doch nicht vorhanden gewesen zu sein. Ab Juni 1958 jedenfalls fuhren an gleicher Stelle wieder Köf II bzw. V10B.

Die darüber hinaus in der Stationierungsliste erwähnte V15 001 (gerade aus der Generalreparatur entlassen) war um 1954 Bahnhofslok in Groitzsch.

V15 001:	(04.53)	neu	-	.12.54 Halle-P
V36 065 :	(03.03.58)	Halle-P	-	.05.58 Halle-P

Bw Leipzig Hbf-West

Von den insgesamt sieben (!) Leipziger Bahnbetriebswerken hatte nur das Bw Hbf-West zeitweise ehemalige Wehrmachtdieselloks im Bestand. Hier waren es zwei Maschinen der ansonsten bei der Reichsbahn eher seltenen Baureihe V20.

V20 006 :	(30.06.62)	Halle-G	- 20.07.66 +	
V20 008 :	28.03.61	Neuruppin	- 15.11.62	Halle-G

V20 006: abg. 09.62

Die beiden Loks kamen 1961/62 als Ablösung für überalterte T3 (Baureihe 89^{70}) nach Leipzig und waren als Rangierloks im Postbahnhof eingesetzt. Gefahren wurde mit VT-Personal (die Leipziger Triebwagen waren im August 1961 - Mauerbau - sämtlich nach Berlin abgezogen worden).

Der V20-Einsatz in Leipzig blieb allerdings ein kurzes Zwischenspiel. Noch 1962 mußten die V20 006 abgestellt und die V20 008 nach Halle-G abgegeben werden. Die direkte Nachfolge traten $V15^{10}$ an. Später rangierten im Postbahnhof auch V75 sowie posteigene $V15^{20}$ (= „V18").

Reichsbahndirektion Magdeburg

Aus der Rbd Magdeburg gibt es in Sachen V20/ V36 nicht allzu viel zu berichten (was die V36 angeht genau genommen sogar gar nichts). Nur zwei ehemalige Wehrmachtsloks, die späteren V20 005 und V22 045, waren bei Kriegsende im Direktionsgebiet[414] zurückgeblieben. Die selben beiden wurden 1968 hier auch noch ausgemustert.

Dazwischen liegen Stationierungen bei den Bahnbetriebswerken Haldensleben und Aschersleben. Noch einmal hingewiesen werden soll auf die Besonderheiten der V20 005 (vergl. Seiten 429/430), die nach dem Prinzip „aus zwei mach eins" aus den Überresten einer Einheits-WR200B14 und einer WR240B15 zusammengeschraubt und -geschweißt wurde.

413 Langfristplanung der Rbd Halle für die Jahre 1959-1965; Rbd Halle/Direktionsarchiv

414 Die Rbd Magdeburg war bis 1931 in mehreren Schritten aufgelöst und der Rbd Hannover zugeschlagen worden. Nach der Zonenteilung 1945 enstand sie neu; vor allem aus den in der Sowjetischen Besatzungszone (SBZ) verbliebenen Teilen der RBD Hannover sowie Gebietsabgaben der RBD Berlin, Halle und Schwerin

Sammlung Heinz Köhler

Der Einzelgänger: Die V20 005 vom Bw Aschersleben stand im Mai 1969 noch abgestellt im Raw Karl-Marx-Stadt. Der große Kühlerausschnitt, das flache Dach und die Form der Rangiertritte vorn machen sie als WR240B15 erkennbar. Gut zu sehen auf dieser Aufnahme auch: Die O&K-Raute über dem Kühler. Hinter der V20 steht eine abgestellte DWK-V36 der Nummernreihe V36 050ff.

Bw Haldensleben

Das Bw Haldensleben spielte nur eine sehr kurze Rolle in der Geschichte besagter Einheits-/Umbau-Lok V20 005. Die Maschine wurde im Juni 1953 nach fast zweijähriger Generalreparatur sozusagen „DR-neu" zugewiesen, blieb aber nur gerade mal zwei Monate in Haldensleben und wurde dann bereits weitergegeben.

Zugang:	08.06.53 aus	Generalreparatur
Abgang:	10.08.53 nach	Aschersleben

Eingesetzt wurde die Lok auf dem Bf. Calvörde, der mit einer kurzen Stichbahn an die Strecke Magdeburg - Haldensleben - Oebisfelde angeschlossen war. Monatsleistung: Rund 1500 km. Bei Abgabe der Lok, vermutlich war dies auch der Grund für die schnelle Trennung von der V20, hatte die Voith-Maurer-Kupplung einen größeren Schaden. In ihrem neuen Bw konnte die Maschine deshalb erst nach mehrmonatiger Verzögerung in Betrieb gehen.

Bw Aschersleben

Von dem kurzen Gastspiel in Haldensleben abgesehen, war das Bw Aschersleben der alleinige Heimat-Standort der V20/V22 in der Rbd Magdeburg. Etwas mehr als zehn Jahre lang hielten sich die beiden ungleichen Schwestern hier mehr schlecht als recht im Betrieb. Eingesetzt waren sie vor allem im Leig-Verkehr sowie als VT-Reserve im gesamten Raum Aschersleben/Güsten/Magdeburg.

Nach Berichten ehemaliger V20/V22-Lokführer und Bw-Schlosser des Bw Aschersleben fielen die beiden Einzelgänger durch ihre hohe Schadanfälligkeit auf. Vor allem die V22 045 scheint ein rechter Dauergast in der VT-Werkstatt gewesen zu sein. Schwachpunkte:

- Das druckluftgesteuerte TAG-Getriebe der V22 (*„Fehlkonstruktion"*),
- die Kühlwasserpumpe der DWK-Lok (*„dauernd undicht"*),
- die Voith-Maurer-Kupplung bei der V20 und
- defekte Kühler-Elemente und Füllventile an den Anlaßluftflaschen.

Ersatzteile gab es zuletzt fast gar nicht mehr. Ständig mußte improvisiert werden. Das Verhältnis von Betriebs- zu Standzeiten nach Angaben ehemaliger V20-Fahrensleute: 50:50!

Die V22 war anfangs als Rangierlok im Bahnhof Aschersleben eingesetzt. Später wechselte sie - zusammen mit der inzwischen aufgearbeiteten V20 - in den Leig-Dienst. Stammleistungen waren ab etwa 1954

für die V22 045
der Leig 5819/5820 Aschersleben - Halle - Aschersleben (130 km); 170 to Last bei 30 km/h und

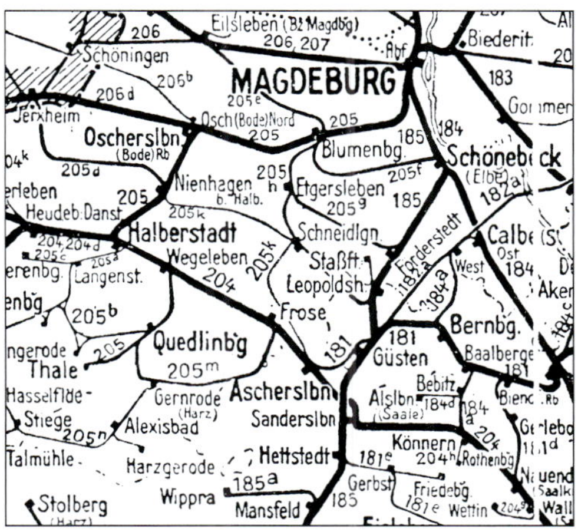

für die V20 005
der Leig 5840 Magdeburg-Rothensee - Oschersleben - Halberstadt - Aschersleben - Güsten - Staßfurt - Schönebeck - Magdeburg-Rothensee (Ringfahrt, siehe Karte; 165 km);
150 to Last bei 60 km/h.

Bei Diesellok-Ausfall kamen pr. P8 (38^{10}) oder $T14^{1}$ (93^{5}) zum Einsatz. Die V20 soll später auch einen Leig im Bereich Aschersleben - Alsleben - Bebitz - Bernburg gefahren haben.

Beide Maschinen, vorzugsweise aber auch hier die wegen ihres hydraulischen Getriebes unproblematischere V20 005, wurden nach Aufgabe des Leig-Verkehrs außerdem zu Ersatzdiensten für die zahlreich in Aschers-

Sammlung Dieter Spillner

V36-Einsätze im Norden der DDR: Am Ende ihrer Tage durften die Altbaudieselloks sogar noch einige Traditionszüge fahren. 103 015-4 wartet mit ihrem DMV-Sonderzug im Bf. Wismar auf Abfahrt (1.7.79).

V20 005 :	11.08.53	Haldensleben	- 18.09.68	+
V22 045 :	01.12.51	neu	- 18.09.68	+

V20 005: abg. 02.10.64
V22 045: abg. 05.06.63

leben stationierten VT135 und VT137 herangezogen. Eingesetzt wurden die V20/V22 dann auf allen im VT-Plan enthaltenen Strecken, u.a.

- Aschersleben - Sandersleben - Klostermansfeld,
- Klostermansfeld - Wippra,
- Klostermansfeld - Güsten - Staßfurt,
- Staßfurt - Blumenberg,
- Blumenberg - Wanzleben - Eilsleben,
- Aschersleben - Güsten - Calbe - Nedlitz und
- Aschersleben - Schneidlingen

Rekordfahrt für die V20 005, wohl als VT-Vertretung in einem solchen Personenzugumlauf (mit VB/VS): 10.772 km (!) an 31 Betriebstagen im Dezember 1962. Die Regel waren in dieser Zeit, Anfang der 60er Jahre, etwa 5000-6000 km!

Schließlich nahmen die schon eingangs geschilderten Schäden an den beiden Einzelgänger-Loks aber doch überhand. Die V22 045, zuletzt bereits nur noch im Az-Dienst eingesetzt, mußte 1963 mit Getriebeschaden abgestellt werden. Ein Jahr später folgte die V20. Beide Loks wurden in Aschersleben auch ausgemustert.

Reichsbahndirektion Schwerin

Die Rbd Schwerin nimmt in der Beschreibung der Nachkriegseinsätze von V20/V36 der Reichsbahn einen ganz besonderen Platz ein. Hier waren die ehemaligen Wehrmachtstypen mit Abstand am längsten (1945-1982) und auch nach Stückzahl am intensivsten eingesetzt. Kaum eine V20/V36, die während ihrer DR-Zeit nicht irgendwann einmal auch in Wismar, Rostock oder Neuruppin stationiert gewesen wäre. Fast vier Jahrzehnte war die WR-Lok eine feste Größe im Bahnbetrieb im Norden der DDR.

Nur schemenhaft bekannt ist leider die Stationierungsgeschichte der späteren V36 080 **vor** ihrem Wiederaufbau 1956/57. Die Maschine wurde stets von der RBD Schwerin geführt (Bw ist unbekannt). **Nach** dem Wiederaufbau war sie in Neuruppin beheimatet.

Bw Wittenberge

Das Bw Wittenberge verfügte Ende der 40er/Anfang der 50er Jahre über eine zumindest auf dem Papier ansehnliche Flotte von V20/V36-Lokomotiven. Tatsächlich war das Bild, wie die nachfolgende Aufstellung belegt, aber eher trostlos:

Bw Wittenberge:

V36 030:	18.12.49	Wismar	- 03.06.50	?	
			- (07.01.54)	Neuruppin	
V36 066:	(31.10.46)	neu	-	Schwerin	
	.05.51	Schwerin	- 29.09.51	Schwerin	

V36 030: möglicherweise durchgehend 1949-1954 in Wittenberge

Schadloks:
10931 alt: (13.08.48) (17.06.50)
11375 alt: (17.06.50)
11394 alt: (13.08.48) (17.06.50)
12047 alt: (13.08.48) (17.06.50)
21138 alt: (13.08.48) (17.06.50)
26136 alt: (17.06.50)
36108 alt: (14.12.47); 1948 nach Dre-Pieschen

11394 = WR200B14
36108 = WR360C12
alle anderen WR360C14;
mit Ausnahme von 36108 wurden alle genannten Schadloks 1950 ausgemustert

Die weitaus meisten Maschinen standen - ihrer Motoren oder Getriebe beraubt, zerschossen, mit Minenschäden oder aus anderen Gründen nicht fahrbereit - abgestellt und gingen bei der Reichsbahn nicht mehr in Betrieb. Auch für die V36 030 und V30 066 ist keineswegs belegt, daß sie in Wittenberge auch tatsächlich fuhren.

Die Stationierung hier ist eindeutig im Zusammenhang mit den langen Abstellreihen im benachbarten RAW zu sehen, wo die V20/V36 Ende der 40er Jahre je nach Zustand noch instandgesetzt oder zur Ersatzteilgewinnung ausgeschlachtet wurden. Betrieblicher Bedarf scheint in Wittenberge an den Dieselloks nicht bestanden zu haben. Anfang 1954 war hier auch die letzte WR-Lok verschwunden.

Bw Schwerin

Ganz anders sahen die Dinge in Schwerin aus. Hier suchte man Ende der 40er Jahre dringend nach leichten Loks, um den kriegsbedingt eingestellten Leig-Verkehr wieder in Gang bringen zu können bzw. die ansonsten dafür vorzusehenen 64er Dampfloks für den Reisezugdienst freizubekommen. Hinzu kam eine zumindest anfangs recht restriktive Dampflok-Bewirtschaftung durch die sowjetische Besatzungsmacht, so daß jede streckentaugliche Diesellok eine spürbare Verstärkung darstellte und Erleichterung beim täglichen Improvisieren verschaffte.

Ein einigermaßen geregelter Betrieb mit den Wehrmachts-Dreiachsern begann - nach den Eintragungen in den Betriebsbüchern - bereits Ende 1946. Die ersten Loks in Schwerin waren die späteren V36 029 und 033.

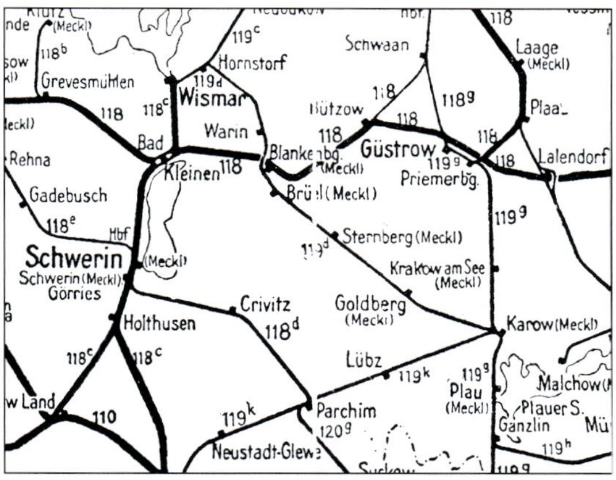

Ob schon damals wieder Stückgutzüge verkehrten oder, wie sich ehemalige Lokführer erinnern, im wesentlichen Reisezüge im Langlauf von Schwerin nach Berlin-Lehrter Bf. (210 km!) bespannt wurden, ließ sich nicht mehr belegen.

In jedem Fall waren diese frühen Leistungen der Schweriner V36 „nicht von Pappe". Durchschnittlich 4000, ab 1948 meist 5000 km/Monat waren die Regel. Der Langlauf nach Berlin (mit acht Abteilwagen) soll nach Leig-Manier mit zweimaligem Nachzapfen von Brennstoff aus mitgeführten Zusatztanks bewältigt worden sein. Zwischenstopp zum Umpumpen war sowohl auf der Hin- wie auf der Rückfahrt jeweils in Neustadt/Dosse.

Die weitere Entwicklung zeigt, in Loknummern und Daten, die obenstehende Stationierungsliste. Bis Anfang der 50er Jahre war der Diesellok-Bestand in Schwerin auf in der Spitze vier V36 gewachsen. Dazu kamen zeitweise eine V16 (DWK) und eine V20 der Einheitstype. Auch die 200-PS-Lok lief übrigens im Streckendienst mit und erreichte respektable 6000-7000 km/Monat; Spitzenwert waren 8685 km an 31 Betriebstagen im Oktober 1950.

Der Einsatzschwerpunkt lag spätestens zu diesem Zeitpunkt eindeutig im Leig-Dienst. Überliefert ist ein

Bw Schwerin:

V16 071 :	(01.08.48)	neu			
V20 006 :	(.06.50)	Rostock	-	. .51	Rostock
	26.11.54	Neuruppin	-	02.03.55	Wismar
V36 016 :	04.07.51	Wismar	-	07.08.52	Neustrelitz
V36 029 :	(31.10.46)	neu	-	10.08.56	Neuruppin
V36 031 :		SMAD (s.u.)			
V36 033 :	(31.10.46)	neu	-	24.03.57	Wismar
	31.05.58	Wismar	-	11.08.59	Neuruppin
V36 062 :	29.05.49	Wismar	-	31.05.49	Wismar
	25.02.50	Wismar	-	08.06.50	Wismar
	09.02.51	Wismar	-	25.10.51	Wismar
	29.08.52	Wismar	-	25.03.53	Rostock
V36 066 :	12.01.51	Wittenberge	-	(30.04.51)	Wittenberge
	30.09.51	Wittenberge	-	(.01.52)	Rostock
	(14.03.53)	Rostock	-	(.04.53)	Wismar

V16 071: spätestens (01.05.53) RBD Berlin
V36 031: im Besitz der SMAD, offenbar aber zeitweise vom Bw Schwerin aus eingesetzt; Übernahme durch DR erst 1956/58 beim Bw Neuruppin

Schadlok:
WL248 alt (WR200B14): (.08.48), (.06.50) vh; 1950 +

offenbar über viele Jahre nahezu unverändert gebliebener Leig-Rundkurs, der die V20/V36 auf die Strecken

- Schwerin - Wismar,
- Wismar - Hornstorf,
- Hornstorf - Blankenberg - Karow (Meckl),
- Karow - Parchim und
- Parchim - Schwerin

führte. Gesamtlänge 230 km. Fallweise wurden außerdem Truppentransporte gefahren, z.B. Parchim - Karow - Ganzlin - Röbel (Müritz), oder Rangierleistungen in Parchim erbracht. Zwischen Schwerin und Wismar liefen auch Rostocker V36.

Ende der 50er Jahre bekamen die Einsätze in den Ölhäfen von Wismar und Rostock Priorität. Die Schweriner V36 wurden aus dem Nebenbahndienst abgezogen und umstationiert. Als letzte Lok verließ im August 1959 die Ur-Schweriner V36 033 ihre alte Heimat, zunächst mit Ziel Neuruppin. Wenige Monate später rangierte auch diese Lok dann in Wismar.

Bw Neuruppin

Die Neuruppiner Lokliste ist von beeindruckender Länge und vermittelt schon rein optisch damit eine gewisse Vorstellung von der Bedeutung, die die V20/V36 im Ruppiner Land nach 1945 im Bahnbetrieb hatte. Hier, in der Stadt Schinkels und Fontanes, stand mit der Triebwagenwerkstatt der 1949 verstaatlichten Ruppiner Eisenbahn gewissermaßen die Wiege des Diesellokeinsatzes im gesamten Norden der DDR. Kaum eine Lok, die typischer gewesen wäre für den Zugbetrieb in und um Neuruppin. Die ersten Vertreter der WR-Lok liefen hier schon ab 1945, damals noch unter Betriebsführung der RE; die letzte verabschiedete sich 1981 mit dem Ausscheiden der Baureihe aus dem Betriebsbestand der DR.

Den Grundstock für den V20/V36-Betrieb beim Bw Neuruppin bildete, wie schon erwähnt, das Erbe der Ruppiner Eisenbahn mit den vormaligen Wehrmachtsmaschinen

V36 018 ex Ruppiner Eisenbahn 85,
V36 034 ex Ruppiner Eisenbahn 40 und
V36 060 ex Ruppiner Eisenbahn 53.

Ferner waren noch die von der RE beschaffte DWK-Lok Nr.71 (später V16 072) sowie eine 200-PS-Einheits-

Bw Neuruppin:

V16 071 :	05.07.57	Schwerin	- 16.05.66	+
V16 072 :		Rummelsburg -		Karlshorst
V20 006 :	25.04.54	Rostock	- 25.11.54	Schwerin
	12.11.55	Wismar	-(30.04.61)	Halle-G
V20 007 :		neu	- 10.07.61	Heringsdorf
V20 008 :	05.08.59	Karlshorst	- 27.03.61	Leipzig Hbf-West
V36 016 :	28.09.72	Güstrow	- 07.09.73	Wismar
	01.11.75	Wismar	- 30.12.82	+
V36 017 :	28.11.61	Karlshorst	- 04.09.66	Güstrow
	11.06.69	Wismar	- 21.02.75	+
V36 018 :		neu	- 19.03.59	Rostock
	22.10.60	Rostock	- 17.07.61	Rostock
V36 019 :	01.08.71	Heringsdorf	- 12.08.71	Wismar
	02.08.73	Wismar	- 30.12.82	+
V36 020 :	02.11.62	Wismar	- 16.05.66	+
V36 022 :	12.06.71	Frankfurt/O	- 08.08.84	+
V36 023 :	21.09.64	Wismar	- 17.10.72	+
V36 024 :	12.01.63	Wismar	- 07.06.66	Güstrow
	09.02.68	Güstrow	- 28.05.68	Wismar
V36 027 :	12.10.59	Rostock	- 06.09.66	Wismar
	12.08.70	Wismar	- 06.07.74	Wismar
V36 028 :	07.05.52	Bln-Anhalter	- 14.11.55	Wismar
	25.03.65	Wismar	- 17.10.72	+
V36 029 :	30.12.56	Schwerin	- 23.04.59	Rostock
	02.11.66	Wismar	- 01.03.68	Güstrow
	21.06.68	Güstrow	- . .71	+
V36 030 :	. .54	Wittenberge	- 29.06.54	Rostock
	12.04.60	Rostock	- 28.07.60	Rostock
	22.03.67	Wismar	- 20.06.67	Wismar
	29.03.68	Wismar	- 22.06.68	Güstrow
	03.05.69	Güstrow	- 21.02.75	+
V36 031 :	01.08.58	neu	- 18.08.59	Rostock
	29.12.67	Wismar	- 24.06.74	+
V36 033 :	12.08.59	Schwerin	- 08.10.59	Wismar
	01.08.66	Wismar	- 23.12.66	Güstrow
	01.11.67	Güstrow	- 09.04.68	Wismar
	25.11.72	Wismar	- 02.04.74	Wismar
V36 034 :		neu	- 18.04.50	Bln-Anhalter
	16.08.50	Bln-Anhalter	- .08.51	Basdorf
	10.09.51	Basdorf	12.11.55	Wismar
	ca.60	Wismar	- 07.02.61	Wismar
V36 060 :		neu	- . .50	Bln-Anhalter
V36 061 :	27.09.66	Dre-Pieschen	- 10.03.67	Wismar
V36 062 :	17.10.59	Rostock	- 30.12.60	Wismar
	29.09.63	Wismar	- 02.12.65	VEB (leihweise)
V36 063 :	07.05.62	Wismar	- 04.09.62	Karlshorst
V36 066 :	30.10.60	Rostock	-(10.02.62)	Rostock
V36 080 :	22.10.60	Schadp./Umb. -	28.10.63	+

V16 071:	13.04.60 - 27.11.60 lw. als Werklok im Raw Wittenberge, abg. 07.10.62
V20 006:	1957 in Neuruppin teilweise ausgebrannt; danach lange Standzeit; wieder aufgebaut
V36 016:	abg. 01.08.80; 1976 möglicherweise kurzzeitig Wismar
V36 017:	abg. 15.07.70
V36 019:	abg. 15.08.80; 1971 nur buchmäßig in Neuruppin (ganze Zeit im Raw)
V36 020:	abg. 27.12.62
V36 022:	abg. 29.09.81; lt.Rbd Schwerin schon 04.70 übernommen
V36 023:	abg. 03.01.69
V36 028:	abg. 12.10.66; vermutlich schon ab 01.51 in Neuruppin
V36 029:	abg. .08.68
V30 030:	abg. .05.70
V36 031:	abg. .02.70; SMAD-Lok; lt. Umz.Plan schon per (12.57) in der Rbd Schwerin; im Bw Neuruppin?
V36 080:	abg. .04.61

V36 018 034 060 und V16 072 1949 ex Ruppiner Eisenbahn
V36 062 an VEB Kieswerk Langhagen (leihweise)

Schadlok:
36326 alt wird per (01.05.53) und (30.12.57) im Bw Neuruppin gemeldet; Bauart WR360C14

Lok (später V20 007) vorhanden; beide allerdings schadhaft.

Ohnehin waren die frühen Nachkriegs-Dieseleinsätze noch recht spärlich. 1945/46 lief offenbar nur die V36 034. Die V20 007 konnte nach längeren Bemühungen im April 1949 zwar in Gang gebracht werden (Einsatz mit Personenzügen auf der Strecke Neustadt/Dosse - Neuruppin), mußte bald darauf aber doch zur Kl 4 ins RAW. Und 1950 wurde auch noch die V36 060 nach Berlin abgezogen. Ersatz kam erst 1951/52 in Form der V36 028. Als abgestellte Schadlok war außerdem die Nr.36326 (Bauart V36) in Neuruppin gemeldet. Bestand im März 1953:

V16 072
V20 007 und
V36 018 028 034

Auch drei V36 der Bauart DWK (V36 051 052 053; alle Karlshorst) sollen Anfang der 50er Jahre in Neuruppin gewesen sein; wohl aber nur zur Reparatur (Motorenwerkstatt). Leihloks vom TBw Karlshorst waren zeitweise V20 008 und V36 017, Leihlok in Karlshorst V36 034 (1953).

Per 1.1.54 wurde das Bw Neuruppin mitsamt der Strecken westlich des Ruppiner Sees der Rbd Schwerin zugeschlagen (bis dahin Rbd Berlin[415]). Erst danach begann die Entwicklung zur V36-Hochburg. 1960 waren bereits vier V36, 1965 fünf und 1970 dann schließlich sechs 360-PS-Lokomotiven in Betrieb, dazu zeitweise die fast komplette V20-Flotte und, bis 1962, eine V16.

Die Einsätze waren ausgesprochen vielfältig und umfaßten das gesamte Nebenbahnnetz zwischen Havel und Dosse. Stammleistungen waren (in Stichworten):

Nahgüterzüge auf der Strecke Neuruppin - Paulinenaue:
Mit Anschlußbedienung in Neuruppin-P, Dammkrug und Fehrbellin (Bastfaserfabrik; funkenempfindlich; deshalb Diesellokbetrieb).
Umlauf[416]: 8981 Pau/8982 Nr, 8985 Pau/8986 Nr mit 120 km/Tag.
Die Flachszüge auf der *„Stillen Pauline"* hatten bis zu 60 Achsen bzw. 900 to. Höchstbelastungen wurden auch im Rübenverkehr verlangt. Vor allem auf der Steigung bei Dammkrug hatten die V36 dann mächtig zu kämpfen. 1970 wurde die Strecke durch den Autobahnbau Berlin - Rostock bei Fehrbellin unterbrochen. Bis zuletzt blieb auch das Reststück fest in der Hand der V36.

Übergaben zur Muna Wulkow und zum Tanklager Radensleben der sowjetischen Streitkräfte:
Wulkow (Strecke Neuruppin - Herzberg): Große Anlage mit rund 42 km Gleis; ehemalige Heeres-Muna der Wehrmacht.
Radensleben (Strecke Neuruppin - Kremmen): Großes Tanklager, nach 1945 neu gebaut.
Umlauf[417]: 8922 Wul/8923 Nr, 15954 Rdn/15955 Nr, 15956 Ar/15957 Nr (56 km/Tag).
Die Übergaben nach Wulkow wurden z.T. als Nahgüterzüge Neuruppin - Herzberg gefahren. Hier war bis 1961 die Domäne der V20. In Wulkow mußte auch in der Muna rangiert werden (erst später erhielt die Muna eine eigene V10B).

Dazu kamen in geringerem Umfang:

---

415 Verfügungen und Mitteilungen des Ministeriums für Eisenbahnwesen, Ausgabe 50/1953 v. 24.12.53, Verfg. MfE 568; die Strecken östlich des Ruppiner Sees kamen zur Rbd Greifswald

416 Abkürzungen: Nr = Neuruppin, Pau = Paulinenaue

417 Abkürzungen: Wul = Wulkow, Nr = Neuruppin, Rdn = Radensleben, Ar = Altruppin

Sammlung Jupp Herde

Drei Jahrzehnte V20/V36-Einsatz in Neuruppin:

Die fünfziger Jahre: Damals waren auch noch drei der vier DR-V20 im Ruppiner Land eingesetzt (hier eines der raren Fotos davon). Die V 36668 hieß später V20 007. Es fehlt noch die Eigentumsbezeichnung. Hauptaufgabengebiet der V20 war die Bedienung der russischen Muna in Wulkow.

Gerhard Illner, Sammlung Joachim Claus

Die sechsziger Jahre: Die V20 hatten inzwischen weiteren V36 Platz gemacht, darunter auch etliche Loks der 60er Reihe mit MWM-Motor. Im Bild die V36 062 mit Ex-Schutz und Leig-Tonne. DR-Zeichen und Loknummer sind lediglich aufgemalt (Bw Neuruppin, 27.5.65).

Hans-Jürgen Trunk

Die siebziger Jahre: Auch die Neuruppiner V36 hatten mittlerweile neue Motoren, Einmannbedienung, große Seitenfenster und Dreilicht-Spitzensignal erhalten. Außerdem haben sie jetzt richtige Schilder. 103 022-0, die letzte Neuruppiner V36, verläßt den schönen Rundschuppen (Bw Neuruppin, 17.7.77).

Rangierdienste in Neuruppin:
U.a. mit Bedienung des Flugplatzes der Roten Armee (Ablösung für Dampfloks Reihe 89^{62}) sowie

VT-Ersatzverkehr auf allen von Neuruppin ausgehenden Strecken:
Ein über längere Zeit gültiger Dienstplan (Dstpl. 341), in dem häufig V20/V36 aushelfen mußten, hatte folgenden Umlauf:
Neuruppin - Löwenberg - Rheinsberg - Neuruppin - Nauen - Neuruppin - Herzberg - Wittstock - Neuruppin; machte 298 km.
Auch nach Gransee lief anstelle des planmäßigen Triebwagens nicht selten eine V36. Umlauf: Neuruppin - Nauen - Neuruppin - (755) Löwenberg - (Lrz 80756) Gransee - Löwenberg - (756) Neuruppin (172 km/Tag). Zugbildung: V20/V36 + 3-4 VT-Anhänger + Packwagen.
Wer wäre da - auf schwankendem Gleis durch den märkischen Kiefernwald - nicht einmal gerne mitgefahren?

Auch bei allen im täglichen Betrieb anfallenden Sonderleistungen wurde gerne auf die V36 zurückgegriffen. Dazu zählten Raw-Überführungen, Einsätze mit dem Schneepflug oder vor dem Gleismeßzug, außerdem Dampflokvertretungen (Strecke Neuruppin - Kremmen - Velten) und, vor allem in den letzten V36-Jahren, Bauzugdienste.

Ab 1975 teilten sich nur noch drei Loks die verbliebenen Gelegenheitseinsätze: 103 016, 019 und 022.

Eine Lok war fest der Einsatzstelle Röbel zugeordnet und bespannte von dort aus Güter- und Personenzüge auf der Nebenbahn Ganzlin - Röbel. Eine zweite Maschine soll vor allem im Bauzugdienst eingesetzt gewesen sein, u.a. in der letzten Phase des Wiederaufbaus der Hauptstrecke Rostock - Berlin im Abschnitt Lalendorf - Waren/Müritz.

Insgesamt waren in einem Zeitraum von sechs Jahren nicht weniger als sieben V36 in Güstrow beheimatet. Tatsächlich waren aber nie mehr als zwei gleichzeitig in Betrieb. Mit der Zuweisung von Neubauloks V60 (1968) und V100 (1969) wurden die V36 nach Neuruppin zurückgegeben.

Bw Güstrow:

V36 016 :	29.06.72	Wismar	- 27.09.72	Neuruppin
V36 017 :	05.09.66	Neuruppin	- 07.01.68	Wismar
V36 024 :	17.06.66	Neuruppin	- 29.10.67	Neuruppin
V36 029 :	02.03.68	Neuruppin	- 21.06.68	Neuruppin
V36 030 :	22.06.68	Neuruppin	- 02.05.69	Neuruppin
V36 033 :	27.12.66	Neuruppin	- 30.09.67	Neuruppin
V36 063 :	15.11.66	Wismar	- 17.10.72	+

V36 017: in Güstrow kaum im Einsatz; ganzes Jahr 1967 auf „w"; ab Januar 1968 im Raw Halle
V36 024: 09.67 vermietet an VEB Kieswerk Langhagen
V36 063: abg. 22.12.66

Sommer in Mecklenburg: Die Güstrower 103 016-2 startet in Ganzlin mit ihrem bunten Nahgüterzug nach Röbel. Gleich hinter der Lok: Ein Pwgs der Kriegsbauart. 1972 gab es für die V36 in Güstrow nur noch ein kurzes Gastspiel. Bald nach diesem Foto wurde die Lok nach Neuruppin abgegeben (13.8.72).

DETLEF WINKLER

Der Planverkehr war inzwischen auf LVT/Baureihe 172 (Personenzüge) bzw. V100/Baureihe 110 (Güterzüge) übergegangen. Den Rangierdienst versahen V15/Baureihe 101 und V60/Baureihe 106 (erste V60 ab Sommerfahrplan 1970). Die V36 kamen in dieser Zeit nur noch selten über 500 km/Monat hinaus. Als letzte ihrer Bauart in Neuruppin wurde 103 022-0 im September 1981 abgestellt und 1984 ausgemustert.

Bw Güstrow

Im mecklenburgischen Güstrow wurde erst ab Sommer 1966 ein kleiner V36-Bestand aufgebaut. Die hier erbrachten Kilometer-Leistungen waren trotz Zwei-Schicht-Betriebs nicht besonders aufregend. Ebenso wenig die Dienstpläne.

Bw Rostock

Der V36-Betrieb beim Bw Rostock teilt sich in zwei im Grunde völlig eigenständige Einsatzperioden. Die Schwerpunkte dabei lagen, grob umrissen,

1950-1959
im Leig-Verkehr nach Schweriner Muster und

1960-1965
im Arbeitszug- und Rangierdienst bei Bau und Betrieb des neuen Rostocker Überseehafens.

In beiden Phasen wurden dafür durchgehend vier bis fünf V36-Lokomotiven vorgehalten, darunter zunächst auch Loks mit MWM-Motor, später nur noch solche mit Deutz- (und ganz zuletzt noch eine einzelne mit SKL-) Maschine.

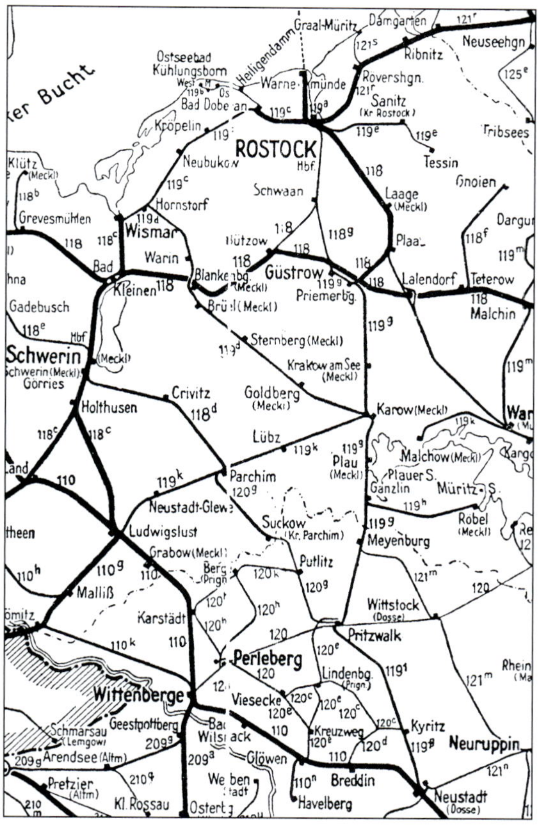

fall bei Plau, den der Altbau-Diesel offenbar ohne nennenswerte Blessuren überstand:

Grund war eine mangelhaft abgesicherte Baustelle. Die Lok entgleiste und fuhr in einen 5 Meter tiefen Graben. Sie wurde dann durch einen Kran herausgehoben und fuhr anschließend mit eigener Kraft nach Rostock.

1959 endete der Leig-Verkehr mit V36 in der mecklenburgischen Hansestadt. Den Rest-Betrieb übernahmen noch kurze Zeit ehemalige Schnellzugdampfloks der Baureihe 62, dann war auch damit Schluß. Die WR-Loks gingen fast geschlossen nach Neuruppin. Als einzige „alte" Rostocker Lok war V36 066 noch bis ins Jahr 1960 vorhanden.

Noch im gleichen Jahr, 1960, begann mit der Inbetriebnahme der ersten Liegeplätze im neuen Überseehafen ein neues Kapitel in der V36-Einsatzgeschichte beim Bw Rostock. Für Arbeitszüge beim weiteren Hafenausbau, später verstärkt auch für den Rangierdienst im feuergefährdeten Ölhafen, wurden erneut leichte bzw. funkenfreie (ex-geschützte) Loks benötigt. Wieder kamen V36 nach Rostock: V36 018, 029, 030 und 031, alle aus Neuruppin.

Am 1.1.61 wurde die „Hafenbahn Rostock" gegründet. Sie bildete eine selbständige sogenannte *„Komplexdienststelle"* und unterstand unmittelbar der Direktion in Schwerin[419]. Die Hafenbahnloks hatten eigene Anschriften, teilweise offenbar auch eigene (zusätzliche) Betriebsnummern.

Auch eine V20 (V20 006) gab es in Rostock. Die Lok, spätestens 1947 direkt aus Wehrmachtsbeständen übernommen, fuhr zwischen August 1951 und März 1952 vor Personenzügen zwischen Rostock und Güstrow. Als Einzelstück wurde sie danach aber aus dem Planbetrieb wieder herausgenommen und 1953 nach Neuruppin umgesetzt.

Die erste und über mehrere Jahre auch einzige V36 in Rostock war die heutige Museumslok V36 027. Sie lief im August 1949 aus SMAD-Beständen zu, und wurde nach umfangreichen Instandsetzungsarbeiten zuerst als sogenannte *„Zugleitungslokomotive"* verwendet mit Einsätzen vornehmlich im Arbeitszugdienst, zuweilen aber auch vor Personenzügen Warnemünde - Rostock - Güstrow.

Etwa Mitte 1950 begann dann die Beförderung von Leig-Zügen mit V36. Zunächst nur 3x wöchentlich (weil eine zweite Lok für einen täglichen Gegenzug fehlte) verkehrte ein dieselbespannter Leig auf der Strecke Rostock - Güstrow - Karow - Pritzwalk - Neustadt/Dosse (157 km). Abfahrt war etwa 7 Uhr früh in Rostock-Güterbahnhof, Ankunft in Neustadt/Dosse gegen 19 Uhr[418]. Be- und entladen wurde unterwegs in Schwaan, Güstrow, Krakow/See, Karow, Plau, Meyenburg, Pritzwalk und Kyritz. Anderntags dann jeweils die Rücktour nach Rostock. Ersatzlok an Fristen- oder Raw-Tagen war eine 93er.

Ab 1952 kamen weitere V36 nach Rostock. In der zeitlichen Reihenfolge: V36 066, 062 und 030. Entsprechend wurde auch der Leig-Verkehr ausgedehnt. Mitte der 50er Jahre liefen V36-Leigs auf den Strecken

- Rostock - Ribnitz (Richtung Stralsund),
- Rostock - Wismar - Schwerin und
- Rostock - Tessin sowie weiterhin
- Rostock - Neustadt/Dosse.

Monatsleistung: Zwischen 2500 und 6600 Kilometer je Lok. Zumindest die im Langlauf nach Neustadt eingesetzten Loks hatten Zusatztanks auf den Vorbaudächern und für den Einsatz im Winter einfache Führerhausheizungen. Gewartet und unterhalten wurden die V36 im Kbw Rostock. Die Lokpersonale schätzten die Zuverlässigkeit und Robustheit der Maschinen. Ein ehemaliger V36 Lokführer berichtete z.B. von einem Un-

Bw Rostock (1947-1960):

V20 006:	(14.12.47)	neu	-	Schwerin
	28.07.51	Schwerin	- 24.09.53	Neuruppin
V36 027:	09.08.49	neu	- 04.01.56	Wismar
	05.02.56	Wismar	- 06.10.59	Neuruppin
V36 030:	01.07.54	Neuruppin	- 29.06.57	Wismar
	29.07.58	Wismar	- 26.08.58	Neuruppin
V36 062:	05.08.53	Schwerin	-(01.07.59)	Neuruppin
V36 066:	(27.03.52)	Schwerin	-	Schwerin
	(12.05.53)	Wismar	- . .53	Wismar
	22.05.54	Wismar	- 20.10.60	Neuruppin

V36 027: 1949 ex SMAD; nach anderen Quellen schon am 14.09.57 nach Neuruppin

Schadlok:
11375 alt: (13.08.48) vh.; vor 1950 an Bw Wittenberge

Bw Rostock (1960-1968):

V36 016:	12.07.61	Heringsdorf	- 23.11.61	Sangerhausen
V36 018:	23.01.60	Neuruppin	- 21.10.60	Neuruppin
	07.10.61	Neuruppin	- . (.63)	Wismar
V36 024:	29.10.61	Luckau	-(01.01.62)	Wismar
V36 029:	28.07.60	Neuruppin	- 22.08.60	Wismar
	15.10.60	Wismar	- 10.11.62	Wismar
V36 030:	29.07.60	Neuruppin	- (.09.65)	Wismar
V36 031:	15.10.60	Neuruppin	-(01.08.62)	Wismar
V36 066:	(.07.63)	Neuruppin	- 11.11.68	+

V36 016: nur ganz kurz im Einsatz; ab 8.8.61 im Raw
V36 030: 06.63 - 07.65 z
V36 066: abg. 22.04.63 (1962/63 offenbar nur noch kurz i.E.)

418 Die Fahrtzeiten veränderten sich von Fahrplanperiode zu Fahrplanperiode um +/- 2 Stunden

419 Ausführlich zur Hafenbahn: Horstmann, 25 Jahre, S.4-5; Steckmann, Großanlage, S.355-357; Rbd Schwerin, 20 Jahre DDR, S.17 und 83

Leider unterscheiden die Eintragungen in den Betriebsbüchern nicht bei allen Loks ausreichend scharf zwischen „Bw Rostock“ und „Rostock Hafenbahn“. Man wird allerdings davon ausgehen dürfen, daß alle nach dem 1.1.61 hier noch beheimateten Loks tatsächlich auf der Hafenbahn liefen. Sicher auf der Hafenbahn eingesetzte Loks waren zumindest folgende:

V36 016:	12.07.61	- 07.08.61
V36 018:	(24.02.62) -	
	„Betriebspark Nr.311“	
V36 024:	29.10.61	- (01.01.62)
	„Betriebspark Nr.359“	
V36 029:	(30.06.62) -	
V36 030:	08.06.61	- (.09.65)
V36 031:	07.01.62	- 29.05.62

Unterhalten wurden die Loks jetzt im alten Bw Warnemünde, wo die Hafenbahn ein provisorisches Diesel-Bw eröffnet hatte (die neue Diesel-Halle im Hafen wurde erst im Juli 1966 fertig). Personal stellte aber weiterhin das Bw Rostock Hbf.

Insgesamt blieb die Hafenbahn-Ära der V36 in Rostock ein kurzes Strohfeuer. Schon 1962 rückten Neubauloks V15 und V60 nach und verdrängten die Wehrmachtsdiesel aus fast allen Diensten. Die meisten V36 wurden schon 1962/63 abgegeben (018 024 029 031) bzw. abgestellt (066). Als einzige erlebte V36 030 hier noch den Umbau auf SKL-Motor, machte dann aber ebenfalls der neuen Diesellok-Generation Platz.

Bw Wismar:

V20 006 :	28.10.55	Schwerin	- 11.11.55	Neuruppin
V36 015:	01.04.72	Heringsdorf	- 08.08.84	+
V36 016 :	(01.07.46)	neu	- . .50	RAW Dess.
	18.12.68	Nordhausen	- 28.06.72	Güstrow
	08.09.73	Neuruppin	- 31.10.75	Neuruppin
V36 017 :	15.11.68	Güstrow	- 10.06.69	Neuruppin
V36 018 :	21.02.65	Rostock	- . .71	+
V36 019 :	25.08.71	Neuruppin	- 01.08.73	Neuruppin
V36 020 :	.01.61	Bitterfeld	- (24.10.62)	Neuruppin
V36 023 :	04.10.62	Sangerhausen	- (26.03.64)	Neuruppin
V36 024 :	06.06.62	Rostock	- 11.01.63	Neuruppin
	29.05.68	Neuruppin	- . .71	+
V36 027 :	05.01.56	Rostock	- 04.02.56	Rostock
	07.09.66	Neuruppin	- 26.04.70	Neuruppin
	07.07.74	Neuruppin	- 08.06.83	Hagenow-L.
V36 028 :	15.11.55	Neuruppin	- 24.03.65	Neuruppin
V36 029 :	23.08.60	Rostock	- 14.10.60	Rostock
	11.11.62	Rostock	- (19.11.65)	Neuruppin
V36 030 :	(31.10.46)	neu	-	Wittenberge
	01.07.57	Rostock	- 28.07.58	Rostock
	25.01.67	Rostock	- 22.02.67	Neuruppin
	21.06.67	Neuruppin	- 01.07.67	Neuruppin
V36 031 :	09.01.65	Rostock	- 28.12.67	Neuruppin
V36 033 :	01.11.57	Schwerin	- 30.05.58	Schwerin
	09.10.59	Neuruppin	- 14.12.65	Neuruppin
	30.05.69	Neuruppin	- (01.09.72)	Neuruppin
	14.08.74	Neuruppin	- 30.12.82	+
V36 034 :	13.11.55	Neuruppin	- (27.06.60)	Neuruppin
	09.02.61	Neuruppin	- . .70	+

Fortsetzung S.485

GERHARD OBERWEMMER

Eine DWK-V36 bei der Reichsbahn: 103 033-7 gehörte zu den letzten drei Wismarer V36, auch sie längst modernisiert mit breiten Seiten-Schiebefenstern ... und richtigem Lokschild (Wismar, 1.9.75).

Bw Wismar

Wismar war neben Rostock und Neuruppin der dritte große Eckpfeiler des V36-Einsatzes in der Rbd Schwerin. Der (nach Rostock) zweitgrößte Seehafen der DDR und die Versäumnisse der Reichsbahn bei der Entwicklung von Ex-Schutz-Anlagen für die moderneren Diesellokypen sicherten der V36 hier fast drei Jahrzehnte lang ausreichend Arbeit.

Die Beheimatungstabelle hat beinahe Neuruppiner Ausmaße. Mit Ausnahme der bewegten 60er Jahre (Ersatzteilkrise, Reparaturstau, Remotorierung etc.)[420] waren tatsächlich auch in Wismar aber selten mehr als drei Loks gleichzeitig im Betriebsbestand.

Die Anfänge des V36-Einsatzes in Wismar waren ziemlich bescheiden. Die erste Lok soll, Legende oder nicht, *„kurz vor Ende des 2. Weltkriegs auf dem Bf. Moidentin (Strecke Wismar - Schwerin) vor einem Stabszug der faschistischen Wehrmacht“* vorgefunden worden sein[421].

So recht wußte man mit den neuen Dieselloks aber offenbar noch nichts anzufangen. Im Einsatz waren sie anfangs u.a. beim Abbau des zweiten Streckengleises zwischen Herrnburg und Teterow (Strecke Lübeck - Güstrow - Neubrandenburg; Reparation) sowie, ab 1948, als Rangierlok im komplett überdachten und deshalb funkenfluggefährdeten Wismarer Holzhafen.

Die ohnehin nicht allzu große V36-Gruppe (mit V36 016 030 062) wurde in dieser Zeit, Ende der 40er Jahre, beständig reduziert und schließlich - zum ersten Mal 1952 - auf null zurückgefahren. In Wismar, so der Eindruck aus diesen frühen Einsatzjahren, gab es bis dahin keine wirklich sinnvolle Verwendung für die alten Wehrmachtloks.

Das änderte sich gründlich im Sommer 1955 mit Eröffnung des neuen Ölhafens. Für den Rangierbetrieb

420 Von den z.B. sechs Anfang 1965 listenmäßig in Wismar stationierten Loks waren vier gleichzeitig im Ausbesserungswerk

421 Laut „Traditionsbuch“ des Bw Wismar

Sammlung Gerhard Oberwemmer

Sie ist noch immer als Museumslok vorhanden: 103 027-9 an ihrer letzten regulären Wirkungsstätte, dem Bw Wismar (15.4.79).

Bw Wismar (Fortsetzung):

V36 061 :	11.03.67	Neuruppin	-	17.10.72	+
V36 062 :	(12.06.48)	neu	-	.05.49	Schwerin
	01.06.49	Schwerin	-	.02.50	Schwerin
	09.06.50	Schwerin	-	.01.51	Schwerin
	26.10.51	Schwerin	-	06.03.52	Schwerin
	31.12.60	Neuruppin	-	27.09.63	Neuruppin
	25.03.66	VEB (lw.)	-	17.10.72	+
V36 063 :	05.04.60	Halle-P	-	05.05.62	Neuruppin
	(25.06.63)	Karlshorst	-	14.11.66	Güstrow
V36 066 :	12.04.53	Schwerin	-	.05.53	Rostock
	(01.12.53)	Rostock	-	. .54	Rostock

V36 015:	abg. 11.05.82
V36 016:	die Lok wird auch per (20.07.76) in Wismar gemeldet; evt. leihweise von Bw Neuruppin?
V36 018:	abg. .02.66
V36 024:	abg. ca.68
V36 027:	1956 = keine Einsätze/ ganze Zeit im Raw; abgestellt 1982; Abgabe an Hagenow-Land als Traditionslok
V36 033:	04.61 - 06.61 z; abg. 14.11.80
V36 034:	abg. .66
V36 061:	abg. 23.05.68
V36 062:	abg. 27.09.66

wurden nun dringend funkenfreie, besser noch: ex-geschützte Loks benötigt. Zunächst aus Neuruppin, später aus der gesamten Republik, wurden dafür erneut V36 in Wismar zusammengezogen. Die Stückzahlen pendelten in den folgenden Jahren meist zwischen zwei und sechs Maschinen. Der größte Bestand wurde Anfang 1970 mit sogar acht V36-Lokomotiven gezählt; davon waren fünf allerdings schon nicht mehr in Betrieb.

Alle Wismarer V36 hatten oder erhielten im Lauf der Jahre Ex-Schutz. Trotzdem durfte im Ölhafen nur mit zwei Schutzwagen zwischen Lok und Kesselwagenzug rangiert werden (bei den nicht ex-geschützten V60 waren später fünf Schutzwagen vorgeschrieben). Auch die anfangs gebräuchlichen Kanonenöfen in den Führerhäusern wurden bei der Einfahrt in den Hafen regelmäßig durch den Betriebsschutz überprüft. Die Laufleistungen der Loks lagen im Rahmen des im Rangierdienst üblichen, also bei etwa 2000 bis 4500 km/Monat.

27 Jahre lang, von 1955 bis 1982, gab der Ölhafen den Wismarer V36 Brot und Arbeit. „Ausflüge“ in andere Einsatzbereiche blieben in dieser Zeit die Ausnahmen.

Belegt sind aber z.B. Übermaßtransporte mit in Wismar gefertigten Schiffsaufbauten (Kabinen etc.) nach Stralsund (1958-1962). Wegen Lademaßüberschreitung mußten dafür Sonderzüge gefahren werden, die mit V36 bespannt waren.

Auch beim Ausfall von Werkslokomotiven in der volkseigenen Industrie sprangen die V36 mehrfach ein, so z.B. beim Kieswerk Pernick (südlich von Wismar; anstelle einer V10B), vor allem aber auf der Wismarer Mathias-Thesen-Werft (für die V60D).

Den übrigen Verschub im Hafen und Bahnhof Wismar besorgten Dampfloks (besonders 57^{10} und 93^{0}; später natürlich auch hier V60).

Ab Mitte der 70er Jahre zeichnete sich dann auch in Wismar das Ende der V36-Ära ab. Mit der Zuweisung weiterer V60 (die erste war bereits 1967 in Wismar stationiert worden) blieben den zuletzt drei noch vorhandenen V36 (015 027 033) bald nur noch Bedarfs- und Reservedienste. Vor allem die V36 015 stand monatelang ungenutzt im Betriebswerk. Auch die beiden anderen kamen auf zuletzt nur noch 5-10 Betriebstage im Monat.

Im Frühjahr 1982 war Schluß. Als letzte Lok in Wismar und als letzte V36 der Reichsbahn überhaupt wurde die 103 015 am 11.5.82 aus dem Betrieb genommen. Die bereits zuvor ausgeschiedene 103 027 blieb als Traditionslok erhalten und wurde zur weiteren Betreuung dem Bw Hagenow-Land zugewiesen.

Helmut Constabel, Sammlung Joachim Wacker

Eine V36 auf der Mulde-Brücke bei Dessau: So oder so ähnlich könnte es auch schon in den Jahren 1945-49 auf der Dessau-Wörlitzer Eisenbahn ausgesehen haben. Hier ist es allerdings die DR-Traditionslok V36 027 bei einer Sonderfahrt in den 80er Jahren (bei Dessau, 11.4.87).

Klein- und Privatbahnen

Das Kapitel über die V20/V36-Einsätze bei den Kleinbahnen in der DDR fällt von der Zeitspanne wie vom Umfang her knapp aus. Die Gründe dafür sind hinlänglich bekannt:

Per 1.4.49 wurden - im Rahmen des sozialistischen Umbaus der SBZ - alle nicht staatseigenen Bahnen des öffentlichen Verkehrs unter die *„Verwaltung und Nutznießung"* der Reichsbahn gestellt. Ein gutes halbes Jahr später, am 1.1.50, ging dann auch das Eigentum auf die DR über. Rund 100 ehemalige Kleinbahnen, teils bereits *„in Volkes Hand"*, teils noch in Besitz von Ländern und Kreisen, hörten damit auf, als eigenständige Bahnen zu existieren[422]. Personal, Grundeigentum und Fahrzeugpark fielen nun völlig an den Staat. Auch die damals noch wenigen Kleinbahn-V20/V36 (der Krieg war erst vier Jahre vorüber und das Nachkriegschaos noch keineswegs beseitigt) wurden seitdem im Reichsbahn-Bestand geführt.

Die nachfolgenden Ausführungen sowie die Tabelle auf Seite 487 berücksichtigen alle aus der kurzen Zeit zwischen 1945 und 1949 bekannt gewordenen Kleinbahn-V20/V36 in der damaligen SBZ (Sowjetische Besatzungs-Zone). Nicht darin aufgenommen sind aus Gründen der notwendigen Abgrenzung (und entsprechend der Vorgehensweise im Kleinbahnteil Deutschland-West) die nicht vereinheitlichten Lokomotiven vor allem der Bauart DWK, auch wenn sie aus Wehrmachtsbeständen stammten oder bei der DR als Kö, V15, V16 oder V36 eingereiht waren[423]. Hier wird wieder auf den Abschnitt „Firmenbauarten" im Anhang des Buches verwiesen.

Eine überaus interessante Entwicklung stellt ohne Zweifel die Tatsache dar, daß nicht wenige V20/V36 nach 1949, also unter Reichsbahn-Betriebsführung, auf ehemaligen Kleinbahnstrecken ihren Dienst versahen. Bereits weiter vorn[424] ist in diesem Zusammenhang u.a. auf die früheren

- Kleinbahnen im Raum Ebeleben,
- die Delitzscher Kleinbahn,
- die Ruppiner Eisenbahn,
- die Kyffhäuser Kleinbahn und
- die Kleinbahn Rennsteig-Frauenwald

hingewiesen worden. Dies unterstreicht eine schon im Westdeutschlandteil gemachte Feststellung: Zumindest die V36 war von Leistungsklasse, Gewicht, Vielseitigkeit und Robustheit her die ideale Kleinbahnlok ... und zwar im Westen wie im Osten, auch wenn die Zeitgeschichte dem in der DDR ein anderes Etikett verpaßte.

Niederbarnimer Eisenbahn AG

Die auch als *„Heidekrautbahn"* bekannte Niederbarnimer Eisenbahn Berlin-Wilhelmsruh - Basdorf - Liebenwalde/Gr.Schönebeck gehörte bis 1945 zu den durchaus prosperierenden Kleinbahnen in Deutschland. Die Anbindung an die Reichshauptstadt und die landschaftlich reizvolle Lage am Rande des märkischen Wald- und Seengebietes bescherten der Bahn stets einen lebhaften Personen- und Ausflugsverkehr. Auch die Einnahmen im Güterverkehr waren so zufriedenstellend, daß die Bahn immer Geld für die Modernisierung des Fahrzeugparks übrig hatte.

1941/42 waren - neben vier modernen Dieseltriebwagen - so auch bereits zwei Klein-Dielselloks von Ar-

---

422 Ausführlich: Machel, 40 Jahre, S.7f.; Rammelt/Fiebig/Preuß, Kleinbahnarchiv, S.37ff.

423 Z.B. V16 072 ex Ruppiner Eisenbahn, V36 050 ex Oderbruchbahn, V36 051 ex Krb. Beeskow-Fürstenwalde

424 Siehe S.437

delt Eberwalde und, ab 1942, eine dritte Kleinlok, diesmal eine LDFE 110 (Einheits-Köf II) von Schwartzkopff, vorhanden.

Verschiedenen Veröffentlichungen[425] zufolge, soll noch vor der Verstaatlichung der NbEB (hier übrigens wegen der nur mühsam zu entflechtenden Besitzverhältnisse erst zum 1. Juli 1950 !) auch die spätere DR-Lok V20 005 - **O&K 20929/1939** - Typ WR240B15, auf der Kleinbahn gefahren sein. Tatsächliche Belege dafür oder gar ein Foto sind bislang aber nicht aufgetaucht. Immerhin könnte die älteste bekannte Betriebsnummer der Lok, „V1“, auf einen solchen Kleinbahn-Einsatz hindeuten.

Ebenfalls noch unter NbEB-Flagge (ab etwa 1948) war außerdem die spätere V36 051 (DWK 695/1941) als Nr. 4-420, ex Beeskow-Fürstenwalde, auf der Niederbarnimer Eisenbahn eingesetzt.

Ruppiner Eisenbahn AG

Die Ruppiner Eisenbahn entstand in den Jahren 1913-1923 durch die Verschmelzung von vier bis dahin eigenständigen Privatbahnen im Ruppiner Land bzw. im Nordosten der Prignitz[426], nämlich

- der Paulinenaue-Neuruppiner Eisenbahn (PNE),
- der Kremmen-Wittstocker Eisenbahn (KWE),
- der Löwenberg-Lindow-Rheinsberger Eisenbahn (LLR) sowie
- der Ruppiner Kreisbahn (R.Krb.).

Weitere Verbindungen kamen in den 30er Jahren hinzu. Bei einer Streckenlänge von insgesamt 217 Kilometern rückte die RE nach der Lübeck-Büchener Eisenbahn damit zeitweise zur zweitgrößten privaten Eisenbahngesellschaft Deutschlands auf. Sitz der Verwaltung und Betriebsmittelpunkt war die Kreisstadt Neuruppin.

Wie bei der Niederbarnimer Eisenbahn begann auch bei der RE das Diesellokzeitalter bereits vor 1945. Mit den Betriebsnummern 70 und 71 beschaffte die Bahn in den 30er Jahren zwei 150 bzw. 200 PS starke Maschinen von DWK (70 = DWK 553/1935, 71 = DWK 589/1937).

Kurz nach Kriegsende, am 28.12.45, sah der Diesellokbestand dann so aus[427]:

Nr. **10840**	**Bj.1939**	C	spätere Nr.40	
Nr. **10985**	**Bj.1939**	C	spätere Nr.85	
Nr. **11653**	**Bj.1942**	C	spätere Nr.53	schadhaft
Nr. **1377**	**Bj.1934**	B	spätere Nr.77	
Nr. **71**	**Bj.1937**	B	Nr.71	schadhaft

Die drei genannten Dreiachser waren allesamt WR360C14(K)-Typen von Schwartzkopff (spätere DR V36 034, 018 und 060). Zumindest die 10840 stammte aus der Heeres-Muna Wulkow bei Neuruppin. Sie soll bereits im Krieg mit Werkspersonenzügen über Kleinbahngleis von/bis Neuruppin durchgelaufen sein. Die 11653 erscheint in den Akten teils auch als SMAD-Lokomotive.

Die beiden übrigen Dieselloks: Die 1377 (Hersteller Krupp) war ursprünglich eine Reichsbahn-Kleinlok (Kö 4602), wurde jedoch ans Militär (Heeres-Muna Pinnow) verliehen und kam somit ebenfalls als Wehrmachtlok zur Ruppiner Eisenbahn; ab 1949 DR Kö 5735. Die Nr. 71 ist eine der beiden schon erwähnten Eigenbeschaffungen der RE; an DR V16 072. Die RE Nr. 70 ist verschollen.

Die Einnummerung der übernommenen Wehrmachtdieselloks war etwas eigenwillig. Als Betriebsnummern nämlich wurden einfach die beiden letzten Ziffern der Fabriknummer angeschrieben! Im Fall der Diesellok 40 (BMAG 10840) kam es so sogar zu einer Doppelbenummerung mit einer 1'D1'-Heißdampf-Tenderlok von Orenstein & Koppel.

Einsatzfähig war von allen fünf genannten Diesellokomotiven offenbar nur besagte Nr. 40. Alten Bildfahrplänen aus den Jahren 1947-49 zufolge[428] pendelte die V36 schon damals auf der ausschließlich mit Dieselfahrzeugen bedienten Strecke Neuruppin - Paulinenaue. Im Winter 1948/49 z.B. sah der Fahrplan so aus:

Neuruppin	ab	6.50 Uhr	Zug 21 täglich
Paulinenaue	an	9.30 Uhr	
Paulinenaue	ab	10.15 Uhr	Zug 22 täglich
Neuruppin	an	12.00 Uhr	
Neuruppin	ab	17.00 Uhr	Zug 27 werktags
Paulinenaue	an	18.40 Uhr	
Paulinenaue	ab	19.30 Uhr	Zug 28 werktags
Neuruppin	an	21.15 Uhr	

Während einer durch Kohlenmangel erzwungenen, weitgehenden Betriebsstilllegung auf der Ruppiner Eisenbahn im Februar/März 1947 fuhr die Diesellok 40 zudem auch auf den anderen RE-Strecken die wichtigsten Versorgungszüge.

Unklar ist, ob noch eine weitere in der Literatur[429] verschiedentlich erwähnte ex Militärlok - „27305“ - zur Ruppiner Eisenbahn kam. Tatsächlich war wohl auch diese Maschine, eine WR240B15 von Deutz, bei Kriegsende noch in der Heeres-Muna Neuruppin in Wulkow vorhanden. Von der angeblichen Betriebsnummer (RE 41, ex 36108) wie von der Lokcharakteristik (angeblich C-dh) her paßt sie jedoch überhaupt nicht ins Bild. Auch in den ersten amtlichen Bestandserfassungen nach dem Krieg sowie im Geschäftsbericht 1945 der Ruppiner Eisenbahn taucht die Lok nicht auf[430]. Ihr weiterer Verbleib ist unbekannt.

KLEIN- UND PRIVATBAHNEN
V20/V36-Einsätze in den Jahren 1945-1949

Bahngesellschaft	Nr	Herstellerdaten	Typ	bei DR
Niederbarnimer Eisenbahn	V1	O&K 20929/1939	V20	V20 005
Ruppiner Eisenbahn	40	BMAG 10840/1939	V36	V36 034
Ruppiner Eisenbahn	53	BMAG 11653/1942	V36	V36 060
Ruppiner Eisenbahn	85	BMAG 10985/1939	V36	V36 018
Greußen-Ebeleben-Keulaer Eb.	11648	BMAG 11648/1942	V36	V36 067
Weimar-Berka-Blankenhainer Eb.	Tkl	BMAG 10933/1939	V36	V36 021
Dessau-Wörlitzer Eisenbahn	oNr	BMAG 11381/1940	V36	V36 063

Quellen: MfV 1028, Rbd Schwerin/10427, Fiebig, Rammelt/Kleinbahnarchiv Thüringen

Greußen-Ebeleben-Keulaer Eisenbahn

Die ehemaligen Privatbahnen rund um den Knoten Ebeleben waren bis weit in die DR-Zeit hinein das vornehmliche Einsatzgebiet der V36 in Thüringen. 20 Jahre lang war die WR-Lok hier zuhause. Einzelheiten dazu sind bereits im Abschnitt über die Rbd Erfurt berichtet worden.

Begonnen hatte der V36-Einsatz im Raum Ebeleben allerdings bereits 1947, also noch zu Kleinbahnzeiten, bei der ehemals zum Bachstein-Konzern gehörenden Greußen-Ebeleben-Keulaer Eisenbahn (GEKE). Die rund 37 km lange Strecke diente seinerzeit vor allem dem Kali-Transport von den Gruben bei Menteroda und Holzthalleben zur Hauptbahn Nordhausen - Erfurt

425 Schadow, Lokomotivverzeichnis, S.94; Quill/Ebel, Privatbahnen, S.66, 140
426 Weitere Details bei: Bellin, Pauline, S.288ff.; Preuß, Kleinbahnarchiv Brandenburg, S.60ff.
427 Rbd Schwerin/10427
428 Rbd Berlin/ME3031
429 Preuß, Kleinbahnarchiv Brandenburg, S.75; Quill/Ebel, Privatbahnen, S.140
430 Auch Brandt, Feueriger Elias, erwähnt die Lok nicht

in Greußen. Kurz nach Kriegsende kam es dabei zu erheblichen Engpässen, einerseits aus Mangel an betriebsfähigen Lokomotiven, und andererseits durch Auflagen der sowjetischen Besatzung. Rammelt[431], der zum ersten Mal über die Existenz einer V36 bei der GEKE berichtet hat, schreibt dazu:

> *Die SMAD inspizierte die Bahn im März 1947. Ein sowjetischer Offizier fuhr auf einer der Mallets bis Ebeleben mit. Er bestand trotz aller Schwierigkeiten darauf, daß die Transporte täglich bis 18 Uhr beendet sein müßten, andernfalls drohte er mit Zwangsmaßnahmen.*

Eine zeitlang wurden daraufhin Mietlokomotiven der Reichsbahn, vor allem Baureihe 55^7, eingesetzt, bis schließlich eine andere Lösung gefunden wurde:

> *Zur Entlastung kaufte der Leiter der Hauptwerkstatt am 17. September 1947 vom ehemaligen Munitionswerk Berka/Wipper eine Wehrmachtslok für 10.000 RM. Die spätere V36 067 war sehr reparaturbedürftig und konnte nicht sofort eingesetzt werden.*

Die Lok - **BMAG 11648/1942** - lief bei der GEKE vermutlich unter ihrer alten Wehrmachts- gleich Fabriknummer 11648 (lt.Rammelt). Auch die Nr.1 taucht in den Unterlagen allerdings auf[432]. Ein Foto zeigt sie noch im Sommer 1949 auf ihrer Stammstrecke vor einem Personenzug. Ein Jahr später wurde sie nach Gotha abgezogen. Schon ab 1952 war sie aber wieder beim Lokbahnhof Ebeleben stationiert.

Der Kleinbahn-Express: Bis zu deren Verstaatlichung 1949/50 wurden ehemalige Wehrmachts-V20/V36 auch auf etlichen Privatbahnen der späteren DDR eingesetzt. Diese Einsätze gingen auch unter DR-Regie weiter. Hier ist die Bitterfelder V36 020 mit einem bunten Wagenzug auf der ehemaligen Delitzscher Kleinbahn unterwegs.

Sammlung Stefan Lauscher

Weimar-Berka-Blankenhainer Eisenbahn

Die 1887/88 eröffnete WBBE gehörte zu den Kleinbahnen, die schon im Krieg erste Bekanntschaft mit den WR-Lokomotiven gemacht hatten. Seit 1939 war im Lufttanklager Bad Berka in München (Streckenkilometer 20,1) die spätere DR-V36 021 - **BMAG 10933/1939** -, Typ WR360C14K, stationiert. Die Lok soll schon damals bei Bedarf, d.h. vornehmlich vor schweren Kesselwagenzügen, Vorspannleistungen auch auf der WBBE-Strecke erbracht haben.

Das Tanklager wurde Anfang April 1945 vom deutschen Militär geräumt. Die Lok befand sich danach einige Zeit abgestellt in Weimar, bevor sie dann schließlich an die Weimar-Berka-Blankenhainer Eisenbahn überging (Betriebsnummer „Tkl 10933"). Im Anlagevermögen der WBBE, auch dies übrigens eine Bahn des ehemaligen Bachstein-Imperiums, wird sie erstmals am 16.7.47 geführt.

Leider hat sich in der einschlägigen Literatur[433] eine unglückliche Verwechselung mit der vom Wifo-Tanklager Münchenbernsdorf stammenden O&K-Lok 21484 (später DR V36 032) eingeschlichen. Auch ein frühes Foto der 21484 in Weimar-Berkaer Bf. (vergl. S.433) hat dieses Mißverständnis genährt. WBBE-Lok war aber auf jeden Fall die 10933.

Über die Einsätze der Maschine als Privatbahnlok sind leider keine Angaben erhalten geblieben. Nach der Übernahme der WBBE in Staatsregie wurde sie zunächst einige Zeit beim Bw Naumburg beheimatet, war dort jedoch längere Zeit abgestellt. Später lief sie bei den Bw Sangerhausen und Erfurt-G.

Dessau Wörlitzer Eisenbahn-Gesellschaft

Die 24,0 km lange DWE war eine vor allem landwirtschaftlich geprägte Privateisenbahn. Das Verkehrsaufkommen hatte immer nur Mittelmaß. Lediglich der Ausflugsverkehr in Richtung Wörlitzer Park (die Sommerresidenz der anhaltinischen Fürsten) spielte zeitweise eine gewisse Rolle.

Das Ende des Krieges 1945 erlebte die DWE in dem für alle Eisenbahnen typischen Dilemma: Zahlreiche Anlagen waren zerstört, die große Brücke über die Mulde in Dessau gesprengt, Loks und Wagen abgezogen, beschädigt oder zumindest verschlissen. Trotzdem wurden der Bahn gerade in dieser Zeit Höchstleistungen abverlangt.

Um den Verkehr aufrecht erhalten zu können, übernahm de Kleinbahn nach 1945 etliche ehemalige Werklokomotiven von Dessauer Betrieben, darunter zwei Cn2t-Dampfloks (ehem. Junkerswerke; DWE Nr. 10-11), und eine 235-PS-Deutz-Diesellok (ehem. WASAG-Werke; DWE Nr. 12).

Auch eine WR360C14 - **BMAG 11381/1940** -, ex Muna Dessau in Kapen, wurde in dieser Phase in den Kleinbahn-Bestand übernommen. Sie kam als V36 063 später zur DR. Die V36 soll, wie auch die Deutz-Diesellok, beschädigt gewesen sein[434]. Ob sie bei der Dessau-Wörlitzer Eisenbahn überhaupt zum Einsatz gekommen ist, ist deswegen fraglich. Die Lok wurde bei der DWE offenbar ohne Betriebsnummer geführt. 1949 ging sie, wie alle anderen Kleinbahn-V36, in den Bestand der Reichsbahn über.

---

431 Rammelt, Kleinbahnarchiv Thüringen, S.91
432 Fiebig-Nachlaß
433 Rammelt, Kleinbahnarchiv Thüringen, S. 203, 206, oV, 100 Jahre, S.16
434 Fiebig, Dessau-Wörlitz, S.66 und 83; Betriebs- und Fabriknummern der beiden Dieselloks werden in der Arbeit von Fiebig wie auch in zahlreichen davon abgeschriebenen Artikeln vertauscht angegeben

Sammlung Gerhard Oberwemmer

V36 in der DDR-Industrie: Die beiden V36 des VEB Blechpackungswerkes in Staßfurt waren bis in die 70er Jahre hinein im Einsatz; hier die zuerst abgestellte Nr.1 (26.5.75).

VEB-Lokomotiven

Die Werk- und Anschlußbahnen der VE-Industrie in der ehemaligen DDR und ihre Fahrzeuge gehören noch immer zu den großen Geheimnissen der Eisenbahnforschung in Deutschland. Auch drei Jahrzehnte nach der Wiedervereinigung liegt noch vieles aus 45 Jahren DDR im Dunkeln. Zahllose Unterlagen aus der Zeit, als Werkbahninteresse noch als staatsfeindliche Industriespionage galt, sind unwiederbringlich verloren. Was die wenigen engagierten Industriebahnfreunde in der DDR seinerzeit nicht durch Glück oder Wagemut sichern konnten, oder in irgendwelchen Alt-Akten zufällig die Zeit überstand, wird wohl für immer unbekannt bleiben.

Auch das nachfolgende Kapitel, insbesondere die Lokliste auf Seite 494 muß deshalb mit dem Makel der Unvollständigkeit leben. Einige Fabrikdaten waren trotz vieler Bemühungen und hartnäckiger Detail-Recherchen nicht mehr zu klären. Weitere Loks der WR-Baureihen fehlen möglicherweise. Immerhin aber zeigen die Ausführungen: Auch in der DDR-Industrie war die V36 ein beliebtes Arbeitstier. Einsatzschwerpunkte bildeten

- die Kali-Industrie
  wo (in alten Anlagen der Wifo und des Militärs) etliche Loks nach 1945 vorgefunden wurden; und

- die petrochemische Industrie
  wo die V36 wegen ihrer explosionsgeschützten Bauart besonders gefragt war.

Zahlreiche VEB-Maschinen erreichten dabei trotz Ersatzteilmangels 20 und mehr Betriebsjahre. Auch die respektabele Gesamtzahl von eingesetzten V20/V36 belegt die Eignung der WR-Typen für den Werksrangierdienst. Zwischen- und Hauptuntersuchungen wurden (wie in der DDR üblich) meist in den Reichsbahn-Raw miterledigt.

Auffallend ist, daß - von wenigen Ausnahmen abgesehen - die Industrie-V36 nicht von der DR stammten. Die weitaus meisten Loks wurden unmittelbar aus Wehrmachtsbeständen übernommen bzw. Ende der 40er Jahre von der sowjetischen Besatzungsmacht zugewiesen. Eine zentrale Rolle spielten dabei die damaligen „Sowjetischen Aktiengesellschaften" (SAG), zu denen bis 1951 bzw. Ende 1953 auch die später volkseigenen Betriebe Leuna, Buna und Zeitz gehörten. Die bevorzugte Stellung der SAG-Betriebe (die Werke waren Eigentum der Sowjetunion!) dürfte zumindest im Falle Buna auch die Erklärung für die frühzeitige und recht großzügige Ausstattung des Betriebs mit V36-Lokomotiven sein.

TABELLE 47:
Voraussichtliche Bestandsentwicklung der Anschlußbahnen

Type	1968	1969	1970	1971	1972	1973	1974	1975	1980
BN150	62	62	60	60	55	50	45	40	30
T334	69	68	68	65	62	60	58	55	40
V15/V18	233	233	233	233	233	233	233	233	200
V22/V23	39	107	149	190	230	270	300	332	416
V36	**9**	**9**	**9**	**9**	**9**	**9**	**9**	**9**	**5**
V60	135	213	248	260	280	300	320	340	367
V75	19	19	19	19	19	19	19	19	19
V100	-	-	-	2	4	6	8	9	17
V180	4	9	9						
Dampfspeicherloks									
B-Lok	36		34					28	25
C-Lok	149		185					185	185

Quelle: Raw Halle — alle Angaben. jeweils 31.12.

Die Situation gut zwei Jahrzehnte später beleuchtet ein nicht nur für die V36 hochinteressantes Dokument vom Mai 1969. Es zeigt die *„Voraussichtliche Bestandsentwicklung der Anschlußbahnen"*, aufgestellt von der Hauptverwaltung der Ausbesserungswerke der Deutschen Reichsbahn für den Zeitraum von 1968 bis 1980!

Langfristige Prognosen haben bekanntlich ihre Tükken. Für die V36 jedenfalls stimmte die Annahme von neun Lokomotiven schon ein Jahr nach Herausgabe der Liste 1969 nicht mehr. Ende 1975 waren statt der angenommenen neun sogar nur noch vier Lokomotiven in Dienst!

VEB Leuna-Werke „Walter Ulbricht", Leuna

Der 1916/17 ursprünglich als Zweigwerk der BASF gebaute I.G.-Farben-Betrieb war mit etwa 30.000 Beschäftigten das größte industrielle Unternehmen der DDR. Nach dem Krieg waren die alten Besitzer mit SMAD-Befehl entschädigungslos enteignet worden. Danach stand das Werk als SAG-Betrieb einige Zeit unter direkter sowjetischer Verwaltung. Ab Ende 1953 war Leuna VEB.

Die Werkbahn des Chemiegiganten hatte ähnlich gewaltige Dimensionen wie das Werk selbst. Bis Anfang der 60er Jahre wurden hier fast ausschließlich Dampf- und Dampfspeicherloks eingesetzt[435]. Die einzige V36 im Lokpark war die Nr. 90 - **O&K 21485/1942** -Typ WR360C14.

Die Maschine soll angeblich schon im Krieg mit einem Eisenbahngeschütz zur Objektverteidigung (?) im oder am Leuna-Werk eingesetzt gewesen sein. Das Geschütz wurde, dieser Version folgend, nach 1945 im Werk zerlegt und die 10achsigen Fahrgestelle als Spezialwagen weiter genutzt. Die V36 war spätestens ab 1949 im Werks-Bestand.

Die Lok war im gesamten Gleisnetz der Werkbahn im Rangier- und Zubringerbetrieb eingesetzt, zuletzt, nach Beschaffung leistungsfähiger V60- und V75-Dieselloks, allerdings nur noch in untergeordneten Diensten. 1967 wurde die im Reichsbahn-Look dunkelgrün lackierte Lok überflüssig und an den VEB Chemische Betriebe Buna, Kalkwerk Rübeland, verkauft.

VEB Chemische Betriebe Buna, Kalkwerk Rübeland

Hier im Harz bestritt die ehemalige Leuna-Lok noch bis in die 70er Jahre hinein ihren Lebensabend. Der Betrieb firmierte ab 1970 als „Zementkombinat Dessau, Harzer Kalk- und Zementwerke, Werk I, Rübeland". Zu diesem Zeitpunkt waren neben der V36 auch bereits mehrere Hennigsdorfer V60D sowie, als Reserve, noch eine Henschel-Dampflok aus dem Jahr 1940 vorhanden. Die V36 lief in Rübeland etliche Jahre im Zwei-Schicht-Betrieb als Rangierlok neben jeweils einer oder zwei V60. Etwa 1977/78 wurde sie in Rübeland verschrottet.

Weitere bekannte Lokomotiven des Kalkwerks: Nr. 1: Cn2t/Hohenzollern 1888; Nr. 2: Cn2t/Krupp 1938; Nr. 3: B-dm/DWK 1938; Nr. 4: B-dh/Gmeinder 1938; Nr. 9: Cn2t/Henschel 1940; bis auf Nr. 9 alle vor oder bei Erscheinen der V36 ausgemustert. Nr. 3 wurde 1967 zum Elektroschlepper umgebaut. Die Betriebsnummer der V36 war nicht mehr zu ermitteln. Das Werk gehört inzwischen zum Preussag-Konzern.

VEB Chemische Werke Buna, Schkopau

Im Stammbetrieb der Buna-Werke (*„Plaste und Elaste aus Schkopau"*) waren V36-Lokomotiven bereits seit 1948 eingesetzt. Auf Veranlassung der Sowjetischen Militär-Administration wurden dem damaligen SAG-Betrieb insgesamt vier WR360C14 aus umliegenden ehemaligen Wehrmachtdepots zugewiesen. Eine davon diente bei Buna aber lediglich als rollendes Ersatzteillager und ging als Lok nie in Betrieb. Die Herstellerdaten dieses Ersatzteilspenders sind nicht bekannt.

Nr. 11	**BMAG**	**11463/1941**
Nr. 12	**BMAG**	**11650/1942**
Nr. 13	**BMAG**	**11654/1942**

Alle drei Einsatzloks waren V36-Serientypen mit MWM-Motor und ohne Ex-Schutz; der Ersatzteilspender hatte offenbar Deutz-Motor. Der Anstrich der Buna-Loks war dunkelgrün.

Gemeinsam verstärkten die drei WR-Lokomotiven ab Ende der 40er Jahre den seinerzeit noch vergleichsweise bescheidenen Diesellokpark bei Buna. Dazu gehörten - neben kleineren DWK-Bauarten aus der Erstausstattung (Nr. 1-3) - auch zwei stattliche 350-PS-Gmeinder-Maschinen mit Krupp-Getriebe und dem aus der WR360 bekannten MWM-Motor RHS235S (Nr. 6

435 Glöckner, Leuna, S.388ff.

Vorboten der modernen Traktion: Die O&K-V36 mit der Nummer 90 war die erste größere Diesellok bei Leuna (2.12.49).

Leuna, Sammlung Stefan Lauscher

BUNA, SAMMLUNG STEFAN LAUSCHER

Nummer 13: Die Buna-V36 machten schon Mitte der 50er Jahre nicht mehr den allerbesten Eindruck, blieben aber bis 1969 im Einsatz; im Hintergrund eine zweite V36 (Lokschuppen Schkopau, um 1955).

und Nr. 10). Eingesetzt waren die drei V36 im gesamten mittelschweren Werkbahnbetrieb, also u.a. bei der Bedienung der Ladestraßen, bei Fahrten zur Rückstandshalde, als Zuglok für den Eisenbahnkran oder mit Kokspendelzügen.

Das Anschlußbahnnetz hatte eine Gleislänge von rund 150 Kilometern!

Größere Bauartänderungen hat es an den Buna-V36 in den rund 20 Betriebsjahren nicht gegeben. Erwähnenswert sind allenfalls der Umbau der Führerstandsheizung von Warmwasser- auf Warmluftbetrieb und eine nicht näher bekannte Änderung am Auspuff. Der Einbau von Ex-Schutz war im Gespräch, wurde jedoch nicht mehr durchgeführt.

Bis Ende der 60er Jahre bildeten die drei Schwartzkopff-V36 zusammen mit diversen Gilli-Hochdruckloks, Babelsberger Dreiachs-Feuerlosen, schweren WLF-42ern, den Gmeinder-Dieselloks und etlichen Leihlokomotiven der Reichsbahn (u.a. der Baureihen 52, 58^{10}, 74^{4}, 94^{5}) eine illustre Fahrzeuglandschaft auf der Buna-Werksbahn. Die immer schwieriger werdende Ersatzteilbeschaffung insbesondere für die MWM-Motoren erzwang Ende der 60er Jahre aber auch hier das „Aus" für die WR-Lok.

Als erste der drei Buna-V36 wurde im Dezember 1969 die Nr. 11 zerlegt, weil die Lokomotive - wie es in bester DDR-Terminologie in einem Schreiben vom 14.11.69 an den Bevollmächtigten für Bahnaufsicht in Halle hieß - *„technisch und moralisch veraltert"* war. Und weiter: *„Eine Aufarbeitung ist wegen Ersatzteilmangels nicht mehr möglich und auch wirtschaftlich nicht vertretbar"*.

Der Grad der Abnutzung war schon 1956 mit 60 Prozent und der Bruttowert je Lok mit nur noch 16.730 DM (!) angegeben worden. Die Abstelldaten aller vier Maschinen im Überblick:

Nr. 11	+/++	Ende 1969	
Nr. 12	+	Ende 1969	
Nr. 13	+/++	Ende 1973	
oNr.	++	vor 1964	Ersatzteilspender

Als einzige wurde Lok 12 per 23.4.71 noch als *„Nutzschrott"* (= Ersatzteilspender) an den VEB Blechpackungswerk in Staßfurt abgegeben. Die Nachfolge der V36 traten auch in Schkopau Hennigsdorfer V60D-Lokomotiven an.

VEB Erdölverarbeitungswerk Schwedt

Der Stammbetrieb des späteren Petrolchemischen Kombinats (PCK; seit 1970) im brandenburgischen Schwedt war ein Musterbeispiel für sozialistische Industriepolitik: Geplant und gebaut „auf der grünen Wiese" in einem bis dahin unbedeutenden Örtchen an der Oder; Anlagen von gewaltigen Dimensionen (16 Quadratkilometer); ein Vorzeigebetrieb mit direktem Pipeline-Anschluß in die Sowjetunion; eine bis dahin allenfalls aus Leuna bekannte Ballung von Chemieaktivitäten mit enormen Kapazitäten und ebenso großen Umweltproblemen. Allein Darstellung und Einordnung dieser Art von Industriegründungen wäre Stoff genug für dikke Arbeiten.

Die Grundsteinlegung für das zunächst als reine Raffinerie gebaute Mammut-Werk war 1959, die Inbetriebnahme 1962. Werkbahnbetrieb gab es ab etwa 1960, anfangs wohl vor allem in Form eines ausgedehnten Bauzugdienstes. Aus der gesamten Republik wurden dafür Lokomotiven zusammengezogen, darunter auch eine nummernmäßig leider unbekannte V36, vermutlich von Orenstein & Koppel.

Die Herkunft dieser Lok ist völlig unklar. Die Maschine hatte einen dunkelblauen Anstrich mit weißen Zierstreifen. Die Betriebsnummer[436] in Schwedt war V36-02.

Die übrigen PCK-Loks zumindest im Telegrammstil: 01 = V15 (LKM); 11-16 = C-feuerlos (LKM); 21-24 = V75 (tschechische Bauart); 31-42 = V60 (LKM und verstärkte LEW-Ausführung $V60^{12}$). Seit Anfang der 80er Jahre sind auch V100.4-Lokomotiven eingesetzt (sieben Loks, Nr. 11-17; teilweise 1995 modifiziert).

Der V36 war in Schwedt kein allzu langes Leben beschert. Schon 1964 mußte die Maschine nach einem schweren Unfall abgestellt werden. Da u.a. der Rahmen verzogen war, kam eine Aufarbeitung nicht mehr infrage. Irgendwann in den 60er Jahren wurde die Lok, ohne nochmal in Betrieb gegangen zu sein, in Schwedt verschrottet.

436 Die PCK-Betriebsnummern sind zweiteilig und bestehen jeweils aus Typenangabe und laufender Nummer; z.B. V15-01, C-11, V75-21, V60-42 etc.

VEB Hydrierwerk Zeitz, Tröglitz/b. Zeitz

Ein späterer Kombinatsbetrieb des PCK Schwedt war der VEB Hydrierwerk Zeitz. Auch hier gab es eine einzelne V36 und auch hier sind die Herstellerdaten der Lok nicht mehr völlig zweifelsfrei feststellbar. Bekannt[437] ist allerdings die Nummer „36234", was die ehemalige Wehrmachtsbezeichnung sein dürfte. Dies und verschiedene weitere Indizien deuten darauf hin, daß es sich bei der Lokomotive mit sehr großer Wahrscheinlichkeit um die **Jung 8505/1939**, Typ WR360C14, handelt. Beim Hydrierwerk Zeitz lief die Maschine mit der Betriebsnummer 7.

Nach Angaben ehemaliger Werkseisenbahner fuhr die V36 bereits seit Ende der 40er Jahre in Zeitz. Der von der Braunkohle-Benzin AG 1937-42 im kleinen Vorort Tröglitz errichtete Betrieb war nach 1945 Sowjetische Aktiengesellschaft (SAG). Erst 1954 erfolgte die Eingliederung als VEB in die staatliche Planwirtschaft der DDR. Seit 1969 war das Hydrierwerk Stammbetrieb des Schmierstoff-Kombinats Zeitz, zu dem außerdem Werke in Lützkendorf, Webau, Klaffenbach, Völpke und Mieste gehörten.

Eingesetzt war die Nr. 7 als Rangierlok im gesamten Werksbereich - Gleislänge rund 12 km - sowie vor Übergaben zur DR. Außerdem wurde die V36 (meist mit nur einem Waggon) bevorzugt im Werkspersonenverkehr verwendet; jeweils zwei Züge morgens und abends, Strecke (werkseigen): Tröglitz - Staschwitz - Mumsdorf (ca. 7 km). An dieser Strecke lag auch die Grube Phoenix, wohin Reststoffzüge zu fahren waren. Die Lok hatte bis zuletzt einen MWM-Motor sowie einen Zusatz-Kühlwasserbehälter auf der Vorbauspitze oberhalb des Kühlers.

Etwa 1969/70 erlitt die Lok einen schweren Getriebeschaden, mit dem sie zunächst in Zeitz, später - ab April 1970 - dann längere Zeit im Raw Halle abgestellt stand. Eine zunächst geplante Aufarbeitung erfolgte nicht mehr. 1972 wurde die Maschine, zusammen mit diversen DR-V36, im Raw Halle zerlegt.

VEB Kalk-, Zement- und Betonwerke Rüdersdorf/bei Berlin

Hier wird im November 1954 eine V20, BetrNr.59, gemeldet. In einem Brief an die Rbd Berlin heißt es: *„Wir sind im Besitz einer Diesellok 215 PS, welche mit einem Turbogetriebe (Voith-Getriebe) ausgerüstet ist. Die Lok war vor kurzem im RAW Dessau zur Überholung. Die Lok ist für unsere Zwecke nicht geeignet, weil hier nur im Wandler-Betrieb gefahren werden kann*". Das Werk schlägt den Tausch gegen eine Lok mit Rädergetriebe vor, was die DR aber ablehnte. Genaueres zu der Lok ist nicht bekannt.

Braunkohle-Benzin AG, Magdeburg

Über die Brabag ist bereits im Zusammenhang mit den Kriegslieferungen an die Industrie ausführlich berichtet worden[438]. Die im Werk Magdeburg eingesetzten WR-Loks waren auch nach 1945 noch vorhanden und wurden vermutlich bis zum Abschluß der Demontagen Anfang 1948 eingesetzt. In Rede stehen mindestens zwei V36-Typen,

BMAG 10537/1936 Typ HR360B18
Deutz 55115/1944 Typ WR360C14
10537: bis mindestens 11.46 nachgewiesen
55115: neu an Brabag Magdeburg geliefert

sowie eine nummernmäßig nicht bekannte V20. Nach dem erzwungenen Abbruch des Brabag-Werkes sollen alle Maschinen, auf Waggons verladen, abgefahren worden sein. Ziel: ostwärts.

Kaliwerke Aschersleben AG, Aschersleben

Der Kalibergbau im Westen der DDR[439] war über 25 Jahre lang Arbeitgeber für ein knappes halbes Dutzend V36-Lokomotiven. Die ersten Maschinen wurden hier schon kurz nach 1945, gleich im Anschluß an ihren Wehrmachtsdienst, eingesetzt. Die letzte - dies jedoch eine ehemalige DR-Lok (V36 026) - war noch bis 1982 in Betrieb.

Zu den frühen Übernahmen durch die Kali-Industrie zählte die **O&K 20916/1938**, eine Vorserienlok WR360C12. Die Maschine war während des Krieges bei der Heeres-Muna Aschersleben gewesen, die in zwei stillgelegten Stollen des Kaliwerks eingerichtet worden war. Noch 1945 ging die Lok dann in den Besitz des Kaliwerks über.

Eingesetzt worden ist die Orenstein & Koppel-Lok in Aschersleben allerdings nicht mehr. Das komplette Getriebe befand sich schon seit September 1944 zur Reparatur bei Voith in Heidenheim und erlebte dort auch Kriegsende und Zonenteilung. Der Voith-Kundendienst notierte am 27.7.49: *„Getriebe im Jan. 49 als Heeresgut verschrottet. Kaliwerke Aschersleben wollten Getriebe zurückhaben".*

VEB Kali- und Salzbergwerk Bartensleben

Etwa 1950 wurde die noch immer getriebelose V36 aus Aschersleben abgezogen. Neuer Besitzer im sich neu formierenden Kali-Verbund der DDR war jetzt der VEB Kali- und Salzbergwerk Bartensleben, der die Lok in eigener Werkstatt überholen und mit einem Tauschgetriebe aus Reichsbahnbeständen sowie diversen anderen Teilen neu aufbauen ließ. Der Bericht über die Instandsetzung der Lok - *„nach teilweiser Demontage und längerer Standzeit"* - datiert vom 21.3.51. Einen Tag später erfolgte die Abnahme durch das Reichsbahnamt Magdeburg.

Weiterhin war eine von der Luftwaffe stammende DWK-Lok vorhanden. Beide Loks im Überblick:

Nr. 1	**DWK**	**671/1939**	Typ 220B
Nr. 2	**O&K**	**20916/1938**	Typ WR360C12

Dazu kam zumindest anfangs noch eine von der Marienborn-Beendorfer Kleinbahn stammende Cn2t[440], Hanomag 7975/1916. Bei Lokausfall half die Reichsbahn-Kleinlok des Bahnhofs Marienborn aus; später sollen bei länger dauernden Reparaturen auch V36 vom Kaliwerk Staßfurt vertretungsweise in Bartensleben gewesen sein.

Bis weit in die 60er Jahre hinein besorgten die beiden Dieselloks den kompletten Anschlußverkehr des Kaliwerkes zu den Bahnhöfen Morsleben (Betriebsteil Bartensleben) und Beendorf (Betriebsteil „Schacht Marie"[441]). Zwischen Morsleben und Beendorf konnte laut Vertrag vom 1.1.51 auch die ehemalige Kleinbahnstrecke mitbenutzt werden[442]. Das Verkehrsaufkommen war mit 20.000 Waggons im Jahr beträchtlich. Zeitweise mußten bis zu 24 Fahrten täglich eingelegt werden!

---

437 Reparaturbuch Raw Halle
438 Vergl. S.106
439 Die DDR war nach der Sowjetunion und Kanada der drittgrößte Produzent von Kalisalzen in der Welt; in der relativ rohstoffarmen DDR besaß der Kalibergbau deshalb immer eine hohe Priorität
440 Ex MBK 4; die Lok war im Nummernplan der Reichsbahn als 89 6233 vorgesehen, wurde mit dem Datum der Verstaatlichung 1.4.49 aber an das Salzbergwerk Bartensleben abgegeben
441 Im Krieg Luftmuna Beendorf; vermutlich stammt von der Luftmuna auch die DWK-Lok
442 Rbd Magdeburg/4503, 4504 (daraus auch die folgenden Angaben)

Michael Malke

Drei V36 als Werksloks in der DDR-Industrie:

VEB Hydrierwerk Zeitz: Die Jung-Lok wirkte zuletzt schon arg ramponiert. Der Kasten oberhalb des Kühlers ist ein in Eigenumbau entstandener Kühlwasserausgleichsbehälter (Raw Halle, 10.4.71).

Leuna, Sammlung Stefan Lauscher

VEB Leuna-Werke Merseburg: Zwischen dem Bild auf Seite 490 und dieser Aufnahme liegen fast 20 Jahre. Die Leuna-Lok wirkt inzwischen äußerst gepflegt und präsentiert sich in bestem Reichsbahn-Outfit (1967).

Stefan Lauscher

VE BKK Senftenberg: Mit diesem rollenden Düsenjäger wurden erst bei der Reichsbahn, später auch im Lausitzer Braunkohlebergbau (siehe Text S.495) tatsächlich jahrelang die Weichen vom Eis befreit. In dem absenkbaren Rüssel verbirgt sich ein waschechtes MIG-Düsenjägertriebwerk (Tagebau Meuro, 15.4.93).

WERK- UND INDUSTRIEBAHNEN

Betrieb	Nr	Herstellerdaten	Type	im Bestand	Verbleib/Bemerkungen
VEB Leuna-Werke, Leuna	90	O&K 21485/1942	V36	1949-1967	Buna Rübeland
VEB Chemische Betriebe Buna, Rübeland		O&K 21485/1942	V36	1967-1977	++
VEB Chemische Werke Buna, Schkopau	11	BMAG 11463/1941	V36	1948-1969	++
VEB Chemische Werke Buna, Schkopau	12	BMAG 11650/1942	V36	1948-1971	Blechpackungswerk Staßfurt (als Schrott)
VEB Chemische Werke Buna, Schkopau	13	BMAG 11654/1942	V36	1948-1973	++
VEB Chemische Werke Buna, Schkopau	oNr	?	V36		++ /nur Ersatzteilspender
VEB Erdölverarbeitungswerk Schwedt	V36-02	O&K	V36	1960-196x	++ /Herkunft unklar
VEB Hydierwerk Zeitz	7	Jung 8505/1939	V36	1949-1970	++
VEB Kalk- u. Zementwerke Rüdersdorf	Nr.59	?	V20	1954-	?
Braunkohle-Benzin AG, Magdeburg		BMAG 10537/1936	V36	-1948	? / Baumusterlok HR360B18
Braunkohle-Benzin AG, Magdeburg		Deutz 55115/1944	V36	-1948	?
Braunkohle-Benzin AG, Magdeburg			V20	-1948	?
Kaliwerke Aschersleben AG		O&K 20916/1938	V36	1945-1950	Kaliwerk Bartensleben/ Bauart WR360C12
VEB Kali-u.Salzbergwerk Bartensleben	2	O&K 20916/1938	V36	1950-1969	++ / Bauart WR360C12
VEB Kaliwerk Staßfurt	1	BMAG 11459/1942	V36	1945-1978	++
VEB Kaliwerk Staßfurt	2	BMAG 10930/1939	V36	1945-1970	Blechpackungswerk Staßfurt
VEB Kaliwerk Staßfurt	3	O&K 21140/1940	V36	1945-1970	Blechpackungswerk Staßfurt
VEB Kaliwerk Staßfurt	6	O&K 20914/1938	V36	1973-1982	++ / ex DR V36 026
VEB Blechpackungswerk Staßfurt	1	BMAG 10930/1939	V36	1970-1975	++
VEB Blechpackungswerk Staßfurt	2	O&K 21140/1940	V36	1970-1986	Traditionsbahn Erfurt
Zementwerk Steudnitz		BMAG 11393/1941	V20	1945-	Existenz unsicher
Stahl- und Walzwerk Riesa	36103	O&K 20914/1938	V36	1945-1951	DR V36 026/ Bauart WR360C12
VE BKK Senftenberg, BKW Glückauf	EAG	BMAG 10840/1939	V36	1978-1995	++ / Weichenauftaugerät

Quellen: Firmenunterlagen, Betriebsbücher, Raw K-M-St, Raw Halle, Rbd Halle/Staatliche Bahnaufsicht, MfV M1/2793, Rbd Magdeburg/3481

Wann die V36-Einsätze in Bartensleben zu Ende gingen, läßt sich nicht mehr genau sagen. Ab Februar 1965 jedenfalls war eine modernere Lok tschechischer Bauart, T334 0549, in Betrieb. Etwa zur selben Zeit befand sich die V36 zur L4 im Raw Karl-Marx-Stadt; ob die Hauptuntersuchung dort auch wirklich durchgeführt wurde, ist nicht bekannt. Noch 1969 soll die V36 aber in Bartensleben vorhanden gewesen sein sein. Im gleichen Jahr wurde die T334 durch eine 60-PS-Kö II ersetzt.

Die Steinsalzförderung beim Kaliwerk Bartensleben endete per 31.12.69. Bis zum 30.6.70 waren die Abbrucharbeiten abgeschlossen. Der Schacht Morsleben wird heute als bundesweit einziges Endlager für mittelradioaktiven Atommüll genutzt.

VEB Kaliwerk Staßfurt

Wie in Aschersleben waren auch beim Kaliwerk in Staßfurt[443] die V36 schon im Krieg eingesetzt. Die Wirtschaftliche Forschungsgesellschaft (Wifo) hatte ab 1935 in bereits ausgebeuteten Teilen der Schachtanlage Friedrichshall gewaltige unterirdische Tanklagerkapazitäten geschaffen (1941: 220.000 Kubikmeter) und dafür entsprechend auch die Werkbahn mit WR360-Lokomotiven verstärkt.

Drei davon wurden nach Kriegsende ohne viel Federlesens in den Bestand des neu entstehenden VEB Kaliwerks übernommen:

Nr. 1	**BMAG**	**11459/1942**	ex Wifo 32
Nr. 2	**BMAG**	**10930/1939**	ex Wifo 2
Nr. 3	**O&K**	**21140/1949**	ex Wifo 13

Die drei Maschinen (alle in K-Ausführung) bildeten über viele Jahre das Rückgrat des Rangierbetriebs in dem weit verzweigten Werkbahnnetz des Kalibetriebes. Daneben waren nur einige wenige Dampfloks (ältere gefeuerte Maschine und Nachkriegs-Bfl von LKM) sowie einzelne Kö vorhanden.

Haupteinsatzorte für die Staßfurter Kali-V36 im Werk waren:

- vor allem die Chemische Fabrik Concordia (mit zwölf größeren Unter-Anschließern); sowie in geringerem Umfang,
- die Pottaschefabrik mit Schacht VI, Neustaßfurt,
- die Schachtanlagen Berlepsch-Maybach sowie
- die Achenbachfabrik.

An der Achenbachfabrik befand sich auch die Lokwerkstatt, wo Fristarbeiten und kleinere Reparaturen durchgeführt werden konnten. Die Nr.2 (10930) soll 1950-56 - leihweise? - beim VEB Kaliwerk Dorndorf gefahren sein. In einem kleinen Büchlein über diese Anschlussbahn wird sie aber nicht erwähnt.

Bis 1969 blieb die V36 in Staßfurt die dominierende Lok. Mindestens zwei der drei Maschinen[444] waren im Zwei-Schicht-Betrieb 16 Stunden am Tag im Dauer-Einsatz. Die Loks wurden kontinuierlich modernisiert (u.a. 6NVD36-Motor). Ab 1967 erhielten sie außerdem Einmannbedienung, wobei zumindest die O&K-Lok die Sonderform eines diagonal gegenüberliegenden zweiten Führerstandes bekam; das zweite Handrad war hier also an der Führerhausrückwand (innen natürlich) montiert.

Der Jahreswechsel 1969/70 brachte dann einen erheblichen Einbruch bei den V36-Einsätzen: Ende 1969 war die zum Kaliwerk gehörende Chemische Fabrik Concordia stillgelegt worden. Der gesamte Rangierbetrieb im Werksteil südöstlich der Stadt wurde daraufhin aufgegeben und die Bedienung der bis dahin mitversorgten Nebenanschließer an den VEB Blechpackungswerk Staßfurt übergeben. Auch zwei der drei V36, Nr. 2 und Nr. 3, liefen ab 1.1.70 in Regie des Blechpackungswerkes, die dritte, Nr. 1, war zumindest zeitweise dorthin verliehen.

---

443 Details zur Geschichte der Kali-Werkbahn bei Rimasch, Die Industrie- und Anschlussbahnen in Staßfurt, S.187ff.; das Kaliwerk hieß später VEB Kali- und Steinsalzbetriebe „Saale“, Staßfurt

444 Die dritte war meistens im Raw; z.B. Nr. 1: 25.10.63 - 12.9.64 (fast ein ganzes Jahr!) zur L4

Der Restverkehr im Staßfurter Kaliwerk wurde zur gleichen Zeit auf tschechische T334-Lokomotiven umgestellt. Die verbliebene V36, Nr. 1, fuhr noch einige Zeit im Pottaschewerk und wanderte dann aufs Abstellgleis.

Damit wäre die Geschichte der V36-Lokomotiven beim VEB Kaliwerk eigentlich zu Ende gewesen. Daß sie es noch nicht war, hatte seine Ursache in den fortwährenden Problemen der Kalibahn mit den tschechischen T334. Im Oktober 1973 (in Betrieb ab 22.11.73) tauchte deshalb als

Nr. 6 **O&K 20914/1938** Typ WR360C12

die frisch untersuchte frühere DR-Lok V36 026 beim Kaliwerk auf. Auch die noch abgestellt vorhandene Nr.1 (11459) wurde im Rahmen einer V6 (Halle 27.6.75) noch einmal reaktiviert.

Allzu lange währte diese zweite Blütezeit der V36 aber dann nicht mehr. Ab 1977 erhielt das Kaliwerk V60D-Lokomotiven, die nach und nach nicht nur die T334, sondern auch die alten V36 ersetzten. Zuletzt blieben nur noch gelegentliche Bauzugdienste. Nr.1 (11459) wurde per 5.4.78 und Nr.6 (ex DR) per 19.3.82 ausgemustert. Beide wurden alsbald an Ort und Stelle auch zerlegt.

VEB Blechpackungswerk Staßfurt

Das Blechpackungswerk übernahm - wie schon erwähnt - per 1.1.70 vom Kaliwerk den Betrieb auf dem Anschluß „Staßfurt Süd" (ehemals Concordia) in Staßfurt. Das Industriestammgleis mit einer Gesamtlänge von rund 12 Kilometern bediente nicht weniger als ein Dutzend kleine und mittelgroße Betriebe, darunter natürlich das Blechpackungswerk selbst (bis dahin ohne Lokomotive), aber z.B. auch

- das Metallurgiewerk,
- das Bleicherdewerk,
- das Baukombinat Staßfurt,
- den GHG-Chemiehandel,
- ein Minol-Tanklager und
- die Drahtwerke Staßfurt.

Der Betrieb lief rund um die Uhr und ohne Einschränkungen am Wochenende.

Die Grundausstattung im Fahrzeugpark bildeten die zwei vom Kaliwerk übernommenen V36, die nun als

Nr. 1 **BMAG 10930/1939** ex Kali 2 und
Nr. 2 **O&K 21140/1940** ex Kali 3

bezeichnet waren. Die dritte Kali-Lok war nur als Aushilfe bis Februar 1971 eingesetzt, weil sich zum Übernahmedatum 1.1.70 unglücklicherweise beide nun dem Blechpackungswerk gehörenden Maschinen im Raw befanden (10930: L3 bis 13.10.70; 21140: L4 bis 18.2.71). Als *„Nutzschrott"*, sprich: Ersatzteilspender, wurde per 23.4.71 außerdem noch eine V36 von Buna übernommen (**BMAG 11650**).

Als erste der beiden Betriebslokomotiven mußte am 14.3.75 die Nr.1 (10930) mit Kurbelwellenschaden abgestellt werden. Die Zerlegung im Oktober des gleichen Jahres scheint mit einigen DDR-typischen Problemen behaftet gewesen zu sein, wie eine Notiz im Betriebsbuch belegt. Danach war eine fristgerechte Verschrottung der Lok *„nur bei Erfüllung folgender Bedingungen"* möglich:

1. Der Einsatz unseres Schweißgerätes muß durch ausreichende Sauerstoff-Vorräte gesichert sein
2. Ein zweites Schweißgerät muß zur Verfügung stehen (komplett) ...
4. Der Abtransport des Schrottes muß durch DHZ Schrott gesichert sein. ...

Die zweite V36 (21140) blieb danach noch annähernd zehn Jahre in Betrieb, in denen sie sich den Dienst auf dem Industriestammgleis mit zwei Babelsberger V22B sowie (zeitweise) einer russischen TGK-Maschine teilte.

Erst im Juni 1984, nach Stilllegung des Minol-Tanklagers, war auch die O&K-V36 entbehrlich. Sie wurde am 28.1.86 ausgemustert und zunächst der Traditionsbahn Erfurt überlassen. Heute steht sie als Museumslok in Weimar. Den Anschlußbahnbetrieb übernahm eine gebraucht erworbene V60D.

Zementwerk Steudnitz

Die Zementfabrik Steudnitz im Saaletal (nördlich von Jena) soll schon kurz nach dem Krieg eine Schwartzkopff-V20 - **BMAG 11393/1941** - gehabt haben. Einzige Quelle dafür ist die handschriftliche Notiz in einer kurz nach 1945 von Dipl.Ing. Töpelmann erstellten Auflistung verschiedener BMAG-Diesellok-Lieferungen (dort allerdings als Zementwerk *„Schludnitz"* notiert; gibt es nicht[445]). Beim Zementwerk selbst sind keine Unterlagen aus der fraglichen Zeit mehr auffindbar. In den 70er Jahren waren in Steudnitz drei tschechische T334 eingesetzt.

Stahl- und Walzwerk Riesa

Die V36 des Stahl- und Walzwerks Riesa ist die einzige ihres Typs, die als Industrielok an die Reichsbahn abgegeben wurde. Die näheren Umstände liegen im Dunkeln. Überliefert ist lediglich ein kurzer Briefwechsel zwischen der RBD Dresden und der Generaldirektion der Reichsbahn, wonach *„die frühere Wehrmachtlok 36103"*, **O&K 20914/1938**, Typ WR360C12K, als V36107 (später V36 026) in den DR-Bestand übernommen wird[446]. Abgabedatum in Riesa war der 4.9.51, Zugang beim Bw Dresden-Pieschen am 5.9.51.

VEB BKK (Braunkohlenkombinat) Senftenberg

Hier überlebte bis 1995 die zu einem sogenannten „Eis-Auftau-Gerät" (EAG) umfunktionierte ehemalige Reichsbahn-Lok V36 034. Die durch und durch ungewöhnliche Umbau-Lokomotive[447] war um 1976/78 von der DR für den Tagebau Glückauf 1 (Knappenrode) beschafft worden und soll bis 1992 im Raum Senftenberg ihre Auftau-Einsätze gefahren sein. Ähnliche Geräte, allerdings auf Basis tschechischer T334-Lokomotiven, waren auch vom Braunkohlenkombinat selbst (um-)gebaut worden.

Die Umstände, die schließlich zur Ausmusterung der V36 führten, waren übrigens ähnlich abenteuerlich wie der gesamte Umbau. Irgendwann Anfang der 90er Jahre nämlich wurden die für die Kriegswaffenkontrolle zuständigen (jetzt nach westlichen Gesetzen handelnden) Behörden auf die Geräte aufmerksam, insbesondere auf die eingebauten MIG-Strahltriebwerke. Da diese theoretisch ganz leicht wieder auszubauen und dann mißbräuchlich verwendbar waren, mußten alle auf dieser Basis entstandenen EAG auf Betreiben der Behörden kassiert werden.

Die ihrer ersten Achse und sämtlicher Innereien beraubte V36 stand noch bis 1995 abgestellt im nun zur Lausitzer Braunkohlen AG gehörenden Tagebau Meuro/b.Senftenberg. Im August 1995 wurde sie zum ehemaligen Tagebau Klettwitz geschleppt und dort noch im Sommer zerlegt.

---

445 Vergl. S.129
446 MfV M1/2793
447 Vergl. S.455 und Bild Seite 493

Anschlußbahnen der Sowjetarmee

Wie Briten und Amerikaner im Westen war auch die sowjetische Besatzungsmacht in ihrem Einflußbereich 1945 in den Besitz zahlreicher ehemaliger Wehrmachtdepots mitsamt der darin eingesetzten Lokomotiven gekommen. Die Grundlage dafür bildeten die bekannten SMAD-Befehle Nr. 124 vom 30.10.45 und Nr. 126 vom 31.10.45, wonach

> *das gesamte Eigentum ehemaliger Reichsbehörden (z.B. des Militärfiskus), der NSDAP, ihrer Organe und angeschlossenen Organisationen (z.B. OT, RAD usw.), soweit es sich auf dem von Truppen der Roten Armee besetzten Territorium Deutschlands befindet, beschlagnahmt*

war. Wieviele V20/V36-Lokomotiven damit in die Verfügungsgewalt der Sowjetarmee kamen, läßt sich nicht mehr beziffern. Ebenso wird der Verbleib zahlreicher Loks aufgrund der undurchdringlichen Geheimhaltung aller militärischen Vorgänge in dieser Zeit wohl für immer ungeklärt bleiben. Die nicht eben zimperliche Demontagepolitik der Sowjetischen Militär-Administration im gesamten industriellen und verkehrstechnischen Bereich läßt allerdings vermuten, daß auch etliche WR-Lokomotiven als Reparation in Richtung Rußland abrollten.

Weitere Maschinen waren ab 1946 als Rangierlokomotiven in den SAG-Betrieben eingesetzt (siehe Kapitel „VEB-Lokomotiven"). Und nur der Rest - dies zum Teil auch erst mehr als zehn Jahre nach Kriegsende - wurde nach und nach an die Reichsbahn abgegeben; die letzte erst 1956!

Einige wenige Fragmente - Fundstücke aus den Betriebsbüchern und Alt-Karteien - mögen einen bescheidenen Eindruck vom Einsatz späterer DR-V36 bei der Roten Armee geben:

36627 (= V36 027):	bis 30.06.49	Sowjetarmee
21482 (= V36 031):	bis (23.01.56)	Sowjetarmee
11653 (= V36 060):	(oD)	Sowjetarmee
47153 (= V36 024):	bis 12.11.54	Sowjetarmee

21482: Standort im Raum Schwerin
11653: Standort Neuruppin (Muna Wulkow)[448]
47153: Standort Kapen (Muna Dessau)

Auch im ehemaligen Eisenbahnpionierpark Fürstenwalde, nach 1945 von den Sowjets genutzt, soll noch einige Zeit eine Einheitslok WR360C14 gelaufen sein. Eine SMAD-Lok-Kartei[449] erwähnt außerdem eine Maschine mit der Nummer „MA 2"; Bauart und Identität unbekannt.

Nach 1956 scheint es bei den Anschlußbahnen der sowjetischen Streitkräfte in der DDR keine V36 mehr gegeben zu haben. Belegt sind lediglich noch einige von der Wehrmacht stammende Kleinloks und Firmentypen. Ab 1957 begann dann im großem Stil die Beschaffung von Neubauloks aus Babelsberger Produktion, hier vor allem die Typen N4 und V10B[450]. Erst später kamen noch Loks sowjetischer Bauart, Typ TGK 2-E1, hinzu.

Traditionslokomotiven

Von den über fünfzig Loks der V20/V36-Bauarten in der DDR sind nur zwei erhalten geblieben, und zwar

die V36 027
als frühere Traditionslok der Deutschen Reichsbahn; heute im Mecklenburgischen Eisenbahn- und Technikmuseum in Schwerin und

die O&K 21140/1940
als Vertreterin der ehemaligen VEB-V36 (ex VEB Kaliwerk Staßfurt, ex VEB Blechpackungswerk Staßfurt) beim Thüringer Eisenbahnverein e.V. in Weimar.

Besonders die V36 027 hat dabei schon zu DR-Zeiten einen größeren Bekanntheitsgrad erreicht. Die Lok war seit Anfang der 80er Jahre auf zahlreichen Ausstellungen und Sonderfahrten zu sehen und mußte erst Mitte 1998 mit abgelaufenen Fristen abgestellt werden. Betreut wurde sie seit dem 9.6.83 vom **Bw Hagenow-Land**, wo sie auch vorbildlich aufgearbeitet und nach abgelaufener Fahrwerks-Frist in den Jahren 1988-1990 noch einmal mit viel Engagement und freiwillig geleisteter Arbeit instandgesetzt wurde. Nach Auflassung des Bw Hagenow-Land gehörte die Maschine seit Sommer 1997 zum Bh Schwerin.

Die V36 027 präsentierte sich immer als typische Reichsbahn-V36 mit allen Umbau-Attributen wie SKL-Motor, Einmannbedienung, türlose Rückwand, Kühlerjalousie, nachträglich montiertem Plattenschutz usw.. Die Wiedervereinigung verpaßte ihr die - gottseidank nicht angeschriebene - Kleinlok(!)-Nummer 388 365-9. Die Laufleistung dieser sorgsam gepflegten Lokomotive bei Sonderfahrten sowie bei An- und Abfahrten zu Eisenbahn-Ausstellungen lag jahrelang bei rund 800 Kilometern im Jahr. Die Maschine gehört heute dem DB-Museum Nürnberg und ist - per Leihvertrag - beim **Mecklenburgischen Eisenbahn- und Technikmuseum** in Schwerin eingestellt.

Die zweite Museums-V36 im Osten Deutschlands ist die ehemalige Staßfurter Kali-Lok O&K 21140/1940. Die Maschine war 1986 von ihrem damaligen Besitzer, dem VEB Blechpackungswerk Staßfurt, abgegeben und der **Arbeitsgemeinschaft „Traditionsbahn Erfurt"** des DMV zur Verfügung gestellt worden. Geplant waren Einsätze vor historischen Zügen auf der Strecke Erfurt Hbf - Erfurt-West[451]. Leider fehlte es dort aber offenbar an Möglichkeiten oder Mitteln für eine betriebsfähige Aufarbeitung. Die Lokomotive stand lange im Freien und verkam zusehends. Schließlich verursachte eine unnötige Nachlässigkeit (Kühlwasser vor dem ersten Frost nicht abgelassen) auch noch einen irreperablen Riß des Motorblocks.

Nach einer Zwischenstation im **Bw Arnstadt/hist.** (ab 1992) wird die Lok nunmehr beim **Thüringer Eisenbahnverein** in Weimar betreut. Weitere Einzelheiten dazu auch im Kapitel „Museumsbahnen und Museen" ab Seite 406.

---

448 Auch bei der Ruppiner Eisenbahn gemeldet; siehe dort
449 MfV 1012
450 Neumann, Militär-Lokomotiven, S.31f.
451 Hommel, Traditionsbahn, S.12f.

SAMMLUNG DR. BRIAN RAMPP

Die V20/V36-Lokomotiven in aller Welt

Deutsche Militärlokomotiven in Nahost: Einige der ab 1942 vom Afrikakorps auf der Küstenlinie Torbuk-El-Alamein verwendeten WR360C und WR550D wurden nach Eroberung durch die Briten bis etwa 1946/47 noch auf der Strecke Haifa-Beirut-Tripoli in Palästina eingesetzt. Vorne eine amerikanische Whitcomb-Lok vom Typ 65-DE-14, ganz hinten die WR550D14 (BMAG 11118), dazwischen zwei WR360C14 (BMAG 11464 und 11465). Beirut, August 1943

Neben den Kriegsdampfloks Baureihe 52 dürften die Wehrmacht-Diesselloks der WR-Reihe mit zu den in der Welt am weitesten verbreiteten deutschen Einheitslokomotiven gehören! Überall, wohin das deutsche Militär ab 1939 Krieg und Gewalt trug, haben auch die Wehrmachtloks Spuren hinterlassen. Häufig blieben Einzelstücke in den ehemals kriegsbesetzten Gebieten zurück. In andere Länder kamen die V20/V36 als Reparationsleistungen, durch Exportlieferungen oder schlicht durch den Verkauf von Gebrauchtloks.

In insgesamt 25 Staaten der Welt - Bundesrepublik und DDR eingerechnet - lassen sich WR-Lokomotiven mittlerweile nachweisen. Eine Einsatzgeschichte über den halben Erdball und über fünf Kontinente! Vor allem in den Ländern des ehemaligen Ostblocks waren die Nachforschungen dabei überaus schwierig und mühsam und die Ergebnisse trotz aller Anstrengungen häufig unbefriedigend.

Die Darstellung der Auslandseinsätze in den nachfolgenden Abschnitten erfolgt, nach Ländern geordnet, in alphabetischer Reihenfolge. Die jüngere Vergangenheit hat etliche Veränderungen der Landkarte durch Staatenteilungen oder Neugründungen gebracht. Die Benennung hier erfolgt jeweils in der Form, wie sie zum Zeitpunkt des V20/V36-Einsatzes gültig war.

Albanien

Das legendäre „Land der Skipetaren" gehörte durch seine jahrzehntelange Abschottungspolitik zweifellos zu den sonderbarsten Erscheinungen im politisch neugeordneten Nachkriegs-Europa. Wie der gesamte Staat war auch seine Eisenbahn lange Jahrzehnte für Ausländer nahezu unzugänglich. Entsprechend rar sind Berichte darüber vor allem aus der Zeit bis etwa 1970.

Die erste normalspurige Eisenbahnlinie der Albanischen Staatsbahnen **Hekurudha Shiquiperise (HSH)** von der Hafenstadt Durrës nach Pekinje im Landesinnern (41,6 km) wurde erst nach dem Krieg, Ende 1947, in Betrieb genommen[452]. Wohl um diese Zeit kam auch eine erstaunliche Zahl von Lokomotiv-Einzelstücken aus aller Herren Länder nach Albanien; darunter vier österreichische 270 (1'Dh2), eine rumänische 324 (1'C1'h2), eine von Krupp für Jugoslawien gebaute C-Tenderlok, eine bayerische Länderbahn-Mallett (98 713) und ein Esslinger C-Kuppler.

Zu diesem jedes Museum schmückenden Sammelsurium gehörte bis etwa Ende der 60er Jahre auch eine einzelne Schwartzkopff-V36 - **BMAG 11461/1941** -, Typ WR360C14. Die Maschine stammte von der Heeres-Munitionsanstalt St.Georgen b.Freilassing und kam - unter noch nicht vollständig geklärten Umständen - um 1948 als Reparationsgut von Westdeutschland aus nach Albanien[453]. Auch zwei bei den Albanischen Eisenbahnen eingesetzte Dampfloks - der bereits erwähnte Esslinger C-Kuppler (Esslingen 4472/1941, ex Dynamit AG Nr.72) und ein feuerloser Henschel-Dreiachser (Henschel 25271/1940, ex Wolff & Co Nr. 31) stammen auffallenderweise aus deutschen Rüstungsbetrieben und könnten auf gleichem Weg wie die V36 nach Albanien gekommen sein.

Irgendwelche Einzelheiten über den Einsatz der WR360C14 in Albanien sind aus den erwähnten Gründen nicht überliefert. Bei dem anfangs nur sehr eingeschränkten Streckennetz und dem nicht weniger bescheidenen Fahrzeugpark wird man aber nicht allzu wählerisch in der Gestellung der Betriebsmittel für die wenigen Güter- und Personenzüge gewesen sein.

Um 1960 versuchten die Albanischen Eisenbahnen vergebens, in der DDR eine Generalrevision für ihre V36 zu bekommen. Die Maschine war demnach schon

452 Glasers Annalen 1948, S.142
453 Vergl. Werkbahnteil Westdeutschland, Amt für Reparationsangelegenheiten, St.Georgen/Traunreut, S.394

damals nicht mehr im allerbesten Zustand. Ein DDR-Eisenbahner, der die Bahn 1959 besuchte, fand die Lok mit Wasser im Getriebe abgestellt im Werkstattgelände in Durrës-Plazh[454]. Reisegruppen, die ab Mitte der 80er Jahre Albanien besuchen konnten, haben von der V36 nichts mehr wahrnehmen können.

Belgien

In Belgien waren nach einem halben Jahrzehnt Besatzung durch deutsche Truppen nicht nur zahlreiche Dampflokomotiven[455], sondern auch etliche Loks der WR-Bauarten zurückgeblieben. Belegt sind mindestens vier Maschinen. Weitere kamen später u.a. als Armee-Loks des britischen und belgischen Heeres ins Land, so daß sich die Zahl auf insgesamt zwölf erhöhte. Elf dieser zwölf Loks waren WR360-Typen; eine wird heute museal erhalten!

Die bekannteste belgische WR-Lok dürfte die V36 der belgischen

Staatsbahnen

Société Nationale des Chemins de Fer Belges (SNCB)/ Nationale Maatschappij van Belgische Spoorwegen (NMBS) sein. Die Maschine - **O&K 21118/1939**, Spitzname *„Josephine"* - wurde 1946 als erste Diesellok überhaupt in den SNCB-Bestand übernommen und zunächst mit ihrer Fabriknummer als „21118" bezeichnet. Nach weiteren Umnummerungen hieß die Lokomotive

ab 01.02.52: 231.01 und
ab 01.05.54: 231.001.

Die Lackierung war anfangs in zwei Farbtönen grün (Stirnplatten vorn und hinten rot), später - wie bei den übrigen SNCB-Rangierloks - dunkelgrün mit einem breiten gelben Warnbalken (Kühlerfront komplett gelb, Pufferträger wieder rot).

Eingesetzt[456] war die SNCB-V36 lange Zeit beim Triebwagen-Bw Bruxelles-Midi, wo sie sich im Einschichtbetrieb („Plan R": 8.00-15.30 Uhr) vor allem im internen Werksverschub und im Bauzugeinsatz nützlich machte. Erst mit Schließung des Bw Bruxelles-Midi per 1.10.61 wurde sie - mit gleichen Aufgaben - zum Nachbar-Bw Schaarbeek umgesetzt. Noch 1963/64 lief sie dort zweischichtig zwischen 6.30 und 23 Uhr („Serie Fbis"). Am 27.4.67 wurde sie abgestellt, die Ausmusterung folgte am 1.6.67.

Wie die meisten Auslands-V36 hat auch *„Josephine"* mit den Jahren ihr Aussehen verändert. Auffallende „Belgisierungen" waren

- ein großer Mittelscheinwerfer anstelle der Doppel-Lampen (ca.1950, später rückgängig gemacht),
- der Verzicht auf die Haubenleiter (ca.1950),
- große Werkzeugkisten auf den Umläufen sowie
- ein neuer, moderner Kühlerrost analog der SNCB-Reihe 250 (ca.1962).

Wenige Tage vor der offiziellen Ausmusterung konnte die 231.001 per 9.5.67 noch verkauft werden. Neuer Besitzer wurde für 400.000 Belgische Franc die Firma Felix Cloos, Esch-sur-Alzette, in Luxemburg. Bei der

Industrie

in Belgien gab es insgesamt drei V36: Leider nur wenig bekannt ist über die **Jung 8508/1940**. Sie lief im Krieg in Calais und erhielt Ende der 40er Jahre in Belgien einen 12-Zylinder-Paxman-Motor mit 500 PS. Wem die Lok damals gehörte, ließ sich nicht mehr ermitteln. 1949 wurde sie nach Schweden verkauft.

Mehrere Jahrzehnte währte dagegen der Einsatz von zwei V36 bei der **Compagnie des Ciments Belges S.A. (CCB)** in Gaurain-Ramecroix in Südwest-Belgien. Das Zementwerk der Mega-Größenordnung (rund 600 Beschäftigte, 7,7 Mio. to Jahresproduktion, Europas größter Zement-Brennofen) entstand in den 50er Jahren durch Zusammenschluß mehrerer bis dahin selbständiger Fabriken. Schon bei der Gründung der CCB waren folgende V36 vorhanden:

215 **Henschel 26139/1942** und
216 **Deutz 46394/1944**.

Beide gehörten im Krieg offenbar zum Fuhrpark der Lehr- u. Ersatz-Abt.100 Rügenwalde und dürften beim Rückzug 1944/45 mit Geschützzügen in Belgien liegen geblieben sein. 1952 wurden sie von der Firma Peeters in Zellik/b.Bruxelles beschafft, die sich seinerzeit mit der Wiederverwertung von altem Kriegsmaterial beschäftigte. Bei der CCB-Vorgängergesellschaft S.A. des Carrières et Ciments Bataille liefen die Loks zunächst als Nr. 15 und 16.

Eingesetzt waren die V36 auf der Anschlußbahn zum Bahnhof Havinnes (etwa 1 km), über die zwischen 1979 und 1985 auch täglich ein bis zwei 1800-to-Ganzzüge zum Seehafen Zeebrügge abrollten. Außer den V36 war, ab 1982, nur noch eine Cockerill-Lok (4202/1966) vorhanden.

Beide V36 wurden im Lauf ihrer über 30 Jahre bei der CCB remotorisiert und dabei zu absoluten Einzelstücken in der V36-Landschaft: Als erste erhielt 1962 die Henschel-Lok 215 eine neue Maschinenanlage, bestehend aus zwei nebeneinander angeordneten GM-Reihenmotoren vom Typ GM 6L71 und einem aus einem Panzer stammenden Untersetzungsgetriebe. Etwas konventioneller die Lösung bei der zweiten Self-Made-Umbau-Lok 216: Hier wurde der Deutz V6M436 um 1980 durch einen 16-Zylinder-V-Motor wiederum von GM, Type GM 16VA71, ersetzt[457]. Diesmal reduzierte ein Twin-Disc-Zwischengetriebe die Drehzahl auf die vorgegebene Eingangsdrehzahl des Flüssigkeitsgetriebes. Maschinenleistung für beide Loks nach Umbau: 360 PS bei 1800 UpM.

Im Gegensatz zum Innenleben blieben die CCB-V36 äußerlich noch fast jungfräulich erhalten (offener Kühlerrost, rückwärtige Führerstandstür, Schienenräumer, Typenschild etc.). Die Lackierung war anfangs gelb (Rahmen schwarz, Fahrwerk rot), ab Anfang der 70er Jahre blaßgrün und seit Ende der 70er Jahre silber-grau mit hellblauem Dach und hellblauem Band unterhalb der Motorraumtüren.

Seit 1991, nach Umbau und Modernisierung der Gleisanlagen, wird das Zementwerk von der SNCB direkt bedient. Die V36 wurden überflüssig und nach längeren Verhandlungen 1993 an die belgische Museumsvereinigung PFT/TSP abgegeben.

Etliche weitere V20/V36-Lokomotiven kamen als

Armeeloks

nach 1945 nach Belgien. Vor allem die **Britische Rheinarmee**[458] betrieb bis Ende der 70er Jahre im Raum Antwerpen noch zahlreiche Verpflegungs- und Nachschubdepots, so u.a. in Lier, Olen, Berlaar, Geel, Tielen und Grobbendonk.

An RCT-V36 in Belgien sind bekannt:

21110	**O&K 21110/1939**	in Olen	(60er Jahre)
36235	**Jung 8506/1939**	in Olen	(um 1969)
36274	**O&K 21340/1940**	in Olen	(ca.1972-75)
36629	**Deutz 36629/1943**	in Olen	(1978)
	vorher bereits Lier (1960-65, 1970-71)		

---

454 Marx (= Heinrich Scheffler), Albanien, S.447
455 Delie, Exil, S.42ff.
456 PFT, Les Locomotives Type 230-231
457 Nach anderen Angaben Cummins; der gleiche Motor war auch in den Schwerlast-LKW der CCB eingesetzt
458 Vergl. S.397ff.

J.A. Bonthuis

Dreimal V36, dreimal Belgien:

Die SNCB-Lok:
1953, als dieses Foto entstand, hieß „Josephine“ offiziell noch 231.01. Die Lok hat bereits Mittelscheinwerfer und den neuen SNCB-Anstrich. Die Haubenleiter ist verschwunden (Bruxelles-Sud, 9.9.53).

Stefan Lauscher

Die Armee-Lok:
Bei einer belgischen Militäreinheit in Kapellen nördlich von Antwerpen war bis 2003 diese gut gepflegte ex-Wifo-V36 mit der Betriebsnummer 42550 vorhanden. Mindestens fünf weitere V20/V36 fuhren für die Britische Rheinarmee in Belgien (Brasschaat, Oktober 1990).

Stefan Lauscher

Die Zement-Loks:
Bei der Compagnie des Ciments Belges (CCB) waren 40 Jahre lang diese beiden zumindest äußerlich noch nahezu originalen V36 im Einsatz. Im Bild vorne die Deutz-Lok 216, dahinter die Henschel-Maschine 215.
(Gaurain-Ramecroix, 13.3.87).

Außerdem lief hier eine RCT-V20:

39662 **Deutz 39662/1943**
in Olen (8.61) und (1.6.63), vermutlich bereits in den 50er Jahren bis ca. 1965

In der Mehrzahl setzte das RCT allerdings Barclay- (826-828) und Deutz-Lokomotiven (225691-698) in den belgischen Lagern ein. Inzwischen sind alle belgischen Depots der Rheinarmee aus Kostengründen aufgegeben worden.

Eine weitere V36 besaß das belgische Heer, die **Belgisch Landmacht**, beim Transport-Batallion 386 in Kapellen, ebenfalls im Norden von Antwerpen. Die Lok - **O&K 21141/1940** -, Typ WR360C14K, wurde am 11.5.1960 vom belgischen Truppenlager in Soest/Westfalen nach Kapellen geholt und löste hier zwei preußische $T9^3$ ab. Die Maschine trug folgende Anschriften:

386 = Nummer des Transport-Batallions
42550 = Betriebsnummer der Lok
SW-CF = Spoorwegen - Chemins de Fer

sowie das Wappen der in Kapellen stationierten Einheit. Der Anstrich war, wie es sich für Militärs gehört, natooliv, aber mit gelben Warnbalken an den Stirnseiten und rotem Fahrgestell.

Inzwischen sind auch diese Einsätze Geschichte. Die V36 wurde per 3.3.2003 aus dem Betrieb genommen und – wie zuvor schon die beiden V36 der Zementbahn CCB – am 6.2.2009 der Museumsvereinigung PFT/TSP übergeben. Sie war übrigens die einzige größere Lokomotive der belgischen Armee. Daneben gab es nur zwei kleine dieselelektrische 100-PS-Maschinen des belgischen Herstellers Moës, Baujahr 1953, je eine davon befand sich Mitte der 90er Jahre im Depot Leopoldsburg und als Reservelok in Kapellen.

Museumsbahnen

Der belgische Eisenbahn-Museumsverein **Patrimoine Ferroviaire et Tourisme/Toerisme Spoorweg en Patrimonium (PFT/TSP)** hatte zeitweise drei Lokomotiven der V36-Bauart im Bestand. Zum einen: die beiden Lokomotiven 215 und 216 der Zementbahn CCB in Gaurain-Ramecroix. Sie wurden am 25.10.1993 zunächst nach Braine-le-Comte und am 28.4.1996 weiter ins Staatsbahn-Depot Brüssel-Schaarbeek überführt. Geplant war die äußerliche Restaurierung von zumindest einer Lok im Stil der ehemaligen SNCB 231.001. Tatsächlich aber gammelten die Lokomotiven über viele Jahre vor sich hin und verrosteten zusehends. Im Sommer 2018 wurden beide zum Verkauf ausgeschrieben und 2019 – nachdem kein Kaufangebot eingegangen war – aus Platzmangel verschrottet.

Besser erging es der ehemaligen Armeelok der Belgisch Landmacht (O&K 21141). Sie gehört seit Februar 2009 zur großen Fahrzeugsammlung des PFT/TSP-**„Retrotrain“-Museums in Saint-Ghislain** bei Mons in Westbelgien. Sie ist in äußerlich gutem Zustand und präsentiert sich hier noch immer in der alten Armee-Lackierung.

Dänemark

In Dänemark waren am Ende des Zweiten Weltkrieges mindestens zwei Lokomotiven der WR-Bauarten stehen geblieben: Eine WR200B14 und eine WR360C14. Die V20 war die Rangierlok des ehemaligen Feldluftmunitionslagers 6/XI in Christianshede bei Silkeborg in Mittel-Jütland. Sie blieb auch nach 1945 dort in Betrieb, jetzt in einem auf dem Gelände angesiedelten Gefangenenlager und – unter Verantwortung der Royal Air Force – eingesetzt unter anderem bei der Munitionsräumung. 1946 soll die Lok von den Briten nach Deutschland geschafft worden sein. Über die Identität ist nichts bekannt. Da nur Deutz V20-Lokomotiven an die Luftwaffe geliefert hat, müsste es eine Deutz-Lok gewesen sein.

Die V36 war die ehemalige Luftwaffenlok vom Flakartillerie-Schießplatz in Nymindegab (an der Westküste Jütlands). Die Maschine war dort spätestens seit Mitte September 1942 stationiert. 1944 wurde sie möglicherweise beim Fliegerhorst Karup eingesetzt, 1945 in Blåvand.

In den Bestand der

Staatsbahnen

Danske Statsbaner (DSB) ging sie 1947 über. Die als „DSB 1“ bezeichnete Lok - **BMAG 11210/1940** - wurde vor allem im Güterbahnhof von Kopenhagen eingesetzt. Als Rangierlok 9 brachte sie hier längere Zeit hindurch fertig zusammengestellte Güterzüge zum Abgangsgleis; *„ein Job“* - so formuliert es John Poulsen anerkennend in seinem 1984 erschienenen Buch über die dänischen Motorfahrzeuge[459] - *„der sonst eine Q-Maschine forderte, und Schlepper 1 machte es großartig“*. Auch im Südhafen war die einzige DSB-V36 häufiger zu sehen. Die Lackierung war zunächst schwarz, später - nach einer Revision in den Jahren 1957/58 - *„schlepper-grün“*.

Kurz darauf wurde die Maschine nach Vigerslev bei Kopenhagen umgesetzt. Dort bereitete ihr schon 1959 ein Kurbelwellenbruch am Motor das frühzeitige „Aus“. Nach anderen Berichten wurde die Lok allein aufgrund von Schwierigkeiten bei der Ersatzteilbeschaffung ausgemustert. Die V36 soll danach sogar mit eigener Kraft zur Zerlegung bei der Firma Petersen & Albrechtsen gefahren sein; und dabei praktischerweise gleich einige Wagen zur Anschlußbedienung mitgenommen haben! Die Verschrottung des „Traktor 1“ erfolgte auf jeden Fall noch 1959.

Privatbahnen

Vier Jahre später kam mit der **Jung 11490/1951** dann noch einmal eine V36 nach Dänemark. Die Maschine war fabrikneu an das Degerfors Järnverk in Schweden geliefert worden, wo sie aber schon Anfang der 60er Jahre zum Verkauf stand. 1963 erwarb sie die dänische **Troldhede-Kolding-Vejen Jernbane (TKVJ)**, die mit dem Neuzugang - Betriebsnummer M2 - eine alte Frichs-Lokomotive aus den 30er Jahren ersetzen konnte. Der Einsatz erfolgte überwiegend im Güterzugdienst. Hier wurde die Lok auch mit ihrer markanten „Dachreling“ ausgerüstet.

Nach Stillegung der TKVJ 1968 stand die Maschine zunächst zwei Jahre in Kolding, ehe sie bei den **Lollandsbanen (LJ)** eine neue Beschäftigung fand. Seit Dezember 1970 war die nun als M14 laufende Lok von Maribo aus vornehmlich mit Arbeitszügen und im Winter als Schneepfluglok unterwegs. 2007 kehrte die Lok nach Deutschland zurück. Als Traditionslok der Westfälischen Lokomotivfabrik Reuschling (Nr.36 „Bärbel“) gab sie einige Gasteinsätze auf der Hespertalbahn und in Bochum-Dahlhausen und wurde im November 2013 verschrottet.

Estland

Estland war, wie die anderen baltischen Staaten auch, von Mitte 1941 bis Herbst 1944 von deutschen Truppen besetzt. Beim Rückzug wurde hier mindestens eine WR360C14 zurückgelassen. Nach Angaben estnischer Eisenbahner war sie Ende 1949/Anfang 1950 im Besitz der sowjetischen Marine (Baltische Flotte) im Minenhafen in Tallinn-Kopli eingesetzt, Die letzte Sichtung stammt von Ende der 50er Jahre: Da gehörte die

459 Poulsen, Motormateriel 2, S.77

SNCF.CAV

Staatsbahnkarriere in Frankreich:
Anfang der 50er Jahre war das äußere Bild der SNCF-V36 noch weitgehend unverändert. Auffallend ist nur das große SNCF-Enblem über dem Kühler. Die 030 DB-6 rangiert im Bf. Sannois (Strecke Ermont Eaubonne - Argenteuil).

offenbar gleiche V36 inzwischen einem Quarzsandwerk in Tallinn und war dort – ohne Nummer – bereits abgestellt. Irgendwelche Hinweise, um welche Lok genau es sich gehandelt hat, haben sich leider nicht gefunden.

Frankreich

Frankreich gehörte - besonders nach Landung der Alliierten in der Normandie im Juni 1944 - zu den am heftigsten umkämpften Kriegsschauplätzen des Zweiten Weltkriegs. Entsprechend umfangreich waren hier die Zerstörungen[460] und entsprechend groß auch die Zahl der von den deutschen Eisenbahneinheiten mehr oder weniger beschädigt zurückgelassenen Loks und Waggons.

Insgesamt konnte die französische

S t a a t s b a h n

Société Nationale des Chemins de fer Francais (SNCF) ab 1946 nicht weniger als zehn V36- und drei V20-Lokomotiven wieder in Betrieb nehmen. Sämtliche Loks wurden vor der Indienststellung einer gründlichen Instandsetzung beim Pariser Kleindiesellok-Hersteller CEMFAR unterzogen. Unglücklicherweise sind dabei auch sämtliche Fabrikschilder entfernt worden, was eine Identifizierung der SNCF-Loks sehr schwierig und in zumindest zwei Fällen bisher unmöglich gemacht hat.

Nach Unterlagen der „Direction du Matériel" von 1946 wurden folgende V36 als SNCF-Baureihe 030 DB-1 bis -10 eingereiht[461]:

030 DB-1:	**Deutz**	**46393/1944**
030 DB-2:	**O&K**	**21466/1942**
030 DB-3:	**O&K**	**21465/1942**
030 DB-4:	**BMAG**	
030 DB-5:	**BMAG**	
030 DB-6:	**BMAG**	**12045/1943**
030 DB-7:	**BMAG**	**12055/1943**
030 DB-8:	**BMAG**	**11383/1940**
030 DB-9:	**O&K**	**21298/1940**
030 DB-10:	**BMAG**	**10990/1939**

Das Lokverzeichnis mit Datum vom 1.9.46 nennt darüber hinaus noch eine weitere V36 mit der Nummer **10992** (= BMAG) und dem Zusatz *„réformée"* (= ausgemustert). Die Lok dürfte aufgrund zu großer Schäden nicht übernommen worden sein bzw. als Ersatzteilspender gedient haben. Die beiden noch nicht identifizierten 030 DB-4 und 030 DB-5 sind BMAG-Loks, wahrscheinlich aus der letzten Bauserie[462], Fabriknummern 12044-12059.

Bereits bei der Instandsetzung 1945-49 waren etliche V36 mit neuen 12-Zylinder-Renault-Motoren ausgerüstet worden[463]. Die Loks brachten es damit aber nur noch auf 300 PS. Später wurden deshalb eine aufgeladene Version des gleichen Motors[464] bzw. gebrauchte Triebwagen-Motoren von SACM verwendet[465]; Leistung 420 und 400 PS. Die deutschen Fabrikate waren bis 1954 völlig verschwunden.

Auch ansonsten wurden die WR-Loks im Lauf der Jahre immer „französischer". Stichworte:

- Kurz-Puffer (mit 590 statt der in Deutschland üblichen 650 mm Länge); LüP bei SNCF dadurch nur 9080 mm,
- hohe Sicherheitsgeländer entlang der Vorbauten,
- Trittbleche für den Rangierer an den hinteren Rahmenecken,
- zusätzliche Kiemenbleche in den Seitenwänden,
- modifizierter Führerstand mit beidseitiger Bedienung,
- Führerstandsheizung mit Ofenrohr an der Führerhaus-Rückwand außen,
- französische Lampen.

---

460 Einen Eindruck davon vermittelt: Ziel, Räder, S.159

461 Zur Baureihenbezeichnung:
030 = Achsfolge (in angelsächsischer Form 0-3-0);
DB = D=Diesel; B=zweite Baureihe mit dieser Achsfolge (Bezeichnungen wurden chronologisch vergeben; DA, DB, DC ...); 1 ff.= laufende Nummern; üblicherweise waren Nummern und Buchstaben bei der SNCF durch Punkte getrennt (z.B. 030.DB.8); tatsächlich waren bei den V20/V36 die Nummern aber in der hier verwendeten Form mit Leerzeichen und Trennstrichen angeschrieben

462 Einordnung anhand von Voith-Getriebenummern

463 Typ 517J (300 PS/1500 UpM) bzw. 517G (360 PS/1500 UpM; später auf 300 PS/600 UpM gedrosselt); mit den Originalmotoren fuhren schon 1947 nur noch 030 DB-1 (Deutz) und 030 DB-2 bis -4 (MWM)

464 Hieß dann Renault 565 (420 PS/1500 UpM); 12-Zylinder-V-Motor, eingebaut 1953/54 in: 030 DB-1 bis -3 und 030 DB-7 bis -10

465 SACM MGO 8V175 (400 PS, 1500 UpM); 8-Zylinder-V-Motor aus ausgemusterten TAR-Triebwagen; eingebaut 1956 in: 030 DB-4 bis -6

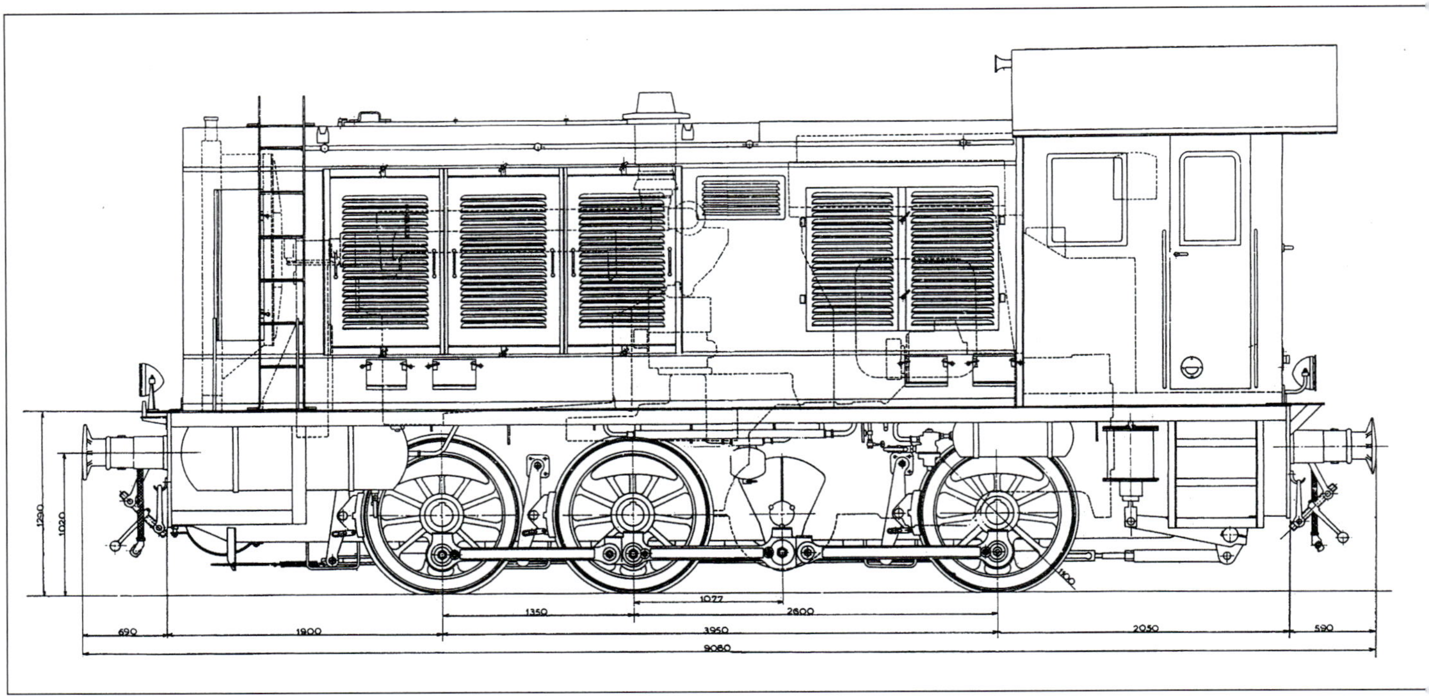

V36 auf französisch: Der Auspuff war nach Einbau der Renault-Motoren in die Lokmitte verlegt worden, ein zusätzliches Kiemenblech in der Seitenwand sorgte für bessere Luftzirkulation. Später wurden noch Geländer und ein Ofenrohr für die Führerstandsheizung angebaut; die Rückansicht zeigt die Einmannbedienung.

Alle V36 erhielten außerdem natürlich das SNCF-Enblem an der Vorbauspitze oberhalb des Kühlers.

Mit der Umnummerung bei der SNCF im Oktober 1961 änderten sich dann auch noch einmal die Betriebsnummern. Aus 030-DB-1 bis -10 wurden Y 50101 bis 50110. Offiziell waren die Loks danach als *„locomoteur"* bezeichnet, was - nach französischer Begrifflichkeit - eine Rangierlok mittlerer Leistung zwischen Kleinlok (*„locotracteur"*) und richtiger Lokomotive (*„locomotive"*) benennt.

Eingesetzt[466] wurden die französischen V36 immer nur im Nordbezirk (Région 2). Erster Heimat-Standort war Ende der 40er Jahre das Depot Paris-La Chapelle, von wo aus auf dem in Frankreich bekannten „Étoile d'Ermont" (ein bedeutender Verteilerbahnhof im Nordwesten von Paris) sowie auf verschiedenen Bahnhöfen in den nördlichen Außenbezirken der Hauptstadt rangiert wurde. 1950 kamen einige Loks nach La Plaine, Amiens und Compiègne. 1955 waren 030 DB-1 und -9 in Lille-Rouges Barres und 030 DB-6, -7 und -8 in Laon stationiert.

1958 wurden alle zehn Loks wieder zusammengeführt und dem Depot Compiègne (etwa 80 km nordöstlich von Paris) zugeteilt. Für die nächsten fast anderthalb Jahrzehnte blieb dies dann die Heimat der französischen V36. Haupteinsatzorte waren

- der Bf. Compiègne (mit Bedienung der am linken Oise-Ufer gelegenen Industriezone),
- der Ferngüterbahnhof Saint-Quentin (einschließlich der Übergaben zu den Bahnhöfen Essigny-le-Grand und Montescourt) sowie
- Soissons (lokaler Rangierdienst mit Übergaben und Nahgüterzügen nach Crouy bzw. Bazoches).

Auch nach Auflösung des Depots Compiègne am 1.7.68 blieb das Einsatzfeld unverändert. Die Y 50100 gehörten nun zum Depot Aulnoye, das die V36 aufgrund immer größer werdender Ersatzteilprobleme aber nach und nach durch Kleinloks der Reihe Y 7400 und entsprechend angepaßte Laufpläne der BB 63000 ersetzte.

Als erstes wurden Ende 1970 die Y 50103, 107, 108, 109 und 110 abgestellt. 1971 folgten die Y 50101, 104, 105 und 106. Letzte V36 in SNCF-Diensten war damit Y 50102. Die Lokomotive erhielt noch eine Gnadenfrist und wurde dann, am 7. April 1972, ebenfalls aufs Abstellgleis geschoben. Hier sind die kompletten Ausmusterungsdaten:

Y 50101:	21.02.72	Y 50106:	21.02.72
Y 50102:	24.01.73	Y 50107:	14.05.71
Y 50103:	14.05.71	Y 50108:	14.05.71
Y 50104:	24.01.73	Y 50109:	14.05.71
Y 50105:	21.02.72	Y 50110:	14.05.71

466 Collardey, Disparition, S.39

Eine Bildrarität: In den Jahren 1948-50 war diese SNCF-V36 als Leihlok auf der Privatbahn Pontcharra - La Rochette. Um welche Lok es sich handelt, ist leider auch auf dem Foto nicht zweifelsfrei zu erkennen (La Rochette, September 1950).

P. Laurent, Sammlung Louis Caillot

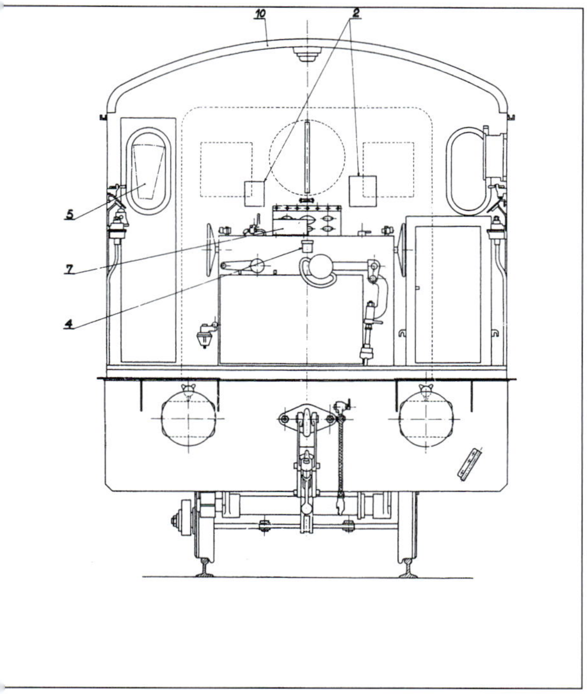

Die Laufleistungen der französischen Staatsbahn-V36 waren übrigens immer recht ansehnlich. Bis 1966 hatten die Maschinen im Durchschnitt schon etwa 400.000 Kilometer hinter sich[467]; für eine ausschließlich im Rangier- und Übergabedienst verwendete Lok ein respektables Pensum!

Ein kurzes, aber sehr erwähnenswertes Gastspiel gab eine (unbekannte) SNCF-V36 in den Jahren 1948-50 außerdem als Leihlok bei der **Privatbahn Pontcharra-La Rochette (P.L.A.)** bei Grenoble im Südosten Frankreichs[468]. Die elf Kilometer lange, ursprünglich meterspurige Bahn war 1943-47 auf Normalspur umgebaut, neu trassiert und um den Streckenast nach Allevard verkürzt worden[469]. Nach der offiziellen Wiedereröffnung am 22.9.48 verhalf die 030-DB-Lok der neuen P.L.A. zu ersten Erfahrungen mit der bis dahin wenig bekannten dieselhydraulischen Antriebstechnik. Die Maschine wurde Ende 1950/Anfang 1951 an die Staatsbahn zurückgegeben.

Von den zweiachsigen Loks, Type WR200B14, gelangten noch drei Stück in den Bestand der SNCF, Baureihenbezeichnung Y-DE.20000:

Y-DE.20001:	**Deutz 39660/1943**
Y-DE.20002:	**Deutz 39658/1943**
Y-DE.20003:	**Jung 9583/1942**

Auch die V20 wurden bei der SNCF remotorisiert (Poyaud-Motor 6PDT mit 180 PS bei 1500 UpM) und äußerlich verändert. Der Anstrich war - analog zu den V36 - zunächst dunkelgrün, später *„keltisch"*-grün mit gelben Streifen, schwarzem Fahrwerk sowie gelben und weißen Anschriften.

Offenbar waren auch die V20 ausschließlich im Bereich der ehemaligen Nordbahn stationiert. Fotos zeigen sie u.a. rangierend in La Faloise/b.Amiens (1959) und im Depot Aulnoye (dort auch beheimatet; 1971). Noch im gleichen Jahr (1971), auch dies parallel zu den V36, schieden die V20 aus dem SNCF-Bestand aus.

Interessanterweise sind sämtliche (!) V20/V36-Lokomotiven nach Ausmusterung bei der Staatsbahn und Aufarbeitung durch die Firma Jean Desbrugères in Noyon noch veräußert und überwiegend bei

Industriebahnen

weiterverwendet worden. Dort versahen die Loks z.T. noch viele Jahre zuverlässig ihren Dienst. Verkauft wurden aus der Reihe Y-DE.20000

YDE 20001:
21.03.71 an **Ciments Lafarge**[470] in Wissous (im Départment Essone; südlich von Paris),
YDE 20002:
23.09.71 an **Sucrerie d'Eppeville** (Somme; bei St.Quentin) und
YDE 20003:
30.12.71 an **Société des Grands Moulins de Paris** in Paris. Mühlenbetrieb Mai 1996 geschlossen.

Die ex-YDE 20001 war noch bis ca. 2002 im täglichen Einsatz. Ihr Arbeitgeber lobte wortreich die Zuverlässigkeit und Leistungsfähigkeit der *„machine magnifique"* (prächtigen Maschine). Auch die Schwesterlok, ex-YDE 20003, bei den Grands Moulins de Paris am Quai de la Gare im 13. Pariser Bezirk war erst durch die Stillegung der Mühle zum Jahresende 1996 zu stoppen. Die Zucker-V20 in Eppeville (ex-YDE 20002) ging 1994 zum Alteisen.

Aus der Reihe Y 50100 wurden verkauft:

Y 50101:
31.10.72 an **S.A. Magasins Généraux de Toulouse** in Toulouse[471] (1983 nach Motorschaden ++),
Y 50102:
12.02.73 an **Société Garmatex** in Mitry-Mory; vor 1976 an Garmatex-Werk Pontault-Combault (beides Seine-et-Marne; östliche Stadtgrenze von Paris),

B. Collins/La Vie du Rail

Irgendwo im französischen Norden: YDE 20003 rangiert auf einem unbekannten Landbahnhof; die umrahmte „2" auf der Rahmenstirnplatte steht für die Région Nord (um 1965).

467 Voith
468 Heute Museumsbahn
469 Revue général d.C.d.F. 1949, S.253ff.
470 Hieß bis 1980: Société d'Approvisionnement de Bâtiments et Travaux Publics (SABTP)
471 Ausführlich: L'Echo du Rail No.53/1986, S.3ff.

Y 50103:
22.06.71 an **Coopérative Scara** in Mailly-le-Camp (Aube),
Y 50104:
20.07.73 an **Lokhändler Louis Patry**; Persan; weiteres Schicksal unbekannt,
Y 50105:
06.06.73 ebenfalls an **Patry** und ab 02.05.75 weiter an die **Compagnie Parisienne des Asphaltes (CPA)**, Einsatz u.a. im Hafen von Rouen (1976),
Y 50106:
17.09.73 an **Lucien Pieto** (heute: Le Gouessant) in Lamballe (Côtes-d'Armor; Bretagne), 2003 abg. vh.,
Y 50107:
27.11.71 an **Davum** (Schrotthandel) in Bruyères-sur-Oise (Val-d'Oise; nördlich von Paris),
Y 50108:
14.02.72 an **Carrières SECAB** (Steinbruchbetrieb) in Bellignies/b.Bavay (Nord),
Y 50109:
27.11.71 an **Société Gardiloire** (Chemiewerk) in Montoir-de-Bretagne (Loire-Atlantique); Firma wurde mehrfach umbenannt, 1990er ++ und
Y 50110:
14.12.72 an **Limagrain/Leno** in Clermont-Ferrand; später Agrargenossenschaft **Coopérative Domagri/ Société Maicentre** in Ennezat (Puy-de-Dôme).

Bei den Y 50102 und Y 50107 ist leider noch immer nicht eindeutig geklärt, welcher weitere Lebensweg zu welcher Lok gehört. Beide wurden in den 80er Jahren von dem bekannten Lokhändler Patry aufgekauft. Eine davon – vermutlich ist es die die Y 50102 – startete 1986 im zarten Alter von 43 Jahren noch einmal eine neue Karriere im afrikanischen Gabun; siehe dort. Die andere stand noch bis mindestens 2004 bei Patry und wurde danach an einen Privatmann in Tourville-les-Ifs verkauft, wo sie aber seit inzwischen fast 20 Jahren auch nur still vor sich hin rostet (2021 vh.). Auch die Y 50105 existiert noch immer, Y 50110 wurde Museumslok; weitere Einzelheiten zu diesen beiden Lokomotiven weiter unten. Alle anderen sind mittlerweile verschrottet.

Armeelokomotiven

Das franz. Militär nutzte nach 1945 noch eine in Deutschland erbeutete V20, **Jung 9597/1942**. Einsatzort in Frankreich war eine Armeeeinheit mit der Bezeichnung Service des Essences aux Armées, Centre de Ravitaillement en Essences in Nantes la Chabossières. 1968 soll sie noch verkauft worden sein.

Museumsbahnen

Auch in Frankreich sind erfreulicherweise von beiden ehemaligen Wehrmachtsbauarten Loks museal erhalten.

Etwa auf halber Strecke zwischen Rouen und Paris liegt die CFVE, ausgeschrieben **Chemin de Fer de la Vallée de l'Eure**. Die Museumsbahn betreibt, ausgehend vom Bf. Pacy-sur-Eure, eine rund 7 km lange Touristikbahn nach Breuilpont. Seit Juni 1997 war hier die ehemalige Mühlen-V20, ex YDE 20003 (Jung 9583), im Einsatz, mit schmucker schwarz-roter Lackierung und alter SNCF-Betriebsnummer. Inzwischen ist sie allerdings abgestellt. Per 17.11.2021 stieß sogar noch eine zweite V20 hinzu: die ehemalige SNCF YDE 20001, ex Ciments Lafarge (Deutz 39660). Sie gehörte bis dahin einem Privatsammler.

Museal erhalten geblieben ist auch eine V36, die frühere SNCF Y 50110, und zwar bei der **Chemin de Fer Touristique (CFT) du Haut Quercy**, in der kleinen Gemeinde Martel im südfranzösischen Départment Lot. Die 13 km lange, landschaftlich schön gelegene Museumsbahn besitzt eine große Sammlung historischer Lokomotiven, zu der übrigens auch eine DR-50er gehört. Die alte Wehrmachtlok wurde in den Jahren nach 2000 übernommen, ist schwarz lackiert und außer mit der ehemaligen SNCF-Nummer auch mit „V36" beschriftet. Die Lok ist nicht betriebsfähig und nur als Ausstellungsstück zu sehen.

Wohl nicht mehr ernsthaft zu den Museumsfahrzeugen zu zählen ist die ehemalige SNCF Y 50105. Nach ihrem Werkbahneinsatz bei der Compagnie Parisienne des Asphaltes kam sie 1993 zur **CFT de la Forêt de La Londe in Elbeuf** in der Normandie. Ein Museumsbahnbetrieb dort kam aber nie wirklich in Gang. 2000 ging die Sammlung auf die **CFT des Hautes Falaises Les Ifs** (CFTHF) in Tourville-les-Ifs über. Auch dieser Verein hat sich 2015 aufgelöst. Immerhin: Die Lok hat überlebt. Zuletzt wurde sie dort – mittlerweile von Bäumen und Gestrüpp völlig zugewachsen - 2021 gesichtet.

Gabun

Die frühere französische Kolonie im westlichen Zentralafrika ist erst seit 1986 ein „V36-Land". Die Lok kam - wie schon angesprochen - über den Händler Patry in die Gabunische Republik und wurde beim Zementwerk Ciments du Gabon in der Fabrik Owendo, nahe der Haupstadt Libreville, eingesetzt. Kauf- oder Lieferdatum: 27.11.86.

Bei der Maschine handelt es sich um eine der früheren SNCF-V36 (wahrscheinlich ex Y 50102). Die gesamte Lok wurde vor dem Verkauf noch mit neuen Aufbauten versehen und modernisiert. Angesichts dieser Verjüngungskur scheint durchaus möglich, daß sie auch heute noch vorhanden ist.

Griechenland

In Griechenland war nach dem Krieg nur eine V36 eingesetzt: Die „A7" der griechischen Staatsbahn **Siderodromoi tou Ellenikou Kratous (SEK, heute OSE)**. Herstellerdaten: **O&K 21487/1943**.

Die Lok ist - wie die Albanien-V36 - vermutlich erst nach 1945 als Reparation nach Griechenland gekommen. Und auch hier gehörten weitere Lokomotiven (Firmenbauarten) der Wehrmacht bzw. der Rüstungswirtschaft zum Übernahmepaket: Die A4 (Deutz 33105/1941), ex Heeres-Verpflegungsamt Wildflecken und dort noch im Februar 1947 nachgewiesen (!), sowie die A6 (Esslingen 4280/1935), ex GmbH zur Verwertung chemischer Erzeugnisse.

Die V36 wurde bei der Griechischen Staatsbahn vornehmlich als Rangierlok im Güterbahnhof von Thessaloniki eingesetzt. Leider war ihr dabei kein allzu langes (aktives) Leben beschert. Vermutlich schon 1962, mit Eintreffen der von Krupp gebauten V60-Lokomotiven für die OSE, wurde die A7 abgestellt und später ausgemustert.

Bis 1985, über 20 Jahre also (!), stand die V36 danach noch auf einem Lokfriedhof im alten Bahnhof von Thessaloniki abgestellt. Viel gemacht hatte die Griechische Staatsbahn an ihrer WR-Maschine scheinbar nicht: Die Lok war bis zuletzt in vollkommen originalem Bauzustand. Selbst die alte Wehrmachtslackierung ist offenkundig nie überstrichen worden! Die Verschrottung erfolgte 1985/86.

Italien

Italien ist eine Art Bermuda-Dreieck für die V20/V36. Wieviele Loks hier tatsächlich nach 1945 liefen (es dürften ca. 30 Stück gewesen sein), wem sie gehörten und wo sie jeweils abblieben, ist selbst für Puzzlekünstler nicht vollständig zu rekonstruieren. Nachforschungen - zumal dann, wenn die Loks nicht mehr vorhanden sind - gestalten sich sehr schwierig. Das Nachzeichnen von Loklebensläufen in einem Land, in dem Aktenordnung und Gründlichkeit bis zur letzten Ziffer einen anderen Stellenwert besitzen als im preußisch geprägten Deutschland, ist reine Detektivarbeit.

Die italienischen V20/V36 kamen im wesentlichen in drei großen Schüben ins Land;

1. während der deutschen Besatzung (1943-45),
2 als fabrikneue Import-Loks aus der Nachkriegsfertigung von Deutz (1952-55) und
3. als Gebrauchtlokomotiven insbesondere für italienische Gleisbauunternehmen (ab etwa 1970).

Heinrich Scheffler

Drei Lokomotiven, drei Länder:

Albanien: Die BMAG 11461/1941 kam erst drei Jahre nach Kriegsende – 1948 – als Reparationsleistung aus Westdeutschland ins legendäre „Land der Skipetaren“. 1959 stand sie dann schon abgestellt in der Werkstatt in Durrës-Plazh, wo sie ein von der DR-Ost entsandter Monteur reparieren sollte.

James Steffensen

Dänemark: Der DSB-Traktor 1 (BMAG 11210/1940) war bei Kriegsende auf einem Luftwaffenstützpunkt zurückgelassen worden. Die DSB nutzte die Lok vor allem für Rangierarbeiten auf verschiedenen Bahnhöfen in Kopenhagen. Sehenswert: Die ausgefeilte Konstruktion der Regenfallrohre an der hinteren Führerhausecke.

Patry S.A., Sammlung Stefan Lauscher

Gabun: In dem zentralafrikanischen Staat lief ab Mitte der 80er Jahre diese in Frankreich modernisierte, ehemalige SNCF-V36. Die glatten Aufbauten, vergrößerte Führerhausfenster und der peppige Anstrich - Aufbauten orangegelb, Stangen rot - machen aus der damals schon über 40 Jahre alten V36 eine richtig schicke Lok (Persan, 1986).

Formstudie: Im Mai 1963 entstand diese Stirnaufnahme der FS 236.002. Die italienischen Staatsbahn-V36 waren seinerzeit zweifarbig hell- und dunkelbraun lackiert und äußerlich noch praktisch im Ursprungszustand.

Zu den bereits unmittelbar nach 1945 in Italien wieder in Betrieb genommenen WR-Loks zählen vor allem die drei V36 der italienischen

S t a a t s b a h n e n

Ferrovie dello Stato (FS), Die Betriebsnummern lauteten 236.001-003. Auch eine ehemalige Nordafrika-V20, 1943 in Tunesien erbeutet und im letzten Kriegsjahr von französischen Luftwaffentruppen nach Italien gebracht, fand sich 1946 im Staatsbahn-Bestand wieder, wurde aber nicht in den regulären Fahrzeugpark übernommen:

236.001	V36	**Krupp (?)**	1962 abg.
236.002	V36	**Deutz 36630/1943**	1969 abg.
236.003	V36	**Deutz 36631/1943**	

236.001: nach italienischen Quellen Fabriknummer 36016; kann nicht stimmen; auch Deutz möglich; ++ 12.64 (Rimini)
236.002: 08.71 an Imp. Valditerra, Novi Ligure
236.003: 09.71 an Imp. Greco & Co, Reggio Emilia (nur Aufarbeitung), für Soc. Rumi, Montello

V20 **Gmeinder 3613/1941**

1946 vorhanden, ex WD 70235; nicht übernommen; weiter in Italien (wo?); noch 1970 von Händler Bellonzi zum Kauf angeboten.

Die drei 236[472] waren anfangs auf mehrere Standorte in Nord- und Mittelitalien (Torino, Asti, Firenze, Savona) verteilt. Erst 1956 wurden sie gemeinsam mit vier ehemaligen englischen Kriegsdiesselloks (FS-Nrn. Ne 700.001 ff.) in der ligurischen Hafenstadt Savona, etwa 40 km südwestlich von Genova, zusammengezogen. 1959 folgte die Umstationierung nach Pisa, bevor - nach etwa dreijährigem Zwischenspiel - im April 1962 Savona wieder und nunmehr zur letzten Heimat der V36 wurde (Einzelheiten zu den Stationierungen im Kasten). Zuständig für die Unterhaltung war die FS-Hauptwerkstätte in Rimini.

Eingesetzt wurden die Loks ganz überwiegend im lokalen Rangierdienst. Von Pisa aus z.B. war eine 236 fest im Bf. Massa stationiert. In Savona wurde im Güter- und (alten) Hauptbahnhof rangiert; seltener waren Übergaben auf der Küstenbahn in Richtung Albisola/Varazze.

Baulich hat es in über 20 Betriebsjahren bei den Staatsbahnen kaum Veränderungen gegeben. Lediglich die 236.001 wurde in den 50er Jahren mit einem neuen (aber vermutlich gebrauchten) MAN-Motor ausgerüstet. Allen übrigen Bauartänderungen waren wenig aufsehenerregend:

236.001:

(01.08.45) -	22.09.51	Firenze Santa Maria Novella
22.09.51 -	10.09.59	Savona Fornaci
10.09.59 -	.04.62	Pisa Sant'Ermete
13.04.62 -		Savona Fornaci

236.002:

(01.08.45) -	01.06.47	Asti
01.06.47 -	13.03.56	Torino Smistamento
13.03.56 -	14.11.59	Savona Fornaci
16.11.59 -	.04.62	Pisa Sant'Ermete
09.04.62 -		Savona Fornaci

236.003:

(01.08.45) -	22.05.47	Savona Fornaci
22.05.47 -	25.11.49	Firenze Santa Maria Novella
25.11.49 -	01.04.50	Savona Fornaci
01.04.59 -	.04.62	Pisa Sant'Ermete
13.04.62 -		Savona Fornaci

Erst ab April 1952 galten die V36 als Lokomotiven, davor als *„carelli automotori“* (= Kleinlokomotiven)

- Umbau auf Linkssteuerung (alle)
- Herausnahme der rückwärtigen Führerhaustür (236.001, 003),
- „Häubchen“ auf dem Motorvorbau (236.001); vermutlich war der MAN-Motor zu groß und ragte über das Vorbaudach hinaus

In jeder Weise italienisch dagegen die Lackierung der drei Italien-V36:

Vorbau und Führerhaus: nußbraun (*„Isabella“*),
Dach und Sockel[473]: kastanienbraun (*„Castano“*),
Rahmenstirnplatten: signalrot
Rahmen und Fahrwerk: dunkelbraun.

Als einzige wurde 1965 die 236.003 noch gemäß dem seinerzeit neu eingeführten Farbschema umlackiert. Aufbauten danach „waggongrün“ mit gelben Signalstreifen; Rahmenstirnplatten weiterhin signalrot; Fahrwerk schwarz.

Wie bei fast allen Auslandsloks machten sich auch bei den FS-V36 frühzeitig Mängel in der Unterhaltung und Ersatzteilversorgung bemerkbar. Insbesondere Schäden an der Wendeschaltung sorgten wiederholt für längere Standzeiten. Als erste mußte 1964 die 236.001 aus dem Bestand gestrichen werden. Die Lok war bereits 1962, von Pisa kom-

472 Bemerkenswert: Die V36 waren zunächst als „D.236“ bezeichnet; der Index D war normalerweise aber Streckendieselloks vorbehalten.
Auch die laufende Nummer war nicht systemgerecht: Die erste 0 bezeichnet üblicherweise Badoni-Loks, dreistellige laufende Nummern stehen für Loks mit Ottomotoren (Dieselloks = vierstellig). 1964 war deshalb eine Umzeichnung in 236.9001-9003 vorgesehen (die 9 steht für Motoren unterschiedlichen Fabrikats); nicht vollzogen; Mascherpa, Breve storia, S.26

473 Seitliche Vorbaubleche unterhalb der Motorraumtüren; bei 236.002 war auch dieser Sockel nußbraun

mend, ohne Motor und Getriebe nach Savona zurückgekehrt. Ein anfangs wohl noch geplanter Wiederaufbau unterblieb. Stattdessen wurde die Maschine Ende 1964 in Rimini zerlegt. Die beiden anderen blieben noch einige Jahre in Betrieb. Mit ihrem Verkauf 1971 an ein Gleisbau- (236.002) bzw. ein Industrieunternehmen (236.003) war die Karriere der deutschen Kriegslokomotiven bei den italienischen Staatsbahnen dann endgültig vorüber. Bei den zahlreichen

Privatbahnen

in Italien waren nur zwei V36-Loks vertreten. Beide kamen fabrikneu zur norditalienischen **Ferrovia Valle Seriana (F.V.S.)**. Sie gehörten zu einer Serie von insgesamt fünf zwischen 1952 und 1954 von Deutz gebauten Nachkriegslokomotiven. Die Betriebsnummern[474] bei der F.V.S. waren

L.D.61	**Deutz 55443/1953**	ab 26.06.53
L.D.62	**Deutz 55817/1954**	ab 15.02.55

Gegenüber der Wehrmachtsausführung besaßen die F.V.S.-Maschinen einige markante Bauartunterschiede, die sie nach außen hin sofort als Nachkriegslokomotiven erkennbar machten. Dazu gehörten

- die fehlenden Stirnwandtüren links vorn und in der Führerhaus-Rückwand
- verkürzte Fensterschirme,
- große Lüftungsklappen in den Stirnseiten des Führerhauses
- sowie rechteckige statt üblicherweise ovale Frontfenster.

Beide Maschinen waren ab Werk mit Einmannbedienung ausgerüstet und für nur 50 km/h ausgelegt.

Fast anderthalb Jahrzehnte lang, von 1953 bis 1967, beförderten diese beiden Deutz-Lokomotiven ihre Güter- und Personenzüge über die 32,8 km lange Serianatalbahn vor den Toren Bergamos. Leider konnten aber auch die V36 den wirtschaftlichen Niedergang der F.V.S. nicht abwenden. Der letzte offizielle Zug zwischen Bergamo und Clusone fuhr am 31. August 1967.

Neue Beschäftigung fanden die beiden V36 ab April 1968 bei der **Ferrovia Suzzara-Ferrara (F.S.F.)**. Die Bahn: 1888 eröffnet, 82 km lang, eine für die norditalienische Po-Ebene in jeder Weise typische Privatbahn. Der braunrote Anstrich und die Betriebsnummern blieben unverändert. Übernahmedatum war der 26.4.68.

Im Gegensatz zum lebhaften Personenzugverkehr war das Güteraufkommen bei der F.S.F. nie allzu üppig. Im Sommer 1986 z.B. wurden vom Betriebsmittelpunkt Sermide aus nur dreimal wöchentlich die Streckenteile nach Ferrara (L.D.61) und Suzzara (L.D.62) bedient. Ein Jahr später war eine Lok (L.D.62) bereits abgestellt. Auch die zweite sollte zu diesem Zeitpunkt nur noch abgefahren und dann durch gebrauchte DB-Loks ersetzt werden.

Trotz Frische-Nachschubs aus Deutschland - die F.S.F. übernahm die ex-DB 220 006, 011 und 049 - erlebten die V36 ab Herbst 1988 noch einmal eine unerwartete Renaissance. Bei der „Officine Reggiane" in Reggio Emilia wurden beide Maschinen einer gründlichen Instandsetzung und Modernisierung unterzogen. U.a. erhielten die Lokomotiven geräuschisolierte Führerhäuser, Sicherheitsgeländer an den Umläufen und eine schmucke bordeauxrote Lackierung.

Die F.S.F. ist per 1.1.2001 in einer neuen Bahngesellschaft mit dem Namen **Ferrovie Emilia Romagna (FER)** aufgegangen. Nach Trennung von Infrastruktur und Betrieb wurden beide Loks der Gütertochter Dinazzano Po (DP) zugeschlagen. Beide sind inzwischen abgestellt, die L.D. 61 in Bondeno (letzte Sichtung Dezember 2018), die L.D. 62 in Sermide (noch vorhanden Juli 2023). Bei privaten

Gleisbau- und Industrieunternehmen

war der weitaus größte Teil der italienischen V20/V36 eingesetzt. Auch hierunter befanden sich Loks, die schon seit 1945 als Kriegserbe im Land waren; ebenso einzelne Maschinen aus der Deutz-Lieferung von 1952/54. Das Gros jedoch bildeten Gebrauchtloks, die nach ihrer Ausmusterung in Deutschland ab etwa 1970 nach Italien gelangten. Der Verkauf wurde in der Regel über Händler abgewickelt: Auf deutscher Seite Glaser, Layritz und WBB, auf italienischer Seite Gleismac, Bulfone und IPE.

Der weitere Weg der einzelnen Lokomotiven in Italien läßt sich häufig nur mit Glück und großen Mühen weiterverfolgen. Die Liste auf S.508 faßt alle wesentlichen Informationen in Tabellenform zusammen. Nur weitergehende Hinweise - auch die in geraffter, stichwortartiger Darstellung - finden sich im Textteil. Noch einige zum Verständnis wichtige Bemerkungen vorab:

Erstens:
Anders als die DB vergaben die FS ihre Gleisbauarbeiten schon frühzeitig an private Firmen, die dafür auch eigene Gleisbauzüge und -lokomotiven unterhalten. Die Folge war - besonders in den 70er Jahren - eine Riesen-Nachfrage nach einfachen, gebrauchten Allzweckloks besonders deutscher Provinienz. Ulbricht[475], der auf diesem Gebiet am bisher hartnäckigsten recherchiert hat, schätzt die Zahl deutscher Bauzugloks zwischen Alpenhauptkamm und Sizilien auf mittlerweile mindestens 400 Stück (von insgesamt über 500), darunter zahlreiche ehemalige DB-Loks der Baureihen 211, 216, 220, 260,

FRANCO DELL'AMICO

Die ligurische Hafenstadt Savona war um 1970 die letzte Bastion der italienischen Drehstrom-Elloks ... und letzte Heimat der Staatsbahn-V36. Hier sind beide auf einem Bild vereint. Die 236.002, noch in isbaellabraun lackiert, wartet auf ihren nächsten Einsatz, im Hintergrund eine Drehstrom-Ellok E554 (27.3.1970)

474 L.D. = Locomotore Diesel; die L.D.62 war die letzte in Ursprungsausführung gebaute V36

475 Ulbricht, Italien, S.3 und 38; vergl. auch Drehscheibe 1/87 (S.77-81), 2/90 (S.76-80) und 2/91 (S.63-73)

Italcementi s.p.a., Borgo San Dalmazzo/b.Cuneo
Italcementi besaß von 1953 bis 2001 eine **O&K-V36**, Fabriknummer 21111, 21115 oder 21116. Gekauft per 5.3.53 von der Fa. Elettromeccanica, Bergamo. Bis dahin war sie beim US-Militär („USA Diesel 727") in Italien im Einsatz gewesen. Der Gleisanschluß von Italcementi wurde schon in den 80er Jahren aufgegeben. Trotzdem schlummerte die V36 noch viele Jahre in einem zugewachsenen Lokschuppen. 2001 als Schenkung an das Eisenbahnmuseum in Savigliano.

Breda-Werke, Trieste oder Monfalcone/b.Trieste
Die Lok - **Jung 8511/1940** - lief vermutlich schon seit 1950 bei Breda. Wenig im Einsatz (Reservelok); im Juli 1969 für dringende Arbeiten reaktiviert. Kurz darauf - nach nur rund 70 Betriebstagen - verkauft.

Imp. Sergio Valditerra s.p.a., Novi Ligure
Eine der größten italienischen Gleisbaufirmen (seit 1933), sie will nach eigenen Angaben drei oder vier V36 besessen haben; nachweisbar sind aber nur:
Deutz 36630/1943 (ex FS 236.002): Mit erheblichen Schäden von FS übernommen; vermutlich nicht mehr in Betrieb genommen; 1977 ++
Jung 8511/1940: 1969 über einen italienischen Händler beschafft (s.o.). Mitte der 70er Jahre neuer Deutz-2-Takt-Motor (T6M625). Seitdem unentwegt im Einsatz, u.a. in Moretta (bei Saluzzo, 1985), Klausen (Brenner, 1986) und Villanova d'Asti (bei Torino, 1988). Letzte Sichtung: Juni 1997, bald darauf +/++.
Valditerra besaß etliche weitere deutsche Loks, u.a. die ex DB 220 060 und eine V100.

großer Übergabebahnhof; Lokomotiven u.a. von Badoni, Greco & Co, Deutz und O&K. Später waren dieselelektrische Rangierloks amerikanischer Bauart im Einsatz. Die V36 - **Deutz 55621/1954** und **Deutz 55816/1954** - waren bei Dalmine sehr beliebt; galten als anzugskräftig und wenig schadanfällig.

Terni Acciai Speciali s.p.a., Terni
Ilfer s.p.a., Narni/b.Terni
Terni SpA ist ein großes Stahl- und Walzwerk in Umbrien; ausgedehnte Gleisanlagen im Osten der Stadt, zahlreiche Lokomotiven (u.a. Deutz, Henschel). Einsatz im innerbetrieblichen Rangierdienst. Verkauf der V36 - **Deutz 55373/1952** - im April 1985 zur Verschrottung an die Ilfer s.p.a. in Narni.

Imp. Luciano Semenzato, Chirignago
Kleines Gleisbauunternehmen aus Chirignago-Mestre bei Venézia. Die Lok - **BMAG 11700/1943**, ex DB V36 121 - wurde 1979 über Bulfone beschafft; im Juli 1987 im Tausch gegen die ex-DB 260 030 an Bulfone zurück. Außerdem war/ist eine Köf II (ex DB 323 011) vorhanden, später auch eine große DHG1000BB, ex Ruhrkohle AG.

Imp. Franco Ceprini, Orvieto
Zwei Köf II, eine V36, mehr nicht. Die alte V36 121 (ex Semenzato) - **BMAG 11700/1943** - war nur fünf Jahre bei Ceprini. Einsatz u.a. in Città della Pieve (an der Strecke Firenze - Roma, 1990/91). 1992 wurde die Lok an Bulfone zurückgegeben. Konnte nicht mehr verkauft werden; nach längerer Abstellzeit 1996 ++.

V36-LOKOMOTIVEN BEI PRIVATUNTERNEHMEN

Herstellerdaten	Herkunft	Jahr	an Firma	Verbleib/Bemerkungen
O&K 2111x/1939	US-Army Italy	1953	an Italcementi s.p.a., Borgo San Dalmazzo, Nr.2	2001 an Eb.-Museum Savigliano
Jung 8511/1940	Wehrmacht	....	an Breda-Werke, Trieste oder Monfalcone	
		1969	an Imp. Valditerra, Novi Ligure, T 090	+/++
Deutz 36630/1943	FS 236.002	1971	an Imp. Valditerra, Novi Ligure	1977 ++
Deutz 36631/1943	FS 236.003	1971	an Soc. Rumi, Montello, Nr. 17	1992 ++
Deutz 55621/1954	Neulieferung	1954	an Dalmine s.p.a., Dalmine, Nr. 1	1978 +/++
Deutz 55816/1954	Neulieferung	1954	an Dalmine s.p.a., Dalmine, Nr. 2	1981 +/++
Deutz 55373/1952	Neulieferung	1952	an Terni Acciai Speciali s.p.a., Terni, LD 1	1985 +/++
BMAG 11700/1943	Bundesbahn V 36 121	1979	an Imp. L.Semenzato, Chirignago, T 2024	
		1987	an Imp. Franco Ceprini, Orvieto, T 4097	1992 an Bulfone; 1996 ++
Deutz 55102/1944	Bundesbahn V 36 124	1979	an Imp. COFER Servizi, oNr	
		....	an Imp. CTF, Udine, T 2543	1994 an Bulfone; 1995 ++
O&K 21297/1941	Bundesbahn V 36 219	1979	an Imp. Prisco, Camposampiero	+/++
Holmag 2010/1947	Bundesbahn V 36 254	1974	an Imp. Ferredil, Milano	1983 +/++ (bei IPE)
MAK 360027/1950	Bundesbahn V 36 418	1979	an Imp. Tedeschi, Udine, T 2520	
		1981	an IVECOS s.p.a., Vittorio Veneto, T 2520	
		1990	an Imp. SER.FER., Udine, T 2520	2003 ++
MAK 2013/1948	Deutsche Bundespost Nr.1	1974	an Imp. Baglioni,?, oNr	
		199x	an Imp. MCF Masfer, Trecate, oNr	2005 ++
Deutz 47163/1951	Deutsche Bundespost Nr.3	1974	an Imp. Giovanni Veltri, Ciampino, oNr	1987 ++
Deutz 55725/1953	Deutsche Bundespost Nr.4	1982	an Imp. MCF Masfer, Trecate, oNr	nach 2012 ++
BMAG 11453/1942	USA/Transp.Corps 9006-P	1975	an Imp.?, Tortona, Nr. 9006-P	1981 +/++
BMAG 12032/1943	WZTE V 279	1971	an Imp. Tronati, Roma	++
Deutz 55109/1952	Ruhrchemie Oberhausen Nr.7	1970	an Imp. Germano Ventura, Lecce, oNr	nach 1978 ++/vk.
Deutz 47184/1946	Hafenbahn Hannover Nr.9	1973	an Imp. Francesco Ventura, Giovinazzo, T 7041	1984 an Gleismac; 1987 +/++
O&K 21483/1941	Brit.Rheinarmee, RCT 21483	1976	an SCEF s.r.l., Torino	ohne Motor nach Italien; ++

Quellen: FS, Deutz, Glaser, Gleismac, IPE, Bulfone, i Treni, Drehscheibe, Auskünfte von Unternehmen, eigene Sichtungen

Soc. Rumi, Montello
In den 50er Jahren ein bekannter Hersteller für Motor-Fahrräder. Hauptwerk in Montello bei Bergamo. Werk und Lok - **Deutz 36631/1943**, ex FS 236.003 - gehörten zuletzt zum Stahlwerk Montello. Die Lok wurde 1992 verschrottet.

Dalmine s.p.a., Dalmine
Bedeutendes Stahl-, Walz- und Röhrenwerk bei Bergamo; Staatsbetrieb; 65 km Gleislänge im Werk;

COFER Servizi
Imp. CTF (= Costruz. Tecniche Ferroviarie), Udine
Beide Unternehmen sind möglicherweise identisch bzw. durch Umfirmierung entstanden. Die CTF betrieb als Dienstleister diverse Anschlußbahnen im Friul, u.a. zur Werft in Ronchi, wo die V36 - **Deutz 55102/1944**, ex DB V36 124 - mehrfach gesichtet wurde. Interne CTF-Nummer: 21. Wegen der hellblauen Lackierung eine der auffälligsten V36 in Italien. Zuletzt ziemlich abgewrackt; ab Ende 1994 abg. bei Bulfone; 1995 ++.

Stephan Karkowski

David und Goliath: Beim Lokhändler Bulfone in Udine gab es immer interessantes zu sehen. Gegen ein kleines Trinkgeld bekam man sogar solch ein deutsch-deutsches Gipfeltreffen vor die Kamera. Links die frühere DB V320 001, daneben die blaue V36 124, zuletzt für die Firma CTF in Diensten (15.2.95).

Imp. Prisco, Camposampiero/b.Padova
Klassische Hinterhof-Firma (Gleisbau) mit rein deutschem Fahrzeugpark (MaK, Deutz, Schöma, O&K). Der Einsatz der V36 - **O&K 21297/1941**, ex DB V36 219 - erfolgte zeitweise im Auftrag der Firma RIC (Roma) im Raum Bologna. 1988 vorhanden.

Imp. Ferredil, Milano
Ebenfalls ein Kleinbetrieb mit Ein-Mann-Büro im Mehrfamilienhaus. Die V36 - **Holmag 2010/1947**, ex DB V36 254 - dürfte die erste Lok von Ferredil gewesen sein (++ 1983). Hatte ab etwa 1978 auch Köf II sowie Krauss-Maffei- und Henschel-Loks.

Imp. Tedeschi, Udine
Die ehemalige V36 418 - **MAK 360027/1950** - ist eine von insgesamt drei durch die Firma Layritz 1978 nach Italien verkauften ex-DB-V36 (V36 121, 219, 418). Überführung am 22.10.78; Aufarbeitung und Weiterverkauf durch Bulfone. Die Führerhauskanzel mußte wegen der in Italien niedriger hängenden Oberleitung - profilfreie Höhe hier nur 4320 mm - abgebaut werden (dito übrigens bei V36 219). Eingesetzt war die Lok u.a. beim Bau der neuen Umleitungstunnel in Trieste. Die Firma existiert nicht mehr.

IVECOS s.p.a., Vittorio Veneto
Ganz korrekt: I.VE.CO.S. = Impresa Veneta Consolidamenti e Opere Specializzate. Die Lokomotive - **MAK 360027/1950**, ex DB V36 418 - trug die interne Nummer 1 (erste Lok überhaupt bei IVECOS); Kaufdatum: 26.2.81. Einsätze u.a. in Töll (bei Meran, 1983), Massarosa (bei Viareggio, 1984) und Stresa (Strecke Brig - Milano, 1990).

Imp. SER.FER. (= Servizi Ferroviari), Udine
Letzte Station der vormaligen Bundesbahn-V36 418 in Italien. Die Gesellschaft (Mehrheitseigner: FS!) wurde um 1992 gegründet. U.a. ging schrittweise die CTF (siehe oben) darin auf. SER.FER. betreibt, wie vormals die CTF, etliche Anschlußbahnen im ganzen Land. Fahrzeugbestand 1996: Rund 70 Loks! Die V36 - **MAK 360027/1950** - wurde beim Stahlwerk Beltrame in Vicenza eingesetzt (SER.FER. stellte Lok und Personal). Die Lok wurde 1993 abgestellt und Ende 2003 vor Ort zerlegt.

Fortsetzung auf Seite 510

261, 280 und besonders Köf II. Auch die V20/V36 waren, wie die Liste zeigt, mit einer beachtlichen Stückzahl vertreten.

Zweitens:
Seit 1978 sind alle Lokomotiven, die aus eigener Kraft die Strecken der FS befahren, mit einer nach einheitlichem, feststehendem Schema vergebenen Zulassungsnummer, der sogenannten T-Nummer[476], gekennzeichnet (oder sollten es sein). Jede der insgesamt 17 FS-Bahndirektionen hat dabei jeweils 500 Nummern zur Verfügung. Die kleinsten Nummern werden in den nördlichen Bezirken (Torino 001-500, Milano 501-1000 ...), die höchsten im Süden vergeben (... Palermo 7501-8000, Cagliari 8001-8500). Ausschlaggebend für die Benummerung ist dabei der Firmensitz des Besitzers. Über die Einsatzorte der Loks sagt dies nichts aus.

Und drittens:
Noch ein bißchen italienisch für Einsteiger.
Imp. = Impresa (Unternehmung)
s.p.a. = Società per azioni (Aktiengesellschaft)
s.r.l. = Società a responsabilità limitata (GmbH)

Auch in Italien soll es nach 1945 eine V36 bei den Eisenbahntruppen des **US-Army/Transportation-Corps** gegeben haben[477]. Die Betriebsnummer war 1209. Einzelheiten z.B. über Einsatzort oder Verbleib sind nicht bekannt.

Inzwischen sind auch in Italien keine V20/V36- Lokomotiven mehr in Betrieb.

Museumslokomotiven

Auch in Italien hat aber eine V36 den Weg ins (Eisenbahn-) Museum gefunden. Die leider noch immer nicht genau identifizierte O&K-Lok der Italcementi in Borgo San Dalmazzo (siehe S.508) wurde Ende der 90er Jahre wiederentdeckt und aus ihrem Dornröschenschlaf wachgeküßt. Am 17.8.2001 konnte sie im Italcementi-Werk geborgen und ins **Museo Ferroviario Piemontese in Savigliano** südlich von Turin gebracht werden. Dort wartet sie noch auf eine (zumindest äußerliche) Aufarbeitung.

---

476 T = trazione (= Traktion/Zugfahrzeug)
477 Termine/Panizza, V36, oS

Unverkennbar ex-DB: Die frühere V36 418 kam nach ihrer Ausmusterung bei der Bundesbahn in Italien noch auf stolze 15 Betriebsjahre. Erste Station im Süden war die Impresa Tedeschi in Udine (1980).

V20/V22-LOKOMOTIVEN BEI PRIVATUNTERNEHMEN

Herstellerdaten	Herkunft	Jahr an Firma
O&K 21254/1940	Brit.Rheinarmee	1971 an Imp. SAFI, Napoli, T 6057
Deutz 36661/1941	Kabelmetall Neumeyer	1978 an Ing. Abate s.p.a., Torino
Gmeind. 4272/1946	Wallner Deggendorf	1983 an Gleismac, Gazzo di Bigarello
Gmeind. 3613/1941	FS	1946 an ??? (unbekannt, 1972 vh.)
	O&K 21254:	vermutlich ++
	Deutz 36661:	++
	Gmeinder 4272:	schadhaft; nicht verkauft; 1987 +/++
DWK 643/1938	Bundesbahn V20 054	1980 an Imp. Francesco Ventura
DWK 678/1940	Bundesbahn V20 055	1980 an Imp. Angelo Falciola, Milano
	DWK 643:	T 7075, 1987 an Gleismac; 1990 ++
	DWK 678:	T 3661, 1990 an Bulfone; 1996 ++

Quellen: Glaser, Gleismac, Drehscheibe, Auskünfte von Unternehmen, Sichtungen

Imp. Baglioni (Bologna?)
Es gibt zahlreiche Sichtungen aus den Jahren 1978-1980, allesamt aus dem Gebiet nördlich von Milano. Ob die Lok - **MAK 2013/1948** - damals noch oder schon Baglioni gehörte, ist unbekannt.

Imp. Giovanni Veltri, Ciampino/b.Roma
Die Lok - **Deutz 47163/1951** - war vor allem beim Bau der neuen „Direttissima" Roma - Firenze eingesetzt. Reichlich kurios: Die Maschine hatte auch in Italien anfangs noch den alten, post-roten Anstrich. Zerlegt (März 1987 Roma-Smistamento) wurde sie aber in gelber Lackierung mit der Aufschrift „Deutsche Bundespost". Die Lok muß also in Italien umlackiert und mit der deutschen Beschriftung „Deutsche Bundespost" (!) versehen worden sein.

MCF Masfer, Trecate/b.Milano
Das Unternehmen - heute: T-Rail - betrieb bis zum Jahr 2000 eine etwa 5 km lange Anschlußbahn für mehrere Chemie- und Raffineriebetriebe in San Martino di Trecate. Vorhanden waren zwei ehemalige Post-V36 - **Deutz 55725/1953** und **MAK 2013/1948 -**, letztere kam in den 1990er Jahren von Baglioni. Die MAK-V36 wurde 2005 verschrottet. Die Deutz-Lok rangierte noch 2004 im Auftrag von T-Rail an einem Speditionsterminal in Rho bei Milano; bald darauf abgestellt, nach 2012 ++.

Imp.?, Tortona/b.Alessandria
Die ehemalige USA/TC-Lok - **BMAG 11453/1942** - war schon 1977 abgestellt und ausgeschlachtet. Auf welcher Werkbahn sie bis dahin eingesetzt war, ist unbekannt. Sie trug bis zuletzt ihre Army-Nummer.

Imp. Tronati, Roma
Dem Gleisbauunternehmen gehörte die ex WZTE-279 - **BMAG 12032/1943** - Überführung nach Italien: 29.9./1.10.71. Einsätze u.a. in Saluzzo/b.Cuneo und Frugarolo/b.Novi Ligure (1974; noch mit WZTE-Beschriftung). Laut Gleismac soll eine V36 - diese?? - nach Unfall bei Genova verschrottet worden sein.

Imp. Germano Ventura, Lecce
Lecce liegt südlich von Brindisi. Verkauf der Lok - **Deutz 55109/1952** - an Imp. Ventura per 26.8.70 (für 65.000 Mark). Das Unternehmen firmierte später unter dem Namen „FERSALENTO SRL". Zum Lokpark gehörten u.a. auch eine V36-Nachfolgetype (ex Staatsmijnen/NL) sowie die ex-DB 216 206.

Imp. Francesco Ventura, Giovinazzo
Gehört zu den ganz großen Gleisbauunternehmen Italiens; beeindruckende Diesellok-Flotte, darunter ex DB-211, 216, 252, 260, 323; auch Schmalspurloks und ausländische Fabrikate. Einsatz vor allem im Süden Italiens (Kalabrien, Sizilien). Firmensitz ist seit 1983/84 nicht mehr Giovinazzo, sondern Paola. Die V36 - **Deutz 47184/1946** - wurde per 25.5.73 von Gleismac gekauft; Überführung nach Reggio Calabria im Juli 1973; zurück an Gleismac am 20.7.84. Dort als Ersatzteilspender abgestellt, ++ 1987. Bei der Imp. Francesco Ventura war auch die ehemalige DB-V20 054 - **DWK 643/1938** - eingesetzt.

SCEF s.r.l., Torino
Lieferdatum (ab Rheinarmee Wulfen) 15.5.76, Rechnungsdatum 25.5.76. Die Lok - **O&K 21483/1941** - wurde ohne Motor nach Italien verkauft!

Imp. SAFI, Napoli
Hier war eine Flachdach-V20 - **O&K 21254/1940** - vorhanden. Einsätze im Großraum Napoli, u.a. in Aversa (1989) und Nocera (1990). Die letzten Sichtungen stammen vom Oktober 2006 aus Neapel. Danach verliert sich ihre Spur; vermutlich auch inzwischen verschrottet.

Soc. Ing. Abate s.p.a., Torino
Die V20 - **Deutz 36661/1941** - wurde schon 1973 nach Italien verkauft (28.9.73 an Ariberto Cristofoletti, Ciampino = Händler), stand aber noch 1974 im AW Nürnberg. Offensichtlich erst ab 1978 tatsächlich in Italien im Einsatz. Verkaufsdatum an Abate SpA = 12.5.78. Inzwischen verschrottet.

Imp. Angelo Falciola & C., Milano
Die Maschine - **DWK 678/1940**, ex DB V20 055 - lief lange auf einer Baustelle in Poretta-Terme (Strecke Bologna - Firenze).

Jugoslawien

Jugoslawien war ab 1941 in den 2.Weltkrieg verwickelt: Beitritt zum Dreimächtepakt Deutschland-Italien-Japan am 25.3.41; Sturz der Regierung zwei Tage später; Beginn des deutschen Balkanfeldzuges am 6.4.41. Trotzdem sind, abgesehen von einigen Firmenbauarten, so gut wie keine Wehrmachtloks beim Rückzug stehengeblieben.

Einzige bislang wiedergefundene WR-Lok ist eine Deutz-V20 bei der **Firma Naftagas** im serbischen Novi Sad. Die exakte Fabriknummer ließ sich leider nicht mehr ermitteln. Infrage kommen (aufgrund bestimmter bekannter Details) nur die Lokomotiven Deutz 36617-36620 oder 39623 (alle Baujahr 1943).

Soweit bekannt erhielt die Maschine im Oktober 1960, nach mehr als einjähriger Stillstandszeit (abg. seit Mai 1959), ein neues Voith-Getriebe. Danach dürfte sie - zusammen mit einer bei dem Unternehmen ebenfalls vorhandenen 200-PS-Jenbacher-Lok - sicherlich noch einige Jahre in Betrieb gewesen sein. Über den Verbleib ist nichts bekannt.

Litauen

Ein altes Foto an der Wand im Raucherzimmer des Diesel-Depots in Vilnius hat letztlich den Beweis geliefert: Auch in Litauen war bei der Staatsbahn nach 1945 mindestens eine V36 der Einheitsbauart im Einsatz[478]. Überliefert ist die Betriebsnummer M^{G}3-2. Leider geben weder das Foto, noch Dokumente weitere Hinweise auf die genaue Identität der Lok. Litauen war nach der Einverleibung durch die UdSSR 1940 und Rückzug der deutschen Besatzer 1944 nach dem Krieg wieder unter sowjetischer Verwaltung. Weitere Angaben deshalb im Kapitel „Sowjetunion".

Ebenfalls belegt: 1949 wurden drei deutsche Diesellloks mit den Nummern 2581, 21546 und 21485 vom litauischen Tilsit zum Uchtomski-Lokomotivwerk in Ljuberzy (Moskau-Rjasan-Eisenbahn) überführt. Bei allen drei handelte es sich offenbar um Lokomotiven aus deutschen Rüstungsbetrieben: Die 2581 war eine 200-PS-Firmentype von Gmeinder, ex Dynamit AG Malchow/Mecklenburg; das Werk wurde nach 1945 demontiert, die Lok taucht später in einer Textilfabrik bei Moskau wieder auf. Bei der zweiten Lok könnte ein Zahlendreher vorliegen; eine WR360C14 von O&K 21456 war beim selben Werk der Dynamit AG in Malchow eingesetzt, dürfte also ebenfalls als Demontagelok in die UdSSR geschafft worden sein. Die dritte Lok schließlich, 21485, war eine Deutz-Firmentype, ex Deutsche Sprengchemie, Torgelow.

Luxemburg

Die Geschichte der WR-Lokomotiven in Luxemburg ist ziemlich kurz. Nur eine einzige V36, die ehemalige SNCB-231.001 - **O&K 21118/1939** - verschlug es Mitte der 60er Jahre in das kleine Großherzogtum. Nach belgischen Quellen wurde die Maschine per 9.5.67 an die Firma **Felix Cloos S.A. in Esch-sur-Alzette** verkauft. Kaufpreis: 400.000 Francs.

Das Unternehmen betrieb (und betreibt noch immer) in Differdange ein Schotterwerk mit Schlackenhaldenverwertung. Anschluß an die CFL besteht nur über die ARBED-Hüttenbahn. Die V36 scheint bei Cloos nicht mehr allzu lange gefahren zu sein. Ab Anfang der 70er Jahre sind dort jedenfalls mehrere gebraucht erworbene Köf II bekannt.

Niederlande

Die benachbarten Niederlande standen besonders in den letzten Kriegsmonaten – nach Landung der Alliierten in der Normandie – im Zentrum des Kriegsgeschehens. Insofern war es durchaus naheliegend, dass auch hier nach 1945 Wehrmachtloks der WR360C14-Type stehen geblieben sein könnten. Allerdings fehlten bis vor wenigen Jahren jegliche Belege dafür. Nur den unermüdlichen Recherchen des niederländischen Autors Martin van Oostrom[479] ist es zu verdanken, dass inzwischen einiges darüber bekannt geworden ist.

Zu den mittlerweile aufgefundenen Dokumenten gehören Fotos und Schriftstücke über die Havarie von drei deutschen Geschützzügen, die beim Rückzug von der umkämpften Kanalküste Anfang September 1944 bei Sluiskil in der Provinz Zeeuws-Vlaanderen feststeckten, weil schon gesprengte Brücken eine Weiterfahrt unmöglich machten. Im Einzelnen handelte es sich dabei um:

---

478 Altbergs, Trophäen-Lokomotiven, S.28ff.

479 Van Oostrom, Locomotieven van de Deutsche Reichsbahn bij de Nederlandsche Spoorwegen, besonders S.68ff.

J. Kerkvliet, Slg. Stichting Rail Publicaties

Die L2 der Nederlandse Spoorwegen war eine Krupp-WR360 und (wie einige andere V36 auch) beim Rückmarsch 1944 mit einem Geschützzug im Grenzgebiet Belgien/Niederlande liegen geblieben. 1947 stand sie noch in Utrecht, kam aber nicht mehr in Betrieb.

Eisenbahn-Batterie 713 mit K5-Geschütz und französischen Dampfloks
Eisenbahn-Batterie 710 mit K5-Geschütz und (vermutlich zwei) WR360C14
Eisenbahn-Batterie 701 mit K12-Geschütz und großer Doppelok D311 (später DB V188).

Vor der heranrückenden Front wurde die Selbstzerstörung der drei Geschützzüge befohlen, was aber zumindest in Bezug auf die Loks offenbar nur zum Teil vollzogen wurde. Fotos zeigen immerhin den komplett ausgebrannten Wagenzug der Eisenbahn-Batterie 710 mit dem demolierten Wrack mindestens einer WR360-Lokomotive.

Bei den ersten Bestandsaufnahmen nach der Befreiung der fraglichen Gebiete, zunächst durch die Militärbehörden, später durch die NS, wurden folgende deutsche Wehrmacht-Diesellokomotiven erfasst und mit vorläufigen L-Nummern bezeichnet (mit Bauart, Datum und Ort der Registrierung):

L1	WR360C	Sluiskil, 10.1945
L2	WR360C	Sluiskil, 11.1945
L3	??	Sluiskil, 10.1945
L4	WR360C	Sluiskil, 09.1944
L5	D311	Sluiskil, 09.1944

Die L1 und L2 könnten auch zu anderen, ebenfalls im Grenzgebiet Belgien/NL gestrandeten Geschützzügen gehört habe. Beide Loks sind als „beschädigt" verzeichnet, beide hatten Deutz-Motor. Die L2 ist aufgrund bestimmter Bauartmerkmale eindeutig als eine von Krupp gebaute WR360C identifizierbar. L4 war das beschriebene V36-Wrack aus dem Geschützzug 710. Zur L3 fehlen leider jegliche Hinweise; möglich (es gibt Indizien), dass auch dies eine WR360C war. Zu keiner dieser vier Lokomotiven lässt sich noch eine Fabrik- oder Wehrmachts-Betriebsnummer feststellen. Die L5 war die D311.04, eine der großen dieselelektrischen Doppelloks der Dora-Klasse (Krupp 2470-2471). Die Lok kehrte Ende 1949 auf seltsamen Wegen nach Deutschland zurück und kam hier als DB V188 002 wieder in Betrieb (Seite 566f.).

Was ist aus den V36-Loks in den Niederlanden geworden? Alle genannten Maschinen wurden als britische Kriegsbeute zunächst ins belgische Zelzate geschleppt, vom Militär dort dann aber doch der NS zuerkannt. Die L1 und L3 wurden noch 1945 nach Utrecht verlegt, später waren sie nacheinander in Haarlem, Enkhuizen und Almelo abgestellt. L2 findet sich noch 1947 in Utrecht. Die L4 taucht schon 1945/46 in den Papieren nicht mehr auf, wohl aufgrund der beschriebenen großen Schäden. Die übrigen V36 wurden im Februar 1947 als „irreparabel" ausgesondert, keine der WR360C-Lokomotiven ist jemals bei den NS in Betrieb gegangen. Mitte 1947 scheint eine Rücküberführung über Almelo und Bentheim nach Deutschland geplant gewesen sein. Letztlich wurden die Loks aber als Schrott verkauft: L1 am 13.2.1948 für 8000 Gulden an De Boer in Purmerend und L3 am selben Tag für 9000 Gulden an J.Ramondt in Sas van Gent. Zur L2 verliert sich in dieser Zeit jede Spur.

Österreich

Die Anfänge der V20/V36-Geschichte nach 1945 in Österreich waren genauso verworren wie überall anders in Europa. Von den zahlreichen bereits im Krieg in der damaligen „Ostmark" stationierten WR-Loks tauchen in einer ersten Bestandsaufnahme der Österreichischen Staatseisenbahnen (ÖStB, ab 5.8.1947 ÖBB) aus dem Jahr 1946 nur fünf Loks wieder auf, und zwar

Diesellok 2000.1 B-dh,
Diesellok 2000.2 B-dh,
Diesellok 3000.1 C-dh,
Diesellok 3000.2 C-dh,
alle mit Standort Wels sowie

Diesellok 55101 C-dh,
mit Standort Bregenz (französischen Zone) [480]

Die „2000.1" und „3000.2" waren offenbar im Betrieb der US-Army beim Fliegerhorst Linz-Hörsching und gelangten als DL 2001 (bzw. 2061.01) und DL 3002 (bzw. 2065.02) zur ÖBB. Auch die Bregenzer DL 55101 wurde von der Staatsbahn übernommen (2065.01); ebenso eine erst ab 1949 amtlich erfaßte BMAG-Lok (DL 1001 = 2065.03).

Die Identität der beiden anderen Maschinen ist nicht 100prozentig gesichert. Die „3000.1", auch dies eine US-Army-Lok, lief noch bis Mai 1954 in Österreich und wurde dann abgefahren. Hersteller soll, nach Unterlagen der HW St.Pölten, Deutz gewesen sein; wahrscheinlicher ist aber, daß es sich um die O&K 21460/1941 (mit Deutz-Motor, ab 1967: Montafonerbahn V10.012) handelte. Die zweite V20 - Nummer „2000.2" - war wahrscheintlich Deutz 39643.

Welche Loks damit letztlich in den Bestand der

Staatsbahn

Österreichische Bundesbahnen (ÖBB) übernommenen wurden, zeigt zusammenfassend die Liste auf der Seite unten links. Sämtliche Maschinen wurden nach der Übernahme Ende der 40er/Anfang der 50er Jahre zunächst einer gründlichen Instandsetzung unterzogen. Die ersten Heimat-Standorte waren danach Wels (1953-56), Innsbruck (1953-55) und Attnang-Puchheim (1954-57). Ab Mitte der 50er Jahre wurden die 2065 dann in Wien zusammengezogen (die 2061 kam nach Salzburg) und ab 1961 (2061 ab 1957) fuhren alle ÖBB-V20/V36 in St.Pölten.

Zu den Einsätzen in den einzelnen Zugförderungsstellen bzw. -leitungen einige Stichworte:

Wels:
Belegt ist der Einsatz von 2065.02 auf der Lokalbahn Wels - Aschach a.d.Donau (KBS 32a). Auch 2065.03 dürfte auf den Nebenbahnen im Raum Wels (Richtung Grünau, Aschach etc.) gefahren sein.
Die 2061.01 war nach dem Ankauf von der US-Army über längere Zeit zur Aufarbeitung in der HW St.Pölten und - zumindest als ÖBB-Lok - nur buchmäßig in Wels stationiert.

Wien-Süd:
Traumhafte Zugkompositionen mit 2065.01 (DL 55101) und alten österreichischen Lokalbahnwagen auf der Strecke Liesing - Kaltenleutgeben! Die V36, damals als Einzelstück in Wien-Süd stationiert, war auf dieser nur 6,7 km langen Stichbahn sowohl im Personenzugdienst (eingestellt am 29.1.51), als auch vor Güterzügen zu sehen. Später (1956-59) sollen auch Personenzüge auf der Südbahn (bis Wiener Neustadt) mit 2065 bespannt worden sein.

Wien-West:
Ausschließlich Rangierdienste, insbesondere in der P-Wagen-Gruppe und beim Bereitstellen von Personenzuggarnituren am Bahnsteig.

V20/V36 BEI DEN ÖSTERREICHISCHEN BUNDESBAHNEN (ÖBB)

Loknummer		Typ	Herstellerdaten	im ÖStB/ÖBB-Bestand
2061.01	(ex DL2001)	V20	Deutz 27306/1940	ab 03.09.53; ex US-Army
2065.01	(ex DL55101)	V36	Deutz 55101/1944	ab .09.46
2065.02	(ex DL3002)	V36	BMAG 11377/1940	ab 03.09.53; ex US-Army
2065.03	(ex DL1001)	V36	BMAG 11220/1940	ab . .49

2065.01: in der Werkstätte Feldkirch vorgefunden

Quelle: HW St.Pölten

480 Griebl, Fundgrube, S.100; die Schreibweise dürfte auf einen telef. Übermittlungsfehler beruhen; richtig - wie auch an den Loks angeschrieben - DL2001, 2002 etc.

Franz Kraus

Die V36 in ÖBB-Diensten:

Zfl. Wien-Süd: 2065.01 - hier noch als DL 55101 beschriftet - fuhr in den Jahren 1950-53 häufig auf der Strecke Liesing - Kaltenleutgeben; bis zur Einstellung des Personenzugverkehrs 1951 (wegen Kohlenmangels!) auch vor solch prächtigen altösterreichischen Wagengarnituren (vor Perchtoldsdorf, 1950).

Mag.Pharm. Alfred Luft

Zfl. Wien-West: Sechs Jahre später hieß die Lok 2065.01 und anstelle von „BB Österreich" war nun das Kürzel ÖBB angeschrieben. Mit den Streckeneinsätzen war es allerdings erst mal vorbei.
In Wien-West wurden die 2065 für das Bereitstellen und Abziehen von Wagen-Garnituren eingesetzt (4.1.56).

Hellmuth Fröhlich, Lokomotivbild-Archiv Helmut Griebl

Zfl. Wels: Hier begann für zwei der drei ÖBB-2065 die Staatsbahnkarriere. Eingesetzt waren die V36 besonders auf der Welser Lokalbahn nach Aschach a.d. Donau. 2065.02 legt vor der Rückfahrt nach Wels eine Pause ein (1953).

St.Pölten:
Nebenbahnbetrieb pur: Die 2065 liefen von St.Pölten aus auf den Strecken nach Tulln (KBS 11b), Freiland - Kernhof/Türnitz (KBS 27a) und zwischen Pöchlarn und Kienberg (KBS 27c); Wagengarnituren aus Spanten- oder zweiachsigen Triebwagen-Beiwagen. Zum Schluß (1967) fuhren die 2065 - wie zuvor bereits die 2061 - außerdem im Verschub in St.Pölten-Alpenbahnhof.

Recht zurückhaltend war man auch in Österreich mit Bauartänderungen. Frühzeitig (früher als bei der DB) erfolgte lediglich die Einrichtung auf Einmannbedienung durch ein zweites Steuerhandrad sowie ein zweites Führerbremsventil auf der linken Führerstandsseite[481]. Gleichzeitig wurden die Loks natürlich mit Sifa ausgerüstet.

Die übrigen Umbauten fallen im Wesentlichen unter die Rubrik „klein aber nützlich“. Dazu gehörten u.a.

- einfache Führerstandsheizungen (zunächst improvisierte Bauarten, später Heizungen Bauart Gnom oder Webasto (alle ohne 2065.03),
- Unterfluröfen, später Webasto-Heizgeräte zur Kühlwasservorwärmung (alle ohne 2065.03),
- neue Kühlerrahmen mit Kühlerelementen wie bei Baureihe 2045 (alle ohne 2065.03),
- Laternenhalter wie bei Baureihe 2045 (alle)
- eine 24-Volt-Anlage (alle) sowie
- vertiefte Aufstiegsnischen vorne für das Verschubpersonal (2061.01, 2065.01; Bremsluftbehälter dafür etwas zurückgesetzt).

2061.01:	
03.09.53 - 04.11.54	Hauptausbesserung
- 03.11.54	Wels
04.11.54 - 26.12.54	Linz
27.12.54 - 21.02.56	Attnang-Puchheim
22.02.56 - 13.01.57	Salzburg
14.01.57 - 01.05.66	St.Pölten
02.05.66	verkauft
2065.01:	
- 14.01.49	Bregenz
15.01.49 - 15.12.49	St.Pölten
16.12.49 - 21.10.53	Wien-Süd
22.10.53 - 19.05.55	Innsbruck
22.05.55 - 21.08.56	Wien-West
22.08.56 - 30.06.59	Wien-Süd
01.07.59 - 06.04.61	Wien-Ost
07.04.61 - 01.10.68	St.Pölten
01.10.68	+
2065.02:	
03.09.53 - 29.07.54	Hauptausbesserung
03.09.53 - 29.07.54	Wels
30.07.54 - 22.09.54	Innsbruck
23.09.54 - 13.10.54	Wels
14.10.54 - 18.10.56	Attnang-Puchheim
19.10.56 - 30.06.59	Wien-Süd
01.07.59 - 30.04.61	Wien-Ost
01.05.61 - 01.10.68	St.Pölten
01.10.68	+
2065.03:	
05.12.49 - 17.09.52	Teilausbesserung
- 30.06.53	Wels
01.07.53 - 11.05.54	Innsbruck
12.05.54 - 06.08.54	Attnang-Puchheim
07.08.54 - 23.04.55	Innsbruck
24.04.55 - 21.03.56	Wels
22.03.56 - 08.04.57	Attnang-Puchheim
09.04.57 - 02.03.59	Wien-Süd
03.03.59 - 25.04.61	Wien-Ost
25.04.61	+

Die rückwärtige Führerstandstür, Bahnräumer mit Querprofil und andere markante Äußerlichkeiten blieben dagegen unverändert. Alle 2065 hatten MWM-, die 2061 Deutz-Motor.

Die Lackierung entsprach dem für Dieselloks jeweils gültigen Farbschema der ÖBB[482]. D.h. bis 1965:

Lokkasten:
tannengrün (RAL 6009),
Dach:
weißaluminium (RAL 9006); meist jedoch verwittert (grau),
Fahrwerk:
tiefschwarz (RAL 9005).

Nur zwei Lokomotiven der Wehrmachtsbauart, und zwar 2061.01 und 2065.01, erlebten danach noch den neuen signalfarbenen Neuanstrich: Lokkasten hier blutorange (RAL 2002), Griffstangen weiß (RAL 9010), Fahrwerk tiefschwarz (RAL 9005), Rahmenstirnplatten weiß/rot gestreift.

Leider verhinderten die frühzeitigen Neubeschaffungen der ÖBB in der 200- bzw. 400-PS-Klasse (Reihen 2060 und 2062) ein langes Leben der V20/V36 unter dem ÖBB-Signet. Schon Anfang 1957 stand mit der 2065.01 die erste WR-Lok „auf dem Rand“. Die Ausmusterung war vorgesehen. Letztlich wurde die Lok nach mehr als vierjähriger Abstellzeit in der HW St.Pölten (23.1.57-11.4.61!) dann aber doch in den Betrieb zurückbeordert.

Weniger Glück hatten 2065.03 (abgestellt 1960) und vor allem 2065.02 (abgestellt 1963). Letztere war am 19. August 1963 ausgerechnet auf einer Werksprobefahrt nach erfolgter Getriebe-Instandsetzung in der HW St. Pölten zwischen Statzendorf und Klein Wien (Strecke St. Pölten - Krems) mit einem Lkw zusammengestoßen. Die Lok wurde dabei völlig demoliert, die Probezugmannschaft zum Teil schwer verletzt. Das Wrack der 2065.02 stand danach wegen eines Streites mit der Versicherung noch mehrere Jahre in St.Pölten hinterstellt. Erst 1968, zusammen mit der 2065.01, erfolgte die förmliche Kassierung.

Die Ausmusterungsdaten:

2061.01: + 28.04.66
2065.01: + 01.10.68
2065.02: + 01.10.68
2065.03: + 25.04.61

Zwei Maschinen konnten nach dem Ausscheiden aus dem ÖBB-Bestand noch verkauft werden: 2061.01 am 2.5.66[483] an die Schleppbahn Liesing und 2065.01 am 23.11.68 an die Graz-Köflacher Bahn. Über die Einsätze dort wird auf den folgenden Seiten noch berichtet.

Privatbahnen

Fast zeitgleich mit der Ausmusterung der 2061 und 2065 bei den ÖBB begann die zweite V20/V36-Ära in Österreich. Im Mittelpunkt stand dabei die private **Montafonerbahn AG** Bludenz-Schruns (MBS) in Vorarlberg, die seinerzeit umfangreiche Zementtransporte für das in Bau befindliche Kraftwerk Kops der Vorarlberger Illwerke AG zu fahren hatte. Zur Überbrückung eines vorübergehenden Lokengpasses[484] übernahm die Bahn im Juli 1965 - zuerst mietweise, später fest - die ehemalige US-Army-Lok 9005 P (BMAG 10932/1939). Nummer in Schruns: **V10.011**. Die Lok bewährte sich auf der 12,7 km langen Strecke auf Anhieb so gut, daß in den Folgejahren weitere V20/V36 beschafft wurden:

1967: die **V10.012** (Typ V36) als Ersatz für eine im Juli 1967 verunglückte Gebus-Lok[485] und

1969: die **V10.014** (Typ V36) sowie die **V10.015** (Typ V20) als vorübergehende Betriebsreserve für die Zeit der Umstellung des E-Betriebs auf 16 2/3 Hz 15 kV; in erster Linie aber für Aufarbeitung und Weiterverkauf.

Auch eine V10.013 sollte bei der MBS fahren, wurde wegen eines bei der Übergabe festgestellten Getriebeschadens aber nicht übernommen. Die Nummer blieb unbesetzt[486]. Wie die erste Lok stammten auch alle späteren aus USA/TC- bzw. Rheinarmee-Beständen und wurden - nach oberflächlicher Aufarbeitung und teilweiser Neulackierung - über deutsche Händler (Glaser bzw. Layritz) angekauft.

Eine weitere V36 war schließlich noch als Leihlok bei der MBS: Die **2065.11** der Tauernkraftwerke Kaprun (Einzelheiten im Abschnitt Werkbahnbetriebe). Sie wurde nur rund ein halbes Jahr im Montafon eingesetzt und dann an den Eigentümer zurückgegeben.

Die V20/V36-Blüte auf der Montafonerbahn währte nur sechs Jahre. In dieser Zeit schleppten die alten Kriegsloks nicht nur Güter- und Arbeitszüge, sondern auch manchen Schwertransport (Transformatoren) und stattliche Reisebürosonderzüge durch das Tal der Ill.

---

481 Umbaudaten: 2061.01 = 04.11.54; 2065.01 = 21.12.51; 2065.02 = 29.07.54; 2065.03 = 09.04.57
482 Ausführlich: Doleschal u.a., Triebfahrzeuge, S.33f.
483 Nach Angaben der HW St.Pölten; nach anderen Quellen am 28.4.66 oder 29.4.66
484 Ausführlich dargestellt bei: Zwirchmayr, Montafonerbahn, S.120ff.; auch Eisenbahn 10/65, S.206
485 E10.002; vergl. Eisenbahn 12/67, S.220
486 Verschiedentlich wird für die BMAG 11645 auch die Nr. V10.013 genannt; danach V10.014 unbesetzt

Winter im Montafon: MBS-Lok V10.011 bahnt sich bei Schruns ihren Weg durch den Tiefschnee. Im Hintergrund: Die mächtige Vandanser Steinwand (Januar 1968).

Ing. Karl Zwirchmayr

1969/1970, mit dem Erscheinen der dieselelektrischen V10.021, ein Totalumbau aus der alten GEBUS-Zweikraftlok E10.001[487], war dann im Montafon Schluß für die WR-Loks. Die V36 wurden arbeitslos. Zumindest für die beiden ehemaligen Rheinarmee-Lokomotiven war die MBS nur noch Durchgangsstation[488].

Mit der Rückgabe der TKW-Leihlok 2065.11, endete die V20/V36-Geschichte bei der MBS endgültig. Hier noch die genauen Kauf- bzw. Verkaufsdaten:

V10.011: 02.07.65 - 31.08.69 bei MBS
V10.012: 09.08.67 - 26.02.68 bei MBS
V10.014: 23.06.69 - 31.08.69 bei MBS
V10.015: 22.11.69 - 17.06.70 bei MBS

2065.11: 25.11.69 - 06.06.70 bei MBS lw.

Neben der Montafonerbahn hatte ab 1968 (Kaufdatum: 23.11.68) auch die in der Weststeiermark gelegene **Graz-Köflacher Bergbau- und Eisenbahngesellschaft (GKB)** eine V36 im Bestand. Die Maschine, ex ÖBB 2065.01, war bei der GKB als „DH 360.1" bezeichnet und wurde längere Zeit für Bedienungsfahrten auf dem sechs Kilometer langen Reststück der 1967 stillgelegten Sulmtalbahn zwischen Pölfing-Brunn und Gleinstätten eingesetzt. Auch die Abbruchzüge auf der Sulmtalbahn in der Mitte der 70er Jahre waren mit der DH 360.1 bespannt.

Trotz ihres schon ehrwürdigen Alters investierte die GKB noch mehrfach in die Modernisierung der Lok:

> Anfang der 70er Jahre wurde nach einem Motorschaden zunächst ein neuer 400-PS-Jenbach-JW-400-Motor eingebaut. Verbunden damit konnten auch der Vorbau verkleinert und so die Sicht wesentlich verbessert werden. Die Schaltung wurde der der Reihe V600.1-3 (Jenbacher) angeglichen.
>
> 1984 erfolgte eine komplette Neuverblechung des Vorbaus. Für das Führerhaus war gleiches geplant.

Ein irreparabler Getriebeschaden bedeutete für die GKB-Lokomotive 1991 dann allerdings das „Aus". Die V36 wurde abgestellt und 1989 verschrottet.

V20/V36 BEI PRIVATBAHNEN IN ÖSTERREICH

Bahn/LokNr.		Typ	Herstellerdaten	Herkunft
Montafonerbahn	V10.011	V36	BMAG 10932/1939	USA/TC 9005 P
Montafonerbahn	V10.012	V36	O&K 21460/1941	USA/TC 9009
Montafonerbahn	(V10.013)	V36	BMAG 11458/1940	(nur geplant)
Montafonerbahn	V10.014	V36	BMAG 11645/1942	Brit.Rheinarmee 11645
Montafonerbahn	V10.015	V20	Deutz 39662/1942	Brit.Rheinarmee 39662
Montafonerbahn	2065.11	V36	O&K 21541/1942	Leihlok
	V10.011:	1969 an Mayr-Melnhof, Frohnleiten, V250.1		
	V10.012:	1968 an Andritzer Schleppbahn, Graz, Lok 3		
	V10.014:	1969 an Grazer Schleppbahn, Graz, DL 1		
	V10.015:	1970 an SUGANA, Zuckerfabrik Dürnkrut		
	2065.11:	Eigentum der Tauernkraftwerke Kaprun		
Graz-Köflach	DH 360.1	V36	Deutz 55101/1944	ÖBB 2065.01
	DH 360.1: 1992 ++			

Quellen: Brit.Rheinarmee, Glaser, Zwirchmayr, Eisenbahn

Vor allem durch die Verkäufe der Montafonerbahn gelangten ab Ende der 60er Jahre auch mehrere

Werkbahnbetriebe

(österreichisch: „Schleppbahnen") in den Besitz von V20/V36-Lokomotiven. Einen gewissen Schwerpunkt bildete dabei der Raum Graz. Die V36 ersetzten hier meist ältere Dielselloks österreichischer oder deutscher Bauart, seltener Dampflokomotiven. Eine Übersicht gibt die Liste auf Seite 516. Die Betriebe im Einzelnen:

Tauernkraftwerke Kaprun AG
Die TKW-Lok - **O&K 21541/1942** - war 1942 von der Vorgängergesellschaft „Alpen-Elektrowerke AG, Wien" fabrikneu beschafft worden. Einzelheiten dazu sind schon weiter vorn[489] erwähnt. Auf der Materialbahn zum Tauernkraftwerk in Kaprun war sie bis 1969 eingesetzt. Danach übernahm die ÖBB die weitere Anschlußbedienung. Die damit überflüssig gewordene V36 wurde in der Folgezeit verliehen. Zunächst

> ab 7.5.69 an die **Zillertalbahn** für Verschubarbeiten besonders im Zusammenhang mit dem Bau einer neuen Schlegeis-Talsperre im hinteren Zillertal bei Mayrhofen (Aufschemeln von Normalspurgüterwagen) im Bf. Jenbach und

487 Schienenverkehr aktuell 6/90
488 Bei beiden waren - wohl auch aus diesem Grund - die vergebenen Betriebsnummern MBS V10.014 und V10.015 nie an den Loks angeschrieben
489 Vergl. S.109

ab 25.11.69[490] (wie erwähnt) als Betriebsreserve an die **Montafonerbahn**.

Ihre signalrote Lackierung und die Betriebsnummer mit den irreführenden ÖBB-Anklängen (2065.11) erhielt die Lok übrigens erst 1968 bei einer HU in der HW St.Pölten. Bei dieser Gelegenheit wurden auch Aufbauten und Führerhaus modernisiert und der Motor auf 200 PS gedrosselt (bis zu dieser Leistung wird keine staatliche Triebfahrzeugführerprüfung verlangt). Die Drosselung ist bei den späteren Eigentümern wieder rückgängig gemacht worden. Die Anschlußbahn der TKW ist inzwischen stillgelegt und abgetragen.

Kartonfabrik Franz Mayr-Melnhof, Frohnleiten
Hier war ab 1970 die vormalige Montafoner V10.011 - **BMAG 10932/1939** - eingesetzt. Das Unternehmen fertigt Kartonverpackungen aus Altpapier. Anschluß zur ÖBB besteht über ein rund 3,5 Kilometer langes Werksgleis.

Die V36 ersetzte bei MM einen von Gebus in Lizenz gebauten 75-PS-Breuer-Traktor, der für eine geplante Werkserweiterung absehbar nicht mehr ausreichte. Allerdings mußte Mayr-Melnhof der Lok aufgrund eines noch bei der Montafonerbahn erlittenen Motorschadens 1970 zuerst einmal eine kleine Verjüngungskur verschreiben. U.a. wurden

- ein neuer Deutz-V-Motor, Typ F12L614, mit 250 PS bei 2300 UpM eingebaut,
- zwei mechanische Untersetzunggetriebe - Hersteller: Eisenbeiss & Söhne, Enns - eingepaßt sowie
- der Kühler entsprechend den Wärmedaten des neuen Motors verkleinert.

Bis 1982 erledigte die V36 bei der Kartonfabrik im Alleingang alle Rangier- und Übergabefahrten. Das Frachtaufkommen lag in dieser Zeit bei etwa 70-80 Waggons täglich. Die Loknummer lautete - entsprechend der neuen PS-Stärke - zunächst „V250.1", später hieß sie „50".

Die Ablösung kam 1982 in Form einer ebenfalls gebraucht erworbenen SGP-Lok Typ LDH 380 (ex Voest Linz 383.08). Die V36 wurde seitdem nur noch als Reserve eingesetzt und im Oktober 1988 mit Erwerb einer weiteren baugleichen SGP-Lok (ex Voest 383.02) endgültig abgestellt und im Jahr 2000 verschrottet.

Grazer Schleppbahngesellschaft (GSG), Graz-Karlau
Die GSG bediente in den 60er/70er Jahren acht Werke im Grazer Süden, darunter den Schlachthof und das städtische Gaswerk. 8,2 km Gleis. Betriebsmittelpunkt (mit Lokschuppen) in Graz-Karlau. Über 30 Jahre lang wurden hier V36 eingesetzt.

Ursprünglich besaß die GSG zwei V36, die von der Montafonerbahn - **BMAG 11645/1942** - bzw. von den Tauernkraftwerken - **O&K 21541/1942** - übernommen wurden. Beide liefen in der alten Lackierung weiter: DL1 in rheinarmee-blau, DL2 in ziegelrot. Im Herbst 1983 mußte die ehemalige TKW-Lok DL2 mit Kurbelwellenschaden abgestellt werden (zum Ausschlachten an die Andritzer Schleppbahn). Als Ersatz wurde 1984 in Deutschland eine moderne O&K-Lok (DL3, Typ MB280N, ex Kabelmetall Nürnberg) beschafft.

Andritzer Schleppbahn-Ges. (ASG), Graz-Gösting
Nur ein paar Kilometer weiter, in Graz-Gösting, fuhr die Andritzer Schleppbahn mit V36-Lokomotiven. Auch hier waren zwei Maschinen eingesetzt; eine dritte wurde zuletzt noch als Ersatzteilspender hinzugekauft:

O&K 21460/1941 - Lok 3 (ex V36.03):
26.2.68 ex Montafon; 1985 abg., aber mit Teilen (u.a. Radsätzen) des Ersatzteilspenders neu aufgearbeitet.
Deutz 46838/1948 - Lok 4 (ex V36.04):
27.12.73 ex Altona-Kaltenkirchen-Neumünster; Hochführerhaus, 1990 abgestellt.
O&K 21541/1942 - DL2 :
im Frühjahr 1985 als rollendes Ersatzteillager übernommen; Reste Anfang der 90er Jahre ++.

Der Bahnbetrieb war dem der GSG ähnlich: Sieben Nebenanschließer, darunter als Hauptkunden die Papierfabrik Graz und die Maschinenfabrik Andritz; 10 km Gleis; rund 600 Waggons im Monat. Die V36 ersetzten hier zwei kleinere, zweiachsige Gebus-Lokomotiven. Lok 3 und 4 wurden 1995 an den Verband der Eisenbahnfreunde, Wien, verkauft. Den Betrieb auf der Andritzer Schleppbahn besorgten seitdem von den ÖBB übernommene Jenbacher Typen, ex Reihe 2060.

Schleppbahn Liesing Betriebsgesellschaft, Wien
Die Schleppbahn im Wiener Süden übernahm per 2.5.66 die vormalige ÖBB-Lok 2061.01 - **Deutz 27306/1940**. Größere Umbauten oder auch nur eine Neulackierung oder Umnummerung unterblieben. Lediglich die Puffer wurden wegen der engen Gleisradien bei einigen Anschließern gegen solche mit extra großen Puffertellern getauscht.

16 Jahre lang hatte die 9,4 km lange Schleppbahn mit der kleinen V20 ihr Auskommen. 1982 mußte die Lok mit Motorschaden abgestellt werden. Danach war in Liesing eine 420-PS-Industrie-Ausführung der ÖBB-Reihe 2067 von SGP (Type LDH420) eingesetzt.

Leipnik-Lundenburger Zuckerfabriken AG, Wien
SUGANA Zucker Ges.mbH, Wien
Die zweite V20 in Österreich war die vormalige MBS V10.015, **Deutz 39662/1942**. Sie wurde per 17.6.70 von der Leipnik-Lundenburger (= später SUGANA) Zucker übernommen und in den Folgejahren bei mehreren zum Konzern gehörigen Zuckerfabriken eingesetzt.

Juni 1970 - Nov. 1980: Zuckerfabrik Dürnkrut
Nov.1980 - Juli 1981: Zuckerfabrik Hohenau
Juli 1981 - Apr. 1983: Zuckerfabrik Dürnkrut
Apr. 1983 - Juni 1991: Zuckerfabrik Leopoldsdorf

Zum Teil diente die V20 dabei wohl nur als Verstärkungslok während der Zuckerrübenkampagne und war in der übrigen Zeit hinterstellt; für den Regelverkehr wurden meist zweiachsige Jenbacher Loks mit 50, 100 oder 200 PS vorgehalten[491]. Einzelheiten:

V20/V36 BEI SCHLEPPBAHNEN IN ÖSTERREICH

Betrieb/LokNr.	Typ	Herstellerdaten	Herkunft
Tauernkraftwerke 2065.11	V36	O&K 21541/1942	neu
Mayr-Melnhof V250.1	V36	BMAG 10932/1939	Montafonerbahn V10.011
Grazer Schleppbahn DL1	V36	BMAG 11645/1942	Montafonerbahn V10.014
Grazer Schleppbahn DL2	V36	O&K 21541/1942	Tauernkraftwerke Kaprun
Andritzer Schleppbahn 3	V36	O&K 21460/1941	Montafonerbahn V10.012
Andritzer Schleppbahn 4	V36	Deutz 46838/1948	AKN V2.006
Andritzer Schleppbahn DL2	V36	O&K 21541/1942	Grazer Schleppbahn DL2

TKW 2065.11:	1972 an Grazer Schleppbahn, DL2
MM V250.1:	1988 +/2000 ++
GSG DL1:	2000 an Dampfbahn Fränkische Schweiz
GSG DL2:	1985 an Andritzer Schleppbahn
ASG 3:	1995 an VEF Groß-Schwechat
ASG 4:	1995 an VEF Groß-Schwechat/++
ASG DL2:	Ersatzteilspender; ++

Schleppb. Liesing 2061.01	V20	Deutz 27306/1939	ÖBB 2061.01
SUGANA Zucker oNr	V20	Deutz 39662/1942	Montafonerbahn V10.015

Liesing:	1983 an VEF Groß-Schwechat
SUGANA:	1991 an Martinsberger Lokalbahnverein

Quellen: HW St.Pölten, Glaser, Eisenbahn, SvA, Auskünfte von Unternehmen

490 7.12.70 - 6.5.71 erneut bei MBS; nicht i.E.; schadhaft
491 Hoch, Werkslokomotiven, S.82; Kenning, Eisenbahnhandbuch, S.94

Ing. Karl Zwirchmayr

TKW Kaprun:
Die großen Fensterflächen und die modernen Lampen gaben der Tauernkraftwerke-Lok zuletzt ein ziemlich flottes Aussehen. Die 2065-Nummer ist allerdings ein reines Phantasieprodukt; die Lok war nie bei den ÖBB (Schruns, Januar 1970).

Ludger Kenning

Kartonfabrik Mayr-Melnhof Frohnleiten:
Die alte US-Army-Lok verrichtete auch bei MM in der Steiermark noch ein gutes Dutzend Jahre brav ihren Dienst. Als dieses Bild direkt an der Werkszufahrt zur Kartonfabrik enstand, vertrat sie bereits nur noch die planmäßige SGP-Lok (Frohnleiten, 7.8.84).

In **Dürnkrut** ersetzte die V20 die letzte aktive Zucker-Dampflok in Österreich, einen C-Kuppler der WLF. Die V20 war zeitweise im 24-Stunden-Rund-um-die-Uhr-Einsatz.
Hohenau: Lok hinterstellt als Reserve für Hohenau und Leopoldsdorf; praktisch nicht in Betrieb (die Zufa hatte außerdem zwei Krauss-Maffei- und eine Jenbacher Lok in Bestand).
Leopoldsdorf: Hier erhielt die Deutz-Maschine 1986 einen längst fälligen Neuanstrich in ÖBB-rot mit gelben Rallye-Streifen (analog dem vormaligen Rheinarmee-Muster, aber in anderen Farben).

Um 1990, nach Stilllegung der Zuckerfabriken Enns und Siegendorf, entstand bei der SUGANA ein Loküberhang. Die V20 wurde abgestellt.

Durch die Initiative von Eisenbahnfreunden sind erfreulicherweise auch in Österreich sowohl eine V36, als auch die beiden V20 als

Museumslokomotiven

erhalten geblieben. Den Anfang machte der **Verband der Eisenbahnfreunde (VEF)** mit seinem Museum in Groß Schwechat. Bereits im Herbst 1983 wurde die ehemalige ÖBB 2061.01, ex Schleppbahn Liesing, erworben. An V36 kamen 1995 die Andritzer Lok 3 und 4 hinzu, letztere jedoch nur als Ersatzteilspender (noch 1995 ++).

Danach haben alle drei erhaltenen V20/V36 in Österreichs Museumslok-Landschaft allerdings mehrfach Besitzer und Abstellungsorte gewechselt. Am übersichtlichsten in Listenform:

V36 (O&K 21460)

1995-2002	Verband der Eisenbahnfreunde
2002-2010	Österr. Club für Diesellokgeschichte
2010-	Österr. Ges. für Eisenbahngeschichte

V20 (Deutz 27306)

1983-2003	Verband der Eisenbahnfreunde
2003-	Österr. Club für Diesellokgeschichte

V20 (Deutz 39662)

1991-2003	Martinsberger Lokalbahnverein
2003-2020	Museums-Lokalbahnverein Zwettl
2020-	Österr. Ges. für Eisenbahngeschichte

Die beiden heute bei der **Österreichischen Gesellschaft für Eisenbahngeschichte (ÖGEG)** erhaltenen Loks gehören zur großen Fahrzeugsammlung im „Lokpark Ampflwang“, sind jedoch nur hinterstellt und

Josef Fugger

Schleppbahn Liesing: Selbst die Loknummer blieb die alte. Bei Übernahme der ex ÖBB 2061.01 wurde in Liesing nur das ÖBB-Zeichen übermalt. Weiteres markantes Merkmal der Schleppbahn-V20: Die großen Pufferteller für das Rangieren in engen Anschlußbahn-Kurven (Wien-Liesing, 31.8.79).

(derzeit) nicht öffentlich zu sehen. Zugang der V36 per 21.11.2010, die V20 ist seit dem 31.05.2020 hier.

Die ex 2061.01 des **Österreichischen Clubs für Diesellokgeschichte (ÖCD)** steht seit 2017 am alten Heizhaus in Sankt Aegyd am Neuenwalde südlich von St.Pölten, ihrem früheren Einsatzort zu ÖBB-Zeiten. Geplant ist, sie zumindest äußerlich wieder in den Bauzustand Anfang der 60er Jahre zurückzuversetzen.

Palästina/Israel

Bei den Kämpfen in Nordafrika hatte die britische Armee zwischen El Alamein und Tobruk etliche deutsche Kriegsdiesselloks erbeutet[492] und, soweit noch verwendbar, in den Bestand des **War Departments (WD)** eingestellt. Der Einsatz auf der ägyptisch-libyschen Wüstenbahn dauerte danach nur noch wenige Monate. Anschließend, noch 1943, wurden die WR-Loks nach Palästina umgesetzt.

Insgesamt vier ehemalige Wehrmachtloks erlebten hier das Kriegsende:

WD 70246:[493]	**BMAG 11118/1941**	WR550D14
WD 70247:	**Gmdr. 3610/1941**	WR200B14
WD 70248:	**BMAG 11465/1941**	WR360C14
WD 70249:	**BMAG 11464/1941**	WR360C14

Mit Ausnahme der V20, die in einem US-Lager in Darb-el-Hag[494] rangierte, wurden alle deutschen Maschinen auf der erst kurz zuvor eröffneten Küstenbahn Haifa - Beirut - Tripoli eingesetzt. Die rund 200

492 Vergl. S.156ff.
493 Die Einnummerung in das WD-Schema erfolgte zwischen August und November 1944; Tourret, War Department, S.1
494 Cotterell, Railways, S.134, nennt stattdessen ein WD-Lager in Azzib

Unten: Das Ende einer besonderen Lok: Die ex WD 70246 war eine von nur drei Lokomotiven der WR550D14-Bauart. Erst von der Wehrmacht in Nordafrika eingesetzt, dann vom britischen Militär in Palästina. Hier steht sie abgestellt in Haifa.

Horst Kühnhackl

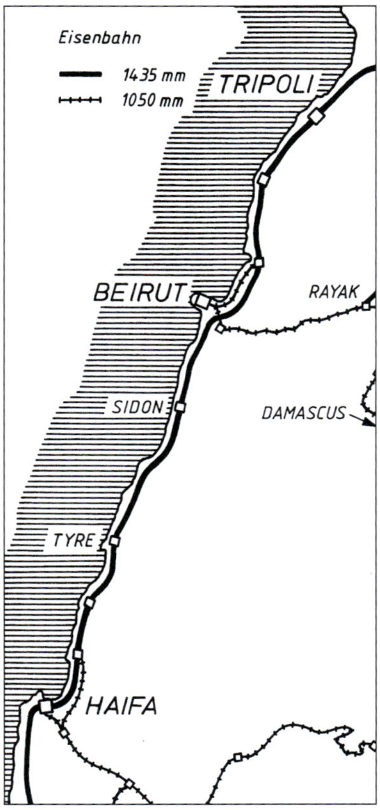

Eisenbahnmuseum Haifa, Sammlung Stefan Lauscher

km lange Strecke hatte große strategische Bedeutung[495] und war mit einem Massenaufgebot von 9000 Arbeitskräften in der Rekordzeit von nur 16 Monaten geradezu aus dem Boden gestampft worden[496]. Der Umfang der Erdbewegungen (Tunnel, Einschnitte) soll außerordentlich groß gewesen sein.

Die deutschen Dieselloks hatten auf der Haifa-Beirut-Linie zweifellos mit den gleichen Problemen bei der Ersatzteilversorgung zu kämpfen wie in Nordafrika. Schon im Februar 1946, nachdem genügend WD-Dampfloks von anderen ehemaligen Kriegsschauplätzen herbeigeschafft worden waren, standen deshalb alle vier Loks in Palästina auf der Ausmusterungsliste des War Departments.

Die WR550D14 (WD-Nr. 70246) wie auch die beiden WR360C14 (WD 70248/249) waren noch lange Zeit - bis mindestens 1958![497] - im Bf. Haifa-Ost abgestellt. Die israelische Staatsbahn **Rakevet Yisrael (RY)**, der die Loks nun - nach Ende des britischen Mandats und Ausrufung des Staates Israel 1948 - gehörten, unternahm sogar noch Versuche, zumindest eine der beiden V36 mit Tauschteilen der zweiten Lok wieder instandzusetzen, blieb damit aber ohne Erfolg[498]. Etwa 1958 wurden zunächst zwei, etwas später dann auch die dritte Lok verschrottet. In den offiziellen RY-Bestand ist keine der abgestellten WD-Lokomotiven mehr gekommen.

Sammlung Stefan Lauscher

Ein deutscher Panzerzug in Polen: Die WR550D14 - bei genauem Hinsehen kann man die vier Achsen unter der großen Panzerglocke gerade noch erkennen! - überlebte hier, gut versteckt, bis zum heutigen Tag (Skarzysku Kamienna, um 1980).

Polen

Polen ist trotz aller Veränderungen in der politischen Landkarte und einer überaus agilen Eisenbahnfreunde-Szene in Sachen Wehrmachtdiesellokomotiven noch immer eine große Unbekannte. Mindestens fünfzehn V20/V36 lassen sich in der Zeit bis 1945 an Wehrmachts- und Rüstungsstandorten (Wifo, Dynamit AG, Pölitz) im heutigen Staatsgebiet von Polen sicher nachweisen; vor allem in Schlesien und Niederschlesien. Dennoch scheint keine dieser Loks nach 1945 noch existiert oder zumindest längere Zeit überlebt zu haben. Weder bei der PKP, noch bei der polnischen Industrie (Werkbahnen) ließen sich bislang V20/V36 belegen. Hier dürften sicher Abtransporte (vor 1945 nach Westen, nach 1945 in die Sowjetunion) eine Rolle gespielt haben.

Wenn Polen bei den Nachkriegsverbleiben der WR-Loks trotzdem eine besondere Stellung einnimmt, dann wegen einer einzigen Lokomotive, die bis zum heutigen Tag - gut „versteckt" - erhalten geblieben ist: Die **O&K 21304/1942**, eine der nur drei WR550D14-Lokomotiven!

Die Maschine war, wie schon weiter vorne angesprochen[499], nach ihrer Werkserprobung 1943 bei der Panzerzug-Abteilung in Rembertow/b.Warschau stationiert und mit übergestülpter Stahlglocke und flankierenden Artillerie-Wagen als Panzer-Triebwagen 16 eingesetzt worden.

In dieser Zusammenstellung überlebten Lok und Zug nicht nur den Weltkrieg, sondern, nunmehr im Besitz des polnischen Heeres, auch die Einsätze bei Kämpfen gegen ukrainische Rebellen 1946/47 im Raum Przemyśl im äußersten Südosten Polens.

Ende der 40er/Anfang der 50er Jahre wurde der Zug noch einmal instandgesetzt und teilweise neu bewaffnet. Etwa zu dieser Zeit dürfte die Lok auch ihre PKP-Nummer 870027 erhalten haben. Zu weiteren Einsätzen kam es aber nicht mehr. Ein knappes Vierteljahrhundert lang blieb der Panzerzug nun ungenutzt in Przemyśl hinterstellt. 1974 wurde er dem Eisenbahnmuseum in Warschau übergeben, das ihn zunächst weiter in Przemyśl (1974-77) bzw. in Skarżysku Kamienna (ab 1977) deponierte[500] und erst Anfang der 80er Jahre in die ständige Ausstellung des Museums nach Warschau holte. Die WR550D14 blieb während all der Jahre im Zug … und durch die fast bis auf die Schienen reichende Panzerglocke beinahe unerkannt.

Zug und Lok kamen sogar zu Film-Ehren: Für den propagandistisch gefärbten Streifen „Jarzębina czerwona" (übersetzt etwa: „Rote Vogelbeeren"; der Film zeigt den heldenhaften Kampf der polnischen Armee um Kolberg) durfte der Zug für einige Szenen durchs Bild rumpeln.

Die Zukunft der eisenbahnhistorisch natürlich besonders wertvollen WR550D14 scheint derzeit nicht gefährdet. Versehen mit einem (militär-grünen) Neuanstrich und nach mehrfachen Standortwechseln Anfang der 90er Jahre, sind Lok und Zug inzwischen wieder im Warschauer Eisenbahnmuseum zu sehen.

Rumänien

Der Staat an der Schwarzmeerküste war seit seinem Beitritt zum Dreimächtepakt im November 1940 ein wichtiger Verbündeter des Deutschen Reiches: Strategischer Brückenkopf auf dem Balkan, vor allem aber Rohöllieferant für das vom Weltmarkt abgeschnittene Deutschland. Die Rumänischen Eisenbahnen **Caile Ferate Romané (CFR)** nutzten - keineswegs zur Freude der Reichsbahn und des Hauptausschusses Schienenfahrzeuge - diese Situation zu umfangreichen Fahrzeugbeschaffungen bei der durch die Kriegslokprogramme ohnehin hochbelasteten deutschen Lokomotivindustrie[501]. Im Sommer 1944 besetzte die Rote Armee den

---

495 Durchgehende normalspurige Verbindung von Ägypten zur Türkei bzw. zum Irak; Hughes, Middle East, S.47f.; Diekmann, Kriegsbahnbauten, S.824

496 Eröffnungsdaten: Haifa - Beirut = August 1942, Beirut - Tripoli = 20.12.42; BA-MA RH66/H14/192

497 Mitteilung von T.Pelz, Haifa

498 Cotterell, Railways, S.90

499 Vergl. S.153f.

500 Magnuski, Wozy boyowe, S.277f.

501 U.a. 100 Kriegsdampfloks Baureihe 52 für die CFR; Griebl/Wenzel, Kriegslokomotiven, S.96ff.; Gottwaldt, Kriegslokomotiven, S.70f.; darüber hinaus wurden auch zahlreiche Werk- (Deutz, Gmeinder) und Grubenlokomotiven (Ruhrthaler) nach Rumänien geliefert

Hans-Peter Gladtfeld

Im Land der hohen Berge: Die rollende Werbetafel von Debrunner & Cie war eine der fünf Nachbau-V20 von Gmeinder. Sie gehört inzwischen zur Sammlung der Bielefelder Eisenbahnfreunde (Frenkendorf, 30.8.94)

größten Teil des Landes. Am 29. August 1944 erklärte Rumänien - nunmehr im sowjetschen Einflußbereich - Deutschland den Krieg.

Begünstigt durch die reichen Ölvorkommen hatten bei der CFR schon 1937 erste Versuche mit der Dieseltraktion begonnen[502]. Ab 1941 zeigten die rumänischen Stellen dann auch großes Interesse an der WR360C14. Nach längeren Verhandlungen lieferte Schwartzkopff aus laufender Serienfertigung für Luftwaffe und Heer mindestens zwei Loks der Wehrmachtstype an die CFR. Am 16./17.2.43 fanden - in Anwesenheit rumänischer Beamter - die Abnahmefahrten auf der durch ihren gebirgigen Charakter bekannten Steilstrecke Heidenau - Altenberg bei Dresden statt[503].

Leider läßt die sehr dürftige Quellenlage gerade zu dieser Lieferung noch viele Fragen offen. U.a.:

Welche Fabriknummern hatten die BMAG-V36?
Wo in Rumänien waren sie eingesetzt?
Welche CFR-Nummern hatten sie?

Auch ein längerer Zeitschriften-Aufsatz[504], in dem die Rumänien-Lieferungen angesprochen sind, gibt darauf leider keinerlei Antworten. Dort heißt es lediglich:

Die Berliner Maschinenbau AG (BMAG), vormals Louis Schwartzkopff, hat für die rumänische Staatsbahn im Jahre 1942 mehrere schwere Motorlokomotiven gebaut und geliefert. Zwei dieser Maschinen wurden seinerzeit beim Versuchsamt für Lokomotiven und Triebwagen der Deutschen Reichsbahn hinsichtlich ihrer Leistungsfähigkeit geprüft und schließlich einer rumänischen Abnahmekommission unter den vom Abnehmer geforderten Bedingungen ... vorgeführt. Die beiden Lokomotiven hatten die an sie gestellten Forderungen erfüllt und sind damals alsbald in den Dienst der rumänischen Staatsbahn übernommen worden.

Eine gewisse Vorstellung von dem vorgesehenen Einsatzgebiet vermittelt immerhin folgender Abschnitt des gleichen Aufsatzes:

Die rumänische Staatsbahn hatte zur Abnahme als Bedingung gestellt, daß die Lokomotive einen Zug von 200 t Gewicht in 700 m Seehöhe auf einer Steigung von 40 ‰ befördern könne. Die Geschwindigkeit war mit ca. 5 km/h festgelegt.

Über das weitere Schicksal der Rumänien-V36 ist nichts bekannt. Fest steht lediglich, daß die Maschinen im CFR-Bestand nach 1945 nicht mehr auftauchen[505]. Möglicherweise wurden sie, ebenso wie die meisten 52er-Dampfloks, in die Sowjetunion abtransportiert. Auch eine Weiterverwendung als Werkloks in der Industrie wäre natürlich denkbar. Beide Loks hatten Deutz-Motor und Plattenschutz. Infrage kommen besonders Maschinen aus der letzten BMAG-Serie, Fabriknummern 12044 ff..

Schweden

Schweden hat sich insbesondere durch die hier sehr zahlreich eingesetzten V36-Nachfolgetypen von Deutz und Esslingen einen festen Platz in den Annalen der WR-Lok erobert; Einzelheiten zu diesen modifizierten Nachkriegsbauarten ab Seite 527.

Kaum bekannt sind dagegen zwei V36 der Originaltype, die bis Anfang der 60er Jahre auf der Industriebahn des **Degerfors Järnverk** (Eisenwerk Degerfors) in Zentralschweden in Betrieb standen. Beides waren Jung-Lokomotiven; die ältere stammte aus Wehrmachtslieferungen, die andere war ein unveränderter Nachbau aus dem Jahr 1951:

	Jung 8508/1940	1949 ex Belgien
Nr. 2	**Jung 11490/1951**	1951 neu

Die Jung 8508 war schon vor der Übernahme in Belgien mit einem neuen 12-Zylinder-Paxman-Motor ausgerüstet worden und brachte damit immerhin 500 PS bei 1400 UpM auf die Schiene. Nr. 2 hatte MWM-Motor (360 PS). Beide Maschinen wurden 1963 durch modernere Lokomotiven ersetzt. Während die Umbaulok auf den Schrott wanderte, fand die jüngere Schwesterlok weitere Verwendung in Dänemark.

---

502 120-PS-Rangierloks von Malaxa (CFR-Type D20) und 4400-PS-Henschel/Sulzer/BBC-Doppellok (CFR-Nrn. 241.001-002)
503 Voith-Monteursberichte; vergl. auch S.42f.
504 Koch, Beschreibung, S.48ff.
505 Halliwell, Roumania, S.76

Schweiz

Die Eidgenossen sind nur mit einer einzigen V20 in der Geschichte der Wehrmacht-Lokomotiven vertreten. Die Maschine kam Mitte 1967 gebraucht ins Land der hohen Berge und war - zeitweise im Wechsel mit einer Aebi-Lokomotive - fast vier Jahrzehnte bei der Stahlhandelsfirma **Debrunner & Cie AG** in Frenkendorf-Fullinsdorf im Kanton Basel-Land im internen Rangierbetrieb eingesetzt.

Die Fabrikdaten: **Gmeinder 4274/1947**, also eine Lok aus der V20-Nachbauserie von Gmeinder. Sie gehörte zuvor den Daimler-Benz-Werken in Gaggenau bzw. Wörth. 2003 wurde die in der Schweiz signalgelb lackierte Lok an das Süddeutsche Eisenbahnmuseum in Heilbronn (SEH) verkauft. Seit 2025 ist sie im Museumslokbestand der Bielefelder Eisenbahnfreunde.

Sowjetunion

Wieviele V20/V36-Loks in den letzten Kriegsmonaten auf dem Gebiet der UdSSR stehen blieben oder in den frühen Nachkriegsjahren aus den neuen „Bruderländern" des Ostblocks hierhin verschleppt wurden, läßt sich seriös nicht abschätzen. Fest steht: Die Demontagen und Requirierungen gerade an Eisenbahnmaterial und -fahrzeugen in den besetzten Ländern waren außerordentlich umfangreich[506]. Und Verwendung für Lokomotiven in Bauart und Leistungsstärke der V36 gab es zweifellos auch in der großen Sowjetunion zur Genüge.

Offenkundig sind die meisten V36 an die sowjetische Industrie gegangen. Detaillierte Aufzeichnungen sind, anders als bei den vergleichsweise gut dokumentierten Staatsbahnlokomotiven (z.B. Baureihe 52, russische TE) deshalb praktisch nicht verfügbar. Die einzigen bislang mit Einzelnummern nachweisbaren Wehrmachtdieselloks in der UdSSR stammen aus einer Auflistung der von der Sowjetischen

M i l i t ä r v e r w a l t u n g

des Transportwesens **Šowjetskaja Wojennaja Administrazija Transporta (SMAT)** geführten Beutelokomotiven; Stand: 5.1.47. Insgesamt nennt die Liste[507] nicht weniger als 274 typen- wie herstellermäßig nicht näher spezifizierte deutsche Beute-Dieselloks, darunter über 120 Reichsbahn-Kleinloks LgI/LgII und mindestens zehn sicher identifizierbare V36:

T 1981 (Krupp):	Hüttenindustrie
T 10934 (BMAG):	Volkskommissariat BHE
T 10992 (BMAG):	Hütte Krasnodar
T 11215 (BMAG):	Hütte Krasnodar
T 11217 (BMAG):	Hüttenindustrie
T 11467 (BMAG):	Volkskommissariat BHE
T 11651 (BMAG):	Hütte Krasnodar
T 11652 (BMAG):	Volkskommissariat BHE
T 12053 (BMAG):	Hütte Krasnodar
T 21452 (O&K):	Volkskommissariat BHE

Bei folgenden Loks gibt es (die für Verzeichnisse dieser Art wohl kaum vermeidbaren) Ungereimtheiten durch Erfassungsfehler, Zahlendreher o.ä.:

T 10992: auch bei SNCF genannt
T 21452: auch als DB-Lok nachgewiesen

Alle genannten Loks hatten T-Nummern (T = Trofija = Beute), was sie, zumindest zu diesem Zeitpunkt, als im Besitz des Militärs und nicht etwa der Staatsbahnen ŠZD ausweist. Die Abkürzung BHE bezeichnet das „Volkskommissariat für Bergbau, Hüttenwesen und Energiewirtschaft" und entspricht dem späteren, gleichnamigen Ministerium. Krasnodor war eine bedeutende Stahlhütte in der Industriestadt am Kuban in Nordkaukasien.

Was ist aus den sowjetischen Beute-V36 geworden? Auch hierfür gibt es leider keine aussagekräftigen Unterlagen. Nicht ausgeschlossen ist, daß - wie bei Dampf- und Kleinloks belegt - auch von den WR-Lokomotiven einige an die „Bruderländer" des Ostblocks, namentlich an die Tschechoslowakei, abgetreten wurden. Weitere werden wohl als Werkloks in der Industrie geblieben sein.

Mindestens drei[508] V36-Lokomotiven gelangten noch in den Bestand der sowjetischen

S t a a t s b a h n e n

Šowjetskije Zeleznyie Dorogi (ŠZD); eine davon mit der Baureihenbezeichnung[509] D^G14. Laut Rakov[510] wurde die D^G14-1 im Jahr 1946 umfangreichen Probefahrten durch das Gesamtrussische Forschungsinstitut für den Eisenbahnverkehr in Zusammenarbeit mit der Abteilung für Diesellokbau der Moskauer Technischen Hochschule unterzogen. Der Probelauf fand bei der Moskau-Kursker Eisenbahn statt, wo die Lok sowohl im Rangierdienst, wie auch vor kurzen Personenzügen (2-3 Wagen) auf der schwach frequentierten Strecke Frjazevo - Noginsk an der östlichen Peripherie von Moskau eingesetzt war. Über die Ergebnisse der Testfahrten heißt es bei Rakov:

> *Bei den Probeläufen wurde eine zufriedenstellende Zuverlässigkeit sowie eine zufriedenstellende Leichtigkeit der hydromechanischen Übertragung festgestellt. Als Mangel der hydromechanischen Übertragung trat die Notwendigkeit eines Kälteschutzes im Winter auf, um zu vermeiden, daß das Schmieröl zähflüssig wird.*

Sammlung Toms Altbergs

Leider angeschnitten, aber bei einem solch seltenen Bilddokument darf auch das mal sein. Das Foto der M^G3-2 im Lokdepot der litauischen Hauptstadt Vilnius ist das einzige bekannte Bild einer V36 nach 1945 in der Sowjetunion.

---

506 Vergl. auch Griebl/Wenzel, Kriegslokomotiven, S.84, 95, 97; Fröhlich, Österreich, S.89ff.

507 Mitgeteilt von Ulrich Walluhn, Erfurt

508 Über die genaue Anzahl der von den ŠZD übernommenen V36 gibt es unterschiedliche Angaben: Keller (Getriebe, S.288) spricht von einer, Fleischer (Diesellokomotiven, S.273) von definitiv zwei, Stockklausner (50 Jahre, S.150) sogar von *„einer Anzahl"* V36 bei den SZD. Russische Archive (Eisenbahnministerium Moskau und Eisenbahnmuseum St. Petersburg) nennen meistens die Zahl zwei.

509 D = Diesellokomotive, G = Hydraulik Gidravlicheskij), 14 = Achsdruck; bei den M^G3-2 bzw. M^G2-4 bedeuten M = Motorlokomotive (Motovoz); G = Hydraulik; 3 bzw. 2 steht für die Anzahl der Achsen; warum baugleiche V36-Loks damit unterschiedliche Baureihenbezeichnungen – D^G14 und M^G3 – hatten, gehört zu den vielen Mysterien der russischen Lokbezeichnungen.

510 Rakov, Lokomotiven, S.424f.

Die V36 bei den ČSD

Fast ein halbes Jahrhundert Heimlichtuerei, Geheimhaltungs-Wahn und Spionageverdacht jedem (auch der eigenen Bevölkerung) gegenüber, der sich näher für die Geschichte der ein oder anderen Lok interessierte, machen auch Recherchen nach den Stationierungen der ČSD-V36 zu einem schwierigen Unterfangen. Herauszubekommen sind nur noch Bruchstücke. Daß sie dennoch ein erkennbares Bild von der Verteilung und den Einsätzen der alten WR-Loks bei den ČSD ergeben, ist vor allem der unermüdlichen Suche des tschechischen Hobby-Freundes Jaroslav Wagner zu verdanken.

Mit Ausnahme der erwähnten Streckeneinsätze im Raum Prag dürften die T 333.1 und T 334.0 hauptsächlich Rangierarbeiten verrichtet und sich bei der Anschlußbedienung nützlich gemacht haben. Mehrfach wird in den Berichten der Heizhäuser an die Direktionen auch der Ersatzteilmangel beklagt, was zu teils beträchtlichen Standzeiten im Ausbesserungswerk führte.

Das erst Ende 1948 eröffnete Depot Praha-Libeň war speziell für die Stationierung von Motorfahrzeugen (Schnelltriebwagen, Diesel- und Kleinloks) eingerichtet. Die bis dahin in den anderen Prager Heizhäusern beheimateten V36 wurden daher Ende 1948 nach Libeň umstationiert.

T 333.101:

(15.12.45)	- 12.02.47	Praha Vrš.-Nusle	(Řsd. Praha)
13.02.47	- (31.12.50)	České Budějovice	(Řsd. Plzeň)
28.09.52 +			

T 334.001:

(21.12.45)	- (31.12.46)	Praha-Vrs.-Nusle	(Řsd. Brno)
(.10.47)	- (31.12.47)	Praha-Masarykovo	(Řsd. Praha)
49	- 21.04.52	Česká Třebová	(Řsd. Brno)
22.04.52	-	Ústí/n.L.	(Řsd. Ústí)
	- 17.06.56	Spišská Nová Ves	(Řsd. Košice)
19.06.56 +			

T 334.002:

(10.12.45)	- (31.12.47)	Praha-Vrš.-Nusle	(Řsd. Praha)
.12.48	- (31.12.50)	Praha-Libeň	(Řsd. Praha)
(28.04.52)	-	České Budějov.?	(Řsd. Plzeň)
52	- 07.11.53	Spišská Nová Ves	(Řsd. Košice)
08.11.53	- 09.04.57	Vrútky	(Řsd. Košice)
10.04.57 +			

T 334.003:

(31.12.50) verliehen an Spolana, Neratovice

T 334.004:

(31.12.45)	- (.46)	Plzeň	(Řsd. Plzeň)
(31.12.46)	- (31.12.50)	České Budějovice	(Řsd. Plzeň)
(.55)	- (.56)	Plzen	(Řsd. Plzeň)
	- (09.04.57)	Cheb	(Řsd. Plzeň)
10.04.57 +			

T 334.005:

(31.12.45)	- 01.08.46	Břeclav	(Řsd. Brno)
02.08.46	-	Kralupy n.Vlt.	(Řsd. Praha)
(.47)	- (.48)	Praha-Vrš.-Nusle	(Řsd. Praha)
16.01.48 +			

Brno	= Brünn
Břeclav	= Lundenburg
Česke Budějovice	= Budweis
Česka Třebová	= Böhmisch Trübau
Cheb	= Eger
Kosice	= Kaschau
Kralupy n.Vlt.	= Kralup a.d.Moldau
Plzeň	= Pilsen
Praha	= Prag
Spišská Nová Ves	= Zipser Neudorf
Ústí/n.L.	= Aussig/Elbe
Vrútky	= Ruttka

Die Lok soll seit 1945 beim Triebwagen-Depot Ramenskoe in Moskau-Rjasankoj stationiert gewesen sein[511]. Aufgrund ihrer vergleichsweise geringen Leistung wurde sie jedoch schon bald aus dem Versuchsbetrieb abgezogen und an ein nicht näher genanntes *„Eisenbahnwerk"* abgegeben. Möglicherweise kam sie zwecks weiterer Erprobung zur Lokomotivfabrik Murom, wo in der Folgezeit die sowjetischen Hydrauliklokomotiven entwickelt wurden.

Von einer zweiten V36-Lok wird lediglich berichtet, daß sie später bei der Maschinenfabrik Nowokramatorskom (nördlich von Donezk in der Ukraine) in Betrieb war. Als ausländisches Fabrikat ohne jede Ersatzteilbasis dürfte auch sie nicht allzu lange überlebt haben.

Der großartigen Forschungsarbeit des lettischen Eisenbahnfreundes Toms Altbergs[512] ist es zu verdanken, dass inzwischen weitere V20/V36-Lokomotiven in der Sowjetunion bekannt geworden sind. Bereits kurz angesprochen (siehe Kapitel Litauen) wurde eine WR360C14, die nach 1945 im litauischen Vilnius auftaucht. Die Lok lief dort unter der Betriebsnummer M^G3-2. Bis mindestens 1955 - sogar mit Filmaufnahmen belegt! – war sie in Vilnius eingesetzt, später im lettischen Daugavpils (Dünaburg). Dort wurde sie erst am 15.1.1975 ausgemustert.

Und auch mindestens eine V20 hat es in der UdSSR gegeben. Betriebsnummer M^G2-4, Baujahr angeblich 1942. Einsätze der bereits auf Breitspur umgebauten Lok sind für das Frühjahr 1952 in Pererva (Ellok- und Triebwagendepot) südöstlich von Moskau bekannt. Nach einer Generalüberholung wurde die Lok dann im April/Juli 1953 – ähnlich der D^G14-1 – einer umfassenden Erprobung durch das Gesamtrussische Forschungsinstitut für Eisenbahnverkehr unterzogen. Der Erprobungsbericht[513] endete mit der klaren Empfehlung, bei der anstehenden Beschaffung von neuen Rangierloks in der Sowjetunion die hydraulische Kraftübertragung zu bevorzugen. Zuletzt war die M^G2-4 im Bestand der Oktoberbahn; Ausmusterung dort per 26.6.1963.

Genaue Fahrzeugdaten sind leider für alle vier genannten Staatsbahn-V20/V36 nicht überliefert. Die D^G14-1 (V36) hatte Deutz-Motor. Die M^G2-4 (V20) soll dem Bericht zufolge einen MAN-Motor besessen haben; wirklich gesichert sind diese Angaben aber nicht. Aufgrund verschiedener Indizien könnte es sich auch um eine der wenigen WR240B gehandelt haben.

Unübersehbar ist der Einfluss, den die Beute-Wehrmachtloks auf die weitere Diesellokentwicklung in der UdSSR genommen haben. Als sich die ŠZD 1956 erstmals mit der Serienbeschaffung dreiachsiger Rangierdieselloks beschäftigten, orientierten sie sich nicht nur bei der Entscheidung für die hydraulische Kraftübertragung an der V36.

Sowjetische Berichte sprechen auffallend offen davon, daß speziell die 400 PS starke TGM-1 (Prototypen und Vorserie in 1956, Serienbau ab 1957) in weiten Teilen von der V36 regelrecht *„abgeguckt"* war. Die TGM-1 wurde zur russischen Standardlok, nicht nur bei den ŠZD, sondern auch auf unzähligen Industrieanschlußbahnen des Riesenstaates. Die Lokomotivfabrik Murom fertigte die TGM-1 bis in die 70er Jahre hinein mehr als 3300 mal (auch für den Export: Kuba, Bulgarien). Später sind in der UdSSR auch schwere Streckenlokomotiven von bis zu 6000 PS mit hydraulischem Antrieb gebaut worden.

Tschechoslowakei (Tschechien)

Nach der Sowjetunion war die ČSSR das Ostblockland mit dem umfangreichsten V20/V36-Erbe. Allein die Staatsbahn ČSD führte fünf ehemalige Wehrmacht- bzw. Wifo-V36 im Bestand. Dazu kamen weitere Loks der WR-Bauarten - darunter auch mindestens vier V20 - bei der Industrie und Militär. Insgesamt waren es mindestens 14 Maschinen. Auch die ČSD-Loks wurden nach ihrer Ausmusterung noch bei verschiedenen Werksanschlußbahnen weiterverwendet. Über die Einsätze bei der tschechoslowakischen

Staatsbahn

Československé Státni Dráhy gibt es leider nur lückenhafte Angaben. Offensichtlich kamen die Loks aber schon recht bald nach 1945 wieder in Betrieb und standen - anders als in der UdSSR - dann auch

511 Laut Mitteilung des Eisenbahnmuseums in St. Petersburg
512 Altbergs, Trophäen-Lokomotiven, S.28ff.
513 Bericht über die Erprobung einer Motorlokomotive mit hydraulischem Turbogetriebe, S.45

einige Jahre im regulären Dienst. Bekannt ist ferner, daß (wie bei anderen Beuteloks übrigens auch) die V20/V36 recht frühzeitig eingenummert wurden; möglicherweise um eventuellen Rückgabeforderungen vorzubeugen. Folgende V36-Typen wurden von der ČSD übernommen:

T 333.101 = **Deutz**

T 334.001 = **O&K 21455/1941** ex Luftwaffe
T 334.002 = **BMAG**
T 334.003 = **Gmein. 4019/1943** ex Dynamit AG
T 334.004 = **BMAG 11374/1940** ex Luftwaffe
T 334.005 = **Deutz 36625/1943** ex Heer

Die Herstellerdaten der T 333.101 und T 334.002 waren bislang nicht zu rekonstruieren. Mit der Gmeinder-Lok hatte sich außerdem eine 350-PS-Firmentype[514] mit halbmittigem Führerstand und Krupp-Getriebe in den V36-Beutebestand eingeschlichen. Die ab Werk auf Treibgas laufende Lok wurde erst um 1950 auf Dieselbetrieb umgerüstet.

Die T 334.002-004 hatten MWM-, die übrigen Deutz-Motor. Dem Nummernschema der ČSD folgend[515], müßte die T 333.101 gegenüber den Schwesterloks der T 334.0-Reihe nur 13 (statt 14) to Achslast gehabt haben, was durch die Regelbauart aber abgedeckt wäre.

Stationiert waren die Maschinen zunächst in den Direktionen Plzeň (Pilsen), Brno (Brünn) und vor allem Praha (Prag). Die nachfolgende Aufstellung nennt die Beheimatungen mit Stichtag 31.08.46:

T 333.101: Heizhaus Praha-Vršovice-Nusle

T 334.001: Heizhaus Praha-Vršovice-Nusle
T 334.002: Heizhaus Praha-Vršovice-Nusle
T 334.004: Heizhaus Plzeň
T 334.005: Heizhaus Kralupy n.Vlt.

Um 1947/48 sind Einsätze vor Güterzügen und GmP auf der Lokalbahn Pečky - Bošice - Kouřim (östl. Prag; mit T 334.001, -002 und -005) überliefert sowie im Frühjahr 1948 - wegen Triebwagenmangels - vor Personenzügen auf der Strecke Praha-Vrané - Čerčany (südl. Prag; mit T 334.002). Später liefen die Loks dann verteilt über das ganze Land in den Direktionen (= Řsd.)

Plzeň (T 333.101, T 334.004),
Košice in der Ost-Slowakei (T 334.001/-002)
Brno (T 334.001) sowie
im böhmischen Ústí nad Labem (T 334.001)

Weitere Stationierungs-Details enthält der Kasten auf Seite 522. Unterhalten wurden die Loks zunächst beim AW Nymburk (Nimburg), später in Šumperk (Mährisch Schönberg).

---

514 Foto siehe S.39; die Gmeinder 4019/1943 ging neu an die Dynamit AG, für Werk Hessisch Lichtenau.
515 T = Traktor (Lokomotive mit Verbrennungsmotor)
3 = Anzahl der gekuppelten Achsen
3 = Vmax; errechnet aus der Formel Vmax minus 30 geteilt durch 10; hier (60-30) : 10 = 3
4 = Achsdruck auf der Treibachse; errechnet aus der Formel Achsdruck minus 10; hier 14-10 = 4

Sammlung Radoslav Kolomý

Eisenbahn und Eisenbahner:
Bei der Staatsbahn ČSD waren die V36 nur wenige Jahre im Einsatz. Hier rollt T 334.001 im Heizhaus Česka Třebová auf die Drehscheibe (1950).

Eine Kriegslok in neuem Glanz:
Benzina-Lok 2 (BMAG 12031) wurde 1948 bei ČKD instandgesetzt. Auf dem Führerhaus prangt das Wappen der Stalinwerke (Stalinovy Závody); als Standort ist Hněvice angeschrieben (Prag, Oktober 1948).

Sammlung Jaroslav Wagner

Jiři Caska

Benzina-Alltag: Lok 7 (ex ČSD T 334.002) verschiebt im Anschlußbahnhof Šlapánov in Westmähren einige Kesselwagen. Typisch für alle früheren ČSD-V36: Die an den unteren Ecken abgewinkelten Rahmenstirnplatten (11.12.73).

Die Betriebserfahrungen mit den V36 waren auch bei der ČSD vollauf zufriedenstellend. Gerühmt wurden vor allem die Robustheit und Zuverlässigkeit der Lok. *„Der einzige Nachteil war"*, schreibt Bek dazu im Lokomotiv-Atlas[516], *„daß die ČSD zuwenige von dieser Bauart hatte"*. Allerdings hatten auch die ČSD-V36 mit ständigem Ersatzteilmangel und dadurch bedingt langen Standzeiten zu kämpfen. Bis 1957 trennte sich die Staatsbahn deshalb bereits wieder von ihren deutschen Einzelgängern. Die Loks wurden ausgemustert und an Anschlußbahnen abgegeben. Folgende amtliche Ausmusterungsdaten sind in den Archiven überliefert:

T 333.101:	+ 28.09.52	(Hzhs. České Budějovice)
T 334.001:	+ 19.06.56	(Hzhs. Spišská Nová Ves)
T 334.002:	+ 10.04.57	(Hzhs. Vrútky)
T 334.003:	+ ?	
T 334.004:	+ 10.04.57	(Hzhs. Cheb)
T 334.005:	+ 16.01.48	(Hzhs. Praha-Vrš.-Nusle)

Die Reihenbezeichnung T 334.0 ist später, ab 1961, mit einer 350/410-PS-Neubaulok von ČKD ein zweites Mal besetzt worden. Diese Type wurde in großer Stückzahl produziert und war u.a. auch bei bei vielen Industriebahnen in der ehemaligen DDR vertreten.

Werkbahnen

Unter den nicht wenigen Anschlußbahnen in der ČSSR mit V20/V36-Lokomotiven sticht besonders eine hervor: Die **Benzina s.p. in Roudnice n.L.**. Der Staatsbetrieb - Raffinerie und Tanklager - besaß nicht weniger als sieben (!) V36, darunter alle ex ČSD-V36 einschließlich der Gmeinder-Type (ČSD T 334.003). Zu Benzina gehörten mehrere Außenstellen, wovon das Tanklager im wenige Kilometer von Roudnice entfernten Hněvice eine ehemalige Wifo-Anlage (Wifo Raudnitz) war, wo schon im Krieg mehrere V36 eingesetzt waren. Weitere Betriebe gab es in Klobuky, Mštětice (östl. von Prag), Šlapánov (bei Iglau) und Smyslov. Anfang der 50er Jahre war Benzina Teil der „Stalinwerke" (Stalinovy Závody), in denen alle Raffinerien und Chemiebetriebe des Landes zusammengeschlossen waren. Die V36-Lokomotiven[517]:

Nr. 1? =	**BMAG 11701/1943**	ex Wifo 38
Nr. 2 =	**BMAG 12031/1943**	ex Wifo 39

Nr. 3 =	ex ČSD T 334.005	Benzina ab 01.06.48
Nr. 4 =	ex ČSD T 334.004	Benzina ab 01.06.57
Nr. 5 =	ex ČSD T 334.003	Benzina ab 31.10.56
Nr. 6 =	ex ČSD T 334.001	Benzina ab 31.12.56
Nr. 7 =	ex ČSD T 334.002	Benzina ab 01.06.57

Die Standorte der Benzina-Lokomotiven scheinen je nach Bedarf und Reparaturlage gewechselt zu haben. Die Nr. 5 war ab 1966 einige Zeit an das Chemopetrol-Werk in Michalovce (gehörte zum Benzina-Verbund) nahe der ukrainischen Grenze ausgeliehen. Insgesamt drei V36-Lokomotiven, und zwar die Nummern 2, 3 und 6, wurden Ende der 50er bis Mitte der 60er Jahre mit fabrikneuen Tauschgetrieben von Voith ausgerüstet. Die letzten Einsätze:

Nr. 2	1977 Mštětice, ab 4.77 Hněvice; + 31.12.83
Nr. 3	1977 Smyslov
Nr. 5	1976 Hněvice abg.; + 31.12.83, ++ 1984
Nr. 6	1979 Hněvice; + 31.12.80 bei Benzina; noch verkauft
Nr. 7	1973 Šlapánov, 1978/83 Smyslov, ++ 1984

Heute rangieren bei Benzina tschechische Industrietypen der ČKD-Bauart T 448.0 (jetzt 740).

Außer Benzina gab es noch eine Reihe weiterer Werkbahnen mit V20/V36-Betrieb. Die Informationen darüber sind jedoch spärlich. Zunächst die Industriebahnen mit V36-Werkloks:

Bei **Janka n.p.[518] in Milevsko** bei Prag, Hersteller von Ventilatoren und Transportbehältern, lief ab 1953 die ex ČSD T 333.101. Verkaufsdatum war der 8.4.53. Der Preis lag bei 355.064 Kronen. Die Lok war bis 1965 eingesetzt, dann ++. Einige Teile der V36 wurden offenbar noch für eine zweiachsige Eigenbau-Lok verwendet; auch die ist längst zerlegt.

Noch weitgehend im Dunkeln liegt auch der Einsatz der T 334.003 bei der **Chemischen Fabrik Spolana in Neratovice** (Neratowitz) nördlich von Prag. Die Sondertype (Gmeinder-Lok) wird erst-

516 Bek, Lokomotiv-Atlas, S.73
517 Nach ČSD- und Benzina-Unterlagen; Nr.1? vor 1975 v/v
518 s.p. = Staatsbetrieb; n.p. = ähnlich VEB (was faktisch natürlich dasselbe war)

mals mit Stand August 1949 bei Spolana gemeldet. Per 31.10.56 an Benzina; war bei Spolana offenbar nur Leihlok der ČSD.

Die **Sandgrube Severokámen s.p. in Hněvice** (Staatsunternehmen Nordstein), ein unmittelbarer Nachbar der Benzinfabrik, fuhr - neben einer rumänischen LDH70 - ab 1980 auch die ehemalige Benzina-Lok 6 (ex ČSD T 334.001). In Betrieb bis etwa 1983, 1985 +/++.

Eine tschechische V36 ohne ČSD-Vergangenheit war die Nr. 120 der **Severočeské Hnědouhelné Doly (SHD)**, ex „Sudetendeutsche Bergbau AG" im nordböhmischen Most (Brüx). Die Lok - **BMAG 12059/1941** - war noch 1949 auf der Grube Quido IV im Einsatz, später auf Grube Obránců Míru; 1965 noch vorhanden. Ein geplanter Verkauf kam nicht mehr zustande.

Als Reparationslieferung kam im Juli 1948 – neben verschiedenen Dampflokomotiven – die O&K 21486/1942 (ex Dynamit AG Wolfratshausen) in die ČSSR. Eingesetzt wurde sie beim Chemiewerk Dusíkárny in Ostrava.

Noch völlig unbekannt ist dagegen die Identität einer V36 im west-slowakischen Trnava. Ein Foto zeigt sie 1953 mit groß angeschriebener BetriebsNr. 8 und (erkennbarem) MWM-Motor. Alle weiteren Details dazu fehlen aber.

Armeeloks

Und auch die **tschechoslowakische Armee (ČSLA)** hatte eine V36. Die Lok – O&K 1941 – stammte aus der Serie O&K 21452-21463, hatte Deutz-Motor und lief bei den Streitkräften unter der Nr. 22.306. Eingesetzt war sie, wie schon in den Wehrmachtsjahren, in auf der Anschlussbahn zum Militärflugplatz in Stichovice.

Außer den V36 sind auch mindestens vier V20-Lokomotiven in der ehemaligen ČSSR bekannt geworden. Drei davon sollen bis etwa 1970 wiederum bei der tschecheslowakischen Armee (ČSLA) gefahren sein:

Die T 233.001 (später T 233.901 bzw. T 234.2001) war - **Deutz 39647/1943** - und eine dieser ehemaligen Armeeloks. Sie wurde 1949 bei ČKD in Prag instandgesetzt und lief bei der Luftwaffe unter alter Nummer 253 zunächst weiter in Chotěboř (Sobinau), später in Pardubice. Zuletzt war sie Werklok beim Schrottverwerter **Kovosrot in Děčin** (Tetschen). Abgestellt: 23.12.73.

Die T 234.901 (später T 234.2002) war zuletzt beim agrochemischen Werk **ACHP in Slatiňany** eingesetzt. Auch sie gehörte nach 1945 zunächst dem tschechischen Militär (1970 Domašín, 1967 Pardubice) und wurde 1977 an die ACHP Hlinsko, später ACHP Slatinany verkauft. Herstellerdaten: **Deutz 39648/1943**. In der ČSSR erhielt die Lok einen neuen Skoda-Motor 8S160, außerdem – nach Unfall – ein nur ziemlich grob wieder zusammengezimmertes Führerhaus, das die Kabine in der Höhe deutlich vergrößerte. Abgestellt 1986. Die Lok ging 1994 zum Alteisen.

Die dritte ex-Heeres-Lok, T 234.902 (später T 234.2003, fuhr ebenfalls bei **Kovošrot in Děčin**. Letzte Sichtung hier am 9.2.74, zu diesem Zeitpunkt allerdings schon selbst als Schrott abgestellt.

Die vierte V20 in der ČSSR schließlich war die Lok 112 des petrochemischen Betriebes **Slovnaft in Bratislava** (Pressburg) in der West-Slowakei. Die Schwartzkopff-Lok (infrage kommen nur BMAG 11397 oder 11398) hatte eine etwas bewegtere Geschichte.

B. Pokorný, Sammlung Jaroslav Wagner

Die letzte V20 in Tschechien: Die T 234.2002 stand noch bis 1994 auf einem Abstellgleis bei der ACHP in Slatiòany, unweit von Pardubice. Eine museale Erhaltung war im Gespräch, kam dann aber doch nicht zustande (1984).

Wikimedia Commons, Rainer Haufe

Alte Lok in neuem Glanz: Die ehemalige Wifo-Lok BMAG 12031/1943 – noch mit originalem Plattenschutz-Kasten über dem Kühler – im Eisenbahnmuseum Luzná u Rakovnika ist die einzige in Tschechien erhaltene V20/V36. Leider ist die angeschriebene CSD-Nummer T 334.004 historisch nicht ganz richtig.

In Stichworten: 1947 als Reparation für die damaligen Chemischen Werke Georgi Dimitrov (ex Dynamit AG) in Bratislava in die Tschechoslowakei gekommen. Später Apolo-Werk Bratislava (ging in Slovnaft auf). Bei Slovnaft wurde auch das Führerhaus umgebaut: Flacheres Dach, Rücktür raus, Rückfenster hochgesetzt. Die offiziellen Aufschreibungen über die Lok enden mit einem Kurbelwellenbruch am 22.2.62.

Eine kleine Sensation ist zweifellos die Erhaltung einer V36 als

Museumslokomotive

in Tschechien. Die Lok (Nr. 2, BMAG 12031) war bei Benzina per 31.12.83 ausgemustert worden und hatte danach jahrelang fast vergessen auf einem halb zugewachsenen Gleis in Hnìvice überlebt. Der tschechische Eisenbahnfreund Jaroslav Wagner entdeckte sie dort, kaufte sie per 25.2.94 und hinterstellte sie zunächst in Velké Březno, später in Zlonice. Inzwischen gehört sie zum offiziellen Museumslokpark der Tschechischen Staatsbahn ČD und steht seit 2011 im **Eisenbahnmuseum Luzná u Rakovnika** westlich von Prag. Dort trägt sie die (historisch leider nicht ganz richtige) Loknummer T 334.004.

Ungarn

Im Land der Madjaren gab es nur eine einzige V36-Lokomotive. Sie stammte aus der Nachkriegsfertigung von Jung - **Jung 11419/1950** -, hatte MWM-Motor und war für exakt 148.856,40 DM durch das Außenhandelsunternehmen der ungarischen Schwerindustrie, die Fa. NIK & Co in Budapest, beschafft worden. Als Lieferdatum ist bei Jung der 7. März 1951 vermerkt. Eingesetzt wurde die Lok laut Jung beim **Stahlwerk Ózd** (als Nr.35) im Nordosten Ungarns, nach ungarischen Quellen dagegen beim Hüttenwerk DIMAVAG Diosgyör (identisch?, als Nr.III).

Per 1.4.52 übernahmen die ungarischen Staatsbahnen **Magyar Állam Vasútak (MÁV)** den gesamten Bahnbetrieb im Hüttenwerk. Dadurch gelangte auch die V36 zur MAV. Als Betriebsnummern sind bekannt:

M322,4001 ab 08.12.55 und
M 30,2001 ab 01.08.57.

Auch in Ungarn blieben die Erfahrungen mit der Dieselhydraulik der V36 nicht ohne Einfluss auf die weitere Lokomotiventwicklung. Ganz-MÁVAG baute, anlehnend an das deutsche Muster, ab 1958 mehrere, teils in großer Stückzahl hergestellte dieselhydraulische Standardtypen[519] für die MÁV und die ungarische Industrie sowie für den Export (u.a. nach Ägypten). Die Getriebe dafür kamen teils aus eigener Fertigung, teils von Voith.

Für die Jung-Lok gab es nach Anlaufen der Serienproduktion für die MÁVAG-Loks der 450-PS-Klasse keine Verwendung mehr. Per 9.6.60 wurde das Einzelstück kassiert und bald darauf verschrottet.

USA

Als Siegermacht des Zweiten Weltkrieges betrieben die Amerikaner nach Kriegsende 1945 in Deutschland einen gigantischen Ideen-Klau. Alles was technologisch neu und interessant erschien, brachten die US-Truppen in Form von technischem Gerät, Konstruktionsplänen oder (wie etwa in der Raketenforschung; Stichwort Peenemünde) gleich in Person der entscheidenden Entwicklungsingenieure in die USA. Die Auswertung des gesamten Materials beanspruchte Jahre. Unzählige Konstruktionen und Fertigungsmethoden, in denen Deutschland bis dahin führende Positionen einnahm, gingen so in die amerikanische Forschung und Industrie ein.

Auf dem Gebiet des Eisenbahnwesens hatte schon im Frühjahr 1945 eine von der US-Armee eingesetzte Gruppe von Fachleuten[520] damit begonnen, Unterlagen und Fahrzeuge mit zukunftsweisender Bauart für den Abtransport nach Amerika zusammenzustellen[521]. Das von den amerikanischen Experten an Lokomotiven geschnürte Paket war besonders interessant. Bis Ende 1945 wurden folgende Maschinen in die USA verschifft:

19 1001	Dampfmotorlok,
42 1597	Kriegslok mit geschweißtem Gestänge,
52 3674	Kriegslok mit großer direkter Heizfläche,
52 2006	Kondenslokomotive
Cn2(T)	Heeresfeldbahnlok mit Elevator für das Wassernehmen aus Teichen und Flüssen

und als Dieselfahrzeuge ein

SVT Köln	Schnelltriebwagen sowie
L 21339	WR360C14K mit Hydraulikgetriebe

In den USA wurden alle Fahrzeuge überholt und erstmals vom 5. bis 9. März 1946 im Fort Monroe (Virginia) Vertretern von Regierung und Industrie vorgeführt. Weitere Untersuchungen erfolgten im Camp Patrick Henry (1946-48) und bei der Heerestransportschule Fort Eustis (ab 1948), ebenfalls im US-Staat Virginia im Südosten der USA.

Wie andernorts stand auch bei diesen Versuchen an der V36 die hydrodynamische Kraftübertragung im Mittelpunkt des Interesses. Anders als in Europa hat sich diese Technik (zumindest im Schienenfahrzeugbau[522]) in den Vereinigten Staaten allerdings nicht durchsetzen können. Die deutschen Lokomotiven und Triebwagen haben in den USA nicht allzu lange überlebt. Nach Abschluß der Tests standen sie noch einige Zeit nutzlos herum, rosteten bald vor sich hin und wurden schließlich in den Jahren 1951/52 verschrottet.

Weihnachtsinsel

Die nur 135 Quadratkilometer große, politisch zu Australien (bis 1958 zu Großbritannien) zählende Christmas Island im Indischen Ozean südlich von Java war mit rund 12.000 km das von Deutschland am weitesten entfernte und zweifellos auch exotischste Einsatz-Land für die V36.

Die einzige hier vorhandene WR360C14 war eine O&K-Lokomotive von 1940. Sie wurde fabrikneu an die Christmas Island Phosphate Company Ltd. geliefert. O&K unterhielt seinerzeit beste Geschäftsbeziehungen zu dem Unternehmen mit Stammsitz in London. Außer der V36 baute O&K auch eine dreiachsige Sonderausführung der Firmentype RL12 sowie mehrere Schmalspurloks für die Phosphat-Gruben auf der Weihnachtsinsel.

Über die Einsätze der V36 ist leider nicht allzu viel bekannt. Herstellerdaten: **O&K 21183/1940**. Betriebsnummer: 8. Die Maschine war mit einem landesüblichen Tropendach (Doppeldach mit Luftpolster) ausgerüstet, hatte Mittelpufferkupplung und ein Lokhebegerät auf dem rechten Umlauf[523]. Der Streckengang war blockiert (Vmax also nur 30 km/h). Ansonsten entsprach die Lok weitestgehend der Serienbauart. Der Motor war ein RHS235S von MWM.

Im Januar 1956 wurde noch einmal ein (gebrauchtes[524]) L37-Tauschgetriebe von Voith eingebaut. Auch danach wird die Lok sicherlich noch einige Jahre im Einsatz gewesen sein. Wie lange, ist nicht überliefert.

---

519 MÁV-Reihe M31,20; Ganz-MÁVAG baute die Lok in verschiedenen Ausführungen; Firmentypen DHM-1 und DHM-2, letztere noch mit diversen Unterbauarten Kubinszky, Ungarische Lokomotiven, S.259ff.
520 Das sogenannte „Transportation Corps Enemy Equipment Intelligence Service Team"
521 Ausführlich: Gottwaldt, USA, S.39ff.
522 In Straßenfahrzeugen, Bussen, Baumaschinen etc. hat sich das Föttinger-Getriebe dagegen auch in Amerika millionenfach bewährt
523 Siehe Foto S.111
524 Aus Deutz 55300/1952

Nachkriegsentwicklungen: Die Kinder und Stiefkinder der Wehrmachtlok

Mindestens ebenso bedeutsam wie die Vorreiterrolle der V20/V36 bei der Verdieselung des Rangier- und Streckenverkehrs in den 40er und 50er Jahren war ihr Einfluß auf die weitere konstruktive Entwicklung der Diesellok in vielen Staaten der Welt.

Namentlich das hier erstmals für Lokomotiven größerer Leistung in Serie gebaute hydrodynamische Getriebe von Voith beeinflußte die Fortentwicklung der Dieselloktechnik besonders in Europa nachhaltig. Die grundsätzliche Entscheidung für die hydraulische Kraftübertragung in Deutschland (Ost wie West), in Österreich, Italien, Skandinavien und (mit Abstrichen) auch osteuropäischen Ländern wäre ohne die Erfahrungen mit der V36 undenkbar.

DAIMLER-BENZ-ARCHIV

Eine aus der reichlichen Nachkommenschaft der V36:
Bei Esslingen ist 1952 eine Serie von 450-PS-„Göteborg"-Lokomotiven für die Schwedischen Staatsbahnen in Bau.

Ebenso blieb der grundsätzliche Aufbau der Wehrmachtlok mit drei Achsen, Endführerhaus, robustem, langsamlaufenden Viertakt-Motor, zweistufigem Nachschaltgetriebe und Antrieb über Blindwelle und Stangen für Rangierloks mittlerer Leistung noch für viele Jahre prägend.

Vor diesem Hintergrund gehört ein Blick zumindest auf die direkte Nachkommenschaft der V20/V36-Typen bis etwa Ende der 50er Jahre unbedingt mit zur Geschichte der Wehrmachtdiesellok. Dies umso mehr, als nicht selten einzelne dieser Nachfolgebauarten wegen ihrer großen baulichen Ähnlichkeit zur WR-Lokomotive in der Literatur - mal vergröbernd, mal schlichtweg unwissend - großzügig unter „V36" subsumiert wurden.

Aus Gründen der nötigen thematischen Eingrenzung beschränkt sich die nähere Betrachtung hier auf die deutsche Lokomotivindustrie. Wie sehr die V36 darüber hinaus auch im Ausland Einfluß auf die Konstruktion und Lokomotivbeschaffung genommen hat, mag - exemplarisch - die Lokomotiventwicklung in Belgien veranschaulichen (siehe Kasten „V36 auf belgisch", Seite 532).

Die staatlich gelenkte Lokomotivindustrie in der ehemaligen DDR - dies als letzte Vorbemerkung dazu - hat sich die Erfahrungen mit den Wehrmachtloks ebenfalls zunutze gemacht[1], direkte Nachfolgebauarten interessanterweise aber nicht hervorgebracht. Die Gründe dafür werden deutlich, wenn man sich die katastrophale Ausgangslage der Schienenfahrzeugindustrie in der DDR nach 1945 in Erinnerung ruft. Die Kriegsschäden waren weit größer und die Demontagen erheblich umfangreicher als im Westen. Die Zulieferindustrie für Motoren, Getriebe, Kühler etc. (größtenteils im Westen gelegen) mußte erst neu aufgebaut werden. Die Neuentwicklung größerer Dieselloks konnte damit überhaupt erst Mitte der 50er Jahre beginnen, sich dafür aber bereits von vorneherein stärker von den Wehrmachtsbaureihen lösen.

---

1 Vergl. S.440f.

D E U T Z - Bauform 1952 - Typen V6M536R und A8M428R

FabNr(n)	Bauj	Type	PS	Vmax	gel.am	Kunde/BetrNr
47449-47450	1952	V6M536R	450	0-25/52	29.02.52	TGOJ, 801-802 (Schweden)
47451-47452	1952	V6M536R	450	0-25/52	15.04.52	TGOJ, 803-804 (Schweden)
47453	1952	V6M536R	450	0-25/52	27.06.52	TGOJ, 805 (Schweden), 1986 ++
47454	1952	V6M536R	450	0-25/52	27.06.52	LKAB, Malmberget, LKAB 1 (Schweden)
47455	1952	V6M536R	450	0-25/52	21.08.52	LKAB, Malmberget, LKAB 2 (Schweden)
47456	1952	V6M536R	450	0-25/52	27.06.52	SKF, Hofors Bruk, 4 (Schweden), 1980 ++
55160	1953	V6M536R	450	0-60	12.05.53	Domnarvets Järnverk, Domnarvet/b.Falun (12→3) (Schweden)
55195-55196	1953	V6M536R	450	0-35/52	02.12.53	Hafenbahn San Antonio (Chile; Spur 1676 mm)
55476	1953	V6M536R	450	0-35/52	31.08.53	Rheinische AG für Braunkohlenbergbau, Grube Fortuna, 452
55536-55537	1953	V6M536R	450	0-35/52	05.11.53	CFL, 451-452 (Luxemburg)
55538-55540	1953	V6M536R	450	0-35/52	22.12.53	CFL, 453-455 (Luxemburg)
55572	1954	A8M428R	320	0-28/56	15.04.54	Neunkircher Eisenwerk AG, Neunkirchen/Saar, 64=41
55805	1954	V6M536R	450	0-35/52	20.04.54	Staatsmijnen in Limburg, Heerlen, SM121 (Niederlande)
55806	1954	V6M536R	450	0-35/52	25.05.54	Staatsmijnen in Limburg, Heerlen, SM122 (Niederlande)
55807	1954	V6M536R	450	0-35/52	18.06.54	Staatsmijnen in Limburg, Heerlen, SM123 (Niederlande)
55824	1954	V6M536R	450	0-35/52	01.02.55	Volkswagenwerk GmbH, Wolfsburg, 878250

47449: 1973 an AB Iggesunds Bruk, Iggesund/Schweden (oNr), 1980 ++
47450: 1975 an Grängesbergs Gruvor, Stråssa/Schweden, 1983 ++
47451: 1974 an NCB Norra Skogsägarens Cellulosa AB, Vallvik/Schweden (34); 1989 an Eisenbahnmuseum Grängesberg/Schweden (2024 vh.)
47452: 1975 an Gränges-Essem AB, Västerås/Schweden, 1983 ++
47454: 1958 an TGOJ 806, 1982 abg/1983 ++
47455: 1957 an TGOJ 807, 1985 abg/1986 ++

55160: 1965 an Nejmans Skrotaffär, Trollhättan, ++ (nach 1972)
55476: 1998 an Walter Ley, Hombourg/Belgien; ... an NEWAG Oberhausen, 2015 an Rheinisches Industriebahn-Museum, Köln (2017 vh.)
55536: 1973 +, 1975 an Paridans, Aubange (Belgien), 1997 ++
55537: 1970 +, 1970 an Arbed, für Erzladestelle Wenschel (25) (Luxemburg)
55538: 1982 +, 1982 an Fa. Giebel, Dudelange (Luxemburg) (dort 1988 nach Motorschaden ++)
55539: 1980 +, 1984 ++
55540: 1982 +, 1984 Museumslok, 2003 an 1604 classics asbl (= nationales Eisenbahnmusem)
55572: 1974 an Ferrum GmbH, Saarbrücken (3), ca. 1984 ++
55805-07: 1969 an Aannemer, Oosterwijk, für Deichbaustelle Geleen/Niederlande (1-3), 1978 ++
55824: 1979 an Railbouw, Leerdam/NL (201); 1995 an HKS Hollandia Schroot, Amsterdam/NL, 2006 ++

D E U T Z - Bauform 1954 - Typen V6M436R, V6M536R und BV6M536R

FabNr(n)	Bauj	Type	PS	Vmax	gel.am	Kunde/BetrNr.
55897	1955	V6M436R	360	0-35/52	26.04.55	Volkswagenwerk GmbH, Wolfsburg, 878249
56105-56106	1955	V6M436R	360	0-35/52	02.06.55	US-Army, 56105P/56106P
56139	1957	V6M436R	360	0-34/52	31.05.57	Hafenbahn Hannover, V2
56166	1956	V6M436R	360	0-35/52	20.04.56	Hafenbahn Hannover, V1
56308	1960	V6M436R	360	0-34/50	25.04.60	Klöckner Bergbau, Piesberger Steinindustrie, Osnabrück, 1
56313	1956	V6M436R	360	0-35/52	08.05.56	RAF, für Flugplatz Brüggen, 56313/„Carpenter“
56314	1956	V6M436R	360	0-35/52	24.05.56	RAF, für Flugplatz Köln-Butzweilerhof, 56314/„Blunt“
56341	1957	V6M436R	400	0-34/50	12.03.57	Bundeswehr, Mun.Depot Lübberstedt, InvNr.2210-12-120-5654
56357	1959	V6M436R	400	0-34/52	16.03.59	Hafenbahn Hannover, V3
56535	1957	V6M436R	400	0-34/50	28.07.59	Meppen-Haselünner Eisenbahn, D02

55897: 1972 an VW de Mexico (878249; 1988 vh.)
56105: 1966 an Midgard Nordenham (6), 1975 an Meppen-Haselünner Eb. (D01“), 1980 an Delmenhorst-Harpstedter Eb. (7), 1989 abg., 1990 an Helmut Seidel, Schrott, Leeste, 1990 an Dampfzug-Betriebsgemeinschaft Hildesheim/Loburg (Ersatzteilspender in Bodenwerder, 2009 nur noch Reste vh.), ++
56106: 1965 an Gewerkschaft Baden, Buggingen (237), 1974 an Kali und Salz AG, Salzdetfurth (4), 1997 an DGEG, Bochum-Dahlhausen (Ersatzteilspender), 1998 ++
56139: 1974 an CTF Udine/Italien (Lok 19/T 2560), 1996 ++
56166: 1972 an Stahlwerke Südwestfalen AG, Siegen-Geisweid (6), v/v
56308: 1981 an Dampfzug-Betriebsgemeinschaft Hildesheim/Loburg (V34.05), 201x an Autorecycling Schaumburg, Stadthagen (2019 vh.)
56313: 1985 nach Italien, 1986 an Imp. Falciola, Milano/Italien, 1990 an Bulfone, Udine, 1996 ++
56314: 1985 nach Italien, 1987 an Imp. Sciaretta, Avezzano/Italien (D207/T5774) um 2005 an Zappa Benedetto, Sulmona (2020 vh.)
56341: 2008 an Militärhistorisches Museum der Bundeswehr, Dresden (als Leihgabe bei Westerwälder Eisenbahnfreunde 44 508, Westerburg, 2015 vh.)
56357: 1977 an Westf. Lokomotivfabrik Reuschling, Hattingen (WLH36), ca.1992 nach Unfall ++
56535: 1957-1959 Vorführlok von KHD; 1979 an Imp.Ventura, Paolo/Italien (T7051, 1997 ++)

Fortsetzung auf S.530

Ein bißchen größer und runder, aber unverkennbar ein V36-Abkomme: Die Deutz V6M536R in der ersten Bauform von 1952, hier die beiden CFL-Loks 451 und 452 kurz vor der Ablieferung.

Klöckner-Humboldt-Deutz

Nach den schweren Zerstörungen des Kriegs war Deutz als erste große deutsche Diesellokfabrik ab Anfang 1946 wieder lieferfähig. Unter schwierigsten äußeren Bedingungen[2] wurden zunächst bereits an- bzw. vorgearbeitete Gruben- und Rangierloks fertiggebaut, später - nach Freigabe durch die Besatzungsmacht - auch komplett neu gefertigt.

Sobald die Umstände es zuließen, begann ab etwa 1948/49 dann zusätzlich auch die Neuentwicklung von Lokomotiven wieder, wobei die Konstruktionen zuerst naheliegenderweise an die bewährten alten Typen anknüpften und diese fortentwickelten. Auch die V36, bei Deutz bis 1954 weitgehend unverändert nachgebaut, wurde Anfang der 50er Jahre einer gewissen Renovierung unterzogen und danach

ab 1952:
als V6M536R mit gerundeten Formen und

ab 1954:
als V6M436R und V6M536R in völlig neuem Blechkleid

angeboten. Beide Bauarten unterschieden sich in den entscheidenden technischen Merkmalen wenig von der WR-Lok. Die Neuerungen beschränkten sich im wesentlichen auf einen überarbeiteten, hubstärkeren Motor[3] mit jetzt 450 PS Leistung und ein äußeres Face-Lifting.

Die V6M536R in der

Bauform 1952

wurde erstmals für verschiedene schwedische Privat- und Industriebahnen gebaut. Im Vergleich zur Wehrmachtsausführung waren einige Abmessungen (Länge, Vorbauhöhe, Führerhaus) etwas großzügiger, die Formen gefälliger, das Bild im Ganzen dennoch plumper. Ansonsten präsentierte sich die Lok äußerlich recht traditionell.

Vorteilhaft dürften sicherlich der auf 4000 mm vergrößerte Achsstand und ein mit 1500 Litern nunmehr reichlich dimensionierter Kraftstofftank gewesen sein. Alles zusammen hatte natürlich auch Auswirkungen auf das Dienstgewicht: Mit jetzt 48 to und verstärktem Motor ergab sich damit zudem ein deutliches Plus bei der Anfahrzugkraft (16.000 kg).

Insgesamt wurde die V6M536R in dieser Ausführung bis 1954 genau 21 mal gebaut. Die meisten Loks gingen in den Export[4] (Schweden, Chile, Luxemburg). Eine weitere, äußerlich baugleiche Maschine erhielt einen A8M428-Motor und Voith-L24-Getriebe (FabNr.

2 Siehe S.135
3 Zylinder-Durchmesser x Hub (in mm) bei V6M436 = 240 x 360, bei V6M536 = 270 x 360
4 Zu den Abkürzungen in den Lieferlisten: TGOJ = Trafik AB Grängesberg-Oxelösunds Järnväg, Eskilstuna; LKAB = Luossavaara Kirunavaara AB, Malmberget; SKF = Schwedische Kugellagerfabrik, Hofors Bruk (alle Schweden); CFL = Luxemburgische Staatsbahn; RAF = Royal Air Force Germany

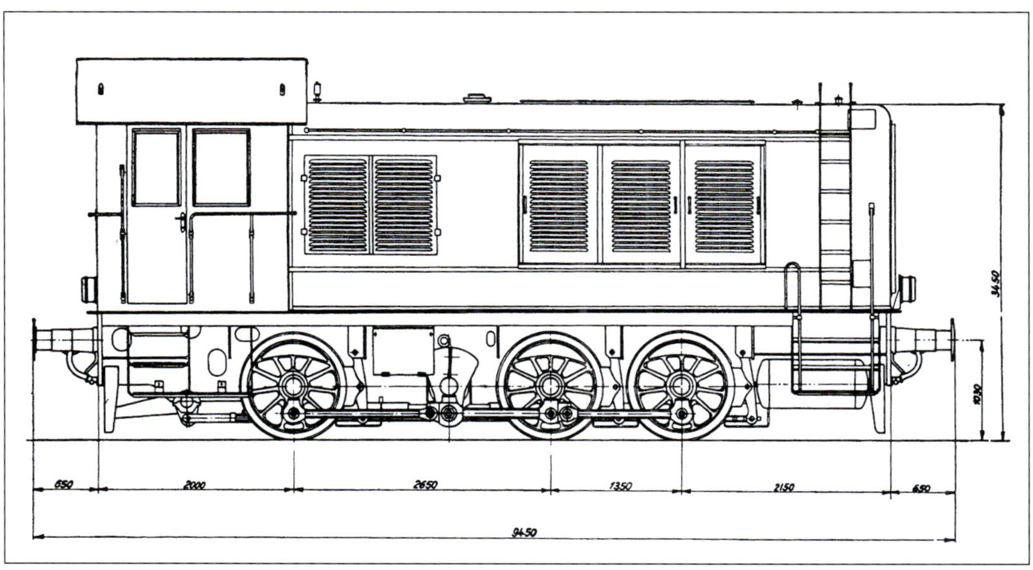

D E U T Z - Bauform 1954 (Fortsetzung)

FabNr(n)	Bauj	Type	PS	Vmax	gel.am	Kunde/BetrNr.
56733	1960	V6M436R	400	0-34/52	15.03.60	Hümmlinger Kreisbahn, L3 (1984 abg.)
56815	1958	V6M436R	400	0-35/52	08.05.58	ACOTRAL Ferrovia Roma-Lido di Ostia, 52 (Italien)
56840	1958	V6M436R	400	0-35/52	12.09.58	Märkische Steinkohlenindustrie, Heessen, 2

56733: 1998 an Eisenbahnfreunde Hasetal, Haselünne (V40-1), 2010 ++
56815: 2000 an Tecnofer, Frosinone/Italien, 2009 an Mattia Construzione, Aquino/Italien
56840: Klöckner Bergbau AG, Zeche Sachsen (2) bzw. Ruhrkohle AG (Zeche Monopol, V712), 1978 ++

FabNr(n)	Bauj	Type	PS	Vmax	gel.am	Kunde/BetrNr.
56045	1959	V6M536R	450	0-36/54	20.10.59	Volkswagenwerk GmbH, Wolfsburg, 878455
56046	1959	V6M536R	450	0-37/55	10.08.59	Adam Opel AG, Rüsselsheim, 5
56047	1958	V6M536R	450	0-36/54	16.02.59	Volkswagenwerk GmbH, Wolfsburg, 878407
56372	1956	V6M536R	450	0-36/54	18.09.56	Staatsmijnen in Limburg, Heerlen, SM124 (Niederlande)
56373	1956	V6M536R	450	0-36/54	12.10.56	Staatsmijnen in Limburg, Heerlen, SM125 (Niederlande)
56374	1956	V6M536R	450	0-36/54	24.10.56	Staatsmijnen in Limburg, Heerlen, SM126 (Niederlande)
56401	1957	V6M536R	450	0-36/54	03.04.57	Staatsmijnen in Limburg, Heerlen, SM127 (Niederlande)
56402	1957	V6M536R	450	0-36/54	15.04.57	Staatsmijnen in Limburg, Heerlen, SM128 (Niederlande)
56403	1957	V6M536R	450	0-36/54	24.05.57	Staatsmijnen in Limburg, Heerlen, SM129 (Niederlande)
56468	1956	V6M536R	450	0-36/54	19.01.57	Volkswagenwerk GmbH, Wolfsburg, 878251
56469	1956	V6M536R	450	0-36/54	01.02.57	Volkswagenwerk GmbH, Wolfsburg, 878252
56586	1957	V6M536R	450	0-36/54	02.12.57	Volkswagenwerk GmbH, Wolfsburg, 878329
56769	1957	V6M536R	450	0-36/54	09.01.58	Staatsmijnen in Limburg, Heerlen, SM130 (Niederlande)
56770	1957	V6M536R	450	0-36/54	15.01.58	Staatsmijnen in Limburg, Heerlen, SM131 (Niederlande)
56835-56836	1958	V6M536R	450	0-36/54	02.06.58	Staatsmijnen in Limburg, Heerlen, SM132-133 (Niederlande)

56045: 1986 an Autohaus Gehlert, Freiburg, 198x an Imp. Francesco Ventura, Paola (T7181; 2006 vh.)
56046: ... an Opel, Werk Zagreb, 199x an TZV Gredelj, Zagreb/Kroatien (TZV-G-5-Opel) (2012 abg.vh.)
56047: 1998 an Verein Braunschweiger Verkehrsfreunde (Ersatzteilspender) (2025 vh.)
56372: 1968 an Domaniale Mijn, Kerkrade (124), 1970 an Laura & Vereenigung, Zeche Julia (1), 1982 vh.
56373: 1968 an Aanemer, Osterwijk/NL (05), für Geleen, ... an Van Ingen, Buchten/NL, 1992 ++
56374: 1981 an UKF Kunstmestfabrieken, Rotterdam-Pernis, 1981 an Koninglijke DSM, Heerlen, 1981/87 an Händler, 1991 Denkmal, Motorland, Schiedam/alles Niederlande, vor 2009 ++
56401-402: 1969 an Aanemer, Osterwijk/NL, für Deichbaustelle Geleen/Niederlande, 1978 ++
56403: 1969 an Aanemer, Osterwijk/NL (04), für Deichbaustelle Geleen, 1975 an van Ingen, Buchten/NL, 1992 an Schrott Armand Louis, Maas-Mechelen/Belgien, 2022/23 ++
56468: 1973 an VW de Mexico (878251; 1988 vh.)
56469: 1973 an VW Werk Braunschweig, 1982 an VW de Mexico (878252); 2019 an Museo Nacional de los Ferrocarriles, Pueblo de Zaragoza/Mexiko
56586: 1998 an Verein Braunschweiger Verkehrsfreunde (V45 211, 2025 vh.)
56769: 1969 an Akzo, Arnhem/NL (F4-107), 1983 an Akzo, Emmen/NL (99), 2008 an Händler, 2014 an SBM Stichting tot Behoud van Mijnlocomotieven, Landgraaf/NL
56770: 1973 an NTB Nederlands Transport Bureau, Rotterdam, 1984 an Schrotthändler, 1986 ++
56835: 1969 an Akzo, Emmen/NL (401→100), 2008 an Vernooy Rental & Trading, Tiel/NL, 2014 an Privatsammler/NL

FabNr(n)	Bauj	Type	PS	Vmax	gel.am	Kunde/BetrNr.
55541	1954	BV6M536R	600	0-40/66	18.12.54	CFL, 601 (Luxemburg) (1976 +)
55542	1954	BV6M536R	600	0-40/66	06.01.55	CFL, 602 (Luxemburg) (1978 +)
56544	1957	BV6M536R	600	0-38/67	19.06.57	Neunkircher Eisenwerk AG, Neunkirchen, 65 (sp. 51)
56768	1958	BV6M536R	600	0-38/67	08.07.58	Staatsmijnen in Limburg, Heerlen, SM141 (Niederlande)

56544: 1984 nach Italien
56768: an Soc. Fersalento, Lecce/Italien (T6561, 2002 vh.)

TABELLE 48:
Deutz-Neubaulokomotiven (im Vergleich mit der WR360C14)

		WR360C14	Bauform 1952 V6M536R	Bauform 1954 V6M436R	V6M536R	BV6M536R	Bauform 1952:
Achsfolge/Antrieb		C-Stangen	C-Stangen	C-Stangen	C-Stangen	C-Stangen	CFL- und Rheinbraun-Loks nur 3680 mm Höhe, VW-Lok nur 3650 mm
DGew.	to	42	48	42	48	51	
Achsdruck	to	14	16	14	16	17	
Länge über Puffer	mm	9200	9450	9570	9570	9640	alle CFL-Loks mit Einrichtungen für Doppellokbetrieb
größte Höhe	mm	3800	3900	4110	4125	4130	
größte Breite	mm	3100	3100	2930	2930	2930	
Achsstand	mm	3950	4000	4000	4000	4000	Rheinbraun-Lok mit Mittelpufferkupplung
Treibrad-Durchm.	mm	1100	1100	1100	1100	1100	
Motor		Deutz	Deutz	Deutz	Deutz	Deutz	
Typ		V6M436	V6M536	V6M436	V6M536	BV6M536	**Bauform 1954:**
Leistung	PS	360	450	360	450	600	
Drehzahl	UpM	600	600	600	600	550	56046, 56047, 56308, 56586 und 56733 hatten Spurkranzschmierung
Zahl der Zylinder		6	6	6	6	6	
Treibstoffvorrat	l	400	1500	700	1100	1300	
Getriebe		Voith	Voith	Voith	Voith	Voith	VW-Loks 56045, 56047, 56586 nur 3950 mm Höhe
Typ		L37	L37	L37 U	L37 U	L37zU	
Bauart		hydr.	hydr.	hydr.	hydr.	hydr.	
Geschwindigkeit	km/h	0-30/60	0-35/52	0-35/52	0-36/54	0-38/67	CFL-Loks mit Einrichtungen für Doppellokbetrieb
Anfahrzugkraft	kg	13000	16000	13000	16000	18800	

Quelle: Deutz

Drei Versionen einer Lok: Oben Deutz 47456 bei der Industriebahn Hofors Bruk (Bauform 1952); darunter die Bauform 1954 einmal mit hinterer Plattform (Deutz 55897; mitte), unten die Ausführung mit großem Führerhaus (Deutz 56768) bei den Staatsmijnen Heerlen.

DEUTZ (3)

55572). Unklar ist, ob auch eine Serie von weiteren zehn A8M428-Lokomotiven für Chile - Baujahr 1957; je fünf in 1000- und 1676-mm-Spur (FabNrn. 56728-732/56798-802) - diesem Bautyp entsprachen. Bei der

Bauform 1954

fielen die äußeren Veränderungen etwas deutlicher aus. Besonders das hochgesetzte Führerhaus verschaffte den Lokfahrern endlich bessere Sicht und der inzwischen fast 20 Jahre alten Wehrmachtlok ein nun doch recht modernes Outfit. Auch sonst wurde alles ein bißchen feiner und glatter. Durch den (unfallsicheren) Zugang zum Führerhaus über eine hinter der Kabine angeordnete offene Plattform baute die Lok zugleich etwas schmaler. Rahmen und Laufwerk blieben praktisch unverändert.

Allerdings wurde bei einigen Loks die Mittelachse gegenüber der alten (lediglich spurkranzgeschwächten) Ausführung nun seitenverschiebbar mit +/- 30 mm Seitenspiel gelagert[5]. Ergebnis: Eine zumindest bescheidene Verbesserung der Kurvenläufigkeit mit einem kleinsten befahrbaren Radius von jetzt 60 Metern.

Interessanterweise wurde die neue Lok nun auch wieder mit dem alten, leichteren V6M436-Motor angeboten; dies wohl ein Zugeständnis an Kunden mit schwächerem Oberbau (z.B. Kleinbahnen), für die eine Lok mit 16 to Achdruck nicht infrage kam. Außerdem kam eine aufgeladene Version mit 600 PS ins Programm. Damit gab es drei Motorvarianten:

V6M436: mit 360 PS bei 600 UpM
V6M536: mit 450 PS bei 600 UpM
BV6M536: mit 600 PS bei 550 UpM

Die Dienstgewichte lagen bei 42, 48 und 51 to. Alternativ zur Standardbauart mit hinterer offener Plattform wurde außerdem eine Version mit einem großen, bis zur Rahmenstirnplatte verlängerten Führerhaus entwikkelt. In dieser Spielart lieferte Deutz alle V6M536R der Bauform 1954 sowie die beiden zuletzt gebauten 600-PS-Maschinen (BV6M536R).

Bis 1960 konnte die V36-Nachbautype mit hochliegendem Führerstand immerhin noch 34 mal verkauft werden. Dann hatte das Wehrmachtsmuster bei Deutz endgültig ausgedient. Die Nachfolgebauarten waren völlig neu konzipierte Industrieloks mit mittigen Führerhäusern, durch Beugniot-Hebel seitenbeweglich gelagerten Radsätzen und modernen Zweitaktmotoren. Schon ab 1961 baute Deutz dann die ersten Lokomotiven mit Gelenkwellenantrieb.

---

5 Bredenbreuker/Feustel, Laufwerksanordnung, S.182ff.; laut Deutz-Prospekt W2000-4 betraf dies nur die Versionen mit 360 und 600 PS; bei der 450-PS-Type wurde nur die Opel-Lok (56046) entsprechend ausgeführt, alle anderen hatten lediglich spurkranzgeschwächte Mittelachsen, teilweise mit Spurkranzschmierung

V36 auf belgisch

Kriegsende 1945. Stunde Null auch in Belgien. Wie überall in Europa begann die Eisenbahnverwaltung mit dem Wiederaufbau des zerstörten Eisenbahnnetzes. Und die nächste Aufgabe wartete bereits: Auch in Belgien kündigte sich Anfang der 50er Jahre der Traktionswechsel unübersehbar an. Die Möglichkeiten der Dampflok waren technisch und wirtschaftlich ausgereizt. Die Zukunft gehörte Diesel- und Elektrofahrzeugen.

In Sachen Diesellokbau war Belgien bis dahin ein weitgehend unbelecktes Land. Zwar fuhren hier bereits rund 200 Dieseltriebwagen. Doch die einzigen Diesellokomotiven, die die SNCB seit 1945 im Bestand führte, waren eine erbeutete deutsche V36 sowie vier ebenfalls im Land stehengebliebene dieselelektrische 350-PS-Loks des britischen War Departments (Hersteller: Armstrong-Whitworth). Auf die Erfahrungen mit diesen beiden Kriegslok-Typen gründeten sich in den folgenden Jahren Entwicklungen und Beschaffungen für das erste Diesel-Rangierlokprogramm der Belgischen Staatsbahn.

Die Verwandtschaft läßt schön grüßen: Auch die belgischen Staatsbahn-Reihen 250 und 252 waren unverkennbar Weiterentwicklungen der deutschen V36.

SNCB (2)

Was die SNCB in diesem Bereich schließlich ab 1955 durch die Firmen Baume & Marpent, Forges, Usine & Fonderies, Cockerill-Ougrée und Les Ateliers Metallurgiques Nivelles bauen ließ[1], war ein klares Bekenntnis zur Dieselhydraulik und zu den von der V36 vertretenen Konstruktionsprinzipien. Nur die Ausrüstungsteile waren nun natürlich belgischen Ursprungs. Außerdem konnten die Motoren, entsprechend dem inzwischen erreichten technischen Fortschritt, stärker ausgeführt werden.

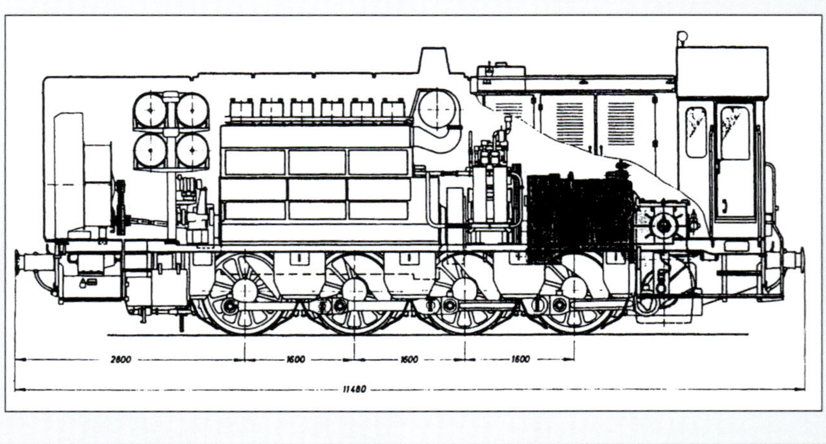

Vor allem die dreiachsigen **Reihen 250** und **252** waren trotzdem noch ziemlich exakte Kopien der deutschen V36. Der gesamte Aufbau der Lok, die Anordnung des Triebwerks, Kraftübertragung (Voith L37) und äußeres Erscheinungsbild ... alles wohlbekannt! Unterschiede gab es im Detail: Ein größerer Achsstand, ein höheres Dienstgewicht, eine auf 30 km/h begrenzte Höchstgeschwindigkeit.
Die **Reihe 251** erhielt versuchsweise SEM-Getriebe. Die **Reihe 253** baute länger und präsentierte sich auch sonst mit gewissen Veränderungen. Allen vier Bauarten gemeinsam war ein langsamlaufender Reihen-Sechszylinder-Motor mit 550 PS.

Auch zwei vierachsige Typen beschaffte die SNCB; als **Reihen 271** und **272** (siehe Skizze). Maschinenleistung bei diesen Loks: 750 PS. Anklänge an die Wehrmachts-WR550D14 waren auch hier unübersehbar, wenngleich nicht so ausgeprägt wie bei den C-Kupplern.

Schließlich: Auch bei den belgischen Industrie-Dielselloks der ersten Nachkriegsgeneration fallen - Zufall oder nicht - einige Muster mit schon bemerkenswerten Ähnlichkeiten zur V36 auf. Überliefert ist u.a. der Entwurf einer 450-PS-dieselhydraulischen C-Lok der S^{te}. Anglo Franco Belge aus dem Jahr 1951. Bis auf eine hinter der Radsatzgruppe liegende Blindwelle erinnert auch hier alles frappierend an die deutsche WR-Bauart.

---

1 oV, Shunting Power, S.123ff.

Modernes Outfit, alte Technik:
Auch die Henschel DH360 (hier die Esso-Lok 25229) war nur eine äußerlich aufgepeppte V36.

Henschel & Sohn

Henschel war im Krieg nur mit einer kleinen Serie von fünf WR360C an den Wehrmachtsbeschaffungen beteiligt gewesen. Dennoch knüpften auch hier die ersten Nachkriegskonstruktionen ab 1951 auffallend eng an die WR-Type an.

Anders als Deutz beschränkte sich Henschel dabei nicht auf eine Neuauflage nur der dreiachsigen Lok: Das erste, nach der Freigabe des Lokomotivneubaus aufgelegte und von Firmenchef Oscar R.Henschel spöttisch als *„Möbelwagen“*[6] bezeichnete DH-Typenprogramm umfaßte vielmehr die gesamte ehemals von den WR-Bauarten abgedeckte Leistungsbreite mit den Typen DH200, DH360 und DH550. Nach unten wurde das Angebot sogar noch um eine vergleichbar aufgebaute DH110 erweitert. Die wichtigsten konstruktiven Merkmale der Henschel- *"Möbelwagen"*:

- Konventioneller Lokaufbau mit Führerhaus am Rahmenende,
- sehr hohe (bei der DH360 und DH550 bis auf Führerhausscheitelhöhe reichende) Motorhaube,
- glatte Außenbleche und gerundete Formen,
- große Familienähnlichkeit (die ganze Typenreihe sollte *„wie aus einem Guß erscheinen“*[7],
- langsam- bis mittelschnellaufende MWM-Motoren,
- Voith-Turbogetriebe sowie
- Antrieb über Blindwelle und Kuppelstangen.

Allzu viel an Innovationen hatte Henschel der DH-Reihe also nicht spendiert. Im Grunde waren auch dies lediglich äußerlich aufgepeppte Wehrmachtloks mit etwas 50er-Jahre-Stromlinie. Kleinere Modifikationen betrafen u.a. die Achsstände (bei DH200 kleiner, bei DH360 und DH550 größer als bei der Wehrmachtlok), die Treibrad-Durchmesser (1150 gegen 1100 mm bei der WR-Bauart) und die Führerstände (beidseitige Bedienung).

Immerhin investierte Henschel einiges an Werbung, um die neuen dieselhydraulischen Loks mit dem Henschel-Stern bei den potentiellen Kunden bekannt zu machen. Interessant ist vor allem eine Ende 1953 in der Zeitschrift „Verkehr und Technik“ erschienene Annonce (Abbildung unten), die eine in dieser Form projektierte, aber nie gebaute DH550 zeigt. Die D-Type wurde bei Henschel nur einmal, 1954, in einer Serie für die Spanischen Eisenbahnen RENFE aufgelegt; dies jedoch dann mit anderen Aufbauten und in Zusammenarbeit mit Krauss-Maffei[8].

Aus heutiger Sicht war die DH- *“Ursprungsreihe“* - so wird sie von Henschel inzwischen bezeichnet - nicht allzu erfolgreich. Außer vier DH110 wurden gerade mal

SAMMLUNG STEFAN LAUSCHER

sieben Stück DH200, zwölf DH360 und zehn DH550 verkauft.

Neben der schon erwähnten RENFE-Lieferung schlägt dabei vor allem eine Serie von ebenfalls zehn DH360 für die Ägyptische Staatsbahnen (ESR) zu Bu-

6 Kademann, Bahngeschichten, S.22
7 Ebenda
8 Zu den Problemen bei der Überführung der ersten DH550 nach Spanien: Kademann, Bahngeschichten, S.30ff.

H E N S C H E L - Ursprungsreihe - Typen DH200, DH360 und DH550

FabNr(n)	Bauj	Type	Motor	PS	gel.am	Kunde/BetrNr
24840	1951	DH200	MWM	200	12.03.51	Volkswagenwerk GmbH, Wolfsburg, 183
25088	1952	DH200	MWM	200	20.12.52	Gebrüder Böhler & Co AG, Edelstahl, Düsseldorf-Oberkassel, 1
25089	1952	DH200		200	05.12.52	SARPOM SpA, Raffineria, San Martino di Trecate (Italien)
25092	1952	DH200		200	. .52	SARPOM SpA, Raffineria, San Martino di Trecate (Italien)
25222	1952	DH200		200	05.12.52	SARPOM SpA, Raffineria, San Martino di Trecate (Italien)
25285	1953	DH200		200	11.12.53	Demag AG, Werk Duisburg
25286	1953	DH200		200	07.01.54	Norsk Hydro-Elektrisk, Oslo für Werk Rjukan (Norwegen)
25287	1953	DH200	MWM	200	24.05.55	Westfälische Zellstoff AG, Wildshausen/b.Arnsbg, 1, 1992 ++

24840: 1959 an VW, Werk Baunatal, 1974 an Ernst Biskupek, Schrotthandlung, Hannover, ++
25088: 1974 an Günther & Lochte, Schrotthandlung, Düsseldorf-Reisholz (oNr), 1990 ++
25089: 2000 an Ser.Fer, Udine (K115, 2025 vh.) (Italien)
25092: .... an CLF, Bologna (?, Italien)
25222: 200x an Portogruaro Interporto, Portogruaro (2023 vh.) (Italien)
25285: 1962 an Unbek., Bøhnsdalen/Norw., 1965 an Norsk Hydro, Werk Eidanger/Norw. (ES 022), 1987 ++
25286: 1961 an Norsk Hydro, Werk Eidanger/Norwegen (ES 020), 1987 ++

FabNr(n)	Bauj	Type	Motor	PS	gel.am	Kunde/BetrNr
25229	1952	DH360	MWM	360	26.03.53	Esso AG, Raffinerie Hamburg-Harburg, 4 (sp.2)
25230	1953	DH360	MWM	360	21.09.53	Norsk Hydro-Elektrisk, Oslo für Rjukan (Norwegen), 1987 ++
25589	1951	DH360	MWM	360	24.07.51	Ägyptische Staatsbahnen, ESR 4201
25590	1951	DH360	MWM	360	27.07.51	Ägyptische Staatsbahnen, ESR 4202
25591-25592	1951	DH360	MWM	360	24.07.51	Ägyptische Staatsbahnen, ESR 4203-4204
25593-25594	1951	DH360	MWM	360	27.07.51	Ägyptische Staatsbahnen, ESR 4205-4206
25595-25598	1951	DH360	MWM	360	06.10.51	Ägyptische Staatsbahnen, ESR 4207-4210

25229: 1963 an Esso, Werk Köln-Merkenich (I, sp.5229), 1986 an Museums-Eisenb.Paderborn (V36 501), 1989 an Eisenbahnfreunde Vulkaneifel, Gerolstein (V36 501), 1993 an Niederrhein. Industriemuseum Krefeld (V36 501); 1995 an Privat, 2004 an EWK Krefeld, 2010 an Henschel-Mus., Kassel (4) (2021 vh.)

FabNr(n)	Bauj	Type	Motor	PS	gel.am	Kunde/BetrNr
28520	1954	DH550	Sulzer	550	27.03.54	Spanische Staatsbahnen, RENFE 10501, 1981 +
28521	1954	DH550	Sulzer	550	14.04.54	Spanische Staatsbahnen, RENFE 10502, 1976 +
28522	1954	DH550	Sulzer	550	25.04.54	Spanische Staatsbahnen, RENFE 10503
28523	1954	DH550	Sulzer	550	07.05.54	Spanische Staatsbahnen, RENFE 10504, 1974 +
28524	1954	DH550	Sulzer	550	25.05.54	Spanische Staatsbahnen, RENFE 10505, 1974 +
28525	1954	DH550	Sulzer	550	03.06.54	Spanische Staatsbahnen, RENFE 10506, 1976 +
28526	1954	DH550	Sulzer	550	12.06.54	Spanische Staatsbahnen, RENFE 10507, 1979 +
28527	1954	DH550	Sulzer	550	30.06.54	Spanische Staatsbahnen, RENFE 10508
28528	1954	DH550	Sulzer	550	06.07.54	Spanische Staatsbahnen, RENFE 10509, 1974 +
28529	1954	DH550	Sulzer	550	16.07.54	Spanische Staatsbahnen, RENFE 10510, 1982 +

Insgesamt wurden bei Henschel 20 Stück DH550 bestellt; zehn davon - RENFE-Nummern 10511-10520 - baute Krauss-Maffei (17908-17917)

Quellen: Henschel, www.rangierdiesel.de, diverse Sichtungen

TABELLE 49:
Henschel-Neubaulokomotiven

		DH200	DH360 Normal	ESR	DH550 Projekt	RENFE
Achsfolge/Antrieb		B-Stangen	C-Stangen	C-Stangen	D-Stangen	D-Stangen
DGew.	to	28,0	40,0	40,0	56,0	60,0
Achsdruck	to	14	14	14	14	15
Länge über Puffer	mm	7540	9400	9400	10500	9500
größte Höhe	mm	3560	3500	3525	3800	4100
größte Breite	mm	3130	3080	3000	3000	3150
Achsstand	mm	2800	4500	4000	4500	4200
Treibrad-Durchm.	mm	1150	1150	1150	1150	1150
Motor		MWM	MWM	MWM		Sulzer
Typ		RHS418A	RHS335S	RHS335S		6LDA22
Leistung	PS	200	360	360	550	550
Drehzahl	UpM	1200	600	600	950	900
Zahl der Zylinder		8	6	6		6
Getriebe		Voith	Voith	Voith	Voith	Voith
Typ		L33y	L37	L37	L37z	L37z
Bauart		hydraul.	hydraul.	hydraul.	hydraul.	hydraul.
Geschwindigkeit	km/h	0-30	0-30/60	0-25/50	0-30/60	0-33/65
Anfahrzugkraft	kg	9000	13500	14100	18600	20000

DH200: Vmax 60 km/h nur als Sonderausführung
DH550: RENFE-Loks mit 1674 mm Spur; Motor in Sulzer-Lizenz bei Henschel gebaut

Quellen: Henschel, Diesel Railway Traction 9/51, Gößl/Nürnberger-550-PS-Lokomotive

che[9]. Diese Loks waren nach anfangs sehr großen Problemen - Kurbelwellenbrüche am MWM-Motor, defekte Wendegetriebe und Kühlerantriebe - in Ägypten bis in den 80er Jahre hinein im Dienst.

Nicht übersehen werden darf bei der geringen Gesamtstückzahl allerdings auch der recht kurze Produktionszeitraum. Bereits Ende 1953 hatte Henschel eine neue Typenfamilie mit den Bauarten DH240/DH360/DH550/DH800 und hochliegenden Mittelführerhäusern komplett durchkonzipiert[10]. Ab Frühjahr 1954 ging diese *„Übergangsreihe"* in Serie. Das daraus sich allmählich entwickelnde, endgültige DH- und DHG-Industrielokprogramm ist hinlänglich bekannt.

---

9 oV, Shunting Locomotives, S.209f.; die Bezeichnung „Egyptian State Railways" (ESR) wurde nach Abschaffung der Monarchie 1954 in „Egyptian Railways" (ER) geändert; heute ENR (= Egyptian National Railway)

10 Koch, Typenreihe, S.296f.; Frydag, Henschel-Diesellokomotive, S.157f.

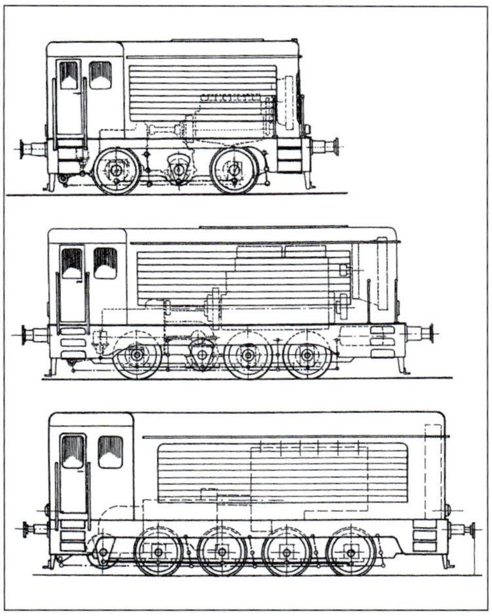

HENSCHEL

Arn. Jung Lokomotivfabrik

Die Lokomotivfabrik Jung in Kirchen a.d.Sieg hatte den Schwerpunkt im Diesellokbau traditionell im Feldbahnbereich. Auch regelspurige Loks mit Leistungen bis etwa 100 PS waren seit 1930 bereits in Serie gebaut worden. Erfahrungen mit größeren Maschinen fehlten dagegen. Einzige Ausnahme: Die für das Heer gebauten WR200B14 und WR360C14.

Vor diesem Hintergrund erstaunt es wenig, daß auch Jung für einen 1951 ebenfalls von den Ägyptischen Staatsbahnen[11] erhaltenen Auftrag keine Experimente einging und eine Konstruktion vorlegte, für die unübersehbar die V36 Pate gestanden hatte. Der Aufbau der Lok, die Anordnung des Fahrwerks, Motor (MWM RHS335S) und Getriebe (Voith L37) - allesamt mehr oder weniger originalgetreue Kopien der Wehrmachts-Bauart[12].

Allerdings verstanden es die Jung-Ingenieure auch, die V36 ohne grundsätzliche Eingriffe in Bewährtes sinnvoll weiterzuentwickeln: Auffallend ist besonders die Anordnung der Kühlergruppe direkt vor dem Führerhaus über der dritten Achse (Kühler in der rechten Vorbauseitenwand, Ventilator im Dach). Die Brennstofftanks, die sonst hier ihren Platz hatten, verschwanden in flachen seitlichen Kästen zwischen Rahmendecke und Umlaufblechen. Vorteile dieser Konstruktion: Eine vorzügliche Gewichtsverteilung aller Aggregate und des Brennstoffvorrats auf die drei Achsen, gleiche Kühlleistung bei Vor- und Rückwärtsfahrt, vor allem aber eine deutlich geringere Gesamtlänge der Lok.

Zudem stellte Jung einige leidige Probleme der Wehrmachtstype ab, indem (ähnlich auch bei Deutz und Henschel)

- der Achsstand zur Verbesserung der Laufruhe vergrößert (4310 statt 3950 mm),
- der Treibrad-Durchmesser kräftig erhöht (1232 statt 1100 mm),

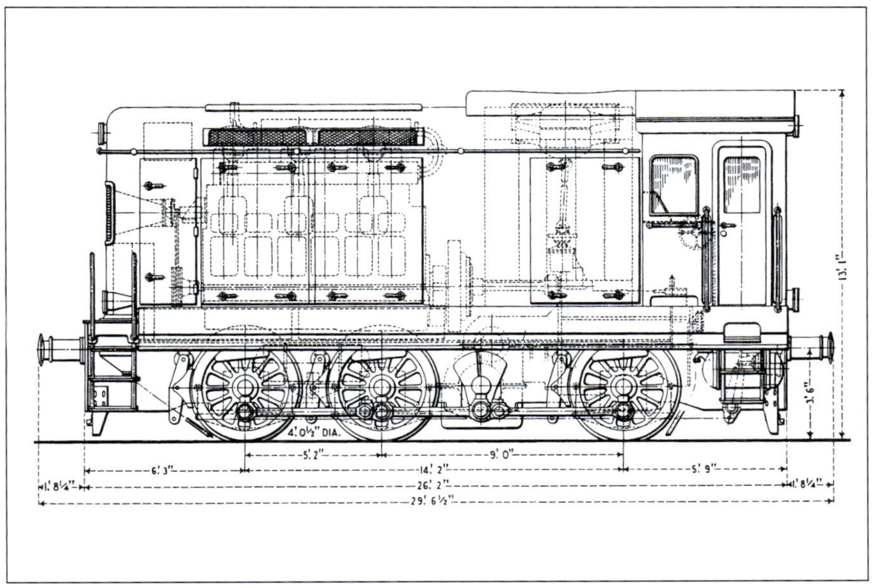

SAMMLUNG THOMAS GOTTSCHEWSKY

Noch mehr V36-Verwandtschaft: Typenplan der Reihen DH200/DH360/DH550 von Henschel (oben links), daneben die letztgebaute DH360 für Ägypten - Nr.25598 - kurz vor der Ablieferung ...

... und darunter die Ägypten-Lok R361C/R363C von Jung: Als Zeichnung (mitte) und in einer Anzeige aus „Verkehr und Technik" 1953 (unten).

---

11 Insgesamt beschafften die ESR/ER ab 1948 (!) in der 350/400-PS-Klasse annähernd 180 Maschinen, darunter 23 de-Loks (ESR 4001-4023), 52 dh-Loks deutscher Bauart (ESR 4201-4252) - 10 Henschel, 42 Jung - und ab 1961 noch einmal 98 dh-Loks von Ganz-MAVAG (ESR 4301-4398); Hughes, Middle East, S.26; auch MAK hatte eine 360-PS-Lok angeboten; siehe auch Skizze S. 545

12 oV, Egypt, S.179f.

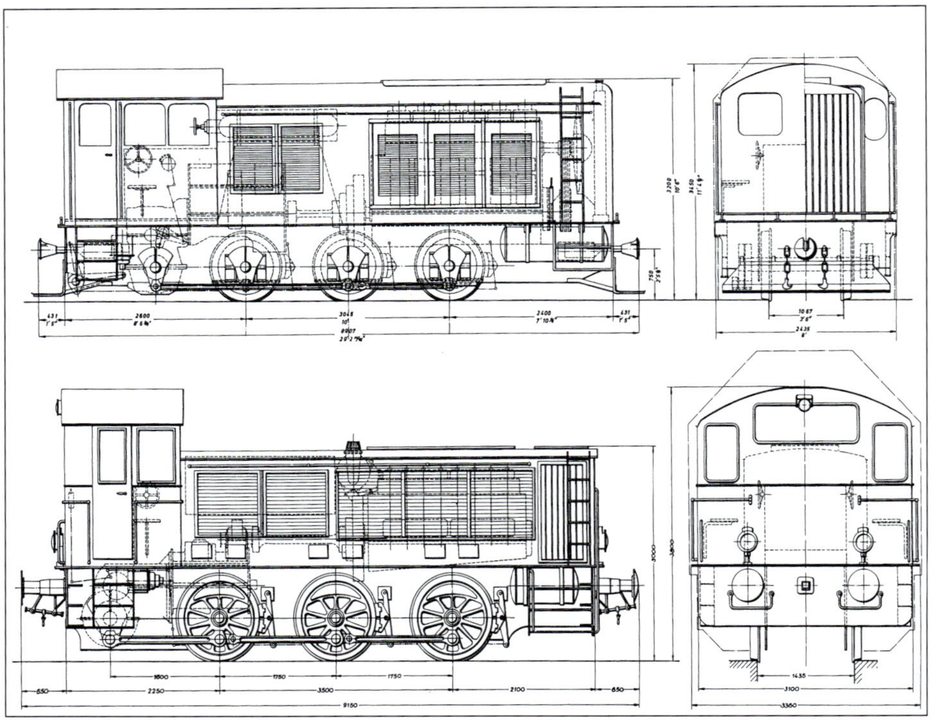

TABELLE 50: Jung-Neubaulokomotiven

Type		R361C/ R363C
Achsfolge/Antrieb		C-Stangen
DGew.	to	46,5
Achsdruck	to	15,5
Länge über Puffer	mm	9008
größte Höhe	mm	4000
größte Breite	mm	2945
Achsstand	mm	4310
Treibrad-Durchm.	mm	1232
Motor		MWM
Typ		RHS335S
Leistung	PS	360
Drehzahl	UpM	600
Zahl der Zylinder		6
Getriebe		Voith
Typ		L37 U
Bauart		hydraul.
Geschwindigkeit	km/h	0-30/60
Anfahrzugkraft	kg	14950

gr.Breite bei R363C nur 2847 mm

Quelle: Jung

J U N G - Typen R361C und R363C

FabNr(n)	Bauj	Type	gel.am	Kunde/BetrNr
11590	1952	R361C	14.01.53	Ägyptische Staatsbahnen, ESR 4211
11591	1952	R361C	17.02.53	Ägyptische Staatsbahnen, ESR 4212
11592-11594	1952	R361C	14.01.53	Ägyptische Staatsbahnen, ESR 4213-4215
11595-11598	1952	R361C	17.02.53	Ägyptische Staatsbahnen, ESR 4216-4219
11599	1953	R361C	24.04.53	Ägyptische Staatsbahnen, ESR 4220
11600	1952	R361C	23.03.53	Ägyptische Staatsbahnen, ESR 4221
11601	1952	R361C	17.02.53	Ägyptische Staatsbahnen, ESR 4222
11602-11603	1953	R361C	24.04.53	Ägyptische Staatsbahnen, ESR 4223-4224
11604	1953	R361C	23.03.53	Ägyptische Staatsbahnen, ESR 4225
12161-12163	1955	R363C	25.10.55	Ägyptische Staatsbahnen, ER 4226-4228
12164-12165	1955	R363C	16.11.55	Ägyptische Staatsbahnen, ER 4229-4230
12166-12169	1955	R363C	22.11.55	Ägyptische Staatsbahnen, ER 4231-4234
12170-12171	1955	R363C	07.12.55	Ägyptische Staatsbahnen, ER 4235-4236
12172-12173	1955	R363C	27.12.55	Ägyptische Staatsbahnen, ER 4237-4238
12174	1955	R363C	25.01.56	Ägyptische Staatsbahnen, ER 4239
12175	1955	R363C	27.12.55	Ägyptische Staatsbahnen, ER 4240
12176	1955	R363C	25.01.56	Ägyptische Staatsbahnen, ER 4241
12177-12181	1955	R363C	31.01.56	Ägyptische Staatsbahnen, ER 4242-4246
12182	1956	R363C	07.02.56	Ägyptische Staatsbahnen, ER 4247
12183-12187	1956	R363C	09.02.56	Ägyptische Staatsbahnen, ER 4248-4252

12174: 1956 an Israelische Staatsbahn, 4239 „Abdul Nasser“, 1971 ++

zum Ägypten-Auftrag gehörten ferner zwei 2x2achsige 720-PS-Doppelloks mit Kopfführerständen; Type R720B+B; Fabriknummern 11586-11589, Baujahr 1952/53; ESR-Nummern 4401-4402; bewährte sich nicht, Beschaffung eingestellt

Quellen: Jung, Hughes/Middle East Railways

- der Treibstoffvorrat (von 400 auf 2300 l) annähernd versechsfacht,
- die schwergängige mechanische Wendeschaltung der Kriegslok durch einen Druckluft-Fahrtwendehebel ersetzt und
- ein zweiter Bedienungsstand für das einmännige Fahren der Lok eingebaut

wurden. Auch äußerlich erhielt die Lok ein zeitgemäßes Design.

In dieser Ausführung baute Jung die als „R361C“ bezeichnete Type 1952/53 zunächst 15 mal. Eine Nachbestellung über weitere 27 Loks (insgesamt damit 42) folgte, mit unwesentlichen Bauartänderungen, 1955/56 als „R363C“.

Eingesetzt waren die Jung-C-Kuppler in Ägypten u.a. bei den Bw Abon Ghates und Saptieh, beide im Stadtgebiet von Kairo. Ende 1953 liefen die Maschinen hier im Dreischichtbetrieb sowohl vor kurzen Vorortzügen, wie auch in dem ihnen eigentlich zugedachten Rangierverkehr. Monatsleistung: Rund 5000 Kilometer. Wie die Henschel-Loks wurden auch die Jung- R361C/R363C in der Mehrzahl erst in den 80er Jahren ausgemustert.

Bis zur Aufgabe der Lokfertigung 1987 blieb - abgesehen natürlich von den DB-Standard-Baureihen - die R361C/R363C die stückzahlstärkste Diesel-Normalspur-Type bei Jung. Versuche vor allem in den Jahren 1949/50/51, die alten Wehrmachtsbauarten noch anderweitig „umzustricken“ und den Kunden schmackhaft zu machen, waren dagegen erfolglos.

Erhalten geblieben ist aus dieser spannenden Aufbruchzeit immerhin eine dicke Mappe mit Projektzeichnungen. Sie belegen, wie sehr bei den frühen Typenplanungen noch die ehemaligen Wehrmachtsbauarten das Nachdenken prägten: 200-, 360- und 550-PS-Typen in allen metamorphosischen

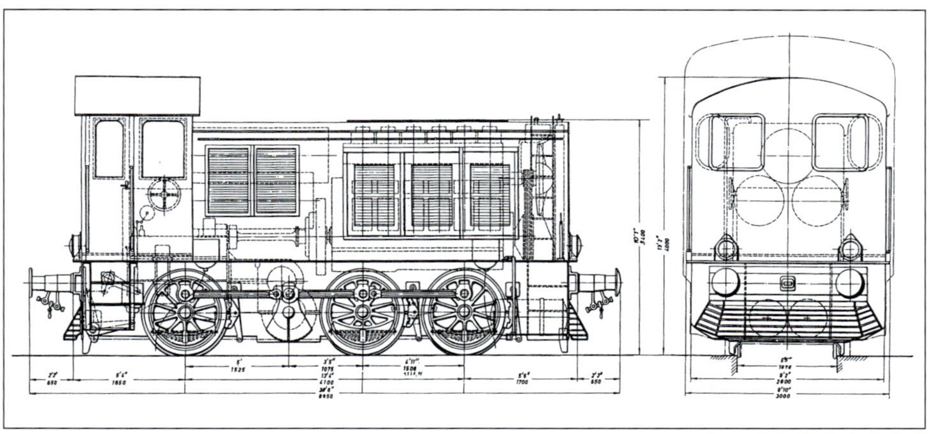

Jung-Entwürfe für einen V36-Nachfolger: Ganz oben eine Schmalspur-Ausführung, ganz unten wohl der Ur-Entwurf der Ägypten-Lok; Projekte 1949-1951.

TABELLE 51: Gmeinder-Neubaulokomotive

Type		V20 (Neubau)
Achsfolge/Antrieb		B-Stangen
DGew.	to	28,0
Achsdruck	to	14,0
Länge über Puffer	mm	8000
größte Höhe	mm	3620
größte Breite	mm	3103
Achsstand	mm	3200
Treibrad-Durchm.	mm	1100
Motor		MWM
Typ		RHS518A
Leistung	PS	220
Drehzahl	UpM	1275 UpM
Zahl der Zylinder		8
Getriebe		Voith
Typ		L33y
Bauart		hydraul.
Geschwindigkeit	km/h	0-30/60
Anfahrzugkraft	kg	8400 kg

Streckengang 0-60 km/h später blockiert

Quelle: Gmeinder

GMEINDER

Stadien mit außen- oder innenliegender Blindwelle, mit Mittel- oder Endführerstand, als Normal- oder Schmalspurlokomotive, mal stärker und mal schwächer motorisiert (Beispiele auf der nebenstehenden Seite).

Gebaut worden ist, wie gesagt, von alledem nichts mehr. Erst ab etwa 1952/53 konnte Jung mit den bis dahin dann wirklich neu entwickelten Industrietypen (RK 20B, R40C etc.) im aufblühenden Nachkriegs-Diesellokgeschäft Fuß fassen.

Gmeinder & Co

Im Kreis der Wehrmachtlokhersteller war Gmeinder die einzige Lokfabrik, die ausschließlich die WR200B14 geliefert und im übrigen als einzige diese auch nach dem Krieg noch originalgetreu nachgebaut hatte. Auch in der weiteren Entwicklung der Wehrmachtstypen stand bei Gmeinder deshalb naheliegenderweise die 200-PS-Bauart im Mittelpunkt.

Stückzahlmäßig konnte die Mosbacher Lokomotivschmiede mit Herstellern wie Henschel oder Klöckner-Humboldt-Deutz natürlich nicht konkurrieren. Die einzige Gmeinder-Neubaulok, die unmittelbar auf Basis der WR200B14 entstand, war ein Einzelstück (FabNr. 4834, Baujahr 1955). Ihr Steckbrief:

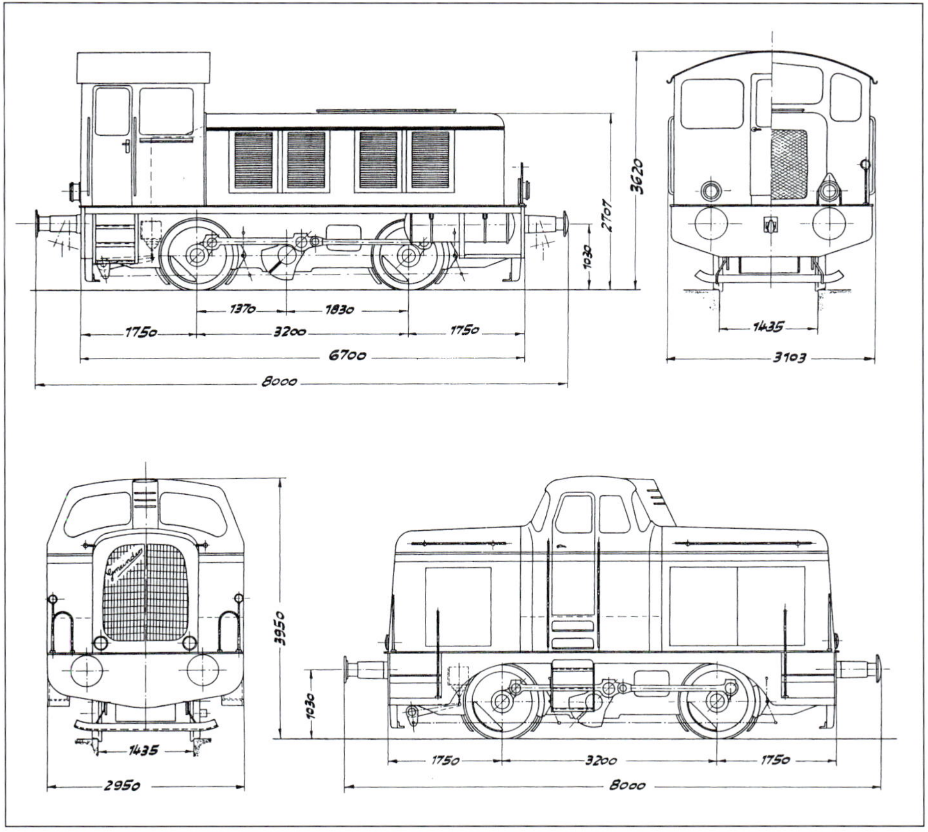

Typenbezeichnung:	V20 (!)
Liefertag:	15.3.55
Kunde:	Stadtwerke Mannheim AG, Gaskokerei Luzenberg, Mannheim-Rheinau
Betriebnummer:	4

Vor allem die obere der beiden abgebildeten Maßzeichnungen offenbart unübersehbare Übereinstimmungen mit dem alten Wehrmachts-Zweiachser. Die Fahrwerks-Abmessungen entsprechen bis auf den Millimeter denen der WR200B14! Neu an der Lok waren augenscheinlich nur der moderne (und niedriger bauende) MWM-Motor und ein dem Stil der Zeit angepaßtes Blechkleid inklusive eines durch große Fenster heller gewordenen Führerhauses.

In nahezu identischer Ausführung, jedoch als 1000-mm-Schmalspurlok, wurde die V20 Anfang 1956 auch noch der Mittelbadischen Eisenbahn zur Verdieselung der MEG-Stammbahn angeboten. Hier entschied man sich wegen der zahlreichen unübersichtlichen Ortsdurchfahrten zwischen Kehl und Rastatt letztlich aber für eine Lok mit Mittelführerstand und Gelenkwellenantrieb (MEG V22.01, geliefert 1957).

Weitere Spuren, die die WR-Lok hinterlassen hat:

Ende der 50er Jahre verkaufte Gmeinder Zeichnungen und Zulieferteile (Nachschaltgetriebe) für eine Breitspur-Version der Nachkriegs-V20 an den spanischen Kleinlokomotiven-Hersteller Metalúrgica de San Martín S.A. in Barcelona. Wieviele Loks dort in Gmeinder-Lizenz noch nachgebaut wurden,

V20 in neuem Blechkleid: Die Gmeinder 4834/1955 rangiert am Kohlenbunker der Gaskokerei in Mannheim (oben) ...

... darunter Typenpläne der Neubau-V20 mit End- bzw. Mittelführerstand (letztere nicht gebaut); das Fahrwerk entsprach noch völlig der WR200B.

Sammlung Stefan Lauscher

Die Breitspur-V20: Eine der in Gmeinder-Lizenz gebauten Neubau-V20 der Metalúrgica de San Martin rangiert auf einer spanischen Hafenbahn.

ist leider nicht bekannt. Mindestens zwei Loks der spanischen WR200B14-Variante liefen bei einer Hafenbahn. Zumindest vom Äußeren her scheint es sich um eine völlig unveränderte Kopie der Kokerei-Lok von 1955 gehandelt zu haben.

Schließlich:
Ab Mitte der 50er Jahre entwickelte auch Gmeinder ein Firmentypenprogramm mit Mittelführerstandslokomotiven in den Leistungsgrößen 240-320 PS (2achsig), 400-650 PS (3achsig) und 700-1200 PS (4achsig). In der ersten Generation hatten diese Maschinen noch Stangenantrieb. Auch hier entsprach das Fahrwerk der 3achser-Lok noch in allen Einzelmaßen dem der V36. Nur Zufall?

Die Neubau-V20 von 1955 versah während all dieser Entwicklungen wacker ihren Dienst am Kohlebunker der Mannheimer Gaskokerei. Der Betrieb firmierte später als „Gas- und Wasserwerke Rhein-Neckar AG" (Loknummer: 114); spätestens ab 1977 gehörte die Maschine der „IKO Industriekohle GmbH & Co KG, Mannheim-Rheinau-Hafen (Loknummer: 206). Die Ausmusterung erfolgte 1983.

Krauss-Maffei

Im Unterschied zu den meisten anderen großen Lokfabriken in Deutschland hatte Krauss-Maffei den Krieg nahezu unbeschadet überstanden. Nach den Turbulenzen der ersten Nachkriegsjahre[13] konnte deshalb auch hier die Entwicklungstätigkeit frühzeitig wieder beginnen. Verstärkt wandte sich Krauss-Maffei dabei nun der Diesellok zu. Bis dahin waren im wesentlichen nur Reichsbahn-Aufträge abgewickelt worden (Kleinloks, V 140 001). Ein eigenes Firmen-Diesellok-Programm existierte nicht.

Was nun folgte, ist eine Erfolgsstory aus dem Bilderbuch der Wirtschaftswunderjahre: Quasi aus dem Stand etablierte sich Krauss-Maffei unter den führenden deutschen Diesellokherstellern. Aufträge kamen aus der ganzen Welt. Und zumindest wer die ersten Typenpläne und Prospekte kennt, reibt sich verwundert die Augen: Obwohl Krauss-Maffei nie auch nur eine WR-Diesellok gebaut hatte, gründeten die ersten Konstruktionen auf Entwürfe, die ohne weiteres aus dem Wildauer Büro der „Arbeitsgemeinschaft für Motorlokomotiven" hätten stammen können.

Die einfache Erklärung: Auf der Suche nach erfahrenen Diesellok-Konstrukteuren hatte Krauss-Maffei Ende der 40er Jahre auch die ehemaligen AGM-Ingenieure Tiffe (von Schwartzkopff) und Nürnberger (von Deutz) nach München geholt; das erste Typenprogramm trägt unverkennbar deren Handschrift.

Mit einem kleinen Trick war es zudem gelungen, viele Monate harter und mühseliger Kleinarbeit bei der Konstruktion zu sparen. Unter dem Vorwand, die eigenen (tatsächlich jedoch nie vorhandenen) Werkstattzeichnungen seien infolge von Kriegseinwirkungen verloren gegangen, besorgte sich Krauss-Maffei bei MAK in Kiel einen kompletten Zeichnungssatz der WR-Lokomotiven[14]. Starthilfe für die Konkurrenz ... im Nachkriegsdeutschland 1949 offenbar möglich, heute undenkbar.

Bei näherer Betrachtung der ersten, in nur wenigen Monaten[15] aufgestellten Typenreihe fallen drei Dinge auf:

Erstens:
Beim Neuanfang setzte Krauss-Maffei wie die Konkurrenz auf erprobte und damit risikolose Bauarten. Der untere Leistungsbereich wurde mit Kleinlok-Typen LgI und II abgedeckt, die höheren Leistungen (von 275 bis 800 PS) mit WR-Lok-Mustern.

Zweitens:
An die Stelle der WR200B14 trat eine Art „große Köf" mit 200 PS.

Drittens:
Die bemerkenswerteste Neuerung: Bei der dreiachsigen Lok (vergleichbar der V36) lag die Blindwelle nun hinter dem dritten Radsatz, was einen kleinen Achsstand, bessere Kurvenläufigkeit und eine insgesamt geringe Baulänge ermöglichte.

---

13 Krauss-Maffei, 150 Jahre, S.93, 114; der Lokomotivneubau war bei Krauss-Maffei ab 1.1.49 wieder zugelassen
14 Auskunft von Prof. Gerhard Tiffe v.17.2.82
15 Die ersten Übersichtszeichnungen tragen das Datum vom 19.4.49 (!)

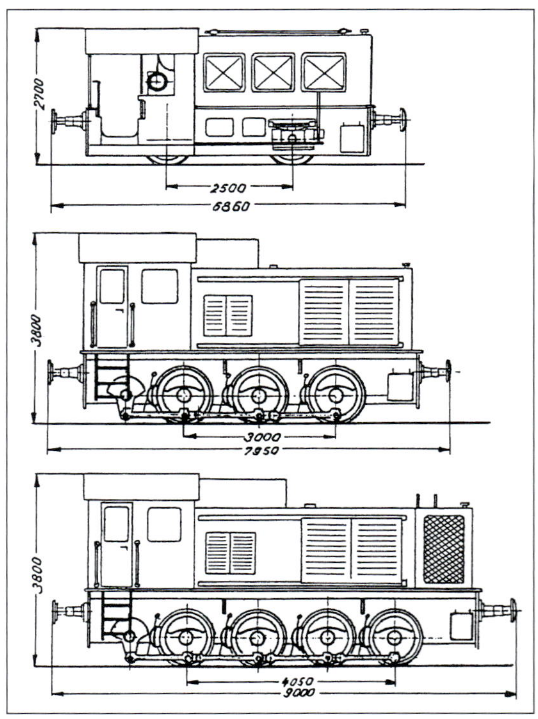

Krauss-Maffei-Typenplan anno 1949: Die B-Type wurde jetzt als große Köf mit 200 PS, die C-Lok mit 275 oder 400 PS und der schwere D-Kuppler mit 550 oder 800 PS angeboten.

V36 auf bayerisch : Bei Krauss-Maffei wurde die Blindwelle hinter die dritte Achse verlegt; die Italien-Lok KrMa 17826 hatte außerdem bereits ein hohes Führerhaus (Bild unten rechts).

Ansonsten finden sich in den Entwürfen viele von den Wehrmachtlokomotiven bekannte Maße und Konstruktionsmerkmale wieder. Auch die Leistungsstufen 200, 360 und 550 PS blieben im großen und ganzen ohne Änderung.

Völlig überarbeitet wurde von Krauss-Maffei lediglich die (zweifellos auch überarbeitungsbedürftige) D-Type. Der im Krieg als schwerfällig und laut aufgefallenen WR550D14 verpaßten Tiffe & Co einen Beugniot-Hebel zwischen erster und zweiter Achse zur Verbesserung der Kurvenläufigkeit und einen im Vergleich zum Wehrmachts-Monstrum geradezu zierlichen 12-Zylinder-Motor von MAN. Gegenüber der WR550D wurde der neue Vierachser um fast zwei Meter kürzer!

Weitere Merkmale der 1949er Typenreihe in Stichworten:

- Schnellaufende, z.T. aufgeladene Motoren,
- beidseitige Bedienungseinrichtungen,
- elektrischer Anlasser,
- vergrößerte Treibstoffvorräte (die nicht so furchtbar eleganten Huckepack-Tanks vor dem Führerhaus aus dem ersten Entwurf wurden später wieder unter's Blech gelegt).

Zweieinhalb bzw. drei Jahre dauerte es danach noch, bis die ersten Nachkriegsdiesselloks der 400- bzw. 550-PS-Klasse von Krauss-Maffei dann auch tatsächlich das Werk verließen. In dieser Zeit sind noch zahlreiche Detailverbesserungen vorgenommen und auch das etwas antiquierte Äußere modernisiert worden[16]. Alle grundsätzlichen Festlegungen des 1949er Typenplans blieben aber unverändert.

Beide Baumuster - C- und D-Lokomotive - sind bis 1966 in ansehnlicher Stückzahl gebaut worden. Hauptkunden waren Staatsbahnen und Industriebetriebe in Indien, Thailand, Südafrika und Angola. Nur die jeweiligen Erstausführungen gingen an Bahnen im Inland.

Die C-Type

wurde erstmals für die Hafenbahnen in Regensburg und Aschaffenburg gebaut[17]. Krauss-Maffei lieferte insgesamt sieben Stück, die sich dort in über vier Jahrzehnten harten Einsatzes in jeder

16 Gleiches gilt für die Köf-Bauarten, die als ML80B bis ML225B letztlich hohe Endführerhäuser erhielten

17 Feuchter, Regensburg, S.145f.; beide Hafenbahnen haben den Betrieb mit eigenen Loks inzwischen aufgegeben

KRAUSS-MAFFEI - Bauform 1951 - C-Lokomotiven

FabNr(n)	Bauj	Type	Spur	gel.am	Kunde/BetrNr(n)
17679-17682	1951	ML400C	1435	19.02.52	Hafenbahn Regensburg, V40-1 bis -4
17683-17685	1951	ML400C	1435	20.12.51	Hafenbahn Aschaffenburg, V40-1 bis -3

17679: 1998 an RSWE Regensburg (V40-1), 2024 Oberpfälzer Lokalbahn-Museum
17680: 1997 an Eisenbahnmuseum Darmstadt-Kranichstein (V40) (2011 vh.)
17681: 1989 an Localbahn Aischgrund (3), 200x an Priv. (f. Wiehltalbahn) (2020 vh.)
17682: 1995 an Krauss-Maffei (Werksmuseum), 2002 an Bw Arnstadt/hist. (V40-4), 2007 an Privat (f. Wiehltalbahn, Waldbröl)
17683: 1963 an Hafenbahn Regensburg (V40-6), 1992 an Josef Stierstorfer, Moosthenning (als Nostalgielok hinterstellt)
17684: 1963 an Hafenbahn Regensburg (V40-7), 2000 an Passauer EF (2023 vh.)
17685: 1954 an Hafenbahn Regensburg (V40-5), 1995 an Krauss-Maffei (W'museum), 2002 an Bw Arnst. (V40-5), 2007 an Privat (Ersatzteilsp. für 17682) (2025 vh.)

FabNr(n)	Bauj	Type	Spur	gel.am	Kunde/BetrNr(n)
17826	1952	ML400C	1435	28.10.52	Stahlwerk Ilva, Piombino (Italien)
17945-17946	1954	ML400C	1676	29.07.54	Indische Staatsbahnen, 6551-6552 WDS
17947-17948	1954	ML400C	1676	13.08.54	Indische Staatsbahnen, 6553-6554 WDS
17949	1954	ML400C	1676	26.08.54	Indische Staatsbahnen, 6555 WDS
17950	1954	ML400C	1676	27.08.54	Indische Staatsbahnen, 6556 WDS
17951-17952	1954	ML400C	1676	06.09.54	Indische Staatsbahnen, 6557-6558 WDS
17953-17954	1954	ML400C	1676	16.09.54	Indische Staatsbahnen, 6559-6560 WDS
17957-17959	1955	ML440C	1000	21.07.55	Thailändische Staatsbahnen, 41-43
17960-17961	1955	ML440C	1000	18.08.55	Thailändische Staatsbahnen, 44-45
17965	1954	ML400C	1676	29.09.54	Indische Staatsbahnen, 6561 WDS
17966	1954	ML400C	1676	02.10.54	Indische Staatsbahnen, 6562 WDS
17967	1954	ML400C	1676	16.10.54	Indische Staatsbahnen, 6563 WDS
17968-17971	1954	ML400C	1676	.10.54	Indische Staatsbahnen, 6564-6567 WDS
17972-17973	1954	ML400C	1676	17.10.54	Indische Staatsbahnen, 6568-6569 WDS
17974-17976	1954	ML400C	1676	09.12.54	Indische Staatsbahnen, 6570-6572 WDS
17977-17979	1954	ML400C	1676	23.12.54	Indische Staatsbahnen, 6573-6575 WDS
17980	1954	ML400C	1676	28.12.54	Indische Staatsbahnen, 6576 WDS
17981-17982	1954	ML400C	1676	21.01.55	Indische Staatsbahnen, 6577-6578 WDS
17983-17984	1955	ML400C	1676	06.05.55	Indische Staatsbahnen, 6579-6580 WDS
17985	1955	ML400C	1676	01.02.55	Bataafsche Petrool, Den Haag (Niederlande)
18495-18501	1958	ML500C	1067	. .58	Stahlwerk ISCOR, D.22-D.28 (Südafrika)
18597	1959	ML500C	1067	15.04.59	Anglovaal Feralloys, Cafe Ridge, 1 (Südafrika)
18599-18600	1959	ML440C	1067	26.10.59	CF de Luanda CFA, DH11-12 (Angola)
19309	1966	ML440C	1067	22.11.66	Companhia Mineira do Lobito (Angola)
19310	1966	ML440C	1067	24.11.66	Companhia Mineira do Lobito (Angola)
19311	1966	ML440C	1067	12 12.66	Companhia Mineira do Lobito (Angola)
19312	1966	ML440C	1067	14.12.66	Companhia Mineira do Lobito (Angola)

Quellen: Krauss-Maffei, Hafen Regensburg, Railway Directory & Yearbook, www.rangierdiesel.de

KRAUSS-MAFFEI

Das Zahlenwerk zu den C- und D-Neubauloks von Krauss-Maffei: Die eingeklammerten Maße und Daten sind Abweichungen bei den jeweils an zweiter Stelle genannten Lieferungen.

TABELLE 52:
Krauss-Maffei-Neubaulokomotiven - Bauart C

Lieferung		ML400C Regensburg Piombino	ML400C Indien Bataaf.Petrol	ML440C Thailand	ML500C Südafrika Feralloys	ML440C Luanda Lobito
Achsfolge/Antrieb		C-Stangen	C-Stangen	C-Stangen	C-Stangen	C-Stangen
DGew.	to	48	51	36	48	39,6
Länge über Puffer	mm	8200	8535	9084	9460	9118
größte Höhe	mm	3800 (4100)	3925	3708	3900 (3920)	3824 (3836)
größte Breite	mm	3066	3160 (3100)	2772	2940	2920 (2880)
Achsstand	mm	3000	3200	2800	3000	2800
Treibrad-Durchm.	mm	1100	1092	1106	1100	1100
Motor		MAN	MAN	MAN	Maybach	MAN
Typ		W8V17,5/22A	W8V17,5/22A	W8V17,5/22A	GTO56A	W8V17,5/22A
Leistung	PS	400	400	440	500	385
Drehzahl	UpM	1000	1100	1100	1500	1100
Zahl der Zylinder		8	8	8	12	8
Getriebe		Voith	Voith	Voith	Voith	Voith
Typ		L37z V	L37 V	L37 V	L37 V	L37 V
Bauart		hydraul.	hydraul.	hydraul.	hydraul.	hydraul.
Geschwindigkeit	km/h	0-28/47 (27/46)	0-27/54 (28/53)	0-27/54	0-32,4	0-30/54
Anfahrzugkraft	kg	15800	15300 (15500)	12000	15800	13200

Quellen: Krauss-Maffei, Voith, da Costa/400-PS-Lokomotive, Koch/Tropen

K R A U S S - M A F F E I - Bauform 1951 - D-Lokomotiven

FabNr(n)	Bauj	Type	Spur	gel.am	Kunde/BetrNr(n)
17723	1951	ML550D	1435	25.06.52	Hafenbahn Frankfurt, D7 (1977 ++)
17724	1952	ML550D	1435	23.07.52	Hafenbahn Neuss, IV (1970 an Hafen Savona/I, 1988 vh.)
17782-17783	1952	ML550D	1676	26.07.52	Tata Iron and Steel Comp., Bombay (Indien)
17888	1953	ML800D	1067	19.11.53	Stahlwerke ISCOR, Pretoria, D.1 (Südafrika)
17889	1953	ML800D	1067	04.01.54	Stahlwerke ISCOR, Pretoria, D.2 (Südafrika)
17890	1953	ML550D	1067	04.01.54	Stahlwerke ISCOR, Pretoria, D.3 (Südafrika)
17891-17892	1953	ML550D	1067	01.02.54	Stahlwerke ISCOR, Pretoria, D.4-D.5 (Südafrika)
17908	1954	ML550D	1674	21.04.54	Spanische Staatsbahnen, RENFE 10511
17909-17911	1954	ML550D	1674	.05.54	Spanische Staatsbahnen, RENFE 10512-10514
17912-17915	1954	ML550D	1674	.06.54	Spanische Staatsbahnen, RENFE 10515-10518
17916-17917	1954	ML550D	1674	.07.54	Spanische Staatsbahnen, RENFE 10519-10520
18158	1955	ML640D	1676	12.04.55	Hafenbahn Buenos Aires (Argentinien)
18442	1957	ML700D	1067	11.01.58	Western Holdings, 3 (Südafrika)
18482-18485	1958	ML700D	1067	.02.58	Stahlwerke ISCOR, Pretoria, D. 9-D.12 (Südafrika)
18486-18491	1958	ML700D	1067	.03.58	Stahlwerke ISCOR, Pretoria, D.13-D.18 (Südafrika)
18492-18494	1958	ML700D	1067	.04.58	Stahlwerke ISCOR, Pretoria, D.19-D.21 (Südafrika)
18728	1961	ML700D	1067	02.10.61	Stahlwerke ISCOR, Pretoria (Südafrika)
18729-18730	1961	ML700D	1067	09.08.61	Stahlwerke ISCOR, Pretoria (Südafrika)

Quellen: Krauss-Maffei, Hafenbahn Frankfurt, Hafenbahn Neuss

TABELLE 53:
Krauss-Maffei-Neubaulokomotiven - Bauart D

Lieferung		ML550D Frankfurt Neuss, Indien	ML550/800D Südafrika	ML550D Spanien	ML640D Argentinien	ML700D West.Hold.	ML700D Südafrika
Achsfolge/Antrieb		D-Stangen	D-Stangen	D-Stangen	D-Stangen	D-Stangen	D-Stangen
DGew.	to	64 (60)	60 (64)	60	60	59	64
Länge über Puffer	mm	9250	9585	9500	9630	9585	10260
größte Höhe	mm	3800	3945	4100	4175	3945	3920
größte Breite	mm	3066	2940	3150	3150	2940	2940
Achsstand	mm	4050	4200	4200	4200	4200	4200
Treibrad-Durchm.	mm	1100	1100	1150	1100	1100	1100
Motor		MAN	MAN	Sulzer	MercBenz	MercBenz	Maybach
Typ		L12V17,5/21B	L12V17,5/21B	6LDA22	MB820B	MB820B	GTO 6A
Leistung	PS	550	550 (800)	550	644	700	655
Drehzahl	UpM	1400	1400	900	1300	1500	1500
Zahl der Zylinder		12	12	6	12	12	12
Getriebe		Voith	Voith	Voith	Voith	Voith	Voith
Typ		L37z V	L37z V	L37z	L37z	L37z V	L37z Vb
Bauart		hydraul.	hydraul.	hydraul.	hydraul.	hydraul.	hydraul.
Geschwindigkeit	km/h	0-31/53	0-29/50 (34/58)	0-33/65	0-33/57	0-29/52	0-39,8/?
Anfahrzugkraft	kg	21000	18200 (21300)	20000	17300	17300	19200

Quellen: Krauss-Maffei, Voith, MAN, Raspe/Rangierlokomotive

Krauss-Maffei war mit den C- und D-Neubauten auf WR-Lok-Basis am erfolgreichsten: Oben die erste der 30 ML400C für Indien, darunter die ML550D in der RENFE-Ausführung (mit Führerhaus am Rahmenende) und die ML640D für Argentinien (mit rückwärtiger Bühne).

KRAUSS-MAFFEI (3)

Hinsicht bewährten[18]. Typenbezeichnung: ML400C16[19]. Der Preis pro Lok lag bei 180.600 Mark. Weitere Serien folgten 1954 nach Indien[20] (30 Stück), 1955 nach Thailand[21] (5), 1958 nach Südafrika (7) und 1966 nach Angola (4). Der Rest waren Einzelloks. Gesamtzahl: 58 Stück.

In Bezug auf äußere Abmessungen, Leistung und Ausstattungsdetails waren die Lieferungen natürlich den jeweiligen Erfordernissen der Kunden angepaßt.

So hatten die **Indien**-Loks Führerhäuser in Tropenausführung, doppelwandige Motorhauben (Lärmminderung) und Einrichtungen für Doppellokbetrieb. Eingesetzt waren sie im Rangier- und Kurzstreckendienst bei der Central Railway (Raum Bombay) und bei der Northern Railway (um Dehli).

Die Maschinen für **Thailand** mußten mit Rücksicht auf Lichtraumprofil und Zustand der Gleise besonders schmal und leicht konstruiert werden. Der Zugang zum Führerhaus erfolgte wie bei den Indien-Loks durch zwei vordere Stirnwandtüren. Einsatz in Bangkok (Rangierdienst und Vorortverkehr).

Die letzten Lieferungen 1958/59 nach **Südafrika** und 1966 nach **Angola** schließlich waren modernisierte Typen mit - ähnlich den späten Deutz-Nachbauten - offener Plattform hinter dem Führerhaus.

Die Südafrika-Loks hatten Maybach-500-PS-Motoren, die Maschinen für Angola wie alle anderen ML400/440C den standardmäßigen W8V17,5/22A mit Aufladung von MAN. Das Ur-Modell für

die D-Type

wurde 1952 an die Hafenbahn Frankfurt geliefert[22]. Der Beugniot-Hebel zwischen erster und zweiter Achse, dazu 20 mm Seitenverschiebbarkeit bei den beiden ersten und ein um 10 mm geschwächter Spurkranz am dritten Radsatz gaben der Lok ausreichend Beweglichkeit für das Befahren von Gleisradien bis zu 60 Metern. Die nächsten Vertreter der ML550D-Familie gingen

nach **Neuss** und **Indien** (beide nahezu identisch mit der Frankfurter Lok),

---

18 Adler, Betriebswirtschaftliche Erfahrungen, S.290ff.
19 ML = Motorlok, 400 = PS-Stärke, C = Achsfolge; die nachfolgende Angabe des Achsdruckes wurde später generell aufgegeben
20 da Costa u.a., 400-PS-Verschiebelokomotive, S.297ff.
21 Koch, Tropen, S.37ff.
22 Raspe, Rangierlokomotive, S.343ff.

E S S L I N G E N - C-Lokomotiven - 1. Nachkriegsgeneration

FabNr(n)	Bauj	PS	Type	gel.am	Kunde/BetrNr(n)
4843	1951	290	Oslo	. .51	Norsk Hydro, Oslo (Norwegen)
4966-4968	1951	220	Junqueira		Usinas Junqueira, Zuckerrübenplantagen, 8-10 (Brasilien)
4974-4975	1952	440	Asperg	. .53	SASOL South African Synthetic Oil Co., Sasolburg, 1-2 (Südafrika)
4976-4999	1952	450	Göteborg	. .52	Schwedische Staatsbahnen, SJ, V3-5 bis -28
5000	1952	450	Göteborg	15.08.52	Schwedische Staatsbahnen, SJ, V3-29 (25 Stück)
5056	1953	440	Cannstatt	30.03.53	AEG-Transformatorenwerk, Stuttgart-Bad Cannstatt, 1
5057	1952	220	Junqueira-01	.06.52	Companhia di Cimento porkard, Zementwerk, Paraiso (Brasilien) (2021 vh.)
5066-5070	1953	450	Göteborg		Schwedische Staatsbahnen, SJ, V3-32 bis -36
5082	1953	450	Göteborg		Surahammars Bruks AB, Surahammar, 1 (Schweden)
5104	1954	450	Göteborg		Munkedal AB, Papierwerk (Schweden), 1982 ++
5105-5115	1953	450	Göteborg		Schwedische Staatsbahnen, SJ V3-37 bis -47
5116-5124	1954	450	Göteborg		Schwedische Staatsbahnen, SJ V3-48 bis -56
5129	1954	450	Göteborg	.01.54	DEG für Kleinbahn Kaldenkirchen-Brüggen, V41 (25 Stück SJ plus 3 Stück privat)
5138-5139	1955	450	Uppsala	. .55	Chilenische Staatsbahnen
5238-5239	1958	440	Asperg	17.09.59	AMCOR African Metals Corp., Newcastle, D1-D2 (Südafrika)

5056: 1986 an DBK Dampfbahn Kochertal e.V. (V36 510) (2025 vh.)
5082: ...... an Nora Bergslags Veteran Järnväg – Museumsbahn (Schweden) (V3-1)
5129: 1954 neu an KB, verliehen: 1954-55 FVE, 1955-62 TWE, 1962-67 RStE, 1967-70 TWE; 1964 Umbau auf Hochführerhaus; 1970 abgestellt, 1973 ++

Quellen: Daimler-Benz-Archiv, Messerschmidt, Merte, www.rangierdiesel.de

an das Stahlwerk ISCOR[23] in **Südafrika** (zwei Versionen: mit aufgeladenem Motor 800 PS, ohne Aufladung 550 PS); in Kapspur mit Außenrahmen,

an die **Spanischen Staatsbahnen** RENFE (mit mittelschnellaufendem 6-Zylinder-Henschel-Motor/Sulzer-Lizenz),

nach **Argentinien** (MB820B-Motor von Mercedes-Benz, eingestellt auf 640 PS) und

abermals nach **Südafrika**, (zwei Ausführungen: Western Holdings und ISCOR; letztere diesmal mit Maybach-Motor und schmalen Übergangsbrücken an den beiden Lokfronten).

Die ML550D für die RENFE[24] war eine Sonderbauart, über die bereits im Zusammenhang mit Henschel berichtet wurde. Hier verzichtete man auf das Beugniot-Gestell und legte nur die beiden mittleren Radsätze um +/- 20 mm seitenverschiebbar an. Trotzdem soll auch diese Lok in der Lage gewesen sein, 60-Meter-Kurven anstandslos zu durchfahren[25].

Insgesamt wurden auch von der D-Type bis 1961 bei Krauss-Maffei noch 37 Exemplare gebaut. Dies ist besonders deshalb bemerkenswert, weil die Münchener Lokomotivschmiede damit als einziger Hersteller nach dem Krieg den Beweis dafür antrat, daß eine Lokomotive in Art und Aufbau der WR550D14 nicht per se fehlkonstruiert war, sondern mit intelligenteren Lösungen, etwa in der Triebwerksgestaltung und mit moderneren Motoren, durchaus zum Erfolg geführt werden konnte.

Trotz der erwähnten Stückzahlen blieb die Ära der C- und D-Diesellokomotiven mit Endführerstand (Bauform 1951) auch für Krauss-Maffei nur ein Übergang. Als neue Regelbauart lieferten die Münchener bereits ab 1954 ihre drei- und vierachsigen Industrielokomotiven mit halbmittig angeordnetem, erhöhten Führerhaus. Die alte Bauart mit Endführerstand spielte danach, wie die Lieferliste belegt, nur noch im Export eine gewisse Rolle.

Esslingen

Auch die Maschinenfabrik Esslingen stellte Anfang der 50er Jahre eine ganze Reihe bemerkenswerter C-Kuppler auf die Schiene, die ihre Verwandtschaft mit der V36 kaum leugnen können. Wie Krauss-Maffei machte allerdings auch die „ME“ eine Anordnung der Blindwelle hinter der Radsatzgruppe zur Regelausführung und gab damit einer guten Kurvenläufigkeit den Vorzug vor der besseren Laufruhe bei Blindwellenanordnung zwischen den Achsen.

23 ISCOR = Iron & Steel Industrial Corp.
24 Gößl/Nürnberger, RENFE, S.220ff.
25 Nürnberger, Erkenntnisse, S.25; bei Gößl/Nürnberger, S.222, wird der kleinste Krümmungshalbmesser dagegen, was realistischer erscheint, mit 100 Metern angegeben

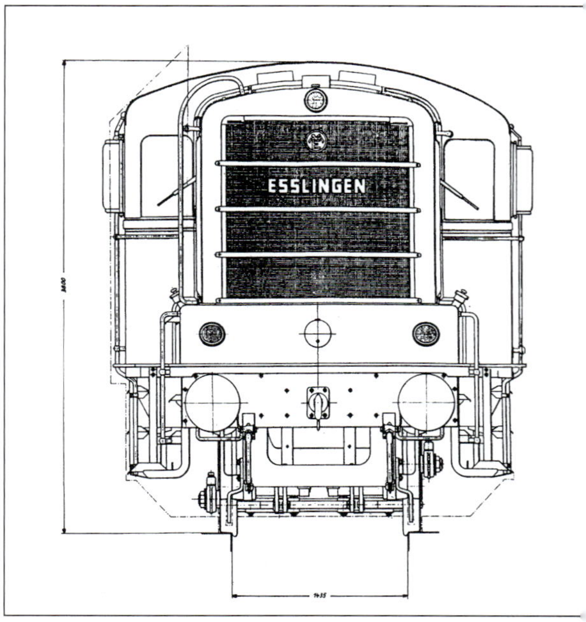

Daimler-Benz-Archiv

Die bekannteste Bauart in der bis dahin noch nicht durchtypisierten Diesel-Nachkriegsproduktion von Esslingen war die sogenannte „Schweden-Lok“ (Typenbezeichnung „Göteborg“). Mit teils identischen Außenabmessungen, gleichem Motor und Getriebe und sehr ähnlichem äußeren Erscheinungsbild war sie gewissermaßen die Zwillingsschwester der ebenfalls in Schweden eingesetzten Deutz V6M536R/Bauform 1952. Selbst die Nachschaltgetriebe - von Deutz zugeliefert - waren identisch. Abweichend war, wie erwähnt, die Blindwellenanordnung.

Die wichtigsten Bauartmerkmale der „Göteborg“[26]:

- Klassischer Aufbau mit breitem Endführerhaus (schwedisches Lichtraumprofil), wuchtigem Motorvorbau und ebenso mächtigem Stirnkühler;
- Dreiachs-Triebwerk mit einem nicht zu kurz gehaltenen Achsstand (kleinster Radius: 60 m);
- bewährter, langsamlaufender 6-Zylinder-Motor (Deutz V6M536);
- Voith-Getriebe (L37);
- enorm großer Brennstoffvorrat (3000 Liter)[27] in flachen Tanks auf dem Rahmenobergurt längsseits des Motorvorbaus, dazu noch ein Tagesbehälter vor dem Führerhaus;
- pneumatischer Füllungsregler und pneumatische Stufen- und Wendeschaltung.

Das Äußere der Schweden-Lok war durch den hohen, abgerundeten Kastenvorbau mit den V36-bekannten Kiemenblechen in den seitlichen Motorraumtüren geprägt.

Symmetrisches Laufwerk, Blindwelle hinten: Eine der 50 „Göteborg“-Lokomotiven der SJ-Reihe V3 im Hafenverschub.

---

26 oV, 450-PS-Diesel-lokomotive, S.111f.
27 Zum Vergleich: die WR360C14 hatte nur 400 l.

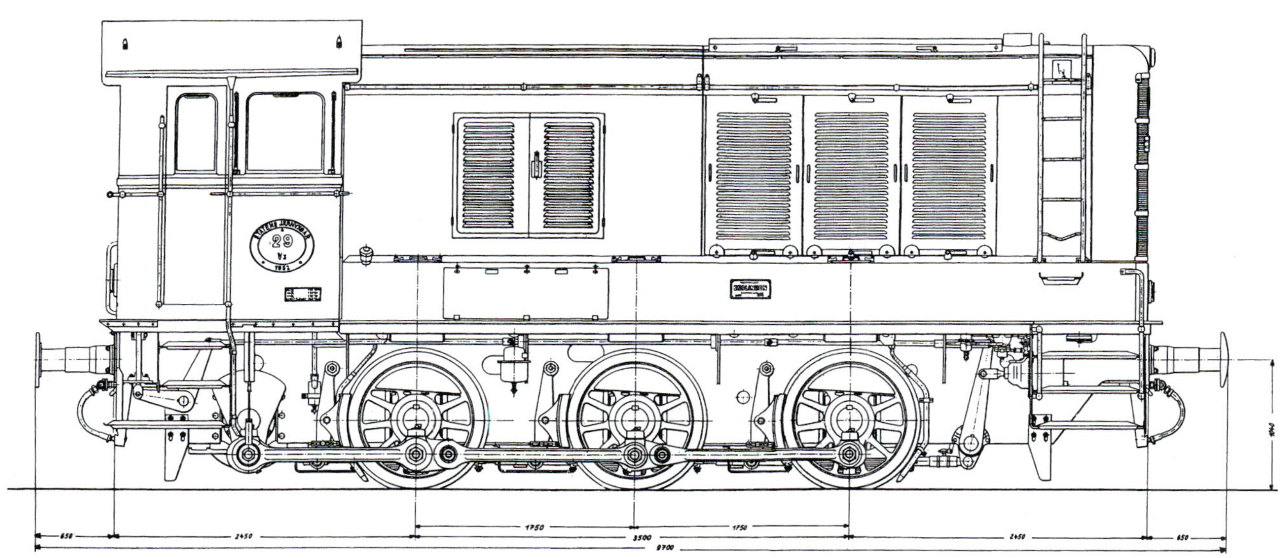

Esslinger Diesel-Typen 1951-1955: Oben die mit nur 220 PS kleinste Bauart, die „Junqueira-01" für ein Zementwerk in Brasilien; darunter die altbacken wirkende „Oslo"; ganz unten eine der beiden „Uppsala", die optisch den Übergang zur echten 50er-Jahre-Neubaulok markiert.

Verteilt auf drei Serien lieferte Esslingen zwischen 1952 und 1954 insgesamt 50 Lokomotiven der Bauart „Göteborg" an die Statens Järnvägar (SJ; Baureihe V3). Zwei typengleiche Maschinen gingen außerdem an schwedische Industriebahnen, eine weitere, mit geringen Änderungen bei den Außenabmessungen, an die Kleinbahn Kaldenkirchen-Brüggen am Niederrhein.

Eingesetzt wurden die V3 hauptsächlich als Rangierloks in den schwedischen Seehäfen. Dort verschafften sie sich allerdings durch häufige Schäden an den Motoren und Nachschaltgetrieben (Getriebebrüche, verdrehte Wellen[28]) zunächst einen recht zweifelhaften Ruf. Erst nach Rücknahme in den weniger rauhen, normalen Verschubdienst gingen die vielen Schäden zurück. Die Esslinger Loks blieben bei der SJ bis Ende der 70er Jahre in Betrieb. Das Gros wurde zwischen 1975 und 1982 abgestellt, über 20 Loks blieben jedoch danach noch bis 2003 als „strategische Reserve" hinterstellt. Mit ihrem etwas barocken Erscheinungsbild hat die „Göteborg"-Type in Schweden einen gewissen Kultstatus erlangt. Nicht weniger als sieben Loks der V3-Reihe sind museal erhalten, und zwar

- bei der **Bergslagernas Järnvägssällskap (BJs)** in Göteborg die Lokomotiven V 3-14, -36 und -47,
- beim **Sveriges Järnvägsmuseum** (Schwedischen Eisenbahnmuseum) in Gävle die V 3-18,
- als **Denkmal in** der kleinen Ortschaft **Hybo** die V 3-42,
- beim **Grängesbergsbanornas Järnvägsmuseum** (GGJ) in Grängesberg die V 3-43,
- bei der **Stockholms Ångloksällskap (SÅS)** (Stockholmer Dampflokomotiven-Gesellschaft) die V 3-52,
- außerdem, als achte Museumslok, bei der **Nora Bergslags Veteran Jernväg** in Nora die Esslingen 5082, ebenfalls eine „Göteborg"-Type, aber ohne SJ-Vergangenheit (gleichwohl als „V 3-1" benummert).

Alle übrigen Esslinger C-Kuppler der ersten Nachkriegsgeneration waren bei genauerer Betrachtung nur Varianten der „Göteborg"; mal unmittelbar von dieser abgeleitet, mal unabhängig davon entwickelt, jedoch mit sehr ähnlichen Bau- und Stilelementen. So z.B.

die **„Oslo"**:
parallel zur „Göteborg" konstruiert; kurzer Achsstand, extrem hohes Ton-

28 Siehe auch: Messerschmidt, Lokomotivbau, S.52ff

TABELLE 54: Esslingen-Neubaulokomotiven

Type/Lieferung		Oslo	Junqueira Junqueira-01	Asperg	Göteborg Göteb./KB	Cannstatt	Uppsala
Spurweite	mm	1435	1000	1067	1435	1435	1676
Achsfolge/Antrieb		C-Stangen	C-Stangen	C-Stangen	C-Stangen	C-Stangen	C-Stangen
DGew.	to	36	22,6 (28)	42 (41)	50,0 (46,5)	42	36,0
Länge über Puffer	mm		7350 (7490)	9200	9700 (9450)	9200	
größte Höhe	mm		3550 (3400)	3960	3800	3780	
größte Breite	mm		2600	2690	3360	3145	
Achsstand	mm		3000	3200	3500	3200	
Treibrad-Durchm.	mm		1000	1100	1100	1100	
Motor		MWM	MAN	MAN	Deutz	MAN	Maybach
Typ		RHS230S	W6V17,5/22A	W8V17,5/22A	V6M536	W8V17,5/22A	
Leistung	PS	290	200/220	400/440	450	400/440	450
Drehzahl	UpM	750	1000	1000	600	1000	
Zahl der Zylinder		6	6	8	6	8	
Getriebe		Voith	Voith (Krupp)	Voith	Voith	Voith	Maybach
Typ		L37 V	L33y (L1,0)	L24 V	L37 V	L24 V	KL64
Bauart		hydraul.	hydraul.	hydraul.	hydraul.	hydraul.	hydraul.
Geschwindigkeit	km/h	0-30	0-30/60 (40)	0-25/50	0-25/50	0-25/50	0-60
Anfahrzugkraft	kg		5100 (6500)	10000	16400	10500	

Quellen: Daimler-Benz-Archiv, Voith, Messerschmidt, MTZ 4/52

nendach-Führerhaus, Ein-Hebel-Knüppel-Steuerung, Antrieb durch langsamlaufenden 290-PS-MWM-Motor;

die **„Junqueira“** und die **„Junqueira-01“**:
Innenrahmen-Loks für 1000 mm Spur; mit 220 PS die kleinsten dreiachsigen Typen im ME-Programm; die „Junqueira“ war der erste Esslinger Diesellok-Auftrag nach dem Krieg; bei der „Junqueira-01“ kam nur wegen einer engen Lieferfrist ein Krupp- statt des üblichen Voith-Getriebes zum Einbau;

die **„Asperg“**:
ebenfalls schmalspurig und in Innenrahmen-Ausführung; leichter, kürzer und im Achsstand gedrungener als die „Göteborg“, sonst ähnlich;

die **„Cannstatt“**:
war die Regelspur-Ausführung der „Asperg“ und wie diese mit aufgeladenem MAN-8-Zylinder-Motor;

die **„Uppsala“**:
einzige Version mit Blindwelle zwischen zweitem und dritten Radsatz; niedrige Vorbauten; ziemlich flott gestylt; Führerhaustüren an den Stirnseiten vorne und hinten.

Auch eine Neuauflage der D-Lokomotive wurde bei der ME projektiert: Für die Schwedischen Staatsbahnen entwarf Esslingen eine auf vier Achsen vergrößerte „Göteborg“ mit symmetrischem Achsbild und mittig, also zwischen zweiter und dritter Achse angeordneter Blindwelle. Gebaut wurde die als Reihe „V6“ bezeichnete Lok aber nicht mehr.

Mitte der 50er Jahre war dann auch bei Esslingen die Zeit der V36-Abkömmlinge vorbei. Ab 1956 entstand ein abgestuftes Typenprogramm mit drei- und vierachsigen Mittelführerhausloks („Teck“, „Hof“ und „Alb“). Einzige danach nach altem Typenplan gebaute Lok war eine Nachbestellung der „Asperg“ 1959 für Südafrika.

Maschinenbau Kiel

Die Kieler Lokbauer entwickelten in den 50er Jahren das weltweit erfolgreichste Typenprogramm für dieselhydraulische Industrielokomotiven. Die Leistungsbreite der Standardtypen reichte von 240 bis 1200

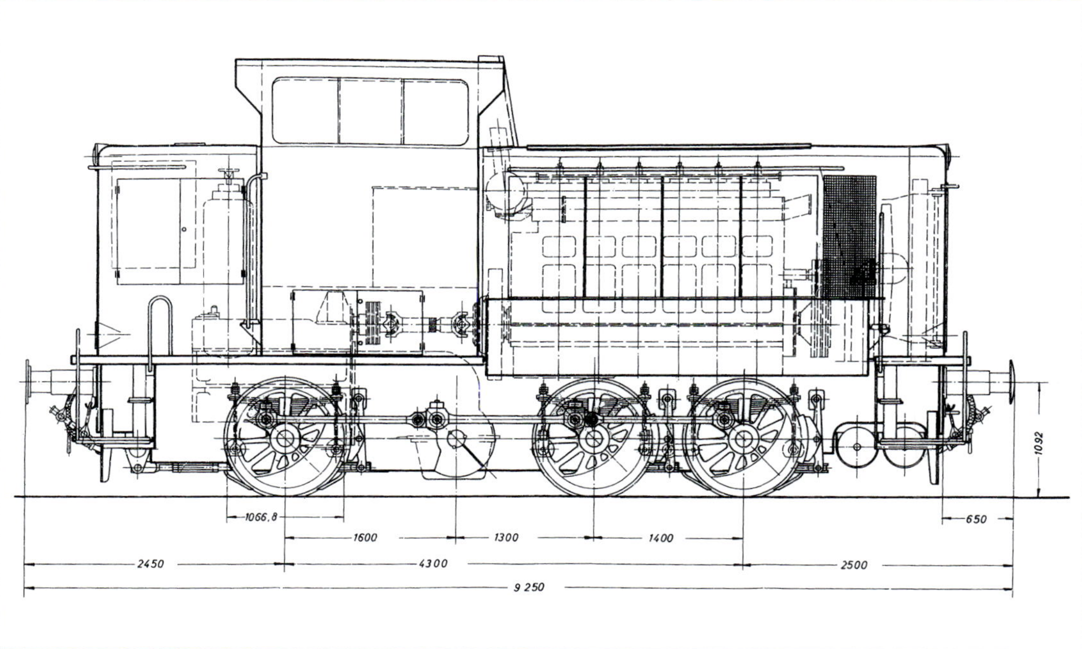

Zwischen alt und neu: Auf Basis der V36 entwickelte MAK Anfang der 50er Jahre zwei nahezu baugleiche 360C-Typen für die Türkei und für Ägypten. Die Ägypten-Lok (hier als Skizze) blieb ein Projekt.

M A K - Type 360C13,5:

FabNr(n)	Bauj	gel.am	Kunde/BetrNr(n)
360028	1953	.03.54	Türkische Staatsbahnen, 33101
360029-360033	1953	.11.53	Türkische Staatsbahnen, 33102-33106
360034	1953	.01.54	Türkische Staatsbahnen, 33107
360035-360040	1953	.12.53	Türkische Staatsbahnen, 33108-33113
360041-360050	1954	.01.54	Türkische Staatsbahnen, 33114-33123
360051-360054	1954	.02.54	Türkische Staatsbahnen, 33124-33127
360055	1954	.04.54	Türkische Staatsbahnen, 33128
360056-360057	1954	.03.54	Türkische Staatsbahnen, 33129-33130
360058	1954	.04.54	Türkische Staatsbahnen, 33131
360059-360061	1954	.03.54	Türkische Staatsbahnen, 33132-33134
360062-360065	1954	.04.54	Türkische Staatsbahnen, 33135-33138

Quelle: MaK

TABELLE 55: MAK-Neubaulokomotiven

		V36	360C13,5
Achsfolge/Antrieb		C-Stangen	C-Stangen
DGew.	to	42	40,5
Länge über Puffer	mm	9200	9250
größte Höhe	mm	3800	3950
größte Breite	mm	3100	3050
Achsstand	mm	3950	4300
Treibrad-Durchm.	mm	1100	1100
Motor		Deutz	MAK
Typ		V6M436	MS304V
Leistung	PS	360	360
Drehzahl	UpM	600	750
Zahl der Zylinder		6	6
Getriebe		Voith	Voith
Typ		L37	L37 U
Bauart		hydraul.	hydraul.
Geschwindigkeit	km/h	0-30/60	0-25/50
Anfahrzugkraft	kg	13000	13300

Quelle: MaK

PS bei zwei-, drei- oder vierachsiger Starrahmenbauweise. Der Antrieb erfolgte noch über Blindwelle und Stangen. Die Lokomotiven waren nach dem Baukastenprinzip konzipiert; d.h. nicht nur Teile, sondern ganze Baugruppen stimmten bei verschiedenen Typen überein. Vorteile u.a.: Geringerer Konstruktionsaufwand, kostengünstigere Vorratsfertigung, vereinfachte Ersatzteilhaltung.

Am Beginn dieses Typenprogramms (die Lok war damit gewissermaßen Bindeglied zwischen den V36[4]-Nachbauten für die Deutsche Bundesbahn und den neuen 50er-Jahre-Standardbauarten von MaK) stand eine Lokomotive, die in der letztlichen Typenreihe - 240B/C, 400C, 600/800/1000/1200D - gar nicht mehr auftauchte: Die 360 C13,5, eine Exportlokomotive für die Türkischen Staatsbahnen[29].

Vor allem das Laufwerk (Achsstand, Blindwellen-Anordnung, Treibrad-Durchmesser usw.) zeigt noch enge Verwandtschaft mit der V36; ebenso die Auslegung des Antriebsstrangs mit langsamlaufenden Motor, Voith-Getriebe und nachgeschaltetem Stufengetriebe für Rangier- und Streckengang. Das Nachschaltgetriebe der Türkei-Lokomotive war mit dem der V36 nahezu baugleich. Beim äußeren Aufbau waren die Einflüsse der Wehrmachtlok dagegen schon weitgehend zurückgedrängt. Stichworte:

- Geräumiges, erhöht angeordnetes Mittel-Führerhaus mit guter Rundumsicht,
- beidseitige Bedienung durch zwei diagonal gegenüberliegende Schaltpulte,
- Führerhaustüren in den Kabinen-Stirnseiten (Unfallschutz),
- pneumatische Wendeschaltung und
- verschiebbarer Hauben-Mittelteil anstelle von Motorraumtüren.

All das war 1953 durchaus neu und richtungsweisend. In ähnlicher Ausführung waren zwei Jahre zuvor auch zwei 575-PS-Loks für Schweden geliefert worden[30].

Die 360-PS-Türkei-Lok lieferte MAK zwischen November 1953 und April 1954 insgesamt 38 mal. Bei der TCDD liefen die Maschinen als 33101-33138 u.a. im Raum Ankara, Iskenderum und Adana. Wegen der guten Betriebsergebnisse wurden weitere 25 Stück in TCDD-Werkstätten (mit MaK-Zulieferteilen) nachgebaut.

Als letzte Anmerkung zum Thema V20/V36-Verwandtschaft noch zwei leider nicht realisierte Projekte: Mit MWM-RHS335S-Motor, sonst jedoch in weitgehend gleicher Ausführung wie für die Türkei, wurde die 360C13,5 von MaK Anfang 1955 auch der Ägyptischen Eisenbahn angeboten. Und für die Spanischen Eisenbahnen konzipierte die MAK 1953 eine Schmalspur-V36. Die 342/360-PS-Maschine sollte noch ein Endführerhaus erhalten, allerdings bereits erhöht angeordnet. Vorgesehen waren MAK-Motor und Voith-L37-Getriebe.

29 oV, Turkey, S.21
30 Reutter, 575-PS-Lokomotive, S.161ff.

MaK

Auf dem Sprung zur modernen Industrielok: Auch die 360C13,5 von MAK hatte noch viele Teile von der V36, aber schon einen modernen Lokkasten.

Die Kleinlokomotiven der Wehrmacht („WR 110 B“)

Die Geschichte der deutschen Einheits-Kleinlokomotiven ist eines der interessantesten Kapitel aus der Frühzeit der Diesellok. Die Entwicklung der Vorserienbauarten, Vereinheitlichung, Betrieb und technische Fortentwicklung ... all das erzählt viel über Erfolge und Mißerfolge im Diesellokomotivbau vor 1945.

Loyal/Große/Glaubitz[1] und Große/Troche[2] haben der „Köf“ in allen ihren Spielarten[3] bereits teils umfangreiche Dokumentationen gewidmet. Auch in der zeitgenössischen Fachliteratur ist häufig und ausführlich über den jeweiligen Stand der Entwicklung berichtet worden. Hier deshalb zur Geschichte der Kleinlok nur einige ganz wenige Eckdaten im Zeitraffer:

Sammlung Heinz Juhre

Kanonen für den Krieg: Bei der Einweihung des neuen Heereszeugamtes in Glinde - am 6.9.37 - rangiert eine RL7/RL8 von Orenstein & Koppel mit einem Rungenwagen.

1929: Im Münsterland und in Baden beginnen die ersten Vorversuche (zunächst noch mit einfachen Motorschleppern von Windhoff und Breuer)[4]. Ziele der Testfahrten: Die Beschleunigung der Nahgüterzüge, eine flexiblere Bedienung von Anschlußgleisen und die Rationalisierung des Rangierbetriebs auf den sogenannten „Unterwegsbahnhöfen“ durch einfach zu bedienende und in Beschaffung und Unterhalt billige Kleinlokomotiven[5]. Die Erfahrungen damit führen

1930 zur Indienststellung der ersten Vorserien-Kleinloks: Insgesamt 18 Lokomotiven (sechs Typen) in teils sehr unterschiedlicher Bauart. Zur Bedienung der Kleinloks sind von Anfang an lediglich angelernte Bahnhofsarbeiter vorgesehen.

1931 rollt die zweite Welle von Vorserienloks an[6]: Fast 150 Lokomotiven (18 verschiedene Bauarten), zumindest die größeren bereits in der später typischen Kleinlok-Bauart mit niedrigem Führerhaus. Neu ist jetzt auch die Einteilung in „Leistungsgruppen“. LgI: bis 39 PS. LgII: 40-149 PS.

1932 beauftragt die Reichsbahn eine „Arbeitsgemeinschaft für Motor-Kleinlokomotiven“ (mit den Firmen BMAG, Deutz, Jung, Krauss-Maffei und O&K) mit der Entwicklung einer Einheitsbauart. Noch im gleichen Jahr wird die erste vereinheitlichte LgII-Lok (Kb 4065) fertiggestellt.

1933 beginnt die Lieferung der Einheits-Kleinlok in großen Serien. In weniger als drei Jahren werden mehrere hundert Stück in Dienst gestellt. Trotzdem folgen weitere Versuche, so z.B.

1934 mit der ersten Kleinlok für Holzgasbetrieb (Kb 4446) und der ersten hydrodynamischen LgII-Lok (Kbf 4736) sowie

---

1 Loyal/Große/Glaubitz, Kleinlokomotiven
2 Große/Troche, Die Einheits-Kleinlokomotiven
3 Durch die technische Fortentwicklung, aber auch durch Versuchsbauarten und Umbauten entstanden im Laufe der Zeit zahlreiche Unterbauarten. Die gängigsten Typen waren die **Kb** (Kleinlok mit Benzol-/=Vergasermotor), die **Kö** (mit Öl-/=Dieselmotor) sowie **Kbf** und **Köf** (mit Flüssigkeitsgetriebe); daneben gab es noch zahlreiche Abarten (Köe, Ks, Kgfl etc.); erschöpfend zum Kleinlok-Bezeichnungsschema Große/Troche, Einheits-Kleinlokomotiven, S.14f.
4 Leibbrand, Unterwegsbahnhöfe, S.565ff.; Hausen, Verschiebedienst, S.334ff.
5 Witte, Die Kleinlokomotive, S.269ff.
6 Galle/Witte, Kleinlokomotive, S.167ff.

1935 mit den ersten Schwelkoksloks (Kb 4757/4758). Auch die Akku-Kleinlok (Ks) wird vereinheitlicht und ab 1935 in kleineren Serien bei BMAG und Windhoff beschafft.

1936 nimmt die Reichsbahn bereits die 1000. Kleinlokomotive in Betrieb.

Für die LgI-Type (zuletzt in der sogenannten *„verstärkten Einheitsbauart 1935“*) lief die Beschaffung bereits kurz darauf aus. Die größere LgII-Lok wurde dagegen noch bis weit in den Krieg weiter bestellt und geliefert, in den 40er Jahren aber auch nur noch in bescheidenen Stückzahlen.

Bei beiden Einheitstypen sind die Motorleistungen - entsprechend den wachsenden Anforderungen im Betrieb und den Fortschritten in der Lokomotiv- und Motorentechnik[7] - mehrfach angehoben worden. Hatten die ersten Probeausführungen lediglich 40 PS, so waren in der LgII später Motoren mit 65 PS (ab 1933), 75 PS (ab 1934) und schließlich 107 PS (ab 1941) die Regel. Auch die Getriebe wurden durch Einführung neuer Bauarten (Ardelt, Voith) im Laufe der Jahre weiter verbessert. Erst 1941 war die Kleinlok-Entwicklung wirklich abgeschlossen.

Insgesamt beschaffte die Deutsche Reichsbahn zwischen 1930 und 1944 genau 1573 Kleinlokomotiven[8]; darunter waren 291 Maschinen der LgI und 1282 LgII-Loks (Schleppzeuge ohne K-Nr. für den Werkstättendienst nicht mitgerechnet). Daneben fertigten nahezu alle am Bau der Kleinlok beteiligten Lokomotivfabriken die LgII-Bauart aber auch für private Kunden.

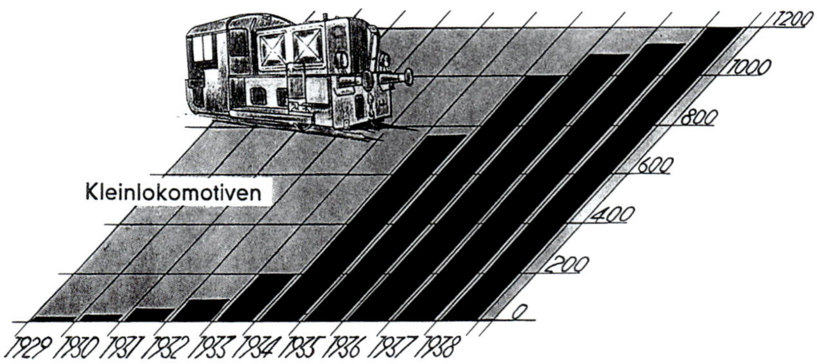

SCHAUBILD 12: Eine Reichsbahn-Karriere: Allein die DR beschaffte die Kleinlok innerhalb weniger Jahre in weit über 1200 Exemplaren.

In diesem Bereich dürfte die aufgelegte Stückzahl noch einmal bei geschätzten 270-290 Exemplaren gelegen haben. Die lange Zeit auch von den Eisenbahnfreunden viel zu wenig beachtete „Köf“ war damit nicht nur die stückzahlstärkste Reichsbahn-, sondern wohl auch die meistgebaute Industrie-Diesellokomotive der Vorkriegsgeneration.

Kleinlokomotiven im Militärdienst

Abgesehen von den speziell für die Wehrmacht entwickelten WR-Bauarten hatten die Militärdienststellen bei der Beschaffung ihrer Lokomotiven den gleichen Weg zu gehen wie Privatkunden oder andere staatliche Einrichtungen: Sie kauften - nach Feststellung des Bedarfs und Prüfung der angebotenen Bauarten - sozusagen „von der Stange“ aus den Firmentypenprogrammen der einzelnen Lokomotivhersteller. Einen Überblick vermittelt, wie schon verschiedentlich erwähnt, der „Anhang: Firmenbauarten“, ab Seite 574 in diesem Buch.

Natürlich hatten sich auch bei den zuständigen Beschaffungsämtern der Wehrmacht dabei schnell die Vorzüge der DR-Kleinlok herumgesprochen. Mit der Beschaffung einer Reichsbahn-Bauart konnten Heer, Luftwaffe und Marine zudem mit Recht eine erprobte Technik, zügige Lieferung aus laufender Fertigung und Reichsbahn-Hilfe bei der Unterhaltung erwarten. Nicht zuletzt entsprach die Lok auch leistungsmäßig durchaus den Anforderungen vieler kleinerer Wehrmachtdepots.

All diese Gründe führten dazu, daß auch das Militär - ab 1934 zunächst die Reichswehr, ab 1935 dann die Wehrmacht - insgesamt über 100 Lokomotiven der Kö/f-Bauarten in Dienst stellte. Das Gros bildeten dabei Einheits-Kleinloks der LgII mit Leistungen zwischen 60 und 110 PS. Hauptauftraggeber waren wieder Heer und Luftwaffe.

Daneben wurden aber auch zahlreiche firmenspezifische Sonderbauarten mit Stangen- statt Kettenantrieb, anderen Motoren oder geringfügig veränderten Aufbauten beschafft. In einer Art „High-End“-Ausführung mit 110-PS-Motor und hydraulischem Voith-Getriebe wurde die Einheits-Köf gegen Kriegsende sogar noch als „WR110B“ zumindest bezeichnungsmäßig in die WR-Lok-Familie aufgenommen.

Die LgI-Lokomotive spielte bei den Wehrmachtsbeschaffungen keine Rolle. In diesem Leistungsbereich begnügten sich Heer, Luftwaffe und Marine mit einfachen Firmentypen, die technisch vollkommen ausreichten und dabei wohl auch billiger und schneller lieferbar waren.

Die LgII-Kleinlok: Eine technische Kurzcharakteristik

Spätestens mit der sogenannten „Einheitslok 1933“ hatte die Lokomotivindustrie im Motorlokbau einen Standard gesetzt, der nicht nur für die Reichsbeschaffungen lange Zeit einen wichtigen Orientierungspunkt darstellte. Auffälligstes Konstruktionsmerkmal der LgII-Kleinlok war das am Rahmenende angeordnete, mit nur 380 mm über SO extrem tiefliegende Führerhaus, das ein schnelles Auf- und Absteigen des Lokführers und einen schnellen Seitenwechsel im Rangierbetrieb ermöglichte.

Weitere Bauartmerkmale[9]:

- Kräftiger (30 mm starker) und am Führerhausende tief durchgekröpfter Außenrahmen.
- Schnellaufender Vergaser- oder Dieselmotor in Drei-, Vier- oder Sechszylinderbauart.
- Vierstufiges, mechanisches Lamellenkupplungs-(später auch Flüssigkeits-) getriebe mit 5-10-15-30 (bzw. 0-30) km/h.
- Antrieb über Doppel-Rollenketten auf beide Achsen.
- Achslagerung in Rollenlagern.
- Hoher, für gute Sicht aber schmaler Vorbau mit auf jeder Seite zwei großen als Buckelbleche geformten Motorraumklappen.
- Seitlich halb offener Führerstand mit breitem Durchgang.
- Beidseitig vorhandene Bedienungselemente.
- Fußhebelbremse (die Hände des Kleinlok-Führers sollten frei für die Bedienung des Fahr-Handrades bleiben).
- Trittbleche außen längsseits des Vorbaus für den mitfahrenden Rangierer.

Charakteristisch für die LgII-Kleinlok der Vorkriegsbauart war ferner die (nach 1945 allerdings völlig aufgegebene) selbsttätige Rangierkupplung Bauart Schwartzkopff-Witte.

---

7 Neumann, Die Entwicklung, S.35
8 Stückzahlangaben nach Loyal/Große/Glaubitz, S.10 und S.15
9 BMAG-Druckschrift M 333/11.37.d.

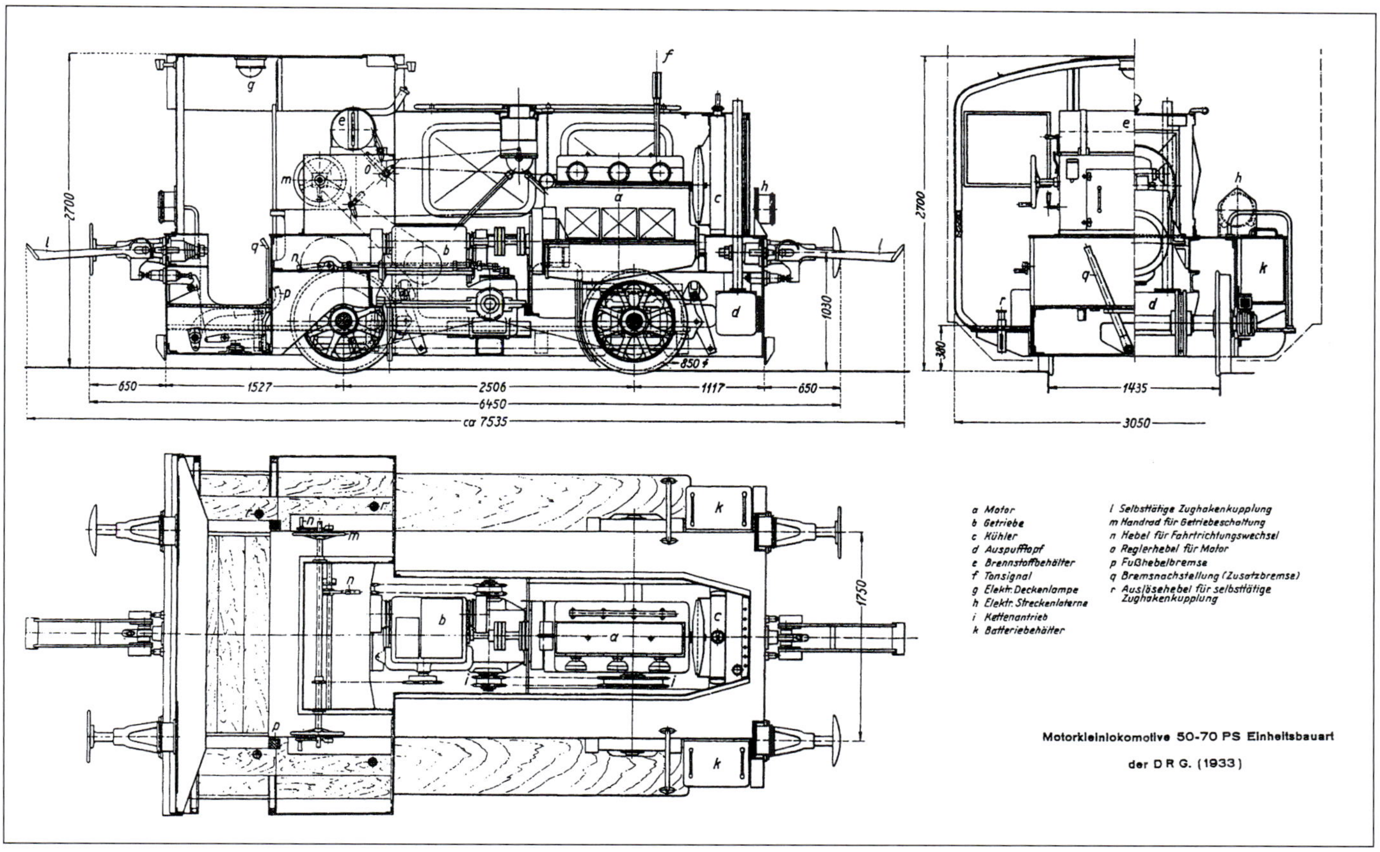

Motor- und Getriebeausstattung unterschieden sich, wie erwähnt, von Lieferserie zu Lieferserie. Die zuletzt als WR110B bezeichnete Ausführung war standardmäßig mit einem Kämper-6D12ER-Motor mit 110 PS bei 1270 UpM ausgerüstet und hatte hydraulische Kraftübertragung mittels Voith-Getriebe L33. Sie war damit zugleich die stärkste bis dahin gebaute Version der LgII-Lokomotive.

In gleicher Ausführung, jedoch mit Deutz A6M/F6M517- bzw. MWM-GS117S-Motor (Einheitsbauart DR), wurde die Maschine als „KML 2" 1942 auch noch in den Kriegstypenkatalog aufgenommen und durfte damit auch für die Dauer des Krieges weiter produziert werden.

Bauarten und Lieferungen

In den nachfolgenden Aufstellungen sind alle 111 bisher bekannt gewordenen Ab-Werk-Lieferungen von Kleinloks an Heeres-, Luftwaffe- oder Marinestellen aufgelistet, und zwar Einheits-Lokomotiven ebenso wie die davon abgeleiteten, geringfügig abweichenden Firmentypen. Auf Bauartunterschiede wird jeweils gesondert hingewiesen.

Am besten im Geschäft waren die schon zur Kleinlok-Agm gehörenden Firmen Deutz, Schwartzkopff und Orenstein & Koppel. Nur kleine Serien oder Einzelstücke kamen von Jung, Henschel, Krauss-Maffei und Windhoff.

Klöckner-Humboldt-Deutz

Mit 479 Einheits-Kleinloks LgII (bis 1945)[10] hatte Deutz mit Abstand die Spitzenstellung unter den Klein-lok-Lieferern. 407 davon gingen an die Reichsbahn, der Rest - 72 Loks - verteilt sich genau zur Hälfte auf die Wehrmacht (36) und sonstige private Kunden (Mineralölbetriebe, Flugzeugwerke, Maschinenfabriken, Mühlen, Kraftwerke etc.).

Im Gegensatz zu den meisten anderen Lokomotivfabriken verzichtete Deutz dabei ganz auf eine eigene Firmenvariante, baute also auch die Kleinloks aus Privat-Aufträgen ausschließlich in der Reichsbahn-Ausführung. Selbst Motor- und Getriebeausstattung entsprachen in der Regel dem zur jeweiligen Zeit üblichen DR-Standard.

Wie bei Deutz üblich, waren die Lokomotiven entsprechend den eingebauten Motoren bezeichnet. Das nachgestellte „R" steht für Rangier- (= Normalspur) lok. Folgende Ausführungen wurden geliefert:

F6M/A6M317R
mit 65/72 PS bei 1000 UpM, später verstärkt
auf 75/82 PS bei 1000 UpM bzw.
auf 80/88 PS bei 1200 UpM

F6M/A6M517R
mit 94/107 PS bei 1250 UpM

Die 517er Lokomotiven hatten bereits hydraulische Getriebe (Vmax 30 km/h), die 317er noch mechanische 4-Gang-Schaltung mit 4,27 - 8,55 - 12,85 - 25,62 (nominell: 5-10-15-30) km/h. Die Dienstgewichte lagen - je nach Ballast - zwischen 15,1 (Deutz 23079) und 20 to (Deutz 22935).

Alle Einzelheiten zu den Wehrmachts-Lieferungen nennt die nachfolgende Liste. Annulliert wurden, als Folge der Kriegsereignisse, darüber hinaus die Bestellungen für 31 weitere Heeres- und Marine-Loks, und zwar

46803-817 (= 15), bestellt 28.01.42 für OKH
46818-832 (= 15), bestellt 08.01.43 für OKH
46837 (= 1), bestellt 20.04.43 für Marine-Hafenbauamt Pillau;

alle KML2, also A6M517R-Lokomotiven mit 107 PS und Voith-Getriebe. Die Fabriknummer 46837 wurde später mit einer Nachkriegs-V36 neu belegt.

Klein aber fein: Die Einheitskleinlok LgII (hier in der Ausführung mit mechanischem Getriebe) war ein modernes und äußerst zweckmäßiges Rangiergerät.

---

10 Incl. Vorserienloks Kö 4021-4025 (Kleinlokbauart mit abweichenden Aufbauten und Stangenantrieb) aber ohne Kö 4006-4008 (Prototypen für DR; völlig eigenständige Konstruktion)

D E U T Z - Kleinloks für die Wehrmacht

FabNr	Bauj	Type	PS	geliefert	für	Einsatzort/BetrNr
10971	1934	F6M317R	75	06.10.34	RLM	Liegnitz
12768	1935	A6M317R	75	14.05.35	RLM	Luftmuna Neuendettelsau/b.Ansbach, WL25/12768
12769	1935	A6M317R	75	20.05.35	RLM	Schleife/b.Spremberg
13673	1935	A6M317R	75	13.06.35	RLM	Luftmuna Breitengüßbach/b.Bamberg, WL82/13673
13674	1935	A6M317R	75	13.06.35	RLM	Luftmuna Harpstedt, Dünsen/b.Harpstedt
13697	1935	F6M317R	65	17.10.35	RLM	Fliegerhorst Jever, 13697
13698	1936	F6M317R	75	18.05.36	RLM	Luftmuna Hohenleipisch, 2844
13699	1936	F6M317R	75	17.07.36	OKH	Heeresbauamt Güstrow (Anlage Priemerburg), 2845
15388	1937	F6M317R	88	08.03.37	RLM	Kolberg
15389	1937	F6M317R	88	31.03.37	RLM	Luftwaffen-Erprobungsstelle Peenemünde, 1
22935	1938	F6M517R	107	26.02.38	RLM	Luftwaffen-Erprobungsstelle Peenemünde, 4
23079	1938	F6M317R		12.08.38	RLM	Hesedorf/b.Bremervörde, WL26/Werklok 1
23120	1938	F6M317R		30.07.38	OKH	Heeresbauamt (später Heeres-Muna) Bamberg
23123	1939	F6M317R		22.07.39	OKH	Ersatz-Verpfl.Magazin Güstrow

15389: 1944 auch als Heeres-Lok (Heeres-Versuchsanstalt Peenemünde) geführt
23123: 1943 an Heeres-Verpflegungsamt Rostock, Groß-Schwaß

FabNr	Bauj	Type	PS	geliefert	für	Einsatzort/BetrNr
27371	1940	A6M517R	107	22.07.40	MAR	Marine-Arsenal Kiel, 805
33262	1941	A6M517R	107	18.02.41	OKH	Heeres-Verpflegungsamt Guben
33267	1941	A6M517R	107	03.04.41	OKH	Heeres-Verpflegungsamt Küstrin
33280	1941	A6M517R	107	09.05.41	RLM	Luftwaffen-Erprobungssstelle Peenemünde
33281	1941	A6M517R	107	29.04.41	MAR	Marine-Öllager Mönkeberg, 1001
33282	1941	A6M517R	107	08.05.41	OKH	Heeres-Verpflegungsamt Jüterbog
33283	1941	A6M517R	107	07.05.41	OKH	Herres-Verpflegungsamt Fürstenwalde
36672	1941	A6M517R	107	18.09.41	OKH	Heeres-Verpflegungsamt Litzmannstadt
36673	1941	A6M517R	107	02.10.41	OKH	Heeres-Verpflegungsamt Kaiserslautern
36674	1941	A6M517R	107	14.10.41	OKH	Heeres-Verpflegungsamt Stargard
36675	1941	A6M517R	107	27.10.41	OKH	Heeres-Verpflegungsamt Oldenburg
36676	1941	A6M517R	107	29.10.41	OKH	Niederlahnstein (später Heeres-Verpflegungsamt Paderborn)
36677	1941	A6M517R	107	31.12.41	OKH	Heeresverpflegungsamt Neumünster
36678	1941	A6M517R	107	19.11.41	OKH	Heeres-Verpflegungsamt Groß Born
36679	1941	A6M517R	107	25.11.41	OKH	Heeres-Verpflegungs-Hauptamt Düsseldorf-Rath
36680	1941	A6M517R	107	01.12.41	OKH	Heeres-Verpflegungsamt Hamm, Mark/b.Hamm
36681	1941	A6M517R	107	31.12.41	OKH	Heeres-Verpflegungsamt Neustettin

36677: .... an Ersatz-Verpfl.Magazin Rendsburg (1943 vh.)

V e r b l e i b e :

12768: 1945 an DB Kö 6019 (1964 Umb/Köf, 1968 Umz/321 246-1, 1969 Umb/322 148-8), 1980 +

13673: 1948 an DB Kö 6028 (1964 Umb/Köf, 1968 Umz/321 623-1, 1969 Umb/322 626-3), 1980 +, 1981 an Kasseler Basaltwerke, Werk Oelsberg-Körle/b.Kassel, (322 626-3), 2005 an IG Nebenbahn Nordhessen, Kassel (2019 als Schrott vh.)
13674: 1945 bei Sprengung stark beschädigt; 1947 an Delmenhorst-Harpstedter Eb.(222), zunächst nicht i.B., 1949 in Köln instandgesetzt, 1953 neuer Benz-Motor M204A bei Schöma; 1954 an Ankum-Bersenbrücker Eb.(222); 1964 an Rethe-Speicher, HH-Wilhelmsburg (1), 1988 Denkmal in HH-Wilhelmsburg; 1995 an Delmenhorst-Harpstedter EF, 222 (2019 vh.)

13697: 1947 an DB Kö 6030 (1953 Umb/Köf, 1968 Umz/322 023-3), 1978 +/++
13698: .... an DR-Ost Kö 5751 (1970 Umz/100 951-3, 1992 Umz/310 951-9), 1997 +/1998 ++
13699: .... an DR-Ost/Schadlok (Motor fehlt), 1950 +

23079: .... an DB Kö 6004 (1965 Umb/Köf, 1968 Umz/323 425-9), 1977 +/1978++
23120: 1945 an US-Army/Transportation Corps (9001-P)

33267: 1945 an PKP/Polen, 1946 +
33280: 1946 an DR-Ost Köf 5723 (1970 Umz/100 923-2), 1972 +/1973 ++
33281: 1950 an DB Köf 6047 (1968 Umz/321 084-6), ... Umb/323 937-3), 1979 +/++
33282: .... an Wachstuchfabrik Zwernfurth/DDR (1969 vh.)

36673: .... an DB Köf 6045 (1968 Umz/321 083-8, ... Umb/322 120-7) 1977 +; 1977 an Deutsche Hyperphosphat GmbH, Budenheim (4), 200x an Privat, Mainz- Gustavsburg, 2011 an Deutsche Privatbahn, Altenbeken (200x im Depot Prora/Rügen, 2022 vh.)
36674: 1947 an DR-Ost Köf 5715 (1970 Umz/100 915-8), 1970 +
36676: .... an DB Köf 6046 (1968 Umz/321 090-3, 1973 Umb/322 173-6; 1979 +); 1980 an Kasseler Basalt-Industrie, Werk Kürschenwald, Ottrau-Weißenborn; 1988 an Eisenbahnfreunde Schwalm-Knüll e.V., Treysa (Köf 6046) (2008 vh.)
36677: 1951 bei Hilfsernährungslager Rendsburg (1952 lw. Hilfsernährungslager Lübeck-Siems); 1964 an Eisenwerke Kaiserslautern GmbH, Werk I (Nr.0411, sp. Nr.1), 1986 +
36679: .... an DB Köf 6024 (1968 Umz/321 082-0, 1968 Umb/323 976-1), 1979 +; 1980 an Louis Eilers, Hannover („Mary"), 2007 ++
36680: 1947 an Schnepper & Isphording, Hamm; 1960 an Ruhr-Lippe Eb. (D51, Einsatz Werl), 1976 ++

D E U T Z (Fortsetzung)

FabNr	Bauj	Type	PS	geliefert	für	Einsatzort/BetrNr
36682	1941	A6M517R	107	30.08.41	OKH	Ersatz-Verpfl.Magazin Pasewalk
36683	1941	A6M517R	107	30.08.41	OKH	Heeres-Verpflegungsamt Bielefeld, 36683
36883	1942	A6M517R	107	29.06.42	OKH	Heeres-Verpflegungsamt Rastenburg
36884	1942	A6M517R	107	09.07.42	OKH	Heeres-Verpflegungsamt Jüterbog, Neues Lager, Nebenstelle Forst-Zinna
46614	1943	A6M517R	107	07.06.43	OKH	Heeres-Versuchsstelle Heidekrug/b.Demmin

36682: 1942 an Heeres-Verpflegungsamt Neustrelitz
36683: .... an Heeres-Verpfl.Hauptamt Neuhaus
46614: .... an Heeres-Versuchsstelle Raupka, R VIII

V e r b l e i b e :

36683: 1947 an DB Köf 6038 (1968 Umz/322 031-6), 1976 +/++
36884: 1951 an DR-Ost Köf 5738 (1970 Umz/100 938-0, 1972 +), an Raw Berlin-Tempelhof (WL)
46614: .... an DB Köf 6039 (1968 Umz/321 111-7, 1968 Umb/323 459-8), 1980 +, 1991 Italien

Quellen:
Deutz, Bundesarchiv R5/2341, VM Nürnberg, Rbd Schwerin/ 6323, 6324, 10433, Betriebsbücher, Lokzählung 1947, Merte, www.deutsche-kleinloks.de

Bewährte Rangiermaschine auch bei der Wehrmacht: Allein bei Deutz beschafften Heer, Luftwaffe und Marine bis 1943 über 30 Einheits-Kleinloks der LgII.

BERLINER MASCHINENBAU AG - Kleinloks für die Wehrmacht

FabNr	Bauj	Type	PS	geliefert	für	Einsatzort/BetrNr
10341	1935	LDE50/80	80		RLM	Luftwaffen-Gerätepark Posen, M 2028
10516	1936	LDE50/80	80		RLM	Fliegerhorst Faßberg, oNr
10517	1936	LDE50/80	80		RLM	
10518	1936	LDE50/80	80		RLM	Fliegerhorst Katterbach/b.Ansbach, WL10
10632	1937	LDE50/80	80		RLM	
10633	1937	LDE50/80	80		RLM	Fliegerhorst Bentlage/b.Rheine
10634	1937	LDE50/80	80		RLM	Nr. 4589
10635	1937	LDE50/80	80		RLM	Nordholz
10xxx	1938	LDFE			OKH	Heeres-Versuchsstelle Heegesee, Sperenberg

10341: ...... gebraucht an Luftwaffe; original an Reichswerke Hermann Göring, Salzgitter
10635: 1942 an Luftmuna 7/XI Pulverhof bei Rastow/Meckl.

V e r b l e i b e :

10341: ..... an DB/Werklok 4 AW Nürnberg, 1964 an VAW Pocking/Niederbayern (1), ab 1998 Denkmal Gasthaus Niedermayer, Rottau, 2011 an Privat (2011 Lokpark Ampflwang/A)
10516: 1947 an DB Kö 6027 (1960 Umb/Köf, 1968 Umz/323 019-0), 1977 +/1978 ++
10517: 1949 von russ. Dienststelle an VEB Baugerätehof (vorm.Brangsch), Leipzig, 1950 an ABUS Maschinenfabrik, Dessau, ... an VEB ELMO Dessau (WL2; 1987 vh.)
10518: ..... an DB Kö 6026 (1964 Umb/Köf, 1968 Umz/322 603-2), 1980 +
10633: 1945 an Wintershall AG, Erdöl-Raffinerie Salzbergen (1), 1985 an Freundeskreis der Bundesbahnbeamten, Münster (2), 1999 an DGEG, Bochum Dahlhausen (2022 vh.)
10634: 1948 an DR-Ost Kö 5724 (1970 Umz/100 924-0, 1992 Umz/310 924-6), 1996 +
10635: 1949 an DB Kö 6007 (1965 Umb/Köf, 1968 Umz/322 609-9), 1977 +, 1977 an Schrott Ludwig, Hann., 1994 an F. Beismann, 1995 lw/1999 fest an Almetalbahn (VL 8) (2008 vh.)

VOITH

Nietrahmen, Glocke und halboffenes Führerhaus: So präsentierte sich die Vorkriegsausführung der Köf. Hier eine LDFE80 von Schwartzkopff.

BERLINER MASCHINENBAU AG (Fortsetzung)

FabNr	Bauj	Type	PS	geliefert	für	Einsatzort/BetrNr
1120x	1941	LDFE110	110		OKH	Heeres-Muna Königswartha
11206	1941	LDFE110	110		OKH	Heeres-Versuchsstelle Heegesee, Sperenberg
11484	1940	LDFE110	110		OKH	Heeres-Verpflegungs-Hauptamt Regensburg, 11484
11485	1941	LDFE110	110		OKH	
11486	1941	LDFE110	110		OKH	(Nr.2)
11487	1941	LDFE110	110		OKH	
11488	1941	LDFE110	110		OKH	
11489	1941	LDFE110	110		OKH	
11490	1941	LDFE110	110		OKH	Heeres-Muna Dingelstedt/Harz
11491	1941	LDFE110	110		OKH	
11492	1941	LDFE110	110		OKH	Heeres-Neben-Muna Stassfurt
11493	1940	LDFE110	110		OKH	Heeres-Versuchsanstalt Peenemünde, 7
11494	1940	LDFE110	110	01.08.40	OKH	Heeres-Versuchsanstalt Peenemünde, 8
11495	1940	LDFE110	110		OKH	Heeres-Versuchsanstalt Peenemünde, 9
11496	1940	LDFE110	110		OKH	Heeres-Versuchsanstalt Peenemünde, 10
11497	1940	LDFE110	110		OKH	Heeres-Versuchsanstalt Peenemünde, 11
		aus der Serie 11484 ff. je eine weitere Lok bei:				Heeres-Muna Krugau/b.Luebben Heimat-Art.Park Karlshagen Heeres-Muna Berka/Werra Heeres-Muna Jüterbog, Altes Lager
11xxx	1942	LDFE110	110		RLM	Luftmuna Hesedorf/b.Bremervörde
11677	1942	LDFE 80	80		OKH	
11680	1942	LDFE110	110		OKH	Heeres-Muna Bamberg
11691	1941	LDFE110	110			Wehrmacht ?

Verbleibe:

11206: .... an DR Köf 5725 (1970 Umz/100 925-7), 1970 +/1971 ++

11484: 1947 an DB Köf 6021 (1968 Umz/321 540-7, 1968 Umb/324 002-5), 1979 +/1980 ++
11485: .... an DB Köf 6013 (1968 Umz/323 028-1), 1978 +/1979 ++
11486: 1949 an DR-Ost Köf 5747 (1970 Umz/100 947-1, 1992 Umz/310 947-7), 1997 +/1998 ++
11487: 1945 an CSD T200.210, 1949 +, 1949 an Zementindustrie Praha, Werk Králodvodvorské
11488: .... an DR-Ost Köf 5716, 1950 +
11490: .... an VEB Schwermaschinenbau Magdeburg (38), 1964 ++
11491: .... an DR-Ost Köf 5737 (1970 Umz/100 937-2, 1992 Umz/310 937-8), 1992 +/1993 ++
11492: .... an DR-Ost Köf 5717, 1950 +
11493: 1946 an Elektrizitätswerk Sachsen-Anhalt AG (= VEB Energieversorgung Erfurt), Kraftwerk Bleicherode-Ost, 1960 an VEB Kaliwerk Bleicherode, 1977 ++
11494: .... an DR-Ost Köf 5712 (1970 Umz/100 912-5, 1992 Umz/310 912-1), 1995 + 1998 an Historische Eisenbahn Frankfurt (2025 vh.)
11495: 1950 an DB Köf 6016 (1968 Umz/322 507-5), 1976 +/++
11497: 1950 an DB Köf 6017 (1968 Umz/322 508-3), 1975 +/1976 ++

11677: 1947 an DB Köf 6006 (1968 Umz/322 509-1), 1980 +/1981 ++
11680: 1945 an US-Army/Transportation-Corps (9000-P), 1962 an Teutoburger Wald-Eb.(Köf10), 1986 an Spielplatz Opladen-Lützenkirchen, 2006 ++
11691: .... an DR-Ost Köf 5720 (1970 Umz/100 920-8, 1972 +), 1972 an Raw Leipzig (WL, 1981 vh.), 198x an Raw Quedlinburg (Werklok), 1988/89 ++

Quellen: MfV/1028, Rbd Schwerin/6323, Voith/Monteur, Betriebsbücher, Raw Halle, www.deutsche-kleinloks.de

Berliner Maschinenbau AG

Auch in Wildau wurde seit 1933 die LgII-Type nicht nur für die Reichsbahn, sondern ebenso für private Abnehmer aus Mineralölwirtschaft und Industrie gebaut. Nachweisen lassen sich mindestens 71 Loks (ausschließlich Einheitstypen), mindestens 28 davon - also weit mehr als ein Drittel - waren Lieferungen an die Wehrmacht. Allein die Luftwaffe besaß nach einer Aufstellung aus dem Jahr 1943[11], elf 80-PS- und eine 110-PS-Kleinlok von Schwartzkopff.

Wie bei Deutz und analog zu der Entwicklung bei der DR wurden auch bei der BMAG die Kleinloks mit der Zeit immer stärker motorisiert. Angeboten und gebaut wurden die LgII mit 40, 50, 60, 70, 80 und schließlich mit 110 PS. Soweit vom Kunden nicht anders gewünscht, kamen dabei standardmäßig MWM-Motoren zum Einbau, und zwar (für die gängigsten Größen) der

MWM GS17V mit 60 PS bei 1000 UpM,
MWM GS17S mit 80 PS bei 1100 UpM und
MWM GS17S mit 110 PS bei 1250 UpM.

Die Firmentypenbezeichnungen lauteten LDE 50/80 und LDFE110, wobei LDE für Lokomotive mit Dieselmotor/Einheitsbauart und das eingefügte „F" bei LDFE für Flüssigkeitsgetriebe stand. Die nachgestellte Zahl bezeichnete die Motorstärke in PS. Die LDE-Loks hatten mechanische Viergang-, die LDFE-Typen Voith-Getriebe.

Sowohl die mechanische, wie auch die hydraulische Lok bot Schwartzkopff alternativ auch in klassischer Bauweise mit hohem Führerhaus an (Typenbezeichnung LDS80 bzw. LDF110; das „S" steht für Schaltgetriebe). Auch von dieser Ausführung wurden etliche gebaut. Die Wehrmacht allerdings bekam ausschließlich Einheitsloks.

Noch drei Anmerkungen zur Lieferliste:

Erstens:
Möglicherweise hat es noch weitere, bislang unbekannte Lieferungen an Heer, Luftwaffe oder Marine gegeben. Diese könnten sich vor allem in den Serien 10423-10425 (LDE 50/80), 10519-10520 (LDE 50/80) und 11677-11691 (LDFE 80/110) verstecken. Leider läßt die schwierige Quellenlage bei Schwartzkopff keine exakteren Angaben hierzu zu.

Zweitens:
Das Kraftwerk Bleicherode-Ost übernahm 1946, zusammen mit der ex Peenemünder BMAG 11493 noch eine zweite Schwartkopff-Kleinlok, offenbar als Ersatzteilspender. Die Identität dieser Maschine ist leider bis heute unbekannt (*„Fabrikschild entfernt"*); vielleicht BMAG 11496?

Und drittens:
Ebenfalls aus der BMAG-Serie 11484ff. könnte eine LDFE110 stammen, die Ende der 40er Jahre als Schadlok im RAW Wittenberge auftauchte[12] und nicht mehr instandgesetzt wurde. Auch hier sind Fabriknummer und Baujahr nicht überliefert.

Orenstein & Koppel

Nach Deutz und Schwartzkopff war O&K der dritte große Kleinlok-Lieferant der Reichsbahn, und auch hier wurde fleißig bei der privaten Kundschaft aquiriert. Immerhin brachte es O&K bis 1942 auf insgesamt 272 Kleinloks, 160 davon gingen an die DR[13], der Rest an private Betreiber.

Interessanterweise war die Einheitsbauart dabei nur eine von mehreren ausgeführten Varianten der LgII-Kleinlok. Stückzahlmäßig dominierte bei den Privataufträgen deutlich eine von O&K offenkundig bevorzugte Bauart mit Stangenantrieb; ab ca.1936 wurde - außer für die Reichsbahn - sogar nur noch diese Type ausgeführt. Von Orenstein stammen auch die beiden einzigen jemals gebauten dreiachsigen Kö (zwei RL12, beide jedoch für den Export)!

Je nach Bauart und Motorstärke wurden verschiedenen Firmentypenbezeichnungen vergeben:

RL6	Einheitsbauart DR (Kettenantrieb)
RL7	Motor mit 60 bzw. 70 PS
RL7	Firmenbauart O&K (Stangenantrieb)
RL8	Blindwelle zwischen den Achsen
	Motor mit 70 bzw. 80 PS
RL11	Firmenbauart O&K (Stangenantrieb)
RL12	Blindwelle vor der 1.Achse
	Motor mit 110 bzw. 120 PS

Weitere technische Details nennt TABELLE 56[14] auf Seite 556.

---

11 MfV/RZA 239
12 Rbd Schwerin/10433
13 Incl. 16 Vorserienloks in Kleinlok-Bauweise; Rest = Einheitsloks
14 Die RL6 wurde 1935 durch die RL7 ersetzt; an Wehrmachtsdienststellen wurden keine RL6 geliefert

Ein bewegtes Leben: Die BMAG-Kleinlok 11680 begann ihre Karriere bei der Heeres-Muna-Bamberg, kam dann zur US-Army und lief lange Jahre bei der Teutoburger Wald-Eisenbahn (Hafen Saerbeck, Juni 1977).

Joachim Behrens

ORENSTEIN & KOPPEL - Kleinlokomotiven für die Wehrmacht - Type RL7

FabNr	Bauj	Type	Bauart	bestellt	geliefert	für	Einsatzort/BetrNr
20433	1934	RL7 E	DR	27.03.34			Verkehrsfliegerschule (später: WL59)
20441	1934	RL7 E	DR	16.05.34			Verkehrsfliegerschule
20552	1935	RL7 1932	O&K	21.03.35			Verkehrsfliegerschule
20563	1935	RL7 1932	O&K	13.05.35			Verkehrsfliegerschule
20575		RL7 1932	O&K	25.05.35			(Wehrmacht ?)
20576	1935	RL7 1932	O&K	25.05.35		OKH	Heeres-Verpflegungsamt München
20577	1936	RL7 1932	O&K	25.05.35		RLM	
20650	1936	RL7 1932	O&K	12.11.35		RLM	
20681	1937	RL7 1932	O&K	24.01.36		RLM	Fliegerhorst Tutow/b.Demmin
20682	1937	RL7		24.01.36		OKH	Heeresbauamt II (wo ?)
20708	1937	RL7 D		25.02.36		RLM	
20709	1937	RL7 D	O&K	25.02.36		RLM	
20710	1937	RL7 D	O&K	25.02.36		RLM	
20711		RL7 D		25.02.36			(RLM nicht sicher)

20563: später vermutlich Lufthauptmuna Langlau/b.Nürnberg (WL4)
20576: lt. Bundesarchiv = Ersatz-Verfl.Magazin Mü I München
20682: hatte O&K-4D14-Motor; damit eigentlich eine RL8
20709: nach DB- und O&K-Nachkriegsangaben Type RL8

20433: 1950 an DR-Ost Kö 5728 (1970 Umz/100 928-1, 1973 +), 1974 an Raw Halle (WL7)
2007 an Hist. Westsächs. Eb., Schönheide-S., 2010 Denkm. Leuben-Schleinitz (2012 vh.)
20563: 1945 an „Ami Neumeyer", Nürnberg (bis 1949); ..... an AW München-Freimann, Schleppzeug, 1965 ++
20575: ...... an VEB Schwermaschinenbau Magdeburg (1958/60 vh.)
20576: ...... an Gammach E.Benton, München-Ost 1966 ++
20577: ...... an DB Kö 6011, 1958 +
20709: ...... an DB Kö 6009, 1950 +, 1951 zum Weiterverkauf bei O&K Dortmund
20710: 1947 an DB Kö 6022, 1958 +

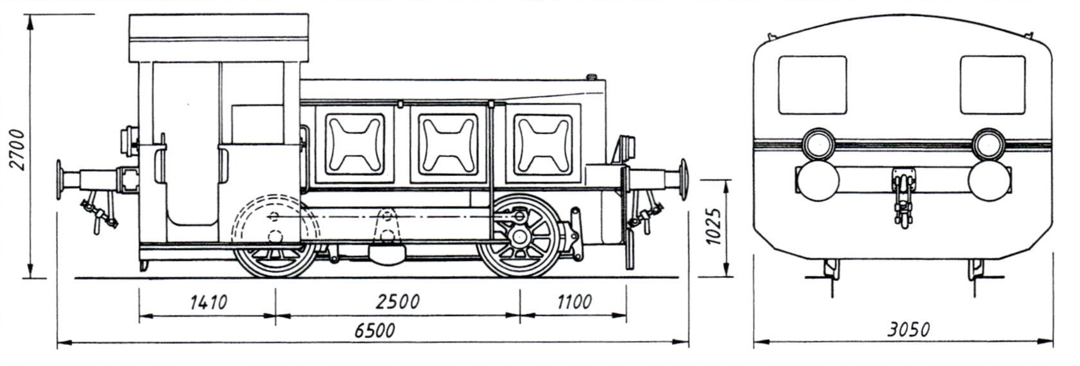

HORST KÜHNHACKL

Kantiger Motorvorbau, und Antrieb über Blindwelle und Stangen: So sah die O&K-Firmenversion der LgII-Kleinlok aus. RL7 und RL8 unterschieden sich nur in Motor und Gewicht.

ORENSTEIN & KOPPEL - Kleinloks für die Wehrmacht - Type RL8

FabNr	Bauj	Type	PS	bestellt	geliefert	für	Einsatzort/BetrNr
20778	1936	RL8	80	22.06.36		RLM	Luftpark (See) Swinemünde
20779		RL8	80	22.06.36			(Wehrmacht ?)
20993	1937	RL8	80	13.05.37		RLM	
20996	1937	RL8	80	13.05.37		RLM	
21050	1937	RL8	80	.08.37		RLM	Fliegerhorst Wittstock/Dosse, 1
21051	1937	RL8	80	.08.37		RLM	
21153	1940	RL8	80	.01.38		RLM	
21156	1941	RL8	80	.01.38		RLM	
21208	1938	RL8	80	.05.38		RLM	
21417	1940	RL8	80			RLM	Fiegerhorst Fürth
21560	1940	RL8	80	02.08.39	1940	MAR	Marine-Sperrzeugamt Swinemünde, 804/II

20996: ...... an DB Kö 6000, 1956 +
21050: ...... an DR-Ost Kö 5740 (1952 +), 1952 aufgearbeitet (LKM Babelsberg), ... an VEB Warnowwerft, Warnemünde (auch Volkswerft Wismar genannt)
21051: ...... an Kalkwerk Salder/b.Salzgitter (1, 1955 vh.)
21153: 1948 an Salzgitter Verkehrsbetriebe (02), 1967 ++
21156: ...... an Kalkwerk Salder/b.Salzgitter (2, 1954 vh.)
21208: 1946 an OHE (DKL 0603); 2001 an Dampflokfreunde Salzwedel (0603) (2025 vh.)
21417: zeitweise DR-West, 1949 +

Quellen: O&K, Rbd Schwerin/6323, Rbd Greifswald, LfB Hannover, Betriebsbücher

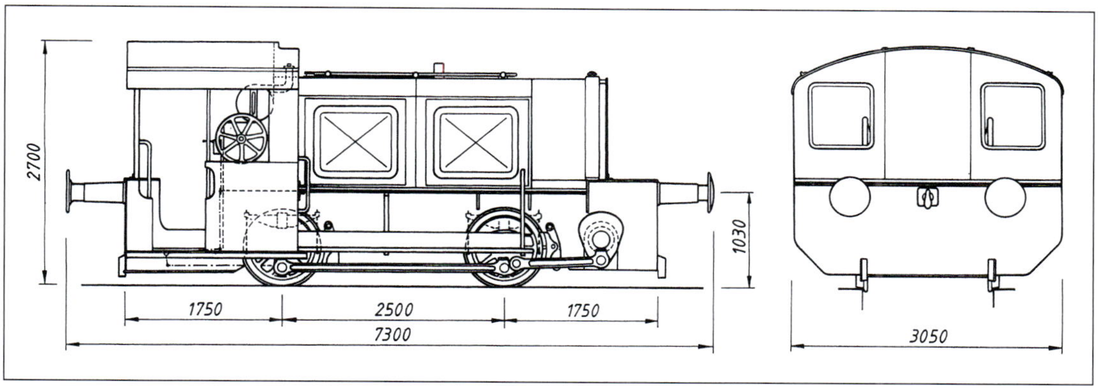

Horst Kühnhackl

Die große Kö von O&K: Bei RL11 und RL12 lagen Getriebe und Blindwelle vorn. Auch hier setzte O&K auf Stangen- statt Kettenantrieb.

Leider ist bei der RL7 aus der Typenbezeichnung allein die Bauart (Ketten- oder Stangenantrieb) nicht erkennbar. Zeitweise wurden wohl die Indexe „RL7 **E**" (Einheitsbauart?) und „RL7 **D**" (4D-Motor?) benutzt, deren Bedeutung aber nicht sicher belegt sind. Die Firmenbauart mit Stangenantrieb war eine zeitlang als „RL7 **(1932)**" bezeichnet; wobei der Zusatz „(1932)" darauf hinweist, daß diese Type der Vorserienlieferung von 1932 für die DR (Kb 4060-4064) entsprach.

Bei der **RL7** sind auch vier Lokomotiven mit aufgeführt, die fabrikneu an die „Deutsche Verkehrsfliegerschule" geliefert wurden. Dabei handelte es sich um eine der Organisationen, unter deren harmlos klingendem Deckmantel schon vor 1935 heimlich die Wiederaufrüstung betrieben wurde. Die Flugplätze der Verkehrsfliegerschule und die dort eingesetzten Lokomotiven sind später durchwegs von der Luftwaffe übernommen worden.

Bei der Wehrmacht lassen sich mindestens 35 Kleinloks von O&K nummernmäßig nachweisen, die sich etwa zu gleichen Teilen auf die Standardtypen RL7, RL8 und RL11/12 verteilten.

Auch hier muß jedoch davon ausgegangen werden, daß die Angaben in den nebenstehenden Listen noch unvollständig sind. So besaß die Luftwaffe, ein besonders treuer Kunde von Orenstein & Koppel, nach der schon erwähnten Aufstellung von 1943 nicht weniger als achtzehn 80-PS- und zwölf 110-PS-Kleinloks von O&K. Bei den RL7/RL8 (80 PS) kommt dies bei Betrachtung der Loklisten zahlenmäßig in etwa hin. Bei den RL11 müßte es dagegen - über die genannten Lokomotiven hinaus - noch fünf weitere allein beim RLM gegeben haben, möglicherweise z.B. die Lokomotiven O&K 20884-887.

Gerd Wolff

Die Kleinbahnlok: Auch O&K 20683, hier als D221 der Kleinbahn Ihrhove-Westrhauderfehn, war ursprünglich eine Wehrmachtlok; O&K-Type RL11 (Westrhauderfehn, 28.8.58).

ORENSTEIN & KOPPEL - Kleinloks für die Wehrmacht - Typen RL11/RL12

FabNr	Bauj	Type	PS	bestellt	geliefert	für	Einsatzort/BetrNr
20634	1935	RL11	110	12.10.35		RLM	
20679	1936	RL11	110	24.01.36		RLM	
20683	1936	RL11	110	24.01.36		RLM	Fliegerhorst Wittmund
20685	1936	RL11	110	24.01.36		RLM	
20719	1936	RL11	110	26.02.36		RLM	
20720	1937	RL11	110	26.02.36		RLM	Luftmuna Treptow (1944 Luftmuna Kresitz/Schl.)
20915	1937	RL11	110	22.12.36		RLM	Fliegerhorst Illesheim, WL77/20915
20922	1938	RL12	120	30.12.36		OKH	Heeres-Versuchsstelle Heegesee
21197	1939	RL12	120	.05.38		RLM	
21363		RL12	120	21.11.38		RLM	Bekleidungsamt der Luftwaffe Bielefeld

20634: ...... an Britische Rheinarmee (Walsrode, Düsseldorf, Viersen), ca. 1964 +
20683: 1946 an Kreisbahn Aurich (D221), 1954 an Klb.Ihrhove-Westrhauderfehn (D221, später Köl), 1965 an Schöma Diepholz, ++
20719: ...... an DR-Ost Kö 5719 (1950 +), 1955 an Raw Wittenberge (805.80.3), 1964 +
20720: ...... an DB Kö 6010 (1956 +), ... an Eckhardt & Co, Schrotthandlung, Hamburg, 1961 an Eckhardt & Co, Bremen-Inlandhafen (2), 1970 ++
20915: 1945 an DB Kö 6020 (1957 +), 1957 an Felten & Guillaume (= TEKADE), Nürnberg (oNr), 1984 an DDM, Neuenmarkt-Wirsberg, 1985 an Eisenbahnmuseum Dieringhausen (Kö 6020)
21197: ..... DB Kö 6003 (2.Bes., 1950 +), 1951 an Zuckerfabrik Schoeller, Düren
21363: 1946 an Bielefelder Kreisbahnen (10), 1957 Eisenwerk Weserhütte, Bad Oeynhausen, 1980 an Auto- und Motorrad-Museum, Bad Oeynhausen (2007 geschlossen)

Bei den **RL8-** und **RL11-**Typen hatten zumindest alle Wehrmachtloks Druckluftbremse und Plattenschutz (bei RL7 nur 20708-20711).

Gleiches gilt für die in den Listen erwähnte **RL12**. Die Umstellung dieser Lok auf Generatorgasbetrieb war zumindest vorgesehen[15].

TABELLE 56: Kleinlokbauarten von Orenstein & Koppel

		RL7	RL7	RL8	RL11	RL12
		Einheitslok	Firmenbauart			
Achsfolge/Antrieb		B-Ketten	B-Stangen	B-Stangen	B-Stangen	B-Stangen
Dienstgewicht	to	15	17,5	20,0	25	27,5
Länge über Puffer	mm	6450	6500		7300	
größte Höhe	mm	2700	2700		2700	
größte Breite	mm	3050	3050		3050	
Achsstand	mm	2506	2500		2500	
Treibrad-Durchm.	mm	850	850		850	
Motor		O&K	O&K	O&K	O&K	O&K
Type		4V113	4V113	4D14	6V113	6D14
Leistung	PS	65/70	65/70	80/88	107	120
Drehzahl	UpM	1000	1000	1000	1000	1000
Zahl der Zylinder		4	4	4	6	6
Getriebe		O&K	O&K		O&K	
Bauart		mechan.	mechan.		mechan.	
Gänge	km/h	5-10-15-30	3,8-7,5-12-22		4,2-8,4-12-24	
Anfahrzugkraft	kg	2750	4400	4760	6280	6715

Quellen: O&K, Betriebsbücher

Arn. Jung Lokomotivfabrik

Wie Orenstein & Koppel baute auch Jung in Jungenthal die LgII-Kleinlok für Industrie- und Werkbahnen in einer speziellen Firmenversion. Die Änderungen gegenüber der Einheitsbauart umfaßten allerdings nur geringfügige Abweichungen bei Achsstand (38 mm kleiner) und Länge (20 mm größer), außerdem einige äußere Retouchen an der vorderen Motorraum-Umkleidung sowie die Verwendung eigener Motoren und Getriebe.

Bezeichnet waren die Loks bei Jung als „VN134“, was für eine Vierzylinder-Normalspurlok stand, die einen Motor der 130er Reihe und 4-Gang-Getriebe hatte. Auch eine Sparversion mit 52/56 PS und 3-Gang-Getriebe (DN133) wurde gebaut, aber nur in zwei Exemplaren 1936/37 für Industriebetriebe in Estland und Bochum geliefert.

Ausgerüstet war die VN134 mit einem Jung SV130-Motor mit 72/77 PS bei 1000 UpM und einem Jung 90F-Viergang-Getriebe mit den Geschwindigkeiten 4-8-12-20 km/h. Der Preis für eine Lok lag bei knapp unter (1936) bzw. etwas über 20.000 RM (1937).

BRIAN RUMARY

Gnadenbrot für eine Wehrmachts-Kö: Henschel baute nur zwei Einheits-Kleinloks für das Heer. Die Henschel 26194/1942 lief zuletzt bei der Richtberg KG im badischen Neuenburg (2.10.76).

Stückzahlmäßig stand die Firmenversion (mit insgesamt nur 9 Maschinen) in keinem Verhältnis zu den Lieferungen an die Reichsbahn (120 Kleinloks[16]). An Marine und Heer gingen aber immerhin fünf dieser neun VN134. Die Einzelheiten dazu enthält die Lieferliste auf der folgenden Seite.

Von den drei in der Auflistung darüber hinaus genannten WR110B hat Jung nur das Fabrikschild gegossen. Die 1940 bestellten und zwei Jahre später noch nicht angearbeiteten Loks mußten Mitte 1942 im Rahmen der Typenbeschränkung an Windhoff verlagert werden. Ungeachtet der tatsächlichen Urheberschaft war nach den Bestimmungen des Kriegstypenkatalogs dabei immer das Fabrikschild der Lokomotivfabrik anzubringen, bei der der Kunde die Lok bestellt hatte.

Henschel & Sohn

Henschel hatte bis in die Nachkriegszeit den Schwerpunkt eindeutig im Dampflokbau und trat insofern weder bei den Kleinlok-Lieferungen für die Reichsbahn (90 Stück[17]), noch bei Privat-Geschäften (8 Stück) mit der LgII-Lok besonders hervor.

Immerhin entstanden in den Kasseler Konstruktionsbüros aber so technisch bemerkenswerte Varianten wie die bekannte Dampfmotorkleinlok für die Lübeck-Büchener Eisenbahn oder verschiedene benzin- und diesel-elektrische Ausführungen. Ohnehin sah Henschel die Zukunft der Dieseltraktion seinerzeit wohl eher bei der Dieselelektrik und hielt sich deshalb mit der Konstruktion mechanischer oder hydraulischer Rangierloks auffallend zurück.

Für die Wehrmacht baute Henschel gerade mal zwei Kleinloks. Beide entsprachen der Einheitsbauart, waren aber, wie bei Nicht-Reichsbahn-Aufträgen üblich, mit eigenen Motoren ausgerüstet (Typ G, 65 PS bei 1000 UpM). Die Typenbezeichnung lautete DG65R: Diesel-Getriebe-Lok, 65 PS, Reichsbahn-Ausführung.

Krauss-Maffei

Auch Krauss-Maffei investierte, obwohl eine der Entwicklungsfirmen der DR-Kleinlok, nicht allzu viel Bemühungen, um die LgII-Lokomotiven auch bei der privaten Kundschaft zu verkaufen. Nur zwei Maschinen wurden überhaupt jenseits der Reichsbahn-Aufträge bis 1945 gebaut. Beide gingen an das Wehrkreis-Verwaltungsamt in München.

Die Lokomotiven entsprachen in jeder Hinsicht der Reichsbahn-Bauart. Antriebsmaschine war ein MAN W3V15/18 mit 60 PS und 1100 UpM, das Getriebe mechanisch. Die Typenbezeichnung bei Krauss-Maffei lautete in bester bayerischer Tradition „ML 2/2“ (für Motor-Lok mit 2 angetriebenen Achsen/2 Achsen gesamt). Der Preis pro Lok lag bei 17.600 RM.

15 BA R5/2341
16 Davon fünf Stück Vorserie, Rest Einheitsbauart
17 Davon 10 Vorserienloks; die erst 1938 durch Verstaatlichung in den DR-Bestand gelangten ex LBE-Kleinloks sind bei den Privatloks mitgerechnet

JUNG - Kleinloks für die Wehrmacht

FabNr	Bauj	Type	PS	geliefert	für	Einsatzort/BetrNr
6652	1936	VN134	77	09.05.36	MAR	Marine-Artillerie-Arsenal Schillig, 54
6653	1936	VN134	77	13.05.36	MAR	Marine-Artillerie-Arsenal Pillau, 55
6966	1936	VN134	77	14.08.36	MAR	Marine-Öllager Achim, 8
6974	1937	VN134	77	03.06.37	OKH	
7865	1938	VN134	88	08.08.38	MAR	Marine-Artillerie-Arsenal Mariensiel, 52
				alle Marine-Beschaffungen durch Marinewerft Wilhelmshaven		
(9843)		(WR110B)			(OKH)	
(9844)		(WR110B)			(OKH)	Heeres-Verpfl.Hauptamt Lübeck-Siems
(9845)		(WR110B)			(OKH)	

6652: 1947 an Vorortbahn Wilhelmshaven (54, Standort Schillig),
1964 an Bundeswehr, Marinearsenal Wilhelmshaven, Nr.54
6966: 1949 an Deutsche Shell AG, Tanklager HH-Wilhelmsburg (1), 1981 an FdE, Museum
1999 an Verein zur Erhaltung der Eisenbahn im Hoyaer Land, Nienburg;
2000 an Deutsches Werkbahnmuseum, Hannover/Aschersleben („Sigrid", 2013 vh.)
7865: 1947 an Vorortbahn Wilhelmshaven (52, Standort Mariensiel,
1950 an Kali Transport, Hamburg Wilhelmsburg (Nr.2),
..... an Hansamatex Köhn & Kuyper, Seehafentanklager, Hamburg (1), um 1973 ++

Extratouren:
Wie O&K baute auch Jung die LgII-Kleinlok für Privatkunden mit einigen firmentypischen Besonderheiten. Äußerlich sticht vor allem die veränderte Kühlerfront ins Auge.

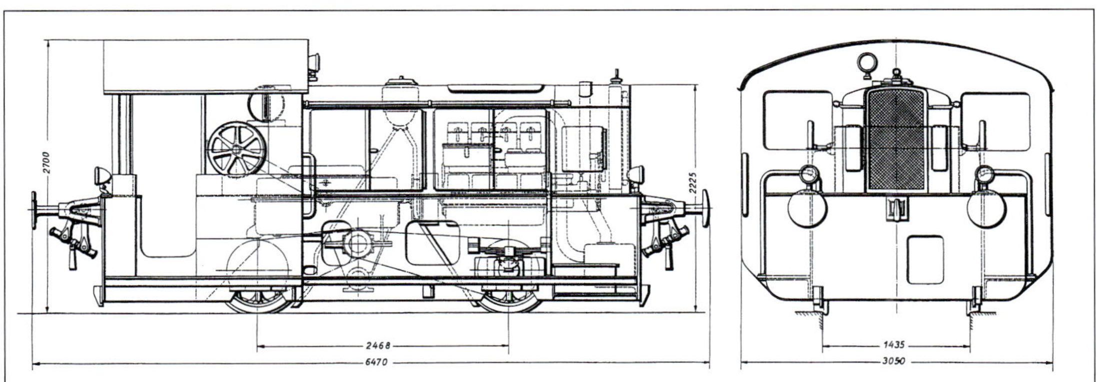

Nochmal die Jung-VN134: In der Schnittdarstellung sind auch die Abweichungen bei Achsstand und Länge gut sichtbar.

Etwas kurios war die Nachkriegseinreihung der Krauss-Maffei 15561 bei der DB als Kö 4811 (zweite Besetzung). Aufgrund ihrer Wehrmachtsvergangenheit hätte sie, wie bei ihrer Schwesterlok auch geschehen, eigentlich einen Platz in der Nummernreihe Kö/f 6000ff. erhalten müssen. Offenbar glaubte man bei der ersten Sichtung des arg durcheinander geratenen Kleinlok-Bestandes nach dem Krieg aber, die Kö 4811 (KrMa 15516; also nur eine Ziffernfolge anders) vor sich zu haben und nummerte die Wehrmachtsmaschine entsprechend neu ein. Die tatsächliche Kö 4811 verblieb nach 1945 bei den ÖBB (X 112.07).

HENSCHEL, KRAUSS-MAFFEI, WINDHOFF - Kleinloks für die Wehrmacht

Herst	FabNr	Bauj	Type	PS	geliefert	für	Einsatzort/BetrNr
Hen.	24931	1942	DG65R	65	.08.42	OKH	Heeresbauamt Jena
Hen.	26194	1942	DG65R	65	31.07.42	OKH	Heeresbauamt (sp. Ers.Verpfl.Mag.) Frankfurt

24931: .... an Deutsche Shell AG, Hamburg (??)
26194: 1948 an Richtberg GmbH & Co KG, Werk Neuenburg/Rhein (1), 1981 ++

Herst	FabNr	Bauj	Type	PS	geliefert	für	Einsatzort/BetrNr
KrMa	15561	1935	ML2/2	60	29.06.35	OKH	Wehrkreis-Verwaltungsamt 7, München
KrMa	15562	1935	ML2/2	60	29.06.35	OKH	Wehrkreis-Verwaltungsamt 7, München

15561: ...... an DB Kö 4811 (2.Besetzung; 1959 Umb/Köf, 1968 Umz/321 534-0, 1969 Umb/322 632-1), 1980 +, 1985 ++
15562: zuletzt Muni-Lager „Kupfer"/b.Heilbronn (26714)
1947 an DB Kö 6023 (1959 Umb/Köf, 1968 Umz/322 506-7), 1980 +, 1981 an Michelin Reifenwerk, Trier-Pfalzel (1999 lw. bei Steil GmbH, Trier-Ehrang)

Herst	FabNr	Bauj	Type	PS	geliefert	für	Einsatzort/BetrNr
Windh.	500	1939	LN75RBII	75	01.03.39	OKH	Heeres-Verpfl.Hauptamt Wahn/b.Köln
Windh.	643	1940	LN75RBII	75	. .40	OKH	Heeres-Verpflegungsamt Bad Reichenhall
Windh.	929	1943	WR110B	110	. .43	OKH	Heeres-Verpfl.Hauptamt Lübeck
Windh.	930	1943	WR110B	110	28.10.43	OKH	Heeres-Verpfl.Hauptamt Liegnitz
Windh.	931	1943	WR110B	110		OKH	Heeres-Verpfl.Hauptamt Graz

500: 1940 an International Harvester Company, Neuss, ... an Harvester, Heidelberg-Kirchheim (181; 1961 vh.), vor 1977 an ....
643: 1947 an DB Kö 6031 (1963 Köf, 1968 Umz/321 238-8, 1970 Umb/324 026-4), 1977 +
929: 1946 an DB Köf 6035 (1968 Umz/321 110-9, 1968 Umb/323 994-9), 1979 +, 1980 ++

Quellen: Krauss-Maffei, Windhoff, MAN, BA R5/2341, DB, Betriebsbücher, St10a Stgt, St10a Mü, Gödel, Dusend

Windhoff

Die Rheiner Maschinenfabrik Windhoff AG hatte bis Anfang der 40er Jahre für die Reichsbahn vor allem LgI-Lokomotiven sowie einige Akku-Kleinloks (KsII) gebaut. Erst ab 1942, durch die Auftragsverlagerungen zu den nicht dampflokproduzierenden Herstellern, erhielt Windhoff auch Bestellungen über mehrere Dutzend Einheitsloks Kö/KbII[18] für die DR. Von Jung übernahm Windhoff zugleich den Auftrag über drei WR110B für das OKH. Lieferung 1943. Weitere Angaben dazu bei Jung.

Schon drei bzw. vier Jahre zuvor hatte Windhoff als Einzelstücke außerdem zwei LgII-Loks für das Heer geliefert. Typenbezeichnung dieser Loks: LN75RBII (Lokomotive in Normalspur, 75 PS, Reichsbahn-Bauart, LgII).

Eine davon, FabNr.500, scheint - aus welchen Gründen auch immer - 1940 gegen eine Ruhrthaler-Werksdiesellok der Intern.Harvester Comp. in Neuss getauscht worden zu sein (die dafür nach Wahn). Die andere Lok, FabNr.643, lief gegen Ende des Krieges beim Heeres-Verpflegungsamt Bad Reichenhall. Möglicherweise war sie zuvor schon an einem anderen Standort im Einsatz. Ein im Betriebsbuch vermerktes angebliches *„Lieferdatum"* (04.43) könnte sich dann auf den Zeitpunkt der Umsetzung beziehen.

Beide Windhoff-Bauarten, WR110B und LN75, waren Einheitskleinloks mit 4- bzw. 6-Zylinder-Kämper-Motor (4D12ER, 6D12ER). Die 110-PS-Type hatte Voith-, die LN75RBII ein mechanisches Schaltgetriebe.

Reichsbahn-Kleinloks im Dienst der Wehrmacht

Außer auf die eigenen LgII-Lokomotiven griff das Militär ab 1941/42 immer häufiger und ungenierter auch auf Kleinloks der Reichsbahn zu. Grund dafür war die vielfache Überlastung des Wehrmacht-Lokparks durch die (bis dahin jedenfalls noch) unablässige Ausweitung des Kriegsgebietes, Hochrüstung, Lieferverzögerungen bei den eigenen Bestellungen und Lokverluste an den Fronten.

Nach einer Notiz des Reichsbahn-Zentralamtes vom 26. Juni 1943 waren von den zu diesem Zeitpunkt vorhandenen 1237 DR-Kleinlokomotiven bereits 138 an die Wehrmacht abgegeben[19]. Nach offizieller Lesart wurden die Maschinen an die Wehrmacht *„verliehen"*; richtiger wäre wohl: zwangsweise abgetreten. Immerhin kassierte die Reichsbahn für die eingezogenen Fahrzeuge aber Mietgebühren mit Tagessätzen zwischen 18,- RM (Kleinlok ohne Personal und ohne Betriebsstoffe) und 36,- RM (Kleinlok einschließlich Personal und Betriebsstoffe)[20].

Wie selbstverständlich sich die Wehrmacht bei der Reichsbahn bediente, macht exemplarisch ein Fernschreiben des OKH/Chef des Transportwesens vom 5.9.41 deutlich, mit dem 15 DR-Kleinloks für den Krieg im Osten angefordert wurden[21]:

> *Trsp.Chef braucht zur Bedienung der Nachschublager für Betriebsstoff im Operationsgebiet 15 Kleinlok mit Führern, deren beschleunigte Zuführung nach folgenden Orten vorzusehen ist:*
>
> ***Vers.Bez.Nord:*** *Riga, Pleskau-Bereski, Porchow, Dünaburg.*
>
> ***Vers.Bez.Mitte:*** *Polozk, Gorjani, Smolensk, Orscha, Osipowitschi, Bobruisk.*
>
> ***Vers.Bez.Süd:*** *Biala-Cerkiew, Shitomir, Berditschew, Dubno.*
>
> *Die Kleinlok sind durch die für die N.-Lager zuständigen Eisenbahnbetriebsverwaltungen zu übernehmen und maschinentechnisch zu beaufsichtigen. Lok und Personal werden durch die betr. Betriebsverwaltung zu den N.-Lagern abgeordnet.*

Im Allgemeinen folgte solchen Fernschreiben noch der Hinweis darauf, daß die Lokomotivführer zweckmäßigerweise gleich mit zur Wehrmacht einzuberufen seien, *„um hinsichtlich der Unterstellung klare Verhältnisse zu schaffen und um eine Gleichstellung des Lokpersonals mit der Truppe zu erzielen"*[22].

---

18 Lauscher, Windhoff-Lokomotiven, S.81ff.
19 BA R5/2255; weitere 14 an „Dritte" (i.d.R. Industrie)
20 Übernahmen von Wehrmacht-Kleinloks in den Reichsbahn-Bestand, wie es fälschlicherweise - vor allem im Zusammenhang mit Kö/f 5047/5048, ex PKP - immer wieder zu lesen ist, hat es nicht gegeben
21 BA-MA RH4/v.H12/139
22 BA-MA H14/281

Im angesprochenen Fall mußten die RBD Dresden, Halle, München, Wuppertal und Saarbrücken jeweils drei Kleinlokomotiven abtreten. Die Übergabe hatte *„unverzüglich"* zu erfolgen. Und natürlich bestanden die Militärdienststellen auch darauf, nur *„die leistungsfähigsten Typen"* zu erhalten, außerdem selbstverständlich *„in bestem Zustand und mit ausreichend Ersatzstücken"*.

Die vom Umfang her größte Einzelabgabe von Kleinloks datiert aus dem Jahr 1942. Hier mußten die Kö/f als Ersatz für eine größere Serie von WR360C14-Lokomotiven einspringen, die als Spitzenloks im Frontbereich vorgesehen waren, aufgrund der Lieferschwierigkeiten bei den Herstellerwerken aber nicht rechtzeitig beschafft werden konnten[23]:

> *Befehlshaber H.Qu.O.K.H., den 25.5.42*
> *der Eisenbahntruppen*
> *Az.: 43 n 12 Ia Nr. 1525/42 geh.*
> *An: Chef des Transportwesens, Pl.-Abt.*
>
> *Gemäß Bezugsschreiben ... wurden 50 leichte Motor-Lok mit etwa 40 t Dienstgewicht und einer Leistung von 360 PS zum Übergang auf Schnellbrücken gefordert. Nach Mitteilung ... vom 2.3.42 ... ist die Beschaffung der geforderten Motor-Lok in absehbarer Zeit nicht möglich. Als Grund hierfür wird angegeben, dass die einschlägigen Fabriken mit SS-Aufträgen* [= Aufträge mit besonderer Dringlichkeit; S.L.] *für die DR, die Wehrmacht und Industrie voll ausgelastet sind und auch die erforderlichen Kontingente für die Neufertigungen nicht zur Verfügung stehen.*
>
> *Um diesen Schwierigkeiten aus dem Wege zu gehen, wurde von In10 vorgeschlagen, 50 leichte Motor-Lok der Leistungsgruppe II von der DR, die über mehrere 1000 Stück dieser Type verfügt, anzufordern. Die Motor-Lok haben ein Dienstgewicht von etwa 16 t, eine Leistung von 110 PS und eine größte Zugkraft von etwa 3000 kg.*
>
> *Dem Vorschlag von In10 wird zugestimmt. Im Hinblick auf die geringere Leistung der Motor-Lok ist jedoch die Bereitstellung der doppelten Anzahl - demnach statt 50 Stück 100 Stück - erforderlich.*

Ob am Schluß in diesem Zusammenhang tatsächlich exakt 100 Lokomotiven bei der Reichsbahn abgezogen wurden, lassen die nur sporadisch auffindbaren Unterlagen offen. Immerhin war der Aderlaß im Kleinlok-Bestand auch für die Reichsbahn aber so spürbar, daß die Reichsbahn ihrerseits 50 benzol- bzw. dieselelektrische Kleinlokomotiven (mit 50 und 72 PS) bei den Niederländischen Eisenbahnen anmietete. Die NS-Kleinloks wurden in der RBD Wuppertal konzentriert, die dafür sämtliche hier stationierten Diesel-Kleinloks der Reichsbahn-Bauart an andere Direktionen abgeben mußte. Ursprünglich war mit der NS sogar über 100 Leihlokomotiven als Ausgleich für die Wehrmachts-Abtretungen verhandelt worden.

Zum Schluß noch einige einzelne Abgaben aus den Bereichen der RBD Karlsruhe, Kassel, Halle und Münster[24]. In fast all diesen Fällen wurden die Kleinloks nicht an die Front, sondern zu Heeres-Munas, Luftzeugämtern und Luftparks im alten Reichsgebiet umgesetzt, wo die dort eingesetzten Loks der WR-Baureihen entweder allein nicht mehr ausreichten, wegen Treibstoffmangels abgestellt waren oder nach Eintreffen der Kö/f für andere Einsatzzwecke abgezogen wurden.

RBD Karlsruhe gibt ab:
9x LgII mit MAN W3V16/22-Motor, und zwar

6x an Heimat-Eb.Pi.Park Rehagen-Klausdorf
1x an Heeres-Muna St.Georgen/Traun
1x an Heeres-Muna München-Milbertshofen
1x an Heeres-Muna Darmstadt
(Anweisung vom 16.11.42)

RBD Kassel gibt ab:
9x LgII mit Krupp I-4-Motor, und zwar

1x an Heeres-Muna Königsberg-Ost
1x an Heeres-Muna Pinnow/Krs.Angermünde
1x an Heeres-Muna Altenhain/b.Brandis
1x an Heeres-Muna Königswartha/Sachsen
1x an Heeres-Muna Zeven/Hann.
1x an Heeres-Muna Kassel
1x an Heeres-Muna Lockstedter Lager
1x an Heeres-Muna Mölln
1x an Heeres-Muna Hänigsen
(Anweisung vom 16.11.42)

---

23 BA-MA H14/281
Übergang auf Schnellbrücken bedeutet:
Versorgung der an der Front stehenden Truppenteile über Eisenbahnstrecken, auf denen die bei den Kämpfen zerstörten Brücken von Eisenbahnpionieren zunächst nur provisorisch wieder aufgebaut werden konnten

24 BA R5/2136, Rbd Schwerin

BUNDESARCHIV

Reichsbahn-Kleinloks im Militärdienst: Kö 4730 und eine weitere DR-Lok partroullieren mit leichtem Eisenbahngeschütz im deutsch-französischen Grenzgebiet. Besonders der (grimmig dreinblikkende) Offizier vorn auf der Lok schmeißt sich für den Fotografen mächtig in die Brust.

RBD Halle gibt ab:
3x Kleinlok LgII für Dieselbetrieb, und zwar

1x an RBD Berlin, für Luftzeugamt Teltow
1x an RBD Erfurt, für Luftzeugamt Kölleda
1x an RBD Oppeln, für Luftpark Gleiwitz
(Anweisung vom 29.8.44)

RBD Münster gibt ab :
2x Kleinlok LgII für Dieselbetrieb, und zwar

1x an RBD München, für Luftzeugamt Erding
1x an RBD Stettin, für Luftpark Anklam
(Anweisung vom 29.8.44)

Die Einnummerung erfolgte bei den Staatsbahnen in Deutschland-Ost und -West unterschiedlich, nämlich

bei der **DB**
in eigenen Nummerngruppen als
Kö 1000 ff. (für die LgI-Lokomotiven) bzw.
Kö/f 6000 ff. (für die LgII-Loks) und

bei der **DR**
unmittelbar im Anschluß an die bereits belegten Nummernreihen, also als
Kö 0292 ff. (in der LgI) und
Kö/f 5710 ff. (in der LgII).

BD Hamburg, Sammlung Gerd Neumann

Zwei Arbeitstiere: Während 92 843 auf das richtige Schuppengleis gedreht wird, steht die ehemalige Wehrmachts-Köf 6035 schon für neue Einsätze bereit. Die Windhoff-Kleinlok ist die einzige echte WR110B, die zur Bundesbahn kam (Bw Neumünster, 20.6.50).

Beide Bahnen erbten mit den Übernahmen allerdings ein ziemlich kunterbuntes Durcheinander an Bauarten und Gerätschaft (Motoren, Getriebe usw.). Darunter waren Einheits-Kleinloks ebenso wie Firmentypen, Fahrzeuge mit Kettenantrieb genauso wie Stangenloks und vergleichsweise leistungsstarke Maschinen mit über 100 PS ebenso wie Kleinst-Rangiergeräte mit kaum über 20 PS.

Zudem beschränkten sich die Einreihungen in den genannten Nummerngruppen keineswegs auf die ehemalige Wehrmachtlokomotiven. Insbesondere bei der Reichsbahn-Ost waren in dem Kö/f 5710ff.-Sammelsurium auch

- Maschinen der 1949 verstaatlichten Kleinbahnen,
- verschiedene ehemalige Ostbahnloks,
- frühere Privat-Werkloks und sogar
- zwei LKM-Kleinlok-Nachbauten von 1952.

In Ost wie in West wurden bei dieser Gelegenheit außerdem einige bis dahin nur als Geräteloks klassifizierte DR-Maschinen der Kleinlok-Bauart mit in den regulären Bestand übernommen.

All dies bildet eine höchst interessante Facette der Wehrmachtlok- und (mehr noch) der Kleinlokgeschichte, die allerdings weit über das Thema dieses Buches hinausgeht. Im Jahr 2002 ist, ebenfalls beim EISENBAHN-KURIER, ein ausgezeichnetes Buch von Peter Große und Horst Troche über *„Die Einheits-Kleinlokomotiven“* erschienen, detallierte Angaben und Nummernlisten zu den von der Wehrmacht requirierten Reichsbahn-Kleinlokomotiven sowie zu den nach 1945 von Deutscher Bundesbahn und Reichsbahn-Ost übernommenen ehemaligen Wehrmacht-Kleinloks enthält.

Kleinlok-Übernahmen durch DB und DR

Im Chaos des Zusammenbruchs 1945 erging es den ehemaligen Wehrmacht-Kleinloks ähnlich wie den V20/V36. Der Bestand war weit zerstreut. Die Maschinen standen herrenlos herum. Nicht wenige waren durch Bombensplitter oder Sprengung beschädigt, andere infolge fehlender Teile (Plünderungen) zumindest vorübergehend nicht einsetzbar. Nachforschungen zu den Eigentumsverhältnissen hat es sicherlich einige Zeit gegeben. Letztlich gingen sie aber in dem Bemühen unter, alles was vier Räder hatte, möglichst bald wieder ans Rollen zu bringen.

Wie bei den WR-Lokomotiven gelangten auch bei den Kleinloks zahlreiche der aufgefundenen Maschinen nach zeitweiser Nutzung durch die Besatzungsmächte in den Bestand der Staatsbahn. Die meisten Übernahmeverfügungen datieren aus den Jahren 1947 und 1948.

KRUPP

4000 PS für „Dora“: Die beiden Doppelloks D311.01 und D311.02 A/B stehen abfahrbereit im Krupp-Werkshof in Essen (Oktober 1941).

Die „Dora“-Geschützlok („D 311“)

Die „Dora“-Lok D311 unterschied sich in geradezu jeder Hinsicht von den bisher beschriebenen Typen. Die Konzeption als Doppellok mit zwei kurzgekuppelten Hälften, der dieselelektrische Antrieb und eine Leistung in der 2000-PS-Klasse machten sie zu einem absoluten Sonderling unter den Wehrmacht-Bauarten. Als größter und schwerster Militär-Diesellok des Zweiten Weltkriegs gebührt aber natürlich auch ihr ein fester Platz in diesem Buch.

Wie schon in dem Kapitel über die Kleinlokomotiven wird dabei ausdrücklich auf die Literatur verwiesen. Besonders die exzellent recherchierten Arbeiten von Rossberg[1] und Taube[2] zeichnen ein vorzügliches Bild speziell der Kriegsgeschichte von Lokomotive und Geschütz.

Im Rahmen dieses Buches, das die V20/V36-Familie in den Mittelpunkt stellt, mag es deshalb genügen, Konzeption, Technik und Einsatzgeschichte der späteren V188-Lokomotiven auf die wesentlichen Punkte zu konzentrieren. Schon dies allein macht deutlich, wie unterschiedlich die betrieblichen Anforderungen an die seinerzeitigen Wehrmachtloks waren, und wie verschieden deshalb auch ihre Konstruktion ausfallen mußte.

Das Riesengeschütz und seine Lokomotive

Die spätere V188 war die Zuglok für die Super-Geschütze „Dora“ und „Schwerer Gustav 2“. Allein aus diesem besonderen (und einzigen) Einsatzzweck ergibt sich eine viel größere Nähe der D311 zu einem (ihrem) speziellen Waffensystem, als bei den als Universalloks konzipierten WR-Typen.

Dieser Umstand ist nicht unwichtig, prägt er doch die gesamte Frühgeschichte der D311-Lokomotiven. Rossberg und Taube haben deshalb zurecht auch den militärtechnischen Fragen (von der Ballistik bis zum Aufbauplan des Geschützes) breiten Raum gewidmet. Ergänzend dazu soll hier besonders der Einsatzgeschichte der Lokomotiven (vor und nach 1945) genauer betrachtet werden.

Die Entwicklung von Lok und Geschütz geht bis ins Jahr 1937 zurück. Wohl vor allem mit Blick auf die von Frankreich an dessen Ostgrenze errichtete, äußerst massive Maginotlinie forderte das Oberkommando des Heeres die Beschaffung eines Geschützes mit einer bis dahin beispiellosen Zerstörungskraft. Die Geschosse sollten Bunkerdecken von bis zu 7 Meter Eisenbeton und 1 Meter starke Panzerplatten durchschlagen. Außerdem wurde eine Schußweite von bis zu 45 Kilometern gefordert, um aus dem geschützten Hinterland feuern zu können.

Berechnungen der Firma Krupp in Essen, die mit dem Bau beauftragt wurde, ergaben eine absolut gigantische Schießmaschine, die bis heute das mit Abstand größte und schwerste jemals gebaute Geschütz der Welt geblieben ist: Kaliber 80 cm! Geschoßgewicht über 7 Tonnen! Rohrlänge 32 Meter! Im aufgebauten Zustand erreichte der gewaltige Stahlkoloß die Größe eines Mehr-

1 Rossberg, Diesellokomotiven, S.51ff.
2 Taube, Geschütze

Kraftpaket auf 8 Achsen: Unten eine der beiden „Dora"-Loks bei einer Übungsmontage des Geschützes in Rügenwalde; rechts Typenplan der V188 (DB-Zustand der 50er Jahre mit Dachaufsätzen).

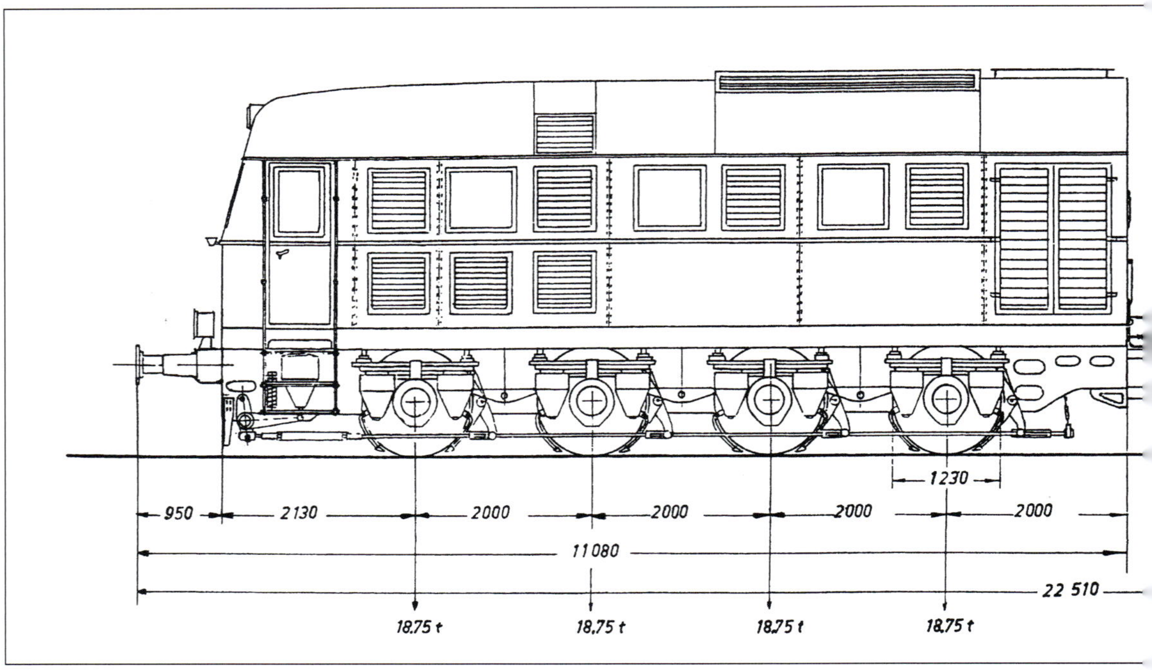

familienhauses[3]. Fertigungsgewicht: Rund 1350 Tonnen (!), die über acht jeweils fünfachsige Drehgestelle auf zwei parallel verlegte Gleise abgestützt werden mußten. Trotzdem blieb noch ein Achsdruck von fast 34 Tonnen, weshalb das *„Monstrum"*[4] auf normalen Strecken nur in zerlegtem Zustand transportiert werden konnte.

1939 wurden - auf ausdrücklichen „Wunsch des Führers" - zunächst zwei, später (1941) noch ein drittes 80-cm-Geschütz in Auftrag gegeben. Zum Lieferumfang gehörten (neben anderen Sonderfahrzeugen) auch je zwei dieselelektrische Spezial-Doppellokomotiven mit pro Einheit 2x 940 PS Leistung. Für die Lokomotiven sind auch Wechselradsätze zunächst für spanische, später russische Breitspur angefertigt (aber nicht gebraucht) worden. Die Baureihenbezeichnung der Geschütz-Lokomotiven lautete „D 311". Es folgte eine laufende Nummer (z.B. D311.01) sowie noch die Großbuchstaben A/B zur Kennzeichnung der beiden Lokhälften.

Sammlung Gerhard Taube

Von Rügenwalde nach Sewastopol

Das erste der drei Mammut-Geschütze - Deckname „Dora" - wurde im Spätherbst 1941 fertiggestellt und mit den Lokomotiven D311.01 A/B und D311.02 A/B zur Erprobung und Ausbildung an den Heeres-Versuchsplatz Rügenwalde an der pommerschen Ostseeküste überstellt. Die französische Maginot-Linie war zu diesem Zeitpunkt längst überrannt bzw. umgangen und ein zeitweise geplanter Einsatz auf die Festung Gibraltar (Operation „Felix") an der ablehnenden Haltung Spaniens gescheitert.

Neue mögliche Ziele zeichneten sich aber sehr bald im Osten ab. Am 5. März 1942 befahl Hitler die Erstürmung der Festung Sewastopol an der Südspitze der Halbinsel Krim. Anfang April wurde - neben über 600 (!) anderen teilweise großkalibrigen Geschützen, Kanonen und Haubitzen - die „Schw.Art.Abt.(E) 672" mit dem Dora-Geschütz über Gotenhafen - Bromberg - Krakau - Lemburg - Dnjepopetrowsk nach Simferopol in Marsch gesetzt. Im Tross: Fünf komplette Züge mit Material, Mannschaftswagen, eigener Flak, Munition, Küchenwagen, Geländeautos etc.[5]. Gesamtlänge: Über 1,6 Kilometer! Zusammen mit dem sonstigen Material (Gleisbau) und Mannschaften mußten insgesamt sogar 17 Züge eingesetzt werden[6]. Zielort war eine eigens angelegte Feuerstellung nahe dem Ort Bachtschissaraj fünf Stationen vor Sewastopol.

Der Transport selbst erfolgte in der Hauptsache durch Dampfloks Baureihen 50 und 57[10]. Die „Dora"-Lokomotiven besorgten vor allem den Verschub der Schwertransportwagen vor Ort sowie die Positionierung des Geschützes in der Feuerstellung.

---

3 Länge 43,0 m, Höhe 11,6 m, Breite 7,0 m
4 Lusar, Waffen, S.48
5 Ausführlich und eindrucksvoll beschrieben bei: Taube, Geschütze, S.123-126
6 BA-MA old H20/2a; der hohe Material- und Personalaufwand hat seitens des Militärs verschiedentlich zu offener Kritik an dem Projekt geführt; auch: Taube, Geschütze, S.127

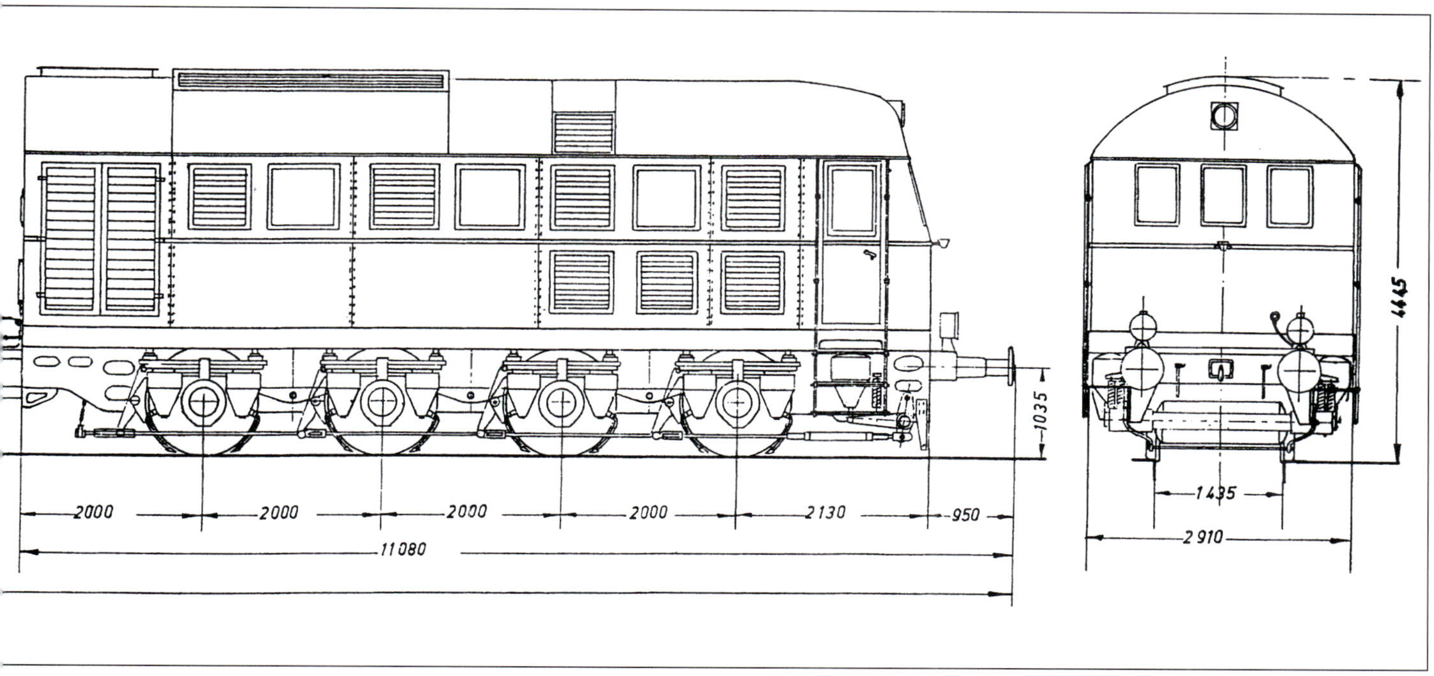

Über den Aufbau und die einzelnen Phasen der Vorbereitung vor dem Einsatz auf Sewastopol ist in der militärgeschichtlichen Literatur wiederholt (wenn auch in den Details mitunter widersprüchlich) berichtet worden. Die verläßlichsten Angaben dazu stammen vom damaligen Kommandanten der Artillerie-Abteilung, Robert Böhm. Dessen Beschreibung[7] läßt in jeder Weise die Gigantomanie deutlich werden, die kennzeichnend für das gesamte „Dora"-Projekt war.

So mußte z.B. die „Schießkurve", aus der heraus „Dora" feuerte (das Geschütz-Rohr war nur in der Höheneinstellung - Schußwinkel - verstellbar, nicht aber seitlich) speziell gebaut und sehr aufwendig angelegt werden. U.a. war der Oberbau durch einen besonders engen Schwellenabstand extrem schwer ausgeführt, um das enorme Gewicht des Geschützes aufnehmen zu können. Die Schießkurve mußte doppelgleisig, die mehr als einen Kilometer lange Aufbaustrecke sogar dreigleisig (mit beidseitig je einer weiteren Schiene für die Montagekräne) verlegt werden!

Um einen wenigstens halbwegs getarnten Abstellplatz für das Geschütz zu haben, wurde in einem rückwärtigen Hügelzug ein künstlicher Einschnitt geschaffen, aus dem heraus das Geschütz zum Schießen vorgeschoben wurde. Allein dieser Durchstich und der Bau der Schießkurve beschäftigte rund 2500 Arbeitskräfte (Organisation Todt und Einheimische) rund sechs Wochen lang!

Dazu kamen eine verstärkte Nebelwerfer-Abteilung (500 Mann), zwei Kompanien Infanterie zur weiträumigen Absperrung (300 Mann), eine verstärkte Flak-Abteilung (400 Mann) sowie Feldpolizei, Hundeführer usw. sowie natürlich die Aufbau- und Bedienmannschaft (etwa 250 Mann). Gesamter Personalaufwand: Rund 4370 Mann!

Immerhin gelang es mit Hilfe von „Dora", die bis dahin als uneinnehmbar geltende Festung innerhalb von 13 Tagen (beginnend am 5. Juni 1942) mit 48 Schuß mehr oder weniger sturmreif zu schießen. Es folgten äußerst heftige und für beide Seiten verlustreiche Kämpfe, an deren Ende dann tatsächlich die Eroberung von Sewastopol stand.

Mit den beiden „Dora"-Loks, mittlerweile in Kriegsbemalung, wurde das Geschütz dabei für jedes Ziel jeweils neu in Position geschoben. Die Loks konnten dafür über Stecker und Verbindungskabel synchron

7 Böhm, Kanone, S.109ff.

Georg Otte, Sammlung Hansjürgen Wenzel

„Walli" auf der Krim: Beim Einsatz vor Sewastopol wurden die Dora-Loks von den deutschen Landsern nicht nur mit reichlich Farbe (zur besseren Tarnung), sondern auch mit einem Spitznamen verziert. Aufnahme im Bahnhof Bachtschissaraj.

Krupp

Fertig für den Einsatz: Eine der beiden „Dora"-Lokomotiven kurz vor der Ablieferung im Herstellerwerk. Die Lok trägt das Untersuchungs-Datum 22.10.41.

Unten rechts: Blick in den Maschinenraum der D311: Links der kräftige MAN-Motor (mit Büchi-Aufladegebläse), rechts der Hauptgenerator.

Das schwerste Geschütz aller Zeiten: „Dora" wird in die zweigleisige Schießkurve vor Sewastopol eingeschoben. Im Hintergrund der getarnte Bergeinschnitt, vorne - zwischen den Schienen - sogenannte „Stützkörper".

geschaltet, also von einem Führerstand aus gefahren werden. Für die zentimetergenaue Feineinstellung waren außerdem acht kleine, geschützeigene E-Motoren vorhanden.

Unmittelbar nach der Einnahme von Sewastopol wurden Geschütz und Abteilung Anfang Juli 1942 an die Nordfront verlegt[8], wo die gesamte schwere Artillerie für den Angriff auf Leningrad zusammengezogen worden war. Bei Taizy an der Strecke Krasnokwardejsk -Leningrad wurde in einem Waldstück eine ähnliche Feuerstellung wie auf der Krim aufgebaut, der geplante Angriff aufgrund einer veränderten Kriegslage jedoch abgeblasen. Die beiden Loks sollen noch im Winter 1942/43, bis zum Dach eingeschneit, bei Donzy auf einer Nebenstrecke etwa 120 km südwestlich von Leningrad gestanden haben.

Für das zweite Super-Geschütz (Tarnname „Schwerer Gustav 2") wurden Pläne für den Einsatz an der französischen Kanalküste ausgearbeitet[9]. Tatsächlich eingesetzt wurde es wohl nicht. Eine der beiden zugeordneten Lokomotiven, die D311.04 A/B, taucht 1944 aber im Kriegsgebiet an der Kanalküste, bei Marquise-Hydrequent südlich von Calais, auf, jedoch mit einem deutlich kleineren K12-Geschütz, Sehr fraglich sind Hinweise auf Einsätze bei Constanza in Rumänien[10].

Beide Super-Geschütze sind, auf Transportwagen verladen, in den letzten Kriegstagen in Oberlichtenau/bei Chemnitz und in Metzenhof/bei Grafenwöhr durch deutsche Sprengkommandos zerstört worden. Das dritte, im Kaliber verkleinerte „Sondergerät" („Langer Gustav") wurde noch während der Montage durch Luftangriffe auf die Werkhallen von Krupp 1943/44 schwer beschädigt und nicht mehr fertiggestellt.

Einige Sätze zu Technik[11] der D311

Die „Dora"-Loks waren im und auch noch nach dem Krieg lange Zeit die einzigen dieselelektrischen Großlokomotiven in Deutschland. Für eine Entscheidung zugunsten dieser Technik (anstelle z.B. der Hydraulik) gab es eine Reihe naheliegender Gründe:

E r s t e n s
waren Leistungen im Bereich von 2000 PS im Diesellokbau Ende der 30er Jahre noch keineswegs an der Tagesordnung. Die Dieselelektrik galt in dieser Leistungsklasse seinerzeit als einzige hinreichend erprobte und mit keinerlei technischen Risiken mehr behaftete Antriebsart. Krupp ging also auf Nummer Sicher, zumal hoher Preis und großes Gewicht - die Hauptnachteile dieser Technik - bei diesem besonderen Projekt sicher keine Rolle spielten (Preis) bzw. sogar von Nutzen waren (Gewicht).

Deutsche Wochenschau

Krauss-Maffei

8 Kreidler, Achsenmächte, S.140; Taube, Geschütze, S.149 und Anhang
9 Bundesarchiv
10 Lok-Magazin 40/S.78; Eisenbahn-Journal 4/82
11 Ausführlich zur Technik: Englmann/Ludwig, Handbuch, S.91ff.; Engelmann, Diesellokomotiven, S.2ff.; v.Kirchbach, Schiebedienst, S.48f.

Zweitens
eignet sich der dieselelektrische Antrieb hervorragend für die Entwicklung hoher Anfahrzugkräfte und das geforderte längere Fahren mit kleinen Geschwindigkeiten unter großer Last (beim Einfahren des Geschützes).

Drittens
erforderte die Konstruktion des Geschützes über zwei Parallelgleise ein möglichst synchrones Einschieben der Mammutkanone durch zwei parallelfahrende Lokomotiven. Ein Fahren von einem Führerstand aus wäre bei einer anderen Übertragungsart nur mit erheblichem Aufwand möglich gewesen. Bei der Dieselelektrik dagegen war diese Aufgabe recht einfach zu lösen.

Viertens schließlich
war (und ist) es bei einer dieselelektrischen Lokomotive durch eine spezielle Schaltung möglich, die Maschine auch als fahrbare Kraftstation einzusetzen. Beim Einsatz mit dem „Dora"-Geschütz konnten im stationären Betrieb so verschiedene *„Anhänger"*, z.B. die Munitionsaufzüge des Geschützes, Beleuchtung etc. elektrisch mitversorgt werden.

Außer dem Hauptgenerator war pro Halblokomotive noch ein Hilfsgenerator (mit einer Leistung von 45 kW bei 220 V) eingebaut, der den Strom u.a. für die Nebenantriebe, also für Lichtmaschine, die Motoren- und Fahrmotorenlüfter sowie für den Anlaßluftkompressor und die Führerhausheizung lieferte. Die gesamte elektrische Ausrüstung stammte von den Siemens-Schuckertwerken.

Die acht Fahrmotoren konnten wahlweise in Serie (sprich hintereinander) oder parallel geschaltet werden. Bei Serienschaltung ließen sich die größten Zugkräfte erreichen, wie sie z.B. für das Anfahren oder bei extremer Langsamfahrt mit dem Geschütz benötigt wurden; die Paralleleinstellung war für Dauerlast, z.B. bei längeren Streckenfahrten gedacht.

Jeder Fahrmotor war darüber hinaus einzeln abschaltbar. Über einen Vielfachschalter konnte im Parallelbetrieb außerdem eine ganze Lokhälfte leistungsmäßig abgetrennt werden; dies kam z.B. bei aufgetretenen Schäden oder bei längerer Fahrt in Beharrung (um Treibstoff zu sparen) in Betracht.

Zumindest die nach dem Krieg bei der Bundesbahn aufgefundenen Lokomotiven hatten interessanterweise unterschiedlich hohe Gesamtgewichte. Der Grund dafür ist nicht bekannt.

Bei einem Gewicht von fast 150 Tonnen mußte die D311 als achtachsige Doppellok (Achsfolge: Do+Do) mit zwei je vierachsigen, kurzgekuppelten Lokhälften konzipiert werden. Die Halbloks waren dabei nicht völlig gleich. Dadurch konnte weder eine Lokhälfte allein fahren, noch waren zwei A- oder zwei B-Hälften miteinander kuppelbar. Zwischen den beiden Lokteilen gab es Laufstege mit offenen Brücken beiderseits der Maschinenräume. Jede Halblokomotive besaß nur einen Führerstand am Kopfende. Der Lokrahmen war als Außenrahmen angelegt. Die Spurkränze des jeweils zweiten und dritten Radsatzes jedes Lokteils waren geschwächt, um die Kurvenläufigkeit zu verbessern.

SAMMLUNG GERHARD GRUNDMANN

Auf dem Weg zur Front: Eine D311-Lok wartet auf einem Nebengleis auf Überholung; aufgenommen an der französischen Kanalküste zwischen Boulogne und Calais (1943/44). Am Zugschluß des langen Geschützzuges (nicht mehr sichtbar) läuft eine zweite D311-Doppellok.

Angetrieben wurde die Lokomotive durch zwei 6-Zylinder-Reihenmotoren von MAN, Type W6V30/38 mit Büchi-Aufladung und einer Leistung von 2x 940/1050 PS. Ein über eine feste Welle direkt mit dem Motor verbundener, fremderregter Gleichstrom-Generator wandelte die Leistung in elektrischen Strom um und speiste damit die acht Tatzlager-Fahrmotoren. Sämtliche Achsen der Lok wurden durch je einen Fahrmotor angetrieben. Die Übertragung des Drehmoments erfolgte durch doppelseitige Zahnradgetriebe mit Schrägverzahnung.

Der Antriebsstrang sah in den Hauptkomponenten damit so aus:

Dieselmotoren:
2x MAN W6V30/38 mit Büchi-Aufladung mit
2x 940/1050 PS bei 700 UpM

Hauptgeneratoren:
2x SSW aG 350/32 mit
2x 640 kW bei 710 V

Fahrmotoren:
8x SSW D 2432a mit
8x 141/176 kW (Nenn-/Stundenleistung) bei 700 V

Lieferungen und Verbleibe

Wie bereits erwähnt, konnten von den insgesamt drei in Auftrag gegebenen Geschütz-Riesen der „Dora"- und „Gustav"-Klasse nur zwei noch fertiggestellt werden. Das dritte wurde mitsamt der dazugehörigen Lokomotiven schon in der Montage durch Bombentreffer so stark beschädigt, daß ein Weiterbau wohl nicht mehr infrage kam. Die vorgesehenen Fabriknummern sind nach dem Krieg mit Industriedampfloks der Type „Bergbau" neu belegt worden. Die genauen Lieferdaten der ausgeführten D311-Lokomotiven nennt die Auflistung auf der folgenden Seite.

Interessant ist ein Blick auf die Preisstellung: Das OKH mußte pro Doppellok stattliche 639.500 RM bezahlen. Zum Vergleich: Eine etwa gleich starke Dampflok Reichsbahn-Baureihe 44 mit Tender kostete bei Krupp zur gleichen Zeit nicht einmal ein Drittel davon, nämlich 198.980 RM!

Bemerkenswert war auch die Beschriftung der Lokomotiven mit *„Deutsche Reichsbahn Essen"*, *„Heimatbahnhof Essen Hbf"* und *„Fried. Krupp AG"*. Dagegen waren die Wehrmacht-Betriebsnummern offenbar nicht angeschrieben; auf allen bekannten (und hier wieder-

D311 - Lieferungen und Verbleibe

Herstellerdaten			gel.am	an	BetrNr.	Verbleib
Krupp	2198-2199	1941	22.10.41	OKH Berlin	D 311.01 A/B	
Krupp	2200-2201	1941	22.10.41	OKH Berlin	D 311.02 A/B	Deutsche Bundesbahn, V188 003 a/b
Krupp	2468-2469	1942	25.08.42	OKH Berlin	D 311.03 A/B	Deutsche Bundesbahn, V188 001 a/b
Krupp	2470-2471	1942	25.08.42	OKH Berlin	D 311.04 A/B	Deutsche Bundesbahn, V188 002 a/b
Krupp	2904-2905		nicht fertiggestellt			
Krupp	2906-2907		nicht fertiggestellt			

Quellen: Krupp, MAN

gegebenen) Fotos aus der Zeit vor 1945 sind sie jedenfalls nicht erkennbar. Die Lackierung ab Werk war (wehrmachts-) grün.

Von den insgesamt vier gebauten Doppelloks sind, wie die Liste ausweist, drei nach dem Krieg als „V188" in den Bestand der Deutschen Bundesbahn gelangt. Die näheren Umstände sind in allen drei Fällen ziemlich verworren; näheres dazu im folgenden Abschnitt „Die Bundesbahnzeit".

Völlig unklar ist der Verbleib der vierten Doppellok. Nach (allerdings zweifelhaften) Angaben von Krupp[12] soll sie bald nach 1945 wegen größerer Kriegsschäden in Essen verschrottet worden sein. Ehemalige DDR- Eisenbahner wollen sie dagegen bei Kriegsende im Hafen Rostock (Abtransport in die UdSSR?) gesehen haben. Sichere Belege gibt es für beide Versionen nicht.

J.A. Bonthuis

Strandgut des Krieges: Die D311.04 A/B fand sich nach dem Krieg als „L5" in den Niederlanden wieder. Das Foto entstand am 22.8.46 im Dieseldepot von Utrecht.

Die Bundesbahnzeit

Die erste seinerzeit noch von der Reichsbahn-West übernommene V188 war die vormalige **D311.03 A/B**, also eine der beiden „Gustav"-Lokomotiven. Einer Notiz von MAN zufolge, befand sich die Lok im oder kurz nach dem Krieg beim *„Heereswaffenamt Annahütte (i.E. Hammerau)"* bei Bad Reichenhall; ob als Lok oder als rollende Kraftzentrale, ist aus der Notiz nicht erkennbar. Ebenfalls nicht, welche Verbindungen zwischen dem Stahlwerk Annahütte und dem Heereswaffenamt in Berlin bestanden haben könnten. Anfang 1946 jedenfalls - dies ist auch durch andere Quellen belegt - war die Lokomotive einige Zeit im Bw Freilassing abgestellt. Dort wurde sie noch im Frühjahr 1946 geborgen und ins RAW Nürnberg Rbf geschleppt. Bei der Deutschen Bundesbahn erhielt sie später die Betriebsnummer V188 001 a/b.

Mehr als drei Jahre dauerte es danach, bis erneut eine Spur von einer der 2000-PS-Geschütz-Lokomotiven auftauchte. Ein Schrotthändler namens J.N. Logothetopoulos aus Haarlem in den Niederlanden bot der Bundesbahn-Hauptverwaltung mit Datum vom 30.9.49 eine dieselelektrische *„2x 1040 PS- Lokomotive"* zum Kauf an. Zur Herkunft der Lok - wie sich später herausstellte, handelte es sich um die **D311.04 A/B** - heißt es in dem Angebot[13]:

> *... wurde die Lok im Auftrage der Nederlandse Spoorwegen bei Krupp gebaut. Außer den Probefahrten hat sie nur die Überführungsreise nach Holland gemacht. Hier wurde sie nicht in Betrieb gestellt, da sie sich als zu schwer für den Unterbau der Gleisanlage erwies ... Die Dieselmotoren, Generatoren und Elektromotoren, das Fahrgestell, kurz alles ist ... praktisch fabrikneu ... Der Preis der Lokomotive beträgt 160.000,- Gulden ab holländischer Grenze...*

Durch die Recherchen niederländischer Eisenbahnfreunde[14] ist mittlerweile etwas Licht in diese merkwürdige und wild zusammengereimte Geschichte gekommen. Danach war die Lok beim Rückzug Anfang September 1944 mit ihrer Eisenbahn-Arillerie-Abt. 701 (K12-Geschütz) in Sluiskil im äußersten Südwesten der Niederlande (Provinz Zeeuws-Vlaanderen) nahe der belgischen Grenze gestrandet. Langwierige Versuche nach 1945, die Maschine in der Dieselwerkstatt der NS in Utrecht wieder in Gang zu bringen, wurden Ende 1946 aufgegeben; auch, weil es für eine derart schwere Lok keine Einsatzfelder bei der NS gab. Es folgte eine längere Abstellzeit im Freien und schließlich die Offerte in Richtung Bundesbahn. In Holland hatte die Lokomotive die Bezeichnung „L5" erhalten.

Für die DB war das Angebot zweifellos interessant, versprach es für die V188 doch das Ende eines Einzelgängertums und damit Vorteile z.B. bei der Aufstellung von Dienstplänen oder für die Ersatzteilhaltung. Noch 1949 wurden Anbieter und DB zum geforderten Preis - umgerechnet 177.052,62 DM - handelseinig. Die Überführung erfolgte am 21.12.49 von Utrecht aus über Zevenaar und Wesel zunächst nur zum EAW Mülheim-Speldorf. Erst später ging es weiter nach Bayern. Nach der Aufarbeitung erhielt diese Lok die Betriebsnummer V188 002 a/b.

Noch während der Verhandlungen mt dem holländischen Schrotthändler erreichte die Bundesbahn ein weiteres Angebot. Bei Krupp in Essen war - wann und unter welchen Umständen auch immer - eine der beiden

---

12 Skepsis über diese Darstellung auch bei Rossberg, Diesellokomotiven, S.54; evt. Verwechslung mit den nicht mehr fertiggestellten D311.05/06?

13 Zitiert nach Rossberg, Diesellokomotiven, S.55

14 Op de Rails, Februar 1950 S.29f.; vOostrom, Locomotieven van de Deutsche Reichsbahn, S.68ff

Krauss-Maffei

Fit für ein zweites Leben im zivilen Verkehr: Oben die V188 001 a/b nach der Instandsetzung bei Krauss-Maffei 1949.

auf der Krim eingesetzten Lokomotiven, die **D311.02 A/B**, aufgelaufen. Die Lok stand, wie eine Besichtigung ergab, in einer ausgebrannten Werkhalle, war teilweise ausgeplündert und durch Kriegseinwirkungen z.T. stark beschädigt[15]. Die Großbauteile waren aber offenbar noch komplett vorhanden und mit vertretbarem Aufwand zu reparieren.

Auch hier folgten längere Verhandlungen, denn Krupp machte den Verkauf der Maschine zunächst davon abhängig, die Lokomotive im eigenen Werk instandsetzen zu können. Erst Ende 1951 war schließlich ein Ankauf ohne Bedingungen möglich. Die Bundesbahn erwarb sie zum Preis von 190.000 DM und ließ sie am 15./16. Dezember 1951 von Essen nach Nürnberg überführen. Die (zumindest papiermäßige) DB-Nummer: V188 003 a/b.

Mit den nunmehr drei V188-Lokomotiven hatte die Bundesbahn innerhalb von fünf Jahren einen passablen Kleinbestand bauartgleicher Maschinen zusammenbringen können. Die Begeisterung über die schweren Doppellokomotiven hielt sich - zumindest anfangs - allerdings in Grenzen. So sind z.B. in einem Aktenvermerk der HVE in Bielefeld vom 7.5.47 über die damals noch einzige V188 (V188 001 a/b) Mißtrauen und Skepsis kaum zu übersehen:

Es ist aufgrund früher gemachter Erfahrungen bekannt, daß die Motorlok dieser Leistungsgröße sehr viele betriebliche Schwächen aufweisen. Zumal diese Lok ein sogenannter Einzelgänger ist, wäre die Unterhaltung sehr kostspielig.

Bereits deutlich freundlicher klang es zwei Monate später nach einem Gespräch von RZA München und GDW München mit den Konstrukteuren von Siemens:

Die Motorlok ... ist hiernach in ihrer im Fahrzeug- und Antriebsteil neuzeitlichen Bauart als hochwertiges Triebfahrzeug für den unteren und mittleren Geschwindigkeitsbereich und große Zugkräfte anzusehen.

Ausschlaggebend für den Meinungsumschwung war zweifellos die erkannte Chance, erstmals mit einer Diesellok dieser Leistungsklasse und dieser Technik eigene, wichtige Erfahrungen sammeln zu können. Im Januar 1948 wurde als erste der Wehrmacht-Doppelloks die spätere V188 001 a/b zur Instandsetzung ins PAW Krauss-Maffei nach München gebracht. Die Schwesterlok V188 002 a/b folgte rund 2 ½ Jahre später. Hier die genauen Ausbesserungsdaten:

V188 001 a/b:	23.01.48 - 26.08.49
V188 002 a/b:	30.08.50 - 18.12.51

Zusammen mit der Instandsetzung wurde auch eine Reihe kleinerer Umbauten vorgenommen. Schwierigkeiten bei der Aufarbeitung ergaben sich vor allem dadurch, daß nach langer Abstellzeit zahlreiche Teile aus

15 Laut Hamburger Blätter 8-9/58, S.14, Volltreffer bei Dünkirchen; nicht belegt

Krauss-Maffei

Unten der Führerstand der V188 002 a/b (in der Bildmitte die 8 Ampèremeter für die Fahrmotoren und zwei Voltmeter für die Generatoren).

Carl Bellingrodt

Der „Bulle von Laufach": Als Bundesbahnlok V188 verschafften sich die ehemaligen D311 besonders im schweren Schiebedienst Respekt. Charakteristisch für diese Zeit: Die Dachhauben zur Verbesserung der Motorkühlung (Aschaffenburg, 25.9.49).

dem Innenleben der Loks fehlten. Bei der V188 002 a/b mußten lt. Betriebsbuch außerdem ein Fliegerschaden beseitigt und der zerstörte elektrische Teil wiederhergestellt werden. Auf Wunsch von Siemens wurde die Lok noch vor Abschluß der Instandssetzung, im September 1951 auf dem Firmen-Stand der Ausstellung „Schiene und Straße" in Essen gezeigt.

Von Anfang an hatte die Bundesbahn für die schweren Doppelloks ein ganz spezielles Einsatzfeld im Auge. Vom 31.8.49 an gehörten zunächst die V188 001 a/b, später ebenso die beiden Schwesterlokomotiven, zum Bw Aschaffenburg, wo die (nach damaligen Plänen noch drei) kräftigen Kriegslokomotiven die Dampflok Baureihe 95 im Schiebedienst auf der Spessartrampe Laufach -Heigenbrücken[16] ersetzen sollten.

Die ersten Betriebsergebnisse waren auch überaus positiv[17]: So gelang es den neuen V188 u.a., die Fahrzeiten der geschobenen Züge auf der knapp sieben Kilometer langen, krümmungsreichen Rampe um rund 30 Prozent zu verkürzen. Durch die höhere Verfügbarkeit (23 Std./Tag gegenüber 19 Std./Tag bei Dampflokbetrieb) ließ sich eine von bis dato vier Schiebeloks komplett einsparen. Und infolge der großen Leistungsreser-

16 v.Kirchbach, Schiebedienst, S.46ff.; v.Kirchbach, Steilstrecke, S.405f.; Eckert, Laufach, S.101ff.

17 Bericht der ED Nürnberg über die *„Betriebliche Bewährung der Motorlok V188 001 a/b"* an die HVB Offenbach v. 20.12.49

TABELLE 57:
GESCHÜTZ-LOKOMOTIVE D311 - Technische Daten

		D311	V188 (Umbau)	
Achsfolge		Do+Do		**Umbau 1948-1951:**
Dienstgewicht				1. Dachaufbau zur Verbesserung der Lüftung (nur MAN-Motor)
D311.03 - V188 001	to	150	142	
D311.04 - V188 002	to	154	148	2. Einrichtung für Fremdstromentnahme (Stecker an der Stirnseite) zurückgebaut
Achsdruck	to	18,75	17,75	
Länge über Puffer	mm	22510		3. Einbau einere Keller'schen Kupplung für den Schiebebetrieb
Größte Höhe	mm	4270	4445	
Größte Breite	mm	2910		4. Anhebung Vmax
Achsstand gesamt	mm	16350		5. Fahrstufenschalter umgebaut und auf 13 Fahrstufen reduziert
Treibrad-Durchmesser	mm	1250		
Motorteil		MAN	Maybach	
Typ		2x W6V30/38	2x MD650	**Umbau 1955-1958:**
Leistung	PS	2x 940/1050	2x 1000	1. neuer Maybach-Motor MD650
Drehzahl	UpM	2x 700	2x 1500	2. Untersetzungsgetriebe eingebaut
Zahl der Zylinder		2x 6	2x 12	3. Dachaufbau wieder entfernt
Aufladegebläse		Büchi	Maybach	
Zwischengetriebe		--	Gmeinder	
Untersetzung		--	2,14 : 1	
Elektrischer Teil		SSW		Daten in der Spalte V188 nur bei Veränderungen gegenüber der D311
Hauptgenerator (aG 350/32)		2x 640 kW (710 V - 900 A)		
Hilfsgenerator (aGV 300/13)		2x 45 kW (220 V - 205 A)		
Fahrmotoren (D 2432a)		8x 176 kW (700 V - 280 A)		Quellen:
Vmax	km/h	60	75	Siemens, Englmann/Ludwig, Rossberg,
Dauerfahrstufen		27	13	v.Kirchbach, Betriebsbücher

ven der V188 konnte sogar die Last der Güterzüge Aschaffenburg - Würzburg und Aschaffenburg - Gemünden - Bamberg - Nürnberg mit Beginn des Fahrplanjahres 1952/53 von bis dahin 1200 to auf 1600 to erhöht werden[18].

„Bei den Zugführern“, berichtete denn auch die Eisenbahner-Zeitschrift „Lokomotiv- und Werkstättentechnik“ in der Ausgabe vom März/April 1952[19], *„ist der 'Bulle von Laufach' aus begreiflichen Gründen gerne gesehen, wenn er sich als Schiebelok an das Zugende setzt“.*

Allerdings stellten sich im Laufe der Zeit wiederholt Schäden an den MAN-Dieselmotoren ein. Immer häufiger kam es zu unliebsamen Betriebsstörungen auf der stark frequentierten Hauptstrecke. Besonders die V188 001 a/b verbrachte mitunter mehr Zeit im Ausbesserungswerk als im Betrieb. Zu den Ursachen heißt es in einem Schreiben der Bundesbahndirektion Nürnberg an die Hauptverwaltung vom 5.11.53:

> *Der Beanspruchung im reinen Schiebedienst, bei der die Maschinen stets mit voller Leistung arbeiten müssen und wahrscheinlich zeitweise auch überlastet werden, sind diese Lokomotiven offenbar nicht gewachsen. Die schwache Stelle der beiden V188 bildet nach wie vor die Lagerung der Kurbelwelle, die schon nach kurzer Laufzeit immer wieder zu Schäden an den Lagern und am Gehäuse führt.*

Selbst der ansonsten recht robuste Lokomotivrahmen war für den Schiebebetrieb mit seinen einseitigen und sehr hohen Druckkräften zu schwach. Immer wieder kam es auch zu Ausfällen von Reglern und Einspritzpumpen und zu Problemen mit undichten Zylinderköpfen und -büchsen. Auch kurzfristige konstruktive Nachbesserungen brachten keine Lösungen; dazu gehörten

- die Versteifung des Lokrahmens,
- die Verstärkung von Achsausschnitten und
- die Änderung (Verstärkung) der Ausgleichshebel.

Als erste Konsequenz wurden beide Doppelloks per 1. Juli 1953 deshalb aus dem Schiebedienst zurückgezogen und vom Bw Aschaffenburg stattdessen vor Güterzügen nach Schweinfurt bzw. Bamberg und Dillenburg eingesetzt. Gleichzeitig wurde die offenbar bereits begonnene[20] Aufarbeitung der dritten Lok (auch vor dem Hintergrund der hohen voraussichtlichen Wiederherstellungskosten) gestoppt und später ausgesetzt; sie leistete danach zumindest als Ersatzteilspender noch gute Dienste.

Höhepunkt der Krise: Im Juni 1954 fiel V188 002 a/b endgültig mit Motorschaden aus und mußte vorübergehend aufs Abstellgleis[21].

Bereits im Juli 1953, also ein Jahr zuvor, hatte das Nachdenken darüber begonnen, die beiden Loks anstelle der anfälligen MAN-Motoren mit modernen Schnellläufern der DB-Standardbauarten auszurüsten. Vor allem die BD Nürnberg setzte sich vehement für eine Umrüstung ein und verwies zur Begründung auf die guten Erfahrungen mit den V188 im Streckendienst und deren Unentbehrlichkeit für den Betrieb. In einem Schreiben an das BZA München v. 5.11.54 heißt es z.B.:

> *Die beiden Lokomotiven beförderten die Züge mit großer Zuverlässigkeit. Die Bw-Ausbesserungskosten waren, trotz der anteilsmäßig hohen Kosten für die Dieselmotoren, immer noch günstiger als die der im gleichen Dienstplan laufenden Dampflok BR 44 ... Zu den Ausfällen führten immer nur die Dieselmotoren. Lauf- und Triebwerk, Rahmen, Bremse und die elektrische Anlage sind noch in bestem Zustande, ebenso die Zusatzeinrichtungen.*

Als Einbaumotor bot sich unter den drei diskutierten Varianten[22] hauptsächlich der als besonders kräftig

---

18 Klingensteiner/Ebner, Zugförderungsdienst (1952/53), S.359
19 Engelmann, Diesellokomotiven, S.5
20 Merkbuch DV 939 III, Ausgabe 1952
21 Rossberg (und andere Autoren, die ausschließlich bei Rossberg abgeschrieben haben) berichten sogar von einer angeblichen Z-Stellung der beiden Loks im April 1954; V188 002 a/b war jedoch nachweislich bis Juni 1954, V188 001 a/b auch weit darüber hinaus in Betrieb
22 Daimler-Benz MB820Bb, Maybach MD650 und MAN L12V17,5/21B

Mit 2000 PS über den Spessart-Rücken: Dieses zauberhafte Motiv von Carl Bellingrodt gehört zu den V188-Foto-Klassikern. Die schweren Doppelloks waren damals beim Bw Gemünden beheimatet (V188 002 a/b, bei Sterbfritz, 19.9.59).

CARL BELLINGRODT

geltende Maybach MD650 an, der (wie die beiden anderen allerdings auch) bereits in den Neubaufahrzeugen SVT 08, in der V80 und in der V200 Verwendung gefunden hatte. Kostenpunkt allein für den Motor: Rund 100.000 Mark.

Im Dezember 1954 stimmte die HVB dem *„versuchsweisen"* Umbau der inzwischen seit einem halben Jahr abgestellten V188 002 a/b zu. Aber erst nochmal zwölf Monate später (bedingt durch die Lieferzeiten und die notwendigen Anpassungsarbeiten) konnten die Arbeiten im AW Nürnberg auch beginnen. Der Umbau umfaßte im wesentlichen folgende Punkte:

V188 - Lebensläufe

V 188 001 a/b
bis 1945: D311.03 A/B
ab 1968: 288 001-1 a/b

23.01.48 - 26.08.49	Instandsetzung PAW Krauss-Maffei
10.06.49	Probefahrt München - Garmisch-Partenk.
12.08.49 - 13.08.49	Probefahrt München - Aschaffenburg
27.08.49	Inbetriebnahme
30.08.49	Abnahme (EAW Mü-Freimann)

Stationierungen:

31.08.49 - ...	Aschaffenburg
15.02.58 - 11.12.58	Umbau (AW Nürnberg, M5)
... - 11.12.58	Aschaffenburg
12.12.58 - 29.02.68	Gemünden
01.03.68 - 24.09.69	Bamberg

11.09.68 abgestellt
03.07.69 z
25.09.69 + HVB-Verfg. 23.231 a Fam 744 v. 22.9.69
.01.70 ++

V 188 002 a/b
bis 1945: D311.04 A/B
ab 1968: 288 002-9 a/b

21.12.49	Überführung Utrecht/NL - Mülheim/R.
05.04.50	Überführung Mülheim - Aschaffenburg (dort hinterstellt)
30.08.50 - 18.12.51	Instandsetzung PAW Krauss-Maffei
23.11.51	Probefahrt München - Aschaffenburg
23.11.51	Abnahme (EAW Mü-Freimann)
19.12.51	Inbetriebnahme

Stationierungen:

19.12.51 - ...	Aschaffenburg
06.12.55 - 23.01.57	Umbau (AW Nürnberg)
... - 22.11.58	Aschaffenburg (Übergabe erst am 05.12.58)
23.11.58 - .08.67	Gemünden
29.02.68 - 14.06.72	Bamberg

.11.71 abgestellt
22.12.71 z
15.06.72 + HVB-Verfg. 23.231 a Fam 744 v. 9.6.72
. .73 ++

Quellen: Betriebsbücher, Werkkarten, VM Nürnberg

- Einbau von zwei Maybach-MD650-Motoren anstelle der alten MAN-Maschinen. Leistung: 1000 PS bei 1500 UpM.
- Einbau von neugefertigten Zwischengetrieben, um die höhere Drehzahl des Maybach-Motors (1500 UpM) an die Eingangsdrehzahl der in der Lok verbliebenen Hauptgeneratoren (700 UpM) anzugleichen. Untersetzungsverhältnis: 2,14 : 1. Hersteller: Gmeinder.
- Anpassungsarbeiten an den Kühlanlagen.

Auf dem Tauschweg sind später auch andere DB-Standardmotoren (aus V200, VT11[5] usw.), u.a. der modifizierte MD650, Typenbezeichnung 12V 538 TA10, mit 1100 PS Nennleistung eingebaut worden. Die Folge waren gewisse Probleme mit der Kühlung, die ja nur auf 2x 940 PS ausgelegt war. Zumindest zeitweise wurden die Motoren deshalb auf 1000 PS bei 1400 UpM gedrosselt. Außerdem reduzierte sich durch die leichteren Neubaumotoren das Dienstgewicht um rund 5 ½ Tonnen.

Ab dem 24.1.57 stand die derart remotorisierte V188 002 a/b wieder beim Bw Aschaffenburg im Einsatz. Probefahrten und Versuchsbetrieb verliefen in jeder Weise erfolgreich, so daß die HVB im September 1957, nach erneutem Maschinenschaden bei der Schwesterlok V188 001 a/b (nur einen Tag nach einer zweimonatigen Ausbesserung des gleichen Schadens im AW!), auch dem Umbau dieser Maschine zustimmte. Die genauen Umbaudaten für beide Loks lauten:

V188 001 a/b
abgestellt: 22.05.57
umgebaut: 15.02.58 - 11.12.58

V188 002 a/b
abgestellt: .06.54
umgebaut: 06.12.55 - 23.01.57

Die V188 001 a/b präsentierte sich nach dem Umbau übrigens erstmals in weinroter Farbgebung (vorher grau). Die zweite Lok war anfangs grün, später ebenfalls DB-rot. Unterschiedlich war bis zuletzt die Rahmenfarbe außen: Bei V188 001 a/b war sie schwarz, bei V188 002 a/b rot.

Es folgten ein bzw. anderthalb Jahrzehnte, in denen die vormaligen Geschützlokomotiven unauffällig aber zuverlässig ihren Dienst auf den fränkischen Hauptbahnen versahen. Die Eisenbahner schätzten die Lok vor allem wegen ihres guten Anfahrvermögens und der großen Kraftreserven selbst vor schwersten Zügen. Auch die Wirtschaftlichkeit konnte gegenüber den alten Motoren und erst recht gegenüber dem Dampfbetrieb nochmals deutlich verbessert werden. Eingesetzt wurden die V188 zunächst weiter in Aschaffenburg, später dann von den Bw Gemünden und Bamberg aus. Größere technische Probleme hat es in all den Jahren nicht mehr gegeben.

Nachteilig blieb die geringe Stückzahl und der für DB-Verhältnisse exotische dieselelektrische Antrieb mit allen damit zusammenhängenden Fragen von der Ausbildung der Lokführer und des Werkstattpersonals bis hin zur Ersatzteilbevorratung. Mit Datum vom 9.3.64 verfügte die HVB deshalb, daß an beiden Lokomotiven keine Untersuchungen mehr durchgeführt werden dürften und bei Erreichen des Laufkilometergrenzwertes von 600.000 km die Ausmusterung der V188 zu beantragen sei.

Wieder war es die BD Nürnberg, die mit Hinweis auf die gerade sich zu amortisieren beginnenden Umbaukosten und den allgemeinen Lokmangel die HVB umstimmen konnte. Beide Loks erhielten 1964-68 noch einmal U2-Untersuchungen, V188 002 a/b zusätzlich sogar noch Indusi.

Das Ende kam dann allerdings doch etwas schneller als erwartet. Als erste der beiden Maschinen wurde per 11.9.68 die V188 001 a/b mit Schäden am Hauptgenerator und Undichtigkeiten an einem Motorzylinder abgestellt. Die hohen Ausbesserungskosten (70.000 DM plus 30.000 DM für den anstehenden Einbau der Indusi) und die nicht wenig hohen jährlichen Unterhaltungsaufwendungen verhinderten eine nochmalige Aufarbeitung. Gut drei Jahre später erwischte es dann auch die Schwesterlokomotive mit einem komplizierten und nur mit aufwendigen Aus- und Einbauten zu reparierenden Riß im Tank.

V188 001 a/b wurde am 25. September 1969 ausgemustert[23], die V188 002 a/b folgte am 15. Juni 1972.

23 Anschließend für 35.000 Mark als Schrott - ohne Motor - verkauft an Fa. Layritz, München

Carl Bellingrodt

Die V188 im schweren Güterzugdienst: Nach dem Umbau auf Maybach-Motoren hatten die ehemaligen Dora-Loks ihre besten Jahre. Im Durchlauf Bebra - Lichtenfels durchfährt V188 002 a/b den Bf. Fulda (8.6.60).

Gerhard Moll

Unterwegs bei Bergrheinfeld (Strecke Würzburg - Schweinfurt): Drei Jahre vor ihrer Ausmusterung präsentiert sich die V188 001 a/b zumindest optisch in Bestzustand (Juni 1966).

Carl Bellingrodt

Fränkischer Riese: Beim Bw Gemünden fuhren die V188 längere Zeit im Mischplan mit der Dampflok-Baureihe 44. Hier hat V188 001 a/b kurz vor Gemünden einen langen Güterzug am Haken (14.8.59).

Albert Schöppner, Archiv Jörg Sauter

V 188 001 a/b am 22. April 1967 in Waigolshausen (Landkreis Schweinfurt).

Stationierungen und Einsätze

In ihrem „zweiten Leben“ nach 1945 war die V188 immer ein durch und durch fränkisches Zugpferd. Ihre Heimat wurden die nicht elektrifizierten Hauptbahnen zwischen Fichtelgebirge und Rhön. Hier konnte sie im schweren Güterzugverkehr ihre ganze Leistung zeigen. Stationiert waren die beiden Lokomotiven - immer gemeinsam - bei den Bw Aschaffenburg, Gemünden und Bamberg. Die Einsätze der V188 beim

Bw Aschaffenburg

haben vor allem durch den Schiebedienst auf der Steilrampe Laufach - Heigenbrücken für Aufsehen gesorgt. Über Erfolg und Mißerfolg wurde bereits berichtet. Ab September 1949 stand hier zunächst die V188 001 a/b im Einsatz, die V188 002 a/b kam im Dezember 1951 dazu. Und auch die letztlich gar nicht mehr instandgesetzte V188 003 a/b wurde zeitweise offiziell im Bestand des Bw geführt!

Im Sommer 1953 - nach dem Rückzug aus dem Schiebebetrieb - begann die Zeit als Streckenlok im Güterzugverkehr. Der erste Dienstplan, gültig ab 1.7.53, sah folgendermaßen aus:

Tag 1: Aschaffenburg - 6618 Schweinfurt - 6846 Aschaffenburg
Tag 2: Aschaffenburg - 6606 Bamberg - 10155 Dillenburg - 6166 Aschaffenburg

Auch in den Jahren danach blieb die Achse Bamberg - Dillenburg (über Würzburg) das Haupteinsatzgebiet der beiden Doppelloks. Die Laufleistungen lagen zwischen 369 (1958) und 419 km (1956) je Betriebstag. Zeitweise[24] wurden auch Mischpläne mit der Baureihe 44 aufgestellt.

Einen Eindruck von den Laufleistungen verschaffen folgende Monatskilometer der (damals bereits remotorisierten) V188 002 a/b:

Juli 1957:	9864 km
September 1957:	7101 km
November 1957:	4180 km
Dezember 1957:	6903 km

Die Situation änderte sich Ende der 50er Jahre: Mit der fortschreitenden Elektrifizierung im Raum Aschaffenburg-Hanau-Friedberg wurden die V188 aus ihrem

24 Nach Umbau der V188 002 a/b; vergl. Klingensteiner/Ebner, Zugförderungsdienst (1957/58), S.1642

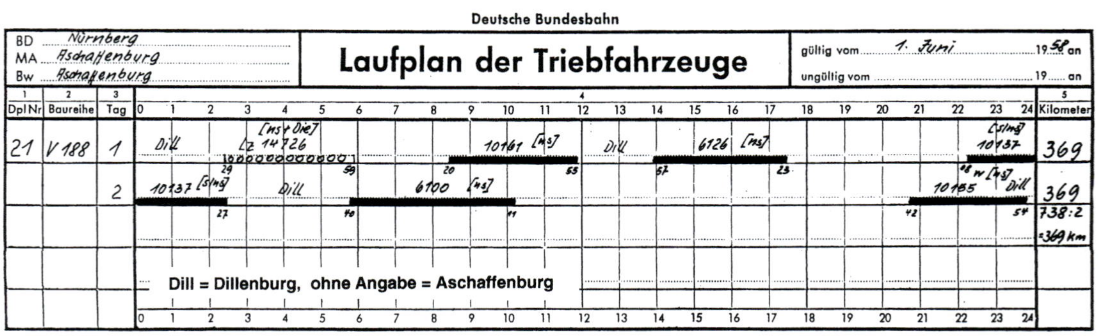

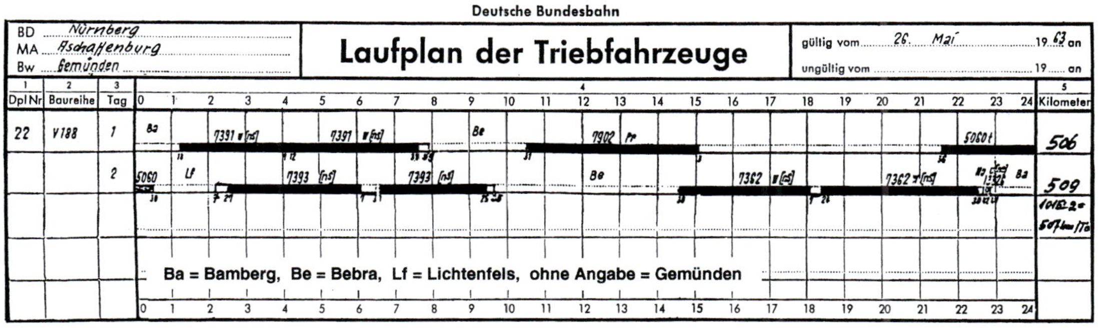

angestammten Einsatzgebiet verdrängt. Andere Strekken auf denen die Lokomotiven wirtschaftlich und entsprechend ihrer enormen Leistungsfähigkeit hätten ausgenutzt werden können, boten sich beim Bw Aschaffenburg nicht mehr an. Anfang Dezember 1958 kamen beide Maschinen deshalb zum

Bw Gemünden

Wie in Aschaffenburg wurden die beiden V188 auch hier in bestehende Güterzugpläne für die Baureihe 44 einbezogen. Die Dieselloks fuhren in achtbaren Langläufen von Lichtenfels über Bamberg und Gemünden bis nach Bebra (280 km). Die Fahrpläne waren für 65 km/h ausgelegt und hatten 1200 to Last. Der Umlauf ergab 453 km/Tag.

Auch beim Bw Gemünden blieben die Einsätze bis auf kleine Fahrplankorrekturen über Jahre unverändert. 1960 wurden 507 Kilometer, 1961 schon 523 und 1962 sogar 540 Kilometer pro Betriebstag erreicht. Beide Loks waren inzwischen umgebaut und verrichteten ihren Dienst ohne nennenswerte Ausfälle.

Nach Aufnahme des elektrischen Betriebs auf der Nord-Süd-Strecke Gemünden - Fulda - Bebra im Sommer 1963 mußten die V188 allerdings erneut der Ellok weichen. Der bisherige Umlauf wurde um den westlichen Zweig gekappt und beschränkte sich nun auf die als Güter-Entlastungsstrecke genutzte „Werntalbahn“ Gemünden - Wernfeld - Waigolshausen - Schweinfurt - Bamberg (- Lichtenfels). Die täglichen Laufleistungen sanken vorübergehend auf 354 km (1964) bzw. 440 km (1966).

1967/68 begann dann das letzte Kapitel in der Stationierungsgeschichte der V188. Beide Lokomotiven wurden an das

Bw Bamberg

abgegeben, ohne daß sich das Einsatzgebiet wesentlich änderte. Schwerpunkt blieb die Güterzugbespannung auf der Werntalbahn. Ab 1968 verlagerten sich die Wendepunkte aber nach Neuenmarkt-Wirsberg (im Osten) und Würzburg (im Westen). Ferner wurden bis September 1968 an einem Umlauftag schwere Kohlenzüge zum Großkraftwerk Franken II in Frauenaurach/b.Erlangen gefahren.

Interessanterweise läßt sich aus den Unterlagen nicht eindeutig erkennen, wann die beiden Großdiesel-loks in Gemünden abgezogen und dem Bw Bamberg zugeteilt wurden. In den Betriebsbüchern - siehe Kasten „Lebensläufe“ - ist die Umstationierung für den 29.2./1.3.68 vermerkt. Klingensteiner/Ebner[25] berichten dagegen schon im November 1967, daß die V188 *„jetzt in Bamberg beheimatet (sind)“*. Auch ein Bamberger Laufplan mit zwei V188 v. 24. September 1967 ist bekannt!

Jedenfalls fuhren die beiden Doppelloks beim Bw Bamberg nochmals kräftig Kilometer ein. Im Winterfahrplan 1968/69 lag das Mittel pro Tag bereits wieder bei 498 km. Die V188 002 a/b - die Schwesterlok war zu diesem Zeitpunkt schon nicht mehr in Betrieb - legte in den letzten drei Jahren vor der Z-Stellung mit durchschnittlich 10.000 und maximal 14.700 km/Monat eine Laufleistung hin, wie in ihrem ganzen Leben zuvor nicht!

Feldkirchen liegt nicht in Oberitalien

Mit einer erstaunlichen Hartnäckigkeit halten sich in der Hobby-Literatur Gerüchte, wonach eine Lokhälfte der V188 002 a/b nach der Ausmusterung noch umgebaut und als Werklok nach Norditalien verkauft worden sein soll. Was von diesem Märchen zu halten ist, zeigt das untenstehende Bild. Es dokumentiert unübersehbar die Überreste von z w e i Lokomotivköpfen der 288 002 a/b (eindeutig durch die rote Rahmenlackierung identifizierbar; Farbdia!) bei der Zerlegung 1973 in Feldkirchen.

Das Ende: Wie ihre Schwesterlok endete auch 288 002 a/b auf dem Schrottplatz der Firma Layritz in Feldkirchen bei München (1973).

Wolfgang Matussek, Sammlung Stefan Lauscher

Immerhin scheint es zeitweilig Pläne für die Weiterverwendung einer Halblokomotive bei einer *„Kiesbahn bei Udine“*[26] gegeben zu haben. Auch über den Verkauf an einen Tagebaubetrieb in Jugoslawien[27] wurde offenbar tatsächlich verhandelt. Bei nüchterner Betrachtung sprachen aber wohl doch zu viele Dinge dagegen: Die aufwendige Technik, das fortgeschrittene Alter der Lok, der teure Umbau (bei einer Lokhälfte), die unsichere Ersatzteillage und nicht zuletzt natürlich der noch zu beseitigende Schaden, der zur Abstellung bei der DB geführt hatte.

Die Geschichte der „Dora“-Loks endete 1973, in Deutschland, auf einem Schrottplatz bei München.

25 Zugförderungsdienst (1967/68), S.1028
26 Messerschmidt, Diesellok-Raritäten, S.29
27 Rossberg, Diesellokomotiven, S.56

Anhang: Firmenbauarten

Auch wenn den WR-Bauarten (samt der LgII-Kleinlok) als Einheitslokomotiven in Bezug auf Bauart, Leistung und Lieferstückzahl eine besondere Bedeutung unter den Wehrmacht-Lokomotiven zukommt: Es waren, wie schon verschiedentlich in diesem Buch angesprochen, keineswegs die einzigen Dieselloks bei Heer, Luftwaffe und Marine.

SCHAUBILD 13: Bei den nicht vereinheitlichten Wehrmacht-Dieselloks hatten mit weitem Abstand DWK und Deutz die größten Lieferanteile.

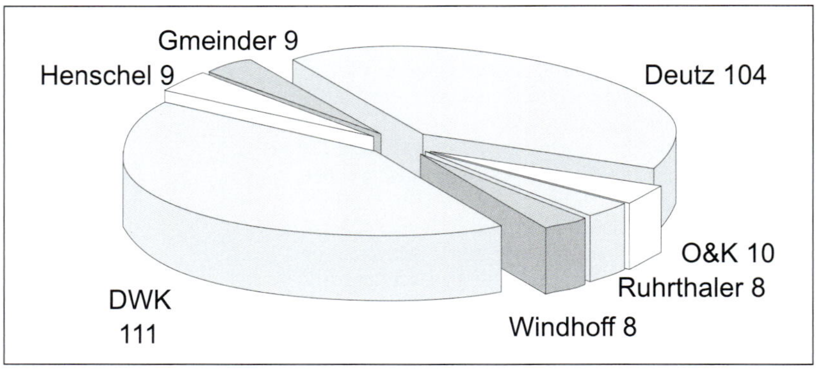

Besonders in den ersten Jahren der Wiederaufrüstung, als Einheitsbauarten noch nicht zur Verfügung standen, und im Leistungsbereich bis etwa 100/150 PS, der durch gängige Industrietypen hinreichend abgedeckt war, wurden von den Wehrmachtsdienststellen in beträchtlichem Umfang auch einfache Firmenbauarten beschafft.

Irgendwelche Richtlinien hinsichtlich Konstruktion oder Hersteller scheint es dabei nicht gegeben zu haben. Bei Marine und Luftwaffe läßt sich allerdings eine gewisse Vorliebe für DWK-Lokomotiven erkennen. Das Heer kaufte hauptsächlich bei Deutz. Die weitaus meisten Firmenbauarten waren zweiachsig, hatten Stangen- oder Kettenantrieb und ein einfaches, mechanisches Getriebe. Die Verteilung auf die Hersteller[1] zeigt SCHAUBILD 13.

Die Vielzahl der Bauarten - die kleinste Firmentype hatte gerade mal 11, die größte 360 PS - macht eine stark komprimierte, im wesentlichen auf die Statistik beschränkte Darstellung erforderlich. Sie umfaßt jeweils eine Kurzbeschreibung der Loktypen, eine Übersicht der wichtigsten technischen Daten und die Auflistung der entsprechenden Lieferungen an die Wehrmacht. Auf eine ausführliche Illustrierung mit Fotos und Typenskizzen, die zweifellos wünschenswert gewesen wäre, muß dagegen angesichts der großen Zahl unterschiedlicher Bauarten (und der ohnehin schon beträchtlichen Dicke dieses Buches) verzichtet werden. Sicherlich wird sich früher oder später ein Buchautor dieses interessanten Spezialthemas der Vorkriegs-Diesellok-Bauarten noch detaillierter annehmen.

Jeweils am Fuß der Listen werden - ebenfalls in geraffter Form - auch Angaben zum Verbleib der einzelnen Maschinen gemacht. In den meisten Fällen konnte wieder auf Original-Lieferunterlagen der Hersteller bzw. amtliche Listen der Wehrmacht zurückgegriffen werden. Wo dies nicht möglich war, wird gesondert darauf hingewiesen. Die Angaben über die Nachkriegseinsätze stammen aus Betriebsbüchern, amtlichen Lokverzeichnissen und vielfältigen Sichtungen. Die Beschreibung erfolgt geordnet nach Herstellern in alphabetischer Reihenfolge von A (wie Ardelt) bis W (wie Windhoff).

Nicht berücksichtigt werden in diesem Kapitel Militärloks des 1. Weltkriegs, die Mitte der 30er Jahre (z.B.bei der Marinewerft Wilhelmshaven) vereinzelt noch vorhanden waren. Auch auf Beutelokomotiven von den verschiedenen Kriegsschauplätzen und Motorloks ausländischen Fabrikats, die in den besetzten Gebieten im Auftrag der Wehrmacht gebaut wurden, wird nicht näher eingegangen.

Ardelt

Die Ardeltwerke GmbH in Eberswalde hatten sich vor allem durch das nach der Firma benannte Getriebe im Schienenfahrzeugbau (Kleinloks, Triebwagen) einen Namen gemacht. Auch in Omnibussen und Lastkraftwagen wurde das Getriebe verwendet. Ein weiterer Geschäftszweig war der Bau von Montage-, Dreh- und Hebekräne.

---

1 Alle Hersteller mit weniger als acht Lieferungen an die Wehrmacht sind in der Grafik nicht berücksichtigt

Minen-Umschlag von Eisenbahn auf Schiff: Eine DWK-Lok vom Typ D80 rangiert am Hafenbecken, vermutlich im Marine-Sperrzeugamt Swinemünde.

ARDELT-LOKOMOTIVEN

Herst/FabNr/Bauj			Type	gel. am	für	Einsatzort
Ardelt		1936	NB70		OKH	Heereszeugamt Breslau (evt. Ardelt 3/1936???)
Ardelt	34	1939	NB85	. .39	MAR	Marine-Sperrzeugamt Swinemünde, 803 = I
Ardelt	35	1939	NB85	. .39	—	Howaldtswerke Kiel, später Kriegsmarinewerft, Bauwerft, 14
Ardelt			NB150		RLM	? (Westdeutschland)

34: an DB Kö 6034 (1949 Köf, 1968 Umz/321 074-7, 1973 +), 1974 nach Italien
35: durch Übernahme der Howaldtswerke/Hafenbahn im April 1939 an Kriegsmarinewerft Kiel; nach 1945 wieder ausgegliedert; Howaldtswerke, Kiel-Dietrichsdorf (3; 1964 vh.)

Quellen: BA R5/2341, Kriegsmarinewerft Kiel, MfV/RZA 239

Als Lokomotivhersteller trat die Firma nur von 1935 bis 1939 in Erscheinung[2]. In dieser Zeit fertigte Ardelt rund 40 Schmal- und Normalspurdieselloks. Standardgrößen waren die Typen mit 70, 85, 150 und 180/200 PS.

Die Ardelt-Lokomotiven hatten große Ähnlichkeit mit den LgII-Kleinloks der Reichsbahn: Durchkröpfter Rahmen, tiefliegendes Endführerhaus, schmale Vorbauten, Kettenantrieb (zumindest bei den kleineren Bauarten). Die **NB70** und **NB85** waren im Fahrzeugteil identisch. Die größeren Typen ab 150 PS besaßen eine zweite Übersetzung für Geschwindigkeiten bis 50 km/h. Alle Ardelt-Loks hatten natürlich mechanische Getriebe der eigenen patentierten Bauart.

Leider sind über die Loklieferungen keinerlei Unterlagen erhalten geblieben, so daß die nebenstehenden Angaben noch lückenhaft sind. Die **NB150**-Type entspricht der späteren DR-Ost V15 001/V15 002. Die nach Breslau gelieferte NB70 hatte einen auf 72/88 PS (bei 1060 UpM) eingestellten Motor.

TABELLE 58: Ardelt-Lokomotiven - Technische Daten

Type		NB70	NB85	NB150
Achsfolge/Antrieb		B-Ketten	B-Ketten	B-Stangen
DGew.	to	16	17,5	28
Länge über Puffer	mm	6500	6500	7800
größte Höhe	mm	2680	2680	3000
größte Breite	mm	3060	3060	3060
Achsstand	mm	2500	2500	2600
Treibrad-Durchm.	mm			900
Motor		Deutz	Deutz	Deutz
Typ		F6M317	F6M317	A6M220
Leistung	PS	65/70	80/85	150
Drehzahl	UpM	1000		1000
Zahl der Zylinder		6	6	6
Getriebe		Ardelt	Ardelt	Ardelt
Bauart		mechan.	mechan.	mechan.
Vmax	km/h	30	30	30/60

Quellen: Ardelt-Druckschriften, diverse Lokbetriebsbücher

Berliner Maschinenbau AG

Auch Schwartzkopff orientierte sich beim Aufbau seines Diesel-Firmentypenprogramms Mitte der 30er Jahre eng an den für die Reichsbahn gebauten LgII-Kleinloks. Mit einer breiten Motorenpalette (von 40 bis 110 PS), ansonsten aber in unveränderter Ausführung, fertigte BMAG die DR-Kleinlok auch für zahlreiche Privatkunden, einschließlich Heer und Luftwaffe[3].

Darüber hinaus wurde lediglich eine von der Kleinlok abgeleitete Firmenversion mit hochlie-

2 1952 wurde unter dem Namen Ardelt noch einmal eine kleine Serie von 165-PS-Dieselloks für die Dänischen Staatsbahnen geliefert. Der lokbauliche und getriebetechnische Teil dafür stammte - unter Verwendung von Ardelt-Lizenzen - allerdings von Frichs (Århus)

3 Siehe Seite 553; dort auch Einzelheiten zum Typen-Bezeichnungsschema

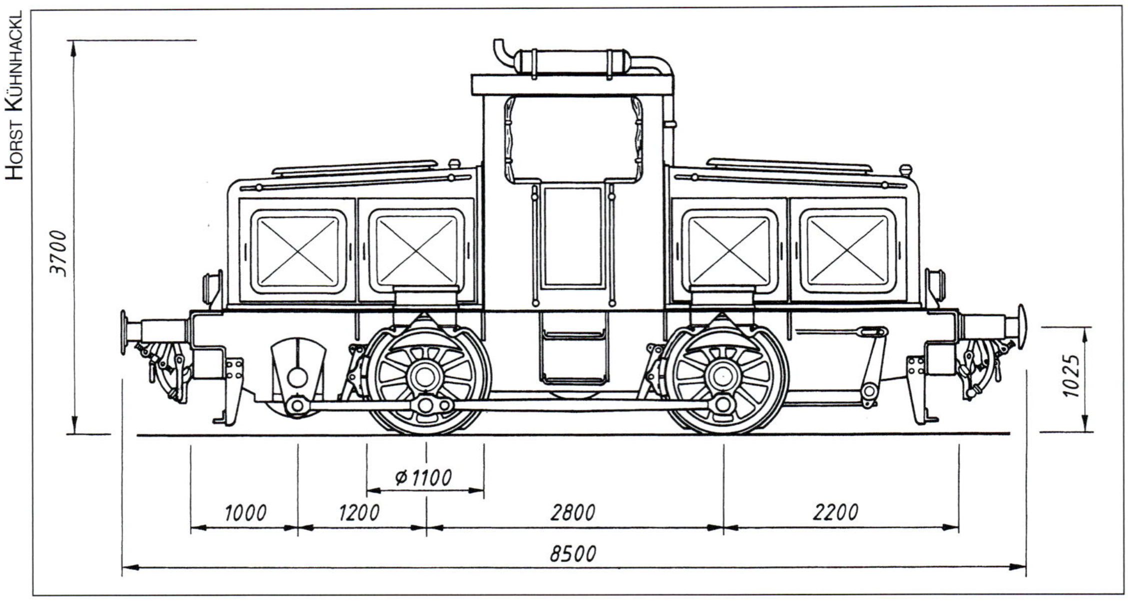

Blieb ein Einzelstück: Die LDF180 von BMAG fiel vor allem durch das seinerzeit eher unübliche Mittelführerhaus auf. Ausgerüstet war sie mit Deutz-Motor und einem hydraulischen Triebwagen-Getriebe von Voith.

TABELLE 59: BMAG-Lokomotive - Technische Daten

Type		**LDF180**
Achsfolge/Antrieb		B-Stangen
DGew.	to	
Länge über Puffer	mm	8500
größte Höhe	mm	3700
größte Breite	mm	
Achsstand	mm	2800
Treibrad-Durchm.	mm	1100
Motor		Deutz
Typ		A6M220
Leistung	PS	175
Drehzahl	UpM	1000
Zahl der Zylinder		6
Getriebe		Voith
Type		T43
Bauart		hydraulisch
Geschwindigkeit	km/h	0-20/45
Anfahrzugkraft max.	kg	9000/5200

Quellen: BMAG, Voith

gendem Führerhaus angeboten (LDS80 bzw. LDF110; nur an Privatkunden verkauft). Außerdem entwickelten die Konstrukteure in Wildau eine hydraulische 180-PS-Lok mit Mittelführerstand, die als Erprobungsträger jedoch offensichtlich ein Einzelstück blieb. Die Lok stand ab ca. Anfang 1937 beim Heer im Einsatz.

Ob sie von vorneherein vom OKH bestellt war, erscheint nach Lage der Dinge zweifelhaft. Wahrscheinlicher ist, daß sie von BMAG auf eigene Rechnung gebaut wurde und dann als Gelegenheitskauf zum Heer kam. Fabriknummer, Einsatzort und Verbleib liegen vollkommen im Dunkeln. Nach Fertigstellung der ersten HR- bzw. WR-Loks nur kurze Zeit später spielte die **LDF180** auch in der Typenplanung von Schwartzkopff keine Rolle mehr.

Breuer

Die bekannten „Lokomotoren" der Bauart Breuer[4] entsprachen hinsichtlich Arbeitsweise und Leistungsfähigkeit wenig den Anforderungen des Militär-Betriebs. Auf den Anschlußbahnen und in den Depots der Wehrmacht fanden sie deshalb so gut wie keine Verbreitung. Der einzige bislang nachweisbare[5] Breuer-Traktor - FabNr. 1281, Baujahr 1928 - scheint zudem gebraucht zu den Soldaten gekommen zu sein. Eingesetzt wurde er beim Heeres-Ersatz-Verpfl.Magazin Magdeburg. 1944 war die Umstellung des Motors auf Generatorgasbetrieb vorgesehen.

Das Magdeburger Lokomotivchen entsprach der sogenannten **Type III**, die von allen Breuer-Traktoren die größte Stückzahl erreichte. Wie die anderen Bauarten der Frankfurter Firma, bezog auch diese Type einen beträchtlichen Teil des Reibungsgewichtes und damit der Zugkraft dadurch, daß - mittels Winde und Hubvorrichtung - das Gewicht des zu ziehenden Waggons teilweise aufgesattelt wurde. Der Lokomotor konnte dazu, dank seiner besonderen Form, ein Stück weit unter den Waggon fahren.

TABELLE 60 nennt die technischen Daten der Regelausführung von 1928 mit offener Bühne und Sicherheitsgeländer. Später wurden Abmessungen und Ausrüstung teilweise geändert und die Type III z.B. auch mit Dieselmotor und halbgeschlossenem Führerhaus gebaut.

Budich

Hinter diesem Namen verbirgt sich die traditionsreiche Lokomotiven- und Straßenwalzenfabrik Smoschewer & Co in Breslau-Schmiedefeld. Unter den Nationalsozialisten mußte das Unternehmen mehrfach umfirmiert und umbenannt werden (ab 1939 F.W. Hofmann; ab 1.7.41 F.W. Budich AG). Dieselloks - für Feldbahn, Grube und Normalspur - wurden bei Smoschewer/Budich erst ab etwa 1937 gebaut; die Stückzahlen in dieser Sparte waren ganz gering; vermutlich deutlich unter hundert.

Die einzige im Wehrmachtsbetrieb bekannte Budich-Diesellok war eine 40/44-PS-Maschine beim Marine-Artillerie-Arsenal Tannenhausen/b.Aurich. Die Betriebsnummer der Kriegsmarinewerft Wilhelmshaven war 72, das Baujahr 1943. Die Fabriknummer ist nicht bekannt. Die Lok war sehr einfach aber zweckmäßig konstruiert. Auffallendstes Detail: Ein langer Überhang hinter der zweiten Achse mit einem sehr geräumigen Bullaugen-Führerhaus.

4 Löttgers, Breuer-Traktoren, S.41ff.
5 BA R5/2143

DEMAG-LOKOMOTIVEN

Herst/FabNr/Bauj			Type	gel. am	für	Einsatzort
DEMAG			ML15		RLM	Luftwaffe (Westdeutschland)
DEMAG			ML55		RLM	Luftwaffe (Westdeutschland)
DEMAG			ML55		RLM	Luftwaffe (Westdeutschland)
DEMAG	2627	1940	ML55	. .40	MAR	Kriegsmarinewerft Kiel, für Arsenal Kiel, 501
DEMAG		1942	ML55	. .42	MAR	Kriegsmarinewerft Kiel, für Maureb. Pillau, 502
DEMAG	2983	1942	ML55	. .42	MAR	Kriegsmarinewerft Kiel, für Hafenbahn Gotenhafen, 503

Quellen: MfV/RZA 239, Kriegsmarinewerft Kiel

1946 wurde die offenbar stark geplünderte Lok von der Kreisbahn Aurich (Leer-Aurich-Wittmund) übernommen[6]; Betriebsnummer D201. Mit einem neuen Deutz-4-Zylinder-Motor ausgerüstet, war sie danach erneut zur Bedienung des Marinebahnanschlusses eingesetzt. 1962 wurde sie verkauft.

DEMAG

Wie etwa Ardelt und Breuer konnte sich auch die DEMAG in Wetter/Ruhr bei den Wehrmachtlokbeschaffungen nicht nachhaltig durchsetzen. Gerade mal sechs Lokomotiven sind in der Lokliste links unten aufgeführt. Allerdings gilt auch hier: Sämtliche Lieferunterlagen sind entweder im Krieg verloren gegangen oder nach Ende der Lokomotivfertigung 1957 achtlos weggeworfen worden. Weitere, bislang noch unbekannte Lieferungen an Heer, Marine oder Luftwaffe sind also durchaus möglich.

Die DEMAG hatte 1936, mitten in der ersten großen Motorisierungswelle auf der Schiene, den Diesellokbau aufgenommen. Erfahrungen lagen bereits reichlich aus der Produktion von Druckluftlokomotiven für den Grubenbetrieb vor, wo die DEMAG - neben Schwartzkopff, Borsig und Jung - zu den profiliertesten Herstellern zählte.

Auch bei den DEMAG-Dieselloks dominierten immer Bauarten für Gruben- und Feldbahnen. Für Normalspur wurden über den gesamten Produktionszeitraum überhaupt nur drei Typen - ML15, ML55 und ML100[7] - angeboten, die allesamt keine großen Stückzahlen erreichten.

Technisch in mancherlei Hinsicht ungewöhnlich war dabei die in offener Bauart ausgeführte **ML15**: Angetrieben wurde das Mini-Lökchen von einem liegenden Einzylindermotor eigener Bauart. Das Getriebe samt Umkehrtrieb war in einem Hauptgußstück mit dem Motorrahmen vereinigt. Der Antrieb erfolgte von der Getriebeabtriebwelle zunächst über Ketten auf die hintere Achse und dann über Kuppelstangen auf den vorderen Radsatz.

Die beiden größeren Typen **ML55** und **ML100** besaßen ebenfalls Stangenantrieb, geschlossene Führerhäuser und wurden mit Drei- bzw. Vierzylinder-Einbaumotoren von MWM bestückt. Alle DEMAG-Loks hatten mechanische Getriebe und Handrad-Schaltung. Die in der Liste erwähnte Lok 2983 dürfte eine der letzten vor Kriegsende ausgelieferten DEMAG-Diesellokomotiven gewesen sein. Maschinen im Nummernbereich ab etwa 3000 stammen bereits aus Nachkriegsfertigung.

Deutsche Werke Kiel

Die Deutschen Werke Kiel AG entwickelten sich ab 1934/35 zu dem - neben Deutz - bedeutendsten Wehrmachtlok-Lieferer. Dies ist vor allem insofern bemerkenswert, als DWK überhaupt erst seit 1931 Lokomotiven baute, und Kontakte, Referenzen, z.T. auch Vertriebswege, von daher noch nicht in dem Maße ausgebaut sein konnten, wie bei anderen, eingeführten Lokomotivfabriken. Für die steile Karriere waren verschiedene Faktoren ausschlaggebend.

E r s t e n s
waren die Deutschen Werke Kiel als Staatsbetrieb naturgemäß die erste Anlaufstelle für die anstehenden Lokomotivbeschaffungen des Militärs.

Z w e i t e n s
betrieb DWK früher als die Konkurrenz eine für damalige Verhältnisse schon recht weitgehende Typisierung des Lokomotivprogramms mit teils gleichen Baugruppen und vielen gleichen Ersatzteilen für verschiedene Loktypen.

D r i t t e n s
bediente DWK mit Bauarten auch deutlich über 100/150 PS einen Leistungsbereich, für den es beim Militär reichlich Bedarf gab, der von anderen Herstellern aber kaum abgedeckt wurde.

V i e r t e n s
schließlich genoß DWK auch aufgrund der Qualität des Produktes schnell national wie international einen ausgezeichneten Ruf. Die angebotenen Loktypen waren aus technischer Sicht sehr fortschrittlich (elektrisch geschweißter Rahmen, Lamellenkupplungsgetriebe, Druckluftschaltung, Doppelloksteuerung) und dabei einfach und sicher in der Bedienung[8]. Fahrzeuge und Motoren (Schiffsmotoren) wurden in teils 50 und mehr Betriebsjahren zum Inbegriff für Solidität und Robustheit.

Die Deutschen Werke mit Stammsitz in Berlin waren 1919 als gemeinsames Unternehmensdach für die nach dem 1.Weltkrieg auf zivile Produktion umzustellenden, ehemals kaiserlichen Rüstungsbetriebe u.a. in Spandau, Ingolstadt, Wilhelmshaven und Kiel gegründet worden[9]. Ab 1920/21 baute das Kieler Werk mit einigem Erfolg Benzoltriebwagen für Staats- und Privatbahnen. Den Einstieg in die Diesellokfertigung bildete 1931 ein Auftrag über 33 Schmal- und Normalspurlokomotiven für Rußland.

Aus diesen Anfängen heraus entwickelte DWK bis 1935 ein komplettes Typenprogramm zwei- und dreiachsiger Dieselloks mit Leistungen zwischen 55 und 200 PS. Eine 250- und eine 300-PS-Type waren geplant. Entsprechend ihrer Motorstärke wurden die Loks als D55 bis D200 bezeichnet, wobei das „D“ für Dieselmotor stand. Eine Parallel-Typenreihe mit Vergasermotoren (V55, V80, V100 etc.) war vorgesehen, wurde, mit Ausnahme einer einzelnen Versuchslok (1931), jedoch nicht realisiert. Die kleineren Bauarten hatten Ketten-, die größeren (ab 150 PS) Stangenantrieb. Alle DWK-Loks besaßen mechanische 4-Gang-Getriebe mit Druckluftschaltung und Baukasten-Motoren eigener Fabrikation.

Wie TABELLE 61 (auf Seite 579) zeigt, waren auch die typisierten Loks untereinander noch keineswegs

TABELLE 60:
Breuer-, Budich- und DEMAG-Lokomotiven - Technische Daten

Hersteller Type		Breuer III	Budich DVL44	DEMAG ML15	 ML55
Achsfolge/Antrieb		B-Ketten	B-Stangen	B-Kette/St.	B-Stangen
DGew.	to	3,5	14	5,5	15
Länge über Puffer	mm	3100	5300	3200	5800
größte Höhe	mm	2400	2580	1600	1900
größte Breite	mm	2900	2400	2200	2400
Achsstand	mm	2600	1800	1250	2500
Treibrad-Durchm.	mm	450	680	450	850
Motor		Breuer	MWM	DEMAG	MWM
Typ		2/2 S			GS17D
Leistung	PS	40	40/44	15/17,5	55
Drehzahl	UpM	1000	1500	1100	1150
Zahl der Zylinder		4	4	1	3
Getriebe		Breuer	Budich	DEMAG	DEMAG
Bauart		mechan.	mechan.	mechan.	mechan.
Vmax	km/h	15	18,5	10,2	14,5
Anfahrzugkraft max.	kg	2000	2475	1230	3380

Quellen: Breuer-Druckschriften, DEMAG-Druckschriften, Betriebsbücher

6 Rudolfsen/Siedler, LAW, S.113
7 ML = Motor-Lok; 15/55/100 = Leistung in PS
8 Zur Technik ausführlich: Sorg, Normalspur-Diesellokomotiven, S.466ff.
9 MaK, 100 Jahre, S.16ff.; ZVDI 1920, S.142 und 312

DWK-LOKOMOTIVEN (Typenreihe 1932-1937)

Herst/FabNr/Bj			Type	gel. am	für	Einsatzort und Loknummer
DWK	539	1933	D55	30.07.33	MAR	Marine-Artilleriezeugamt Norderney
DWK	503	1932	D80	06.02.32	RLM	Fliegerhorst Wunstorf
DWK	540	1934	D80	31.03.34	MAR	Marine-Sperrzeugamt Swinemünde, 801=III
DWK	543	1934	D80	01.08.34	RLM	Bauleitung der Luftwaffe Loccum, WL7/543
DWK	544	1934	D80	25.08.34	RLM	Luftmuna Schierling/b.Regensburg
DWK	546	1934	D80	24.10.34	RLM	Fliegerhorst Halle-Nietleben
DWK	547	1934	D80	24.11.34	RLM	Fliegerhorst Neuhausen
DWK	548	1934	D80	27.11.34	RLM	Fliegerhorst Zwischenahn
DWK	549	1934	D80	23.01.35	—	Preuß. Neubauamt, Kanalabstieg Magdeburg, Wasserstraßenamt II, Glindenberg/b.Magdeburg, später Luftwaffe Magdeburg-Rothensee
DWK	554	1935	D80	04.04.35	RLM	Fliegerhorst Zerbst/b.Dessau
DWK	556	1935	D80	04.06.35	RLM	Fliegerhorst Schönwalde
DWK	557	1935	D80	26.06.35	RLM	Luftmuna Oberndorf
DWK	558	1935	D80	25.08.35	OKH	Heeres-Muna Ludwigsort
DWK	562	1935	D80	15.10.35	OKH	Heeres-Zeugamt Spandau/b.Berlin
DWK	587	1936	D80	15.04.36	MAR	Marine-Artillerienebenzeugamt Norderney, 587
DWK	595	1937	D80	08.04.37	MAR	Marine-Sperrzeugamt Swinemünde, 802
DWK	597	1936	D80	26.09.36	OKH	Heereszeugamt Naumburg/Saale

DWK 544: später Luftmuna Schwabstadt, WL6/544
DWK 558: später Heeres-Muna Powayen
DWK 595: auch Marine-Sperrzeugamt Druhwald genannt
DWK 597: später Heeres-Muna Lübbecke, Espelkamp/b.Lübbecke

DWK	601	1937	D100	22.04.37	RLM	Seefliegerhorst Kiel-Holtenau, 1
DWK	541	1934	D150	11.07.34	RLM	Fliegerhorst Faßberg
DWK	559	1935	D150	11.06.35	OKH	Neubauleitung Jüterbog, für Heeres-Muna Jüterbog, 559
DWK	561	1935	D150	27.06.35	RLM	Luftmuna Lossa, WL42
DWK	579	1935	D150	04.02.36	RLM	Fliegerstützpunkt Langendamm/b.Berlin
DWK	580	1935	D150	08.01.36	RLM	Fliegerhorst Schwäbisch Hall
DWK	581	1936	D150	23.03.36	RLM	Lufthauptmuna Nienburg, WL89
DWK	584	1936	D150	05.06.36	RLM	Fliegerhorst Regensburg-Obertraubling
DWK	586	1936	D150	20.09.36	RLM	Luftmuna Buckau
DWK	602	1936	D150	21.10.36	MAR	Marine-Sperrzeugamt Trappenkamp/b.Segeberg, 1501
DWK	603	1936	D150	19.11.36	MAR	Marine-Sperrzeugamt Swinemünde, 1502
DWK	604	1936	D150	25.11.36	RLM	Bauleitung der Luftwaffe, Rheine
DWK	612	1937	D150	11.02.37	RLM	Fliegerhorst Burg/b.Magdeburg
DWK	613	1937	D150	19.03.37	RLM	Fliegerhorst Schwerin-Görries
DWK	614	1937	D150	04.08.37	RLM	Lufthauptmuna Weißwasser, Schleife/b.Weißwasser
DWK	615	1937	D150	10.05.37	RLM	Fliegerhorst Sagan-Küpper
DWK	616	1937	D150	10.09.37	RLM	Luftzeugamt 2/XI (See) Travemünde-Pötenitz
DWK	617	1937	D150	16.07.37	RLM	Flugstützpunktkommando 21/XI Lec....

DWK 541: später Luftmuna Frankenberg, M676 WL84 N2 (nach 1936)
DWK 580: später Fliegerhorstkommandantur 4/0/34/III Delitzsch
DWK 604: später Luftmuna Xanten 2/VI
DWK 613: später Fliegerhorstkommando 130/XI Husum (nach 1942)

DWK	560	1935	D200	18.04.35	RLM	Erprobungsstelle der Luftwaffe, Rechlin/b.Minow i.Meckl., WL212
DWK	582	1936	D200	04.04.36	RLM	Fliegerhost Jever
DWK	583	1936	D200	23.02.36	RLM	Luftmuna Rochau

DWK 582: später Fliegerhorst Zwischenahn, 582
DWK 583: später Erprobungsstelle der Luftwaffe Rechlin, ab 1941 Fliegerhorst Warschau-Okecie

Verbleibe:

D55 DWK 539: .... an DB Kö 6032 (1960 +), 1960 an Stahlbau Noell, Würzburg, nach 1970 ++

D80 DWK 503: 1945 an Royal Air Force Germany (Standorte: 1952 Wunstorf, 1954 Wetter, 1960 Wahn), 196x an Raab-Karcher
DWK 543: 1947 an DB Kö 6015 (1955 +), danach WL AW München-Freimann (Schleppzeug 1), (1970 vh.)
DWK 544: 1947 an DB Kö 6001 (1955 +), danach WL AW München-Freimann (Schleppzeug 2), 1965 ++
DWK 549: .... an VEB Fahlberg-List, Magdeburg (1961 vh.)
DWK 556: .... an DR-Ost Kö 5730 (1955 Köf, 1970 Umz/100 930-7, 1992 Umz/310 930-3, 1993 +); 1993 an Eisenbahn-Verkehrsges. Aalen, 1995 an Privatsammler (2007 abg. Helbra) (2021 vh.)
DWK 557: .... an DR-Ost Kö 5749, 1957 +/++ (1959 fiktiver Umbau Einheitslok; 1970 Umz/100 949-7, 1992 Umz/310 949-3), 1995 +
DWK 562: .... an DR-Ost Schadlok/RAW Wittenberge, ca. 1949 +
DWK 587: 1946 an DB Kö 6033 (1956 +), Verkauf und Umbau waren 1957 geplant; nicht realisiert
DWK 597: .... an DB Kö 6041 (1962 +), ... an Limburger Steinkohlenmijnen/Niederlande

D100 DWK 601: 194x an Holmag, Kiel, 1947 an Stadtwerke Neumünster (1; erst leihweise, ab 1949 fest), 1988 abg., 1989 an Mittelholsteinische EF eV, Kleinkummerfeld (Nr.1, 2022 vh.)

D150 DWK 541: .... an DB V15 001 (1951 +), 1955 an E.Merck AG, Darmstadt (1), um 1961 ++
DWK 559: .... an DR-Ost V16 073, 1964 +

TABELLE 61:
DWK-Lokomotiven (Typenreihe 1932-1937)

Type	D55	D80			D100	D150		D200	
Zeichnung	TK-A1272	TK-A1141a	TK-A1277	TK-A1506	FLK-A2626	TK-A1286*	TK-A1983	TK-A1700	TK-A1984
Bermerkungen		Versuch	1.Serie	2.Serie		Versuche	Serie		
Fabriknummern	539	503	540...549	554...597	601	541...561	579...617	560	582...583
Achsfolge/Antrieb	B-Ketten	B-Ketten	B-Ketten	B-Ketten	B-Ketten	B-Stangen	B-Stangen	B-Stangen	B-Stangen
DGew. to	15	18	14-18	14-18	23	26-34	27-32	26	26
Länge über Puffer mm	5850	6360	6000	6600	6500	7000-7100	7400	7500	7400
größte Höhe mm	3100	3400	3100	3100	3100	3500-3710	3620	3500	3620
größte Breite mm	3050	3050	3050	3050	3050	3050	3100	3100	3100
Achsstand mm	2500	2500	2500	2500	2500	2600	2900	2600	2900
Treibrad-Durchm. mm	850	850	850	850	850	900	950	900	950
Motor	DWK	DWK	DWK	DWK	DWK	DWK	DWK	DWK	DWK
Typ	4V18V	3V24	6V18L	4V18L	6V18L	4V24	4V24	6V24	5V24
Leistung PS	55	80	80	80	110	150	150	200	200
Drehzahl UpM	1000	750	1000	1300	1300	1000	1000	970	1050
Zahl der Zylinder	4	3	6	4	6	4	4	6	5
Getriebe	DWK	DWK	DWK	DWK	DWK	DWK	DWK	DWK	DWK
Typ	LB10	LRG100	LRG50	8B	8B	15B	15B	15B	15B
Bauart	mechan.	mechan.	mechan.	mechan.	mechan.	mechan.	mechan.	mechan.	mechan.
Vmax km/h	20,6	24	30	32	26,5	28-31,7	28,5	43,6	50,5

Quelle: DWK

* und TK-A1290

DWK-LOKOMOTIVEN (Typenreihe 1932-1937 - Fortsetzung)

DWK 561: .... an DB V15 002 (1951 +), .1954 an Papierfabrik Slottsbron, Värmland, 1976 an Bergslagernas Järnvägssällskap (BJs), Göteborg (Zsm2, Museumsbahn) (2020 vh.)
DWK 579: .... an Windhoff, Rheine (1952/1958 vh.)
DWK 581: 1947 an DB V16 001 (1951 +), 1951 an Elektrodiesel AB, Stockholm/Schweden (Händler); 1952 bei Sulfitfabrik Järpen/Schweden, 1957 an Eriksberg Mekaniska Verkstads AB, Göteborg/Schweden (1960 neuer MaK-Motor), 1965 ++
DWK 584: 194x an Süddeutsche Zucker AG, für Zuckerfabrik Regensburg (2), 1977 +
DWK 602: 1947 an DB V15 003 (1951 +), 1951 an Süddeutsche Zucker AG, für Zuckerfabrik Friedenau (1957 vh.; vor 1974 +)
DWK 612: .... an DR-Ost V15 040, ab 1953 Werklok Raw Berlin, 1966 ++
DWK 616: 1948 an DB V15 004 (1951 +), 1951-1954 bei Händlern, 1954 an Svenska Skifferolje AB, Näskes Kvarntarp/Schweden (75; 1958 vh.)
DWK 617: 1948 an DB V15 005 (1951 +), 1951 an Händler, 1953 an Bremer Vulkan, Schiffbau und Maschinenfabrik, Bremen-Aumund (6), 1976 +

D200 DWK 560: .... an DR-Ost Schadlok/RAW Wittenberge, 1949 +
DWK 582: .... an DB V20 015/Umb.V20 060, 1973 +

Quellen: DWK, Kriegsmarinewerft Kiel, St10a GBL Süd, St10a Stuttgart, MfV/1028, Rbd Halle, Rbd Greifswald, Rbd Schwerin/6323, Rbd Schwerin/10433, LfB Hannover, LfB Köln, LfB Nürnberg, Betriebsbücher, Bahn-Express 3/84 und 1/88, Drehscheibe 67/1990, www.loks-aus-kiel.de

gleich. Allein bei den **D80**-Typen für die Wehrmacht gab es drei verschiedene Versionen. Besonders hinsichtlich Abmessungen, Motorbestückung und Getriebebauart wurde anfangs noch viel experimentiert. Auch bei der **D150** und der **D200** kommt man bei näherer Untersuchung auf jeweils mindestens zwei im Detail noch unterschiedliche Ausführungen. Die D200 FabNr. 582 und 583 waren im Grunde D150-Typen mit größerem Motor.

Beinahe von Lok zu Lok verschieden waren außerdem Gewichte (mit oder ohne Ballast) und Geschwindigkeiten, die je nach Wunsch des Bestellers bzw. Einsatzbedingungen am Betriebsort ausgelegt wurden. In der Tabelle genannt sind die jeweils gebräuchlichsten Ausführungen. Stückzahlmäßig dominierten bei den Wehrmachtslieferungen aus dieser ersten Typenreihe deutlich die D80 und die D150. Wichtigster Besteller war die Luftwaffe.

Ab Mitte 1938 kamen die ersten Loks der neuen

zweiten Typenreihe

von DWK zur Auslieferung. Wichtigstes Unterscheidungsmerkmal waren die neuen Motoren (6V18V und M-Baureihe), die jetzt zu Standardgrößen von 110, 160 und 220 PS führten. Erstmals gab es auch eine C-gekuppelte 220-PS- und eine ebenfalls dreiachsige 360-PS-Lok. Bauarten mit unter 100 PS wurden nicht mehr angeboten.

Bezeichnet wurden die Lokomotiven der neuen Typenreihe mit PS-Stärke und Achsfolge, also z.B. als 110B, 160B, 220C.

Neben den Motoren waren auch die Fahrzeugteile weiter überarbeitet worden. Von wenigen Ausnahmen abgesehen, wurde von jeder Bauart jetzt nur noch ein Standardtyp gefertigt. Im Detail gab es natürlich auch weiterhin kleinere Bauartvarianten, insbesondere durch laufende Verbesserungen an den Motoren und Getrieben. Je nach Kundenwunsch wurden auch nach wie vor Gewichte (Ballast) und Geschwindigkeiten verschieden ausgeführt.

Einige Einzelhinweise:

110B:

Hier gab es die deutlichsten Abweichungen zur Vorgängerbauart D80/D100; insbesondere bei den Aufbauten. Auch der Motor war, trotz der ähnlich lautenden Typenbezeichnung, ein völlig anderer: Der 6V18L (noch in FabNr. 631 eingebaut) hatte Lanova-Speicher, der 6V18V war ein Vorkammermotor. Das Getriebe (8B) wurde zunächst unverändert übernommen und erst bei der zweiten und dritten Lieferserie - Loks mit größerem LüP - geringfügig überarbeitet (LB10).

D W K - LOKOMOTIVEN (Typenreihe 1938-1944)

Herst/FabNr/Bj	Type	gel. am	für	Einsatzort und Loknummer
DWK 631 1938	110B	09.07.38	RLM	Bauleitung der Luftwaffe Nidda
DWK 636 1939	110B	28.03.39	RLM	Fliegerhorst Quedlinburg
DWK 638 1939	110B	28.03.39	—	Howaldtswerke Kiel, später Kriegsmarinewerft, Bauwerft, 1104
DWK 658 1939	110B	04.12.39	RLM	Lufthauptmuna Mockrehna
DWK 659 1939	110B	03.01.40	RLM	Fliegerhorst Stade
DWK 702 1941	110B	11.03.41	MAR	Kriegsmarinewerft Kiel, für Howaldtswerke, Werk Roß, Hamburg-Steinwerder
DWK 703 1941	110B	06.03.41	MAR	Kriegsmarinewerft Kiel, für Howaldtswerke, Werk Roß, Hamburg-Steinwerder
DWK 704 1941	110B	28.04.41	MAR	Marine-Sperrzeugamt (→Sperrwaffen-Arsenal) Wollin, 1101
DWK 705 1941	110B	25.04.41	MAR	Marine-Artilleriezeugamt Jessenitz/Meckl., 705/1103
DWK 708 1941	110B	. .42	RLM	Feldbauabteilung 5/II, L03218, Dno über Riga/Pleskau
DWK 710	110B		RLM	Luftpark 2/XII Nidda

DWK 631: ursprünglich bestellt für Ehmen
DWK 638: durch Übernahme von Howaldtswerke und Hafenbahn im April 1939 an Kriegsmarinewerft Kiel

Herst/FabNr/Bj	Type	gel. am	für	Einsatzort und Loknummer
DWK 648 1938	160B	12.12.38	RLM	Lufttanklager Praterspitz
DWK 649 1938	160B	02.12.38	MAR	Marine-Artilleriezeugamt Segeberg, Öllager Fahrenkrug, 1601
DWK 650 1939	160B	21.04.39	RLM	Fliegerhorst Schleswig-Land
DWK 662 1939	160B	24.11.39	—	Deutsche Sprengchemie GmbH, Werk Dannenwalde, später Luftwaffe
DWK 669 1940	160B	02.09.40	MAR	Marine-Bauleitung Flemhuder See, Öllager Flemhude, 1602
DWK 670 1940	160B	27.01.41	MAR	Marine-Artilleriezeugamt Segeberg, 1603
DWK 712 1941	160B		RLM	Luftmuna Hohenleipisch
DWK 713 1941	160B		RLM	Feldlufttanklager Pleskau
DWK 714 1942	160B	.01.43	MAR	Marine-Artilleriezeugamt Süd, Mellenthiner Heide/Usedom, 1604
DWK 716 1942	160B	.01.43	MAR	Marine-Sperrzeugamt Conow b.Malliß/Meckl., 1605
DWK 719 1942	160B	. .43	RLM	
DWK 720 1943	160B	. .43	RLM	

DWK 650: später Lufttanklager Ehmen/b.Fallersleben
DWK 716: urspr. vorgesehen für Marine-Sperrzeugamt Pillau-Steilhang

Herst/FabNr/Bj	Type	gel. am	für	Einsatzort und Loknummer
DWK 618 1938	220B	14.06.38	RLM	Luftmuna Schierling/b.Regensburg
DWK 642 1938	220B	27.09.38	RLM	Luftwaffe Linz/Donau
DWK 643 1938	220B	15.10.38	RLM	Luftmuna Schwabstadt
DWK 644 1939	220B	12.04.39	RLM	Feldluftmunitionslager 4/VI Bensberg/b.Köln
DWK 671 1939	220B	05.10.39	RLM	Luftmuna Beendorf/b.Helmstedt
DWK 673 1939	220B	01.11.39	RLM	Luftmuna 2/XI Damme/b.Diepholz, 2
DWK 674 1939	220B	01.11.39	RLM	Fliegerhorst Schleswig-Land
DWK 678 1940	220B	20.02.40	RLM	Luftmunitionslager 2/IV Kittlitztreben, 10855
DWK 679 1940	220B	26.03.40	RLM	Luftmuna 5/VII Haid (April 1945 schadhaft abgestellt)
DWK 680 1940	220B	11.04.40	RLM	Luftwaffen-Dienststelle L18500 G Lg.P.A. Wie.. (Wien?)
DWK 696 1940	220B	29.07.40	RLM	Lufthauptmuna Bork/i.Westf.
DWK 697 1940	220B	29.07.40	RLM	Luftpark Metz
DWK 698 1940	220B	09.09.40	RLM	Fliegerhorst Seerappen/Ostpreußen
DWK 699 1940	220B	04.10.40	RLM	Luftmuna (Bw) 5/VI Tarthun/b.Aschersleben
DWK 700 1940	220B	04.12.40	RLM	Lufthauptmuna (K) 4/XI Oerrel/b.Munster, 3029
DWK 721 1941	220B	28.01.42	RLM	Luftmuna Dober
DWK 724 1942	220B		RLM	Fliegerhorst Trollenhagen/b.Neubrandenburg, 724
DWK 725 1942	220B		RLM	Nr.725
DWK 726 1942	220B		RLM	Feldluftzeugamt Kiew

TABELLE 62:
DWK-Lokomotiven (Typenreihe 1938-1944)

Type	110B		160B	220B		220C	360C	
Zeichnung	FLK-2767 1.Serie	FLK-3012 2./3.Serie	FLK-2805	TK-A2864 Übergang	FLK-2806 Serie	FLK-2627	FLK-2809 Versuch	FLK-3185 Serie
Fabriknummern	631...638	658...710	648...720	618	642...734	641...685	610	687...779
Achsfolge/Antrieb	B-Ketten	B-Ketten	B-Stangen	B-Stangen	B-Stangen	C-Stangen	C-Stangen	C-Stangen
DGew. to	24	24	28-32	32	30-34	36-40	51	45/51
Länge über Puffer mm	6420	6600	7400	7400	7700	7400	9100	9100
größte Höhe mm	3100	3100	3500/3620	3500	3500/3620	3500	4250	4000
größte Breite mm	3000	3000	3070	3100	3070	3070	3100	3100
Achsstand mm	2500	2500	2900	2900	2900	2950	3500	4200
Treibrad-Durchm. mm	850	850	950	950	950	900	1250	1250
Motor	DWK	DWK	Famo	DWK	Famo/DWK	Famo/DWK	DWK	DWK
Typ	6V18V	6V18V	4M24/4M241	6V24	6M24/6M241	6M24/6M241	6M30	6M30
Leistung PS	110	110	160	200/220	220	220	360	360
Drehzahl UpM	1280	1280	1050	1000/1050	1000	1000	750	750
Zahl der Zylinder	6	6	4	6	6	6	6	6
Getriebe	DWK	DWK	DWK	DWK	DWK	DWK	DWK	DWK
Typ	8B	LB10	15B/LB20L	15B	LB20S	LB20S	30C	LB30
Bauart	mechan.	mechan.	mechan.	mechan.	mechan.	mechan.	mechan.	mechan.
Vmax km/h	25	26,3	28,5	36	42	37	30/62	30/62

Quelle: DWK

MaK

Die Kleine von DWK: Die 110B-Type ersetzte im neuen Typenprogramm die alten D55-, D80- und D100-Loks. Auch diese Bauart wurde elf Mal für Luftwaffe und Marine gebaut.

D W K - LOKOMOTIVEN (Typenreihe 1938-1944 - Fortsetzung)

Herst/FabNr/Bj	Type	gel. am	für	Einsatzort und Loknummer
DWK 727 1942	220B		RLM	Lufthauptmuna 1/IV Weißwasser, oNr
DWK 728	220B		RLM	
DWK 729 1943	220B	. .43	RLM	Nr.12379
DWK 730 1943	220B	. .43	RLM	
DWK 731 1943	220B	. .43	RLM	WL218
DWK 732 1943	220B	. .43	RLM	Dienststelle Feldp.L50028
DWK 733 1943	220B	. .43	RLM	Fliegerhorst Katterbach/b.Ansbach, WL255
DWK 734 1944	220B	. .44	RLM	Luftmuna Langlau, WL247

DWK 618: Übergangsbauart (äußerlich wie D200, aber schon mit 220-PS-Motor)
DWK 642: um 1942 an Hermann-Göring-Werke, Linz/Donau (642)
DWK 644: bestellt für Lufttanklager Weißenhorn/b.Neu Ulm; evt. anfangs dort auch eingesetzt

Herst/FabNr/Bj	Type	gel. am	für	Einsatzort und Loknummer
DWK 641 1938	220C	29.09.38	—	Kieler Hafenbahn AG, später Kriegsmarinewerft Kiel, 2405
DWK 681 1940	220C	22.11.40	MAR	Marine-Ölhof Kiel-Wik, 2401
DWK 682 1941	220C	02.04.41	MAR	Marine-Sperrzeugamt Trappenkamp, 2402
DWK 684 1941	220C	02.09.41	MAR	Marine-Sperrzeugamt Jägersberg, 2403
DWK 685 1941	220C	07.05.41	MAR	Marine-Sperrzeugamt Jägersberg, 2404

DWK 641: durch Fusion Howaldtswerke/Hafenbahn im April 1939 an Kriegsmarinewerft Kiel, 1941 bei Bauwerft Kiel, 1944 in Kiel-Oppendorf/Weiche

Herst/FabNr/Bj	Type	gel. am	für	Einsatzort und Loknummer
DWK 610 1937	360C	30.01.38	RLM	Seefliegerhorst Rechlin/Meckl., L352
DWK 687 1940	360C	03.07.40	RLM	Luftmuna Frankenberg
DWK 688 1940	360C	17.09.40	RLM	Lufthauptmuna Oberdachstetten/b.Ansbach, WL317/36302
DWK 689 1940	360C	28.12.40	RLM	Luftmuna Hartmannshain, WL320/36303
DWK 690 1941	360C	04.03.41	RLM	Luftmuna Lenglern
DWK 691 1941	360C	14.07.41	MAR	Marine-Bauleitung Flemhuder See, Öllager Flemhude, 3601
DWK 692 1941	360C	12.08.41	RLM	Luftzeugamt Finow
DWK 693 1941	360C	30.09.41	RLM	Lufthauptmuna Hambühren 1/XI
DWK 694 1941	360C	15.12.41	RLM	Luftmuna Striegau, 3/VIII, Striegau/Niederschlesien
DWK 695 1941	360C	09.02.42	RLM	Luftmuna 3/II Lamitsch/b.Fürstenwalde
DWK 756 1942	360C	. .43	MAR	Marine-Bauleitung Flemhuder See, Öllager Flemhude, 3602
DWK 757 1943	360C		RLM	Feldluftpark 2/XIII Saporoshje
DWK 758	360C		RLM	Feldluftpark Lemberg
DWK 759	360C		RLM	Feldbauleitung der Luftwaffe Baranowicze
DWK 760 1944	360C	. .44	MAR	Marine-Öllager Mönkeberg/b.Kiel, 3603
DWK 776 1944	360C	. .44	MAR	Marinehafen Pillau, 3604
DWK 777 1944	360C	. .44	MAR	Marinehafen Pillau, Artilleriezeugamt Caspershöfen, 3605
DWK 779 1944	360C	. .44	RLM	Luftzeugamt 1/VI Küpper, für Führerhauptquartier

DWK 610: Baumuster mit Mittelführerstand (bestellt u.gebaut als D350); ab 1940 Seefliegerhorst Holtenau/b.Kiel
DWK 687: vorgesehen für Shitomin, später Feldpost Nr.L36084 Lg.Pr. Breslau
DWK 690: später Lufthauptmuna Bork, 11152/1

Fortsetzung auf Seite 582

D W K - LOKOMOTIVEN (Typenreihe 1938-1944 - Fortsetzung)

DWK 691: später in Kiel-Oppendorf/Weiche (1944)
DWK 692: später Göttingen (Luftzeugamt?)
DWK 756: Abnahme 09.04.43; später Kiel-Oppendorf/Weiche (1944)
DWK 760: uspr. bestellt für Pillau; Abnahme 20.03.44; später M.A.St. Linz/Donau (1944)
DWK 776: Abnahme 13.03.44; später Kiel-Oppendorf/Weiche (1944)

V e r b l e i b e :

110B DWK 631: .... an DB Kö 6002 (1956 +), 1957 an Leonhard Moll KG, Bauunternehmung, München- Harras (Fgm IV 801, neuer Deutz-Motor), 1981 nach Griechenland verkauft
DWK 636: .... an DR-Ost Kö 5729 (1956 Umb. Köf, 1970 Umz/100 929-9, 1992 Umz/310 929-5, 1993 +), 1993 an EF „HeiNa Ganzlin eV", Röbel; (ab 2012 abg. Lübbenau, ab 2024 abg. Bergen/Rügen)
DWK 638: 1949 an DWK, Werk Kiel-Gaarden, ... an Erich Heeschen, Hamburg, 1954 an Deutsche Eisenbahn-Betriebs-Gesellschaft (V21-02, für Haltingen 1954-56, Voldagsen 1956-58, Bühlertalbahn 1958-60, Orschweier 1960-67), 1967 an Holtzmann & Cie, Papierfabrik, Weisenbach/Murgtal (264), 1973 ++
DWK 659: .... an DB Kö 6008 (1957 +), sollte verkauft werden/nicht realisiert, 1957 ++
DWK 702: .... an Howaldtswerke AG, Hamburg (4, 1961 vh.)
DWK 703: 1949 an Howaldtswerke AG, Hamburg (3, sp.2), 1980 +/1981 ++
DWK 708: .... an Howaldtswerke AG, Kiel (2, 1966 vh.)

160B DWK 649: 1947 an DB V16 002 (1951 +), 1951 an Händler, 1955 an Midgard Nordenham (DIII), 1961/64 an Gronauer Rübenzucker-Fabrik, Gronau/Hann. (1601), 1969 ++
DWK 650: 1948 bei Zuckerfabrik Fallersleben (1966 vh.)
DWK 669: 1945 an Britische Besatzung (Einsatz Klb.Kiel-Schönberg, Übernahme DB V16 011 geplant/nicht vollzogen), 1948 an Britische Streitkräfte Belgien (16116), 1957 bei METELMA S.A. Brüssel/Belgien (Umbau GM-Motor), 1964 bei S.A. des Charbonnages du Centre, Ressaix/Belgien (1967 vh.)
DWK 670: 1947 an DB V16 010, 1948 +
DWK 716: .... an DR-Ost V16 071, 1966 +/1967 ++
DWK 719: 1947 an DB V16 005 (1951 +), 1952 an Svenska Cellulosa AB, Svartviks Sulfitfabrik, Sundsvall/Schweden, 1972 an El & Dieseljänst, Halmstadt/Schweden (Mieteinsätze bei verschiedenen Firmen), 1976 an Stena Metall AB, Göteborg/Schweden, 2304, 1993 an Bergslagernas Järnvägssällskap (BJs), Göteborg/Schweden (2020 vh.)
DWK 720: .... an DR-Ost Kö 5713/ Umz.V16 043/ Umb.V16 075, 1971 +/1972 ++

220B DWK 618: .... an Hans Wülfert, Fleischwarenfabrik, Dachau, 1951 an Gewerkschaft Mechernicher Werke, Mechernich/Eifel (8, sp.20; 1957/58 lw. Preussag, Barsinghausen/b.Hannover), 1959 neuer 200-PS-Motor Deutz A12L714, 1961 bei Preussag, Werk Georgschacht/b.Stadthagen, 1963 an Metallwerke Unterweser (= Preussag Boliden Blei), Friedrich-August-Hütte, Nordenham, vor 1985 ++
DWK 642: 1945 weiter bei Hermann-Göring-Werken (= Österr.Stahlwerke = VÖEST), Linz/Österreich (642, sp. 202.01), 1960/61 Totalumbau (Jenbach-Motor, Jenbach-Getriebe, Lokkasten), 1982 an Schotterwerk Pezzini, Branzoll b.Bolzano/Italien (1998 vh., 2002 bei Gleimac)
DWK 643: .... an DB V22 001/Umb.V20 054 (1980 +), 1979 nach Italien, 1980 an Impr. Francesco Ventura, Giovinazzo/Italien (T7075), 1987 an Gleismac/abg., 1990 ++
DWK 644: .... an DB V22 008/Umb.V20 052, 1977 +/1978 ++
DWK 671: .... an VEB Kali- und Salzbergwerk Bartensleben (1; 1960 vh.)
DWK 673: 1947 an DB V22 002/Umb.V20 057, 1979 +/1983 ++
DWK 674: 1945 an Britische Streitkräfte (12711; 1946 neuer Motor; Standorte: 1946/53 Wunstorf, 1957 Wetter, 1964 Brüggen), 1964 an AG f.Chemische Industrie, Gelsenkirchen-Schalke, 1966 an Portlux S.A., Mertert/Luxemburg (12711), um 1971 ++
DWK 678: 1947 an DB V22 003/Umb.V20 055 (1978 +), 1979 nach Italien, 1980 an Impr. Angelo Falciola, Milano/Italien (T3661), 1990 an Bulfone, Udine/Italien (Händler), 1996 ++
DWK 679: 1945 an Französische Armee, 1946 an Hohenzollersche Landesbahnen (noch in 1946 wieder rückgängig), 1953 in Frankreich, 1957 bei S.A. de Wendel & Cie, Hayange/Frankreich
DWK 696: 1950 an Krupp-Kohlechemie (hieß später Hibernia), Wanne-Eickel (4, dann 3), 1981 ++
DWK 698: 1948 (über Händler) an S.A.de Wendel & Cie, Hayange/Frankreich (1959 vh.)
DWK 699: .... an VEB Kaliwerk Sollstedt (699, dann 4; 1957/58 vh.)
DWK 700: 1947 an DB V22 004/Umb.V20 059, 1975 +/1976 ++
DWK 721: .... an DR-Ost V22 046, 1967 +
DWK 724: .... an DR-Ost Schadlok (724; nie aufgearbeitet), 1966 +/++
DWK 725: 1947 an DB V22 005/Umb.V20 056, 1975 +
DWK 727: .... an DR-Ost V22 047, 1963 +
DWK 728: .... an JAVOR/Jugo-Petrol, Belgrad/Jugoslawien (1961 vh.)
DWK 729: 1947 an DB V22 006/Umb.V20 053, 1976 +/1977 ++
DWK 730: .... an Kokerei Hansa, 1951 an Hoogovens N.V., Ijmuiden/Holland (28), 1969 +, 1971 ++
DWK 731: .... an DB V22 007/Umb.V20 051 (1978 +), danach als Museumslok hinterstellt, 1990 an EF Kraichgau eV, Sinsheim („Sinsheim"), 1990 an Historische Eisenbahn Mannheim (V20 051, 2025 vh.)
DWK 733: .... an DB V22 009/Umb.V20 058 (1963 +), 1963 an Hafenbahn Hildesheim (5), 1981 an Verein Braunschweiger Verkehrsfreunde (16/V22 009)
DWK 734: .... an DR-Ost V22 045, 1968 +

220C DWK 641: 1945 an Britische Besatzung (Einsatz Klb. Kiel-Schönberg; Übernahme DB V22 019 geplant/nicht vollzogen), 1949 an DWK (hieß später Kieler Howaldtswerke AG), Werk Kiel-Gaarden (1), 1974/77 ++
DWK 681: 1945 an Britische Besatzung (Einsatz Klb. Kiel-Schönberg; Übernahme DB V22 017 geplant/nicht vollzogen), 1951 Umbau bei MaK (neuer MaK-Motor MS24, 240 PS, Gewicht gemindert, Einmannbedienung), 1951 an Schwedische Staatsbahn/SJ (Litt Z6 325), 1967 ++
DWK 682: 1947 an DB V22 015 (1951 +), 1952 an Bremer Vulkan, Bremen-Aumund (5; 1954 gebrauchter DWK-Motor, 1961 Getriebeumbau), 1973 +
DWK 684: 1947 an DB V22 016 (1951 +), 1953 bei Nydquist & Holm AB, Trollhättan/Schweden, 1960 an Bofors Järnverk AB, Bofors (225), 1962 ++

D W K - LOKOMOTIVEN (Typenreihe 1938-1944 - Fortsetzung)

	DWK 685:	1945	an Britische Besatzung (Einsatz Klb. Kiel-Schönberg; Übernahme DB V22 018 geplant/nicht vollzogen), 1951 Umbau bei MaK (neuer MaK-Motor MS24, 240 PS, Gewicht gemindert, Einmannbedienung), 1951 an Schwedische Staatsbahn/SJ (Litt Z6 326), 1966 ++
360C	DWK 610:	1947	an DB V36 310 (1952 +), danach Umbau zu Gerätelok (805.80 bzw. 9678 Han) für Schienenschleifzug, 1961 an WLE (VL0608; 1963 neuer MaK-Motor MS301F), 1974 +/++
	DWK 687:	1947	bei Österreichischer Staatseisenbahn (?), 1953 bei DR-Ost (V 36667), um 1959 +
	DWK 688:	....	an DB V36 311 (1955 +), 1955 an MKB (V9=5), 1982 an Verein Braunschw. Verkehrsfr. (2024 vh.)
	DWK 689:	....	an DB V36 312 (1954 +), 1954 an MKB (V7), 1978 +/1982 ++
	DWK 690:	....	an DB V36 313 (1953 +), 1954 ++
	DWK 691:	1947	an DB V36 314 (1954 +), 1954 an MKB (V8; 1977 +), 1981 an Privat (im Einsatz bei MEM Minden), 2007 an Draisinenbahn Berlin/Brandenburg, 2010 an Deutsche Privatbahn, Altenbeken (ab 2016 Prora, ab 2024 Altenbeken)
	DWK 692:	....	an DB V36 318 (1954 +), 1954 an MKB (V6), 1974 +/1979 ++
	DWK 693:	1947	an DB V36 315 (1954 +), 1954 an Maxhütte AG, Sulzbach-Rosenberg (5, 1956 abg.), 1959 an WLE (VL0606, 1960 neuer MaK-Motor), 1970 +/1971 ++
	DWK 694:	1951	an DB V36 317 (1954 +), 1954 an Maxhütte AG, Sulzbach-Rosenberg (6, 1959 abg.), 1959 an WLE (VL0607, 1960 neuer MaK-Motor), 1967 +/1971 ++
	DWK 695:	1947	an Kreisbahn Beeskow-Fürstenwalde (4-420), 1948 an Niederbarnimer Eisenbahn (4-420), 1949 an DR-Ost V36 051, 1960 +
	DWK 756:	1947	an DB V36 301 (1954 +), danach Umbau zu Gerätelok (9679 Han) für Schienenschleifzug, 1961 an MKB (V11), 1975 +/1979 ++
	DWK 757:	....	an DR-Ost V36 052, 1964 +
	DWK 758:	1953	bei Jugo-Petrol, Belgrad/Jugoslawien
	DWK 759:	1945	an Britische Streitkräfte (M12522/2; Standorte: 1947 Liebenau, ... Krefeld, 1957 Köln-Butzweilerhof, 1959 Brüggen, 1960 Wildenrath, 1960-64 Brüggen), 1964 an Construkta, Stahlbau, Ludwigshafen (zur Aufarbeitung), 1966 an Hüttenwerke Siegerland AG, Werk Attendorn (M12522, dann 1), 1969 an MKB (Ersatzteilspender), 1971 ++
	DWK 760:	1945	bei Schiffswerft Linz/Österreich (lw.), 1952 an Österreichische Stickstoffwerke, Linz/Österreich (hieß später: Chemie Linz AG; „Viktor"; 1952-76 im Werk Linz, 1976-85 im Werk Enns, 1982 abg.), 1985 an Josef Lang, Traun/Österreich (Sammler)
	DWK 776:	1945	an Britische Besatzung (Einsatz Marinebahn Kiel und Klb. Kiel-Schönberg; Übernahme DB V36 316 geplant/nicht vollzogen), ... an Klb. Kiel-Schönberg (V36 316), 1949 an Farge-Vegesacker Eisenbahn (V36 316, ab 11.49 KSchö 12, aber weiter in Farge), Besitzverhältnisse offenbar strittig; deshalb ca. 1950 zurück an Britische Streitkräfte, Einsatz in Belgien (36116), 1961 an MKB (V12=V4; neuer MaK-Motor), 1982 an MEP Paderborn, 1983 an Eisenbahnmus. Dieringhausen (V36 316, 2018 vh.)
	DWK 779:	....	an DR-Ost V36 053, 1969 +

Quellen: DWK, Kriegsmarinewerft Kiel, MfV 1028+TZA1005, Rbd Schwerin 6323+6324+10433, Rbd Greifswald, Rbd Magdeburg, Lokzählung 1947, St10a GBL Süd, LfB Essen, LfB Hannover, LfB Köln, LfB Nürnberg, Betriebsbücher, Chemie Linz AG, Reparaturbuch Tharandt, BE 1/87, Glaser, Nachlaß Fiebig, Völz, Ulbricht, www.loks-aus-kiel.de

160B:
Diese Type entsprach äußerlich der alten D150/D200. Neu war der 4M24-Motor.
Weitere Details: FabNr. 648-650 hatten nur 3500 mm Höhe und 15B-Getriebe, alle anderen 3620 mm und neues LB20L-Getriebe. Ab FabNr. 712 wurde ein nochmals verbesserter 4M241-Motor eingebaut.

220B:
Größere LüP, neuer Motor (6M24) und modifiziertes Getriebe (LB20S) - ansonsten war auch dies im wesentlichen die alte D150/D200. FabNr. 618 und 642/643 hatten wiederum nur 3500 mm Höhe. Alle drei besaßen außerdem noch den 6V24-Motor der Vorgängerbauart, die 618 auch noch das alte Getriebe und die alte LüP (diese Lok war gewissermaßen ein Zwitter zwischen der alten D200 und der neuen 220B). Ab FabNr. 721 kam der 6M241 zum Einbau, der bei einigen Loks auf nur 950 statt 1000 UpM eingestellt wurde.

220C:
Die 220-PS-Lok mit drei Achsen. Trotz des zusätzlichen Radsatzes und eines um 50 mm größeren Achsstandes hatte diese Type interessanterweise eine kürzere LüP als ihre zweiachsige Schwesterbauart. Die Mittelachse war zur Verbesserung der Kurvenläufigkeit ohne Spurkranz ausgeführt. Die FabNr. 641 hatte noch den 6V24-, alle anderen den neuen 6M24- bzw. 6M241-Motor.

Von den 220B und 220C waren einige Maschinen als Doppelloks eingerichtet. Diese Lokomotiven hatten zusätzlich Türen in der Führerhausrückwand, Schutzbügel, Übergangskupplungen und -schläuche sowie pneumatische Motorregulierung.

Wohl aus Kapazitätsgründen wurde ab 1938 ein Teil der Motorenfertigung an die „FAMO Fahrzeug- und Motorenwerke" in Breslau vergeben. Die FAMO waren eine gemeinsame Tochter von DWK und Linke-Hofmann. Die Bauart der Motoren entsprach völlig der aus Kieler Produktion.

Eine Besonderheit unter den Vorkriegsdiesellocks (nicht nur denen der Deutschen Werke Kiel) bildete zweifellos die **360C**[10]. Mit ihr gelang es den Konstrukteuren, eine für damalige Verhältnisse schon recht leistungsfähige, streckentaugliche und - trotz der rein mechanischen Übertragung - auch bedienungsfreundliche Rangier- und Nebenbahnlok zu entwickeln. Die Maschine hatte ein 4-Gang-Lamellenkupplungsgetriebe mit zwei Geschwindigkeitsbereichen (Rangier- bzw. Streckengang Vmax 30,7/62,4 km/h) und einem 6M30-Motor. Auch hier wurde bei der Mittelachse auf den Spurkranz verzichtet.

Von dieser größten Type baute DWK bis Kriegsende noch 19 Lokomotiven, davon eine - die Vorauslok (DWK 610/1937) - mit mittig angeordnetem Führerhaus, kurzem Achsstand (3500 mm) und außerhalb der Radsatzgruppe am hinteren Lokende angeordneter Blindwelle. Die Kurvenläufigkeit in den zumeist engen Bögen der Anschlußgleise war dadurch außerordentlich gut. Unglücklicherweise führte diese Anordnung aber zu einer wenig günstigen Massenverteilung (Achsdrücke 15,1-15,3-20,1 to vorn/mitte/hinten), was zusammen mit dem kurzen Achsstand und den großen Überhängen im geraden Gleis einen sehr unruhigen Lauf der Lokomotive zur Folge hatte.

10 Ausführlich: Lauscher, Die dieselmechanischen V36er, S.555ff.; siehe auch S. 36f., 186f. und 430ff. in diesem Buch

TABELLE 63: Gmeinder-Lokomotiven

Type		N50	N80/90
Achsfolge/Antrieb		B-Ketten	B-Stangen
DGew.	to	10-12	19
Länge über Puffer	mm	5575	5970
größte Höhe	mm	3022	3210
größte Breite	mm	2960	3000
Achsstand	mm	2500	2500
Treibrad-Durchm.	mm	850	850
Motor		MAN	Kaelble
Typ		W3V15/18	GN150V
Leistung	PS	50	100
Drehzahl	UpM	1000	1000
Zahl der Zylinder		3	4
Getriebe		Gmeinder	Gmeinder
Typ		3-Gang	4-Gang
Bauart		mechan.	mechan.
Geschwindigk.	km/h	4-8-12	5-10-15-20

Quelle: Gmeinder

TABELLE 64: Henschel-Lokomotiven

Type		DG39	DEL110
Achsfolge/Antrieb		B-Stangen	B-Ketten
DGew.	to	10	22
Länge über Puffer	mm	5200	7616
größte Höhe	mm	2750	3000
größte Breite	mm	2360	2500
Achsstand	mm	1500	2506
Treibrad-Durchm.	mm	550	850
Motor		Henschel	Henschel
Typ		M22	J
Leistung	PS	39/43	110
Drehzahl	UpM	1000	1300
Zahl der Zylinder		3	6
Kraftübertragung		Henschel	SSW
Typ		DG39	Gleichstrom
Bauart		mechanisch	elektrisch
Vmax	km/h	20,4	30

Quellen: Henschel, Betriebsbücher

Für die Serienbau (ab 1940) wurde die Lok deshalb völlig neu konzipiert und nunmehr konventionell gestaltet: Mit Führerhaus am Rahmenende, größerem Achsstand (4200 mm) und Blindwelle zwischen zweitem und dritten Radsatz. Achsdrücke hier: 3 x 15 bzw. (in einer verstärkten Ausführung mit Ballast) 3 x 17 to. Die Marine bezog durchwegs die leichtere Version mit 45 to Dienstgewicht. Die Luftwaffe hatte ausschließlich 51-to-Loks. Sämtliche 360C waren für Doppellokbetrieb eingerichtet.

Alle Typen zusammengenommen lieferten die Deutschen Werke Kiel von den 196 zwischen 1931 und 1944 gebauten Normal- und Breitspurloks 111 Stück an die Wehrmacht; also deutlich mehr als die Hälfte! Bei den großen Bauarten - 220B, 220C, 360C - lag der Lieferanteil des Militärs mit 76 bis 95 Prozent sogar noch erheblich höher. Ab Mitte 1942 wurde nur noch für Marine und Luftwaffe gebaut! Bestellt (aber nicht mehr geliefert) waren weitere fünf 220C und zwei 360C.

Gmeinder & Co

Die Lokomotiven- und Maschinenfabrik Gmeinder in Mosbach gehört zu den bedeutendsten und traditionsreichsten Diesellokherstellern in Deutschland. Von hier gingen schon in den 20er Jahren wichtige Impulse für die Weiterentwicklung der Motorloktechnik aus. Auch die Lieferstückzahlen waren - besonders in den 30er und 40er Jahren - beträchtlich. Allerdings lag das Hauptgewicht der Fertigung bis in die Nachkkriegszeit hinein deutlich bei den Feldbahnlokomotiven.

Normalspurloks wurden bis 1945 in den Größen 40, 50, 80/90, 100, 130, 250 und 350 PS gebaut[11]; dazu als Sonderausführung eine dieselelektrische Type für den Hafen Constanza in Rumänien mit 400 PS. Die kleineren Bauarten hatten Schalt- bzw. Lamellenkupplungsgetriebe (ab 50 PS), die größeren (ab 100 PS) hydraulische Kraftübertragung mit Krupp-Getrieben nach System Lysholm-Smith.

Der Umfang der Wehrmachtslieferungen war, wie die Lokliste zeigt, bei den Regelspurloks nicht allzu üppig. Hauptabnehmer war die Heeresanstalt in Peenemünde mit jeweils einer Kleinserie **N50** und **N80/90** (Normalspurlok, 80/90 PS).

Die beiden Typen unterschieden sich vor allem hinsichtlich Rahmenbauart und Antrieb. Die N50 hatte Außenrahmen und wurde über Ketten angetrieben. Die N80/90 war dagegen eine Innenrahmenlok mit Blindwelle und Stangen. Beide hatten Lamellenkupplungsgetriebe und Öldrucksteuerung ähnlich den DWK-Loks.

Henschel & Sohn

Henschel war bis zum Einsetzen der Wehrmachtsbeschaffungen Mitte der 30er Jahre als Diesellok-Konstrukteur noch nicht allzu nachdrücklich in Erscheinung getreten. Der Dampflokbau ernährte die international renommierte Lokomotivfabrik mehr als redlich. An firmeneigenen Diesellok-Bauarten gab es - neben einigen

11 Einige Hinweise dazu in: oV, Rangierarbeiten, S.45 ff.

GMEINDER-LOKOMOTIVEN

Herst/FabNr/Bauj	Type	gel. am	für	Einsatzort
Gmeinder 2370 1939	N50	04.03.39	OKH	Festungspionierstab 17, Homburg/Saar
Gmeinder 3484 1941	N50	08.09.41	OKH	Heeresanstalt Peenemünde, 16
Gmeinder 3485 1941	N50	08.09.41	OKH	Heeresanstalt Peenemünde, 17
Gmeinder 3486 1941	N50	08.09.41	OKH	Heeresanstalt Peenemünde, 18
Gmeinder 3823 1942	N50	25.09.42	RLM	Waffenplatz Lucrino, Station Posznoli/b.Neapel
Gmeinder 3242 1941	N80/90	17.03.41	OKH	Heeresanstalt Peenemünde, 12
Gmeinder 3243 1941	N80/90	18.07.41	OKH	Heeresanstalt Peenemünde, 13
Gmeinder 3244 1941	N80/90	18.07.41	OKH	Heeresanstalt Peenemünde, 14
Gmeinder 3246 1941	N80/90	18.07.41	OKH	Heeresanstalt Peenemünde, 15

Verbleibe:

Gmd 3242: 1949 an Bergwerksgesellschaft Hibernia AG, Herne (39-B); 1956 an Altwert GmbH, Essen-Steele; 1958 an Klöckner & Co, Duisburg; .... an Betz, Bottrop
Gmd 3244: 1948 an Fettchemie und Fewa-Werke, Chemnitz
Gmd 3246: ...... an Lowa, Freital/Sachsen

Quellen: Gmeinder, BA R5/2341, Rbd Greifswald, Raw Halle

Einzelstücken für den Export - bis dahin deshalb nur eine Typenreihe kleiner, dieselmechanischer Lokomotiven (DG13, DG26, DG39) sowie - mit erstem Baujahr 1935 - eine im Aufbau befindliche Baureihe zwei- und dreiachsiger Industrieloks mit dieselelektrischem Antrieb (DEL80, DEL110, DEL150, DEL220)[12]. Beide kamen in bescheidenem Umfang auch beim Militär in Betrieb.

Die DG-Lokomotiven wurden seit 1933 gebaut und waren in erster Linie als Feldbahnloks für den Einsatz auf Baustellen, Ziegeleibahnen usw. konzipiert. Als Sonderausführung wurden die 26- und 39-PS-Type ab 1937 auch für Regelspur ausgeführt. Motor und 4-Gang-Getriebe waren dabei mit denen der Feldbahnloks identisch. Auffallend: Die kleinen Räder. Der Rahmen war elektrisch geschweißt. Der Motor, nach System Lanova, stammte aus der LKW-Entwicklung. Insgesamt baute Henschel bis 1945 nur 18 Normalspur-**DG39**, acht davon liefen beim Heer.

Technisch anspruchsvoller, von den Stückzahlen her jedoch auch nicht viel erfolgreicher, waren die DEL-Typen von Henschel. Angeboten und gebaut wurden sie wo besonders die sich ab Anfang der 30er Jahre rasch erholende Bauwirtschaft für beachtliche Lieferstückzahlen sorgte.

Spätestens seit der Beteiligung von Jung an der Entwicklung der DR-Kleinlokomotiven wurden aber auch normalspurige Firmenloks gebaut. Deren Stückzahlen blieben, verglichen mit den Schmalspur-Bauarten, jedoch bescheiden. Zwischen 1935 und 1940 z.B. wurden gerade mal 49 Normalspurloks der Firmentypen gefertigt, dazu noch einmal etwa genauso viel Kleinloks für die DR.

Technisch betrachtet, waren die Jung-Dieselloks immer grundsolide Konstruktionen ohne jeden Schnickschnack. Eine Besonderheit stellte die Jung-typische, sehr einfach zu bedienende Handradschaltung dar. Motoren und Getriebe waren naheliegenderweise identisch mit den in der Feldbahnlok-Fertigung verwendeten. Die Loks hatten Leistungen zwischen 10 und etwa 100 PS. Die Getriebe waren ausschließlich mechanische Bauarten und, wie die Motoren in der Regel auch, eigene Fabrikate. Jung baute übrigens nur Zweitakt-Motoren.

HENSCHEL-LOKOMOTIVEN

Herst/FabNr/Bauj			Type	gel. am	für	Einsatzort
Henschel	24488	1939	DG39	.11.39	OKH	Heeresbauamt Münster, für Heeres-Verpflegungsamt Osnabrück
Henschel	24489	1939	DG39	.11.39	OKH	Heeres-Verpflegungs-Hauptamt Elbing
Henschel	25409	1940	DG39	. .40	OKH	Heeres-Verpflegungsamt Döberitz
Henschel	25410	1941	DG39	30.04.42	OKH	Heeresbauamt Frankfurt/M.
Henschel	25411	1940	DG39	19.06.41	OKH	Heeres-Verpflegungsamt Wünsdorf/b.Berlin, 25411
Henschel	25412	1941	DG39	04.04.41	OKH	Heeres-Verpflegungsamt Potsdam
Henschel	25413	1940	DG39	. .40	OKH	Heeresbauamt Gießen, für Heeres-Verpflegungsamt Friedberg
Henschel	25414	1941	DG39	. .42	OKH	Heeresbauamt Frankfurt, für Heeres-Verpflegungsamt Fulda
Henschel	23890	1938	DEL110	.11.38	OKH	Heeresbauamt I Münster, für Ersatz-Verpfl.Magazin Münster

Verbleibe:

DG39	Hen 24488:	......	an DB Kö 1005, 1955 +
	Hen 24489:	....	an PKP Ls40-24489 (Rangierlok im AW Lubanje/Polen)
	Hen 25409:	....	an DR-Ost Kö 0294 (1962 +), dann Raw-Werklok
	Hen 25410:	....	an US-Army/Transportation Corps (9002); 1961 an Construkta, Ludwigshafen
	Hen 25411:	1948	an DR-Ost Kö 0292, 1962 +
	Hen 25412:	....	an WTAG Berlin (2); .... an Süddeutsche Eisenbau, Nürnberg (oNr; 1968 vh.)
	Hen 25414:	......	an DB Kö 1004 (1950 +), dann Werklok AW Fulda; 1954 an Kleinbahn Grifte-Gudensberg (2), 1966 +/++
DEL110	Hen 23890:	......	an DB Köe 6042 (1953 +), dann Gerätelok 805.80 AW Oldenburg (1978 abg.), 1978-90 als Museumslok hinterstellt im AW Bremen; 1990 an BSW.Gruppe Glückstadt, 2003 an BSW-Gruppe Lübeck, 2009 an Deutsche Privatbahn für Eisenbahn- und Technikmuseum Prora/Rügen (Köe 6042, 2022 vh.)

mit 80, 110, 150 und 220 PS. Die DEL220 war dreiachsig, alle anderen hatten zwei Achsen. Antrieb über Ketten (DEL80, DEL110) bzw. Achsmotoren (DEL150, DEL 220). Den elektrischen Teil lieferten i.d.R. die Siemens-Schuckertwerke.

Aus konstruktiver Sicht waren die DEL-Typen moderne, leistungsfähige Loks. Angesichts der Konkurrenz starker, einfacher und wohl auch billigerer dieselmechanischer Bauarten blieb die Stückzahl dennoch gering (alle vier Typen zusammen nur 40 Loks). Die Wehrmacht beschaffte aus dem DEL-Programm nur eine einzige Normalspurlok, eine **DEL110** für das Heeresbauamt Münster. Die Lok ist heute Teil der Ausstellung im Eisenbahn- und Technikmuseum Prora auf Rügen.

Arn. Jung

Die traditionsreiche Lokomotivfabrik Jung in Jungenthal bei Kirchen/Sieg hatte 1926 unter dem Eindruck der sich dramatisch verschlechternden Auftragslage im Dampflokbau die Fertigung von Dieselloks aufgenommen. Auch hier (wie bei Gmeinder) lag der Schwerpunkt der Aktivitäten lange Zeit im Feldbahnbereich,

Einige Hinweise zu den einzelnen in der Lieferliste genannten Bauarten:

Die **EN112** und **ZN113**[13] waren sogenannte *„Rangierböcke“*, also ganz einfache, aus Eisenträgern und Bodenblechen grob zusammengeschweißte Leichtfahrzeuge; Zugleistung maximal 5 bis 8 Waggons auf geradem, ebenen Gleis. Die Standardtypen hatten offene Führerstände. Sonderausführungen waren Versionen mit aufgeständertem Dach oder komplettem Führerhaus.
Die **EN112** hatte einen, die **ZN113** zwei Zylinder.

12 Zur Typenbezeichnung: DG = **D**iesel-**G**etriebe-Lokomotive, DEL = **D**iesel-**El**ektrische Lokomotive; die nachfolgende Zahl gibt die Leistung in PS an

13 Zum Jung-Bezeichnungsschema:
1.Buchstabe: Zylinderzahl (E=ein, Z=zwei, D=drei, usw.);
2.Buchstabe: N bedeutet Normalspurlok; 1./2.Ziffer: bezeichnet den eingebauten Motor (11 = 110er Type, 13 = 130er Type); 3.Ziffer: Zahl der Getriebegänge
Die erste Ziffer wurde später dafür benutzt, Weiterentwicklungen deutlich zu machen (z.B. VN234)

Die **ZN133** bzw. **ZN233** waren die nächstgrößeren Typen mit 36/40 bzw. 40/44 PS. Genieteter Lokomotivrahmen, geräumiges Führerhaus, Kettenantrieb. Die beiden Bauarten waren grundsätzlich gleich. Verschieden war nur der Motor (SZ130 bzw. KZ130). Außerdem gab es geringe Modifikationen bei den Außenabmessungen.
Die **ZN133** wurde bis 1938, die Nachfolgetype **ZN233** ab 1938 gebaut.

Die **VN234** entsprach hinsichtlich Abmessungen und Leistung weitgehend der Reichsbahn-Kleinlok LgII, hatte wie alle Jung-Firmentypen aber ein normales, hochliegendes Führerhaus. Hauptbauteile waren ein Jung-Motor (KV130) und ein mechanisches Viergang-Getriebe.

TABELLE 65:
Jung-Lokomotiven

Type	**EN112**	**ZN113**	**ZN133**	**ZN233**	**VN234**
Zeichnung	**F1627**	**F1654A**	**F1631**	**F1962**	**F1960**
Achsfolge/Antrieb	B-Ketten	B-Ketten	B-Ketten	B-Ketten	B-Ketten
DGew. to	4,5	8	12	12	20
Länge über Puffer mm	4250	4800	5600	5660	6450
größte Höhe mm	1690	1800 (2600)	2850	3000	3275
größte Breite mm	2130	2700	2800	2800	2800
Achsstand mm	1620	2000	2500	2500	2500
Treibrad-Durchm. mm	485	485	850	850	850
Motor	Jung	Jung	Jung	Jung	Jung
Typ	SE110	SZ110	SZ130	KZ130	KV130
Leistung PS	11/12	22/24	36/40	40/44	80/88
Drehzahl UpM	1000	1000	900	1000	1000
Zahl der Zylinder	1	2	2	2	4
Getriebe	Jung	Jung	Jung	Jung	Jung
Typ	10F	26F	40F	40F	90F
Bauart	mechan.	mechan.	mechan.	mechan.	mechan.
Geschwindigkeit km/h	2,5-5	3-6-10	3-6-11,5	3,5-7-14	4-7-12-20

Quelle: Jung

Auch bei Jung wurden die einzelnen Lieferungen natürlich noch entsprechend den Wünschen der Kunden angepaßt. Gerade bei den Wehrmachtsbestellungen kam es so zu verschiedenen Besonderheiten. So war

Lok 7406 (ZN133) mit einer zusätzlichen Spillanlage, als Welle parallel zu den Achsen im Rahmen gelagert, ausgerüstet.
Lok 8827 (ZN113) hatte abweichend von der Standardtype ein geschlossenesFührerhaus und
Lok 7869 (VN234) erreichte statt der in der Datenübersicht genannten Regelausführung nur 18 to aber 4-9-14-23 km/h.

Die Aufstellung der an die Wehrmacht gelieferten Jung-Loks zeigt einmal mehr, wie wahllos sich das Militär aus den Typenprogrammen der einzelnen Hersteller bediente (und wie wichtig im Umkehrschluß eine gewisse Vereinheitlichung durch die Diesellokomotiven der WR-Bauart war). Kaum eine Type wurde mehrfach beschafft. Gekauft wurde offenbar, was gerade passend erschien oder bei den Lokherstellern schnell lieferbar war. Dazu verteilten sich die gerade mal sechs Wehrmachtslieferungen von Jung noch auf alle drei Truppenteile. Die genannten Bauarten sind auch nach dem Krieg noch einige Zeit weitergebaut und erst 1960 durch moderne Loktypen ersetzt worden.

Klöckner-Humboldt-Deutz

Die Humboldt-Deutzmotoren AG in Köln (ab 1938: KHD) war in der Zeit zwischen den Weltkriegen unangefochten die Nummer 1 unter den deutschen Diesellokfabriken. Während andere Hersteller noch zögerlich in das für sie neue Dieselgeschäft einstiegen, lieferte Deutz bereits bis zu 1000 Gruben-, Feldbahn- und Rangierloks pro Jahr. Die Kunden konnten aus einem stattlichen Standardtypen-Programm mit Lokleistungen bis zu 320 PS wählen. Und auch technisch betrachtet waren die Bauarten zwar nicht eben die Avantgarde, immer aber moderne, ausgereifte Konstruktionen auf der Höhe der Zeit.

Der Blick auf die Wehrmachtslieferungen macht zwei Dinge deutlich:

Erstens:
Die Luftwaffe benötigte (oder leistete sich zumindest) durchwegs die PS-stärkeren Typen ab etwa 100 PS aufwärts. Das gleiche gilt für die Marine. In den Verpflegungs- und Nachschubdepots des Heeres hatte man dagegen offenbar mit weit kleineren Maschinen ein Auskommen bzw. griff bei Bedarf an größeren Bauarten gleich auf die Einheitsloks der WR-Typenreihe zurück.

Und zweitens:
Bestellt wurde auch bei Deutz kreuz und quer durch das Typenprogramm. Von einer koordinierten Beschaffung zur Erleichterung der Ersatzteilhaltung ist weit und breit nichts zu sehen. Jede Einsatzstelle mußte sich bei Reparaturen also wohl so gut wie es eben ging selber helfen. Mit einer brauchbaren Schlosserwerkstatt war bei den einfachen Deutz-Bauarten allerdings auch schon einiges zu machen.

Insgesamt summierten sich die Deutz-Firmenlieferungen an die Wehrmacht auf 104 Lokomotiven. Deutz und DWK waren bei den nicht vereinheitlichten Wehrmachtloks damit die stückzahlmäßig klar dominierenden Lokfabriken. Auffallend ist, daß bei den Heereslieferungen häufig nicht das Heereswaffenamt, sondern direkt die jeweilige Wehrkreisverwaltung als Besteller auftritt.

TABELLE 66:
Deutz-Lokomotiven (OM-Typenreihe)

Type	**OMZ117R**	**OMZ122R**	**OMZ130R**	**OMD130R**
Achsfolge/Antrieb	B-Stangen	B-Stangen	B-Stangen	B-Stangen
DGew. to	10	15	22	30
Länge über Puffer mm	4620	5420	6220	6900 (7080)
größte Höhe mm	2800	2980	2930	3180
größte Breite mm	2550	2540	2800	2800
Achsstand mm	1600	2500	1600	2500
Treibrad-Durchm. mm	700	850	850	850
Motor	Deutz	Deutz	Deutz	Deutz
Typ	OMZ117	OMZ122	OMZ130	OMD130
Leistung PS	22/24	36/40	70/77	110/120
Drehzahl UpM	700	600	430	450
Zahl der Zylinder	2	2	2	3
Getriebe	Deutz	Deutz	Deutz	Deutz
Bauart	mechan.	mechan.	mechan.	mechan.
Vmax km/h	13	13	14,8	15,8
Anfahrzugkraft kg	1950	3200	4300	6000

Quelle: Deutz

Zu den Bauarten im einzelnen:

Die OM-Typenreihe

war ab 1931/32 als Nachfolge für die bis dahin gebauten PM-Lokomotiven entwickelt worden. Wichtigste Neuerungen: Die OM-Motoren arbeiteten im Vorkammerverfahren mit sogenannten Spülpumpen zur

JUNG-LOKOMOTIVEN

Herst/FabNr/Bauj	Type	gel. am	für	Einsatzort
Jung 7406 1936	ZN133	02.07.37	MAR	Marinewerft Wilhelmshaven, Sperrwaffenarsenal Cuxhaven, 96
Jung 7869 1940	VN234	29.12.40	RLM	(Norddeutschland), später Fliegerhorst Karup/Dänemark (1944)
Jung 8632 1940	ZN113	24.01.40	OKH	Heeres-Bekleidungsamt Fürth
Jung 8816 1940	EN112	29.04.40	OKH	Heeres-Verpflegungsamt Trier
Jung 8820 1939	ZN233	04.12.39	MAR	Marinewerft Wilhelmshaven, Ressort IX, Gent, 30
Jung 8827 1940	ZN113	16.11.40	MAR	Marinewerft Wilhelmshaven, Torpedo-Arsenal West, Straßburg, 40

Verbleibe:

7406: 1949 an DB Kö 1008 (+ 1951), danach WL AW Bremen, 1964 vh, 1965 ++
7869: 1949 an Dänische Staatsbahnen (DSB 2), 1968 an Vemb-Lemvig-Thyboron Jernbane (16), 1983 an Dansk Jernbane Klub für Mariager-Handest Veteranjernbane, 2001 an Struer Museum/Dänemark (2008 vh.)

DEUTZ-LOKOMOTIVEN (OM-Typenreihe)

Herst/FabNr/Bauj	Type	gel. am	für	Einsatzort
Deutz 10661 1932	OMZ117R	06.05.32	OKH	Truppenübungsplatz Altengrabow
Deutz 12609 1934	OMZ117R	30.08.34	OKH	Heeres-Muna Ihringshausen
Deutz 17264 1937	OMZ117R	12.05.37	OKH	Ersatz-Verpfl.Magazin I Hamburg, 1
Deutz 21416 1937	OMZ117R	30.11.37	OKH	Heeres-Verpflegungsamt Neumünster
Deutz 23019 1938	OMZ117R	28.06.38	OKH	Heeres-Verpflegungsamt Naumburg/Saale
Deutz 27315 1940	OMZ117R	04.03.40	OKH	Heeres-Verpflegungslager Harrislee/b.Flensburg
Deutz 33003 1939	OMZ117R	08.11.39	OKH	Heeres-Verpfl.Hauptamt Donaueschingen
Deutz 33047 1940	OMZ117R	26.04.40	OKH	Heeres-Verpflegungsamt Rosenthal (Wehrkreisverwaltung Breslau)
Deutz 33171 1938	OMZ117R	14.11.39	OKH	Heimat-Pionierpark Mülheim/Main
Deutz 36706 1940	OMZ117R	02.08.40	MAR	Kriegsmarinewerft Kiel, für Hafenbahn Gotenhafen, 202

12609: 1935 an Deutz zurückgegeben; Tausch gegen OMZ122R/12737
36706: Angabe Gotenhafen lt.Marine (1944 vh.); lt.Deutz neu an Marinewerft Wilhelmshaven, für Torpedo-Versuchsanstalt Eckernförde

Herst/FabNr/Bauj	Type	gel. am	für	Einsatzort
Deutz 11567 1933	OMZ122R	20.01.34	OKH	Heeres-Muna Jüterbog
Deutz 12674 1934	OMZ122R	19.12.34	OKH	Deutsche Faserstoffwerke, Fürstenberg/Meckl.
Deutz 12737 1934	OMZ122R	15.02.35	OKH	Heeres-Muna Ihringshs. (194x an Heeres-Nebenmuna Diekholzen)
Deutz 12782 1935	OMZ122R	12.04.35	OKH	Heeres-Munitionsarsenal Lehre
Deutz 25966 1940	OMZ122R	12.08.40	OKH	Heeres-Verpfl.Hauptamt Düsseldorf
Deutz 25967 1940	OMZ122R	20.08.40	RLM	Fliegerhorst Kalkum/b.Düsseldorf
Deutz 26087 1939	OMZ122R	26.07.39	OKH	Heeres-Verpflegungsamt Torgau
Deutz 26106 1939	OMZ122R	14.03.39	OKH	Ersatz-Verpfl.Amt Halle
Deutz 26160 1939	OMZ122R	27.11.39	OKH	Heeres-Verpflegungsamt Pr.Eylau/Ostpr.
Deutz 26165 1939	OMZ122R	26.09.39	OKH	Heeres-Verpflegungsamt Neuhaus/b.Paderborn
Deutz 33035 1940	OMZ122R	20.04.40	OKH	Ersatz-Verpfl.Magazin Leipzig-Wahren
Deutz 33036 1940	OMZ122R	20.04.40	OKH	Heeres-Verpflegungsamt Mainz
Deutz 33037 1940	OMZ122R	30.05.40	OKH	Ersatz-Verpfl.Magazin Güstrow
Deutz 33038 1940	OMZ122R	30.05.40	OKH	Ersatz-Verpfl.Magazin Wien-Kl.Schwechat
Deutz 33039 1940	OMZ122R	30.05.40	OKH	Linz/Donau
Deutz 33048 1940	OMZ122R	17.05.40	OKH	Heeres-Verpfl.Hauptamt Hirschberg (Wehrkreisverwaltung Breslau)
Deutz 33049 1941	OMZ122R	10.07.41	OKH	Heeres-Verpfl.Hauptamt Oppeln
Deutz 33082 1939	OMZ122R	13.02.40	OKH	Truppenübungsplatz Altengrabow
Deutz 33101 1940	OMZ122R	25.11.40	OKH	Festungsnachschubst. Frankfurt, für Heimat-Pionierpark Siegburg
Deutz 33102 1940	OMZ122R	14.09.40	OKH	Festungsnachschubst. Frankfurt, für Heimat-Pionierpark Siegburg
Deutz 33114 1940	OMZ122R	30.05.40	OKH	Heeres-Verpflegungsamt Tübingen
Deutz 33115 1940	OMZ122R	04.09.40	OKH	Ersatz-Verpfl.Magazin Ulm/Donau
Deutz 33116	vergl.46430			
Deutz 33152 1940	OMZ122R	02.10.40	OKH	Heeres-Verpflegungsamt Karlsruhe
Deutz 36705 1940	OMZ122R	12.10.40	OKH	Heeres-Bekleidungsamt Frankfurt/M.
Deutz 36831 1940	OMZ122R	17.07.40	OKH	Heeres-Verpflegungsamt Gießen
Deutz 39670 1942	OMZ122R	23.02.42	OKH	Packgefäß-Sammelstelle Zeithain
Deutz 46430 1941	OMZ122R	17.07.41	OKH	Heeres-Verpflegungsamt (Riesa-) Oschatz

11567: beschafft durch Westf. Anhalt.Sprengstoff AG, Berlin
12674: beschafft durch OKH, für Rüstungsindustrie zur Verfügung gestellt
12737: dafür im Tausch OMZ117R/12609 an Deutz zurückgegeben
26165: später Heeres-Verpflegungsamt Bielefeld (in Neuhaus 1941 durch A6M517/LgII ersetzt)
33037: Dezember 1942 vh.; später bei Heeres-Dienstelle in Linz/Donau
33039: später Heereszeugamt Güstrow (Tausch mit OMZ122R/33037)
33082: später Heeres-Verpflegungsamt Altengrabow
33102: später Heeres-Verpflegungsamt Heilbronn; im Krieg Umbau auf Generatorgas (Anthrazit)
33114: im Krieg Umbau auf Generatorgas (Anthrazit)
33152: urspr. vorgesehen für Heeresbauamt I Leipzig, für Grimma; Umbau auf Generatorgas (Anthrazit)
46430: offenbar identisch mit Deutz 33116; gleiche Bauart, gleiche Motornummer (FabNr. 46430 ist bei Deutz doppelt belegt); lt. Foto 33116, lt. Betriebsbuch 46430

Fortsetzung auf Seite 588

DEUTZ-LOKOMOTIVEN (OM-Typenreihe - Fortsetzung)

Herst/FabNr/Bauj	Type	gel. am	für	Einsatzort
Deutz 11574 1934	OMZ130R	22.01.35	OKH	Heeres-Muna Scheuen
Deutz 12675 1935	OMZ130R	27.06.35	OKH	Deutsche Faserstoffwerke, Fürstenberg/Meckl.
Deutz 12691 1935	OMZ130R	28.02.35	OKH	Truppenübungsplatz Altengrabow
Deutz 12692 1935	OMZ130R	23.04.35	OKH	Heeres-Muna Güstrow
Deutz 12782 1935	OMZ130R	12.04.35	OKH	Heeresbauamt Kassel/Braunschweig, für (Heeres-Muna?) Lehre
Deutz 12795 1935	OMZ130R	01.04.35	OKH	Heeresbauamt I Magdeburg/Dessau

12675: beschafft durch OKH, für Rüstungsindustrie zur Verfügung gestellt
12782: später Heeres-Muna Hänigsen

Herst/FabNr/Bauj	Type	gel. am	für	Einsatzort
Deutz 12694 1935	OMD130R	06.08.35	OKH	Munsterlager
Deutz 15615 1935	OMD130R	31.03.36	RLM	Neuhausen/Ostpr.
Deutz 16301 1934	OMD130R	25.04.36	RLM	Fliegerhorst Erding/Bayern, 16301

Verbleibe:

OMZ117R 10661: 1945 an Sowjetische Streitkräfte/Einheit Altengrabow (1959 vh.)
17264: .... an Hilfsernährungslager Hamburg-Wandsbek (oNr, 1949 vh.); .... an Gesellschaft für Lagereibetriebe, Hamburg-Wandsbek (oNr, alle identisch mit dem ehemaligen EVM); 1969 an Zipperling Kessler GmbH & Co, Ahrensburg; 1981 an FdE Hamburg-Wilhelmsburg (1), 2001 an Verein Verkehrsamateure und Museumsbahn (VVM), Aumühle (2024 vh.)
21416: 194x an unbekannt, 1964 an Basalt AG Linz für Steinindustrie Listertal, Meinerzhagen (2), 1985 an Bürgerverein Oberbrügge (2), 1999 an Eisenbahnfreunde Solingen, 2002 an Süddeutsches Eisenbahnmuseum, Heilbronn (2011 vh.)
23019: .... an VEB Papiersackfabrik Nienburg/Saale; an DEFA, Kopierwerk Berlin-Johannisthal (2); 1988 an AG 1/11 Verkehrsgeschichte Berlin, 1990 an Dampflokfr. Berlin, Berlin-Pankow (1993 vh.)
27315: 1949 an Hilfsernährungslager Lübeck-Siems
33003: .... an Französische Streitkräfte, Verpflegungslager Donaueschingen (245; 1966 vh.)
33171: .... an F.W. Düker, Laufach (1979 vh.)

OMZ122R 12737: 1948 an Wintershall AG/Kaliwerk Hildesia, Diekholzen; 1954 an Kaliwerk Bergmannssegen-Hugo, Lehrte (Hildesia); 1974 an Wilhelm Ludwig GmbH, Schrottverwertung, Hannover-Leinhausen (1/Hildesia); 1993 an Frank Beismann, Hannover → Aschersleben (2017 vh.)
12782: 1945 an Burgdorfer Kreisbahnen, 1964 +/1967 ++
25966: ...... an Büssing & Sohn, Braunschweig (1967 neuer Motor A3L514)
25967: 1947 an Gebrüder Lüngen KG, Erkrath (II); 1971 an dto/Werk Bendorf-Rhein, 1979 +, 1984 Spielplatzlok Stadtpark Bendorf, 2000 ++
26087: .... an VEB Zuckerfabrik Straußfurt; 1965 an VEB Mischfutterwerk Ebeleben, 1973 ++
26165: 1945 an Britische Rheinarmee/Royal Airforce (RAF, 26165), Standort Gütersloh (1965 vh.)
33036: .... an DB Kö 1003, 1952 +
33037: .... an Hafenbahn Linz/Österreich (Umbau in motorlosen Umkrautvertilgungswagen, 1988 vh.)
33039: .... an DR-Ost Kö 0293 (1959 neuer 4KVD-Motor, 1962 +), an Raw Potsdam (WL3), 1971 ++
33082: 1945 an Sowjetische Streitkräfte/Muna Wulkow; 1947 an DR-Ost Kö 0296, 1961 +
33102: 1948 an NSU-Fiat-Werke Heilbronn; 1964 an Stadtwerke Göppingen, Städtisches Gaswerk; 1965 an Deutsche Gelatine-Fabriken GmbH, Göppingen; 197x an Scholz, Schrottverw., Essingen, 198x an Schwäbisches Bauern- und Technik-Mus., Eschach-Seifertshofen (2017 vh.)
33114: .... an Kuno Seifried, Transporte, Remchingen-Wilferdingen (neuer Deutz-F4L514-Motor; 1978 vh.), ...an Gemeinde Pfinztal, Bauhof Berghausen; ... an Fahrzeugmus. Marxzell (2023 vh.)
33115: ...... an Augsburger Localb. (?); 1956 an K. Konzelmann, Metallschmelzw., Neu-Ulm (2002 vh.)
33116: 1945-48 in Österreich; 1948 an ČSD T200.209 (ČSSR), 1950 +; vergl. OMZ122R/46430
33152: .... an Société d'Exploitation de la Zone d'Activités, Moissy-Cramayel/Frankreich, (2006 vh.)
36705: .... an DR-Ost (1954 schadhaft abg. im Bw Neuruppin), 1957 angeblich aufgearbeitet
36831: 1945 an DB Kö 1002 (1951 +); 1951 an Gernsheimer Hafenbahn (1); 1995 an Eisenbahnmuseum Darmstadt-Kranichstein (Kö 1002, 2025 vh.)
46430: .... an Nationale Volksarmee der DDR/Dienststelle Doberlug-Kirchhain (46430); 1962 an VEB Sächsische Granitwerke, Demitz-Thumitz, um 1976 ++ (vergl. OMZ122R/33116)

OMZ130R 11574: 1947 noch in Muna Scheuen; 195x an AG Weser, Bremerhaven-Geestemünde (1966 vh.)
12782: 1947 beim Bw Celle/Burbach Hänigsen gemeldet; 1950 an Burgdorfer Kreisbahnen = Burbach Kaliwerke AG/Werk Hänigsen; 1951 an dto/Werk Niedersachsen, Wathlingen, 1967 ++

OMD130R 12694: .... an OHE (DL00604, 1963 Umbau Deutz-A8L714-Motor + Diwabus-Getriebe); 1996 an Dampflokfreunde Salzwedel (0604), 2013 an Hist. Lokschuppen Wittenberge (2025 vh.)
16301: 1948 an DB Kö 6025, 1950 +

DEUTZ-LOKOMOTIVEN (AM-Typenreihe)

Herst/FabNr/Bauj	Type	gel. am	für	Einsatzort
Deutz 26075 1940	A3M420R	13.07.40	RLM	Eggebek/b.Flensburg, 1
Deutz 26110 1939	A3M220R	16.12.39	MAR	Marinewerft Wilhelmshaven, für Utowerft, 9
Deutz 26161 1939	A3M220R	30.09.39	OKH	Heeres-Verpflegungsamt Braunsberg/Ostpr.
Deutz 27354 1940	A3M420R	05.01.40	MAR	Marinewerft Wilhelmshaven, für Nordholz, 33
Deutz 33028 1940	A3M420R	27.03.40	MAR	Marinewerft Wilhelmshaven, für Kraftfahrbetrieb W'haven, 10
Deutz 33029 1940	A3M420R	27.03.40	MAR	Marinewerft Wilhelmshaven, für Kraftfahrbetrieb W'haven, 11
Deutz 33030 1940	A3M420R	26.04.40	MAR	Marinewerft Wilhelmshaven, für Kraftfahrbetrieb W'haven, 12
Deutz 33040 1940	A3M420R	24.10.40	OKH	Ersatz-Verpfl.Magazin Königsberg-Schönfliess
Deutz 33041 1940	A3M420R	05.11.40	OKH	Ersatz-Verpfl.Magazin Minden/Westf.

DEUTZ-LOKOMOTIVEN (AM-Typenreihe - Fortsetzung)

Herst/FabNr/Bauj	Type	gel. am	für	Einsatzort
Deutz 33042 1940	A3M420R	21.11.40	OKH	Ersatz-Verpfl.Magazin Aalen/Württ.
Deutz 33043 1942	A3M420R	29.12.42	OKH	Ersatz-Verpfl.Magazin Münster/Westf., 33043
Deutz 33044 1941	A3M420R	31.03.41	OKH	Ersatz-Verpfl.Magazin Wien-Schwechat
Deutz 33050 1940	A3M420R	14.06.40	OKH	Heeres-Verpfl.Hauptamt Bunzlau
Deutz 33103 1941	A3M420R	23.07.41	OKH	Ersatz-Verpfl.Magazin Kassel
Deutz 33105 1941	A3M420R	11.06.42	OKH	Heeres-Verpflegungsamt Siegen
Deutz 33106 1941	A3M420R	05.09.41	OKH	Heeres-Verpflegungsamt Aschaffenburg
Deutz 33107 1941	A3M420R	17.09.41	OKH	Heeresbauamt Fulda
Deutz 33108 1941	A3M420R	26.03.41	OKH	Ersatz-Verpfl.Magazin Erfurt
Deutz 33109 1942	A3M420R	12.02.42	OKH	Heeres-Verpflegungsamt Rudolstadt
Deutz 36856 1940	A3M420R	07.08.40	MAR	Marinewerft Wilhelmshaven, für Schillig
Deutz 36865 1940	A3M420R	12.11.40	MAR	Marinewerft Wilhelmshaven, für Öllager Farge-Ost
Deutz 39631 1941	A3M420R	03.01.42	MAR	Marinewerft Wilhelmshaven, für Hafenbahnwerkstatt W'haven
Deutz 39632 1941	A3M420R	27.12.41	MAR	Marinewerft Wilhelmshaven, für Munitionshof Mariensiel, 57
Deutz 39633 1941	A3M420R	27.12.41	MAR	Marinewerft Wilhelmshaven, für Munitionshof Mariensiel, 53
Deutz 39634 1941	A3M420R	29.12.41	MAR	Marinewerft Wilhelmshaven, für Munitionshof Mariensiel
Deutz 39705 1942	A3M420R	11.06.42	MAR	Marinewerft Wilhelmshaven, für Artilleriezeugamt Aurich, 70
Deutz 42842 1942	A3M420R	23.03.43	MAR	Marinewerft Wilhelsmhaven, für Kraftfahrbetrieb W'haven, 14
Deutz 46305 1942	A3M420R	10.03.43	MAR	Marinewerft Wilhelmshaven, für Artilleriearsenal Druhwald, 91
Deutz 46339 1942	A3M420R	27.02.43	MAR	Marinewerft Wilhelmshaven, für Kressbronn/Bodensee, 32

26110: Utowerft = U-Boot- und Torpedoboote-Werft; später Farge
33040: lt.Deutz Heeres-Verpflegungsamt; lt.Bundesarchiv Ersatz-Verpfl.Magazin (Königsberg)
33042: im Krieg Umbau auf Generatorgas (Anthrazit)
33050: lt.Bundesarchiv nur Heeres-Verpflegungsamt (Bunzlau)
33103: später Ersatz-Verpfl.Magazin Erfurt; im Krieg Umbau auf Generatorgas
33105: später Heeres-Verpflegungsamt Wildflecken
33106: urspr. vorgesehen oder kurzzeitig eingesetzt beim Heeresbauamt Fulda; im Krieg Umbau auf Generatorgas
33107: urspr. vorgesehen für Heeresbauamt Wildflecken; später Ersatz-Verpfl.Magazin Kassel-Niederzwehren; im Krieg Umbau auf Generatorgas
33108: später Ersatz-Verpfl.Magazin Erfurt; im Krieg Umbau auf Generatorgas
33109: urspr. vorgesehen oder kurzzeitig eingesetzt beim Heeresbauamt Langensalza; im Krieg Umbau auf Generatorgas
46339: urspr. vorgesehen oder kurzzeitig eingesetzt beim Öllager Achim; Kressbronn = Nachr.Vers.Kdo

---

Herst/FabNr/Bauj	Type	gel. am	für	Einsatzort
Deutz 17170 1937	A4M220R	27.02.37	RLM	Luftmuna Hartmannshain
Deutz 17226 1937	A4M220R	24.04.37	RLM	Dresden-Klotzsche
Deutz 17232 1937	A4M220R	25.03.37	RLM	Wittmundshaven
Deutz 22922 1938	A4M220R	11.07.38	MAR	Marinewerft Wilhelmshaven, für Hafenbauressort, 22
Deutz 26130 1939	A4M220R	31.10.39	RLM	Fliegerhorst Achmer/b.Bramsche
Deutz 26145 1940	A4M420R	14.03.40	RLM	Fliegerhorst Schleswig-Land/b.Husum, 26145
Deutz 39698 1942	A4M420R	25.03.43	MAR	Marinewerft Wilhelmshaven, für Sperrzeugamt Starkshorn, 101
Deutz 39719 1942	A4M420R	17.01.42	RLM	Luftgaukommando Oslo

22922: ab 1944 Torpedoarsenal Rudolstadt

Herst/FabNr/Bauj	Type	gel. am	für	Einsatzort
Deutz 14601 1935	A6M220R 2achs.	20.09.35	RLM	Göttingen
Deutz 15318 1936	A6M220R 2achs.	29.06.36	RLM	Fliegerhorst Anklam, 1
Deutz 17177 1937	A6M220R 2achs.	24.02.37	RLM	Fliegerhorst Illesheim
Deutz 26099 1940	A6M220R 2achs.	21.03.40	MAR	Marinewerft Wilhelmshaven, für Marinebahn W'haven-Süd, 23
Deutz 36790 1942	A6M420R 2achs.	01.05.42	MAR	Marinewerft Wilhelsmhaven, für Sperrzeugamt W'haven, 86
Deutz 46586 1942	A6M420R 2achs.	28.02.43	MAR	Marinewerft Wilhelmshaven, für Artilleriearsenal Aurich, 24

15318: 1936 auf der Leipziger Messe ausgestellt; aus Vorrat geliefert; später Fliegerhorst Bad Zwischenahn; im Krieg Umbau auf Holzgas

---

Herst/FabNr/Bauj	Type	gel. am	für	Einsatzort
Deutz 14602 1936	A6M220R 3achs.	18.05.36	RLM	Bauleitung Lübeck-Blankensee
Deutz 16389 1936	A6M220R 3achs.	20.11.36	RLM	Lufthauptmuna Höfer-Stendal
Deutz 17244 1937	A6M220R 3achs.	31.03.37	RLM	Luftzeugamt Teltow
Deutz 17265 1937	A6M220R 3achs.	16.03.37	RLM	Brandis
Deutz 19753 1937	A6M220R 3achs.	29.06.37	RLM	Luftwaffen-Versuchsstelle Peenemünde, 2
Deutz 19787 1937	A6M220R 3achs.	12.07.37	RLM	Luftwaffen-Versuchsstelle Peenemünde, 3
Deutz 23170 1940	A6M220R 3achs.	24.04.40	RLM	Fliegerhorst Giebelstadt/b.Würzburg, 13354
Deutz 25901 1939	A6M220R 3achs.	01.06.39	—	Reichswerke AG Hermann Göring, Linz; später an RLM/Luftpark Wiener Neustadt, 25901
Deutz 36768 1941	A6M420R 3achs.	11.12.41	OKH	Deutsche Faserstoffwerke, Fürstenberg/Meckl.
Deutz 42860 1943	A6M420R 3achs.	20.03.43	MAR	Marinewerft Wilhelmshaven, für Nordholz, 46
Deutz 42861 1943	A6M420R 3achs.	24.03.43	MAR	Marinewerft Wilhelmshaven, für Öllager Farge-Ost, 31
Deutz 42917 1943	A6M420R 3achs.	08.03.43	MAR	Marinewerft Wilhelmshaven, für Sperrzeugamt Cuxhaven, 97

14602: lt.Deutz für Ringelstein; Abnahme RMA Flensburg 31.7.40
36768: durch OKH beschafft, für Rüstungsindustrie; im Krieg Umbau auf Generatorgas (Anthrazit)
42860: später Schießplatz Meppen, 46
42861: Lieferdatum lt.Deutz; lt.Betriebsbuch = 09.04.43; später Marinebahn Wilhelmshaven-Süd, 31

Fortsetzung auf Seite 590

DEUTZ-LOKOMOTIVEN (AM-Typenreihe - Fortsetzung)

Herst/FabNr/Bauj	Type	gel. am	für	Einsatzort
Deutz 23020 1939	A6M324R	01.11.39	RLM	Fliegerhorst Nordholz, Altenwalde/b.Cuxhaven, 1
Deutz 33031 1940	A6M324R	24.10.40	OKH	Heeres-Verpflegungsamt Hannover-Nordhafen (-Stöcken)
Deutz 33182 1940	A6M324R	28.05.40	RLM	Felixdorf/b.Wien, M 13353

23020: 1941 an Lufthauptmuna Lübberstedt

Deutz 19755 1938	A8M324R 3achs.	.03.40	MAR	Kriegsmarinewerft Kiel, für Seefliegerhorst Westerland, 2901

19755: Erstauslieferung 09.07.38 an Westfälische Landes-Eisenbahn (DL2), Abnahme WLE 21.7.38; 1940 an Kriegsmarinewerft Kiel, Seefliegerhorst Westerland (Sylt, 2901)

V e r b l e i b e :

A3M220R / A3M420R

- 26075: .... an DB Kö 6005, 1953 +, Gerätelok AW Opladen; 1960 an WLH Reuschling, (D2), 1970 ++
- 26110: 1945 abg. Farge; 1946 an TRAMO, Frankfurt (1949 vh.)
- 27354: .... an Rheinmetall, Duisburg-Wanheim (7086); 1959 an Andernach & Bleck, Hagen-Halden (I, sp. 53010); 1994 an Eisenbahnmuseum Dieringhausen; 2008 an Aeronauticum Deutsches Luftschiff- und Marinefliegermuseum Nordholz (Nr.10, 2020 vh.)
- 33041: .... an DB Kö 6037; 1951 +; ... an Silo Compagnie GmbH, Kassel „zurückgegeben"
- 33042: .... an Bundesvermögensstelle Ulm/Standort Aalen (770; 1975 +), ... an Klöckner Rohstoffhandel, Mannheim (noch mit Beschriftung *„Ers.Verpflg.Magazin Aalen"*!), 1989 ++
- 33043: .... an DB Kö 6018 (1952 +); 1961/62 bei E.Layritz, Nürnberg (!), Verbleib unbekannt
- 33044: .... an Welser Industriebahn GmbH, Wels; 201x an Antiquitätenhändler, Wels/Österr.(2016 vh.)
- 33103: 1948 an Eisenbahn AG Erfurt-Nottleben (2); 1949 an DR-Ost; 1950 als WL an RAW Jena (Köl/33103; 1951 vh.)
- 33105: .... als n Reparation an Griechische Staatsbahn (A4), um 1985 ++
- 33107: .... an DB Kö 6036; 1950 an Silo Compagnie GmbH, Kassel *„zurückgegeben"*
- 33108: 1948 an Eisenbahn AG Erfurt-Nottleben (1); 1949 an DR-Ost; 1950 als WL an RAW Jena (Kö2/33108; 1951 vh.)
- 33109: .... an Maxhütte, Unterwellenborn (5)
- 39632: 1947 an Vorortbahn Wilhelmshaven (57; Standort: Schillig)
- 39633: 1947 an Vorortbahn Wilhelmshaven (53); .... an Carrières St.Vincent, Naast-Soignies/Belgien; .... an Carrières Ganthier-Wincqz, Soignies/Belgien (mit Tauschmotor Deutz F6L514; 1986 vh.)
- 46339: .... an VEB Kunstseidenwerk (= Chemiefaserwerk „Friedrich Engels") Premnitz (3; 1959 vh.)

A4M220R / A4M420R

- 17226: ...... an DR-Ost Kö 5710 (1960 Umbau Einheitslok; 1970 Umz/100 910-9, 1992 Umz/310 910-5; war zeitweise vermietet an VEB Minol Herzberg/ Elster), 1996 +
- 22922: 1945 an DR-Ost Kö 5744 (1960 Umbau Einheitslok; 1970 Umz/100 944-8, 1992 Umz/310 944-4) 1997 +
- 26130: 1947 an DB Kö 6040 (1951 +), danach WL AW Lübeck; 1954 bei Wilhelmsburger Industriebahn, Hamburg; 1962 an AW Hamburg-Harburg (WL 2); 1967 an Meppen-Haselünner Eb (D04, 1972 +); 1986 an Museums-Eisenbahn Paderborn (als Tauschobjekt); 1986 an Diema, Diepholz (Ausstellungslok), ++
- 26145: 1945 an Britische Besatzung (RCT 26145; Standorte: 1949 Schleswig, 1956 Gütersloh, 1957/59 Schäferhof, 1963 Münster, 1966/67 Gütersloh, 1967/71 Münster), 198x ++
- 39698: 1947 an DB Kö 6044 (1955 +); 1956 an Otto Fuchs, Metallwerke, Meinerzhagen (1); 1982 an Bürgerverein zur Förderung des Schienenverkehrs, Lüdenscheid; 1985 an Eisenbahnmuseum Brügge, 1994 an Mainsche Feldbahnen, 2004 ++
- 39719: 1945 an Norwegische Staatsbahn (Skd 210.60), 1961 +

A6M220R/2 / A6M420R/2

- 15318: .... an DB V16 100 (+ 1951); 1953 an Mindener Kreisb. (5); 1969 an Eisenerzgrube Wohlverwahrt, Nammen; seit 1977 zur Verfügung der Museums-Eisenbahn Minden
- 26099: 1947 an Vorortbahn Wilhelmshaven (23); 1964 an Bundeswehr-Marinearsenal Wilhelmshaven (23); 1978 an Blenker AG, Villmergen/Schweiz (23; 1990 vh.)
- 36790: 1947 an Vorortbahn Wilhelmshaven (86, Standort: Mariensiel); 1964 an Bundeswehr-Marinearsenal Wilhelmshaven (86)
- 46586: 1947 an Vorortbahn Wilhelmshaven (24); 1951 an Gelsenberg Benzin AG, Gelsenkirchen; 195x an Ruhrstahl AG, Henrichshütte, Hattingen (32, 1960 neuer A8M517-Motor, 165 PS)

A6M220R/3 / A6M420R/3

- 17265: 1961 bei VHZ Schrott Gerwisch, 1962 bei VEB Chemiefaserwerk Premnitz (1; 1967 vh.)
- 23170: 1946 an DB/Kriegsschadlok, 1947 wegen starker Schäden vom Bestand wieder abgesetzt
- 25901: .... an ÖBB 2066.01/Österreich (1954/55 neu aufgebaut/Totalumbau); Werklok HW Jedlersdorf; 2010 an Club Blauer Blitz, Verein zur Erhaltung der Reihe VT 5145, Wien (2066 001-5, 2017 vh.)
- 36768: .... an VEB Chemische Fabrik Heinrichshall (1961 vh.)
- 42860: 1945 an Krupp/Emsländer Land- und Torfwirtschaft, Meppen/Ems; 1949 an Bentheimer Eisenbahn (D1, ab 1956: D11); 1958 an Papierfabrik Pfleiderer & Co, Teisnach (ERIKA/D11), 1986 ++
- 42861: 1947 an Vorortbahn Wilhelmshaven (31); 1950 an Hanseatische Teer- und Erdölfabriken Johann Haltermann, Hamburg-Wilhelmsburg (2); seit ca. 1990 Denkmal bei Haltermann (202x vh.)

A6M324R

- 33031: .... an DB V22 100 (1951 +), danach WL AW Opladen; 1952 an Mindener Kreisbahnen (V4, 1972 abg); 1975 an Stoomtram Hoorn-Medemblick/Niederlande, 1976 +/1979 ++
- 33182: ...... an ÖBB 2166.01/Österreich (1954/55 neu aufgebaut/Totalumbau), Werklok HW Wörth/ St.Pölten, 1976 +

A8M324R/3

- 19755: 1945 an Royal Air Force Germany, Flugplatz Westerland; 1953 an Kleinbahn Niebüll-Dagebüll (M1), 1960 an Dürener Kreisbahn (DL2), 1970 ++

Quellen: Deutz, BA R5/2341 R5/3470, HStA Hannover, MfV/1028 MfV/M1-351, Rbd Magdeburg, Rbd Schwerin/6323, Raw Halle, Rbd Greifswald, St10a Nürnberg, LfB Nürnberg, LfB Hannover, LfB Essen, LfB Köln, Lokzählung 1947, RCT, Betriebsbücher, Wolff, Große, Rumary, Steckel, Völz, Rammelt-Klb. Archiv, Thüringen, Loyal/Große/Glaubitz-Kleinlok

Die Dicke:
Die A8M324R war die größte Bauart im AM-Typenprogramm von Deutz; hier das rätselhafte Foto der Deutz 19755 (das Fabrikschild läßt sich eindeutig ablesen) als C1'-Lok. Bei WLE und Marine lief sie als C-Lokomotive, Normalbauart war D.

Verbesserung des Verbrennungsprozesses. Auch der lokbauliche Teil wurde z.T. kräftig überarbeitet. Alle OM-Loks hatten stehende Zweitaktmotoren, Viergang-Handhebel-Schaltgetriebe und den für Deutz typischen Stangenantrieb. Die Typenbezeichnungen[14], auch das charakteristisch für Deutz, entsprachen den jeweils eingebauten Motoren.

Angeboten und geliefert wurden die OM-Lokomotiven in der Hauptsache mit 11/12 (**OME117**), 22/24 (**OMZ117**) und 36/40 PS (**OMZ122**). Die größeren Bauarten mit 55 (**OMZ125**) sowie 77/130/160 PS (**OMZ/OMD/ OMV130**) entsprachen im Fahrzeugteil noch den alten PM-Typen, und waren Mitte der 30er Jahre auch motortechnisch veraltet (Langsamläufer mit 430 und 450 UpM!). Sie wurden nur noch in geringer Stückzahl abgesetzt und, zumindest was die Wehrmachtloks angeht, offenbar aus Vorratsbeständen mit kurzen Lieferfristen abverkauft.

Wie die anderen Hersteller baute auch Deutz seine Standardtypen in verschiedenen Gewichts-Ausführungen. So gab es z.B. die OMZ117R mit 7, 9 oder 10 to Dienstgewicht, die OMZ122R mit 10, 15 oder 16,5 to (die bei der Wehrmacht jeweils gebräuchlichste Version ist unterstrichen). Ansonsten blieben spezielle Ausführungen etwa des Führerhauses oder der Getriebeauslegung eher die Ausnahme.

Die AM-Typen

wurden ab 1935 gebaut. Deutz trug damit der wachsenden Nachfrage nach stärkeren und moderneren Lokomotiven für den Rangier- und Anschlußbahnverkehr Rechnung. Mit Leistungen von bis zu 320 PS und bei Geschwindigkeiten um die 30 km/h waren die AM-Loks aber durchaus auch für Klein- und Privatbahnen von Interesse. Im unteren Leistungsbereich ersetzten sie die alten OM125- und OM130-Typen, deren Fertigung 1937 auslief.

Im Unterschied zur OM-Lokfamilie hatten die AM-Bauarten schnellaufende Viertaktmaschinen, die aus dem Stationär-Motorenbau stammten. Die Getriebe waren weiterhin mechanisch, wurden jetzt aber als Lamellenkupplungsgetriebe mit Handradschaltung gebaut (von der A4M220R an aufwärts: druckölgesteuert). Lokomotiven für den Streckendienst konnten zudem mit einer zweiten Fahrstufe ausgerüstet werden.

Regelbauarten waren die folgenden Typen[15]:

A3M220R	(mit 68 / 75 PS)	2achsig
A4M220R	(mit 100/110 PS)	2achsig
A6M220R	(mit 150/165 PS)	2achsig/3achsig
A6M324R	(mit 215/235 PS)	3achsig und
A8M324R	(mit 290/320 PS)	3achsig/4achsig

Für den Export wurde außerdem ein Kraftprotz BA8M324R als 1'C1'-Lok mit 450 PS und aufgeladenem Motor gebaut.

Eine Besonderheit bildete die dreiachsige A8M324. Sie war gewissermaßen die Light-Version der vierachsigen Normaltype und entstand durch einfaches Weglassen des zweiten Radsatzes; was ein zwar optisch etwas befremdliches Bild ergab, im Betrieb aber offenbar keine Schwierigkeiten bereitete. Kurios zudem bei der einzigen A8M324R im Wehrmachtsdienst, der Deutz 19755: Die Maschine scheint, einem undatierten Werkbild zufolge, zunächst eine hintere Laufachse gehabt zu haben; möglicherweise für Werksversuche. Wann der Um- bzw. Rückbau in eine einfache C-Lok erfolgte, ist nicht dokumentiert.

Wie aus der Lieferliste zu ersehen ist, wurden die AM220-Typen ab 1940 in einer verbesserten 420er Version gebaut. Abmessungen und Aufbau der Lokomotiven blieben dabei weitestgehend unverändert. Kleinere Korrekturen gab es lediglich beim Motor, bei einzelnen

---

14 Zum Deutz-Bezeichnungsschema bis etwa 1935:
O = Motortypenreihe, M = wassergekühlt, Z = Zahl der Zylinder (E=ein, Z=zwei, D=drei usw.), 1 = Entwicklungsstufe/Bauziffer, 22 = Kolbenhub in cm (hier also 22 cm = 220 mm), R = Rangierlok (= Normalspurlok)
Teilweise waren die gleichen Motoren und Getriebe wie für die Normalspurloks auch in Schmalspur- und Untertagelokomotiven eingebaut. Zur Unterscheidung wurden diese - statt mit dem Index „R" - mit „F" (für Feldbahnlok) bzw. „G" (für Grubenlok) bezeichnet.

15 Zum Deutz-Bezeichnungsschema ab 1935:
A = Motorcharakteristik/Verwendungszweck (A= Motor zur **a**llgemeinen Verwendung; F= schnellaufender **F**ahrzeugmotor; V= großer **V**iertaktmotor); 4 = Zahl der Zylinder; M = wassergekühlt (L=luftgekühlt)
Rest wie bei OM-Typen; ein vorangestelltes „B" weist auf einen aufgeladenen Motor hin

TABELLE 67:
Deutz-Lokomotiven (AM-Typenreihe; eingeklammerte Daten für 420er Version)

Type		**A3M220R A3M420R**	**A4M220R A4M420R**	**A6M220R A6M420R 2achsig**	**A6M220R A6M420R 3achsig**	**A6M324R**	**A8M324R 3achsig**
Achsfolge/Antrieb		B-Stangen	B-Stangen	B-Stangen	C-Stangen	C-Stangen	C-Stangen
DGew.	to	18	25	30 (28)	38 (34)	45	48
Länge über Puffer	mm	6180	6920	7720	7900	8220	10000
größte Höhe	mm	2950	3090	3227(3200)	3227	3227	3227
größte Breite	mm	2800	3000(3200)	3050(3010)	3050(3010)	3010	3010
Achsstand	mm	2500	2500	2800	2500	2500	3600
Treibrad-Durchm.	mm	850	850	850	850	950	1000
Motor		Deutz	Deutz	Deutz	Deutz	Deutz	Deutz
Typ		A3M2/420	A4M2/420	A6M2/420	A6M2/420	A6M324	A8M324
Leistung	PS	68/75	100/110	150/165	150/165	215/235	290/320
Drehzahl	UpM	900	1000	1000	1000	800	800
Zahl der Zylinder		3	4	6	6	6	8
Getriebe		Deutz	Deutz	Deutz	Deutz	Deutz	Deutz
Bauart		mechan.	mechan.	mechan.	mechan.	mechan.	mechan.
Vmax	km/h	19	21	33	26	26,5	33/49
Anfahrzugkraft	kg	3800	4900	6000	7450	10000	10000

Quelle: Deutz

Bauarten auch bei Dienstgewicht und Getriebeabstufung.

Ansonsten gilt auch hier das bereits für die OM-Lokomotiven Gesagte: Alle Typen waren in verschiedenen Gewichtsausführungen lieferbar (die A3M220R z.B. mit 18, 20 und 22 to, die A4M220R mit 25 und 30 to). Und auch hier gab es in den letzten Kriegsjahren noch zahlreiche Umrüstungen für den Betrieb mit heimischen Treibstoffen.

Die A6M220R/FabNr.15318 war eine Versuchsausführung mit größerem Raddurchmesser und 3600 mm Achsstand. Diese wie auch die A6M220R/FabNr.14601 und A8M324R/FabNr.19755 hatten zusätzlich einen Streckengang mit Vmax 61 km/h (165-PS-Lok) bzw. 49 km/h (320-PS-Lok).

An sonstigen Bauarten

verzeichnet das Deutz-Lieferbuch nur zwei Lokomotiven für die Wehrmacht. Beides waren Marineloks und gehörten zu den seinerzeit auslaufenden Typenreihen MLH und PM. Baujahre waren 1928 bzw. 1930.

Deutz 8880/1928 - Type **MLH232R**
Lieferdatum: 06.06.29
Einsatzort: Kriegsmarinewerft Kiel,
für Maureb. Swinemünde, Nr. 201

Deutz 9673/1930 - Type **PMZ330R**
Lieferdatum: 08.11.30
Einsatzort: Marinewerft Wilhelmshaven,
für Artilleriedepot Wilhelmshaven,
Nr. 7 (später: Wesermünde)

Die MLH232R[16] war ein typisches 20er-Jahre-Muster mit liegendem, langsamlaufendem Einzylindermotor und Zweiganggetriebe. Die PMZ330R ist der Vorläufer der schon weiter oben beschriebenen OMZ130R. Weitere Details zur Technik sind aus TABELLE 68 zu ersehen.

Zumindest die PMZ-Lokomotive hat den Krieg noch überlebt. Bei der Lokzählung vom 23.3.47 wurde sie beim Bw Wesermünde-Lehe (heute Bremerhaven) festgestellt. Danach verliert sich ihre Spur.

Fried. Krupp

Krupp hatte schon in den ausgehenden 20er Jahren - anknüpfend an die Entwicklungen bei der seinerzeit übernommenen Lokomotivfabrik Hohenzollern - beachtliche Aktivitäten im Diesellokbau entfaltet. Allerdings verlegte sich Krupp dabei einseitig auf die Konstruktion großer und schwerer Lokomotiven für den Hauptbahneinsatz. Der Bau von Industriemotorloks lag, mit Ausnahme eines frühen Gehversuchs im Bereich

16 M = wassergekühlt, L = liegender Motor, H = Dieselmotor; Rest wie gehabt.

TABELLE 68:
Deutz-Lokomotiven (MLH- und PM-Lokomotiven)

Type		**MLH232R**	**PMZ330R**
Achsfolge/Antrieb		B-Stangen	B-Stangen
DGew.	to	10,5	15
Länge über Puffer	mm	5530	6090
größte Höhe	mm	2800	2930
größte Breite	mm	2800	2800
Achsstand	mm	1600	1600
Treibrad-Durchm.	mm	700	
Motor		Deutz	Deutz
Typ		MLH232	PMZ330
Leistung	PS	20/22	70/77
Drehzahl	UpM	400	430
Zahl der Zylinder		1	2
Getriebe		Deutz	Deutz
Bauart		mechan.	mechan.
Vmax	km/h	8	14,8
Anfahrzugkraft	kg	1300	4300

Quelle: Deutz

TABELLE 69:
Krupp-Lokomotiven

Type		**100/110**	**K 5**
Achsfolge/Antrieb		B-Stangen	1'C-Stangen
DGew.	to	24	60
Länge über Puffer	mm	6900	12100
größte Höhe	mm	3160	4000
größte Breite	mm	2920	3100
Achsstand	mm	2500	5100
Treibrad-Durchm.	mm	850	1400
Motor		MAN	Deutz
Typ		W4V17,5/22	V6M436
Leistung	PS	100/110	360
Drehzahl	UpM	810	600
Zahl der Zylinder		4	6
Getriebe		Krupp	Voith
Typ		GA 1,0	L37
Bauart		hydraul.	hydraul.
Vmax	km/h	20	30

Quellen: Krupp, MAN, Betriebsbücher

Feldbahn- und Grubenloks, bis in die 30er Jahre hinein völlig brach.

Die ersten Rangierloks eigener Bauart für den Anschlußbahnverkehr entstanden bei Krupp 1934; zeitgleich übrigens mit der einzigen KöII-Serie für die DR. Bis 1936 umfaßte das Bauprogramm[17] vier Typen mit

50 PS (mit 2-Zyl.-Motor, DGew. 14 to),
75 PS (mit 3-Zyl.-Motor, DGew. 17,5 to),
100 PS (mit 4-Zyl.-Motor, DGew. 24 to) und
150 PS (mit 4-Zyl.-Motor, DGew. 30 to).

Als Einzelstücke kamen später noch Loks mit 200 und 360 PS[18] dazu. Eine besondere Typenkennung gab es bei Krupp nicht.

Einige Konstruktions-Details: Die 50- und 75-PS-Typen hatten Außenrahmen und Kettenantrieb, die 50-PS-Lok mechanisches Getriebe. Ansonsten bildeten Innenrahmen, Stangenantrieb sowie das für Krupp typische Flüssigkeitsgetriebe eigener Bauart nach System Lysholm-Smith den Standard. Die Motoren waren in der Regel Zweitakt-Maschinen von Junkers, die bei Krupp teilweise in Lizenz gebaut wurden. Die 200-PS-Lok hatte drei Achsen.

Die Wehrmacht beschaffte aus diesem leistungsmäßig durchaus ansprechenden Firmen-Bauprogramm nur zwei Lokomotiven, und zwar die

Krupp 1660/1937 - **360 PS**
1'C-Versuchslok[19] für das Eisenbahngeschütz K5
Lieferdatum: 12.10.37
Einsatzort: Versuchsplatz Rügenwalde und

Krupp 1699/1940 - **100/110 PS**
B-Regelbauart; abweichend von der Normalausführung allerdings mit MAN-Motor
Lieferdatum: 02.10.40 (Abnahme: 21.10.40)
Einsatzort: Kriegsmarinewerft Kiel, für Sperrzeugamt Jägersberg, 1102

Weitere Krupp-Dieselloks liefen in der Rüstungsindustrie (zwei 100-PS-Loks bei der Deutschen Sprengchemie, Torgelow) sowie auf dem Krupp-eigenen Schießplatz bei Meppen (eine 100-PS-Lok und die zweite 360-PS-Type).

Insgesamt kam der Diesellokbau bei Krupp vor 1945 über ein Mauerblümchen-Dasein nicht hinaus. Nur die 75- und die 100-PS-Bauart erreichten überhaupt akzeptable Stückzahlen (10 bzw. 17 Loks). Alles in allem summierte sich die Zahl der zwischen 1934 und 1945 gebauten Dieselloks der Firmenbauart auf nur 34 Stück. Angesichts von in der gleichen Zeit rund 1300 gelieferten Dampfloks sind die Prioritäten mehr als deutlich.

Orenstein & Koppel

Orenstein & Koppel konnte bei Beginn der Wehrmachtsbeschaffungen bereits auf eine sehr ansehnliche Erfahrung im Motorlokbau zurückschauen. Speziell die seit 1912 zum O&K-Konzern gehörende Maschinenfabrik „Montania“ in Nordhausen hatte bis Mitte der 30er Jahre schon etliche tausend vorwiegend schmalspurige Feld- und Grubenbahnloks gebaut. Ab 1929 wurden auch am O&K-Stammsitz in Drewitz/Babelsberg Dieselloks hergestellt.

Beide Werke entwickelten in der Folgezeit eine Reihe teils recht moderner Industrieloktypen, wobei Nordhausen weiterhin hauptsächlich den Schmalspurbereich abdeckte und Babelsberg in größerem Umfang auch Normalspurloks fertigte. Aus diesem Nebeneinander von zwei Diesellok-Produktionsstätten erklären sich auch die großen Fabriknummernsprünge bei O&K: Motorloks mit Fabriknummern zwischen 1 und etwas über 12.000 stammen aus Nordhäuser Produktion, ab 20.000 beginnt die Diesellokzählung in Babelsberg.

Gemessen an den ansonsten recht üppigen Wehrmachtslieferungen (WR-Baureihen, Kleinlok LgII sowie über 100 Schmalspurloks für die Heeresfeldbahnen) war die Zahl der normalspurigen O&K-Firmentypen beim Militär auffallend gering. Die Lieferliste (Seite 594) nennt gerade mal zwei Handvoll Fahrzeuge; kein Vergleich etwa zu Deutz oder DWK. Verwunderlich ist dies auch angesichts eines durchaus breiten Typenangebots an Normalspur-Bauarten und Einzelleistungen bis zu 180 PS.

Zu den an die Wehrmacht gelieferten Typen:

Die **RL1c**[20] war eine hauptsächlich als Feldbahnlok verbreitete und hierfür in großen Stückzahlen gebaute Lokomotive mit stehendem Einzylinder-Motor (14 PS) und wahlweise Zwei- oder Dreigang-Schaltung. In der Sonderausführung mit 1435 mm Spur bildete sie die kleinste Bauart im O&K-Firmenprogramm. Konstruktiv war die Abstammung von einer Feldbahnlok nicht zu übersehen: Einfacher Rangiertraktor; offener oder lediglich mit Schutzdach versehener Führerstand; Kettenantrieb; wuchtige Rahmenstirnplatten.

TABELLE 70:
Orenstein & Koppel - Lokomotiven

Type		RL1c	RL3	3D	4D
Achsfolge/Antrieb		B-Ketten	B-Ketten	B-Stangen	B-Stangen
DGew.	to	3,5	13	18,5	23
Länge über Puffer	mm		5435	6000	6800
größte Höhe	mm		2900	3000	3125
größte Breite	mm		2700	2700	2880
Achsstand	mm	1500	2500	2500	2500
Treibrad-Durchm.	mm	450	750	850	850
Motor		O&K	O&K	O&K	O&K
Typ		RL1c	2V113	20D3	20D4
Leistung	PS	14	35	70/75	90/100
Drehzahl	UpM	1300	1000	1200	1200
Zahl der Zylinder		1	2	3	4
Getriebe		O&K	O&K	O&K	O&K
Bauart		mechan.	mechan.	mechan.	mechan.
Vmax	km/h	14,2	13	21	22
Anfahrzugkraft	kg	700	2300	3900	5400

Quellen: Orenstein & Koppel, Betriebsbücher

Verglichen damit war die **RL3** schon eine richtige Lokomotive. Die Maschine besaß einen Zweizylinder-Motor System Acro, Viergang-Getriebe und ein (mit Ausnahme der offenen Türen) rundum geschlossenes Führerhaus. O&K verkaufte die RL3 als Normalspurlok in einiger Stückzahl. Mehrere Maschinen fahren heute bei Museumsbahnen.

Die Typenreihe mit den Bauarten **3D** und **4D**[21] entstand 1936 in Babelsberg und war die modernste Lokfamilie im O&K-Dieselprogramm. Stichworte: Leistungsstarker Viertaktmotor (Wirbelkammerverfahren), Lamellenkupplungsgetriebe, Handradschaltung. Der Antrieb erfolgte über Blindwelle (bei der 4D vor der ersten Achse) und Stangen.

Weitere Details: Die unbekannte 3D beim EVM Halberstadt könnte O&K 20707 gewesen sein (nach 1945 im RAW Dessau). Die 4D/21372-21373 waren bereits ab Werk mit einer Imbert-Holzgasanlage ausgerüstet.

---

17 Krupp Vertreter-Nachrichten 4/1936, S.88
18 Hermann, 360-PS-Diesel-Lokomotive, S.165ff.; Lauscher, Einheitslok, S.64ff.; siehe auch S.38ff. dieses Buches
19 Ausführlich beschrieben bereits auf den Seiten 35ff.
20 Zum Bezeichnungsschema: RL = **R**ohöl-**L**okomotive, 1 = ungefähre PS-Zahl geteilt durch 10, c = dritte Bauvariante
21 3/4 = Zahl der Zylinder, D = Diesellok; gebaut wurden in dieser Typenfamilie auch die 2D und eine 6D

ORENSTEIN & KOPPEL - LOKOMOTIVEN

Herst/FabNr/Bauj	Type	gel. am	für	Einsatzort
O&K 10245 1939	RL1c		MAR	Marinearsenal Kiel
O&K 20936 1939	RL3		OKH	Heeres-Verpflegungsamt Lüneburg
O&K 1937	3D		OKH	Ersatz-Verpfl.Magazin Halberstadt
O&K 21105 1938	3D		—	Sager & Woerner GmbH, Bauunternehmung, München; später Fliegerhorst Ålborg/Dänemark
O&K 21425 1939	3D		OKH	Ersatz-Verpfl.Magazin Insterburg
O&K 21567 1942	3D		MAR	Torpedo-Versuchsanstalt Eckernförde
O&K 21622 1941	3D		MAR	Torpedo-Versuchsanstalt Eckernförde, 701
O&K 21623 1941	3D		MAR	Marine-Hafenbauamt Pillau, für Muna Caspershöfen, 702
O&K 21371 1942	4D	. .43	MAR	Torpedo-Versuchsanstalt Eckernförde, 901 (= 1)
O&K 21372 1943	4D	. .43	MAR	Kriegsmarinewerft Kiel
O&K 21373 1943	4D	. .43	MAR	Kriegsmarinewerft Kiel

21622: 1943 an Torpedo-Versuchsanstalt Neubrandenburg, 701 (durch 4D/21371 ersetzt)

RL3 20936: 1947 beim Bw Lüneburg (Eigentümer: Railway Transport Officer); an DB Kö 1006, 1951 +

3D 21105: 1949 an Dänische Staatsbahn/DSB (Traktor 3); 1969 an Dansk Traecellulose, Assens/DK (= Genfiber; oNr); 1991 an Sydfynske Jernbaneklub, Fåborg/DK (Museumsbahn)
21622: 1948 beim Bw Neubrandenburg vorhanden; vermutlich an DR-Ost (Schadlok?)

4D 21371: 1951 an Maschinenfabrik August Koch, Kiel-Hassee (2), 1984 ++
21372: .... an Norwegische Staatsbahn/NSB (Skd 212.62), 1964 +
21373: .... an Norwegische Staatsbahn/NSB (Skd 212.63), 1964 +

RUHRTHALER-LOKOMOTIVEN

Herst/FabNr/Bauj	Type	gel. am	für	Einsatzort
Ruhrth. 905 1928	DML/S2	09.07.28	OKH	Reichswehrministerium, für Heeres-Muna Ingolstadt
Ruhrth. 1825 1939	NDL/S2	20.09.39	OKH	Heeres-Verpflegungsamt Soest
Ruhrth. 2202 1940	NDL/S2	02.09.40	MAR	Marinebaudirektion Hamburg, für Marinewaffenbetrieb
Ruhrth. 2203 1940	NDL/S2	07.01.41	MAR	Marinebaudirektion Hamburg, für Marinewaffenbetrieb
Ruhrth. 2239 1941	NDL/S4	14.03.41	MAR	Kriegsmarinewerft Kiel, für Bauwerft Kiel, 703
Ruhrth. 2240 1941	NDL/S4	07.08.41	MAR	Kriegsmarinewerft Kiel, für Bauwerft Kiel, 1201
Ruhrth. 2309 1942	NDL/S4	08.06.42	MAR	Marinebaudirektion Hamburg
Ruhrth. 1337 1935	NDL/S6	26.04.35	—	International Harvester Company, Neuss; 1940 an Heeres-Verpflegungsamt Wahn (Tausch gegen Windhoff 500/1939 = Kö II)

2239: später Artillerie-Arsenal Jessenitz, 703 (1944 vh.)
2240: später Packgefäßsammelstelle Calbe/Saale, 1201 (1944 vh.)

1337: 1951 an Rheinmetall-Borsig GmbH, Düsseldorf-Derendorf (oNr); 1958 an Rheinmetall, Unterlüß/b.Celle; 1981 an Verein Braunschweiger Verkehrsfreunde (14/„Rheinmetall")
2202: 1947 an Hafenbahn Hamburg, 207; 1963 an O&K Dortmund
2203: 1947 an Hafenbahn Hamburg, 207; 1963 an O&K Dortmund;
1963 an Triangel Holzwerkstoff GmbH, Werk Lübeck-Siems (1), 1967 ++
2240: .... an DR-Ost Kö 5742 (fiktiver Umbau Einheitslok; Umz/100 942-2, Umz/310 942-8) 1997 +

WINDHOFF-LOKOMOTIVEN

Herst/FabNr/Bauj	Type	gel. am	für	Einsatzort
Windhoff 641 1939	LN30sIV	. .39	OKH	Heeres-Verpflegungsamt Brandenburg
Windhoff 332 1935	LN70LaIV	. .35	RLM	
Windhoff 333 1935	LN70LaIV	. .35	RLM	(lt. RLM je eine Lok in Süd- und Ostdeutschland)
Windhoff 445 1938	LN80LaIV	20.10.38	MAR	Marinewerft Wilhelmshaven, für Sperrzeugamt W'haven, 81
Windhoff 609 1939	LN80LaIV	01.08.39	MAR	Marinewerft Wilhelmshaven, für Fahrenkrug/Holstein, 56
Windhoff 728 1941	LN80LaIV	. .41	MAR	Marinewerft Wilhelmshaven, für Schillig, 76

609: später Kriegsmarinewerft Kiel, Marine-Artillerie-Arsenal Segeberg, 704 (1944 vh.)
728: später Kriegsmarinewerft Kiel, Marine-Artillerie-Arsenal Jessenitz, 705 (1944 vh.)

Herst/FabNr/Bauj	Type	gel. am	für	Einsatzort
Windhoff 396 1937	LN100LaIV	24.03.37	MAR	Marinewerft Wilhelmshaven, für Riga, 20
Windhoff 397 1937	LN100LaIV	24.03.37	MAR	Marinewerft Wilhelmshaven, für Neustadt/Holstein, 21

333: 1952 Umbau auf KSB/Trilok-Getriebe und Kämper-4D12R-Motor (Eigentümer unbekannt); .... an Leichlinger Sandwerke Th. Artmann, Leichlingen (1), 1976 ++
397: 1947 an Vorortbahn W'haven (21); 1964 an Bundeswehr-Marinearsenal W'haven (21)
445: 1947 an Vorortbahn W'haven (81); 1950 an (Thyssen-) Nordseewerke, Emden (1), 1974 ++

Ruhrthaler Maschinenfabrik

Das Bauprogramm der Ruhrthaler Maschinenfabrik Schwarz & Dyckerhoff in Mülheim/Ruhr war etwas unübersichtlich. Zwar wurde mit einer Typenbezeichnung wie etwa „**NDL/S4**“ eine Normalspur-Diesel-Lok mit Schaltgetriebe und 4-Zylinder-Motor[22] in allen wesentlichen Merkmalen charakterisiert. Dahinter konnten sich aber leistungsmäßig wie äußerlich ganz verschiedene Lokomotiven verbergen.

Den Schwerpunkt des Motorlokbaus bei Ruhrthaler bildete immer der Bergbau (Grubendiesel- und Druckluftloks). Zeitweise, in den 30er Jahren, wurden auch Feldbahnloks mit einigem Erfolg verkauft. An Normalspurfahrzeugen baute Ruhrthaler dagegen selten mehr als zwei bis drei Maschinen pro Jahr; einsame Spitze: 1942 mit zwölf NDL.

Die Wehrmachtslieferungen zeigen das eingangs angedeutete bunte Typendurcheinander. Die nur acht zwischen 1928 und 1942 von Heer und Marine beschafften Loks verteilten sich auf nicht weniger als sechs verschiedene Bauarten.

Alle Militärmaschinen hatten zwei Achsen und Kuppelstangenantrieb, wobei nur bei der **NDL/S2** mit 2500 mm Achstand (*„300 RM Aufpreis für großen Radstand“*) eine Blindwelle vorgesehen wurde. Bei allen anderen erfolgte die Übertragung mit Zahnrädern direkt auf die hintere Achse und von da mit Stangen auf den vorderen Radsatz. Das Getriebe hatte eine einfache Automobilschaltung (Kugelschaltung) mit zwei, drei oder vier Gängen. Die Motoren waren ausnahmslos Fremdfabrikate, meist von Hatz, Mercedes Benz und MAN.

Windhoff

Die Rheiner Maschinenfabrik Windhoff AG war seit 1910 im Lokomotivbau tätig. Anfang der 30er Jahre machte das Unternehmen vor allem durch seine aktive Beteiligung an der Entwicklung der Einheits-Kleinloks auf sich aufmerksam. Für die DR baute Windhoff bis 1944 mehrere Serien Kö I sowie Ks-/Kö-/und KbII; ansonsten - für private Kunden - einige hundert Feldbahn- und Kleinrangierdieselloks vornehmlich im Bereich bis etwa 40 PS[23].

Leistungsstärkere Typen eigener Konstruktion wurden erst ab 1935 entwickelt und angeboten. Die Verkaufszahlen in dieser PS-Klasse blieben aber sehr bescheiden. Gebaut wurden lediglich

4 Stück **LN 70LaIV**,
3 Stück **LN 80LaIV** und
3 Stück **LN100LaIV**[24].

Sieben dieser zehn Loks gingen an Marine und Luftwaffe!

Bis auf einige Abmessungen und die unterschiedlichen Einbaumotoren waren die drei genannten Bauarten im wesentlichen gleich: Alle hatten Viergang-Lamellenkupplungsgetriebe, Handradschaltung und Antrieb über Blindwelle und Stangen. Die Motoren waren bewährte, mitteltourige Maschinen von Deutz und MWM. Die LN80LaIV war mit Schlagwetterschutz ausgeführt.

Neben diesen recht bullig wirkenden „großen“ Windhoff-Maschinen beschaffte die Wehrmacht nur eine einzige weitere Firmenlok in Rheine: Eine LN30sIV, Baujahr 1939, für das Heeres-Verpflegungsamt in Brandenburg. Die Lok war ein gängiges Windhoff-Muster mit allen Merkmalen einer sehr einfachen aber zweckmäßig konstruierten leichten Verschiebelok. Zur Standardausrüstung der kettengetriebenen Lokomotive gehörten ein großes Führerhaus, eine Rangierwinde mit Umkehrrolle und eine selbsttätige Zughakenkupplung.

TABELLE 72: Windhoff-Lokomotiven

Type		LN30sIV	LN70LaIV	LN80LaIV	LN100LaIV
Achsfolge/Antrieb		B-Ketten	B-Stangen	B-Stangen	B-Stangen
DGew.	to	8,5	17	16	25
Länge über Puffer	mm	4750	7340	6960	7870
größte Höhe	mm	2585	3075	2990	3140
größte Breite	mm	2300	2560	2500	2530
Achsstand	mm	1600	2500	2500	2500
Treibrad-Durchm.	mm	550	850	850	850
Motor		Deutz	Deutz	MWM	Deutz
Typ		A2M317	A4M317	GS17V	A4M220
Leistung	PS	30/33	70	76/83	100/110
Drehzahl	UpM	1350	1500	1350	1000
Zahl der Zylinder		2	4	4	4
Getriebe		Windhoff	Windhoff	Windhoff	Windhoff
Bauart		mechan.	mechan.	mechan.	mechan.
Vmax	km/h	15	30	27	26,1
Anfahrzugkraft	kg	1800	3000	3200	4100

Quelle: Windhoff

22 NDL/S2 und NDL/S6 entsprechend; DML/S2 war eine Typenbezeichnung aus der Zeit vor 1930 (Diesel-Motor-Lok ...)

23 Lauscher, Windhoff-Lokomotiven

24 LN70LaIV = Lokomotive, Normalspur, 70PS, Lamellenkupplungsgetriebe („s“ = Schaltgetriebe), IV-Gang; alle anderen Bauarten entsprechend

TABELLE 71: Ruhrthaler-Lokomotiven

Type		DML/S2	NDL/S2		NDL/S4		NDL/S6
FabNrn		905	1825	2202-2203	2239..2309	2240	1337
Achsfolge/Antrieb		B-Stangen	B-Stangen	B-Stangen	B-Stangen	B-Stangen	B-Stangen
DGew.	to	9,5	11,5	12,0	15,0	20,0	30,0
Länge über Puffer	mm	5350	5530	5530	6210	7210	7240
größte Höhe	mm	2800	2700	2700	2850	3000	3000
größte Breite	mm	2800	2800	2800	2640	2800	2800
Achsstand	mm	1300	1600	2500	2500	2500	2200
Treibrad-Durchm.	mm	580	700	700	850	850	850
Motor		Benz	Hatz	Hatz	Benz	MAN	MAN
Typ		S	H42	H42	M204	W4V17,5/22A	W6V17,5/22
Leistung	PS	30/33	40/44	40/44	70/80	110/120	160/170
Drehzahl	UpM	800	580	580	950	900	950
Zahl der Zylinder		2	2	2	4	4	6
Getriebe		Ruhrth.	Ruhrth.	Ruhrth.	Ruhrth.	Ruhrth.	Ruhrth.
Bauart		mechan.	mechan.	mechan.	mechan.	mechan.	mechan.
Vmax	km/h	5	11,4	10,4	16	20	20,3
Anfahrzugkraft	kg	1300	1960		3050	4800	6735

Quellen: Ruhrthaler, Betriebsbücher

Literatur

Die vorliegende Arbeit stützt sich – vor allem im kriegsgeschichtlichen Teil – in großem Umfang auf bisher ungedrucktes Quellenmaterial (Lieferlisten, Sitzungsprotokolle usw.). Ergänzend wurde aber auch auf umfangreiche Literatur zurückgegriffen, die nachfolgend nicht nur als Quellenmaterial angeführt wird, sondern vor allem auch als weiterführendes Schrifttum empfohlen werden kann. Der Literaturnachweis ist wie folgt strukturiert:

1. Archive
2. Amtliche Veröffentlichungen
3. Bücher (Broschüren, Sammelbände, Schriftenreihen)
4. Zeitschriftenaufsätze
5. Sonstiges (unveröffentlichte Manuskripte, Vorträge etc.)

Benutzte Archive

Bundesarchiv, Koblenz (zitiert als BA)

Bundesarchiv-Militärarchiv, Freiburg (zitiert als BA-MA)

Bundesarchiv-Militärarchiv, Potsdam

Bundesarchiv-Zentralnachweisstelle (zitiert als BA-ZNS), Kornelimünster

Deutsche Reichsbahn: Verwaltungsarchive der Reichsbahndirektionen Cottbus, Dresden, Erfurt, Halle, Greifswald, Magdeburg, Schwerin

Deutsches Museum, München (Sondersammlung Firmenschriften)

Hauptstaatsarchiv Düsseldorf

Ministerium für Verkehrswesen der DDR/Zentrales Verwaltungsarchiv (zitiert als MfV)

Niedersächsisches Hauptstaatsarchiv, Hannover

Pionierschule der Bundeswehr, München

Verkehrsarchiv beim Verkehrsmuseum, Nürnberg

Zentrales Staatsarchiv der DDR (jetzt BA), Potsdam (zitiert als ZStA)

Außerdem die Unternehmensarchive der Firmen:

Daimler Benz AG (Stuttgart), Klöckner-Humboldt-Deutz AG (Köln), Fried. Krupp AG (Historisches Archiv, Essen, zitiert als HA Krupp), Maschinenbau Kiel GmbH (Kiel), MAN AG (Augsburg), Motoren-Werke Mannheim AG (Mannheim), Ruhrthaler Maschinenfabrik KG (Mülheim/Ruhr), Voith Turbo GmbH (Heidenheim) und Windhoff AG (Rheine)

Amtliche Veröffentlichungen

Deutsche Bundesbahn - Dienstvorschriften

- Merkbuch für Schienenfahrzeuge der DB, Teil III: Brennkrafttriebfahrzeuge, Ausgabe 1952 (DV 939c)
- Beschreibung des 360-PS-Deutz-6-Zylinder-Dieselmotors V6M436
- (DV 987008)
- Beschreibung des 360-PS-MWM-6-Zylinder-Dieselmotors RHS235/335S
- Beschreibung des 216-PS-MAK-6-Zylinder-Dieselmotors MS24
- Bedienungs- und Unterhaltungsanweisung für die 360-PS-dieselhydraulischen Motorlokomotiven, Ausgabe 1953 (DV 987301)
- Bedienungs-und Unterhaltungsanweisung für die 200-PS-dieselhydraulischen Motorlokomotiven, Ausgabe 1950 (DV 987302)
- Ersatzteilliste für 200-PS-Diesellok (DV 987422)
- Verzeichnis der Diesellokomotiven, Ausgaben 1955, 1958, 1961, 1964 (DV 987901)

Deutsche Bundesbahn - Sonstige amtliche Veröffentlichungen

- Jahresberichte über die motorisierte Zugförderung, Ausgaben 1949-1958
- Jahresberichte des EZA/BZA München über die Tätigkeit im Berichtsjahr, Ausgaben 1951, 1954
- Statistische Angaben - W67 - über den Werkstättendienst, Ausgaben 1954-1958
- Statistische Angaben für die DR/DB im Geschäftsjahr ..., Ausgaben 1947-1952

Hauptausschuß Schienenfahrzeuge, Kriegslokomotiven, Kriegstypenbuch der ab 1.7.42 noch zum Bau zugelassenen Lokomotivtypen

Mitteilungen des Hauptausschuß Schienenfahrzeuge

Heeres-Drucksachen (D=Waffentechnische Vorschriften)

- Diesellokomotive 360 PS - Beschreibung u. Betriebsanweisung, 1941 (D1151/ 3)
- 360-PS-Diesellokomotive, Ersatzteilliste, 1942 (D1151/13)

Bücher (und andere Einzelveröffentlichungen)

Aßmann, Karl/Wolfgang Bleiweis: Nebenbahn Darmstadt-Ost - Groß Zimmern, Roßdorf, oJ

BASF (Hrsg): 125 Jahre BASF. Stationen ihrer Geschichte, Katalog zur Jubiläumsausstellung, Ludwigshafen 1990

Baur, K.G. u.a.: Dampf-Nostalgie, „Bahn-Extra“ 2/93, München 1993

Beck, Dieter: Vom Moggerla zur Rangaubahn. Eine Nebenstrecke wird 100 Jahre alt, Zirndorf 1990

Bek, Jindrich: Atlas lokomotiv, Bd.2/Elektrická a motorová trakce, Praha 1969

Benoist, Gregor/Otto Wilczek: AW Nürnberg, Freiburg 1980

Bergmannsverein e.V. Staßfurt (Hrsg): 140 Jahre Salzbergbau 1852-1992 Staßfurt. Wiege des Kalibergbaus, Staßfurt 1992

Bernhardt, Walter: Die deutsche Aufrüstung 1934-1939, Frankfurt 1969

Birkenfeld, Wolfgang: Der synthetische Treibstoff 1933-1945, Göttingen-Berlin-Frankfurt 1964

Bleiweis, Wolfgang/Ekkehard Martin: Fränkische Nebenbahnen - einst und jetzt. Teil 2: Mittel- und Unterfranken, Egglham und München oJ

Bohlmann, Dieter-Th./Günter Kästner: Buxtehude-Harsefelder Eisenbahn, Gifhorn 1978

Borchert, Fritz/Hans-Joachim Kirsche: Lokomotiven der Deutschen Reichsbahn, Berlin-Ost und Heidelberg 1986

Brandt, Walther: Vom feurigen Elias und der sanften Elise, Düsseldorf 1968

Bretfeld, Reiner: 100 Jahre Flöhatalbahn, Marienberg 1975

Bretschneider, Arno/Manfred Traube: Die Baureihe V60. Das Arbeitstier der DB, Freiburg 1997

Brockhaus, Der neue (fünf Bände), Wiesbaden 1958

Buxell, Gunnar: Hundert Jahre Dynamit Nobel 1865-1965, Sonderausgabe der Werkszeitschrift „Dynamit Nobel“, Troisdorf 1965

Christopher, Andreas: Deutsche Kleinlokomotiven. Geschichte und Verbleib der Staatsbahn-Rangierlokomotiven der Leistungsgruppen I-II-III-V60, Nordhorn 1989

Cotterell, Paul: The Railways of Palestine and Israel, Abingdon/GB 1984

Dietrich, Edgar u.a.: Erndtebrück - 100 Jahre Eisenbahnknotenpunkt. Das Dorf der Eisenbahner, Horb a. Neckar 1988

Döpner, Meinhard: Die Eisenbahnen des Kreises Gelnhausen, oO, oJ

Doleschal, Erich u.a.: Triebfahrzeuge österreichischer Eisenbahnen. Bd. A3: Diesel-Lokomotiven und Diesel-Triebwagen, Düsseldorf 1993

Ebel, Jürgen: Die Neubau-Dampflokomotiven der Deutschen Bundesbahn. Bd.1: Baureihen 23 und 10. Bd.2: Baureihen 65, 82 und 66, Stuttgart 1984

Eberhardt, Fritz: Militärisches Wörterbuch, Stuttgart 1940

Ebert, Franz: Traunreut 1938-1960, St. Georgen, oJ

Eckert, Kurt: Klein- und Nebenbahnen im Taunus, Augsburg 1978

Edelmann, Irmtraut u.a.: Die Eisenbahn im Main-Tauber-Kreis, Tauberbischofsheim 1990

Eisenbahnfreunde Bremen (Hrsg): 100 Jahre Farge-Vegesacker Eisenbahn 1888-1988, Bremen 1988

Elsner (Hrsg): Elsners Taschenbuch für den Reichsbahn-Kraftverkehr, 5.Ausgabe, Berlin 1940

Engelmann, Joachim: Deutsche Eisenbahngeschütze, Reihe „Das Waffen-Arsenal“ Bd.16, Friedberg 1975

Englmann, Max/Herbert Ludwig: Handbuch der Dieseltriebfahrzeuge der Deutschen Bundesbahn, 3.Auflage, Frankfurt 1975

Fiebig, Günther: Auf der Schiene von Dessau nach Wörlitz. Die Geschichte der Nebeneisenbahn Dessau-Wörlitz, Dessau 1982

Frank, Reiner: Elmsteinertalbahn - damals und heute, Karlsruhe 1986

Fromm, Günter: Der Eisenbahnknoten Ebeleben, Bad Langensalza 1994

Fromm, Günter: Die „Laura“ 1913-1965, Bad Langensalza 1996

Galle, Günter/ Friedrich Witte: Die Kleinlokomotiven im Rangierdienst auf Unterwegsbahnhöfen der Deutschen Reichsbahn, 2.Auflage, Berlin 1932

Gebhardt, Gerhard: Ruhrbergbau. Geschichte, Aufbau und Verflechtung seiner Gesellschaften und Organisationen, Essen 1957

Glatte, Wolfgang: Diesellokomotiven deutscher Eisenbahnen, 2.Auflage, Berlin (-Ost) 1985

Goldbeck, Gustav: Kraft für die Welt. 1864-1964 Klöckner-Humboldt-Deutz AG, Düsseldorf/Wien 1964

Gottwaldt, Alfred B.: Deutsche Kriegslokomotiven 1939-1945, 3.Auflage, Stuttgart 1983

Gottwaldt, Alfred B.: Eisenbahntechnische Ausstellung Seddin 1924, Stuttgart 1985

Griebl, Helmut/Hansjürgen Wenzel: Geschichte der deutschen Kriegslokomotiven, Wien 1971

Große, Peter/Horst Troche: Die Einheits-Kleinlokomotiven Leistungsgruppen I und II, Freiburg 2002

Hader, Arnulf/Günther Meier: Vom Trajekt zur Dreieckfähre. Eisenbahnfähren der Welt, Herford 1986

Haeuber, Hans-Dieter: Krupp im Dienste der Elektro- und Diesellokomotive, Moers 1983

Haeuber, Hans-Dieter/Dierk Lawrenz (Hrsg): Schwartzkopff-Lokomotiven 1867-1945, Moers 1986

Hahn, Fritz: Waffen und Geheimwaffen des deutschen Heeres 1933-1945, Bd.1: Koblenz 1986, Bd.2: Koblenz 1987

Halliwell, C.J.: The Locomotives of Roumania, Malmö/S 1970

Hertwig, Roland: Museumsbahnen in Deutschland. Reihe Eisenbahn-Kurier-Special Nr.17, Freiburg 1990

Högemann, Josef: Die Teutoburger Wald-Eisenbahn, Nordhorn 1997

Högemann, Josef: Privatbahnen in der Grafschaft Hoya, Nordhorn 1992

Hohn, Manfred: Feldbahnen in Österreich, Klagenfurt 1987

Homberger, Ludwig/Raphael Cottier: Bericht über die Deutsche Bundesbahn vom 17. April 1950, Offenbach 1950

Hughes, Hugh: Middle East Railways, Oxford/GB 1981

Inkeller, Rudolf: Die Wupper-Talbahn. Geschichte einer Nebenbahn zwischen Berg und Mark, Wuppertal 1990

Kademann, Siegfried: Bahngeschichten, Berlin 1995

Keller, Hans-Jörg: 100 Jahre Betriebswerk Frankfurt 1, Frankfurt 1989

Kenning, Ludger: Eisenbahnhandbuch Österreich 1992/93, Nordhorn 1992

Knipping, Andreas: Die Baureihe 86, Freiburg 1987

Köhler, Günter H./Andreas Christopher: Eisenbahnen im Rhein-Main-Gebiet, Freiburg 1983

König, Wolfram/Ulrich Schneider: Sprengstoff aus Hirschhagen. Vergangenheit und Gegenwart einer Munitionsfabrik, Kassel 1985

Krauss-Maffei AG (Hrsg): 150 Jahre Fortschritt durch Technik 1838-1988, München 1988

Kreidler, Eugen: Die Eisenbahnen im Machtbereich der Achsenmächte während des Zweiten Weltkrieges, Göttingen 1975

Kubinszky, Mihály: Ungarische Lokomotiven und Triebwagen, oO, oJ

Kuhl, Hans-Peter/Jörg Petry/Malte Werning: Die Eifelbahn Mayen-Gerolstein. Die Geschichte einer Nebenbahn, Gülzow 1996

Kuhlmann, Bernd: Eisenbahnen auf Usedom, Düsseldorf 1995

Kuhlmann, Bernd: Peenemünde. Das Raketenzentrum und seine Werkbahn, Berlin 1997

Kurth, Michael: Die Laura. Geschichte der Kleinbahn Rennsteig-Frauenwald, EK-Reihe „Regionale Verkehrsgeschichte" Bd.13, Freiburg 1996

Kurz, Heinz R.: Die regelspurigen Wehrmacht-Diesellokomotiven der Bauart WR360C, Reihe „Eisenbahnen und Museen" Folge 34, Karlsruhe 1986

Kurz, Heinz R.: Die Triebwagen der Reichsbahn-Bauarten. Die Baureihen VT133-VT137, Freiburg 1988

Lauscher, Stefan: Windhoff-Lokomotiven. Eine Lokbaugeschichte der Rheiner Maschinenfabrik Windhoff AG, Rheine 1985

Lehmann, Heinrich/Erhard Pflug: Der Fahrzeugpark der Deutschen Bundesbahn und neue von der Industrie entwickelte Schienenfahrzeuge, Berlin/Bielefeld oJ (ca.1958)

Lentz, Matthias: Werkbahnen in Hannover, Kiel/Werne 1986

Löttgers, Rolf: Die Dieselloks der Baureihen V20 und V36, Stuttgart 1986

Löttgers, Rolf: Privatbahnen in Deutschland: Die Deutsche Eisenbahn-Gesellschaft 1960-1969, Stuttgart 1983

Lomonosoff, Georg: Die diesel-elektrische Lokomotive, Berlin 1924

Loyal, Dieter/Peter Große/Frank Glaubitz: Kleinlokomotiven der Leistungsgruppen I-III, Stuttgart 1990

Lusar, Rudolf: Die deutschen Waffen und Geheimwaffen des Zweiten Weltkrieges und ihre Weiterentwicklung, 6. Auflage, München 1971

Lusar, Rudolf: Riesengeschütze und schwere Brummer einst und jetzt, München 1972

Magnuski, Janusz: Wozy boyowe LWP 1943-1983 [= Kampfwagen 1943-1983], Warszawa/PL 1985

MaK (Hrsg): 100 Jahre Werk Friedrichsort 1866-1966, Kiel 1965

Melcher, Peter: Die Baureihe 64. Der legendäre Bubikopf, Freiburg 1987

Messerschmidt, Wolfgang: Diesellok-Raritäten, Stuttgart 1980

Messerschmidt, Wolfgang: Lokomotivbau - Rückschau eines Lokomotiv-Konstrukteurs, Stuttgart 1985

Messerschmidt, Wolfgang: Lokomotiven der Maschinenfabrik Esslingen 1841-1966, Moers 1984

Meyer, Wilfried: Eisenbahnen im Landkreis Diepholz, Weyhe 1985

Meyer-Hartmann, Hermann: Zielpunkt. Der Raum Hildesheim im Luftkrieg 1939-1945, Schriftenreihe des Stadtarchivs Hildesheim Bd.14, Hildesheim oJ

Motortechnische Zeitschrift (Hrsg): Motorzugförderung. Beiheft 1 der MTZ, Stuttgart 1949

Müller, Klaus-Jürgen: Armee und Drittes Reich 1933-1939, Paderborn 1987

Nürnberger, Georg: Erkenntnisse aus dem Stand der Technik im Bau von dieselhydraulischen Lokomotiven. Manuskript eines Vortrages vor dem wissenschaftlichen Verein für Verkehrswesen (gedruckt), Essen 1954

Obermayer, Horst J.: Taschenbuch Deutsche Diesellokomotiven, Stuttgart 1972

Olbrich, Paul: Die Fahrzeugwirtschaft bei der „Deutschen Reichsbahn" der sowjetischen Besatzungszone, Reihe Materialien zur Wirtschaftslage in der sowjetischen Zone, Bonn 1955

Pachaly, Erhard/Kurt Pelny: KZ Mittelbau-Dora, Berlin-Ost 1990

Paetzold, Wolfgang: Der heutige Stand der hydrodynamischen Leistungsübertragung für Dieselrangierlokomotiven. 50 Jahre Voith-Turbogetriebe 1932-1982, Heidenheim 1982

PFT (Hrsg): Les locomotives Type 230-231 en Ligne, Bruxelles/B 1997

Pottgießer, Hans: Die Deutsche Reichsbahn im Ostfeldzug, Neckargemünd 1975

Poulsen, John, Motormateriel 2. Motormateriellet fra udenlandske fabrikker før 1945, Banebøger/DK 1984

Preuß, Erich: Archiv deutscher Klein- und Privatbahnen. Band Brandenburg/Mecklenburg-Vorpommern, Berlin 1994

Quill, Klaus-Peter: Die Kassel-Naumburger Eisenbahn, Aachen 1992

Quill, Klaus-Peter/Jürgen Ebel: Privatbahnen in der DDR, seit 1949 in Reichsbahn-Eigentum, Stuttgart 1982

Rakov, V.A.: Lokomotivy zeleznych dorog Sovetskogo Sojnza (Lokomotiven und Triebwagen des Fahrzeugparks der Sowjetischen Eisenbahnen) 1956-1965, Moskau/SU 1965

Rammelt, Hans-Dieter/Günther Fiebig/Erich Preuß: Klein- und Privatbahnarchiv. Bd.1: Geschichte-Bau-Betrieb, Berlin-Ost und Heidelberg 1989

Rammelt, Hans-Dieter: Archiv deutscher Klein- und Privatbahnen. Band Thüringen/Sachsen, Berlin 1994

Raw Dessau (Hrsg): Kalenderblatt zur Geschichte des RAW „Otto Grotewohl" Dessau, Heft 1, Dessau, oJ

Ries, Karl: Luftwaffen-Story 1935-1939, Mainz 1974

Rimasch, Oliver: Die Industrie- und Anschlussbahnen in Staßfurt, Stendal 2020

Ritzau, Hans-Joachim/Erich Hermann: Als Eisenbahnpionier im Zweiten Weltkrieg, Pürgen 1988

Röhr, Gustav (Hrsg): Hauptausschuß Schienenfahrzeuge. Kriegslokomotiven, Nachdruck des Kriegstypenbuches, Krefeld 1974

Rogl, Hans Wolfgang/Ludger Kenning: Die Steinhuder Meer-Bahn, Nordhorn 1998

Rudolfsen, Hinrich/Wolf-Jobst Siedler: Die Kleinbahn Leer-Aurich-Wittmund, Nordhorn 1997

Sawodny, Wolfgang: Deutsche Panzerzüge im Zweiten Weltkrieg, Sonderheft der „Waffen-Arsenal"-Reihe, Friedberg 1986

Sawodny, Wolfgang: Die Panzerzüge des Deutschen Reiches, Freiburg 1996

Sawodny, Wolfgang: Panzerzüge im Einsatz auf deutscher Seite 1939-1945, Sonderheft der „Waffen-Arsenal"-Reihe, Friedberg 1989

Schadow, Fr.: Lokomotivverzeichnis der Deutschen Reichsbahn, DB und DR. Bd.31: Diesellokomotiven, Krefeld 1974

Scharf, Hans-Wolfgang: Die Schwarzwaldbahn und das Bahnbetriebswerk Villingen, Freiburg 1980

Scheffler, Peter: Das Bahnbetriebswerk Wiesbaden, Wuppertal 1976

Schmölling, Andreas und Klaus: Die Kyffhäuser Kleinbahn Artern - Berga-Kelbra 1916-1966, Artern 1992

Schöning, Heinz-H.: Von Niebüll zum Wattenmeer, Aachen 1986

Schöttge, Hartmut: Die Delitzscher Kleinbahn, Nordhorn 1992

Schreiber, M. (Hrsg): Heeresverwaltungs-Taschenbuch, Ausgabe 1940/41, Grimmen 1941

Schricker, Peter: Die Triebfahrzeuge des Bw Rosenheim 1951-1962, Krefeld 1975

Seidel, Kurt: Die Remsbahn. Schienenwege in Ostwürttemberg, Stuttgart 1987

Semitschastnow, I.F./Siegfried Büttner: Hydraulische Getriebe für Schienenfahrzeuge, Berlin-Ost 1959

Senger und Etterlin, Ferdinand Maria von: Die deutschen Geschütze 1939-1945, 2.Auflage, München 1960

Slezak, Josef Otto: Breite Spur und weite Strecken, Berlin (-Ost) 1963

Slezak, Josef Otto: Die Lokomotivfabriken Europas, Wien 1962

Stockklausner, Johann: 50 Jahre Diesellokomotiven, Basel/Stuttgart 1963

Taube, Gerhard: Deutsche Eisenbahn-Geschütze, Stuttgart 1990

Teske, Hermann: Der silberne Spiegel. Generalstabsdienst unter der Lupe, Heidelberg 1952

Tiffe, Gerhard: Geschichte des deutschen Lokomotivbaus, Berlin 1985

Tourret, Richard: United States Army Transportation Corps Locomotives. Book 2 of Allied Military Locomotives of the Second World War, Abingdon/GB 1977

Tourret, Richard: War Department Locomotives, Abingdon/GB 1976

Ulbricht, Michael: Deutsche Lokomotiven in Italien. Reisetips, Verkäufe/Verbleibe, Einsatzhinweise, Sonderheft 16 der Zeitschrift „Drehscheibe", Köln 1994

Ulsamer, Willi: 100 Jahre Spalter Eisenbahn 1872-1972, Reihe „Aus der Spalter Heimat", 11.Folge, Spalt 1972

Van Oostrom, Martin: Locomotieven van de Deutsche Reichsbahn bij de Nederlandsche Spoorwegen 1944-1949, 's-Hertogenbosch/NL 2022

VTG (Hrsg): Das ist die VTG, Hamburg oJ (ca. 1962)

Wagner, Helmut: Deurag-Nerag 1931-1986. Geschichte eines Industrieunternehmens in Hannover-Misburg, Misburg 1986

Waldeck, Helmut: Handbuch der Heeresverwaltung, Berlin 1937

Walter, Heinrich: 90 Jahre Bahnbetriebswerk 1 Frankfurt 1889-1979, Frankfurt 1979

Wasser, Hilde und Rolf: Beiträge zur Geschichte der Werkseisenbahnen der Firmen Wolff Walsrode AG und der ehemaligen „EIBIA GmbH für chem. Produkte", Werksbereiche in Bomlitz, Bomlitz 1986

Wasser, Hilde und Rolf: Unternehmer und ihre Unternehmen, Band A, Bomlitz 1985

Wenzel, Hansjürgen: Die Südwestdeutschen Eisenbahnen in der französischen Zone (SWDE), 2.Auflage, Wuppertal 1976

Wieser, Herbert: Die deutschen Triebfahrzeugbezeichnungsweisen, Krefeld 1971

Willhaus, Werner: Die Teuringertal-Bahn, Schweinfurt 1996

Wissel, Kurt/Berger/Langenberg/Hüttner: Hydrierwerke Pölitz Aktiengesellschaft, Festschrift zur Wiederkehr des 25. Gründungsjubiläums der Hydrierwerke Pölitz AG, oO 1963
Wolff, Gerd: Deutsche Klein- und Privatbahnen, Teil 1-6, Gifhorn 1972-1978
Wolff Walsrode (Hrsg): Wolff & Co Walsrode 1815-1965, Firmenschrift zum 150jährigen Firmenjubiläum, Walsrode 1965

Zeitler, Walther: Eisenbahnen in Niederbayern und der Oberpfalz, Weiden 1985
Zentner, Christian/Friedemann Bedürftig (Hrsg): Das große Lexikon des Dritten Reiches, München 1985
Ziel, Ron: Räder müssen rollen, Stuttgart 1973
Zimmer, Engelbert: Die Saarbrücker Eisenbahnverwaltung im Wandel der Zeit 1847-1957, Saarbrücken 1959
Zwirchmayr, Karl: 90 Jahre Montafonerbahn AG, Feldkirch/Österreich 1994

oV: Sechs Jahre Wiederaufbau, Sonderausgabe von „Die Bundesbahn", Köln/Stade/Bad Hersfeld 1951
oV: 25 Jahre Leuna-Werke, Kompendium (Auszüge aus 5 Bänden), Merseburg oJ (ca. 1941)
oV: 100 Jahre Weimar-Berkaer Eisenbahn, Weimar 1987

Zeitschriftenartikel

EK = Eisenbahn-Kurier
em = eisenbahn-magazin
ETR = Eisenbahntechnische Rundschau
Gl.A. = Glasers Annalen
LM = Lok-Magazin
LR = Lok-Report
LRS = Die Lokrundschau
MTZ = Motortechnische Zeitschrift
ZVDI = Zeitschrift des Vereins Deutscher Ingenieure

Adler, A.W.: Betriebswirtschaftliche Erfahrungen nach sechs Jahren Vollverdieselung einer Hafenbahn, in: Verkehr und Technik 11 (1958), Heft 11, S.290-293, und Heft 12, S.325-328
Altbergs, Toms: Trophäen-Lokomotiven, in: Locotrans (Elektrostal/Moskau), Heft 10/2011, S.28-30

Backes, Hans: Wendezugbetrieb im Raum Wuppertal, in: EK 20 (1985), Heft 6, S.40-45
Baentsch, Erich: Erfahrungen mit der Umstellung von Diesellokomotiven auf Sauggasbetrieb mit Dieselbrennstoffzündung, in: Automobiltechnische Zeitschrift 44 (1941), Heft 8, S.203-208
Baer: Die Diesellokomotiven der Linke-Hofmann-Lauchhammer AG, in: Eisenbahnwesen, Sonderausgabe der ZVDI zur Eisenbahntechnischen Ausstellung 1924 in Seddin, Berlin 1925, S.60ff.
Baumgart, Winfried: Eisenbahnen und Kriegführung in der Geschichte, in: Technikgeschichte Bd.38 (1971), Heft 3, S.191-219
Beiersdörfer, Wilhelm: BASF-DB, in: Bundesbahn 30 (1956), Heft 22, S.1228-1233
Bellin, Frank: Stille Pauline, lahme Karoline und springender Hengst, in: Modelleisenbahner 14 (1965), Heft 10, S.288-290
Böhm, Robert: Die 80 cm Eisenbahn-Kanone „Dora", in: Wehrtechnische Monatshefte 56 (1959), S.104-112
Boettcher, G./Hanns Reutter: Diesellokomotiven großer Leistung, in: Organ 93 (1938), Heft 4, S.63-73
Brand, Heinrich: Die betriebliche Struktur des Bundesbahnbezirkes Wuppertal unter besonderer Berücksichtigung der Engpässe und Planungen, in: Bundesbahn 30 (1956), Heft 23, S.1342-1354
Bredenbreuker: Die Weiterentwicklung der Motorlokomotiven insbesondere der Kleinlokomotiven der Deutschen Reichsbahn, in: Gl.A. 64 (1940), Juni 1940, S.102-108
Bredenbreuker, F.: Explosionsschutz in Diesellokomotiven, in: Gl.A. 81 (1957), Heft 6, S.204-209
Bredenbreuker, F./H.Feustel: Laufwerksanordnung von dreiachsigen Diesellokomotiven mit Blindwellenantrieb, in: Gl.A. 79 (1955), Heft 6, S.182-185
Bubolz, Hans-Georg: Die Werkgruppe Herne der Chemischen Werke Hüls AG, in: Bahn-Express 7 (1985), Heft 5, S.14-21
Büttner, Siegfried: Explosionsschutz für die Diesellokomotive WR360C14, in: Gl.A. 86 (1962), Heft 11, S.457-461

Collardey, B.: Disparition des Locotracteurs Diesel Y 50100, in: La Vie du Rail oJ (1972), No.1357 v. 10.9.72, S.39
Costa, da, R.G.u.a.: Die neuen 400 PS dieselhydraulischen Verschiebelokomotiven Klasse WDS der Indischen Staatsbahnen, in: Gl.A. 78 (1954), Heft 11, S.297-302
Craigmile, Paul: The railways of the British Army of the Rhine, in: Modern Railways 32 (1975), Heft 319, S.160-162

Dech, Stefan W. u.a.: Ökologische Probleme durch Rüstungsaltlasten in der Colbitz-Letzlinger Heide, in: DLR-Nachrichten oJ (1991), Heft 64, S.24-29
Delie, Max R.: Im belgischen Exil, in: em 29 (1991), Heft 9, S.42-45
Diekmann, P.: Kriegsbahnbauten im Nahen Osten, in: Archiv für Eisenbahn-wesen 65 (1942), S.817-824
Dietz, Günther: Die Vorkriegs-Verbrennungstriebwagen der DR im Jahre 1968, in: Die DR 1968 (EK-Themen 12), Freiburg 1993
Dobrowolski, N.: Die Diesel-Getriebelokomotive und ihre Erprobung, in: ZVDI Bd.71 (1927), Heft 25, S.873-878 und Heft 27, S.959-962

Ebner, Ernst: Der Wendezugbetrieb bei der Deutschen Bundesbahn, in: Eisenbahner 8 (1955), Ausgabe A, Heft 10, S.295-296, und Heft 11, S.327-328
Eckert, Kurt: Laufach, in: LM 16 (1977), Heft 83, S.101-105
Engelmann: Neue Diesellokomotiven und Triebwagen der DB, in: Lokomotiv- und Werkstättentechnik 4 (1952), Heft 3/4, S.2-5
Ewald, Hans-Joachim: Das gute Beispiel - Bahnhof Malchow (Meckl.), in: Modelleisenbahner 39 (1990), Heft 6, S.18-20
Ewald, Kurt: Die MWF-Hanomag-Rohöl-Motorlokomotive, in: LM 4 (1965), Heft 12, S.56-63

Felgner, Friedrich-Wilhelm: Die neue Kennzeichnung der DB-Triebfahrzeuge, in: Bundesbahn 41 (1967), Heft 21, S.809-812
Feuchter, Paul: Die neue 400-PS-Diesellok des Hafens Regensburg, in: Verkehr und Technik 5 (1952), Heft 5, S.145-146
Fiebig, Günther: 50 Jahre Reichsbahnausbesserungswerk Dessau, in: Modelleisenbahner 28 (1979), Heft 9, S.258-260
Fiebig, Günther: „Leig". Eine historische Betrachtung zum Thema „Leichte Eilgüterzüge" und deren Fahrzeuge, in: Modelleisenbahner 30 (1981), Heft 11, S.345-346
Fleischer, Heinz: Der Diesellokomotivbau in der UdSSR nach 1945, in: Modelleisenbahner 12 (1963), Heft 10, S.273-276
Flemming, Friedrich: Die Entwicklung der Dieselzugförderung bei der Deutschen Bundesbahn nach dem Zweiten Weltkrieg - Rückblick und Ausblick, in: Bundesbahn 32 (1958), Heft 23, S.1221-1226
Flemming, Friedrich: Fünf Jahre Wiederaufbau im Zugförderungsdienst der Deutschen Bundesbahn, in: Jahrbuch des Eisenbahnwesens 1 (1950), S.101-109
Flemming, Friedrich: Probleme der Strukturwandlung im Zugförderungsdienst, in: ETR 3 (1954), Heft 11, S.499-508
Foedisch, F.: Die Kraftversorgung und der Betrieb von Verbrennungsmotoren in diesem Kriege, in: Gl.A. 66 (1942), Heft 6, S.173-179
Friedrich, Kurt: Das Diesellokomotiv-Typenprogramm der Deutschen Bundesbahn. Planung, Abwandlung und Stand der Entwicklung, in: Eisenbahningenieur 14 (1963), Heft 2, S.32-39
Fröhlich, Hellmuth: Deutsche Lokomotiven in Österreich, in: Jahrbuch für Eisenbahngeschichte 1 (1968), S.85-112
Fromm, Günter: Als die Postkutsche noch über den Rennsteig fuhr, in: Modelleisenbahner 11 (1962), Heft 8, S.210-214
Frydag, Karl: Die moderne Henschel-Diesellokomotive, in: Gl.A. 78 (1954), Heft 6, S.157-158

Gaebler, Gustav Adolf: Die hydrodynamische Kraftübertragung in Dieseltriebfahrzeugen der Deutschen Bundesbahn, in: ETR 15 (1966), Heft 4, S.115-134
Gaebler, Gustav Adolf: Die Nachkriegsentwicklung der Dieselfahrzeuge der Deutschen Bundesbahn im Lichte der ihre Richtung bestimmenden Grundsatzentscheidungen, in: Bundesbahn 32 (1958), Heft 23, S.1212-1220
Gaebler, Gustav Adolf: Triebwagen oder Lokomotiven? Aus der Dieseltriebfahrzeugplanung der Deutschen Bundesbahn, in: ETR 3 (1954), Heft 5, S.226-238
Garn, Robin: 40 Jahre Eisenbahn in Volkes Hand, in: LRS 17 (1985), Heft 102, S.5-14
Glöckner, Johannes: Die Lokomotiven des VEB Leuna-Werke „Walter Ulbricht", in: LM 34 (1995), Heft 194, S.388-397
Görs, Klaus: Geplante Diesellokbeschaffungen der Mindener Kreisbahnen während des Zweiten Weltkriegs, in: Mindener Eisenbahn-Information oJ (1983), Nr.35, oS
Gößl, Nikolaus: Dieselhydraulik und Dieselelektrik. Fragen der Leistungsübertragung für Dieselfahrzeuge, in: ETR 4 (1955), Heft 10, S.483-497
Gößl, Nikolaus: Diesellokomotiven mit hydraulischer Kraftübertragung, in: Der Eisenbahner 8 (1955), Ausgabe B, Heft 12, S.361-366
Gößl, Nikolaus: Neuzeitliche Konstruktionsgedanken aus dem Fahrzeugbau, in: Krauss-Maffei-Informationen oJ (1955), Nr.89
Gößl, Nikolaus/Georg Nürnberger: Die 550-PS-Diesellokomotive der RENFE der Bauform D für Strecken- und Rangierdienst, in: Gl.A. 78 (1954), Heft 8, S.220-230
Gotschlich, Franz: Diesellokomotivbetrieb im planmäßigen Streckendienst einer regelspurigen Schienenbahn, in: Verkehrstechnik 18 (1937), Heft 9, S.205-210
Gotschlich, Franz: Verwendung von Anthrazit- und Holzgastriebwagen in einem Eisenbahnbetriebe, in: Gl.A. Bd.119 (1936), Heft 11, S.151-155, und Heft 12, S.162-164
Gottschalk, Bernd/Otto Nübel: Verbrennungs-Motoren und Schienenverkehr - Die Versuche Gottlieb Daimlers mit Schienenfahrzeugen 1878-1900, in: Internationales Verkehrswesen 37 (1985), Heft 5, S.330ff.
Gottschewsky, Thomas: Als Postbedienstete Lokomotivführer waren. Die Lokomotiven der Oberpostdirektion Hannover, in: Postgeschichtliche Blätter oJ (1989), Heft 11, S.3-20
Gottwaldt, Alfred: Deutsche Lokomotiven in den USA, in: LM 6 (1967), Heft 27, S.39-42
Griebl, Helmut: Eine „Fundgrube" für Freunde von Motor-Triebfahrzeugen, in: LM 14 (1975), Heft 71, S.94-105

Hagenbucher, E.: Dieselelektrische Lokomotive für Rußland, in: ZVDI Bd. 77 (1933), Heft 37, S.1001-1004

Harres, H.: Strukturwandlung im Zugförderungsdienst der Deutschen Bundesbahn, in: Gl.A. 77 (1953), Heft 8, S.227-238

Hausen, J.: Die Verwendung von Motorlokomotiven für den örtlichen Verschiebedienst auf Unterwegsbahnhöfen, in: Verkehrstechnische Woche 24 (1930), Heft 24, S.333-337

Heinrich, Peter: Die Kolonnenloks, in: EK 21 (1986), Heft 2, S.7-17

Heinrich, Rainer: Die Bildung des Groß-Bw Karl-Marx-Stadt, in: Die DR 1968 (EK-Themen 12), Freiburg 1993, S.46-54

Hermann, Heinrich: 360-PS-Diesel-Lokomotive mit Krupp-Strömungsgetriebe, in: Lokomotive 37 (1940), Heft 12, S.165-168

Höltge, Dieter: BASF-Werkseisenbahn, in: Industriebahn 3 (1974), Heft 8, S.148-154

Hoch, Erich: Die Werkslokomotiven der österreichischen Zuckerfabriken, in: Eisenbahn 27 (1974), Heft 6, S.82

Hommel, Detlef: Die Traditionsbahn Erfurt - Erfurt-West, in: Modelleisenbahner 36 (1987), Heft 8, S.12-13

Horstmann, Heinrich: 25 Jahre Bahnbetriebswerke für den Seehafen Rostock, in: Modelleisenbahner 35 (1986), Heft 9, S.4-5

Hoyer, Hermann: Zur Geschichte des Wendezuges in Deutschland, in: Bahn & Modell 2 (1988), Heft 11, S.22-27 (Teil 1), Heft 12, S.76-79 (= Teil 2) und 3 (1989), Heft 2, S.68-70 (= Teil 3)

Huber, Viktor: Betriebsaufgaben bei der Bundesbahndirektion Mainz, in: Bundesbahn 30 (1956), Heft 22, S.1234-1240

Illenberger, Jürgen: Die Kasparbahn Hänigsen-Burgdorf. Stillgelegt und fast vergessen, in: Museums-Eisenbahn 27 (1991), Heft 1, S.23

Jacobi, Volker: Arnstädter Traditionen, in: em 31 (1993), Heft 4, S.39-40

Jessen, Heinz: Heimische Treibstoffe zum Betrieb der Motorkleinlokomotiven der Deutschen Reichsbahn, in: Gl.A. Bd.117 (1935), Heft 8, S.83-88

Kästner, Günter: Der Schienenwolf, in: LM 12 (1973), Heft 62, S.349-358

Kästner, Günter: Die 360-PS-Diesellokomotive Bauart DWK, in: LM 9 (1970), Heft 40, S.74-77

Keller, Rolf: Das hydrodynamische Getriebe und seine Bedeutung auf den Schienen der Welt, in: ETR 26 (1977), Heft 5, S.283-292

Keller, Rolf: Ein drittel Jahrhundert Voith-Turbogetriebe, in: Gl.A. 91 (1967), Heft 6, S.176-183

Kempf, Hans-Peter/Ina Konukiewitz: Die V36 der Verkehrsbetriebe Grafschaft Hoya, in: Museums-Eisenbahn (1998), Heft 4, S.18-31

Kirchbach, Erwin von: Dampf- und Diesellokomotiven für den Schiebedienst Laufach-Heigenbrücken, in: Bundesbahn 24 (1950), Heft 2, S.46-49

Kirchbach, Erwin von: Dieselelektrische 2000-PS-Schiebelokomotive für die Steilstrecke Laufach-Heigenbrücken, in: ZVDI Bd.92 (1950), Heft 16, S.405-406

Klietmann, K.G.: Panzerzüge, in: Köhlers Heeres-Kalender, Ausgabe 1942, Minden 1942, S.65-69

Klingensteiner, Josef/Ernst Ebner: Der Zugförderungsdienst im Fahrplanjahr ... , in: Bundesbahn
25 (1951), Heft 18, S.638-641
26 (1952), Heft 11, S.358-363
27 (1953), Heft 15, S.716-720
28 (1954), Heft 17, S.791-801
29 (1955), Heft 16, S.671-676
30 (1956), Heft 16, S.844-851
31 (1957), Heft 21, S.1636-1644
32 (1958), Heft 21, S.1099-1108
33 (1959), Heft 23, S.1123-1134
34 (1960), Heft 23/24, S.1237-1249
35 (1961), Heft 23/24, S.1097-1113
36 (1962), Heft 24, S.1064-1081
37 (1963), Heft 22, S.842-855
38 (1964), Heft 24, S.1028-1043
39 (1965), Heft 23, S.824-838
40 (1966), Heft 24, S.991-1005
41 (1967), Heft 24, S.1023-1036

Koch, Karl: Die Entwicklung der Motorlok vom Einzelstück zur Typenreihe, in: Verkehr und Technik 6 (1953), Heft 9, S.294-297

Koch, Karl: Diesellokomotiven in den Tropen, in: Gl.A. 80 (1956), Heft 2, S.37-42

Koch, Karl: Kurze Beschreibung des Aufbaues und Ergebnisse der versuchstechnischen Durchprüfung zweier 360-PS-Motorlokomotiven, in: Motorzugförderung, Beiheft 1 der Motortechnischen Zeitschrift, Stuttgart 1949,
S.48-54

Koch, Svenja: Die manchmal schwierige Partnerschaft zwischen einem kleinen Ort und einem großen Werk, in: Walsroder Zeitung v. 9.12.86

Koesters, Friedrich/Hans-Ludwig Krugmann: Der Zugförderungsdienst im Bezirk der Bundesbahndirektion Wuppertal, in: Bundesbahn 30 (1956), Heft 23, S.1355-1357

Kramer, Ferdinand: Motorlokomotiven, in: ZVDI Bd.50 (1906), Heft 14, S.515ff.

Kuhlmann, Bernd: Die Akku-Triebzüge der ehemaligen Werkbahn Zinnowitz - Peenemünde. in: Modelleisenbahner 39 (1990), Heft 4, S.11-14

Kuhlmann, Bernd: Konfiszierte Schienen, in: Modelleisenbahner 40 (1991), Heft 8, S.44-46

Kugel, Fritz: Turboregelkupplung zum Antrieb der Kühlgebläse für Verbrennungsmotoren, in: Motorzugförderung, Beiheft 1 der MTZ, Stuttgart 1949, S.42-45

Kukielka, Willy: Die betrieblichen Verhältnisse und Aufgaben im Bezirk der Bundesbahndirektion Frankfurt am Main, in: Bundesbahn 30 (1956), Heft 19, S.994-1004

Langner, Kurt: Die Befehlsübermittlung im Wendezugbetrieb, in: Bundesbahn 28 (1954), Heft 4, S.188-195

Lauscher, Stefan: Beinahe eine Einheitslok - Krupp 1978/1939, in: LRS 15 (1983), Heft 86, S.64-68

Lauscher, Stefan: Das Diesellok-Programm 1935 der Deutschen Reichsbahn - Ein bisher unbekanntes Kapitel deutscher Motorlok-Geschichte, in: LR 16 (1987), Heft 1, S.5-8 und Heft 2, S.11-18

Lauscher, Stefan: Die dieselmechanischen V36er von DWK. Aus der Entstehungs- und Betriebsgeschichte der Kieler 360C-Lokomotiven, in: LR 15 (1986), Heft 1/2, S.5-14

Lauter, Mathias: Die Baureihen V20 und V36 beim Bw Holzminden, in: LRS 19 (1987), Heft 110, S.67-74

Lavie, Jehan-Hubert: Repos Nordique pour trois guerriers, in: loco revue 47 (1988), Heft 507, S.644

Leeb, Emil: Aus der Rüstung des Dritten Reiches (Das Heereswaffenamt 1938-1945), in: Wehrtechnische Monatshefte, Beiheft 4, Mai 1958, S.9ff.

Leibbrand: Verwendung von kleinen Motorlokomotiven auf Unterwegsbahnhöfen zur Beseitigung der Rangieraufenthalte der Nahgüterzüge, in: Reichsbahn 6 (1930), Heft 20, S.565-571

Linden, Josef: Die Motorlokomotiven der Klöckner-Humboldt-Deutz AG, in: Jahrbuch für Eisenbahngeschichte Bd.8 (1975), S.5-41, und Bd.9 (1976/77), S.5-47

Löttgers, Rolf: Breuer-Traktoren, in: em 27 (1991), Heft 4, S.41-43

Löttgers, Rolf: Die Diesellok-Baureihen V15, V16 und V22 von DWK, in: LM 30 (1991), Heft 169, S.266-275

Löttgers, Rolf: Einzelgänger. Die Diesellokomotiven V16 100 und V22 100 der DB, in: em 28 (1990), Heft 10, S.41

Löttgers, Rolf: Grifte-Gudensberg. Die Kleinbahn mit dem Henschel-Schienenbus, in: LM 21 (1982), Heft 112, S.13-16

Löttgers, Rolf: Güterzug mit Steuerwagen, in: em 32 (1994), Heft 3, S.40-41

Löttgers, Rolf: 75 Jahre Verden-Walsroder Eisenbahn, in: LM 25 (1986), Heft 186, S.43-57

Löttgers, Rolf: V36-Splitter, in: LM 26 (1987), Heft 144, S.209-220

Löttgers, Rolf: Werbung für die V36, in: LM 25 (1986), Heft 139, S.256-264

Lotter, Georg: Die erste Diesel-elektrische Vollbahn-Güterzuglokomotive, in: Organ 80 (1925), Heft 5, S.77-82

Machel, Wolf-Dietger: Vor 40 Jahren von der DR übernommen - die ehemaligen Privat- und Kleinbahnen auf dem Territorium der DDR, in: Modelleisenbahner 38 (1989), Heft 4, S.7-8

Marx, H.: Die Eisenbahn in Albanien, in: LM 8 (1969), Heft 39, S.443-447

Mascherpa, Erminio: Breve storia di locomotive di guerra il gruppo 236, in: i Treni 12 (1991), Heft 112, S.26-31

Matthiesen, Helge: Geheime Reichssache EIBIA. Zeitungsserie zur Geschichte der EIBIA GmbH, in: Walsroder Zeitung v. 18.7., 25.7., 31.7. und 8.8.87

Metzeltin, Erich: Die erste Lokomotive mit Verbrennungsmotor, in: Lokomotive 40 (1943), Heft 2, S.32-33

Messerschmidt, Wolfgang: Kritische Bemerkungen über Lokomotiv-Stangentriebwerke, in: Verkehr und Technik 11 (1958), Heft 10, S.265-270

Mohrstedt, Herbert: Neuzeitlicher Hochleistungs-Werksverkehr, in: Gl.A. 62 (1938), Heft 16, S.220-227

Mosig, Walter: Loks - damals und heute, in: BASF-Nachrichten oJ (1956), Heft 5, S.8-10

Mühl, Albert: Das Bahnbetriebswerk Würzburg und seine Lokomotiven, in: LM 5 (1966), Heft 21, S.57-68

Neubauer, Gerhard: Der Verbrennungsmotor im Dienst der Reichsbahn, in: Reichsbahn 23 (1949), Heft 6, S.129-133

Neubauer, Gerhard: Heimische Treibstoffe für Verbrennungstriebwagen, in: MTZ 4 (1942), Heft 12, S.458-463

Neumann, Holger: Militärisch genutzte Lokomotiven in der DDR, Teil 1, in: Werkbahnreport 1 (1994), Heft 1, S.31-32

Neumann, Alfred: Die Entwicklung der dieselhydraulischen Motorlokomotive in Deutschland, in: Gl.A. 72 (1948), Heft 3, S.33-38

Neumann, Alfred: Typisierung von Motorlokomotiven, in: MTZ 4 (1942), Heft 12, S.449-453

Neumann, Alfred/Fritz Kugel: Dieselhydraulische Lokomotiven im Verschiebedienst, in: Lokomotive 38 (1941), Heft 3, S.33-42

Niederstraßer, Leopold: Bauliche Entwicklung der Kleinlokomotiven der Deutschen Reichsbahn, in: Gl.A. Bd.110 (1932), Heft 10, S.85-89 (= Teil 1), Heft 11, S.97-103 (= Teil 2), und Heft 12, S.105-112 (= Teil 3)

Oberholz, Andreas: Auf dem Pulverfaß, in: natur 9 (1989), Heft 4, S.45-53

Pauer, W.: Versuche an einem Flüssigkeitsgetriebe Bauart Schwartzkopff-Huwiler, in: ZVDI Bd.71 (1927), Heft 26, S.919ff.

Pelz, T.: Beutelokomotiven in Israel, in: DGEG-Nachrichten 13 (1981), Heft 47, S.5-6

Pflug, Erhard: Dieselfahrzeuge helfen sparen, in: Bundesbahn 28 (1954), Heft 21, S.1019-1029

Preuß, Johannes/Rainer Haas: Die Standorte der Pulver-, Sprengstoff-, Kampf- und Nebelstofferzeugung im ehemaligen Deutschen Reich, in: Geographische Rundschau 39 (1987), Heft 10, S.578-584

Preuß, Johannes/Rainer Haas/Günter Koss: Altstandorte, Altablagerungen, Altlasten, in: Geographische Rundschau 40 (1988), Heft 6, S.31-38

Przygode: Die Eisenbahntechnische Tagung - Neue Wege in der Wirtschaft der Reichsbahn, in: Die Wärme 47 (1924), Heft 47, S.567-568 (= Teil 3), Heft 48, S.580-581 (= Teil 4) und Heft 49, S.593 (= Teil 5)

Raspe, Heinz: Eine neue 4/4-gekuppelte Diesel-Rangierlokomotive von 550 PS, in: Verkehr und Technik 5 (1952), Heft 11, S.343-345

Recker, E.: Wiederaufbau der Reichsbahnanlagen im Vereinigten Wirtschaftsgebiet, in: Reichsbahn 23 (1949), Heft 7, S.150-154

Reichardt, Hans D.: Am Rande der Vogelfluglinie. Kopfbahnhof Heiligenhafen, in: me 1 (1963), Heft 3, S.16

Reinhardt, Lothar: Einbau und Erprobung des Dieselmotors 8KVD21 in Ver-brennungstriebwagen der Deutschen Reichsbahn, in: Deutsche Eisenbahntechnik 7 (1959), Heft 6, S.249-253

Reutter, Hanns: Flüssigkeitsgetriebe in Motorschienenfahrzeugen, in: Lokomotivtechnik 76 (1952), Heft 8, S.113-119 (= Teil 1), Heft 9, S.133-137 (= Teil 2) und Heft 10, S.150-151 (= Teil 3)

Reutter, Hanns: 575-PS-Dieselhydraulische Lokomotive der MAK Kiel, in: Lokomotivtechnik 76 (1952), Heft 11, S.161-164

Rhein, Heinz von: Die Magdeburger Hafenbahn, in: Werks- und Feldbahnen 5 (1976), Heft 21, S.541-555

Rhein, Heinz von: Von Tobruk nach El Alamein mit der Eisenbahn, in: Oase oJ (1985), Heft 1/2, S.15-18, und Heft 3/4, S.12

Röbling, E.: Triebwagen oder Wendezug? Ein Beitrag zu einem viel erörterten Thema, in: ETR 12 (1963), Heft 3, S.140-149

Röth, Helmut: Der alte Heidelberger Hauptbahnhof - vor 25 Jahren ersetzt, in: EK 16 (1981), Heft 100, S.5

Rohweder, H./Gerd Wolff: Die Vorortbahn Wilhelmshaven, in: VdEF-Mitteilungen 10 (1965), Heft 6, S.114-129

Rossberg, Ralf Roman: Die Diesellokomotiven der BR 288. Für den Krieg projektiert - aber auch im friedlichen Eisenbahnverkehr eingesetzt, in: Lokomotivtechnik 96 (1972), Heft 6, S.51-56

Rudolfsen, Hinrich: Jan Klein - 90 Jahre Kleinbahn Leer-Aurich-Wittmund, in: LRS 21 (1989), Heft 121, S.57-65

Sch.: Fünfundzwanzig Jahre Werkbahn [über Wolff & Co, Bomlitz], in: Werkkamerad 1 (1941), Heft 2, S.21-23

Scharf, Hans-Wolfgang: Aufgelöste Bahnbetriebswerke, in: VdEF-Mitteilungen 14 (1969), Heft 4, S.8-10

Scharf, Hans-Wolfgang: Das Bahnbetriebswerk Villingen und seine Lokomotiven, in: LM 9 (1970), Heft 41, S.121-133

Scheingraber, Günther: Mühldorf - ein Bw im Strukturwandel, in: LM 6 (1967), Heft 22, S.66-70

Schepull, Uwe/Bernd-W. Zweig: 45 Jahre Deutsche Reichsbahn. Die Entwicklung der DR von 1945 bis 1980, in: Bahn-Extra 1/91

Schieb, Alfred: Entwicklung und Bedeutung des Wendezugbetriebes, in: ETR 5 (1956), Heft 4, S.133-145

Schiefer, Werner: Die Erhaltung von Motorschienenfahrzeugen, in: Festschrift 50 Jahre AW Opladen 1903-1953, Opladen 1953

Schmundt, Hans: Motorlokomotiven im Nahverkehr, in: Bundesbahn 24 (1950), Heft 14, S.364-371

Schmundt, Hans: Wirtschaftlichkeit der Dieselzugförderung, in: Bundesbahn 25 (1951), Heft 7, S.207-212

Schneider, Erich: Waffenentwicklung. Erfahrungen im deutschen Heereswaffenamt, in: Wehrwissenschaftliche Rundschau 3 (1953), Heft 1, S.24-35

Schulz: Über Motorlokomotiven, in: Gl.A. Bd.99 (1926), Heft 11, S.164-169 (= Teil 1), Bd.100 (1927), Heft 2, S.21-24 (= Teil 2) und Heft 8, S.117-127 (= Teil 3)

Schumacher, W.: Rohöllokomotiven mit kompressorlosem Dieselmotor und Flüssigkeitsgetriebe, in: ZVDI Bd.69 (1925), Heft 19, S.647-652

Seibold, Ernst: Über die Entwicklung der Föttinger-Antriebe bei Voith unter besonderer Berücksichtigung der Schienenfahrzeugtechnik, in: ETR 16 (1967), Heft 9, S.301-310

Semitschastnow, I.F.: Sowjetische Diesellokomotiven mit hydraulischer Übertragung, in: Deutsche Eisenbahntechnik 7 (1959), Heft 1, S.25-35

Sorg, K.: Normalspur-Diesellokomotiven mit mechanischem Getriebe, in: MTZ 4 (1942), Heft 12, S.466-473

Stäckler, H.: Die Odenwaldstrecke Weinheim-Fürth-Wahlen, in: LM 7 (1968), Heft 29, S.48-50

Staufer, Wilhelm: Die Erhaltung der Brennkraft-Schienenfahrzeuge im Rahmen der Neufassung der BO vom 22. August 1957, in: Bundesbahn 32 (1958), Heft 23, S.1244-1251

Staufer, Wilhelm/Ernst Schöffel: Verschleißminderung - ein Weg zu höheren Laufleistungsgrenzen, in: Gl.A. 87 (1963), Heft 3, S.162-173

Steckmann, Hans: Großanlage Hafenbahn [über die Hafenbahn Rostock], in: Modelleisenbahner 14 (1965), Heft 12, S.355-357

Sternenberg. F.: Die erste Thermo-Lokomotive, in: ZVDI Bd.57 (1913), Heft 34, S.1325-1331

Tempel, Norbert: Die Eisenbahndirektion Münster, in: LR 1-3 (1972-1974), 16 Folgen

Teske, Hermann: Partisanen gegen die Eisenbahn, in: Wehrwissenschaftliche Rundschau 3 (1953), Heft 10, S.468-475

Termine, Emilio/Daniele Panizza: V36 - Diesel „über alles“, in: fermodel news 3 (1983), Heft 15, oS

Unverzagt, Wilhelm: Die Bundesbahndirektion Frankfurt am Main, in: Bundesbahn 30 (1956), Heft 19, S.974-990

Verhoolen, Manfred: Besuch im Bw Berlin-Anhalter Bhf., in: auf schienen 2 (1970), Heft 8, S.19-22

Vetter, K.: Diesellokomotive mit Flüssigkeitsgetriebe Bauart Schwartzkopff-Huwiler, in: ZVDI Bd.72 (1928), Heft 18, S.603-604

Wagner, Richard Paul: Die Beschleunigung des Güterzugverkehrs mittels der Dampf- und der Motorlokomotive, in: Zeitschrift des Vereins mitteleuropäischer Eisenbahnverwaltungen 78 (1938), Heft 52, S.993-997

Wagner, Richard Paul: Diesel-Lokomotiven als Betriebsmittel für Neben- und Kleinbahnen, in: Verkehrstechnik 6 (1925), Heft 26a, S.497-504

Wenzel, Hansjürgen: Jünkerath und seine Lokomotiven, in: auf schienen 2 (1970), Heft 4, S.28-36

Witte, Friedrich: Der Entwicklungsgang der Diesellokomotive - insbesondere derjenigen mit Druckluftübertragung - bei der Deutschen Reichsbahn, in: Waggon- und Lokomotivbau 12 (1929), Heft 8, S.113-119 (= Teil 1), Heft 9, S.129-132 (= Teil 2) und Heft 11, S.163-166 (= Teil 3)

Witte, Friedrich: Die Kleinlokomotive, in: Organ 87 (1932), Heft 14, S.269-275

Witte, Friedrich/Richard Paul Wagner: Die 1200-PS-Diesel-Druckluftlokomotive der Deutschen Reichsbahn, in: ZVDI Bd.74 (1930), Heft 10, S.289-296

Witte, Friedrich: Zehn Jahre Reichsbahn-Zentralamt Berlin und die Kriegslokomotiven 1935-1945, in: LM 9 (1970), Heft 40, S.4-20

Wittfeld, Gustav: Das Flüssigkeitsgetriebe von Lentz für Schweröllokomotiven, in: ZVDI Bd.65 (1921), Heft 45, S.1160-1163

Wittfeld, Gustav: Diesellokomotive mit Lenz'schem Flüssigkeitsgetriebe, in: Gl.A. Bd.92 (1923), Heft 9, S.125-126

Z., G.: Das Schwartzkopff-Huwiler-Getriebe, in: Schweizerische Bauzeitung Bd.84 (1924), Heft 25, S.300-302

Zeitz, Gerhard: Das Bahnbetriebswerk Berlin-Rummelsburg, in: Modelleisenbahner 39 (1990), Heft 2, S.13-16, und Heft 3, S.11-14

Zielke, Günther: Einflüsse neuer Bauartgrundsätze auf Pflege und Unterhaltung der Deutschen-Bundesbahn-Dieseltriebfahrzeuge, in: Bundesbahn 32 (1958), Heft 23, S.1252-1259

oV: Belgian Diesel-Hydraulic Shunting Power, in: Diesel Railway Traction 11 (1957), Heft 4, S.123-136

oV: Benzinlokomotive für Gruben- und Feldbahnen - Gebaut von der Gasmotoren-Fabrik Deutz, in: Gl.A. Bd.43 (1898), Heft 512, S.161-162

oV: Deutz-Henschel-Diesellokomotive, in: Gl.A. Bd.100 (1927), Heft 4, S.67

oV: Deutz-Henschel- und Deutz-Humboldt-Diesellokomotiven, in: Fördertechnik und Frachtverkehr 19 (1926), Heft 7, S.105

oV: Diesel-hydraulic Locomotive On The Continent, in: Diesel Railway Traction 67 (1937), Heft 10, S.426-427

oV: Diesellokomotiven für Rangierarbeiten bei Industrie- und Privatbahnen, in: Motorzugförderung, Beiheft 1 der MTZ, Stuttgart 1949, S.45-47

oV: Diesel-Lokomotiven, in: MAN-Dieselmotoren-Nachrichten oJ (1944), Nr.20, S.282-298

oV: Shunting Locomotives for Egypt, in: Diesel Railway Traction 5 (1951), Nr.232, S.209-210

oV: Probefahrt der Dieselgetriebelokomotive der Hohenzollern AG für Lokomotivbau, in: Gl.A. Bd.99 (1926), Heft 3, S.39-42

oV: Six-Wheel Locomotives for Egypt, in: Diesel Railway Traction 10 (1956), Nr.288, S.179-180

oV: Shunting Locomotives for Turkey, in: Diesel Railway Traction 8 (1954), Nr.260, S.21

oV: 450-PS-Diesellokomotive für Hafen- und Verschiebedienst, in: MTZ 13 (1952), Heft 4, S.111-112

Sonstiges

Arbeitsgemeinschaft für Motorlokomotiven: Sitzungsprotokolle (1936-1943), mehrere Bände, unveröffentlicht

Deutsche Bundesbahn: Verschiedene Tagungsniederschriften von Besprechungen des Fachausschusses für Schienenfahrzeuge, der Motor-Dezernenten und der Zugförderungsdezernenten (1951-55)

Firmenkataloge, Prospekte, Ersatzteilkataloge und technische Druckschriften der Lokherstellern und Zulieferfirmen

Jauch, Peter: Die Entwicklung des Nahverkehrs mit Brennkrafttriebfahrzeugen im Bezirk Rhein/Wupper, unveröffentlichtes Manuskript

Voß, Dietmar: Wiederaufbau eines Industrieunternehmens nach dem Zweiten Weltkrieg, Referat anläßlich der VDI-Jahrestagung am 13./14.2.86 in Düsseldorf, als Manuskript vervielfältigt

oV: Der Werdegang der Firma Orenstein & Koppel und Lübecker Maschinenbau Aktiengesellschaft, Manuskript eines am 23.11.57 vor dem Nachwuchs gehaltenen Vortrages